国家出版基金项目
NATIONAL PUBLICATION FOUNDATION

环境工程技术手册

废气处理工程技术手册

Handbook on Waste Gas Treatment Engineering Technology

王 纯　张殿印　主编　　王海涛　张学义　副主编

化学工业出版社
·北京·

本书是一本环境科学与工程领域的技术工具书。本书共分四篇二十章，第一篇污染源篇，介绍废气的分类、来源、危害以及各行业废气的产生量和排放量。第二篇废气治理篇，介绍废气治理的对象、方法，颗粒污染物的分类、性质与除尘技术，气态污染物的性质与控制技术以及主要行业废气治理技术。第三篇设备设计篇，介绍除尘设备设计，吸收、吸附、换热装置设计及除尘和净化系统设计。第四篇大气污染综合防治篇，介绍大气污染综合治理的原则与方法、清洁生产和循环经济。

本书具有较强的实用性和可操作性，利用本书可进行废气处理的技术开发、工程设计、设备选型、设备设计、维护管理，并能利用本书判断、解决工程和生产中遇到的各种技术与设备问题。

本书可供环境科学与工程领域的科研人员、设计人员、管理人员阅读使用，也可供高等学校相关专业师生参考。

图书在版编目（CIP）数据

废气处理工程技术手册/王纯，张殿印主编．—北京：化学工业出版社，2012.11（2024.1重印）
（环境工程技术手册）
ISBN 978-7-122-15351-7

Ⅰ．①废…　Ⅱ．①王…　②张…　Ⅲ．①废气治理-环境工程-技术手册　Ⅳ．①X701-62

中国版本图书馆CIP数据核字（2012）第220771号

责任编辑：管德存　刘兴春　左晨燕　　文字编辑：汲永臻
责任校对：陶燕华　　装帧设计：王晓宇

出版发行：化学工业出版社（北京市东城区青年湖南街13号　邮政编码100011）
印　　装：北京建宏印刷有限公司
787mm×1092mm　1/16　印张79½　字数2103千字　2024年1月北京第1版第14次印刷

购书咨询：010-64518888　　售后服务：010-64518899
网　　址：http://www.cip.com.cn
凡购买本书，如有缺损质量问题，本社销售中心负责调换。

定　　价：235.00元　

前　言 FOREWORD

随着社会的发展和人类的进步，人们对生活质量和自身健康愈来愈重视，对生态环境和空气质量也愈来愈关注。然而人类在生产和生活活动中，通过种种途径成年累月地向大气排放各类废气污染物质，使地球环境遭到污染和破坏，气候渐渐变暖、臭氧层出现空洞、物种正在减少，有些地域和城市大气环境质量不断下降，甚至直接影响人类基本生存条件。在大气污染物直接威胁人体的健康、造成城市能见度降低、工厂设备磨损和环境动植物受害的时候，防治废气污染、保护大气环境成为刻不容缓的重要任务。落实科学发展观，建设生态文明社会，改善大气环境质量，尚需全社会共同努力。编写本书的目的在于为环保技术人员提供一本实用阅读书，为保护大气环境助一臂之力。

本书是一本环境科学与工程领域的技术工具书。本书共分四篇二十章，第一篇污染源篇，介绍废气的分类、来源、危害以及各行业废气的产生量和排放量。第二篇废气治理篇，介绍废气治理的对象、方法，颗粒污染物的分类、性质与除尘技术，气态污染物的性质与控制技术以及主要行业废气治理技术。第三篇设备设计篇，介绍除尘设备设计，吸收、吸附、换热装置设计及除尘和净化系统设计。第四篇大气污染综合防治篇，介绍大气污染综合治理的原则、方法，清洁生产和循环经济。

本书特点是：(1) 内容全面，对废气的来源、污染、危害、治理技术、设备和系统设计等内容均有较全面阐述；(2) 联系实际，书中内容都从实际需要和适用技术出发进行介绍，有些列举了工程实例；(3) 技术新颖，如垃圾焚烧烟气净化，电袋复合除尘技术，二噁英治理方法，新型过滤材料等；(4) 突出重点，突出各行业的废气治理技术和设备环节，便于实际运用。编写力求特点突出、层次分明、深入浅出、内容翔实，并充分注意手册的完整性和系统性。为了直观、清晰、查找方便、加深理解，书中适当增加了插图和表格。读者通过本书可以对废气治理技术有全面的了解和掌握。对废气治理工程技术的开发、设计、管理均有切实的裨益和帮助。

在本书的编撰过程中得到中冶建筑研究总院环境保护研究设计院、中国京冶工程技术有限公司、工业环境保护国家工程研究中心、中国环境科学学会环境工程分会、中国金属学会冶金环保专业委员会等单位的大力支持和帮助。书中引用了这些单位的部分科技成果、论文、专著中的有关内容，在此表示衷心感谢。

参加本书编撰的作者，都分别在科学研究、工程设计、技术管理、高校教学等领域工作，积累了较多基础理论知识和丰富的工程实践经验，并有大量论文、著作问世，这些都为编撰好本书提供了有利条件并能满足不同读者的需求。

杨景玲教授、邹元龙教授对全书进行了总审核，钱雷教授、许宏庆教授为本书编写提供了宝贵的技术文献资料，在此一并深致谢忱。本书在编写中参考和引用了刘天齐主编，黄小林、邢连壁、耿其博副主编，黄炜孟、石学军、王海燕、奚振声、马民涛、孟繁坚、张小青、叶惠芝、纪树兰、陈业勤参编的《三废处理工程技术手册》（废气卷）和其他一些科研、设计、教学和生产工作同行撰写的著作、论文、手册、教材和学术会议文集等，在此对所有作者表示衷心感谢。

由于作者学识和水平有限，书中疏漏和不当之处在所难免，殷切希望读者朋友不吝指正。

编者

2012 年 6 月于北京

目录
CONTENTS

第一篇

Chapter 01

污染源篇

废气处理工程技术手册

Handbook on Waste Gas Treatment Engineering Technology

第一章 污染源概述

第一节　大气和大气污染

一、纯净的大气

大气层，是指环绕在地球表层上的空气所构成的整个空间，它的厚度有1000～1400km。

大气，是指占据大气层的一部或全部气体空间，或者说，是构成大气层整体或局部的气体空间。它是一个地球物理空间或地理空间的概念。地球大气的总质量估计约为3.9×10^{16}t，占地球总质量的1%左右，其质量的50%集中在离地球表面5km以下的空间，75%集中在10km以下的空间，99%分布在30km以下的空间，且离地球表面越近密度越大。

空气，则纯属一个物质名词，指的是构成大气或大气层的化学物质，它没有地理空间的含义。从这个意义上讲，大气是由空气和它所占有的地理空间构成的[1]。

由此可见，纯净的大气只能由纯净的空气所组成。纯净的空气是指自然形成的空气，主要由氮、氧组成。此外还有氩、二氧化碳与极少量其他种类的气体。其具体组成列于表1-1[2]。

表1-1　纯净空气的组成

气体种类	容积成分/%	气体种类	容积成分/%
氮(N_2)	78.09	氦(He)	0.0005
氧(O_2)	20.95	氪(Kr)	0.0001
氩(Ar)	0.93	氢(H_2)	0.00005
二氧化碳(CO_2)	0.03	氙(Xe)	0.000008
臭氧(O_3)	0.000001	水蒸气(H_2O)	0～4
氖(Ne)	0.0018	杂质	微量

纯净的空气是人类和一切生物赖以生存的重要环境因素之一。由纯净空气构成的大气层，具有各种重要功能。它不仅为人类和其他生物的呼吸过程提供氧源，为绿色植物的光合作用提供碳源，而且，为整个生物界同无机环境之间的物质和能量交流与平衡提供必要的条件。此外，大气层还为地球的整个生物圈提供多种保护，如使之免受太阳辐射和宇宙辐射的致命性辐照，使之具有适宜于生存的温度、湿度和其他气候条件等。纯净的空气对人类和一切生物至关重要。成年人在静止状态下每一次呼吸的空气量大约是300～800mL，每分钟平均呼吸16次，那么一分钟呼吸的空气量为8L，成年人每小时呼吸消耗的氧气量大约为96L。氧气不足会导致呼吸困难，使中枢神经发生障碍，重者还会出现生命危险。没有空气，人和其他生物就不能生存，一旦纯净的空气遭到破坏，人类和整个生物界的生存就要受到威胁。

二、大气污染

什么是大气污染？根据国际标准化组织（ISO）所下的定义，大气污染系指由于人类的活动或自然过程引起某些物质进入大气中，呈现出足够的浓度，持续存在足够的时间，达到了危害人体的舒适、健康、福利及危害了环境的程度。

所谓对人体舒适、健康危害，是指对人体正常生理状态与机能的不良影响，即造成不舒适感，急性病、慢性病以至死亡等。所谓福利，则是指与人类协调共存的生物、自然资源以及人类社会财富。

大气污染，按其来源可分为两大类：一是人类活动引起的污染，二是自然过程引起的污染，后者包括火山爆发、山林火灾、风灾、雷电等造成的大气污染。自然过程对大气的污染，目前人类还不能完全控制。但这些自然过程多具有偶然性、地区性，而两次同样过程发生的时间往往较长。由于环境有一定的容量和自净能力，自然过程造成的大气污染，经过一段时间后常会自然消失，对整个人类的发展尚无根本性危害。

当今，最令人担忧的是人类的生活和生产对大气的污染。由于人类的生活及生产活动从不间断，这种污染也从未停止过。21世纪以来，工业和交通运输业的迅速发展，城市的不断扩大，以及人口的高度集中，使得大气污染日趋严重。目前，全世界每年排入大气的有害气体在6亿吨以上，煤粉尘及其他粉尘在1亿吨以上，严重污染了大气，对人类健康构成了威胁。这种大气污染既然由人类活动所引起，也就可以通过人类的活动而加以控制。

三、大气污染的影响

（一）全球性的不良影响

氟里昂即氯氟烃（CFCs）和二氧化碳（CO_2）排放不断增加所造成的全球性的不良影响主要是臭氧层损耗加剧和全球气候变暖。

1. 臭氧层损耗加剧

世界气象组织（WMO）和联合国环境规划署（UNEP）发起的研究工作，已经确认臭氧层损耗的主要原因是含氯和溴的化合物，如广泛用于电冰箱及空调机的CFCs等，氟里昂（CFCs）大量用作制冷剂、喷雾剂、发泡剂、洗净剂等，排向大气到达大气层的平流层经光解产生Cl原子，破坏臭氧层。氟里昂（CFCs）在大气中的寿命为50～100年，即使完全停止生产和使用氟里昂和淘汰对臭氧层有破坏作用的其他化学品，还要经过几十年甚至上百年平流层的臭氧层才能恢复。

据科学家预测，如果地球平流层臭氧减少1%，则太阳紫外线的辐射量约增加2%，皮肤癌发病率将增加3%～5%，白内障患者将增加0.2%～1.6%。此外，紫外线辐射量增加还引起海洋浮游生物及虾、蟹幼体和贝类的大量死亡，使一些动物变成瞎子，甚至可能造成某些生物灭绝，并可能使主要农作物小麦、水稻等减产。有的科学家认为，臭氧层减少到1/5时，将是地球存亡的临界点。当然这一论点尚未得到科学家研究证实，但却充分说明了臭氧层耗损的严重危害和拯救臭氧层的紧迫性。

2. 全球气候变暖

根据世界各地气象部门的统计数字看，地球的气候确实在变暖，20世纪七八十年代以来，气温增加了0.7℃左右，这是人类过去几千年、上万年所没有的一种现象。科学家们较为一致的意见认为继续释放温室气体（CO_2、CFCs等）将导致全球气候变暖。

在地球上，CO_2是产生大气保温效应的最重要的温室气体，已引起人们很大的重视。但是，它在人类活动造成的气候变暖潜能中大约仅占1/2（50%）。根据20世纪80年代中期大气中主要温室气体的浓度及其相对的热吸收潜能，对它们的贡献率估计如下：二氧化碳（CO_2）50%、氯氟烃（CFCs）20%、甲烷（CH_4）16%、对流层臭氧（O_3）8%、一氧化二氮（笑气，N_2O）6%。前三种温室气体贡献率为86%，前两种的贡献率为70%，且主要是人为因素。所以，控制二氧化碳及氯氟烃（氟里昂）的排放量是当前紧迫而重要的任务。氯氟烃排放量虽远小于二氧化碳，但CFCs新增分子的吸热量是CO_2新增分子吸热的2万倍。

CO_2不仅能透过太阳辐射光，而且也还能吸收地面反射的红外线。CO_2的这种性质叫做温室效应，即大气层对地面的保温作用。CO_2也是影响气候变化的重要因素。全球因气候变暖造成的自然灾害损失每年达3000亿美元。近100年来地球气温升高了0.8℃。今后100年地球平均气温将升高1.4～5.8℃。地球升温导致喜马拉雅山和天山67%的冰川消融速度加快，阿尔卑斯山高山植被每10年向上缩小1～4m。欧洲季节延期平均达10.8天，非洲沙漠化加快，澳大利亚和新西兰沼泽地逐渐干涸，20世纪50年代至70年代初，北极圈冰雪消融了10%～15%，南极圈向南退缩了2.8°。全球气候变暖的另一个不良后果是海平面升高。据统计，近百年来随着全球气候增暖，全球海平面大约上升了10～15cm。如果由于海平面升高，沿海低洼地区被淹没、海滩和海岸遭受侵蚀、海水倒灌破坏淡水资源并可能使洪水加剧，以及破坏港口设备和海岸建筑物、影响航运、影响沿海水产养殖业，这些环境灾难将对中国造成巨大经济损失，应及时研究战略对策。

（二）区域性的不良影响

区域性的大气污染指对省及省以上广大区域的环境造成不良影响和损害的一种大气污染类型。区域性大气污染主要有：酸沉降（酸雨）；地面的臭氧（欧洲、北美）。这是从全世界的角度来分析问题，从中国的实际出发，地面的臭氧只是地区性或局地性的污染。下面分别加以阐述。

1. 酸沉降（酸雨）[3]

湿沉降（酸雨、雪、雾和云蒸气）和干沉降（酸性颗粒物和气溶胶）都是在化石燃料燃烧和金属冶炼中释放出大量SO_2和NO_x时形成的。酸雨是受到世界各国普遍关注和最具代表性的区域性酸沉降。

酸雨通常定义为“pH值小于5.6的雨”。瑞典土壤学家S.奥丹博士首先查明该项污染的起因，并对酸雨分布区进行了大规模的调查。奥丹博士在1967年发表了可以称为酸雨里程碑的学术论文。论文中警告说：“酸雨今后将严重危及水质、土壤、森林及建筑物，对于人类来说这也许是一种化学战场”。我国许多科学工作者做了大量研究工作，对我国酸雨的形成、分布及危害等方面的研究已取得显著成果。

被国外称为“空中死神”的酸雨严重危害了区域环境。主要有如下几方面。

(1) 对水体及水生生物的影响　最早显现受害现象的是湖泊和河流。溶于雨雪中的酸性物质流进湖泊，当酸性物质蓄积到一定程度时开始出现酸化，当pH值低于5以下时，鱼类便急剧减少。对pH很敏感的浮游生物和水生植物首先受到影响，食物链因此被切断。pH值到4.5以下，鱼卵就难以孵化，成鱼也受到损害，能够继续生存的鱼类仅限于极少的一部分品种。

(2) 对森林的危害　酸雨对树木的伤害可能有直接和间接两个方面。直接伤害是酸雨侵入树叶的气孔，妨碍植物的呼吸；间接伤害是指由于土壤性质发生变化而使树木间接受到伤害。大规模的森林衰退是大气污染对陆生生态系统影响最令人吃惊的区域性表现，20世纪70年代以来欧洲森林的迅速衰退是到目前为止最引人注目的例证。在北美森林的衰退也很明显，但尚未达到欧洲森林衰退的程度。最近的研究指出，酸雨是使遍布于阿巴拉契亚山脉高海拔的红云杉严重顶枯的主要原因。这种大规模的森林衰退带来重大的经济损失，包括木材产量的减少及有关木材加工业的损失，以及娱乐和其他“非木材业”社会收益的减少。

(3) 酸雨对建筑物及材料的损害　酸雨对生态系统造成的伤害，不是人们唯一担心的问题。酸雨对石头和金属材料及纪念碑的侵蚀，也已经成为严重问题。特别是露天艺术品、古建筑群等文物古迹、宝贵的人类文化遗产，正在酸雨的侵蚀下缓缓地腐朽，将会造成不可估量的损失。

(4) 酸雨对人体健康的损害　大气中 SO_2 和 NO_x 化学转化的酸性气溶胶对健康的影响日益引起人们的注意。越来越多的证据表明，酸性气溶胶危害人体健康，引发呼吸系统疾病，如气管炎和哮喘。在美国一些科学家已建议，酸性气溶胶应是大气环境质量标准中规定限制的下一个污染物。

2. 地面臭氧

地面臭氧的区域性影响和酸沉降一样深刻而广泛。在欧洲和北美夏季有时连续多日出现高水平的地面臭氧，而且不仅限于城市地区。有证据表明，在北美和欧洲，由于臭氧前体氮氧化物（NO_x）和挥发性有机化合物的排放水平日渐增加，臭氧在环境中的含量水平正在增高。数据表明现在欧洲大陆的地面臭氧水平比 20 世纪初翻了一番。地面臭氧的前体 NO_x、挥发性有机化合物分布面广，不仅包括机动车、电站、硝酸及氮肥厂、炼油厂以及各种各样小工业，还有房屋油漆和其他溶剂的住宅排放，很难控制。

地面臭氧能伤害多种树木和作物叶片中的细胞，干扰光合作用，造成营养物浸出，最终导致植物生长减慢和直接的叶片伤害。受臭氧伤害的植物更容易受昆虫侵袭，根系也容易腐烂。接触臭氧，加上酸雨和其他不利条件，是造成欧洲和北美等大面积森林衰退的主要原因，臭氧对农业生产能力造成的损失，在欧洲和北美都很常见。据估计美国当前的臭氧水平造成作物产量损失 5%～10%。

接触臭氧对人类和动物健康的影响也很严重，尤其是夏季逆温天气造成大面积连续几天高浓度接触时，对健康的损害更为明显。减少城市和区域臭氧水平，使之不再造成广泛的生态和健康效应，是一项紧迫而艰巨的任务。

（三）地区（或城市）和局地大气污染的不良影响

以一个地区或一个城市为对象的中尺度大气污染称为地区污染或城市污染，这是中国当前环境保护工作的重点。以单个烟囱或污染源为对象的小尺度污染称为局地污染，如火力发电厂、有色金属冶炼厂、钢铁厂、聚氯乙烯厂、染料厂、造纸厂等造成的局地性大气污染。

1. 大气污染对城市（或地区）环境的不良影响

这种影响主要是使城市环境的物理特征、化学特征及生物特征发生了不良变化。

(1) 物理特征的不良变化　主要表现在雾霾日增多、能见度低，以及城市的热岛效应。从各类污染源排入大气的颗粒物对太阳光具有一定的吸收和散射作用，颗粒物又可作为成雾的凝结核，因此，它可以减少太阳直接辐射到地表的辐射强度。当污染严重时，太阳辐射到地表的能量可减少到 40%以上。又常因雾霾的存在，使大气变得非常浑浊，能见度有时只有几米。

城市的热岛效应实际上就是城市大气的热污染。城市化改变了下垫面的组成和性质，由砖瓦、水泥、玻璃、石材及金属等人工构筑表面代替了土壤、草地、森林等自然表面，改变了反射和辐射的性质，改变了近地面层的热交换和地面粗糙度，从而影响了大气的物理性质。城市气温高于四邻，往往形成城市热岛。城市中心区暖流上升并从高层向四周扩散，市郊较冷的空气则从低层吹向市区，构成局部环流，这样虽然加强了市区与郊区的空气对流，但也在一定程度上使污染物囿于此局部环流之中，而不易向更大范围扩散，在城市上空常常形成一个污染物幕罩。

（2）化学特征的不良变化 大气化学组成和化学物质含量水平的变化可引起化学特征的不良变化。工业、生活、交通运输等各类排放源所排放的污染物如烟尘、粉尘、SO_2、NO_x、苯并［a］芘等排入大气，使大气环境中污染物的含量水平增大，特别是污染物地面浓度增大，必然会造成城市大气污染，使化学特征发生不良变化。因而危害人体健康、导致癌症、呼吸系统疾病、心脑血管病等发病率呈不断上升趋势，并可使建筑物、桥梁、文物古迹、艺术品和暴露在空气中的金属制品及皮革、纺织等物品发生质的不良变化，造成直接和间接经济损失。此外，对城市的绿化植物也有不良影响。

（3）生物特征的不良变化 大气环境生物特征的不良变化主要是指城市大气生物污染。当前有些城市已把 $1m^3$ 空气中的细菌总数列为监测和控制指标。

2. 工业污染源造成的局地污染

工业区、大中型污染严重的工业企业所排废气引起的污染都属于局地污染，如，某些小型电解铝厂以及一些磷肥厂引起的氟污染；聚氯乙烯厂排放的氯乙烯造成厂区周围畸胎率明显增大；电解食盐厂等造成的氯及氯化氢污染；各类工业排放源引起的硫化氢、恶臭、有机废气等大气污染。虽然是局地污染，但在全国形成相当多的重污染区，而且污染事故时有发生，也已成为一项亟待解决的环境问题。

四、大气污染管理

强化环境管理是我国三大环境政策之一。环境管理是污染治理的指导和支持、保证，管与治要相结合，大气污染管理是废气治理的支持和保证，对废气治理实用技术的筛选、治理方案的优化起指导作用。

（一）大气污染管理的主要内容[1,4]

大气污染管理是指为了控制大气污染（化学污染、物理污染和生物污染），改善大气环境质量而进行的种种管理工作。当前进行的主要是大气化学污染管理，其主要内容如下。

1. 制定和实施大气环境标准

环境标准是环境管理的准绳和中心环节，抓不住这个环节，强化环境管理就是一句空话。

（1）我国的环境标准体系 我国的环境标准分为：环境质量标准、污染物排放标准、基础标准、方法标准、标准样品标准以及环境保护行业标准。其中，环境质量标准和污染物排放标准是环境标准的主体，分为国家标准和地方标准两级。国家环境质量标准和国家污染物排放标准是在全国范围内统一使用的标准；地方环境标准是本地区范围内使用的标准，由（省）市、自治区人民政府批准。《中华人民共和国环境保护法》第九条、第十条规定：“省、自治区、直辖市人民政府对国家环境质量标准中未做规定的项目，可以制定地方环境质量标准，并报国务院环境保护行政主管部门备案”；“省、自治区、直辖市人民政府对国家污染物排放标准中未做规定的项目，可以制定地方污染物排放标准，对国家污染物排放标准中已做规定的项目，可以制定严于国家污染物排放标准的地方污染物排放标准。地方污染物排放标准须报国务院环境保护行政主管部门备案”。“凡是向已有地方污染物排放标准的区域排放污染物的，应当执行地方污染物排放标准。”

（2）中国大气环境标准 主要有以下几项。

① 大气环境质量标准（GB 3095—1996） 这是我国规定的各类地区大气中主要污染物的含量在一定时间内不许超过的限值，是评价和控制管理大气污染的准绳。大气环境质量标准主要作用是：a. 评价环境质量及污染状况；b. 作为制定污染物排放标准的依据；c. 分级、分区、分期管理大气环境的水准，即各地区根据当地具体条件在不同时期执行不同级别的标

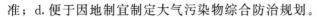

准；d. 便于因地制宜制定大气污染物综合防治规划。

② 大气污染物排放标准 1996年制定的《大气污染物综合排放标准》，其中废气部分规定了二氧化硫、二氧化碳、硫化氢、氟化物、氮氧化物、氯化氢、一氧化碳、硫酸（雾）、铅、汞、铍化物、烟尘及生产性粉尘等33种大气污染物的排放限值；之后发布修订《锅炉大气污染物排放标准》和《燃煤电厂大气污染物排放标准》；随后陆续发布的有《机动车辆大气污染物排放标准》、《工业窑炉排放标准》以及水泥、钢铁、焦化等行业大气污染物的排放标准。

③ 大气环境基础标准、方法标准、标准样品标准 如《空气质量 词汇》（HJ 492—2009），《制定地方大气污染物排放标准的技术原则和方法》（GB/T 3840—91）等。中国从20世纪80年代初开始对环境标准样品进行研究，现已研究出包括大气、煤气灰等几十种标准样品。

④ 环境保护行业标准 为适应环境管理的需要，1992年经国家技术监督局批准，国家在环境标准中，建立环境保护行业标准。其管理范围为：城市环境质量综合考核指标；环境影响评价与“三同时”验收技术规定；大气污染物排放总量控制技术规定；环境监测技术规范；环保专用取样器；环境信息分类与编码等。

2. 大气环境质量评价

当前进行的大气环境质量评价，实际上就是以污染程度轻重来划分环境质量级别的环境污染评价。在大气污染管理工作中，为了描述大气环境质量现状，定期向上级机关或居民报告环境质量状况，预测分析环境质量变化趋势，都需要进行大气环境质量评价。

（1）评价标准、范围及内容 大气环境质量评价主要是以国家（或地方）的大气环境质量标准为依据，一般选用国家二级标准。大气环境质量评价的范围，主要是在人口众多、大气污染显著的城市（或地区）进行。大气环境质量评价的内容主要是污染评价，通过评价确定大气污染程度及分布。

（2）大气环境质量评价的程序 主要有下列4项，依次进行[4,5]。

① 选定评价 人类向大气排放的污染物种类繁多，但带有普遍性的主要污染物只有5～6种，即总悬浮微粒（TSP）、飘尘、SO_2、NO_x、CO、光化学氧化剂（O_3）等。在进行大气环境质量评价时首先要根据本城市（地区）的实际情况（环境特征），选择对本城市（地区）的大气环境有重要影响的污染物作为评价参数。我国城市大气污染普遍是煤烟型污染，一般选 TSP、SO_2、NO_x；如果在大城市或特大城市机动车较多，燃煤低空排放的污染源较多，则考虑 TSP、SO_2、NO_x、CO、O_3 或 TSP、SO_2、NO_x、CO、苯并［*a*］芘（或 Pb）。总之要因地制宜，从实际出发。

② 获取代表环境质量的监测数据 根据选定的评价参数、污染源分布、地形及气象条件等，确定恰当的布点采样方法，设计监测网络系统，以获取能代表大气环境质量的数据及同步的气象数据。

③ 选择评价方法 通常选用环境质量指数（EQI）法或分级评分法。

④ 根据选定的方法进行评价，并画出污染分布图。

3. 大气污染源管理

污染源管理是运用环境保护法规、政策及环境管理制度，对污染源进行的规范化监督管理，是环境管理的基础。下面分别阐述其原则与内容。

（1）污染源管理的原则 污染源管理的基本原则是预防为止，防治结合；污染者承担治理责任，开发者承担补偿责任，不断强化监督管理，以管促治。

进入20世纪90年代，污染源管理开始了三个大的转变。即：由污染源的末端治理转向全过程控制和末端治理相结合；由排放污染物浓度控制转向以总量控制为基础，总量控制与浓度控制相结合；由污染物的点源治理转向集中控制（或综合治理）与点源治理相结合。

（2）污染源管理的内容

① 污染源调查评价 污染源调查评价是污染源管理的基础工作，经过调查要获得下列数据资料：a. 各类污染物的排污量；b. 污染物的排污系数（万元产值排污量或吨产品排污量）；c. 污染源分布（画出分布图）；d. 各个污染源的排污分担率；e. 经标化评价确定主要污染物及主要污染源；f. 主要污染源的污染分担率（或污染贡献率）。

② 污染源排放量控制 一是按排放标准控制，要求各污染源在规定的期限内达到国家或地方规定的种类排放标准，如污染物浓度排放标准，单位设备排污控制指标，单位产量（或产值）排污控制指标，单位产量（或产值）用水量指标、燃料消耗指标、有毒有害原材料消耗指标等。二是排放地点控制。为了保证某些敏感地区或重点保护区的环境质量，不准在盛行风向的上风向、居民稠密区、风景区、疗养区等建设能耗高、废气排放严重污染环境的企业，有些敏感地区不准建设工业企业。

③ 按功能区实行总量控制 把功能区作为一个控制单元，对排入控制单元的污染物实行总量控制。按功能区实行污染物排放总量控制又可分为目标总量控制和容量总量控制。目标总量控制是根据城市（或地区）制定环境规划时所确定的规划期环境目标（总量控制目标），对控制单元进行总量控制，并分解到源，对各污染源进行部量控制。

容量总量控制是指根据功能区环境容量（最大纳污量）所能承受的污染物总量进行控制。要对城市（或地区）的各功能进行环境容量分析，确定各功能区的最大允许排污量，作为总量控制的依据。容量总量控制是把保证功能区环境质量（排污不超出环境容量）与对污染源的污染物排放总量控制直接联系起来，比目标总量控制更科学合理。

④ 建立污染源监控系统 加强环境监测及环境监理，建立污染源监控系统，防止突发性污染事故，见图 1-1。

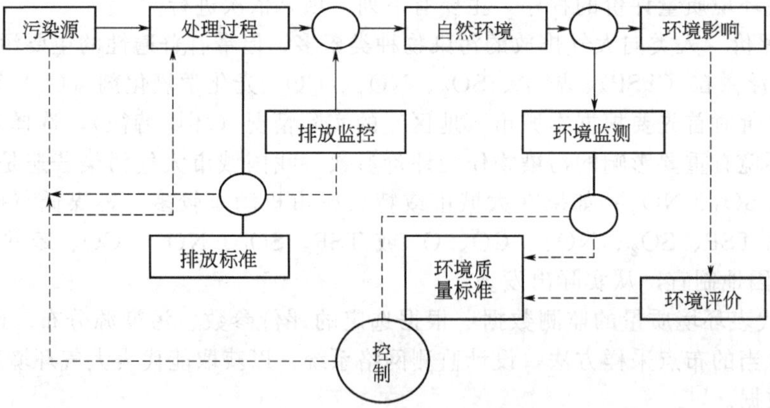

图 1-1 大气污染监控系统

4. 大气污染预测、预报

大气污染预报分为大气污染潜势预报和城市大气污染浓度预报，是大气环境污染管理和防止大气污染事故的一项重要措施。

（1）大气污染潜势预报 主要是预报在未来气象条件下大气的扩散稀释能力，从而判断是否会产生污染，甚至污染事故。

（2）城市大气污染浓度预报 主要是预报城市大气环境质量，即大气中主要污染物的含量水平（事先确定控制点）。浓度预报大致分为统计预报和模型预报两大类。统计预报需要较长时间的大气污染浓度监测数据及同步的气象数据，建立起排放总量、气象条件与大气污染浓度的统计关系，用于进行预报。模型预报常用箱模型、烟流模型或两者结合起来进行预报；近来有些城市用多元扩散模型进行预测、预报，效果较好。

（二）环境管理制度

环境管理从以行政管理为主走向法律化、制度化、程序化是发展的必然趋势。在环境保护实践中不断总结行之有效的管理措施和办法，逐步形成环境管理制度，再经过实践验证、不断完善，上升为法律、法规，即是环境法律制度。下面对我国行之有效的环境管理制度（在法律、法规中已有明确规定）分别进行阐述。

1. 控制新污染源的环境管理制度

主要有三项：环境规划、环境影响评价、“三同时”。三者结合起来，以环境规划为先导，形成控制新污染源、贯彻“三同步”方针的三个重要环节。

“三同步”方针即“经济建设、城乡建设与环境建设同步规划、同步实施、同步发展”。首先是经济和社会发展规划、城市建设总体规划与环境规划，同步制定、综合平衡。控制开发强度不超过环境承载力，划定环境功能区，控制工业合理布局，使经济发展目标与环境目标统一起来。其次是在环境规划指导下，对新的开发区、开发建设项目、扩建改建项目进行环境影响评价，预测分析可能造成的环境问题并提出对策。最后是通过环境保护措施（污染防治工程等）与主体工程同时设计、同时施工、同时验收运转（即“三同时”），落实环境影响评价报告书所提出的环境对策。严格执行环境影响评价和“三同时”制度，就是贯彻了“三同步”方针中的同步实施。环境规划-环境影响评价“三同时”，三个环节紧密相连，即可保证经济建设、城乡建设与环境建设同步协调发展，在快速发展经济的同时保护好生态环境。

2. 控制大气污染，以管促治的制度

（1）排污收费制度及限期治理制度　《中华人民共和国大气污染防治法》等十三、十四条规定：“向大气排放污染物的，其污染排放浓度不得超过国家和地方规定的排放标准”；“国家实行按照向大气排放污染物的种类和数量征收排污费的制度”。

排污收费是一项老的环境管理法律制度，实施30多年来对于老污染源的管理起到了十分积极的作用。但是，从总体上看排污收费标准仍然偏低，全面、足额收费也还存在一定的差距。随着环境管理思想的发展和污染源管理的深化，在排污收费（而不仅是超标收费）、多因子收费、总量收费等方面正在努力探索。

缴纳排污费并不能减掉排污单位的治理责任。1996年8月发布的《国务院关于环境保护若干问题的决定》，在第四项“限期达标，加快治理老污染”中规定：“自本决定发布之日起，现有排污单位超标排放污染物的，由县级以上人民政府或其委托的环境保护行政主管部门依法责令限期治理。限期治理的期限可视情况不同定为1至3年……”。实践证明，限期治理也是一项行之有效的环境管理法律制度。

（2）排污申报登记制度　排污申报也是一项法律制度。《中华人民共和国大气污染防治法》第十二条规定：“向大气排放污染物的单位，必须按照国务院环境保护部门的规定，向所在地的环境保护部门申报拥有污染物排放设施，处理设施和在正常作业条件下排放污染物的种类、数量、浓度，并提供防治大气污染方面的有关技术资料”；“排放污染物的种类、数量、浓度有重大改变的，必须及时申报”。在执行这项制度时，环境保护部门应当对排污单位申报的数据进行核实，使用统一软件加以汇总，并实行动态管理。

（3）排放污染物许可证制度　与排污申报联结起来形成控制污染源排污的较为完整的管理体系。其理论基础是环境的资源观和价值观。环境是资源，资源应有偿使用。

大气环境是资源，大气的自净能力也是资源，资源属国家所有。向大气排放污染物的企

业、事业单位是使用大气的自净能力，使用属于国有的资源，所以必须申报使用数量、时间和地点（即排污去向及污染物的种类、数量、强度等）；环境保护行政主管部门受政府委托接受申报并核实申报的数据资料，根据各申报单位的实际情况合理分配大气自净能力（允许排放的污染物种类、数量和排污去向），发给排污许可证；排污单位有权提出排污申请，但有义务必须遵照排污许可证的规定排放污染物；环境保护部门有义务合理分配排污指标，但有权利对排污单位的排污过程进行监督检查。依据上述理论分析，经过环境立法将权利与义务用法律条文做出明确规定，即形成完整的环境法律制度。

3. 城市环境综合整治定量考核

为控制大气污染和改善城市环境质量，在点源治理的同时还必须进行综合治理，把大气污染综合治理作为城市环境综合整治的重要组成部分。自 1989 年开始，实行了城市环境综合整治定量考核，作为促进综合治理、强化污染管理的重要措施。1995 年随着环境管理的深化，进一步调整了城市环境综合整治定量考核指标，增加了重点污染物总量削减率、环保投入、机构建设、排污收费状况等指标。

第二节 污染源的分类及调查评价

污染源是指导致环境污染的各种污染因子或污染物的发生源。例如，向环境排出污染物或释放有害因子的工厂、场所或设备。

一、污染源的分类

污染源可分为两大类，即天然污染源和人为污染源。对于环境科学来说，主要研究和控制的对象是人为污染源。

（一）天然污染源

天然污染源是指因自然界的运动而形成的各种污染物的发生源。例如火山爆发可以向大气喷发出大量的尘埃（火山灰）、烟雾及二氧化硫、硫化氢等化学污染物；森林火灾给大气带来大量一氧化碳、二氧化碳及不完全燃烧的有机烟雾；海浪运动可以将大量含盐水滴抛向空中，水分蒸发又形成盐粒；大风可将荒漠地区的沙土带入空中，甚至带到几千公里以外又重新沉积下来；植物花粉对人类也是一种过敏源。有些天然污染源排出的污染物是巨量的，对人类环境造成大范围的不良影响。例如，1991 年 6 月，菲律宾皮纳图博火山大规模爆发，喷发出大量火山灰和 SO_2 到平流层中。皮纳图博火山一次就向平流层喷发了大约 1800 万吨 SO_2，几乎等于美国一年的 SO_2 排放总量。火山喷发的这些气体到达平流层后就围绕着赤道从东到西漂流最终覆盖全球。SO_2 气体转变为极小的硫酸液滴，生成反射和散射太阳光的雾，专家认为这种雾在 3～4 年之中，会使地球平均温度降低 0.3℃以上。一些科学家也认为，火山微粒可能起到类似南极上空冰晶的作用，引起化学反应，破坏人口密集的中纬度地区的臭氧层。天然污染源可能引起的环境灾害已引起人们的关注，但当前人类尚难以控制，本书主要介绍人为污染源。

（二）人为污染源

由于人类生产和生活活动造成环境污染的发生源即人为污染源。下面分类作概括介绍。

(1) 按人类活动的性质分类　分为工业污染源（金属冶炼、发电、炼油、采矿、石油化工、电镀等工矿企业），农业污染源（使用农药、化肥等），交通运输污染源（现代交通工具，例如飞机、汽车、轮船等排出的废气）以及生活污染源（取暖、做饭等生活用煤）。

(2) 按被污染对象的性质分类　分为大气污染源、土壤污染源和水体污染源等。

(3) 按污染因子的空间分布形态分类　分为点污染源（呈点状分布的，如工矿企业、城镇、医院、科研机构等排出的三废），面污染源（又称非点污染源），线污染源（呈线状分布的污染源，例如主要交通干线上汽车、火车等交通运输工具所排出的废气，也包括交通工具的噪声）。点污染源及面污染源是固定污染源，而线污染源是移动污染源。

(4) 按污染因子的物化性质分类　分为有机污染源、无机污染源、混合污染源（同时排放出多种污染物的污染源）、热污染源、噪声污染源、放射性污染源、病原体污染源等。

(5) 按污染物的形态分类　分为废气、废水、固体废物、噪声、放射性物质等。

本章主要阐述大气的人为污染源。重点是燃料燃烧和工业生产过程形成的人为污染源，以及交通运输污染源中的汽车形成的废气排放源。

二、污染源调查

污染源调查是废气、废水等污染治理、污染源控制与管理，以及制定环境污染综合防治规划的基础。搞清造成环境污染的根源，确定哪些污染物是主要污染物，哪些污染源是主要污染源，从而确定污染治理工作的方向和任务。例如我国在 20 世纪 70 年代初，为解决官厅水库水质受到污染的问题，组织了大量人力，花费了相当长的时间进行污染源调查和评价，确定了主要污染物和污染源，制定了污染综合防治规划。如果不是组织大规模、科学的污染源调查，任何人也不可能提出切实可靠的污染综合防治规划。下面对污染源调查的原则和方法做简要介绍。

1. 污染源调查的原则

工业污染源调查、乡镇企业污染源调查，国家环境保护部等行政主管部门都下达技术指导性文件。这里介绍的只是一般性的原则。

(1) 目的要求要明确　污染源调查的目的要求不同，其方法步骤也不同，所以进行的污染源调查首先要明确目的要求。例如：为了查明某种污染物（造成环境污染）的主要来源，通常运用工艺分析、物料衡算、污染追踪调查；为了解决一个城市（或地区）的电镀厂（或车间）的分布点及确定电镀废水处理技术重点服务对象所进行的调查，重点是弄清污染源的分布、规模、排放量，以及评价其对环境的影响；如果为了制定城市（或地区）的环境污染综合防治规划而进行污染源调查，则工作量大而复杂，不但要画出各类污染源的分布图，弄清各个污染源的排放量、排放强度、排放方式，以及排污分担率和污染分担率，还要计算出排污系数及调查其变化规律。通过污染源评价确定主要污染物和主要污染源。

(2) 要把污染源、环境和人群健康作为一个系统来考虑　在污染源的调查、评价过程中，不应只注意污染物的排放量，也要重视污染物的物理、化学及生物特征，进入环境的途径以及对人群健康的影响等因素。

(3) 要重视污染源所处的位置及同步的气象和水文数据　污染源所在的功能区不同，所在地的污染源密度不同，气象条件和水文条件不同，同样性质同等排污量的污染物，其对环境和人群健康造成的影响也不相同。所以，在污染源调查时要弄清污染源所处的位置和同步的气象、水文数据。

2. 污染源调查的程序与方法

下面以工业污染源调查为例作概括介绍。图 1-2 是一个污染源调查程序框图[3]。实际调查时按程序逐步进行。下面仅对污染源调查过程中的几个问题做一些阐述。

(1) 统一内容、统一方法　不论是全国性还是区域性的污染源调查，都应该对调查的内容做出统一规定。对环境监测方法、样本采集方法、排放量估算及数据处理方法等都应有统一的技术规范，使获得的数据、资料能够汇总对比分析，得出正确结论。

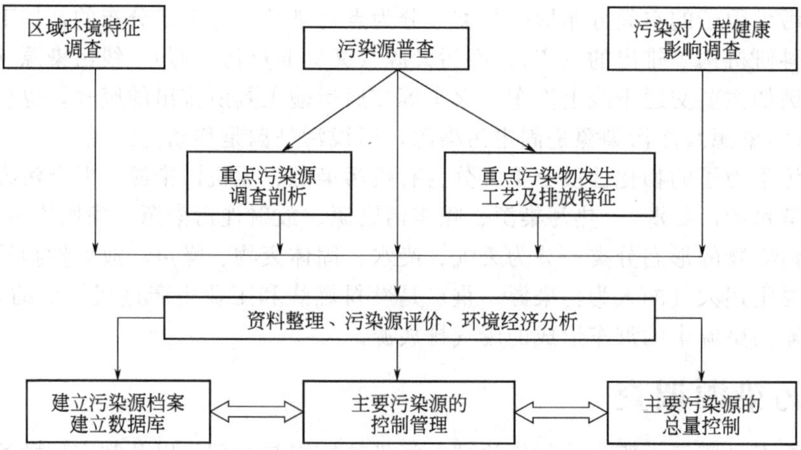

图 1-2 污染源调查程序框图

(2) 重点污染源调查剖析 在普查的基础上对重点污染源要深入调查和剖析。主要是对污染物的物理、化学和生物特征进行分析；核算流失总量并剖析流失的原因，分清管理因子、设备因子、技术因子等不同因子所造成的流失量，以及在总流失量中所占的比例等。

(3) 重点污染物产生工艺及排放特征 包括：工业生产工艺分析，重点污染物的追踪分析，以及重点污染物产生机制及排放规律。

工业生产工艺分析，主要是对污染型行业的重点污染源现行的生产工艺进行环境经济综合评价，与国内外的先进生产工艺进行对比分析，以确定其革新的方向及淘汰更新的期限。

重点污染物追踪分析，即对代表重点污染源特征的主要污染物要进行追踪分析，如重有色金属冶炼厂的代表性污染物为 SO_2 及流失的重有色金属镉（Cd）、铅（Pb）、铜（Cu）、汞（Hg）等。追踪分析就是要弄清其在生产过程中流失的原因及主要发生源排污点。

此外，对重点污染物还要对其排放特征进行分析，包括排放方式及排放强度等。

(4) 污染源的产污量、排污量计算或估算问题 污染源调查中的重要数据之一是污染物产生量和排放量（其中排污量数据更为重要）。

① 凡有条件直接测定的可用下式计算污染物排放量：

$$m_i = c_i Q_i \times 10^{-6} (\text{废水}) \tag{1-1}$$

$$m_i = c_i Q_i \times 10^{-9} (\text{废气}) \tag{1-2}$$

式中，m_i 为 i 污染物的天或年排放量，t/d（吨/天）或 t/a（吨/年）；c_i 为 i 污染物实测浓度，mg/L（废水）、mg/m^3（废气）；Q_i 为废水或废气排放量，m^3/d 或 m^3/a（$1m^3$ 废水按 1t 计算）。

使用上式计算 i 污染物排放量时应注意两点：一是要选用适当的流量计（或简易而科学的方法）计算废水或废气的排放量；二是式中的 10^{-6} 和 10^{-9} 是单位转换系数，排放量以“t”为单位，而 c_i 的单位废水是“mg/L”，单位转换系数是 10^{-6}；废气是“mg/m^3”，单位转换系数是 10^{-9}，两者不可混淆。

② 没有条件直接测定者，可以利用产污系数及排污系数或经验公式、数据等进行估算。但要注意下列问题。

a. 在城市（或地区）污染源调查中估算污染物排放量，有两种不同的方法：一是各污染源分别估算，这就需要对不同类型的锅炉，各类行业不同的生产工艺如何选取排污系数和利用手册中的数据应有统一的技术规定；二是以城市（或地区）作为一个整体统一估算，如估算某市市区因燃烧排放的 SO_2、NO_x、烟尘等的总量，一般是分别统计出工业耗煤量和生活耗煤量，计算出市区总煤耗，然后利用综合平均排污系数估算排污量，这种排污系数有些是上一级环保主管部门下达的，也有的是从本城市市区调查获得的。

b. 对手册给出的或上级下达的排污系数一定要认真分析、正确利用。如某省环保主管部门向各市下达的燃煤综合排污系数 K_{SO_2} 为 0.024，即每烧 1t 煤平均排放 0.024t SO_2。这是由于考虑到该省所用原煤含硫量（平均）约为 1.5%，可燃硫按 80%计算：

$$K_{SO_2}=2\times0.8\times0.015=0.024$$

其中某市用的是低硫煤，一般含硫量为 0.8%，则不应完全照搬 0.024 来估算。

③ 对重点污染源的排污量，最好能用物料衡算法或环保投入产出表，以生产运转记录为依据进行核算。

三、污染源评价

污染源评价的目的不同方法也不相同，现分别介绍如下。

1. 污染源排放质量的分析评价

主要是对各污染源排污现状进行分析评价，主要有两种方法。

（1）以浓度控制为基础的评价方法　可以达标率或超标率作为指标进行分析评价。以达标率为例说明。

$$达标率(N_d)=\frac{各评价参数的总监测次数-超标次数}{总监测次数}\times100\% \tag{1-3}$$

实例：设某城市工业污染源控制确定主要污染物有 6 种，即烟尘、SO_2、COD、Cr^{6+}、NH_3-N、NO_x，监测制度为每周监测 1 次，每月监测 4 次，按月评价总监测次数为 $4\times6=24$ 次，烟尘超标 1 次，SO_2 超标 3 次，COD 超标 2 次，Cr^{6+} 超标 2 次，NH_3-N 超标 3 次，NO_x 不超标。6 种污染物的超标次数之和为 11 次。

$$达标率(N_d)=\frac{24-11}{24}\times100\%=54\%$$

同一污染源逐月评价可做比较，不同的污染源之间也可以相互比较分析。

（2）以总量控制为基础进行评价　主要方法是计算或估算出各主要污染物的排放总量，与确定的总量控制指标分析比较进行评价。

2. 标化评价确定主要污染源与主要污染物

主要用于制定环境污染综合防治规划。本书第十八章将对等标污染负荷与综合防治规划做详细介绍。标化评价法首先要正确选定标化系数。

3. 污染源的环境经济评价

主要目的是评价工业企业（工业污染源）的环境经济综合效益，为调整工业结构提供依据。

环境经济综合效益＝万元投入净收益－万元投入污染损失

万元投入净收益为正贡献，万元投入污染损失为负贡献。工业污染控制与管理就是通过技术改造，调整工业结构，推行清洁生产，使工业企业的正贡献＞负贡献，环境经济综合效益不断增大。

第三节　废气的分类

一、废气的分类方法

废气指工业出炉或生活过程中所排出的没有用的气体。废气的种类繁多，对其分类如下。

1. 按废气发生源的性质分类

人类工业生产活动产生的废气称为工业废气（包括燃料燃烧废气和生产工艺废气）；人类生活活动产生的废气称为生活废气；人类交通运输活动产生的废气称为交通废气，包括汽车尾气（汽车废气）、高空航空器废气、火车及船舶废气等；人类农业活动产生的废气称为农业废气。

2. 按废气所含的污染物分类

按所含污染物的物理形态分类，可以分为：含颗粒物废气、含气态污染物废气等。还可具体分为：含烟尘废气、含工业粉尘废气、含煤尘废气、含硫化合物废气、含氮化合物废气、含碳的氧化物废气、含卤素化合物废气、含烃类化合物废气等。这种分类方法在废气治理中经常应用。为了阐述废气的分类首先要弄清大气污染物的种类。

3. 按废气形成过程分类

大气污染物种类如此之多，很难做出严格分类。按其形成过程可以分为两类。

（1）一次污染物　直接由污染源排放的污染物叫一次污染物，其物理、化学性质尚未发生变化。

（2）二次污染物　在大气中一次污染物之间或与大气的正常成分之间发生化学作用的生成物叫二次污染物。它常比一次污染物对环境和人体的危害更严重。

目前受到普遍重视的一次污染物主要有颗粒物、含硫化合物、含氮化合物、含碳化合物（烃类化合物）等，二次污染物主要是硫酸烟雾、光化学烟雾等。

颗粒物可以是固体颗粒或液滴，气态物质可以在大气中转化为颗粒物。据估算，全世界由于人类活动每年排入大气的颗粒物（指粒径小于 20μm 者）约 1.85 亿～4.20 亿吨，其中直接排放的仅占 5%～21%，其余均为气态污染物在大气中转化而成的。表 1-2 汇总了气态污染物的分类。

表 1-2　气态污染物的分类

类别	一次污染物	二次污染物	人类活动
含硫化合物	SO_2、H_2S	SO_3、H_2SO_4、$MSO_4$①	燃烧含硫的燃料
含氮化合物	NO、NH_3	NO_2、$MNO_3$①	在高温燃烧时 N_2 和 O_2 的化合
含碳化合物	C_1～C_3 化合物和芳香烃	醛类、酮类、酸类	燃料燃烧；精炼石油；使用溶剂
含碳的氧化物	CO、CO_2	无	燃烧、冶炼
卤素化合物	HF、HCl	无	冶金、建材、化工作业

① MSO_4 和 MNO_3 分别表示一般的硫酸盐和硝酸盐。

二、含颗粒污染物废气

污染大气的颗粒物质又称气溶胶。环境科学中把气溶胶定义为悬浮在大气中的固体或液体物质，或称微粒物质或颗粒物。按其来源的性质不同，气溶胶又可分为一次气溶胶和二次气溶胶。前者系指从排放源排放的微粒，例如从烟囱排出的烟粒、风刮起的灰尘以及海水溅起的浪花等；后者系指从源排放时为气体，经过一些大气化学过程所形成的微粒，例如来自排放源的 H_2S 和 SO_2 气体，经大气氧化过程，最终转化为硫酸盐微粒。烟尘主要来自火力发电厂、钢铁厂、金属冶炼厂、化工厂、水泥厂及工业和民用锅炉的排放。

描述大气颗粒物污染状况有以下一些术语。

（1）粉尘　是固态分散性气溶胶，通常是指由固体物质在粉碎、研磨、混合和包装等机械生产过程中，或土壤、岩石风化等自然过程中产生的悬浮于空气的形状不规则的固体粒子，粒径一般在1～200μm。

（2）降尘　是指粒径＞10μm的粒子。它们在重力的作用下能在较短的时间内沉降到地面。常用作评价大气污染程度的一个指标。

（3）飘尘　是指粒径0.1～10μm之间的较小粒子。因其粒径小且轻，有的能飘浮几天、几个月、甚至几年，漂浮的范围也很大，也有达几千米，甚至几十千米。而且它们在大气中能不断蓄积，使污染程度不断加重。

飘尘的成分很复杂，除含有严重危害人体健康的二氧化硅外，还含有许多有害的重金属，如铅、汞、铬、镍、镉、铁、铍等以及它们的化合物。飘尘具有吸湿性，在大气中易形成凝聚核，核表面能吸附经高温升华随烟气排出的有害气体、各种重金属以及多环芳烃类致癌物质。有的飘尘粒子表面还具有催化作用，例如钢铁厂废气中所含的Fe_2O_3，能催化其表面吸附的二氧化硫，使其氧化成三氧化硫，三氧化硫吸收水蒸气能生成比二氧化硫毒性大10倍的硫酸雾。

飘尘能长时间飘浮于大气中，随人们的呼吸进入人体的鼻腔或肺部，影响人体健康。因此飘尘是环境监测的一项重要指标。

（4）总悬浮颗粒物（TSP）　是指大气中粒径小于100μm的固体粒子总质量。这是为适应我国目前普遍采用的低容量（$10m^3/h$）滤膜采样（质量）法而规定的指标。

（5）飞灰　是指燃料燃烧产生的烟气带走的灰分中分散得较细的粒子，灰分是指含碳物质燃烧后残留的固体渣。

（6）烟　是指燃煤或其他可燃烧物质的不完全燃烧所产生的煤烟或烟气，属于固态凝集性气溶胶。常温下为固体，高温下由于蒸发或升华而成蒸气，逸散到大气中，遇冷后又以空气中原有的粒子为核心凝集成微小的固体颗粒。

（7）液滴　是指在静态条件下能沉降，在紊流条件下能保持悬浮这样一种尺寸和密度的小液体粒子，主要粒径范围在200μm以下。

（8）轻雾　是液态分散性和液态凝聚性气溶胶的统称。粒径范围为5～100μm。液态分散性气溶胶又称液雾，是常温下的液态物质因飞溅、喷射等原因雾化而产生的液体微滴。液态凝聚性气溶胶是由于加热等原因使液体蒸发而逸散到大气中，遇冷变成过饱和蒸气，并以尘埃为核心凝集成液体小滴。两种气溶胶都呈球形，性质相似，只是液态分散性气溶胶的粒子直径大些。水平视度在1～2km。

（9）重雾　是指空气中有高浓度的水滴，粒径范围在2～30μm，这时雾很浓，且能见度差，水平视度＜1km。

（10）霾　表示空气中因悬浮着大量的烟、尘等微粒而形成的混浊现象。它常与大气的能见度降低相联系。

（11）烟雾　是一种固液混合态的气溶胶，具有烟和雾的两重性。当烟和雾同时形成时，就构成了烟雾。粒子的粒径＜1μm。

三、含气态污染物废气

气态污染物种类很多，主要有五大类：以SO_2为主的含硫化合物、以NO和NO_2为主的含氮化合物、碳的氧化物、烃类化合物及含卤素化合物。

1. 含硫化合物

大气污染物中的含硫化合物包括硫化氢（H_2S）、二氧化硫（SO_2）、三氧化硫（SO_3）、硫酸（H_2SO_4）、亚硫酸盐（SO_3^{2-}）、硫酸盐（SO_4^{2-}）和有机硫气溶胶。其中最主要的污染物为SO_2、H_2S、H_2SO_4和硫酸盐，SO_2和SO_3总称为硫的氧化物，以SO_x表示。

SO_2的主要天然源是微生物活动产生的H_2S，进入大气的H_2S都会迅速转变为SO_2，反应式为

$$H_2S+\frac{3}{2}O_2 \longrightarrow SO_2+H_2O \tag{1-4}$$

含硫化合物的其他天然源有：火山爆发，排出物主要是SO_2和H_2S，也有少量的SO_3和SO_4^{2-}；海水的浪花把海水中SO_4^{2-}带入大气，估计约有90%又返回海洋，10%落在陆地；沼泽地、土壤和沉积物中的微生物作用产生的H_2S。

SO_2的人为源主要是含硫的煤、石油等燃料燃烧及金属矿冶炼过程中产生的。煤、石油燃烧时硫的反应为

$$S+O_2 \longrightarrow SO_2 \tag{1-5}$$

$$2SO_2+O_2 \longrightarrow 2SO_3 \tag{1-6}$$

燃烧产物主要是SO_2，约占98%，SO_3只占2%左右。

2. 含氮化合物

大气中以气态存在的含氮化合物主要有氨（NH_3）及氮的氧化物，包括氧化亚氮（N_2O）、一氧化氮（NO）、二氧化氮（NO_2）、四氧化二氮（N_2O_4）、三氧化二氮（N_2O_3）及五氧化二氮（N_2O_5）等。其中对环境有影响的污染物主要是NO和NO_2，通常统称为氮氧化物（NO_x）。

NO和NO_2是对流层中危害最大的两种氮的氧化物。NO的天然来源有闪电、森林或草原火灾、大气中氨的氧化及土壤中微生物的硝化作用等。NO的人为源主要来自化石燃料的燃烧（如汽车、飞机及内燃机的燃烧过程），也来自硝酸及使用硝酸等的生产过程，氮肥厂、有机中间体厂、炸药厂、有色及黑色金属冶炼厂的某些生产过程等。

氨在大气中不是重要的污染气体，主要来自天然源，它是有机废物中的氨基酸被细菌分解的产物。氨的人为源主要是煤的燃烧和化工生产过程中产生的，在大气中的停留时间估计为1～2周。在许多气体污染物的反应和转化中，氨起着重要的作用。它可以和硫酸、硝酸及盐酸作用生成铵盐，在大气气溶胶中占有一定比例。

3. 碳的氧化物

一氧化碳（CO）是低层大气中最重要的污染物之一。CO的来源有天然源和人为源。理论上，来自天然源的CO排放量约为人为源的25倍。CO可能天然源有：火山爆发、天然气、森林火灾、森林中放出的萜烯的氧化物、海洋生物的作用、叶绿素的分解、上层大气中甲烷（CH_4）的光化学氧化和CO_2的光解等。CO的主要人为源是化石燃料的燃烧以及炼铁厂、石灰窑、砖瓦厂、化肥厂的生产过程。在城市地区人为排放的CO大大超过天然源，而汽车尾气则是其主要来源。大气中CO的浓度直接和汽车的密度有关，在大城市工作日的早晨和傍晚交通最繁忙，CO的峰值也在此时出现。汽车排放CO的数量还取决于车速，车速越高，CO排放量越低，因此，在车辆繁忙的十字路口，CO浓度常常更高。CO在大气中的滞留时间平均为2～3年，它可以扩散到平流层。

二氧化碳（CO_2）是动植物生命循环的基本要素，通常它不被看做是大气的污染物。在自然界它主要来自海洋的释放、动物的呼吸、植物体的燃烧和生物体腐烂分解过程等。大气中的CO_2受两个因素制约：一是植物的光合作用，每年春夏两季光合作用强烈，大气中的CO_2浓度下降，秋冬两季作物收获，光合作用减弱，同时植物枯死腐败数量增加，大气中CO_2浓度增加，如此循环；二是CO_2溶于海水，以碳酸氢盐或碳酸盐的形式贮存于海洋中，实际上海洋对大气中的CO_2起调节作用，保持大气中CO_2的平衡。CO_2性质稳定，在

大气中的滞留时间约5～10年。就整个大气而言，长期以来CO_2浓度是保持平衡的。但近几十年来，由于人类使用矿物燃料的数量激增、自然森林遭到大量破坏，全球CO_2浓度平均每年增高0.2%，已超出自然界能“消化”的限度。CO_2无毒，虽然CO_2增加对人没有明显的危害，因此一般不被看作大气污染物，但其对人类生存环境的影响，尤其对气候的影响是不容低估的，最主要的即“温室效应”。

大气中CO_2和水蒸气能允许太阳辐射（近紫外和可见光区）通过而被地球吸收，但是它们却能强烈吸收从地面向大气再辐射的红外线能量，使能量不能向太空逸散，而保持地球表面空气有较高的温度，造成“温室效应”。温室效应的结果，使南北两极的冰将加快融化，海平面升高，风、云层、降雨、海洋潮流的混合形式都可能发生变化，这一切将带来严重环境问题。现已知除CO_2外，N_2O、CH_4、氯氟烃等15～30种气体都具有温室效应的性质。

4. 含卤素化合物

存在大气中的含卤素化合物很多，在废气治理中接触较多的主要有氟化氢（HF）、氯化氢（HCl）等。

5. 烃类化合物（HC）

烃类化合物（即表1-2中的含碳化合物）统称烃类，是指由碳和氢两种原子组成的各种化合物。为便于讨论，把含有O、N等原子的烃类衍生物也包括在内。烃类化合物主要来自天然源。其中量最大的为甲烷（CH_4），其次是植物排出的萜烯类化合物，这些物质排放量虽大，但分散在广阔的大自然中，对环境并未构成直接危害。不过随大气中CH_4浓度增加，会强化温室效应。烃类化合物的人为源主要来自燃料不完全燃烧和溶剂的蒸发等过程，其中汽车尾气是产生烃类化合物的主要污染源，浓度约在2.5～1200mL/m^3。

在汽车发动时，未完全燃烧的汽油在高温高压下经化学反应会产生百余种烃类化合物。典型的汽车尾气成分主要有：烷烃（甲烷为主）、烯烃（乙烯为主）、芳香烃（甲苯为主）和醛类（甲醛为主）。

在大气污染中较重要的烃类化合物有四类：烷烃、烯烃、芳香烃、含氧烃。

(1) 烷烃　又称饱和烃，通式C_nH_{2n+2}。烃类中CH_4所占数量最大，但它化学活性小，故讨论烃类污染物时提到的城市地区总烃类化合物浓度，是指扣除CH_4的浓度或称非甲烷烃类的浓度。其他重要的烷烃有乙烷、丙烷和丁烷。

(2) 烯烃　是不饱和烃，通式为C_nH_{2n}。因为分子中含有双键，故烯烃比烷烃活泼得多，容易发生加成反应，其中最重要的是乙烯、丙烯和丁烯。乙烯对植物有害，并能通过光化学反应生成乙醛，刺激眼睛。烯烃是形成光化学烟雾的主要成分之一。

(3) 芳香烃　分子中含有苯环一类的烃。最简单的芳烃是苯及其同系物甲苯、乙苯等。两个或两个以上苯环共有两个相邻的碳原子者，称为多环芳烃（简称PAH），如苯并［*a*］芘。芳香烃的取代反应和其他反应介于烷烃和烯烃之间。在城市的大气中已鉴定出对动物有致癌性的多环芳烃，如苯并［*a*］芘、苯并［*b*］萤蒽和苯并［*j*］萤蒽等。

(4) 含氧烃　主要是醛、酮两类，汽车尾气中的含氧烃约占尾气中烃化合物（HC）的1.5%。大气中含氧烃的最重要来源可能是大气中烃的氧化分解。环境中的醛主要是甲醛。

表面上在城市中烃类对人类健康未造成明显的直接危害，但在污染物的大气中它们是形成危害人类健康的光化学烟雾的主要成分。在NO、CO和H_2O的污染大气中，受太阳辐射作用，可能引起NO的氧化，并生成臭氧（O_3）。当体系中存在一些HC时，能加速氧化过程。HC（主要是烷烃、烯烃、芳香烃和醛等）和氧化剂（主要是HO、O和O_3）反应，除生成一系列有机产物如烷烃、烯烃、醛、酮、醇、酸和水等外，还生成了重要的中间产物——各自的自由基，如烷基R、酰基RCO、烷氧基RO、过氧烷基ROO（包括H_2O)、

过氧酰基 $RC(=O)—OO$ 和羧基 $RC(=O)O$ 等，这些自由基和大气中的 O_2、NO 和 NO_2 反应并相互作用，促使 NO 转化为 NO_2，进而形成二次污染物 O_3、醛类和过氧乙酰硝酸酯（$CH_3C(=O)—O—O—NO_2$，PAN）等。这些是形成光化学烟雾的主要成分。

6. 二噁英

二噁英是多氯代二苯并二噁英（PCDDs）和多氯代二苯并呋喃（PCDFs）的总称，通常用“PCDD/Fs”表示。由于氯原子取代的位置和数量的不同，PCDD/Fs 共有 210 种异构体（75 种 PCDDs 和 135 种 PCDFs）。二噁英是一种无色针状晶体，是非常稳定的化合物，没有极性，极难溶于水和酸碱，可溶于大部分有机溶剂，具有高熔点和高沸点，分解温度大于 700℃，高速降解温度大于 1300℃；具有脂溶性和高亲脂性。

二噁英的生成机理相当复杂，已有研究认为主要有三种途径：①由前驱体化合物（氯源）通过氯化、缩合、氧化等有机化合反应生成；②碳、氢、氧和氮等元素通过基元反应生成二噁英，称之为“从头合成”；③由热分解反应合成（即“高温合成”），含有苯环结构的高分子化合物经加热分解可大量生成二噁英。

无论二噁英以哪种方式生成，必须具备四个基本条件：①必须有含苯环结构的化合物（二噁英母体）存在；②必须有氯源；③必须有合适的生成温度（350℃左右为最佳生成温度）；④必须有催化剂（如铜、铁等金属元素）存在。

7. 污染大气的放射性物质

自 20 世纪 40 年代开始，放射性尘埃引起的大气污染日益为人们所关注。这主要是核武器试验和核电站事故所造成的。核爆炸（尤其是大气层里的核爆炸）后，形成高温（上百万摄氏度）火球，使其中存在的裂变产物、弹体物质以及卷进火球的尘土等变为蒸气。随着火球膨胀和上升，因与空气混合和热辐射损失，温度逐渐降低，蒸气便凝结成微粒附着在其他尘粒上形成所谓放射性沉降物（尘埃），主要放射性同位素为裂变产物，其次是核爆炸时放出的中子所造成的灰尘放射性物质。

核爆炸后进入大气层的放射性物质，沿大气环流运行，并受重力和风的合力影响，以合力的方向运行直至沉降到地面。于爆炸后数小时至数十小时首先沉降于爆炸点附近地区，这种局部沉降物可占裂变产物总量的 50%～80%，若遇降水则还会增加。存在于对流层空气中直径小于 5μm 的粒子，则要几天到几个月，平均储留期约为 30 天，沉降影响的范围可波及本半球的大部分地区，在核爆炸的纬度内从西向东绕地球运行，直到被这些细小粒子由于相互凝聚（凝结在雾滴上）、静电作用、直接冲撞作用、扩散作用和风力等以惰性方式沉降到地面，或被降水携带至地面，这种所谓对流层沉降物中裂变产物约占总裂变产物的 25%（与爆炸高度有关）。一些更细小的微粒能进入到平流层，并随高空的大气环流流动，然后再慢慢沉降到地球表面，即所谓全球性沉降。

在这些沉降物中，人们最关心的是产额高、半衰期长、摄取量大和能长期存留于人体内的放射性同位素，主要有锶 89、锶 90、铯 137、碘 131、碳 14、钚 239、钡 140 和铈 140 等。

第四节 废气及所含污染物的来源

造成大气污染的废气及污染物主要来自工业污染源，其次是交通运输和生活垃圾污染源，包括燃料燃烧（主要是燃煤）废气、工业生产废气、机动车尾气和垃圾焚烧废气以及这些废气中所含的污染物。

一、燃料燃烧废气

作为一次能源的化石燃料的燃烧，是可燃混合物的快速氧化过程，此过程伴随能量的释放，同时燃料的组成元素转化为相应的氧化物。化石燃料的燃烧（特别是不完全燃烧）将导致由烟尘、硫氧化物、氮氧化物、碳氧化物的产生，引起大气污染问题，以燃煤引起的大气污染问题最为严重。我国使用的能源燃料中，以固体燃料煤占的比例最大。

（一）燃煤废气及其所含主要污染物的发生机制[3~7]

燃煤与燃油相比，所造成的环境污染负荷要大得多。单位重量的燃料煤的发热量比油低，灰分含量高出100～300倍，含硫量虽可能煤比重油低，但为获得同等发热时耗煤量大，产生的硫氧化物可能更多。煤的含氮率约比重油高5倍，因而 NO_x 的生成量也高于重油。所以煤燃烧是烟尘、硫氧化物、氮氧化物（NO_x）、一氧化碳（CO）等主要污染物的来源。下面概括阐述这些污染物的发生机制。

1. 烟尘的产生

所谓烟尘是指烟雾和尘埃，它是伴随燃料燃烧和冶炼所产生的尘。其中含有烟黑、飞灰等粒状浮游物。目前对烟黑等粒状浮游物的发生机制还不太清楚，但基本可以认为是燃料中的可燃性烃类化合物在高温下，经氧化、分解、脱氢、环化和缩合等一系列复杂反应而形成的。烟黑类似于石墨结构，是多环芳烃高分子化合物。

2. 硫氧化物发生机制

硫氧化物主要是指二氧化硫（SO_2）和三氧化硫（SO_3）。大气中的硫化氢（H_2S）是不稳定的硫氢化合物，在有颗粒物存在的条件下，可迅速地被氧化为 SO_2。通常1t煤中约含有5～50kg硫（0.5%～5%），其组成成分如图1-3所示。

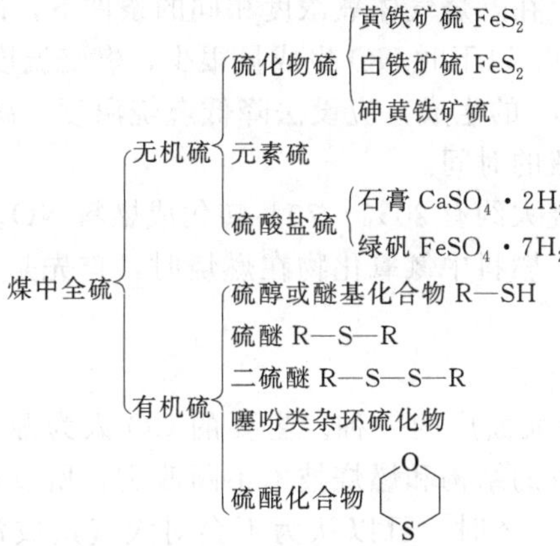

图1-3 煤中硫的分类

元素硫、硫化物硫、有机硫为可燃性硫（占80%～90%），硫酸盐硫是不参与燃烧反应的，多残存于灰烬中，称为非可燃性硫。可燃性硫在燃烧时主要生成 SO_2，只有1%～5%氧化成 SO_3。其主要化学反应是：

单体硫燃烧 $$S+O_2 \longrightarrow SO_2 \tag{1-7}$$

$$SO_2+\frac{1}{2}O_2 \longrightarrow SO_3 \tag{1-8}$$

硫铁矿的燃烧 $$4FeS_2+11O_2 \longrightarrow 2Fe_2O_3+8SO_2 \tag{1-9}$$

$$SO_2+\frac{1}{2}O_2 \longrightarrow SO_3 \tag{1-10}$$

硫醚等有机硫的燃烧

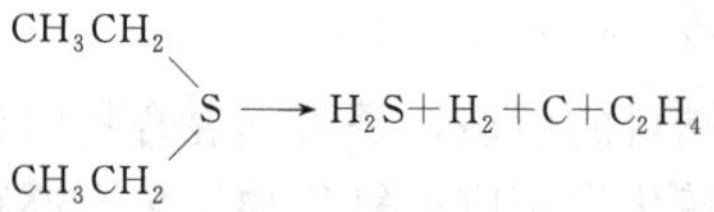

(1-11)

从以上的论述中可以明确以下三点：①只有可燃性硫才参与燃烧过程，被氧化为 SO_2（少量 SO_3）；②1t 煤中约含硫 5～50kg（含硫量 0.5%～5%）是指单体加含硫化合物折纯计算量之和（即全部折算为 S）；③可燃性硫占硫分的 80%～90%，所以燃煤中硫转化为 SO_2 的转化率为 1%的煤，其 SO_2 的产生是 16～17kg/t。

3. 氮氧化物（NO_x）的发生机制

造成大气污染的氮氧化物主要是 NO 和 NO_2，它们大部分来源于化石燃料的燃烧过程，也来自硝酸和硝酸的生产过程。由煤的燃烧过程生成的 NO_x 有两类：一类是在高温燃烧时助燃空气中的 N_2 和 O_2 生成 NO_x，称为热致 NO_x；另一类是燃料中的含氮化合物（吡啶等）经高温分解成 N_2 与 O_2，再反应生成 NO_x，由此生成的 NO_x 称为燃料 NO_x。燃料燃烧生成的 NO_x 主要是 NO，在一般锅炉烟道气中只有不到 10%的 NO 氧化成 NO_2。

在高温燃烧气相反应系统中，生成热致 NO_x 的机制是按如下反应进行的：

$$O_2 \longrightarrow 2O \tag{1-12}$$

$$N_2+O \longrightarrow NO+N \tag{1-13}$$

$$N+O_2 \longrightarrow NO+O \tag{1-14}$$

热致 NO_x 与燃烧温度、燃烧气体中氧的浓度，以及气体在高温区停留的时间密切相关。从已有的实验数据证明，在燃烧气体氧浓度相同的条件下，NO 的生成速度随燃烧温度升高而加快。燃烧温度在 300℃以下时 NO 生成量很少，燃烧温度高于 1500℃时 NO 生成量显著增加。为了减少热致 NO_x 的生成，应设法降低燃烧温度，减少过剩空气（降低氧的浓度）和缩短气体在高温区停留的时间。

燃料中的氮化合物经燃烧大约有 20%～70%转化成燃料 NO。燃料 NO 的发生机制到目前为止尚不清楚。一般认为，燃料中氮氧化物在燃烧时，首先是发生热分解形成中间产物，然后再经过氧化生成 NO。

4. 一氧化碳发生机制

CO 是主要大气污染中量大面广的一种。主要的 CO 人为源是化石燃料的不完全燃烧。由于燃煤锅炉等固定燃烧装置的结构和燃烧技术不断改进，所以由固定燃烧装置排放的 CO 是较少的，当 CO 排放浓度＜1%时，可以认为不会对大气造成污染。CO 并未作为燃煤锅炉的污染控制指标。

汽车、拖拉机、飞机、船舶等移动污染源是 CO 的主要排放源，移动污染源的 CO 排放量估计每年约为 2.5 亿吨（全世界），占人为源 CO 每年排放总量 3.59 亿吨的 70%；其中汽车尾气排放的 CO 是主要的，占人为源排放总量的 55%。

（二）燃油、燃气设备废气排放源

化石燃料燃烧废气中所含的污染物及发生机制大体相同，但也有不同处。

1. 燃油废气

由燃料油燃烧而产生的污染物排放量取决于燃料油的等级和组成、锅炉的类型和大小、使用的燃烧方法和实际的负载，以及装置的维护水平。

颗粒物的排放量绝大部分取决于燃料的等级。较轻的馏出油燃烧产生的颗粒物量比重的渣油明显为低。

在燃油锅炉中，锅炉负载也影响颗粒物的排放量。在低负载情况下，发电业锅炉产生的颗粒物排放量可降低30％～40％，小型工业和商业锅炉产生的颗粒物可降低多达60％。但在燃烧任何较轻级油的锅炉中，在低负载时，颗粒物并没有明显减少。在太低负载条件下，不能维持适当的燃烧条件，颗粒物排放量还可能急剧增加。因此应注意，任何阻止锅炉适当运行的条件都能导致过多的颗粒物。

总硫氧化物排放量取决于燃料的含硫量，而不受锅炉规格大小、燃烧器的设计或燃烧的燃料等级的影响。一般情况下，95％以上的燃料硫以SO_2形式排放，约1％～5％为SO_3，约1％～3％为颗粒硫酸盐。SO_3易与水蒸气（在空气和烟中的）生成硫酸雾。

锅炉燃烧产生氮氧化物的两种机制为燃料中结合氮的氧化和燃烧空气中氮的热固定。燃烧产生的NO_x与燃料含氮量及可得氧量有关（一般情况下，约45％的燃料氮被转化为NO_x，但可在20％～70％之间变动）。另一方面，热固定的NO_x主要和峰值火焰温度和可得氧量（这些因素取决于锅炉大小、燃烧结构和实际操作）有关。在燃烧渣油锅炉中，燃料氮的转化是NO_x形成的主要机制，在燃烧馏出油的锅炉中，热固定是NO_x形成的主要机制。以这两种机制生成的NO_x，其数量受许多因素的影响。一个重要因素是燃烧结构，燃烧方法也是重要的。限制过量空气燃烧、烟气再循环、分级燃烧，或这些方法的联合使用，可导致NO_x减少5％～60％。锅炉负载减少同样能减少NO_x的产生。以满负载运行作起点，负载每减少1％，可减少NO_x排放量0.5％～1％。应注意，大部分因素（除过量空气外），只对大型燃油锅炉的NO_x排放量有影响。

燃料油燃烧排放的挥发性有机物（VOC）和CO为数很少，排放VOC的速率取决于燃烧效率。在锅炉的烟气气流中存在的有机物，包括脂肪烃和芳香烃、酯、醚、醇、羰基化合物、羟酸，还包括所有具有两个或更多个苯环的有机物。

燃料油燃烧排放的痕量元素排放量与油中痕量元素的浓度、燃烧温度、燃料饲入方法有关。燃烧温度决定了燃料中所含特种化合物的挥发程度，燃料饲入方法影响排放的颗粒物以炉底灰渣的形式或烟囱飞灰的形式排出。

如果锅炉运行或维护不当，CO和VOC的浓度可增加几个数量级。

燃油锅炉有害物质排放量见表1-3。

2. 燃烧天然气排放的废气

天然气的主要成分是甲烷，也含有数量不定的乙烷和少量的氮、氦和二氧化碳。一般要求天然气加工厂回收可液化的组分并在去除硫化氢（H_2S）后产生电能、工业加工的蒸汽和热量，供家用和商业的房屋供暖。

天然气是一种相对清洁的燃料，它的燃烧简单，并能精确控制。一般过量空气率范围为10％～15％，但是一些大型锅炉却在较低的过量空气率下运行以增加燃烧效率和减少氮氧化物排放量。同时，在工厂加工时，为使人易于觉察，把含硫的硫醇加到天然气中，因此在燃烧过程中也会产生少量硫氧化物。

氮氧化物是燃烧天然气排放的主要污染物，其排放量与燃烧室温度和燃烧产物冷却速率有关。其排放水平随锅炉的类型和大小以及操作条件而有很大变动。

用天然气作燃料的设备有害物质的排放量见表1-4[8]。

表 1-3 燃油锅炉有害物质排放量 单位：kg/kL

有害物质名称	锅炉油型①			
	电厂油渣	工业与民用		家用精制油
		渣油	精制油	
颗粒物	②	②	0.25	0.31
二氧化硫③	19S	19S	17S	17S
三氧化硫③	0.25S	0.25S	0.25S	0.25S
一氧化碳④	0.63	0.63	0.63	0.63
烃类化合物⑤(以 CH_4)计	0.12	0.12	0.12	0.12
氮氧化物(以 NO_2 计)	12.6(6.25)⑥	7.5⑦	2.8	2.3

① 锅炉按产热量分类：

电厂（公用事业）>264×10^6kJ/h；工业锅炉（15.5～264）$\times10^6$kJ/h；民用锅炉（0.55～15.5）$\times10^6$kJ/h；家用锅炉<0.55×10^6kJ/h。

② 燃烧渣油，颗粒物平均排放量取决于油的等级及含硫量，可按下式计算：

6 号油 1.25S+0.38kg/kL（S 是油中硫的质量分数）；

5 号油：1.25kg/m^3；

4 号油：0.88kg/m^3。

③ S 是油中含硫量，以质量分数计。

④ 如运转维护不好，CO 值可增加 10～100 倍。

⑤ 通常烃类化合物的排放量是极少的，只是在运转、维护不正常时，其量才会大量增加。

⑥ 当满负荷、过剩空气量正常（>15%）时，切向燃烧锅炉为 6.25kg/m^3，其他锅炉为 12.6kg/m^3。锅炉负荷每降低 1%，氮氧化物排放量相应降低 0.5%～1%。使用如下燃烧方法可降低氮氧化物排放量：a. 限制燃烧时的过剩空气，可减少氮氧化物 5%～30%；b. 分段燃烧可减少氮氧化物 20%～45%；c. 烟气再循环可减少氮氧化物 10%～45%。在有些锅炉上改进燃烧方式，氮氧化物排放量可降低 60%。

⑦ 工业与民用锅炉燃烧油渣时，氮氧化物排放量（以 NO_2 计）取决于燃料中的含氮量，可用下列经验公式计算：

$$Q=2.75+50N^2\text{kg/m}^3 \tag{1-15}$$

式中，N 是油中含氮量，以质量分数计。

当渣油含氮量高于 0.5%时，氮氧化物排放量可按 15kg/m^3 NO_2 计算。

注：本表摘自美国环境保护局《大气污染物排放因子汇编》。

表 1-4 用天然气作燃料的设备有害物质的排放量 单位：kg/10^6 m^3

有害物质名称	设备类型		
	电厂	工业锅炉	民用取暖设备
颗粒物	80～240	80～240	80～240
硫氧化物①	9.6	9.6	9.6
一氧化碳	272	272	320
烃类化合物(以 CH_4)计	16	48	128
氮氧化物(以 NO_2 计)	11200②	1920～3680③	1280～1290

① 天然气平均含硫量以 4.6kg/10^6 m^3 计。

② 对切向燃烧设备用 4800kg/10^6 m^3。当锅炉负荷降低时要乘负荷降低系数，其值见图 1-4。

③ 指一般工业锅炉氮氧化物排放量，对于大型工业锅炉，其产热量大于 104.67×10^6kJ/h（25×10^6kcal/h），氮氧化物的排放量用电厂的排放值。

注：本表摘自美国环境保护局《大气污染物排放因子汇编》。

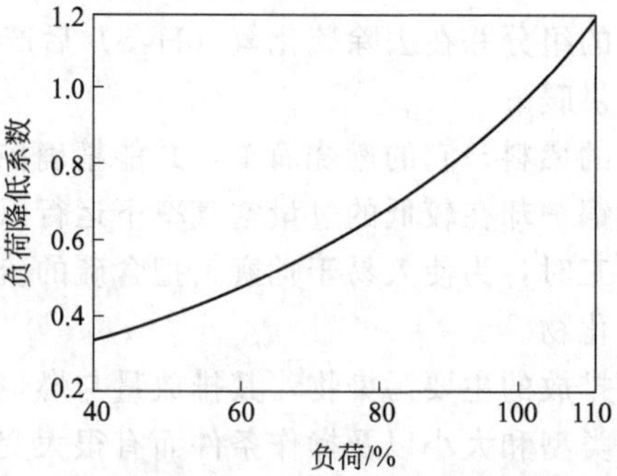

图 1-4 锅炉负荷降低时氮氧化物的负荷降低系数

二、工业生产废气

(一) 煤炭工业

煤炭工业包括采选和加工。煤炭加工主要有洗煤、炼焦(见钢铁工业部分)及煤的转化等，在这些加工过程中均不同程度地向大气排放各种有害物质，主要是颗粒物、二氧化硫、一氧化碳、氮氧化物及挥发性有机物及无机物。

1. 洗煤

洗煤是将煤中的硫、灰分和矸石等杂质除去，以提高煤的质量的工艺过程。目前主要使用物理洗煤工艺，即利用煤与杂质密度的不同加以机械分离。洗煤的工艺流程可分为四个阶段：初期准备、粉煤加工、粗煤加工和最后处理。

初期准备包括原煤的卸载、储存、破碎及筛分为粗煤和粉煤等。

粉煤加工和粗煤加工这两个阶段的操作和使用的设备十分相似，主要区别在于操作参数的严格程度。大多数洗煤工艺用一种流体(例如水)向上流动或脉动，使破碎的煤和杂质流化，较轻的煤粒浮起，从层顶部取出，较重的杂质由底部去除。

最后处理加工是除去煤的水分，减轻板结，减轻质量，增加热值。处理分两步：①脱水，即用筛子、沉降槽和旋风分离器除去大部分水分；②热力干燥，可使用沸腾床式、快速式和多级百叶窗式三种类型干燥器中的任何一种来完成。

在洗煤初期准备阶段产生的排放物主要为逸散颗粒物，排放源来自路面、原料堆、残渣堆放区、装煤车、皮带输送机、破碎机和分选机的煤粉。在煤粉和粗煤加工阶段主要排放源是空气分离过程的空气排气。干式洗煤工艺排放源是在空气脉冲使煤分层的地方。湿式洗煤工艺产生的颗粒潜在排放量非常低。最后处理阶段产生排放物的主要排放源是热力干燥器的排气。

洗煤工艺中有害物质的排放量见表1-5。

表1-5 洗煤工艺中有害物质的排放量① 单位：kg/t

污染物	沸腾床式	快速式	多级百叶窗式	污染物	沸腾床式	快速式	多级百叶窗式
颗粒物				经洗涤器后	0.13	—	—
旋风除尘器前	10	8	13	NO_x			
旋风除尘器后	6	5	4	经洗涤器后	0.07	—	—
经洗涤器后	0.05	0.2	0.05	VOCs②			
SO_2				经洗涤器后	0.05	—	—
旋风除尘器后	0.22	—	—				

① 排放量以每单位干煤量所排污染物量表示。

② 挥发性有机化合物(VOCs)以1t干煤中碳质量(kg)表示。

2. 煤的气化

煤除了直接用作燃料外，还可被转化为有机气体和液体。

(1) 煤的气化 煤与氧气和水蒸气结合生成可燃性煤气、废气、炭和灰分。煤气化系统按其产生的煤气热值及所用的气化反应器的类型可分为：高热值气化系统产生的煤气，其热值大于$33000J/m^3$；中热值气化器产生的煤气，热值为$9000\sim19000J/m^3$；低热值气化器产生的煤气，热值小于$9000J/m^3$。

多数煤气化系统由四步操作构成：煤的预处理、煤的气化、粗煤气清洗和煤气优化处理。预处理包括煤的破碎、筛分和煤粉制团(供固定床气化器)或煤的粉碎(供沸腾床或夹带床气化器)。煤的湿度高时可能需要干煤。一些黏结煤可能需要部分氧化以简化气化器的操作。

经预处理的煤送入气化反应器，与氧气和水蒸气反应生成可燃性的煤气。制造低热值煤气用空气作为氧气源；制造中、高热值煤气用纯氧。

从气化器出来的煤气含有各种浓度的CO、CO_2、H_2、CH_4、其他有机物、H_2S、其他酸性气体、N_2（如果用空气做氧源）、颗粒物和水。为制备供燃烧或进一步处理的煤气需进行煤气净化过程。

① 清除颗粒物。以除去粗产品煤气中的煤粉尘、灰分和焦油气溶胶。

② 清除焦油和油、煤气骤冷和冷却。在此过程中，焦油和油冷凝下来，其他杂质如氨气则被含水的或有机的洗气液从粗产品煤气中洗脱。

③ 去除酸性气体。如H_2S、COS、CS_2、硫醇和CO等酸性气体可被溶剂吸收，然后从溶剂中解吸出来，形成带一些烃类化合物的近于纯酸的废气流。粗煤气被分为低热值或中热值的煤气。

煤气优化处理是通过变换转化和甲烷化提高中热值煤气的热值。在变换转化过程中，H_2O和部分CO经催化反应生成CO_2和H_2，通过吸收器除去CO_2后，产品煤气中留下的CO和H_2在甲烷反应器中生成CH_4和H_2O。

煤的气化工艺过程中，主要的排放物见表1-6[3]。

表1-6 煤的气化工艺过程中的排放物

排放源		排放物及排放特征
煤的预处理	贮存、处理和破碎/筛分—粉尘排放物	主要为粉尘，这些排放物在不同部位各不相同，随风速、煤堆的大小及水分含量而定
	干燥、部分气化和制团—排放气体煤	包括煤粉尘和燃烧气体，以及自煤挥发的种种有机化合物（种类尚未确定）
煤的气化	进料—排放气体	包括气化器引出的粗成品煤气中含有的有害物质，例如H_2S、COS、CS_2、SO_2、CO、NH_3、CH_4、HCN、焦油和油、颗粒物以及微量有机物和无机物，其含量和成分随气化器的类型而定，例如从沸腾床气化器排放的焦油和油比固定床气化器少得多
	清灰—排放气体	排放物随气化器的类型而定。所有非排渣式或炉灰烧结式气化器都会排放灰粉尘，若用污染的水急冷灰渣，冷却液可能放出挥发性有机物和无机物
	开始工作—排放气体	最初排放的气体，其成分与煤燃烧气体类似，当煤气操作温度增高时，开始工作的气体初期可与粗成品煤气的成分类似
	逸散排放	其中主要有粗产品煤气中发现的有害物质，例如H_2S、COS、CS_2、CO、HCN、CH_4和其他
粗煤气清洗/优化处理	逸散排放	含有在各种气流中发现的有害物质种类，其他排放物是由泵密封垫圈、阀门、法兰盘和副产品贮罐泄漏的
	清除酸性气体—尾气	这股气流的组成取决于使用清除酸性气体的方法。以单级的直接清除和转化含硫化合物为特点的工艺产生的尾气含少量的NH_3和其他气体。吸收并随即解吸浓缩的酸性气体流的工艺需要硫回收工序，以免排放大量的H_2S
辅助操作	硫回收	克劳斯硫回收装置的尾气中有害物质包括SO_2、H_2S、COS、CS_2、CO和挥发性有机物，若不使用控制措施，则尾气被焚烧，排放物大部分为SO_2和少量CO
	发电及产生蒸汽	参见"燃料燃烧废气"部分
	废水处理—蒸发气体	包括急冷及冷却液中解吸出来的挥发性有机物和无机物，其中可能包含成品煤气中发现的所有有害物质
	冷却塔—废气	排出物通常较少，但是如果用污染的水作冷却补给水，则污染的水会放出挥发性有机物与无机物

（2）**煤的液化** 是用煤生产合成有机液体的一种转化工艺。此工艺可以降低杂质含量，并将煤的碳氢比增大到变成液体的程度。煤的液化工艺有四类：间接液化、热解、溶剂萃取

和催化液化。

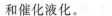

典型的溶剂萃取或催化液化工艺包括四步基本操作：煤的预处理、溶解和液化、产品分离和提纯、残余物气化。

煤的预处理包括煤的粉化和干燥。用于干燥煤的加热器一般是烧煤的，也可烧低热值的产品煤气或利用其他废热。

煤的溶解和液化操作在一系列加压器中进行。把煤与氢气和循环溶剂混合，加热至高温，溶解并加氢。这种操作顺序，在各液化工艺之间有所变化。在催化液化情况下，包括与催化剂的接触，这些工艺中的压力最高达 14000Pa，温度最高达 480℃。在溶解和液化过程中，煤被氢化，产生液体和某些气体，煤中的氧和硫则氢化为水和 H_2S。

氢化后，通过一系列闪蒸分离器、冷凝器和蒸馏装置，将液化产品分离为气流（进一步可分离为产品煤气流和酸性气体流）、各种液体产品、循环溶剂和无机渣。炭的无机渣、不溶的煤和灰分在传统的气化工厂用来生产氢气。

残余物在氧气和水蒸气存在下气化产生 CO、H_2、H_2O、其他废气和颗粒物。经处理除去废气和颗粒物后，CO 和 H_2O 进入变换转化反应器以产生 CO_2 和更多的 H_2。由残余物气化器得到的富 H_2 产品气，随后用于煤的氢化。

煤液化设备的每个主要操作都有可能产生大量污染物。这些污染物包含煤的粉尘、燃烧产物、逸散有机物和逸散气体，逸散有机物和气体可包含致癌多环芳烃和有毒气体，例如金属羰基化合物、硫化氢、氨、含硫气体及氰化物。

煤的液化工艺中主要的排放物见表 1-7。

表 1-7 煤的液化工艺中的排放物

排放源		排放物及排放特征
煤的处理	贮存、处理和破碎/筛分	包括产生于运转点及暴露于风侵蚀地点的逸散煤粉尘，是一个潜在的重大污染源
	干燥	包括煤的粉尘、来自加热器的燃烧产物，以及来自煤的挥发性有机物，是一个潜在的重大颗粒物源
煤的溶解和液化	工艺加热器（烧低热值燃料气）	包括燃烧产物（颗粒物、CO、SO_2、NO_x 和 HC）
	浆状物混料箱	由于箱中低压（大气压），溶解的气体自循环溶剂中脱出（HC、酸性气体、有机物）。某些污染物甚至少量即可引起中毒
	产品分离和液化-硫回收工厂	尾气含有酸类（H_2S、SO_2、COS、CS_2、NH_3 及颗粒硫）
	残余物氢化	与煤的气化器排出物相似
辅助工艺	发电及产生蒸气	参见“燃料燃烧废气”部分
	废水系统	包括来自各种废水收集和处理系统的挥发性有机物、酸性气体、氨和氰化物
	冷却塔	设备中任何化学品都能由泄漏的热交换器泄漏至冷却塔系统，并能在冷却塔里解吸至大气
	逸散排放	工厂里全部有机物和气态化合物都能从阀门、法兰盘、垫圈和采样孔泄漏，这可能是有害有机物的最大来源

（二）石油和天然气工业

1. 石油炼制

石油原油是由烷烃、环烷烃、芳烃等有机化合物为主的成分复杂的混合物。除烃类外，还含有多种硫化物、氮化合物等。石油炼制即从原油中分离出多种馏分的燃料油和润滑油的过程。此外，还可将石油产品转化制成几十种重要的有机化工原料。

石油炼制的方法按所要求的产品而不同，主要分为：燃料型、燃料-润滑油型、燃料-化

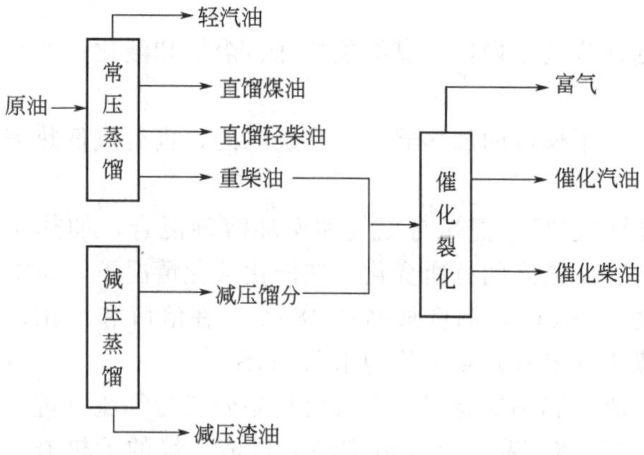

图 1-5 燃料-化工型炼厂生产工艺流程

工型和化工型。从合理利用资源考虑，燃料-化工型炼厂最好，这种炼厂的生产工艺流程如图 1-5。

(1) 常减压蒸馏　是将常压蒸馏与减压蒸馏组合，在常压蒸馏中把沸点在柴油以下的组分分离出来，然后将高沸点组分在减压条件下分离出减压馏分及减压渣油。

(2) 催化裂化　催化裂化是将柴油以上重质油在催化剂硅酸盐（$SiO_2+Al_2O_3$）的作用下，在 450～480℃，使大分子烃断裂成 C_3 以上的小分子烃的过程。催化裂化反应的产物可分为高辛烷值的汽油、柴油等馏分。

处理 $1m^3$ 原油废气中的污染物的量见表 1-8。

表 1-8 处理 $1m^3$ 原油废气中污染物的量

生产过程	排放量/kg				
	粉尘	二氧化硫	烃类	一氧化碳	二氧化氮
催化裂化	0.23①	1.90	0.83	52.06	0.24
燃烧(油燃料)	3.04	0.24S②	0.43	0.01	11.02

① 有静电除尘装置。

② S 为燃料油中硫的含量（质量百分数）。

2. 天然气的处理过程

从高压油井来的天然气通常经过井边的油气分离器去除凝结物和水。天然气中常含有天然气油、丁烷和丙烷，因此要经天然气处理装置回收这些可液化的成分。如果天然气所含 H_2S 量大于 0.057kg/m^3，则被认为是酸臭气，天然气必须除去 H_2S（“脱臭”）方能使用。H_2S 常用胺溶液吸收以脱除。

天然气处理工业中主要的排放源是空压机的发动机和来自脱酸气装置的废酸气。

(1) 来自空压机的排放物　在天然气工业中发动机主要为管道输送、现场收集（从油井收集气体）、地下储存和气体加工设备的压缩机提供动力。往复式内燃机和燃气轮机都有使用，但趋向于使用大型燃气轮机，因为它比往复式发动机排放较少的污染物。

在燃烧天然气的发动机（压缩机用）中存在的高温、高压和过剩空气的环境下很容易生成 NO_x。CO 和烃类排放较小，但燃烧 1 单位天然气，压缩机用发动机（特别是往复式发动机）明显地比燃烧锅炉排放更多的 CO 和烃类。NO_x 的排放量与燃料含硫量成正比，由于大多数管道天然气的含硫量可忽略不计，故 SO_x 的排放量通常是相当低的。

对压缩机用发动机的 NO_x 排放量有影响的主要变量包括空气燃料比、发动机负载（运行功率与额定功率之比）、吸入（多支管）空气温度与绝对湿度。一般说，NO_x 排放时随负载和吸入空气温度增加而增加，并随绝对湿度和空气燃料比的增加而减少。

管道压缩机用燃烧天然气的发动机排放的大气污染物的排放量见表 1-9。

(2) 来自脱酸气装置的排放物　最广泛用来去除 H_2S 或脱除酸气的方法是胺法（又称 Girdler 法），各种胺溶液都可用来吸收 H_2S，反应式归纳如下：

$$2RNH_2+H_2S \longrightarrow (RNH_3)_2S \tag{1-16}$$

式中，R 为一乙醇基、二乙醇基或三乙醇基。

表 1-9 管道压缩机用重负载、燃烧天然气的发动机排放的大气污染物排放量

发动机类型		氮氧化物（以 NO_2 计）	一氧化碳	总烃①（以 C 计）	二氧化硫②
往复式发动机	$g/10^6J$	4.17	0.53	1.64	0.001
	$kg/10^6m^3$③	55400	7020	21800	9.2
气体透平机	$g/10^6J$	0.47	0.19	0.03	0.001
	$kg/10^6m^3$④	4700	1940	280	9.2

① 估计非甲烷烃平均占总烃的 5%～10%。

② 根据假定管道气的含硫量为 $4600g/m^3$。如不燃烧管道优质天然气，则应根据实际含硫量进行一项物料平衡计算，以确定 SO_2 的排放量。

③ 对往复式发动机，假设天然气的热值为 $39.1\times10^6J/m^3$，平均燃料消耗为 $702.78kcal/10^6J$，用上面因素计算出污染物排放量。

④ 对燃气轮机，假设天然气值为 $39.1\times10^6J/m^3$，平均燃料消耗为 $938.9kcal/10^6J$，用上面因素计算出污染物排放量。

注：1kcal＝4.18kJ。

回收的硫化氢气流可以排放、在废气闪烧或现代的无烟火炬中闪烧、焚烧或用来生产元素硫或其他商品。若回收的 H_2S 不被用作商业产品的原料，则这种气体通常通入尾气焚烧炉，在此炉中 H_2S 被氧化成 SO_2，然后经过烟囱排入大气。

如果胺处理过程的酸废气被闪烧或焚烧掉，则仅有脱酸气装置造成的排放。通常是废酸气用作邻近硫回收工厂或硫酸工厂的原料。

进行闪烧或焚烧时，主要污染物是 SO_2。大部分装置采用高架的无烟火炬尾气焚烧炉，以保证全部废气的充分燃烧，即将 H_2S 几乎百分之百地转变为 SO_2。这些装置产生的颗粒物、烟或烃为数极少，并因气体温度通常不超过 650℃，而未形成值得注意的 NO_x。用无烟火炬或焚烧炉处置的脱酸气装置的污染物排放量见表 1-10。

表 1-10 脱除酸气装置排放的大气污染物的排放量

处理过程①	颗粒物	硫氧化物②（SO_2）/（$kg/10^3m^3$ 处理气体）	一氧化碳	烃	氮氧化物
胺法	忽略不计	26.98S③	忽略不计	忽略不计	忽略不计

① 这些代表无烟燃烧火炬（带有燃料气和蒸气喷射）或尾气焚烧炉出口的排放量。

② 这些排放量是假定在闪烧或焚烧过程中酸废气的 H_2S 是 100%转变成 SO_2，并在脱酸气过程中几乎 100%去除了原料含的 H_2S。

③ S 是进入脱酸气装置的酸气所含的 H_2S 量，以摩尔分数计。如果 H_2S 含量为 2%，则排放量为 $26.98\times2kg/10^3m^3$ 处理气体或 $53.8kg/10^3m^3$ 处理气体。

（三）钢铁工业

钢铁工业主要由采矿、选矿、烧结、炼铁、轧钢、焦化以及其他辅助工序（例如废料的处理和运输等）所组成。各生产工序不同程度地排放污染物。生产 1t 钢要消耗原材料 4～7t，包括铁矿石、煤炭、石灰石、锰矿等，其中约 80%变成各种废物或有害物排入环境。排入大气污染物主要有粉尘、烟尘、SO_2、CO、NO_x、氟化物和氯化物等。

由各工序排放大气的主要污染物如下[9,10]。

1. 原料厂

钢铁生产的主要原料有铁矿石、煤、石灰石、硅石、铁合金等，常设有原料厂。在加工、堆放、装卸、运输过程中产生不少粉尘，主要是氧化铁、碳酸钙、二氧化硅及煤焦等颗粒。生产 1t 钢产生粉尘 5～15kg。由于露天堆放，因原料含湿量及风速不同，原料粉末以尘埃形态被风吹到周围地区的量也不同。某原料厂统计，每年被风刮走的 30μm 以下的原料尘达数千吨。

2. 炼焦

炼焦的过程是以烟煤为原料，用高温干馏的方法生产焦炭，并副产焦炉煤气及煤焦油。1t 干煤发生焦炉气 300～320m^2，其中除煤气外还含有焦油蒸气、粗苯、氨、硫化氢等，需分别回收处理。

炼焦生产流程如图 1-6。

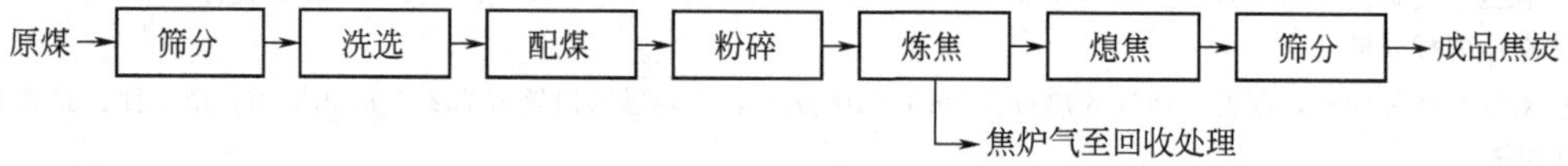

图 1-6 炼焦生产流程

煤在炼焦炉内受热，于 1000℃左右形成焦炭并放出焦炉气。一个炼焦周期约需十几个小时。炼焦后经熄焦，再筛分成不同等级块度的成品焦炭。

生产 1t 焦炭废气中污染物含量见表 1-11。

表 1-11 生产 1t 焦炭废气中污染物含量

污染物	排放量/kg	污染物	排放量/kg
煤尘	0.5～5.0	芳香烃	0.16～2.0
CO	0.33～0.8	氰化物	0.07～0.6
H_2S	0.10～0.8	NO_x	0.37～2.5
SO_2	0.02～5.0		

硫化物的排放量可根据炼焦煤的含硫率估计：将煤的含硫量定为 100%，则分布在焦炭、煤气和化学副产品中硫的含量分别为 62.5%、33%和 4.5%。焦炉煤气应经过脱硫、脱氰处理以减少硫化物和氰化物的排放。

3. 烧结和球团[11]

在钢铁工业中，为提高铁的回收率，贫矿及富矿矿石均需破碎、磨细及选矿处理，选得的精矿粉经烧结或球团工序制成烧结矿或球团矿，然后送入高炉冶炼。富矿破碎时产生的富矿粉及钢铁回收的含铁尘泥也需烧结后入高炉。

(1) 烧结 我国烧结机单机面积一般在 100m^2 以上，1m^2 烧结机可年产烧结矿 1 万吨。烧结过程中产生的粉尘率为 8%，1t 产品产生废气 4000～6000m^3。烧结排气温度在 200℃以上。料层下风箱排尘浓度为 4.6～9.2g/m^3，烧结矿在冷却、破碎、筛分时排尘浓度为 9.2～14g/m^3，现代化烧结机大多采用铺底料措施，排尘浓度可降到 1～5g/m^3，卸矿端排尘浓度也可相应减少。粉尘粒径为 0.1～100μm，小于 5μm 的占 5%左右，粉尘的比电阻为 10^{11}～10^{13}Ω·cm。原料中的硫 90%转化为 SO_2，随烧结烟气排入大气。1t 烧结矿产生 NO_x 约 0.5kg。

(2) 球团 细精矿粉、含铁的细颗粒物用烧结法很难使其成盐，常采用球团法生产。球团设备分竖炉、焙烧机和链篦机-回转窑三种，我国主要采用竖炉球团。竖炉 1t 球团矿耗空气量 800～850m^3，粉尘中含 Fe_2O_3 91.5%、Fe_3O_4 6.2%，粉尘的中位径为 75～100μm，未经净化时其排尘量见表 1-12。

表 1-12　球团净化前排尘量

车间	污染源	排尘量/(kg/t)	含尘浓度/(g/m³)	车间	污染源	排尘量/(kg/t)	含尘浓度/(g/m³)
竖炉	运输过程	16.00	9.13	焙烧机	运输过程	16.00	13.25
	生产过程	0.53	0.27		生产过程	0.58	0.41
	小计	16.53	3.00(平均)		小计	16.58	3.75(平均)

SO_2 排放量取决于原料、燃料、黏结剂的含硫量，1t 球团矿约产生 SO_2 为 0.8～2.8kg，其浓度为 0.3～0.6g/m³。

4. 炼铁

炼铁用的高炉正趋于大型化，全国钢铁厂高炉容积大于 4000m³ 的有多座，我国高炉容积超过 2000m³ 已有不少，高炉容积小于 300m³ 属于淘汰之列。

一般 3t 原料炼 1t 铁，炼铁的原料为铁矿石（烧结矿、球团矿）、燃料（焦炭、重油或煤粉）及造渣剂（石灰石等）。炼 1t 铁消耗焦炭 400～900kg，1t 焦炭产生热值为 3560～4400kJ/m³ 的高炉煤气 2500～4000m³，通常经过三级净化后可作工业混合煤气用。

高炉煤气的典型组成见表 1-13。

表 1-13　高炉煤气组成

名称	气体组成/%					含尘浓度/(g/m³)	
	CO	CO_2	N_2	H_2	其他	范围	平均
含量	20～30	9～12	55～60	1.5～3.0	少量	5.40	25

上料系统排尘浓度为 5～8g/m³。出铁场的主沟、铁沟、渣沟和摆动流嘴等处的煤尘特性见表 1-14。

表 1-14　出铁场一次烟尘特性

除尘器前平均温度/℃	烟尘浓度/(g/m³)	小于 10μm 的尘粒/%	烟尘化学组分/%		
			氧化铁	二氧化硅	石墨碳
95	0.35～2.0	50～60	47.8～69.4	14.13～19.97	15.49～35.39

二次烟尘主要处理开、堵出铁水口冲出的大量烟尘。

5. 炼钢

炼钢通常分转炉、电炉、平炉三种。我国氧气转炉生产的钢占总产量的 60%以上。电炉主要用于生产特殊钢。平炉被淘汰。

（1）氧气转炉炼钢　是以铁水、废钢为原料加以铁合金、石灰石等用高纯氧吹炼成钢。吹氧的方式有顶吹、侧吹、底吹、复合吹等几种。由于侧吹比顶吹每吨钢多耗生铁 50～100kg，多排尘约 40kg，因此被淘汰。

氧气顶吹转炉 1t 钢产生热值为 8374kJ/m³（2000kcal/m³）的转炉煤气 60m³ 和含铁量为 60%～80%的金属烟尘 16～30kg，转炉煤气的特性和烟尘的近似成分以及尘的粒径分布见表 1-15～表 1-17。

表 1-15　氧气顶吹转炉煤气组成

成分	CO	CO_2	N_2	O_2	H_2	CH_4	其他
组成/%	73.8	14.0	11.0	0.1	1.2	0.3	少量

注：CO 含量有时可达 80%～90%。

表 1-16 氧气顶吹转炉 OG 法烟尘近似成分

成分	全铁	金属铁	氧化亚铁	氧化钙	二氧化硅	五氧化二磷	氧化锰	碳	硫
组成/%	75	10	8	2	1	0.3	2	0.2	0.5

注：组成为干基。

表 1-17 氧气顶吹转炉烟气经两级文氏管净化后水中尘的粒径分布

粒径范围/μm	<5	5～10	10～15	15～20	20～30	30～40	>40
质量分数/%	2.0	4.0	11.0	10.0	29.2	12.7	31.6

在转炉出钢、总铁水及加料时，有大量烟气散发到车间内，每吨钢散发的烟尘量为0.3～0.6kg。

(2) 电炉炼钢 电弧炉炼钢是常用的一种电料炼钢工艺。我国电炉最大的为150t，小的在5t以下。电炉炼钢分为熔化期、氧化期、还原期。生产1t钢产生烟尘3.2～12kg，主要成分为氧化铁及其他原料、熔剂或金属添加剂成分的氧化物。烟气中主要有害气体为CO、氟化物和NO_x。炼碳素钢产生氟化物0.1kg/t，炼合金钢产生氟化物0.3kg/t。NO_x产生量与电炉的大小有关，每个炉子每小时产生的NO_x为0.32～1.86kg。烟尘特性见表1-18[10]。

表 1-18 电炉炼钢烟尘特性

名称	熔化期	氧化期	还原期
烟气温度/℃	600～800	1250～1400	1000～1200
烟尘浓度/(g/m^3)	5	15～20	
粒径分布	<10μm的>80%	<1μm的90%	

(四) 有色金属工业[6,12,13,15]

有色金属通常指除铁（有时也除铬和锰）和铁基合金以外的所有金属。有色金属可分为四类：重金属（铜、铅、锌、镍等），轻金属（铝、镁、钛等），贵金属（金、银、铂等）和稀有金属（钨、钼、钽、铌、铀、钍、铍、铟、锗和稀土等）。重有色金属在火法冶炼中产生的有害物以重金属烟尘和SO_2为主，也伴有汞、镉、铅、砷等极毒物质。生产轻金属铝时，污染物以氟化物和沥青烟为主；生产镁和钛、锆、铪时，排放的污染物以氯气和金属氯化物为主。

此外，重金属在火法冶炼时精矿粉中的砷易氧化成As_2O_3（砒霜）随烟气排出，一般铜、锌、铅精矿的含砷率分别为0.01%～2%、0.12%～0.54%和0.02%～2.93%，可在除尘中除去。

主要有色金属冶炼过程中排入大气的污染物如下。

1. 铜冶炼

铜冶炼是将硫化铜矿在鼓风炉、反射炉或电炉中熔炼成冰铜，然后在转炉中吹成粗铜。当精矿含硫量高时，要预先焙烧以脱除部分硫。流程通常分三工序流程（沸腾炉、反射炉、转炉，或者是烧结机、鼓风炉、转炉）和二工序流程（反射炉、转炉，或者是密闭鼓风炉、转炉）。各工序都产生重金属烟尘和SO_2。但烧结机、反射炉和敞开式鼓风炉由于SO_2浓度低无法直接制酸，年产3万～4万吨炼铜的反射炉，烟气量可达25万立方米/小时。由于气量大，SO_2浓度低，对烟气治理困难，直接排放又污染大气，如果用液态炉代替反射炉，或将鼓风炉由敞开式改为密闭式，都可提高SO_2浓度，以便提高硫的回收率，减少排入大气的量。

各种炼铜设备产生的 SO_2 浓度见表 1-19。

表 1-19　各种炼铜设备产生的 SO_2 浓度

设备	SO_2 浓度/%	设备	SO_2 浓度/%
烧结机(抽风)	1～2	转炉(造铜期)	6.6
烧结机(鼓风返烟)	5.25	液态炉(白银式)	5～7
沸腾炉	4.3～15.3	闪速炉(氧气)	75～80
反射炉	0.5～1.5	闪速炉(空气)	10～15
反射炉(密闭富氧)	2.5～6.5	连续炼铜设备(三菱)	10
鼓风炉(敞开)	1～2	连续炼铜设备(奥克拉)	8～12
鼓风炉(密闭)	4～4.5	连续炼铜设备(诺兰达)	16～20
转炉(造渣期)	6.9		

各工序产生的粉尘量见表 1-20。

表 1-20　炼铜厂各工序每吨铜产生的平均粉尘量

粉尘量(常规炼铜流程)/(kg/t)				粉尘量(贵溪引进炼铜流程)/(kg/t)	
物料处理	焙烧炉	反射炉	转炉	闪速炉①	转炉②
4.54	76.2	93.4	152	100	45

① 指每吨新炉料设计粉尘率。

② 指每吨冰铜设计粉尘率。

2. 锌冶炼

锌的冶炼有火法和湿法两类，湿法发展很快。一般将锌精矿先在 1000～1100℃的温度下沸腾焙烧，所得焙砂进行浸出电解或进平罐炼锌或进竖罐蒸馏。平罐炼锌工艺落后，烟尘污染严重，在国外已被鼓风炉所代替。原料中 93%～97%的硫在冶炼过程最初工艺中脱掉，可回收 SO_2。各种锌冶炼设备产生的 SO_2 浓度及炼锌厂各工序产生的粉尘率见表 1-21 和表 1-22。

表 1-21　各种锌冶炼设备产生的 SO_2 浓度

冶炼设备	沸腾炉		烧结机		
	氧化焙烧	硫酸化焙烧	吹风操作	吸风返烟	鼓风返烟①
SO_2 浓度/%	10～12	8～9	0.2～2	6	4～6.5

① 为铅锌混合矿烧结机数据。

表 1-22　炼锌厂各工序每吨锌产生的平均粉尘量

工序名称	物料处理	沸腾焙烧	多膛焙烧炉	烧结
粉尘量/(kg/t)	3.18	907.2	151	81.65

3. 铅冶炼

铅冶炼以火法冶炼为主。先将铅精矿在烧结机中烧结成烧结矿，然后进鼓风炉吹炼成金属铅，原料中 85%以上的硫在烧结过程中转化成 SO_2。鼓风炉烟气 SO_2 浓度为 0.01%～0.25%。铅冶炼过程各工序产生的平均粉尘量见表 1-23。

表 1-23 铅冶炼厂各工序每吨铅产生的平均粉尘量

工序名称	物料处理	沸腾焙烧	鼓风炉	浮渣反射炉
粉尘量/(kg/t)	2.27	235.9	113.4	9.1

4. 铝电解

铝的产量在金属中仅次于钢铁。铝工业对大气污染较严重，生产 1t 原铝产生大气污染物 0.387t。铝电解厂单位产品所产生的有害物质见表 1-24。

表 1-24 铝厂各工序产生的有害物质（以 1t 铝计） 单位：kg/t

工序名称	粉尘(包括氟尘)	气态氟	固态氟	焦油	SO_2
铝矿破碎研磨(以 1t 铝矿计)	3				
氢氧化铝焙烧(以 1t 氧化铝计)	100				
阳极焙烧炉	1.2～1.5	0.5～0.7		0.6	5
阳极				0.7	0.8
预焙电解槽	20～60	8～20	8～10.2		25
侧插自焙槽	20～60	13～26	4～7.8	70	13
上插自焙槽	20～60	15～26	2～5.3	70	13

生产金属铝的基本原料是铝矾土矿石，它是一种包含 30%～70%氧化铝（Al_2O_3）和少量铁、硅和钛的水合氧化铝。先将矿石干燥、磨细，并和氢氧化钠混合以生产氯化铝。氧化铁、氧化硅及其他杂质用沉降、稀释过滤除去。氢氧化铝用冷却法沉降出来，经煅烧产生纯氧化铝。然后把氧化铝熔化在以冰晶石（Na_3AlF_6，既作为电解质，又作为氧化铝的溶剂）及各种盐添加剂配成的融盐浴中进行电解，主要反应如下：

$$2Al(OH)_3 \xrightarrow{\triangle} 3H_2O + Al_2O_3 \tag{1-17}$$

$$2Al_2O_3 \longrightarrow 4Al + 3O_2 \tag{1-18}$$

在电解过程中除产生粉尘、氟化物等外，1t 铝还产生一氧化碳 0.3t。一氧化碳和沥青烟在排入大气前点燃燃烧。我国原有电解厂 90%是敞开式侧插槽，污染严重。

5. 冶炼有色金属时的氯气污染

许多有色金属如镁、钛、锆、铪等元素常以氧化物形态存在于矿石原料中，因此，在提炼这些金属时，必须在一定温度下先在氯化炉中用氯气将原料变成氯化镁、四氯化钛等氯化物。氯化炉排气除经冷凝产生中间产品金属氯化物固体外，还排放过剩的氯气和固体氯化物。在电解氯化镁工序中，除得到金属镁外，阳极析出的高浓度氯气可返回氯化炉循环使用，用阴极析出的氯需治理。在钛、锆、铪等的四氯化物用金属镁还原后，生成的氯化镁仍需电解，将镁与氯分开，氯气再循环使用。

生产 1t 金属镁、氯化炉尾气排出氯及氯离子 227.96kg，电解阴极析出氯气 58.44kg，无组织排放氯气 0.03kg。生产 1t 钛，氯化炉尾气排出氯及氯离子 143.83kg。氯化镁电解损失氯气 68.74kg，其他损失 73.94kg。铝合金生产也产生氯气。稀土及其合金生产采用氯化稀土融盐电解工艺，产生的氯气浓度为 0.1%～0.2%。一些重有色金属如镍、钴、锡生产中的某些工序也产生氯及氯化物。

综合上述情况，有色金属工业是大气污染的重要来源。有色金属工业是废气治理的重点之一。

（五）建材工业[6,14]

建筑材料种类繁多，其中用量最大最普遍的当属砂石、石灰、水泥、沥青混凝土、砖和玻璃等。它们的主要排放物为粉尘。

1. 砂石加工

砂和石子即由岩石和石头的自然风化而形成的坚硬的粒状物。砂石经各种运输工具运送到加工厂，为专门的需要进行加工，包括用洗涤机洗涤；用筛子和分类机分离大小颗粒；用粉碎机减少颗粒过大的物料；贮存等。据估算，一个工厂 1t 产品使用粉碎机的颗粒物排放量为 0.05kg。

2. 石料的开采和加工

岩石开采主要在露天矿进行，采用气动钻孔、爆破以及挖方和运输，产生大量粉尘。进一步加工，包括破碎、再次研磨、除去细颗粒的过程中也都产生粉尘排放物。影响粉尘排放量的因素有：岩石加工量，运输方式，原料的水分含量，运输、加工和贮存的密闭程度，在加工过程中所采用的控制设备的控制程度等。岩石处理过程中颗粒物的排放量见表 1-25。

表 1-25 岩石处理过程中颗粒物排放量

加工类型	无控制的总量/(kg/t)	降落于厂内/%	悬浮物排放/(kg/t)
干破碎操作①			
初级破碎	0.25	80	0.05
二级破碎和过筛	0.75	60	0.3
三级破碎和过筛(如使用)	3	40	1.8
再次破碎和过筛	2.5	50	1.25
细研磨	3	25	2.25
其他操作②			
过筛、输送和处理贮存堆料损失③	1		

① 全部值是根据进入初级破碎机的原料算出，除了重新粉碎和过筛的那些原料之外，后者则为根据该操作过程的通过量算出。

② 根据库存产品单位量表示。

③ 与集料的体积、贮存时间、含水量及集料中细微粒子所占的比例有关。

3. 制砖

砖的生产要经过如下工艺：采矿（浅层黏土和泥板岩）、破碎和存放、研磨、筛选、成型和切割、抛光、干燥、砖窑、存放和运输。最常用的烧砖窑有隧道窑和间歇窑。在正常情况下，用煤气或渣油加热，也可用煤加热。焙烧普通的砖最高温度约 1090℃。

制砖的主要排放物是颗粒物。粉尘主要来源于原料处理过程，包括干燥、研磨、筛选及存放原材料。燃烧生成物是由于固化、干燥及燃烧等过程中燃料的消耗而产生的。呈气体状态的氟化物在制砖过程中也有排放。在温度达到 1300℃时，可排放出 SO_2。制砖过程中有害物质的排放量见表 1-26。

4. 石灰的生产

石灰是高温煅烧石灰石的产物，主要用于建筑、耐火材料、碱的生产、炼钢除渣及农业方面。石灰有两种：高钙石灰（CaO）和镁石灰（CaO·MgO）。石灰可在各种窑炉中按下列反应生成：

$$CaCO_3 \xrightarrow{\triangle} CO_2 + CaO \text{（高钙石灰）} \qquad (1\text{-}19)$$

$$CaCO_3 \cdot MgO \xrightarrow{\triangle} CO_2 + CaO \cdot MgO \text{（镁石灰）} \qquad (1\text{-}20)$$

有些石灰工厂将得到的石灰石和水反应（熟化），以生成熟石灰。

表 1-26 制砖过程中无控制条件下有害物质的排放量① 单位：kg/Mt

加工类型	颗粒物	硫氧化合物(SO_x)	一氧化碳(CO)	烃类化合物(HC)	氮氧化物(NO_x)	氟化物(HF)
原料处理						
干燥器、研磨机等	48	—	—	—	—	—
贮存	17	—	—	—	—	—
固化和燃烧						
隧道窑						
燃烧气体	0.02	忽略不计	0.02	0.01	0.08	0.5
燃烧石油	0.3	2.0*S*②	忽略不计	0.05	0.55	0.5
燃烧煤	0.5*A*③	3.6*S*	0.95	0.3	0.45	0.5
间歇窑						
燃烧气体	0.05	忽略不计	0.05	0.02	0.21	0.5
燃烧石油	0.45	2.95*S*	忽略不计	0.05	0.85	0.5
燃烧煤	0.8*A*	6.0*S*	1.6	0.45	0.70	0.5

① 1 块砖约重 2.95kg，排放量以生产每单位质量砖排放若干单位数表示。

② *S* 为燃烧中含硫量。

③ *A* 为煤中灰分百分比。

生产石灰的基本工序为：开采原料石灰石、破碎和筛分、煅烧石灰石、生石灰进一步水化处理（不是在所有工厂进行）、运输和贮存。生产石灰的关键设备是窑炉，最普通的有两种类型：转窑和竖式（垂直式）窑炉。其他类型窑炉还有旋转火床和沸腾床窑炉。将石灰转化为熟石灰的水合器有两种：常压的和加压的。

在生产石灰的大多数操作中，颗粒物是主要的污染物质，但也有气体污染物如 NO_x、CO 和 SO_2 从窑炉内排出，其中 SO_2 是唯一排放量显著的气体污染物。窑炉材料中的硫并非全部以 SO_x 排放，因为有一部分硫与窑内物质起反应。生产石灰过程中有害物质的排放量见表 1-27。

表 1-27 生产石灰中有害物质排放量① 单位：kg/t

污染源	颗粒物	SO_2	NO_x	CO
破碎机、筛子				
输送机、贮料堆、未铺砌的通路	0.25～3	忽略不计	忽略不计	忽略不计
转窑				
无控制	170	②	1.5	
沉降室或大直径旋风除尘器后	100	②	1.5	
多级旋风除尘器后	45	②	1.5	
二级除尘后	0.5	③	1.5	
竖窑				
无控制	4	NA⑤	NA	NA
煅烧窑炉				
无控制④	25	NA	0.1	NA
多级旋风除尘器后	3	NA	0.1	NA
二级除尘后	NA	NA	0.1	NA
沸腾床窑炉	NA	NA	NA	NA
产品冷却器				
无控制	20	忽略不计	忽略不计	忽略不计
水合器	0.05⑥	忽略不计	忽略不计	忽略不计

① 窑炉和冷却器的所有排放量按每单位石灰产量的排放污染物量表示，除以 2 就得出供给窑炉的每单位石灰石排放量。水合器的排放量为每单位熟石灰产量排放的污染物量，乘以 1.25 就得出供给水合器的每单位石灰石的排放量。

② 当使用低硫（<1%，按质量计）燃料时，燃料中的硫大约只有 10%以 SO_2 排放。当使用高硫燃料时，其中的硫接近 50%以 SO_2 排放。

③ 当使用洗涤器时，即使用高硫煤，燃料中的硫以 SO_2 排放的不足 5%。当使用其他二级除尘装置时，用高硫燃料，其中的硫约 20%会以 SO_2 排放；用低硫燃料，则将<10%。

④ 煅烧窑炉一般使用石料预热器。所有的排放量表示窑炉废气通过预热器之后的排放量。

⑤ 无可用的数据。

⑥ 这是常压水合器排放，经水喷淋或湿式洗涤之后的典型颗粒物负荷。有限的数据提示，加压水合器排出的颗粒物排放量经湿式除尘器后，可能接近 1kg/t 产生的水合物。

5. 水泥的生产

水泥生产是排放工业粉尘的主要污染源，粉尘排放量大，严重污染大气。

普通硅酸水泥的生产过程分为三个阶段：第一阶段为生料制备，由矿山等原料产地运进水泥厂的石灰石、砂岩、页岩和铁粉经配料、均化、烘干磨细，完成生料制备；第二阶段是熟料烧成，生料经过预热分解，送入回转窑燃烧成熟料；第三阶段完成水泥成品的生产，熟料经破碎、配料、磨细制成水泥。图 1-7 是水泥生产工艺流程和污染物的产生。

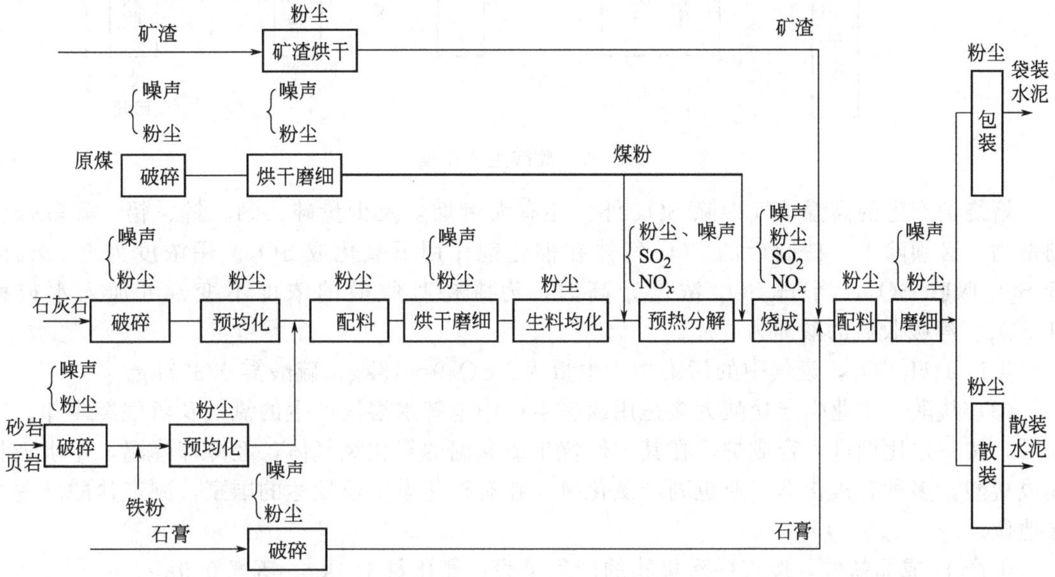

图 1-7　水泥生产工艺流程及污染物的产生

（六）化学工业[3,16]

化学工业又称化学加工工业，其中产量大、应用广的主要化学工业有无机酸、无机碱、化肥等工业。

1. 无机酸的生产

无机酸中最主要的有硝酸、硫酸、盐酸，这些都是工业中不可缺少的原材料。

(1) 硝酸　硝酸主要是用氨氧化法制得，其生产流程如图 1-8 所示。

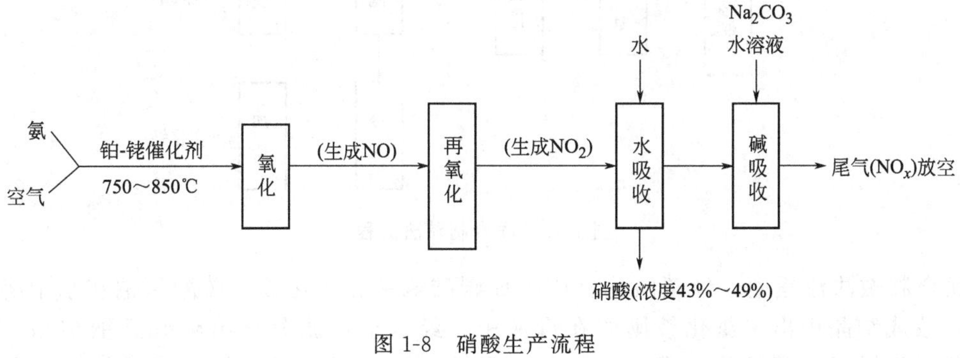

图 1-8　硝酸生产流程

生产 1t 硝酸产生氧化氮（NO_x 以 NO_2 计）约 20～25kg。用常压氧化加压吸收的方法，规模为年产 4 万吨硝酸的工厂，尾气排放量约为 20000m^3/h，尾气氧化氮浓度为 0.2%～0.4%。

(2) 硫酸　硫铁矿（FeS_2）、硫黄、含 SO_2 的有色金属冶炼烟气、含 H_2S 的石油气、天然气及其他一些工业废气都是生产硫酸的原料。我国大量的硫酸是用硫铁矿作原料生产的，其生产流程如图 1-9 所示。

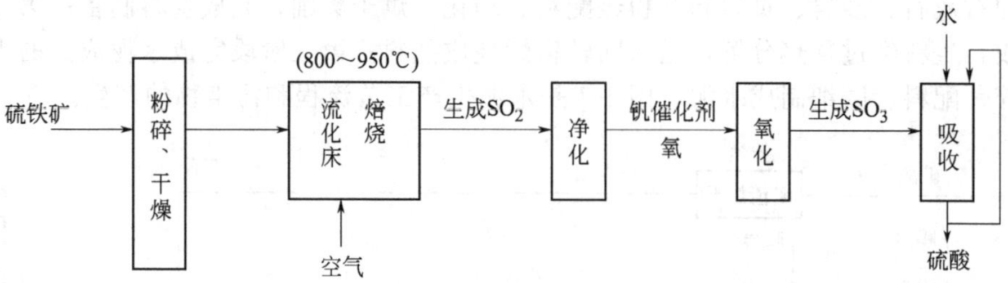

图 1-9　硫酸生产流程

焙烧炉产生的高温炉气中除 SO_2 外，还有大量烟尘及少量砷、硒、锌、铅、氟等催化剂毒物，必须除去。精制后的 SO_2 气体在催化剂作用下氧化成 SO_3。用浓度为 98.3% 的 H_2SO_4 吸收 SO_3，当 H_2SO_4 浓度升高时，为维持吸收酸的浓度不变，可加入水或稀 H_2SO_4。经吸收后的酸即为成品。

生产 1tH_2SO_4，废气中的污染物产生量为：SO_2 9～18kg，硫酸雾 0.377kg。

(3) 盐酸　工业生产盐酸大多是用氯碱生产中电解水溶液产生的氯气及氢气经冷却、脱水后，按一定比例进入合成炉，在其中燃烧生成高温的氯化氢气体，经冷却降温，用水吸收即成盐酸。多种有机化学工业也副产氯化氢。在有机化学工业发达的国家，副产盐酸已占主导地位。

生产 1t 成品盐酸，废气中污染物的产生量为：氯化氢 1.4kg，氯气 0.9kg。

2. 无机碱的生产

主要的无机碱有纯碱和烧碱。

(1) 纯碱（碳酸钠）　联合制碱法是我国首创生产纯碱的方法，是以食盐作主要原料，与合成氨生产联合，即在生产纯碱的同时，生产氯化铵，其生产流程如图 1-10 所示。

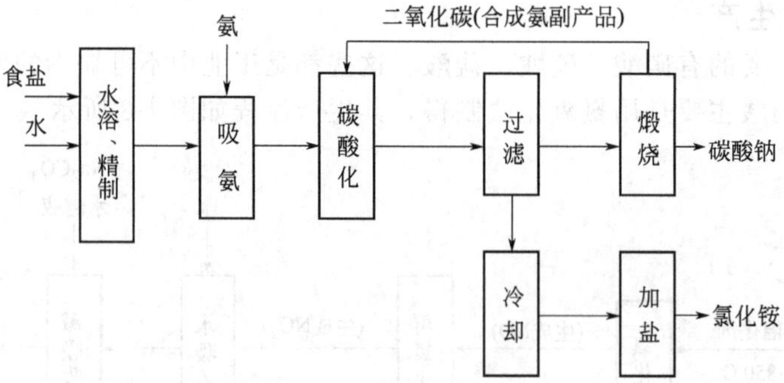

图 1-10　联合制碱法流程

联合制碱法流程中，经碳酸化反应生成碳酸氢钠和氯化铵，碳酸氢钠在水中溶解度很小，故成结晶析出，氯化铵则留在母液中。经真空过滤分离出碳酸氢钠结晶，再用煤或焦炭作燃料进行煅烧，即成碳酸钠。母液经冷却加盐后，析出氯化铵，分离后即得成品，可作肥料。煅烧时放出的气体主要是 CO_2，经处理后返回至碳酸化循环使用。

生产 1t 纯碱，随废气排放的氨约 3.5kg。

（2）烧碱　生产烧碱有苛化法及电解法两种。苛化法是将纯碱水溶液与石灰乳反应制成烧碱；电解法又有水银电解与隔膜电解之分。电解食盐水溶液，在生产烧碱的同时还生产氯气和氢气，故又称氯碱法。由于氯气是生产盐酸、农药、漂白剂及含氯有机化合物的原料，对其需要量的增长，促使电解法烧碱产量的增长大大超过苛化法。隔膜电解法所得的NaOH溶液浓度低（10%～11%），需浓缩，故消耗能量较多；水银电解法生产1t烧碱消耗汞0.2～0.4kg，将会污染环境。

电解法生产烧碱的流程如图1-11所示。

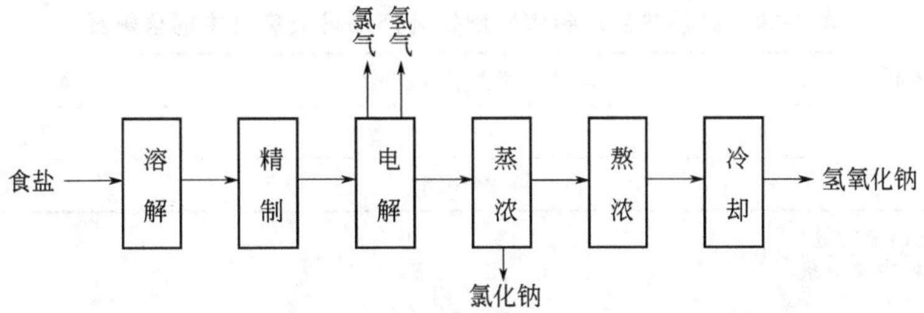

图1-11　电解法生产烧碱流程

食盐经溶解、精制后送入隔膜电解槽。电解槽以金属钛作阳极，铁丝网作阴极，在阴极与盐水之间用碱性石棉制成的隔膜分开。通入电流后，阳极放出氯气，阴极放出氢气，留在电解槽中的即为氢氧化钠及食盐的水溶液，将此混合液放出，蒸浓，分出结晶的食盐，澄清的溶液熬浓，冷却，即得固体烧碱。

用电解法生产1t烧碱排出的废气中污染物的量见表1-28。

表1-28　用电解法生产1t烧碱排出的废气中污染物的量　　单位：kg

生产方法	汞	氢氧化钠雾	一氧化碳	氯气
水银电解	汞耗量的8%	4.54	22.7	22.7
隔膜电解	—	—	—	9～45

3. 化肥的生产

化学肥料包括氮肥、磷肥、钾肥以及复合肥料等，其中以氮肥使用最广，产量最高，磷肥次之。氮肥主要有硝酸铵、硫酸铵、碳酸氢铵、尿素等；磷肥有过磷酸钙、钙镁磷肥等。

（1）氮肥　生产用的基本原料是氨。

（2）硝铵（NH_4NO_3）　是氨与硝酸进行中和反应制得硝酸铵的水溶液，经蒸发浓缩去掉水分，成熔融状态的硝铵，在造粒塔内经喷雾、冷却，即得白色颗粒状硝铵成品。生产1t硝铵排放的废气中有硝酸雾2.3kg、氨22.7kg、硝铵粉尘27.2kg。

（3）硫铵［$(NH_4)_2SO_4$］　是用氨中和硫酸而得。生产1t硫铵排放的废气中有CO 45.4～90kg、甲烷45.4kg、氨3.2～68.1kg、H_2S 8～25kg。

（4）磷肥　磷肥的生产有酸法和热法两类。酸法磷肥是由硫酸、磷酸和盐酸分解磷矿［主要成分为$3Ca_3(PO_4)_2 \cdot CaF_2$］而制成，主要有普通过磷酸钙［$Ca(H_2PO_4)_2 \cdot H_2O$和$CaSO_4$］、重过磷酸钙［$Ca(H_2PO_4)_2 \cdot H_2O$］等。热法磷肥是在1000℃以上的高温分解磷矿而制成，主要有钙镁磷肥（P_2O_5、CaO、MgO_2、SiO_2）和钢渣磷肥（$5CaO \cdot P_2O_5 \cdot SiO_2$）等。

普通过磷酸钙是用H_2SO_4分解磷矿制成。磷矿石经粉碎、选矿后，在干矿粉中加入稀H_2SO_4反应生成硫酸钙、磷酸和氟化氢，生成的磷酸再与氟磷酸钙［$Ca_5F(PO_4)_3$］反应，生成磷酸一钙［$Ca(H_2PO_4)_2 \cdot H_2O$］与氟化氢，经固化、造粒即为成品。生产1t普通过磷酸钙产生废气 250～300m^3，其中主要污染物是氟及少量粉尘，氟含量为 15～25g/m^3。

钙镁磷肥主要成分是 P_2O_5、CaO、MgO、SiO_2 及微量锰和铜等，它是用高炉法生产的。以磷矿石及助熔剂（蛇纹石 $3MgO \cdot 2SiO_2 \cdot 2H_2O$、橄榄石 $Mg_2SiO_4 + Fe_2SiO_4$、白云石 $CaCO_3 + MgCO_3$ 等含镁、硅的矿物）为原料，焦炭或煤作燃料，在高炉内燃烧，于1350～1500℃的高温下熔融，熔融物从高炉流出后用水骤冷，即凝固并碎裂成小颗粒，经干燥、粉碎，即得产品。高炉法生产钙镁磷肥产生的废气量较大，生产 1t 产品，废气量为1000～1500m^3，粉尘 60kg，废气中的氟含量视所用的助熔剂而不同，见表 1-29。

表 1-29 高炉法生产钙镁磷肥每吨产品排放废气中的含氟量

助熔剂	废气中氟含量/(g/m^3)	逸出率①/%
蛇纹石	1～3	30～60
白云石	0.2～0.5	<10

① 逸出率$=\frac{\text{逸出氟的量}}{\text{原料中含氟量}}\times 100\%$。

（七）石油化工

石油的化学加工是通过裂解-分离与重整-萃取的方法，获得乙烯、丙烯、丁烯（“三烯”）与苯、甲苯、二甲苯（“三苯”）的过程，基本流程见图 1-12。

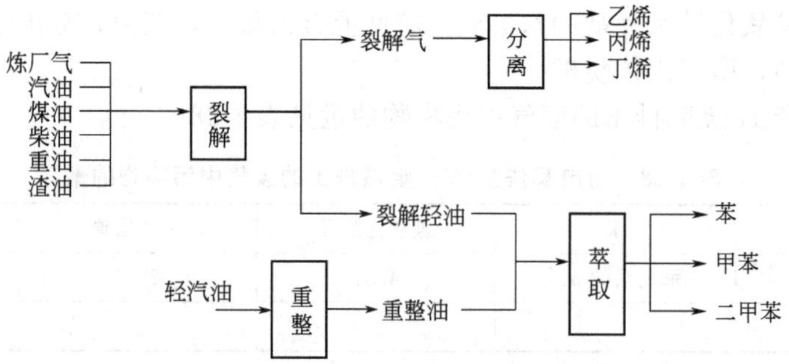

图 1-12 石油的裂解-分离与重整-萃取流程

“三烯”和“三苯”都是重要的有机化工原料。

(1) 裂解与深冷分离 裂解是使石油烃类在 800～900℃的高温下，发生碳链断裂及脱氢反应，生成低级烯烃的过程。裂解产物包括裂解气和裂解汽油。裂解气是多组分的混合物，主要有氢、甲烷、乙烯、乙烷、丙烯、丙烷、丁烯、丁烷、戊烯、戊烷等。各组分的分离是用深度冷冻（－100℃）的方法使烃类气体液化，然后精馏分为各组分。

(2) 重整与萃取分离 重整是在铂催化剂的作用下，使环烷烃和烷烃进行脱氢芳构化而形成芳烃的复杂化学反应过程。重整油中含芳烃 30%～60%，此外是少量烷烃和环烷烃。利用萃取剂的选择性溶解，将芳烃从重整油中溶出，再蒸馏萃取液，将混合芳烃与萃取剂分离，再用三个精馏塔将混合芳烃分为苯、甲苯、二甲苯及重质芳烃。1m^3 油在裂解过程中排放的污染物见表 1-30。

（八）电力工业

燃煤发电厂的生产过程是：经过磨制的煤粉送到锅炉中燃烧放出热量，加热锅炉中的给水，产生具有一定温度和压力的蒸汽。这个过程是把燃料的化学能转换成蒸汽的热能。再将具有一定压力和温度的蒸汽送入汽轮机内，冲动汽轮机转子旋转；这个过程是把蒸汽的热能转变成汽轮机轴的机械能。汽轮机带动发电机旋转而发电的过程是把机械能转换成电能。

表 1-30　$1m^3$ 油在裂解过程中污染物的排放量　单位：kg

生产过程	粉尘	SO_2	CO	烃类	NO_2	醛类	氨
液体接触裂解							
无控制排放	0.695	1.413	39.2	0.63	0.204	0.054	0.155
静电除尘和 CO 引入锅炉	0.128	1.413	—	0.63	0.204	0.054	0.155
流化床裂解	0.049	0.171	10.8	0.25	0.014	0.034	0.017

根据上述火力发电厂的生产过程，其生产系统主要包括燃烧系统、汽水系统和电气系统，详见图 1-13。

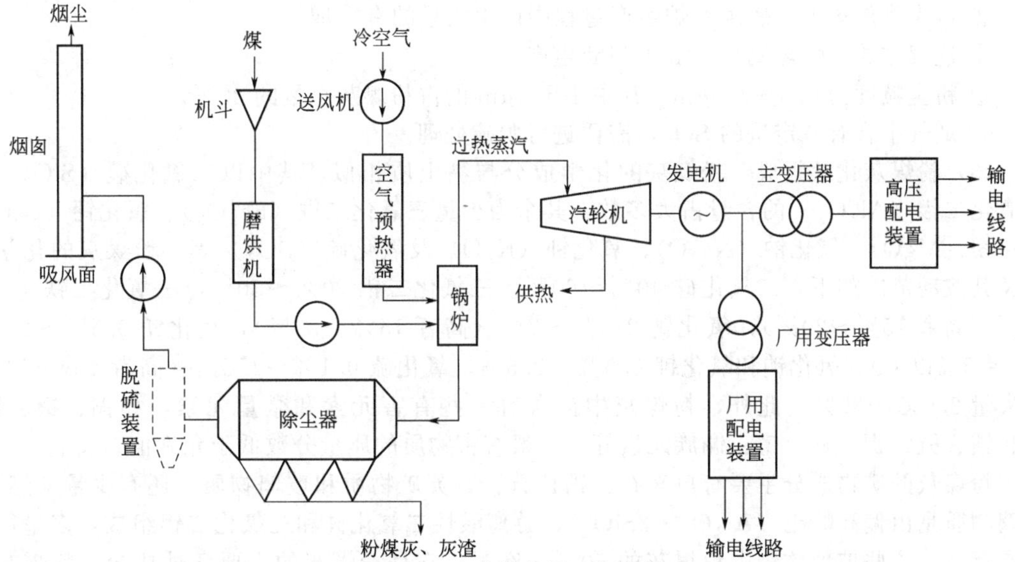

图 1-13　火力发电厂工艺流程

煤燃烧系统包括锅炉的燃烧设备和除尘设备等，燃烧系统的作用是供锅炉燃烧所需用的燃料及空气进行完好的燃烧，产生具有一定压力和温度的蒸汽，并排出燃烧后的产物——粉煤灰和灰渣。

汽水系统由锅炉、汽轮机、凝汽器和给水泵等组成，它包括汽水循环系统、水处理系统、冷却系统等。

电气系统由发电机、主变压器、高压配电装置、厂用变压器、厂用配电装置组成。

火力发电厂的电能生产过程是由发电厂的三大主要设备（锅炉、汽轮机、发电机）和一些辅助设备来实现的，即：一是在锅炉中，将燃料的化学能转换为蒸汽的热能；二是在汽轮机中，将蒸汽的热能转换为汽轮机轴的旋转机械能；三是在发电机中，将机械能转换为电能。

火力发电厂排放废气主要是指燃料燃烧产生的烟气。烟气中主要污染物包括有颗粒状的细灰又称粉煤灰或飞灰，气体状的 SO_x、NO_x、CO、CO_2、烃类等。

（1）燃煤锅炉烟气性质

① 烟气温度。燃煤锅炉烟气温度 140～160℃；高峰值 160～180℃。

② 烟气浓度。煤粉炉 3.5g/m^3（标）左右；层燃炉 10g/m^3（标）左右；循环流化床 25～30g/m^3（标）。

③ 烟气成分见表 1-31。

表 1-31 燃煤锅炉烟气成分

项 目	煤粉炉	层燃炉	循环流化床
O_2(体积比)/%	8～14	6～17	3～6
SO_2/[mg/m^3(标)]	约 1600	约 1600	≤500
NO_x/[mg/m^3(标)]	600～1300	约 1300	200～600
H_2O(体积比)/%	9～16		

(2) 燃煤锅炉烟气特点

① 集中固定源。燃煤锅炉生产地点固定，生产过程集中，生产节奏较强，便于烟气处理和操作。

② 烟尘排放量大。燃煤锅炉生产过程中产生大量的有害烟气。

③ 连续排放。燃煤锅炉 24h 不间断生产。

④ 粉尘粒度为 0.3～200μm，其中小于 5μm 的占粉煤灰总量的 20%。

⑤ 烟气中含有一定量的 SO_2，需要进行脱硫处理。

(3) 粉煤灰化学组成 粉煤灰的化学成分与黏土质相似，其中以二氧化硅（SiO_2）及三氧化二铝（Al_2O_3）的含量占大多数，其余为少量三氧化二铁（Fe_2O_3）、氧化钙（CaO）、氧化镁（MgO）、氧化钠（Na_2O）、氧化钾（K_2O）及氧化硫（SO_3）等。粉煤灰的化学成分及其波动范围如下：二氧化硅 40%～60%，三氧化二铝 20%～30%，三氧化二铁 4%～10%（高者 15%～20%），氧化钙 2.5%～7%（高者 15%～20%），氧化镁 0.5%～2.5%（高者 5%以上），氧化钠和氧化钾 0.5%～2.5%，氧化硫 0.1%～1.5%（高者 4%～6%），烧失量 3.0%～30%。此外，粉煤灰中尚含有一些有害元素和微量元素，如铜、银、镓、铟、镭、钪、铌、钇、镱、镧族元素等。一般有害物质的质量分数低于允许值。

粉煤灰的矿物成分主要有莫来石、钙长石、石英矿物质和玻璃物质，还有少量未燃炭。玻璃物质是由偏高岭土（$Al_2O_3 \cdot 2SiO_2$）、游离酸性二氧化硅和三氧化二铝组成，多呈微珠状态存在。这些玻璃体约占粉煤灰的 50%～80%，它是粉煤灰的主要活性成分。粉煤灰的矿物组成主要取决于原煤的无机杂质成分（无机杂质成分主要指含铁高的黏土物质、石英、褐铁矿、黄铁矿、方解石、长石、硫等）与含量以及煤的燃烧状况。

(4) 粉煤灰物理性质 中国电厂粉煤灰物理性质见表 1-32。

表 1-32 中国电厂粉煤灰物理性质

项目	表观密度/(g/cm^3)	堆积密度/(g/cm^3)	真密度/(g/cm^3)	80μm 筛余量/%	45μm 筛余量/%	透气法比表面积/(cm^2/g)
范围	1.92～2.85	0.5～1.3	1.8～2.4	0.6～77.8	2.7～86.6	1176～6531
均值	2.14	0.75	2.1	22.7	40.6	3255

(5) 坚持开发与节约并重，水电火电并举、适当发展核电，积极发展新能源发电，支持热电联产，在沿海缺能省份发展核电及燃气蒸汽联合循环机组。积极采用洁净煤炭，限制污染严重的小型火电站的发展，加强大、中型火电厂的煤烟型污染治理，重点应用脱硫技术，在酸雨和二氧化硫控制区内不能用低硫煤的新建机组，必须有脱硫或其他控制二氧化硫排放的设施，老机组也应采用控制二氧化硫排放的措施。努力做好水电建设移民安置的环境保护，做好施工区、库区和工程影响区的生态保护。

三、机动车尾气

过去的 20 年间，一些工业发达国家交通运输工具急剧增加，其排放的污染物已构成公害，引起了世人的关注。目前中国正处于经济高速发展时期，交通运输工具社会保有量增加迅速。《中国环境保护21世纪议程》为此制定了“流动源（移动源）大气污染控制”行动方案，主要控制对象是汽油车、摩托车、车用汽油机，以及柴油车、车用柴油机排放的尾气。城市环境综合整治定量考核指标中列入了汽车尾气达标率指标。

1. 汽车尾气达标率指标

汽车尾气达标率是指市区汽车年检尾气达标率与汽车路（抽）检达标率的平均值。

$$\text{汽车尾气达标率}(\%)=\left(\frac{\text{年检尾气达标的汽车数}}{\text{城市汽车在用数}}+\frac{\text{路(抽)检尾气达标数}}{\text{路(抽)检汽车总数}}\right)\times\frac{1}{2}\times 100\% \tag{1-21}$$

2. 汽车尾气中的主要污染物

我国要求控制的汽车尾气及城市汽车交通运输所产生的主要污染物包括：颗粒物、CO、HC、NO_x 以及 O_3。

（1）颗粒物　柴油车尾气烟雾是颗粒物的来源之一。汽车尾气达标率的监测项目包含了柴油车的烟度。交通运输造成的道路扬尘是城市颗粒物污染的重要来源。

（2）一氧化碳（CO）　CO是含碳燃料不完全燃烧产生的，它虽有各种各样的人为污染源，但很多城市地区，机动车尾气几乎占CO排放量的绝大部分，甚至全部。因此，成功削减CO排放量的战略主要依赖于对汽车尾气的控制。近年来，大多数发展中国家（包括中国）随着机动车数量上升和交通拥挤加剧，CO的污染水平呈上升趋势。汽车尾气排放的CO量与运行工况有关系，怠速时排放的CO浓度最大为4.9%。

（3）烃类化合物（HC）　机动车、加油站、石油炼制等都是挥发性有机化合物的污染来源。机动车尾气排放的挥发性有机化合物主要是HC，它们在太阳光下与 NO_x 反应产生光化学烟雾。

（4）氮氧化物（NO_x）　大气中的氧和氮，以及汽油、柴油所含的氮化物，在高温燃烧的条件下产生 NO_x，汽车尾气排放的 NO_x 在工业化国家与固定源排放的 NO_x 大致相等。在城市环境中汽车尾气排放的 NO_x 是主要的。我国城市环境保护工作把控制汽车尾气的 NO_x 作为重点任务。

（5）光化学氧化剂　以 NO_x 与HC为前体，在日光照射下反应而产生的氧化性化合物，以臭氧（O_3）为主体包括多种氧化性化合物。我国《环境空气质量标准》（GB 3095—1996）规定了臭氧的浓度限值（1小时平均），一级、二级、三级分别为 $0.12mg/m^3$、$0.16mg/m^3$、$0.2mg/m^3$；《环境空气质量标准》（GB 3095—2012）对此做了修改，规定臭氧的浓度限值（1小时平均），一级、二级分别为 $0.16mg/m^3$、$0.2mg/m^3$。

四、垃圾焚烧废气

我国城市人均垃圾年产生量约300～500kg。城市垃圾处理有填埋法、焚烧法和海洋投弃法等，焚烧处理是垃圾处理的一个趋势。

由于城市生活垃圾成分的复杂性、性质的多样性和不均匀性，焚烧过程中发生了许多不同的化学反应。垃圾焚烧产生的烟气中除过量的空气和二氧化碳外，还含有许多其他污染物。这些物质的化学、物理性质及对人体或环境的危害程度各不相同，数量的差异也较大。根据生活垃圾焚烧污染物性质的不同，可将其分为颗粒物、酸性气体、重金属和有机污染物四大类。典型的不同类别污染物见表1-33。

表 1-33 生活垃圾焚烧烟气中污染物的种类

序号	类别	污染物名称	表示符号
1	尘	颗粒物	
2	酸性气体	氯化氢	HCl
		硫氧化物	SO_x
		氮氧化物	NO_x
		氟化氢	HF
		一氧化碳	CO
3	重金属	汞及其化合物	Hg 和 Hg^{2+}
		铅及其化合物	Pb 和 Pb^{2+}
		镉及其化合物	Cd 和 Cd^{2+}
		其他重金属及其化合物	
4	有机物	多氯代二苯并二噁英	PCDDs
		多氯代二苯并呋喃	PCDFs
		其他有机物	

城市生活垃圾焚烧烟气中的粉尘是焚烧过程中产生的微小无机颗粒状物质。主要是：①被燃烧空气和烟气吹起的小颗粒灰分；②未充分燃烧的炭等可燃物；③因高温而挥发的盐类和重金属等在烟气冷却净化处理过程中又凝缩或发生化学反应而产生的物质。前两者可以认为是物理原因产生的，第三者则是热化学原因产生的。表 1-34 列出了城市生活垃圾燃烧烟气中粉尘产生的机理。

显然，粉尘的产生量及粉尘的组合与城市生活垃圾的性质和燃烧方法、燃烧设备有直接的关系，机械炉排生活垃圾焚烧炉炉膛出口处粉尘含量一般为 1～6g/m^3（标），换算成垃圾燃烧量，一般 1t 干垃圾燃烧量为 10～45kg，而液化床生活垃圾焚烧炉的炉膛出口处粉尘含量远比机械炉排生活垃圾焚烧要高得多。

表 1-34 城市生活垃圾烟气粉尘产生机理

粉尘种类	焚烧炉膛	燃烧室	余热锅炉、烟道	除尘器	烟囱
无机粉尘	(1)由供给的空气卷起的不燃物、可燃物燃烧后的灰分 (2)由于高温而挥发的易挥发物 (3)卷起的微小添加剂及其反应生成物	气-固、气-气、反应引起的粉尘	(1)烟气冷却引起的盐分 (2)喷入的石灰等药剂及其反应生成物		微小灰尘，碱性盐分
有机粉尘	(1)卷起的纸屑等 (2)不完全燃烧引起的未燃炭分等	不完全燃烧引起的纸灰		再度飞散的飞粉尘	
灰尘浓度/(g/m^3)(标)		1～6	1～4		0.01～0.04(使用除尘器时)

第五节 废气中污染物特征及危害

根据我国《环境空气质量标准》的规定，废气中的主要污染物为：颗粒物、二氧化硫

(SO_2)、氮氧化物(NO_x)、一氧化碳(CO)、铅(Pb)、氟化物、苯并[a]芘及臭氧(O_3)。

一、主要污染物的特性

(一)颗粒污染物(大气气溶胶)

大气气溶胶是一个极为复杂的体系,它们对环境和人类影响很大,其影响不仅取决于颗粒物的大小,也和颗粒物的浓度和化学组成密切相关。

1. 大气气溶胶的粒径

大气气溶胶的粒径一般在 0.1～100μm 之间,粒径的分布一般符合对数正态分布。粒径的不同,主要和来源有关:粒径<0.05μm 的,主要是来源于燃烧过程产生的一次气溶胶和气体分子通过化学反应转化形成的二次气溶胶;粒径 0.05～2μm 之间的,主要是来源于燃烧过程产生的蒸气冷凝凝聚,以及各种气体通过化学转化形成的二次气溶胶,例如烟雾和大部分硫酸盐;粒径>2μm 的,主要是来源于机械过程产生的一次粒子、海水溅沫、风沙和火山灰等。

空气中飘浮的污染物质粒径可参见图 1-14。

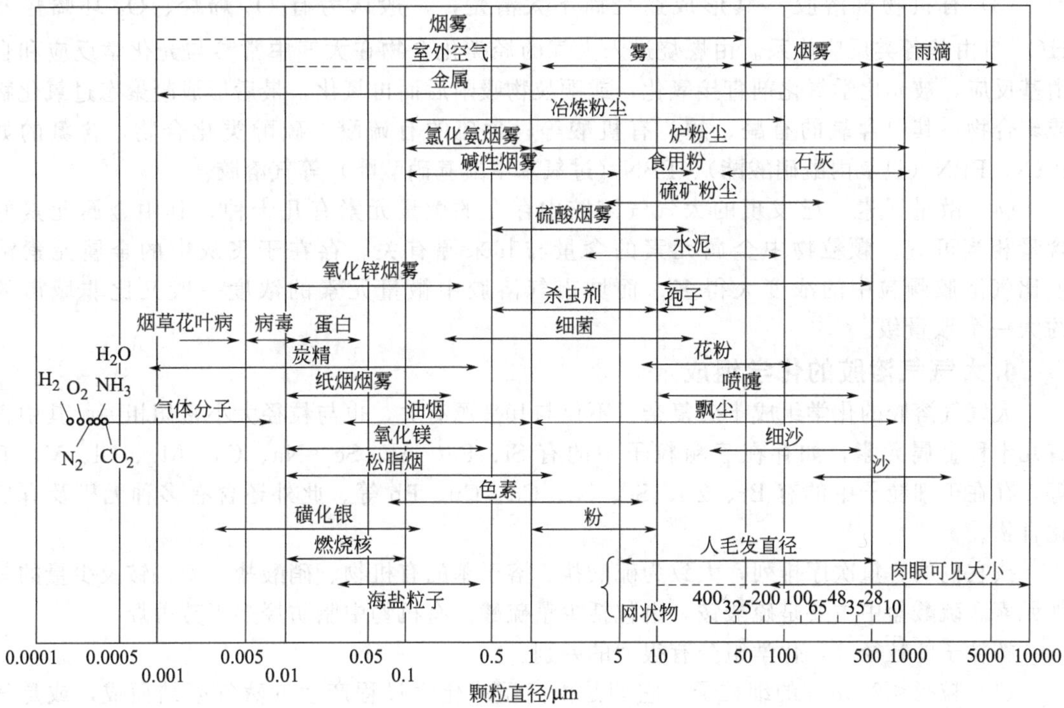

图 1-14　空气中飘浮污染物质的粒径(Hatch 等,1964)

2. 大气气溶胶的结构

大气气溶胶表面常有一层液膜,中心有一个不溶于水的核,许多过渡金属的化合物可能存在于核的表面。核的四周被水溶液包围,其中溶解物有可溶性无机物和有机物。在水溶液表面上又常有一层有机物的膜,有机物的极性一端向着中心核方向。气溶胶可以通过吸附、吸收、溶解等过程包容大量杂质,并在其中进行复杂的化学反应。气体污染物和颗粒物之间相互作用是形成气溶胶的重要环节,大气中的各种污染物都是在此界面上进行反应形成各种形态的气溶胶。

3. 大气气溶胶的种类

气溶胶的组成十分复杂,有的含有四五十种元素,主要是硫酸盐、硝酸盐等(约占

50%～80%），还有有机化合物及多种微量元素的氧化物和盐类，按其主要成分可作如下分类。

（1）硫酸盐气溶胶　主要来自 SO_2 的化学转化。SO_2 在大气中通过均相和非均相反应形成 SO_3，SO_3 与水蒸气反应生成 H_2SO_4。硫酸的蒸气比非常低，特别在有水的条件下更是如此。在气相中 H_2SO_4 的饱和浓度为 $4\mu g/m^3$，因此在所有大气条件下都会凝结生成硫酸或硫酸盐气溶胶。大气中的无机污染物最终大部分都将转化为硫酸盐气溶胶，在平流层中最大的气溶胶就是硫酸盐气溶胶。硫酸盐气溶胶形成的途径主要有光化学氧化、自由基氧化、液相氧化或吸附氧化等。

（2）硝酸盐气溶胶　硝酸在气相中的饱和浓度可达 $1.2\times10^8\mu g/m^3$，因此凝结态硝酸在大气中几乎不存在，其气溶胶常以 $NaNO_3$、NH_4NO_3 或 NO_x 吸附在颗粒物上的形式存在。硝酸盐气溶胶形成途径主要有：NO_x 氧化为 NO_2、N_2O_3、N_2O_5 等；高价氮氧化物与水蒸气作用形成 HNO_3 和 HNO_2 一类挥发性酸而存在于气相中；在气相中反应形成硝酸盐气溶胶，烃类化合物的存在对硝酸盐气溶胶的形成有较大的作用。

（3）有机物气溶胶　其形成途径尚不太清楚，一般认为有 O_3-烯烃、O_3-环烯烃和 HO^- 自由基各类反应体系。由燃烧进入大气的烃类化合物在大气中常参与光化学反应和自由基反应，被光化学氧化剂直接氧化，或颗粒物吸附后而再氧化，最后形成凝聚态过氧化物或聚合物，其中含氧的有醛、醇、有机酸等，含硫的有硫醚、硫醇类化合物，含氮的如PAN、PPN（过氧丙酰硝酸酯）、PBN（过氧苯甲酰基硝酸酯）等气溶胶。

（4）微量元素　已发现的大气气溶胶中存在的微量元素有几十种，其中金属元素的含量相当可观。颗粒物中金属元素的含量与其来源有关。存在于飞灰中的金属元素浓度比气溶胶颗粒中的浓度大得多，而城市气溶胶中微量元素的浓度一般又比非城市的约大一个数量级。

4. 大气气溶胶的化学组成

大气气溶胶的化学组成十分复杂，不仅与其来源有关，也与粒径大小密切相关。其中含有几十种金属元素，如存在于粗粒子中的有 Si、Fe、Al、Sc、Na、Ca、Mg、Cl、V、Ti 等，存在于细粒子中的有 Br、Zn、Se、Ni、Cd、Cu、Pb 等。此外还含有多种无机及有机化合物。

按它们的含量次序排列，大致为硫酸盐、溶于苯的有机物、硝酸盐、铁、铵及少量的其他元素。硫酸盐中主要是硫酸铵，也包括少量硫酸。有机物中脂肪烃多于芳香烃。

按粒子的粒径分，化学组分有很大的差别。

（1）粒径<2.5μm 的细粒子　它们是由高温或化学过程产生的蒸气凝结而成，或是气体通过化学反应而产生，或是人类活动直接产生的粒子，主要有 SO_4^{2-}、C（炭黑）、有机物、NH_4^+、H^+ 和 Br、Zn、As、Se、Ni、Cd、Mn、Cu、Sn、V、Sb、Pb 以及 NO_3^-、Cl^- 等；

（2）粒径>2.5μm 的粗粒子　主要来自机械作用产生的粉尘以及风沙、海盐和火山喷发等，通常含有 Fe、Ca、Ti、Mg、K、Na、Si、V、Al、Sc、PO_4^{3-}、C（花粉和孢子）以及 NO_3^-、Cl^- 等。

值得注意的是由各种燃烧产生的烟气中的典型致癌物质苯并［a］芘，其在不同烟气中的含量参见表 1-35。

香烟烟雾是微细的颗粒物的聚集体，吸烟者吸入 1mL 香烟烟雾就要吸入 50 亿个颗粒物。

表 1-35　不同烟气中苯并［a］芘的浓度

烟　气	苯并[a]芘浓度	烟　气	苯并[a]芘浓度	烟　气	苯并[a]芘浓度
焚化炉烟气	$4900\mu g/m^3$	原油烟	$40\sim68\mu g/m^3$	烟丝烟	$8\sim10\mu g/m^3$
煤烟	$67\sim136\mu g/m^3$	汽油烟	$12\sim15.4\mu g/m^3$	烧沥青烟气	$1108\mu g/m^3$
木柴烟	$62\sim125\mu g/m^3$	香烟烟气	$0.32\mu g$/包	烧煤烟囱烟气	$6829\mu g/m^3$

（二）二氧化硫（SO_2，又称亚硫酸酐）

SO_2 是含硫大气污染物中最重要的一种。SO_2 是无色、有刺激性臭味的有毒气体，不可燃，易液化，气体密度 $2.927kg/m^3$，沸点 -10℃，熔点 -72.7℃，蒸气压 155.4kPa（1165.4mmHg，0℃），溶于水，水中溶解度为 11.5g/L，一部分与水化合成亚硫酸。

SO_2 进入大气后第一步氧化成 SO_3，然后 SO_3 溶于水滴中形成硫酸，当大气中存在 NH_4^+ 或金属离子 M^{2+} 时，则转化为 $(NH_4)_2SO_4$ 或 MSO_4 气溶胶。这些转化中关键的一步是 SO_2 转化为 SO_3。大气中 SO_2 的化学反应很复杂，受许多因素的影响，包括温度、湿度、光强度、大气传输和颗粒物表面特征等。SO_2 转化为 SO_3 的途径归纳起来有两种。

1. 催化氧化

在清洁的空气中 SO_2 氧化转化为 SO_3 的速度非常缓慢：

$$2SO_2+O_2 \longrightarrow 2SO_3 \qquad (1\text{-}22)$$

但若在大气中存在某些过渡金属离子，则 SO_2 的氧化速度为在清洁空气中的 10～100 倍，其反应与有催化剂时 SO_2 在水溶液中的氧化相类似：

$$2SO_2+2H_2O+O_2 \xrightarrow{\text{催化剂}} 2H_2SO_4 \qquad (1\text{-}23)$$

反应中，起催化剂作用的过渡金属离子（如 Fe^{3+}、Mn^{2+}、Cu^{2+} 和 Co^{2+} 等）以微粒形式悬浮于空气中，当浓度很高时，这些微粒成为凝聚核或水合成液滴，SO_2 和 O_2 被这些液态气溶胶吸收，并在液相中发生反应。

影响 SO_2 催化氧化的主要因素如下。

（1）催化剂的种类　不同催化剂的催化效率次序为：

$$MnSO_4>MnCl_2>CuSO_4>NaCl \qquad (1\text{-}24)$$

几种氯化物的催化效率次序为：

$$MnCl_2>CuCl_2>FeCl_2>CaCl_2 \qquad (1\text{-}25)$$

结果表明，锰盐催化效率最高，而硫酸盐比氯化物好。

（2）液滴酸度　当液滴的酸度较高时，能降低 SO_2 的溶解度，SO_2 的氧化显著变慢。然而大气中存在 NH_3 时，则能大大加快 SO_2 的氧化过程。

（3）相对湿度提高　能增加转化率。

2. 光化学氧化

（1）直接光氧化　在低层大气中，SO_2 经光化学过程生成激发态 SO_2 分子。在波长 290nm 以上，SO_2 有两个吸收谱带，第一个是最大值在 384nm 的弱吸收，此吸收使 SO_2 转变为第一激发态（三重态，用 $^3SO_2$ 表示）：

$$SO_2+h\nu \rightleftharpoons {}^3SO_2 \quad (340\sim400nm) \qquad (1\text{-}26)$$

第二个是最大值 294nm 的强吸收，此吸收使 SO_2 转变为第二激发态（单重态，用 $^1SO_2$ 表示）：

$$SO_2+h\nu \rightleftharpoons {}^1SO_2 \quad (290\sim340nm) \qquad (1\text{-}27)$$

单重态能量较高，进一步将衰变到能量较低的三重态，反应如下：

$$^{1}SO_2+M \longrightarrow SO_2+M \longrightarrow {}^{3}SO_2+M \quad (1\text{-}28)$$

式中，M可以是体系中的N_2、O_2、CO和CH_4等其他分子。

大气中SO_2光氧化机制，主要基于两个激发态（$^{1}SO_2$和$^{3}SO_2$）与体系中其他分子M反应，首先是$^{3}SO_2$被其他大分子淬灭而返回到基态SO_2：

$$^{3}SO_2+M \longrightarrow SO_2+M \quad (1\text{-}29)$$

若M为O_2时，反应为：

$$^{3}SO_2+O_2 \longrightarrow SO_3+O \quad (1\text{-}30)$$

这步反应可能是SO_2光氧化为SO_3的最重要的一步。

在清洁空气中，SO_2的光化学氧化转化速率约为0.1%/h。相对湿度增加，可加快转化。在存在HC和NO_x的污染空气中，SO_2的光化学氧化速率显著提高。

(2) 间接光氧化 其氧化机制为：在日光作用下，HC-NO_2反应体系产生的自由基如OH、HO_2和RO_2等，或者产生的强氧化剂O_3和H_2O_2等，能将SO_2迅速氧化成SO_3，进而形成硫酸和硫酸盐。自由基的氧化反应为：

$$SO_2+OH+M \longrightarrow HOSO_2+M \quad (1\text{-}31)$$

$$SO_2+HO_2 \longrightarrow SO_3+OH \text{ 或 } SO_2HO_2 \quad (1\text{-}32)$$

$$SO_2+RO_2 \longrightarrow SO_3+RO \text{ 或 } SO_2RO_2 \quad (1\text{-}33)$$

$HOSO_2$自由基能进一步反应：

$$HOSO_2+OH \longrightarrow H_2SO_4 \quad (1\text{-}34)$$

强氧化剂O_3和H_2O_2能较快地被云雾或雨滴吸收，它的存在，使SO_2氧化速度明显加快。SO_2的间接光氧化的转化速率比直接光氧化快得多，可高达(5～10)%/h。

大气中SO_2氧化转为SO_3，SO_3遇水立即形成H_2SO_4，硫酸与水结合成为硫酸雾，如果存在氨或其他金属离子，最终将转化为硫酸盐，在大气中即生成硫酸盐气溶胶。

世界上的多次烟雾事件，如英国伦敦、比利时马斯河谷等地烟雾事件都和SO_2有关，主要是当时的气象条件——逆温和雾，使空气中的SO_2经久不散，浓度增大，以致使患病及死亡人数急剧增加。

SO_2是大气中数量最大的有害成分，也是造成全球大范围酸雨的主要原因。

（三）氮氧化物（NO_x）

1. 氮氧化物

氮氧化物中，NO和NO_2是两种最重要的大气污染物。

NO为无色气体、淡蓝色液体或蓝白色固体，熔点−163.6℃，沸点−151.8℃，密度1.3402kg/m^3，在空气中容易被O_3和光化学作用氧化成NO_2。

NO_2为黄色液体或棕红色气体，熔点−11.2℃，沸点21.2℃，相对密度1.4494（液体，20℃），能溶于水生成硝酸和亚硝酸，具有腐蚀性。

2. 光化学烟雾

由石化燃料燃烧和汽车尾气排出的NO_x、烃类和太阳紫外线是形成光化学烟雾的三个要素。在强烈的阳光照射下，引发了存在于大气中的烯烃类化合物和氮氧化物之间的光化学反应。地势低洼、逆温条件都容易促使光化学烟雾形成。形成光化学烟雾可能的反应如下：

$$2NO+O_2 \longrightarrow 2NO_2 \quad (1\text{-}35)$$

$$NO_2+h\nu \longrightarrow NO+O \quad (1\text{-}36)$$

$$O+O_2 \longrightarrow O_3 \quad (1\text{-}37)$$

$$CH_3CH=CH_2+O_2 \longrightarrow CH_3CHO+HCHO \quad (1\text{-}38)$$

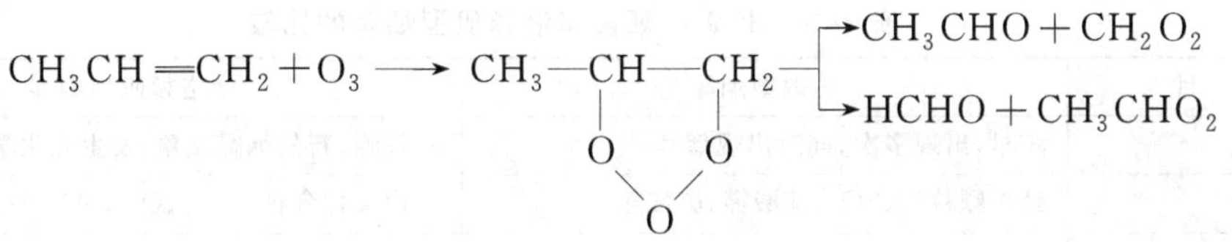

$$\begin{array}{c} CH_3CH{=}CH_2+O_3 \longrightarrow CH_3{-}CH{-}CH_2 \\ \underset{O{-}O}{\overset{O}{|}} \end{array} \begin{array}{l} \longrightarrow CH_3CHO+CH_2O_2 \\ \longrightarrow HCHO+CH_3CHO_2 \end{array} \qquad (1\text{-}39)$$

$$CH_2O_2 \longrightarrow CO+H_2O \qquad (1\text{-}40)$$

$$CH_3CHO_2+O_2 \longrightarrow CH_3CHO+O_3 \qquad (1\text{-}41)$$

$$HCHO+h\nu \begin{array}{l} \longrightarrow H_2+CO \\ \longrightarrow H\cdot+HCO \end{array} \qquad (1\text{-}42)$$

$$H\overset{\cdot}{C}O+O_2 \longrightarrow CO+HO_2\cdot \qquad (1\text{-}43)$$

$$H\cdot+O_2 \longrightarrow HO_2\cdot \qquad (1\text{-}44)$$

$$HO_2\cdot+NO \longrightarrow NO_2+HO\cdot \qquad (1\text{-}45)$$

$$CH_3CHO+HO\cdot \longrightarrow CH_3\overset{\cdot}{C}O+H_2O \qquad (1\text{-}46)$$

$$CH_3\overset{\cdot}{C}O+O_2 \longrightarrow CH_3\overset{O}{\underset{\|}{C}}{-}O{-}O\cdot \qquad (1\text{-}47)$$

$$CH_3\overset{O}{\underset{\|}{C}}O\cdot+NO_2 \longrightarrow CH_3\overset{O}{\underset{\|}{C}}{-}O{-}O{-}NO_2 \qquad (1\text{-}48)$$

当 NO_2 和 O_3 的浓度比较大时，还可能发生下列反应：

$$NO_2+O_3 \longrightarrow NO_3\cdot+O_2 \qquad (1\text{-}49)$$

$$CH_3CHO+NO_3\cdot \longrightarrow CH_3\overset{\cdot}{C}O+HNO_3 \qquad (1\text{-}50)$$

$$NO_2+NO_3\cdot \longrightarrow N_2O_5 \qquad (1\text{-}51)$$

$$N_2O_5+H_2O \longrightarrow 2HNO_3 \qquad (1\text{-}52)$$

实际的光化学过程很复杂，可能会产生烷基、酰基、烷氧基、过氧烷基、过氧酰基自由基及其他物质。

NO_x 形成光化学烟雾的大气主要特征是有二次污染物——光化学氧化剂的生成。主要的氧化剂是臭氧（O_3），还包含过氧化氢（H_2O_2）、有机过氧化合物（ROOR'）、有机氢过氧化合物（ROOH）和过氧乙酰硝酸酯（PAN）、过氧丙酰硝酸酯（PPN）、过氧丁酰硝酸酯（PBN）、过氧苯甲酰硝酸酯（PBZN）等。此外还有醛类和甲醛、丙烯醛等。

由 NO_x 和烃类产生的光化学烟雾（通常称洛杉矶型烟雾）和主要由 SO_2 和烟尘引起的烟雾（通常称伦敦型烟雾）的主要区别见表1-36。

3. 一氧化碳（CO）

一氧化碳为无色无臭气体，极毒，不易液化和固化，微溶于水，20℃时溶解度为 0.04g/L。熔点 −199℃，沸点 −191.5℃，蒸气压 308.636kPa（−180℃），2.185MPa（−150℃）；相对密度0.96716（空气＝1）。CO易燃，在空气中呈蓝色火焰。CO是煤气的主要成分。

CO在室温时较稳定，400～700℃或稍低温度时，在催化剂作用下发生歧化反应，生成碳和 CO_2。在高温下为极好的还原剂，可将金属氧化物还原为金属，如炼铁。CO能与许多金属或非金属反应，如与氯气反应生成极毒的光气（$COCl_2$）。

CO的人为源是焦化厂、煤气发生站、炼铁厂、石灰窑、砖瓦厂、化肥厂的生产过程及汽车尾气。

表 1-36 伦敦型烟雾和洛杉矶型烟雾的比较

项目		伦敦型烟雾	洛杉矶型烟雾
发生情况		较早，出现多次，同时出现烟雾	较晚，新的烟雾现象，发生光化学反应
污染物		悬浮颗粒物、SO_2、硫酸雾、硫酸盐	烃类化合物、NO_x、O_2、PAN、醛、酮等
燃料		煤、燃料油	汽油、煤气、石油
气象条件	季节	冬	夏，秋
	气温	低(<4℃)	高(>24℃)
	湿度	高	低
	日光	暗	明亮
	O_3 浓度	低	高
出现时间		昼夜连续	白天
视野		非常近(几米)	稍近(0.8km)
毒性		对呼吸道有刺激作用，严重时可致死亡	对眼和呼吸道有刺激作用，O_3 等氧化剂氧化性很强，严重者可导致死亡

CO 也是由人类活动引入大气的污染物之一，CO 的问题出现在局部高浓度情况下。例如由汽车内燃机排出的 CO，其浓度最高水平往往在拥挤的市区，尤其是早晚上下班汽车高峰时出现，此时大气中 CO 的含量可高达 $(50\sim100)mL/m^3$。市区 CO 含量与行驶车辆的密度呈正相关，与风速呈负相关关系。在偏远地区 CO 的平均浓度要低得多。汽车排气中的 CO 主要是由于混合气中的 O_2 不足，汽油中的 C 不能与足够的氧化合而产生的。因此排气中的 CO 浓度主要取决于混合气的空气和燃料之比，即空燃比。

燃煤时生成 CO 和 CO_2 的主要反应有：

$$C+O_2 \longrightarrow CO \tag{1-53}$$

$$2C+O_2 \longrightarrow 2CO \tag{1-54}$$

$$C+CO_2 \longrightarrow 2CO \tag{1-55}$$

$$2CO+O_2 \longrightarrow 2CO_2 \tag{1-56}$$

燃烧过程还可能发生下列反应：

$$C+2H_2O \longrightarrow CO_2+2H_2 \tag{1-57}$$

$$C+H_2O \longrightarrow CO+H_2 \tag{1-58}$$

$$3C+4H_2O \longrightarrow 4H_2+2CO+CO_2 \tag{1-59}$$

$$C+2H_2 \longrightarrow CH_4 \tag{1-60}$$

哪种反应为主，取决于燃烧时的温度、压力、气体成分和燃料种类等条件。

（四）含氟化合物

大气中常遇到的含氟化合物主要有氟化氢、氟里昂、含氟农药和除莠剂等，它们在工农业生产中使用较多。当含氟化合物在大气中的残留浓度超过允许浓度时，对植物和动物生命，以致气候都会产生显著影响。

1. 无机氟化物

无机氟化物在空气中普遍存在，一般浓度很低，但在污染源附近常有较高的浓度，可能会造成局部污染。排入大气的气态氟化物有 F_2、HF、SiF_4 和硅氟酸（H_2SiF_6），主要来自制铝厂、磷肥厂、冰晶石厂、过磷酸盐厂、玻璃厂等的生产过程。当生产所用的原料中含有氟的矿物质如萤石（CaF_2）和冰晶石（$3NaF \cdot AlF_3$）时，在高温下会产生一种或多种挥发性含氟的化合物排放到大气中。若存在硅酸盐化合物，则会形成 SiF_4 排放大气，SiF_4 进一步水解，生成氟化氢（HF），HF可进一步反应生成CaF_2：

$$2CaF_2+3SiO_2 \xrightarrow{加热} SiF_4+2CaSiO_3 \quad (1\text{-}61)$$

$$SiF_4+2H_2O \xrightarrow{水解} SiO_2+4HF \quad (1\text{-}62)$$

$$2HF+CaO(CaCO_3) \longrightarrow CaF_2+H_2O(CO_2) \quad (1\text{-}63)$$

磷酸盐生产过程中，常常产生的HF、SiF_4、H_2SiF_6等排入大气。

(1) 氟化氢（HF） 为无色气体，在19.54℃以下为无色液体，极易挥发，在空气中发烟，有毒、刺激眼睛，腐蚀皮肤；熔点－83.1℃，沸点19.54℃，蒸气压47.86kPa（0℃），103.01kPa（20℃）。无水氟化氢为酸性物质。

(2) 四氟化硅 无色非燃烧气体，剧毒，有类似氯化氢的窒息气味，熔点－90.2℃，沸点－86℃，在潮湿空气中水解生成硅酸和氢氟酸，同时生成浓烟。

2. 有机氟化物

含氟空气污染物中对大气损害最大的是氟里昂系列（氯氟烃，CFC），最常见的有氟里昂-11（CFC-11）和氟里昂12（CFC-12），它们均为无色、无毒、不燃的气体，无腐蚀性。氯氟烃的物理常数见表1-37，它们主要用作致冷剂、气溶胶推进剂和发泡剂。

表1-37 氯氟烃的物理常数

名称	分子式	熔点/℃	沸点/℃	相对密度	蒸气压
氟里昂-11(CFC-11)	CCl_3F	－111	23.8	$d_4^{17.2}$ 1.494	302.42mmHg(0℃)
氟里昂-12(CFC-12)	CCl_2F_2	－158	－29.8	d_4^{30} 1.486	666.04mmHg(20℃)
氟里昂-13(CFC-13)	$CClF_3$	－182	－82		
氟里昂-14(CFC-14)	CF_4	－184	－128	$d_{液}^{-183}$ 1.86	3.027atm(0℃)
氟里昂-22(CFC-22)	$CHClF_2$	－160	－40.8		
氟里昂-113(CFC-113)	CCl_2FCClF_2	35	47.57		
氟里昂-114(CFC-114)	$CClF_2CClF_2$	－94	4.1	$d_{液}^{0}$ 1.5312	5.543atm(20℃)

注：1mmHg＝133.3224Pa，1atm＝101325Pa。

氯氟烃的化学性质稳定，它们通过不同途径释放进入大气层，并且完全能扩散进入平流层，在紫外线照射下进行光分解，释放出氯原子：

$$CF_2Cl_2+h\nu \longrightarrow CF_2Cl+Cl \quad (1\text{-}64)$$

$$CFCl_2+h\nu \longrightarrow CFCl_2+Cl \quad (1\text{-}65)$$

所形成的CF_2Cl、$CFCl_2$可进一步分解，释放出氯原子。氯原子具有极高的活性，很快成为破坏O_3的“杀手”，其反应为：

$$Cl+O_3 \longrightarrow ClO+O_2 \quad (1\text{-}66)$$

$$ClO+O \longrightarrow Cl+O_2 \quad (1\text{-}67)$$

$$O+O_3 \longrightarrow O_2+O_2 \quad (1\text{-}68)$$

氯原子和O_3反应生成氯氧化物和氧分子，这种氯氧化物又能与氧原子反应生成活泼氯原子。这样，一旦产生出氯原子即可降解大量O_3分子。

（五）铅

铅是银灰色的软金属，在自然界中以硫化铅、碳酸铅、硫酸铅等形式存在。在空气中铅及其化合物以气溶胶即铅尘和铅烟形式存在。铅不溶于水，溶于硝酸和热的浓硫酸，熔点327.5℃，沸点1740℃，相对密度11.3437。四乙基铅［$(C_2H_5)_4Pb$］为无色油状液体，有香味，溶于苯、乙醇、乙醚和石油醚，不溶于水，凝固点－136.8℃，沸点200℃（分解），闪点 93.33℃。铅污染主要来自印刷厂、蓄电池厂、有色金属冶炼厂、塑料助剂厂的生产过程。

二、主要污染物对人体的危害

世界经合组织 2012 年 3 月 15 日发布公告说，如果不采取有效措施保护环境，到 2050 年城市空气污染将超过污水和卫生设施缺乏两项，成为全球人口死亡的头号环境杀手，由空气污染导致的呼吸衰竭每年将置 360 万人于死地。

1. 颗粒污染物（大气气溶胶）的危害

大气颗粒污染物来源广泛，成分复杂，含有许多有害的无机物和有机物。它还能吸收病原微生物，传播多种疾病。总悬浮颗粒（TSP）中粒径<5μm 特别是 $PM_{2.5}$ 的可进入呼吸道深处和肺部，危害人体呼吸道，引发支气管炎、肺炎、肺气肿、肺癌等。侵入肺组织或淋巴结，可引起尘肺。尘肺因所积的粉尘种类不同，有煤肺、硅尘肺、石棉肺等。TSP 还能减少太阳紫外线，严重污染地区的幼儿易患软骨病。

大气颗粒物对健康的影响和以下多种因素有关。

（1）粒径大小　不同粒径的气溶胶粒子在呼吸系统不同位置沉积的百分率不同：

>10μm 的颗粒物质，约 90%可被鼻腔和咽喉所捕集，但不进入肺；

10～0.1μm 的颗粒物质，约有 90%沉积于呼吸道和肺泡上；

10～2μm 的颗粒物质，大部分留在呼吸道，小部分可进入肺部；

<2μm 的颗粒物质，大部分可通过呼吸道直达肺部沉积；0.4μm 的颗粒物质在呼吸道和肺泡膜的沉积率最低，可以自由进出肺部；<0.4μm 时，在呼吸道内的沉积又逐渐增加。

（2）颗粒物的表面积　小粒径气溶胶危害更大的原因与其表面积有关。若颗粒状物质的量一定，颗粒的直径越小，其总表面积越大，吸附的气体和液体的量也越多。

（3）TSP（总悬浮颗粒物）浓度参见表 1-38。

表 1-38　TSP 浓度及其影响

TSP 浓度/($\mu g/m^3$)	影　响
<25	自然本底浓度
25～100	多数人能耐受的浓度
150(24h 平均)	病患者、体弱者、老年人死亡率增加
200 以上(24h 平均)	患病率、死亡率增加，交通事故增多
100(年平均)	慢性支气管疾病患者增加，儿童患气喘病者增加
80～100(年几何平均)	50 岁以上的人死亡率增加

空气中有害颗粒污染物（以 B[*a*]P 为例）的浓度与健康的关系见表 1-39。

表 1-39　B[*a*]P 浓度与肺癌死亡率的关系

空气中 B[*a*]P 浓度/($\mu g/m^3$)	肺癌死亡率/(1/10 万)	空气中 B[*a*]P 浓度/($\mu g/m^3$)	肺癌死亡率/(1/10 万)
1.5	3.5	10～12.5	25
3.0	5.0	17～19	35～38
4.2	6.0		

由表 1-39 可见，空气中 B[*a*]P 的浓度与肺癌发病率呈正相关。

（4）协同作用（协生效应） TSP 与 SO_2 有协同作用，从而加重危害。TSP 和 SO_2 协同作用对健康的影响及它们的浓度与死亡率的关系见表 1-40 和表 1-41。

表 1-40 TSP 与 SO_2 协同作用对健康的影响

TSP/(mg/m^3)	二氧化硫/(mg/L)	影 响
150(24h 平均值)	0.2(24h 平均值)	哮喘病人发作次数增多
230(24h 值)	0.2～0.3(24h 平均值)	成人肺功能测定可见到影响
300 以上(24h 平均值)	0.22(24h 平均值)	慢性呼吸道疾病患者病情恶化
750 以上(24h 平均值)	0.262(24h 平均值)	患病率和死亡率显著增加
100～130(年平均)	0.042(年平均)	儿童呼吸道疾病增加
160(年平均)	0.04(年平均)	呼吸道疾病死亡率开始增加

表 1-41 TSP 与 SO_2 浓度与死亡率间的关系

TSP /(mg/m^3)	SO_2 /(mg/m^3)	死亡情况	TSP /(mg/m^3)	SO_2 /(mg/m^3)	死亡情况
＞0.75	＞0.715	死亡人数少量上升	＞2.00	＞1.50	死亡人数较正常多 20%
＞1.20	＞1.00	死亡人数明显上升			

2. 二氧化硫（SO_2）的危害

大气中 SO_2 能刺激眼睛和呼吸系统，增加呼吸道阻力，还刺激黏液分泌。低浓度 SO_2 长期作用于呼吸道和肺部，使呼吸系统生理功能减退，肺泡弹性减弱，肺功能降低，可引起气管炎、支气管哮喘、肺气肿等。高浓度的 SO_2 对呼吸衰弱的人特别敏感。SO_2 进入血液，可引起全身毒性发作，破坏酶的活性，影响酶与蛋白质代谢。SO_2 浓度对人体健康的影响见表 1-42。

表 1-42 SO_2 浓度对人体健康的影响

SO_2 浓度/(mL/m^3)	影 响	SO_2 浓度/(mL/m^3)	影 响
0.04(24h 平均值)	开始产生危害，支气管炎患者病情加重	0.30(24h 平均值)	有严重危害，心脏病、呼吸道疾病住院人数增加
0.08(24h 平均值)	敏感性强的小学生肺功能下降	1.0(24h 平均值)	是严重危害人体健康的浓度
0.11～0.19(24h 平均值)	呼吸道疾病老年患者住院率增加	0.05(年平均值)	慢性支气管炎发病率比未污染区高 2 倍

注：SO_2 的阈限值：时间加权平均值为 2mL/m^3；短时间接触限值为 5mL/m^3。

在干燥空气中 SO_2 可存在 7～14 天。在大气中 SO_2 遇到水蒸气很容易形成硫酸雾，后者可长期停留在大气中，其毒性比 SO_2 大 10 倍左右。当 SO_2 与飘尘共存时，联合危害比 SO_2 单独危害大（参见颗粒污染物）。例如钢铁企业排放的废气中含有 Fe_2O_3，这种物质在空气中形成凝聚核，能吸收 SO_2，并催化使之生成硫酸雾，被人吸入肺部能刺激支气管使之痉挛，重者窒息而死，还能加速心肺疾病者的症状恶化或死亡。

当 SO_2 在大气中的浓度为 0.05～1.0mL/m^3 时，SO_2 浓度和接触时间同死亡率和患病率开始增加的关系，可由以下近似关系式估算出：

$$c_{SO_2} t^{0.32} = 0.5 \quad \text{患病率增加} \tag{1-69}$$

$$c_{SO_2} t^{0.38} = 2.0 \quad \text{死亡率增加} \tag{1-70}$$

式中，c_{SO_2} 为 SO_2 的浓度，mL/m^3；t 为接触时间，h。

3. 氮氧化物（NO_x）的危害

新的研究表明 NO 比 NO_2 毒性更大。NO 对人体的危害主要是能和血红蛋白（Hb）结合。生成 HbNO，使血液输氧能力下降。NO 对血红蛋白的亲和性约为 CO 的 1400 倍，相当于 O_2 的 30 万倍。

NO_2 是刺激性气体，毒性很强。NO_2 对呼吸器管有强力的刺激作用，进入人体支气管和肺部，可生成腐蚀性很强的硝酸及亚硝酸或硝酸盐，从而引起气管炎、肺炎甚至肺气肿。亚硝酸盐还可与人体血液中的血红蛋白结合，形成正铁血红蛋白，引起组织缺氧。NO_2 的浓度及其对人体的影响见表 1-43。

表 1-43 NO_2 浓度及其对人体的影响

NO_2 浓度/(mL/m^3)	影 响
0.063～0.083	长期(2～3 年)接触，婴幼儿和学龄儿童气管炎患病增加
0.06～0.109	长期(2～3 年)接触，成人呼吸道患病率增加
0.15～0.5	患呼吸道疾病的人增加，并有轻度的肺功能障碍
0.5	接触 4h，肺泡受影响，接触一个月可发生气管炎、肺气肿
5	接触 5min，呼吸道阻力增加
>25	可致肺炎和支气管炎
39	为长期耐受限度
500	可致迟发性急性肺水肿而死亡

大气中的 NO_x 和烃类在太阳辐射下反应，可形成多种光化学反应产物，即二次污染物，主要是光化学氧化剂，如 O_3、H_2O_2、PAN、醛类等。光化学烟雾能刺激人的眼睛，出现红肿流泪现象，还会使人恶心、头痛、呼吸困难和疲倦等。氧化剂的浓度对健康的影响见表 1-44。

表 1-44 氧化剂的浓度对健康的影响

氧化剂浓度/(mL/m^3)	影 响
0.1～0.15	对鼻、眼、呼吸道有刺激作用，对儿童呼吸道疾病患者的肺功能有影响
0.25	对敏感健康人肺功能有影响，气喘病患者的发病率增加
0.37	对一般健康人肺功能有影响，并刺激眼睛
0.7	慢性呼吸道疾病患者症状恶化
0.5～1.0	暴露 1～2h，就可以观察到呼吸道阻力增加
1.0 以上	可引起头痛、肺气肿和肺水肿

光化学反应产物均属刺激性气体或液体，但对人体健康的影响不尽相同，现分述如下。

(1) 臭氧（O_3） 光化学烟雾中 O_3 含量很高，危害也以 O_3 为最重。O_3 主要是刺激和破坏深部呼吸道黏膜和组织，并能刺激眼睛，引起红眼病。O_3 的浓度对健康的影响见表 1-45。

(2) 过氧乙酰硝酸酯（PAN） 0.5～1mg/L 对眼睛有刺激作用。

(3) 过氧苯甲酰硝酸酯（PBN） 在大气中已被发现，它是眼睛的强烈刺激物和催泪剂。

(4) 甲醛（HCHO） 无色有刺激性气体，对黏膜有强烈的刺激作用，吸入高浓度甲醛可发生喉痉挛。甲醛还是可疑致癌物，可致鼻咽癌。

表 1-45 O_3 浓度对健康的影响

O_3 浓度/(mL/m^3)	影 响
0.02	95%的人在 5min 内察觉
0.03～0.3	运动员接触 1h,竞技水平下降
0.1	臭味,刺激鼻、眼
0.13	喘息患者症状恶化
>0.10	能引起正在运动的学生发生一系列症状:呼吸困难、胸痛、头晕、四肢麻木、全身倦怠等,严重时会发生突然晕倒、出现意识障碍
0.50	刺激上呼吸道
1～2	头痛、胸痛
5～10	脉快、肺水肿
50	接触 1h,生命危险

注:O_3 的阈限值:时间加权平均值为 100μL/m^3;短时间接触限值为 300μL/m^3。

4. 一氧化碳(CO)的危害

CO 是在环境中普遍存在的,在空气中比较稳定、积累性很强的大气污染物。CO 毒性较大,主要对血液和神经有害。人体吸入 CO 后,通过肺泡进入血液循环,它与血红蛋白的结合力比氧与血红蛋白的结合力大 200～300 倍。CO 与人体血液中的血红蛋白(Hb)结合后,生成碳氧血红蛋白(COHb),影响氧的输送,引起缺氧症状。CO 中毒最初可见的影响是失去意识,连续更多的接触会引起中枢神经系统功能损伤、心肺功能变异、恍惚昏迷、呼吸衰竭和死亡。CO 浓度和接触时间对健康的影响见表 1-46。

表 1-46 CO 浓度和接触时间对健康的影响

CO 浓度/(mL/m^3)	影 响
10(24h)	开始慢性中毒、贫血、心脏病、呼吸道疾病患者病情加重
15(8h)	血液中 COHb 可达 2.5%,可观察到对健康不利的影响
23(8h)	血液中 COHb 可达 2.8%,冠心病患者对运动的耐力减弱
30(4～6h)	出现头痛、头晕等慢性中毒症状
35(8h)	血液中 COHb 可达 4.1%,交通警察中有头痛、疲劳等症状的人增加
58(8h)	血液中 COHb 可达 7.5%,心肌可能受损,视觉减退,手操作能力下降
115(8h)	血液中 COHb 可达 11.3%,出现头痛、恶心等中等症状,手协调运动能力下降
600(10h)	人将死亡

5. 铅(Pb)的危害

铅不是人体必需元素,它的毒性很隐蔽而且作用缓慢。铅能通过消化道、呼吸道或皮肤进入人体,对人的毒害是积累性的。铅被吸收后在血液中循环,除在肝、脾、肾、脑和红细胞中存留外,大部分(90%)还以稳定的不溶性磷酸盐存在于骨骼中。骨痛病患者体内组织中,除镉含量极高外,铅的含量也常常超过正常人的数倍或数十倍。铅还对全身器官产生危害,尤其是造血系统、神经系统、消化系统和循环系统。人体内血铅和尿铅的含量能反映出体内吸收铅的情况。当血铅和尿铅大于 80μg/100mL 即认为人体铅吸收过量。通常血液中铅含量达 0.66～0.8μg/g 时就会出现中毒症状,如头痛、头晕、疲乏、记忆力减退、失眠、便秘、腹痛等,严重时表现为中毒性多发神经炎,还可造成神经损伤。有证据表明,即使低浓度的铅，对儿童智力的发展也会有影响。铅是对人类有潜在致癌性的化学物质，靶器官是肺、肾、肝、皮肤、肠。

铅的化合物中毒性最大的是有机铅，如汽车废气中的四乙基铅，比无机铅的毒性大100倍，而且致癌。四乙基铅的慢性中毒症状为贫血、铅绞痛和铅中毒性肝炎。在神经系统方面的症状是易受刺激、失眠等神经衰弱和多发性神经炎。急性中毒往往可以由于神经麻痹而死亡，四乙基铅的毒性作用是因为它在肝脏中转化为三乙基铅，然后抑制了葡萄糖的氧化过程，由于代谢功能受到影响，导致脑组织缺氧，引起脑血管能力改变等病变。

铅的阈值：时间加权平均值为150$\mu g/m^3$；短时间接触限值为4.50$\mu g/m^3$。

6. 含氟化合物的危害

(1) 氟化氢　有强烈的刺激和腐蚀作用，可通过呼吸道黏膜、皮肤和肠道吸收对人体全身产生毒性作用。氟能与人体骨骼和血液中的钙结合，从而导致氟骨病。长期暴露在低浓度的氢氟酸蒸气中，可引起牙齿酸蚀症，使牙齿粗糙无光泽，易患牙龈炎。空气中HF浓度为0.03～0.06mg/m^3时，儿童牙斑釉患病率明显增高。HF的慢性中毒可造成鼻黏膜溃疡、鼻中隔穿孔等，还可引起肺纤维化。高浓度的HF能引起支气管炎和肺炎。

HF的阈限值：时间加权平均值为3mL/m^3，短时间接触限值为6mL/m^3。

(2) 四氟化硅　密度为空气密度3.6倍的气体，同样刺激呼吸道黏膜。

7. 二噁英的危害

二噁英是一种无色无味，毒性严重的脂溶性物质，二噁英实际上是一个简称，它指的是结构和性质都很相似的包含众多同类物或异构体的两大类有机化合物，全称分别叫多氯二苯并-对-二噁英（polychlorinated dibenzo-p-dioxins 简称 PCDDs）和多氯二苯并呋喃（polychlorinated dibenzofurans，简称 PCDFs），我国的环境标准中把它们统称为二噁英。

二噁英包括210种化合物，均为固体，熔点较高，没有极性，难溶于水，但可以溶于大部分有机溶剂，是无色无味的脂溶性物质，所以非常容易在生物体内积累。二噁英化学稳定性强，在环境中能长时间存在。随着氯化程度的增加，PCDD/Fs的溶解度和挥发性减小。自然界的微生物和水解作用对二噁英的分子结构影响较小，因此，环境中的二噁英很难自然降解消除，它的毒性是氰化物的130倍、砒霜的900倍，有“世纪之毒”之称。国际癌症研究中心已将其列为人类一级致癌物。

三、对生物、水、土资源及器物的影响

1. 颗粒污染物（大气气溶胶）

(1) 对能见度的影响　当大气的相对湿度比较低时，由于大气气溶胶对光的散射，使能见度降低。当飘尘在大气中的浓度为0.17mg/m^3时能见度即会显著降低。造成气溶胶光散射的主要粒子是SO_4^{2-}，其次是NO_3^-。

(2) 对气候的影响　大气中的颗粒物还能散射太阳的入射能，使它们到达地球表面之前，就被反射回宇宙空间，从而使地表湿度降低，影响区域性或全球性气候。据测定，当飘尘浓度达到100$\mu g/100m^3$时，到达地面的紫外线要减少7.5%；600$\mu g/100m^3$时，减少42.7%；1000$\mu g/100m^3$时，可减少60%以上。这将导致与温室效应相反的结果，每次巨大的火山爆发后数年，地球的气候一般要变冷些，这就是火山喷发的颗粒物（尘）作用的结果。

(3) 对植物的危害　粉尘落在植物的叶子上，不仅堵塞叶片的气孔，阻抑植物的呼吸作用，并能减少光合作用所需的阳光，影响有机质的合成，抑制植物生长。若粉尘沉降到植物花的柱头上，能阻止花粉萌发，直接危及其繁育。可食用的叶片若沾上大量灰尘，将影响甚

至失去食用的价值。

(4) 对动物的影响　动物吸入粉尘烟气后，可在肺、淋巴结、支气管中沉积，使动物体弱多病。家禽在粉尘污染严重的环境中也难以生长肥大。

2. 二氧化硫

(1) SO_2 对植物的危害　环境污染对植物的危害可分为三级。

① 急性危害。污染物浓度大大超过植物忍受浓度时，在短时间内（几小时到几天）出现明显的受害症状，植物细胞破坏，发生坏死现象。

② 慢性危害。植物长期接触低浓度污染物时，逐渐产生受害症状，或随污染物在植物体内富集而生长不良。

③ 不可见危害。植物长期接触低浓度污染物时，只造成植物生理上的障碍，但外表上看不出受害症状。

植物对高含量 SO_2 的急性暴露，叶组织坏死，叶边和介于叶脉间的部分损害尤为严重。植物对于 SO_2 的慢性暴露会引起树叶褪绿病，树叶脱色或变黄。SO_2 对植物的危害程度取决于 SO_2 的浓度和接触时间，同时，大气温度和湿度也有影响。温度高、湿度大，对植物的危害会更严重些。当 SO_2 的浓度在 0.002～0.5mL/m^3 范围内时，植物开始损伤，其相关性大致为：

$$c_{SO_2} t^{0.39} = 1 \tag{1-71}$$

式中，c_{SO_2} 为 SO_2 的浓度，mL/m^3；t 为植物暴露在大气中的时间，h。

大气中不同浓度的 SO_2 对植物的危害见表 1-47。

表 1-47　SO_2 浓度对植物的影响

SO_2 浓度/(mL/m^3)	影　响
0.15	连续暴露 72h，硬质小麦和大麦产量分别比对照减少 42%和 44%；在相同条件下春小麦产量无影响
0.2～0.3	短时间暴露一般植物无影响，但持续暴露 150h，则苜蓿、菠菜、萝卜等将死亡，针叶树长期在此浓度下将减慢生长速度 10%～20%；0.3mL/m^3，经 3h，果树可出现受害症状
0.4	敏感性植物如苜蓿、荞麦等在数小时内出现受害症状，地衣苔藓几十个小时内完全枯死
0.5	一般植物可能发生危害，番茄 6h 内受害，树木在 100h 以上受害
0.8～1	菠菜在 3h 内受害，树木在数十小时内受害，特别是针叶树，出现明显症状
3～5	许多植物在 5～15h 出现急性危害症状
6～7	某些抗性强的植物在 2h 内受害
10	许多植物可能出现急性危害
20	许多农作物、蔬菜发生严重急性危害，明显减产，树木大量落叶
30～50	接触 15～30min 可使各种树木严重受害，农作物、蔬菜等卷叶枯死
50～70	部分植物因受害特别严重，无法恢复生长，逐渐死亡
100 以上	各种植物在几小时内死亡

树木对 SO_2 的抗性不同，抗性强的有侧柏、白皮松、云杉、香柏、臭椿、榆树等，抗性中等的有华山松、北京杨、枫杨、桑等，抗性弱的有合欢、黄金树、五角枫等。

SO_2 对比较敏感的植物的伤害阈值：8h 为 0.25mL/m^3；4h 为 0.35mL/m^3；2h 为 0.55mL/m^3；1h 为 0.95mL/m^3。SO_4^{2-} 对植物无害。大气污染物还能对植物产生复合的危害，如 SO_2 与 O_3、HF、NO_x 之间的协同作用比单一气体危害严重。

(2) SO_2 对材料和物品的影响　由于 SO_2 在大气中被氧化和吸收后可变成硫酸雾，硫酸雾和吸附在金属物体表面的 SO_2 具有很强的腐蚀性，其对金属的腐蚀性程度的顺序为碳素钢＞锌＞铜＞铝＞不锈钢。污染严重的工业区和城市，金属腐蚀速度比清洁的农村快1.5～5倍。城市空气中的 SO_2 可使架空输电线的金属器件和导线的寿命缩短1/3左右。低碳钢板暴露于 $0.12mL/m^3$ 的 SO_2 中一年，由于腐蚀耗损，质量约减少16%。SO_2 对金属腐蚀的耗损率，可按下式推算：

$$年质量损失率(\%)=(5.41c_{SO_2}+9.5)\times100\% \quad (1\text{-}72)$$

式中，c_{SO_2} 为空气中的 SO_2 的年浓度平均值，mL/m^3。

SO_2 和硫酸雾可使建筑材料的碳酸钙变成硫酸钙，从而损害。大气中的 SO_2 能使石灰石、大理石、方解石、石棉瓦、水泥制品等建筑材料及雕像、石刻佛像及花纹图案等工艺品受到溶蚀而损坏，许多古建筑及文化遗迹正逐渐被剥蚀。

SO_2 还能使染色纤维变色，强度降低，使纸张变脆，使涂料光泽降低10%～80%并变色。

3. 氮氧化物（NO_x）的不良影响

（1）对植物的影响　NO_x 和光化学氧化剂对植物的危害见表1-48。

（2）对材料的影响　NO_2 能使各种织物颜色褪色，损坏棉织品及尼龙织物，还能腐蚀电线。

光化学氧化剂对有机材料损害明显，能使橡胶老化变脆、强度降低，建筑物和衣物的染料褪色，纤维强度降低，电镀层的腐蚀加快，对电线等的绝缘物有一定损害。

表1-48　NO_x 和光化学氧化剂对植物的危害

污染物	浓度/(mL/m^3)	受害症状
NO_2	3	经4～8h可发现作物受害，呈褐色斑点，植物组织损坏
	10	植物光合作用速率减小
光化学氧化剂(O_3等)	0.01	经5h可发现烟草等作物受害，落花、落叶、叶子上有斑点
O_3	0.3	经4h叶面出现密集细小斑点，白斑、变白、生长抑制、针叶树的叶尖变成棕色或坏死
PAN	0.01	经6h叶背面发亮，呈银白色或古铜色

（3）对气候的影响　NO_x 最主要的危害在于引起酸雨和引发光化学烟雾。NO_2 还能使大气中 SO_2 催化氧化成 SO_3，并和大气中其他污染物共存时，常有明显的协同作用。

万米以上高空飞行的超音速飞机排出的 NO_x 对 O_3 的“杀灭”作用不容忽视。核爆炸是向高层大气排送 NO_x 的主要途径，每一个万吨级的核爆炸就能制造约 10^{32} 个氮氧化物分子，这些 NO_x 分子释放到平流层。在北半球核爆炸多的年份，气温比平均值低，可能与核爆炸的作用有关。

4. 铅（Pb）

铅烟是有毒气体，在铅烟环境下植物叶中的含铅量（每千克叶中的含铅量）可见表1-49。表中这些植物达到所列含铅量后，均未出现受害症状，但吸铅后果树的果实不宜食用。

表1-49　不同植物叶中的含铅量

植物种类	含铅量/(ng/kg)	植物种类	含铅量/(ng/kg)
大叶黄杨	42.6	石榴、构树	34.7
女贞、榆树	36.1	刺槐	35.6

5. 含氟化合物

氟化氢是对植物危害较大的气体之一，其特点主要是累积性中毒。中毒症状是叶子褪绿病，叶子边缘及末梢被毁，严重者坏死。氟化氢危害植物的浓度见表 1-50。

表 1-50　氟化氢危害植物的浓度

氟化氢浓度/(mL/m^3)	接触时间	受害植物	氟化氢浓度/(mL/m^3)	接触时间	受害植物
1	10d	唐菖蒲	100	10h	番茄
10	20h	唐菖蒲	1	100h	某些针叶树
1	20～60d	杏、葡萄、樱桃、李	10	15h	某些针叶树
5	7～9d	杏、葡萄、樱桃、李	40	3h	玉米
1	1d	柑橘	50	3h	桃
10	6d	番茄	500	6～9h	棉花

植物吸收氟化氢净化大气的作用是很明显的。不同植物的最大吸氟量有时相差数倍，不同树种每公顷树木的吸氟量见表 1-51。

表 1-51　氟化氢危害植物的浓度

树种	吸氟量/kg	树种	吸氟量/kg	树种	吸氟量/kg
白皮松	40	拐枣	9.7	杨树	4.2
华山松	20	油茶	7.9	垂柳	3.5～3.9
银桦	11.8	臭椿	6.8	刺槐	3.3～3.4
侧柏	11	兰桉	5.9	泡桐	4
滇杨	10	桑树	4.3～5.1	女贞	2.4

由于树叶、蔬菜、花草植物都能吸收大量的氟，人食用了含氟量高的粮食、蔬菜就会引起中毒。牲畜食用含氟量高的饲料，由于能在体内蓄积，即使浓度很低，也会造成危害。牛吃了含氟量为 0.002%的干草，在牙齿上就会出现斑点，干草中含氟量为 0.025%时就会引起明显的中毒，除牙齿外，还表现出牙龈萎缩，牙齿松动，严重时骨质软化出现跛脚。牛羊吃了含氟草可出现长牙病，因此不便食草，消瘦而亡。蚕吃了含氟量高的桑叶也会中毒，食欲减退，生长迟缓，甚至死亡。因此在氟化物污染严重的地区，不宜种植食用植物，而适宜种植非食用树木、花草等植物。

四、$PM_{2.5}$ 的来源和危害

PM 是英语 particulate matter 的缩写，中文的意思是细颗粒物，也叫悬浮物质。$PM_{2.5}$ 是指大气中空气动力学直径小于或等于 2.5μm 的颗粒物，也称为可入肺颗粒物，它的直径还不到人的头发丝粗细的 1/20～1/30。

这些颗粒如此细小，肉眼是看不到的，它们可以在空气中飘浮数天。

1. $PM_{2.5}$ 的来源

(1) 背景浓度　即使没有人为污染，空气中也有一定浓度的 $PM_{2.5}$，这个浓度被称为背景浓度。在美国和西欧，$PM_{2.5}$ 背景浓度大约为 3～5μg/m^3[5]，澳大利亚的背景浓度也在 5μg/m^3 左右[9]。中国 $PM_{2.5}$ 背景浓度有多高，目前尚无公开的数据，但应该不会和其他国家相差太大。

（2）$PM_{2.5}$ 的来源　虽然自然过程也会产生 $PM_{2.5}$，但其主要来源还是人为排放。人类既直接排放 $PM_{2.5}$，也排放某些气体污染物，在空气中转变成 $PM_{2.5}$。直接排放主要来自燃烧过程，比如化石燃料（煤、汽油、柴油）的燃烧，生物质（秸秆、木柴）的燃烧，垃圾焚烧。在空气中转化成 $PM_{2.5}$ 的气体污染物主要有二氧化硫、氮氧化物、氨气、挥发性有机物。其他的人为来源包括：道路扬尘、建筑施工扬尘、工业粉尘、厨房烟气。自然来源则包括：风扬尘土、火山灰、森林火灾、飘浮的海盐、花粉、真菌孢子、细菌。

$PM_{2.5}$ 的来源复杂，成分自然也很复杂，主要成分是元素碳、有机碳化合物、硫酸盐、硝酸盐、铵盐。其他的常见的成分包括各种金属元素，既有钠、镁、钙、铝、铁等地壳中含量丰富的元素，也有铅、锌、砷、镉、铜等主要源自人类污染的重金属元素。

2000 年有研究人员测定了北京的 $PM_{2.5}$ 来源：尘土占 20%；由气态污染物转化而来的硫酸盐、硝酸盐、氨盐各占 17%、10%、6%；烧煤产生 7%；使用柴油、汽油而排放的废气贡献 7%；农作物等生物质贡献 6%；植物碎屑贡献 1%。有趣的是，吸烟也贡献了 1%，不过这只是个粗略的科学估算，并不一定准确。该研究中也测定了北京 $PM_{2.5}$ 的成分：含碳的颗粒物、硫酸根、硝酸根、铵根加在一起占了重量的 69%。类似地，1999 年测定的上海 $PM_{2.5}$ 中有 41.6%是硫酸铵、硝酸铵，41.4%是含碳的物质。

总之，$PM_{2.5}$ 来源广泛，既来源于一次污染，也有来源于二次污染。一次污染即污染源的直接排放，比如来自于工业生产的排放、电厂的排放、机动车尾气的排放、道路和建筑工地施工、生物质露天焚烧等，以及来自于海洋、土壤和生物圈等自然环境的释放；二次污染则由空气中的污染物如挥发性有机物、二氧化硫、氮氧化物等经过复杂的大气化学反应过程生成。

2. $PM_{2.5}$ 的危害

（1）$PM_{2.5}$ 对人体健康的危害　$PM_{2.5}$ 主要对呼吸系统和心血管系统造成伤害，包括呼吸道受刺激、咳嗽、呼吸困难、降低肺功能、加重哮喘、导致慢性支气管炎、心律失常、非致命性的心脏病、心肺病患者的过早死亡。老人、小孩以及心肺疾病患者是 $PM_{2.5}$ 污染的敏感人群。

如果空气中 $PM_{2.5}$ 的浓度长期高于 $10\mu g/m^3$，死亡风险就开始上升。浓度每增加 $10\mu g/m^3$，总的死亡风险就上升 4%，得心肺疾病的死亡风险上升 6%，得肺癌的死亡风险上升 8%。这意味着多大的风险呢？我们可以拿吸烟做个比较。吸烟可使男性得肺癌死亡的风险上升 21 倍，女性的风险上升 11 倍；使中年人得心脏病死亡的风险上升 2 倍。和吸烟相比，$PM_{2.5}$ 的危害就显得非常小了。如果吸烟都没有让你感到恐惧，那你就不用担心眼下 $PM_{2.5}$ 超标对健康的影响了。

但是，从全社会的角度出发，降低这些看似不大的风险，收益却是很大的。美国环保局在 2003 年做了一个估算："如果 $PM_{2.5}$ 达标，全美国每年可以避免数万人早死、数万人上医院就诊、上百万次的误工、上百万儿童得呼吸系统疾病"。相比当前的中国，美国当时的空气质量已经相当不错，只有很少的地区存在略微的超标。如果中国的 $PM_{2.5}$ 能够达标，社会收益无疑将会是巨大的。

（2）$PM_{2.5}$ 引起灰霾天　虽然肉眼看不见空气中的颗粒物，但是颗粒物却能降低空气的能见度，使蓝天消失，天空变成灰蒙蒙的一片，这种天气就是灰霾天。根据《2010 年灰霾试点监测报告》，在灰霾天，$PM_{2.5}$ 的浓度明显比平时高，$PM_{2.5}$ 的浓度越高，能见度就越低。

虽然空气中不同大小的颗粒物均能降低能见度，不过相比于粗颗粒物，更为细小的 $PM_{2.5}$ 降低能见度的能力更强。能见度的降低其本质上是可见光的传播受到阻碍。当颗粒物的直径和可见光的波长接近的时候，颗粒对光的散射消光能力最强。可见光的波长在0.4～0.7μm之间，而粒径在这个尺寸附近的颗粒物正是$PM_{2.5}$的主要组成部分。理论计算的数据也清楚地表明这一点：粗颗粒的消光系数约为0.6m^2/g，而$PM_{2.5}$的消光系数则要大得多，在1.25～10m^2/g之间，其中$PM_{2.5}$的主要成分硫酸铵、硝酸铵和有机颗粒物的消光系数都在3左右，是粗颗粒的5倍。所以，$PM_{2.5}$是灰霾天能见度降低的主要原因。

值得一提的是，灰霾天是颗粒物污染导致的，而雾天则是自然的天气现象，和人为污染没有必然联系。两者的主要区别在于空气湿度，通常在湿度大于90%时称之为雾，而湿度小于80%时称之为霾，湿度在80%～90%之间则为雾霾的混合体。

参考文献

[1] 李家瑞主编．工业企业环境保护．北京：冶金工业出版社，1992.

[2] 张殿印．环保知识400问，第3版．北京：冶金工业出版社，2004.

[3] 刘天齐．三废处理工程技术手册·废气卷．北京：化学工业出版社，1999.

[4] 马广大．大气污染控制技术手册．北京：化学工业出版社，2010.

[5] 杨丽芬，李友琥．环保工作者实用手册．第2版．北京：冶金工业出版社，2002.

[6] 张殿印，张学义．除尘技术手册．北京：冶金工业出版社，2002.

[7] 守田荣著．公害工学入門．东京：オーム社，昭和54年.

[8] 左其武，张殿印．锅炉除尘技术．北京：化学工业出版社，2010.

[9] 王海涛等．钢铁工业烟尘减排和回收利用技术指南．北京：冶金工业出版社，2012.

[10] 王永忠，宋七棣．电炉炼钢除尘．北京：冶金工业出版社，2003.

[11] 王永忠，张殿印，王彦宁．现代钢铁企业除尘技术发展趋势．世界钢铁，2007（3）：1-5.

[12] 唐平等．冶金过程废气污染控制与资源化．北京：冶金工业出版社，2008.

[13] 宁平等．有色金属工业大气污染控制．北京：中国环境科学出版社，2007.

[14] 刘后启等．水泥厂大气污染物排放控制技术．北京：中国建材工业出版社，2007.

[15] [美] 威廉L．休曼著．工业气体污染控制系统．华译网翻译公司译．北京：化学工业出版社，2007.

[16] 国家环境保护局．化学工业废气治理．北京：中国环境科学出版社，1992.

第二章 废气污染物产生量和排放量

废气污染物的产生量和排放量（简称产污量和排污量）是指某一大气污染源在一定时间内，生产一定数量产品所产生的和向大气环境中所排放的污染物的量。由于大气污染源的生产工艺、生产规模、设备技术水平、运行排放特征以及其他特征的多样性，实际上污染物的产生量和排放量是以上众多因子共同决定的。通常所称的产生量和排放量是指在某些特征条件下的平均估算值。

第一节 估算的一般方法

一、有组织排放的估算方法

（一）现场实测法

现场实测法是在废气排放的现场实地进行废气样品的采集和废气流量的测定，以此确定废气污染物的产生量和排放量的一种客观方法。

废气样品的采集和废气流量的测定一般均在排气筒或烟道内进行。

在排气筒或烟囱内部，废气中某种污染物的浓度分布和废气排放速度的分布是不均匀的。为准确测定废气中某种污染物的浓度和废气流量的大小，必须多点采样和测量，以取得平均浓度和平均流量值。

样品经分析测定即可得到每个采样点的浓度值，若干个浓度值的平均值为废气排放平均浓度。每个测量点均可测出废气的排放速度，若干个排放速度的平均值为废气的平均排放速度。平均排放速度与废气通过的截面积相乘，为废气的流量。

这样废气污染物产生量或排放量可由实测的平均浓度和实测的平均流量相乘而得，计算式如下：

$$Q=qM \tag{2-1}$$

式中，Q 为单位时间内某种污染物的产生量（或排放量）；q 为该种污染物的实测平均浓度；M 为废气（介质）的实测平均流量。

由于这种估算方法所需数据来自现场的实测，只要测点密度较大，测量次数足够多，测量质量较高，用这种方法估算的污染物产生量或排放量是比较逼近实际情况的，估算结果比较准确，这是这种方法的优点。缺点是这种方法带有很大局限性，显然这种方法只能用于已建成运行的污染源，不能用于未建成的污染源。另外，这种方法所需人力、物力较多，费用较大。

（二）物料衡算法

物料衡算法的基础是物质守恒定律。它根据生产部门的原料、燃料、产品、生产工艺及副产品等方面的物料平衡关系来推求污染物的产生量或排放量。因此，用这种方法来估算时，要对生产工艺过程及管理等方面的情况有比较深入的了解。

进行物料衡算的前提是要掌握必要的基础数据，它主要包括：产品的生产工艺过程；产品生成的化学反应式和反应条件；污染物在产品、副产品、回收物品、原料及中间体中的当量关系；产品产量、纯度及原材料消耗量；杂质含量，回收物数量及纯度、产品率、转化率；污染物的去除效率等。

废气污染物产生量和排放量的估算模式是：

$$产生量=B-(a+b+c) \tag{2-2}$$

$$排放量=B-(a+b+c+d) \tag{2-3}$$

式中，B 为生产过程中使用或生成的某种污染物的总量；a 为进入主产品结构中的该污染物的量；b 为进入副产品、回收品中的该污染物的量；c 为在生产过程中分解、转化掉的该污染物的量；d 为采取净化措施处理掉的污染物的量。

物料衡算法是一种理论估算方法，它特别适用于很难进行现场实测以及所排污染物种类较多的污染源的估算。一些化工企业常用此方法估算。只要对生产工艺过程和生产管理各环节有比较深入的了解，这种方法估算的结果是比较准确的。因为这是一种理论估算方法，它不仅适用于建成企业，也可用于预测新建企业的估算。这种估算方法所需人力、物力少，费用低；缺点是这种方法成功与否关键取决于对生产工艺过程和生产管理各环节了解、认识得是否正确、全面，若出现偏差，将直接影响估算的准确程度。

（三）经验估算法

经验估算法有时也称系数法，这种方法是根据生产单位产品（或单位产值）所产生或排出的污染物数量来估算污染物总的产生量或排放量。所谓生产单位产品（或单位产值）所产生的或排出的污染物数量即为产污系数或排污系数，它是根据大量的实测调查结果确定的，该产污系数或排污系数根据经验确定后，他人即可引用于估算污染物的总产生量或排放量。具体估算模式如下：

$$Q=GM \tag{2-4}$$

式中，Q 为某一段时间内，某种污染物的产生总量或排放总量；G 为生产单位产品（或单位产值）所产生的或排放的该种污染物量，即产污系数或排污系数；M 为在同一时间内，所生产的该种产品数量。

由此可见，用经验估算法估算的正确与否，关键是正确确定产污系数和排污系数，而产污系数和排污系数与原材料、生产工艺、生产设备、生产规模以及设备运行状况等许多因素有关。所以，文献资料中所提供的产污系数和排污系数都带有很大局限性，实用中必须根据具体情况选用最适用的系数，否则估算结果的偏差较大。

（四）类比分析法

类比分析法是一种非常简单且又可行的估算方法。欲估算某一企业污染物产生量或排放量，可先寻找与其类同的已建成运行的企业，通过调查这个企业的污染物产生量或排放量来间接估算出欲估算的量。这种方法成功与否的关键是寻找到类同的企业，两个企业越相似，估算结果越准确。若两个企业在某个方面有差异，如生产规模、设备类型、运行条件以及局部工艺过程等，可根据具体差异程度，进行分析，对类同企业的估算量进行修正，修正后的估算量为该企业的污染物产生量或排放量。

二、无组织排放的估算方法

（一）物料衡算法

这种方法的理论基础是物质守恒定律。具体做法如前所述。

（二）通量法

污染物自源排入大气后，通常可以假设污染物的质量是守恒的，根据连续条件，通过下风向离源任意距离的铅直截面的污染物通量是常量。这样，可以在源的下风向近距离处通过实测资料求其无组织排放量，具体做法如下。

在无组织排放源的下风方向烟云活动范围内，位于离源近距离处，设置一垂直于平均风向的铅直测定断面。在测定断面上均匀分割成若干块小面积测定断面，每块小面积测定断面的中点为测定点。测量时同步测定每个测点的平均风速和平均浓度，据此可估算出无组织排放源的污染物的产生量或排放量，具体估算模式如下：

$$Q=\sum_{i=1}^{n}Q_i=\sum_{i=1}^{n}u_ic_iS_i \tag{2-5}$$

式中，Q 为单位时间内某源无组织排放的某种污染物的产生量或排放量；u_i 为第 i 块小截面上测点的平均风速；c_i 为第 i 块小截面上测点的某种污染物平均浓度；S_i 为第 i 块小截面的面积。

测定断面的高度和宽度范围，按该范围能通过源所排放的绝大部分污染物这一原则来确定。经验上认为断面边缘处的浓度降至为中心最大浓度（轴浓度）的 1/10 时，即可满足上述原则。当测定断面离源充分的远，以至可将无组织排放源看成是点源时，测定断面的宽度 L_y 和高度 L_z 分别为：

$$L_y=4.3\sigma_y \tag{2-6}$$

$$L_z=4.3\sigma_z \tag{2-7}$$

式中 σ_y 和 σ_z 是该距离处水平扩散参数和垂直扩散参数。

只要知道离源距离，由帕斯廓尔扩散曲线或用其他方法不难确定不同大气稳定度条件下的扩散参数值。知道了水平方向和垂直方向扩散参数值，即可由上式估算出截面的宽度和高度。

这种方法实际上是一种实测方法，通过野外实测来确定无组织排放的排放量，显然这种方法的估算值是比较准确的，这是这种方法的优点。这种方法的缺点是野外工作量较大，对天气条件有一定的要求，铅直向截面的取样存在一定难度，所需人力、物力较多，由于这些缺点，制约了该方法的广泛应用。

（三）浓度反推法

浓度反推法是利用污染物在大气中输送扩散模式，由野外实测的浓度值反推出污染物的产生量或排放量的一种方法。通常采用的方法有以下两种。

1. 地面轴浓度公式法

正态烟云地面轴浓度为：

$$q=\frac{Q}{\pi u\sigma_y\sigma_z}\exp\left[-\frac{H^2}{2\sigma_z^2}\right] \tag{2-8}$$

即

$$Q=q\pi u\sigma_y\sigma_z\exp\left[\frac{H^2}{2\sigma_z^2}\right] \tag{2-9}$$

式中，Q 为源强，即污染物的产生量或排放量，mg/s；q 为地面轴浓度，mg/m^3；u 为地面平均风速，m/s；σ_y 为水平扩散参数，m；σ_z 为垂直扩散参数，m；H 为烟云有效源高，m。

估算源强时，式(2-9) 右边各量均可实测或查算出。如，q、u、H 可野外实地测出，对应不同大气稳定度和离源不同距离的 σ_y 和 σ_z 可查算出。这样利用式(2-9)，即可估算出源强。

2. 侧风向积分浓度公式法

侧风向积分浓度是指下风向离源某一距离处，地面上沿侧风向各处浓度的总和；即：

$$q_{\mathrm{CWI}}=\int_{-\infty}^{+\infty} q\,\mathrm{d}y \tag{2-10}$$

由正态烟云模式，式(2-10) 为：

$$q_{\mathrm{CWI}}=\int_{-\infty}^{+\infty}\frac{Q}{\pi u\sigma_y\sigma_z}\exp\left[-\frac{y^2}{2\sigma_y^2}-\frac{H^2}{2\sigma_z^2}\right]\mathrm{d}y=\sqrt{\frac{2}{\pi}}\times\frac{Q}{u\sigma_y}\exp\left[-\frac{H^2}{2\sigma_z^2}\right] \tag{2-11}$$

由式(2-11) 得到：

$$Q=\sqrt{\frac{\pi}{2}}\,q_{\mathrm{CWI}}u\sigma_z\exp\left[\frac{H^2}{2\sigma_z^2}\right] \tag{2-12}$$

式中，Q 为源强，即污染物的产生量或排放量，mg/s；q_{CWI} 为侧风向积分浓度，mg/m^2；u 为地面平均风速，m/s；σ_z 为垂直扩散参数，m；. H 为烟云有效源高，m。

式(2-12) 右面的 u、σ_z 和 H 三参量可野外实测和查算确定，关键是确定 q_{CWI}。如果 q_{CWI} 可确定，则可由式(2-12) 估算源强。

q_{CWI} 可这样测定。在污染源的下风向某一距离处，沿着侧风向布置若干个地面采样点，并测定各采样点的 y 向坐标。在某一天气条件下，各采样点同步采集样品，经分析可得到各采样点的浓度值。用求和替代积分，即

$$\int_{-\infty}^{+\infty} q\,\mathrm{d}y=\sum_{i=1}^{n} q_i\Delta y_i \tag{2-13}$$

这样就可以近似测出 q_{CWI} 值，从而可由式(2-12) 估算出源强。

第二节 燃煤污染物产生量和排放量

燃煤设备指工业锅炉、茶浴炉和食堂大灶。

工业锅炉是我国重要的热能动力设备。它包括压力≤2.45MPa、容量≤65t/h 的工业用蒸汽锅炉、采暖热水锅炉、民用生活锅炉、热电联产锅炉、特种用途锅炉和余热锅炉。

据报道，到 2010 年，我国现有工业锅炉 48 万台，其中 4t/h 以下的低压小炉 34 万台，约占 70%，其主要特征是低空排放污染重，布局分散不便管控，燃料煤质差，变化大。除几个大城市外，我国工业锅炉的燃料结构以燃煤为主，基本上是燃用未经洗选加工的原煤。按煤炭部门统计，在这些原煤中，平均灰分为 20.26%，但用户实测灰分为 26%～28%，甚至高达 30%以上。原煤中的平均硫分为 1.1%～1.2%。原煤粒度≤3mm 的含量高达 45%～65%，粒度≥13mm 的含量仅占 10%～20%，严重影响了工业锅炉运行热效率的提高和锅炉烟气中污染物排放量的降低。工业锅炉配用的燃烧设备以层式链条炉排为主，其次为往复炉排，再次为固定炉排，抛煤机在我国未得到发展，下饲式炉极少。鼓泡床锅炉维持少量生产，循环流化床锅炉正在发展之中。

我国的茶浴炉、食堂大灶的数量比工业锅炉多，其燃烧方式大多为固定炉排手工加煤，且烟囱低矮，对大气环境质量的影响大。近些年部分城市改烧燃气，污染大幅度减少，大气环境明显改善。

本节所用的估算方法为经验系数法。

一、工艺描述

（一）煤的燃烧

煤是一种复杂的由有机物和无机物组合成的混合物。根据其热值、固定碳、挥发分、灰

分、硫分和水分等量的不同，可将煤分成无烟煤、烟煤、次烟煤和褐煤几种。

煤的主要燃烧技术有两种，即悬浮燃烧和层式燃烧。煤粉炉和沸腾炉采用悬浮燃烧方式，链条炉排、往复炉排和固定炉排的工业锅炉、茶浴炉和大灶采用层式燃烧方法。抛煤机炉则兼有两种燃烧方式。

煤粉炉和沸腾炉是将一定粒度的煤粒，采用不同的方式置入燃烧室中呈悬浮燃烧，炉渣由炉底排出。抛煤机炉是用机械方法将煤抛入炉内并散在移动的炉排上，部分煤粒在炉膛内呈悬浮燃烧，另一部分煤粒在炉排上呈层式燃烧。炉排上的灰渣排入炉排末端的灰渣坑。炉排炉是通过机械或人工的办法将煤加入炉排上的燃烧区，灰渣随着炉排的移动排入炉排末端的灰渣坑。

无论是煤粉炉、沸腾炉，还是抛煤机炉或炉排炉，煤在炉内燃烧后产生的主要污染物是烟尘、硫氧化物、氮氧化物、碳氧化物和一些未燃烧的气态可燃物及其他物质，经烟道、烟囱排入大气中。

（二）污染物排放和控制[1,3]

影响煤在燃烧过程中产生的、在烟气中携带的污染物种类和量的多少的因素是多方面的。

烟尘的排放量主要受燃烧方式、锅炉运行情况和煤的性质等因素的影响。煤粉炉中的燃烧几乎是完全的，排放的烟尘里，几乎全是灰粉。抛煤机炉内的燃烧因煤的粒度均匀性差，产生的烟尘中含碳量比较高。炉排炉上的煤是在相对静止的炉排上进行燃烧，烟尘的产生量远低于煤粉炉和抛煤机炉。锅炉负荷增加或负荷突然改变时，烟尘的排放量常常随之增加，燃煤的灰分含量和粒度状况也影响锅炉的烟尘排放量。燃煤中灰分含量和粉末煤量增加，烟尘排放量就会增加。

控制烟尘排放的装置有单筒旋风除尘器、多管旋风除尘器、湿式除尘器或多管旋风除尘器和湿式除尘器的组合。前两种除尘器是目前我国控制层式燃煤工业锅炉烟尘排放的主要控制设备。

硫氧化物是煤在燃烧过程中产生的一种有害气态物质，它与煤质、锅炉的燃烧方式和炉膛温度等因素有关，煤中含有的有机硫量大、悬浮燃烧炉膛温度高，煤中硫转化成二氧化硫量的比例大。茶浴炉、大灶层燃炉炉膛温度低，煤中硫的转化率就低，二氧化硫排放量就小。

烟气脱硫的工艺很多，根据脱硫介质分为湿法、半干法和干法。应用最多的是在原有湿式除尘的基础上，充分利用锅炉自身排放的碱性物质作为脱硫剂的简易脱硫技术。

氮氧化物是燃煤燃烧中产生的一种产物，主要是一氧化氮和少量的二氧化氮。氮氧化物大部分是由空气中的氮在燃烧的火焰中热固定形成的，少量的是由煤中含有的氮转化而来的。改变燃烧方法可以减少煤燃烧时氮氧化物的生成，使用最广泛的控制措施是降低过量空气的燃烧。

烃类化合物和一氧化碳是未燃烧的气态可燃物，通常排放量很小，一般除了维持合适的燃烧条件使其充分燃烧外，可不采取其他控制措施。

二、产污量和排污量的估算方法

1. 估算方法

燃煤设备的产污量和排污量估算方法如下：

燃煤设备的产污量＝燃煤设备的产污系数×耗煤量

燃煤设备的排污量＝燃煤设备的排污系数×耗煤量

2. 产污系数和排污系数的物理意义

产污系数和排污系数的物理意义是指单元活动所产生和排放的污染物量。单元活动的含义是广泛的。此处所指的单元活动为燃煤工业锅炉、茶浴炉和大灶每耗用1t煤炭的生产性活动。该类设备中，排污系数的物理意义是：每耗用1t煤产生和排放污染物的量。如果在单元活动中产生的部分污染物通过某种方式被捕集或利用了；则排污量就等于产污量减去捕集量。产污系数和排污系数可用下式来表示：

$$\text{燃煤设备的产污系数}=\frac{\text{产生污染物数量}}{\text{单位耗煤量}} \tag{2-14}$$

$$\text{燃煤设备的排污系数}=\frac{\text{产生污染物量}-\text{捕集或利用污染物量}}{\text{单位耗煤量}} \tag{2-15}$$

其单位为kg/t。

三、燃煤工业锅炉污染物的产污和排污系数

（一）烟尘产污和排污系数[1,2]

燃煤锅炉烟尘产污系数与燃煤中灰分含量、燃烧方式、锅炉负荷等有关；排污系数除与上述因素有关外，还与锅炉配用的各种不同类型的除尘器有关。燃煤工业锅炉烟尘的产污和排污系数可用计算公式表示。

烟尘产污系数：

$$G_{\text{烟尘}}=1000A^{y}a_{fh}\frac{1}{(1-C_{fh})K} \tag{2-16}$$

式中，$G_{\text{烟尘}}$为烟尘产污系数，kg/t；A^{y}为煤中含灰量，%；a_{fh}为烟尘中飞灰占灰分总量的份额，%；C_{fh}为烟尘中的含碳量，%；K为锅炉出力影响系数。

烟尘排污系数：

$$G'_{\text{烟尘}}=G_{\text{烟尘}}(1-\eta_{\text{尘}}) \tag{2-17}$$

式中，$G'_{\text{烟尘}}$为烟尘的排污系数，kg/t；$\eta_{\text{尘}}$为除尘器的除尘效率，%。

上述公式中各项参数，按调查资料和实测数据确定，详见表2-1和表2-2。

表2-1　不同燃烧方式a_{fh}、C_{fh}、A^{y}及不同类型除尘器η范围

燃烧方式	a_{fh}/%	C_{fh}/%	A^{y}/%	η/%			
				除尘器类型	1	2	3
层燃炉	5～15 平均值10	20～40 平均值30	10～35	单筒旋风 多管旋风 湿法除尘	85 92 95	75 80 90	65 70 85
抛煤机炉	20～30 平均值25	40～50 平均值45	15～45	多管旋风 湿法除尘	94 97	88 92	84 87
沸腾炉	50～60 平均值55	0～5 平均值3	25～50	多管加湿法除尘 静电除尘	99 99.5	98 99.2	97 99

注：根据设备类型及管理水平，除尘效率分为三档。

表2-2　锅炉出力影响系数

锅炉实测出力占锅炉设计出力的百分比/%	70～75	75～80	80～85	85～90	90～95	≥95
锅炉运行三年内的出力影响系数(K)	1.6	1.4	1.2	1.1	1.05	1
锅炉运行三年以上的出力影响系数(K)	1.3	1.2	1.1	1	1	1

对层燃炉、抛煤机炉、沸腾炉，当锅炉出力影响系数$K=1$，a_{fh}和C_{fh}取平均值时，在

燃煤不同灰分情况下的烟尘产污系数见表 2-3。采用不同除尘措施的排污系数见表 2-4～表 2-6。

表 2-3 不同燃煤方式燃用不同灰分煤时的烟尘产污系数 单位：kg/t

燃烧方式 \ A^y/%	10	15	20	25	30	35	40	45	50
层燃炉	14.29	21.43	28.57	35.72	42.86	50.00			
抛煤机炉		68.18	90.91	113.64	136.37	159.09	181.82	204.55	
沸腾炉				141.75	170.10	198.45	226.80	255.15	283.50

表 2-4 $a_{fh}=10\%$、$C_{fh}=30\%$时层燃炉烟尘排污系数 单位：kg/t

燃烧方式	A^y/%		10	15	20	25	30	35
	除尘器类型及 η/%		$G'_{尘}=142.86A^y(1-\eta)$					
层燃炉	单筒旋风	$\eta=65$	5.00	7.50	10.00	12.50	15.00	17.50
		$\eta=75$	3.57	5.36	7.14	8.93	10.71	12.50
		$\eta=85$	2.14	3.21	4.29	5.36	6.43	7.50
		$\eta=70$	4.29	6.43	8.57	10.71	12.86	15.00
	多管旋风	$\eta=80$	2.86	4.29	5.71	7.14	8.57	10.00
		$\eta=92$	1.14	1.71	2.29	2.86	3.43	4.00
		$\eta=85$	2.14	3.21	4.29	5.36	6.43	7.50
	湿法除尘	$\eta=90$	1.43	2.14	2.86	3.57	4.29	5.00
		$\eta=95$	0.71	1.07	1.43	1.79	2.14	2.50

表 2-5 $a_{fh}=25\%$、$C_{fh}=45\%$时抛煤机炉烟尘排污系数 单位：kg/t

燃烧方式	A^y/%		15	20	25	30	35	40	45
	除尘器类型及 η/%		$G'_{尘}=454.55A^y(1-\eta)$						
抛煤机炉	多管旋风	$\eta=84$	10.91	14.55	18.18	21.82	25.45	29.09	32.73
		$\eta=88$	8.18	10.91	13.64	16.36	19.09	21.82	24.55
		$\eta=94$	4.09	5.45	6.82	8.18	9.55	10.91	12.27
	湿法除尘	$\eta=87$	8.86	11.82	14.77	17.73	20.68	23.64	26.59
		$\eta=92$	5.45	7.27	9.09	10.91	12.73	14.55	16.36
		$\eta=97$	2.05	2.73	3.41	4.09	4.77	5.45	6.14

表 2-6 $a_{fh}=55\%$、$C_{fh}=3\%$时沸腾炉烟尘排污系数 单位：kg/t

燃烧方式	A^y/%		25	30	35	40	45	50
	除尘器类型及 η/%		$G'_{尘}=567A^y(1-\eta)$					
沸腾炉	多管加湿法除尘	$\eta=97$	4.25	5.10	5.95	6.80	7.65	8.51
		$\eta=98$	2.84	3.40	3.97	4.54	5.10	5.67
		$\eta=99$	1.42	1.71	1.98	2.27	2.55	2.84
	静电除尘	$\eta=99$	1.42	1.71	1.98	2.27	2.55	2.84
		$\eta=99.2$	1.13	1.36	1.59	1.81	2.04	2.27
		$\eta=99.5$	0.71	0.85	0.99	1.13	1.28	1.42

（二）SO_2 产污和排污系数[1,2]

SO_2 的产污系数主要取决于煤的含硫量、锅炉燃烧方式、煤在燃烧中硫的转化率。SO_2 的排放系数与采用的脱硫措施的脱硫效率有关。

SO_2 产污系数：

$$G_{SO_2}=2\times1000S^YP \tag{2-18}$$

式中，G_{SO_2} 为 SO_2 产污系数，kg/t；S^Y 为燃煤中含硫量，%；P 为燃煤中硫的转化率，%。

SO_2 排污系数：

$$G'_{SO_2}=G_{SO_2}(1-\eta_{SO_2}) \tag{2-19}$$

式中，G'_{SO_2} 为 SO_2 的排放系数，kg/t；G_{SO_2} 为 SO_2 的产生系数，kg/t；η_{SO_2} 为脱硫措施的脱硫效率，%。

上述公式中的燃煤含硫量随地域和煤炭产地的不同差异较大，一般来说，北方地区燃煤中的含硫量较低，南方地区燃煤中的含硫量较高。煤燃烧中硫的转化率经实测统计为80%～85%。对于脱硫措施的脱硫效率，鉴于我国对脱硫措施的开发尚处于探索和建立示范工程阶段，离实用技术的要求还有相当的差距。6t/h 及其以上锅炉上广泛使用的麻石水膜除尘器等湿式除尘系统中，充分利用锅炉自身排放的碱性物质（锅炉排污水和灰渣中的碱性物质），具有一定的脱硫效率，一般为 20%～30%，添加其他某些碱性物质后脱硫效率还会有所提高。

燃煤工业锅炉用不同硫分时二氧化硫的产污和排污系数分别见表 2-7 和表 2-8。

表 2-7 燃煤工业锅炉 SO_2 产污系数 单位：kg/t

硫的转化率(P)/%	燃煤含硫量(S^y)/%						
	0.5	1.0	1.5	2.0	2.5	3.0	3.5
80	8.0	16.0	24.0	32.0	40.0	48.0	56.0
85	8.5	17.0	25.5	34.0	42.5	51.0	59.5

注：$G_{SO_2}=1000\times 2S^yP$。

表 2-8 硫的转化率为 80%及 85%时燃煤工业锅炉 SO_2 排污系数 单位：kg/t

脱硫效率(η_{SO_2})	硫的转化率(P)/%	燃煤含硫量(S^y)/%						
		0.5	1.0	1.5	2.0	2.5	3.0	3.5
10	80	7.20	14.40	21.60	28.80	36.00	43.20	50.40
	85	7.65	15.30	22.95	30.60	38.25	45.90	53.55
20	80	6.40	12.80	19.20	25.60	32.00	38.40	4.80
	85	6.80	13.60	20.40	27.20	34.00	40.80	47.60
30	80	5.60	11.20	16.80	22.40	28.00	33.60	39.20
	85	5.95	11.90	17.85	23.80	29.75	35.70	41.65
40	80	4.80	9.60	14.40	19.20	24.00	28.80	33.60
	85	5.10	10.20	15.30	20.40	25.50	30.60	35.70
50	80	4.00	8.00	12.00	16.00	20.00	24.00	28.00
	85	4.25	8.50	12.75	17.00	21.25	25.50	29.75

注：$G'_{SO_2}=G_{SO_2}(1-\eta_{SO_2})$。

（三） NO_x、CO、CH 化合物产污和排污系数

工业锅炉燃煤产生的 NO_x、CO、CH 化合物等产污和排污系数主要依据实测数据经统计计算而定，其计算公式如下：

$$G_{污染物}=\overline{C}_{污染物}\,Q_N\times\frac{10^{-3}}{B} \tag{2-20}$$

式中，$G_{污染物}$ 为污染物的产污系数，kg/t；$\overline{C}_{污染物}$ 为污染物实测浓度，mg/m^3；Q_N 为锅炉出口标态烟气量，m^3/h；B 为燃煤量，kg/h。

燃煤工业锅炉 NO_x、CO、CH 等污染物的产污和排污系数详见表 2-9。由于目前还没

有专门设置 NO_x 等污染物的控制设备，因此，其产污、排污系数相等。

表 2-9 燃煤工业锅炉 NO_x、CO、CH 产污和排污系数 单位：kg/t

炉　型	产污排污系数			
	CO	CO_2	CH	NO_x
≤6t/h 层燃	2.63	2130	0.18	4.81
≥10t/h 层燃	0.78	2400	0.13	8.53
抛煤机炉	1.13	2000	0.09	5.58
循环流化床	2.07	2080	0.08	5.77
煤粉炉	1.13	2200	0.10	4.05

四、茶炉、大灶污染物的产污和排污系数

目前国内生产使用的茶炉、大灶一般可分为燃原煤和烧型煤两种，燃用型煤可以降低污染物的排放量。

茶炉、大灶燃煤产生的各类污染物产污和排污系数根据实测结果按下式统计计算并汇于表 2-10。由于目前茶炉、大灶一般均未设置污染物控制设备，故其产污和排污系数相等。

$$G_{污染物}=\overline{C}_{污染物}\ Q_{N}\times\frac{10^{-3}}{B} \tag{2-21}$$

式中，$G_{污染物}$ 为污染物产污和排污系数，kg/t；$\overline{C}_{污染物}$ 为锅炉出口污染物平均浓度，mg/m^3；Q_N 为锅炉出口标态烟气量，m^3/h；B 为锅炉燃煤量，kg/h。

表 2-10 茶炉、大灶各类污染物产污和排污系数 单位：kg/t

燃煤方式	煤种①	产污和排污系数				
		$G_{烟尘}$	G_{SO_2}	G_{CO}	G_{NO_x}	G_{HC}
茶炉	原煤	2.05	10.49	10.11	3.99	0.60
	型煤	0.65	7.42	4.53	1.82	0.26
大灶	型煤	0.70	7.09	10.02	1.45	0.30

① 煤的灰分<25%，硫分<1%。

第三节　工业污染物产生量和排放量

一、产污量和排污量的估算方法

1. 估算方法

不同工业部门产污量和排污量估算方法如下：

$$产污量=产污系数\times产品总量 \tag{2-22}$$

$$排污量=排污系数\times产品总量 \tag{2-23}$$

2. 产污系数和排污系数的物理意义

(1) 污染物产生和排放系数　污染物产生系数是指在正常技术经济和管理等条件下，生产单位产品或产生污染活动的单位强度所产生的原始污染物量；污染物排放系数是指上述条件下，经污染控制措施削减后或未经削减直接排放到环境中的污染物量。显然，产污和排污系数与产品生产工艺、原材料、规模、设备技术水平以及污染控制措施有关。

(2) 过程产污系数和终端产污系数　过程产污系数是指在生产线上独立生产工序（或工

段）生产单位中间产品或最终产品产生的污染物量，不包括其前工序产生的污染物量。终端产污系数是指包括整个工艺生产线上生产单位最终产品产生的污染物量。终端产污系数是整个生产工艺线相应过程产污系数经折算后相加之和。

（3）过程排污系数和终端排污系数　过程排污系数是指在生产线上独立生产工序（或工段），有污染治理设施时，生产单位产品所排放的污染物量，该系数与相应过程产污系数之差值即为该治理设施的单位产品污染物削减量。终端排污系数是整个生产工艺线相应过程排污系数之和。整个生产工艺的单位产品污染物削减量即为终端产污系数与终端排污系数之差。

（4）个体产污系数和综合产污系数　个体产污系数是指特定产品在特定工艺（包括原料路线）、特定规模、特定设备技术水平以及正常管理水平条件下求得的产品生产污染物产生系数；综合产污系数是指按规定的计算方法对个体产污系数进行汇总求取的一种产污系数平均值。显然，综合产污系数由于汇总的层次和计算方法不同而显著不同。在编制主要行业和产品产污和排污系数时，规定根据个体系数进行一次（从技术水平到特定规模）、二次（从规模到特定工艺）和三次（从生产工艺到产品）汇总计算所得的产污系数分别称为一次产污系数、二次产污系数和三次产污系数。

二、主要工业部门产污和排污系数

（一）有色金属工业

有色金属工业主要包括铜、铅、锌、铝、镍五种金属工业，这五种金属的产量约占有色金属总产量的95%，五种金属生产废气排放量占有色金属工业总排放量的91%，

1. 铜行业（见表2-11、表2-12，以1t粗铜计）

表2-11　粗铜冶炼 SO_2 个体和综合产污和排污系数　单位：kg/t

生产工艺	生产规模	技术水平	污染物	个体系数		一次系数		二次系数		三次系数	
				产污	排污	产污	排污	产污	排污	产污	排污
闪速炉	大	高		3240	38.6	2916.0	34.74	2916.0	34.74		
电炉	大	中		1469.0	260.6	1175.0	208.5	1175.0	208.5		
反射炉	大	低		1132.08	362.22	826.4	264.42	826.4	264.42		
白银炉	中	低	SO_2	2027.46	386.66	1480.04	282.26	1480.04	282.22	1630.18	387.47
鼓风炉	大	中		2728.0	678.35	2182.4					
鼓风炉	中	中		3287.4	3287.4	2046.4	1618.4	2446.8	1155.84		
鼓风炉	中	中		2612.9	758.4						

表2-12　粗铜冶炼烟尘个体和综合产污和排污系数　单位：kg/t

生产工艺	生产规模	技术水平	污染物	个体系数		一次系数		二次系数		三次系数	
				产污	排污	产污	排污	产污	排污	产污	排污
闪速炉	大	高		857.7	1.302	717.96	1.1718	717.96	1.1718		
电炉	大	中		268.3	30.506	214.7	24.405	214.7	24.405		
反射炉	大	低		336.07	10.62	245.33	7.753	245.33	7.753		
白银炉	中	低	烟尘	49.52	49.52	44.57	36.15	44.57	36.15	321.79	13.24
鼓风炉	大	中		556.0	5.38	444.8	4.304				
鼓风炉	中	中		208.0	5.82	166.37	4.656	288.14	4.504		
鼓风炉	中	中									

2. 铅、锌行业（见表 2-13～表 2-15，分别以 1t 粗铅或粗锌计）

表 2-13 铅冶炼污染物的个体和综合产污和排污系数 单位：kg/t

生产工艺名称	污染物	生产规模	技术水平	个体系数		一次系数		二次系数		三次系数	
				产污	排污	产污	排污	产污	排污	产污	排污
密闭鼓风炉工艺	粉尘	大	高	236.80	3.165	236.80	3.165	247.89	6.6075	349.60	7.6081
		中	中	268.49	13.0	268.49	13.0				
	SO_2	大	高	1416.35	42.58	1416.35	42.58	1408.53	79.05	952.53	199.45
		中	中	1394.01	146.79	1394.01	146.79				
鼓风炉工艺	粉尘	大	高	450.94	11.42	450.94	11.42	451.31	9.9434	349.60	7.6081
		中	中	451.74	8.21	451.74	8.21				
	SO_2	大	高	402.43	402.43	402.43	402.43	496.53	480.39	952.53	199.45
		中	中	607	571.90	607	571.90				

表 2-14 锌工业个体和综合产污系数 单位：kg/t

生产工艺名称	规模	技术水平	污染物	个体产污系数	一次产污系数	二次产污系数	三次产污系数
湿法炼锌	大	高	粉尘	243.28	243.28	209.82	253.33
	中	中		135.34	135.34		
密闭鼓风炉	大	高		236.80	236.80	247.89	
	中	中		268.49	268.49		
竖罐炼锌	大	高		291.04	291.04	510.45	
	中	中		368.69	368.69		
湿法炼锌	大	高	SO_2	1063.70	1063.70	733.95	1254.32
	中	中		0	0		
密闭鼓风炉	大	高		1416.35	1416.35	1408.53	
	中	中		1394.01	1394.01		
竖罐炼锌	大	高		1879.27	1879.27	1681.49	
	中	中		1088.16	1088.16		

表 2-15 锌工业生产个体和综合排污系数 单位：kg/t

生产工艺名称	规模	技术水平	污染物	个体排污系数	一次排污系数	二次排污系数	三次排污系数
湿法炼锌	大	高	粉尘	10.72	10.72	8.4818	13.2104
	中	中		3.50	3.50		
密闭鼓风炉	大	高		3.165	3.165	6.6073	
	中	中		13.0	13.0		
竖罐炼锌	大	高		28.54	28.54	26.7430	
	中	中		22.55	22.55		
湿法炼锌	大	高	SO_2	1063.7	1063.7	733.95	277.21
	中	中		0.0	0.0		
密闭鼓风炉	大	高		42.58	42.58	79.05	
	中	中		146.79	146.79		
竖罐炼锌	大	高		46.46	46.46	84.96	
	中	中		174.80	174.80		

3. 铝行业（见表2-16～表2-26）

表2-16 氧化铝熟料窑废气产污和排污系数（个体系数和综合系数） 单位：m^3/t

生产工艺	规模	技术水平	个体系数		一次系数		二次系数		三次系数	
			产污	排污	产污	排污	产污	排污	产污	排污
烧结法	大	高	11545.5	1461.0	15591.9	18134.0	15591.9	18134.0	9883.5	12247.7
	大	中	20253.5	22831.6						
联合法	大	高	6303.8	8081.0	5524.1	7752.6	5524.1	7752.6		
	大	中	4571.1	7351.2						

注：废气排放系数大于产污系数是由于炉子的排气系统不密封，空气稀释之故。

表2-17 氧化铝焙烧窑废气产污和排污系数（个体系数和综合系数） 单位：m^3/t

生产工艺	规模	技术水平	个体系数		一次系数		二次系数		三次系数	
			产污	排污	产污	排污	产污	排污	产污	排污
烧结法	大	高	1940.4	2483.7	2255.7	2586.2	2255.7	2586.2	2180.5	2725.3
	大	中	2621.2	2708.9						
联合法	大	高	2487.9	3311.2	2123.1	2831.5	2123.1	2831.5		
	大	中	1677.2	2245.2						

注：废气排放系数大于产污系数是由于炉子的排气系统不密封，空气稀释之故。

表2-18 氧化铝工厂废气产污和排污系数（个体系数和综合系数） 单位：m^3/t

生产工艺	规模	技术水平	个体系数		一次系数		二次系数		三次系数	
			产污	排污	产污	排污	产污	排污	产污	排污
烧结法	大	高	13485.9	16544.7	17847.6	20720.2	17847.6	20720.2	12063.97	14973.0
	大	中	22874.7	25540.5						
联合法	大	高	8791.7	11392.2	7647.2	10584.1	7647.2	10584.1		
	大	中	6248.3	9596.4						

注：废气排放系数大于产污系数是由于炉子的排气系统不密封，空气稀释之故。

表2-19 氧化铝熟料烧成粉尘产污和排污系数（个体系数和综合系数） 单位：kg/t

生产工艺	规模	技术水平	个体系数		一次系数		二次系数		三次系数	
			产污	排污	产污	排污	产污	排污	产污	排污
烧结法	大	高	1826.3	1.91	1914.6	10.43	1914.6	10.43	1348.2	6.32
	大	中	2020.0	20.2						
联合法	大	高	1232.8	1.46	915.6	3.18	915.6	3.18		
	大	中	528	5.28						

表2-20 氧化铝焙烧窑（炉）粉尘产污和排污系数（个体系数和综合系数）单位：kg/t

生产工艺	规模	技术水平	个体系数		一次系数		二次系数		三次系数	
			产污	排污	产污	排污	产污	排污	产污	排污
烧结法	大	高	337.3	0.70	265.6	0.49	265.6	0.49	302.5	0.76
	大	中	184.1	0.25						

续表

生产工艺	规模	技术水平	个体系数		一次系数		二次系数		三次系数	
			产污	排污	产污	排污	产污	排污	产污	排污
联合法	大	高	473.0	1.37	330.7	0.965	330.7	0.965	302.5	0.76
	大	中	156.7	0.47						

表 2-21 氧化铝工厂粉尘产污和排污系数（个体系数和综合系数） 单位：kg/t

生产工艺	规模	技术水平	个体系数		一次系数		二次系数		三次系数	
			产污	排污	产污	排污	产污	排污	产污	排污
烧结法	大	高	2163.6	2.61	2180.3	10.92	2180.3	10.92	1650.7	7.08
	大	中	2204.1	20.45						
联合法	大	高	1705.8	2.83	1246.3	4.14	1246.3	4.14		
	大	中	684.7	5.75						

表 2-22 电解铝含氟废气产污和排污系数（个体系数和综合系数）（以 1t Al 计）

单位：$10^4 m^3/t$

生产工艺	规模	技术水平	个体系数		一次系数		二次系数		三次系数	
			产污	排污	产污	排污	产污	排污	产污	排污
Al-工艺Ⅰ	大	中	19.47	21.56	28.55	29.66	38.86	39.30	23.25	23.25
		低	38.99	38.99						
	中	中	32.16	32.16	32.16	32.16				
	小	中	103.28	103.28	64.72	64.72				
		低	34.42	34.42						
Al-工艺Ⅱ	中	低	2.0	2.0	2.0	2.0	2.31	2.31		
	小	低	2.69	2.69	2.69	2.69				
Al-工艺Ⅲ	中	中	17.95	17.95	17.95	17.95	17.95	17.95		
Al-工艺Ⅳ	大	高	10.62	10.62	10.62	10.62	10.62	10.62		

表 2-23 电解铝氟化物（折 F）产污和排污系数（个体系数和综合系数）（以 1t Al 计）

单位：kg/t

生产工艺	规模	技术水平	个体系数		一次系数		二次系数		三次系数	
			产污	排污	产污	排污	产污	排污	产污	排污
Al-工艺Ⅰ	大	中	17.0	1.90	16.92	8.89	19.38	8.02	21.02	8.43
		低	16.87	16.87						
	中	中	26.46	7.92	26.46	7.92				
	小	中	15.58	1.75	15.00	6.77				
		低	14.55	10.71						
Al-工艺Ⅱ	中	低	17.54	17.54	17.54	17.54	22.38	12.95		
	小	低	28.89	7.34	28.89	7.34				
Al-工艺Ⅲ	中	中	15.70	15.70	15.70	15.70	15.70	15.70		
Al-工艺Ⅳ	大	高	26.06	1.52	26.06	1.52	26.06	1.52		

表 2-24 电解铝粉尘产污和排污系数（个体系数和综合系数）（以 1t Al 计）单位：kg/t

生产工艺	规模	技术水平	个体系数		一次系数		二次系数		三次系数	
			产污	排污	产污	排污	产污	排污	产污	排污
Al-工艺Ⅰ	大	中	60.00	0.96	58.62	27.15	56.36	20.17	45.71	17.95
		低	57.17	57.17						
	中	中	54.12	9.72	54.12	9.72				
	小	中	69.81	9.28	55.86	23.64				
		低	44.89	34.92						
Al-工艺Ⅱ	中	低	30.00	30.00	30.00	30.00	28.02	24.21		
	小	低	26.01	17.13	26.01	17.13				
Al-工艺Ⅲ	中	中	32.10	32.10	32.10	32.10	32.10	32.10		
Al-工艺Ⅳ	大	高	45.88	0.45	45.88	0.45	45.88	0.45		

表 2-25 电解铝沥青烟产污和排污系数（个体系数和综合系数）（以 1t Al 计） 单位：kg/t

生产工艺	规模	技术水平	个体系数		一次系数		二次系数		三次系数	
			产污	排污	产污	排污	产污	排污	产污	排污
Al-工艺Ⅰ	大	中	108.2	11.14	64.50	12.77	73.38	28.28	37.02	12.77
		低	14.66	14.66						
	中	中	58.50	14.33	58.50	14.33				
	小	中	—	27.1	108.4	72.63				
		低	108.4	67.7						
Al-工艺Ⅱ	中	低	—	—	—	—	—	—		
	小	低	—	—	—	—				
Al-工艺Ⅲ	中	中	0.25	0.25	0.25	0.25	0.25	0.25		
Al-工艺Ⅳ	大	高	—	—	—	—	—	—		

表 2-22～表 2-25 中，生产 Al 工艺-Ⅰ～Al 工艺-Ⅳ分别为侧插自焙槽，上插自焙槽、边部加工预焙槽和中间加工预焙槽。

表 2-26 铝加工各生产线废气中粉尘的个体和综合产污和排污系数（以 1t 铝产品计）

单位：m^3/t

生产工艺		污染物	生产规模	技术水平	个体系数		一次系数		二次系数		三次系数	
					产污	排污	产污	排污	产污	排污	产污	排污
铝锭生产线	天然气熔炉	废气中粉尘	大	高	0.409	0.409	0.382	0.382	0.386	0.257	0.386	0.257
				中	0.350	0.350						
	煤气熔炉		大	高	0.648		0.391	0.104				
				中	0.078	0.104						
厚板生产线			大	高	0.390	0.316	0.390	0.316	0.390	0.316	0.390	0.316
薄板生产线			大	高	0.7335	0.316	0.7335	0.316	0.7335	0.316	0.390	0.316
铝箔生产线			大	高	0.390	0.316	0.390	0.316	0.390	0.316	0.390	0.316
锻造生产线			大	高	0.485	0.411	0.485	0.411	0.485	0.411	0.485	0.411
型材生产线			大	高	32.187	2.852	32.187	2.852	32.187	2.852	32.187	2.852

4. 镍行业（见表 2-27、表 2-28，以 1t 电镍计）

表 2-27 镍生产个体产污系数和综合产污系数 单位：kg/t

生产工艺	污染物	生产规模	技术水平	个体产污系数	一次产污系数	二次产污系数
矿热电炉熔炼硫化镍隔膜电解法	SO_2	大	中	5516.19	5516.19	4882.70
		中	中	3706.23	3706.23	
	烟尘	大	中	2388.24	2388.24	1973.68
		中	中	1203.76	1203.76	

表 2-28 镍生产个体排污系数和综合排污系数 单位：kg/t

生产工艺	污染物	生产规模	技术水平	个体产污系数	一次产污系数	二次产污系数
矿热电炉熔炼硫化镍隔膜电解法	SO_2	大	中	4120.76	4120.76	2926.78
		中	中	709.40	709.40	
	烟尘	大	中	96.40	96.40	103.61
		中	中	117.01	117.01	

（二）电力工业

目前我国电力生产以火电为主，火电发电量占全国发电量的 80%左右。而火电中煤电又占 95%，用于发电的煤炭占全国煤炭总产量的 25%以上。在燃煤电厂的锅炉中，90%以上为固态排渣煤粉炉，所以电力工业污染物产生量和排放量的估算对象以此为主，具体数据见表 2-29、表 2-30。

表 2-29 燃煤发电个体和综合产污系数

污染物	规模水平	原料/%	个体产污系数	一次产污系数	二次产污系数
烟尘 /[kg/(10^4kW·h)]	中低压机组	$A_{zs}<1$	1139.32	1969.87	1537.18
		$1\leqslant A_{zs}<1.5$	1656.68		
		$1.5\leqslant A_{zs}<2$	2079.02		
		$A_{zs}\geqslant 2$	3392.25		
	高压机组	$A_{zs}<1$	918.18	1555.15	
		$1\leqslant A_{zs}<1.5$	1320.13		
		$1.5\leqslant A_{zs}<2$	1616.71		
		$A_{zs}\geqslant 2$	2674.05		
	超高压机组	$A_{zs}<1$	804.42	1357.64	
		$1\leqslant A_{zs}<1.5$	1082.52		
		$1.5\leqslant A_{zs}<2$	1508.01		
		$A_{zs}\geqslant 2$	2333.50*		
	亚临界、超临界压力机组	$A_{zs}<1$	721.79	1140.92	
		$1\leqslant A_{zs}<1.5$	931.12		
		$1.5\leqslant A_{zs}<2$	1430.71		
		$A_{zs}\geqslant 2$	1553.82*		

续表

污染物	规模水平	原料/%	个体产污系数	一次产污系数	二次产污系数
SO_2 /[kg/(10^4kW·h)]	中低压机组	$S_{zs}<0.05$	75.67	146.58	111.60
		$0.05\leqslant S_{zs}<0.1$	150.01		
		$S_{zs}\geqslant 0.1$	437.77		
	高压机组	$S_{zs}<0.05$	60.33	115.26	
		$0.05\leqslant S_{zs}<0.1$	124.55		
		$S_{zs}\geqslant 0.1$	319.07		
	超高压机组	$S_{zs}<0.05$	53.37	97.35	
		$0.05\leqslant S_{zs}<0.1$	115.87		
		$S_{zs}\geqslant 0.1$	224.10*		
	亚临界、超临界压力机组	$S_{zs}<0.05$	51.04	74.84	
		$0.05\leqslant S_{zs}<0.1$	105.76*		
		$S_{zs}\geqslant 0.1$			
粉煤灰 /[kg/(10^4kW·h)]	中低压机组			1847.99	1468.21
	高压机组			14686.55	
	超高压机组			1304.34	
	亚临界、超临界压力机组			1128.96	
炉渣 /[kg/(10^4kW·h)]	中低压机组			218.87	170.80
	高压机组			172.79	
	超高压机组			150.85	
	亚临界、超临界压力机组			126.77	
冲灰渣水 /[t/(10^4kW·h)]	中低压机组	稀　浆		36.27	稀浆 28.76 浓浆 8.20
		浓　浆		10.33	
	高压机组	稀　浆		29.12	
		浓　浆		8.30	
	超高压机组	稀　浆		25.54	
		浓　浆		7.28	
	亚临界、超临界压力机组	稀　浆		22.04	
		浓　浆		6.28	

注：1. 标有*符号的系数等级为C级，其余均为A级。

2. A_{zs}为燃煤灰分，S_{zs}为燃煤硫分。

表 2-30　燃煤发电个体和综合排污系数

污染物	规模水平	治理设备	个体排污系数	一次排污系数	二次排污系数
烟尘 /[kg/(10^4kW·h)]	中低压机组	电除尘器	—	30.05	82.10
	高压机组		34.89		
	超高压机组		34.21		
	亚临界、超临界压力机组		11.96		

续表

污染物	规模水平	治理设备	个体排污系数	一次排污系数	二次排污系数
烟尘 /[kg/(10^4kW·h)]	中低压机组	文丘里、斜棒栅除尘器	98.96	78.68	82.10
	高压机组		73.06		
	超高压机组		67.30		
	亚临界、超临界压力机组		—		
	中低压机组	水膜除尘器		197.04	
	高压机组			105.41*	
	超高压机组				
	亚临界、超临界压力机组				
	中低压机组	多管、旋风除尘器		267.88	
	高压机组			253.29*	
	超高压机组				
	亚临界、超临界压力机组				
SO_2 /[kg/(10^4kW·h)]	中低压机组	$S_{zs}<0.05$	68.96	131.86	104.05
		$0.05\leqslant S_{zs}<0.1$	129.94		
		$S_{zs}\geqslant 0.1$	406.39		
	高压机组	$S_{zs}<0.05$	54.01	108.19	
		$0.05\leqslant S_{zs}<0.1$	119.53		
		$S_{zs}\geqslant 0.1$	302.05		
	超高压机组	$S_{zs}<0.05$	49.05	91.94	
		$0.05\leqslant S_{zs}<0.1$	107.40		
		$S_{zs}\geqslant 0.1$	224.10		
	亚临界、超临界压力机组	$S_{zs}<0.05$	49.83	74.15	
		$0.05\leqslant S_{zs}<0.1$	105.76		
		$S_{zs}\geqslant 0.1$			

注：1. 标有 * 符号的系数等级为 C 级，其余均为 A 级。

2. 近些年除尘和净化设备有了长足进步，排污系数明显降低。

（三）化学工业

根据化工产品的覆盖率、污染排放强度和生产能力等特点，化学工业的产污和排污系数选择了氮肥、磷铵、硫酸和硝酸四类产品。

1. 氮肥工业（见表 2-31～表 2-34，以 1t 氨计）

表 2-31 合成氨生产产污和排污系数 单位：kg/t

污染物	规模	技术水平	产污系数			排污系数		
			个体	一次	二次	个体	一次	二次
CO	中	高	4.18	173.92	212.39	6.01	150.08	142.27
		中	163.22			176.70		
		低	375.81			230.60		
	小	高	89.45	237.00		71.08	149.67	
		中	178.89			140.38		
		低	617			242.20		
氨	中	高	4.51	29.07	30.56	0.00	8.48	21.14
		中	15.43			0.095		
		低	59.07			33.80		
	小	高	5.55	32.99		3.59	25.93	
		中	31.79			24.29		
		低	65.25			43.92		

表 2-32 油头合成氨生产产污和排污系数 单位：kg/t

污染物	规模	技术水平	产污系数			排污系数		
			个体	一次	二次	个体	一次	二次
氨	大	高	0.012	3.51	17.75	0.0052	0.0068	0.64
		中	0.56			0.01		
		低	6.74					
	中	高	11.77	50.96		0.00		
		中	36.66					
		低	143.62					

表 2-33 气头合成氨生产产污和排污系数 单位：kg/t

污染物	规模	技术水平	产污系数			排污系数		
			个体	一次	二次	个体	一次	二次
氨	大	高	2.03	3.09	6.73	0.00	0.073	0.037
		中	6.26			0.29		
		低						
	中	高	14.60	25.91		0.00	0.00	
		中	23					
		低	40.13					

表 2-34 尿素生产一次和二次产污和排污系数（以 1t 尿素计） 单位：kg/t

系数类型	污染物	一次系数				二次系数
		CO_2 汽提法	水溶液全循环法	氨汽提法	双汽提法	
产污系数	氨	6.28	2.80	0.16	0.92	3.15
	尿素粉尘	1.18	4.59	0.065	0.97	2.36
排污系数	氨	2.68	2.80	0.16	0.72	2.06
	尿素粉尘	1.10	4.59	0.065	0.68	2.33

2. 磷酸、磷铵行业（见表 2-35、表 2-36）

表 2-35 磷酸工业生产产污和排污系数（以 1t P_2O_5 计） 单位：kg/t

污染物	生产工艺	生产规模	技术水平	产污系数				排污系数			
				个体	一次	二次	三次	个体	一次	二次	三次
废气氟	半水法	小	低	8.17	8.17	8.17	2.95	0.817	0.817	0.817	0.29
	二水法稀磷酸	小	高	2.12	4.11	4.11		0.212	0.41	0.41	
			中	4.77				0.477			
			低	8.40				0.84			
	二水法浓缩磷酸	大	高	0.10	0.10	1.78		0.01	0.01	0.17	
		中	高	1.31	3.10			0.131	0.29		
			中	4.90				0.44			
		小	中	4.29	4.29			0.43	0.43		

表 2-36 磷铵工业生产（NH_3）产污和排污系数（以 1t 磷铵计） 单位：kg/t

污染物	生产工艺	生产规模	技术水平	产污系数				排污系数			
				个体	一次	二次	三次	个体	一次	二次	三次
NH_3（废气）	喷浆造粒干燥	中	低	27.6	27.6	19.6	13.2	2.76	2.76	19.6	1.34
		小	高	7.6	16.1			0.96	1.62		
			中	21.0				1.54			
			低	36.8				3.68			
	预中和氨化造粒	大	高	2.4	2.4	5.38		0.024	0.024	0.56	
		小	中	11.3	32.2			0.564	5.49		
			低	63.3				12.7			
	加压氨化喷洒自然干燥	小	高	0.13	0.54	0.54		0.011	0.47	0.47	
			中	1.16				1.16			

3. 硫酸行业（见表 2-37，以 1t 硫酸计）

表 2-37 硫酸生产尾气二氧化硫和硫酸雾产污和排污系数 单位：kg/t

污染物	生产工艺	生产规模	技术管理水平	产污系数				排污系数			
				个体	一次	二次	三次	个体	一次	二次	三次
二氧化硫	一转一吸	小	高	18.87	26.07	26.07	16.69	18.88	26.07	26.07	13.46
			中	26.68				26.68			
			低	43.11				43.11			
	一转一吸加尾气治理	大	高	26.49	31.37	30.58		2.649	3.28	3.23	
			中	31.99				3.798			
			低	42.63				4.10			
		中	高	25.74	27.69			2.574	3.12		
			中	29.12				3.368			
			低	30.14				4.12			
		小	高	24.89	30.79			2.489	3.07		
			中	35.14				3.27			
			低	39.00				4.20			
	两转两吸	大	高	2.93	3.39	3.42		2.925	3.39	3.42	
			中	3.40				3.40			
			低	3.57				3.57			
		中	高	2.40	3.44			2.40	3.44		
			中	3.52				3.159			
			低	3.80				3.80			
		小	高	3.26	4.48			3.258	4.48		
			中	3.83				3.834			
			低	5.37				5.367			
	冶炼气制酸	大	高	25.17	45.13	45.13		25.17	45.09	45.09	
			中	45.93				45.76			
			低	64.30				64.33			

续表

污染物	生产工艺	生产规模	技术管理水平	产污系数 个体	产污系数 一次	产污系数 二次	产污系数 三次	排污系数 个体	排污系数 一次	排污系数 二次	排污系数 三次
硫酸雾	一转一吸	小	高	0.37				0.37			
			中	0.52	0.587	0.587		0.52	0.587	0.587	
			低	1.24				1.23			
	一转一吸加尾气治理	大	高	0.631				0.0216			
			中	0.703	0.688			0.1	0.061		
			低	0.81				0.103			
		中	高	0.40				0.04			
			中	0.50	0.630	0.676		0.10	0.077	0.058	
			低	1.40				0.134			
		小	高	0.30				0.10			
			中	0.40	0.372			0.125	0.116		
			低	0.51			0.377	0.140			0.312
	两转两吸	大	高	0.91				0.01			
			中	0.05	0.047			0.05	0.047		
			低	0.06				0.06			
		中	高	0.045				0.045			
			中	0.06	0.077	0.101		0.06	0.077	0.101	
			低	0.10				0.10			
		小	高	0.096				0.096			
			中	0.126	0.156			0.126	0.156		
			低	0.197				0.147			
	冶炼气制酸	大	高	0.78				0.78			
			中	2.44	1.94	1.94		2.44	1.93	1.93	
			低	2.59				2.58			

4. 硝酸行业（见表 2-38）

表 2-38　硝酸生产（氮氧化物）一次和综合产污和排污系数

单位：$kgNO_x$/t 硝酸

污染物	生产工艺	生产规模	技术水平	产污系数 个体	产污系数 一次	产污系数 二次	产污系数 三次	排污系数 个体	排污系数 一次	排污系数 二次	排污系数 三次
氮氧化物	常压法	大	高	83.10				7.39			
			中	110.81	114.44			13.96	15.28		
			低	123.15				24.63			
		中	高	105.53				1.95			
			中	133.04	125.16	93.27		29.70	25.59	19.89	
			低	143.55				40.26			
		小	高	38.52				6.57			
			中	72.72	65.56			16.92	22.19		
			低	97.2			22.26	36.96			7.14
	综合法	小	高	21.57				4.6			
			中	25.17	23.92			6.90	7.46		
			低	28.76		17.52		23.37		6.24	
		大	高	3.6	3.6			3.6	3.60		
	全中压法	高		11.25				2.10			
		中		21.34	20.7	20.7		3.30	3.89	3.89	
		低		29.76				4.43			
	双加压法			1.38	1.38	1.38		1.38	1.38	1.38	

（四）钢铁工业

钢铁工业中，焦化、烧结、炼铁和炼钢等几种工艺产生的污染物占本行业总排放大气污染物的 90%，控制钢铁工业的上述工艺和产品的污染物产生量和排放量，基本上就控制了钢铁工业对大气环境的污染。

1. 焦化（见表 2-39）

表 2-39 炼焦生产个体和综合产污和排污系数

污染物	生产工艺	产污系数		污染控制措施,效率	排污系数	
		个体系数或区间	一次系数或区间		个体系数或区间	一次系数或区间
煤气 H_2S /(kg/t)	煤气全脱硫	1.36～2.1	$\left(\frac{1.4～3.0}{2.1}\right)$	塔-希法脱硫,95%	0.07～0.63	有治理时：$\left(\frac{0.1～0.6}{0.4}\right)$ 无治理时：$\left(\frac{1.4～3.0}{2.5}\right)$
	硫铵	1.35～3.12		无措施	1.35～3.12	
	硫铵＋黄血盐	1.95		无措施	1.95	
	浓氨水	2.91		无措施	2.91	

注：括号内分子为确定的产污和排污系数区间，分母为确定的相应系数中位数。

2. 烧结（见表 2-40）

表 2-40 烧结生产产污和排污系数

污染物	产污系数	排污系数
烟尘/(kg/t)	$\frac{25～60}{46.5}$	电除尘：$\frac{0.1～1}{0.8}$ 多管除尘：$\frac{3～5}{0.8}$
SO_2/(kg/t)	$\frac{2～15}{3.3}$	$\frac{2～15}{3.3}$

注：分子为确定的产污和排污系数区间，分母为确定的相应系数中位数。

3. 炼铁（见表 2-41）

表 2-41 炼铁工艺产污和排污系数（以 1t 铁计）

污染物	产污系数	排污系数
烟尘/(kg/t)	$\frac{46～60}{52}$	$\frac{0.08～0.11}{0.099}$

注：分子为确定的产污和排污系数区间，分母为确定的相应系数中位数。

4. 炼钢（见表 2-42）

表 2-42 炼钢产污和排污系数（以 1t 钢计） 单位：kg/t

污染物	生产工艺	产污系数	排污系数
烟尘	转炉炼钢	$\frac{35～57}{39}$	$\frac{0.1～0.5}{0.18}$
	平炉炼钢	$\frac{20～30}{23}$	$\frac{2.0～5.0}{4.3}$
	电炉炼钢	$\frac{10～17}{14}$	$\frac{2.0～5.0}{3.0}$

注：分子为确定的产污和排污系数区间，分母为确定的相应系数中位数。

（五）建材工业

水泥和平板玻璃是建材工业两大主要产品，同时也是耗能和污染大户。水泥和平板玻璃的产值分别占建材行业总产值的33.3%和5.8%左右，其能耗分别占建材行业总能耗的50%～55%和2%～8%。水泥粉尘排放量占建材行业粉尘总排放量的80%～85%。控制住这两大产品对大气环境的污染也就控制了建材行业对大气污染的主要部分。

1. 水泥（见表2-43）

表2-43 水泥工业个体和综合产污和排污系数（以1t水泥计）

污染物	生产工艺及规模		产污系数			排污系数		
			个体	一次	二次	个体	一次	二次
废气 /(m^3/t)	窑外分解窑	≥2000t/d	6327	6403	5605	6327	6403	5605
		<2000t/d	6609			6609		
	预热器窑		7116	7116		7116	7116	
	干法中空带余热发电窑		9971	9971		9971	9971	
	立波尔窑		7689	7689		7689	7689	
	湿法窑		5069	5069		5069	5069	
	立窑		5169	5169		5169	5169	
粉尘 /(kg/t)	窑外分解窑	≥2000t/d	323.01	317.87	130.86	3.95	3.86	23.20
		<2000t/d	303.96			3.61		
	预热器窑		330.03	330.03		7.82	7.82	
	干法中空带余热发电窑		204.41	204.41		15.00	15.00	
	立波尔窑		167.63	167.63		7.52	7.52	
	湿法窑		242.12	242.12		10.64	10.64	
	机立窑		7.50	7.50		7.50	7.50	
	普立窑+土窑		91.22	91.22		91.22	91.22	
SO_2 /(kg/t)（以熟料计）	窑外分解窑	≥2000t/d	0.284	0.311	0.982	0.284	0.311	0.982
		<2000t/d	0.383			0.383		
	预热器窑		0.514	0.514		0.514	0.514	
	干法中空带余热发电窑		3.449	3.449		3.449	3.449	
	立波尔窑		0.379	0.379		0.379	0.379	
	湿法窑		2.638	2.638		2.638	2.638	
	立窑		0.635	0.635		0.635	0.635	

2. 平板玻璃（见表2-44）

表2-44 平板玻璃工业个体和综合产污和排污系数

污染物	生产工艺	生产规模	产污系数			排污系数		
			个体	一次	二次	个体	一次	二次
粉尘 /(kg/质量箱)	浮法	>300t/d	0.425	0.435	0.531	0.084	0.106	0.132
		<300t/d	0.466			0.171		
	引上	九机	0.370	0.587		0.105	0.147	
		六机以下	0.656			0.161		

续表

污染物	生产工艺	生产规模	产污系数			排污系数		
			个体	一次	二次	个体	一次	二次
SO_2 /(kg/质量箱)	浮法	＞300t/d				0.228	0.225	0.185
		＜300t/d				0.216		
	引上	九机				0.188	0.161	
		六机以下				0.153		
废气(标态) /(m^3/质量箱)	浮法	＞300t/d				515.28	475.21	536.00
		＜300t/d				355.00		
	引上	九机				440.87	571.71	
		六机以下				613.03		

注：1 质量箱＝50kg 玻璃。

参 考 文 献

[1] 刘天齐. 三废处理工程技术手册·废气卷. 北京：化学工业出版社，1999.

[2] 国家环境保护局科技标准司. 工业污染物产生和排放系数手册. 北京：中国环境科学出版社，1995.

[3] 杨丽芬，李友琥主编. 环保工作者实用手册. 第 2 版. 北京：冶金工业出版社，2001.

第二篇

Chapter 02

废气治理篇

废气处理工程技术手册

Handbook on Waste Gas Treatment Engineering Technology

第三章 废气治理概述

第一节 废气治理的对象与要求

一、废气治理对象

由于人类活动和自然过程导致了污染物排入到洁净大气中，形成大气污染，而人类活动，特别是人类的生产活动又是造成大气污染的主要原因。这些污染物包括从生产装置、运输装置中的物料经化学、物理变化，以及生物化学变化等过程后排放的废气，也包括了与这些过程有关的燃料燃烧、物料贮存、装卸等过程排放的废气，种类繁多。在我国，各种燃料的燃烧，特别是煤的燃烧所造成的污染，占各种污染来源的比例最大。因此就污染类型来说，我国属煤烟型污染，颗粒物与 SO_2、NO_x 成为最主要的污染特征指标。

在我国，大气污染状况严重，这是由于自改革开放以来，我国虽然在经济上取得了高速发展，但并未摆脱传统的以大量消耗资源粗放经营为特征的经济增长模式，因此能源利用率低，原材料消耗高，排污量大、产出少，导致了污染状况恶化。经济转型会改善环境状况，同时为了改变这种状况，对大气污染物必须进行治理，以改善环境质量。为此必须采用综合治理手段，而控制污染源的污染物排放量是其中的重要手段之一。这是保证环境质量的基础，同时也为有效实施综合治理提供了前提。

本篇主要阐述人为污染源的废气治理技术，以工业废气（包括燃料燃烧及工艺生产过程）治理为重点，并对汽车尾气治理给以应有的重视。由于废气所含污染物种类繁多，特别是工业污染源因所用原材料和工艺路线不同，产品类别不同，所排放的污染物特征（物理、化学及生物特征）也不相同，治理技术涉及面广。因此，本篇着重介绍量大、面广、危害大的主要污染物的治理技术。

在介绍治理方法时，既介绍比较通用的治理方法（或治理技术的单元过程），也介绍针对某种污染物的特殊治理方法。

比较通用的方法：对一些主要的大气污染物如颗粒污染物、SO_2、NO_x、有机污染物等，所用治理方法无论从方法的适用性、有效性，还是所需原材料等，均具有通用的意义。

适于某个行业污染物的治理：一些生产行业所产生的大气污染物具有一定的相似之处，因此其治理手段也具有共性，但对其他行业则不一定适用。

针对某种特殊污染物的治理：有些产品的生产工艺、产品用途或所用原材料具有自身的独特之处，因而对其所产生污染物的治理方法、技术路线等也就具有了特殊性。这些方法虽然不具有普遍应用意义，但在解决这类生产的污染问题时，却有着很大的实用意义。

二、废气治理的要求

废气污染源治理的目的是为改善大气环境质量，保证人群健康，维护生态平衡，促进良性循环。为达此目的要实现下列几点要求。

1. 对主要污染物实施排放总量控制

区域大气环境质量主要取决于进入区域大气环境的污染物总量，而不是每个污染源的排放浓度。所以，废气治理必须达到尽可能多的削减主要污染物排放总量的要求。

2. 在经济活动过程中减少污染物产生量

通过改进产品设计，尽量不使用有毒有害原料，降低能耗及原材料消耗，使进入市场的产品符合绿色产品的要求。对采取上述措施后仍需排放的污染物再选择有效的治理技术进行治理。

3. 筛选废气治理技术，尽可能采用最佳实用技术

在进行废气治理时，一定要根据地区和企业的实际，参照国家环保部公布的最佳实用技术和可行实用技术目录，因时因地制宜，对废气治理技术通过环境经济综合评价进行筛选，从经济效益、环境效益（治污的效果）、可行性及先进性等方面综合考虑，尽可能采用最佳实用技术。

第二节　废气治理方法

废气治理方法有各种分类办法。按废气来源分类可分为：燃料燃烧废气治理方法、工艺生产尾气治理方法、汽车尾气治理方法等；按废气中污染物的物理形态可分为：颗粒污染物治理（除尘）方法以及气态污染物治理方法。

一、颗粒物分离机理和方法

1. 分离条件[1]

含尘气体进入分离区，在某一种力或几种力的作用下，粉尘颗粒偏离气流，经过足够的时间，移到分离界面上，就附着在上面，并不断除去，以便为新的颗粒继续附着在上面创造条件。

由此可见，要从气体中将粉尘颗粒分离出来，必须具备的基本条件包括以下几点。

① 有分离界面可以让颗粒附着在上面，如器壁、固体表面、粉尘大颗粒表面、织物与纤维表面、液膜或液滴等。

② 有使粉尘颗粒运动轨迹和气体流线不同的作用力，常见的有：重力、离心力、惯性力、扩散、静电力、直接拦截等，此外还有热聚力、声波和光压等。

③ 有足够的时间使颗粒移到分离界面上，这就要求分离设备有一定的空间，并要控制气体流速等。

④ 能使已附在界面上的颗粒不断被除去，而不会重新返混入气体内，这就是清灰和排灰过程，清灰有在线式和离线式两种。

2. 粉尘分离机理[2]

图 3-1 所示为从气体介质中分离悬浮粒子的物理学机理示意。其中，部分示意图表示粉尘分离的主要机理；而另一部分则表示次要机理。次要机理只能提高主要机理作用效果。

（1）粉尘的重力分离机理　以粉尘从缓慢运动的气流中自然沉降为基础的，从气流中分离粒子是一种最简单，也是效果最差的机理。因为在重力除尘器中，气体介质处于湍流状态，即使粒子在除尘器中逗留时间很长，也不能有效地分离含尘气体介质中的细微粒度粉尘。

对较粗粒度粉尘的捕集效果要好得多，但这些粒子也不完全服从静止介质中粒子沉降速

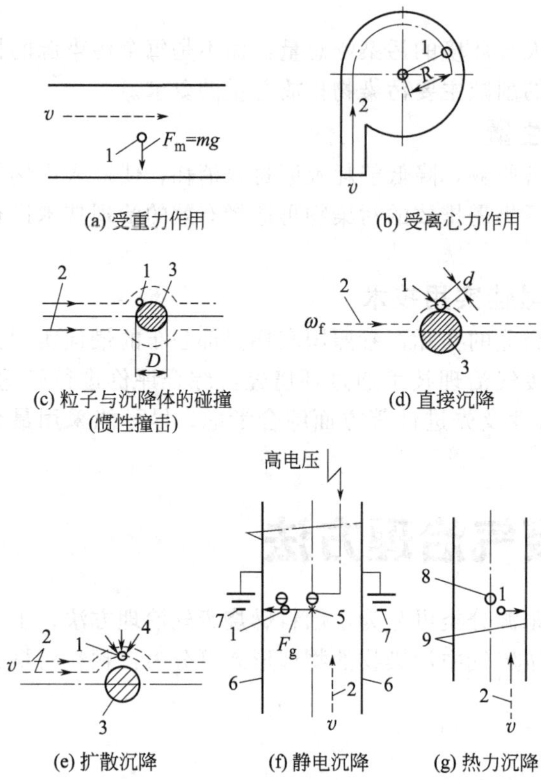

图 3-1 从气流中分离粉尘粒子的物理学机理示意

1—粉尘粒子；2—气流方向；3—沉降体；4—扩散力；5—负极性电晕电极；6—积尘电极；7—大地；8—受热体；9—冷表面

度为基础的简单设计计算。

粉尘的重力分离机理主要适用于直径大于 100～500μm 的粉尘粒子。

（2）粉尘离心分离机理 由于气体介质快速旋转，气体中悬浮粒子达到极大的径向迁移速度，从而使粒子有效地得到分离。离心除尘方法是在旋风除尘器内实现的，但除尘器构造必须使粒子在除尘器内的逗留时间短。相应地，这种除尘器的直径一般要小，否则很多粒子在旋风除尘器中短暂的逗留时间内不能到达器壁。在直径约 1～2m 的旋风除尘器内，可以十分有效地捕集 10μm 以上大小的粉尘粒子。对某些需要分离微细粒子的场合通常用更小直径的旋风除尘器。

增加气流在旋风除尘器壳体内的旋转圈数，可以达到延长粒子逗留时间的目的。但这样往往会增大被净化气体的压力损失，而在除尘器内达到极高的压力。当旋风除尘器内气体圆周速度增大到超过 18～20m/s 时，其效率一般不会有明显改善。其原因是，气体湍流强度增大以及往往不予考虑的因受科里奥利力的作用而产生对粒子的阻滞作用。此外，由于压力损失增大以及可能造成旋风除尘器装置磨损加剧，无限增大气流速度是不适宜的。在气体流量足够大的情况下可能保证旋风除尘器装置实现高效率的一种途径——并联配置很多小型旋风除尘器，如多管旋风除尘器。

（3）粉尘惯性分离机理 粉尘惯性分离机理在于当气流绕过某种形式的障碍物时，可以使粉尘粒子从气流中分离出来。障碍物的横断面尺寸越大，气流绕过障碍物时流动线路严重偏离直线方向就开始的越早，相应地，悬浮在气流中的粉尘粒子开始偏离直线方向也就越早。反之，如果障碍物尺寸小，则粒子运动方向在靠近障碍物处开始偏移（由于其承载气流的流线发生曲折而引起）。在气体流速相等的条件下，就可发现第二种情况的惯性力较大。所以，障碍物的横断面尺寸越小，顺障碍物方向运动的粒子达到其表面的概率就越大，而不与绕行气流一道绕过障碍物。由此可见，利用气流横断面方向上的小尺寸沉降体，就能有效地实现粉尘的惯性分离。利用惯性机理分离粉尘，势必给气流带来巨大的压力损失。然而，它能达到很高的捕集效率，从而使这一缺点得以补偿。

（4）粉尘静电力分离机理 静电力分离粉尘的原理在于利用电场与荷电粒子之间的相互作用。虽然在一些生产中产生的粉尘带有电荷，其电量和符号可能从一个粒子变向另一个粒子，因此，这种电荷在借助电场从气流中分离粒子时无法加以利用。由于这一原因，电力分离粉尘的机理要求使粉尘粒子荷电。还可以通过把含尘气流纳入同性荷电离子流的方法达到使粒子荷电。

利用静电力机理实现粉尘分离时，只有使粒子在电场内长时间逗留才能达到高效率。这就决定了电力净化装置，由于保证含尘气流在电除尘器内长时间逗留的需要，电除尘器尺寸一般十分庞大，因而相应地提高了设备造价。

(5) 粉尘分离的扩散过程　绝大多数悬浮粒子在触及固体表面后就留在表面上，以此种方式从该表面附近的粒子总数中分离出来。所以，靠近沉积表面产生粒子浓度梯度。因为粉尘微粒在某种程度上参加其周围分子的布朗运动，故而粒子不断地向沉积表面运动，使浓度差趋向平衡。粒子浓度梯度越大，这一运动就越加剧烈。悬浮在气体中的粒子尺寸越小，则参加分子布朗运动的程度就越强，粒子向沉积表面的运动也相应地显得更加剧烈。

(6) 热力沉淀作用　管道壁和气流中悬浮粒子的温度差影响这些粒子的运动。如果在热管壁附近有一不大的粒子，则由于该粒子受到迅速而不均匀加热的结果，其最靠近管壁的一侧就显得比较热，而另一侧则比较冷。靠近较热侧的分子在与粒子碰撞后，以大于靠近冷侧分子的速度飞离粒子，朝着背离受热管壁的方向运动。从而引起粒子沉降效应，即所谓热力沉淀。

当除尘器内的积尘表面用人工方法冷却时，热力沉淀的效应特别明显。

(7) 凝聚作用　凝聚是气体介质中的悬浮粒子在互相接触过程中发生黏结的现象。之所以会发生这种现象，也许是粒子在布朗运动中发生碰撞的结果，也可能是由于这些粒子的运动速度存在差异所致。粒子周围介质的速度发生局部变化，以及粒子受到外力的作用，均可能导致粒子运动速度产生差异。

当介质速度局部变化时，所发生的凝聚作用在湍流脉动中显得特别明显，因为粒子被介质吹散后，由于本身的惯性，跟不上气体单元体积运动轨迹的迅速变化，结果粒子互相碰撞。

如果是多分散性粉尘，细微粒子与粗大粒子凝聚，而且细微粒子愈多，其尺寸与粗大粒子的尺寸差别愈大，凝聚作用进行愈快。粒子的凝聚作用为一切除尘设备提供良好的捕尘条件，但在工业条件下很难控制凝聚作用。

从废气中将颗粒物分离出来并加以捕集、回收的过程称为除尘，实现上述过程的设备装置称为除尘器。

常用的颗粒物治理方法有如下几种[2~5]。

(一) 重力除尘法

1. 除尘基本原理

利用粉尘与气体的密度不同，使粉尘靠自身的重力从气流中自然沉降下来，达到分离或捕集含尘气流中粒子的目的。

为使粉尘从气流中自然沉降，采用的一般方法是在输送气体的管道中置入一扩大部分，在此扩大部分气体流动速度降低，一定粒径的粒子即可从气流中沉降下来。

2. 重力除尘器的形式

重力除尘器的形式如图 3-2 和图 3-3 所示。

重力除尘器结构简单、阻力小、投资省，可处理高温气体；但除尘效率低，只对 50μm 以上的尘粒具有较好的捕集作用，占地面积大，因此只能作为初级除尘手段。

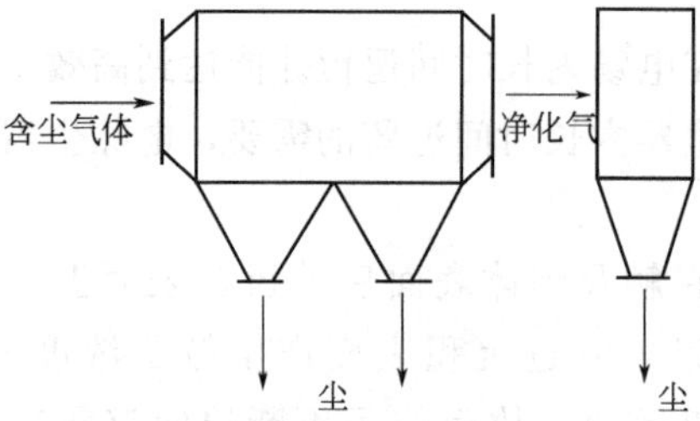

图 3-2 单层重力除尘器

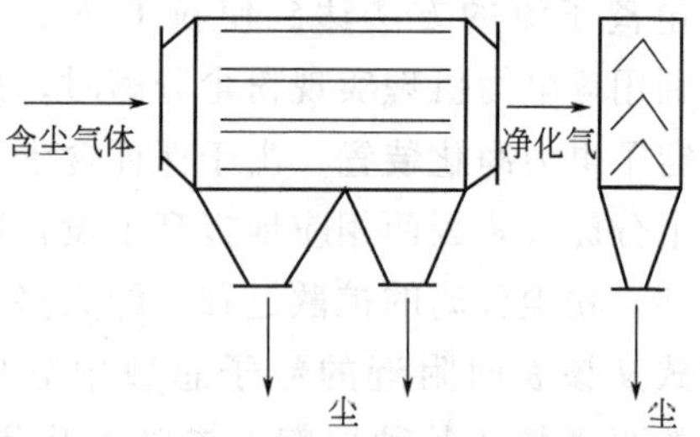

图 3-3 多层重力除尘器

(二)惯性力除尘法

1. 除尘基本原理

利用粉尘与气体在运动中的惯性力不同，使粉尘从气流中分离出来。在实际应用中实现惯性分离的一般方法是使含尘气流冲击在挡板上，使气流方向发生急剧改变，气流中的尘粒惯性较大，不能随气流急剧转弯，便从气流中分离出来。在惯性除尘方法中，除利用了粒子在运动中的惯性较大外，还利用了粒子的重力和离心力。

2. 常用设备及主要性能

惯性除尘器结构形式多样，主要有反转式和碰撞式，图 3-4 和图 3-5 表示的即为反转式和碰撞式惯性除尘器的结构示意。

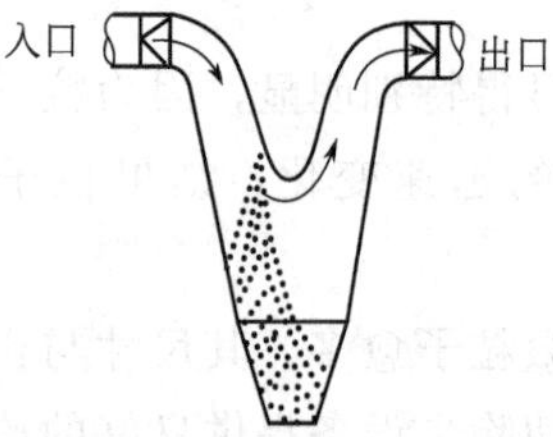

图 3-4 反转式惯性除尘器

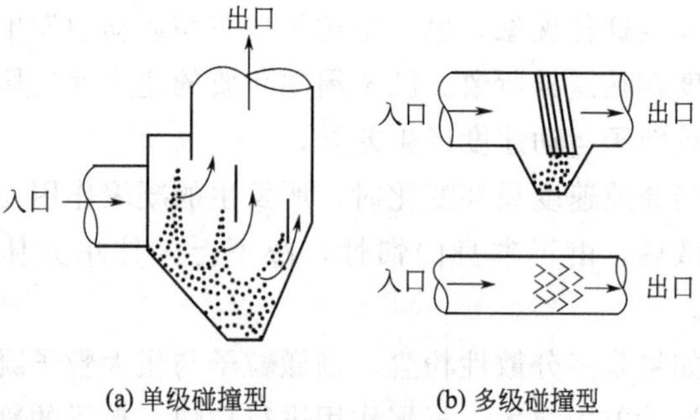

图 3-5 碰撞式惯性除尘器

惯性除尘器适用于非黏性、非纤维性粉尘的去除。设备结构简单，阻力较小；但分离效率较低，只能捕集 10～20μm 以上的粗尘粒，故只能用于多级除尘中的第一级除尘。

(三)离心力除尘法

1. 除尘基本原理

利用含尘气体的流动速度，使气流在除尘装置内沿某一定方向作连续的旋转运动，粒子在随气流的旋转中获得离心力，导致粒子从气流中分离出来。

2. 常用设备及主要性能

利用离心力进行除尘的设备有两大类：旋风式除尘器和旋流式除尘器，其中最常用的设备为旋风式除尘器。两者的区别在于旋流式除尘器除废气由进气管进入除尘器形成旋转气流外，还通过喷嘴或导流装置引入二次空气，加强气流的旋转。图 3-6 表示了旋风式除尘器的结构示意。

离心式除尘器除尘效率较高，对大于 5μm 以上的颗粒具有较好的去除效率，属中效除尘器。它适用于对非黏性及非纤维性粉尘的去除，且可用于高温烟气的除尘净化，因此广泛用于锅炉烟气除尘、多级除尘及预除尘。

（四）湿式除尘法

湿式除尘也称为洗涤除尘。

1. 除尘基本原理

该种除尘方法是用液体（一般为水）洗涤含尘气体，利用形成的液膜、液滴或气泡捕获气体中的尘粒，尘粒随液体排出，气体得到净化。液膜、液滴或气泡主要是通过惯性碰撞，细小尘粒的扩散作用，液滴、液膜使尘粒增湿后的凝聚作用及对尘粒的黏附作用，达到捕获废气中尘粒的目的。

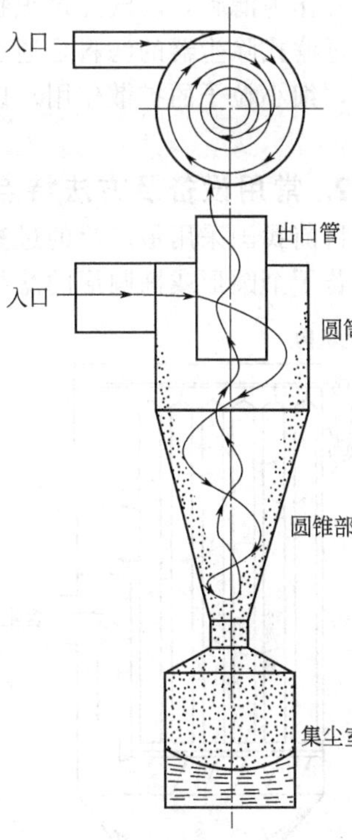

图 3-6　旋风式除尘器

2. 常用设备及方法的主要特点

湿式除尘器结构类型种类繁多，不同设备的除尘机制不同，能耗不同，适用的场合也不相同。按其除尘机制的不同，湿式除尘器有七种不同的结构类型，如图 3-7 所示。

湿式除尘器除尘效率高，特别是高能量的湿式洗涤除尘器，在清除 0.1μm 以下的粉尘粒子时，仍能保持很高的除尘效率。湿式洗涤除尘器对净化高温、高湿、易燃、易爆的气体具有很高的效率和很好的安全性。湿式除尘器在去除废气中粉尘粒子的同时，还能通过液体的吸收作用同时将废气中有毒有害的气态污染物去除，这是其他除尘方法无法做到的。

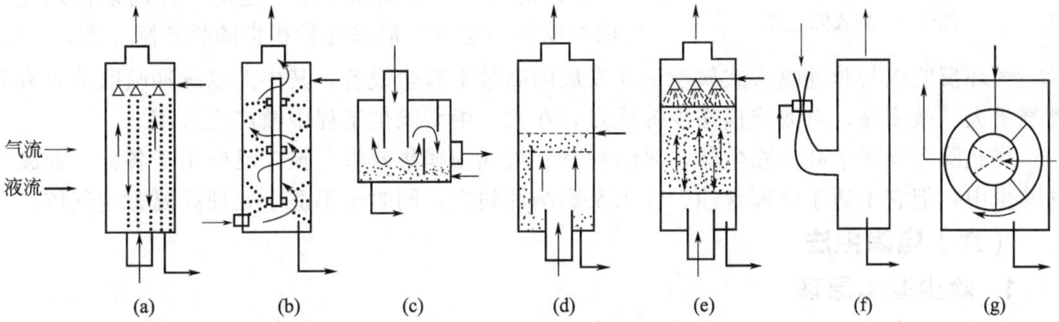

图 3-7　常见七种类型湿式除尘器的工作示意

(a) 喷雾式洗涤除尘器；(b) 旋风式洗涤除尘器；(c) 贮水式冲击水浴除尘器；(d) 塔板式鼓泡洗涤除尘器；(e) 填料式洗涤除尘器；(f) 文丘里洗涤除尘器；(g) 机械动力洗涤除尘器

湿式除尘器在应用中也存在一些明显的缺点。首先是湿式除尘器用水量大，且废气中的污染物在被从气相中清除后，全部转移到了水相中，因此对洗涤后的液体必须进行处理。对沉渣要进行适当的处置，澄清水则应尽量回用，否则不仅会造成二次污染，而且也会造成水资源的浪费。另外，在对含有腐蚀性气态污染物的废气进行除尘时，洗涤后液体将具有一定程度的腐蚀性，对除尘设备及管路提出了更高的要求。

（五）过滤除尘法

1. 除尘基本原理

过滤式除尘是使含尘气体通过多孔滤料，把气体中的尘粒截留下来，使气体得到净化。滤料对含尘气体的过滤，按滤尘方式有内部过滤与外部过滤之分。内部过滤是把松散多孔的滤料填充在设备的框架内作为过滤层，尘粒在滤层内部被捕集；外部过滤则是用纤维织物、滤纸等作为滤料，废气穿过织物等时，尘粒在滤料的表面被捕集。

过滤式除尘器的滤料是通过滤料孔隙对粒子的筛分作用，粒子随气流运动中的惯性碰撞作用，细小粒子的扩散作用，以及静电引力和重力沉降等机制的综合作用结果，达到除尘的目的。

2. 常用设备及方法特点

目前我国采用最广泛的过滤集尘装置是袋式除尘器，其基本结构是在除尘器的集尘室内悬挂若干个圆形或椭圆形的滤袋，当含尘气流穿过这些滤袋的袋壁时，尘粒被袋壁截留，在袋的内壁或外壁聚集而被捕集。图 3-8 为袋式除尘器的示意。

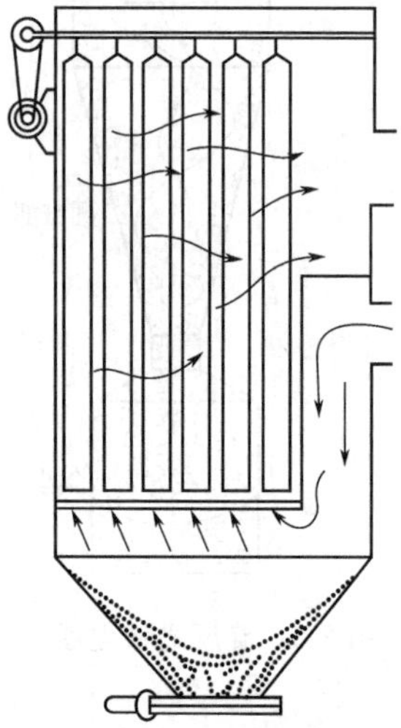

图 3-8 袋式除尘器

袋式除尘器一般是按其清灰方式的不同而分类，主要有：

(1) 机械振打袋式除尘器　利用机械装置的运动，周期性地振打布袋使积灰脱落。

(2) 气流反吹袋式除尘器　利用与含尘气流流动方向相反的气流穿过袋壁，使集附于袋壁上的灰尘脱落。

(3) 气环反吹袋式除尘器　对于含尘气体进入滤袋内部，尘粒被阻留在滤袋内表面的内滤式除尘器，在滤袋外部设置一可上下移动的气环箱，不断向袋内吹出反向气流，构成气环反吹的袋式除尘器，可在不间断滤尘的情况下，进行清灰。

(4) 脉冲喷吹袋式除尘器　这是一种周期性地向滤袋内喷吹压缩空气以清除滤袋积尘的袋式除尘器。

气环反吹式与脉冲喷吹式属于最新发展的高效率除尘设备，其中尤以脉冲喷吹式具有处理气量大、效率高、对滤袋损伤少等优点，在大、中型除尘工程中被广泛采用。

袋式除尘器属于高效除尘器，对细粉具有很强的捕集效果，被广泛应用于各种工业废气的除尘中，但它不适于处理含油、含水及黏结性粉尘，同时也不适于处理高温含尘气体。

（六）电除尘法

1. 除尘基本原理

电除尘是利用高压电场产生的静电力（库仑力）的作用实现固体粒子或液体粒子与气流分离。这种电场应是高压直流不均匀电场，构成电场的放电极是表面曲率很大的线状电极，集尘极则是面积较大的板状电极或管状电极。

在放电极与集尘极之间施以很高的直流电压时，两极间所形成的不均匀电场使放电极附近电场强度很大，当电压加到一定值时，放电极产生电晕放电，生成的大量电子及阴离子在电场力作用下，向集尘极迁移。在迁移过程中中性气体分子很容易捕获这些电子或阴离子形成负离子。当这些带负电荷的粒子与气流中的尘粒相撞并附着其上时，就使尘粒带上了负电荷。荷电粉尘在电场中受库仑力的作用被驱往集尘极，在集尘极表面尘粒放出电荷后沉积其上，当粉尘沉积到一定厚度时，用机械振打等方法将其清除。

2. 常用设备及方法特点

电除尘中常用设备为电除尘器。工业上广泛应用的电除尘器是管式电除尘器和板式电除尘器。前者的集尘极是圆筒状的，后者的集尘极是平板状的。电晕电极（放电极）均使用的是线状电极，电晕电极上一般加的均是负电压，即产生的是负电晕，只有在用于空气调节的小型电除尘器上时采用正电晕放电，即在电晕极上加上正电压。图 3-9 和图 3-10 分别是管式电除尘器和板式电除尘器的结构示意。

电除尘器是一种高效除尘器，除尘效率可达 99%以上，去除细微粉尘捕集性能优异，捕集最小粒径可达 0.05μm，并可按要求获得从低效到高效的任意除尘效率。电除尘器阻力小，能耗低，可允许的操作温度高，在 250～500℃的范围内均可操作。

电除尘器设备庞大，占地面积大，尤其是设备投资高，因此只有在处理大流量烟气时，才能在经济上、技术上显示其优越性。

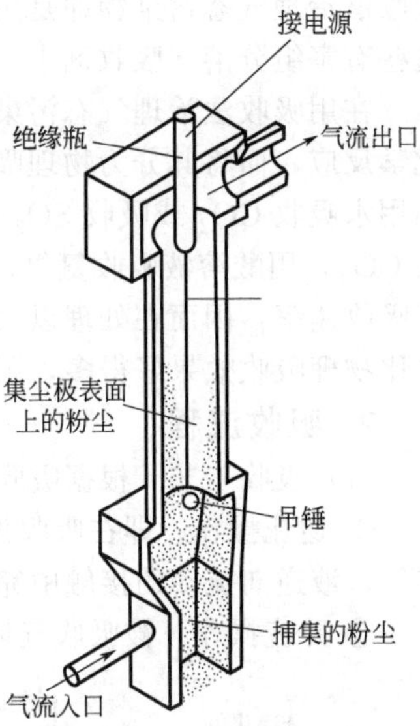

图 3-9 管式电除尘器

二、气态污染物治理方法

气态污染物种类繁多，特性各异，因此相应采用的治理方法也各不相同，常用的有：吸收法、吸附法、催化法、燃烧法、冷凝法等。

（一）吸收法[6,7]

吸收法是分离、净化气体混合物最重要的方法之一，在气态污染物治理工程中，被广泛用于治理 SO_2、NO_x、氟化物、氯化氢等废气中。

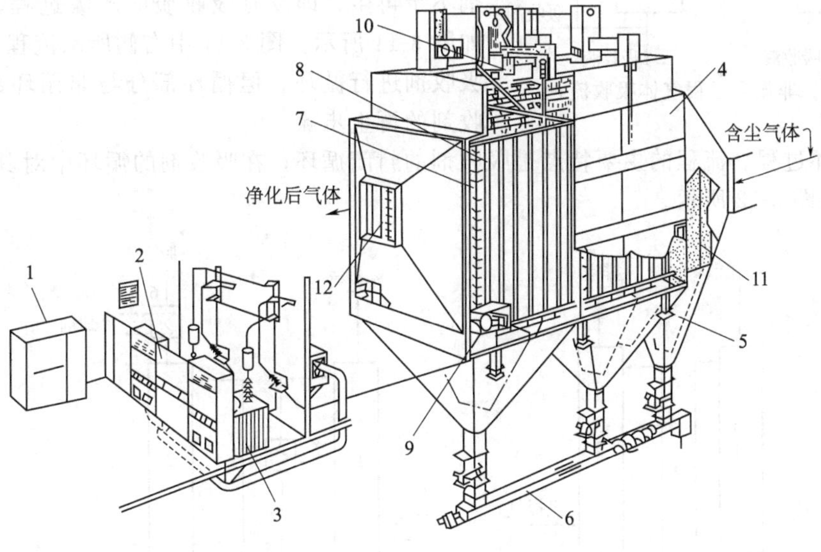

图 3-10 板式电除尘器示意

1—低压电源控制柜；2—高压电源控制柜；3—电源变压器；4—电除尘器本体；
5—下灰斗；6—螺旋除灰机；7—放电极；8—集尘极；
9—集尘极振打清灰装置；10—放电极振打清灰装置；
11—进气气流分布板；12—出气气流分布板

1. 吸收基本原理

当采用某种液体处理气体混合物时，在气-液相的接触过程中，气体混合物中的不同组分在同一种液体中的溶解度不同，气体中的一种或数种溶解度大的组分将进入到液相中，从而使气相中各组分相对浓度发生了改变，即混合气体得到分离净化，这个过程称为吸收。用吸收法治理气态污染物即是用适当的液体作为吸收剂，使含有有害组分的废气与其接触，使这些有害组分溶于吸收剂中，气体得到净化。

在用吸收法治理气态污染物的过程中，依据吸收质（被吸收的组分）与吸收剂是否发生化学反应，而将其分为物理吸收与化学吸收。前者在吸收过程中进行的是纯物理溶解过程，如用水吸收 CO_2 或吸收 SO_2 等；而后者在吸收中常伴有明显的化学反应发生，如用碱液吸收 CO_2，用酸溶液吸收氨等。化学反应的存在增大了吸收的传质系数和吸收推动力，加大了吸收速率，因而在处理以气量大、有害组分浓度低为特点的各种废气时，化学吸收的效果要比物理吸收效果好得多，因此在用吸收法治理气态污染物时，多采用化学吸收法。

2. 吸收流程

（1）吸收工艺 根据吸收剂与废气在吸收设备内的流动方向，可将吸收工艺分为：

① 逆流操作。即在吸收设备中，被吸收气体由下向上流动，而吸收剂则由上向下流动，在气、液逆向流动的接触中完成传质过程。

② 并流操作。被吸收气体与吸收剂同时由吸收设备的上部向下部同向流动。

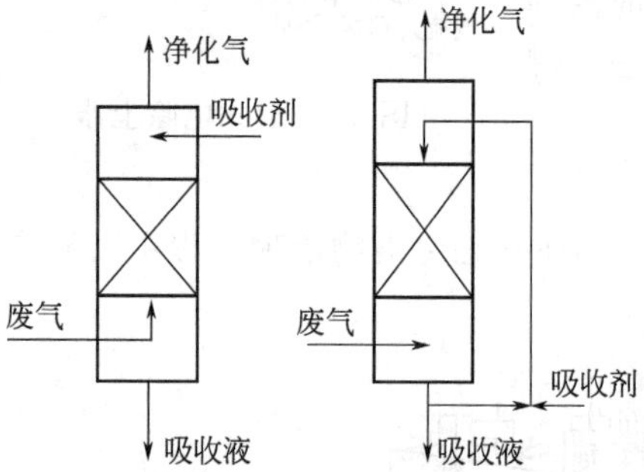

图 3-11 非循环过程气体吸收流程

③ 错流操作。被吸收气体与吸收剂呈交叉方向流动。

在实际的吸收工艺中，一般均采用逆流操作。

（2）吸收流程 吸收流程布置可分为循环过程与非循环过程两种。

① 非循环过程。流程布置的主要特点是对吸收剂不予再生，即没有吸收质的解吸过程，具体流程如图 3-11 所示。图 3-11 中右侧所示流程中虽有部分吸收剂进行循环，但循环部分与非循环部分均无吸收剂的再生步骤。

② 循环过程。流程的主要特点是吸收剂的封闭循环，在吸收剂的循环中对其进行再生，具体流程如图 3-12 所示。

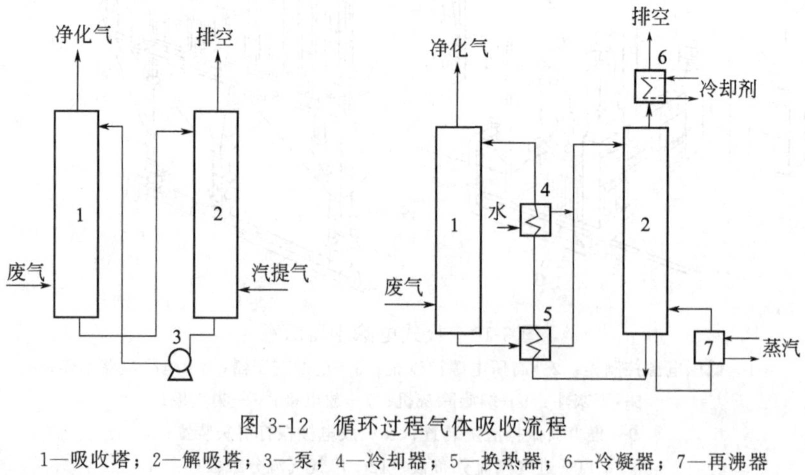

图 3-12 循环过程气体吸收流程

1—吸收塔；2—解吸塔；3—泵；4—冷却器；5—换热器；6—冷凝器；7—再沸器

待净化气体进入吸收塔进行吸收，塔底排出的吸收液进入解吸塔或再生塔，用适当的方法使吸收质从吸收液中释出，再生后的吸收剂入吸收塔重新使用。

3. 常用吸收设备

吸收设备种类很多，每一种类型的吸收设备都有着各自的长处与不足，选择一适宜的吸收设备，应考虑如下的因素：对废气处理能力大；对有害组分吸收净化效率高；设备结构简单，操作稳定；气体通过阻力小；操作弹性大，能适应较大的负荷波动；投资省等。

目前工业上常用的吸收设备主要有三大类。

(1) 表面吸收器　凡能使气液两相在固定接触表面上进行吸收操作的设备均称为表面吸收器。属于这种类型的设备有水平表面吸收器、液膜吸收器以及填料塔等。在气态污染物治理中应用最普遍的是填料塔，特别是逆流填料塔。由于在这种类型的塔中，废气在沿塔上升的同时，污染物浓度逐渐下降，而塔顶喷淋的总是较为新鲜的吸收液，因而吸收传质的平均推动力最大，吸收效果好。典型逆流填料塔如图 3-13 所示。

(2) 鼓泡式吸收器　在这类吸收器内都有液相连续的鼓泡层，分散的气泡在穿过鼓泡层时有害组分被吸收。属于这一类型的设备有鼓泡塔和各种板式吸收塔。在气态污染物治理中应用较多的是鼓泡塔和筛板塔，图 3-14 和图 3-15 分别是连续鼓泡吸收塔和筛板塔的示意。

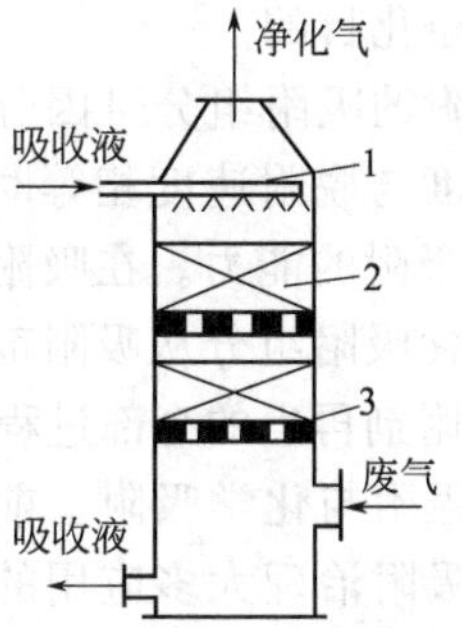

图 3-13　逆流填料吸收塔

1—喷淋装置；2—填料；3—填料支撑板

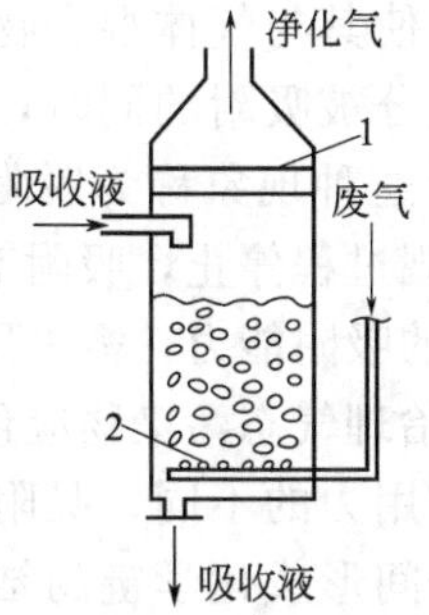

图 3-14　连续鼓泡吸收塔

1—雾沫分离器；2—气体分布管

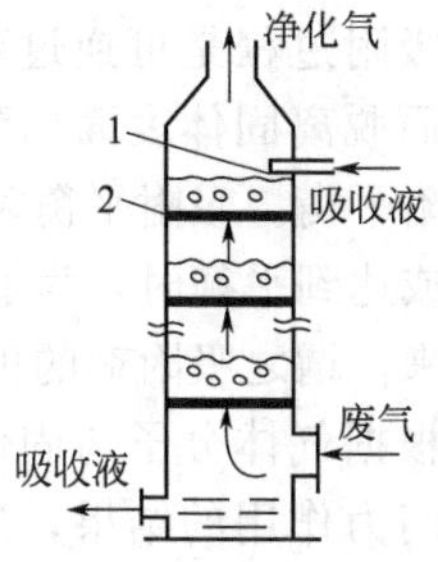

图 3-15　筛板吸收塔

1—进液管；2—栅板或筛板

(3) 喷洒式吸收器　这类吸收器是用喷嘴将液体喷射成为许多细小的液滴，或用高速气流的挟带将液体分散为细小的液滴，以增大气-液相的接触面积，完成物质的传递。比较典型的设备是空心喷洒吸收器和文丘里吸收器。空心喷淋吸收塔（见图 3-16）设备结构简单，造价低廉，气体通过的阻力降很小，并可吸收含有黏污物及颗粒物的气体，但其吸收效率很低，因此应用受到极大限制。

文丘里吸收器（见图 3-17）结构简单，处理废气量大，净化效率高，但其阻力大，动力消耗大，因此对一般气态污染物治理时应用受限制，比较适于处理含尘气体。

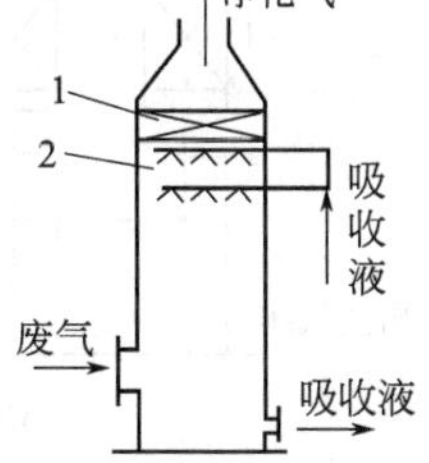

图 3-16　空心喷淋吸收塔

1—除雾器；2—吸收液喷淋器

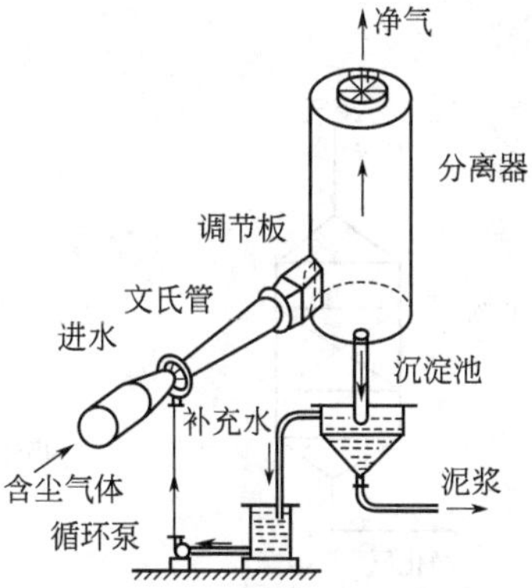

图 3-17　文丘里吸收器

4. 吸收法特点

采用吸收法治理气态污染物具有工艺成熟、设备简单、一次性投资低等特点，而且只要选择到适宜的吸收剂，对所需净化组分可以具有很高的捕集效率。此外，对于含尘、含湿、含黏污物的废气也可同时处理，因而应用范围广泛。但由于吸收是将气体中的有害物质转移到了液体中，这些物质中有些还具有回收价值，因此对吸收液必须进行处理，否则将导致资源的浪费或引起二次污染。

（二）吸附法[6,7]

1. 吸附基本原理

由于固体表面上存在着未平衡和未饱和的分子引力或化学键力，因此当固体表面与气体接触时，就能吸引气体分子，使其浓集并保持在固体表面，这种现象称为吸附。用吸附法治理气态污染物就是利用固体表面的这种性质，使废气与大表面的多孔性固体物质相接触，废气中的污染物被吸附在固体表面上，使其与气体混合物分离，达到净化目的。

吸附过程是可逆过程，在吸附组分被吸附的同时，部分已被吸附的吸附组分可因分子热运动而脱离固体表面回到气相中去，这种现象称为脱附。当吸附速度与脱附速度相等时，达到吸附平衡。吸附平衡时，吸附的表观过程停止，吸附剂丧失了继续吸附的能力。在吸附过程接近或达到平衡时，为了恢复吸附剂的吸附能力，需采用一定的方法使吸附组分从吸附剂上解脱下来，谓之吸附剂的再生。吸附法治理气态污染物应包括吸附及吸附剂再生的全部过程。

根据气体分子与固体表面分子作用力的不同，吸附可分为物理吸附与化学吸附。前者是分子间力作用的结果，后者则是分子间形成化学键的结果，当前的吸附治理大多应用的是物理吸附。

2. 吸附流程

实用的吸附流程有多种形式，可依据生产过程的需要进行选择。

（1）间歇式流程　一般均由单个吸附器组成，如图 3-18 所示。只应用于废气间歇排放，且排气量较小、污染物浓度较低的情况。吸附饱和后的吸附剂需要再生。当间歇排气的间隔时间大于吸附剂再生所用时间时，可在原吸附器内进行吸附剂的再生；当排气间歇时间小于再生所用时间时，可将器内吸附剂更换，失效吸附剂集中再生。

（2）半连续式流程　此种流程可用于处理间歇排气，也可用于处理连续排气的场合。是应用最普遍的一种吸附流程。

吸附流程可由两台吸附器并联组成［见图 3-19(a)］，也可由三台吸附器并联组成［见图 3-19(b)］。

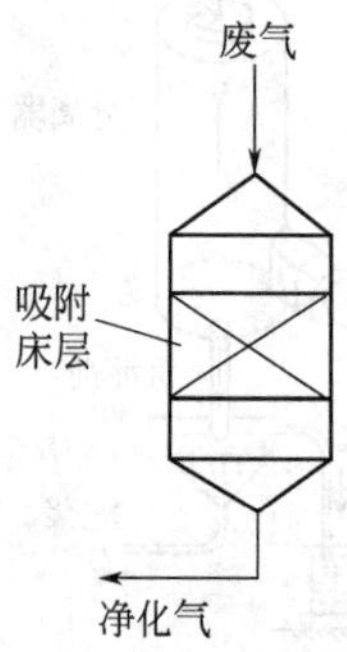

图 3-18　间歇式吸附流程

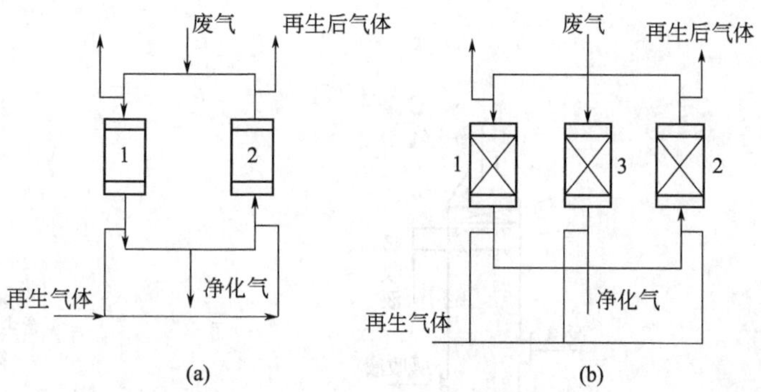

图 3-19　半连续式吸附流程

1—吸附器；2—再生器；3—冷却器（吸附或备用）

在用两台吸附器并联时，其中一台吸附器进行吸附操作，另一台吸附器则进行再生操作，一般是在再生周期小于吸附周期时应用。

当再生周期大于吸附周期时，则需用三台吸附器并联组成流程，其中一台进行吸附，一台进行再生，而第三台则进行冷却或其他操作，以备投入吸附操作中。

(3) 连续式流程 应用于连续排出废气的场合，流程一般均由连续操作的流化床吸附器、移动床吸附器等组成。流程特点是在吸附操作进行的同时，不断有吸附剂移出床外进行再生，并不断有新鲜吸附剂或再生后吸附剂补充到床内，即吸附与吸附剂的再生是不间断地同时进行。

3. 常用吸附设备

在采用吸附法治理气态污染物时，最常用的设备是固定床吸附器。

其他的吸附器形式还有流化床吸附器、移动床吸附器和旋转式吸附器。由于这些设备结构复杂、操作要求高或由于工艺不够成熟，目前在废气治理中应用较少。

吸附设备的具体结构见第十五章。

4. 吸附法特点

(1) 吸附净化法的净化效率高，特别是对低浓度气体仍具有很强的净化能力，若单纯就净化程度而言，只要吸附剂有足够的用量，那么可以达到任何要求的净化程度。因此，吸附法特别适用于排放标准要求严格或有害物浓度低，用其他方法达不到净化要求的气体的净化，常作为深度净化手段或最终控制手段。

(2) 吸附剂在使用一段时间后，吸附能力会明显下降乃至丧失，因此要不断地对失效吸附剂进行再生。通过再生，可以使吸附剂重复使用，降低吸附费用；还可以回收有用物质。但再生需要有专门的设备和系统供应蒸汽、热空气等再生介质，使设备费用和操作费用大幅度增加，并且使整个吸附操作繁杂，因此这是限制吸附法更广泛使用的一个主要原因。为了不使吸附剂再生过程过于频繁，对高浓度废气的净化不宜采用吸附法。

（三）催化净化法[6]

1. 催化净化方法基本原理

催化法净化气态污染物是利用催化剂的催化作用，使废气中的有害组分发生化学反应并转化为无害物或易于去除物质的一种方法。

(1) 催化剂 在进行化学反应时，向反应系统中加入数量很少的某些物质，可使反应进行的速率明显加快，而在反应终了时，这些物质的量及性质几乎不发生变化，加入的这些物质被称为催化剂。

催化剂一般是由多种物质组成的复杂体系，按各物质所起作用的不同主要分为：a. 活性组分，是催化剂能加速反应的关键组分；b. 载体，是分散、负载活性组分的支撑物；c. 助催化剂，是改善催化剂活性及热稳定等性能的添加物。

催化剂在使用中除具有加快反应速度的作用（催化活性）外，还对反应具有特殊的选择性，即一种催化剂只对某一特定反应具有明显的加速作用。催化剂的活性与选择性是衡量催化剂性能好坏的最主要的指标。

催化剂必须在适宜的操作条件下使用。特别是反应温度的变化对催化剂的使用寿命有着明显的影响，各种催化剂都有各自的使用温度范围（活性温度范围），在此温度范围内，催化剂对反应具有明显的加速作用；温度过高，会使催化剂烧毁而导致活性的丧失。此外，使用时间的延长、操作条件控制不当、某些对催化剂具有毒害作用的物质的存在，都会导致催化剂活性的降低乃至使活性完全丧失。

(2) 催化作用及催化净化　催化剂对化学反应的影响叫做催化作用，催化剂对化学反应的活性和选择性都是催化作用的表现。

2. 催化反应流程

目前在气态污染物治理中，应用较多的催化反应类型有：

(1) 催化氧化反应　此法是在催化剂的作用下，利用氧化剂（如空气中的氧）将废气中的有害物氧化为易回收、易去除的物质。如用催化氧化法将废气中的 SO_2 氧化为 SO_3，进而制成硫酸。

(2) 催化还原反应　该法是在催化剂的作用下，利用还原剂将废气中的有害物还原为无害物或易去除物质。如用催化还原法将废气中的 NO_x 还原为 N_2 和水。

(3) 催化燃烧反应　催化燃烧实际上是彻底的催化氧化，即在氧化催化剂的作用下，将废气中的可燃组分或可高温分解组分彻底氧化成为 CO_2 和 H_2O，使气体得到净化。

由于每种催化剂都有各自的活性温度范围，因此必须要使被处理废气达到一定的温度才能进行正常的反应；由于上述反应一般均为放热反应，对反应后的高温气体应该进行热量回收；又由于催化剂本身对灰尘和毒物敏感，故对进气要求有预处理。因此，在催化反应流程中一般应包括有预处理、预热、反应、热回收等部分，但可根据不同的条件和要求，进行不同的配置。催化燃烧流程如图 3-20 所示。图 3-20(a) 为无热量回收的一般形式，应用于处理气量较小的情况；图 3-20(b) 为有回收热量预热反应进气的流程形式，应用较为普遍；图 3-20(c) 和图 3-20(d) 为进一步将热量回收利用的流程形式，应用于处理气量大或放热量多的场合。

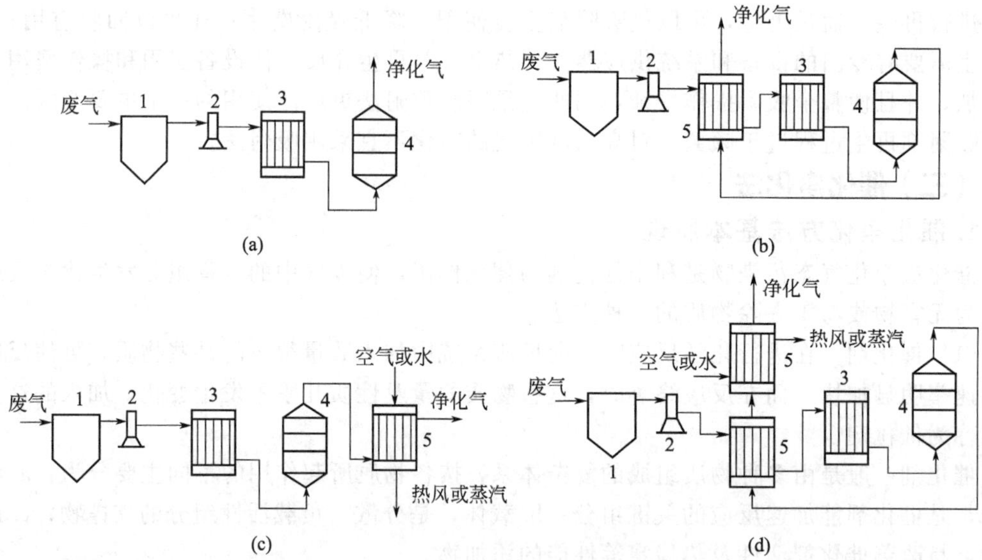

图 3-20　催化燃烧流程形式

1—预处理；2—鼓风机；3—预热器；4—反应器；5—换热器

3. 催化反应设备

在催化净化工程中，最常用的设备为固定床催化反应器，按其结构形式分，基本上有以下三类。

(1) 管式反应器　该种反应器结构示意如图 3-21 所示，有多管式与列管式之分。在多管式反应器中，催化剂装填在管内，换热流体在管间流动；列管式的催化剂装在管间，换热流体则在管内流动。列管式反应器由于催化剂装卸不便而很少应用。

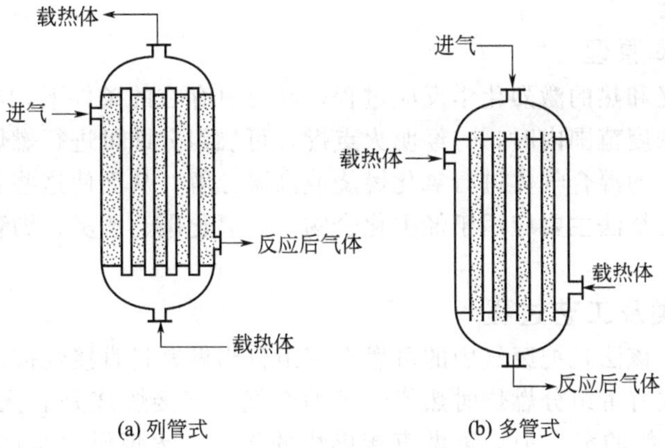

图 3-21 管式固定床反应器示意

(2) 搁板式反应器　搁板式反应器的结构示意如图 3-22 所示。搁板式反应器属于绝热式反应器，反应床层与外界环境基本上无热量交换。多段式反应器就是在催化剂层之间设置换热装置，以利于反应热的移出。

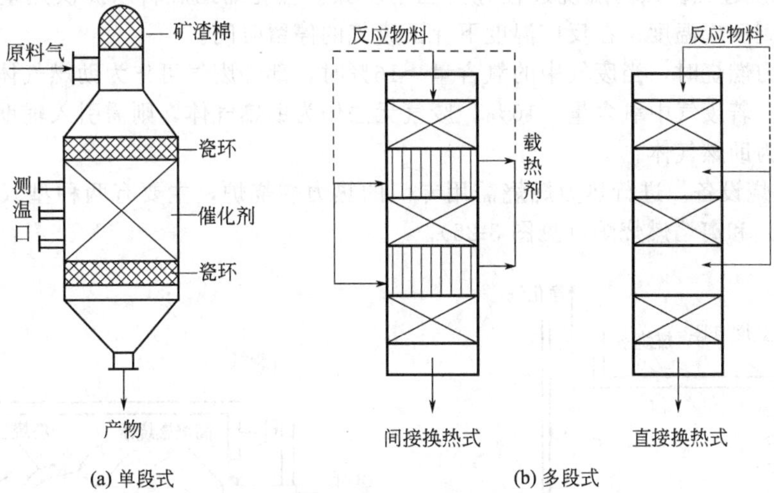

图 3-22 搁板式催化反应器

(3) 径向反应器　前面两种类型的反应器，反应气流均沿设备轴向流动。而在径向反应器中，反应气流是沿设备的径向流动，气流流程短，因而阻力降小，动力消耗少，且可采用较细的催化剂颗粒，但它也属于绝热反应器，对热效应大的反应不适用。径向固定床反应器结构如图 3-23 所示。

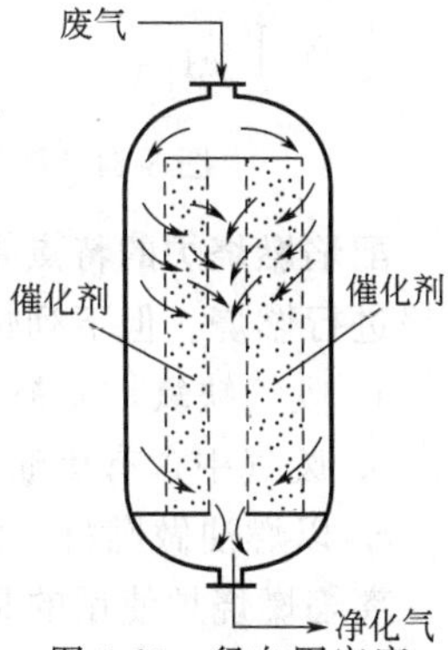

图 3-23 径向固定床反应器示意

4. 催化净化法特点

催化方法净化效率较高，净化效率受废气中污染物浓度影响较小；在治理废气过程中，无需将污染物与主气流分离，可直接将主气流中的有害物转化为无害物，避免了二次污染。但所需催化剂一般价格较贵，需专门制备。催化剂本身易被污染，因此对进气品质要求高；此外，废气中的有害物质很难作为有用物质进行回收；不适于间歇排气的治理过程等也限制了它的应用。

（四）燃烧法[6,8]

1. 燃烧法基本原理

燃烧是伴随有光和热的激烈化学反应过程，在有氧存在的条件下，当混合气体中可燃组分浓度在燃烧极限浓度范围内时，一经明火点燃，可燃组分即可进行燃烧。燃烧净化法即是对含有可燃有害组分的混合气体进行氧化燃烧或高温分解，从而使这些有害组分转化为无害物质的方法。因此燃烧法主要应用于烃类化合物、一氧化碳、恶臭、沥青烟、黑烟等有害物质的净化治理。

2. 燃烧法分类及工艺过程

（1）直接燃烧　该法是把废气中的可燃有害组分当做燃料直接烧掉，因此只适用于净化含可燃组分浓度高或有害组分燃烧时热值较高的废气。直接燃烧是有火焰燃烧，燃烧温度高（>1100℃），一般的窑、炉均可做直接燃烧的设备。火炬燃烧也属于直接燃烧的一种形式。

（2）热力燃烧　热力燃烧是利用辅助燃料燃烧放出的热量将混合气体加热到一定温度，使可燃的有害物质进行高温分解变为无害物质。热力燃烧一般用于可燃有机物含量较低的废气或燃烧热值低的废气治理。热力燃烧为有火焰燃烧，燃烧温度较低（760～820℃）。

① 热力燃烧过程。热力燃烧过程分为三个步骤：燃烧辅助燃料以提供热量；废气与高温燃气混合达到反应温度；在反应温度下保证废气的停留时间。

在进行热力燃烧时，当废气中的氧含量>16%时，部分废气可作为助燃气体，只需引入辅助燃料即可。若废气中氧含量<16%，废气无法作为助燃气体，则需引入辅助燃料外，还需引入空气作为助燃气体。

② 热力燃烧设备。进行热力燃烧需用专门的热力燃烧炉，主要有两种型式：配焰燃烧炉（见图 3-24）和离焰燃烧炉（见图 3-25）。

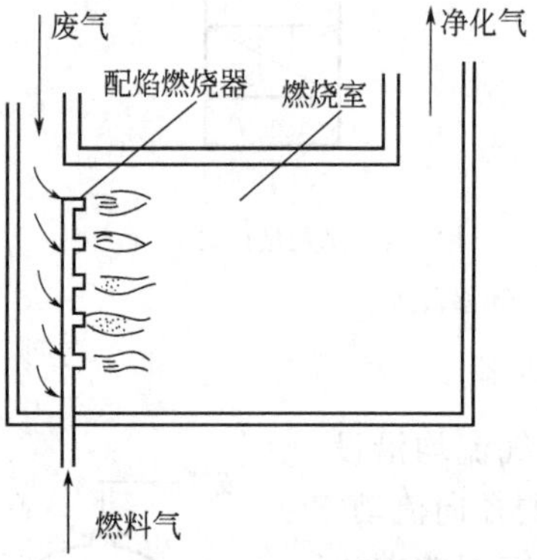

图 3-24　配焰燃烧炉

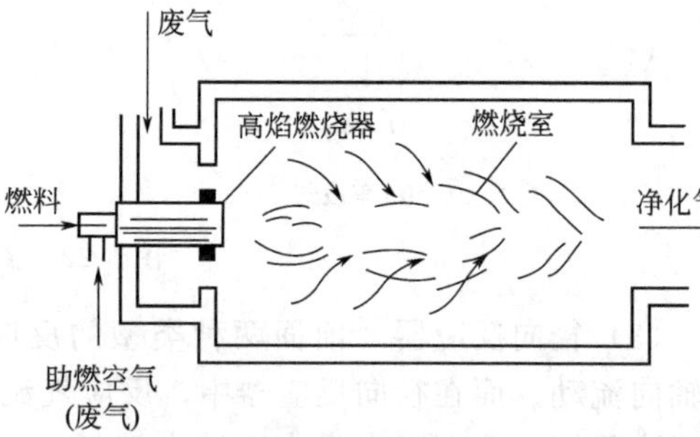

图 3-25　离焰燃烧炉

配焰燃烧炉的特点是使用了配焰燃烧器，通过燃烧器在燃烧炉断面上将燃气配布成许多小焰进行燃烧。但下列情况不宜使用配焰燃烧炉：

a. 废气缺氧，需补充空气（因此配焰燃烧炉只适用于含氧量>16%的废气治理）；

b. 废气中含有焦油及颗粒物；

c. 以燃油做燃料（因此配焰燃烧炉只能使用气体燃料）。

离焰燃烧炉使用的是离焰燃烧器，通过燃烧器在燃烧炉断面上只配布 1～4 个较大的火焰。此类燃烧炉可燃气，亦可燃油；可用废气助燃，亦可引入空气助燃，因此对废气中的含氧量没有限制。

（五）冷凝法[6,9]

1. 冷凝法基本原理

在气液两相共存的体系中，存在着组分的蒸气态物质由于凝结变为液态物质的过程，同时也存在着该组分液态物质由于蒸发变为蒸气态物质的过程。当凝结与蒸发的量相等时称达到相平衡。相平衡时液面上的蒸气压力即为该温度下与该组分相对应的饱和蒸气压。若气相中组分的蒸气压力小于其饱和蒸气压，液相组分将挥发至气相；若气相中组分蒸气压力大于其饱和蒸气压，蒸气就将凝结为液体。

同一物质饱和蒸气压的大小与温度有关。温度越低，饱和蒸气压值越低。对含有一定浓度的有机蒸气的废气，在将其降温时，废气中有机物蒸气浓度不变，但与其相应的饱和蒸气压值却随温度的降低而降低。当将废气降到某一温度，与其相应的饱和蒸气压值已低于废气组分分压时，该组分就要凝结为液体，废气中组分分压值即可降低，即实现了气体分离的目的。在一定压力下，一定组成的蒸气被冷却时，开始出现液滴的温度称为露点温度。对含易凝缩的有害气体或蒸气态物质进行冷却，当温度降到露点温度以下时，才能将蒸气部分冷凝下来，凝结出来的液体量即是有害气体组分被净化的量，凝结净化的程度以该冷却温度下的组分饱和蒸气压为极限，冷却温度越低，净化程度越高。图3-26为某些有机物质在常压下的饱和蒸气压与温度的关系曲线。

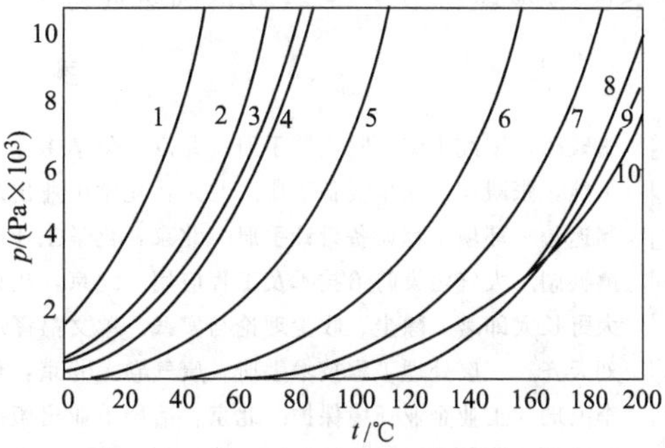

图 3-26 某些有机溶剂的饱和蒸气压与温度的关系

1—二硫化碳；2—丙酮；3—四氯化碳；4—苯；5—甲苯；6—松节油；7—苯胺；8—苯甲酚；9—硝基苯；10—硝基甲苯

使气体中的蒸气冷凝为液体，可以采用冷却的方法，也可以采用压缩的方法，或将两者结合使用。

2. 冷凝流程与设备

冷凝法所用设备主要分为两大类。

（1）表面冷凝器　是使用一间壁将冷却介质与废气隔开，使其不互相接触，通过间壁将

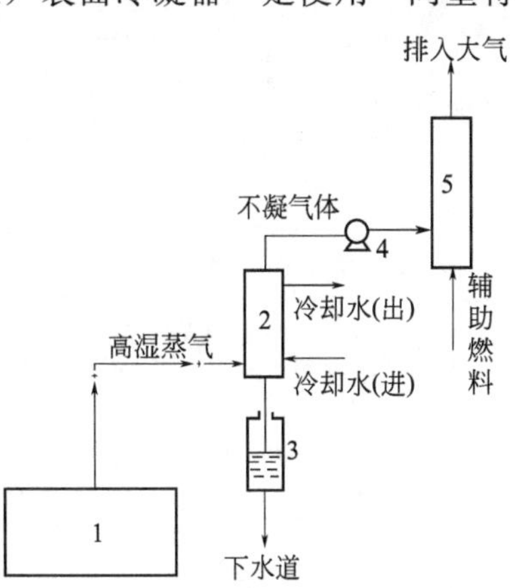

图 3-27 间接冷凝流程

1—真空干燥炉；2—冷凝器；3—冷凝液贮槽；4—风机；5—燃烧净化炉

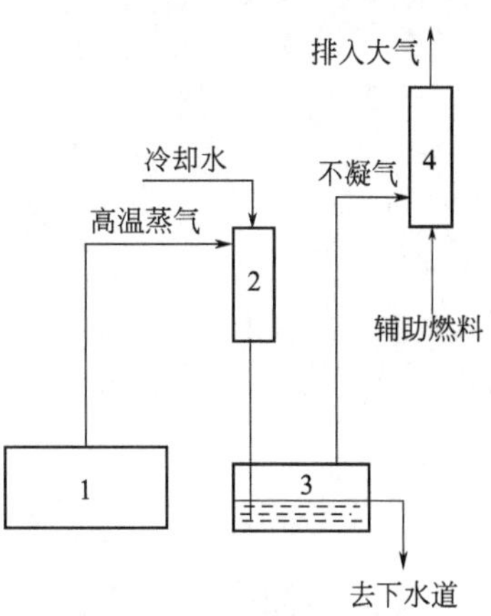

图 3-28 直接冷凝流程

1—真空干燥炉；2—接触冷凝器；3—热水池；4—燃烧净化炉

废气中的热量移除，使其冷却。列管式冷凝器、喷洒式蛇管冷凝器等均属这类设备。使用这类设备可回收被冷凝组分，但冷却效率较差。

(2) 接触冷凝器 将冷却介质（通常采用冷水）与废气直接接触进行换热的设备。冷却介质不仅可以降低废气温度，而且可以溶解有害组分。喷淋塔、填料塔、板式塔、喷射塔等均属这类设备。使用这类设备冷却效果好，但冷凝物质不易回收，且对排水要进行适当处理。

根据所用设备的不同，冷凝流程也分为直接冷凝流程与间接冷凝流程两种。图 3-27 为间接冷凝流程；图 3-28 为直接冷凝流程。

参 考 文 献

[1] 张殿印，王纯主编. 除尘器手册. 北京：化学工业出版社，2005.

[2] 王纯，张殿印. 除尘设备手册. 北京：化学工业出版社，2009.

[3] 周迟骏. 环境工程设备设计手册. 北京：化学工业出版社，2009.

[4] 熊振湖. 大气污染防治技术及工程应用. 北京：机械工业出版社，2003.

[5] 大野长太郎著. 除尘、收尘理论与实践. 单文昌译. 北京：科学技术文献出版社，1982.

[6] 刘天齐. 三废处理工程技术手册·废气卷. 北京：化学工业出版社，1999.

[7] 李家瑞. 工业企业环境保护. 北京：冶金工业出版社，1992.

[8] 张殿印，陈康. 环境工程入门. 第二版. 北京：冶金工业出版社，1999.

[9] 刘景良主编. 大气污染控制工程. 北京：中国轻工业出版社，2002.

第四章 颗粒污染物的分类及性质

第一节 颗粒污染物的分类

在人类赖以生存的大气环境中，悬浮着各种各样的颗粒物质，这些颗粒物质以液态、固态或黏附在其他悬浮颗粒上等形式进入大气环境，其中大多数悬浮颗粒物会危害人体健康。通常可从不同的角度对这些颗粒污染物进行分类。

一、根据颗粒污染物来源分类

根据颗粒污染物进入大气环境的途径，可将其分为自然性颗粒污染物、生活性颗粒污染物及生产性颗粒污染物。

(1) 自然性颗粒污染物　自然性颗粒污染物即自然环境中依自然界的力量进入大气环境中的颗粒污染物质。例如风力扬尘、火山喷发、森林矿产煤层自燃及植物花粉等。人类应对防止自然性颗粒污染物对环境造成的危害具有足够的思想准备。防止自然性颗粒污染物对人类造成的危害，必须依靠社会的总体筹划，应建立对自然性颗粒污染物的监控体系及控制方案，增加统筹规划力度。

(2) 生活性颗粒污染物　生活性颗粒污染物即人类在日常生活过程中因具体活动而释放入大气环境的颗粒污染物。例如打扫卫生、制作食品、燃烧取暖、焚烧垃圾及使用喷雾剂等。对不同性质的人类活动，可采取相应的预防措施，例如对汽车尾气、燃煤、焚烧垃圾等建立必要的、系统的控制规划及标准。

(3) 生产性颗粒污染物　生产性颗粒污染物是人类在生产过程中释放入大气环境的颗粒污染物，一般称之为粉尘。除尘这一概念最早是针对控制生产性颗粒污染物提出的，现在这一概念普遍适用于所有颗粒污染物质的控制。控制生产性颗粒污染物（即粉尘）对环境造成的污染是本章论述的重点。人类在控制生产性颗粒污染物的实践活动中，获得了对大多数生产性颗粒污染物质的认识，建立了一套比较完善的防治科学体系。

许多工业部门在生产过程中，释放出大量的生产性颗粒污染物，其中以电站锅炉、工业与民用锅炉、冶金工业、建材工业等最为严重。

各种工业生产排放出的颗粒污染物质的特性取决于生产工艺本身。表 4-1 列出了工业生产污染源排出的颗粒污染物质的性质。这些数据对于除尘系统的设计、设备的选择是重要的原始数据，可供参考。

二、根据气溶胶的概念分类

粒径为 0.001～100μm 的悬浮颗粒物统称为气溶胶。根据气溶胶的概念，除第一章第三节描述的颗粒污染物中的总悬浮颗粒、粉尘、飞灰、液滴、轻雾、烟、重雾、飘尘、降尘、霾之外，还有以下颗粒污染物。

(1) 尘粒　在气相介质中大于 75μm 的颗粒物称为尘粒。

表 4-1 工业生产污染源排出颗粒污染物的特性①

名称	粉尘			气体		可供选用的控制设备⑦
	粒度②	设备出口含尘量/(g/m^3)	化学成分③	气流量④	化学成分⑤	
一、电站锅炉						
1.燃煤（粉煤炉）	81<40μm，65<20μm，42<10μm，25<5μm（随设备型式而异）	0.45～12.8（取决于设备型式）	飞灰：SiO_2 17～64 Fe_2O_3 2～36 Al_2O_3 9～50 CaO 0.1～22 MgO 0.1～5 Na_2O 0.2～4	①1.25～15.8 ②9.94～18.21	CO_2，O_2，N_2，SO_2，SO_3及NO_x	
2.燃油	90<1μm	0.023～0.045	碳，飞灰，NiO，V_2O_3 Al_2O_3、硫及微量元素	①1.33～351.2 ②9.86～22.1	CO_2，O_2，N_2，SO_2，SO_3及NO_x	
二、工业窑						
1.水泥						
①回转窑	中位径 8.5μm σ=4.1	干法 2.3～39⑥ 湿法 2.3～32.2⑥	CaO 39～50 SiO_2 9～19 Fe_2O_3 2～11 Al_2O_3 2～8 K_2O+Na_2O 0.9～8 MgO 1.3～2.5	干法： ①0.96～8.5⑥ ②2.7～17.4⑥ 湿法： ①2.0～12.6⑥ ②4.7～16.1⑥	典型分析为 CO_2 17～25 O_2 1～4 CO_2 0～2 N_2 75～80	MC,EP MC,EP
②竖窑		1.84		2.08⑥		MC,EP
2.石灰						
①回转窑	中位径 44μm σ=13.7	4.6～512.9	$CaCO_3$ 23～61 CaO 6～66 Na_2CO_3 1～4 $MgCO_2$ 1～19 Fe_2O_3 3 Al_2O_3 3	1.6～5.8⑥	CO_2，O_2，N_2，H_2O，SO_2	MC,EP FF,WS
②竖窑	10<10μm，50<30μm（一座窑）	0.69～2.3		0.95⑥		
3.铝矾土（回转窑）	25～40 <10μm	5.06⑥	Al_2O_3<99 SiO_2 0.005～0.015 Fe_2O_3 0.005～0.02 Na_2O 0.04～0.80	0.84⑥	CO_2，O_2，N_2，H_2O，SO_2	MC,EP
4.镁砂（回转窑）	50<10μm（一座窑）					MC,EP
5.锌矿（回转窑）		13.11～39.79⑥		0.13～0.21⑥		MC,EP
6.镍矿（回转窑）		27.6		0.75⑥		MC,EP
三、干燥窑						
1.回转窑						
①水泥	40～70 <10μm	29.9～91.5		0.74～1.8⑥		EP,MC,FF
②磷酸盐岩石		17.55	典型成分 P_2O_5 32.5 SiO_2 11.0 Al_2O_3 2.0 MgO 0.7 CaO 45.5 Fe_2O_3 0.8		CO_2，O_2，N_2，H_2O，SO_2	WS
③二氧化钛	0.5～1μm	2.3～11.44				WS

续表

名　称	粉　尘			气　体		可供选用的控制设备⑦
	粒度②	设备出口含尘量/(g/m^3)	化学成分③	气流量④	化学成分⑤	
④硝酸铵	粗而不稳定的聚合物					WS
⑤肥料（过磷酸盐）	中位径 8.5μm $\sigma=6.3$	1.60～9.15	肥料：氟化物，Ca，Mg，P，Fe 及 Al 的成分	0.47（一台设备）	氟化物，NH_3，SO_2，CO_2，N_2，O_2	WS
⑥沥青石（热混合料铺路）	中位径 17.8μm $\sigma=5.1$	45.76～160	石尘，飞灰，烟炱，未燃烧的油	①0.22～1.3 ②0.11～0.69	CO_2，NO_x，N_2，O_2，CO，SO_2	
⑦铝矾土		45.76～91.5		0.31～4.25⑥		EP，MC
⑧硅藻土		4.35		0.5⑥		EP
⑨石灰	中位径 7μm $\sigma=9.7$	9.84～25.2		0.42⑥		MC，WS
⑩白云石		14～68.56		1.02～1.22⑥		MC，WS
⑪黏土				0.67		MC
⑫煤			煤尘，飞灰	0.57～3.82	CO_2，N_2，O_2，CO，SO_2	MC
2. 喷雾干燥去污粉	50<40μm	6.86				MC
四、烧结机						
1. 铁矿	中位径 100μm $\sigma=5.4$	0.46～11.44	Fe_2O_3 45～50 SiO_2 3～15 CaO 7～25 MgO 1～10 Al_2O_3 2～8 C 0.5～5 S 0～2.5，氟	①0.85～13.03 ②4.19～6.51⑥	O_2 10～20，CO_2 4～10，CO 0.6 SO_2 0～0.4，N_2 64～86，氟	MC，EP
2. 铅矿		1.99～15.1	Pb 40～65 Zn 10～20 S 8～12	①3.96 ②3.68（一台设备）	O_2，N_2，CO_2，CO，H_2O，SO_2	WS，MC
3. 锌矿	100<10μm	1～11.44	Zn 5～18，Pb 45～55，Cd 2～8，S 8～13	3.96	O_2，N_2，CO_2，CO，H_2O，SO_2	
五、焙烧炉						
1. 铜矿		15.1	Cu 9，S 10，Fe 26	①0.13 ②1.34	O_2，N_2，CO_2，SO_2	MC，EP，WS
2. 锌矿						
①Ropp 炉				0.7～0.85	O_2，N_2，CO_2，SO_2，H_2O	MC
②多膛炉				0.14～0.17	O_2，N_2，CO_2，SO_2，H_2O	MC
③悬浮法				0.28～0.42	O_2，N_2，CO_2，SO_2，H_2O	MC
④流化床				0.17～0.28	O_2，N_2，CO_2，SO_2，H_2O	MC
3. 黄铁矿		1.14～2.29⑥		0.18～0.22⑥		

续表

名称	粉尘			气体		可供选用的控制设备[⑦]
	粒度[②]	设备出口含尘量/(g/m^3)	化学成分[③]	气流量[④]	化学成分[⑤]	
六、冶金炉						
1. 高炉						
①铁矿	15～90<74μm	9.15～68.6	Fe 36～50 FeO 12～47 SiO_2 8～30 Al_2O_3 2～15 MgO 0.2～5 C 3.5～15 CaO 3.8～28 Mn 0.5～1.0 P 0.03～0.2 S 0.2～0.4	(a)1.13～3.96 (b)1.7～3.9	CO 21～42（平均26） CO_2 7～19，（平均18） H_2 1.7～5.7（平均3.1） CH_4 0.2～2.3 N_2 50～60	MC，WS，EP
②铅	0.03～0.3μm	4.6～15.1	PbO，ZnO，CdO， Pb_3O_4，焦炭尘	(a)0.17～5.38 (b)5.1	典型分析： CO_2 4.7， O_2 15， CO 1.3， SO_2 0.14，N_2 其余部分	
③铜		15.1	Cu 4.4，Zn 12.5 S 7.3	(a)0.6 (b)2.17		
④二次铅		4.6～27.46		0.06	CO_2，O_2，CO，N_2，SO_2	MC，WS
⑤锰铁	80<1μm	10.3～38.9	Mn 15～25 Fe 0.3～0.5 Na_2O+K_2O 8～15 SiO_2 9～19 Al_2O_3 3～11 CaO 8～15 MgO 4～6 S 5～7 C 1～2	1.7～3.8	CO，CO_2，N_2，H_2，SO_2	EP，SA，WS
⑥锡矿		4.83～6.86[⑥]		(a)0.06～0.16[⑥]		MC，EP
⑦锑矿		3.66[⑥]		(b)0.10[⑥]		MC，EP
2. 平炉						
①炼钢（不吹氧）	50<1μm	0.23～8.08	Fe_2O_3 85～90，以及SiO_2，Al_2O_3，CaO，MnO及S	0.71～2.83	CO_2 8～9， O_2 8～9， N_2其余部分 少量SO_2，SO_3及NO_x	WS，EP
②炼钢（吹氧）	69<10μm	0.46～16.01	类似于不吹氧	(a)1.27～5.66	类似于不吹氧	WS，EP
3. 氧气转炉（炼钢）	85～95<1μm	4.58～22.88	Fe_2O_3 90，FeO 1.5，以及SiO_2，Al_2O_3及MgO	(b)0.99～7.08[⑥]	CO_2，CO，N_2，O_2	WS，EP
4. 电炉						
①炼钢（不吹氧）	84<10μm	0.23～5.03	Fe_2O_3 19～44 FeO 4～10 Cr_2O_3 0～12 SiO_2 2～9 Al_2O_3 1～13 CaO 5～22 MgO 2～15 ZnO 0～44 MnO 3～12，以及少量CuO，NiO，PbO及C等	0.28～2.83	CO_2， CO，O_2， N_2	WS，EP，FF

续表

名　称	粉尘			气体		可供选用的控制设备⑦
	粒度②	设备出口含尘量/(g/m³)	化学成分③	气流量④	化学成分⑤	
②炼钢(吹氧)		2.3～22.88	类似于不吹氧	0.28～2.83	CO_2,O_2,CO,N_2	WS,EP,FF
③铁合金	0.01～4μm	0.46～68.6	SiO_2,FeO,MgO,CaO,MnO,Al_2O_3 及 K_2O	0.312～1.7	CO_2,CO,H_2,N_2,CH_4	WS,FF,EP
5.反射炉						
①铜		2.3～11.4	Cu,Zn 及 S	(a)0.71～1.7 (b)2.01	O_2 5～6,CO_2 10～17,N_2 72～76,CO 0～0.2,SO_2 1～2	MC
②铅		0.322～10.06		(a)0.03～0.08 (b)0.1～0.5		MC
③黄铜	0.05～0.5μm	2.3～18.3		(a)0.16～0.5		WS,FF
④二次炼铅	0.07～0.4μm	2.3～13.73	PbO,SnO 和 ZnO	(b)0.09		WS,FF
⑤二次炼锌		0.46～2.3	$ZnCl_2$,ZnO,NH_4Cl,Al_2O_3 及 Mg,Sn,Ni,Si,Ca,Na 的氧化物	(a)0.2～0.23 (b)11.3～22.66	典型: CO_2 2.4, H_2O 4.5, N_2 76.6, O_2 15.8	
⑥二次炼铝	31<10μm	0.27～1.37		(a)0.03～0.25 (b)0.003	典型: CO_2 6.8 O_2 8.6 CO 0.02 N_2 77.3 H_2O 7.3 SO_2痕量	FF
七、破碎和磨碎						
1.破碎铁矿	0.5～100μm	11.44～57.2			空气	WS
2.水泥磨		51.29		0.4	空气	EP
3.石灰石		2.52～2.97	石灰石	0.52	空气	

① 均指未控制的排出物。

② 用中位径及标准偏差 σ 表示；或用小于或大于某一粒径的质量分数（%）表示，如 $x<y$，或 $x>y$，其中 x 为质量分数（%），y 为粒径（m）。

③ 化学成分用质量分数（%）表示。

④ 气流量用两种形式表示：(a) $10^3m^3/min$；(b) $10^3m^3/t$（产品）。

⑤ 化学成分用体积分数（%）表示。

⑥ 工况气体的体积。

⑦ MC—机械除尘器；EP—电除尘器；FF—袋式除尘器；WS—湿式除尘器；SA—声波凝聚器。

（2）超微粉尘（烟尘）　在气相介质中，粒径小于 1μm 的固体颗粒物称为超微粉尘，也称为烟尘，通常因物理化学过程而产生。例如在冶金、燃烧、金属焊接等过程中，由升华及冷凝而产生的细小颗粒物质。

（3）雾珠　在气相介质中，分散质小于 10μm 的液体悬浮物，称为雾珠。

（4）雾　气温下降时，在接近地面的空气中，水蒸气凝结成的悬浮的微小水滴。

（5）煤尘　在煤炭开采、运输、储存和加工过程中产生的飞逸到大气的固体颗粒。

（6）排烟　伴随燃料和其他物质的燃烧，物质的合成、分解以及其他加工过程（非机械加工过程）所发生的含有煤尘、硫氧化物、氮氧化物等有害物的气体的排放称为排烟。

（7）化学烟雾　化学烟雾是指某些物质经化学反应所形成的一类气溶胶，如硫酸烟雾及光化学烟雾等。

（8）硫酸烟雾　大气中二氧化硫或其他硫化物在高湿气象条件下经化学作用所发生的烟雾称为硫酸烟雾，又称伦敦型化学烟雾。

（9）光化学烟雾　大气中的氮氧化物与烃类化合物（如汽车尾气、工业含氮氧化物和烃类化合物的废气）经光化学作用而再生的二次污染物（烟雾）称为光化学烟雾，又称为洛杉矶型烟雾。

第二节　颗粒污染物的性质

除尘系统的设计和运行操作，在很大程度上取决于粉尘的理化性质和气体的基本参数是否选取得恰到好处。粉尘的许多物理性质都与除尘过程有着密切关系，重要的是要充分利用对除尘过程有利的粉尘物理性质，或采取某些措施改变对除尘过程不利的粉尘物理性质，由此可以大大提高通风除尘的效果，保证设备可靠运行。充分了解颗粒污染物的性质是研究除尘器除尘机制和特性，正确设计、选择和使用除尘器的重要基础。为了研究颗粒污染物的控制方法，首先应了解掌握颗粒污染物的一般物理性质。这里仅就除尘器技术中常见的生产性颗粒污染物（粉尘）的性质做扼要介绍。

一、粉尘密度

单位体积粉尘的质量称为粉尘的密度，单位为 g/cm^3 或 t/m^3。粉尘的密度分真密度和堆积密度。若定义中所指的单位体积不包括粉尘颗粒之间的空隙和粉尘颗粒体内部的空隙，则称为真密度，通常以符号 ρ_p 表示；若定义中所指的体积包括颗粒内部空隙和颗粒之间的空隙，则称为堆积密度，以符号 ρ_b 表示。堆积密度与真密度之间可用下式换算：

$$\rho_b=(1-\varepsilon)\rho_p \tag{4-1}$$

式中的 ε 称为空隙率，是指粉尘粒子间的空隙体积与堆积粉尘的总体积之比。

粉尘的真密度在除尘工程中有广泛用途。许多除尘设备的选择不仅要考虑粉尘的粒度大小，而且要考虑粉尘的真密度。例如，对于颗粒粗、真密度大的粉尘可以选用沉降室或旋风除尘器，而对于真密度小的粉尘，即使颗粒粗也不宜采用这种类型的除尘设备。粉尘的堆积密度应用在灰斗的容积确定等方面。

二、粉尘粒径和粒径分布

（一）粉尘粒径

粒径一般指粒子的大小。有时也笼统地包括与粒径有关的性质和形状，就是说，包括粒子的性质、形状在内的粒度通称分散度，亦叫粒度。

以气溶胶状态存在的粒子，其粒径一般在 100μm 以下，当粒径大于 100μm 时，粒子沉降速度较快，在空气中悬浮是暂时的，时间很短。

在悬浮粒状污染物质中，通常把 10μm 以下的粒子作为研究对象。其主要原因是悬浮粒子从呼吸道侵入肺泡并沉积在肺泡内的粒径以 1μm 左右的粒子沉积率最高；以重量浓度作标准浓度时，粒径大于 10μm 的粒子在空气中的悬浮时间非常短。

大气中的悬浮粒状物质在 4μm 粒径附近和 1μm 粒径以下出现浓度峰值，实际上 1μm

以下的粒子占绝大多数。因为1μm以下的微粒除了粒子间相互碰撞和凝聚而生成比原粒径大的粒子，在重力作用下沉降以外，其余的粒子在空气中仍随气流悬浮。

粒子的形状有球形、结晶状、片状、块状、针状、链状等，但除了研究气溶胶的凝聚之外，都将其看作球形。但实际上，除霭一类微小液滴以外，很难见到球形粒子。固体气溶胶粒子的形状几乎都是不规则的。测定这种不规则的固体粒子，一般是用适当的方法测定该粒子的代表性尺寸，并作为粒径来表示粒子的大小。测定方法有下面几种。

1. 统计粒径[1,2]

统计粒径也叫做显微镜粒径。是用显微镜测定粒径时常用的方法。粒径大小是根据对应规律测量出粒子的投影后，用一维投影值或当量直径表示。图 4-1 是测定粒径的方法的实例。图 4-1(a) 为定向等分直径（马丁直径），是沿一定方向将粒子投影面积二等分的线段长度。图 4-1(b) 为定向直径（格林直径），是在两平行线间的粒子投影宽度。表 4-2 列出各种统计粒径。

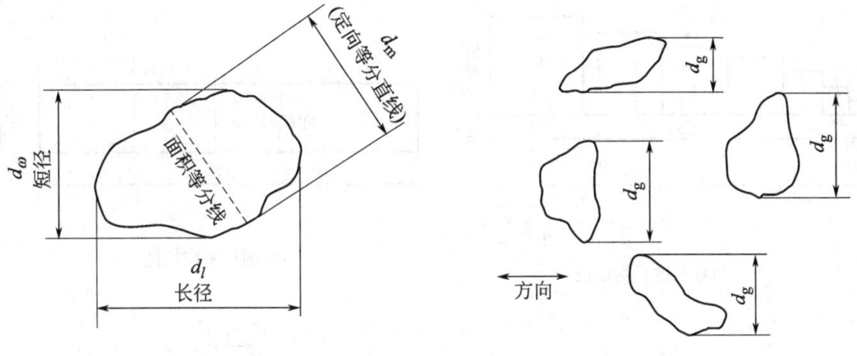

图 4-1　粒径表示法

表 4-2　统计粒径

名　称	符 号	计 算 式	名　称	符 号	计 算 式
长径	d_l	l	体积平均直径	d_V	$3l\omega h(l\omega+\omega h+hl)^{-1}$
短径	d_ω	ω	外切矩形当量直径	$d_{l\omega}$	$(l\omega)^{\frac{1}{2}}$
定向直径	d_g	$l-\omega$	正方形当量直径	d_f	$(f)^{\frac{1}{2}}$
定向等分直径	d_m	$l-\omega$	圆形当量直径	d_c	$(4f/\pi)^{\frac{1}{2}}$
二轴平均直径	$d_{l+\omega}$	$(l+\omega)/2$	长方形当量直径	$d_{l\omega h}$	$(l\omega h)^{\frac{1}{3}}$
三轴平均直径	$d_{l+\omega+h}$	$(l+\omega+h)/3$	圆柱形当量直径	d_{ft}	$(ft)^{\frac{1}{3}}$
当量平均直径	d_h	$3[(1/l)+(1/\omega)+(1/h)]^{-1}$	立方体当量直径	d_V	$(V)^{\frac{1}{3}}$
表面积平均直径	d_o	$[(2l\omega+2\omega h)+2hl)/6]^{\frac{1}{2}}$	球体当量直径	d_b	$(6V/\pi)^{\frac{1}{3}}$

注：l 为长轴，ω 为短轴，h 为高度，t 为厚度，f 为投影面积，V 为体积。

2. 平均粒径

平均粒径是根据粒径的频数分布计算得到的，如表 4-3 所列。图 4-2 给出平均粒径的几何关系。

3. 沉降粒径

沉降粒径也叫斯托克斯直径，是测定粒子沉降速度 v 之后按下式求出的：

$$d_p=\sqrt{\frac{18\mu v}{(\rho_p-\rho)q}} \tag{4-2}$$

式中，ρ_p 为粒子的密度，ρ 为空气的密度，μ 为空气的黏滞系数。表 4-4 列出若干种粉尘和烟雾的粒径。

表 4-3 各种平均粒径

序号	名 称	公 式	记号	序号	名 称	公 式	记号
1	算术平均直径	$\sum(nd)/\sum n$	$d_l d_o$	7	平均面积直径	$(\sum nd^2/\sum n)^{\frac{1}{2}}$	$d_5 d_s$
2	几何平均直径	$(d_1^n d_2^{n2} \cdots d_n^{nn})^{1/n}$	d_g	8	平均体积直径	$(\sum nd^3/\sum n)^{\frac{1}{3}}$	$d_6 d_v$
3	当量平均直径	$\sum n/\sum(n/d)$	d_h	9	从数直径	最频值	d_{mod}
4	长度平均直径	$\sum nd^2/\sum nd$	$d_2 d_p$	10	中位数直径	累计中心值	d_{med}
5	体面积平均直径	$\sum nd^3/\sum nd^2$	$d_3 d_r$	11	比表面积直径	$k/\rho_{s_{10}}$	d_{s_p}
6	重量平均直径	$\sum nd^4/\sum nd^3$	$d_4 d_w$				

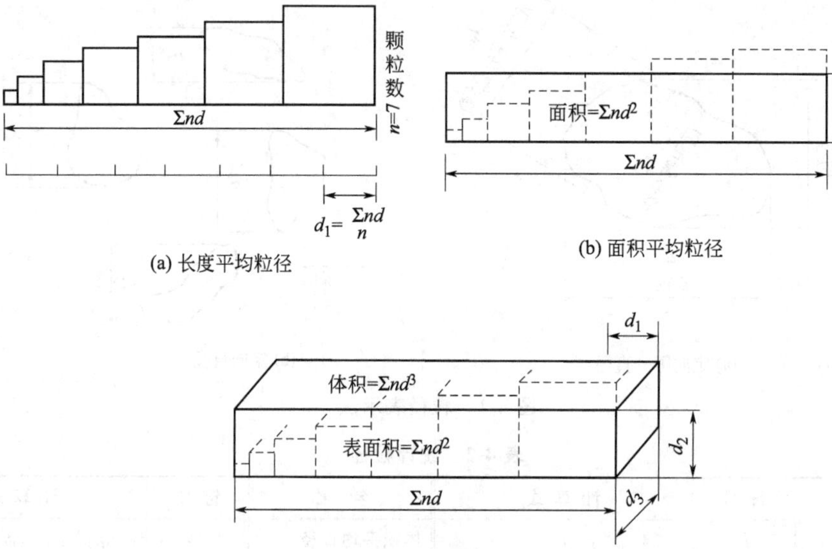

(c) 体积平均粒径

图 4-2 平均粒径的几何关系（$n=7$ 的情况）

表 4-4 各种粉尘和烟雾粒径实例

类 别	种 类	粒 径/μm	类 别	种 类	粒 径/μm
粉尘	型砂	2000～200	凝结固体烟雾	金属精炼烟雾	100～0.1
	肥料用石灰	800～30		NH_4Cl 烟雾	2～0.1
	浮选尾矿	400～20		碱烟雾	2～0.1
	粉煤	400～10		氧化锌烟雾	0.3～0.03
	浮选用粉碎硫化矿	200～4	烟	油烟	1.0～0.03
	铸造厂悬浮粉尘	200～1		树脂烟	1.0～0.01
	水泥粉	150～1		香烟烟	0.15～0.01
	烟灰	80～3		碳烟	0.2～0.01
	面粉厂尘埃	20～15	霭	硫酸霭	10～1
	谷物提升机内尘埃	15		SO_3 霭	3～0.5
	滑石粉	10	雾	雾	40～1
	石墨矿粉尘	10		露	500～40
	水泥工厂窑炉排气粉尘	10		雨滴	5000～0.01
	颜料粉	8～1			
	静止大气中的尘埃	1.0～0.01			

4. 空气动力直径

在空气中，与颗粒有相同沉降速度，且密度为 $10kg/m^3$ 的圆球体直径称为空气动力学直径。国家标准中，对总悬浮颗粒物和可吸入颗粒物的粒径都指的是空气动力当量直径。

5. 中位径

在粒径累积分布中，将颗粒大小分为两个相等部分的中间界限直径。按质量将颗粒从大至小排列，其筛上累积量 $R=50\%$ 时的那个界限直径就是质量中位径（此时筛下率 $D=50\%$），标为 d_{m50}；按颗粒个数依小到大排列，将其分布线分为个数相等的两个部分时所对应的中界粒径叫作计数中位径，标为 d_{n50}。在平时，工程技术中最常用的是质量分布线，并以质量中位径为代表径，简单地标为 d_{50}。由于众数直径是指颗粒出现最多的粒度值，即相对百分率曲线（频率曲线）的最高峰值；d_{50} 将相对百分率曲线下的面积等分为二；则 Δd_{50} 是指众数直径即最高峰的半高宽，如图 4-3 所示。

6. 最高频率径

出现频率最高的粒径，标为 d_{modc}，在频度分布曲线上出现的峰值（见图 4-3）[11]。

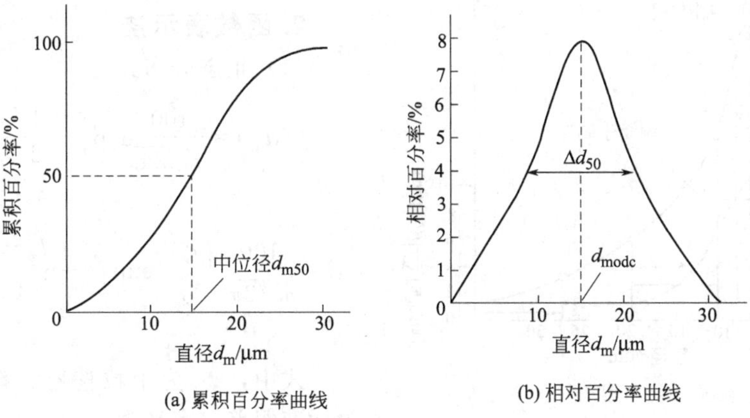

图 4-3　粒径分布曲线

（二）粒径分布

在除尘技术和气溶胶力学中将粉尘颗粒的粒径分布称分散度。在粉体材料工程中用分散度表示颗粒物的粉碎程度，也叫粒度。这里的颗粒是指通常操作和分散条件下，颗粒物质不可再分的最基本单元。实际中遇到的粉尘和粉料大多是包含大小不同粒径的多分散性颗粒系统。在不同粒径区间内，粉尘所含个数（或质量）的百分率就是该粉尘的计数（或计重）粒径分布。粒径分布在数值上又分微分型和积分型两种，前者称频率分布，后者称累积分布。

粒径分布的表示方法有列表法、图示法和函数法等。函数法通常用正态分布函数式、对数正态分布函数式和罗辛-拉姆勒分布式三种。在实际应用中列表法最常见，一般是按粒径区间测量出粉尘数量分布关系，然后作图寻求粉尘粒径分布，或通过统计计算整理出粉尘的粒径分布函数式。

1. 列表图示方法[2]

（1）频数分布 ΔR，如图 4-4 所示，粒径 $d\sim d+\Delta d$ 之间的粉尘质量（或个数）占粉尘试样总质量（或总个数）的百分数 ΔR（%），称为粉尘的频数分布，由直测得到数值，用圆圈依次标示。

(2) 频率分布 f，指粉尘中某粒径的粒子质量（或个数）占其试样总质量（或个数）的百分数 f（%/μm）

$$f=\frac{\Delta R}{\Delta d} \tag{4-3}$$

(3) 筛上累积（率）分布 R，指大于某一粒径 d 的所有粒子质量（或个数）占粉尘试样总质量（或个数）百分数，即

$$R=\sum_{d}^{d_{\max}}\left|\frac{\Delta R}{\Delta d}\right|\Delta d \tag{4-4}$$

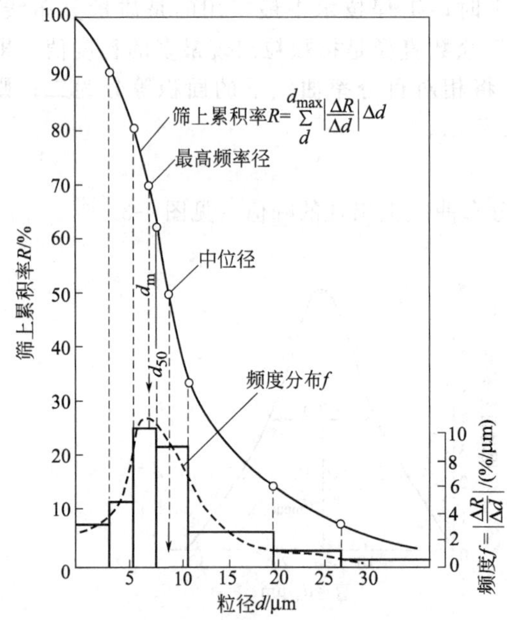

图 4-4 粒径频度和累积筛上率分布

或者 $R=\int_{d}^{d_{\max}} f\mathrm{d}d=\int_{x}^{\infty} f\mathrm{d}d$ (4-5)

反之，将小于某一粒径 d 的所有粒子质量或个数占粉尘试样总质量（或个数）的百分数称为筛下累积分布，因而有

$$D=100-R \tag{4-6}$$

图 4-4 中有关数据由表 4-5 展示。

2. 函数表示法

(1) 正态分布式

$$f(d_{\mathrm{p}})=\frac{100}{\sigma\sqrt{2\pi}}\exp\left[-\frac{1}{2}\frac{(d_{\mathrm{p}}-\overline{d}_{\mathrm{p}})^2}{\sigma^2}\right] \tag{4-7}$$

$$R=\frac{100}{\sigma\sqrt{2\pi}}\int_{d_{\mathrm{p}}}^{d_{\mathrm{p}}^{\max}}\exp\left[-\frac{(d_{\mathrm{p}}-\overline{d}_{\mathrm{p}})^2}{2\sigma^2}\right]\mathrm{d}(d_{\mathrm{p}}) \tag{4-8}$$

式中，$\overline{d}_{\mathrm{p}}$ 为尘粒直径的算术平均值；σ 为标准偏差，定义为：

$$\sigma^2=\frac{\sum(d_{\mathrm{p}}-\overline{d}_{\mathrm{p}})^2}{N-1} \tag{4-9}$$

式中，N 为尘粒个数。

表 4-5 粒径分布列表举例

粒径范围/μm	0	3.5	5.5	7.5	10.8	19.0	27.0	43.0
粒径幅度 Δd/μm	3.5	2	2	3.3	8.2	8	16	
频数 ΔR/%(实测值)	10	9	20	28	19	8	6	
频度 $f=\frac{\Delta R}{\Delta d}$	2.86	4.5	10	8.5	2.3	1	0.38	
筛下累积率 D/%	0	10	19	39	67	86	94	100
筛上累积率 R/%	100	90	81	61	33	14	6	0
平均粒径 d/μm	1.75	4.50	6.50	9.15	14.9	23	35	

这是最简单的一种粒径分布形式，特点是对称于粒径的算术平均直径，其与中位径、最大频率径相吻合。但实测结果表明，通风除尘技术所遇到的粉尘，是细粒成分多，并不完全符合正态分布式，而是更适合对数正态分布或罗氏分布。

(2) 对数正态分布式

$$f(d_p)=\frac{100}{\sigma_g\sqrt{2\pi}}\exp\left[-\frac{1}{2}\left(\frac{d_p-\lg\overline{d}_g}{\sigma_g}\right)^2\right] \tag{4-10}$$

式中，$\overline{d}_g$ 为尘粒直径的几何平均值；σ_g 为几何标准偏差，它表示分布曲线的形状，σ_g 越大，则粒径分布越分散；相反，σ_g 越小，粒径分布越集中。

$$\sigma_g^2=\frac{\sum(\lg d_p-\lg\overline{d}_p)^2}{N-1} \tag{4-11}$$

用累积筛余率 R 表示该种分布关系为

$$R=100\int\frac{1}{\sqrt{2\pi}\lg\sigma_g}e^{\frac{(\lg d-\lg d_{50})^2}{2(\lg\sigma_g)^2}}d(\lg d) \tag{4-12}$$

(3) 罗辛-拉姆勒分布式

$$f(d_p)=100nbd_p^{n-1}\exp(-bd_p^n) \tag{4-13}$$

或按累积筛余率表示为：

$$R=100\exp(-bd_p^n) \tag{4-14}$$

式中，b 为常数，表示粒径范围（粗粒）相关值，值越大，颗粒越细；n 为常数，亦叫分布指数，值越大，分布域越窄。

该分布式主要针对机械研磨过程中产生的粉尘而用，自 1933 年德国的罗辛等归纳提出后至今，应用相继扩大，尤其在德国和日本等国，应用较普遍。

为了方便，以上三种分布式都可在与各自分布函数相对应的特制概率值（即正态概率值、对数正态概率值和 R-R 坐标值）上表示。如果粉尘的粒径分布服从这种分布方式，其累积筛上率 R 或累积筛下率 D 在坐标值上即呈直线。

3. 工业粉尘粒径分布实例

表 4-6 是由资料中择取的一些工业粉尘的粒径分布实例。

由几个特征值即可知其粒径粗细和分布集中程度。

表 4-6　几种工业粉尘粒径分布特性

粉尘发生源		中位径 $d_{50}/\mu m$	粒径为 10μm 时筛下累积率 $D_{10}/\%$	粒径分布指数 n
炼钢电炉	吹氧期	0.11	100	0.50
	熔化期	2.00	88	0.7～3.0
重油燃烧烟尘		12.5	63～32	1.86
粉煤燃烧烟尘		13～40	40～5	1～2
化铁炉(铸造厂)		17	25	1.75
研磨粉尘(铸造厂)		40	11	7.25

（三）粒径的测定[2,6]

粒径是表征粉尘颗粒状态的重要参数。一个光滑圆球的直径能被精确地测定，而对通常碰到的非球形颗粒，精确地测定它的粒径则是困难的。事实上，粒径是测量方向与测量方法的函数。为表征颗粒大小，通常采用当量粒径。所谓当量粒径是指颗粒在某方面与同质的球体有相同特性的球体直径。相同颗粒，在不同条件下用不同方法测量，如图 4-5 所示，其粒径的结果是不同的。表 4-7 是颗粒粒径测定的一般方法。由这些方法制定的粒径分析仪器有数百种。用显微镜法测出的粒径如图 4-6 所示。不同的测定方法其结果会有差异，如图 4-7 所示。

表 4-7 粒径分布测定法一览表

分类	测定方法		测定范围	分布基准
筛分	筛分法		>40	计重
显微镜	光学显微镜		0.8～150	计数
	电子显微镜		0.001～5	计数
沉降	增量法	移液管法	0.5～60	计重
		光透过法	0.1～800	面积
		X射线法	0.1～100	面积
	累积法	沉降天平	0.5～60	计重
		沉降柱	<50	计重
流体分级	离心力法		5～100	计重
	串级冲击法		0.3～20	计重
光电	电感应法		0.6～800	体积
	激光测速法		0.5～15	计重、计数
	激光衍射法		0.5～1800	计重、计数

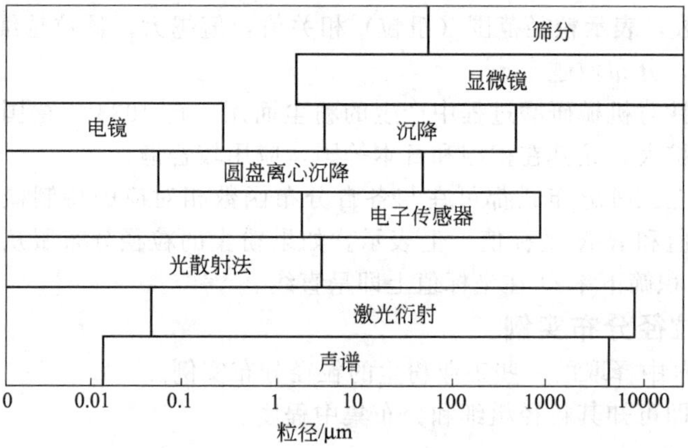

图 4-5 不同测试技术和测试范围

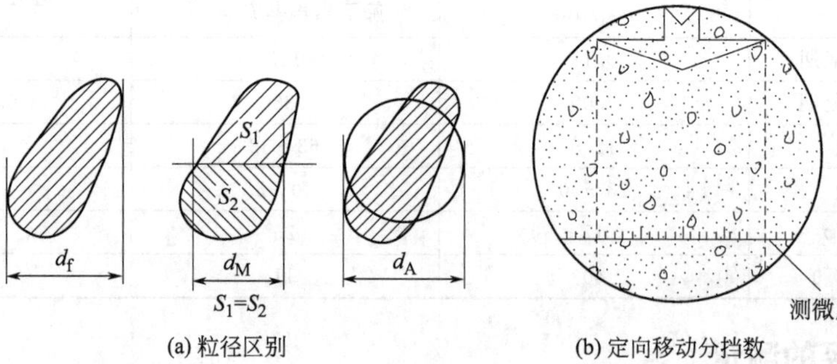

图 4-6 显微镜法测量粉尘粒径

d_f—定向径；d_M—面积等分径；

d_A—投影历程径；S_1、S_2—截面积

三、粉尘的物理性质

(一)粉尘的比表面

粉尘的比表面表示粒子群总体的细度，特别是微细粒子存在的程度的一种粒度特性值，

它往往与粉尘的润湿性和黏附性有关。

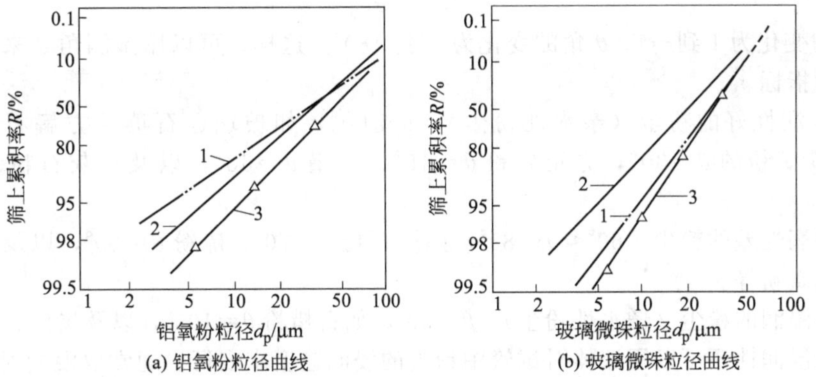

图 4-7 三种方法对几种粉尘粒径测试结果的对比

1—RS-1000 型仪器所测结果；2—巴柯仪测试结果；3—计数分析转换为质量比例关系的粒径测试结果

大部分工业烟尘的比表面积，粗粉尘为 1000cm^2/g，细烟尘一般为 10000cm^2/g。表 4-8 给出了几种粉尘的比表面积，它的范围是比较宽的。

表 4-8 几种粉尘的比表面积

粒子	刚生成的烟草灰	细飞灰	粗飞灰	水泥窑粉尘	细炭黑	细砂
中粒径 d_{50}/μm	0.6	5.0	25	13	0.03	500
比表面积 $a_{比}$/(cm^2/g)	100000	6000	1700	2400	1100000	50

（二）粉尘的浸润性

粉尘的浸润，是由于原来的固气界面被新的固液界面所代替而形成的。液体对固体表面的浸润程度，取决于液体分子对固体表面作用力的大小，而对同一粉尘尘粒来说，液体分子对尘粒表面的作用力又与液体的力学性质即表面张力的大小有关，表面张力越小的液体，它对粉尘粒子就越容易浸润。例如，酒精、煤油的表面张力小，对粉尘的浸润就比水好。各种不同粉尘对同一液体的亲和程度是不相同的，这种不同的亲和程度，称为粉尘的浸润性。例如，水对锅炉飞灰的浸润性要比对滑石粉大得多。

粉尘的浸润性还与粉尘的形状和大小有关。球形粒子的浸润性比不规则粒子要小，粉尘越细，亲水能力越差。例如，石英的亲水性好，但粉碎成粉末后亲水能力大为降低。

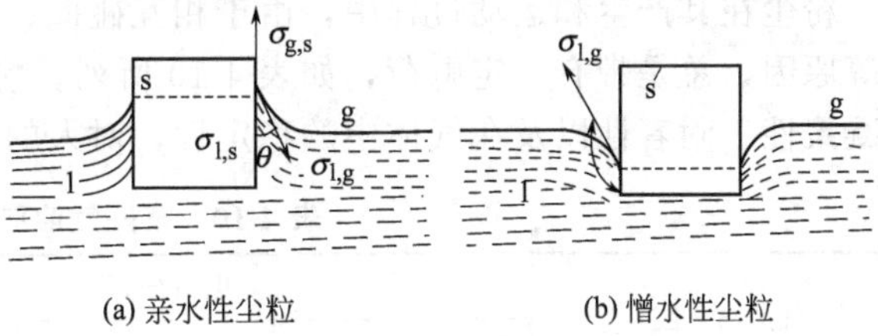

图 4-8 粉尘的浸润性

由于粉尘的浸润性不同，当其沉入水中时会出现两种不同的情况（见图 4-8）。粉尘湿润的周长（虚线）为水（l）、气（g）、固（s）三相相互作用的交界线。在此有三种力的作用：气与固的交界面的表面张力为 $\sigma_{g,s}$，气与水的交界面的表面张力为 $\sigma_{l,g}$，水与固的交界面的表面张力为 $\sigma_{l,s}$。这里 $\sigma_{l,s}$ 及 $\sigma_{g,s}$ 作用于尘粒的表面的平面内，而 $\sigma_{l,g}$ 作用于接触点的切线上，切线与尘粒表面的夹角 θ 称为湿润角或边界角。若忽略力及水的浮力作用，在形成平衡角 $\sigma_{l,g}$ 时，上述三力应处于平衡状态。平衡的条件为：

$$\sigma_{g,s}=\sigma_{l,s}+\sigma_{l,g}\cos\theta \tag{4-15}$$

由此可得：

$$\cos\theta=\frac{\sigma_{g,s}-\sigma_{l,s}}{\sigma_{l,g}} \tag{4-16}$$

$\cos\theta$ 的变化为 1 到 −1，θ 角的变化为 0°到 180°。这样，可以用湿润角 θ 来作为评定粉尘湿润性的指标。

（1）浸润性好的粉尘（亲水性粉尘） $\theta\leqslant 60°$，如玻璃、石英及方解石的湿润角 θ 为 0°，黄铁矿粉的 $\theta=30°$，方铅矿粉 $\theta=45°$，石墨 $\theta=60°$，以及石灰石粉、磨细石英粉等。

（2）浸润性差的粉尘 $60°<\theta<85°$，如滑石粉 $\theta=70°$，硫粉 $\theta=80°$，以及焦炭粉、经热处理无烟煤粉等。

（3）不浸润的粉尘（憎水性粉尘） $\theta>90°$，如石蜡粉 $\theta=105°$，以及炭黑、煤粉等。

粉体的浸润性还可以用液体对试管中粉尘的浸润速度来表征。通常取浸润时间为 20min（分），测出此时的浸润高度 L_{20}（mm），于是浸润速度 v_{20}（mm/min）为：

$$v_{20}=\frac{L_{20}}{20} \tag{4-17}$$

按 v_{20} 作为评定粉尘浸润性的指标，可将粉尘分为四类，见表 4-9。

表 4-9 粉尘对水的浸润性

粉尘类型	Ⅰ	Ⅱ	Ⅲ	Ⅳ
浸润性	绝对憎水	憎水	中等亲水	强亲水
v_{20}/(mm/min)	<0.5	0.5～2.5	2.5～8.0	>8.0
粉尘举例	石蜡、聚四氟乙烯、沥青	石墨、煤、硫	玻璃微球、石英	锅炉飞灰、钙

在除尘技术中，粉尘的浸润性是选用除尘设备的主要依据之一。对于浸润性好的亲水性粉尘（中等亲水、强亲水），可选用湿式除尘器。对于某些浸润性差（即浸润速度过慢）的憎水性粉尘，在采用湿式除尘器时，为了加速液体（水）对粉尘的浸润，往往要加入某些浸润剂（如皂角素等），以减少固液之间的表面张力，增加粉尘的亲水性。

（三）粉尘的荷电性及导电性

1. 粉尘的荷电性

粉尘在其产生和运动过程中，由于相互碰撞、摩擦和放射性照射，电晕放电及接触带电体等原因，总是带有一定电荷，如表 4-10 所列。粉尘荷电后，将改变粉尘的某些物理性质，如凝聚性、附着性以及在气体中的稳定性，对人的危害也同时增加。

表 4-10 某些气溶胶天然荷电

气 溶 胶	电荷分布/%			比电荷/(C/g)	
	正	负	中性	正	负
飞灰	31	26	43	6.3×10^{-6}	7.0×10^{-6}
石膏尘	41	50	9	5.3×10^{-10}	5.3×10^{-10}
熔铜炉尘	40	50	10	6.7×10^{-11}	1.3×10^{-10}
铅烟	25	25	50	1.0×10^{-12}	1.0×10^{-12}
实验室油烟	0	0	100	0	0

自然界中的粉尘可以带有电性（正电性或负电性），也可以是中性的。使粉尘带电的原因很多，诸如天然辐射、外界离子或电子附着于上、粉尘之间的摩擦等。此外粉尘在生成过

程中就可能已经带有电性，表 4-11 为几种粉尘生成后荷电的情况。由表 4-11 中可以看出，粉尘由于这种原因所荷的电，有的具有负电性，有的具有正电性，还有一部分是中性的，它取决于材料的化学成分和与其接触物质的性质。通常在干燥空气中，粉尘表面的最大荷电量约为 $2.7\times10^{-9}C/cm^2$ 或 1.6×10^{-10} 电子/cm^2，而粉尘由于自然产生的电量却仅为最大荷电量的很小一部分。

表 4-11　粉尘生成后的荷电情况

粉尘类别	生成方式	粒径/μm	尘粒极性所占百分数/%			尘粒荷电电子数	占最大荷电量的百分数/%
			正	负	中性		
烟草烟	燃烧	0.1～0.25	40	34	26	1～2	4.0
氧化镁	燃烧	0.8～1.5	44	42	14	8～12	3.7
硬脂酸	冷凝	0.2	2	2	96	20～40	19.8
氯化铵	冷凝	0.2	2	2	96	1	1.0
氯化铵	由酒精溶液喷雾分散	0.8～1.5	40	39	21	12～15	0.05

粉尘的电性对除尘有着很重要的影响，电除尘器就是专门利用粉尘的电性而除尘的。目前在其他除尘器（袋式除尘器、湿式除尘器）中也越来越多地利用粉尘的电性来提高对粉尘的捕集性能。然而粉尘的自然荷电由于具有两种极性，同时荷电量也很少，不能满足除尘的需要。因此为了达到捕集粉尘的目的，往往要利用外加的条件使粉尘荷电，其中最长用的是电晕放电。

2. 粉尘的比电阻

粉尘的导电性以电阻率表示，单位是 Ω·cm。粉尘的导电包括容积导电和表面导电。对电阻率高的粉尘，在较低温度下，主要是表面导电，在较高温度下，容积导电占主导地位。粉尘的电阻率仅是一种可以互相比较的表观电阻率，称比电阻。它是粉尘的重要特性之一，对电除尘器性能有重要影响。

粉尘的导电性通常用比电阻（ρ）来表示：

$$\rho=\frac{V}{j\delta} \tag{4-18}$$

式中，ρ 为比电阻，Ω·cm；V 为通过粉尘层的电压，V；j 为通过粉尘层的电流密度，A/cm^2；δ 为粉尘层的厚度，cm。

当温度高时（约大于 250℃），在粉尘层内电流的传导主要受粉尘化学成分的影响，而与周围气体的性质无关，这种传导称为体积导电。在这种情况下粉尘的体积比电阻随温度的上升而降低。

$$\rho=a\exp\left(-\frac{E}{k_B}T\right) \tag{4-19}$$

式中，T 为绝对温度，K；E 为活化能，V；a 为由试验决定的常数；k_B 为玻尔兹曼常数。

温度低时，粉尘的导电主要取决于周围环境（气体的温度、湿度、成分等），称为表面导电，这时的表面比电阻随温度上升而增加。处于温度中间范围内的两种导电的机理均起作用，如图 4-9 所示。

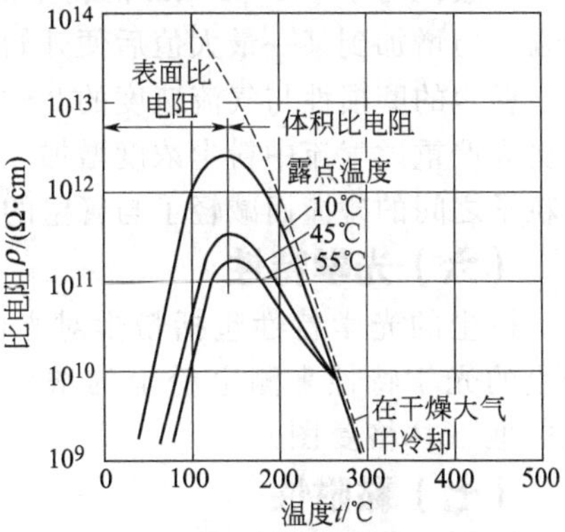

图 4-9　粉尘比电阻与温度的关系

粉尘的比电阻对电除尘器的工作有着很大影

响，最有利于捕集的范围为$10^4 \sim 2\times10^{10}\Omega\cdot cm$。当粉尘的比电阻不利于电除尘器捕尘时，需要采取措施来调节粉尘的电阻，使其处于适合于电捕集的范围。

（四）安息角与滑动角[2,3]

粉尘自漏斗连续落到水平板上，堆积成圆锥体。圆锥体的母线同水平面的夹角称为粉尘的安息角，也叫休止角、堆积角等。

滑动角系指光滑平面倾斜时粉尘开始滑动的倾斜角。安息角与滑动角表达同样的性质。粉尘的安息角及滑动角是评价粉尘流动特性的一个重要指标。安息角小的粉尘，其流动性好；安息角大的粉尘，其流动性差。

粉尘的安息角和滑动角是设计除尘器灰斗（或粉料仓）锥度、除尘管路或输灰管路倾斜度的重要依据。

影响粉尘安息角和滑动角的因素有：粉尘粒径、含水率、粒子形状、粒子表面光滑程度、粉尘黏性等。粉尘粒径越小，其接触表面增大，相互吸附力增大，安息角就大；粉尘含水率增加，安息角增大；球形粒子和球性系数接近于1的粒子比其他粒子的安息角小；表面光滑的粒子比表面粗糙的粒子安息角小；黏性大的粉尘安息角大等。表4-12为几种工业粉尘的安息角。

表4-12 几种工业粉尘的安息角

粉尘名称	静安息角/(°)	动安息角/(°)	粉尘名称	静安息角/(°)	动安息角/(°)
白云石		35	无烟煤粉	37～45	30
黏土		40	飞灰	15～20	
高炉灰		25	生石灰	45～50	25
烧结混合料		35～40	水泥	40～45	35
烟煤粉	37～45				

（五）磨损性[3]

粉尘的磨损性是指粉尘在流动过程中对器壁或管壁的磨损性能。当气流速度、含尘浓度相同时，粉尘的磨损性用材料磨损的程度来表示。

粉尘的磨损性除了与其硬度有关外，还与粉尘的形状、大小、密度等因素有关。表面具有尖棱形状的粉尘（如烧结尘）比表面光滑的粉尘的磨损性大。微细粉尘比粗粉尘的磨损性小。一般认为小于5～10μm的粉尘的磨损性是不严重的，然而随着粉尘颗粒增大，磨损性增强，但增加到某一最大值后便开始下降。

粉尘的磨损性与气流速度的2～3次方成正比。在高气流速度下，粉尘对管壁的磨损显得更为严重。气流中粉尘浓度增加，磨损性也增加。但当粉尘浓度达到某一程度时，由于粉尘粒子之间的碰撞而减轻了与管壁的碰撞摩擦。

（六）光学特性

粉尘的光学特性包括粉尘对光的反射、吸收和透光程度等。在通风除尘中可以利用粉尘的光学特性来测定粉尘的浓度和分散度。还采用由烟囱排出烟尘的透明度作为排放标准（林格曼图）。

（七）黏附性

粉尘的黏附性是一种常见的现象。如果粉尘粒子没有黏附性，降落到地面的粉尘就会连续地被气流带回到气体中，在大气中达到很高的浓度。就气体除尘而言，许多除尘器的捕集机制都是依赖于在施加捕集力以后对表面的黏附。但是，在含尘气流管道和净化设备中，又要防止粒子在管壁上的黏附，以免造成管道和设备的堵塞。

黏性是粉尘之间或粉尘与物体表面之间的力的表现。由于黏性力的存在，粉尘的相互碰撞会导致尘粒的凝并，这种作用在各种除尘器中都有助于粉尘的捕集。在电除尘器中及袋式除尘器中，黏性力的影响更为突出，因为除尘效率在很大程度上取决于从收尘极或滤料上清除粉尘（清灰）的能力。粉尘的黏性对除尘管道及除尘器的运行维护也有很大的影响。

尘粒之间的各种黏附力归根结底与电性能有关，但从微观上看可将黏性力分为三种（不包括化学黏合力）、分子力（Van der Waals 力）、毛细黏附力及静电力（Coulomb 力）。

1. 分子力

分子力是在分子与原子之间作用的力。在圆球及平面之间的分子力 F_V（N）为：

$$F_V=\frac{h_w}{16\pi S_0^2}d \tag{4-20}$$

式中，d 为圆球体直径，当为非理想圆球时，取其接触点上的粗糙半径 r；S_0 为两黏附体之间的距离，可取为 4Å（1Å$=10^{-4}\mu$m）；h_w 为 Van der Waals 常数，对于塑料 $h_w\approx$ 0.6eV，对于金属和半导体 $h_w\approx2\sim11$eV。

当两物体系由不同的材料组成时，可采用下列近似公式计算 Van der Waals 常数 h_w：

$$h_w\approx\sqrt{h_{w11}h_{w12}} \tag{4-21}$$

式中，h_{w11} 为第一种材料物体的 Van der Waals 常数；h_{w12} 为第二种材料物体的 Van der Waals 常数。

于是 10μm 的石英尘及石灰尘对塑料纤维的黏性力为：

$$r=0.5\mu m,\ F_V=(3\sim4)\times10^{-8}N \tag{4-22}$$

$$r=0.1\mu m,\ F_V=(0.6\sim0.8)\times10^{-8}N \tag{4-23}$$

由于分子力的作用，尘粒要从周围环境中吸收分子。在烟尘中，这一层为水分子层。吸收的量取决于压力、温度及其相对湿度。由于各种原因这一层分子能够使黏性力增加，例如缩小尘粒间的距离和增加接触面积。当 S_0 增加时，分子力急剧降低，在 $S_0>100$Å 时，该力可以忽略不计。

2. 毛细黏附力

潮湿环境中，水分可在两黏附体之间架桥，产生毛细黏附力，它与单位自由能及表面张力有关。根据 Б. В. Церягин 的理论，在直径相同的两圆球体之间作用的毛细力 F_k（N）为：

$$F_k=2\pi\sigma d \tag{4-24}$$

式中，σ 为表面张力。该式适用于完全湿润而吸收水量不多的情况。

当 $\sigma=72\times10^{-5}$N/cm 及 $d=0.5\mu$m 时，毛细黏附力为 $F_k\approx45\times10^{-8}$N。

当考虑粗糙度时，由上式所得的数据与测定结果非常符合。在这种情况下，需要代入粗糙半径 r。粒径增加，粗糙度的影响降低，当 $d>100\mu$m 时，粗糙度通常可以忽略。当未完全湿润时，例如在很多塑料上，按上式计算得到的毛细黏附力比测试结果要小。图 4-10 所示为相对湿度

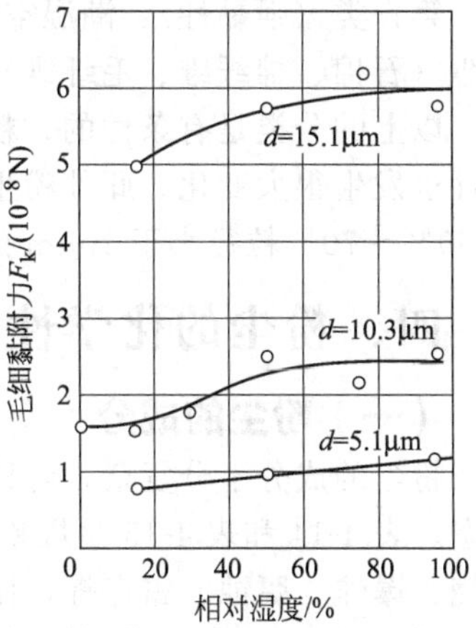

图 4-10　相对湿度对毛细黏附力的影响

对毛细黏附力的影响。

3. 静电力

由于各种原因粉尘会带上不同的电荷。在荷电尘粒之间会产生静电力，例如在两个荷电量为 q_1 及 q_2 的两点电荷之间，其距离为 S_0 时的静电力 F_c（N）为：

$$F_c=\frac{q_1 q_2}{4\pi\varepsilon_0\varepsilon_r S_0^2} \tag{4-25}$$

式中，ε_0 为自由空间介电常数，8.85×10^{-12}C/(V·m)；ε_r 为介电常数，C/(V·m)。电荷极性相同时为排斥力，相异时为吸引力。荷电粉尘对单一平板的静电力为：

$$F_c=\frac{q^2}{8\pi\varepsilon_0 d_P\delta}\times\frac{\ln\left(1+\frac{\delta}{S_0}\right)}{\left(\gamma+\frac{1}{2}\ln\frac{d_P}{S_0}\right)\left(\gamma+\frac{1}{2}\ln\frac{d_P}{S_0+\delta}\right)} \tag{4-26}$$

式中，δ 为电荷的穿透深度；γ 为 Euler 数，等于 0.5772。

当每一尘粒上的元电荷为 1000 个，$d_P=10\mu m$ 时，$\delta=5\sim10Å$，$F_c\approx(5\sim6)\times10^{-10}$N。由此可见静电力比分子力要小很多，除非像尘粒在电除尘器中受到强烈的电场作用时例外。

综合以上三种力的作用形成尘粒之间或尘粒与物体表面之间的黏性力。因此可以以粉尘层的断裂强度作为评定粉尘黏性的指标。前苏联根据用垂直拉法测出的断裂强度将粉尘分为四类，见表 4-13。

表 4-13 粉尘黏性强度的分类

分 类	粉尘性质	黏性强度/Pa	分 类	粉尘性质	黏性强度/Pa
Ⅰ	不黏性	0～60	Ⅲ	中等黏性	300～600
Ⅱ	微黏性	60～300	Ⅳ	强黏性	>600

属于各类的粉尘举例如下。

第Ⅰ类（不黏性）：干矿渣粉、石英粉（干砂）、干黏土；

第Ⅱ类（微黏性）：含有许多未燃烧完全产物的飞灰、焦粉、干镁粉、页岩灰、干滑石粉、高炉灰、炉料粉；

第Ⅲ类（中等黏性）：完全燃尽的飞灰、泥煤粉、泥煤灰、湿镁粉、金属粉、黄铁矿粉、氧化铅、氧化锌、氧化锡、干水泥、炭黑、干牛奶粉、面粉、锯末；

第Ⅳ类（强黏性）：潮湿空气中的水泥、石膏粉、雪花石膏粉、熟料灰、含盐的钠、纤维尘（石棉、棉纤维、毛纤维）。

以上的分类是有条件的，粉尘的受潮或干燥，都将影响粉尘间各种力的变化，从而使其黏性也发生很大变化。此外粉尘的形状、分散度等其他物性对黏性也有影响，例如粉尘中含有 60%～70%粒径小于 10μm 的粉尘时，其黏性会大大增加。

四、粉尘的化学性质

（一）粉尘的成分

粉尘的成分十分复杂，各种粉尘均不相同。所谓粉尘的成分主要是指化学成分，有时指形态。表 4-14 和表 4-15 是煤粉锅炉和重油锅炉粉尘的成分。一般说来，化学成分常影响到燃烧、爆炸、腐蚀、露点等，而形态成分常影响到除尘效果等。

（二）粉尘的水解性

一些粉尘有易吸收烟气中水分而水解的性质，如硫酸盐、氯化物、氧化锌、氢氧化钙、碳酸钠等，从而增加了烟尘的黏结性，对除尘设备正常工作十分不利。

表 4-14　煤粉锅炉粉尘成分　　单位：%

煤种	SiO_2	Al_2O_3	Fe_2O_3	CaO	MgO	H_2O	SO_2	灼烧减量
劣质煤	62.07	25.47	3.53	5.65	1.13	0.21	0.68	0.5
优质煤	54.3	26.3	5.3	5.9	1.5	0.3	0.6	2.4

表 4-15　重油锅炉粉尘成分　　单位：%

取样位置	固定碳	灰分	挥发分	H_2O	SO_2
除尘器 1 中	63.7	12.6	18.8	3.9	14.4
除尘器 2 中	34.6～28.7	24.1～20.6	24.1～20.6	14.5～9.5	26.3～32.3

粉尘的水解本质上是粉尘的化学反应，之后形态变黏、变硬，许多除尘器因粉尘水解工作不正常，形成袋式除尘器的糊袋现象，情况严重时会使袋式除尘器失效。

（三）粉尘的放射性

一定量的放射性核素在单位时间内的核衰变数，称为放射性活度，单位为贝可（Bq）。单位质量物体中的放射性活度简称比放射性。单位体积物体中的放射性活度称为放射性浓度。粉尘的放射性可能增加非放射性粉尘对机体的危害。粉尘的放射性有两个来源：粉尘材料自身含有的放射性核素和非放射性粉尘吸附了放射性核素。

空气中的天然放射性核素主要是氡及其子体；而所含人工放射性核素的粉尘来源于核试验产生的全球性沉降的放射性落灰，其中主要是有^{90}Sr（锶-90）、^{137}Cs（铯-137）、^{131}I（碘-131）等多种放射性核素、核能工业企业排放的放射性废物，除放射性气体可扩散至较大范围外，其余只造成较小范围内的局部污染。在正常的运行条件下，环境内的放射性粉尘质量浓度能够控制在相关规定的数值以下。

（四）自燃性和爆炸性

当物料被研磨成粉料时，总表面积增加，系统的自由表面能也增加，从而提高了粉尘的化学活性，特别是提高了氧化产热的能力，这种情况在一定的条件下会转化为燃烧状态。粉尘的自燃是由于当放热反应散热的速度提高到超过系统的排热速度，使氧化反应自动加速造成的。

各种粉尘的自燃温度相差很大。根据不同的自燃温度可将可燃性粉尘分为两类。第一类粉尘的自燃温度高于周围环境的温度，因而只能在加热时才能引起燃烧；第二类粉尘的自燃温度低于周围空气的温度，甚至在不发生质变时都可能引起自燃，这种粉尘造成的火灾危险性最大。

悬浮于空气中的粉尘的自燃温度，比堆积的粉末的自燃温度要高很多。

在封闭空间内可燃性悬浮粉尘的燃烧会导致化学爆炸，但只是在一定浓度范围内才能发生爆炸。这一浓度称为爆炸的浓度极限。能发生爆炸的粉尘最低浓度和最高浓度称为爆炸的下限和上限。处于上下限浓度之间的粉尘都属于有爆炸危险的粉尘。在封闭容积内低于爆炸浓度下限或高于爆炸浓度上限的粉尘都属于安全的。

在有些情况下粉尘的爆炸下限非常高，以至于只是在生产设备、风道以及除尘器内才能达到。在气力输送中粉尘浓度可能达到其爆炸上限。

根据粉尘爆炸性及火灾危险性可以分成四类：

Ⅰ——爆炸危险性最大的粉尘，爆炸的下限浓度小于 $15g/m^3$，这类粉尘有砂糖、泥煤、胶木粉、硫及松香等；

Ⅱ——有爆炸危险的粉尘，爆炸下限浓度为 16～65g/m^3，属于这一类的有铝粉、亚麻、页岩、面粉、淀粉等；

Ⅲ——火灾危险性最大的粉尘，自燃温度低于 250℃，属于这一类的有烟草粉（205℃）等；

Ⅳ——有火灾危险的粉尘，自燃温度高于 250℃，属于这一类的有锯末（275℃）等。

第Ⅲ及第Ⅳ类粉尘燃烧爆炸的下限浓度高于 65g/m^3。

粉尘的分散对爆炸性有很大影响，大颗粒粉尘不可能爆炸。对煤粉的爆炸性的研究表明，爆炸地点的压力与粉尘比表面积之间几乎为一直线关系。分散度高时，燃烧爆炸温度降低。

粉尘的爆炸性还取决于在其中是否具有惰性尘粒（不燃尘粒）、湿度以及是否有挥发性可燃气体排出。

惰性尘粒会降低粉尘的爆炸性，因为部分生成热消耗在这种尘粒的加热上，因此粉尘的温度降低。此外，惰性尘粒使热辐射隔断，阻碍火焰的蔓延。

湿度同样对粉尘的爆炸性有影响，水分比惰性尘粒要多吸收四倍的热量，此外湿度大会促进微细粉尘的凝并，因而减少了粉尘的总表面积。

挥发性可燃气体的散发会提高粉尘的爆炸性。例如，挥发性气体含量小于 10% 的煤尘没有爆炸危险，因此无烟煤和木炭不会产生爆炸。

对于有爆炸和火灾危险的粉尘，在进行通风除尘设计时必须要给予充分注意，采取必要的措施。

第三节 含尘气体的性质

一、气体状态和换算

在除尘工程中不管是设计管道还是选用设备，必须深刻了解气体在设备和管道的变化情况，也就是了解气体三大定律和状态方程及状态换算。

（一）气体三大定律[4]

1. 玻义耳-马略特定律

玻义耳-马略特定律指出气体等温变化所遵循的规律。一定质量的气体在温度不变时，其压力 p 和体积 V 成反比，即 pV = 常数。常数的大小由气体的温度和物质的量决定。从微观角度看，气体质量一定，即气体的总分子数不变。又因温度为定值，气体的平均动能不变。气体的体积减小到原来的几分之一，分子的密度就增大为原来的几倍，从而在单位时间内气体分子对气壁单位面积的碰撞次数就增加几倍，即压力增大到几倍。因此，在一个充满气体的系统中，当气体通过系统时，气体是从高压区流向低压区的。假设温度恒定，则通常在系统的终端得到气体的确切体积比起始端的体积大。充满气体的系统中，随着气体进入系统的下游，压力减小，体积增大。玻义耳定律可以写作

$$p_1V_1=p_2V_2=\cdots=\text{常数} \tag{4-27}$$

式中，V_1 为始态压力 p_1 下的气体体积，m^3；V_2 为终态压力 p_2 下的气体体积，m^3；p_1 为始态压力（压力单位是绝对值），Pa；p_2 为终态压力（压力单位是绝对值），Pa。

2. 查理定律

查理定律揭示了气体等容变化所遵循的规律。一定质量的气体在体积不变时，其压力 p

和绝对温度 T 成正比，即 $\frac{p}{T}=$ 常数。常数的大小由气体的体积和物质的量决定。从微观角度看，一定质量的气体，体积保持不变，当气体温度升高时，分子平均速度增大，因而气体压力增大，所以气体的压力和温度成正比。这一定律对理想气体才严格成立，它只能近似反映实际气体的性质，压力越大，温度越低，与实际情况的偏差就越显著。

当气体体积保持不变时，遵从查理定律，即

$$\frac{p_1}{T_1}=\frac{p_2}{T_2}=\cdots=\text{常数} \tag{4-28}$$

式中，p_1 为始态压力，Pa；p_2 为终态压力，Pa；T_1 为始态温度（温度单位为绝对值），K；T_2 为终态温度（温度单位为绝对值），K。

3. 盖·吕萨克定律

盖·吕萨克定律阐述的是压力恒定的情况下气体体积和温度的关系。定律表明：气体体积和气体的绝对温度的变化成正比。换句话说，压力恒定的情况下，随着温度的升高，体积增大，反之则减小。定律可以写作

$$\frac{V_1}{V_2}=\frac{T_1}{T_2}=\cdots=\text{常数} \tag{4-29}$$

式中，V_1 为始态温度 T_1 下的气体体积，m^3；V_2 为终态温度 T_2 时的气体体积，m^3；T_1 为始态温度（温度单位为绝对值），K；T_2 为终态温度（温度单位为绝对值），K。

（二）气体状态方程[5,10]

一定质量 m 的任何物质（气体）所占有的体积 V，取决于该物质所受压力 p 和它的温度 T。对纯物质来说，这些量之间存在着一定的关系，称作该物质的状态方程。

$$f(m,V,p,T)=0 \tag{4-30}$$

对理想气体，可写成如下方程

$$pV=nRT \tag{4-31}$$

式中，p 为气体压力，Pa；V 为气体体积，m^3；n 为物质的量，$n=m/M$；m 为气体总质量，g；R 为气体常数，J/(mol·K)；T 为绝对温度，K。

在标准状态下，即温度为 0℃（273.1K）、压力为 1.013×10^5 Pa，1mol 的理想气体的体积为

$$V=\frac{nRT}{p}=\frac{1\times8.314\times273.1}{1.015\times10^5}$$
$$=0.0224m^3=22.4L$$

工业上污染控制中的大多数气体都可以适当地用理想气体状态方程来表示。理想气体的一个非常实用的性质就是：在相同的温度和压力下，1mol 的任何气体所占的体积和其他任何理想气体 1mol 的体积是一样的。阿伏伽德罗定律对此性质给出了明确的定义，此定律为：相同体积的任何气体中包含的分子数相等。

在国际单位制中：1mol 任何理想气体 $=22.4$L（升）$=6.02\times10^{23}$ 分子，从这个固定关系式可以得出：如果已知气体的体积，可以推算气体的物质的量。

但是没有一种气体的性质是和理想气体一样的，所以，没有任何一种气体是完全的理想气体。在污染控制方面，理想气体状态方程适用于空气、水蒸气、氮气、氧气、二氧化碳和其他的普通气体以及它们的混合物。气体接近液态的通常表现是混合气体中的水蒸气或者酸性气体接近露点。在这些情况下，由于压缩蒸汽只是气体混合物的一小部分，所以理想气体状态方程还是比较准确的。如果压力过高，大多数气体接近于液态，此时，需要有一个更为准确的计算方程，这里不予描述。

（三）标准状态和工作状态的换算

1. 状态概念

（1）标准状态 干气体在绝对温度 $T_0=273K$（或温度 $t_0=0$）和压力 $p_0=101300Pa$ 下的状态称为标准状态，简称标况。

（2）工作状态 干气体在工作状态（某一具体温度和压力）下的状态称为工作状态，简称工况。

（3）标况干气体的体积 V_0 干气体在标准状态下的体积称为标准体积，单位为 m^3（标）。

（4）工况干气体的体积 V 干气体在工作状态下的体积称为工况体积，单位为 m^3。

（5）标况湿气体的体积 V_{0s} 湿气体在标准状态下的体积称为湿标况体积，单位为 m^3（标）。

（6）工况湿气体的体积 V_s 湿气体在工作状态下的体积称为湿工况体积，单位为 m^3。

2. 状态换算

（1）工况湿气体体积流量 Q_s 换算成标况干气体体积流量 Q_0

$$Q_0=273Q_sp_j/[101.3(273+t)(1+d/804)] \quad [m^3(标)/h] \tag{4-32}$$

或

$$Q_0=273Q_s(p-p_s)/[101.3(273+t)] \quad [m^3(标)/h] \tag{4-33}$$

（2）标况干气体的体积流量 Q_0 换算成标况湿体积 Q_{0s}

$$Q_{0s}=Q_0(1+d/804) \quad [m^3(标)/h] \tag{4-34}$$

或

$$Q_{0s}=Q_0p/(p-p_s) \quad [m^3(标)/h] \tag{4-35}$$

（3）工况湿气体体积流量 Q_s 换算成标况湿气体体积流量 Q_{0s}

$$Q_{0s}=273Q_sp/[101.3(273+t)] \quad [m^3(标)/h] \tag{4-36}$$

或

$$Q_{0s}=Q_s\rho_s/\rho_{0s} \tag{4-37}$$

（4）标况干气体的体积流量 Q_0 换算成工况干体积流量 Q

$$Q=101.3(273+t)Q_0/273p \quad (m^3/h) \tag{4-38}$$

式中，p 为工况下气体的绝对压力，$p=B+p_t$，kPa；B 为标准大气压，$B=101.3kPa$；p_t 为工况下气体的工作压力，kPa；t 为工况下气体的温度，℃；d 为气体的湿含量，g 水蒸气/kg 干气体；p_s 为水蒸气分压，kPa；804 为标况下水蒸气的密度，g/m^3（标）。

二、气体的主要参数和换算

（一）气体的温度

气体温度是表示其冷热程度的物理量。温度的升高或降低标志着气体内部分子热运动平均动能的增加或减少。平均动能是大量分子的统计平均值，某个具体分子做热运动的动能可能大于或小于平均值。温度是大量分子热运动的集体表现。在国际单位制中，温度的单位是开尔文，用符号 K 表示。常用单位为摄氏度，用符号℃表示。

气体的温度直接与气体的密度、体积和黏性等有关，并对设计除尘器和选用何种滤布材质起着决定性的作用。滤布材质的耐温程度是有一定限度的，所以，有时根据温度选择滤布，有时则要根据滤布材质的耐温情况而定气体的温度。一般金属纤维耐温为 400℃，玻璃纤维耐温为 250℃，涤纶耐温为 120℃，如果在极短时间内，超过一些还是可以的。

温度的测定，一般是使用水银温度计、电阻温度计和热电偶温度计，但在工业上应用时，由于要附加保护套管等原因，以致产生 1～3min 以上的滞后时间。处理高温气体时，有时需要采取冷却措施。主要方法如下。

(1) 掺混冷空气　把周围环境的冷空气吸入一定量，使之与高温烟气混合以降低温度。在利用吸气罩捕集高温烟尘时，同时吸入环境空气或者在除尘器加冷风管吸入环境空气。这种方法设备简单，但是处理气体量增加。

(2) 自然冷却　加长输送气体管道的长度，借管道与周围空气的自然对流与辐射散热作用而使气体冷却，这一方法简单，但冷却能力较弱，占用空间较大。

(3) 用水冷却　有两种方式：一是直接冷却，即直接向高温烟气喷水冷却，一般需设专门的冷却器；二是间接冷却，即在烟气管道中装设冷却水管来进行冷却，这一方法能避免水雾进入收尘器及腐蚀问题。该方法冷却能力强，占用空间较小。

（二）气体的压力[6,7]

气体压力是气体分子在无规则热运动中对容器壁频繁撞击和气体自身重量作用而产生对容器壁的作用力。通常所说的压力指垂直作用在单位面积 A 上的力的大小，物理学上又称为压强，即：

$$p=\frac{F}{A} \tag{4-39}$$

在国际计量单位中，压强单位为 Pa（帕），$1Pa=1N/m^2$。由于 Pa 的单位太小，工程上常采用 kPa（千帕）、MPa（兆帕）作为压强单位，它们之间关系为

$$1MPa=10^3 kPa=10^6 Pa$$

在工程上按所取标准不同，压力有两种表示方法：一种是绝对压力，用 p 表示，它是以绝对真空为起点计算的压力；一种是表压力，又称相对压力，用 p_g 表示，它是以现场大气压力 p_a 为起点计算压力，即是绝对压力与现场大气压力之差值，用公式表示为：

$$p_g=p-p_a \quad 或 \quad p=p_g+p_a \tag{4-40}$$

为简便起见，在没有特别说明时按 $p_a=0.1MPa$ 作为计算基准值，即：

$$p=p_g+0.1$$

由于表压力 p_g 是除尘工程中最常用到的单位之一，除非特别注明，本书在以后叙述中将 p_g 简写成 p。

负的表压力通常称为真空，能够读取负压的压力表称为真空表。图 4-11 表示了绝对压力、表压力和真空度之间的相互关系。

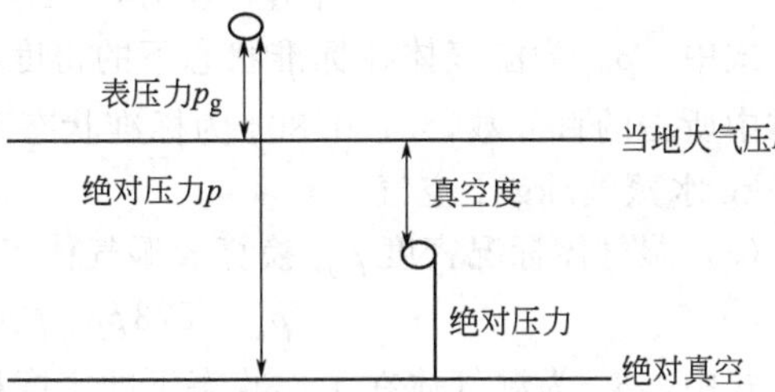

图 4-11　绝对压力、表压力和真空度的关系

地球表面上的大气层对地面所产生的压力是由大气的质量所产生的压力，即单位面积所承受的大气质量称为大气压力。大气压力随地区和海拔高度不同而不同，随季节、天气变化而稍有变化；通常以纬度 45°处海平面所测得的常年平均压力作为标准大气压。

（三）气体的密度与换算[7,10]

1. 气体的密度

气体的密度是指单位体积气体的质量：

$$\rho_a=\frac{m}{V} \tag{4-41}$$

式中，ρ_a 为气体的密度，kg/m^3；m 为气体的质量，kg；V 为气体的体积，m^3。

单位质量气体的体积称为质量体积，质量体积与密度互为倒数，即

$$v=\frac{V}{m}=\frac{1}{\rho_a} \tag{4-42}$$

式中，v 为气体的质量体积，m^3/kg。

气体的密度或质量体积是随温度和压力的变化而变化的，表示它们之间关系的关系式称为气体状态方程，即：

$$pv=RT \quad 或 \quad \rho_a=\frac{p}{RT} \tag{4-43}$$

从这个计算式可以看出如果压力不变，气体的密度与温度的变化成反比。烟气温度每升高 100℃，则密度约减少 20%。

根据气体状态方程，可求出同一气体在不同状态下，其密度间的关系式为：

$$\rho=\rho_0\frac{T_0}{p_0}\times\frac{p}{T} \tag{4-44}$$

式中，ρ_0 为气体在绝对压力 p_0（Pa）、绝对温度 T_0（K）状态下的密度，kg/m^3；ρ 为同一气体在绝对压力 p（Pa）、绝对温度 T（K）状态下的密度，kg/m^3。

在应用设计中，常取 $p_0=1.013\times10^5$Pa，$T_0=273$K 为“标准状态”。对于空气，标准状态下干空气的密度 $\rho_0=1.293kg/m^3=1.29kg/m^3$。

2. 密度换算

（1）标况干气体密度 ρ_0 换算成工况密度 ρ_t

$$\rho_t=273p\rho_0/[101.3(273+t)] \tag{4-45}$$

式中，ρ_t 为干气体在工况状态下的密度称为工况密度，kg/m^3；ρ_0 为干气体在标准状态下的密度称为标况密度，kg/m^3（标）；p 为气体绝对压力，Pa；t 为气体的温度，℃。

（2）标况湿气体密度 ρ_{0s}

$$\rho_{0s}=\rho_0(1+\psi)+0.804\psi \tag{4-46}$$

或

$$\rho_{0s}=(1+d)/[(1/\rho_0)+(d/0.804)] \tag{4-47}$$

式中，ρ_{0s} 为湿气体在标准状态下的密度称为湿标况密度，kg/m^3（标）；ψ 为水蒸气在气体中所占的百分数，%；0.804 为标准状态下水蒸气密度，kg/m^3（标）；d 为气体中含湿量，kg 水蒸气/kg 干空气。

（3）湿气体标况密度 ρ_{0s} 换算成湿气体工况密度 ρ_{st}

$$\rho_{st}=273p\rho_{0s}p/[101.3(273+t)] \tag{4-48}$$

式中，ρ_{st} 为湿气体在工作状态下的密度称为湿工况密度，kg/m^3；其余符号同上。

3. 烟气密度

由固体燃料煤燃烧生成的烟气的密度 ρ_y，除按烟气成分组成计算外，还可按煤的灰分计算，即：

$$\rho_y=[(1-A_h)+Q_{0k}\rho_{0k}]/Q_{0y} \quad [kg/m^3(标)] \tag{4-49}$$

式中，A_h 为煤的灰分，kg/kg 煤；Q_{0k} 为煤燃烧的实际空气量，m^3（标）/kg 煤；Q_{0y} 为燃烧产物的烟气量，m^3（标）/kg 煤；ρ_{0k} 为标况下的空气密度，$\rho_{0k}=1.293kg/m^3$（标）。

4. 干含尘气体的密度

干含尘气体的密度由气体密度和气体的含尘浓度组成，标况下干含尘气体的密度为：

$$\rho_{0q}=\rho_0+c_{01} \quad [g/m^3(标)] \tag{4-50}$$

工况下干含尘气体的密度：

$$\rho_{qt}=273\rho_{0q}p/101.3(273+t) \quad (g/m^3) \tag{4-51}$$

式中，ρ_{0q} 为标况下干含尘气体的密度，g/m^3（标）；ρ_0 为标况下气体密度，g/m^3（标）；c_{01} 为标况下未净化气体的含尘浓度（干基），g/m^3（标）；ρ_{qt} 为工况下含尘干气体的密度，g/m^3。

（四）气体的黏度[8]

流体在流动时能产生内摩擦力，这种性质称为流体的黏性。黏性是流体阻力产生的依据。流体流动时必须克服内摩擦力而做功，将一部分机械能量转变为热能而损失掉。黏度（或称黏滞系数）的定义是切应力与切应变的变化率之比，是用来度量流体黏性的大小，其值由流体的性质而定。根据牛顿内摩擦定律，切应力用下式表示：

$$\tau=\mu\frac{dv}{dy} \tag{4-52}$$

式中，τ 为单位表面上的摩擦力或切应力，Pa；$\frac{dv}{dy}$为速度梯度，s^{-1}；μ 为动力黏度系数，简称为气体黏度，Pa·s。

因 μ 具有动力学量纲，故称为动力黏度系数。在流体力学中，常遇到动力黏度系数 μ 与流体密度ρ 的比值，即：

$$\nu=\frac{\mu}{\rho} \tag{4-53}$$

式中，ν 为运动黏度系数，m^2/s。气体的黏度随温度的增高而增大（液体的黏度是随温度的增高而减小），与压力几乎没有关系。空气的黏度 μ 可用下式来表示：

$$\mu=1.702\times10^8(1+0.00329t+0.000007t^2) \tag{4-54}$$

式中，t 为气体的温度。

（五）气体的湿度与露点[9,10]

1. 湿度

气体的湿度是表示气体中含有水蒸气的多少，即含湿程度，一般有两种表示方法。

（1）绝对湿度　是指单位质量或单位体积湿气体中所含水蒸气的质量。当湿气体中水蒸气的含量达到该温度下所能容纳的最大值时的气体状态，称为饱和状态。绝对湿度单位用 kg/kg 或 kg/m^3 表示。

（2）相对湿度　是指单位体积气体中所含水蒸气的密度与在同温同压下饱和状态时水蒸气的密度之比值。由于在温度相同时，水蒸气的密度与水蒸气的压强成正比，所以相对湿度也等于实际水蒸气的压强和同温度下饱和水蒸气的压强的百分比值。相对湿度用百分数（%）表示。

相对湿度在 30%～80%为一般状态，超过 80%时即称为高湿度。在高湿度情况下，尘粒表面有可能生成水膜而增大附着性，这虽有利于粉尘的捕集，但将使除尘器清灰出现困难。另一方面，湿度在 30%以下为异常干燥状态，容易产生静电，和高湿度一样，粉尘容易附着而难以清灰。相对湿度为 40%～70%、温度 16～24℃时，人们生活的舒适度最好。

一般多用相对湿度表示气体的含湿程度，并常用干、湿球温度计测出干、湿温度及其差值，然后查表即可得出相对湿度。

2. 露点

气体中含有一定数量的水分和其他成分，通称烟气。当烟气温度下降至一定值时，就会有一部分水蒸气冷凝成水滴形成结露现象。结露时的温度称作露点，水露点如图 4-12 所示。高温烟气除含水分外，往往含有三氧化硫，这就使得露点显著提高，有时可提高到 100℃以上。因含有酸性气体而形成的露点称为酸露点。酸露点的出现，给高温干

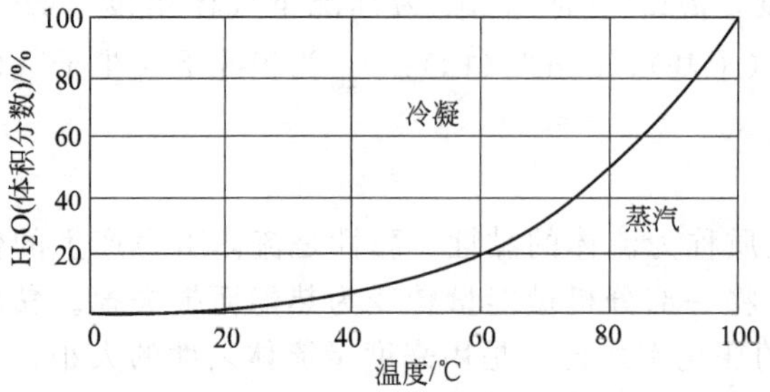

图 4-12 水露点

法除尘带来困难，它不仅降低除尘效果，还会腐蚀结构材料，必须予以充分注意。酸露点可实测求得，也可以由下式近似计算：

$$t_s = 186 + 20\lg\varphi_{H_2O} + 26\lg\varphi_{SO_3} \quad (4\text{-}55)$$

式中，t_s 为酸露点，℃；φ_{H_2O} 和 φ_{SO_3} 分别是高温烟气中水和三氧化硫的体积分数。

烟气中含有硫酸、亚硫酸、盐酸、氯化氢和氟化氢以及最后会变成冷凝水的水蒸气。在所有这些成分中，硫酸的露点最高，以至于通常只要提到酸的露点时，总认为是硫酸的露点，烟气温度（>350℃）冷却时，硫酸总是最先冷凝结露。

燃烧无烟煤时，典型的硫酸分压为 $10^{-7}\sim10^{-6}$MPa，水蒸气分压为 0.002～0.05MPa，实际测得露点为 100～150℃，最高为 180℃。

由于水的沸点（100℃）和硫酸的沸点（338℃）相差很大，这两种成分在沸腾时和冷凝时都会发生分离。这就意味着，到达露点冷凝时，尽管烟气中硫酸浓度极低，但结露中硫酸的浓度仍会很高。

（六）气体的成分

正常的空气成分为：氧气、氮气、二氧化碳及少量的水蒸气。在除尘工程中，所处理的气体中经常含有腐蚀性气体（如 SO_2）、有毒有害气体（如 CO、NO_x）、爆炸性气体（如 CO、H_2）及一定数量的水蒸气。

空气中含有的粉尘，一般情况下对气体性质和除尘装置没有明显的影响。但是，在捕集可燃气体和烟气中的粉尘时，除了高温和火星可能对滤袋造成损伤外，因为在气体中含有多种有害气体成分，也具有危害性。如含有腐蚀性的气体（如 SO_3 等），当其溶解于气体中的水分时，可能对除尘装置、滤袋等造成严重的损伤。如含有有毒气体（如 CO，SO_2 等），将对人体有害。在进行维护、检查、修理时，要充分注意并采用预防措施，要保持装置的严密性，出现漏气是危险的。如在处理气体中含有爆炸性气体时，在设计和运转管理中，要制定好预防爆炸和耐压的措施。在处理燃烧或冶炼气体时，应对气体成分进行分析、测定，以确定其成分与性质，以便采取必要的措施。对于排放气体中有害气体的浓度，应符合排放标准，如不符合，亦需采取消除的措施。

（七）气体的含尘浓度[11]

气体的含尘浓度是指单位气体体积中所含的粉尘量，常用符号 c 表示，单位为 g/m^3（标）和 g/m^3 或 mg/m^3（标）和 mg/m^3。气体的含尘浓度不仅是除尘器选型的主要技术参数，也是计算除尘器效率的重要数据。如测出除尘器的进口（未净化的气体）的含尘浓度 c_1 和除尘器出口（净化的气体）的含尘浓度 c_2，就可计算出除尘器的效率。除尘器效率的计算将在第五章第一节详细介绍。

(1) 标况下含尘浓度 c_0 的表达式为：

$$c_0 = w_f / Q_0 \quad [\text{g/m}^3(\text{标})] \quad (4\text{-}56)$$

式中，w_f 为测定含尘气体中的粉尘总量，g；Q_0 为测定含尘气体标况干气体流量，m^3（标）。

(2) 工况下含尘浓度 c 的表达式为：

$$c=273c_0/(273+t)=273w_f/Q_0(273+t) \tag{4-57}$$

式中，t 为工况下气体的温度，℃。

(3) 粉尘排放量 L_f 的表达式为：

$$L_f=c_0Q_0/1000 \quad (kg/h) \tag{4-58}$$

参 考 文 献

[1] 化学工程编委会. 化学工程手册：气态非均一系分离. 北京：化学工业出版社，1991.
[2] 刘爱芳编著. 粉尘分离与过滤. 北京：冶金工业出版社，1998.
[3] 申丽，张殿印. 工业粉尘的性质. 金属世界，1998，(2)：31-32.
[4] [美] 威廉 L. 休曼著. 工业气体污染控制系统. 华译网翻译公司译. 北京：化学工业出版社，2007.
[5] 方荣生，方德寿编. 科技人员常用公式与数表手册. 北京：机械工业出版社，1997.
[6] 张殿印，王纯，俞非漉. 袋式除尘技术. 北京：冶金工业出版社，2008.
[7] 张殿印，王纯. 除尘工程设计手册. 第2版. 北京：化学工业出版社，2010.
[8] 张殿印，王纯. 脉冲袋式除尘器手册. 北京：化学工业出版社，2011.
[9] 王晶，李振东编著. 工厂消烟除尘手册. 北京：科学普及出版社，1992.
[10] 刘后启等. 水泥厂大气污染物排放控制技术. 北京：中国建材工业出版社，2007.
[11] 李凤生等编著. 超细粉体技术. 北京：国防工业出版社，2001.

第五章 颗粒污染物的控制技术与装置

颗粒污染物控制技术是我国大气污染控制的重点，也是工业废气治理的重点。在中国《环境空气质量标准》（GB 3095）中，明确规定了总悬浮颗粒物（TSP）、可吸入颗粒物（PM_{10}）的浓度限值。

大气颗粒污染物的控制，实际上是个固气相混合物分离问题，即是气溶胶非均相混合物的分离，从气溶胶中除去有害无用的固体或液体颗粒物的技术称为除尘（或分离）技术。有时也把从气相中收集或回收生产工艺过程中所得到的颗粒状产品（如水泥）和副产品的技术称为集尘，本章为了叙述方便，通称为除尘。

第一节 粉尘捕集机理和除尘装置

一、粉尘沉降过程中的阻力[1]

粉尘被捕集的过程是粉尘与气体载体之间产生了相对运动。此过程是粉尘与气体载体之间产生相对运动过程中的能量损失。在空气动力学的研究中，空气与固体物质以相对速度 v 流动时产生的阻力等同于固体物质以速度 v 在静止空气中运动时产生的阻力，亦等同于空气以速度 v 经过静止的固体物质时所产生的阻力。产生阻力的原因，一是固体物质具有一定的形状，空气流经时，导致固体物质前面较后面的压力大，即产生压力差，即产生形状阻力 f_r；二是气体与固体物质做相对运动时，二者之间存在摩擦阻力 f_a。即粉尘沉降过程中的阻力为形状阻力和摩擦阻力之和，通常表示为：

$$F_D=f_r+f_d=C_D A_p \frac{\rho v^2}{2} \tag{5-1}$$

式中，C_D 为阻力系数，无量纲；A_p 为粉尘在气流方向上的投影面积，m^2；ρ 为流体的密度，kg/m^3；v 为粉尘与流体之间的相对运动速度，m/s。

由相似理论可知，阻力系数 C_D 是粒子雷诺数 Re_p 的函数，即 $C_D=f(Re)_p$，粒子雷诺数为：

$$Re_p=d_p\rho v/\mu \tag{5-2}$$

式中，d_p 为颗粒的粒径，m；ρ 为流体的密度，kg/m^3；v 为颗粒与流体之间的相对运动速度，m/s；μ 为流体的黏度，Pa·s。

图 5-1 给出了 C_D 随 Re_p 变化的实验曲线。

图 5-1 中的曲线大致可分为三个区域。

① 当 $Re_p \leqslant 1$ 时，颗粒运动处于层流状态，C_D 与 Re_p 近似呈直线关系：

$$C_D=\frac{24}{Re_p} \tag{5-3}$$

对于球形颗粒，将上式代入式(5-1) 式中得到：

$$F_D=3\pi\mu d_p v \tag{5-4}$$

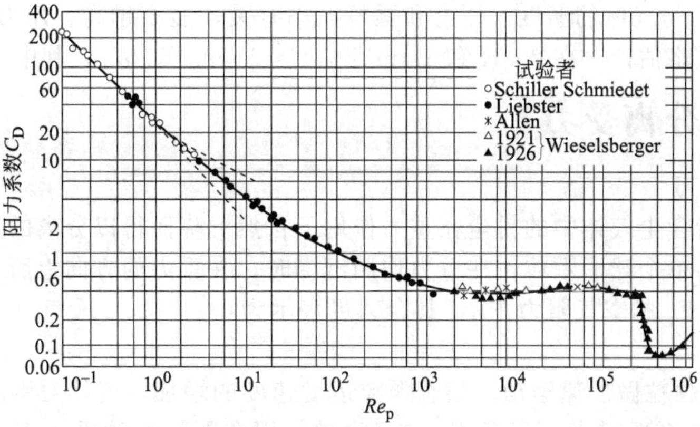

图 5-1　球形粒子的阻力系数 C_D 与粒子雷诺数 Re_p 的关系曲线

上式即是著名的斯托克斯（Stokes）阻力定律，通常把 $Re_p \leqslant 1$ 的区域称为斯托克斯区域。在实际工程应用中，当 $Re_p \leqslant 2$ 时，仍可近似采用。由于在除尘设备中，粉尘与气流的相对运动状态一般不超出斯托克斯区域，因而上式可作为分析除尘器内粉尘与气流相对运动和计算粉尘沉降速度的基本公式。

② 当 $1 < Re_p < 500$ 时，颗粒运动处于紊流过渡区，C_D 与 Re_p 呈曲线关系，C_D 的计算式有多种，如伯德（Bird）公式：

$$C_D = \frac{18.5}{Re_p^{0.6}} \tag{5-5}$$

③ $500 < Re_p < 2 \times 10^5$ 时，颗粒运动处于紊流状态，C_D 几乎不随 Re_p 变化，近似取 $C_D \approx 0.44$，为通常所说的牛顿区域，此区域有：

$$F_D = 0.055\pi\rho d_p^2 v^2 \tag{5-6}$$

从式(5-4) 和式(5-6) 可以看到，在斯托克斯区域，阻力与相对速度 v 的一次方成正比；在牛顿区域，阻力与相对速度 v 的平方成正比。

当颗粒尺寸小到与气体分子平均自由程大小差不多时，颗粒开始脱离与气体分子接触，颗粒运动发生所谓“滑动”。这时，相对颗粒来说，气体不再具有连续流体介质的特性，流体阻力将减小。为了对这种滑动条件进行修正，将一个称为坎宁汉（Cunnigham）修正因数的系数 C 引入斯托克斯定律，即：

$$F_D = \frac{3\pi\mu d_p v}{C} \quad \text{(N)} \tag{5-7}$$

坎宁汉因数的值取决于努森（Knudsen）数 $K_n = 2\lambda/d_p$，可用戴维斯（Davis）建议的公式计算：

$$C = 1 + K_n\left[1.257 + 0.400\exp\left(-\frac{1.10}{K_n}\right)\right] \tag{5-8}$$

气体分子平均自由程 λ 可按下式计算：

$$\lambda = \frac{\mu}{0.499\rho\bar{v}} \quad \text{(m)} \tag{5-9}$$

其中 $\bar{v}$ 是气体分子的算术平均速度：

$$\bar{v} = \sqrt{8RT/\pi M} \quad \text{(m/s)} \tag{5-10}$$

式中，R 为通用气体常数，$R = 8.314 \text{J/(mol·K)}$；$T$ 为气体热力学温度，K；M 为气体的摩尔质量，kg/mol。

坎宁汉因数 C 与气体的温度、压力和颗粒大小有关，温度越高、压力越低、颗粒越小，C 值越大。作为粗略估计，在 293K 和 1atm 下，$C=1+0.165/d_p$，其中 d_p 的单位是 μm。

二、粉尘分离受力

1. 重力沉降力

重力沉降是指含尘气体中的粉尘在重力作用下自然沉降而得以分离的过程。

静止空气中的单个球形颗粒，在重力作用沉降时，在重力的方向上所受到的作用力有重力 F_G、空气浮力 F_f 和空气阻力 F_D，其合力可表示为：

$$F=F_G-F_f-F_D \tag{5-11}$$

当 $F>0$ 时，颗粒做加速运动。随着颗粒运动速度的增加，气体对颗粒的阻力 F_D 相应增加，使合力 F 值不断减小，直至 $F=0$，此时作用在颗粒上的重力 F_G、浮力 F_f、阻力 F_D 处于平衡状态，颗粒开始做等速运动，这一运动速度称为终末沉降速度，简称沉降速度，以 v_g 表示。

若颗粒的运动属于斯托克斯区域，当 $F=0$ 时，式(5-11) 可表达为：

$$\frac{\pi}{6}d_p^3(\rho_p-\rho)g-3\pi\mu d_p v_s=0$$

所以

$$v_g=\frac{d_p^2(\rho_p-\rho)g}{18\mu}\quad(\text{m/s}) \tag{5-12}$$

由于$\rho_p \gg \rho$，可忽略气体浮力的影响，上式简化为：

$$v_s=\frac{d_p^2\rho_p g}{18\mu}\quad(\text{m/s}) \tag{5-13}$$

对于小颗粒，应修正为：

$$v_g=\frac{d_p^2\rho_p g}{18\mu}C\quad(\text{m/s}) \tag{5-14}$$

式中，C 为坎宁汉滑动修正系数；g 为重力加速度。

如果颗粒以速度 v_g 沉降时，遇到垂直向上的均匀速度 v_w，当 $v_w=v_s$ 时，颗粒将处于悬浮状态，这时的气流速度 v_w 称为悬浮速度。因此，对某一颗粒而言，其沉降速度与悬浮速度两者数值相等，但意义不同。沉降速度是颗粒在重力作用下所能达到的最大速度，而悬浮速度是指上升气流使颗粒悬浮所需的最小速度。如果上升气流速度大于颗粒的悬浮速度，颗粒必然上升；反之，则必然下降。

【例 5-1】 已知某球形粉尘的密度为$\rho_p=2700\text{kg/m}^3$，在 $t=20℃$，$p=101.33\text{kPa}$ 的静止空气中自由沉降，试计算粒径为 1μm 和 50μm 的粉尘的沉降速度。

解： 由 $t=20℃$，$p=101.33\text{kPa}$ 可查得空气的黏度 $\mu=1.81\times10^{-5}\text{Pa}\cdot\text{s}$，且坎宁汉修正数为：

$$C=1+0.165/d$$

对于在 $d_p=1\mu\text{m}$ 的粉尘

$$v_g=\frac{d_p^2\rho_p g}{18\mu}C$$

$$=\frac{(1\times10^{-6})^2\times2700\times9.81}{18\times1.81\times10^{-5}}\times\left(1+\frac{0.165}{1}\right)=9.47\times10^{-5}\quad(\text{m/s})$$

对于在 $d_p=50\mu m$ 的粉尘

$$v_g=\frac{d_p^2\rho_p g}{18\mu}=\frac{(50\times10^{-6})^2\times2700\times9.81}{18\times1.81\times10^{-5}}=0.203\ (m/s)$$

2. 离心沉降力

当含尘气体做曲线运动时，粉尘就受到离心力的作用。粉尘在离心力 F_C 和流体阻力 F_D 的作用下，沿着离心力方向沉降，称为离心沉降。

离心力的大小可表示为：

$$F_C=ma_r=m\frac{v_t^2}{r} \tag{5-15}$$

式中，m 为颗粒的质量，kg；a_r 为离心加速度，m/s^2；v_t 为颗粒的切向速度，m/s；r 为旋转半径，m。

颗粒在离心力的作用下做离心沉降时，同时也受到阻力 F_D 的作用，因此在离心力方向上颗粒所受外力之和为：

$$F=F_C-F_D$$

作用力的方向为远离旋转中心的径向，作用合力使颗粒做加速度运动，逐渐远离旋转中心，与此同时，颗粒所受到的流体阻力也迅速增大，使作用合力逐渐减小，直至为零，即 $F_C=F_D$，则沉降速度达到最大值并保持恒定，该沉降速度称为离心沉降速度，用 v_c 表示。当沉降过程属于斯托克斯区域时，对球形颗粒，有：

$$\frac{\pi d_p^3}{6}\rho_p\frac{v_t^2}{r}=3\pi\mu d_p v_c$$

所以

$$v_c=\frac{d_p^2\rho_p}{18\mu}\times\frac{v_t^2}{r} \tag{5-16}$$

若颗粒运动处于滑流区，则上式应乘以坎宁汉修正系数 C，即：

$$v_c=\frac{d_p^2\rho_p}{18\mu}\times\frac{v_t^2}{r}C \tag{5-17}$$

3. 惯性沉降力

当含尘气体在运动过程中遇到障碍物（如液滴和纤维等）时，气体则产生绕流，而气体中的粉尘因具有一定的质量而存在一定的惯性，在惯性的作用下，粉尘有保持原来运动方向的倾向，这种倾向随粉尘惯性的增大而增加。通常认为，粉尘的粒径越大（即质量越大），运动速度越大。这就使得惯性大的粉尘因保持原来的运动方向而撞到障碍物（除尘技术中称之捕集体）上，为惯性沉降，如图 5-2 中的颗粒 3。图 5-2 中颗粒 5 虽刚避开障碍物，但其表面与障碍物表面接触而被捕集，为拦截或截留。

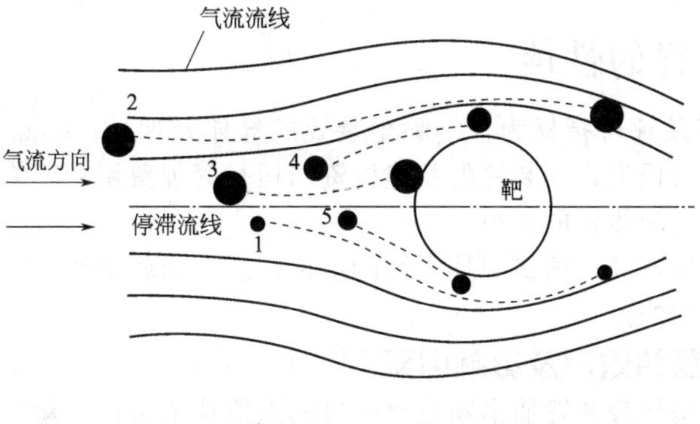

图 5-2　运动气流接近障碍物时的粒子运动

4. 扩散沉降力

微粒的粉尘随气流运动过程中常伴随有布朗运动（即运动轨迹不规则的运动）。由于布朗运动而使微细粉尘撞到捕集体上而被捕集，称为扩散沉降。粉尘的粒径越小，含尘气体的温度越高，则发生扩散沉降的概率越大。

5. 静电沉降力

在电场中流动的含尘气体中粉尘若带有一定极性的静电量时，便会受到静电力的作用，在静电力 F_E 和气流阻力 F_D 的综合作用下粉尘产生的沉降过程称为静电沉降。静电力为：

$$F_E = qE \quad (N) \tag{5-18}$$

式中，q 为颗粒的荷电量，C；E 为颗粒所处位置的电场强度，V/m。

当颗粒所受到的静电力和流体阻力达到平衡时，颗粒的静电沉降速度便达到最大值，习惯上称此速度为驱进速度，用 ω 表示，对于静电沉降属于斯托克斯区域的球形颗粒，其驱进速度为：

$$\omega = \frac{qE}{3\pi\mu d_p} \quad (m/s) \tag{5-19}$$

同样，对于处于滑流区的颗粒的驱进速度应再乘以坎宁汉修正系数 C，即：

$$\omega = \frac{qE}{3\pi\mu d_p} C \tag{5-20}$$

6. 筛分作用

当含尘气体流经网孔或缝隙时，粒径大于网孔和缝隙的粉尘被截留（即被捕集），并使得网孔和缝隙进一步变小，更小粒径的粉尘也会因此而被截留，以上捕尘机理可称之为筛分作用。

7. 凝并作用

粉尘的凝并，是指微细粉尘通过不同途径相互接触（不一定是由于粉尘自身的黏性）而结合成较大颗粒的过程，显然，凝并作用本身并不是一种除尘机理，但它可以使微小的粉尘凝聚增大，有利于采用各种除尘方法去除。

可以用多种途径使微细粉尘产生凝并作用，如紊流凝并、动力凝并、声场凝并等。凝并作用与各种除尘机理联合使用可以获得良好的除尘效果。例如在电除尘器前设置声场凝并装置，可将小于 1μm 的细尘凝并成 1～2μm 甚至更大些的尘粒，以便于被电除尘器捕获。

需要指出的是，工程上常用的各种除尘装置往往不是简单地依靠某一种除尘机理，而是几种除尘机理的综合运用。

三、除尘装置的性能

除尘装置的性能及评价指标为：①除尘装置的气体处理量；②除尘装置的效率及通过率；③除尘装置的压力损失；④装置的基建投资与运行管理费用；⑤装置的使用寿命；⑥装置的占地面积或占用空间体积的大小。

以上六项性能指标，前三项属于技术性能指标，后三项属于经济性能指标。这些性能都是互相关联、互相制约的。

（一）除尘装置的效率及影响因素[2,3]

除尘装置的效率是代表装置捕集颗粒物效果的重要技术指标。除尘效率有以下几种表示方法：

(1) 除尘装置的总效率（η）　系指由除尘装置除下的粉尘量与未经除尘前含尘气体中所含粉尘量的百分比。

(2) 除尘装置的分级效率（η_d）　系指除尘装置对除去某一特定粒径范围的粉尘的去除效果。

下面分别进行阐述并对其影响因素作概括介绍。

1. 除尘装置总效率的表达式

除尘装置的捕尘工作如图 5-3 所示，设进入除尘装置的含尘气体量为 $Q_i(m^3/s)$，粉尘流量为 $S_i(g/s)$，含尘浓度为 $c_i(g/m^3)$；经除尘装置净化后的气体流量为 $Q_o(m^3/s)$，在出口处随净化气体排出的粉尘量为 $S_o(g/s)$，净化后的气体中含尘浓度为 $c_o(g/m^3)$；S_c 为由除尘装置除下的粉尘量。根据除尘装置效率的定义，除尘效率可用下式表示：

$$\eta=\frac{S_c}{S_i}\times 100\% \tag{5-21}$$

如除尘装置无泄漏，则

$$S_c=S_i-S_o \tag{5-22}$$

将式(5-22) 代入式(5-21) 中，可得到：

$$\eta=\left(1-\frac{S_o}{S_i}\right)\times 100\% \tag{5-23}$$

如用含尘浓度和含尘气体流量表示，则由于 $S_o=c_oQ_o$，$S_i=c_iQ_i$，因此

$$\eta=\left(1-\frac{c_oQ_o}{c_iQ_i}\right)\times 100\% \tag{5-24}$$

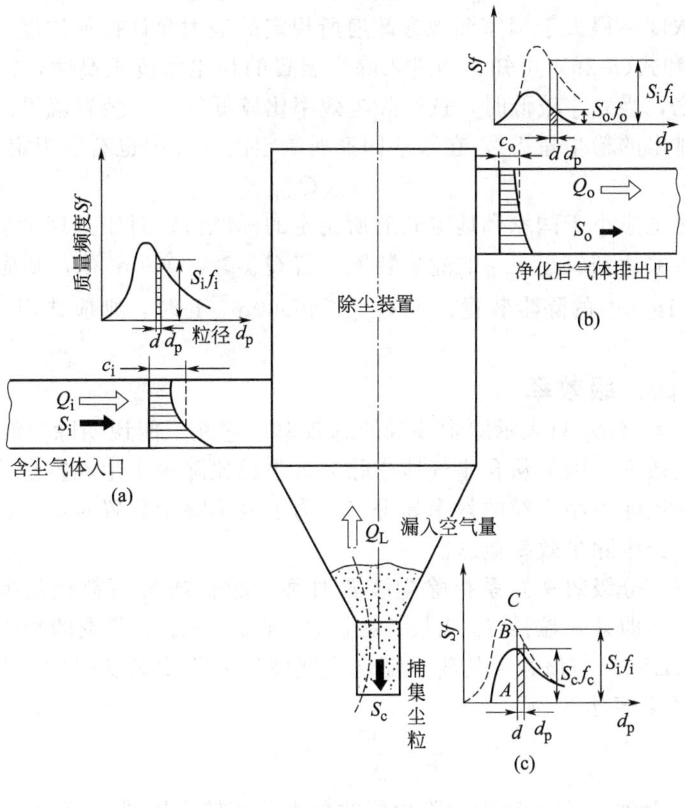

图 5-3　除尘装置的捕尘工作

由于 Q_i、Q_o、c_i 和 c_o 与除尘装置工作状态的温度、压力和湿度等参数有关，在工作压力不高、温度不太低时，为方便除尘装置设计和计算，以及对除尘装置进行评价，需将工作状态下的含尘气体流量及含尘浓度换算成标准状况下的含尘气体流量及含尘浓度，即 Q_{iN}、Q_{oN}、c_{iN} 和 c_{oN}。因此，除尘装置的效率计算式(5-24) 可改写为：

$$\eta=\left(1-\frac{c_{oN}Q_{oN}}{c_{iN}Q_{iN}}\right)\times 100\% \tag{5-25}$$

当气体中含尘浓度不高时，可取 $Q_{iN}\approx Q_{oN}$，则

$$\eta=\left(1-\frac{c_{oN}}{c_{iN}}\right)\times 100\% \tag{5-26}$$

除尘装置的效率也可以用下式表示：

$$\eta=\frac{S_c}{S_i}\times 100\%=\frac{S_c}{S_o+S_c}\times 100\% \tag{5-27}$$

在实验室以人工方法供给粉尘，研究除尘装置的性能时，多用式(5-21) 和式(5-27) 计算效率，而对正在运行的除尘装置测定其除尘效率时，用式(5-25) 和式(5-26) 较为方便。

除尘装置排出口排出的粉尘浓度，可由式(5-25) 导出：

$$c_{oN}=c_{iN}\left(\frac{Q_{iN}}{Q_{oN}}\right)\left(1-\frac{\eta}{100}\right) \tag{5-28}$$

当除尘装置无泄漏时，$Q_{iN}=Q_{oN}$，故排出的粉尘浓度 $c_{oN}(g/m^3)$可由下式计算：

$$c_{oN}=c_{iN}\left(1-\frac{\eta}{100}\right) \tag{5-29}$$

除尘装置排出口的粉尘浓度 c_{oN} 也是除尘装置的一个重要性能指标。经除尘装置净化后的气体，其含尘浓度不得大于国家和地方政府所规定的最大允许排放浓度。

由式(5-28) 和式(5-29) 可知，当进入除尘装置的粉尘浓度很高时，需用除尘效率很高的除尘装置。反之，当 c_{oN} 较低时，选用除尘效率比较低的除尘装置就可以满足要求。

随净化气体排出的粉尘量 S_o，在某些国家所制定的标准中也有所规定。

$$S_o=c_{oN}Q_{oN} \tag{5-30}$$

排出的粉尘量也应小于国家和地方政府所制定的标准值。对于处理含尘气体流量较大的发生源，应使用能够达到较小 c_{oN} 的除尘装置。若 $Q_{oN}>40000m^3/h$，则应选用经除尘净化后气体中 $c_{oN}\leqslant 0.1g/m^3$ 的除尘装置。若 $Q_{oN}<40000m^3/h$ 时，则应选用 $c_{oN}\leqslant 0.2g/m^3$ 的除尘装置。

2. 除尘装置的分级效率

前述的除尘效率（η）只表示除尘装置的总效率，它并不能说明除尘装置对除去某一特定粒径范围的除尘效率。因为从含尘气体中除去大尘粒比除去小尘粒容易得多，因而用同一除尘器除去大尘粒比除去小尘粒的效率高得多。为了表示除尘装置对不同粒径范围粉尘的去除效率，而引用了分级除尘效率概念。

分级除尘效率（分级效率）系指除尘装置对某一粒径或某一粒径范围 d_p 至 $d_p+\Delta d_p$ 粉尘的去除效率。亦即某一粒径 d_p 或某一粒径 d_p 至 $d_p+\Delta d_p$ 范围的粉尘，由除尘装置收下时的质量流量（ΔS_c）与该粒径的粉尘随含尘气体进入除尘装置时的质量流量 ΔS_i 之比，并以η_d 表示，其数学表达式为：

$$\eta_d=\frac{\Delta S_c}{\Delta S_i}\times 100\% \tag{5-31}$$

应用式(5-31) 计算正在运转中的除尘器的分级效率较为困难，因为 ΔS_c 和 ΔS_i 不易测量，为此，需对式(5-31) 加以变换。

根据频数分布的概念可知：

$$\Delta S_c = S_c \times \Delta R_c \tag{5-32}$$

$$\Delta S_i = S_i \times \Delta R_i \tag{5-33}$$

将式(5-32) 和式(5-33) 代入式(5-31) 中，则得：

$$\eta_d = \frac{S_c \times \Delta R_c}{S_i \times \Delta R_i} \times 100\% \tag{5-34}$$

由于

$$\frac{S_c}{S_i} = \eta \tag{5-35}$$

则

$$\eta_d = \eta \frac{\Delta R_c}{\Delta R_i} \times 100\% \tag{5-36}$$

式(5-36) 是分级效率与总效率及进入和收下粉尘相对频数之间的关系式。除尘器的总效率可通过实测获得，进入和收下粉尘的相对频数 ΔR_i 和 ΔR_c 可由粉尘分散度实验测试获得。显然，应用式(5-36) 计算除尘器的分级效率较为方便。

若将式(5-34) 的分子分母同除以相同粒径范围 Δd_p，则得：

$$\eta_d = \frac{S_c \dfrac{\Delta R_c}{\Delta d_p}}{S_i \dfrac{\Delta R_i}{\Delta d_p}} \times 100\% = \frac{S_c f_c}{S_i f_i} \times 100\% \tag{5-37}$$

上式也可写成：

$$\eta_d = \eta \frac{f_c}{f_i} \tag{5-38}$$

式(5-37) 中的 $S_c f_c$ 为收下粉尘在 Δd_p 粒径范围的质量频度，而 $S_i f_i$ 为进入除尘器含尘气体中的相同 Δd_p 粒径范围粉尘的质量频度。用式(5-37) 和图 5-3(c) 所示的质量频度分布曲线图计算除尘器的分级效率就更为简便。除尘装置的分级效率即为图 5-3(c) 中 $\overline{AB}$ 与 $\overline{AC}$ 线段之比。

此外，除尘器的分级效率还可根据除尘器排出口排出粉尘的质量频度分布 $f_o S_o$ 或频度分布 f_o 与进入除尘器气体中粉尘的质量频度分布 $S_i f_i$ 或频度分布 f_i 来计算。

如图 5-3 所示，对某一粒径 d_p 至 $d_p + \Delta d_p$ 之间的粉尘作物料衡算，可知：

$$S_o f_o = (S_i - S_c) f_o = S_i f_i - S_c f_c \tag{5-39}$$

等式两边同除以 S_i，则得：

$$\left(1 - \frac{S_c}{S_i}\right) f_o = f_i - \frac{S_c}{S_i} f_c$$

因为

$$\frac{S_c}{S_i} = \eta$$

故

$$(1-\eta) f_o = f_i - \eta f_c \tag{5-40}$$

将式(5-38) 代入式(5-40) 中，可得：

$$\eta_d = 1 - (1-\eta) \frac{f_o}{f_i} \tag{5-41}$$

由前面所推导的计算式可知，在已知η 和 f_i、f_o、f_c 中的任意两值时，可分别按式(5-38) 和式(5-41) 计算出分级效率 (η_d)。

一般说来，粉尘越细其分离效率及分离速度就越小。除尘器的分级效率与除尘装置的种类、结构、气流流动状况以及粉尘的密度和粒径等因素有关。对于旋风除尘器和湿式洗涤式除尘器分级效率与粒径的关系，可用下述指数函数表示：

$$\eta_d = 1 - \exp(-\alpha d_p^m) \tag{5-42}$$

式中右边的第一项是相应于粒径为 d_p 的粉尘流入量，第二项是该粉尘的散失比，粒径 d_p 的系数 α 与幂指数 m 是由粉尘粒径、气体的性质、除尘器的类型和运行状态所决定的实验常数。α 值越大，粉尘散逸量越少，除尘装置分级效率就越高。对于旋风除尘器，$m=0.65\sim2.30$；对于湿式洗涤式除尘器，$m=1.5\sim4.0$。m 值越大，说明粒径 d_p 对 η_d 的影响越大。

在研究旋风除尘器和洗涤式除尘器的性能时，将分级效率为 50%时的粒径称为分离临界粒径，并用 d_c 表示。由式(5-42) 可知：

$$0.5=1-\exp(-\alpha d_c^m) \tag{5-43}$$

移项整理

$$0.5=\exp(-\alpha d_c^m) \quad \alpha=\frac{\ln 2}{d_c^m}=\frac{0.693}{d_c^m} \tag{5-44}$$

将式(5-44) 代入式(5-42) 中，则得到分级效率与临界粒径的关系：

$$\eta_d=1-\exp\left[-\ln 2\left(\frac{d_p}{d_c}\right)^m\right]=1-\exp\left[-0.693\left(\frac{d_p}{d_c}\right)^m\right] \tag{5-45}$$

3. 粒径分布与除尘总效率的关系

借助图 5-4 推导粉尘粒径分布与除尘效率的关系式。此图是粒径-质量频度分布图。图上除绘有进入除尘器粉尘的粒径-质量频度分布曲线 i 和捕集粉尘的粒径-质量频度分布曲线 c 外，还绘有除尘装置的分级效率曲线。

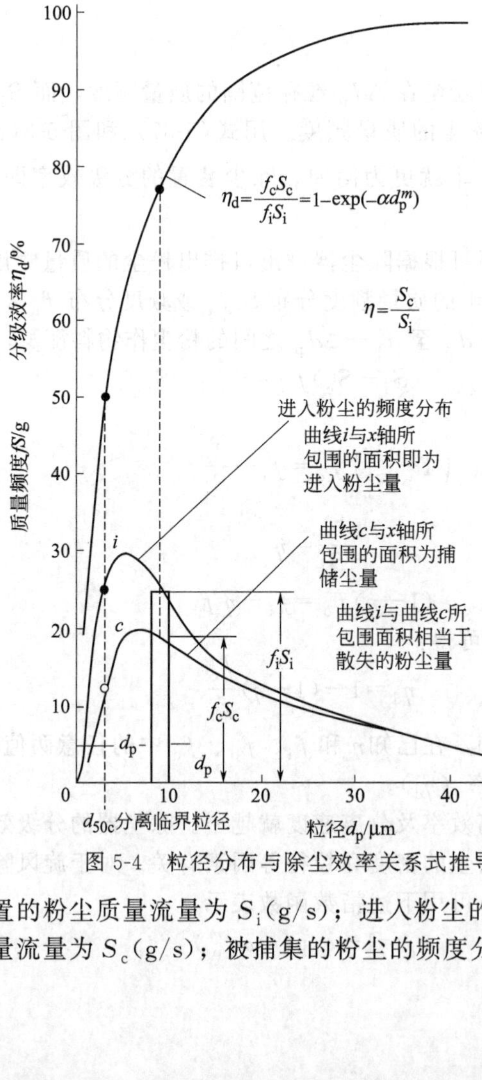

图 5-4 粒径分布与除尘效率关系式推导说明

设进入除尘装置的粉尘质量流量为 S_i(g/s)；进入粉尘的频度分布为 f_i(%/μm)；被除尘器捕集的粉尘质量流量为 S_c(g/s)；被捕集的粉尘的频度分布为 f_c(%/μm)；则除尘装置

捕集总粉尘量为$\int_0^\infty S_c f_c \mathrm{d}d_p$。

由除尘器总效率定义可得：

$$\eta=\frac{S_c}{S_i}=\frac{\int_0^\infty S_c f_c \mathrm{d}d_p}{S_i} \tag{5-46}$$

又由式(5-38）知：

$$f_c=f_i\frac{\eta_d}{\eta} \tag{5-47}$$

将式(5-47）代入式(5-46）中，得：

$$\eta=\eta\int_0^\infty\frac{f_i\eta_d \mathrm{d}d_p}{\eta}=\int_0^\infty f_i\eta_d \mathrm{d}d_p \tag{5-48}$$

频度分布f_i（d_p）可由下式导出：

$$f_i=-\frac{\mathrm{d}R}{\mathrm{d}d_p}=\frac{\mathrm{d}D}{\mathrm{d}d_p}$$

$$R=100\exp(-\beta d_p^n)\%$$

即：

$$f_i=-\frac{\mathrm{d}R}{\mathrm{d}d_p}=-\frac{\mathrm{d}}{\mathrm{d}d_p}\left[\exp\left(-\beta d_p^n\right)\right]=n\beta d_p^{n-1}\exp\left(-\beta d_p^n\right) \tag{5-49}$$

将式(5-42）和式(5-49）代入式(5-48）中，得：

$$\begin{aligned}\eta&=\int_0^\infty n\beta d_p^{n-1}\exp(-\beta d_p^n)[1-\exp(-\alpha d_p^m)]\mathrm{d}d_p\\&=1-\beta n\int_0^\infty d_p^{n-1}\exp[-(\beta d_p^n+\alpha d_p^m)]\mathrm{d}d_p\end{aligned} \tag{5-50}$$

假若流入粉尘的粒径分布指数n和式(5-52）中分级除尘效率的指数m数值相等，对式(5-50）积分，可得：

$$\eta=1+\frac{\beta}{\alpha+\beta} \tag{5-51}$$

由式(5-44）可得：

$$\alpha=\frac{\ln 2}{d_c^m}\qquad\beta=\frac{\ln 2}{d_{50}^n} \tag{5-52}$$

将流入粉尘的中位径d_{50}改写为d_{50R}，除尘装置的分离临界粒径符号d_c改作d_{50c}，则式(5-52）中的α和β分别为：

$$\alpha=\frac{\ln 2}{d_{50c}^k} \tag{5-53}$$

$$\beta=\frac{\ln 2}{d_{50R}^k} \tag{5-54}$$

将式(5-53）和式(5-54）代入式(5-51）中，则：

$$\eta=1-\frac{1}{1+\left(\frac{d_{50R}}{d_{50c}}\right)^k} \tag{5-55}$$

分离临界粒径d_{50c}为：

$$d_{50c}=d_{50R}\left(\frac{1}{\eta}-1\right)^{1/k} \tag{5-56}$$

如果能知道含尘气体中的中位径d_{50R}和分布指数（$n=k$），满足希望达到除尘效率

(η)的除尘装置的分离临界粒径 d_{50c} 可由上式求出。有关 d_{50c} 值与除尘装置的设计及其运转条件(气体量、粉尘浓度、含水率等)的关系,将在后面讲述。

图 5-5 的除尘效率是以式(5-55)的指数 k 为参变数,取用不同的 $\frac{d_{50R}}{d_{50c}}$ 所计算出的除尘效率而绘制的。在这个图上,还记入了以不同符号为标志的,有关离心式除尘装置和洗涤式除尘装置的除尘效率的实验数据。尽管除尘装置结构复杂,并伴有凝集作用,但理论计算出的除尘效率和实验所取得的数据还是很接近的。

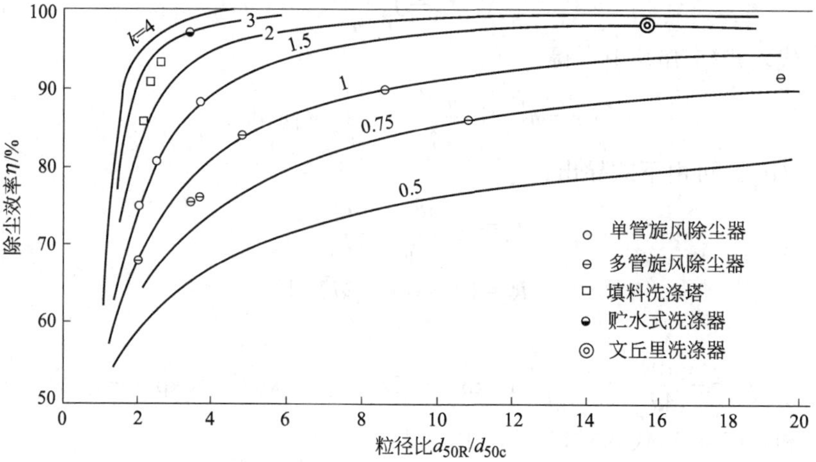

图 5-5 除尘效率 $\eta=1-\frac{1}{1+\left(\frac{d_{50R}}{d_{50c}}\right)^k}$ 的计算线图和实验数据

4. 实验处理气体量和除尘效率的关系

若除尘装置实际处理的气体量(Q)与额定的气体量(Q_n)不同时,除尘装置实际工作效率(η)与原设计额定除尘效率(η_n)就有所误差。这个误差与除尘器的形式、粉尘的性质有关。图 5-6 示出实际处理气体量偏离额定气体量时,各种除尘器的除尘效率的变化情况。由图中曲线可知,离心式除尘器和洗涤式除尘器的效率(η)随处理气体量(Q)的值增加而增加,而袋式除尘器和静电除尘器的效率(η)随处理气体量(Q)的增加而减少。

应当指出,利用图 5-6 对不同除尘装置的结构及所处理粉尘的性质不一样,所以无法进行相互比较。利用这个图只能说明,不同除尘装置的实际处理气体量偏离原设计的额定处理气体量时其除尘效率的变化。

5. 粉尘浓度与除尘效率的关系

对于袋式除尘器,如果增大所处理含尘气体的含尘浓度,除尘器的工作压力将随时间的延长而成比率地增大。但是,在这类除尘器中,由于滤材表面上有事先黏附好、比较坚牢的初过滤层,所以粉尘浓度的变化对效率的影响不大。

在电除尘器中,增大含尘浓度会使集尘极上粉尘层的形成加快,促使清灰次数增加。而每次清灰时,已收集在集尘极上的粉尘,会有部分粉尘再次飞扬到气体中(又称二次飞扬),降低除尘器的收尘量,因而相应地降低了电除尘器的除尘效率。此外,还由于粉尘浓度增加,在电场强度保持恒定的情况下,各种粉尘的荷电量减少,从而也会降低除尘器的效率。

对于旋风除尘器,粉尘浓度增大到一定限度时,除尘器的效率随粉尘浓度的增加而增大,当粉尘浓度增大到一定程度之后,除尘效率随浓度增加而逐渐减少。

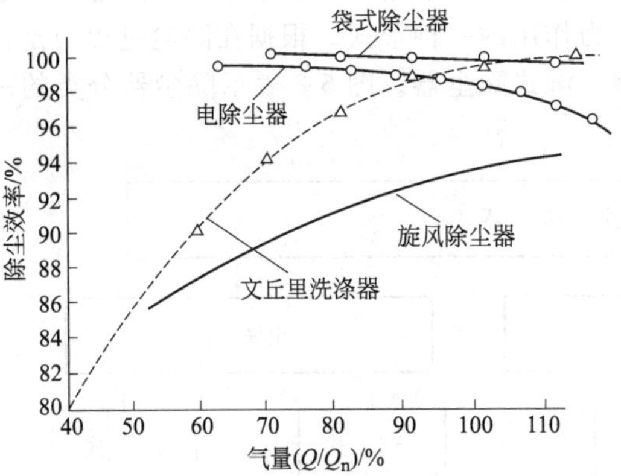

图 5-6　实际处理气体量偏离额定气体量时，除尘效率的变化

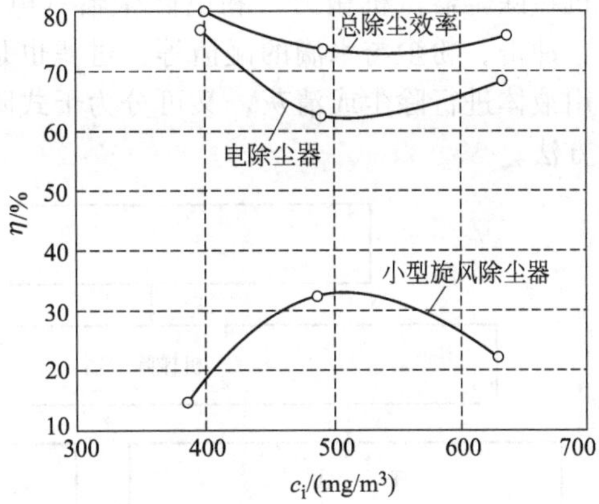

图 5-7　电除尘器和小型旋风除尘器的除尘效率与含尘浓度的关系

图 5-7 是用小型旋风除尘器和电除尘器去除烟气中氧化铁（Fe_2O_3）粉尘的实验数据而绘制的。由该图可知，进入除尘器的氧化铁粉尘浓度（c_i）在 $0.5g/m^3$ 以下时，电除尘器的除尘效率随粉尘浓度（c_i）值增大而降低；而小型旋风除尘器的除尘效率，随粉尘浓度（c_i）值的增大先增高而后降低。

6. 除尘器串联运行时的总除尘效率

当使用一级除尘装置达不到除尘要求时，通常用两个或两个以上的除尘装置串联起来，形成多级除尘装置，其总除尘效率用$\eta_{总}$ 表示，则：

$$\eta_{总}=1-(1-\eta_1)(1-\eta_2)\cdots(1-\eta_n) \tag{5-57}$$

式中，η_1，$\eta_2\cdots\eta_n$ 分别为第 1，2…n 级除尘装置的单级效率。

（二）除尘装置的通过率

除尘装置的除尘通过率系指没有被除尘装置除下的粉尘量占进入除尘装置前粉尘量的百分比，一般用 P 来表示。

根据 P 的定义可知（参见图 5-3）：

$$P=\frac{S_o}{S_i}\times100\%$$

因为 $S_o=S_i-S_c$，$\frac{S_c}{S_i}=\eta$，故

$$P=\frac{S_i-S_c}{S_i}\times100\%=\left(1-\frac{S_c}{S_i}\right)\times100\%$$

即

$$P=1-\eta \tag{5-58}$$

对于烟气除尘装置来说，可用 P 值的大小来评价除尘装置效果的好坏。P 值越小，说明除尘装置的除尘效果越好；反之，P 值越大，除尘效果愈不好。如在同一条件下，处理同一种烟气，采用两个不同效率的除尘装置，一个 $\eta_1=95\%$，另一个 $\eta_2=90\%$，从它们的除尘效果来看，$P_1=1-0.95=5\%$，$P_2=1-0.9=10\%$，显然后一个除尘装置没有被除掉的粉尘量比前一个高一倍，即效率为 90%的除尘器的除尘效果比效率为 95%的低一半。

四、除尘器的分类

由于生产的需要，在实践中采用了多种多样的除尘器。根据除尘机理不同，除尘器可分

为机械除尘器（机械力）和电除尘器（电力）两大类。在机械力中有重力、惯性力、离心力、冲击、粉尘与水滴的碰撞等。过滤也是机械力作用的一种形式。根据在除尘过程中是否采用液体进行除尘或清灰，又可分为干式除尘器、湿式除尘器。图 5-8 表示除尘器分类的一种方法。

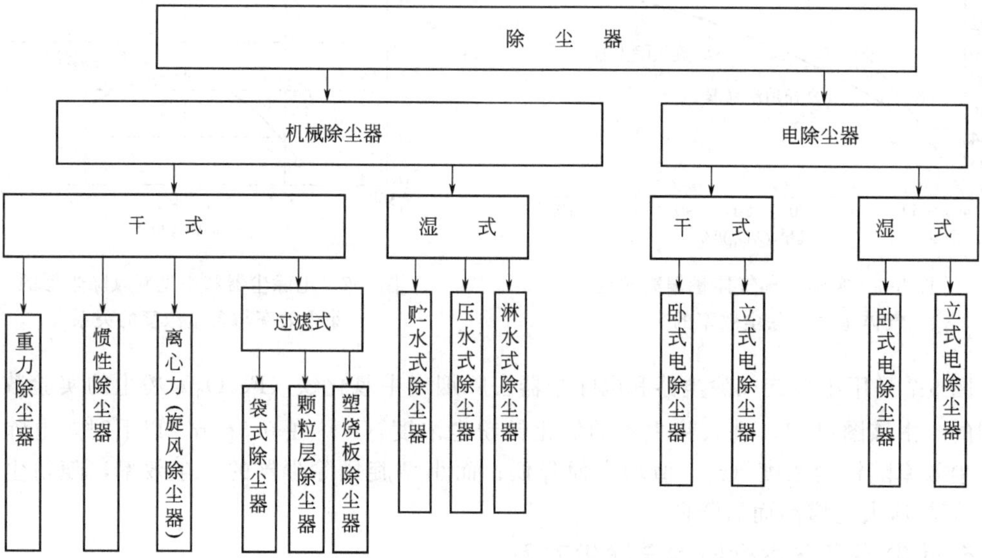

图 5-8 除尘器的分类

除上述分类方法外，习惯上将除尘器分为四大类。

(1) 机械除尘器 包括重力除尘器、惯性除尘器和旋风除尘器等，这类除尘器的特点是结构简单、造价低、维护方便，但除尘效率不很高，往往用作多级除尘系统中的前级预除尘。

(2) 过滤式除尘器 包括袋式除尘器和颗粒层除尘器等，其特点是以过滤机理作为除尘的主要机理。根据选用的滤料和设计参数不同，袋式除尘器的效率可达很高（99.9%以上）。

(3) 湿式除尘器 包括低能湿式除尘器和高能文氏管除尘器。这类除尘器的特点是主要用水作为除尘的介质。一般来说，湿式除尘器的除尘效率高。当采用文氏管除尘器时，对微细粉尘去除效率仍可达 99.9%以上，但所消耗的能量较高。湿式除尘器的主要缺点是会产生污水，需要进行处理，以消除二次污染。

(4) 电除尘器 即用电力作为捕尘的机理。有干式电除尘器（干法清灰）和湿式电除尘器（湿法清灰）。这类除尘器的特点是除尘效率高（特别是湿式电除尘器），消耗动力少；主要缺点是耗钢材多，投资高。

这种分类虽然没有上述分类（见图 5-8）完善，但比较方便，易于接受。

在实际的除尘器中，往往综合了几种除尘机理的共同作用。例如卧式旋风除尘器中，有离心力的作用，同时还兼有冲击和洗涤作用。特别是近年来为了提高除尘器的效率，研制了多种多机理的除尘器，如用静电强化的除尘器、电袋复合式除尘器等。因此以上的分类是有条件的，是指其中起主导作用的除尘机理。

五、除尘器的选择

选择除尘器时必须全面考虑多种因素，进行综合的环境经济评价。首先是要达到国家或地方规定的排放标准，在这个前提下还要综合考虑以下几个因素，即：效果好，无二次污染，成本低（费用低），维持管理方便，简便易行。

1. 必须满足国家或地方规定的排放标准

污染物排放标准包括以浓度控制为基础规定的排放标准，以及总量控制标准。排放标准有时空限制，锅炉或生产装置安装建立的时间不同，排放标准不同；所在的功能区不同，排放标准的要求也不同。当除尘器排放口在车间时，排放浓度应不高于车间容许浓度。

2. 除尘效果好

要达到除尘效果好，首先根据粉尘的物理性质、颗粒大小及分布、废气含尘量的初始浓度、废气的温度等，选择性能符合要求、除尘效率高的除尘器。

例如黏性大的粉尘容易黏结在除尘器表面，不宜采用干法除尘；比电阻过大和过小的粉尘，不宜采用静电除尘；纤维性或憎水性粉尘不宜采用湿法除尘。

不同的除尘器对不同粒径的粉尘的除尘效率是完全不同的，选择除尘器时必须首先了解欲捕集粉尘的粒径分布。根据除尘器的除尘分级效率和除尘要求选择适当的除尘器。

气体的含尘浓度较高时，在电除尘器或袋式除尘器前应设置低阻力的初净化设备，去除粗大尘粒，以更好地发挥其作用。例如，降低除尘器入口的含尘浓度，可以提高袋式除尘器的过滤风速，可以防止电除尘器产生电晕密闭；对湿式除尘器则可以减少泥浆处理量，节省投资及减少运转和维修工作量。一般说，为减少喉管的磨损以防止喷嘴的堵塞，对文丘里、喷淋塔等湿式除尘器，希望气体含尘浓度在 $10g/m^3$ 以下。袋式除尘器的理想气体含尘浓度为 $0.2\sim10g/m^3$，电除尘器希望气体含尘浓度在 $30g/m^3$ 以下。

对于高温、高湿的气体不易采用袋式除尘器。如果烟气中同时含有 SO_2、NO_x 等气态污染物，可以考虑采用湿式除尘器，但是必须注意腐蚀问题。

3. 无二次污染

除尘过程并不能消除颗粒污染物，只是把废气中的污染物转移为固体废物（如干法除尘）和水污染物（如湿法除尘造成的水污染），所以，在选择除尘器时，必须同时考虑捕集粉尘的处理问题。有些工厂工艺本身设有泥浆废水处理系统，或采用水力输灰方式，在这种情况下可以考虑采用湿法除尘，把除尘系统的泥浆和废水归入工艺系统。

4. 成本低（一次性投资和运行费用低）

在污染物排放达到环境标准的前提下，要考虑到经济因素，即选择环境效果相同而费用最低的除尘器。

在选择除尘器时还必须考虑设备的位置、可利用的空间、环境因素等，设备的一次投资（设备、安装和工程等）以及操作和维修费用等经济因素也必须考虑。此外，还要考虑到设备操作简便，便于维护、管理。

第二节　机械式除尘器

一、重力除尘器

重力除尘设备是粉尘颗粒在重力作用下而沉降被分离的除尘设备。利用重力除尘是一种最古老最简易的除尘方法。重力沉降除尘装置称为重力除尘器又称沉降室，其主要优点是：①结构简单，维护容易；②阻力低，一般约为 50～150Pa，主要是气体入口和出口的压力损失；③维护费用低，经久耐用；④可靠性优良，很少有故障。它的缺点是：①除尘效率低，一般只有 40%～50%，适于捕集大于 50μm 粉尘粒子；②设备较庞大，适合处理中等气量的常温或高温气体，多作为多级除尘的预除尘使用。由于它的独特优点，所以在许多场合都有应用。当尘量很大或粒度很粗时，对串联使用的下一级除尘器会产生有害作用时，先用重力除尘器预先净化是特别有利的。

重力除尘设备种类很多而且形式差异较大，所以构造性能也有许多不同，是一种依靠重力作用使含尘气体中颗粒物自然沉降达到除尘目的的设备。

（一）重力除尘器的分类

依据气流方向，内部的挡板、隔板不同分为以下几种。

1. 按气流方向不同分类[2]

重力除尘器依据气流方向不同分成以下两类。

（1）水平气流重力除尘器　水平气流重力除尘器又称沉降室，如图 5-9 所示。当含尘气体从管道进入后，由于截面的扩大，气体的流速减慢，在流速减慢的一段时间内，尘粒从气流中沉降下来并进入灰斗，净化后的气体就从除尘器另一端排出。

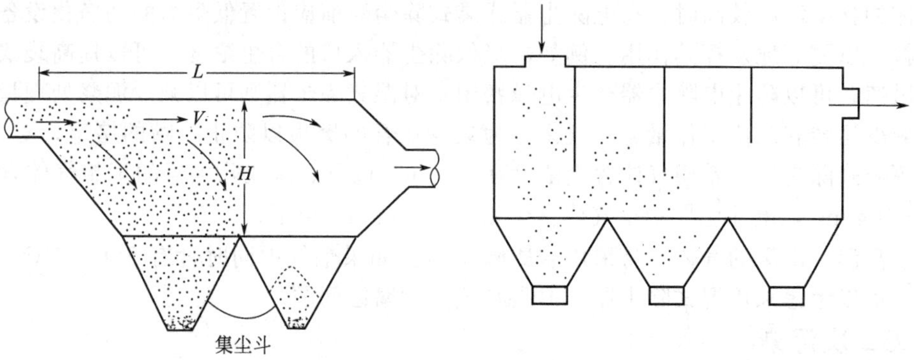

(a) 水平入口　(b) 上部入口

图 5-9　矩形截面水平气流重力除尘器

（2）垂直气流重力除尘器　垂直气流重力除尘器如图 5-10 所示。工作时，当含尘气体从管道进入除尘器后，由于截面扩大降低了气流速度，沉降速度大于气流速度的尘粒就沉降下来。垂直气流重力除尘器按进气位置又分为上升气流式和下降气流式，如图 5-10 所示。

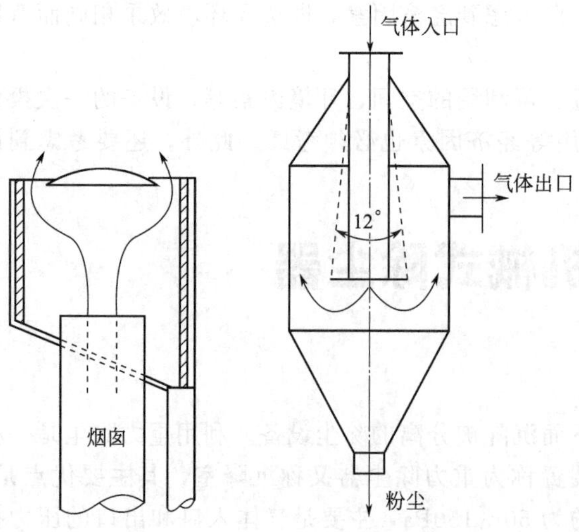

(a) 上升气流式　(b) 下降气流式

图 5-10　垂直气流重力除尘器

2. 内部有无挡板分类

重力除尘器内部构造可以分为有挡板式重力除尘器和无挡板式重力除尘器两类，有挡板式还可分为直平挡板和人字挡板两种。

（1）无挡板式重力除尘器　如图 5-11 所示，在除尘器内部不设挡板的重力除尘器构造简单，便于维护管理，但体积偏大，除尘效率略低。

（2）有挡板式重力除尘器　如图 5-12 所示，有挡板的重力除尘器有两种挡板，一种是垂直挡板，垂直挡板的数量为 1～4 个；一种是人字挡板，一般只设

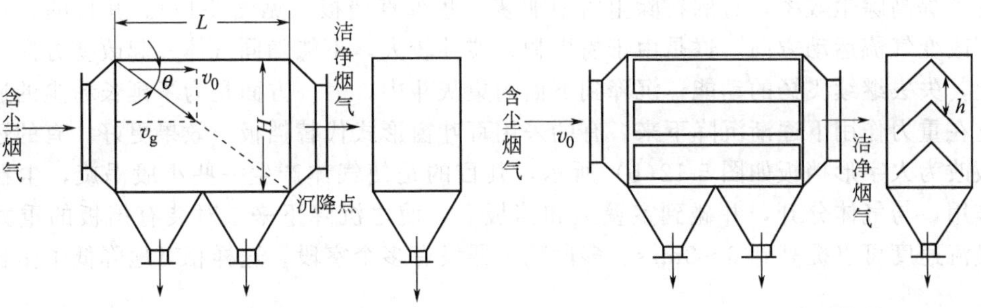

(a) 单层无挡板式 (b) 多层无挡板式

图 5-11 无挡板式重力除尘器

v_0—基本流速；v_g—沉降速度；L—长度；H—高度

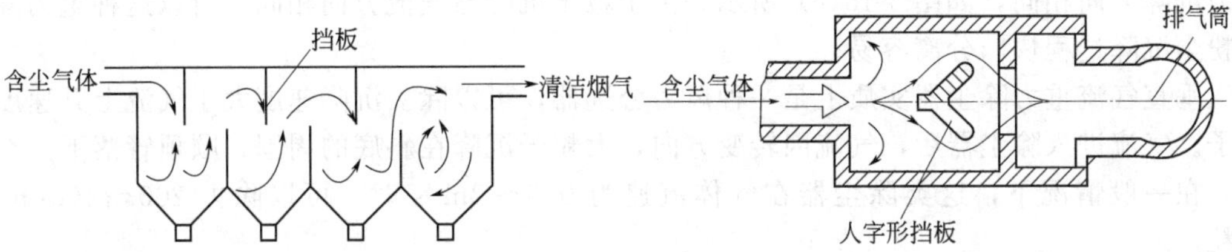

(a) 垂直挡板 (b) 人字形挡板

图 5-12 装有挡板的重力除尘器

1 个。由于挡板的作用，可以提高除尘效率，但阻力相应增大。

3. 按有无隔板分类

按重力除尘器内部有无隔板可分为有隔板重力除尘器和无隔板重力除尘器，有隔板除尘器又分为水平隔板重力除尘器和斜隔板重力除尘器。

(1) 无隔板除尘器 如图 5-9 所示。

(2) 隔板式多层重力除尘器 图 5-13 是水平隔板式多层除尘器，即霍华德（Howard）多层沉尘室。图 5-14 是斜隔板多层重力除尘器。斜隔板有利于烟尘排出。

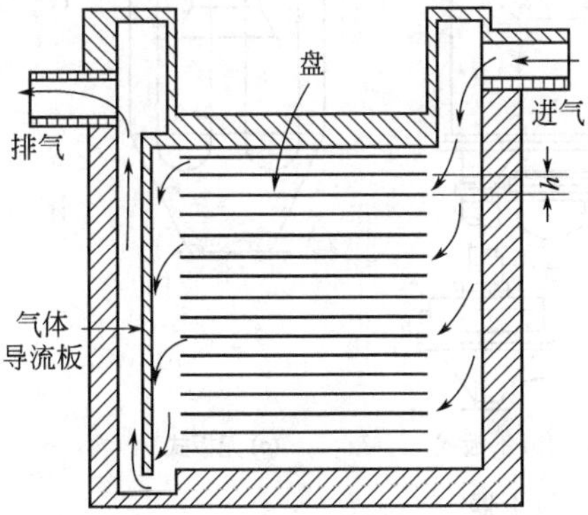

图 5-13 水平隔板式多层重力除尘器

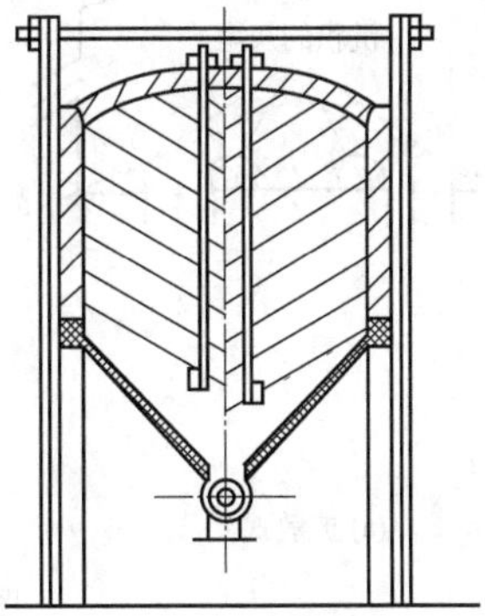

图 5-14 斜隔板多层重力除尘器

（二）重力除尘器的构造[2,3]

1. 水平气流重力除尘器

如图 5-11 和图 5-12 所示，水平气流重力除尘器其主要由室体、进气口、出气口和灰斗组成。含尘气体在室体内缓慢流动，尘粒借助自身重力作用被分离而捕集起来。

为了提高除尘效率，有的在除尘器中加装一些垂直挡板（见图 5-12）。其目的，一方面是为了改变气流运动方向，这是由于粉尘颗粒惯性较大，不能随同气体一起改变方向，撞到挡板上，失去继续飞扬的动能，沉降到下面的集灰斗中；另一方面是为了延长粉尘的通行路程使它在重力作用下逐渐沉降下来。有的采用百叶窗形式代替挡板，效果更好。有的还将垂直挡板改为人字形挡板如图 5-12(b) 所示，其目的是使气体产生一些小股涡旋，尘粒受到离心作用，与气体分开，并碰到室壁上和挡板上，使之沉降下来。对装有挡板的重力除尘器，气流速度可以提高到 6～8m/s。多段除尘器设有多个室段，这样相对地降低了尘粒的沉降高度。

2. 垂直气流重力除尘器

垂直气流重力除尘器有两种结构形式：一种是入口含尘气流流动方向与粉尘粒子重力沉降方向相反，如图 5-15(a)、图 5-15(b) 所示，另一种是入口含尘气流流动方向与粉尘粒子重力沉降方向相同，如图 5-15(c) 所示，由于粒子沉降与气流方向相同，所以这种重力除尘器粉尘沉降过程快，分离容易。

垂直气流重力除尘器实质上是一种风力分选器，可以除去沉降速度大于气流上升速度的粒子。气流进入除尘器后，气流因转变方向，大粒子沉降在斜底的周围，顺顶管落下。

在一般情况下，这类除尘器在气体流速为 0.5～2m/s 时，可以除去 200～400μm 的尘粒。

图 5-15(a) 是一种有多个入口的简单除尘器，尘粒扩散沉降在入口的周围，应定期停止排尘设备运转，以清除积尘。

图 5-15(b) 是一种常用的气流方向与粉尘沉降方向不同的重力除尘器。这种重力除尘器与惯性除尘器的区别在于前者不设气流叶片，除尘作用力主要是重力。

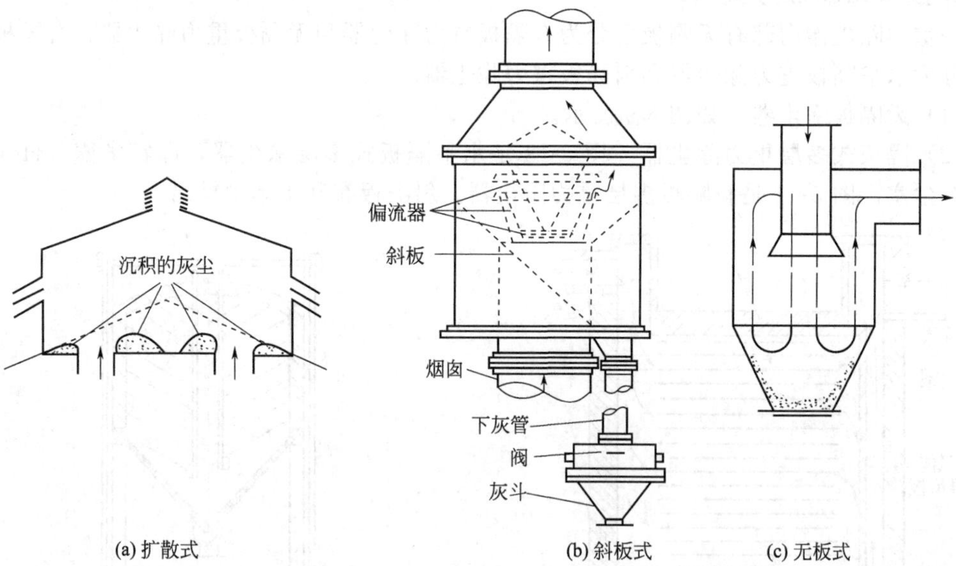

图 5-15 垂直气流重力除尘器

3. 结构改进

针对工业上重力除尘器存在结构单一、进口位置不够合理、粉尘颗粒不能有效地沉降等问题，根据除尘机理，对重力除尘器进行了改进，提出了把垂直气流重力除尘器由传统中心进气变为锥顶进气、加旋流板、加挡板的方法。

(1) 由传统的中心进气变为锥顶进气 图 5-16 为改造后的锥顶进气重力除尘器。此除尘器多了两个“牛角”管，进气口设在两个“牛角”管的胶合处，而出气口设在除尘器的中心。由于进气方式的改变，含尘气体在除尘器内部产生旋流，很好地利用了旋风除尘的除尘方法，使除尘率提高。

（2）加旋流板　在图 5-16 的锥顶进气重力除尘器两个进气口末端分别加两个具有一定角度的旋流板，使气流刚刚进入除尘器主体就紧贴着除尘器器壁旋转下滑，直至运动到除尘器底部。这种气流流动方式更好地应用了旋风除尘的除尘方法。粉尘颗粒紧贴除尘器外壁做旋转下滑运动，增加了其与除尘器器壁的接触距离，有效地降低了尘粒所具有的能量，低能量的尘粒被捕集的机会大大提高。

（3）加挡板　在各种除尘器底部加 45°倒圆台形挡板，如图 5-17 所示。挡板的加入改变了含尘气体在除尘器底部的流动状态，有效阻止已经沉积下来的尘粒被气流卷出除尘器，降低了沉降尘卷起率，从而增加了除尘器的除尘效率。

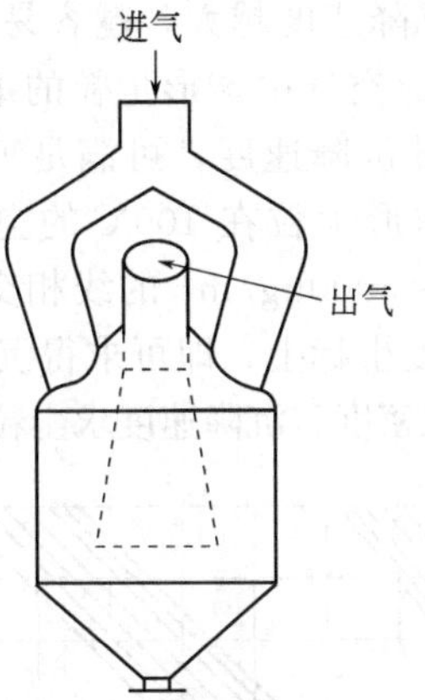

图 5-16　锥顶进气重力除尘器

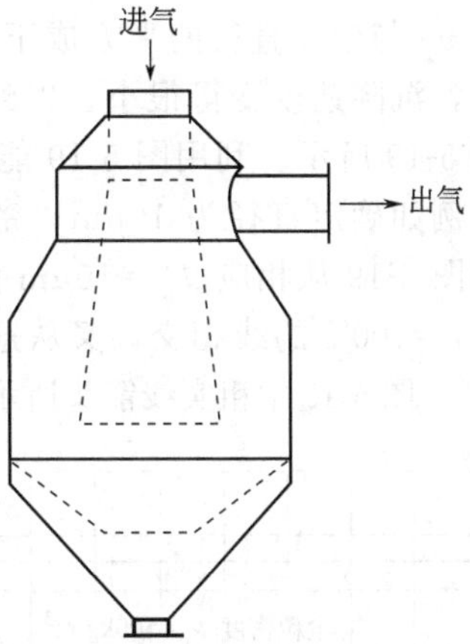

图 5-17　中心进气加挡板重力除尘器

（三）重力除尘器的工作原理

重力沉降是最简单的分离颗粒物的方式。颗粒物的粒径和密度越大，越容易沉降分离。

1. 粉尘的重力沉降

当气体由进风管进入重力除尘器时，由于气体流动通道断面积突然增大，气体流速迅速下降，粉尘便借本身重力作用，逐渐沉落，最后落入下面的集灰斗中，经输送机械送出。

图 5-18 为含尘气体在水平流动时，直径为 d_p 的粒子的理想重力沉降过程示意。

由重力而产生的粒子沉降力 F_g 可用下式表示。

$$F_g=\frac{\pi}{6}d_p^3(\rho_p-\rho_a)g \quad (5\text{-}59)$$

式中，F_g 为粒子沉降力，kg·m/s；d_p 为粒子直径，m；ρ_p 为粒子密度，kg/m^3；ρ_a 为气体密度，kg/m^3；g 为重力加速度，m/s^2。

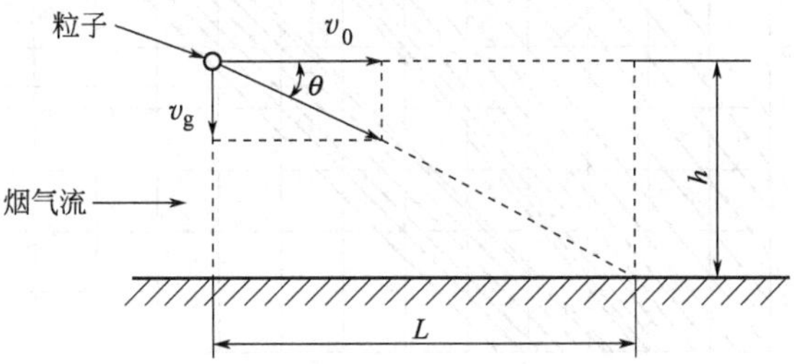

图 5-18　粉尘粒子在水平气流中的理想重力沉降过程示意

假设粒子为球形，粒径在 3～100μm，且在斯托克斯定律的范围内，则粒子从气体中分离时受到的气体黏性阻力 F 为：

$$F=3\pi\mu d_p v_g \quad (5\text{-}60)$$

式中，F 为气体阻力，Pa；μ 为气体黏度，Pa·s；d_p 为粒子直径，m；v_g 为粒子分离速度，m/s。

含尘气体中的粒子能否被分离取决于粒子的沉降力和气体阻力的关系，即 $F_g=F_0$，由此得出粒子分离速度 v_g 为：

$$v_g=\frac{d_p^2(\rho_p-\rho)g}{18\mu} \tag{5-61}$$

当尘粒在空气中沉降时，因$\rho_p \gg \rho$，上式可简化为：

$$v_g=\frac{g\rho_p d_p^2}{18\mu}$$

此式称斯托克斯公式。由式(5-61) 可以看出，粉尘粒子的沉降速度与粒子直径、尘粒体积质量及气体介质的性质有关。当某一种尘粒在某一种气体中，处在重力作用下，尘粒的沉降速度 v_g 与尘粒直径的平方成正比。所以粒径越大，沉降速度越大，越容易分离。反之，尘粒越小，沉降速度变得很小，以致没有分离的可能。层流空气中球形尘粒的重力自然沉降速度如图 5-19 所示。利用图 5-19 能简便地查到球形尘粒的沉降速度，可满足工程计算的精度要求。例如确定直径为 10μm、密度为 5000kg/m³ 的球形尘粒在 100℃ 的空气中沉降速度。利用图 5-19 从相应 $d_p=10\mu m$ 的点引一水平线与$\rho_p=5000kg/m^3$ 的线相交，从交点做垂直线与 $t=100℃$ 的线相交，又从这个交点引水平线至速度坐标上，即可求得沉降速度 $v_g=0.0125m/s$。图 5-19 中粗实线箭头所示为已知空气温度、尘粒密度和沉降速度求尘粒直径的过程。

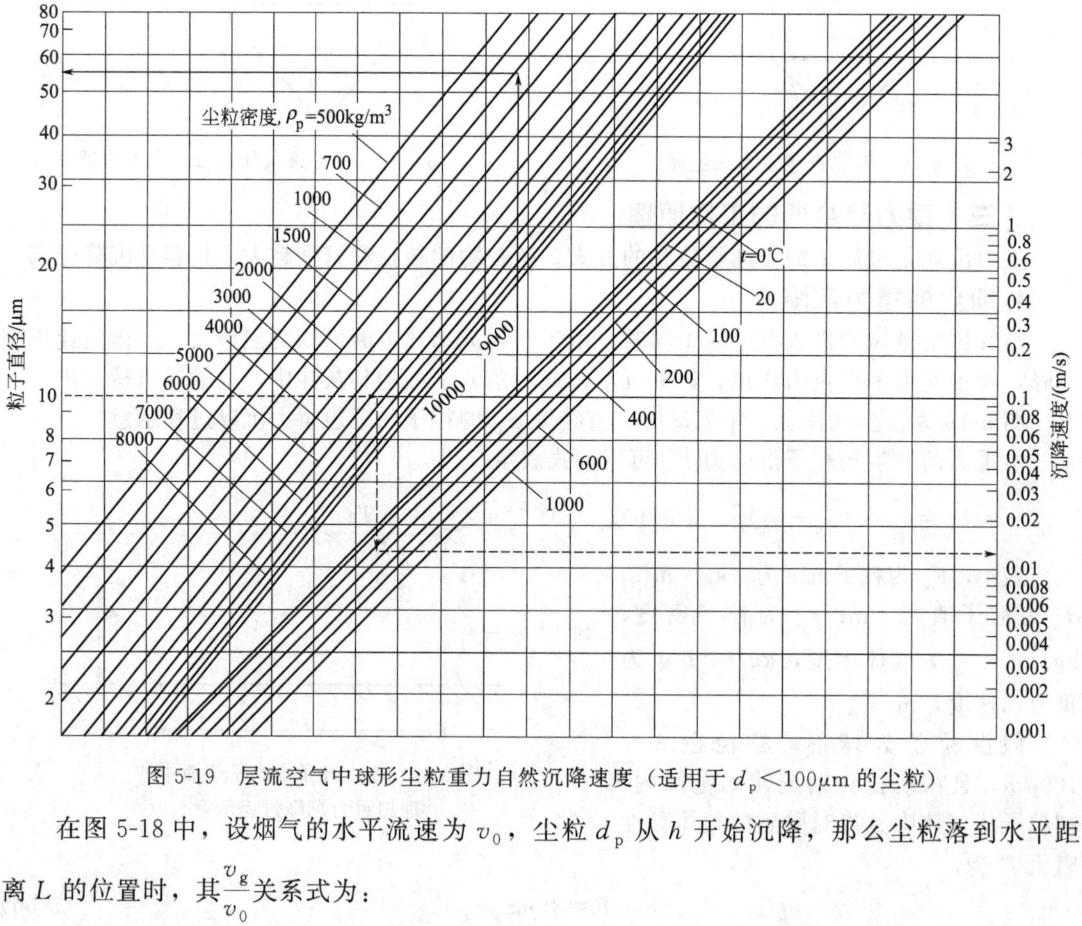

图 5-19 层流空气中球形尘粒重力自然沉降速度（适用于 $d_p<100\mu m$ 的尘粒）

在图 5-18 中，设烟气的水平流速为 v_0，尘粒 d_p 从 h 开始沉降，那么尘粒落到水平距离 L 的位置时，其$\frac{v_g}{v_0}$关系式为：

$$\tan\theta=\frac{v_g}{v_0}=\frac{d_p^2(\rho_p-\rho)g}{18\mu v_0}=\frac{h}{L} \tag{5-62}$$

由式(5-62)看出，当除尘器内被处理的气体速度越低，除尘器的纵向深度越大，沉降高度越低，就越容易捕集细小的粉尘。

2. 影响重力沉降的因素

粉尘颗粒物的自由沉降主要取决于粒子的密度。如果粒子密度比周围气体介质大，气体介质中的粒子在重力作用下便沉降；反之粒子则上升。此外影响粒子沉降的因素还有：①颗粒物的粒径，粒径越大越容易沉降；②粒子形状，圆形粒子最容易沉降；③粒子运动的方向性；④介质黏度，气体黏度大时不容易沉降；⑤与重力无关的影响因素，如粒子变形、在高浓度下粒子的互相干扰、对流以及除尘器密封状况等。

(1) 颗粒物密度的影响　在任何情况下，悬浮状态的粒子都受重力以及介质浮力的影响。如前所述，斯托克斯假设连续介质和层流的粒子在运动的条件下，仅受黏性阻力的作用。因此，其方程式只适用于雷诺数 $Re=\frac{d_p v\rho}{\mu}<0.10$ 的流动情况。在上述假设条件下，阻力系数 C_D 为 $\frac{24}{Re}$，而阻力可用下式表示。

$$F=\frac{\pi d^2\rho v_r^2 C_D}{8} \tag{5-63}$$

式中，v_r 为相对于介质运动的恒速。

(2) 颗粒物粒径的影响　对极小的粒子而言，其大小相当于周围气体分子，并且在这些分子和粒子之间可能发生滑动，因此必须应用对斯托克斯式进行修正的坎宁哈姆修正系数，实际上，已不存在连续的介质，而且对亚微细粒也不能做这样假设。为此，需按下列公式对沉降速度进行修正。

$$v_{ct}=v_t\left(1+\frac{2A\lambda}{d}\right) \tag{5-64}$$

式中，v_{ct} 为修正后的沉降速度；v_t 为粒子的自由沉降速度；A 为常数，在一个大气压，温度为 20℃时，$A=0.9$；λ 为分子自由程，m；d 为粒径，m。

密度为 1～3g/cm^3 颗粒物粒径与沉降速度的关系可以由图 5-20 查得。

(3) 颗粒形状的影响　虽然斯托克斯式在理论上适用于任何粒子，但实际上是适用于小的固体球形粒子，并不一定适用于其他形状的粒子。

因粒子形状不同，阻力计算式应考虑形状系数 S。

$$C_D=\frac{24}{SRe_p} \tag{5-65}$$

S 等于任何形状粒子的自由沉降速度 v_t 与球形粒子的自由沉降速度 v_{st} 之比，即：

$$S=\frac{v_t}{v_{st}} \tag{5-66}$$

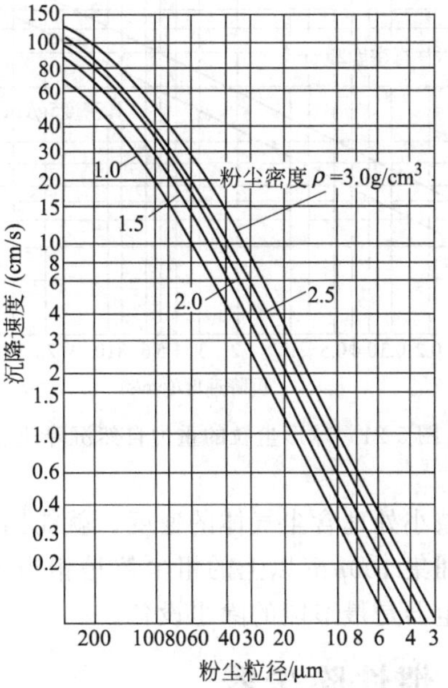

图 5-20　粉尘粒径与沉降速度的关系

单个粒子趋于形成粒子聚集体，并最终因重量不断增加而沉降。但粒子聚集体在所有情况下总是比单个粒子沉降得快，这是因为作用力不仅是重力。如果不知道粒子的密度和形状的话，可以根据聚集体的大小和聚集速率来确定聚集体的沉降速率，即聚集体成长得越大，沉降得也越快。

(4) 除尘器壁面的影响　斯托克斯式忽视了器壁对粒子沉降的影响。粒子紧贴界壁，干扰粒子的正常流型，从而使沉降速率降低。球形速度降低的表达式为：

$$\frac{v_t}{v_t^{\infty}}=\left[1-\left(\frac{d}{D}\right)^2\right]\left[1-\frac{1}{2}\left(\frac{d}{D}\right)^2\right]^{\frac{1}{2}} \tag{5-67}$$

式中，v_t 为粒子的沉降速度，m/s；v_t^{∞} 为在无限降落时的粒子沉降速度，m/s；d 为粒径，m；D 为容器直径，m。

上述表明，在圆筒体内降落的球体的速度下降。此外如边界层形成和容器形状改变等因素也能引起粒子运动的变化。但容器的这种影响一般可以忽略不计。

(5) 粒子相互作用的影响　粒子在沉降时受到各种作用，它的运动大大受到相邻粒子存在的影响。气体中粒子浓度高则将大大影响单个粒子间的作用。一个粒子对周围介质产生阻力，因而也对介质中的其他粒子产生阻力。当在介质中均匀分布的粒子通过由气体分子组成的介质沉降时，介质的分子必须绕过每个粒子。当粒子间距很小时，如在高浓度的情况下，每个粒子沉降时将克服一个附加的向上的力，此力使粒子沉降速度降低，而降低的程度取决于粒子的浓度。此外，沉降过程还受高粒子浓度的影响，其表现形式是粒子相互碰撞及聚集速率可能增加，使沉降速度偏离斯托克斯式。在极高的粒子浓度下，粒子可以互相接触，但不形成聚集体，从而产生了运动的流动性。因此，要考虑粒子的相互作用。此外，由不同大小粒子组成的粒子群或多分散气溶胶的沉降速率较单分散气溶胶更为复杂。在多分散系中，粒子将以不同的速率沉降。

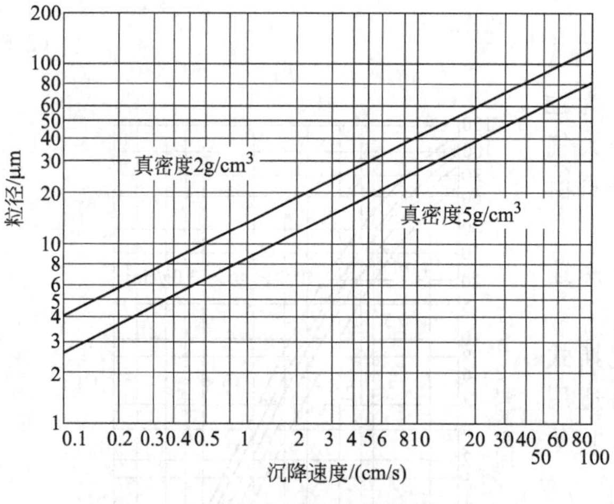

图 5-21　球形尘粒的重力自然沉降速度

综上所述，可以对重力除尘器性能做如下判断。

重力除尘器内气体速度越小，越能捕集微细尘粒。一般只能除去 >40μm 尘粒。重力除尘器高度越小，长度越大，除尘效率越高。除尘器中多层隔板重力除尘器的采用，使其应用范围有所扩大，甚至可以除去 10μm 尘粒，但隔板间积灰难以清除，从而造成维护上的困难。

要使式(5-61) 成立，需把处理气体整流成均匀气流。

图 5-21 所示为借助于球形尘粒重力的自然沉降速度。

如能减小处理含尘气体的速度，就能捕集微细的尘粒，但由于不经济，实际上重力除尘装置用来捕集 100μm 以上的粗尘粒是相当容易的。其压力损失大致为 50～100Pa。从阻力看重力除尘器是最节能的除尘设备。

二、惯性除尘器

惯性除尘器是在挡板或叶片作用下使气流改变方向，粉尘由于惯性而从含尘气流中分离出来的除尘设备。惯性除尘器又称作挡板式除尘器或惰性除尘器。

在惯性除尘器内，主要是使气流急速转向，或冲击在挡板或叶片上再急速转向，其中颗粒由于惯性效应，其运动轨迹就与气流轨迹不一样，从而使两者获得分离。气流速度高，这种惯性效应就大，所以这类除尘器的体积可以大大减少，占地面积也小，没有活动部件，可用于高温高浓度粉尘场合，对细颗粒的分离效率比重力除尘器大为提高，可捕集到 10μm 的颗粒。挡板式除尘器的阻力在 600～1200Pa 之间。惯性除尘器的主要缺点是磨损严重，从而影响其性能。

（一）惯性除尘器的分类

根据构造和工作原理，挡板式除尘器为两种形式，即碰撞式和回流式[2]。

1. 碰撞式除尘器

碰撞式除尘器的结构形式如图 5-22 所示。这类除尘器的特点是用一个或几个挡板阻挡气流的前进，使气流中的尘粒分离出来。这种形式的挡板式除尘器阻力较低，效率不高。

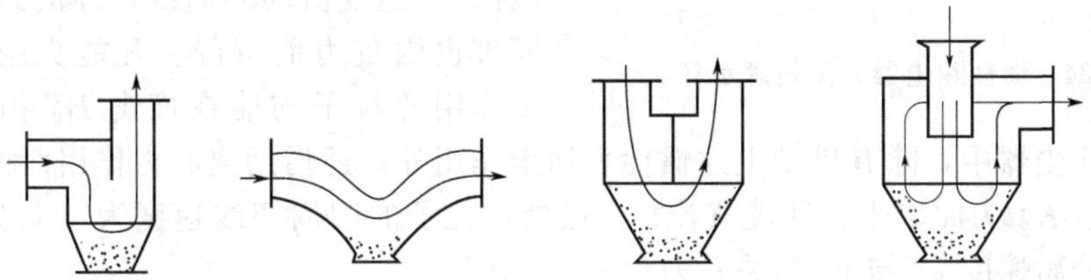

(a) 挡板结构　(b) 反转结构　(c) 挡板反转结构　(d) 冲击反转结构

图 5-22 碰撞式除尘器结构形式示意

2. 回流式除尘器[8]

该除尘器特点是把进气流用挡板或叶片分割为小股气流，为使任意一股气流都有同样的较小回转半径及较大回转角，可以采用各种挡板或叶片结构，最典型的便是如图 5-23 所示的百叶挡板。

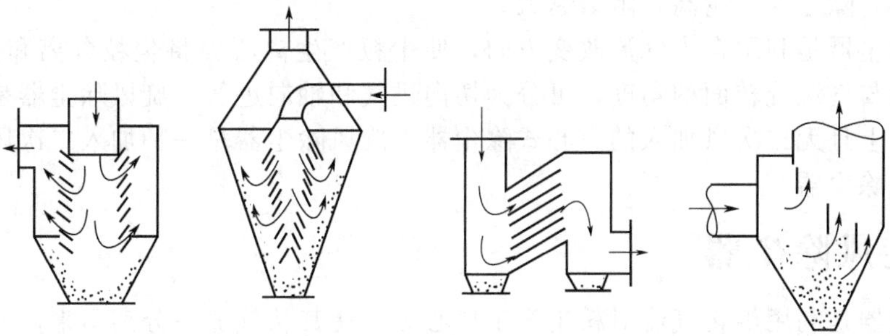

(a) 上行百叶式　(b) 下行百叶式　(c) 平行百叶式　(d) 挡板百叶式

图 5-23 回流式除尘器结构示意

百叶挡板能提高气流急剧转折前的速度，可以有效地提高分离效率；但速度过高，会引起已捕集颗粒的二次飞扬，所以一般都选用 12～15m/s 左右。百叶挡板的尺寸对分离效率也有一定影响，一般采用挡板的长度为 20mm 左右，挡板与挡板之间的距离约为 3～6mm，挡板安装的斜角（与铅锤线间夹角）在 30°左右，使气流回转角有 150°左右。

（二）惯性除尘器的工作原理

惯性除尘器是使含尘烟气冲击在挡板上，让气流进行急剧的方向转变，借尘粒本身惯性力作用而将其分离的装置。

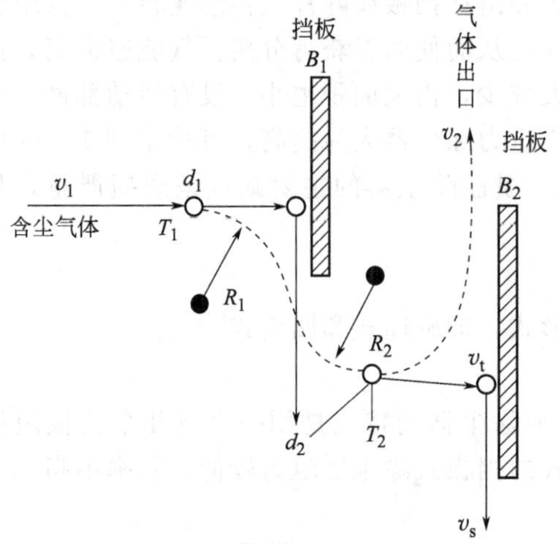

图 5-24 惯性除尘器分离机理示意

图 5-24 所示是使含尘烟气冲击在两块挡板上时，尘粒分离的机理。

含尘气流以 v_1 的速度与挡板 B_1 成垂直方向进入装置，在 T_1 点处较大粒径（d_1）的粒子由于惯性力作用离开以 R_1 为曲率半径的气流流线（虚线）直冲到 B_1 挡板上，碰撞后的 d_1 粒子速度变为零（假定不发生反弹），遂因重力而沉降。比 d_1 粒径更小的粒径 d_2 先以曲率半径 R_1 绕过挡板 B_1，然后再以曲率半径 R_2 随气流回旋运动。当 d_2 粒子运动到 T_2 点时，由于 d_2 粒子惯性力作用，将脱离以 v_2 速度流动的曲线，冲击到 B_2 挡板上，同理也因重力而沉降。凡能克服虚线气流裹携作用的粒子均能在撞击 B_2 挡板后而被捕集。在惯性除尘器中，除有借助上述惯性力捕尘作用外，还借助离心力作用而捕尘。

若设在以 R_2 为曲率半径回旋气流 T_2 点处，粒子的圆周切线速度为 v_t，则 d_2 粒子所受到的离心分离速度 v_s 与 v_t 的关系为：

$$v_s \propto K\frac{d_2^2 v_t^2}{R_2} \tag{5-68}$$

写成等式：

$$v_s = K\frac{d_2^2 v_t^2}{R_2}$$

式中，K 为常数，$K=\frac{\rho_p}{18\mu g}$（粒子的雷诺数 $Re_p \leqslant 2$）。

由式(5-68) 可知，回旋气流的曲率半径越小，越能分离捕集细小的粒子。同时，气流转变次数越多，除尘效率越高，阻力越大。

离心式除尘器是利用含尘气流改变方向，使尘粒产生离心力将尘粒分离和捕集的设备。根据进气方向与气流旋转面的角度，可分为切向进气和轴向进气。旋风除尘器是气流在筒体内旋转一圈以上且无二次风加入的离心式除尘器。旋风除尘器是一种加入二次风以增加旋转强度的离心式除尘器。

三、旋风除尘器

旋风除尘器是利用旋转气流对粉尘产生离心力，使其从气流中分离出来，分离的最小粒径可到 5～10μm。

旋风除尘器的结构简单、紧凑、占地面积小、造价低、维护方便、可耐高温高压，可用于特高浓度（高达 500g/m^3 以上）的粉尘。其主要缺点是对微细粉尘（粒径小于 5μm）的去除效率不高。

（一）旋风除尘器的分类

旋风除尘器经历了上百年的发展历程，由于不断改进和为了适应各种应用场合出现了很多类型，因而可以根据不同特点和要求来进行分类。

(1) 按旋风除尘器的构造，可分为普通旋风除尘器、异型旋风除尘器、双旋风除尘器和组合式旋风除尘器，见表 5-1。

表 5-1 旋风除尘器分类及性能

分类	名 称	规格/mm	风量/(m^3/h)	阻力/Pa	备注
普通旋风除尘器	DF 型旋风除尘器	ϕ175～585	1000～17250		一般预除尘用
	XCF 型旋风除尘器	ϕ200～1300	150～9840	550～1670	
	XP 型旋风除尘器	ϕ200～1000	370～14630	880～2160	
	XM 型木工旋风除尘器①	ϕ1200～3820	1915～27710	160～350	
	XLG 型旋风除尘器	ϕ662～900	1600～6250	350～550	
	XZT 型长锥体旋风除尘器	ϕ390～900	790～5700	750～1470	
	SJD/G 型旋风除尘器	ϕ578～1100	3300～12000	640～700	
	SND/G 型旋风除尘器	ϕ384～960	1850～1100	790	
	CLT 型旋风除尘器	ϕ552～1890	1000～17200	440～1110	
异型旋风除尘器	SLP/A、B 型旋风除尘器	ϕ300～3000	750～104980		预除尘用 配锅炉用
	XLK 型扩散式旋风除尘器	ϕ100～700	94～9200	1000	
	SG 型旋风除尘器	ϕ670～1296	2000～12000		
	XZY 型消烟除尘器	0.05～1.0t	189～3750	40.4～190	
	XNX 型旋风除尘器	ϕ400～1200	600～8380	550～1670	
	HF 型脱硫除尘器②	ϕ720～3680	6000～170000	600～1200	
	XZS 型旋风除尘器	ϕ376～756	600～3000	25.8	
双旋风除尘器	XSW 型卧式双级涡旋除尘器	2～20t	600～60000	500～600	多配锅炉用
	ZW 型直流旋风除尘器	0.2～1t	800～3300	270～1200	
	CR 型双级涡旋除尘器	0.05～10t	2200～30000	550～950	
	XPX 型下排烟式旋风除尘器	1～5t	3000～15000		
	XS 型双旋风除尘器	1～20t	3000～58000	600～650	
组合式旋风除尘器	SLG 型多管除尘器	9～16t	1910～9980		单独除尘用
	XZZ 型旋风除尘器	ϕ350～1200	900～60000	430～870	
	XLT/A 型旋风除尘器	ϕ300～800	935～6775	1000	
	XWD 型卧式多管除尘器	4～20t	9100～68250	800～920	
	XD 型多管除尘器	0.5～35t	1500～105000	900～1000	
	FOS 型复合多管除尘器	2500×2100×4800～8600×8400×15100	6000～170000		
	XCZ 型组合旋风除尘器	ϕ1800～2400	28000～78000	780～980	
	XCY 型组合旋风除尘器	ϕ690～980	18000～90000	780～10000	
	XGG 型多管除尘器	1916×1100×3160～2116×2430×5886	6000～52500	700～1000	
	DX 型多管斜插除尘器	1478×1528×2350～3150×1706×4420	4000～60000	800～900	

① 为木工专用。
② 为脱硫除尘用。

(2) 按旋风除尘器的效率不同，可分为两类：通用旋风除尘器（包括普通旋风除尘器和大流量旋风除尘器）和高效旋风除尘器。其除尘效率范围如表 5-2 所列。高效除尘器一般制成小直径筒体，因而消耗钢材较多、造价也高，如内燃机进气用旋风除尘器。大流量旋风除尘器，其筒体较大，单个除尘器所处理的风量较大，因而处理同样风量所消耗的钢材量较少，如木屑用旋风除尘器。

(3) 按清灰方式可分为干式和湿式两种。在旋风除尘器中，粉尘被分离到除尘器筒体内壁上后直接依靠重力而落于灰斗中，称为干式清灰。如果通过喷淋水或喷蒸汽的方法使内壁上的粉尘落到灰斗中，则称为湿式清灰。属于湿式清灰的旋风除尘有水膜旋风除尘器和中心喷水旋风除尘器等。由于采用湿式清灰，消除了反弹、冲刷等二次扬尘，因而除尘效率可显著提高，但同时也增加了尘泥处理工序。本书把这种湿式清灰的除尘器列为湿式除尘器。

表 5-2 旋风除尘器的分类及其除尘效率范围

粒径/μm	除尘效率范围/%	
	通用旋风除尘器	高效旋风除尘器
<5	<5	50～80
5～20	50～80	80～95
20～40	80～95	95～99
>40	95～99	95～99

(4) 进气方式和排灰方式，旋风除尘器可分为以下四类（见图 5-25)。

① 切向进气，轴向排灰［见图 5-25(a)］。采用切向进气获得较大的离心力，清除下来的粉尘由下部排出。这种除尘器是应用最多的旋风除尘器。

② 切向进气，周边排灰［见图 5-25(b)］。采用切向进气周边排灰，需要抽出少量气体另行净化。但这部分气量通常小于总气流量的 10%。这种旋风除尘器的特点是允许入口含尘浓度高，净化较为容易，总除尘效率高。

③ 轴向进气，轴向排灰［见图 5-25(c)］。这种形式的离心力较切向进气要小，但多个除尘器并联时（多管除尘器）布置方便，因而多用于处理风量大的场合。

④ 轴向进气，周边排灰［见图 5-25(d)］。这种除尘器有采用了轴向进气便于除尘器关联，以及周边抽气排灰可提高除尘效率这两方面的优点，常用于卧式多管除尘器中。

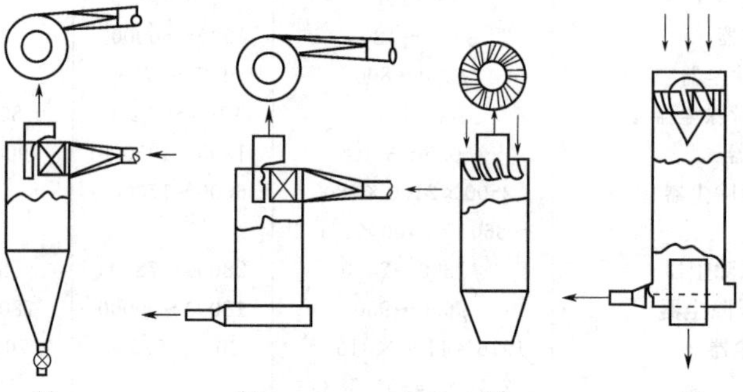

图 5-25 旋风除尘器的分类

国内外常用的旋风除尘器种类很多，新型旋风除尘器还在不断出现。国外的旋风除尘器有的是用研究者的姓名命名，也有用生产厂家的产品型号来命名。国内的旋风除尘器通常是根据结构特点用汉语拼音字母来命名。根据除尘器在除尘系统安装位置不同分为吸入式（即除尘器安装在通风机之前)，用汉语拼音字母 X 表示；压入式（除尘器安装在通风机之后)，用字母 Y 表示。为了安装方便，S 型的进气按顺时针方向旋转，N 型进气是按逆时针方向旋转（旋转方向按俯视位置判断)。

(二) 旋风除尘器构造

图 5-26 为旋风除尘器的一般形式。含尘气流由进气管以较高速度（一般为 15～25m/s）沿切线方向进入除尘器，在圆筒体与排气管之间的圆环内作旋转运动。这股气流受到随后进入气流的挤压，继续向下旋转（实线所示)，由圆筒体而达圆锥体，一直延伸到圆锥体的底部（排灰口处)。当气流再不能向下旋转时就折转向上，在排气管下面旋转上升（虚线所示)，然后由排气管排出。

1. 进气口

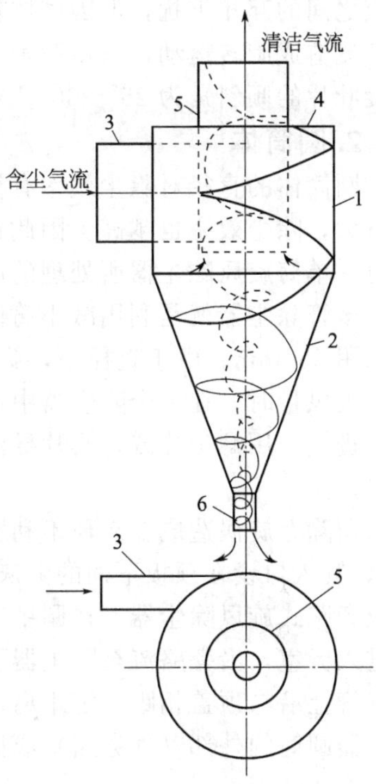

图 5-26 旋风除尘器

1—圆筒体；2—圆锥体；3—进气管；4—顶盖；5—排气管；6—排灰口

旋风除尘器有多种进气口形式，图 5-27 为旋风除尘器的几种进气口形式。

切向进口是旋风除尘器最常见的形式，采用普通切向进口［图 5-27(a)］时，气流进入除尘器后会产生上下双重旋涡。上部旋涡将粉尘带至顶盖附近，由于粉尘不断地累积，形成“上灰环”，于是粉尘极易直接流入到排气管排出（短路逸出），降低除尘效果。为了减少气流之间的相互干扰，多采用了蜗壳进口［见图 5-27(d)］，即采用断开线进口。这种方式加大了进口气体和排气管的距离，可以减少未净化气体的短路逸出，以及减弱进入气流对筒内气流的撞击和干扰，从而可以降低除尘器阻力，提高除尘效率，并增加处理风量。渐开线的角度可以是 45°、120°、180°、270°等，通常采用 180°时效率最高。采用多个渐开线进口［见图 5-27(b)］，对提高除尘器效率更有利，但结构复杂，实际应用不多。

进气口采用向下倾斜的蜗壳底板，能明显减弱上灰环的影响。

气流通过进气口进入蜗壳内，由于气流距除尘器轴心的距离不同而流速也不同，因而会产生垂直于气流流向的垂直涡流，从而降低除尘效率。为了消除或减轻这种垂直涡流的影响，涡流底板做成下部向器壁倾斜的锥形底板，旋转 180°进入除尘器内。

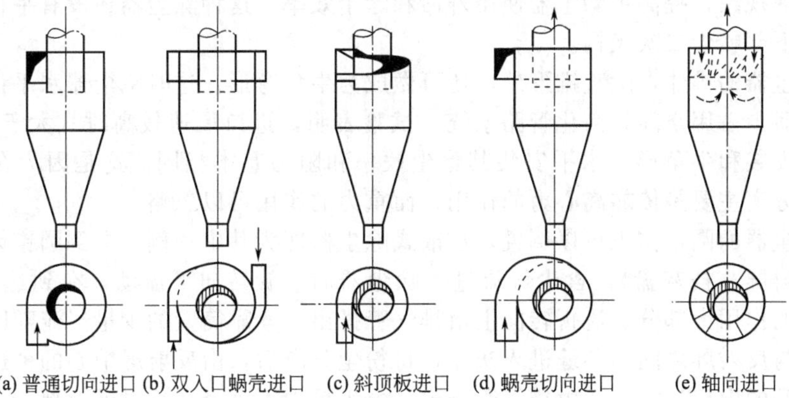

(a) 普通切向进口 (b) 双入口蜗壳进口 (c) 斜顶板进口 (d) 蜗壳切向进口 (e) 轴向进口

图 5-27 旋风除尘器的入口形式

旋风除尘器的进口多为矩形，通常高而且窄的进气管与器壁有更大的接触面，除尘效率可以提高，但太窄的进气口，为了保持一定的气体旋转圈数，必须加高整个除尘器的高度，因此一般矩形进口的宽高比为 1∶(2～4)。

将旋风除尘器顶盖作成向下倾斜（与水平成 10°～15°）的螺旋形［见图 5-27(c)］，气流进入进气口后沿下倾斜的顶盖向下做旋转流动，这样可以消除上涡流的不利影响，不致形成上灰环，改善了除尘器的性能。

轴向进口［见图 5-27 (e)］主要用于多管除尘器中，它可以大大削弱进入气流与旋转气流之间的互相干扰，但因气体较均匀地分布于进口截面，靠近中心处的分离效果较差。为使气流造成旋转运动，采用两种形式的导流叶片：花瓣式，通常由八片花瓣组成，螺旋式，螺旋叶片的倾斜角为25°～30°。

2. 圆筒体

圆筒体的直径对除尘效率有很大影响。在进口速度一定的情况下，筒体直径越小，离心力越大，除尘效率也越高。因此在通常的旋风除尘器中，筒体直径一般不大于900mm。这样每一单筒旋风除尘器所处理的风量就有限，当处理大风量时可以并联若干个旋风除尘器。

多管除尘器就是利用减小筒体直径以提高除尘效率的特点，为了防止堵塞，筒体直径一般采用250mm。由于直径小，旋转速度大，磨损比较严重，通常采用铸铁作小旋风子。在处理大风量时，在一个除尘器中可以设置数十个甚至数百个小旋风子。每个小旋风子均采用轴向进气，用螺旋片或花瓣片导流。圆筒体太长，旋转速度下降，因此一般取为筒体直径的两倍。

消除上旋涡造成上灰环不利影响的另一种方式，是在圆筒体上加装旁路灰尘分离室（旁室），其入口设在顶板下面的上灰环处（有的还设有中部入口），出口设在下部圆锥体部分，形成旁路式旋风除尘器。在圆锥体部分负压的作用下，上旋涡的部分气流携同上灰环中的灰尘进入旁室，沿旁路流至除尘器下部锥体，粉尘沿锥体内壁流入灰斗中。旁路式旋风除尘器进气管上沿与顶盖相距一定距离，使有足够的空间形成上旋涡和上灰环。旁室可以做在旋风除尘器圆筒的外部（外旁路）或做在圆筒的内部。利用这一原理做成的旁路式旋风除尘器有多种形式。

3. 圆锥体

增加圆锥体的长度可以使气流的旋转圈数增加，明显地提高除尘效率。因此高效旋风除尘器一般采用长锥体。锥体长度为筒体直径 D 的2.5～3.2倍。

有的旋风除尘器的锥体部分接近于直筒形，消除了下灰环的形成，避免局部磨损和粗颗粒粉尘的反弹现象，提高了除尘器使用寿命和除尘效率。这种除尘器还没有平板型反射屏装置，以阻止下部粉尘二次飞扬。

旋风除尘器的锥体，除直锥形外，还可做成为牛角弯形。这时除尘器水平设置降低了安装高度，从而少占用空间，简化管路系统。试验表明，进口风速较高时（大于14m/s），直锥形的直立安装和牛角形的水平安装其除尘效率和阻力基本相同。这是因为在旋风除尘器中，粉尘的分离主要是依靠离心力的作用，而重力的作用可以忽略。

旋风除尘器的圆锥体也可以倒置，扩散式除尘器即为其中一例。在倒圆锥体的下部装有倒漏斗形反射屏（挡灰盘）。含尘气流进入除尘器后，旋转向下流动，在到达锥体下部时，由于反射屏的作用大部分气流折转向上由排气管排出。紧靠筒壁的少量气流随同浓聚的粉尘沿圆锥下沿与反射屏之间的环缝进入灰斗，将粉尘分离后，由反射屏中心的“透气孔”向上排出，与上升的内旋流混合后由排气管排出。由于粉尘不沉降在反射屏上部，主气流折转向上时，很少将粉尘带出（减少二次扬尘），有利于提高除尘效率。这种除尘器的阻力较大，其阻力系数 $\xi=6.7\sim10.8$。

4. 排气管

排气管通常都插入到除尘器内，与圆筒体内壁形成环形通道，因此通道的大小及深度对除尘效率和阻力都有影响。环形通道越大，排气管直径 D_e 与圆筒体直径 D 之比越小，除尘效率增加，阻力也增加。在一般高效旋风除尘器中取 $D_e/D=0.5$，而当效率要求不高时（通用型旋风除尘器）可取 $D_e/D=0.65$，阻力也相应降低。

排气管的插入深度越小，阻力越小。通常认为排气管的插入深度要稍低于进气口的底部，以防止气流短路，由进气口直接窜入排气管，而降低除尘效率。但不应接近圆锥部分的上沿。不同旋风除尘器的合理插入深度不完全相同。

由于内旋流进入排气管时仍然处于旋转状态，使阻力增加。为了回收排气管中多消耗的能量和压力，可采用不同的措施。最常见的是在排气管的入口处加装整流叶片（减阻器），气流通过该叶片使旋转气流变为直线流动，阻力明显降低，但除尘效率略有下降。

在排气管出口装设渐开蜗壳，阻力可降低5%～10%，而对除尘效率影响很小。

5. 排尘口

旋风除尘器分离下来的粉尘，通过设于锥体下面的排尘口排出，因此排尘口大小及结构对除尘效率有直接影响。通常排尘口直径 D_c 采用排气管直径 D_e 的0.5～0.7倍，但有加大的趋势，例如取 $D_c=D_e$，甚至 $D_c=1.2D_e$。

由于排尘口处于负压较大的部位，排尘口的漏风会使已沉降下来的粉尘重新扬起，造成二次扬尘，严重降低除尘效率。因此保证排灰口的严密性是非常重要的。为此可以采用各种卸灰阀，卸灰阀除了要使排灰流畅外，还要使排灰口严密，不漏气，因而也称为锁气器。常用的有：重力作用闪动卸灰阀（单翻板式、双翻板式和圆锥式）、机械传动回转卸灰阀、螺旋卸灰机等。

现将旋风除尘器各部分结构尺寸增加对除尘效率、阻力及造价的影响列入表5-3中。

表5-3　旋风除尘器结构尺寸增加对性能的影响

参数增加	阻力	除尘效率	造价
除尘器直径，D	降低	降低	增加
进口面积(风量不变)，H_c，B_c	降低	降低	—
进口面积(风量不变)，H_c，B_c	增加	增加	—
圆筒长度，L_c	略降	增加	增加
圆锥长度，Z_c	略降	增加	增加
圆锥开口，D_c	略降	增加或降低	—
排气管插入长度，S	增加	增加或降低	增加
排气管直径，D_e	降低	降低	增加
相似尺寸比例	几乎无影响	降低	—
圆锥角 $2\tan^{-1}\left(\frac{D-D_e}{H-L_c}\right)$	降低	20°～30°为宜	增加

(三)旋风除尘器工作原理

1. 旋风除尘器的工作

旋风除尘器由筒体、锥体、进气管、排气管和卸灰室等组成，如图5-28所示。旋风除尘器的工作过程是当含尘气体由切向进气口进入旋风分离器时气流将由直线运动变为圆周运动。旋转气流的绝大部分沿器壁自圆筒体呈螺旋形向下、朝锥体流动，通常称此为外旋气流。含尘气体在旋转过程中产生离心力，将相对密度大于气体的尘粒甩向器壁。尘粒一旦与器壁接触，便失去径向惯性力而靠向下的动量和向下的重力沿壁面落下，进入排灰管。旋转下降的外旋气体到达锥体时，因圆锥形的收缩而向除尘器中心靠拢。根据“旋转矩”不变原理，其切向速度不断提高，尘粒所受离心力也不断加强。当气流到达锥体下端某一位置时，即以同样的旋转方向从旋风分离器中部，由下反转向上，继续做螺旋性流动，即内旋气流。最后净化气体经排气管排出管外，一部分未被捕集的尘粒也由此排出。

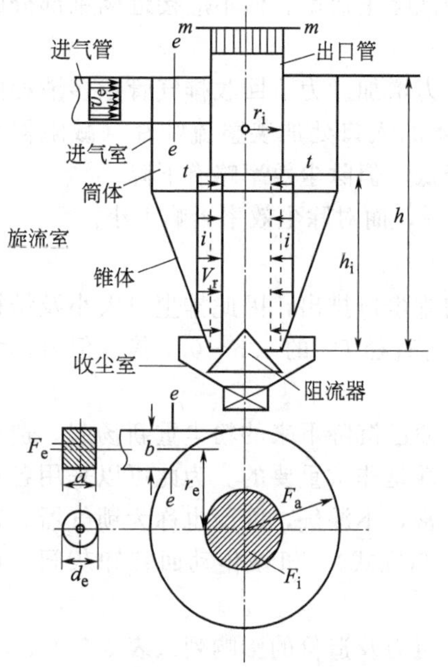

图 5-28 旋风除尘器的组成和各种速度

自进气管流入的另一小部分气体则向旋风分离器顶盖流动，然后沿排气管外侧向下流动；当到达排气管下端时即反转向上，随上升的中心气流一同从排气管排出。分散在这一部分的气流中的尘粒也随同被带走。

关于旋风除尘器的分离理论有筛分理论、转圈理论、边界层理论，下面仅对除尘器流体和尘粒运动作一分析。

2. 流体和尘粒的运动[2,4]

旋风除尘器有各种各样的进口设计，其中主要的如图 5-29 所示的切向进口、螺旋形进口和轴向进口。图中在进口截面中气体平均速度为 v_e；净化气体排出旋风除尘器，通过出口管时的平均轴向速度为 v_i；入口截面积为 F_e，出口截面积为 F_i。

在图 5-30 中给出了在旋风除尘器内部流体的速度特性，从入口到出口间微粒的运动轨迹和轴向流动分量的流线。在旋风除尘器内部是一个三维的流场，其特点是旋转运动叠加了一个从外部环形空间朝向粉尘收集室轴向的运动和一个从旋风除尘器内部空间朝向出口管道的轴向运动。在分离室的内部和外部空间轴向运动是相反，这一相反的运动与朝向旋风除尘器轴线的径向运动结合在一起。

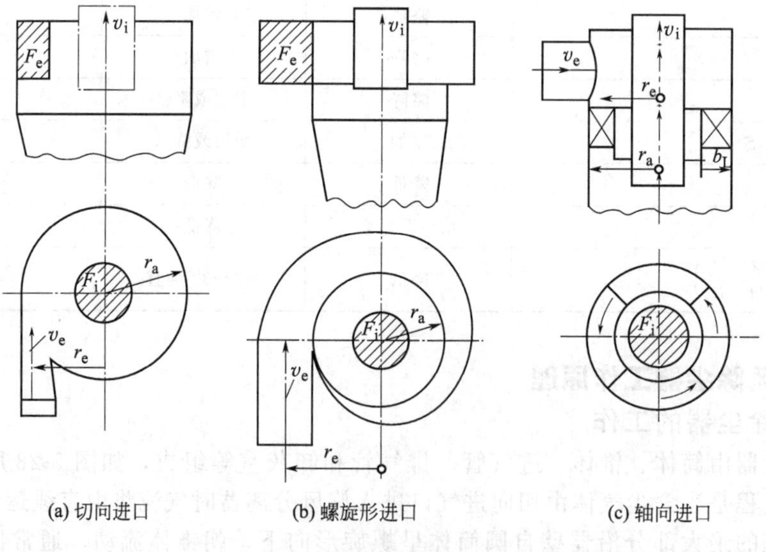

图 5-29 旋风除尘器进口

含尘气体通过切线方向引入旋风除尘器，因此气流被强制地围绕出气管进行旋转运动。图 5-30 中的切线速度 u 是通过径向坐标定量描述的。不考虑旋风除尘器内壁的非润滑条件，在 $r=r_a$ 处的切向速度由 u_a 给出。在旋风除尘器的轴线方向上，当 $r=r_i$ 时速度 u 从 u_a 增加到最大值 u_i。随半径的进一步减少，切向速度也降低；在 $r=0$ 时 $u=0$，在 $r=r_i$ 的出气管道表面的切向速度近似为零。

在柱状部件内表面 i—i 处，切向速度 u_i 几乎不变。应指出在收尘室附近 u_i 是完全可以被忽视的。还有，在超圆柱面 i—i 的高度上，径向流速 v_r 可以被假定为常数。而通过观测只是在出气管道的入口 t—t 处和收尘室附近，这个常数值稍有偏差。

微粒被气流送进旋风除尘器后，将受到三维流场中典型的离心力、摩擦力以及其他力的作用。离心力是由于流体的旋转运动产生，而摩擦力是由于流体朝旋风除尘器轴线的运动产生。加速度 u^2/r 是由于离心力引起的，在很多情况下，离心力比地球引力产生的加速度高100倍甚至10000倍。

在离心力和摩擦力综合作用的影响下，所有的微粒都按螺旋状的轨迹运动，如图5-31所示。大的微粒按照螺旋向外运动，小的微粒按照螺旋向里运动。向外运动的大微粒从气体中被分离出来，将与旋风除尘器的内壁碰撞并向粉尘收集室运动。向内运动的小微粒不但没有从气流中分离出来，而且被气流带走，通过出口管道排出旋风除尘器。

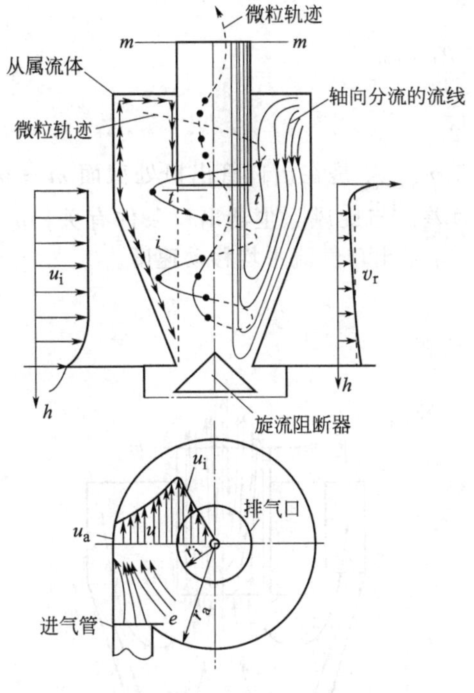

图5-30　旋风除尘器中流体和微粒的运动

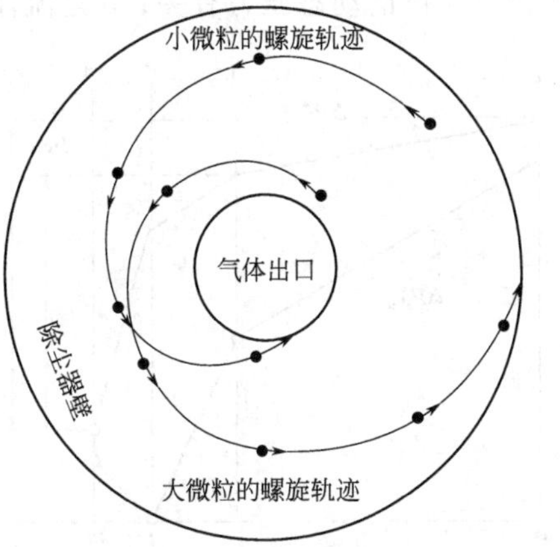

图5-31　旋风除尘器水平截面上，大小微粒的轨迹

流体的旋转运动的压力场，靠近旋风除尘器内壁的压力最大，在旋风除尘器轴线处压力最小。径向的压力梯度 $\mathrm{d}p/\mathrm{d}r$ 由下式给出：

$$\frac{\mathrm{d}p}{\mathrm{d}r}=\rho\frac{u^2}{r} \tag{5-69}$$

积分后导出

$$p=\rho u^2\ln r+C \tag{5-70}$$

可看出压力随半径 r、切向速度 u 和流体密度 ρ 而增加。C 为积分常数。不考虑内壁速度为零的情况，完全可以假定在旋风除尘器壁上的压力可以由上式确定。压力梯度将迫使小的微粒随二次流运动如图5-30中的箭头所示。超过平面 t—t 即超过出口管的进口时，小的微粒沿旋风除尘器的内壁向上移动，然后随流体朝着出口管运动，最后将沿出口管外壁向下降落，并到达截面 t—t，在这里小微粒将再被进入出口管的流体带走。在分离室上部的二次流将降低旋风除尘器的效率。这可以沿出口管装套环来防止。

在旋风除尘器的底部，如图 5-30 所示为一个锥形旋流阻断器，流体的二次运动促使尘粒朝收尘室运动。

此外，二次运动使得旋风除尘器入口附近造成尘粒沉积。而且它们沿着旋风除尘器的壁按螺旋状路径向下运动。尤其对于未净化气体的高浓度粉尘更可以观察到形成的沉积。

在旋风除尘器中流体流动的一些重要特性可以从图 5-32 中推论出。在图中根据现有的实验给出了在旋风除尘器内不同截面的压力。根据图 5-28 可以找出截面 $e—e$ 是旋风除尘器的入口处，在分离室出口管下面是截面 $i—i$，截面 $t—t$ 是出口管的进口处，截面 $m—m$ 是在出口管的出口处。关于旋风除尘器压力的无量纲描述中，对流体给出的最大值为全压差用 Δp^* 表示；静压差用 Δp_{stat}^* 表示，这两个量的定义如下：

$$\Delta p^* = \frac{p - p_m}{\frac{v_i^2}{2}} \tag{5-71}$$

$$\Delta p_{stat}^* = \frac{p_{stat} - p_{m \cdot stat}}{\frac{v_i^2}{2}} \tag{5-72}$$

p 和 p_{stat} 是所考虑的截面上的压力值；p_m 和 $p_{m \cdot stat}$ 是在出口管出口处截面 $m—m$ 上的压力值，$p-p_m$ 和 $p_{stat}-p_{m \cdot stat}$ 是该处的压力差，与旋风除尘器出口条件有关；$\rho v_i^2/2$ 与出口管流体的动态压力有关；ρ 是流体的密度；v_i 是出口气流平均移动速度。

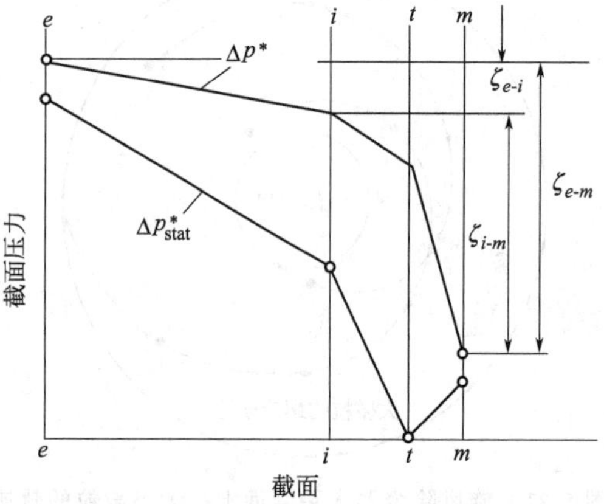

图 5-32 旋风除尘器内各不同截面上的压力

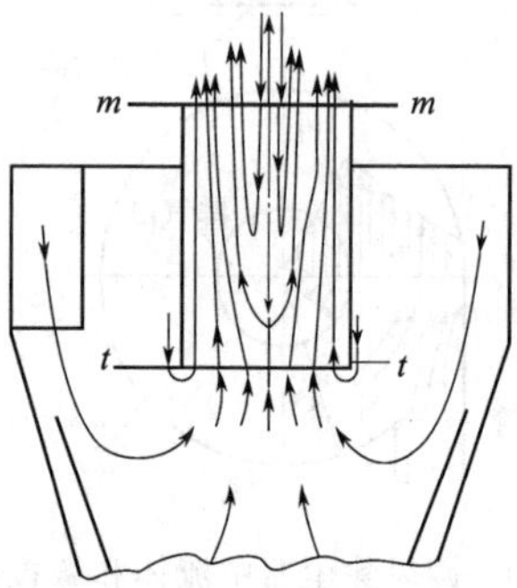

图 5-33 旋风除尘器出口管道中气流的流动情况

为了方便，在所定各截面上压力差 Δp^* 和 Δp_{stat}^* 已用直线运动连起来。从图 5-32 可以看出，全压 Δp^* 在出气口 $t—m$ 两截面间的圆柱状部件处 $i-t$ 截面急剧下降。出口管中压力降非常大，这是由于一个非常强的旋转运动迭加上一个轴向的流体运动。这不仅在出口管壁上产生大的摩擦损失，而且在出口管轴线上形成一个低压区。进入这个低压区的气流主要沿轴线向与原来运动方向相反的方向运动。在出口管中轴向气流的图解如图 5-33 所示。由于压力降非常大并对收集效率起着重要的作用，因而出口管被认为是旋风除尘器极其重要的部件。出口管最重要的尺寸是半径 r_i 和伸入分离室中的长度 $h-h_i$。

在图 5-32 中给出的静压曲线，虽然反映同一物理状况，但与全压特性是完全不同的。可以看出在 $i—t$ 截面静压急剧下降，此截面间流体的运动十分复杂，具有旋转运动和反向的轴向运动。显然可以看出静压将意外地沿出口管道增加，这是由于流体流经出口管道时旋转运动下降。

（四）旋风除尘器性能

旋风除尘器能够分离捕集到的最小尘粒直径称为这种旋风除尘器的临界粒径或极限粒径，用 d_c 表示。对于大于某一粒径的尘粒，旋风除尘器可以完全分离捕集下来，这种粒径称为100％临界粒径，用 d_{c100} 表示。某一粒径的尘粒，有50％的可能性被分离捕集，这种粒径称为50％临界粒径，用 d_{c50} 表示，d_{c50} 和 d_{c100} 均称临界粒径，但两者的含义和概念完全不同。应用中多采用 d_{c50} 来判别和设计计算旋风除尘器。

1. 旋风除尘器能够分离的最小粒径 d_c

一般可由下式计算：

$$d_c = K\sqrt{\frac{\pi g\mu}{\rho_s v_Q}} \times \frac{D_2^2}{\sqrt{A_0 H_b}} \tag{5-73}$$

式中，K 为系数，小型旋风除尘器 $K=\frac{1}{2}$，大型旋风除尘器 $K=\frac{1}{4}$；g 为重力加速度，m/s^2；μ 为气体黏度，$kg \cdot s/m^2$；ρ_s 为尘粒的真密度，g/cm^3；v_Q 为气流圆周分速度，m/s；D_2 为除尘内筒直径，m；A_0 为进口宽度，m；H_b 为外筒高度，m。

相似型的旋风除尘器中，假设 $A \propto D_2^2$ 及 $H_b \propto D_2$，并且，只着眼于旋风除尘器的大小，则内圆筒直径 D_2 与极限粒径 d_c 之间，有如下的关系。

$$d_c \propto \sqrt{D_2} \tag{5-74}$$

图5-34是表示证实这种关系的实验结果。

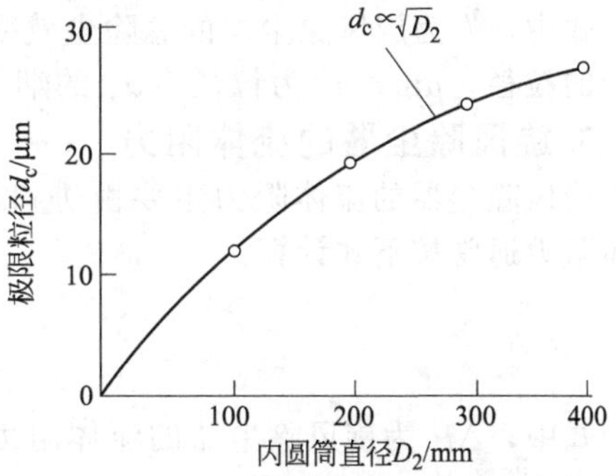

图5-34　旋风除尘器的内圆筒直径与极限粒径的关系

（真密度 $2.0g/cm^3$，堆积密度 $0.7g/cm^3$ 左右）

2. 旋风除尘器的除尘效率[9~12]

旋风除尘器分级除尘效率是按尘粒粒径不同分别表示的除尘效率。分级效率能够更好地反映除尘器对某种粒径尘粒的分离捕集性能。

图5-35表示旋风除尘器的分级除尘效率。实线表示老式，虚线表示新式的旋风除尘装置。

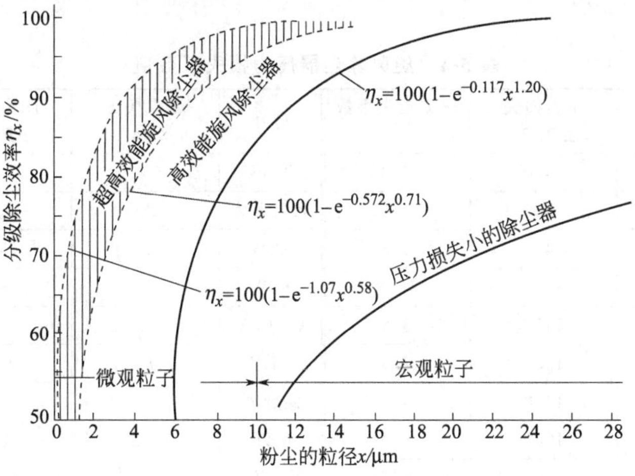

图5-35　旋风除尘器的分级除尘效率

图5-35中为各曲线的 η_x 和 x 关系的方程式，均以下面的指数函数表示：

$$\eta_x = 1 - e^{-\alpha x^m} \tag{5-75}$$

上式右边第 2 项表示逸散粉尘的比例，粒径 x 的系数 α 值越大，逸散量越少，因此，这意味着装置的分级除尘效率增大。这些例子中，在 $m=0.33\sim1.20$ 范围内，x 的指数 m 值越大，x 对 η_x 的影响也越大。

旋风除尘器的分级除尘效率还可以按下式估算：

$$\eta_p=1-e^{-0.6932\frac{d_p}{d_{c50}}} \tag{5-76}$$

式中，η_p 为粒径为 d_p 的尘粒的除尘效率，%；d_p 为尘粒直径，μm；d_{c50} 为旋风除尘器的 50%临界粒径，μm。

旋风除尘器的总除尘效率可根据其分级除尘效率及粉尘的粒径分布计算。

对上式积分，得到旋风除尘器总除尘效率的计算式如下：

$$\eta=\frac{0.6932d_t}{0.6932d_t+d_{c50}}\times100\% \tag{5-77}$$

$$d_t=\frac{\sum n_i d_i^4}{\sum n_i d_i^3} \tag{5-78}$$

式中，η 为旋风除尘器的总除尘效率，%；d_t 为烟尘的平均粒径，μm；d_i 为某种粒级烟尘的粒径，μm；n_i 为粒径为 d_i 的烟尘所占的质量百分数，%。

3. 旋风除尘器的流体阻力

旋风除尘器的流体阻力主要由进口阻力、旋涡流场阻力和排气管阻力三部分组成[8]。流体阻力通常按下式计算：

$$\Delta P=\xi\frac{\rho_2 v^2}{2} \tag{5-79}$$

式中，ΔP 为旋风除尘器的流体阻力，Pa；ξ 为旋风除尘器的流体阻力系数，无量纲；v 为旋风除尘器的流体速度，m/s；ρ_2 为烟气密度，kg/m^3。

旋风除尘器的流体阻力系数随着结构形式不同差别较大，而规格大小变化对其影响较小，同一结构形式的旋风除尘器可以视为具有相同的流体阻力系数。

目前，旋风除尘器的流体阻力系数是通过实测确定的。表 5-4 是旋风除尘器的流体阻力系数。

表 5-4 旋风除尘器压力损失系数值

型号	进口气速 u_i/(m/s)	压力损失 ΔP/Pa	压力损失系数 ξ	型号	进口气速 u_i/(m/s)	压力损失 ΔP/Pa	压力损失系数 ξ
XCX	26	1450	3.6	XDF	18	790	4.1
XNX	26	1460	3.6	双级涡旋	20	950	4.0
XZD	21	1400	5.3	XSW	32	1530	2.5
CLK	18	2100	10.8	SPW	27.6	1300	2.8
XND	21	1470	5.6	CLT/A	16	1030	6.5
XP	18	1450	7.5	XLT	16	810	5.1
XXD	22	1470	5.1	涡旋型	16	1700	10.7
CLP/A	16	1240	8.0	CZT	15.23	1250	8.0
CLP/B	16	880	5.7	新 CZT	14.3	1130	9.2

注：旋风除尘器在 20 世纪 70 年代以前，C 为旋风除尘器型号第一字母，取自 cyclone。后来改成 X 为旋风除尘器型号第一字母，取自 xuan。在行业标准 JB/T 9054—2000 中恢复使用 C。

切向流反转旋风除尘器阻力系数可按下式估算：

$$\xi=\frac{KF_{\mathrm{i}}\sqrt{D_0}}{D_{\mathrm{e}}^2\sqrt{h+h_1}} \tag{5-80}$$

式中，ξ 为对应于进口流速的流体阻力系数，无量纲；K 为系数，20～40，一般取 $K=30$；F_{i} 为旋风除尘器进口面积，m^2；D_0 为旋风除尘器圆筒体内径，m；D_{e} 为旋风除尘器出口管内径，m；h 为旋风除尘器圆筒体长度，m；h_1 为旋风除尘器圆锥体长度，m。

（五）影响旋风除尘器性能的主要因素

1. 旋风除尘器几何尺寸的影响[2,5]

在旋风除尘器的几何尺寸中，以旋风除尘器的直径、气体进口以及排气管形状与大小为最重要影响因素。

① 一般旋风除尘器的筒体直径越小，粉尘颗粒所受的离心力越大，旋风除尘器分离的粉尘可以越小（见图 5-36），除尘效率也就越高。但过小的筒体直径会造成较大直径颗粒有可能反弹至中心气流而被带走，使除尘效率降低。另外，筒体太小对于黏性物料容易引起堵塞。因此，一般筒体直径不宜小于 50～75mm；大型化后，已出现筒径大于 2000mm 的大型旋风除尘器。

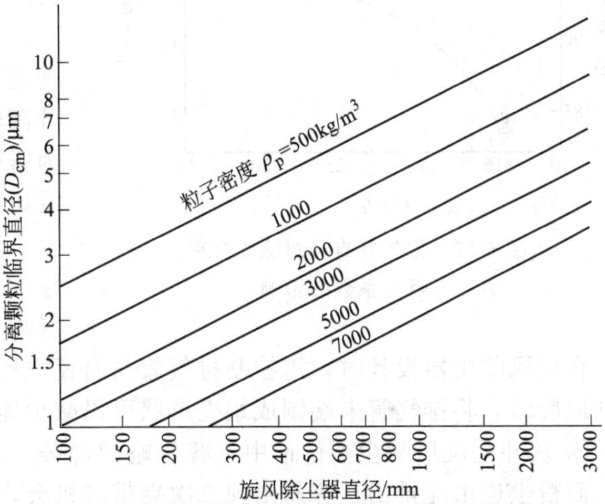

图 5-36　旋风除尘器直径与分离颗粒临界直径关系

② 较高除尘效率的旋风除尘器，都有合适的长度比例；合适的筒体长度不但使进入筒体的尘粒停留时间增长有利于分离，且能使尚未到达排气管的颗粒有更多的机会从旋流核心中分离出来，减少二次夹带，以提高除尘效率。足够长的筒体，还可避免旋转气流对灰斗顶部的磨损，但是过长会占据圈套的空间。因此，旋风除尘器从排气管下端至旋风除尘器自然旋转顶端的距离一般用下式确定。

$$l=2.3D_{\mathrm{e}}\left(\frac{D_0^2}{bh}\right)^{1/3} \tag{5-81}$$

式中，l 为旋风除尘器筒体长度，m；D_0 为旋风除尘器圆筒体直径，m；b 为除尘器入口宽度，m；h 为除尘器入口高度，m；D_{e} 为除尘器出口高度，m。

一般常取旋风除尘器的圆筒段高度 $H=(1.5\sim2.0)D_0$。旋风除尘器的圆锥体可以在较短的轴向距离内将外旋流转变为内旋流，因而节约了空间和材料。除尘器圆锥体的作用是将已分离出来的粉尘微粒集中于旋风除尘器中心，以便将其排入贮灰斗中。当锥体高度一定而锥体角度较大时，由于气流旋流半径很快变小，很容易造成核心气流与器壁撞击，使沿锥壁旋转而下的尘粒被内旋流所带走，影响除尘效率。所以半锥角 α 不宜过大，设计时常取$\alpha=13°\sim15°$。

③ 旋风除尘器的进口有两种主要的进口型式——轴向进口和切向进口，如图 5-27 所示。切向进口为最普通的一种进口型式，制造简单，用得比较多。这种进口型式的旋风除尘器外形尺寸紧凑。在切向进口中螺旋面进口为气流通过螺旋而进口，这种进口有利于气流向下做倾斜的螺旋运动，同时也可以避免相邻两螺旋圈的气流互相干扰。

渐开线（蜗壳形）进口进入筒体的气流宽度逐渐变窄，可以减少气流对筒体内气流的撞击和干扰，使颗粒向器壁移动的距离减小，而且加大了进口气体和排气管的距离，减少气流的短路机会，因而提高除尘效率。这种进口处理气量大，压力损失小，是比较理想的一种进口型式。

轴向进口是最好的进口型式，它可以最大限度地避免进入气体与旋转气流之间的干扰，以提高效率。但因气体均匀分布的关键是叶片形状和数量，否则靠近中心处分离效果很差。轴向进口常用于多管式旋风除尘器和平置式旋风除尘器。

进口管可以制成矩形和圆形两种型式。由于圆形进口管与旋风除尘器器壁只有一点相切，而矩形进口管整个高度均匀与内壁相切，故一般多采用后者。矩形进口管的宽度和高度的比例要适当，因为宽度越小，临界粒径越小，除尘效率越高；但过长而窄的进口也是不利的，一般矩形进口管高与宽之比为 2～4。

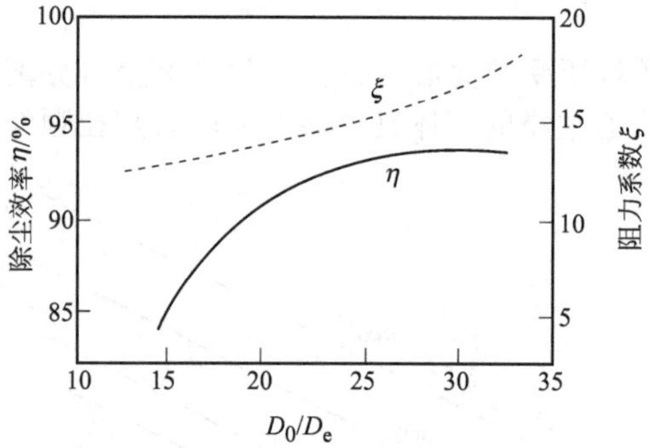

图 5-37 排气管直径对除尘效率与阻力系数的影响

④ 排气管常用的排气管有两种型式：一种是下端收缩式；另一种是直筒式。在设计分离较细粉尘的旋风除尘器时，可考虑设计为排气管下端收缩式。排气管直径越小，则旋风除尘器的除尘效率越高，压力损失也越大；反之，除尘器的效率越低，压力损失也越小。排气管直径对除尘效率和阻力系数的影响如图 5-37 所示。

在旋风除尘器设计时，需控制排气管与筒径之比在一定的范围内。由于气体在排气管内剧烈地旋转，将排气管末端制成蜗壳形状可以减少能量损耗，这在设计中已被采用。

⑤ 灰斗是旋风除尘器设计中不容忽略的部分。因为在除尘器的锥度处气流处于湍流状态，而粉尘也由此排出，容易出现二次夹带的机会，如果设计不当，造成灰斗漏气，就会使粉尘的二次飞扬加剧，影响除尘效率。

2. 气体参数对除尘器性能的影响[6,7]

气体运行参数对除尘器性能的影响有以下几方面。

(1) 气体流量的影响　气体流量或者说除尘器入口气体流速对除尘器的压力损失、除尘效率都有很大影响。从理论上说，旋风除尘器的压力损失与气体流量的平方成正比，因而也和入口风速的平方成正比（与实际有一定偏差）。

入口流速增加，能增加尘粒在运动中的离心力，尘粒易于分离，除尘效率提高。除尘效率随入口流速平方根而变化，但是当入口流速超过临界值时，紊流的影响就比分离作用增加得更快，以至除尘效率随入口风速增加的指数小于 1；若流速进一步增加，除尘效率反而降低。因此，旋风除尘器的入口风速宜选取 18～23m/s。

(2) 气体含尘浓度的影响　气体的含尘浓度对旋风除尘器的除尘效率和压力损失都有影响。试验结果表明，压力损失随含尘负荷增加而减少，这是因为径向运动的大量尘粒拖曳了大量空气；粉尘从速度较高的气流向外运动到速度较低的气流中时，把能量传递给涡旋气流的外层，减少其需要的压力，从而降低压力降。

由于含尘浓度的提高，粉尘的凝聚与团聚性能提高，因而除尘效率有明显提高，但是提高的速度比含尘浓度增加的速度要慢得多，因此，排出气体的含尘浓度总是随着入口处的粉尘浓度的增加而增加。

(3) 气体含湿量的影响　气体的含湿量对旋风除尘器的工况有较大的影响。例如，分散度很高而黏着性很小的粉尘（小于10μm的颗粒含量为30%～40%，含湿量为1%）气体在旋风除尘器中净化不好；若细颗粒量不变，湿含量增至5%～10%时，那么颗粒在旋风除尘器内相互黏结成比较大的颗粒，这些大颗粒被猛烈冲击在器壁上，气体净化将大有改善。

(4) 气体的密度、黏度、压力、温度对旋风除尘器性能的影响　气体的密度越大，除尘效率越低，但是，气体的密度和固体的密度相比几乎可以忽略。所以，其对除尘效率的影响较之固体密度来说，也可以忽略不计。通常温度越高，旋风除尘器压力损失越小；气体黏度的影响在考虑除尘器压力损失时常忽略不算。但从临界粒径的计算公式中知道，临界粒径与黏度的平方根成正比。所以除尘效率随气体黏度的增加而降低。由于温度升高，气体黏度增加，当进口气速等条件保持不变时，除尘效率略有降低。

气体流量为常数时，黏度对除尘效率的影响可按下式进行近似计算：

$$\frac{100-\eta_a}{100-\eta_b}=\sqrt{\frac{\mu_a}{\mu_b}} \tag{7-82}$$

式中，η_a，η_b 为a、b条件下的总除尘效率，%；μ_a，μ_b 为a、b条件下的气体黏度，$kg \cdot s/m^2$。

3. 粉尘的物理性质对除尘器的影响

① 粒径对除尘器的性能影响及较大粒径的颗粒在旋风除尘器中会产生较大的离心力，有利于分离。所以大颗粒所占有的百分数越大，总除尘效率越高。

② 粉尘密度对除尘器性能的影响。粉尘密度对除尘效率有着重要的影响，如图5-38所示。临界粒径 d_{50} 或 d_{100} 和颗粒密度的平方根成反比，密度越大，d_{50} 或 d_{100} 越小，除尘效率也就越高。但粉尘密度对压力损失影响很小，设计计算中可以忽略不计。

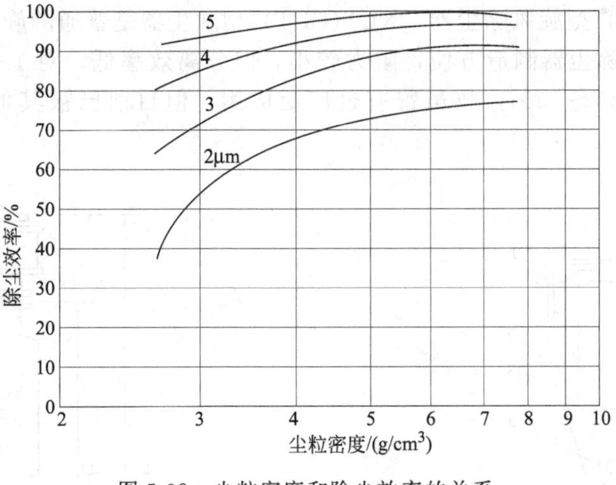

图5-38　尘粒密度和除尘效率的关系

4. 除尘器内壁粗糙度的影响

增加除尘器壁面粗糙度，压力损失会降低。这是因为压力损失的一部分是由涡旋气流产生的，壁面粗糙减弱了涡流的强度，所以压力损失下降。由于减弱了涡旋的作用，除尘效率也受影响，而且严重的壁面粗糙会引起局部大涡流，它们带着灰尘离开壁面，其中一部分进入流往排气管的上升气流中，成为降低除尘效率的原因。在搭头接缝、未磨光对接焊缝、配合得不好的法兰接头以及内表面不平的孔口盖板等处，可能形成这样的壁面粗糙情况。因此，要保证除尘效率，应当消除这些缺陷。所以，在旋风除尘器的设计中应避免有没有打光的焊缝、粗糙的法兰连接点等。

旋风除尘器性能与各影响因素的关系如表 5-5 所列。

表 5-5 旋风除尘器性能与各影响因素的关系

变化因素		性能趋向		投资趋向
		流体阻力	除尘效率	
烟尘性质	烟尘密度增大	几乎不变	提高	(磨损)增加
	烟尘密度增大	几乎不变	提高	(磨损)增加
	烟气含尘浓度增加	几乎不变	略提高	(磨损)增加
	烟尘温度增高	减小	提高	增加
除尘器结构尺寸	圆筒体直径增大	降低	降低	增加
	圆筒体加长	稍降低	提高	增加
	圆锥体加长	降低	提高	增加
	入口面积增大(流量不变)	降低	降低	
	排气管直径增加	降低	降低	
	排气管插入长度增加	增大	提高(降低)	增加
运行状况	入口气流速度增大	增大	提高	
	灰斗气密性降低	稍增大	大大降低	减少
	内壁粗糙度增加(或有障碍物)	增大	降低	

(六)常用旋风除尘器的结构和性能

1. XLT(CLT) 型旋风除尘器

XLT(CLT) 型旋风除尘器是应用最早的旋风除尘器，各种类型的旋风除尘器都是由它改进而来的。它结构简单，制造容易，压力损失小，处理气量大，有一定的除尘效率，适用于捕集重度和颗粒较大的、干燥的非纤维性粉尘。

(1) XLT(CLT) 型旋风除尘器　XLT(CLT) 型除尘器是普通的旋风除尘器，其结构如图 5-39 所示。这种除尘器制造方便，阻力较小，但分离效率低，对 10μm 左右的尘粒的分离效率一般低于 60%～70%，故虽曾有过广泛应用，但目前已被其他高效旋风除尘器所代替。

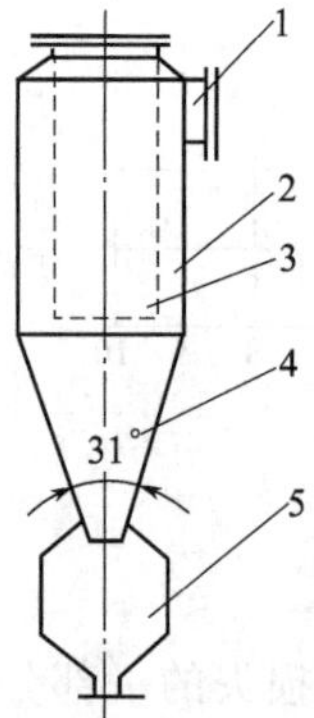

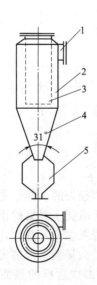

图 5-39 XLT(CLT) 型旋风除尘器

1—进口；2—筒体；3—排气管；4—锥体；5—灰斗

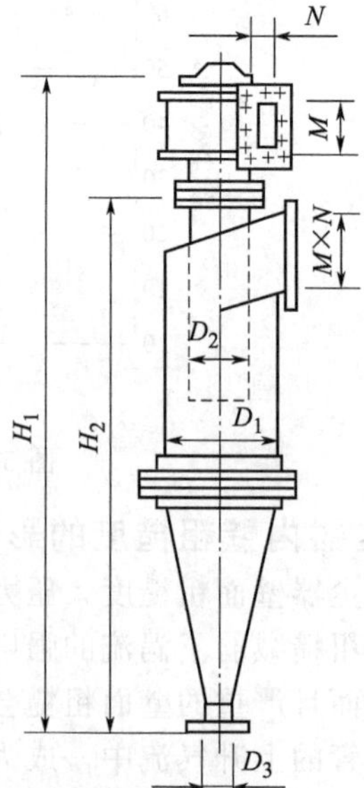

图 5-40 XLT/A(CLT/A) 型旋风除尘器

(2) XLT/A(CLT/A) 型旋风除尘器 XLT/A(CLT/A) 型旋风除尘器是 XLT 型的改进型。其结构如图 5-40 所示。其特征是气流进口管与水平面呈 15°角，并带有螺旋型导向顶盖，以避免向上气流碰到顶盖时形成上部涡旋，其筒体和锥体较长，除尘效率较 XLT 型高，但阻力也大一些。

实验证明，含尘气体入口流速>10m/s，但不能超过 18m/s，否则除尘效率降低，压力损失大约 500～700Pa，除尘效率大约为 80%～90%。

XLT/A 型旋风除尘器尺寸、质量和处理常温空气时的主要技术性能列于表 5-6 和表 5-7 中。

表 5-6 XLT/A 型旋风除尘器（单筒）尺寸及质量

序号	型号	尺寸/mm							质量/kg	
		D_1	D_2	D_3	H_1	H_2	M	N	X 型	Y 型
1	CLT/A-1.5	150	90	45	910	734	99	39	12	9
2	CLT/A-2.0	200	120	60	1171	962	132	52	19	15
3	CLT/A-2.5	250	150	75	1352	1190	165	65	27	21
4	CLT/A-3.0	300	180	90	1713	1418	198	78	37	29
5	CLT/A-3.5	350	210	105	1974	1646	231	91	53	43
6	CLT/A-4.0	400	240	120	2275	1874	264	104	61	48
7	CLT/A-4.5	450	270	135	2539	2102	297	117	102	81
8	CLT/A-5.0	500	300	150	2800	2330	330	130	126	98
9	CLT/A-5.5	550	330	165	3061	2558	363	143	152	120
10	CLT/A-6.0	600	360	180	3322	2786	396	156	176	139
11	CLT/A-6.5	650	390	195	3583	3014	429	169	201	159
12	CLT/A-7.0	700	420	210	3844	3242	462	182	241	189
13	CLT/A-7.5	750	450	225	4105	3470	495	195	267	209
14	CLT/A-8.0	800	480	240	4366	3698	528	208	315	250

注：制造图号为国标 T505。

表 5-7 XLT/A 型旋风除尘器主要性能

型号	项目	在下列进口风速(m/s)下处理的风量和阻力			型号	项目	在下列进口风速(m/s)下处理的风量和阻力		
		12	15	18			12	15	18
CLT/A-1.5	风量/(m^3/h)	170	210	250	CLT/A-5.5	风量/(m^3/h)	2240	2800	3360
CLT/A-2.0		300	370	440	CLT/A-6.0		2670	3340	4000
CLT/A-2.5		460	580	690	CLT/A-6.5		3130	3920	4700
CLT/A-3.0		670	830	1000	CLT/A-7.0		3630	4540	5440
CLT/A-3.5		910	1140	1360	CLT/A-7.5		4170	5210	6250
CLT/A-4.0		1180	1480	1780	CLT/A-8.0		4750	5940	7130
CLT/A-4.5		1500	1870	2250	CLT/A-Y	阻力/Pa	755	1186	1705
CLT/A-5.0		1860	2320	2780	CLT/A-X		843	1323	1911

为适应处理气量较大而除尘效率不致过分降低，XLT/A 型旋风除尘器，可根据处理气

量的不同采用单筒或双筒、三筒、四筒及六筒组合使用。各种组合形式的除尘器结构及支架等详见国家标准。

2. XLP 型旋风除尘器

XLP 型旋风除尘器的结构特点是带有旁路分离室，这种除尘器分为 XLP/A（呈半螺旋形）和 XLP/B（呈全螺旋性）两种不同构造。XLP/A 型旋风除尘器如图 5-41 所示，XLP/B 型旋风除尘器如图 5-42 所示。

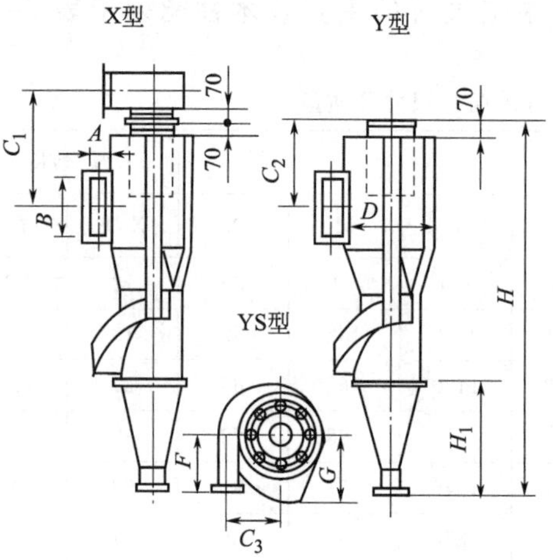

图 5-41 XLP/A 型旋风除尘器

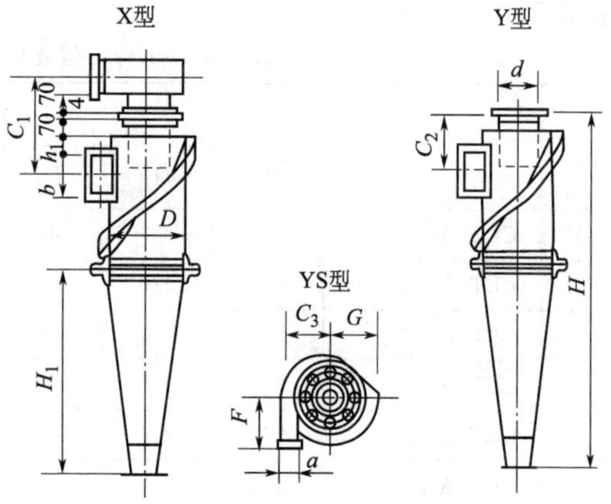

图 5-42 XLP/B 型旋风除尘器

XLP 型旋风除尘器可除掉 5μm 以上的粉尘。旋风除尘器入口进气速度选用范围为 12～17m/s。XLP 型旋风除尘器压力损失约为 500～900Pa。

XLP/A 型旋风除尘器的外形尺寸见表 5-8，主要技术性能见表 5-9。

表 5-8 XLP/A 型旋风除尘器的外形尺寸及质量

型号	尺寸/mm										质量/kg		制作图号
	D	H	C_1	C_2	C_3	A	B	H_1	G	F	X 型	Y 型	
CLP/A-3.0	300	1310	492	340	193	80	240	350	203	190	53	43	GB/T 504—1
CLP/A-4.2	420	1760	622	445	268	110	330	470	283	260	97	79	
CLP/A-5.4	540	2240	742	540	343	140	400	640	363	350	155	126	
CLP/A-7.0	700	2960	943	690	443	180	540	900	473	440	268	214	
CLP/A-8.2	820	3380	1013	795	518	210	630	990	553	500	362	289	
CLP/A-9.4	940	3915	1210.5	9075	595.5	245	735	1180	633	590	465	372	
CLP/A-10.6	1060	4425	1340.5	1012.5	670.5	275	825	1360	713	670	593	476	

XLP/B 型旋风除尘器的外形尺寸见表 5-10，主要技术性能见表 5-11。

3. CLK 型旋风除尘器

CLK 型旋风除尘器也称扩散式除尘器，如图 5-43 所示，其结构特点是 180°蜗壳入口，锥体为倒置的，锥体下部有一圆锥反射屏。在一般的旋风除尘器中，有一部分气体进入灰斗，在气流自下而上流向排出管时，由于内旋涡的吸引作用，使已分离的尘粒被上旋气流重新卷起，并随内旋涡排出；在 CLK 型旋风除尘器中，由于倒锥的扩散和反射屏的阻挡作用，防止了返回气流重新卷起粉尘，从而提高了除尘效率。

表 5-9　XLP/A 型旋风除尘器主要性能

项　目	型　号	进口风速/(m/s)		
		12	15	17
风量/(m^3/h)	CLP/A-3.0	830	1040	1180
	CLP/A-4.2	1570	1960	2200
	CLP/A-5.4	2420	3030	3430
	CLP/A-7.0	4200	5250	5950
	CLP/A-8.2	5720	7150	8100
	CLP/A-9.4	7780	9720	11000
	CLP/A-10.6	9800	12250	13900
阻力/Pa	X 型(ξ=8.0)	686	1078	1372
	Y 型(ξ=7.0)	588	921	1235
灰箱静压/Pa	X 型	−911	−1440	−1862
	Y 型	−167	−265	−333

注：ξ 为阻力系数。下同。

表 5-10　XLP/B 型旋风除尘器的外形尺寸及质量

型　号	尺寸/mm												质量/kg		制作图号
	D	H	C_1	C_2	C_3	a	b	H_1	h_1	d	F	G	X 型	Y 型	
CLP/B-3.0	300	1400	392	240	173	90	180	783	80	180	200	195	50	40	GB/T 504—2
CLP/B-4.2	420	1930	482	305	240	125	250	1113	110	250	280	271	91	73	
CLP/B-5.4	540	2500	572	370	307	160	320	1463	140	320	360	346	149	120	
CLP/B-7.0	700	3250	733	480	397	210	420	1923	200	420	470	447	253	199	
CLP/B-8.2	820	3720	823	545	464	245	490	2203	230	490	550	522	343	270	
CLP/B-9.4	940	4270	913	610	531	280	560	2553	260	560	630	597	441	348	
CLP/B-10.6	1060	4820	1003	675	597	315	630	2903	290	630	710	673	552	435	

表 5-11　XLP/B 型旋风除尘器主要性能

项　目	型　号	进口风速/(m/s)		
		12	16	20
风量/(m^3/h)	CLP/B-3.0	700	930	1160
	CLP/B-4.2	1350	1800	2250
	CLP/B-5.4	2200	2950	3700
	CLP/B-7.0	3800	5100	6350
	CLP/B-8.2	5200	6900	8650
	CLP/B-9.4	6800	9000	11300
	CLP/B-10.6	8550	11400	14300
阻力/Pa	X 型(ξ=5.8)	490	872	1421
	Y 型(ξ=4.8)	412	686	1127
灰箱静压/Pa	X 型	−872	−1646	−2695
	Y 型	−274	−460	−745

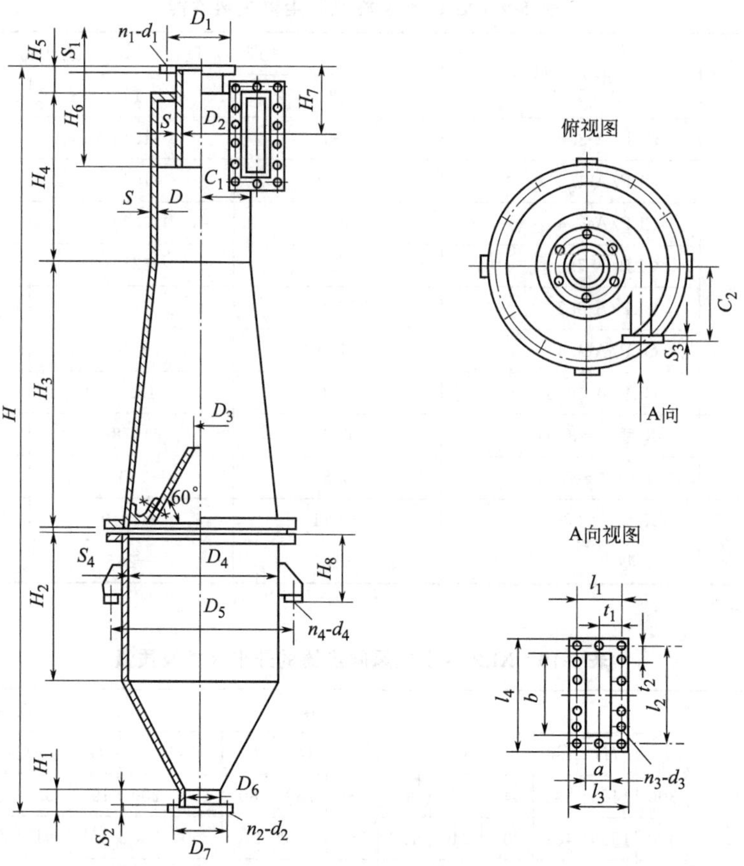

图 5-43 CLK 型旋风除尘器

CLK 型旋风除尘器，直径 150～700mm 共有 10 种规格。进口气速选择范围以 10～16m/s 为宜。单个处理含尘气量为 210～9200m^3/h，其除尘效率随着筒体直径的增大而下降。钢板厚度采用 3～5mm，当用于磨损较大的场合或腐蚀性介质时，钢板应适当加厚。排料装置多采用翻板式排料阀。CLK 型旋风除尘器的结构尺寸见表 5-12。

表 5-12 CLK 型旋风除尘器结构尺寸 单位：mm

公称直径 D	H	H_1	H_2	H_3	H_4	H_5	H_6	H_7	H_8	D_1	D_2	D_3	D_4	D_5	D_6	D_7	S	S_1
150	1210	50	250	450	300	30	168	108	180	113	75	7.5	250	346	106	146	3	6
200	1619	50	330	600	400	40	223	143	180	138	100	10	330	426	106	146	3	6
250	2039	50	415	750	500	50	278	178	180	163	125	12.5	415	511	106	146	3	6
300	2447	50	495	900	600	60	333	213	180	188	150	15	495	591	106	146	3	6
350	2866	50	580	1050	700	70	388	248	180	213	175	17.5	580	676	106	146	3	6
400	3277	50	660	1200	800	80	444	284	200	260	200	20	662	768	106	146	4	8
450	3695	50	745	1350	900	90	499	319	200	285	225	22.5	747	853	106	146	4	8
500	4106	50	825	1500	1000	100	554	354	220	310	250	25	827	943	106	146	4	8
600	4934	50	990	1800	1200	120	665	425	220	363	300	30	992	1110	106	146	5	8
700	5716	50	1155	2100	1400	140	775	490	240	413	350	35	1157	1285	150	191	5	8

续表

公称直径 D	S_2	S_3	S_4	C_1	C_2	l_1	l_2	l_3	l_4	t_1	t_2	a	b	n_1-d_1	n_2-d_2	n_3-d_3	n_4-d_4	质量/kg
150	6	6	3	94.5	113	77	184	107	218	38.5	46	39	150	6-ϕ9	6-ϕ9	12-ϕ9	4-ϕ14	31
200	6	6	3	125.5	150	90	235	119	268	45	47	51	200	6-ϕ9	6-ϕ9	14-ϕ9	4-ϕ14	49
250	6	6	3	158	188	104	285	134	318	52	57	66	250	10-ϕ12	6-ϕ9	14-ϕ12	4-ϕ14	71
300	6	6	3	189	255	116	336	146	368	58	56	78	300	12-ϕ12	6-ϕ9	16-ϕ12	4-ϕ14	98
350	6	6	3	220	263	128	387	158	418	64	64.5	90	350	12-ϕ12	6-ϕ9	16-ϕ12	4-ϕ14	136
400	6	8	3	252.5	300	165	460	215	510	82.5	92	104	400	10-ϕ14	6-ϕ9	14-ϕ14	4-ϕ14	214
450	6	8	3	283.5	338	177	510	227	560	88.5	85	117	450	12-ϕ14	6-ϕ9	16-ϕ14	4-ϕ14	266
500	6	8	3	314.5	375	189	560	239	610	63	80	129	500	12-ϕ14	6-ϕ9	20-ϕ14	4-ϕ18	330
600	6	8	4	378	450	216	657	268	712	72	73	156	600	16-ϕ14	6-ϕ9	24-ϕ14	4-ϕ18	583
700	6	8	4	441.5	525	243	756	295	812	81	84	183	700	16-ϕ14	6-ϕ9	24-ϕ14	4-ϕ23	780

为了设计需要，将CLK型旋风除尘器各部分的比例示意如图5-44所示，作为设计时的依据。

表 5-13　CLK 型旋风除尘器选型

处理气量/(m^3/h)		气速/(m/s)					
		10	12	14	16	18	20
公称直径/(mm)	150	210	250	295	335	380	420
	200	370	445	525	590	660	735
	250	595	715	835	955	1070	1190
	300	840	1000	1180	1350	1510	1680
	350	1130	1360	1590	1810	2040	2270
	400	1500	1800	2100	2400	2700	3000
	450	1900	2280	2660	3040	3420	3800
	500	2320	2780	3250	3710	4180	4650
	600	3370	4050	4720	5400	6060	6750
	700	4600	5520	6450	7350	8300	9200

注：进口气速一般推荐采用14～18m/s。

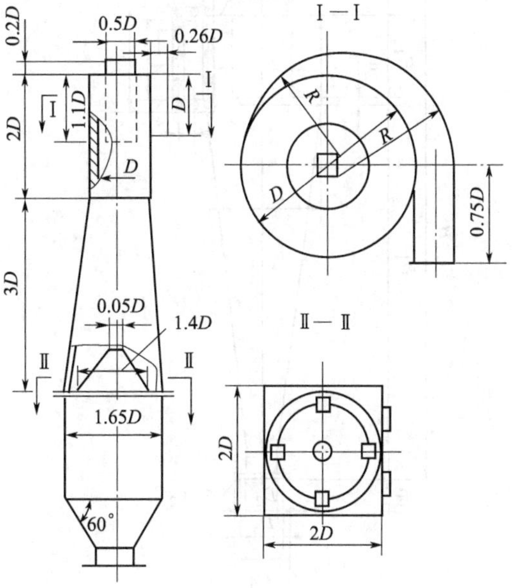

图 5-44　CLK 型旋风除尘器比例示意

CLK型旋风除尘器选型表见表5-13。一般常用下列两式进行计算后选型。

$$Q = v_i F_j \times 3600 \tag{5-83}$$

式中，Q为单个除尘器的处理气体量，m^3/h；v_i为进口气速，m/s；F_j为进口截面积，m^2。

$$\Delta p = \xi(\rho_k v_i^2/2g) \tag{5-84}$$

式中，Δp为压力损失，Pa；ξ为阻力系数，$\xi=88$；ρ_k为空气密度，kg/m^3；g为重力加速度，$g=9.81$m/s^2。

4. XZT型旋风除尘器（CZT）

XZT型旋风除尘器系列规格有直径390～800mm共6种，处理气量790～5700m^3/h。

XZT 型旋风除尘器选型见表 5-14，其主要尺寸见图 5-45 和表 5-15。

表 5-14 XZT 型旋风除尘器选型

型号 \ 风量/(m^3/h)	进口风速/(m/s)		
	11	13	15
CZT-3.9	790	935	1080
CZT 5.1	1340	1580	1820
CZT-5.9	1800	2120	2450
CZT-6.7	2320	2750	3170
CZT-7.8	3170	3740	4320
CZT-9.0	4200	4950	5700
压力损失/Pa	735	1078	1440

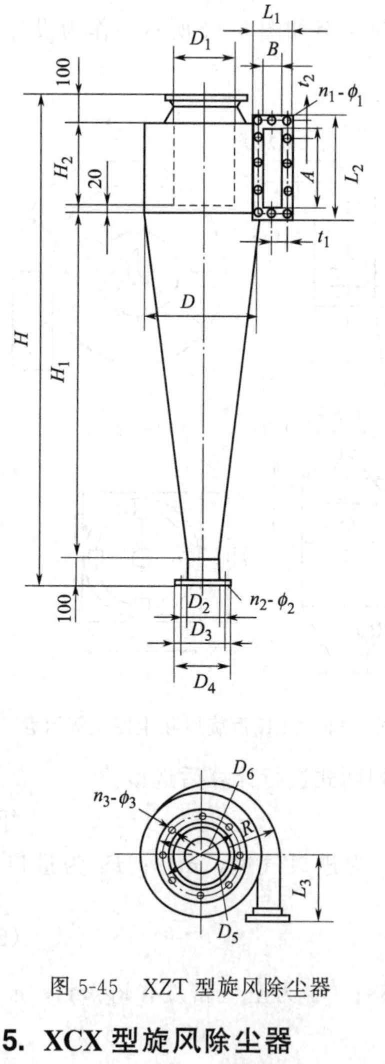

图 5-45 XZT 型旋风除尘器

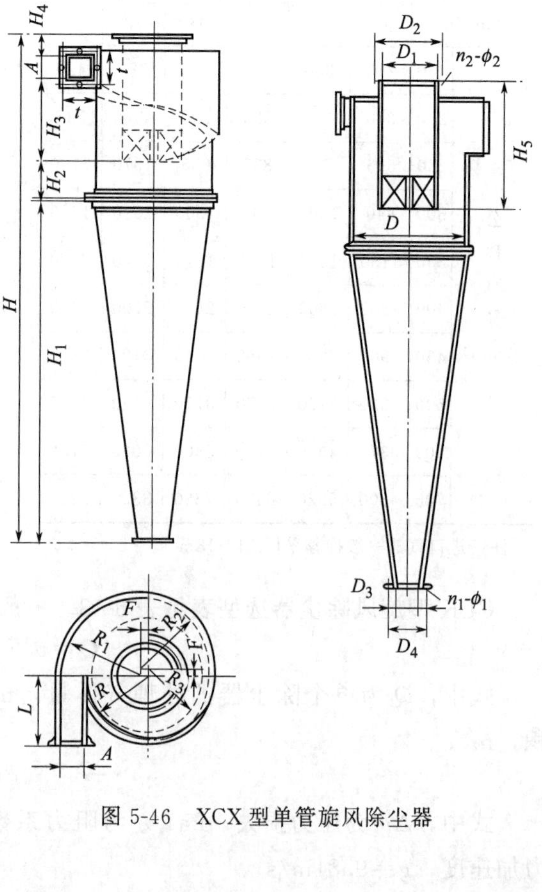

图 5-46 XCX 型单管旋风除尘器

5. XCX 型旋风除尘器

XCX 型旋风除尘器由湖北省工业建筑设计院设计，其结构示意如图 5-46 所示。XCX 型旋风除尘器除了有长锥体结构以外，主要在排气管内设有弧形减阻器，目的是为了降低除尘

表 5-15　XZT 型旋风除尘器主要尺寸

型　号	尺寸/mm												
	D	D_1	D_2	D_3	D_4	D_5	D_6	H	H_1	H_2	A	B	L_1
CZT-3.9	390	195	118	161	185	238	262	1590	1110	280	274	73	140
CZT-5.1	510	255	154	197	221	298	322	2012	1450	362	356	95	162
CZT-5.9	590	295	178	221	245	338	362	2299	1680	419	413	110	177
CZT-6.7	670	335	202	245	269	378	402	2584	1910	474	468	125	192
CZT-7.8	780	390	236	279	303	433	457	2974	2220	554	548	146	213
CZT-9.0	900	450	272	315	339	493	517	3396	2560	636	630	168	235

型　号	尺寸/mm								质量/kg
	L_2	L_3	t_1	t_2	R	n_1-ϕ_1	n_2-ϕ_2	n_3-ϕ_3	
CZT-3.9	341	195	58	105.6	234.5	10-ϕ8	8-ϕ8	8-ϕ8	47
CZT-5.1	423	255	69	133	305.5	10-ϕ8	8-ϕ8	8-ϕ8	77
CZT-5.9	480	295	76.5	114	353	12-ϕ8	8-ϕ8	8-ϕ8	102
CZT-6.7	535	335	84	127.7	400.5	12-ϕ8	8-ϕ8	8-ϕ8	131
CZT-7.8	615	390	94.5	147.7	466	12-ϕ8	8-ϕ8	8-ϕ8	176
CZT-9.0	697	450	105.5	168.2	537	12-ϕ8	8-ϕ8	8-ϕ8	228

器的阻力系数。XCX 型旋风除尘器系列共有 14 个规格，直径 ϕ200～1500mm，每级间距为 100mm，单管处理气量为 150～5700m^3/h。其组合型式有 ϕ800mm 四管、ϕ1000mm 四管和 ϕ1300mm 四管 3 种规格。使用时可根据需要不设减阻器。

XCX 型旋风除尘器选型见表 5-16，主要尺寸见图 5-46 和表 5-17。

表 5-16　XCX 型旋风除尘器选型（1.013×10^5 Pa，20℃）

项　目		进口气速/(m/s)			
		18	20	22	24
ϕ800mm 四管	气量/(m^3/h)	9600	10640	11720	12800
	压力损失/Pa	588	715	872	1039
ϕ1000mm 四管	气量/(m^3/h)	14960	16600	18320	20000
	压力损失/Pa	588	715	872	1039
ϕ1300mm 四管	气量/(m^3/h)	25300	28100	30900	33700
	压力损失/Pa	588	715	872	1039

表 5-17　XCX 型旋风除尘器尺寸　　单位：mm

型　号	D	D_1	D_2	D_3	D_4	H	H_1	H_2	H_3	H_4	H_5	L	R_1
XCX-ϕ200	200	100	142	50	88	884	570	60	132	70	250	120	140.5
XCX-ϕ300	300	150	192	75	113	1289	855	90	198	70	340	180	208.5
XCX-ϕ400	400	200	242	100	138	1694	1140	120	264	70	430	240	276.5
XCX-ϕ500	500	250	302	125	163	2129	1425	150	330	100	550	300	344.5
XCX-ϕ600	600	300	352	150	188	2534	1710	180	396	100	640	360	412.5
XCX-ϕ700	700	350	402	175	213	2939	1995	210	462	100	730	420	480.5

续表

型　号	D	D_1	D_2	D_3	D_4	H	H_1	H_2	H_3	H_4	H_5	L	R_1
XCX-ϕ800	800	400	452	200	238	3344	2280	240	528	100	820	480	548.5
XCX-ϕ900	900	450	502	225	266	3749	2565	270	594	100	910	540	616.5
XCX-ϕ1000	1000	500	552	250	288	4154	2850	300	660	100	1000	600	684.5
XCX-ϕ1100	1100	550	612	275	313	4559	3135	330	726	100	1090	660	752.5
XCX-ϕ1200	1200	600	662	300	338	4964	3420	360	792	100	1180	740	820.5
XCX-ϕ1300	1300	650	712	325	363	5369	3705	390	858	100	1270	780	888.5
XCX-ϕ1400	1400	700	762	350	388	5769	3985	420	924	100	1360	840	956.5
XCX-ϕ1500	1500	750	812	375	413	6179	4275	450	990	100	1450	900	1024.5

型　号	R_2	R_3	R	F	A	n_1-ϕ_1	n_2-ϕ_2	t 及联接尺寸		质量/kg
XCX-ϕ200	127	113.5	100	13.5	48	6-ϕ8	6-ϕ8	4-ϕ8	90	17
XCX-ϕ300	189	169.5	150	19.5	72	6-ϕ8	6-ϕ8	4-ϕ8	114	36
XCX-ϕ400	251	225.5	200	25.5	96	6-ϕ8	6-ϕ8	8-ϕ10	69×2=138	61
XCX-ϕ500	313	281.5	250	31.5	120	8-ϕ10	6-ϕ8	8-ϕ10	86×2=172	95
XCX-ϕ600	375	337.8	300	37.5	144	8-ϕ10	6-ϕ8	8-ϕ10	98×2=196	133
XCX-ϕ700	437	393.5	350	43.5	168	8-ϕ10	6-ϕ8	8-ϕ10	110×2=220	177
XCX-ϕ800	499	449.5	400	49.5	192	8-ϕ10	6-ϕ10	12-ϕ10	81.3×3=244	240
XCX-ϕ900	561	505.5	450	55.5	216	12-ϕ10	6-ϕ8	12-ϕ10	89.3×3=268	289
XCX-ϕ1000	623	561.5	500	61.5	240	16-ϕ10	8-ϕ10	12-ϕ10	97.3×3=292	352
XCX-ϕ1100	685	617.5	550	67.5	264	16-ϕ10	8-ϕ10	12-ϕ10	108.6×2=326	431
XCX-ϕ1200	747	673.5	600	73.5	288	16-ϕ12	8-ϕ10	16-ϕ12	87.5×4=350	511
XCX-ϕ1300	809	729.5	650	79.5	312	16-ϕ12	8-ϕ10	16-ϕ12	93.5×4=374	608
XCX-ϕ1400	871	785.5	700	85.5	336	16-ϕ12	8-ϕ10	16-ϕ12	99.5×4=394	686
XCX-ϕ1500	933	841.5	750	91.5	360	16-ϕ12	8-ϕ10	16-ϕ12	105.5×4=422	784

四、旋风除尘器的选型

根据工艺提供或收集到的资料选择除尘器，一般有两种方法：计算法和经验法。

1. 计算法

用计算法选择除尘器的大致步骤如下。

（1）由初始含尘浓度 c_i 和要求的出口浓度 c_o（按排放标准计），按下式计算出要求达到的除尘效率 η：

$$\eta=[1-(c_oQ_o/c_iQ_i)]\times 100\% \tag{5-85}$$

式中，Q_i 为除尘器入口的气体流量，m^3/s；Q_o 为除尘器出口的气体流量，m^3/s。

（2）选择确定旋风除尘器结构型式，并根据选定除尘器的分级效率 η_i 和净化粉尘的粒径分布，按下式计算出能达到的总除尘效率 $\eta_{总}$：

$$\eta_{总}=\sum_{i=d_{min}}^{d_{max}}\Delta D_i\eta_i \tag{5-86}$$

式中，ΔD_i 为净化粉尘的粒径分布。

通过计算，若$\eta_{总}>\eta$，则说明选定型式能满足设计要求，反之要重新选定（选高性能的或改变除尘器的运行参数）。

(3) 确定除尘器规格后，如果选定的规格大于实验除尘器的规格，则需计算出相似放大后的除尘效率η'，若能满足$\eta'>\eta$，则说明所选除尘器形式和规格皆符合污染物净化要求。否则需进行二次计算重新确定。

(4) 根据查得的压损系数ξ和确定的入口速度v_i，按下式计算运行条件下的压力损失Δp（Pa）：

$$\Delta p=\xi\ (\rho v_i^2/2) \tag{5-87}$$

式中，v_i为进口气流速，m/s；ξ为旋风除尘器的压损系数；ρ为气体密度，kg/m^3。

压损系数ξ为无量纲数，一般根据实验确定，其对于一定结构形式的除尘器为一常数值。许多人试图根据理论分析和实验结果，能找出ξ值的通用公式，但由于除尘器结构形式繁多，影响因素又很复杂，所以难以求得准确的通用计算公式。

2. 经验法

由于旋风除尘器内气流运动的规律还有待于进一步认识，实际上由于分级效率η_i和粉尘粒径分布数据非常缺乏，相似放大计算方法还不成熟，所以对环保工作者来说，应以生产中掌握的数据为依据采用经验法来选择除尘器的型式、规格，其基本步骤如下。

(1) 选定型式　根据粉尘的性质，分离要求，阻力和制造条件等因素进行全面分析，合理选择旋风除尘器的型式。从各类除尘器的结构特性来看，一般对粗短型除尘器的，应用于阻力小、处理风量大、净化要求低的场合；对细长型除尘器的，其除尘效率较高，阻力大，操作费用也较高，所以适用于净化要求较高的场合。表5-18列出了几种除尘器在阻力大致相等条件下的除尘效率、阻力系数、金属材料消耗量等综合比较，供除尘器选型时参考。

表 5-18　几种旋风除尘器工艺参数比较

项　目	型　式			
	XLT	XLT/A	XLP/A	XLP/B
设备阻力/Pa	1088	1078	1078	1146
进口气速/(m/s)	19.0	20.8	15.4	18.5
处理风量/(m^3/h)	3110	3130	3110	3400
平均除尘效率/%	79.2	83.2	84.8	84.6
阻力系数ξ	52	64	78	57
金属消耗量(按1000m^3/h计)/kg	42.0	25.1	27	33
外形尺寸(筒径×全高)/(mm×mm)	ϕ760×2360	ϕ550×2521	ϕ540×2390	ϕ540×2460

(2) 确定进口气速v_i　根据使用时允许的压降确定进口气速v_i。因$\Delta p=\xi(\rho v_i^2/2)$，故

$$v_i=(2\Delta p/\xi\rho)^{1/2} \tag{5-88}$$

式中，Δp为含尘气体压力损失，Pa。

无允许压降数据时，一般取进口气速为12～25m/s。

(3) 确定旋风除尘器的进口截面积A　对于矩形进口管，其截面积

$$A=bh=Q/(3600v_i) \tag{5-89}$$

式中，Q为处理气体量，m^3/h；b为入口宽度，m；h为入口高度，m。

(4) 确定各部分几何尺寸　由进口截面积A、入口宽度b、高度h，确定出除尘器其他部分的尺寸，见表5-19。

表 5-19 几种旋风除尘器的主要尺寸比例

尺寸内容	XLP/A	XLP/B	XLT/A	XLT
入口宽度 b	$(A/3)^{\frac{1}{2}}$	$(A/2)^{\frac{1}{2}}$	$(A/2.5)^{\frac{1}{2}}$	$(A/1.75)^{\frac{1}{2}}$
入口高度 h	$(3A)^{\frac{1}{2}}$	$(2A)^{\frac{1}{2}}$	$(2.5A)^{\frac{1}{2}}$	$(1.75A)^{\frac{1}{2}}$
筒体直径 D	上 $3.85b$ 下 $(0.7D)$	$3.33b$ $(b=0.30)$	$3.856b$	$4.96b$
排出管直径 d_{pp}	$0.6D$	$0.6D$	$0.6D$	$0.58D$
筒体长度 L	上 $1.36D$ 下 $1.00D$	$1.7D$	$2.26D$	$1.6D$
锥体长度 H	上 $0.5D$ 下 $1.0D$	$2.3D$	$2.0D$	$1.3D$
排灰口直径 d_1	$0.296D$	$0.43D$	$0.3D$	$0.145D$

第三节 湿式除尘器

湿式除尘器是用洗涤水或其他液体与含尘气体相互接触实现分离捕集粉尘粒子的装置。与其他除尘器相比它具有如下优点。

(1) 在耗用相同能耗的情况下，湿式除尘器的除尘效率比干式除尘器的除尘效率高。高能量湿式洗涤除尘器（如文丘里管）清洗 0.1μm 以下的粉尘粒子，除尘效率仍很高。

(2) 湿式除尘器的除尘效率不仅能与袋式除尘器和电除尘器相媲美，而且还可适用这些除尘器所不能胜任的除尘条件。湿式除尘器对净化高温、高湿、高比阻、易燃、易爆的含尘气体具有较高的除尘效率。

(3) 湿式除尘器在去除含尘气体中粉尘粒子的同时，还可去除气体中的水蒸气及某些有毒有害的气态污染物。因此，湿式除尘器既可以用于除尘，又可以对气体起到冷却、净化的作用。湿式除尘器有时又称作湿式气体洗涤器。

湿式除尘器的缺点如下。

(1) 湿式除尘器排出的沉渣需要处理，澄清的洗涤水应重复回用，否则不仅会造成二次污染，而且也浪费水资源。

(2) 净化含有腐蚀性的气态污染物时，洗涤水（或液体）会具有一定程度的腐蚀性。因此，除尘系统的设备均应采取防腐措施。

(3) 湿式除尘器不适用于净化含有憎水性和水硬性粉尘的气体。

(4) 在寒冷地区应用湿式除尘器容易结冻，因此，要采取防冻措施。

目前，对湿式除尘器尚无公认的分类方法，常用的分类方法有如下三种。

1. 按不同能耗分类

湿式除尘器分为低能耗、中能耗和高能耗三类。压力损失不超过 1.5kPa 的除尘器属于低能耗湿式除尘器，这类除尘器有重力喷雾塔洗涤除尘器、湿式离心（旋风）洗涤除尘器；压力损失为 1.5～3.0kPa 的除尘器属于中能耗湿式除尘器，这类除尘器有动力除尘器和冲击水浴除尘器；压力损失大于 3.0kPa 的除尘器属于高能耗湿式除尘器，这类除尘器主要是文丘里洗涤除尘器和喷射洗涤除尘器。

2. 按不同除尘机制分类

根据湿式除尘器中除尘机制的不同，可分为多种类型。

3. 按不同结构形式分类

根据湿式除尘器的结构形式不同，分为压力水式洗涤除尘器、淋水式填料塔洗涤除尘器、贮水式冲击水浴洗涤除尘器和机械回转式洗涤除尘器。表 5-20 列出某些洗涤除尘器的特性。

表 5-20 某些洗涤除尘器的特性

分类	洗涤除尘器的型式	可能捕集的粒径/μm	含尘气体流速/(m/s)	液气比/(L/m³)	50%分离临界粒径/μm	水泵压力	压力损失/Pa	除尘器的除尘效率/%
压力水式洗涤除尘器	重力喷雾塔洗涤器	5.0～100	1～2	2～3	3.0	中	100～500	70(d_p=10μm)
	旋风式洗涤除尘器	1～100	1～2	0.5～1.5	1.0	中	500～1500	80～90
	喷射式洗涤除尘器	0.2～100	10～20	10～50	0.2	大	0～1000	90～99
	文丘里洗涤除尘器	0.1～100	60～90	0.3～1.5	0.1	小	3000～10000	90～99
淋水式填料塔洗涤除尘器	填料塔洗涤除尘器	≥0.5	0.5～2	1.3～3	1.0	小	1000～2500	90(d_p≥2μm)
	湍球塔洗涤除尘器	0.5～100	5～6	0.5～0.7	0.5	小	7500～12500	97(d_p=2μm)
贮水式冲击水浴洗涤除尘器	Roto-Clone 型自激式洗涤除尘器	>0.2	分离室中气流上升速度≤2.7	单位气体冲击水量为 2.67；消耗水量为 0.134	0.2	小	400～3000	93(d_p=5μm)
机械回转式洗涤除尘器	泰生式、离心式洗涤器	>0.1	转速：300～750r/min	0.7～2	0.2	小	0～1500	75～99

一、气液接触表面及捕尘体的形式

在湿式除尘器中，气体中的粉尘粒子是在气液两相接触过程中被捕集的。接触表面的形式及大小，对除尘效率有着重大影响。气液接触表面的形式及大小取决于一项进入另一项的方法。含尘气体向液体中分散时，如在板式塔洗涤除尘器中，将形成气体射流和气泡形状的气液接触表面，气泡和气体射流即为捕尘体，粉尘粒子在气泡和气体射流捕尘体上沉降。当洗涤液体向含尘气体中分散时，如在重力喷雾塔洗涤器中，将形成液滴气液接触表面，气体中粉尘粒子在液滴捕尘体表面上沉降。

有些湿式除尘器是以气泡、气体射流或液滴为两相接触表面的；但也有些湿式除尘器，如填料塔洗涤除尘器和湿式离心洗涤除尘器，气液两相接触表面为液膜，液膜是这类除尘器的主要捕尘体，粉尘粒子在液膜上得到沉降。

表 5-21 列出几种常见湿式除尘器的主要接触表面及捕尘体的型式。

表 5-21 几种常见湿式除尘器的接触表面及捕尘体的型式

除尘器的名称	气液两相接触表面型式	捕尘体型式
重力喷雾洗涤除尘器	液滴外表面	液滴
离心式洗涤除尘器	液滴与液膜表面	液滴与液膜
贮水式冲击水浴除尘器	液滴与液膜表面	液滴与液膜
动力除尘器	液滴与液膜表面	液滴与液膜
文丘里洗涤除尘器	液滴与液膜表面	液滴与液膜
填料塔洗涤除尘器	液膜表面	液膜
板式塔洗涤除尘器	气体射流与气泡表面	气体射流及气泡
活动填料(溜球)塔洗涤除尘器	气体射流、气泡和液膜表面	气体射流、气泡和液膜

应当指出，表 5-21 列出的接触表面和捕尘体的型式是这种湿式除尘器最有特征的接触表面和捕尘体的型式，对许多类型的湿式除尘器来说，气体和洗涤液体的接触表面不只是一种类型接触表面和捕尘体，而是有两种或两种以上的接触表面型式。

二、湿式除尘器效率计算

从前面对湿式除尘器捕尘体机理的简要分析可知，湿式除尘器的总除尘效率与气液两相的接触方式、形成捕尘体的类型、捕尘体流体力学的状态以及粉尘粒子的粒径分布等多种因素有关。各种因素对除尘效率的影响较为复杂，因此到目前为止不能用数学分析方法来计算湿式除尘器的除尘效率，多采用实验或经验公式进行计算。

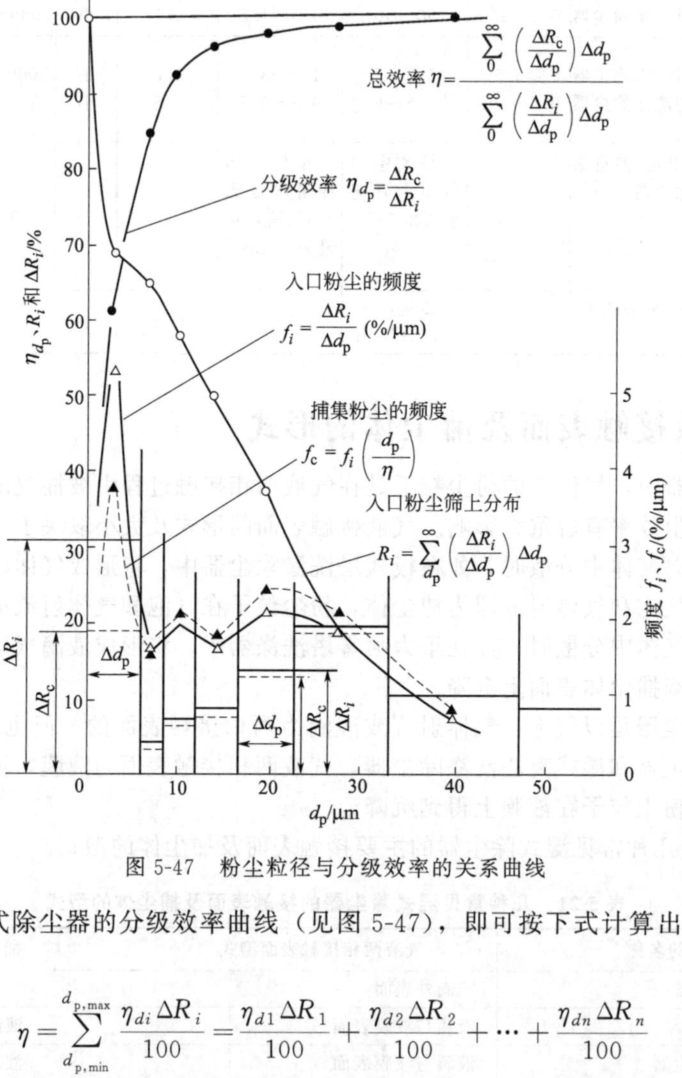

图 5-47 粉尘粒径与分级效率的关系曲线

如已知某湿式除尘器的分级效率曲线（见图 5-47），即可按下式计算出湿式除尘器的总除尘效率：

$$\eta=\sum_{d_{p,min}}^{d_{p,max}}\frac{\eta_{di}\Delta R_i}{100}=\frac{\eta_{d1}\Delta R_1}{100}+\frac{\eta_{d2}\Delta R_2}{100}+\cdots+\frac{\eta_{dn}\Delta R_n}{100} \tag{5-90}$$

式中，$d_{p,min}$ 为被净化气体中最小粉尘粒子的粒径；$d_{p,max}$ 为被净化气体中最大粉尘粒子的粒径；η_{di} 为该湿式除尘器对粒径分布为 $d_{p,min}\sim d_{p,max}$ 的粉尘粒子分割成 n 个粒径组间隔中的第 i 个粒径组间隔的分级效率；ΔR_i 为该湿式除尘器对粒径分布为 $d_{p,min}\sim d_{p,max}$ 的粉尘粒子分隔成 n 个粒径组间隔中的第 i 个粒径组间隔粉尘粒子的相对频数（或称频度密度）。

表 5-22 列出了图 5-47 所示各粒径组间隔的粒径分布参数和分级效率的数据，并以 8 个组间隔的 ΔR_i 和 η_{di} 计算出了该湿式除尘器的总效率。

表 5-22　根据粒径分布和分级效率计算总除尘效率

组间隔数	粉尘的粒径		进入除尘器粉尘的参数			分级除尘效率 η/%	被捕集粉尘的参数		
	粒径范围（组限）d_p/μm	粒径密度 Δd_p/μm	筛上分布 R_i /%	相对频数 ΔR_i /%	频度 $f_i=\dfrac{\Delta R_i}{\Delta d_p}$ /(%/μm)		相对频数 $\Delta R_c=\Delta R_i\eta_{di}$/%	频度 $f_c=f_i\left(\dfrac{\eta_{di}}{\eta}\right)$ /(%/μm)	理论值 $f_c\Delta d_p$ /%
1	0～5.8	5.8	69	3.1	5.35	61	18.9	3.79	22.00
2	5.8～8.2	2.4	65	4	1.67	85	3.4	1.65	3.95
3	8.2～11.7	3.5	58	7	2.00	93	6.5	2.16	7.56
4	11.7～16.5	4.8	50	8	1.67	96	7.7	1.86	8.93
5	16.5～22.6	6.1	37	13	2.13	98	12.7	2.43	14.80
6	22.6～33	10.4	18	19	1.83	99	18.8	2.10	21.85
7	33～47	14	8	10	0.71	100	10.0	0.83	11.61
8	＞47	—	0	8	—	100	8.0	—	9.30
				100%（$=S_i$）		$\eta=\Sigma R_c$ $=86.0\%$（$=S_o$）			100%

三、湿式除尘器的流体阻力

湿式除尘器流体阻力的一般表示式为：

$$\Delta p\approx\Delta p_i+\Delta p_o+\Delta p_p+\Delta p_g+\Delta p_y \tag{5-91}$$

式中，Δp 为湿式除尘器的气体总阻力损失，Pa；Δp_i 为湿式除尘器进口的阻力，Pa；Δp_o 为湿式除尘器出口的阻力，Pa；Δp_p 为含尘气体与洗涤液体接触区的阻力，Pa；Δp_g 为气体分布板的阻力，Pa；Δp_y 为挡板阻力，Pa。Δp_i、Δp_o、Δp_p、Δp_g、Δp_y 可按相应化学工程手册中有关公式进行计算。

只有在空心重力喷雾洗涤除尘器中装有气流分布板，在填料或板式塔中一般不装气体分布板。因为在这些塔中填料层和气泡层都有一定的流体阻力，足以使气流分布均匀，因而不需设置气流分布板。

含尘气体与洗涤液体接触区的阻力与除尘器的结构型式和气液两相流体流动状态有关。两相流体的流动阻力可用气体连续相通过液体分散相所产生的压降来表示。此压力降不仅包括用于气相运动所产生的摩擦阻力，而且还包括必须传给气流一定的压头以补偿液流摩擦而产生的压力降。在两相流动接触区内的流体阻力可按下式计算：

$$\Delta p_p=\xi_g\frac{\rho_g u_g}{2\varphi^2}+\xi_L\frac{\rho_L u_L}{2(1-\varphi)^2} \tag{5-92}$$

式中，ξ_g、ξ_L 为气体与液体的流体阻力系数；u_g、u_L 为气体和液体的线速度，m/s；φ 为流区气体占有设备截面积的分数。

对某一种具体类型的湿式除尘器，其流体阻力可用相关的近似公式计算。

四、湿式除尘器的型式

（一）重力喷雾洗涤除尘器

重力喷雾洗涤除尘器（简称喷雾塔或洗涤塔，该塔为空心塔）是湿式除尘器中结构最为简单的一种。在空心塔中装有一排或数排雾化洗涤液的喷雾器，气体中的粉尘粒子被雾化后下降的液滴捕尘器所捕集。重力喷雾洗涤除尘器广泛用于净化粒径大于 50μm 的粉尘粒子，

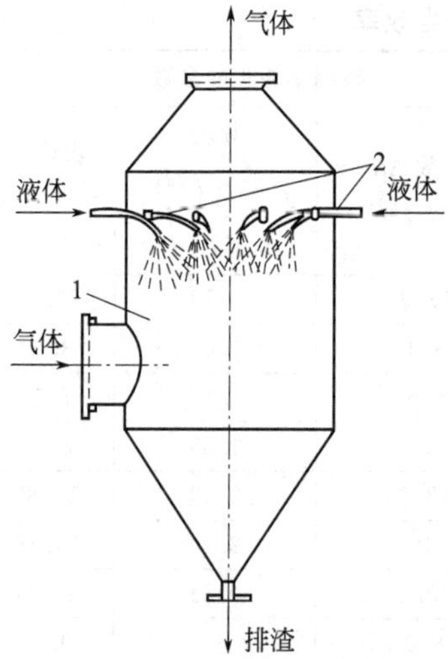

图 5-48 空心重力喷雾洗涤除尘器的结构示意
1—外壳；2—喷雾器

对于粒径小于 10μm 的粉尘粒子的净化效率较低，很少用于脱除气态污染物，而常与高效洗涤器联用，起预净化降温和加湿等作用。这类洗涤除尘器按其内截面形状，可分为圆形和椭圆形两种；根据除尘器中含尘气体与捕集粉尘粒子的洗涤液运动方向的不同可分为错流、并流和逆流三种不同类型的重力喷雾洗涤除尘器。在实际应用中多用气液逆流型重力喷雾洗涤除尘器，很少用错流型洗涤器。并流型重力喷雾洗涤器主要用于使气体降温和加湿等过程。

图 5-48 为圆筒形空心重力喷雾洗涤除尘器的结构示意。

含尘气体从塔体下部进入，经气流分配罩（板）沿塔截面均匀上升，随气流上升的粉尘粒子与雾化后下降的液滴发生惯性碰撞、拦截和凝集作用而被捕集。由于雾化的液滴粒径远大于粉尘的粒径，含尘气流在塔内的速度为 0.6～1.2m/s，净化后的气流不会夹带液滴逸出塔外。当空塔速度过高时，应在塔的上部装一层防雾挡水板。塔内的雾化喷雾器安装的位置应保证雾化液滴与粉尘粒子接触的概率最大、捕集效率最高。喷雾器多分别装在几排上，甚至可达 16 排，有时也装在洗涤除尘器的轴心处。喷雾器喷出的液束（液滴）可由上向下，也可与水平面成一定的角度。分几层（排）布置时，可采用让一部分流束为气流方向，另一部分为气流的反方向。

重力喷雾洗涤器的压力损失一般为 250～500Pa，如不计洗涤器中挡水板及气流分布板的压力损失，则其压力损失大约为 250Pa，因而这种除尘器耗能低。这种洗涤除尘器可净化含尘浓度较高的气体，净化 $d_p \geqslant 10\mu m$ 的粉尘粒子的效率达 70% 以上，而净化小于 5μm 的粉尘粒子效率很低。耗用洗涤水量用水汽比来衡量。当水压为 $(1.4\sim7.3)\times10^5$ Pa 时，水汽比通常为 0.4～2.7L/m³。耗水量多少取决于净化气体中的原始含尘浓度及净化后要求的净化深度。图 5-49 为空心喷雾洗涤除尘器净化炉烟气耗水量与进出口气体中含尘浓度的关系图。对一定入口浓度的含尘气体，净化程度越深耗水量就越大。

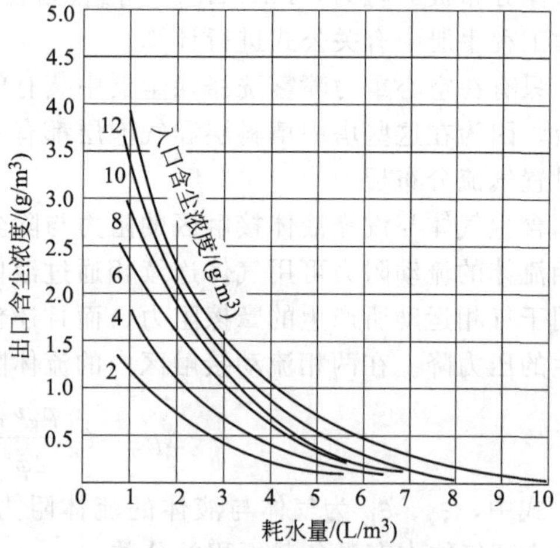

图 5-49 空心喷雾洗涤除尘器净化炉煤气粉尘耗水量与进出口气体中含尘浓度的关系

重力喷雾洗涤器中的空塔气流速度一般取 0.6～1.2m/s。

（二）填料洗涤除尘器

填料洗涤除尘器是在除尘器中填充不同型式的填料，并将洗涤水喷洒在填料表面上，以覆盖在填料表面上的液膜捕尘体捕集气体中的粉尘粒子。这种洗涤器只用于净化容易清除、流动性较好的粉尘粒子的除尘，特别宜用于

伴有气体冷却和吸收气体中某些有毒有害气体组分的除尘过程。

根据洗涤水与含尘气流相交的方式不同可分为错流、顺流和逆流洗涤除尘器，如图 5-50 所示。在实际应用中多用气液逆流填料洗涤除尘器，该种除尘器气流的空塔速度取 1.0～2.0m/s。耗用水量为 1.3～3.6L/m^3，每米高的填料阻力为 400～800Pa。在顺流填料洗涤除尘器中，耗水量一般为 1～2L/m^3，每米厚的填料阻力为 800～1600Pa。

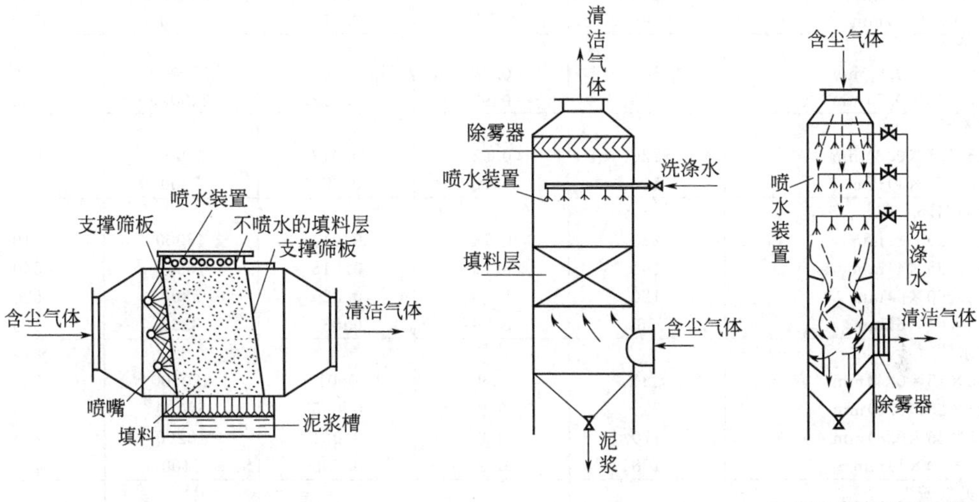

(a) 错流填料洗涤除尘器　(b) 逆流填料洗涤除尘器　(c) 顺流填料洗涤除尘器

图 5-50　填料洗涤除尘器的类型

错流模拟式填料洗涤除尘器［见图 5-50(a)］中，含尘气体由左侧进入，通过两层筛网所夹持的填料层，填料层厚一般小于 0.6m，最大为 1.8m。填料层上部设喷嘴以清洗粘有粉尘的填料，在净化含尘气流时，气流入口处还装有喷嘴。为了保证填料能充分被洗涤水所润湿形成液膜，填料层斜度大于 10°。这种型式的填料洗涤器的耗水量较少，一般为 0.15～0.5L/m^3，阻力也较低，每米厚的填料阻力为 160～400Pa。入口含尘浓度为 10～12g/m^3，捕集 $d_p \geqslant 2\mu m$ 粉尘的去除效率可达 99%。

在填料洗涤除尘器中，所使用的填料主要有如图 5-51 所示的几类。

填料的主要技术参数有比表面积、自由空间的体积和当量直径等。从增大气液两相接触表面有利于捕尘效率来看，填料的比表面越大越好，自由空间体积越小越好。

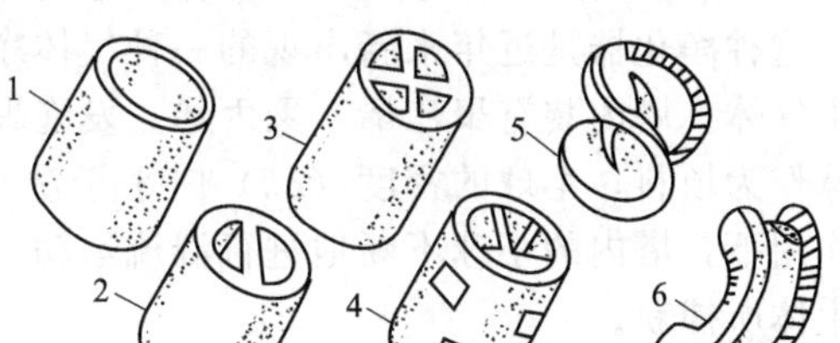

图 5-51　填料的型式

1—拉西环；2—有横隔板圆环；3—有十字交叉板圆环；4—帕尔环；5—贝尔鞍形填料；6—伊塔罗克斯鞍形填料

填料的比表面积是 1m^3 内含有填料的几何面积，用符号 a 表示，单位为 m^2/m^3（空间）；而自由空间体积是 1m^3 体积中填料的空隙所占的体积，用符号 S_o 表示，单位为 m^3/m^3。填料的当量直径（d_{eq}）可用下式确定：

$$d_{eq}=\frac{4S_o}{a} \tag{5-93}$$

常用的某些填料的技术性能参数列于表 5-23 中。

表 5-23 几种填料的技术参数

填料	比表面积 /(m^2/m^3)	自由空间体积 /(m^3/m^3)	当量直径/m	$1m^3$ 体积中的个数	$1m^3$ 的质量 /kg
陶瓷拉希环					
(10×10×1.5)mm	440	0.7	0.006	700000	700
(15×15×2)mm	330	0.7	0.009	220000	690
(25×25×3)mm	200	0.74	0.015	50000	530
(35×35×4)mm	140	0.78	0.022	18000	530
(50×50×5)mm	90	0.785	0.035	6000	530
钢拉希环					
(10×10×0.5)mm	500	0.88	0.007	770000	960
(15×15×0.5)mm	350	0.92	0.012	240000	660
钢拉希环					
(25×25×0.8)mm	220	0.92	0.017	55000	640
(50×50×1)mm	110	0.95	0.035	7000	430
陶瓷帕尔环					
(25×25×3)mm	220	0.74	0.014	46000	610
(35×35×4)mm	165	0.76	0.018	18500	540
(50×50×5)mm	120	0.78	0.026	5800	520
(60×60×6)mm	96	0.79	0.033	3350	520
钢帕尔环					
(15×15×0.4)mm	380	0.9	0.01	230000	525
(25×25×0.6)mm	235	0.9	0.015	52000	490
(35×35×0.8)mm	170	0.9	0.021	18200	455
(50×50×1)mm	108	0.9	0.033	6400	415
陶瓷贝尔鞍					
12.5mm	460	0.68	0.006	570000	720
25mm	260	0.69	0.011	78000	670
38mm	165	0.7	0.017	30500	670
陶瓷伊塔罗克斯鞍					
12.5mm	625	0.78	0.005	730000	545
19mm	335	0.77	0.009	229000	560
25mm	255	0.775	0.012	84000	545
38mm	195	0.81	0.017	25000	480
50mm	118	0.79	0.027	9350	530

（三）可浮动填料层气体净化器

可浮动填料层气体净化器，又称湍球塔气体净化器，如图 5-52 所示。

这种净化器是近年来新出现的一种气体净化设备。用它既能进行除尘又可同时净化有毒有害气体。塔内装有聚乙烯、聚丙烯、发泡聚苯乙烯或多孔橡胶制成的轻质空心（或实心）小球作为填料，小球的密度（ρ_B）应小于洗涤液体（通常为水）的密度。在一定的气流速度作用下，塔内的小球不断地进行湍流运动，粉尘粒子在湍流运动的泡沫层中，被气体射流捕尘体所捕获。

湍球塔净化器用于除尘时，空塔气流极限速度取 5～6m/s，液气比为 0.5～0.7L/m^3；当条缝宽为 4～6mm 时，支撑板的自由截面积分数（开孔率）为 0.4m^2/m^2。如用湍球塔净化器净化含有树脂及易于清除的粉尘粒子时，可以采用开孔率较大的条缝式栅板，开孔率可达 0.5～0.6m^2/m^2。

选用填料小球的直径应满足下列关系式：

$$d_B \leqslant \frac{D}{10} \tag{5-94}$$

式中，D 为湍球塔的直径，m；d_B 为小球的直径，m。

根据实验得出，用直径为 20～40mm，密度为 200～300kg/m^3 的填料小球净化含尘气体，其效率最佳。

填料小球静止床层（非流化状态）高度 H_{st} 大约为球形填料直径的 5～8 倍，最大的静止床层高度 $H_{st(max)}$ 应遵从 $H_{st}/D \leqslant 1$ 的关系式。湍球塔为多层时，上一层支撑筛板到下一层支撑筛板间的距离为 1～1.5m，限位栅板与支撑板间的距离为 0.8～0.9m。

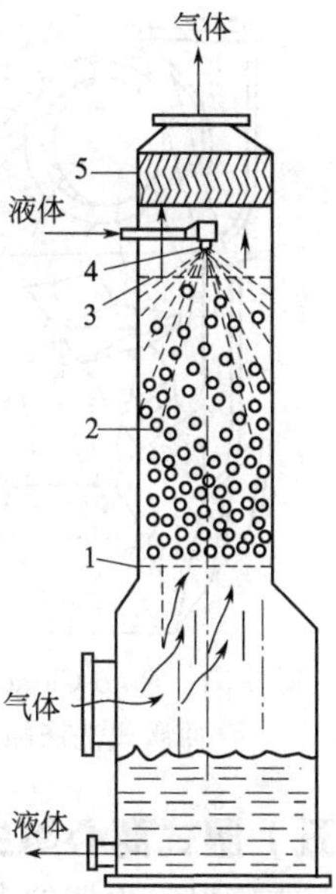

图 5-52　湍球塔气体净化器示意

1—支撑筛板；2—球形填料；3—上位限筛板；4—润湿器；5—聚沫器

（四）贮水式洗涤除尘器

贮水式洗涤除尘器又称冲击式水浴除尘器。在这类除尘器中，无论哪一种结构的贮水式洗涤器，捕尘室内都存在一定液层高度的洗涤水。被净化的含尘气体在一定液面深度以较大的气速冲击洗涤水，使其分散成大量的液滴和气泡。含尘气体中的粉尘粒子被这些分散的液滴和气泡所捕获，并共同沉降于捕尘室的底部。

结构最简单的贮水式洗涤除尘器的工作原理如图 5-53 所示。在这种洗涤除尘器中，含尘气体以一定的气速经喷头冲入水中，然后折转 180°向上离开水面。气体中较大的粉尘粒子因受惯性力的作用被捕尘室的贮水直接捕获，而另一些细小的粉尘粒子，被气流冲击水面所分散的液滴和气泡所捕集。

贮水式洗涤除尘器的效率与阻力取决于气流的冲击速度和喷头的插入深度。除尘效率与阻力随气流的冲击速度和插入深度的增加而增大，但气流冲击速度和喷头插入深度达到一定值后再继续增加，除尘效率不再增大，而阻力却急剧增加。表 5-24 列出了对不同性质的粉尘粒应采用最适宜的插入深度和冲击速度。

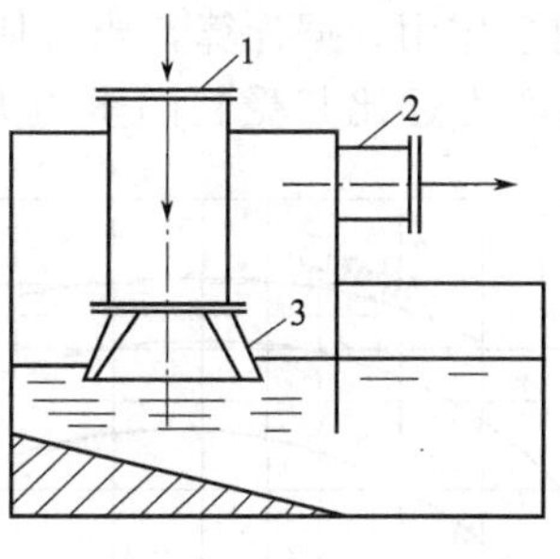

图 5-53　简易冲击贮水式洗涤除尘器

1—含尘气体进口；2—清洁气体出口；3—喷头

表 5-24　净化不同性质粉尘最适宜的插入深度与气流冲击速度

粉尘性质	喷头插入深度/mm	气流冲击速度/(m/s)
密度大，颗粒粗	0～+50	+10～+40
	−30～0	+10～+14
密度小，颗粒细	−30～−50	+8～+10
	−50～−100	+5～+8

注：“+”表示离水面上的高度；“−”表示插入水层的深度。

这种简单结构的贮水式洗涤除尘器可因地制宜地用砖或混凝土砌筑，耗水量少（液气比为 0.1～0.3L/m^3），但除细小粉尘粒子效率不高，清理沉渣较困难。

图 5-54 为另一种贮水式洗涤除尘器，又称 Roto-Clone 型冲激式洗涤除尘器，简称 N 型除尘器。其特点是含尘气流由中部进气口进入后，分两侧通过 S 形通道，随含尘气体被分散的水量约为 2.67L/m^3，水在洗涤器内循环，净化后的气体撞击到挡水板脱水后由排气口排出。

这种冲激式洗涤除尘器的分级效率如图 5-55 所示。由图可见，对于 5μm 的粉尘，效率达 93%，其阻力一般为 500～4000Pa。洗涤水耗用量少，约为 0.134L/m^3。

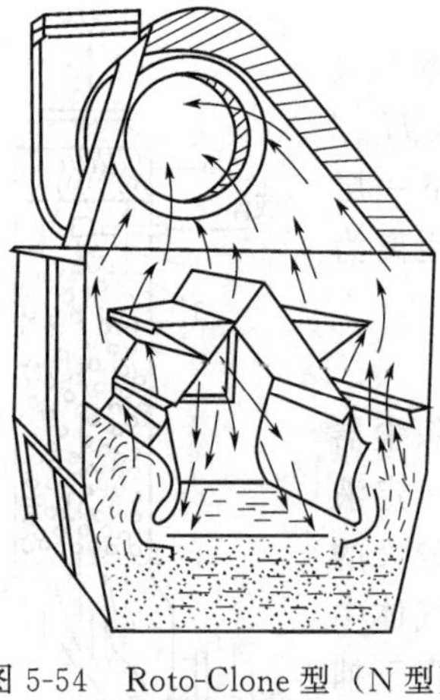

图 5-54 Roto-Clone 型（N 型）冲激式洗涤除尘器

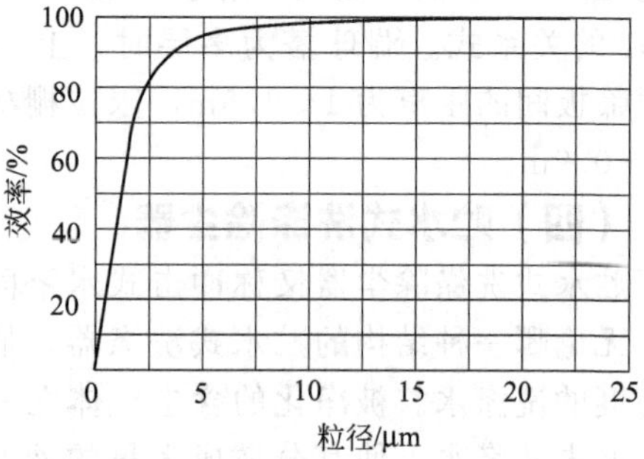

图 5-55 冲激式洗涤除尘器的分级效率

（五）湿式离心除尘器

将干式旋风除尘器的离心力原理应用于具有喷淋或在器壁上形成液膜的湿式除尘器中，即构成了湿式离心除尘器。湿式离心除尘器大体可分为两类：一类是借助离心力加强液滴捕尘体与粉尘粒子碰撞作用，达到高效捕尘的目的，属于这一类的湿式离心除尘器有中心喷水切向进气的旋风除尘器、用导向机构使气流旋转的除尘器以及周边喷水旋风除尘器等；另一类是使含尘气体中的粉尘粒子借助气流作旋转运动所产生的离心力冲击于被水湿润的壁面上而被捕获的离心除尘器，属于这类湿式除尘器的有立式水膜旋风除尘器及卧式水膜旋风除尘器。下面重点介绍几种应用比较广泛的湿式离心除尘器的结构、性能和特点。

1. 中心喷水切向进气旋风除尘器

图 5-56 示出中心喷水切向进气旋风除尘器捕尘过程的示意图。这种结构的除尘器可以很好地实现借助离心力加强液滴与粉尘粒子的惯性碰撞捕尘作用。据计算，当气体在半径为 0.3m 处以 17m/s 的切线速度旋转时，粉尘粒子受到的离心力远比其受到的重力大（100 倍

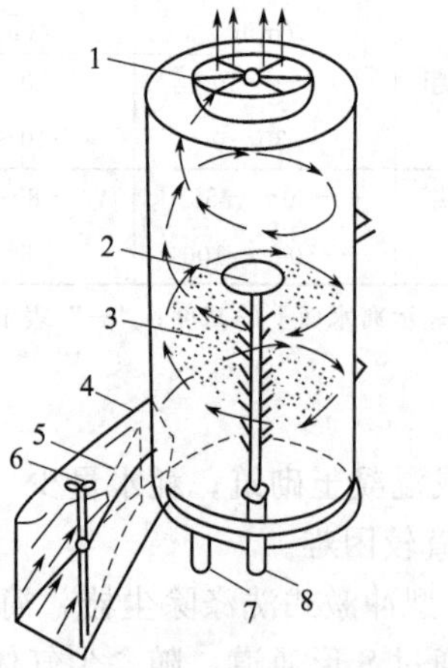

图 5-56 中心喷水切向进气的旋风除尘器捕尘过程示意

1—整流叶片；2—圆盘；3—喷水；4—气流入口管；5—导流管；6—调节阀；7—污泥出口；8—水入口

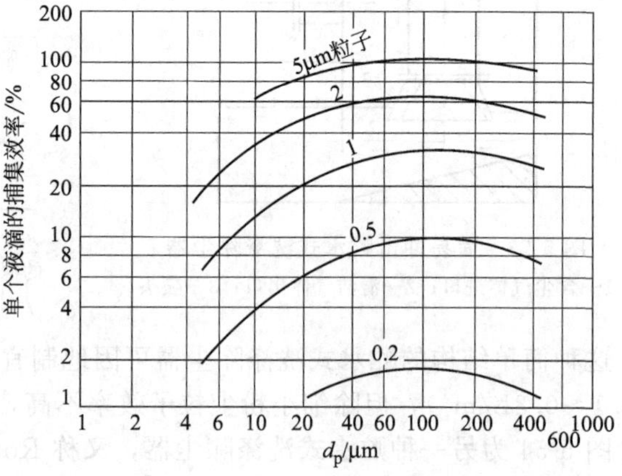

图 5-57 在 100g 离心力作用下惯性碰撞捕尘效率与液滴直径的关系

以上)。图 5-57 示出粉尘粒子在 100*g* 的离心力作用下，各不同粒径的粉尘粒子因受惯性力碰撞的捕尘效率。图中曲线表明，液滴尺寸在 40～200μm 的范围内捕尘效果比较好，100μm 时效果最佳。从图 5-57 还可以看到，这种在除尘器下部中心装有若干个喷嘴雾化器向旋转含尘气流中喷射液滴的中心喷水旋风除尘器，对 5μm 的粉尘粒子捕集效率仍然很高，当液滴粒径为 100μm 时，其单个液滴的捕尘效率几乎可达 100%。

中心喷水切向进气的旋风除尘器的入口风速通常为 15～45m/s，最高进气速度可达 60m/s。除尘器断面气速大约为 1.2～2.4m/s。这种除尘器气体压力降大约为 500～1500Pa，用于净化气体的耗水量为 0.4～1.3L/m^3。为防止雾滴被气体带出，在中心喷雾器的顶部装有挡水圆盘，在除尘器的顶部装有整流叶片以降低除尘器的压力损失。

这种除尘器（常用作文丘里除尘器的脱水器）净化烟气时的性能如表 5-25 所示。

表 5-25 中心喷水切向进气旋风除尘器的主要性能

粉尘来源	粒径/μm	气体中粉尘浓度/(g/m^3)		效率/%
		进气口	排气口	
锅炉飞灰	>2.5	1.12～5.9	0.046～0.106	88.0～98.8
铁矿石、焦炭尘	0.5～20	6.9～55.0	0.069～0.184	99
石灰窑尘	1～25	17.7	0.576	97
生石灰尘	2～40	21.2	0.184	99
铝反射炉尘	0.5～2	1.15～4.6	0.053～0.092	95.0～98.0

2. 立式旋风水膜除尘器

立式旋风水膜除尘器是应用比较广泛的一种湿式除尘器，国内所用的型号为 CLS 型，见图 5-58。该类型设备的喷嘴设在筒体的上部，由切向将水雾喷向器壁，在筒体内壁表面始终保持一层连续不断地均匀往下流动的水膜。含尘气体由筒体下部切向进入除尘器并以旋转气流上升，气流中的粉尘粒子被离心力甩向器壁，并为下降流动的水膜捕尘体所捕获。粉尘粒子随沉渣水由除尘器底部排渣口排出，净化后的气体由筒体上部排出。

这种除尘器的入口最大允许浓度为 2g/m^3，处理大于此浓度的含尘气体时，应在其前设一预除尘器，以降低进气含尘浓度。

3. 侧壁喷雾湿式除尘器

图 5-58 是沿筒壁侧面装有多排喷雾器的湿式除尘器。这种除尘器的供水量为 0.7L/m^3，供水压力为 0.7～3MPa，约有 40%雾化液滴落到除尘器气流引入区域，除尘器的压力降为 300～600Pa。

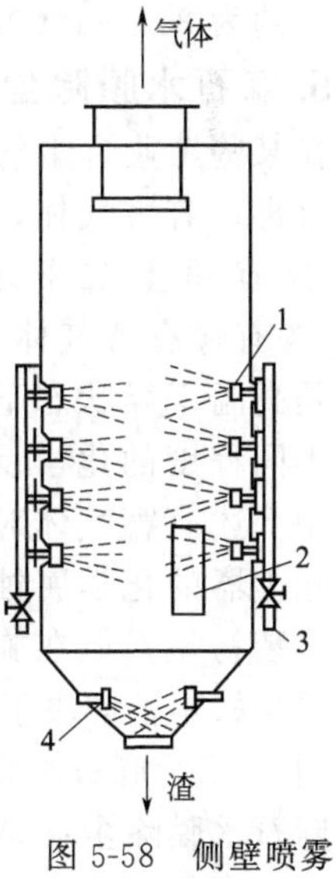

图 5-58 侧壁喷雾湿式除尘器

1—喷雾器；2—气体导入装置；3—集水管；4—润湿积尘器壁面的喷雾器

4. 卧式旋风水膜除尘器

卧式旋风水膜除尘器由内筒、外筒、螺旋导流叶片、集尘水箱及排水设施组成，其工作原理如图 5-59 所示。内筒和外筒之间装螺旋导流叶片。螺旋导流叶片使内外筒的间隙呈一螺旋通道。含尘烟气由进口切向进入，经螺旋导流叶片的导流，在通道内作旋转运动。当烟气气流冲击到水箱内的水表面时，有部分较大粒径的粉尘粒子与水接触而沉降。与此同时，具有一定流速的烟气气流冲击水面以后，夹带部分水滴继续沿通道作旋转运动，致使外筒内壁和内筒外壁形成一层约 3～5mm 的水膜，随气流作旋

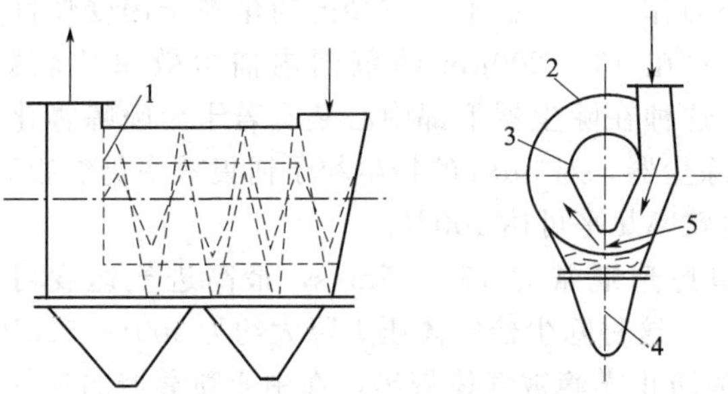

图 5-59 卧式旋风水膜除尘器

1—螺旋导流叶片；2—外壳；3—内筒；4—水槽；5—通道高度

转运动的粉尘粒子受离心力的作用，转向外筒内壁的水膜上面被捕获。由于气流沿螺旋导流叶片旋转数圈，烟气中的大部分粉尘粒子均可被除掉。由上述分析可知，在卧式旋风水膜除尘器中，既有贮水式冲击水浴除尘器的捕尘作用，又有离心水膜除尘器的捕尘作用。综合运用了几种捕尘机理，因而具有较高的除尘效率。

卧式水膜除尘器的除尘效率与其结构尺寸有关，特别是与螺旋导流叶片的螺距、螺旋直径有关。导流叶片的螺旋直径和螺距越小，除尘效率越高，但其阻力损失也越大。实际运行表明，这种卧式水膜除尘器的除尘效率可达 85%～92%。

在这种湿式除尘器中，形成水膜的质量对除尘效率也有很大影响。水膜的质量主要取决于在螺旋通道内的烟气流速和水槽中的水位，在某一水位时，对应于一个最佳的烟气流速。烟气流速过低，形成的水膜可能太薄或不能形成水膜；烟气流速太高，形成的水膜太厚，致使出口烟气带水现象加剧。因此，水膜形成的质量可以通过调整烟气流速或筒体内贮水水位来决定。当提高水位时，应适当增加烟气流速。根据国内使用经验表明，水位高度（指筒底水位之高）在 80～150mm 之间，螺旋通道内断面烟气流速为 8～18m/s 为宜。这种除尘器的压力损失约为 300～1000Pa。

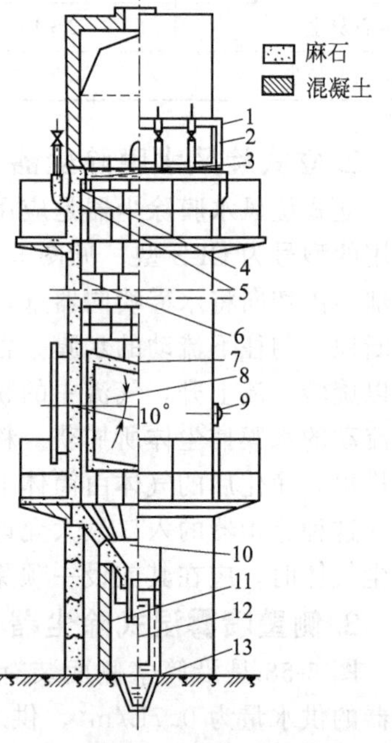

图 5-60 麻石水膜除尘器结构示意

1—环形集水管；2—扩散管；3—挡水檐；4—水越入区；5—溢水槽；6—筒体内壁；7—烟道进口；8—挡水槽；9—通灰孔；10—锥形灰斗；11—水封池；12—插板门；13—灰沟

5. 麻石水膜除尘器

在某些工业含尘气体中不仅含有粉尘粒子，而且还含有有毒、有害气体，如锅炉燃烧含硫煤时，燃烧烟气中除含有粉尘粒子之外，还含有 SO_2、SO_3、H_2S、NO_x 等有毒有害气体。这类有害气体即使在干燥状态，特别是高温干燥状态下，也能与制造除尘器的金属材料发生不同程度的化学反应。而在湿式除尘时，则要考虑烟气中上述有害气体对金属材料的腐蚀。为了解决钢制湿式除尘器的化学腐蚀问题，常常采用在钢制湿式除尘器内涂装衬里，但在施工安装时较为麻烦。而麻石水膜除尘器从根本上解决了除尘防腐的问题。

图 5-60 为麻石水膜除尘器的结构图。

麻石水膜除尘器是立式水膜除尘器之一，它由外筒体［用耐腐麻石（花岗石）砌筑］、环形喷嘴（或溢水槽）、水封、沉淀池等组成。含尘气体由下部进气管以 16～23m/s 的速度切向进入筒体，形成急剧上升的旋转气流，粉尘粒子在离心力的作用下被推向外筒体的内壁，并被筒壁自上而下流动的水膜而捕获。然后随沉渣水流入锥形灰斗，经水封池和排灰（水）沟冲至沉淀池。净化后的烟气从除尘器的出口排出，经排气管、烟道、吸风机后再由烟囱排入大气。

麻石水膜除尘器的特点有：

（1）麻石水膜除尘器抗腐蚀性好，耐磨性好，经久耐用；

（2）这种除尘器不仅能净化抛煤机和燃煤炉烟气中的粉尘，而且也能净化煤粉炉和沸腾炉含尘浓度高的烟气；

（3）麻石水膜除尘器在正常运转时，除尘效率高，一般可达90%左右；

（4）由于麻石水膜除尘器的主体材料为花岗石，钢材用量少，对麻石产区建麻石水膜除尘器就能就地取材，因而造价便宜。

麻石水膜除尘器存在的问题：

（1）采用安装环形喷嘴形成筒壁水膜，喷嘴易被烟尘堵塞；采用内水槽溢流供水，在器壁上形成的水膜将受供水量的多少而不稳定，所以一般采用外水槽供水，因外水槽供水是以除尘器内外液面差控制供水量，因此形成的水膜较为稳定；

（2）耗水量大，废水含有的酸需处理后才能排放；

（3）麻石水膜除尘器不适宜耐急冷急热变化的除尘过程，处理烟气温度不超过100℃为宜。

表5-26和表5-27列出了我国已在使用的麻石水膜除尘器的主要性能参数及实测结果。

表5-26　麻石水膜除尘器的性能参数

型号	性能	进口烟气速度/(m/s)				质量/t
		15	18	20	22	
MCLS-1.30	烟气量/(m^3/h)	23200	27800	30900	34000	3.33
MCLS-1.60		27200	32600	36300	39500	41.50
MCLS-1.75		29500	34500	39400	43400	
MCLS-1.85		37800	45300	50400	55600	47.30
MCLS-2.50		75600	91000	10100	11100	
MCLS-3.10		104000	125000	138700		
MCLS-4.00		108000	126000	144000	158000	243.7
阻力	Pa (mmH_2O)	579 (59)	844 (86)	1030 (105)	1246 (127)	—

表5-27　几个单位使用麻石水膜除尘器性能的实测结果

序号	项目	单位	使用单位			
			上海某印染厂	广州某厂	浙江某电厂	湖北某纸厂
1	锅炉蒸发量	t/h	10	40	—	—
2	燃烧方式		机抛	煤粉喷燃	—	—
3	处理烟气量	m^3/h	22000	75000	30000	55400
4	筒体材料		麻石	麻石	麻石	麻石
5	筒体外径	m	1.8	2.29	1.8	2.35
6	筒体内径	m	1.6	1.55	1.3	1.85
7	筒体高度	m	2.67	8.5	8.4	
8	装置总高	m	4.25	12.00	10.00	13.9
9	有效截面积	m^2	1.44		1.33	2.02
10	进口烟道截面积	m^2	0.32		0.44	0.70

续表

序号	项　　目	单位	使用单位			
			上海某印染厂	广州某厂	浙江某电厂	湖北某纸厂
11	进口烟气速度	m/s	约 20	24	18.3	22
12	筒体内烟气上升速度	m/s	5.12		约 5	5.72
13	进口烟气温度	℃ (K)	180 (453)	180 (453)	—	—
14	出口烟气温度	℃ (K)	150 (423)	103 (376)	—	—
15	耗水量	t/h	1.5～1.7	15	3.6	—
16	进口烟气含尘浓度	mg/m^3	1400	30289	—	—
17	出口烟气含尘浓度	mg/m^3	330	1246	—	—
18	除尘效率	%	79.5	95.8	约 90	约 90
19	烟气阻力	Pa (mmH_2O)	785 (80)	765 (78)	约 481 (约 49)	— —

注：筒体内径的确定以使气流上升速度保持 4.5～5m/s 为宜。

（六）文丘里洗涤除尘器

文丘里洗涤除尘器是一种高除尘效率的湿式除尘器。它既可用于高温烟气降温，也可净化含有微米和亚微米粉尘粒子及易于被洗涤液体吸收的有毒有害气体。由于这种除尘器基于流体在收缩-扩张管内运动所产生的由意大利物理学家文丘里发现的物理效应的基本原理而设计，故依此而命名为文丘里洗涤除尘器。实际应用的文丘里洗涤除尘器由文丘里洗涤凝聚器（简称文丘里洗涤器）、除雾器（气液分离器）、沉淀池和加压循环水泵等多种装置组成。其装置系统如图 5-61 所示。

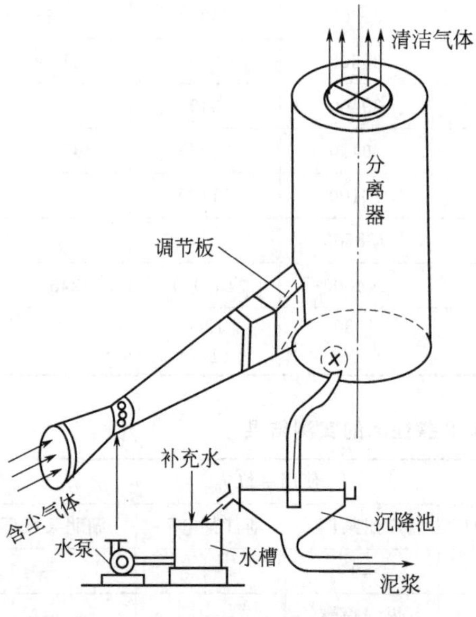

图 5-61　文丘里洗涤除尘器装置系统

文丘里洗涤器在该装置系统中起到捕集粉尘粒子的作用。净化气体与沉降粉尘粒子的雾滴捕尘体的分离都是在除雾器中完成的。通常，除雾多选用惯性力除尘器或旋风水膜除尘器。关于惯性力和旋风水膜除尘器的工作原理以及其结构特点前已述及，此处不再叙述。下面主要介绍文丘里管洗涤器的类型、工作原理、设计计算及其性能特点。

1. 文丘里洗涤器的除尘过程及捕尘机理

文丘里洗涤器就其断面形状来看，有圆形和矩形两种。无论哪一种形式的文丘里洗涤器都是由收缩管、喉管和扩张管以及在喉管处注入高压洗涤水的喷雾器组成。当含尘气体由气体管道进入收缩管后，气流速度随着截面积的减小而增大，气流的压力能逐渐转为动能，在喉管处气流的速度（动能）为最大，静压降到最低值。含尘气体经过喉管速度很高，一般可达 40～120m/s，甚至可到 180m/s。喷雾器喷出的水滴被含尘气流冲击使其进一步雾化成更细的水滴，此过程即为文丘里管中的雾化过程。在喉管中气液两相能够得到充分混合，粉尘粒子与水滴碰撞沉降的效率较高，并在扩张管中凝聚成更大含尘水滴，有利于喷雾器中气液的分离。在文丘里洗涤器的扩张管中发生的凝聚过程对粉尘粒子的捕集、气液分离起着至关重要的作用。气体离开喉管进入扩张管之后，气流速度逐渐降低，静压力逐渐增高。

经过文丘里洗涤除尘器预处理后的气体进入除雾器中实现气液分离，达到除尘的目的。净化后的气体从除雾器顶部排出，含尘废水由除雾器锥形底部排至沉淀池。

文丘里管中的捕尘是惯性碰撞捕尘机理起着主要作用，对小于 0.1μm 或更小一些的粉尘粒子的沉降扩散力捕尘机理才有明显的作用。

2. 文丘里洗涤器的结构及其类型

文丘里洗涤器的结构有多种型式，前面已述，根据洗涤器的断面形状可分为圆形和矩形两种；根据喉管处气流流过的面积是否可调而分为定径文丘里管和调径文丘里管。定径文丘里管的喉管直径是固定不可调的，而调径文丘里管是在喉管处装有调节喉管截面积大小的装置。调径文丘里洗涤器多用于需要严格保证净化效率的除尘系统。圆形文丘里管的调径多采用重铊和推杆两种调径的结构，如图 5-62(a)、图 5-62(b) 所示。对于矩形文丘里管则习惯采用两侧翻转的折叶板和能左右移动的滑块式的调径机构，如图 5-62(c)、图 5-62(d) 所示。

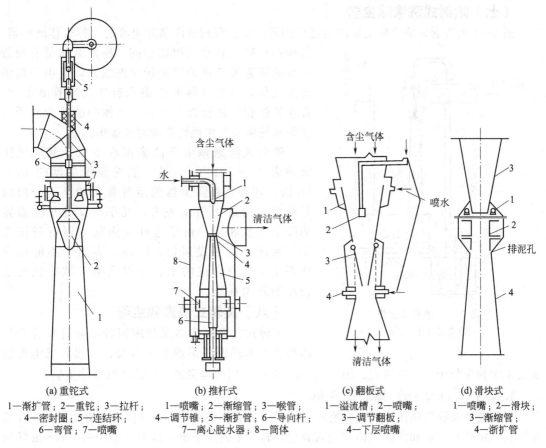

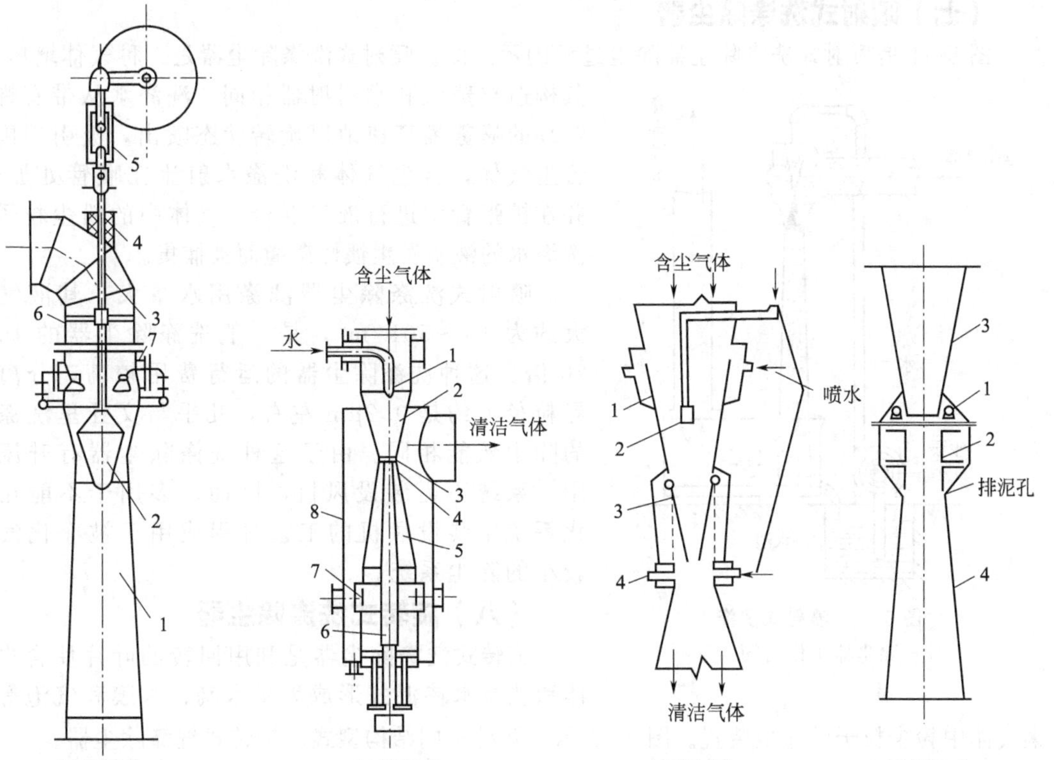

(a) 重铊式
1—渐扩管；2—重铊；3—拉杆；4—密封圈；5—连结环；6—弯管；7—喷嘴

(b) 推杆式
1—喷嘴；2—渐缩管；3—喉管；4—调节锥；5—渐扩管；6—导向杆；7—离心脱水器；8—筒体

(c) 翻板式
1—溢流槽；2—喷嘴；3—调节翻板；4—下层喷嘴

(d) 滑块式
1—喷嘴；2—滑块；3—渐缩管；4—浙扩管

图 5-62 喉管断面可调式文丘里洗涤器

根据注入高压洗涤水喷雾位置的不同，可分为内喷雾和外喷雾两种文丘里洗涤除尘器。内喷雾是雾化高压水的喷嘴安装在收缩管中心，雾化的水滴是由中心向四周分散［如图 5-63(a) 所示］；外喷雾是雾化高压水的喷嘴安装在收缩管（靠喉管较近）四周，雾化的水滴由四周射向中心［如图 5-63(b) 所示］。对于矩形文丘里洗涤器，雾化高压水的喷嘴设在两长边上。内喷雾喷嘴的喷雾点，可设在收缩管内，其最佳位置应以雾滴布满整个喉管为原则。除上述两种型式注入雾化高压水以外，还可采用如图 5-63(c) 所示的膜式供水和如图 5-63(d) 所示的借助外气流冲击液面的供水。

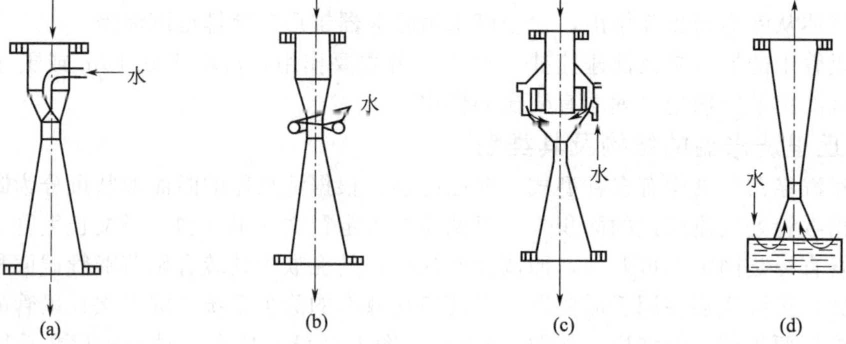

图 5-63 文丘里洗涤器的注水方式

(七) 喷射式洗涤除尘器

图 5-64 是喷射式洗涤除尘器除尘过程的示意图。喷射式洗涤除尘器是一种气体增压器，其构造与蒸汽和水引射器相同。洗涤水从带有螺旋叶片的喷雾嘴高速地以旋转状态喷出，吸引周围的含尘气体，含尘气体和洗涤水射流在喉管处加速，并在扩张管中进行液气混合。气体中的粉尘粒子与洗涤水的液滴发生惯性碰撞而被捕集。

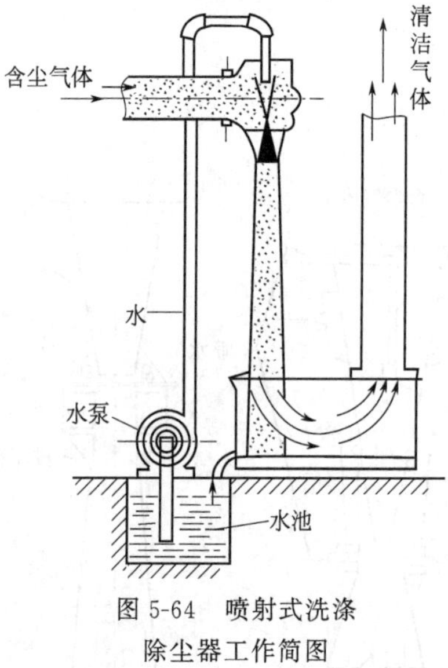

图 5-64 喷射式洗涤除尘器工作简图

喷射式洗涤除尘器洗涤用水量大，其液气比大约为 10～50L/m^3，是一般洗涤除尘器的 10～20 倍。这种洗涤除尘器的运行费用较高，分离临界粒径大约是 0.2μm 左右，几乎与文丘里洗涤器的除尘效能相同。由于这种洗涤除尘器有升压作用，系统不需装设风机，因而，多用于不能在净化系统中装设风机的工艺过程或用于被净化气量较小的除尘系统。

(八) 旋转式洗涤除尘器

旋转式洗涤除尘器是利用回转的叶片使含尘气体和洗涤水掺混并形成大量水滴、水膜和气泡等捕集气体中粉尘粒子的除尘装置。图 5-65 示出两种不同结构型式的旋转式洗涤除尘器。

1. 泰生（Tgeisen）离心洗涤机

泰生离心洗涤机如图 5-65(a) 所示。转子上装有许多叶片，在外壳上装有与转子叶片相交叉的固定叶片。水和含尘气体被送入装设在转子上的笼子中，转子以 350～750r/min 转速旋转，气体中的粉尘粒子在含尘气体与洗涤水共同被搅拌掺混时所捕集。这种洗涤机用于除尘时，液气比为 0.7～2L/m^3。气体压力在机内可得到一定的提高，其提高值大约为 500～1500Pa。泰生离心洗涤机的除尘性能与喷射式洗涤除尘器差不多，分离临界粒径约为 0.2μm。

2. 旋转冲击式洗涤除尘器

旋转冲击式洗涤除尘器的构造如图 5-65(b) 所示。通过装在转子上的喷雾圆板使洗涤水形成水滴。含尘气体由上部进气口进入后，即被风机增压而加速，加速后的粉尘粒子与水滴、液膜和气泡发生碰撞而被捕集。这种洗涤除尘器的除尘性能比泰生离心洗涤机稍差一些。液气比为 0.3L/m^3，消耗功率约为 0.1kW/m^3，其优点是运转费用低。

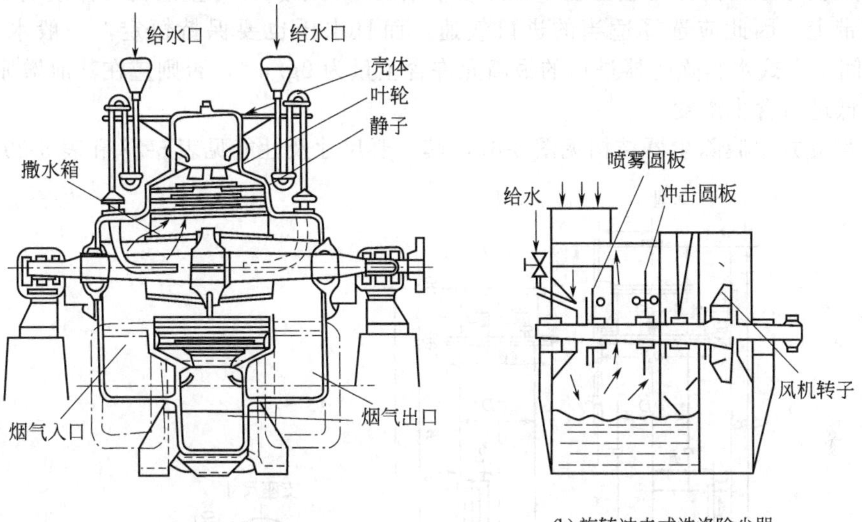

(a) 泰生离心洗涤机　　(b) 旋转冲击式洗涤除尘器

图 5-65　旋转式洗涤除尘器

五、常用湿式除尘器

湿式除尘器类型很多，现将常用的几种介绍如下。

（一）喷淋除尘器

喷淋除尘器（俗称洗涤塔）是一种原始的湿式净化设备。它的优点是结构简单、阻力小且不易堵塞，对处理湿、热的含尘气体较为合适；但缺点是体积庞大、效率低、耗水量大且下水处理困难。因此目前在一般除尘系统中很少应用。只有在特殊情况下，如高温含湿气体，采用这种净化设备，可以不用风机而利用自然热压克服设备阻力，也能获得一定的除尘效率。使用时除尘器高度可以根据排气阻力要求确定。

图 5-66 是用于烧结厂的一种喷淋式除尘器。它是把数个螺旋型喷嘴垂直布置，含尘气体从下部进入除尘器，与喷嘴喷出的水滴相接触，尘粒被水滴捕获后同污水经下部排出，净化后的气体从上部排出。

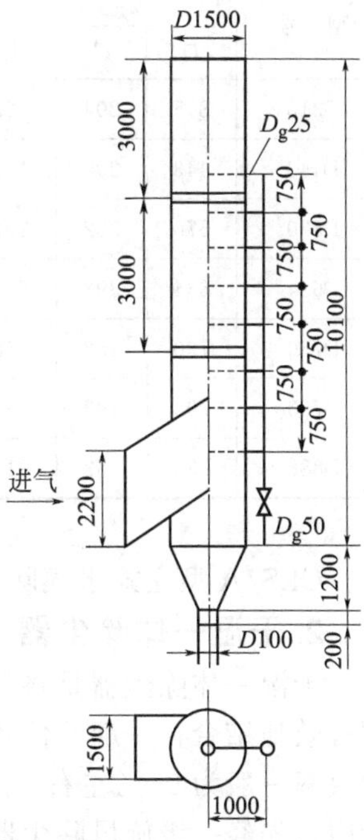

图 5-66　喷淋式除尘器

（二）水膜除尘器

目前常用的水膜除尘器有 CLS 型和 CLS/A 型及干湿一体型除尘器等。它们的出口方式有两种：带有蜗壳形出口 X 型；不带蜗壳形出口 Y 型。根据气体进入除尘器内的气流旋转方向（从顶视判断），又可分为逆时针 N 型和顺时针 S 型两种。依此共有 XN 型、XS 型、YN 型和 YS 型四种组合型式，设计中可任意选用。

1. CLS 和 CLS/A 型立式水膜除尘器

CLS 和 CLS/A 型立式水膜除尘器应用范围基本相同，仅是各部分尺寸比例不同及喷嘴不一样。另外，CLS/A 型带有挡水圈，以减少除尘器的带水现象。

立式水膜除尘器筒体内壁上应形成连续不断的均匀水膜，尽量避免气体或喷嘴溅起水滴而被气流带走。因此应选择适当的进口气速，而且水压也要保持恒定，一般水压在 30～50kPa 之间。立式水膜除尘器进口的最高允许含尘量为 $2g/m^3$，否则应在其前增加一级除尘器，以降低进口含尘浓度。

CLS 型立式水膜除尘器结构见图 5-67，其主要尺寸及性能见表 5-28 和表 5-29。

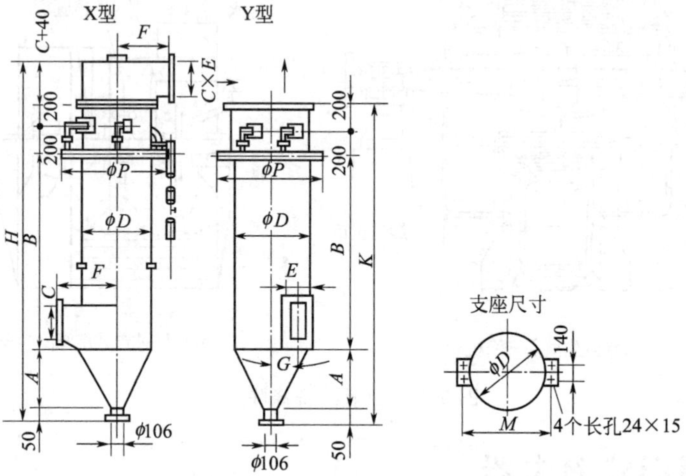

图 5-67 CLS 型立式水膜除尘器

表 5-28 CLS 型立式水膜除尘器尺寸

型号	尺寸/mm											质量/kg	
	D	C	E	F	A	B	G	H	K	P	M	X 型	Y 型
D315	315	204	122	260	224	1075	96.5	1993	1749	512	441	83	70
D443	443	295	165	370	314	1585	140	2684	2349	604	569	110	90
D570	570	352	202	450	405	2080	184	3327	2935	702	696	190	158
D634	634	392	228	490	450	2340	203	3627	3240	754	760	227	192
D730	730	452	258	610	520	2725	236	4187	3695	840	856	288	245
D793	793	492	282	670	560	3080	255.5	4622	4090	894	919	337	296
D888	888	552	318	742	630	3335	285	5007	4415	980	1014	398	337

CLS/A 型立式水膜除尘器结构见图 5-68，其主要尺寸及性能见表 5-30 和表 5-31。

2. 干湿一体除尘器

干湿一体除尘器是将旋风除尘器内筒作为水膜除尘器的筒体，使旋风和水膜两种除尘作用有效地结合在一起，使含尘气体在一个除尘装置中得到二次净化，以提高除尘效率。其除尘效率一般为 95%左右，对疏水性粉尘，如石墨、炭黑等为 93%。含尘气体从入口进入装置内，先经一级旋风除尘器除尘，然后进入内筒（内壁有流动的水膜），再进行二次离心水膜除尘。

表 5-29 CLS 型立式水膜除尘器主要性能

型号 \ 项目	进口气速/(m/s)	处理气量/(m^3/h)	用水量/(L/s)	喷嘴数	压力损失/Pa	
					X 型	Y 型
D315	18 21	1600 1900	0.14	3	540 745	490 670
D443	18 21	3200 3700	0.20	4	540 745	490 670
D570	18 21	4500 5250	0.24	5	540 745	490 670
D634	18 21	5800 6800	0.27	5	540 745	490 670
D730	18 21	7500 8750	0.30	6	540 745	490 670
D793	18 21	9000 10400	0.33	6	540 745	490 670
D888	18 21	11300 13200	0.36	6	540 745	490 670

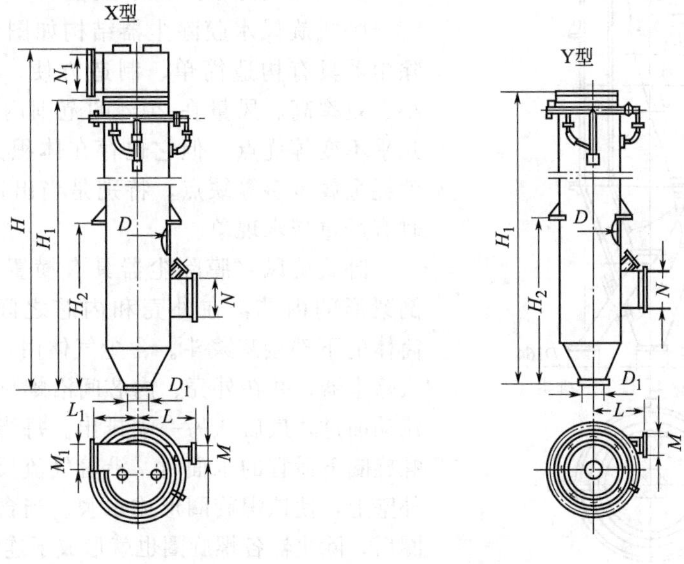

图 5-68 CLS/A 型立式水膜除尘器

表 5-30 CLS/A 型立式水膜除尘器尺寸

型号	尺寸/mm											质量/kg	
	D	D_1	H	H_1	H_2	L	L_1	M	N	M_1	N_1	X 型	Y 型
CLS/A-3	300	114	2242	1938	1260	375	250	75	240	135	230	82	70
CLS/A-4	400	114	2888	2514	1640	500	300	100	320	175	300	128	111
CLS/A-5	500	114	3545	3091	2010	625	350	125	400	210	380	249	227
CLS/A-6	600	114	4197	3668	2380	750	400	150	480	260	450	358	328
CLS/A-7	700	114	4880	4244	2760	875	450	175	560	300	550	467	429
CLS/A-8	800	114	5517	4821	3130	1000	500	200	640	350	600	683	635
CLS/A-9	900	114	6194	5398	3500	1125	550	225	720	380	700	804	745
CLS/A-10	1000	114	6820	5974	3900	1250	600	250	800	430	750	1123	1053

表 5-31 CLS/A 型立式水膜除尘器主要性能

项 目	型 号							
	CLS/A-3	CLS/A-4	CLS/A-5	CLS/A-6	CLS/A-7	CLS/A-8	CLS/A-9	CLS/A-10
风量/(m^3/h)	1250	2250	3500	5100	7000	9000	11500	14000
压力损失/Pa	570	570	570	590	590	570	570	570
喷嘴个数	3	3	4	4	5	5	6	7
耗水量/(L/s)	0.15	0.17	0.20	0.22	0.28	0.33	0.39	0.45

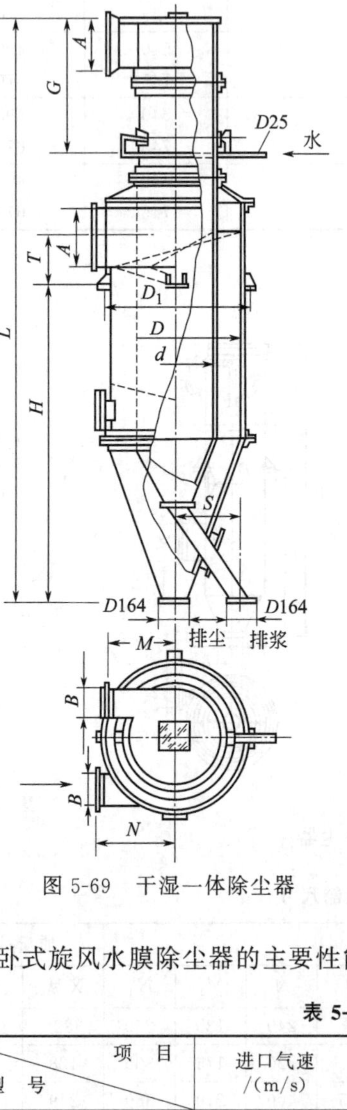

图 5-69 干湿一体除尘器

由于增加了第一级干式除尘，所以进口允许最高含尘浓度可高一些，达 4g/m^3。进口速度以 18～20m/s 为好，要求的水压为 98kPa，耗水量为 0.07～0.3L/m^3，压力损失为 640～930Pa。

干湿一体除尘器的结构见图 5-69，其主要尺寸及性能见表 5-32 和表 5-33。

3. 卧式旋风水膜除尘器

卧式旋风水膜除尘器结构如图 5-70 所示。这种除尘器具有构造简单、制造方便、操作稳定、磨损小、效率高、风量在 20%的范围内的变化除尘效率几乎不变等优点。但它也存在体积大、占地面积大，消耗金属量多等缺点，特别是当出口速度大于 3m/s 时有严重带水现象。

卧式旋风水膜除尘器具有横置筒形和横断面为倒梨形的内芯，在外壳和内芯之间有螺旋导流片，筒体的下部接灰浆斗。含尘气体由一端沿切线方向进入除尘器，并在外壳、内芯间沿螺旋导流片作螺旋状流动前进，最后从另一端排出。每当含尘气体经一个螺旋圈下适宜的水面时，沿着气流反向把水推向外壳外壁上，使该螺旋圈形成水膜。当含尘气体经各螺旋圈后，除尘器各螺旋圈也就形成了连续的水膜。

卧式旋风水膜除尘器不仅能除去 10μm 以上的尘粒，而且能捕集更细小的尘粒，因而具有较高的除尘效率。

卧式旋风水膜除尘器的主要性能和尺寸见表 5-34 和表 5-35。

表 5-32 干湿一体除尘器主要性能

型号 \ 项目	进口气速/(m/s)	处理气量/(m^3/h)	喷嘴数	用水量/(L/m^3)	压力损失/Pa
D558	18	1500	3	0.20～0.30	637
	20	1650			764
	22	1850			902
D805	18	3300	4	0.15～0.22	637
	20	3330			764
	22	3670			902

续表

型号 \ 项目	进口气速/(m/s)	处理气量/(m^3/h)	喷嘴数	用水量/(L/m^3)	压力损失/Pa
D985	18 20 22	4500 5000 5500	5	0.12 — 0.18	637 764 902
D1130	18 20 22	6000 6675 7350	5	0.10 — 0.15	637 764 902
D1270	18 20 22	7500 8350 9175	6	0.10 — 0.14	637 764 902
D1345	18 20 22	8500 9450 10400	6	0.09 — 0.13	637 764 902

表 5-33　干湿一体除尘器尺寸

型　号	尺　寸/mm												质量/kg
	D	*d*	*L*	*A*	*B*	*S*	*G*	*M*	*N*	*H*	D_1	*T*	
D558	558	322	2403	200	115	490	510	255	320	1300	648	250	145
D805	805	465	3457	288	164	500	688	368	460	1900	895	346	275
D985	985	568	4238	350	200	533	820	450	564	2400	1085	350	412
D1130	1130	625	4868	406	234	560	932	518	650	2800	1230	367	519
D1270	1270	730	5440	453	261	600	1026	578	725	3150	1380	393	638
D1345	1345	776	5783	480	275	770	1074	615	770	3323	1461	440	687

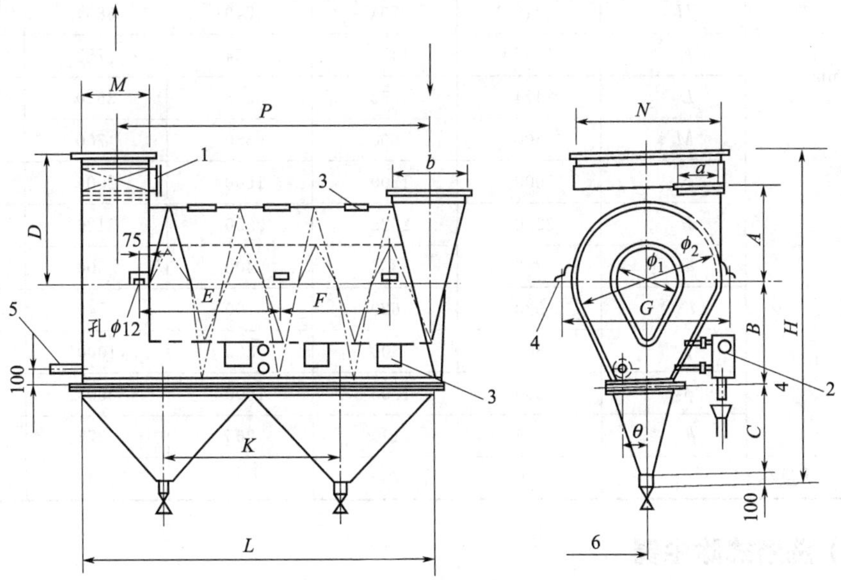

图 5-70　卧式旋风水膜除尘器

1—挡水板；2—自动补水箱；3—观察孔；4—托座（$L60\times5$mm；$l=150$mm）；5—D_g25 排浆阀；6—D_g70 排浆阀

表 5-34 卧式旋风水膜除尘器主要性能

<table>
<tr><th rowspan="3">型号</th><th rowspan="3">入口风速/(m/s)</th><th rowspan="3">风量/(m³/h)</th><th rowspan="3">阻力/Pa</th><th colspan="3">水量</th><th rowspan="3">净化效率/%</th></tr>
<tr><th colspan="2">低浓度定期放水</th><th rowspan="2">高浓度连续排水</th></tr>
<tr><th>一次水量/(m³/h)</th><th>每班用水量/m³</th></tr>
<tr><td>1</td><td>15</td><td>7000</td><td rowspan="5">980～1180</td><td>5.7</td><td>1.0n</td><td rowspan="5">W=1.3(10g₁+Δd+0.01)L
式中 g₁——入口气体含尘浓度,kg/kg;
Δd——气体出入口绝对含湿量差,kg/kg;
L——气体量,kg/h</td><td>93～98</td></tr>
<tr><td>2</td><td>15</td><td>10000</td><td>10.7</td><td>2.0n</td><td>93～98</td></tr>
<tr><td>3</td><td>15</td><td>15000</td><td>19.3</td><td>3.0n</td><td>93～98</td></tr>
<tr><td>4</td><td>15</td><td>20000</td><td>28.9</td><td>5.0n</td><td>93～98</td></tr>
<tr><td>5</td><td>15</td><td>25000</td><td>37.9</td><td>7.0n</td><td>93～98</td></tr>
</table>

注：1. n 为每班冲洗次数，根据粉尘性质及粉尘量决定，一般取 $n=1\sim3$。

2. 风量允许波动±20%。

表 5-35 卧式旋风水膜除尘器尺寸

型号		1	2	3	4	5
风量/(m³/h)		7000	10000	15000	20000	25000
尺寸/mm	A	600	700	900	1100	1100
	B	715	850	1130	1400	1400
	C	640	750	850	900	1000
	D	860	1000	1165	1450	1450
	E	985	1085	1300	1370	1685
	F	780	1085	1050	1110	1380
	G	1075	1265	1666	2076	2076
	H	2319	2704	3249	3854	3954
	K	1237	1476	1654	1755	2145
	L	2474	2952	3308	3510	4290
	M	500	600	650	700	800
	N	1000	1200	1600	2000	2000
	P	2200	2625	2950	3125	3850
	a	250	300	400	500	500
	b	520	620	700	740	920
	ϕ_1	500	600	800	1000	1000
	ϕ_2	1000	1200	1600	2000	2000
	θ	155	190	265	275	275
质量/kg		560	730	1090	1645	1880

(三) 洗浴式除尘器

洗浴式除尘器包括水浴除尘器、泡沫除尘器、冲激式除尘器等多种型式。它们的工作原理基本相同，都是使含尘气体强力通过一定水层，将水冲起水花（或叫泡沫），使含尘气体与水充分接触，粉尘被水吸收（凝聚）后，随污水排走，被洗净的气体经除雾器（或称挡水板）除掉水滴后排出。

1. 水浴除尘器

水浴除尘器是一种结构简单、造价低、可用砖石砌筑或钢板制作、便于现场制作的净化设备，其结构尺寸如图5-71所示。

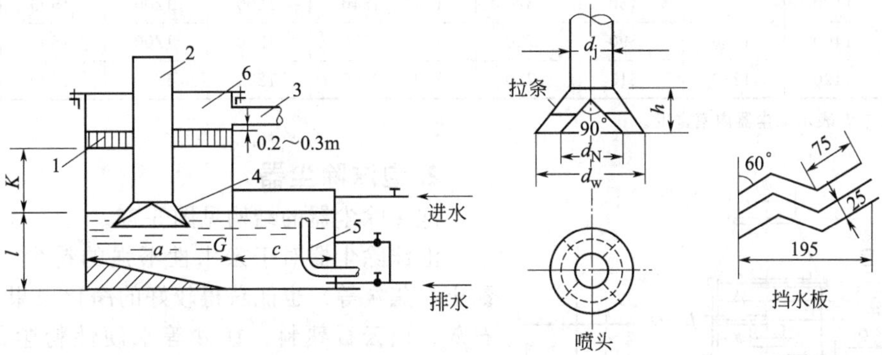

图5-71　水浴除尘器

1—挡水板；2—进气管；3—出风管；4—喷头；5—溢水管；6—盖板

含尘气体流经进气管后，在喷头处以8～12m/s的较高速度喷出，冲击淹没喷口深度为20～30mm的水面，形成激烈的扰动的泡沫和水花，使气水两相在此充分接触，粉尘被水捕集。气体通过水层后，以2～3m/s的缓慢速度上升，激起的水滴便沉降到水池中，气体上升后经挡水板除掉水滴后排出器外。

这种除尘器的净化效率一般在90%以上，如果管理的好，效率还可提高。它的阻力不大，一般为390～690Pa。用水量可以根据粉尘性质、粉尘量的大小及排水方式确定。污水可以采用定期排放或连续排放。

水浴除尘器的性能和结构尺寸见表5-36和表5-37。

表5-36　水浴除尘器的性能

喷口速度/(m/s)	型号										阻力/Pa
	1	2	3	4	5	6	7	8	9	10	
	净化空气量/(m^3/h)										
8	1000	2000	3000	4000	5000	6400	8000	10000	12800	16000	392～490
10	1200	2500	3700	5000	6200	8000	10000	12500	16000	20000	470～568
12	1500	3000	4500	6000	7500	9600	12000	15000	19200	24000	588～686

表5-37　水浴除尘器的结构尺寸

型号	喷头尺寸/mm				池子尺寸/mm				
	d_w	d_N	h	d_j	$a \times b$	c	l	K	G
1	270	170	85	170	430×430	800	800	1000	300
2	490	390	195	270	680×680	800	800	1000	300
3	720	620	310	340	900×900	800	800	1000	300
4	730	590	295	400	980×980	800	800	1000	300
5	860	720	360	440	1130×1130	800	1000	1000	300
6	900	730	365	480	1300×1300	1000	1000	1500	300

续表

型号	喷头尺寸/mm				池子尺寸/mm				
	d_w	d_N	h	d_j	$a \times b$	c	l	K	G
7	1070	890	445	540	1410×1410	1200	1000	1500	300
8	1120	900	450	620	1540×1540	1200	1200	1500	400
9	1400	1180	590	720	1790×1790	1200	1200	1500	400
10	1490	1230	615	780	2100×2100	1200	1200	1500	400

注：表中 b 表示除尘器内室宽度。

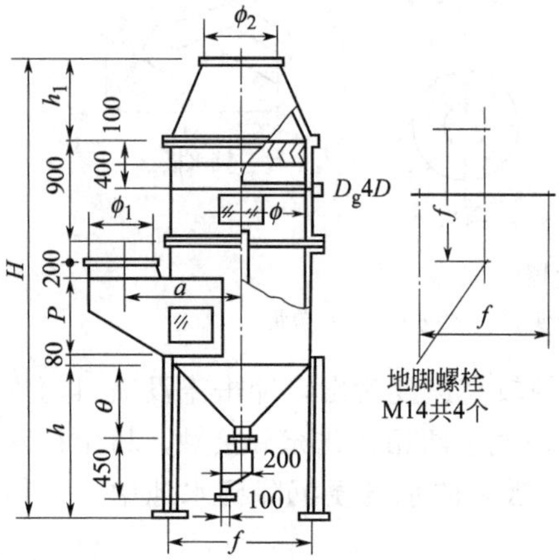

图 5-72 泡沫除尘器

2. 泡沫除尘器

泡沫除尘器的结构见图 5-72。

泡沫除尘器对于亲水性不强的粉尘（如硅石、黏土、焦炭等）也能获得较好的净化效果；但对于石灰、白云石熟料、镁砂等水硬性粉尘却不能使用，否则容易堵塞筛孔。

这种除尘器结构简单、投资少，净化效率达97%～98%，维护简单，但耗水量大。

泡沫除尘器的最大允许含尘浓度为 5g/m^3，筒体断面平均风速一般取 1.5～2.5m/s，以 2.3m/s 左右为佳。如小于 1.5m/s 不易建立起泡沫层、净化效率低；大于 2.5m/s 时则带水现象严重。

泡沫除尘器的性能和结构尺寸见表 5-38 和表 5-39。

表 5-38 泡沫除尘器的性能

型号	风量范围/(m^3/h)	设备阻力/Pa	耗水量/(t/h)	质量/kg
ϕ700	2700～3500	590～784	1.4～1.7	280.8
ϕ800	3600～4500	590～784	1.8～2.2	316.8
ϕ900	4500～5700	590～784	2.3～2.8	367.6
ϕ1000	5700～7000	590～784	2.8～3.4	416.1
ϕ1100	6800～8500	590～784	3.4～4.0	465.1
ϕ1200	8200～10000	590～784	4.0～4.8	515.7
ϕ1300	9600～12000	590～784	4.8～5.8	587.7

注：表中风量是按筒体断面平均速度 2.0～2.5m/s 计算的。

表 5-39 泡沫除尘器尺寸 单位：mm

型号	ϕ	ϕ_1	ϕ_2	a	θ	f	h	h_1	P	H
D700	700	350	400	625	390	922	1100	450	350	3231
D800	800	400	450	700	440	1022	1150	500	400	3381
D900	900	450	500	775	490	1122	1200	550	450	3531
D1100	1000	500	550	850	540	1222	1250	600	500	3681
D1100	1100	550	600	925	590	1322	1300	650	550	3831
D1200	1200	600	650	1000	640	1422	1350	700	600	3981
D1300	1300	650	700	1075	690	1522	1400	750	650	4131

注：制作图单位为鞍山焦化耐火设计研究院 7 备 87。

3. 冲激式除尘器机组

冲激式除尘器机组由通风机、除尘器、清灰装置和水位自动控制装置组成。它具有结构简单、装配紧凑、占地面积小、施工安装方便、净化效率高、允许入口含尘浓度高（100g/m^3）、允许风量波动范围大、净化具有一定黏性的粉尘不致堵塞以及用水量少等优点。但它也存在着叶片的制作要求精度高和安装必须保证水平等困难；在运行中水位必须严格控制，否则容易发生堵塞挡水板和带水；阻力较大（980～1570Pa）。

冲激式除尘器机组适用于各种非纤维性粉尘。目前已在冶金、铸造、建材、煤炭等行业广泛应用，并取得了很好的效果。

捕集下来的粉尘有两种清灰法：CCJ 型带有机械扒灰装置，扒灰机构由链条和刮板组成，用专门的电动机和减速机驱动；CCJ/A 型由锥形灰斗和排污阀组成，排灰（泥浆）量由排灰阀控制。为适应处理不同气体量的需要，CCJ 型和 CCJ/A 型设计有各种规格，其主要技术参数及配套设备性能分别载于表 5-40 和表 5-41（表中所列数据系按处理常温气体计算和测定的，如处理高温气体时，还应进行温度校正）。

表 5-40 冲激式除尘器机组主要技术性能

型号	风量/(m^3/h)		阻力/Pa	净化效率/%	耗水量/(kg/h)				充水容积/m^3
					蒸发	溢流		排灰带水	
	设计	允许波动范围				有自控装置	无自控装置		
CCJ-5 CCJ/A-5	5000	4300～6000	980～1570	99	17.5	150	400	10 425	0.96 0.48
CCJ-7 CCJ/A-7	7000	6000～8450	980～1570	99	24.5	210	560	14 602	0.66
CCJ-10 CCJ/A-10	10000	8100～12000	980～1570	99	35.0	300	800	20 860	1.44 1.04
CCJ-14 CCJ/A-14	14000	12000～17000	980～1570	99	49.0	420	1120	28 1200	1.20
CCJ-20 CCJ/A-20	20000	17000～25000	980～1570	99	75.0	600	1600	40 1700	3.1 1.70
CCJ-30 CCJ/A-30	30000	25000～36200	980～1570	99	105.0	900	2400	60 2550	4.1 2.5
CCJ-40 CCJ/A-40	40000	35400～48250	980～1570	99	140.0	1200	3200	80 3400	5.46 3.40
CCJ-50 CCJ/A-50	50000 60000	44000～60000 53800～72500	980～1570	99 99	175.0 210.0	1500 1800	4000 4800	100 5100	7.20 5.00

表 5-41 冲激式除尘器机组配套设备性能

型号	通风机						排灰机构				供水装置				设备总质量/kg
	4-72-11 型离心通风机				电动机		排灰方式	链条速度/(m/min)	电动机		供水方式	电磁阀		水量/(kg/h)	
	型号	转速/(r/min)	风量/(m^3/h)	风压/Pa	型号	功率/kW			型号	功率/kW		规格/mm	耗电/(V·A)		
CCJ-5	4 A	2900	4020～7240	2000～1313	JO_2-41-2	5.5	扒灰机	0.6	JO_2-12-4	0.8	自控	40	80	177.5	
											无自控			427.5	
CCJ/A-5							闸阀	—	—	—	自控	40	80	592.5	786
											无自控			892.5	

续表

型号	通风机						排灰机构				供水装置				设备总质量/kg
	4-72-11型离心通风机				电动机		排灰方式	链条速度/(m/min)	电动机		供水方式	电磁阀		水量/(kg/h)	
	型号	转速/(r/min)	风量/(m^3/h)	风压/Pa	型号	功率/kW			型号	功率/kW		规格/mm	耗电/(V·A)		
CCJ-7	4.5 A	2900	5730~10580	2800~1666	JO_2-21-4	7.5	扒灰机	0.6	JO_2-12-4	0.8	自控	40	80	248	
											无自控			600	
CCJ/A-7							闸阀	—	—	—	自控	40	80	836	955
											无自控			1185	
CCJ-10	5 A	2900	7950~14720	3175~2195	JO_2-52-2	13	扒灰机	0.6	JO_2-12-4	0.8	自控	40	80	355	
											无自控			855	
CCJ/A-10							闸阀	—	—	—	自控	40	80	1195	1184
											无自控			1695	
CCJ-14	6 C	2400	11900~17100	2666~2244	JO_2-62-4	17	扒灰机	0.6	JO_2-32-4	1.5	自控	50	80	500	
											无自控			1200	
CCJ/A-14							闸阀	—	—	—	自控	50	80	1675	2941
											无自控			2380	
CCJ-20	8 C	1600	17920~31000	2470~1842	JO_2-72-2	22	扒灰机	0.6	JO_2-22-4	1.5	自控	50	80	715	
											无自控			1715	
CCJ/A-20							闸阀	—	—	—	自控	50	80	2375	4237
											无自控			3375	
CCJ-30	8 C	1800	20100~34800	3116~2362	JO_2-81-2	40	扒灰机	0.6	JO_2-22-4	1.5	自控	50	80	1065	
											无自控			2565	
CCJ/A-30							闸阀	—	—	—	自控	50	80	3555	5100
											无自控			5055	
CCJ-40	10C	1250	34800~50150	2342~1862	JO_2-81-2	40	扒灰机	0.6	JO_2-32-4	3.0	自控	50	80	1420	
											无自控			3420	
CCJ/A-40							闸阀	—	—	—	自控	50	80	4740	6269
											无自控			6740	
CCJ-50	12C	1120	53800~77500	2715~2146	JO_2-91-4	75	扒灰机	0.6	JO_2-32-4	3.0	自控	50	80	2130	
											无自控			5130	
CCJ/A-50							闸阀	—	—	—	自控	50	80	7110	8559
											无自控			10110	

CCJ 冲激式除尘器机组结构和尺寸见图 5-73 和表 5-42。

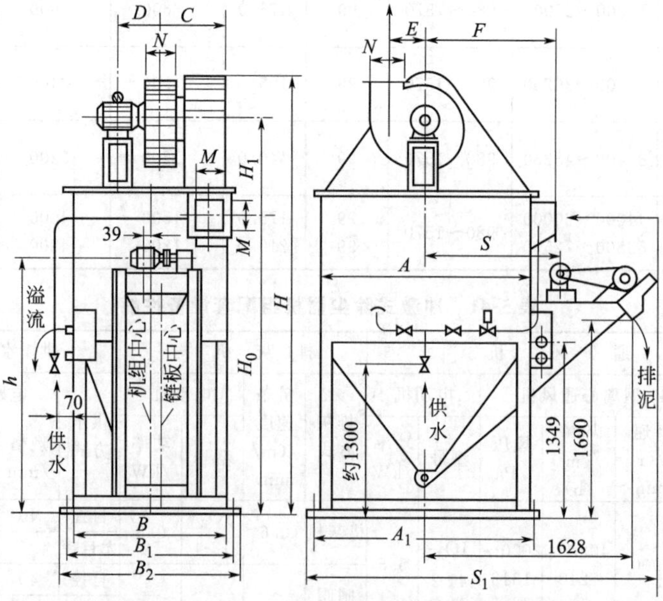

图 5-73 CCJ-5、CCJ-10 型冲激式除尘机组

CCJ/A 冲激式除尘器机组结构和尺寸见图 5-74 和表 5-43。

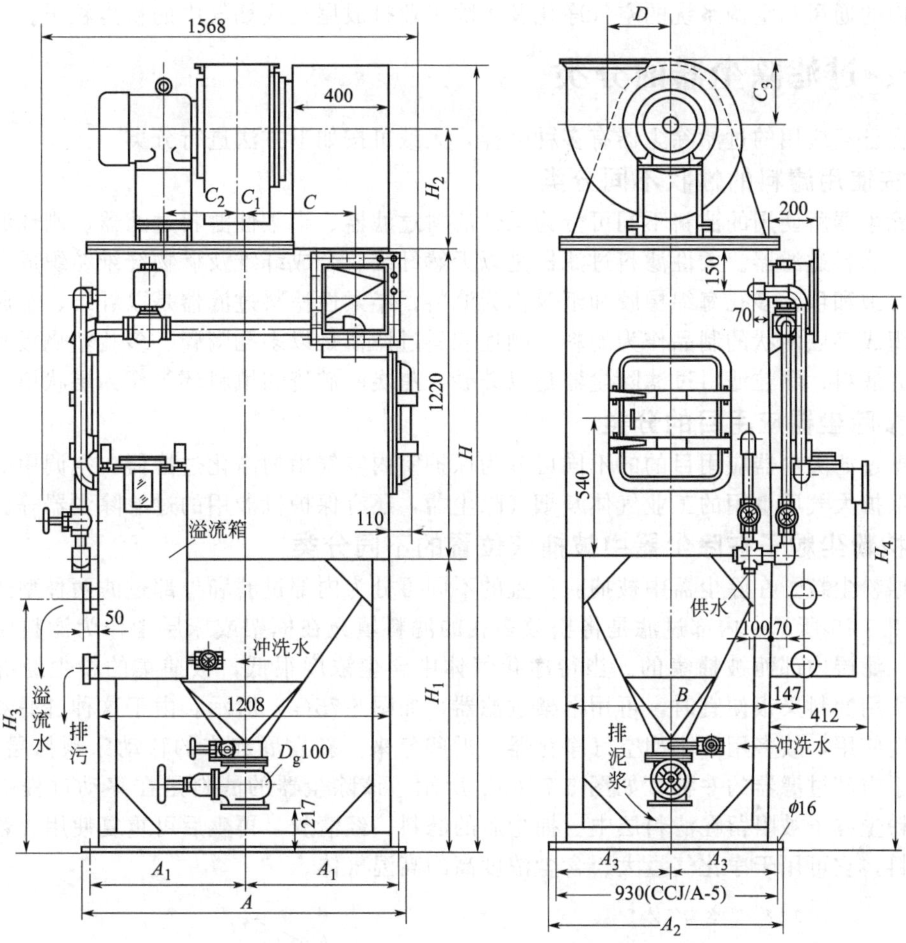

图 5-74 CCJ/A-5、CCJ/A-7、CCJ/A-10 型冲激式除尘器机组

表 5-42 CCJ-5、CCJ-10 型冲激式除尘机组外形尺寸

型号	各部尺寸/mm																
	A	A_1	B	B_1	B_2	C	D	E	F	M	N	H_0	H_1	H	S	S_1	h
CCJ-5	872	929	1208	1265	1322	629	297	280	636	280	366	2516	664	3430	1239	2337	2334
CCJ-10	1602	1679	1208	1275	1342	611	386	315	1001	400	498	2460	829	3605	1251	2712	2150

表 5-43 CCJ/A-5、CCJ/A-7、CCJ/A-10 型冲激式除尘器机组外形尺寸 单位：mm

型号及规格	A	A_1	A_2	A_3	B	C	C_1	C_2	C_3	D	H	H_1	H_2	H_3	H_4
CCJ/A-5	1322	632	986	—	872	461	25	297	262	320	3124	1165	489	1001	2205
CCJ/A-7	1336	636	1350	645	1222	430	39.5	333.5	294.5	360	3244	1165	534	1001	2175
CCJ/A-10	1342	637	1734	833	1600	400	27	386	327	400	3579	1450	589	1286	2430

第四节 过滤除尘器

过滤除尘器是用多孔过滤介质分离捕集气体中固体液体粒子的净化装置。过滤介质亦称

滤料。过滤除尘器简称为滤料器。过滤除尘器多用于工业原料的精制、固体粉料的回收、特定空间内的通风和空调系统的空气净化及去除工业排放尾气或烟气中的粉尘粒子。

一、过滤除尘器的分类

现在已经应用的过滤除尘器有多种多样，大致可按如下方法进行分类[2,7]。

1. 按使用滤料的性状不同分类

按除尘器所使用的滤料不同可分为柔性滤料过滤器、半柔性滤料过滤器、刚性滤料过滤器及颗粒滤料过滤器。柔性滤料过滤器是以天然纤维、合成纤维及矿物纤维纺织成布料、非纺织纤维绒和毡、多孔海绵橡胶和纸等作为滤料；半柔性滤料过滤器是以纤维、金属屑和由纤维编织成多层网状的制品作为滤料；刚性滤料过滤器是以多孔陶瓷、多孔塑烧板和金属陶瓷等作为滤料；颗粒滤料过滤除尘器是以硅砂、焦炭、矿渣和填料环等作为层状填充滤料。

2. 按除尘器应用目的分类

根据过滤除尘器应用目的的不同可分为保护室内空气用的净化过滤器、空调用的空气过滤器及保护大气质量用的工业气体及烟气除尘器，还有保护机器用的过滤除尘器等。

3. 按粉尘粒子在除尘器中被捕获位置的不同分类

根据粉尘粒子在除尘器中被捕获位置的不同可分为内部过滤和外部过滤两种型式，过滤方式如图 5-75 所示。内部过滤是将松散多孔的滤料填充在框架或床层中作为滤料层，粉尘粒子是在滤层内部而被捕集的。当待净化气体中含尘浓度很低，被捕集的粉尘经济价值不高，而所用滤料又很便宜时，可用框架过滤器，如图 5-75(a) 所示。由于这种过滤器的滤料是一次性使用，故多用于小型空气净化器。近些年来，新发展起来的移动床颗粒层过滤器，也是属于内部过滤器的一种，如图 5-75(b) 所示。该除尘器的滤料是在移动过程中进行捕尘的，粉尘粒子被阻留在滤料层中。捕尘后的滤料，经清灰、再生后可重复使用。若采用耐高温滤料，它可用于净化气量大、含尘浓度高的高温气体。

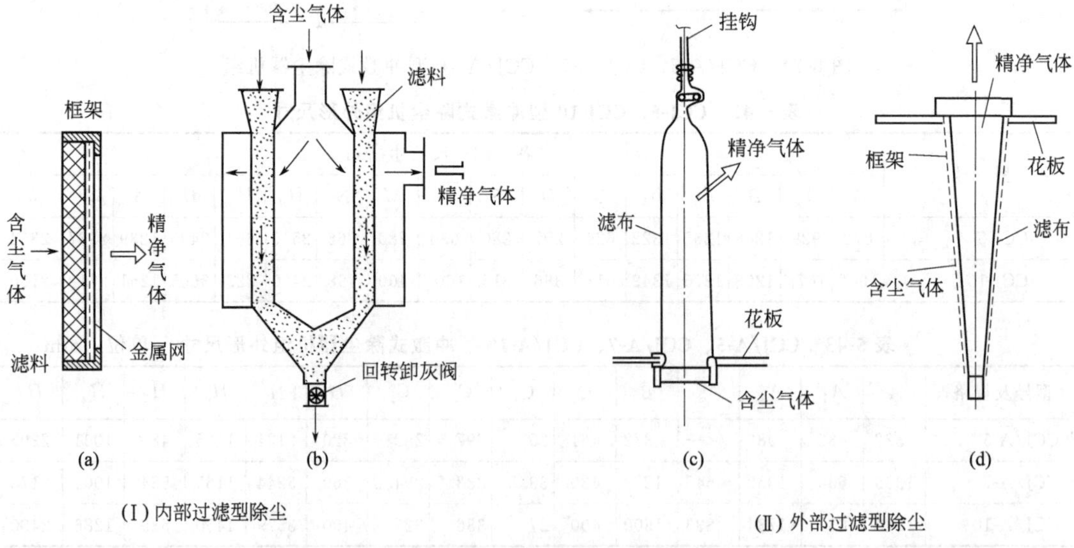

图 5-75 过滤除尘器的过滤方式

外部过滤是用纤维纺织布料、非纺织毛毡或滤纸等作为滤料，滤去含尘气体中的粉尘粒子，这些粉尘粒子是被阻挡在滤料的表面上。属于外部过滤的典型装置是袋式除尘器。图 5-75(c) 是含尘气体从滤袋内向袋外流动、粉尘粒子被阻留在滤袋内表面的装置。图 5-75

(d) 是含尘气体从滤袋外向袋内流动，使粉尘粒子被阻留在滤袋外表面的装置。含尘气体通过新滤料袋时，先在滤袋表面形成一层比较牢固的附着层，该粉尘层基本上不因清灰时的振打而脱落，可作为继续净化气体的过滤层，该层称为初粉尘层。

由于初粉尘层（简称初尘层）具有比纤维滤料更小的孔隙，它可阻隔粒径小于 1μm 以上的尘粒。捕集 0.1μm 以上的尘粒，效率可达 90%～99%以上[13,14]。袋式除尘器已在工业上得到广泛应用。

二、袋式除尘器

（一）袋式除尘器特点

袋式除尘器是含尘气体通过滤袋（简称布袋）滤去其中粉尘粒子的分离捕集装置，是过滤式除尘器的一种。自从 19 世纪中叶布袋除尘器开始用于工业生产以来，不断地得到发展，特别是 20 世纪 50 年代，由于合成纤维滤料的出现、脉冲清灰及滤袋自动检漏等新技术的应用，为袋式除尘器的进一步发展及应用开辟了广阔的前景[2,16]。

袋式除尘器主要有以下优点：

① 袋式除尘器对净化含微米或亚微米数量级的粉尘粒子的气体效率较高，一般可达 99%，甚至可达 99.99%以上；

② 这种除尘器可以捕集多种干性粉尘，特别是高比电阻粉尘，采用袋式除尘器净化要比用电除尘器的净化效率高很多；

③ 含尘气体浓度在相当大的范围内变化对袋式除尘器的除尘效率和阻力影响不大；

④ 袋式除尘器可设计制造出适应不同气量的含尘气体的要求，除尘器的处理烟气量可从每小时几立方米到几百万立方米；

⑤ 袋式除尘器也可做成小型的，安装在散尘设备上或散尘设备附近，也可安装在车上做成移动式袋式过滤器，这种小巧、灵活的袋式除尘器特别适用于分散尘源的除尘；

⑥ 袋式除尘运行稳定可靠，没有污泥处理和腐蚀等问题，操作、维护简单。

袋式除尘器主要有以下缺点：

① 袋式除尘器的应用主要受滤料的耐温和耐腐蚀等性能所影响，目前，通常应用的滤料可耐温 250℃左右，如采用特别滤料处理高温含尘烟气，将会增大投资费用；

② 不适于净化含黏结和吸湿性强的含尘气体，用布袋式除尘器净化烟尘时的温度不能低于露点温度，否则将会产生结露，堵塞布袋滤料的孔隙；

③ 据概略的统计，用袋式除尘器净化大于 17000m^3/h 含尘烟气量所需的投资要比电除尘器高，而用其净化小于 17000m^3/h 含尘烟气量时，投资费用比电除尘器省。

（二）袋式除尘器性能

1. 袋式除尘器的除尘效率

图 5-76 为一典型带有振打和反吹清灰装置的多室袋式除尘器。除尘器的壳体空间分成若干个袋房，在每一个袋房中都有一定数量的布袋（柔性滤料）。布袋用卡箍装在底管板上，管板与壳体连接形成密封袋室，壳体底部排灰装置将从布袋内部清下的粉尘粒子运出集尘槽。

含尘气体由除尘器侧部管道 4 经进气分布管道 3 分别送入正在进行滤尘过程的袋房中，再从下管板的开孔进入布袋内部，滤尘黏附在袋面滤层中。由布袋外表面逸出来的净化后的气体，经排气管 9 排出除尘器。

随着滤尘过程不断地进行，滤袋内表面捕集的粉尘越来越厚，粉尘层阻力增大，当阻力达到一定值时，就应清除过滤除尘器滤袋上的积尘，即所谓进行清灰。

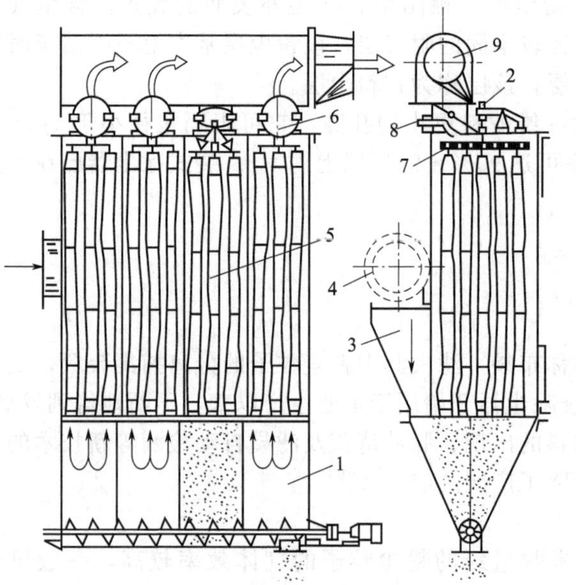

图 5-76 带有振打及反吹清灰装置的多室袋式除尘器

1—灰斗；2—机械振打机构；3—进气分布管道；
4—进气管道；5—滤袋；6—主风道阀门；
7—支承吊架；8—反吹风阀门；9—排气管道

袋室需要清灰时，先关闭排气阀6，把具有一定压力的清灰空气经反吹风阀8送入清灰的袋房中，清灰空气由滤袋外表面穿过滤袋及滤袋内侧面的积尘层，积尘受到清灰空气的吹动脱落到集尘槽1内。为了提高清灰的效果，反吹清灰管开动机械振打装置，撞击吊装布袋的框架，使滤袋还没有清掉的粉尘继续摔落在集尘槽1中。为了提高清灰的效果，反吹清灰管开动机械振打装置，撞击吊装布袋的框架，使滤袋还没有清掉的灰尘继续落在集尘槽1内，再由排尘装置运出除尘器。清灰后的空气经上升气流管道并入含尘气体管道4中，与含尘气体一同送入正在滤尘的袋房中进行滤尘。袋式过滤除尘器正常工作时是有多数袋室进行滤尘，有少数袋室进行清灰。也就是说，滤尘过程中，当袋房达到一定阻力时即停止滤尘转入清灰，清灰后的袋房再进行滤尘，袋房是交替地进行滤尘和清灰的。

用于袋式除尘器的滤料有棉、毛、有机和无机纤维纱纺织的滤布及非纺织辊轧制的纤维滤料（如毛毡类）等。这些滤料都有一定的孔隙率。含有一定粒径分布的粉尘粒子的气体，以一定流速通过新滤料（过滤过程的第一阶段）时，气体中的粗大尘粒主要是靠惯性碰撞和拦截捕尘机理被纤维所捕集，细小的粒子靠扩散力而被纤维捕尘体所捕集。与此同时，近年来在深入研究滤袋滤尘机理的过程中，还发现新纤维滤袋最初集尘是由于较大的粉尘粒子在滤料孔隙口处发生“塔桥”而被阻隔，随着滤尘过程不断地进行，滤料的孔隙愈来愈小，于是在滤料纤维表面上形成一层具有孔隙而又曲折的初粉尘层，简称为初尘层。初尘层附着在滤料上是比较牢固的，初尘层的孔隙率可达80%～85%。由于布袋除尘器主要是靠初尘层捕集粉尘（此过程称为滤尘过程的第二阶段），因此，要防止滤料孔隙被黏结性粉尘堵塞，滤料的工作温度不应低于露点温度。图5-77为滤料的滤尘过程简图。

图5-78为同一种滤料在不同滤尘过程中的分级效率曲线。由图中可以看出，新的清洁滤料的滤尘效率最低，随着积尘过程不断地进行，效率逐渐增大，清灰前的效率最高，清灰后滤尘效率有所降低。从图上还可以看出，对于0.2～0.4μm粒径的粉尘，无论哪一种滤尘工况，滤尘效率都是最低的，这是因为该粒径范围的尘粒正处于惯性碰撞、扩散和拦截作用捕尘效果最差的状态。

滤料的结构不同，清灰后滤料滤尘效率的下降程度也不尽相同。素布结构的滤料，清灰时粉尘层片状脱落，破坏初尘层的阻尘作用，滤尘效率显著地下降。绒布滤料因绒毛间能附着永久性容尘，在一般情况下，清灰不会破坏初尘层，因而滤尘效率不会下降太大。对于无纺织毛毡和针刺纤维滤料，由于其永久性容量更大、更坚固，即使清灰过度，也不会对滤尘效率有所影响。

滤布表面附着的粉尘量，常用粉尘负荷（m）表示，即1m^2滤料表面所能捕集的粉尘量，单位为g/cm^2或kg/m^2。图5-79示出不同滤料的粉尘负荷与除尘效率关系的实验曲线。

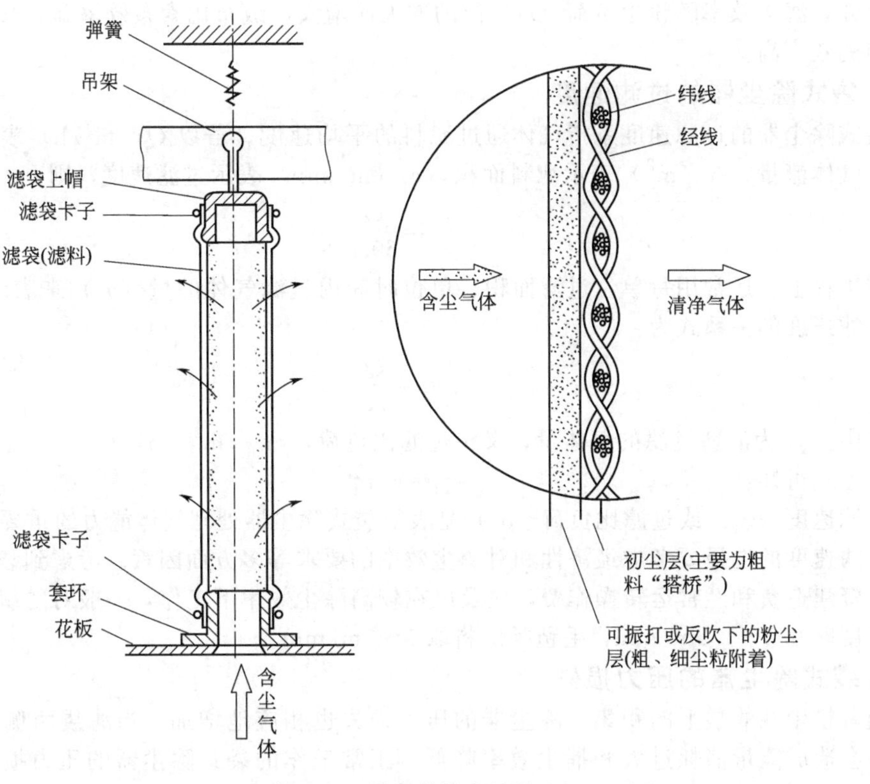

图 5-77 滤料的滤尘过程

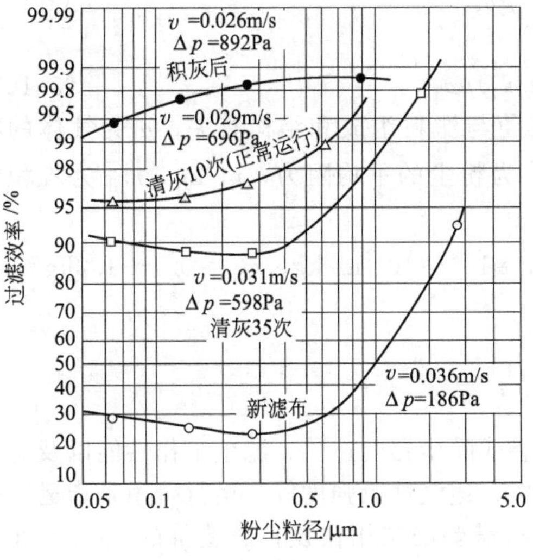

图 5-78 同一种滤料在不同滤尘过程中的分级效率

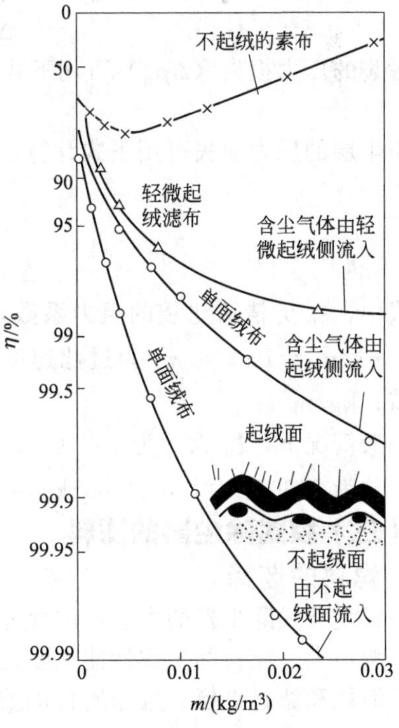

图 5-79 滤料种类、粉尘负荷与捕尘效率的关系

由图可知，滤尘效率随粉尘负荷（m）值的增大而增大，绒布比素布效率高，长绒滤料比短绒滤料的效率高。

2. 袋式除尘器的过滤速度

袋式除尘器的过滤速度系指气体通过滤料的平均速度。若以 Q（m^3/h）表示通过滤料的含尘气体流量，A（m^2）表示滤料面积，v_f（m/min）表示过滤速度，则：

$$v_f=\frac{Q}{60A} \tag{5-95}$$

在工程上，还常用每单位过滤面积、单位时间内过滤气体的量（q_f）来表示过滤负荷，其与过滤速度的关系式为：

$$q_f=\frac{Q}{A} \tag{5-96}$$

式中，q_f 为滤料过滤的气体量，又称过滤比负荷，$m^3/(m^2 \cdot h)$。

从上式可知：
$$q_f=60v_f \tag{5-97}$$

过滤速度（v_f）或过滤比负荷（q_f）是表征袋式除尘器处理气体能力的重要经济技术指标。过滤速度的选择要考虑经济性和对滤尘效率的要求等多方面因素。考虑到袋式除尘器的一次投资建造费和经常运转操作费，以及以在较高除尘效率下工作，一般对纺织布类滤料的过滤速度取 0.5～1.2m/min，毛毡类滤料取 1～5m/min。

3. 袋式除尘器的压力损失

随着粉尘在滤袋上的积累，除尘器的压力损失也相应地增加。当滤袋两侧压力差很大时，将会造成能量消耗过大和捕尘效率降低。正常工作的袋式除尘器的压力损失应控制在 1500～2000Pa 左右。滤袋的总压力损失（Δp）是由清洁滤袋的压力损失（Δp_0）和黏附粉尘层的压力损失（Δp_d）两部分所组成。即压力损失为：

$$\Delta p=\Delta p_0+\Delta p_d \tag{5-98}$$

清洁滤袋的压力损失（Δp_0）可用下式计算：

$$\Delta p_0=\xi_0 \mu v_f \tag{5-99}$$

黏附粉尘层的压力损失可用下式计算：

$$\Delta p_d=a m_d \mu v_f \tag{5-100}$$

故

$$\Delta p=(\xi_0+a m_d)\mu v_f \tag{5-101}$$

式中，ξ_0 为清洁滤袋的阻力系数，1/m，其值与滤料组成和结构有关；μ 为气体的黏度，$N \cdot s/m^2=Pa \cdot s$；v_f 为过滤速度，m/s；a 为粉尘的平均阻力，m/kg；m_d 为堆积粉尘负荷，kg/m^2。

一般情况下，ξ_0 大约为 10^7（1/m）左右，$a=10^9 \sim 10^{12}$ m/kg，$m_d=0.1 \sim 1.2 kg/m^2$。当压力差为 2000Pa 时，$m_d \leqslant 0.5 kg/m^2$。

（三）袋式除尘器的滤料

1. 滤料的选择

滤料是袋式除尘器的主要组成部分之一，对袋式除尘器的造价、滤尘工作性能以及运行费用影响很大。滤料的工作性能主要是指过滤效率、透气性及强度等。运行费用是指运行时因能量消耗和滤料更换、维修所付的费用等。滤料需要的费用占设备总造价的 15%～20% 左右。

选择袋式除尘器的滤料，应遵循以下几个原则：

① 滤料在滤尘时容尘量应较大，清灰后能保留完好的初尘层，使之能保证较高的效率

清除较细的粉尘粒子；

② 在均匀容尘状态下透气性要好，压力损失小；

③ 抗折、耐磨、耐温和耐腐蚀性要好，机械强度要高，性能要稳定；

④ 吸湿性小，易于清除沉积在初粉尘层上的粉尘粒子；

⑤ 使用寿命长，价格低廉。

应当指出，对某一具体的滤料，很难尽善尽美地满足上述全部要求，因而在实际选择滤料时，要根据具体使用条件，选择最适宜的滤料。

滤料种类很多，常用滤料按所用的材质可分为天然滤料（例如棉毛织物）、合成纤维滤料（例如尼龙、涤纶等）、无机纤维滤料（如玻璃纤维、耐热金属纤维）三类，其特性列于表 5-44 中。

2. 滤料的种类和性能

20 世纪 50 年代以前使用的滤料主要是棉、毛等天然纤维。以后由于化学工业的发展，合成纤维滤料的出现，为普遍推广应用袋式除尘器创造了较为有利的条件。美国 1975 年统计，滤料中天然纤维占 25%，聚酯纤维占 50%，聚丙烯腈纤维占 7%～10%，耐高温尼龙占 5%～8%。从发展趋势来看，合成纤维占绝对优势，将进一步取代天然纤维。

国外对滤料的发展和研究的重点在于提高滤料的耐高温、耐磨和耐腐蚀方面的性能。玻璃纤维滤料的应用已有 20 多年的历史，它的突出优点是成本低廉、耐温性能好。为了提高其抗弯折及耐腐蚀等性能，在处理方法上除了采用硅酮＋聚四氟乙烯＋石墨处理外，最近已发展到以特殊的化学剂为基质的第四代处理方法，采用这种处理方式可使玻璃纤维滤料的抗折性能和抗腐蚀性能得到大大改善，其耐温可达 330℃以上。目前，玻璃纤维仍是一种主要的耐高温滤料。

在合成纤维方面，聚酯纤维的应用十分广泛，其耐温为 130℃左右。尼龙-聚酰亚胺纤维滤料［亦称诺梅克斯（Nomex）滤料］耐温可达 220℃，使用寿命较玻璃纤维长 2～10 倍，目前它已成为一种通用的耐高温滤料。电厂和垃圾焚烧厂多用 PPS 滤料、P84 滤料和玻璃纤维滤料。

为了进一步提高过滤效率，近年来又采用短纤维诺梅克斯作底层，以针刺法刺入玻璃纤维制成毡，称为格拉梅克斯（Glamex）滤料。为了适应耐更高温度的滤尘条件，工业中有应用聚四氟乙烯纤维作滤料的，有的甚至用不锈钢丝纤维作为滤料的，但由于造价太高而使应用受到限制。

国外除了以上一些滤料外，新发展的有德国的培罗特克斯（Pyrotex）耐高温可达 280℃及 VZA 耐温达 800℃；前苏联的聚-T、阿克刹隆（Оксапон）耐温 250℃，TC-8/5-T 耐温 500～550℃；此外，日本研制的铝、硼、硅复合纤维，可望用于 1100℃的高温。

20 世纪 60 年代以来，国外广泛采用毛毡滤料，特别是针刺毡，在脉冲喷吹清灰除尘器中应用极为广泛。现将常用滤料及其特性分述如下。

(1) 天然纤维　天然纤维包括棉织、毛织及棉毛混织品，其主要性能见表 5-44。天然纤维的特点是透气性好，阻力小，容量大，过滤效率高，粉尘易于清除，耐酸、耐腐蚀性能好；其缺点是长期工作温度不得超过 100℃。

(2) 无机纤维　无机纤维主要系指陶瓷玻璃纤维。这种纤维作为滤料具有过滤性能好，阻力小，化学稳定性好，耐高温，不吸潮和价格便宜等优点；其缺点是除尘效率低于天然、合成纤维滤料，此外，由于这种纤维挠性较差，不耐磨，在多次反复清灰时，纤维易断裂。所以，在采用机械振打法清灰时，滤袋易破裂。为了改善这种易破裂的状况，可用芳香基有机硅、聚四氟乙烯、石墨等物质对其进行处理。实践证明，通过这种方法的处理，有效地提

表 5-44 各种纤维的主要性能

类别	原料或聚合物	商品名称	密度/(g/cm³)	最高使用温度/℃	长期使用温度/℃	20℃以下的吸湿性/%		抗拉强度/(×10⁵Pa)	断裂延伸率/%	耐磨性	耐热性		耐有机酸	耐无机酸	耐碱性	耐氧化剂	耐溶剂
						65%	95%				干热	湿热					
天然纤维	纤维素	棉	1.54	95	75～85	7～8.5	24～27	30～40	7～8	较好	较好	较好	较好	很差	较好	一般	很好
	蛋白质	羊毛	1.32	100	80～90	10～15	21.9	10～17	25～35	较好	—	—	较好	较好	很差	差	较好
	蛋白质	丝绸		90	70～80	—	—	38	17	较好	—	—	较好	较好	很差	差	较好
合成纤维	聚酰胺	尼龙、锦纶	1.14	120	75～85	4～4.5	7～8.3	38～72	10～50	很好	较好	较好	一般	很差	较好	一般	很好
	芳香族聚酰胺	诺梅克斯	1.38	260	220	4.5～5	—	40～55	14～17	很好	很好	很好	较好	较好	较好	一般	很好
	聚丙烯腈	腈纶	1.14～1.16	150	110～130	1～2	4.5～5	23～30	24～40	较好	较好	较好	较好	较好	一般	较好	很好
	聚丙烯	聚丙烯	1.14～1.16	100	85～95	0	0	45～52	22～25	较好	较好	较好	很好	很好	较好	较好	较好
	聚乙烯醇	维尼纶	1.28	180	<100	3.4	—	—	—	较好	一般	一般	较好	很好	很好	一般	一般
	聚氯乙烯	氯纶	1.39～1.44	80～90	65～70	0.3	0.9	24～35	12～25	差	差	差	很好	很好	很好	很好	较好
	聚四氟乙烯	特氟纶	2.3	280～300	220～260	0	0	33	13	较好	较好	较好	很好	很好	很好	很好	很好
	聚苯硫醚	PPS	1.33～1.37	190～200	170～180	0.6	—	—	25～35	较好	较好	较好	较好	较好	较好	差	很好
	聚酯	涤纶	1.38	150	130	0.4	0.5	40～49	40～55	很好	较好	一般	较好	较好	较好	较好	很好
无机纤维	铝硼硅酸盐玻璃	玻璃纤维	3.55	315	250	0.3	—	145～158	3～0	很差	很好	很好	很好	很好	差	很好	很好
	铝硼硅酸盐玻璃	经硅油、聚四氟乙烯处理的玻璃纤维	—	350	260	0	0	145～158	3～0	一般	很好	很好	很好	很好	差	很好	很好
	铝硼硅酸盐玻璃	经硅油，石墨和聚四氟乙烯处理的玻璃纤维	—	350	300	0	0	145～158	3～0	一般	很好	很好	很好	很好	较好	很好	很好
	陶瓷纤维	玄武岩滤料	—	300～350	300～350	0	0	16～18	3～0	一般	很好	很好	好	好	好	很好	很好

高了其耐磨性、疏水性、抗酸腐蚀和柔软性，延长了滤袋的使用寿命。

（3）合成纤维　随着有机合成工业、纺织工业的发展，合成纤维滤料逐渐取代天然纤维滤料，合成纤维有聚酰胺、芳香族聚酰胺、聚酯、聚酯化合物、聚丙烯腈、聚氯乙烯、聚四氟乙烯等。其中芳香族聚酰胺和聚四氟乙烯可耐温 200～250℃，聚酯纤维可耐温 130℃左右。

3. 滤料的结构

滤料的结构形式对其除尘性能有很大影响。

（1）织物滤料的结构　织物滤料的结构可分为编织物和非编织物。编织物的结构有平纹、斜纹和缎纹三种，如图 5-80 所示。

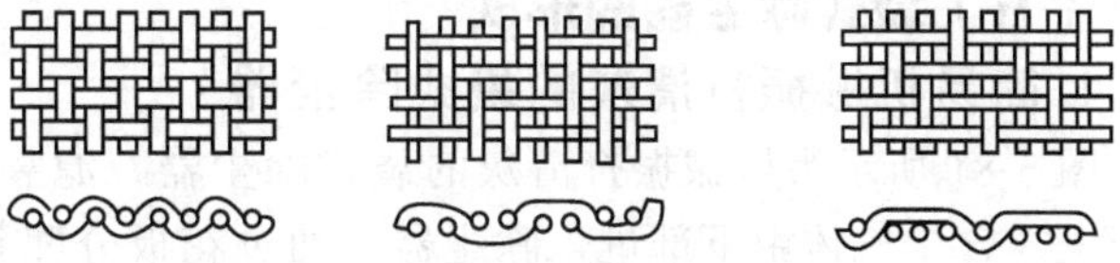

(a) 平纹编织　(b) 斜纹编织　(c) 缎纹编织

图 5-80　编织织物的结构

平纹滤布净化效率高，但透气性差，阻力大，清灰难，易堵塞。斜纹滤布表面不光滑，耐磨性好，净化效率和清灰效果都好，滤布不易堵塞，处理风量高，是织布滤料中最常用的一种。缎纹滤料透气性和弹性都较好，织纹平坦，由于纱线具有迁移性，易于清灰；缎纹滤料强度低，净化效率比前两者低。

（2）针刺毡滤料　针刺毡是纺布的一种，由于制作工艺不同，毡布较致密，阻力较大，容尘量小，但易于清灰。在工业上应用已较为普遍。现已生产的毛毡滤料有聚酰胺、聚丙烯、聚酯等毛毡滤料。

4. 滤袋的形状和规格

袋式除尘器传统上都采用圆形滤袋，但近年来，随着烟气处理负荷的不断增加，由于扁袋在同样过滤面积下占用的空间较少，因而也得到相应的发展。目前袋式除尘器有向大型化发展的趋势。当今已经出现了处理烟气能力达每小时几十万立方米甚至几百万立方米的大型装置。一个袋式除尘器可集中上万条滤袋，有的甚至上十万条滤袋，这种大型装置国外称为“袋房”。向大型化发展一方面是由工艺设备的生产能力和规模急速扩大，使处理烟气量大大增加；另一方面，由于设置中央除尘系统，给技术经济及维护管理方面带来了好处。

但是，袋式除尘器有时也做成小型的，安装在散尘设备上或散尘设备附近（如插入式等）。由于其除尘效率很高，故经净化后的空气可直接排入车间内，有的甚至装在车上，随散尘设备的移动而移动。这种小巧、灵活的袋式除尘器特别适用于分散点的除尘。

（四）袋式除尘器的分类[15,18]

袋式除尘器的种类很多，可根据布袋的形状、清灰方式、应用目的、运行时的压力和进气方式的不同而分类。

（1）按滤袋的形状分类　滤袋可分为圆筒形和扁形。圆筒形滤袋应用最广，它受力均匀，连接简单，成批换袋容易。扁袋除尘器和圆袋除尘器相比，在同样体积内可多布置 20%～40%过滤面积的布袋，因此，在滤料中粉尘负荷相同的条件下，扁袋除尘器占地面积较小。

（2）按进气方式的不同分类　可分为上进气和下进气两种方式。含尘气体从除尘器上部进气时，粉尘沉降方向与气流方向一致，粉尘在袋内迁移距离较下进气远，能在滤袋上形成均匀的粉尘层，过滤性能比较好。但为了使配气均匀，配气室需设在壳体上部（下进气可利用锥体部分），使除尘器高度增加，此外滤袋的安装也较复杂。

采用下进气时，粗尘粒直接落入灰斗，一般只是小于 3μm 的细粉尘接触滤袋，因此滤袋磨损小。但由于气流方向与粉尘沉降的方向相反，清灰后会使细粉尘重新附积在滤袋表面，从而降低了清灰效率，增加了阻力。然而，与上进气相比，下进气方式设计合理、构造简单、造价便宜，因而使用较多。

(3) 按含尘气流进入滤袋的方向分类　可分为内滤袋式和外滤袋式两种。采用内滤式时，含尘气流进入滤袋内部，粉尘被阻挡于滤袋内表面，净化气体通过滤袋逸向袋外。采用外滤式时，粉尘阻留于滤袋外表面，净化气体由滤袋内部排出。

(4) 按清灰方式的不同分类　可分为简易清灰袋式除尘器、机械振动清灰袋式除尘器、逆气流清灰袋式除尘器、气环反吹清灰袋式除尘器、脉冲喷吹清灰袋式除尘器、脉冲顺喷射袋式除尘器及联合清灰袋式除尘器，其中脉冲袋式除尘器应用最为广泛。

(五) 袋式除尘器的形式

1. 简易机械振打清灰的袋式除尘器

图 5-81 所示为机械振打清灰的袋式除尘器，滤袋下部固定在花板上，上部吊挂在水平框架上。含尘气体由下部进入除尘器，通过花板分配到各个滤袋内部（内滤式）。通过滤袋净化后由上部排出。其主要设计特点是清灰时，通过手摇振打机构，使上部框架水平运动，将滤袋上的粉尘脱落，掉入灰斗中。

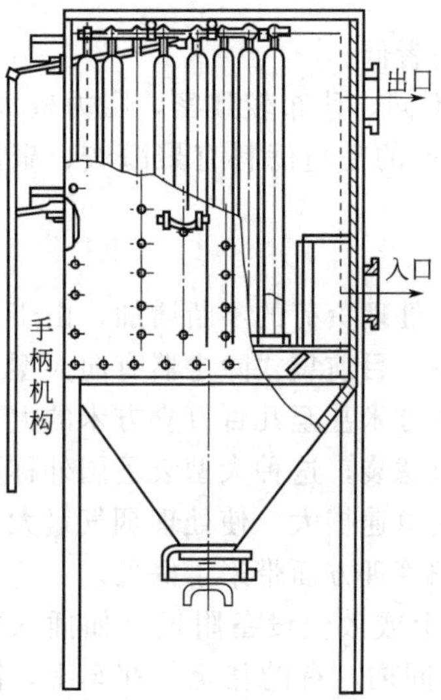

图 5-81　人工振打清灰的袋式除尘器

由于手动清灰，所以滤袋直径取 150～250mm，长度以 2.5～5m 为宜。由于清灰强度不大，滤袋寿命较长，一般可达 3 年以上。这种除尘器过滤风速不宜太高，一般为 0.5～0.8m/min，阻力不高，约 400～800Pa。除尘器的入口含尘浓度不能高，通常不超过 3～5g/m^3。

2. 小型机械振打袋式除尘器

小型机械振打除尘器的设计特点是电机带动偏心轮，可以定时振打进行清灰。这种除尘器主要用于库顶、库底、皮带输送及局部尘源除尘，从除尘器上清除下来的粉尘可以直接排入仓内，亦可直接落在皮带上，含尘气体由除尘器下部进入除尘器。经滤袋过滤后，清洁空气由引风机排出，除尘器工作一段时间后，滤袋上的粉尘逐渐增多致使滤袋阻力上升，需要进行清灰，清灰完毕后，除尘器又正常进行工作。

这种除尘器的典型设计是 HD 系列摇振式单机除尘器。

该系列机组有六种规格，每种规格又分 A、B、C 三种形式，A 种设灰斗，B 种设抽屉，C 种既不设灰斗又不带抽屉；下部设法兰，根据要求直接配接库顶、料仓、皮带运输转运处等扬尘设备上就地除尘，粉尘直接收回。

(1) 结构特点　该系列除尘器基本结构由风机、箱体、灰斗三个部件组成，各部件安装在一个立式框架内，结构极为紧凑。各部件的结构特点如下：

① 风机部件采用通用标准风机，便于维修更换，并采用隔震设施，噪声小；

② 滤料选用的是“729”圆筒滤袋，过滤效果好，使用寿命长；

③ 清灰机构是采用电动机带动连杆机构，使滤袋抖动而清除滤袋内表面的方法，其控制装置分为手控或自控两种，清灰时间长短用时间继电器自行调节（电控箱随除尘器配套）；

④ 排灰门采用抽屉式、灰斗式两种结构，清除灰尘十分方便。

(2) 工作原理　含尘气体由除尘器入口进入箱体，通过滤袋进行过滤，粉尘被留在滤袋内表面，净化后的气体通过滤袋进入风机，由风机吸入直接排入室内（亦可以接管排出室外）。

随过滤时间的增加，滤袋内表面黏附的粉尘也不断增加，滤袋阻力随之上升，从而影响除尘效果；采用自控清灰机构进行定时控振清灰或手控清灰机构停机后自动摇振 10s，使粘在滤袋内面的粉尘抖落下来，粉尘落到灰斗、抽屉或直接落到输送皮带上。

（3）性能尺寸　HD 系列除尘器的技术性能见表 5-45，其外形尺寸见图 5-82、表 5-45、图 5-83 及表 5-46。

表 5-45　HD 系列除尘器技术性能

技术性能＼型号	HD24（A、B、C）	HD32（A、B、C）	HD48（A、B、C）	HD56（A、B、C）	HD64（A、B、C）	HD64L（A、B、C）	HD80（A、B、C）
过滤面积/m^2	10	15	20	25	29	35	40
滤袋数量/个	24	32	48	56	64	64	80
滤袋规格（$\phi \times L$）/mm	ϕ115×1270	ϕ115×1270	ϕ115×1270	ϕ115×1270	ϕ115×1270	ϕ115×1535	ϕ115×1535
处理风量/（m^3/h）	824～1209	1401～1978	2269～2817	2198～3297	3572～3847	3912～5477	3912～5477
设备阻力/Pa	＜1200	＜1200	＜1200	＜1200	＜1200	＜1200	＜1200
除尘效率/%	＞99.5	＞99.5	＞99.5	＞99.5	＞99.5	＞99.5	＞99.5
过滤风速/（m/min）	＜2.5	＜2.5	＜2.5	＜2.5	＜2.5	＜2.5	＜2.5
风机功率/kW	2.2	3	5.5	5.5	7.5	11	11
清灰电动功率/kW	0.25	0.25	0.25	0.37	0.37	0.37	0.55
风机电机型号	Y90L-2	Y100L-2	$Y132S_1$-2	$Y132S_1L$-2	$Y132S_2$-2	$Y160M_1L$-2	$Y160M_1L$-2
清灰电机型号	AO_2-7114	AO_2-7114	AO_2-7114	AO_2-7114	AO_2-7114	AO_2-7114	AO_2-7114
A 型质量/kg	360	400	500	580	620	650	870

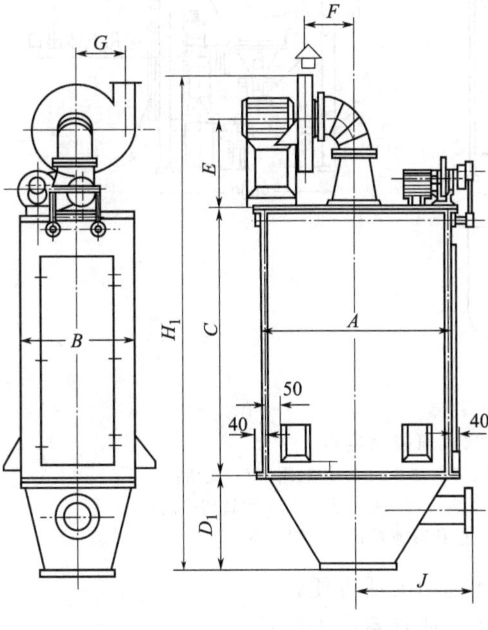

图 5-82　HD24-80A 型除尘器尺寸

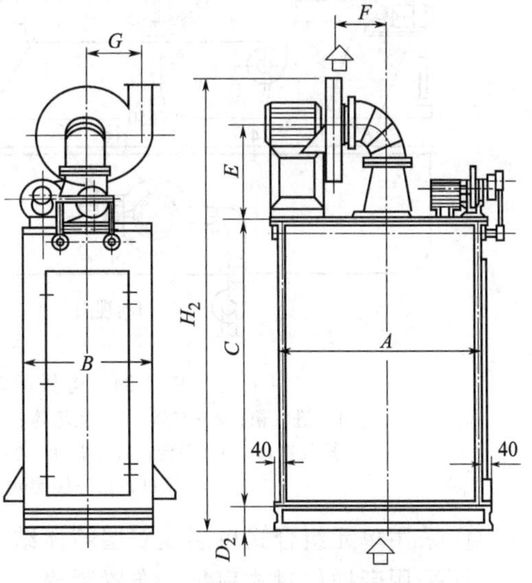

图 5-83　HD24-80C 型除尘器尺寸

表 5-46 HD型除尘器外形尺寸 单位：mm

代号 \ 尺寸	A	B	C	D_1	D_2	E	F	G	H_1	H_2	I
HD24(A,B,C)	830	640	1452	450	100	475	283	286	2639	2289	480
HD32(A,B,C)	1080	640	1452	500	100	475	283	286	2689	2289	600
HD48(A,B,C)		900	1452	650	100	505	365	287	2967	2417	600
HD56(A,B,C)	950	1160	1452	665	100	505	365	287	2982	2417	520
HD64(A,B,C)	1080	1160	1452	670	100	505	365	287	2987	2417	600
HD64(A,B,C)	1080	1160	1723	670	100	555	400	322	3353	2783	600
HD80(A,B,C)	1340	1160	1723	840	100	555	400	322	3523	2783	720

3. 扁袋回转反吹风袋式除尘器

(1) 主要特点 旁插回转切换反吹风扁袋除尘器的设计特点是采用了回转切换阀（见图5-84），它是总结同类型除尘器的系列设计和运行实践的基础上研制的。旁插回转切换反吹风扁袋除尘器还具有以下特点：

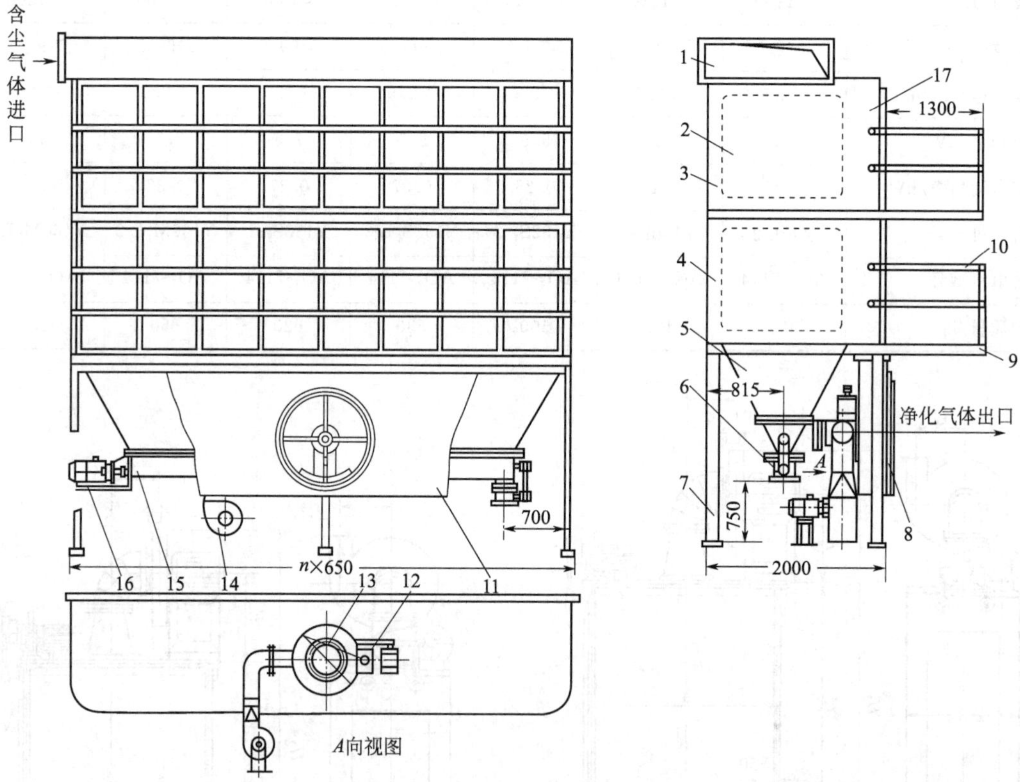

图 5-84 旁插回转切换反吹风扁袋除尘器

1—进气箱；2—布袋；3—上箱体；4—下箱体；5—灰斗；6—卸灰阀；7—支架；8—排气箱口；9—平台；10—扶手；11—切换阀总成；12—减速器；13—回转切换阀；14—反吹风机；15—螺旋输送机；16—摆线减速器；17—清洁室

① 采用单元组合式单层或双层箱体结构，设计选用灵活方便；

② 采用旁插信封式扁袋，布置紧凑，换袋方便，适宜室内安装；

③ 采用分室轮流切换，停风反吹清灰，清灰能耗小，清灰效果最佳；但回转机构会

耗能；

④ 滤袋安装座采用成型钢，箱体壁板折边拼缝，表面平整、美观、机械强度高，密封性好；

⑤ 滤袋袋口采用特殊纤维材质制成，弹性好，强度高，使除尘室与清洁有极好隔尘密封性能；

⑥ 采用 1500mm×750mm×25mm 中等规格扁袋，每层二排布置，单件重量轻，换袋占用空间小，换袋作业极为轻便；

⑦ 袋间设有隔离弹簧，防止滤袋反吹清灰时，滤壁贴附，堵塞落灰通道，确保清灰效果。

旁插回转切换扁袋除尘器已在有色冶炼、机械、铸造、水泥、化工等行业的工程实际中应用。

(2) 结构及工作原理　旁插回转切换扁袋除尘器由过滤室、清洁室、灰斗、进排气口、螺旋输送机、双舌卸灰阀、回转切换定位脉动清灰机构以及平台梯子等部分组成。

含尘气流由顶部进气口进入，向下弥散通过过滤室滤袋间空隙，大颗粒尘随下降气流沉落灰斗，小颗粒尘被滤袋阻留，净化空气透过袋壁经花板孔汇集清洁室，从下部流入回转切换通道。最后经排气口接主风机排放，完成过滤工况。

随着过滤工况的进行，滤袋表面积尘增加，阻力上升，当达到控制上限时，启动回转切换脉动清灰机构，轮流对各室进行停风定位喷吹清灰，直至滤袋阻力降至控制下限，清灰机构停止工作。

① 除尘效率。如选用二维机织滤料，除尘效率≥99.2%；如选用三维针刺毡滤料，除尘效率≥99.6%；如选用微孔薄膜复合滤料，效率≥99.9%。

② 设备阻力。800～1600Pa，具体控制范围应视尘气特性、滤料选配、滤速大小以及主风机特性在除尘系统试运转时调定。

③ 反吹风方式。对于干燥、滑爽型粗粒尘，不用配反吹风机和脉动阀，靠自然大气反吹风即可；对于较潮湿的黏性细粒尘，必须配反吹风机和脉动阀，实现风机大气风脉动反吹；对于高温、潮湿的黏性细粒尘，还需将反吹风机入口与主风机出口连接，实现风机循环风脉动反吹。

④ 清灰控制方式。本除尘器配带的电控柜按定时清灰控制原理设计，清灰周期可调。如特殊需要，也可专门设计配套定阻力清灰控制柜。除尘器阻力用压力计显示。

(3) 技术性能和注意事项　旁插回转切换反吹风扁袋除尘器性能参数见表 5-47。

表 5-47　旁插回转切换反吹风扁袋除尘器性能参数

型号	层次	室数	单元数	袋数	过滤面积/m^2		处理能力		外形尺寸/mm
					公称	实际	ω/(m/min)	L/(m^3/h)	
3/Ⅰ-$\frac{A}{B}$	1	3	3	42	90	94.5	1～1.5	5400～8100	195×330×4250
4/Ⅰ-$\frac{A}{B}$	1	4	4	56	130	126	1～1.5	7800～11700	2600×3300×4250
5/Ⅰ-$\frac{A}{B}$	1	5	5	70	160	157.5	1～1.5	9600～14400	3250×3300×4250
6/Ⅰ-$\frac{A}{B}$	1	6	6	84	190	189	1～1.5	11400～17100	3900×3300×4350
7/Ⅰ-$\frac{A}{B}$	1	7	7	98	220	220.5	1～1.5	13200～19800	4550×3300×4350

续表

型号	层次	室数	单元数	袋数	过滤面积/m^2		处理能力		外形尺寸/mm
					公称	实际	ω/(m/min)	L/(m^3/h)	
$8/\text{I}\text{-}\frac{A}{B}$	1	8	8	112	250	252	1～1.5	15000～22500	5200×3300×4350
$3/\text{II}\text{-}\frac{A}{B}$	2	3	6	84	190	189	1～1.5	11400～17100	1950×3300×6500
$4/\text{II}\text{-}\frac{A}{B}$	2	4	8	112	250	252	1～1.5	15000～22500	2600×3300×6500
$5/\text{II}\text{-}\frac{A}{B}$	2	5	10	140	320	315	1～1.5	19200～28800	3250×3300×6500
$6/\text{II}\text{-}\frac{A}{B}$	2	6	12	168	380	378	1～1.5	22800～34200	3900×3300×6630
$7/\text{II}\text{-}\frac{A}{B}$	2	7	14	196	440	441	1～1.5	26400～36900	4550×3300×6630
$8/\text{II}\text{-}\frac{A}{B}$	2	8	16	224	500	504	1～1.5	30000～45000	5200×3300×6630
$9/\text{II}\text{-}\frac{A}{B}$	2	9	18	252	570	567	1～1.5	34200～51300	5850×3300×6630
$10/\text{II}\text{-}\frac{A}{B}$	2	10	20	280	630	630	1～1.5	37800～56700	6500×3300×6700
$11/\text{II}\text{-}\frac{A}{B}$	2	11	22	308	690	693	1～1.5	41400～62100	7150×3300×6700
$12/\text{II}\text{-}\frac{A}{B}$	2	12	24	336	760	756	1～1.5	45600～68400	7800×3300×6700

4. 分室三态反吹袋式除尘器

(1) 主要特点 LFSF型反吹袋式除尘器，是一种下进风、内滤式、分室反吹风清灰的袋式除尘器，除尘器效率可达99%以上。维护保养方便，可在除尘系统运行时逐室进行检修、换袋。过滤面积为480～18300m^2。适用范围较广，可用于冶金、矿山、机械、建材、电力、铸造等行业及工业锅炉的含尘气体净化。进口含尘质量浓度（标准状态）不大于30g/m^3，采用耐高温滤袋进口烟气温度最高可达200℃。

本系列除尘器分以下两种类型。

LFSF-Z中型系列采用分室双仓、单排或双排矩形负压结构形式。除尘器过滤面积为480～3920m^2，处理风量为17280～235200m^3/h。单排或双排按单室过滤面积的不同，分四种类型，共19种规格。

LFSF-D大型系列采用单室单仓的结构形式，分矩形正压式和矩形负压式两种，共11种规格。除尘器过滤面积为5250～18300m^2，处理风量可达189000～1098000m^3/h。

(2) 结构特点 本系列除尘器由箱体、灰斗、管道及阀门、排灰装置、平台走梯以及反吹清灰装置等部分组成。

① 箱体。包括滤袋室，花板，内走台，检修门，滤袋及吊挂装置等。正压式除尘器的滤袋室为敞开式结构，各滤袋室之间无隔板隔开，箱体壁板由彩色压型板组装而成。

负压式除尘器滤袋室结构要求严密，由钢板焊接而成。除尘器的花板上设有滤袋连接短管，滤袋下端与花板上的连接管用卡箍夹紧；滤袋顶端设有顶盖，用卡箍夹紧并用链条弹簧将顶盖悬吊于滤袋室上端的横梁上。

滤袋内室设有框架，避免了滤袋与框架之间的摩擦，可延长滤袋寿命。滤袋的材质有几种，当用于 130℃以下的常温气体时，采用“729”或涤纶针刺毡滤袋；当用于 130～280℃高温烟气时，采用膨化玻璃纤维布或 Nomex 针刺毡滤料。

② 灰斗。采用钢板焊接而成。结构严密，灰斗内设有气流导流板，可使入口粗粒粉尘经撞击沉降，具有重力沉降粗净化作用，并可防止气流直接冲击滤袋，使气流均匀地流入各滤袋中去。灰斗下端设有振动器，以免粉尘在灰仓内堆积搭桥。LFSF-Z 中型除尘器为筒仓形式，采用船形灰斗。故不设振动器，灰斗上设有检修孔。

③ 管道及阀门。在除尘器上下设有进风管、排气管，反吹管、入口调节阀等部件。

④ 排灰装置。在除尘器的灰斗下设锁气卸灰阀。LFSF-Z 型，灰斗下设螺旋输灰机，机下设回转卸灰阀，LFSF-D 型（大型），灰斗下设置双级锁气卸灰阀。

(3) 反吹清灰装置　清灰装置由切换阀、沉降阀，差压变送器、电控仪表、电磁阀及压缩空气管道等组成。

① 过滤工况。含尘气体经过下部灰斗上的入口管进入，气体中的粗颗粒粉尘经气流缓冲器的撞击，且由于气流速度的降低而沉降；细小粉尘随气流经过花板下的导流管进入滤袋，经滤袋过滤；尘粒阻留在滤袋内表面，净化的气体经箱体上升至各室切换阀出口，由除尘系统风机吸出而排入大气。

② 清灰工况。随着过滤工况的不断进行，阻留于滤袋内的粉尘不断增多，气流通过的阻力也不断增大，当达到一定阻值时（即滤袋内外压差达到 1470～1962Pa 时）由差压变送器发出信号，通过电控仪表，按预定程序控制电磁阀带动气缸动作，使切换阀接通反吹管道，逐室进行反吹清灰。

③ 清灰特点

a. 采用先进的“三状态”清灰方式，不断彻底清灰，而且延长了滤袋的使用寿命。

b. 在控制反吹清灰的三通切换阀结构上，设计了新颖先进的双室自密封结构，使阀板无论是在过滤或反吹时均处于负压自密封状态，大大减少了阀门的漏气现象，改变了原单室单阀板结构中有一阀门处于自启状态而带来的阀门漏气现象，从而降低了设备的漏风率，提高了清灰效果。

c. 在控制有效卸灰方面，一是在灰斗中设计了“防棚板”结构，有效地防止粉尘在灰斗中搭桥的现象；二是在采用双级锁气器卸灰阀机构上，同时增设了导锥机构，不但能解决大块粉尘的卸灰问题，而且能确保阀门的密封性。

d. 为了有效提高清灰效果，在三状态清灰的基础上还可以增加辅助性声波清灰装置，提高清灰效果，降低设备阻力。但声波清灰要增加压缩空气耗量。

(4) 性能参数　该系列除尘器的性能参数见表 5-48。

(5) 外形尺寸

① LFSF-Z 中型负压反吹布袋除尘器 LFSF-Z 型分为 LFSF-Z-80 型、LFSF-Z-138 型、LFSF-Z-228 型和 LFSF-Z-280 型四种型号。按分室不同，各种型号有 4、5、6、8、10、12、14 个室组合形式之分；按布置方式不同，又有单排、双排之分。除 LFSF-Z-228 型、LFSF-Z-280 型中的 4 室、5 室、6 室组合为单结构之外，其他均为双排结构。滤袋采用 ϕ180mm，袋长 6.0m。滤料的采用，当烟气温度小于 130℃时，采用涤纶滤料，当烟气温度为 130～280℃时，采用玻璃纤维滤料。除尘器阻力为 1470～1962Pa，除尘器所用压缩空气的压力为 0.5～0.6MPa，耗气量平均为 0.1m^3/min。瞬间最大值为 1.0m^3/min。LFSF-Z-280 型外形尺寸见图 5-85。其他形式的除尘器规格尺寸与此接近。

② LFSF-D 型大型正负压反吹布袋除尘器 LFSF-D 型设计有两种形式，即矩形正压式和矩形负压式。按分室不同有 4、6、8、10、12、14 个室组合形式之分；按布置方式不同，又

表 5-48 LFSF 型袋式除尘器性能参数

型号		室数	滤袋 数量/条	滤袋 规格/mm	过滤面积/m^2	过滤风速/(m/min)	处理风量/(m^3/h)	设备阻力/Pa	设备质量/t
正压	LFSF-D/Ⅰ-5250	4	592	ϕ300×10000	5250	0.6～1.0	189000～315000	1500～2000	203
	LFSF-D/Ⅰ-7850	6	888		7850		282600～471000		299
	LFSF-D/Ⅱ-10450	8	1184		10450		376200～627000		398
	LFSF-D/Ⅰ-13052	10	1480		13050		469800～783000		452
	LFSF-D/Ⅱ-15650	12	1776		15650		563400～939000		530
	LFSF-D/K-18300	14	2072		18300		658800～1098000		620
负压	LFSF-D/Ⅰ-4000	4	448		4000		144000～240000		230
	LFSF-D/Ⅰ-6000	6	672		6000		216000～360000		331
	LFSF-D/Ⅰ-8000	8	860		8000		288000～480000		406
	LFSF-D/Ⅱ-10000	10	1120		10000		360000～600000		508
	LFSF-D/Ⅱ-12000	12	1344		12000		432000～720000		608
	LFSF-Z/Ⅰ-280-1120	4	336	ϕ180×6000	1120		40320～67200		42
	LFSF-Z/Ⅰ-280-1400	5	420		1400		50400～84000		51
	LFSF-Z/Ⅰ-280-1680	6	504		1680		60480～100800		56
	LFSF-Z/Ⅱ-280-2240	8	672		2240		80640～134400		77
	LFSF-Z/Ⅱ-280-2800	10	840		2800		100800～168000		95
	LFSF-Z/Ⅱ-280-3360	12	1008		3360		120960～201600		114
	LFSF-Z/Ⅱ-280-3920	14	1176		3920		141120～235200		127
	LFSF-Z/Ⅰ-228-910	4	264		910		32760～54600		41
	LFSF-Z/Ⅰ-228-1140	5	330		1140		41040～68400		46
	LFSF-Z/Ⅰ-228-1370	6	396		1370		49320～82200		51
	LFSF-Z/Ⅱ-280-1820	8	528		1820		65520～109200		67
	LFSF-Z/Ⅱ-280-2280	10	660		2280		82080～136800		85
	LFSF-Z/Ⅱ-138-550	4	160		550		19800～33000		37
	I. FSF-Z /Ⅱ-138-830	6	240		830		29880～49800		41
	LFSF-Z/Ⅱ-138-1100	8	320		1100		39600～66000		50
	LFSF-Z /Ⅱ-138-1380	10	400		1380		49680～82800		63
	LFSF-Z/Ⅱ-80-480	6	144		480		17280～28800		32
	LFSF-Z/Ⅱ-80-640	8	192		640		23040～38400		37
	LFSF-Z/Ⅱ-80-800	10	240		800		28800～48000		50

有单排、双排之分，其中 4 室、6 室为单排结构，8 室、10 室、12 室、14 室为双排结构。滤袋采用 95292 或 5C300，袋长 10m；当烟气温度小于 130℃时，采用涤纶滤料；烟气温度 130～280℃，采用玻璃纤维滤料。除尘器阻力为 1470～1962Pa，除尘器所用压缩空气的压力为 0.5～0.6MPa。耗气量：矩形正压式平均为 1.3～1.5m^3/min，最大为 7.6～8.8m^3/min；矩形负压式平均为 0.58～0.64m^3/min，瞬间最大为 7.27～8.58m^3/min。LFSF-D/Ⅱ-8000～12000 型除尘器外形尺寸见图 5-86，其他形式尺寸与此接近。

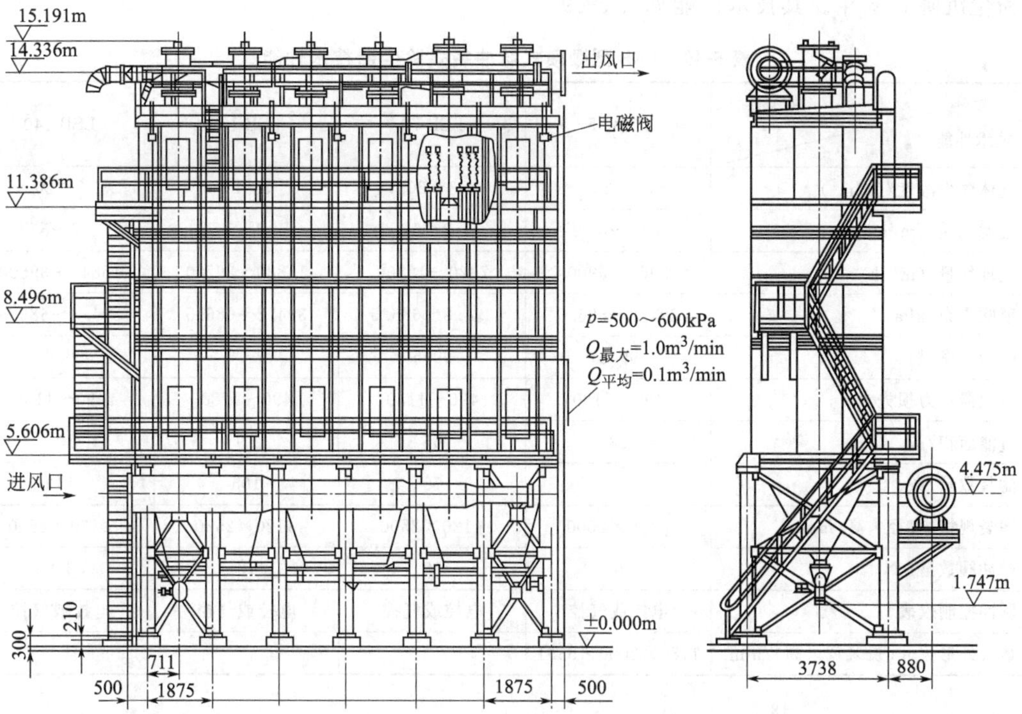

图 5-85　LFSF-Z-280 型除尘器外形尺寸

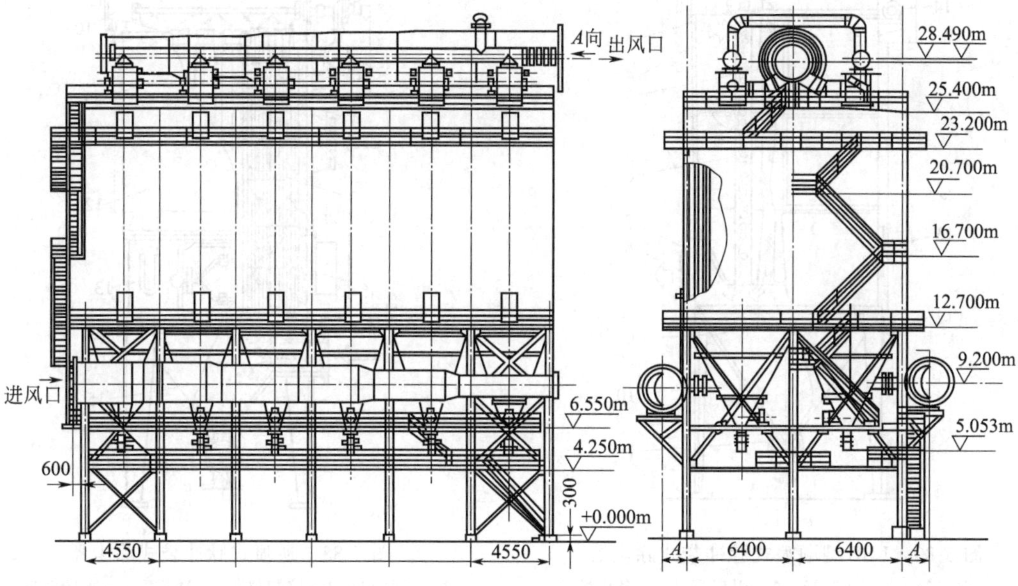

图 5-86　LFSF-D/Ⅱ-8000～12000 型除尘器外形尺寸

5. 脉冲喷吹袋式除尘器

常用的脉冲喷吹袋式除尘器有以下几种型式。

(1) 顺喷式脉冲袋式除尘器　顺喷式脉冲袋式除尘器（见图 5-87）是由顶部或上部进气，下部排气，气流方向与脉冲喷吹同向，即顺喷式。而且净化后的空气不经过引射器喉管。这种设计可大大降低除尘器的压力损失，从而减少风机的负载，节省动力消耗，并有利于粉尘沉降到灰斗。其技术性能见表 5-49。

表 5-49 LSB 型顺喷式脉冲袋式除尘器技术性能

技术性能 \ 型号	LSB-35	LSB-70	LSB-105	LSB-140
气体含尘浓度/(g/m^3)	3～20	3～20	3～20	3～20
过滤气速/(m/min)	2～5	2～5	2～5	2～5
处理气量/(m^3/h)	3960～9900	7920～19800	11880～29700	15840～39600
喷吹压力/kPa	394.8～686.5	394.8～686.5	394.8～686.5	394.8～686.5
除尘效率/%	99.5	99.5	99.5	99.5
除尘器压力损失/Pa	490～1180	490～1180	490～1180	490～1180
过滤面积/m^2	33	66	99	132
滤袋数量/条	35	70	105	140
滤袋规格:直径×高/mm	ϕ120×2500	ϕ120×2500	ϕ120×2500	ϕ120×2500
脉冲阀数量/个	5	10	15	20
脉冲控制仪表	电控或气控	电控或气控	电控或气控	电控或气控
最大外形尺寸(长×宽×高)/mm	1180×2000×5361			

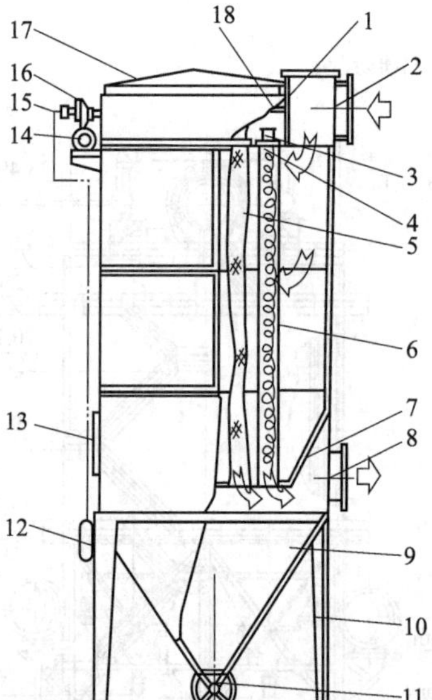

图 5-87 LSB 型顺喷式脉冲袋式除尘器

1—进气箱；2—进气管；3—引射器；4—多孔板；5—滤袋；6—弹簧骨架；7—净气联箱；8—排气管；9—灰斗；10—支腿；11—排灰阀；12—脉冲控制仪；13—检查门；14—气包；15—电磁阀；16—脉冲阀；17—上翻盖；18—喷吹管

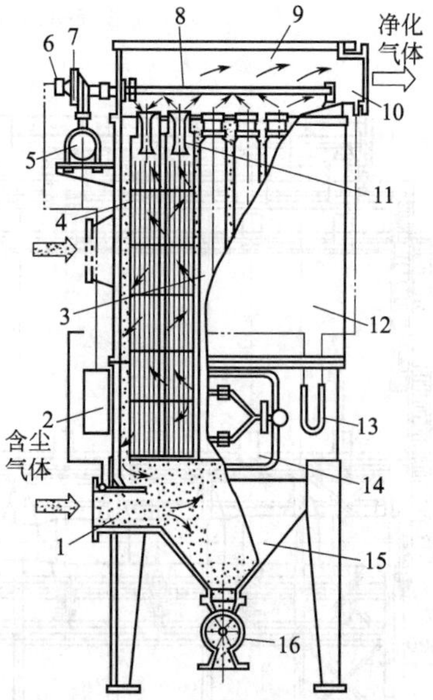

图 5-88 逆喷式脉冲袋式除尘器

1—进气口；2—控制仪；3—滤袋；4—滤袋框架；5—气包；6—控制阀；7—脉冲阀；8—喷吹管；9—净气箱；10—净气出口；11—文氏管；12—集尘箱；13—U 形压力计；14—检修门；15—集尘斗；16—排灰装置

(2) 逆喷式脉冲袋式除尘器 逆喷式脉冲袋式除尘器的基本构造及净化过程如图 5-88 所示。含尘气体从下侧部或上部进入除尘器，经滤袋 3 过滤，粉尘被阻留在滤袋外壁，净化后的气体通过滤袋从上部经文氏管 11 排出。文氏管上设有压缩空气喷吹管 8，每隔一定时间用压缩空气喷吹一次，使附在滤袋上的粉尘脱落下来，落入集尘斗 15，经排灰装置 16 排出。这种脉冲袋式除尘器由于采用的文氏管喉管直径较小，因此增加了整个除尘器的阻力，因使用直角脉冲阀，故喷吹压缩空气压力一般需要 $(49\sim68.6)\times10^4$ Pa。其主要技术性能见表 5-50。

表 5-50 逆喷式脉冲袋式除尘器的主要技术性能

性能	型号									
	QMC-24A	QMC-24B	QMC-36D	QMC-48D	QMC-60D	QMC-72D	QMC-84D	QMC-96D	QMC-108D	QMC-120D
过滤面积/m^2	18	18	27	36	45	54	63	72	81	90
滤袋数量/个	24	24	36	48	60	72	84	96	108	120
处理风量/(m^3/h)	3240～4320	3240～4320	4950～6480	6480～8630	8100～10800	9720～12900	11300～15100	12900～17300	14600～19400	16200～21600
脉冲阀个数/个	4	4	6	8	10	12	14	16	18	20
喷吹空气量/(m^3/min)	0.07～0.15	0.07～0.15	0.1～0.22	0.15～0.3	0.18～0.37	0.22～0.44	0.25～0.5	0.29～0.58	—	—
外形尺寸长×宽×高/mm	1400×1610×3609	1400×1610×2417	1550×1610×3609	1960×1610×3646	2360×1610×3646	2760×1610×3646	3160×1610×3646	3560×1610×3646	—	—

注：1. QMC 为气动脉冲。

2. 滤袋直径 120mm，长度 2000mm。

(3) 对喷式脉冲袋式除尘器 LDB 对喷式脉冲袋式除尘器的基本结构见图 5-89 所示。它由上、中、下三部分箱体组成。含尘气体从中箱体上部进风口 14 进入，经滤袋 16 过滤后，在滤袋自上而下流至净气联箱 17 汇集，再从下部出风口 18 排出，其上箱体和净气联箱中均安装喷吹管，清灰时由上、下喷吹管同时向滤袋喷吹。滤袋的清灰由脉冲控制仪控制顺序进行。LDB 对喷式脉冲袋式除尘器的主要技术性能见表 5-51。

表 5-51 LDB 对喷式脉冲袋式除尘器的主要技术性能

序号	技术性能	型号			
		LDB-35	LDB-70	LDB-105	LDN-140
1	过滤面积/m^2	66	132	198	264
2	滤袋数量/条	35	70	105	140
3	滤袋规格($\phi\times L$)/mm	120×5000	120×5000	120×5000	120×5000
4	设备阻力/Pa	<1200	<1200	<1200	<1200
5	过滤效率/%	99.5	99.5	99.5	99.5
6	入口含尘浓度/(g/cm^3)	<15	<15	<15	<15
7	过滤风速/(m/min)	1～3	1～3	1～3	1～3
8	处理风量/(m^3/h)	4000～11900	8000～23700	11900～35600	15800～47500
9	脉冲数量/个	10	20	30	40
10	脉冲控制仪	电控	电控	电控	电控
11	外形尺寸/mm	2000×1100×8000	2000×2200×8000	2000×3300×8000	2000×4400×8000
12	设备质量/kg	1350	2700	4050	5400
13	喷吹压力/Pa	$(20\sim40)\times10^4$	$(20\sim40)\times10^4$	$(20\sim40)\times10^4$	$(20\sim40)\times10^4$

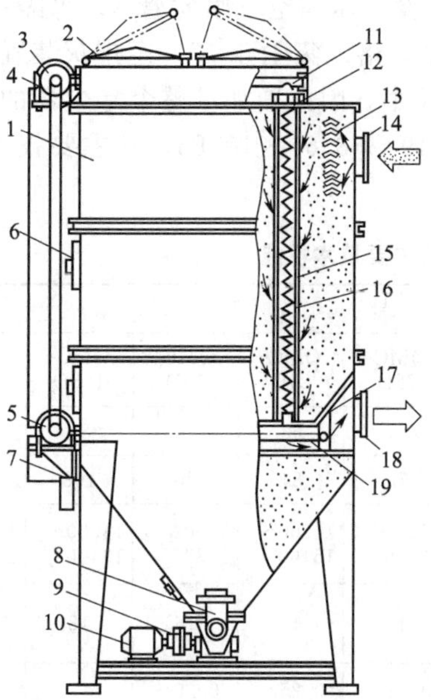

图 5-89 对喷式脉冲袋式除尘器

1—箱体；2—上盖；3—上气包；4—直通电磁差动阀；5—下气包；6—检查门；7—数控仪；8—出灰阀；9—减速器；10—小电机；11—上喷管；12—上喷接管；13—挡灰板；14—进风口；15—弹簧骨架；16—滤袋；17—净气联箱；18—出风口；19—下喷管

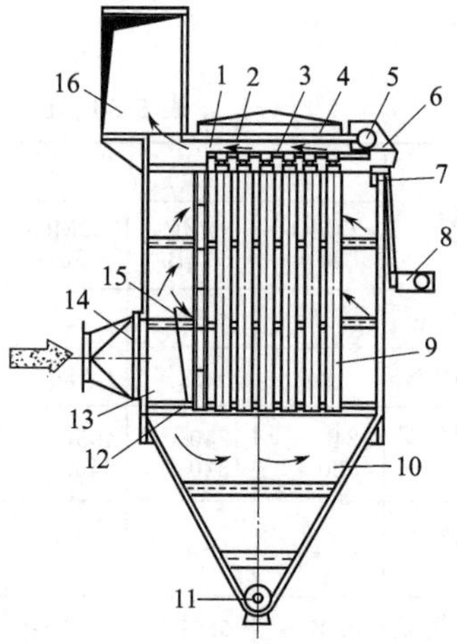

图 5-90 环隙喷吹脉冲袋式除尘器

1—环隙引射器；2—上盖；3—插接管；4—花板；5—稳压气包；6—电磁阀；7—脉冲阀；8—电控仪；9—滤袋；10—灰斗；11—螺旋输灰机；12—滤袋框架；13—预分离室；14—进风口；15—挡风板；16—排风管

(4) 环隙喷吹脉冲袋式除尘器 环隙喷吹脉冲袋式除尘器是在脉冲袋式除尘器基础上进行改进的一种先进除尘装置（图 5-90）。其结构特点是具有环隙引射器、双膜片脉冲阀及快速拆卸的焊接管组成的喷吹装置，靠自重及箱体负压保持密封的上揭盖，采用高抗干扰的 HTL 集成电路和可控硅无触点开关的 AL-1 型、AL-2 型电控仪。含尘气体由进气口进入预分离室，除去粗粒粉尘后，经滤袋外壁进入内壁得以过滤。净化后的气体经引射器进入上箱体后，由排气管排出。采用环隙引射器后，其过滤气速比逆喷式脉冲袋式除尘器高 66%，处理气量也相应增加。但由于采用环隙引射器，压缩空气耗量比逆喷式脉冲袋式除尘器大 25%左右。

环隙喷吹脉冲袋式除尘器采用过滤单元组合的方式，每个过滤单元由 35 个滤袋组成。其最大装置由 12 个过滤单元组成，最大处理风量为 15264m^3/h。

35 袋环隙喷吹脉冲袋式除尘器性能见表 5-52。

表 5-52 35 袋环隙喷吹脉冲袋式除尘器性能

名 称	数 值				
滤袋数量/只	35				
过滤面积/m^2	39.6				
滤袋规格($\phi \times L$)/mm	160×2250				
喷吹压力/Pa	$(51\sim61)\times10^4$		$(45\sim52)\times10^4$		
压气耗量/(m^3/min)	0.336～0.395		0.27～0.336		
过滤风速/(m/min)	5.3	4.2	5	4.2	3.3
处理风量/(m^3/h)	12600	10000	12000	10000	7800

续表

名　　称	数		值		
入口含尘浓度/(g/cm^3)	＜15	＜20	＜10	＜15	＜20
除尘效率/%	＞99.5				
漏风率/%	＜5				
AL 控制仪/台	1				
脉冲阀/个	5				
电磁阀/个	5				
脉冲宽度/s	0.1～0.15(可调)				
脉冲周期/s	60(可调)				
设备阻力/Pa	＜1200				
含尘气体允许温度/℃	＜130				
输灰电机容量/kW	0.8				
设备质量/kg	1500				

6. 圆筒形高炉煤气脉冲袋式除尘器

(1) 主要设计特点　高炉煤气中含 CO 23%～30%；CO_2 9%～12%；N_2 55%～60%及其他成分，含尘量大于 5g/m^3；煤气热值大于 3000kJ/m^3。针对这种情况，高炉煤气除尘器设计的基本要求是防燃防爆，防止煤气泄漏，确保除尘器安全运行。

高炉煤气袋式除尘器的主要设计特点是箱体呈圆筒形，上部装有防爆阀，下部灰斗卸灰装置下有贮灰器，采用先导式防爆脉冲阀清灰。其喷吹系统各部件都有良好的空气动力特性，脉冲阀阻力低、启动快、清灰能力强，且直接利用袋口起作用，省去了传统的引射器，因此清灰压力只需 0.15～0.3MPa；袋长可达 6m，占地面积小，滤袋以缝在袋口的弹性胀圈嵌在花板上，拆装滤袋方便，减少了人与粉尘的接触。

(2) 技术性能　高炉煤气脉冲袋式除尘器过滤速度较高、清灰效果好、操作方便、维护简单、设备运行可靠等优点，适于高炉煤气的除尘。除尘器的单个筒体性能参数见表 5-53。根据处理气量大小，除尘器由多个筒体组成，外形尺寸见图 5-91。

表 5-53　单个筒体性能参数

筒体内径/mm	脉冲阀		滤袋		过滤面积/m^2	处理风量/(m^3/h)
	型号	数量/个	规格/mm	数量/条		
φ2600		9		99	234	11664
φ2700		10		112	275	13200
φ2800		10		120	294	14112
φ2900		11		131	321	15408
φ3000	YA76	11	φ130×6000	139	341	16368
φ3100		11		148	363	17424
φ3200		12		160	392	18816
φ3300		12		170	417	20016
φ3400		13		186	456	21888

注：1. 表中处理风量按过滤风速为 0.8m/min 计算而得。

2. 滤袋数量可以根据需要适当减少。

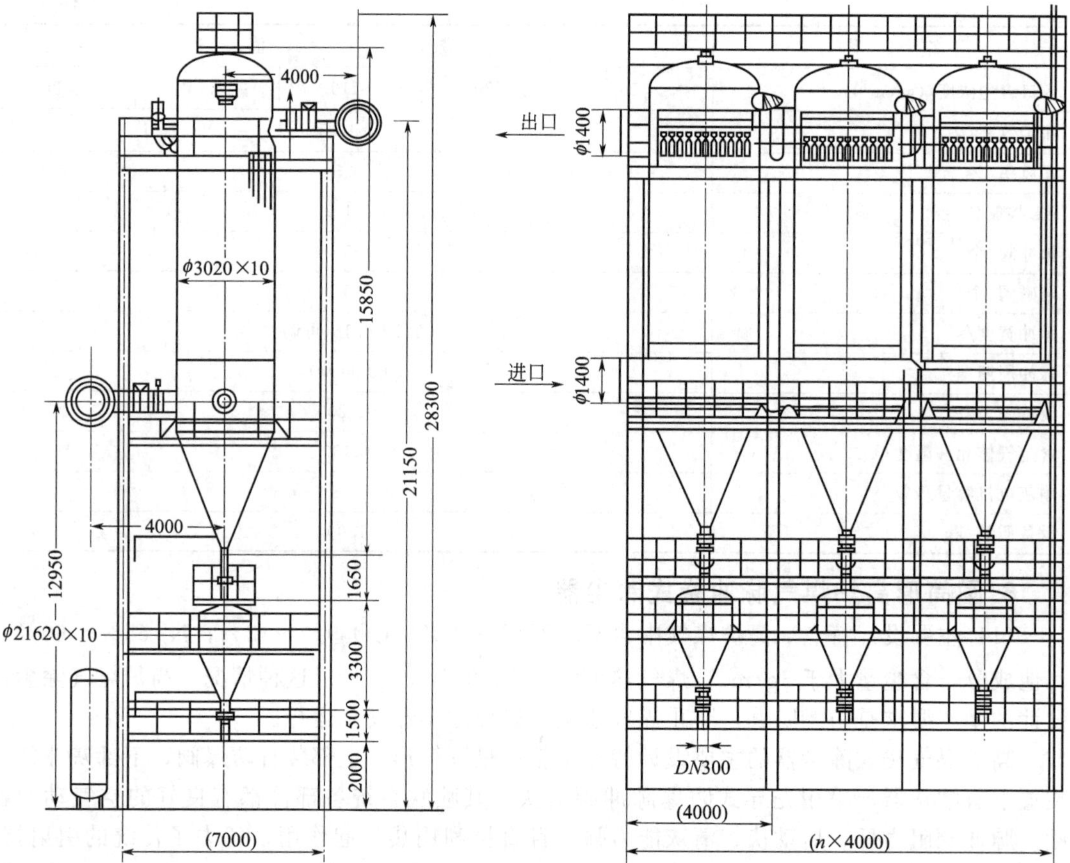

图 5-91 高炉煤气脉冲袋式除尘器外形尺寸

(注：括号内尺寸可以根据需要适当改动)

7. 旋转式脉冲袋式除尘器

(1) 主要特点 旋转清灰低压脉冲袋式除尘器的组成与回转反吹袋式除尘器相似。其区别在于把反吹风机和反吹清灰装置改为罗茨风机及脉冲清灰装置，其主要特点如下。

① 旋转式脉冲袋式除尘器采用分室停风脉冲清灰技术，并采用了较大直径的脉冲阀(12in)。喷吹气量大，清灰能力强，除尘效率高，排放浓度低，漏风率低，运行稳定。

② 清灰采用低压脉冲方式，能耗低，喷吹压力 0.02～0.09MPa。

③ 脉冲阀少，易于维护（如 200MW 机组只要采用 6～12 个脉冲阀，而管式喷吹需数百个阀)。但旋转式喷吹方式是无序的，故清灰效果没有管式脉冲喷吹方式有效及节能。

④ 旋转式脉冲袋式除尘器，滤袋长度可达 8～10m，从而减少除尘器占地面积。袋笼采用可拆装式，极易安装。

⑤ 滤袋与花板用张紧结构，固定可靠，密封性好，有效地防止跑气漏灰现象，保证了低排放的要求；但其椭圆形滤袋结构形式没有圆形滤袋结构与花板的密封性能好。

(2) 工作原理 旋转式脉冲袋式除尘器由灰斗，上、中、下箱体，净气室及喷吹清灰系统组成。除尘器结构示意如图 5-92 所示。灰斗用以收集、贮存由布袋收集下来的粉煤灰。上、中、下箱体组成布袋除尘器的过滤空间，其中间悬挂着若干条滤袋。滤袋由钢丝焊接而成的滤袋笼支撑着。顶部是若干个滤袋孔构成的花板，用以密封和固定滤袋。

净气箱是通过由滤袋过滤的干净气体的箱体。其内装有回转式脉冲喷吹管。上部箱构

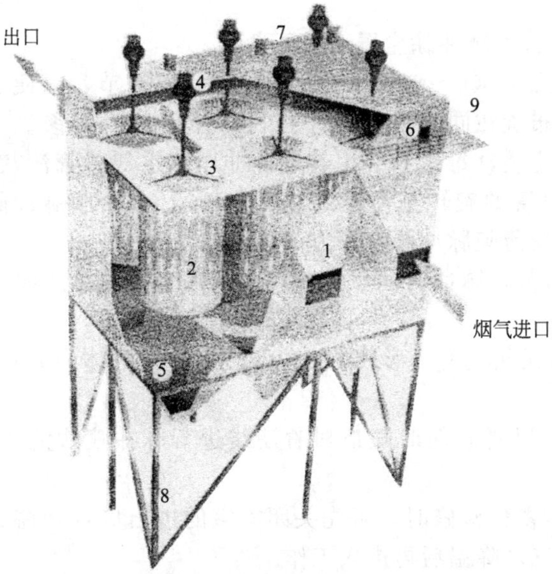

图 5-92　除尘器结构示意

1—进口烟箱；2—滤袋；3—花板；4—隔膜阀驱动电机；5—灰斗；6—人孔门；7—通风管；8—框架；9—平台楼梯

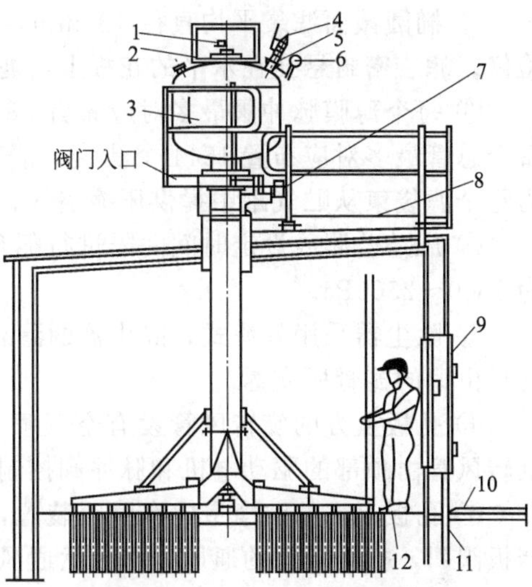

图 5-93　上部箱体结构

1—电磁阀；2—膜片；3—气包；4—隔离阀；5—单向阀；6—压力表；7—驱动电动机；8—顶部通道；9—检查门；10—通道；11—外壳；12—花板

造见图 5-93。

喷吹清灰系统由储气罐，大型脉冲阀，旋转式喷吹管，驱动系统组成。该系统负责压缩空气的存储，产生脉冲气体将脉冲气体喷入滤袋中。

旋转式脉冲袋式除尘器的工作原理如下：过滤时，带有粉煤灰的烟气，由进气烟道，经安装有进口风门的进气口，进入过滤空间，含尘气体在通过滤袋时，由于滤袋的滞留，使粉煤灰滞留在滤袋表面，滤净后的气体，由滤袋的内部经净气室和提升阀，从出口烟道，经引风机排入烟囱，最终排入大气。

随着过滤时间的不断延长，滤袋外表的灰尘不断增厚，使滤袋内、外压差不断增加，当达到预先设定的某数值后，PLC 自动控制系统发出信号，提升阀自动关闭出气阀，切断气流的通路，脉冲阀开启，使脉冲气流不断地冲入滤袋中，使滤袋产生振动、变形，吸附在滤袋外部的粉尘，在外力作用下，剥离滤袋，落入灰斗中。存储在灰斗中的粉尘，由卸灰阀排入工厂的输排灰系统中去。

除尘器的控制系统由 PLC 程序控制器控制。该系统可采取自动、定时、手动来控制。当在自动控制时，是由压力表采集滤袋内外的压差信号。当压差值达到设定的极值时，PLC 发出信号，提升阀立即关闭出气阀，使过滤停止，稍后脉冲阀立即打开，回转喷管中喷出的脉冲气体陆续地对滤袋进行清扫，使粉尘不断落入灰斗中，随着粉尘从滤袋上剥离下来，滤袋内外压差不断减小，当达到设定值时（如 1000Pa），PLC 程序控制器发出信号，脉冲阀关闭，停止喷吹，稍后提升阀提起，打开出气阀，此时，清灰完成，恢复到过滤状态。如有过滤室，超出最高设定值时，再重复以上清灰过程。如此清灰—停止—过滤，周而复始，使收尘器始终保持在设定压差状态下工作。

除尘器 PLC 控制系统也可以定时控制，即按顺序对各室进行定时间的喷吹清灰。当定时控制时，每室的喷吹时间、每室的间隔时间及全部喷吹完全的间隔时间均可以调节。

(3) 主要技术参数

① 脉冲压力0.05～0.085MPa反吹，较普通脉冲除尘器清灰压力低。

② 椭圆截面滤袋平均直径127mm，袋长3.000～8.000m，袋笼分为2～3节，以便于检修。滤袋密封悬挂在水平的花板上，滤袋布置在同心圆上，越往外圈每圈的滤袋越多。

③ 每个薄膜脉冲阀最多对应布置28圈滤袋，每组布袋由转动脉冲压缩空气总管清灰，每个总管最多对应布置1544个滤袋，清灰总管的旋转直径最大为7000mm。单个膜脉冲阀为每个滤袋束从贮气罐中提供压缩空气，清灰薄膜脉冲阀直径为150～350mm。

④ 压差监测或设定时间间隔进行循环清灰，脉冲时间可调整。袋式除尘器的总压降约为1500～2500Pa。

⑤ 除尘器采用外滤式，除尘器的滤袋吊在孔板上，形成了二次空气与含尘气体的分隔。滤袋由瘪的笼骨所支撑。

⑥ 孔板上方的旋转风管设有空气喷口，风管旋转时喷口对着滤袋进行脉冲喷吹清灰。旋转风管由顶部的驱动电机和脉冲阀控制。

⑦ 孔板上方的洁净室内有照明装置，换袋和检修时，可先关闭本室的进出口百叶窗式挡板阀门，打开专门的通风孔，自然通风换气，降温后再进入工作。

(4) 袋式除尘器的反吹清灰控制

① 除尘器的反吹清灰控制出PLC执行。

② PLC监测孔板上方（即滤袋内外）的压差，并在线发出除尘间（单元）的指令，若要隔离和反吹清灰，PLC将一次仅允许一个除尘间（单元）被隔离。

③ 设计采用3种（即慢、正常、快运行）反吹清灰模式，以改变装置的灰尘负荷，来保证在滤袋整修寿命中维护最低的除尘阻力。

④ 为了控制3种反吹清灰模式，除尘器的压差需要其内部进行测量并显示为0～3kPa信号传递给PLC，以启动自动选择程序。PLC的功能是启动慢、正常或快的清洁模式，来提供一个在预编程序的持续循环的脉冲间隔给电磁脉冲阀。

⑤ 在装置运行期间，脉冲输出和脉冲周期之间的间隔时间应使袋式除尘器处于稳定运行状态。

三、滤筒式除尘器

滤筒式除尘器早在20世纪70年代已经出现，且具有体积小，效率高等优点，但因其设备容量小，过滤风速低，不能处理大风量，应用范围窄，仅在烟草、焊接等行业采用，所以多年来未能大量推广。由于新型滤料的出现和除尘器设计的改进，滤筒式除尘器在除尘工程中开始应用。

（一）滤筒式除尘器的特点

(1) 由于滤料折褶成筒状使用，使滤料布置密度大所以除尘器结构紧凑，体积小；

(2) 滤筒高度小，安装方便，使用维修工作量小；

(3) 同体积除尘器过滤面积相对较大，过滤风速较小，阻力不大；

(4) 滤料折褶要求两端密封严格，不能有漏气，否则会降低效果。

（二）滤筒式除尘器构造和工作原理

1. 滤筒式除尘器构造

滤筒式除尘器由进风管、排风管、箱体、灰斗、清灰装置、滤筒及电控装置组成，见图5-94。

滤筒在除尘器中的布置很重要，滤筒可以垂直布置在箱体花板上，也可以倾斜布置在花板上，用螺栓固定，并垫有橡胶垫，花板下部分为过滤室，上部分为净气室。滤筒除了用螺栓固定外，更方便的办法是自动锁紧装置（见图 5-95）和橡胶压紧装置（见图 5-96），这两种方法，对安装和维修十分方便。

滤筒式除尘器卸灰斗的倾斜角应根据粉尘的安息角确定，一般应不小于 60°。

滤筒式除尘器的卸灰阀应严密。

滤筒式除尘器的净气室高度应能方便脉冲喷吹装置的安装，检修。

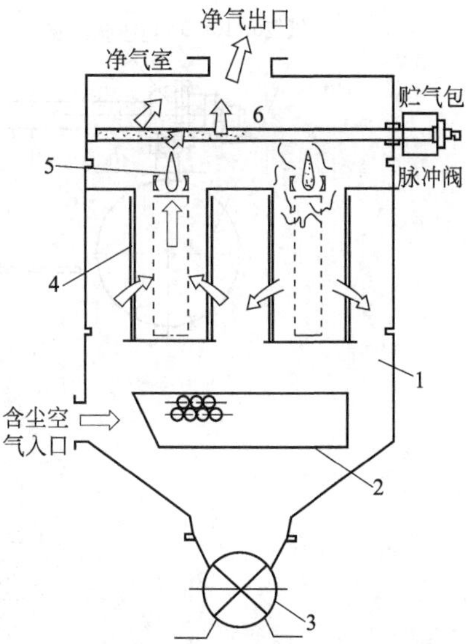

图 5-94　滤筒式除尘器构造示意

1—箱体；2—气流分布板；3—卸灰阀；4—滤筒；5—导流板；6—喷吹管

2. 滤筒式除尘器工作原理

含尘气体进入除尘器灰斗后，由于气流断面突然扩大，气流中一部分颗粒粗大的尘粒在重力和惯性作用下沉降下来；粒度细、密度小的尘粒进入过滤室后，通过布朗扩散和筛滤等综合效应，使粉尘沉积在滤料表面，净化后的气体进入净气室由排气管经风机排出。

滤筒式除尘器的阻力随滤料表面粉尘层厚度的增加而增大。阻力达到某一规定值时，进行清灰。如图 5-97 所示，尺寸见表 5-54。此时脉冲控制仪控制脉冲阀的启闭，当脉冲阀开启时，气包内的压缩空气通过脉冲阀经喷吹管上的小孔，喷射出一股高速高压的引射气流，从而形成一股相当于引射气流体积 1～2 倍的诱导气流，一同进入滤筒内，使滤筒内出现瞬间正压并产生鼓胀和微动，沉积在滤料上的粉尘脱落，掉入灰斗内。灰斗内收集的粉尘通过卸灰阀，连续排出。

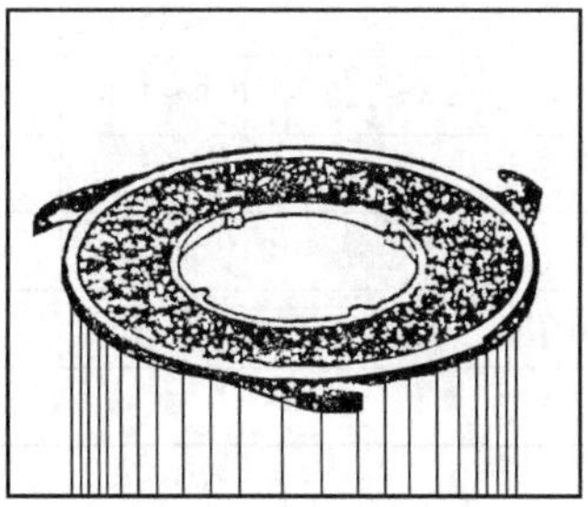

图 5-95　自动锁紧装置

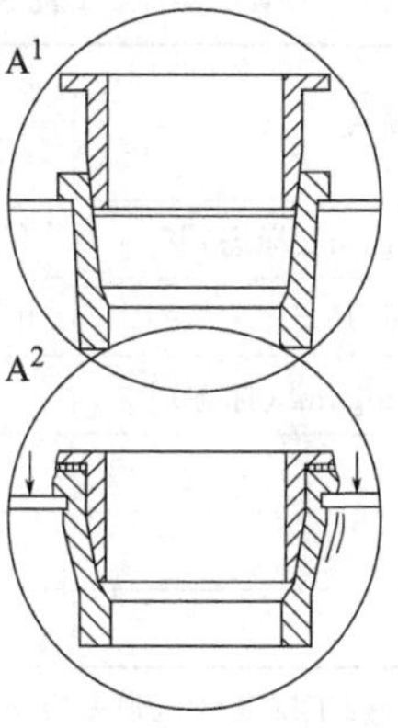

图 5-96　橡胶压紧装置

表 5-54　清灰装置和滤筒配置尺寸

滤筒直径 D/mm	滤筒高度 H/mm	进气管直径 d_1/in	喷吹管直径 d_2/in	进气孔直径 d_3/mm	喷吹入口 d_4/mm	喷吹孔至花板距离 S/mm	滤筒数量 n
325	660	1	1	15～16	156	300～350	5～3
	1200	1½	1½	15～20	156	300～350	5～3
218	660	1	1	10～12	92	250	5～7
	1200	¾	¾	10～12	92	250	5～7
145	660	1½	1½	8～10	62	200	5～7
	1200	1	1	10～12	62	200	5～7

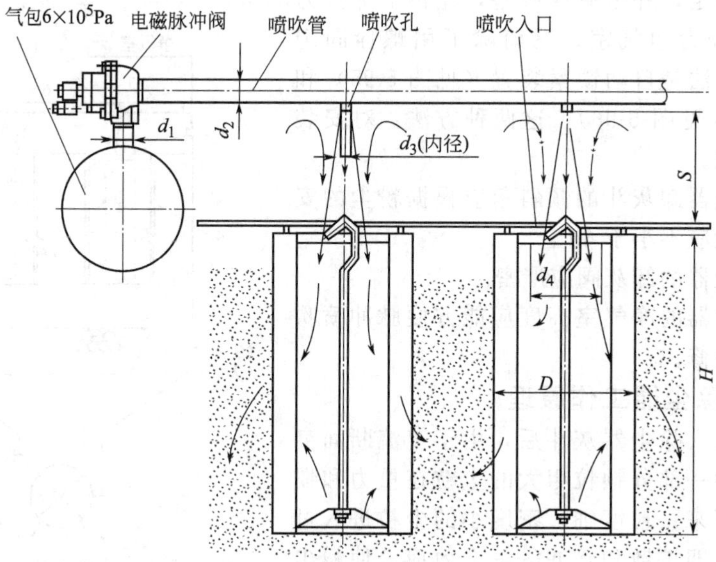

图 5-97 除尘器清灰示意

这种脉冲喷吹清灰方式，是逐排滤筒顺序清灰，脉冲阀开闭一次产生一个脉冲动作，所需的时间为 0.1～0.2s；脉冲阀相邻两次开闭的间隔时间为 1～2min；全部滤筒完成一次清灰循环所需的时间为 10～30min。由于该设备为高压脉冲清灰，所以根据设备阻力情况，应把喷吹时间适当调长，而把喷吹间隔和喷吹周期适当缩短。

（三）滤筒式除尘器主要性能指标

国家标准规定，滤筒式除尘器的主要性能和指标见表 5-55 和表 5-56。

表 5-55 滤筒式除尘器的主要性能和指标

项目	滤筒材质					
	合成纤维非组织		纸质	合成纤维非组织		纸质覆膜
入口含尘浓度/[g/m³(标态)]	≥15	≤15	≤5	≥15	≤15	≤5
过滤风速/(m/min)	0.3～0.8	0.6～1.2	0.3～0.6	0.3～1.0	0.8～1.5	0.3～0.8
出口含尘浓度/[mg/m³(标态)]	≤50		≤50	≤30		≤30
漏风率/%	≤2		≤2	≤2		≤2
设备阻力/Pa	≤1500		≤1500	≤1300		≤1300
耐压强度/kPa	5					

注：1. 用于特殊工况其耐压强度应按实际情况计算。

2. 除尘器的漏风率宜在净气箱静压为－2kPa 条件下测得。当净气箱实测静压与－2kPa 有偏差时，按下列公式计算：

$$\varepsilon=44.72\times\frac{\varepsilon_1}{\sqrt{|p|}}$$

式中，ε 为漏风率，%；ε_1 为实测漏风率，%；p 为净气箱内实测静压（平均），Pa。

表 5-56 除尘器的钢耗量

滤筒直径 D/mm	120～140	140～320	320～350	320～350
滤筒褶数 n	35～45	88～140	160～250	330～350
钢耗量/(kg/m²)	20～15	18～13	10～6	≤5

如果采用图 5-97 滤筒清灰法，即脉冲气流没有经过文丘里就直接喷吹进入滤筒内部，将会导致滤筒靠近脉冲阀的一端（上部）承受负压，而滤筒的另一端（下部）将承受正压，如图 5-98 所示。这就会造成滤筒的上下部清灰不同而可能缩短使用寿命，并使设备不能达到有效清灰。

为此可在脉冲阀出口或者脉冲喷吹管上安装滤筒用文丘里喷嘴。把喷吹压力的分布情况改良成比较均匀的全滤筒高度正压喷吹。

滤筒用文丘里喷嘴的结构和安装高度见图 5-99。

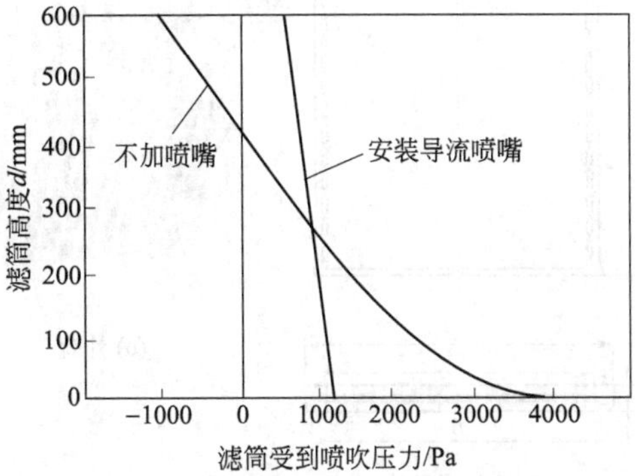

图 5-98　滤筒有无喷嘴对比

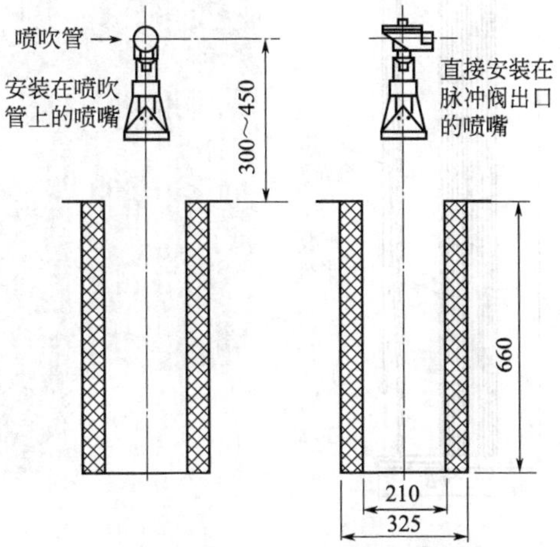

图 5-99　滤筒用文丘里喷嘴的结构和安装高度

灰尘堆积在滤筒的折叠缝中将使清灰比较困难，所以折叠面积大的滤筒（每个滤筒的过滤面积达到 $20\sim22m^2$）一般只适合应用于较低入口浓度的情况。比较常用滤筒尺寸与过滤面积见表 5-57。

滤筒式除尘器脉冲喷吹装置的分气箱应符合 JB/T 10191—2000 的规定。洁净气流应无水、无油、无尘。脉冲阀在规定条件下，喷吹阀及接口应无漏气现象，并能正常启闭，工作可靠。

脉冲控制仪工作应准确可靠，其喷吹时间与间隔均可在一定范围内调整。诱导喷吹装置与喷吹管配合安装时，诱导喷吹装置的喷口应与喷吹管上的喷孔同轴，并保持与喷管一致的垂直度，其偏差小于 2mm。

表 5-57　常用滤筒尺寸与过滤面积

序号	外径/mm	内径/mm	高度/mm	过滤面积/m^2	序号	外径/mm	内径/mm	高度/mm	过滤面积/m^2
1	352	241	660,771	9.4,10.1	5	153	128	1064～2064	2.3～4.6
2	325	216	600,660	9.4,10,15 20,21,22	6	150	94	1000	3.6
3	225	169	500,750 1000	2.5,3.75,5	7	130	98	1000,1400	1.25,2.5
4	200	168	1400	5	8	124	105	1048～2048	1.4～2.7

（四）滤筒构造和滤料

1. 构造和技术要求

滤筒式除尘器的过滤元件是滤筒。滤筒的构造分为顶盖、金属框架、褶形滤料和底座 4

部分。

滤筒是用设计长度的滤料折叠成褶，首尾粘合成筒，筒的内外用金属框架支撑，上、下用顶盖和底座固定。顶盖有固定螺栓及垫圈。圆形滤筒见图 5-100，扁形滤筒的外形见图 5-101。

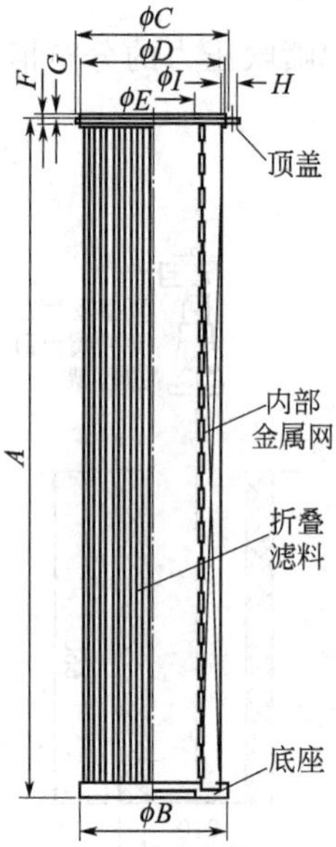

(a) 外形尺寸

(b) 外貌

图 5-100 圆形滤筒外形外貌

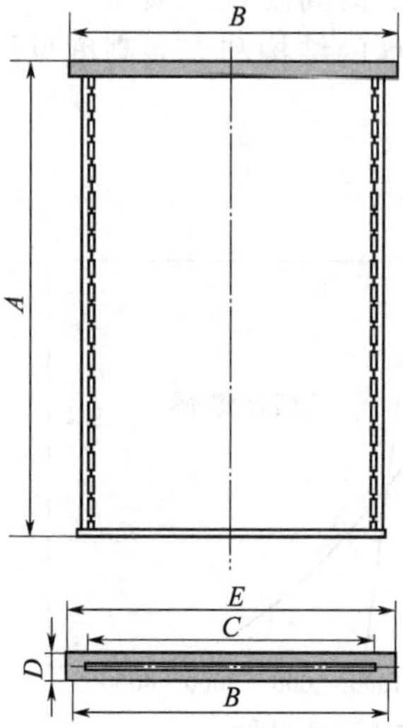

(a) 外形尺寸

(b) 外貌

图 5-101 扁形滤筒外形

滤筒的上下端盖、护网的粘接应可靠，不应有脱胶、漏胶和流挂等缺陷；滤筒上的金属件应满足防锈要求；滤筒外表面应无明显伤痕、磕碰、拉毛和毛刺等缺陷；滤筒的喷吹清灰按需要可配用诱导喷嘴或文氏管等喷吹装置，滤筒内侧应加防护网，当选用 $D \geqslant 320$mm，$H \geqslant 1200$mm 滤筒时，宜配用诱导喷嘴。

2. 滤筒尺寸

滤筒外形尺寸系列见表 5-58，尺寸偏差极限值见表 5-59，滤筒的直径和褶数见表 5-60。

3. 滤筒用滤料

滤筒用滤料有两类，一类是合成纤维滤料，一类是纸质滤料。

表 5-58 滤筒的尺寸系列 单位：mm

长度	直径							
	120	130	140	150	160	200	320	350
660						☆	☆	☆
700						☆	☆	☆
800						☆	☆	☆
1000	☆	☆	☆	☆	☆	☆	☆	☆
2000	☆	☆	☆	☆	☆	☆		

注：1. 滤筒长度 H，可按使用需要加长或缩短，并可两节串联。

2. 直径 B 是指外径，是名义尺寸。

3. 有标志“☆”为推荐组合。

表 5-59　滤筒外形尺寸偏差极限值　　单位：mm

<table>
<tr><th>直径 D</th><th>偏差极限</th><th>长度 H</th><th>偏差极限</th></tr>
<tr><td>120
130
140</td><td rowspan="2">±1.5</td><td>600
700
800</td><td>±3</td></tr>
<tr><td>150
160
200</td><td rowspan="2">1000</td><td rowspan="3">±5</td></tr>
<tr><td>320
350</td><td>±2.0</td><td>2000</td></tr>
</table>

注：检测时按生产厂产品外形尺寸进行。

表 5-60　滤筒的直径与褶数　　单位：mm

褶数	直径							
	120	130	140	150	160	200	320	350
35	☆	☆	☆					
45	☆	☆	☆	☆	☆			
88			☆	☆	☆	☆	☆	☆
120					☆	☆	☆	☆
140					☆	☆	☆	☆
160							☆	☆
250							☆	☆
330							☆	☆
350								☆

注：1. 有标志“☆”者为推荐组合。

2. 褶数 250～350 仅适应于纸质及其覆膜滤料。

3. 褶深 35～50mm。

4. 白云滤料

(1) 滤纸　白云 MH112 和 MH112F3 滤材是在传统木浆纤维纸上作氟树脂多微孔膜处理。由于滤材基材为天然纤维，因而它没有人造纤维那么强的静电。当脉冲清灰时，粉尘更容易脱落。该滤材为表面过滤型滤材，具有精度高、通风性能良好、工作阻力低等特点。可以作阻燃处理。它的主要适用场合为：抛丸除尘、烟草、燃气轮机、焊烟处理等。白云过滤纸技术参数见表 5-61。

表 5-61　主要型号的技术参数

技术参数＼型号	MH112	MH112F3	技术参数＼型号	MH112	MH112F3
定重/(g/m^2)	120	125	耐破度/MPa	0.35	0.35
厚度/mm	0.3	0.3	挺度/N·m	≥20	≥20
瓦楞深度/mm	0.35	0.35	工作温度/℃	≤65	≤65
最大孔径/μm	45		过滤精度/μm	5	0.5
平均孔径/μm	31		过滤效率/%	≥99.5	≥99.9
透气度/[L/(m^2·s)]	130	50～70			

(2) 滤材　白云滤筒的化纤滤材主要分为常温滤材及高温滤材两大部分。

常温滤筒的滤材主要是纺粘法生产的聚酯无纺布作基材，经过后整理加工而成。该部分滤材又分为六大系列产品：普通聚酯无纺布系列；铝（Al）覆膜防静电系列；防油、防水、防污（F2）系列；氟树脂多微孔膜（F3）系列；PTFE 覆膜（F4）系列；纳米海绵体膜（F5）系列。

高温滤筒的滤材适用于生产滤筒，在 150～220℃ 的温度下还能够使滤筒上的折棱保持足够的挺度，并且长期工作不变形。目前所用的材质有芳纶无纺布及聚苯硫醚无纺布两大系列。

常用型号性能见表 5-62。

表 5-62 常用滤筒的滤材主要型号性能

序号	分类	型号	定重 /(g/m²)	厚度 /mm	透气度 /[L/(m²·s)] Δp=200Pa	强度		工作温度 /℃	过滤精度 /μm	备 注
						纵向 /(N/5cm)	横向 /(N/5cm)			
1	涤纶滤料系列	MH226	260	0.6	150	380	440	≤135	5	
2	防静电系列	MH226AL	260	0.6	150	380	440	≤65	5	
3	拒水防油系列	MH226F2	260	0.6	150	380	440	≤135	5	
		MH226ALF2	260	0.6	150	380	440	≤65	5	有抗静电功能
4	氟树脂多微孔膜系列	MH226F3	260	0.6	50～70	380	440	≤135	1	
5	PTFE 覆膜系列	MH226F4	260	0.6	50～70	380	440	≤135	0.3	
		MH217F4-ZR	170	0.45	50～70	250	300	≤135	0.3	用于焊烟过滤
		MH226F4-KC	260	0.6	45～65	380	440	≤135	0.3	用于高湿场合
6	纳米海绵体膜系列	MH217F5	170	0.45	55～80	250	300	≤120	0.5	用于大气除尘
		MH226F5	260	0.6	55～75	380	440	≤135	0.5	
		MH226ALF5	260	0.6	55～75	380	440	≤65	0.5	有抗静电功能
7	芳纶	MH433-NO	335	1	200	1100	1000	≤200	5	有基布
8	聚苯硫醚	MH533-PPS	330	1	230	650	850	≤190	5	无基布

（五）滤筒除尘器的形式

1. 横插式滤筒除尘器

横插式滤筒除尘器主要特点是滤筒横向安装。是针对小流量的除尘应用系统而设计的产品，具有操作控制简便，性价比高，高效过滤，压差较小，配风机电机功率小等优点。

(1) 结构

① 对于标准设备，含尘室检修门提供快捷安全的保养维修。当检修门打开后只需用手转除滤筒末端的丝帽，便可轻易换取滤筒，不需工具。

② 宁静运作，含内置式全自动清洁滤筒装置。快速锁扣可使集尘斗保养更容易。

③ 结构紧凑，可减少占地面积和设备体积。

④ 选配可调风阀以控制空气流量。

(2) 工作原理

① 过滤运行，如图 5-102(a) 所示，含尘空气由顶部入口进入除尘器，并通过滤筒。因此，粉尘被捕集在过滤筒外表面，经过滤的清洁空气则经由滤筒中心进入清洁空气室，再经出口排出。

② 滤筒清灰，如图 5-102(b) 所示，当滤筒清灰时，固态控制定时器将自动选择一个滤筒进行清灰。这时，控制器将操纵电磁阀打开隔膜阀。于是高压空气便可直接冲入所选滤筒的中心，把捕集在滤件表面上的粉尘吹扫干净。而粉尘则随主气流所趋，并在重力作用下向下落入尘斗中。

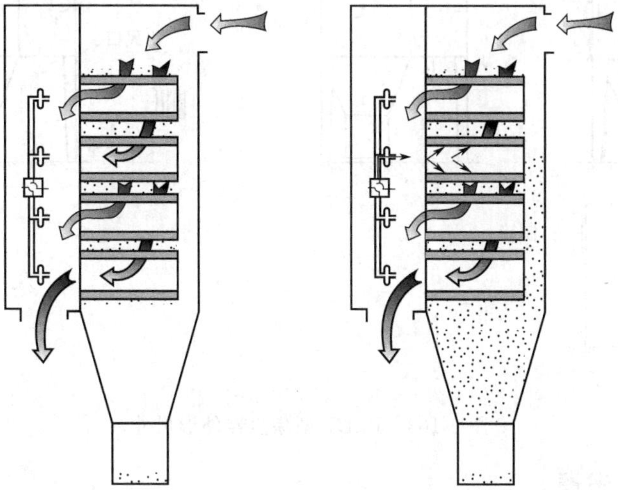

(a) 除尘过程　　(b) 清灰过程

图 5-102　除尘器工作原理

(3) BLLT 型除尘器的技术性能和外形尺寸　BLLT 型除尘器技术性能规格和外形尺寸见表 5-63 和图 5-103。

表 5-63　BLLT 型除尘器技术性能规格及外形尺寸

规格＼型号		BLLT-2CH	BLLT-4CH	BLLT-6CH	BLLT-9CH	BLLT-12CH	BLLT-16CH
处理风量/(m^3/h)		630～1080	1270～2160	1900～3240	2850～4860	3800～6480	5070～8640
入风口法兰/mm		400×250	450×250	500×250	650×280	700×280	750×300
出风口法兰/mm		ϕ280	ϕ280	ϕ315	ϕ400	ϕ400	ϕ450
过滤面积/m^2		30/17.6	60/35.2	90/52.8	135/79.2	180/105.6	240/140.8
外形尺寸/mm	*A*	1822	2324	2356	2886	2886	3388
	B	1300	1300	1300	1300	1300	1300
	C	500	500	500	500	500	500
	D	1004	1004	1506	1506	2010	2010
	E	1652	2154	2170	2686	2686	3188
灰箱容积/L		65	65	2×65	2×65	2×65	2×65
质量/kg		300	450	580	890	1050	1260
压缩空气/MPa		0.6～0.7					
喷吹耗气量/(m^3/h)		0.8～1.6	1～1.9	1.2～2.1	1.5～2.4	2.0～3.2	2.8～4.0

注：1. 在处理高浓度含尘气体时，过滤面积取低档。

2. 处理风量为在过滤风速 0.6m/min 情况下。

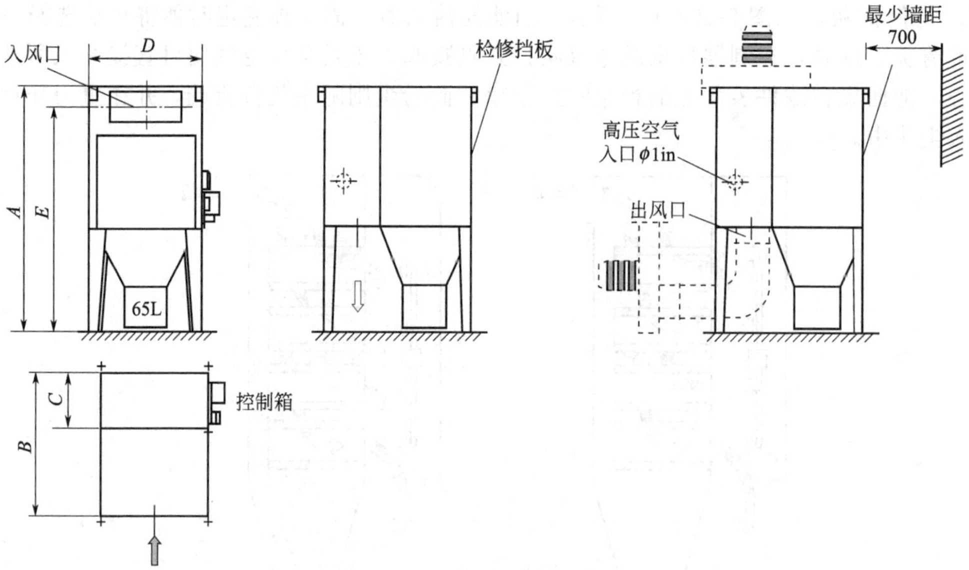

图 5-103 BLLT 型除尘器外形尺寸

2. 立式滤筒除尘器

立式滤筒式除尘器采用了折叠式结构形式，滤料采用微孔薄膜复合滤料，因而具有独特的技术性能及运行可靠等优点，适合物料回收除尘及空气过滤之用。立式除尘器的滤筒有斜插（LW 型）和直插（LL 型）两种安装方式。形成 L 系列产品。

(1) 主要特点

① L 系列滤筒除尘器，由单元体（箱体）1～8 只组成，可根据具体要求灵活地任意组合，单元体本身就是一台完整的除尘器，可以单独使用。

② L 系列滤筒除尘器配备有多种规格（过滤面积）和不同滤料，适用于不同粉尘性质、温度、含尘浓度 0.5～5.0g/m^3 的气体除尘或空气过滤，除尘效率达 99.99%。

③ L 系列滤筒除尘器配备有多种安装结构形式，可根据实际情况选用。

④ 滤料采用微孔薄膜复合滤料，实现了表面过滤，清灰容易，阻力小，具有运行稳定性及技术可靠性。

(2) 工作原理 除尘器一般为负压运行，含尘气体由进风口进入箱体，在滤筒内负压的作用下，气体从筒外透过滤料进入筒内，气体中的粉尘被过滤在滤料表面，干净气体进入清洁室从出风口排出。当粉尘在滤料表面上越积越多，阻力就越来越大，达到设定值时（也可时间设定），脉冲阀打开，压缩空气直接吹向滤筒中心，对滤筒进行顺序脉冲清灰，恢复低阻运行。

(3) 滤筒的规格性能 滤筒的规格性能见表 5-64。

(4) 除尘器单室性能参数 滤筒在除尘室的布置方式为斜插式布置时性能见表 5-65，直插式布置时性能见表 5-66。

(5) 除尘器外形尺寸 LW 式除尘器外形尺寸见图 5-104。

LL 系列滤筒除尘器主要外形尺寸及安装尺寸见图 5-105 和表 5-67。

3. 振动式滤筒除尘器

(1) 主要特点

① 高的除尘效率。试验其有 99.99%以上的高效率。而这一切都完全归功于滤芯技术。图 5-106 所示为两种除尘器的除尘效率比较，需要注意的是尘粒越小，性能差异越大。

表 5-64　滤筒规格及参数

外形尺寸(外径×高)/mm		ϕ350×660(LW 型)或 1000(LL 型)			
折数/折		88	130	150	200
过滤面积/(m^2/只)	高 660	5.8	8.5	9.9	13
	高 1000	8.8	13	15	20
处理风量/(m^3/h)	高 660	210	308	356	475
	高 1000	316	468	540	720
适用含尘浓度/(g/m^3)		<5.0	<3.0	1.0	0.5

注：处理风量为在过滤风速 0.6m/min 情况下。

表 5-65　LW 型单元体性能参数

性能	四列	三列	性能	四列	三列
△滤筒数 n/只	16	12	设备阻力/Pa	700～1000	700～1000
△处理风量/(m^3/h)	3300～9000	2500～6800	除尘效率/%	99.99	99.99
过滤风速/(m/min)	0.4～0.7	0.4～0.7	△喷吹耗气量/(m^3/h)	0.6～1.0	0.45～1.7
含尘浓度/(g/m^3)	0.2～2	0.2～2			

注：1. 组合体时带“△”的参数，乘以 n 即可。

2. 每单元体横向为双排，滤筒为 2 只串联。

3. 压缩空气压力为 0.5～0.7MPa。

表 5-66　LL 系列单室性能参数

性能	3 列系列	4 列系列	5 列系列
△滤筒数 n/只	6	8	10
△处理风量/(m^3/h)	1900～5000	2500～6900	3000～8600
过滤风速/(m/min)	0.5～0.7	0.5～0.7	0.5～0.7
含尘浓度/(g/m^3)	0.5 ～5	0.5 ～5	0.5 ～5
设备阻力/Pa	700～1000	700～1000	700～1000
除尘效率/%	99.99	99.99	99.99
△喷吹耗气量/(m^3/h)	0.5～0.8	0.7～1.0	0.9～1.3

注：1. 组合体时带“△”的参数，乘以 n 即可。

2. 每室为单排，滤筒为 2 只串联。

3. 压缩空气压力为 0.5～0.7MPa。

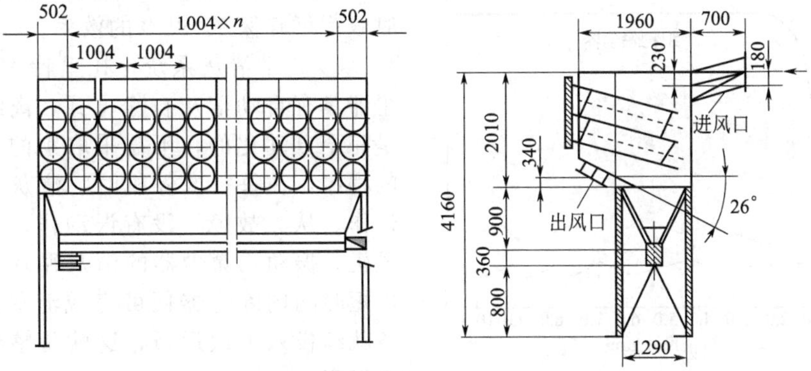

图 5-104　斜插式除尘器外形尺寸

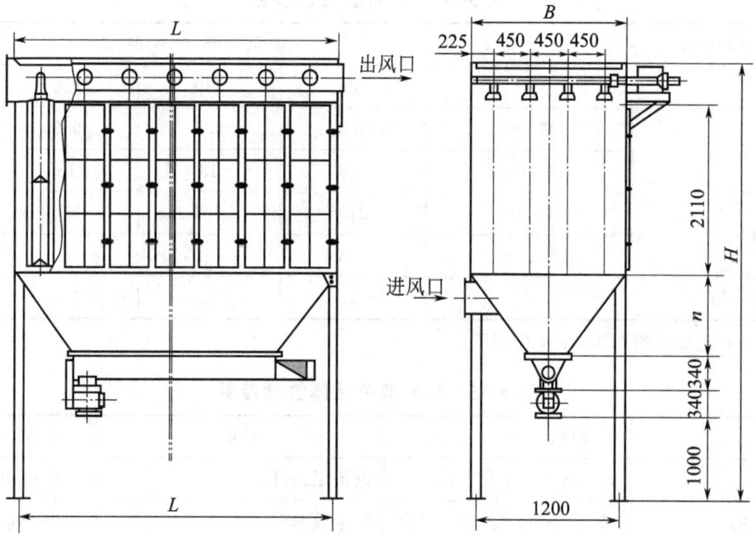

图 5-105 LL 系列滤筒除尘器外形尺寸

表 5-67 LL 系列滤筒除尘器外形尺寸

性能	排列数量			性能	排列数量		
单排筒数 m/只	3	4	5	灰斗高度 h/mm	750	1100	1500
箱体室数 n/室	4～10	4～10	4～10	进风口中心位置 b/mm	280	300	350
箱体长度($L=20+550n$)/mm	1670	2220	2770	出风口高度 A/mm	4790	5140	5540
箱体宽度($B=20+450n$)/mm	1370	1820	2270	除尘器总高度 H/mm	5040	5390	5790
螺旋输送机长度(内口)L/mm	$550n$～920	$550n$～1370	$550n$～1820				

② 双层过滤技术。VS 振动式除尘器之超级滤尘效率秘诀在于振动自净式滤筒的独特滤网。这一滤网可先将通过其上的粗粒粉尘和纤维粉尘捕集于其表面上，较细的粉尘和超微粒子则通过滤网，为其后的滤材本身所滤除。这一“预滤器”可承受较大的粉尘负荷，赋予滤芯更完美的自净性能，可有助于使除尘器在启动后几乎立刻即能发挥最佳性能。因此，在环境要求较高，织物袋类除尘器无法胜任的情况下，选用托里特 VS 振动式除尘器，任何时候都可确保 99.99%的效率。

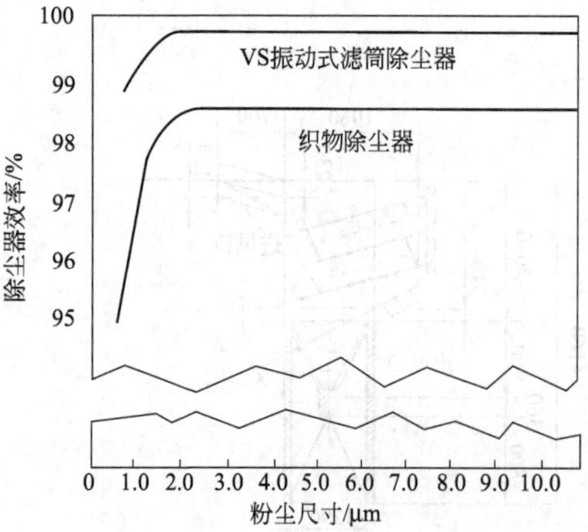

图 5-106 除尘器的除尘效率比较

③ 自动清灰系统。托里特 VS 振动式除尘器具有自动清灰自净方式，离线清灰系统是完全自动化的，不需采取别的步骤或特别的程序，在每一次停机时，清灰过程便开始运作。从无故障，没有误动作，只要一关闭风机，振动式除尘器的清灰循环即开始。在极短时间内除尘器便可完成清灰过程，并准备就绪投入下次运行，这就是整个简单的清灰过程。

④ 特殊的消声技术。机组上方的消声室

采用特殊的吸声材料作了消声处理。采取了这样的措施后，再结合机体的厚重结构和隔离支座，从而保证了机组的安静稳定的运行。一旦清灰过程完成，挡尘板将会发生作用，从而可以防止轻细粉尘的二次飞扬和再次沾污滤芯。

⑤ 容易维修与安装。在机组打开进行维修时，展现在面前的是洁净的滤筒，需要更换时，独特的结构设计也可确保实现方便的拆换。不需弄脏或搞乱封装滤芯的袋。只要一打开前门，既可处理滤筒，又可拉出集尘抽屉，从而安全方便地取出集下来的物料。托里特 VS 振动式除尘器的安装和其维修一样的简单。其结构设计也考虑到移位的方便，可根据工艺流程和平面布置变化的需要，调整安置部位。在机组的顶面、后面和侧面均备有标准的入口接口，可适应任何工作位置之需。

(2) 操作运行系统

① 正常操作。见图 5-107(a)，含尘气流通过入口进入机组，先通过滤筒外侧绷紧的网状滤层，滤网用于捕集粗粒和纤维性粉尘，而细小的小粒则穿过滤网，并进而为折叠式滤芯的外表所捕集。清洁的空气通过滤筒的中心进入通风机，再经上方的消音室及其顶面上的出风口排出。

② 滤筒的清灰。见图 5-107(b)，振动式除尘器一般是间断地工作的。其清灰只能在通风机关闭（停车）以后进行。滤筒的清灰利用的是高频振动原理。

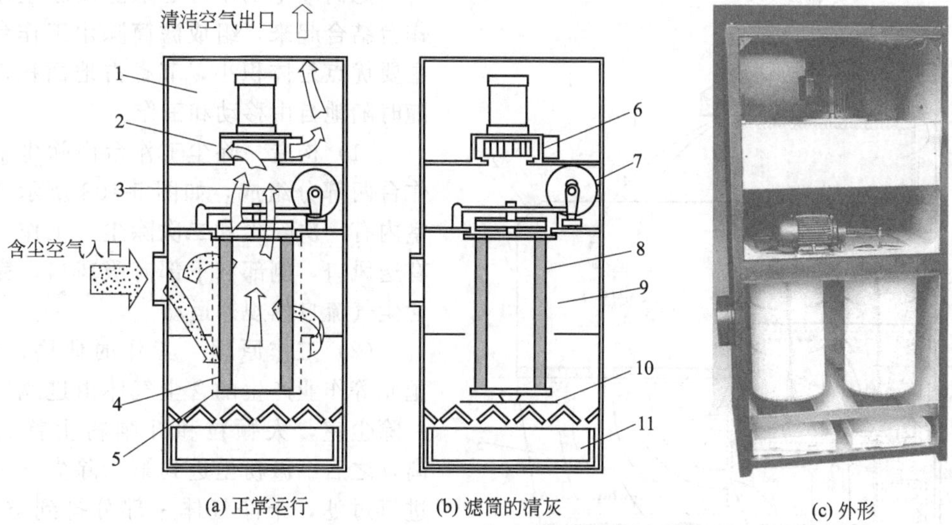

图 5-107 振动式滤筒除尘器工作原理

1—消音室；2—通风机开动；3—振动器电动机关停；4—滤筒；5—滤筒横隔板封闭；6—通风机关停；7—振动器电动机开动；8—折叠状滤料；9—细密滤网；10—滤筒横隔板打开；11—集尘抽屉

(3) VS 振动式除尘器技术性能 托里特 VS 振动式除尘器的技术特性见表 5-68。

表 5-68 托里特 VS 振动式除尘器的技术特性

性能参数	型号规格				
	VS3000	VS2400	VS1500	VS1200	VS550
过滤风量①/(m^3/h)	3000～5500	2588～4138	1677～2542	1167～2072	667～917
机外静压/Pa	2038～1098	1676～608	1480～745	1872～1196	1166～1058
流速/(mm/min)	1000～1834	863～1379	1134～1729	1080～1917	1388～1909
标准入口管径②/mm	254	254	178	152	102
抽风电机功率/HP	7.5	5	5	3	1

续表

性能参数		型号规格				
		VS3000	VS2400	VS1500	VS1200	VS550
滤材面积/m^2		32.5	24.8	16.3	12.4	6
外形尺寸/mm	高(*H*)	1910	1757	1732	1580	1326
	深(*D*)	838	838	781	781	781
	宽(*W*)	1303	1303	627	627	627
集尘抽屉容积③/m^3		0.1	0.1	0.05	0.05	0.05
装箱毛重/kg		353	311	175	168	159
音量/dB(A)		83 (5022m^3/h)	81 (4138m^3/h)	79 (2583m^3/h)	74 (2072m^3/h)	69 (905m^3/h)

① 此数据是指新装、清净的滤筒情况。
② 也有其他尺寸供应。
③ 所有型号都有集尘抽屉。
注：1HP=0.735kW。

4. 滤筒除尘工作台

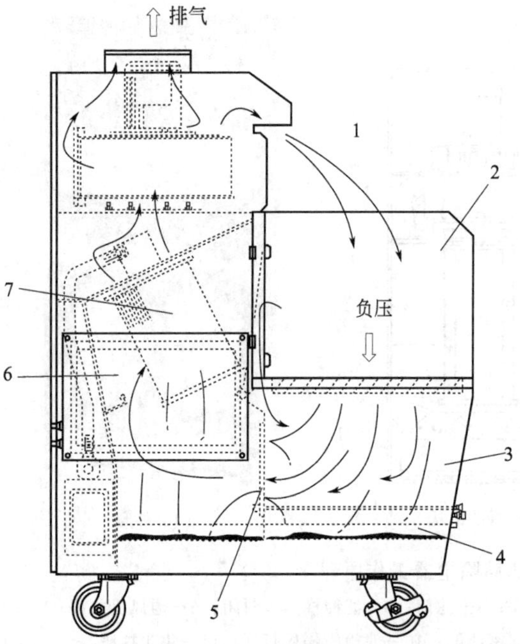

图 5-108 滤筒工作台构造
1—空气幕；2—罩盖；3—一次降尘室；4—集尘箱；5—滤网；6—二次降尘室；7—过滤筒

滤筒除尘工作台是把滤筒除尘器与工作台结合起来，组成滤筒除尘工作台，其主要优点是体积小，节省占地面积，可以随时随地自由移动和工作。

(1) 构造 除尘工作台由除尘室和工作台两部分组成，如图 5-108 所示。除尘室内有一次除尘和二次除尘。工作台上部有送风口，侧部和下部有吸风口，完全按含尘气流自然规律运动。

(2) 工作原理 工作时研磨、切削、抛光等作业产生的含尘气体由进风口到第一除尘室，大颗粒和纤维粉尘首先被分离，之后细微粉尘进到第二除尘室由滤筒进行过滤，干净气体一部分排到空气中，另一部分送到工作台台面，补充被吸走的气体。

(3) 技术性能 技术性能见表 5-69。

(4) 外形尺寸 滤筒除尘工作台外形尺寸见图 5-109。

5. 焊接滤筒除尘器

焊接滤筒除尘器有单台焊机用和多台焊机用之分，下面是单台焊机用的滤筒除尘器。

(1) ALFILS 滤筒除尘器构造 焊接滤筒除尘器采用滤筒式过滤器，净化效率高(99.9%)，过滤面积大 (15m^2)，更换周期长 (按每天 8h 工作，一般 3～5 天方需更换滤筒) 且更换费用低廉。配置的吸气臂可 360°任意悬停，从焊烟产生的源头直接吸收，不经过人工呼吸区，最大限度地保护焊工的健康。高品质电机和风机，正常使用寿命达 15 年以上。

表 5-69　技术性能

项　　目	参　　数	项　　目	参　　数
型式	NSP-207	滤筒/个	2
风量/(m^3/min)	50～60	本体尺寸/mm	长 1205×宽 1160×高 1661
噪声/dB	76	作业台尺寸/mm	长 1060×宽 573×高 721
功率/kW	1.0	设备质量/kg	200
电源	3 相 200V		

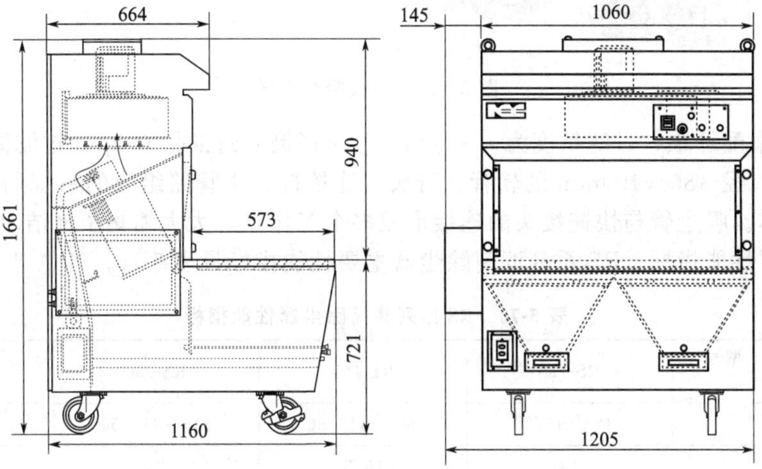

图 5-109　滤筒工作台外形尺寸

(2) 主要技术指标　风量 1200m^3/h；净化效率>99%（焊接烟尘）；电机功率 0.75kW (220V 50Hz)；活动半径 2～3m（根据臂长）；旋转臂可 360°任意悬停；过滤筒可根据粉尘性质自由替换；外形尺寸（长×宽×高）990mm×530mm×640mm；重量 50kg+15kg。

6. RS 型滤筒除尘器

RS 型滤筒除尘器属于移动吸尘器。

当移动式工业吸尘器不能达到清洁要求，如清除或回收的废物量多，持续工作，生产现场大，必须多个工作点同时收集。适用于橡胶塑料业，制砖陶瓷业，金属加工，电子业等行业。除尘器外形尺寸见图 5-110，中央吸尘系统见图 5-111。

(1) 主要特点

① 真空发生器有一个或几个带有电子控制系统的吸尘装置所组成。

② 由一个或几个组成的主体，粉尘通过旋风分离→滤筒过滤→废料回收，以达到收集的目的。

③ 滤筒的自动清洁是通过压缩空气的喷嘴，由脉冲控制仪控制来实现。

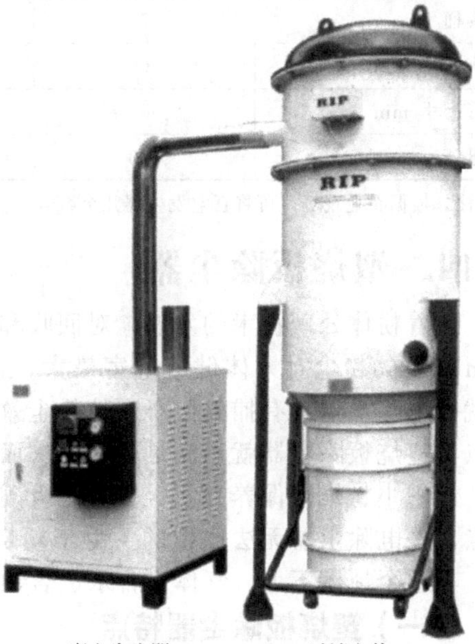

图 5-110　可移动除尘器外形

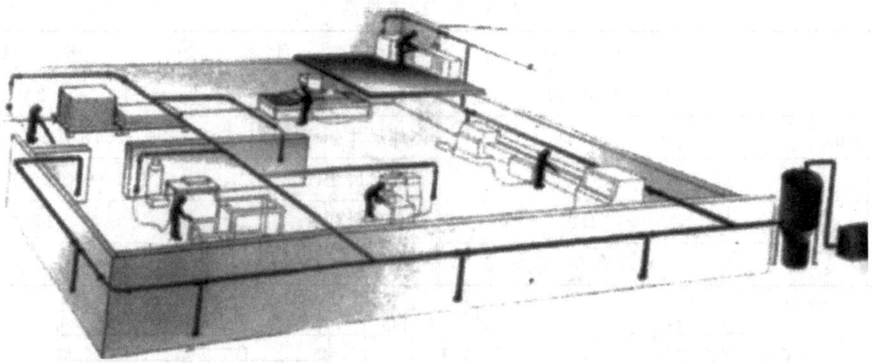

图 5-111 中央吸尘系统

④ 采用聚酯纤维，过滤精度为 5～7μm，可选择高效过滤器 0.3μm 过滤筒。

⑤ 由大口径 ϕ80～100mm 的软管、弯头、连接杆、主管路组成的系统用于将收集物输送到过滤主体。吸尘管与快速接头的连接形成多个工作点，大大缩短了清洁时间。

(2) 主要性能指标 RS 系列滤筒除尘器主要性能指标见表 5-70。

表 5-70 RS 系列滤筒除尘器性能指标

性能指标＼型号	RS-130	RS-165	RS-250	RS-250A
电压/(V/Hz)	380～415/50	345～415/50	345～415/50	345～415/50
功率/kW	13	16.5	25	25
真空度/Pa	30500	48000	62000	44000
空气流量/(m^3/h)	1134	1050	1116	2160
过滤面积/cm^2	220000	220000	220000	6000000
噪声/dB(A)	76	74	74	75
收集桶/L	175	175	175	175
吸入口径/mm	100	100	100	100
外形尺寸/mm	1000×970×2650			1400×1380×2850
重量/kg	570	728	775	780

注：根据企业现场，可将真空发生器几个组合，功率为：12×2kW、16.5×2kW、25×2kW、25A×2kW。

四、塑烧板除尘器

随着粉体处理技术的发展，对回收和捕集粉尘要求也更为严格。由于微细粉尘，特别是5μm 以下的粉尘对人体健康危害最大，在这种情况下，对于除尘器就会提出很高的要求，这就要求除尘器具有捕集微小颗粒粉尘效率高、设备体积小、维修保养方便、使用寿命长等特点。塑烧板除尘器就是满足这些要求而出现的新一代除尘器。塑烧板除尘器具有捕集效率高、体积小、维修保养方便、能过滤吸潮和含水量高的粉尘、能过滤含油及纤维粉尘的独特优点，是电除尘器无法比拟的。由于塑烧板除尘器是用塑烧板代替滤袋式过滤部件的除尘器，其适合规模不大、气体中含水、含油的作业场合。

(一) 塑烧板除尘器特点

1. 结构

塑烧板除尘器由箱体、框架、清灰装置、排灰装置、电控装置等部分组成，如图 5-112

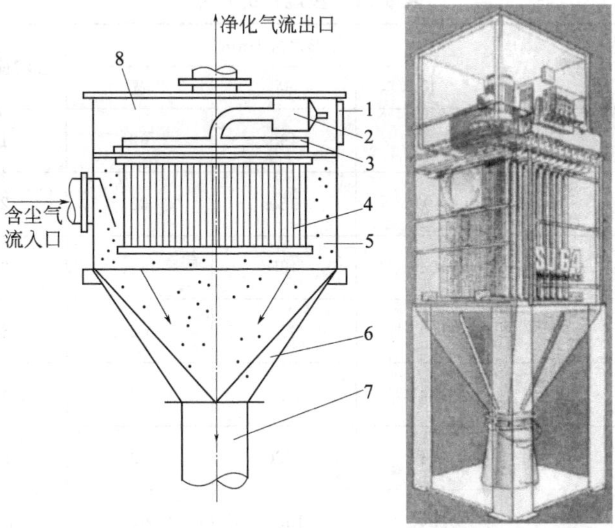

(a) 结构　　(b) 外形

图 5-112 塑烧板除尘器的结构

1—检修门；2—压缩空气包；3—喷吹管；4—塑烧板；5—中箱体；6—灰斗；7—出灰口；8—净气室

所示。其结构特点是，过滤元件是塑烧板，并都用脉冲清灰装置清灰，清灰装置由储灰罐、管道、分气包、控制仪、脉冲阀、喷吹管组成。除尘器箱体小，结构紧凑，灰斗可设计成方形或船形。

2. 工作原理

含尘气流经风道进入中部箱体（尘气箱），当含尘气体由塑烧板的外表面通过塑烧板时，粉尘被阻留在塑烧板外表面的 PTFE 涂层上，洁净气流透过塑烧板外表面经塑烧板内腔进入净气箱，并经排风管道排出。随着塑烧板外表面粉尘的增加，电子脉冲控制仪或 PLC 程序可按定阻或定时控制方式，自动选择需要清理的塑烧板，触发打开喷吹阀，将压缩空气喷入塑烧板内腔中，反吹掉聚集在塑烧板外表面的粉尘，粉尘在气流及重力作用下落入料斗之中。

塑烧板除尘器的工作原理与普通袋式除尘器基本相同，其区别在于塑烧板的过滤机理属于表面过滤，主要是筛分效应，且塑烧板自身的过滤阻力较一般织物滤料稍高。正是由于这两方面的原因，塑烧板除尘器的阻力波动范围比袋式除尘器小，使用塑烧板除尘器的除尘系统运行比较稳定。塑烧板除尘器的清灰过程不同于其他除尘器，它完全是靠气流反吹把粉尘层从塑烧板逆洗下来，在此过程没有塑烧板的变形或振动。粉尘层脱离塑烧板时呈片状落下，而不是分散飞扬，因此不需要太大的反吹气流速度。

3. 塑烧板特点

塑烧板是除尘器的关键部件，是除尘器的心脏，塑烧板的性能直接影响除尘效果。塑烧板由高分子化合物粉体经铸型、烧结成多孔的母体，并在表面及空隙处涂上 PTFE（氟化树脂）涂层，再用黏合剂固定而成，塑烧板内部孔隙直径为 40～80μm，而表面孔隙为 1～6μm。

塑烧板的外形类似于扁袋尺寸，外表面则为波纹形状，因此较扁袋增加过滤面积。见表 5-71。塑烧板内部有空腔，作为净气及清灰气流的通道。

(1) 材质特点[2,5]　波浪式塑烧过滤板的材质，由几种高分子化合物粉体、特殊的结合

表 5-71 塑烧板的尺寸

塑烧板型号 SL70/SL160	类型	外形尺寸/mm			过滤面积/m^2	质量 /kg
		长	高	宽		
450/8	S A	497	495	62	1.2	3.3
900/8	S A	497	950	62	2.5	5.0
450/18	S A	1047	495	62	2.7	6.9
750/18	S A	1047	800	62	3.8	10.3
900/18	S A	1047	958	62	4.7	12.2
1200/18	S A	1047	1260	62	6.4	16.0
1500/18	S A	1047	1555	62	7.64	21.5

剂严格组成后进行铸型、烧结，形成一个多孔母体，然后通过特殊的喷涂工艺在母体表面的空隙里填充 PTFE 涂层，形成 1～4μm 左右的孔隙，再用特殊黏合剂加以固定而制成。目前的产品主要是耐热 70℃及耐热 160℃两种。为防止静电还可以预先在高分子化合物粉体中加入易导电物质，制成防静电型过滤板，从而扩大产品的应用范围。几种塑烧板的剖面见图 5-113。

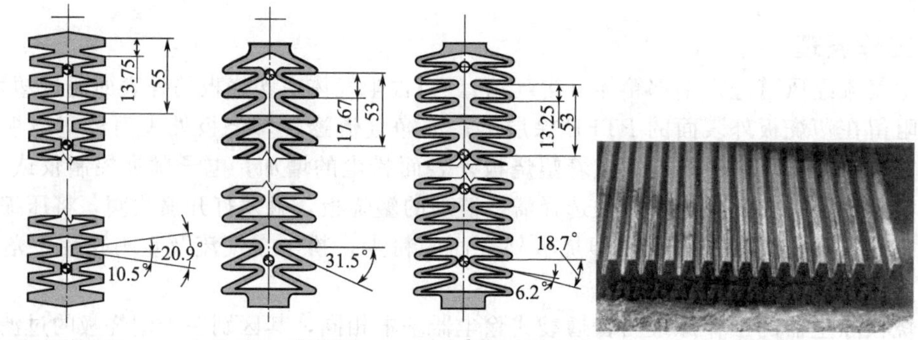

(a) HSL塑烧板　(b) DELAT塑烧板　(c) DELTA^{2}塑烧板除尘器　(d) 外形

图 5-113 几种塑烧板的剖面

塑烧板外部形状特点是具有像手风琴箱那样的波浪形，若把它们展开成一个平面，相当于扩大了 3 倍的表面积。波浪式过滤板的内部分成 8 个或 18 个空腔，这种设计除了考虑零件的强度之外，更为重要的是气体动力的需要，它可以保证在脉冲气流反吹清灰时，同时清去过滤板上附着的尘埃。

塑烧板的母体基板厚约 4～5mm。在其内部，经过对时间、温度的精确控制烧结后，形成均匀孔隙，然后喷涂 PTFE 涂层处理使得孔隙达到 1～4μm 左右。独特的涂层不仅只限于滤板表面，而是深入到孔隙内部。塑烧过滤元件具有刚性结构，其波浪形外表及内部空腔间的筋板，具备足够的强度保持自己的形状，而无需钢制的骨架支撑。刚性结构其不变形的特点与袋式除尘器反吹时滤布纤维被拉伸产生形变现象的区别，也就使得两者在瞬时最大浓度有很大区别。塑烧板结构上的特点，还使得安装与更换滤板极为方便。操作人员在除尘器外部，打开两侧检修门，固定拧紧过滤板上部仅有的两个螺栓就可完成一片塑烧板的装配和更换。

(2) 性能特点

① 粉尘捕集效率高。塑烧板的捕集效率是由其本身特有的结构和涂层来实现的，它不同于袋式除尘器的高效率是建立在黏附粉尘的二次过滤上。从实际测试的数据看一般情况下除尘器排气含尘浓度均可保持在 $2mg/m^3$ 以下。虽然排放浓度与含尘气体入口浓度及粉尘粒径等有关，但通常对 $2\mu m$ 以下超细粉尘的捕集仍可保持 99.9% 的超高效率。见图 5-114 所示。

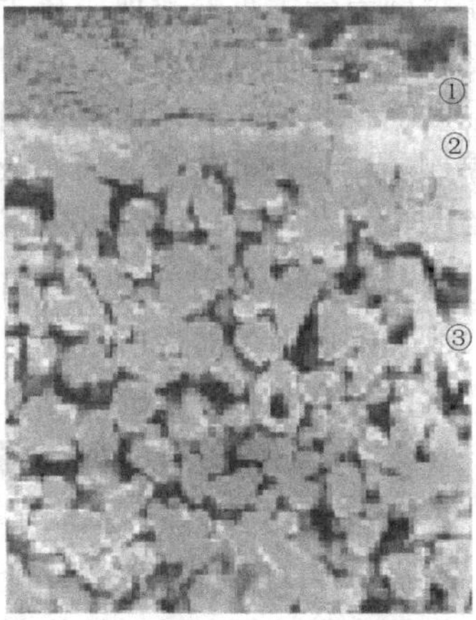

图 5-114　DELTA^2 型号塑烧板利用 PTFE 涂层捕集粉尘

①捕集的粉尘；②PTFE 涂层，孔径 $1\sim2\mu m$；③塑烧板刚性基体，孔径约 $30\mu m$

② 压力损失稳定。由于波浪式塑烧板是通过表面的 PTFE 涂层对粉尘进行捕捉的，其光滑的表面使粉尘极难透过与停留，即使有一些极细的粉尘可能会进入空隙，但随即会被设定的脉冲压缩空气流吹走，所以在过滤板母体层中不会发生堵塞现象，只要经过很短的时间，过滤元件的压力损失就趋于稳定并保持不变。这就表明，特定的粉体在特定的温度条件下，损失仅与过滤风速有关而不会随时间上升。因此，除尘器运行后的处理风量将不会随时间而发生变化，这就保证了吸风口的除尘效果。图 5-115、图 5-116 可以看出压力损失随过滤速度、运行时间的变化。

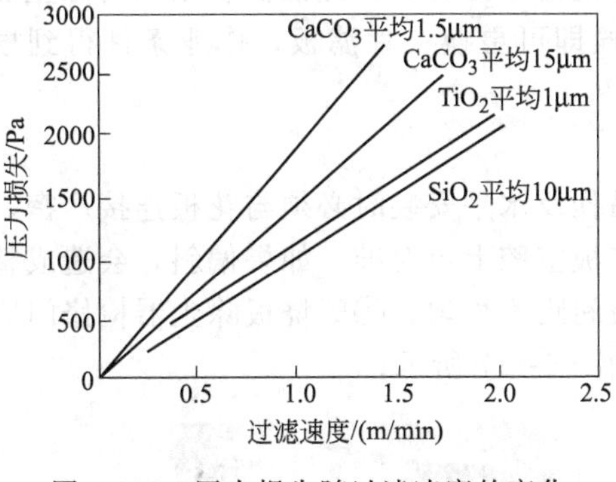

图 5-115　压力损失随过滤速度的变化

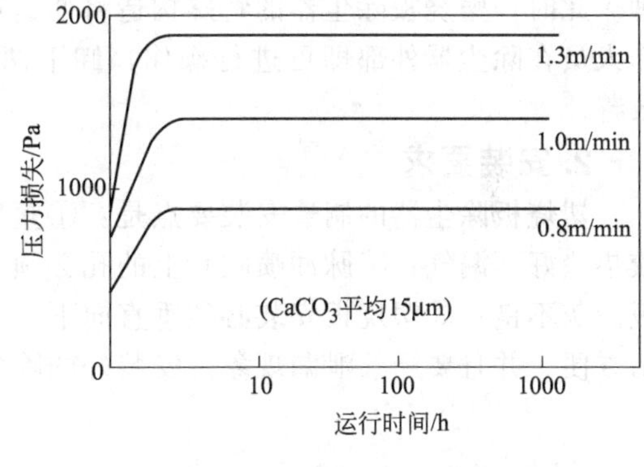

图 5-116　压力损失随运行时间的变化

③ 清灰效果。树脂本身固有的惰性与其光滑的表面，减少了板面与粉尘层的黏附力，使粉体几乎无法与其他物质发生物理化学反应和附着现象。滤板的刚性结构，也使得脉冲反吹气流从空隙喷出时，滤片无变形。脉冲气流是直接由内向外穿过滤片作用在粉体层上，所以滤板表层被气流托附的粉尘，在瞬间即可被清去。脉冲反吹气流的作用力不会被缓冲吸收而减弱。

④ 强耐湿性。由于制成滤板的材料及 PTFE 涂层具有完全的疏水性，水喷洒其上将会看到有趣的现象是：凝聚水珠汇集成水滴淌下。故纤维织物滤袋因吸湿而形成水膜，从而引起阻力急剧上升的情况在塑烧板除尘器上不复存在。这对于处理冷凝结露的高温烟尘和吸湿性很强的粉尘如磷酸氨、氯化钙、纯碱、芒硝等，会得到很好的使用效果。由于这一特点，塑烧板使用到阻力较高时除加强清灰密度外还可以直接用水冲洗再用，而无需更换滤料。

⑤ 使用寿命长。塑烧板的刚性结构，消除了纤维织物滤袋因骨架磨损引起的寿命问题。

寿命长的另一个重要表现还在于，滤板的无故障运行时间长，它不需要经常的维护与保养。良好的清灰特性将保持其稳定的阻力，使塑烧板除尘器可长期有效的工作。事实上，如果不是温度或一些特殊气体未被控制好，塑烧板除尘器的工作寿命将会相当长。即使因偶然的因素损坏滤板，也可用特殊的胶水黏合后继续使用，并不会因小小的一条黏合缝而带来不良影响。

⑥ 除尘器结构小型化。由于过滤板表面形状呈波浪形，展开后的表面积是其体面积的 3 倍。故装配成除尘器后所占的空间仅为相同过滤面积袋式除尘器的一半，附属部件因此小型化，所以具有节省空间的特点。

（二）普通塑烧板除尘器

1. 除尘器的特点

塑烧板属表面过滤方式，除尘效率较高，排放浓度通常低于 $10mg/m^3$，对微细尘粒也有较好的除尘效果；设备结构紧凑，占地面积小；由于塑烧板的刚性本体，不会变形，无钢骨架磨损小，所以使用寿命长，约为滤袋的 2～4 倍；塑烧板表面和孔隙喷涂过 PTFE 涂层，其是由惰性树脂构成，是完全疏水的，不但不粘干燥粉尘，而且对含水较多的粉尘也不易黏结，所以塑烧板除尘器处理高含水量或含油量粉尘是最佳选择；塑烧板除尘器价格昂贵，处理同样风量约为袋式除尘器的 2～6 倍。由于其构造和表面涂层，故在其他除尘器不能使用或使用不好的场合，塑烧板除尘器却能发挥良好的使用效果。

尽管塑烧板除尘器的过滤元件几乎无任何保养，但在特殊行业，如颜料生产时的颜色品种更换，喷涂作业的涂料更换，药品仪器生产时的定期消毒等，均需拆下滤板进行清洗处理。此时，塑烧板除尘器的特殊构造将使这项工作变得十分容易，侧插安装型结构除尘器操作人员在除尘器外部即可进行操作，卸下两个螺栓即可更换一片滤板，作业条件得到根本改善。

2. 安装要求

塑烧板除尘器的制造安装要点是：①塑烧板吊挂及水平安装时必须与花板连接严密，把胶垫垫好不漏气；②脉冲喷吹管上的孔必须与塑烧板空腔上口对准，如果偏斜，会造成整块板清灰不良；③塑烧板安装必须垂直向下，避免板间距不均匀；④塑烧板除尘器检修门应进出方便，并且要严禁泄漏现象。安装好的除尘器如图 5-117 所示。

(a) 多台并联　　(b) 单台安装

图 5-117　安装好的塑烧板除尘器

在维护方面，塑烧板除尘器比袋式除尘器方便，容易操作，也易于检修。平时应注意脉冲气流压力是否稳定，除尘器阻力是否偏高，卸灰是否通畅等。

3. 塑烧板除尘器的性能

（1）产品性能特点　除尘效率高达 99.99%，可有效去除 1μm 以上的粉尘，净化值小于 $1mg/m^3$；使用寿命长达 8 年以上；有效过滤面积大，占地面积仅为传统布袋过滤器的 1/3；耐酸碱、耐潮湿、耐磨损；系统结构简单，维护便捷；运行费用低，能耗低；有非涂层、标准涂层、抗静电涂层、不锈钢涂层、不锈钢型等供选择；普通型过滤元件温度达 70℃。

（2）常温塑烧板除尘器　HSL 型、DELTA 型及 $DELTA^2$ 型各种规格的塑烧板除尘器，过滤面积从小至 $1m^2$ 到大至数千平方米；可根据具体要求，进行特别设计。部分常用 HSL 型塑烧板除尘器外形尺寸见图 5-118，主要性能参数见表 5-72，HSL 型塑烧板除尘器安装尺寸见表 5-73，DELTA1500 型塑烧板除尘器外形尺寸见图 5-119，主要性能参数见表 5-74。

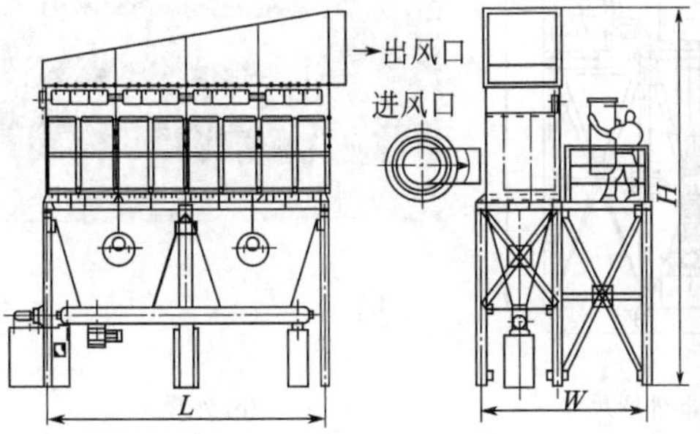

(a) 外观尺寸

(b) 应用外形

图 5-118　HSL 型塑烧板除尘器外形尺寸

表 5-72　HSL 型塑烧板除尘器主要性能参数

型号	过滤面积 /m^2	过滤风速 /(m/min)	处理风量 /(m^3/h)	设备阻力 /Pa	压缩空气 /(m^3/h)	压缩空气压力/MPa	脉冲阀个数/个
H1500-10/18	7.64	0.8～1.3	3667～5959	1300～2200	11.0	0.45～0.50	5
H1500-20/18	152.6	0.8～1.3	7334～11918	1300～2200	17.4	0.45～0.50	10
H1500-40/18	305.6	0.8～1.3	14668～23836	1300～2200	34.8	0.45～0.50	20
H1500-60/18	458.4	0.8～1.3	22000～35755	1300～2200	52.3	0.45～0.50	30
H1500-80/18	611.2	0.8～1.3	29337～47673	1300～2200	69.7	0.45～0.50	40
H1500-100/18	764.0	0.8～1.3	36672～59592	1300～2200	87.1	0.45～0.50	50
H1500-120/18	916.8	0.8～1.3	44006～71510	1300～2200	104.6	0.45～0.50	60
H1500-140/18	1069.6	0.8～1.3	51340～83428	1300～2200	125.0	0.45～0.50	70

表 5-73 HSL 型塑烧板除尘器安装尺寸

型号	过滤面积 /m²	设备外形尺寸/mm			入风口尺寸 /mm	出风口尺寸 /mm
		L	W	H		
H1500-10/18	7.64	1100	1600	4000	ϕ350	ϕ500
H1500-20/18	152.6	1600	1600	4500	ϕ450	ϕ650
H1500-40/18	305.6	3200	3600	4900	2ϕ450	1600×500
H1500-60/18	458.4	4800	3600	5300	3ϕ450	1600×700
H1500-80/18	611.2	5400	3600	5700	4ϕ450	1600×900
H1500-100/18	764.0	7000	3600	6100	5ϕ450	1600×1100
H1500-120/18	916.8	8600	3600	6500	6ϕ450	1600×1300
H1500-140/18	1069.6	10200	3600	6900	7ϕ450	1600×1500

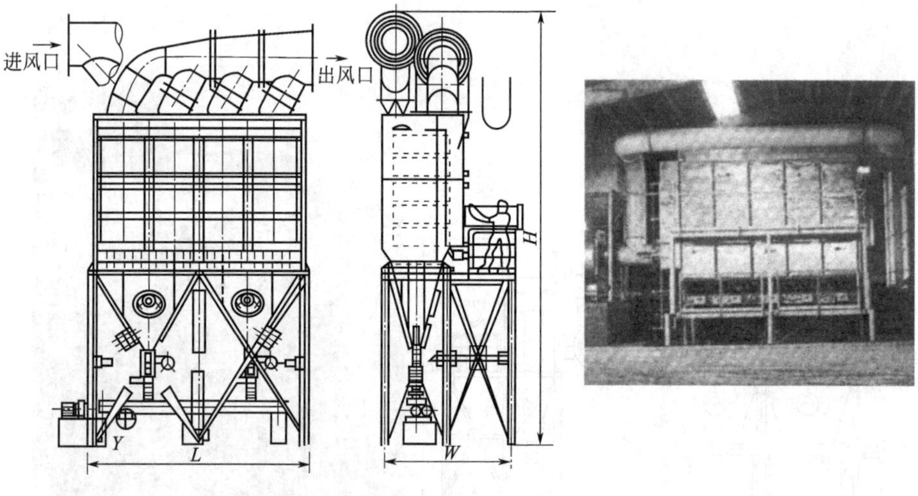

(a) DELTA1500型除尘器外形尺寸 (b) 外观

图 5-119 DELTA1500 系列除尘器外形尺寸

表 5-74 DELTA1500/9 型塑烧板除尘器性能参数

型号	过滤面积 /m²	过滤风速 /(m/min)	处理风量 /(m³/h)	设备阻力 /Pa	压缩空气 /(m³/h)	压缩空气 压力/MPa	脉冲阀 个数/个
D1500-24	90	0.8～1.3	4331～7038	1300～2200	7.66	0.45～0.50	12
D1500-60	225	0.8～1.3	10828～17596	1300～2200	19.17	0.45～0.50	12
D1500-120	450	0.8～1.3	21657～35193	1300～2200	38.35	0.45～0.50	24
D1500-180	675	0.8～1.3	32486～52790	1300～2200	57.52	0.45～0.50	36
D1500-240	900	0.8～1.3	43315～70387	1300～2200	76.70	0.45～0.50	48
D1500-300	1125	0.8～1.3	54114～87984	1300～2200	95.88	0.45～0.50	69
D1500-360	1350	0.8～1.3	64972～105580	1300～2200	115.05	0.45～0.50	72
D1500-420	1575	0.8～1.3	75801～123177	1300～2200	134.23	0.45～0.50	84

（三）高温塑烧板除尘器

高温塑烧板除尘器与常温塑烧板除尘器的区别在于制板的基料不同，所以除尘器耐温程度亦不同。

ALPHASYS系列高温塑烧板除尘器主要是针对高温气体除尘场合而开发的除尘器，以陶土、玻璃等材料为基质，耐温可达350℃，具有极好的化学稳定性。圆柱状的过滤单元外表面覆涂无机物涂层可以更好地进行表面过滤。

高温塑烧板除尘器包含一组或多组过滤单元簇，每簇过滤单元由多根过滤棒组成。每簇过滤单元可以很方便地从洁净空气一侧进行安装。过滤单元簇一端装有弹簧，可以补偿滤料本身以及金属结构由于温度的变化所产生的胀缩。过滤单元簇采用水平安装方式，这样的紧凑设计可以进一步减少设备体积，而且易于维护。采用常规的压缩空气脉冲清灰系统对过滤单元簇逐个进行在线清灰。

ALPHASYS系列高温塑烧板除尘器具有以下优点：①适用于高温场合，耐温可达350℃；②极好的除尘效率，净化值小于1mg/m^3；③阻力低，过滤性能稳定可靠、使用寿命长；④过滤单元簇从洁净空气室一侧进行安装，安装维护方便；⑤体积小、结构紧凑、模块化设计，高温塑烧板除尘器所用过滤元件参数见表5-75。高温塑烧板除尘器过滤单元簇从洁净空气室一侧水平安装，并且在高度方向可以叠加至8层，在宽度方向也可以并排布置数列。

表5-75 过滤元件主要参数

过滤元件型号 / 参数	HERDINGALPHA	过滤元件型号 / 参数	HERDINGALPHA
基体材质	陶土、玻璃	空载阻力(过滤风速为1.6m/min)/Pa	约300
空隙率/%	约38%	最高工作温度/℃	350
过滤管尺寸(外径/内径/长度)/mm	50/30/1200		

高温塑烧板除尘器单个模块过滤面积72m^2；在过滤风速为1.4m/min时，处理风量为6000m^3/h。外形尺寸为1430mm×2160mm×5670mm。三个模块过滤面积为216m^2，在过滤风速为1.4m/min时，处理风量18000m^3/h。外形尺寸为4290mm×2160mm×5670mm。

（四）塑烧板除尘器应用

1. 除尘器气流分配

塑烧板除尘器的结构设计是非常重要的，气流分配不合理会导致运行阻力上升，清灰效果差。尤其是对于较细、较黏、较轻的粉尘，流场设计是至关重要的。采用一侧进风另一侧出风的方式，塑烧板与进风方向垂直，会在除尘器内部造成逆向流场，即主流场方向与粉尘下落方向相反，影响清灰效果，对于10m以上长的除尘器而言，难保证气流均匀分配。根据除尘器设计经验，在满足现有场地的前提下，对进气口的气流分配采用多级短程进风方式，通过变径管使气流均匀进入每个箱体中，同时在每个箱体的进风口设置调风阀，可以根据具体情况对进入每个箱体的风量进行控制调整，在每个箱体内设有气流分配板，使气流进入箱体后能够均匀地通过每个过滤单元，同时大颗粒通过气流分配板可直接落入料斗之中。

2. 清灰系统

脉冲喷吹系统的工作可靠性及使用寿命与压缩空气的净化处理有很大关系，压缩空气中的杂质，例如污垢、铁锈、尘埃及空气中可能因冷凝而沉积下来的液体成分会对脉冲喷吹系统造成很大的损害。如果由于粗粉尘或油滴通过压缩空气系统反吹进入塑烧板内腔（内腔空隙约30μm），会造成塑烧板堵塞并影响塑烧板寿命。故压缩空气系统设计应考虑良好的过滤装置以保证进入塑烧板除尘器的压缩空气质量。

压缩空气管路及压缩空气储气罐需有保温措施。尤其是在冬季，过冷的压缩空气在反吹

图 5-120 耐高压塑烧板除尘器

时，会在塑烧板表面与热气流相遇而产生结露，导致系统阻力急剧上升。

3. 耐压和防爆

塑烧板除尘器用于处理高压气体的场合，通常把除尘器壁板加厚并把壳体设计成圆筒形，端部设计成弧形，如图 5-120 所示。根据处理气体的压力大小对除尘器进行压力计算，除尘器耐压力至少是气体工作压力的 1.5 倍。

塑烧板除尘器的防爆设计，可参照脉冲袋式除尘器进行。

五、颗粒层除尘器

颗粒层除尘器是以硅砂、砾石、矿渣和焦炭等粒状颗粒物作为滤料，去除含尘气体中粉尘粒子的一种内滤式除尘装置。在除尘过程中，气体中的粉尘粒子是在惯性碰撞、拦截、布朗扩散、重力沉降和静电力等多种捕尘机理作用下而捕集的，因而前面所阐述的捕尘机理也适用于颗粒层除尘器捕尘过程的分析。

颗粒层除尘器具有的优点，主要表现在：①适于净化高温、易磨损、易腐蚀、易燃易爆的含尘气体；②其过滤能力不受灰尘比电阻的影响，除尘效率高，并且可同时除去气体中 SO_2 等多种污染物。但是，颗粒层除尘器的不足之处表现在过滤气速不能太高，在处理相同烟气量时阻力高，耗能大，故障多，维护管理复杂。因此，工程应用越来越少。

（一）颗粒层除尘器的性能

颗粒层除尘器的性能主要是指：除尘装置的气体处理量；除尘装置的除尘效率及通过率；除尘装置的压力损失；装置的基建投资与运行管理费用；装置的使用寿命以及占地面积或占用空间体积的大小。这六种性能的基本概念及其表示方法，已在本章之首有较明确地阐述。在此仅对颗粒层除尘器的除尘效率、压力损失的具体计算作些简单介绍。

1. 颗粒层除尘器的除尘效率

考虑到扩散、拦截、惯性及重力各效应的影响，颗粒层除尘器总除尘效率可写成如下形式：

$$\eta=1-\exp\{-H[a(8Pe^{-1}+2.308Re_{\mathrm{D}}^{1/8}Pe^{-5/8})+bR^{-2}+cStk+dG]\} \tag{5-102}$$

式中，a、b、c、d 分别为与滤料种类有关的常数；Pe、Re_{D}、R、Stk、G 分别为 Peclet 数、粉尘粒子的雷诺数、拦截数、Stokes 数、重力沉降参数；H 为床层厚度。

M. O. Abdullah 等对几种颗粒滤料进行了试验，试验流速为 17～26cm/s，床层厚度为 5～20cm，通过回归分析，得出了各常数的值，如表 5-76 所示。

表 5-76 颗粒层的过滤参数

参数	玻璃球 (0.6cm)	陶瓷拉希球 (0.635cm×0.635cm)	塑料丝网 (0.1cm)	玻璃毛 (25.4μm)
a	6.337	345.650	128.283	0.188
b	7.116×10^5	-5.705×10^5	-0.289×10^4	−0.163
c	11.563	30.616	0.502	0.157×10^{-4}
d	−28.797	−21.694	−2.291	0.178

由表中数据可见，各常数值之间的差别较大，除尘效率的计算中所占的比重也不相同。

2. 颗粒层除尘器的阻力损失

颗粒层除尘器的阻力损失取决于滤料的种类，同时对不同的滤料，滤料颗粒大小及床层厚度，并随气流速度的增加而增加。

目前对颗粒层除尘器提出了各种阻力计算的经验公式。Chilton 和 Colburn 提出在孔隙率（$\varepsilon=1-a$）为 0.35 及 0.50 时的经验公式为：

当 $$Re_D<40 \text{ 时} \quad \Delta p=43.18\times10^3\mu Hv/r_D^2 \tag{5-103}$$

当 $$Re_D>40 \text{ 时} \quad \Delta p=71\mu^{0.15}H\rho_g^{0.85}v^{1.85}/r_D^{1.15} \tag{5-104}$$

式中，Δp 为颗粒层除尘器的压力损失，Pa；μ 为含尘气体的黏性系数，Pa·s；H 为颗粒床层的厚度；m；ρ_g 为气体的密度，kg/m^3；v 为气流速度，m/s；r_D 为颗粒的半径，m。

Ergun 提出的阻力公式为：

$$\frac{\Delta p}{H}=\left[150\frac{a^2}{(1-a)^2}\times\frac{\mu v}{d_D^2}+1.75\frac{a}{(1-a)^2}\times\frac{\rho_g v^2}{d_D}\right] \tag{5-105}$$

式中，H 为颗粒床层的厚度，m；a 为颗粒的填充率，$a=1-\varepsilon$；d_D 为过滤床中均匀填充捕尘体的直径，m。

颗粒层除尘器的阻力还与采用的颗粒层的性质有关。M. O. Abdullah 等通过试验，得出：

$$\frac{\Delta p}{H}=Av_\infty^B \tag{5-106}$$

式中，Δp 为通过颗粒床层的阻力（压力损失），Pa；H 为颗粒床层的厚度，cm；v_∞ 为迎面流速，cm/s；A、B 为由试验得出的常数，如表 5-77 所示。

表 5-77 颗粒层除尘器的阻力常数

阻力常数	玻璃球	拉希环	塑料丝网	玻璃毛
A	0.008	0.006	0.001	0.003
B	1.814	1.775	1.685	1.516

（二）颗粒层除尘器的分类

颗粒层除尘器可按过滤床层的位置、运动状态、清灰方式以及床层数目来分类。

1. 按颗粒床层的位置分类

可分为垂直床层和水平床层颗粒层除尘器。

垂直床层颗粒层除尘器是将颗粒滤料垂直放置，两侧用滤网或百叶片夹持（以防颗粒滤料飞出）。水平床层颗粒层除尘器是颗粒床水平放置的除尘器。颗粒滤料置于水平的筛网或筛板上，铺设均匀，保证一定的颗粒层厚度。气流一般均由上而下，使床层处于固定状态，有利于提高除尘效率。

2. 按床层的状态分类

可分为固定床、移动床和流化床颗粒层除尘器。

固定床颗粒层除尘器为在除尘过程中其颗粒床层固定不动的颗粒层除尘器。

移动床颗粒层除尘器为在除尘过程中颗粒床层不断移动的颗粒层除尘器。已黏附粉尘的颗粒滤料不断通过床层的移动而排出，而代之以新的颗粒滤料。含尘颗粒滤料经过清灰、再生后，可作为洁净滤料重新返回床层中对粉尘进行过滤。移动床颗粒层除尘器又分为间歇式和连续式。

流化床颗粒层除尘器为在除尘过程中床层呈流化状态的颗粒层除尘器。

3. 按清灰方式分类

可分为不再生（或器外再生）、振动加反吹风清灰、耙子加反吹风清灰、沸腾反吹风清灰等颗粒层除尘器。

4. 按床层的数目分类

可分为单层和多层颗粒层除尘器。

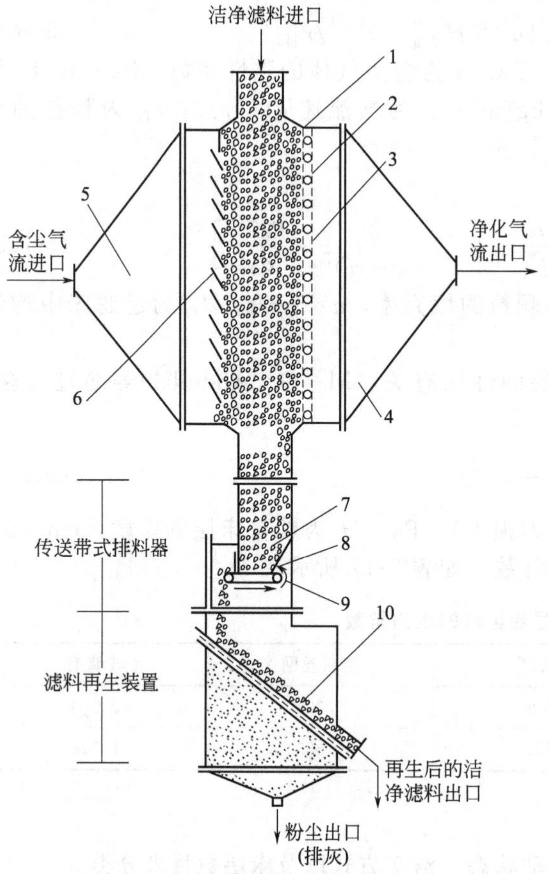

图 5-121 交叉流移动床颗粒层除尘器

1—颗粒滤料层；2—支撑轴；3—可移动式环状滤网；4—气流分布扩大斗（后侧）；5—气流分布扩大斗（前侧）；6—百叶窗式挡板；7—可调式挡板；8—传送带；9—转轴；10—过滤滤网

（三）颗粒层除尘器的结构型式

颗粒层除尘器的结构型式有多种，下面介绍几种常见的结构型式。

1. 移动床颗粒层除尘器

移动床颗粒层除尘器利用颗粒滤料在重力作用下向下移动以达到更换颗粒滤料的目的，因此这种型式的除尘器一般都采用垂直床层。根据气流方向与颗粒移动的方向可分为平行流式（两者的方向平行）以及交叉流式（两者的方向交叉，气流为水平方向，与颗粒层垂直交叉）。目前采用较多的是交叉流式移动床颗粒层除尘器。

（1）交叉流式移动床颗粒层除尘器

交叉流式移动床颗粒层除尘器是移动床颗粒层除尘器最早出现的一种型式。在筛网或百叶窗的夹持下保持一定的颗粒床层厚度，颗粒滤料因重力作用而向下移动。含尘气流通过颗粒床层时，粉尘被滤去而得到净化。图 5-121 为最近出现的一种新型交叉流颗粒层除尘器。它曾是国家“七五”科技攻关项目中开发出来的一种新产品。洁净的颗粒滤料装入料斗进入颗粒床层中，通过传送带式排料器传送带的不断传动，使得颗粒床层中的滤料均匀、稳定地向下移动。含尘气流经过气流分布扩大斗使气流均匀分布于床层中，在颗粒层的过滤下使气体得到净化。含尘颗粒滤料不断地排出，经过滤料再生装置使含尘颗粒滤料加以再生、清灰，再生后的滤料可作为洁净滤料循环使用。

（2）平行流式移动床颗粒层除尘器　平行流式移动床颗粒层除尘器包括顺流式（气流与颗粒移动的方向相同）、逆流式（气流由下而上，而颗粒床层由上而下）以及混合流式（同时具有顺流逆流）移动床颗粒层除尘器。在此不一一介绍。

2. 耙式颗粒层除尘器

耙式颗粒层除尘器是迄今为止使用最广泛的一种型式。图 5-122 为单层耙式颗粒层除尘器的一种型式。图 5-122(a) 为工作（过滤）状态，含尘气体总管切线进入颗粒床层下部的旋风筒，粗颗粒在此被清除，而气流通过插入管进入到过滤室中，然后向下通过过滤床层进行最终净化。净化后的气体由净气体室经阀门引入干净气体总管。分离出的粉尘由下部卸灰阀排出。

当阻力达到给定值时，除尘器开始清灰［图 5-122(b)］，此时阀门将干净气体总管关闭，而打开反吹风风口，反吹气体气流先进入干净气体室，然后以相反的方向通过过滤床层，反吹风气流将颗粒上凝聚的粉尘剥落下来，并将其带走，通过插入管进入下部的旋风管中。粉尘在此沉降，气流返回到含尘气体总管，进入到同时并联的其他正在工作的颗粒层除尘器中净化。在反吹清灰过程中，电动机带动耙子转动。耙子的作用是打碎颗粒层中生成的气泡和尘饼，并使颗粒松动，有利于粉尘与颗粒分离，另一方面将床层表面耙松耙平，使在过滤时气流均匀通过过滤床层。

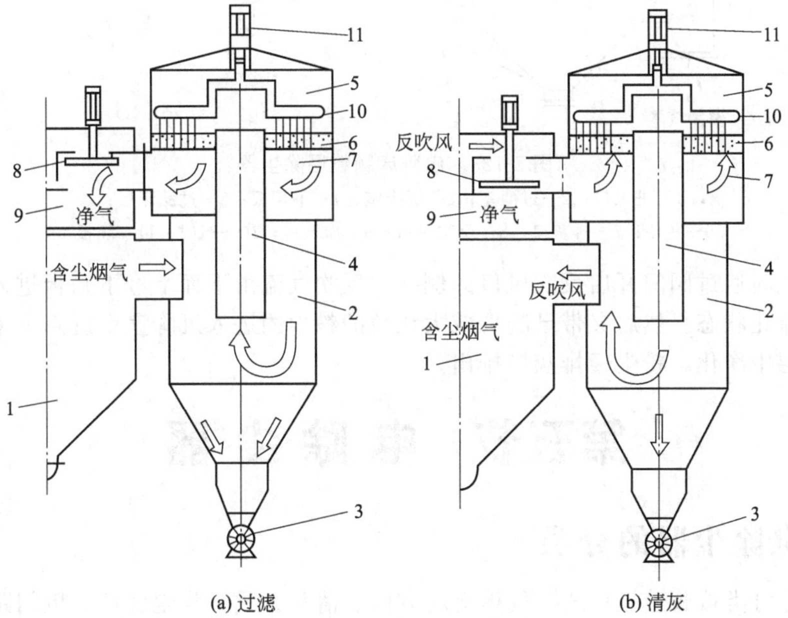

图 5-122　单层耙式颗粒层除尘器

1—含尘气体总管；2—旋风筒；3—卸灰阀；4—插入管；5—过滤室；6—过滤床层；7—干净气体室；8—换向阀门；9—干净气体总管；10—耙子；11—电动机

为了扩大除尘器的烟气处理量，可以同时并联多台除尘器，单台除尘器的直径可达2500mm。为了减少占地面积，也可作成上下两层，下部共用一个旋风筒。

耙式颗粒层除尘器能否正常运行，换向阀门起着重要作用，它一方面要保证换向的灵活性，及时打开或关闭风门，另一方面要保证阀门的严密性。阀门直接用液压的传动操纵。

3. 沸腾床颗粒层除尘器

耙式颗粒层除尘器由于具有传动部件，使结构复杂，增加了设备的维修工作。而沸腾床颗粒层除尘器清灰的基本原理是从颗粒床层的下部以足够流速的反吹空气经分布板鼓入过滤层中，使颗粒呈流态化，颗粒间互相搓动，上下翻腾，使积于颗粒层中的灰尘从颗粒中分离和夹带出去，达到清灰的目的。反吹停止后，颗粒滤料层的表面应保持平整均匀，以保证过滤速度。

图 5-123 为沸腾床颗粒层除尘器的结构示意。含尘气体由进气口进入，粗尘粒在沉降室中沉降。细尘粒经过滤室从上而下地穿过过滤床层。气体净化后经净气口排入大气。

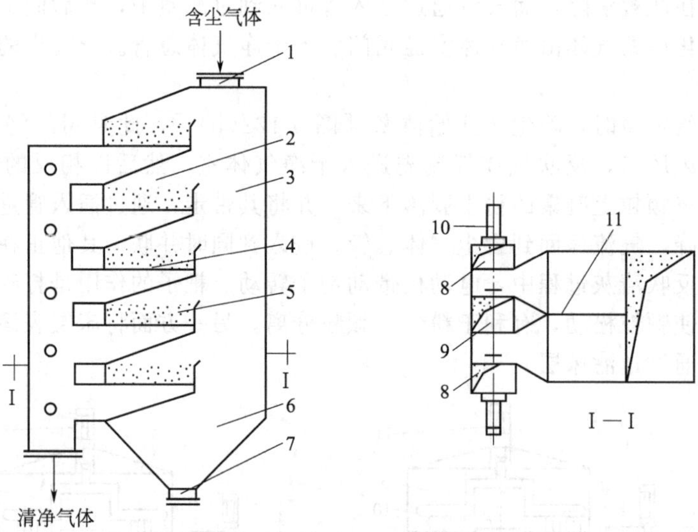

图 5-123 沸腾床颗粒层除尘器

1—进风口；2—过滤室；3—沉降室；4—下筛板；5—过滤床层；6—灰斗；7—排灰口；8—反吹风口；9—净气口；10—阀门；11—隔板

反吹清灰时通过阀门开启反吹风口的侧孔，反吹气流由下而上经下筛板进入颗粒层，使颗粒滤料呈流化状态。然后夹带已凝聚成大颗粒的粉尘团进入沉降室中沉降下来，气流则进入其他过滤层中净化。粉尘经排灰口排出。

第五节 电除尘器

一、电除尘器的分类

电除尘器分类按收尘极形式、气体运动方向、清灰方式、收尘区域、极间距、温度、压力等各种分类方法[2,17]。

① 按收尘的形式可分为管筒式电除尘器与平板式电除尘器。

② 按气体在电场内的运动方向可分为立式电除尘器（垂直流动）和卧式电除尘器。

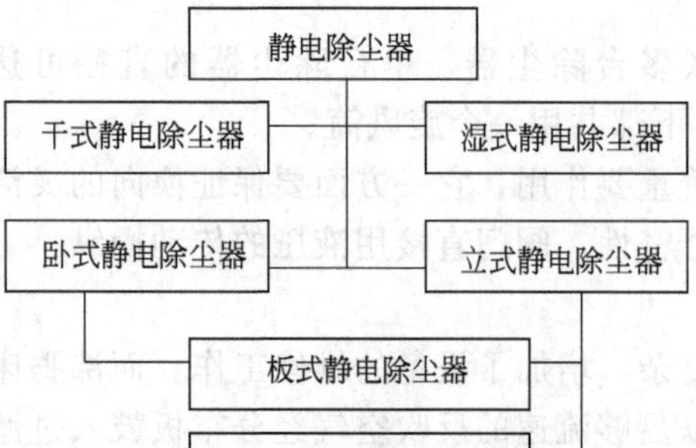

图 5-124 电除尘器分类系统

③ 按电极的清灰方式可分为干式电除尘器和湿式电除尘器。

④ 按粉尘荷电和收尘区域可分为单区和双区。

⑤ 按极板间距（通道宽度）分为窄间距电除尘器、常规（普通）间距电除尘器和宽间距电除尘器。

⑥ 按处理气体的温度分为常温型（≤300℃）电除尘器和高温型（300～400℃）电除尘器。

⑦ 按处理的气体压力分为常压型（≤10000Pa）电除尘器和高压型（10000～60000Pa）电除尘器。

以上分类关系可以用图 5-124 表示。

电除尘器的分类及应用特点如表 5-78 所示[20]。

表 5-78　电除尘器的分类及应用特点

分类方式	设备名称	主要特性	应用特点
按除尘器清灰方式分类	干式电除尘器	收下的烟尘为干燥状态	(1)操作温度为 250～400℃或高于烟气露点 20～30℃ (2)可用机械振打、电磁振打和压缩空气振打等 (3)粉尘比电阻有一定范围
	湿式电除尘器	收下的烟尘为泥浆状	(1)操作温度较低，一般烟气需先降温至 40～70℃，然后进入湿式电除尘器 (2)烟气含硫腐蚀性气体时，设备必须防腐蚀 (3)清除收尘电极上烟尘采用间断供水方式 (4)由于没有烟尘再飞扬现象，烟气流速可较大
	酸雾电除雾器	用于含硫烟气制硫酸过程捕集酸雾，收下物为稀硫酸和泥浆	(1)定期用水清除收尘电极、电晕电极上的烟尘和酸雾 (2)操作温度低于 50℃ (3)收尘电极和电晕电极必须采取防腐措施
	半湿式电除尘器	收下粉尘为干燥状态	(1)构造比一般电除尘器更严格 (2)水应循环 (3)适用高温烟气净化场合
按烟气流动方向分类	立式电除尘器	烟气在除尘器中的流动方向与地面垂直	(1)烟气分布不易均匀 (2)占地面积小 (3)烟气出口设在顶部直接放空，可节省烟管
	卧式电除尘器	烟气在除尘器中的流动方向和地面平行	(1)可按生产需要适当增加电场数 (2)各电场可分别供电，避免电场间互相干扰，以提高收尘效率 (3)便于分别回收不同成分、不同粒级的烟尘分类富集 (4)烟气经气流分布板后比较均匀 (5)设备高度相对低，便于安装和检修，但占地面积大
按收尘电极形式分类	管式电除尘器	收尘电极为圆管、蜂窝管	(1)电晕电极和收尘电极间距相等，电场强度比较均匀 (2)清灰较困难，不宜用作干式电除尘器，一般用作湿式电除尘器 (3)通常为立式电除尘器
	板式电除尘器	收尘电极为板状，如网、棒帏、槽形、波形等	(1)电场强度不够均匀 (2)清灰较方便 (3)制造安装较容易
按收尘极电晕极配置	单区电除尘器	收尘电极和电晕电极布置在同一区域内	(1)荷电和收尘过程的特性未充分发挥，收尘电场较长 (2)烟尘重返气流后可再次荷电，除尘效率高 (3)主要用于工业除尘
	双区电除尘器	收尘电极和电晕电极布置在不同区域内	(1)荷电和收尘分别在两个区域内进行，可缩短电场长度 (2)烟尘重返气流后无再次荷电机会，除尘效率低 (3)可捕集高比电阻烟尘 (4)主要用于空调空气净化
按极间距宽窄分类	常规极距电除尘器	极距一般为 200～325mm，供电电压 45～66kV	(1)安装、检修、清灰不方便 (2)离子风小，烟尘驱进速度低 (3)适用于烟尘比电阻为 10^4～10^{10}Ω·cm (4)使用比较成熟，实践经验丰富
	宽极距电除尘器	极距一般为 400～600mm，供电电压 70～200kV	(1)安装、检修、清灰不方便 (2)离子风大，烟尘驱进速度大 (3)适用于烟尘比电阻为 10～10^4Ω·cm (4)极距不超过 500mm 可节省材料
按其他标准分类	防爆式	防爆电除尘器有防爆装置，能防止爆炸	防爆电除尘器用在特定场合，如转炉烟气的除尘、煤气除尘等
	原式	原式电除尘器正离子参加捕尘工作	原式电除尘器是电除尘器的新品种
	移动电极式	可移动电极电除尘器顶部装有电极卷取器	可移动电极电除尘器常用于净化高比电阻粉尘的烟气

二、电除尘器工作原理

静电学是一门既悠久又崭新，既简单又错综复杂的科学。早在公元前 600 年前后古希腊泰勒斯（Thales）发现，如用毛皮摩擦琥珀棒，棒就能吸引某些轻的颗粒和纤维。静电吸引现象形成，是现代电除尘器理论依据。第一次成功利用静电学是在 1907 年由美国人乔治科特雷尔（George Cottrell）实行的用于硫酸酸雾捕集的电除尘器。他在 1908 年发明的一种机械整流器，提供了为成功进行粉尘的静电沉降所必需的手段。这一发明导致了他的成功并使他成为实用静电除尘的创始人。1922 年德国的多依奇（Deutsch）由理论推导出静电除尘效率指数方程式并沿用至今。这些为电除尘器的发展和应用奠定了基础。

1. 粉尘分离过程[19,20]

电除尘器的种类和结构形式很多，但都基于相同的工作原理。图 5-125 是管极式电除尘器工作原理示意。接地的金属管叫做收尘极（或集尘极），它和置于圆管中心，靠重锤张紧的放电极（或称电晕线）构成管极式电除尘器。工作时含尘气体从除尘器下部进入，向上通过一个足以使气体电离的静电场，产生大量的正负离子和电子并使粉尘荷电，荷电粉尘在电场力的作用下向集尘极运动并在收尘极上沉积，从而达到粉尘和气体分离的目的。当收尘极上的粉尘达到一定厚度时，通过清灰机构使灰尘落入灰斗中排出。静电除尘的工作原理包括下述几个步骤（见图 5-126）。

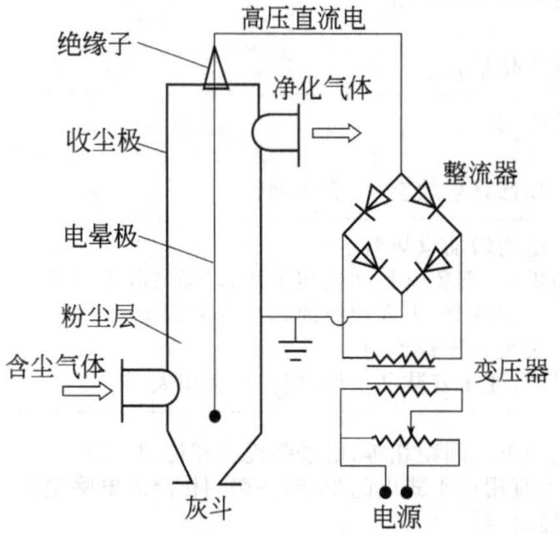

图 5-125 管极式电除尘器工作原理示意

① 除尘器供电电场产生；

② 电子电荷的产生，气体电离；

③ 电子电荷传递给粉尘微粒，尘粒荷电；

④ 电场中带电粉尘微粒移向收尘电极，尘粒驱进；

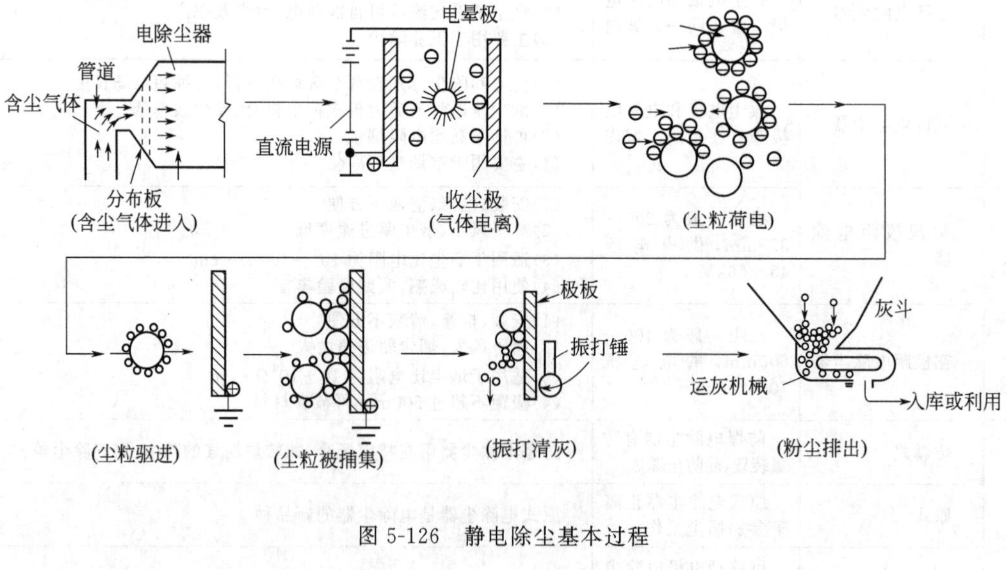

图 5-126 静电除尘基本过程

⑤ 带电粉尘微粒黏附于收集电极的表面，尘粒黏附；

⑥ 从收集电极清除粉尘层，振打清灰；

⑦ 清除的粉尘层降落在灰斗中；

⑧ 从灰斗中清除粉尘，用输排装置运出。

2. 气体的电离

空气在正常状态下几乎是不能导电的绝缘体，气体中不存在自发的离子，因此实际上没有电流通过。它必须依靠外力才能电离，当气体分子获得能量时就可能使气体分子中的电子脱离而成为自由电子，这些电子成为输送电流的媒介，此时气体就具有导电的能力。使气体具有导电能力的过程称之为气体的电离。

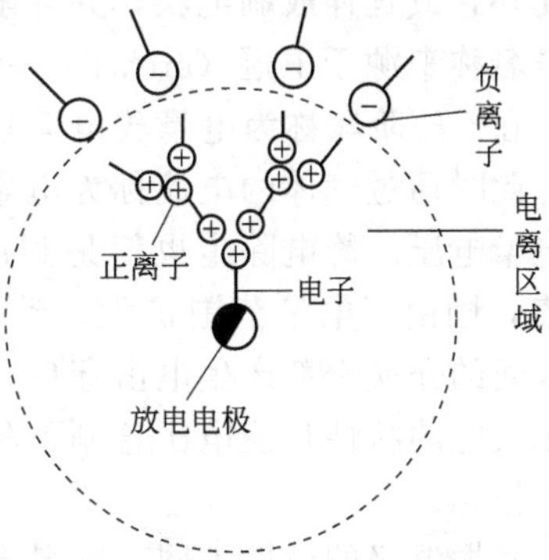

图 5-127　碰撞电离

如图 5-127 所示。由于气体电离所形成的电子和正离子在电场作用下朝相反的方向运动，于是形成电流，此时的气体就导电了，从而失去了气体通常状态下的绝缘性能。能使气体电离的能量称为电离能，见表 5-79。

气体的电离可分为两类，即自发性电离和非自发性电离。气体的非自发性电离是在外界能量作用下产生的。气体中的电子和阴、阳离子发生的运动，形成了电晕电流。

表 5-79　一些气体的激励能和电离能　　单位：eV

气体	激励能 W_e	电离能 W_i	气体	激励能 W_e	电离能 W_i
氧 O_2 O	7.9 19.79.15	12.5 13.61	汞 Hg Hg_2	4.89	10.43 9.6
氮 N_2 N	6.3 2.38　10.33	15.6 14.54	水 H_2O	7.6	12.59
氢 H_2 H	7.0 10.6	15.4 13.59	氦 He	19.8	24.47

气体非自发性电离和自发性电离，与通过气体的电流并不一定与电位差成正比。当电流增大到一定的程度时，即使再增加电位差，电流也不再增大而形成一种饱和电流，在饱和状态下的电流称为饱和电流。

3. 气体导电过程

气体导电过程可用图 5-128 中的曲线来描述。

图 5-128 中在 AB 阶段，气体导电仅借助于大气中所存在的少量自由电子。在 BC 阶段，电压虽升高到 C' 但电流并不增加，此时使全部电子获得足够的动能，以便碰撞气体中的中性分子。当电压高于 C' 点时，由于气体中的电子已获得的能量足以使与之发生碰撞的气体中性分子电离，结果在气体中开始产生新的离子并开始由气体离子传送电流，故 C' 点的电压就是气体开始电离的电压，通常称为临界电离电压。电子与气体中性分子碰撞时，将其外围的电子冲击出来使其成为阳离子，而被冲击出来的自由电子又与其他中性分子结合而成为阴离子。由于阴离子的迁移率比阳离子的迁移率大，因此在 CD 阶段的二次电离，称为无声自发放电。

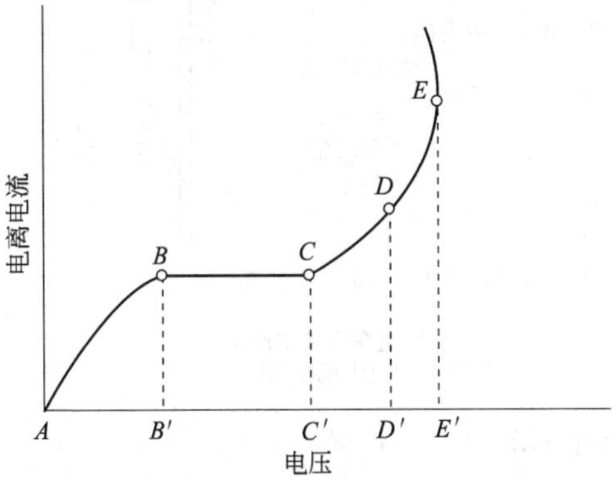

图 5-128　气体导电过程的曲线

当电压继续升高到 C'点时，不仅迁移率较大的阴离子能与中性分子发生碰撞电离，较小的阳离子也因获得足够能量与中性分子碰撞使之电离。因此在电场中连续不断地生成大量的新离子，在此阶段，在放电极周围的电离区内，可以在黑暗中观察到一连串淡蓝色的光点或光环，或延伸成刷毛状，并伴随有可听到的“咝咝”响声。这种光点或光环被称为电晕。电晕名称来源于王冠（crown）一词。

在 CE 阶段称为电晕放电阶段，达到产生电晕阶段的碰撞电离过程，称为电晕电离过程。此时通过气体的电流称为电晕电流，开始发生电晕时的电压（即 D'点的电压）称为临界电晕电压。静电除尘也就是利用两极间的电晕放电而工作的。如电极间的电压继续升到 E'点，则由于电晕范围扩大，致使电极之间可能产生剧烈的火花，甚至产生电弧。此时，电极间的介质全部产生电击穿现象，E'点的电压称为火花放电电压，或称为弧光放电电压。火花放电的特性是使电压急剧下降，同时在极短的时间内通过大量的电流，从而使电除尘停止工作。

根据电极的极性不同，电晕有阴电晕和阳电晕之分。当电晕极与高压直流电源的阴极连接时，就产生阴电晕。

当电晕极与高压直流电源的阳极连接时，就产生阳电晕。阳电晕的外观是在电晕极表面被比较光滑均匀的蓝白色亮光包着，这证明这种电离过程具有扩散性质。

上述两种不同极性的电晕虽都已应用到除尘技术中。在工业电除尘器中，几乎都采用电晕。对于空气净化的所谓静电过滤器考虑到阳电晕产生的臭氧较少而采用阳电晕，这是因为在相同的电压条件下，阴电晕比阳电晕产生的电流大，而且火花放电电压也比阳电晕放电要高。电除尘器为了达到所要求的除尘效率，保持稳定的电晕放电过程是十分重要的。

图 5-129 所示为一个静电除尘过程，这个过程发生在电除尘器中，当一个高压电加到一对电极上时，就建立起一个电场。图 5-129(a) 和图 5-129(b) 分别表明在一个管式和板式电除尘器中的电场线。带电微粒，如电子和离子，在一定条件下，沿着电场线运动。带负电荷的微粒向正电极的方向移动，而带正电荷的微粒向相反方向的负电极移动。在工业电除尘器中，电晕电极是负极，收尘电极是正极。

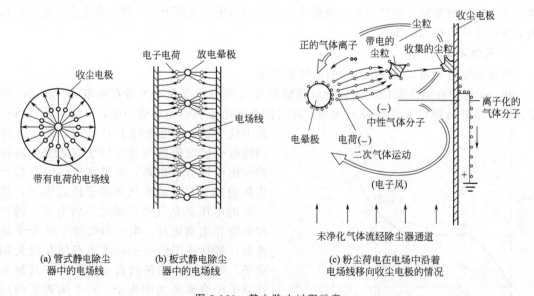

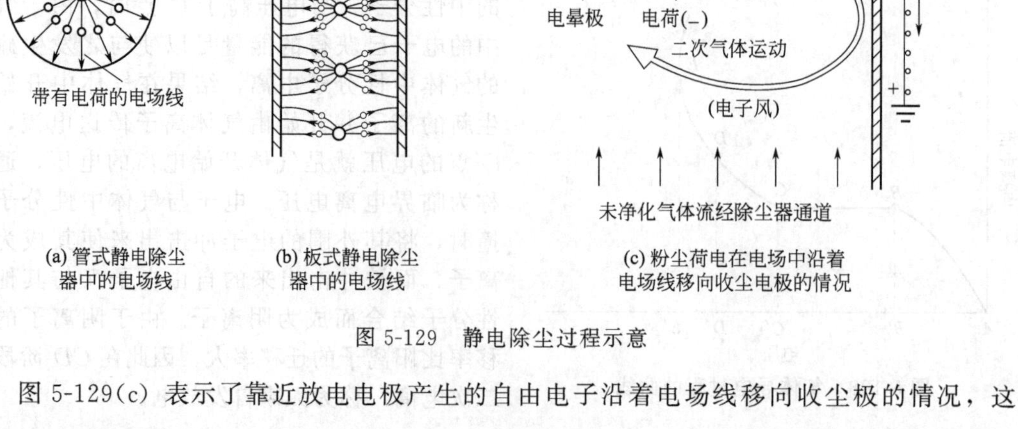

(a) 管式静电除尘器中的电场线　(b) 板式静电除尘器中的电场线　(c) 粉尘荷电在电场中沿着电场线移向收尘电极的情况

图 5-129 静电除尘过程示意

图 5-129(c) 表示了靠近放电电极产生的自由电子沿着电场线移向收尘极的情况，这些

电子可能直接撞击到粉尘微粒上，而使粉尘荷电并使它移向收尘电极。也可能是气体分子吸附电子，而电离成为一个负的气体离子，再撞击粉尘微粒使它移向收尘电极。

4. 尘粒的荷电

收尘空间尘粒荷电是静电除尘过程中最基本的过程，虽然有许多与物理和化学现象有关的荷电方式可以使尘粒荷电，但是，大多数方式不能满足净化大量含尘气体的要求。因为在静电除尘中使尘粒分离的力主要是静电力即库仑力，而库仑力与尘粒所带的电荷量和除尘区电场强度的乘积成比例。所以，要尽量使尘粒多荷电，如果荷电量加倍，则库仑力会加倍。若其他因素相同，这意味着电除尘器的尺寸可以缩小一半。虽然在双极性条件下能使尘粒荷电实现，但是理论和实践证明，单极性高压电晕放电使尘粒荷电效果更好，能使尘粒荷电达到很高的程度，所以电除尘器都采用单极性荷电。

在电除尘器的电场中，尘粒的荷电机理基本有两种：一种是电场中离子的吸附荷电，这种荷电机理通常称为电场荷电或碰撞荷电；另一种则是由于离子扩散现象的荷电过程，通常这种荷电过程为扩散荷电。尘粒的荷电量与尘粒的粒径、电场强度和停留时间等因素有关。就大多数实际应用的工业电除尘器所捕集的尘粒范围而言，电场荷电更为重要。

5. 荷电尘粒的运动

粉尘荷电后，在电场的作用下，带有不同极性电荷的尘粒，则分别向极性相反的电极运动，并沉积在电极上。工业电除尘多采用负电晕，在电晕区内少量带正电荷的尘粒沉积到电晕极上，而电晕外区的大量尘粒带负电荷，因而向收尘极运动。

处于收尘极和电晕极之间荷电尘粒，受到四种力的作用，其运动服从于牛顿定律，这四种力为：

① 尘粒的重力　$F_g=mg$　(5-107)

② 电场作用在荷电尘粒上的静电力 $F_c=E_c q_{PS}$　(5-108)

③ 惯性力　$F_i=\dfrac{m\,d\omega}{dt}$　(5-109)

④ 尘粒运动时介质的阻力（黏滞力），服从斯托克斯定律（Stokes）

$$F_c=6\pi a\eta\omega \tag{5-110}$$

式中，F_g、F_c 和 F_i 分别为重力、静电力和惯性力，N；g 为重力加速度，m/g^2；E_c 为电场强度；q_{PS} 为尘粒的饱和荷电量，C；η 为介质的黏度系数，V/m；a 为尘粒的粒径，m；ω 为荷电尘粒的驱进速度，m/s。

气体中的细微尘粒的重力和介质阻力相比很小，完全可以忽略不计，所以，在电除尘器中作用在悬浮尘粒上的力只剩下电力、惯性力和介质阻力。按牛顿定律这三个力之和为零。解微分方程，并做变换，根据在正常情况下，尘粒到达其终速度所需时间与尘粒在除尘器中停留的时间达到平衡，并向收尘极做等速运动，相当于忽略惯性力，并且认为荷电区的电场强度 E_c 和收尘区的场强 E_P 相等，都为 E，则得到下式：

$$\omega=\frac{2}{3}\times\frac{\varepsilon_o DaE^2}{\eta}=\frac{DaE^2}{6\pi\eta} \tag{5-111}$$

式中，D 可由粉尘的相对介电常数 ε_r 得出，即 $D=\dfrac{3\varepsilon_r}{\varepsilon_r+2}$，$\varepsilon_r$ 对于气体取 1，对于金属取∞，对金属氧化物取 12～18，一般粉尘可取 4。

取 $D=2$，则 $\omega=\dfrac{0.11aE^2}{\eta}$。

从理论推导出的公式中可以看出，荷电尘粒的驱进速度 ω 与粉尘粒径成正比，与电场强度的平方成正比，与介质的黏度成反比。粉尘粒径大、荷电量大，驱进速度大是不言而喻的。由于介质的黏度是比较复杂的因素，实际驱进速度与计算值相差较大，约小于 1/2，所以，在设计时，还常采用试验或实践经验值。

6. 尘粒的捕集

在电除尘器中，荷电极性不同的尘粒在电场力的作用下分别向不同极性的电极运动。在电晕区和靠近电晕区很近的一部分荷电尘粒与电晕极的极性相反，于是就沉积在电晕极上。电晕区范围小，捕集数量也小。而电晕外区的尘粒，绝大部分带有电晕极极性相同的电荷，所以，当这些电荷尘粒接近收尘极表面时，在极板上沉积而被捕集。尘粒的捕集与许多因素有关，如尘粒的比电阻、介电常数和密度，气体的流速、温度、电场的伏-安特性，以及收尘极的表面状态等。

尘粒在电场中的运动轨迹，主要取决于气流状态和电场的综合影响，气流的状态和性质是确定尘粒被捕集的基础。

气流的状态原则上可以是层流或紊流。层流条件下尘粒运行轨迹可视为气流速度与驱进速度的向量和，如图 5-130 所示。

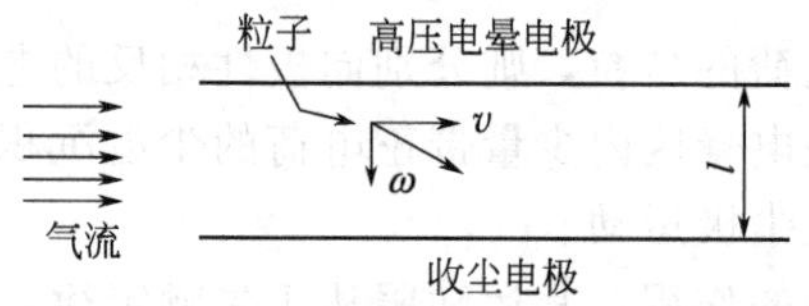

图 5-130 层流条件下电场中尘粒的运动示意

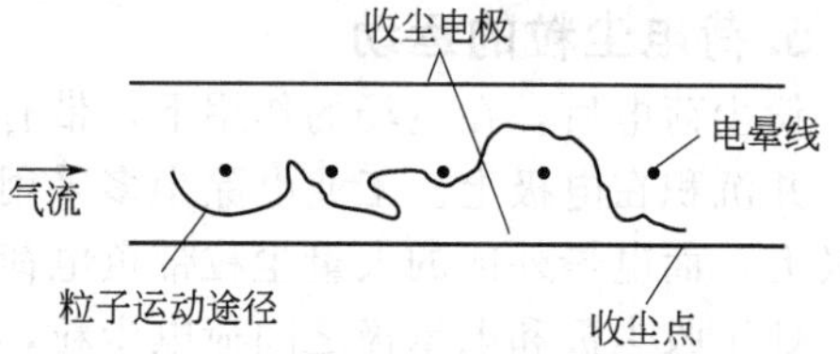

图 5-131 紊流条件下电场中尘粒的运动

紊流条件下电场中尘粒的运动如图 5-131 所示，尘粒能否被捕集应该说是一个概率问题。就单个粒子来说，收尘效率或者是零，或者是 100%。电除尘尘粒的捕集概率就是除尘效率。

除尘效率是电除尘器的一个重要技术参数，也是设计计算、分析比较评价电除尘器的重要依据。通常任何除尘器的除尘效率η（%）均可按下式计算。

$$\eta=1-\frac{c_1}{c_2} \tag{5-112}$$

式中，c_1 为电除尘器出口烟气含尘浓度，g/m^3；c_2 为电除尘器入口烟气含尘浓度，g/m^3。

1922 年德国人多依奇（Deutsch）做了如下的假设，推导了计算电除尘器除尘效率的方程式。

图 5-132 和图 5-133 分别为管式电除尘器除尘效率公式推导示意和板式电除尘器粉尘捕集示意。

管式电除尘器多依奇效率公式为：

$$\eta=1-e^{\frac{\omega}{v}\times\frac{A_c}{V}L} \tag{5-113}$$

或

$$\eta=1-e^{-\frac{2L}{r_b v}\omega} \tag{5-114}$$

板式电除尘器多依奇效率公式为：

$$\eta=1-e^{-\frac{L}{bv}\omega} \tag{5-115}$$

或

$$\eta=1-e^{-f\omega}=1-e^{-\frac{A}{Q}\omega} \tag{5-116}$$

式中，A_c 为管式电除尘器管内壁的表面积，m^2；V 为管式电除尘器管内体积，m^3；

v 为气流速度，m/s；e 为自然对数的底；A 为收尘极板表面积，m^2；Q 为烟气流量，m^3/s；f 为比集尘面积，$m^2 \cdot s/m^3$；L 为电场长度，m；w 为有效驱进速度，m/s；r_b 为管式电除尘器半径，m。

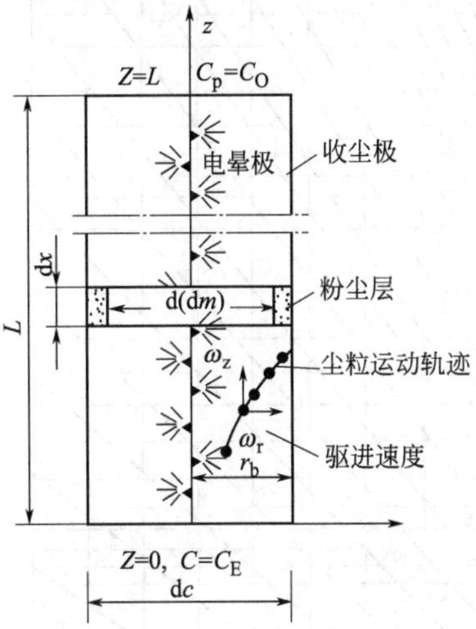

图 5-132 管式电除尘器除尘效率公式推导示意

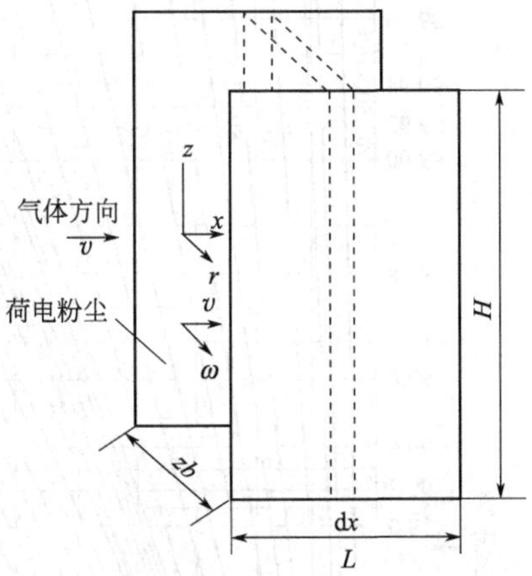

图 5-133 板式电除尘器粉尘捕集示意

比较式(5-113)，除尘效率和电场强度成正比，而当管式和板式电除尘器的电场长度和导极间距相同时，管式电除尘器的气流速度是板式电除尘器的 2 倍。

除尘效率随驱进速度 ω 和比集尘面积 f 值的增大而提高，随烟气流量 Q 的增大而降低。表 5-80 表示了不同指数值的除尘效率。

表 5-80 不同指数值的除尘效率

指数$\frac{A}{Q}\omega$	0	1.0	2.0	2.3	3.0	3.91	4.61	6.91
除尘效率η/%	0	63.2	86.5	90	95	98	99	99.9

图 5-134 和图 5-135 表示了除尘效率η、驱进速度 ω 和比集尘面积 f 值的列线图。在效率公式中 4 个变量，如η、Q 和 ω 确定后，则可计算出收尘极面积 A。或根据所要求的除尘效率和选定的驱进速度，从列线图上可查出 f 值。

由于多依奇公式是在许多假设条件下推导出的理论公式，因此与实测结果有差异。为此很多学者对其理论公式进行了修正，使其尽可能与实测接近。但仍用上述公式作为分析、评价、比较电除尘器的理论基础。

7. 被捕集尘粒的清除

随着除尘器的连续工作，电晕极和收尘极上会有粉尘颗粒沉积，粉尘层厚度为几毫米，粉尘颗粒沉积在电晕极上会影响电晕电流的大小和均匀性。收尘极板上粉尘层较厚时会导致火花电压降低，电晕电流减小。为了保持电除尘器连续运行，应及时清除沉积的粉尘。

收尘极清灰方法有湿式、干式和声波三种方法。湿式电除尘器中，收尘极板表面经常保持一层水膜，粉尘沉降在水膜上随水膜流下。湿法清灰的优点是无二次扬尘，同时可净化部分有害气体；缺点是腐蚀结垢问题较严重，污水需要处理。干式电除尘器由机械撞击或电磁振打产生的振动力清灰。干式振打清灰需要适合的振打强度。声波清灰对电晕极和收尘极都较好，但能耗较大的声波清灰机，理论研究落后于应用实践。

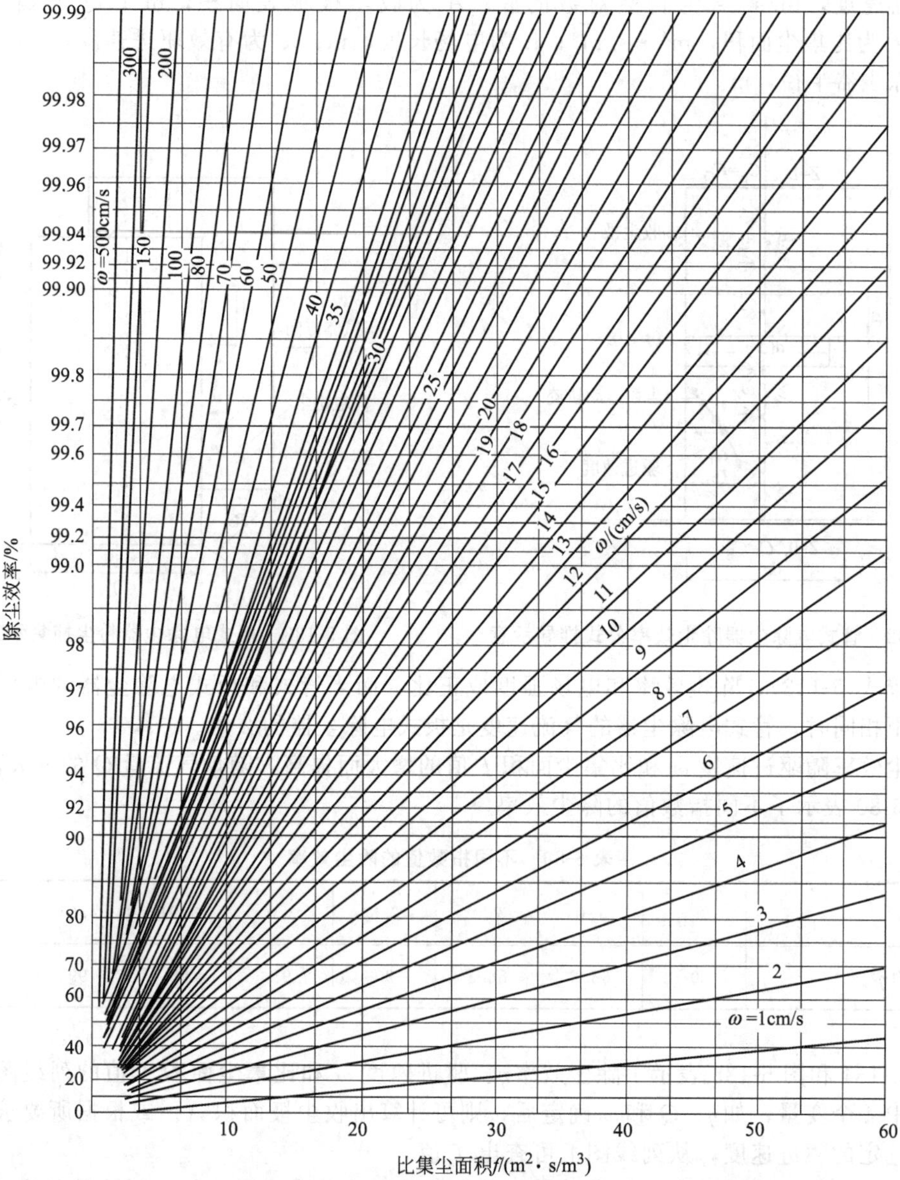

图 5-134 除尘效率η、驱进速度ω 和比集尘面积 f 值的列线图

8. 粉尘排出

粉尘落入电除尘器灰斗后，要靠输排灰装置把粉尘从灰斗中排出来。为使粉尘顺利排出，必须在灰斗上装振打电机和卸灰阀门。用振打电机松动粉尘，用卸灰阀排出粉尘并配套输灰装置运走。

三、常用电除尘器

1. GL 型管式电除尘器

立管式电除尘器由圆形的立管、鱼刺形电晕线和高压电源组成。它的主要优点是结构简单、效率较高、阻力低、耗电省等，因此广泛应用于冶金、化工、建材、轻工等工业部门，但这种除尘器仅适用处理小烟气量的场合。

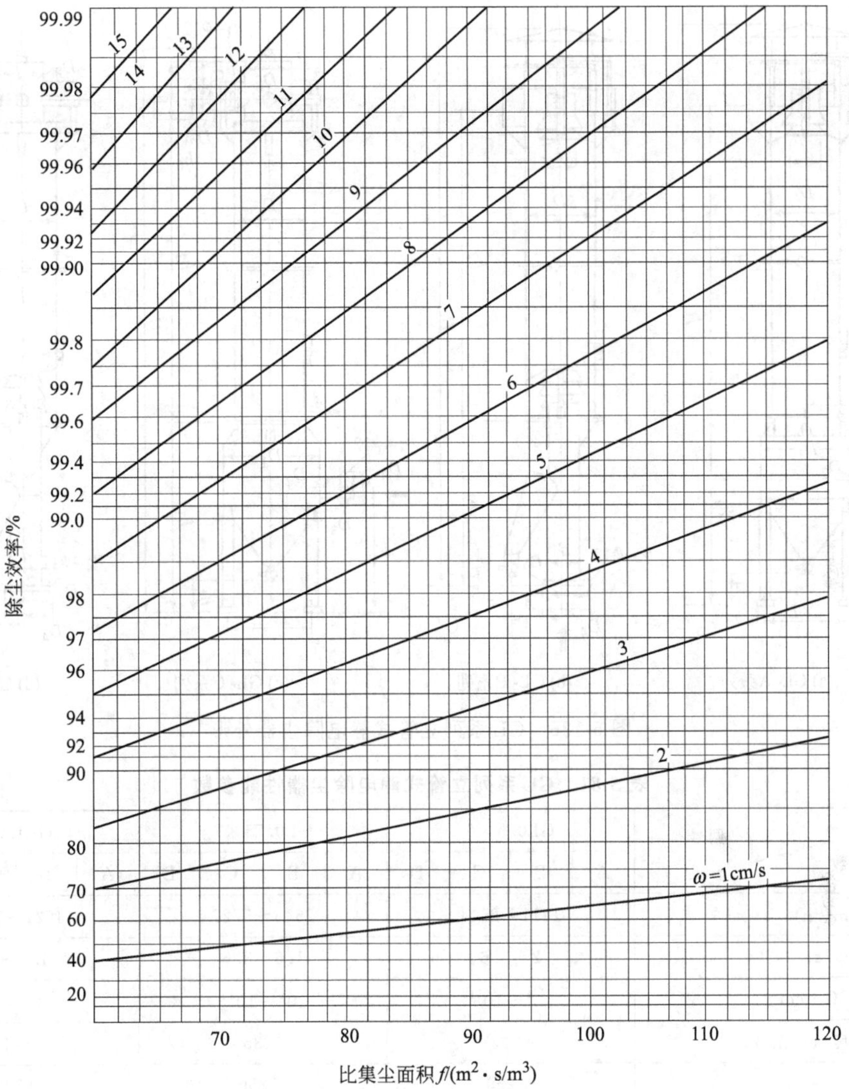

图 5-135　除尘效率η、驱进速度ω和比集尘面积f值的列线图

GL 系列管式电除尘器有 4 种形式：A、B 型适合于正压操作，其中 A 型可安放于单体设备之旁，B 型可安放于烟囱上部；C、B 型适合于负压操作，其中 C 型可放在单体设备之旁，D 型可安放在烟囱上部如图 5-136 所示。

GL 系列立管式静电除尘器技术性能，外形及安装尺寸如下所述。

(1) 阴极电晕线　阴极电晕线由不锈钢鱼骨形线构成，它具有强度大、易清灰、耐腐蚀等优点，并能得到强大的电晕电流和离子风以及良好的抗电晕闭塞性能。

(2) 伞形集尘圈　使用伞形圈，可使气流和灰流分路，从而有可能防止二次飞扬，提高电场风速。

(3) 机械振打清灰　阳极采用带配重的落锤振打，使振打点落在框架上，振打力分布在整个集尘部分主座上，提高清灰效果；阴极采用配置绝缘材料的落锤振打，也使清灰良好。

GL 系列见表 5-81 及表 5-82。

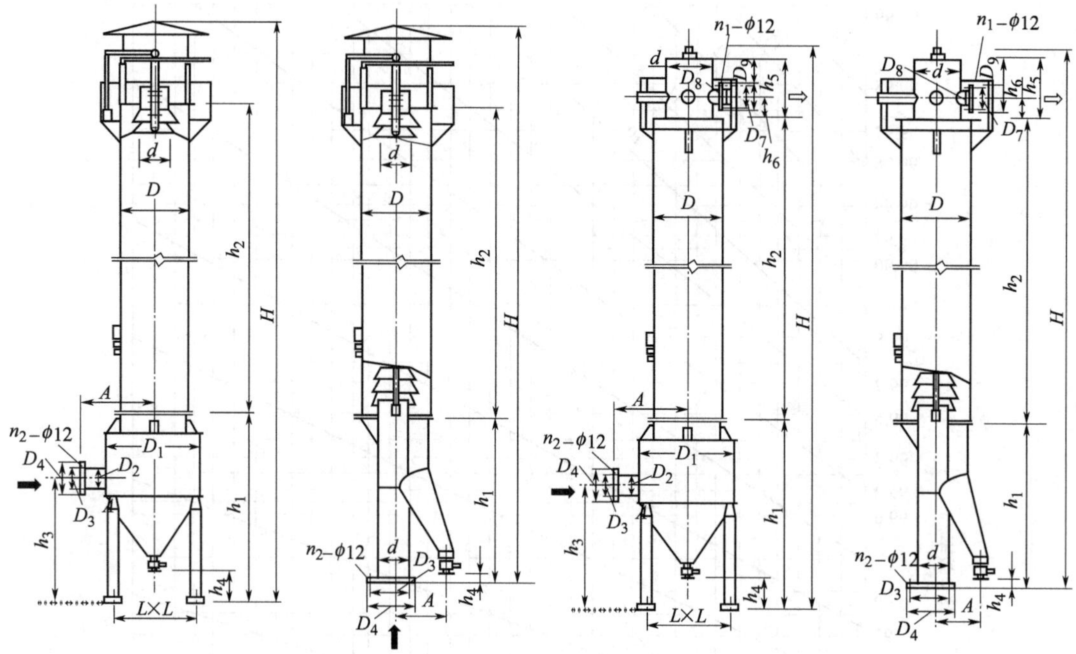

图 5-136 GL 系列立管式静电除尘器外形

表 5-81 GL 系列立管式静电除尘器性能参数

性能参数 \ 型号	GL0.5×6				GL0.75×7				GL1.0×8			
	A	B	C	D	A	B	C	D	A	B	C	D
处理风量/(m^3/h)	1411～2544				2545～5727				4521～10173			
电场风速/(m/s)	2～3.6				1.6～3.6				1.6～3.6			
粉尘比电阻/Ω·cm	10^4～10^{11}				10^4～10^{11}				10^4～10^{11}			
入口含尘浓度/(g/m^3)	<35				<35				<35			
工作温度/℃	<250				<250				<250			
阻力/Pa	200				200				200			
配套高压电源规格	100kV/5mA				100kV/10mA				120kV/30mA			
本体重/t	3.3	3.0	3.5	3.2	4.5	3.9	4.7	4.1	6.5	5.4	6.7	5.6
配套高压电源型号	CK 型尘源控制高压电源或 GGAJO2 型压电源											

表 5-82 GL 系列立管式静电除尘器外形及安装尺寸

型号	进口法兰尺寸/mm												出口法兰尺寸/mm						孔数/个	
	d	D	D_1	H	h_1	h_2	h_3	h_4	h_5	h_6	A	L	D_2	D_3	D_4	D_7	D_8	D_9	n_1	n_2
GL0.5× 6A	500	800	1500	11900	3600	6000	2600	700			1450	1430	300	335	370				8	
GL0.75× 7A	750	1100	2100	13300	4000	7000	2800	700			1650	2030	380	415	460				8	
GL1.0× 8A	1000	1500	2400	16340	4400	9400	3000	700			1900	2330	550	600	650				10	
G0.5×6B	500	800		11400	3100	6000		100			800								8	10
GL0.75×7B	750	1100		13200	3920	7000		100			1000								8	16

续表

型号	进口法兰尺寸/mm												出口法兰尺寸/mm						孔数/个	
	d	D	D_1	H	h_1	h_2	h_3	h_4	h_5	h_6	A	L	D_2	D_3	D_4	D_7	D_8	D_9	n_1	n_2
GL1.0×8B	1000	1500		16650	4710	9400		100			1200								10	20
GL0.5×6C	500	8000	1500	11000	3600	6000	2600	700	1200	400	1450	1430	300	335	370	320	360	400	8	
GL0.75×7C	750	1100	2100	12400	4000	7000	2800	700	1200	400	1650	2030	390	415	460	400	440	480	8	
GL1.0×8C	1000	1500	2400	15400	4400	9400	3000	700	1400	500	1900	2330	550	600	650	580	620	660	10	
GL6.5×6D	500	800		10500	3100	6000		100	1200	400	800					320	360	400	8	10
GL0.725×7D	750	1100		12320	3920	7000		100	1200	400	1000					400	440	480	8	16
GL1.0×8D	1000	1500		15710	4710	9400		100	1400	500	1200					580	620	660	10	20

2. GD 系列管极式电除尘器

GD 系列电除尘器是采用管状三电极结构，可防止断线和阴极肥大，设置辅助电极带负电，可收集带正电的尘粒。

GD 系列电除尘器技术参数见表 5-83。GD5、GD7.5、GD10、GD15 型管极式电除尘器外形及尺寸分别见图 5-137 及表 5-84。GD20、GD30、GD40、GD50、GD60 型管极式电除尘器外形及尺寸分别见图 5-138 及表 5-85。

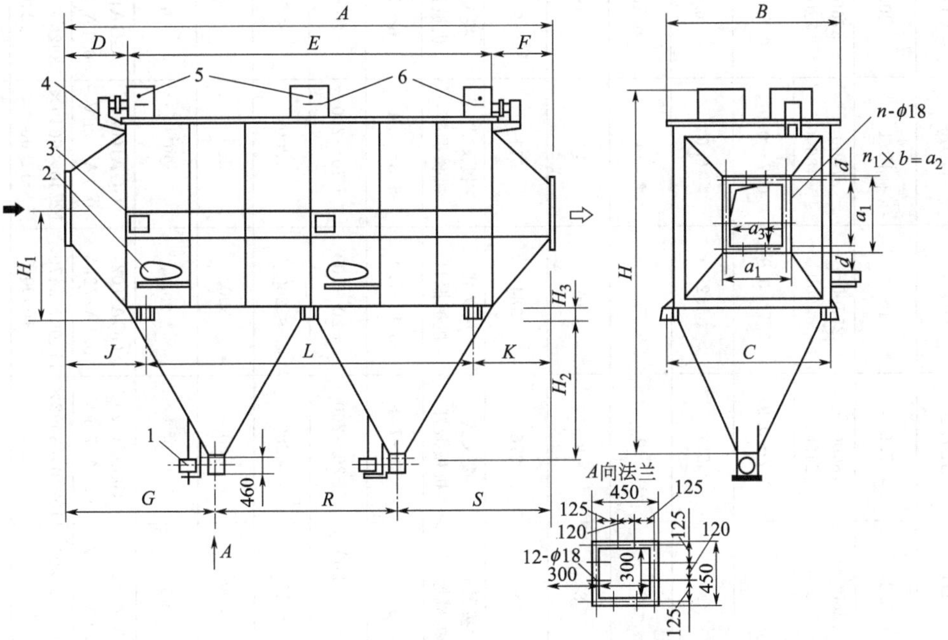

图 5-137　GD5、GD7.5、GD10、GD15 型管极式电除尘器外形及尺寸

1—减速电机；2—阳极振打减速器；3—阴极振打减速器；4—高压电缆接头；5—温度继电器；6—管状电加热管

GD 系列管极式电除尘器适用于粉尘比电阻为 $10^2 \sim 10^{11}\Omega \cdot cm$，不适用于有腐蚀性或具有燃烧、爆炸等物相变化的含尘气体。该除尘器均按户外条件设计，有防雨外壳，平台、支架与基础需按制造厂图纸或技术条件自行设计。GD 系列电除尘器出厂时配有电控装置，应设置在控制室内，控制室应尽量靠近电除尘器，室内高度<4m，所有门窗应向外开，水磨石地面，双层窗，并具有良好的密封性；预地埋电缆（线）管应有良好接地、通风，并

表 5-83 GD 系列管极式电除尘器技术参数

技术参数＼型号	GD5	GD7.5	GD10	GD15	GD20	GD30	GD40	GD50	GD60
有效断面积/m^2	5.1	7.6	10.2	15.1	20.3	30.2	40.2	50.1	60.3
生产能力/(m^2/h)	12600～16200	18900～24300	25500～32000	37800～48600	57600～72000	86400～108000	115200～144000	144000～180000	172800～216000
电场风速/(m/s)	0.7～0.9	0.7～0.9	0.7～0.9	0.7～0.9	0.8～1.0	0.8～1.0	0.8～1.0	0.8～1.0	0.8～1.0
电场长度/m	4.4	5.2	5.2	6.0	6.0	6.0	6.8	6.8	6.8
每个电场的沉淀极排数	9	10	11	14	16	19	21	24	27
每个电场的电晕极排数	8	9	10	13	15	18	20	23	26
沉淀极板总面积/m^2	183	276	384	611	823	1317	1868	2439	3005
电晕极振打方式	拨叉式机械振打	拨叉式机械振打	拨叉式机械振打	拨叉式机械振打	拨叉式机械振打	拨叉式机械振打	拨叉式机械振打	拨叉式机械振打	拨叉式机械振打
烟气通过电场时间	4.9～6.3	5.8～7.4	5.8～7.4	5.8～7.4	6～7.5	6～7.5	6.8～8.5	6.8～8.5	6.8～8.5
电场内烟气压力/10Pa	+20～200	+20～200	+20～200	+20～200	+20～200	+20～200	+20～200	+20～200	+20～200
阻力/Pa	<200	<200	<200	<200	<200	<200	<200	<200	<200
气体允许最高温度/℃	300	300	300	300	300	300	300	300	300
设计效率/%	90	99	90	99	90	99	90	90	99
硅整流装置规格	GGAJ(02) 0.1A/72kV	GGAJ(02) 0.1A/72kV	GGAJ(02) 0.1A/72kV	GGAJ(02) 0.1A/72kV	GGAJ(02) 0.1A/72kV	GGAJ(02) 0.1A/72kV	GGAJ(02) 0.1A/72kV	GGAJ(02) 0.1A/72kV	GGAJ(02) 0.1A/72kV
设备外形尺寸/mm	9860×2790×8475	10940×3092×9250	11100×3470×10900	12740×5040×11800	13920×5980×13400	14730×6570×14950	13920×5980×13400	16060×6570×14950	16580×8430×17520
设备总质量/kg	15813	23676	47612	52864	69551	86308	134615	157291	188624

考虑防火与防电磁辐射措施。所配高压硅整流装置均为单相全波整流机，接线时应注意网络平衡。除电晕极外，包括外壳在内有其他可能漏散电流的地方，均应有效接地，接地电阻＜4Ω。GD系列管极式电除尘器设备配置如表5-86所列。

表5-84　GD5、GD7.5、GD10、GD15型管极式电除尘器外形尺寸　　单位：mm

型号	GD5	GD7.5	GD10	GD15	型号	GD5	GD7.5	GD10	GD15
A	9860	10940	11100	13400	H	8475	9250	10100	4100
B	2865	3160	3545	4175	H_1	2140	2550	2800	10900
C	2790	3090	3470	4175	H_2	3075	3250	3425	2900
D	1030	1240	1400	4100	H_3	300	300	300	300
E	7800	8600	8600	1500	a_1	700	906	976	1080
F	1030	1100	1100	1040	a_2	660	840	920	1020
G	2980	3390	3550	1500	a_3	600	780	850	960
J	1530	1740	2000	4100	b	110	120	115	170
K	1530	1600	1700	2100	d	20	33	33	25
L	6800	7600	7400	2100	n	24	28	24	28
R	3900	4300	4300	9200	n_1	6	7	8	8
S	2980	3250	3250	5200					

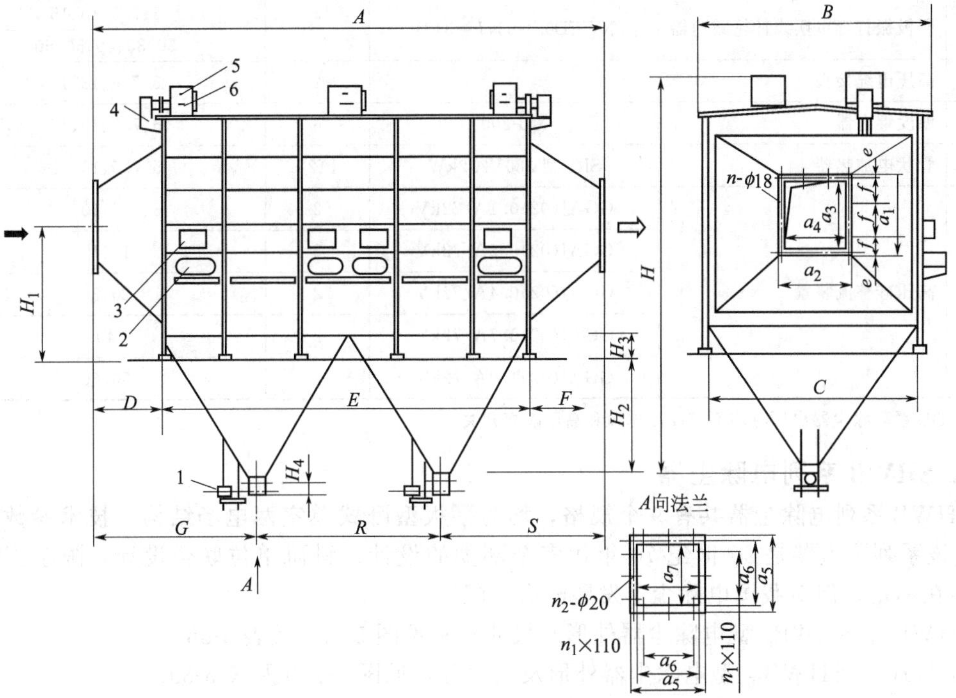

图5-138　GD20、GD30、GD40、GD50、GD60型管极式电除尘器外形及尺寸

1—减速电机；2—阳极振打减速机；3—阴极振打减速机；4—高压电缆接头；5—温度断电器；6—管状电加热管

表 5-85 GD20、GD30、GD40、GD50、GD60 型管极式电除尘器外形尺寸 单位：mm

型号	GD20	GD30	GD40	GD50	GD60	型号	GD20	GD30	GD40	GD50	GD60
A	12740	13920	14730	16060	165480	H_4	600	600	760	760	760
B	5125	6050	6670	16060	8510	a_1	1426	1762	2050	2150	2362
C	5040	5980	6590	7995	8430	a_2	1374	1072	1990	2090	2302
D	1990	2440	2770	7520	3400	a_3	1300	1600	1900	2000	2200
E	9400	9800	10100	10800	10700	a_4	1120	1395	1620	1740	1980
F	1350	1680	1860	10700	2480	a_5	530	530	630	630	630
G	4340	4890	5295	2280	6075	a_6	470	470	570	570	570
R	4700	4900	5050	5755	5350	a_7	400	400	500	500	500
S	3700	4130	4385	5350	5155	e	26	30	30	30	30
H	11800	13400	14900	14955	17520	f	127	153.3	185	175	161
H_1	3760	4680	5350	5850	6210	n	40	44	44	48	56
H_2	3700	4030	4360	4550	4580	n_1	2	2	3	3	3
H_3	600	700	700	700	700	n_2	12	12	16	16	16

表 5-86 GD 系列管极式电除尘器电器设备配置

序号	名称	性能	数量	除尘器规格(GD)
1	减速电机	JTC-562 1.6Wlr/min	2	5、7.5、10、15
		JTC-751 12.6Wlr/min	2	20、30
		JTC-752 4.2Wlr/min	2	40、50、60
2	阳极振打行星摆线针轮	XWED0.4-63，$I=3481$	2	5、7.5、10、15
			4	20、30、40、50、60
3	阴极振打行星摆线针轮减速器	XWED0.4-63，$I=3481$	2	5、7.5、10、15
			4	20、30、40、50、60
4	高压电缆接头		2	5、7.5、10、15
5	温度继电器	XU-200	6	5、7.5、10、15
6	管状电加热器	SR2 型 380V2.2kW	12	5、7.5、10、15
7	高压硅整流装置	GGAJ(02)0.1A/72kV	2	5、7.5、10、15
		GGAJ(02)0.2A/72kV	2	10、15
		GGAJ(02)0.4A/72kV	2	20、30
		GGAJ(02)0.7A/72kV	2	40
		GGAJ(02)1.0A/72kV	2	50、60

注：GD 系列除尘器出厂时均不带高压电缆和高压隔离开关。

3. SHWB 系列电除尘器

SHWB 系列电除尘器共有 9 个规格，均为平板型卧式单室两电场结构。技术参数见表 5-87。该系列除尘器是 20 世纪 70 年代多个部委的设计、科研单位联合设计，限于当时条件，存在不足，但对我国电除尘器发展颇有贡献。

$SHWB_3$、$SHWB_5$ 型电除尘器外形及尺寸分别见图 5-139 及表 5-88。

$SHWB_{10}$、$SHWB_{15}$ 型电除尘器外形及尺寸分别见图 5-140 及表 5-89。

$SHWB_{20}$、$SHWB_{30}$、$SHWB_{40}$、$SHWB_{50}$、$SHWB_{60}$ 型电除尘器外形及尺寸分别见图 5-141 及表 5-90。

SHWB 系列电除尘器电器配置见表 5-91。

表 5-87　SHWB 系列电除尘器技术参数

技术参数＼型号	$SHWB_3$	$SHWB_5$	$SHWB_{10}$	$SHWB_{15}$	$SHWB_{20}$	$SHWB_{30}$	$SHWB_{40}$	$SHWB_{50}$	$SHWB_{60}$
有效面积/m^2	3.2	5.1	10.4	15.2	20.11	30.39	40.6	5.3	63.3
生产能力/(m^3/h)	6900～9200	11000～14700	30000～37400	43800～54700	57900～72400	109000～136000	146000～183000	191000～248000	228000～296000
电场风速/(m/s)	0.6～0.8	0.6～0.8	0.6～0.8	0.6～0.8	0.6～0.8	1～1.25	1～1.25	1～1.3	1～1.3
正负极距离/mm	140	140	140	140	150	150	150	150	150
电场长度/m	4	4	5.6	5.6	5.6	6.4	7.2	8.8	8.8
每个电场沉淀极排数	5	9	12	15	16	18	22	22	26
每个电场电量极排数	6	8	11	14	15	17	21	21	25
沉淀极板总面积/m^2	106	159	448	647	776	1331	1932	3168	3743
沉淀极板长度/mm	2300	2300	3400	4000	4500	6000	6500	8500	8500
沉淀极板振打方式	挠臂锤机械振打	挠臂锤机械振打	挠臂锤机械振打	挠臂锤机械振打	挠臂锤机械振打(双面)	挠臂锤机械振打(双面)	挠臂锤机械振打(双面)	挠臂锤机械振打(双面)	挠臂锤机械振打(双面)
电晕极振打方式	电磁振打	电磁振打	提升脱离机构	提升脱离机构	提升脱离机构	提升脱离机构	提升脱离机构	提升脱离机构	提升脱离机构
电晕线型式	星形	星形	星形	星形	星形	星形	星形或螺旋形	星形或螺旋形	星形或螺旋形
每个电场电晕线长度/m	105	147	459	725	861	1491	星形 2264 螺旋形 2485	星形 3351 螺旋形 4897	星形 4290 螺旋形 5275
烟气通过电场时间/s	5～6.7	5～6.7	5～6.7	5～6.7	5～6.7	5.1～6.4	5.8～7.2	6.8～8.8	6.8～8.8
电场内烟气压力/10Pa	+20～−200	+20～−200	+20～−200	+20～−200	+20～−200	+20～−200	+20～−200	+20～−200	+20～−200
阻力/Pa	<200	<200	<300	<300	<300	<300	<300	<300	<300
气体允许最高温度/℃	300	300	300	300	300	300	300	300	300
设计效率/%	98	98	98	98	98	98	98	98	98
硅整流装置规格	GGAJ(02) 0.1A/72kV	GGAJ(02) 0.1A/72kV	GGAJ(02) 0.1A/72kV	GGAJ(02) 0.1A/72kV	GGAJ(02) 0.1A/72kV	GGAJ(02) 0.1A/72kV	GGAJ(02) 0.1A/72kV	GGAJ(02) 0.1A/72kV	GGAJ(02) 0.1A/72kV
设备外形尺寸/mm	2730×5475×8475	3589×6545×9250	6500×9893×10100	6950×10547×10900	7700×11116×11800	8500×13225×13400	9500×14500×19950	9830×16430×15850	10950×18452×17520
设备总质量/kg	7790	12375	39097	48208	64551	73828	118231	134921	172742

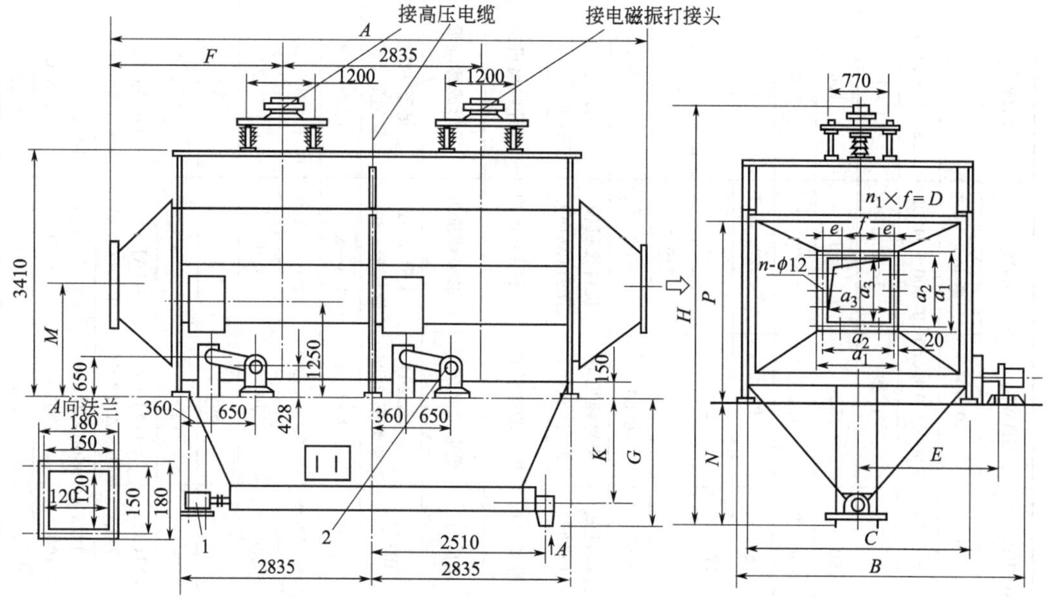

图 5-139 SHWB$_3$、SHWB$_5$ 型电除尘器外形及尺寸

1—减速电机；2—行星摆线针轮减速器

SHWB 系列电除尘器使用条件与 GD 系列管极式电除尘器相同。

表 5-88 SHWB$_3$、SHWB$_5$ 型电除尘器外形尺寸 单位：mm

型号	A	B	C	D	E	F	G	H	P	M	N	a_1	a_2	a_3	e	f	n	n_1
SHWB$_3$	7240	2730	1850	160	1271	1425	1330	5805	1020	1625	1400	500	460	400	150	160	12	1
SHWB$_5$	7436	3589	2726	260	1691	1695	2060	6545	1750	1600	2135	560	520	460	130	130	16	2

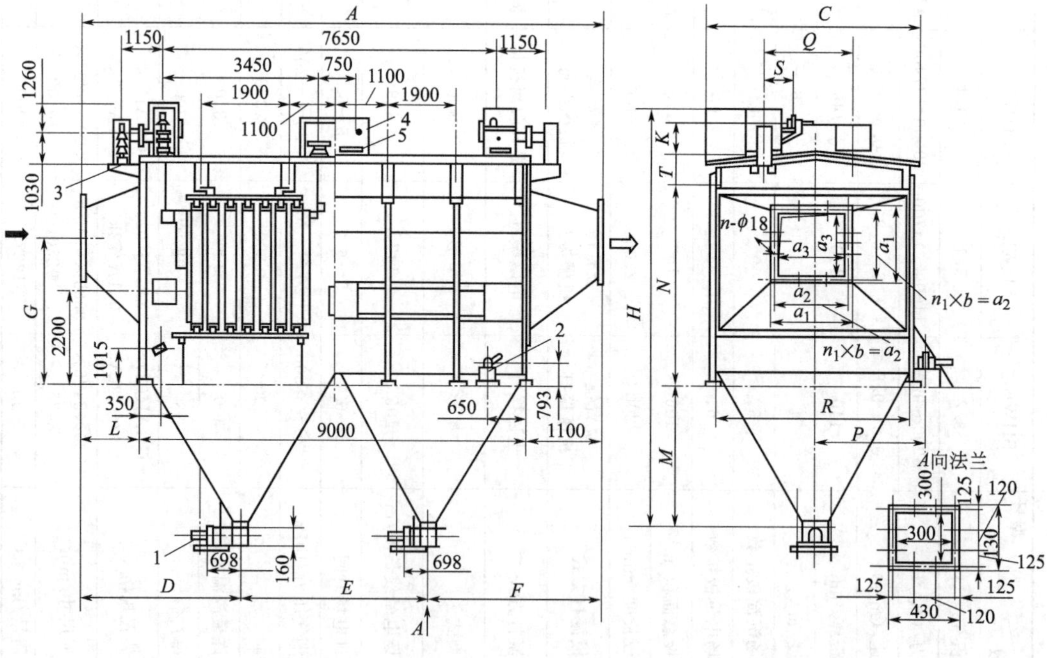

图 5-140 SHWB$_{10}$、SHWB$_{15}$ 型电除尘器外形及尺寸

1—减速电机；2—行星摆线针轮减速器；3—高压电缆接头；4—温度继电器；5—管状电加热器

表 5-89　$SHWB_{10}$、$SHWB_{15}$ 型电除尘器外形尺寸　　单位：mm

型号	$SHWB_{10}$	$SHWB_{15}$	型号	$SHWB_{10}$	$SHWB_{15}$
A	11400	11630	R	3630	4500
C	4000	4900	T	685	680
D	3545	3730	S	912.5	862.5
E	4590	4600	Q	1960	2240
F	3305	3300	a_1	976	1086
G	2900	3130	a_2	920	1020
H	9893	10547	a_3	850	960
K	1448	1450	b	115	170
L	1340	1530	d	28	33
M	3000	3060	n	32	24
N	4300	4900	n_1	8	6
P	2113	2533			

注：d 为法兰孔直径，图中未标出。

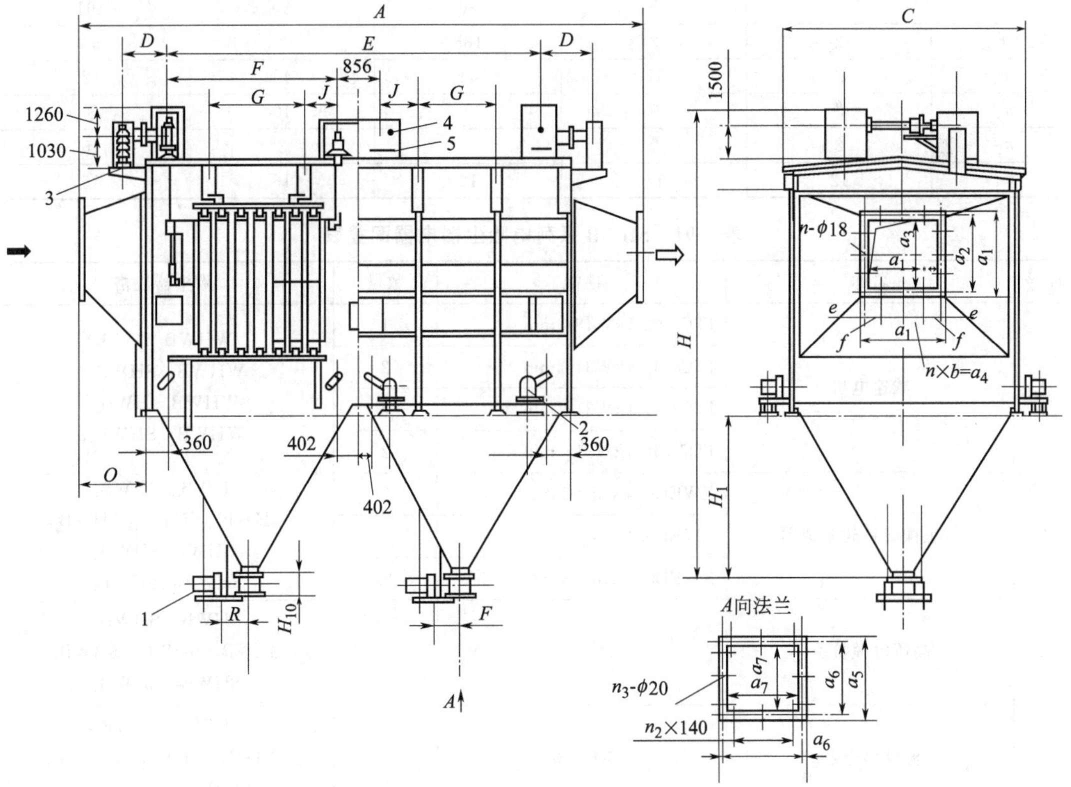

图 5-141　$SHWB_{20}$、$SHWB_{30}$、$SHWB_{40}$、$SHWB_{50}$、$SHWB_{60}$ 型电除尘器外形及尺寸

1—减速电机；2—行星摆线针轮减速器；3—高压电缆接头；

4—温度继电器；5—管状电加热器

表 5-90 $SHWB_{20}$、$SHWB_{30}$、$SHWB_{40}$、$SHWB_{50}$、$SHWB_{60}$ 型电除尘器外形尺寸 单位：mm

型号	$SHWB_{20}$	$SHWB_{30}$	$SHWB_{40}$	$SHWB_{50}$	$SHWB_{60}$
A	12376	13576	14980	18040	18360
C	5450	6160	7240	7456	8750
D	1157	1074	1074	1260	1260
E	7956	8556	9356	10956	10965
F	3550	3850	4250	5050	5050
G	2203	2630	2550	2950	2950
H	11116	12220	14510	16270	18222
H_1	3100	3830	4360	4550	5480
H_{10}	320	400	760	760	760
J	600	500	1275	1475	1475
O	1150	1480	2770	3280	3400
a_1	1120	1395	2050	2150	2302
a_2	530	530	1990	2090	2200
a_3	470	470	1900	2000	1980
a_4	400	400	1620	1740	630
a_5	140	155	630	630	570
a_6	26	30	570	570	500
a_7	127	153.5	500	500	165
b	40	44	180	174	30
e	8	9	30	30	161
f	2	2	185	175	56
n	12	12	44	48	12
n_1	8	9	9	10	3
n_2	2	2	3	3	16
n_3	12	12	16	16	16

表 5-91 SHWB 系列电除尘器电器配置表

序号	名称	性能	数量	除尘器规格
1	减速电机	JTC-502 1kW48r/min	1	$WHWB_5$ HWB_5 $WHWB_{10}$ $SHWB_{15}$ $WHWB_{20}$ HWB_{30} $WHWB_{40}$ $SHWB_{50}$
		JTC-562 1kW31r/min	2	
		JTC-751 1kW31r/min	2	
		JTC-752 1kW31r/min	2	
2	行星摆线针轮减速器	XWED0.4-63i=3481	2	$SHWB_{20}$ $SHWB_{15}$ $SHWB_{20}$ $SHWB_{30}$ $SHWB_{40}$ $SHWB_3$ $SHWB_5$ $SHWB_{50}$、$SHWB_{60}$
		XWED0.4-63i=3481	4	
		XWED0.4-63i=3481	10	
3	高压电缆接头		2	$SHWB_{20}$ $SHWB_{15}$ $SHWB_{20}$ $SHWB_{30}$ $SHWB_{40}$ $SHWB_{50}$ $SHWB_{60}$
4	温度继电器	XU200	5	$SHWB_{20}$ $SHWB_{15}$ $SHWB_{20}$ $SHWB_{30}$ $SHWB_{40}$ $SHWB_{50}$ $SHWB_{60}$
			6	
5	管状电加热器	SR2 型 380V2.2kW	6	$SHWB_{20}$ $SHWB_{15}$ $SHWB_{20}$ $SHWB_{30}$ $SHWB_{40}$ $SHWB_{50}$ $SHWB_{60}$
			8	

续表

序号	名称	性能	数量	除尘器规格
6	高压硅整流装置	GGAJ(02)-0.1A/72kV	1	$SHWB_{20}$ $SHWB_{15}$ $SHWB_{20}$ $SHWB_{30}$ $SHWB_{40}$ $SHWB_{50}$ $SHWB_{60}$ $SHWB_{50}$ $SHWB_{60}$
		GGAJ(02)-0.2A/72kV	2	
		GGAJ(02)-0.4A/72kV	2	
		GGAJ(02)-0.7A/72kV	2	
		GGAJ(02)-1.0A/72kV	2	

4. CDPK 型宽间距电除尘器

GDPK 宽间距电除尘器是先进的高效除尘器之一。所谓“宽间距”就是电除尘器的极板间距大于 300mm，具体指 400mm 以上的极板间距。CDPK（H)-10/2 型适用于 ϕ2.8m×14m 或 ϕ2.8m×14m 回转式烘干机（顺流或逆流），H 标号是耐蚀烘干机专用；CDPK（H）-20/2，适用于 ϕ1.9/1。6m×36m 小型中空干法回转窑；CDPK（H)-30/3 型，适用于 ϕ2.4m×44mm 左右的五级预热回转窑；CDPK（H)-45/3 型，2 台并用，适用于 ϕ4.0m×6m 立筒式或四对预热回转窑。CDPK 型宽间距电除尘器系列用于湿法或立波尔回转窑，在结构上考虑了耐蚀措施。其技术参数见表 5-92。外形见图 5-142。

表 5-92　CDPK 型电除尘器技术参数

技术参数＼型号	CDPK-10/2 单室两电场 $10m^2$	CDPK-20/2 单室两电场 $20m^2$	CDPK-30/3 单室三电场 $30m^2$	CDPK-45/3 单室三电场 $45m^2$
电场有效断面积/m^2	10.4	15.6	20.25	31.25
处理气体量/(m^3/h)	26000～36000	39000～56000	50000～70000	67000～112000
总除尘面积/m^2	316	620	593	1330
最高允许气体温度/℃	<250	<250	<250	<300
最高允许气体压力/Pa	200～2000	200～2000	200～2000	80
阻力损失/Pa	<200	<300	<200	99.8
最高允许含尘浓度/(g/m^3)	30	60	30	80
设计除尘效率/%	99.5	99.7	99.5	99.8
设备外形尺寸(长×宽×高)/mm	11440×4016×10784	15730×4960×10096	17620×5662×11765	18268×6196×12599
设备本体总质量/t	43.5	84	68.7	104.36

技术参数＼型号	CDPK-55/3 单室三电场 $55m^2$	CDPK-67.5/3 单室三电场 $67.5m^2$	CDPK-90/2 单室三电场 $90m^2$	CDPK-108/3 单室三电场 $108m^2$
电场有效断面积/m^2	56.8	67.54	90	108
处理气体量/(m^3/h)	143000～240000	178000～244000	210000～324000	272000～360000
总除尘面积/m^2	3125	3790	4540	5324
最高允许气体温度/℃	<250	<250	<250	<250
最高允许气体压力/Pa	200～2000	200～2000	200～2000	200～2000
阻力损失/Pa	<300	<300	<300	<300
最高允许含尘浓度/(g/m^3)	80	80	80	80
设计除效率/%	99.8	99.8	99.8	99.45～99.8
设备外形尺寸(长×宽×高)/mm	23942×8686×16531	24620×9290×19832	25180×9700×17200	25180×9700×19200
设备本体总质量/t	162	197.5	240	314.2

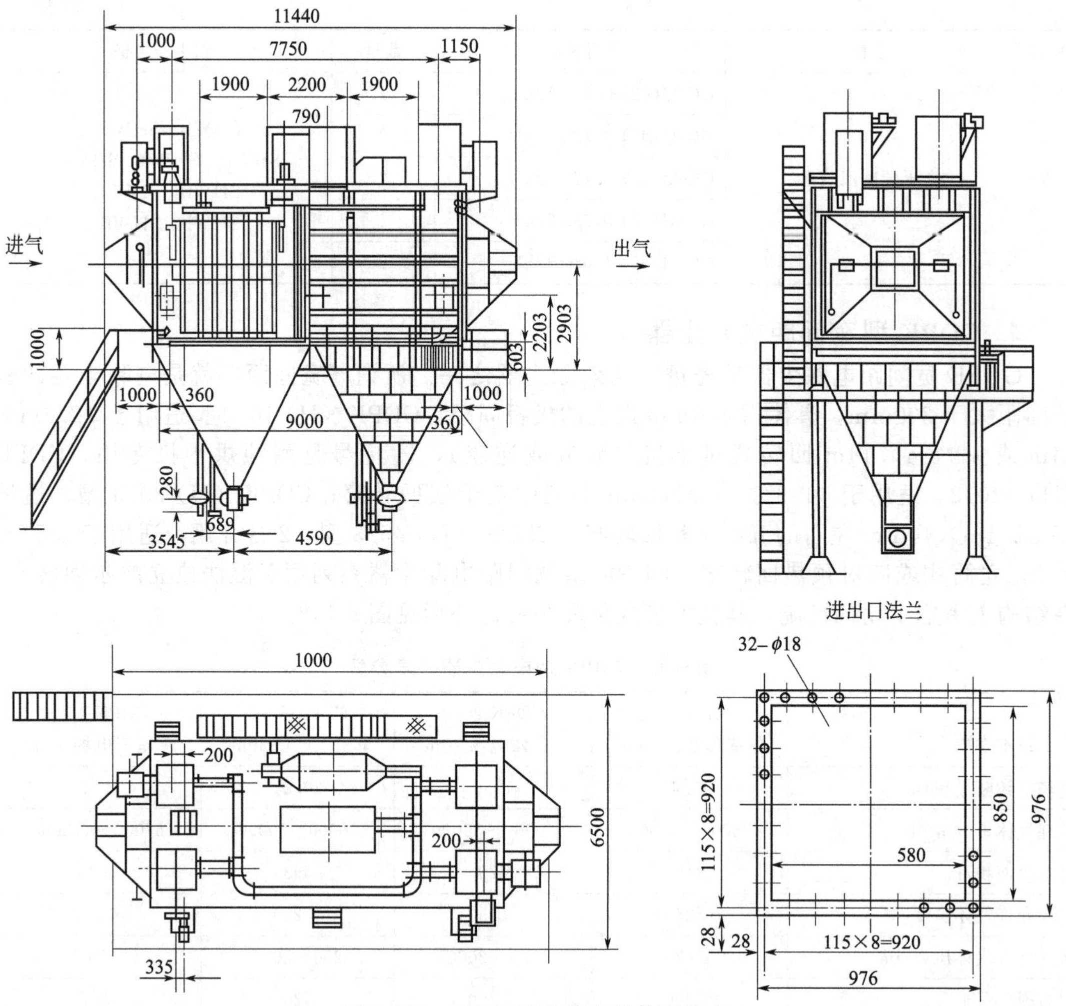

图 5-142 CDPK 型电除尘器外形尺寸

5. 圆筒电除尘器

圆筒电除尘器是专门为净化钢铁企业转炉煤气设计的，应用已达数十台之多。净化的转炉煤气中每立方米含尘几百毫克，含 CO 平均 70%，H_2 约 3%，CO_2 约 16%。圆筒电除尘器用于高炉煤气净化也获得成功。

(1) 除尘器构造 圆筒电除尘器是由圆筒形外壳、气体分布板、收尘极、电晕极、振打清灰机构、电源和出灰装置 7 部分组成，见图 5-143。在圆筒形壳体的两端是气体的进出口，进出口有气体分布板，收尘极由悬挂装置、垂直吊板、C335 板及腰带组成，沿气流方向布置。每排收尘极连接在共同的顶部及底部支撑件上，底部通过导杆加以导向。在筒体内垂直排列，与气流方向平行。两排收尘极连接在共同的顶部及底部支撑件上，底部通过导杆加以导向。在筒体内垂直排列，与气流方向平行。两排收尘极之间悬挂着放电极，放电极为圆钢（或扁钢）芒刺线。放电极与高压供电系统连接，由变压器直接供电。放电极框架通过安装支架、支撑框架及支撑管道固定在顶部外壳上的绝缘子上。绝缘子通过电加热，用氮气进行吹扫，以防粉尘集聚或绝缘子内壁形成冷凝物而导致电气击穿。振打清灰在筒体内进行，振打周期各电场不一。被振打落入筒体底部的粉尘借助电动扇形刮板刮到输送器，然后排出筒体外，这一过程由密封阀控制完成。

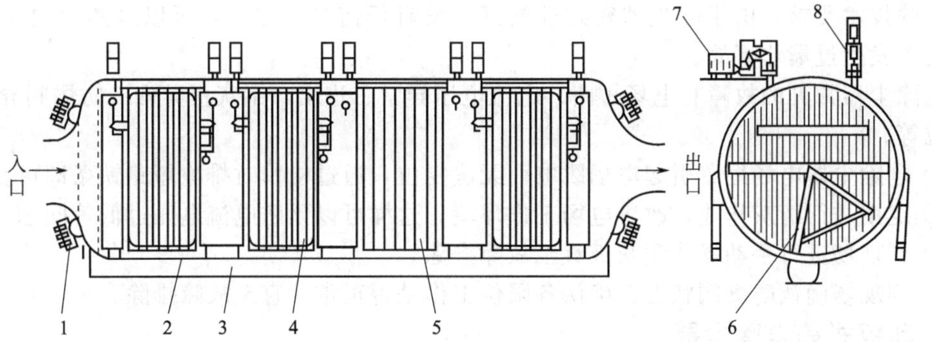

图 5-143　圆筒电除尘器构造

1—防爆阀；2—外壳；3—出灰装置；4—电晕极；5—收尘机；6—清灰装置；7—电源；8—安全阀

(2) 煤气电除尘器工作原理　煤气电除尘器是以静电力分离粉尘的净化法来捕集煤气中的粉尘，它的净化工作主要依靠放电极和收尘极这两个系统来完成。此外电除尘器还包括两极的振打清灰装置、气体均布装置、排灰装置以及壳体等部分。当含尘气体由除尘器的前端进入壳体时，含尘气体因受到气体分布板阻力及横断面扩大的作用，运动速度迅速降低，其中较重的颗粒失速沉降下来，同时气体分布板使含尘气流沿电场断面均匀分布。由于煤气电除尘器采用圆筒形设计，煤气沿轴向进入高压静电场中，气体受电场力作用发生电离，电离后的气体中存在着大量的电子和离子，这些电子和离子与尘粒结合起来，就使尘粒具有电性。在电场力的作用下，带负电性的尘粒趋向收尘极（沉淀极），接着放出电子并吸附在阳极上。当尘粒积聚到一定厚度以后，通过振打装置的振打作用，尘粒从沉淀表面剥离下来，落入灰斗，被净化了的烟气从除尘器排出。

(3) 特点　煤气电除尘器是鲁奇公司专门为净化含有 CO 烟气而开发研制的，电除尘器的特点如下。

① 外壳是圆筒形，其承载是由电除尘器进出口及电场间的环梁间的梁托座来支持的，壳体耐压为 0.3MPa。

② 烟气进出口采用变径管结构（进出口喇叭管，其出口喇叭管为一组文丘里流量计）。其阻力值很小。

③ 进出口喇叭管端部分别各设 4 个选择性启闭的安全防爆阀，以疏导产生的压力冲击波。

④ 电除尘器为将收集的粉尘清出，专门研制了扇形刮灰装置。$32m^2$ 圆筒形电除尘器主要参数见表 5-93。

表 5-93　圆筒形电除尘器技术参数

项目		参数	项目		参数
净化方式/EP		干式流程	压力损失/Pa		约 400
处理气量/(m^3/h)		210000	吨钢电耗/kW·h		约 1.2
烟气温度/℃	入口	200(增设锅炉)	捕集物	形态/分级	粉尘
	出口	<200		数量/(t/a)	75000
粉尘质量浓度/(mg/m)	入口	200	操作		无水作业
	出口	<10	维修		简便

圆筒形静电除尘器运行比较稳定，除尘器出口含尘质量浓度小于 $10mg/m^3$，能满足煤

气除尘的技术要求。由于除尘器密封性能好，没有任何空气渗入，所以虽然除尘净化是煤气，也未发生过爆炸事故。

电除尘器常见的故障有电场短路、电流电压异常、进出口刮灰板异常、防爆阀异常打开来复位等。

① 电除尘器电场短路引起电场跳电而无法复位，通过检修时排除短路铁条即可复位。

② 定期进行清灰作业，改善电场工作环境，这样可以预防电流电压过低等问题。

③ 到现场进行手动操作刮灰板直至故障排除。

④ 到现场确认防爆阀状态，确认各限位工作是否正常，直至故障排除。

6. 刮板式静电除尘器

（1）构造　刮板式静电除尘器结构示意见图 5-144。其结构特点是，刮刀采用柔性材料镶刀，具有自动调节压紧功能，始终保持刮刀与旋转收尘极板良好接触，以达到彻底清除积尘的目的。

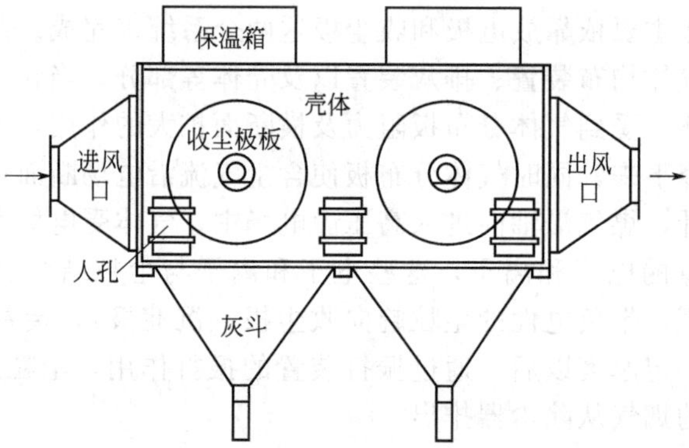

图 5-144　刮板式电除尘器结构示意

（2）工作原理　含尘气体经导流板进入电场后，在高压静电场作用下，尘粒荷电并附着在电极上，圆形收尘极板固定在一根轴上并通过减速器带动缓慢旋转，将黏附在板面粉尘层由刮刀刮落人灰斗；电晕极积尘则通过顶部电磁振打清除，净化除尘后气体由出口排入大气。

（3）用途　刮板式电除尘器适合于含尘气体中含水量大、粉尘黏性强的净化除尘场合。例如用于水泥厂黏土烘干机，性能稳定，运行可靠，除尘效率可达 99%。

第六节　电袋复合式除尘器

电袋复合式除尘器是一种利用静电力和过滤方式相结合的一种复合式除尘器。

一、电袋复合式除尘器分类

复合式除尘器通常有三种类型。

1. 串联复合式

串联复合式除尘器都是电区在前，袋区在后如图 5-145 所示，串联复合也可以上下串联，电区在下，袋区在上，气体从下部引入除尘器。

前后串联时气体从进口喇叭引入，经气体分布板进入电场区，粉尘在电区荷电并大部分被收下来，其余荷电粉尘进入滤袋区，在滤袋区粉尘被过滤干净，纯净气体进入滤袋的净气室，最后从净气管排出。

2. 并联复合式

并联复合式除尘器的电区、袋区并联，如图 5-146 所示。

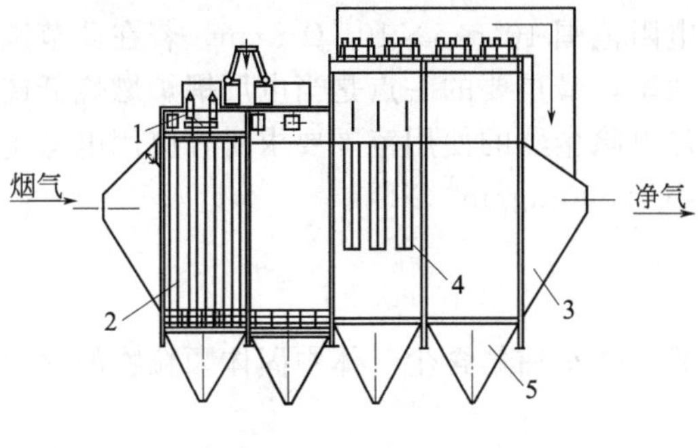

图 5-145　电场区与滤袋区串联排列

1—电源；2—电场；3—外壳；4—滤袋；5—灰斗

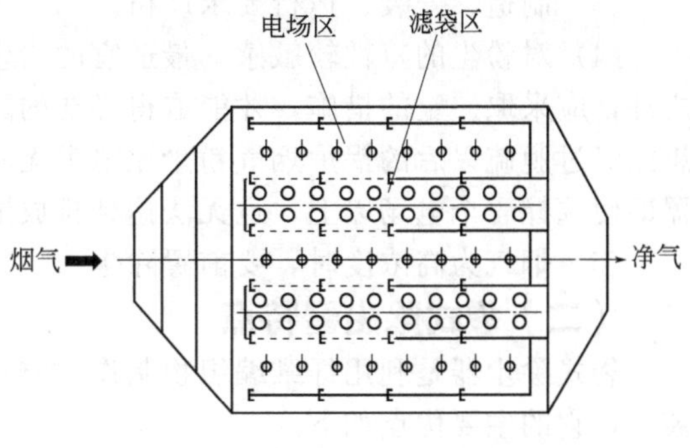

图 5-146　电场区与滤袋区并联排列

气流引入后经气流分布板进入电区各个通道，电区的通道与袋区的每排滤袋相间横向排列，烟尘在电场通道内荷电，荷电和未荷电粉尘随气流流向孔状极板，部分荷电粉尘沉积在极板上，另一部分荷电或未荷电粉尘进入袋区的滤袋，粉尘被过滤在滤袋外表面，纯净的气体从滤袋内腔流入上部的净气室，然后从净气管排出。

3. 混合复合式

混合复合式除尘器是电区、袋区混合配置，如图 5-147 所示。

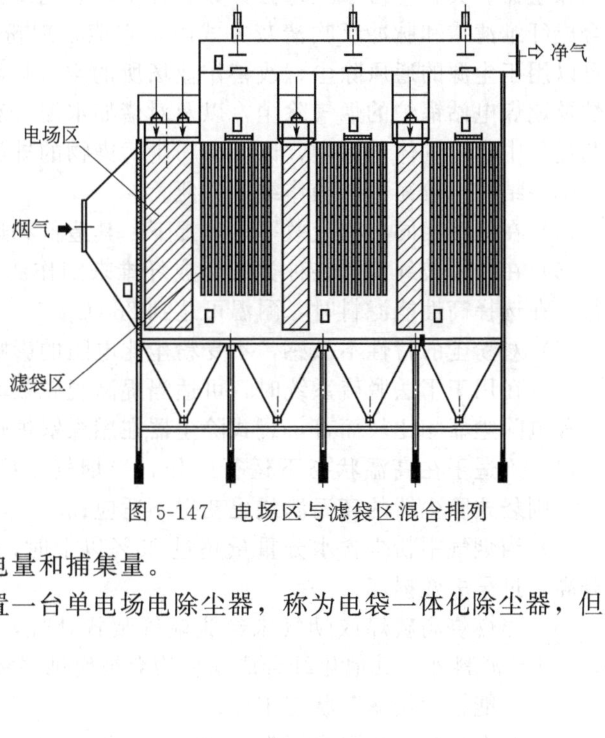

图 5-147　电场区与滤袋区混合排列

在袋区相间增加若干个短电场，同时气流在袋区的流向从由下而上改为水平流动。粉尘从电场流向袋场时，在流动一定距离后，流经复式电场，再次荷电，增强了粉尘的荷电量和捕集量。

此外，也有在袋式除尘器之前设置一台单电场电除尘器，称为电袋一体化除尘器，但应用比电袋复合式除尘器少。

二、两种除尘器的特点

（一）电除尘器特点

电除尘器是利用强电场电晕放电使气体电离、粉尘荷电，在电场力的作用下使粉尘从气体中分离出来的装置，其优点是：①除尘效率高，可达到 99%左右；②本体压力损失小，压力损失一般为 160～300Pa；③能耗低，处理 $1000m^3$ 烟气需 0.5～0.6kW·h；④处理烟气量大，可达 $10^6m^3/h$；⑤耐高温，普通钢材可在 350℃以下运行。

尽管电除尘器有多方面的优点，但电除尘器的缺点也是显而易见的，主要表现以下几个方面。

(1) 结构复杂、钢材耗用多，每个电场需配用一套高压电源及控制装置，因此价格较为昂贵。

(2) 占地面积大。

(3) 制造、安装、运行要求严格。

(4) 对粉尘的特性较敏感，最适宜的粉尘比电阻范围 $10^5 \sim 5\times10^{10}\Omega\cdot cm$，若在此范围之外，应采取一定的措施，才能取得必要的除尘效率，最重要的一点是当电厂锅炉燃烧低硫煤或经过脱硫以后的锅炉烟气粉尘比电阻无法满足电除尘器的使用范围要求时，应用电除尘器即使选择 4 个电场以上，也无法达到排放浓度小于 $100mg/m^3$ 以下。

(5) 烟气为高浓度时，要前置除尘。

(二) 袋式除尘器特点

袋式除尘器是利用纤维编织物制作的袋状过滤元件来捕集含尘气体中固体颗粒物的除尘装置，它的主要优点如下。

(1) 除尘效率高，一般在 99%以上，可达到在除尘器出口处气体的含尘浓度为 $20 \sim 30mg/m^3$，对亚微米粒径的细尘有较高的分级除尘效率。

(2) 处理气体量的范围大，并可处理非常高浓度的含尘气体，因此它可用作各种含尘气体的除尘器。其容量可小至每分钟数立方米，大到每分钟数万立方米的气流，在采用高密度的合成纤维滤袋和脉冲反吹清灰方式时，它能处理粉尘浓度超过 $700g/m^3$ 的含尘气体，它既可以用于尘源的通风除尘，改善作业场所的空气质量，也可用于工业锅炉、流化床锅炉、窑炉及燃煤电站锅炉的烟气除尘，以及对诸如水泥、炭黑、沥青、石灰、石膏、化肥等各种工艺过程中含尘气体的除尘，以减少粉尘污染物的排放。

(3) 结构比较简单，操作维护方便。

(4) 在保证相同的除尘效率的前提下，其造价和运行费用低于电除尘器。

(5) 在采用玻纤和某些种类的合成纤维来制作滤袋时，可在 160～200℃的温度下稳定运行，在选择高性能滤料时，耐温可达到 260℃。

(6) 对粉尘的特性不敏感，不受粉尘比电阻的影响。

(7) 在用于干法脱硫系统时，可适当提高脱硫效率。

和电除尘器相比较而言，袋式除尘器在燃煤锅炉烟气处理中也存在一定的缺点：

(1) 不适于在高温状态下运行工作，当烟气温度超过 260℃时，要对烟气进行降温处理，否则袋式除尘器的高温滤袋也变得不适应；

(2) 当烟气中粉尘含水分重量超过 25%以上时，粉尘易粘袋堵袋，造成清灰困难、阻力升高，过早失效损坏；

(3) 当燃烧高硫煤或烟气未经脱硫等装置处理，烟气中硫氧化物、氮氧化物浓度很高时，除 FE 滤料外，其他化纤合成滤料均会被腐蚀损坏，布袋寿命缩短；

(4) 不能在“结露”状态工作；

(5) 与电除尘相比阻力损失稍大，一般为 1200～1700Pa（100～$200H_2O$）。

(三) 袋式除尘器与电除尘器对比

两种除尘器在性能应用中的基本特性指标对比如下。

1. 原理的对比

(1) 袋式除尘器　采用不同的多孔滤料制作成袋状过滤元件（即滤袋），当含尘气体通过滤袋时，尘粒因惯性的作用与滤袋碰撞而被拦截，细微的尘粒（粒径 1μm 或更小）则因扩散作用（布朗运动）不断改变运动方向，从而增加了尘粒与滤袋接触的机会。尘粒与滤袋碰撞时产生的黏附作用与静电作用使滤料堆积在滤袋表面，形成滤饼（或称滤床），这种滤饼又通过筛分作用，得以捕集更细的尘粒。若除尘器的过滤方式为内滤式，则尘粒会被阻留在滤袋的内表面，而干净气体会通过滤袋纤维间的缝隙逸至袋外；若除尘器的过滤方式为外滤式，则反之。当尘粒堆积到一定程度后，借助重力的作用采用气力或机械的方法，将尘粒从滤袋上除去，粉尘收集后输送走。

（2）电除尘器 在电除尘器的正负极上通以高压直流电，使两极间维持一个足以令气体电离的电场，当含尘气体通过高压电场时尘粒荷电（一般荷负电），并通过电场力的作用，使带电尘粒向极性相反的集尘极（正极）移动，沉积在集尘极上，从而将尘粒从含尘气体中分离出来，然后通过振打电极的方法使粉尘降落到除尘器下部的集料斗内收集并输送走。

2. 除尘效率的对比

（1）袋式除尘器 袋式除尘器的除尘效率比电除尘器高，并且对人体有严重影响的重金属粒子及亚微米级尘粒的捕集更为有效。通常除尘效率可99.9%以上，排放烟尘浓度能稳定低于50mg/m^3（标），甚至可达10mg/m^3（标）以下，几乎实现了零排放。图5-148所示为袋式除尘器和电除尘器的分级效率（对不同粒径粒子的除尘效率）的对比情况。

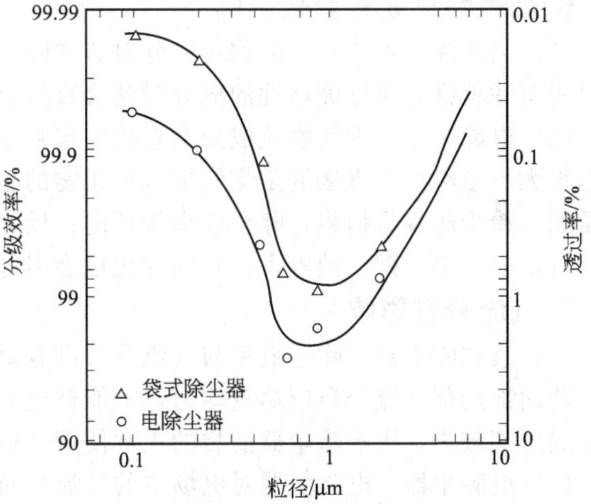

图5-148 袋式除尘器和电除尘器的分级效率

袋式除尘器高效的过滤机理决定了它具有稳定的除尘效率。针对目前国家的排放标准和排放费用的征收办法，袋式除尘器所带来的经济效益是显而易见的。

（2）电除尘器 电除尘器的除尘效率虽然亦可达到99.9%以上，但由于控制及维护技术的要求较高，且电除尘器对粉尘的比电阻比较敏感，所以其除尘效率并不稳定，但在一般情况下也可达到排放要求。随着国家环保标准的进一步提高和越来越多的电厂燃用低硫煤（或者经过了高效脱硫），就电除尘器而言，要排放达标会变得越来越困难。

3. 烟尘浓度变化

（1）袋式除尘器 烟尘浓度的变化只会引起袋式除尘器滤袋负荷的变化，从而导致清灰频率的改变（自动调节）。烟尘浓度高的滤袋上的积灰速度快，相应的清灰频率高，反之清灰频率低，而对排放浓度不会引起变化。

（2）电除尘器 烟尘浓度的变化会直接影响粉尘的荷电量，因此也就直接影响了电除尘器的除尘效率，最终反映在排放浓度的变化上。通常烟尘浓度增加除尘效率提高，排放浓度会相应增加；烟尘浓度减小除尘效率降低，排放浓度会相应减小。

4. 风量变化影响

（1）袋式除尘器 风量的变化会直接引起过滤风速的变化，从而会引起设备阻力的变化，但对除尘效率基本没有影响。风量加大设备阻力提高，引风机出力增加；反之引风机出力减小。

（2）电除尘器 风量的变化对设备没有太大的影响，但电除尘器的除尘效率随风量的变化会较为明显。若风量增大，电除尘器电场风速提高，粉尘在电场中的停留时间缩短，虽然电场中的风扰动增强了电荷粉尘的有效驱进速度，但不足以抵偿高风速引起的粉尘在电场中驻留时间的缩短和二次扬尘加剧所带来的负面影响，因此除尘效率的降低会非常明显；反之，除尘效率会有所增加，但增加幅度不大。

5. 温度的变化影响

(1) 袋式除尘器　烟气温度太低，会发生结露并可能会引起“糊袋”及壳体腐蚀；烟气温度太高超过滤袋允许温度会造成“烧袋”而损坏滤袋。但如果温度的变化是在滤袋的承受温度范围内，就不会影响除尘效率。引起不良后果的温度是达到了极端的温度（事故/不正常状态），因此袋式除尘器必须设有对极限温度控制的有效保护措施。

(2) 电除尘器　烟气温度太低，结露就会引起壳体腐蚀或高压爬电，但有利于提高除尘效率；烟气温度升高，会引起粉尘比电阻升高而不利于除尘。因此烟气温度会直接影响除尘效率，且影响较为明显。

6. 烟气物化成分变化影响

(1) 袋式除尘器　烟气的物化成分对袋式除尘器的除尘效率没有影响。但如果烟气中含有对所有滤料都有腐蚀破坏性的成分时就会直接影响滤料的使用寿命。

(2) 电除尘器　烟气物化成分会直接引起粉尘比电阻的变化，从而影响除尘效率，而且影响很大。影响最为直接的是烟气中硫氧化物的含量。通常硫氧化物的含量越高，粉尘比电阻越低，粉尘越容易捕集，除尘效率就越高；反之，除尘效率就越低。另外，烟气中的化学成分（如硅、铝、钾、钠等含量）的变化也会引起除尘效率的明显变化。

7. 气流分布影响

(1) 袋式除尘器　除尘效率与气流分布没有直接关系，即气流分布不影响除尘效率。但除尘器内部局部气流分布应尽量均匀，不能偏差太大。否则会由于局部负荷不均或射流磨损而造成局部破袋，影响除尘器滤袋的正常使用寿命。

(2) 电除尘器　电除尘器对电场中的气流分布非常敏感，气流分布的好坏直接影响除尘效率的高低。在电除尘器的性能评价中，气流分布的均方根指数通常是评价一台电除尘器好坏的重要指标之一。

8. 运行与管理比较

(1) 袋式除尘器　运行稳定，控制简单，没有高电压设备，安全性好，对除尘效率的干扰因素少，排放稳定。由于滤袋是袋式除尘器的核心部件，且相对比较脆弱，易损，因此设备管理要求严格。

(2) 电除尘器　运行中对除尘效率的干扰因素较多，排放不稳定；控制相对较为复杂，高压设备安全防护要求高。由于电除尘器均为钢结构，不易损坏，相对于袋式除尘器，设备管理要求不是很严格。

9. 停机和启动

(1) 袋式除尘器　方便，但长期停运时需要做好滤袋的保护工作。可实现不停机检修，即在线维修。

(2) 电除尘器　方便，可随时停机，检修时一定要停机。

10. 设备投资比较

(1) 袋式除尘器　对于常规的烟气、粉尘条件，袋式除尘器的初期投资和电除尘器相近。

(2) 电除尘器　对于采用特殊煤种锅炉和低排放浓度，电除尘器的投资比袋式除尘器高。

11. 运行能耗比较

(1) 袋式除尘器　运行阻力高，风机能耗大，运行费用高。

(2) 电除尘器　运行阻力低，风机能耗小，电场能耗大。当电除尘器的电场数量超过4电场时电除尘器的能耗要比袋式除尘器高，电除尘器运行费用要比袋式除尘器高。

12. 维护费用比较

(1) 袋式除尘器　维护检修费用主要是滤袋更换费和少量零配件，更换时间2～5年。

(2) 电除尘器　维护维修费用主要是对集尘极（阳极板）、阴极线和振打锤等的更换。此项费用较高，但更换间隔的年限较长，约6年。

三、电袋复合除尘器工作原理

电袋复合除尘器工作时含尘气流通过预荷电区，尘粒带电。荷电粒子随气流进入过滤段被纤维层捕集。尘粒荷电可以是正电荷，也可为负电荷。滤料可以加电场，也可以不加电场。若加电场，可加与尘粒极性相同的电场，也可加与尘粒极性相反的电场，如果加异性电场则粉尘在滤袋附着力强，不易清灰。试验表明，加同性极性电场，效果更好些。原因是极性相同时，电场力与流向排斥，尘粒不易透过纤维层，表现为表面过滤，滤料内部较洁净，同时由于排斥作用，沉积于滤料表面的粉尘层较疏松，过滤阻力减小，使清灰变得更容易些。

图5-149给出了滤料上堆积相同的粉尘量时，荷电粉尘形成的粉饼层与未荷电粉饼层阻力的比较，从图5-149中可以看到，在试验条件下，经8kV电场荷电后的粉饼层其阻力要比未荷电时低约25%。这个试验结果既包含了粉尘的粒径变化效应，也包含了粉尘的荷电效应。

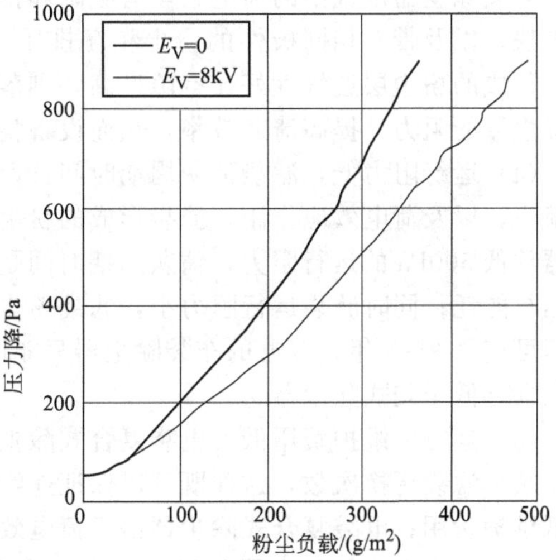

图5-149　粉尘负载与压力降的关系

由此可见电袋复合式除尘器是综合利用和有机结合电除尘器与布袋除尘器的优点，先由电场捕集烟气中大量的大颗粒的粉尘，能够收集烟气中70%～80%以上的粉尘量，再结合后者布袋收集剩余细微粉尘的一种组合式高效除尘器，具有除尘稳定，排放浓度≤50mg/m³（标），性能优异的特点。

但是，电袋复合式除尘器并不是电除尘器和布袋除尘器的简单组合叠加，实际上科技工作者攻克了很多难题才使这两种不同原理的除尘技术相结合。首先要解决在同一台除尘器内同时满足电除尘和布袋除尘工作条件的问题；其次，如何实现两种除尘方式连接后袋除尘区各个滤袋流量和粉尘浓度均布，提高布袋过滤风速，并且有效降低电袋复合式除尘器系统阻力。在除尘机理上，他们通过荷电粉尘使布袋的过滤特性发生变化，产生新的过滤机理，利用荷电粉尘的气溶胶效应，提高滤袋过滤效率，保护滤袋；在除尘器内部结构采用气流均布装置和降低整体设备阻力损失的气路系统；开发出超大规模脉冲喷吹技术和电袋自动控制检测故障识别及安全保障系统等。

电袋复合式除尘器分为两级，前级为电除尘区，后级为袋除尘区，两级之间采用串联结构有机结合。两级除尘方式之间又采用了特殊分流引流装置，使两个区域清楚分开。电除尘设置在前，能捕集大量粉尘，沉降高温烟气中未熄灭的颗粒，缓冲均匀气流；滤筒串联在后，收集少量的细粉尘，严把排放关。同时，两除尘区域中任何一方发生故障时，另一区域仍保持一定的除尘效果，具有较强的相互弥补性。

四、技术性能

(1) 综合了二种除尘方式的优点　由于在电袋复合式除尘器中，烟气先通过电除尘区后再缓慢进入后级布袋除尘区，滤袋除尘区捕集的粉尘量仅有入口的1/4。这样滤袋的粉尘负荷量大大降低，清灰周期得以大幅度延长；粉尘经过电除尘区的电离荷电，粉尘的荷电效应提高了粉尘在滤袋上的过滤特性，即滤袋的透气性能、清灰方面得到大大的改善。这种合理利用电除尘器和布袋除尘器各自的除尘优点，以及两者相结合产生的新功能，能充分克服电除尘器和布袋除尘器的除尘缺点。

(2) 能够长期稳定的运行　电袋复合式除尘器的除尘效率不受煤种、烟气特性、飞灰比电阻的影响，排放浓度可以长期、高效、稳定在低于50mg/m^3（标）。而且，这种电袋复合式除尘器对于高比电阻粉尘、低硫煤粉尘和脱硫后的烟气粉尘处理效果更具技术优势和经济优势，能够满足环保的要求。

(3) 烟气中的荷电粉尘的作用　电袋除尘器烟气中的荷电粉尘有扩散作用；由于粉尘带有同种电荷，因而相互排斥，迅速在后级的空间扩散，形成均匀分布的气溶胶悬浮状态，使得流经后级布袋各室浓度均匀，流速均匀。

电袋除尘器烟气中的荷电粉尘有吸附和排斥作用；由于荷电效应使粉尘在滤袋上沉积速度加快，以及带有相同极性的粉尘相互排斥，使得沉积到滤袋表面的粉尘颗粒之间有序排列，形成的粉尘层透气性好，空隙率高，剥落性好。所以电袋复合式除尘器利用荷电效应减少除尘器的阻力，提高清灰效率，从而设备整体性能得到提高。

(4) 运行阻力低，滤袋清灰周期时间长，具有节能功效　电袋复合式除尘器滤袋的粉尘负荷小，以及荷电效应作用，滤袋形成的粉尘层对气流的阻力小，易于清灰，比常规布袋除尘器约低500Pa的运行阻力，清灰周期时间是常规布袋除尘器的4～10倍，大大降低了设备的运行能耗；同时滤袋运行阻力小，滤袋粉尘透气性强，滤袋的强度负荷小，使用寿命长，一般可使用3～5年，普通的布袋除尘器只能用2～3年就得换，这样就使电袋除尘器的运行费用远远低于袋式除尘器。

(5) 运行、维护费用低　电袋复合式除尘器通过适量减少滤袋数量，延长滤袋的使用寿命、减少滤袋更换次数，这样既可以保证连续无故障开车运行，又可减少人工劳力的投入，降低维护费用；电袋复合式除尘器由于荷电效应的作用，降低了布袋除尘的运行阻力，延长清灰周期，大大降低除尘器的运行、维护费用；稳定的运行压差使风机耗能有不同程度降低，同时也节省清灰用的压缩空气。

综上所述，加之科学的结构设计，具有易于清灰、运行压差低、使用寿命长的特点，大大降低了运行维护费用。

五、应用注意问题

由于袋式除尘器已有很好的除尘效果，如果增设预荷电部分，会使运行和管理更为复杂，所以电袋除尘器总的说是研究成果不少，而新建电袋除尘器工程应用不多。由于单一的电除尘器烟气排放难以达到国家规定的排放标准，所以把电除尘器改造成电袋除尘器的工程实例很多，在水泥厂、燃煤电厂都有成功经验。

1. 应用需解决技术问题

(1) 如何保证烟尘流经整个电场，提高电除尘部分的除尘效果　烟尘进入电除尘部分，以采用卧式为宜，即烟气采用水平流动，类似常规卧式电除尘器。但在袋除尘部分，烟气应由下而上流经滤袋，从滤袋的内腔排入上部净气室。这样，应采用适当措施使气流在改向时不影响烟气在电场中的分布。

(2) 应使烟尘性能兼顾电除尘和袋除尘的操作要求　烟尘的化学组成、温度、湿度等对粉尘的电阻率影响很大，很大程度上影响了电除尘部分的除尘效率。所以，在可能条件下应对烟气进行调质处理，使电除尘器部分的除尘效率尽可能提高。袋除尘部分的烟气温度，一般应小于 200℃、大于 130℃（防结露糊袋）。

(3) 在同一箱体内，要正确确定电场的技术参数，同时也应正确地选取袋除尘各个技术参数　在旧有电除尘器改造时，往往受原壳体尺寸的限制，这个问题更为突出。在“电-袋”除尘器中，由于大部分粉尘已在电场中被捕集，而进入袋除尘部分的粉尘浓度、粉尘细度、粉尘颗粒级配等与进入除尘器时的粉尘发生了很大变化。在这样的条件下，过滤风速、清灰周期、脉冲宽度、喷吹压力等参数也必须随着变化。这些参数的确定也需要慎重对待。

(4) 如何使除尘器进出口的压差（即阻力）降至 1000Pa 以下　除尘器阻力的大小，直接影响电耗的大小，所以正确的气路设计，是减少压差的主要途径。

2. 电除尘器改为电袋复合式除尘器[21]

有一台用于水泥窑的 70m^2 三电场电除尘器，处理风量 180000m^3/h。由于种种原因，使用效果不甚理想，根据静电过滤复合工作的原理，把它改造成静电滤袋除尘器，即保留第一电场，把二、三电场改为袋式除尘，改造后使用情况很好，能满足极为严格的环保要求。

(1) 除尘器的改造　除尘器是在保持原壳体不变的情况下进行改造，包括保留第一电场和进出气喇叭口、气体分布板、下灰斗、排灰拉链机等。

烟气从除尘器进气喇叭口引入，经两层气流分布板，使气流沿电场断面分布均匀并进入电场，烟气中的粉尘有 80%～90%被电场收集下来，烟气由水平流动折向电场下部，然后从下向上运动，通往 6 个除尘室。含尘烟气通过滤袋外表面，粉尘被阻留在滤袋的外部，干净气体从滤袋的内腔流出，进入上部净化室，然后汇入排风管排出。

除尘器的气路设计至关重要，它的正确与否关系到设备的阻力大小，即关系到设备运行时的电耗大小。除尘器的结构见图 5-150。

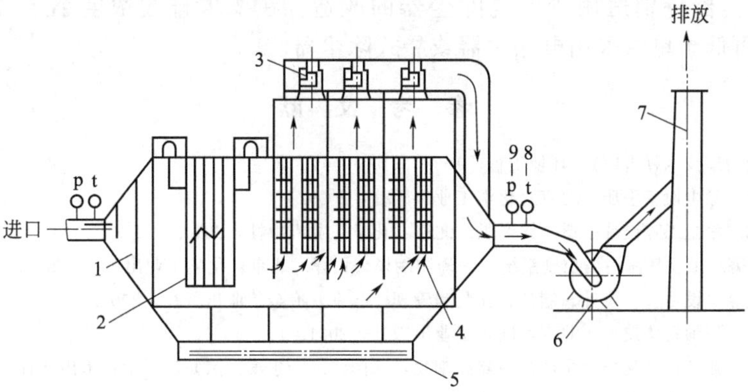

图 5-150　除尘器结构示意

1—气流分布板；2—电场；3—离线阀；4—袋除尘室；5—输灰装置；6—风机；7—排气筒；8—温度计；9—压力计

(2) 电除尘部分的技术性能参数

① 电场断面：70m^2，极板高度为 9m，通道数为 19 个。

② 同极间距：400mm，电场长度为 4m。

③ 极板型式：C 形，电晕线型式为 RS 线。

④ 两极清灰均采用侧部挠臂锤打。

⑤ 配用电源：GGAJ0.6A、72kV。

⑥ 电场风速：0.95m/s，除尘极板投影面积为 $138m^2$。

(3) 滤袋除尘部分的结构性能

① 室数：6。滤袋：规格 ϕ160mm×6500mm，数量 1248 条。材质：GORE-TEX 薄膜，PTFE 处理玻纤织物滤料，重量为 $570g/m^2$。

② 脉冲阀：规格 GOYEN 淹没阀，数量为 78 个。

③ 离线阀为 6 个。

④ 总过滤面积：$4077m^2$。

⑤ 过滤风速：在线时为 0.98m/min，离线时为 1.13～1.23m/min。

⑥ 压缩空气机：2 台。

(4) 风机改造参数　电除尘器改造为电袋复合式除尘器后，由于滤袋阻力较电除尘高，所以原有风机的风压需提高。为满足增产的需要，风机风量也有所提高。

原内机型号为 Y5-75-20D，风量为 $1806050m^3/h$，风压为 998Pa，转数为 580r/min，电机功率 95kW。改造后的电机转数为 960r/min，电机功率为 460kW。风压、风量相应提高。

(5) 除尘效果　除尘器的电除尘部分的电场操作电压稳定在 50～55kV，滤袋除尘部分的清灰压力 0.24MPa，脉冲宽度 0.1～0.2s 可调，脉冲间隔时间为 5～30s，清灰周期暂定 14min。经测定，烟囱排放浓度均低于 $30mg/m^3$（标），达到预期效果。

实践表明电袋除尘器具有以下优点。

① 排放浓度可以长期、稳定地保持在 $30mg/m^3$（标）以下，满足对环境质量有严格要求的地区使用。

② 由于烟气中的大部分粉尘在电场中被收集，除尘器的气路设计合理，除尘器的总压力降可以保持在 700～900Pa 之间，使除尘器的运行费用远远低于袋式除尘器。

③ 电袋除尘器特别适用于旧电除尘器的改造。在要求排放浓度小于 $30mg/m^3$（标）时，改造投资可低于单独采用电除尘器或袋式除尘器。

参 考 文 献

[1] 张殿印. 烟尘治理技术（讲座）. 环境工程，1998，(1) - (6).

[2] 王纯，张殿印. 除尘设备手册. 北京：化学工业出版社，2009.

[3] 张殿印，王纯. 除尘工程设计手册. 第 2 版. 北京：化学工业出版社，2010.

[4] 威廉 L. 休曼著. 工业气体污染控制系统. 华译网翻译公司译. 北京：化学工业出版社，2007.

[5] 姜凤有. 工业除尘设备——设计、制作、安装和管理. 北京：冶金工业出版社，2007.

[6] 李凤生等编著. 超细粉体技术. 北京：国防工业出版社，2001.

[7] 乌索夫 B H. 工业气体净化与除尘器过滤器. 李悦，徐图译. 哈尔滨：黑龙江科学技术出版社，1999.

[8] 张殿印，顾海根. 回流式惯性除尘器技术新进展. 环境科学与技术，2000 (3)：45-48.

[9] 黄翔主编. 纺织空调除尘手册. 北京：中国纺织工业出版社，2003.

[10] 刘子红，肖波，相家宽. 旋风分离器两项流研究综述. 中国粉体技术，2003 (3)：41-44.

[11] 高根树，张国才. 一种新型的机械除尘技术——旋流除尘离心机. 环境工程，1999 (6)：31-32.

[12] 许宏庆. 旋风分离器的实验研究. 实验技术与管理，1984 (1)：27-41；(2)：35-43.

[13] 付海明，沈恒根. 非稳定过滤捕集效率的理论计算研究. 中国粉体技术，2003 (6)：4-7.

[14] C.N 戴维斯著. 空气过滤. 黄日广译. 北京：原子能出版社，1979.

[15] H. 布控沃尔，YBG 瓦尔玛著. 空气污染控制设备. 赵汝林等译. 北京：机械工业出版社，1985.
[16] 张殿印，王纯. 脉冲袋式除尘器手册. 北京：化学工业出版社，2011.
[17] 显龙等. 静电除尘器的新应用及其发展方向. 工业安全与保护，2003，11：3-5.
[18] 张殿印，王纯. 除尘器手册. 北京：化学工业出版社，2005.
[19] 陈鸿飞编著. 除尘与分离技术. 北京：冶金工业出版社，2007.
[20] 唐国山，唐复磊编著. 水泥厂电除尘器应用技术. 北京：化学工业出版社，2005.
[21] 阙昶兴. FE 型电袋复合除尘器在大型燃煤机组上的应用，中国环保产业，2011（5）：50-52.

第六章 气态污染物控制方法

第一节 控制机理

气态污染物在气体中以分子或蒸气状态存在，属于均相混合物。而气态污染物的净化，可以是一个混合物分离的问题，即从气体中分离气态污染物，一般主要采用气体吸收或吸附方法，这些方法皆涉及气体扩散；也可以不把污染物从混合物中分离，采用化学转化的方法将污染物转化为无害物，一般采用的是催化转化或燃烧的方法。因此，此处对气体扩散、气体吸收、吸附及催化、燃烧等气体控制过程的机理作一概要介绍。

一、气体扩散

气体的质量传递过程是借助于气体扩散过程来实现的，扩散的原因是由于体系中组分的浓度差，扩散的结果使组分从浓度较高区域转移到浓度较低区域。

(1) 分子扩散　由分子运动引起的扩散，常发生在静止的或垂直于浓度梯度方向作层流流动的流体中。

(2) 涡流扩散　物质在湍流流体中的传递，除了分子运动外，主要由流体中质点运动引起。

一般的工业操作所涉及的多为稳定状态的扩散，即系统各部分的组成不随时间而变化，单位时间内扩散的物质量（扩散速率）为定值。

若混合气体中组分 A 在组分 B 中作稳定扩散，其分子扩散速率的表达式可用费克定律表示：

$$N_A = -D\frac{dc_A}{dz} \tag{6-1}$$

式中，N_A 为组分 A 的扩散速率，即单位时间、单位传质面积 A 组分的扩散量，$kmol/(m^2 \cdot s)$；D 为组分 A 在组分 B 中的扩散系数，m^2/s；$\frac{dc_A}{dz}$为组分 A 的浓度沿 z 方向的变化率，即浓度梯度，$kmol/m^4$。

式(6-1) 右端的负号表示组分 A 的扩散向浓度降低的方向进行。

扩散系数 D 是物系特性常数，表示物质在某介质中的扩散能力，其值与扩散物质与介质的种类有关，且随温度的上升和压力的下降而增大。扩散系数的数值应由实验方法求得，也可在有关的手册与文献中查到。若无可靠的实验数据，也可通过相应的经验公式获得。若已知在温度 T_0、压力为 p_0 下的扩散系数 D_0，也可通过式（6-2）计算条件为 T、p 时的 D 值：

$$D = D_0\frac{p_0}{p}\left(\frac{T}{T_0}\right)^{\frac{3}{2}} \tag{6-2}$$

气体在液体中的扩散系数随溶液浓度变化很大，且比在气相中的扩散系数小得多。某些气体在空气中和在水中的扩散系数值见表6-1。

表6-1 气体的扩散系数

气体	扩散系数/(cm^2/s)		气体	扩散系数/(cm^2/s)	
	在空气中(1atm,0℃)	在水中		在空气中(1atm,0℃)	在水中
H_2	0.611	5.0×10^{-5}(20℃)	HCl	0.130	2.30×10^{-5}(12℃)
N_2	0.132	2.6×10^{-5}(20℃)	SO_3	0.095	—
O_2	0.178	2.10×10^{-5}(25℃)	NH_3	0.170	1.64×10^{-5}(12℃)
CO_2	0.138	1.92×10^{-5}(25℃)	H_2O	0.220	—
SO_2	0.103	1.66×10^{-5}(21℃)			

注：1atm=101325Pa。

二、气体吸收

（一）气液相平衡

在一定的温度和压力下，当吸收剂与混合气体接触时，气体中的可吸收组分溶解于液体中，形成一定的浓度。但溶液中已被吸收的组分也可能由液相重新逸回到气相，形成解吸。气液相开始接触时，组分的溶解即吸收是主要的，随着时间的延长及溶液中吸收质浓度的不断增大，吸收速度会不断减慢，而解吸速度却不断增加。接触到某一时刻，吸收速度和解吸速度相等，气液相间的传递达到平衡——相平衡。到达相平衡时表观溶解过程停止，此时组分在液相中的溶解度称为平衡溶解度，是吸收过程进行的极限。气相中吸收质的分压称为平衡分压。了解吸收系统的气液平衡关系，可以判断吸收的可能性、了解吸收过程进行的限度并有助于进行吸收过程的计算。

可用亨利定律表示在一定温度下、当气相总压不太高时稀溶液体系的气液平衡关系，即在此条件下溶质在气相中的平衡压力与它在溶液中的浓度成正比。由于气相与液相中吸收质组分浓度所用单位不同，亨利定律可用不同的形式表达。

$$p=Hc \tag{6-3}$$

或

$$p=mx \tag{6-4}$$

式中，p 为气体组分分压，Pa；H 为相平衡常数，$m^3\cdot Pa/kmol$；m 为亨利常数，Pa；c 为溶质在液相中的浓度，$kmol/m^3$；x 为溶质在液相中的物质的量分数。

（二）吸收机理模型

气体吸收过程是一个比较复杂的过程，已提出多种对吸收机理的理论解释，其中以双膜理论最简明、直观、易懂。双膜理论模型见图6-1所示[1]，其要点如下。

(1) 气液两相接触时存在一个相界面，界面两侧分别为呈层流流动的气膜和液膜。吸收质是以分子扩散方式从气相主体连续通过此两层膜进入液相主体。此两层膜在任何情况下均呈层流状态，两相流动情况的改变仅能对膜的厚度产生影响。

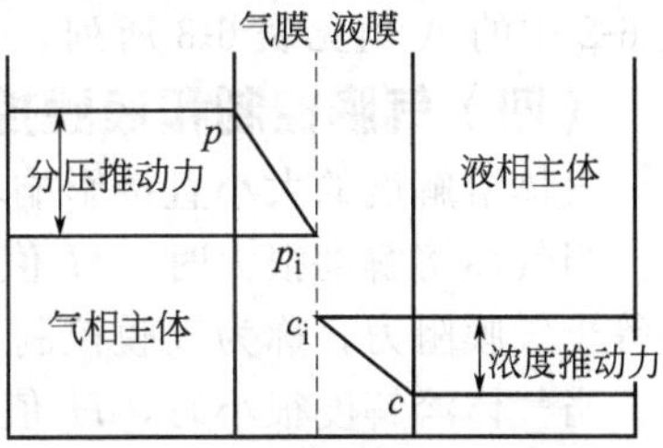

图6-1 双膜吸收理论模型

(2) 在相界面上，气液两相的浓度总是互相平衡，即界面上不存在吸收阻力。

(3) 气、液相主体中不存在浓度梯度，浓度梯度全部集中于两个膜层内，即通过气膜的浓度降为 $p-p_i$，通过

液膜的浓度降为 c_i-c，因此吸收过程的全部阻力仅存于两层层流膜中。

（三）吸收速率方程式与吸收系数

1. 吸收速率方程式

由双膜理论模型可知，吸收过程可视为吸收质通过气膜和液膜的分子扩散过程，因而被吸收组分 A 通过两个膜层的分子扩散速率即为其吸收速率。一般速率方程式均可用“速率＝推动力/阻力”的形式表示。

组分 A 经由气膜的吸收速率为：

$$N_A=k_g(p-p_i) \tag{6-5}$$

式中，N_A 为吸收速率，$kmol/(m^2 \cdot s)$；p，p_i 分别为组分 A 在气相主体及相界面上的分压，Pa；$(p-p_i)$为气相传质推动力，Pa；k_g 为气相吸收分系数，$kmol/(m^2 \cdot s \cdot Pa)$。

组分 A 经由液膜的吸收速率为：

$$N_A=k_L(c_i-c) \tag{6-6}$$

式中，c_i，c 分别为组分 A 在相界面上及液相主体的浓度，$kmol/m^3$；(c_i-c)为液相传质推动力，$kmol/m^3$；k_L 为液膜吸收分系数，m/s。

从式(6-5) 及式(6-6) 可以看出，$1/k_g$ 和 $1/k_L$ 分别为组分 A 通过气膜和液膜的传质阻力。

在稳定吸收的过程中，组分 A 通过气膜的吸收速率必与通过液膜的吸收速率相等，则

$$N_A=k_g(p-p_i)=k_L(c_i-c) \tag{6-7}$$

由于 k_g、k_L 及 c_i、p_i 值均不宜直接测定，为了吸收速率的计算方便，在实际应用中采用吸收的总速率方程式以避开界面参数。

$$N_A=K_g(p-p^*)=K_L(c^*-c) \tag{6-8}$$

式中，K_g 为气相吸收总系数，$kmol/(m^2 \cdot s \cdot Pa)$；$K_L$ 为液相吸收总系数，m/s；p^* 为与液相浓度 c 成平衡的气相分压，Pa；c^* 为与气相分压 p 成平衡的液相浓度，$kmol/m^3$。

式中的 $(p-p^*)$ 和 (c^*-c) 为以分压差或浓度差表示的过程总推动力，而 $1/K_g$ 和 $1/K_L$ 则均表示吸收过程总阻力。

2. 吸收系数

当气液平衡关系服从亨利定律时，吸收分系数与吸收总系数间的关系为：

$$\frac{1}{K_g}=\frac{1}{k_g}+\frac{H}{k_L} \tag{6-9}$$

$$\frac{1}{K_L}=\frac{1}{k_L}+\frac{1}{Hk_g} \tag{6-10}$$

上述两式说明，吸收过程的总阻力为气膜阻力与液膜阻力之和。

吸收总系数 K_g 与 K_L 可以通过实验获取，某些吸收系统的传质系数列举于表 6-2 中，表 6-2 中的 A 值见表 6-3 所列。

（四）气膜控制和液膜控制

气体溶解度的大小直接影响着气液相间的质量传递过程。

当气体溶解度很大时，H 值足够小，由式(6-9) 可以得出 $K_g \approx k_g$，吸收过程总阻力近似等于气膜阻力，称为气膜控制。

当气体溶解度很小时，H 值很大，由式(6-10) 得出 $K_L \approx k_L$，吸收过程总阻力近似等于液膜阻力，称为液膜控制。

表 6-2　某些系统的传质系数

系　统	填料	气体流量 G_g /[kg/(m²·h)]	液体流量 G_L /[kg/(m²·h)]	传质系数	备　注
水吸收二氧化硫	ϕ25 填圈填料	4400～58500	320～4150	$k_g a=0.0944G_g^{0.7}G_L^{0.25}$ $k_l a=AG_L^{0.82}$	a 为单位体积填料具有的表面积，m^2/m^3；A 为常数，随温度而变，见表 6-3
亚硫酸铵及亚硫酸氢铵溶液吸收二氧化硫				$K_g=5.25\times10^{-4}v^{0.8}$	K_g 单位为 kg/(m²·h·Pa)；v 为气流速度，m/s
碱中和或乙醇胺吸收硫化氢				$K_g=7.5\times10^{-5}$	K_g 单位同上；空塔气流速度 0.6～1.0m/s；液气比 10L/m³
水吸收氨	弦栅填料			$K_g=8.2\times10^{-5}v^{0.7}l^{0.5}$ $K_g a=7.5\times10^{-7}G_g^{0.57}G_L^{0.41}$	K_g 单位为 kg/(m²·h·Pa)；$K_g a$ 单位为 kg/(m²·h·Pa)；v 为气流速度，m/s；l 为液气比，L/m³
20%氢氧化钠溶液吸收氮氧化物				$K_L=0.8\sim1.7$	氮氧化物浓度 0.5%～16%；K_L 单位为 m/h；用碳酸钠溶液吸收时 K_L 略低

表 6-3　不同温度下的 A 值

温度/℃	10	15	20	25	30
A	0.0093	0.0102	0.0116	0.0128	0.0143

当吸收过程处于气膜控制或液膜控制时，可以简化传质系数的计算，同时对实际操作也有指导意义。气膜控制时，K_g 按气速的 0.8 次方成比例增加，增大气速有利于吸收；液膜控制时，K_L 按喷淋密度的 0.7 次方成比例增加，增大液流量，可使液膜湍动程度加强，有利于吸收。表 6-4 列举了部分吸收过程中膜控制情况。

表 6-4　部分吸收过程中膜控制情况

气　膜　控　制	液　膜　控　制	气、液膜控制
1. 水或氨水吸收氨	1. 水或弱碱吸收二氧化碳	1. 水吸收二氧化硫
2. 浓硫酸吸收三氧化硫	2. 水吸收氧气	2. 水吸收丙酮
3. 水或稀盐酸吸收氯化氢	3. 水吸收氯气	3. 浓硫酸吸收二氧化氮
4. 酸吸收 5%氨		4. 水吸收氨①
5. 碱或氨水吸收二氧化硫		5. 碱吸收硫化氢
6. 氢氧化钠溶液吸收硫化氢		
7. 液体的蒸发或冷凝		

① 用水吸收氨，过去认为是气膜控制，经实验测知液膜阻力占总阻力的 20%。

三、气体吸附

（一）吸附与吸附平衡

1. 吸附过程

在用多孔性固体物质处理流体混合物时，流体中的某一组分或某些组分可被吸引到固体表面并浓集保持其上，此现象称为吸附。在进行气态污染物治理中，被处理的流体为气体，因此属于气-固吸附。被吸附的气体组分称为吸附质，多孔固体物质称为吸附剂。

固体表面吸附了吸附质后，一部分被吸附的吸附质可从吸附剂表面脱离，此现象称为脱附。而当吸附剂进行一段时间的吸附后，由于表面吸附质的浓集，使其吸附能力明显下降，而不能满足吸附净化的要求，此时需要采用一定的措施使吸附剂上已吸附的吸附质脱附，以恢复吸附剂的吸附能力，这个过程称为吸附剂的再生。因此在实际吸附工程中，正是利用吸附剂的吸附—再生—再吸附的循环过程，达到除去废气中污染物质并回收废气中有用组分的目的。

2. 吸附平衡

从上面叙述可知，吸附与脱附互为可逆过程。当用新鲜的吸附剂吸附气体中的吸附质时，由于吸附剂表面没有吸附质，因此也就没有吸附质的脱附。但随吸附的进行，吸附剂表面上的吸附质量逐渐增多，也就出现了吸附质的脱附，且随时间的推移，脱附速度不断增大。但从宏观上看，同一时间内，吸附质的吸附量仍大于脱附量，所以过程的总趋势仍为吸附。但当吸附到某一时刻，当同一时间内吸附质的吸附量与脱附量相等，吸附和脱附达到了动态平衡，此时称为达到吸附平衡。达到平衡时，吸附质在流体中的浓度和在吸附剂表面上的浓度都不再发生变化，从宏观上看，吸附过程停止。达到平衡时，吸附质在流体中的浓度称为平衡浓度，在吸附剂中的浓度称为平衡吸附量。

（二）吸附等温线与吸附等温方程式

平衡吸附量表示的是吸附剂对吸附质吸附数量的极限，其数值对吸附操作、设计和过程控制有着重要的意义。达到吸附平衡时，平衡吸附量与吸附质在流体中的浓度与吸附温度间存在着一定的函数关系，此关系即为吸附平衡关系。吸附平衡关系一般都是依据实验测得的，也可用经验方程式表示。

1. 吸附等温线

在气体吸附中，其平衡关系可表示为：

$$A=f(pT) \tag{6-11}$$

式中，A 为平衡吸附量；p 为达到吸附平衡时吸附质组分在气相中的分压力；T 代表吸附温度。

根据需要，对一定的吸附系可测得如下关系：

当保持 T 不变，可测得 A 与 p 间的变化关系；

当保持 p 不变，可测得 A 与 T 间的变化关系；

当保持 A 不变，可测得 p 与 T 间的变化关系。

依据上述变化关系，可分别绘出相应的关系曲线，即吸附等温线、吸附等压线及吸附等量线。由于吸附过程中，吸附温度一般变化不大，因此以吸附等温线为最常用。

吸附等温线描述的是在吸附温度不变的情况下，平衡时，吸附剂上的吸附量随气相中组分压力的不同而变化的情况。图 6-2 和图 6-3 表示的是 NH_3 在活性炭上的吸附等温线和 SO_2 在硅胶上的吸附等温线。

根据对大量的不同气体与蒸气的吸附测定，吸附等温线形式可归纳为 6 种基本类型（见图 6-4）。

1 型等温吸附线具有如下特点，即在低压下组分吸附量随组分压力的增加迅速增加，当组分压力增加到某一值后，吸附量随压力变化的增量变得很小。一般认为这类曲线是单分子层吸附的特征曲线，也有的认为它是微孔充填的特征。

2 型等温线是组分在无孔或有中间孔的粉末上吸附测得的，它代表了在多相基质上不受限制的多层吸附。

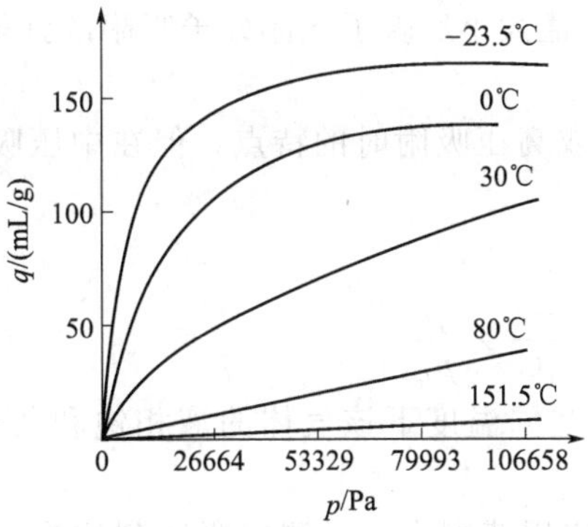

图 6-2　NH_3 在活性炭上的吸附等温线

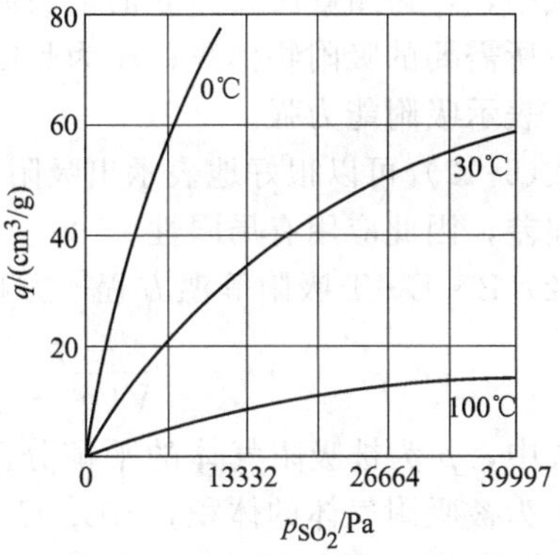

图 6-3　SO_2 在硅胶上的吸附等温线

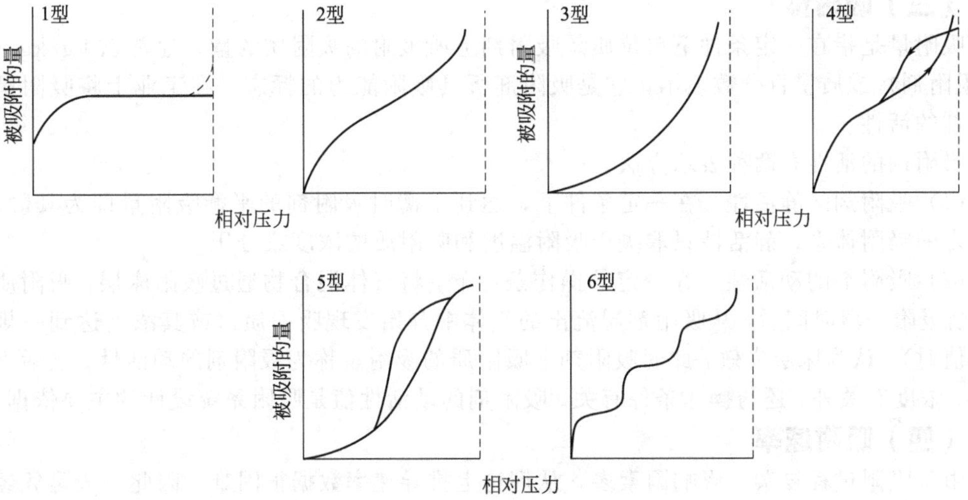

图 6-4　吸附等温线类型

1 型—80K 下 N_2 在活性炭上的吸附；2 型—78K 下 N_2 在硅胶上的吸附；
3 型—351K 下溴在硅胶上的吸附；4 型—323K 下苯在 FeO 上的吸附；
5 型—373K 下水蒸气在活性炭上的吸附；6 型—惰性气体分子分阶段多层吸附

3 型表示的是吸附剂与吸附质间相互作用较弱的情况。

4 型曲线具有明显的滞后回线，一般解释为是因吸附中的毛细管现象，使凝聚的气体分子不易蒸发所致。

5 型等温线与 4 型相似，只是吸附质与吸附剂间相互作用较弱。

6 型曲线是由于均匀基质上惰性气体分子分阶段多层吸附而引起的。

2. 吸附等温方程式

依据大量的吸附等温线可整理出描述吸附平衡状态的经验方程式，即为吸附等温方程式。其中有的完全依据实验数据所表现的规律整理而得，在一定条件范围内具有实用意义，但不具理论指导意义，如弗利德里希吸附等温方程式；有些是以一定的理论假设为前提得出的方程式，如朗格谬尔吸附等温方程和 B·E·T 方程，后者应用较多。

（1）朗格谬尔吸附等温方程式　方程式的形式为：

$$\frac{V}{V_m}=\frac{Bp}{1+Bp} \tag{6-12}$$

式中，V 为测量压力为 p 时的吸附体积；p 为测量压力；V_m 为使吸附剂表面单分子层盖满时所需要的吸附物体积；B 为吸附平衡常数，B 值大小反映了气体分子吸附的强弱，B 值大，表示吸附能力强。

式(6-12) 可以很好地表示出吸附等温线在低压或高压吸附时的特点，但在中压吸附时则有偏差，因此应用有局限性。

(2) B·E·T 吸附等温方程 方程形式为：

$$\frac{p}{V(p_0-p)}=\frac{1}{V_m C}+\frac{C-1}{V_m C}\times\frac{p}{p_0} \tag{6-13}$$

式中，p 为被吸附气体的平衡分压，Pa；p_0 为在同温度下该气体的液相饱和蒸气压，Pa；V 为被吸附气体的体积，mL；C 为常数。

B·E·T 方程更好地适应了吸附的实际情况，应用范围广，是测定吸附剂比表面积大小的主要应用方法之一。

(三) 吸附量

吸附量是指在一定条件下单位质量吸附剂上所吸附的吸附质的量，通常以 kg/kg (吸附质/吸附剂) 或质量百分数表示，它是吸附剂所具吸附能力的标志。在工业上将吸附量称为吸附剂的活性。

吸附剂的活性有两种表示方法。

(1) 吸附剂的静活性 在一定条件下，达到平衡时吸附剂的平衡吸附量即为其静活性。对一定的吸附体系，静活性只取决于吸附温度和吸附质的浓度或分压。

(2) 吸附剂的动活性 在一定的操作条件下，将气体混合物通过吸附床层，吸附质被吸附，当吸附一段时间后，从吸附剂层流出的气体中开始发现吸附质（或其浓度达到一规定的允许值时），认为床层失效，此时吸附剂上吸附质的吸附量称为吸附剂的动活性。动活性除与温度、浓度有关外，还与操作条件有关。吸附剂的动活性值是吸附系统设计的主要依据。

(四) 吸附速率

由于吸附过程复杂，影响因素多，从理论上推导速率数据很困难，因此一般是凭经验或依模拟实验来确定。对物理吸附来说，吸附速率可用下式表示：

$$N_A=Ka(Y-Y^*) \tag{6-14}$$

式中，N_A 为 A 组分吸附速率，kg/h；K 为流体相与吸附相传质总系数，kg/(m^2·h)；a 为吸附剂颗粒的外表面积，m^2；Y 为吸附质在流体主体中的浓度，kg/kg (吸附质/流体)；Y^* 为达到平衡时，与吸附量平衡的气相浓度，kg/kg (吸附质/流体)。

传质总系数之值可用下面经验公式计算：

$$Ka=1.6\frac{Du^{0.54}}{\nu^{0.54}d^{1.46}} \tag{6-15}$$

式中，D 为扩散系数，m^2/s；u 为气体流速，m/s；ν 为气体运动黏度，m^2/s；d 为吸附剂颗粒直径，m。

四、气-固催化反应

(一) 催化作用

在化学反应体系中加入少量某些物质，可以极大地改变反应速度，而在反应终了时，所加入的这些少量物质的性质和数量均不发生变化。这些物质称为催化剂，而催化剂对化学反应的这种影响称为催化作用。

催化剂可以加快反应速度，称为正催化作用；催化剂也可以迟滞和减慢反应速度，称为负催化作用。在一般的化学反应和大气污染控制中，绝大多数情况下利用的是催化剂的正催化作用。

由于反应体系的不同和催化剂的形态不同，催化反应可分为均相催化与非均相催化（多相催化）。反应物和催化剂为同一相时称为均相催化，反应物与催化剂为不同相时称为非均相催化。在大气污染控制中，反应物皆为气体，所得产物亦为气体，而所用催化剂绝大部分为固体物质，因此，在大气污染控制中的催化反应皆属于气-固多相催化反应。

（二）吸附与催化

固体的表面能吸附各种气体或液体分子，吸附速度、吸附量和吸附类型与固体和被吸附分子的性质以及吸附条件有关。这种吸附现象与多相催化作用有着密切的关系。

吸附分为物理吸附与化学吸附，物理吸附一般在低温下进行，且吸附热较小。化学吸附是被吸附分子与固体发生了某种化学反应，具有化学反应的性质，吸附温度较高，吸附热数值较大。在多数情况下，进行多相催化反应的最适温度恰好与反应物进行化学吸附的温度一致，因此一般认为，化学吸附是多相催化过程的必经阶段之一。

根据吸附与催化关系，在气-固催化反应中反应是按如下步骤进行[2]：

（1）气相中的反应物扩散到催化剂表面上；

（2）催化剂吸附一种或几种反应物；

（3）在催化剂表面上，吸附的反应物之间或吸附的反应物与气相中的反应物之间进行化学反应；

（4）生成物从催化剂表面上解吸；

（5）生成物离开催化剂扩散到气相中。

其中步骤（3）往往是决定催化反应速度的步骤。

（三）催化作用与反应速度

在化学反应中，由反应物变为产物，反应物分子的原子或原子团必须重新组合，也就是说在反应过程中，反应物分子的某些化学键断裂，在产物分子中则有新键生成。能够进行这样反应的分子必须具有足够的能量，具有这样能量的分子称为活化分子。处于活化状态能进行反应的分子所具有的最低能量与普通分子所具有的平均能量之差称为该反应的活化能。

对于非催化反应，要使反应能顺利进行，就必须使活化分子数量增多，最常用的方法就是提高反应系统温度，但这样做在生产上受到很多限制，且很多情况下对反应速率的增加效果也不理想。

对于催化反应，则是借助于催化剂的作用使反应的活化能降低，使达到活化状态的分子数量增多，从而加快了反应速率。催化剂使反应活化能降低的主要原因是由于在催化剂的作用下使反应沿着新的途径进行，新的反应途径往往是由一系列的基元反应组成的，每个基元反应的活化能均小于非催化反应的活化能，从而使反应速率加快。

根据阿累尼乌斯公式，反应速率常数按式(6-16)计算：

$$K=A\mathrm{e}^{-E/RT} \tag{6-16}$$

式中，K 为反应速率常数；A 为频率因素；E 为活化能；R 为气体常数；T 为绝对温度。因此选用良好的催化剂降低了反应的活化能，即可使反应速率提高。

五、可燃气体组分的燃烧

（一）混合气体的燃烧爆炸

1. 混合气体的燃烧

当混合气体中含有氧和可燃组分时，即为混合气体的燃烧提供了条件。当混合气体中的氧和可燃组分的浓度处在某一定范围内，在某一点点火后所产生的热量可以继续引燃周围的混合气体，燃烧才能继续，这样的混合气体称为可燃的混合气体。

可燃的混合气体，在某一点点燃后，在有控制的条件下维持燃烧就形成了火焰；若燃烧在一有限空间内迅速蔓延，就会形成爆炸，因此可燃的混合气体即为爆炸性的混合气体。由此可以看出，混合气体的燃烧爆炸，一般要具备两个条件：一是必须存在着可燃的混合气体，二是要有明火。

2. 爆炸极限浓度范围

当可燃的气体组分与空气混合，而其中的氧和可燃物的浓度处在一定的范围时，即可组成可燃的混合气体，这个浓度范围称为可燃混合气体的爆炸极限浓度范围。这个极限范围有下限和上限两个数值。当空气中的可燃组分浓度低于爆炸下限时，可燃组分燃烧时所产生的热量不足以引燃周围的气体，混合气体不能维持燃烧，也不会引起爆炸；当空气中的可燃组分浓度高于爆炸上限时，由于氧量不足，同样也不会引起燃烧与爆炸。某些有机溶剂的爆炸极限浓度范围见表 6-5。爆炸极限范围与混合气体的温度、压力、含湿量、流动情况以及设备尺寸等有关，因此其数值并非一个定值，表 6-5 中所列数据条件是：温度 293K，压力 1.0133kPa。

表 6-5 一些有机蒸气与空气混合的爆炸极限范围

有机蒸气	爆炸极限浓度范围/%				有机蒸气	爆炸极限浓度范围/%			
	按容积		按质量			按容积		按质量	
	下限	上限	下限	上限		下限	上限	下限	上限
醋酸异戊酯	2.2	10	119	541	乙醇	3.3	19	63.2	364
丙酮	2	13	48.3	314	乙醚	1.85	40	57	1232
汽油	1.2	7	—	—	甲乙酮	1.8	11.5	54	345
苯	1.4	9.5	45.5	308	环已酮	3.2	9	131	368
正丁醇	3.7	10.2	114	314	甲醛	7	73	87.5	913
二氯乙烷	6.2	15.9	256	656	乙醛	4	57	73.3	1045
二氯乙烯	9.7	12.8	392	517	氯乙烯	4	22	104	573
二甲苯	1.1	6.4	48.6	283	丙烯腈	3	17	66.2	375
醋酸甲酯	3.15	15.6	97.1	481	环氧乙烷	3.6	78	66	1430
甲醇	5.5	37	73.4	493	环氧丙烷	2.5	38.5	60.4	931
二硫化碳	1	50	31.6	1580	吡啶	1.8	12.4	59.2	408
甲苯	1.3	7	49.8	268	氰化氢	6	40	67.5	450
醋酸乙酯	2.2	11.4	80.6	418					

（二）可燃有害组分的燃烧销毁

用燃烧方法可以销毁可燃的有害气体、蒸气或烟尘，在销毁过程中所发生的化学作用主要是燃烧氧化作用及高温下的热分解。

当混合气中可燃的有害组分浓度较高或燃烧热值较高时，由于在燃烧时放出的热量能够补偿散向环境中的热量，能够保持燃烧区的温度，维持燃烧的继续，因此可以把混合气中的可燃组分当作燃料直接烧掉，即采用直接燃烧的方法销毁混合气中有害的可燃组分。

当混合气中可燃的有害组分浓度较低或燃烧热值较低，经燃烧氧化后放出的热量不足以维持燃烧，则不可能将可燃组分作为燃料直接燃烧销毁，此时可以将混合气加热到有害可燃组分的氧化分解温度，使其进行氧化分解，即采用热力燃烧的方法销毁混合气中有害的可燃组分。

在采用催化转化的方法对混合气中的可燃有害组分进行反应时，同样是借助催化剂的作用将其进行氧化，因此也可将其看作是一种燃烧反应，即用催化氧化（燃烧）的方法销毁混合气中的有害可燃组分。

第二节　主要气态污染物的控制途径

改善大气质量的根本方法是减少向大气中排放污染物的数量，根据我国的燃料结构以及影响大气质量的主要气态污染物种类，可以采用如下途径实现这种减少。

一、采用低硫、低氮燃料

大气中的主要气态污染物 SO_2 以及 NO_x，主要是通过燃料燃烧产生的。燃料中一般均含有可燃质、灰分、水分等成分，可燃质则是由 C、H、O、N、S 等元素的化合物所构成。不同燃料的组分构成不同，以含 S 量为例，通常 1t 煤中含有 5～50kg 硫，而 1t 石油中含有 5～30kg 硫。煤的品种不同，含硫量也不同，我国煤中含硫量高者可达 10%，而低硫煤含硫量只有 0.3%，平均约为 1.72%。不同品种的油含硫量也不同，我国石油中含硫量低的只有 0.1%，高的可达 1%。气体燃料（天然气、油田气等）都属于比较清洁的燃料，气体燃料中的含硫量低，且其中的硫多以 H_2S 状态存在，易脱除，因而燃烧后废气中 SO_2 含量很少。气体燃料燃烧时燃烧得很完全，因而 NO_x 的生成量也很少。

采用低硫、低氮燃料进行燃烧，可以有效地减少 SO_2 和 NO_x 对大气的污染，但低硫、低氮燃料来源有限且价格昂贵，气体燃料供应也很紧张，因此此种途径作用有限。

二、燃料脱硫、脱氮

由于天然的低硫燃料远远不能满足改善大气质量的需要，因此采用把高硫燃料在燃烧前先脱去其中的硫分变为低硫燃料的方法，即燃料脱硫将日显迫切。从长远效果看，燃料脱硫将是控制大气污染的一项根本性措施。国外对燃料脱硫问题进行了较多的研究工作。

燃料脱硫主要是指重油脱硫和煤的脱硫。

目前重油脱硫主要采用的是催化加氢的方法，即使重油中的有机硫化物在催化剂作用下与氢进行反应，将其中的硫转化为 H_2S，然后再将 H_2S 去除。由于重油除含硫量高以外，沥青质和重金属有机化合物的含量也很高，沥青质在催化反应中易在催化剂上形成炭沉积，而重金属化合物也会与氢反应被还原为金属在催化剂上沉积，都会导致催化剂的活性降低。因而在重油脱硫中对催化剂的性能要求很高。目前有两种主要脱硫工艺，即直接脱硫和间接脱硫。前者是对重油一步完成脱硫，要求催化剂必须能承受上述的苛刻条件；后者是先将重油进行减压蒸馏，然后仅对馏出物进行加氢，对催化剂的要求则较低。目前重油脱硫的主要问题是脱硫率低而脱硫费用高。

对煤的脱硫可通过煤的气化和煤的液化等途径来实现。煤的气化是使煤与氧、水蒸气、氢等在高温高压下进行反应，使其转变为气体燃料，这个过程可以在煤层中实现，即所谓煤层气化；煤的液化则是在高温高压条件下进行加氢还原反应，使其生成石油状液体燃料。煤的脱硫目前技术上可行，成本上也较乐观，是很有希望的方法。

作为燃料脱氮，目前技术上还不能实现，如重油中所含氮一般均在烃类化合物的环状结构中，要求有效脱氮温度极高，且效果不佳，故只能通过燃烧气体燃料的方法减少 NO_x 的排放。

三、改善燃烧方法和燃烧条件

目前，改进燃烧是控制 NO_x 生成的最重要的手段。NO_x 主要来源于煤、重油、汽油等的高温燃烧过程，由于空气中含有 N_2 和 O_2，因此在燃烧过程中生成 NO_x 是不可避免的，但燃烧条件不同，其生成量可以有很大的差别。

根据燃料燃烧时 NO_x 生成的机制，NO_x 的生成量与燃烧温度、燃烧区氧气浓度、燃烧气体在燃烧高温区的停留时间有关。燃烧温度愈高，NO_x 生成量愈大，燃烧时，NO_x 开始生成的温度大约为 900℃，而当燃烧温度达到 1300℃时，NO_x 的生成量迅速增加；燃烧时氧气浓度愈高，即过剩空气系数愈大，NO_x 生成量愈大；燃烧气体在高温区的停留时间愈长，NO_x 生成量愈大。为了控制和减少 NO_x 的生成量，应尽可能采用低温燃烧、低氧燃烧等方法。改进燃烧设备，也可减少 NO_x 的生成，采用低氮氧化物烧嘴即可起到这个作用。

采用改进燃烧、改进燃烧设备等方法，可以减少燃烧过程中 NO_x 排放量的 50%～60%。由于目前除采用气体燃烧外，尚无其他更有效的方法控制 NO_x 的生成，因此这种方法就成了减少 NO_x 生成的最重要的手段。

四、高烟囱排放

高烟囱一般是指高度超过 200m 的烟囱[3]。通过高烟囱将污染物排向相当高度的高空，利用大气的扩散稀释和自净能力，使污染物向更广泛的范围内扩散，可以减轻对局部地区和对地面的污染。一般讲，在源强不变的情况下，接近地面的大气中污染物浓度与烟囱的有效高度的平方成反比，因此烟囱的有效高度愈高，这种作用愈明显，在使用集合式高烟囱时效果会更好。

采用高烟囱排放，实质上是利用大气的自净能力（扩散、稀释）控制气态污染物的一种途径。这种方法并未减少进入大气环境的污染物总量，只是把气态污染物扩散到更大范围，稀释到环境质量标准的限值之内（不超过允许的限制）。因此，使用这种方法要遵循两条原则：一是要在环境容量允许的范围之内；二是不能危害邻区、邻国的大气环境，造成人体与生态损害。这个问题早在 1972 年即已引起人们的注意。在 1972 年 6 月召开的斯德哥尔摩人类环境会议上，瑞典的专家即做了题为“穿越国界的大气污染（SO_2）”的报告。所以，在采用高烟囱排放方式时要进行环境经济评价，要注意合理利用大气环境的自净能力。

五、排烟治理

在上面的论述中主要涉及了燃料燃烧所排放的气态污染物的控制途径。实践证明，在燃料燃烧过程中、工业生产过程中以及汽车尾气排放的气态污染物，在采取了各种措施削除、减少污染物的产生量之后，仍会有污染物排入大气，这些污染物的排放量仍可能超过大气环境质量标准所允许的限值。为使各污染源达标排放并符合地区总量控制的要求，必须对燃烧废气、工艺生产尾气、汽车尾气进行治理，安装净化装置和采用一定的净化工艺进行净化。当前，对气态污染物控制来说，这种治理措施仍是保护大气环境质量的重要环节，也是本篇所要详加论述的。

参 考 文 献

[1] 铝厂含氟烟气编写组编写. 铝厂含氟烟气治理. 北京：冶金工业出版社，1982.
[2] 刘天齐. 三废处理工程技术手册·废气卷. 北京：化学工业出版社，1999.
[3] 马广大. 大气污染控制技术手册. 北京：化学工业出版社，2010.

第七章
二氧化硫废气治理

在对大气质量造成影响的各种气态污染物中，二氧化硫烟气的数量最大，影响面也最广，因此，二氧化硫成为影响大气质量的最主要的气态污染物。很多国家和地区，往往也把二氧化硫作为衡量本国、本地区大气质量状况的主要指标之一。

通过燃料燃烧和工业生产过程所排放的二氧化硫废气，有的浓度较高，如有色冶炼厂的排气，一般将其称为高浓度 SO_2 废气；有的废气浓度较低，主要来自燃料燃烧过程，如火电厂的锅炉烟气，SO_2 浓度大多为 0.1%～0.5%，最多不超过 2%，属低浓度 SO_2 废气。对高浓度 SO_2 废气，目前采用接触氧化法制取硫酸，工艺成熟。对低浓度 SO_2 废气来说，大多废气排放量很大，加之 SO_2 浓度很低，工业回收不经济。但它对大气质量影响却很大，因此必须给予治理，所谓排烟脱硫，一般是指对这部分废气的治理。

目前，虽然国内外可采用的防治 SO_2 污染的途径很多，如可采用低硫燃料、燃料脱硫、高烟囱排放等方法。但从技术、成本等方面综合考虑，今后相当长的时间内，对大气中 SO_2 的防治，仍会以烟气脱硫的方法为主。因此，烟气脱硫技术仍是研究的重点。我国目前已基本上实现了安装烟气脱硫装置控制大气质量。要选择和使用经济上合理、技术上先进，适合我国国情的烟气脱硫技术和脱汞技术。

各国研究的烟气脱硫方法很多，已超过一百种，其中有的进行了中间试验，有的还处于实验室研究阶段，真正能应用于工业生产中的只有十余种[1]。

烟气脱硫方法大致可分为两类，即干法脱硫与湿法脱硫。

干法脱硫是使用粉状、粒状吸收剂、吸附剂或催化剂去除废气中的 SO_2。干法的最大优点是治理中无废水、废酸排出，减少了二次污染；缺点是脱硫效率较低，设备庞大，操作要求高。

湿法脱硫是采用液体吸收剂如水或碱溶液洗涤含 SO_2 的烟气，通过吸收去除其中的 SO_2。湿法脱硫所用设备较简单，操作容易，脱硫效率较高。但脱硫后烟气温度较低，于烟囱排烟扩散不利。由于使用不同的吸收剂可获得不同的副产物而加以利用，因此湿法是各国研究最多的方法。

根据对脱硫生成物是否应用，脱硫方法还可分为抛弃法和回收法两种。

抛弃法是将脱硫生成物当作固体废物抛掉，该法处理方法简单，处理成本低，因此在美国、德国等国有时采用抛弃法。但是抛弃法不仅浪费了可利用的硫资源，而且也不能彻底解决环境污染问题，只是将污染物从大气中转移到了固体废物中，不可避免地引起二次污染。为解决抛弃法中所产生的大量固体废物，还需占用大量的处置场地。因此，此法不适于我国国情，不宜大量使用。

回收法则是采用一定的方法将废气中的硫加以回收，转变为有实际应用价值的副产物。该法可综合利用硫资源，避免了固体废物的二次污染，大大减少了处置场地，并且回收的副产品还可创造一定的经济收益，使脱硫费用有所降低。但到目前为止，在已发展应用的所有回收法中，其脱硫费用大多高于抛弃法，而且所得副产物的应用及销路也都存在着很大的限制。特别是对低浓度 SO_2 烟气的治理，需庞大的脱硫装置，对治理系统的材料要求也较高，因此在技术上和经济效益上还存在一定的困难。由于环境保护的需要，从长远观点看，我国应以发展回收法为主。

根据净化原理和流程来分类，烟气脱硫方法又可分为下列三类：

（1）用各种液体或固体物料优先吸收或吸附废气中的 SO_2；

（2）将废气中的 SO_2 在气流中氧化为 SO_3，再冷凝为硫酸；

（3）将废气中的 SO_2 在气流中还原为硫，再将硫冷凝。

在上述三类方法中，目前以（1）类方法应用最多，其次是（2）法，（3）法现在还存在着一定的技术问题，故应用很少。

下面将应用与研究较多的方法列于表 7-1 中。这些方法中有的已有工业处理装置，有的还处于实验研究阶段。

表 7-1 烟气脱硫方法分类

一般分类			SO_2 脱除剂	脱硫方法	中间阶段	最终产品
SO_2 脱除方法	吸收法	石灰石/石灰法	$CaCO_3$、CaO、$Ca(OH)_2$	直接喷射法	无	石膏
				湿式石灰石/石灰法	氧化	石膏
				石灰-亚硫酸钙法	无	亚硫酸钙
				喷雾干燥法	无	石膏等
		氨法	NH_3、铵盐	氨-酸法	酸化	浓 SO_2、硫铵
				氨-亚硫酸铵法	无	亚硫酸铵
				氨-硫铵法	氧化	硫铵
		钠碱法	Na_2CO_3、NaOH、Na_2SO_3	亚硫酸循环法	热再生	浓 SO_2
				亚硫酸钠法	无	亚硫酸钠
				钠盐-酸分解法	酸化	浓 SO_2、冰晶石
				钠碱-石膏法	石灰复反应	石膏
		铝法	碱式硫酸铝	碱式硫酸铝-石膏法	石灰复反应	石膏
				碱式硫酸铝-二氧化硫法	热再生	浓 SO_2
		金属氧化物法	金属氧化物	氧化镁法	热再生	浓 SO_2
				氧化锌法	热再生	浓 SO_2、氧化锌
				氧化锰法	电解	金属锰
	吸附法	活性炭吸附法	活性炭	洗涤再生法	水洗	稀硫酸
				加热再生法	热再生	浓 SO_2
		分子筛吸附法	分子筛			浓 SO_2
	催化氧化法	干式氧化法				硫酸
		液相氧化法	水、稀硫酸	千代田法		石膏
	催化还原法		二异丙醇胺	斯科特法		硫黄

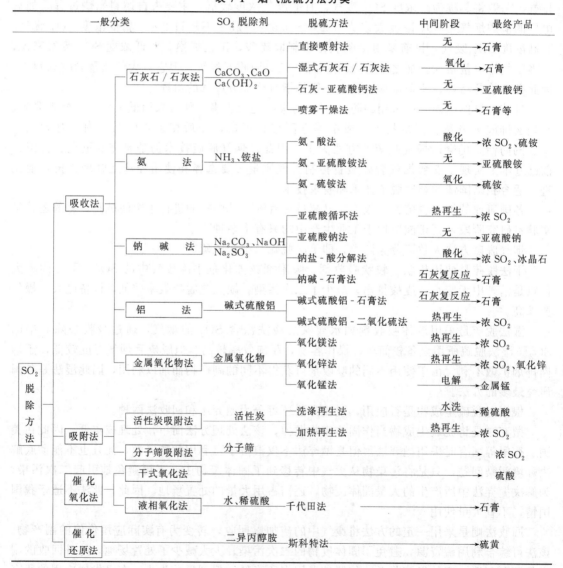

在上面所述各种方法中，应按照中国国情筛选适于在我国使用和发展的方法。

《中国环境保护行政卅年》指出，对我国电站锅炉 SO_2 排放控制的适用技术有：旋转喷雾干燥烟气脱硫技术；炉内喷钙/增湿活化脱硫技术；石灰石法烟气脱硫技术和循环流化床燃烧脱硫技术。对工业锅炉 SO_2 排放控制的适用技术有：循环流化床燃烧脱硫技术；角管式锅炉内喷钙脱硫技术；工业型煤固硫技术和湿法脱硫除尘技术。

对固定源大气污染的控制依照《中国环境保护 21 世纪议程》中所指出的，应采取如下的行动方案：

推广应用循环流化床燃烧脱硫成套技术和火电厂烟气脱硫技术；

发展燃煤电站 SO_2 控制技术，其中包括大型流化床燃烧脱硫技术、旋转喷雾干燥脱硫技术、炉内喷钙技术并建立示范工程；

综合控制 SO_2 面源污染（烟囱高度＜40m），相应技术包括型煤燃烧成套技术、循环流化床燃烧脱硫技术、湿式脱硫除尘技术和炉内喷钙技术等。

第一节　氨法脱硫

氨法是用氨水洗涤含 SO_2 的废气，形成 $(NH_4)_2SO_3$-NH_4HSO_3-H_2O 的吸收液体系，该溶液中的 $(NH_4)_2SO_3$ 对 SO_2 具有很好的吸收能力，它是氨法中的主要吸收剂。吸收 SO_2 以后的吸收液可用不同的方法处理，获得不同的产品，从而也就形成了不同的脱硫方法。其中比较成熟的为氨-酸法、氨-亚硫酸铵法和氨-硫铵法等。在氨法的这些脱硫方法中，其吸收的原理和过程是相同的，不同之处仅在于对吸收液处理的方法和工艺技术路线。

氨法是烟气脱硫各方法中较为成熟的方法，较早地被应用于工业过程。该法脱硫费用低，氨可留在产品内，以氮肥的形式提供使用，因而产品实用价值较高。但氨易挥发，因而吸收剂的消耗量较大，另外氨的来源受地域及生产行业的限制较大。尽管如此，氨法仍不失为一个治理低浓度 SO_2 的有前途的方法。

一、氨法吸收原理[2]

（一）氨法吸收反应

氨法吸收是将氨水通入吸收塔中，使其与含 SO_2 的废气接触，发生如下反应：

$$NH_3 + H_2O + SO_2 \longrightarrow NH_4HSO_3 \tag{7-1}$$

$$2NH_3 + H_2O + SO_2 \longrightarrow (NH_4)_2SO_3 \tag{7-2}$$

$$(NH_4)_2SO_3 + SO_2 + H_2O \longrightarrow 2NH_4HSO_3 \tag{7-3}$$

在通入氨量较少时，发生式（7-1）反应，在通入氨量较多时发生式（7-2）反应，而式(7-3）表示的才是氨法中真正的吸收反应。在吸收过程中所生成的酸式盐 NH_4HSO_3 对 SO_2 不具有吸收能力，随吸收过程的进行，吸收液中的 NH_4HSO_3 数量增多，吸收液吸收能力下降，此时需向吸收液中补充氨，使部分 NH_4HSO_3 转变为 $(NH_4)_2SO_3$，以保持吸收液的吸收能力。

$$NH_4HSO_3 + NH_3 \longrightarrow (NH_4)_2SO_3 \tag{7-4}$$

因此氨法吸收是利用 $(NH_4)_2SO_3$ 与 NH_4HSO_3 的不断循环的过程来吸收废气中的 SO_2。补充的 NH_3 并不是直接用来吸收 SO_2，只是保持吸收液中 $(NH_4)_2SO_3$ 的一定浓度比例。NH_4HSO_3 浓度达到一定比例的吸收液要不断从洗涤系统中引出，然后用不同的方法对引出的吸收液进行处理。

当被处理废气中含有 O_2 或 SO_3 时，如电厂烟道排气，可能发生如下副反应：

$$2(NH_4)_2SO_3 + O_2 \longrightarrow 2(NH_4)_2SO_4 \tag{7-5}$$

$$2NH_4HSO_3 + O_2 \longrightarrow 2NH_4HSO_4 \tag{7-6}$$

$$2SO_2 + O_2 \longrightarrow 2SO_3 \tag{7-7}$$

（二）吸收液组成控制

由以上叙述可知，$(NH_4)_2SO_3$-NH_4HSO_3 水溶液中的 $(NH_4)_2SO_3$ 与 NH_4HSO_3 的组成状况对吸收影响很大，而控制吸收液组成的重要依据是吸收液上的 SO_2 和 NH_3 的分压 p_{SO_2}、p_{NH_3}。在吸收液 pH 值为 4.71～5.96 时，这些分压值可用约翰斯通公式计算：

$$p_{SO_2} = M\frac{(2S-C)^2}{C-S} \tag{7-8}$$

$$p_{NH_3} = N\frac{C(C-S)}{2S-C} \tag{7-9}$$

式中，C 为溶液中 NH_3 的浓度，$molNH_3/100molH_2O$；S 为溶液中 SO_2 的浓度，$molSO_2/100molH_2O$；M、N 为经验系数。M、N 的值在工业应用范围内仅依温度的变化而变化：

$$\lg M = 5.865 - \frac{2369}{T} \tag{7-10}$$

$$\lg N = 13.680 - \frac{4987}{T} \tag{7-11}$$

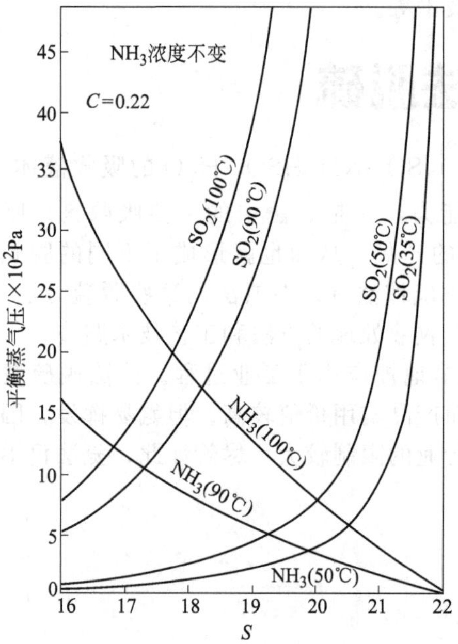

图 7-1 $(NH_4)_2SO_3$-NH_4HSO_3 水溶液的平衡蒸气压

吸收液中 $(NH_4)_2SO_3$ 和 NH_4HSO_3 的比例可用 S/C 值来表示。$S/C=1.0$ 时，说明溶液是 NH_4HSO_3 溶液；$S/C=0.5$ 时，说明溶液是 $(NH_4)_2SO_3$ 溶液；$S/C=0.9$ 时，则表示按物质的量浓度计，溶液中含有 80% NH_4HSO_3 和 20% $(NH_4)_2SO_3$。

吸收液面上平衡蒸气压计算值见表 7-2[4]。而由图 7-1 可以看出温度和 S/C 值对蒸气压的影响。该图表示的是当 $C=22$ 时，某些特定温度下的 NH_3 和 SO_2 的平衡分压情况。从图中可以看出，p_{SO_2} 和 p_{NH_3} 值均随温度的升高而加大；p_{SO_2} 值随 S/C 值增大而增加，而 p_{NH_3} 值则随 S/C 值的增加而降低。

在实际的洗涤吸收系统中，由于氧的存在使部分 $(NH_4)_2SO_3$ 氧化为 $(NH_4)_2SO_4$，氧化的结果，使氨的有效浓度变低，会使 SO_2 的平衡分压升高，于吸收不利。此时的平衡分压式表示为：

$$p_{SO_2} = M\frac{(2S-C+2A)^2}{C-S-2A} \tag{7-12}$$

表 7-2 NH_3-SO_2-H_2O 体系的蒸气压 单位：Pa

C /$\times10^{-2}$	S /$\times10^{-2}$	NH_3 /%	SO_2 /%	pH	温度/℃(℉) 29.4(85)			51.7(125)			73.9(165)			96.1(205)		
					p_{SO_2}	p_{NH_3}	p_{H_2O}	p_{SO_2}	p_{NH_3}	p_{H_2O}	p_{SO_2}	p_{NH_3}	p_{H_2O}	p_{SO_2}	p_{NH_3}	p_{H_2O}
2	1.9	1.74	6.22	4.8	46.67	0.00	4666	161.3	0.00	13866	472.0	6.7	36397	1215.9	22.7	84926
2	1.7	1.75	5.60	5.3	9.33	0.00	4666	32.0	1.33	14000	94.0	12.0	36530	245.3	85.3	85193
4	3.6	3.24	11.0	5.0	37.30	0.00	4400	128.0	1.33	13466	373.3	13.3	35197	961.3	100.0	81993

续表

C /$\times10^{-2}$	S /$\times10^{-2}$	NH_3 /%	SO_2 /%	pH	温度/℃(℉)											
					29.4(85)			51.7(125)			73.9(165)			96.1(205)		
					p_{SO_2}	p_{NH_3}	p_{H_2O}	p_{SO_2}	p_{NH_3}	p_{H_2O}	p_{SO_2}	p_{NH_3}	p_{H_2O}	p_{SO_2}	p_{NH_3}	p_{H_2O}
4	3.2	3.28	9.88	5.5	10.67	0.00	4533	36.0	3.99	13466	105.3	36.0	35330	270.6	266.6	82393
6	5.1	4.58	14.6	5.3	30.00	0.00	4266	97.3	3.99	13066	285.3	34.7	34130	737.3	256.0	79460
6	4.5	4.66	13.2	5.7	9.33	0.00	4460	29.3	8.00	13066	88.0	81.3	34264	225.3	598.6	79860
8	6.4	5.80	17.5	5.5	21.33	0.00	4133	72.0	8.00	12666	209.3	72.0	33064	541.3	532.0	77194
8	5.6	5.93	15.6	6.0	6.67	13.3	4266	21.3	17.33	12800	62.7	164.0	33331	160.0	1197.2	77726
10	7.5	6.94	19.6	5.7	14.67	13.3	4133	49.3	14.67	12266	145.3	136.0	32264	376.0	997.3	75194
10	6.5	7.13	17.4	6.2	4.00	2.67	4133	13.3	33.33	12400	37.3	317.3	32531	96.0	2333.1	75727
12	9.0	7.91	22.3	5.7	17.33	1.33	4000	60.0	17.33	11999	174.7	164.0	31331	450.6	1197.2	72927
12	7.8	8.16	19.9	6.2	4.00	2.67	4000	16.0	40.00	12132	45.3	381.3	31597	116.0	2786.4	73727
14	9.8	8.94	23.5	6.0	10.67	2.67	3866	37.3	29.33	11732	109.3	286.6	30531	280.0	2093.2	71327
14	8.4	9.25	20.9	6.4	2.67	5.33	3866	6.7	78.66	11866	20.0	762.6	30931	52.0	5586.2	72127
16	15.2	8.94	31.9	4.8	375.97	0.00	3600	1289	2.67	11066	3773.0	24.0	28931	9732.5	177.3	67328
16	12.0	9.59	27.0	5.7	22.67	1.33	3733	80.0	22.67	11332	124.0	326.6	29731	320.0	2399.8	69461
16	8.8	10.3	21.4	6.7	0.00	14.7	3866	1.3	204.0	11599	5.3	1959.8	30398	13.3	14359.8	70794
18	16.2	9.74	33.0	5.0	166.65	0.00	3600	573.3	6.67	10799	1679.9	61.3	28264	4319.6	449.3	65728
18	13.5	10.3	29.1	5.7	26.66	1.33	3600	89.3	25.33	11066	262.6	245.3	28798	675.9	1799.9	67194
18	9.9	11.2	23.1	6.7	0.00	17.3	3733	1.3	229.3	11332	58.7	2199.8	29596	14.7	16158.7	19061
20	17.0	10.5	33.7	5.3	94.66	1.33	3466	325.3	12.08	10532	953.2	117.3	27598	2453.1	854.6	64395
20	13.0	11.4	28.0	6.2	8.00	5.33	3600	25.3	66.67	10932	74.7	635.9	28531	193.3	4653.0	65728
22	16.5	11.6	32.7	5.7	32.00	2.67	3466	109.3	30.67	10399	329.3	300.0	27331	826.6	2199.8	63728
22	13.2	12.4	28.0	6.4	2.67	9.33	3600	10.7	124.0	10666	32.0	1198.6	28000	82.7	8872.6	65328

$$p_{NH_3}=N\frac{C(C-S-2A)}{2S-C+2A} \tag{7-13}$$

式中，A 为溶液中 $(NH_4)_2SO_4$ 的浓度，$molSO_4^{2-}/100molH_2O$。

实际工业生产中，pH 值是最易直接获得的数据，而 pH 值又是 $(NH_4)_2SO_3$-NH_4HSO_3 水溶液组成的单值函数（图 7-2）。控制吸收液的 pH 值，就可获得稳定的吸收组分，也就决定了吸收液面上 SO_2 和 NH_3 的平衡蒸气分压，即可决定吸收液对 SO_2 的吸收效率以及相应的 NH_3 消耗。当 S/C 在 0.5～0.95 范围内时，pH 值可按下式计算：

$$pH=-4.00\left(\frac{S}{C}\right)+8.88 \tag{7-14}$$

pH 与 S/C 的关系曲线表示于图 7-2 中。

（三）吸收传质系数

用 $(NH_4)_2SO_3$-NH_4HSO_3 水溶液吸收 SO_2 时，其传质系数 K_g[kg/(m^2·h·Pa)]可用式(7-15) 近似计算：

$$K_g=5.25\times10^{-4}v^{0.8} \tag{7-15}$$

式中，v 为空塔气速。

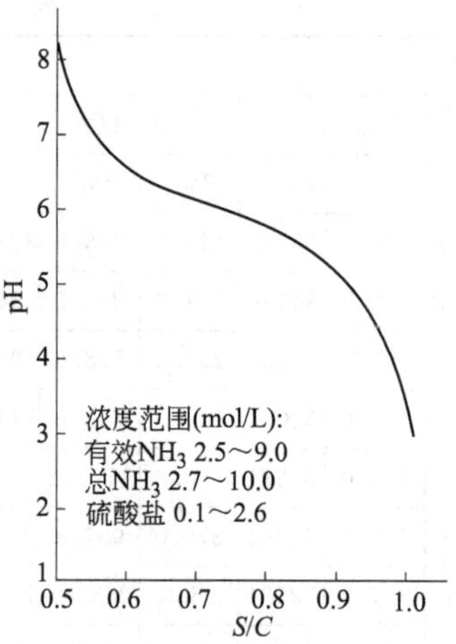

图 7-2 $(NH_4)_2SO_3$-NH_4HSO_3 水溶液的 pH 值

由式(7-15)中可以看出，传质系数与空塔气速的 0.8 次方成正比，因而在筛板洗涤塔中推荐使用 2.5～2.7m/s 的操作气速，此时塔的阻力虽较高，但传质系数也较大。当筛板塔气速选择为 2.67m/s，S/C 为 0.82～0.9，吸收温度为 33℃时，气相总传质系数 $K_g a$ 为 0.108kg/(m^3·h·Pa)。使用文丘里管，喉管气速为 25m/s，总阻力为 1374.7Pa 时，$K_g a$ 为 0.55kg/(m^3·h·Pa)；喉管气速为 60m/s，总阻力为 7357.5Pa 时，$K_g a$ 为 1.78kg/(m^3·h·Pa)。

二、氨-酸法

氨-酸法是将吸收 SO_2 后的吸收液用酸分解的方法。酸解可以采用硫酸，也可采用硝酸和磷酸。酸解用酸的种类不同，所得产品也不同，应用最多的酸是硫酸。

氨-酸法在 20 世纪 30 年代就已应用于工业生产，具有工艺成熟、方法可靠、所用设备简单、操作方便等优点。其副产物为化肥，实用价值高。因此，用氨-酸法治理低浓度 SO_2 废气是一种有前途的方法。目前在我国氨-酸法已被广泛应用于硫酸生产的尾气治理，如南京化学工业公司氮肥厂、上海硫酸厂、大连化工厂等均应用此法回收硫酸生产尾气中的 SO_2。但由于该法需耗用大量的氨和硫酸等，因而对缺乏这些原料来源的冶金、电力等生产部门来说，广泛应用还有一定的限制。

（一）氨-酸法的一段吸收工艺

1. 工艺流程与设备

用氨-酸法治理低浓度 SO_2 的一段吸收工艺由三个步骤组成，即 SO_2 的吸收、吸收液的酸解和过量酸的中和。典型的工艺流程见图 7-3 所示。

含 SO_2 的废气由吸收塔 1 的底部进入，母液循环槽 2 中 $(NH_4)_2SO_3$-NH_4HSO_3 吸收液经由循环泵 3 输送到吸收塔顶部，在气、液的逆向流动接触中，废气中的 SO_2 被吸收，净化后的尾气由塔顶排空。吸收 SO_2 后的吸收液排至循环槽中，补充水和氨以维持其浓度并在吸收过程中循环使用。

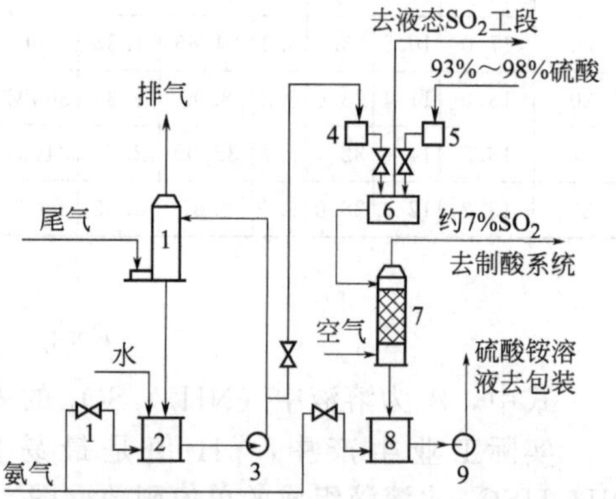

图 7-3 氨-酸法回收硫酸尾气工艺流程图

1—尾气吸收塔；2—母液循环槽；3—母液循环泵；4—母液高位槽；5—硫酸高位槽；6—混合槽；7—分解塔；8—中和槽；9—硫酸铵溶液泵

将 $(NH_4)_2SO_3$-NH_4HSO_3 达到一定浓度比例的部分吸收液，送至混合槽 6，在此与由硫酸高位槽 5 来的 93%～98%的硫酸混合进行酸解，从混合槽中分解出近 100%的 SO_2，可用于生产液体 SO_2。未分解完的混合液送入分解塔 7 继续酸解，并从分解塔底部吹入空气以驱赶酸解中所生成的 SO_2。由分解塔顶部获得约 7%的 SO_2，这部分 SO_2 可用来制酸。

酸解后的液体在中和槽 8 中用氨中和过量的酸。采用氨作中和剂是为了使中和产物与酸解产物一致。中和后得到的硫酸铵溶液送去生产硫铵肥料。

上述流程为采用单塔吸收的一段式氨吸收工艺，所用设备数量少，操作简单，不消耗蒸汽，但分解液酸度高（分解液酸度为 40～50 滴度），氨、酸消耗量大，SO_2 吸收率只能达

90%左右。

在用填料塔与泡沫塔作为吸收塔方面，国内已积累了较丰富的经验。填料塔操作稳定，操作弹性大，即对气量波动适应性强，使用较多；泡沫塔结构简单，投资省，吸收效率较高，因而也较受欢迎。下面以国内某厂生产操作实例，说明吸收塔设备的主要规格以及操作控制指标。

处理气体性质：硫酸厂尾气　气量　$4500m^3/h$

SO_2 浓度　0.3%～0.4%

塔型结构和材料：内部双溢流三层筛板泡沫塔，塔体纯铝板，塔底衬瓷砖

外形尺寸：ϕ3100mm×6820mm

筛板特性：

项目	上层筛板	中层筛板	下层筛板
筛板面积/m^2	5.661	5.953	5.782
铝板厚度/mm	6	6	6
筛板孔径/mm	4.5	4.5	6.0
筛板孔中心距/mm	10	10	12
开孔率/%	18.35	18.35	22.25
小孔气速/(m/s)	14.75	14.30	10.25
筛板间距/mm		800	

液体分布装置　带锯齿形分布槽

吸收液控制指标：

碱度滴度	16～18
S/C	约 0.8
有效密度/(g/cm^3)	约 1.18
总亚盐浓度/(g/L)	450
空塔速度/(m/s)	2.55
喷淋密度/[$m^3/(m^2 \cdot h)$]	13～15
SO_2 吸收效率	93%～94%

2. 酸解

根据上述一段吸收流程数据，当 S/C 达到 0.8～0.9 时，即可将吸收液自循环吸收系统导出一部分，送入分解塔中用酸进行分解。酸解可以用硫酸，也可用硝酸和磷酸，所得副产物除 SO_2 外，分别为硫酸铵、硝酸铵和磷酸二氢铵。酸解反应如下。

硫酸酸解：

$$(NH_4)_2SO_3 + H_2SO_4 \longrightarrow (NH_4)_2SO_4 + SO_2 + H_2O \tag{7-16}$$

$$2NH_4HSO_3 + H_2SO_4 \longrightarrow (NH_4)_2SO_4 + 2SO_2 + 2H_2O \tag{7-17}$$

硝酸酸解：

$$(NH_4)_2SO_3 + 2HNO_3 \longrightarrow 2NH_4NO_3 + SO_2 + H_2O \tag{7-18}$$

$$NH_4HSO_3 + HNO_3 \longrightarrow NH_4NO_3 + SO_2 + H_2O \tag{7-19}$$

磷酸酸解：

$$(NH_4)_2SO_3 + 2H_3PO_4 \longrightarrow 2NH_4H_2PO_4 + SO_2 + H_2O \tag{7-20}$$

$$NH_4HSO_3 + H_3PO_4 \longrightarrow NH_4H_2PO_4 + SO_2 + H_2O \tag{7-21}$$

在酸解中，普遍采用的是硫酸酸解法，但由于硫酸铵肥料仅氨有肥效，硫酸根在土壤中对植物生长不起作用，也由于近年来国际市场的硫铵肥料供大于求，因而硝酸酸化以及磷酸

酸化也得到了相应的发展。

为使分解反应进行完全，需用大于理论值的过量硫酸，一般用酸量大于理论值的30%～50%。

在酸解时需将生成的 SO_2 进行脱吸，脱吸方法可采用空气吹脱的方法，也可采用间接蒸气加热的方法。

采用空气吹脱的方法时，不消耗蒸汽，但氨、酸耗量大，分解酸度 40～45 滴度，分解率可达 98%。除在混合槽中获得 100% SO_2 可用于生产液体 SO_2 外，从分解塔分解出的约 7%的 SO_2，只能返回制酸系统用来制酸。因此此法适用于有制酸系统的低浓度 SO_2 废气的回收。

在采用蒸汽加热分解时，可采用高酸度的分解，分解酸度 35～40 滴度，氨、酸耗量仍然很大，适用于合成氨与蒸汽来源充足场合的废气治理；也可采用低酸度、间接蒸汽加热分解，分解酸度 15 滴度，得到含水蒸气的 100%的 SO_2。此法氨、酸耗量小，适用于无制酸系统的低浓度 SO_2 废气（如某些冶炼废气或其他工业废气）的治理。

3. 中和

由于在酸解时为使反应进行得完全使用了过量的酸，为保证产品品质，需对过量酸进行中和。中和剂仍然用氨，使中和产品为硫酸铵，中和反应如下：

$$H_2SO_4 + 2NH_3 \longrightarrow (NH_4)_2SO_4 \tag{7-22}$$

中和时，氨的加入量应略高于理论值。

（二）二段或多段吸收工艺

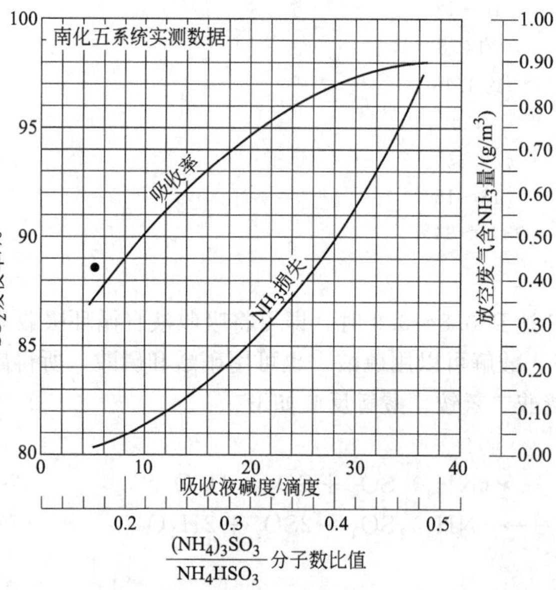

图 7-4 吸收液碱度与 SO_2 吸收率及 NH_3 损失的关系

从氨吸收法的原理及式(7-3)可知，吸收液中对 SO_2 具有吸收能力的组分是 $(NH_4)_2SO_3$，因此，若要使 SO_2 的吸收率进一步提高，吸收液的碱度就应该提高（S/C 低）。此时气相中 SO_2 平衡分压 p_{SO_2} 小，但 NH_3 的平衡分压 p_{NH_3} 值高，虽然对 SO_2 的吸收率提高了，但 NH_3 的挥发损失也相应增加。吸收液碱度（滴度）与 SO_2 吸收率及 NH_3 损失的关系见图 7-4。

从酸解反应的式(7-16)和式(7-17)中可以看出，吸收液的碱度高，即 $(NH_4)_2SO_3$ 含量高，则酸解时的酸耗量大，中和时的氨耗量也要相应增大。因此要想降低酸、氨耗量，就应保证引出的吸收液中含有较多的 NH_4HSO_3。这样势必影响到 SO_2 的吸收率。因此在用氨-酸法吸收 SO_2 的过程中，既要保证较高的 SO_2 吸收率，又要降低氨、酸的消耗，采用一段吸收流程将满足不了要求。因而发展了两段吸收或多段吸收。

二段法吸收流程如图 7-5 所示。在第一段吸收中，吸收液控制有较高的 S/C 值，即吸收液中含有较多的 NH_4HSO_3。虽然此吸收液吸收 SO_2 能力较差，但用它处理的是进口高浓度废气，利用进气中较高的 SO_2 分压作推动力，吸收后的引出液中仍可获得高的

NH_4HSO_3/($(NH_4)_2SO_3$)比率，可降低酸解时的酸耗，此吸收段可称为浓缩段。经第一段吸收后的废气进入第二段吸收，废气中 SO_2 的浓度降低，但此段所用吸收液碱度较高（S/C 值低），即吸收液中（$(NH_4)_2SO_3$）含量较高，具有较强的吸收 SO_2 的能力，仍可以保证较高的 SO_2 吸收率，可以将 SO_2 尽量吸收完全，此段可称为吸收段。

一段吸收流程与二段吸收流程的主要工艺指标比较见表 7-3。

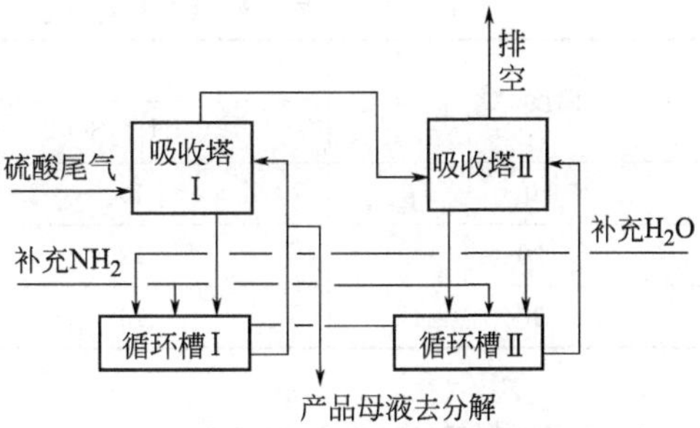

图 7-5 二段氨吸收法流程

表 7-3 一段、二段氨-酸吸收流程比较

项 目	二段吸收	一段吸收	项 目	二段吸收	一段吸收
SO_2 进口浓度/(mL/m^3)	4500	4500	引出母液中总五盐/(g/L)	550	400
SO_2 出口浓度/(mL/m^3)	<100	>450	系统阻力/Pa	3190(五块塔板)	1960(三块塔板)
吸收效率/%	98	90			

三、氨-亚硫酸铵法

使用氨-酸法治理低浓度 SO_2 需耗用大量硫酸，氨的来源也有一定的局限性，为此国内一些小型硫酸厂采用了氨-亚硫酸铵法治理低浓度 SO_2，扩大了氨法应用范围。使用该法时，对吸收 SO_2 后的吸收液不再用酸分解，而是直接将吸收母液加工为亚硫酸铵使用，可以节约酸解用酸。

（一）固体亚铵法[3]

固体亚铵法是将吸收母液经中和、分离等处理后，制成固体亚硫酸铵。固体亚硫酸铵可在制浆造纸中代替烧碱，所排出的造纸废液又可作为肥料使用。但用亚铵制浆时，纸浆蒸煮时间长，生产的纸张质量较差，这是目前该法存在的不足。

1. 基本原理

固体亚铵法同氨-酸法一样，可以用氨水作氨源对 SO_2 进行吸收，但当氨水来源困难或储运困难时，也可采用固体碳酸氢铵作为氨源。

碳酸氢铵同氨一样具有对 SO_2 的吸收能力：

$$2NH_4HCO_3 + SO_2 \longrightarrow (NH_4)_2SO_3 + H_2O + 2CO_2\uparrow \tag{7-23}$$

$$(NH_4)_2SO_3 + SO_2 + H_2O \longrightarrow 2NH_4HSO_3 \tag{7-24}$$

同氨-酸法一样，对 SO_2 的吸收主要依赖于式(7-24) 所表示的反应，吸收过程中的主要吸收剂仍为（$(NH_4)_2SO_3$）。在吸收过程中需向吸收系统中不断补充 NH_4HCO_3 和水，目的也是为了不断产生出（$(NH_4)_2SO_3$），以保持吸收液的碱度稳定和对 SO_2 较高的吸收能力。

吸收中产生的氧化副反应与氨-酸法相同。

吸收 SO_2 后的母液是高浓度的 NH_4HSO_3 溶液，呈酸性，需加以中和，中和剂使用固体 NH_4HCO_3：

$$NH_4HSO_3 + NH_4HCO_3 \longrightarrow (NH_4)_2SO_3 \cdot H_2O + CO_2\uparrow \tag{7-25}$$

该反应为吸热反应，溶液温度不经冷却即可降到 0℃左右。$(NH_4)_2SO_3$ 比 NH_4HSO_3 在水中溶解度小（见表 7-4），NH_4HSO_3 转化为（$(NH_4)_2SO_3 \cdot H_2O$）后，由于过饱和而从溶液中析出。

表 7-4 $(NH_4)_2SO_3$-NH_4HSO_3-H_2O 系统内的溶解度

温度/℃	饱和溶液的成分/%		
	$(NH_4)_2SO_3$	NH_4HSO_3	H_2O
0	10	60	30
20	12	65	23
30	13	67	20

2. 工艺步骤与工艺流程

亚铵法的工艺过程主要有三个步骤，即吸收、中和、分离，图 7-6 为该法的工艺流程示意。

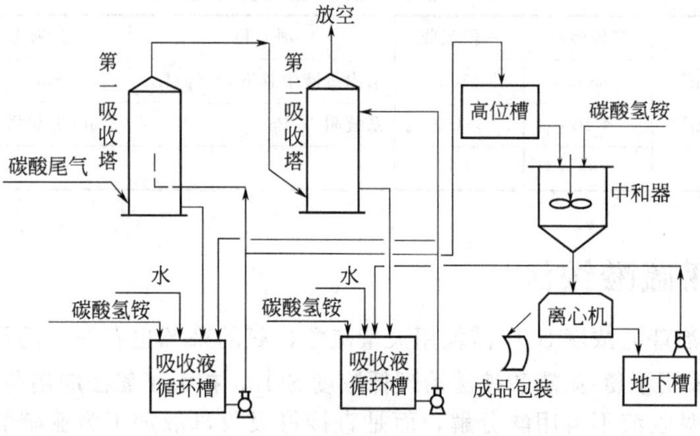

图 7-6 固体亚铵法工艺流程

(1) 吸收 吸收采用二段吸收塔。在第一吸收塔中，为使引出到中和工序的吸收液中含有较高浓度的 NH_4HSO_3，以便制取更多的亚铵产品，应尽量提高吸收液的 S/C 值。一般控制此段吸收液的 S/C 为 0.88～0.9，总亚盐含量 700g/L。在第二吸收塔中，为保证较高的 SO_2 吸收率，使排气中 SO_2 浓度符合排放要求，应控制吸收液较低的 S/C 值。吸收液总亚盐含量应控制在 350g/L，碱度控制在 13～15 滴度。经二段吸收后的 SO_2 排气浓度可降至 200～300mL/m^3，吸收效率达 95%以上。

(2) 中和 由第一吸收塔引出 NH_4HSO_3 含量高的吸收液，在中和器中加入固体 NH_4HCO_3 对其进行中和，经搅拌后完成反应，生成的 $(NH_4)_2SO_3 \cdot H_2O$ 因过饱和而析出，得到黏稠悬浮状溶液。

(3) 分离 经中和反应后所得到的悬浮状溶液，送入离心机中进行分离，分离出的 $(NH_4)_2SO_3 \cdot H_2O$ 为白色晶体，包装成为产品。离心母液为饱和的 $(NH_4)_2SO_3$ 溶液，用泵送入第二吸收塔作为吸收液循环使用。

3. 工艺操作条件

整个吸收过程的效果如何，除与所采用的吸收设备有关外，还与吸收温度、吸收液喷淋密度、吸收液浓度等操作条件有关。由于吸收采用的是二段吸收操作，因此 SO_2 的吸收率主要由二塔吸收液组成决定，而亚硫酸铵的产率则主要由一塔吸收液的组成决定。

为保证对 SO_2 的高净化率，二塔吸收液应维持较高的碱度与较低的 NH_4HSO_3 浓度，吸收液碱度对排放尾气中 SO_2 浓度的影响见表 7-5。

表 7-5 吸收液碱度对排放尾气中 SO_2 浓度的影响

吸收液温度/℃	吸收液组成		SO_2 气浓度	
	碱度/滴度	总亚盐/(g/L)	一塔进气/%	二塔出气/%
25	10.3	321.9	0.575	0.052
24.5	14.0	352.7	0.675	0.028
24.5	12.1	355.6	0.695	0.026

为保证中和时较高的 $(NH_4)_2SO_3 \cdot H_2O$ 的结晶产率，从一塔引出的吸收液应维持尽可能低的碱度和尽量高的浓度。但吸收液浓度的提高受进口尾气 SO_2 浓度的制约。各种浓度 SO_2 尾气在吸收液碱度为 10 滴度，吸收温度 25℃，吸收液可达到的最大浓度如图 7-7 所示。从图中可以看出，只要所处理的废气中 SO_2 浓度>0.1%，即可制得总亚盐>700g/L 的高浓度吸收液；而 SO_2 浓度在 0.2%时，总亚盐可达 1000g/L。因此对一般所需处理的 SO_2 废气来说，制备高浓度亚盐溶液是没有问题的。但为了避免由于浓度过高而导致其他化合物的析出［如 $(NH_4)_2S_2O_5$］，以及避免由于浓度过高所带来操作上的困难，二塔吸收液浓度应控制在一个适宜数值上。吸收液浓度和碱度对结晶产率的影响见表 7-6。

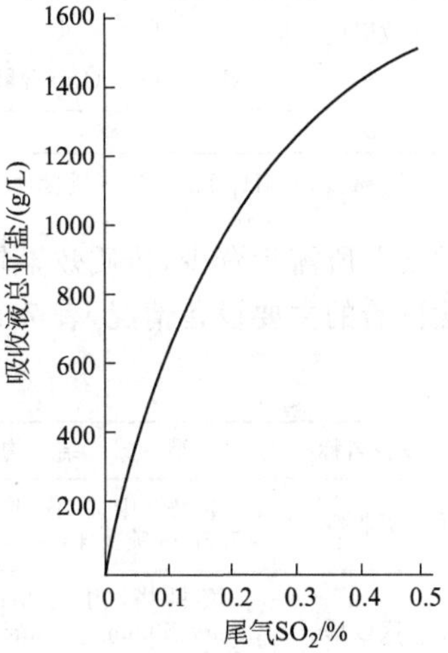

图 7-7 尾气中 SO_2 浓度与吸收液总亚盐浓度的关系

为保证一塔、二塔吸收液的碱度，需向两个塔的吸收液循环槽中补充 NH_4HCO_3。而在中和槽中也应加入 NH_4HCO_3，使 NH_4HSO_3 转变成 $(NH_4)_2SO_3 \cdot H_2O$。为保证高的转化率，NH_4HCO_3 实际加入量应接近完成反应的理论值。NH_4HCO_3 加入量对中和反应转化率的影响见表 7-7。

表 7-6 吸收液浓度和碱度对结晶产率的影响

中和前吸收液组成			中和后的湿晶			结晶产率/%
总亚盐/(g/L)	碱度/滴度	体积/m^3	总质量/kg	$(NH_4)_2SO_3 \cdot H_2O$ 质量分数/%	$(NH_4)_2SO_4$ 质量分数/%	
632.5	8.1	0.55	282	89.23	4.3	56.8
652.3	9.4	0.45	260.7	81.10	10.6	60.6
657.5	7.4	0.55	336.5	87.42	3.4	63.0

表 7-7 NH_4HCO_3 加入量对中和反应 NH_4HSO_3 转化率的影响

原始母液组成		加入 NH_4HCO_3 量		中和后饱和母液组成		NH_4HSO_3 转化率/%
NH_4HSO_3/(g/L)	体积/m^3	加入量/kg	加入量占理论量百分比/%	NH_4HSO_3/(g/L)	体积/m^3	
585.5	0.55	250	92.5	74.3	0.508	88.2
615	0.55	275	97	62.7	0.472	91.26
598	0.45	225	100	9.7	0.355	98.72

由硫酸尾气制取固体亚铵的工艺条件及技术经济指标见表 7-8。

4. 吸收设备

固体亚铵法中最主要的设备是吸收塔，国内多数厂家采用的是复喷复挡洗涤吸收器，这

表 7-8 固体亚铵法工艺条件和技术经济指标

吸收温度/℃	一塔吸收液成分		二塔吸收液成分	
	总亚盐/(g/L)	碱度/滴度	总亚盐/(g/L)	碱度/滴度
25	650～700	约 10	350	13～15

吸收温度/℃	一塔进气 SO_2 浓度/%	二塔出气 SO_2 浓度/%	中和原始液组成		NH_4HCO_3 加入量占理论量质量百分比/%
			总亚盐/(g/L)	碱度/滴度	
25	0.65～0.70	0.025～0.030	650～700	9～10	97～100

吸收温度/℃	产品质量	单位质量产品水耗/(kg/t)	单位质量产品电耗/(kW·h/t)	单位质量产品碱耗①/(kg/t)
	$(NH_4)_2SO_3\cdot H_2O$ 含量/%			
25	>85	500	75	1300

① 碱按含 NH_4HCO_3 95%质量计。

种设备所需投资少，传质效果较好，对 SO_2 的吸收效率较高。表 7-9 表示的是进行固体亚铵法试验的主要设备情况，表 7-10 则是三种尾气吸收设备的比较。

表 7-9 固体亚铵法试验主要设备

设备名称	型式结构	主要尺寸/mm	材质	备注
第一吸收塔	空塔，中心管上装置 ϕ5.5mm 喷头 48 个	ϕ1254×10800	钢壳内衬瓷砖，顶盖、管口衬铅，上设捕沫层	原生产液体亚铵设备
第二吸收塔	填料塔，内装 25mm×25mm、50mm×50mm 瓷环(乱堆)	ϕ1254×8050，填料高度 4200	钢壳内衬瓷砖，顶盖、管口衬铅，上设捕沫层	旧塔改建
一、二循环槽	圆柱型	ϕ1400×1400	钢壳内衬薄瓷砖	
吸收液循环泵	仿广东高鹤磷肥厂酸泵	流量约 18m^3/h，电机 7.5kW	铸铁	
中和器	圆柱体锥底配搅拌桨	ϕ1000×1700	钢壳内衬瓷砖，搅拌桨包胶	磷肥车间氟回收设备
离心机	SS-800 三足式离心机	操作容积 90L，电机 4kW	不锈钢(1Cr18Ni9Ti)	磷肥车间氟回收设备
地下槽	长方形	1300×700×800，有效容积 0.4m^3	用瓷砖砌成	磷肥车间氟回收设备
地下槽泵	2BA-6 水泵	流量 20m^2/h，扬程 30.8m，电机 4kW	铸铁	

表 7-10 三种尾气吸收设备比较

方案	设备规格/mm	建设费用/万元	电耗比较	压力降/Pa	吸收率/%	施工比较	结构特点	使用比较
原两级湍动吸收	进气部分 ϕ2000 湍动层 ϕ1400 总高 10.5m	2	3BA-9 泵配 7.5kW 电动机两台	2450～2940	70～85	施工制作较复杂	全部用 12mm 聚氯乙烯板制作，湍动两层分两级吸收，顶部为捕沫层	适应范围差，带沫严重，吸收率不稳定，塑料球每季度要更换 40%～50%
空塔吸收	ϕ5300×350 总高 13m($\phi_{内}$ 4600)	3.5	KH38/32 酸泵配 20kW 电动机两台	196～392	80～90	施工期长，工程量大，需作大量平台、走道	黄浆石壳体、内设三层喷头：上部单向喷头 6 个，中部双向喷头 8 个，下部双向喷头 8 个	适应性较大，制作维修较麻烦，设备高大，系一级吸收，不易调整；保证吸收率时氨损失大
两级复喷复挡吸收	一级复喷 ϕ800 管二级复喷 ϕ800/ϕ720 复挡 ϕ1800×4300	1.5	3BA-9 泵配 4.5kW 电动机三台	883～1030	89～95	施工安装制作都较容易	全部用 6～12mm 聚氯乙烯板制作	适应范围较大，吸收率稳定，制造简单，维修容易

（二）亚硫酸铵-亚硫酸氢铵母液法

国内某些小型硫酸生产装置采用此法处理硫酸生产尾气。

该法是对硫酸尾气进行氨洗，所得 $(NH_4)_2SO_3$-NH_4HSO_3-H_2O 吸收液循环使用，将吸收液中的一部分引出直接作为产品，而不再经酸解、中和等处理。该法设备简单，投资少，且可节省大量酸碱，所得产品经稀释后可作为肥料使用。根据现有生产的操作情况，基本条件归纳如下：

(1) 吸收塔采用瓷环填料塔，塔内衬瓷砖；

(2) 吸收母液碱度控制在12～16滴度为宜，吸收率在90%以上；

(3) 吸收母液在相对密度为1.17～1.18时，可引出作为产品，母液中总硫酸盐量为350g/L左右；

(4) 在碱度适当情况下，吸收液喷淋密度为 $14m^3/(m^2 \cdot h)$ 时，吸收效率可超过95%，喷淋密度降低会导致效率的降低。碱度、喷淋密度对吸收率的影响见表7-11。

表7-11　碱度、喷淋密度对吸收率的影响

吸收液		尾气中 SO_2 含量/(mL/m^3)		喷淋密度/$[m^3/(m^2 \cdot h)]$	SO_2 吸收率/%
相对密度	碱度/滴度	进塔	出塔		
1.120	8.4	4300	1400	<10	67
1.120	10.4	4800	1100		77
1.165	16.0	9500	1700		82
1.148	16.0	3500	110	～14	97
1.156	12.0	3500	100		97

四、氨-硫铵法

（一）工艺原理[3,4]

氨-硫铵法和氨法中的其他方法的吸收原理相同，都是用 NH_3 吸收 SO_2，用所生成的 $(NH_4)_2SO_3$-NH_4HSO_3 吸收液循环洗涤含 SO_2 的废气。不同之处是在后者的吸收过程中，要尽量防止和抑制氧化副反应的发生，避免将吸收液中的 $(NH_4)_2SO_3$ 氧化为 $(NH_4)_2SO_4$，以保持吸收液对 SO_2 的吸收效率；而在氨-硫铵法中，氧化产物是该方法的最终产品，因此在吸收过程中需促使循环吸收液的氧化。由此导致了氨-硫铵法在工艺、设备等方面与氨-酸法、氨-亚铵法存在着不同。

氨-硫铵法一般用于处理燃烧烟气中的 SO_2，因为通常情况下，烟气中的氧含量足以将吸收液中的 $(NH_4)_2SO_3$ 全部氧化为 $(NH_4)_2SO_4$。但吸收液氧化率的高低直接影响到对 SO_2 的吸收率，洗涤液的氧化使亚硫酸盐变为硫酸盐，氧化愈完全，溶液吸收 SO_2 的能力就愈低。为了保证吸收液吸收 SO_2 的能力，吸收液内应保持足够的亚硫酸盐浓度。亚硫酸盐不可能在吸收塔内全部被氧化，为此在吸收塔后必须设置专门的氧化塔，以保证亚硫酸铵的全部氧化。

在吸收液被引出吸收塔后，一般是将吸收液用氨进行中和，使吸收液中全部的 NH_4HSO_3 转变为 $(NH_4)_2SO_3$，以防止 SO_2 从溶液内逸出。整个过程的反应如下：

$$NH_4HSO_3 + NH_3 \longrightarrow (NH_4)_2SO_3 \tag{7-26}$$

生成的 $(NH_4)_2SO_3$ 用空气中的氧进行氧化：

$$(NH_4)_2SO_3 + \frac{1}{2}O_2 \longrightarrow (NH_4)_2SO_4 \tag{7-27}$$

（二）工艺与设备

为了促进吸收塔中对吸收液的氧化作用，在吸收塔的设计以及工艺条件上应采取一些加强氧化作用的措施。吸收设备应采用易吸收氧的设备，如填料塔，并使塔内气速以及溶液浓度控制得低些；吸收液应维持较高的 S/C 值，并使吸收液的温度高一些；采用催化氧化物质，如活性炭、锰离子等，以促进氧溶解和亚硫酸盐的氧化。在氧化塔中，为使溶液有足够大的氧溶解速率，一般均使用压缩空气。在氧化塔的结构上，为保证空气与溶液有足够的接触面，在塔内需设置旋转雾化器，使进入塔内的空气旋转雾化，产生微细气泡分散于溶液中，增大气液接触面积。

氨-硫铵法的工艺过程主要分为吸收、氧化以及后处理等几部分，工艺流程见图 7-8。

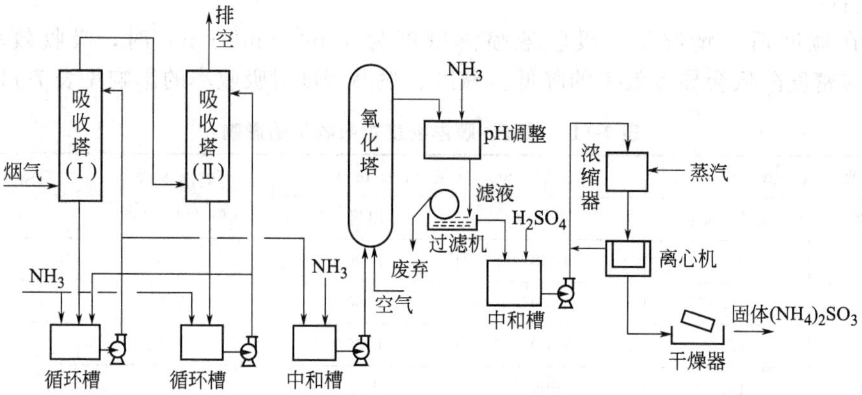

图 7-8 氨-硫铵法工艺流程

燃烧烟气经两级吸收后排空。部分循环吸收液从吸收系统中引出至中和槽，用 NH_3 进行中和。中和液用泵送入氧化塔通入压缩空气进行氧化，氧化后的溶液在 pH 调整槽中加 NH_3 成为碱性，使烟气中含有的钒、镍、铁等重金属变为氢氧化物沉淀而除去。硫铵母液经浓缩结晶、分离、干燥后，即可得硫酸铵产品。

该法的主要产品为硫酸铵，与氨法的其他方法相比，所用设备较少，不消耗酸，没有 SO_2 的副产品生出，因而不需加工贮存 SO_2 的设备，因而方法比较简便，投资较省。目前，硫铵肥料在国外销路不好，但在我国还有着较好的市场，特别适合在我国北方碱性土壤中使用。另外可以通过用硫氨制取氮磷复合肥料而扩大其应用。该法国内有引进装置。

第二节 钠碱法脱硫

钠碱法是采用碳酸钠或氢氧化钠等碱性物质吸收烟气中 SO_2 的方法。与用其他碱性物质吸收 SO_2 相比，该法具有如下优点。

(1) 与氨法比，它使用固体吸收剂，碱的来源限制小，便于运输、贮存。而且由于阳离子为非挥发性的，不存在吸收剂在洗涤气体过程中的挥发及产生铵雾问题，因而碱耗小。

(2) 与使用钙碱的方法相比，钠碱的溶解度较高，因而吸收系统不存在结垢、堵塞等问题。

(3) 与使用钾碱的方法相比，钠碱比钾碱来源丰富且价格要便宜得多。

(4) 钠碱吸收剂吸收能力大，吸收剂用量少，可获得较好的处理效果。

但与氨碱及钙碱相比，碱源相对比较紧张，特别是 NaOH，来源更困难一些。

由于对吸收液的处理方法不同，所得副产物的不同，钠碱法中也有不同的脱硫方法。具体方法主要有亚硫酸钠法、亚硫酸钠循环法及钠盐-酸分解法等。在国内，亚硫酸钠法应用较多，其他方法应用较少或仍在研究探讨之中。

一、钠碱法的吸收原理

（一）钠碱法的吸收反应

该法采用 Na_2CO_3 或 NaOH 作为起始吸收剂，在与 SO_2 气体的接触过程中，发生如下的化学反应：

$$2Na_2CO_3 + SO_2 + H_2O \longrightarrow 2NaHCO_3 + Na_2SO_3 \tag{7-28}$$

$$2NaHCO_3 + SO_2 \longrightarrow Na_2SO_3 + H_2O + CO_2\uparrow \tag{7-29}$$

$$2NaOH + SO_2 \longrightarrow Na_2SO_3 + H_2O \tag{7-30}$$

吸收开始时，主要按照上面三个反应生成 Na_2SO_3，Na_2SO_3 具有吸收 SO_2 的能力，能继续从气体中吸收 SO_2：

$$Na_2SO_3 + SO_2 + H_2O \longrightarrow 2NaHSO_3 \tag{7-31}$$

$NaHSO_3$ 不再具有吸收 SO_2 的能力，因此式(7-31) 是主要的吸收反应，而实际的吸收剂为 Na_2SO_3。

吸收过程的主要副反应为氧化反应：

$$Na_2SO_3 + \frac{1}{2}O_2 \longrightarrow Na_2SO_4 \tag{7-32}$$

从以上反应可知，循环吸收液中的主要成分为 Na_2SO_3、$NaHSO_3$ 和少量的 Na_2SO_4。

（二）吸收液的 pH 值

在用钠碱吸收 SO_2 的过程中，吸收液中亚硫酸钠、亚硫酸氢钠的浓度关系与吸收液的 pH 值有单值的对应关系，这种对应关系表示在图 7-9 中。从图中可以看出，随吸收液中亚硫酸氢钠含量的升高，溶液的 pH 值下降。

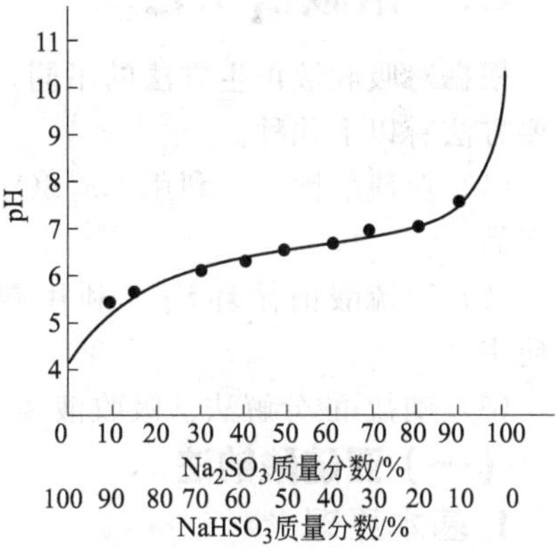

图 7-9　Na_2SO_3-$NaHSO_3$ 溶液浓度与 pH 值关系

由于 $NaHSO_3$ 对 SO_2 不具有吸收能力，因此，吸收液的 pH 值愈小，吸收液吸收 SO_2 的能力越差。以用 NaOH 处理烟气为例，由于烟气中含有大量的 CO_2，用所制备的 NaOH 溶液洗涤气体时，首先发生的 CO_2 与 NaOH 的反应导致了吸收液 pH 值的降低。当 pH 值降至 7.6 以下时，方发生吸收 SO_2 的反应。当吸收液中的 Na_2SO_3 全部转变为 $NaHSO_3$ 时，溶液的 pH 值为 4.4，此时将不可能继续与 SO_2 起化学反应。此后的吸收液若继续与 SO_2 接触，pH 值可继续下降至 3.7，但此时 pH 值的降低，仅仅是由于 SO_2 在溶液中进行物理溶解所致。因此，吸收液有效吸收 SO_2 的 pH 值范围为 4.4～7.6。在实际引出吸收液进行处理时，吸收液的 pH 值应控制在此范围内的一个适宜值上。

（三）SO_2 的分压

吸收液吸收 SO_2 的能力取决于吸收液面上 SO_2 的平衡分压，液面上 SO_2 平衡分压值愈小，吸收液对 SO_2 的吸收能力愈大。

Na_2SO_3-$NaHSO_3$ 液面上 SO_2 的分压值，可用以下公式计算：

$$p_{SO_2} = \frac{133.3Mc^2_{NaHSO_3}}{c_{Na_2SO_3}} \times 100 \tag{7-33}$$

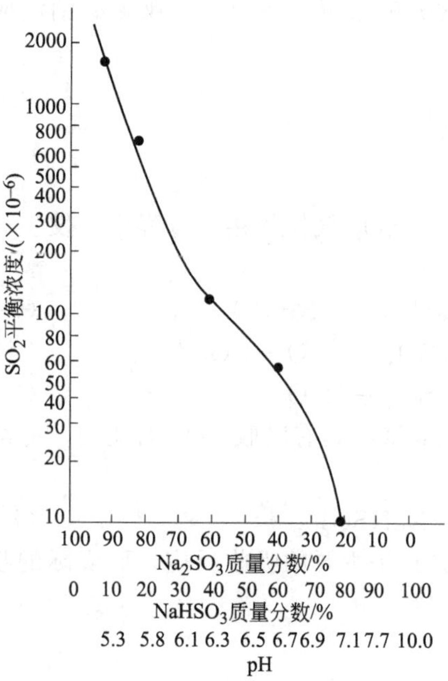

图 7-10 Na_2SO_3-$NaHSO_3$ 溶液浓度与 SO_2 平衡分压的关系

浓度 8mol Na/100mol H_2O；温度 30℃

式中，p_{SO_2} 为 SO_2 分压，Pa；c_{NaHSO_3} 为溶液中 $NaHSO_3$ 物质的量浓度；$c_{Na_2SO_3}$ 为溶液中 Na_2SO_3 物质的量浓度；M 为根据温度决定的系数，可由下式求出：

$$\lg M = 4.519 - \frac{1987}{T} \tag{7-34}$$

式中，T 为绝对温度，K。

从式(7-33) 可知，吸收液面上的 SO_2 分压与溶液中酸式盐浓度的平方成正比，而与正盐浓度成反比。由此可以得出：

(1) 正盐与酸式盐之比越大，液面上的 SO_2 分压就越低，这种溶液在处理较低浓度的 SO_2 气体时，仍可获得较好的吸收率；

(2) 在正盐与酸式盐浓度比不变的条件下，将溶液稀释，SO_2 的分压就会降低，为了较充分地从气体中吸收 SO_2，就必须使用稀的吸收溶液；

(3) 降低吸收液温度，可降低 SO_2 平衡分压，可提高吸收效率。

Na_2SO_3-$NaHSO_3$ 溶液浓度与 SO_2 平衡分压关系见图 7-10。

二、钠碱法工艺

根据对吸收液再生方法的不同，可以得到不同的钠碱法处理工艺，所得产物亦不相同，主要方法有以下几种。

(1) 亚硫酸钠法 利用 Na_2SO_3 与 $NaHSO_3$ 在水中溶解度的不同，使 Na_2SO_3 结晶作为产品。

(2) 亚硫酸钠循环法 利用热再生方法处理吸收液，副产高浓度 SO_2，吸收剂循环使用。

(3) 钠盐-酸分解法 吸收液用酸分解处理。

(一) 亚硫酸钠法

1. 基本原理

该法是用 Na_2CO_3 或 $NaOH$ 作起始吸收剂吸收烟气中的 SO_2，其吸收反应如式(7-28)～式(7-31) 所示。将吸收后得到的高浓度的 $NaHSO_3$ 吸收液用 $NaOH$ 或 Na_2CO_3 中和，使 $NaHSO_3$ 转变为 Na_2SO_3：

$$NaHSO_3 + NaOH \longrightarrow Na_2SO_3 + H_2O \tag{7-35}$$

$$2NaHSO_3 + Na_2CO_3 \longrightarrow 2Na_2SO_3 + H_2O + CO_2\uparrow \tag{7-36}$$

由于 Na_2SO_3 溶解度较 $NaHSO_3$ 低，中和后生成的 Na_2SO_3 因过饱和而从溶液中析出。在结晶温度低于 33℃时，结晶出 $Na_2SO_3 \cdot 7H_2O$，温度较高时可结晶出无水亚硫酸钠。$NaHSO_3$、Na_2SO_3 与 Na_2SO_4 溶解度曲线见图 7-11。

中和母液经固-液分离后，可得 Na_2SO_3 结晶产品。

主要副反应仍为氧化反应，见式(7-32)。生成的 Na_2SO_4 混在产品中影响产品质量，为减少氧化问题，在吸收液中应加入一定量的阻氧剂，常用的有对苯二胺及对苯二酚等。

2. 工艺流程与设备

亚硫酸钠法的工艺过程主要分为四个步骤，即吸收、中和、浓缩结晶及干燥。工艺流程简图见图7-12。

(1) 吸收　在配碱槽中配成20～22°Bé(波美度)的Na_2CO_3水溶液，加入纯碱用量的十二万分之一的对苯二胺作为阻氧剂，再加入纯碱用量5%左右的24°Bé的烧碱液，以沉降铁离子及其他重金属离子。将配好的溶液送入吸收塔，与含SO_2气体逆流接触，循环吸收，至吸收液的pH值达5.6～6.0时，即得亚硫酸氢钠溶液，将此溶液送去中和，吸收后尾气排空。

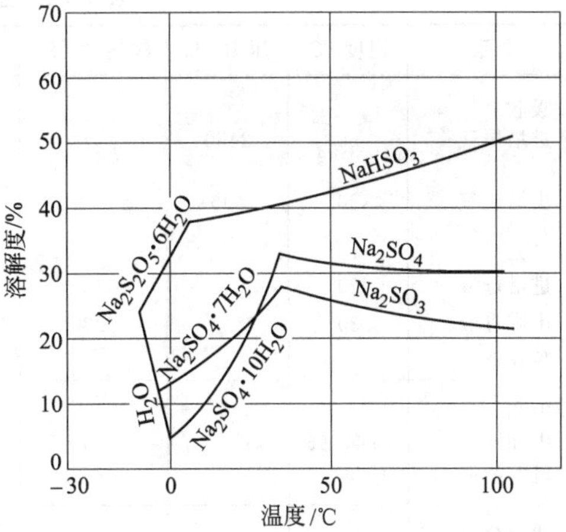

图7-11　钠盐溶解度曲线

我国某厂采用的吸收设备为聚氯乙烯塑料板制的湍球塔，塔径为1100mm，单层湍动。全高3720mm，内装ϕ38mm聚氯乙烯空心球9000只，固定床高约400mm。空塔气速为3m/s，喷淋密度$25m^3/(m^2 \cdot h)$。上筛板孔径32mm，开孔率48%。塔内阻力1470～1960Pa，液体在塔内停留时间为6s。该塔特点为不易堵塞，生产能力大，用材少，造价低，吸收效率可达90%～95%。

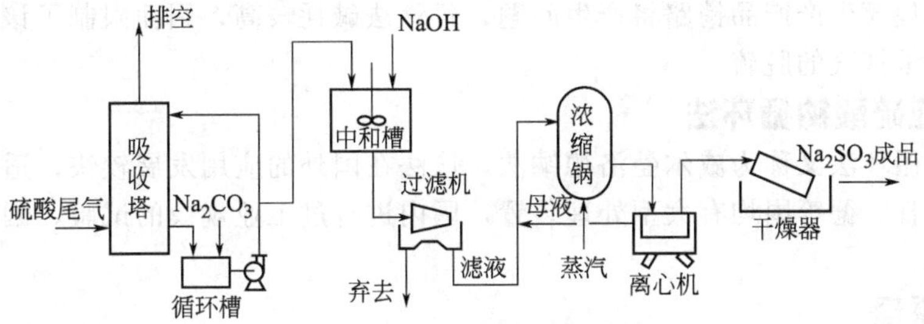

图7-12　亚硫酸钠法工艺流程

(2) 中和　将吸收后的$NaHSO_3$溶液送至中和槽，加入24°Bé烧碱溶液进行中和反应至pH≈7，然后以$4kg/cm^2$的蒸汽间接加热至沸腾，以驱尽其中的CO_2。加入适量的硫化钠溶液以除去铁和重金属离子，继续加烧碱将溶液中和至pH=12，再加入少量活性炭脱色，过滤后即得含量约为21%的无色亚硫酸钠清液。

(3) 浓缩结晶　将亚硫酸钠溶液送入浓缩锅，用蒸汽加热并不断加进新鲜的亚硫酸钠溶液以保持一定的液位，防止锅壁结出“锅巴”。经不断加热浓缩至析出一定量的无水亚硫酸钠结晶时，将其放入离心机甩干，得到含水2%～3%的结晶。母液回到浓缩锅循环使用。

(4) 干燥　用电热烘干或气流干燥等方法，将甩干后的结晶进行干燥，干燥后的结晶即可包装成产品。

国内亚硫酸钠法工艺操作指标见表7-12。

每吨无水亚硫酸钠成品消耗纯碱800kg，烧碱(100%)100kg，产品质量可符合国家标准。

国内的一些中小型工厂的硫酸尾气及一些有色冶炼厂的冶炼尾气，采用了亚硫酸钠法进行治理，与其他烟气脱硫方法比较，具有吸收效率很高，工艺流程简单，操作方便，可靠，基建投资及脱硫费用较低等优点。作为产品的亚硫酸钠纯度可达96%，因而可用于织物、

表 7-12 亚硫酸钠法操作指标

项目	温度/℃	压力/Pa	波美度/°Bé	pH	成分/%	备注
1. 吸收						
进塔尾气	60	2450			SO_2 0.3～0.6 SO_3 0.001～0.002	加纯碱量的 5% 的 24°Bé NaOH 和纯碱的 1/120000 的对苯二胺为阻氧剂
出塔尾气	30	490			SO_2 0.01～0.03 SO_3 约 0	
进塔母液	20		22	14	Na_2CO_3 180kg/m^3	
出塔母液	30		28	5.6～6.0	Na_2SO_3 200kg/m^3	
吸收率						90%～95%
2. 中和						先用 24°Bé NaOH 中和至 pH～7，再加热沸腾驱 CO_2，加 Na_2S 除色，活性炭脱色
中和液	沸点 105		23	12	Na_2SO_3 21	
过滤清液	20		23	12	Na_2SO_3 21	
3. 浓缩分离						
浓缩液	105			14	Na_2SO_3>94	
甩干晶体				8.5	H_2O 2～3	
4. 干燥						
气流	200～250	2940				
成品			2.65t/m^3	8.5	Na_2SO_3>96	

化纤、造纸工业的漂白剂及脱氯剂，国内还用作一些农药生产的脱氯剂等。但这些应用的需求量有限，大规模生产产品销路将产生问题，且该法碱耗较高，因而限制了该法应用，只能适用于中小气量烟气的脱硫。

（二）亚硫酸钠循环法

亚硫酸钠循环法又称为威尔曼洛德钠法，该法在国外的应用发展较快，适于处理大气量烟气。在美、日、德等国均有大型处理装置，国内进行过工业规模的试验，因此这里对该法只做简单介绍。

1. 方法原理

该法的吸收反应见式(7-28)～式(7-31)，主要副反应为生成 Na_2SO_4 的氧化副反应。在一般情况下，吸收液中的主要成分为 Na_2SO_3、$NaHSO_3$，此外还含有少量的 Na_2SO_4。在这些成分中唯一能吸收 SO_2 的组分是 Na_2SO_3。若以 S 表示每升溶液中硫的总物质的量，以 C 表示溶液中钠的有效物质的量，即与亚硫酸盐和亚硫酸氢盐结合的钠的总数，则 S/C 值可表示正盐与酸式盐的比例关系。当 $S/C=0.5$ 时，表示溶液中全部为 Na_2SO_3，而当 $S/C=1.0$ 时，则表示溶液中的全部 Na_2SO_3 均转化为 $NaHSO_3$。在吸收过程中，当吸收液中 $NaHSO_3$ 含量达到一定值，一般控制 $S/C=0.9$ 时，吸收液就应送去进行再生处理。

在亚硫酸钠循环法中，对吸收液的处理是采用热解吸的方法。由于 $NaHSO_3$ 不稳定，受热分解，因而对含 $NaHSO_3$ 的吸收液可在 100℃左右，即超过吸收温度不多的温度下加热解吸，反应方程式为：

$$2NaHSO_3 \xrightarrow{\triangle} Na_2SO_3 + SO_2\uparrow + H_2O \tag{7-37}$$

在加热分解 $NaHSO_3$ 的过程中，副产高浓度 SO_2 气体，而所得到的 Na_2SO_3 结晶，经固液分离取出并用水溶解后返回吸收系统循环使用，故此法称为亚硫酸钠循环法。

2. 工艺及设备

亚硫酸钠循环法的工艺流程示意见图 7-13。

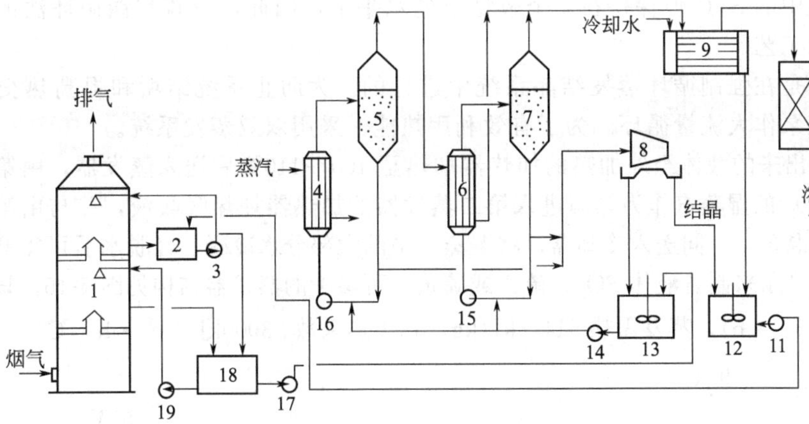

图 7-13　钠盐循环法工艺流程

1—吸收塔；2,18—循环槽；3,11,14～17,19—泵；4,6—加热器；
5,7—蒸发器；8—离心机；9—冷却器；10—脱水器；12—吸收液槽；13—母液槽

（1）吸收　吸收中采用的吸收设备为三段式泡沫吸收塔，最下部一段为烟气洗涤段，中、上段为吸收段。

高温烟气经降温后，先进入洗涤段对烟气进行除尘增湿，增湿除可以避免吸收液因水分的蒸发产生结晶造成设备的堵塞外，还可以使 SO_3 溶入水中，预先除去烟气中的部分 SO_3，减少不必要的碱耗。为使洗涤循环水的 pH 值不致过低而加剧设备的腐蚀（应保持 pH>4），需向其中加入少量吸收液。

塔的上、中段是两个串联的吸收塔，吸收过程采用二塔二级吸收。烟气经两段吸收后，经除雾排空。吸收液在各段内自身进行循环，进入二段内的吸收液是来自解吸再生后的吸收液。二段吸收液向一段内串流，再生后吸收液不断向二段补充。一段吸收的作用是脱除烟气中较大量的 SO_2，生成尽可能多的 $NaHSO_3$，但不可能将烟气中 SO_2 脱除到较低的浓度；而二段吸收利用的是再生后的吸收液，吸收 SO_2 能力强，尽管经一段吸收后烟气中 SO_2 浓度已大大降低，仍可将烟气中 SO_2 浓度脱除到符合排放标准。

图 7-14 是日本某厂家在亚硫酸钠循环法中采用的吸收设备。处理烟气量为 450000 m^3/h，共用三个吸收塔。塔为（5.5×7.2）m 的长方形，塔内设 5 块筛板，筛板孔径为 15～20mm，间距/孔径＝2.5～4，吸收塔内空塔气速为 1.6～1.7m/s。

（2）脱吸　从一段吸收引出的吸收液用热分解方法将吸收的 SO_2 脱吸，见式(7-37)。脱吸过程与液面上 SO_2 平衡分压的数值关系很大。溶液中 $NaHSO_3$ 含量愈高（S/C 值愈大），液面上 SO_2 的平衡分压值愈高，愈有利于脱吸的进行。

亚硫酸钠在约 100℃的温度下分解，达此温度时，水蒸气分压较高，所供热能大部分耗于水分的蒸发上。在开始脱吸时，由于溶液中含有的主要是 $NaHSO_3$（S/C 值高），液面上 SO_2 平衡分压值高，脱吸容易进行，耗用热能较少。但随着 SO_2 的不断脱吸，溶液中 $NaHSO_3$ 的浓度逐渐降低，液面上的 SO_2 平衡分压值也随之迅速下降，SO_2 的脱吸变得不易进行。若要脱吸完全，则势必需要提高脱吸温度，这样将会使水的蒸发量增加，导致热能耗量提高。若能在分解过程中，保持溶液中 S/C 值在一个较稳定的状态上，使液面上的 SO_2 平衡分压值不致明显下降，就可以在较低热能耗量的基础上，获得较高的脱吸效率。由于在吸收液系统中，Na_2SO_3 的溶解度要比 $NaHSO_3$ 的溶解度小得多（见图 7-11），可以利用此特性，在 SO_2 不断脱吸的情况下，将由 $NaHSO_3$ 分解成的 Na_2SO_3 不断结晶出来，

就可以使溶液中的 S/C 值保持在一个较稳定的水平上，因此，亚硫酸钠循环法的脱吸采用的是蒸发结晶工艺。

脱吸过程是在强制循环蒸发结晶系统中进行的。为防止系统结垢和提高热交换器的效率，采用轴流泵作大流量循环。为了有效利用热能，采用双效蒸发系统。

由吸收塔出来的液体经外加热的加热器加热至 100～110℃后送入蒸发器，由第一蒸发器出来的含有 SO_2 的湿蒸汽作为热源进入第二蒸发器的加热器加热吸收液，并与由第二蒸发器出来的湿蒸汽混合，一同送入冷却器，将湿蒸汽中的大部分水冷凝。经脱水后可得高浓度 SO_2 气体，此气体可用来制备液体 SO_2、硫酸或硫黄。可参考的蒸发器结构见图 7-15。该设备蒸发量为 1000kg/(m^2·h)，蒸发需热 544.3kJ/kg，总传热系数 23000kJ/(m^2·h·℃)。

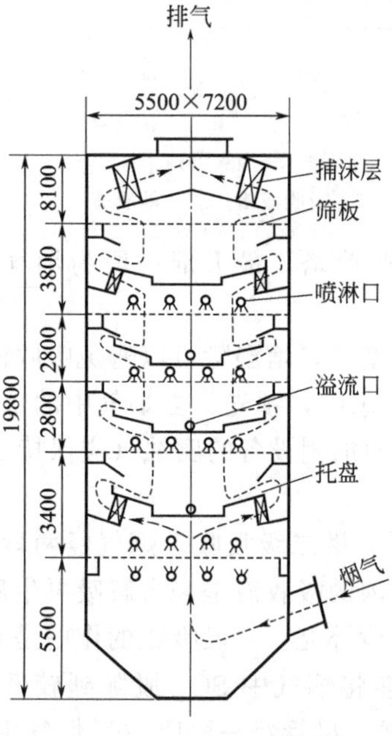

图 7-14 吸收塔

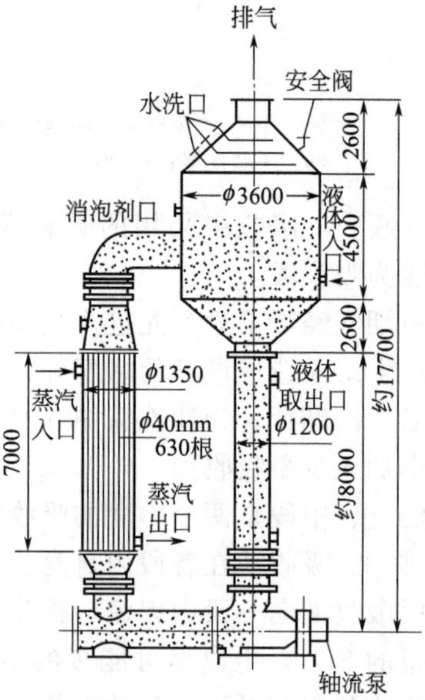

图 7-15 蒸发器

(3) 蒸发液处理 蒸发后的浓缩浆液（内含亚硫酸钠结晶）送至离心分离机，将亚硫酸钠结晶分离出来，滤液返回蒸发系统。亚硫酸钠结晶用水溶解，并补充适量的碱液，与冷凝液一起混合为再生吸收液，送入吸收塔。

由于在吸收过程中有氧化副反应存在，生成 Na_2SO_4，而随着溶液中 Na_2SO_4 含量的增加，会导致吸收效率的降低，因此当溶液中 Na_2SO_4 含量达一定值时（为 5%左右），必须排放一部分吸收液或结晶过滤母液。排放的结果会导致有效钠和硫的流失，同时会对环境造成二次污染。由于排放了部分吸收液，则需补充一部分碱液，这将导致碱耗的增加，所以氧化副反应是造成碱耗的主要原因，也是该法的主要缺点。目前处理生成的硫酸钠尚无较好的方法，国内进行过石灰法和冷冻法的试验，取得一定效果。

（三）钠盐-酸分解法

该法是用酸对吸收液分解再生，但由于强酸类的钠盐实用价值不大或应用的需求量不大，因而无法广泛使用。但在个别工厂，当酸解后的产物有特殊用途时，本法就具有了实用意义。目前成功应用此法的是在氟化盐厂采用的钠盐-氟铝酸分解法。

1. 方法原理

钠盐-氟铝酸分解法采用 Na_2CO_3 作为吸收剂吸收 SO_2。SO_2 是氟化盐厂在氟氢酸的生产过程中，由于硫酸的高温分解而产生的。吸收过程的反应见式(7-28)、式(7-29) 和式(7-31)。吸收液用氟铝酸（H_3AlF_6）进行分解，反应如下：

$$6HF + Al(OH)_3 \longrightarrow H_3AlF_6 + 3H_2O \tag{7-38}$$

$$H_3AlF_6 + 3Na_2SO_3 \longrightarrow Na_3AlF_6 + 3NaHSO_3 \tag{7-39}$$

$$H_3AlF_6 + 3NaHSO_3 \longrightarrow Na_3AlF_6 + 3SO_2 + 3H_2O \tag{7-40}$$

吸收液中的 Na_2SO_3 和 $NaHSO_3$ 用氟铝酸分解后，可得冰晶石（Na_3AlF_6）和浓 SO_2 气体，两者均为有用产品，可以出售。

2. 工艺流程及操作指标

湖南湘乡氟化盐厂使用该法处理 SO_2 尾气，其工艺流程如图 7-16 所示。

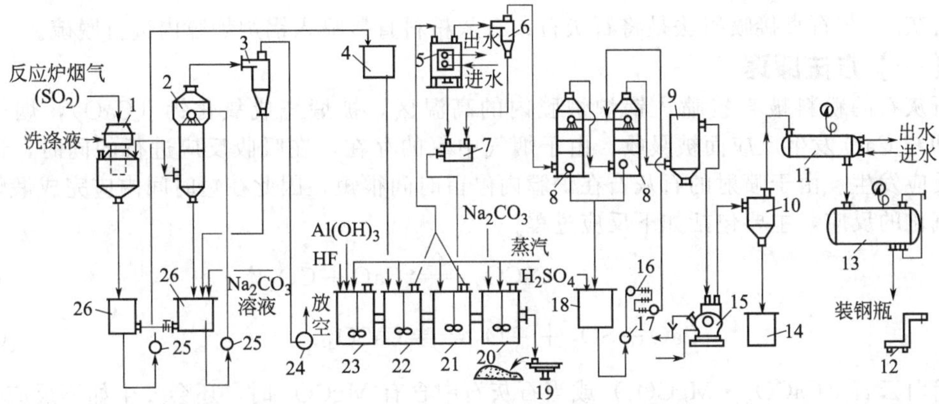

图 7-16　钠盐-氟铝酸分解法工艺流程

1—洗涤塔；2—吸收塔；3,6—除沫器；4—混合溶液槽；5—石墨冷却器；7—水封槽；8—干燥塔；9—焦炭过滤器；10—分油器；11—冷凝器；12—磅秤；13—成品罐；14—集油器；15—压缩机；16—冷却器；17—硫酸泵；18—硫酸循环槽；19—圆盘过滤器；20～23—分解槽；24—风机；25—铅泵；26—循环槽

烟气经吸收塔吸收 SO_2 后，由风机排入大气。吸收后生成的 Na_2SO_3 和 $NaHSO_3$ 的混合液去分解槽用氟铝酸分解，分解后料浆的最终剩余酸度，用碳酸钠溶液进行调整，然后经圆盘过滤器过滤，滤饼经干燥脱水后，即得冰晶石成品。分解出来的高浓度 SO_2，经石墨冷却器冷却、干燥塔脱水后，用压缩机压缩，压缩后气体经列管冷凝器冷凝，即得液体 SO_2。

该厂工艺操作指标如下。

处理气量（标准状态）　$11000 \sim 13000 m^3/h$。

原始吸收液成分　Na_2SO_3　$270 \sim 300 g/L$。

进气中 SO_2 浓度　$5.4 \sim 8.78 g/m^3$。

SO_2 净化效率　91%～97%。

循环吸收液最终 $NaHSO_3$ 允许浓度：洗涤塔循环槽　$120 \sim 150 g/L$；吸收塔循环槽　$20 \sim 60 g/L$。

分解槽剩余酸度：22 号槽　$10 \sim 15 g/L$；20 号槽　$2 \sim 4 g/L$。

冷凝器内 SO_2 温度　<35℃。

第三节　石灰/石灰石法脱硫

石灰/石灰石法是采用石灰石、石灰或白云石等作为脱硫吸收剂脱除废气中 SO_2 的方法，其中石灰石应用的最多并且是最早作为烟气脱硫的吸收剂之一。石灰石料源广泛，原料易得，且价格低廉，因而到目前为止，在各种脱硫方法中，仍以石灰/石灰石法运行费用最低。目前在国内外，该法应用广泛，特别是用于电站锅炉的脱硫装置。

石灰/石灰石法所得副产品可以回收，也可以抛弃，因而有回收法与抛弃法之分。在美国多采用抛弃法；在日本，由于堆渣场地紧张，多采用回收法。

应用石灰/石灰石法进行脱硫，可以采用干法——将石灰石直接喷入锅炉炉膛内；也可以采用湿法——将石灰石等制成浆液洗涤含硫废气。可以根据生产规模、生产环境、副产品的需求情况等的不同，选择不同的方法。本节主要介绍石灰/石灰石直接喷射法，石灰-石膏法及石灰-亚硫酸钙法。

一、石灰/石灰石直接喷射法[3~5]

石灰/石灰石直接喷射法是将石灰石或石灰粉料直接喷入锅炉炉膛内进行脱硫。

（一）方法原理

石灰石的粉料被直接喷入锅炉炉膛内的高温区，被煅烧成氧化钙（CaO），烟气中的 SO_2 即与 CaO 发生反应而被吸收。由于烟气中氧的存在，在吸收反应进行的同时，还会有氧化反应发生。由于喷射的石灰石在炉膛内停留时间很短，因此在短时间内应完成煅烧、吸附、氧化的反应，主要包括如下反应过程：

$$CaCO_3 \xrightleftharpoons{\triangle} CaO + CO_2 \uparrow \tag{7-41}$$

$$CaO + SO_2 + \frac{1}{2}O_2 \rightleftharpoons CaSO_4 \tag{7-42}$$

在采用白云石（$CaCO_3 \cdot MgCO_3$）或当石灰石中含有 $MgCO_3$ 时，还会发生如下反应：

$$MgCO_3 \xrightleftharpoons{\triangle} MgO + CO_2 \uparrow \tag{7-43}$$

$$MgO + SO_2 + \frac{1}{2}O_2 \rightleftharpoons MgSO_4 \tag{7-44}$$

在锅炉温度下，烟气脱硫主要按反应式(7-42) 进行，其平衡常数 K 可按下式计算：

$$K = \frac{[CaSO_4]}{[CaO]} \times \frac{1}{c_{SO_2} c_{O_2}^{\frac{1}{2}} p^{\frac{3}{2}}} \tag{7-45}$$

式中，$[CaSO_4]$,$[CaO]$分别为 $CaSO_4$，CaO 固体的物质的量浓度；c_{SO_2}，c_{O_2} 分别为 SO_2，O_2 的摩尔百分数。

常压时 $p=101325Pa$（1atm），$[CaSO_4]=[CaO]=1$，则上式简化为：

$$c_{SO_2} = \frac{1}{Kc_{O_2}^{\frac{1}{2}}} \tag{7-46}$$

可求出反应时 SO_2 平衡浓度值。表 7-13 列出了 CaO、MgO、$Ca(OH)_2$ 与 SO_2 反应时的 SO_2 平衡浓度。

（二）工艺流程

工艺流程可参照图 7-17 所示。该流程运转费用较低，但脱硫效率不太理想。

（三）工艺条件讨论

1. 固体粉料分解温度

石灰石喷入锅炉高温区时，按式(7-41) 煅烧分解，$CaCO_3$ 分解温度与烟气中 CO_2 浓度有关。$CaCO_3$ 分解温度与 CO_2 平衡浓度间的关系见图 7-18。可以看出，烟气中 CO_2 浓度高时，$CaCO_3$ 分解温度相应升高。一般锅炉烟气中 CO_2 浓度在 14%左右，$CaCO_3$ 分解温度约为 765℃，低于此温度将发生式(7-41) 的逆反应。

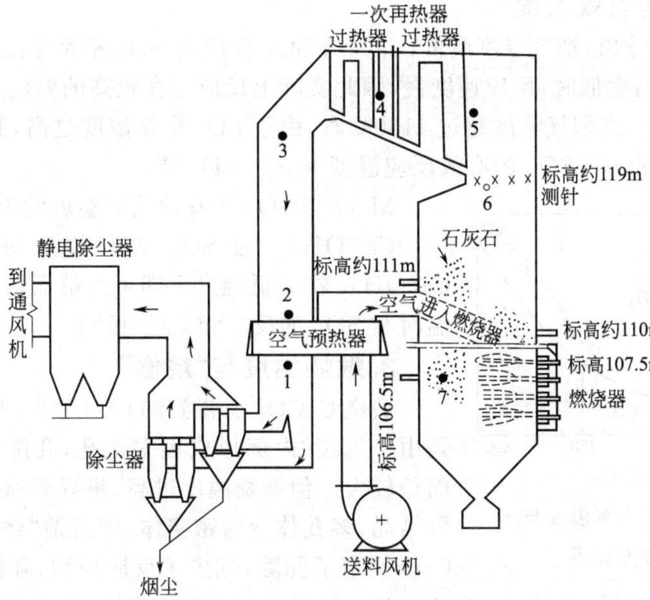

图 7-17 用石灰石直接喷射法从烟气中脱除 SO_2 的流程

表 7-13 CaO、MgO、$Ca(OH)_2$ 与 SO_2 反应时的 SO_2 平衡浓度

反应式	O_2 浓度/%	温度/℃	平衡常数 K	SO_2 平衡浓度/(mL/m^3)
$CaO+SO_2+\frac{1}{2}O_2 \rightleftharpoons CaSO_4$	2.7	870	2.61×10^8	0.02
		925	2.54×10^7	0.24
		980	3.12×10^6	2.0
		1040	4.62×10^5	13
		1090	8.15×10^4	75
		1370	97.05	63000
	1.0	870		0.04
		980		3.2
		1090		120
		1370		100000
	5.0	870		0.02
		980		1.4
		1090		55
		1370		46000
$MgO+SO_2+\frac{1}{2}O_2 \rightleftharpoons MgSO_4$	2.7	590	1.33×10^8	0.05
		650	5.96×10^6	1.0
		700	3.81×10^5	16
		760	3.34×10^4	180
		815	3.78×10^3	1600
		870	5.40×10^2	11000
$Ca(OH)_2+SO_2 \rightleftharpoons CaSO_4+H_2O$①	2.7	150	7.7×10^{-18}	2.4×10^{-10}
		260	1.1×10^{-8}	2.0×10^{-8}
		370	1.0×10^{-4}	1.0×10^{-4}
		425	3.3×10^{-3}	6.9×10^{-4}

① $Ca(OH)_2$ 与 SO_2 反应时的 SO_2 平衡浓度系在气相中 H_2O 浓度为 7.1%(体积)时的值。

白云石的分解温度低于 $CaCO_3$ 的分解温度，约为 344℃。

2. 脱硫反应的有效温度

从表 7-13 可以看出，烟气温度越低，CaO 与 SO_2 反应时 SO_2 平衡浓度也越低，有利于脱硫反应的进行。但温度低时，反应速度慢，因此实际上反应应在较高的温度下进行。但当氧含量在 2.7%的情况下，当烟气温度超过 1160℃时，由于 SO_2 平衡浓度过高，脱硫反应实际已无法进行，因此一般 CaO 与 SO_2 的有效反应温度为 950～1100℃。

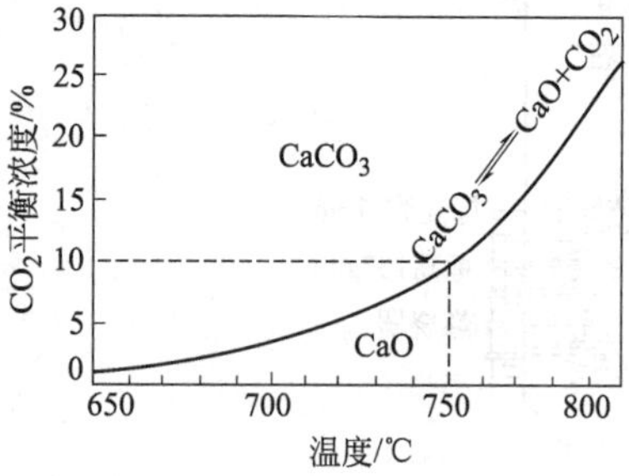

图 7-18 $CaCO_3$ 分解温度与 CO_2 平衡浓度关系

MgO 与 SO_2 的有效反应温度约为 800℃。

$Ca(OH)_2$ 与 SO_2 的有效反应温度更低，由于 $Ca(OH)_2$ 在较低温度下即可分解而转变为 CaO，因此高温时与 SO_2 的反应和 CaO 相同。

3. 煅烧温度与"烧僵"

煅烧 $CaCO_3$ 所得到的 CaO 之所以能吸收 SO_2，主要是由于 CaO 内部形成很多微孔，孔隙率高，供反应的表面积较大。但煅烧温度过高，将导致微孔破坏，使氧化钙再结晶，多孔体变为密实体，即所谓"烧僵"。"烧僵"后的 CaO 闭塞了孔隙，减少了反应面积，降低 SO_2 渗透量，对脱硫不利。由于锅炉炉膛温度高，在膛内较短的停留时间内，石灰石要完成煅烧和吸收 SO_2 的反应，完全避免烧僵是不可能的，因此石灰石的喷射温度和喷入位置的选择就是非常重要的。

4. 石灰石的粒度和煅烧物孔径

石灰石的粒度对脱硫效率的影响见表 7-14。

表 7-14 不同粒度的石灰石及消石灰的 SO_2 吸收量

项　　目	石灰石颗粒（1～2mm）	石灰石片①		消石灰片①
		100～200 目	200 目以下	
密度/(g/cm^3)	0.94	0.86	0.77	0.83
SO_2 吸收量/(gSO_2/100gCaO)	20.2	27.1	29.4	29.4

① ϕ5mm×1mm 的压片，切割成 4 等分，在 1000℃下煅烧 3h。

从表 7-14 中可以看出，颗粒小的石灰石吸收 SO_2 的量大。

煅烧物的理想孔径为 0.2～0.3μm。直径小于 0.1μm 的细孔在反应中易被反应生成物堵塞；而直径大于 0.3μm 时，又会使反应表面积迅速减少，均不利于吸收 SO_2 反应的进行。

石灰/石灰石直接喷射法所需设备少（只需贮存、研磨与喷射设备），投资省，但该法也存在严重不足：脱硫率低；反应产物可能形成污垢沉积在管束上，增大系统阻力；降低电除尘器的效率等。因此只能有限地使用，一般只适用于中小锅炉及较旧的电厂锅炉内。

二、荷电干式喷射法

荷电干式吸收剂喷射烟气脱硫技术属于干法烟气脱硫技术的一种，该技术是美国阿兰柯环境资源公司（Alanco Environmental Resources Co.）20 世纪 90 年代开发的，具有投资少，占地面积小，工艺简单的优点，但对干吸收剂粉末中 $Ca(OH)_2$ 的含量、粒度及含水率等要求较高，在 Ca/S 为 1.5 左右时，脱硫率达 60%～70%。荷电干式吸收剂喷射系统

(CDSI) 适用于中小型锅炉的脱硫，与布袋除尘器配合可以提高脱硫效率10%～15%。

1. CDSI 系统工作原理[6]

炉内喷钙脱硫由于与炉膛烟气混合不够好、分布不均匀、在有效的温度区停留时间短，使其脱硫效率较低，一般在40%以下。荷电干式吸收剂喷射烟气脱硫技术是使钙基吸收剂高速流过喷射单元产生的高压静电电晕充电区，使吸收剂得到强大的静电荷（通常是负电荷）。当吸收剂通过喷射单元的喷管被喷射到烟气中，吸收剂由于都带同种电荷，因而相互排斥，很快在烟气中扩散，形成均匀的悬浮状态，使每个吸收剂粒子的表面充分暴露在烟气中，与 SO_2 的反应机会大大增加，从而提高了脱硫效率；而且荷电吸收剂粒子的活性大大提高，降低了同 SO_2 完全反应所需的停留时间，一般在2s左右即可完成化学反应，从而有效地提高了 SO_2 的脱除率。

除了提高吸收剂化学反应成效外，荷电干式吸收剂喷射系统对小颗粒（亚微米级 PM_{10}）粉尘的去除率也很有帮助，带电的吸收剂粒子把小颗粒吸附在自己的表面，形成较大颗粒，提高了烟气中尘粒的平均粒径，这样就提高了相应除尘设备对亚微米级颗粒的去除率。

很多碱性粉末物质可作为吸收剂，但从经济技术上分析，只有以钙基吸收剂最具有使用价值。用于粉末烟道喷射脱硫的吸收剂通常为 $Ca(OH)_2$，氢氧化钙是高效强碱性脱硫试剂。一般燃煤锅炉排烟温度低于425℃。$Ca(OH)_2$ 在烟气中主要是与 SO_2 生成亚硫酸钙，部分 $Ca(OH)_2$ 与烟气中的 SO_3 生成硫酸钙。钙的亚硫酸盐是相对稳定的。氢氧化钙脱硫的亚硫酸盐化反应和硫酸盐化反应原理为：

$$Ca(OH)_2 + SO_2 \longrightarrow CaSO_3 + H_2O \tag{7-47}$$

$$Ca(OH)_2 + SO_3 \longrightarrow CaSO_4 + H_2O \tag{7-48}$$

化学反应须具备4个条件：反应物质、反应接触时间、足够的能量和其他条件。当温度低于425℃，SO_2 与 $Ca(OH)_2$ 反应生成亚硫酸钙是慢速化学反应。反应时间需大于2s，并且固硫剂需要充分地扩散。粉末吸收剂的粒度及比表面积是影响其粉末活性的重要因素。

粉末荷电喷射有以下作用。

(1) 扩散作用　荷电粉末可以在任何温度下迅速扩散。由于粉末带有同种电荷，因而相互排斥迅速地在烟道中扩散，形成均匀分布的气溶胶悬浮状态。每个粉末的表面充分地暴露于烟气中，使其与 SO_2 的反应机会增加，从而使脱硫效率大幅度提高。

(2) 活化作用　由于固硫剂粉末的荷电，提高了固硫剂的吸收活性，减小了与 SO_2 反应所需要的气固接触时间，一般2s内即可完成反应，从而大幅度地提高脱硫效率和钙利用率。

(3) 除尘作用　带电的吸收剂粒子把小颗粒吸附在自己的表面，形成较大颗粒，提高了烟气中尘粒的平均粒径，这样就提高了相应除尘设备对亚微米级颗粒的去除率。

2. CDSI 系统基本工艺流程

CDSI系统基本工艺流程是：锅炉烟气与荷电粉末混合，经过1～2s时间，基本完成脱硫过程，通过布袋除尘器除尘和再脱硫。锅炉飞灰和残留的 $Ca(OH)_2$ 仍然具有一定的脱硫效果，因此干灰再循环是有意义的，可减少 $Ca(OH)_2$ 的运行消耗量。在除尘器灰斗卸灰时，通过三通阀门切换即可实现，不卸灰时，干灰尽可能循环利用。外来 $Ca(OH)_2$ 粉末拆包后倒入提升机料斗，提升到粉末储存仓，通过给料机和受料器输入到荷电器，固硫剂粉末荷电后注入烟道。

对流程中脱硫及除尘系统进行自动检测和控制是必要的。在空气预热器设有温度、SO_2 连续检测，以便在温度过高或过低报警时采取保护措施。SO_2 的检测主要用于控制 $Ca(OH)_2$ 的用量。在袋式除尘器进出口分别设有温度、压力、流量、SO_2 浓度的检测，用于掌握炉况、除尘、清灰和 $Ca(OH)_2$ 用量控制。脱硫管道和除尘器均需保温，保温后能够防止烟气结露。

3. CDSI 系统主要设备

CDSI 系统由粉末高压电晕荷电喷射系统、烟气脱硫管道系统、布袋除尘系统和测控系统组成。粉末高压电晕荷电喷射系统包括给料单元、喷射单元及测控系统；烟气脱硫管道系统及除尘系统包括燃煤锅炉、烟道、布袋除尘器及引风机等。

(1) 给料单元　CDSI 系统的给料单元由料仓、闸板阀、星形给料机、计量料斗、仓顶布袋除尘器及给料机组成。料仓用来贮存吸收剂，其容积一般为 2 天连续运行所需的吸收剂量。仓顶布袋除尘器是防止将吸收剂送入料仓时排出的带有粉尘的空气污染环境。闸板阀和星形给料机是将粉仓和计量料斗连接并按需要将料仓的吸收剂自动送入计量斗。给料机为无级变速容积式给料机，根据烟气中总量 SO_2 的多少来调节吸收剂的给料量。

工作过程中利用高压风机的气流引射，将计量斗定量给出的粉末发散形成气溶胶。料仓的吸收剂粉末经过闸板阀和星形给料机进入螺旋给料机，螺旋给料机根据烟道中测试 SO_2 的浓度由变频器控制转速，适时调节给料量，高压风机出口的引射器在高速引射气流作用下在给料器粉末进口处产生负压，将给料机输出的粉末引入喷射气流中呈气溶胶状态送入荷电器荷电。粉末发生速度和鼓风量可调，引射气流量由闸阀调节。

(2) 粉末荷电单元　高压电源采用 GG100kV、30mA 高压硅整流变压器将自动控制器输出的可控交流电压送高压变压器直接升压，再经硅堆全波整流，输出直流负高压，同时增加一个限流电阻，以防止闪络时电流过大损坏电极系统。

粉末荷电单元由荷电喷枪、高压电源、气-固混合器、一次风机、二次风机组成。一次风机使给料器粉末进口处于负压状态，这样从给料器下来的粉末随空气按一定的气固比进入喷枪的充电区充电，带电的吸收剂进入烟道中与 SO_2 发生反应。二次风机的作用是自动清扫充电区，以防止充电部分被吸收剂黏附。

(3) SO_2 自动检测装置及计算机控制系统　SO_2 自动检测装置主要是测量 CDSI 系统前后 SO_2 的浓度及烟气量并将数据自动输入计算机控制系统。由计算机控制系统根据设定的 Ca/S 及其他参数自动调节吸收剂的喷射量。

CDSI 系统吸收剂的喷射量是根据烟气中 SO_2 的含量多少来决定的。控制吸收剂喷入量的方法有两种。一是最准确的控制方法，它是通过高精度的 SO_2 测定仪，连续检测烟气中 SO_2 的含量及烟气量，并将检测的数据输入计算机，计算机将根据设定的程序自动调节吸收剂的喷入量。这种方法的优点是喷入量准确，吸收剂利用率高，但缺点是 SO_2 测定仪价格昂贵，且日常维护复杂。二是简单实用的控制方法。对于电站锅炉而言，负荷一般在一定范围内变化，而同一批煤中的含硫量及热值变化不大，因此，可根据锅炉负荷来调整吸收剂的喷入量，这是一种比较简单经济实用的控制方法。

4. CDSI 系统的技术条件与参数

(1) 对吸收剂的要求　粉状 $Ca(OH)_2$，粒度 30～50μm；含水量在 2%以下，具有良好的流动性；比表面积≥20m^2/g，干燥吸收剂。

(2) 技术条件　为达到良好的脱硫效果，要求吸收剂喷射点的烟气粉尘浓度不高于 10g/m^3，否则需要在 CDSI 系统前增加预除尘，将粉尘浓度降到 10g/m^3 以下。

(3) CDSI系统技术经济参数

① CDSI 系统采用布袋除尘器综合脱硫时，烟气经过布袋过滤时进一步进行脱硫。综合脱硫率一般为 80%～90%。该技术 1995 年在我国某热电厂 75t/h 煤粉炉和其他几个厂的中小锅炉上得以应用。

② 系统电耗和占地面积。以发电机组为例，约占机组额定发电量的0.2%，占地面积很小，一般情况下现有场上可布置。

③ 投资比例。CDSI 的工程总造价约占电站总投资的 4%。以电站项目为例，一般低于锅炉本体的设备价格。

三、流化态燃烧法

流化态燃烧法是应用流化床燃烧技术的脱硫方法。目前有四种基本类型：①具有固态物再循环的沸腾床（BB）；②内部循环的沸腾床；③循环流化床（CFB）；④不同流态化的组合系统。其中 BB 与 CFB 已进入实用阶段。图 7-19 为 CFB 锅炉示意，煤在循环流化床锅炉中燃烧时，在燃料中加入石灰石或白云石来脱硫。

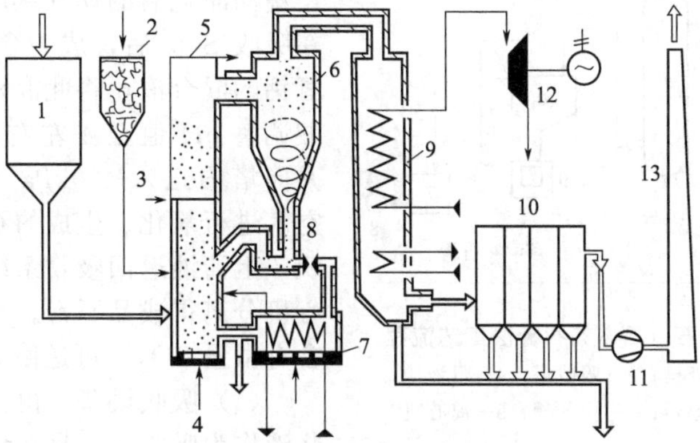

图 7-19 典型的 CFB 锅炉示意

1—原煤仓；2—石灰石仓；3—二次风；4——次风；5—燃烧室；6—旋风分离器；7—外置流化床热交换器；8—控制阀；9—对流竖井；10—除尘器；11—引风机；12—汽轮发电机；13—烟囱

四、石灰-石膏法

石灰-石膏法是采用石灰石或石灰的浆液吸收烟气中的 SO_2，属于湿式洗涤法，该法的副产物是石膏（$CaSO_4 \cdot 2H_2O$），国外以日本应用最多，国内曾进行过工业试验。

（一）方法原理

该方法是用石灰石或石灰浆液吸收烟气中的 SO_2，首先生成亚硫酸钙$\left(Ca_2SO_3 \cdot \frac{1}{2}H_2O\right)$，然后将亚硫酸钙氧化生成石膏。因此就整个方法的过程而言，主要分为吸收和氧化两个步骤。该方法的实际反应机理是很复杂的，目前还不能完全了解清楚。整个过程发生的主要反应如下。

（1）吸收

$$CaO + H_2O \longrightarrow Ca(OH)_2 \tag{7-49}$$

$$Ca(OH_2) + SO_2 \longrightarrow CaSO_3 \cdot \frac{1}{2}H_2O + \frac{1}{2}H_2O \tag{7-50}$$

$$CaCO_3 + SO_2 + \frac{1}{2}H_2O \longrightarrow CaSO_3 \cdot \frac{1}{2}H_2O + CO_2\uparrow \tag{7-51}$$

$$CaSO_3 \cdot \frac{1}{2}H_2O + SO_2 + \frac{1}{2}H_2O \longrightarrow Ca(HSO_3)_2 \tag{7-52}$$

由于烟气中含有 O_2，因此在吸收过程中会有氧化副反应发生。

（2）氧化 在氧化过程中，主要是将吸收过程中所生成的 $CaSO_3 \cdot \frac{1}{2}H_2O$ 氧化成为 $CaSO_4 \cdot 2H_2O$：

$$2CaSO_3 \cdot \frac{1}{2}H_2O + O_2 + 3H_2O \longrightarrow 2CaSO_4 \cdot 2H_2O \qquad (7\text{-}53)$$

由于在吸收过程中生成了部分 $Ca(HSO_3)_2$，在氧化过程中，亚硫酸氢钙也被氧化，分解出少量的 SO_2。

$$Ca(HSO_3)_2 + \frac{1}{2}O_2 + H_2O \longrightarrow CaSO_4 \cdot 2H_2O + SO_2\uparrow \qquad (7\text{-}54)$$

（二）工艺流程及设备

石灰-石膏法的工艺流程如图 7-20 所示。

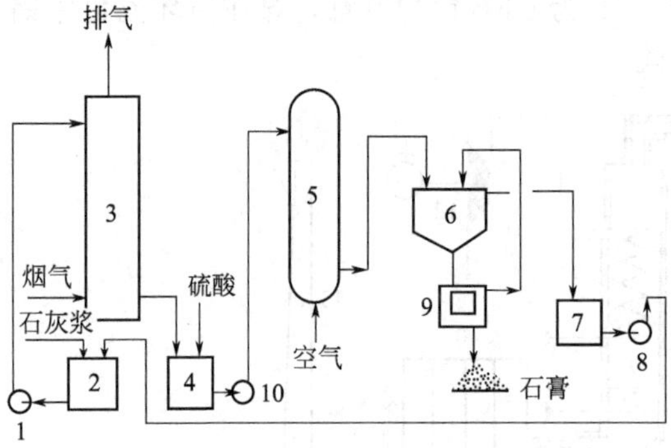

图 7-20 湿式石灰石（石灰）-石膏法工艺流程
1,8,10—泵；2—循环槽；3—吸收塔；4—母液槽；5—氧化塔；6—稠厚器；7—中间槽；9—离心机

将配好的石灰浆液用泵送入吸收塔顶部，与从塔底送入的含 SO_2 烟气逆向流动。经洗涤净化后的烟气从塔顶排空。石灰浆液在吸收 SO_2 后，成为含亚硫酸钙和亚硫酸氢钙的混合液，将此混合液在母液槽中用硫酸调整 pH 值至 4 左右，用泵送入氧化塔，并向塔内送入 490kPa（$5kgf/cm^2$）的压缩空气进行氧化。生成的石膏经稠厚器使其沉积，上清液返回吸收系统循环，石膏浆经离心机分离得成品石膏。氧化塔排出的尾气因含有微量 SO_2，可送回吸收塔内。

（1）吸收设备　由于采用石灰石或石灰浆液作为吸收剂，易在设备内造成结垢和堵塞，因此在选择和使用吸收设备时，应充分考虑这个问题。一般应选用气、液间相对气速高、塔持液量大、内部构件少、阻力降小的设备。常用的吸收塔可选用筛板塔、喷雾塔及文丘里洗涤器等，国内曾用过大孔径穿流塔和湍球塔。表 7-15 给出了各种吸收塔的比较，可用作参考。

表 7-15 石灰/石灰石法各种洗涤器的比较

形式	SO_2/%		吸收率/%	烟气量/[kg/(m^2·h)]	液体量/[kg/(m^2·h)]	液气比/(L/m^3)	传质单元数(N_{OG})	总传质系数 K_ga/[kg·mol/(m^3·h·Pa)]	阻力/Pa	备注
	入口	出口								
栅条填充塔	0.128～0.144	0.01～0.04	70～92	5000～10500	4800～13600	0.5～1.5	1.2～2.4	2.96×10^{-4}～1.09×10^{-3}	<250	十字栅格 10% $CaCO_3$ 料浆
	0.08	0.006	93	11000	32000	3.2	2.4	2.36×10^{-4}	745	(12×18)m，高 30m 英国班克赛德电站
文氏管洗涤器	0.13～0.14	0.02～0.08	36～86	60① m/s	—	0.4～2.1	0.5～2.0	4.93×10^{-3}～2.17×10^{-2}	3240～6080	10% $CaCO_3$ 料浆
喷雾塔	0.3	0.03	90	1460	7600	5.5	2.3	1.09×10^{-4}	—	直径 6.4m，高 11m，喷嘴 139 个，6% $Ca(OH)_2$ 料浆
MCF②洗涤器	0.13～0.14	0.01～0.05	80～92	15000～23000	5000～10000	0.3～0.6	—	4.24×10^{-3}～6.42×10^{-3}	1470～1960	10% $CaCO_3$ 料浆

① 文氏管洗涤器的 60m/s，系指喉颈处气速。

② MCF 洗涤器为三菱错流式洗涤器的简称。

（2）氧化塔　为了加快氧化速度，作为氧化剂的空气进入塔内后必须被分散成细微的气泡，以增大气液接触面积。若采用多孔板等分散气体，易被堵塞，因此在日本采用了回转圆筒式雾化器，见图 7-21。该雾化器圆筒转速为 500～1000r/min，空气被导入圆筒内侧形成薄膜，并与液体摩擦被撕裂成微细气泡。该设备氧化效率约为 40%，较多孔板式高出 2 倍以上，且没有被浆料堵塞的危险。

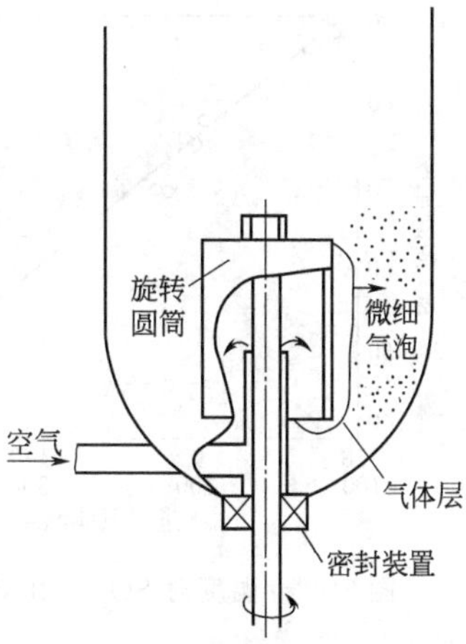

图 7-21　回转式雾化器

（三）操作影响因素

为了使吸收系统具有较高的 SO_2 吸收率，以及减少设备的结垢与堵塞，应注意以下诸因素的影响。

1. 料浆的 pH 值

料浆的 pH 值对 SO_2 的吸收影响很大，一般新配制的浆液 pH 值在 8～9 之间。随着吸收 SO_2 反应的进行，pH 值迅速下降，当 pH 值低于 6 时，这种下降变得缓慢，而当 pH 小于 4 时，则几乎不能吸收 SO_2。

pH 值的变化除对 SO_2 的吸收有影响外，还可影响到结垢、腐蚀和石灰石粒子的表面钝化。用含有石灰石粒子的料浆吸收 SO_2，生成 $CaSO_3$ 和 $CaSO_4$，pH 值的变化对 $CaSO_3$ 和 $CaSO_4$ 的溶解度有着重要影响，表 7-16 中给出了不同 pH 值情况下 $CaSO_3$ 和 $CaSO_4$ 的溶解度数值。从表中数据可以看出，随 pH 值的升高，$CaSO_3$ 溶解度明显下降，而 $CaSO_4$ 溶解度则变化不大。随 SO_2 的吸收，溶液 pH 值降低，溶液中溶有较多的 $CaSO_3$，并在石灰石粒子表面形成一层液膜，而 $CaCO_3$ 的溶解又使液膜的 pH 值上升，溶解度的变小使液膜中的 $CaSO_3$ 析出并沉积在石灰石粒子的表面，形成一层外壳，使粒子表面钝化。钝化的外壳阻碍了 $CaCO_3$ 的继续溶解，抑制了吸收反应的进行，因此浆液的 pH 值应控制适当。采用消石灰浆液时，pH 控制为 5～6，而采用石灰石浆液时，pH 控制为 6～7。

表 7-16　50℃ 时 pH 值对 $CaSO_3 \cdot \frac{1}{2}H_2O$ 和 $CaSO_4 \cdot 2H_2O$ 溶解度的影响

pH	溶解度/(mg/L)			pH	溶解度/(mg/L)		
	Ca	$CaSO_3 \cdot \frac{1}{2}H_2O$	$CaSO_4 \cdot 2H_2O$		Ca	$CaSO_3 \cdot \frac{1}{2}H_2O$	$CaSO_4 \cdot 2H_2O$
7.0	675	23	1320	4.0	1120	1873	1072
6.0	680	51	1340	3.5	1763	4198	980
5.0	731	302	1260	3.0	3135	9375	918
4.5	841	785	1179	2.5	5873	21995	873

2. 石灰石的粒度

石灰石粒度的大小，直接影响到有效反应面积的大小。一般说来，粒度越小，脱硫率及石灰利用率越高。石灰石粒度一般控制在 200～300 目。

比较了不同来源的石灰石认为，只要粒度相同，不同类型石灰石的处理效果没有什么不同。

3. 吸收温度

吸收温度低，有利于吸收，但温度过低会使 H_2SO_3 与 $CaCO_3$ 或 $Ca(OH)_2$ 间的反应速度降低，因此吸收温度不是一个独立可变的因素。温度对 SO_2 净化效率的影响见图 7-22。

4. 洗涤器的持液量

洗涤器的持液量对 $CaCO_3$ 与 H_2SO_3 的反应是重要的，因为它影响到 SO_2 所接触的石

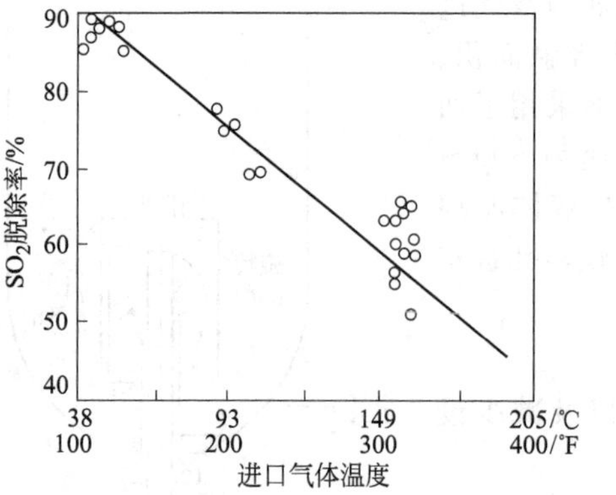

图 7-22 温度对 SO_2 净化效率的影响

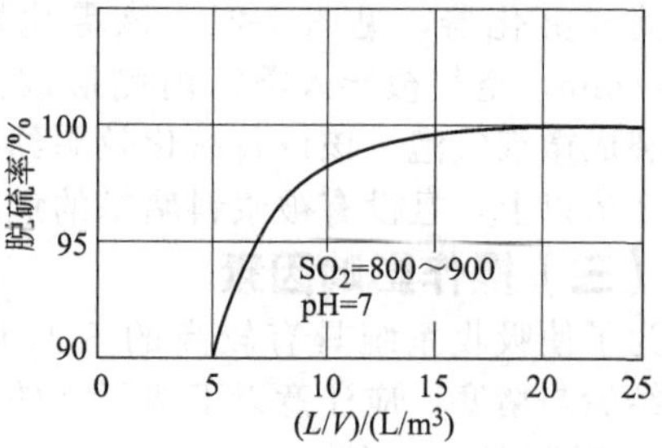

图 7-23 L/V 与脱硫率的关系

灰石表面积的数量。$CaCO_3$ 只有在洗涤器中与 SO_2 和 H_2O 接触，才能大量溶解，因此洗涤器的持液量大对吸收反应有利。

5. 液气比（L/V）

液气比除对吸收推动力存在影响外，对吸收设备的持液量也有影响。增大液气比对吸收有利，如图 7-23 所示。当 pH=7，液气比（L/V）值为 15 时，脱硫率接近 100%。

6. 防止结垢

石灰-石灰石湿式洗涤法的主要缺点是装置容易结垢堵塞。造成结垢堵塞的固体沉积，主要以三种方式出现：因溶液或料浆中的水分蒸发而使固体沉积；$Ca(OH)_2$ 或 $CaCO_3$ 沉积或结晶析出；$CaSO_3$ 或 $CaSO_4$ 从溶液中结晶析出，石膏“晶种”沉积在设备表面并生长，形成结垢堵塞。为防止固体沉积，特别是防止 $CaSO_4$ 的结垢，除使吸收器应满足持液量大、气液相间相对速度高、有较大的气液接触表面积、内部构件少、压力降小等条件外，还可采用控制吸收液过饱和和使用添加剂等方法。

控制吸收液过饱和的最好方法是在吸收液中加入二水硫酸钙晶种或亚硫酸钙晶种，提供足够的沉积表面，使溶解盐优先沉淀在上面，减少固体物向设备表面的沉积和增长。

向吸收液中加入添加剂也是防止设备结垢的有效方法，目前使用的添加剂有镁离子、氯化钙、己二酸等。

己二酸在洗涤浆液中起缓冲 pH 值的作用，抑制了气液界面上由于 SO_2 的溶解而导致的 pH 降低，使液面处 SO_2 浓度提高，从而可以加速液相传质。使用己二酸作为添加剂，对流程不需作任何改变，并且可以在浆液循环回路的任何位置加入。己二酸的加入可以大大提高石灰石利用率，据统计，在 SO_2 去除率相同时，在无己二酸系统，石灰石的利用率仅为 65%～70%，使用己二酸，利用率可提高到 80%以上，因而减少了最终的固体废物量。一般情况下 1t 石灰石己二酸的用量为 1～5kg。

可以采用加入 $MgSO_4$ 或 $Mg(OH)_2$ 的方法向吸收液中引入 Mg^{2+}。Mg^{2+} 的引入改变了吸收液的化学性质，使 SO_2 以一种可溶盐的形式被吸收，而不是以亚硫酸钙或硫酸钙的形式被吸收。根据溶度积常数，亚硫酸镁的溶解度约为亚硫酸钙溶解度的 630 倍，使溶液中亚硫酸根离子活度大大增加。这不仅大大改善了吸收 SO_2 的效率，同时也使钙离子浓度减少。由于石膏溶解度比亚硫酸钙溶解度大很多，即使是略为降低钙离子浓度，也足以防止石膏饱和，所以镁离子的加入可以使系统在未达饱和状态下运行，防止了结垢问题。

钙盐与镁盐的溶解度见表 7-17。

表 7-17　钙盐及镁盐的溶解度

化学式	溶解度/($g/100gH_2O$)		备注
	冷水	温水	
$Ca(OH)_2$	0.185(0℃)	0.077(100℃)	
$CaCO_3$	0.0065(20℃)	0.002(100℃)	溶于 H_2CO_3 成为 $Ca(HCO_3)_2$
$Ca(HCO_3)_2$	16.15(0℃)	18.4(100℃)	
$CaSO_3\cdot\frac{1}{2}H_2O$	0.0043(18℃)	0.0027(100℃)	溶于 H_2SO_3 成为 $Ca(HSO_3)_2$
$Ca(HSO_3)_2$	—	—	估计与 $Ca(HCO_3)_2$ 的溶解度相接近
$CaSO_4\cdot 2H_2O$	0.223(0℃)	0.205(100℃)	溶于酸中
$Ca(NO_3)_2$	102(0℃)	376(151℃)	
$Ca(NO_2)_2$	77(0℃)	417(90℃)	
$Mg(OH)_2$	0.0009(18℃)		
$MgSO_3\cdot 6H_2O$	0.646(25℃)；1.956(60℃)		
$MgSO_4$	26.9(0℃)；68.3(100℃)		

（四）简易石灰石-石膏法烟气脱硫工程实例[7]

某发电企业实施“采用商业化脱硫系统进行副产品利用研究”的项目。脱硫装置安装在5号机组（200MW）上，1套脱硫设备，目的在于建设投资低、运行费用经济、操作方便的副产品利用型简易湿法烟气脱硫系统。脱硫工艺用水取自工业水，水质稳定，水量充足。

该工程于2002年建成。

1. 设计条件

煤质分析和烟气参数见表7-18。

表 7-18　煤质分析和烟气参数

煤质分析		烟气参数		
项目	数值	项目	测定值	设计值
元素组成(干,质量分数)/%		烟气量/($\times10^4m^3/h$)	97.5	97
碳	52.0～60.0	温度/℃	120～150	160
氢	3.18～3.31	压力/Pa	0～100	100
氧	4.15～6.97	烟尘浓度/(mg/m^3)	371	370
氮	1.0～1.3	SO_2 浓度/(mg/m^3)	1650(湿)	3430(湿)
硫	1.0～2.8	水分(体积分数)/%	2.0(湿)	5.0(湿)
灰分(干)/%	24.0～28.0	CO_2(体积分数)/%	10.6(湿)	11.6(湿)
水分(收到基)/%	7.5～9.6	O_2(体积分数)/%	9.3(干)	8.0(干)
(分析基)/%	1.0～1.3	HCl 浓度/(mg/m^3)	5.74(干)	9.52(干)
挥发分(干,体积分数)/%	13.0～18.0	HF 浓度/(mg/m^3)	6.68(干)	9.49(干)
低位发热量(收到基)/(MJ/kg)	22～27			

注：测定时燃煤含硫量为0.91%。

烟气脱硫所需的吸收剂取自某石灰石矿，商品石灰石的 $CaCO_3$ 含量不小于93%，粒径不大于10mm。在厂区制粉，制成74μm（占95%）的粉料和浆液使用。

本工程设计脱硫率高于80%，年运行5000h。

2. 工艺流程

工艺流程如图 7-24 所示。

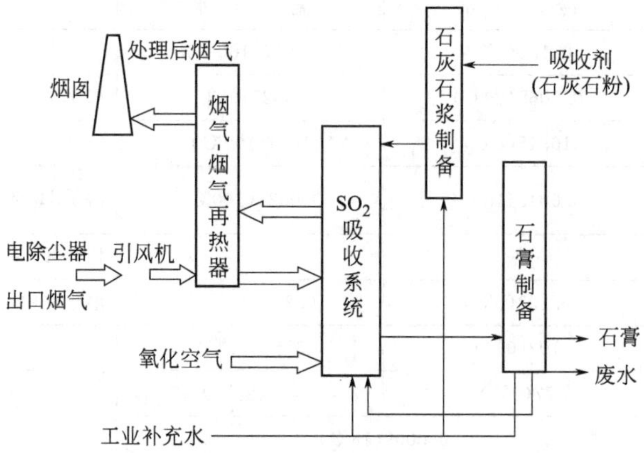

图 7-24 简易湿法工艺流程

湿法烟气脱硫（FGD）装置主要由下列系统组成：浆液制备与供应系统，烟气系统，SO_2 吸收系统，石膏处理系统，废水处理系统。

(1) 浆液制备与供应系统　石灰石由水路运输入厂，磨粉厂设在厂区南端，物料流向为：石灰石—制粉—制浆—管道输送至脱硫岛内的浆池—吸收塔。

在磨粉厂内设石灰石粉贮仓 1 座，为使仓内的粉料通畅，在粉仓底部设有空气流化装置。石灰石粉经仓底卸料阀、输送机均匀地送入配浆池内，按一定比例加水搅拌制成含固量 20%～30%的浆液。浆液经泵送入浆池。为使浆液混合均匀，防止沉淀，在磨粉厂及浆池内均有搅拌器。

石灰石粉仓容量可供脱硫装置连续运行 7 天，磨粉厂浆池和脱硫岛浆池容积均按 4h 用量设计。

根据设计条件，钙硫比为 1.05，石灰石用量为 4.27t/h（年用量为 21360t/a）。

(2) 烟气系统　5 号机组燃煤烟气经电除尘器、引风机、入口挡板门进入脱硫增压风机，然后进入脱硫系统。经脱硫风机升压后的烟气在烟气换热器（GGH）的吸热侧降温至 109℃进入吸收塔。经洗涤脱硫后烟气温度约为 45℃，在 GGH 的放热侧被加热至 90℃以上，通过出口挡板门进入烟囱与 4 号机组的烟气混合，由高 210m 的烟囱排入大气。

在锅炉启动过程中或脱硫系统检修时，将脱硫系统进、出口挡板门关闭，旁路烟道挡板门打开，烟气经引风机和旁路烟道直接进入烟囱排放。

(3) SO_2 吸收系统　吸收系统是烟气脱硫系统的核心，主要包括吸收塔（图 7-25）、除雾器、循环浆泵和氧化风机等设备。在吸收塔内，烟气中的 SO_2 被吸收浆液洗涤并与浆液中的 $CaCO_3$ 发生反应。在吸收塔底部的循环浆池内被氧化风机鼓入的空气强制氧化，最终生成石膏晶体，由石膏浆泵排送至石膏处理系统。在吸收塔的出口设有除雾器，以除去烟气带出的细小液滴，保证烟气中液滴含量低于 $100mg/m^3$。

脱硫吸收塔采用逆流式喷淋吸收塔，如图 7-25 所示。

将除尘（冷却）、脱硫、氧化 3 项功能合为一体。吸收塔为圆柱体，底部为循环浆池，塔体上部分为喷淋区和回流区两部分，烟气在喷淋区自下而上流过，经洗涤脱硫后在吸收塔顶部自上而下转入回流区，由吸收塔的中部排至除雾器。吸收塔外布置有二级水平式除雾器用以除去烟气中的水雾。经过除雾后的烟气在 GGH 升温后通过烟囱排放。

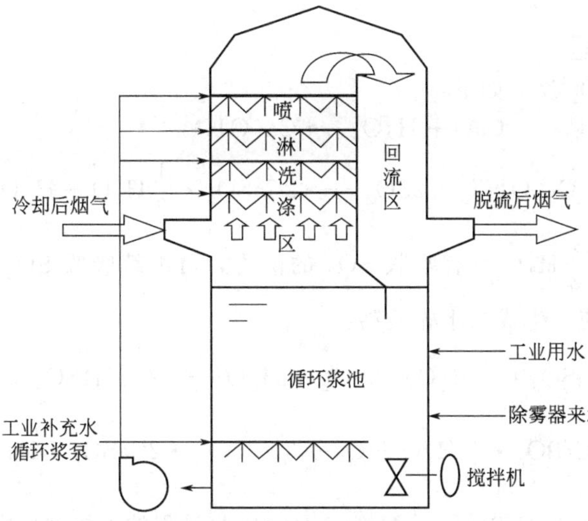

图 7-25 逆流式喷淋吸收塔

当系统故障检修时，塔内浆液排入事故浆池贮存。

(4) 石膏处理系统 从脱硫吸收塔底部排出的石膏浆液含固量为 15%～20%。考虑运输、贮存和综合利用，还需要进行脱水处理。石膏浆经水力旋流器浓缩至含固量 40%后送入真空皮带脱水机，经脱水处理后的石膏含水率不超过 10%，然后送入石膏储仓。进入脱硫系统的细颗粒粉煤灰对脱水系统有不利影响，将水力旋流器的溢流液送入浓缩器进一步浓缩，浓缩液作为废水直接排入冲灰系统。

将脱硫石膏中 Cl^- 等杂质浓度控制在不超过 200mg/kg，确保脱硫石膏质量满足用作建筑材料的要求，在石膏脱水过程中设有冲洗装置，用清水对石膏进行冲洗。脱水装置的滤出液和该冲洗水汇入接收池，作为吸收塔和制浆系统的补充水循环使用。

本装置的脱硫石膏产量约为 8.1t/h，水分含量 10%，纯度为 89%。

(5) 废水处理系统 脱硫系统需要排放一定量的废水以满足工艺系统的要求。自吸收塔浆池排出的石膏浆液，经上述的第 1 级水力旋流器的溢流液中固体物浓度仍较高，采用高效浓缩器进一步浓缩，浓缩液中细小的粉煤灰颗粒占有较大的比重，主要污染物为 SS，pH 值为 5.5～6。为避免对后部石膏脱水系统带来不利影响，将其作为废水排放。排放量约 7.5t/h。将废水送往冲灰水系统，以中和冲灰水的碱性，避免产生新的污染。

本工程具有以下特点：①工艺简单，设备运行可靠；②运转所需的公辅设施少，运行成本低；③采用计算机控制系统，可以灵活地适应机组负荷变化；④副产品的品质满足市场要求。

五、石灰-亚硫酸钙法

石灰-亚硫酸钙法是石灰-石灰石湿式洗涤法的一种，它是用石灰乳吸收烟气中的 SO_2，产物是半水亚硫酸钙。半水亚硫酸钙配以合成树脂可生产一种称为钙塑的新型复合材料，这类材料兼有木材和纸的性能，具有耐热、耐水、耐寒、防震、隔音等特性，可作为纸张和木材的代用品，广泛用来作为室内装修、家具制作、包装纸等的材料，并可用来作为建筑材料，如作建筑施工的模板等。根据实践，1t SO_2 可制造 2.5t 半水亚硫酸钙，用此造纸可生产钙塑纸 3.2t，可节约木材 32t。因此该方法具有一定的发展前途。此法在日本应用较多，在我国一些省市的有关单位，也都开展了研究和试制，并已有处理气量为 5000m^3/h 的工业装置。

（一）方法原理

用石灰乳吸收 SO_2 反应如下：

$$CaO + H_2O \longrightarrow Ca(OH)_2 \tag{7-55}$$

$$2Ca(OH)_2 + 2SO_2 \longrightarrow 2CaSO_3 \cdot \frac{1}{2}H_2O + H_2O \tag{7-56}$$

反应生成的 $CaSO_3 \cdot \frac{1}{2}H_2O$ 具有吸收 SO_2 的能力，可继续吸收 SO_2，生成 $Ca(HSO_3)_2$，或与 O_2 发生氧化反应，生成二水硫酸钙：

$$2CaSO_3 \cdot \frac{1}{2}H_2O + 2SO_2 + H_2O \longrightarrow 2Ca(HSO_3)_2 \tag{7-57}$$

$$2CaSO_3 \cdot \frac{1}{2}H_2O + O_2 + 3H_2O \longrightarrow 2CaSO_4 \cdot 2H_2O \tag{7-58}$$

以上反应均不能得到产品 $CaSO_3 \cdot \frac{1}{2}H_2O$，是该吸收过程的主要副反应。

（二）工艺流程和操作指标

亚硫酸钙法工艺流程的示意见图 7-26。含 SO_2 烟气送入脱尘塔及过滤器脱尘后，送入亚硫酸钙生成塔。塔内用消石灰乳液对 SO_2 进行吸收，生成亚硫酸钙。吸收液在生成塔内进行循环吸收，当其中亚硫酸钙浓度达到 10%～12%时，将其引入亚硫酸钙贮槽，再送入真空过滤机过滤，然后进行干燥得到产品。从生成塔排出的尾气中还含有一定量的 SO_2，将其送入回收塔，用石灰乳继续循环吸收。吸收后的尾气排空，吸收液中的亚硫酸钙浓度达到一定时，也引入亚硫酸钙贮槽。

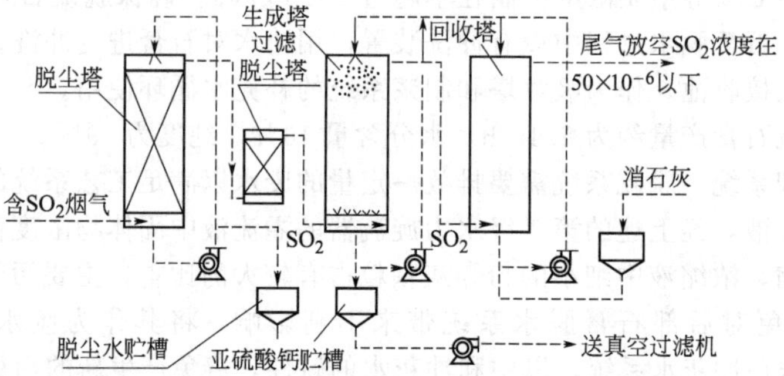

图 7-26 亚硫酸钙法工艺流程示意

该法操作控制的关键指标是石灰乳浓度、反应时间和吸收液的 pH 值。

石灰乳液浓度控制在 6%～7%。

吸收液 pH 值控制在 6.5～7。若 pH 值超过 7，$Ca(OH)_2$ 反应不完全；若 pH 值低于 6.5，则可能生成 $Ca(HSO_3)_2$ ［式(7-57)］。这些物质混入亚硫酸钙中会影响产品的质量。

我国某化工厂采用本法处理硫酸尾气，吸收剂用的是电石灰乳，工艺流程见图 7-27。

配制好的石灰乳液经四级旋液除渣器除渣后，送至二台串联的吸收塔和回收塔吸收 SO_2，尾气经旋风分离器除去液沫后排空。塔内循环吸收液到达终点时，送至亚硫酸钙浆液高位槽，后经分离、干燥后可得产品。

(1) 吸收设备 吸收塔和回收塔均为空塔，石灰乳由旋液喷嘴喷入，塔内分上、下两层共设置喷嘴 8 个。

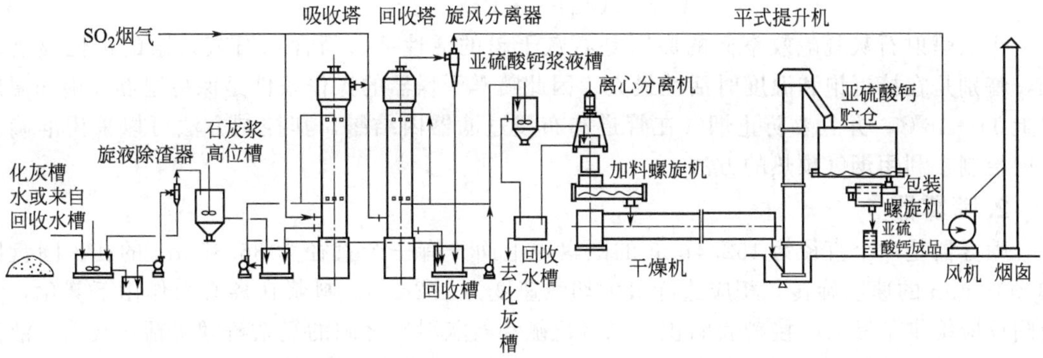

图 7-27　某化工厂石灰-亚硫酸钙法工艺流程

（2）工艺操作指标　石灰乳浓度 8%～10%；吸收终点 pH 值 7；排空尾气 SO_2 浓度≤100mL/m^3；吸收率≥97%；产品亚硫酸钙纯度 50%～55%，粒度全部通过 120 目筛孔。

六、喷雾干燥法[5,7,8]

喷雾干燥法烟气脱硫是 20 世纪 80 年代开发并迅速发展起来的烟气脱硫技术。目前使用喷雾干燥法进行烟气脱硫的工业装置日益增多，在燃低硫煤地区有逐渐取代湿法烟气脱硫的趋势。该法吸收剂主要为石灰乳，也可采用碱液或氨水。

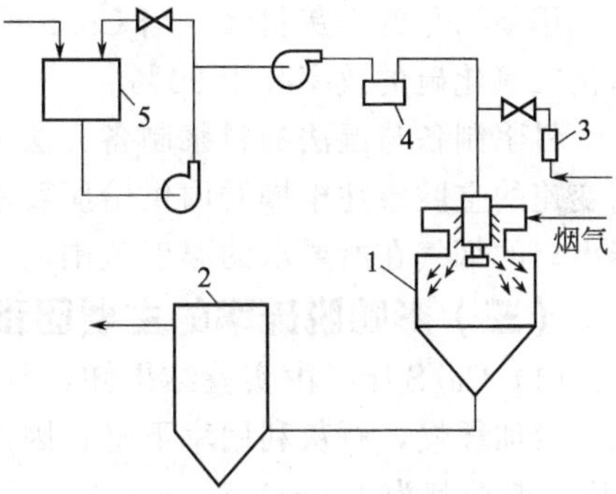

图 7-28　喷雾干燥脱硫系统
1—喷雾干燥器；2—布袋过滤器；3—转子流量计；4—质子流量计；5—料浆槽

（一）工艺流程

美国匹兹堡能源技术开发中心试验研究了用石灰料浆喷雾干燥的脱硫系统，见图 7-28。

喷雾干燥烟气脱硫工艺流程应包括：①吸收剂的制备；②吸收剂浆液雾化；③雾滴与烟气的接触混合；④液滴蒸发与 SO_2 吸收；⑤灰渣再循环和排出五个部分。其中②～④是在喷雾干燥吸收器内完成的。

（二）烟气脱硫原理

1. 烟气脱硫反应

在喷雾干燥吸收器中，当喷入的雾化石灰浆液与高温烟气接触后，浆液中的水分开始蒸发，烟气降温并增湿，石灰浆液中的 $Ca(OH)_2$ 与 SO_2 反应生成的产物呈干粉状。

SO_2 被液滴吸收：

$$SO_2 + H_2O \longrightarrow H_2SO_3 \tag{7-59}$$

被吸收的 SO_2 与吸收剂 $Ca(OH)_2$ 反应：

$$H_2SO_3 + Ca(OH)_2 \longrightarrow CaSO_3 + 2H_2O \tag{7-60}$$

液滴中 $CaSO_3$ 过饱和，并析出结晶：

$$CaSO_3(aq) \longrightarrow CaSO_3(s)\downarrow \tag{7-61}$$

部分溶液中的 $CaSO_3$ 被溶于液滴中的 O_2 氧化：

$$CaSO_3(aq) + \frac{1}{2}O_2(q) \longrightarrow CaSO_4(aq) \tag{7-62}$$

$CaSO_4$ 难溶于水，从溶液中结晶析出：

$$CaSO_4(aq) \longrightarrow CaSO_4(s)\downarrow \tag{7-63}$$

干法喷射石灰脱硫效率低的原因是石灰干粉的活性低，而含水石灰料浆的活性显著增加，特别是在接近饱和温度时活性最大。因此喷雾干燥器的操作条件是保持温度在饱和温度以上 11～16℃，并且要防止烟气在管道和布袋过滤器内结露，其控制方法可以采用准确的温度控制或利用烟气预热的方法。

2. 喷雾器

喷雾器是一个直径为 152.4mm 的圆盘，上面开有三个直径为 36.35mm 的孔。圆盘以 23000r/min 的速度旋转，相应边缘最大切线速度为 182m/s。料浆在离心力作用下雾化，为吸附反应提供了极大的接触表面积。二氧化硫和石灰料浆之间的复杂机理包括：气液、液固之间的正反向扩散和二氧化硫同 $Ca(OH)_2$ 之间的反应。烟气在干燥器中停留 7～8s。然后烟气进入布袋过滤器，将反应物和烟气分离下来，净化后的烟气经排烟机和烟囱排向大气。

用新消化的石灰料浆，当 Ca/S＝1.6 时，在干燥器内烟气温度高于饱和温度 11～16℃，净化二氧化硫的效率高于 90％。

料浆制备与湿法的料浆制备方法大致相同，为了料浆悬浮液均匀，用泵不断循环料浆，用变速的空腔泵往干燥器内供给所要求的料浆量。料浆进入干燥器前用水稀释，以维持干燥器出口的烟气在所要求的温度范围内。

（三）影响脱硫率的主要因素

(1) Ca/S 比　由实验结果知，脱硫率随 Ca/S 比增大而增大，但 Ca/S 比大于 1 时，脱硫率增加缓慢，石灰利用率下降；因此为了提高系统运行的经济性及所要求的脱硫率，Ca/S 比一般控制为 1.4～1.8。

(2) 出塔烟气温度　吸收塔烟气出口温度是影响脱硫率的一个重要因素。烟气出口温度越低，说明浆液的含水量越大，SO_2 脱除反应越容易进行，因而脱硫效率越高。但烟气出口温度不能达到露点温度，否则，除尘器将无法工作。一般控制 ΔT 为 10～15℃，最高不超过 30℃。

(3) 烟气进塔 SO_2 浓度　由实验结果知，脱硫率随吸收塔入口 SO_2 浓度升高而降低。这是因为在 Ca/S 比等条件相同的情况下，烟气中 SO_2 浓度愈高，需要吸收的 SO_2 就愈多，因而加入石灰量也愈多，这就提高了雾滴中石灰的含量，同时生成的 $CaSO_3$ 的量也随之增大，使雾滴中水分相应减少，限制了 $Ca(OH)_2$ 与 SO_2 的传质过程，造成了脱硫率降低。因此，喷雾干燥法不适合燃烧高硫煤烟气的脱硫。

(4) 烟气入口温度　较高的烟气入口温度可使浆液雾滴含水量提高，改善 SO_2 传质条件，从而使脱硫率提高。

(5) 吸收剂浆液中添加脱硫灰和飞灰　在吸收剂浆液中掺入一部分脱硫灰，即灰渣再循环。一方面能提高吸收剂利用率，另一方面可增大吸收剂表面积，改善传质、传热条件，有利于雾滴干燥，减少吸收塔壁结垢的趋势，同时还提高了脱硫率。

喷雾干燥法属于半干法。既具有湿法脱硫率高的优点，又不会有污泥或污水排放，同时还具有投资较低、占地面积较小的优点，适用于现有电厂使用，也适合钢铁企业烧结厂烟气脱硫。

（四）石灰旋转喷雾干燥法脱硫实例

1. 设计参数

处理烟气量：$7\times10^4m^3/h$（相当于工况 $11\times10^4m^3/h$）；烟气温度：入口 160℃，出口 62℃；SO_2 浓度：7150～8580mg/m^3（锅炉燃煤含硫 3.5％）；钙硫比：1.4～1.7；Ca 利用

率：50%；脱硫率：大于80%。

2. 工艺流程

电厂喷雾干燥工艺流程如图7-29所示。

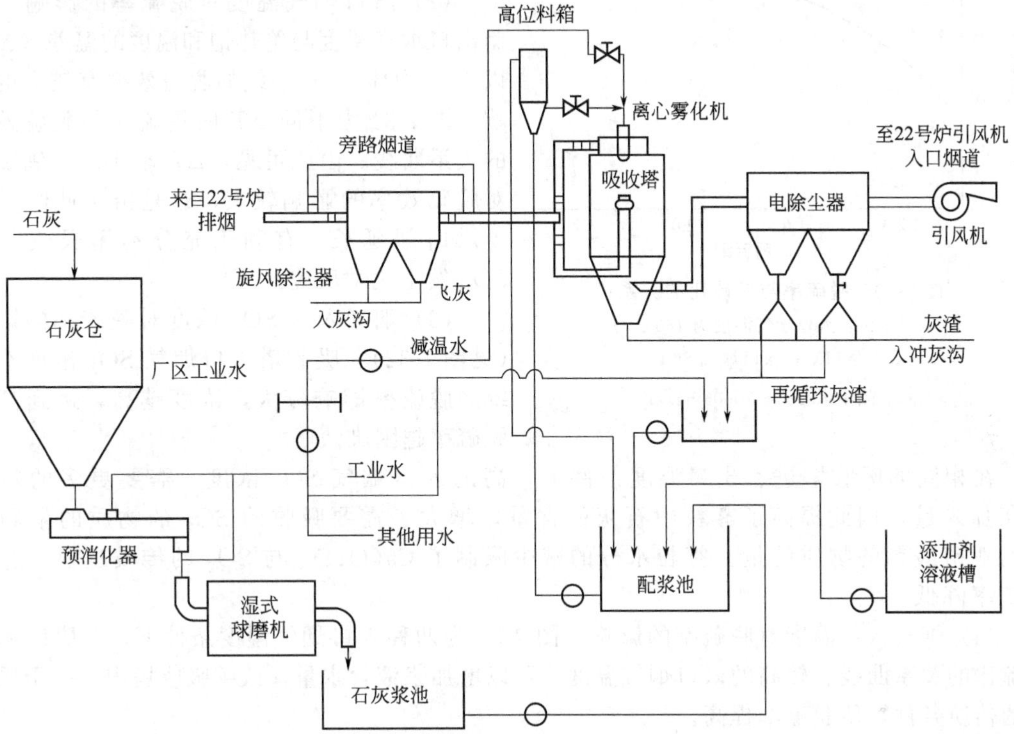

图7-29　电厂喷雾干燥工艺流程

该工程的脱硫剂为普通石灰，CaO含量为60%～70%，用它加水制成25%～30%的石灰浆，泵送到高位料箱中，再流入离心喷雾机内。石灰浆液被10000r/min的高速旋转雾化机喷成伞状水雾，雾滴大小一般以50～100μm为宜。约160℃的烟气沿雾化机四周进入反应塔，形成涡旋气流，与雾滴接触混合，提高了脱硫过程的传质与传热。部分烟气由塔的中部进入，迎着上部的盘状雾化流产生扰动混合。完成脱硫后的烟气携带干燥产物进入除尘器。净化后的烟气经引风机排放。中试装置的主要设备如下。

(1) 雾化机和吸收塔　雾化机转速为10000r/min，浆液雾化能力为10t/h，吸收塔直径为8m，圆柱筒体高6m，采用上下进风方式，塔顶部为烟气分配器，中部有烟气旋流装置。

(2) 电除尘器　双室两电场，有效通流截面积为$2\times15.8m^2$，单电场长度为4.5m。

(3) 预消化器及湿式球磨机　预消化器尺寸为600mm×4500mm，消化能力3～5t/h；球磨机为MXQG1500型，尺寸为ϕ1500mm×3000mm，出力2～7t/h（干料）。

(4) 引风机　型号为Y_4-73NO18D，转速960r/min，风量$143920m^3/h$，全压3300Pa。

3. 试验结果

电厂的中试历经7000h运行，完成鉴定验收。概括起来，取得如下成果。

(1) 吸收剂的加入量对脱硫率的影响　随着钙硫比的增大，脱硫率亦增大（见图7-30）。当钙硫比小于1时，提供的吸收剂不能满足吸收剂的需要，这时脱硫率完全由吸收剂量决定，曲线的斜率大。当加入的石灰吸收剂过量时，即钙硫比大于1，脱硫率增加幅度减

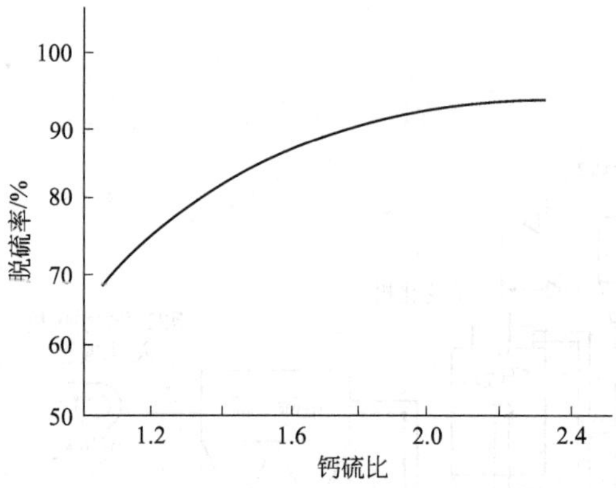

图 7-30 脱硫率与钙硫比的关系
工况条件：入口烟气温度为 160℃，ΔT 为 11℃；入口烟气 SO_2 浓度范围为 8580～10000mg/m^3

小，曲线斜率变小，石灰利用率也下降。因此为了提高脱硫率和系统运行经济性，需要控制石灰的加入量。

（2）出口烟气温度对脱硫率的影响　控制出口烟气温度与绝热饱和温度的温差（ΔT，以 10℃为佳），对系统的脱硫效率有较大的影响，图 7-31 为不同 ΔT 时钙硫比与脱硫效率的关系曲线。由此可见，ΔT 较小时，钙硫比对脱硫效率的影响较大，这是由于此时雾粒干燥时间延长，有利于充分利用吸收剂和 SO_2 发生化学反应。

（3）烟气入口 SO_2 浓度对脱硫率的影响（见图 7-32）　吸收塔入口烟气 SO_2 浓度对系统的脱硫率影响较大，浓度越高，达到高的脱硫率越困难。

在相同的吸收塔进、出口温度条件下，高的入口烟气 SO_2 浓度，需要更多的新鲜石灰加入量，因此提高了雾粒中石灰的含量，增大了需要吸收的 SO_2 的物质的量和生成的亚硫酸钙的物质的量。雾粒水分的减少限制了 $Ca(OH)_2$ 与 SO_2 的传质过程，造成脱硫率降低。

（4）烟气入口温度对脱硫率的影响　图 7-33 为两种入口烟气温度条件下，其脱硫率与钙硫比的关系曲线。较高的入口烟气温度，可以增加浆液含水量，改善吸收塔内第一干燥阶段的传质条件，使脱硫率提高。

（5）石灰浆吸收剂中加入添加剂的效果　试验中，在石灰吸收剂浆液中，通过加入不同的添加剂进行研究，获得了具有工业应用价值的一种有机酸 NaA。这种添加剂能够提高吸收浆液的 pH 值，降低浆液黏度，改善浆液工作状况和雾化效果，从而减少石灰吸收剂用量，提高了脱硫率。试验数据见图 7-34 和表 7-19。

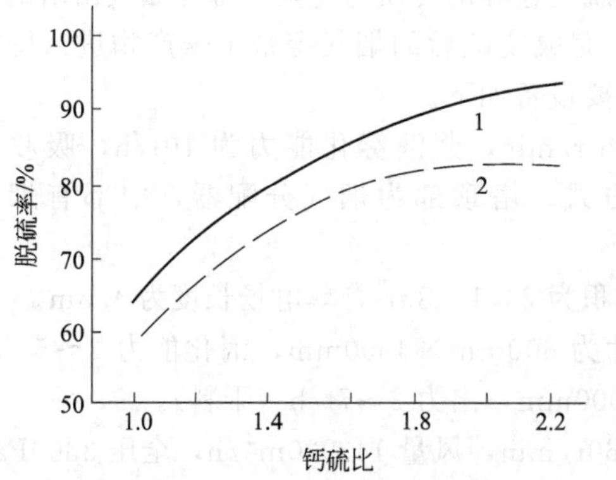

图 7-31 吸收塔出口烟气温度与绝热饱和温度的温差 ΔT 对脱硫率的影响
工况条件：入口烟气温度为 160℃；入口烟气 SO_2 浓度为 6290mg/m^3
1—ΔT 为 11℃；2—ΔT 为 16℃

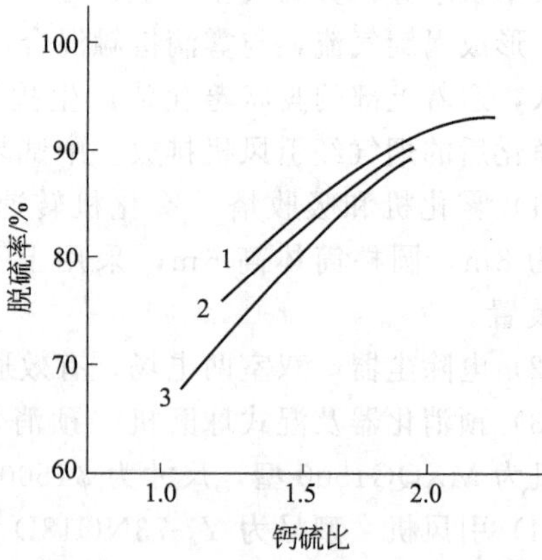

图 7-32 入口二氧化硫浓度对脱硫率的影响
试验条件：入口烟气温度为 160℃，ΔT 为 11℃
1—入口烟气 SO_2 浓度为 5720mg/m^3；
2—入口烟气 SO_2 浓度为 7150mg/m^3；
3—入口烟气 SO_2 浓度为 8580mg/m^3

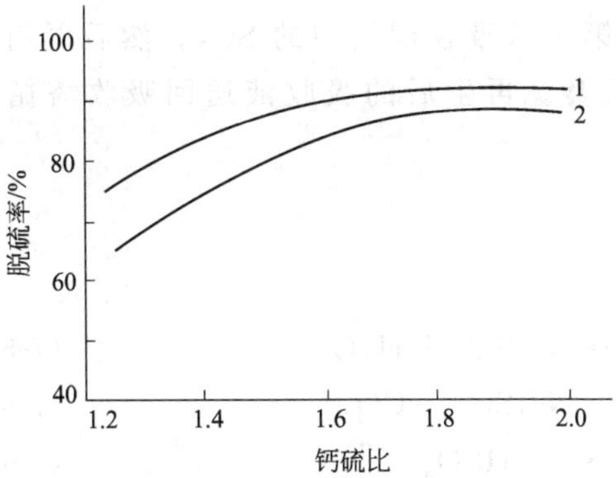

图 7-33 进口烟气温度对脱硫率的影响

试验条件：入口烟气 SO_2 浓度为 5720mg/m^3，ΔT 为 11℃

1—入口烟气温度 157℃；2—入口烟气温度 152℃

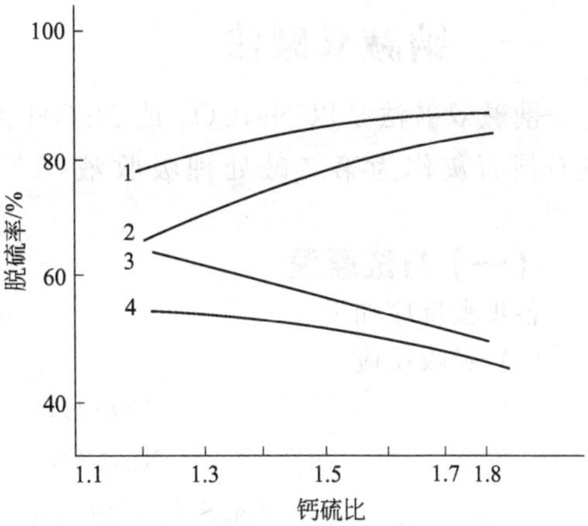

图 7-34 加入与不加入添加剂时脱硫率与钙硫比的关系

1—加入添加剂时系统脱硫率；

2—未加入添加剂时系统脱硫率；

3—加入添加剂时系统的钙利用率；

4—未加入添加剂时系统的钙利用率

表 7-19 系统采用添加剂和未采用添加剂的脱硫率和钙利用率的比较

试验工况条件 \ 钙硫比		1.2	1.3	1.4	1.5	1.6	1.7	1.8
加入添加剂	脱硫率/%	79	80	82	84	85	86	86
	Ca 利用率/%	66	62	58	56	53	51	48
未加入添加剂	脱硫率/%	66	69	72	78	80	81	82
	Ca 利用率/%	55	53	51	52	50	48	46

4. 工程实践

在电厂中试的基础上，进行 200MW 机组的工业规模 FGD 初步设计，试图建造示范装置。主要参数：烟气 SO_2 浓度 8580mg/m^3；烟气温度 160℃（出口 62℃）；脱硫效率 80%；Ca/S1.5；年运行时间 6000h；吸收剂采用含 CaO 约 70%的石灰，浆液浓度 25%～30%。

主要消耗指标：石灰 13.12t/h；水 117t/h；电 1700kW；脱硫废渣（干基）21.2t/h。

脱硫渣是以亚硫酸钙为主，含硫酸钙和飞灰的混合物，目前尚无良好处理办法，暂时堆存处理。

第四节 双碱法脱硫

石灰-石膏法的最主要缺点是容易结垢造成吸收系统的堵塞，为克服此缺点，发展了双碱法。石灰-石膏法易造成结垢的原因主要是整个工艺过程都采用了含有固体颗粒的浆状物料，而双碱法则是先用可溶性的碱性清液作为吸收剂吸收 SO_2，然后再用石灰乳或石灰对吸收液进行再生，由于在吸收和吸收液处理中，使用了不同类型的碱，故称为双碱法。双碱法的明显优点是，由于采用液相吸收，从而不存在结垢和浆料堵塞等问题；另外副产的石膏纯度较高，应用范围可以更广泛一些。

双碱法的种类很多，本节主要介绍钠碱双碱法、碱性硫酸铝-石膏法和 CAL 法。

一、钠碱双碱法

钠碱双碱法是以 Na_2CO_3 或 NaOH 溶液为第一碱吸收烟气中的 SO_2，然后再用石灰石或石灰作为第二碱处理吸收液，产品为石膏。再生后的吸收液送回吸收塔循环使用。

（一）方法原理

各步骤反应如下。

（1）吸收反应

$$2NaOH + SO_2 \longrightarrow Na_2SO_3 + H_2O \tag{7-64}$$

$$Na_2CO_3 + SO_2 \longrightarrow Na_2SO_3 + CO_2 \tag{7-65}$$

$$Na_2SO_3 + SO_2 + H_2O \longrightarrow 2NaHSO_3 \tag{7-66}$$

该过程中由于使用钠碱作为吸收液，因此吸收系统中不会生成沉淀物。此过程的主要副反应为氧化反应，生成 Na_2SO_4：

$$2Na_2SO_3 + O_2 \longrightarrow 2Na_2SO_4 \tag{7-67}$$

（2）再生反应 用石灰料浆对吸收液进行再生：

$$CaO + H_2O \longrightarrow Ca(OH)_2 \tag{7-68}$$

$$2NaHSO_3 + Ca(OH)_2 \longrightarrow Na_2SO_3 + CaSO_3 \cdot \frac{1}{2}H_2O\downarrow + \frac{3}{2}H_2O \tag{7-69}$$

$$Na_2SO_3 + Ca(OH)_2 + \frac{1}{2}H_2O \longrightarrow 2NaOH + CaSO_3 \cdot \frac{1}{2}H_2O\downarrow \tag{7-70}$$

当用石灰石粉末进行再生时，则

$$2NaHSO_3 + CaCO_3 \longrightarrow Na_2SO_3 + CaSO_3 \cdot \frac{1}{2}H_2O\downarrow + CO_2\uparrow + \frac{1}{2}H_2O \tag{7-71}$$

再生后所得的 NaOH 液送回吸收系统使用，所得半水亚硫酸钙经氧化，可制得石膏（$CaSO_4 \cdot 2H_2O$）。

（3）氧化反应

$$2CaSO_3 \cdot \frac{1}{2}H_2O + O_2 + 3H_2O \longrightarrow 2CaSO_4 \cdot 2H_2O \tag{7-72}$$

（二）工艺流程

钠碱双碱法吸收、再生工艺流程见图 7-35。

烟气在洗涤塔内经循环吸收液洗涤后排空。吸收剂中的 Na_2SO_3 吸收 SO_2 后转化为 $NaHSO_3$，部分吸收液用泵送至混合槽，用 $Ca(OH)_2$ 或 $CaCO_3$ 进行处理，生成 Na_2SO_3 和不溶性的半水亚硫酸钙。半水亚硫酸钙在稠化器中沉积，上清液返回吸收系统，沉积的 $CaSO_3 \cdot \frac{1}{2}H_2O$ 送真空过滤分离出滤饼，过滤液亦返回吸收系统。返回的上清液和过滤液在进入洗涤塔前应补充 Na_2CO_3。过滤所得滤饼（含水约 60%）重新浆化为含 10%固体的料浆，加入硫酸降低 pH 值后，在氧化器内用空气氧化可得石膏。

（三）注意问题

（1）钠碱双碱法依据洗涤液中活性钠的浓度，可分为浓碱法与稀碱法两种流程。一般说来，浓碱法适用于希望氧化率相当低的场合，而稀碱法则相反。当使用高硫煤、完全燃烧并且控制过量空气在最低值时，如采用粉煤或油作为锅炉燃料时，宜采用浓碱法；当采用低硫煤或过剩空气量大时，如治理采用自动加煤机的锅炉烟气时，宜采用稀碱法。

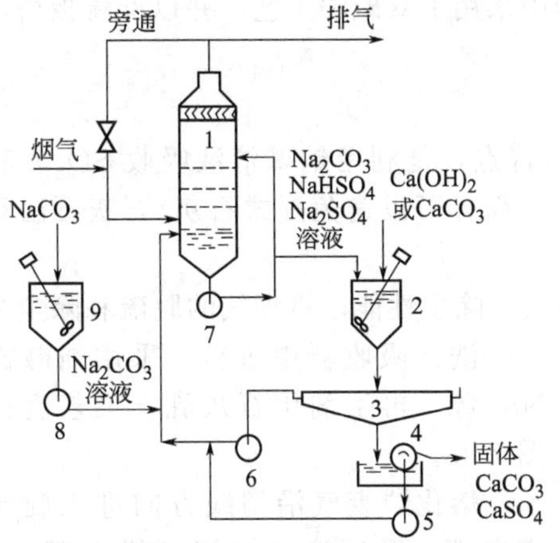

图 7-35　双碱烟气脱硫法的一般流程
1—洗涤塔；2—混合槽；3—稠化器；4—真空过滤器；5～8—泵；9—混合槽

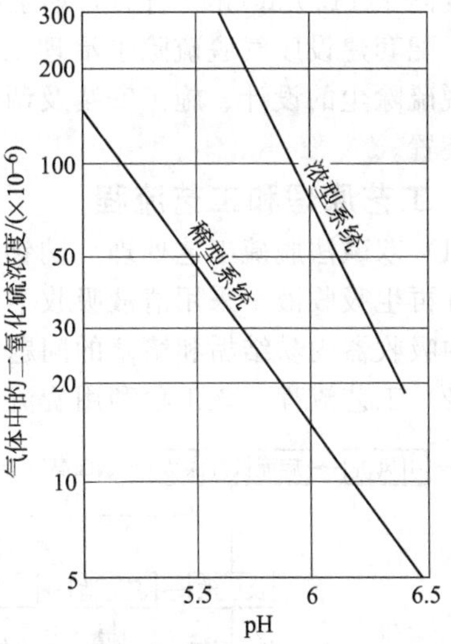

图 7-36　在 1 大气压和 130℉(54.4℃)下，于亚硫酸钠/亚硫酸氢钠/硫酸钠溶液上，气体中 SO_2 的平衡浓度与 pH 值的关系

浓碱法所用设备小，所需吸收液量少，故其设备投资与操作费用一般较稀碱法小。

(2) 结垢问题　在双碱法系统中有两种可能引起结垢：一种是硫酸根离子与溶解的钙离子产生石膏的结垢，另一种为吸收了烟气中的 CO_2 所形成的碳酸盐的结垢。前一种结垢只要保持石膏浓度在其临界饱和度值 1.3 以下，即可避免；而后一种结垢只要控制洗涤液 pH 值在 9 以下，即不会发生。

(3) 硫酸钠的去除　硫酸盐在系统中的积累会影响洗涤效率，因而应予去除。可以采用硫酸盐苛化的方法予以去除，但系统必须在低 OH^- 即在 0.14mol/L 以下的条件下操作，同时系统中 SO_4^{2-} 浓度在足够高的水平；也可以采用硫酸化使其变换为石膏而去除，在采用回收法生产石膏时可以采用此法。

(4) 吸收液的 pH 值　出口烟气中 SO_2 含量和吸收液 pH 值有关，吸收液面上 SO_2 平衡浓度关系见图 7-36。

ADL/CEA 公司的浓碱法，实际操作的文丘里管排出吸收液 pH 值一般控制在 4.8～5.9 之间，而 FMC 公司采用吸收剂为 Na_2SO_3，其吸收液 pH 值控制为 6.2～6.8。

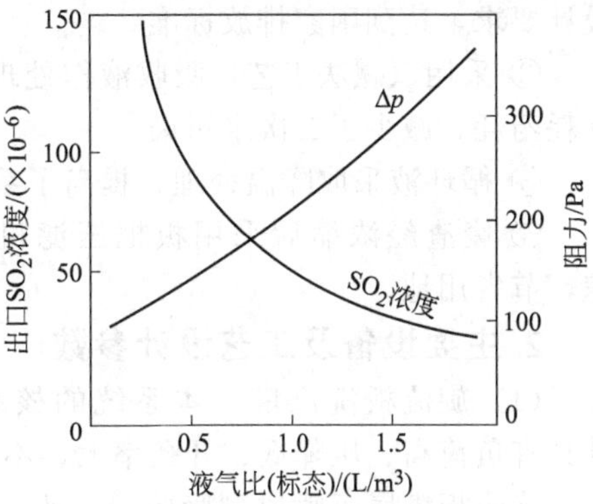

图 7-37　文丘里吸收时阻力和液气比的关系

(5) 吸收液气比　提高液气比可以提高净化效率，但系统阻力也随之增加，当采用文丘里管吸收时，其液气比对出口 SO_2 浓度和阻力的影响见图 7-37 所示。

(四) 双碱法处理熔化炉废气脱硫实例[9]

某陶瓷有限公司是一家生产釉面砖的大型企业，该厂的生产车间以长石粉、石英、氧化锌、铅丹、碳酸钡、硼酸等为原料，通过燃油熔化炉高温炼制生产釉面材料。配备每天耗油量为 5t 的熔化炉两台。排气量为 20000m^3 (标)/h，由监测数据显示，排放的废气中 SO_2

的浓度高于1450mg/m³（标），烟尘浓度高于600mg/m³（标），均超过排放标准的允许值。因此，配套建设废气脱硫除尘治理工程势在必行。2001年该公司受厂方委托，进行熔化炉废气脱硫除尘的设计、施工安装及调试运行。工程中采用了双碱法工艺，并以旋流板塔作为吸收装置。

1. 工艺原理和工艺流程

（1）双碱法脱硫工艺处理　钠钙双碱法工艺的特点，是利用钠碱清液吸收SO_2，利用石灰乳再生吸收液。采用清液吸收不仅脱硫效率高，而且可以避免湿式石灰/石灰石法经常遇到的吸收器内易结垢和堵塞的问题。

（2）工艺流程　该工程利用旋流板塔的优良传质、除尘性能，将烟气的脱硫和除尘在同一个洗涤吸收器中进行。采用纯碱提供Na^+源，再生剂用石灰乳。工艺流程见图7-38。

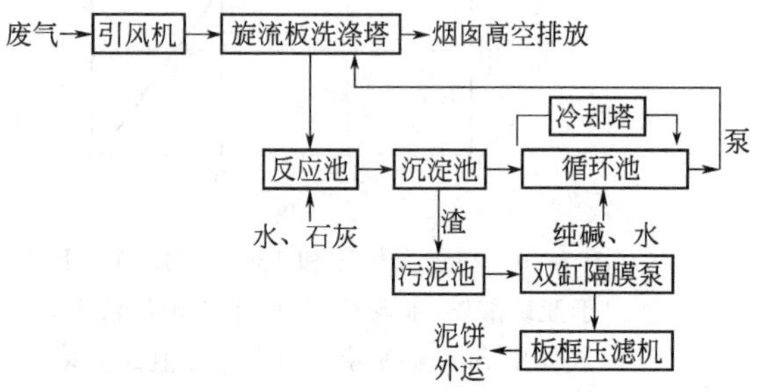

图7-38　双碱法脱硫工艺流程

熔化炉废气沿切线方向进入旋流板塔底部，循环液由旋流板塔上部进入，在旋流板上分散成雾滴与烟气充分接触后，从塔底部流经反应池，同时添加石灰乳和水进行再生反应进入沉淀池，被除下的粉尘以及再生反应生成的$CaSO_3$在此沉淀下来，上清液溢流进入循环池，由泵抽入塔内循环使用。由于循环液洗涤气体后水温升高，为避免影响吸收效率和排气中带水，循环液用冷却塔降温处理。沉渣用双缸泵抽入板框机压滤处理，泥饼外运。

（3）治理的工艺特点

① 采用旋流板塔作为脱硫除尘一体化设备，工艺简单，运行稳定，脱硫除尘效果符合设计要求，达到国家排放标准。

② 采用双碱法工艺，吸收液作处理后添加碱液后可循环使用，无污水外排，节省运行水耗药耗，减少了二次水污染。

③ 循环液采取降温处理，提高了系统的处理效率，也有利于减少废气带水排放。

④ 废渣经浓缩后采用板框压滤机脱水处理，简便快速，节省用地。

2. 主要设备及工艺设计参数

（1）旋流板洗涤塔　本系统的核心设备是旋流板塔，其具有负荷高、压降低、开孔率大、不易阻塞等优点。

旋流板塔属于喷射型吸收塔。吸收液从盲板流到各叶片形成薄液层，当气流由下向上通过各层塔板沿叶片旋转方向螺旋上升，将薄液层切割成细小的雾滴。雾滴受离心力成螺旋形甩向塔壁，液滴在塔壁上碰撞凝聚，在重力作用下汇集到集液槽，通过溢流槽导流到下一层塔板的盲板上。旋流板的特殊构造增大了气液接触面积，吸收液以雾状高速穿过气流，气流与液流在充分接触过程中，形成极大的相际界面，并完成一系列的物理化学反应过程，使废气中污染物得到有效去除。旋流板结构示意见图7-39。

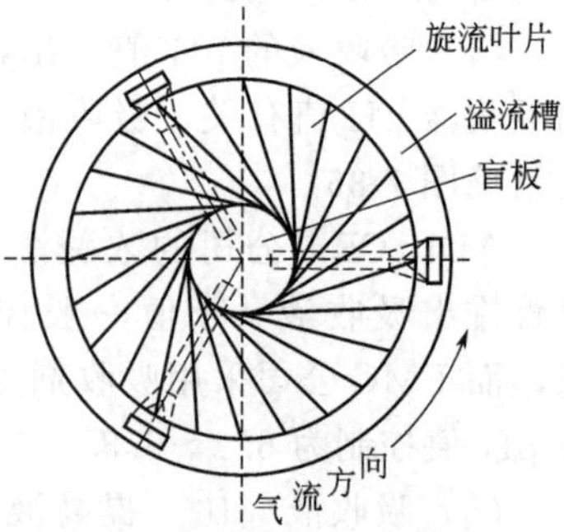

图7-39　旋流板结构示意

尺寸为$\phi1500mm\times6500mm$，空塔风速为$3.5m^3/s$，液气比$2.5L/m^3$，塔板数5层，塔顶设1层除雾板，塔体用不锈钢板制作，设清理人孔及多层操作平台。

（2）风机　采用锅炉引风机，型号 Y4-738D，风机功率 15kW。

（3）沉淀池　尺寸为 6000mm×3000mm×3000mm，地下池，半埋式钢筋混凝土结构，多斗平流式沉淀池，重力式排泥。

（4）冷却塔　尺寸为 5000mm×5000mm×6400mm，内置蜂窝填料、穿孔管布水、轴流风机送风，风机功率 1.5kW。

（5）反应池　尺寸为 4000mm×4000mm×3000mm，地下池，钢筋混凝土结构，配 2.2kW 搅拌机 1 台。

（6）污泥池　尺寸为 4000mm×4000mm×3000mm，地下池，钢筋混凝土结构。

（7）循环池　尺寸为 5000mm×4000mm×3000mm，地下池，钢筋混凝土结构。

3. 工程处理前后技术指标

改造工程完成并运行 1 年多来，废气的脱硫除尘处理效果稳定良好。废气中 SO_2 和烟尘的进口浓度分别在 876.70～1894.39mg/m^3（标）和 608.03～691.03mg/m^3（标）的情况下，排放口浓度分别下降到 372.20～473.60mg/m^3（标）和 41.17～59.74mg/m^3（标），脱硫率和除尘率分别达到 65.1%和 91.9%，低于 GB 9078—1996 的排放要求。熔化炉废气温度由处理前约 150℃降到处理后约 50℃；吸收液从旋流板塔流出时温度约 70℃，经冷却塔降温后再循环进入旋流板塔时降到 40℃左右。验收监测项目浓度范围和平均值及去除率见表 7-20。

表 7-20　验收监测结果

项目		处理前/[mg/m^3(标)]	处理后/[mg/m^3(标)]	总去除率/%	执行标准
二氧化硫	范围	876.70～1894.39	372.20～473.60	65.1	≤850
	平均值	1259.55	439.90		
烟尘	范围	608.03～691.03	41.17～59.74	91.9	≤200
	平均值	639.97	51.96		

4. 应注意的问题

受工程造价和场地的限制，配药装置不够完善，实际操作时循环水中有时带浊液进入洗涤塔，出现塔内结垢现象。通过采用在循环池后增加澄清药池的方法得以解决。

二、碱性硫酸铝-石膏法

碱性硫酸铝-石膏法系用碱性硫酸铝溶液作为吸收剂吸收 SO_2，吸收 SO_2 后的吸收液经氧化后用石灰石中和再生，再生出的碱性硫酸铝在吸收中循环使用。该方法的主要产物为石膏。

日本同和矿业公司首先创造了此法，故又称同和法。我国按同和法建立了工业处理装置。

（一）方法原理

可用三个步骤实现该方法，其各步原理分述如下[4,7]。

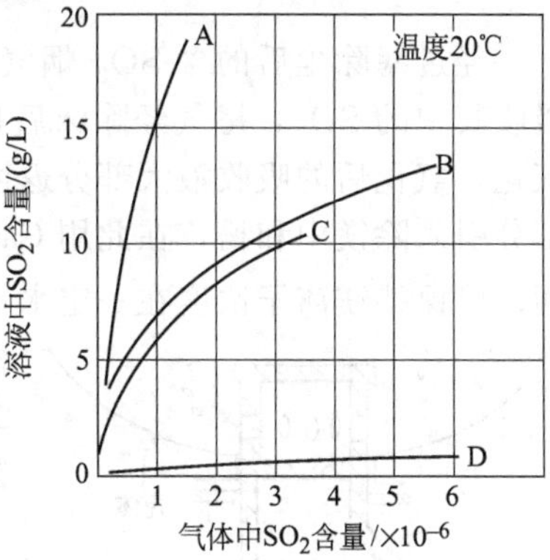

图 7-40　SO_2 在碱性硫酸铝溶液中的溶解度曲线

A—Al 37.8g/L，碱度 19.3%；B—Al 11.9g/L，碱度 14.9%；C—Al6.7g/L，碱度 14.9%；D—水

1. 吸收

碱性硫酸铝对 SO_2 具有很好的吸收能力，它对 SO_2 的溶解情况见图 7-40 所示。对 SO_2 的吸收反应为：

$$Al_2(SO_4)_3 \cdot Al_2O_3 + 3SO_2 \longrightarrow Al_2(SO_4)_3 \cdot Al_2(SO_3)_3 \quad (7\text{-}73)$$

碱性硫酸铝可通过如下方法制备，即将工业液体矾（含 8% Al_2O_3）或粉末硫酸铝 [$Al_2(SO_4)_3 \cdot (16\sim18)H_2O$] 溶于水中，然后添加石灰或石灰石粉中和，沉淀出石膏（可除去一部分硫酸根），即得所需碱度的碱性硫酸铝。制备反应如下：

$$2Al_2(SO_4)_3 + 3CaCO_3 + 6H_2O \longrightarrow Al_2(SO_4)_3 \cdot Al_2O_3 + 3CaSO_4 \cdot 2H_2O\downarrow + 3CO_2\uparrow \quad (7\text{-}74)$$

碱性硫酸铝中能吸收 SO_2 的有效成分为 Al_2O_3，它在溶液中的含量常用碱度（$100x\%$）表示，故碱性硫酸铝可用 $(1-x)Al_2(SO_4)_3 \cdot xAl_2O_3$ 表示。如纯 $Al_2(SO_4)_3$，其中 Al_2O_3 含量为 0，其碱度值为 0%；若为 $0.8Al_2(SO_4)_3 \cdot 0.2Al_2O_3$，则表示其碱度为 20%；而纯 $Al(OH)_3$ 的碱度则为 100%，依此类推。

2. 氧化

用空气中的氧将 $Al_2(SO_3)_3$ 氧化为 $Al_2(SO_4)_3$：

$$2Al_2(SO_4)_3 \cdot Al_2(SO_3)_3 + 3O_2 \longrightarrow 4Al_2(SO_4)_3 \quad (7\text{-}75)$$

3. 中和

用石灰石粉将吸收液再生：

$$2Al(SO_4)_3 + 3CaCO_3 + 6H_2O \longrightarrow Al_2(SO_4)_3 \cdot Al_2O_3 + 3CaSO_4 \cdot 2H_2O\downarrow + 3CO_2\uparrow \quad (7\text{-}76)$$

（二）工艺流程与设备

图 7-41 为碱性硫酸铝-石膏法工艺流程示意。

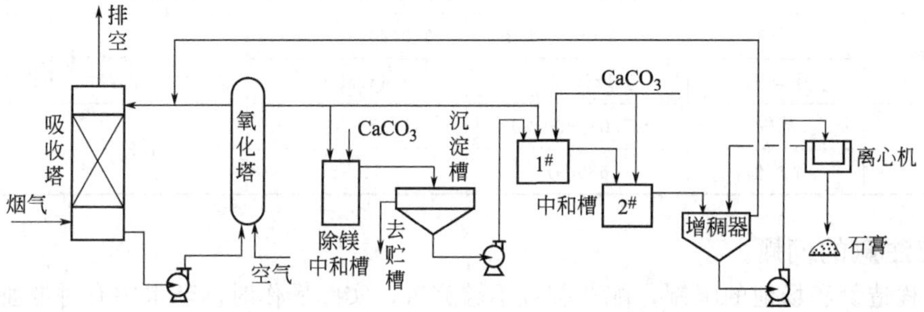

图 7-41 碱性硫酸铝-石膏法工艺流程

经过滤除尘后的含 SO_2 烟气从吸收塔的下部进入，用碱性硫酸铝溶液对其进行洗涤，吸收其中的 SO_2，尾气经除沫后排空。吸收后的溶液送入氧化塔并鼓入压缩空气对其进行氧化，氧化后的吸收液大部分返回吸收塔循环，引出一部分送去中和。送去中和的溶液的一部分引入除镁中和槽，在此用 $CaCO_3$ 中和，然后在沉淀槽沉降，弃去含镁离子的溢流液不用，以保持镁离子浓度在一定水平以下。含有 Al_2O_3 沉淀的沉淀槽底流，用泵送入 1# 中和槽，与送去中和的另一部分溶液混合，送至 2# 中和槽，在 2# 槽内用石灰石粉将溶液中和至要求的碱度，然后送增稠器，上清液返回吸收塔，底流经分离机分离后得石膏产品。

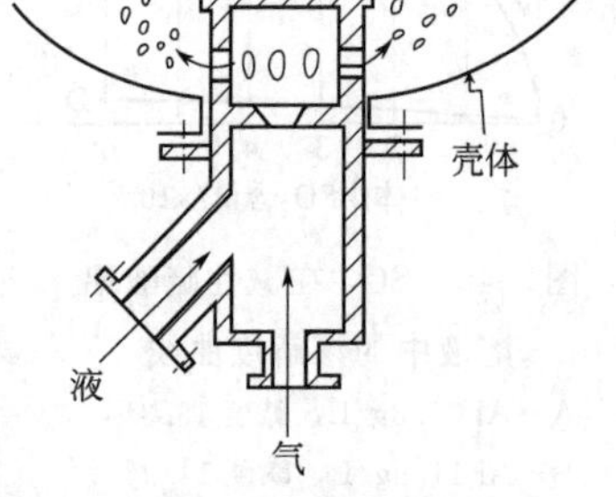

图 7-42 喷嘴示意

主要设备为吸收塔与氧化塔。

吸收塔为双层填料塔，塔的下段为增湿段，上段为吸收段，顶部安装除沫器。塔内采用Ⅰ型球形环填料。

氧化塔为空塔，塔内装满吸收液，氧化时需将空气均匀分布于液体中，以利于氧化的进行，所以关键为气体的分布。气体分布装置可以采用多孔板或设置空气喷嘴或安装高速旋转的搅拌器，但都存在一定的缺点。日本同化公司采用的是特殊设计的喷嘴，将气、液同时喷入塔内，气、液分布良好。该喷嘴结构见图 7-42。氧化塔塔底装有四个这样的喷嘴，鼓入空气的压力为 294～392kPa（3～4kgf/cm^2）。

（三）影响因素与操作指标

1. 吸收液碱度

一般说来吸收液碱度愈高，吸收效率也愈高（见图 7-26）。但碱度在 50%以上时容易生成絮凝状沉淀物，碱度过低则会降低吸收液的吸收能力，因此工业生产中一般将碱度控制在 10%～40%。实际控制在 10%～20%，即可有效地吸收 SO_2。若烟气中 SO_2 浓度波动大时，碱度可控制得高一些。

中和后的吸收剂碱度控制为 25%～35%。

2. 吸收液中的铝含量

吸收液中铝浓度愈高则吸收效率愈高，但溶液中铝含量的大小能影响到石膏中铝损失的多少，其关系见图 7-43。从图中可以看出当含铝浓度为 15～20g/L 时，石膏中的铝损失量最少。吸收剂的铝含量可控制在 10～30g/L，一般控制在 18～22g/L。

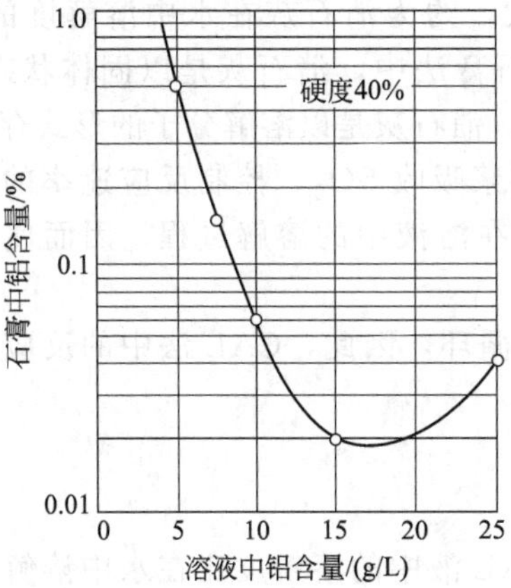

图 7-43 溶液中不同铝含量与损失在石膏中的铝量关系

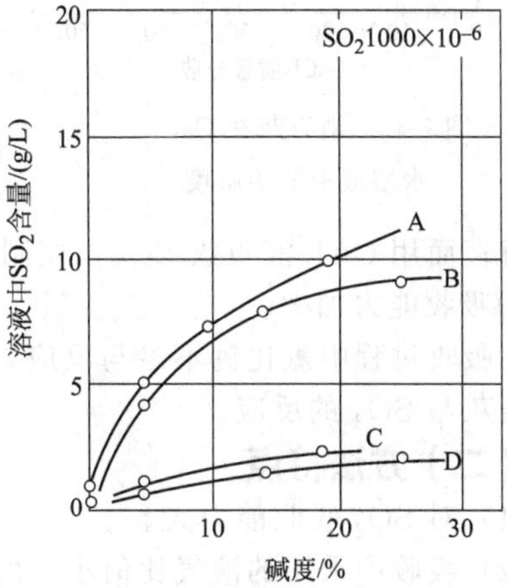

图 7-44 溶液在不同的温度时 SO_2 的溶解度曲线

A—Al 17.3g/L（20℃）；B—Al 10.8g/L（20℃）；

C—Al 17.3g/L（50℃）；D—Al 10.8g/L（50℃）

3. 操作液气比

由于溶液对 SO_2 有良好的吸收能力，即使液气比值较小，也可取得较好的吸收效果。但液气比值的大小与吸收温度、烟气中 SO_2 和 O_2 的浓度有关，当吸收温度较高、SO_2 浓度较大或 O_2 含量较低时，均需增大液气比值。实际吸收中，吸收段液气比值控制为 10L/m^3，增湿段则为 3L/m^3。

4. 吸收温度

从图 7-44 所示曲线可以看出，吸收温度愈低对吸收愈有利。

5. 氧化催化剂

在工业生产中，为了减少操作的液气比值，可在吸收液中加入氧化催化剂强化氧化反应。一般使用 $MnSO_4$ 作催化剂，用量为 0.2～0.4g/L，但由于锰离子随反应时间的延长浓度减少，因此一般加入量为 1～2g/L。

6. 铝的损失与补充

由于石灰石中含有镁等杂质，在系统中累积会影响石膏产品的质量，因此必须排出并更新部分循环液。为减少排液时铝的损失，应增加铝回收系统。回收方法为将吸收液中和使铝析出（见工艺流程中除镁中和槽部分）。但由于对沉淀的分离不可能绝对完全，而石膏也不可能完全洗净，因此必须对铝进行一定的补充。处理不同的烟气或所采用的石灰石中含镁量不同，铝的补充量也不同，1t 石膏可在 0.5～2kg 之间。

三、CAL 法

CAL 法是为解决石灰 石膏法的结垢和堵塞问题而发展的一种改进方法，即用 CAL 液作为吸收液吸收 SO_2，经分离料浆后，吸收液循环使用，产物为石膏。

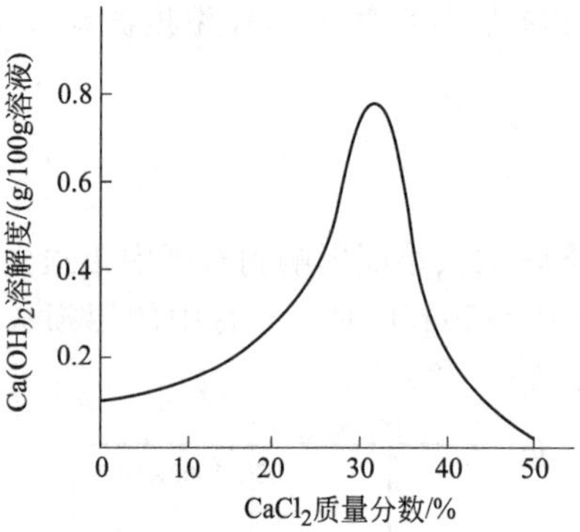

图 7-45 消石灰在 $CaCl_2$ 水溶液中的溶解度

(一)方法原理

CAL 液为向氯化钙水溶液中添加消石灰或生石灰所制得的溶液。氯化钙与消石灰生成复合反应体，从而使消石灰的溶解度明显增加。在不同浓度的 $CaCl_2$ 溶液中，消石灰的溶解度不同，其溶解度关系见图 7-45。从图中可以看出，以 30% 的氯化钙水溶液对消石灰的溶解度最大，约为消石灰在水中溶解度的 7 倍。在一般的石灰-石膏法中，消石灰是以固体状态存在，而在 CAL 液中，消石灰是以溶解分子的形式存在。因而，用石灰水料浆吸收 SO_2，控制反应速率的是石灰的溶解；而用 CAL 液吸收 SO_2，控制速率的是 SO_2 在溶液中的溶解过程，因而使溶液对 SO_2 的吸收能力加大。

在吸收过程中氯化钙不参与反应，只是在系统中循环，因此，CAL 法中的反应过程仍是消石灰与 SO_2 的反应。

(二)方法特点

(1) 对 SO_2 吸收能力大。

(2) 吸收中采用的液气比值小　由于消石灰在 CAL 液中的溶解度比在水中溶解度大得多，因而对处理气量相同的烟气而言，以较小的溶液量即能供给吸收塔必需的消石灰量，因而所需吸收液量较少，也就可以在较小的液气比下操作。

(3) 吸收中的碱耗较小　可以使吸收中碱耗减少的原因是：①在水溶液中，消石灰以固体形态存在，反应中不能完全溶解，未溶解粒子一经排出系统就会造成碱的流失，而在 CAL 液中，消石灰呈溶解态，因而不会造成上述损失；②CAL 液对 CO_2 的吸收速度慢，减少了因吸收 CO_2 而生成 $CaCO_3$ 的量，也相应减少了碱耗。

(4) 防止结垢　由于在 CAL 液中 $CaSO_3$ 氧化为 $CaSO_4$ 的速度慢，比在水中约低 1/3，因而抑制了石膏的生成量。而石膏的生成并附着在设备表面成长，又是石灰-石膏法结垢严重的主要原因之一。此外，石膏在 CAL 液中的溶解度仅为在水中溶解度的 1% 左右，且几乎无过饱和现象，因而也防止了结垢。

(三)工艺流程与设备

CAL 法工艺流程见图 7-46。

烟气经冷却除尘后进入吸收塔与吸收液接触吸收 SO_2，净化后气体排空。循环吸收液的一部分送入增稠器，将吸收时生成的亚硫酸钙浓缩，上清液返回循环槽循环使用。浆液送至过滤机过滤，滤液也送入吸收循环槽。滤饼重新用水制成 6%～10% 的亚硫酸钙料浆，并用硫酸将料浆 pH 值调至 4～5，然后送入氧化塔用压缩空气进行氧化，生成石膏。石膏结晶经过滤后得成品石膏，滤液返回循环槽。

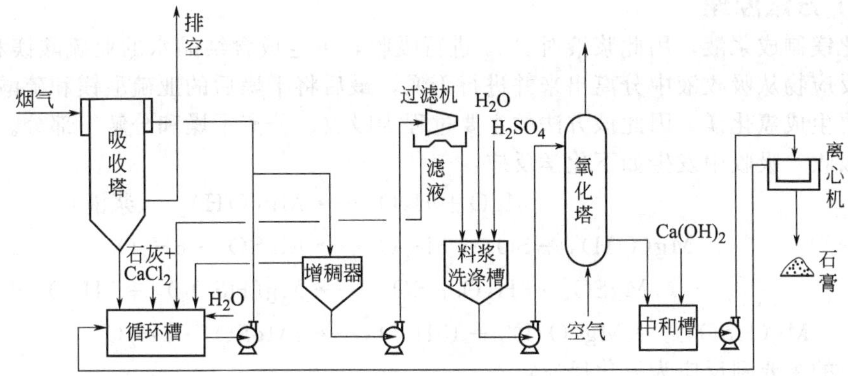

图 7-46　CAL 法工艺流程

主要设备为吸收塔。该吸收塔为由文氏管型的喷嘴与喷雾塔组合而成的新型设备，具有强度高、操作液气比低的特点。在该塔上部设置若干对喷雾组合件，吸收液经由喷雾组合件上的喷嘴喷成雾状，并从喷嘴四周引入处理气体，以使液体进一步雾化，使液滴数量大大增加，从而导致气液接触面积增加，同时使液滴与气体的相对速度也比一般喷雾塔大。喷雾组合件在塔内呈对向配置，使喷雾液滴与气体能进行再组合，提高了吸收效率。该型吸收塔示意见图 7-47，塔的脱硫性能见图 7-48。

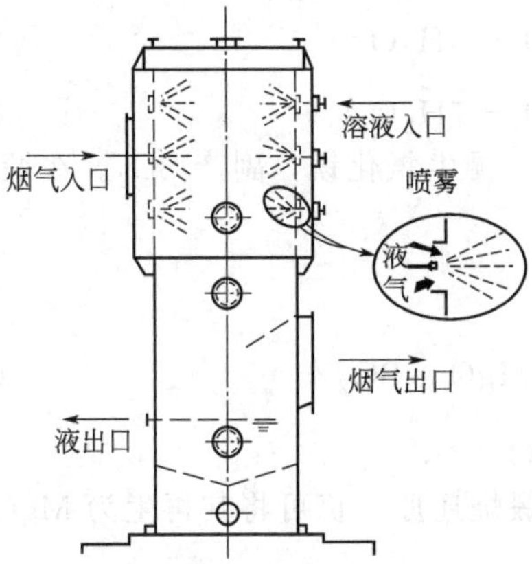

图 7-47　吸收塔示意

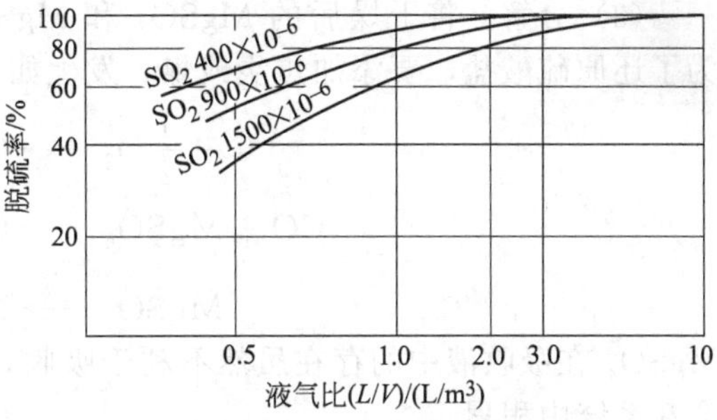

图 7-48　吸收塔的脱硫性能

第五节　金属氧化物吸收法脱硫

一些金属氧化物，如 MgO、ZnO、MnO_2、CuO 等，对 SO_2 都具有较好的吸收能力，因此可用金属氧化物对含 SO_2 废气进行治理。具体方法可以采用干法或湿法。干法是用金属氧化物固体颗粒或将相应金属盐类负载于多孔载体后对 SO_2 进行吸着，但因其脱硫效率一般较低，故应用较少；湿法一般是将氧化物制成浆液洗涤气体，因其吸收效率较高，吸收液也较易于再生，因此应用较多。本节主要介绍氧化镁法、氧化锌法和氧化锰法的湿式方法。

一、氧化镁法

氧化镁法是以氧化镁作为吸收剂吸收烟气中的 SO_2，其中以氧化镁浆洗-再生法工业应用较多，其脱硫效率可达90%以上[3,4,7]。

（一）方法原理

将氧化镁制成浆液，用此浆液对SO_2进行吸收，可生成含结晶水的亚硫酸镁和硫酸镁。然后将此反应物从吸收液中分离出来并进行干燥，最后将干燥后的亚硫酸镁和硫酸镁进行煅烧分解，再生成氧化镁。因此该方法的主要过程为吸收、分离干燥和分解三部分。

（1）吸收　吸收中发生如下化学反应：

$$MgO+H_2O \longrightarrow Mg(OH)_2 \quad (浆液) \tag{7-77}$$

$$Mg(OH)_2+SO_2+5H_2O \longrightarrow MgSO_3 \cdot 6H_2O \tag{7-78}$$

$$MgSO_3 \cdot 6H_2O+SO_2 \longrightarrow Mg(HSO_3)_2+5H_2O \tag{7-79}$$

$$Mg(HSO_3)_2+Mg(OH)_2+10H_2O \longrightarrow 2MgSO_3 \cdot 6H_2O \tag{7-80}$$

吸收过程中的主要副反应为氧化反应：

$$Mg(HSO_3)_2+\frac{1}{2}O_2+6H_2O \longrightarrow MgSO_4 \cdot 7H_2O+SO_2 \tag{7-81}$$

$$MgSO_3+\frac{1}{2}O_2+7H_2O \longrightarrow MgSO_4 \cdot 7H_2O \tag{7-82}$$

$$Mg(OH)_2+SO_3+6H_2O \longrightarrow MgSO_4 \cdot 7H_2O \tag{7-83}$$

由以上反应可知，吸收液中的主要成分为$MgSO_3$、$Mg(HSO_3)_2$和$MgSO_4$。

（2）分离和干燥　将吸收液中的亚硫酸镁与硫酸镁分离出来并进行干燥，主要目的是通过加热除去这些盐中的结晶水。

$$MgSO_3 \cdot 6H_2O \xrightarrow{\triangle} MgSO_3+6H_2O\uparrow \tag{7-84}$$

$$MgSO_4 \cdot 7H_2O \xrightarrow{\triangle} MgSO_4+7H_2O\uparrow \tag{7-85}$$

（3）分解　将干燥后的$MgSO_3$和$MgSO_4$煅烧，再生氧化镁，副产SO_2。在煅烧中，为了还原硫酸盐，要添加焦炭或煤，发生如下反应：

$$C+\frac{1}{2}O_2 \longrightarrow CO$$

$$CO+MgSO_4 \longrightarrow CO_2\uparrow+MgO+SO_2\uparrow \tag{7-86}$$

$$MgSO_3 \xrightarrow{\triangle} MgO+SO_2 \tag{7-87}$$

$MgSO_4$在吸收液中的存在虽然不利于吸收，但通过煅烧还原，仍可将其再生为MgO而不会在系统中积累。

（二）工艺流程与设备

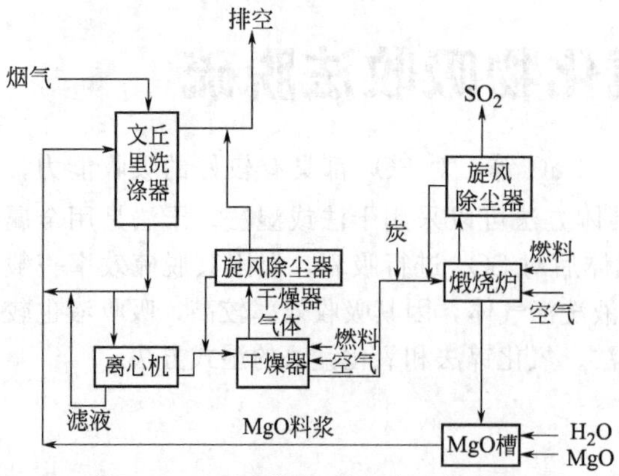

图7-49　MgO浆洗-再生法工艺流程

氧化镁浆洗-再生流程示意见图7-49。锅炉燃烧排出的烟气在文氏管洗涤器内用氧化镁浆液进行洗涤，脱去SO_2。洗涤后的气体排空。部分吸收液引出吸收系统送去分离，用离心机将$MgSO_3$、$MgSO_4$结晶分出后送转鼓干燥器干燥，滤出母液返回吸收系统。干燥的$MgSO_3$、$MgSO_4$在回转窑煅烧，煅烧时，窑内要加入焦炭和煤以还原$MgSO_4$。煅烧后的MgO重新制成浆液在吸收中循环使用。煅烧气中含有10%～16%的SO_2可送去制酸。

吸收中主要设备为开米柯文氏管洗涤器，其结构如图 7-50 所示。

烟气由洗涤器顶部引入，在文氏管喉颈与循环浆液发生强烈雾化作用，强化了气液接触，能得到较好的脱硫效果。吸收后气体在排出前经除沫器除去雾沫。因除沫器定期进行清洗，洗涤器内壁因循环液的不断冲刷，因而不会结垢和堵塞，可连续长期运行。该洗涤器处理气量大，可达 $90\times10^4 m^3/(h\cdot 台)$ 的水平，且能适应较大的气量波动。

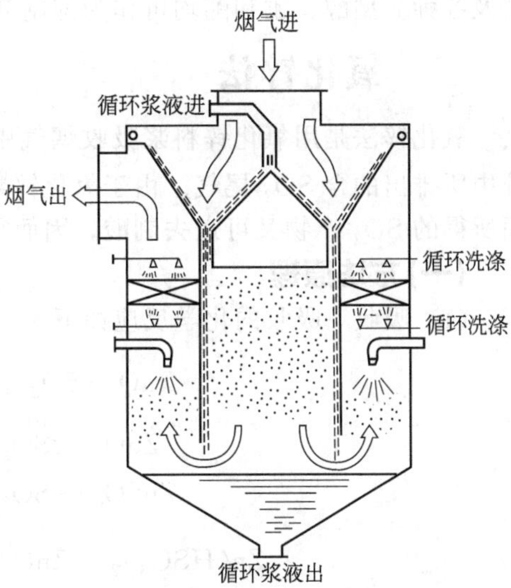

图 7-50 开米柯文氏管洗涤器

（三）主要影响因素与指标

1. 吸收液的 pH 值

吸收液的 pH 值决定于吸收液的组成，当吸收液中 $\frac{Mg(HSO_3)_2}{MgSO_3}$ 的值增大时，溶液的 pH 值降低；当吸收液中的 $MgSO_4$ 量增大时，溶液的 pH 值降低。$MgSO_4$ 含量及 $\frac{Mg(HSO_3)_2}{MgSO_3}$ 值对 pH 值的影响如图 7-51 所示（条件：洗涤浆液温度 25～70℃，$MgSO_4$ 含量为 0～10%）。吸收液的 pH 值的降低，导致液面上 SO_2 平衡分压值的提高，使脱硫效率降低。为保证吸收效率，应使 $MgSO_3$ 保持一定含量，并尽量使其避免氧化为 $MgSO_4$，因此一般应控制浆液 pH 值为 7。

2. 煅烧温度

煅烧时的分解产物与煅烧温度有关，在 300～500℃时，产物除 MgO 及 SO_2 外，还有硫酸盐、硫代硫酸盐、元素 S 等，其中以硫酸盐为主。随煅烧温度的升高，硫代硫酸盐逐渐减少，而以分解出 SO_2 为主。当温度超过 900℃时，所有副产物均不稳定，并为 SO_2 所代替。所以煅烧温度一般控制为 800～1100℃。见图 7-52。

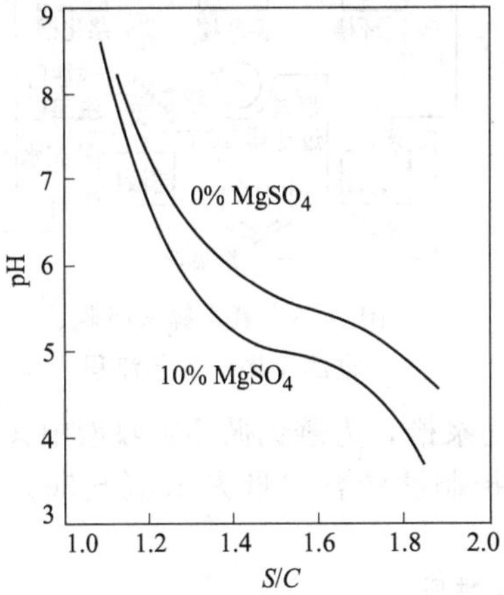

图 7-51 $MgSO_4$ 和 $\frac{Mg(HSO_3)_2}{MgSO_3}$ 比率对 pH 值的影响

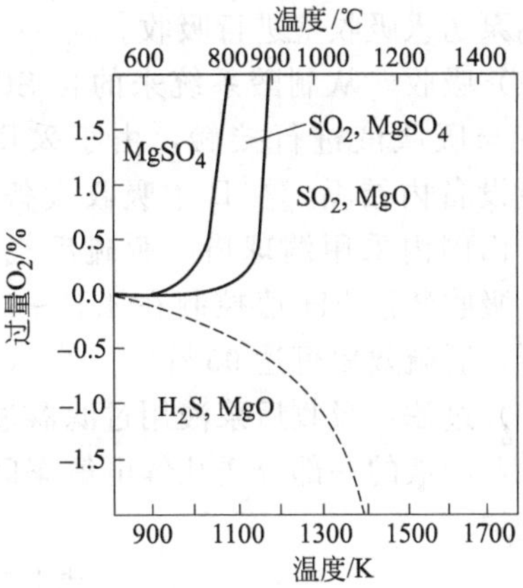

图 7-52 煅烧温度与气氛对产品的影响

3. 阻氧剂的加入

为了抑制 $MgSO_3$ 的氧化，可在吸收系统中加入氧化抑制剂（阻氧剂）。苯酚、对苯二胺及各种α型醇、酮和酯均可作为抑制剂，较常用的为对苯二胺。

二、氧化锌法

氧化锌法是用氧化锌料浆吸收烟气中 SO_2 的方法，它适用于治理锌冶炼烟气的制酸系统中所排出的含 SO_2 尾气。由于氧化锌浆液可用锌精矿沸腾焙烧炉的旋风除尘器烟尘配制，而所得的 SO_2 产物又可送去制酸，因而很好地解决了吸收剂的料源及吸收产物的处理问题。

(一)方法原理

(1) 吸收 吸收的化学反应如下：

$$ZnO + SO_2 + \frac{5}{2}H_2O \longrightarrow ZnSO_3 \cdot \frac{5}{2}H_2O \tag{7-88}$$

$$ZnO + 2SO_2 + H_2O \longrightarrow Zn(HSO_3)_2 \tag{7-89}$$

$$ZnSO_3 + SO_2 + H_2O \longrightarrow Zn(HSO_3)_2 \tag{7-90}$$

$$Zn(HSO_3)_2 + ZnO + 4H_2O \longrightarrow 2ZnSO_3 \cdot \frac{5}{2}H_2O \tag{7-91}$$

(2) 再生 吸收后溶液经过滤得到亚硫酸锌渣，将其加热再生氧化锌并副产高浓度 SO_2：

$$ZnSO_3 \cdot \frac{5}{2}H_2O \xrightarrow[300\sim350℃]{\triangle} ZnO + SO_2\uparrow + \frac{5}{2}H_2O \tag{7-92}$$

(二)工艺过程及流程

氧化锌法工艺流程见图 7-53 所示。其工艺过程可分为如下步骤。

(1) 吸收浆液配制 用旋风除尘器将从锌精矿沸腾焙烧炉中排出的烟气中的氧化锌颗粒收集起来，作为配制吸收浆液的原料。这些氧化锌颗粒作为吸收剂，其化学成分及粒径分布均是较理想的，见表 7-21。将此氧化锌颗粒用从流程后部过滤器来的滤液在浆化槽中调配成浆，注入循环槽，用泵送入吸收室进行吸收。

(2) 吸收 从制酸系统来的含 SO_2 尾气送入吸收室与吸收液进行接触，由于采用浆液吸收，为避免设备内结垢，在日本吸收设备采用错流吸收器，而国内采用湍球塔。脱硫后气体经除沫后排空。吸收浆液 pH 值控制在 4.5～5.0 时，送入过滤器，脱硫效率可达 95%。

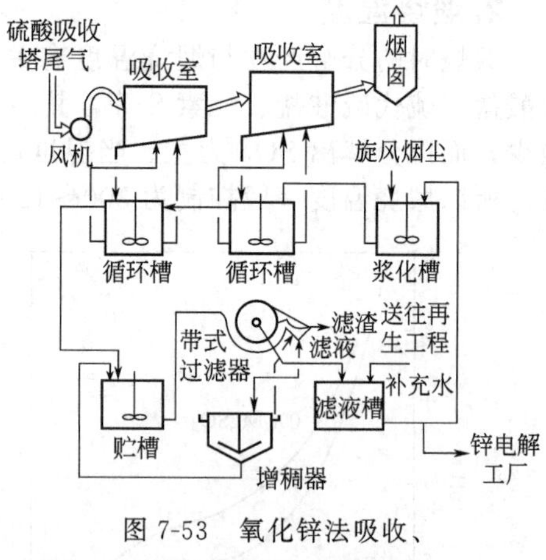

图 7-53 氧化锌法吸收、过滤工序的工艺流程

(3) 过滤 吸收后浆液用过滤器过滤，滤液返回配浆槽，为避免循环吸收液中锌离子浓度过大，滤液的一部分送往锌电解车间生产电解锌。控制滤渣含水量为 20%～30%送往沸腾焙烧炉。

表 7-21 旋风除尘器烟尘性质

化学组成/%				粒度分布/%			
总 Zn	ZnO 中 Zn	总硫	硫酸盐中硫	>150 目	>250 目	>325 目	<325 目
64.1	55.2	1.59	1.16	3.0	26.2	29.0	41.8

(4) 再生 将含水约30%的滤渣送入沸腾焙烧炉中与锌精矿一起加热焙烧，焙烧分解后所得氧化锌颗粒经旋风捕集器捕集后，作为吸收剂使用，所得 SO_2 与锌精矿焙烧尾气（可提高锌精矿焙烧尾气中的 SO_2 浓度）一起送去制酸。

三、氧化锰法

氧化锰法是采用氧化锰浆液吸收烟气中 SO_2 的方法。同氧化锌等方法一样，该法对 SO_2 废气的治理不具有普遍应用的价值，只有在有丰富的吸收剂来源和存在着适宜的配套生产工艺的情况下，这些方法才具有应用价值。因此当某些生产企业由于其生产规模及工艺的特殊性和所处地域等条件的限制，无条件采用比较成熟的其他方法（如氨法、钙法等）时，则依据自身条件所实行的这些方法的作用也就不能忽视。

我国某铝厂就是利用本地区来源丰富的、使用价值不大的低品位软锰矿作为吸收剂，处理炼铜烟气中的 SO_2，并通过电解的方法生产出有价值的金属锰。

（一）方法原理

软锰矿的主要成分为 MnO_2，将其粉碎制成 MnO_2 浆液吸收 SO_2。该吸收反应易于进行，但反应过程机理复杂，其总反应方程式可视为：

$$2MnO_2+3SO_2 \longrightarrow MnSO_4+MnS_2O_6 \tag{7-93}$$

反应结果生成硫酸锰和连二硫酸锰（MnS_2O_6）。

连二硫酸锰不稳定，长期放置或在受热条件下，易产生分解：

$$MnS_2O_6 \xrightarrow[\text{放置}]{\triangle} MnSO_4+SO_2\uparrow \tag{7-94}$$

在有 SO_2 存在条件下（SO_2 不参与反应），MnS_2O_6 可与 MnO_2 反应生成 $MnSO_4$：

$$MnS_2O_6+MnO_2 \xrightarrow{\text{存在 } SO_2} 2MnSO_4 \tag{7-95}$$

$MnSO_4$ 溶液则可通过电解生产金属锰。

（二）工艺流程

以 MnO_2 浆液吸收 SO_2 流程示意见图7-54。炼铜尾气经干式旋风除尘并经水洗塔净化降温至50℃送入吸收塔；经破碎后的软锰矿石配制成20%（质量分数）的浆液，也送入吸收塔作为吸收液。尾气经浆液吸收 SO_2 后，除沫排空。吸收后的浆液用蒸汽加热并加入15%的氨水沉淀 Fe^{2+}、Cu^{2+}，再通入 H_2S 除去Co、Ni等金属。中和除杂后的溶液经过滤除去滤渣，净液送去电解。电解时在阴极生成金属锰，经24小时取出极板，干燥后刮下产品金属锰。

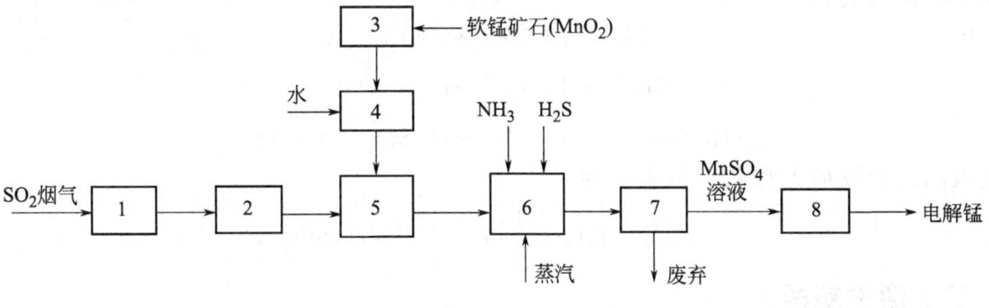

图7-54 氧化锰法工艺流程示意

1—除尘；2—水洗；3—破碎；4—配浆；5—循环吸收；6—中和除杂；7—过滤；8—电解

吸收设备采用泡沫吸收塔。

（三）工艺指标

主要工艺指标如下：

烟气量 600～800m^3/h

吸收温度 50℃

料浆 吸收前 MnO_2 浓度20％ pH＝4～5

吸收后 含锰 70g/L pH＝1～2

除杂后 含锰 50g/L

锰产量 10t/月（含锰98％）

1tMn氨耗 4t（NH_3 浓度15％～18％）

料浆中必须控制含锰量的原因，是因为连二硫酸锰的存在不利于电解，但在料浆的含锰量高时，电解可顺利进行。

第六节 活性炭吸附法脱硫

采用固体吸附剂吸附 SO_2 是干法处理含硫废气的一种主要方法。目前应用最多的吸附剂是活性炭，在工业上已有较成熟的应用。其他吸附剂如分子筛等，虽也有工业应用，但应用范围不大。活性炭吸附法即是利用活性炭吸附烟气中 SO_2，使烟气得到净化，然后通过活性炭的再生，获取相应产品。

一、方法原理

活性炭对烟气中的 SO_2 进行吸附，既有物理吸附，也存在着化学反应，特别是当烟气中存在着氧和水蒸气时，化学反应表现得尤为明显。这是因为在此条件下，活性炭表面对 SO_2 与 O_2 的反应具有催化作用，反应结果生成 SO_3，SO_3 易溶于水生成硫酸，因此使吸附量较纯物理吸附增大许多。

（一）吸附

在氧和水蒸气存在的条件下，在活性炭表面吸附 SO_2，伴随物理吸附将发生一系列化学反应。

物理吸附过程（以＊表示处于吸附态分子）：

$$\left\{\begin{array}{l} SO_2 \longrightarrow SO_2^* \\ O_2 \longrightarrow O_2^* \\ H_2O \longrightarrow H_2O^* \end{array}\right. \tag{7-96}$$

化学吸附过程：

$$\left\{\begin{array}{l} 2SO_2^* + O_2^* \longrightarrow 2SO_3^* \\ SO_3^* + H_2O \longrightarrow H_2SO_4^* \\ H_2SO_4^* + nH_2O \longrightarrow H_2SO_4 \cdot nH_2O^* \end{array}\right. \tag{7-97}$$

其吸附的总反应方程式可以表示为：

$$SO_2 + H_2O + \frac{1}{2}O_2 \xrightarrow{\text{活性炭}} H_2SO_4 \tag{7-98}$$

（二）活性炭再生

吸附 SO_2 的活性炭，由于其内、外表面覆盖了稀硫酸，使活性炭吸附能力下降，因此必须对其再生，即采用一定手段，驱走活性炭表面的硫酸，恢复活性炭的吸附能力。可以采用如下的再生方法。

（1）洗涤再生 用水洗出活性炭微孔中的硫酸，得到稀硫酸，再将活性炭进行干燥。

（2）加热再生 对吸附有 SO_2 的活性炭加热，使炭与硫酸发生反应，使 H_2SO_4 还原

为 SO_2：

$$2H_2SO_4+C \xrightarrow{\triangle} 2SO_2\uparrow+2H_2O+CO_2\uparrow \quad (7\text{-}99)$$

再生时，SO_2 得到富集，可用来制硫酸或硫黄。而由于化学反应的发生，用此法再生必然要消耗一部分活性炭，必须给予适当补充。

二、工艺方法与流程

在用活性炭吸附法治理 SO_2 的过程中，由于对活性炭再生方法的不同，因此工艺方法与流程也不相同。

（一）加热再生法流程（净气法）

由于在用加热再生的方法时，碳参与了反应，反应中要消耗一部分碳［根据式(7-93)，每生成 2mol SO_2 要消耗 1mol 碳］，因此若采用活性炭作吸附剂成本太高，故此法是使用褐煤系半焦（含 10%～15%挥发分）作为吸附剂。其工艺流程见图 7-55。

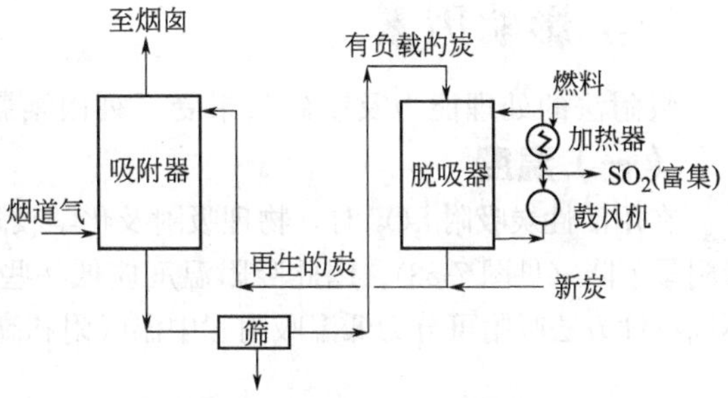

图 7-55　净气法工艺流程示意

该法使用的是移动床吸附器，吸附和脱吸分别在两个设备内完成，设备内均设有垂直管组。粒径为 2.5～7.5mm 的吸附剂在管内均匀向下移动，并用加料斗控制半焦下移的流量。进入吸附器的烟气与吸附剂逆向流动，脱去 SO_2 后排空。移出吸附器的炭用筛子筛出炭末，然后进入脱吸器进行加热再生，富集的 SO_2 送去制酸，脱吸后的炭经冷却并补充新炭后，重入吸附器进行吸附。

吸附控制在 100～150℃进行，脱附控制在 400℃进行。

该法优点为吸附剂价廉、再生简单；缺点是吸附剂磨损大，产生大量细炭粒筛出，反应中也要消耗一部分炭，所用设备庞大。

（二）水洗再生法

采用水洗再生法可得稀硫酸，德国鲁奇活性炭制酸法采用卧式固定床吸附，我国松木坪厂也采用水洗法，采用的是塔式吸附装置。

鲁奇活性炭制酸法流程见图 7-56，可用于硫酸厂和钛白厂的尾气处理。

含 SO_2 尾气先在文丘里洗涤器内被来自循环槽的稀酸洗涤，起到冷却和除尘作用。洗涤后的气体进入固定床式活性炭吸附器，经活性炭吸附净化后的气体排空。在气流连续流动的情况下，从吸附器顶部间歇喷水，洗去在吸附剂上生成的硫酸，此时得到 10%～15%的稀酸。此稀酸在文丘里洗涤器冷却尾气时，被蒸浓到 25%～30%，再经浸没式燃烧器等的进一步提浓，最终浓度可达 70%，70%的硫酸可用来生产化肥。该流程脱硫效率为 90%以上。

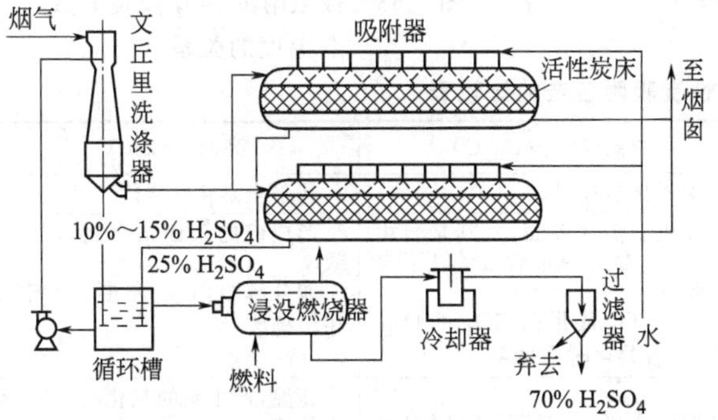

图 7-56　活性炭制酸法工艺流程

我国松木坪电厂采用的流程见图 7-57。

吸附剂采用浸渍了碘的含碘活性炭，SO_2 吸附容量为 12～15g SO_2/100g 炭，脱硫效率>90%。具体操作指标见表 7-22。

表 7-22 松木坪电厂活性炭流程操作指标

项目	气量/(m^3/h)	SO_2 浓度/(mL/m^3)		效率/%	空速/h^{-1}	线速/(m/s)	运行周期/h			吸附容量/(g/100g 炭)	床高/m	阻力/Pa
		入口	出口				再生	预热干燥	吸附			
中试	5000	3200	<350	>90	392	0.26	4.66	1.33	18	>12.3	2.0	2940～3920
生产规模推算	420000	630	<63	>90	392	0.26	4.6	1.4	109	13	2.0	2940～3920

注：中试为 4 塔，生产规模推算为 32 塔。

三、影响因素

吸附法的处理能力及脱硫效果受下列因素影响。

（一）温度

在用活性炭吸附 SO_2 时，物理吸附及化学吸附的吸附量均受到温度的影响，随温度的提高，吸附量下降（见图 7-58）。因此吸附温度应低一些，但因工艺条件不同，实际吸附温度不同。按不同特性方法吸附可分为低温吸附、中温吸附和高温吸附。不同方法的主要特点见表 7-23。

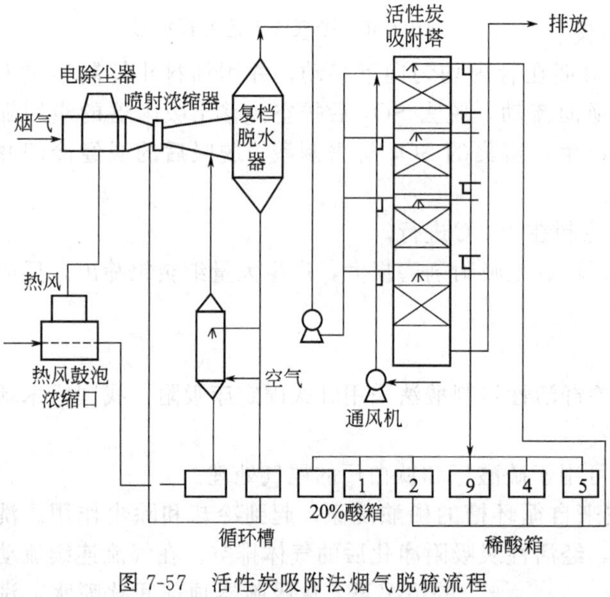

图 7-57 活性炭吸附法烟气脱硫流程

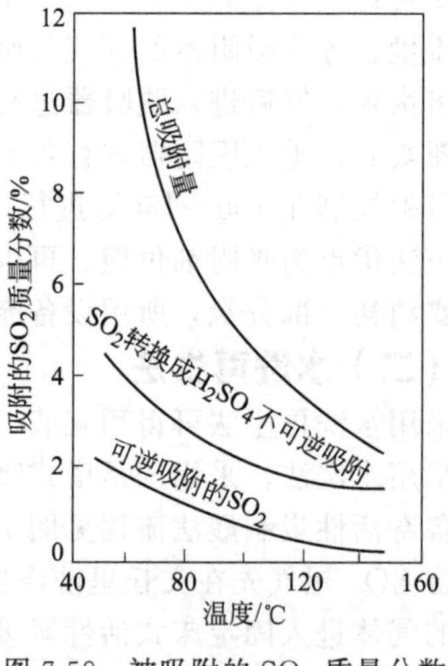

图 7-58 被吸附的 SO_2 质量分数和温度的关系

表 7-23 活性炭吸附各法的比较表

活性炭吸附	低温(20～100℃)	中温(100～160℃)	高温(>250℃)
吸附方式	主要物理吸附	主要化学吸附	几乎全是化学吸附
效率影响因素	取决于活性表面，尤其是自由碳基（通常炭中包含 5%以下自由碳基） H_2O、O_2 能提高 SO_2 的吸收率，二者共存时更显著	取决于活性表面，尤其是自由碳基（通常炭中包含 5%以下自由碳基） H_2O、O_2 能提高 SO_2 的吸收率，二者共存时更显著	形成硫的表面络合物，能提高效率 能分解吸附物，不断产生新的作用场所
再生技术	水淬产 H_2SO_4 氨水洗产 $(NH_4)_2SO_4$	加热至 250～350℃释出 SO_2	高温，产生碳的氧化物、含硫化物及硫

续表

活性炭吸附	低温（20～100℃）	中温（100～160℃）	高温（>250℃）
优点	催化吸附剂的分解和损失很小 产品可能受欢迎	气体不需预处理	接近800℃，高效产品自发解吸 气体不需预处理
缺点	仅一小部分表面起作用 吸附适宜条件与再生不适应 液相 H_2SO_4 浓度会阻碍扩散和溶解度 需气体预冷却	一部分表面起作用 再生要损失炭，可能中毒、着火，解吸 SO_2 需再处理	产品处理较困难，再生时有炭损耗，可能中毒，也可能着火

（二）氧和水分

氧和水分的存在，导致化学吸附的进行，使总吸附量大为增加。而水蒸气的浓度也影响到活性炭表面上生成的稀硫酸的浓度，见图7-59。

（三）活性炭的浸渍

用一些金属盐溶液浸渍活性炭，可提高活性炭的吸附能力。这是因为这些金属的氧化物在活性炭表面上可作为吸附 SO_2 并促使其氧化的助催化剂。可用的金属盐有铜、铁、镍、钴、锰、铬、铈等的盐类。

（四）吸附时间

吸附增量随吸附时间的增加而减少。生成硫酸量达30%以前，吸附进行得很快，吸附量与吸附时间的延长几乎成正比；大于30%以后，吸附速度减慢，具体情况见图7-60。

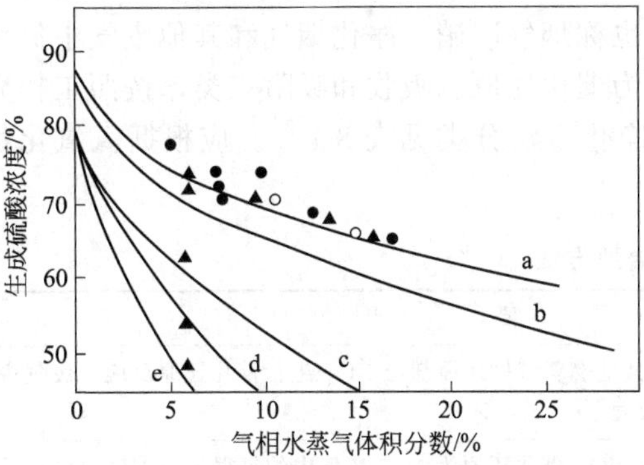

图7-59　各种吸附温度下气相水汽浓度与生成硫酸浓度的关系

图中，a—100℃；b—90℃；c—70℃；d—60℃；e—50℃

▲ 活性炭A在100～50℃下的测定结果；

○ 活性炭B在100℃下的测定结果；

● 活性炭C在100℃下的测定结果

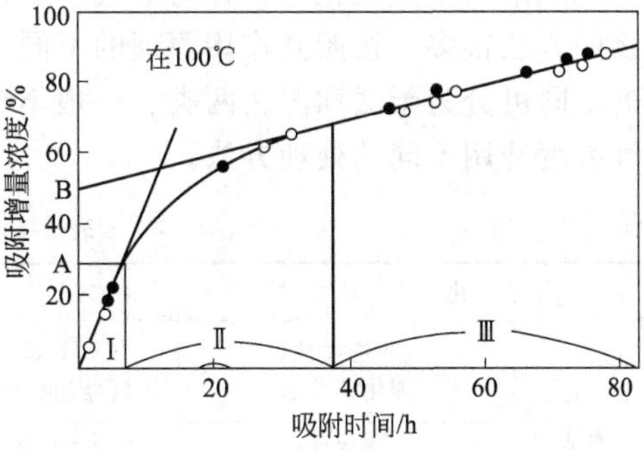

图7-60　SO_2 吸附增量与吸附时间的关系

参 考 文 献

[1] 李家瑞主编. 工业企业环境保护. 北京：冶金工业出版社，1992.

[2] 通商产业省立地公害局. 公害防止必携. 东京：产业公害防止协会，昭和51年.

[3] 北京环境科学学会. 工业企业环境保护手册. 北京：中国环境科学出版社，1990.

[4] 刘天齐. 三废处理工程技术手册/废气卷. 北京：化学工业出版社，1999.

[5] 马广大. 大气污染控制技术手册. 北京：化学工业出版社，2010.

[6] 左其武，张殿印. 锅炉除尘技术. 北京：化学工业出版社，2010.

[7] 杨飏. 二氧化硫减排技术与烟气脱硫工程. 北京：冶金工业出版社，2006.

[8] 台炳华. 工业烟气净化（第二版）. 北京：冶金工业出版社，1999.

[9] 骆建晖，许闽明，李康文. 旋流板塔双碱法在熔化炉废气脱硫除尘中的应用. 环境工程，2003，8：31-32.

第八章 氮氧化物废气净化

氮的氧化物种类很多，有氧化亚氮(N_2O)、一氧化氮(NO)、二氧化氮(NO_2)、三氧化二氮(N_2O_3)、四氧化二氮(N_2O_4)及五氧化二氮(N_2O_5)等。总称为氮氧化物(NO_x)，其中主要为 NO 与 NO_2。燃烧排放的氮氧化物中，NO 占 90%～95%[1]。

全世界每年由于自然界细菌作用等自然生成的氮氧化物约为 5 亿吨；由于人类的活动，人为产生的氮氧化物，每年约为 0.5 亿吨，占自然生成数量的 1/10，虽然数量不及前者，但是因为其分布较集中，与人类活动的关系密切，所以危害较大。

氮氧化物以燃料燃烧过程中所产生的数量最多，约占总数的 80%以上，其中固定燃烧源的排放量可达 50%以上，其余主要来自机动车污染[2]。此外，一些工业生产过程中也有氮氧化物的排放，化学工业中如硝酸、塔式硫酸、氮肥、染料、各种硝化过程（如电镀）和己二酸等生产过程中都排放出氮氧化物。

脱除烟气中氮氧化物，称为烟气脱氮，有时也称烟气脱硝。净化烟气和其他废气中氮氧化物的方法很多，按照其作用原理的不同，可分为催化还原、吸收和吸附三类，按照工作介质的不同可分为干法和湿法两类。一般 NO_x 的净化方法分类见表 8-1[2]。应根据氮氧化物尾气浓度选用不同的处理方法。

表 8-1　NO_x 治理方法

净化方法		要点
催化还原法	非选择性催化还原法	用 CH_4、H_2、CO 及其他燃料气做还原剂与 NO_x 进行催化还原反应。废气中的氧参加反应，放热量大
	选择性催化还原法	用 NH_3 作还原剂将 NO_x 催化还原为 N_2。废气中的氧很少与 NH_3 反应，放热量小
液体吸收法	水吸收法	用水作吸收剂对 NO_x 进行吸收，吸收效率低，仅可用于气量小、净化要求不高的场合，不能净化含 NO 为主的 NO_x
	稀硝酸吸收法	用稀硝酸作吸收剂对 NO_x 进行物理吸收与化学吸收。可以回收 NO_x，消耗动力较大
	碱性溶液吸收法	用 NaOH、Na_2SO_3、$Ca(OH)_2$、NH_4OH 等碱溶液作吸收剂对 NO_x 进行化学吸收，对于含 NO 较多的 NO_x 废气，净化效率低
	氧化-吸收法	对于含 NO 较多的 NO_x 废气，用浓 HNO_3、O_3、NaClO、$KMnO_4$ 等作氧化剂，先将 NO_x 中的 NO 部分氧化成 NO_2，然后再用碱溶液吸收，使净化效率提高
	吸收-还原法	将 NO_x 吸收到溶液中，与 $(NH_4)_2SO_3$、NH_4HSO_3、Na_2SO_3 等还原剂反应，NO_x 被还原为 N_2，其净化效果比碱溶液吸收法好
	络合吸收法	利用络合吸收剂 $FeSO_4$、Fe(Ⅱ)-EDTA 及 Fe(Ⅱ)-EDTA-Na_2SO_3 等直接同 NO 反应，NO 生成的络合物加热时重新释放出 NO，从而使 NO 能富集回收
吸附法		用丝光沸石分子筛、泥煤、风化煤等吸附废气中的 NO_x，将废气净化

第一节　催化还原法

利用不同的还原剂，在一定温度和催化剂的作用下将 NO_x 还原为无害的氮气和水，通称为催化还原法。净化过程中，可依还原剂是否与气体中的氧气发生反应分为非选择性催化还原和选择性催化还原两类。

一、非选择性催化还原法[3]

含 NO_x 的气体，在一定温度和催化剂的作用下，与还原剂发生反应，其中的二氧化氮还原为氮气，同时还原剂与气体中的氧发生反应生成水和二氧化碳。还原剂有氢、甲烷、一氧化碳和低烃类化合物。在工业上可选用合成氨释放气、焦炉气、天然气、炼油厂尾气和气化石脑油等作为还原剂。一般将这些气体统称为燃料气。

（一）化学反应

$$H_2 + NO_2 \longrightarrow H_2O + NO$$

$$2H_2 + O_2 \longrightarrow 2H_2O$$

$$2H_2 + 2NO \longrightarrow 2H_2O + N_2$$

$$CH_4 + 4NO_2 \longrightarrow CO_2 + 4NO + 2H_2O$$

$$CH_4 + 2O_2 \longrightarrow CO_2 + 2H_2O$$

$$CH_4 + 4NO \longrightarrow CO_2 + 2N_2 + 2H_2O$$

$$4CO + 2NO_2 \longrightarrow N_2 + 4CO_2$$

$$2CO + O_2 \longrightarrow 2CO_2$$

$$2CO + 2NO \longrightarrow N_2 + 2CO_2$$

反应的第一步将有色的 NO_2 还原为无色的 NO，通常称为脱色反应，反应过程大量放热；后一步将 NO 还原为 N_2，通常称为消除反应。消除反应比脱色反应和还原剂的氧化反应慢得多，因而必须用足够的还原剂，才能保证它的充分进行。工程上把还原剂的实际用量与理论计算量的比值（又称燃料比）控制在 1.10～1.20 的范围内，相应的净化率可达 90%以上。

（二）催化剂

用贵金属铂、钯可作为非选择性催化还原的催化剂，通常以 0.1%～1%的贵金属负载于氧化铝载体上。催化剂的还原活性随金属含量的增加而增加，以 0.4%为宜。另外也可将铂或钯镀在镍合金上，制成波纹网，再卷成柱状蜂窝体。

（1）铂和钯的比较　低于 500℃时，铂的活性优于钯，高于 500℃时，钯的活性优于铂。钯催化剂的起燃温度低，价格又相对便宜，但对硫较敏感，高温易于氧化，因而它多用于硝酸尾气的净化，而对烟气等含硫化物气体的净化，则需预先脱硫。

（2）非贵金属催化剂　如 25%CuO 和 $CuCrO_2$，活性比铂催化剂低，但价廉。

（3）载体　常用氧化铝-氧化硅和氧化铝-氧化镁型。形状分球状、柱状、蜂窝状，在氧化铝表面镀上一层 ThO_2 或 ZrO_2 可提高载体的耐热、耐酸性。

（三）影响脱除效率的主要因素

（1）催化剂的活性　催化剂的活性是影响脱除效率的重要因素之一。要选用活性好、机械强度大、耐磨损的催化剂，并注意保持催化剂的活性，减少磨损，防止催化剂的中毒和积炭。减少磨损的方法是采取较低的气流速度，并尽量使气流稳定。防止中毒的办法是预先除去燃料气和废气中的硫、砷等有害杂质。防止积碳的办法是控制适当的燃料比，在燃料气中添加少量水蒸气也利于避免积碳。

（2）预热温度和反应温度　用不同的燃料气作还原剂时，其起燃温度不同，因而要求的预热温度也不同（表 8-2 列出了钯系催化剂各种还原剂的起燃温度）。如果作为还原剂的燃料气达不到要求的预热温度，则不能很好地进行还原反应，脱除效果不好。

反应温度控制在 823K 到 1073K 之间，脱除效率最高。温度低，氮氧化物的转化率低；而温度超过 1088K，催化剂就会被烧坏，以至催化剂活性降低，寿命减少。

反应温度除与起燃温度、预热温度有关外，还与废气中氧含量有关。当起燃温度高，废气中氧含量大时，反应温度高；反之，反应温度低。

（3）空速　空速的选择与选用的催化剂及反应温度有关。国内试验用铂、钯催化剂，在 773～1073K 的温度条件下，空速在 11.1～27.8s^{-1}，能使氮氧化物浓度降到 200×10^{-6} 以下。

（4）还原剂用量　根据废气中氮氧化物和氧气的含量，可计算出还原剂的用量。由试验可知，当燃料比等于和大于 100%时，氮氧化物的转化率一般可达 92%以上。但燃料比降为 90%时，转化率降到 70%～80%。这说明还原剂的量不足，会严重影响对氮氧化物的脱除效果。但还原剂量过大，不仅使原料消耗增加，还会引起催化剂表面积碳。一般将燃料比控制在 110%～120%为宜。

表 8-2　钯系催化剂各种还原剂的起燃温度

还原剂	H_2	CO	煤油	石脑油	丁烷	丙烷	甲烷
起燃温度/K	413	413	633	633	653	673	723

（四）工艺流程

非选择性催化还原法示意流程图见图 8-1。

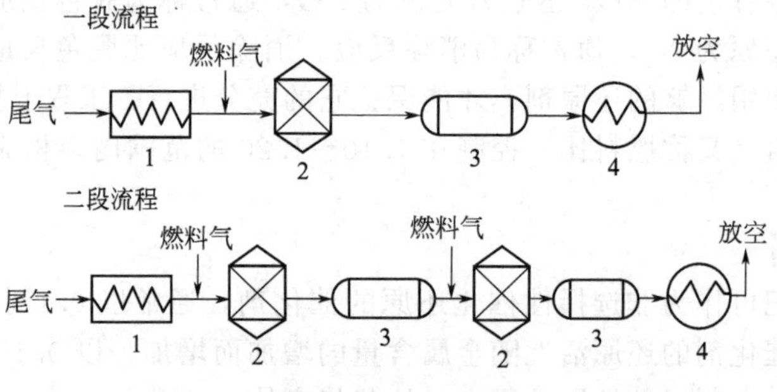

图 8-1　非选择性催化还原法的流程

1—预热器；2—反应器；3—废热锅炉；4—膨胀器

二、选择性催化还原法[4]

选择性催化还原（SCR）法通常利用氨为选择性催化还原剂，氨在铂催化剂上只是将尾气中氮氧化物还原，基本上不与氧反应。

（一）化学反应

用选择性催化还原法处理氮氧化物，主要发生以下反应：

$$4NH_3 + 6NO \longrightarrow 5N_2 + 6H_2O$$

$$8NH_3 + 6NO_2 \longrightarrow 7N_2 + 12H_2O$$

虽然是选择性催化还原，但在一定条件下还会出现以下副反应：

$$4NH_3 + 3O_2 \longrightarrow 2N_2 + 6H_2O + 1267.1kJ$$

$$2NH_3 \longrightarrow N_2 + 3H_2 - 91.94kJ$$

$$4NH_3 + 5O_2 \longrightarrow 4NO + 6H_2O + 907.3kJ$$

反应温度在 270℃以下，反应的最终产物为氮和水；第一个副反应在 350℃以下发生，而后两个副反应都要在 450℃以上才会明显增强。所以反应温度控制在 220～260℃为宜，而不同的催化剂在其不同的活性阶段，最适宜的温度也不同。

实验结果表明，对于含有 3000mL/m^3 氮氧化物的气体，经氨催化还原后，氮氧化物含量可降为 10mL/m^3。

（二）操作条件与工艺流程

1. 催化剂

选择性催化还原的催化剂，可以用贵金属催化剂，也可以用非贵金属催化剂。以氨为还原剂来还原氮氧化物的过程较易进行，非贵金属中的铜、铁、钒、铬、锰等可起有效的催化作用。

2. 氨还原法流程

氨催化还原法治理硝酸生产的尾气流程见图 8-2。

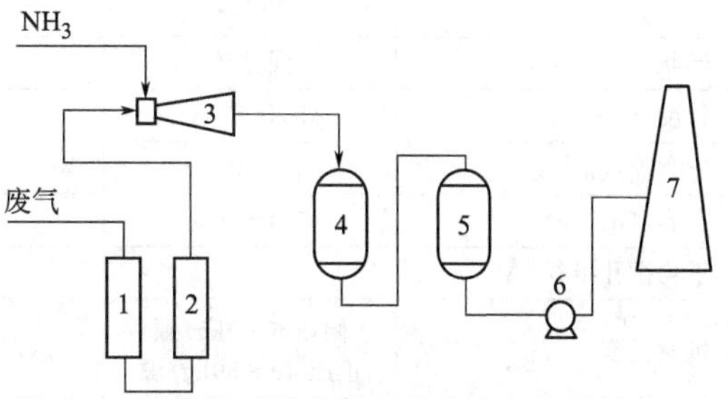

图 8-2 氨催化还原法治理硝酸生产的尾气流程

1,2—预热器；3—混合器；4—反应器；5—过滤分离器；6—尾气透平；7—排气筒

将含氮氧化物的废气除尘、脱硫、干燥并预热至 240～250℃，然后和经过净化的氨以一定比例在混合器内混合。一定温度的混合气进入催化反应器，在选定的温度下进行还原反应。反应后的气体经分离器除去催化剂粉末，再经余热回收装置释放热量后排放。催化还原反应器构造如图 8-3 所示。

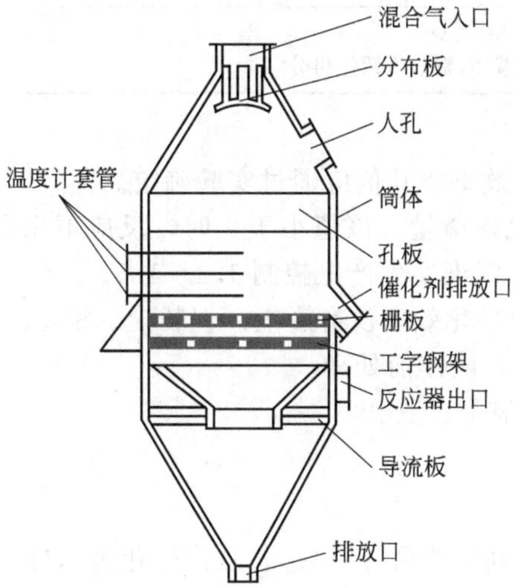

图 8-3 催化还原反应器

3. 工艺条件

反应空速 12000h^{-1}；反应器入口温度 220～230℃；

NH_3/NO_x 物质的量比值 1.2～1.6；床层压降 9.6～39.2kPa。

4. 处理结果

见表 8-3。

5. 原料消耗

1t 硝酸耗氨量 7～8kg；燃料气约 30m^3/h；空气用量约 1500m^3/h。

利用 8209 型铜铬催化剂，以氨作还原剂可使硝酸尾气的 NO_x 净化率达到 90%。

（三）影响因素

(1) 催化剂　不同的催化剂有不同的活性，因而反应温度和净化效率也不同，具体情况见表 8-4。

(2) 反应温度　反应温度更适宜，才能有较高的净化效率，铜铬催化剂在 350℃以下时，随反应温度的升高，净化效率增加；超过 350℃则副反应增加，净化效率反而下降。铂催化剂的反应温度以 225～255℃为宜，过低会生成 NH_4NO_3 和 NH_4NO_2。

表 8-3 处理结果

反应器体积空速/h^{-1}	NO_x/(mL/m^3)		净化率/%	反应器温度/℃	
	处理前	处理后		入口	出口
12514	2300	145	93.7	234	265
12876	1800	256	85.8	212	251

表 8-4 几种 NO_x 催化剂性能

项目	型号			
	75014	8209	81084	8013
形状	圆柱体	球粒	圆柱体	球粒
粒度/mm	ϕ5×(7～8)	ϕ3～6	ϕ4.5×(6～8)	ϕ5～6
比表面/(m^2/g)	150	150		180～200
孔容/(mL/g)	0.4～0.5	0.3		
平均微孔半径/Å		39		
机械强度	侧压 6～8kg/颗 正压 40～50kg/颗	总压 2～3kg/颗	侧压 12.5kg/颗	总压 5.5kg/颗
反应温度/℃	250～350	230～330	190～250	190～230
NH_3/NO_x 物质的量比	1.0～1.4	1.4～1.6	0.9～1.0	0.9～1.0
空间速度/h^{-1}	5000	10000～14000	5000	10000
转化率/%	≥90	约 95	≥95	≥95
备注	75014：含 25%$Cu_2Cr_2O_5$；8209：含 10%$Cu_2Cr_2O_5$； 81084：钒锰催化剂；8013：以 γ-Al_2O_3 为载体，铜盐为活性组分			

注：1Å=10^{-10}m。

(3) 空间速度 适宜的空速才能获得较高的净化效率，其值应通过实验确定。

(4) 还原剂用量 常用 NH_3/NO_x 的物质的量比来衡量，该值小于 1 时，反应不完全，1～1.4 之间有一个飞跃点，再大时增加氨耗，并造成污染。生产上控制 1.4～1.5。

(5) 尾气中其他成分的影响 NO_x 和 O_2 含量对净化效率没有影响。但粉尘、SO_2、玻璃熔炉和水泥窑排出的碱性气体，都可使催化剂中毒，应作前处理。

氨是生产化肥的原料，将氨再还原成 N_2 是一种浪费。

(四) 硝酸废气处理工程实例[5]

1. 原理

本技术是在 3%左右 O_2 存在条件下，NO_x 按下列反应脱除 NO_x，从而转化为 NH_3：

$$NO_x + H_2 \xrightarrow{\text{贵金属}} N_2 + H_2O$$

氢气消耗量为尾气中 O_2 含量的 2 倍，在尾气中 O_2 含量为 3%时，氢气消耗量近似为尾气总量的 6%。

2. 废气组成、排放量

废气组成主要是氮氧化物，包括一氧化氮、二氧化氮、三氧化二氮、四氧化二氮等。尾气中含氧量为 3%、CO 0.1%～0.15%、CO_2 2.0%～3.0%、氮氧化物 4000mL/m^3，碱吸收塔后压头（尾气总管）：1.8kPa，尾气温度为 40～55℃。

该工程按一套 3000t 40% HNO_3 反应装置的尾气 NO_x 脱除流程设计，尾气处理能力为 8500m^3/h。处理要求为出口 NO_x 浓度小于 179mL/m^3。

3. 废气处理工艺流程

硝酸废气处理工艺流程如图 8-4 所示。

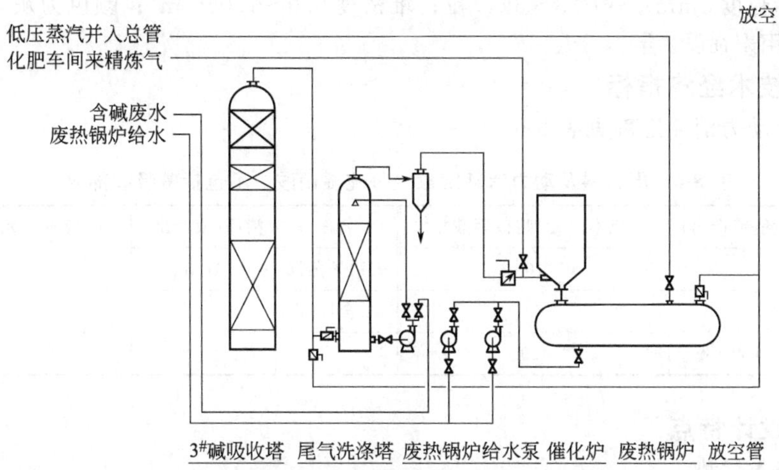

图 8-4　选择性还原法脱除 NO_x 工艺流程

硝酸废气先经过常规的碱吸收塔吸收，2# 碱吸收塔出口尾气进入 3# 碱吸收塔，经塔内填料层（填料高 6m）进一步吸收 NO_x 后，气体在 3# 吸收塔上部进行除沫，除沫填料高 2m。经除沫后尾气再通过碱塔顶部不锈钢丝网进一步分离碱液（丝网高 3m）。3# 碱吸收塔出口尾气进入水洗涤系统（水洗后经旋风分离器），然后进入贵金属催化剂层进行 NO_x 的转化反应，反应后高温气体经废热锅炉回收热量后通过烟囱排放。

4. 主要设备及构筑物

主要设备、构筑物及投资见表 8-5。

表 8-5　主要设备及构筑物（不包括碱吸收部分）

名称	型号及规格	材质	投资/万元
尾气洗涤塔	ϕ2200mm×15000mm	不锈钢	27
催化炉		不锈钢	20
废热锅炉			20
旋风分离器		不锈钢	1.5
废热锅炉给水泵	2GC×4　N=kW		1.04
循环机泵	FB100.37　N=22kW		1.23
填料			15
工艺管道			20
催化剂			60
土建			10

5. 工艺控制条件

使用温度：常温～550℃。

使用压力：不限。

使用空速：3000～10000h^{-1}，一般处于 5000～6000h^{-1}。

6. 处理效果

处理后，废气 NO_x 浓度从 4000mL/m^3 降至 179mL/m^3。其中通过碱吸收后废气中

NO_x 浓度降至 600mL/m^3。

7. 催化剂技术指标

物性指标粒度 8mm；强度 3～5kg/粒；堆密度 0.9～1.05t/m^3；颜色为灰黑色（已预还原处理）；使用寿命≥2 年。

8. 主要技术经济指标

原材料及动力消耗定额见表 8-6。

表 8-6 原材料及动力消耗定额（每吨稀硝酸，不包括碱吸收部分）

名称	消耗(或产出)	成本/(元/吨稀硝酸)	名称	消耗(或产出)	成本/(元/吨稀硝酸)
催化剂		10	废锅炉蒸汽	1t/h	－20
H_2 气		79	合计		73.9
电	39kW·h	4.9			

9. 工程设计特点

（1）本技术优势

① 还原剂为 H_2，由于该厂合成氨能力比较大，为 10 万吨/年，可以利用合成放空气，节约 H_2 的费用。

② 反应可在常温下启动，原料气（尾气）不必预热，比 250～300℃的氨还原方法简单得多，不用外界供应热源，可降低能耗。

③ NO_x 的脱除可以满足环保要求，排放标准为 GB 16297—1996，排放含量 179mL/m^3（体积比）。故本技术具有流程短、一次投资低、消耗费用少（针对利用合成氨放空气代替 H_2 而言），脱除效果好等其他方法不具备的优势。

④ 利用了鼓风机克服氨氧化和吸收后的余压进入尾气治理装置，控制装置的低阻力降，省去引风机，节约电耗。

⑤ 催化剂层出 520℃的高温气体进入废热锅炉，可产 0.8MPa 的低压蒸汽。

（2）本技术缺点　理论上讲可以完全脱除 NO_x，但由于消耗大量的 H_2，且贵重金属催化剂太昂贵。

（五）电厂烟气脱硝海水脱硫工程实例[5]

某电厂装机容量为 6×600MW。锅炉设备选用 MO-SSRR 型超临界直流锅炉。为满足环保要求，锅炉设置两台除尘效率为 99.85%的双室五电场静电除尘器，配套烟气脱硝和海水法脱硫装置。脱硫装置是目前国内电厂最大的海水脱硫设施。烟气脱硝装置是我国大陆的第一台。电厂采用集束式烟囱，三台机组共用一组烟囱，外筒为钢筋混凝土结构，内筒用耐腐蚀合金钢制成。设计该系统是基于以下因素进行的：

（1）催化剂形式和节距的选择，依所确定的流程达到最优化；

（2）反应器和催化剂模块应紧密布置，提供较小安装空间并节省 SCR 反应区域的占地面积；

（3）有效保护催化剂，防止遭受有毒物质损坏。

电厂的烟气脱硝系统是我国内地的第一套 600MW 机组配套脱硝装置，也是电力行业目前最大的烟气脱硝装置。这套系统的设计融合了烟气脱硝方面的先进技术，系统自动化程度高，为我国火电站烟气脱硝技术发展发挥了积极作用。

1. 设计条件

设计条件见表 8-7。

表 8-7 设计条件

项目		单位	设计值
燃料			煤(或煤/油=50/50)
SCR 反应器数量		套/炉	1
催化剂类型			日立板式
烟气流量(标态)		m^3/h	177900
烟气温度		℃	370(max420)
反应器入口烟气成分	O_2(干基)	%(体积)	3.3
	H_2O(湿基)	%(体积)	8.5
	NO_x(干基 6% O_2)	mg/m^3(以 NO_2 计)	307.5
	SO_2(干基 6% O_2)	mg/m^3	2002
	SO_3(干基 6% O_2)	mg/m^3	16.8
	烟尘浓度	g/m^3	19
反应器出口烟气成分	NO_x(干基 6% O_2)	mg/m^3(以 NO_2 计)	<102.5
	NH_3(干基 6% O_2)	mg/m^3	3.8
NH_3/NO_x 物质的量比			0.77
催化剂床层压降		Pa	260
脱硝效率		%	66.7

2. 工艺流程

电厂的 NO_x 减排采用炉内低 NO_x 燃烧技术和烟气脱硝工艺相结合的办法。炉内减排技术采用 PM 型低 NO_x 燃烧器加分级燃烧法，减排效率可达 65%，排放的 NO_x 浓度在 $370mg/m^3$ 左右（按 NO_2 计）。烟气脱硝采用选择性催化还原（SCR）法。

工艺流程如图 8-5 所示，液氨用槽车运输由卸料压缩机送入液氨贮槽，再经氨蒸发器蒸发为氨气，然后通过氨缓冲槽和输送管道送入锅炉区，将氨与空气均匀混合再经分布借导阀送入 SCR 反应器。氨气在 SCR 反应器的上方，通过特殊的喷氨装置使它与烟气充分混合，混合后的烟气在触媒层内进行还原反应。该装置运行结果，NO_x 减排量为 36.5kg/h，氨泄漏量（质量浓度）低于 $3.8mg/m^3$。

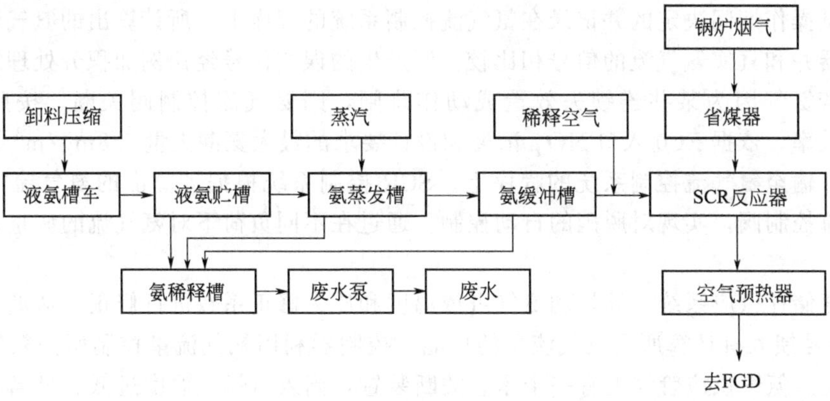

图 8-5 电厂烟气脱硝工艺流程

脱硝后烟气经空气预热器热回收后进入静电除尘器。然后经 FGD 装置脱硫排放。每台锅炉配设一套 SCR 反应器，每两台锅炉共用一套液氨贮存和供应系统。

3. 脱硝装置的组成

脱硝装置由 SCR 反应器系统和氨贮存供应系统两部分组成。

(1) SCR 反应器系统 反应系统包括催化反应器、喷氨装置、空气供应系统。

反应器位于锅炉省煤器出口烟管的下游，氨气稀释后通过分布借导阀与烟气混合均匀进入反应器，烟气经脱硝后在空气预热器回收热后送往静电除尘器和 FGD 系统，然后排入烟囱。

① 反应器。反应器采用固定床平行通道形式，为了提高脱硝效率和延长使用寿命，预留一个床层位置当脱硝效率低于规定值时安装催化剂使用。反应器为直立钢结构形式，具有外部机壳和内部催化剂床层支撑结构，能承受压力、地震、灰尘、催化剂负荷和热应力等。外壳施以绝缘包装，支撑所有荷重，并提供风管气密。催化剂底部安装气密装置，防止未处理的烟气泄漏。催化剂通过反应器外的籍载器从侧门装入反应器内。

② 催化剂。SCR 系统所采用的催化剂为平板式，具有高活性，长寿命，低压降，紧密，刚性和容易处理等特点。催化剂分为元件、单位及模块 3 种。每一个催化剂单位由多个厚 1mm、节距 6mm 的元件组成。催化剂元件是以不锈钢板为主体，镀上一层二氧化钛 (TiO_2) 作为活性组分。不锈钢板在镀二氧化钛前需进行表面处理形成多孔性材料。烟气平行流过催化剂元件应使压力降最低。多个元件组装成为一个催化剂单位，多个单位组成催化剂模块。该厂使用的模块由 3 个催化剂单位组成。反应器内催化剂的总体积为 $380m^3$。

③ 喷氨装置。氨和空气在混合器和管道内借流体流动而充分混合，然后导入氨气分配总管内。喷氨系统包括供应函箱、喷管格子和喷嘴，每个供应函箱安装一个节流阀及节流孔板，使氨/空气混合气在喷管格子达到均匀分布。手动节流阀的设定是靠烟管取样所获得的 NH_3/NO_x (摩尔比) 来调节，喷管位于催化剂床层上游烟管内，由喷管和喷嘴组成。

④ 稀释空气系统。氨/空气混合器所需的稀释空气是利用风门手动操作的，一旦空气流调整后就不需随锅炉负荷再调整。氨气和空气流设计稀释比最大为 5%，当锅炉低负荷且 NO_x 浓度低时，氨浓度将降低至 5%，止回阀安装在氨气管线上且位于氨/空气混合器的上游，用以防止烟气回流。稀释空气由送风机出口管路引出。

⑤ SCR 控制系统。烟气脱硝反应系统的控制都在本机组的 DCS 系统上实现。控制系统利用设定的 NH_3/NO_x 摩尔比提供所需要的氨气流量，入口 NO_x 浓度和烟气流量的乘积产生 NO_x 流量信号，此信号乘上所需 NH_3/NO_x 摩尔比就是氨气流量信号。摩尔比的数值是在现场测试操作期间决定的并记录在氨气流控制系统的程序上。所计算出的氨气流需求信号送到控制器并和真实氨气流的信号相比较，所产生的误差信号经比例加积分处理定位氨气流控制阀，若氨气因为某些连锁失效造成动作跳闸，则氨气流控制阀关断。按照设计脱硝 66.7%的效率，依据 EC0 入口 NO_x 浓度和设计要求的最大氨漏失量 $3.8mg/m^3$ 计算出修正的摩尔比并输至氨气流控制系统的程序上。SCR 控制系统根据计算出的氨气流需求信号去定位氨气流控制阀，实现对脱硝的自动控制。通过在不同负荷下对氨气流的调整，找到最佳的喷氨量。

(2) 氨储存供应系统 计量的氨气可依温度和压力修正系数进行修正。从烟气侧所获得的 NO_x 信号馈入有计算所需氨气流量的功能。控制器利用氨气流量控制所需氨气，使摩尔比维持固定。氨气供应管线上有一个紧急关断装置，当入口烟气温度过低、过高或氨空气稀释比过高时，均与该装置连锁，迅速关断，以确保操作安全和防止催化剂损坏。最初设定点见表 8-8。

表 8-8 控制设定点

项 目	操作值	报警点	关断阀动作点
反应器入口温度/℃	370	400	420
反应器入口温度/℃	370	290	280
氨气对空气稀释比/%	4	12	14

氨贮存供应系统包括卸料压缩机、贮槽、氨蒸发器、氨气缓冲槽及稀释槽、废水泵、废水池等。液氨的供应由槽车运送，利用卸料压缩机将液氨从槽车送入贮槽内，再由贮槽送往蒸发器蒸发成氨气，然后经缓冲槽送达脱硝系统。当氨气系统紧急排放时氨气被排入氨气稀释槽中，用水吸收排入废水池，再经由废水泵送至废水处理厂处理。液氨贮存供应系统的控制在 1 号机组的 DCS 上实现，现场也就地安装了 MCC 手工操作。

① 卸料压缩机。卸料压缩机为往复式压缩机，压缩机抽取贮槽上的氨气进行压缩，将槽车的液氨卸入贮槽中。

② 液氨贮槽。6 台机组脱硝共设计 3 个贮槽，一个贮槽的存储容量为 122m^3。可供一套机组脱硝反应所需氨气的一周消耗量，贮槽上安装有超流阀、逆止阀、紧急关断阀和安全阀作为贮槽安全保护设施。贮槽还装有温度计、压力表、液位计和相应的变送器将信号送至 1 号机组的 DCS 控制系统，用于贮槽内温度或压力超高报警。贮槽四周安装有工业水喷淋管线及喷嘴，当槽体温度过高时，对槽体自动喷淋降温。

③ 氨蒸发器。氨蒸发器为螺旋管水浴式。管内液氨，管外温水浴，以蒸汽直接喷入水中加热至 40℃，再用温水将液氨汽化，并保持氨气常温。蒸汽流量受蒸发器本身水浴温度控制调节，当水的温度高过 45℃时则切断蒸汽源，并在控制室 DCS 上报警显示。氨蒸发器上装有压力控制阀将氨气压力控制在 0.21MPa，当出口压力达到 0.38MPa 时，切断液氨进料。在氨气出口管线上也装有温度检测器，当温度低于 10℃时切断液氨进料，使氨气至缓冲槽维持适当温度及压力。氨蒸发器上也装有安全阀，防止设备压力过高。

④ 氨气缓冲槽。从氨蒸发器蒸发的氨气流进入氨气缓冲槽，通过调压阀减压成 0.18MPa，再通过氨气输送管线送到脱硝系统。缓冲槽的作用在于稳定氨气的供应，避免受蒸发器操作不稳定的影响，缓冲槽上也有安全阀保护设备。

⑤ 氨气稀释槽。氨气稀释槽为容积 6m^3 的立式水槽，水槽的液位由溢流管维持。由槽顶淋水和槽侧连续进水，将液氨系统排放的氨气用管线汇集后从稀释槽底部进入，通过分散管将氨气分散并被水吸收至稀释槽中。通过安全阀排放多余的氨气。液氨贮存和供给系统的氨排放管路为封闭系统，将经氨气稀释槽吸收成废氨水后排放至废水池，再由废水泵送至废水处理站。

⑥ 氨气泄漏检测器。液氨贮存及供应系统周边设有 6 只氨气检测器，以检测氨气的泄漏，并显示大气中氨的浓度。当检测器测得大气中氨浓度过高时，在机组控制室会发出警报令操作人员采取必要的措施，防止氨气泄漏的异常情况发生。该电厂的液氨贮存及供应系统均远离机组，并采取了适当的隔离措施。

⑦ 氮气吹扫。液氨贮存及供应系统保持系统的严密性，防止氨气泄漏和氨与空气混合造成爆炸是最关键的安全问题。基于此考虑，该系统的卸料压缩机、液氨贮槽、氨蒸发器、氨气缓冲槽等都备有氮气吹扫管线。在液氨卸料之前，要对以上设备进行严格的系统严密性检查和氮气吹扫，防止氨气泄漏和与系统中残余的空气混合造成危险。

⑧ 液氨贮存和供应控制系统。液氨贮存和供应系统的控制，所有设备的启停、顺控、连锁保护等都可由 1 号机组的 DCS 实现，设备阀门的启停开关还可通过 MCC 盘柜操作。对

该系统的故障信号实行中控室报警显示。所有的监测数据都可以在 CRT 上监视，连续采集和处理反映该系统运行工况的重要测点信号，如贮槽、氨蒸发器和缓冲槽的温度、压力、液位显示、报警和控制，氨气检测器的检测和报警等。

第二节　液体吸收法

液体吸收法是用水或酸、碱、盐的水溶液来吸收废气中的氮氧化物，使废气得以净化的方法。按吸收剂的种类可分为水吸收法、酸吸收法、碱吸收法、氧化-吸收法、吸收-还原法及液相络合法等。由于吸收剂种类较多，来源亦广，适应性强，可因地制宜，综合利用，因此吸收法为中小型企业广泛使用。

一、稀硝酸吸收法[2]

（一）净化原理

利用 NO 和 NO_2 在硝酸中的溶解度比在水中大这一原理，可用稀硝酸对含 NO_x 废气进行吸收。由于吸收为物理过程，所以低温高压将有利于吸收。表 8-9 为 25℃时 NO 在硝酸中的溶解系数与硝酸浓度的关系。

表 8-9　NO 在不同浓度硝酸中的溶解度

硝酸浓度/%	0	0.5	1.0	2	4	6	12	65	99
β 值	0.041	0.7	1.0	1.48	2.16	3.19	4.20	9.22	12.5

注：β 为标准状态下 $1m^3$ 硝酸所溶解的 NO 的体积（m^3）。

（二）工艺流程

稀硝酸吸收含 NO_x 尾气的工艺流程见图 8-6。吸收液采用的是“漂白硝酸”，即脱除了 NO_x 以后的硝酸。

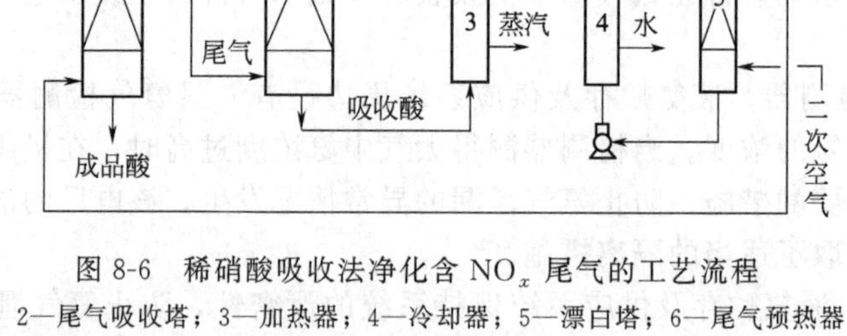

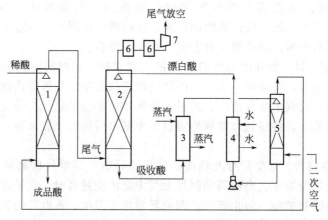

图 8-6　稀硝酸吸收法净化含 NO_x 尾气的工艺流程

1—硝酸吸收塔；2—尾气吸收塔；3—加热器；4—冷却器；5—漂白塔；6—尾气预热器；7—尾气透平

从硝酸吸收塔出来的含 NO_x 尾气由尾气吸收塔下部进入，与吸收液（漂白稀硝酸，浓度为 15%～30%）逆流接触，进行物理吸收。经过净化的尾气进入尾气透平，回收能量后排空。吸收了 NO_x 后的硝酸经加热器加热后进入漂白塔，利用二次空气进行漂白，再经冷却器降温到 20℃，循环使用。吹出的 NO_x 则进入硝酸吸收塔进行吸收。

(三)工艺操作指标

表 8-10 列出的是稀硝酸吸收法的工艺操作指标。

表 8-10 稀硝酸吸收法的工艺操作指标

工艺条件				净化效率/%
吸收液浓度/%	N_4O_2 含量/%	空塔速度/(m/s)	温度/℃	
15～30	0.06～0.004	<0.2	20	67～87

(四)影响因素

(1) 温度 该法主要是物理吸收过程,因此降低温度有利于吸收。温度与净化效率的关系见图 8-7。

(2) 吸收液浓度 浓度与 NO_x 吸收率的关系见图 8-8。吸收液浓度一般以 15%～30% 为宜。

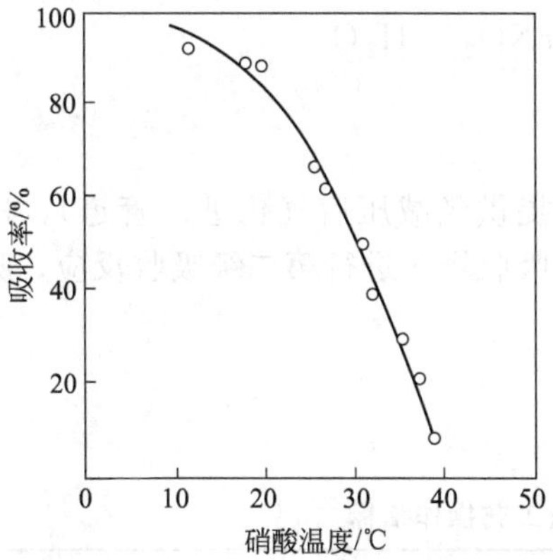

图 8-7 温度对 NO_x 吸收率的影响

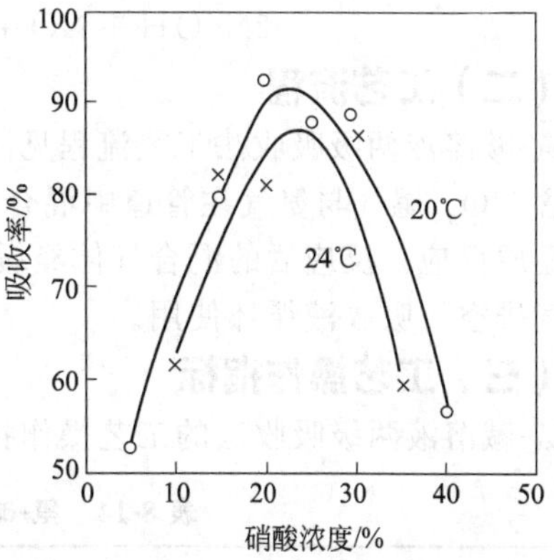

图 8-8 浓度对 NO_x 吸收率的影响

(3) 硝酸中 N_2O_4 含量 N_2O_4 含量高,吸收效率低,其影响见表 8-11。因此,作为吸收剂的硝酸要尽量"漂白",使 N_2O_4 含量尽可能低。

表 8-11 硝酸中 N_2O_4 含量对吸收率的影响

HNO_3 中 N_2O_4 含量/%	HNO_3 温度/℃	气体中 NO_x 浓度/(mL/m³)		效率/%
		入口	出口	
0.004	13	1492	195	87
0.012	13	1576	215	86
0.060	12	2150	705	67

(4) 空塔速度 当吸收温度和液气比相同时,增大空塔速度,吸收效率下降(见表 8-12)。但空塔速度也不宜太小,否则就不经济。

表 8-12 空塔速度对吸收效率的影响

硝酸量/(L/h)	气量/(m³/h)	液气比/(L/m³)	空速/(m/s)	进口 NO_x 浓度/(mL/m³)	出口 NO_x 浓度/(mL/m³)		吸收效率/%
					最高	最低	
240	24	10	0.2	2805	1450	968	58.2
360	36	10	0.3	2876	1805	975	48.3
420	42	10	0.35	2821	2301	1155	39.5

(5) 压力 在其他条件相同时，增加压力有利于吸收，见表 8-13。

表 8-13 压力对吸收效率的影响

表压/kPa	2000	1000	100
吸收率/%	77.5	59.5	4.30

二、氨-碱溶液两级吸收法

(一) 净化原理

首先是氨在气相中和 NO_x、水蒸气反应，然后再与碱液进行吸收反应。反应式如下：

$$2NH_3 + NO + NO_2 + H_2O \longrightarrow 2NH_4NO_2$$

$$2NH_3 + 2NO_2 + H_2O \longrightarrow NH_4NO_3 + NH_4NO_2$$

$$NH_4NO_2 \longrightarrow N_2 + 2H_2O$$

$$2NaOH + 2NO \longrightarrow NaNO_3 + NaNO_2 + H_2O$$

$$2NaOH + NO + NO_2 \longrightarrow 2NaNO_2 + H_2O$$

(二) 工艺流程

氨-碱溶液两级吸收法工艺流程见图 8-9。

含 NO_x 尾气与氨气在管道中混合（氨气由钢瓶提供经减压后气化进入管道），进行第一级还原反应。反应后的混合气体经缓冲器进入碱液吸收塔，进行第二级吸收反应，吸收后的尾气排空，吸收液循环使用。

(三) 工艺操作指标

氨-碱溶液两级吸收法的工艺操作指标见表 8-14。

表 8-14 氨-碱溶液两级吸收法工艺操作指标

处理气量 /(m^3/h)	空速 /(m/s)	喷淋密度 /[m^3/(m^2·h)]	氨气加入量 /(L/h)	碱液回收量 /(t/h)	溢流强度 /[t/(m·h)]	气流中含 NO_x 浓度		平均效率 /%
						入口 /(mg/m^3)	出口 /(mg/m^3)	
3059	2.2	8～10	50～200	9～9.5	18	1000	62～108	90

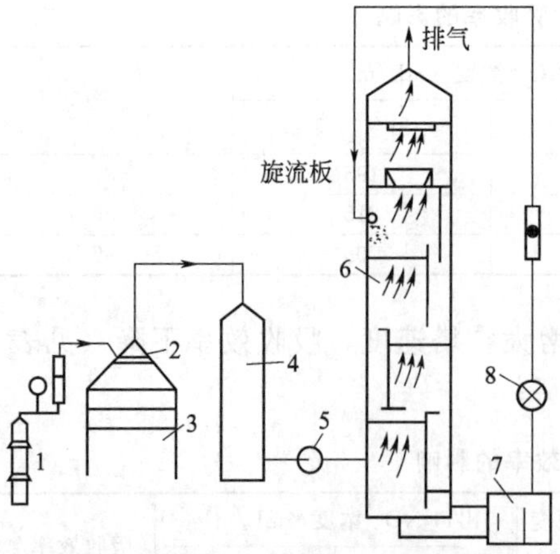

图 8-9 氨-碱溶液两级吸收法工艺流程

1—液氨钢瓶；2—氨分布器；3—通风柜；4—缓冲瓶；5—风机；6—吸收塔；7—碱液循环槽；8—碱泵

(四) 影响因素

碱液吸收 NO_x 的速率可用下式表示：

$$\ln(1-\eta)=\ln\frac{c_2}{c_1}=-ka\frac{V}{Q}=-ka\tau$$

式中，c_1、c_2 为尾气中 NO_x 进塔、出塔浓度，kmol/m^3；η 为吸收效率；k 为传质系数，kmol/(m^2·s)；Q 为处理气量，m^3/s；V 为自由空间容积，m^3；a 为填料比表面积，m^2/m^3；τ 为接触时间，s。

当吸收设备固定时，吸收效率与下列因素有关：

(1) NO_x 浓度 入口 NO_x 浓度高，吸收效率也高；

(2) 喷淋密度 增大喷淋密度，有利于吸收反应，一般常用 8～10m^3/(m^2·h)；

(3) 空塔速度 空塔速度既不宜太大，亦不可过小，取值要适宜，斜孔板塔一般取2.2m/s；

(4) 氧化度 氧化度即 NO_2 和 NO_x 体积之比，氧化度为50%时，吸收效率最高；

(5) 氨气量 通入的氨气量以50～200L/h为宜。

(五)吸收液的选择

浓度为10～100g/L的各种碱液吸收 NO_x 反应活性有以下相对值：

KOH	> NaOH	> $Ca(OH)_2$	> Na_2CO_3	> K_2CO_3	> $Ba(OH)_2$	> $NaHCO_3$	> $KHCO_3$	> $MgCO_3$	> $BaCO_3$	> $CaCO_3$	> $Mg(OH)_2$
1.0	0.84	0.80	0.78	0.63	0.56	0.51	0.44	0.41	0.40	0.39	0.35

考虑到价格、来源、操作难易(不易堵塞)及吸收效率等因素，工业上应用较多的吸收液是NaOH和 Na_2CO_3，尤其是 Na_2CO_3 应用更广。尽管 Na_2CO_3 的吸收效果比NaOH的吸收效果差，但 Na_2CO_3 价廉易得。

若选NaOH做吸收液，则应将其浓度控制在30%以下，以免溶液中NaOH未消耗完就出现 Na_2CO_3 结晶，引起管道和设备堵塞。

三、碱-亚硫酸铵吸收法

(一)净化原理

利用处理硫酸尾气得到的 $(NH_4)_2SO_3$-NH_4HSO_3 还原硝酸尾气中的 NO_x，主要化学反应是：

第一级碱液吸收

$$2NaOH + NO + NO_2 \longrightarrow 2NaNO_2 + H_2O$$

或

$$Na_2CO_3 + NO + NO_2 \longrightarrow 2NaNO_2 + CO_2$$

第二级亚硫酸铵吸收

$$4(NH_4)_2SO_3 + 2NO_2 \longrightarrow 4(NH_4)_2SO_4 + N_2\uparrow$$

$$4NH_4HSO_3 + 2NO_2 \longrightarrow 4NH_4HSO_4 + N_2\uparrow$$

$$4(NH_4)_2SO_3 + NO + NO_2 + 3H_2O \longrightarrow 2N(OH)(NH_4SO_3)_2 + 4NH_4OH$$

$$4NH_4HSO_3 + NO + NO_2 \longrightarrow 2N(OH)(NH_4SO_3)_2 + H_2O$$

$$2NH_4OH + NO + NO_2 \longrightarrow 2NH_4NO_2 + H_2O$$

(二)工艺流程

碱-亚硫酸铵吸收法工艺流程见图8-10。

含 NO_x 尾气首先经碱液吸收塔(吸收液采用NaOH溶液或 Na_2CO_3 溶液)进行吸收反应，同时回收 $NaNO_2$。然后，再进入亚硫酸铵吸收塔，气液逆流接触，发生还原反应，将 NO_x 还原成 N_2 后直接排空，吸收液均循环使用。

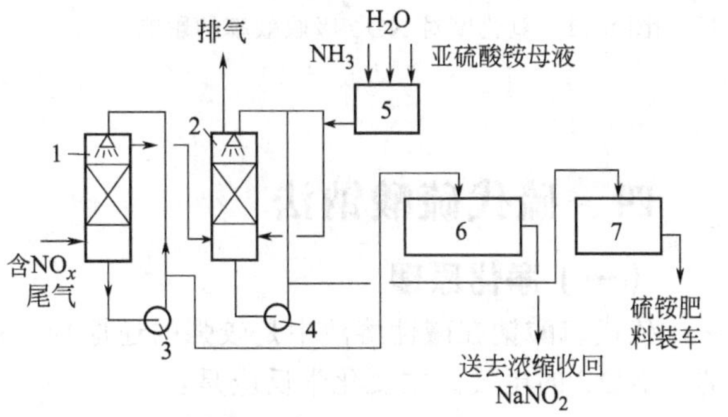

图8-10 碱-亚硫酸铵吸收法工艺流程
1—碱液吸收塔；2—亚硫酸铵吸收塔；3—碱泵；4—亚硫酸铵泵；5—亚硫酸铵液贮槽；6—亚硝酸钠溶液贮槽；7—硫铵成品槽

(三)工艺操作指标

工艺操作指标及吸收液控制指标分别见表8-15和表8-16。

(四)影响因素

(1) 氧化度 氧化度与吸收效率的关系见图8-11。显然，随着氧化度的增高，吸收效率也增大。当氧化度超过50%后，氧化度再增大，吸收效率增加也不多。

(2) 吸收液浓度及成分 吸收液$(NH_4)_2SO_3$的浓度及其中NH_4HSO_3的含量，对吸收效率均有一定的影响。$(NH_4)_2SO_3$浓度太低，吸收效果就差；浓度太高，又易出现结晶及管道设备的腐蚀。因此，$(NH_4)_2SO_3$的浓度应控制在180～200g/L。NH_4HSO_3虽然会降低吸收效率，但它却可以抑制NH_4NO_2的生成。NH_4HSO_3的含量选择要适宜，一般控制$NH_4HSO_3/(NH_4)_2SO_3<0.1$或游离的$NH_3<4g/L$。

(3) 液气比及塔板上液层高度 液气比对吸收效率的影响见图8-12。塔板上液层高度一般保持在40～60mm为宜。

表 8-15 碱-亚硫酸铵吸收法工艺操作指标

工艺条件				气体中含NO_x浓度/(mL/m^3)		净化效率/%
气量/(m^3/h)	空速/(m/s)	液气比/(L/m^3)	吸收温度/℃	吸收前	吸收后	
5400	1.9～2.3	1～1.25	30～35	2320～3720	260～960	～93

表 8-16 各阶段吸收液控制指标

阶段	成分					
	$(NH_4)_2SO_3$/(g/L)	NH_4HSO_3/(g/L)	NH_4NO_2/(g/L)	有效氮/(g/L)	相对密度	温度/℃
新配吸收液	150～200	<10	—	—	1.08～1.10	<45
循环吸收液	200～20	—	<25	—	1.10～1.12	25～40
成品吸收液	<20	—	<25	65～70	1.12	—

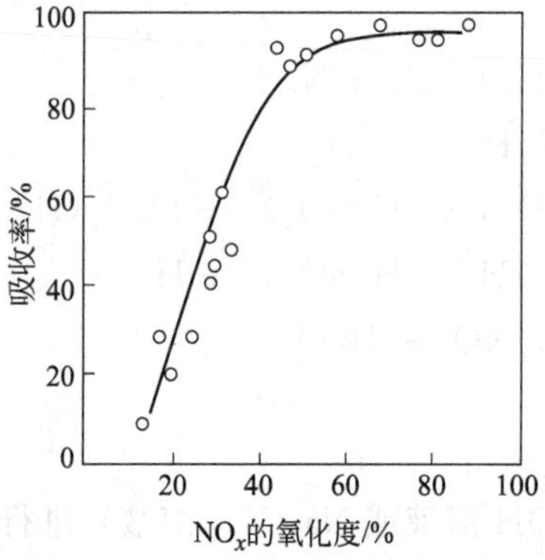

图 8-11 氧化度对NO_x吸收效率的影响

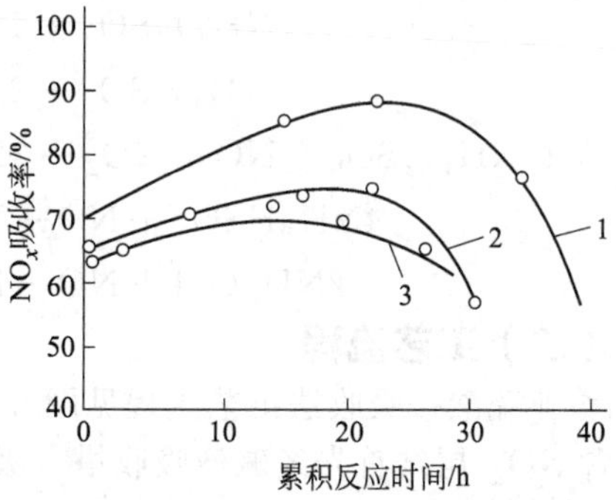

图 8-12 液气比对吸收效率的影响

1—液气比为1.25；2—液气比为1.9；3—液气比为1

四、硫代硫酸钠法

（一）净化原理

硫代硫酸钠在碱性溶液中是较强的还原剂，可将NO_2还原为N_2，适于净化氧化度较高的含NO_x的尾气。主要化学反应是：

$$4NO_2+2NaS_2O_3+4NaOH \longrightarrow 2N_2\uparrow+4Na_2SO_4+2H_2O$$

（二）工艺流程

硫代硫酸钠法净化NO_x的工艺流程见图8-13。

含 NO_x 的废气进入吸收塔，与吸收液逆流接触，发生还原反应，净化后直接排空。

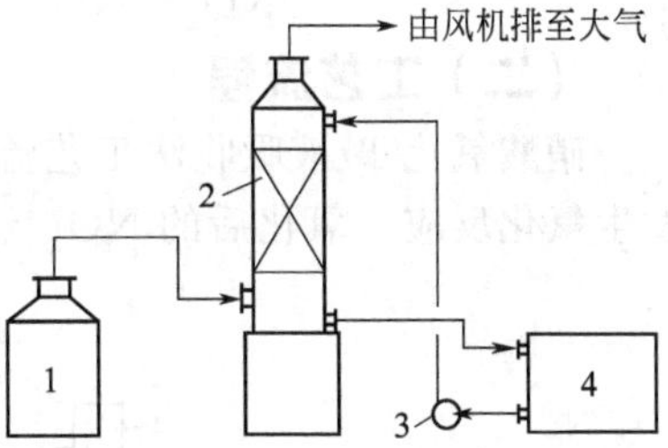

图 8-13 硫代硫酸钠法工艺流程
1—毒气柜；2—波纹填料吸收塔；3—塑料泵；4—循环槽

（三）工艺操作指标

硫代硫酸钠法净化 NO_x 的工艺操作指标见表 8-17。

（四）影响因素

（1）氧化度　表 8-18 列出了氧化度对净化效率的影响。由表 8-18 可知，氧化度增大，净化效率就高；当氧化度>50%后，净化效率变化不大。

（2）吸收液浓度　对于氧化度为 50%的含 NO_x 的废气，吸收液的浓度对吸收效率影响不大。

（3）液气比及空塔速度　液气比越大，空塔速度越低，净化效率就越高，它们的关系见表 8-19。

（4）初始 NO_x 浓度　初始 NO_x 浓度对净化效率影响不大。

表 8-17　硫代硫酸钠法工艺操作指标

吸收液浓度/%		空塔速度/(m/s)	液气比/(L/m^3)	pH 值	净化效率/%
NaOH	$Na_2S_2O_3$				
2～4	2～4	<1.28	>3.5	>10	约 94

表 8-18　氧化度对净化效率的影响

氧化度/%	吸收液浓度/%		NO_x 浓度/(mL/m^3)		净化效率/%
	$Na_2S_2O_3$	NaOH	入口	出口	
18.8	4	2	8122	4665	42.5
50.0	4	2	7026	474	90.4
71.2	4	2	6052	143	97.6
100	4	2	4907	115	97.6

表 8-19　液气比及空塔速度对净化效率的影响

吸收液浓度	氧化度/%	空塔速度/(m/s)	液气比/(L/m^3)	入口 NO_x 浓度/($\times10^{-6}$)	出口 NO_x 浓度/($\times10^{-6}$)	净化效率/%
2%NaOH + 2%$Na_2S_2O_3$	>50	0.57	15.5	6288.9	286.3	95.5
	>50	0.81	5.5	6279.8	334.3	94.7
	>50	0.99	4.5	7365.3	622.2	91.6
	>50	1.28	3.5	4809.2	549.0	88.6

五、硝酸氧化-碱液吸收法

（一）净化原理

第一级用浓硝酸将 NO 氧化成 NO_2，使尾气中 NO_x 的氧化度大于或等于 50%，第二级再利用碱液吸收。主要化学反应是：

氧化反应　$NO+2HNO_3 \longrightarrow 3NO_2+H_2O$

吸收反应　$2NO+Na_2CO_3 \longrightarrow 3NaNO_3+NaNO_2+CO_2$

$$2NO_2 + NO + Na_2CO_3 \longrightarrow 2NaNO_2 + CO_2$$

（二）工艺流程

硝酸氧化-碱液吸收法工艺流程见图 8-14。硝酸尾气进入氧化塔与漂白浓硝酸逆流接触，发生氧化反应。氧化后的 NO_x 经分离器后进入碱吸收塔，进行吸收反应后，排入大气。

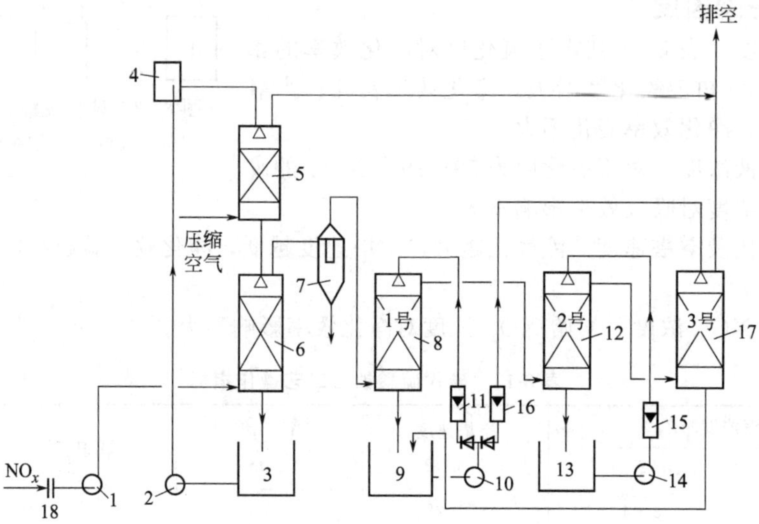

图 8-14 硝酸氧化-碱液吸收法工艺流程

1—风机；2—硝酸循环泵；3—硝酸循环槽；4—硝酸计量槽；5—硝酸漂白塔；6—硝酸氧化塔；7—硝酸分离器；8,12,17—碱吸收塔；9,13—碱循环槽；10,14—碱循环泵；11,15,16—转子流量计；18—孔板流量计

（三）工艺操作指标

硝酸氧化-碱液吸收法的工艺操作指标见表 8-20。

表 8-20 硝酸氧化-碱液吸收法工艺操作指标

工艺条件				NO_x 的氧化度/%		气体中 NO_x 浓度/(mL/m^3)		净化效率/%
硝酸浓度/%	空塔速度/(m/s)	碱液喷淋密度/[$m^3/(m^2\cdot h)$]	吸收温度/℃	氧化前	氧化后	净化前	净化后	
>40	0.5	15	～25	30	60～70	2000～4000	500～800	80

（四）影响因素

(1) 硝酸浓度　只有在硝酸浓度超过与 NO_x 平衡的浓度时，才能使 NO 转化为 NO_2。硝酸浓度越高，氧化效率也就越高，见图 8-15。

(2) 硝酸中 N_2O_4 的含量　N_2O_4 的含量升高时，NO 的氧化效率就下降。通常将 N_2O_4 的含量控制在小于 0.2g/L，见图 8-16。

(3) NO_x 的初始氧化度　随着初始 NO_x 氧化度的增大，NO 的氧化率就下降，见图 8-17。

(4) NO_x 的初始浓度　NO_x 的氧化效率随着 NO_x 初始浓度的升高而降低，见图 8-18。

(5) 氧化温度　由于硝酸氧化 NO 的反应为吸热反应，所以升高温度有利于氧化反应的进行。但温度必须低于 40℃，否则 NO_x 的氧化度又会下降。

(6) 空塔速度　氧化塔内空塔速度增大，缩短了接触时间，使氧化反应不完全，NO 氧化率则下降。

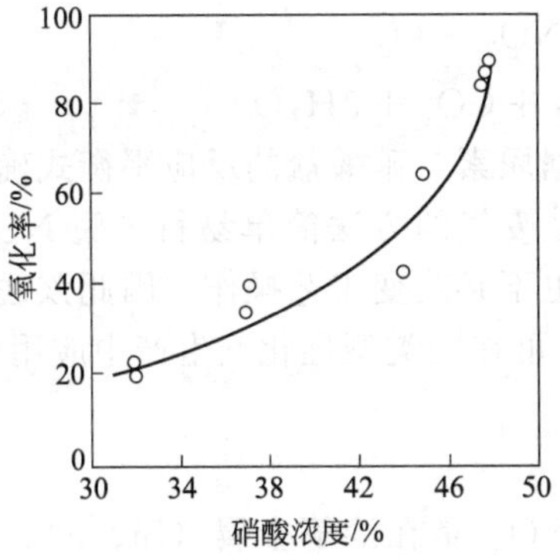

图 8-15　硝酸浓度对 NO 氧化率的影响

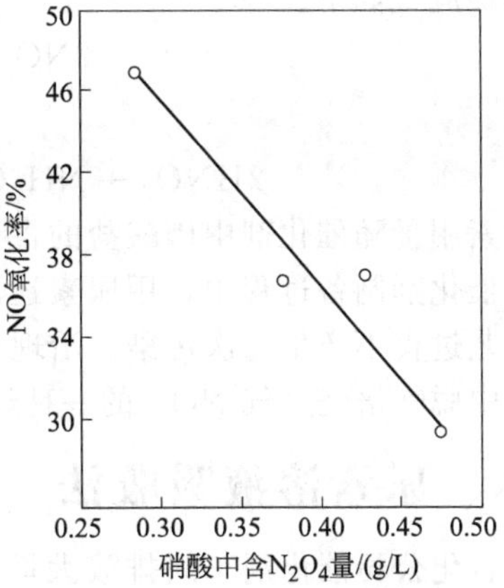

图 8-16　硝酸中 N_2O_4 含量对氧化率的影响

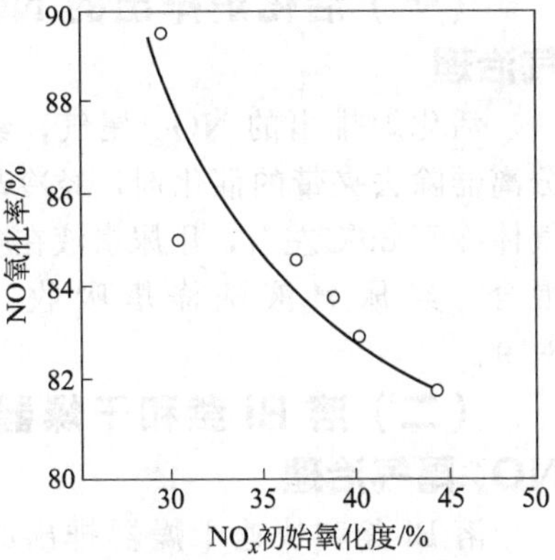

图 8-17　初始氧化度对氧化率的影响（用 40%的硝酸氧化）

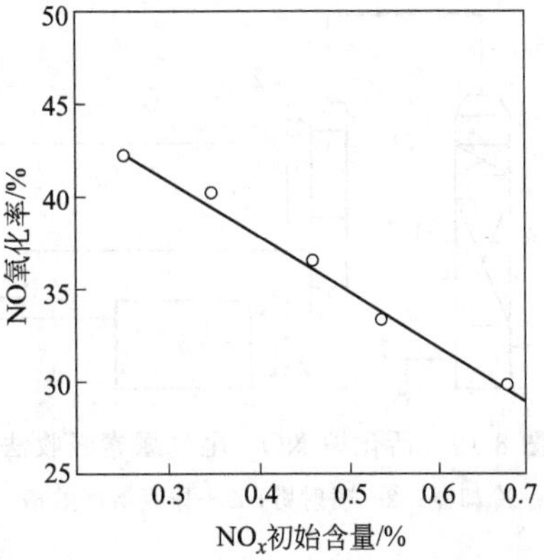

图 8-18　初始浓度对 NO 氧化率的影响

六、络合液吸收法

该法主要是利用液相络合剂直接与 NO 发生络合反应，因此非常适用于主要含 NO 的 NO_x 尾气。该法目前还处在试验研究阶段，尚未有工业装置，有些问题如 NO 的回收等仍需进一步研究。

目前研究的络合剂有 $FeSO_4$、Fe(Ⅱ)-EDTA 及 Fe(Ⅱ)-EDTA-Na_2SO_3 等。主要化学反应如下：

$$FeSO_4 + NO \underset{90\sim100℃}{\overset{20\sim30℃}{\rightleftharpoons}} Fe(NO)SO_4$$

$$\text{EDTA-Fe(Ⅱ)} + n\text{NO} \underset{\text{加热}}{\overset{\text{低温}}{\rightleftharpoons}} \text{EDTA-Fe(Ⅱ)} \cdot n\text{NO}$$

七、尿素还原法

尿素还原法有两种：一种是将尿素与待焙烧的催化剂颗粒直接混合，然后进行焙烧，该法适用于任何一种含硝酸盐催化剂焙烧尾气的治理；另一种是混捏法，即在生产催化剂的过程中，将尿素与催化剂的其他组分一起加入，然后混捏、成型、焙烧。

尿素还原法原理是尿素分子的酰胺结构与亚硝酸反应，产生无毒的 N_2、CO_2 和水蒸气。其反应式如下：

$$2NO_2 + H_2O \longrightarrow HNO_2 + HNO_3$$

$$2HNO_3 \longrightarrow 2HNO_2 + O_2$$

$$2HNO_2 + NH_2CONH_2 \longrightarrow 2N_2 + CO_2 + 3H_2O$$

尿素用量随催化剂中硝酸盐的含量而异。通常根据尿素与硝酸盐的反应平衡式确定。

在催化剂制备过程中，用尿素还原法治理含 NO_x 废气的方法简单易行，脱 NO_x 效率高，工艺过程不产生二次污染。治理不需增加设备，也不必改变工艺操作。因此该法是催化剂生成中脱除焙烧尾气 NO_x 的一种经济有效的方法。可在同类型催化剂生产中应用。

八、尿素溶液吸收法

某石化公司催化剂车间排放大量 NO_x 尾气，其 NO_x 是在溶解金属（Bi、F)、催化剂干燥、焙烧时放出的，其中以活化炉排放出的量最大而且集中。

（一）活化炉排出的 NO_x 尾气治理

活化炉排出的 NO_x 尾气，经旋风分离器除去夹带的催化剂，经冷却塔将气体冷至 80℃左右，用尿素液在喷射塔混合，经尿素液洗涤塔吸收。见图 8-19。

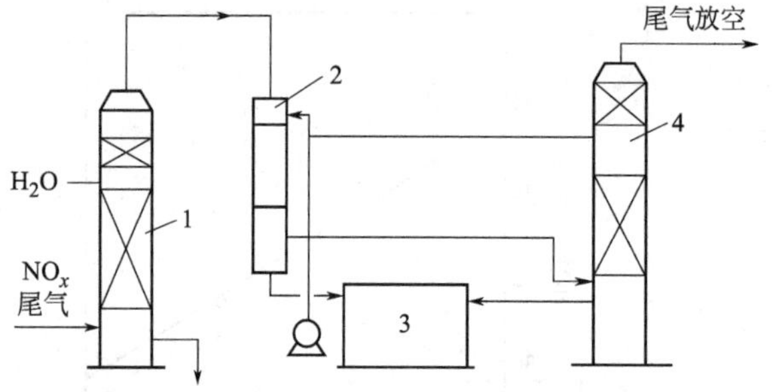

图 8-19 活化炉 NO_x 尾气尿素吸收法工艺流程

1—冷却器；2—喷射塔；3—尿素溶液贮槽；4—洗涤塔

（二）溶 Bi 釜和干燥器排出 NO_x 尾气治理

溶 Bi 釜和快速干燥器排出的尾气见图 8-20。用引风机将干燥器尾气送入吸收塔，而溶 Bi 釜尾气则用喷射器抽出进入尿素溶液槽，再由引风机送入吸收塔。

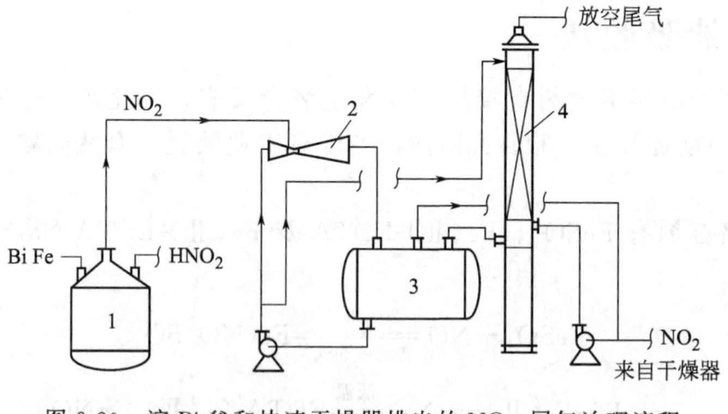

图 8-20 溶 Bi 釜和快速干燥器排出的 NO_x 尾气治理流程

1—溶 Bi 釜；2—喷射反应器；3—尿素溶液贮槽；4—洗涤塔

（三）以上两种方法的工艺操作条件

尿素溶液温度：40～30℃；

尿素溶液 pH 值：1～3；

尿素溶液的浓度：10%；

反应气液比（V/L)：10～15。

（四）处理效果

采用此法处理 NO_x 不需要高温，反应产物为无害的 N_2、CO_2、H_2O，尿素水溶液可循环使用。处理后尾气中 NO_x 的含量一般在 $1g/m^3$ 以下，去除率高达 99.95%。

表 8-21 将各种液体吸收法净化 NO_x 的效果、优缺点、适用范围及影响因素等作了比较。

表 8-21 各种液体吸收法净化 NO_x 废气的性能比较

方法	水吸收法	酸吸收法		碱液吸收法
工艺	水吸收	稀 HNO_3 吸收	浓 H_2SO_4 吸收	氨-碱液两级吸收
影响因素	(1)液气比 (2)空塔速度 (3)氧化度 (4)压力	(1)吸收温度 (2)稀硝酸浓度 (3)硝酸中 N_2O_4 含量 (4)空塔速度 (5)压力		(1)NO_x 初始浓度 (2)喷淋密度 (3)空塔速度 (4)NO_x 初始氧化度 (5)氨气加入量 (6)NaOH 溶液浓度<30%
适用范围	适合于主要含 NO_2 的 NO_x 的废气	适合于净化硝酸尾气、硝化尾气等	在同时生产硫酸和硝酸的企业中使用	适合于净化氧化度较高的硝酸尾气、硝化尾气及 NO_x 废气
优缺点	净化效率低，但价廉，使用操作方便，常用在要求不太严格的中小型装置上	工艺流程简单，操作稳定，易于控制，可以回收 NO_x 为硝酸，但气液比小，酸循环量大，能耗较高	在吸收 NO_x 的同时，浓缩了稀硝酸，但此法应用不多	装置简单，操作方便，净化效率高，吸收液可作肥料，但不适合处理大气量和含 NO 多的 NO_x 初始废气
净化效率/%		90		90

方法	吸收-还原法			氧化吸收法	络合吸收法
工艺	碱液-亚硫酸铵二级吸收	硫代硫酸钠在碱性条件下吸收	硝酸-尿素-水三级吸收	硝酸氧化-碱液吸收	络合剂吸收
影响因素	(1)氧化度 (2)吸收液浓度和成分 (3)液气比 (4)塔板液层高度 (5)空塔速度	(1)氧化度 (2)吸收液浓度 (3)液气比 (4)空塔速度 (5)初始 NO_x 浓度 (6)pH 值	(1)稀硝酸的浓度 (2)尿素循环液浓度 (3)空塔速度 (4)喷淋密度 (5)吸收温度 (6)压力	(1)稀硝酸的浓度 (2)硝酸中 N_2O_4 含量 (3)NO_x 初始氧化度 (4)NO_x 初始浓度 (5)氧化温度 (6)空塔速度	(1)络合剂浓度 (2)温度 (3)pH 值
适用范围	适合于净化氧化度较高的 NO_x 废气；适用于同时生产硫酸和硝酸的工厂	适用于氧化度较高的 NO_x 尾气净化	适用于硝酸尾气、硝化尾气等含 NO_x 废气	适合于净化氧化度较低的 NO_x 废气	适合于净化含 NO 较多的 NO_x 废气，氧化度低于 10%
优缺点	工艺成熟，操作简单，吸收液能够进行综合利用，运行费用低，净化效率较高，但吸收剂来源有局限性，产品销路不稳定	操作简单，净化效率高，不适合处理含 NO 多的 NO_x 废气	效率高，能耗低，吸收废液可以作肥料；但过程需要冷冻，选择冷冻剂很重要	与单纯的碱吸收相比，对氧化度低于 40% 的 NO_x 的净化率可提高 20%～30%；但用浓硝酸来氧化 NO，使硝酸浓度降低，又使 NO_x 总量增加，从而增加了耗碱量，经济不合理	能回收 NO，工艺复杂，吸收容量小，回收 NO 必须选用不使 Fe(Ⅱ)氧化的惰性气体，经济费用高
净化效率/%	70～89	约 94		80	

第三节 固体吸附法

固体吸附法是一种采用吸附剂吸附氮氧化物以防其污染的方法。吸附法既能较彻底地消除氮氧化物的污染，又能回收有用物质；但其吸附容量较小，吸附剂用量较大，设备庞大，再生周期短。通常按照吸附剂种类进行分类，目前常用的吸附剂有分子筛、活性炭、硅胶、泥煤等。离子交换树脂及其他吸附剂尚处于研究探索阶段。

一、分子筛吸附法

利用分子筛作吸附剂来净化氮氧化物是吸附法中最有前途的一种方法，国外已有工业装置用于处理硝酸尾气，可将 NO_x 浓度由 1500～3000mL/m^3 降低到 50mL/m^3，回收的硝酸量可达工厂生产量的 2.5%。

用作吸附剂的分子筛有氢型丝光沸石、氢型皂沸石、脱铝丝光沸石、BX 型分子筛等。这里只介绍氢型丝光沸石吸附法。

（一）吸附原理[2]

丝光沸石是一种蕴藏量较多、硅铝比很高（>10～13）、热稳定性及耐酸性强的天然铝硅酸盐，其化学组成为 $Na_2Al_2Si_{10}O_{24}\cdot 7H_2O$。用 H^+ 代替 Na^+ 可得到氢型丝光沸石。其分子筛呈笼型孔洞骨架的晶体，脱水后空间十分丰富，具有很高的比表面积（500～1000m^2/g），同时内晶表面高度极化，微孔分布单一均匀并有普通分子般大小。由 12 圆环组成的直筒型主孔道截面呈椭圆形，平均孔径 6.8Å（1Å=10^{-10}m）。在主孔道之间虽有 8 圆环孔道互相沟通，但由于孔径仅 2.8Å 左右，一般分子通不过，因而吸附主要在主孔道内进行。反应方程式如下：

$$3NO_2 + H_2O \longrightarrow 2HNO_3 + NO$$

$$2NO + O_2 \longrightarrow 2NO_2$$

由于水分子直径为 2.76Å、极性强，比 NO_x 更容易被沸石吸附，因此使用水蒸气可将沸石内表面上吸附的氮氧化物置换解析出来，即脱附。脱附后的丝光沸石经干燥后得以再生。

（二）工艺流程

一般采用两个或三个吸附器交替进行吸附和再生，其流程见图 8-21。

含 NO_x 尾气先进行冷却和除雾，再经计量后进入吸附器。当净化气体中的 NO_x 达到一定浓度时，分子筛再生，将含 NO_x 的尾气通入另一吸附器，吸附后的净气排空。吸附器床层用冷却水间接冷却，以维持吸附温度。

再生时，按升温、解吸、干燥、冷却四个步骤进行。先用间接蒸汽升温，然后再直接通入蒸汽，使被吸附的 HNO_3 和 NO_2 解吸，经冷凝浓缩的 NO_2 返回 HNO_3 吸收系统。干燥时，用加热后的净化气体，同时也用未加热的净化气体置换水分，并对吸附床层进行间接水冷，至规定温度即可结束再生。

（三）工艺操作指标

丝光沸石吸附法的工艺操作指标见表 8-22。

表 8-22 丝光沸石法吸附 NO_x 工艺操作指标

温度值/℃						空间速度/h^{-1}	解吸时间/min	干燥时间/h	切换时净气 NO_x 含量/(mL/m^3)	干燥后干燥气中 H_2O 含量/(g/m^3)
入塔尾气	吸附温度	再生升温	再生解吸	再生干燥	干燥后床层冷却					
20～30	25～35	120	150～190	170～250	<30	<1000	20	1～47	<20	10

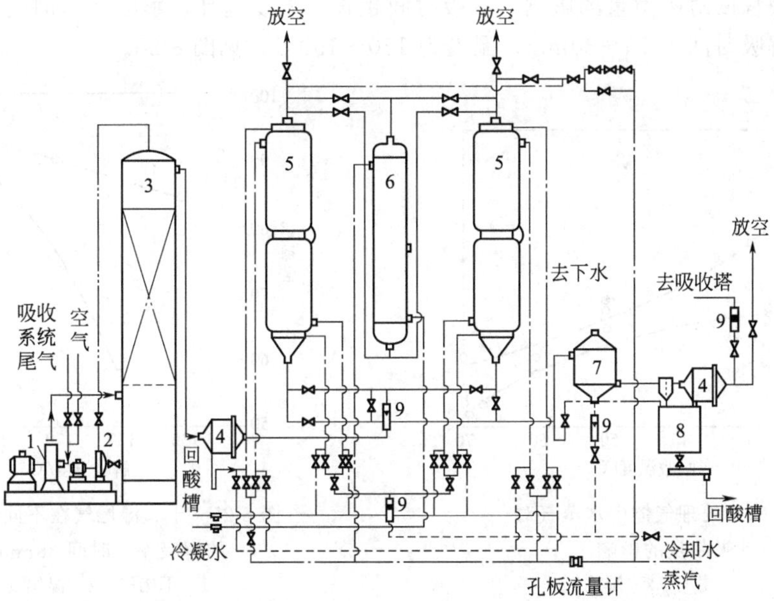

图 8-21 丝光沸石吸附法流程

1—风机；2—酸泵；3—冷却塔；4—丝网过滤器；5—吸附器；6—加热器；7—冷凝冷却器；8—酸计量槽；9—转子流量计

（四）影响因素

(1) NO_x 浓度对转效时间的影响 自开始吸附到吸附后净气中 NO_x 气含量超过规定值的时间为转效时间，它随废气中 NO_x 浓度的增大而逐渐缓慢地缩短。见图 8-22。

(2) NO_x 浓度对吸附量的影响 吸附剂在转效时间内吸附 NO_x 的量称为 NO_x 转效吸附量（简称吸附量），它随 NO_x 浓度增大而增加。当 NO_x 浓度>1%时，增加幅度减小，见图 8-23。

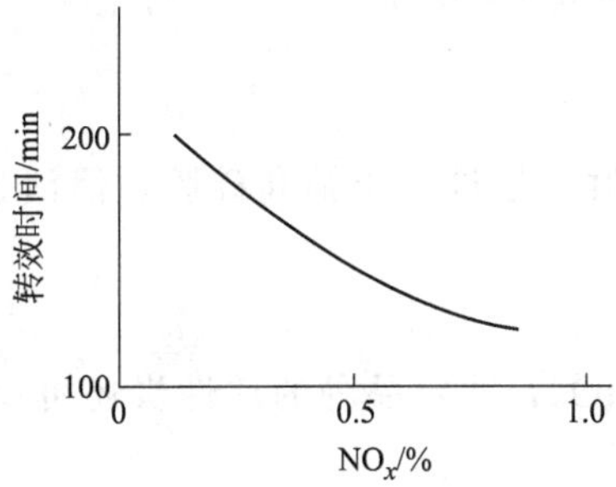

图 8-22 NO_x 浓度对转效时间的影响

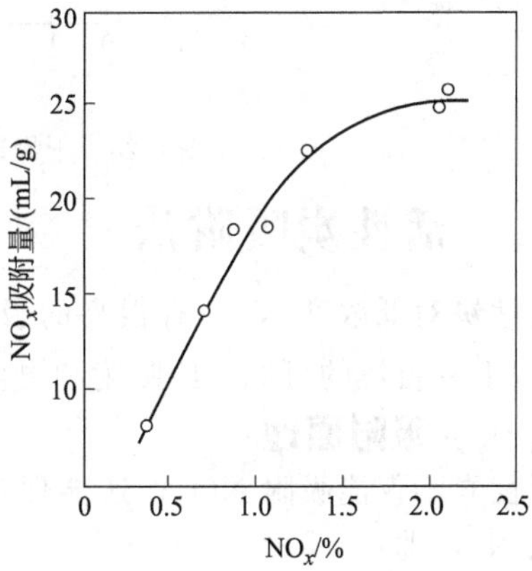

图 8-23 NO_x 浓度对吸附量的影响

(3) 空速和温度对吸附量的影响 相同温度下，吸附量随空速的增大而降低；相同空速下，吸附量随温度上升而下降。

(4) 尾气中水蒸气对吸附量的影响 由于水蒸气更易被沸石吸附，而且放出大量的吸附热，使床层温度升高，降低了对 NO_x 的吸附能力，减少了吸附量，见图 8-24。

(5) 解吸程度对吸附量的影响　解吸时间越长，温度越高，解吸就越彻底，对吸附就越有利。通常解吸时间为 20～30min，温度为 150～190℃，见图 8-25。

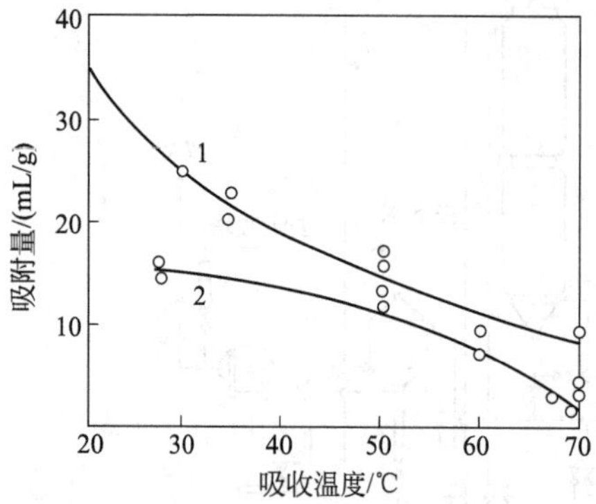

图 8-24　处理气体中水蒸气对吸附量的影响

1—干尾气；2—湿尾气

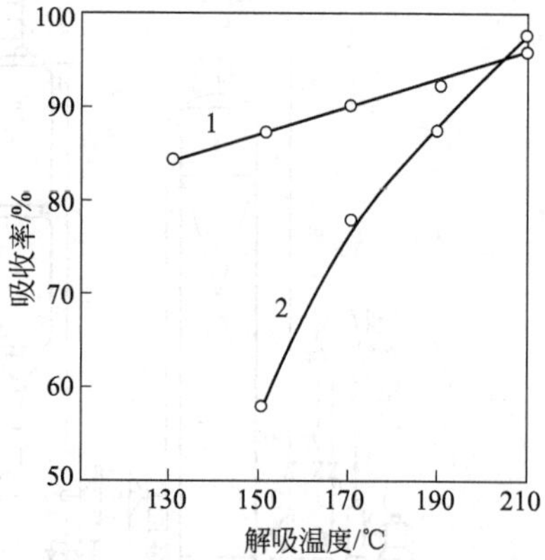

图 8-25　干、湿尾气在不同温度下的解吸率（时间 30min）

1—干尾气；2—湿尾气

(6) 干燥时间对干燥程度和吸附量的影响　干燥时间越长则干燥程度越高，越有利于吸附。但时间过长，效果不明显，却增加了能耗，见图 8-26。

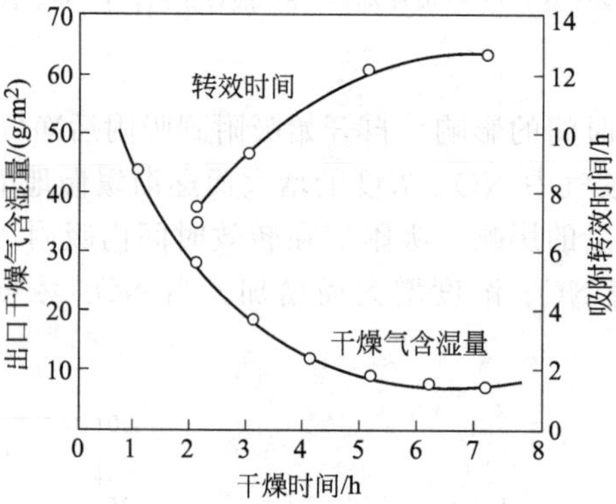

图 8-26　干燥时间对干燥程度及吸附量的影响

二、活性炭吸附法

活性炭对低浓度 NO_x 有很高的吸附能力，其吸附量超过分子筛和硅胶。但活性炭在 300℃以上有自燃的可能，给吸附和再生造成较大困难。

（一）吸附原理

活性炭不仅能吸附 NO_2，还能促进 NO 氧化成 NO_2，特定品种的活性炭还可使 NO_x 还原成 N_2，即：

$$2NO + C \longrightarrow N_2 + CO_2$$

$$2NO_2 + 2C \longrightarrow N_2 + 2CO_2$$

活性炭定期用碱液再生处理：

$$2NO_2 + 2NaOH \longrightarrow NaNO_3 + NaNO_2 + H_2O$$

法国氮素公司发明的 COFAZ 法，其原理是含 NO_x 的尾气与经过水或稀硝酸喷淋的活性炭相接触，NO 氧化成 NO_2，再与水反应，即：

$$3NO_2 + H_2O \longrightarrow HNO_3 + NO$$

（二）工艺流程

图 8-27 为活性炭净化流程。NO_x 尾气进入固定床吸附装置被吸附，净化后气体经风机排至大气，活性炭定期用碱液再生。COFAZ 法流程见图 8-28。此法系统简单，体积小，费用省，且能回收 NO_x，是一种较好的方法。

（三）工艺操作指标

活性炭吸附法净化 NO_x 的工艺操作指标见表 8-23。

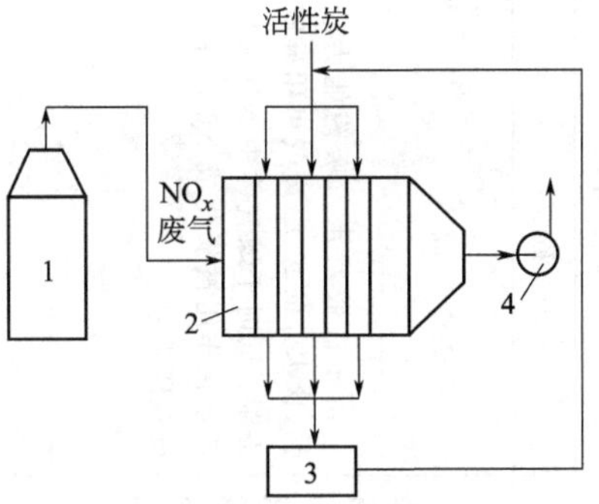

图 8-27　活性炭吸附 NO_x 的工艺流程

1—酸洗槽；2—固定吸附床；3—再生器；4—风机

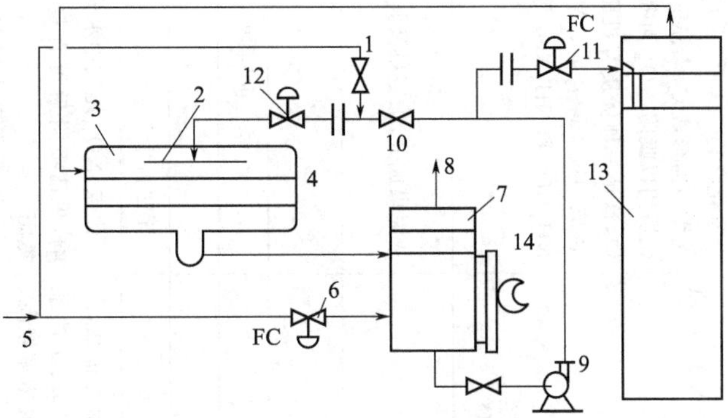

图 8-28　COFAZ 法工艺流程

1—硝酸吸收塔尾气；2—喷头；3—吸附器；4—活性炭；5—工艺水或稀硝酸；6—控制阀；7—分离器；8—排空尾气；9—循环泵；10—循环阀；11,12—流量控制阀；13—硝酸吸收器；14—液位计

表 8-23　活性炭法及 COFAZ 法净化 NO_x 工艺操作指标

方法	固定床进气量/(m^3/h)	空间速度/h^{-1}	空塔速度/(m/s)	进口 NO_x 浓度/(mL/m^3)	吸附温度/℃	净化效率/%	再生条件		
							解吸	活化	再生
活性炭法	3000	5000	0.5	约 8000	15～55	>95	10%～20% NaOH 泡 22h,水洗至 pH = 8 ～ 8.5	10%～20% NaOH 泡 22h,水洗至 pH = 8 ～ 8.5	在封闭容器中通 1h 蒸汽，17.2～20.3MPa
COFAZ 法		170～400		1500～3000	9～15	NO_2:82～93 NO_x:30～60			

（四）影响因素

（1）含氧量　NO_x 尾气中含氧量越大，则净化效率越高。

（2）水分　水分有利于活性炭对 NO_x 的吸附，当湿度大于 50%时，影响更为显著。

（3）吸附温度　低温有利于吸附。

（4）接触时间和空塔速度　接触时间长，吸附效率高；空塔速度大，吸附效率低。

三、其他吸附法[3]

除了分子筛吸附法和活性炭吸附法外，还有硅胶吸附法、泥煤吸附法等，再将这几种固体吸附法作一比较，见表 8-24。

表 8-24 几种吸附法比较

吸附方法		分子筛法	活性炭法	泥煤法	硅胶法
吸附剂		丝光沸石	活性炭	泥煤、褐煤、风化煤	硅胶
吸附原理		丝光沸石分子筛是笼型孔洞骨架的晶体，脱水后空间十分丰富，并且比表面积大，内晶表面高度极化，对 NO_x 有较高的吸附力。吸附主要在主孔道内进行，反应为： $3NO_2+H_2O \longrightarrow 2HNO_3+NO$ $2NO+O_2 \longrightarrow 2NO_2$	活性炭能吸附 NO_2，并促进 $2NO+O_2 \longrightarrow 2NO_2$ 进行，然后用碱再生处理，$2NO_2+2NaOH \longrightarrow NaNO_3+NaNO_2+H_2O$ 特定品种的活性炭可使 NO_x 还原成 N_2 $2NO+C \longrightarrow N_2+CO_2$ $2NO_2+2C \longrightarrow N_2+2CO_2$ COFAZ 法反应： $2NO+O_2 \longrightarrow 2NO_2$ $NO_2+H_2O \longrightarrow HNO_3+NO$	泥煤、褐煤、风化煤中存在着有内表面积大，吸附力强的黑棕色不定型高分子化合物——原(再)生腐殖酸，它在煤中易形成 Ca^{2+}、Mg^{2+} 盐，并经氨化后用以吸附 NO_x 可得硝基腐殖酸铵，这是一种优质有机肥料。此外还生成 $Ca(NO_3)_2$、$Mg(NO_3)_2$、NH_4NO_3 和 NH_4NO_2 等	由于硅胶对水汽吸附能力较强，含水分的 NO_x 废气可用硅胶去湿。同时干燥气体中 NO 因硅胶催化作用被氧化成 NO_2，并被硅胶所吸附
影响因素		NO_x 浓度、空间速度、温度、尾气中水蒸气、干燥时间、解吸程度(解吸温度、解吸时间)	氧含量、水分、吸附温度	泥煤成分，加氨量及其他条件	NO_x 的分压，吸附温度
气体中 NO_x 含量/(mL/m^3)	净化前	1500～3000	8000/1500～3000		
	净化后	<50	<400/150～300		
净化效率/%		>98	>95/82～93	90～98	
吸附温度/℃		25～30	15～55/9～15		30
再生方法		按升温，解吸、干燥、冷却进行	按解吸、活性、再生进行	无法再生	按加热、解吸、再生进行
优缺点		优点：净化效率高，吸附剂来源广，天然蕴藏量大，并可再生；工艺成熟，回收的硝酸量占工厂产量的 2.5% 缺点：装置占地面积大，能耗高、操作麻烦，影响因素多	优点：对低浓度 NO_x 吸附力很强，高于分子筛法和硅胶法。且 COFAZ 法系统简单，体积小，费用省，净化效率较高，吸附剂可再生，影响因素少 缺点：活性炭于 300℃ 以上有自燃可能，给吸附和再生造成相当大的困难	优点：NO_x 尾气中水分对吸附无影响，并且吸附后可直接得到泥灰肥氮肥 缺点：吸附容量小，吸附剂一次使用量大，而大量开采、运输、贮存和氨化处理较为困难	优点：当 NO_x 含 NO 时使用此法效果良好 缺点：硅胶在 200℃ 以上有干裂可能，限制其应用和再生。另外，气流中含有粉尘时，会充塞吸附剂空隙而迅速失活
发展及应用情况		国外已有工业装置用于工业硝酸厂尾气处理，国内有关单位也做了不少研究工作。这是最有前途的一种吸附法	国外已有应用处理玻璃熔炉烟道气，硝酸尾气的处理 国内情况大致如此	除个别拥有泥煤资源的地方，可因地制宜地工业化应用外，其他工业化进程尚未开始	

第四节 化学抑制法

化学抑制法是20世纪80年代初国际上开发成功的一种抑制 NO_x 污染的新技术。日本及欧美各国相继在钢材酸洗过程中采用，效益显著。近些年国内也开展了研究、开发和应用。由中冶建筑研究总院研制成功的 NO_x 抑制剂先后在一些钢厂酸洗车间应用，取得了良好的社会及经济效益。

该法投资少、见效快、效率高、管理简单、试剂消耗少、无二次污染及庞大设备，是对冶金酸洗工艺中产生的 NO_x 污染较理想的控制方法。

一、抑制原理[3]

抑制剂有两类：一类是氧化剂型，如高锰酸盐、高氯酸盐等；另一类是还原剂型，如无机还原剂 NH_4NO_3、$(NH_4)_2SO_4$、$(NH_4)_3PO_4$，或有机还原剂尿素、草酸等。氧化剂型抑制作用在于不使硝酸还原成亚硝酸或 NH_x；还原剂型抑制剂的作用在于使硝酸的还原产物分解成无害的气体，如 N_2、CO_2 和 H_2O 等。为增强抑制作用，往往采用复合配方。以尿素为例，其抑制反应如下：

$$6NO_2+4(NH_2)_2CO \longrightarrow 7N_2\uparrow+8H_2O+4CO_2\uparrow$$

$$6NO+2(NH_2)_2CO \longrightarrow 5N_2\uparrow+4H_2O+2CO_2\uparrow$$

$$2HNO_2+(NH_2)_2CO \longrightarrow 2N_2\uparrow+3H_2O+CO_2\uparrow$$

二、抑制工艺流程

化学抑制法主要是将化学抑制剂采用科学的投料方法加入酸洗槽中，便可抑制 NO_x 的污染。然后再经水洗净化酸雾的综合治理，使酸洗过程中 NO_x 的污染得以有效地控制和消除。其工艺流程见图8-29。

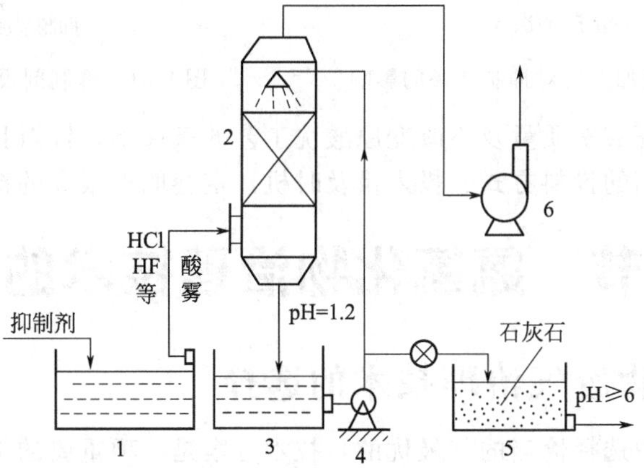

图8-29 混酸酸洗污染气体综合治理流程

1—酸洗槽；2—洗涤塔；3—贮液槽；4—循环泵；5—中和池；6—风机

化学抑制法抑制 NO_x 的工艺操作指标见表8-25。

三、影响因素

影响化学抑制净化 NO_x 的主要因素有以下两点。

(1) 抑制剂的投加方式　一次性投加往往在酸洗最初阶段效果较好，随着酸洗的进行效

表 8-25 化学抑制法抑制 NO_x 的工艺操作指标

酸洗情况	温度/℃		加抑制剂前 NO_x 平均浓度/(mL/m^3)	加抑制剂后 NO_x 平均浓度/(mL/m^3)	净化效率/%
	酸洗温度	加料后最高液温			
HCl 和 HNO_3 二酸酸洗不锈钢	40～90	60	8700	63	99.28
H_2SO_4、HCl 和 HNO_3 三酸酸洗精密合金	≤90	75	74840	827.8	98.89

果很快下降，并且由于抑制剂初始浓度较高，影响酸洗速度和表面质量。在总投料量不变的前提下，采用分段投加方式，能始终使 NO_x 维持在较低水平，更好地抑制 NO_x 生成，并对酸洗速度影响较小，表面质量无明显变化。图 8-30 是在抑制剂总投加量相同的情况下，不同投加方式对抑制效果的影响。

(2) 抑制剂投加量 根据不同酸洗工艺确定不同总投入量。加量过少，抑制效果不理想；加量过多往往影响酸洗质量，且浪费试剂。因此，必须确定一个最佳投入量，见图 8-31。

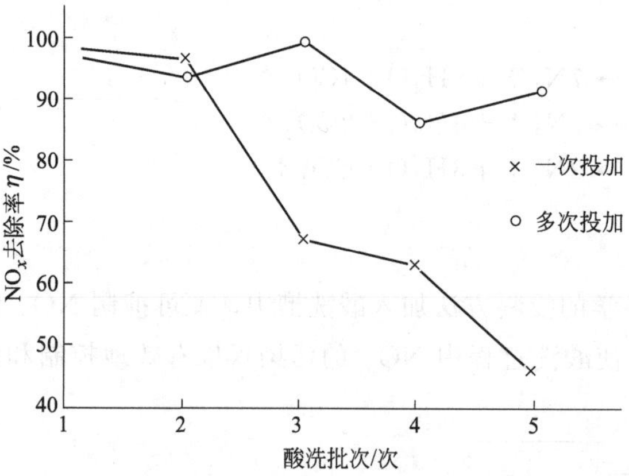

图 8-30 抑制剂投加方式对抑制效果的影响

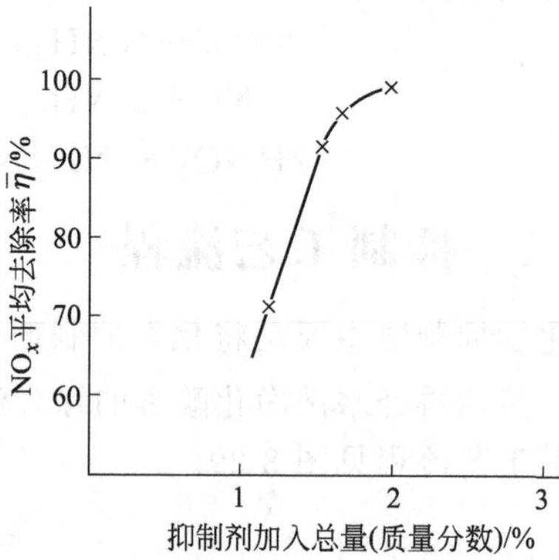

图 8-31 抑制剂投入量对抑制效果的影响

由此看出，在保证酸洗质量及不改变原酸洗工艺的条件下，针对具体工艺特点，选用不同的抑制剂，施以适当的投料方式、投入量及时机，定会取得很高的抑制效果。

第五节 氮氧化物治理技术的选择

一、氮氧化物废气治理技术的选择

在废气治理工作中选择恰当的（最优的）技术方案是一项重要的工作，是环境技术管理的重要内容，下面简要阐述需要综合考虑的几个重要内容。

（一）所选用的 NO_x 治理技术必须能达标排放

《国务院关于环境保护若干问题的决定》明确规定："自本决定发布之日起，现有排污单位超标排放污染物的，由县级以上人民政府或其委托的环境保护行政主管部门依法责令限期治理。限期治理的期限可视不同情况定为 1～3 年。也就是说现有污染源 2000 年以前必须做到达标排放。"而"投入生产或使用后不能稳定达到国家或地方规定的污染物排放标准的新项目，由县级以上环境保护行政主管部门责令其停止超标排放污染物，同时报请县级以上人民政府责令其停产整顿。”

所以，选用的 NO_x 废气治理技术首要的条件就是要能达标排放。

（二）根据污染源的特征，因地制宜

NO_x 废气的固定污染源有两种类型：一是燃料燃烧源，二是工业生产过程形成的污染源。对于前者我国尚未对排放标准做出规定，而对工业生产污染源所排放的 NO_x，在《大气污染物综合排放标准》（GB 16297—1996）中做出了明确规定（表 8-26）。

表 8-26　NO_x 排放标准　　单位：mg/m^3

污染物	污染源所在行业	最高允许排放浓度	
		现有污染源	新污染源
NO_x	硝酸氮肥和火炸药生产	1700	1400
	硝酸使用和其他	420	240
备注			不许向一类区域排放

在选择 NO_x 治理技术时，要综合考虑污染源的工艺生产特点、规模，废气及 NO_x 排放量，所在的功能区及排污去向等因素。

（三）综合效益高、费用低

选择 NO_x 治理技术必须进行费用效益分析，能达到同等效果（或效益）的两个或多个技术方案选费用最低的；同等费用的几个技术方案，要选综合效益高的。这里所说的综合效益包括经济效益、社会效益和环境效益。

例如，某市一地区 NO_x 超标排放是产生工业型光化学烟雾的主要因素之一。后来在治理 NO_x 废气时选用了选择性催化还原法。这种方法没有经济效益，需要比较高的运转费用；但是，这项治理技术可以使工业污染源稳定地达到排放标准，因而可以获得好的环境效益和社会效益。

以上只是概括介绍了选择 NO_x 废气治理技术需综合考虑的一些因素，具体进行选择时需应用层次分析法、目标决策法、费用-效益分析法等进行评价、优化。

二、发展趋势

根据中国的实际情况对固定源 NO_x 废气治理技术的发展趋势做一简要分析[6]。

（一）燃料燃烧源

1995 年以前，我国对各类燃料燃烧排放的 NO_x 基本上均未加控制，因而也没有实测值可以利用。在《大气污染物综合排放标准》（GB 16297—1996）、《工业炉窑大气污染物排放标准》（GB 9078—1996）和《锅炉大气污染物排放标准》（GB 13271—91，92 年批准）中，均未对燃烧废气中 NO_x 最高允许排放浓度做出明确规定。《中国环境保护 21 世纪议程》及《国家环境保护“九五”计划和 2010 年远景目标》中的大气污染控制部分，对固定源燃料燃烧排放的 NO_x 等没有提出明确的治理要求。《中国跨世纪绿色工程规划》的预期效益，也只有年消减二氧化硫约 180 万吨和消减烟尘排放量 150 万吨。综合上述情况，我国在中近期内对燃料燃烧源（主要是烧煤）采用除去 NO_x 的排烟脱氮技术的可能性很小。

但是，随着燃料消耗量的增大，NO_x 排放量必然增大。1980 年煤耗量只有 6 亿吨，1995 年已达 12.8 亿吨，我国二氧化硫排放量达到 2370 万吨，而燃煤排放的 NO_x 约达到 1000 万吨（按 8kg/t 煤估算）。NO_x 是我国酸雨污染日趋严重的重要因素之一，也是光化学烟雾前体污染物，燃料燃烧源排放的 NO_x，应引起足够的重视。根据我国的现实情况，固定源燃料燃烧排放的 NO_x 治理技术可能有两个发展方向，一是改进燃烧过程控制 NO_x 的

排放；二是发展能同时消除 SO_2 与 NO_x 的治理技术。

（二）工业生产源

工业生产过程排放 NO_x 有两种类型：一是硝酸、氮肥等生产厂；二是硝酸使用和其他。前者排放量大，且为连续排放；后者排放量相对较小，有些厂为间歇排放。下面分别阐述。

1. 硝酸、氮肥等生产厂的 NO_x 废气治理技术的发展趋势

(1) 选择性催化还原法　这个方法用氨（NH_3）作还原剂，转化率（NO_x 净化率）可达到 90%以上，效果好，可使排放量大的工业生产源稳定达标排放。所以，近期内尚会有一定的发展。但从长远看这项技术会逐步被其他治理技术所代替。因为这项治理技术从工业生产理论和工业经济来分析都是不合理的。正常的工业生产是氨氧化制硝酸：

$$NH_3 \xrightarrow{[O]} NO_2 \xrightarrow{[H_2O]} HNO_3$$

而选择性催化还原法是用 NH_3 作还原剂将 NO_2 还原为 N_2，这从工业生产理论来看是不合理的，从工业经济来看是浪费资源。这项技术应该被催化分解所取代。催化分解不需要还原剂，NO_x 废气通过特制催化剂即可直接分解为氮气（N_2）和氧气（或 CO_2）。

CNS-30 型催化剂是一种特制的脱硝催化剂，采用了含碳的多孔性物质代替传统的 $Al_2O_3 \cdot SiO_2$ 等载体，配以适当的活性组分。CNS-30 型脱氮催化剂，可将 NO_x 废气一次性转化为 N_2 和 CO_2，无二次污染，起燃温度低，治理 NO_x 废气浓度范围广，设备简单，一次性投资少，能耗低，操作方便，去除率高（可达 95%以上）。

这是一种消耗性催化剂，催化剂载体中的碳参与 NO_x 分解反应，所以在使用中，要适当补充 CNS-30 脱氮催化剂，以保持必要的反应床层高度。某染料厂利用本厂的废活性炭自制催化剂，取得了较好的效果。

(2) 用稀硝酸等作吸收剂，回收利用 NO_x　用漂白稀硝酸（15%～30%）吸收硝酸厂尾气（治理 NO_x 废气），是一个既可使尾气中的 NO_x 含量达标排放，又可增加硝酸产量的经济可行的方法。根据我国的实际经验估算，一个日产 300t 的硝酸工厂，每天可回收硝酸 6t，一年约可回收 2000t 硝酸。所以这项技术应大力发展，并应结合工艺改革，不断改进。

对 NO_x 回收利用是应该重点发展的 NO_x 废气治理技术，但应坚持以下的原则：一是从对污染源进行全过程控制的要求出发，推行清洁生产，尽量减少尾气中的 NO_x 的含量；二是因地因厂制宜选择吸收液，达到来源方便、费用低，回收的产品最好是与本厂产品是同一类型的（如硝酸厂用稀硝酸、氮肥厂可以用氨水）；三是不断提高吸收效率，降低设备投资和运行费用。

2. 使用硝酸的生产厂的 NO_x 废气治理技术

这类厂的特点是排放量不大，有些是间歇排放，不同类型的生产厂废气（尾气）中 NO_x 含量（浓度）差别大。根据实践经验可采用发展的治理技术如下。

(1) 液体吸收法　采用这种方法，因地因厂选择吸收液，既可达标排放，经济上也是合理的。如：北京化工一厂（试剂厂）生产 $AgNO_3$，治理尾气中的 NO_x 采用 30%的 NaOH 做吸收液，循环吸收可达标排放，30%NaOH 来自化工二厂（两厂距离近）电解 NaCl 浓缩的产品（来源方便、节省了费用）；而回收 NO_x 得到的副产品 $NaNO_3 \cdot NaNO_2$，可以找到用户推向市场。

(2) 固体吸附法　对于生产规模小、间歇排放、NO_x 排放浓度变化大的工业污染源，这种方法是适合的，但要发展、推广需从两个方面研究改进：一是尽快研制吸附容量大、寿命长、便于再生、价格低的吸附剂；二是吸附装置简化结构，便于安装，并尽快标准化、系列化，使 NO_x 治理走向社会化。

(3) 催化分解也是一个实际可行的方法。

(三) 脱硝行业新技术[7,8]

(1) SCR 脱硝催化剂　选择性催化还原（SCR）脱硝是国内外公认的烟气脱硝主流技术，其原理是利用氨在催化剂的作用下将烟气中的 NO_x 还原为无毒的 N_2。催化剂占脱硝总成本的 40%，是 SCR 技术的核心烟气脱硝的控制因素。我国的脱硝催化剂生产技术和原材料还依赖国外，催化剂价格十分昂贵，导致国内及集团公司所属燃煤电厂整体脱硝成本非常高，限制了烟气脱硝工作的发展。

随着技术引进、消化吸收及产业化的发展，国内已经有几家具备一定产能的脱硝催化剂生产厂家，继续开发，势在必行。

(2) 低温 SCR 脱硝技术　研制适于火电厂低温烟气条件下（120～150℃）能有效去除 NO_x 的 SCR 脱硝催化剂，研制催化剂制备的最佳配方及 SCR 反应工艺条件。

(3) 纳米金属氧化物催化剂协同脱硝除汞　NO_x 和 Hg 协同控制的技术核心——新型双功能 SCR 催化剂研究，研究 NO_x 和 Hg 污染物协同催化净化过程中复杂反应的各种促进和抑制作用机理，揭示 NO_x 催化还原及 HgO 氧化活性位，结合催化剂表征，优化的双功能 SCR 催化剂配方，并提出催化剂可能的中毒机制和协同控制多种污染物的反应机理。

(4) 等离子体双尺度低 NO_x 燃烧技术　以等离子体技术为基础，以高效低 NO_x 等离子体陶瓷燃烧器为核心，开发新型的内燃式、高效燃烧、低 NO_x 燃烧器。结合双尺度燃烧优化技术，优化炉内燃烧过程，降低煤粉锅炉的 NO_x 排放，形成产业化的、可以替代 SCR (SNCR) 的高效清洁燃烧技术。

第六节　SO_2 和 NO_x 废气“双脱”技术

随着烟气脱硫、脱硝技术的发展，许多国家开展了烟气同时脱硫脱硝的研发，目的在于寻求比传统 FGD 和 SCR 投资、运行费用低的 SO_x/NO_x 双脱技术，近年已获重大进展。

通常，工业上 SO_x/NO_x 的脱除，常用的主流工艺是湿式石灰石-石膏法和干式 SCR 技术，能脱除 95%的 SO_2 和 90%的 NO_x。FGD 和 SCR 是两种不同的技术，各自独立地工作。其优点是无论原烟气中 SO_2/NO_x 的浓度比是多少，都能达到理想的脱除率。这种 FGD 加 SCR 的组合式双脱工艺在日本、德国、瑞典、丹麦等国家已有工业应用，暴露出来的主要问题与 SO_2 在 SCR 反应器中的氧化有关。烟气中约有 1%的 SO_2 氧化转化成 SO_3，SO_3 与游离 CaO 和氨反应生成 $CaSO_4$ 和铵盐，这样会引起催化剂表面结垢，降低 SCR 脱硝率，同时会增加空气预热器和气/气换热器的堵塞和腐蚀。而且，它的投资和运行费用是 FGD 与 SCR 的叠加，并不经济。因此，研发新一代双脱工艺旨在追求比 FGD 加 SCR 组合工艺更加经济、合理和有效的工艺。虽然这些双脱工艺大多尚未达到商业化，但在技术上已取得了很大的进展，例如电子束辐照法，已经跨进中型电厂的示范实践，并获得初步成功，活性炭法也正在展现它的优越前景。“双脱”技术分为干式、湿式两类。双脱过程可以在锅炉炉膛、烟道或不同的反应器内完成，也可以在同一个反应器内完成。脱硫脱硝剂可以采用两种以上的物质，也可以是同一种物质。干式工艺包括吸收/再生法、气/固催化法、电子束辐照法、脉冲电晕法、碱性喷雾干燥法等；湿式工艺主要是氨洗涤法、氧化/吸收法和铁-螯合吸收法等。

一、干式“双脱”技术

(一) 活性炭双脱法

活性炭具有较大的比表面积。人们很早就知道活性炭能吸附 SO_2、氧和水产生硫酸。

早在 20 世纪 70 年代后期，日本、德国、美国在工业上开发了若干种工艺，如日立法、住友法、鲁奇法、BF 法及 Reidluft 法等。目前已由电厂应用扩展到石油化工、硫酸及肥料工业领域。活性炭法脱硫能否广泛应用的关键在于解决副产稀硫酸的市场出路和提高活性炭的吸附性能。在活性炭脱硫系统中加入氨，即可同时脱除 NO_x。图 8-32 为日本三菱活性炭法同时脱硫脱硝工艺流程。该工艺能达到 90%以上的脱硫率和 80%以上的脱硝率。

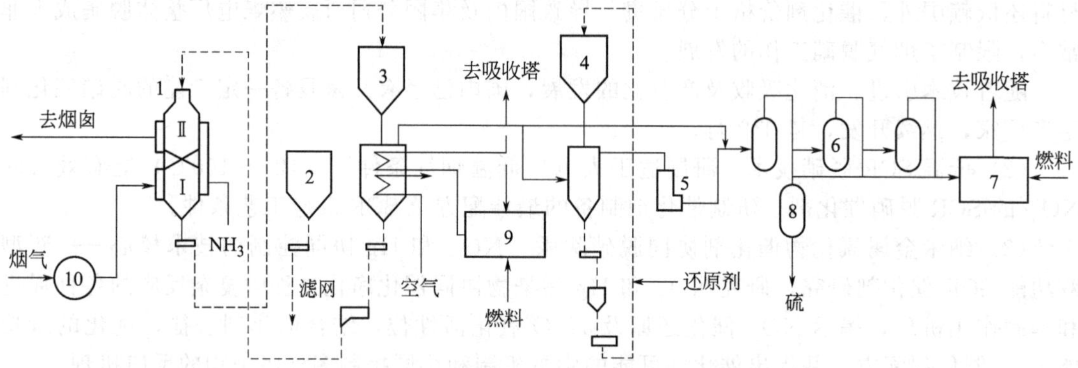

图 8-32 三菱活性炭流化床“双脱”工艺流程

1—吸附塔；2—活性炭仓；3—解吸塔；4—还原反应器；5—净化器；6—Claus 装置；7—燃烧装置；8—硫冷凝器；9—炉膜；10—风机

该系统主要由吸附、解吸和硫回收三部分组成。烟气进入活性炭移动床吸附塔，通常来自空气预热器的烟气温度在 120～160℃之间，正好处于该工艺的最佳温度范围。吸附塔由Ⅰ、Ⅱ两段组成。活性炭在立式吸附塔内靠重力从第Ⅱ段的顶部下降至第Ⅰ段的底部。烟气先水平通过吸附塔的第Ⅰ段，SO_2 在此被脱除，然后进入第Ⅱ段后，NO_x 在此与喷入的氨作用被除去。在最佳温度范围内，SO_2 和 NO_x 的脱除率分别可达 98%和 80%左右。

在吸附塔的第Ⅰ段，在 100～200℃和有氧和水蒸气的条件下，SO_2 和 SO_3 被活性炭吸附生成硫酸，反应式如下：

$$SO_2 \longrightarrow SO_2^*$$

$$O_2 \longrightarrow O_2^*$$

$$H_2O \longrightarrow H_2O^*$$

$$2SO_2^* + O_2^* \longrightarrow 2SO_3^*$$

$$SO_3^* + H_2O^* \longrightarrow H_2SO_4^*$$

$$H_2SO_4^* + nH_2O^* \longrightarrow H_2SO_4 \cdot nH_2O^*$$

式中，* 表示吸附态。前三式为物理吸附，后三式是化学吸附。

在活性炭表面生成的硫酸浓度取决于烟气的温度和烟气中水分的含量。化学吸附的总反应可以表示为：

$$SO_2 + H_2O + \frac{1}{2}O_2 \xrightarrow{\text{活性炭}} H_2SO_4$$

在吸附塔的第Ⅱ段，活性炭又充当了 SCR 工艺的催化剂，在这里向烟气中加入氨就可脱除 NO_x。

$$4NO + 4NH_3 + O_2 \longrightarrow 4N_2 + 6H_2O$$

$$2NO_2 + 4NH_3 + O_2 \longrightarrow 3N_2 + 6H_2O$$

在再生阶段，饱和态吸附剂被送到解吸塔加热到 400℃，解吸出浓缩的 SO_2 气体。每摩尔的再生炭可以释放出 2mol 的 SO_2，再生后的活性炭送回反应器循环使用。再生过程中发生如下反应：

$$H_2SO_4 \longrightarrow SO_3 + H_2O$$

$$SO_3 + \frac{1}{2}C \longrightarrow SO_2 + \frac{1}{2}CO_2$$

如果有硫酸铵生成，则活性炭的损耗将会降低，反应式为：

$$(NH_4)_2SO_4 \longrightarrow SO_3 + H_2O$$

$$SO_3 + \frac{2}{3}NH_3 \longrightarrow SO_2 + \frac{1}{3}N_2 + H_2O$$

浓缩的 SO_2 可以直接用于制酸或进一步生产硫铵，也可以将它加工成单质硫或液态 SO_2。

在该工艺过程中，SO_2 的脱除反应优先于 NO_x 的脱除反应。在含有高浓度 SO_2 的烟气中，活性炭进行的是 SO_2 脱除反应；在 SO_2 浓度较低的烟气中，NO_x 脱除反应占主导地位。图 8-33 所示在反应塔入口 SO_2 浓度较低的烟气中，NO_x 脱除率较高，然而，SO_2 浓度高，氨的消耗也高，这就是大多数活性炭法使用二级吸收塔的原因。实践证明，在长期连续和稳定运行条件下，能达到很高的脱硫率和脱硝率，如图 8-34 所示。

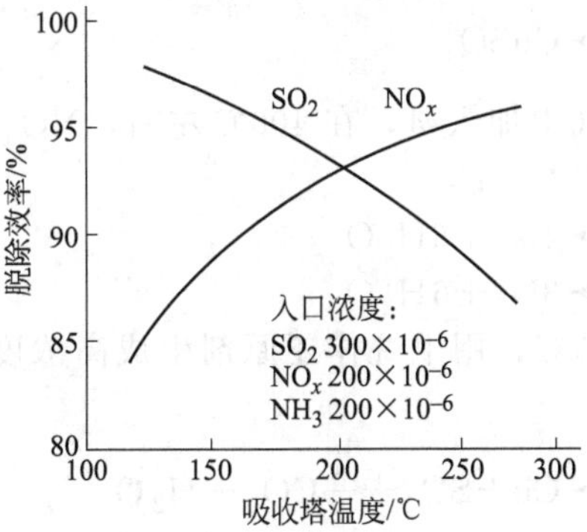

图 8-33　入口 SO_2 浓度对 NO_x 脱除率的影响

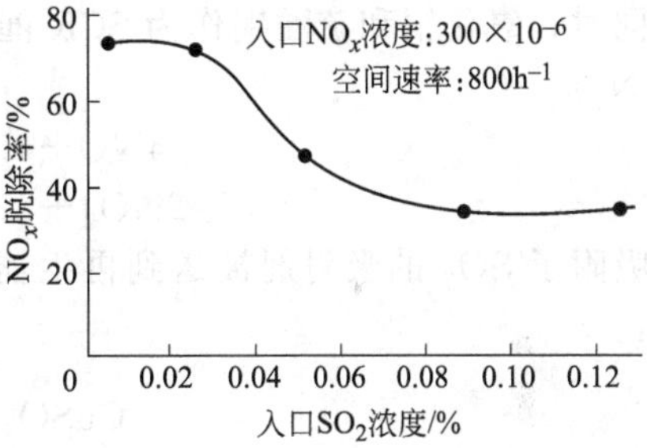

图 8-34　SO_2/NO_x 脱除率与温度的关系

该工艺的优点是：①可以联合脱除 SO_2、NO_x 和粉尘，并有着较高的去除率；②可同时脱除烃类化合物、金属及其他有毒物质；③此工艺无需工艺水，避免了对生产废水进行处理；④由于反应温度在烟气排放温度范围内，因此不用对烟气进行冷却或再热，节约能源；⑤产生的副产品可以出售，实现了一定的经济效益。

1995 年，日本电力能源公司在 350MW 流化床锅炉上安装了活性炭脱除 NO_x 工艺。该工艺仅用一个移动床吸附塔，处理烟气量为 1163000m^3/h，在 140℃操作温度下，活性炭循环速率为 14600kg/h，稳定运行了 2200h 以上，在 NH_3/NO_x 摩尔比为 0.85 时，NO_x 的脱除率达到 80%。由于从流化床锅炉出来的烟气 SO_2 浓度甚低（172mg/m^3），所以在 SO_2 被活性炭吸附的同时，NO_x 也能得到有效脱除。

（二）CuO 双脱法

CuO 作为活性组分同时脱除烟气中 SO_x 和 NO_x 已进行了深入研究。吸附剂以 CuO/Al_2O_3 和 CuO/SiO_2 为主。CuO 含量通常为 4%～6%，在 300～450℃的温度范围内，与烟气中的 SO_2 发生反应生成 $CuSO_4$，同时 CuO 对 SCR 法还原 NO_x 有较高的催化活性。吸收饱和的 $CuSO_4$ 被送去再生，再生过程一般用 CH_4 将 $CuSO_4$ 还原，释放出 SO_2 可制酸，还原生成的金属铜或 Cu_2S 再用烟气或空气氧化，生成 CuO 又重新用于吸附还原过程。工艺流程如图 8-35 所示。该工艺能达到 90%以上的脱硫率和 75%～80%的脱硝率。

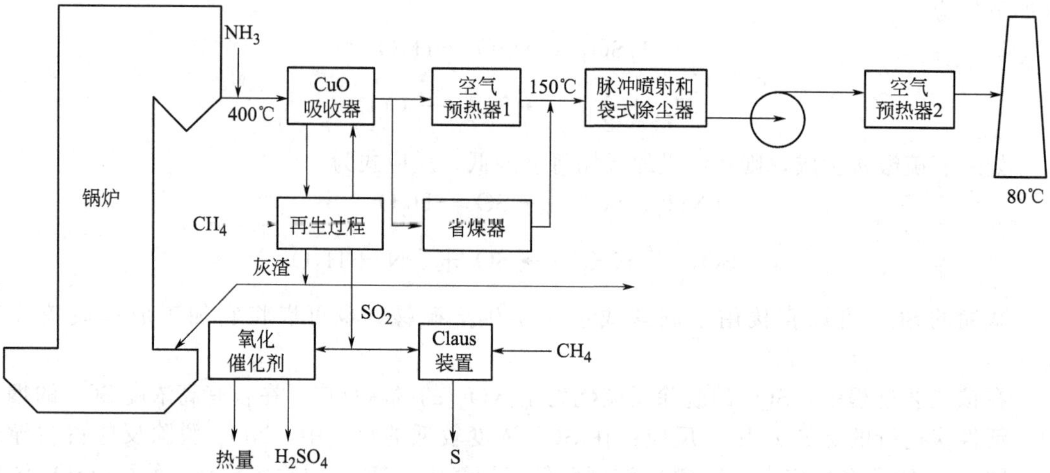

图 8-35 CuO 法脱硫脱硝工艺流程

吸收塔内温度约为 400℃，SO_2 与 CuO 反应：

$$SO_2+CuO+\frac{1}{2}O_2 \longrightarrow CuSO_4$$

同时，氧化铜和硫酸铜作为 SCR 催化剂，向烟气中加入氨，在 400℃左右，NO_x 被还原成 N_2：

$$4NO+4NH_3+O_2 \longrightarrow 4N_2+6H_2O$$
$$2NO_2+4NH_3+O_2 \longrightarrow 3N_2+6H_2O$$

吸附了 SO_2 的吸附剂被送到再生器，加热到 480℃，用甲烷作还原剂生成高浓度 SO_2 气体：

$$CuSO_4+\frac{1}{2}CH_4 \longrightarrow Cu+SO_2+\frac{1}{2}CO_2+H_2O$$

$$Cu+\frac{1}{2}O_2 \longrightarrow CuO$$

然后，可以送往制酸，也可以将 SO_2 转化成单质硫副产品，再生后的氧化铜循环使用。

该过程的吸附机理是气相中的 SO_2 首先被氧化态 Cu 位吸附，吸附态的 SO_2 又被临近的氧化态 Cu 位氧化成吸附态的 SO_3，而氧化态 Cu 位本身被还原为还原态，吸附态 SO_3 进一步转化为 $CuSO_4$，还原态 Cu 位可被气相中的氧重新氧化为氧化态，即：

$$Cu^{ox}+SO_2 \longrightarrow Cu^{ox}\text{-}SO_2$$
$$Cu^{ox}\text{-}SO_2+Cu^{ox} \longrightarrow Cu^{ox}\text{-}SO_3+Cu^{rd}$$
$$Cu^{ox}\text{-}SO_3 \longrightarrow CuSO_4$$
$$Cu^{rd}+\frac{1}{2}O_2 \longrightarrow Cu^{ox}$$

式中，Cu^{ox} 和 Cu^{rd} 分别为氧化态铜位和还原态铜位，$Cu^{ox}\text{-}SO_2$ 和 $Cu^{ox}\text{-}SO_3$ 分别为被氧化态铜位吸附的吸附态的 SO_2 和 SO_3。由此可见，气相中氧的存在对 SO_2 的吸附是必要的。

吸附反应器有固定床、流化床以及旋流床、径向移动床等多种形式。经过数十年的研究，至今仍没有工业化，主要原因是由于 CuO 在不断的还原和氧化过程中，物理化学性能逐渐下降，经过多次循环之后就失去了活性，载体 Al_2O_3 长期处在 SO_2 气氛中也会逐渐失效。此外，虽然脱硫脱硝是在一个反应器中完成的，但后处理比较复杂。

活性焦和活性炭纤维具有大的比表面积，发达的孔结构和丰富的含氧官能团，在常温附

近对 SO_2 有较大的吸附容量，但温度升高时容量急剧下降，因此，CuO/Al_2O_3 和 CuO/SiO_2 在燃煤锅炉最经济的脱硫、脱硝温度窗口（120～250℃）都无法实现高效脱硫和脱硝。鉴于此，有人提出，如果将活性炭法与 CuO 法相结合，可能制备出活性温度适宜的催化吸附剂，克服活性炭使用温度偏低和 CuO/Al_2O_3 活性温度偏高的缺点。新型 CuO/AC（活性炭）催化剂在最适宜的烟气温度（120～250℃）下，具有较高的脱硫和脱硝活性，将明显优于同温度下 AC 和 CuO/Al_2O_3 的性能。

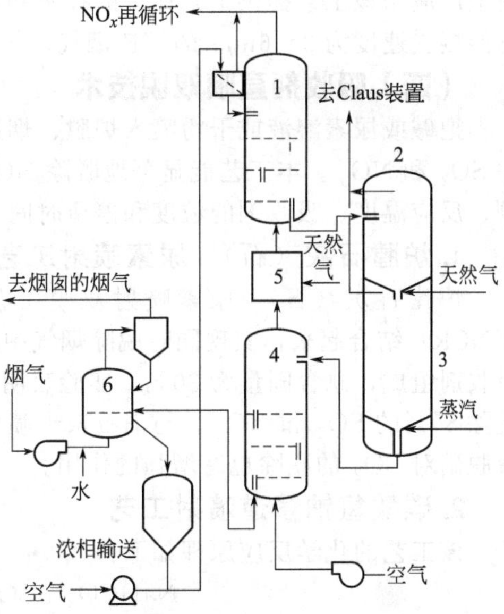

图 8-36 NO_xSO 工艺流程

1—吸收剂加热器；2—再生器；3—蒸汽处理器；4—吸收剂冷却器；5—空气加热器；6—吸收塔

（三）NO_xSO 双脱技术

NO_xSO 工艺是一种干式、可再生系统，适用中、高硫煤锅炉烟气同时除去 SO_2 和 NO_x。1994 年在美国 Ohio Edison's Niles 电站的 108MW 旋风炉上完成工业性试验。

工艺流程如图 8-36 所示。通过直喷水雾冷却烟气，然后烟气进入平行的两座流化床吸收塔，在此 SO_2 和 NO_x 同时被吸收剂脱除。吸收剂是高比表面积的浸透了碳酸钠的氧化铝球状颗粒，吸附反应在 120℃下进行。主要反应式：

$$4Na_2O+3SO_2+2NO+3O_2 \longrightarrow 3Na_2SO_4+2NaNO_3$$

净化后的烟气排入烟囱，用过的吸收剂送至有三段流化床的吸收剂加热器，在 600℃温度下，NO_x 被解吸并部分分解。含有解吸的 NO_x 热空气再循环至锅炉，与燃烧室的还原性气体中的自由基反应，NO_x 转化为 N_2，并释放出 CO_2 或 H_2O。从移动床再生器的吸收剂中回收硫，吸收剂上的硫化合物（主要是硫酸钠）与天然气在高温下反应生成高浓度 SO_2 和 H_2S。约 20%的硫酸钠被还原为硫化钠，硫化钠在蒸汽处理器中水解。总反应式：

$$2Na_2SO_4+\frac{5}{4}CH_4 \longrightarrow 2Na_2O+H_2S+SO_2+\frac{5}{4}CO_2+\frac{3}{2}H_2O$$

来自再生器和蒸气处理器的气态物在 Claus 装置中被还原产生单质硫。吸收剂在冷却塔中冷却后返回吸收塔重复使用。本工艺可达到 97%的脱硫率和 70%的脱硝率，电耗较大，约为输出电量的 4%。

NO_xSO 工艺适用于燃用高硫煤的小型电站和工业锅炉。在该工艺的基础上加以改进，发展了一种新型的 SNAP 工艺，其原理相同，只是系统组成有所差别。它的再生过程分为两个阶段。

第一阶段，吸收剂被加热到 400℃解吸出 NO_x：

$$2NaNO_3 \longrightarrow Na_2O+2NO_2+\frac{1}{2}O_2$$

$$2NaNO_3 \longrightarrow Na_2O+NO_2+NO+O_2$$

第二阶段，在 600℃温度下用天然气与吸收剂反应。最终的副产物是单质硫。5MW 的 NO_xSO 试验装置于 1993 年在美国建成，经 6500h 运行，SO_2 和 NO_x 的最大脱除率分别达到 99%和 95%。

SNAP 工艺自从 1995 年就开始在 10MW 的燃煤电厂进行论证试验，为建造 400MW 的新电厂应用该工艺提供工艺评价的技术和经济参数。SNAP 工艺采用了气体悬浮式吸收器，它能接受速度为 3～6m/s 的高速烟气，气-固接触时间长达 2～3s，气相阻力低至 2～3kPa。

（四）吸收剂直喷双脱技术

把碱或尿素溶液或干粉喷入炉膛、烟道或半干式喷雾洗涤塔内，在一定条件下能同时脱除 SO_2 和 NO_x。本工艺能显著地脱除 NO_x，脱硝率主要取决于烟气中的 SO_2 和 NO_x 的比例、反应温度、吸收剂的粒度和停留时间。本工艺包括多种类型，分述如下。

1. 炉膛石灰（石）/尿素喷射工艺

炉膛石灰（石）/尿素喷射双脱工艺，实际上是把炉膛喷钙和选择性非催化还原（SNCR）结合起来，实现同时脱除烟气中的 SO_2 和 NO_x。喷射浆液由尿素溶液和各种钙基吸收剂组成，总含固量为 30%。实验表明在 Ca/S 摩尔比为 2 和尿素/NO_x 摩尔比为 1 时能脱除 80% 的 SO_2 和 NO_x。与消石灰干喷相比，浆液喷射能增强 SO_2 的脱除。外加尿素溶液脱硝对 SO_2 的脱除也有增强的作用。

2. 碳酸氢钠管道喷射工艺

该工艺的化学反应原理如下：

$$NaHCO_3 + SO_2 \longrightarrow NaHSO_3 + CO_2$$

$$2NaHSO_3 \longrightarrow Na_2S_2O_5 + H_2O$$

$$Na_2S_2O_5 + 2NO + O_2 \longrightarrow NaNO_2 + NaNO_3 + 2SO_2$$

$$2NaHSO_3 + 2NO + O_2 \longrightarrow NaNO_2 + NaNO_3 + 2SO_2 + H_2O$$

在 100MW 的 Nixon 电厂用碳酸氢钠作为吸收剂喷入袋式除尘器的上游烟道中能达到 70% 的脱硫率和 23% 的脱硝率。

在德国，处理烟气量 $11000m^3/h$，SO_2 和 NO_x 的浓度分别为 $1000mg/m^3$ 和 $200mg/m^3$，向袋滤器前的圆柱形反应器喷入平均粒径为 7.5μm 的碳酸氢钠粉末，温度 110～120℃，结果脱硫率达到 98%，脱硝率 64%。

3. 组合联用管道喷射工艺

组合联用管道喷射工艺如图 8-37 所示。该工艺采用 Bsbcock& Wilcox 的低 NO_x DRB-XCL 下置式燃烧器，通过在缺氧环境下喷入部分煤和部分燃烧空气来抑制 NO_x 的生成；其余的燃料和空气在第二级送入，过剩空气的引入是为了完成燃烧过程和进一步除去 NO_x。低 NO_x 燃烧器预计可减排 50% 的 NO_x，而且在通入过剩空气后可达 70%。

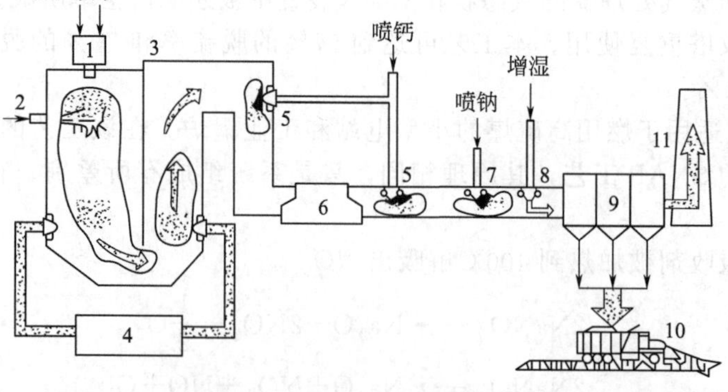

图 8-37 组合联用管道喷射工艺示意

1—低 NO_x 燃烧器；2—顶部燃尽风口；3—锅炉；4—尿素贮罐；5—喷钙装置；6—空气预热器；7—喷钠装置；8—增湿装置；9—除尘器；10—输灰装置；11—烟囱

将两种干粉吸附剂注入锅炉出口的烟道中以尽量减少 SO_2 的排放，钙剂被注入空气预热器上游，或者把钠剂和钙剂都注入空气预热器的下游，顺流加湿活化，有助于提高 SO_2 的捕获率、降低烟气温度和流量、减少袋式除尘器的压降。

该技术在美国公用事业公司的 100MW 顶部装有燃烧器的下置式煤粉锅炉上进行了工业示范试验。试验联用下列 4 项技术达到减排 70%以上的 NO_x 和 SO_2 的目的：①炉内喷尿素，SNCR 脱硝；②下置式低 NO_x 燃烧器减硝；③烟道（前部）喷钙（钠）脱硫；④烟道（后部）加湿活化，强化脱硫。

无论是多项技术综合联用，还是单项技术应用，为电厂和工业锅炉提供了一种常规湿式 FGD 的替代方法，其成本相对较低。只需要较少的设备投资和停机时间便可实施改装，且所需空间较小，可应用于各种容量的机组，特别适用于中小型老机组，可减排 70%以上的 NO_x 和 55%～75%的 SO_2。

（五）非均相催化双脱技术

本工艺利用氧化、氢化或 SCR 催化反应，SO_2 和 NO_x 的脱除率能达到 90%或更高，而且比传统的 SCR 工艺，具有更高的 NO_x 脱除率。这取决于催化反应与催化剂的组成。单质硫作为副产物回收，无废水产生，这是本工艺的特点。本工艺包括 WSA-ANOX、DES-ONOX、SNRB、Parsons FGC 和 Lurgi CFB，其中有的正处于商业运行阶段，有的尚在研发之中。

1. WSA-SNOX 工艺

WSA-SNOX 工艺采用两种催化剂，先以 SCR 脱硝，然后将 SO_2 催化氧化为 SO_3，再冷凝 SO_3 为硫酸产品。SO_2 和 NO_x 脱除率可达 95%。该工艺无废水和废渣产生，除用氨脱除 NO_x 外，不消耗任何其他化学药剂。WSA-SNOX 工艺最初由丹麦 Halder Topsoe 研发。1991 年首次应用在 NEF0 的 300MW 的燃煤电厂。

图 8-38 所示为 NEF0 电厂的 WSA-SNOX 工艺流程。来自空气预热器的烟气经过滤净化处理，并通过气-气换热器温度升高到 370℃以上，将氨和空气混合气在 SCR 反应器之前加入到烟气中。NO_x 在反应器中被氨还原生成 N_2 和水。烟气离开反应器经调节温度，进入 SO_2 转换器，在此将 SO_2 氧化为 SO_3。SO_3 气体通过气-气换热器的热侧，与进口处被加热的烟气进行热交换而被冷却，然后烟气进入 WSA 膜冷凝器，将硫酸冷凝到一个硼硅酸盐玻璃管中被收集和贮存。气体离开冷凝器的温度在 200℃以上，经空气预热器得到更多的热以后用作炉膛燃烧用空气。

WSA-SNOX 工艺的特点是：①脱硝率高（在 95%以上）；②能耗低（占发电量的 0.2%）；③粉尘排放量非常少。

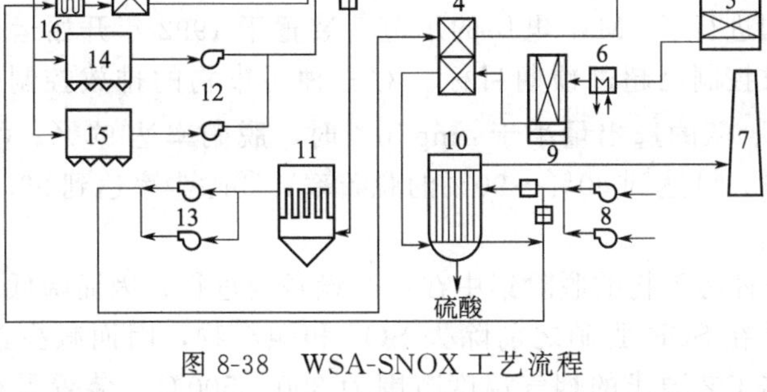

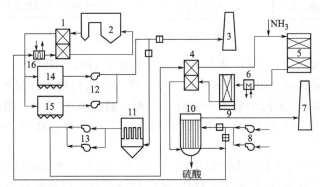

图 8-38　WSA-SNOX 工艺流程

1—空气预热器；2—锅炉；3—现有烟囱；4—气-气预热器；5—SCR 反应器；6—蒸汽-气预热器；7—SNOX 烟囱；8—现有空气鼓风机；9—SO_2 转换器；10—WSA 冷凝器；11—袋式除尘器；12—现有引风机；13—烟气鼓风机；14,15—现有的 ESP；16—冷却器

WSA-SNOX工艺的总脱硝率在95%以上，高于单独使用SCR或其他联合双脱工艺的脱硝率。这是因为在该工艺中NO_x的还原在NH_3/NO_x摩尔比高于1.0的条件下进行，剩余的NO_x在下游的SO_2转换器中被脱除。传统的SCR技术限制NH_3/NO_x摩尔比小于1.0，因为必须控制SCR的氨逸出低于3.8mg/m^3，以防硫酸铵或硫酸氢铵在下游低温区域的结垢。WSA-SNOX工艺在SCR和SO_2转换器之间的烟道中无铵盐析出，因为烟气温度远高于硫酸铵和硫酸氢铵的露点。

在该工艺中，可以从SO_2转换、SO_3水解、H_2SO_4冷凝、NO_x脱除反应中回收热能，回收的热能用于增加蒸汽量。因此，300MW的电厂WSA-SNOX的能耗仅为发电量的0.2%（煤中硫分1.6%）。煤中硫分每增加一个百分点，蒸汽量也增加一个百分点，当煤中含硫2%～3%时，增加的蒸汽量基本可以补偿WSA-NOX工艺的能耗。

与本工艺相类似的DESONOX工艺是20世纪80年代开发的，中试曾在德国Hafen Munster电厂31MW的锅炉上进行。烟气流经高温电除尘器与NH_3混合进入SCR反应器，在反应器NO_x被催化还原，然后SO_2被氧化成为SO_3，SO_3被冷凝获得浓度为70%的硫酸。流程和操作与上述WSA-SNOX基本相同，但没有采用袋式过滤器，换热设备简单。

2. SNRB双脱工艺

SNRB（SOX-NOX-ROXBOX）技术把SO_2、NO_x和颗粒物的处理集中在一个高温集尘室中完成。其原理是在省煤器后喷入钙基吸收剂脱除SO_2。在袋式除尘器的滤袋中悬浮有SCR催化剂并在气体进袋式除尘器前喷入NH_3以去除NO_x。袋式除尘器位于省煤器和换热器之间，目的是保证反应温度。工艺流程如图8-39所示。

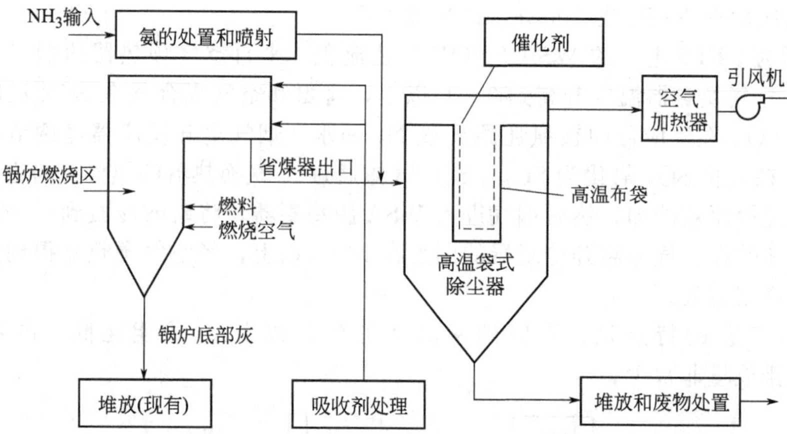

图8-39 SNRB工艺流程

该技术已在美国进行了5MW电厂的示范。装置于1992年开始运行，通过2600h的测试，结果证明，排放控制已超过预期目标。对三种污染物的排放控制效果为：①在NH_3/NO_x摩尔比为0.85、氨的逸出量小于4mg/m^{3}时，脱硝率达90%；②在以熟石灰为脱硫剂、钙硫比为2.0时，可达到80%～90%的脱硫率；③除尘率达到99.89%。颗粒物的排放量小于0.013mg/kJ。

SNRB工艺将三种污染物的脱除集中在一个设备内进行，因而降低了成本和减少了占地面积。由于该工艺是在SCR脱硝之前除去SO_2和颗粒物，因而减少铵盐在催化剂层的堵塞、磨损和中毒。本工艺要求的烟气温度范围为300～500℃，装置需布置在空气预热器之前。当脱硫后的烟气进入空气预热器时，已基本消除了在预热器中发生酸腐蚀的可能性，因此可以进一步降低排烟温度，提高锅炉的热效率。SNRB工艺的缺点是，由于要求的烟气温度高，需要采用特殊的耐高温陶瓷纤维滤袋，增加了投资费用和运行成本。

3. Parsons 烟气清洁工艺

Parsons 烟气清洁工艺已发展到中试阶段，燃煤锅炉烟气中的 SO_2 和 NO_x 的脱除率能达到 99%，故有此命名。该工艺包括以下 3 个步骤：①在单独的还原步骤中同时将 SO_2 催化还原成 H_2O，NO_x 还原成 N_2；②从氢化反应器的排气中回收 H_2S；③用 H_2S 的富集气体生产硫黄。

图 8-40 为典型的 Parsons 烟气清洁工艺装置流程，烟气与水蒸气-甲烷重整气和硫黄装置的尾气混合形成催化氢化反应模块的给料气体，SO_2 和 NO_x 被还原。一种专用的蜂窝状催化反应器安装在烟气中，氢化步骤是脱硫工艺的延续，可处理含尘烟气。烟气在直接接触式过热蒸汽降温器中冷却。冷却后进入含有 H_2S 选择性吸收剂的吸收柱中，净化后，H_2S 含量低于 15.2mg/m^3 的烟气通过烟囱排向大气。富集 H_2S 的吸收剂在再生器中被加热再生，将 H_2S 释放出来。含有 H_2S 的排出气体被送至硫黄制备装置，将 H_2S 转化为单质硫副产品。

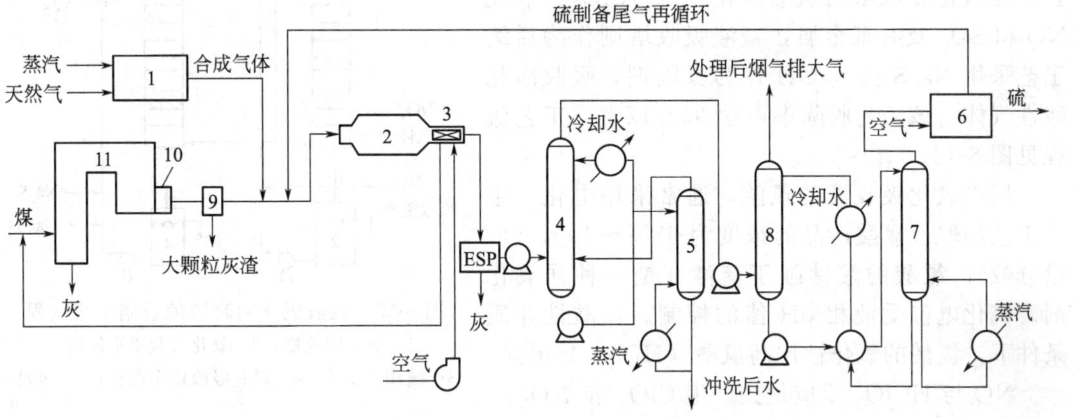

图 8-40　Parsons 烟气清洁工艺流程

1—甲烷蒸气重整炉；2—氢化反应模块；3—空预器；4—过热蒸汽降温器；5—含酸水冲洗器；6—硫制备；7—再生器；8—吸收塔；9—多管旋风除尘器；10—省煤器；11—锅炉

4. 鲁奇 CFB 双脱工艺

采用烟气循环流化床（CFB）脱除 SO_2/NO_x 的工艺已由 Lurgi GmbH 开发。CFB 反应器运行温度为 385℃，消石灰粉用作脱硫吸收剂。该工艺不需要水，吸收产物主要是 $CaSO_4$ 和约 10%和 $CaSO_3$，这是在 NO_x 的还原期间 SO_2 氧化的结果。脱硝反应是使用氨作为还原剂进行的。催化剂是具有活性的 $FeSO_4 \cdot 7H_2O$ 细粉，没有载体。中试 CFB 系统建造在德国 RWE 的一个电厂，图 8-41 为该装置的流程。试验表明，在 Ca/S 摩尔比为 1.2～1.5 时，能达到 97%的脱硫率；在 NH_3/NO_x 摩尔比为 0.7～1.0 时，脱硝率为 88%。在 NO_x 浓度高达 1540mg/m^3 的原烟气中，NO_x 的脱除率为 94%。本系统排出的清洁气体中，已基本上监测不到 NO_2。氨的逸出量小于 3.8mg/m^3。

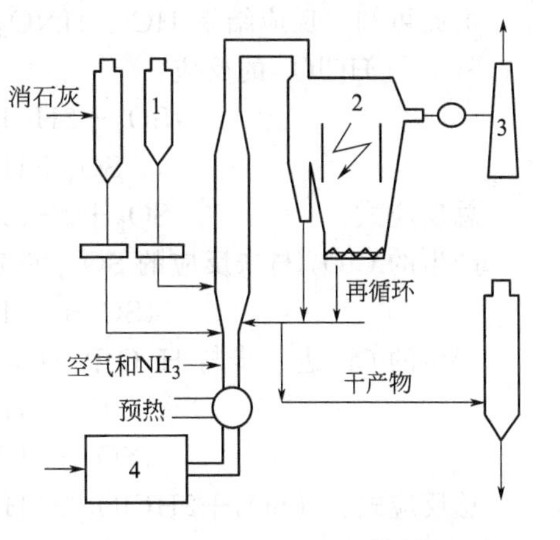

图 8-41　Lurgi CFB 中试装置流程

1—催化剂；2—除尘器；3—烟囱；4—预除尘器

图 8-42 给出了在 300～450℃温度范围内 CFB

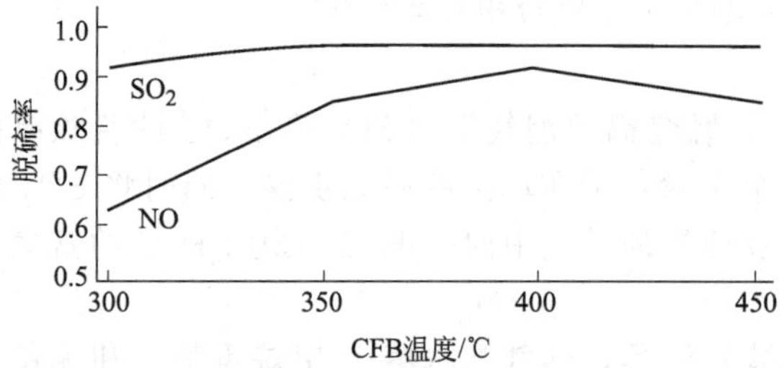

图 8-42 CFB 脱硫脱硝实验结果

工艺脱除 SO_2 和 NO_x 的结果。

二、湿式“双脱”技术

由于 NO 的溶解度很低，湿式烟气“双脱”工艺通常是先将 NO 氧化成 NO_2，或者通过加入添加剂提高 NO 的溶解度。这项技术主要包括氯酸氧化工艺和络合吸收法等。

（一）氯酸氧化工艺[3~5]

氯酸氧化工艺，又称 Tri-NO_x-NO_xSorb 工艺。在一套湿式洗涤设备中同时脱除烟气中的 SO_2 和 NO_x，因为不用催化剂，所以不存在催化剂涉及的一切问题。

本工艺采用氧化吸收塔和碱液吸收塔两段工艺。在氧化吸收塔用氯酸氧化剂（$HClO_3$）氧化 NO 和 SO_2 及有毒金属，碱液吸收塔则作为后续工艺采用 Na_2S 及 NaOH 作为吸收剂，吸收净化酸性气体。该工艺脱除率可达 95％以上。工艺流程见图 8-43。

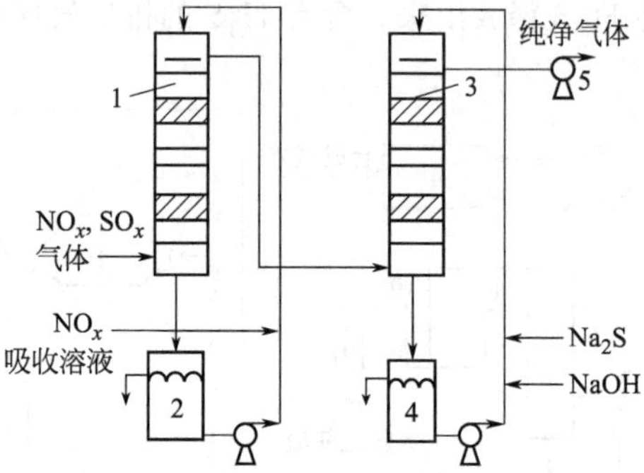

图 8-43 氯酸氧化同时脱硫脱硝工艺流程

1—氧化吸收塔；2—氧化吸收塔平衡箱；3—碱式吸收塔；4—碱式吸收塔平衡箱；5—风机

用作氧化吸收液的氯酸，通常采用电化学生产工艺制取。氯酸产品的浓度为 35％～40％（质量分数）。氯酸的酸性强于硫酸，是一种强氧化剂。氧化电位受液相 pH 值的控制。在酸性介质条件下，氯酸的氧化性比高氯酸（$HClO_4$）更强。

NO 与 $HClO_3$ 反应是先产生 ClO_2 和 NO_2：

$$NO+2HClO_3 \longrightarrow NO_2+2ClO_2+H_2O$$

ClO_2 进一步与 NO 和 NO_2 反应：

$$5NO+2ClO_2+H_2O \longrightarrow 2HCl+5NO_2$$

$$5NO_2+ClO_2+3H_2O \longrightarrow HCl+5HNO_3$$

总反应式：$13NO+6HClO_3+5H_2O \longrightarrow 6HCl+10HNO_3+3NO_2$

由此可知，反应结果 HCl、HNO_3、NO_2 是主要的最终产物。

SO_2 与 $HClO_3$ 的反应：

$$SO_2+2HClO_3 \longrightarrow SO_3+2ClO_2+H_2O$$

$$SO_3+H_2O \longrightarrow H_2SO_4$$

总反应式：$SO_2+2HClO_3 \longrightarrow H_2SO_4+2ClO_2$

产生的 ClO_2 与未反应的 SO_2 在气相反应：

$$4SO_2+2ClO_2 \longrightarrow 4SO_3+Cl_2$$

产生的 Cl_2 进一步与 H_2O 和 SO_2 在气相和液相反应生成 HCl 和 SO_3：

$$Cl_2+H_2O \longrightarrow HCl+HOCl$$

$$SO_2+HOCl \longrightarrow SO_3+HCl$$

总反应式：$6SO_2+2HClO_3+6H_2O \longrightarrow 6H_2SO_4+2HCl$

本工艺的特点是：

① 对入口 NO_x 浓度要求较宽，可以取得 95％的高脱硝率；

② 操作温度低，在常温和低氯酸浓度条件下即可进行；

③ 除了脱硫脱硝以外，还能去除 As、Be、Cd、Cr、Pb、Hg 和 Se 等有害物；

④ 适用于老厂加装改造，因为占地面积较少。

本工艺也存在一些尚待解决的问题，如产生强腐蚀性废酸液的贮运和处理；氯酸对设备的腐蚀性很强，防腐蚀势必增加投资；氯酸的生产技术要求高，价格不便宜，火电厂使用将使运行成本提高。所以，须要关注新氧化剂的选用，低腐蚀、高效率、价廉易得。

（二）络合吸收双脱工艺

传统的湿式脱硫工艺能脱除 90%～95%的 SO_2，但要同时脱硝则因 NO 在水中的溶解度甚低而难以达到。络合吸收法就是利用一些金属螯合剂如 Fe(Ⅱ)·EDTA 能与溶解的 NO 迅速发生反应，促进 NO_x 的溶解吸收作用。

美国 Argonne 国家实验室在湿式洗涤工艺中使用铁螯合剂作为添加剂。因为它能快速地与溶解的 NO 作用生成复杂的络合物 Fe(Ⅱ)·EDTA·NO，该配位 NO 能与亚硫酸根和亚硫酸氢根离子反应，释放出铁螯合剂再与 NO 反应。这种最佳的协同作用意味着无需对 Fe(Ⅱ)·RDTA 进行单独的再生过程。然而添加剂中铁离子的氧化会使二价铁失去活性。氧化作用一是直接与溶解氧发生反应，二是与从络合物 Fe(Ⅱ)·EDTA·NO 中分解出来的官能团发生反应。这时如果加入抗氧化剂或还原剂，能对亚铁离子氧化起到抑制作用。结果是在不影响 SO_2 脱除的同时脱硝率可达到 50%。在此基础上，于 1993 年，开发出利用湿式洗涤系统络合吸收双脱工艺，在美国能源部资助下首先进行中试，采用含 6%的 MgO 增强石灰添加 Fe(Ⅱ)·EDTA（铁螯合剂），试验取得成功，脱硝率和脱硫率分别达到 60%和 99%。

1. Fe^{2+}-EDTA-Na_2SO_3 络合法

用 Fe^{2+}-EDTA-Na_2SO_3 体系络合处理以 NO 为主的烟气，主要化学反应为：

$$Na_2SO_3+SO_2+H_2O \longrightarrow 2NaHSO_3$$

$$Fe^{2+}\text{-EDTA}+NO \rightleftharpoons Fe^{2+}\text{-EDTA}\cdot(NO)$$

$$2Fe^{2+}\text{-EDTA}\cdot(NO)+5Na_2SO_3+3H_2O \longrightarrow 2Fe^{2+}\text{-EDTA}+2NH(SO_3Na)_2+Na_2SO_4+4NaOH$$

$$NH(SO_3Na)_2+H_2O \longrightarrow NH_2\cdot SO_3Na+NaHSO_4$$

该络合吸收法存在的主要问题是为回收 NO_x 必须选用不使 Fe^{2+} 氧化的惰性气体将 NO_x 吹出；Fe^{2+} 总难免会氧化成 Fe^{3+}，用电解还原法和铁粉还原法再生 Fe^{2+}，将使工艺流程复杂和费用增加。另一个不足是络合反应速度较慢。

湿式 FGD 加金属螯合剂工艺是在碱性或中性溶液中加入亚铁离子形成氨基羟酸亚铁螯合物。这类螯合物吸收 NO 形成亚硝酰亚铁螯合物，配位的 NO 能够和溶解的 SO_2 和 O_2 反应生成 N_2、N_2O、连二硫酸盐、硫酸盐以及各种 N-S 化合物和三价铁螯合物。该工艺需从吸收液中去除连二硫酸盐、硫酸盐和 N-S 化合物，并将三价铁螯合物还原成亚铁螯合物，从而使吸收液再生。但是，吸收液的再生工艺十分复杂，成本很高。

针对这些问题，提出用含—SH 基团的亚铁络合物作为吸收液，即半胱氨酸亚铁溶液双脱工艺。

2. 半胱氨酸亚铁络合法

针对 EDTA 络合法的不足，用含有—SH 基团的亚铁络合剂，把半胱氨酸亚铁溶液作为吸收液，胱氨酸可通过盐酸水解毛发制得。研究表明，半胱氨酸亚铁溶液对烟气中的 NO_x 吸收能力随 pH 值的不同而不同。在碱性条件下（pH 值为 8.0～10.0），吸收液对 NO 的脱除率明显高于中性条件（pH 值为 7.0），且 pH 值为 9.0 时，NO_x 的脱除率最高。

半胱氨酸亚铁溶液吸收NO_x的反应过程非常复杂，根据红外光谱分析推测，当NO被半胱氨酸亚铁溶液吸收后，形成一种亚硝酸络合物，随后络合的NO被CyS^-还原生成N_2：

$$Fe(CyS)_2 + NO \rightleftharpoons Fe(CyS)_2(NO)$$

$$2Fe(CyS)_2(NO) \rightleftharpoons Fe(CyS)_2 + N_2 + CySSCy + Fe(OH)_3$$

在此过程中，半胱氨酸被氧化成胱氨酸（CySSCy），在适当条件下胱氨酸能被SO_2/OH体系还原成半胱氨酸，有下列反应发生：

$$CySSCy + SO_3^{2-} \rightleftharpoons CySSO_3^- + CyS^-$$

$$CySS^- + SO_3^{2-} \rightleftharpoons CyS^- + S_2O_3^{2-}$$

$$S_2O_3^{2-} + H^+ \rightleftharpoons HSO_3^- + S$$

由此可见，半胱氨酸亚铁络合法不仅能脱除烟气中的NO_x，而且可以与脱硫系统联合运行。

在中性或碱性条件下，半胱氨酸亚铁以络合物$Fe(CyS)_2$为主要存在形式。$Fe(CyS)_2$与NO发生复杂的化学反应，主要形成二亚硝酰络合物，随后半胱氨酸被氧化成胱氨酸，而吸收的NO被还原成N_2。NO脱除率受pH值和$Fe(CyS)_2$浓度的影响，但初始NO浓度的影响并不明显。脱除NO后被氧化生成的胱氨酸，能快速地被烟气中的SO_2还原成半胱氨酸，再生的半胱氨酸可重新用于烟气的NO吸收，使脱硫脱硝反应得以循环进行。

湿式络合吸收法能同时脱除SO_2和NO_x，目前尚处于试验研究阶段。影响其工业应用的主要障碍是反应过程中螯合剂的损失大和再生困难、利用率低，运行费用高。

（三）氨洗涤双脱法

由于NH_3是SO_2的吸收剂，又是NO_x的还原剂，因此，在一定条件下，它应具有“双脱”功能。在湿式洗涤系统中，有良好的脱硫吸收环境，但缺乏NO_x还原的最适宜条件。不过，由于NH_3和亚铵盐均具有还原作用。在吸收脱硫的过程中，可能会有一部分溶解的NO_x与它们发生反应，被还原成N_2。我国天津碱厂在（6MW）210t/h锅炉上，采用湿式氨法烟气脱硫装置证实了上述推断，获得95%的脱硫率和22%的脱硝率。

三、高能电子束辐照氧化法[5]

这种方法是利用高能电子撞击烟气中的H_2O、O_2等分子，激发并产生O、OH和O_3等强氧化性的自由基团，将SO_2氧化成SO_3，SO_3与H_2O生成H_2SO_4，同时也将NO氧化成NO_2，NO_2与H_2O生成HNO_3，生成的酸与喷入的NH_3反应生成硫酸铵和硝酸铵（硫硝铵）。根据高能电子的产生方法不同，这类方法又分为电子束辐照法（EBA）和脉冲电晕等离子体法（PPCP）。

参 考 文 献

[1] 韩应健，戴映云，陈南峰．机动车排气污染物检测培训教程．北京：中国质检出版社，中国标准出版社，2011.
[2] 刘天齐．三废处理工程技术手册·废气卷．北京：化学工业出版社，1999.
[3] 李家瑞主编．工业企业环境保护．北京：冶金工业出版社，1992.
[4] 马广大．大气污染控制技术手册．北京：化学工业出版社，2010.
[5] 杨飏．二氧化氮减排技术与烟气脱硝工程．北京：冶金工业出版社，2006.
[6] 台炳华．工业烟气净化．第二版．北京：冶金工业出版社，1999.
[7] 中国环境保护产业协会，锅炉炉窑除尘脱硫委员会．我国火电厂脱硫脱硝行业2010年发展综述．中国环保产业，2011，7：4-12.
[8] 朱宝山等．燃煤锅炉大气污染物净化技术手册．北京：中国电力出版社，2006.

第九章 机动车排气净化

第一节 机动车排气的产生和控制标准

作为交通工具的机动车是人类工业文明的产物，从19世纪末世界上第一辆汽油机汽车诞生以来，机动车经历了一个多世纪的发展，现在已经成为人类现代生活不可缺少的组成部分。据统计截至2010年3月全国机动车保有量达1.92亿辆，全国机动车驾驶人约2.05亿人，小型载客汽车保有量为4500余万辆。汽车工业的发展不仅为社会解决交通问题创造了条件，而且带动了汽车相关产业的发展，进而推动了国民经济的增长和就业机会的增加。汽车进入家庭，为人们提供了便捷、高效的交通方式，提高了人民的生活水平和生活质量。

汽车诞生100多年来，虽然在制造工艺等方面取得了巨大的进步，但作为动力装置的发动机技术却没有发生根本性的变化。目前以汽油机、柴油机为代表的内燃机仍是各种道路机动车发动机的主流技术。

汽车是重要的现代化交通工具，而环境质量又是构成生活质量的重要因素，如何在发展经济、提高人民生活水平的同时，处理好汽车与环境保护这对矛盾，是机动车工业发展过程中无法回避的问题，因此，控制尾气排放成为防治机动车污染的主要目标，低排放甚至零排放汽车将成为未来汽车工业的发展方向。制定和实施更加严格的排放标准，降低排放负荷是解决机动车污染问题的必然选择和有效手段。

从理论上讲，强制性标准与经济刺激相比有许多不足之处，但由于它易于实施和管理，大多数国家和地区依然选择它作为控制机动车排放的主要手段。

对于不同的国家和地区，由于经济基础、社会状况等具体条件不同，排放法规也不相同。若排放法规过于严格，会导致初期投资和运行费用急剧增加；若法规过于宽松，则失去了建立法规、保护环境的意义，因此各个国家制定的排放法规也不尽相同。目前，美国、日本和欧洲的汽车排放法规和标准是当今世界三个主要的法规体系，它经历了由简到繁、由粗糙到完善，控制车型范围不断扩大的发展过程。

一、机动车排气的产生[1,2]

机动车排放的尾气主要是燃料在燃烧过程中产生的，有CO、HC、NO_x及炭烟颗粒等有毒有害物质和强致癌物，它对人体产生极大的危害。

(1) 一氧化碳（CO） CO是燃料燃烧的中间产物，主要是在局部缺氧或低温条件下，由于不完全燃烧而产生，混在废气中排出。当汽车负重过大、慢速行驶或怠速时，燃料不能充分燃烧，废气中一氧化碳含量会明显增加。

(2) 烃类化合物（HC） HC包括未燃和未完全燃烧的燃油、润滑油及其裂解产物和部分氧化物，如苯、醛、烯和多环芳香族烃类化合物等200多种复杂成分。主要来自三种排放源，对汽油机来说，65%～85%的HC来自排气管排放，约20%来自曲轴箱泄漏，5%～15%来自燃料系统的蒸发（燃油蒸发）。

HC 是引起光化学烟雾的重要物质。

(3) 氮氧化物（NO_x） NO_x 大部分是燃烧过程中高温条件下生成的，如 NO、NO_2、N_2O_3、N_2O_5 等，总称 NO_x。氮氧化物的排放量取决于燃烧温度、时间和空燃比等因素。燃烧排放的氮氧化物中，一氧化氮（NO）占 90%～95%，其余的是二氧化氮（NO_2）。NO 是无色无味气体，只有轻度刺激性，毒性不大，高浓度时会造成中枢神经系统轻度障碍。NO 可以被氧化成 NO_2。

(4) 炭烟颗粒 炭烟颗粒主要来自柴油机，是柴油在燃烧过程中，由于高温缺氧而产生的，是产生臭味和黑烟的主要原因。它对人体健康的危害程度与颗粒的大小及组成有关，颗粒越小（直径小于 0.3μm），悬浮在空气中的时间越长，进入人体后的危害越大。炭烟颗粒除了对人的呼吸系统造成危害以外，由于其存在孔隙，能黏附 SO_2、未燃的烃类、NO_x 及苯并芘等有毒物质，因而对人体的健康造成更大的危害。世界卫生组织建议：应采取紧急措施减低柴油排放，尤其是要控制柴油颗粒物的排放。柴油机微粒也是造成能见度变差的重要原因。

(5) 光化学烟雾 光化学烟雾主要是由大气中的氮氧化物、烃类化合物在强烈太阳光的作用下，发生光化学反应而形成的。光化学烟雾是以 O_3 为代表的刺激性二次污染物，多出现在逆温层和低风速、空气接近停滞状态、阳光充足的气象条件下。一般发生在温度较高的夏季晴天，峰值出现在中午或刚过中午，夜间消失。

在城市，特别是在拥挤的街道上，汽车尾气污染日益严重，空气中 90%～95%的 CO、80%～90%的 HC＋NO_x 以及大部分颗粒物来自于汽车（汽油机和柴油机），成为人类健康和自然环境的最大威胁。

汽车排气中的有害物质是在燃料燃烧为发动机提供动力的过程中产生的，包括汽油挥发泄出的蒸气、曲轴箱中窜漏的废气、排气管的尾气以及汽油中带入的硫、铅、磷在排气中形成的污染物。其构成情况为：①尾气污染占总污染量的 65%～85%，有害物质为 CO、NO_x 及 HC（包括酚、醛、酸、过氧化物等）；②曲轴箱通风污染占 20%，主要是 HC；③汽油箱通风污染占 5%，主要是汽油中轻馏分的蒸发；④化油器的蒸发和泄漏，占 5%～10%；⑤S、Pb、P 的污染。

一般可通过以下三个途径进行排气净化。

第一，燃料的改进与替代。以无铅汽油代替有铅汽油不仅提高汽油的品位，有利于发动机工况，而且降低 HC、CO 的排放浓度。

无铅汽油避免了由于添加剧毒的四乙基铅［$Pb(C_2H_5)_4$］而生成 PbO 造成的污染。

第二，机内净化。在汽车设计与制造过程中充分考虑消除汽油蒸发以及蒸汽的回收利用，减少曲轴箱废气的窜漏，采用新的供油方式，提供符合发动机各种工况下所需浓度的燃料气，以降低排气量及有害物质的含量。

第三，机外净化。机外净化是指废气离开发动机进入大气前的最后处理，也称为尾气净化。由于多采用催化方法，所以习惯称为尾气催化净化。

二、机动车排气控制标准

中国幅员辽阔、人口众多、经济持续高速发展、社会交通需求量大，这些都给机动车尤其是汽车工业提供了广阔的发展空间。由于机动车是一种对环境依赖度非常高的特殊商品，其使用要受到诸多外部条件的限制，如城市道路容量、燃料、安全、环境保护等。

我国于 1983 年颁布了第一批汽车污染物控制标准，十几年来逐步加严和完善，但真正较严格的控制应该说刚刚开始，在全国实现汽油无铅化之后，原国家环保总局和国家质检总局颁布了一系列新车排放标准，使机动车污染得到了进一步控制。

2001 年颁布的 GB 18352.1—2001《轻型汽车污染物排放限值及测量方法（Ⅰ）》，其排放限值和测试水平相当于欧洲 20 世纪 90 年代初实施的轻型车欧洲Ⅰ号标准。规定：自 2001 年 10 月 1 日起，所有新生产的 3.5t 以下的轻型机动车（包括客车和货车）必须达到标准中所要求的排放限值。

2001 年颁布的 GB 18352.2—2001《轻型汽车污染物排放限值及测量方法（Ⅱ）》，从 2004 年 7 月 1 日起，新车排放污染物控制执行轻型车欧洲Ⅱ号标准。

2001 年颁布的 GB 17691—2001《车用压燃式发动机排气污染物限值及测量方法》，对自 2001 年 9 月 1 日起所有新生产的、装用压燃式发动机的、大于 3.5t 的重型车辆及车用发动机（包括柴油车和柴油与天然气混烧的客车及货车）的排放污染物进行限制。

2005 年 4 月发布了 GB 18352.3—2005《轻型汽车污染物排放限值及测量方法（中国Ⅲ、Ⅳ阶段）》、GB 17691—2005《车用压燃式、气体燃料点燃式发动机与汽车排气污染物排放限值及测量方法（中国Ⅲ、Ⅳ、Ⅴ阶段）》，国Ⅲ、Ⅳ、Ⅴ机动车排放标准，其污染物排放限值相当于欧Ⅲ、欧Ⅳ、欧Ⅴ机动车排放标准（见表 9-1 和表 9-2）[1]。

表 9-1 轻型汽车污染物排放限值实施时间表

名称	颁布时间	标准号	实施时间	相当于
国Ⅰ标准	2001 年	GB 18352.1—2001	2001 年 10 月 1 日	欧洲Ⅰ号标准
国Ⅱ标准		GB 18352.2—2001	2004 年 7 月 1 日	欧洲Ⅱ号标准
国Ⅲ标准	2005 年	GB 18352.3—2005	2007 年 7 月 1 日	欧洲Ⅲ号标准
国Ⅳ标准			2010 年 7 月 1 日	欧洲Ⅳ号标准

表 9-2 重型车污染物排放限值实施时间表

名称	颁布时间	标准号	实施时间	相当于
国Ⅰ标准	2001 年	GB 17691—1999	2001 年	欧洲Ⅰ号标准
国Ⅱ标准	2001 年	GB 17691—2001	2004 年	欧洲Ⅱ号标准
国Ⅲ标准	2005 年	GB 17691—2005	2008 年	欧洲Ⅲ号标准
国Ⅳ标准			2010 年	欧洲Ⅳ号标准
国Ⅴ标准			2012 年	欧洲Ⅴ号标准

对于重型车，国家环保部 2008 年 6 月 24 日发布了关于车载诊断系统、排放控制装置耐久性和在用车符合性检查三项内容的三个行业标准，以补充和细化 GB 17691—2005 中相应的内容：

HJ 437—2008《车用压燃式、气体燃料点燃式发动机与汽车车载诊断（OBD）系统技术要求》，2008 年 7 月 1 日实施。

HJ438—2008《车用压燃式、气体燃料点燃式发动机与汽车排放控制系统耐久性技术要求》，2008 年 7 月 1 日实施。

HJ439—2008《车用压燃式、气体燃料点燃式发动机与汽车在用符合性技术要求》，2008 年 7 月 1 日实施。

第二节 燃料的改进与替代

汽油是石油化工产品，按照不同的生产工艺，产品为直馏汽油和裂化汽油。直馏汽油作为汽车燃料性能较差，需添加四乙基铅作抗爆剂，成为有铅汽油。裂化汽油可直接作为汽车燃料使用。以裂化汽油代替有铅汽油称为燃料的改进，这也是国内外发展的趋势。

用分子中含碳数较低的可燃性气体或液体替代汽油作为汽车燃料，称为替代。

一、燃料的改进

汽油是烃类有机化合物的混合物，由石油提炼而得。

石油是由多种烃类、少量胶质、酸类、硫及灰分（Al、Mg、Ca、Fe 等）组成的混合物。

石油中含硫。国外石油中含硫量高达 3%～5%，国产石油含硫量低，一般为 0.1%～0.18%。在石油炼制过程中，经脱硫工艺处理，含硫量降低，为优质油。常以单质硫或硫化物形式存在，在燃料混合气配制过程中腐蚀供油系统。燃烧过程中形成 SO_2 并与水汽形成酸雾，腐蚀汽缸，加剧磨损，排放后造成大气污染。SO_2 是大气质量评价的重要指标之一。

石油是混合物。混合物可根据物质的不同物理性质用物理方法分离。利用石油中烃类分子含碳数增大而沸点逐渐升高的物理性质，采用不同的蒸馏温度范围，在 40～200℃范围内可获 C_5～C_{11} 的烃类混合物汽油；低于此温度所得的产品为低碳烃石油液化气；高于此温度范围依次获得喷气燃料（航空发动机用油）、煤油、柴油、重油和沥青。

1. 直馏汽油

直馏汽油是石油直接进行蒸馏的产品，是 C_5～C_{11} 的烃类混合物。烃类分子结构多为直链烃。用直接蒸馏法所得汽油产率为 25%～30%。

由于直馏汽油烃类分子结构中碳链过长，在发动机内高温高压条件下容易断裂，造成不良影响。因此需要添加四乙基铅方能作为汽车燃料，所以多作为有铅汽油使用。四乙基铅有剧毒，燃烧后以 PbO 形式排放而造成污染（当人体每 100g 血液中 Pb 积累量达 0.08mg 时即产生铅中毒症状）。在燃烧过程中 PbO 会沉积在燃烧室、活塞、气阀上，影响发动机工作。

按照 1gal（加仑，1gal＝4.546L）四乙铅的加入量，分为有铅汽油（4.2g）、低铅汽油（0.5g）和无铅汽油（0.07g）。

2. 裂化汽油

在高温高压（500℃、7000kPa）或催化剂作用下，使石油中长碳链分子裂化成短链，然后进行蒸馏，所得汽油产品为裂化汽油。由此法生产汽油可提高收率 50%左右。

裂化汽油（尤其是催化裂化）的烃类分子中异构化烃类、环烃、芳香烃含量增加，如环己烷、苯。由于烃类异构化及环烃，芳香烃结构稳定，因此提高了燃料的抗爆性能，有利于提高发动机功率。

裂化汽油特别是催化裂化汽油无需添加抗爆剂，克服了铅的危害。这是以无铅汽油代替直馏汽油的原因。

3. 抗爆性与辛烷值

（1）抗爆性　在汽油的多种性能中，蒸发性与抗爆性两项重要指标与发动机性能有关。有铅汽油与无铅汽油的主要差别是抗爆性能。

抗爆性是燃料对发动机发生爆震现象的抵御性能。

爆震现象是发生于发动机汽缸中因终燃混合气的自燃而粗暴燃烧的现象。

按照发动机工作原理，当燃料气点燃后，燃烧以火焰形式以一定速度传播，处于最后燃烧位置的混合气最后燃烧，这部分混合气称终燃混合气，这种燃烧为正常燃烧。

但是发动机工作时，燃烧室处于高温高压状态，终燃混合气产生活泼的 H、HC 自由基及更为活泼的过氧化物—OOH 自由基，并发生连锁反应，积累大量的热量，温度升高，使火焰未达到终燃位置时提前着火，即自燃。根据气体状态方程式，一定质量的气体，其体积与压力成反比，在发动机内，体积不能膨胀，只能引起压力的急剧增大，形成强大的冲击波，冲击汽缸壁、活塞顶面、汽缸盖内面，并互相反射，产生频率高达 5000Hz 的震动，这种恶劣（粗暴）的自燃现象称为爆震。据测试，若占 5%的燃料气产生自燃，即可产生强烈爆震。

爆震破坏了发动机的正常工作，使油耗增加、发动机功率下降，甚至导致机器损坏。

燃料分子结构稳定性与爆震的原因密切相关。因直馏汽油与裂化汽油混合物中分子结构稳定性不同，所以抗爆性有很大差异。烃类分子结构的稳定性依芳烃、环烃、异构化烃、直（正）链烃次序衰减，其抗爆性能也是如此。

抗爆性具体标志为燃料辛烷值。

(2) 辛烷值　辛烷值是燃料抗爆性的标志。

汽油是混合物，其抗爆性能与其组成有关。由于辛烷含量对抗爆性影响明显，故以辛烷值表示抗爆性。

这里“辛烷”是汽车专业名称，其分子结构属于异辛烷的一种，即 2,3,4-三甲基戊烷。由于其抗爆性能好，将其辛烷值定为 100，而将抗爆性差的正庚烷辛烷值定为 0。

以质量分数为 x 的 2,3,4-三甲基戊烷与质量分数为（$100-x$）的正庚烷配制燃料混合物，则此混合物即为辛烷值为 x 的标准物。

随着 x 的变化，可配制系列标准物，并已知此物的辛烷值。再通过实测，可获得抗爆性能与辛烷值 x 的对应关系。

倘若某种燃料的抗爆性能与标准物相同，则其辛烷值可用标准物辛烷值表示。显然辛烷值越高，其抗爆性越好。

由于抗爆性不仅与燃料性能有关，而且受发动机的结构及运转状况（燃烧室设计、压缩比、转速、点火提前角、气门定时、化油器结构等）的影响，因此对燃料抗爆性的评价是比较复杂的。按照辛烷值测定方法不同，辛烷值分为研究法辛烷值、马达法辛烷值和道路辛烷值。常用马达法辛烷值。直馏汽油辛烷值为 58～68，热裂化汽油为 63～70，催化裂化汽油为 78～80。

我国以汽油抗爆性、辛烷值作汽油标号。

二、氢替代燃料

氢是非常理想的燃料，燃烧反应的生成物为 H_2O，不存在排气中 HC、CO 的污染问题。氢的燃烧热极高，即使以稀薄燃料混合物作汽车燃料，也能适应发动机动力要求。而此时由于过量空气存在，降低了发动机汽缸温度，使 N_2 与 O_2 生成 NO_x 的化学反应的速度常数明显下降，减轻或避免了 NO_x 的污染问题。若保持适当的燃料混合气浓度，其混合气体积小，因此可提高发动机内气体压缩比，即提高发动机功率。

氢可由 H_2O 电解制取，资源丰富，技术成熟，但成本较高。

由于氢作为燃料已应用于火箭发射技术，各种制取氢的方法研究已蓬勃开展，加上固氢（以金属 Ni、Mg 等为骨架吸附、固定氢）技术已较成熟，因此氢作为清洁、高能燃料必将实现。

三、可燃性气体替代燃料

常见的可燃性气体如石油液化气、天然气、工业煤气等，均可作为汽油替代燃料。

液化石油气是石油炼制过程的轻馏分，主要成分为丙烷、丁烷及甲烷；天然气是甲烷、低碳烃分子的混合物，属自然资源；工业煤气主要成分为 CO，低碳的烷、烯及 H_2，是煤化工产物。在汽车燃料发展过程中，被广泛使用。

由于这些气体的分子组成及结构特点，使燃烧反应比较容易进行，如甲烷燃烧反应：

$$CH_4 + 2O_2 \longrightarrow 2H_2O + CO_2$$

1 个分子 CH_4 只需要 2 个分子氧即可完全反应。而汽油燃烧反应：

$$C_8H_{18} + 12.5O_2 \longrightarrow 8CO_2 + 9H_2O$$

即 1 个分子辛烷需要 12.5 个 O_2 分子方能完全反应。可以认为 CH_4 的完全燃烧比汽油燃烧容易得多，从化学上讲，反应级数相差较大，低碳分子燃烧完全，所以使排气中有害物质 HC、CO 的含量降低。

从 CH_4、C_3H_8、C_4H_{10} 的组成与结构看，含氢量较高，所以有比汽油高的燃烧热，可减少燃料气用量，有利于提高发动机压缩比，达到提高功率的目的，也有利于降低汽车排气量。

由于气体燃料分子小，结构相对稳定，有良好的抗爆性能，因此亦有利于改善发动机性能。此外气体燃料有利于提高燃料混合气质量。

我国曾在 20 世纪 60 年代成功地应用煤气及天然气替代汽油，解决了汽油暂时紧缺的困难。现在北京市正在进行以液化石油气作为汽车燃料的道路试验。

从汽车燃料的发展史看，汽油机的前身即点燃式发动机所使用的燃料即为甲烷气。

我国有丰富的天然气资源，液化石油气来源不困难，煤更多，加上气体燃料对环境保护的优势；为保护石油资源以发挥更多的潜在作用；结合我国使用气体燃料的成熟技术与经验，以上几点均证明气体替代燃料的使用是很有意义和广阔前景的工作。

四、可燃性液体替代燃料

液体燃料主要有甲醇、乙醇、苯等，在过去曾被广泛采用，作为汽油替代品。

这些燃料抗爆性能好，有利于提高发动机压缩比，发挥发动机功率。这些燃料分子量低，燃烧完全，所以排气中有害物质含量低。

虽然有些燃料热值较低，但是通过提高燃料混合气压缩比，可以得到克服。

我国乙醇、甲醇的产量较高，作为替代燃料也是有前途的。

五、混合燃料或电力的替代

以上对燃料的改进与替代，都是环境保护强化的体现，并且都可以取得预期的效果。近年来为解决汽车排气污染，突出环保性能，积极研究开发以电能（或辅以少量汽油）代替完全以汽油为燃料的汽车。

世界各大汽车厂正对混合燃料车和电动汽车进行研究。混合燃料车的特色，是动力系统由电动机与传统汽油发动机组成，启动及低负载时由电动机系统驱动，高负载状态则由汽油发动机取代，并且在减速和发动机运动的过程中，将能量储存到电池内，将能源循环利用。

电动汽车持续行驶的最大关键是电池，为此需开发适合电动汽车需求的高性能电池。目前镍氢电池较具批量生产规模，锂电池则可望在未来取代镍氢电池。但是电池效率与充电问题仍是电动汽车商业化的关键，为此又开发了燃料电池系统。美国通用公司认为由氢燃料经化学反应产生电源的燃料电动汽车，将是清洁高效且最有潜力成为顶尖解决污染方案的电动汽车。此外以工业用酒精或甲烷为燃料的电动汽车。燃料电池的提出是希望提供一个无需插座充电的电动汽车。

第三节　机动车排气的机内净化

汽车工业在追求经济性、动力性和可靠性的同时，现已突出降低排气量及有害物质含量的环保要求；回收利用汽油蒸气；对曲轴箱废气进行密封循环，这些都属于汽车排气的机内净化内容。

一、汽油箱汽油蒸气的控制系统[2,4]

汽油箱中的汽油会形成汽油蒸气。使用普通汽油箱时，会有汽油蒸气从加油口泄出，既浪费燃料又污染环境。采用密封式汽油箱可防止汽油蒸气的泄漏，并加以回收作为燃料。

1. 密封式汽油箱蒸气控制装置

某国外汽车公司生产的密封式汽油箱汽油蒸气控制系统见图 9-1、图 9-2。

从图中可以看出汽油蒸气流程。汽油箱中汽油蒸气经过液气分离后，汽油流回油箱，蒸气流向炭罐并吸收、贮存。当发动机工作时，利用化油器的真空将贮存的汽油蒸气吸入化油器，回收作为燃料。

此装置系统的特点是汽油箱密封，备有炭罐可贮存汽油蒸气。

2. 有关说明

(1) 密封式汽油箱中设置油面限制板或可膨胀装置，以保证汽油及其蒸气正常膨胀所需要的空间，保证安全。

(2) 汽油箱密封盖上装有液气分离器，使汽油不能进入蒸气管道。图 9-1、图 9-2 蒸气调节略有不同。图 9-1 系统中，当油箱真空或压力不正常时，汽油可通过油箱盖上双向泄压阀的开启，流回油箱，蒸气直接进入蒸气管道引向化油器；而图 9-2 中，汽油箱密封盖装有联合阀，将发动机造成的压力或真空的变化通过阀门与汽油箱隔离，使汽油蒸气进入炭罐，并可泄放汽油箱过高的压力，或者在发动机工作时提供新鲜空气。

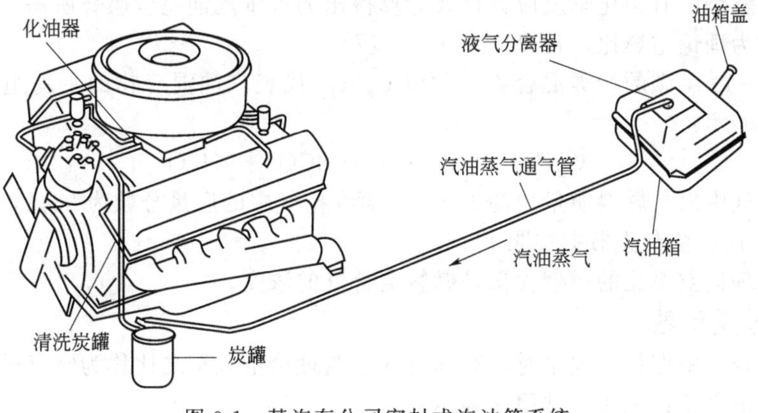

图 9-1　某汽车公司密封式汽油箱系统

(3) 炭罐底部装有滤清器，以去除气路中由曲轴箱中夹带的固体杂质，需定期更换。

密封式汽油箱汽油蒸气控制系统并不复杂，设备对材料及加工也无特殊要求，而节油、防污染的效果显著，值得推广。

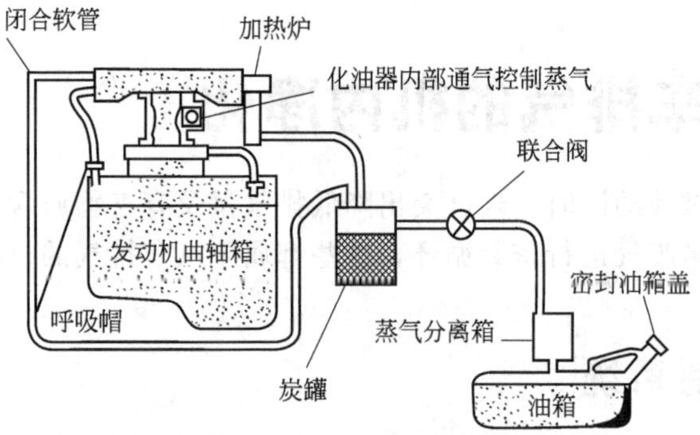

图 9-2 某汽车公司密封式汽油箱汽油蒸气控制系统

二、汽油直接喷射系统

以液态汽油为燃料时，汽油与空气形成燃料混合气，它的形成包括液体燃料在空气中雾化、汽化、扩散然后与空气混合的过程，所以燃料混合气存在浓度问题，汽油的供给方式必然影响混合气的形成及质量。

目前大多数汽油机利用化油器形成大体均匀的燃料混合气。现代汽车化油器基本上能满足汽油发动机的要求。随着汽车发动机性能的不断提高，化油器的缺点也不断暴露，如：不能满足发动机各种工况对混合气浓度的要求；很难保证汽车排气净化方面的要求。而这两项要求对现代化汽车是很严格的，也是讨论的重点。

汽油直接喷射系统是为航空发动机提供燃料的先进装置，可有效地控制燃料混合气的数量及浓度，提高燃料混合气气化、雾化的质量，保证发动机各个汽缸燃料能均匀分布，使燃料充分利用并降低有害物质的排放。

由于燃料混合气浓度是燃料反应的化学基础，因此需要了解浓度的有关概念。浓度对反应生成物的影响，重点是排气中有害物质的生成浓度问题；在此基础上再了解各种工况对混合气浓度的要求；最后分析汽油直接喷射系统的原理。

（一）燃料混合气的空燃比、空气过量系数以及空燃比对排气有害物含量的影响[2,3]

1. 空燃比

燃料混合气中空气与燃料的质量比，称为空燃比。常以 A/F 表示：

$$空燃比(A/F)=\frac{空气流量（质量/单位时间）}{燃料流量（质量/单位时间）} \tag{9-1}$$

2. 理论空燃比

按照汽油燃烧的有关化学反应方程式计算得出的可供汽油完全燃烧所需的最小空气量与燃料量之比称为理论空燃比，常以 $(A/F)_0$ 表示。

汽油是 5～11 个碳的烃类混合物，常以 C_8H_{18} 代表汽油混合物的平均组分，则其燃烧反应可由下式表示：

$$C_8H_{18}+12.5O_2 \longrightarrow 8CO_2+9H_2O$$

由此式可得空气中氧与燃料质量比约为 3.5。氧在空气中的质量分数为 23%，可得空气与燃料质量比约为 15。在专业书中常取 14.8。

空燃比及理论空燃比的物理含义是燃料混合气的浓度。

3. 空气过量系数

当燃料混合气中燃料量固定时，实际空气量与理论空气量之比称为空气过量系数，即实际空燃比与理论空燃比之比，常用 α 表示：

$$空气过量系数(\alpha)=\frac{实际空气量}{理论空气量}=\frac{(A/F)}{(A/F)_0} \tag{9-2}$$

α 的含义是燃料混合气浓度，但更偏重于浓度的比较。

$\alpha=1$，混合气浓度符合理论空燃比；

$\alpha>1$，混合气中空气过量，为稀混合气；

$\alpha<1$，混合气中燃料过量，为浓混合气。

由于混合气中空气流量及燃料流量都是宏观计量的，而实际混合气中因气液相混合不均，或汽油气化、雾化时间不足，在不同局部与瞬间，混合气浓度并不相同。这也是化油器的缺陷。

4. 混合气浓度（空燃比）对发动机排气中有害物质含量的影响

空燃比对排气中有害物含量有明显影响（见图 9-3）。

从图 9-3 中可以看出，空燃比在 $\alpha=1$ 附近的区域内，有利于降低排气中有害物质的含量。若能保持适当的空气过量系数，即 $\alpha=1.1$ 附近，排气中 HC、CO、NO_x 的浓度最低。

可以得出结论：燃料混合气浓度（空燃比）对排气中有害物质的浓度有明显的影响，因此需要保证燃料混合气合理的浓度。

通常化油器不能满足这个条件，需加以改进。

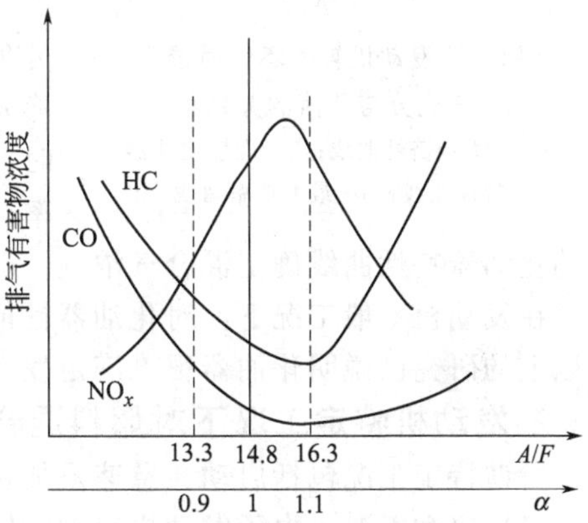

图 9-3　空燃比对排气有害物含量的影响

（二）发动机工况不同对燃料混合气浓度的要求

发动机工作过程中的转速和负荷情况称为工况。在不同工况下对混合气的要求如何？这里讨论的因素包括发动机转速、负荷、发动机功率、耗油率、混合气浓度之间的关系。

1. 一般运转工况

一般运转工况泛指发动机在各种转速及负荷下的工作情况。由于需要分析的因素太多，为使研究简化，采取固定某些因素的分析方法。

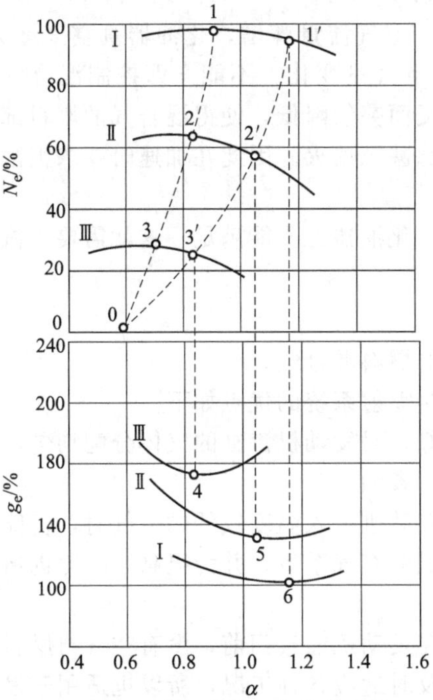

图 9-4　汽油机燃料调整特性曲线

(1) 汽油机燃料调整特性曲线　固定发动机转速，在各种负荷（即节气门各种开度）下，测定混合气浓度（α）与发动机功率的对应关系及 α 与耗油率之间的关系，这就是研究汽油机燃料调整特性曲线的目的。

以 N_e 表示发动机功率，以 g_e 表示耗油率，则 $N_e=f(\alpha)$ 及 $g_e=f'(\alpha)$ 的曲线见图 9-4。

图 9-4 中，Ⅰ、Ⅱ、Ⅲ分别表示节气门的一种开度（即负荷），1、2、3 为负荷Ⅰ、Ⅱ、Ⅲ对应的最大功率点，4、5、6 是负荷为Ⅲ、Ⅱ、Ⅰ时对应的最小油耗点，1′、2′、3′是 6、5、4 的对应点。

从图中可以看出发动机提供最大功率时需要对应一定的 α 的混合气；为使发动机节油也需要对应一定的 α 的混合气。

通过操作可获得很多 $N_e=f(\alpha)$ 及 $g_e=f'(\alpha)$ 曲线。将最大功率点及最小油耗点分别连成曲线，这就是图中 12303′2′1′。当混合气浓度（α）沿曲

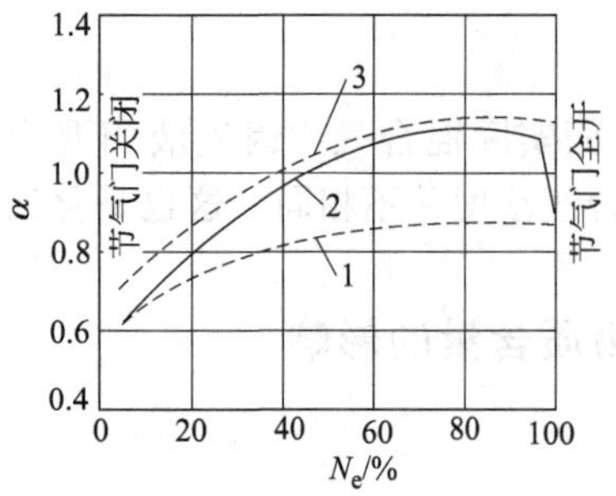

图 9-5 发动机转速不变时混合气成分与负荷的关系

1—最大经济性曲线；2—理想化油器特性曲线；3—最大功率曲线

线变化，则可获得最大功率点及最小油耗点。在连线以外，工作点的功率小，油耗大。可见发动机对混合气浓度的要求很严格。

发动机功率及油耗无疑对排气情况有一定影响。

（2）发动机转速不变时混合气浓度与负荷的关系 对图 9-4 进行坐标变换，坐标变换，则可得到转速不变时混合气浓度（α）与负荷的关系曲线，如图 9-5 所示。

从图 9-5 中可以看出，当发动机转速固定时，以部分负荷工作，可使用最经济混合气，即沿最经济曲线变换 α，可以用小油耗获大功率。当发动机满负荷工作时，使用最大浓度的混合气可使得发动机发挥最大功率。一般选择比最经济曲线值稍浓的混合气，即按照理想的化油器特性曲线确定混合气浓度。

在发动机一般工况下，对化油器性能研究的有关因素及结论很多，不再赘述。总之，通过以上的研究已说明化油器很难满足发动机工况对混合气的要求。

2. 发动机特定工况下对燃料混合气的要求

所谓特定工况包括启动、怠速及加速工况。

（1）启动工况 由于发动机启动时转速低，化油器喉管真空度低，燃料不易吸入；空气流量小，发动机温度又低，因此燃料不易汽化和雾化；混合气质量差，对各缸燃料混合气分配不均；因此对发动机点火比较困难。为便于点火，采用浓度很高，即 $\alpha=0.1\sim0.2$ 的混合气，而燃烧时也仅相当于 $\alpha=0.6\sim0.7$ 的效果。启动工况是燃料浪费最严重，排气中 HC、CO 浓度最高的工况。

（2）怠速工况 发动机无负荷而能以最低稳定转速运转的工况称为怠速工况。怠速工况略好于启动，仍需采用较高浓度的混合气，一般 α 为 0.6～0.7。

（3）加速工况 发动机加速时，节气门突然加大，空气流量骤增，化油器真空度增大，吸入燃料量加大。但是由于惯性，燃料量增加滞后于空气量变化，不能立即控制混合气浓度；同时节气门突然开大，使得发动机进气口真空度反而突然降低，使得混合气的燃料部分凝结，进入汽缸的混合气突然变稀，使发动机工作不稳甚至熄火。因此在加速时要求很浓的燃料混合气，α 达到 0.7。

从发动机特定工况对混合气浓度及数量的要求看，化油器也不能满足，这就需要由汽油直接喷射系统来解决。

（三）汽油直接喷射系统

汽油直接喷射系统可用以代替化油器，提供合理的燃料混合气。

汽油直接喷射系统分为机械式与电子式。汽油直接喷射系统的优点如下。

（1）汽油是靠压力输送的，所以汽油的雾化品质好，对发动机汽缸的气体分配均匀，能提供稳定、合理的空燃比的混合气，发动机工作稳定、省油。

（2）能提高发动机的最大功率。与化油器相比，发动机吸入温度较低的空气时，仍能获得雾化质量好的混合气。冷空气密度大，可提高发动机的充气系数，并为提高压缩比创造了条件，使热利用率提高，因此可以提高发动机的功率。

（3）对改变工况的反应快。由于汽油是直接喷射在发动机前气门前，没有空气与燃料供给的滞后现象；再加上汽油直接喷射的混合气浓度能及时适应各种工况，所以也适用于发动机的特定工况。

(4) 降低排气污染。

此外，还可以在恶劣的路面情况下使用，也能在高山地区，严寒地区使用，发动机工作可靠。

1. 机械式汽油直接喷射系统

我国红旗牌轿车采用的 GP 型、北京牌轿车采用的 301 型以空气流量传感器控制的汽油喷射系统属机械式。见图 9-6。

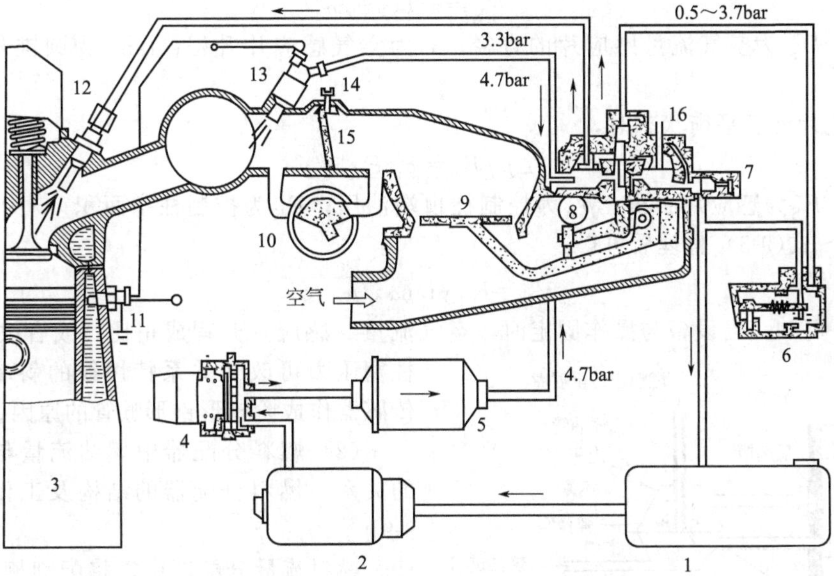

图 9-6　GP 型或 301 型汽油喷射系统

1—油箱；2—电动汽油泵；3—汽油机；4—稳压贮油箱；5—滤清器；6—暖机补偿器；7—压力调节器；8—怠速调节螺钉；9—空气计量器感应片；10—附加空气补偿器；11—水温传感器；12—主喷油嘴；13—冷启动喷油嘴；14—怠速空气调节螺钉；15—节气门；16—燃油分配器

(注：1bar=10^5Pa)

这种喷射系统的关键装置是空气流量传感器及汽油分配器。空气流量传感器由可浮动的流量感应片及锥形喉管组成，为适应特定工况（启动、怠速、加速）对燃料混合气的特殊要求，锥形喉管以不同锥度作成阶梯形。

空气流量传感器及燃油分配器见图 9-7 和图 9-8。

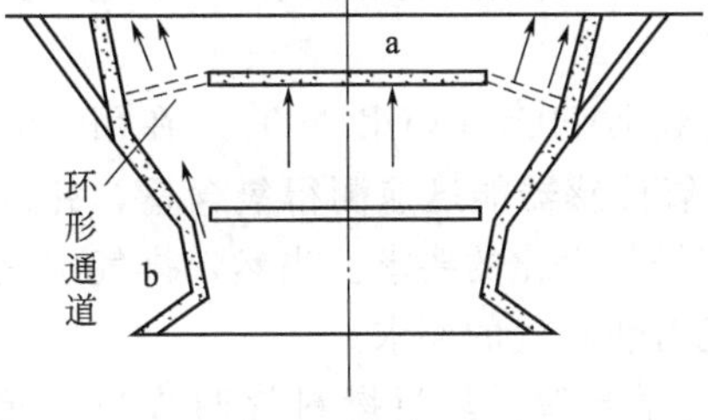

图 9-7　空气流量传感器原理图

a—空气流量感应片；b—阶梯锥形喉管

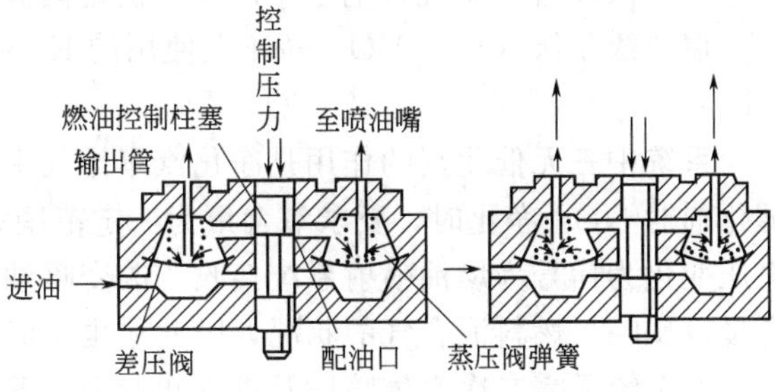

图 9-8　燃油分配器

为求得空气流量传感器中空气流量与燃油分配器中燃油流量之间的关系，首先进行分别研究，然后关联。

(1) 空气流量传感器中空气流量与升程的关系 在空气流量传感器中空气流动状态为纯涡流。按照流体力学伯努里方程式，空气流量可表示为下式：

$$V_L = \mu_L F_R \sqrt{2\Delta p_L / q_L} K_1 \tag{9-3}$$

式中，K_1 为归纳常数；V_L 为空气流量；μ_L 为流动因素；F_R 为环形通道面积；Δp_L 为空气传感器上下压差；q_L 为空气密度。

而环形通道面积

$$F_R = \pi D_S y \tan\alpha \tag{9-4}$$

式中，D_S 为空气流量感应片的直径；y 为空气感应片升程；$\tan\alpha$ 为圆锥角 α 的正切函数。

当感应片处于平衡状态时，

$$\Delta p_L F_S = p_{st} F_K x / y \tag{9-5}$$

式中，F_S为感应片面积；p_{st}为控制柱顶端油压；F_K为控制柱塞面积；x为柱塞行程。由式(9-1)～式(9-3) 整理后可得：

$$V_L = K_1 y \tan\alpha \sqrt{p_{st} / q_L} \tag{9-6}$$

从式(9-4) 可知，当设备与操作固定时，空气流量与感应片升程成正比；或者改变 $\tan\alpha$ 或柱塞压力可改变关系特性线的斜率。这也是传感器作成阶梯形锥形喉管的原因。

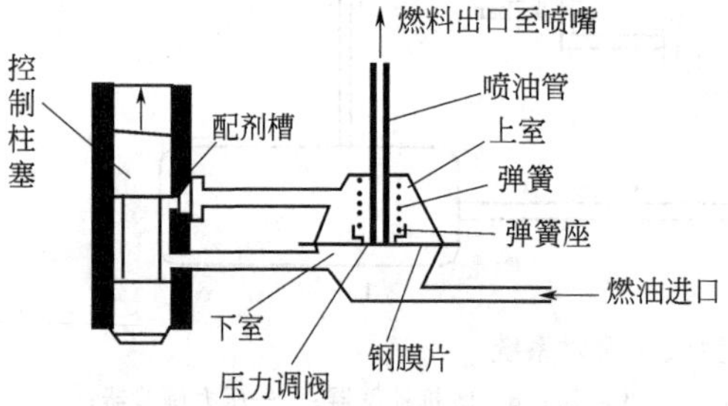

图 9-9 燃料分配器的结构原理图

(2) 燃料分配器中燃油流量与柱塞行程的关系 燃料分配器的结构及工作原理见图9-9。

燃料流量分配器中，将配剂槽逐渐打开，使得燃料流量逐渐增加。通过调节配剂槽下方的差压阀，使配剂槽的压力为常数，则喷油嘴和燃料泵的压差也为定数，使供油量不受系数压力和阻力的影响。

为适应发动机工况变化对燃料混合气浓度的要求，可通过改变柱塞行程来实现。在空气流量传感器设计中根据发动机启动及加速需要浓燃料气的要求，采用阶梯式设计方案，可有不同的柱塞行程，以得到不同空燃比的燃料气。

2. K型汽油直接喷射系统与三元催化剂、反馈系统

K型汽油直射系统属电子型产品，由德国波希（BOSCH）公司生产。

瑞典沃尔沃（VOLVO）轿车上使用的K型汽油喷射、三元催化剂及反馈系统布置如图9-10。

系统中三元催化剂的作用是净化汽车排气中三种有害物质HC、CO和NO_x。在用三元催化剂对NO_x净化时，要求氧含量为一定范围。系统中氧传感器能迅速测得氧含量，并以电压变化为信号为燃油喷射系统接收，改变喷油量以适应排气净化的要求。当然，排气中氧含量也反映了燃料混合气的状况，因此这也是满足发动机对燃料气的要求。

本系统无需二次空气喷射及排气再循环（EGR）的复杂装置。经过燃料气调节和三元净化后，其排气净化效果可达：HC 0.12g/km，CO 1.8g/km，NO_x 0.1g/km。

三、曲轴箱排气的回收

汽缸体及曲轴箱是发动机的骨架。汽缸体、曲轴箱的曲轴部分引导活塞作往复运动，部

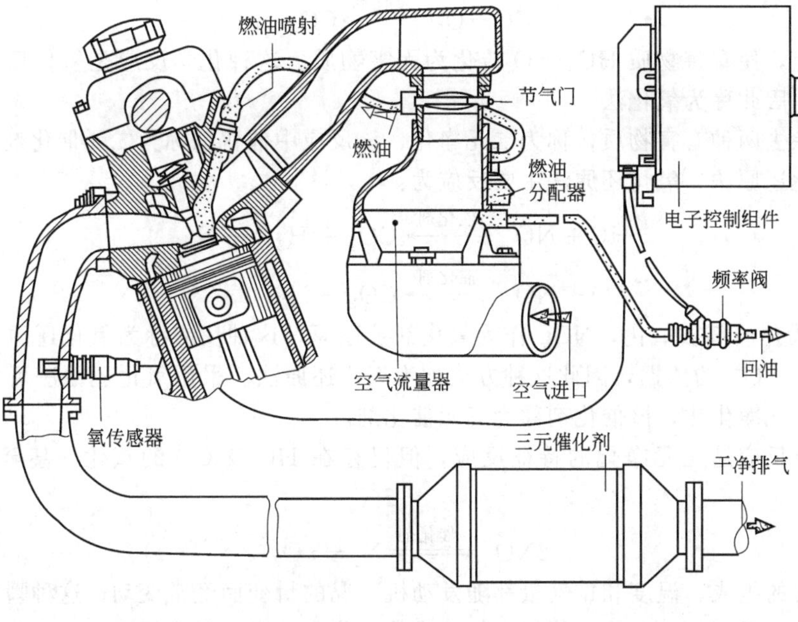

图 9-10　K 型汽油喷射、三元催化剂及反馈系统布置示意

分燃料气及废气穿过活塞环而窜入活塞箱，使箱内温度上升，影响曲轴箱的作用若产生漏油。常采用通风方法将燃料气及废气除掉。所谓自然通风，即将抽出的气体直接放空，既浪费又造成大气污染。将抽出气体引入发动机进气系统，强制通风，既可以回收燃料，又减少了大气污染。

美国福特汽车公司采用密封式系统同时回收汽油箱及曲轴箱蒸气的联合装置见图 9-11。

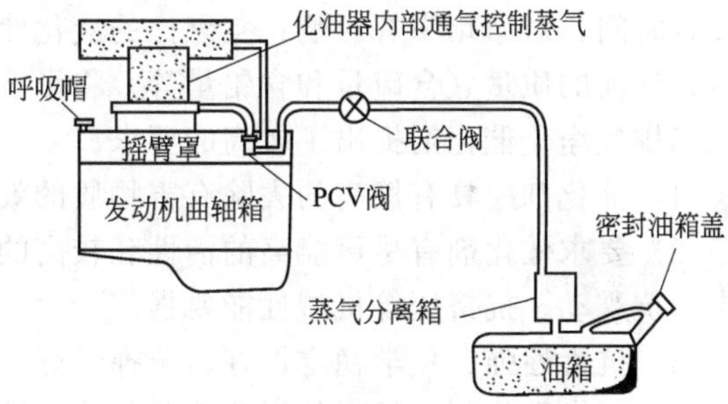

图 9-11　密闭回收汽油箱、曲轴箱蒸气的联合装置图

第四节　汽车排气的机外净化

由于汽车工业设计与制造水平、车辆维护保养状况、使用年限等原因，导致汽车排气中有害物质排放的形势严峻。

机外净化是汽车排气进入大气前的最后处理，净化效果直接决定有害物质的排放浓度。无论从环境保护还是汽车排气能否达标考虑，机外净化都是重要的[2~6]。

机外净化采用催化法，能迅速而有效地解决汽车排污问题，因此这种方法受到重视。这种方法无需对汽车排气提出条件，利用排气自身的温度及组成，在催化剂的作用下能将有害物质 HC、CO 及 NO_x 转化为无害的 H_2O、CO_2、N_2。根据有害物质净化的化学反应类型不同，主要分为氧化法和氧化还原法。

(1) 氧化法　氧化法主要反应为：

$$HC+O_2 \xrightarrow{\text{催化剂}} CO_2+H_2O$$

$$CO+O_2 \xrightarrow{\text{催化剂}} CO_2$$

通过催化反应，使有害物质 HC、CO 转化为无害物质。这种化学反应是氧化反应，是净化方法的依据，因此称为氧化法。

反应中除去两种有害物质，称为二元净化，该反应中催化剂称为二元催化剂。

(2) 氧化还原法 氧化还原法主要反应为：

$$HC+NO_x \xrightarrow{\text{催化剂}} CO_2+H_2O+N_2$$

$$CO+NO_x \xrightarrow{\text{催化剂}} CO_2+N_2$$

HC、CO 作为还原剂被氧化，NO_x 作为氧化剂被还原，这种反应称为氧化还原反应，是净化 HC、CO、NO_x 的依据，因此这种方法称为氧化还原法。采用氧化还原法可净化三种有害物，称为三元净化法，该催化剂称为三元催化剂。

氧化还原反应是三元净化的特征反应，但仍存在 HC 及 CO 的氧化，甚至有 NO_x 分解反应：

$$2NO_x \xrightleftharpoons{\text{催化剂}} N_2+xO_2$$

汽车排气的组成、温度和排气量都随发动机工况的瞬变而经常变动，这种瞬变的特性给催化过程带来一系列的复杂性。例如排气组成的变化直接影响反应物浓度的变化并影响化学平衡；温度的变化直接影响反应的速度，也影响化学平衡；排气量的变化影响气体与催化剂的接触时间，对净化率有影响；空燃比的变化使催化反应时而处于氧化气氛，时而处于还原气氛；汽油的质量（含硫量和含铅量等）将影响催化剂的寿命等。汽车这些苛刻的工作条件对汽车排气净化催化剂提出了较高的要求。

(1) 催化剂应具有极高的去除有害物质的效率。

(2) 要求催化剂有尽可能高的活性和较高的机械强度，特别是抗流体冲刷、抗磨损、抗撞击、抗震动、抗挤压等机械性能要强。

(3) 抗毒性强、化学稳定性好、选择性好。

(4) 要求催化剂有较高的耐热性和热稳定性。

(5) 要求催化剂有尽可能长的寿命。

(6) 要求不产生二次污染。

一、催化剂的制备

催化剂的制备方法及工艺条件可以影响晶体结构、比表面积、孔径大小及孔结构、粒子大小、分散状态，这些因素也会影响催化剂性能。因此催化剂的制备方法及工艺条件的变化，均使催化剂的性能产生明显的差异。

当活性组分负载于表面积很大的载体上时，活性组分可高度分散，提高了活性组分的热稳定性和机械稳定性，无疑对催化剂的寿命有利，同时提高了催化剂的利用率。如同种类同数量的催化剂负载于蜂窝载体、复合球形载体、球形载体时，由于蜂窝载体表面大，所以催化剂的利用率高；如果活性组分与载体之间发生相互作用，使载体具有助催化作用，则可能提高催化剂的活性与选择性。有些活性组分与载体之间生成中间体并介入催化反应，这种“双功能”的机理对催化剂的性能可产生良好的影响；活性组分的价格远高于载体，因此负载型催化剂较经济。

常用的活性组分负载方法大致可分三种，即浸渍法、混捏法和共沉淀法。最常用的是浸渍法。

将活性组分制成溶液，浸渍已成型的载体，再制得催化剂的方法称为浸渍法。所谓混捏法是将活性组分原材料与载体原材料采用物理的方法混捏在一起，再行处理后成型并制得催化剂的方法。共沉淀法与混捏法的区别是用化学共沉淀的方法获得含载体材料与活性组分的混合物，再成型制备催化剂。

各种负载方法的比较，见表 9-3。

表 9-3 催化剂负载方法的比较

共沉淀法	1. 负载量不受限制 2. 分散性好，也有沉淀不完全的现象 3. 难去除杂质 4. 沉淀不稳定，容易变质或组分间互相反应（如络合或生成其他化合物） 5. 难控制孔结构等
混捏法	1. 负载量不受限制 2. 分散性好 3. 载体为凝胶，比较稳定，对载体结构及催化剂结合形式影响小 4. 操作水凝胶程序能有效控制载体及催化剂物理性质及孔结构等
浸渍法	1. 负载量受限制 2. 催化剂中各组分分布及比例都不均匀 3. 因载体固定，催化剂比表面孔容减小

二、汽车排气的二元净化催化剂

根据我国汽车排气所含三种有害物质的排放情况，以 HC、CO 的问题较为突出，因此需要首先进行净化。这就是研究二元净化催化剂的目的。

从催化剂制备方法的分析中可知，似乎采用共沉淀法及混捏法制备汽车排气净化催化剂是不可行的，所以国内外一致采用浸渍法。

（一）载体

载体不仅是催化剂的支撑体，发挥其物理性能，而且影响催化剂性能。载体作为催化剂的重要组成应予充分重视。

1. 载体种类

美国曾采用氧化铝小球作催化剂载体，以浸渍法制备催化剂。由于氧化铝小球制备技术成熟、简单，并能有效控制比表面积及孔径、孔容等因素，价格低廉，因此作为催化剂载体应用较广。但是，由于小球［ϕ(4～6)mm］阻力大，对发动机性能有不良影响，加上在汽车运行过程中容易磨损及排出含有重金属离子的粉尘而污染环境，并且影响排气与催化剂的接触而使活性下降，因此被逐步以蜂窝陶瓷载体所取代。

堇青石蜂窝载体热膨胀系数小，活性组分负载后不因温度的变化而粉化或脱落，开孔率高，壁薄，因此气流阻力小，甚至低于原车消声器的阻力，对发动机性能有所改善，至少是没有不良影响。

我国生产的堇青石蜂窝载体的规格如表 9-4 所列。

表 9-4 堇青石蜂窝载体规格

形 状	圆柱体	椭圆柱		形 状	圆柱体	椭圆柱
孔数/(孔/in²)①	300	300	400	规格/mm	ϕ125×85	145×80×128

① $1in^2=6.4516cm^2$。

虽然载体中径向尺寸受模具制约不能随意改动，开孔情况亦如此，但其高度可适当增减，使载体体积与发动机汽缸容积合适地匹配。理想的载体体积不需拼接即符合净化的要求，以免拼接面磨损而降低催化净化效果。目前生产厂家尚不能满足此要求。

2. 载体的扩表（扩大比表面）处理

催化反应过程中吸附、反应、脱附等过程均是在催化剂表面进行的，因此要求有大的合适的表面，并提供更多的活性中心。由于堇青石蜂窝载体（骨架）的比表面小，因此需要在堇青石的表面覆盖很薄（0.01～0.025mm）的比表面大的活性氧化铝层，可有效提高催化剂的比表面积。

载体的扩表处理采用的是浸渍法。

（二）活性组分的设计

很多化学反应的机理并不清楚，加上催化剂的存在使得整个反应过程更加复杂。催化剂表层扩散、吸附、反应、脱附、反扩散等每个过程都会影响总体反应速度。而有关具体反应机理、催化剂组成、制备工艺等互相保密，至今不能提出具有普遍指导意义的设计思想。

在催化剂设计过程中一方面利用前人的研究成果和经验，另一方面需要针对具体研究对象进行积累性创新和探索。

1. 金属氧化物的选择

在工业催化剂中多采用多组分金属氧化物作活性组分，活性表现较好。汽车排气净化反应中发现有数百种有机化合物的氧化反应，因此可采用多组分金属氧化物作活性组分。

对于具体活性组分的确定，在前人研究金属氧化物活性的基础上进行探索。里德尔（Rideal）与兰格谬尔-欣谢尔伍（Langmuic-Hinshelwood）提出中间化合物理论，对生成热与活性的关系提出看法。

在大量的金属氧化物生成热测定的基础上，用氧化物生成热代替金属盐生成热，体现催化剂内金属化学变化中能量的变化，这种能量变化会影响催化反应。此外，在吸附与脱附过程中也存在热效应。为此金属在化学变化及吸附脱附时的有关能量（热）变化的规律，体现了活性组分的活性。但是考虑催化反应全过程，既有吸附和新物质的生成，又有脱附和新物质（如中间化合物）的分解，因此可选择能量变化中等的金属氧化物，如采用重金属与过渡金属作催化剂。对于烃类化合物和一氧化碳完全氧化反应，其活性顺序如下：

$$Pd>Pt>Co_3O_4>PdO>Cr_2O_3>Mn_2O_3>CuO>$$
$$CoO_2>Fe_2O_3>V_2O_5>NiO>Mo_2O_3>TiO_2$$

过渡金属存在变价，当然也存在能量的变化，这种能量的变化又介入反应。所以采用多组分过渡金属氧化物作催化剂可以为反应提供能量需要的选择机会。

由于在发动机启动过程中排气温度低，因此要求催化剂中含有起燃温度低的活性组分。仅就起燃温度而言，过渡金属中的确存在可与以低温活性好的贵金属相媲美的元素。

现已采用的催化剂中含有轻稀土元素。稀土元素有活性，而且可以提高载体的稳定性。如可提高载体机械强度，提高活性氧化铝的热稳定性、化学稳定性。不会使活性氧化铝与 Cu^{2+}、Ni^{2+} 生成没有活性的铝酸盐，保证了活性组分及载体 Al_2O_3 表层的性能。

为提高催化剂在高空速下的活性，可采用微量 Pd。

2. 金属盐的选择

由于活性组分是以金属盐作溶液浸渍载体后，经热处理后以氧化物形式负载的，因此为保证负载量，要求盐类有较大的溶解度。此外还要求不能挟带对催化剂活性有害的毒物，不能采用对人体有害的组分，如 $Ba(NO_3)_2$。通常采用硝酸盐（至于以后工艺中出现 NO_x，可用碱液吸收法处理）。

以金属氧化物溶于硝酸作为活性组分原料，经济、合理，微量的其他金属杂质对活性没有损害。

（三）浸渍液的配制与浸渍

1. 浸渍液浓度的确定

先确定活性组分负载率 6%。测定载体吸水率，计算出浸渍液各组分浓度；然后将各组分溶于水，配置需要浓度的浸渍液。但是在实践过程中，由于各种盐类溶解度不同，出现竞争现象，使部分盐类不能溶解，因此浸渍液浓度受到限制。此时降低浓度，重复进行有关工艺操作，可以达到预定的负载量。

2. 浸渍

浸渍操作就是活性组分的负载。

溶液浸渍法的负载量受到限制。为达到预定负载量有时需反复操作。此外浸渍时存在溶质在载体上竞争吸附、吸附饱和、吸附速度问题，因此出现吸附物比例与预期设计不相符、剩余浸渍液难以处理及组分分布不均的问题。这是多组分负载的严重缺点。按照浸渍液使用量的不同，浸渍法分为等量浸渍与过量浸渍两种。

等量浸渍是指采取适当数量的浸渍液，强制载体全部吸附（根据吸水率可得），此时负载总量和各组分的预定指标可得到保证，但分布极不均匀。过量浸渍法采用过量的浸渍液，在组分分布上略好于等量法，在总吸附量及组分比例上均难以控制。

（四）干燥、灼烧

自然晾干过程也是组分的扩散过程，水分的蒸发可能引起组分的重新分布，在干燥过程中造成组分分布不均匀更为显著。由于堇青石载体壁薄（0.8mm 左右），相对其他载体，组分均匀性的缺陷比较缓和。

在灼烧过程中盐类分解，硝酸盐在分解温度较低时（如在 150℃）应停留较长时间，以免急剧产生大量 NO_x 破坏负载层强度。

在分解过程中产生大量 NO_x，可用氨水或碱液吸收。从高温炉引出 NO_x 时，炉内应保持负压，以免溢出。

无论干燥或灼烧都应该控制升温速度。

三、汽车排气的三元净化催化剂

贵金属催化剂具有良好的活性、选择性和抗硫性能，制备工艺简单，所以为发达国家广泛采用。

由于发动机技术的进步，HC、CO 的排放浓度下降，而 NO_x 及 O_2 浓度上升，则会影响净化效果。目前通过汽油直射技术及氧传感技术尚能保证对排放气体中各组分的控制，以保证净化效果。但是随着新型发动机的出现，HC、CO 浓度继续下降，而 NO_x、O_2 浓度上升，已很难保证其净化反应所要求的条件，净化出现问题。20 世纪 90 年代初，德国、日本、美国已将净化技术重点移向固体酸（及超强酸）催化剂，以改性沸石、改性氧化铝作为 NO_x 分解反应的催化剂。

我国除少数单位采用贵金属催化剂外，多以钙钛矿型复合氧化物作为三元净化催化剂。与贵金属催化剂不同，后者可用于 NO_x 分解反应的催化，因此具有更加广阔的应用前景。

（一）贵金属三元净化催化剂[1~4]

1. 贵金属三元催化剂性能

贵金属作为催化剂有特殊性能或有较大的适应性，可作为活性组分。

Pt 作为活性组分，活性好，抗硫性能强，起燃温度低，对 NO_x 的氧化还原反应也有较好的选择性。Ru（钌）具有很好的对 NO_x 氧化还原性能，Ru 要求较高反应温度的困难已被 Pt 使 HC、CO 的氧化放热所解决，且价格较低。Pt、Ru 作为三元催化剂的主要活性组分是合理的。

Pd 也有较好的选择性催化性能，价格略高。Rh（铑）价格奇贵，慎用。

2. 催化剂制备

采用浸渍法制备催化剂。

（1）载体　可用负载活性氧化铝的堇青石蜂窝载体，也可用活性氧化铝小球或金属蜂窝作载体。

（2）浸渍液浓度与负载量　负载量按催化剂体积及贵金属单质计算。

按照等量浸渍法可以控制活性组分负载量，通过负载率＝吸水率×溶液浓度的公式计算出溶液浓度。

常用的盐为 H_2PtO_6 及 $RuCl_3$ 的水合物。

（3）浸渍操作　Pt 的负载量很小，对其分布分散性的要求特别突出。一般以 H_2PtCl_6 溶液浸渍载体时，在渗透过程中 H_2PtCl_3 即与 Al_2O_3 反应，速度很快，因此在催化剂内表面分布的活性组分很少，需要加入一定的 HNO_3，以缓解 H_2PtCl_3 与 Al_2O_3 的反应速度，改善 Pt 分布的分散性。

利用络合 NH_4^+ 可以有效地解决 Pt 的分布问题。

也有使用其他化合物的，如用乙酰丙酮铂加苯做浸渍液。

（4）关于浸渍操作中影响负载粒子大小的问题　希望活性组分能均匀分散，但分散度越高，则分散粒子就越小，而粒子大小与活性的关系并不存在规律，因此需要以实验解决问题。

（5）干燥、还原、灼烧　用离子交换浸渍法可获得贵金属在载体上均匀分布的催化剂，而无需还原，而且干燥过程对最后离子的分布无明显影响。

用其他浸渍法在干燥和灼烧过程中会有离子迁移向表面富集的现象，但灼烧后再还原有利于提高催化剂的比表面。这种原理也可用于催化剂的再生。

直接干燥，以 H_2 还原，工艺上比较简单。

（二）金属氧化物催化剂和合金催化剂

金属氧化物催化剂多由 CuO、Fe_2O_3、Cr_2O_3、Mn_2O_3 等两种以上的氧化物载于载体上制成。汽油中的铅对 Cu-Al_2O_3 催化剂起促进作用，可增加选择性。以钴的氧化物为主的多组分催化剂作为三元净化催化剂也有广阔的前景。

铜合金催化剂也称为蒙乃尔合金催化剂，对 NO_x 的催化还原也较有效。有载体的 Cu-Ni 催化剂，可在很宽的温度范围内，有效地脱除 NO_x 而不生成氨。日本宫部等提出的 Cu-Ni 系催化剂，在 600℃可净化汽车排气中 98%的 NO_x，同时能净化相当量的烃类化合物和一氧化碳，还可用于含铅汽油。

（三）钙钛矿型复合氧化物三元催化剂

我国由于贵金属资源匮乏，稀土元素贮量丰富，自 20 世纪 60 年代发现钙钛矿型复合氧化物（ABO_3）可同时具有多重催化性能以来，已开展了大量研究，期待以此代替贵金属催化剂达到三元净化的目的。最终因为活性及抗硫性能不够理想，加上此类催化剂制备困难，现实活性组分的组成及结构很难与预期结果一致，因此逐渐被冷落。

通过实验，证明改进催化剂组成设计的途径可以达到提高其活性及抗硫性能的目的。因此，ABO_3 可以成为性能良好的汽车排气三元催化剂。

特别值得注意的是，NO_x 净化所依据的是 NO_x 在空气中的分解反应，不会因新型发动机中含氧量高而影响活性。同时考察了反应温度对 NO_x 净化过程的影响。

1. 钙钛矿结构

与钙钛石（$CaTiO_3$）结构相同的金属氧化物的复合物统称钙钛矿或 ABO_3。钙钛矿结构如图 9-12 所示。

由图 9-12 可见钙钛矿为正立方六面体结构。A 为结构中心，由 12 个氧离子配位，形成紧密填充；B 一般称为活性中心，被 6 个 O 离子包围，其中晶格氧活泼，介入催化反应。

在 ABO_3 结构中，各组成离子的大小必须满足容限因子公式：

$$T=(R_A+R_B)/\sqrt{2}(R_B+R_O);0.75\leqslant T\leqslant 1$$

式中，T 为容限因子，R_A，R_B，R_O 分别为 A 离子、B 离子、O 离子的半径（应该说明，并非符合容限因子即能构成钙钛矿。当 A 位为 La 时此公式完全正确）。

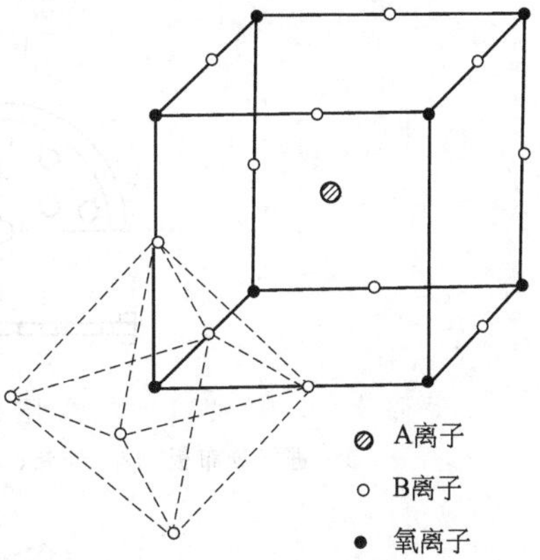

图 9-12　钙钛矿结构

2. 催化剂制备

钙钛矿形成是固相反应，要求各组分之间能按照 ABO_3 组成的比例互相接触，并且要求高温下灼烧较长时间。

用传统的浸渍法难以形成具有 ABO_3 结构的催化剂，因此制备工艺改用先合成钙钛矿活性组分，然后制成浸渍液，进行浸渍操作等。

（四）催化净化消声器

由于净化器采用多孔材料，在催化净化器设计中可考虑对低频噪声及高频噪声的处理，因此可以达到消声的目的。实验证明，设计较好的催化净化消声器与原消声器相比，消声效果较好，完全可代替消声器。而且净化器消声与消声器消声原理不同，气流阻力前者更小，因此有利于发挥发动机性能。

催化净化消声器结构如图 9-13 所示。外壳与内筒间衬垫硅酸铝纤维并紧压。内筒与催化剂之间衬垫硅酸铝纤维或波纹钢薄片，紧压。催化剂两端各有轴向固定花板，边缘以螺杆拉紧，紧压催化剂端面，以免轴向窜动。

各花板开孔直径及开孔率各不相同。倘若能提高催化剂厚度，使催化剂成为整体最为理想。

美国所用催化净化器结构的一个例子如图 9-14 所示。

催化剂用量以发动机汽缸总体积为标准。贵金属催化剂体积为 0.8～1.0 倍汽缸总体积，非贵金属催化剂为 1.0～1.2 倍汽缸总体积。

在三元净化器使用中需要有反应条件的控制如图 9-10 所示。

（五）氧传感器

氧传感器是控制发动机燃气浓度及排气中 O_2 含量的敏感元件。我国研制的氧化锆浓差电池型氧传感器，经测定其内阻与温度的关系曲线、响应时间、响应值等性能，

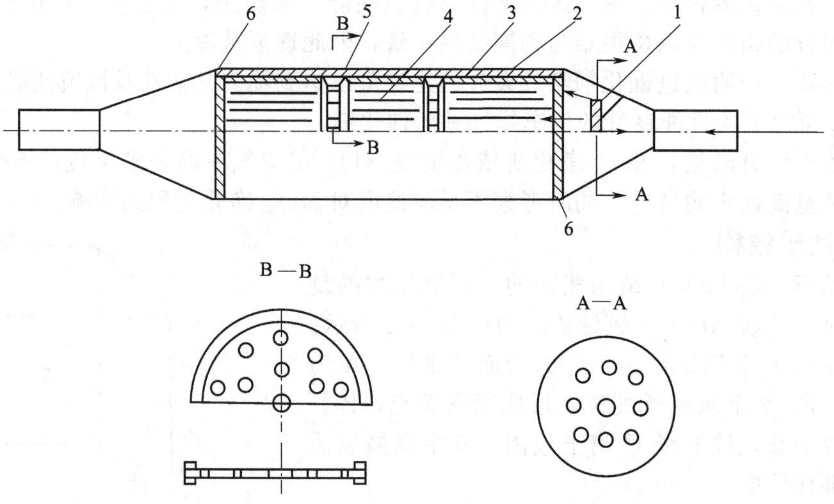

图 9-13 催化消声器结构示意

1—进气分布板；2—外壳；3—内筒；4—催化剂；5—隔离花板；6—轴向固定花板

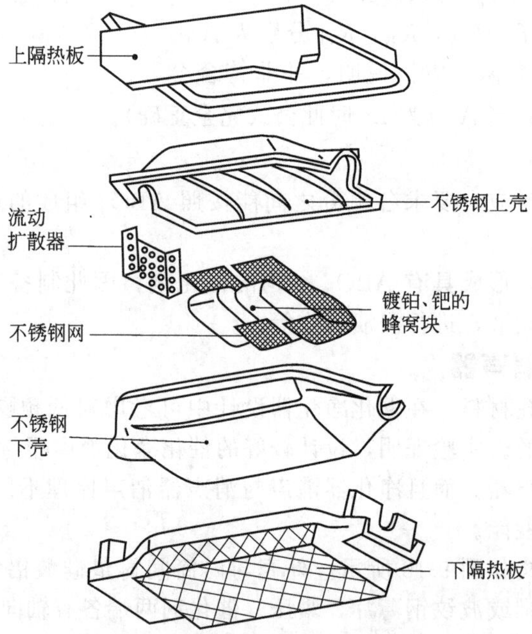

图 9-14 美国克莱斯勒公司催化净化器

与美国样品相比，无明显差别。

四、三效催化净化工艺流程

近年来由于电子技术、催化技术的发展，以及微机自动控制程序的应用，使空燃比能严格控制在 14.7±0.1 的精度，三元催化剂使三效催化反应器的设计、制造和应用成为现实。在此基础上三效催化净化工艺流程被提出，净化系统示意如图 9-15 所示。

汽车发动机排出的废气经三效催化反应器的净化，排气中的 HC 和 CO 通过催化氧化反应可转变成无害的 CO_2 和 H_2O，而 NO_x 通过催化还原反应可转变为无害的 N_2，净化后的

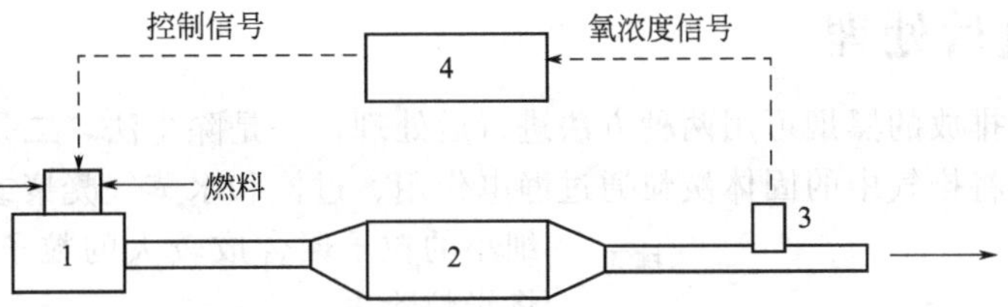

图 9-15 三效催化净化系统示意

1—发动机；2—催化反应器；3—氧感受器；4—控制器

气体可直接排入环境。在排出口装有氧感受器，可随时将排气中的氧浓度信号传给控制器，控制器可调整空燃比。试验证明当空燃比严格控制在 14.7±0.1 范围时，HC、CO 和 NO_x 三者的转化率均可大于 85%。当空燃比小于此值时，反应器处于还原气氛，NO_x 的转化率升高，而 HC 和 CO 的转化率则会下降；反之当空燃比大于此值时，反应器处于氧化气氛，HC 和 CO 的转化率会提高，而 NO_x 的转化率则会下降。因此该净化系统的关键部件是氧传感器。目前我国生产的氧传感器受氧化锆材料的影响，其使用寿命不理想，因此该净化系统的推广应用受到一定限制。

第五节 柴油车的排烟净化

柴油车及车用柴油机的排气污染物主要是黑烟，尤其是在特殊工况下，当柴油车加速、爬坡、超载时冒黑烟更为严重。这是由于发动机的燃烧室内燃料与空气混合不均匀，燃料在高温缺氧情况下发生裂解反应，形成大量高碳化合物所致。影响炭烟黑度的因素较多，而且柴油车排气中颗粒物、一氧化碳、烃类化合物、氮氧化合物等有害物对大气污染也很严重，为此可对机前、机内、机外分别采取防治措施，以便达到国家环保《21 世纪议程》中流动源大气污染控制目标。

一、机前的预防

与汽油车的机前措施相同，首先考虑燃料的改进与替代，开发新的能源；其次可在燃料中添加含钡消烟剂，例如加入碳酸钡可降低炭烟的浓度。在柴油中添加不同含量的钡盐其消烟效果如图 9-16 所示。

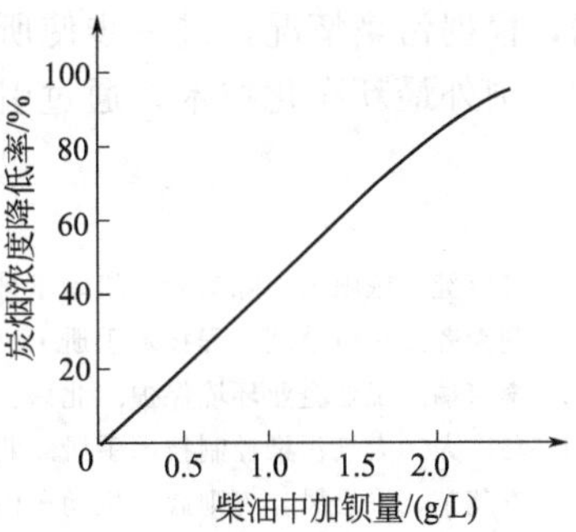

图 9-16 碳酸钡加入量对炭烟浓度的影响

二、机内净化措施

(1) 改进进气系统　经验证明空燃比较高时表明混合气中燃料的量较多，燃烧不完全会造成排气中炭烟黑度增加，可通过调节空燃比、增加空气量来减少炭烟黑度。

(2) 改变喷油时间　加大喷油提前角，即提早喷油的时间，可使更多的燃油在着火前喷入燃烧室，可加快燃烧速度而使炭烟黑度降低。但是过早喷油会引起更大的燃烧噪声，并增加 NO_x 的排放，所以喷油时间要严格控制。

(3) 改进供油系统　改进喷嘴结构，提高喷油的速度，缩短喷油的持续时间，也可使炭烟黑度降低。

三、机后处理

对发动机排放的黑烟可用两种方法进行后处理，一是除尘法，二是过滤法。

除尘法是将排气中的固体炭粒通过静电作用、过饱和水蒸气凝聚或超声波等方法，将极细小的粒子聚合成较大的粒子，然后经旋风除尘器将炭粒除去。

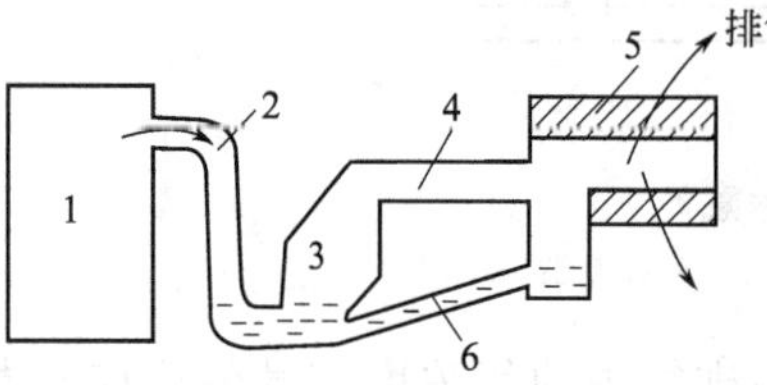

图 9-17 炭烟过滤装置

1—柴油机；2—排气管；3—蒸发器；4—冷却管；5—过滤器；6—冷凝水回流管

过滤法是将排气通过水层，使水蒸发，经冷却达到过饱和状态，形成以炭尘为核心的水滴，该水滴被过滤后，使排气得到净化，此方法可消除炭烟的90%。过滤系统如图 9-17 所示。

在蒸发器内，水中加入 0.3%的 NaOH 溶液可同时去除排气中的 SO_2 和甲醛等。尽管这种方法的除烟效果较好，但是其装置笨重（通常重达100kg），影响其推广使用，且每天都需要加水和清洗过滤器，水耗大致与油耗相等。

目前全球环保汽车业竞争激烈，为了达到节能降耗、减少排污甚至实现零污染的目的，各大汽车厂家纷纷推出最新研究成果，除上述从燃料、发动机的结构、机外净化等方面采取措施外，还从车身质量减轻、更换发动机的材料等方面着手推出许多新车型。例如为使车身轻量化，可采用复合材料代替钢铁，采用热塑性塑料组合成车身架在铝合金材质的底盘上，加上镁金属与超高强度的轻量化钢板材料可实现减轻车重。采用铝合金、碳纤维、镁合金与钛合金制造的车身质量可减少 40%。此外铝合金发动机技术已进入批量生产阶段，铝合金发动机可降低噪声和震动，达到增加燃烧效率、减少排污的目的。

为了赶上世界先进水平，我国正在建立健全大气污染防治的法规体系，完善管理的配套措施，制定各流动污染源的管理办法、技术政策和经济政策，发展效率高、污染较少和安全可靠的运输系统。对新生产车，降低污染应从改造发动机入手，提高关键部件的制造精度和可靠性，改善燃烧质量，满足排放标准的要求。对在用车，应通过加强维修和保养，达到排放标准。应根据汽车排放标准要求的宽严程度，正确选择适用的治理措施。在要求汽油车污染物排放削减 70%以前，应从改善发动机燃烧状况着手，减少污染物排放。开发使用代用燃料的新能源产品。收集全国交通运输工具的数量及污染情况，建立数据库。分析统计数据，根据污染情况，进一步使所制定的标准科学化，以促进技术水平的提高，降低污染量。学习国外最新净化技术，通过引进技术或合资生产，从根本上改善机动车的排放水平。

参 考 文 献

[1] 韩应健，戴映云，陈南峰. 机动车排气污染物检测培训教程. 北京：中国质检出版社、中国标准出版社，2011.
[2] 刘天齐. 三废处理工程技术手册·废气卷. 北京：化学工业出版社，1999.
[3] 李家瑞. 工业企业环境保护. 北京：冶金工业出版社，1992.
[4] 马广大. 大气污染控制技术手册. 北京：化学工业出版社，2010.
[5] 方茂东，许心凤，王则武. 机动车污染防治行业发展综述. 中国环保产业，2010，11：18-21.
[6] 中国环境保护产业协会机动车污染控制防治委员会. 我国机动车污染防治行业技术发展综述. 中国环保产业，2010，10：24-27.

第十章 其他气态污染物的控制

第一节 硫化氢的治理

在自然界中硫化氢的产生主要与火山活动有关，此外也分散地产生于矿泉、湖泊、沼泽、下水道及肥料坑等处，特别是蛋白质腐烂时产生的硫化氢较多。在工业生产中，硫化氢主要来自于天然气净化、石油精炼、炼焦及煤气发生等能源加工过程；其中天然气净化、石油精炼尾气中所含浓度较高，总量最大。其次在硫化染料、人造纤维、二硫化碳等化工工业，以及在医药、农药、造纸、制革等轻工业生产中也有产生，虽然总量较小，但浓度往往很高，对环境污染比较严重，危害身体健康，必须加以治理。对硫化氢的治理主要是依据其弱酸性和强还原性进行脱硫[1,2]。目前国内外所采用的方法很多，但归纳起来主要还是干法和湿法两类，具体的方法应根据废气的性质、来源及具体情况而定。

一、干法脱硫

干法脱硫是利用 H_2S 的还原性和可燃性，用固体氧化剂或吸附剂来脱硫，或者直接使之燃烧。干法脱硫是以 O_2 使 H_2S 氧化成硫或硫氧化物的一种方法，也可称为干式氧化法。干法脱硫常用的有改进的克劳斯法、氧化铁法、活性炭吸附法、氧化锌法和卡太苏耳法。所用的脱硫剂、催化剂有活性炭、氧化铁、氧化锌、二氧化锰及铝矾土，此外还有分子筛、离子交换树脂等。干法脱硫一般可回收硫、二氧化硫、硫酸和硫酸盐。

1. 改进的克劳斯法[1,4]

克劳斯法自 1883 年创立以来，几经改进，其基本原理相似，仅在设备和布置方面有些差别，该方法的基本化学反应如下：

$$H_2S+\frac{1}{2}O_2 \longrightarrow H_2O+S \tag{10-1}$$

$$H_2S+\frac{3}{2}O_2 \longrightarrow H_2O+SO_2 \tag{10-2}$$

$$2H_2S+SO_2 \longrightarrow 2H_2O+2S \tag{10-3}$$

其中反应式（10-1）和反应式（10-2）发生于加热阶段（反应炉），反应式（10-3）发生于催化阶段（催化转化器）。当使用催化剂时，反应可在较低的温度（200～400℃）下发生，否则需要 1000℃以上的高温。

催化剂一般采用做成丸形或球状的天然矾土或氧化铝，有时也用活性更大的硅酸铝或铝硅酸钙等。催化剂用量为反应混合物的 0.1%～0.2%，反应器内温度应<650℃，以保护催化剂不被损坏。当有碳氧化合物存在时，温度不宜超过 480℃。

克劳斯法要求 H_2S 的初始浓度应>15%，用以提供足够的热量以维持反应所需的温度。克劳斯法脱硫的工艺流程如图 10-1 所示。

在该方法的工艺流程中，操作时应控制 H_2S 和 SO_2 气体物质的量比为 2∶1，进入转化炉后，在炉内经催化剂铝矾土作用生成元素硫，而所需的 SO_2 是通过燃烧 1/3 的 H_2S 而获得的。该方法适合于 H_2S 浓度较高的废气，其净化的效率可以超过 97%。

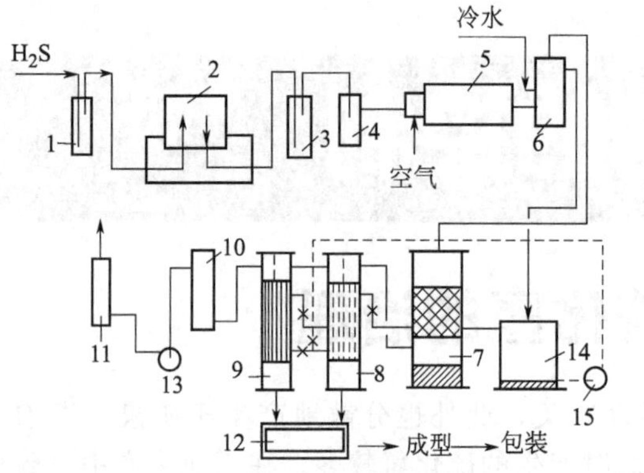

图 10-1 克劳斯法脱硫工艺流程

1—进气水封；2—气柜；3—出气水封；4—水分离器；5—燃烧炉；6—废热炉；7—转化器；8—第一冷凝器；9—第二冷凝器；10—泡罩金属网捕集器；11—水洗塔；12—液硫贮槽；13—引风机；14—热水槽；15—热水泵

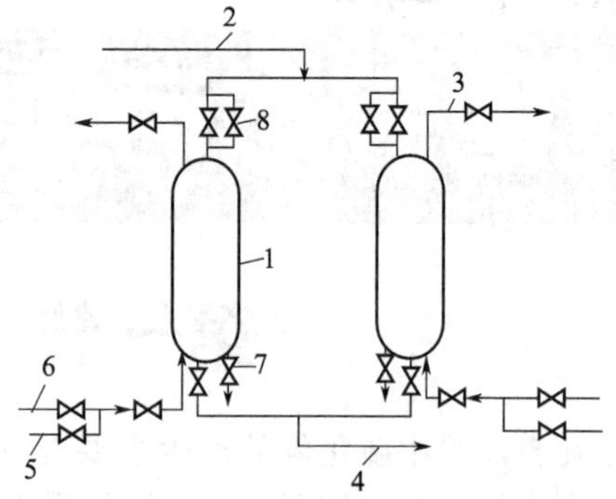

图 10-2 活性炭脱硫工艺流程

1—活性炭吸附器；2—废气进口管；3—放空管；4—净气出口管；5—氮气管；6—再生蒸汽管；7—排污管；8—充压旁路

2. 活性炭吸附法

该方法是 20 世纪 20 年代由德国染料工业公司提出的[4]。活性炭是一种常用的固体脱硫剂，它在常温下具有加速 H_2S 氧化为 S 的催化作用并使硫被吸附。在活性炭上沉积的硫，可用适当的溶剂（硫化铵）萃取而回收，活性炭则可以重复使用，直至炭粒大量磨细为止。活性炭脱硫的工艺流程如图 10-2 所示。

在吸附器中用活性炭吸附 H_2S，向吸附后的活性炭层通氧气使 H_2S 转化成元素硫和水，再用 15%硫化铵水溶液洗去硫黄，活性炭可以继续使用。两个吸附器轮流吸附和再生。

活性炭尘埃适合于处理天然气和其他不含焦油物质的含 H_2S 废气、粪便臭气，其优点在于简单的操作可以得到很纯的硫，如果选择合适的炭，还可以除去有机硫化物。H_2S 与活性炭的反应快、接触时间短、处理气体量大。为完全除去 H_2S 废气，床温应保持<60℃，因为 H_2S 与活性炭的反应热效应大，所以该方法不宜处理 H_2S 浓度>900 g/m^3 的气体。

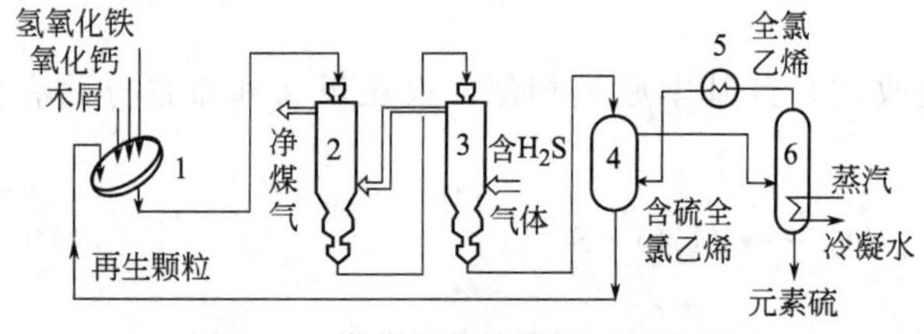

图 10-3 塔式氧化铁脱硫工艺流程

1—造粒装置；2—1# 脱硫塔；3—2# 脱硫塔；4—抽提器；5—冷却器；6—分解塔

3. 氧化铁法[3,4]

氧化铁法采用的脱硫剂为氢氧化铁，并添加石灰石、木屑和水等。氧化铁法分箱式和塔式两种，箱式脱硫剂的厚度可取 600mm，空速可取 20～40h^{-1}；塔式占地面积小，脱硫剂处理简单，其工艺流程如图 10-3 所示。

脱硫是在脱硫塔中进行的，使用后的脱硫剂在抽取器用全氯乙烯抽提，得到再生后的脱硫剂可以循环使用。含硫全氯乙烯在分解塔中遇热分解出硫，并熔融硫排出塔外，而全氯乙烯冷却后还可以循环使用。

氧化铁法适合于处理焦炉煤气和其他含 H_2S 气体，净化 H_2S 效果好，脱硫效率可达 99%；但该方法占地面积较大，阻力大，脱硫剂需定期再生或更换，总体上不是很经济。

4. 氧化锌法

氧化锌法采用氧化锌作为脱硫剂，该方法适合于处理 H_2S 浓度较低的气体，脱硫效率高，可达 99%，但脱硫后一般不能用简单的办法来恢复氧化锌脱硫剂的脱硫性能。

二、湿法脱硫

与干法脱硫相比，湿法脱硫具有占地面积小、设备简单、操作方便、投资少等优点，因此脱硫除 H_2S 方法正向着湿法转变，湿法也是目前常用的方法。按脱硫剂的不同，湿法脱硫又可以分成液体吸收法和吸收氧化法两类。液体吸收法中有利用碱性溶液的化学吸收法、利用有机溶剂的物理吸收法，以及同时利用物理吸收和化学溶剂的物理化学吸收法；而吸收氧化法则主要采用各种氧化剂、催化剂进行脱硫。这些方法一般均可副产硫、硫酸和硫酸铵等。

一般化工、轻工等行业排出的含 H_2S 浓度高、总量小的废气，常用化学吸收法或物理吸收法处理；对于含 H_2S 浓度较高而且总量也很大的天然气、炼厂气，则应以回收硫黄为主要技术政策，常用克劳斯法及吸收氧化法处理，而对于低浓度 H_2S 气体，一般使用化学吸收法或吸收氧化法净化。

（一）液体吸收法[6~8]

1. 吸收剂的选择与要求

由于 H_2S 的水溶液中含电离出的 $[H^+]$，以致影响了净化过程的化学平衡，当 pH 值增加时，溶解度也会相应地增加，但作为一般规律，吸收能力强的溶剂的再生也是较困难的，所以目前一般不采用强碱性溶液，而大多采用 pH 值在 9～11 之间的强碱与弱酸的盐溶液。

为了使吸收剂 pH 值不随 H_2S 吸收后变化过大而影响操作的稳定性，所选用的吸收剂应该是缓冲溶液。常用的缓冲溶液（吸收剂）为强碱弱酸所组成的盐溶液，如碳酸盐、硼酸盐、磷酸盐、酚盐和酚的衍生物、氨基酸等有机盐以及弱碱溶液，如氨、乙醇胺等。

对用于物理吸收法的有机溶剂的要求是有机溶剂对 H_2S 的溶解度应比水高出数倍，而对气流中的主要组分（如氢和烃类）的溶解度较低。此外，还应该有很低的蒸气压、低黏度和低的吸湿性，对普通金属不蚀，也不会与气体中其他组分起作用才行。目前国内外常用的有机溶剂有甲醇、*N*-甲基-2-吡咯烷酮、碳酸丙烯酯、环丁砜等。

脱硫过程要求吸收剂对 S 的溶解度大，所以应在低温高压下进行吸收。但温度过低，溶液黏度增大，流动阻力增加，而且化学反应速度也会减慢，反而不利于吸收。再生过程中希望硫的溶解度小，应该在高温低压下进行解吸。因此工业上一般是在常温下吸收，而在常温或加热条件下再生；加压或常压下吸收，常压或真空下再生。

2. 弱碱溶液的化学吸收法

目前工业中广泛采用的弱碱溶液化学吸收法主要是乙醇胺法。利用乙醇胺易与酸性气体反应生成盐类，在低温下吸收，在高温下解吸的性质，可以脱除 H_2S 等酸性气体。常用的乙醇胺类吸收剂有一乙醇胺（MEA）、二乙醇胺（DEA）等，并分别称为 MWA 法和 DEA 法。

从乙醇胺类化合物的结构来看，各种化合物至少都有一个羟基和一个氨基，一般认为羟基能降低化合物的蒸气压并增加在水中的溶解度；而氨基则在水溶液中提供了所需的碱度，以促使对酸性气体的吸收。例如，一乙醇胺的水溶液吸收 H_2S 的化学反应为：

$$2RNH_2 + H_2S \longrightarrow (RNH_3)_2S \tag{10-4}$$

$$(RNH_3)_2S + H_2S \longrightarrow 2RNH_3HS \tag{10-5}$$

当气体中存在 CO_2 时，也同时被吸收：

$$2RNH_2+CO_2+H_2O \longrightarrow (RNH_3)_2CO_3 \tag{10-6}$$

$$(RNH_3)_2CO_3+CO_2+H_2O \longrightarrow 2RNH_3HCO_3 \tag{10-7}$$

$$2RNH_2+CO_2 \longrightarrow RNHCOONH_3R \tag{10-8}$$

虽然上述生成物均为固定的化合物（有些将分离并结晶出来），但在正常情况下，它们具有相当大的蒸气压，所以平衡溶液的组成随溶液面上酸性气体的分压而变化。由于这些生成物的蒸气压随温度升高而迅速增加，所以加热便能使被吸收的气体从溶液中蒸出。各种醇胺吸收 H_2S 流程的基本形式如图 10-4 所示。

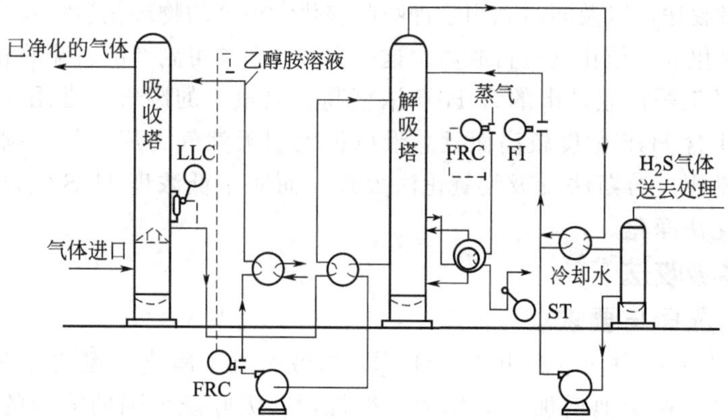

图 10-4 用醇胺吸收 H_2S 气体的流程

LLC—液位控制器；FRC—流量记录控制器；FI—流量指示器；ST—汽水分离器

一乙醇胺溶液（MEA）一般被认为是一种对 H_2S 吸收较好的溶剂，因为它价格低廉、反应能力强、稳定性好，且容易回收。但它存在两个主要缺点，一是其蒸气压相当高，溶液的损失量较大，该缺点可采用简单的水洗方法从气流中吸收蒸发的胺来克服；二是它能与氧硫化碳 COS（是裂化气中常见的组分）反应而不能再生，所以 MEA 法一般只能适合于净化天然气和其他不含 COS（或 CS_2）的气体。

对含有 COS 的气体，一般使用二乙醇胺（DEA）作为对 H_2S 的化学吸收剂。20%～30%的 DEA 溶液可负荷 0.77～1.0mol H_2S/mol 胺，比 MEA 溶液高 2～2.5 倍，DEA 溶液的蒸气压较低，所以损失较 MEA 溶液要少 1/6～1/2；所以 DEA 法较 MEA 法投资和运行费用都低。DEA 溶液对烃类溶解度较小，由该方法产生的 H_2S 气体中烃类含量＜0.5%，便于回收，净化程度较高。

3. 碱性盐溶液的化学吸收法

采用碱性盐溶液吸收 H_2S 时，要求 H_2S 气体与吸收液反应而生成的任何化合物必须易于分解，以利于吸收液的再生。一般采用强碱和弱酸的盐类，这些盐类使吸收液呈碱性，能吸收酸性气体，而且由于弱酸的缓冲作用，在吸收酸性气体时，pH 值不会很快发生变化，保证了系统的操作稳定性。此外碱性盐溶液吸收 H_2S 比吸收 CO_2 快，当两种酸性气体同时存在时，可以部分地选择性吸收 H_2S。该类方法所用的吸收液较多，常用的主要为碳酸钠溶液。碳酸钠溶液对 H_2S 吸收的化学反应为：

$$Na_2CO_3+H_2S \longrightarrow NaHCO_3+NaHS \tag{10-9}$$

同时也能吸收气体中的氰化氢，并且有很大一部分被吹入的空气所氧化，其反应为：

$$2NaHS+2HCN+O_2 \longrightarrow 2NaSCN+2H_2O \tag{10-10}$$

该方法的主要优点是设备简单、经济；主要缺点是一部分碳酸钠变成了重碳酸钠而吸收效率降低，一部分变成硫酸盐而被消耗。用真空蒸馏再生的碳酸钠溶液吸收 H_2S 的方法称为真空碳酸盐法，是近年科柏公司提出的。这种改进的西柏法，可把蒸气需求量减少至约为常压下的 1/6，且回收的 H_2S 浓度较高，用途较大。

4. 有机溶液的物理吸收法

有机溶剂物理吸收的 H_2S 在其分压降低后即可解吸，克服了化学吸收法需在加热条件下才能解吸的不经济缺点。大多数有机溶剂对 H_2S 的溶解度高于对 CO_2 的溶解度，所以可有选择性地吸收 H_2S。该法要求 H_2S 在气体中的浓度要高。当被处理气体的纯度要求高时，残余的 H_2S 一般采用化学吸收法再度处理。常用的物理吸收法有冷甲醇法、*N*-甲基-2-吡咯烷酮法、碳酸丙烯脂法等。

物理吸收法最简单的流程，只需吸收塔、常压闪蒸罐和循环泵。典型物理吸收操作流程如图 10-5 所示。

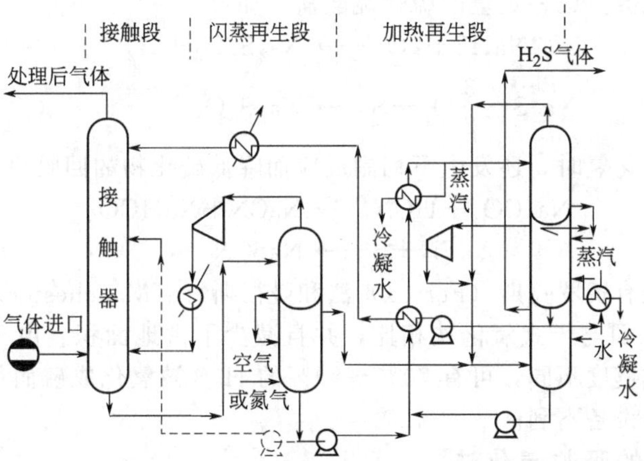

图 10-5　物理吸收法脱除 H_2S 的典型流程
（几种不同的溶剂再生形式）

冷甲醇法采用甲醇作溶剂，在低温（－20～－75℃）和高压（2.229MPa，即 22atm）下吸收 H_2S。此法主要优点是耗能少，溶液再生时因降压被冷却，进气则借助高效换热器用净化后的气体冷却，能产出含水极少的气体产品；主要缺点是溶剂吸收重烃类，即使在低温下甲醇的蒸气压也仍然很高，蒸发损失相当大。

5. 环丁砜溶液的物理化学吸收法

环丁砜的特点是兼有物理溶剂和醇胺化学吸收溶剂的特性，其物理特性来自环丁砜（二氧四氢噻吩），而化学特性来自 ADIP（二异丙醇胺）和水。在 H_2S 气体分压高的条件下，物理环丁砜允许很高的酸性气体负荷，具有较大的脱硫能力；而化学溶剂 ADIP 可使处理过的气体中残余 H_2S 减少到最低值。

采用环丁砜溶剂脱硫，吸收力强、净化率高，不仅可脱除 H_2S 等酸性气体，还可以脱除有机硫。由于其吸收能力强，所以溶液循环量低，溶液不易发泡，稳定性较好，使用过程中胺变质损耗少、腐蚀性小，而且溶液加热再生较容易，耗热量低，特别当 H_2S 分压高时，该法更为适用。

（二）吸收氧化法

吸收氧化法的脱硫机理与干式氧化法相同，而操作过程又与液体吸收法类似。该法一般都是在吸收液中加入氧化剂或催化剂，使吸收的 H_2S 在氧化塔（即再生塔）中氧化成硫而使溶液再生。常用的吸收液有碳酸钠、碳酸钾和氨的水溶液；常用的氧化剂或催化剂有氧化铁、硫代砷酸盐、铁氰化合物复盐及有机催化剂组成的水溶液或水悬浮液。近年来该法发展较快，应用得到广泛推广。

1. 氧化铁悬浮液的吸收法

该类方法的脱硫原理都是以 H_2S 与碱性化合物（碳酸钠或氨）的反应为基础的，并利用硫氢化物与水合氧化铁的反应。再生过程是借吹入空气使硫化铁转化为硫和氧化铁。整个过程的反应为：

$$Na_2CO_3+H_2S \longrightarrow NaHS+NaHCO_3 \quad (10\text{-}11)$$

$$Fe_2O_3 \cdot 3H_2O+3NaHS+3NaHCO_3 \longrightarrow Fe_2S_3 \cdot 3H_2O+3Na_2CO_3+3H_2O \quad (10\text{-}12)$$

$$2Fe_2S_3 \cdot 3H_2O+3O_2 \longrightarrow 2Fe_2O_3 \cdot 3H_2O+6S \quad (10\text{-}13)$$

这三个主反应中的式（10-4）和式（10-5）是脱硫过程，而式（10-6）是再生过程；除此之外，由于操作条件和被处理气体的组成不同，还发生一些副反应，生成不希望有的硫化物，一般不可避免地会生成一定量的硫代硫酸盐。如：

$$2NaHS+2O_2 \longrightarrow Na_2S_2O_3+H_2O \quad (10\text{-}14)$$

$$Na_2S+\frac{3}{2}O_2+S \longrightarrow Na_2S_2O_3 \quad (10\text{-}15)$$

当气体中含有氰化氢时，还发生下列副反应而降低硫化物的回收率：

$$Na_2CO_3+HCN \longrightarrow NaCN+NaHCO_3 \quad (10\text{-}16)$$

$$NaCN+S \longrightarrow NaSCN \quad (10\text{-}17)$$

该类方法的代表有费罗克斯（Ferrox）法和曼彻斯特（Manchester）法。该类方法的脱除效率85%～99%，可与干式氧化铁相比，并且减少了占地面积。由于气体中氰化氢含量和硫代硫酸盐的生成速度不同，可有70%～80%的 H_2S 被氧化成硫而得以回收，该循环液具有腐蚀性，对碳钢设备不利。

2. 有机催化剂的吸收氧化法

这类方法是采用适量水溶性酚类化合物盐类做催化剂或氧载体的碱性溶液，这些有机化合物能借氧化态转变为还原态而使 H_2S 很快转化为硫，而本身与空气接触时很容易再氧化，所以可循环使用。与其他吸收氧化法相比，该类方法的吸收液无毒且排出物无污染，副产硫的质量好，净化效率高。因此得以广泛的应用。

（1）对苯二酚催化法　这种方法是采用含 0.3g/L 有机氧化催化剂（通常为对苯二酚）的氨水溶液吸收 H_2S，再与空气接触而使氢硫化氨氧化为硫。此方法的流程很简单，与其他氧化法相类似，脱硫条件基本上与氨水吸附法一样，但其脱硫效率高（可达99%），操作简便，可在常温下再生；动力消耗也小，回收硫的纯度高，在我国一些氮肥厂已被采用。在该方法的生产过程中应控制 CO_2 浓度小于10%，因为 CO_2 浓度过高会使吸收液 pH 值降低而影响脱硫的效果，还应严格控制进气量中的氧含量要小于0.5%，因为氧含量过高，在吸收塔中会产生大量的再生反应而析出硫，将使吸收操作恶化。

（2）APS 法　是我国所研制的一种方法，以氨水为吸收剂，以苦味酸（2,4,6-三硝基苯酚）为催化剂，脱硫效率可达94%～95%，并可同时脱除氰化氢。为消除吸收液中盐类积累对脱硫效率的影响，部分吸收液及盐类采取加压加酸转化的方法，转化尾气中含有部分有机硫气体，可在催化剂作用下通蒸汽使其变为 H_2S，返回吸收塔脱除。回收产品为硫和硫胺，无二次污染。

液体吸收法、吸收氧化法等湿法脱硫，处理能力大，脱硫效率高，一般无二次污染。

（三）硫化氢气体净化实例

为了排出恒应变速度应力腐蚀试验机、恒荷重应力腐蚀试验机、腐蚀液循环槽、恒温腐蚀槽、通风柜、硫化氢气瓶室产生的硫化氢气体，设置了排风系统。在排风系统中设有填冲式洗涤器净化设施，洗涤器内钠液吸附硫化氢并循环使用。气体入口浓度为 $100mL/m^3$，出口浓度为 $5mL/m^3$。洗涤器内循环水 pH 值控制在 12 以下，保温箱循环钠液用电加热器加热，液温控制在 40℃左右。

1. 净化系统流程

有害气体经吸气罩、管道、洗涤器净化，净化后直接排入大气。循环液贮存在洗涤器下部槽中，经循环泵送入洗涤器上部循环喷淋，钠液管的钠液由钠液泵输送到洗涤器底部，使钠液溶解于水，冬季为防止钠液冻结，洗涤器钠液流向保温箱内加温，再由保温箱返回洗涤器内。

2. 系统设计参数的确定

（1）排风量　设备作业的前提是：设备罩上设有工作送样门、取样门，此门开着时可做空气的进入口，作业时，罩上的门可以同时开两个。

空气入口的风速控制范围为：①送样门和取样门全闭时，仅空气补给口敞开，经补给口的风速为 1m/s，此时流入的空气量为 Q_1（罩的最高设定值）；②送样门和取样门全开时，空气补给口也敞开。经送样门、取样门和补给口的风速为 0.5m/s，此时流入的空气量为 Q_2（罩的最低设定值）。

罩门的开口尺寸为 $0.9\times1.8=1.62m^2$。则上述两种状态的风量 Q_1、Q_2 分别为（设开口总面积为 A）：

$$Q_1=A\,m^2\times1m/s\times60=60A\,m^3/min$$

$$Q_2=A\,m^2\times0.5m/s\times60+(0.9\times1.8)\times2\times0.5m/s\times60$$
$$=30A\,m^3/min+97.2m^3/min$$

因风机的风量是恒定的，不管取样门和送样门开闭与否，流入罩内的空气量均相同，故

$$Q_1=Q_2$$

将上述值代入，则

$$60A\,m^3/min=30A\,m^3/min+97.2m^3/min$$

由此求得总开口面积 $A=3.24m^2$

则总排风量 Q 为：

$$Q=60A\,m^3/min=60\times3.24=194.4m^3/min$$

（2）洗涤器

① 处理气体的条件。

处理的气体量（常温下）$200m^3/min$；处理气体的浓度 $100mL/m^3$；处理气体的排放浓度 $5mL/m^3$。

② 洗涤器直径的确定

$$Q=Au$$

式中，A 为洗涤器断面积，m^2；u 为洗涤器内流速，m/s。

$$D=\sqrt{\frac{4\times200}{\pi\times60\times1}}=2.1m$$

③ 洗涤器液量 L 的确定

$$L=12t/(m^2\cdot h)\times\frac{\pi}{4}\times2.1^2=41t/h=692kg/min\approx700kg/min$$

式中，$12t/(m^2\cdot h)$ 为单位面积单位时间的循环液量，是处在充填物表面效率最佳时的液量（经验值）。

④ 填充物高度的决定。排出气体的浓度和填充物高度成反比关系。例如，当入口浓度为 $100mL/m^3$ 时，排出口浓度为 $5mL/m^3$，则填充物高度为 1.3m。

⑤ 系统阻力损失。罩子阻力损失 784Pa；管道压力损失 833Pa。

系统阻力（H）为罩子阻力（H_1）、管道阻力（H_2）、洗涤器阻力（H_3）和风机排出管道阻力（H_4）之和。

洗涤器压力损失 392Pa。

风机排出口以后管道压力损失 118Pa。

$$H=H_1+H_2+H_3+H_4$$

$$H=784+833+392+118=2127\text{Pa}$$

⑥ 苛性钠补给槽容积的确定。硫化氢气体为 60kg/月（经验值）。

反应式如下：

$$H_2S+2NaOH \longrightarrow Na_2S+2H_2O$$

从理论上苛性钠为 141kg/月，但从反应效率考虑，应为理论值的 2.5 倍（经验值）。当维持一个月槽的容量为 U 时：

$$U=141\times2.5\times\frac{1}{0.08}\times\frac{1}{1.09}\approx4040\text{L/月}$$

式中，0.08 为 8%的苛性钠；92%的水；1.09 为水的密度。

3. 设备的选择

（1）填充式洗涤器　处理风量 $200m^3/min$；填充高度 2 段约 1300mm；尺寸直径 210mm×高 4500mm；吸收液循环量 700L/min。

（2）排风机　风量 $200m^3/min$；静压 2450Pa；配用电机 15kW，380V。

（3）保温液循环泵　流量 50L/min；电机 0.4kW，380V。

（4）氢氧化钠泵　容量 50L/min；电机 0.75kW，380V。

（5）循环泵　容量 700L/min；电机 3.7kW，380V。

（6）钠液箱　容量 $5m^3$。

（7）保温用箱　容量 $3m^3$。

（8）水位计 1 个。

（9）搅拌机　型号 HG710 型。

4. 净化系统说明

（1）为提高酸雾净化效率，节约用水，本系统采用 8%的氢氧化钠溶液进行中和处理。

（2）风管、保温箱、排风机、纳液箱、填充式洗涤器等，采用耐腐蚀的玻璃纤维加强塑料制作。

第二节　含氟废气的治理

自然界中含氟气体相对集中释放的自然过程是火山活动。人类生活环境中自然界产生的含氟气体是极微的，污染人类生存环境的含氟废气主要还是来自于工业生产的过程。化学工业的磷肥和氟塑料生产，铸造工业的化铁炉等含有大量的氟废气。

氟是化学元素周期表中第二周期第Ⅲ族的元素。其电负性为 4，是单元素阴离子在不同的元素之间争夺电子能力最强的元素。氟是化学性质最活跃的元素之一，能与硅、碳等多种元素结合，又几乎能分解一切化合物而形成氟化物；含氟废气中的主要氟化物为氟化氢和四氟化硅，此外还有四氟化碳等少量杂质。

含氟废气的治理，目前主要有三类方法，即稀释法、吸收法（湿法）和吸附法（干法）。其中稀释法就是向含氟气体的厂房送新鲜空气或将含氟废气向高空排放进行自然稀释；这种方法虽然投资和运行费用低廉、管理方便，但在不利的气象条件下往往会把含氟废气从一处转向另一处，而不是一种根本的治理手段，所以在此不做介绍。

一、含氟烟气的来源

含氟烟气（包括含氟气体及含氟粉尘）主要来源于工业部门，其中以炼铝工业、磷肥工业和钢铁工业为多。例如，每生产一吨金属铝约排氟16～24kg，一吨黄磷排氟30kg，一吨磷肥排氟5～25kg[1]。炼钢添加的萤石，其中氟几乎全排放出来。有些金属矿石含有氟，它们在选矿、烧结及冶炼过程中也要排出含氟烟气。煤中含氟（0.4～3）$\times10^{-4}$，有的高达14×10^{-4}。煤燃烧时，有78%～100%的氟排放出来。所以，大量耗煤炭的工业部门，如燃煤电厂、动力锅炉房也可成为重要的氟污染源。其他如氟和氢氟酸盐生产，含氟农药生产，玻璃，陶瓷，搪瓷及砖瓦生产，塑料，橡胶及制冷剂生产，铀和某些稀有金属元素的生产，火箭燃料的制造等，都可能有氟的污染问题。在自然界中，氟主要来源于岩石风化。氟化物从岩石中释放出来，参与地表的水迁移和生物迁移，有的高氟区水中氟含量高达20mg/L。火山活动时也有氟化物进入空气。

（一）炼铝工业[10,11]

炼铝工业排放的含氟烟气主要来源于电解生产，其次是电极生产。

金属铝是在熔融的冰晶石（Na_3AlF_6）熔体中通过电解氧化铝（Al_2O_3）生产的。每生产一吨金属铝大约需要2t氧化铝，500kg炭阳极和30kg氟化盐。铝工业产生的烟气均具有以下特点。

（1）烟气量大　一座年产10万吨铝的工厂，全部电解槽排烟量达150～300万立方米/小时，厂房排烟量达1000～2500万立方米/小时。

（2）成分复杂　烟气中不仅含有氟和粉尘，还含有二氧化硫和烃类化合物等其他物质。

（3）氟的形态多　据分析，铝电解烟气中有氟化氢、四氟化硅、四氟化碳等多种形态的氟。电解铝生产按阳极位置分为三种槽型，即上插槽、侧插槽和预焙槽。不同形式电解槽产生的排烟量和厂房排烟量见表10-1。

表10-1　电解槽的排风量

槽　型	槽排风量/(m^3/t铝)	排入车间烟量/%	厂房排烟量/(m^3/t铝)
上插自焙槽	15000～20000	30～40	1.8×10^6～2×10^6
侧插自焙槽	20000～35000	15～30	2×10^6～2.6×10^6
边部加工预焙槽	150000～200000	10～20	1×10^6～2×10^6
中心加工预焙槽	100000～150000	2～5	0.8×10^6～1.5×10^6

电解槽排出有害物质的浓度和数量与槽型和操作有密切关系。电解槽的温度、加工方式等对其均有影响。特别是各种槽型之间差别甚大，表10-2给出的是概略数据。

表10-2　电解槽排出的有害物质浓度和数量

槽　型	气态氟		固态氟		粉尘	
	/(mg/m^3)	/(kg/t铝)	/(mg/m^3)	/(kg/t铝)	/(mg/m^3)	/(kg/t铝)
上插自焙槽	500～800	12～18	100～150	6～8	300～800	20～60

续表

槽型	气态氟		固态氟		粉尘	
	/(mg/m^3)	/(kg/t 铝)	/(mg/m^3)	/(kg/t 铝)	/(mg/m^3)	/(kg/t 铝)
侧插自焙槽	30～60	12～18	10～30	2～8	100～160	20～60
预焙槽	40～50	8～12	40～50	8～10	150～300	20～60

（二）磷肥生产

磷肥的主要品种是普通磷酸钙，重过磷酸钙和氮磷复合肥料。它们是以磷灰石作原料生产的，其主要成分是氟磷酸钙 [$Ca_5F(PO_4)_3$]，一般含有1%～3.5%的氟。

磷肥生产按加工方法不同，可分为酸法磷肥（即普通磷肥）和热法磷肥（如钙镁磷肥）。普钙磷肥的生产是用硫酸分解磷矿粉，把磷矿中难溶的磷酸盐转变成磷酸二氢钙及杂质磷石膏。此时，有氟化氢生成，其化学反应如下：

$$2Ca_5F(PO_4)_3+7H_2SO_4+3H_2O \longrightarrow 3Ca(H_2PO_4)_2 \cdot H_2O+7CaSO_4+2HF\uparrow$$

氟化氢与矿石的氧化硅生成四氟化硅：

$$4HF+SiO_2 \longrightarrow SiF_4\uparrow+2H_2O$$

在普钙磷肥生产排放的烟气中，氟主要以四氟化硅的形式逸出。普钙厂排出的含氟烟气浓度，在大型厂为10～60g/m^3，中小厂为1～10g/m^3。

钙镁磷肥是用磷矿石作原料，以含镁、硅的矿石作熔剂，在高温下（一般为1400℃）熔融，然后用水将之淬冷。我国生产钙镁磷肥主要用高炉法和平炉法。高炉法用焦炭作燃料，排出的烟气中含有大量氟化氢和四氟化硅：

$$2Ca_5F(PO_4)_3+H_2O+\frac{1}{2}SiO_2 \longrightarrow 3Ca_3(PO_4)_2+\frac{1}{2}Ca_2SiO_4+2HF\uparrow \qquad (10\text{-}18)$$

$$2Ca_5F(PO_4)_3+SiO_2 \longrightarrow 3Ca_3(PO_4)_2+Ca_2SiO_4+\frac{1}{2}SiF_4\uparrow \qquad (10\text{-}19)$$

$$4HF+SiO_2 \longrightarrow SiF_4\uparrow+2H_2O \qquad (10\text{-}20)$$

钙镁磷肥产生的烟气中含氟浓度为1～4g/m^3。

（三）钢铁生产

每生产一吨钢大约消耗萤石2～5kg，多者可达20kg。一座年产100万吨钢的钢铁企业，排入大气的可溶性氟为100～2000t，排放量多少因萤石的消耗量而异。虽然钢铁企业排放的氟很多，却没有引起有关方面的注意。这是因为：①钢铁企业排放的烟气中含氟浓度甚低，例如烧结厂，一般不到二氧化硫浓度的1%；②钢铁厂烟气量大，处理起来投资大，效益差，技术上也有一定困难；③钢铁厂氟污染没有普遍性，除个别钢铁企业外，尚未见到氟污染报告。

二、含氟烟气湿法净化技术

目前常用的处理含氟烟气的方法如表10-3所列。本节介绍湿法净化技术。

湿法净化也就是吸收法净化，是一种常用的控制方法。湿法净化含氟烟气有两个特点：一是氟化氢容易被清水或碱吸收液吸收；二是净化效率容易控制，因此获得广泛应用。

表10-3 含氟烟气处理方法

处理方法	要点	优缺点
稀释法	向有含氟气体的厂房送进新鲜空气或将含氟烟气高空排放扩散稀释	优点：投资和运行费低廉，管理方便 缺点：在不利的气象条件下，有时会把污染物转移他处

续表

处理方法	要　点	优　缺　点
吸收法（湿法）	用水、碱性溶液或某些盐类溶液吸收烟气中的氟化物	优点：净化设备体积小，易实现，净化工艺过程可连续操作和回收各种氟化物，净化效率高 缺点：湿法会造成二次污染，在寒冷地区需保温
吸附法（干法）	以粉状的吸附剂吸附烟气中的氟化物	优点：净化效率高，工艺简单，便于管理，没有水的二次污染，不受各种气候的影响 缺点：设备体积大

（一）湿法净化原理

在氟化氢水溶液及其蒸气两相间进行的传质过程中，HF 的平衡分压随条件而变化，如图 10-6 和图 10-7 所示。

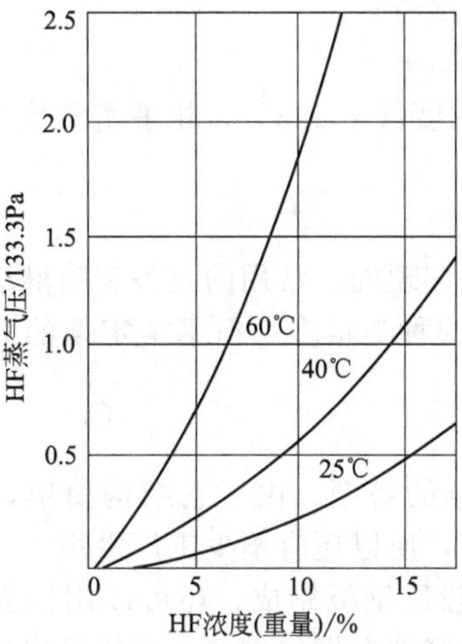

图 10-6　HF 水溶液上的 HF 分压

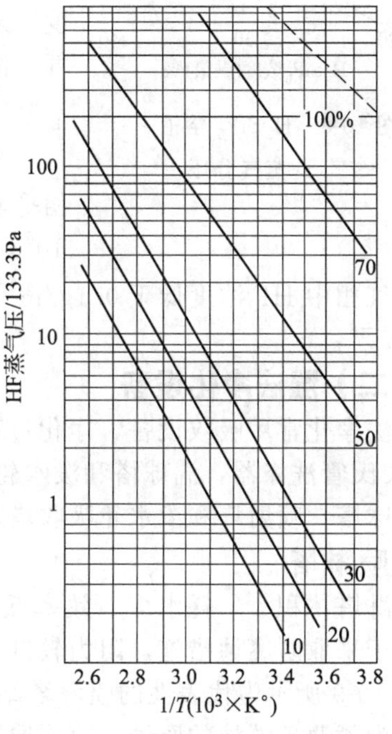

图 10-7　HF 水溶液上的 HF 分压

由图可见，HF 的蒸气压随溶液中 HF 浓度增加，温度升高而逐渐加大。计算氟化氢分压 p_{HF} 和水蒸气分压 p_{H_2O} 的关系式如下：

$$\lg(p_{HF}+a_1)=b_1+c_1c' \tag{10-21}$$

$$\lg(a_2-p_{H_2O})=b_2+c_2c_1 \tag{10-22}$$

式中，a_1，a_2，b_1，b_2，c_2，c_2 分别为系数，可由表 10-4 查到；c'为溶液中 HF 浓度，%。

表 10-4　传质系数表

温度/℃	a_1	a_2	b_1	b_2	c_1	c_2
25	0.172	34.14	−0.72956	1.00817	0.031541	0.010473
40	0.455	70.95	−31390	1.20161	0.013532	0.013532
60	1.465	212.1	0.18759	1.7957	0.033478	0.01029
76	3.012	368.3	0.50190	1.9076	0.0033194	0.013475

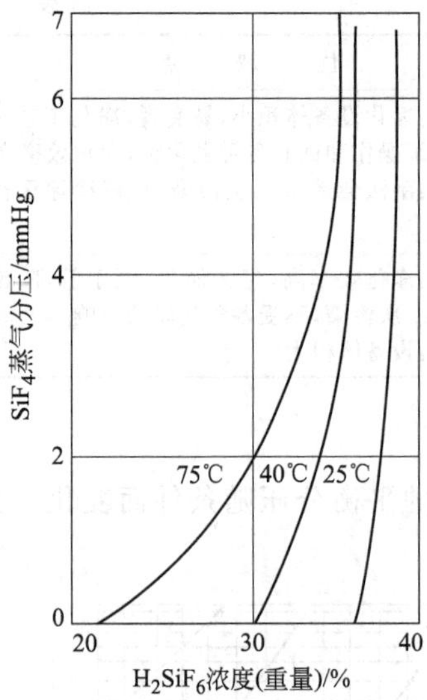

图 10-8 H_2SiF_6 溶液 SiF_4 的蒸气分压

SiF_4 易溶于水，生成氟硅酸（H_2SiF_6）。在各种温度下氟硅酸溶液上的 SiF_4 蒸气分压如图 10-8 所示。

由图 10-8 可知，随着 H_2SiF_6 在溶液中浓度的提高，SiF_4 的蒸气分压也增大。当 H_2SiF_6 浓度高到一定程度时，用水净化含氟气体的效率就急剧降低。

由于 HF 溶液和 H_2SiF_6 溶液的相平衡常数都很小，气相和液相的总传质系数（K_G、K_L）可由下式计算：

$$K_G=\frac{c_{HF(液)}d_K}{6c_{HF(气)}t} \tag{10-23}$$

$$K_L=\frac{c_{HF(液)}d_K a}{6c_{HF(气)}t} \tag{10-24}$$

式中，$c_{HF(气)}$，$c_{HF(液)}$ 为气相和液相中 HF 的实际浓度，g/m^3；d_K 为液滴直径，m；t 为接触时间，h；a 为气、液相平衡常数（亨利常数），$a=c_{HF(气)}/c'_{HF(液)}$；c'_{HF}为与气相中 HF 平衡时液相中 HF 浓度，g/m^3。

当气相中 HF 浓度在 0.1～15.0g/m^3 和温度在 25℃时，相平衡常数 a 可用下式求得：

$$10^6a=2.101+2.198c_{HF(气)}$$

当气相中 HF 浓度低于 0.1g/m^3 时，氢氟酸平衡浓度低于 4.3%，相平衡常数大约等于 2.3×10^{-6}。

（二）湿法净化设备

湿法净化常用吸收设备，净化过程是通过吸收设备实现的。常用的设备有喷淋塔（空心塔）、文氏管洗涤器，湍球塔和泼水轮吸收室等。它们的种类很多，但基本定型的只有喷淋塔、湍球塔，喷射塔和泼水轮吸收塔。

1. 喷淋塔

喷淋塔体积大，耗水多，效率低，是一种比较古老的塔型。由于它结构简单，容易维修，便于采取防腐蚀措施，阻力较低，不易被灰尘堵塞，所以还有不少工厂沿用。

图 10-9 所示为代表性的喷淋塔结构形式，塔体一般用钢板制成，还可以用钢筋混凝土制作。为了避免洗液的腐蚀，要采取防腐蚀措施。塔体底部有烟气进口、液体排出口和清扫孔。塔体中部有喷淋装置，由若干喷嘴组成。喷淋装置可以是一层或二层以上，要视塔底高度而定。塔的上部为除雾装置，以脱去由烟气带来的液滴。塔体顶部为烟气排出口，直接与烟筒连接或与排风机相接。

塔直径由每小时所需处理烟气量与烟气在塔内通过速度决定，计算公式如下：

$$D=\sqrt{\frac{Q}{900\pi v}}=\frac{1}{30}\sqrt{\frac{Q}{\pi v}} \tag{10-25}$$

式中，D 为塔体直径，m；Q 为每小时处理的烟气量，m^3/h；v 为烟气穿塔速度，m/s。

空心喷淋塔的气流速度越小对吸收越有利，一般在 1.0～1.5m/s 之间。

塔体由以下三部分组成。

(1) 进气段　进气管以下至塔底的部分，使烟气在此期间得以缓冲，均布于塔的整个截面。

(2) 喷淋段　自喷淋层（最上一层喷嘴）至进气管上口，气液在此段进行接触传质，是

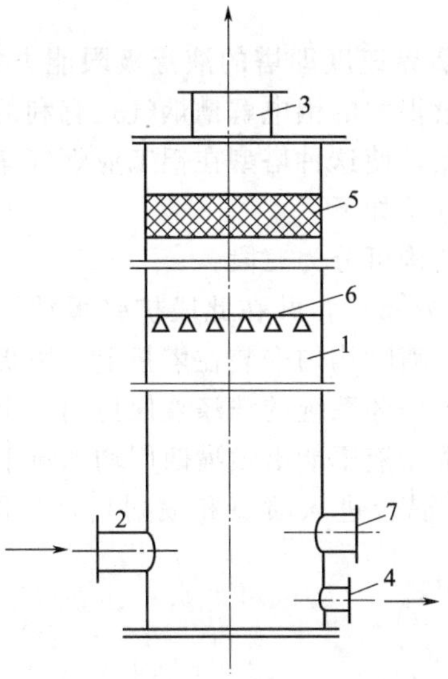

图 10-9 喷淋塔的结构

1—塔体；2—烟气进口；3—烟气排出口；4—液体排出口；5—除雾装置；6—喷淋装置；7—清扫孔

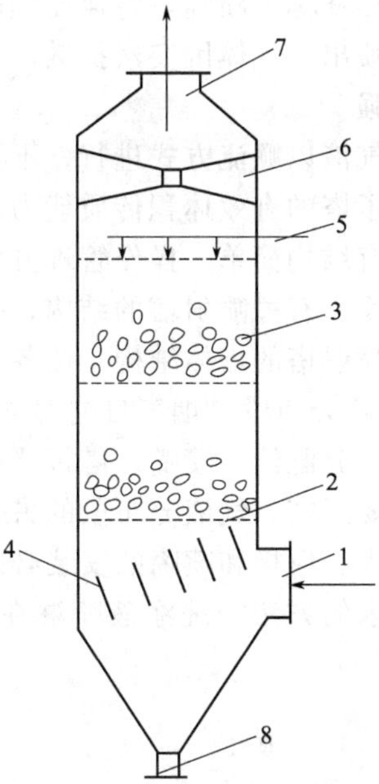

图 10-10 湍球塔

1—入口；2—花板；3—湍球；4—导流板；5—水管；6—挡水板，7—出口；8—排污口

塔的主要区段。氟化氢为亲水性气体，传质在瞬间即能完成。但在实际操作中，由于喷淋液雾化状况，气体在截面上分布情况等条件的影响，此段的长度仍是一个主要因素。因为在此段塔的截面布满液滴，自由面大大缩小，从而使气流实际速度增大很多倍，因此不能按空塔速度计算接触时间。

(3) 脱水段 喷嘴以上部分为脱水段，作用是使大液滴依靠自重降落，其中装有除雾器，以除掉小液滴，使气液较好地分离。塔的高度尚无统一的计算方法，一般参考直径选取，塔高与直径之比在 4～7 范围以内，而喷淋段约占总高的 1/2 以上。

2. 湍球塔

湍球塔是由填充塔发展而来的一种塔型，如图 10-10 所示。填料层不是静止的填充物，而是一些受气流冲击可以上下翻腾的轻质小球。球层可以是一段或两段甚至数段。每段有上下筛板两块，下筛板起支承球层的作用，上筛板起拦球的作用。往往一段球层的上筛板是上段球层的下筛板。筛板可是孔板，也可以是栅条。球层上部有喷液装置，这样，翻动的球面永远是湿润的，从而形成气液接触传质界面。在喷淋液的冲刷下，此界面不断更新，能有效地进行吸收传质与除尘。

这种塔的烟气穿塔速度比填充塔、空心塔快。因此处理同样量的烟气所需的塔体较小，这是一个显著的优点。填充无规则堆放的轻质小球，要比较规则放置填料层方便得多，因此，该塔结构简单，制造成本低。由于球体不断受冲刷并互相碰撞，使被清洗下来的烟气灰尘和污物不能积留，消除了填料层堵塞的现象，而且能使塔的压力平稳。这些优点对净化含氟烟气具有十分重要的意义。其主要不足之处是阻力略大，消耗的动力也较多。使用时应予注意。

3. 喷射塔[12]

喷射塔是一种较新的塔型，其特点是利用动能使气液充分混合接触。气体首先经过一个收缩的锥形杯称为喷嘴，将速度提高。溢流入锥形杯的吸收液，受高速气体的冲击并被携带至底口而喷出。气体因突然扩散，便剧烈湍流，将液体粉碎雾化，产生极大的接触界面，而使传质增强。

由于气液以顺流方式进行，不受逆流操作中气体临界速度即塔的液泛极限能力的限制，从而提高了塔的有效体积传质能力。此特点对处理风量很大的铝电解槽烟气是有利的。加之喷射塔还有结构简单，操作管理方便，不易堵塞等优点，使这种塔型在铝工业烟气净化上大有发展前途。有关喷射塔的结构，喷射压力及其操作分述如下。

（1）喷射塔的塔体结构　按各部位的作用，塔的结构可分为三段。

① 气液分布段。烟气自电解槽排烟系统进入气液分布段，并在此段扩张缓冲，以利于将气体均匀分配给各喷嘴。塔板严密安装在塔内壁上，喷嘴均匀安装在塔板上，塔板和喷嘴交接处也要严密。气液分布段的另一个作用，是使来自循环系统的洗涤液保持向每个喷嘴稳定均匀供水。塔板和喷嘴的安装必须保持水平，否则洗涤液不能沿喷嘴四周均匀流下。还有用喷头供水的方法。洗涤液喷淋在此段上部，与气体混合进入喷嘴和喷射塔，如图 10-11 所示。

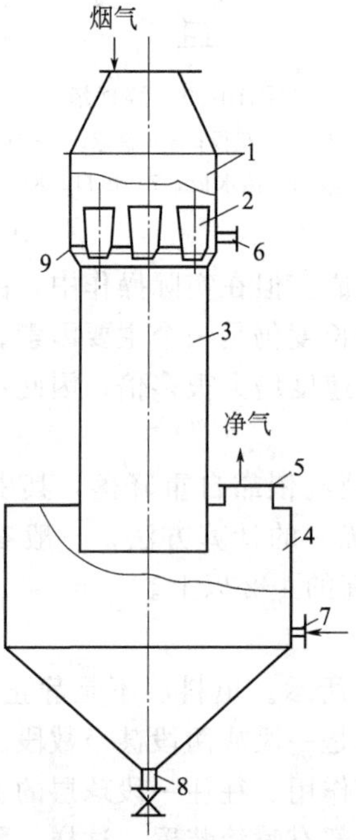

图 10-11　喷射式净化塔结构

1—气液分布板；2—喷嘴；3—吸收段；4—气液分离段；5—排气管；6—进液管；7—排液口；8—排污口；9—塔板

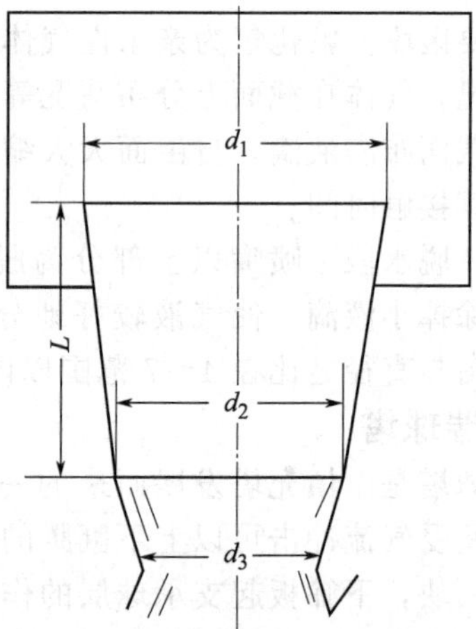

图 10-12　喷嘴工作示意

喷嘴直径不应太大，烟气量大时可采取多喷嘴方案。塔截面较大时，为了使各喷嘴达到水平，可将分布室隔成几个小区，分区供水。

喷嘴是喷射塔最重要的部件，直接关系到塔的净化效率与阻力损失。因此，要求相对尺寸合理，内壁光滑。最简单的喷嘴结构形式如图 10-12 所示。喷嘴上下口多为圆形，但也有正方形或矩形的。喷嘴的尺寸应有一定比例，即上口径 d_1 大于下口径 d_2，这样能使气流收缩而提高流速。喷嘴高度 L 与 d_2 之比应大于 2.5。当 $L/d_2<1.5$ 时，气流在喷嘴内分布不均，这样就不能达到较好的喷雾效果。喷嘴工作示意如图 10-12 所示。

气流喷出后，继续收缩至一定距离才扩张，此收缩截面直径以 d_3 表示（见图 10-12）。水力学中提出用流量系数来研究喷嘴结构对单相流动压头损失的影响，这有助于研究合理的喷嘴结构。其公式如下：

$$\phi=\beta\varphi \tag{10-26}$$

式中，ϕ 为流量系数；$\beta=\dfrac{f}{F}$ 为喷嘴收缩系数，f 为收缩截面积，F 为喷嘴下口截面积；$\varphi=\dfrac{w_{实}}{w_{理}}$ 为流速系数，$w_{实}$ 为喷嘴下口处实际平均流速，$w_{理}$ 为同一截面上的理论平均流速。

从上述关系中可以看出，流量系数 ϕ 正比于流速系数 φ 和收缩系数 β 之积。其值大，即意味着喷嘴的压力损失减少。φ 与 ϕ 之值均随锥顶角 θ 值的变化而变化，但变化关系并不相同。从流速系数 φ 来看，θ 值增大，φ 亦增大。当 θ 值由 0°增至 48°50′时，φ 值相应由 0.829 增至 0.984（$\theta=0°$，即为无锥度的直管）。这是由于锥度增加，气流排出喷嘴后的急剧扩大和冲击损失都减小的缘故，因此实际流速增加。从流量系数 ϕ 来看，开始亦随 θ 值的增加而增加，这是由于速度系数 φ 增加的缘故。当 $\theta=13°24'$时，$\phi=0.946$，为最大值。因为锥顶角 θ 在 13°～14°范围内，收缩断面与下口断面近似相等，这时收缩系数最大（$\beta=1$）。θ 值继续增大时，虽然流速系数 φ 因喷嘴内摩擦损耗的减小而继续增加，但是射流在喷嘴外却产生了附加二次收缩，即收缩系数 β 开始逐渐减小。表 10-5 列举了三种不同情况下的喷嘴系数。

表 10-5　喷嘴系数

结构形式	β	φ	ϕ	f
$\theta=5°\sim7°$	1.0	0.45～0.50	0.45～0.50	4.0～3.0
$\theta=13°$	0.98	0.96	0.94	0.09
流线型喷嘴	1.0	0.98	0.98	0.04

图 10-12 所示喷嘴的外壁呈流线型，在下口处稍有扩张，避免了二次收缩，但制作比较复杂。

选择喷嘴结构形式，仅从单相流动角度来分析显然是不全面的。还必须结合双相流动压力损失、雾化混合与传质效果综合分析，才能得到有实际意义的结论。

② 吸收段。吸收段的作用是充分混合由喷嘴下口喷出来的气液，使之在此段接触传质。吸收段构造简单，为一段圆形直管。吸收管内流速一般为 5～7m/s。

③ 气液分离段。气液分离段的作用，是通过气流的降速和气体流动方向的转变而使混于气体中的液滴沉降。此段的气流速度一般为 1.5m/s，分离效果不佳，可另增加捕雾装置。

（2）喷射塔的压力降和烟气流速分布状况　喷射塔的总压力是由以下几个部分压降组成的：

$$\Delta p=\Delta p_1+\Delta p_2+\Delta p_3+\Delta p_4 \tag{10-27}$$

式中，Δp 为喷射塔的总压降；Δp_1 为烟气由气液分布段进入喷嘴产生的压降；Δp_2 为烟气经过喷嘴由于摩擦产生的压降；Δp_3 为气流自喷嘴喷出，突然扩大而引起的压降；Δp_4 为气流由吸收段进入分离段，因突然扩大而引起的压降。

设气流在喷嘴以前的压力为 p_1，进入喷嘴后逐渐减小（直到下口处），此时由于速度最大，压力则降至最低值 p_2。在吸收段由于速度逐渐降低，而压力恢复为 p_3。进入分离段后烟气流速再次降低，压力降至 p_4。喷射塔的压力降还可以写成下式：

$$\Delta p=p_1-p_4 \tag{10-28}$$

烟气速度的变化情况是：喷杯前的速度为 v_1，进入喷杯后逐渐增加，一直到喷杯下口

速度达最大值 v_2，烟气进入吸收段后速度恢复到 v_3，进入气液分离段后又降至 v_4。

压力与速度的这种变化过程，可以用图 10-13 的曲线来表示。上述为单相流动的流体力学状况。喷射塔在工作时，则属于双相流动的流体力学范畴，其阻力计算推导十分复杂。在实际工作中，多用实验方法确定其阻力系数。阻力系数值取决于喷嘴的构造与气液比。

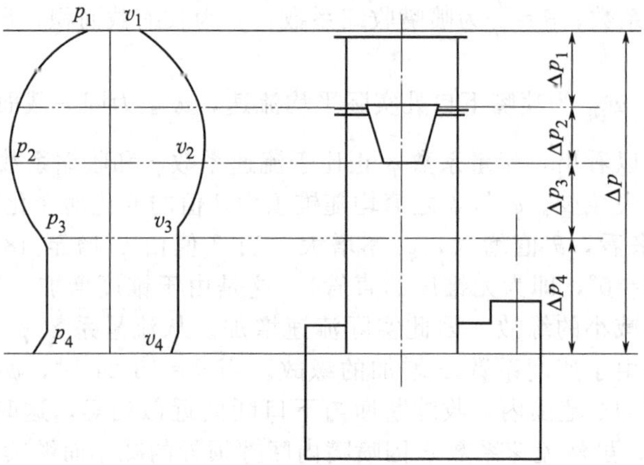

图 10-13 喷射塔内压力和速度分布

（3）喷射塔操作条件 为保持较高的净化效率和较低的阻力，操作条件如下：①喷嘴下口烟气速度是决定喷射塔工况的重要参数，以 26～30m/s 为宜；②吸收段烟气速度取 5～7m/s；③气液分离段烟气速度应低于 1.5m/s；④气液比为 1～2kg/m³。

4. 其他形式的净化设备

除上述几种常用的净化装置外，还有以下几种净化设备也常被采用。

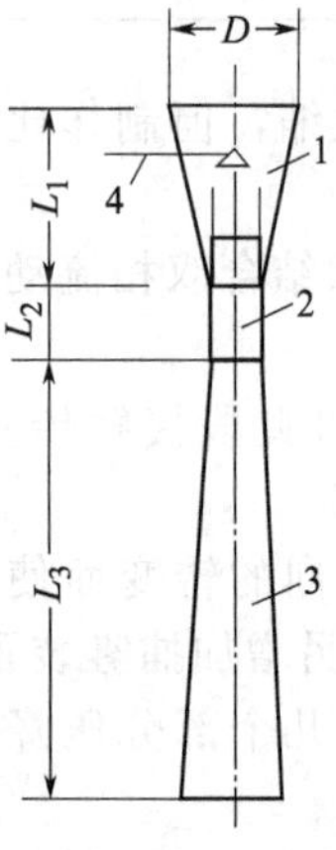

图 10-14 文丘里吸收器

1—渐缩管；2—喉口；3—渐扩管；4—水管

（1）文丘里吸收器 文丘里吸收器是一种雾化程度较高的高能净化设备，如图 10-14 所示。烟气经过喉管，产生高速，可达 60～80m/s，甚至达 100m/s。水自吸收器上部或侧部喷入。喉管下为扩散管，气液在此管混合接触，进行传质。底部为分离部分，气水分离后，水从底部排出。这种吸收装置效率很高，尤其对含有微细粉尘的烟气，除尘和吸收都能达到很高的效率，而且体积小，结构简单。缺点是能量消耗较大。

（2）填充塔 填充塔是化学工业中最常见的吸收装置。外形与空心喷淋塔一样，塔内有填充层。填充材料多种多样，如栅形填料，鞍形填料和环状填料等。洗液自上部喷淋而下，气流从底部进入向上，在湿润的填充料表面上进行接触传质。气流速度较低，一般在 1m/s 以下。

设填料层的目的是增大气液接触面积，对于处理含尘量较大的铝电解烟气来说，要求填充缝隙不能太小，喷淋密度要大，还要考虑到便于装入和取出填料。

填充塔的阻力稍大于空心喷淋塔，吸收效率比空心喷淋塔高。对喷淋液的雾化要求不高，但要求喷淋液与填充层缝隙在断面上的分布非常均匀，否则对吸收效率有不良影响。

填充塔也具有结构简单，造价低，阻力小等优点。如果含尘烟气进塔前不经过除尘装置，塔的阻力往往会随工作时间的增长而增加，这是一大缺点。

波纹塔是从填充塔发展演变出来的另一种塔型。在塔内垂直安装一排排的波纹板，代替填充层的填料。板间留有间隙，从上部喷淋洗涤液，气体从底部向上穿过波纹板。因为液体不断地从板面冲流而下，便减少了灰尘积存的可能性，从而克服了填充塔的缺点。其作用原理与湿壁塔相同。

(3) 筛板塔 筛板塔外形同空心喷淋塔，但在烟气入口上方与喷嘴之间安置了一层或几层筛板。筛板一般为金属板或塑料板，板上开孔，气流从下部穿过板孔而上，使板上液体鼓成气泡并保持一定高度的泡沫层，从而增加气液接触面积，达到传质的目的。

与空心喷淋塔相比，筛板塔吸收效率较高，阻力较大。烟气穿塔速度为 3m/s，因此设备体积比空心喷淋塔略小，但筛板也有堵塞的弊病，使塔的压力产生波动。

无溢流筛板塔能克服筛板堵塞的缺点，筛板无溢流管，而筛孔则比溢流筛板塔的筛孔略大。气流在筛孔中穿过，沿孔壁发生摩擦，从而减少了灰尘在筛孔中积存。但在使用碱性洗液时，仍可能在筛孔上结垢，需要定期清理。

(4) 拨水轮净化室 处理磷肥含氟烟气常采用此种洗涤装置。烟气自净气室一端进入，从另一端排出。室内底部为洗液。有两根长轴贯穿于室内底部，每根轴上安装拨水叶轮若干个（一般为 10～20 个），叶轮吃水 2～3cm，以 400r/min 的转速转动，将水打起，使液滴充满室内，烟气因挡板的作用而上下绕行，与水接触而传质。

（三）湿法净化工艺流程[4,11]

含氟烟气的净化工艺流程因部门而异，下面介绍几个典型流程。

1. 炼铝工业含氟烟气湿法净化流程

用清水或碱液在吸收设备内吸收烟气中的氟化氢等组分，吸收后的含氟溶液可以制成冰晶石或其他氟化盐。

图 10-15 是同时净化侧插自焙槽烟气（又称地面系统）和天窗二次烟气（又称天窗系统）的流程。

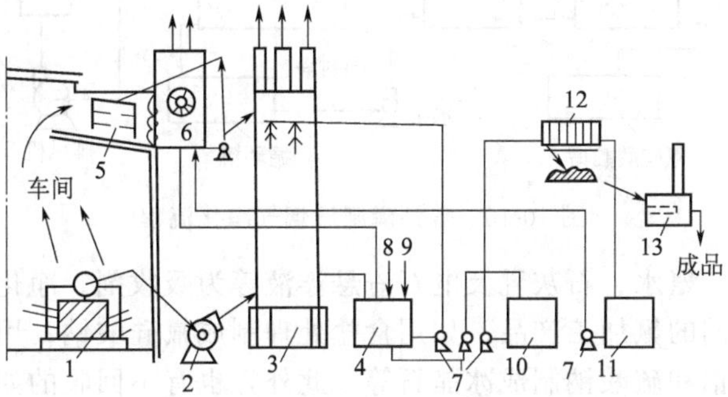

图 10-15 天窗地面两套烟气净化系统

1—铝电解槽；2—离心风机；3—烟气吸收设备；4—循环池；5—吸收液管道；6—轴流风机；7—水泵；8—加偏铝酸钠；9—加碱液；10—结晶槽；11—调整槽；12—过滤机；13—干燥机

用 pH 值为 7～8 的低浓度碱液净化含氟烟气，其反应式如下：

$$HF+Na_2CO_3 \longrightarrow NaF+NaHCO_3 \tag{10-29}$$

$$HF+NaHCO_3 \longrightarrow NaF+CO_2+H_2O \tag{10-30}$$

$$CO_2+Na_2CO_3+H_2O \longrightarrow 2NaHCO_3 \tag{10-31}$$

当吸收液中 NaF 浓度上升到 20g/L 左右时，加入偏铝酸钠，利用烟气中的二氧化碳，在洗涤塔内直接合成冰晶石，其反应式为：

$$6NaF+NaAlO_2+2CO_2 \longrightarrow Na_3AlF_6+2Na_2CO_3 \tag{10-32}$$

偏铝酸钠用蒸汽直接加热制备，反应式为：

$$NaOH+Al(OH)_3 \xrightarrow{\text{加热}} NaAlO_2+2H_2O \tag{10-33}$$

为了防止 $NaAlO_2$ 分解，需加过量的 NaOH，保持 $NaOH/Al(OH)_3=1.25\sim1.35$。

该净化回收系统的设计参数见表 10-6。

表 10-6 天窗地面两套净化系统设计参数

项目	地面系统	天窗系统	项目	地面系统	天窗系统
排烟量/($m^3/t_{铝}$)	350000	2600000	气液比/(kg/m^3)	1.7～2.1	2.0
排烟温度/℃	50～100	20～40	喷淋强度/[$m^3/(m^2\cdot h)$]	13.6	30
氟化氢浓度/(mg/m^3)	20～35	<2	氟化氢净化效率/%	93	75
烟尘浓度/(mg/m^3)	80～90	<10	除尘效率/%	70	70
塔(器)内烟气速度/(m/s)	2.2	4.0			

2. 磷肥工业含氟烟气湿法净化流程

普钙磷肥厂排出的含氟烟气用净化设备净化后排出。烟气的特点是温度低，胶性杂质黏性大，容易堵塞管道。常用的烟气净化设备有拨水轮吸收室、文氏管和湍球塔等。大中型普钙磷肥厂广泛采用二室（泼水轮吸收室）一塔（喷射塔或湍球塔）的烟气净化处理流程，如图 10-16 所示。其净化效率在 90%～95%之间。阻力损失为 10～20kPa。如在塔后加上除雾器烟气净化效率可提高到 99%以上。

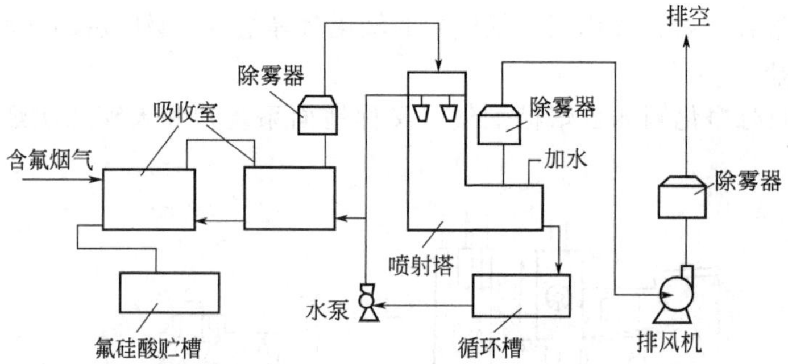

图 10-16 普钙磷肥厂烟气净化流程

通常用水、碱液、氨水、石灰乳及电石渣悬浮液等为吸收剂。净化含氟烟气后的洗涤吸收液，可制成各种不同的氟加工产品。如用食盐处理制成氟硅酸钠；用纯碱（或烧碱）处理制成氟化钠；用硫酸铝和硫酸钠制成冰晶石等。此外，也有不回收的如用石灰乳、电石渣悬浮液中和洗涤液，但生成废渣会造成二次污染。

普钙磷肥生产中排放的含氟废气用水吸收，生成的氟硅酸分别与氢氧化铝和碳酸钠反应，生成氟化铝和氟化钠，同时析出硅胶。分离硅胶后的氟化铝和氟化钠溶液，按一定比例混合即直接合成冰晶石，其反应式为：

$$H_2SiF_6+3Na_2CO_3 \longrightarrow 6NaF+SiO_2\cdot nH_2O\uparrow+3CO_2\uparrow \tag{10-34}$$

$$H_2SiF_6+2Al(OH)_3 \longrightarrow 2AlF_3+SiO_2\cdot nH_2O\downarrow \tag{10-35}$$

$$nNaF+AlF_3 \longrightarrow nNaF\cdot AlF_3\downarrow \tag{10-36}$$

直接合成法制冰晶石的流程如图 10-17 所示。该法的优点是流程简单，设备较少，缺点是滤出的母液量大，需另行处理。

回收产品冰晶石是铝电解生产的助溶剂，亦可用于其他场合。

在普钙磷肥厂还经常用浓度为 8%～10%的洗涤溶液（含 H_2SiF_6）和浓度 20%左右的 NaCl 溶液（或 Na_2SO_4、Na_2CO_3 溶液）制成氟硅酸钠，回收利用。其反应式如下：

$$2NaCl+H_2SiF_6 \longrightarrow Na_2SiF_6+2HCl \quad (10\text{-}37)$$

回收 Na_2SiF_6 的流程见图 10-18。

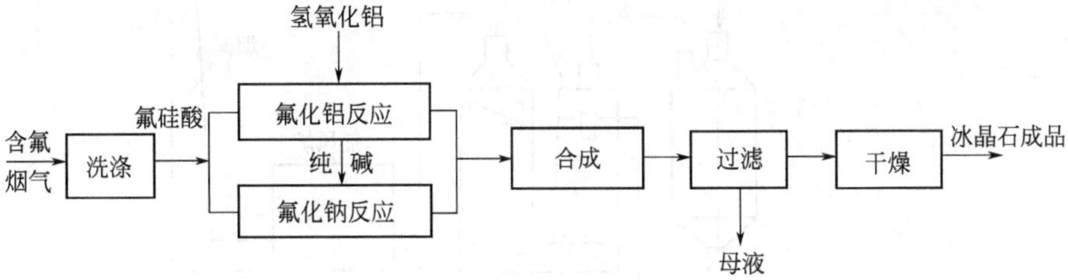

图 10-17　直接合成法制冰晶石流程

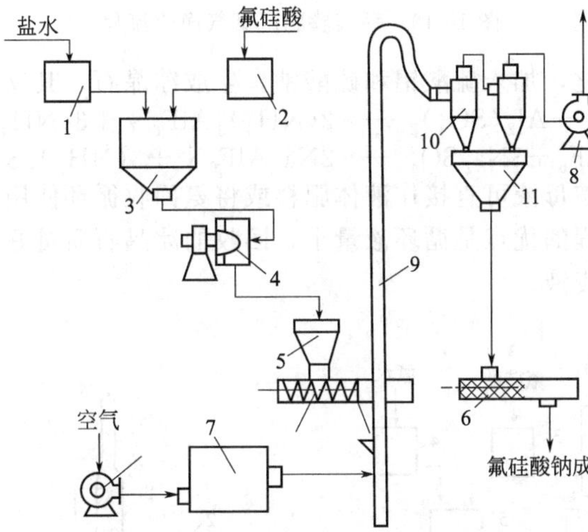

图 10-18　氟硅酸钠生产工艺流程

1—盐水计量槽；2—氟硅酸计量槽；3—合成槽；4—过滤机；5—湿料贮斗；6—螺旋输送机；7—电热炉；8—风机；9—气流吹送干燥管；10—旋风分离器；11—成品贮斗

H_2SiF_6 与 NaCl 反应时，NaCl 加入量应比理论量多 30%～40%，以使氟硅酸钠的结晶更为完全。回收的氟硅酸钠为白色粉末，密度为 2～7g/cm^3，可作杀虫剂，也可用于玻璃和搪瓷生产中。

该流程的特点是工艺简单，原料成本低，产品总回收率可达 99%以上。回收产品可用作杀虫剂或用于水泥、搪瓷工业部门。

回收 K_2SiF_6 与回收 Na_2SiF_6 的方法相同，只是把 NaCl 改为 KCl 即可。

钙镁磷肥生产中排出的含氟烟气和普钙磷肥不同，净化处理流程也有差别。前者烟气温度高、含尘量大，所以净化、利用和设备防腐相对困难一些。图 10-19 所示是通常采用的流程，高炉出来的烟气首先进入除尘器，然后经净化、除雾后（净化效率在 80%左右），送热风炉燃烧再由烟囱排放。

钙镁磷肥厂的烟气也可用氨法净化，回收冰晶石，如图 10-20 所示。

烟气中的氟化氢和四氟化硅与氨水反应，分别生成氟化铵，氟硅酸铵及部分硅胶，加氨水进一步氨化，硅胶与杂质沉淀经过滤分离，就成为纯氟化铵溶液。其反应式为：

$$3SiF_4+4NH_3+nH_2O \longrightarrow 2(NH_4)_2SiF_6+SiO_2 \cdot nH_2O \quad (10\text{-}38)$$

$$HF+NH_3 \longrightarrow NH_4F \quad (10\text{-}39)$$

$$(NH_4)_2SiF_6+4NH_3+nH_2O \longrightarrow 6NH_4F+SiO_2 \cdot nH_2O \quad (10\text{-}40)$$

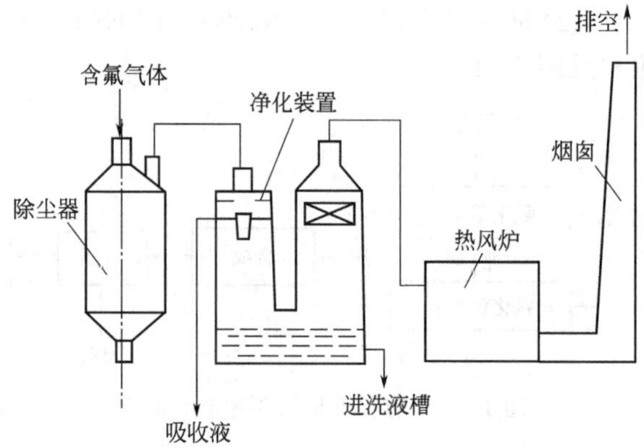

图 10-19 钙镁磷肥厂烟气净化流程

氟化铵溶液用硫酸化，加入硫酸铝和硫酸钠，生成冰晶石，其反应式如下：

$$12NH_4F + Al_2(SO_4)_3 \longrightarrow 2(NH_4)_3AlF_6\downarrow + 3(NH_4)_2SO_4 \tag{10-41}$$

$$2(NH_4)_3AlF_6 + 3Na_2SO_4 \longrightarrow 2Na_3AlF_6\downarrow + 3(NH_3)_2SO_4 \tag{10-42}$$

合成冰晶石的硫酸铵母液可直接作液体肥料或将氨回收循环使用。

氨法回收冰晶石流程的优点是循环液量小，回收的冰晶石质量好；缺点是氨易损耗，蒸汽消耗较多，容易产生废液。

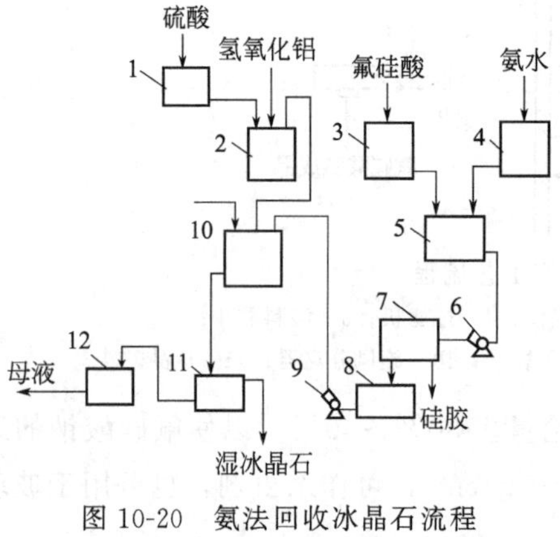

图 10-20 氨法回收冰晶石流程

1—硫酸高位槽；2—硫酸铝反应槽；3—氟硅酸高位槽；4—氨水高位槽；5—氨化槽；6,9—氟化氨溶液泵；7—压滤机；8—氟化氨槽；10—冰晶石合成槽；11—离心泵；12—母液贮槽

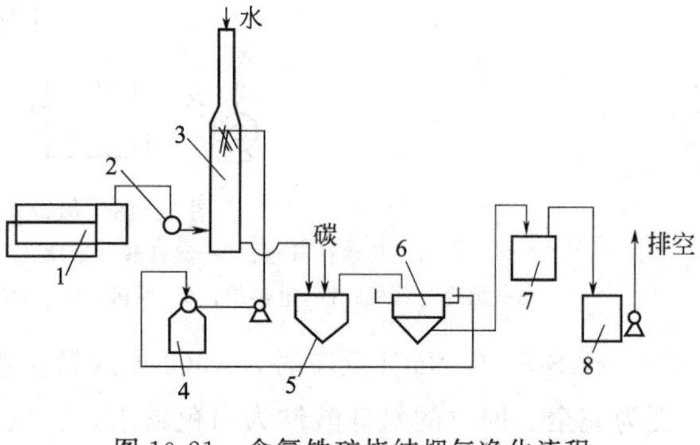

图 10-21 含氟铁矿烧结烟气净化流程

1—烧结机；2—风机；3—洗涤塔；4—澄清液接受槽；5—中和槽；6—澄清液槽；7—泥渣接受槽；8—沉渣聚集槽

3. 其他工业含氟烟气净化流程

含氟铁矿烧结厂采用的烟气净化流程如图 10-21 所示。它是用石灰水洗涤去除烟气中的氟，泥渣送尾矿库，水循环使用。实际运转证明，这种工艺除氟效率达 90%以上，除氟尘效率达 75%以上，系统阻力不超过 30kPa。洗涤塔操作正常。

铁合金厂排出的含氟废气目前用湿法净化，矿热炉排放出的含氟烟气用烟罩集中经风机送到洗涤塔。酸性吸收液用石灰中和（见图 10-22），循环使用，沉渣经压滤后供进一步处置。

三、含氟烟气干法净化技术

所谓含氟烟气的干法净化，是指用吸附法净化。此净化过程首先是烟气与吸附剂的接触，其次是完成吸附过程，第三是烟气与吸附剂分开。该过程是在吸附设备中完成的。

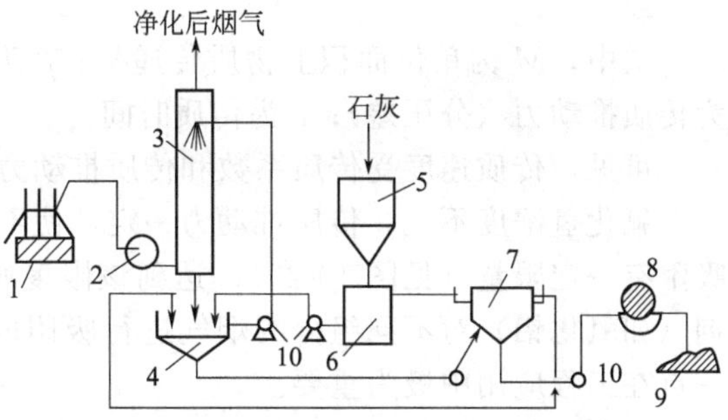

图 10-22　矿热炉含氟烟气净化流程

1—矿热炉；2—风机；3—洗涤塔；4—循环槽；5—石灰贮槽；6—调整槽；7—澄清池；8—压滤机；9—沉渣；10—水泵

（一）干法净化原理——吸附原理[10,11]

当气体分子由于布朗运动接近固体表面时，受到固体表面层分子剩余价力的吸引，这种现象称为吸附。这些被吸附的分子并非永久停留在固体表面，受热就会脱离固体表面重新回到气体中，这种现象称为解吸。

1. 吸附的类别

吸附分为物理吸附和化学吸附两大类。在吸附剂和吸附物之间，由分子本身具有的无定向力作用，即非极性的范德华力作用或电静态极化作用所产生的吸附，称为物理吸附。由于产生物理吸附的力是一种无定向的自由力，所以吸附强度和吸附热都较小，在气体临界温度之上，物理吸附甚微。一般，物理吸附的吸附能与气体的凝结力差不多大小，其能量在2～10kcal/mol（1kcal=4.1816kJ）范围内。物理吸附时，气体的其他性质对吸附程度的影响较小，吸附基本上没有选择性，吸附剂和吸附物分子不发生变化，吸附可以是单分子层，也可以是多分子层，吸附速度较快，解吸速度也较快。

吸附继续进行，分子在吸附剂表面停留时间加长。吸附剂一旦具有足够高的活化能，分子就从吸附剂表面得到电子，或分子把电子给予吸附剂表面，或分子被分子、原子或自由基团束缚起来，或分子与吸附剂表面共用一个或数个电子对，这种吸附叫化学吸附。化学吸附与一般化学反应不同。化学反应靠完全的化学键力把物质的原子或分子联系起来，而且反应使原子或分子改变其原来的性质。化学吸附由于以剩余价力为主，没有用到化学键力的全部，因此吸附作用只能说是一种“松懈”的化学反应，吸附剂与吸附物表面的反应原子保留其原来的格子不变，物质表面的分子并不生成真正的稳定化合物，而在吸附剂表面最活泼部分的影响下，吸附物分子发生某种程度的歪扭，改变其原来的化学性质。

2. 吸附过程

在了解吸附剂和吸附物的性质之后，还要进一步研究吸附反应进行的过程，以便采取措施加速过程的完成。一般，吸附过程是由以下几个步骤完成的。

（1）气膜扩散　吸附物通过表面气膜达到吸附剂外表面，即氟化氢气体在气相中扩散，扩散的氟化氢气体突破氧化铝表面的气膜达到其表面。

（2）微孔扩散　吸附物在吸附剂微孔中扩散。

（3）吸附　吸附质气体与吸附剂固体接触并发生作用，在一定的条件下生成表面化合物。

（4）一部分吸附物从吸附剂表面上脱附（解吸）。

（5）脱附的气体（即解吸的部分）再扩散到气相中去　在一定条件下，吸附过程终结，实质上是吸附和解吸二步骤达成的动态平衡。在吸附系统中，只要提供足够的湍动，让吸附质与吸附剂能充分接触，促进气流扩散并增大传质速率，可得到较好的吸附效果。

3. 氟化氢的吸附

根据传质过程的相似理论，在单位面积上被传递的组分量为：

$$M=\beta \Delta ct \tag{10-43}$$

或

$$M=\beta\Delta pt \tag{10-44}$$

式中，M 为单位面积上物质传递量；β 为传质系数；Δc 为传质推动力（浓度差）；Δp 为传质推动力（分压差）；t 为传质时间。

可见，传质速度受传质系数和传质推动力的影响，但主要取决于传质推动力。

氟化氢浓度不变，传质推动力一定，使不同比表面积的吸附剂（如氧化铝）对氟化氢的吸附有一定限量（见图 10-23），达到该限度则吸附效率急剧下降。而同一比表面积的吸附剂（如氧化铝）对不同组分的烟气进行吸附时，各自也有不同的吸附量（见图 10-24）。这一点在工程应用中极为重要。

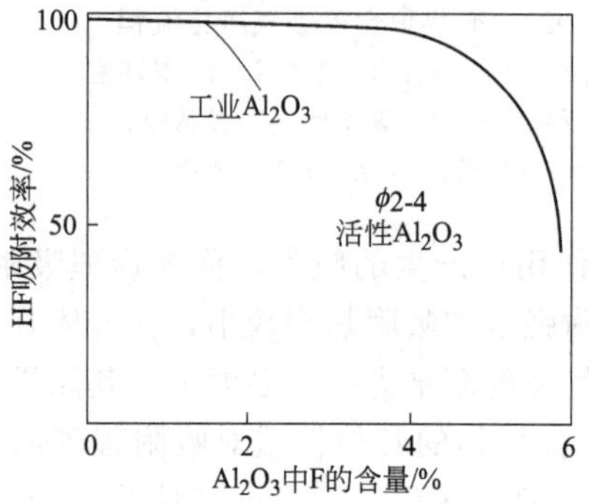

图 10-23 一定浓度的氟化氢气体在不同比表面积氧化铝上的吸附

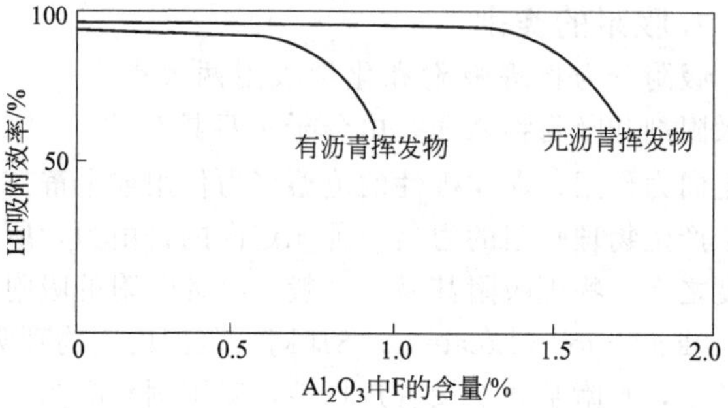

图 10-24 同一比表面积氧化铝对不同组分烟气的吸附

从图 10-23 和氧化铝的晶型结构可知，氧化铝对氟化氢的吸附量随着表面积的增加而增加。吸附量可以根据吸附剂表面积及吸附物分子尺寸进行计算。例如，比表面积为 162.6m^2/g 的氧化铝，理论计算每单位面积吸附氟化氢的量为氧化铝重量的 0.033%（同覆盖面积 9.5Å/HF 分子相对应），则 1g 氧化铝的吸附量为 5.37%；与试验得出的数据 5.96%基本吻合。

（二）干法（吸附）净化设备和净化流程

含氟烟气的干法净化属于气固相吸附反应，此反应在固相表面进行。由于气固相吸附反应的复杂性，所以需要知道气固两相物理化学性质及两相反应过程和技术条件的基本情况。根据这些基本情况，选择吸附设备和工艺流程，以加速吸附净化过程，并使这个过程进行得完全彻底。同时，还要考虑使设备尽可能的简单，管理方便，容易实现机械化和自动化操作。

1. 吸附净化设备

用于含氟烟气干法净化的主要气固相吸附反应设备是反应床。按照物料在床内呈现的状态，反应床分为三大类：固定床、流化床（亦称沸腾床）和输送床。各床的吸附原理及其使用状况介绍如下。

(1) 固定床 吸附器有立式、卧式和环形三种形式。该设备是一种用于气体和静止状态的固体物料起吸附反应的设备。这种设备主要是一个容器，内部设置气体分布或分配装置，固体物料静置其上，形成一定厚度的床层。气体自下部经过气体分布板均匀通过固体料层，在气固相接触过程中进行吸附反应。干法净化所用的固定床中，烟气流速较小，吸附剂颗粒基本静止不动，烟气从颗粒间的缝隙穿过。当烟气流速渐渐增加时，颗粒的位置开始略微调整，即产生变更排列方式而趋于松动。在一定的流速范围内，床层厚度不随烟气流速的提高而增加。欲增加烟气与物料的接触时间，必须加大床层物料的厚度。由于在固定床中固体颗粒基本处于静止状态，所以这类吸附反应设备中气流速度一般较低，外扩散阻力较大。另外，在固定床吸附设备中，扩散对反应进行的程度有明显影响，故设备的强化操作受到一定限制。而且须定期更换吸附剂，吸附过程不得不中断，所以就要安装数个固定床来保证吸附过程的连续进行。这样，对一个固定床来说，吸附过程的进行是间断的，对整个吸附系统来说，工艺过程是连续的。

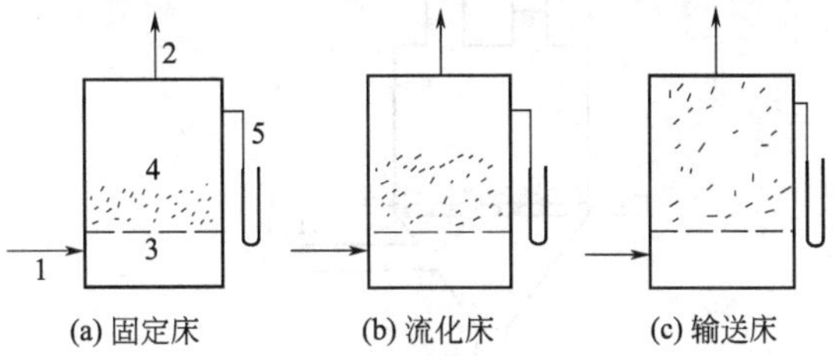

图 10-25　吸附反应设备示意

1—烟气入口；2—烟气出口；3—气流分布板；4—吸附剂层；5—测压管

(2) 流化床　它与固定床的区别在于，其中参加吸附反应的固体颗粒处于激烈的运动状态，如同翻腾着的沸水，故又称沸腾床。图 10-25(b) 就是流化床工作原理。图 10-25(a) 相当于固定床颗粒基本静止的状态；图 10-25(b) 是床层开始膨胀的状态；图 10-25(c) 是流化床床层已经沸腾的状态。该图还说明，在流化床中气体流速已增大到促使床层变松，厚度增加的程度。此时物料颗粒已为气流所浮起，离开原来的位置作一定程度的移动。随着气流速度的继续提高，颗粒运动加剧，开始上下翻滚和湍动，气固两相接触的时间比固定床大为增加，但床层的阻力并不随流速的提高而明显增大。气流速度增加而所需功率基本不变，是流化床的特征之一。和固定床相比，流化床的优点是：有较高强度的传质过程，吸附剂有可移动性，能实现吸附剂循环和吸附过程连续化操作。

(3) 输送床　输送床是吸附反应设备的另一种形式。它实际上是一种烟气管道及与其配合使用的加料装置和分离装置，当反应床的烟气流速超过吸附剂的悬浮速度时，则属于输送床的情况。输送床不同于固定床和流化床；输送床中参加吸附的物料颗粒没有固定的位置和运动范围。固定床和流化床用来处理大烟气量都有一定的困难。例如，固定床处理大烟气量时，由于其穿床速度低，不得不把床面面积增大或者并联许多单体；流化床处理大烟气量时，整个床面速度分布往往不均匀，床面会存在“死点”，破坏了整个吸附工艺过程。输送床不存在这些问题，适用于处理大烟气量。就传质过程来说，输送床中的物料充分分散在气相中，气固相的接触机会大为增加，对完成吸附过程十分有益。但是，如果气固相吸附反应速度进行得非常缓慢，完成吸附过程需要很长时间，那么吸附设备的体积，确切地说输送床的长度要很长。在这种情况下用输送床不一定适合，应用中应予注意。

2. 吸附净化流程

根据吸附反应设备的不同，出现了以某种设备为标志的净化工艺流程。这就是下述的固定床净化工艺流程、流化床净化工艺流程和输送床净化工艺流程。

(1) 固定床净化工艺流程　图 10-26 是固定床工艺流程的一种设计。待净化的含氟烟气从进气口进入固定床，经气体分布板穿过颗粒层，吸附后的干净气体从排气口排走，颗粒物料从漏斗装入待用。使用一定时间，需要更换物料时，启动电动机通过联动机构移动气体分布板，使物料慢慢落下，从排料阀放出。颗粒物料可以是球形活性氧化铝，也可以是粒状石灰石，消石灰或其他能吸附氟化氢的物料。使用这种固定床，往往需要多台并联工作，保证净化工艺连续进行。此种固定床的料层一般比较厚，从而使净化效率提高到 95%以上。

(2) 流化床净化工艺流程　按照气固系组成的床层不同，流化床又可分为两种聚集状态：一种空隙率低，称为浓相（密相）床；另一种空隙率高，称为稀相（疏相）床。使用浓相流化床作吸附反应器的净化流程见图 10-27，使用稀相流化床作吸附反应器的净化流程见图 10-28。这两种流程主要应用于铝厂含氟烟气的净化，其他部门也可以用。

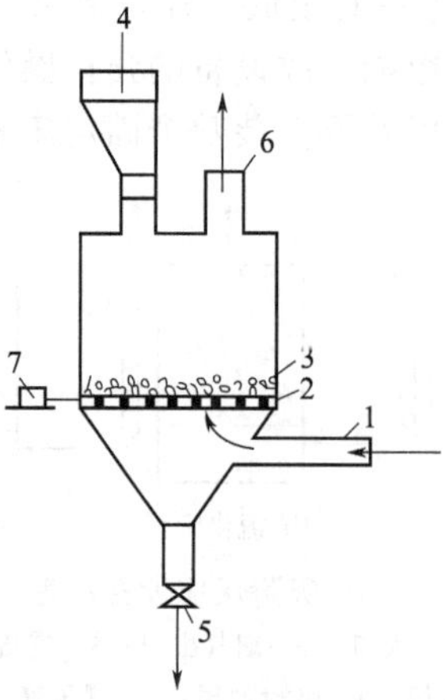

图 10-26 固定床净化工艺流程

1—进气口；2—气流分布板；3—颗粒层；4—装料漏斗；5—排料阀门；6—排气口；7—电动机

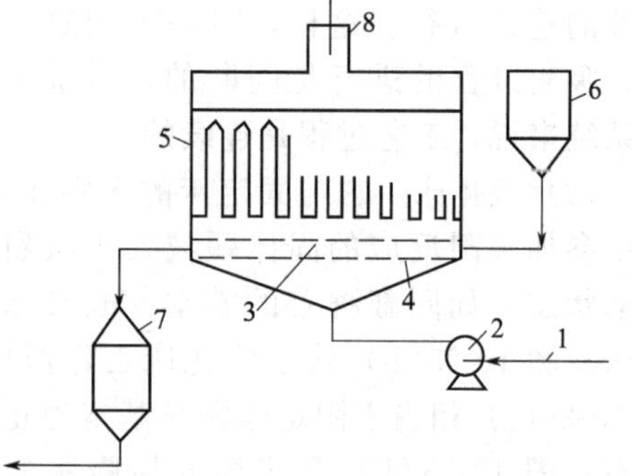

图 10-27 浓相流化床净化流程

1—含氟烟气入口；2—风机；3—流化床；4—气流分布板；5—布袋过滤器；6—原料氧化铝仓；7—反应氧化铝仓；8—排气筒

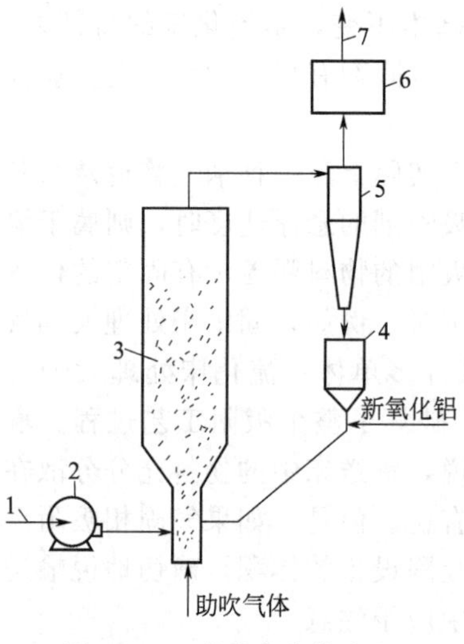

图 10-28 喷动床净化流程

1—含氟烟气入口；2—风机；3—稀相流化床；4—氧化铝仓；5—旋风分离器；6—布袋过滤器；7—排气筒

浓相流化床净化工艺流程由流化床，布袋室、吸附剂料仓和输送设备、风机、管道以及计量器等部分组成，如图 10-27 所示。电解槽烟气在风机作用下进入反应设备（流化床），烟气经气流分布板后均匀进入氧化铝流化层。在此，气固相进行接触和反应，烟气中的氟化氢被氧化铝吸附，达到净化烟气中氟化氢的目的。氧化铝料仓供给净化烟气的氧化铝，载氟氧化铝排入反应氧化铝仓。反应器上部有布袋过滤器用来捕集飞扬的微粒和烟气中粒状氟化物。烟气经过氧化铝吸附和布袋过滤器分离，净化的气体便从排气筒排放到大气中。这种流化床反应器对吸附来讲，增大了气固相的接触机会。流化床的高度可在 50～300cm 之间调节。氧化铝在反应器内的停留时间为 2～14h。穿床气速为 0.3m/s 左右。气流分布板通常设计成筛板式，浓相流化床的氧化铝回收，以采取高效布袋过滤器为宜。为了使设备紧凑，布袋过滤器与反应器结合为一体是理想的。

在浓相流化床用于含氟烟气干法净化的同时，稀相流化床也得到了应用。稀相流化床的特点是气流速度较高，设备紧凑。喷动床反应器工艺流程，是稀相流化床净化工艺流程的一种（见图 10-28）。在喷动床反应器中，由于烟气以较高的速度通过喷管，造成床层的沟流现象，使得氧化铝料如喷泉状向上喷动。氧化铝在沟流区喷动上升的同时，一部分沿着器壁徐徐下落到环带区。当这部分氧化铝下降到锥形处就又进入沟流区，此时氧化铝又被气流重新卷上，并呈喷泉状态。吸附过程就是利用氧化铝与烟气这样反复充分接触来完成的。反应后的氧化铝由旋风分离器和布袋过滤器从烟气中分离出来。净化后的烟气经风机排放。喷动床处理烟气的固气比低于浓相床，气流速度高于浓相床。除此之外，还有一些其他形式的稀相流化床净化工艺流程，但只是设备大小、形式不一、系统内流化速度不等而已。从本质上看，传质方式和过程没有什么差异。

(3) 输送床净化工艺流程　输送床实质上就是一定长度的能进行吸附反应的管段。在输送床净化流程用于含氟烟气净化时，往往不专门设计反应管段，而是直接用一段排烟管或者略微改变一下尺寸的排烟管代替输送床。管段的长度根据反应过程所需时间和烟气在管段的流速来确定。用排烟管代替输送床，可以使净化流程大为简化。如图 10-29 所示，铝电解槽的烟气经排烟管道到吸附反应管道（即输送床），同时向反应管道内添加氧化铝，使气固两相互相混合接触。氧化铝是从料仓经加料管连续喂入的。加料管上有定量给料装置，以控制氧化铝的加入量。烟气在反应管道内的速度，垂直管应不小于 10m/s，水平管应不小于 13m/s，因为管道内烟气流速过低会造成物料的沉积，反应管段内气固两相的接触时间，随管道长度而变化，一般大于 1s。从反应管出来的烟气经布袋过滤器（或静电收尘器）进行气固分离。布袋过滤器下料斗内的氧化铝可一部分返回反应管实现再循环，也可不循环全部送到料仓待返回电解槽。循环与否，循环几次，都要根据氧化铝的性质和净化程度而定。净化后的烟气从布袋过滤器出来，经风机排入大气。

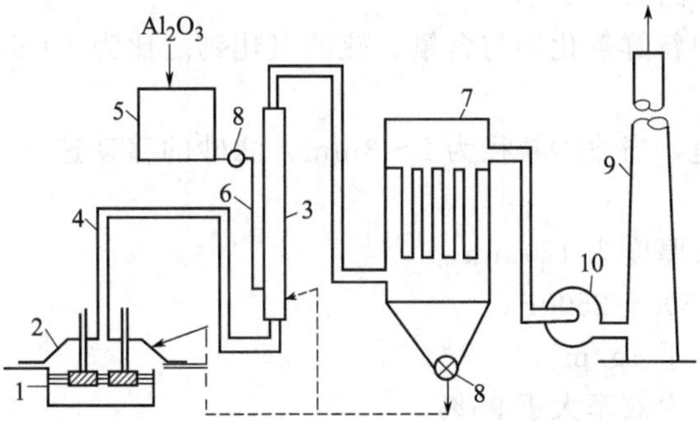

图 10-29　输送床净化工艺流程

1—电解槽；2—集气罩；3—反应管；4—排烟管；5—吸附剂料仓；6—加料管；7—布袋过滤器；8—定量给料装置；9—烟囱；10—风机

输送床净化工艺属于稀相吸附反应。加进烟气中的氧化铝量，应随烟气中氟化氢浓度的增高而加大。在保证吸附效率的前提下，氟化氢浓度与固气比（净化 $1m^3$ 烟气需要的氧化铝量，g/m^3）呈直线关系。

烟气中加入氧化铝后，流体阻力增加。试验证明，阻力增加量与加进的氧化铝量有关。一般，反应管内的流体阻力大约比加氧化铝之前增加 10%～20%。

在稀相反应流程中，布袋过滤器是把氧化铝从布袋中分离出来的关键设备。净化后烟气所含氧化铝数量的多少（物料损耗），取决于布袋过滤器性能的优劣。

把输送床用于净化矿热炉含氟烟气的流程，如图 10-30 所示。

烟气从矿热炉炉体集气罩内引出，经过重力沉降器与弹簧螺旋输送机加入的氧化钙在 20m 输送床中以 19m/s 的速度湍流扩散，烟气中的氟化氢、二氧化硫等有害气体被吸附，再经过旋风除尘器、砂滤器进行气固分离，去除含氟、硫的氧化钙及烟尘，净化后的烟气由风机抽出经烟囱排入大气。

设备主要技术参数如下：

(1) 输送床内烟气流速为 19m/s。

(2) 输送床长度 20m。

(3) 烟气含氟浓度为 150～160mg/m^3，含二氧化硫浓度为 200～900mg/m^3 时，固气比为 15～30g/m^3。

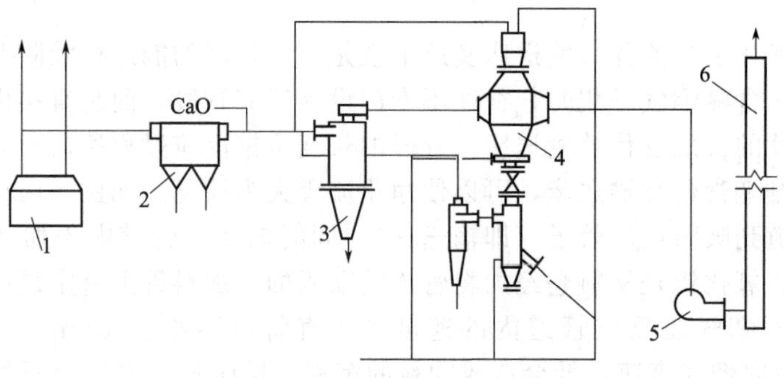

图 10-30 矿热炉含氟烟气净化系统

1—集气罩；2—沉降器；3—旋风除尘器；4—砂滤器；5—风机；6—烟囱

(4) 吸附剂

① 粉状氧化钙，CaO 含量大于 81%，其中有效 CaO 含量大于 60%；粒径要求小于 74μm，其中 40～60μm 的大于 30%。

② 加入净化系统中新鲜氧化钙与含氟、硫的氧化钙之比为 1∶5。

(5) 砂滤器参数

① 砂滤器过滤风速，当滤砂粒径为 2～3mm、滤砂的移动速度为 2cm/min 时，过滤风速为 0.2m/s。

② 砂滤器移动床层厚度为 120mm。

③ 砂滤器的阻力 1500～2500Pa。

④ 入口粉尘浓度大于 $4g/m^3$。

⑤ 在上述参数下除尘效率大于 95%。

(6) 系统净化效率　除氟效率大于 99%，除二氧化硫效率大于 92%，除尘效率大于 99%（指旋风除尘器与砂滤器的联合效率)。

净化后烟气含氟小于 $1mg/m^3$，含二氧化硫小于 $30mg/m^3$，含尘小于 $200mg/m^3$。

(三)玻璃池窑的含氟废气治理工程实例[9]

某公司在新建万吨级无碱玻璃纤维池窑拉丝生产线建设时，从国外引进安装了 1 套干法脱氟、脱硫、除尘处理设施，并结合实际，设计加装了 1 套余热利用锅炉，使池窑废气的余热资源得到充分利用，同时又提高了废气的治理效率。治理后的污染物排放浓度达到《工业炉窑污染物排放标准》(GB 9078—1996）的二级标准。

1. 废气净化工艺

玻璃纤维池窑废气净化工艺流程见图 10-31。

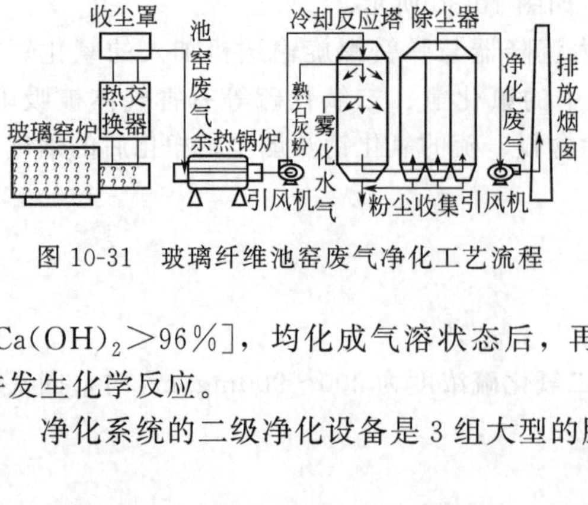

图 10-31 玻璃纤维池窑废气净化工艺流程

2. 净化机理

玻璃纤维池窑废气中的主要污染物是氟、硫的气态化合物及粉尘。池窑废气先经金属换热器冷却至 650℃左右，再掺入空气稀释，进一步冷却到 200℃左右，才送入净化系统。

净化系统的一级净化设备是反应冷却塔，池窑废气进入塔内，先被定量喷入熟石灰粉 [$Ca(OH)_2$>96%]，均化成气溶状态后，再定量喷入雾化水汽，使混合废气进一步冷却，并发生化学反应。

净化系统的二级净化设备是 3 组大型的脉冲式布袋除尘器，每组除尘器由若干鼠笼和布袋构成，混合废气自下向上进入袋中，经布层过滤之后，净化的废气被引风机送入烟囱，排向天空；布袋收集到的粉尘，则在脉冲气压的冲击下，震落到除尘器底部的灰斗里，再由旋转阀和螺旋输送机清理出净化系统。

实际使用一段时间之后，该公司对该治理设施进行了一次改造，在净化系统前端加装了1套锅炉，利用废气余热生产蒸汽供生产线使用，同时提高了废气的冷却效率。

3. 运行控制

该废气净化设施具有完善的探测、监控系统，废气温度调节、石灰粉喷射定量、气压脉冲切换等关键操作全部由电脑控制、自动完成。对布袋发生破漏等故障情况也能自动报警。针对突发性事故停电，净化系统的高压供电设置为双电源，且互为备用，电源间自动切换，间隔为5s，保证废气净化系统始终能正常运行。

该废气净化工艺的脱氟效率为99.5%，但脱硫效率只有93%左右，为此，该公司专门开展了清洁生产工艺技改，用作窑炉燃料重油的硫含量严格控制在1.5%以下，从源头控制污染负荷，降低污染物排放浓度，确保废气排放达标。

4. 废气净化效果

监测结果

该废气治理设施的进口和排放口设有永久性监测采样窗。本地环境监测站对其净化效果进行定期监测，结果表明：其污染物排放浓度始终低于《工业炉窑污染物排放标准》（GB 9078—1996）的二级标准，见表10-7。

表10-7　污染物排放标准和监测结果　　mg/m^3（标）

污染物	F	SO_2	烟尘浓度
GB 9078—1996二级标准	≤6	≤850	≤200
监测结果	1.2～4.7	602～820	32.1～79.7

第三节　氯、氯化氢及酸雾的治理

一、氯气的治理

氯气（Cl_2）在人类生产、生活过程中用途非常广泛，特别是在化工生产的许多领域它都是重要的原料，但氯气又是有毒的，氯气有强烈的刺激性，高压下易溶于水而成液氯，生成次氯酸和盐酸。在化工、农药、医药及有色冶金生产过程中均有氯气产出。在有机合成生产中氯化、氯磺化和氧氯化过程中，都排出大量含氯废气与氯化氢气体。氯在通过容器或车辆运输、贮存的过程中如有泄漏，都会放出氯气而造成对环境的污染。

含氯废气的治理主要是通过湿法来净化，一般是采用化学中和法、氧化还原法等过程，对氯气进行吸收，做到综合利用。

（一）碱液中和法[1,4]

即以碱液作为吸收液对氯气（Cl_2）进行吸收，常用的吸收剂有NaOH溶液、Na_2CO_3溶液、石灰乳[$Ca(OH)_2$]溶液等。以NaOH为吸收剂的化学反应如下：

$$2NaOH + Cl_2 \longrightarrow NaCl + NaOCl + H_2O \qquad (10\text{-}45)$$

该方法所得到的次氯酸钠（NaOCl）可以作为商品出售，达到变废为宝的目的。以石灰乳作为吸收剂所发生的化学反应为：

$$2Ca(OH)_2 + 2Cl_2 \longrightarrow CaCl_2 + Ca(OCl)_2 + 2H_2O \tag{10-46}$$

这是生产漂白粉的工艺原理，漂白粉的主要成分是 $CaCl_2 \cdot Ca(OCl)_2 \cdot H_2O$，在 45℃左右，即可以得到固溶体的生成物。漂白粉可用于消毒和漂白。氯气的吸收设备可采用喷淋塔或填料塔，其吸收率可达 99.9%，效果非常好。经吸收后出口氯气含量可低于 10 mL/m^3。吸收塔采用聚氯乙烯板或钢板衬橡胶。溶液中 pH 值低或含有氯酸盐时，应加水或碱液以调控 pH 值。采用石灰乳吸收液的成本低，但有废渣的问题，一般只简单用于处理低浓度的氯气。采用 NaOH 溶液吸收生成次氯酸钠的反应是放热反应，所以在生产中要注意必须及时降温，防止产品的热分解。

（二）硫酸亚铁或氯化亚铁吸收法

该方法以氯化亚铁（$FeCl_2$）或硫酸亚铁作为吸收剂，据氧化还原反应性质对氯气进行回收与净化，例如以氯化亚铁对氯气的吸收化学反应如下：

$$Fe + 2HCl \longrightarrow FeCl_2 + H_2 \tag{10-47}$$

$$2FeCl_2 + Cl_2 \longrightarrow 2FeCl_3 \tag{10-48}$$

$$2FeCl_3 + Fe \longrightarrow 3FeCl_2 \tag{10-49}$$

其工艺设备可采用填料塔，并以废铁屑作填料，生产的 $FeCl_3$ 可作为防水剂，三价铁可被铁屑还原，再次参与吸收反应。该方法设备简单，操作容易，废铁屑来源丰富，技术合理；但反应速度比中和法要慢，效率较低。

（三）四氯化碳吸收法

当氯气浓度>1%时，可采用 CCl_4 为吸收剂，其设备可采用喷淋或填充塔，在吸收塔内将氯的吸收液通过加热或吹脱解吸，回收的氯气可再次使用。

（四）水吸收法

当氯气浓度<1%时，有时可用水通过喷淋塔来吸收氯气，其效果不如碱性中和法好，用水蒸气加热解吸时可回收氯气，如国内的一些氯碱厂在“氯水”解吸时用蒸气或热交换方法回收氯气。

（五）其他方法

此外，还有用硅胶、活性炭、离子交换树脂等进行吸附的方法，但因成本太高或是技术还不十分成熟而没有得到广泛的应用。

二、氯化氢废气的治理

氯化氢（HCl）废气主要产生于化工、电镀、造纸、油脂等工业的生产过程中，特别是酸洗工艺中常有大量 HCl 废气产生。氯化氢（HCl）气体是一种无色且有强烈刺激性气味的气体，对环境、设备都具有较强的腐蚀性，对人体有害，刺激人的皮肤、呼吸道。1 体积的水可以溶解 400 体积的 HCl 气体。其平衡分压和温度的关系见图 10-32。

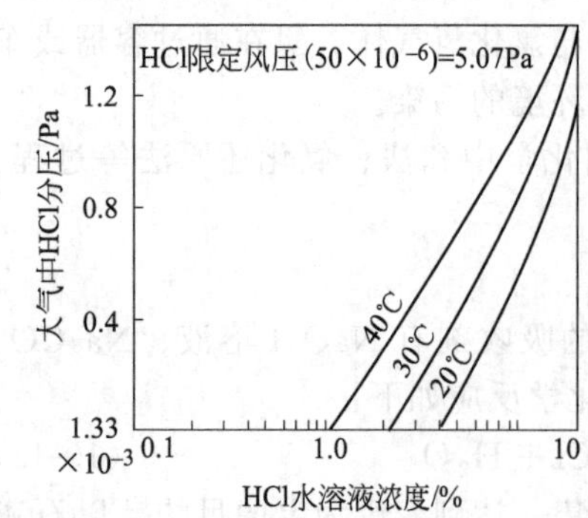

图 10-32 HCl 水溶液平衡关系

（一）水吸收法

基于 HCl 气体易溶于水的原理，常常采用水直接吸收氯化氢气体。据废气中 HCl 的浓度和温度，按图 10-32 可求得吸收液中的盐酸最大浓度；当所得 HCl 达到一定浓度时，经净化与浓缩可得到副产品盐酸。

水法吸收的工艺设备可采用波纹塔、筛板塔、湍球塔等。水吸收法最经济、方便。上海电镀厂采用三级栅格式净化器，用水吸收氯化氢废气，通过三级吸收逐渐浓缩回收盐酸。该净化器单级吸收效率达 97%，净化后的气体中氯化氢含量可达国家规定的排放标准。

（二）其他吸收法

1. 碱液吸收法

生产厂家可以用废碱液来中和吸收 HCl，达到以废治废的目的。也可以用石灰乳作为吸收剂，这是一种应用较多的方法。吸收可在吸收塔内进行。

2. 联合吸收法

即用水-碱液二级联合吸收。辽源市第一化工厂，用水-碱液二级联合吸收法处理氯和氯化氢混合废气，先经水喷淋石墨冷凝器降膜吸收后，再经碱性吸收釜用碱吸收，反应原理如下：

$$HCl+H_2O \longrightarrow \text{盐酸} \tag{10-50}$$

$$2NaOH+Cl_2 \longrightarrow NaOCl+NaCl+H_2O \tag{10-51}$$

年处理 HCl 气 150t、Cl_2 气 160t，产盐酸 500t、次氯酸钠 1000t（盐酸浓度≥25%、次氯酸钠含有效氯≥13%、游离碱＜5%）。

武汉有机合成化工厂曾使用甘油吸收三氯乙醛生产中排放的氯化氢废气，每年生产二氯丙醇 110t。上海电化厂用冰醋酸酚作催化剂，使氯化石蜡生产中排出的氯化氢与甘油反应制成二氯异丙醇及盐酸，也收到增加产品、减少污染的效果。

（三）冷凝法

对于高浓度的 HCl 废气，可根据 HCl 蒸气压随温度迅速下降的原理采用冷凝的方法，先将废气冷却回收利用 HCl。可采用石墨冷凝器利用深井水或自来水间接冷却，废气温度降到零点以下，HCl 冷凝下来，废气中的水蒸气也冷凝下来，形成 10%～20%的盐酸。冷凝法很难除净 HCl 气体，一般作为处理高浓度 HCl 气体的第一道净化工艺，再与其他方法配合，往往会得到较满意的结果。

（四）HCl 酸洗槽排气净化实例

为了排出钢锭、钢块在酸洗时产生的含酸气体，对酸洗槽采取吹吸式槽边抽风的方式，在排风系统中设有填充式洗涤器净化设施，气体入口浓度为 $150mL/m^3$，经水洗后可降至 $5mL/m^3$，循环液体贮存在洗涤器下部槽中，经循环泵送入洗涤器上部循环喷淋。

1. 系统流程

（1）送风系统　送风系统由风机、管道、空气幕组成。

（2）排风系统　槽边抽风罩、管道、洗涤器、净化后的空气由风机直接排入大气。洗涤器内的循环液达到一定浓度排至废酸贮槽。

2. 设计参数的确定

（1）风量的确定　酸洗槽宽度为 0.9m，槽长为 2.0m。

按下式计算送排风风量：

$$Q_2=(30\sim50)A\ (m^3/min;)$$

$$Q_1=0.1Q_2\ (m^3/min)$$

式中，Q_1 为吹出口风量 m^3/min；Q_2 为排风量 m^3/min；A 为酸洗槽面积 m^2。

参数 $30\sim50m^3/(min\cdot m^2)$ 为实际经验值，取 $50m^3/(min\cdot m^2)$。

则：

$$Q_2=50\times0.9\times2.0=90m^3/min$$

$$Q_1=0.1\times90=9m/min$$

（2）吹风口断面积 S

$$S=\frac{Q_1}{60}\times u$$

式中，u 为吹风口的气体流速 5～10m/s（经验数值）。

$$S=\frac{9}{60}\times 10=0.015\text{m}^2$$

（3）排气罩罩口高度

$$H=D\tan\alpha$$

式中，α 为喷射角度。

（4）洗涤器断面的确定

洗涤器的断面积为 A，按下式计算 A：

$$Q_2=u_2A=u_2\pi\left(\frac{D}{2}\right)^2$$

已知 Q_2、u_2，则洗涤器直径 D 按下式计算：

$$D=\left(4\times\frac{Q_2}{u_2}\pi\times 60\right)^{\frac{1}{2}}$$

式中，Q_2 为排风量 $90\text{m}^3/\text{min}$；u_2 为洗涤器内气体流速 1m/s；A 为洗涤器断面积，$A=\pi\left(\frac{D}{2}\right)^2$，$\text{m}^2$；$D$ 为洗涤器直径，m。

将有关数据代入，得 $D=1.38\text{m}$（选用 1.5m）。

（5）洗涤器循环液量的确定

$$L=WA=W\pi\left(\frac{D}{2}\right)^2$$

式中，W 为单位面积循环水量，$12\text{t}/(\text{m}^2\cdot\text{h})$；$A$ 为洗涤器断面积，m^2。

$$L=12\pi\left(\frac{1.5}{2}\right)^2=21\text{t/h}=350\text{kg/min}$$

（6）洗涤器内填充物高度的确定　填充物的高度取决于排出气体入口的浓度，它与排出气体浓度成正比的关系。

（7）系统阻力

$$\Delta p=\Delta p_1+\Delta p_2+\Delta p_3$$

式中，Δp_1 为吸风罩阻力 29Pa；Δp_2 为风机入口侧压力损失 480Pa，包括直管、弯管、洗涤器等，其中洗涤器约在 196～294Pa；Δp_3 为风机出口侧压力损失 29Pa。

则：$\Delta p=29+480+29=538\text{Pa}$

3. 设备的选择

（1）洗涤器　处理风量 $90\text{m}^3/\text{min}$；尺寸直径 1500mm×高 4500mm。

（2）送风机　风量 $10\text{m}^3/\text{min}$；静压 147Pa；配用电机 0.4kW。

（3）排风机　风量 $90\text{m}^3/\text{min}$；静压 588Pa；配用电机 3.1kW，380V。

（4）循环泵　容量 350L/min；扬程 10m；配用电机 2.2kW，380V。

（5）控制盘　尺寸 700mm×500mm×1600mm。

4. 系统说明

（1）本系统采取吹、吸式槽边抽风方式，使空气封闭了整个槽面，防止了酸气外溢。

（2）排风机的外壳及叶片全部采用耐酸材质玻璃纤维加强塑料制造的。

（3）冬季为防止循环槽中液体冻结，向循环槽中通入蒸汽，使循环槽内温度控制在 50℃左右。

(4) 送、排风的风管、排气罩、洗涤器等全部采用耐酸性强，耐温性可达 80℃的纤维加强塑料制造的，循环泵及循环水管采用耐温 50℃的聚氯乙烯材质制作的。

鉴于盐酸溶于水的特性，故在洗涤器内喷水净化有害气体。

三、酸雾的治理

酸雾是指雾状的酸性物质。在空气中酸雾的颗粒很小，比雾的颗粒要小，比烟的湿度要高，粒径在 0.1～10μm 之间，是介于烟气与水雾之间的物质，具有较强的腐蚀性。酸雾的形成主要有两种途径，一是酸溶液表面的蒸发，酸分子进入空气，吸收水分并凝聚而形成酸雾滴；二是酸溶液内有化学反应并生成气泡，气泡是浮出液面后爆破，将液滴带出至空气中形成酸雾。

在现代的生产、生活中，酸雾主要产于化工、冶金、轻工、纺织（化纤）、机械制造等行业的用酸过程工序中，如制酸、酸洗、电镀、电解、酸蓄电池充电和其他生产过程。一些常见酸雾的来源见表 10-8，一些常见的酸雾性质见表 10-9。

表 10-8 某些酸雾与氯气的来源

名称	来源
盐酸雾	1.氯碱厂,盐酸的生产、贮存和运输过程 2.使用盐酸做原料的化工厂、农药厂、湿法冶金厂 3.盐酸酸洗槽,用盐酸清洗锅炉的过程
硫酸雾	1.硫酸制造厂(车间),硫酸与发烟硫酸的贮存和运输过程 2.使用硫酸做原料的化工厂、肥料厂、肥皂厂、制革厂、油脂加工厂、炼油厂和蓄电池厂 3.硫酸酸洗槽,对铝、铜进行抛光处理的工业槽
硝酸雾	1.硝酸制造厂,硝酸的贮存和运输过程 2.使用硝酸做原料的化工厂、肥料厂、染料厂、炸药厂、皮革厂 3.硝酸酸洗槽
铬酸雾	1.金属镀铬的电镀槽 2.对铝进行表面氧化处理与酸洗的工业槽
氢氰酸雾	1.使用氰化物的电镀槽,使用氰化物的渗碳与淬火作业 2.焦化厂、煤气厂、钢铁厂、选矿厂和湿法冶金厂 3.使用氢氰酸或氰化物灭虫与消毒作业
氯气	1.氯碱厂,氯的制造、液化、装瓶、贮存和运输过程,电解镁厂 2.使用氯做原料的农药厂、聚氯乙烯厂、氯丁橡胶厂、盐酸车间 3.使用氯的湿法冶金厂、净水厂、纺织厂

表 10-9 一些可生成酸雾的物质及其性质

名称	化学式	形态及气味	相对密度	熔点/℃	沸点/℃	溶解性	其他性质
氯化氢	HCl	无色气体,有刺激性气味	1.268（与空气比）	−111	−85	易溶于水、乙醇和乙醚,其水溶液称盐酸	与空气中的水蒸气作用可生成盐酸雾
盐酸	HCl	无色或微黄色液体	1.19（商品）			为氯化氢的水溶液	浓盐酸在常温下挥发成酸雾
氯气	Cl_2	黄绿色气体,有刺激性气味		−102	−34.6	溶于水和碱溶液,易溶于二硫化碳和四氯化碳	在空气中挥发时与水蒸气作用,形成白色酸雾
三氧化硫	SO_3	无色固体,有刺激性气味	1.97	62.2	44.6	易溶于水,形成硫酸与焦硫酸;溶于浓硫酸形成发烟硫酸	有强氧化作用,挥发到空气中与水蒸气生成硫酸雾
硫酸	H_2SO_4	无色,无嗅,油状液体	1.834（98.3%）	10.49	338	与水互溶放热,浓硫酸有强吸水性	有强氧化作用,340℃时分解放出 SO_3

续表

名称	化学式	形态及气味	相对密度	熔点/℃	沸点/℃	溶解性	其他性质
二氧化氮	NO_2	红褐色气体，有刺激性气味		−11.2	21.3	溶于水且反应生成硝酸，并溶于硝酸	与空气中水蒸气作用，可形成硝酸雾
硝酸	HNO_3	无色或微黄色液体，有刺激性气味	1.503	−42	86	本身即水溶液	氧化作用很强，浓硝酸常温下可挥发形成硝酸雾
氰化氢	HCN	无色气体，有特殊气味	0.688	−14	26	与水、乙醚、乙醇相互混溶	极易挥发
氟化氢	HF	无色气体，有毒，有强烈刺激性气味	0.921		19.4	极易溶于水，形成氢氟酸	与空气中水蒸气作用，可生成氢氟酸
三氧化铬	CrO_3	红棕色晶体	2.70	−197	250（分解）	溶于水形成铬酸，溶于乙醇和乙醚	有强氧化作用，在镀铬时呈铬酸雾逸出

根据酸雾的性质不同，对其控制及净化的方法及难易的程度也不同，一般地讲，硫酸雾因沸点高，新形成的雾滴粒径较大且稳定，相对容易达到控制和净化的要求。而盐酸雾、氢氟酸雾等，因易于气化而较难控制，硝酸雾实际上是以氮氧化物形式存在，其中主要是二氧化氮（NO_2）和三氧化二氮（N_2O_3），对它们的控制相对更复杂。本部分主要介绍对浓度较高的酸雾的治理。

（一）铬酸雾的治理

典型的铬酸雾是在电镀工艺过程中产生的浓度较大的一种酸雾，经验证明了对其治理采用网格式、挡板式、填料式净化器回收并且加以净化的工艺效果较好；特别是用网格式最佳，它的回收净化器的体积小、阻力小、结构简单、维护管理方便。

1. 网格式净化器的工作原理

铬酸密度较大且易于凝聚，不同粒径的铬酸雾滴悬浮在气流中，由于互相碰撞而凝聚成较大的颗粒，进入净化箱体后，气流速度降低，在重力场作用下从气流中分离出来。当一定气速的铬酸雾经过过滤网格层时，通道弯曲狭窄，在惯性效应和钩住效应（咬合效应）作用下，附着在网格上。不断附着的结果使细小的铬酸液滴增大而沿网格降落下来，最后流入集液箱可回用于生产。净化后的气体从上箱体排出，这种过滤的效应大小与雾滴大小、气速和气量有关。

网格式净化器的过滤网可采用棱形塑料气液过滤网。由于过滤网的特性，网格表面的液滴不易产生二次雾化，可保证较高的除雾效率。一般滤网层数以 10～12 层为宜。棱形板的布置应一层一层纵横交错平铺在过滤网格的外框内，在无塑料板网情况下可代之以塑料窗纱。塑料板网和气液过滤网的形状如图 10-33 和图 10-34。

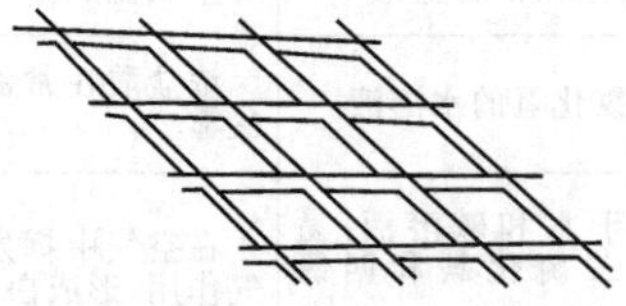

图 10-33 塑料板网

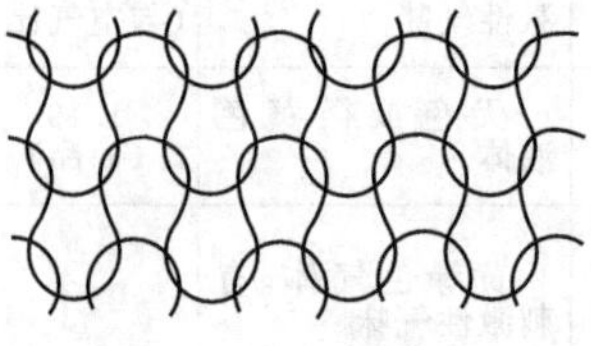

图 10-34 气液过滤网

2. 网格式净化器的形式与结构

网格式净化器分立式（L 式）和卧式（W 式）两种，其具体结构如图 10-35～图 10-38 所示。

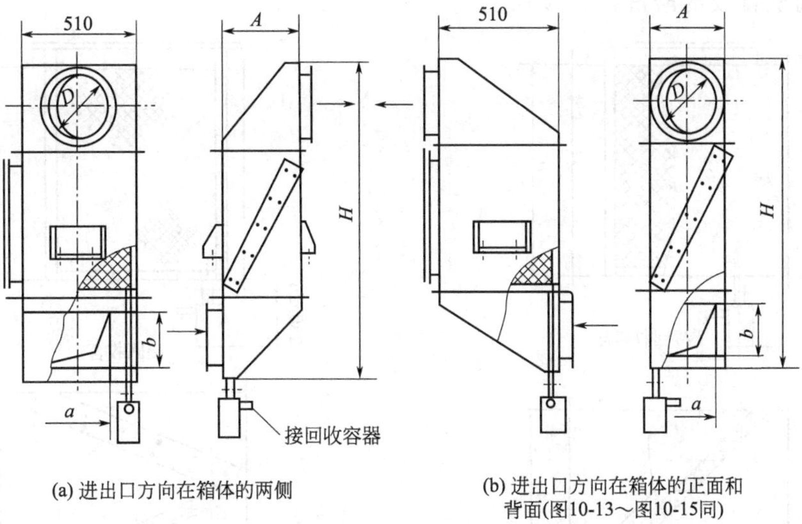

图 10-35　铬酸废气净化器 L_2、L_3 型总图

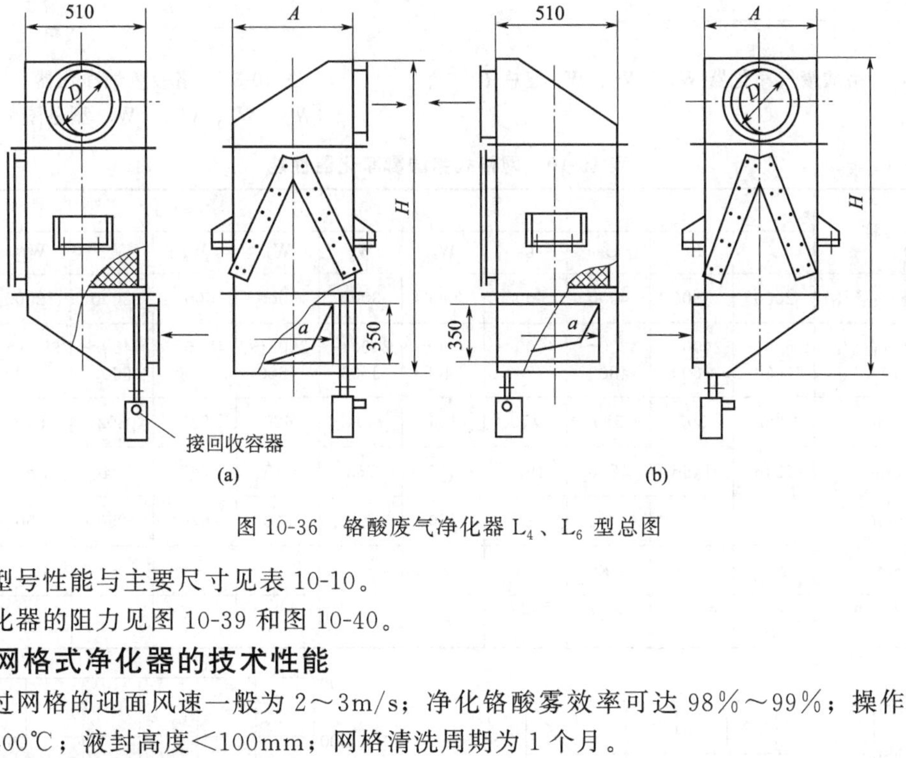

图 10-36　铬酸废气净化器 L_4、L_6 型总图

各型号性能与主要尺寸见表 10-10。

净化器的阻力见图 10-39 和图 10-40。

3. 网格式净化器的技术性能

通过网格的迎面风速一般为 2～3m/s；净化铬酸雾效率可达 98%～99%；操作温度一般为<400℃；液封高度<100mm；网格清洗周期为 1 个月。

（二）硫酸雾净化

硫酸雾由于粒径较大，也可采用网格式净化器，气速以 2～3m/s 为宜，其净化的效率可以达到 90%～98%。具体的净化效率、设备阻力和气速之间的关系见表 10-11。

（三）多种酸雾的净化

利用 SDG 吸附剂净化多种酸雾，是一种成功的方法，此技术可用于电子、机械、电镀、轻工印刷、化工、冶金、交通运输等各种用酸行业。SDG 吸附剂可净化硫酸、硝酸、盐酸、氢氟酸、醋酸、磷酸等各种酸气（雾），尤其适用于酸气浓度小于 1000

mg/m^3 的间歇排放的酸洗操作场所。

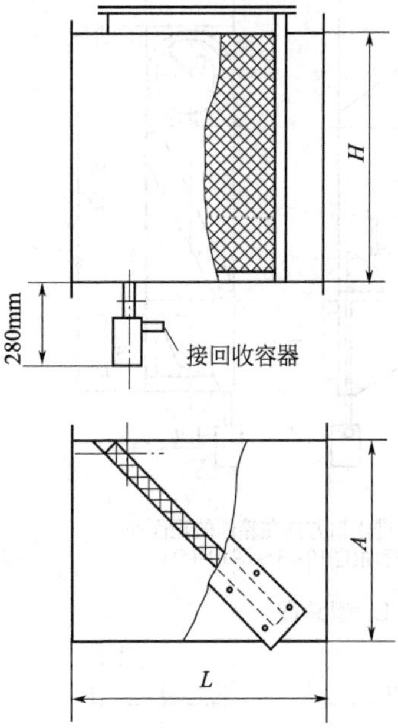

图 10-37 铬酸废气净化器 W_2、W_3、W_8 型总图

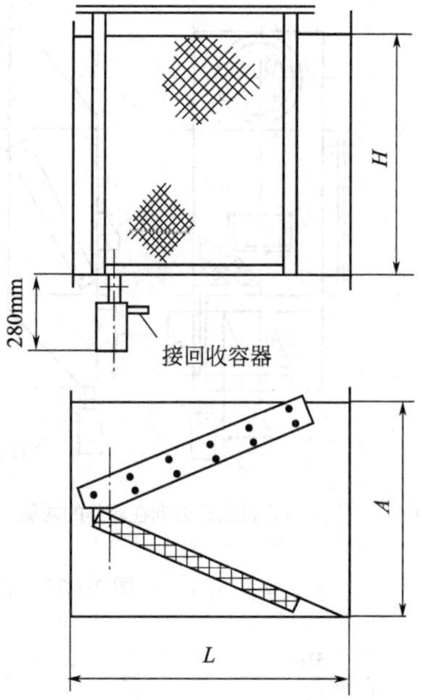

图 10-38 铬酸废气净化器 W_4、W_6、W_{12}、W_{16} 型总图

表 10-10 网格式铬酸雾净化器性能

名称	型号										
	L_2	L_3	L_4	L_6	W_2	W_3	W_4	W_6	W_8	W_{12}	W_{16}
额定风量/(m^3/h)	2000	3000	4000	6000	2000	3000	4000	6000	8000	12000	16000
使用风量/(m^3/h)	1600～2400	2400～3600	3200～4800	4800～7200	1600～2400	2400～3600	3200～4800	4800～7200	6400～9600	9600～14000	12800～19600
A/mm	300	500	510	710	404	404	620	620	802	940	1200
H/mm	1246	1466	1706	1976	515	765	515	765	1040	1040	1040
L/mm	—	—	—	—	550	550	620	620	950	950	1130
D/mm	250	320	390	450	—	—	—	—	—	—	—
$(a\times b)$/mm	260×240	330×280	350×350	500×350	—	—	—	—	—	—	—

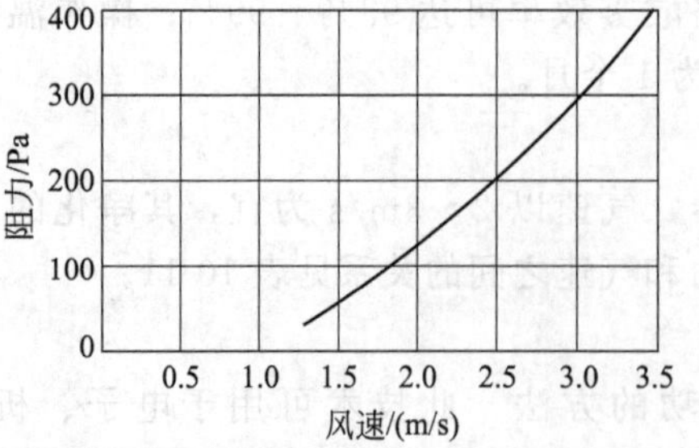

图 10-39 W 型净化器风速与阻力的关系曲线

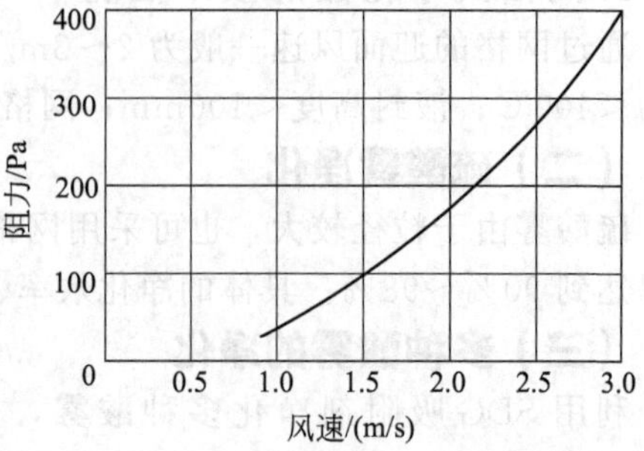

图 10-40 L 型净化器风速与阻力的关系曲线

表 10-11　不同气速下的设备阻力和净化效率

序号	气速/(m/s)	风量/(m^3/h)	设备阻力/Pa		酸雾浓度/(mg/m^3)		净化效率/%
			丝网阻力	总阻力	进口	出口	
1	1.03	3070	81	107	17.10	9.46	44.7
2	1.56	4630	141	183	7.50	1.64	78.1
3	2.05	6090	162	242	17.70	4.63	73.8
4	2.26	6650	200	268	18.80	1.80	90.4
5	2.32	6890	223	314	34.90	2.63	92.5
6	2.49	7400	259	404	21.90	1.40	93.6
7	2.69	8020	279	471	58.10	0.90	98.5

(1) 基本原理　利用吸附净化酸气的原理，研制成功的SDG-Ⅰ型吸附剂主要用于硝酸类NO_x净化；Ⅱ型主要用于硫酸、盐酸、氢氟酸气（雾）。根据现场酸气品种、排量、浓度、设计净化设备与净化系统；启动风机，将酸气经集气装置抽入SDG吸附剂的净化设备，将多种酸气吸着分离；净化后的气体经排气筒排入大气，可达到环保规定的排放标准。

SDG吸附剂由多种组分复合而成，既有物理吸附特性，又有化学离子吸附的特性。经过技术检验和技术鉴定，吸附后产物不会带来二次污染。

(2) 技术关键　采用保证质量的SDG吸附剂是净化酸气的关键；采用合理设计、加工、安装的净化设备及集气装置、风机是正常净化运行的保证。

(3) 工艺流程　见图10-41。

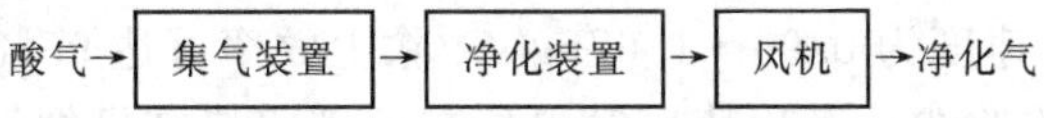

图10-41　酸气净化工艺流程

典型规模：10000m^3/h处理气量。

主要技术指标：

硝酸气去除率　93%～99%；　　盐酸气去除率　93%～99%；

硫酸气去除率　93%～99%；　　氢氟酸气去除率　93%～99%。

第四节　含铅及含汞废气的治理

一、含铅废气的治理

在人类的生产和生活中，涉及有关铅的领域很多，产生含铅废气的发生源也很多。由此含铅废气的种类及污染程度也相差较大。在铅、锌、银及其他含铅金属矿山的开采、选矿过程中，会产生含铅粉尘；在炼制铅锭、铅条、铅板、铅管和铸造铅字、铅制品及铅合金制品的焊接和熔割过程中，都会产生大量含铅烟气；在蓄电池厂、铅合金轴瓦厂的产品中会产生含铅废气；在使用铅化合物的塑料厂、橡胶厂、化工厂、含铅玻璃厂也有含铅废气的产生；在电厂中的锅炉、各种燃煤和燃油的工业炉窑及各种内燃机的燃油使用中，均可以产生不同程度而且排量可观的含铅废气和尾气。此外，在含铀涂料的陶瓷厂、搪瓷厂及使用含铅涂料的机器、设备、家具和建筑中也产生程度不同的含铅污染。

铅污染问题是一个严重的社会公害。含铅废气大体上可分成铅尘与含铅废气两种。铅尘是在铅及铅矿物的破碎、分级和研磨等机械过程中形成的，其形态不规则，粒径相对较大，一般为 1～200μm。而含铅的烟气或废气是在冶炼的工业生产加工过程中形成的固体粒子的气溶胶，它多是由熔融物质蒸发后生成的气态物质的冷凝物，在生成过程中常伴有氧化反应。铅烟的粒子很小，粒径一般在 0.01～1μm 范围内。

由于含铅废气的来源不同，性质不同，污染程度不同，因此采用的净化手段也不同。由于铅尘粒径较大，目前对铅尘的净化技术也较成熟，如采用袋式滤尘器净化，均能达到较满意的效果；由于铅烟的粒径很小，采用化学吸收法较多。净化的具体方法基本上可以归纳为物理除尘法、化学吸收法及覆盖法三类。此外，对燃煤或烧油锅炉、内燃机，特别是汽车尾气的治理应归属其他治理类别，在此不加讨论，请详见有关章节。

（一）物理除尘法[1,4,13]

1. 概述

物理除尘法是针对含铅自然矿物及铅物品的粉碎、研磨等工艺过程及其他工艺过程中产生大量的铅尘的净化。该类方法中常用的有布袋过滤、静电除尘、气动脉冲除尘等工艺。该类工艺对细小粒子有较高的净化效率，常用于净化浓度高、气量大的含铅粉尘和烟气。此外，文丘里管、湿式洗涤器（如泡沫吸收塔、喷淋塔）都有较好的效果，但设备的体积较大，费用较高。

2. 实例

(1) 铅尘湿法静电除尘　某电子管厂在电子管生产工艺中采用该方法净化熔炼铅玻璃时产生的低温、高电阻气溶胶状的铅烟尘。具体做法是 300℃左右的高温废气在离心风机吸引下，进入增温器，与喷淋水雾接触，降温和加湿，使之比电阻降低。微粒铅尘增湿后，在惯性碰撞及热效应综合作用下，凝聚成较大的颗粒，使之被除去。当处理气量为 1710～2890m^3/h 时，气体过滤速度为 0.99～1.67m/s，除尘效率可达 95%左右。

(2) 铅烟干法电收尘除尘　某冶炼厂等单位在处理铅烧结机烟气时采用了超高压宽极距电收尘器来除尘，实践证明该方法对高比电阻、微细铅尘具有较高的捕集能力。电收尘器电压 150kV，极距 750mm，在烟气含尘小于 9g/m^3、SO_3 含量小于 0.001%、水分含量小于 7%、烟气流速小于 0.6m/s、电场内停留时间不小于 12s 的条件下，捕集比电阻小于 10^{11} Ω·cm 的粉尘时，收尘率可达 99%；对比电阻小于 10^{12} Ω·cm 的粉尘，收尘率可达 98%；对比电阻小于 1013Ω·cm 的粉尘，收尘率可达 90%～95%。

(3) 铅烟气动脉冲除尘　某蓄电池厂曾选用气动脉冲除尘器替代以前使用的袋式除尘，除尘效率可达 99.99%，除尘效果十分明显，不仅提高了产量，而且有效地减少了含铅废气的污染。

（二）化学吸收法

化学吸收法对铅烟中微细颗粒的铅蒸气具有较好的净化效果，基于铅的颗粒可溶于硝酸、醋酸和碱液，在化学吸收法中，常用的吸收剂有稀醋酸和氢氧化钠溶液，有的采用有机溶剂加水，作吸收剂。

1. 稀醋酸溶液吸收法

吸收剂为 0.25%～0.3%的稀醋酸，吸收产物为醋酸铅。其化学吸收机理为：

$$2Pb + O_2 \longrightarrow 2PbO \quad (10\text{-}52)$$

$$Pb + 2CH_3COOH \longrightarrow Pb(CH_3COO)_2 + H_2 \quad (10\text{-}53)$$

$$PbO + 2CH_3COOH \longrightarrow Pb(CH_3COO)_2 + H_2O \quad (10\text{-}54)$$

该方法若配合物理除尘效果就更好，一般第一级用袋式滤尘器除去较大的颗粒，第二级用化学吸收（斜孔板塔，兼有除尘和净化作用）。其工艺流程见图 10-42。

该工艺操作的指标如表 10-12 所示。

表 10-12 稀醋酸吸收法净化铅烟气的工艺操作指标

工艺条件				气体中含铅量		净化效率/%
气量/(m^3/h)	空塔气速/(m/s)	液气比/(L/m^3)	醋酸浓度/%	吸收塔入口/(mg/m^3)	吸收塔出口/(mg/m^3)	
2450	1.2	3.88	0.25	21.38	1.51	92.9
3350	1.63	2.84	0.25	2.08	0.10	95.2
4000	2.00		0.25	0.547	0.052	90.5
9000	2.00	4.00	0.30	0.255	0.025	90.2

该方法装置简单，操作方便，净化效率高，生成的醋酸铅可用于生产颜料、催化剂和药剂等。但醋酸有较强的腐蚀性，因此对设备的防腐要求较高。

2. 氢氧化钠溶液吸收法

以 1%NaOH 水溶液作吸收剂，其化学吸收的机理为：

$$2Pb + O_2 \longrightarrow 2PbO \tag{10-55}$$

$$PbO + 2NaOH \longrightarrow Na_2PbO_2 + H_2O \tag{10-56}$$

该方法的工艺流程如图 10-43。

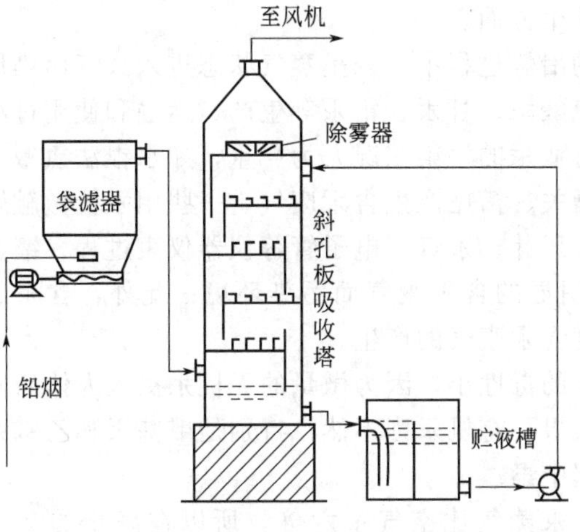

图 10-42 稀醋酸吸收法工艺流程

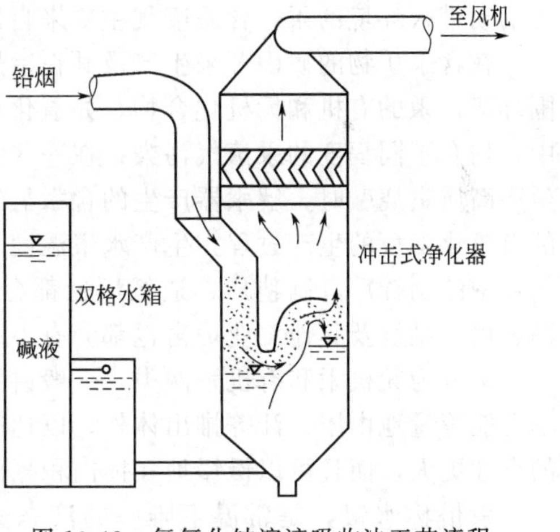

图 10-43 氢氧化钠溶液吸收法工艺流程

生产工艺可控制气流量为 800～1000m^3/h，喉口气速为 15～20m/s，吸收温度为 30～40℃，其净化效率为 85.1%～99.7%。该净化方法及工艺为在同一净化器内同时进行除尘和吸收，净化率较高，设备简单，操作方便。此外，可同时除油，因此特别适用于化铅锅排出的烟气。其缺点是气相接触时间较短，当烟气中铅含量小于 0.5mg/m^3 时，净化效率较低（<80%），吸收液挥发较大，需不断补充，并有二次污染问题。

（三）掩盖法

1. 概述

掩盖法主要是针对铅的二次熔化工艺中铅大量向空气中蒸发污染环境而采取的一种物理隔挡方法。具体做法是在熔融的铅液液面上撒上一层覆盖剂来防止铅的蒸发。所用的覆盖剂有碳酸钙粉、氯盐、石墨粉及 SRQF 覆盖剂等。

对覆盖剂的要求是覆盖剂的密度要比铅小，而熔点应比铅高，而且这种物性之间的差别越大越好。同时要求覆盖剂不与铅或坩埚发生化学反应。在这些覆盖剂中以石墨粉效果最好。如以石墨粉覆盖达 5cm 厚时，覆盖效率可达 100%，此法无需庞大的设备，不消耗能源与动力，既能减少铅的污染还可减少铅原料的损失。

2. 实例

某钢丝绳厂在钢丝铅浴热处理工艺流程中，为防治生产车间的含铅废气的污染，采用了新型 SRQF 覆盖剂来抑制铅锅表面铅蒸气对生产车间环境的污染，无任何抽风设施。

新型覆盖剂 SRQF 主要以多种硅酸盐（K_2O、Na_2O、MgO、CaO、Al_2O_3、SiO_2 等）经特殊处理而成，无味，耐 1000℃以上高温，对人体无害。SRQF 覆盖剂分三层覆盖：底层为淡红色粉末层 5cm，起与铅液隔挡的作用；中层为灰色细粒层厚 8cm，对铅蒸气起吸收和抑制作用；上层为褐黄色小块，厚约 10cm，对铅蒸气也起吸附与抑制作用。

SRQF 覆盖剂与传统的木炭覆盖剂相比具有方法简单、投资低、防治铅污染效果明显的优点，对钢丝绳的质量无明显的影响，可以节省能源（ϕ1.2mm 以下的钢丝绳，铅锅不需加热），特别是可减轻工人体力劳动的强度，因为采用木炭覆盖则每 1～2 天就需要添加，每月出渣 1～2 次，而用 SRQF 覆盖剂，则 5～7 月才换一次，此期无需出渣。

二、含汞废气的治理

汞在现代工农业生产中是一种必不可少的物质，其用途十分广泛，据统计汞的用途现已达 300 多种，而且新的用途仍在不断被发现和扩展之中。造成环境中汞污染的主要原因是人类活动带入环境的汞，含汞废气主要来自以下几个方面。

在含汞矿物的矿山开采生产及其在冶炼厂的冶炼过程中，汞呈蒸气状态进入大气污染周围环境；汞的有机和无机化合物，如氯化汞、硫酸汞、甘汞、雷汞等生产、运输和使用过程中，均有不同程度的汞蒸气污染；在一些特殊行业汞的污染状况尤为严重，如水银法氯碱厂生产高质量烧碱时，解汞器产生的含汞氢气，槽关、槽尾产生含汞废气，一些用汞盐做触媒的有机化工厂的生产过程，生产水银温度计、气压计、汞灯、电子管等仪器仪表过程，镏金作业中的制钟厂、制毡厂、造纸厂也都会产生明显的含汞废气而污染环境；此外，含汞的油、煤的燃烧及其他工业炉窑也都会有不同程度含汞废气的产生。

汞分为无机汞和有机汞两类，一般讲无机汞的毒性小，因为微量的无机汞摄入人体后基本上能等量地由尿、汗等排出体外，以达解毒效果。有机汞则不然，特别是甲基汞和乙基汞的毒性更大，而且可以慢慢地在体内积累而引起中毒。

汞俗称水银，是常温下唯一的液态金属，汞蒸气比空气重六倍，所以在静止的空气中，位置越低其浓度越高。汞蒸气的附着力又很强，易吸附在周围的物体上，汞极易蒸发并以汞蒸气的形式进入大气中，空气中汞蒸气的饱和度和浓度与温度的关系见图 10-44。

目前对含汞废气的治理基本上可以分为湿法、干法和气相反应三类。

（一）汞的性质和污染

1. 汞及其主要化合物的性质

汞（Hg）俗称水银，是常温下唯一的液态金属，银白色、易流动。汞及主要化合物的性质见表 10-13。

表 10-13 汞及主要化合物的性质

名称	汞	氧化汞	氯化汞	氯化亚汞	硫化汞
化学符号	Hg	HgO	$HgCl_2$	Hg_2Cl_2	HgS

续表

名称	汞	氧化汞	氯化汞	氯化亚汞	硫化汞
分子量（原子量）	(200.59)	216.59	271.50	472.09	232.65
状态	银白色液体金属	(1)鲜红色粉末 (2)橘黄色粉末	无色斜方晶体	白色晶体	(1)红色晶体 (2)黑色晶体
相对密度	13.546 (20℃)	(1)11.00～11.29 (2)11.03(275℃)	5.44	7.15	(1)8.10 (2)7.67
熔点/℃	−38.87	500(分解)	277	302	(1)586(升华) (2)446(升华)
沸点/℃	356.90		304	382.7	
溶解性能	易溶于硝酸；可溶于热浓硫酸；并可溶解多种金属生成汞齐合金；不溶于稀硫酸、盐酸及碱	溶于硝酸和盐酸，不溶于水和乙醇	溶于水、乙醇和乙醚。在20℃的水中溶解度是6.6%，在100℃的水中为56.2%	溶于硝酸、汞和王水，不溶于水和乙醇	溶于硫化钾溶液和王水，不溶于硝酸、水和乙醇
氧化与分解	在空气中加热时，被氧化成氧化汞	500℃时分解为汞和氧	在加热和光的作用下，可还原成氯化亚汞	在水和光的作用下，可分解成氯化汞与汞	可缓慢氧化成金属汞

汞在常温下即可蒸发，0℃时汞蒸气的饱和浓度为2.174mg/m^3，是国家标准0.01mg/m^{3}的200多倍，20℃时将达1300多倍。不同温度下空气中饱和汞蒸汽的浓度见图10-44。

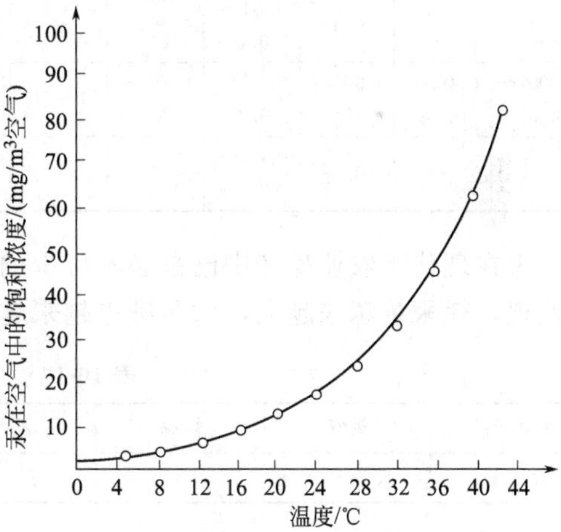

图10-44　空气中汞蒸气饱和浓度与温度的关系

2. 汞污染的来源

汞进入环境有两个途径，一是汞的天然释放，二是汞的人为释放。

天然释放指的是含汞矿的风化、河水的冲刷；地震及火山爆发等的扩散；大气及水在自然气象中的迁移等。天然排入环境的汞量见表10-14。虽然天然释放的汞量较大，但由于分布均匀，浓度较低，一般不对环境造成危害，它仅是自然界中汞浓度背景的说明而已。

人为释放即人类在生产与使用汞及其化合物时，将汞直接排到人类生活环境中，破坏了环境的自净能力，污染了环境，是造成汞污染的主要污染源。汞污染的主要来源见表10-15。

表10-14　天然排入环境的汞量　　单位：t/a

入大气	河流入海	汞矿风化等	雨水下降	其他	总计
3600	4000	—	—	—	40000
150000	3800	200	84000	(25000)	238000
—	—	—	—	—	100000
—	5000	—	—	—	5000

表 10-15 汞污染的主要来源

汞污染的来源	(1)水银法氯碱厂生产高质量烧碱时，解汞器产生含汞氢气，槽头、槽尾产生含汞废气等 (2)用汞盐做触媒的有机化工厂，如用乙炔法生产氯乙烯、乙醛等产生的含汞废气和废水 (3)汞冶炼、有色冶金及硫酸生产厂在焙烧汞矿石、铅锌矿及硫铁矿等含汞矿石时，汞以汞蒸气进入炉气，随炉气排入大气 (4)生产汞的无机和有机化合物，如氯化汞、硫酸汞、甘汞、雷汞等，会产生汞蒸气和含汞粉尘 (5)生产水银温度计、气压计、汞灯、电子管等仪表和电器时，有热加工和汞的敞露，使汞蒸气散发造成污染 (6)镏金作业点、制钟厂、制毡厂、造纸厂等也会产生含汞蒸气及废水 (7)含汞的油、煤的燃烧炉、锅炉及其他工业炉窑也有汞尘产生

3. 汞污染的现状

联合国于 1971 年召开的国际环境会议上，与会者一致认为，当前对环境污染最危险的五大害是：汞（Hg）、镉（Cd）、铅（Pb）、滴滴涕（DDT）及多氯联苯（PCB）。汞被提在首位，可见汞污染的严重性。

据报道，地表可开发的汞矿物约 0.3 亿吨。也有资料表明，世界汞矿储量近 0.08 亿吨，海洋中溶解的汞约 1 亿吨，大气中含有的蒸气汞约 5000t，地壳中的汞含量为 $7\mu g/m^3$，非常稀散。环境中汞浓度的背景值见表 10-16。

表 10-16 环境中汞浓度的背景值　　单位：$\mu g/m^3$

空气	雨水	海洋	淡水河湖	矿泉水	煤矿水	油田水	煤炭	原油	天然气	食物	土壤	污染鱼
0.01～0.05	—	0.1	0.01～0.1	—	—	—	—	—	—	50	—	1000
0.00001～0.05	0.05～0.48	0.005～5	0.01～0.1	0.01～2.5	1～10	0.1～230	10～300000	40	40	—	10～150	—
—	—	0.3	0.03～0.1	—	—	—	50～500	10	—	—	20～800	25～17000

汞在现代工农业生产中已是必不可少的物质，其用途多达 3000 多种，新的用途还在不断发现，耗汞量越来越大，汞污染也越来越严重，表 10-17 列出了几种产品的耗汞量。

表 10-17 几种产品的耗汞量　　单位：g/t 产品

耗汞产品	氯气	烧碱	乙醛	氯乙烯	金汞齐	纸浆
耗汞量	150～200	330	5～15	74～80	1000	8

（二）汞蒸气的净化方法

汞蒸气的净化方法，按常规可分为冷凝法、液体吸收法、固体吸附法、气相反应法及联合净化法。见表 10-18。

表 10-18 汞蒸气的净化方法

分 类	净 化 方 法	方 法 摘 要
冷凝法	常压冷凝法	常压下冷却降温，将高浓度汞蒸气冷凝成液体
	加压冷凝法	加压至 1.96133×10^4kPa，两级冷却至 4℃
液体吸收法	高锰酸钾吸收法	用高锰酸钾溶液做吸收剂，净化汞蒸气
	过硫酸铵-文氏管吸收法	用过硫酸铵溶液做吸收剂，文氏管为吸收设备
	次氯酸钠吸收法	用次氯酸钠和氯化钠的混合溶液做吸收剂
	热浓硫酸吸收法	用热浓硫酸做吸收剂，净化含汞的 SO_2 气体
	硫酸-软锰矿吸收法	用硫酸-软锰矿的悬浊液做吸收剂
	碘络合吸收法	用 KI 溶液做吸收剂，净化含汞的 SO_2 烟气

续表

分　类	净化方法	方法摘要
固体吸附法	活性炭吸附法	以做过某种预处理(充氯或镀银)的活性炭做吸附剂
	阿德莱化学公司法	在熔融氧化铝上载10%左右的金属银做吸附剂
	科德罗矿业公司法	在玻璃丝、氧化铅、陶瓷等表面镀银做吸附剂
	分筛吸附法	用分子筛做吸附剂吸附汞
联合净化法	冷凝-吸附法	一级冷凝二级吸附净化高浓度含汞蒸气
	冲击洗涤-焦炭吸附法	一级多硫化钠洗涤,二级焦炭吸附
	液体吸收-活性炭吸附法	一级液体吸收,二级活性炭吸附
气相反应法	碘升华法	利用结晶碘升华为碘蒸气与汞发生反应
	硫化净化法	利用硫化氢气体净化含汞的 SO_2 烟气

1. 冷凝法

冷凝法适合于净化回收高浓度的含汞蒸气。根据原理不同，分为常压冷凝法和加压冷凝法两种。

由于汞极易挥发，所以单纯依靠冷凝法来净化含汞废气，是不可能达到国家排放标准的。即使将温度降到0℃，气体中的含汞浓度仍超出国家标准的200多倍。因此，冷凝法净化回收金属汞常作为吸收法和吸附法的前处理。

2. 液体吸收法[1,14]

常用的吸收剂有高锰酸钾（$KMnO_4$）、漂白粉［$Ca(OCl_2)_2$］、次氯酸钠（NaClO）、热浓硫酸（H_2SO_4）等具有强氧化性的物质以及能与汞形成络合物的碘化钾等物质。

（1）高锰酸钾溶液吸收法

① 净化原理。高锰酸钾具有很强的氧化性，当其溶液与汞蒸气接触时，能迅速将汞氧化成氧化汞，同时产生二氧化锰。产生的二氧化锰又与汞蒸气接触生成汞锰络合物，从而使汞蒸气得以净化。主要化学反应式为：

$$2KMnO_4+3Hg+H_2O \longrightarrow 2KOH+2MnO_2+3HgO\downarrow \tag{10-57}$$

$$MnO_2+2Hg \longrightarrow Hg_2MnO_2\downarrow \tag{10-58}$$

② 工艺流程。高锰酸钾溶液吸收法工艺流程见图10-45。含汞气体进入吸收塔，与吸收液逆流接触，汞被氧化，净化后的气体直接排放，吸收液循环使用，并定期补充新鲜吸收液。

该流程中的吸收设备可以是填料塔、喷淋塔、斜孔板塔、多层泡沫塔及文丘里-复挡分离器等。图10-46是某化工厂水银法氯碱车间含汞氢气的高锰酸钾溶液吸收法的除汞流程。主要设备是吸收塔、斜管沉降器以及溶液增浓器等。

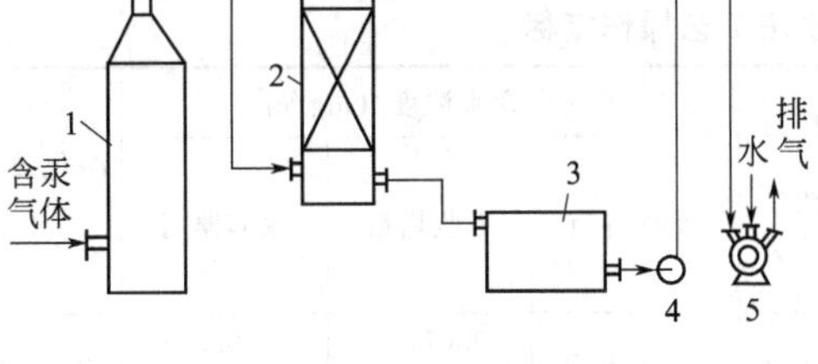

图10-45　高锰酸钾溶液吸收法流程

1—冷却塔；2—吸收塔；3—循环槽；4—循环泵；5—水环泵

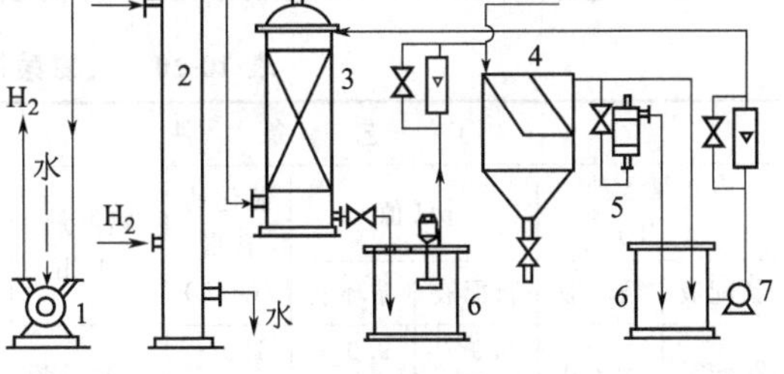

图10-46　含汞氢气的高锰酸钾溶液吸收法除汞流程

1—水环泵；2—冷凝塔；3—吸收塔；4—斜管沉降器；5—增浓器；6—贮液槽；7—离心式水泵

③ 工艺操作指标。高锰酸钾吸收法净化含汞废气的工艺操作指标见表10-19。

表10-19 高锰酸钾吸收法工艺操作指标

吸收设备	工艺条件				气体中含汞浓度/(mg/m³)		净化效率/%
	气量/(m^3/h)	$KMnO_4$浓度/%	空塔速度/(m/s)	液气比/(L/m^3)	净化前	净化后	
斜孔板塔	4000 4524	0.3 0.6	2.0 2.22	2.6～5 2.6～5	0.364 0.798	0.013 0.009	96.4 98.9
填料塔	4800 101～223	0.5 0.3～0.4	0.44～0.6 0.118～0.262	3.1～4.1 9.9	0.053～0.165 8.75～29.0	0.0018～0.0043 0.005～0.01	97.4～98.4 99.93～99.97

(2) 次氯酸钠溶液吸收法　用次氯酸钠溶液吸收汞蒸气，其原理与工艺方法如下。

① 净化原理。吸收剂是次氯酸钠和氯化钠的混合水溶液。次氯酸钠是一种强氧化剂，可将汞氧化成Hg^{2+}；而氯化钠则是一种络合剂，Hg^{2+}与大量的Cl^-结合生成氯汞络离子$[HgCl_4]^{2-}$。其化学反应式为：

$$Hg + ClO^- + H_2O \longrightarrow Hg^{2+} + Cl^- + 2OH^- \quad (10\text{-}59)$$

$$Hg^{2+} + 4Cl^- \longrightarrow [HgCl_4]^{2-} \quad (10\text{-}60)$$

即

$$Hg + ClO^- + 3Cl^- + H_2O \longrightarrow [HgCl_4]^{2-} + 2OH^- \quad (10\text{-}61)$$

② 工艺流程。某厂水银法氯碱车间用次氯酸钠吸收法除汞的工艺流程见图10-47。

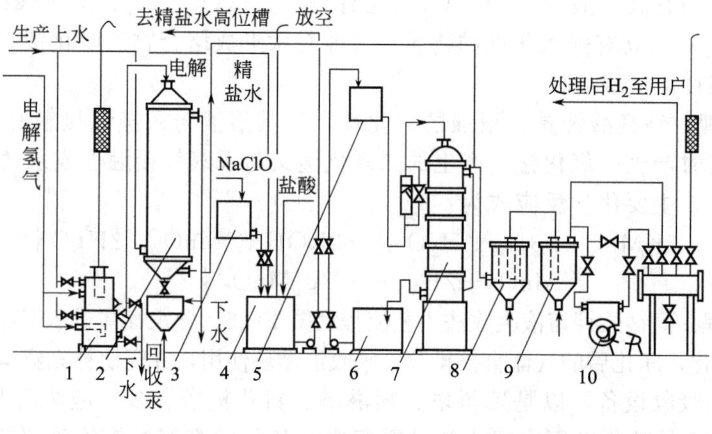

图10-47 次氯酸钠吸收法除汞流程

1—水封槽；2—氢气冷却塔；3—次氯酸钠高位槽；4—吸收液配制槽；5—吸收液高位槽；6—吸收液循环槽；7—吸收塔；8—除雾器；9—碱洗罐；10—罗茨真空泵

③ 工艺操作指标。次氯酸钠溶液吸收法除汞的工艺操作指标见表10-20。

表10-20 次氯酸钠吸收法工艺操作指标

工艺条件							烟气中含汞浓度/(mg/m³)			净化效率/%
有效氯含量/(g/L)		pH值		氯化钠含量/(g/L)	喷淋量/(L/h)	空塔速度/(m/s)	吸收塔前	吸收塔后	除雾器后	
新配液	循环液	新配液	循环液							
20～25	5～20	9.0～9.5	9.0～10.0	120～220	150～180	0.3～0.4	0.34～5.52	0.017～0.074	0.0023～0.0210	95～99

(3) 热浓硫酸吸收法　热浓硫酸吸收法净化汞蒸气的原理与工艺如下。

① 净化原理。热浓硫酸为强氧化剂，它与汞接触时，将汞氧化成硫酸汞沉淀，使汞与

烟气分离。该法始创于芬兰的奥托昆普公司，其实质是用热浓硫酸洗涤含汞的 SO_2 烟气，可能的化学反应如下：

$$Hg+2H_2SO_4 \longrightarrow HgSO_4+2H_2O+SO_2 \quad (10\text{-}62)$$

$$2Hg+2H_2SO_4 \longrightarrow Hg_2SO_4+2H_2O+SO_2 \quad (10\text{-}63)$$

$$3HgSO_4+2H_2O \longrightarrow 2H_2SO_4+HgSO_4 \cdot 2HgO \quad (10\text{-}64)$$

② 工艺流程。热浓硫酸法在电锌厂投入使用，其工艺流程见图 10-48。沸腾炉焙烧烟气烟温 960～1050℃，经废热锅炉降至 365～440℃，又经旋风除尘及静电收尘烟温降至 350～400℃。此时将烟气送入硫酸化塔与热浓硫酸逆流接触，烟气中的汞即被氧化吸收。

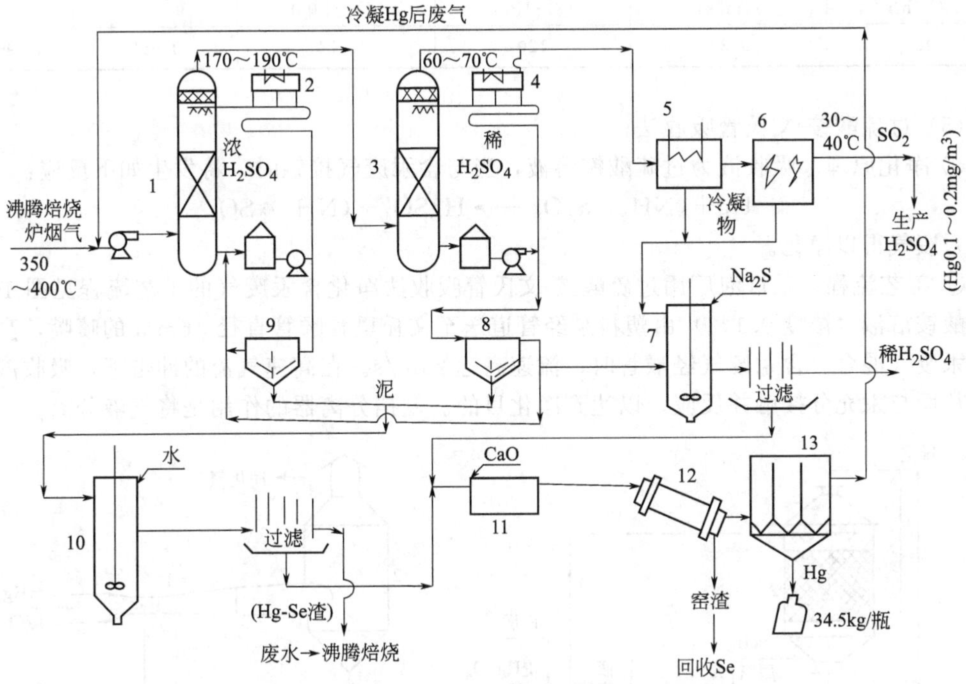

图 10-48　科科拉电锌厂热浓硫酸洗涤除汞流程

1—硫酸化塔；2—热交换器；3—洗涤塔；4,5—热交换器；6—湿式电收尘；7—反应罐；8,9—沉清池；10—水洗罐；11—混料机；12—回转窑；13—冷凝器

③ 工艺操作指标。热浓硫酸吸收法除汞流程的工艺操作指标见表 10-21。

表 10-21　热浓硫酸吸收法工艺操作指标

工艺条件			烟气中含汞浓度/(mg/m³)		汞回收率/%
烟气量/(m³/h)	烟气温度/℃	浓硫酸浓度/%	净化前	净化后	
25000～30000	≥140～200	85～90	20～110	0.1～0.2	99.5

(4) 硫酸-软锰矿溶液吸收法

① 净化原理。吸收液为含软锰矿（粒度：110 目，其中含 MnO_2 68%左右）100g/L、硫酸 3g/L 左右的悬浮液。当吸收液与含汞废气接触时，将发生下列反应：

$$2Hg+MnO_2 \longrightarrow Hg_2MnO_2 \quad (10\text{-}65)$$

$$Hg_2MnO_2+4H_2SO_4+MnO_2 \longrightarrow 2HgSO_4+2MnSO_4+4H_2O \quad (10\text{-}66)$$

$$HgSO_4+Hg \longrightarrow Hg_2SO_4 \quad (10\text{-}67)$$

$$MnO_2+Hg_2SO_4+2H_2SO_4 \longrightarrow MnSO_4+2HgSO_4+2H_2O \quad (10\text{-}68)$$

由此可见，除了 MnO_2 对汞起净化作用外，反应产物 $HgSO_4$ 也能氧化吸收汞。由于 $HgSO_4$ 随着净化过程的进行，浓度越来越高，因此，在有一定浓度的 MnO_2 存在时，吸收液的净化能力越来越高。

② 工艺流程。某汞矿用硫酸-软锰矿吸收法净化炼汞尾气的工艺流程见图 10-49。

③ 工艺操作指标。硫酸-软锰矿吸收法净化汞矿炼汞尾气的工艺操作指标见表 10-22。

表 10-22 硫酸-软锰矿吸收法工艺操作指标

工艺条件				回收汞量/(kg/t 矿)	净化效率/%
吸收液循环量/(L/h)	空塔速度/(m/s)	系统阻力(9.81Pa)	药剂耗量/(kg/t 矿)		
2400	0.32	120	0.24	0.051	96

(5) 过硫酸铵-文氏管吸收法

① 净化原理。吸收液为过硫酸铵溶液，当与含汞废气接触时，将发生如下反应：

$$Hg + (NH_4)_2S_2O_8 \longrightarrow HgSO_4 + (NH_4)_2SO_4 \qquad (10\text{-}69)$$

使含汞废气得以净化。

② 工艺流程 某灯泡厂用过硫酸铵-文氏管吸收法净化含汞废气的工艺流程见图 10-50。过硫酸铵溶液（浓度 0.1%）由塑料泵经管道送至文丘里管喉管直径 ϕ6mm 的喷嘴，高速地与含汞废气混合。含汞废气经喉管时，流速高达 25m/s。在高速气流的冲击下，吸收液被雾化，从而与汞充分接触并反应，以达到净化目的。复挡分离器的作用是将气液分离。

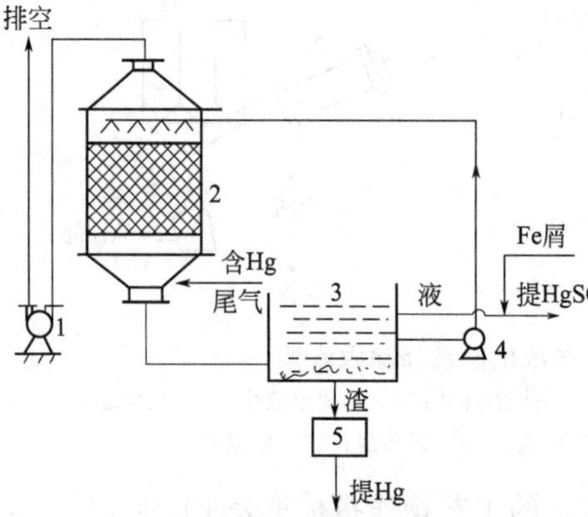

图 10-49 硫酸-软锰矿吸收法除汞流程

1—风机；2—填料塔；3—循环槽；4—循环泵；5—沉淀池

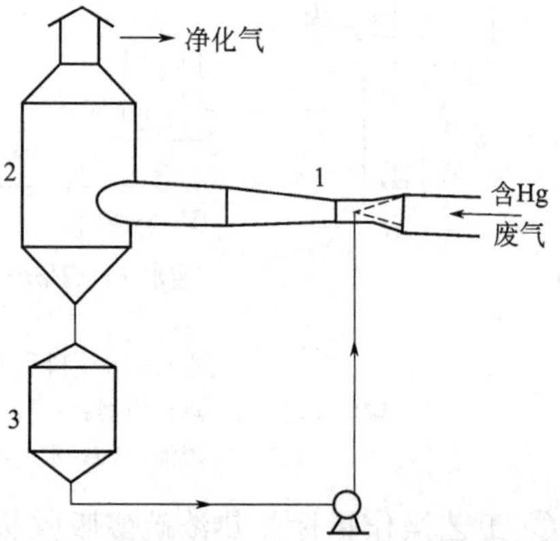

图 10-50 过硫酸铵-文丘里复挡分离器除汞流程

1—文丘里管；2—复挡分离器；3—贮液罐

(6) 碘络合吸收法

① 净化原理。吸收液为碘化钾溶液，与含汞的 SO_2 烟气接触时，将发生如下反应：

$$Hg + I_2 + 2KI \longrightarrow K_2HgI_4 \qquad (10\text{-}70)$$

② 工艺流程。某冶金厂烧结机含汞烟气用碘络合吸收法除汞的流程见图 10-51。

③ 工艺操作指标。某冶炼厂用碘络合吸收法净化含汞烟气的工艺操作指标见表 10-23。

(7) 其他吸收法 液体吸收法除以上介绍的六种外，还有氯化汞吸收法、多硫化钠吸收法及硫酸汞吸收法等。各种吸收法的性能、优缺点及适用范围的比较详见表 10-24。

3. 固体吸附法[1,4]

常用的吸附剂有活性炭、软锰矿、焦炭、分子筛以及活性氧化铝、陶瓷、玻璃丝等。有时为了提高吸附效率，经常先将吸附剂进行某些预处理，如活性炭表面先吸附一层与汞能发

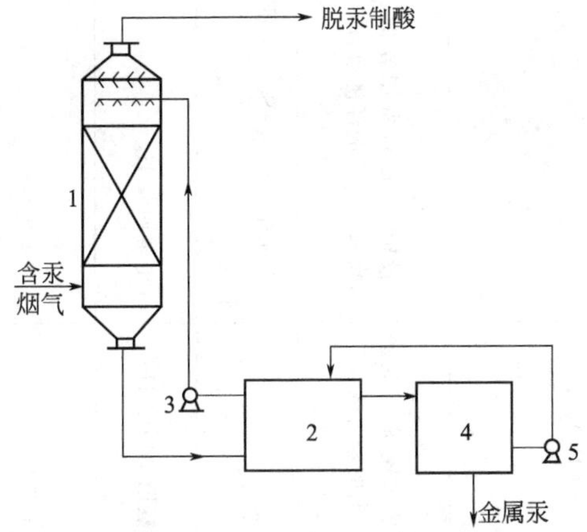

图 10-51　碘络合吸收法除汞流程
1—吸收塔；2—贮液槽；3—循环泵；
4—电解槽；5—循环泵

表 10-23　碘络合吸收法工艺操作指标

工艺条件								烟气中含汞浓度		净化效率/%
烟气量/(m^3/h)	烟气成分			循环吸收液成分			喷淋量/(m^3/h)	净化前/(mg/m^3)	净化后/(mg/m^3)	
	SO_2/%	汞/(mg/m^3)	尘/(mg/m^3)	KI/(g/L)	H_2SO_4/(g/L)	Hg/(g/L)				
4000	3～3.5	10～45	10～15	40～50	100～200	4～6	140～150	42	0.1～0.4	98～99

生化学反应的物质（充氯）或以活性炭、氧化铝、陶瓷、玻璃丝等为载体，表面浸渍金属（镀银），然后再吸附含汞废气，以达到更理想的净化效果。

(1) 充氯活性炭吸附法

① 净化原理。含汞废气通过预先充氯的活性炭层时，汞与吸附在活性炭表面的 Cl_2 发生反应：$Hg+Cl_2 \longrightarrow HgCl_2$。生成的 $HgCl_2$ 停留在活性炭表面。

② 吸附设备。活性炭吸附器可用砖砌筑，也可用钢板和硬聚氯乙烯板制作。吸附器的形式有罐型、屋型、箱型、桥型等，见图 10-52。采用钢板或砖制作时，要考虑防腐蚀问题。若含汞废气中含有粉尘，则有必要在吸附器前设置空气过滤器。

③ 吸附剂与吸附量。不同粒度的活性炭对汞蒸气吸附量的影响见表 10-25。相同体积的活性炭，进行不同的预处理，除汞性能见表 10-26[1,15]。

表 10-25 中“防护时间”是试验吸附剂从开始吸附到排气中汞浓度刚超过排放标准的时间。防护时间越长，吸附剂的除汞性能越好。表 10-26 表明：$CuSO_4 \cdot 5H_2O$ 和 KI 溶液处理的活性炭除汞性能最好，但成本较高；Cl_2 处理的活性炭除汞性能仅次于 $CuSO_4 \cdot 5H_2O$ 和 KI 溶液处理的活性炭，而且成本低，处理也较容易；I_2 处理的活性炭成本高，且不易均匀附着于活性炭表面。因此，在处理低浓度含汞废气或进行高浓度含汞废气的二级处理时，常用充氯活性炭。在汞冶炼尾气治理中，也常采用多硫化钠处理的焦炭作吸附剂。

(2) 多硫化钠-焦炭吸附法　该法适合于净化炼汞尾气或其他有色冶金生产中高浓度含汞烟气。其净化原理及工艺设备如下。

① 净化原理。焦炭具有较大的活性表面，能吸附废气中的汞。为了提高除汞效率，常在焦炭上喷洒多硫化钠溶液。主要化学反应为：

表 10-24 几种液体吸收法除汞流程比较

流程名称	高锰酸钾法	次氯酸钠法	热浓硫酸法	硫酸-软锰矿法	过硫酸铵-文氏管法	碘络合法
循环吸收液配比	0.3%～0.6% $KMnO_4$ 溶液	有效氯：20～25(g/L) NaCl：120～220(g/L) pH：9.0～10.0	85%～90% 40℃ 热浓硫酸	H_2SO_4：3(g/L) 软锰矿：100(g/L)	0.1% 过硫酸铵溶液	KI：40～50(g/L) H_2SO_4：100～200(g/L) Hg：4～6(g/L)
主要反应式	$2KMnO_4+3Hg+H_2O \longrightarrow 2KOH+2MnO_2+3HgO$； $MnO_2+2Hg \longrightarrow Hg_2MnO_2\downarrow$	$Hg+ClO^-+3Cl^-+H_2O \longrightarrow [HgCl_4]^{2-}+2OH^-$	$Hg+2H_2SO_4 \longrightarrow HgSO_4+2H_2O+SO_2$； $2Hg+2H_2SO_4 \longrightarrow Hg_2SO_4+2H_2O+SO_2$； $2H_2SO_4+3HgSO_4+2H_2O \longrightarrow 2H_2SO_4+HgSO_4+2HgO$	$Hg+MnO_2+2H_2SO_4 \longrightarrow MnSO_4+2H_2O+HgSO_4$	$Hg+(NH_4)_2S_2O_8 \longrightarrow HgSO_4+(NH_4)_2SO_4$	
优缺点	流程短，设备简单，但要随时补加吸收液，$KMnO_4$ 利用率低	吸收液来源广，无二次污染，但流程复杂，操作条件不易控制	工艺复杂，不易控制	投资省，能获得较高较稳定的效果	设备要求较高，但效率高，有一定的经济效益	投资大，运行费用较低，回收汞有一定的经济效益
适用范围	含汞氢气及仪表电器厂的含汞蒸气	水银法氯碱厂含汞氢气	含汞的焙烧烟气（含 SO_2）	汞矿炼汞尾气以及含汞蒸气	含汞蒸气	含汞焙烧烟气（SO_2 含量较高）
回收产品	低温电解法回收 Hg	电解法回收 Hg	回转窑蒸馏冷凝回收 Hg 及 Se	可提取 $HgSO_4$ 溶液，电热蒸馏炉回收 Hg	电热蒸馏炉回收 Hg	电解回收 Hg
使用厂家	齐齐哈尔榆树屯有机化工厂，上海医用仪表厂等		芬兰科科拉电锌厂	天津干电池厂	某灯泡厂	韶关冶炼厂
汞净化效果 净化前浓度/(mg/m³)	0.364～29.0	0.34～5.52	20～10.0			40～45
汞净化效果 净化后浓度/(mg/m³)	0.009～0.01	0.0023～0.021	0.1～0.2			0.1～0.4
汞净化效果 净化效率/%	96.4～99.97	95～99	99.5	96		98～99

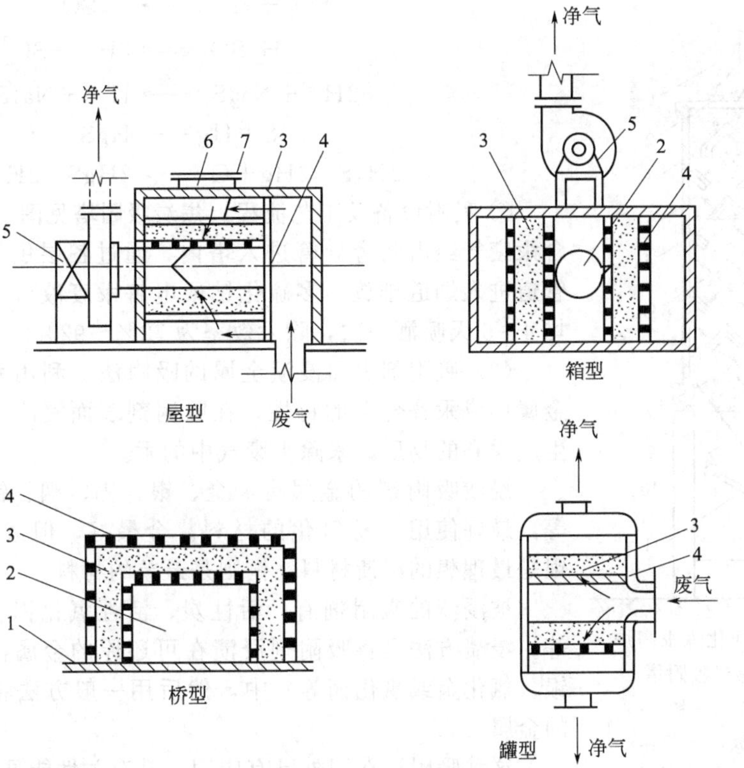

图 10-52 各种活性炭除汞吸附器

1—钢板；2—含汞废气入口；3—活性炭层；4—塑料网；5—风机；6—检修门；7—泡沫塑料滤灰层

表 10-25 不同粒度的活性炭对汞蒸气吸附量的影响

项目 \ 序号		1	2	3
粒度	直径/mm 长度/mm	3.5～4.5 6～9	2～3 28～7	1.2～2.5 1～4
试样	体积/mL 质量/g	122 82.5	60 26.8	60 28.5
活性炭量/g		7.2	2.945	2.5
吸附的 Cl_2 量/%		8.73	10.98	8.88
汞浓度/(mg/m^3)		75	75	75
吸附量/(kg 汞/m^3 炭)		17.2	45.5	46.9
防护时间/min		4677	9099	9379

表 10-26 活性炭预处理除汞性能比较

预处理吸附剂	试样体积/mL	试样重量/g	汞浓度/(mg/m^3)	防护时间/min
$CuSO_4 \cdot 5H_2O$ 和 KI 溶液浸渍的活性炭	30	20.6	99	9863
Cl_2 处理的活性炭	30	15.8	99	6369
I_2 处理的活性炭	30	15.7	99	5421
多硫化钠溶液浸渍的活性炭	30	16.8	99	3310
$Na_2S \cdot 9H_2O$ 溶液浸渍的活性炭	30	16.8	99	22

注：含汞废气通过吸附剂层的断面风速为 0.5m/s，流量为 4L/min。

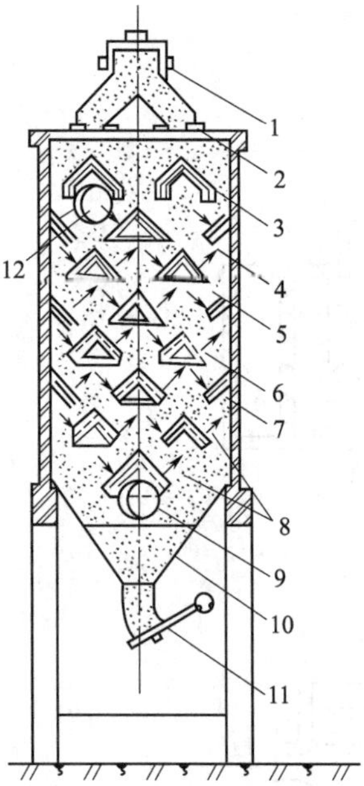

图 10-53 净化炼汞高炉废气的焦炭吸附塔
1—料斗盖；2—料斗；3—布料搁板；4—塔体；5—焦炭；6—人字栅板；7—半人字栅板；8—气流方向；9—进气孔；10—渣斗；11—渣斗闸；12—排气孔

$$SO_2+H_2O \longrightarrow H_2SO_3 \quad (10\text{-}71)$$

$$H_2SO_3 \rightleftharpoons 2H^+ + SO_3^{2-} \quad (10\text{-}72)$$

$$2H^+ + Na_2S_x \longrightarrow H_2S + Na_2S_{(x-1)} \quad (10\text{-}73)$$

$$S+Hg \longrightarrow HgS \quad (10\text{-}74)$$

$$2H_2S+2Hg+O_2 \longrightarrow 2HgS+2H_2O \quad (10\text{-}75)$$

② 吸附设备及工艺流程。焦炭吸附塔见图 10-53。其流程是含汞废气经由两旁导管进入塔内，通过各层焦炭，由塔顶两路管道进入烟道排放。多硫化钠或电解汞废液（含多硫化钠）平均 4～5 天喷洒一次，除汞效率为 72%～92%。

(3) 吸附剂表面浸渍金属的吸附法　利用汞能够溶解多种金属形成汞齐合金的特性，在吸附剂表面浸渍一种能与汞反应生成汞齐的物质，来除去废气中的汞。

浸渍吸附剂的金属有：金、银、镉、铟、铊、铅、镓和铜等，最好使用不易氧化的材料。金最好，但成本太高。因此，银是最理想的浸渍材料，铜则是最差的材料。

被浸渍的吸附剂有：活性炭、活性氧化铝、陶瓷、玻璃丝等。浸渍方法是将吸附剂浸渍在可还原的金属盐溶液（如硝酸银、氯化金或氯化铜等）中，然后用一般方法将盐还原成游离的金属。

这种吸附法在国外已有应用，其有关性能见表 10-27。

(4) HgS 催化吸附法　在单位（每克）载体（活性炭或氧化铝）上装入 100mg HgS 和 10mg S 的催化剂，即可获得理想的除汞效果。可能发生的反应是：

$$Hg(烟)+S(催) \longrightarrow HgS(\text{I}) \quad (10\text{-}76)$$

$$HgS(\text{I}催)+S(催) \longrightarrow SHgS \quad (10\text{-}77)$$

$$Hg(烟)+SHgS \longrightarrow 2HgS(\text{II}) \quad (10\text{-}78)$$

表 10-27　几种吸附剂浸渍金属的吸附方法

吸附方法	匹兹堡活性炭公司法	阿莱得化学公司法	柯得罗矿业公司法
载体	活性炭	熔融氧化铝	玻璃丝、镍丝、陶瓷
浸渍金属	用 $Ag_2S_2O_3$ 溶液镀银	用 $AgNO_3$ 溶液镀银	用 $AgNO_3$ 和 $Ag_2C_2O_4$ 溶液镀银
浸渍量	镀银量为活性炭重量的 5%～10%	镀银量为氧化铝重量的 5%～12%	镀银量为吸附剂重量的 5%～10%
吸附效果	可吸附占自重 3%以上的汞，是一般活性炭吸附量的 100 倍	可将 0.25～35mg/m^3 的含汞氢气降低到 0.1～0.025mg/m^3	日产 100t 氯气的工厂，在 28.3m^3/h 氢气流量下，每天回收汞 6.8kg
再生方法	加热到 300℃后，即可 100%再生，若用蒸馏法再生，还可回收纯汞	干燥的氮气以 0.018～0.0254m/s 的线速度通过吸附剂，在 230～250℃温度下，加热 1h	加热再生，逸散其表面的汞加以冷凝回收

除汞实例：如用每克炭含有 77.7mgHgS 和 9.2mgS 作防毒面罩过滤物，在 25℃以 80L/min 的流速通过 Hg 为 19mg/m^3 的空气，则在 25h 内过滤器出口处空气含汞≤0.025mg/L^3。

固体吸附剂法除此而外，还有分子筛吸附法（美国已有应用）、树脂吸附法（日本鹿岛电解厂应用）等。国内最常用的还是充氯活性炭法除汞。该工艺技术成熟，性能稳定可靠，运行管理较方便，净化效率也很高，完全可达到国家排放标准，非常适合于低浓度含汞废气的净化。另外，焦炭吸附法由于吸附剂来源广且价廉，所以也经常用来处理炼汞尾气等高浓度含汞废气。

4. 联合净化法

联合净化法顾名思义，是由两种或两种以上的方法联合起来，净化含汞废气，以达到理想的净化目的。

(1) 冷凝-吸附法

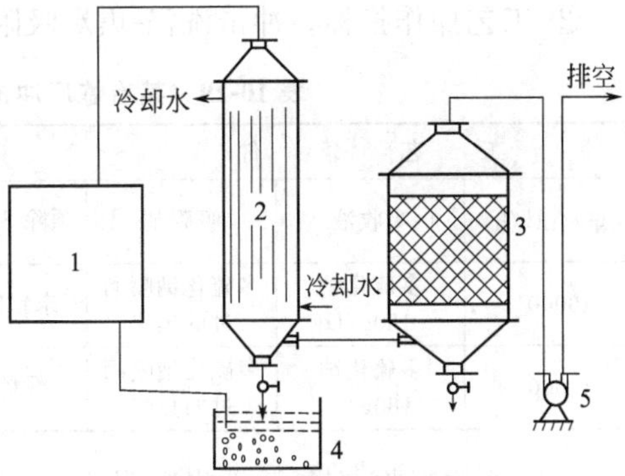

图 10-54　冷凝-吸附法流程

1—焙烧炉；2—列管式冷凝器；3—吸附塔；4—集汞槽；5—真空泵

① 工艺流程。列管式冷凝器（水冷却）作为一级净化设备，活性炭吸附器则作为二级净化设备，经过先冷凝后吸附的二级净化后，尾气含汞浓度达到国家排放标准。其流程见图 10-54。

② 工艺操作指标。工艺操作指标见表 10-28。

表 10-28　冷凝-吸附法工艺操作指标

工艺条件				空气流中含汞浓度		净化效率/%
气量/(m^3/h)	冷凝温度/℃	空床速度/(m/s)	真空度/mmHg	净化前/(mg/m^3)	净化后/(mg/m^3)	
1000～1300	20～30	0.2～0.5	450	150	2	98.7
1000～1300	20～30	0.2～0.5	450	205	未检出	约 100
1000～1300	20～30	0.2～0.5	450	345	5	98.5

(2) 冲击洗涤-焦炭层吸附法

① 工艺流程。一级为冲击洗涤段，多硫化钠为吸收液，除汞效率为 20%，主要起除尘作用。二级为焦炭填料吸附段，吸附除汞效率为 70%，两级平均除汞效率是 92.5%。其设备见图 10-55。

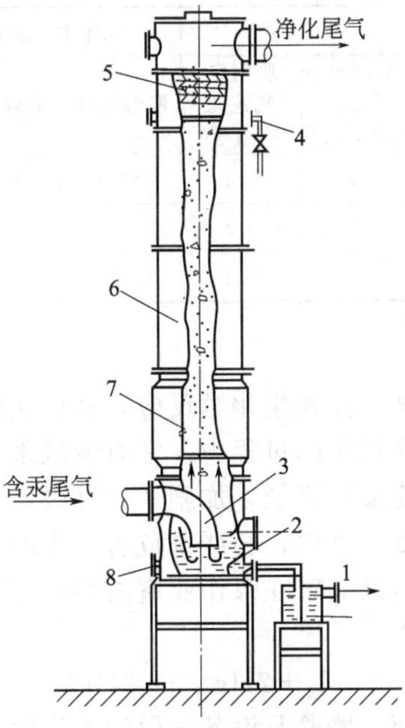

图 10-55　冲击式填料除汞塔

1—溢流桶；2—溢流管；3—喷头；4—喷液器；5—挡液板；6—塔体和液池；7—焦炭层；8—放液管

② 工艺操作指标。冲击洗涤-焦炭吸附法除汞的工艺操作指标见表10-29。

表10-29 某冶炼厂冲击洗涤-焦炭吸附法工艺操作指标

工艺条件			气体中含汞浓度/(mg/m³)			净化效率/%
气量/(m³/h)	吸收液	吸附剂	预除 SO_2 与否	净化前	净化后	
10000	多硫化钠180g/L	多硫化钠喷洒过的焦炭	未预除 SO_2	4.340	0.108	97.49
10000	多硫化钠180g/L	多硫化钠喷洒过的焦炭	预除 SO_2	4.388	0.055	98.74

(3) 液体吸收-充氯活性炭吸附法

① 工艺流程。一级净化设备为填料吸收塔，吸收剂为硫酸-软锰矿溶液、硫酸-多硫化钠溶液等；二级净化设备为充氯活性炭固定吸附床，其工艺流程见图10-56。

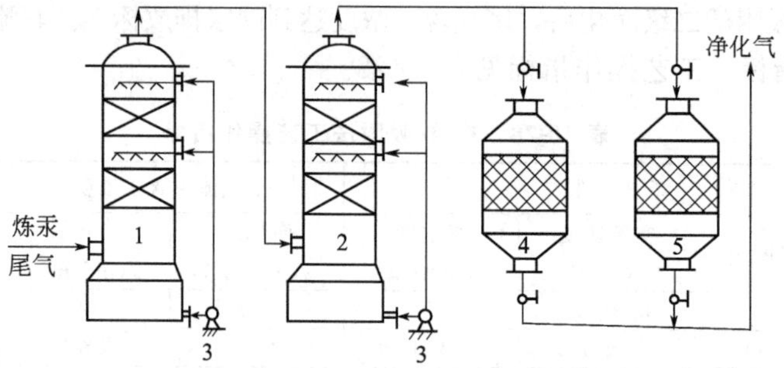

图10-56 吸收-吸附法净化流程

1—第一吸收塔；2—第二吸收塔；3—循环泵；4—第一吸附塔；5—第二吸附塔

② 工艺操作指标。液体吸收-充氯活性炭法净化含汞废气的工艺操作指标见表10-30。

表10-30 吸收-吸附法工艺操作指标

工艺条件					气体中含汞量/(mg/m³)			净化效率/%	
气量/(m³/h)	填料	吸收剂	喷淋量/[m³/(m²·h)]	吸附空气速床/(m/s)	吸收塔前	吸收塔后	吸附器后	吸收	吸附
1910	竹环	硫酸-软锰矿	12	0.3	41.5	1.37	0.0014	96.7	99.9
		硫酸-软锰矿	5	0.3	40	1.84	0.0018	95.4	99.9
		硫酸-多硫化钠	5	0.3	27	2.00	0.002	92.3	99.9

5. 气相反应法[1,4,7]

气相反应法即含汞蒸气与某气体发生化学反应，从而达到除汞的目的。

(1) 碘升华法 在生产和使用汞的过程中，常有流散汞和汞蒸气冷凝后附着在地面、墙面、顶棚及设备等物体上。夜晚温度降低，加剧了这种吸着；而白天温度升高时，被吸着的汞再蒸发，增大了车间含汞浓度。这样，会严重危害工人的身心健康。采用碘升华法则能很好地解决这个问题，其原理是将结晶碘在汞作业室内加热蒸发或使其自然升华，形成的碘蒸气与室内的汞蒸气发生如下反应：

$$I_2 + 2Hg \longrightarrow 2HgI \tag{10-79}$$

同时碘蒸气还与吸附在地面、墙壁及设备表面的汞作用，生成不易挥发的碘化汞，然后用水加以冲刷，便可消除残留汞。常用的方法有以下三种：

① 加热熏碘法。按每 $1m^2$ 地面 0.5g 结晶碘的用量，将碘盛于烧杯中，用酒精灯加热产生碘蒸气，以消除汞污染。此法一般在发生汞污染事故时才使用。

② 升华法。按每 $10m^2$ 地面 $0.02m^2$ 的蒸发面积，将碘在纸盒内平铺开，任其自然升华，从而达到除汞目的。此法一般在下班后才使用。

③ 微量升华法。当房间内汞蒸气浓度较低时，可以采用微量碘升华法加以消除。即用少量的碘使其日夜微量升华，房间内碘蒸气浓度以不超过 $0.2mg/m^3$ 为宜。

(2) 硫化净化法　向焙烧硫化矿含汞烟气中鼓入适量的硫化氢气体，使汞蒸气变成粉状硫化汞，以除尘、除雾的方式从烟气中沉淀下来，反应式为：

$$2H_2S+SO_2 \longrightarrow 3S+2H_2O \tag{10-80}$$

$$S+Hg \longrightarrow HgS \tag{10-81}$$

$$\text{或 } H_2S+Hg \longrightarrow HgS+H_2 \tag{10-82}$$

该法始创于美国圣·乔矿物公司，1973 年用于该公司炼锌厂，沉积 HgS 采用洗涤塔捕集，除汞效率约为 90%，硫化氢耗量 23%。

另据报道，制酸厂在制酸前，烟气含 $SO_2$10.4%、$O_2$6.2%、Hg100mg/m^3，鼓入一定量的 H_2S 气体，冷却至 38℃ 以下，用湿式收尘器回收 HgS 后，烟气中仅残汞 0.02～0.05mg/m^3。

第五节　恶臭的治理

一、恶臭物质概述

恶臭是大气、水、土壤、废弃物等物质中的异味物质，通过空气介质作用于人的嗅觉器官感知而引起不愉快感觉并有害于人体健康的一类公害气态污染物质。通常所指的臭气，是指在化学反应过程中产生出来的带有恶臭的气体。

（一）恶臭物质的来源及种类[1,4]

恶臭散发源分布广泛，但多数来自于以石油为原料的化工厂、垃圾处理厂、污水处理厂、饲料厂和肥料加工厂、畜牧产品农场、皮革厂、纸浆厂等工业企业，特别是石油中含有微量且多种结构形式的硫、氧、氮等的烃类化合物，在贮存、运输和加热、分解、合成等工艺过程中产生出臭气逸散到大气中，造成环境的恶臭污染。1995 年修改后颁布的《中华人民共和国大气污染防治法》，明确规定向大气排放恶臭气体的排污单位，必须采取措施防止周围居民区受到污染。常见的恶臭物质见表 10-31。

我国在《恶臭污染物排放标准》(GB 14554—93) 中规定了 8 种恶臭污染物的一次最大排放限值（表 10-31 中带 * 者），以及复合恶臭物质的臭气浓度限值。

（二）恶臭阈值及其强度

(1) 恶臭的阈值　有无气味及气味的大小与恶臭物质在空气中的浓度有关。恶臭的检测方法有人的嗅觉法和仪器分析法两种。通常把正常勉强可以感到的臭味的浓度称为嗅觉的阈值。其中不能辨别臭味种类的阈值称为检知阈值，能够辨别出臭味种类的阈值称为认识阈值。由于臭味的灵敏程度因人而异，所以不同研究者给出的臭味阈值往往差距甚远。一般恶臭多为复合恶臭形式，复合恶臭的强度与恶臭物质的种类与浓度有关。

(2) 恶臭的强度　一种恶臭物质的臭气强度随着其浓度的增大而增强，二者之间的关系可由下式表示：

表 10-31 恶臭物质的分类及臭味性质

分类			主要物质	臭味性质
无机物	硫化合物		硫化氢*，二氧化硫，二硫化碳*	腐蛋臭，刺激臭
	氮化合物		二氧化氮，氨*，碳酸氢铵，硫化铵	刺激臭，尿臭
	卤素及其化合物		氯，溴，氯化氢	刺激臭
	其他		臭氧，磷化氢	刺激臭
有机物	烃类		丁烯，乙炔，丁二烯，苯乙烯*，苯，甲苯，二甲苯，萘	刺激臭，电石臭，卫生球臭
	含硫化合物	硫醇类	甲硫醇*，乙硫醇，丙硫醇，丁硫醇，戊硫醇，己硫醇，庚硫醇，二异丙硫醇，十二碳硫醇	烂洋葱臭，烂甘蓝臭
		硫醚类	二甲二硫*，甲硫醚*，二乙硫，二丙硫，二丁硫，二苯硫	烂甘蓝臭，蒜臭
	含氮化合物	胺类	一甲胺，二甲胺，三甲胺*，二乙胺，乙二胺	烂鱼臭，腐肉臭，尿臭
		酰胺类	二甲基甲酰胺，二甲基乙酰胺，酪酸酰胺	汗臭，尿臭
		吲哚类	吲哚，β-甲基吲哚	粪臭
		其他	吡啶，丙烯腈，硝基苯	芥子气臭
	含氧化合物	醇和酚	甲醇，乙醇，丁醇，苯酚，甲酚	刺激臭
		醛	甲醛，乙醛，丙烯醛	刺激臭
		酮和醚	丙酮，丁酮，己酮，乙醚，二苯醚	汗臭，刺激臭，尿臭
		酸	甲酸，醋酸，酪酸	刺激臭
		酯	丙烯酸乙酯，异丁烯酸甲酯	香水臭，刺激臭
	卤素衍生物	卤代烃	甲基氯，二氯甲烷，三氯乙烷，四氯化碳，氯乙烯	刺激臭
		氯醛	三氯乙醛	刺激臭

注：标*者在恶臭污染物排放标准中规定了一次最大排放限值。

$$P = K\lg S$$

式中，P 为恶臭强度；S 为恶臭物质在空气中的浓度；K 为常数。

恶臭物质种类不同，K 值也不同。恶臭物质的限制标准是根据恶臭的刺激强度与其浓度之间的关系对每种物质规定控制范围的。臭气强度以嗅觉阈值为基准划分等级，一般分为6级，见表10-32。

表 10-32 恶臭的强度标准

恶臭强度	内容	恶臭强度	内容
0	无臭	3	容易感到臭味
1	勉强感知臭味(检知阈值)	4	强臭
2	可知臭味种类的弱臭(认知阈值)	5	不可忍耐的剧臭

控制标准按《恶臭污染物排放标准》(GB 14554) 执行，当排放超标时排污者需要采取相应的措施。

（三）恶臭物质的控制与处理方法

为使恶臭物质不能刺激人的嗅觉器官，通常采取以下四种方法进行控制与处理。

(1) 密封法　用固体、无臭气体或液体隔断恶臭物质扩散来源，使恶臭物质不可能进入或只允许不可避免的极少量进入空气。

(2) 稀释法　用大量无臭气体将含恶臭物质的废气稀释，降低恶臭物质的浓度，从而降低臭气的强度。

(3) 掩蔽法　在一定范围内施放其他芳香物质以遮盖恶臭物质的臭味。

(4) 净化法　建立脱臭装置，在恶臭物质排放前，通过物理的、化学的或生物的方法(吸附、吸收、燃烧等方法) 将恶臭物质捕集起来，使之不能在空气中扩散与传输；或者将恶臭物质转化成无臭物质。

由于恶臭物质种类极多，性质各异，因而在选择治理方法之前，必须全面掌握恶臭物质的种类、物理和化学性质、浓度，然后选择一种或几种不同的方法处理。

二、恶臭的治理方法

对恶臭气体的治理方法可归纳于表 10-33。

表 10-33　恶臭的治理方法

方法	条件	适用对象	方法	条件	适用对象
吸收法	物理吸收法 水 化学吸收法 碱 酸 臭氧、次氯酸钠等	 水溶性恶臭成分 酸性恶臭成分 碱性恶臭成分 易氧化分解的恶臭成分	吸附法	浸渍活性炭 脱臭剂 氧化铁系脱硫剂	硫化氢等物理吸附量较少的成分 碱性、酸性恶臭成分 硫化氢
			燃烧法	直接燃烧法 催化燃烧法 浓缩燃烧法	可燃性恶臭成分
吸附法	物理吸收剂 活性炭 化学吸收剂	碳氢化合物	微生物法	活性污泥 土壤微生物	恶臭废水
			中和或掩蔽法	适当的中合剂或掩蔽剂	低浓度恶臭成分

(一) 吸收法

吸收法是利用恶臭气体的物理或化学性质，使用水或化学吸收液对恶臭气体进行物理或化学吸收脱除恶臭的方法。

吸收装置的种类有很多，例如喷淋塔、填充塔、各类洗涤器、气泡塔等。考虑到吸收效率、设备本身阻力以及操作难易程度，处理恶臭气体时多采用填充塔和喷淋塔。用水作吸收液吸收氨气、硫化氢气体时，其脱臭效率主要与吸收塔内液气比有关。当温度一定时，液气比越大，则脱臭效率也越高。水吸收的缺点是耗水量大、废水难以处理。因为在常温常压下，气体在水中的溶解度很小，并且很不稳定，当外界如温度、溶液 pH 值变动或者搅拌、曝气时，臭气有可能从水中重新逸散出来，造成二次污染。

使用化学吸收液时，由于在吸收过程中伴随着化学反应，生成物性质一般较稳定，因而脱臭效率较高，且不易造成二次污染。但选择吸收剂时应当注意选择溶解度大、非挥发性(低蒸气压)、无腐蚀性、黏度低、无毒无害、不易燃烧以及价格低廉的物质。选择吸收方式时，应尽可能选择化学吸收，一方面可以提高脱臭效果，同时也可节省大量用水。恶臭气体浓度较高时，一级吸收往往难以满足脱臭的要求，此时采用二级、三级或多级吸收。对复合性恶臭也可使用几种不同的吸收液分别吸收。

(二) 吸附法

对空气中臭气的吸附，虽然可用吸附剂较多，但其中仍以活性炭吸附效果最好。因为有些吸附剂对空气中的水分吸附力比对恶臭物质的吸附力强，而活性炭吸附剂对恶臭物质有较大的平衡吸附量，对多种恶臭气体有吸附能力。所以防毒面具中也多用活性炭作吸附剂。利用活性炭作为吸附剂脱臭，称活性炭脱臭法。该方法特点是设备简单，脱臭效果好，尤其适用于低浓度恶臭气体的处理。一般多用于复合恶臭的末级净化。设计选择活性炭吸附法脱臭时，应注意以下问题。

（1）活性炭类型 活性炭种类很多，选用前应针对恶臭物质的性质经实验室试验，按下列要求选定：所选用的活性炭应该对所需脱除恶臭物质的吸附能力、特别是在低浓度区的吸附性能好；吸附速度快，以减小吸附层的厚度；阻力损失小；机械强度好，减少在再生过程中的损耗；容易再生，且再生后表面活性大；来源容易、价格低廉。

（2）吸附床形式 在吸附装置内，活性炭可以以不同的方式与气体进行接触传质。吸附床可分成固定床，移动床和流动床。移动床和流动床传质效果好，一般用于处理气量大、恶臭浓度较高及活性炭需经常更换的情况。但其设备较复杂，运行中活性炭损耗较严重。

（3）恶臭气体预处理 当恶臭气体浓度较高时，或复合性恶臭气体时，或恶臭气体中含有粉尘气溶胶杂质时，为保证除臭效果，必须对气体进行预处理。预处理方式可根据恶臭气体的具体情况采用水洗、酸洗和碱洗等。含粉尘量大的气体可采用干式或湿式除尘器。

（4）吸附温度 根据吸附理论，降低温度可提高活性炭的吸附效果，因此一般控制吸附温度在40℃以下。

（5）吸附热 气体或蒸气被固体表面吸附时要放热，此热量称为吸附热。吸附热与气体的种类有关，随恶臭气体的吸附，不断放出吸收热，致使吸附床温度升高。特别是使用新鲜活性炭时，剧烈地放出的热量使吸附床温度急剧地增高，甚至可能引起着火或爆炸。为安全生产具体应控制在其爆炸下限的1/2以下。

（三）燃烧法

1. 直接燃烧法

直接燃烧法只适用于有氧气存在的条件，恶臭物质大多为可燃成分，燃烧后可分解成无害的水和二氧化碳等有机物质。有机废气的着火温度一般在100～720℃之间。在实际燃烧系统中，为使绝大部分有机物质燃烧，通常燃烧温度控制在600～800℃之间。对于特殊的恶臭物质，燃烧所需温度可达1200～1400℃。由于一般恶臭气体中恶臭物质的浓度较小，所以仅靠恶臭气体自身的自燃，往往难以连续燃烧，必须补充辅助燃料提高所需的温度，为减少辅助燃料有两种方法可以采用。第一是处理高浓度小气量的有机废气；第二是在流程中合理地选用余热回收装置，以回收燃烧废气中的热量来预热恶臭气体或助燃空气。恶臭气体在燃烧炉中停留的时间越长，混合燃烧越充分，脱臭效果越好；恶臭气体滞留时间大多取0.3～0.5s，提高燃烧温度，恶臭物质完全燃烧所必须滞留的时间就越短，脱臭效果就越好。直接燃烧脱臭法的优点是脱臭效率高；其缺点是设备和运转费用高，温度控制复杂。

2. 催化燃烧脱臭法

与直接燃烧法相比，催化燃烧法在燃烧过程中需要使用催化剂，以利于能在较低的温度下完全燃烧，达到脱除恶臭的目的。该方法可节省大量燃料，适用于低温恶臭气体处理。催化燃烧法通常控制燃烧温度在200～400℃，滞留时间为0.1～0.2s，可达到与直接燃烧法相同的脱臭效果。

催化燃烧中所用催化剂的种类较多，有铂、钴、钯、镍等贵金属和金属氧化物等，形状多为粒状、蜂窝状、条状等。铂、钴、钯类贵金属的使用寿命长，但价格昂贵。

恶臭气体含有一些粉末杂质，能使催化剂中毒或堵塞，而使催化作用下降或完全丧失。此时应对催化剂进行再生或更换。

选用恶臭脱除的方法时，应从恶臭性能与净化费用两个方面考虑，既要达到消除恶臭的污染，又要减少净化的费用。有些情况下采用两种方法以上的净化装置组成净化系统较为有利。如经喷淋吸收后再用吸附剂进一步吸附；既可用物理法吸附也可用化学法进行中和、氧化等反应；如果吸附器中的吸附剂用不同的化学品浸渍，可以适合于消除多种组分的恶臭物质的需要，以达更好的除臭效果。

三、垃圾焚烧厂恶臭控制

1. 焚烧炉正常运行时的臭气控制

为了防止恶臭扩散，垃圾仓内要保持负压，为使恶臭气体不外逸，垃圾仓设计成全封闭式。正常运转时臭气控制方案见图 10-57。含有臭气物质的空气被焚烧炉一次风风机从设置在垃圾仓上部的吸风口吸出，含有臭气物质的空气作为燃烧空气从炉排底部的渣斗送入焚烧炉，在焚烧炉内臭气污染物被燃烧、氧化。

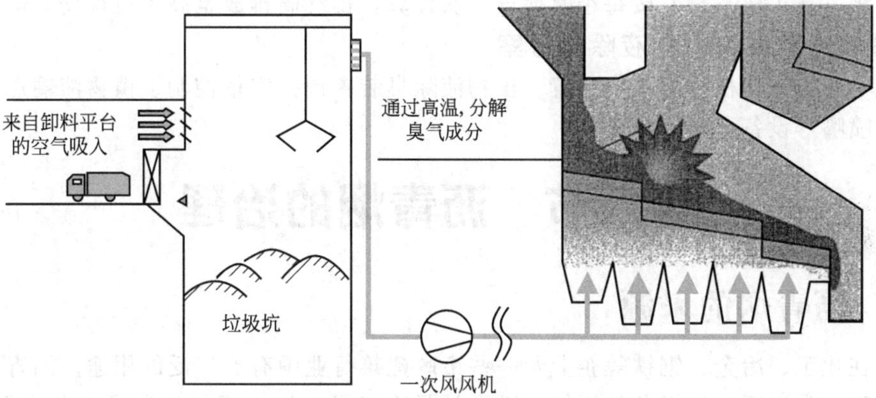

图 10-57 正常运行时的臭气控制方案流程

二次风从焚烧炉附近吸入，在焚烧炉内的高温下，含有蒸汽和臭气物质的空气也被氧化分解。

在渗沥液区域所产生的臭气，通过设置在地面的臭气引风机引入垃圾仓。所以，渗沥液区域内所产生的臭气污染物质，也在焚烧炉内的高温下得以同样处理。

2. 焚烧炉停炉时的臭气控制

在焚烧炉停炉检修时，垃圾仓内的臭气经设置在垃圾仓上部的排风口吸出，送入活性炭吸附式除臭装置，恶臭气体被活性炭吸附。因此，垃圾仓内可以保持一定负压状态，而臭气污染物被活性炭充分吸附，能够达到国家现行《恶臭污染物排放标准》（GB 14554—93）二级（新扩建）标准。臭气经吸附达标后经排风机、排气筒排放至高于垃圾仓 5m 的大气中，从而确保焚烧发电厂所在区域内的空气品质。焚烧炉停炉时的臭气控制方案见图 10-58。

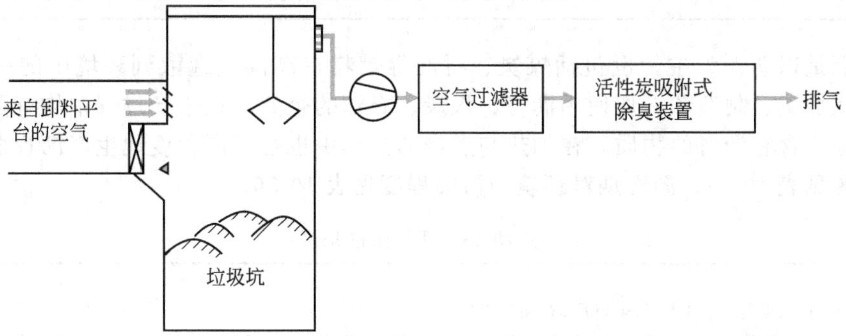

图 10-58 焚烧炉停炉时的臭气控制方案

3. 全厂防止臭气泄漏控制方案

（1）在卸料大厅出入口因漏风而造成的臭气泄漏是由垃圾运送车进出时造成的。因此，通过卸料大厅进入口设置自动开关及空气帘，隔断室内外空气流动，防止臭气泄漏。空气帘是利用强制空气流动而形成的空气幕，隔断大厅与室外空气流动的装置。

(2) 焚烧运行中的卸料门管理。在 4 座焚烧炉中，可以想象其中一座焚烧炉运行，2 座焚烧炉运行、3 座焚烧炉运行和 4 座焚烧炉全部运行的情况。在这 4 种场合，一次风从垃圾仓内被吸入，焚烧炉内的空气量随着运行状况而改变，但此时在卸料门的使用管理上，要确保从垃圾进口处吸入的空气流速在规定值之上。

4. 渣仓排水蒸气及臭气控制方案

在渣仓上部设吸气口、风管及风机，渣仓容积内水蒸气及臭气［已达到恶臭污染物厂界标准值二级（新扩建）时］按每小时换气 6 次计算，排气筒排放至高于垃圾仓 5m 大气中。

5. 参观走廊采用植物液除臭方案

参观走廊设一套植物液除臭装置。植物液除臭装置包括定量控制、植物液输送、管道系统和雾化喷嘴等设备。

第六节 沥青烟的治理

一、沥青烟的来源

沥青在化工、冶金、钢铁等企业及一些市政建筑行业中有着广泛的用途。沥青是一种多组分混合物，常温下为棕黑色的固体，断裂处具有光泽。按沥青的来源可以分为石油沥青、煤沥青、木焦沥青、天然沥青及页岩沥青等；按其软化程度又可以分成极软沥青、软沥青、次硬沥青、硬沥青、极硬沥青。不同的沥青及其用途见表 10-34。

表 10-34 沥青的分类

类 别	软化点/℃	主 要 用 途
极软沥青	25	浸油毛毡，修补道路，作沥青漆、防腐涂料
软沥青	35～45	道路黏合剂，防水剂，防腐剂
次硬沥青	50～70	屋顶防水，防潮基础夹毡，沥青混凝土黏合剂，路面嵌缝填料，高级沥青涂料
硬沥青	70～100	燃料，型煤黏合剂，耐火砖黏合剂，沥青炭黑，碳素电极
极硬沥青	100～140	钢铁铸模用泥芯黏合剂，电极炭精，橡胶制品填料，沥青炭黑，沥青炸药

沥青烟是以沥青为主，也包括煤炭、石油等燃料在高温下逸散到环境中的一种混合烟气。凡是在加工、制造和一切使用沥青、煤炭、石油的企业，在生产过程中均有不同浓度的沥青烟产生。含有沥青的物质，在加热与燃烧的过程中也会不同程度地生产沥青烟。沥青烟的主要来源见表 10-35，沥青烟对环境的污染程度见表 10-36。

表 10-35 沥青烟的来源

来源	1. 炼油厂、煤气厂、焦化厂、炼钢厂、石油化工厂 2. 耐火材料厂、油毡厂、碳素厂、沥青炭黑厂、沥青涂料厂、型煤厂、电解铝厂、沥青炸药厂、绝缘材料厂、用沥青做黏合剂的铸造车间 3. 沥青路面施工现场、沥青混凝土配制车间、枕木防腐厂，用沥青修补屋顶、涂刷管道与电杆的施工现场 4. 以煤、重油、木柴、油页岩为燃料的各种锅炉与工业炉窑

表 10-36　不同工厂沥青烟对环境的污染程度

污染程度	浓度/($\mu g/m^3$)	污　染　工　厂
很高	>1000	焦化厂炉顶、铝电解厂、电池厂沥青堆、沥青熔化工地、各厂烟囱壁、碳素厂混捏锅
较高	100～1000	焦化场所、钢铁厂、电池厂、铝厂、碳素厂其他场所、油砖厂
一般	10～100	钢铁厂、铸造厂、金属熔炼厂、铝厂铸造车间、涂料厂、油毡厂
较低	1～10	发动机维修车间、石油沥青厂、铸造厂、烟道施工、预焙槽铝厂
很低	<1	铁矿山、汽油库

我国的《大气污染物综合排放标准》（GB 16297—1996），对沥青烟的排放标准作了明确具体的规定，新污染源不得向一类地区排放，熔炼、浸涂的最高允许排放浓度为 40 mg/m^3（现有污染源为 80mg/m^3）。

二、沥青烟的组成与性质

一般沥青中含有 2.61%～40.7%的游离碳，其余为烃类及其衍生物等。其成分复杂，不同的沥青成分之间的变化也很大，因而沥青烟的成分也相当复杂，总体上讲沥青烟的组分与沥青相近，主要是多环芳烃（PAH）及少量的氧、氮、硫的杂环化合物。已知其中有萘、菲、酚、咔唑、吡啶、吡咯、吲哚、茚等 100 多种[4]。详见表 10-37。

表 10-37　沥青烟中的部分有机质

类	别	碳环烃	环烃衍生物	杂环化合物
五节环类	单环 双环 三环 四环	茂(环戊二烯) 茚 芴、苊 萤蒽	芴,酮	呋喃,噻吩,吡咯,吡唑,苯并 呋喃,苯并噻吩,吲哚,二苯并 呋喃,咔唑,二苯并噻吩
六节环类	单环 双环 三环	苯、苊 萘,联苯 蒽,菲	苯酚,甲酚 萘酚,甲基萘 蒽醌,蒽酚,菲醌	吡啶,嘧啶 喹啉 蔰啶①
	四环	䓛①,芘,三亚苯,苯并蒽,苯并菲①		
	五环	芘,苯并[a]芘②、二苯并蒽①		
	六环 七环以上	二苯并䓛①,苯并芘①,萘并芘①,苯并五苯① 苯并萘并䓛,二萘并芘,二苯并五苯①		

① 致癌物质；② 强致癌物质。

在这些组分中，有几十种物质是致癌物质，特别是苯并芘对动物、植物、人体都会造成严重的危害，是一种强致癌物。正因为如此，沥青烟必须及时治理。

三、沥青烟的治理方法

沥青烟主要由气、液两相组成。液相部分是十分细微的挥发冷凝物，粒径多在 0.1～1.0μm 之间，最小的约 0.01μm，最大的约 10μm。气相是不同气体的混合物。对于这种浓度不高又极为分散的沥青烟雾，用常规的方法不可能将其净化，目前正在研究或得以应用的净化方法有 4 种类型，即燃烧法、电捕法、吸附法和吸收法。

（一）燃烧法

沥青烟中含有大量可燃烧的物质，因为沥青烟的基本成分为烃类化合物，其中又含有油粒及其他可燃性的物质，因此在一定的温度下，经供氧是可以保证其燃烧的。试验证明，当温度超过 790℃时，燃烧时间＞0.5s，供氧充足的条件下，烃类物质可以燃烧得很完全；当温度＞900℃时，混杂在沥青烟中的其他物质也能燃烧得很完全了。

燃烧法的影响因素主要有两点，一是沥青烟的浓度越高，越有利于焚烧的进行；二是燃烧的温度与时间，一般在 800～1000℃左右，燃烧时间应该控制在 0.5s 左右。如果温度不足，时间不够，则焚烧不完全；若温度过高时间过长，则会使部分沥青烟炭化成颗粒，而以粉末形式随烟气排出，产生二次污染。

用燃烧的方法处理焦油排气实例如下。

1. 简要机理

将含有芳烃化合物蒸汽的排气冷却至露点温度时，则气体中的蒸气分压等于它在该温度下的蒸气压。再继续冷却芳烃化合物蒸气凝成液体而与气体分离，温度越低，蒸气分压越大，冷凝量越大。当用冷却水不能奏效时，应当采用冷冻水做冷媒。

排气的燃烧法，往往是在工艺过程的尾部，一般的是将排气自身点燃而烧掉，使其中可燃性的芳烃类有机物转化为无害的碳氢氧化物。要求直接燃烧的排气最低发火极限的发热量为 1924kJ/m^3 左右。如果排气中含可燃性的污染物的浓度较低，不足以自身直接燃烧，可采取焚烧法，使其在 600～700℃的环境下分解和氧化，可处理发热量约 753kJ/m^3 的排气。为保证完全燃烧，必须有过量的氧和足够的温度，在此温度下排气有足够的停留时间，并且要有高度的湍流。

2. 焦油蒸馏综合排气的处理

(1) 综合排气的流程　焦油主塔塔顶压力是 13.3kPa，塔顶酚油蒸气经过空气冷却器、酚油冷却器冷凝冷却后，达到酚类饱和蒸气分压的尾气，在大气冷凝器内用 40℃的洗油进行接触吸收冷凝，进入真空槽，经真空泵又将真空排气送入排气洗净塔。进行第二次洗油接触吸收冷凝之后，再进入排气密封槽。其吸收冷凝液收集在热洗油槽，循环使用。

其次，中间槽排气汇集于综合排气管，在综合排气冷却器内，用 33℃的循环水冷凝之后，进入排气密封槽。

汇集在排气密封槽的废气，其水封高度为 100mm。出口气体进入焦油加热炉燃烧器的废气喷嘴，喷到约 650℃的辐射室，利用高温将其分解和氧化。焦油排气的冷凝和焚烧工艺见图 10-59。

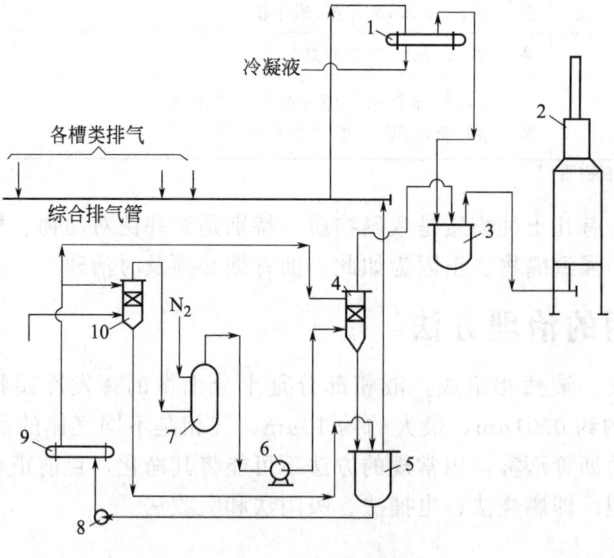

图 10-59　焦油排气的冷凝和焚烧

1—综合排气冷却器；2—焦油加热炉；3—排气密封槽；4—排气洗净塔；5—热洗油槽；6—真空泵；7—真空槽；8—洗油泵；9—洗油冷却器；10—大气冷凝器

（2）对于排气处理工艺的分析 由于真空排气中，含有酚类有机化合物浓度高，用洗油喷洒接触冷凝吸收，并在真空泵前后冷凝两次，最大限度回收排气中的污染物。吸收到洗油中的酚类产品不需分离，可随洗油一起循环使用。综合排气是一般放散气体，含芳烃浓度较低，不用洗油冷凝吸收，可用水间接冷凝，以便减少水和污染物的分离的困难。

排气密封槽使废气保持一定的输送压力，也是防止加热炉废气喷嘴回火的安全措施。废气喷嘴与加热炉的燃烧器组合在一起，可利用燃烧器的二次空气得到足够的氧气，燃烧完全，以达到防止大气污染的效果。

（3）设备规格及设计参数 以处理400t/d焦油的装置为例，设备规格及参数见表10-38。

表 10-38 设备规格及设计参数 单位：mm

设备项目名称	规格及参数
1. 大气冷凝器	ϕ400，H=1720，花形填料高度900
2. 排气洗净塔	ϕ400，H=1720，花形填料高度900
3. 综合排气冷凝器	列管式 $F=12m^2$
4. 排气密封槽	立式 ϕ800，H=1200，$V=0.7m^3$
5. 洗油喷洒量	1、2两项均为 $2m^3/h$
6. 洗油喷洒温度	40℃
7. 排气密封高度	50～100

（二）电捕法[4,16]

该法是基于静电场的一些性质而进行的。沥青烟中的颗粒及大分子进入电场后，在静电场的作用下可以载上不同的电荷，并驱向极板，被捕集后聚集为液体状，靠自身重顺板流下，从静电捕集器底部定期排出，净化后的烟气排出，从而达到静化沥青烟的目的。

静电捕集法净化沥青烟气的工艺操作指标详见表10-39。

表 10-39 静电捕集法净化沥青烟气工艺操作指标

工艺条件			电场状况		烟气中沥青含量		净化效率/%
气量/(m^3/h)	气速/(m/s)	进口气温/℃	电场断面/m^2	沉淀极面积/m^2	净化前/(mg/m^3)	净化后/(mg/m^3)	
21600～32400	1～1.5	80～105	6	233.8	210～800	20～45	90～95
14000～30800	0.73～1.6	51～86	5.4	119.4	133～592	10.0～52.8	90～93
54000	1.28	98～187	11.7	375.0	400～640	20～103	84～95

该方法的优点是：

（1）回收的沥青呈焦油状且均溶于苯或环己烷，可返回生产系统或作燃料使用；

（2）系统阻力小、能耗低、运行费用低。

缺点是：

（1）对烟温要求较高，一般应控制在70～80℃，温度过高，比电阻值超过 $10^{11}\Omega \cdot cm$，不利于静电捕集，温度过低又易凝结在极板上；

（2）干式电捕集对气相组分的捕集效率几乎等于零，而湿式静电捕集器虽然可捕集气态沥青，但增加了污水处理设备和维修费用；

(3) 沥青易燃，有时会发生放电着火现象，因此静电捕集器不能用于炭粉尘的捕集回收，特别是不适合用于炭粉尘与沥青烟气混合气体的净化；

(4) 长期运行净化效率降低；

(5) 一次性投资大，占地面积大。

(三) 吸附法

吸附法即采用各种颗粒小或多孔具有较大比表面积的物质（如焦炭粉、氧化铝、白云石粉或滑石粉等）作吸附剂，对沥青烟进行物理吸附。具体吸附剂的选定要结合实际生产性质与特点。净化设备可采用固定床、流化床及输送床等，具体设备应视净化沥青烟的浓度、吸附剂的性质、净化标准等条件而定。该方法的优点是：①工艺简单，净化效率高；②吸附剂无需再生，可直接返回生产系统；③投资省，运行费用低，操作维修方便，无二次污染。

缺点是：①系统阻力太大，可达到 2000Pa；②占地面积大，吸附管较长，回收吸附剂的袋式除尘面积较大。

(四) 吸收法

吸收法即采用有机类液体做吸收剂，使沥青烟的混合烟气与吸收剂逆流充分接触并被洗涤，除去烟气有毒组分，达到净化的目的；现使用过的吸附剂有洗油、柴油和水。吸收法多用于焦化厂、涂料厂和石油化工厂等。

该方法的主要优点是设备简单、维修方便、系统阻力小、能耗低、运行费用少；其缺点是存在二次污染，净化的效率不高。因此还没有得到比较广泛的应用，还需进一步研究、试验和改进。

第七节 烃类化合物的净化

烃类化合物（HC）是污染大气的重要污染物之一。其中包括简单的有机化合物，也包括复杂的高分子物。烃类化合物不仅对人体器官有刺激作用，而且其中不少对内脏有毒害作用，还有的是致突变物与致癌物。烃类化合物中的烯烃和某些芳香烃化合物，在大气中，在阳光的作用下，还可以和氮氧化物发生反应形成洛杉矶型的光化学烟雾或工业型光化学烟雾，造成二次污染。

烃类化合物主要来源于石油、化工、有机溶剂行业的生产过程中。在使用有机溶剂时也会产生相关的废气。在油类燃烧过程中，未燃尽的烃类以及燃烧后的产物均可进入大气，因此作为现代交通工具的汽车、飞机、轮船等也都是产生烃类化合物的重要污染源。

对烃类化合物的污染可采用如下防治途径。

(1) 减少石油及石油化工生产过程中的原料及成品等的各种耗损　石油在开采、炼制、贮存运输、发放，石油化工厂在生产、贮存和运输的各个环节中，都会产生烃类的排放和泄漏。这些排放和泄漏造成了原材料的损耗并污染了大气，因此应采用各种方法回收利用放空气体，改进、改善工艺设备情况减少油品的挥发损失。这样不但可以减轻有机污染物对大气的污染，而且可以降低能耗、提高产量、降低成本。

(2) 减少有机溶剂的用量　涂料施工、喷漆、电缆、印刷、粘接、金属清洗等行业都需利用有机溶剂作为原材料的稀释剂或清洗剂，在使用过程中，这些有机溶剂绝大部分经挥发进入到大气中，会造成严重的局部污染。因此采用无毒或低毒原材料代替或部分代替有机溶剂，做到不排或少排有害废气是减少这类污染的有效途径。具体减少有机溶剂用量的方法见表 10-40。

表 10-40 减少有机溶剂用量的方法

行业	低污染原材料	有机溶剂使用状况
涂料	水溶性涂料 粉体涂料 高固体涂料 无苯涂料	不用有机溶剂 不用有机溶剂 少用有机溶剂 用低毒有机溶剂
印刷	水溶性油墨 高固体油墨 无苯油墨	不用有机溶剂 少用有机溶剂 用低毒有机溶剂
粘接	水溶性粘接剂 无苯粘接剂	不用有机溶剂 用低毒有机溶剂
金属清洗	碱液、乳液等	不用有机溶剂

(3) 排气净化 对于不可避免的有机废气的排放，应采用适当的方法进行排气净化治理，具体治理方法见表 10-41 烃类。

表 10-41 烃类化合物废气的净化方法

净化方法	方法要点	适用范围
燃烧法	将废气中的有机物作为燃料烧掉或将其在高温下进行氧化分解 温度范围为 600～1100℃	适于中、高浓度范围废气的净化
催化燃烧法	在氧化催化剂作用下，将烃类化合物氧化为 CO_2 和 H_2O 温度范围 200～400℃	适于各种浓度的废气净化，适用于连续排气的场合
吸附法	用适当的吸收剂对废气中有机物组分进行物理吸附 温度范围：常温	适用于低浓度废气的净化
吸收法	用适当的吸收剂对废气中有机组分进行物理吸收 温度范围：常温	对废气浓度限制较小，适用于含有颗粒物的废气净化
冷凝法	采用低温，使有机物组分冷却至露点以下，液化回收	适用于高浓度废气净化

除上述方法外，还可以采用浓缩燃烧、浓缩回收等方法对含烃类化合物废气进行治理。本节主要介绍表中所列各种净化方法。

一、燃烧法

用燃烧方法处理有害气体、蒸气或烟尘，使其变为无害物质的过程，称为燃烧净化。燃烧净化时所发生的化学反应主要是燃烧氧化作用及高温下的热分解。因此这种方法只能适用于净化那些可燃的或在高温情况下可以分解的有害气体。对化工、喷漆、绝缘材料等行业的生产装置中所排出的有机废气，广泛采用了燃烧净化的手段。燃烧方法还可以用来消除恶臭。有机气态污染物燃烧氧化的结果，生成了 CO_2 和 H_2O，因而使用这种方法不能回收到有用的物质，但由于燃烧时放出大量的热，使排气的温度很高，所以可以回收热量。

目前在实际中使用的燃烧净化方法有直接燃烧和热力燃烧。

（一）直接燃烧

直接燃烧也称为直接火焰燃烧，它是把废气中可燃的有害组分当做燃料直接烧掉，因此这种方法只适用于净化可燃有害组分浓度较高的废气，或者是用于净化有害组分燃烧时热值较高的废气，因为只有燃烧时放出的热量能够补偿散向环境中的热量时，才能保持燃烧区的温度，维持燃烧的持续。多种可燃气体或多种溶剂蒸气混合存在于废气中时，只要浓度值适宜，也可以直接燃烧。如果可燃组分的浓度高于燃烧上限，可以混入空气后燃烧；如果可燃组分的浓度低于燃烧下限则可以加入一定数量的辅助燃料如天然气等，维持燃烧。

1. 采用窑、炉等设备的直接燃烧

直接燃烧的设备可以采用一般的燃烧炉、窑，或通过一定装置将废气导入锅炉作为燃料气进行燃烧。直接火焰燃烧的温度一般需在1100℃左右，燃烧完全的最终产物为CO_2、H_2O和N_2。直接燃烧法不适于处理低浓度废气。

2. 火炬燃烧

在石油炼制厂及石油化工厂，火炬可作为产气装置及反应尾气装置开停工及事故处理时的安全措施，但由于物料平衡、生产管理和回收设备不完善等原因，常常将加工油气和燃料气体排放到火炬进行燃烧。火炬燃烧结果不仅产生了大量有害气体、烟尘及热辐射而危害环境，而且造成有用燃料气的大量损失，因此应尽量减少和预防火炬燃烧，具体方法：①设置低压石油气回收设施，对系统及装置放空的低压气尽量加以回收利用；②在工程设计上以及实际生产中搞好液化石油气和高压石油气管网的产需平衡；③提高装置及系统的平稳操作水平和健全管理制度；④采用燃烧效率高、能耗低的火炬燃烧器（火炬头）。火炬头结构见图10-60。

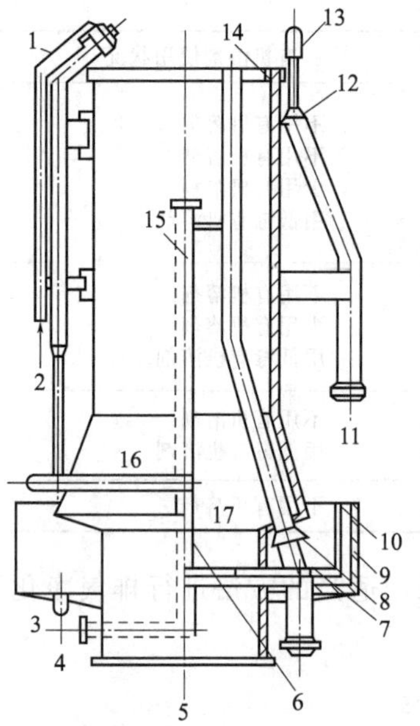

图10-60 火炬头结构

1—引火器；2—引火气体入口；3—中心蒸汽入口；4—放液口；5—下接分子封设备(低压燃料气入口)；6—下环管蒸汽入口；7—梅花喷嘴雾化蒸汽；8—喇叭管；9—消音填料；10—消音孔板；11—上环管蒸汽入口；12—上环管；13—顶部喷嘴(冷却蒸汽)；14—聚火块；15—中心清烟喷嘴；16—燃料气环管；17—下环管

（二）热力燃烧

热力燃烧是用于可燃有机物质含量较低的废气的净化处理。这类废气中可燃有机组分的含量往往很低，废气本身不能燃烧，而其中的可燃组分经过燃烧氧化，虽可放出热量，但热值很低，仅338～750kJ/m^3，也不能维持燃烧。因此在热力燃烧中，被净化的废气不是作为燃烧所用的燃料，而是在含氧量足够时作为助燃气体，不含氧时则作为燃烧的对象。在进行热力燃烧时一般是用燃烧其他燃料的方法（如煤气、天然气、油等），把废气温度提高到热力燃烧所需的温度，使其中的气态污染物进行氧化，分解成为CO_2、H_2O、N_2等。热力燃烧所需温度较直接燃烧低，在540～820℃即可进行。

1. 热力燃烧过程

为使废气温度提高到有害组分分解温度，需用辅助燃料燃烧来供热。但辅助燃料不能直接与全部要净化处理的废气混合，那样会使混合气中可燃物的浓度低于燃烧下限，以致不能维持燃烧。如果废气是以空气为本底，即含有足够的氧，就可以用不到一半的废气来使辅助燃料燃烧，使燃气温度达到1370℃左右，用高温燃气与其余废气混合达到热力燃烧的温度。这部分用来助燃辅助燃料的废气叫助燃废气，其余部分废气叫旁通废气。若废气本底为惰性气体，即废气缺氧，不能起助燃作用，则需要用空气助燃，全部废气均作为旁通废气。

热力燃烧的过程可分为三个步骤[2,4]：①辅助燃料燃烧，提供热量；②废气与高温燃气混合，达到反应温度；③在反应温度下，保持废气有足够的停留时间，使废气中可燃的有害组分氧化分解，达到净化排气的目的。

上述三个步骤可用图10-61表示。

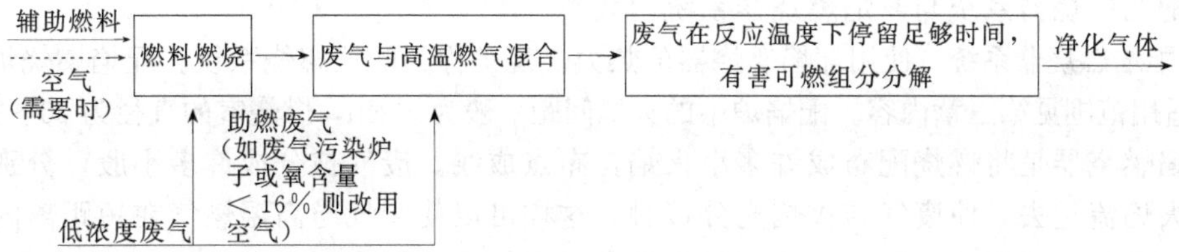

图 10-61　废气的热力燃烧过程

2. 热力燃烧条件和影响因素

在热力燃烧中，废气中有害的可燃组分经氧化生成 CO_2 和 H_2O，但不同组分燃烧氧化的条件不完全相同。对大部分物质来说，温度在740～820℃，0.1～0.3s停留时间内即可反应完全；大多数烃类化合物在590～820℃即可完全氧化，而CO和浓的炭烟粒则需较高的温度和较长的停留时间。因此温度和停留时间是影响热力燃烧的重要因素。此外高温燃气与废气的混合也是一个关键问题，在一定的停留时间内如果不能混合完全，就会导致有些废气没有升温到反应温度就已逸出燃烧区外，因而不能得到理想的净化效果。

由上可知，在供氧充分的情况下，反应温度、停留时间、湍流混合构成了热力燃烧的必要条件，这即是温度（temperature）、时间（time）、湍流（turbulense）的“三T条件”。

不同的气态污染物，在燃烧炉中燃烧时所用的反应温度和停留时间不完全相同，某些含有机物的废气在燃烧净化时所需的反应温度和停留时间列于表10-42中。

在热力燃烧炉的设计中，考虑到大多数烃类化合物和CO的去除，反应温度可以采用740℃，停留时间采用0.5s。

表 10-42　废气燃烧净化所需的温度、时间条件

废气净化范围	燃烧炉停留时间/s	反应温度/℃
烃类化合物		
（HC去除90%以上）	0.3～0.5	680～820①
烃类化合物＋CO		
（CH＋CO去除90%以上）	0.3～0.5	680～820
臭味		
（去除50%～90%）	0.3～0.5	540～650
（去除90%～99%）	0.3～0.5	590～700
（去除99%以上）	0.3～0.5	650～820
烟和缕烟		
白烟(雾滴缕烟消除)	0.3～0.5	430～540②
CH＋CO销毁90%以上	0.3～0.5	680～820
黑烟(炭粒和可燃粒)	0.7～1.0	760～1100

① 如甲烷、溶纤剂[$C_2H_5O(CH_3)_2OH$]及置换的甲苯等存在，则需760～820℃。
② 缕烟消除一般是不实用的，往往因为氧化不完全又产生臭味问题。

3. 热力燃烧装置

热力燃烧可以在专用的燃烧装置中进行，也可以在普通的燃烧炉中进行。

（1）专用热力燃烧装置　进行热力燃烧的专用装置称为热力燃烧炉，其结构应满足热力燃烧时的条件要求，即应保证获得760℃以上的温度和0.5s左右的接触时间，这样才能保证对一般烃类化合物及有机蒸气的燃烧净化。热力燃烧炉的主体结构包括两部分：燃烧器，其作用为使辅助燃料燃烧生成高温燃气；燃烧室，其作用为使高温燃气与旁通废气湍流混合达到反应温度，并使废气在其中的停留时间达到要求。按所使用的燃烧器的不同，热力燃烧

炉分为配焰燃烧器系统与离焰燃烧器系统两大类。

① 配焰燃烧器系统。使用配焰燃烧器的热力燃烧炉称为配焰燃烧系统。配焰燃烧炉的基本结构和适用范围见第三章内容。配焰炉中的火焰间距一般为30cm，燃烧室的直径为60～300cm。

配焰燃烧器是将燃烧配布成许多小火焰，布点成线。废气被分成许多小股，分别围绕着许多小火焰流过去，使废气与火焰充分接触，这样可以使废气与高温燃气在短距离内即可迅速达到完全的湍流混合。配焰方式的最大缺点是容易造成熄火。

配焰燃烧器主要有火焰成线燃烧器、多烧嘴燃烧器、格栅燃烧器等多种型式。

② 离焰燃烧器系统。使用离焰燃烧器的热力燃烧炉称为离焰燃烧器系统。离焰燃烧炉的基本结构和适用范围见第三章内容。

在离焰炉中，辅助燃料在燃烧器中燃烧成火焰产生高温燃气，然后再在炉内与废气混合达到反应温度。燃烧与混合两个过程是分开进行的。虽然在大型离焰炉中可以设置4个以上的燃烧器，但对大部分废气而言，它们并不与火焰“接触”，仍是依靠高温燃气与废气的混合，而不是像在配焰炉中，分成小股的火焰与废气在火焰燃烧中即可很好地混合。这是两种燃烧炉的主要区别之处，也是离焰燃烧炉不易熄火的主要原因。离焰燃烧炉的长径比一般为2～6，为促进废气与高温燃气的混合，一般应在炉内设置挡板。离焰炉的优点是可用废气助燃，也可用外来空气助燃，因此对于含氧量低于16%的废气也适用；对燃料种类的适应性强，可用气体燃料，也可用油作燃料；可以根据需要调节火焰的大小。

(2) 普通燃烧炉　普通锅炉、生活用锅炉以及一般加热炉，由于炉内条件可以满足热力燃烧的要求，因此可以用作热力燃烧炉使用，这样做不仅可以节省设备投资，而且可以节省辅助燃料。但在使用普通锅炉等进行热力燃烧时应注意以下条件：

① 废气中所要净化的组分应当几乎全部是可燃的，不燃组分如无机烟尘等在传热面上的沉积将会导致锅炉效率的降低；

② 所要净化的废气流量不能太大，过量低温废气的通入会降低热效率并增加动力消耗；

③ 废气中的含氧量应与锅炉燃烧的需氧量相适应，以保证充分燃烧，否则燃烧不完全所形成的焦油、树脂等将污染炉内传热面。

（三）燃烧法的热量回收

采用燃烧法净化废气无法对原来的组分进行回收，但燃烧过程中会放出热量，这些热量可以回收。另外，在进行热力燃烧时，要消耗辅助燃料，而这些辅助燃料的消耗也仅仅是为了提高废气温度，因此这些热量如不回收利用，就将浪费掉。正因为如此，热量回收的好坏往往就成为了燃烧净化方法是否经济合理的标志。

对燃烧净化法的热量回收，可以通过以下三个途径。

(1) 热量回用　即用管式热交换器或循环式的蓄热再生装置，使净化反应的高温气体与进口的低温废气进行热量交换，这样可以提高进入炉中废气的温度，节约辅助燃料。其基本过程如图10-62所示。

(2) 热净化气部分再循环　这个方法已在烘炉、烤箱、干燥炉以及需要大量热气体的装置上得到广泛的应用。由于这些装置所需的热气体温度较净化气的温度低，所以可使净化气与冷废气换热，再将换热后气体引入到这些装置中作为工作气体，见图10-63。

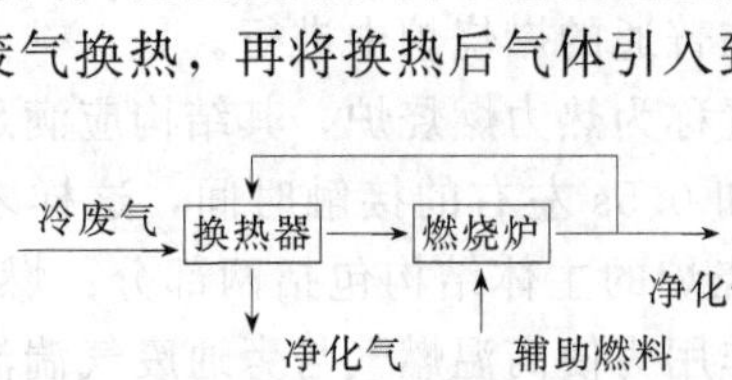

图10-62　加热进口废气的热量回用示意

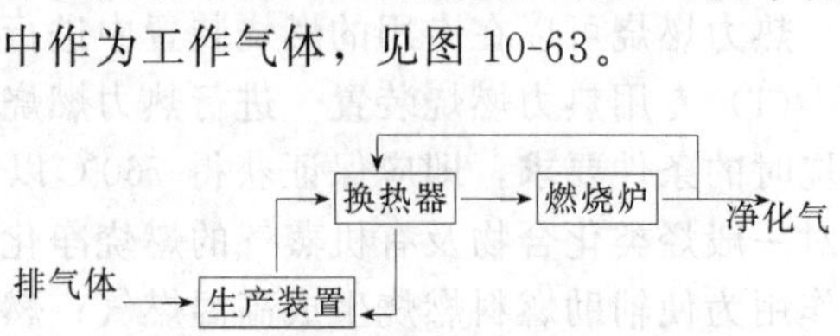

图10-63　热净化气部分再循环示意

由于这些生产装置中的工作气体要不断进入燃烧炉中净化，气体中的含氧量由于燃烧的不断消耗而降低，因此只能用部分净化气进行再循环。

(3) 废热利用　若采用上述手段仍不能全部利用净化气中的废热，则可以通过以下途径将其余的废热应用到生产中或生活中去。例如可以将其直接作为加热某些生产装置时的载热体；或用它来加热水、油等，再将这些热流体作载热体使用；或将其通入废热锅炉中生产热水或蒸汽用于生产或生活中。

（四）火炬燃烧法应用实例

火炬燃烧法应用于苯加氢和沥青焦装置，处理安全阀泄压时的排气。火炬燃烧适用范围是：①排气应有较高的发热量，在 (34～38)×10^5J/m^3 以上，可直接燃烧；②可处理从工艺系统排出的数量波动很大、间歇排放的气体；③也可处理含高浓度的 H_2S、HCN、CO 等废气。苯加氢火炬塔高度为 21.5m（低火炬），沥青焦火炬高度为 71m（高火炬）。其共同点是将可燃烧的气体引到距地面一定高度的空间，进行明火燃烧。

火炬塔装置见图 10-64。

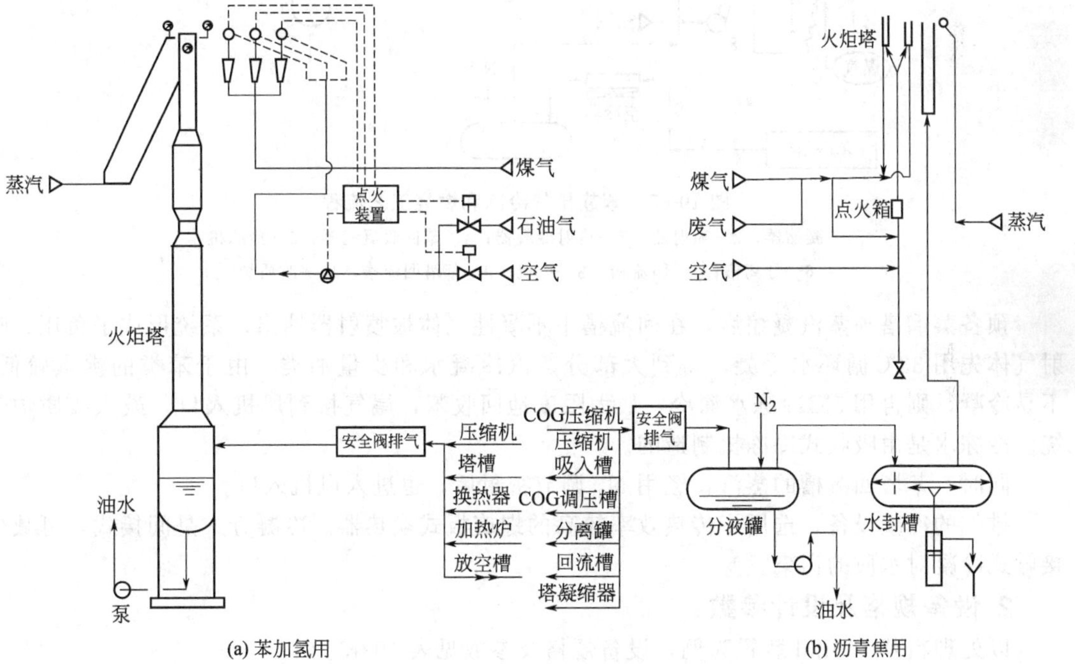

图 10-64　火炬塔装置

排气在直接燃烧之前，先进行气液分离，以回收有用的烃类。为使排气能正常、安全燃烧，苯加氢火炬进气管中，按程序通入一部分煤气，用以降低排气温度和增加可燃性，确保在火炬塔顶燃烧良好，并防止火炬塔内温度骤然升高而回火。沥青焦火炬则通过水封槽的作用，一是降低了排气温度，二是切断气源，防止回火。由于火炬是露天直接燃烧，当周围空气流动时，就很难使烃类完全燃烧，或者尚未点燃就扩散到大气中，或者是不完全燃烧而冒黑烟。所以，在火炬塔顶燃烧口处，设有水蒸气喷嘴，通过水蒸气喷射，使燃烧气体湍动和吸入过量的空气助燃。

在火炬塔顶设有煤气喷嘴，煤气被自动点火装置点燃后，连续燃烧排放的废气。

火炬塔的特点是：装置较简单，投资较少，安全性好。但是，适用于压力系统排放，消耗一定量的煤气，如苯加氢火炬经常燃烧消耗的煤气 40～50m^3/h，再者火炬尚存在着将相当数量的废气未经燃烧而扩散到大气的问题。

火炬塔的规格和能力：

苯加氢火炬 ϕ400mm，处理能力 16～19t/h；沥青焦火炬 ϕ250mm，处理能力 6t/h。

（五）用冷冻和燃烧法处理苯族排气实例

1. 工艺流程

苯族排气冷冻和燃烧工艺流程见图 10-65。

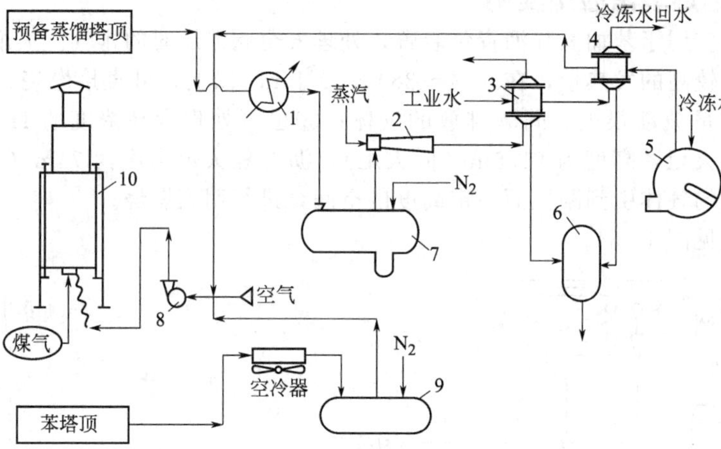

图 10-65 苯族排气冷冻和燃烧工艺流程

1—凝缩器；2—喷射器；3—喷射冷凝器；4—苯回收凝缩器；5—冷冻机；6—分离槽；7—回流槽；8—风机；9—苯塔回流槽；10—改质炉

预备蒸馏塔顶蒸汽凝缩后，在回流槽中不凝性气体被喷射器抽出，系统形成了负压。喷射气体先用 33℃循环水冷凝，得到大部分蒸汽冷凝水和少量油类。由于苯类的沸点较低，不易冷凝，则再用 5℃冷冻水深冷，最大限度地回收苯，尾气接到风机入口，鼓入改质炉焚烧。冷冻水是由吸收式冷冻机制造的。

同时，苯塔回流槽的蒸汽，经用 N_2 调节密封后，也进入风机入口。

排气的冷凝设备，选用了传热效率较高的螺旋板式换热器。冷凝方式是间接式，可减少接触式冷凝对水质的污染。

2. 设备规格及设计参数

以处理粗苯 200t/d 装置为例，设备规格及参数见表 10-43。

表 10-43 设备规格及设计参数 单位：mm

设备名称	规格及参数
1. 喷射器	水蒸气喷射式：达到压力，20kPa
2. 喷射凝缩器	螺旋板式：ϕ520，$L=400$，$F=4m^2$
3. 苯回收凝缩器	螺旋板式：ϕ470，$L=200$，$F=1m^2$
4. 风机	透平鼓风机：流量 6500m^3（标）/h；排出压力 9.8kPa
5. 冷冻机	吸收式 冷冻能力 53.3×10^7J/h
6. 冷冻后排气温度	10℃
7. 苯回收凝缩器	
冷冻水用量	0.43m^3/h
8. 改质炉炉膛温度	850℃

二、催化燃烧法

催化燃烧实际上为完全的催化氧化，即在催化剂作用下，使废气中的有害可燃组分完全氧化为 CO_2 和 H_2O。由于绝大部分有机物均具有可燃烧性，因此催化燃烧法已成为净化含烃类化合物废气的有效手段之一。又由于很大一部分有机化合物具有不同程度的恶臭，因此催化燃烧法也是消除恶臭气体的有效手段之一。

目前催化燃烧法已应用于金属印刷、绝缘材料、漆包线、炼焦、涂料、化工等多种行业中净化有机废气。特别是在漆包线、绝缘材料、印刷等生产过程中排出的烘干废气，因废气温度较高、有机物浓度较高，对燃烧反应及热量回收有利，具有较好的经济效益，因此应用最为广泛。

同其他燃烧法相同，催化燃烧的最终产物为 CO_2 和 H_2O，无法回收废气中原有的有机组分，因此操作过程中的能耗大小以及热量回收的程度将决定催化燃烧法的应用价值。

（一）催化燃烧法的特点

与其他种类的燃烧法相比，催化燃烧法具有如下特点：

① 催化燃烧为无火焰燃烧，所以安全性好；

② 燃烧温度要求低，大部分烃类和 CO 在 300～450℃之间即可完成反应，由于反应温度低，故辅助燃料消耗少；

③ 对可燃组分浓度和热值限制较小；

④ 为使催化剂延长使用寿命，不允许废气中含有尘粒和雾滴。

（二）催化燃烧催化剂

用于催化燃烧的催化剂以贵金属 Pt、Pd 催化剂使用最多，因为这些催化剂活性好，寿命长，使用稳定。我国由于贵金属资源稀少，因此注意了从事非贵金属催化剂的研究，目前研究较多的为稀土催化剂，并已取得一定成效。国内已研制使用的催化剂有下列几类。

以 Al_2O_3 为载体的催化剂。此载体可作成蜂窝状或粒状等，然后将活性组分负载其上，现已使用的有蜂窝陶瓷钯催化剂、蜂窝陶瓷铂催化剂、蜂窝陶瓷非贵金属催化剂、γ-Al_2O_3 粒状铂催化剂、γ-Al_2O_3 稀土催化剂等。

以金属作为载体的催化剂。可用镍铬合金、镍铬镍铝合金、不锈钢等金属作为载体，已经应用的有镍铬丝蓬体球钯催化剂、铂钯/镍 60 铬 15 带状催化剂、不锈钢丝网钯催化剂以及金属蜂窝体的催化剂等。

各种催化剂的品种与性能见表 10-44。

表 10-44　催化剂品种与性能

催化剂品种	活性组分含量/%	$2000h^{-1}$ 下 90%转化温度/℃	最高使用温度/℃
Pt-Al_2O_3	0.1～0.5	250～300	650
Pd-Al_2O_3	0.1～0.5	250～300	650
Pd-Ni、Cr 丝或网	0.1～0.5	250～300	650
Pd-蜂窝陶瓷	0.1～0.5	250～300	650
Mn、Cu-Al_2O_3	5～10	350～400	650
Mn、Cu、Cr-Al_2O_3	5～10	350～400	650
Mn-Cu、Co-Al_2O_3	5～10	350～400	650
Mn、Fe-Al_2O_3	5～10	350～400	650
稀土催化剂	5～10	350～400	700
锰矿石颗粒	25～35	300～350	500

（三）催化燃烧法工艺流程

针对排放废气的不同情况，可以采用不同形式的催化燃烧工艺，但不论采用何种工艺形式，其流程的组成具有如下共同的特点。

(1) 进入催化燃烧装置的气体首先要经过预处理，除去粉尘、液滴及有害组分，避免催化床层的堵塞和催化剂的中毒。

(2) 进入催化床层的气体温度必须要达到所用催化剂的起燃温度，催化反应才能进行，因此对于低于起燃温度的进气，必须进行预热使其达到起燃温度。特别是开车时，对冷进气必须进行预热，因此催化燃烧法最适于连续排气的净化，经开车时对进气预热后，即可利用燃烧尾气的热量预热进口气体。若废气为间歇排放，每次开车均需对进口冷气体进行预热，预热器的频繁启动，使能耗大大增加。气体的预热方式可以采用电加热也可以采用烟道气加热，目前应用较多的为电加热。

(3) 催化燃烧反应放出大量的反应热，因此燃烧尾气温度很高，对这部分热量必须回收。一般是首先通过换热器将高温尾气与进口低温气体进行热量交换以减少预热能耗，剩余热量可采用其他方式进行回收。在生产装置排出的有机废气温度较高的场合，如漆包线、绝缘材料等的烘干废气，温度可达 300℃以上，可以不设置预热器和换热器，但燃烧尾气的热量仍应回收。

催化燃烧工艺流程有分建式与组合式两种。

在分建式流程中，预热器、换热器、反应器均作为独立设备分别设立，其间用相应的管路连接，一般应用于处理气量较大的场合。

组合式流程将预热、换热及反应等部分组合安装在同一设备中，即所谓催化燃烧炉，流程紧凑、占地小，一般用于处理气量较小的场合。我国有这类装置的定型产品，可根据处理气量的大小进行选择。

(4) 进行催化燃烧的设备为催化燃烧炉，主要包括预热与燃烧两部分。在预热部分，除设置加热装置外，还应保持一定长度的预热区，以使气体温度分布均匀并在使用燃料燃烧加热进口废气时，保证火焰不与催化剂接触。为防止热量损失，对预热段应予以良好保温。在催化反应部分，为方便催化剂的装卸，常设计成筐状或抽屉状的组装件。几种催化燃烧装置的简单结构见图 10-66～图 10-68。

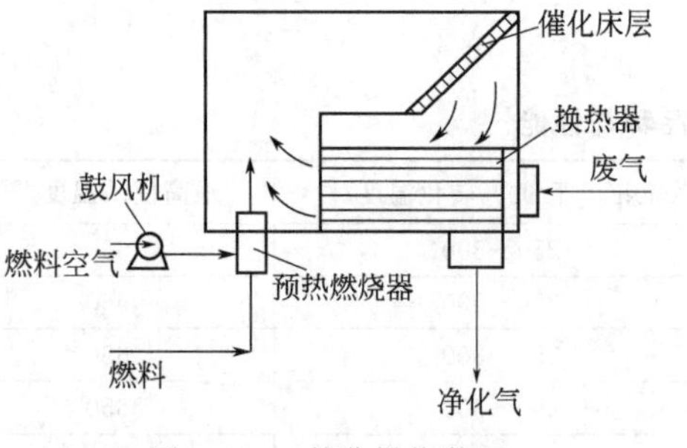

图 10-66 催化燃烧装置

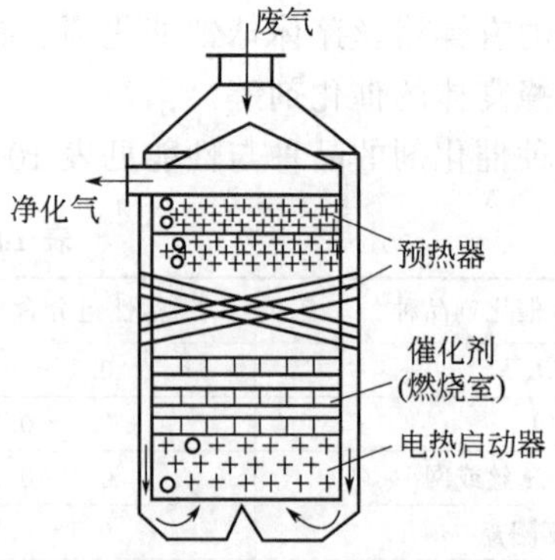

图 10-67 立式催化燃烧炉

三、吸附法

在治理含烃类化合物废气中，广泛使用了吸附的方法。吸附法在使用中表现了如下的特点：① 可以相当彻底地净化废气，即可进行深度净化，特别是对于低浓度废气的净化，比用其他方法显现出更大的优势；② 在不使用深冷、高压等手段下，可以有效地回收有价值的有机物组分。

由于吸附剂对被吸附组分吸附容量的限制，吸附法最适于处理低浓度废气，对污染物浓度高的废气一般不采用吸附法治理。

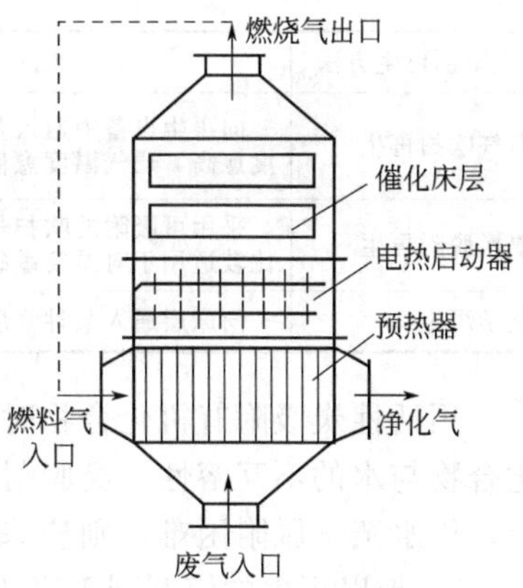

图 10-68 立式催化燃烧炉

（一）吸附剂[4,18]

1. 工业吸附剂的选择原则

作为工业吸附剂应满足下列要求

(1) 具有大的比表面和孔隙率；

(2) 具有良好的选择性；

(3) 吸附能力强，吸附容量大；

(4) 易于再生；

(5) 机械强度、化学稳定性、热稳定性等性能好，使用寿命长；

(6) 廉价易得。

2. 吸附剂种类

可作为净化烃类化合物废气的吸附剂有活性炭、硅胶、分子筛等，其中应用最广泛、效果最好的吸附剂是活性炭。活性炭可吸附的有机物种类较多，吸附容量较大，并在水蒸气存在下也可对混合气中的有机组分进行选择性吸附。通常活性炭对有机物的吸附效率随分子量的增大而提高。

活性炭的物性参数见表 10-45。

表 10-45 活性炭物性参数

性 质	粒状活性炭	粉状活性炭	性 质	粒状活性炭	粉状活性炭
真密度/(g/cm^3)	2.0～2.2	1.9～2.2	细孔容积/(cm^3/g)	0.5～1.1	0.5～1.4
粒密度/(g/cm^3)	0.6～1.0		平均孔径/Å	1.2～4.0	1.5～4.0
堆积密度/(g/cm^3)	0.35～0.6	0.15～0.6	比表面/(m^2/g)	700～1500	700～1600
孔隙率/%	33～45	45～75			

注：$1Å=10^{-10}m$。

（二）活性炭吸附、再生流程

在用活性炭吸附法净化含烃类化合物的废气时，其流程通常应包括如下部分。

(1) 预处理部分　在吸附中通常使用粒状或柱状活性炭，为保证炭层具有适宜的孔隙率，减少气体通过的阻力，应预先除去进气中的固体颗粒物及液滴。

(2) 吸附部分　通常采用固定床吸附器，为保证连续处理废气，一般采用 2～3 个吸附器并联操作。

(3) 吸附剂再生部分　吸附剂吸附吸附质后，其吸附能力将逐渐降低，为了保证吸附效率，对失去吸附能力的吸附剂应进行再生。吸附剂再生的常用方法见表 10-46。

表 10-46 吸附剂再生方法

吸附剂再生方法	特 点
热再生	使热气流(蒸汽或热空气)与床层接触直接加热床层，吸附质可解吸释放，吸附剂恢复吸附性能。不同吸附剂允许加热的温度不同
降压再生	再生时压力低于吸附操作时的压力，或对床层抽真空，使吸附质解吸出来，再生温度可与吸附温度相同

续表

吸附剂再生方法	特点
通气吹扫再生	向再生设备中通入基本上无吸附性的吹扫气，降低吸附质在气相中分压，使其解吸出来。操作温度愈高，通气温度愈低，效果愈好
置换脱附再生	采用可吸附的吹扫气，置换床层中已被吸附的物质，吹扫气的吸附性愈强，床层解吸效果愈好，比较适用于对温度敏感的物质。为使吸附剂再生，还需对再吸附物进行解吸
化学再生	向床层通入某种物质使吸附质发生化学反应，生成不易被吸附物质而解吸下来

用活性炭吸附有机化合物时，最常用的是水蒸气脱附法使活性炭再生，主要是利用有机化合物与水的不互溶性，经脱附、冷凝、分离后回收有机溶剂。有些有机溶剂被活性炭吸附后，用水蒸气脱附困难，则应采用其他方法进行再生。适宜于用水蒸气再生的溶剂列于表10-47，难以再生的溶剂列于表10-48。

(4) 溶剂回收部分　经冷凝、静置后不溶于水的溶剂可与水分层，易于回收。水溶性溶剂与水不能自然分层，需回收时可采用精馏的方法。对处理量小的水溶性溶剂也可与水一起掺入煤炭中送锅炉烧掉。

依据以上内容，常用活性炭吸附流程见图10-69。

有机废气经冷却过滤器降温及除去固体颗粒物后，经风机进入吸附器，吸附后气体排空。两个并联操作的吸附器，当其中的一个吸附饱和时则将废气转通入另一个吸附器进行吸附，饱和的吸附器中则通入水蒸气进行溶剂再生。脱附气体进入冷凝器用冷水冷凝，冷凝液流入分离器，经一段时间停留后分离出溶剂和水。

吸附温度：常温。

吸附层空塔气速：0.2～0.5m/s。

脱附蒸汽：低压蒸汽，约为110℃左右。

表10-47　适用于水蒸气再生的溶剂及行业

丙酮	燃料油	干洗溶剂	氯苯
黏着剂溶剂	汽油	干燥箱	粗汽油
醋酸戊酯	碳卤化合物	醋酸乙酯	涂料制造
苯	庚烷	乙醇	涂料贮藏(通风)
粗苯	已烷	二氯化乙烯	果胶提取
溴氯甲烷	脂族烃	织物涂料机	全氯乙烯
醋酸丁酯	芳族烃	薄膜净化	药物包囊
丁醇	异丙醇	塑料生产	甲苯
二硫化碳	酮类	人造纤维生产	粗甲苯
二氧化碳(受控气氛)	甲醇	冷冻剂(碳卤化合物)	三氯乙烷
四氯化碳	甲基氯仿	转轮凹版印刷	三氯乙烯
涂料作业	丁酮	无烟火药提取	浸漆槽(排气孔)
脱脂溶剂	二氯甲烷	大豆榨油	二甲苯
二乙醚	矿油精	干洗溶剂汽油	混合二甲苯
蒸馏室	混合溶剂	氟代烃	四氢呋喃

表 10-48　难以从活性炭中除去的溶剂

丙烯酸	丙烯酸异癸酯
丙烯酸丁酯	异佛尔酮
丁酸	甲基乙基吡啶
二丁胺	甲基丙烯酸甲酯
二乙烯三胺	苯酚
丙烯酸乙酯	皮考啉
2-乙基己醇	丙酸
丙烯酸-2-乙基己酯	二异氰酸甲苯酯
谷朊醛	三亚乙基四胺
丙烯酸异丁酯	戊酸

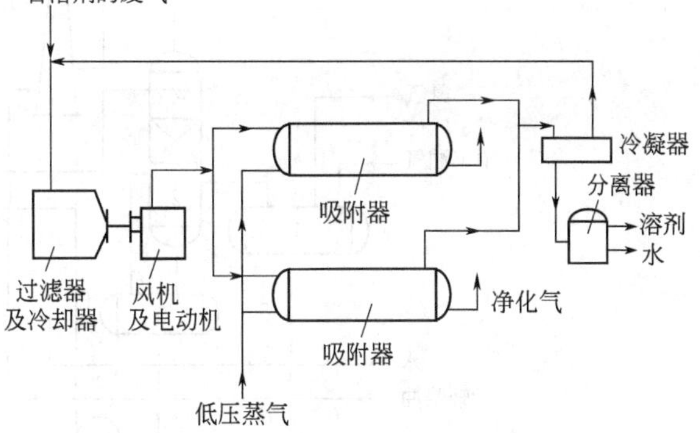

图 10-69　活性炭吸附有机蒸气的流程

脱附周期：应小于吸附周期，若脱附周期等于或大于吸附周期，则应采用三个吸附器并联操作。

（三）活性炭吸附设备

吸附器多采用立式或卧式固定床，设备型式及结构请参阅第十五章内容。

四、吸收法

在对烃类化合物废气进行治理的方法中，吸收法的应用不如燃烧法、催化燃烧法、吸附等广泛，特别是对使用有机溶剂的各种行业，如喷漆、绝缘材料、漆包线等的生产过程所排出的废气，还不能完全达到工业应用水平，影响应用的主要问题是合适的吸收剂的选择。

目前在石油炼制及石油化工的生产及储运中采用吸收法进行烃类气体的回收利用。

（一）芳烃气体的回收

装有苯类的成品油罐及中间油罐，当夏季及冷凝效果较差时，产品往往容易挥发，尤其是油品进中间罐时更是如此。为了减少挥发可将各苯罐连通起来，共同设一个二乙二醇醚吸收塔，将排空的芳烃气体吸收下来，饱和富液送回再生。芳烃气体回收流程见图 10-70。

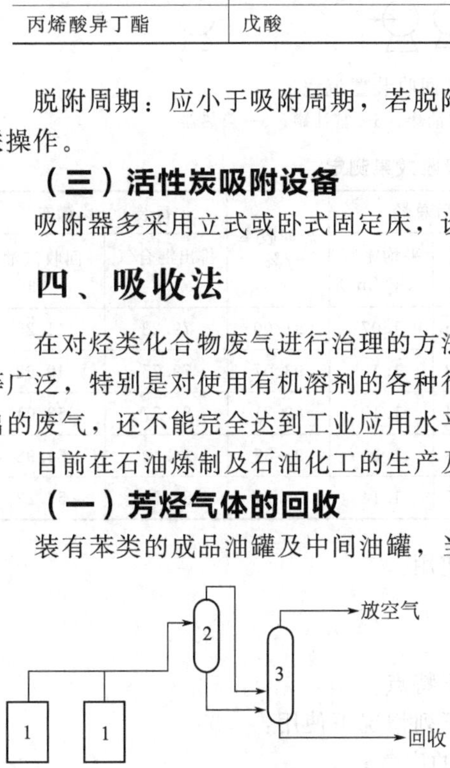

图 10-70　芳烃气体回收流程

1—芳烃中间罐；2—缓冲罐；3—吸收器

（二）汽油密闭装车油气回收

汽油等轻质油品从炼油厂或油库外运时，在装火车或汽车槽车的过程中，由于油品喷洒、搅动、蒸发等，将引起油品损耗且污染大气。

为回收处理这些油气，可设置吸收塔，用轻柴油作吸收剂进行吸收。油品装车被置换出来的混合油气，经集气管、凝缩油罐进行分液后，进入吸收塔吸收。吸收富油经缓冲罐、富油泵、富油罐送去回炼。未被吸收的气体从塔顶排入放散管，放散管底部供给大量新鲜空气，将尾气稀释后排入大气。吸收剂进塔温度不高于 37℃，夏季气温高时，需将吸收液冷却降温。油气回收流程见图 10-71。

装车过程油气回收装置吸收效果见表 10-49。

（三）有机溶剂使用装置尾气的净化

在喷漆、漆包线及一些薄膜的生产中使用了大量有机溶剂，其中以苯系物溶剂使用最多，这些溶剂在烘干过程中几乎全部排入大气中。目前也有采用吸收的方法来治理这些废气，已经应用的吸收剂有柴油或柴油与水的混合物，但由于吸收剂本身的性质不理想且吸收

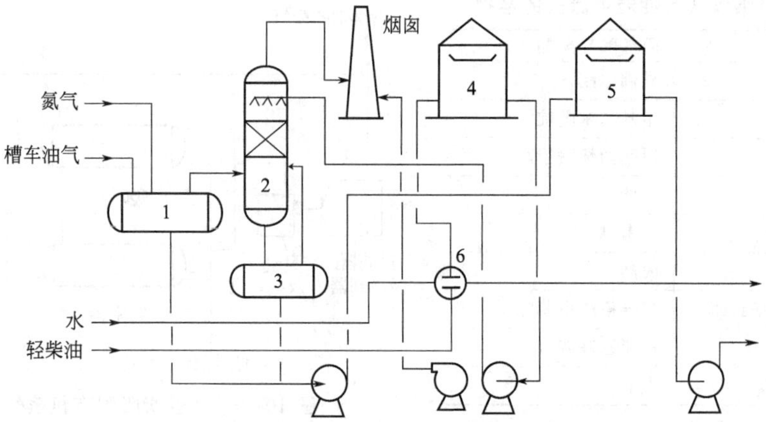

图 10-71 汽油密闭装车油气回收装置流程

1—凝缩油罐；2—吸收塔；3—缓冲罐；4—贫油罐；5—富油罐；6—换热器

表 10-49 油气回收装置吸收效果测定

测定月份	大气温度/℃	汽油温度/℃	吸收液温度/℃	吸收前总烃			吸收后总烃			烃回收率/%	每装 $60m^3$ 罐车	
				体积/m^3	质量/kg	平均密度/(kg/m^3)	体积/m^3	质量/kg	平均密度/(kg/m^3)		排出混合气/m^3	回收汽油/kg
11月	11～18	21	22	24.28	57.21	2.36	4.81	5.15	1.07	91.00	79.23	41.25
3月	20	22	24	24.77	66.87	2.70	4.21	4.63	1.10	93.07	79.75	49.62
6月	30	28	33～34	26.62	72.67	2.73	7.14	7.84	1.10	89.21	81.77	53.01
8月	38	36	37	36.44	98.21	2.70	6.33	8.18	1.30	91.67	94.40	84.98
平均值	—	—	—	28.03	73.74	2.62	5.62	6.45	1.14	91.24	83.79	57.22

剂的再生与处理还存在一些问题，因此还不能广泛使用。

五、冷凝法

冷凝法应用于烃类化合物废气治理时，具有如下特点。

(1) 冷凝净化法适用范围　冷凝净化法适于在下列情况下使用：

① 处理高浓度废气，特别是含有害物组分单纯的废气；

② 作为燃烧与吸附净化的预处理；特别是有害物含量较高时，可通过冷凝回收的方法减轻后续净化装置的操作负担；

③ 处理含有大量水蒸气的高温废气。

(2) 冷凝净化法所需设备和操作条件比较简单，回收物质纯度高。

(3) 冷凝净化法对废气的净化程度受冷凝温度的限制，要求净化程度高或处理低浓度废气时，需要将废气冷却到很低的温度，经济上不合算。

冷凝设备的类型及设计参见第十六章。

第八节　二噁英的污染控制

据有关资料的报告，90%以上的二噁英类是由人为活动引起的，另外有少量是由森林火灾、火山喷发等一些自然过程产生的。通过对美国湖泊底泥和英国的土壤、植被的研究发现，二噁英的含量在 20 世纪 30～40 年代才开始快速上升，而这段时间正对应于全球氯化工

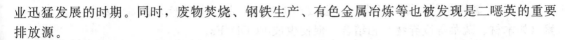

业迅猛发展的时期。同时，废物焚烧、钢铁生产、有色金属冶炼等也被发现是二噁英的重要排放源。

一、二噁英的性质

二噁英（dioxins）是氯二苯并二噁英（PCDDs，polycholoro dibenzo-*p*-dioxin）和多氯二苯并呋喃（PCDFs，polycholoro dibenzo-furan）的统称，通常用“PCDD/Fs”表示，它共有210种同族体，其中前者75种，后者135种[19]。

二噁英有剧毒，其毒性与氯原子取代的位置密切相关。只有在2、3、7、8四个共平面取代位置均有氯原子的17个二噁英异构体是有毒的，其中毒性最强的是2，3，7，8-四氯二苯并二噁英（2,3,7,8-TCDD）。根据美国环境保护署（EPA）1994年9月的报告，它是迄今为止，人类所发现的毒性最强的物质，其毒性相当于氰化钾（KCN）的1000倍：二噁英各异构体浓度的综合毒性评价方法一般以TCDD为基准，利用TCDD的毒性当量（TEQ）来表示各异构体的毒性，称之为毒性当量因子（TEF），其他异构体的毒性以相对毒性进行评价，其计量单位常采用ng-TEQ/m^3。目前发达国家对二噁英的排标准一般控制为0.1ng-TEQ/m^3。

二、垃圾焚烧过程二噁英的产生机理与控制

焚烧法作为一种有效的减容减量的垃圾处理手段，得到了日益广泛的运用。但垃圾在焚烧过程中会不可避免地产生二次污染，包括对环境危害极大的二噁英。针对从城市固体废物焚烧（MSWI）中形成及排放机理的研究已有20多年，然而，对PCDD/Fs的生成机理并未研究透彻。一般分析认为，木质素和纤维素都是多个苯环连接起来的化合物，一些苯环还含有氢氧基。焚烧废弃物时，木质素、纤维素以及高分子的聚合物（塑料、橡胶等）除了发生热分解，还经历各种各样复杂反应过程，燃烧温度偏低，或空气供给不足，使这些物质不完全氧化，就会生成许多含有苯环的中间产物。此时，若同时含有氯基，将生成氯苯、氯酚等化合物，最终可能生成PCDD/Fs等二噁英毒物。

二噁英产生最适宜的条件是：①温度300～500℃，主要在垃圾焚烧开始和烟气冷却过程，另外不完全燃烧，空气供给不足也会形成这种温度区；②通常认为燃烧混有金属，盐的含氯有机物是产生PCDD/Fs的主要原因，其中金属起催化剂作用，如氯化铁、氯化铜可以催化PCDD/Fs的生成。人们通常认为聚氯乙烯含有氯，是产生二噁英的元凶，实际上微量的氯可能来自于像食盐NaCl那样的无机盐废物；Cu可能来源于废旧电池等。传统的城市垃圾焚烧处理过程既能提供含有$CuCl_2$、$FeCl_3$的灰尘，又能提供HCl烟气，同时在烟气冷却过程中有300℃左右的温度区，即二噁英毒物生成的必要条件全部具备。目前在燃烧过程中PCDD/Fs的排放来源有以下几种。

① 燃烧含有微量PCDD/Fs的垃圾，在其排出废气中必然产生PCDD/Fs。燃料中本身含有的PCDD/Fs在燃烧过程中未被破坏，存在于燃烧后的烟气中。

② 在有两种或多种有机氯化物存在的情况下，它们形成PCDD/Fs前趋体（precursor），由于二聚作用（dimerization），这些化合物（氯酚）在适当的温度和氧气条件下就会结合并生成PCDD/Fs；燃料不完全燃烧产生了一些与PCDD/Fs结构相似的环状前驱物（氯代芳香烃），这些前驱物通过分子的解构或重组生成PCDD/Fs，即所谓的气相（均相）反应生成。

③ 固体飞灰表面发生异相催化反应合成PCDD/Fs，即飞灰中残炭、氧、氢、氯等在飞灰表面催化合成中间产物或PCDD/Fs，或气相中的前驱物在飞灰表面催化生成二噁英。

④ 由于氯的存在，氯（氯化物）会破坏碳氧化合物（芳香族）的基本结构，而与木质素（如木材、蔬菜等废弃物）相结合，促使生成 PCDD/Fs。

⑤ 单分子的前趋体化合物的不完全氧化，也可生成 PCDD/Fs，例如多氯代二酚的不完全氧化。二噁英的生成需要一定变质石墨结构的碳形态。

燃烧系统中二噁英的形成过程分为两个阶段：①炭形成：燃烧带中变质石墨结构的炭粒子的形成；②炭氧化：未燃烧炭在低温燃烧带被继续氧化及 PCDD/Fs 作为石墨结构碳粒氧化降解产物的副产品而形成。炭形成中至少含有三步：核子作用、粒子增长及团聚过程；炭氧化中至少有四步：氧化剂吸附、与金属离子结合的复杂中间产物的形成、同石墨结构炭的相互作用及产物解吸。其过程中含有极其复杂的多相化学反应，影响二噁英从头合成的因素主要有气相物质、固相物质、温度、反应时间、产物分配等。

根据二噁英在垃圾焚烧发电过程中的产生机理，控制垃圾焚烧工艺中二噁英的形成源、切断二噁英的形成途径以及采取有效的二噁英净化技术是防治二噁英污染最为关键的问题，因此可以从“燃烧前、燃烧中和燃烧后”三个环节对其实现全面控制。

1. 燃前垃圾预处理

氯是二噁英生成必要条件。重金属在二噁英生成中起催化剂作用，所以垃圾焚烧前，应进行燃前预处理。燃前垃圾预处理主要是采用人工与机械相结合的方法，实现垃圾分选。垃圾分选主要是分选出垃圾中可回收再利用的组分。如金属、玻璃和硬塑料（聚氯乙烯）等，同时将不宜入炉焚烧的组分如尘土、砖头、瓦块和石头等分选出来单独填埋或作建筑材料。也可将垃圾中的有机物质分选出来作为堆肥原料，最后将可燃物料入炉燃烧。

通过预处理可有效实现垃圾组分的综合利用。同时提高锅炉燃烧效率和运行稳定性，更重要的是预处理去除原生垃圾中的聚氯乙烯，有利于减少会导致二噁英生成的氯的来源。

2. 改进燃烧技术

(1) 选用合适的炉膛和炉排结构，使垃圾在焚烧炉中得以充分燃烧，而衡量垃圾是否充分燃烧的重要指标之一是烟气中 CO 的浓度。CO 的浓度越低说明燃烧越充分。烟气中比较理想的 CO 指标是低于 $60mg/m^3$。

(2) 控制炉膛及二次燃烧室内，或在进入余热锅炉前烟道内的烟气温度在 850℃以上。烟气在炉膛及二次燃烧室内的停留时间不小于 2s，烟气中含氧量不少于 6%，并合理利用 3T 技术，即提高炉温，增强湍流，延长气体停留时间，使燃烧物与氧充分搅拌混合，造成富氧燃烧状态，减少二噁英前驱物的生成。

(3) 缩短烟气在处理和排放过程中处于 300～500℃温度域的时间，控制余热锅炉排烟不超过 250℃。

(4) 抑制 HCl、CuO 和 $CuCl_2$ 的产生，尽量不燃烧含氯塑料及其他含氯化工产品，不使 Cu 氧化。

(5) 掺煤燃烧可以抑制二噁英的生成。研究表明煤燃烧产生的 SO_2 的存在能抑制二噁英的形成，一方面是当 SO_2 存在时，SO_2 和 Cl_2、水分反应生成 HCl，从而减少氯化作用，进而抑制了二噁英的生成；另一方面 SO_2 与 CuO 反应生成催化活性小的 $CuSO_4$，从而降低了 Cu 的催化活性，降低催化形成二噁英的可能性。

3. 从烟气中脱除二噁英

(1) 采用烟气净化装置　湿法除尘器可有效地脱除二噁英。其主要原因在于湿法除尘器中的水带走了烟气中所携带的吸附有二噁英的微小飞灰颗粒。陈彤等的实验表明在垃圾焚烧流化床锅炉系统中运用湿法除尘器可有效地脱除烟气中的二噁英，但湿法除尘的废水和水中的废渣仍需进一步处理。

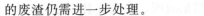

由于布袋除尘器要求运行温度较低（250℃以下），在这种温度较低的情况下焚烧炉内生成的二噁英主要以固态形式存在．设置高效除尘器可以除去大部分的二噁英。实践证明，采用布袋除尘器去除二噁英的效果更好。

(2) 活性炭吸附　活性炭由于具有较大的比表面积，所以吸附能力较强，不但能吸附二噁英类物质，还能吸附 NO_x、SO_2 和重金属及其化合物。其工艺主要由吸收、解吸部分组成。目前有两种常用方法，一种是在布袋除尘器之前的管道内喷入活性炭，另一种是在烟囱之前附设活性炭吸附塔。一般控制其处理温度为 130～180℃。吸附塔处理排放烟气的空速一般为 500～1500h^{-1}。将废弃活性炭送入焚烧炉高温焚烧可以处理掉被吸附的二噁英，但活性炭中的 Hg 会回到烟气中，需要通过其他方法脱除。这种烟气脱除二噁英的方法通过调节活性炭的量和温度可以达到较高的二噁英脱除率，但活性炭的消耗增加了运行费用。

(3) 催化分解　一些催化剂，如 V、Ti 和 W 的氧化物在 300～400℃可以选择性催化还原（SCR）二噁英。Ide 等采用 TiO_2-Cr_2O_5、WO_3 催化剂在 SCR 装置中研究了垃圾焚烧烟气中二噁英和相关化合物的分解。实验结果表明，90%以上的二噁英高分解转化或较高分解转化，且气态组分的分解转化要高于粒子组分的分解转化。

由于考虑催化剂中毒问题，SCR 通常安装在湿式洗涤塔和布袋除尘器之后，烟气在布袋除尘器出口温度一般为 150℃，在此温度下无法进行二噁英的催化还原，所以需要对烟气再进行加热，从而增加了成本。

(4) 化学处理　可在烟气中喷入 NH_3，以控制前驱物的产生或喷入 CaO 以吸收 HCl，这两种方法已被证实有相当大的去除二噁英能力。

(5) 烟气急冷技术　烧炉尾部烟气温度一般为 200～300℃。二噁英在 300℃左右形成的速率最高，如果对烟气温度进行迅速冷却，从而跳过二噁英易生成的温度区，可大大减少二噁英的形成。流化床焚烧垃圾中尾部烟气温度冷却实验表明，烟气温度急速冷却到 260℃以下时可以抑制二噁英的形成。烟气温度冷却速率对抑制二噁英影响较大，冷却速率越大，二噁英形成越少。

(6) 电子束照射　使用电子束让烟气中的空气和水生成活性氧等易反应性物质，进而破坏二噁英化学结构。日本原子能研究所的科学家使用电子束照射烟气的方法分解、清除其中的二噁英，取得了良好效果。

4. 从飞灰中脱除二噁英

通过改进燃烧和烟气处理技术，排入大气中的二噁英类物质的量达到最小，被吸附的二噁英类物质随颗粒一起进入飞灰系统中。所以飞灰中的二噁英的量比大气中的二噁英的量多得多。自 1977 年 Olive 等在城市垃圾焚烧飞灰中发现氯化二苯并二噁英以来，世界各国对垃圾焚烧飞灰进行了严格的规定。

(1) 高温熔融处理技术　将焚烧飞灰在温度为 1350～1500℃的熔融燃烧设备中进行熔融处理．在高温下，二噁英类物质被迅速地分解和燃烧。实验证明，通过高温熔融处理过后，二噁英的分解率 99.77%。因此高温熔融处理技术是种较为有效的二噁英处理手段。但是采用熔融处理技术的缺点在于此法需要耗用一定的能量，同时挥发性的重金属如汞在聚合反应中可能会重新生成，使得飞灰中重金属含量超标。

(2) 低温脱氯　低温脱氯技术最早是由 Hagenmaier 提出的。垃圾焚烧过程产生的飞灰能够在低温（250～450℃）缺氧条件下促进二噁英和其他氯代芳香化合物发生脱氯/加氢反应。在下列条件下飞灰中的二噁英可被脱氯分解：①缺氧条件；②加热温变为 250～400℃；③停留时间为 1h；④处理后飞灰的排放温度低于 60℃。日本研究者按照上述原则设计了一套低温脱氯装置，安装在松户的垃圾焚烧炉上投入运行。结果表明，在飞灰温度为350℃和停留时间为1h的条件下，二噁英的分解率达到99%以上。用低温脱氯技术处理二噁英，当氧浓度增加时，在低温范围内会出现二噁英的再生反应，因此必须严格控制气氛中氧的含量，增加了运行难度。

(3) 光解 二噁英可以吸收太阳光中的近紫外光发生光化学反应，且这一降解途径可以通过人为的加入光敏剂、催化剂等物质而得到加速。目前，在二噁英的各种控制技术中，采用光解方法处理垃圾飞灰污染的研究主要集中在：飞灰的直接降解、将飞灰中二噁英转移到有机溶剂中的光解，目前光解研究的重点是结合其他催化氧化方法，比如结合臭氧、二氧化钛等催化氧化剂，以达到更好的降解目的。

(4) 热处理 飞灰热处理方法如化学热解和加氢热解等对二噁英的分解率很高。二噁英在一定的条件下通过热处理可分解。研究揭示：①在有氧气氛，加热温度600℃，停留时间为2h的条件下，飞灰中二噁英脱除率为95%左右，但在温度低于600℃的情况下，二噁英会重新形成；②在惰性气氛下，加热温度为300℃，停留时间为2h的条件下，大约90%的二噁英被分解。特别提出的是加热温度、停留时间和气氛三者间存在着一定的关系。在惰性气氛下，加热温度可降低；而在有氧气氛下，则需要较高的加热温度；当温度高于1000℃，停留时间很短。若高温熔炉处理飞灰温度在1200～1400℃，二噁英的分解率为99.97%。

(5) 超临界水氧化法 在临界点（374℃，22.1MPa）以上的高温高压状态的水中，飞灰中的二噁英被溶解、氧化，达到去除二噁英的目的。

三、烧结厂二噁英的产生机理与控制

图10-72为烧结料层垂直方向温度曲线。从图中可见，烧结料层从上到下分成烧成带、燃烧熔融带、干燥煅烧带以及过湿带，热量从烧结料层的上层向下层传递，过湿带的上部平面温度<100℃且含自由水，仅比1000℃以上的燃烧熔融带底部平面低几个厘米。处于上述两个带之间的干燥煅烧带被自上向下流动的高温烟气急速加热。干燥煅烧带的停留时间约2min。之后，焦炭颗粒开始燃烧，通过燃烧放出的热进一步加热物料，使温度达到1300℃左右，物料部分则熔融流动，停止燃烧后，床层开始冷却，熔融物再次固化烟气中PCDD/Fs排放量的影响。PCDD/Fs为铁矿石烧结过程中所有二噁英具有的代表性的同类物。图中

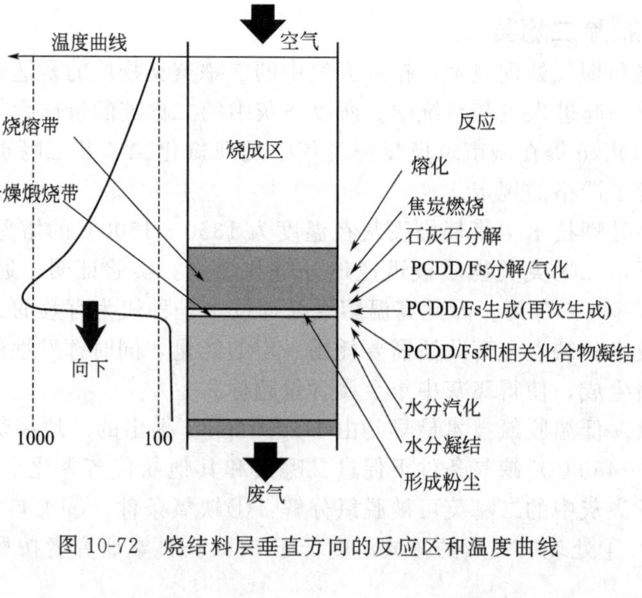

图10-72 烧结料层垂直方向的反应区和温度曲线

纵坐标表示排放的 PCDD/Fs 量，进而完成烧结过程。通过分析烧结过程特性及其他一些条件，认为二噁英主要是在干燥煅烧带通过从头合成过程生成的。合成过程的碳源应为上部流过来的烟气中的有机物蒸气在下部料层凝结而成的“烟粒”。烟粒典型直径属亚微米尺寸。图 10-73 为实际运行中从烧结机风箱中采集到的一颗烟粒的电镜（TEM/EELS）照片。从该照片可见，烟粒是由大结构碳和一些碱金属氯化物形成的混合物。它还包含一些铜和铁的化合物。这些元素可能在二噁英生成过程中起催化剂作用。当然，在一般铁矿中，铜含量很低，<10mg/kg。但也有某些铁矿石的铜含量>50mg/kg。

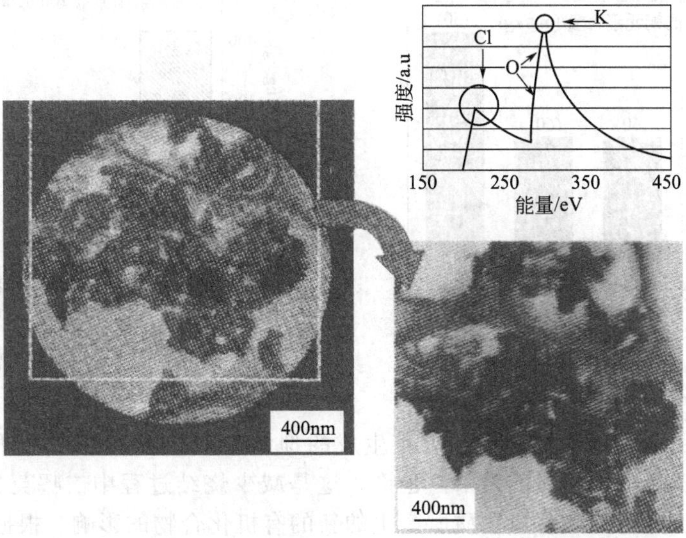

图 10-73 飞箱中采样烟粒经电镜分析（TEM/EELS）后的结果

图 10-74 所示烧结混合料中添加 CuO 粉末后准烧结条件排放量的相对值。在烧结混合料中，按 400mg Cu/kg 比例，添加 CuO 粉末后，PCDD/Fs 排放量增加 10 倍以上。

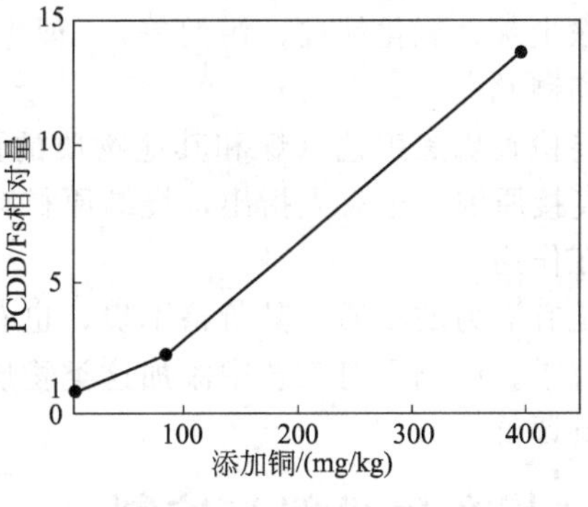

图 10-74 主烧结混合料中添加 CuO 粉末对烟气中 PCDD/Fs 排放的影响

图 10-75 为改变所添加的铜化合物种类对 PCDD/Fs 排放的影响。“矿石 E”是一种含铜量高的矿石。所有铜化合物的添加都导致二噁英排放量的增加。添加 CuO 粉末或改成添加 $CuCl_2$ 溶液所产生的结果是相同的。虽然添加铜元素的量比其他几组试验少，但添加“矿石 E”则显著增加二噁英排放量。烧结床中主要的含碳物质是混合原料中呈细粒状的冶金焦粉。采用其他物料，如石墨、活性炭或煤替代冶金焦进行燃料模拟实验，可取得有趣的实验结果（图 10-76）。只有在使用冶金焦的情况下，才会大量产生二噁英。由此得出的结论明确为烧结床焦炭中存在某种与二噁英生成有关的物质。如果增加烧结铺底料层厚度，则显著增

加二噁英发生量。烧结铺底料层由粒径 10～20mm 烧结矿组成，但不含焦炭。研究表明，直接对烧结矿加热不会明显生成二噁英。这项研究结果显示，导致二噁英产生的烟粒，正是在焦炭燃烧过程中产生的，之后，随烟气向下流经烧结层，并被包括烧结铺底料层的下层物料捕集。系列烧结实验表明，采用不同的焦炭易使烧结过程中的二噁英发生量达到最大，甚至几倍之多。这意味着，为了控制烧结过程中二噁英的排放，需关注炼焦原料的成分和性质。

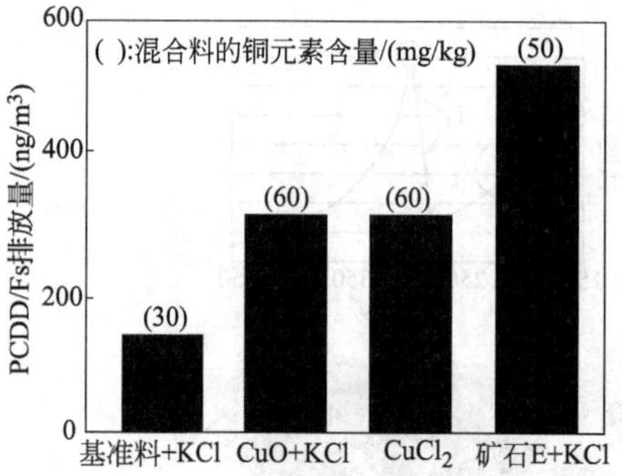

图 10-75 改变铜化合物种类对 PCDD/Fs 排放量的影响

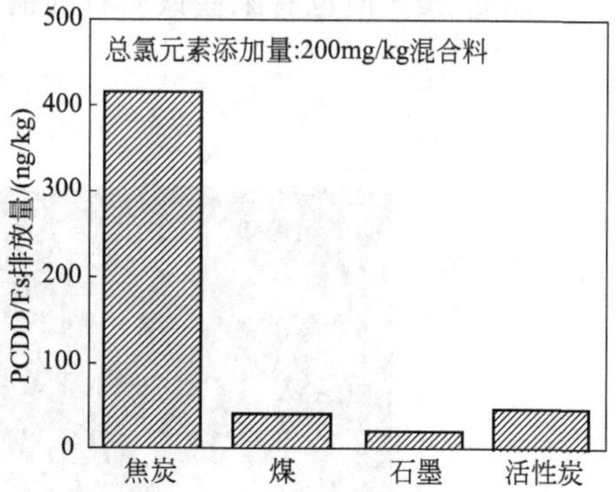

图 10-76 铁矿石烧结中采用不同固体燃料时 PCCD/Fs 排放量的比较

对于一些采用含氮化合物作为二噁英生成的抑制剂，已着手进行了研究。在烧结原料中，添加尿素或氨会产生明显的效果。也许，这是减少烧结过程中二噁英排放的有效办法。然而，还应进一步分析加入含氮物质所产生的新的有机化合物的影响。根据长期以来取得的研究成果，就控制或减少铁矿石烧结过程中二噁英的排放，特有如下几项。

（1）铁矿石和焦炭　考虑到回用除尘灰易导致氧元素累积效应，最好采用含氯元素低的原料。而且，还应注意物料被加热后形成的 HCl（气态）是瓷结过程中形成二噁英的重要源头。另外，特定种类的铁矿石有可能是铜元素的主要来源，选择合适的铁矿石非常重要。

（2）烧结回用的物料（除尘灰、氧化铁皮、污泥等）　理想的方法是通过洗涤或高温方式减少烧结原料中的氯元素和铜元素。

（3）其他工艺条件　需要检查炼焦工艺（煤和其他物质的预处理），抑制烟粒生成，这是烧结过程中生成二噁英的直接原因。也有人指出，烧结原材料的造粒设计对避免具有催化作用的铜化合物生成有着潜在作用。

（4）添加抑制剂　尿素是有潜力的物质，其价格不贵，也有明显的效果。如使用炼焦过程中产生液态氨也同样具有效果。但仍需对工艺中添加这类物质所产生的含氮烃类化合物问题以及相应大的环境影响进行评价。

四、电炉炼钢二噁英产生机理与控制

电炉炼钢过程中二噁英的产生与废钢中附着的油漆、塑料及切削废油等混入物密切相关。瑞典钢铁联合会和 MEFOS 采用 lot 电炉进行过电炉冶炼废钢的中间实验，测定了含有塑料和残油的废钢在熔化时生成二噁英的量。废钢中氯化物来自 3 种不同情况：含塑料、油类和盐；含氯化物和油类；含 PVC。其中，含 PVC 废钢产生废气中二噁英和氯化有机物含量最高。在排放的废气中二噁英和氯化酚较低，氯化苯较高。在氯含量相同的情况下，废气中二噁英和氯化有机物在同一数量级。尽管一些废钢不含氯，但其废气中也含有二噁英和氯化有机物。其原因是：废钢并非完全无氯；电极表面可为生成氯化有机物提供足够的氯；炉墙等提供其他氯的来源，电炉系统中氯沉积等。国内近些年来电炉冶炼废钢技术发展很快，但一些规模不大企业的环保水平不高，因此电炉生产应该把好废钢的质量关。国外废旧汽车的废钢中含有较高氯化物和油类烃类化合物，冶炼这种废钢极易产生二噁英，所以在进口国外废钢时，除考虑价格外，还要考虑其清洁度。

关于如何有效地减少炼钢生产过程中产生的二噁英污染的问题，国内还缺乏广泛和深入地研究，综合国外现有的一些防治措施，对策如下。

(1) 对作为电炉炼钢原料的废钢，在其进行预热、熔炼前进行拣选。由于有些废钢含有涂料、塑料、切削油等，而将有机化合物和氯带入炉内。对于氯源来说，废钢所带的油是氯的主要载体。根据对几个炼钢车间的含油钢屑进行检测，其氯的含量可达 200～700g/t 废钢。为此，对电炉废钢应进行拣选，尽量减少使用含有涂料、塑料、切削油等的废钢，以降低废钢预热、熔炼时排放的二噁英、氯苯类等有毒物质的总量。

(2) 控制使用废钢预热。国外有些炼钢车间安装有废钢预热装置，利用电炉冶炼的热烟气预热电炉使用的废钢。这对节省电炉能耗是有利的，但对环境空气带来较大的污染影响。在废钢被预热时，首先是废钢所带的水分和轻有机化合物被蒸发；到高于 200℃温度时，重有机化合物也被散发出来，同时发生部分或全部的分解。在温度高于 300℃时，还会生成新的微量有机化合物。试验表明，采用废钢预热会增加烃类的产生和排放量，其数值见表 10-50。

表 10-50　采用或不采用废钢预热时烃类污染物排放量　　单位：g/t

工厂	不采用废钢预热	采用废钢预热
C	5.4	53
D	30	160

(3) 在熔炼过程中提高炉内氧化程度，有利于降低氯代芳香族化合物排放量。燃烧过程的氧化程度可控制烟气中未燃烧的有机化合物量，包括像多环芳烃和氯代芳香族化合物等微量有机化合物。通过缓慢地连续装料方式向炉内装入带油废钢，其氧化程度高，而氯代芳香族化合物的排放量低，如在烟气净化系统中采用后燃烧方法来解决环境污染问题则是比较费钱的。

(4) 采用高效的电炉烟气净化装置可减少二噁英等的排放。电炉炉内和烟道内生成的多氯二苯并二噁英（PCDDs）和多氯二苯并呋喃（PCDFs），主要以固体形态附着在细颗粒尘表面上，用袋滤式除尘器可以除去其大部分。为进一步降低这类有毒物质的排放量，可通过先降低排烟温度，使气相中的 PCDDs 和 PCDFs 冷凝，附着于烟气中最小颗粒上，再用袋滤式除尘器捕集，其效果则更好些。如资金条件许可，还可在袋滤式除尘器后增设一座活性炭吸附塔，可使 PCDDs 和 PCDFs 的排放浓度控制在 0.05ng/m^3 以下。

(5) 向炉气内喷射氨，以控制烟尘中铜等金属对生成 PCDDs 等的催化作用。有些电炉烟尘中含有铜等金属，它是生成 PCDDs 和 PCDFs 的有效催化剂；而氨对铜等金属催化剂是最有效的催化毒化物，可使铜等金属催化剂失去催化作用。所以喷氨可以减少 PCDDs 和 PCDFs 的生成量。

图 10-77 为电炉炼钢厂系统的总体布置图，配备了为二噁英减排所增加的携流吸附装置。炼钢过程中所产生的废气通过电炉的排烟管抽出，经过后燃烧室，急冷管道连入蒸发冷凝器。废气冷却到 250℃左右后，进入轴流式分离器去除大颗粒物，该分离器也称为火花分离器。至此，废气夹带的火花以及大颗粒物已被去除，然后进入气体混合腔与厂房收集的空气混合。废气出口接织物过滤器，混合废气温度为 80～100℃，废气量为 1.2Mm^3/h。织物

过滤器采用持续排灰，过滤灰收集于过滤灰料仓中，用于外循环。

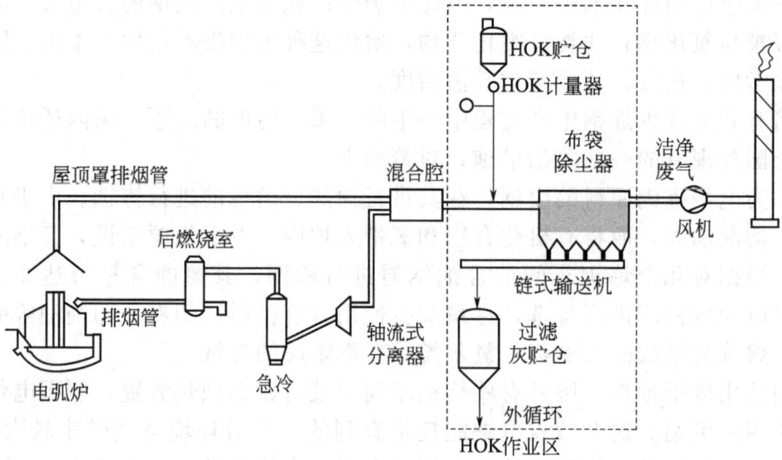

图 10-77 Esch-Belval 电炉炼钢厂除尘系统

吸附剂直接喷入织物过滤器进口的原混合废气中，用于去除含尘废气中的气相污染物，喷入吸附剂通过织物过滤器与过滤灰一起被分离出来。

以低于 $30mg/m^3$ 给料量投加 HOK，净化后废气中 PCDD/Fs 的低排放充分说明了 HOK 对于废气中多氯代二苯并-对-二噁英（PCDDs）和多氯代二苯呋喃（PCDFs）的高效吸附性，即使采用很低的剂量投加，分离效果也非常显著，洁净气体中二噁英的含量可低于 $0.1ngTE/m^3$。

第九节 二氧化碳减排技术

一、二氧化碳减排意义

1. 气候变暖

众所周知，太阳短波辐射可以透过大气射入地面，地面在接受太阳短波辐射增温的同时，也在不断向外辐射电磁波而冷却。地球发射的电磁波因为温度较低、波长较长，称为地面长波辐射。大气对太阳短波辐射几乎是透明的，而大气中的二氧化碳等物质却能强烈吸收地面的长波辐射。大气在吸收地面长波辐射的同时，它自己也向外辐射波长更长的长波（因为大气温度比地面更低）。其中向下到达地面的部分称为逆辐射。地面接受到逆辐射后就会升温，或者说大气对地面起到了保温作用，这就是大气温室效应。正是由于温室效应，使地球表面的平均温度保持在 15℃左右，而如果没有温室效应，地球表面的平均温度将为 −18℃。大气中属于温室气体的有：二氧化碳、甲烷、臭氧、氮氧化物、氟里昂以及水汽等。科学研究表明，随着人类活动的不断增加，在大气中的温室气体越来越多，将使地球的温度越来越高。有人估计，在 21 世纪全球的平均气温将升高 1.4～5.8℃。根据联合国环境规划署的预计，如果对温室气体的排放不采取紧急的限制措施，那么从 2000 年到 2050 年的 50 年里，由于全球变暖引发的频繁的热带气旋，海平面上升造成土地减少和渔业、农业及水力资源的破坏，每年将给全球造成的经济损失达 3000 多亿美元。这一数字将是今天全球变暖造成损失的 7.8 倍，将占一些沿海国家财富的 10%以上。

全球变暖使动植物面临生存危机。如果全球变暖的趋势得不到有效遏制，到 2100 年全世界将有 1/3 的动、植物栖息地发生根本性的改变，这将导致大量物种因不能适应新的生存环境而灭绝。由于温室效应而引起的气温升高、两极冰冠消融、海平面升高等现象，将使许多动植物无法继续在原来的栖息地生存，不得不为寻找合适的栖身之所进行迁徙。如果某物种迁徙的速度跟不上环境变化的速度，这个物种就有灭绝的危险。

气候的变暖也直接或间接地影响人类的健康。对地球升温最为敏感的当属一些居住在中纬度地区的人们，暑热天数延长以及高温高湿天气直接威胁着他们的健康；与此同时，气温增暖，“城市热岛”效应和空气污染更为显著，又给许多疾病的发生、传播提供了更为适宜的温床。

二氧化碳是最重要的温室气体。它的温室效应虽然不及其他温室气体，但它在大气中的含量及其逐年增长的速度，已引起人们越来越多的重视。

二氧化碳形成的温室效应，或硫氧化物、氮氧化物造成的酸雨现象等，均将对气候产生严重影响。这种对气候的影响会形成连锁效应，因为气候本身也影响其他方面，从而对环境造成更大的危害。

2. 低碳经济

“低碳经济”一词首见于英国政府贸工部白皮书《我们未来的能源——创建低碳经济》2003 年（Low Carbon Economy or Economy of Low Carbon Exhaustion and Low CO_2 Emission）。2009 年哥本哈根气候变化会议后，低碳经济迅速成为全球关注的焦点。低碳经济是以低能耗、低污染、低排放为基础的经济发展模式，是对现行大量消耗化石能源、大量排放 CO_2 的生产生活方式的根本变革。我国政府承诺到 2020 年，单位 GDP 的 CO_2 排放量比 2005 年下降 40%～45%，并作为约束性指标被纳入国民经济和社会发展中长期规划。根据国家要求各工业部门都对减排 CO_2、发展低碳经济做出了部署。

二、电力企业应对低碳经济的措施

我国发展低碳经济有许多制约因素，一是我国“贫油、少气、多煤”的能源结构决定了走低碳经济发展之路有诸多困难；二是中国正处于工业化和城市化进程，排放总量中很大一部分是保障人们生活的生存排放；另外，我国大部分是粗放型经济增长方式，产品能耗高，承受着国际碳排放转移的压力。

发展低碳经济有三个重要环节：一是优化能源结构，发展清洁能源；二是提高能源利用效率，减少能源消费；三是发展碳捕获与埋存技术，加强碳汇建设。针对燃煤电厂，实现 CO_2 减排主要有三个途径：一是改变能源结构，采用非化石燃料发电，包括采用太阳能、生物质能、风能等可再生能源和水电、核电等新能源；二是最大限度地提高发电效率，包括采用超超临界技术；三是发展 CO_2 捕集和封存技术，即 CCS（carbon capture and storage）技术。

（一）调整能源结构

根据我国电力工业发展特点和一次能源的分布特性，改变能源结构，采用非化石燃料发电是减排 CO_2 最有效的措施。在保护生态环境的前提下，有序、大力开发水能、风能、太阳能和生物质能等可再生能源发电，核能具有不排放碳和废气、无环境污染、发电成本低等优点也是我国发展的重点。通过调整能源结构，替代化石燃料发电，每发 1kW·h 电就可减少约 1kg 的 CO_2 生成量，低碳排放效益明显。

我国提出到 2020 年可再生能源在能源结构中的比例争取达到 16%的目标。按照我国当前可再生能源的发展速度，是肯定超过 16%这个目标的。

（二）提高发电效率

在电力生产中，只有与大规模高效率电厂联合，CO_2 的捕集才有经济意义。电厂效率越高，采用 CO_2 捕集技术时，每度电的新增成本会越低。另外，对燃煤机组而言，发电热效率提高1%，CO_2 排放亦可减少约2%。根据理论分析，蒸汽参数越高，热效率也随之提高。采用超超临界参数，会显著提高机组的热效率，与同容量亚临界火电机组的热效率比，在理论上采用超临界参数可提高效率2%～2.5%，采用更高参数可提高约4%～5%。这也就是超临界、超超临界机组在电力行业快速发展的原因所在。

（三）发展 CO_2 捕集和封存技术

碳捕集和封存技术中 CO_2 捕集是其资源化利用和埋存的前提，CO_2 封存是实现减排的最终目标。目前，燃煤电站捕集 CO_2 气体主要有三种工艺：燃烧前捕集、燃烧过程中捕集和燃烧后捕集。

燃烧前 CO_2 捕集技术主要运用于整体煤气化联合循环（IGCC）系统中，将煤在水蒸气、空气或氧气气氛下高压气化，所产生的气体称之为合成气，再经过水煤气变化后转化为 CO_2 和 H_2，经分离后可进行 CO_2 气体的捕集。

燃烧中捕集工艺主要采用 O_2/CO_2 富氧燃烧方式或者化学链燃烧方式，其排放的废气中 CO_2 气体浓度将超过90%。富氧燃烧需要通过制氧技术，将空气中约79%的 N_2 气脱除，采用高浓度的 O_2 气与抽回的部分烟气混合来取代空气。

燃烧后 CO_2 的捕集工艺则是在工业设施产生的废气（如电厂烟气）中捕集 CO_2 气体，一般有物理吸附和化学吸收两种方式。物理吸附主要有膜分离法，化学吸收则分为干法和湿法两种。干法采用固体吸收剂通过气固化学反应吸收 CO_2，湿法则用胺或氨基化合物溶液对烟气进行“洗涤”以吸收 CO_2。燃烧后 CO_2 捕集技术的难点在于 CO_2 气体只占被处理气体的14%左右，处理的烟气量大、CO_2 浓度低。

以下是几种燃煤电站的 CO_2 捕集方法。

1. 膜吸收法

膜吸收法是将微孔膜和普通吸收相结合而出现的一种新型吸收过程。膜吸收法中的气体和吸收液不直接接触，二者分别在膜两侧流动，微孔膜本身没有选择性，只是起到隔离气体与吸收液的作用，微孔膜上的微孔足够大，理论上可以允许膜一侧被分离的气体分子不需要很高的压力就可以穿过微孔膜到另一侧，该过程主要依靠膜另一侧吸收液的选择性吸收达到分离混合气体中某一组分的目的，膜吸收法研究目前还处于实验室研究阶段。其原理示意如图10-78。

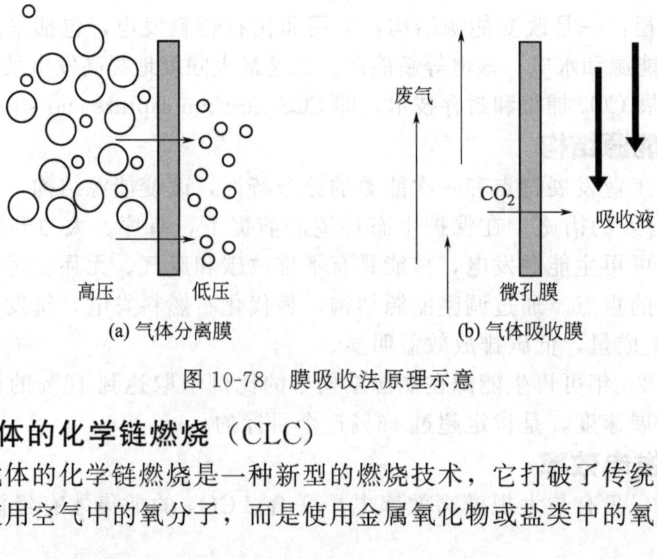

图10-78 膜吸收法原理示意

2. 基于氧载体的化学链燃烧（CLC）

基于循环氧载体的化学链燃烧是一种新型的燃烧技术，它打破了传统空气燃烧的基本观点，该法不直接使用空气中的氧分子，而是使用金属氧化物或盐类中的氧原子来完成燃料的燃烧过程，如图10-79所示。它包括两个串联的反应器，空气反应器和燃料反应器。金属氧化物在燃料反应器中与燃料发生还原反应，生成CO_2/H_2O和被还原的金属；金属颗粒送入空气反应器与空气中的氧分子发生氧化反应，释放出大量热量，所产生的金属氧化物又作为氧载体送入燃料反应器。氧载体在两个反应器中循环，从而实现氧的转移。这种新颖的燃烧方式与传统的燃烧方式相比，具有更高的能量利用效率。该方法的缺点是氧载体价格一般较为昂贵，燃料反应器中反应速率大大低于空气反应器中反应速率，目前还仅处于中试阶段。

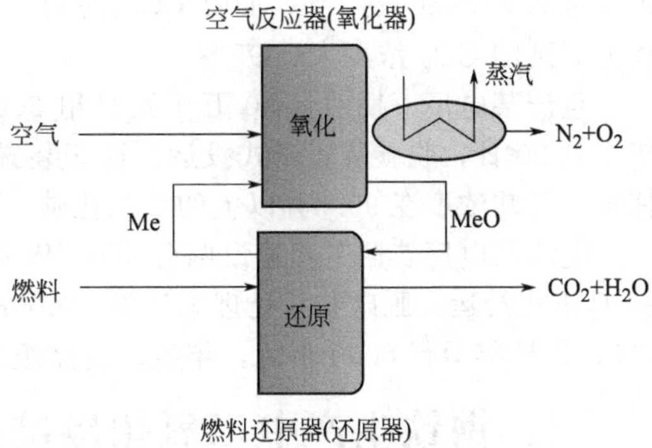

图10-79　化学链燃烧系统示意

3. O_2/CO_2 燃烧

O_2/CO_2燃烧是利用空气分离获得的O_2和部分循环烟气的混合物来代替空气与燃料组织燃烧，从而提高排烟中CO_2的浓度。通过循环烟气来调节燃烧温度，同时循环烟气又替代空气中的N来携带热量以保证锅炉的传热和锅炉热效率。

4. MEA吸收CO_2法

MEA法采用单乙醇胺（MEA，mono ethanol amine）作为CO_2吸收剂。MEA是一种具有高pH值的基本胺，它的分子量最小，可完全溶于水并被生物降解。同时MEA具有再生能力，MEA与CO_2反应的生成物经过加热又可以分解为MEA和CO_2，处理得到的CO_2浓度高达99.6%，MEA法是目前各种CO_2捕集技术中最成熟的方法。

5. 碱金属吸收剂干法吸收CO_2法

碱金属吸收剂干法吸收CO_2采用K_2CO_3或Na_2CO_3作为吸收剂，但不采用水溶液方式，而是采用通入水蒸气的方式。K_2CO_3或Na_2CO_3在水蒸气的作用下与CO_2反应生成$KHCO_3$和$NaHCO_3$，它们通过再生反应重新成为K_2CO_3与Na_2CO_3，其原理示意如图10-80。该法的优点是碳酸化温度和煅烧温度较低，分别为60～80℃和100～200℃，在该温度下吸收剂不易失活，多次循环后仍可保留较高的CO_2捕集效率。该法的能耗可比MEA法降低16%，缺点是Na_2CO_3活性较差，而K_2CO_3的价格较为昂贵，离工业化距离尚远。

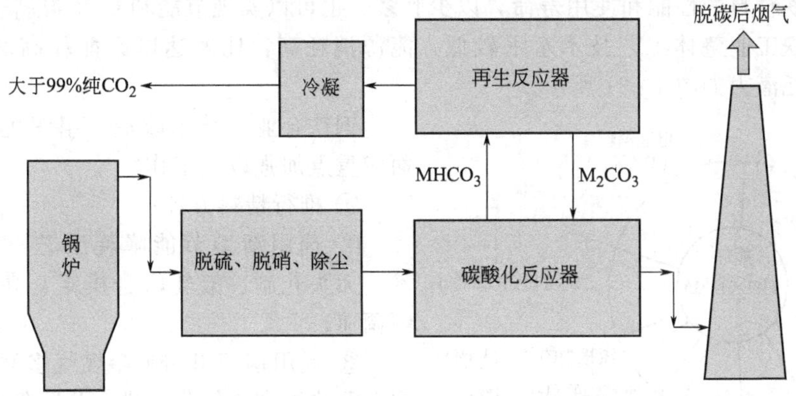

图10-80　碱金属吸收剂干法吸收CO_2示意

6. MEA吸收CO_2示范项目

国内第一套燃煤电厂MEA吸收CO_2示范装置于2007年建立在北京某电厂。设计处理烟气量为 2372m^3(标)/h，回收 CO_2 约为 3000t/a。装置设计最大负荷为正常的 120%，分离捕集到的 CO_2 浓度大于 95%。

重庆某电厂一期两台 30 万千瓦机组 2008 年 9 月，开工建造二氧化碳捕集装置。2010 年 1 月 20 日，脱碳装置正式投运。这套装置设计处理烟气量约为 10000m^3(标)/h，每年可捕集 1 万吨浓度在 99.5%以上的二氧化碳。是我国首个万吨级燃煤电厂二氧化碳捕集装置。

上海某电厂二期工程建设两台 660MW 国产超超临界机组。其脱碳装置于 2009 年 12 月 30 日正式投运，脱碳装置处理烟气量 66000m^3(标)/h，约占单台机组额定工况总烟气量的 4%，设计年运行 8000 小时，年生产食品级二氧化碳 10 万吨。

三、钢铁生产中二氧化碳减排与利用

(一) 降低 CO_2 排放量与固定 CO_2 的措施

工业化时代仅仅约 200 年的时间，人类活动给全球带来了一系列重大环境问题。在过去的一个多世纪里，由于矿物燃料的燃烧和森林的砍伐，大气中的 CO_2 含量已经增加了 25%，CO_4 的含量已经增加了 1 倍，NO_x 也增加了 1/3。

在钢铁生产过程中，炭通常既作为铁矿石的还原剂又作为热源将反应物加热到技术和经济都合理的温度。目前钢铁生产的温室气体主要是来自以煤为主的能源消耗所产生的，在多种温室气体中，最终外排量以 CO_2 占绝对多数。在一定的操作条件下，用长流程生产 1t 钢产生 2198kg CO_2，生产操作条件不同，排放量会有不同，当高炉采用 DRI，转炉采用废钢时，CO_2 排放量稍低，喷煤对 CO_2 排放量影响不大，用生球团代替烧结矿时 CO_2 排放量稍有增加，每使用 100kg 球团，增加 CO_2 排放量 48kg/t 钢水。值得注意的是电炉炼钢所用的电如果是用炭燃料发电的话，也产生 CO_2。

对所有钢铁生产流程 CO_2 排放的模拟研究结果表明，CO_2 排放主要与使用铁水或生铁的量有关，其次是发电的用炭量。钢铁工业温室气体的减排有赖于现代冶金技术的进一步开发应用和进一步降低能源消耗，短期内考虑改变以煤为主的能源结构还不现实。H_2 虽然是一种清洁的还原剂，理论上可以大规模使用，但由于成本等原因在近期内难以实现工业化应用。针对我国钢铁生产发展的特点，加快采用高新技术的改造和不断优化生产流程，提高能源利用效率和加大二次能源的回收利用，是我国钢铁工业温室气体减排的主要途径，此外应积极着手开展废气中 CO_2 的处置回收利用；另一方面，按照材料整个寿命周期的观点来看，不断提高钢铁材料的性能和使用寿命，以少胜多，也可以实现节能和 CO_2 减排。

我国钢铁工业整体工艺技术水平较低，能源消耗高，比发达国家能耗高 20%～30%。钢铁生产能耗潜力如图 10-81 所示。

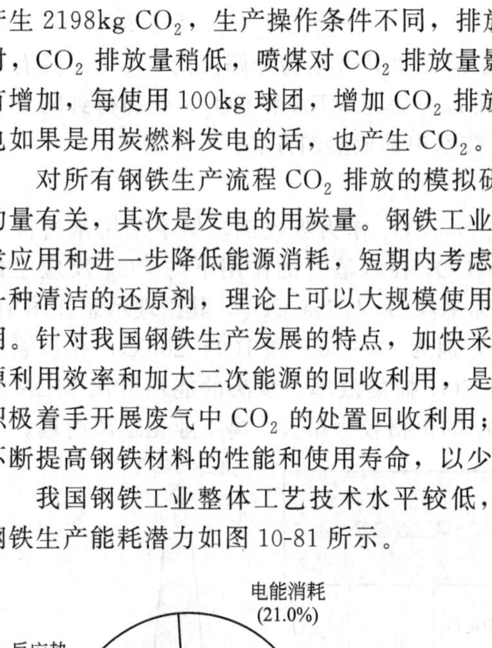

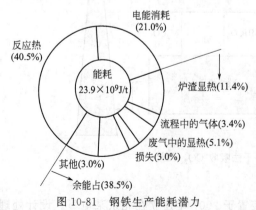

图 10-81 钢铁生产能耗潜力

钢铁企业在技术改造、组织生产和节能方面应重点加强以下工作[17]。

① 推行精料方针；

② 选用新型节能降耗工艺：直接热轧技术、无头轧制、酸轧联合机组、高压大功率变频调速；

③ 运用钢厂-电-制氧-煤气多联供技术，做到企业热能利用优化，进一步降低综合能耗；

④ 二次能源回收技术：加快普及 CDQ (干熄焦) 技术和 TRT (1000m^3 以上高炉)；提高热送热装比和热送温度；加快推广蓄热式

燃烧技术；推广大容量全高炉煤气发电技术；积极采用全高炉热风炉余热回收技术和余热锅炉先进热交换技术；加快提高转炉煤气回收量（$80m^3/t$ 以上）。

（二）二氧化碳资源化

1. 二氧化碳资源化及其发展前景

近年来人们认识到除减少使用化石燃料或使用低碳的化石燃料替代高碳化石燃料，以及节约能源、提高能源利用效率之外，分离、回收和利用或处置 CO_2 也是实现减排的一个重要途径。目前大量减少化石燃料，特别是煤炭的使用还面临着各种复杂问题和困难，但分离、回收和利用或处置 CO_2 可在不减少化石燃料利用的条件下实现减排。利用 CO_2 既可以减轻对气候变化的影响，又能为人类生产所需产品，有很大的社会和经济效益。

（1）CO_2 的物理应用　CO_2 的物理应用是指在使用过程中，不改变 CO_2 的化学性质，仅把 CO_2 作为一种介质。例如用固态 CO_2 干冰作制冷剂进行食品保鲜和储存；作饮料添加剂；作灭火剂等，还可以用于气体保护焊；在低温热源发电站中作工作介质；作为抑爆充加剂。液体 CO_2 和干冰还可用作原皮保藏剂、气雾剂、驱虫剂、驱雾剂、碱性污水中和剂、含氰污水解毒剂；也可作为水处理的离子交换再生剂。干冰还可用于轴承装配、燃料生产、低温试验等。近年来，国外对干冰的应用发展迅速，新开拓的应用领域有以下 5 种：木材保存剂、爆炸成形剂、混凝土添加剂、核反应堆净化剂、冶金操作中的烟尘遮蔽剂。

（2）二氧化碳的化学利用　CO_2 在应用过程中改变化学性质，构成新的化合物，随着化合物的寿命不同，最终 CO_2 还会返回大气中，但却可大大降低 CO_2 的排放速度。二氧化碳的化学利用包括：CO_2 用于水处理过程；用 CO_2 作碳源合成新的有机化合物；作原料纸张的添加剂和颜料；用 CO_2 生产无机化工产品。

在发展中国家，目前几乎所有的 CO_2 都用在矿泉水和饮料生产中。在发达国家，CO_2 被广泛应用于多个领域。北美的市场划分：制冷 40%，饮料碳酸化 20%，化学产品生产 10%，冶金 10%，其他 20%。在西欧 45%用于矿泉水和软饮料生产，食品加工 18%，焊接 8%。

2. 钢铁工业废气中 CO_2 的回收利用

（1）石灰窑废气回收液态 CO_2　某厂采用“BV”法回收 CO_2，主要过程为：从石灰窑窑顶排出来的气体含 CO_2 35%左右，经除尘和洗涤后，用 BV 液（添加了硼酸和钡的碳酸钾溶液）吸收 CO_2，然后从 BV 液中将 CO_2 解吸出来。废气中的 CO_2 即被分离出来，将其压缩成液体装瓶，得到高纯度的食品级 CO_2 气体，也可用在烟草处理、铸造焊接以及消防等领域。工艺流程如图 10-82 所示。BV 液吸收和分离 CO_2 的过程是一个 CO_2 溶解和析出的反应：

$$K_2CO_3 + H_2O + CO_2 \longrightarrow 2KHCO_3 + \text{热量} \tag{10-83}$$

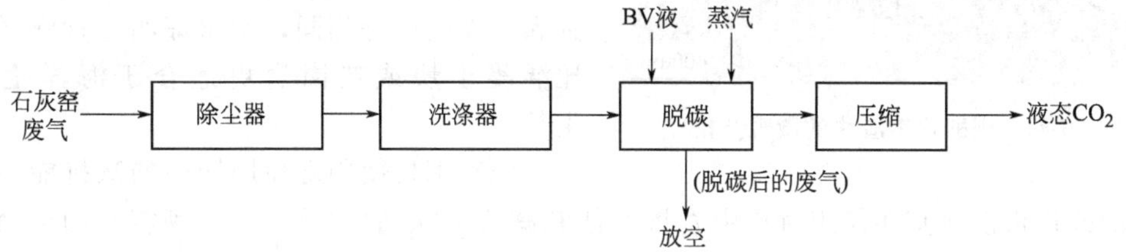

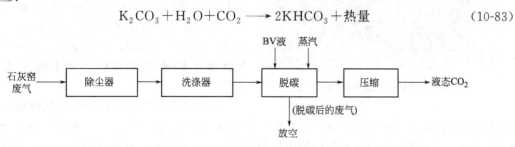

图 10-82　“BV”法回收 CO_2 工艺流程

该工艺可以回收 90%以上的石灰窑窑顶废气，每年可生产 5000t 液态 CO_2，年消耗 BV 液 960kg、蒸汽 1.6 万吨、电 60 万千瓦·时、水 7.5 万立方米。

（2）转炉钢渣吸收CO_2制作人工礁（海洋砌块） 日本JFE Steel（由原NKK钢铁公司和川崎制铁合并而成）发明了用钢渣吸收CO_2并使之成形为立方体置于海中成为人造礁石的技术，他们把这种制品命名为“Marine Blocks”。其制造方法是：向钢渣中加适量的水，然后置于密封的模具中，从模具底部以一定的压力喷入CO_2气体，碳酸化反应从渣块的底部开始，逐渐向上进行，经过一定的时间即可得到“海洋砌块”。各种废气都可以用作CO_2的气源，为防止含水渣的干燥，喷入的气体要被水蒸气饱和。砌块的尺寸是1m×1m×1m，如图10-83所示。碳酸化的渣块的显微结构如图10-84所示，CO_2气体进入渣粒之间的联通孔隙并沿着气体的路径将渣粒碳酸化，这样渣粒被$CaCO_3$覆盖并且彼此之间紧密地结合到一起，这些联通孔隙在渣块中是均匀分布的。与混凝土砌块不同，由于这样的微观结构，渣块浸入海水中不显强碱性。渣块的碳酸化率几乎是均匀的。渣块的孔隙率是25%，密度是$2.4g/cm^3$，与混凝土相近，抗压强度19MPa。这种碳酸化的渣块经过5年的考验没有发现膨胀和开裂的现象，表明其具有长期稳定性。

图10-83 碳酸化的钢渣块（Marine Blocks）

理论上说，1mol CaO（56g）可以吸收1mol CO_2（44g），钢渣中CaO的主要来源是硅酸二钙和硅酸三钙，碳酸化反应的结果是生成碳酸钙和二氧化硅凝胶。由于工艺不同钢渣的成分范围较宽，如果钢渣含有50%的CaO，这些CaO有50%被碳酸化，1t钢渣即可吸收200kg CO_2。如果用100万吨钢渣吸收CO_2，一年即可减排CO_2 80万吨。这个数字相当于日本铁钢联盟承诺1997年京都COP3会议的CO_2减排指标的1/10（以1995年为基础）。

图10-84 碳酸化钢渣块的微观结构

碳酸化的钢渣块的表面是$CaCO_3$，与珊瑚礁和贝壳的成分相同，实验证明这种海洋砌块比混凝土块或花岗岩更适合于海洋生物的生长。

（3）钢材使用寿命周期中的减排能力 钢材性能的改进可以使其在使用过程中发挥节能和减排CO_2的效果。以一辆客车的生命周期评估（LCA）为例，生产汽车所需的能量和使用10年所需的燃料总计为540GJ，其中材料生产占6%，汽车制造占4%，汽油生产占10%，使用过程占80%。在使用过程中汽车的自重是主要的耗能因素。

减轻汽车重量可以降低油耗从而减少CO_2等气体排放。国际钢铁协会（IISI）组织了

18个国家35家钢铁公司共同开展了超轻车体ULSAB的研究，ULSAB的设计保证汽车轻型化的同时具备满意的功能和撞击安全性。已完成的第一期计划使车体重量减轻了25%。这一项目扩展为由ULSAB（ultra light steel auto body）、ULSAC（ultra light steel auto closure）和ULSAS（ultra light steel auto suspension）组成ULSAB-AVC，即超轻车体汽车。这个项目的目的旨在证明钢是环境友好的、人们能负担得起的下一代交通工具的最佳材料。同时也向人们展示新钢材的应用、先进的汽车制造工艺和全新的设计理念。目前的结果表明，ULSAB-AVC在安全性上可以满足美国和欧洲的高星级要求；制造成本为9200～10200USD，大多数人买得起；燃料效率为3.2～4.5L/100km或52～73MPG（英里/加仑汽油）；100%由再生的钢材制成，保证了炼钢过程中较低的CO_2排放量。

能满足高温高压工作条件的高效锅炉钢管可以提高发电系统的效率。改善电磁钢板的性能，可以减少铁芯损失，提高发电和输配电的效率。日本NKK（现JFE）开发了两种高硅（6.5% Si）电磁钢板，一种在高频条件下铁损特别小，是将含硅3%的冷轧钢板表面硅化到6.5% Si，增大表面磁通密度，有效减少了涡流损失。另一种钢是将表面的硅浓度升高而降低内部的硅并达到合理的分布，这种钢板的剩磁只有通常钢板的1/4～1/5，而最大磁通密度没有改变。

（4）长期减轻温室气体排放　长远地看，有一些可以考虑的降低碳排放的生产钢的途径。这些工艺可以大量地减少排放，但只是初步的甚至只是一个构想，技术和经济风险都很大。探索这些工艺的可行性需要全世界钢铁工业的共同努力，需要一些参与者和投资者超过10～20年的长期投入，这个时间是钢铁工业主要革新的一个典型的临界时间。图10-85为一个以燃料/还原剂为三个顶角的三元概念图，显示了主要的待选工艺。这些新颖的概念包括在高炉内更有效地利用碳元素，例如回收除去CO_2后的炉顶煤气，重新考虑熔融还原工艺，促进过程中排出气体的回收等。CO_2的收集和吸收现在已经变成了可靠的技术，已经能快速并且大规模地应用，而且这些技术还在不断发展以降低成本。除地质吸收之外，还在探索其他方法，如海洋吸收或用镁铁质岩石吸收。

从远景看，H_2是一种潜在的能源，用H_2取代炭或天然气，可以减少很多用炭量。H_2的使用依赖于水电或太阳能利用技术的发展。

生物能量也是一个研究领域，依赖光合作用，利用自然界碳的循环过程，用木炭炼铁。巴西已经用桉树、木炭炉和用木炭的小高炉生产了800万吨铁。但是目前的木炭高炉技术水平还需要提高。

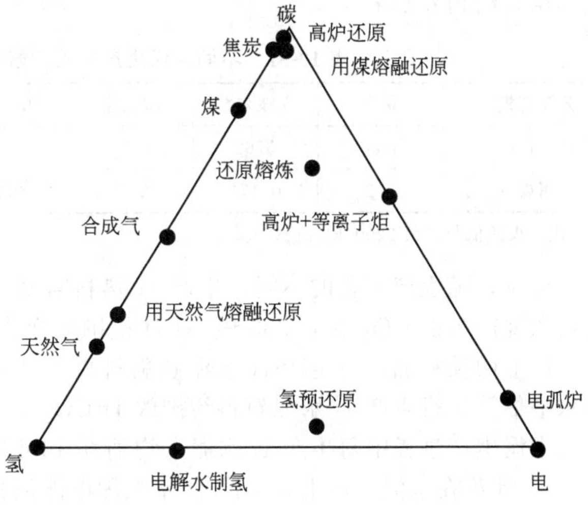

图10-85　炼钢工艺与燃料/还原剂的关系

铁矿石的电解在远期也是可能的。原则上电解产生温室气体只来源于发电的阶段，电化学设计时可以避免在电解过程产生温室气体。目前已经在探索用电解法生产钢的不同设想。用盐酸溶解铁矿石或废钢得到含Fe^{3+}的溶液，将此溶液电解即可得到10～150mm的铁片。比利时的冶金研究中心（CRM）做了扩大实验，产量为4.5t/h，0.15mm厚的薄片的拉速是31m/min。溶液用废钢或硫化矿补充。法国尤西诺钢铁公司的研发中心IRSID也对铁矿石泥浆的苏打溶液进行了实验。电解过程被认为是水分解为 OH^- 和 H_2，后者还原 Fe_2O_3 后转化为水。铁的沉积物再熔化、浇铸、轧制和精整而得到产品。美国麻省理工学院在实验室进行了铁矿石在高温下熔于熔盐（$Na_2CO_3+B_2O_3$）中的电解研究。电解出来的铁的状态取决于电解温度，可以是固态，沉积在阴极，也可以是液态，流到电解槽底部，这些方法仍在研究中，处于实验室阶段。

钢铁工业面对京都协议后的巨大挑战，必须立即开始考虑各种各样的能减少 CO_2 排放的远期方案。

四、水泥生产减排二氧化碳的途径

1. 二氧化碳减排

在水泥生产过程中 CO_2 气体主要由水泥熟料煅烧窑及烘干设备排放。

在水泥煅烧窑中排放的 CO_2，来源于水泥原料中碳酸盐分解和燃料燃烧。当前，国内水泥市场所供应的水泥品种主要是由硅酸钙为主要组分的水泥熟料所生产的。生产水泥熟料的主要原料为石灰石。普通硅酸盐水泥熟料含氧化钙 65%左右，根据化学反应方程式（$CaCO_3 \longrightarrow CaO+CO_2$）算出：每生成 1 份 CaO 同时生成 0.7857 份 CO_2，所以每生产 1t 水泥熟料生成 0.511t CO_2。

在水泥生产过程中，CO_2 排放的另一重要来源是燃料燃烧。很明显，由燃料燃烧所产生的 CO_2 与耗用燃料的发热量及数量有关。

水泥厂用的燃料煤发热量为 22000kJ/kg 时，约含有 65%左右的固定碳，根据化学反应方程式（$C+O_2 \longrightarrow CO_2$）可知，碳完全燃烧时，每吨煤产生 2.38t CO_2。

水泥生产过程所用燃料分为熟料烧成用燃料和原燃料烘干用燃料，熟料烧成用燃料的多少与生产水泥熟料的生产工艺及规模有关，现行我国各水泥生产工艺、规模和热耗的关系见表 10-51。烘干用燃料的多少与对余热的利用程度和原燃料的自然水分有关，不考虑烘干物料对余热的利用，按原燃料的自然水分为 18%，生产 1t 熟料需烘干 0.5t 左右原燃料计算，烘干用煤约为 0.02t。

表 10-51 不同水泥生产工艺、规模对应的熟料单位热耗

工艺及规模	立窑	立波尔窑	湿法窑	中空窑	预热器窑	中小预分解窑	大型预分解窑
热耗/kJ	4400	3762	6072	5280	3762	3400	3100
烧成用煤/t	0.2	0.171	0.276	0.24	0.171	0.155	0.141

注：煤的低位热值 22000kJ/kg。

可见，随生产工艺的不同，生产 1t 熟料需 0.141～0.276t 煤，即熟料烧成和物料烘干因煤燃烧产生的 CO_2 在 0.383～0.704t 范围内变化。

以上两项相加，每生产 1t 水泥熟料排放 0.894～1.215t CO_2。按我国目前水泥生产平均水平估算，每生产 1t 水泥熟料约排放 1t CO_2。

水泥生产过程中每生产 1t 水泥平均消耗 100kW·h 电能，若把由煤燃烧产生电能排放的 CO_2 计算在水泥生产上，生产 1t 水泥因电能消耗排放的 CO_2 为 0.12t。2005 年中国生产水泥 10.6 亿吨，其中水泥熟料约 7.63 亿吨（按 1t 水泥 0.72t 熟料估算），据此计算，我国 2005 年因水泥生产排入大气中的 CO_2 约 8.9 亿吨左右。数量之大，令人瞠目。

2. 用大中型新型水泥生产线代替其他高热耗水泥工艺生产线

基于国情，我国现存水泥生产工艺从立窑生产到大型新型干法生产工艺应有尽有。从表 10-51 可以看出，不同水泥生产工艺、规模对应的水泥熟料烧成热耗差距很大。现在我国大型新型干法生产线已把熟料热耗降到3000kJ/kg熟料以下，此种窑生产每吨熟料烧成用煤的CO_2排放量分别是立窑、立波尔窑、湿法窑、中空窑、预热器窑、小型预分解窑的68.2%、79.8%、49.9%、56.8%、68.2%、88%。

据测算，我国目前熟料烧成热耗大于3400kJ/kg熟料的熟料产量约占总产量的60%以上，平均热耗大于4000kJ/kg熟料；若把热耗大于3400kJ/kg熟料的生产线全部改造成热耗小于3400kJ/kg熟料的大中型预分解窑生产线，用于水泥熟料烧成将减排耗用燃料总量60%×（4000－3400）/4000＝9%的二氧化碳。

3. 余热利用

水泥生产过程排放带有余热的废气，为回转窑窑尾废气和冷却熟料产生的废气。新型干法水泥生产线窑尾废气温度为320～340℃左右，排气量约2.5m^3（标）/kg熟料；冷却熟料产生的废气除用于二次风、三次风及烘干燃料外，排放的尾气温度为250℃左右，排气量约1.5m^3（标）/kg熟料。这些带有余热的废气可用于烘干原燃料和低温余热发电。

（1）烘干原燃料　用废气的余热烘干原燃料可省去烘干用煤，生产每吨水泥熟料可省去烘干用煤0.02t，减少0.0476t CO_2排放。

（2）低温余热发电　目前新型干法水泥生产工艺，把窑尾废气用于原料烘干，使生料磨和窑一体化工作。一般来说，生料磨仅用窑尾废气的70%，其余用于余热发电，冷却熟料的尾气可全部用于余热发电。若余热发电后排气温度为150℃，生产1t水泥熟料所排废气用于转化为电能的热焓为：

$$1.54\times[2.5\times0.3\times(320-150)+1.5\times(250-150)]\times1000=427350\text{kJ}$$

式中，1.54为烟气的比热容，kJ/[m^3（标）·℃]。

若此热焓对电能的转化率为25%，那么生产1t水泥熟料发电427350×0.25/3600＝30（kW·h)。上海金山水泥厂低温余热发电的平均数据证实：生产1t水泥熟料发电即30kW·h。

按发1kW·h电燃用发热量为22000kJ/kg的0.5kg原煤计算，生产1t水泥熟料低温余热发电量相当于减少发电用煤15kg，即可少排35.7kg CO_2。一条年产150万吨（5000t/d）水泥熟料的新型干法生产线每年可减排5.355万吨二氧化碳。

4. 采用替代燃料

用可燃性废弃物替代煤煅烧水泥熟料，在提供同样热量的情况下，用可燃性废弃物中含有碳的总量少于煤，燃烧后排出的CO_2总量也少于煤。根据英国和美国近年来水泥行业利用可燃废料的经验表明，在相同单位热耗的情况下，每生产1t熟料燃烧所生产的CO_2的数量，一般只有烧煤时的一半左右。

我国城市生活垃圾年产生量已达1.5亿吨，年增长率达9%，少数城市已达到15%～20%。这些数量庞大的生活垃圾严重污染着城市及城市周围的生态环境，给国民经济造成重大损失。如何处理和利用城市生活垃圾成为世界各国十分重视的问题。先进国家对垃圾的处理经验说明，水泥工业有利用城市生活垃圾热量和物质的基本条件。热值为6000kJ/kg的城市生活垃圾对热值为22000kJ/kg的煤同热量替代率为0.84。用城市生活垃圾替代20%的煤煅烧水泥熟料，可以认为煅烧水泥熟料减排了0.84×20%＝16.8%的CO_2。按生产1t水泥熟料用煤0.155t计算，一条2000t/d新型干法生产线用城市生活垃圾替代20%的煤，一年可至少减排3.72万吨CO_2。这还没有考虑城市生活垃圾自然堆放会产生温室效应更强的甲烷或自燃产生CO_2等温室气体的影响。

另外，综合考虑，垃圾焚烧发电的同热量替代率不到0.5；因此，与城市生活垃圾焚烧发电相比，水泥厂处理城市生活垃圾对热量的利用率高50%，即水泥厂处理城市生活垃圾比垃圾焚烧发电可减排50% CO_2。

总之，水泥余热发电项目不仅有利于降低水泥生产成本，减缓企业电源容量不足，还有利于环境保护、资源综合利用及循环经济发展战略。余热发电不产生任河污染，相当于减少了发电厂在同样发电量条件下的有害物的排放。

5. 改变原料或熟料化学成分

(1) 用不产生CO_2且含有CaO的物质作原料　不产生CO_2又含有CaO且对水泥熟料形成无不利影响的物质在天然原料中很难找到，但是其他工业的废渣中往往含有CaO而不会产生CO_2。如化工行业的电石渣主要化学成分为$Ca(OH)_2$，1t无水电石渣含0.54t CaO，用电石渣作为水泥生产原料，不会排出CO_2。与以石灰石含65% CaO作为水泥生产原料相比，利用1t无水电石渣相当于减排0.425t CO_2。又如高炉矿渣、粉煤灰、炉渣中都比黏土含有更多的CaO，能减少配料中石灰石的比例，这些经高温煅烧的废渣在生产水泥时不会再排出CO_2。上述废渣每提供1t CaO则减少排放0.7857t CO_2。另外，用上述废渣作为原料生产水泥还能降低熟料烧成温度，从而降低煤耗，也起着减排CO_2的作用。若全用电石渣提供水泥熟料中的CaO，生产每吨水泥熟料减排0.511t CO_2。一条2000t/d新型干法生产线全部用电石渣替代石灰石，一年可减排30.66万吨CO_2。

(2) 降低水泥熟料中CaO的含量　先行硅酸盐水泥熟料要求含有较高的硅酸三钙，因此熟料的化学成分中CaO含量在65%左右。若在保证水泥熟料的前提下，降低熟料化学成分中CaO的含量，将减少生产水泥熟料的石灰石用量，有助于减排CO_2。水泥熟料中CaO含量每降低1%，生产1t水泥熟料减排7.857kg CO_2。目前，国内外进行低钙水泥熟料体系的研究和开发，即降低熟料组成中CaO的含量，相应增加低钙贝利特矿物的含量，或引入新的水泥熟料矿物，可有效降低熟料烧成温度，减少生料石灰石的用量，降低熟料烧成热耗。

低钙高贝利特水泥是以贝利特矿物为主，CaO含量在50%左右，该水泥与通用硅酸盐水泥同属硅酸盐水泥体系，其烧成温度为1350℃左右，比通用硅酸盐水泥低100℃，在水泥性能上，低热硅酸盐水泥28d抗压强度与通用硅酸盐水泥相当，后期强度高出通用硅酸盐水泥5～10MPa，比现行硅酸盐水泥熟料少排10%左右的CO_2。贝利特硫铝酸盐水泥可把熟料中CaO降到45%，每吨熟料比现行硅酸盐水泥熟料少排约0.16t CO_2。

第十节　饮食业油烟污染净化技术

目前在城市大气污染源中，饮食业油烟污染和工业污染源及汽车尾气污染一并成为主要的污染源。

一、饮食业油烟定义

饮食业油烟指食物烹饪和食品加工过程中挥发的油脂、有机质及热氧化和热裂解产生的混合物。饮食业排放的污染物为气溶胶，其中含有食用油及食品在高温下的挥发物，由食用油和食品的氧化、裂解、水解而聚合形成的醛类、酮类、链烷类和链烯类、多环芳烃等氧化、裂解、水解、聚合的环化产物，成分非常复杂，约有近百种化合物。饮食业油烟中包括气体、液体、固体三相，液固相颗粒物的粒径一般$<10\mu m$，液固相颗粒混合物的黏着性强，大部分不溶于水，且极性小。

根据国标《饮食业油烟净化排放标准》编制课题组实测统计数据，饮食业油烟排放浓度为$1.68\sim31.9mg/m^3$。实测油烟排放浓度范围见表10-52。

表 10-52　实测油烟排放浓度范围

灶眼数量	国标中油烟排放浓度/(mg/m³)	实测油烟排放浓度/(mg/m³)
1～2 眼灶	1.9～5.0	1.5～4.0
3～5 眼灶	3.10～14.4	2.3～7.0
>6 眼灶	5.48～32.0	2.5～10.0

二、饮食业油烟净化技术

1. 机械、吸附式油烟净化技术[20,21]

按照原理分为两种，一种是利用惯性原理开发的技术，如折板式、滤网式、蜂窝波纹形的滤油栅，设备简单，阻力不大，能耗较小，除单独使用外，适于预处理。另一种是利用过滤吸附原理开发的技术，其过滤吸附介质有海绵、无纺布等纤维材料、活性炭、球形滤料等，净化效率高于惯性原理技术的设备。该类技术设备简单，去除率不高，刚开始使用时过滤吸附效果好，随着油烟的附着，过滤吸附能力逐渐减弱，要经常更换或再生吸附材料，金属类滤油栅要常清洗，使用麻烦，运行成本较高，酒店业主管理不好时，会出现风阻增大排风不畅现象。机械、吸附式油烟净化设备除单独使用外，常作为第一级预处理使用。本方法油烟去除率为 60%～75%，实际使用时多为 60%～65%，系统风阻正常值为小于 120Pa（风速<5.0m/s），风速提高或滤料清理、更换不及时就会造成风阻增大，可大于 500Pa。

2. 高压静电式油烟净化技术

类似于干法静电除尘，由 220V 电压通过变压升压至 10000V 电压以上，经整流器转化成直流电，在两极板间形成一个强电场，使烟气中颗粒荷电在一极板上吸附而被去除。本技术净化效率较高，造价适中，初装时对小颗粒气溶胶去除能力强，不会造成二次污染，使用管理方便，运行费用适中。缺点是对有害气体及味的去除能力差，极板要定期清洗，要注意绝缘安全问题。本方法的油烟去除率为 75%～85%，系统阻力 200～300Pa（风速 4～8m/s）。

3. 湿式净化技术

因液体雾化，当烟气通过时，水、油接触的表面积增大，吸收能力增强。湿式净化技术对较大油雾颗粒去除率高，小颗粒去除率低，可去除一些溶于水的有害气体、除味，可实现火烟、油烟一并处理；主要缺点是运行成本较高，投资大，需专人管理，系统阻力大，要在洗涤液中加入表面活性剂、乳化剂等来改善油水的亲水性，易产生二次污染，若油水分离设计不好，处理后会喷出大量水雾。本方法油烟去除率为 75%～85%，系统阻力 200～300Pa。

4. 复合式油烟净化技术

由两种或两种以上技术组合成的油烟净化技术。该方法油烟去除率高，能满足各种类型的灶眼。油烟去除率为 85%～95%，系统阻力 400～600Pa。

5. 等离子体油烟净化技术

这是最新开发的油烟净化技术。其原理是在利用高压静电法的同时，在前端设置等离子场，利用其高能量所激发的大量活性自由基对油烟粒子进行降解，使其黏度下降；在等离子产生中，高频放电产生的瞬时高能量，能打开一些有害气体的化学键，使其分解成单质原子或无害分子。本方法油烟去除率 70%～90%，系统阻力<300Pa。

三、油烟净化技术工艺选择

1. 小型灶油烟净化技术工艺

小型灶国标中定义为 1～2 眼灶，风量<4000m³/h，由表 10-52 可知油烟排放浓度<

5.0mg/m^3，实测值＜4.0mg/m^3。国标要求油烟去除率＞60%，油烟排放浓度＜2.0mg/m^3，当油烟处理系统去除率＞60%时，达标率为100%。所以在风压许可、风量匹配时，只采用机械吸附式净化技术或湿式净化技术、高压静电技术均可达标。以机械吸附式净化技术工艺投资最少。

2. 中型灶油烟净化技术工艺

中型灶即3～5眼灶，风量4000～10000m^3/h，由表10-52可知油烟排放浓度3.1～14.4mg/m^3，实测值2.0～7.0mg/m^3。国标要求油烟去除率＞75%，排放浓度＜2.0mg/m^3，当油烟处理系统去除率＞75%时，达标率为75%，实际达标率为100%。在风压许可、风量匹配时，可以只采用湿式净化技术、高压静电技术或等离子体技术均可达标。以高压静电技术工艺投资最少。

3. 大型灶油烟净化技术工艺

大型灶即＞6眼的灶（含6眼），风量＞12000m^3/h，由表10-52可知油烟排放浓度5.48～32.0mg/m^3，实测值8.0～12.0mg/m^3。国标要求去除率＞85%，排放浓度＜2.0mg/m^3，当油烟处理系统去除率＞85%时，达标率为85%，实际达标率为100%。在风压许可、风量匹配时，应采用机械吸附式净化技术＋湿式净化技术或机械吸附式净化技术＋高压静电技术或等离子体技术均可达标。以机械吸附式净化技术＋高压静电技术投资最少，油烟总去除率＞90%，可使排放浓度15～20mg/m^{3}的油烟达标。

无论采用何种技术来净化油烟，应把净化技术处理系统作为一个整体来考虑，既要保证饮食业油烟排放系统功能的正常使用，又要使排放油烟达标。现存的油烟污染治理，认为安装一台设备即可，而未研究灶眼多少、排风系统的风量风压、噪声污染情况、排风系统管路情况等，造成安装了设备没法用或不能达标的情况时有发生。

第十一节 $PM_{2.5}$ 治理

一、$PM_{2.5}$ 的污染特点

$PM_{2.5}$ 组成比较复杂，主要含有的物质包括有机质、硫酸盐、硝酸盐、氨盐等，还有元素碳、钠离子、钾离子等矿物粉尘和水，也含有重金属等有毒物质。

$PM_{2.5}$ 污染来源广泛，形成机理复杂，污染治理难度非常大，不可能一蹴而就。美国从2000年至2010年的10年间，$PM_{2.5}$ 浓度仅下降了27%，部分城市仍未能达到标准。我国 $PM_{2.5}$ 的污染治理也需要长期努力才能逐步改善。

二、$PM_{2.5}$ 控制标准和监测方法

1. 控制标准

自从美国于1997年率先制定 $PM_{2.5}$ 的空气质量标准以来，许多国家都陆续跟进将 $PM_{2.5}$ 纳入监测指标。如果单纯从保护人类健康的目的出发，各国的标准理应一样，因为制定标准所依据的是相同的科学研究结果。然而，标准的制定还需考虑各国的污染现状和经济发展水平，在一个空气污染严重的发展中国家制定极为严格的空气质量标准只能成为一个华丽的摆设，没有实际意义。世界卫生组织（WHO）于2005年制定了 $PM_{2.5}$ 的准则值。高于这个值，死亡风险就会显著上升。WHO同时还设立了三个过渡期目标值，为目前还无法一步到位的地区提供了阶段性目标，其中目标-1的标准最为宽松，目标-3最严格[5]。

表10-53列举了WHO以及几个有代表性国家的 $PM_{2.5}$ 控制标准。中国拟实施的标准与

WHO 过渡期目标-1 相同。美国和日本的标准一样，与目标-3 基本一致。欧盟的标准略微宽松，与目标-2 一致，澳大利亚的标准最为严格，年均标准比 WHO 的标准还低。标准的宽严程度基本反映了各国的空气质量情况，空气质量越好的国家就越有能力制定和实施更为严格的标准。

表 10-53 $PM_{2.5}$ 控制标准 单位：$\mu g/m^3$

国家/组织	年平均	24 小时平均	备 注
WHO 准则值	10	25	2005 发布
WHO 过渡期目标-1	35	75	
WHO 过渡期目标-2	25	50	
WHO 过渡期目标-3	15	37.5	
澳大利亚	8	25	2003 年发布，非强制标准
美国	15	35	2006 年 12 月 17 日生效，比 1997 年发布的标准更严格
日本	15	35	2009 年 9 月 9 日发布
欧盟	25	无	2010 年 1 月 1 日发布目标值 2015 年 1 月 1 日强制标准生效
中国	35	75	拟于 2016 年实施（征求意见中）

2. 监测方法

空气中飘浮着各种大小的颗粒物，$PM_{2.5}$ 是其中较细小的那部分。不难想到，测定 $PM_{2.5}$ 的浓度需要分两步走：①把 $PM_{2.5}$ 与较大的颗粒物分离；②测定分离出来的 $PM_{2.5}$ 的重量。目前，各国环保部门广泛采用的 $PM_{2.5}$ 测定方法有三种：重量法、β射线吸收法和微量振荡天平法。这三种方法的第一步是一样的，区别在于第二步。

（1）重量法 将 $PM_{2.5}$ 直接截留到滤膜上，然后用天平称重，这就是重量法。值得一提的是，滤膜并不能把所有的 $PM_{2.5}$ 都收集到，一些极细小的颗粒还是能穿过滤膜。只要滤膜对于 0.3 微米以上的颗粒有大于 99%的截留效率，就算是合格的。损失部分极细小的颗粒物对结果影响并不大，因为那部分颗粒对 $PM_{2.5}$ 的重量贡献很小。

重量法是最直接、最可靠的方法，是验证其他方法是否准确的标杆。然而重量法需人工称重，程序繁琐费时。如果要实现 $PM_{2.5}$ 自动监测，就需要用到另外两种方法。

（2）β射线吸收法 将 $PM_{2.5}$ 收集到滤纸上，然后照射一束β射线，射线穿过滤纸和颗粒物时由于被散射而衰减，衰减的程度和 $PM_{2.5}$ 的重量成正比。根据射线的衰减程度就可以计算出 $PM_{2.5}$ 的重量。

（3）微量振荡天平法 一头粗一头细的空心玻璃管，粗头固定，细头装有滤芯。空气从粗头进，细头出，$PM_{2.5}$ 就被截留在滤芯上。在电场的作用下，细头以一定频率振荡，该频率和细头重量的平方根成反比。于是，根据振荡频率的变化，就可以算出收集到的 $PM_{2.5}$ 的重量。

将 $PM_{2.5}$ 分离出来的切割器又是怎么工作的呢？在抽气泵的作用下，空气以一定的流速流过切割器时，那些较大的颗粒因为惯性大，撞在涂了油的部件上而被截留，惯性较小的 $PM_{2.5}$ 则能绝大部分随着空气顺利通过。这和发生在我们呼吸道里的情形是非常相似的：大颗粒易被鼻腔、咽喉、气管截留，而细颗粒则更容易到达肺的深处，从而产生更大的健康风险。

对于 $PM_{2.5}$ 的切割器来说，2.5μm 是一个踩在边线上的尺寸。直径恰好为 2.5μm 的颗粒有 50%的概率能通过切割器。大于 2.5μm 的颗粒并非全被截留，而小于 2.5μm 的颗粒也不是全都能通过。例如，按照《环境空气 PM_{10} 和 $PM_{2.5}$ 的测定 重量法》的要求，3.0μm 以上颗粒的通过率需小于 16%，而 2.1μm 以下颗粒的通过率要大于 84%。

特殊的结构加上特定的空气流速共同决定了切割器对颗粒物的分离效果，这两者稍有变化，就会对测定产生很大影响，而使结果失去可比性。因此，美国环保局在 1997 年制定世界上第一个 $PM_{2.5}$ 标准的时候，一并规定了切割器的具体结构。于是，虽然 $PM_{2.5}$ 的测定仪器有不少品牌，它们外观却极为相似。

三、$PM_{2.5}$ 的污染治理

1. 一般治理措施

$PM_{2.5}$ 具有明显的区域污染特征，来源广泛，形成机理复杂，既有一次污染、又有二次污染，既有本地产生的污染、又有外地输送带来的污染，外国的经验也表明 $PM_{2.5}$ 污染治理难度非常大。因此，要达到 $PM_{2.5}$ 治理目标，首先要全社会参与，积极推动生产方式和生活方式的改变；要积极调整能源结构，减少燃煤总量；要加快淘汰落后产能，促使产业转型升级；要强化生态建设，控制农业面源污染；要大力发展公共交通，提倡绿色出行。

同时要加强管理，凡是可能产生 $PM_{2.5}$ 的一切污染源都要采取有效措施予以实施，例如城市区域绿化，屋顶绿化等。

2. 北京治理 $PM_{2.5}$ 措施

（1）“天眼”遥测空气质量　2012 年 $PM_{2.5}$ 监测站点增至 35 个左右。还将建立卫星遥感监测体系，形成地面和立体相结合的空气质量监测网。

（2）提前淘汰 40 万辆老旧车　在 2013 年提前完成“十二五”淘汰 40 万辆老旧机动车的目标。到 2015 年再强制淘汰 30 万辆 2001 年前购买的国Ⅰ标准老旧机动车。

同时，2015 年中心城区公交出行比例将达 50%，2020 年轨道交通里程力争达到 1000 公里。

（3）消费总量消减 62%　到 2020 年燃煤比重将控制在 10%以下，煤炭消费总量控制在 1000 万吨以内，比“十一五”末消减 62%。

（4）拒绝高污染工业　2015 年前，1200 家沥青防水卷材、玻璃、陶瓷等企业将退出，一个化工厂将停产退出。

（5）推广保洁标准　所有道路实施机械化吸尘作业，主干道及施工工地周边实施冲刷保洁作业。

（6）增绿提高自净力　计划用 5 年时间，增加平原林地 100 万亩，到 2015 年林木绿化率达到 57%。

（7）重污染大部分公车停驶　遇重污染天气，将暂停施工工地土石方作业和渣土运输，市级党政机关和事业单位停驶部分机动车。

（8）治理污染齐参与　市民需转变生活方式，践行绿色生活和消费模式。企事业单位要落实污染减排主体责任，积极采用 $PM_{2.5}$ 污染治理技术。

3. 广州市治理 $PM_{2.5}$ 措施

（1）提高投资项目的环保准入门槛，严格把好入门关。进一步推动规划环境影响评价，将环境功能区划，总量控制、环境容量、环境风险评估作为区域和产业发展依据。严把新建项目准入，严格控制“两高一资”项目。

（2）强化机动车排气污染控制，加快淘汰黄标车辆。主要是要进一步严格机动车污染源头控制，全面推广使用粤标准车用柴油，对柴油汽车实施国家标准；继续做好环保标志管理工作，严格执行黄标车限行措施；采取措施强化对柴油车的污染控制；深化实施机动车排气污染定期检查与维护制度和工况法排气检测工作，进一步加大对在用车污染监控的力度；积极推进新能源汽车推广应用工作。

（3）强化工业污染控制，确保治理设施正常运行。扩大高污染燃料“禁燃区”，推广使用清洁能源；强化火电机组脱硫、脱硝、除尘设施的升级改造与运行管理，严控燃料品质；继续大力推进“退二”企业的停业、关闭和搬迁工作；积极淘汰落后产能。

（4）强化道路、工地扬尘污染控制，减少扬尘。实施创建扬尘污染控制区管理工作，从施工工地、余泥渣土运输、道路、堆场、露天焚烧等方面进一步规范城市扬尘控制工作。

（5）强化挥发性有机物排放控制。强化化工、涂料、漆剂使用行业的挥发性有机物排放控制，以清洁生产为原则加大对石化、化工及含挥发性有机物产品制造企业和印刷、家具制造、汽车制造、纺织印染等行业的挥发性有机物污染治理力度，创建治理样板工程；强化油库、油车、油站的挥发性有机物排放控制。

（6）推动区域联防联控，加强区域合作减少相互影响。研究表明，$PM_{2.5}$ 作为区域性问题，在城市群之间统筹考虑防治工作，同步联手治理，才能达到最佳的治理效果。广州发挥作为国家中心城市的带动和示范作用，充分利用广佛同城化、广佛肇经济圈一体化环保合作平台，积极争取省的支持，通过创建示范工程推动珠三角各地加大空气污染防治力度，有效治理灰霾，进一步改善环境空气质量。

（7）组织开展科学研究，制定污染达标规划。在抓紧开展信息发布准备各项工作的基础上，组织力量尽快开展达标减排相关科研工作，制定达标规划。

（8）促进更广泛的社会参与。保护环境、改善空气质量需要全社会长期不懈地共同努力，需要企事业单位、社会组织和全体公民积极参与，大力倡导和践行绿色环保的生产生活方式。人人都能参与，从我做起，从今天做起，人人都能通过自己的努力减少 $PM_{2.5}$ 的排放，为降低 $PM_{2.5}$ 污染作贡献。

参 考 文 献

[1] 李家瑞主编. 工业企业环境保护. 北京：冶金工业出版社，1992.
[2] 通商产业省立地公害局. 公害防止必携. 东京：产业公害防止协会，昭和 51 年.
[3] 北京环境科学学会. 工业企业环境保护手册. 北京：中国环境科学出版社，1990.
[4] 刘天齐. 三废处理工程技术手册. 废气卷. 北京：化学工业出版社，1999.
[5] 马广大. 大气污染控制技术手册. 北京：化学工业出版社，2010.
[6] 北京市环境保护科学研究所编. 大气污染防治手册. 上海：上海科学技术出版社，1990.
[7] H. 布控沃尔，YBG 瓦尔玛著. 空气污染控制设备. 赵汝林等译. 北京：机械工业出版社，1985.
[8] B. H. 乌索夫等著. 工业气体净化与除尘器过滤器. 李悦，徐图译. 哈尔滨：黑龙江科学技术出版社，1984.
[9] 周建勇，沈士江. 玻璃纤维池窑废气的干法净化. 环境工程，2003. 4：69.
[10] 冶金部建筑研究总院. 铝厂含氟烟气干法净化回收. 环境科学，1977. 1：27.
[11] 《铝厂含氟烟气治理》编写组. 铝厂含氟烟气治理. 北京：冶金工业出版社，1982.
[12] 王纯，张殿印. 除尘设备手册. 北京：化学工业出版社，2009.
[13] 宁平等. 有色金属工业大气污染控制. 北京：中国环境科学出版社，2007.
[14] 张朝晖. 冶金资源综合利用. 北京：冶金工业出版社，2011.
[15] 马建立等. 绿色冶金与清洁生产. 北京：冶金工业出版社，2007.
[16] 唐平等. 冶金过程废气污染控制与资源化. 北京：冶金工业出版社，2008.
[17] 王绍文，杨景玲，赵锐锐，王海涛等编著. 冶金工业节能减排技术指南. 北京：化学工业出版社，2009.
[18] 俞非漉，王海涛，王冠，张殿印. 冶金工业烟尘减排与回收利用. 北京：化学工业出版社，2012.
[19] 王存政等. 我国钢铁行业二噁英防治技术研究. 环境工程，2011. 10：75-79.
[20] 张楷等. 油烟净化设备的应用现状及其市场分析. 环境保护，2002，5：43-45.
[21] 熊鸿斌，刘文清. 饮食业油烟净化技术及影响因素. 环境工程，2003，8：38-41.

第十一章 主要污染行业废气的治理

第一节　电力工业废气治理

一、电力工业废气来源和特点

1. 废气的来源[1,2]

发电厂有许多种，如火力发电厂、水力发电厂、原子能发电厂、地热发电厂、风力发电厂、潮汐发电厂和太阳能发电厂等。这些发电厂由于使用不同的动力能源，所以其排放废气的量和废气中的污染物也不尽相同。其中，水力、原子能、地热、风力、潮汐和太阳能发电厂使用的都是比较干净的能源，所以它们对大气环境的影响比较小；而火力发电站由于多使用燃煤锅炉，其所排废气的量大，烟气成分复杂，对大气造成的污染严重。火力电厂的燃煤锅炉的烟气是电力行业中最主要的废气污染源。

2. 燃煤电厂废气的来源及特点

燃煤电厂的废气主要来源于锅炉燃烧产生的烟气、气力输灰系统中间灰库排气和煤场产生的含尘废气，以及煤场、原煤破碎及煤输送所产生的煤尘。其中，锅炉燃烧产生的烟气量和其所含的污染物排放量远远大于其他废气。

锅炉燃烧产生的烟气中的污染物有飞灰、SO_2、NO_x、CO、CO_2、Hg、少量的氟化物和氯化物。它们所占的比率取决于煤炭中的矿物质组成，主要污染物是飞灰、煤尘、SO_2、NO_x 和 Hg。

锅炉燃烧产生的烟气排放量大，排气温度高，但气态污染物浓度一般较低。

3. 燃煤电厂废气治理的对策

对燃煤电厂废气的治理，应大力推行洁净煤技术并尽快进行技术改造和加强企业管理，以降低煤耗，这是电厂减少废气排放的重要途径之一。此外，应积极开发和采用高效的废气治理技术和综合资源利用技术，如锅炉烟气除尘采用除尘效率高的电除尘器、电袋复合除尘器、袋式除尘器，开发高效的电厂脱硫脱硝脱汞新工艺、新技术、新设备，采用热电联产等措施。

二、电厂锅炉除尘技术

（一）污染源特性

1. 燃用煤的工业分析

煤的化学成分决定了煤的常规特性，可以作为分析煤的着火、燃烧性质和对锅炉工作影响的依据。在分析煤的常规特性对锅炉工作的影响时，通常依据工业分析结果，主要包括煤的挥发分、水分、硫分以及灰渣熔融性等几个方面。

煤的挥发分由各种硫氢化合物和一氧化碳等可燃气体、二氧化碳和氮等不可燃气体以及少量的氧气所组成。挥发分是煤的重要成分特性，它可作为煤分类的主要依据，对煤的着火、燃烧有很大的影响。不同挥发分煤种的发热量差别很大，从 17000kJ/kg 到 71000kJ/kg。燃煤中水分含量对锅炉运行的影响也很大。煤中水分吸热变成水蒸气并随烟气排出炉外，增加烟气量而使排烟热损失增大，降低锅炉热效率，同时使引风机电耗增大，也为低温受热面的积灰、腐蚀创造了条件。

灰分是燃煤中的有害成分。灰分含量增加，煤中的可燃成分便相对减少，降低了发热量，而且还由排渣带走大量的物理显热。灰分多，锅炉燃烧也不稳定，灰粒随烟气流过受热面，流速高时会磨损受热面；流速低时将导致受热面积灰，降低传热效果，并使排烟温度升高。灰分是飞灰的主要来源。大中型燃煤锅炉都采用煤粉悬浮燃烧方式，煤中灰分的85%～90%成为飞灰。小型的热电厂通常采用层燃方式的链条炉，煤中的灰分有 20%成为飞灰。

燃煤中的可燃硫在燃煤过程中会被氧化成 SO_2 和少量的 SO_3。硫酸盐也会受热分解出数量更少的自由 SO_3。烟气中的 SO_2 对金属的腐蚀和沾污一般没有明显的影响。SO_3 含量虽然很少，但易与烟气中的水蒸气化合生成硫酸蒸气，将显著提高烟气的酸露点温度，从而在低温的金属表面凝结，造成酸腐蚀和沾污。

发电厂用煤的质量等级是根据对锅炉设计、运行等方面影响较大的煤质常规特性制定的。这些特性包括干燥无灰基挥发分 V_{daf}、干燥基灰分 A_d、收到基水分 M_{ar}、干燥基硫分 S_{ar}<1%（第一级）时，酸露点温度较低；而当 S_{ar}>3%（超过第二级）时，酸露点温度急剧上升，容易使硫酸蒸气凝结在低金属面上造成腐蚀。我国煤种多属于中硫煤，含硫 0.5%～1.5%。煤按硫分的质量等级见表 11-1。

表 11-1　煤按硫分的质量等级

符号	S_{ar}/%	符号	S_{ar}/%
S1	≤1.0	S2	>1.0～3.0

2. 烟气成分和烟气量

(1) 烟气成分　燃煤电厂烟气的主要成分是 N_2、O_2、CO_2、SO_2、NO_2、水蒸气等。另外还含有较少量的 CO、SO_3、H_2、CH_4 和其他烃类化合物（C_nH_m），可表示为：

$$\varphi(N_2)+\varphi(O_2)+\varphi(CO_2)+\varphi(SO_2)+\varphi(H_2O)+\varphi(CO)+\varphi(SO_3)+\varphi(NO_x)+\varphi(H_2)+\varphi(CH_4)+\varphi(\sum C_nH_m)=100\% \tag{11-1}$$

对于袋式除尘器来说，值得注意的是烟气中的含氧量、SO_3、水蒸气（H_2O）和 NO_x。过剩的含氧量在高温下会导致某些滤袋材质（例如 PPS）的氧化。NO_2 是很强的氧化剂，并且能氧化大多数用于过滤的纤维，过高的 NO_x 有时还会造成酸腐蚀。SO_3 易与水结合形成硫酸，一般情况下，燃煤中 1%的含硫量相当于烟气中产生 600mL/m^3 SO_2，而烟气中一部分 SO_2 与过剩的氧气反应生成 SO_3。当锅炉烟气中 SO_3 含量为 0.001%时，烟气的酸露点即可达到 120～140℃。烟气中 SO_3 含量与酸露点温度的关系见表 11-2。

表 11-2　烟气中三氧化硫含量与酸露点温度的关系

烟气中 SO_3 含量/(mL/m^3)	烟气酸露点温度/℃	烟气中 SO_3 含量/(mL/m^3)	烟气酸露点温度/℃
0.1	101.4	5	128.4
0.2	105.9	10	133.5
0.5	111.7	20	138.7
1	116.6	50	146.7
2	122.6	100	153.3

（2）烟气量　烟气量主要包括原煤燃烧后的气态产物，还包括过剩的空气量和锅炉及其附属设备的漏风。所以，实际产生的烟气量要大于理论计算的烟气量。烟气量还会随燃料的变化而改变。在除尘器设计选型时，其处理烟气量应略大于实际产生的烟气量，一般可附加5%～10%的裕度。

（3）飞灰成分和特性　我国原煤资源丰富，煤种众多，加上锅炉的燃烧情况、技术条件的不同，导致飞灰的理化性质差异较大。

飞灰的化学成分主要为SiO_2、Al_2O_3，二者总量一般在60%以上。另外还含有少量的Fe_2O_3、CaO、K_2O、Na_2O、MgO、TiO_2、P_2O_5、SO_3等。

我国煤灰的化学成分见表11-3。

表11-3　我国煤灰化学成分分析

成分	SiO_2	Al_2O_3	Fe_2O_3	CaO	K_2O	Na_2O	P_2O_5	SO_3	TiO_2	MgO
体积分数/%	45～60	14～40	4～10	2～5	0.5～2	0.2～1	<1	0.1～3	～1	～1

飞灰具有相当宽的粒径分布域。根据13个燃煤电厂的统计，飞灰平均粒径为20～60μm。表11-4为某电厂电除尘器入口烟道飞灰的粒径分布。

表11-4　某电厂电除尘器入口烟道飞灰颗粒径分布

粒径/μm	0～5	5～10	10～20	20～30	30～40	40～50	50～60	>60
组频数/g	11.9	16.6	22.8	13.1	8.2	5.1	3.9	13.4
组频率/%	12.5	17.5	24.0	13.8	8.6	5.4	4.1	14.1
筛上累计分布率/%	>0	>5	>10	>20	>30	>40	>50	>60
	100	87.5	70.7	46.0	32.2	23.6	18.2	14.1
筛下累计分布率/%	<0	<5	<10	<20	<30	<40	<50	<60
	0	12.5	29.3	54.0	67.8	76.2	81.8	85.9
中位径 d_{50}/μm	18.0							

（二）电除尘技术[2]

1. 除尘器的一般要求

（1）电晕电极的要求

① 有良好的电气性能，能适应起始电压低、击穿电压高的要求。要放电强度强，电晕电流大。

② 有较高的机械强度和耐磨腐蚀性。

③ 有良好的刚性，不易变形。

④ 容易清灰。

⑤ 常用电晕电极主要性能见表11-5。

（2）对收尘极的要求

① 集尘效果好，能有效地防止二次扬尘。

② 振打装置性能好，清灰效果显著。

③ 具有较高的力学性能，刚度好，不易变形。

④ 金属消耗量少（一般占电除尘器总量的30%～50%）。

⑤ 气体通过极板间阻力要小。

⑥ 加工制造简易，造价较低。

表 11-5　常用电晕电极主要性能

名　称	主　要　性　能
圆形电晕线	其放电强度与直径成反比，即电晕线直径小，起始电晕电压低，放电强度高。通常采用 ϕ2.5～3mm 耐热合金钢(镍铬线、不锈钢丝等)，制作简单，常采用重锤悬吊式刚性框架式结构。但极线过细时，易断造成短路
星形电晕线	常用 ϕ2.5～3mm 普通钢材经冷拉扭成麻花形，机械强度较高，不易断。由于四边有较长的尖锐边，起晕电压低，放电均匀，电晕电流较大。多采用框架式结构，适用于含尘浓度低的场合
芒刺形电晕线	这种电晕线属于点状放电，其起晕电压比其他形式极线低，放电强度高，在正常情况下比星形线的电晕电流高 1 倍。机械强度高，不易断线和变形。由于尖端放电，增强了极线附近的电风，芒刺点不易积尘，除尘效率高，适用于含尘浓度高的场合，在大型电除尘器中，常在第一、第二电场内使用
刀形或锯齿形电晕线	常用宽 7mm、厚 1.5mm 的带钢制作，可加工成带状、刀状或锯齿状。这种电晕线也属点状放电，其放电性能好，放电强度比星形线高，不易断线，不晃动，无火花侵蚀，清灰性能好，多采用框架式或桅杆式结构

(3) 对极板间距的要求　极板间距对电除尘器效率影响很大，间距过小（＜200mm）电压升不高，间距过大（＞400mm）有可能由于变压器、整流器容量限制电压升不到。电力部门常用间距多为 400mm 左右。

(4) 对清灰装置的要求　积存收尘极的灰尘必须“及时”通过振打工序进行清除（或其他方式），实践证明，振打时间周期和振打强度一定要选择适当，振打强度过小，灰尘振不落；振打强度大，易使极板变形而引起二次飞扬。振打间隔时间过短，积灰少，形不成“团状”脱落，易引起二次飞扬。一般收尘极多采用机械振打，而电晕极多采用电磁振打方式。

(5) 对气流分布装置的要求　电除尘器内部气流分布均匀程度对电除尘器效率影响很大，气流分布不均匀，在流速低处除尘效率增加，它的增加远不能弥补流速高处除尘效率的降低，因此总的除尘效率是降低的。

为尽量做到接近气流均匀分布，一般对除尘器进出口管采取相应措施，如入口制成渐扩管，出口为渐缩管。在入口渐扩管内布置 1 层（或 2～3 层）气流分布板，在出口渐缩管内布置 1 层气流分布板。气流分布板有多孔板、百叶窗式、分布格子、槽形钢式和栏杆式等多种。一般多采用多孔板，其开孔直径为 40～60mm，开孔率为 50%～65%。

2. 电厂选用电除尘器的要求（除上述一般要求外）

(1) 煤及烟尘的性质

① 烟尘比电阻应在 $1\times10^4\sim2\times10^{10}\Omega\cdot cm$ 范围之内。

② 煤的干燥无灰基挥发分应小于 46%。

③ 烟尘初始浓度不大于 $30g/m^3$。

(2) 高压硅整流电源

① 对电源变压器的要求。变压器应带调节装置（在 0～100kV 具有可调性的调节范围）。变压器耐压试验电压要能达到 150kV，容量应为负载工作容量的 2 倍。

② 高压硅整流系统要求安全可靠，控制调整性能平稳，并具有可靠的短路保护和闪络跟踪、自动启动的功能。硅整流器有可靠的散热装置。

③ 电源装置应具有足够的集控、程控接口，其控制作用半径不小于 1500m。

(3) 负载的匹配

① 负载场强 2.5～4kV/cm。

② 电晕线的启晕电流密度：芒刺线为 0.5～0.8A/m；星形线为 0.25～0.4A/m；细针线 0.7～1.0A/m。

③ 高压引线穿壁和悬挂电晕线部件的绝缘耐压不低于150kV，支持件应选用相应绝缘等级的瓷瓶。

④ 收集极接地系统绝缘电阻应小于4Ω，并绝对可靠。

3. 影响电除尘器效率的主要因素

(1) 粉尘比电阻的影响　粉尘比电阻标志着粉尘的导电性，粉尘比电阻是影响除尘效率的极关键因素，试验数据及实践结果表明：一般认为最适于电除尘器工作的粉尘比电阻范围为 $(1\sim5)\times10^4\Omega\cdot cm$，粉尘的比电阻过高或过低都会影响除尘效率，见图11-1。

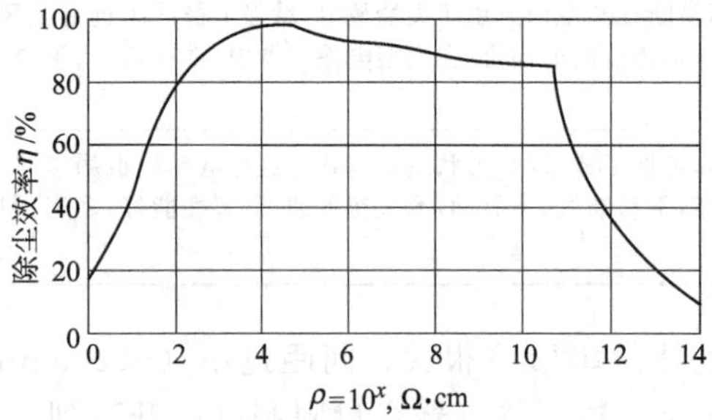

图11-1　比电阻与除尘效率的关系
（此图是在同一电除尘器、同样工况条件下，得出的试验结果）

低于 $10^4\Omega\cdot cm$ 的粉尘称为低比电阻粉尘，这类粉尘通常具有良好的导电性。粉尘到达集尘极后，很快释放出负电荷，这是由于其失去静电吸附力而重返气流中，在电场间受到碰撞后又重新获得负电荷而再向集尘极移动。选择沿极板表面跳跃前进，粉尘容易被气流带走，降低除尘效率。

比电阻高于 $5\times10^{10}\Omega\cdot cm$ 的粉尘称为高比电阻粉尘，高比电阻粉尘到达收尘极后，电荷释放很慢，近似绝缘体，这样，收尘极表面逐渐积聚成一层荷负电粉尘。由于同性相斥，排斥荷电粉尘继续黏附，同时使随之而进来的粉尘驱进速度减慢，而降低除尘效率。其次，随着时间的推移，收尘极上的粉层不断增厚，在极板和粉尘层之间形成很大的电压降，由于粉尘层存有空隙，形成微小电场，随着电压的增加，会引起粉尘层空隙中的气体电离，发生电晕放电，这种在集尘极上发生的电晕放电现象称为反电晕。反电晕的结果使集尘极附近产生大量正离子并向原电晕极运动，易在电场与负离子及荷负荷的粉尘相碰撞，产生电性中和，导致除尘效率降低。

(2) 气体含尘浓度的影响　电除尘器内存在空间电荷，即气体离子的电荷和粉尘带电的电荷。由于气体离子运动速度高于带电尘粒速度（一般气体离子运动速度为60～100m/s，而带电尘粒运动速度在60m/s以下），如果通过电除尘器的气流含尘浓度过高，会使电晕电流急骤下降，使尘粒不能获得足够的电荷，使除尘效率降低，因而，当处理含尘浓度较高的气体时，可采用提高工作电压或采用芒刺形等电晕电极来解决。

(3) 电场风速的影响　电场风速（气体速度）即含尘气体在电除尘器内的运动速度。电场风速的大小对除尘效率和除尘设备投资有较大影响。电场风速越高，除尘效率越低，而投资少；反之，电场风速越低，除尘效率越高，投资增加。电场风速的取值应综合考虑，具体可参照表11-6选取。

表11-6　电除尘器中的气体速度

收尘极形式	气体速度/(m/s)	收尘极形式	气体速度/(m/s)
棒帏状、网状、板状	0.4～0.8	袋式、鱼鳞状	1～2
槽型C、Z、CZ	0.8～1.5	湿式电除尘器和电除雾器	0.6～1

(4) 气流分布的影响　一般电除尘器入口气体风速为10～15m/s，进入电除尘器后电场风速为0.5～2m/s。由于设备结构等原因，气流分布不可能绝对均匀，为表示其气流分布的均匀程度，引入容积充满度来衡量。容积充满度越高，表示气流分布越均匀；充满度过小，形成气流分布不均而引起局部电场风速变化，中心部分电场风速大大超过设计指标，使粉尘

在除尘器内停留的时间过短，被捕集的粉尘产生飞扬，被高速气流携带出除尘器而降低除尘效率。为解决气流充满度问题，电除尘器都装有各种均匀分布结构部件。前苏联莫斯科动力学院以同一台除尘器，其他条件相同，装设均匀分布结构部件（单层格栅）和不装进行比较的结果是：装设均匀分布结构部件的容积充满度为 0.95～0.96，而未装时其容积充满度仅为 0.61。

（5）电晕极性的影响 一般电除尘器使用负电晕，这样可提高除尘效率至 98%～99%，而改为正电晕除尘效率只有 70%左右。其他影响因素，如气温影响、气体湿度影响易于理解，故此处略去。

（三）袋式除尘技术[2,7]

1. 燃煤电厂袋式除尘器的特殊性

燃煤电厂烟气除尘装置是电厂的主要生产设备之一。发电机、汽轮机、锅炉和除尘设备（包括引风机）是燃煤电厂的 4 大主要设备。袋式除尘器既是环保设备，又是生产设备。

袋式除尘器的工况易受锅炉及其辅机工况的影响。燃料的改变、锅炉负荷的变化、运行方式的改变、送风机和引风机开度的变化、省煤器的渗漏和爆管、空气预热器的漏风和堵塞等因素，都在不同程度上改变烟气量、烟气温度、含氧量、氮氧化物含量、含湿量、含尘量和烟尘粒度，从而影响袋式除尘器的工况。

袋式除尘器系统应确保长期、安全、可靠地运行。袋式除尘器能否正常运行，直接关系到燃煤电厂能否正常生产。袋式除尘器的滤袋破损，将加速引风机的磨损。清灰系统不良或失效，会增加袋式除尘系统的阻力，减少锅炉的出力，甚至造成炉膛的正压。所以，袋式除尘系统一定要有可靠的安全保障措施，自控系统应有完备的自动监测、控制、故障诊断和紧急应对功能，应制订严格的操作规程，落实操作、管理、维修的岗位责任制。

2. 燃煤电厂袋式除尘系统设计要求

（1）袋式除尘系统配置及功能设计应根据炉型、容量、炉况、煤种、气象条件、操作维护管理等具体情况确定。通常包括：袋式除尘器、清灰气源及供气系统、预涂灰装置、卸装和输灰系统、电气和自动控制系统及监测系统、烟道及附件等。

（2）对于容量较大、锅炉不稳定、烟气温度波动较大、故障频繁的锅炉机组，或锅炉空气预热器采用老式的回转型式，可根据需要设置紧急喷雾降温系统和（或）旁路系统。旁路阀应采用密封效果好的双层密闭挡板门。紧急喷雾降温装置应安装在锅炉出口烟道总管的直管段上，喷雾量和雾滴直径应能保证雾滴在进入除尘器之前完全蒸发，并且应有喷嘴的防堵措施。

（3）在新项目设计中，除尘专业应向锅炉专业提供袋式除尘系统（由空气预热器出口到引风机入口）的阻力。若属除尘系统改造项目，应对原有的风机、电机进行能力的计算，并需要提出改造方案，或选配新的风机和电机。

（4）袋式除尘系统的风量、阻力等参数应按设计煤种下的锅炉最大工况烟气量来确定。袋式除尘器及其滤袋的选用和设计应同时考虑最高温度和最低温度的烟气状况，要特别注意脱硫后的低温高浓度的烟气条件。

（5）袋式除尘器宜采用在线清灰，设备阻力宜控制在 1000～1300Pa。脱硫系统袋式除尘器入口烟气含尘浓度高，设备阻力可控制在 1400～1800Pa。

（6）袋式除尘器应采用若干独立的仓室并联结构。过滤仓室的进出口应设可自动和手动操作的烟道挡板阀，漏风率应小于 2%，进口烟道挡板阀应有防磨措施。烟道挡板阀应设检修门，检修门应具有保温功能。

（7）当除尘系统设旁路烟道时，只能在锅炉用燃油点火、烟温异常、“四管”爆裂等特殊状况下使用。旁路阀泄漏率应为零，开启时间应小于 30s。旁路烟道烟气流速可按 40～50m/s 选取。应防止旁路阀积灰堵塞。

（8）对于改造项目的风机选择：一般情况下，袋式除尘器设备阻力可按 1800Pa 选取；有脱硫时，袋式除尘器设备阻力可按 2100Pa 选取。

（9）电除尘器（或其他除尘器）改为袋式除尘器时，应对原引风机和电机的出力按新的风量、全压和功率进行校核。必要时，应对引风机和电机进行更换或改造。

三、SO_2 控制技术

（一）SO_2 生成机理及影响因素[3,4]

1. 煤中硫的形态

煤中的硫可分为有机硫和无机硫两大类。煤中无机硫来自矿物质中各种含硫化合物，它包括硫铁矿和硫酸盐硫，其中以黄铁矿硫为主，占无机硫总量的 53.4%。煤中硫的分类见图 11-2。

有机硫化学结构十分复杂，至今对有机硫的认识还不够充分。但根据试验结果表明，煤的大分子网络中噻吩结构占 70%，其余 30%为芳香硫化物。

我国煤的含硫量变化值很大，从 0.1%～10%不等，从地理上来讲东北三省煤的含硫量最低，我国高硫煤主要集中在四川、贵州、湖北、广西、山东和陕西省的部分地区。

各煤种含硫量有所区别，据统计肥煤平均硫分为 2.33%，长焰煤为 0.74%。

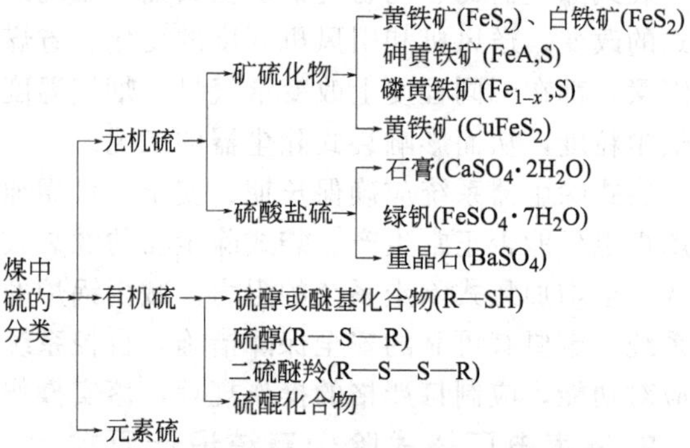

图 11-2 煤中硫的分类

2. 煤炭硫分分级

我国煤炭硫的分级是按 GB/T 15224.2—94《煤炭硫分分级》的规定进行的，其具体分级见表 11-7。

表 11-7 煤炭硫分分级

序号	级别名称	代号	硫分 $S_{t,d}$/%
1	特低硫煤	SLS	≤0.50
2	低硫分煤	LS	0.50～1.00
3	低中硫煤	LMS	1.00～1.50
4	中硫分煤	MS	1.50～2.00
5	中高硫煤	MHS	2.00～3.00
6	高硫分煤	HS	>3.00

3. 全硫

根据煤中硫分能否在空气中燃烧，煤中硫分又可分为可燃硫和不可燃硫。有机硫、硫铁矿硫、单质硫都能在空气中燃烧，属于可燃硫。在煤炭燃烧过程中不可燃烧的硫残留在煤灰渣中，所以又称固定硫，硫酸盐就属于固定硫。

全硫是煤中各种形态硫的总和（S_t），即硫酸盐硫（S_s）、硫铁矿硫（S_p）、单质硫（S_{ei}）和有机硫（S_o）的总和。

$$S_t = S_s + S_p + S_{ei} + S_o \tag{11-2}$$

4. 我国煤炭硫分的分布

（1）原煤硫分的分布　原煤硫分的分布是以24个矿区或煤田随机抽样结果来加以说明，具体见表11-8。

表11-8　原煤硫分平均值、分级硫分及分布

硫分分级	国有煤矿			其他（乡镇煤矿）			全国原煤		
	产量/万吨	硫分/%	分布/%	产量/万吨	硫分/%	分布/%	产量/万吨	硫分/%	分布/%
<0.50	18713	0.34	28.21	15611	0.37	31.83	34323	0.36	29.75
0.50～1.00	23020	0.74	34.70	17318	0.69	35.31	40335	0.72	34.96
1.01～1.50	12055	1.21	18.17	3521	1.23	7.18	15576	1.22	13.50
1.51～2.00	3948	1.79	5.95	3879	1.75	7.91	7833	1.78	6.79
2.01～3.00	4749	2.48	7.16	2668	2.58	5.44	7216	2.53	6.43
3.01～4.00	2864	3.51	4.32	4349	3.38	8.87	7213	3.43	6.25
4.01～5.00	618	4.45	0.93	1071	4.49	2.18	1689	4.48	1.46
>5.00	364	6.69	0.55	626	6.16	1.28	990	6.36	0.86
小计	66331	1.09	100	49043	1.21	100	115175	1.14	100
平均硫分	1.09%			1.21%			1.14%		

（2）商品煤硫分分布　商品煤硫分分布情况，见表11-9。

表11-9　商品煤硫分平均值、分级硫分及分布

硫分分级	全国商品煤			发电用商品煤			终端使用商品煤		
	产量/万吨	硫分/%	分布/%	产量/万吨	硫分/%	分布/%	产量/万吨	硫分/%	分布/%
<0.50	38544	0.32	30.47	10272	0.34	21.55	24312	0.32	35.01
0.50～1.00	43523	0.73	34.41	17965	0.75	37.69	21788	0.70	31.38
1.01～1.50	17078	1.21	13.50	9933	1.28	20.84	6213	1.18	8.95
1.51～2.00	8678	1.71	6.86	4768	1.72	10.00	3378	1.74	4.87
2.01～3.00	7792	2.47	6.16	1522	2.53	3.19	6058	2.56	8.73
>3.00	10879	3.90	8.60	3200	3.72	6.73	7679	3.98	11.06
小计	126494	1.13	100	47660	1.12	100	69428	1.19	100
平均硫分	1.13%			1.12%			1.19%		

（3）不同煤种硫的分布　全国2093个煤层煤样测定各煤种平均含硫量见表11-10。

表11-10　我国不同煤种的平均含硫量

煤种	样品数	煤干燥基含硫量/%			煤种	样品数	煤干燥基含硫量/%		
		平均值	最低值	最高值			平均值	最低值	最高值
褐煤	91	1.11	0.15	5.20	焦煤	295	1.41	0.09	6.38
长焰煤	44	0.74	0.13	2.33	瘦煤	172	1.82	0.15	7.22
不黏结煤	17	0.89	0.12	2.51	贫煤	120	1.94	0.12	9.58
弱黏结煤	139	1.20	0.08	5.81	无烟煤	412	1.58	0.04	8.54
气煤	554	0.78	0.10	10.24	样品总数	2093	1.21	0.04	10.24
肥煤	249	2.33	0.11	8.56					

(4) 各地高硫矿区煤中硫赋存形态 各地高硫矿区煤中硫赋存形态，详见表11-11。

表 11-11 各地高硫煤矿区硫的赋存形态

地区	煤层煤样/%				商品煤样/%			
	$S_{t,d}$	$S_{p,d}$	$S_{s,d}$	$S_{o,d}$	$S_{t,d}$	$S_{p,d}$	$S_{s,d}$	$S_{o,d}$
全国	2.76	1.61	0.11	1.04	2.76	1.47	0.09	1.20
华东	2.16	1.09	0.09	0.98	2.65	1.21	0.09	1.35
中南	3.20	1.62	0.12	1.46	3.42	1.53	0.07	1.82
西南	3.54	2.69	0.11	0.74	3.48	2.63	0.08	0.77
西北	2.82	1.14	0.09	1.59	2.36	1.04	0.07	1.25
华北	2.50	1.39	0.13	0.98	2.30	1.03	0.08	1.19
东北	2.70	1.91	0.17	0.62	2.66	1.67	0.30	0.69

5. 煤在燃烧过程中硫氧化物的生成机理

煤在燃烧过程中生成的硫氧化物主要是 SO_2 和 SO_3 等，以 SO_x 表示。实践证明，其中 SO_2 的生成量约占 SO_x 生成总量的70%～90%，一般平均值近似80%。

(1) SO_2 的生成 煤中的有机硫化物（RS）和黄铁矿（FeS_2）燃烧生成 SO_2，其反应方程如下：

$$4FeS_2+11O_2 \longrightarrow 2Fe_2O_3+8SO_2 \tag{11-3}$$

$$RS+O_2 \longrightarrow SO_2+R \tag{11-4}$$

(2) SO_3 的生成 SO_3 生成机理较为复杂，最新研究结果表明，SO_3 通过下列途径在炉内生成。

① 高温条件下的生成。高温条件下，生成的 SO_2 与自由氧原子反应生成 SO_3。

$$SO_2+[O] \longrightarrow SO_3 \tag{11-5}$$

式中原子氧［O］可以有三种方式生成：氧在炉内高温离解，在受热面表面催化离解或在燃烧过程中按下列反应生成：

$$CO+O_2 \longrightarrow CO_2+[O] \tag{11-6}$$

或

$$H_2+O_2 \longrightarrow H_2O+[O] \tag{11-7}$$

所以燃烧温度越高，过量空气量越大，［O］分解的越多，生成 SO_3 量增加。

② 富氧条件下的生成。在富氧运行条件下，SO_3 在烟气中含量会增加。降低过量空气量会使烟气中 SO_3 的浓度降低。

③ 催化反应的生成。催化反应生成 SO_3。当高温烟气流经过水冷壁积灰层时，由于灰中 V_2O_5 和 Fe_2O_3 的催化作用，使烟气中 SO_2 转化为 SO_3，催化反应按下列过程进行：

$$V_2O_5+SO_2 \longrightarrow V_2O_4+SO_3 \tag{11-8}$$

$$5SO_2+3O_2+V_2O_4 \longrightarrow V_2(SO_4)_5 \tag{11-9}$$

$$V_2(SO_4)_5 \longrightarrow V_2O_5+5SO_3 \tag{11-10}$$

试验表明，催化作用温度范围为425～625℃，在550℃达到最大值。

④ 煤中硫酸热解生成。煤中碱土金属硫酸盐（$CaSO_4$ 和少量 $MgSO_4$）热解生成 SO_3。

$$CaSO_4 \longrightarrow CaO+SO_3 \tag{11-11}$$

热解温度约1000℃，当1400～1500℃以上反应强度骤升，但硫酸盐量很少。

SO_3 气体可以通过灰层直接与金属壁面的氧化铁膜生成硫酸铁

$$Fe_2O_3+3SO_3 \longrightarrow Fe_2(SO_4)_3 \tag{11-12}$$

值得注意的是，根据化学平衡状态原理，SO_2 可以氧化成 SO_3，但同时 SO_3 也可以分解成 SO_2 和 [O]。

液体燃料中的硫多以元素硫、硫化氢、噻吩和硫酸等形式存在，由于我国油燃料均在低硫油和中硫油范围内（中东石油属于高硫油），况且其 SO_2、SO_3 生成机理与煤燃料雷同，故不详述。

气体燃料含硫很少，一般均能满足现行排放标准的要求。

任何一种煤的可燃硫部分在煤的燃烧过程中几乎全部和氧燃烧，反应生成 SO_2。由此可知，影响 SO_2、SO_3 的生成主要因素是燃料中可燃硫的含量、过量空气系数和炉内火焰温度。

我国煤种中以 $CaSO_4$ 和 $MgSO_4$ 等硫酸盐形态存在的无机硫很少，SO_2 释放温度也很低，在1200℃已几乎全部释放。因此，SO_2 生成量与煤的含硫量有关，其影响较大。而燃烧温度、过量空气系数也有影响，但不大。

（二）工业型煤固硫技术

人们早就认识到，燃烧型煤能显著提高煤的燃烧效率和减少烟尘排放，是防治煤烟型大气污染的有效途径之一。20 世纪 60 年代，我国开始工业型煤技术开发和研究工作，当时研发的目的是充分利用煤末问题；内容则是有关工业型煤成型、强度，工业型煤用黏合剂的选择。进入 80 年代人们在工业型煤成型技术已日臻成熟基础上，在工业型煤中加固硫剂，开辟了新的治理气态污染物途径。目前型煤燃烧烟气黑度低于 0.5 林格曼级、烟气量减少 60%，SO_x 和强致癌物苯并 [a] 芘减少 50%，而 NO_x 下降 25%，节煤率可达 15%～25%。这是本书中唯一可降低五项指标的燃烧技术。

现仍制约工业型煤燃烧技术发展的问题有两方面：①对工业型煤（民用除外）未形成统一的制煤、仓储、运输能力；②改烧型煤是立足于原炉型（链条炉等）基础上的，这样不仅不能全面反映其效果，而且锅炉容量较小，难以对治理 SO_x 起作用。因此，亟须解决的问题是研发适用于燃用型煤的新型锅炉。这里所指工业型煤燃烧固硫技术不是传统技术如链条炉改烧型煤，而是利用新型燃烧装置来进行燃煤的污染物净化。

1. 工业固硫型煤的煤质要求及煤质的调整

我国工业锅炉试烧型煤表明，在目前没有足够应用数据的条件下，工业固硫型煤包括各种配料在内（黏合剂、固硫剂）的整体煤质。

(1) 通过配煤调整煤质　当遇到单一煤种煤质指标不能满足燃烧要求时，可通过两种以上煤种混合后形成新的煤质指标，这就是通过配煤调整煤质。

(2) 灰熔点的调整　灰熔点对每个单一煤种来讲是固定的，灰熔点的三个特征温度为变形温度（DT）、软化温度（ST）和流液化温度（FT）。我国动力用煤主要品种的软化温度多在1300℃以上，从燃烧固硫角度考虑，其 ST>1200℃为宜，因此有时需通过配煤达到灰熔点的需求。

(3) 提高工业型煤反应活性的途径　与原煤反应活性一样，型煤的反应活性是指在一定温度条件下，与氧气、CO_2、水蒸气等气相介质的反应能力。反应能力越大，其活力越强，其气化、燃烧性能和燃烧效果也就更高。通过测试可比较型煤或煤的活化性。简化方法可采用固定碳和 CO_2 的还原率来表示反应活性。

具体做法是在相当于脱除挥发分后焦炭燃烧的条件下，通入 CO_2 气流（并控制其温度），测出出口气流中 CO_2 量，并将减少部分换算成 CO_2，其出入口 CO_2 的百分比即为 CO_2 还原率 a。

型煤的燃烧属于气-固两相反应。从固体方面分析，实际燃烧工况反应活性的进气浓度影响因素，可归纳为颗粒度、固相组分、颗粒的孔结构、孔表面性质和孔隙率等。

加入活性煤可提高反应活性，如（1）和（2）中提到的都是通过配煤来改变煤质，（1）是通过配入煤种来改变煤性质以满足燃烧要求；（2）是通过配入煤种来改变型煤的 ST，使其>1200℃。

如图 11-3 所示，原煤为重庆松藻无烟煤，加入一定活性煤（30%的中梁山烟煤）后的型煤反应活化性比较见三条试验曲线，它们表明配煤可提高型煤反应活性的效率，显著高于一般非配煤。

控制成型工艺及选取合理技术参数可提高型煤的反应活性。

① 料煤细化。型煤的料煤粒度越小，制成型煤内表面积越大，内表面上物质分子结构缺陷和价键不饱和部位越多，越有利于提高型煤的反应活性。在采用胶黏剂低压成型固硫型煤时，经多次试验结果分析，料煤粒径大小，对型煤强度，固硫率均有影响。根据其技术经济分析，料粒在 0.5～3mm，强度值（1～3mm 颗粒占 1/4 时强度最高）和反应活性均较好。

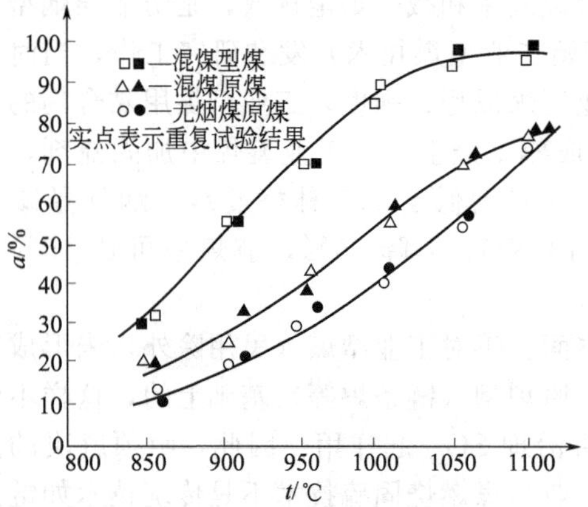

图 11-3 反应活性比较

② 控制型煤成型压力及胶黏剂的选择。型煤制作、运输、燃烧过程中必须保持一定的强度，但成型压制中加压过大，粒径（粉碎）改变和孔隙率减小，从而影响型煤反应活性，因此推荐低压成型工艺。

试验结果表明，压制型煤压力达 25MPa 时，型煤的强度主要取决于胶黏剂。继续增加压制压力，提高型煤强度极其有限。目前低压成型的型煤所用胶黏剂，从提高反应活性来讲，宜选用有机胶黏剂。

③ 添加活性剂。目前添加的活性剂就是市场出售的助燃剂，如有必要可适量加一些，通常添加量约占型煤总量的 0.1%左右。活性添加剂不仅能提高型煤反应活性，而且对固硫也起促进作用。

2. 燃煤过程中 SO_2 释放规律

我国煤种主要含有机硫和黄铁矿硫，以 $CaSO_4$ 和 $MgSO_4$ 等硫酸盐形态存在的很少，故 SO_2 释放温度较低。从试验结果（图 11-4）上可以看出，原煤中的硫在温度达到 800℃之前已接近全部释放，温度 800℃是出现 SO_2 峰值浓度的温度。

型煤燃烧固硫是通过型煤（含固硫剂）在其燃烧过程中有效扼制 SO_2 的排放的。固硫效果好坏取决于固硫剂与燃烧释放 SO_2 的及时反应能力。若固硫反应滞后，或虽同步反应但固硫速率明显低于 SO_2 释放速率，则固硫率自然会低。图 11-4 中包括加入不同固硫组分后，每次升温过程中都会出现 SO_2 释放峰的试验曲线，但其释放温度均不到 600℃。同时图 11-4 还表明煤中加入固硫剂后，低温段固定下来的硫在高于 1000℃又开始重新放出。上述结果表明，固硫配比要抓两头，即抓低温反应活性和高温分解速率。

3. 固硫剂的选择及其固硫机理

（1）固硫剂的选择 国内外常用的固硫剂多为钙基固硫剂，这是由它来源广、原料易得、价格低、固硫产物在 1100℃以下有较好的抗高温分解性能等因素决定的。常用钙基固硫剂有石灰、消石灰、电石渣、石灰石和白云石等。

（2）钙硫固剂固硫的化学原理 由于煤的自身组分结构复杂，在制作型煤又加入胶黏剂和固硫剂等物质，会使煤质结构发生改变，而且其不同温度段的化学反应及其产物结构难以确定，一般是通过化学反应基本原理结合试验结果说明机理。

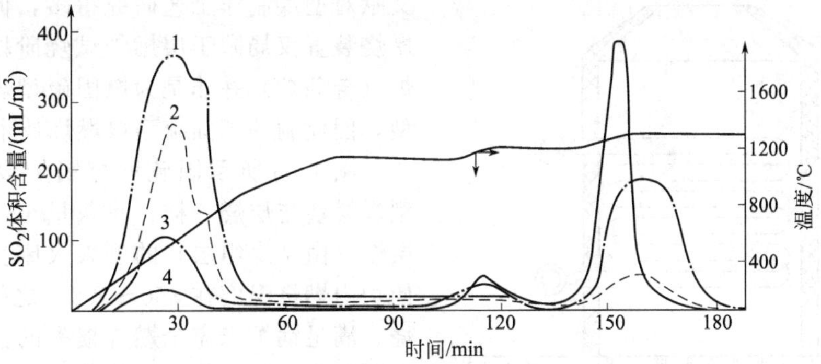

图 11-4 煤燃烧过程中 SO_2 释放规律

① 固硫剂热分解反应

$$CaCO_3 \longrightarrow CaO + CO_2 \tag{11-13}$$

$$Ca(OH)_2 \longrightarrow CaO + H_2O \tag{11-14}$$

② 固硫合成反应

$$Ca(OH)_2 + SO_2 \longrightarrow CaSO_3 + H_2O \tag{11-15}$$

$$CaO + SO_2 \longrightarrow CaSO_3 \tag{11-16}$$

③ 中间产物的氧化反应和歧化反应

$$2CaSO_3 + O_2 \longrightarrow 2CaSO_4 \tag{11-17}$$

$$4CaSO_3 \longrightarrow CaS + 3CaSO_4 \tag{11-18}$$

④ 固硫产物高温分解反应

$$CaSO_3 \longrightarrow CaO + SO_2 \tag{11-19}$$

$$CaSO_4 \longrightarrow CaO + SO_2 + [O] \tag{11-20}$$

而反应式 $CaSO_4 \longrightarrow CaO + SO_2 +$ [O] 中的氧 [O] 又与 CO 与氢等还原性物质反应。

实际固硫过程中发生的反应远不止这些，如白云石另一种热分解产物 MgO 及其他金属氧化物的固硫合成反应等。

反应式(11-13) 和式(11-14) 表明，石灰石或白云石都得经过热分解生成CaO才能有效固硫。由其燃烧温度可知，对于流化床炉内脱硫，一般燃烧温度 850～950℃较为合适；对于型煤固硫，应选高温固硫，但应考虑 $CaSO_3$ 和 $CaSO_4$ 的热分解影响（一般 $CaSO_3$ 热分解温度为 1040℃，$CaSO_4$ 热分解温度与其纯度有关），一般为 1100～1320℃。

因此层燃工业型煤锅炉，一方面进行着固硫合成反应，另一方面存在着固硫产物发生的分解反应。总体来讲，以热分解反应过程为主，这就是一般情况下固硫率低的原因。

4. 型煤的制备及其燃烧装置

过去所谓烧型煤是指在层燃前加成型机（圆盘造粒、螺旋挤压和对辊成型），制成型煤送入层燃室的燃烧方式。总的来讲，这种燃烧方式仅适用小型锅炉。为寻求中型乃至大型锅炉能燃固硫型煤，必须从两方面进行技术突破，这就是固硫型煤制作工厂化和研发固硫型煤专用燃烧装置。

(1) 固硫型煤的统一配送及制作工厂化　固硫型煤制作工艺包括料煤制备、固硫剂配制和混合成型三个程序。统一配送、制作工厂化含义是，在一个城市或地区建设若干个固硫型煤配送中心，它从原煤购进贮存开始，到配煤调质、固硫剂配制、混合成型制成商品型煤，并按用户需要量直供用户为止。这是发展燃用固硫型煤的前提，这样做的优越性不言而喻。

(2) 研发固硫型煤专用燃烧装置是烧固硫型煤的关键[3,6] 直到目前为止有关书籍、文献对型煤制作工艺研究得多，但对于型煤的燃烧装置仅局限于层燃炉试烧阶段。由于层燃炉（链条炉）并非是为燃固硫型煤而设计的炉型，因此制约了固硫型煤燃烧技术的发展。

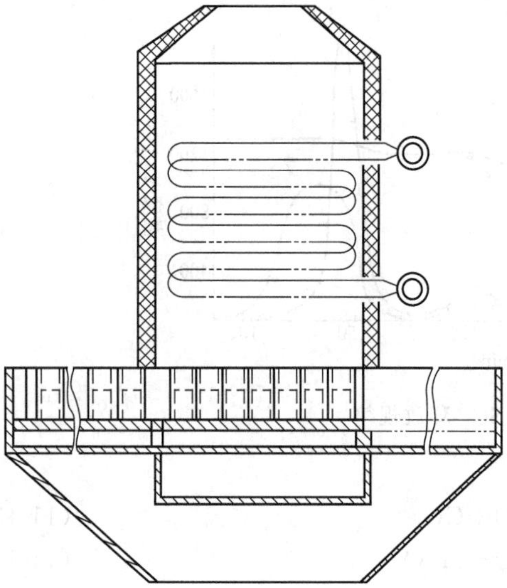
图 11-5 型煤锅炉

图 11-5 所示固硫型煤锅炉设计中考虑了型煤燃烧与层燃一样，飞灰量小，保留了类似层燃（由型煤组层）的型煤火床。受热面布置使炉内燃烧温度在 850～900℃之间，在稳定燃烧、满足锅炉未完全燃烧损失的前提下，避开高温度热分解而提高固硫率。

5. 工业固硫剂的用量及 Ca/S 的选择

固硫剂的用量是依据煤的含硫量按 Ca/S 计算的。一般情况下，可选取 Ca/S＝2 左右。燃煤含硫量较高时，Ca/S 比可往上调；反之，应下调。试验证实，在加有 SiO_2 和 Fe_2O_3 添加剂，炉内燃烧温度 1250℃时，含硫量 3%型煤，在 Ca/S＝1.5 条件下固硫率仍能达到 60%以上。添加剂的配比作为技术秘密不公开，但从有关资料分析，按有效组分含量计不超过 1%，如 Fe_2O_3 用量仅为 0.4%。固硫剂的粒度应在 0. 10～0.15mm（100～150 目）之间。钙基固硫剂用量计算如式(11-21) 所示：

$$m=\frac{Rm_cS_c}{32\sum_{i-1}^{n}\frac{P_i}{M_i}} \tag{11-21}$$

式中，m 为固硫原料用量，kg；R 为 Ca/S 值；m_c 为用煤量，kg；S_c 为煤的含硫率，%；P_i 为固硫剂有效组分的质量百分比含量，%；M_i 为固硫剂有效组分分子量。

（三）燃用水煤浆脱硫技术[6]

水煤浆（coal water mixture）是一种由微煤粒、水并掺入少量化学添加剂的液态混合物。水煤浆中煤粉与水的含量分别为 70% 和 30%，化学添加剂约为总量的 1%。水煤浆的制造工艺流程见图 11-6。

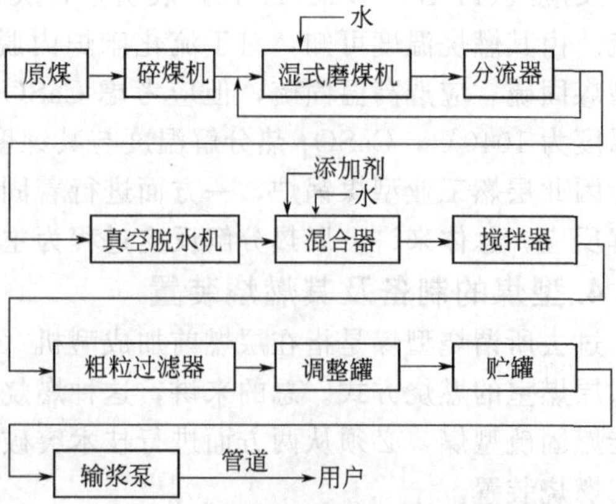

图 11-6 水煤浆制浆工艺流程

首先将原料煤湿磨成 50～200μm 的粒状，经分流器分流，粒径合格的煤粉浆液通过真空脱水浓缩后入混合器，再加入适量的化学添加剂和水，经混合并连续搅拌，这样制备好的水煤浆就可以入贮罐贮存以备用户使用。

在水煤浆的制造过程中，为了保证水煤浆的流动性和稳定性，必须加入适当的化学添加剂。根据煤的浓度与流动特性，所使用的添加剂种类有所不同，分为非离子型和离子型。

水煤浆的流动特性有以下两个特点：①具有最佳的屈服应力，因而在静态和动态时的稳定性好；②水煤浆虽是非牛顿液体，但在一定的剪切速率下，具有牛顿液体的特性，因而易于管道输送。水煤浆表面黏性与剪切率之间的相互关系可以根据不同的添加剂以及煤粉粒径分布进行最佳的混合来加以确定。

在制浆过程中可以进行净化处理。经过湿磨并分流后的煤浆，在进入真空脱水器之前，预先进行一次浮选净化，通过浮选工艺能除去原煤中50%以上的灰分和40%以上的无机硫（黄铁矿）。对于有机硫，可在制浆中掺入脱硫剂（石灰石），即可在水煤浆燃烧过程中进行有效的脱硫。

由于水煤浆与燃料油有同等良好的处理性和燃烧性，可以在压力下给浆，能作为煤气发生器的原料用，故水煤浆可望成为煤气联合循环发电厂的一种理想燃料。

通过国内外十多年的实践，水煤浆的特征可以归纳为以下几点：

（1）可以用管道输送，用罐贮存，节省运输、贮存费用。

（2）在运输、贮存过程中安全性好，不会发生火灾，罐区不属危险物区，可缩小罐区用地。没有飞尘对环境和人体的影响。

（3）可以直接进炉喷雾燃烧，与煤粉炉相比，节省了原煤及制粉系统的设备、土建、运行费用。

（4）燃烧稳定，点火、停炉方便，负荷变动适应性与烧重油时相似，未燃损失小。

（5）可实施煤的清洁燃烧，减少灰、粉尘、SO_2、NO_x 的排放量，有利于环境保护。

（四）流化床燃烧脱硫的机理

1. 燃烧过程中 SO_2 的形成

煤中的硫以黄铁矿（FeS_2）、有机硫（$C_xH_yS_x$）和硫酸盐三种形式存在。在燃烧条件下，黄铁矿和氧反应如下：

$$4FeS_2 + 11O_2 \longrightarrow 2Fe_2O_3 + 8SO_2 \tag{11-22}$$

有机硫在大于200℃时，可以部分分解，释放 H_2S、硫醚、硫醇和噻吩等物质。这些物质有较低燃点，在大于300℃时即可燃烧生成 SO_2，未分解的部分和氧直接反应燃烧：

$$C_xH_yS_x + \left(x + \frac{1}{4}y + z\right)O_2 \longrightarrow zSO_2 + xCO_2 + \frac{1}{2}yH_2O \tag{11-23}$$

硫酸盐硫分解温度较高，理论上讲为1350℃。通常情况下，流化床锅炉燃烧中硫酸盐硫分不会分解，但遇有 MnO_2、Cl 存在时，即使低于1000℃也会部分分解。图11-7为典型高硫煤硫的释放结果。由图中可以看到 SO_2 的释放主要发生在850℃以下。由于流化床燃烧温度较低，一般不存在高温分裂的氧原子与 SO_2 催化生成 SO_3 的情况，但是在受热面的积灰和氧化膜催化作用下，可有少量 SO_3 产生，常规流化床占总 SO_x 的0.5%～2%，而增压流化床可达3%～5%。

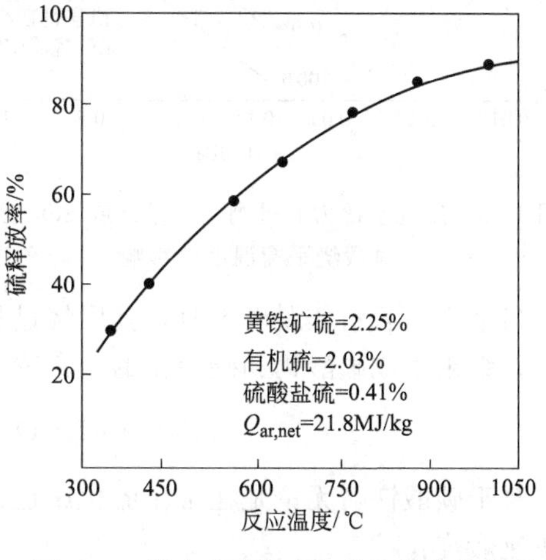

图11-7　煤中硫释放率与燃烧温度的关系

2. 煅烧

在常压流化床锅炉中石灰石或白云石中的 $CaCO_3$ 遇热先煅烧分解为多孔 CaO：

$$CaCO_3 \longrightarrow CaO + CO_2 \tag{11-24}$$

由于煅烧过程中二氧化碳的析出会产生并扩大石灰石中的孔隙（见图11-8），从而为连续的硫酸盐化反应准备了更大的反应面积。

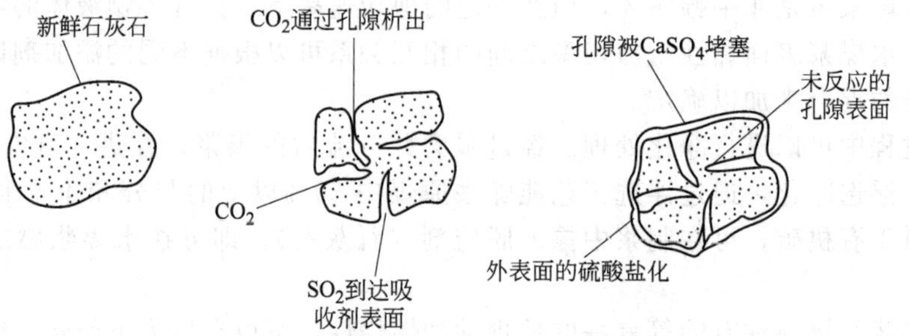

图 11-8 脱硫剂煅烧及其硫酸盐化

煅烧反应的速度相对比较快，其条件是在 CO_2 的分压小于给定温度下的平衡分压 p_e 时，或者燃烧中的温度比这一 CO_2 分压所对应的煅烧平衡温度更高时才会发生。

$$p_e=1.2\times10^6\exp(-E/RT) \quad (\text{MPa}) \tag{11-25}$$

式中，E 为活性能，159000kJ/kmol；R 为通用气体常数，8.314kJ/(kmol・K)。

图 11-9 为燃烧室压力和过剩空气量（或 CO_2 分压）对煅烧平衡温度的影响曲线。可以看出烟气中 CO_2 的分压取决于过剩空气量的总压力。例如，过剩空气量为零时，如果 CO_2 在烟气中体积份额为 18.5%，则对应燃烧压力为 0.1MPa 和 1.0MPa 的 CO_2 分压分别为 0.0185MPa 和 0.18MPa。图 11-9 还给出不同过剩空气量和燃烧室压力下燃用普通燃料的煅烧温度或者煅烧最低允许温度，由式(11-25) 或图 11-9 求出。如 CO_2 的分压为 0.018MPa 和 0.18MPa 时，则对应平衡温度分别为 789℃和 944℃。增压流化床主燃烧区域烟气中 CO_2 分压较高。在典型燃烧温度下，$CaCO_3$ 不能煅烧，见图 11-10。

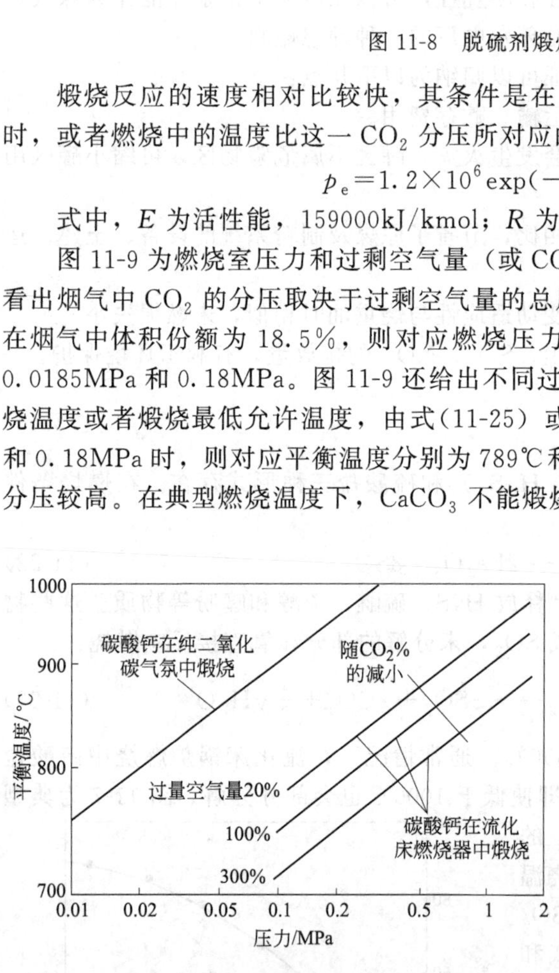

图 11-9 燃烧室压力和过剩空气量（或 SO_2 分压）对煅烧平衡温度的影响

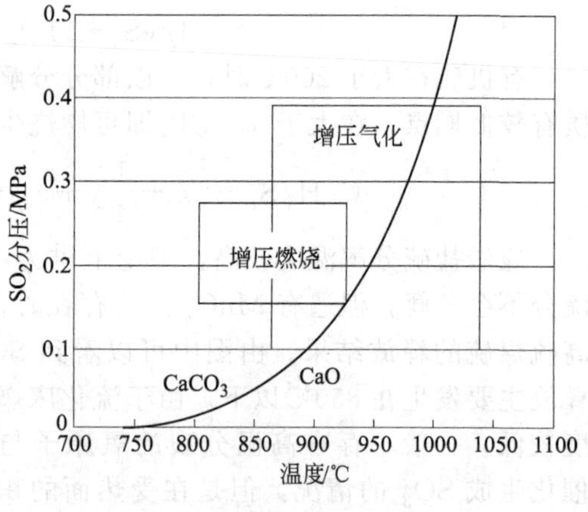

图 11-10 温度和 SO_2 压力对 $CaCO_3$ 煅烧分解的影响

当采用白云石作脱硫剂时，其煅烧过程较为复杂些。它是先进行热分解，约在 620℃下发生，结果生成碳酸钙和碳酸镁的混合物：

$$CaCO_3\cdot MgCO_3 \xrightarrow{620℃} CaCO_3+MgCO_3 \tag{11-26}$$

对于碳酸镁，无论是在常压流化床还是在增压流化床燃烧情况下，均是不稳定的，并进行快速煅烧：

$$(CaCO_3+MgCO_3)\longrightarrow(CaCO_3+MgO)+CO_2 \tag{11-27}$$

这就是所谓的“部分煅烧”，反应式中析出的MgO在整个流化床温度区与SO_2反应非常缓慢，几乎可以视为惰性，不过，通过此反应，从脱硫剂内部释放出的CO_2在脱硫剂颗粒中形成很多孔隙，从而使SO_2较易进入脱硫剂内部，进行硫酸盐反应。

（五）控制技术路线

1. 电厂锅炉

燃用中、高硫煤的电厂锅炉必须配套安装烟气脱硫设施进行脱硫。电厂锅炉采用烟气脱硫设施的适用范围是：

（1）新、扩、改建燃煤电厂，应在建厂同时配套建设烟气脱硫设施，实现达标排放，并满足SO_2排放总量控制要求，烟气脱硫设施应在主机投运同时投入使用。

（2）已建的火电机组，若SO_2未达排放标准或未达到排放总量许可要求、剩余寿命（按照设计寿命计算）大于10年（包括10年）的，应补建烟气脱硫设施，实现达标排放，并满足SO_2排放总量控制要求。

（3）已建的火电机组，若SO_2未达排放标准或未达到排放总量许可要求、剩余寿命（按照设计寿命计算）低于10年的，可采取低硫煤替代或其他具有同样SO_2减排效果的措施，实现达标排放，并满足SO_2排放总量控制要求。否则，应提前退役停运。

（4）超期服役的火电机组，若SO_2未达排放标准或未达到排放总量许可要求，应予以淘汰。

2. 电厂锅炉烟气脱硫的技术路线

（1）燃用含硫量2%煤的机组或大容量机组（200MW）的电厂锅炉建设烟气脱硫设施时，宜优先考虑采用湿式石灰石-石膏法工艺，脱硫率应保证在90%以上，投运率应保证在电厂正常发电时间的95%以上。

（2）燃用含硫量<2%煤的中小电厂锅炉（<200MW），或是剩余寿命低于10年的老机组建设烟气脱硫设施时，在保证达标排放，并满足SO_2排放总量控制要求的前提下，宜优先采用半干法、干法或其他费用较低的成熟技术，脱硫率应保证在75%以上，投运率应保证在电厂正常发电时间的95%以上。

（3）火电机组烟气排放应配备二氧化硫和烟尘等污染物在线连续监测装置，并与环保行政主管部门的管理信息系统联网。

（4）在引进国外先进烟气脱硫装备的基础上，应同时掌握其设计、制造和运行技术，各地应积极扶持烟气脱硫的示范工程。

（5）应培育和扶持国内有实力的脱硫工程公司和脱硫服务公司，逐步提高其工程总承包能力，规范脱硫工程建设和脱硫设备的生产和供应。

3. 采用烟气脱硫设施时的技术选用原则

（1）脱硫设备的寿命在15年以上；

（2）脱硫设备有主要工艺参数（pH值、液气比和SO_2出口浓度）的自控装置；

（3）脱硫产物应稳定化或经适当处理，没有二次释放二氧化硫的风险；

（4）脱硫产物和外排液无二次污染且能安全处置；

（5）投资和运行费用适中；

（6）脱硫设备可保证连续运行，在北方地区的应保证冬天可正常使用。

（六）炉内喷钙+烟气增湿活化工艺工程实例

炉内喷钙＋烟气增湿活化工艺（LIFAC），是在炉内喷钙干式脱硫工艺的基础上，于空气预热器后加设增湿段，以提高脱硫率和吸收剂利用率。

发电机组的设计煤种为徐淮统煤。锅炉为 HG-420/13.7-YM1 型，为超高压一次中间再热、自然循环汽包锅炉，露天布置，中储式乏气送粉系统。电除尘器为 RWD/KFH-123-4-3.5 型（四电场），每台锅炉配 2 台电除尘器。2 台机组合用 1 座高度为 150m 的烟囱。

1. 技术设计参数

在石灰石粉的 $CaCO_3$ 含量不小于 93%、细度不大于 40μm（占 80%）的条件下，系统的性能保证使用年限为 20 年；年运行 5500h。

主要设计参数见表 11-12。

表 11-12 主要设计参数

项目	设计值	项目	设计值
空预器后烟气量/($10^4m^3/h$)	54.4	耗水/(t/h)	33
活化器后烟气量/($10^4m^3/h$)	57.6	活化器阻力/Pa	<1300
燃煤硫分/%	0.92	再热空气量/(m^3/h)	36000
钙硫比	2.5	活化器进口烟气温度/℃	140
脱硫效率/%	≥75	活化器出口烟气温度/℃	>55
系统可用率/%	>95	电除尘器入口烟气温度/℃	<70
石灰石($CaCO_3$)粉纯度/%	>93	电除尘器入口烟尘浓度/(g/m^3)	<72
石灰石粉细度(小于 40μm)/%	>80	电除尘器除尘效率/%	>90
耗电/(kW·h/h)	<760	锅炉效率损失/%	<0.61

2. 工艺流程

炉内喷钙+烟气增湿活化工艺主要由石灰石制备系统、炉内喷射系统、增湿活化系统和监测控制系统组成。石灰石制粉设在厂外，炉内喷射部分由给料系统和喷射系统组成。给料系统包括主粉仓、输送仓泵、计量仓、平衡仓、喷射仓以及螺旋给料机等设备。喷射系统包括罗茨风机及吸收剂喷嘴等。喷嘴的布置分为上下两层。增湿活化系统由活化器本体及辅助设备组成。

脱硫系统分别布置于锅炉的前后两个区位，主要设备从国外引进，国内承担辅助配套设施。工艺流程如图 11-11 所示。

石灰石粉用空气喷入炉膛 900～1250℃区域，受热分解为 CaO 和 CO_2，CaO 与烟气中 SO_2 反应最终生成 $CaSO_4$。由于反应在气固两相间进行，速度较慢，吸收剂利用率低。$CaSO_4$、飞灰和未反应的吸收剂随烟气进入活化反应器，增湿水用两相流喷嘴雾化（液滴直径 50～100μm），未反应的 CaO 被消化生成 $Ca(OH)_2$，与 SO_2 反应再次脱硫。处理后烟气从塔底排出，混合一定量的来自空气预热器的热空气，升温后进入电除尘器。大颗粒物料落在活化器底部，由回转收料机收集后加到活化器前的垂直烟道中进行再循环。脱硫后的烟气经电除尘器捕集烟尘，由引风机排入烟囱。除尘器捕集的脱硫副产物和飞灰的混合物由负压气力输送装置集中送到灰库，灰库出灰的一部分通过罗茨风机送去再循环，以提高钙的利用率。反应分两段进行：炉内喷钙段和烟气增湿活化段。

3. 主要设备

LIFAC 装置共分 5 个系统。

(1) 石灰石粉制备　由于在炉膛内气固两相反应时间很短，要求石灰石粉具有适当的粒度、较高的比表面积和较好的质量。石灰石中的 $CaCO_3$ 含量不低于 93%，粒径不大于 40μm。

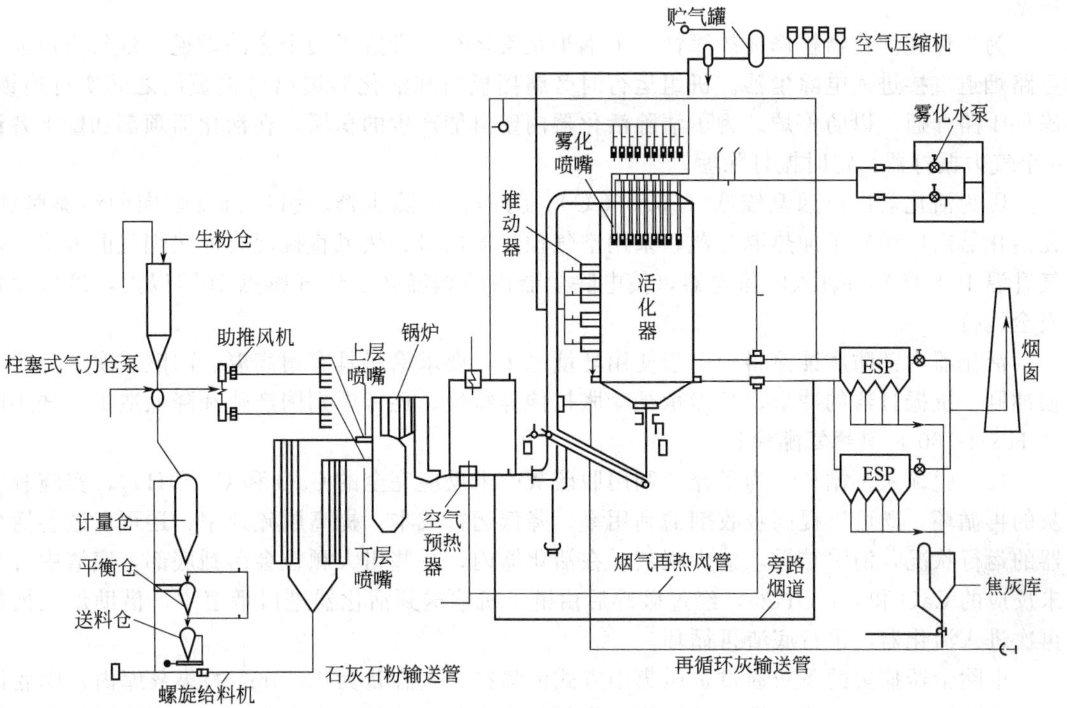

图 11-11　电厂 LIFAC 脱硫工艺流程

电厂设石灰石粉仓，容积为 $300m^3$，接受槽车送来的粉料。主粉仓下部有流化床以便卸料，顶部有袋式除尘器，防止进料时粉尘飞扬。卸料时用柱塞流单仓泵输送去炉前计量给料装置。柱塞流单仓泵是芬兰 Pneuplan 公司的产品，该设备为间断输料装置，输送速度为 4～7m/s，输送距离约 100m。

炉前计量给料装置主要由计量仓、给料斗和变频调速螺旋给料机组成。实行自动卸料和给料。给料斗与螺旋给料机直接连接，通过变频调速装置调整输粉量。螺旋给料机将粉料送入混合器，用罗茨风机将混合器中的粉料送入炉膛。

为使石灰石粉能均匀地喷入适当的炉内反应区，在炉前标高 27.7m 和 32.2m 处分别设置 1 排喷嘴（每排 5 只），来自混合器的石灰石粉被分成两路，自动切换，交替送至上排或下排，且由分配器将粉料均匀分配到 5 只喷嘴，运行时只有 1 排喷嘴工作。

负荷变化会导致最佳反应区温度场位置发生变化，通过上、下排喷嘴切换，可保证有较高的炉内喷钙脱硫率。

为使石灰石粉气流与烟气主气流混合均匀，设置了助推风机提供助推风。

在炉内喷钙系统中，喷钙点的选择是保证石灰石粉喷入合适温度区的关键因素。本工程根据炉内温度场的计算机模拟计算确定喷钙点。

(2) 增湿活化　增湿活化器是 1 个 ϕ11m、H43m 的塔体。烟气在活化器顶部分成 9 股穿过雾化喷嘴，每 1 股烟气通道的出口都被 1 个两相流雾化喷嘴组形成的增湿雾化区所覆盖。雾化水来自工业水系统，雾化动力用压缩空气。压缩空气和水通过 1 根同心双层管进入雾化喷嘴组，头部设有 5 只在不同高度上的喷嘴，雾化水呈扇状水平喷出形成水雾帘。雾滴的大小、雾滴与烟气的混合程度、烟气滞留时间、活化器出口烟温等均对活化器脱硫效果有重要的影响。烟气在活化器内的停留时间约 10s。活化器出口烟温越趋近水蒸气的露点温度，脱硫效率就越高。活化器上方对应每个喷嘴组设置了自动清扫装置，防止喷嘴积灰堵塞。

为确保在活化器检修或故障情况下锅炉正常运行，设置了两个旁路烟道。烟气可以通过旁路烟道直接进入电除尘器。机组运行时旁路挡板门和活化器进出口挡板门之间实行连锁，确保1路开通，以防停炉。为了清除活化器内壁可能产生的积垢，在活化器顶部和壁上各设6个气力振打器，定时振打除垢。

因为活化器出口烟温较低（55～60℃），为防止电除尘器、引风机及烟囱的结露腐蚀，在活化器出口设置了加热混合器，采用空气预热器出口的热风直接混合加热烟气的方式。烟气升温10～15℃后进入电除尘器，使电除尘器内的烟温高于烟气露点10℃以上，确保设备安全运行。

活化器内部防腐蚀涂料，由于使用环境恶劣，要求涂料具有耐高温、耐酸碱腐蚀、耐磨损冲刷、抗振打器的冲击，且能承受膨胀拉伸等特性，还考虑到国产化和降低造价，选用国产HS61-160环氧聚氨酯涂料。

（3）脱硫灰再循环　为了充分利用脱硫灰中未反应完全的CaO和$Ca(OH)_2$，实施脱硫灰的再循环，既可以提高吸收剂的利用率，降低运行成本，提高脱硫效率，还可以改善活化器的运行状况，消除结垢，减少积灰。在活化器内，一些粗大颗粒会落到底部，底渣中含有未反应的CaO和$Ca(OH)_2$，经过破碎后由链条机输送到活化器进口烟道中，借助烟气携带再次进入活化器，进行底渣再循环。

电除尘器捕集的飞灰通过负压集中方式汇集在一个容量为1350m^3的集灰库内，库底设有液化装置以改善脱硫灰的流动性能。将集灰库飞灰的一部分由可调速的星形给料机送入混合器内，再用罗茨风机吹入活化器进口烟道，实现再循环。再循环灰量可以根据负荷变化或活化器工况的需要进行在线调节。飞灰再循环可提高活化器脱硫效率5%～10%。

（4）辅助设施　辅助设施包括压缩空气和增湿供水系统。每台锅炉配备4台螺杆式空压机，3用1备。供水泵1用1备，水质要求为工业水。

（5）电气和自动控制系统　LIFAC脱硫工艺的电控系统分成两个独立的功能组：①石灰石粉给料喷射功能组，用来进行计量仓装料控制、喷射料仓控制、助推风切换控制、喷嘴层切换控制；②活化器功能组，用来进行增湿泵控制、活化器振打装置控制、活化器底渣出渣控制（包括活化器底渣输送控制和双挡板门排渣控制）。自控系统包括影响工艺性能的5个主要参数的控制：石灰石喷射量、活化器出口烟温、再热器出口烟温、再循环灰量、助推风风量。

每套LIFAC脱硫系统设有两台专用变压器，一台用做空气压缩机的供电，另一台用做脱硫系统的其他电机和用电设备的电源。空压机专用变压器安装在空压机站的电气控制室内，脱硫专用变压器安装在电除尘器电气控制室内。变压器输出的400V交流电进入电机控制中心（MCC），每套LIFAC脱硫系统有两个电机控制中心，一个用于空压机的控制，另一个用于其他电机的控制。MCC直接受DAMATIC XD系统的控制。

在单元控制室内，以带屏幕显示可键盘操作的操作员站为中心，实现脱硫系统正常运行工况的监视和调整以及异常工况的报警和紧急事故的处理，还提供以安全为目的的连锁保护。

脱硫系统主控装置采用芬兰VALMET公司的DAMATIC XD分散控制系统，可以提供从基本的调节到全厂自动控制的全部功能。系统功能由各分散的站来完成，通过总线接口把各站连接起来。系统设备全部采用模块式结构，便于维修和扩展。除了DAMATIC XD系统本身的内部通信外，该系统还提供某种形式的通信口，使DAMATIC XD与全厂主机组的计算机系统有必要的信息联系，主要是关于脱硫系统的运行状态参数和技术经济参数，如石灰石耗量，系统电耗，脱硫率等。

通过操作员站可对系统进行自动启停，并对有规律的连续操作采用顺序控制。

4. 运行结果

本工程自建成投运以来，经过调试、考核和验收，证明该装置已达到设计要求。脱硫系统性能考核见表 11-13，LIFAC 脱硫系统运行结果见表 11-14。

表 11-13 脱硫系统性能考核

项 目	保证值	实测值	项 目	保证值	实测值
脱硫率/%	≥75	75.8	电除尘器前烟气温度/℃	>70	78
可用率/%	>95	>95	活化器出口烟气温度/℃	>55	58
平均电负荷/kW	<760	612	活化器压力损失/Pa	<1300	<1000
电除尘器前烟尘质量浓度/(g/m^3)	≤72	<40			

表 11-14 LIFAC 脱硫系统运行结果

项 目	1号炉	2号炉	项 目	1号炉	2号炉
机组负荷/MW	125	124	耗电/(kW·h/h)	735	590
燃煤硫分/%	0.99	0.76	耗水/(t/h)	22.15	23.17
钙硫比	2.5	2.5	活化器出口烟气温度/℃	56	56
电除尘器入口烟气量/$(10^4 m^3/h)$	49.26	66.12	电除尘入口烟气温度/℃	78	78
脱硫效率/%	61.76	85.95	电除尘入口烟尘浓度/(g/m^3)	46.0	32.7
活化器阻力/Pa	824	803	双挡板门下灰量/(t/h)	6~8	1~2
石灰石粉消耗/(t/h)	5.17	3.90			

注：1号炉活化器入口烟道未作改进。

电厂 LIFAC 脱硫系统运行正常，基本能与主机同步。由于实际燃煤平均硫分只有 0.30%，远低于脱硫系统设计煤种的硫分（0.92%），考虑到对 SO_2 排放浓度和排放量的基本要求，活化器的投运时间较少，但炉内喷钙部分基本与锅炉同步运行。根据现场观测，吸收剂喷入对锅炉燃煤的火焰和点火特性没有影响。由于锅炉设计炉膛温度偏低，炉内无结焦。过热器、再热器和对流受热面的积灰有所增加，在受热面的迎风侧出现结块现象，但积到一定程度受气流冲刷能成块掉落。在正常情况下，只要加强吹灰，不会影响锅炉的热负荷，但对省煤器和空气预热器下灰斗负压气力收集系统的运行有一定影响，锅炉热效率有所下降，下降量小于合同保证值 0.62%。

四、燃煤锅炉烟气 NO_x 减排技术

随着电厂装机容量的增加，煤电锅炉烟气中的 NO_x 的排放量不断增长，对环境造成压力越来越大，NO_x 是常见的大气污染物质，它能刺激呼吸器官. 引起急性和慢性中毒，影响和危害人体器官，还可生成毒性更大的硝酸或硝酸盐气溶胶，形成酸雨。控制燃煤锅炉 NO_x 的排放越来越受到人们的重视。《火电厂大气污染物排放标准》（GB 13223—2011），针对 NO_x 排放现状，规定了火电厂 NO_x 最高允许排放浓度限值。目前，世界发达国家对 NO_x 的产生机理和控制技术的研究已经取得相当大的成果，并在工程上进行了成熟的应用。我国对 NO_x 减排的研究也有了很大的进展，国家也通过引进和自主研究相结合，在不少火力发电厂中进行降低 NO_x 排放的实践。

(一)煤粉燃烧和 NO_x 产生机理

煤粉燃烧火焰模型见图 11-12。从燃烧器喷入炉的一次风和煤粉受到周围火焰和炉壁炉渣的辐射热开始着火燃烧，形成一次燃烧区。一次燃烧区主要是煤的挥发分燃烧区域，从煤粒中挥发出的 CH_4、H_2、CO 等成分向周围扩散并与一次风中的氧混合，在煤粒周围形成火焰。二次燃烧区主要是炭粒子的燃烧区域，一次燃烧区的未燃烟气、炭粒子和辅助风箱送进的二次风进行扩散混合燃烧。

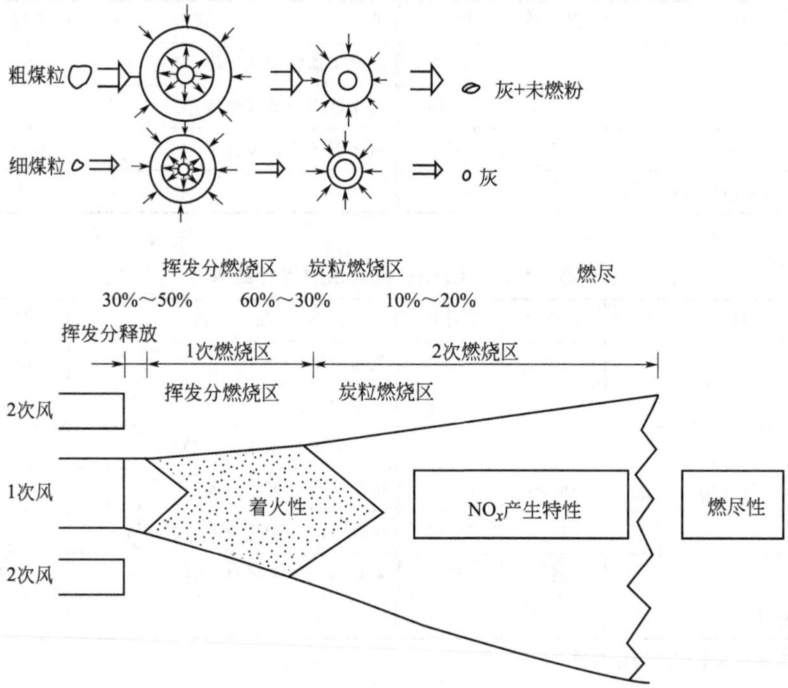

图 11-12 煤粉燃烧火焰模型

炭粒子的燃烧是表面或微孔中的碳元素与氧元素的燃烧化学反应，燃烧速度要比挥发分的燃烧慢得多，炭粒子的燃尽时间约占全部燃烧时间的 80%～90%。

在 NO_x 中，NO 约占 90%以上，NO_2 占 5%～10%，产生机理一般分为如下 3 种：

(1) 热力型 NO_x 燃烧时，空气中氮在高温下氧化产生，其中的生成过程是一个不分支连锁反应。其生成机理可用捷里多维奇（ZELDOVICH）反应式表示，即

$$O_2+N \longrightarrow 2O+N, O+N_2 \longrightarrow NO+N, N+O_2 \longrightarrow NO+O \tag{11-28}$$

在高温下总生成式为

$$N_2+O_2 \longrightarrow 2NO, NO+0.5O_2 \longrightarrow NO_2 \tag{11-29}$$

随着反应温度 T 的升高，其反应速率按指数规律增加。当 $T<1500℃$时 NO 的生成量很少，而当 $T>1500℃$时每增加 100℃反应速率增大 6～7 倍。

(2) 快速型 NO_x 快速型 NO_x 是 1971 年 FEN-IMORE 通过实验发现的。烃类化合物燃料燃烧在燃料过浓时，在反应区附近会快速生成 NO_x，由于燃料挥发物中烃类化合物高温分解生成的 CH 自由基可以和空气中氮气反应生成 HCN 和 N，再进一步与氧气作用以极快的速度生成 NO_x，其形成时间只需要 60ms，所生成的 NO_x 与炉膛压力的 0.5 次方成正比，与温度的关系不大。

(3) 燃料型 NO_x 指燃料中含氮化合物在燃烧过程中进行热分解，继而进一步氧化而

生成 NO_x。由于燃料中氮的热分解温度低于煤粉燃烧温度，在600～800℃时就会生成燃料型 NO_x。在生成燃料型 NO_x 过程中，首先是含有氮的有机化合物热裂解产生N、CN、HCN等中间产物基团，然后再氧化成 NO_x。由于煤的燃烧过程由挥发分燃烧和焦炭燃烧两个阶段组成，故燃料型 NO_x 的形成也由气相氮的氧化和焦炭中剩余氮的氧化两部分组成。

锅炉内燃料燃烧产生的 NO_x 主要是NO和 NO_2，NO约占95%。煤粉燃烧产生的 NO_x 分为：在高温下空气中的 N_2 与 O_2 结合生成的热力 NO_x、快速 NO_x（空气中的N与H结合生成 NH_i 后氧化形成的 NO_x）、燃料 NO_x（燃料中的氮氧化物燃烧时氧化形成的 NO_x）。在上述区域，还有一部分 NH_i 还原成 N_2。煤燃烧排放 NO_x 的特点是，由于富含多种有机成分，因此天然气和石油燃烧排放 NO_x 的反应更为复杂。

（二）炉内 NO_x 的减排技术

降低 NO_x 排放措施分为炉内脱氮技术和炉外脱氮技术，炉内脱氮技术主要是采用低 NO_x 燃烧器以及通过燃烧优化调整，有效控制 NO_x 的产生，从源头上减少 NO_x 生成量。

1. 气分级技术

根据 NO_x 的生成机理，燃烧区的氧浓度对各种类型的 NO_x 生成都有很大影响。当过量空气系数 $\alpha<1$，燃烧区处于“缺氧燃烧”状态时，抑制 NO_x 的生成量有明显效果。根据这一原理，将燃料的燃烧过程分阶段完成，把供给燃烧区的空气量减少到全部燃烧所需用空气量的80%左右，形成富燃区，从而降低了燃烧区的氧浓度，也降低了燃烧区的温度水平。因此，第一级燃烧区的主要作用就是抑制 NO_x 的生成，推迟燃烧过程，并将已生成的 NO_x 分解还原，使燃料型 NO_x 减少；由于此时火焰温度降低，使得热力型 NO_x 的生成量也减少。燃烧所需的其余空气则通过燃烧器上面的燃尽风喷口送入炉膛与第一级所产生的烟气混合，使燃料燃烧完全，成为燃尽区，从而完成整个燃烧过程。

2. 燃料分级技术

已生成的 NO_x 在遇到烃根和未完全燃烧产物时，会发生 NO_x 的还原反应。利用这一原理，将80%～85%的燃料送入一级燃烧区，在 $\alpha>1$ 条件下燃烧生成，送入一级燃烧区的燃料称为一级燃料；其余15%～20%则在主燃烧器上部送入二级燃烧区，在 $\alpha<1$ 条件下形成还原性气氛，NO_x 进入该区将被还原成 N_2，二级燃烧区又称再燃区。燃料分级技术的关键是在主燃烧器形成的初始燃烧区的上方喷入二次燃料，形成富燃料燃烧的再燃区，实验证实，改变再燃区的燃料与空气之比是控制 NO_x 排放量的关键因素。

3. 烟气再循环技术

该技术通常的做法是从省煤器出口抽出烟气，加入二次风或一次风中。加入二次风时，火焰中心不受影响，唯一作用是降低火焰温度和助燃空气的氧浓度。此方法对热力型 NO_x 所占份额较大的液态排渣炉、燃油和燃气锅炉有效，对于热力型 NO_x 所占份额不大的干态排渣炉作用有限。利用烟气再循环，燃气、燃油锅炉 NO_x 减少量可达50%；燃煤锅炉 NO_x 减少量可达20%。烟气再循环法的脱 NO_x 效果不仅与燃料种类有关，而且与再循环烟气量有关，当烟气再循环倍率增加时，NO_x 减少，但进一步增大循环倍率，NO_x 的排放将趋于一个定值，该值随燃料含氮量增加而增大，但若循环倍率过大，炉温降低太多，会导致燃烧损失增加。因此，烟气再循环率一般不超过30%。大型锅炉控制在10%～20%。当燃用难着火煤种时，由于受炉温和燃烧稳定性降低的限制，烟气再循环法不适用。

4. 低 NO_x 燃烧器技术

从 NO_x 的生成机理看，占 NO_x 绝大部分的燃料型 NO_x 是在煤粉着火阶段生成的。因此，通过特殊设计的燃烧器结构（LNB）及改变通过燃烧器的风煤比例，以达到在燃烧器着火区空气分级、燃烧分级或烟气再循环法的效果。在保证煤粉着火燃烧的同时，有效地抑制 NO_x 的生成。如 PM 型浓淡燃烧器，它是利用含粉气流在弯曲管道内流动时，煤粉受离心力作用向弯管的外侧集聚，把浓度较高的含粉气流从弯管出口的一端引出；靠弯管内侧则为稀相含粉气流，从弯管出口的另一端引出，这样就可以借结构简单的惯性型煤粉浓缩装置把气粉混合物分成浓、淡二股气流输入炉膛。这种结构可以使炉膛内的火炬形成富氧和低氧两种状态的燃烧，占主体的浓相煤粉浓度高，所需着火热量少，利于着火和稳燃，由淡相补充后期所需的空气，利于煤粉的燃尽，同时浓淡燃烧均偏离了 NO_x 生成量高的化学当量燃烧区，大大降低了 NO_x 生成量。与传统的切向燃烧器相比，NO_x 生成量可显著降低。

（三）炉外 NO_x 减排技术

采用低 NO_x 燃烧技术虽可以减少一部分 NO_x 的排放，但 NO_x 的减低率对燃煤锅炉最大不超过 75%，燃油锅炉最大不超过 50%，相当多锅炉仍需采用炉外 NO_x 减排技术。

1. 湿法烟气脱硝净化技术

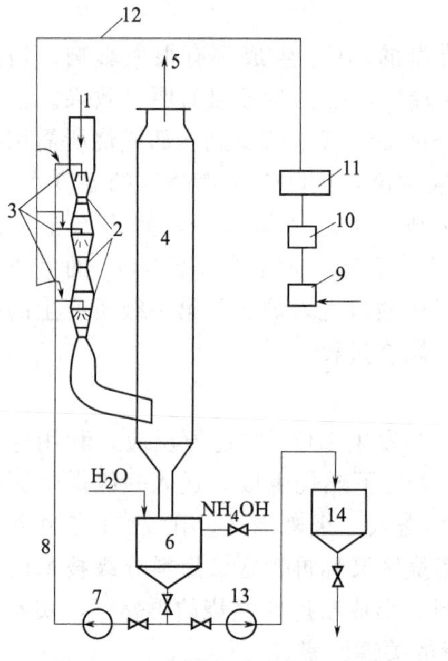

图 11-13　臭氧氧化吸收工艺流程

1—烟气；2—三级文丘里除尘器；3—喷雾器；4—除滴器；5—清洗后烟气；6—循环器皿；7—循环泵；8—吸收管路；9—空气清洁装置；10—空气干燥装置；11—臭氧发生器；12—带臭氧的管道；13—泵；14—中和器皿

湿法脱硝最大难点是 NO 很难溶于水，往往是先将 NO 氧化成 NO_2。为此一般先把 NO 通过氧化剂（如 O_3、ClO_2、$KMnO_4$）氧化成 NO_2，然后用水、碱溶液吸收。

（1）臭氧氧化吸收法

① 烟气（经三级文丘里除尘器）与臭氧混合，使 NO 氧化，然后用水溶液吸收，其化学反应为：

$$NO_4 + O_3 \longrightarrow NO_2 + O_2 \tag{11-30}$$

$$2NO + O_3 \longrightarrow N_2O_5 \tag{11-31}$$

$$N_2O_5 + H_2O \longrightarrow 2HNO_3 \tag{11-32}$$

经浓缩后可得到 HNO_3，浓度可达 60%，可直接回收或将酸液加氨中和，制取肥料。

② 工艺流程如图 11-13 所示。

此法优点是无污染物带入反应系统中，而且用水作吸收剂，易得且价格便宜，缺点是需用高电压制取臭氧，耗电量大，费用较高。

（2）ClO_2 气相氧化吸收还原法　用 ClO_2 将烟气中的 NO 氧化成为 NO_2，然后用 Na_2SO_3 水溶液吸收，使 NO_2 还原为 N_2，其反应为：

$$2NO + ClO_2 + H_2O \longrightarrow NO_2 + HNO_3 + HCl \tag{11-33}$$

$$NO_2 + 2Na_2SO_3 \longrightarrow \frac{1}{2}N_2 + 2Na_2SO_4 \tag{11-34}$$

此法如在反应塔中加入 NaOH，就可以达到同时脱硫脱硝的目的。因为 NaOH 和 SO_2 化合生成 Na_2SO_3。而氧化用的 ClO_2 可以用洗净液中残留的 Na_2SO_3 和 $NaClO_3$ 而获得再生，重复使用。本工艺脱硝率可达 85%。

此工艺除采用 ClO_2 外，还可以用氯酸氧化工艺来脱硫脱硝，氯酸来源于氯酸钠电解工艺，采用两段脱除工艺。

① 氯酸脱硫原理

$$3SO_2+HClO_3+3H_2O \longrightarrow 3H_2SO_4+HCl \quad (11\text{-}35)$$

② 氯酸脱硝原理

$$13NO+6HClO_3+5H_2O \longrightarrow 6HCl+3NO_2+10HNO_3 \quad (11\text{-}36)$$

有的学者采用 $NaClO_2$、NaOH 同时脱除 SO_2、NO_x 得到很好的结果。

NO_x 的氧化度对吸收效果影响很大，当 NO_x 氧化度大于 50%时，净化效率可达 90%以上。当氧化程度为 20%～30%时，其净化效率仅 50%左右。

2. 干法烟气脱硝净化技术

干法脱硝技术反应温度高（与湿法脱硝相比），因而净化后烟气不需再加热，而且反应系统中不采用水洗工艺，省去后续废水处理问题。因此，干法是目前烟气脱硝应用较多的技术。

（1）干法脱硝基本原理　干法脱硝目前主要包括催化还原法和无催化还原法两种。所谓催化还原法是利用不同的还原剂，在一定温度和催化剂作用下，NO_x 还原成 N_2 和水。催化还原法的效果如何，关键是选用有效的还原剂，一般多采用甲烷、氨等作还原剂。它们与 NO 分别反应如下

$$CH_4+4NO \longrightarrow 2N_2+CO_2+2H_2O \quad (11\text{-}37)$$

$$4NH_3+6NO \longrightarrow 5N_2+6H_2O \quad (11\text{-}38)$$

无催化还原法不用催化剂，但需在高温区进行。

（2）选择性催化还原法（SCR）　选择性催化还原法（selective catalytic reduction）简称 SCR 法。

所谓选择性是指在催化剂存在条件下，NH_3 优先与 NO 发生还原脱除作用，而不与烟气中的氧进行氧化作用，其目的为了降低氨的消耗量。其反应式为

$$4NH_3+4NO+O_2 \longrightarrow 4N_2+6H_2O \quad (11\text{-}39)$$

$$4NH_3+2NO_2+O_2 \longrightarrow 3N_2+6H_2O \quad (11\text{-}40)$$

同时还发生一些副反应，其反应式如下

NH_3 的氧化反应　$4NH_3+5O_2 \longrightarrow 4NO+6H_2O$　(11-41)

NH_3 热分解反应　$4NH_3+3O_2 \longrightarrow 2N_2+6H_2O$　(11-42)

在没有催化剂条件下，上述反应只能在 980℃左右进行。而采用催化剂时，其反应温度可控制在 300～400℃之间。这一温度范围相当于将氨喷入省煤器区域和空气预热器区域的烟道中烟气温度的范围。此法脱硝率可达 80%～90%。

图 11-14 为氨选择性催化还原法工艺流程。本工艺采用的反应器为平行通道型（类似于平板和管状反应器），以防止磨损和堵塞。图 11-15 为 SCR 反应器结构。

在反应器中，空间速度 SV（space velocicy）是关键参数。在燃煤电厂中，空间速度一般取 1000～3000m/h。

NH_3 的输入量应适当，如输入量太少，难以满足脱硝反应需求；NH_3 输入量过大，造成 NH_3 损失，易产生氨泄漏（带出）问题。工业上常采用 NH_3/NO_x，物质的量比衡量，一般控制在 1.4～1.5 为宜。氨的泄漏量（带出）以反应出口处 NH_3 的浓度来控制，一般控制在 $5mg/m^3$ 以下。

对催化剂选用的要求是活性高、寿命长、经济合理及不产生二次污染等。由于烟气中有二氧化硫、尘粒和水雾，对催化剂不利，故要求在脱硝之前对烟气进行除尘和脱硫。当选用二氧化钛为基体的碱性金属作催化剂时，其最佳控制温度为 300～400℃，但不能低于 300℃，低于 300℃时，NH_3 会与烟气中 O_3 反应生成硫酸氢铵。硫酸氢铵（NH_4HSO_4）是一种具有黏性的液体，会沉积催化剂上，从而降低其活性。

对于燃油、燃气锅炉，由于其粉尘浓度低，可以采用软质多孔的催化剂，其活性好，且

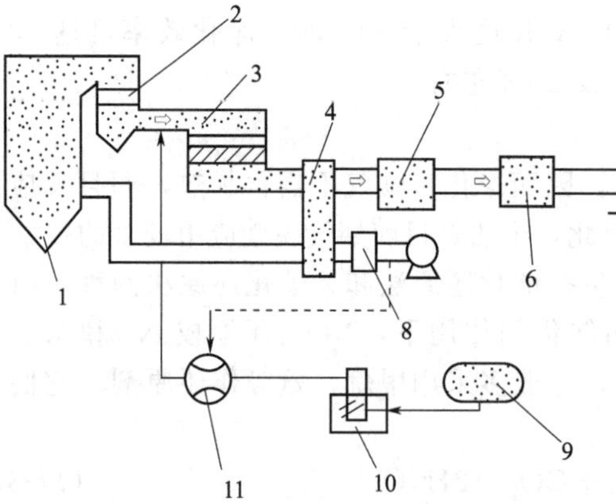

图 11-14 选择性催化还原法工艺流程

1—锅炉；2—省煤器；3—SCR；4—空气预热器；
5—静电除尘器；6—脱硫系统；7—烟囱；8—SCAH；
9—液氧储藏箱；10—氨蒸发器；11—氮-空气混合用装置

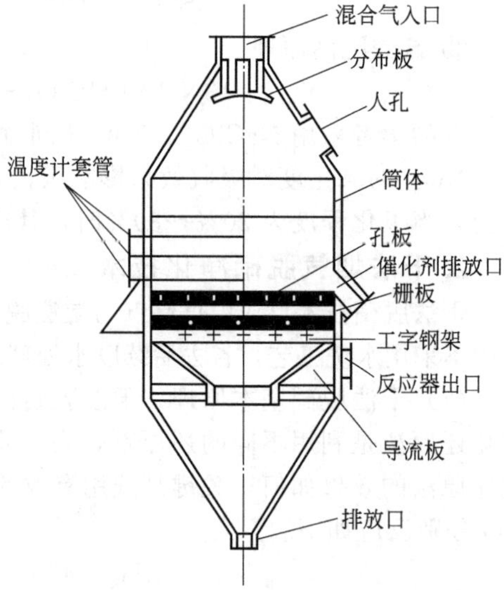

图 11-15 SCR 反应器结构

可采取更高的空间速度。

目前，此法是最有商业价值、应用最多的 NO_x 控制技术。

3. 选择性无催化还原法（RNCR）

选择性无催化还原法（selretive non-catalytie reauction）简称 SNCR。它是用 NH_3、尿素［$CO(NH_2)_2$］作还原剂对 NO_x 进行选择反应而不用催化剂的一种工艺。这种工艺必须在高温区加入还原剂，不同还原剂对应不同的反应温度，NH_3 反应温度为 900～1100℃。图 11-16 所示为某工业锅炉 SNCR 装置工艺流程。该装置的优点是不用催化剂，设备和运行费用低，但其脱硝效率仅 40%～60%，多用于作低 NO_x 燃烧技术的补充手段。

目前，使用该工艺存在以下问题：

① 由于温度随锅炉负荷和运行周期在变化，以及锅炉中 NO_x 浓度的不规律性，使该工艺应用时变得较复杂。因此，在很大区域内、在锅炉不同高度装有大量的入气口，甚至将每段高度再分成几小段，每小段分别装有入气 1∶3 和 NH_3 测量仪。这增加了测量和控制 NH_3 的难度。因此，该工艺的脱氮效率不高。

② 在吹入氨气量较多、温度降至最佳值以下吹气均匀度较低、吹气量较少导致温度和 NO_x 含量不对称时，未反应的氨气比例将增加，会产生氨气的逸出。当氨气逸出时，它与烟道内的氮氧化物反应产生堵塞，如堵塞空气预热器。因为 NH_3 与 SO_3 和烟气中的水分析出，会在较冷部件中形成硫化氢铵，形成黏性沉积物，增加了飞灰的堵塞、腐蚀和频繁冲洗空气预热器。NH_3 向飞灰逸出的增加也会降低飞灰的可综合利用性，使飞灰处置更复杂，NH_3 逸出还可导致脱硫装置后面的冲洗水中氨含量高。

③ SNCR 工艺设定的脱氮效率越高，随着脱氮效率的增加，单位 NH_3 消耗也越高，该工艺的 NH_3 耗量高于 SCR 工艺。

改进 SNCR 工艺，如试验将燃用过的空气送入降解介质中；还有使用尿素溶液作为降解介质来替代 NH_3；有时用额外的添加剂来增加降解温度。

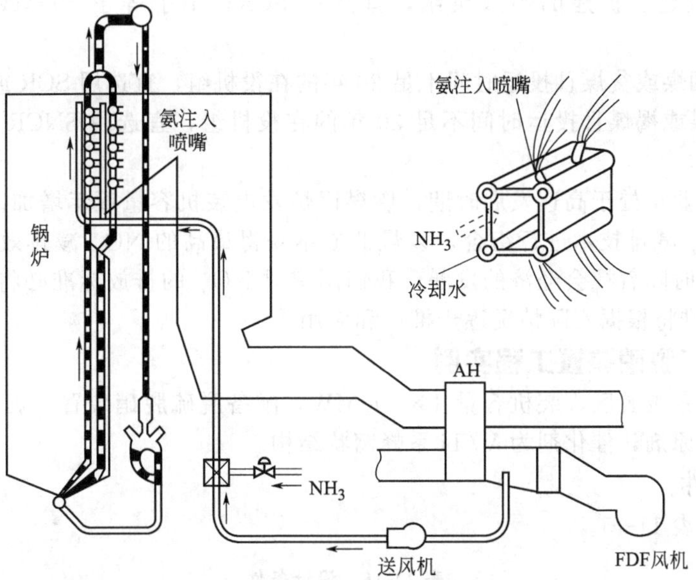

图 11-16　SNCR 法工艺流程

（四） NO_x 减排技术路线

1. 可防治技术路线

（1）倡导合理使用燃料与污染控制技术相结合、燃烧控制技术和烟气脱硝技术相结合的综合防治措施，以减少燃煤电厂氮氧化物的排放。

（2）燃煤电厂氮氧化物控制技术的选择应因地制宜、因煤制宜、因炉制宜，依据技术上成熟、经济上合理及便于操作来确定。

（3）低氮燃烧技术应作为燃煤电厂氮氧化物控制的首选技术。当采用低氮燃烧技术后，氮氧化物排放浓度不达标或不满足总量控制要求时，应建设烟气脱硝设施。

2. 低氮燃烧技术

（1）发电锅炉制造厂及其他单位在设计、生产发电锅炉时，应配置高效的低氮燃烧技术和装置，以减少氮氧化物的产生和排放。

（2）新建、改建、扩建的燃煤电厂，应选用装配有高效低氮燃烧技术和装置的发电锅炉。

（3）在役燃煤机组氮氧化物排放浓度不达标或不满足总量控制要求的电厂，应进行低氮燃烧技术改造。

3. 烟气脱硝技术

（1）位于大气污染重点控制区域内的新建、改建、扩建的燃煤发电机组和热电联产机组应配置烟气脱硝设施，并与主机同时设计、施工和投运。非重点控制区域内的新建、改建、扩建的燃煤发电机组和热电联产机组应根据排放标准、总量指标及建设项目环境影响报告书批复要求建设烟气脱硝装置。

（2）对在役燃煤机组进行低氮燃烧技术改造后，其氮氧化物排放浓度仍不达标或不满足总量控制要求时，应配置烟气脱硝设施。

（3）烟气脱硝技术主要有：选择性催化还原技术（SCR）、选择性非催化还原技术（SNCR）、选择性非催化还原与选择性催化还原联合技术（SNCR-SCR）及其他烟气脱硝技术。

① 新建、改建、扩建的燃煤机组，宜选用 SCR；小于等于 600MW 时，也可选用 SNCR-SCR。

② 燃用无烟煤或贫煤且投运时间不足 20 年的在役机组，宜选用 SCR 或 SNCR-SCR。

③ 燃用烟煤或褐煤且投运时间不足 20 年的在役机组，宜选用 SNCR 或其他烟气脱硝技术。

我国电力工业正处于高速发展时期，燃煤锅炉发电装机容量逐年增加。为了保护环境，烟煤电厂将 NO_x 减排技术进行组合，以最低成本获得最高的 NO_x 减排效果，是解决问题的必然选择。同时随着社会经济的发展，我们国家对 NO_x 的排放标准必将越来越严格，炉外烟气 NO_x 减排将根据实际情况逐步推广和应用。

（五）电厂脱硝装置工程实例

电厂地处风景旅游区，装机容量 4×300MW，配备脱硫脱硝装置。烟气脱硝采用 SCR 工艺，以氨为还原剂，催化剂为 V/Ti 系蜂窝状结构。

1. 设计条件

设计条件见表 11-15。

表 11-15 设计条件

项　目	设计值
燃料煤耗量/[t/(h·台)]	127
锅炉容量/MW	300
烟气流量(湿)/(m^3/h)	1010466(1305t/h)
温度/℃	380(100%MCR) 280(50%MCR)
烟气组成：	
O_2(干基)/%(体积)	4
H_2O(湿基)/%(体积)	8
NO_x/(mg/m^3)(以 6%O_2 计)	450(max705)
SO_x/(mg/m^3)	1430
粉尘/(g/m^3)	23
脱硝率/%	60(近期)、90(远期)
SCR 出口 NO_x(近期要求)/(mg/m^3)(以 6%O_2 计)	180
温度/℃	350
氨逸出/(mg/m^3)(以 6%O_2 计)	<2.28

2. 工艺流程

电厂排烟脱硝工艺流程见图 11-17。

SCR 反应区设于锅炉出口与空气预热器入口之间。烟气自上而下，流经催化剂层，然后进入空气预热器。在进入 SCR 反应器之前，烟气先在氨-烟气混合装置中与来自氨-空气稀释槽、经氨注入装置注入的稀薄氨气混合均匀，通过导流板和整流装置均衡地分布在反应器全断面上。氨与 NO_x 在催化剂的表面进行还原反应，生成的 N_2 和 H_2O 随烟气排出反应器。可以认为，在进入反应器反应段之前，烟气中的 NO_x 已和注入的 NH_3 实现了充分的混匀。

3. 脱硝装置的组成

烟气脱硝装置主要是由 SCR 反应器系统和供氨系统两部分组成。

(1) SCR 反应器系统　SCR 反应器是核心设备，是还原反应的唯一场所。反应器包括催化剂、壳体、框篮、烟气管道及均流装置、喷氨和氨-烟气混合装置以及导流板、钢结构

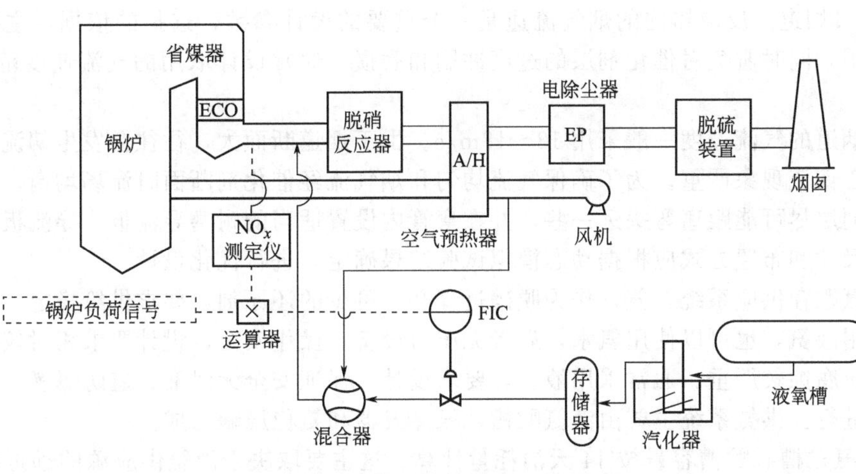

图 11-17　电厂排烟脱硝工艺流程

设施、吊装工具、吹灰器等。供氨系统则包括液氨贮槽、卸氨装置、氨蒸发器、氨-空气稀释槽、氨稳压罐及附属设施等。

① 催化剂。根据烟气条件和设计要求，选择适用的催化剂，主要包括确定催化剂的组成和型式。目前工业上较常用的商品催化剂是 Ti-W-V 系和蜂房型。选定了催化剂，也就基本上确定了它的性能和单元尺寸（断面 150mm×150mm，壁厚 1mm，节距 7mm），然后根据需要的催化剂体积进行排列布置，分为 2～3 层。

② 反应器及催化剂的布置。根据所选定的催化剂性能和脱硝工艺的要求，结合经验数据，计算催化剂的体积用量。根据催化剂单元的尺寸，考虑催化剂的更换操作和吹灰器空间，确定框篮的大小和催化剂的分层配置以及层间距，根据选定的 LV 值计算催化剂层的断面尺寸。在决定催化剂层的断面尺寸之后，考虑吊装操作，确定催化剂单元和模块的排列方式。反应器顶部空间须同时考虑吊装和吹灰器以及气流调整装置的空间。如此便可决定反应器的总高度。在催化剂单元之间，单元与框篮之间，框篮与框篮之间，均填充密封材料以防止催化剂受损和气流“泄漏”。密封材料为陶瓷纤维纸垫和毡。反应器确定尺寸 7660mm×8890mm×10500mm。SV 为 689h^{-1}，LV 为 4.86m/s。

吹灰器设计多采用可伸缩式，工作介质为过热蒸汽。吹灰器的数量视 SCR 断面大小而定，一般每层催化剂的上方设置 2～3 台。吹灰操作的频度可人为设定，通常每周 2 次。

吊装工具用于催化剂的装载和更换。催化剂模块由汽车运至反应器的下部，用反应器顶部的电葫芦吊至相应层面的平台，再通过轨道小车和人工倾翻装置送入反应器安装就位。电葫芦载荷量应考虑催化剂及框篮的总重，一般为 2t。

钢结构设施包括支承件、平台、梯子、栏杆等。

③ 气流均流设施。如前所述，进入反应器的气流的均衡、均匀程度在脱硝设计中是至关重要的一环。因此要高度重视，并采取一系列的技术措施加以保证。包括事先有针对性地进行动力学相似模拟试验，确定均流装置的结构参数。气流均流设施包括喷氨装置、氨-空气稀释器、氨-烟气混合装置和入口烟道的导流板，以及催化剂上方的气流调整装置。

④ 喷氨和氨-空气混合器。这是确保烟气进入反应器之前，氨-空气混合气与烟气充分混合均匀的装置，它的结构有若干种型式，设计采用管栅式，喷嘴按一定规律布置，以达到喷射均匀、均衡的目的。

为了确保氨与烟气中的 NO_x 混合均匀，预先用空气将氨稀释，氨与空气的体积比为 1∶20。稀释空气由附属风机提供。

⑤ 入口烟道。反应器内的烟气流速是一个重要的设计参数，选择的依据，主要是保证飞灰不沉积，同时避免对催化剂层的过度冲刷和磨损，通常设计取用的气流速度范围为5～6m/s。

锅炉烟道的气流速度一般采用12～18m/s。由于烟道断面大，往往会发生偏流，特别在弯管处离心偏流现象严重。为了确保气流均匀和烟气流经催化剂断面时流场均衡，要求反应器的催化剂层尽可能距离弯头远一些，并在弯管内设置适当的耐磨导流板。导流板和整流装置的结构尺寸和布置方式应根据动态模拟试验结果确定，进行优化设计。

(2) 氨贮存供应系统 氨，作为脱硝过程必不可少的还原剂，要求供给稳定、充足，可以直接使用液氨，也可以使用氨水，后者无压力设备，操作安全，设计要求相对较低，但物料运量大，腐蚀较严重。通常采用液氨，要求设计上保证安全无泄漏，避防爆燃，要严格按化工规范进行。供氨系统主要由液氨贮槽、氨蒸发器和氨稳压罐组成。

① 液氨贮槽。贮槽容量按14天消耗量计算。这主要取决于液氨供应源的远近和避免卸装料频度过大。贮槽的装载量以85%容积为度。液氨通过专用槽车输送至槽边卸载。

设计时采用标准型式，数槽并联，共用压缩机、氨泵及其他配套设施。液位、压力和温度是贮槽设计的几项主要控制参数。有的需要自动报警和切断（换）或调整装置。贮槽一般露天安装，设有遮阳棚和喷淋降温设施。槽容量55t，共三槽，总容量165t。

贮槽和泵场的地面有废水排放沟池，以便收集漏泄氨和冲洗地坪水。停机检修要用氮气吹洗槽和附件，因此在设计时应考虑氮管线和氮源。

② 氨蒸发器。反应器要求使用氨气，因此将液氨从槽中泵至蒸发器使之气化，热源可以用电，也可以用蒸汽，将水加热，用水热媒间接加热液氨，液氨在1.5MPa压力下，受热很快转化成气态氨。蒸发能力为180kg/h，每台锅炉配备一套蒸发器。

③ 氨稀释槽。氨系统排弃的氨汇集于此，用水淋洗稀释，排入废水池并加以处理，稀释槽容积为10m^3。

④ 氨稳压罐。气体氨保持一定的压力，在送往SCR系统的氨-空气稀释器之前，先贮存于稳压罐中，以防压力波动而影响供氨量。氨稳压罐容积2m^3。

除了以上工艺系统以外，还必须提供足够的技术支撑和安全保障，如供电、仪表、控制以及公用辅助设施，要求对反应器的入口和出口烟气流量、温度、NO_x 和 SO_2 的浓度以及出口处的氨浓度进行在线监测，并用计算机加以控制（DCS系统）。另外，氨系统的安全用水和蒸发器的用水，催化剂上部吹灰器的用气，仪表和氨稀释用空气等都要求在设计中加以周密考虑。

4. 脱硝系统设计

按照设计程序，经过一系列的工艺计算和结构计算，完成催化反应器的供氨系统的设计，例如通过氮平衡得出 NO_x 的减排量和氨的消耗量（表11-16），通过速度计算，确定催化剂的用量，进而确定反应器的容积，利用流体模拟试验数据，决定烟气整流混合装置的形式和尺寸等。同时，还进行附属设施和相关专业的配套设计，综合表述如下。

表11-16 NO_x 减排量和氨消耗量

机组例	脱硝率/%	NO_x 入口浓度/(mg/m^3)	NO_x 减排量/(t/a)	氨消耗量/(t/a)
1号	60	450	1964	792
		600	2691	1049
	90	450	2946	1176
		600	3929	1562

(1) 设计条件

项目	设计值
煤耗量/(t/h)	127
低位热值(收到基)/(kJ/kg)	22441
H_2O/%	9.61
H_2/%	3.36
O_2/%	7.28
N_2/%	0.79
C/%	58.56
S/%	0.63
锅炉负荷	100%MCR
烟气流量(湿)/(m^3/h)	1010466(1305t/h)
温度/℃	380(100%MCR) 280(50%MCR)
烟气组成:	
O_2(干基)/%(体积)	4
H_2O(湿基)/%(体积)	8
NO_x(标态)/(mg/m^3)	450(max705)
SO_x/(mg/m^3)	1430
粉尘(标态)/(g/m^3)	23
脱硝率/%	60(近期),90(远期)
SCR 出口 NO_x(标态)/(mg/m^3)	180
氨逸出量(按 6%O_2 计)/(mg/m^3)	2.28
SO_2/SO_3 转化率/%	1
SCR 压力降/Pa	1000
催化剂用量/m^3	146.6
SV/h^{-1}	6890
$r(NH_3/NO_x$ 物质的量比)	1(<1.2)
催化剂层高/mm	1.5(3 层)
氨注入量/(kg/h)	164

(2) 性能保证

项目	设计值
SCR 出口 NO_x(按 6%O_2 计)/(mg/m^3)	180(近期),45(远期)
氨逸出量(按 6%O_2 计)/(mg/m^3)	≤2.28
SCR 压力降/Pa	≤1000
保证期	催化剂有效期 36 个月

(3) 技术条件

① SCR 反应器

烟气流向	垂直流动
材料	碳钢
反应器台数	2
催化剂层数	2(η=60%),3(η=90%)

反应器尺寸($L \times W \times H$)/mm	7.62×20.5×8.25
LV(温度 380℃)/(m/s)	4.86
② 催化剂模块	
催化剂形式	蜂房式
房室节距/mm	7.0
内壁厚度/mm	1.0
催化剂单元尺寸($L \times W \times H$)/mm	150×150×750
SV/h^{-1}	6890
AV/(m/h)	14.7
催化剂体积(每台反应器)/m^3	73.3
催化剂总体积(每炉)/m^3	146.6
最高连续运行温度/℃	410
最高短暂耐热温度/℃	450
最低连续运行温度/℃	280
③ 催化剂框篮材料	碳钢
催化剂单元数(每个模块)/个	8×8=64
催化剂模块尺寸($L \times W \times H$)/m	1.255×1.255×1.5
催化剂模块数(每台反应器)/个	6×8=48
催化剂模块数(每炉)/个	48×2=96
④ 吹灰装置形式	半收缩式 耙式 L9000
吹灰装置数量(每台反应器)/套	6
吹灰装置总数(每炉)/套	6×2=12
吹扫工作介质	蒸汽 350℃
工作介质压力/MPa	0.6
工作介质耗量/(kg/h)	4×80
驱动装置	电动机 1.5kW 380V 户外型
伸缩速度/(m/s)	0.6
建议运行频率/(次/月)	1
负荷运行控制板数/套	1
⑤ 喷氨装置形式	有固定小孔的喷管
喷氨装置材料	碳钢
喷氨装置数(每台反应器)/组	1
喷氨装置总数(每炉)/组	2
喷氨装置安装位置	垂直于 SCR 入口烟道
⑥ 烟气-氨混合装置形式	管栅式
烟气-氨混合装置材料	碳钢
烟气-氨混合装置数(每台反应器)/套	1
烟气-氨混合装置总数(每炉)/套	2
烟气-氨混合装置安装位置	垂直于 SCR 入口烟道
⑦ 钢结构:氨区-	确定负荷,视现场状况定
SCR 区-	确定负荷,视现场状况定
⑧ 供氨系统数	2 台炉共用 1 套

设计基础条件	以脱硝率90%为基础
还原剂	无水液氨(99.5%)
氨贮存量天数/天	14
氨消耗量/(kg/h)	164
氨贮存量/t	55
卸载压缩机($15m^3/h$)数量/台	1
氨贮槽(60t,安全系数10%)数量/套	1
氨蒸发器(180kg/h,安全系数10%)数量/套	1
氨贮存器($2m^3$,稳压器)数量/套	1
氨稀释槽($10m^3$)数量/套	1
氨泄漏检测仪总数/套	3(卸载压缩机,储槽和稀释槽各1套)
洒水装置/套	1
洗眼器/套	1
⑨ SCR系统控制装置	DCS系统
现场运行控制系统/套	1
ACFV(氨流动控制装置,氨控制阀,流量计,氨泄压阀)/套	2
氨稀释用空气流量装置(空气流量计,温度计,压力计等)/套	2
红外型NO_x/O_2烟气分析仪(SCR入口和出口)/套	2
红外型NH_3烟气分析仪(SCR出口)/套	1
热电偶式烟气温度计/套	2
有传感器的差压计(SCR反应器)/套	2
⑩ 电气设备	
氨区和SCR区的MCC系统	
公用通信系统	
照明系统	

五、火电厂脱汞技术

在我国一次能源中煤炭约占70%。据有关专家预测，到2050年，我国煤炭在一次能源中所占比例仍会在50%以上，即在很长一段时间内。煤炭的基础能源地位不会变。《火电厂烟气排放标准》（GB 13223—2011）中明确规定汞及其化合物浓度限值为$0.03mg/m^3$，(2015年1月1日起实施)，这必将给我国火电厂污染治理带来严峻的考验，技术、经济及环境可行的脱汞技术必将成为发展的需要。

（一）汞的排放形态与特性

煤燃烧时汞大部分随烟气排入大气，进入飞灰和底灰的只占小部分，飞灰中汞约占23.1%～26.9%，烟气中汞占56.3%～69.7%，进入底灰的汞仅占约2%。燃煤烟气中的汞常以气态氧化汞（HgO）、气态二价汞（Hg^{2+}）及颗粒态汞（HgP）三种形态存在，HgO、Hg^{2+}和HgP在中国燃煤大气汞排放中所占的比例分别为16%、61%和23%。烟气中汞的形态受到煤种、燃烧条件及烟气成分等多种因素影响。通常而言，Hg^{2+}很容易被吸附法、洗涤法脱除，颗粒态汞（HgP）容易通过颗粒控制装置（如ESP或FF）得到脱除。尽管我国燃煤排放的大气汞 HgO 含量最低，但由于其不溶于水，且挥发性极强，排放后可在大气中停留 1 年以上，极易通过大气扩散造成全球性的汞污染，是汞附存方式中相对难以脱除的部分。

（二）燃煤电厂汞控制技术

烟气中汞的控制方法根据燃煤的不同阶段大致可分为三种：燃烧前燃料脱汞、燃烧中控制和燃烧后烟气脱汞。燃烧后脱汞是燃煤烟气汞污染控制的主要措施。

1. 燃料脱汞

洗选煤技术是当前主要的煤炭燃烧前脱汞控制技术，通过分选除去原煤中的部分汞，阻止汞进入燃烧过程。传统的物理洗煤技术，有按密度不同分离杂质的淘汰技术、重介质分选技术和旋流器等，还有利用表面物理化学性质不同的浮游选煤技术和选择性絮凝技术等。这些都是有效控制煤粉在燃烧过程中重金属汞排放的方法。采用传统洗煤技术可以除去38.78%的 Hg。如果采用先进的商业洗煤技术，还可以减少更多的痕量元素。

采用物理洗煤技术由于其价格相对便宜，并且可以同时对 SO_2、NO_x 等进行控制，是一种非常有潜力的痕量元素控制方法，但是它对痕量元素的控制率受煤种影响非常大。磁分离法去除黄铁矿，同时也除去与黄铁矿结合在一起的汞，可以低成本有效除汞，因而磁分离法应用前景较广。另外化学方法、微生物法等也可以将汞从原煤中分离，其中化学法由于成本昂贵，不具有实用价值。

2. 燃烧中控制脱汞

当燃烧方式采用流化床时，较长的炉内停留时间致使微颗粒吸附汞的机会增加，对于气态汞的沉降更为有效；操作温度较低，导致烟气中氧化态汞含量的增加，同时抑止了氧化态汞重新转化成 HgO；氯元素的存在大大促进了汞的氧化。在流化床燃烧器中进行的高氯烟煤（氯含量达到 0.42%）燃烧试验中，汞几乎全部被氧化成了 $HgCl_2$。在烟气中鼓入 15%的二次风（基于最初的气/煤比）对 Hg 的捕集是十分有利的。大约 55%的 Hg^{2+} 被飞灰所捕集。给煤中只有 4.5%的汞以气态 HgO 的形式散逸到空气中。

在煤燃烧过程中，亚微米气溶胶颗粒主要是由于烟道温度冷却时，汽化的矿物质发生均相结核形成的。为了减少痕量元素的排放就必须抑制亚微米颗粒的形成。因此向炉膛喷入粉末状的固体吸附剂颗粒是一种可行的控制方法。向炉膛喷入固体吸附剂可为气态物质冷凝提供表面积，同时吸附剂还能与痕量元素蒸气发生化学反应，达到控制痕量元素排放的目的。把水合石灰、石灰石、高岭土、铝土矿注入 1000℃、1150℃、1300℃的炉中，其控制微量元素释放的效果与金属的种类、吸附剂和注入方式有关。当注入熟石灰和石灰石、高岭土时，亚微米级的微量元素浓度会减少，同时微量元素的捕获效率也升高了。

3. 燃烧后烟气脱汞

（1）活性炭吸附　活性炭吸附法脱除烟气中的汞可以通过以下两种方式进行：一种是在颗粒脱除装置前喷入活性炭，吸附了汞的活性炭颗粒经过除尘器时被除去；另一种是将烟气通过活性炭吸附床，一般安排在脱硫装置和除尘器的后面作为烟气排入大气的最后一个清洁装置，但如果活性炭颗粒太细会引起较大的压降。

在除尘器上游位置将活性炭粉喷入烟气中，使其在流动过程中吸附烟气中的汞，活性炭粉再通过下游的除尘装置与飞灰一起收集，从而实现烟气中汞的去除。选择合适的炭汞（C/Hg）比例可以获得 90%以上的脱汞效率。影响该技术汞去除效率的主要因素有：汞系污染物类型和质量浓度，烟气中其他组分（如 H_2O、O_2、NO_x 和 SO_x）的影响，烟气温度，所用活性炭的种类、数量及接触时间等。

另外，运用化学方法将活性炭表面渗入硫或者碘，可以增强活性炭的活性，且由于硫或碘与汞之间的反应能防止活性炭表面的汞再次蒸发逸出，可提高吸附效率。然而，由于存在低容量、混合性差、低热力学稳定性的问题，使得活性炭注入法非常昂贵。一般燃煤电厂难以承受。

活性炭吸附床除了能去除汞，还能去除有机污染物，如二氧（杂）芑、呋喃和酸性气体如 SO_2、HCl。烟气通过水平滤床，由吸附剂迁移至滤床。

（2）飞灰脱汞　飞灰对汞的吸附主要通过物理吸附、化学吸附、化学反应或者三种方式结合的方式。炭含量高的飞灰具有相当于活性炭等吸附剂的吸附作用，这种方法主要是将气态的汞吸附转化为颗粒态汞，进而达到脱除的目的。同时，飞灰对元素汞具有一定的氧化能力，残炭表面的含氧官能团 C═O 有利于 Hg 的氧化和化学吸附。飞灰容易获得，而且价格低廉。飞灰对汞的吸附也与飞灰粒径大小有关，飞灰中汞的含量随着粒径的减小而增大，飞灰粒径越小，比表面积越大。温度对汞也有影响，较低温度对飞灰的吸附更有利。

（3）钙基吸附剂脱汞　钙基类物质（CaO，$Ca(OH)_2$，$CaCO_3$，$CaSO_4 \cdot 2H_2O$）的脱除效率与燃煤或废弃物燃烧烟气中汞存在的化学形态有很大关系，美国 EPA 研究结果表明，钙基类物质如 $Ca(OH)_2$ 对 $HgCl_2$ 的吸附效率可达到 85%，CaO 同样也可以很好地吸附 $HgCl_2$，但是对于单质汞的吸附效率却很低，而燃煤烟气中单质汞 HgO 的比例要高一些，因此可以得到在钙基类物质用于燃煤烟气中汞的去除效果却不尽如人意。

由于钙基类物质容易获取，而且价格低廉，同时又是脱除烟气中 SO_2 的有效脱硫剂，如果能够在除汞方面取得一定突破，那么将会在多种污染物同时脱除方面有重要意义，因而如何加强钙基类物质对单质汞的脱除能力，成为实现同时脱硫脱汞的技术关键和研究热点。目前主要从两方面进行尝试，一方面是增加钙基类物质捕捉单质汞的活性区域，另一方面是往钙基类物质中加入氧化性物质。添加液态次氯酸、氯化钠溶液等氧化剂时，湿法烟气脱硫装置表现出较好的除汞效率。

其他吸附剂如贵金属、金属氧化物或硫化物也被人用于对汞的吸附。贵金属和汞能形成化合物，称为汞齐。在烟气温度下能重复吸附大量的汞及其化合物，而在热处理温度远高于烟气温度下又能脱除汞。

（4）选择性催化氧化脱汞　燃煤电厂通常使用选择性催化还原烟气脱硝技术用于尾气脱硝处理，而此过程能够增加汞的氧化并且改善其脱除率。

光催化氧化技术，是针对现有脱汞设备中 Hg^{2+} 的脱除效率较高而 HgO 脱除效率甚低的现象而开发的将 HgO 氧化处理的新技术。利用紫外光照射含有 TiO_2 的物质，使烟气通过时，发生光触媒催化氧化反应，将 HgO 氧化为 Hg^{2+} 便于后面在脱汞设备中被吸收，提高总汞的脱除率。

烟气中总汞的脱除率在 45%～55%范围内，由于 Hg^{2+} 易溶于水，容易与石灰石或石灰吸收剂反应，Hg^{2+} 的去除率可以达到 80%～95%，而不溶性的 HgO 去除率几乎为 0。如果通过改进操作参数，添加氧化剂使烟气中的 HgO 转化为 Hg^{2+}，除汞效率就会大大提高。同样吸收法也极易将 Hg^{2+} 脱除，因此 HgO 的脱除效率直接影响汞的总去除效果。

（5）电催化氧化联合处理技术脱汞　联合处理流程分三个步骤：首先，烟气流中的灰尘在经过 ESP 后大部分被捕捉，ESP 之后是一个介质阻挡放电反应器，它可以把烟气中的气态污染物成分高度氧化，例如，NO_x 经过氧化反应后形成 HNO_3；SO_2 被氧化后成为 H_2SO_4；Hg 被氧化成 HgO；这些氧化产物随后通过湿式除尘器被去除，同时小颗粒物质也被捕获。

（6）电化学技术脱汞　电化学技术是在常温下利用电导性多孔吸附剂捕获烟气中的

HgO，气态 HgO 被电离成 Hg^{2+} 从而附着在吸附剂表面。汞吸附剂可在电化学单元的阳极再生。同时 Hg^{2+} 以固态 HgO 的形态在阴极再生。此工艺可有效回收利用烟气中的汞。

第二节 钢铁工业废气的治理

一、钢铁工业废气来源和特点

1. 钢铁工业废气的来源[8,9]

钢铁工业废气主要来源于：①原料、燃料的运输、装卸及加工等过程产生大量的含尘废气；②钢铁厂的各种窑炉在生产的过程中将产生大量的含尘及有害气体的废气；③生产工艺过程化学反应排放的废气，如冶炼、烧焦、化工产品和钢材酸洗过程中产生的废气。钢铁企业废气的排放量非常大，污染面广；每炼 1t 钢产生废气约 6000m^3，粉尘 15～50kg，SO_2 2.85kg，CO_2 2.5t，耗电 467.40kW·h。污染物排放约占全国的 11%。

2. 钢铁工业废气特点

钢铁冶炼过程中排放的多为氧化铁烟尘，其粒度小、吸附力强，加大了废气的治理难度；在高炉出铁、出渣等以及炼钢过程中的一些工序，其烟气的产生排放具有阵发性，且又以无组织排放多。钢铁工业生产废气温度高，具有回收的价值，如温度高的废气余热回收，炼焦及炼铁、炼钢过程中产生的煤气，以及含氧化铁粉尘可以回收利用。

3. 钢铁工业废气的治理对策

钢铁工业是大气的污染大户，钢铁工业废气治理必须贯彻综合治理的原则。努力降低能耗和原料消耗，这是减少废气排放的根本途径之一；改革工艺、采用先进的工艺及设备，以减少生产工艺废气的排放；积极采用高效节能的治理方法和设备，强化废气的治理、回收；大力开展综合利用。

二、烧结厂废气治理

(一)烧结厂废气的来源及特点

烧结厂的生产工艺中，在如下的生产环节将产生废气：①烧结原料在装卸、破碎、筛分和贮运的过程中将产生含尘废气；②在混合料系统中将产生水汽-粉尘的共生废气；③混合料在烧结时，将产生含有粉尘、烟气、SO_2 和 NO_x 的高温废气；④烧结矿在破碎、筛分、冷却、贮存和转运的过程中也将产生含尘废气。烧结厂产生废气的气量很大，含尘和含 SO_2 的浓度较高，所以对大气的污染较严重。

(二)烧结厂废气的治理技术

1. 原料准备系统除尘

烧结原料准备工艺过程中，在原料的接收、混合、破碎、筛分、运输和配料的各个工艺设备点都产生大量的粉尘。

原料准备系统除尘，可采用湿法和干法除尘工艺。对原料场，由于堆取料机露天作业，扬尘点无法密闭，不能采用机械除尘装置，可采用湿法水力除尘，即在产尘点喷水雾以捕集部分粉尘和使物料增湿而抑制粉尘的飞扬；对物料的破碎、筛分和胶带机转运点，设置密闭和抽风除尘系统。除尘系统可采用分散式或集中式。分散式除尘系统的除尘设备可采用冲激式除尘器、泡沫除尘器和脉冲袋式除尘器等。旋风除尘器和旋风水膜除尘器的效率低，不宜使用；集中式除尘系统可集中控制几十个乃至近百个吸尘点，并配置大型高效除尘设备，如电除尘器等，除尘效率高。图 11-18 是原料准备系统除尘工艺流程。

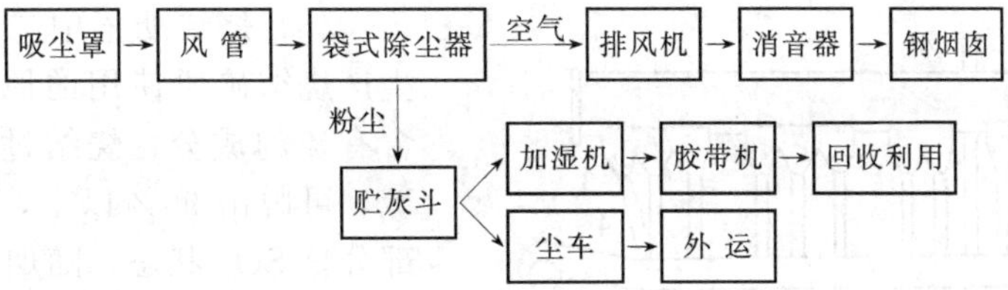

图 11-18　原料准备系统除尘工艺流程

2. 混合料系统除尘

在混合料的转运、加水及混合过程中，产生含粉尘和水蒸气的废气。热返矿工艺产生大量的粉尘-水蒸气共生废气，该废气温度高、湿度大、含尘浓度高，是治理的重点。冷返矿工艺由于温度低，不产生大量的水蒸气，只在物料转运点产生含尘废气。

解决混合料系统废气治理的关键是尽可能采用冷返矿工艺。混合料系统的除尘应采用湿式除尘，除尘设备可采用冲激式除尘器等高效除尘设备。

3. 烧结机脱硫技术

（1）烧结烟气的特点　烧结生产，实质上是高炉炉料的预处理过程。铁矿石经过烧结，冶炼性能改善，有害元素减少，从而可大大提高铁水的产量和质量。

烧结生产过程包括配料、焙烧、分选和成品四个阶段。烧结生产所用的原料、辅料、燃料分别是铁矿粉、熔剂和煤（焦）粉，按照一定的粒度和配比要求，遵循一定的工艺流程和控制条件，在烧结机内焙制成可供高炉炼铁用的烧结矿熟料，铁矿粉的粒度小于 6mm，熔剂和燃料粒度小于 3mm，燃料配比 6%～7%，原辅料配比按碱度 CaO/SiO_2 为 1.55～1.75 计算确定。烧结熟料含 Fe 品位要求 58%～60%以上，粒度 5～6mm。烧结机工作原理见图 11-19[10]。

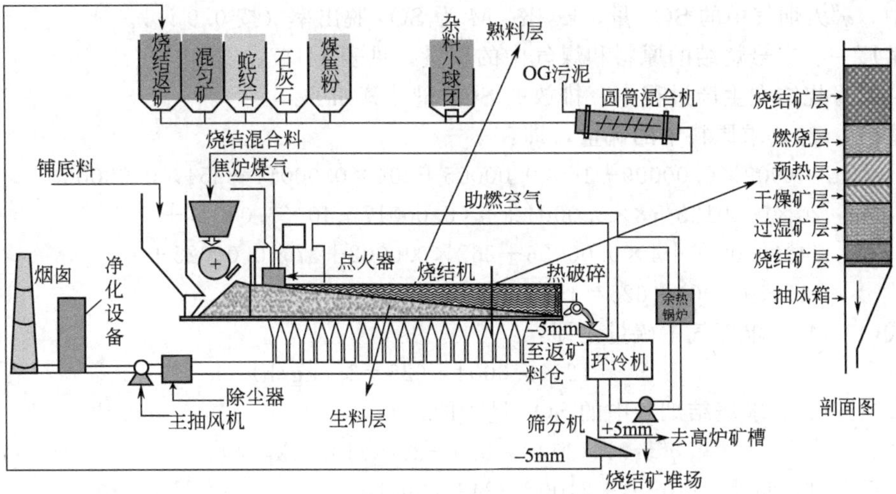

图 11-19　烧结机的工作原理

（2）烧结机废气除尘　含铁原料烧结主要使用抽风带式烧结机。烧结机产生的废气主要含粉尘和 SO_2、NO_x 等有害物质。

烧结机废气的除尘，可在大烟道外设置水封拉链机，将大烟道的各个排灰管、除尘器排灰管和小格排灰管等均插入水封拉链机槽中，灰分在水封中沉淀后，由拉链带出。除尘设备一般采用大型旋风除尘器和电除尘器。图 11-20 是大烟道水封拉链装置示意。

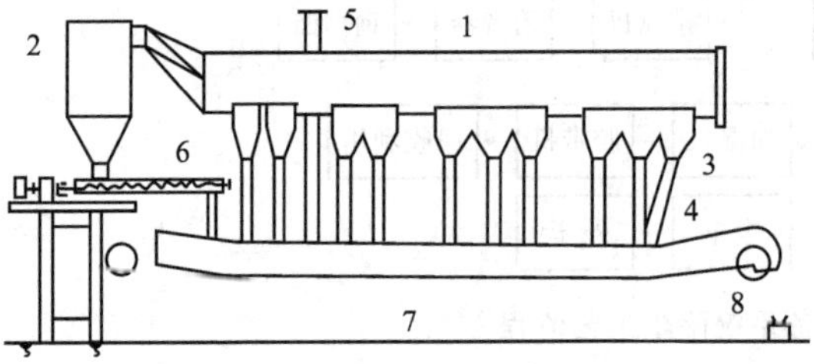

图 11-20 大烟道水封拉链装置示意
1—大烟道；2—干式除尘器；3—集灰斗；4—排灰管；5—小格排灰管；6—螺旋输送机；7—水封拉链装置；8—胶带运输机

(3) 烧结烟气中二氧化硫治理 在生产烧结矿所使用的原料及燃料中，均含有硫的成分，烧结过程中，原料中的硫，可脱出 90%以上，脱出的硫，绝大部分呈 SO_2 状态，随烟气从烟囱中排出，成为钢铁厂的主要污染源之一。

烧结原料，系由含铁原料、辅助原料和固体燃料组成。

① 烧结烟气中二氧化硫量的计算

a. 原料中的硫量。烧结原料（含铁原料、辅助原料及固体燃料）中的硫量，按下式计算：

$$S_y=(W_1S_1+W_2S_2+\cdots+W_nS_n)W_{max} \tag{11-43}$$

式中，S_y 为烧结原料中的硫量，kg/h；W_1、W_2、…、W_n 为各种原料配入量，kg/t；S_1、S_2…S_n 为各种原料含硫率，%；W_{max} 为烧结矿最大产量，t/h。

b. 煤气中的硫量。烧结点火用焦炉煤气中的硫量，按下式计算：

$$S_g=VS_cW_{max} \tag{11-44}$$

式中，S_g 为煤气中的硫量，kg/h；V 为煤气消耗量，m^3（标)/t [一、二号烧结的煤气消耗量均为 $12m^3$（标)/t]；S_c 为煤气含硫量，kg/m^3（标）[按 0.0004kg/m^3（标）计]。

c. 二氧化硫量的计算。

烧结烟气中 SO_2 量的计算，可按下式进行。

$$q''=2(S_yM+S_g) \tag{11-45}$$

式中，q''为烟气中的 SO_2 量，kg/h；M 为 SO_2 脱出率（按 0.9 计）。

d. 某厂一、二号烧结的原料和煤气中的硫量，见表 11-17。

一、二号烧结在生产过程中，排放的 SO_2 量计算如下：

按式(11-43)，求原料中的硫量，即：

$$S_y=(909\times0.00099+16\times0.00005+204\times0.00011+354\times0.00006+20\times0.00125+8\times0.0004+4\times0.00017+40\times0.00087+54\times0.0026+4\times0.00006+262\times0.0002+37\times0.00025+110\times0.006)\times625=1140\ (kg/h)$$

按式(11-44)，求煤气中硫量，即：

$$S_g=12\times0.0004\times625=3\ (kg/h)$$

按式(11-45)，求烧结烟气中的 SO_2 量，即；

$$q''=2\times(1140\times0.9+3)\approx2100\ (kg/h)$$

烧结厂总排硫量为 1140＋3＋2100＝3243（kg/h)。

烧结设备分为抽风式和鼓风式两大类。现代化大型烧结厂都采用抽风式带式烧结机。用布料器先将底料布放于台车上，底料厚度 10～20mm，然后布放生料于底料之上，料层厚度 600～800mm，用焦炉煤气预热至 1300℃左右即可点火，台车一面以 2.4～7.2m/min 的速度向前移动，一面完成动态焙烧，从而形成渐进式带状焙烧环境。点燃的火焰呈倒置形态，向下穿行于生料层的缝隙而达到烧结目的。由于台车下部两侧设有与焙烧带平行的系列风箱，借助风机强力抽引将风箱内的烟气通过排烟支管—干管—总管，最终由烟囱排放。

表 11-17　烧结原料配入量

原料种类	原料名称	配入量/(kg/t 烧结矿)		含硫率/%
		一号烧结	二号烧结	
含铁原料	铁矿粉	454	455	0.099
	球团粉	8	8	0.005
	筛下粉	102	102	0.011
	破碎粉	177	177	0.006
	锰矿粉	10	10	
	氧化铁皮	26	25	0.04
	粒铁	4	4	
	高炉粉尘	5	5	0.017
	转炉尘泥	2	2	
	返矿	500	500	
	烧结粉	100	100	0.087
	小球团	20	20	
辅助原料	蛇纹石	27	27	0.26
	硅砂	2	2	0.06
	石灰石	125	137	0.02
	生石灰	22	15	0.025
固体燃料	焦粉	55	55	0.6
气体燃料	煤气	3	3	

烧结烟气的产生、形态和污染物的来源均不同于火电锅炉烟气。锅炉燃料的燃烧呈点式，火焰自下而上，排出的烟气温度和成分上下大体一致。而烧结燃料的燃烧呈带状，火焰自上而下，排出的烟气温度和其他参数沿着焙烧带的长度方向变化很大。锅炉烟气中的硫、氮污染物源于燃料中的硫、氮含量和燃烧过程的工况条件。烧结烟气中的硫、氮污染物不仅源于燃料的硫、氮含量和燃烧过程的工况条件，而且还与原辅料的质量有关。烧结烟气的主要特点如下。

a. 烧结烟气中 SO_x 的浓度只相当于燃用低硫煤的锅炉烟气水平；SO_2 浓度一般在 $300\sim1000mg/m^3$；

b. 烧结烟气中的 NO_x 浓度比锅炉烟气低 1/2 左右，NO_x 在 $200\sim500mg/m^3$；

c. 烧结烟气中的卤化物浓度比锅炉烟气高 3～6 倍；

d. 烟气中氧和水分含量比锅炉烟气高 1 倍左右；

e. 颗粒物中的 Fe 含量比锅炉烟气的高，而 Ca、Si、Mg 和 Al 等元素含量比锅炉烟气低很多，因而烧结烟尘的比电阻要比锅炉粉尘的比电阻高一个数量级；

f. 在烧结烟气的污染成分中，含有剧毒化学物质二噁英，这主要是由生料中含铁尘泥和某些含氯添加料在烧结温度条件下产生的。数量不太大，但毒性极强，相当于砒霜（As_2S_3）的 900 倍，山奈（NaCN）的 300 倍。二噁英的数据尚无报导，国外研究资料称在 $30\sim60ng\ TEQ/m^3$。

现代钢铁企业绝大多数采用的烧结机为带式烧结机。通常带式烧结机的高硫系和低硫系烟气的参数如表 11-18 所列。

表 11-18 带式烧结机的烟气基本参数

参数	高硫系	低硫系	参数	高硫系	低硫系
温度/℃	150～300	70～90	二噁英/(ng TEQ/m^3)	0～0.2	0.3～5.3
SO_2/(mg/m^3)	350～500	230	水分(体积)/%	2～12	3～13
NO_x/(mg/m^3)	100～250	300～550	O_2(体积)/%	12～19	7～17

② 烧结烟气二氧化硫控制方法。目前对烧结烟气 SO_2 排放的控制方法主要有低硫原料配入法、高烟囱扩散稀释法、烟气脱硫法等，现分述如下。

a. 低硫原料配入法。烧结烟气中的 SO_2 是由烧结原料中的硫在高温烧结过程中被脱出与空气中的氧化合产生的。因此，在确定原料方案时，按照规定的 SO_2 允许排放量来适当地选择，配入含硫率低的原料，以实现对排放 SO_2 量的控制，是极为简单易行的方法，也是控制烧结烟气中 SO_2 排放量的有效措施之一。

低硫原料配入法由于对原料的含硫率要求较严格，使原料的来源受到了一定的限制，烧结矿的生产成本也会随着低硫原料价格上涨而增加，因此，这种方法在烧结生产中全面推广应用，有一定的困难。

b. 高烟囱扩散稀释法。烧结排放烟气的主烟囱，如按生产需要，一般高 80～120m 即可，为使烧结排放烟气中的 SO_2 着地时的浓度满足环境标准的要求，就要把烟囱加高几十米，甚至百米以上。采用高烟囱排放低浓度 SO_2 烟气的方法，在世界各国的冶金，火电等部门中均有使用。

c. 氨-硫铵法烧结烟气脱硫。氨-硫铵烧结烟气脱硫工艺，是把烧结厂的烟气脱硫和焦化厂的煤气脱氨相结合的一种“化害为利”综合处理工艺。氨-硫铵法烧结烟气脱硫工艺，由 SO_2 吸收，氨吸收和硫铵回收三部分组成，其脱硫率达 90%以上，脱硫副产品为硫铵化肥，纯度达 96%以上。氨-硫铵法烧结烟气脱硫工艺流程，见图 11-21。

氨-硫铵法烧结烟气脱硫工艺于 1976 年建于日本的一些烧结机。投产后，运行正常，稳定，其主要设备见表 11-19。氨-硫铵法烧结烟气脱硫的主要设备是 SO_2 吸收塔，具有吸收反应充分、脱硫率高、不易产生结垢等特点。采用此法的条件是，由于烧结烟气 SO_2 的吸收剂是利用焦化厂的副产品氨，这就要求焦化厂的氨量必须与烧结烟气中 SO_2 反应时所需的氨量保持平衡，当焦化厂的氨量不足，需另找氨源时，此法将要受到限制。

表 11-19 氨-硫铵法烟气脱硫主要设备

名称	项目	烧结机规格	
		扇岛 1 号	福山 3 号
SO_2 吸收塔	台数	2	1
	处理烟气量/[m^3(标)/h]	61.5×10^4	76×10^4
	外形尺寸/mm	12400×9900×35900	1800×9000×38000
氨吸收塔	台数	1	1
	处理烟气量/[m^3(标)/h]	8.2×10^4	9×10^4

d. 石灰石膏法烧结烟气脱硫。石灰石膏法烧结烟气脱硫，起始于 20 世纪 70 年代。一般是由 SO_2 吸收、除去粉尘，吸收剂调配和石膏生产四个工序组成。吸收剂为石灰石或石灰乳液，脱硫副产品为纯度 96%以上的石膏，可应用于建材工业。石灰石膏法烧结烟气脱硫工艺流程见图 11-22。其脱硫工艺数据见表 11-20。

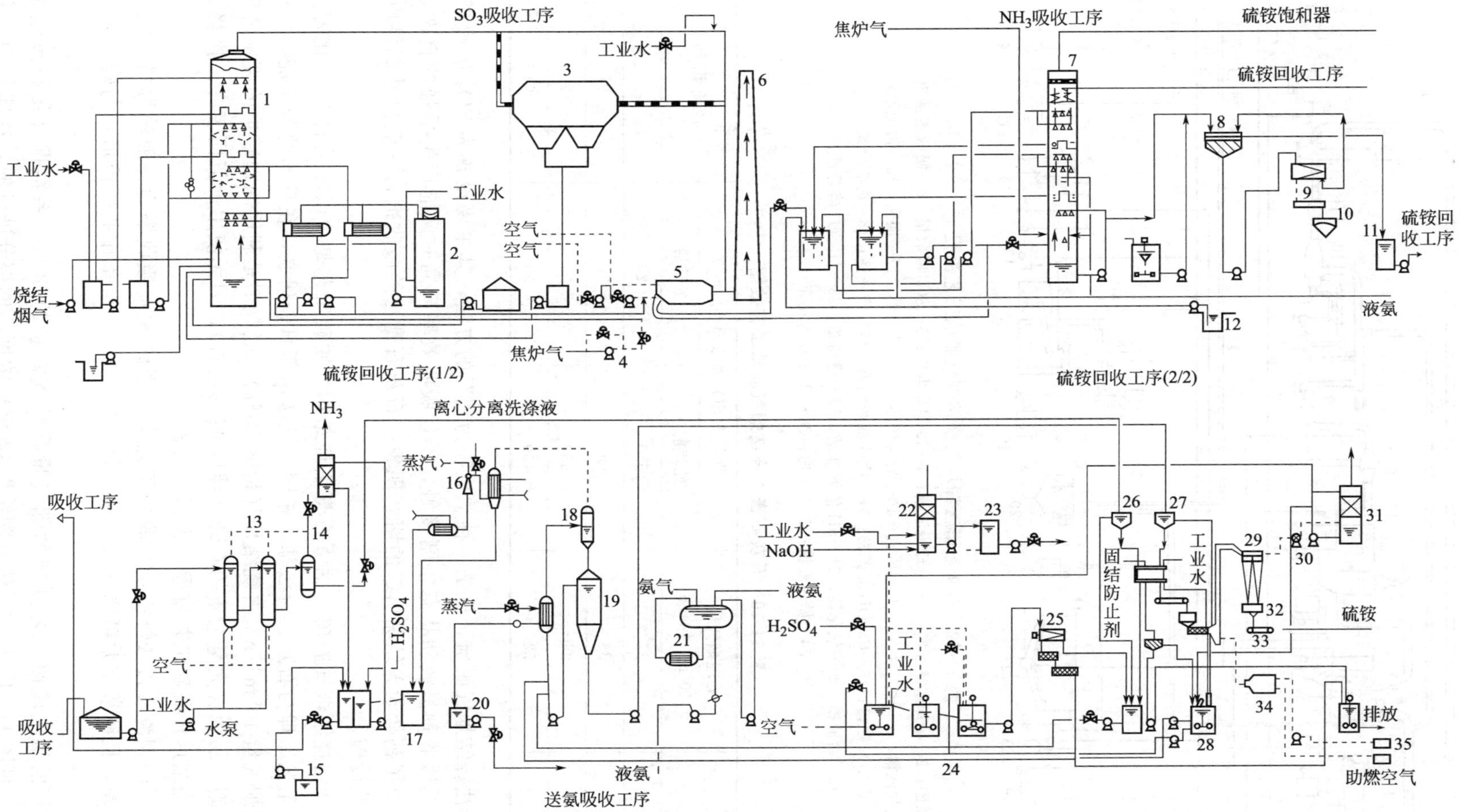

图 11-21 氨硫铵法烧结烟气脱硫工艺流程

1—SO_2 吸收塔；2—冷却塔；3—电收尘器；4—升压机；5—加热器；6—烟囱；7—氨吸收塔；8—浓缩槽；9—泥浆分离机；10—渣斗；11，15—硫铵贮槽；12—粉尘贮槽；13—氧化器；14—气液分离器；16—喷射泵；17—凝结水槽；18—蒸发罐；19—结晶罐；20—温水槽；21—液氨气化器；22—洗涤塔；23—氧化槽；24—中和槽；25—硫黄分离槽；26—洗涤液槽；27—硫铵渣接收槽；28—分离滤液槽；29—气流干燥器；30—二次风机；31—洗涤塔；32—硫铵斗；33—胶带机；34—加热器；35—油槽

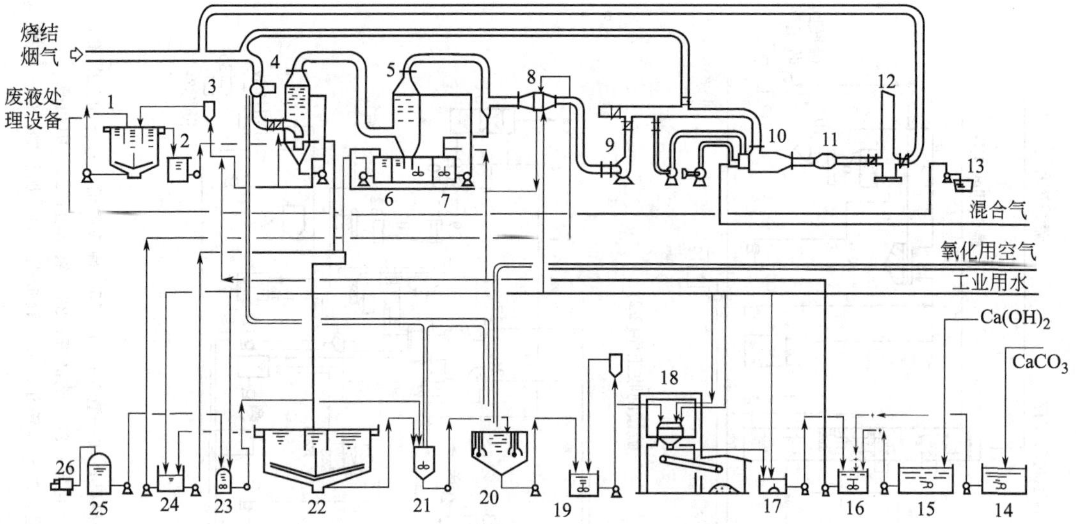

图 11-22 石灰石膏法漏塔板烧结烟气脱硫工艺流程

1—增稠器；2—冷却水滤液槽；3—冷却废液槽；4—冷却除尘塔；5—SO_2 吸收塔；6—吸收废液槽；7—吸收液槽；8—除沫器；9—升压风机；10—后加热器；11—消声器；12—烟囱；13—污泥池；14—$CaCO_3$ 贮槽；15—$Ca(OH)_2$ 贮槽；16—吸收液浓缩槽；17—滤液槽；18—离心分离机；19—给液槽；20—氧化器；21—pH 值调整槽；22—澄清槽；23—H_2SO_4 溶解槽；24—循环液槽；25—贮槽；26—H_2SO_4 专用车

表 11-20 石灰石膏法烧结烟气脱硫工艺数据

名称	处理烟气量/[10^4m^3(标)/h]	烟气中 SO_2 浓度/(mg/m^3)		脱硫率/%
		处理前	处理后	
和歌山	37	650	20	97
鹿岛 1 号	88	650	20	97
鹿岛 2 号	200	650	30	95
小仓	72	400	30	93

石灰石膏法烧结烟气脱硫，也是一种“化害为利”的方法，其主要设备为 SO_2 吸收塔，在塔内，SO_2 与吸收剂呈波动状态急剧接触，不仅吸收效率高同时又能产生很强的自洗能力，有效地防止了钙盐附着结垢引起的堵塞现象。石灰石膏法的吸收剂，一般由外部供应，需配备辅助工艺设施。

e. 钢渣石膏法烧结烟气脱硫。钢渣石膏法烧结烟气脱硫工艺是“以废治害”、“化害为利”的方法，工艺原理与石灰石膏法基本相同。该法由新日铁研制，在日本的若松烧结厂建成投产，处理烟气量 $10^6m^3/h$（占烧结烟气量的 50%）。吸收剂是利用炼钢转炉的废钢渣制成钢渣乳液，副产品为含大量杂质的石膏（纯度 47%左右），因无使用价值而废弃。松烧结厂钢渣石膏法烧结烟气脱硫工艺流程，见图 11-23。

若松烧结厂的钢渣石膏法烧结烟气脱硫工艺中采用的 SO_2 吸收塔为一般喷淋塔，吸收反应的效果较差，且经常结垢堵塞（需每隔半月除垢一次），设备作业率极低，与烧结生产工艺不相适应。

若松烧结厂的烟气脱硫工艺处理的烟气量是烟气总量的 50%，系根据烧结机风箱中 SO_2 变化规律（见图 11-24）按“气体分割法”取 SO_2 浓度高的部分进行的，这部分 SO_2 量

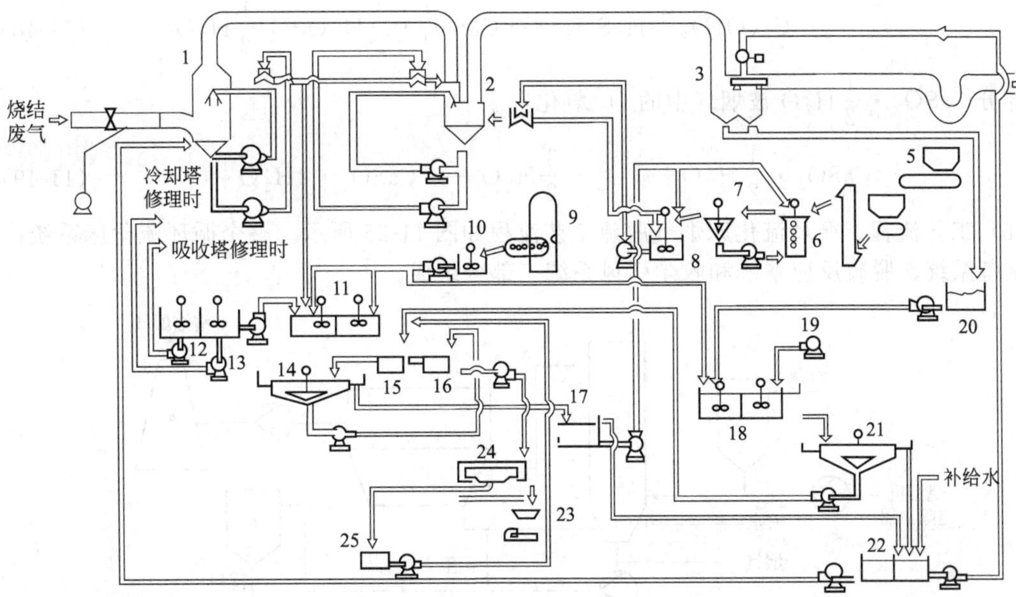

图 11-23 钢渣石膏法烧结烟气脱硫工艺流程

1—冷却塔；2—SO_2 吸收塔；3—除雾器；4—烟囱；5—钢渣料斗；6—球磨机；7—分级槽；8—调节槽；9—石灰仓；10—溶解槽；11—中和槽；12—吸收塔排泄泵；13—冷却塔排泄泵；14—增稠槽；15—分配槽；16—调整槽；17—1 号循环水槽；18—凝聚槽；19—药剂泵；20—排水坑；21—沉淀池；22—2 号循环水槽；23—石膏槽；24—板式压力机；25—滤液槽

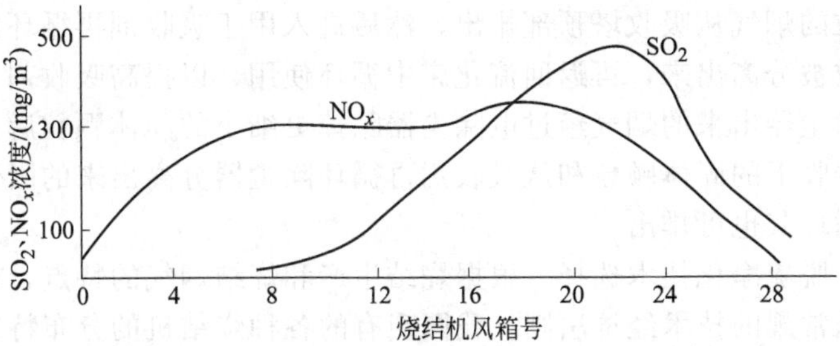

图 11-24 烧结机风箱内 SO_2、NO_x 变化规律

占总量的 92%。因此，进入脱硫工艺的烟气 SO_2 浓度高，脱硫率也高，总的脱硫率可达 82%。

f. 循环流化床烟气脱硫。循环流化床烟气脱硫（CFB-FGD）技术是循环流化床中通过控制通入烟气的速度，使喷入的吸收剂——石灰颗粒流化，在床中形成稠密颗粒悬浮区，然后再喷入适量的雾化水，使 CaO、SO_2、H_2O 充分进行反应。再利用高温烟气的热量使多余的水分蒸发，以形成干脱硫产物。目前该技术的 200MW 烟气循环流化床脱硫系统已投入运行，下面以鲁奇型循环流化床为例介绍循环流化床烟气脱硫技术。

(a) 基本原理。该工艺中发生的主要反应如下。

脱硫反应：

$$CaO + H_2O \longrightarrow Ca(OH)_2 \tag{11-46}$$

$$SO_2 + H_2O \longrightarrow H_2SO_3 \tag{11-47}$$

$$Ca(OH)_2 + H_2SO_3 \longrightarrow CaSO_3 \cdot \frac{1}{2}H_2O + 1\frac{1}{2}H_2O \tag{11-48}$$

部分 $CaSO_3 \cdot \frac{1}{2}H_2O$ 被烟气中的 O_2 氧化：

$$CaSO_3 \cdot \frac{1}{2}H_2O + \frac{1}{2}O_2 + \frac{3}{2}H_2O \longrightarrow CaSO_4 \cdot 2H_2O \downarrow \tag{11-49}$$

(b) 工艺流程。循环流化床烟气脱硫工艺流程如图 11-25 所示。整个循环流化床系统由石灰制备系统、脱硫反应系统和收尘引风系统三部分组成。

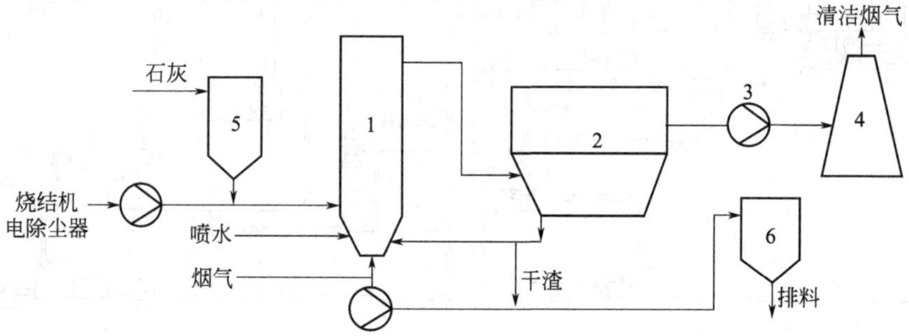

图 11-25 循环流化床烟气脱硫工艺流程

1—CFB 反应器；2—脉冲袋式除尘器；

3—引风机；4—烟囱；5—石灰贮仓；6—灰仓

含 SO_2 高温烟气从循环流化床底部通入，并将石灰粉料从流化床下部喷入，同时喷入一定量的雾化水。在气流作用下，高密度的石灰颗粒悬浮于流化床中，与喷入的水及烟气中 SO_2 进行反应，生成亚硫酸钙及硫酸钙。同时，烟气中多余的水分被高温烟气蒸发。带有大量微小固体颗粒的烟气从吸收塔顶部排出，然后进入用于吸收剂再循环的除尘器中，此处烟气中大部分颗粒被分离出来，再返回流化床中循环使用，以提高吸收剂的利用率。从用于吸收剂再循环的除尘器出来的烟气经过电除尘器除掉更细小的固体颗粒后，经风机由烟囱排入大气。从除尘器收下的固体颗粒和从吸收剂再循环除尘器分离出来的固体颗粒一起返回流化床中，多余的循环灰也可排出。

(4) 烧结烟气脱硫净化技术选择　根据烧结生产和烧结烟气的特点，在选择脱硫净化适用技术时，要遵循常规的技术经济法则。我国现有的各种烧结机的分布特征也是小而散，根据“上大压小，淘汰落后”的国家战略，预计 $180m^2$ 的烧结机将被逐步淘汰。就目前的进展状况看，基本取得的共识是以半干（干）法为主流技术发展方向。

所谓半干式 FGD 工艺是指 CFB（循环流化床法）、SDA（旋转喷雾干燥法）和 NID（新型脱硫除尘一体化）一类的技术。在该技术中，气固分离设备使用袋式除尘器给系统下游带来的好处，不仅可大大减轻腐蚀，提升净化效率和减排效果，同时还能去除 SO_3、汞及其他重金属，为该系统增加净化处理二噁英的功能创造条件。这些优越性都是湿式脱硫工艺无法协同实现的。

确定最适宜的脱硫净化技术路线时，往往需要考虑多方面的因素，其中最主要的是综合技术经济因素，这是最基本的，也是决定性的。不同的处理烟气量，烧结烟气脱硫净化工艺参数详见表 11-21。

由表 11-21 可见，小型烧结机宜采用干式一体化装置，而中等规模烧结机适用半干法技术及其他工艺，只有特大型烧结机，处理烟气量在 $10^6 m^3/h$ 以上，适用技术必须是传统湿式石灰石-石膏法，但烧结烟气由于含二噁英，需另外附加干式去除装置，为了降低工程费用和运行成本，最好设计上将此烟气量一分为二，由此引出分割烟气——选择性脱硫技术。只有带式烧结机给该项技术的实施提供了可行的条件。

表 11-21　火电锅炉和烧结烟气脱硫工艺的适用性

参数＼规模	小	中	大
火电机组容量/MW	<100	100～300	>300
处理烟气量/($10^4m^3/h$)	<30	30～120	>120
适用 FGD 工艺	湿/干式一体化	半干法及其他	湿式石灰石法
烧结机型容量/m^2	<180	180～300	>300
处理烟气量/($10^4m^3/h$)	<40	40～100	>100
适用 FGD 工艺	干式一体化	半干法及其他	湿式石灰石法及另加去除二噁英的设备

注：1. 表中内容为宏观一般情景。

2. 大型烧结机 FGD 需另加去除二噁英的设备。

(5) 烟气分割技术[10]　烧结烟气的特点是在带式烧结机中，烟气是通过台车下部的一系列风箱和支管强力抽出汇入主管排出的。沿着台车移动的方向从各个风箱抽出烟气的温度和浓度均遵循一定的变化规律。这种规律使烧结烟气具备“可分割性”，完全有可能将烟气分成高硫系和低硫系两个部分，分割处理后汇合排放。这便为大容量烧结烟气采用半干(干)法工艺提供了可能性，为一机多放、协同减排和大幅度降低投资、运行成本提供了优越的条件。

烟气分割，可以通过三个途径实现，即几何法、温度法和浓度法。温度分割法，仅属宏观指南性；浓度分割法，是“分割”的基础和依据，须预先完成一系列工程检测，集纳大量数据后加以综合归纳，确定“分割”的几何位置；几何分割法，在众多的烧结机中，不同型号和工况，当然分割点位有所不同，但只要工况基本相同，分割点的位置是比例相关的，通常不妨把烧结带的总长度设定为 L，分割点有 A 和 B。如图 11-26 所示。

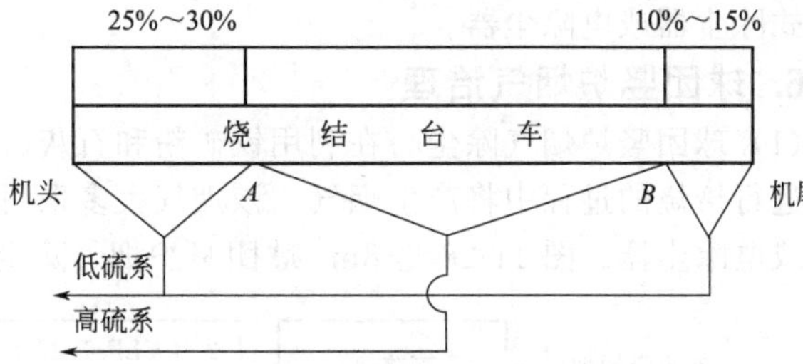

图 11-26　烧结烟气分割点示意

在一般情况下，180m^2 的带式烧结机烟气总量为 $50\times10^4m^3/h$，把近机头、机尾的两端烟气合在一处就是低硫系，中间部位的烟气就是高硫系。低硫、高硫系烟气的主要特征如表 11-22 所示。

表 11-22　低、高硫系烟气的主要特征

烟气划分	烟气量/($10^4m^3/h$)	占总气量/%	SO_2 浓度/(mg/m^3)	占 SO_2 总量/%
低硫系	22	44	370	5.2
高硫系	28	56	5700	94.8

低硫系烟气仅通过除尘处理，高硫系烟气则经除尘和脱硫双重处理，然后二者合一排入烟囱。由于低硫系烟气未经 FGD 处理，温度基本无变化，而高硫系烟气在经 FGD 装置后，温度有所降低。高硫系烟气经 FGD 处理，脱硫率一般在 90%以上，与低硫系混合后 SO_2 浓

度一般都能达标。

4. 烧结机尾气除尘

烧结机尾部卸矿点，以及与之相邻的烧结矿的破碎、筛分、贮存和运输等点含尘废气的除尘，优先选用干法除尘，这样可以避免湿法除尘带来的污水污染，同时也有利于粉尘的回收利用。烧结机尾气除尘大多采用大型集中除尘系统。机尾采用大容量密闭罩，密闭罩向烧结机方向延长，将最末几个真空箱上部的台车全部密闭，利用真空箱的抽力，通过台车料层抽取密闭罩内的含尘废气，以降低机尾除尘抽气量。除尘设备优选采用袋式除尘器。图 11-27 是烧结机尾气处理工艺流程。

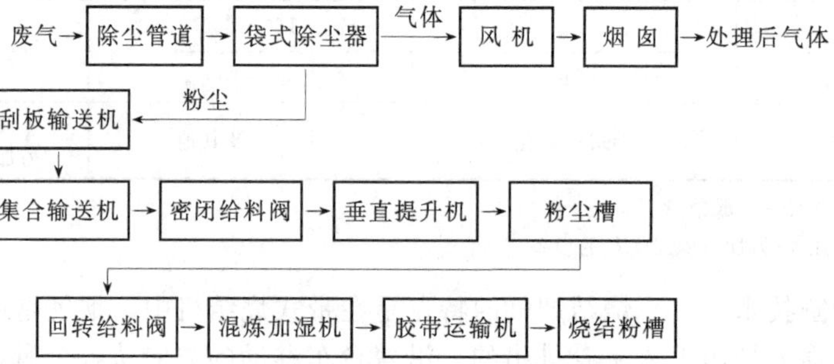

图 11-27 烧结机尾气治理工艺流程

5. 整粒系统除尘

整粒系统包括冷烧结矿的破碎和多段筛分，它的除尘抽风点多，风量大，必须设置专门的整粒除尘系统。该系统设置集中式除尘系统，采用干式高效除尘设备，一般采用高效大风量袋式除尘器或电除尘器。

6. 球团竖炉烟气治理

(1) 球团竖炉烟气除尘 在利用铁矿粉和石灰、皂土、焦粉等添加剂混合造球时，在竖炉中进行焙烧的过程中将产生烟气。该烟气大多采用干式除尘处理，除尘设备可采用袋式除尘器或电除尘器。图 11-28 是 $8m^3$ 球团竖炉烟气除尘工艺流程。

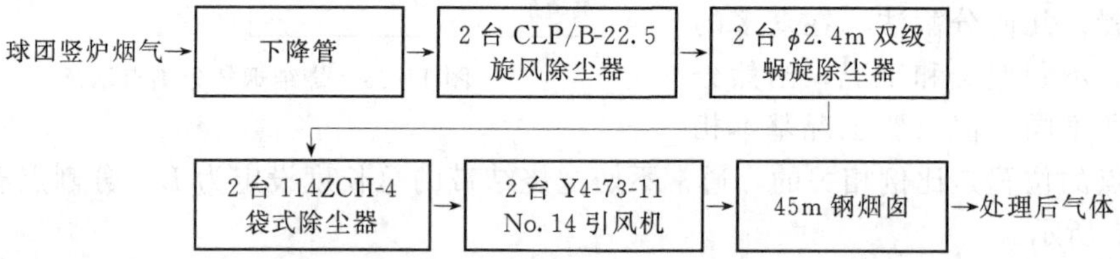

图 11-28 球团竖炉烟气除尘工艺流程

(2) 球团竖炉烟气除硫 对球团竖炉烟气中的 SO_2，尚未采取有效的治理措施。处理的方法主要是针对高硫燃料初步脱硫和回收烟气中的二氧化硫。如日本钢铁公司采用 $(NH_4)_2SO_3$ 作吸收剂，吸收废气中的二氧化硫后，再与焦炉煤气中的 NH_3 反应，使吸收液再生并返回烧结厂再用。吸收液的一部分抽出氧化，然后制取硫酸铵。美国在烧结机废气中加入白云石等物料，配合使用袋式除尘器，既除尘又除二氧化硫。

三、炼铁厂废气治理

(一) 炼铁厂废气的来源及特点

炼铁厂的废气主要来源于以下的工艺环节：高炉原料、燃料及辅助原料的运输、筛分、转运过程中产生的粉尘；在高炉出铁时将产生一些有害废气，该废气主要包括粉尘、一氧化碳、二氧化硫和硫化氢等污染物；高炉煤气的放散以及铸铁机铁水浇注时产生含尘废气和石墨炭的废气。

（二）炼铁厂废气的治理技术

1. 高炉煤气处理技术

按照净化后的煤气含尘量不同，高炉煤气可分为粗除尘煤气、半净除尘煤气和精除尘煤气。按净化方法的不同，高炉煤气除尘可分为干式除尘和湿式除尘。粗除尘一般用干法进行，干法除尘是基于煤气速度及运动方向的改变而进行。粗除尘是在紧靠高炉除尘设备中的第一次净化。半净除尘采用湿法，将煤气加大量水润湿，润湿的炉尘与水以泥渣的形式从煤气中分离出来。精除尘是煤气除尘的最后阶段，为了获得预期的效果，精除尘之前煤气必须经过预处理。精除尘利用过滤的方法，或使用静电法，并将其吸往导电体（在电气设备或装置内），再用水冲洗。还可用使煤气经过相应的设备而产生很强的压力降的方法来精除尘。

随着高炉的大型化和炉顶压力的提高，高炉煤气的净化方法亦在不断更新，由原来的洗涤塔、文氏管和湿式电除尘器组成的各种形式的清洗系统，因其设备重、投资高，而被双文氏管串联清洗和环缝洗涤器取代。洗涤塔-文氏管的清洗系统在炉顶压力不太高的情况下，为使高炉煤气余压透平多回收能量，仍有应用价值。到 20 世纪 70 年代后期，高炉煤气余压透平发电技术的开发，促进了高炉煤气净化系统向低阻损、高效率的方向发展。近年来，我国大部分钢铁企业均采用了低阻损的干法除尘设备，如布袋过滤、旋风除尘、砂过滤和干法电除尘器等。

（1）高炉煤气净化工艺流程[11]

① 高炉煤气湿法净化工艺流程。过去大中型高炉一般采用串联调径文氏管系统或塔后调径文氏管系统，其流程见图 11-29。串联调径文氏管系统的优点是操作维护简便、占地少、节约投资 60%以上。但在炉顶压力为 80kPa 时，在相同条件下，煤气出口温度高 3～5℃，煤气压力多降低 8kPa 左右。一级文氏管磨损严重，但可采取相应措施解决。然而在常压或高压操作时，两个系统的除尘效率相当，即高压时或常压时净煤气含灰量分别为 5mg/m^3 或 15mg/m^3，因而当给水温低于 40℃时，采用调径文氏管就会更加合理。当炉顶压力在 0.15MPa 以上，常压操作时煤气产量是高压时的 50%左右时，根据高炉操作条件的需要，采用串联调径文氏管的优点就更加显著，即煤气温度由于系统中采用了炉顶煤气余压发电装置反而略低于塔文系统。此外，文氏管供水可串联使用，其单位水耗仅有 2.1～2.2kg/m^3 煤气。而塔文串联系统的单位水耗则为 5～5.5kg/m^3 煤气。因此，当炉顶压力在 0.12MPa 以上时采用串联调径文氏管系统。

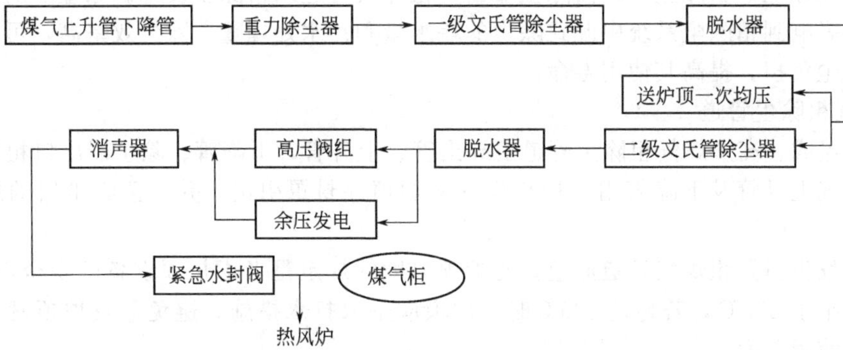

图 11-29　串联调径文氏管系统流程图

② 高炉煤气干法除尘工艺流程。高炉煤气的干法除尘工艺可使净化煤气含水少、温度高、保存较多的物理热能，利于能量利用。加之不用水，动力消耗少，又省去污水处理，避免了水污染，因此是一种节能环保的新工艺。

高炉煤气干法除尘的方法很多，如袋式除尘、干法电除尘等。

高炉煤气经重力除尘器及旋风除尘器粗除尘后，进入布袋除尘器进行精除尘，净化后的煤气经煤气主管、调压阀组（或 TRT）调节稳压后，送往厂区净煤气总管。其流程如图 11-30 所示。滤袋过滤方式一般采用外滤式，滤袋内衬有笼形骨架，以防被气流压扁，滤袋口上方相应设置与布袋排遣数相等的喷吹管。在过滤状态时，荒煤气进口气动蝶阀及净煤气出口气动蝶阀均打开，随煤气气流的流过，布袋外壁上积灰将会增多，过滤阻力不断增大。当阻力增大（或时间）到一定值，电磁脉冲阀启动，布置在各箱体布袋上方的喷吹管实施周期性的动态冲氮气反吹，将沉积在滤袋外表面的灰膜吹落，使其落入下部灰斗。在各箱体进行反吹时，也可以将此箱体出口阀关闭。清灰后应及时启动输灰系统。输灰气体可采用净高炉煤气，也可采用氮气，将灰输入大灰仓后，用密闭罐车通过吸引装置将灰装车运走。

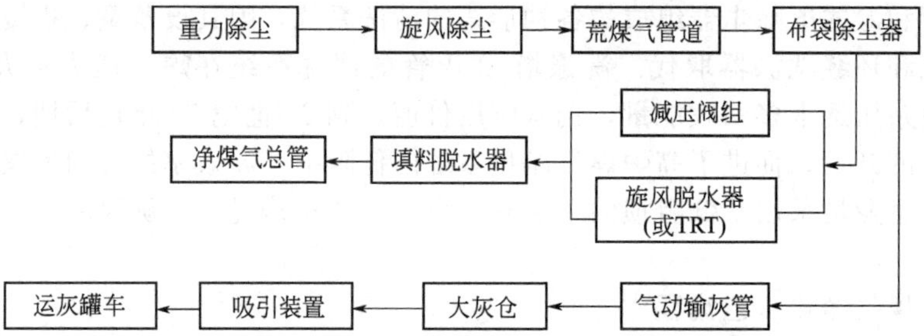

图 11-30 高炉煤气全干法布袋除尘工艺流程

(2) 粗煤气除尘系统 高炉炉顶煤气正常温度应小于 250℃，炉顶应设置打水措施，最高温度不超过 300℃。粗煤气除尘器的出口煤气含尘量应小于 10g/m³（标）。

粗煤气除尘系统主要由导出管、上升管、下降管、除尘器、炉顶放散阀及排灰设施等组成。目前国内有三种粗除尘方式：一是传统的重力除尘器，二是重力除尘器加切向旋风除尘器组合的形式，三是轴向旋流除尘器。传统的重力除尘器是利用煤气灰自身的重力作用，灰尘沉降而达到除尘的目的。重力除尘器结构简单，除尘效率较低。尤其在喷煤量加大的情况下，如某钢高炉，经过重力除尘器的粗煤气含尘量甚至超过 12g/m³。轴向旋流除尘器是气流通过旋流板，产生离心力，将煤气灰甩向除尘器壁后沉降，从而达到除尘的目的。结构复杂，除尘效率较高。

荒煤气经除尘器粗除尘后，由除尘器出口粗煤气管进入精除尘设施。除尘器的除尘效率高低，直接影响到精除尘系统中湿式除尘的耗水量和污水处理量，除尘效率高，可减轻干式精除尘的除尘负担，提高其使用寿命。

① 煤气粗除尘管道

a. 管道组成。高炉煤气粗除尘管道由导出管、上升管、下降管、除尘器出口粗煤气管道等组成。煤气上升管及下降管用于把粗煤气从炉顶外封罩引出，并送至除尘器的煤气输送管道。

b. 煤气发生量及粗煤气管道流速。对炉顶温度的规定是考虑炉顶设备的安全而制定的。煤气温度应小于 250℃，若超过 300℃时，炉顶应采取打水措施，避免危及炉顶设备安全和超过钢材的使用温度。

提高炉顶压力，提高粗煤气卸灰装置的安全要求。高炉煤气灰全部用做烧结原料，应得到充分利用。

根据经验数据，高炉外封罩导出管出口处的总截面积应适当加大，以降低煤气流速，减少带出的炉尘量。各部位粗煤气管道煤气流速要求如下：导出管为3～4m/s；上升管为5～7m/s；下降管为7～11m/s。

② 重力除尘器。世界上大部分高炉煤气粗除尘都是选用重力除尘器。重力除尘器是一种造价低、维护管理方便、工艺简单但除尘效率不高的干式初级除尘器。

煤气经下降管进入中心喇叭管后，气流突然转向，流速突然降低，煤气中的灰尘颗粒在惯性力和重力的作用下沉降到除尘器底部，从而达到除尘的目的。煤气在除尘器内的流速必须小于灰尘的沉积速度，而灰尘的沉降速度与灰尘的粒度有关。荒煤气中灰尘的粒度与原料状况、炉况、炉内气流分布及炉顶压力有关。重力除尘器直径应保证煤气在标准状态下上升的流速不超过0.6～1.0m/s。高度上应保证煤气停留时间达到12～15s。通常高炉煤气粉尘构成为0～500μm，其中粒度大于150μm的颗粒占50%左右，煤气中粒度大于150μm的颗粒都能沉降下来，除尘效率可达到50%，出口煤气含尘量可降到6～12g/m^3范围内。

高炉重力除尘器结构如图11-31所示。

粗煤气除尘器必须设置防止炉尘溢出和煤气泄漏的卸灰装置。

考虑到煤气堵塞及排灰系统的磨损，除尘器下部设置三个排灰管道系统，每个系统设有切断煤气灰的V形旋塞阀和切断煤气的两个球阀（阀门通径均为150mm），阀门为气缸驱动。为了吸收管道的热膨胀还设有波纹管。一般情况下，依次使用三个系统进行排灰。排灰时阀门开启顺序为：下部球阀→上部球阀→V形旋塞阀；排灰终止后阀门关闭顺序为：V形旋塞阀→上部球阀→下部球阀。

在排灰管道下部还设有清灰搅拌机，用以向煤气灰中打水、搅拌、避免扬尘。

③ 旋风除尘器。近年来，国内部分钢铁企业采用了轴向旋风除尘器。其工艺比较复杂，除尘效率较高，但生产中曾发生过除尘器内耐磨衬板碎裂和脱落，对生产造成一定的影响。

来自下降管的高炉煤气通过Y形接头进入轴向旋风除尘器，在轴向旋风除尘器的分离室内通过旋流板产生涡流，产生的离心力将含尘颗粒甩向除尘器壳体，颗粒沿壳体壁滑落进入集尘室。气流由分离室底部的锥形部位分流向上，通过分离室上部的内部管道离开轴向旋风除尘器。在旋流板处的高流速煤气不仅对旋流板有强烈的磨损，而且对除尘器壁体也有强烈磨损。

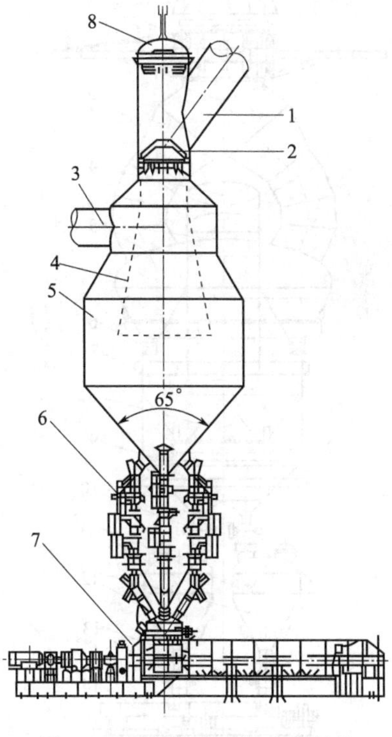

图11-31 高炉重力除尘器结构
1—下降管；2—钟式遮断阀；3—荒煤气出口；4—中心喇叭管；5—除尘器筒体；6—排灰装置；7—清灰搅拌机；8—安全阀

因此在磨损强烈的部位必须衬以高耐磨性能的衬板。该衬板的主要理化性能指标见表11-23。

在除尘器内筒体下方部位，为了节省投资，采用强度高、耐一氧化碳侵蚀的喷涂料也可满足工况要求。

表 11-23 耐磨衬板的主要理化性能指标

理化性能	数 值	理化性能	数 值
密度/(kg/dm^3)	3.4	耐磨强度/[cm^3/(50·cm^2)]	0.5～1.5
硬度(MOHS)	9	化学成分(质量分数)/%	数值
硬度(VICKERS/HV)	2000	Al_2O_3	51
冷压强度/(kN/cm^2)	40	ZnO_2	33
抗拉强度/(kN/cm^2)	4.0	SiO_2	14
热压强度(800℃)/(kN/cm^2)	>24	Fe_2O_3	0.1
最高工作温度/℃	1000	Na_2O	1.4
热传导率/[W/(m·K)]	4.2	CaO	0.4
热膨胀系数(20～1100℃)/[W/(m·K)]	6.5×10^{-4}	TiO_2	0.1

轴向旋风除尘器结构如图 11-32 所示。

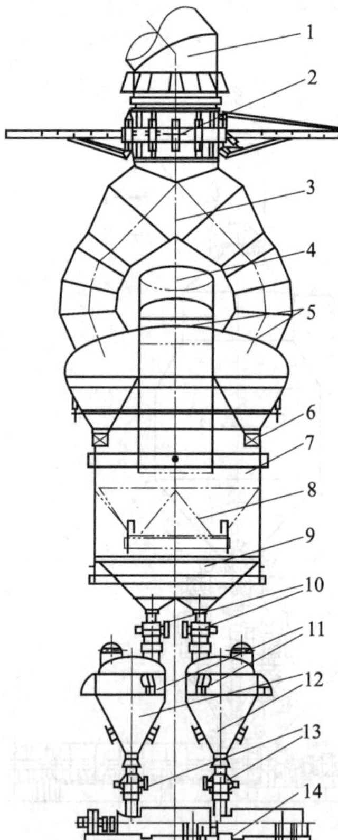

图 11-32 轴向旋风除尘器

1—下降管；2—眼镜阀；3—Y 形接头；4—粗煤气出口；5—煤气入口；6—旋流板；7—粉尘分离室；8—导流锥；9—集尘室；10—上排灰阀；11—称量压头；12—中间储灰斗；13—下排灰阀；14—清灰搅拌机

重力除尘效率只能达到 50%左右，轴向旋风除尘器效率可望提高一些。

轴向旋风除尘器可通过改变叶片角度来调节旋风除尘器的分离效率。通过更换不同形状的叶片，可确定旋风除尘器的分离效率和尘粒分布。在调节分离效率时，可从壳体外部方便地更换叶片。

在除尘器集尘室下部设有两个排灰斗，当排灰斗用氮气均压到与炉顶压力相当时，打开上排灰阀，积聚在集尘室内的煤气灰经排灰阀进入灰斗。然后关闭上排灰阀，打开放散系统，对排灰斗进行卸压，再由排灰斗经下排灰阀，螺旋搅拌机卸入运灰车外运。集尘室必须每天排空一次。

排尘系统主要由两个中间贮灰斗组成，带有上下排灰阀和一个清灰搅拌机。在排灰期间，中间贮灰斗交替贮灰填充和排灰，从而可以连续排灰。每个贮灰斗装有一套称量系统，用于控制和监视粉尘高度和流量。

排灰阀可以控制粉尘排放流量。排灰阀装有膨胀密封，在关闭位置，可以完全密封。上排灰阀用做闸阀，始终完全打开或关闭，由接近开关控制位置。

下排灰阀用做控制阀，可以控制粉尘排放流量。装有两个接近开关和位置变送器进行反馈。控制清灰搅拌机流量，避免排灰过多出现堵塞。

清灰搅拌机中的喷嘴向煤气灰中加水，以改善排料时的装运条件。通过称量系统计算和测量料仓煤气灰重量和加料流量。排灰阀位置设定值可以手动或自动调整，从而可以避免清灰搅拌机过负荷和堵塞。

④ 重力除尘器和旋风除尘器。煤气经下降管进入重力除尘器的中心喇叭管后，气流突然转向和减速，

煤气中的颗粒在惯性力和重力作用下沉降到除尘器底部，完成第一次除尘。转向煤气流经重力除尘器粗煤气出口矩形管道切线方向进入旋风除尘器，中等直径的尘粒借离心力的作用被分离出来，借助于惯性沉积于旋风除尘器底部，完成第二次除尘。沉积于旋风除尘器底部的煤气灰通过液压控制的排灰和加湿装置定期排出，并用汽车送出。

该装置通过二次粗除尘，提高了粗除尘的效率，但占地较大。

高炉重力除尘器和旋风除尘器组合布置示意如图 11-33 所示。

切向旋风除尘器由筒体、干式排灰装置及加湿装置、煤气出入口管组成。

形式	立式单筒，切向进气；	筒体内径	6000mm；
总高度	约 32000mm；	压力损失	0.6kPa；
材料	16MnR。		

为吸收重力除尘器粗煤气出口处管道的轴向膨胀及除尘器与旋风除尘器的不均匀膨胀，在该粗煤气管道上设有一个万向铰链型矩形波纹管。其内口尺寸 1510mm×3010mm，外形尺寸 2120mm×3620mm，长度 4000mm。

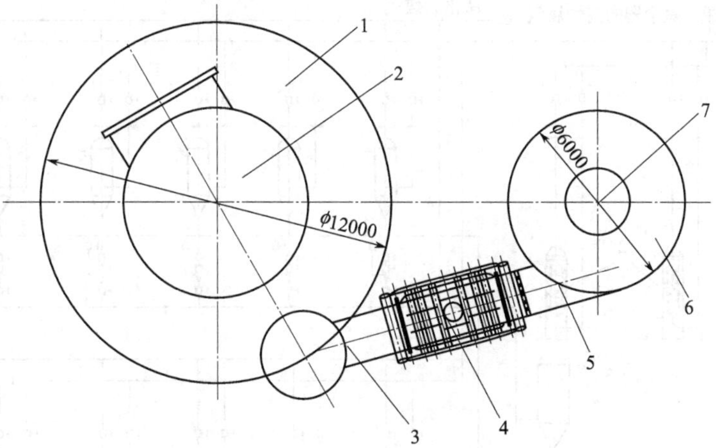

图 11-33　高炉重力除尘器和旋风除尘器组合布置示意

1—重力除尘器；2—重力除尘器煤气入口；3—重力除尘器煤气出口；4—矩形波纹管；5—旋风除尘器煤气入口；6—切向旋风除尘器；7—旋风除尘器煤气出口

(3) 湿式除尘系统　湿式除尘是利用雾化后的液滴捕集气体中尘粒的方法。为克服液体的表面张力，雾化是消耗能量的过程，这是获得洁净气体所必须付出的代价。压力雾化和气流雾化是常用的两种雾化方法。对高炉煤气除尘来讲，在通常压力的雾化时，喷嘴与气体的压差要在 0.2MPa 以上，气流雾化要求气体速度在 100m/s 以上才能保证良好的除尘效果。从实际运行数据看，只要保持适当的压差，净煤气含尘量均能保证在 $10mg/m^3$ 以下。

湿式煤气清洗装置的净煤气温度，在并入全厂管网前不宜超过 40℃。

(4) 干式除尘系统　高炉煤气净化系统设计应采用高炉煤气干式除尘装置，并应保证可靠运行。煤气干式除尘系统的作业率应与高炉一致。

高炉煤气干法除尘能使炉顶余压发电装置多回收 35%～45%的能量，但是由于过去干式煤气除尘技术不够成熟，所以用湿式除尘备用，因此没有得到广泛推广。从 1979 年至今 30 余年中，我国高炉煤气干法滤袋除尘工艺的技术发展迅速，技术日臻完善。因此，《高炉炼铁工艺设计规范》条文说明规定了积极采用高炉煤气干式煤气除尘装置的具体要求：

① $1000m^3$ 级高炉必须采用全干式煤气除尘和干式 TRT 发电，不得备用湿式除尘；

② $2000m^3$ 级高炉应采用全干式煤气除尘和干式 TRT 发电，不宜备用湿式除尘；

③ 3000m^3 级和大于 3000m^3 的高炉研究开发采用全干式煤气除尘和干式 TRT 发电，为稳妥起见，可备用临时湿式除尘，并采用干湿两用 TRT 发电装置。

为保证这一新技术的正常发展，充分利用能源，根据国内外的运行经验，制定切实可行的安全规定是必要的，也是可行的，但已有规定还有待于根据今后的生产实际来完善和提高。

① 干式袋式除尘系统。袋式除尘是利用织布或滤毡，捕集含尘气体中的尘粒的高效率除尘器。一般直径大于布袋孔径 1/10 的尘粒均能被滤袋捕集。由于滤袋材料和织造结构的多样性，其实用性能的计算仍是经验性的。在理论上比较公认的捕集机理有：尘粒在布袋表面的惯性沉积、滤袋对大颗粒（直径大于 1μm）的拦截、细小颗粒（直径小于 1μm）的扩散、静电吸引和重力沉降 5 种。

袋式除尘器对高炉煤气的除尘效率在 99%以上，阻力损失小于 1000～3000Pa，净煤气含尘量可达到 5mg/m^3 以下。袋式除尘系统工艺流程图及袋式除尘器设备简图分别见图 11-34 和图 11-35。

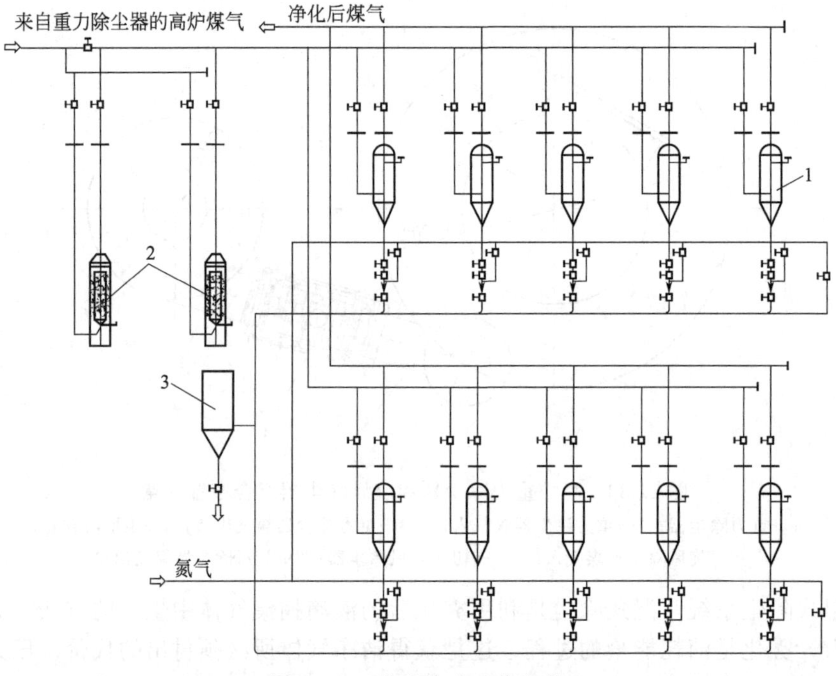

图 11-34 袋式除尘工艺流程

1—袋式除尘器；2—升降温装置；3—贮灰罐

② 干式静电除尘系统 静电除尘器的基本结构是由产生电晕电流的放电极和收集带电尘料的集电极组成。当含尘气流在两个电极之间通过时，在强电场的作用下气体被电离。被电离的气体离子，一方面与尘粒发生碰撞并使它们荷电，同时在不规则的热运动作用下，扩散到固体表面而黏附下来。通过直径大于 0.5μm 的尘粒扩散现象不是很明显，可以只考虑碰撞机理；直径小于 0.5μm 的尘粒必须同时考虑碰撞和扩散两种机理，带负电荷的细颗粒在库仑力的作用下被驱赶到集电极表面。尘粒向集电极行进的速度与电场强度、尘粒直径成正比，与气体黏度成反比。静电除尘器的除尘效率可达 99%以上，压力损失小于 500Pa。

由于分子热运动造成的扩散作用的影响，静电除尘器对温度同样敏感，煤气入口温度以不超过 250℃为宜，否则除尘效率会大幅度下降。干式静电除尘器简图见图 11-36。

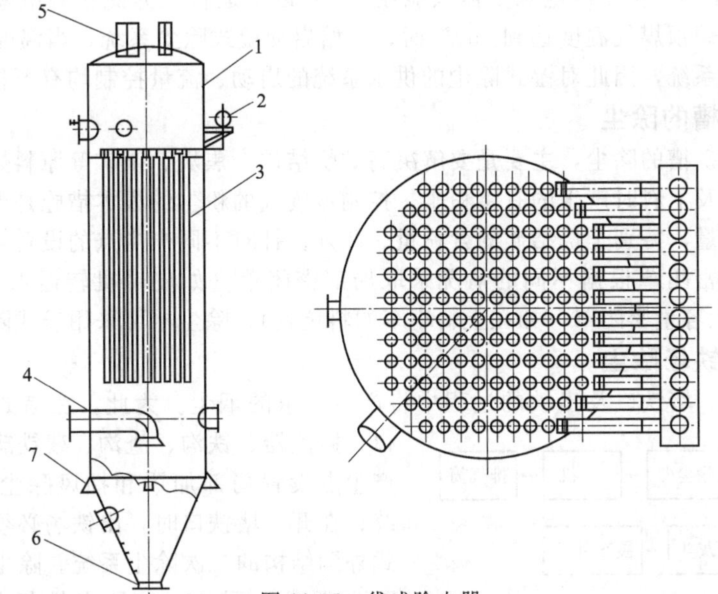

图 11-35　袋式除尘器

1—袋式除尘器壳体；2—氮气脉冲喷吹装置；3—滤袋及框架；4—煤气入口管；5—煤气出口管；6—排灰管；7—支座

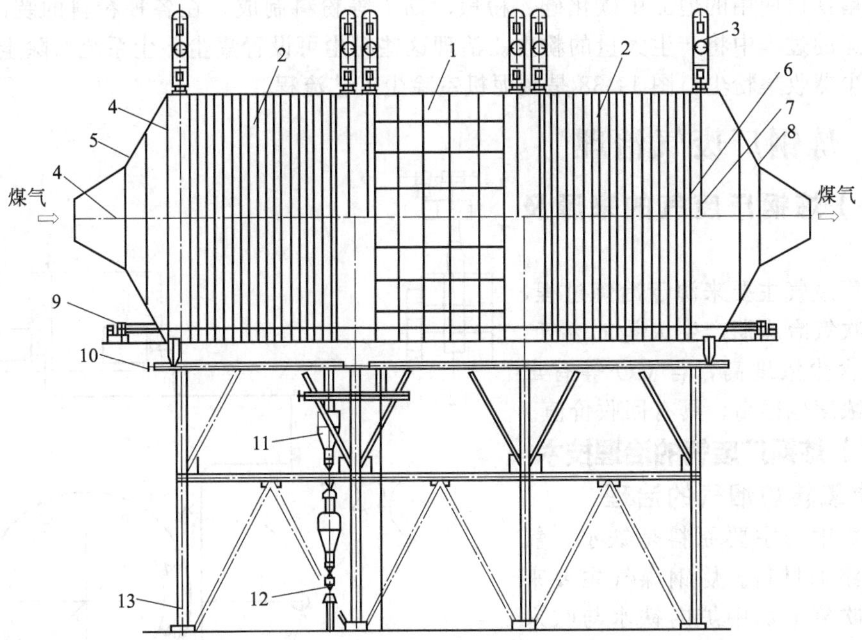

图 11-36　干式静电除尘器

1—放电电极；2—收尘电极；3—绝缘子室；4—多孔板；5—入口扩散板；6—放电电极振打装置；7—收尘电极振打装置；8—出口扩散板；9—螺旋减速器；10—螺旋输送器；11—灰仓；12—排灰阀；13—电除尘器台架

迄今为止，国内高炉煤气应用干式静电除尘器的仅有两套，且都为引进设备，并都备用了一套湿式除尘系统。某钢 5 号高炉（炉容 3200m^3）采用的是日本钢管公司引进的干式静电除尘器，同时备用了国内设计制造的湿式单级 R 形可调文丘里洗涤器。另一套为邯钢

$1260m^3$ 高炉采用的。由于静电除尘器只能在250℃以下运行，为此在静电除尘器前设置了蓄热缓冲器。当炉顶煤气温度达到250℃时，开始启动湿式除尘系统，当温度达到300℃时，就完全转到湿式系统，因此对湿式除尘的供水系统的启动、流量控制均有严格的要求。

2. 炉前矿槽的除尘

炼铁厂炉前矿槽的除尘，主要是要解决高炉烧结矿、焦炭、杂矿等原料燃料在运输、转运、卸料、给料及上料时产生的有害粉尘。控制该废气的粉尘的根本措施是严格控制高炉原料、燃料的含粉量，特别是烧结矿的含粉量。此外，针对不同产尘点的设备可设置密闭罩和抽风除尘系统。密闭罩根据不同的情况采取局部密闭罩（如皮带机转运点）、整体密闭罩（如振动筛）或大容量密闭罩（如在上料小车的料坑处）。除尘器可采用袋式除尘器等。

3. 高炉出铁场除尘

高炉在开炉、堵铁口及出铁的过程中将产生大量的烟尘。为此，在诸如出铁口、出渣口、撇渣器、铁沟、渣沟、残铁罐、摆动流嘴等产尘点设置局部加罩和抽风除尘的一次除尘系统；在开、堵铁口时，出铁场必须设置包括封闭式外围结构的二次除尘系统。除尘器可采用滤袋除尘器等。图11-37是出铁场烟气处理工艺流程。

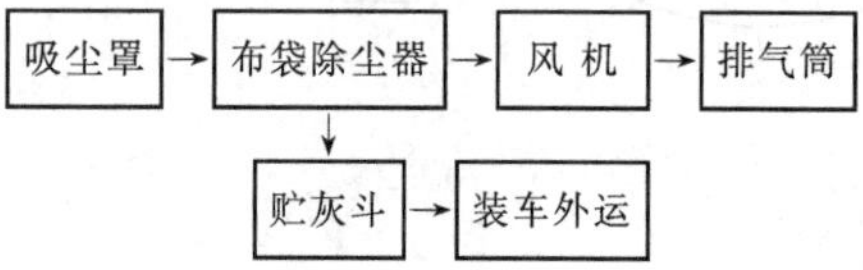

图11-37 袋式除尘器治理高炉出铁场烟气工艺流程

4. 碾泥机室除尘

高炉堵铁口使用的炮泥由碳化硅、粉焦、黏土等粉料制成。在各种粉料的装卸、配料、混碾、装运的过程中将产生大量的粉尘。治理这些粉尘可设置集尘除尘系统，除尘设备可采用袋式除尘器收集粉尘。图11-38是碾泥机室除尘工艺流程。

四、炼钢厂废气治理

（一）炼钢厂废气的来源及特点

炼钢厂废气主要来源于冶炼过程，特别是在吹氧冶炼期产生大量的废气。该废气中含尘浓度高，含CO等有毒气态物的浓度也很高，具有回收价值。

（二）炼钢厂废气的治理技术

1. 吹氧转炉烟气的治理

转炉炼钢的主要原料是铁水、氧气及一些添加材料。炼钢煤气主要来源于转炉吹氧冶炼中炉内铁水与吹入氧气化学反应生成的气体，称为炉气。炉气主要来自铁水中碳的氧化，其反应式为：

$$2C+O_2 \longrightarrow 2CO\uparrow \quad (11\text{-}50)$$

$$C+O_2 \longrightarrow CO_2\uparrow \quad (11\text{-}51)$$

$$2CO+O_2 \longrightarrow 2CO_2\uparrow \quad (11\text{-}52)$$

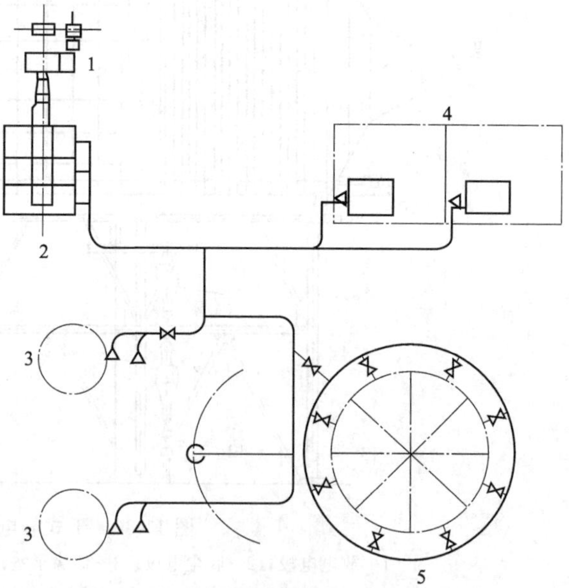

图11-38 碾泥机室除尘系统布置

1—风机；2—除尘器；3—碾泥机；4—贮焦槽；5—贮料槽

由于炉内温度较高，碳的主要氧化物是CO，约90%，通称煤气，还有少量碳与氧直接

作用生成 CO_2 或 CO 从钢液表面逸出后再与氧作用生成 CO_2，其总量约 10%。

转炉吹氧炼钢时，由于高温作用下铁的蒸发、气流的剧烈搅拌、CO 气泡的爆裂以及喷溅等各种原因，产生大量炉尘。其总量约为金属炉料的 1%～2%，约为 10～20kg/t 钢，炉气的含尘量为 80～150g/m^3。炉尘的主要成分是 FeO 和 Fe_2O_3，其粒径在炉气未燃烧时大部分为 10μm 以上，炉气燃烧后则大部分为 1μm 以下。

转炉煤气的发生量在一个冶炼过程中并不均衡，成分也有变化。通常将转炉多次冶炼过程回收的煤气输入一个贮气柜，混匀后再输送给用户。转炉煤气由炉口喷出时，温度高达 1450～1500℃，并夹带大量氧化铁粉尘，需经降温、除尘，方能使用。转炉煤气是一种有毒、有害、易燃、易爆的危险性气体，也是一种用途很广、很好的化工原料和工业生产能，它的回收和利用是减少烟气排放和治理大气环境污染的一项有力措施，在保证安全的前提下，最大限度回收和利用煤气，减少大气排放，对节能环保有着巨大的经济和社会效益。

(1) 主要技术参数与计算

① 主要技术参数。转炉烟气中含有大量 CO，采用未燃法回收时，CO 在烟气中随吹炼时间的增加而增加，最高含量可达 90%，平均 70%左右。CO_2 在转炉（未燃法）烟气中一般含 10%左右，转炉烟气的温度为 1450℃左右，最高可达 1600℃。

转炉烟气成分（体积分数%）的测定值：CO 72.5%，H_2 3.3%，CO_2 16.2%，N_2 0.0%，O_2 0.0%。

转炉烟尘含 TFe 占 71%，金属 Fe 13%，FeO 68.4%，Fe_2O_3 6.8%，SiO_2 1.6%，MnO 2.1%，CaO 3.8%，MgO 0.3%，C 0.6%。

转炉烟气的理论产生量为总供氧量（含吹入炉内的氧与炉料中氧化物中的氧）的两倍。一般吹炼初期与后期产生的烟气量较少，中期则增高。

② 烟气成分及烟气量计算。转炉吹氧降碳过程中炉内化学反应生成的炉气，出炉口后与空气接触便燃烧。炉气燃烧的化学反应生成的烟气成分及烟气量，计算方法如下：

a. 炉气燃烧反应

设炉气成分：$V_{CO}+V_{CO_2}+V_{N_2}=1$（不考虑微量的 H_2 和 O_2）。

$$\alpha=\frac{\text{实际吸入的空气量}}{\text{炉气完全燃烧所需的理论空气量}} \tag{11-53}$$

式中，α 为空气燃烧系数。

当 $\alpha=1$ 时

$$V_{CO}\overline{C}\,\overline{O}+V_{CO_2}\overline{C}\,\overline{O}_2+\frac{1}{2}V_{CO}(\overline{O}_2+3.76\overline{N}_2)+V_{N_2}\overline{N}_2$$

$$=(V_{CO}+V_{CO_2})\overline{C}\,\overline{O}_2+(1.88V_{CO}+V_{N_2})\overline{N}_2 \tag{11-54}$$

当 $\alpha>1$ 时

$$V_{CO}\overline{C}\,\overline{O}+V_{CO_2}\overline{C}\,\overline{O}_2+\frac{1}{2}\alpha V_{CO}(\overline{O}_2+3.76\overline{N}_2)+V_{N_2}\overline{N}_2$$

$$=(V_{CO}+V_{CO_2})\overline{C}\,\overline{O}_2+(1.88\alpha V_{CO}+V_{N_2})\overline{N}_2+\left(\frac{1}{2}\alpha V_{CO}-\frac{1}{2}V_{CO}\right)\overline{O}_2 \tag{11-55}$$

当 $\alpha<1$ 时

$$V_{CO}\overline{C}\,\overline{O}+V_{CO_2}\overline{C}\,\overline{O}_2+\frac{1}{2}\alpha V_{CO}(\overline{O}_2+3.76\overline{N}_2)+V_{N_2}\overline{N}_2$$

$$=(V_{CO}-\alpha V_{CO})\overline{C}\,\overline{O}+(\alpha V_{CO}+V_{CO_2})\overline{C}\,\overline{O}_2+(1.88\alpha V_{CO}+V_{N_2})\overline{N}_2 \tag{11-56}$$

式中，$\overline{C}\,\overline{O}$，$\overline{C}\,\overline{O}_2$，$\overline{N}_2$ 分别为炉气中 CO、CO_2 及 N_2 等气体的含量；V_{CO}，V_{CO_2}，

V_{N_2} 分别为炉气中 CO、CO_2 及 N_2 的体积百分比。

b. 炉气燃烧后的烟气量。

设 V_1 为原始炉气量（标准 m^3/h）

$$V_1=Gv_c\frac{22.4}{12}\times16\times\frac{1}{V_{CO}+V_{CO_2}}$$

式中，G 为最大铁水装入量，kg；v_c 为最大降碳速度，%/min。V_{CO}，V_{CO_2} 分别为炉气中 CO、CO_2 的体积百分比。

出炉口燃烧后的烟气量 V_0（标志）计算方法如下：

当 $\alpha=0$ 时

$$V_0=(1+1.88V_{CO})V_1 \tag{11-57}$$

当 $\alpha>1.0$ 时

$$V_0=[1+(2.38\alpha-0.5)V_{CO}]V_1 \tag{11-58}$$

当 $\alpha<1.0$ 时

$$V_0=(1+1.88\alpha V_{CO})V_1 \tag{11-59}$$

c. 炉气燃烧吸入空气量（V_a）。

$$V_a=2.38\alpha V_{CO}V_1 \tag{11-60}$$

d. 燃烧后的烟气成分。炉气燃烧后的烟气成分 α 值不同而异。

当 $\alpha=0.1$ 时

$$V'_{CO_2}=(V_{CO}+V_{CO})V_1V_0\times100\% \tag{11-61}$$

$$V'_{N_2}=(1.88V_{CO}+V_{N_2})V_1V_0\times100\% \tag{11-62}$$

当 $\alpha>0.1$ 时

$$V'_{CO_2}=(V_{CO}+V_{CO_2})V_1V_0\times100\% \tag{11-63}$$

$$V'_{N_2}=(1.88\alpha V_{CO}+V_{N_2})V_1V_0\times100\% \tag{11-64}$$

$$V'_{O_2}=0.5(\alpha-1)V_{CO}V_1V_0\times100\% \tag{11-65}$$

当 $\alpha<0.1$ 时

$$V'_{CO}=(1-\alpha)V_{CO}V_1V_0\times100\% \tag{11-66}$$

$$V'_{CO_2}=(\alpha V_{CO}+V_{CO_2})V_1V_0\times100\% \tag{11-67}$$

$$V'_{N_2}=(1.88\alpha V_{CO}+V_{N_2})V_1V_0\times100\% \tag{11-68}$$

式中，V'_{CO}，V'_{CO_2}，V'_{N_2} 分别为炉气燃烧后烟气中 CO、CO_2、N_2 的体积百分比。

在以上计算中当 $\alpha\leqslant1.0$ 时，燃烧后一段仍有少量剩余氧气，其值可取 $V'_{O_2}\approx0.4\sim0.5$ 或 $V'_{O_2}=V_{O_2}$，因其含量较少，对气体组成平衡影响不大，故一般在工程计算中忽略不计。

【例 11-1】 转炉容量 30t，最大铁水装入量 36t，最大降碳速度 0.38%/min，采用未燃法操作，$\alpha=0.08$，求炉气量、烟气量及烟气成分。

解：转炉吹氧与铁水中碳化学反应生成的炉气成分为：

CO	CO_2	N_2	O_2
86%	10%	3.5%	0.5%

(a) 炉气量（标态）计算。

$$V_1=Gv_c\times\frac{22.4}{12}\times60\frac{1}{V_{CO}+V_{CO_2}}$$

$$=36000\times0.0038\times\frac{22.4}{12}\times60\times\frac{1}{0.86+0.10}$$

$=15960m^3/h \approx 16000\ (m^3/h)$

(b) 炉气燃烧后烟气量 (V_0)，$\alpha=0.08<1.0$。

$$V_0=(1+1.88\alpha V_{CO})V_1=(1+1.88\times0.08\times0.86)16000=18100(m^3/h)$$

(c) 烟气成分。

$$V'_{CO}=(1-\alpha)V_{CO}V_1V_0=(1-0.08)\times0.86\times\frac{16000}{18100}=70\%$$

$$V'_{CO_2}=(\alpha V_{CO}+V_{CO_2})V_1V_0=(0.08\times0.86+0.10)\times\frac{16000}{18100}=15\%$$

$$V'_{N_2}=(1.88\alpha V_{CO}+V_{N_2})V_1V_0=(1.88\times0.08\times0.86+0.035)\times\frac{16000}{18100}=14.56\%$$

$$V'_{O_2}=V_{O_2}V_1V_2=0.005\times\frac{16000}{18100}=0.44\%$$

e. 烟气在各组分下的定压平均比热容 C'_{pm}kJ/(kg·℃)（表 11-24）。当炉气的组成与表 11-24 中的条件不同时，应根据实际烟气的组成进行计算。

f. 烟气的比热。烟气是由数种气体成分混合而成，混合气体的比热具有加和性，即混合气体的比热等于各组成气体的比热和相应成分含量的乘积的总和，即：

$$C'_{pm}=\sum r_iC_i \tag{11-69}$$

式中，C'_{pm}为烟气在定压下的平均比热容，kJ/(kg·℃)；r_i 为烟气中各组成气体的体积含量,%；C_i 为烟气中各组成气体在定压下的平均比热容，kJ/(kg·℃)。

气体在定压下的平均比热容见表 11-24。

表 11-24　气体在定压下的平均比热容（0～t℃）C'_{pm}　单位：kJ/(kg·℃)

T/℃	O_2	N_2	CO	CO_2	H_2O	空气	H_2	CH_4	C_2H_4	H_2S	SO_2
0	1.305	1.293	1.299	1.593	1.494	1.295	1.277	1.566	1.746	1.516	1.733
100	1.317	1.296	1.301	1.713	1.506	1.300	1.290	1.654	2.106	1.541	1.813
200	1.336	1.300	1.308	1.796	1.522	1.308	1.298	1.767	2.328	1.574	1.888
300	1.357	1.307	1.317	1.871	1.542	1.318	1.302	1.892	2.529	1.608	1.959
400	1.378	1.317	1.329	1.938	1.565	1.329	1.302	2.022	2.721	1.645	2.018
500	1.398	1.328	1.343	1.997	1.539	1.343	1.306	2.144	2.893	1.683	2.072
600	1.417	1.341	1.358	2.049	1.614	1.357	1.310	2.268	3.048	1.721	2.114
700	1.434	1.354	1.372	2.097	1.641	1.371	1.315	2.382	3.190	1.758	2.152
800	1.450	1.367	1.387	2.139	1.668	1.385	1.319	2.495	3.341	1.796	2.186
900	1.465	1.380	1.400	2.179	1.696	1.398	1.323	2.596	3.450	1.830	2.215
1000	1.478	1.392	1.413	2.214	1.732	1.410	1.327	2.709	3.567	1.863	2.240
1100	1.490	1.404	1.426	2.245	1.750	1.422	1.336	—	—	1.892	2.261
1200	1.501	1.415	1.436	2.275	1.777	1.433	1.344	—	—	1.922	2.278
1300	1.511	1.426	1.443	2.301	1.803	1.444	1.352	—	—	1.947	—
1400	1.520	1.436	1.453	2.325	1.828	1.454	1.361	—	—	1.972	—
1500	1.529	1.446	1.462	2.347	1.853	1.463	1.369	—	—	1.997	—
1600	1.538	1.454	1.471	2.368	1.877	1.472	1.377	—	—	—	—
1700	1.546	1.462	1.479	2.387	1.900	1.480	1.386	—	—	—	—
1800	1.554	1.470	1.487	2.405	1.922	1.487	1.394	—	—	—	—
1900	1.652	1.478	1.498	2.421	1.943	1.495	1.398	—	—	—	—
2000	1.569	1.484	1.504	2.437	1.963	1.501	1.407	—	—	—	—

(2) LT法转炉煤气净化回收技术　美国和联邦德国等国有些工厂采用干式电除尘净化系统，以LT法为主。LT法是由德国鲁奇（Lurgi）公司和蒂森（Thyssen）公司协作开发。LT是两公司名字的简写。该干法处理技术于20世纪60年代开发成功。大部分在德国、奥地利、乌克兰等国家，1994年，在宝钢三期工程250t转炉项目中，我国首次引进奥钢联LT转炉煤气净化回收技术。该装置自投产以来，几经改造后运行稳定。与湿法除尘系统相比较，LT法具有以下显著优点：a.利用电场除尘，除尘效率高达99%，可直接将烟气中的含尘量净化至10mg/m^3以下，供用户使用；b.可以省去庞大的循环水系统；c.回收的粉尘压块可返回转炉代替铁矿石利用；d.系统阻损小，节省能耗。就环保和节能而言，LT法代表着转炉煤气回收技术的发展方向。LT法转炉煤气与粉尘回收工艺流程如图11-39所示。然而由于国内尚未掌握此项技术，需引进国外技术和设备，而使投资大幅度增加，发展受到抑制。

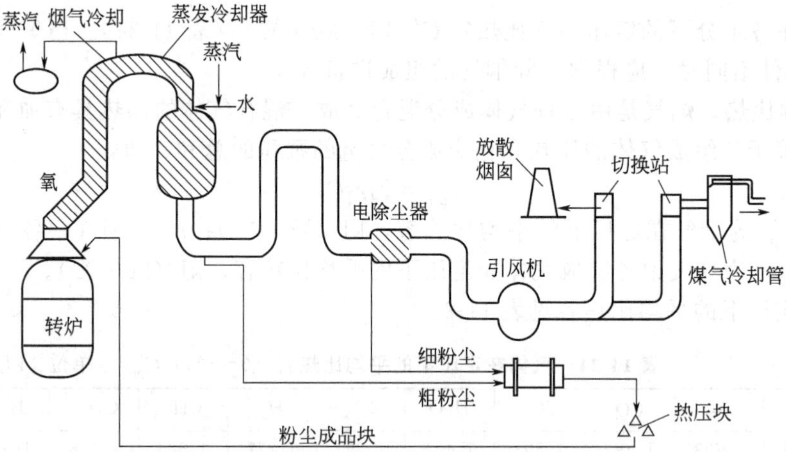

图11-39　LT法转炉煤气与粉尘回收工艺流程

① 烟气冷却及热能回收。转炉吹氧过程中，煤和氧气反应生成的气体中约90%为CO，其他为废气。废气溢出炉口进入裙罩中大约有10%被燃烧掉，其余的经过冷却烟道进入蒸发冷却器，冷却烟道中产生的蒸汽被送入管网中回收。

烟气冷却系统由低压和高压冷却水回路组成。低压冷却水回路由裙罩、氧枪孔、两个副原料投入孔组成；高压冷却水回路由移动烟罩、固定烟罩、冷却烟道、转向弯头以及检查盖组成。低压回路中的水由低压循环泵送入除氧水箱，然后通过给水泵供给汽包使用；高压回路中设有一条自然循环系统，冷却烟道中的水在非吹炼期切换到强制循环，吹炼期则转换成自然循环以节约能源。高压回路中的水在吹炼期切换到强制循环，吹炼期则转换成自然循环以节约能源。高压回路中的水在吹炼期部分汽化，水汽混合进入汽包，在汽包中汽、水分离，蒸汽被送到蓄热器中贮存起来，多余蒸汽则送到能源部的管网中。

从冷却烟道出来的烟气，首先在蒸发冷却器中进行冷却并调节到静电除尘器要求的温度。为此，需要通过双相喷嘴向蒸发冷却器中喷水，利用水的相变需要吸收大量热能的原理，使烟气温度由800～1000℃降至150～200℃。为使喷入的水形成雾状，需同时喷入蒸汽，喷入量由烟气热含量决定。由于烟气在蒸发冷却器中减速，粗颗粒的粉尘沉降下来。通过链式输送机和闸板阀排出，烟气通过粗管道导入到静电除尘器。

静电除尘器采用圆筒形设计，烟气轴向进入，并通过均匀分布在横截面上的气流分布板。由于电场作用，烟气中尘粒被集尘电极捕集于电除尘器的下部，用刮灰器将其刮到链式输送机中送往中间料仓，之后通过气力输送系统将此干灰送往压块系统。

除尘后的烟气经 IDF 风机进入切换站，根据其 CO 浓度决定是回收还是放散。由于 LT 系统的压力损失较小，因而采用功率较小且变频调速的轴流风机，以实现精确控制。需要回收的煤气，在进入煤气柜前必须进行冷却，以保证煤气柜可容纳更多的煤气；需要放散的含 CO 的烟气，通过位于放散烟囱顶部的点火装置燃烧后放散进入大气。

② 煤气净化回收。LT 法煤气净化回收工艺流程见图 11-40。煤气净化回收系统主要设备由蒸发冷却器、静电除尘器、变频风机、放散烟囱、煤气切换站和冷却器等组成。其中蒸发冷却器和静电除尘器是 LT 煤气净化系统的关键装置。

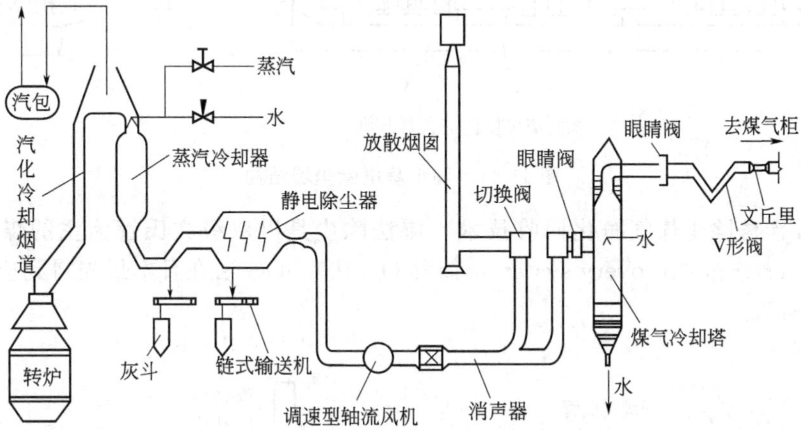

图 11-40　LT 法煤气净化回收工艺流程

经转炉汽化冷却后的高温含尘煤气进入蒸发冷却器，被蒸汽和水组成的双相喷射装置雾化冷却，煤气温度由 900℃左右降至约 180℃，同时，煤气在蒸发冷却器内因其流速的降低和粉尘的加湿凝聚，一部分粗团颗粒粉尘靠自重沉降在灰斗内，收尘量占总捕集量的 40%～45%，在吹炼期灰斗内的收尘量为 9～11kg/t。根据转炉冶炼工况的变化，特别是在转炉吹氧开始和结束时，煤气量的变化和温度的变化范围很大，所以喷射装置设计采用双相变流量装置，按煤气热容的变化，通过温度调节系统来控制喷水量大小，以满足蒸发冷却器出口煤气的温度和湿度要求。

静电除尘器由 3～4 个电场组成，壳体设计呈圆筒状，在煤气进出口段的壳体上设置多个防爆阀，另外在进口段的内部设置 3 层气流分布板，以使气流均匀分布，利于气流呈柱塞式流动，防止煤气产生死角。分布板、集尘板及放电极均设有振动装置。除尘器除灰采用扇形刮灰器，将器壁上的粉尘刮入灰斗底部的刮板输送机上运出。煤气出口含尘浓度（标态）小于 10～20mg/m^3（回收时不大于 10mg/m^3、放散时不大于 20mg/m^3），在吹炼期收集的粉尘为 13～16kg/t。

③ LT 法圆形静电除尘器结构特点。圆形静电除尘器结构如图 11-41 所示。静电除尘器内部结构主要为放电电极和接地的集尘电极，还有两极的振打清灰装置、气体均布装置、排灰装置等。

圆形静电除尘器的结构有如下特点：a. 外壳为圆筒形，其承载是由静电除尘器进出口及电场间的环梁托座来支持的。b. 烟气进出口采用变径管结构（进出口喇叭管，其出口喇叭管为一组文丘里流量计）。其阻力值很小。c. 壳体耐压为 0.3MPa。d. 进出口喇叭管端部分别各设 4 个选择性启闭的安全防爆阀，以疏导产生的压力冲击波。e. 电除尘器为将收集的粉尘清出，专门研制了扇形刮灰装置。f. 电除尘器顶部设保温。

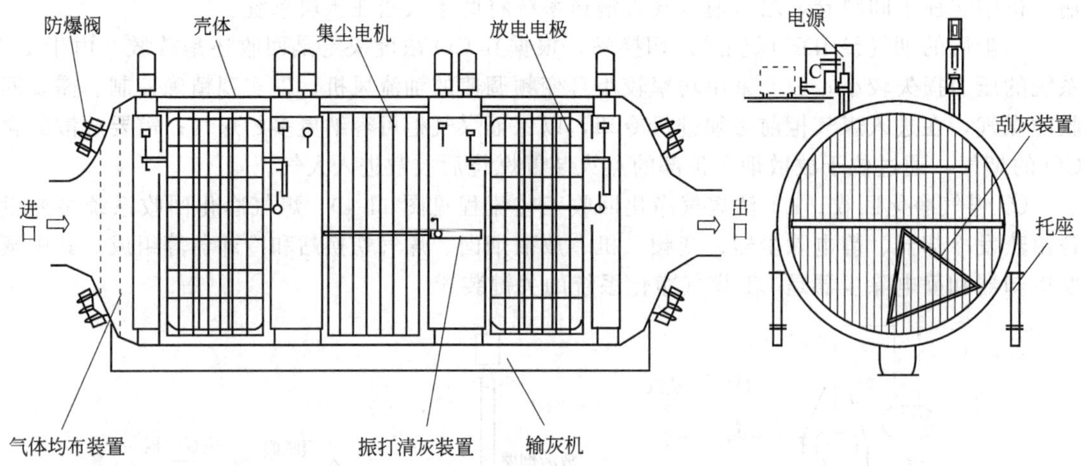

图 11-41 圆形静电除尘器结构

(3) OG 湿法除尘煤气净化回收技术 湿法除尘是以双级文氏管为主的煤气回收流程(oxygen converter gas recovery system，简称 OG 法)。OG 法在日本最先得到应用，其工艺流程见图 11-42。

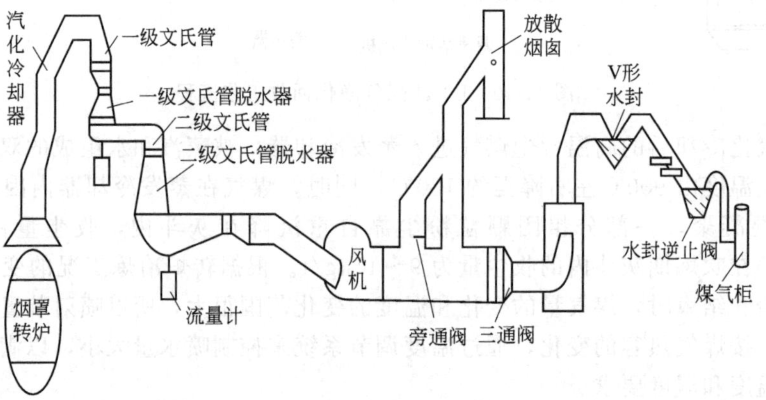

图 11-42 OG 湿法转炉煤气净化回收工艺流程

OG 法净化系统的典型流程是：煤气出转炉后，经汽化冷却器降温至 800～1000℃，首先经过一级水溢流固定文氏管，下设脱水器，再进入二级可调文氏管，主要除去烟气中的灰尘。然后经过 90°弯头脱水器和塔式脱水器，在文氏管喉口处喷以洗涤水，将煤气温度降至 35℃左右，并将煤气中含尘量降至约 $100mg/m^3$，然后用抽风机将净化的气体送入贮气柜，后经风机系统送至用户或放散塔。该流程核心是二级可调文氏管喉，径比 $I=1$，外观呈米粒形的翻板 (rice-damper，简称 RD)。其主要作用是控制转炉炉口的微压差和二级文氏管的喉口阻损，进而在烟气量不断变化的情况下不断调整系统的阻力分配，从而达到最佳的净化回收效果。

OG 法由于技术先进，运行安全可靠，是目前世界上采用最为广泛的转炉烟气处理技术。该技术吨钢可回收 $60～80m^3$ 煤气，平均热值为 $2000～2200kJ/m^3$。但这种流程有诸如设备单元多、系统阻力大、文氏管喉口易堵塞等缺点，因此国内外也不断出现其他形式的 OG 法工艺。如武钢三炼钢 250t 转炉的 OG 系统就引进了西班牙 TR 公司技术，该系统将两级文氏管及脱水器串联重组安装在一个塔体内，烟气自上而下，该系统总阻耗仅为 18kPa，比一般 OG 系统约小 7kPa，流程系统紧凑简捷，易于维护管理。

传统的 OG 装置存在着除尘效果不理想、文氏管喉口和管道堵塞现象较严重、设备运行寿命较短等问题。为追赶 LT 法，并保持 OG 装置的先进可靠地位，日本发明了新一代 OG 装置。该装置将原来传统的一级文氏管改为喷淋塔，二级文氏管改为环隙形洗涤器。经过 10 多年的运行和改进，效果理想。它与传统 OG 装置相比，系统运行更加可靠，设备阻力损失减小，除尘效率高，能量回收稳定，且设备使用寿命长，较好地解决了管道堵塞和泥浆处理设备的配置问题。新一代 OG 煤气净化回收工艺流程如图 11-43 所示。OG 系统设备主要由除尘塔、文丘里流量计、风机、三通切换阀、放散烟囱、水封逆止阀等组成，其中除尘塔和煤气风机是 OG 系统的关键装置。

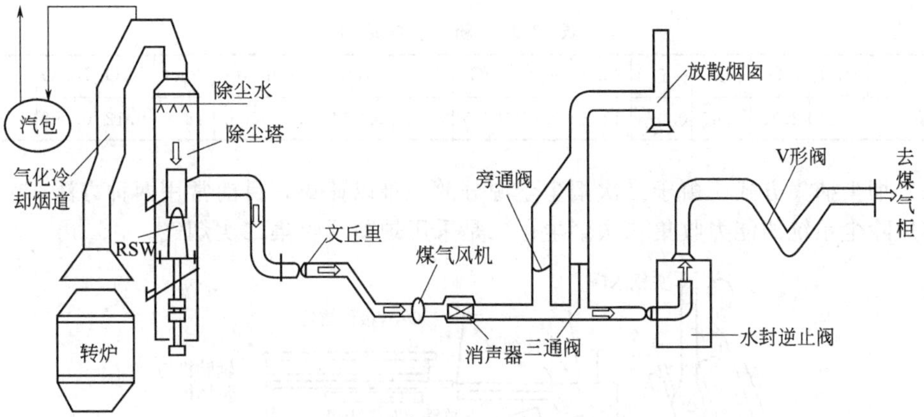

图 11-43　新一代 OG 煤气净化回收工艺流程

湿法与干法除尘工艺对比。转炉湿法除尘具有系统简单、备品备件及仪表数量少、性能要求低、管理和操作简单、一次性投资相对较低等优点。干法则系统复杂、管理和操作水平要求高、一次性投资高。湿法除尘净化的煤气灰尘浓度较高，平均约为 100mg/m^3，如果降至 10mg/m^3，需在气柜与加压站间增设静电除尘器，增加投资。同时，湿法除尘系统阻力相对干法除尘系统较大，能耗高。循环水量、水耗较干法除尘系统大。

2. 转炉二次烟尘治理

转炉兑铁水、出钢、加废钢、吹炼和扒渣时，由于钢水大喷溅所散发的烟气，一般统称为转炉二次烟气，包括修炉时炉内烟尘、切割氧枪沾钢时散发的烟气、卸料车、给料机及皮带机卸料处的扬尘，铁水处理除尘系统产生的废气（如混铁车在铁水坑倒罐、脱硫、倒渣时的烟气、钢水真空处理设备切割沾钢时的烟尘、转炉副料在运输中产生的烟气等），这部分烟气具有温度高、粉尘粒径小、瞬间烟气量大的特点，其散发过程为阵发性，二次烟气约占炼钢过程总量的 5%，平均吨钢扬尘量约 1kg，据统计，每炼 1t 钢铁约产生 60m^3 烟气（70%～80%CO）和 16～30kg 炉尘，炉尘中含铁约 60%～80%。转炉兑铁、加料及出钢期间吨钢排尘量约 1.2kg/t，兑铁时空气与铁水接触并氧化，析出粉尘含氧化铁 35%、石墨 30%，粉尘粒径小于 100μm，出钢时烟尘中氧化铁含量达 75%，粒径小于 10μm，也是目前转炉炼钢厂的主要污染源。

（1）二次烟气的特点　转炉二次烟气以兑铁水时散发的烟气量最大，其次是出钢、加废钢等过程。兑铁水时，黄褐色的高温烟气从铁水罐和转炉炉口之间以很高的速度向上扩散，初始温度约 1200℃，随着高温烟气向上扩散，卷吸大量的车间冷空气，烟柱到达吊车梁时的温度为 500～700℃，某钢厂二次烟气成分见表 11-25。含尘浓度平均为 46.5g/m^3，粉尘堆积密度为1.572t/m³，粉尘质量颗粒分散度见表11-26。粉尘化学成分见表11-27。二次烟尘的特点是烟尘比较分散，范围广、浓度较高、起始温度高，是无组织排放的尘源。

表11-25 某钢厂二次烟气成分

烟气成分	CO_2	C_2H_2	O_2	H_2	CH_4	N_2	CO
体积分数/%	0.6	—	20.9	—	—	78.1	0.4

表11-26 颗粒分散度

粒径/μm	<1	1～3	3～5	5～10	>10
质量分数/%	21.0	21.5	25.5	26.0	6.0

表11-27 粉尘化学成分

成分	Al_2O_3	SiO_2	MnO	P	CaO	MgO	TiO_2	MFe	V_2O_5	TFe	Fe_2O_3	FeO	K_2O	Na_2O	C	S
质量分数/%	1.89	3.30	0.65	0.074	12.2	3.87	0.55	4.25	0.26	54.2	50.52	18.8	0.12	0.092	1.11	0.139

(2) 烟尘捕集方式 由于二次烟尘尘源分散，难以捕集，目前常用两种方法：一是利用原有转炉除尘系统的能力收集二次烟尘；二是采用炉前罩收集二次烟气。

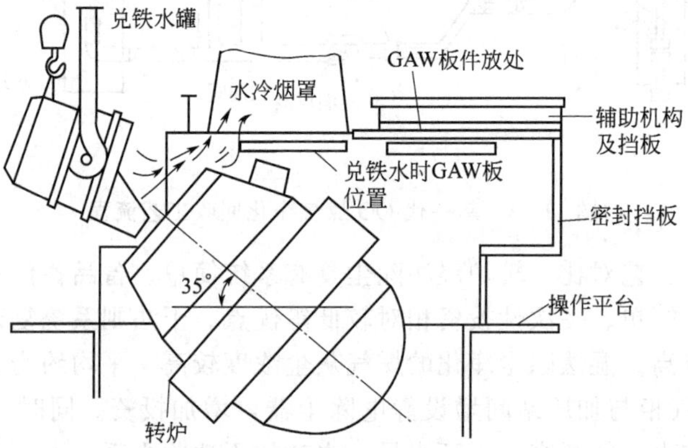

图11-44 兑铁水示意图

① 利用原有除尘系统控制二次烟气。需要在原转炉水冷烟罩处加一个控制阀板，称为GAW板，如图11-44所示。阀板安装在水冷烟罩的下面，可以在固定的轨道上水平滑动，兑铁水时，钢板向原料跨一侧滑动，封住罩口面积的50%～80%，在原系统风机高速运行情况下，增加罩口抽风速度以捕集兑铁水的烟气。由于兑铁水时产生的烟柱远离水冷罩口，抽气效果差，受吊车极限和吊钩的影响，铁水罐不能伸入太深，所以，在利用GAW板方式控制二次烟气时，需改造兑铁水罐的溜嘴，即加长，这样可在转炉倾角不大于35°时完成，而且效果较明显。

出钢时，阀板向原料跨滑动，如图11-45所示，封住罩口的另一侧，密封面积根据罩口抽气速度确定，一般留出罩口面积的20%～40%。

利用该法控制烟气时，必须将转炉三侧及炉口顶部局部密封，密封时根据各处受热强度不同，采用钢内加耐火材料层或水冷壁板。

该法具有投资少、不占地、见效快的特点，但由于原设备能力较小，收集效果较差，一般只能收集二次烟气的50%～60%。

② 炉前罩控制方法。该法在日本和德国广泛使用，效果明显，基本上可以将二次烟气

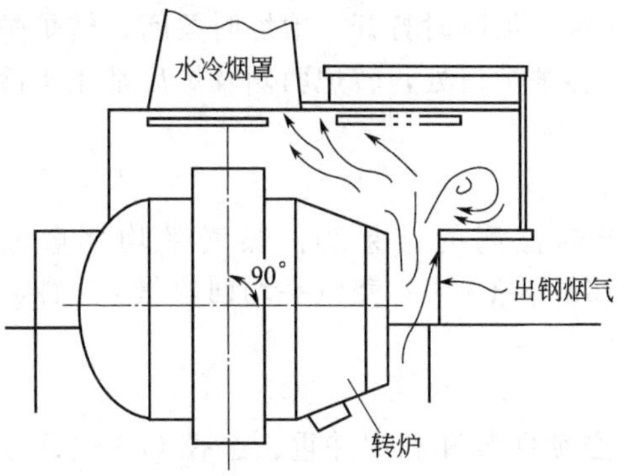

图 11-45 出钢时示意

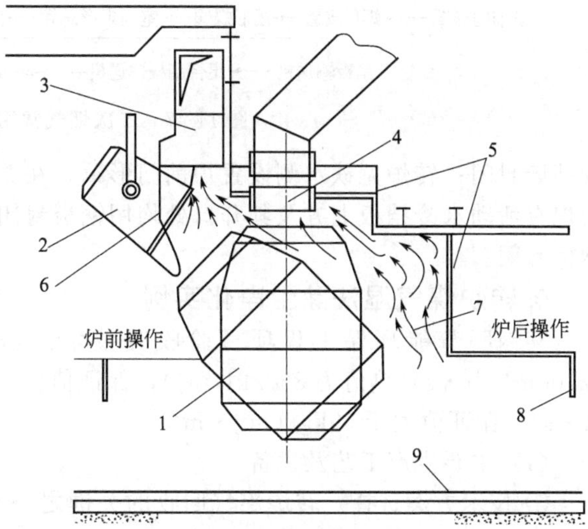

图 11-46 炉前罩示意

1—转炉；2—铁水罐；3—炉前罩；4—活动烟罩；
5—密封板；6—钢制重帘；7—出钢烟气流；
8—钢包进出口；9—钢包车轨道

全部捕集。国内新建大中型转炉均采用炉前罩法捕集二次烟尘，如图 11-46 所示。

采用该法时，必须将操作平台炉后侧和炉口上部平台局部密封，将兑铁水和出钢产生的烟气组织到罩口处，密封车间在不影响转炉机械操作的情况下，尽可能大些，利于烟气的贮留。炉前罩长期受高温的作用，罩内必须加耐火材料，耐火材料一般选用轻质耐火浇注料，密度 $500kg/m^3$，耐火材料厚度 50mm，一般在罩口处设置钢制链条，形成活动垂帘，其高度在 1.5m 左右，以保证捕集效果。

(3) 二次除尘系统风量的确定 转炉二次烟尘为阵发性，其中以兑铁水的抽风量最大，一般可按兑铁水时所需抽风量确定除尘系统规模。

兑铁水时烟气的上升速度无实测资料，根据文献介绍，兑铁水时烟罩罩口的吸风速度保证 25m/s 以上，钢厂 A300t 转炉二次除尘炉前罩的罩口中心吸气速度约 15m/s，边缘罩口吸气速度在 7m/s 左右，垂直于烟柱的罩口平均速度约 9～10m/s，经过多年运行，效果良好，基本上可以将兑铁水时的烟气全部捕集。钢厂 B50t 转炉二次除尘系统投产后，罩口平均速度 10m/s，投产后效果明显，捕集率在 95%以上。

出钢时的烟尘源在炉后侧，采用炉前罩捕集时，必须将平台下的钢包车进出口尽量密封，将烟气组织到炉前罩口处。根据国内二次除尘系统的运行经验，出钢时采用的抽风量是兑铁水抽风量的 1/3 左右。

系统抽风量按一座转炉兑铁水、另一座转炉在出钢时设计系统的抽风量。

3. 净化工艺流程

一个炼钢车间通常设有 2 台或 3 台转炉，并且不同步作业（“二吹一”或“三吹一”），因此最大烟气量发生的时间是错开的。通常将多台转炉加上混铁炉，附带周围辅助工艺，合设一个二次烟气除尘系统。在各排烟管路设可靠的控制阀门，根据工艺操作要求设定阀门开关状态，确定系统设计烟气量。风机配设调速装置。常用除尘流程如图 11-47 所示。

二次烟气经袋式除尘器净化后排放浓度小于 $30mg/m^3$。为确保二次烟气不外溢，减少系统抽风量并保护烟尘捕集效果，需要对转炉炉前门形抽风罩及转炉密封，在转炉两侧用砖

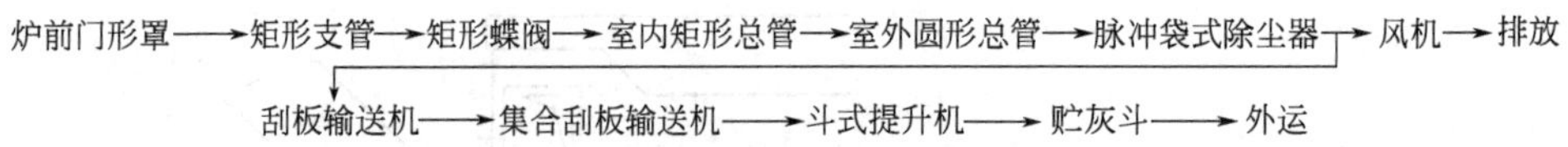

图 11-47 二次烟气常用除尘工艺流程

砌挡墙封闭；转炉兑铁水侧设置炉前门形罩，在兑铁水、加料时打开，冶炼时关闭；转炉炉后现有活动水冷挡板上方及其开口处均用钢板封闭；转炉炉口处，转炉两侧及炉后都用水冷钢板封闭。

4. 转炉煤气湿法除尘净化实例

某钢厂节能环保工程项目验收时技术经济指标检测的结果为：煤气平均回收量 92.06m^3/(t·s)(热值为 8372kJ/m^3)，保证值大于 75m^3/(t·s)；蒸汽平均回收量 85.1kg/(t·s)，保证值大于 59kg/(mg·m^3)。

(1) 主要生产工艺及设备

① 技术方案选择。转炉煤气回收的关键之一是必须回收和利用并重。选择 OG 法回收转炉煤气，后部配 50000m^3 的干式煤气柜。将回收的煤气送到现有 3 号加压站前，与高炉、焦炉煤气混配，进入公司煤气管网，全部利用。OG 法回收技术先进、安全、可靠，回收率、煤气质量均可达到国际先进水平，完全自动化控制。

② 生产工艺流程。转炉吹炼进入回收期，并达到回收的各项技术条件后，即进行回收。如果达不到回收的技术条件，即放散。回收时，活动烟罩下降，转炉煤气先通过冷却器即活动烟罩、固定烟罩、气化烟道，由气化冷却系统回收显热并将煤气温度降低到 1000℃以下，然后通过一次除尘器、二次除尘器，将转炉煤气中的含尘量降低到 50mg/m^3 以下，同时温度降低到 70℃以下，再塔点火放散。贮存柜内的煤气，由柜后加压机送往 3 号加压站机前，参加与高炉、焦炉煤气混合配比后，进入管网送到用户。

由气化冷却系统回收的蒸汽，并网后送往用户。

除尘污水，经过水处理系统，处理后的水循环使用。

分离出来的转炉污泥，全部回收，部分造球后，作为炼钢辅料进行利用，或送到烧结厂用作配料。工艺流程如图 11-48 所示。

③ 设备的选择。根据 OG 系统划分的范围，从炉口活动烟罩到 U 形水封，属于 OG 系统范围之内。由于是在现有炉子上改造，送除尘装置、引风机、三通阀及电控、仪控装置，其余由中方配套外，外方配套炉口活动烟罩、固定烟罩、水逆止阀、安全阀等装置。引风机是 OG 系统的心脏，必须十分可靠。

对于活动、固定烟罩对水质要求是固定烟罩采用气化冷却，且实行强制循环，要求用饮用水，需加药处理活动烟罩是用纯水强制循环冷却，这样才能保证烟罩的寿命达到要求，活动烟罩寿命可达 4 年，固定烟罩可达到 8 年。由于考虑到加药成本，纯水需上一套新系统，投资大，故软水未加药，纯水改用半净化水，这将影响到活动烟罩及固定烟罩的寿命周期。

(2) 新型 OG 法回收转炉煤气的技术特点 OG 法即湿式未燃法回收转炉煤气是一种传统的回收方法，这套工艺技术及装置的主要特点如下。

① 活动烟罩采用的新型板管式结构，进出水均衡，冲渣装置有效，采用半净化冷却。液压缸升降灵活可靠，使回收期降罩操作得到保证。

② 采用带内置传感器的液压缸直接提升活动烟罩，烟罩升降的位置准确、可靠。为控制炉口的燃烧率提供了保证。

③ 炉口固定烟罩采用气化冷却强制循环系统，使烟罩的所有水管在较高压力的热水下，得到充分的冷却，消除了自然循环可能产生的气堵、死角，烟罩寿命得到保障。同时，所有

烟罩的固定都采用了弹性吊挂、导向装置，使烟罩在运行中，受力更合理，不易产生应力集中的问题。

④ 除尘装置采用了饱和塔加重锤式文氏管形式。饱和塔多层喷头、大水量的均匀喷雾，使大颗粒的烟尘得以在此装置内清除，并使烟气温度大幅降低。重锤式文氏管精密的调节量，在阻力较小的状态下，使除尘效果达到最佳。重锤式文氏管流通间隙的精确调节，来自于精密的制作及精确的安装（中心偏差小于 1mm），以及炉口微差控制信号的准确无误。这构成这项工艺技术的核心。

⑤ 炉口微差压与重锤式二次文氏管的连锁控制，除尘装置前 CO 和 O_2 在线连续检测与三通阀的连锁控制，一旦煤气成分达到回收标准（CO 不小于 35% 与 O_2 不大于 2%）其他条件也满足回收要求，即自动转入回收状态，从而保证了高的煤气回收率及高的煤气回收质量。

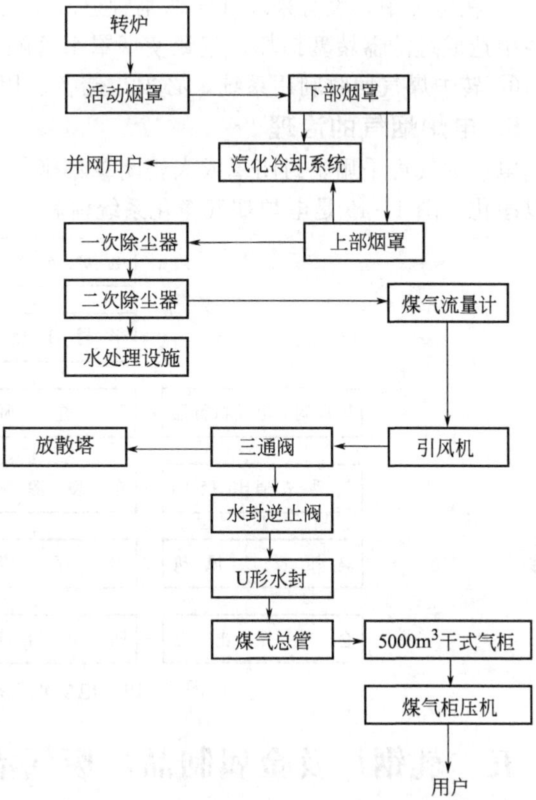

图 11-48　转炉煤气回收利用工艺流程

⑥ 成熟可靠的转炉煤气回收控制软件及硬件系统，是安全回收煤气的可靠保障。炼钢工艺各项技术参数，煤气柜的各项参数，氮气、水等介质的各项技术参数，回收系统的各项技术参数，都受到了监测，有的参与控制。无论哪方面发生问题，都会在系统中反映出来，并迅速做出反应，自行妥善处理，做到万无一失。另外，在密封的排水槽新增了二次排气装置，解决了 CO 从除尘水明渠逸出问题。各工作点设氮气自动吹扫系统，烟囱上设自动点火系统，形成了完整的安全环保保护网。

⑦ 操作性能优良。系统采用计算机全自动控制，人机界面友好，画面清晰，在线信息实时显示，煤气回收、蒸汽回收、汽包补水、安全保护也自动运作。

⑧ 维护简单方便。除尘设备、电控装置运行可靠，故障率很低。运行 1.5 年（20000 炉）以后，除尘器磨损小于 1mm，电控系统仅更换过两个模块。

总之，由于有了上述的特点，各项工艺要求得到了充分的技术支持，先进周密的工艺程序，准确的操作动作，使整个转炉煤气回收的过程达到自然流畅。

（3）注意事项

① 活动烟罩采用半净化水，没有能采用更好的水，如纯水、软水，从而影响了使用寿命。目前内壁形成密集的蜂窝状腐蚀孔，壁厚最薄处仅剩 2.1mm。气化冷却软水未能加药，同样影响循环软水的质量，最终影响炉口烟罩的寿命。

② 烟囱点火装置没有考虑多台炉子的烟囱都要安装，只有 1 号安装了，为了防止其余烟囱回火，1 号炉点火装置尚不能正常投入使用。

③ 取消烟气总管的渣水及降温喷洒水，可能影响烟气的除尘降温效果。

④ 引风机后氧气连续监测取样探头过滤器易堵塞，跟取样位置、除尘效果有关，尚待彻底解决。

⑤ 在施工中，没有采取砂轮切割管道施工法，而采用火焰切割，致使管道内渣焊遗留，运转中造成过滤器堵塞损坏，直致使烟罩水管缺水爆裂。

⑥ 转炉煤气回收利用系统，必须与储备、用户形成连锁，平衡配套。

5. 电炉烟气的治理[12]

电炉烟气可采用半封闭罩或大密闭罩集烟集气，然后以袋式除尘器或电除尘器收尘系统加以净化。图 11-49 是电炉烟气净化系统流程。

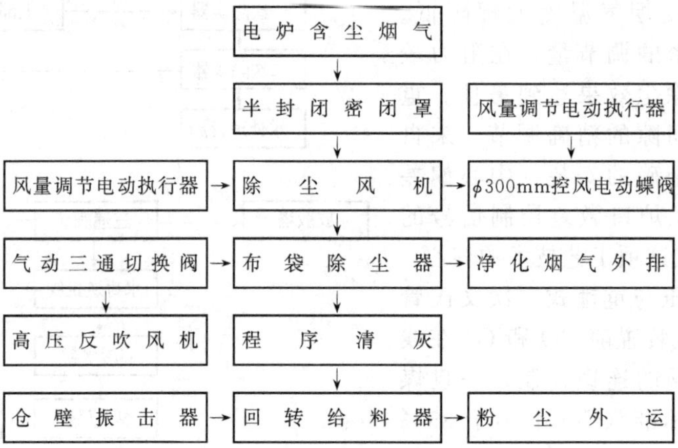

图 11-49 电炉烟气净化系统流程

五、轧钢厂及金属制品厂废气治理

(一)轧钢厂及金属制品厂废气来源

轧钢厂生产过程中在以下几个工序产生废气：①钢锭和钢坯的加热过程中，炉内燃烧时产生大量废气；②红热钢坯轧制过程中，产生大量氧化铁皮、铁屑及水蒸气；③冷轧时冷却、润滑轧辊和轧件而产生乳化液废气；④钢材酸洗过程中产生大量的酸雾。

金属制品生产过程中废气来源于以下各个方面：①钢丝酸洗过程中产生大量的酸雾和水蒸气，普通金属制品有硫酸酸雾、盐酸酸雾，特殊金属制品有氰化氢、氟化氢气体及含碱、含磷等气体；②钢丝在热处理过程中产生铅烟、铅尘和氧化铅；③钢丝热镀锌过程中产生氧化锌废气；④钢丝电镀过程中产生酸雾及电镀气体；⑤钢丝在拉丝时产生大量的热和石灰粉尘；⑥钢丝和钢绳在涂油包中产生大量的油烟。

(二)轧钢厂及金属制品厂废气治理

1. 轧机排烟治理

轧机排烟经排气罩收集后加以处理。由于热轧与冷轧机产生的废气都混有水汽，因此过去都采用湿法净化装置，如湿泡式除尘器、冲激式除尘器、低速文丘里洗涤器及湿式电除尘器等。由于塑烧板除尘器不怕水汽且除尘效率很高(>99.9%)，故现在都用塑烧板除尘器。图 11-50 是精轧机烟气治理工艺流程。

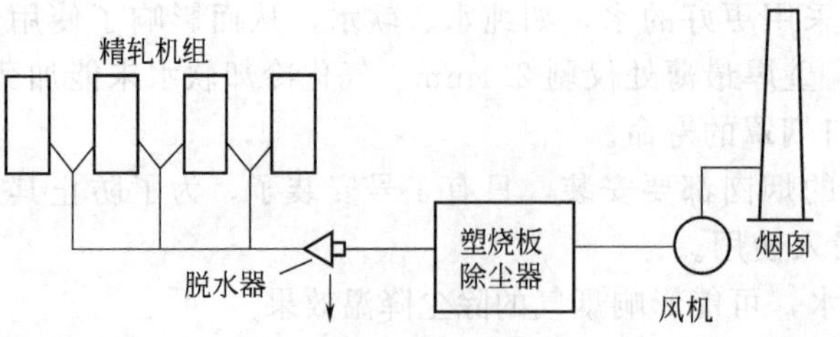

图 11-50 精轧机烟气治理工艺流程

2. 火焰清理机废气治理

在钢坯进行火焰清理过程中，将

产生熔渣及烟尘废气。可建立烟气净化系统来处理这些废气。该系统将废气加罩收集后进行处理，除尘器可采用湿式电除尘器。图 11-51 是火焰清理机废气治理工艺流程。

图 11-51　火焰清理机废气治理工艺流程

3. 酸洗车间酸雾的治理

（1）抑制覆盖法　为了抑制酸雾的散发，可加固体覆盖层或泡沫覆盖层于酸表面上。固体覆盖层是在酸洗槽的酸液面上加入固体覆盖层，以抑制酸雾的散发。覆盖层采用耐腐蚀轻质材料，如泡沫塑料块、管及球等；泡沫覆盖层是利用化学分解作用产生的泡沫飘浮在酸液表面，以抑制酸气的散发。目前采用的泡沫有皂荚液、十二烷基酸钠等。

（2）抽风排酸雾　对酸洗槽建立酸洗槽密闭排气系统，抽风排酸雾。

（3）酸气的处理方法

① 该法可将酸气在填料塔、泡沫塔等洗涤塔中用水吸收净化。净化效率可达 90%左右。图 11-52 是酸雾净化工艺流程。它是将酸洗槽和喷淋洗涤槽抽出的酸雾，通过密闭罩及排气罩进入喷淋塔，在喷淋塔中用水洗涤净化。

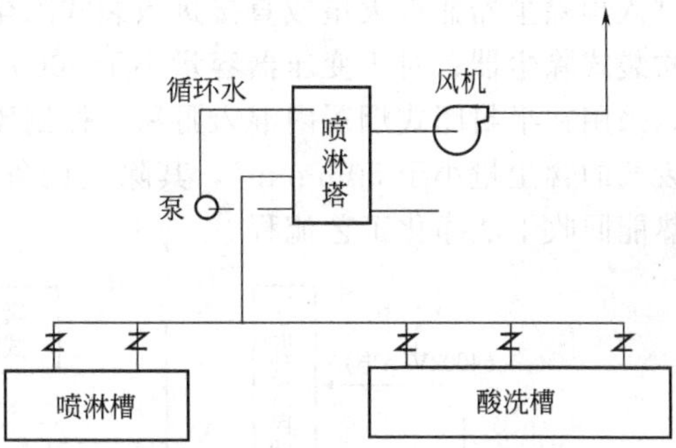

图 11-52　酸雾处理工艺流程

② 该法是以稀碱液对酸雾进行吸收处理，常用的吸收剂有氨液、苏打、石灰乳等。苏打液的浓度为 2%～6%，对初始浓度小于 300～400mg/m^3 的酸雾，净化率可达 93%～95%以上。吸收设备采用喷淋塔或填料塔。吸收设备应进行防腐处理。

③ 过滤法　该法以尼龙丝或塑料丝网的过滤器将酸雾截留捕集。

④ 高压静电净化　该法是在排气竖管中，利用排气管作为阳极板，管内设置高压电晕线，极线间形成高压静电场以净化通过的酸雾。

4. 铅浴炉烟气治理

钢丝线材热处理过程中产生铅蒸汽、铅和氧化铅的粉尘，治理这些废气可在铅液表面敷设覆盖剂，并在铅锅的中部加活动密封盖板，在钢丝出铅锅处设置抽风装置。常用的覆盖剂有 SRQF。铅烟净化设备一般有湿法和干法两种。湿法可采用冲激式除尘器，净化效率可达 98%以上；干法可采用袋式除尘器和纤维过滤器等，净化效率可达 99%以上。

六、铁合金厂废气治理

(一)铁合金厂废气的来源及特点

铁合金厂废气主要来源于矿热电炉、精炼电炉、焙烧回转窑和多层机械焙烧炉，以及铝金属法熔炼炉。铁合金厂废气的排放量大，含尘浓度高。废气中 90%是 SiO_2，还含有 SO_2、Cl_2、NO_x、CO 等有害气体。铁合金厂废气的回收利用价值较高。

(二)矿热电炉废气治理技术[6,14]

1. 半封闭式矿热电炉废气治理

（1）热能回收干法处理法　硅铁矿热电炉废气所含的热能相当于电炉全部能力输入的 40%～50%。故一般设置余热锅炉回收废气显热产生蒸汽，供给工艺或城市民用。废气从余热锅炉中出来后，进入袋式除尘器净化后排入大气。图 11-53 是热能回收干法净化工艺流程。

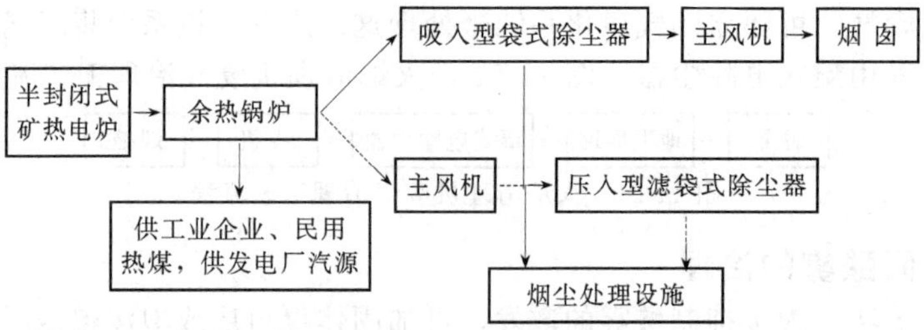

图 11-53 热能回收干法净化电炉废气工艺流程

（2）非热能回收干法处理法 一般变压器容量大于 6000kV·A 的大中型电炉半封闭式烟罩，出口温度控制在 450～550℃左右，进入列管自然冷却器，其出口温度小于 200℃，然后进入预除尘器捕灭火星或直接进入袋式除尘器，其废气净化设备采用吸入式或压入式分室反吹袋式除尘器；对于变压器容量小于 6000kV·A 的半封闭式矿热电炉，则不设列管冷却器，采用在半封闭式烟罩内混入野风。控制废气温度小于 200℃直接进入袋式除尘器，净化后废气的含尘量小于 $50mg/m^3$，其除尘设备可采用机械回转反吹扁袋除尘器。图 11-54 是非热能回收干法净化工艺流程。

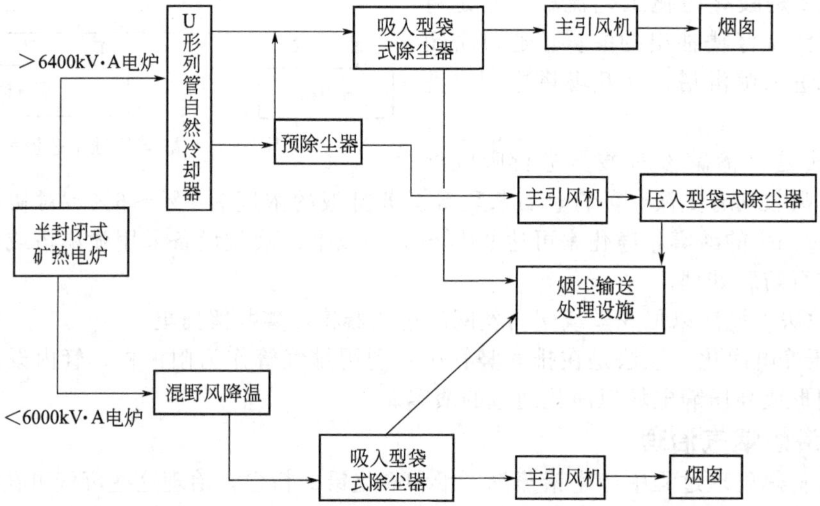

图 11-54 非热能回收干法净化电炉废气工艺流程

2. 封闭式矿热电炉废（煤）气治理

（1）湿法电炉废（煤）气治理

①“双文一塔”湿法净化法。该法是挪威技术。它采用两级文丘里洗涤器和一级脱水塔对废气加以净化，净化效率高。图 11-55 是封闭式矿热电炉双文一塔湿法处理工艺流程。

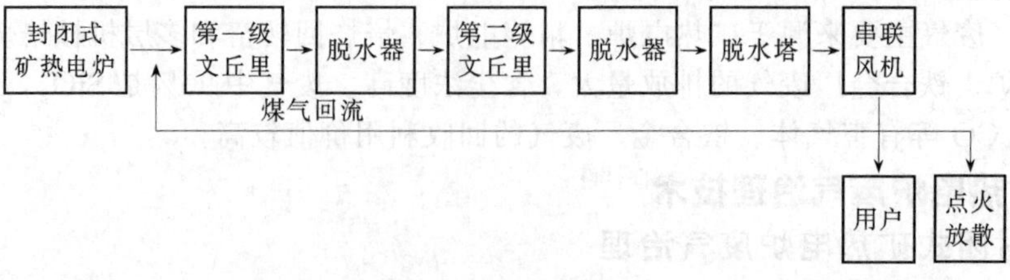

图 11-55 封闭式矿热电炉双文一塔湿法处理电炉废气工艺流程

②“洗涤机”湿法净化法。该流程是德国马克公司的净化工艺。其洗涤设备主要为多层

喷嘴复喷型洗涤塔及蒂森型煤气洗涤机。图 11-56 是封闭式矿热电炉洗涤机湿法净化炉气的工艺流程。

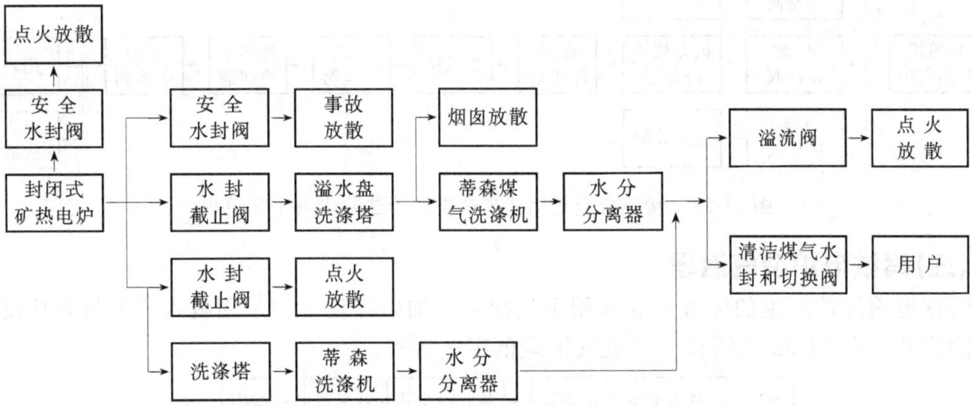

图 11-56　封闭式矿热电炉洗涤机湿法净化电炉煤气的工艺流程

③“两塔一文”湿法净化法。该法是矿热荒煤气由煤气上升导管导出，经集尘箱除去大颗粒烟尘后，进入喷淋洗涤塔经初步净化，并使煤气温度降至饱和温度，消除了高温、火星，并被初步净化；然后饱和温度下的煤气进入文丘里洗涤器内槽；净化后的气体进入脱水塔使气水分离，并收集夹带于水中的尘粒，使煤气净化。其出口含尘量为 40～80mg/m^3。煤气洗涤水污水处理设施基本循环使用。图 11-57 是“两塔一文”湿法净化高碳铬铁封闭式电炉煤气的净化工艺流程。

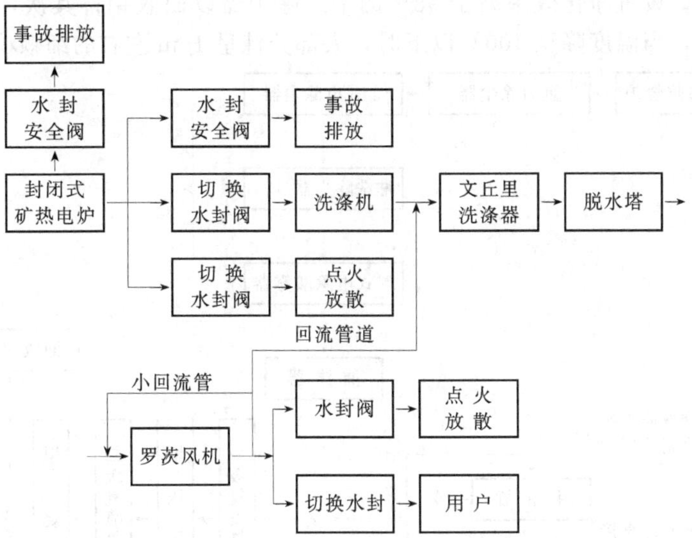

图 11-57　“两塔一文”湿法净化电炉煤气工艺流程

(2) 干法电炉废（煤）气治理　该法是采用旋风除尘器和袋式除尘器处理废气的方法。干法可消除洗涤废水、污泥等二次污染。图 11-58 是德国克虏伯公司的处理技术用于锰硅合金封闭式矿热电炉干法除尘的工艺流程。

(3) 矿热电炉出铁口废气治理　对半封闭式矿热电炉，可在出铁口上方设置局部集烟罩，将废气送入电炉废气治理主系统中，一并净化处理。也可以将废气送入半封闭罩内，作为电炉半封闭工作门的气封源；对封闭式矿热电炉，在出铁口上方设置局部集烟罩，采取独立的净化系统。

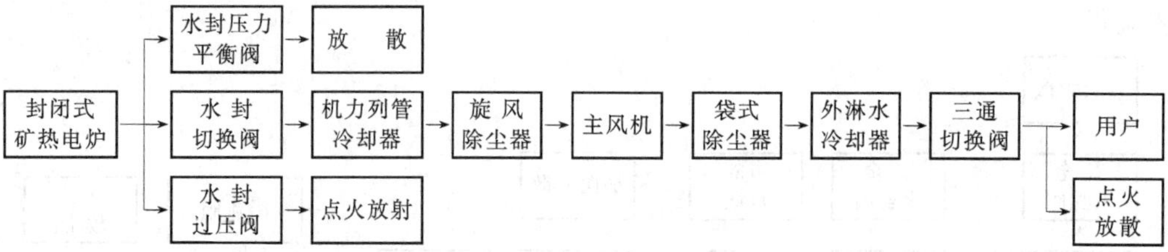

图 11-58 锰硅合金封闭式矿热电炉干法除尘的工艺流程

(三)钨铁电炉废气治理

钨铁电冶炼炉产生的废气主要采用干法净化法加以净化。它采用吸入式低气布比反吹风袋式除尘器。图 11-59 是钨铁电炉废气治理的工艺流程。

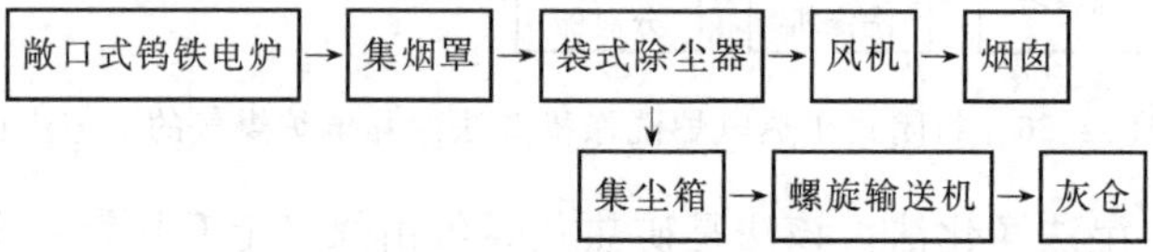

图 11-59 钨铁电炉废气治理工艺流程

(四)钼铁车间废气治理

1. 多层机械焙烧废气治理

钼精矿焙烧过程产生的废气含有入炉精矿 5%的矿粉，还含有铼和二氧化硫，故处理钼精矿焙烧废气时，设置净化效率高于 98%的干式除尘器以回收钼；其次，废气含铼是以氧化升华气态出现，当温度降至 100℃以下时，大部分铼呈 1μm 左右的细颗粒， 故须设置湿法

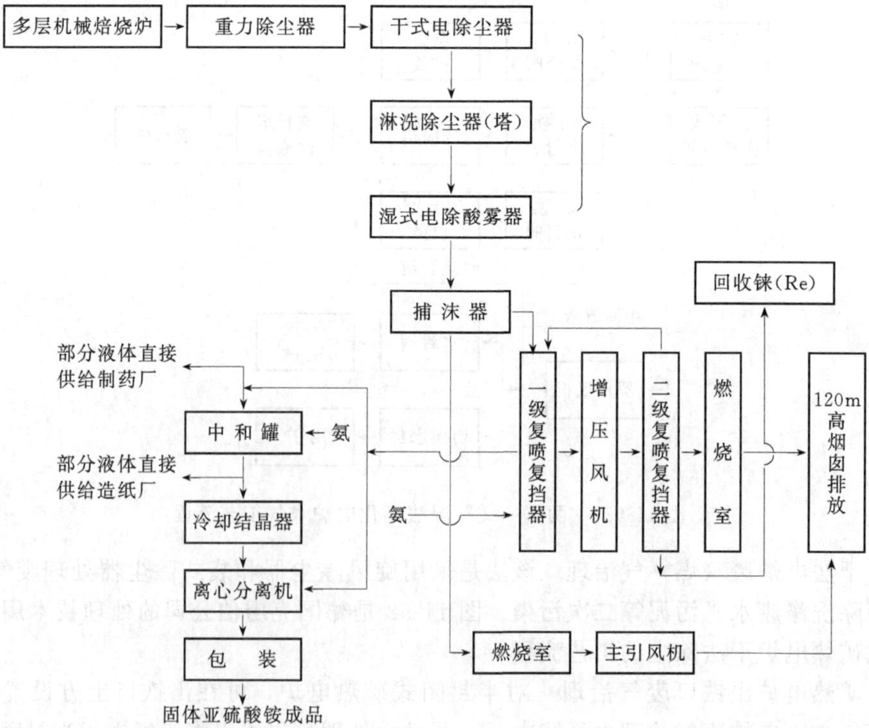

图 11-60 钼精矿焙烧炉废气治理工艺流程

净化设施，当废气经过它时，废气中的三氧化硫经喷淋除尘器、湿式电除雾器和捕集器后，生成硫酸。硫酸和 Re_2O_7 生成铼酸液，再经过二级复喷复挡器的反复多次吸收，当铼酸达到富集浓度后，送制铼工段回收铼。最后，废气中的 SO_2 采用氨为吸收剂吸收除去。图 11-60 是钼精矿焙烧炉废气治理工艺流程。

2. 钼铁熔炼炉废气治理

钼熔炼废气的治理一般采用干法净化设施。净化设备采用大型压入式低气布比反吸风袋式除尘器，除尘器一般配备涤纶针刺毡或涤纶布滤料。图 11-61 是钼铁熔炼炉废气治理工艺流程。

图 11-61　钼铁熔炼炉废气治理工艺流程

(五)矾铁车间回转窑废气治理[6,13]

矾渣焙烧回转窑废气含有氯气、二氧化硫和三氧化硫等有害气体，以及矾渣和矾精矿粉。故在处理该废气时还需回收矾尘。该废气治理一般有以下两种工艺流程。

1. 干式处理法

该法是采用旋风分离器和干式电除尘器净化废气中的尘，但是不回收氯气和硫有害物。图 11-62 是钒渣焙烧回转窑废气治理不回收 Cl_2 和 SO_2 的工艺流程。

图 11-62　不回收 Cl_2 和 SO_2 的工艺流程

2. 湿式处理法

该法是在干法的基础上，再增加洗涤塔和湿式电除尘器，以再除去氯气和二氧化硫。图 11-63 是湿法治理矾渣焙烧回转窑废气的工艺流程。

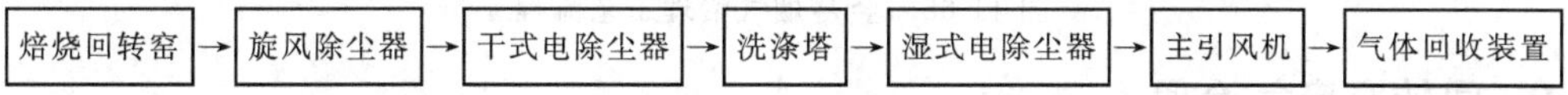

图 11-63　回收 Cl_2 和 SO_2 的治理工艺流程

(六)金属铬熔炼炉废气治理

金属铬熔炼炉废气主要采用干、湿两级组合旋风除尘器来治理。第一级旋风分离器主要收集粗颗粒的 Cr_2O_3 干尘后，进入淋洗除尘器净化，淋洗液循环使用富集 $Na_2Cr_2O_4$ 进行回收。图 11-64 是金属铬熔炼炉废气治理的工艺流程。

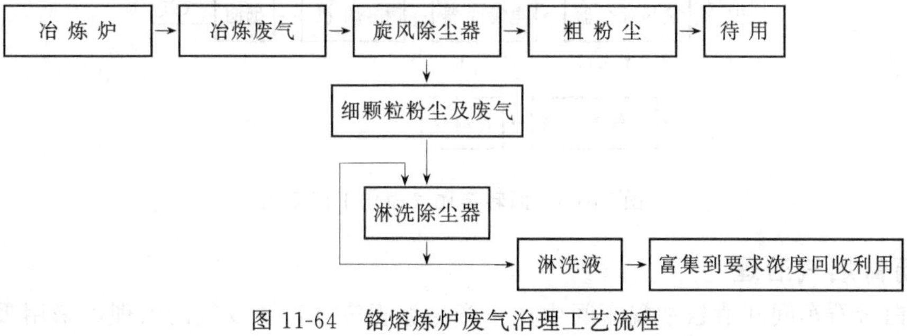

图 11-64　铬熔炼炉废气治理工艺流程

七、耐火材料厂废气治理

(一)耐火材料厂废气的来源及特点

耐火材料厂废气主要来源于：①各种原料在运输、加工、筛分、混合、干燥和烧成工艺流程中产生的含尘废气；②原料煅烧产生的含尘废气；③焦油白云石车间和滑板油浸生产过程中的沥青烟气。这些废气的排放量大、温度高、含尘浓度高，粉尘的分散度也高。

(二)耐火材料厂废气的治理技术

1. 竖窑烟气治理

竖窑烟气在上料和出料以及窑内煅烧时产生粉尘和含尘烟气，它的处理可设置大型的集中的除尘系统。该系统可将上料、出料及窑内烟气一起收集和处理。处理优先采用二级干法除尘，对镁质、白云石和石灰等遇水易结垢的粉尘，不能采用湿法除尘。一级采用旋风除尘器或多管除尘器，二级采用袋式除尘器或电除尘器。图 11-65 是袋式除尘器治理竖窑烟气的工艺流程。

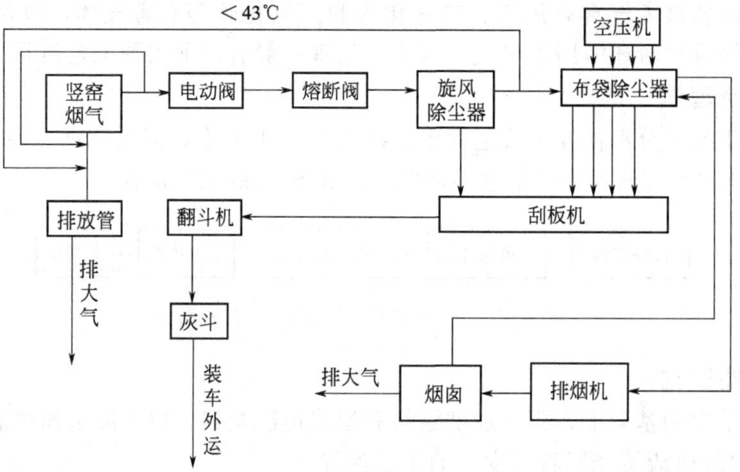

图 11-65 竖窑烟气治理工艺流程

2. 回转窑废气治理

耐火材料在回转窑中煅烧时产生的粉尘和烟气，温度高、含粉尘量大。该废气的处理一般采用二级处理，第一级采用旋风除尘器、多管除尘器或一段冷却器，第二级采用袋式除尘器或电除尘器。当采用袋式除尘器时，为保证废气进入除尘器的温度不超过滤袋允许的温度，在除尘器进口管上设置自控的冷风阀。图 11-66 是电除尘治理镁砂回转窑尾气的工艺流程。

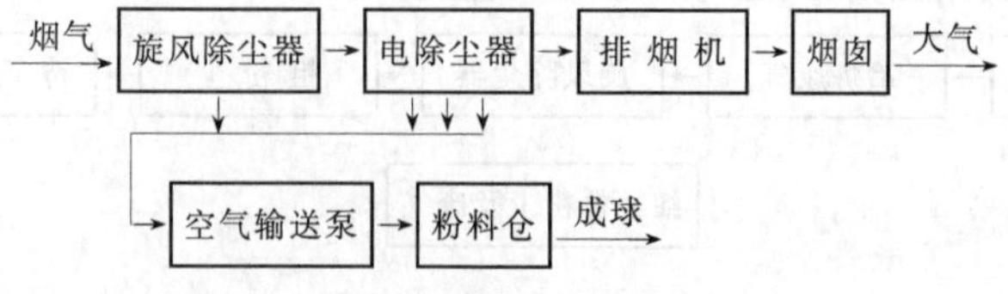

图 11-66 回转窑尾气净化工艺流程

3. 沥青烟气治理

焦油白云石车间和滑板油浸车间生产中产生沥青废气，该废气的治理可采用吸附法以及燃烧法。

（1）粉料吸附法　对焦油白云石沥青烟气，由于工艺生产中有足够的粉料，可采用生产粉料作吸附剂。粉料吸附沥青油雾后，直接返回工艺粉料槽内。回收粘油粉料的除尘器宜采用袋式除尘器，其负荷不宜过高。图 11-67 是粉料吸附法治理白云石车间搅拌机沥青废气的工艺流程。

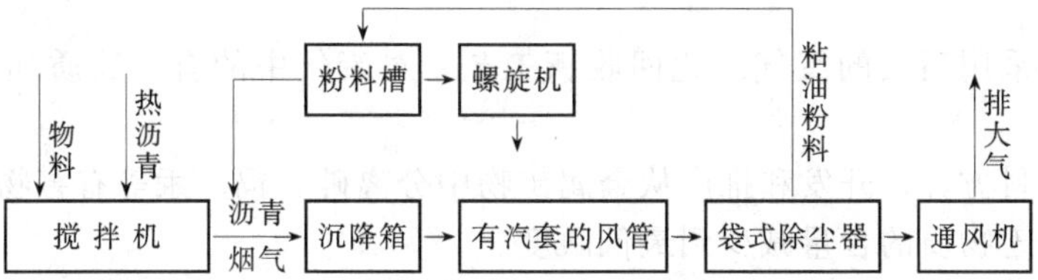

图 11-67　粉料吸附法治理沥青废气工艺流程

（2）预喷涂吸附法　对滑板车间沥青烟气，一般采用预涂白粉吸附法。白粉粘油后，再采用燃烧法烧掉油污后重复使用。该法净化效率高，排出口沥青物浓度低，运行稳定，但设备较粉料吸附法复杂。图 11-68 是预喷涂吸附法治理油浸沥青烟气的工艺流程。

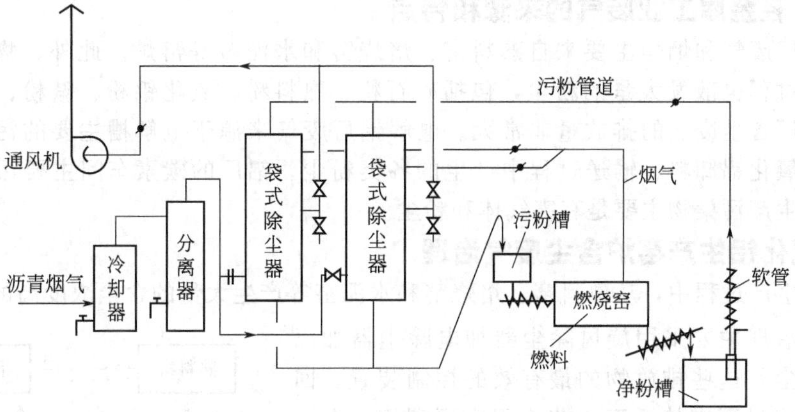

图 11-68　预喷涂吸附法治理油浸沥青烟气的工艺流程

第三节　有色冶金工业废气的治理

一、有色冶金工业废气来源和特点

1. 废气的来源及特点

有色金属是除铁、锰、铬以外的所有金属的总称。有色冶金工业废气主要来自两个方面：一是有色金属矿山的粉尘；二是有色金属冶炼所产生的废气。在有色金属的采矿、选矿、冶炼和加工过程中将产生大量的废气；有色金属的采矿和选矿中产生大量的工业粉尘；有色金属的冶炼过程中，产生大量的尘和含有毒有害气体（如氟、硫、氯、汞或砷）的烟气和尾气；有色金属在加工中产生含酸、碱和油雾的工业废气。有色冶金工业废气中的污染物主要以无机物为主，成分很复杂，并且其排放量大，所含的污染物浓度很低，所以治理难度较大。此外，如汞、镉、铅、砷等通常与其他有色金属伴生，在冶炼过程中经过高温氧化、挥发或同其他物料相互反应，随载体（空气）排入大气。它们能较长时间飘浮在空气中，最后沉积在植物或土壤表面，对环境造成很大的污染。

2. 有色冶金工业废气的治理对策[6,15]

有色冶金工业废气的治理可采取综合防治对策。

(1) 改革生产工艺和设备，使生产过程不排或少排废气，排放危害小的或浓度达标的废气。

(2) 开发和采用高效的废气净化回收新工艺，对废气中的有用物质加以回收和资源再利用。

(3) 推行精料方针，开发和推广从金属矿物中分离砷、镉、汞等有害物质的技术，使原料和废气中的有害物质的含量减少到最低限度。

(4) 对废气的排放点和所排废气采取有效的处理措施，矿山粉尘和井下粉尘主要采用机械通风、湿式凿岩、喷雾除尘以及静电除尘等措施，以降低井下作业面的粉尘浓度；露天矿采用爆破人工降雨抑尘、汽车道路洒水等方法降尘。冶炼废气可采用干法和湿法吸收法加以处理。由于有色金属种类很多，冶炼工艺不同，废气治理方法也多种多样。

二、轻金属生产废气治理技术

（一）轻金属工业废气的来源和特点

氧化铝厂废气和烟尘主要来自熟料窑、焙烧窑和水泥窑等窑炉。此外，物料破碎、筛分、运输等过程也散发大量的粉尘，包括矿石粉、熟料粉、氧化铝粉、碱粉、煤粉和煤粉灰。氧化铝厂含尘废气的排放量非常大。电解铝厂废气来源于电解槽主要的污染物是氟化物。其次是氧化铝卸料、输送过程中产生的各类粉尘。铝厂的碳素车间主要污染物是沥青烟。镁、钛生产污染物主要是有害气体和粉尘。

（二）氧化铝生产窑炉含尘废气治理

氧化铝生产过程中，从熟料窑、焙烧窑和水泥窑等产生大量的含尘浓度高的废气。这些含尘废气的治理主要采用旋风除尘器加电除尘器加以处理。电除尘是这些排放物的最有效的控制装置。回收下的粉尘物料可直接返至工艺流程中再利用。在一些回转炉系统中，热端（产品排放端）是通过吸附分离器、多管除尘器或静电除尘器来控制的。回转炉的“冷端”通常装有静电除尘器。所有的流化床焙烧炉都装有作为最终除尘装置的静电除尘器。该干法除尘效率可达99.9%，排尘浓度可降低60%～100%。图11-69是氧化铝厂熟料烧成窑烟气净化的工艺流程。

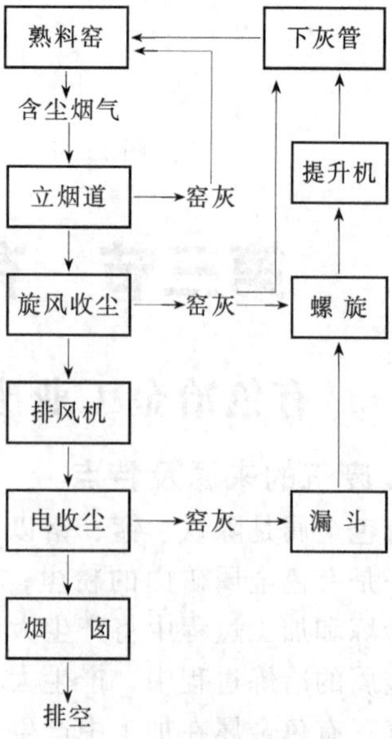

图11-69 熟料烧成窑烟气净化工艺流程

（三）电解铝厂含氟烟气治理技术[16]

熔盐电解法炼铝，用氟化盐（NaF、Na_3AlF_6、MgF_2、CaF、AlF等）作电解质，与原料中的水分和杂质反应，生成HF、SiF_4、CF_4等气态氟化物，加工操作过程中造成氧化铝和氟化盐粉尘飞扬，部分气态氟能吸附于固体颗粒表面，随电解烟气散发出来。每炼1t铝约产生氟16～22kg，预焙阳极电解槽散发氟较少，固体氟比例较高，自焙阳极电解槽氟化盐消耗较多，烟气中还含有沥青烟，污染环境较严重。

1. 烟气捕集技术

（1）地面捕集方式　直接捕集电解槽散发的烟气的方式。通过电解槽密闭罩捕集从料面和阳极处散发的烟气，经排烟管道汇集，由引风机引入净化装置，去除污染物后排放。电解槽的烟气捕集率和处理烟气量因槽型和槽容量而异（见表 11-28）。与天窗捕集方式相比，地面捕集方式处理烟气量少，烟气含氟浓度较高，净化效率和经济效果较好。新建电解铝厂或老厂技术改造普遍采用地面捕集方式。

表 11-28　电解槽烟气捕集率和排烟量

槽型	上插槽	侧插槽	预焙槽
烟气捕集率/%	75～85	80～90	95～98
每吨铝排烟量/km^3	20～30	300～400	150～200

（2）天窗捕集方式　通过天窗捕集散发到电解厂房内的烟气的方式。20 世纪 60 年代，国际上推广应用上插自焙槽生产工艺，由于从密闭罩缝隙处和加工开启罩盖时逸散到厂房内的烟气较多，烟气捕集率较低，所以需对厂房内的烟气进行捕集，并加以净化，以减轻无组织排放对环境的影响。一般将天窗烟气净化与地面烟气净化系统联合起来，天窗烟气采用喷淋洗涤净化，当循环液中 NaF 达到一定浓度后，送至地面烟气净化系统作为补充液使用。天窗捕集方式处理每吨铝烟气量约为 200 万立方米，净化效率达 80%。设备较庞大，投资和运行费用较高。日本等国自焙槽铝厂多设置天窗烟气净化系统，中国衢州铝厂采用地面-天窗烟气联合净化方式。

2. 含氟烟气净化方式

中国 20 世纪 60 年代开始在铝电解烟气净化工程中应用了湿法净化技术，70 年代随着大型预焙槽工艺的引进和开发，干法净化技术得到迅速发展。

（1）湿法净化　采用水或碱溶液作吸收剂，洗涤吸收铝电解烟气中气态氟化物，同时去除固体颗粒物的方法。主要用于净化自焙槽烟气。用碱作吸收剂的碱法比用水吸收的酸法净化效率高，设备腐蚀小，应用较普遍。

① 水吸收法。采用水吸收净化含氟废气，主要是基于氟化氢和四氟化硅都极易溶解于水。

氟化氢溶于水生成氢氟酸；四氟化硅溶于水则生成氟硅酸，此反应过程可以认为分两步进行，首先四氟化硅和水反应生成氟化氢：

$$SiF_4+2H_2O \rightleftharpoons 4HF+SiO_2 \tag{11-70}$$

生成的氟化氢继续和四氟化硅反应而生成氟硅酸：

$$2HF+SiF_4 \rightleftharpoons H_2SiF_6 \tag{11-71}$$

总的反应式为：

$$3SiF_4+2H_2O \rightleftharpoons 2H_2SiF_6+SiO_2 \tag{11-72}$$

由于氟化氢与四氟化硅均极易溶于水，因此在吸收过程中，气膜阻力是控制因素。

② 碱吸收法[16,17]。碱吸收法即采用碱性溶液（NaOH、Na_2CO_3、NH_3 或石灰乳）来吸收含氟废气，从而达到净化回收的目的。碱吸收法可以净化铝厂含 HF 烟气，也可以净化磷肥厂含 SiF_4 的废气，并可副产冰晶石等氟化盐。

用 Na_2CO_3 溶液洗涤电解铝厂烟气时，烟气中的 HF 与碱液反应，生成 NaF。其化学反应如下：

$$HF+Na_2CO_3 \longrightarrow NaF+NaHCO_3 \tag{11-73}$$

$$2HF+Na_2CO_3 \longrightarrow 2NaF+CO_2\uparrow+H_2O \tag{11-74}$$

由于烟气中还有 SO_2、CO_2、O_2 等，所以还会发生下列副反应：

$$CO_2+Na_2CO_3+H_2O \longrightarrow 2NaHCO_3 \tag{11-75}$$

$$SO_2+Na_2CO_3 \longrightarrow Na_2SO_3+CO_2 \tag{11-76}$$

$$Na_2SO_3+\frac{1}{2}O_2 \longrightarrow Na_2SO_4 \tag{11-77}$$

在循环吸收过程中，当吸收液中 NaF 达到一定浓度时，再加入定量的偏铝酸钠（$NaAlO_2$）溶液，即可制得冰晶石。其过程可分为两步进行，首先 $NaAlO_2$ 被 $NaHCO_3$ 或酸性气体分解，析出表面活性很强的 $Al(OH)_3$，然后生成的 $Al(OH)_3$ 再与 NaF 反应生成冰晶石。总反应式为：

$$6NaF+4NaHCO_3+NaAlO_2 \longrightarrow Na_3AlF_6+4Na_2CO_3+2H_2O \tag{11-78}$$

$$6NaF+2CO_2+NaAlO_2 \longrightarrow Na_3AlF_6+2Na_2CO_3 \tag{11-79}$$

(2) 干法净化　干法净化是采用氧化铝作吸收剂，净化铝电解烟气的方法。氧化铝是铝电解生产原料，具有微孔结构和很强的活性表面，国产中间状氧化铝比表面积为 30～$35m^2/g$。在烟气通过吸附器过程中，HF 气体吸附于氧化铝表面，生成含氟氧化铝，然后通过袋式除尘器捕集下来，直接运到电解生产使用。该法不存在二次污染和设备腐蚀等问题，尤其适于净化预焙槽烟气，净化效率可达 99%。

实用的干法净化有两种流程：

a. A-398 干法净化流程为美国铝业公司开发的流化床净化流程，烟气以一定速度通过氧化铝吸附层，氧化铝则形成流态化的吸附床，烟气中的 HF 被氧化铝吸附后，通过上部的袋式除尘器净化后排放。氧化铝吸附床层厚度在 50～300cm 之间调节，氧化铝在吸附器中停留时间 2～14h，被捕集的含氟氧化铝可抖落在床面上予以回收。

b. 输送床干法净化流程为法国空气工业公司推出的，该法将氧化铝吸附剂直接定量加入一段排烟管道，在悬浮输送状态下完成吸附过程。吸附管道长度决定于吸附过程所需时间和烟气流速。为防止物料沉积，烟气流速一般不应小于 10m/s（垂直管段）或 13m/s（水平管段），气固接触时间一般大于 1s。由吸附管段出来的烟气经袋式除尘器进行气固分离，分离出来的含氟氧化铝送至电解生产使用。该流程在我国已获得普遍应用。

① 干法净化原理。在现代铝厂，无论何种型式的电解槽，烟气中 HF 的质量浓度都并不高，一般只有 40～$100mg/m^3$，最高也不过 $200mg/m^3$。气固两相的反应是在 Al_2O_3 颗粒庞大的表面上进行的，必须大大强化扩散作用，推动 HF 顺利克服气膜阻力而达到 Al_2O_3 表面，为了保证这一过程有效地进行，应该提供良好的流体力学条件，概言之，有以下几个方面：(a) 适宜的固气比（Al_2O_3 浓度）；(b) Al_2O_3 粒均匀分散；(c) 颗粒表面不断更新；(d) 足够的接触时间。

为了完成这一过程，人们设计了各种类型的反应器和分离装置，概括起来不外乎“浓相”流化床和“稀相”输送床两类，它们的流程见图 11-70 和图 11-71。

两种类型的净化系统都是由反应器、风机和分离装置三部分组成的。工业应用表明，各项指标皆令人满意。HF 净化效率在 99%以上，粉尘净化效率在 98%以上，环境质量均达到要求，全部操作实现自动化和遥控。

② 含氟气体干法净化工程实例

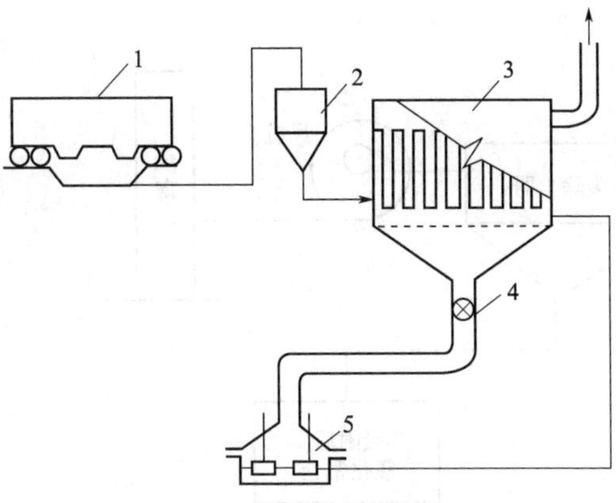

图 11-70 流化床干法净化含氟废气工艺流程

1—氧化铝；2—料仓；3—带袋滤器的沸腾床反应器；4—排烟气；5—预焙电解槽

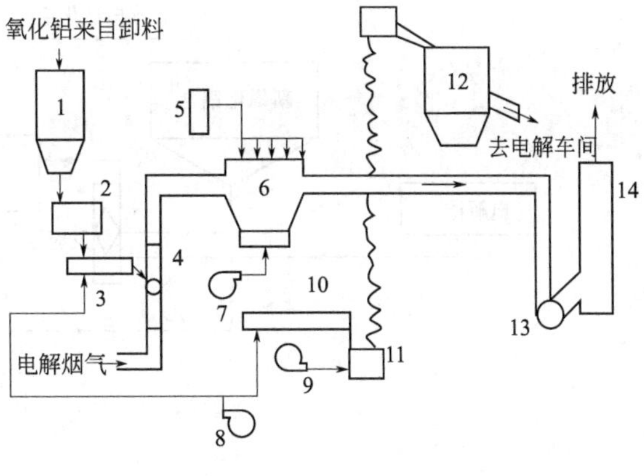

图 11-71 输送床干法烟气净化工艺流程

1—新氧化铝贮槽；2—定量给料器；3,10—风动溜槽；4—VRI 反应器；5—气罐；6—袋式除尘器；7,9—罗茨鼓风机；8—离心通风机；11—气力提升机；12—载氟氧化铝贮槽；13—主排风机；14—烟囱

a. 烟气中有害物主要成分

氟化物	17.8kg/tAl	115mg/m^3
氧化铝粉尘	42kg/tAl	270mg/m^3，加上氧化铝吸附剂的量则为 20～60g/m^3
二氧化硫	10kg/tAl	64mg/m^3

b. 烟气净化系统特点。铝电解烟气干法净化系统与一般工业除尘方法相比，具有一定的难度及其特性，具体体现在如下几方面：（a）烟气量大，烟气含尘浓度高（20～60g/m^3）；（b）氧化铝的琢磨性强，粒径大，其中大于 20μm 的占 60％以上；（c）烟气处理温度较高，一般要求处理温度≥120℃；（d）烟气危害性大，氟化氢对人体和周围环境都有相当的危害性；（e）氧化铝粉尘是生产原料，市场售价每吨 4000 多元；（f）要求排放浓度低，要小于 10mg/m^3。

c. 铝电解烟气净化工艺流程。铝电解槽烟气干法净化工艺采用生产原料氧化铝作为吸附剂，吸附烟气中的氟化氢等有害物气体，吸附后的氧化铝返回到生产工艺中，直接回收氟，是具有综合利用的净化工艺。干法净化工艺具有流程短，净化效率高，电能消耗低，运行可靠，无二次污染，操作管理方便的特点，能彻底地解决铝电解槽的烟气污染问题。其中工艺流程是：每台电解槽烟气通过排烟管道汇集在一起进入净化系统的袋式除尘器，在进入袋式除尘器之前，将新鲜氧化铝定量加入烟道气流中，通过反应器与烟气中氟化氢气体混合，反应器与滤袋上的氧化铝滤层均可吸附氟化氢气体，吸附后的氧化铝通过袋式除尘器过滤分离收集下来，经风动溜槽、提升机等输送设备，一部分送到贮仓供电解槽生产使用，一部分再返回到袋式除尘器前的烟道与烟气中氟化氢气体混合，使氟化氢气体充分被氧化铝吸附，保证较高的净化效率。

铝电解烟气净化工艺流程如图 11-72 所示。

d. 某工程主要设计参数

单槽排烟量	7500m^3/h（闭槽）	15000m^3/h（开槽）
排烟量	No. 1 系统 537000m^3/h	No. 2 系统 564000m^3/h
电解槽排氟量	17.8kg/m	
集气效率	98％	
净化效率	＞98.5％	

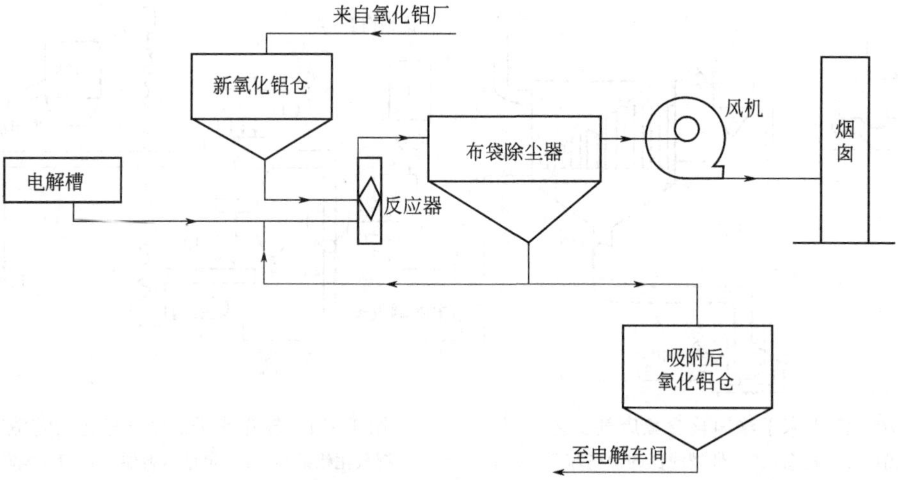

图 11-72 铝电解烟气净化流程

除尘效率	>99%
烟气中固气比	30～50g/m³
氧化铝循环次数	0～4 次
天窗排氟量	0.356kg/tAl
烟囱排氟量	6mg/m³
烟囱排尘浓度	<10mg/m³
总排氟量	<1.0kg/tAl

e. 主要设备及其特点

(a) 袋式除尘器。从铝电解槽烟气净化工艺流程可见，袋式除尘器和净化系统不同于其他行业，不仅仅限于过滤功能，还有一个吸附净化功能，因此，从袋式除尘器主机的结构、滤料和配件、清灰控制等都要考虑吸附净化和过滤分离作用。

铝电解烟气净化系统袋式除尘器，有大型长袋脉冲除尘器和菱形反吹风除尘器，但由于菱形反吹风除尘器占地面积大、滤袋阻力高、更换滤袋困难和清灰强度弱，因此，大型铝厂都是采用长袋脉冲除尘器，由于烟气量大而过滤面积也大，所以一般要采用多单元组合袋式除尘设备，因此特别要重视其组合后的技术性能，如果仅仅是简单的并联，其净化和除尘效果反而会出现不如单台设备，因此，技术上必须引起足够重视。

(b) 排烟风机。许多铝厂烟气净化系统的排烟风机大多数选用悬臂支承（D 式）的锅炉引风机。而电解烟气净化排烟风机，考虑到排烟风机为全天制不间断运行，为保证烟气净化系统运行可靠，则选用 Y4-73No20F 双支承（F 式）的传动方式风机，F 式风机比 D 式提高了风机运行中的稳定性，还有进风口的进风方式，机壳的刚性，叶轮的耐磨性等都较 D 式有了改进，并可以达到引进设备的技术水平。

(c) 氧化铝输送设备。烟气净化系统氧化铝输送设备主要有空气提升机、风动溜槽等，这些设备不同于传统的设备，如提升机采用的是空气提升机而不是斗式提升机，水平输送采用的是风动溜槽而不是螺旋输送机，其特点是减少设备的维修工作量，设备故障率低，但能耗略高于链斗式提升机。

f. 效果。工程投产运行后测定结果见表 11-29。

由此可见袋式除尘净化铝电解槽烟气系统，运行可靠，有效地控制了电解槽烟气污染，比较彻底地解决电解槽的烟气污染问题。

表 11-29　电解烟气净化系统监测数据

系统	污染物名称	净化系统出口浓度		净化效率/%
		mg/m^3	kg/h	
西区系统	氟化物	1.44	0.489	99.4
	粉尘	1.9	0.621	99.99
东区系统	氟化物	1.74	0.552	99.21
	粉尘	3.64	1.18	99.99

（四）镁冶炼烟气治理技术

工业炼镁方法有电解法和热法两种。电解法以菱镁矿（$MgCO_3$）原料、石油焦作还原剂，在竖式氯化炉中氯化成无水氯化镁或用除去杂质和脱水的合成光卤石（含 $MgCl_2>42.5\%$）作原料，加入电解槽，在 680～730℃温度下熔融电解，在阴极上生成金属镁，在阳极上析出氯气，这部分氯气经氯压机液化后回收利用。每炼 1t 精镁约耗氯气 1.5t，其中一部分消耗于原料中的杂质氯化，一部分转入废渣及被电解槽和氯化炉内衬吸收，大约有 1/2 氯随氯化炉烟气和电解槽阴极气体排出，较少部分泄漏到车间内，无组织散发到环境中。热法炼镁原料是白云石（MgO），煅烧后与硅铁、萤石粉配料制球，在还原罐 1150～1170℃温度下以镁蒸气状态分离出来。生产过程中产生的烟尘，采用一般除尘装置去除。

镁冶炼烟气中主要污染物是 Cl_2 和 HCl 气体，氯化炉以含 HCl 为主。镁电解槽阴极气体中主要是 Cl_2。一般治理方法是先用袋式除尘器或文丘里洗涤器去除氯化炉烟气中的烟尘和升华物，然后与电解阴极气体汇合，引入多级洗涤塔，用清水洗涤吸收 HCl，再用碱性溶液洗涤吸收 Cl_2。常用的吸收设备有喷淋塔、填料塔、湍球塔等，吸收效率可达 99%以上。

进一步处理循环洗涤液，可以回收有用的副产品。一般循环水洗涤可获利 20%以下的稀盐酸；再加上 $MgCl_2$、$CaCl_2$ 等镁盐能获得高浓度 HCl 蒸气，再用稀盐酸吸收可制取 36%浓盐酸；或用稀盐酸溶解铁屑制成 $FeCl_2$ 溶液，用于吸收烟气中的 Cl_2 生成 $FeCl_3$，经蒸发浓缩和低温凝固，制得固态 $FeCl_3$，作为防水剂、净水剂使用。用 Na(OH)、Na_2CO_3 吸收 Cl_2 可生成次氯酸钠，作为漂白液用于造纸等部门。如果这些综合利用产品不能实现，则对洗涤液进行中和处理后排放。

若采用球团氯化，无隔板电解槽等新的炼镁工艺，则氯化炉和镁电解槽产生的氯化物大幅度减少，每吨镁的氯气耗量降至 400kg/t，采取相应治理措施后，氯化物的排放均能达到排放标准。

（五）钛冶炼烟气治理技术

工业上生产金属钛的原料是钛精矿或金红石，其中的有用成分是 TiO_2。由于氧与钛的结合能力强，首先将钛氧化物转化为氯化物，即在氯化炉中通氯气，在 800℃温度下 TiO_2 变成 $TiCl_4$，然后用金属还原制成海绵钛。生产的氯化镁再加入镁电解槽电解生产镁，在钛生产过程中循环使用。每生产 1t 海绵钛消耗氯气 1t 左右。从高钛渣氯化炉和镁电解槽散发的 Cl_2 和 HCl 气体，少部分进入收尘渣和泥浆渣中。含氯化物烟气的治理方法与镁冶炼烟气治理相同。

高钛渣电炉是海绵钛生产的首要工序，它是将钛铁精矿与石油焦按比例配料，送入高钛渣电弧炉进行高温冶炼，冶炼后得到富含二氧化钛的高钛渣和生铁，高钛渣再经过氯化、精制、还原-蒸馏、电解、加工等工序成为海绵钛。

高钛渣电炉在冶炼过程中产生大量含尘烟气，烟尘粒径较小，因此，如果不采取有效的烟气处理装置，高钛渣电炉含尘烟气对周围环境和人体健康都会造成危害。

1. 高钛渣电炉烟气的特性

高钛渣电炉排烟方式采用半封闭式矮烟罩（一般烟罩口距电炉口 1.8m 左右）。高钛渣电炉技术参数和烟气特性参数如下。

烟气温度：350～400℃。

烟尘浓度：800～1500mg/m^3（标）。

烟气成分：	CO_2	N_2	O_2	H_2O
	15%～18%	25%～78%	5%	2%

粉尘粒径分布：见表 11-30。

表 11-30 粉尘粒径分布

规格	200 目	230 目	270 目	320 目	340 目	360 目	>360 目
比例	40%	8%	8%	6%	4%	3%	31%

粉尘堆密度：200g/m^3。

烟尘比电阻：3.3×10^{12}～$5.5\times10^{14}\Omega\cdot m$。

以上各项参数主要取决于冶炼炉工况和半封闭烟罩侧门操作工艺，其中当出现刺火、翻渣和坍料瞬时，烟气量波动将增加 30%，烟气温度最高可达 900℃。

半封闭型电炉烟气净化工艺均采用干法净化流程，即袋式除尘或静电除尘。目前世界上绝大部分电炉是采用袋式除尘净化烟尘，如采用静电除尘法，则另外必须设置烟气增湿调质塔，使烟尘比电阻降低到 $9\times10^{11}\Omega\cdot m$ 才能适应电除尘器的特性且除尘效率远远不如袋式除尘器。

2. 高钛渣电炉烟气净化特点

由于以下所列原因，高钛渣电炉的烟气净化与一般工业除尘方法相比，存有一定的难度及其特性，具体体现在：a. 烟气量大，烟气含尘浓度高；b. 粉尘细（80%以上粉尘粒径小于 1μm）；c. 烟气处理温度高，一般要求处理温度不低于 140℃，如温度过低，则会造成粉尘黏性增加，并可能引起结露。

3. 高钛渣电炉烟气工艺参数

（1）硅铁矿热电炉排烟量 见表 11-31。

表 11-31 硅铁矿热电炉排烟量

熔炉/kV·A	炉气量/(m^3/h)	排烟量/(m^3/h)	熔炉/kV·A	炉气量/(m^3/h)	排烟量/(m^3/h)
12500	70000	110000(180～200℃)	6300	35000	61000(180～200℃)
9000	48600	85000(180～200℃)	3500	23000	35000～40000(180～200℃)

（2）3 台 6500kV·A 高钛渣电炉废气工艺参数

① 烟气量：61000m^3/h 每台，三台烟气量 183000m^3/h。

② 烟气温度：180～230℃（冷却后温度）。

③ 含尘浓度：3.1g/m^3（标）。

4. 烟气净化工艺流程（见图 11-73）

高钛渣高温烟气经系统管道，进入 U 形冷却器冷却、收集、降温、大颗粒烟尘落入冷却器灰斗再引入布袋除尘器进行净化，净化后的净气由风机经烟囱排入大气，收集下来的烟气由除尘器下部输送设备的卸料口处进行人工包装后外运。

为了节省占地面积及提高除尘系统运行效率，本方案采用 3 台矿热电炉组成独立的管道系统。引出一台大型布袋除尘器，进行集中除尘。

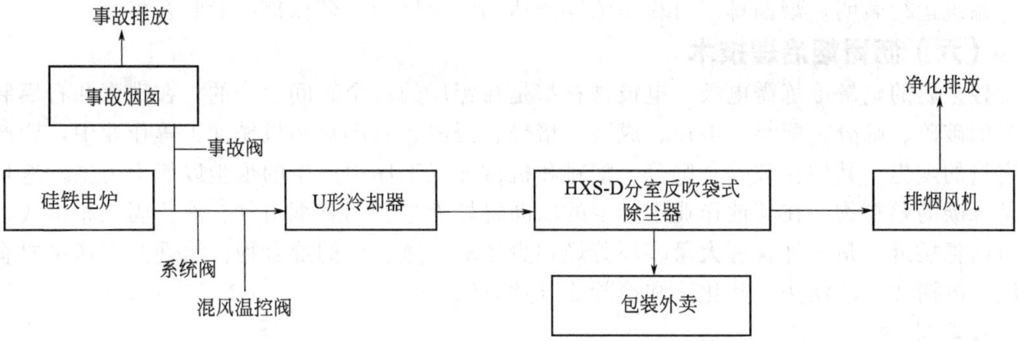

图 11-73 6500kV·A 高钛渣烟气净化工艺流程

5. 净化系统主要设备

(1) 袋式除尘器 袋式除尘器适合处理细小粉尘，对于 0～5μm 粒径的粉尘，分级效率可达 99.5%，袋式除尘器对除去硅铁电炉比电阻高、颗粒细小的高温烟尘是较好的设备，完全可以得到满意效果，投资较电除尘器省，操作管理简单，国内有许多同类型电炉的实践经验，以下推荐采用两种不同类型的袋式除尘器，其技术参数如下。

	第一方案	第二方案
型号	HXS 反吹风袋式除尘器	LCM 型脉冲长袋除尘器
过滤面积	7400m^2	4400m^2
过滤风速	0.45m/min	0.73m/min
处理风量	1900900m^3/h	192700m^3/h
清灰方式	大气反吹	低压喷吹（压缩空气）
滤袋材质	玻纤膨体纱滤布	BWF1050-玻纤针刺毡
耐温	≤260℃	280℃

高钛渣电炉除尘系统的袋式除尘器选型是系统除尘成功的关键问题。

负压分室反吹风袋式除尘器系统，由于使用玻纤膨体纱滤布，虽然除尘器选过滤风速低，设备重量较大，但其滤料价格要比采用脉冲长袋除尘器滤料便宜，造价低，因此运行费用低。

第一方案的大型负压反吹风布袋除尘器具有除尘效率高，维护方便等特点，但清灰效果稍逊于脉冲布袋，投资比第二方案大。第二方案的脉冲长袋除尘器同样具有清灰效果好，除尘效率高、维修也方便的特点，但需要配置压缩空气系统。本工程采用第二方案。

(2) 排烟风机 根据烟气净化装置的管道计算、烟气温度和烟气量的要求考虑排烟风机的热态工况下连续运行。因此，选用两台引风机作为排烟气机，其技术参数如下：型号 Y4-73-11№14D；全压 3940Pa；风量 10000m^3/h；配电机 YSJ315L-4，N=185kW。

(3) U 形烟管烟气冷却器 烟气冷却是采用 U 形烟管冷却器，一方面可以冷却烟气，另一方面烟尘经过盘管，大颗粒粉尘经碰撞后自然沉降，起到初处理烟尘作用，无运行和维修费用，投资也省，技术可靠，实践经验证明是可靠的烟气冷却器。

U 形冷却器规格：过热面积 500m^2，单台重 42t。

在每组 U 形冷却器入口处加装调节阀，通过调节阀的启动，可以改变 U 形冷却器传热面积的大小，以满足除尘器的温度要求。

6. 效果

系统运行表明，烟囱排出口粉尘浓度能达到国家标准，环保部门验收合格。

（六）沥青烟治理技术

轻金属的电解冶炼需电极。电极材料都是在铝厂的一个车间生产的。在碳素和石墨制品生产的破碎、筛分、配料、混捏、成型、焙烧、浸渍、石墨化和机械加工等作业中，皆产生一定量的烟尘。其中在破碎、筛分、配料和机械加工工序中产生的烟尘以粉尘为主，这种粉尘是含碳的颗粒物。在其他作业中产生的以沥青烟为主。沥青烟由气、液、固三相组成，组分与沥青接近，是一种含有大量多环芳烃和少量氧、氮、硫的混合物。治理沥青烟主要有吸附法、电捕法、洗涤法、焚化法和冷凝法五种方法。

1. 吸附法

以焦粉、氧化铝等作吸附剂净化沥青烟的方法。该法多与生产工艺特点结合，选择合适的吸附剂，如焦粉、氧化铝和白云石粉等孔隙多、比表面积大的材料。吸附设备有固定床、流化床和输送床。吸附净化流程分为间歇式、半连续式和连续式三类。吸附法的优点是流程简单，净化效率高，可达95%以上。该法适合于沥青烟浓度较低的场合。与其他方法相比，是一种有发展前途的方法。用氧化铝作吸附剂的流程见图 11-74。

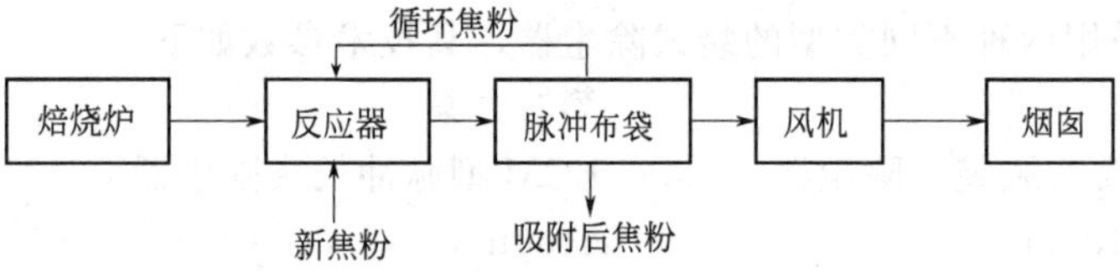

图 11-74 干法治理废气工艺流程

2. 电捕法

用电除尘器净化沥青烟时，电除尘器的运行电压一般维持在 40～60kV。由于沥青烟在高温下比电阻增大，难以捕集；在低温下容易黏附在极板上，不易清除，所以通常控制电除尘器入口烟气温度不低于 70～80℃。回收的沥青烟呈焦油状，可以返回生产过程、加工成焦油产品或作燃料使用。电捕法采用的电除尘器型式有同心圆管式、干法卧式和湿法卧式等。干式电除尘器仅能捕集沥青烟中的固、液相微粒，不能捕集气相部分；湿式电除尘器则可捕集所有的沥青烟组分。电捕法的优点是净化效率高，可达 90%以上，回收物容易处理利用，运行费用低，但投资高，维修困难。该法适用于沥青烟温度高、浓度大的场合，如图 11-75 所示。

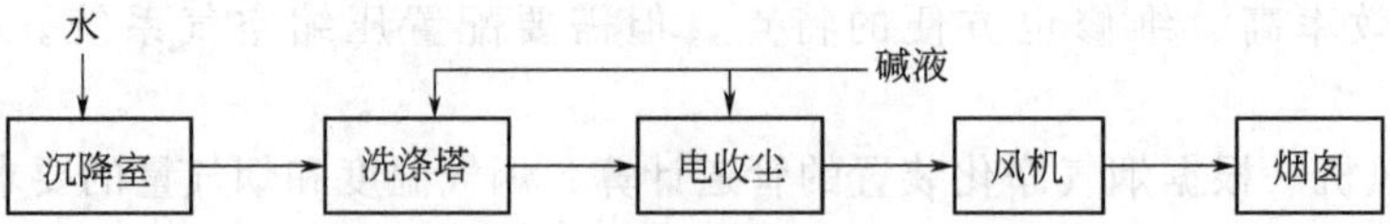

图 11-75 电捕法处理沥青烟工艺流程

3. 洗涤法

用洗涤液洗涤吸收沥青烟的方法。一般净化流程是沥青烟先进入除雾器进行初次分离，而后进入洗涤塔洗涤吸收。常用的洗涤液有清水、甲级萘和溶剂油等，洗涤设备主要是喷淋塔、填料塔等。洗涤法的优点是净化设备简单，造价低，但净化效率较低，一般低于 90%，需对废液进行处理。该法可用于碳素生产各作业的沥青烟净化。流程见图 11-76。

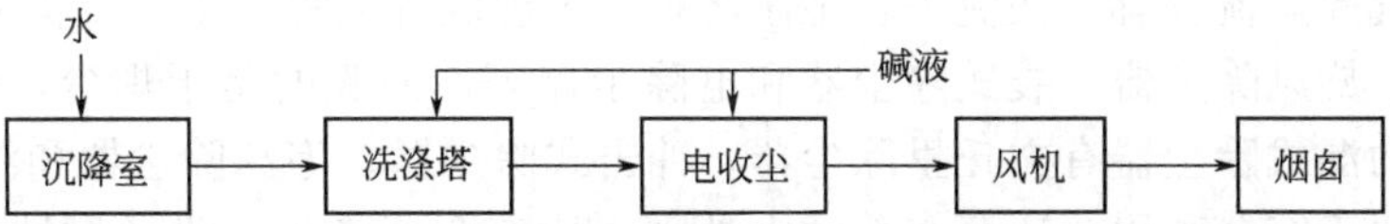

图 11-76　洗涤法沥青烟净化工艺流程

4. 焚化法

在焚化炉中将沥青烟烧掉的方法。沥青烟的基本成分是烃类化合物，当温度超过290℃，接触时间在 0.5s 以上时，烃类物质即可燃烧；在温度达 900℃以上时，沥青烟中的细炭粒也能燃烧。焚化沥青烟的设备有专门设计的焚化炉，也有某些锅炉的炉膛。用焚化法处理沥青烟，沥青烟浓度越高越有利。为使沥青烟燃烧完全，应严格控制燃烧所需温度和时间。焚化法较简单，净化效果好，可达 90%以上，但需外加能源。该法适用于沥青烟数量较少、浓度较高的场合。

5. 冷凝法

根据沥青烟在低温（低于 70℃）条件下易于冷凝的特性，采用直接或间接冷却的方法，使沥青烟冷凝分离出来。冷凝设备有直接冷凝器和表面冷凝器两类。冷凝法处理沥青烟一般效率不高。

三、重金属生产烟气治理技术

重金属包括铜、铅、锌、锡、锑、镍、钴、汞、镉、铋 10 种相对密度>4.5g/cm^3 的金属。这些金属冶炼时排出的烟气含有尘、SO_2、Cl 等，其中 SO_2 浓度较高可以回收利用，其他有害则需要净化处理后排放。

（一）铜冶炼烟气回收与排放

在铜冶炼生产中，原料制备和火法冶炼各作业中，由于燃料的燃烧、气流对物料的携带作用以及高温下金属的挥发和氧化等物理化学作用，不可避免地产生大量烟气和烟尘。烟气中主要含有 SO_2、SO_3、CO 和 CO_2 等气态污染物，烟尘中含有铜等多种金属及其化合物，并含有硒、碲、金、银等稀贵金属，它们皆是宝贵的综合利用原料。因此，对铜冶炼烟气若不加以净化回收，不仅会严重污染大气，而且也是资源的严重浪费。

1. 烟气产生和性质

铜冶炼烟气的性质与冶炼工艺过程、设备及其操作条件有关，其特点是烟气温度高，含尘量大，波动范围大，并含有气态污染物 SO_2、SO_3、As_2O_3、Pb 蒸气等，在焙烧、烧结、吹炼和精炼过程中产生的烟气常有较高的温度，从 500℃至 1300℃，具有余热利用价值，进入除尘装置之前有时需经预先冷却。冶炼过程产生的烟气，是某些金属在高温下挥发、氧化和冷凝形成的，颗粒较细，必须采用高效除尘器才能捕集下来。这些烟气不仅带出的尘量大（约占原料量的 2%～5%），而且含尘浓度高，如流态化焙烧炉烟气含尘浓度可达 100～300g/m^3（标）。烟气中含有高浓度 SO_2，是制酸的原料，因而在烟尘净化中要考虑制酸的要求。

2. 烟气净化流程

铜冶炼烟气的治理，首先要将产尘设备用密闭罩罩起来，并从罩子（或相当于罩子的设备外壳）内抽走含尘气流，防止烟气逸散，然后将含尘气流输送至除尘装置中净化，再将捕集下来的烟尘进行适当处理，或返回冶炼系统利用，或对富集了有价元素的烟尘进行综合回收，或进行无害化处置。

铜冶炼烟气除尘流程有干法流程、湿法流程和干湿混合流程。干法流程采用的除尘装置有重力沉降室、旋风除尘器、袋式除尘器和电除尘器等，回收的是干烟尘，便于综合利用。湿法流程采用的湿式除尘器有文丘里除尘器、冲击式除尘器、泡沫除尘器和湍球塔等，回收的是泥浆，不便于综合利用，还存在着污水处理、稀有金属流失、设备腐蚀和堵塞等问题，较少采用。干湿混合流程是在湿式除尘器之前加一级或两级干式除尘，以减少泥浆量，多用于干燥作业的除尘。

铜精矿干燥机烟气含水量较大，烟气温度不高，一般为120～200℃，烟气成分与原料相似，颗粒较粗，在标准状态下含尘浓度为20g/m^3左右，一般采用旋风除尘器、冲击式除尘器（或水膜除尘器）两级除尘。也有采用电除尘器除尘的。

铜精矿流态化焙烧炉烟气，温度800～1000℃，在标准状态下烟气含尘浓度200～300g/m^3，SO_2浓度4%～12%。烟气经除尘后，通常与其他烟气混合或单独进行制酸。除尘流程一般采用余热锅炉冷却、两级旋风除尘器和电除尘器净化流程。净化后烟尘浓度在标准状态下可降至0.5g/m^3以下，以适应烟气制酸的要求。

铜熔炼和吹炼炉中，除反射炉烟气中SO_2浓度在1%～2%外，其他炉子烟气中SO_2浓度均较高，其中闪速炉为10%～14%，密闭鼓风炉为4%～6%，电炉密闭得好时可达4%～7%；烟气含尘浓度在标准状态下一般为10～30g/m^3（闪速炉为80～100g/m^3）。烟气除尘基本上都可采用旋风除尘器、电除尘器两级除尘流程，其中反射炉、闪速炉烟气温度高达1000℃以上，在除尘之前应经余热锅炉冷却。

烟气净化流程主要有：

密闭鼓风炉→旋风收尘器→排风机→电收尘器┐
连续吹炼炉→旋风收尘器→排风机→电收尘器┘→制酸

反射炉→废热锅炉→电收尘器→排风机→制酸或放空

反射炉→废热锅炉→旋风收尘器→排风机→电收尘器→制酸或放空

白银炉→废热锅炉→旋风收尘器→排风机→电收尘器→制酸

闪速炉→废热锅炉→沉降斗→电收尘器→排风机→制酸

转炉→废热锅炉→沉降斗→电收尘器→排风机→制酸

贫化电炉→废热锅炉→电收尘器→排风机→制酸

流态化焙烧炉→废热锅炉→第一旋风收尘器→第二旋风收尘器→排风机→电收尘器→制酸

矿热电炉→旋风收尘器→电收尘器→排风机→制酸

吹炼转炉或连续吹炼炉烟尘含有铅、锌、铋等的氧化物，比电阻较高，单独采用电收尘效果较差，常和熔炼烟气混合送进电收尘器。

冶炼烟气中的气态污染物主要是二氧化硫。二氧化硫浓度在3.5%以上的烟气，可采用接触法制成硫酸。对于二氧化硫浓度小于2%的烟气可参考铁矿烧结低浓度SO_2废气的治理方法，如吸收、吸附及催化转化法等进行处理。图11-77是冶炼烟气用接触法制硫酸的工艺流程。

3. 铜冶炼烟气除尘工程实例

（1）烟气及烟尘参数　目前世界上铜矿（原生铜）产量90%是以含铜硫化矿或硫化铜矿物为原料，85%是用火法炼铜技术生产。火法炼铜是将矿石中的硫氧化使之进入烟气，除铜以外的杂质成分被熔化造渣分离，生产工艺见表11-32。

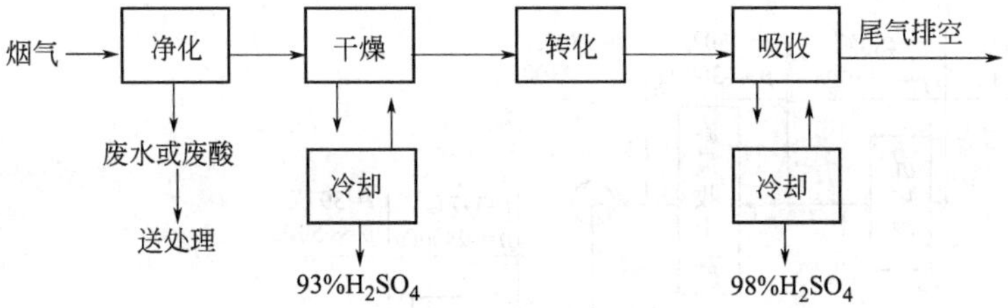

图 11-77　冶炼烟气用接触法制硫酸的工艺流程

表 11-32　火法炼铜工艺概况

工艺流程	常用设备	投入物	产品或返回品	污染物
冰铜熔炼	鼓风炉 电炉 闪速炉 反射炉 连续炼铜炉	铜精矿 熔剂 燃料	冰铜	烟气含 SO_2 2%～3% 淬渣 冲渣水
粗铜熔炼	转炉	冰铜、石英熔剂	粗铜、炉渣	烟气含 SO_2 3%～7%
粗铜精炼	精炼炉	粗铜	阳极铜	烟气
		燃料	炉渣	
电解精炼	电解槽	阳极铜	电解铜、阳极泥(回收稀贵金属)	

第一阶段：$2FeS+3O_2+2SiO_2 \longrightarrow 2FeOSiO_2+2SO_2+1074500J$　(11-80)

$C+O_2 \longrightarrow CO_2+97000cal$　(11-81)

第二阶段：$2Cu_2S+3O_2 \longrightarrow 2Cu_2O+2SO_2+764200J$　(11-82)

$2Cu_2O+Cu_2S \longrightarrow 6Cu+SO_2-161700J$　(11-83)

铜电解：　阳极 $Cu-2e \longrightarrow Cu^{2+}$　(11-84)

阴极 $Cu^{2+}+2e \longrightarrow Cu$　(11-85)

铜冶炼炉烟气及烟尘参数见表 11-33。

表 11-33　冶金炉的烟气及烟尘参数

炉名	台数		烟气量/(m^3/h)	烟气温度/℃	炉顶压力/Pa	烟气成分/%							烟气含尘量/(g/m^3)	烟尘成分/%		
	操作	总数				SO_2	SO_3	N_2	O_2	H_2O	CO_2	CO		Cu	Fe	S
密闭鼓风炉	1	1	14200	500	−100	4.9	0.01	72	4.2	9.98	8.51	0.4	25	12～15	28～29	28～31
转炉	1.5	2												25～30	36～39	22～23
一周期			9000	550	−50	5.95	0.5	79.95	10.1	3.5			19			
二周期			10400	500	−50	7.96	0.89	77.31	11.2	2.64						
两台重合			19400		−50	7.03	0.71	78.51	10.7	3.04			13			
贫化电炉	1	1	2500	1000	−50	2.94		73.21	8.34	5.15	9.33	1.03				

注：1. 转炉为间断操作，相当于每天 1.5 台，鼓风炉与贫化电炉为连续操作；

2. 转炉烟气温度系指烟气出烟罩时的温度。

(2) 除尘工艺流程　铜冶炼厂除尘工艺流程实例见图 11-78。

(3) 除尘效率及漏风率设计参数　除尘效率及漏风率见表 11-34 及表 11-35。

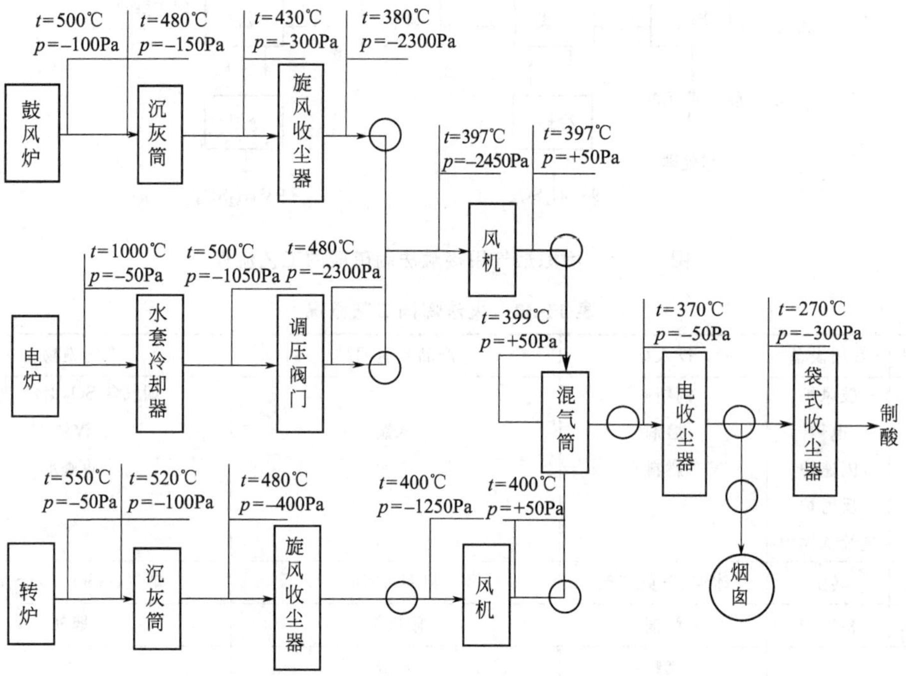

图 11-78 铜冶炼厂除尘流程实例（图中○为中型闸门）

表 11-34 各除尘设备的效率及总效率 单位：%

炉名	沉灰筒	冷却器	旋风除尘器	电除尘器	袋式除尘器	总效率
密闭鼓风炉	30		80	97	92	99.966
贫化电炉		40		97	92	99.856
转炉	30		70	97	92	99.950

表 11-35 各除尘设备与管道的漏风率及总漏风率 单位：%

炉名	沉灰筒	旋风除尘器	风机前管道	风机后管道	电除尘器	袋式除尘器	总效率
密闭鼓风炉	5	5	10	5	10	10	45
贫化电炉	5①		10	5	10	10	40
转炉	5	5	10	5	10	10	45

① 为冷却器的漏风率。

烟气经除尘后送制酸车间，要求其中二氧化硫浓度稳定，除尘系统的漏风率不大于50%，除尘后烟气含尘量小于5mg/m^3。

(4) 除尘设备选型 除尘设备选型见表 11-36。

(5) 烟灰输送 回收的烟尘，除袋式除尘器烟尘含砷较高、尘量较少，可用袋装外，其余烟尘均送精矿仓作返料用。烟尘输送，根据收尘配置及输送要求，确定为气力输送，输送点包括沉灰筒、旋风除尘器及电除尘器三处。操作制度为每天一班操作，送灰时间 4h，故实际每小时送灰量：沉灰筒 1012.2kg/h，旋风除尘器 1763.16kg/h，电除尘器 561.282kg/h。

因尘量较少，送料设备采用船型给料器，集料设备采用袋式除尘器。

表 11-36 铜冶炼厂除尘主要设备

名称	型号、规格	数 量
高温离心通风机	FW9-27No. 14F $Q=65000m^3$ $H=4410mm$	2
附电动机	JS1 26-4 225kW	
高温离心通风机	FW9-27-11 No. 12B $Q=47500m^3/h$ $H=3371mm$	2
附电动机	JS114-4 115kW	
旋风除尘器	长锥型 6-ϕ900mm	1
旋风除尘器	цH-15 型 6-ϕ700mm	2
沉灰筒	ϕ2500mm	3
水套冷却器	$F=30m^2$	1
混气筒	ϕ3000mm	1
电除尘器	$F=30m^2$	2
袋式除尘器	$F=196m^2$	10
钟型闸门	ϕ1400mm	14
钟型闸门	ϕ1600mm	5

注：1. 未包括烟尘排送设备。

2. 除高温离心通风机为标准设备外，其余均为非标准设备。

（二）铅锌冶炼烟气治理技术

在铅、锌生产过程中，设备和火法冶炼作业均有烟尘等大气污染物产生，烟尘量从占原料的 2%～5%至 40%～50%，烟气中的 SO_2 浓度可高达 4%～12%。若不加以控制，不仅会造成严重大气污染，而且还会导致资源的严重浪费。

1. 烟气产生和性质

铅、锌生产中产生的烟尘，与原料和生产工艺有关。备料作业中产生的粉尘，以机械成因为主，颗粒较粗，成分与原料相似；蒸馏、精馏、烟化过程在高温下挥发产生的烟尘，颗粒很细，富集着沸点较低的元素或化合物；焙烧、烧结、熔炼、吹炼等过程产生的烟尘则介于上述两者之间。烟尘组分中除了含有大量的铅、锌外，还含有镓、铟、铊、锗、硒、碲等有价元素。铅、锌冶炼烟尘大部分是冶炼过程的中间产品或可综合利用的原料。一些烟尘中也常含有砷、汞、镉等既有经济价值，又对人体有明显危害的元素。因此铅、锌冶炼烟尘的治理与冶炼工艺和综合利用是密不可分的。

2. 治理方法

铅、锌冶炼烟尘的治理，首先要将产尘设备用密闭罩罩起来，并从罩子（或相当于罩子的设备外壳）内抽走含尘气流，防止烟尘逸散，然后将含尘气流输送至除尘装置中净化处理，再对富集了有价元素的烟尘进行综合回收，或进行化害为利的处理。

3. 铅冶炼烟气治理流程

铅冶炼烟尘大部分为铅的氧化物，比电阻较高，多采用袋式除尘器。鼓风返烟烧结机及氧化底吹炼铅反应器的烟气含 SO_2 浓度较高，宜采用电除尘器，但要控制一定的温度，以降低腐蚀性。

对要求制酸的烟气设电除尘器，流程如下：

烧结机→旋风除尘器→电除尘器→排风机→制酸

烧结机→沉尘室→电除尘器→排风机→制酸

对于不能制酸的烧结锅烟气，则采用袋式除尘器，其流程如下：

烧结机→袋式除尘器→风机→排气筒

铅鼓风炉熔炼高料柱操作的烟气温度一般为150～200℃，打炉结和处理事故时，烟气温度可升至300℃，甚至达500～600℃，除尘流程应按处理事故时的烟气温度确定冷却设备。

铅尘密度较大而黏，烟尘含量高时不宜将风机设在袋式除尘器的进口，以免风机叶轮因粘尘而产生振动。

4. 锌冶炼烟气治理流程

湿法炼锌中流态化焙烧炉的出炉烟气温度为800～900℃，火法炼锌中流态化焙烧炉的出炉烟气温度为1100℃，含尘量可达200～300g/m^3，烟气含SO_2 8%～10%，一般采用电除尘流程，除尘后烟气送去制酸，流程如下：

流态化焙烧炉→废热锅炉（汽化冷却器）→一次旋风除尘器→二次旋风除尘器→风机→电除尘器→制酸

流态化焙烧炉→废热锅炉（汽化冷却器）→旋风除尘器→风机→电除尘器→制酸

流态化焙烧炉→废热锅炉（汽化冷却器）→旋风除尘器→电除尘器→制酸

根据经验，电除尘前设风机可保证焙烧炉的抽力，易于提高生产能力。若电除尘器密封较好，为保证除尘器负压操作，也可将风机设在电除尘器之后。

（三）锡冶炼烟尘治理技术

锡火法冶炼一般包括炼前处理、还原熔炼、炼渣炉渣烟化和精炼四部分主要作业。这四部分主要作业都会程度不同地产生含尘烟气，尤其是熔炼和炼渣炉渣烟化，产生的烟气量大，含尘量高，是锡冶炼厂烟尘治理的主要对象。

1. 烟尘产生和特点

锡冶炼过程中锡和其他低沸点杂质挥发率很高，故锡冶炼烟尘有如下特点：①烟尘中的锡以及锌、镉、铟等有价金属含量高；②以凝聚性烟尘为主，颗粒较细；③原矿中伴生的铅、砷等有害元素也富集到烟尘中。因此在锡冶炼过程中加强烟尘治理，提高除尘效率，无论是对提高锡的回收率，回收有价金属，还是消除烟尘污染，都是很有意义的。

2. 治理方法

锡冶炼烟尘治理主要从两方面入手，首先要提高冶炼烟气中的烟尘捕集率，使最终烟尘排放量达到国家排放标准；其次对已捕集下来的烟尘进行充分回收利用，并在贮运中避免外逸造成二次污染。

锡反射炉还原熔炼，烟气温度800～1260℃，烟尘发生量占炉料量的6%～10%，烟气含尘浓度在标准状态下为4～23g/m^3，烟尘粒径小于2μm的凝聚性烟尘占40%～60%。烟气除尘流程一般为：

反射炉→废热锅炉→表面冷却器→袋式除尘器→风机→烟囱

烟化炉→废热锅炉→表面冷却器→袋式除尘器→风机→烟囱

电炉→复燃室→表面冷却器→袋式除尘器→风机→烟囱

脱砷用的流态化焙烧炉、回转窑烟气一般采用袋式除尘。但为了分离烟尘中的砷和锡，则可以在310℃以上采用电除尘回收锡尘，在100℃以下采用袋式除尘回收砷尘，烟气从310℃降至100℃时，必须快速冷却使其越过玻璃砷生成的温度，以利于砷、锡分离。电炉、流态化焙烧炉、回转窑的除尘流程如下：

硫态化炉→冷却设备→旋风除尘器→电除尘器→风机→冷却器→袋式除尘器→风机→烟囱

回转窑→冷却设备→旋风除尘器→袋式除尘器→风机→烟囱

在除尘流程中各部位收下来的烟尘，一般都返回还原熔炼，个别情况为回收其中某些有价元素则单独处理。对高温下回收的块状烟尘采用贮罐装运，对低温下回收的粉状烟尘采用气力输送。

电炉还原熔炼、炼渣炉渣烟化等作业的烟尘净化和处理方法与上述方法类似。为进一步治理锡冶炼烟尘，需采取改进冶炼工艺、选择合理除尘装置和改进烟尘贮运方式等措施。

（四）锑冶炼烟尘治理技术

火法炼锑中广泛采用挥发焙烧或挥发熔炼工艺，使锑以三氧化锑（Sb_2O_3）的形式进入烟气，经冷凝、除尘作为烟尘予以回收，从而实现锑与脉石的分离。以三氧化锑为主要成分的烟尘经过还原熔炼、精炼得到纯净的金属。

锑精矿或矿石在焙烧炉或鼓风炉中冶炼时，其中锑以三氧化二锑的形态挥发出来，然后在袋式除尘器中回收，这种烟尘一般称作锑氧。焙烧炉和鼓风炉出炉烟气温度均高，在袋式除尘前需设置废热利用和废气冷却装置，同时因烟气中含有一定量的二氧化硫，除尘后的烟气送高烟囱或经过处理后排放。流程如下。

焙烧炉→废热利用装置→冷却烟管→风机→袋式除尘器→风机→排放或处理

除尘尾气处理可采用选矿厂的碱性废水吸收。

精炼反射炉处理三氧化二锑生产精锑时，烟气中仍含有锑氧，可用袋式除尘器回收。烟气中二氧化硫很少，除尘后烟气可就地排放或逸散。除尘流程如下：

反射炉→汽化冷却器→冷却烟管→风机→袋式除尘室→逸散

尽管锑冶炼方法多种多样，但其除尘流程都大同小异。锑冶炼过程中捕集的烟尘往往是中间产品或最终产品，故烟尘治理与提高金属回收率密切相关。

（五）镍冶炼烟尘治理技术

在镍冶炼的干燥、焙烧、熔炼和吹炼等作业中，皆产生一定量的烟气，烟气中主要含有烟尘和 SO_2 等大气污染物。根据烟气的成分、温度、含尘量及烟尘的粒径分布等物理特性，采用不同的治理方法。捕集下来的烟尘返回生产系统或综合利用，净化后的烟气放空或送去制硫酸。

各冶炼作业所产烟气的除尘流程、技术条件和处理方法列于表 11-37。镍冶炼烟尘治理方法：①采用高氧冶炼技术，减少烟气晕和烟尘量；②采用产尘量低的熔池熔炼新技术；③合理选择除尘装置，提高除尘效率；④对捕集下来的烟尘采用气力输送等方法送至使用点，防止二次扬尘污染。

表 11-37　镍冶炼各工序烟气除尘流程、技术条件和处理方法

作业	冶炼工艺	烟气温度/℃	烟尘率/%	除尘流程和设备	烟气性质和处理方法	总除尘效率/%
干燥	回转窑干燥	80～130	0.4～0.8	温度低于 110℃时采用水膜或冲击式除尘器	性质与原料基本一致，返回原料仓配料	90～92
				温度高于 120℃时采用袋式除尘器(外壳保温)		95～98
	载流干燥	110～160	100	沉降室—两级或三级旋风除尘器—电除尘器	烟尘即是被干燥的物料，常与闪速炉熔炼配套	>99.9

续表

作业	冶炼工艺	烟气温度/℃	烟尘率/%	除尘流程和设备	烟气性质和处理方法	总除尘效率/%
焙烧	回转窑氧化焙烧	200～350	3～5	旋风除尘器—电除尘器	烟尘与焙砂性质相近，送氨浸作业处理	＞98
	沸腾炉氧化焙烧	680～700	30～40	沉降室—两级旋风除尘器—电除尘器	烟尘与焙砂性质相近，送焙炼作业处理	＞99
	回转窑还原焙烧	200	3～4	旋风除尘器—电除尘器	烟尘与焙砂性质相同，送氨浸作业处理	＞98
	多膛炉还原焙烧	390±10	3	旋风除尘器—电除尘器	烟尘与焙砂性质相同，送氨浸作业处理	＞99
熔炼	反射炉熔炼	1250	3～5	余热锅炉—电除尘器	烟尘相当于焙砂，返回反射炉熔炼	98～99
	电炉熔炼	300～350	3～4	旋风除尘器—电除尘器	烟尘相当于焙砂，返回电炉熔炼或配料矿仓	95～99
	闪速炉熔炼	1300～1350	8～12	余热锅炉—电除尘器	烟尘相当于焙砂，返回闪速炉熔炼或配料矿仓	98～99
	氧气顶吹熔炼	880～920	3～4	余热锅炉—电除尘器	烟尘相当于焙砂，返回配料仓配料送熔炼炉	97～99
吹炼	转炉	约1250	3～4	余热锅炉—电除尘器（或喷雾冷却器）	为粉尘和烟尘的混合尘，烟尘中含有5类元素。混合尘送原料仓配料或送熔炼炉	94～98

镍冶炼各工序捕集的烟尘都含有一定量的镍，有的伴有铜及铂族元素等有价金属，具有较高的利用价值，一般情况下又无特殊毒性，大都返回本系统不同工序处理，不需特殊治理。各车间环境通风除尘系统，捕集的粉尘返回料仓配料用。

（六）汞冶炼污染治理技术

炼汞炉有高炉、流态化炉、蒸馏炉等，将矿石或精矿中汞挥发成汞蒸气，再冷凝成汞。要求先除去烟气中的烟尘，以便获取纯净的汞。

流态化炉烟气的温度高、含尘量大，一般先设两段旋风除尘，一段电除尘，以除去烟气中绝大部分烟尘，再由文氏管、除汞旋风将剩余的尘和大量汞同时收下，余下的汞在后面的冷凝设备中获得，烟气中残留的汞和二氧化硫在净化塔除去，再由风机排空，流程如下：

流态化炉→一次旋风除尘器→二次旋风除尘器→电除尘器→文氏管→收汞旋涡→冷凝器→净化塔→风机→排空
└→汞

高炉烟气含尘不多、温度不高，在除尘过程中汞可能会随烟尘一起收下，造成汞的损失。因而只设置一段旋风除尘，除尘流程如下：

高炉→旋风除尘器→冷凝提汞装置→净化塔→风机→排空

由于高炉为间歇加料，有时加湿料时，烟气温度仅几十摄氏度，旋风尘中含有一定量的汞，造成损失。因而也有对高炉烟气不设除尘的主张。

电热回转蒸馏炉的烟气量小，烟气含汞高，温度低，汞可能在除尘设备中进入尘中，因而不采用干式除尘，而直接用文氏管、除汞旋风同时除汞和除尘，尘随水冲至沉淀池沉淀，汞以活汞形式沉在底部，除汞旋风出来的烟气进一步冷凝除汞和净化。流程如下：

电热回转蒸馏炉→沉尘桶→文氏管→除汞旋风→冷凝器→净化塔→风机→排空

（七）含镉烟尘治理技术

含镉烟尘大多数是在锌或其他重有色金属的冶炼、加工等生产过程产生的，当进入大气后，就成为大气污染物之一。镉（Cd）没有单独矿床，常与铅锌矿伴生，经选矿后进入锌精矿。镉的熔点为320℃，沸点为767℃，比锌还易挥发，因而在锌精矿的焙烧过程中镉富集于烟尘中随烟气排出。镉精馏塔的塔漏也排出含镉烟尘。在焙烧各工序中，烟尘含镉量不同。流态化焙烧回收的烟尘再经回转窑二次焙烧产生的烟尘含镉量最高，其中经旋风除尘器回收的镉尘呈浅红色，为红镉尘，含镉约为8%；经第二级电除尘器回收的镉尘呈淡白色为白镉，含镉约16%。红、白镉尘其余成分为锌、铅、铁、硫等。红、白镉尘中主要是硫化镉，其次为氧化镉，也有少量硫酸镉。

镉尘污染防治是镉回收工艺的一部分，因此对含镉烟尘的治理要与镉的回收密切结合起来。含镉尘的烟气一般要经过2～3级除尘才能达到排放标准，通常采用的除尘流程为重力沉降室→旋风除尘器→电除尘器（或袋式除尘器）。隔尘的处理、输送和卸料等皆要有防尘设施，防止二次污染。

（八）含砷烟尘治理技术

重有色金属冶炼和燃料燃烧产生的含砷烟尘排放到大气中，便成为大气污染物之一。砷和它的化合物是常见的环境污染物，一般可通过水、大气和食物等途径进入生物体，造成危害。

1. 砷尘来源

砷（As）又名砒，化学性质相当活泼，具有两性元素的性质，更接近非金属性质，其化合价为+3、+5和-3。砷在自然界中大多数以硫化物形式共生在有色金属（铜、铅、锌）矿中。因此，砷和含砷金属的开采、冶炼、用砷等过程中，都可产生含砷废气、废水和废渣，对环境造成砷污染。

在铜铅锌冶炼厂，铅锑可同时与砷一道在烟尘中富集，从而产生高铅、高锑的砷尘。冶炼厂产出的铜转炉烟尘和银转炉烟尘就属于此类型，其主要成分如表11-38所列。

表11-38　铜冶炼烟尘成分　　单位：%

成分	As	Pb	Sb	Cu	Zn	S
铜转炉烟尘	25	35	1.0	3.0	1.0	2.0
银转炉烟尘	35	1.0	37	0.01		

这两种烟尘可直接用于玻璃制造业的脱色剂和澄清剂。在炼锡过程中，矿料中的砷绝大部分进入焙烧和冶炼所产生的烟尘中，形成高锡砷尘。对该烟尘主要采用电热回转窑和竖式蒸馏炉使砷再度挥发，以获得白砷产品，锡则留于焙烧残留物中，随后返回炼锡。

2. 含砷烟尘防治措施

（1）控制进厂原料含砷是防治砷污染的重要途径。美国赫尔库拉扭控制进厂矿砷在0.01%以下，没有砷污染。

（2）严格控制含砷废气、废水、废渣的排放量，综合回收砷资源。主要措施是从含砷高的冶炼渣和烟尘中回收白砷（As_2O_3），用白砷制取金属砷。从高砷烟尘和渣中回收白砷一般采用电热蒸馏法。从低砷烟尘和渣中制取砷化工产品，如砷钙渣、砷锑合金、砷酸钠混合盐等。

高砷烟尘处理工艺流程如图11-79所示。

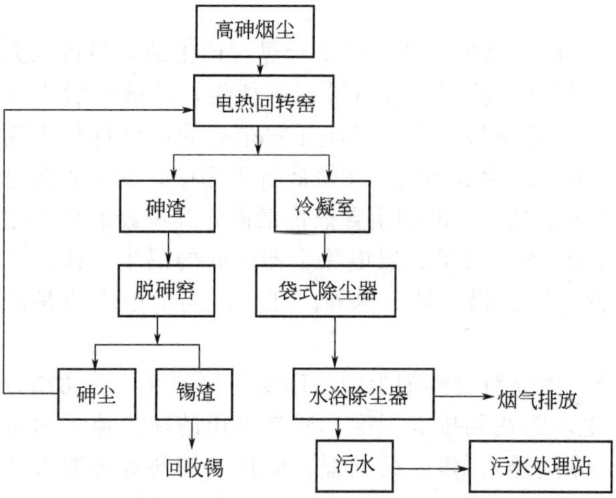

图 11-79 高砷烟尘处理工艺流程

制取高纯砷的工艺流程为：粗砷→氯化→精馏→三氯化砷氢气还原。其反应式为：

$$AsCl_3+\frac{3}{2}H_2 \rightleftharpoons \frac{1}{4}As_4+3HCl \tag{11-86}$$

控制适当的冷凝温度和氢气流量可以制备高纯砷。纯度达99.9999%～99.99999%。

冶炼厂采用ϕ800mm×8000mm电热回转窑处理含 Sn 8%～12%、As 50%～52%的锡砷尘，可产出含As_2O_3 95%～99.5%的白砷，窑处理能力为 3～4.5t/d，砷回收率60%～80%，锡回收率 92%～96%，冶炼厂用直接加热的竖式蒸馏炉处理含 As 30%～40%的锡砷尘，砷回收率 80%～85%，产品白砷含 As_2O_3 92%～95%。

（九）有色金属含 SO_2 烟气回收硫酸工程实例

铜业冶炼厂以产铜为主业，其原来的铜冶炼工艺为（空气）密闭鼓风炉、转炉炼铜工艺，年产粗铜 30000t。多年来由于密闭鼓风炉烟气 SO_2 浓度仅为 0.5%左右，不能回收，仅能回收转炉烟气制酸，且由于采用单转单吸工艺，尾气 SO_2 排放总量偏高。

为适应日益严格的国家环保要求，对冶炼烟气制酸进行环保达标治理。在冶炼方面，改空气鼓风炉为富氧鼓风炉，在制酸方面，除对原系统进行技术改造外，新建一个系统并增加尾气回收，以满足铜冶炼烟气排放治理的要求。

1. 冶炼烟气条件

根据冶炼确定的规模和冶炼提供的详细烟气条件，进入制酸转化的烟气总量为 43000～88000m^3/h，SO_2 浓度在 3.05%～4.9%之间波动，相当于制酸单系列烟气量为 21500～44000m^3/h。

2. 工艺流程

根据烟气条件，回收硫酸采用单转单吸加尾气吸收工艺流程来满足冶炼生产和环保要求。

富氧密闭鼓风炉与转炉烟气经过各自的电除尘器后进入混合筒，混合后进入净化工序。净化部分采用两塔两电标准稀酸洗流程，来自混合筒的气体，进入净化空塔洗涤降温（绝热蒸发）后，进入填料塔进一步洗涤降温，热量通过板式换热器由循环冷却水移走填料塔稀酸中的热量。烟气出填料塔依次进入一级电除雾器、二级电除雾器除去酸雾，进入干吸工序，一塔稀酸在沉淀槽经过矿尘沉降后进入一级泵槽循环使用，定期排污。

烟气进入干燥转化工序，经干燥塔、SO_2 风机，依次进入外部热交换器，升温后温度达到 410℃左右进入转化器上部经过串联的 1#、2# 电炉加热，由上至下依次进入四层触媒和各自的换热器管内，最后由 SO_3 管道进入吸收塔，用 98%酸将烟气中的 SO_3 吸收成酸，干吸两塔酸通过阳极保护酸冷却器移走热量。

系统开车时烟气走向不变，串联与转化器入口主烟道位于转化器顶部的 1#、2# 电炉加热炉，担负开停车的升温或热吹。

经过吸收塔的制酸尾气经过尾气回收装置，吸收其中的 SO_2 后达标排放。

3. 回收硫酸设备

（1）电除尘设备　电除尘工序为两个系统共用，选用两台除尘器分别处理鼓风炉、转炉烟气。设备选用LD型成套设备，该除尘器为单室、三电场、钢壳外保温，阴极是框架式，极线为改进型芒刺线（RS材质），极间距400mm，阳极板为C形极板，阴、阳极振打均匀为侧面振打。除尘截面积为$51m^2$，采用高压硅整流机机组0.4A/72kV。

（2）净化设备　净化两塔均采用全玻璃钢洗涤塔，树脂选用乙烯基聚酯树脂与$197^{\#}$聚酯树脂。空塔由于入口气温高，塔入口管与下部筒体采用瓷砖与石墨板内衬保护层，整塔采用液膜保护。一、二塔分设断酸、超温报警连锁装置，确保设备正常运行。一塔后设锥形玻璃钢沉降槽，保证系统排污运行正常，塔顶设螺旋式玻璃钢酸喷嘴分酸装置。二塔设聚丙烯泰勒环填料层，上部设玻璃钢管式分酸装置。二塔稀酸采用RS材质的板式稀酸换热器移走稀酸中的热量。

（3）干吸设备　干吸塔采用全瓷球拱瓷环支撑结构，以提高开孔率，降低塔内气流的阻力。

干吸分酸装置采用不锈钢管式分酸器，不仅可以有效提高分酸点密度（24个/m^2），使塔内吸收运行可靠，提高塔效率。

干吸循环酸采用管壳式阳极保护酸冷却器，可以提高生产的稳定性。

干吸塔顶部采用NS-80的金属丝网捕沫器，可以保护触媒，保护换热设备，同时可以减少吸收带沫，有利于尾吸工序的正常运行，提高尾气回收率。干吸采用$20^{\#}$合金立式泵，浓酸管道为钢衬F_4。

（4）SO_2风机　SO_2风机选用S1200-16风机，风量为$75000m^3/h$，风压为40kPa，从气量和压头上确保生产的需求，并留有一定裕量。

（5）转化设备　转化处理装置属大中型转化器，采用7根立柱支撑触媒层、箅子板、隔板、大梁的结构形式，选用不锈钢与碳钢相结合的材料，以求得最低的造价和可靠的工艺需求。如转化器顶盖以及一、二层的触媒层支撑，烟气出口均采用了不锈钢材料，其余部分则用碳钢。转化器内部采取了合理的隔热保护应力补偿措施，确保转化器的可靠运行。如在转化器内部凡与触媒接触的部位都加有硅酸铝隔热砖，既减少散热又可有效地保护转化器壳体。转化器内部的隔板，本身设有鼓形膨胀圈，隔板与通过立柱部位设有膨胀帽，防止立柱与隔板的变形，减少内部应力，保证层间密封。转化器内部的隔板与器底还设置了硅酸铝隔热层，这样可以有效减少不合理的散热，减少热损失，提高换热效率。

外热交换器采用蝶环式换热器，可以强化换热，减少气流阻力。外热交换器IV_b底部器箱采用不锈钢并铺瓷砖以减少腐蚀，延长寿命，其余为碳钢材料，底部铺硅酸铝板隔热。

转化器与外热交换器均采用30cm厚硅酸铝分层保温。转化器主烟道上串联设置两个800kW电炉，这样使转化升温结构紧凑，热损少，开停车操作简便。

另外，外热交换器与外热交换器、外热交换器与转化炉、电炉间管段上都设有膨胀节，材质为不锈钢，可以有效地改善高温运行的转化器、电炉、外热交换器变形应力负荷，保证转化系统设备的密封可靠运行。

4. 制酸主要设计指标及条件

（1）烟气条件　烟气含尘量为$0.2\sim0.5g/m^3$（电除尘出口）；烟气量为$21400\sim44000m^3/h$（转化器入口）；烟气中SO_2浓度为3.05%～4.9%（转化器入口）。

（2）工艺指标　净化漏风率<10%；SO_2净化率为97%（受SO_3含量影响）；转化率>96.5%；尾气SO_2浓度为0.1%～0.2%；风机出口水分为$0.18g/m^3$；风机出口酸雾浓度为$0.005g/m^3$；尾吸率>90%；尾气吸收后排放浓度SO_2<0.05%。

（3）压力条件 混合筒压力为零压或微负压；净化压力损失＜3kPa；干燥压力损失＜2.5kPa；转化部分压力损失＜1.75kPa；吸收塔压力损失＜2.5kPa；尾吸压力损失＜3kPa。

（4）污酸排放 稀酸含尘在1.0～1.5g/L间波动；稀酸含As在0.2～0.8g/L间波动；稀酸含F在0.3～1.5g/L间波动；酸浓度在3.0～10.0g/L间波动；日排稀酸320t/d。

（5）成品酸产量 98%酸、93%酸（折100%酸）55万吨/年（仅指新系统产量），质量符合硫酸一等品标准。

5. 尾气回收工艺

制酸尾气采用纯碱吸收法进行处理，由吸收塔捕沫器出的尾气进入一级高效洗涤器用亚硫酸钠及亚硫酸氢钠混合溶液吸收大部分的SO_2后，经捕沫器进入二级高效洗涤器用纯碱与亚硫酸氢钠混合溶液进一步吸收其中的SO_2后捕沫，引至47m的玻璃钢烟囱排放。吸收液由一级槽引出制造无水亚硫酸钠。尾气部分选用了吸收效果好、压头损失又不大的高效洗涤器进行尾气SO_2吸收。

6. 循环冷却水的能力与配置

循环冷却水为制酸两个系统共用，净化循环水与干吸循环水分两个独立的系统配置。这有利于降低净化出口气温，从而保证制酸水平衡，同时大大节约了新水用量。

净化总循环水量为1200t/h，干吸总循环水量为2400t/h。循环水系统采用6座DBNL3-600玻璃钢冷却塔，6台12SH-9B水泵循环冷却供水。另外为了减少水管腐蚀以及便于检修，干吸循环水管埋在地下的水管全部采用了玻璃钢夹砂管。

7. 运行注意事项

（1）电除尘运行状况一直较好，电场电压为40～50kV，电流为80～100mA。开车初由于$52m^2$电除尘器采用溢流型螺旋输送机，灰尘量大，造成灰斗积灰多，出灰速度慢，影响生产正常进行。故拆除了原溢流型螺旋输送机，在3个电场和进口加设了船形送灰器，利用压缩空气经过直径133mm管道输送到精矿料仓，现基本满足生产需求。电场漏风＜10%，出口含尘在$0.28g/m^3$以下。

（2）净化工序塔冷却器以及酸泵运行正常，电除雾运行较为理想，电场电压在50～55kV，电流在120～150mA，比原用星形极线电流效率提高30%，电雾指标达到$0.0038g/m^3$。板式换热器运行正常，耐蚀情况良好，但由于水质的影响，净化出口气温在夏季高达36℃左右。为此，$133m^2$的板式换热器增加了$20m^2$，并定期对板式换热器进行清洗；同时在板式换热器冷却水管道加设反冲装置，现净化出口温度在33℃以下。

（3）从工艺角度讲，干吸部分运行比较顺畅，但由于立式泵在开车20d后接连断轴6台，被迫停车15d。经查其原因主要是由于轴较长（2.5m），中间又没有固定装置。经与厂家联系，对原结构做了一定的调整设计，材质未变，将泵轴改为2.2m，给泵加设了中间套，在叶轮上加了6个平衡孔，泵包上的单流道改为双流道，将叶轮与轴套连接的卧键改为通键。改造后运行情况比较满意。

吸收阳极保护漏酸，经打开检查，发现是由于管板与列管焊接缺陷所致，经封堵处理后可以维持正常生产，对其漏酸列管进行更换，保证其换热面积。

（4）SO_2主风机运行正常，入口负压在7.5kPa以下，出口正压在20kPa以下。

（5）转化系统升温也比较顺利，转化器在升温过程中炉芯温度控制不得超过580℃，从升温进度与炉芯温度判断电炉容量满足系统升温需求。电炉密封较好，不存在漏风。转化器在开车初期，由于吹炼部分原因，SO_2浓度气量小，3层、4层温度经常在370℃左右，外热交换器大阀经常关，但对转化率并无大碍。在转化的正常生产中，转化器的各层温度可以通过冷瓦调节掌握均衡，调整效果明显。

四、稀有金属和贵金属烟气治理技术

稀有色金属和贵金属烟气来自其原料准备、烘干、煅烧及冶炼过程，烟气中主要含有金属尘、氮和二氧化硫等。稀有色金属和贵金属烟气种类多，成分杂，排量少，毒性大。

（一）钼冶炼烟气治理

钼精矿氧化焙烧烟气中含有的大气污染物，因使用热源不同而不同。在使用电、天然气作热源时，主要污染物有钼精矿尘、氧化钼尘和 SO_2 等；使用重油作热源时，除上述污染物外，又增加了重油烟尘。

以电、天然气作热源的钼冶炼烟气温度一般为 150℃左右，主要治理方法有水洗涤法、碱液吸收法和电除尘器、氨水吸收法等。水洗涤法采用喷雾塔净化烟气，同时去除烟尘和 SO_2，除尘效率可达 90%左右，但对 SO_2 的净化效率很低。洗涤污水经沉淀澄清后可循环使用。采用碱液洗涤吸收烟气，可使除尘效率和 SO_2 净化效率均达到 90%以上。电除尘器-氨水吸收法是使烟气先经电除尘器除尘，然后送入吸收塔用氨水吸收 SO_2。电除尘器的除尘效率达 96%以上，排气含尘浓度在标准状态下小于 $400mg/m^3$，SO_2 浓度低于 0.06%。

以重油作热源的钼冶炼烟气，一般采用旋风除尘器-液体吸收净化流程，吸收剂为水、氨水或氢氧化钠溶液，吸收设备有喷雾塔、旋流板塔和文丘里吸收器等，除尘效率和 SO_2 净化效率均在 95%以上。

20 世纪 70 年代开始用氧压煮法代替氧化焙烧法冶炼钼精矿，不仅从根本上消除了钼冶炼烟气的污染，而且使钼金属回收率得到提高。

（二）钨冶炼烟气治理

钨冶炼是指由钨精矿生产钨酸盐和钨氧化物的过程，钨精矿分为黑钨精矿［$(FeMn)WO_4$］和白钨精矿（$CaWO_4$）两种。钨冶炼有苏打烧结工艺和蒸汽碱压煮工艺等。

(1) 苏打烧结　主要大气污染物来自矿石分解产生的含尘烟气和钨酸钙酸分解产生的含 HCl 烟气，一般皆采用湿法净化。含尘烟气经水洗涤除尘后，烟气黑度即可小于林格曼黑度 1 度，直接排放。洗涤污水需经沉淀处理后排放。含 HCl 烟气一般采用水冷凝—水吸收—一次碱吸收—二次碱吸收净化流程。烟气经水冷却后，大部分 HCl（60%～65%）和烟气中的蒸汽冷凝成为 15%～20%的稀盐酸，再经水吸收和两级碱液吸收后，烟气中 HCl 减为 0.5～0.08kg/h，可以从 20m 高排气筒直接排放。总净化效率在 98%以上。

(2) 蒸汽碱压煮　在仲钨酸铵结晶和仲钨酸铵煅烧过程中产生的含氨烟气，采用解吸提汲法净化，净化效率在 95%以上，净化后的氨气浓度即可达得排放标准。

（三）钽铌冶炼烟气治理

在用钽铌铁矿生产钽、铌氧化物及其盐类的过程中，矿石分解、钽铌分解、中和沉淀、烘干煅烧和氟钽酸钾生产等作业，皆产生含 HF 气体的烟气。由于烟气中含水高达 9%左右，所以一般多采用液体吸收法净化钽铌冶炼烟气。采用的吸收剂为水或 3%～5%的氢氧化钠溶液，水的吸收效率一般为 75%～90%。氢氧化钠溶液的吸收效率在 90%以上。水吸收后的废液需经综合利用或石灰中和除氟后才能排放，氢氧化钠溶液吸收后的废液可制取氟化钠，但成本较高。在采用水吸收的泡沫塔净化工艺中，由于气液接触充分，传质效果好，吸收效率可达 90%以上。

（四）含铍烟尘治理

当铍冶炼和铍化合物生产过程产生的含铍烟尘排放到大气中后，铍烟尘中的铍尘便成为大气污染物之一。铍矿石熔化、氢氧化铍煅烧、铍铜母合金熔炼、金属铍的还原和湿法提炼铍化合物等生产过程中均产生含铍的烟尘。

人或动物吸入或接触含铍或铍化合物的烟尘，会引起通常称为“铍病”的各种病变。处于含铍尘的环境中作业的人员，会因接触铍及其化合物而引起各种皮肤病变。由于铍尘排入大气，工厂周围的居民也可能产生非职业性铍中毒。

防治铍尘污染的主要措施是，对产生铍尘的设备进行密闭抽风，经净化后排放。一般多采用两级净化，所用除尘装置有旋风除尘器、袋式除尘器、电除尘器和湿式除尘器。

（五）稀土冶炼烟气治理

消除或减少稀土冶炼过程中产生的气态污染物等污染的过程。中国生产稀土的主要原料是白云鄂博稀土矿和独居石等，冶炼过程中产生气态污染物的作业有硫酸焙烧、优溶渣全溶、氢氧化稀土氢氟酸转化、氯化稀土电解和稀土复盐碱精化等。

稀土冶炼烟气中含有的气态污染物的治理，大都采用化学吸收法，因气态污染物种类和性质不同，所选用的吸收剂和吸收设备亦不同。

(1) 硫酸焙烧　烟气中主要含有 HF、SiF_4、SO_2 和硫酸雾等，一般采用重力沉降-液体吸收净化流程。烟气经重力沉降室去除颗粒物后，进入涡流吸收器或冲击式吸收器，用水或碱液吸收，净化效率达 99%以上。

(2) 优溶渣全溶　烟气中主要污染物为 NO_x，采用的治理方法有化学吸收法、氧化吸收法和碳还原法等。化学吸收法采用碱液吸收脱氮，净化效率为 70%左右。氧化吸收法是在氧化剂和催化剂作用下，将 NO 氧化成溶解度高的 NO_2 和 N_2O_3，然后用碱吸收脱氮，净化效率达 90%以上。碳还原法是以焦炭、石墨或精煤作还原剂，在 700℃左右高温下将 NO_x 还原成 N_2 气，净化效率达 98%以上。

(3) 氢氧化稀土氢氟酸转化　烟气中主要污染物 HF，采用化学吸收法净化，吸收设备有填料塔、旋流塔等，净化效率达 90%以上。

(4) 氯化稀土电解　烟气中主要污染物 Cl_2 采用水或碱液吸收，吸收设备有喷淋塔和鼓泡反应器等，净化效率在 90%以上。吸收液循环吸收到一定浓度后，用于生产次氯酸钠。

(5) 稀土复盐碱精化　烟气中主要污染物是 NH_3，采用卧式液膜水喷淋装置吸收，将 NH_3 气转化为稀氨水（NH_4OH），净化效率达 90%以上。

（六）金精矿焙烧烟尘治理

在含硫金精矿焙烧过程中，从焙烧炉排出的烟气中含有机械夹带的粉尘和挥发烟尘。粉尘中含有金、银以及铜、铅、锌重金属杂质，挥发烟尘中含有 As_2O_3 和 Sb_2O_3。为了提高金、银和其他重金属的回收率，消除环境污染，需对烟气中的烟尘进行捕集和回收处理。

(1) 烟尘性质　含硫金精矿焙烧过程产生的烟尘量，因采用的焙烧炉型式不同而有很大的差异。对于单膛炉、多膛炉和回转窑，产生的烟尘率为 6%～15%，烟气含尘浓度 5～50g/m^3；沸腾焙烧炉产生的烟尘率为 45%～55%，有时高达 80%（与精矿粒度、炉型和操作线速度有关），烟气含尘浓度 220～330g/m^3。

(2) 治理方法　焙烧烟尘治理工艺流程如图 11-80 所示，焙烧炉烟气依次经过沉淀室、旋风除尘器和电除尘器净化，或旋风除尘器、湿式除尘器和电除尘器净化。净化后的烟气送至制酸厂生产硫酸或者采用其他工艺生产含硫产品回收。捕集下来的烟尘和焙砂一起送至湿法冶炼车间，氰化浸出提取黄金。当精矿中含砷较高时，从电除尘器排出的烟气，用水或空气骤冷后，进入袋式除尘器（或电除尘器）除尘，捕集下来的 As_2O_3 可直接销售。

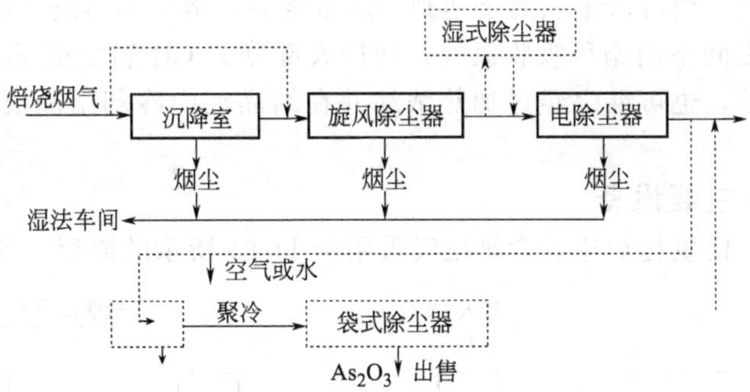

图 11-80　含硫金精矿焙烧烟尘治理工艺流程

含硫金精矿焙烧烟尘治理的各项技术参数如表 11-39 所列。

表 11-39　焙烧烟尘治理的技术参数

除尘装置	沉降室	旋风除尘器	湿式除尘器	电除尘器	袋式除尘器
烟气温度/℃	600～650	480～610	530～550	320～350	120～130
阻力损失/Pa	50～100	300～800	400～4000	300	1200～4500
除尘效率/%	30	75	90～98	99	99.8

（七）氯气净化回收工程实例

锆、铪、钛生产通常有一个氯化工序，在氯化炉中用过量高纯氯气将含锆、铪或钛原料氯化成中间产品 MCl_4（M 代表锆等金属离子）。氯化炉终冷凝器排出的尾气成分除 CO、CO_2、N_2 和未冷凝的金属氯化物以及微量放射性物质外，主要为高浓度氯气（约 10～25g/m^3）。如不净化回收，不仅浪费资源，而且会严重地污染大气环境和恶化劳动条件。

本工程是用氯化亚铁洗液在填料塔内吸收氯气，回收液体或固体氯化铁（副产品）的工艺，在有色金属冶炼厂工程应用实例如下。

1. 净化回收氯气原理

按洗液流向分洗液制备、氯气吸收、洗液再生和副产品回收四个方面叙述。

（1）洗液制备　在净化系统投产前，将铁屑在反应池中浸泡于一定浓度盐酸水溶液中，便生成氯化亚铁，水溶液供洗涤吸收废氯气用。带锈的铁屑可能的成分为 Fe、FeO、Fe_2O_3、Fe_3O_4 和 $Fe(OH)_3$ 等，都能与盐酸反应，反应式如下：

$$Fe+2HCl \longrightarrow FeCl_2+H_2\uparrow \qquad (11\text{-}87)$$

$$FeO+2HCl \longrightarrow FeCl_2+H_2O \qquad (11\text{-}88)$$

$$Fe_2O_3+6HCl \longrightarrow 2FeCl_3+3H_2O \qquad (11\text{-}89)$$

$$Fe_3O_4+8HCl \longrightarrow FeCl_2+2FeCl_3+4H_2O \qquad (11\text{-}90)$$

$$Fe(OH)_3+3HCl \longrightarrow FeCl_3+3H_2O \qquad (11\text{-}91)$$

（2）氯气吸收　当氯尾气经除尘后进入填料吸收塔与洗液逆流吸收，反应如下：

$$2FeCl_2+Cl_2 \longrightarrow 2FeCl_3+Q \qquad (11\text{-}92)$$

（3）洗液再生　在填料塔内，溶液吸收氯气后 $FeCl_3$ 浓度增加，$FeCl_2$ 浓度下降，除氯效率也降低。可将部分洗液不断地打入反应池，在一定的酸度条件下，$FeCl_3$ 便与铁屑反应还原成 $FeCl_2$ 如下式：

$$2FeCl_3+Fe \xrightarrow{[H^+]} 3FeCl_2 \qquad (11\text{-}93)$$

（4）副产品回收 当洗液中铁离子达到一定浓度后，溶液不再进入反应池还原，让洗液在填料塔与循环槽之间不断循环吸收氯气，使极大部分 $FeCl_2$ 转变成 $FeCl_3$。经过滤后即可回收商品液体氯化铁，也可继之经过加热浓缩并在结晶池中冷却结晶成固体 $FeCl_3 \cdot 6H_2O$ 外销。

2. 工艺流程及主要设备

有色金属冶炼厂锆氯化炉排放含氯尾气采用图 11-81 所示的流程。图中设备见表 11-40。

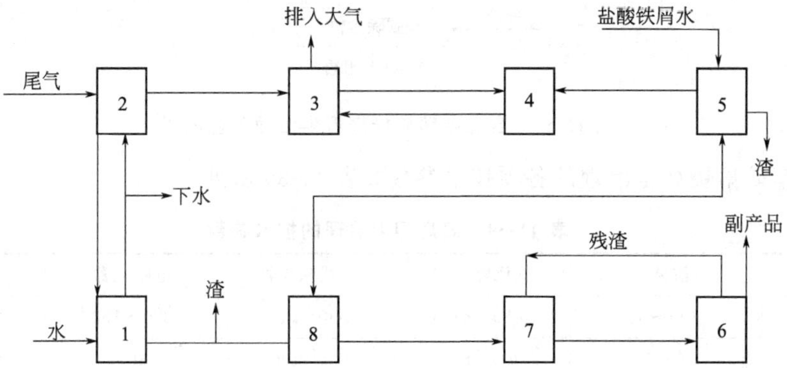

图 11-81 含氯尾气净化回收工艺流程

1—除尘塔循环池；2—除尘塔；3—吸收塔；4—吸收塔循环池；5—反应池；6—结晶池；7—蒸发器；8—过滤缸

表 11-40 主要设备

设备代号	名称	规格	数量	材质
1	除尘塔循环池	1.8m×1.8m×1.7m	1	内外表面衬生漆麻布防腐蚀层
2	水幕除尘塔	1m×1m×3.2m	1	硬塑料板制作
3	填料吸收塔		2	外衬玻璃钢、内装喷嘴及填料(塑料环)
4	吸收塔循环池	1.8m×1.8m×1.7m	2	表面衬生漆麻布防腐蚀层
5	反应池	4m×4m×1m	1	砖砌、涂环氧树脂及衬瓷砖
6	结晶池	2m×2m×0.3m	1	砖砌、内贴瓷板
7	蒸发器		1	
8	过滤缸	ϕ1m 高 1.5m	1	内衬胶

3. 运行结果

（1）除氯效果 本净化系统由水幕塔（除尘为主）及两个串接填料吸收塔（除氯气为主）组成。限于现场工作条件，仅对第一级填料塔进行了八次除氯采样分析。喷液量小于 $0.5m^3/h$，pH=1，$FeCl_2$ 和 $FeCl_3$ 的浓度分别为 29.21g/L 和 37.35g/L。结果如表 11-41 所列。

表 11-41 第一级填料塔除氯效率

样品数	塔前氯气浓度/(g/m³)		塔后氯气浓度/(g/m³)		除氯效率/%	
	范围	平均	范围	平均	范围	平均
8	33.11～62.48	48.2	9.94～15.21	12.4	59.6～82.2	74.24

（2）固体氯化铁（副产品）成分分析，如表 11-42 所列。

表 11-42　固体 $FeCl_3$ 成分

$FeCl_3$/%	$FeCl_2$/%	水不溶物/%	游离酸/%	放射性
76.4	2.19	3.24	4.77	本底水平

五、有色金属加工废气治理

(一)有色金属加工废气的来源及特点

轻有色金属加工是指铝和镁及其合金的加工过程，其中铝加工材的产量最多。在铝加工的熔炼及精炼过程中，产生的废气主要含氧化铝粉尘、二氧化碳、氮氧化物、氯化氢等；覆盖剂在熔化、破碎、筛分等过程中，排放燃烧废气和生产粉尘；在铸锭加热炉燃烧时排放含二氧化硫、氮氧化物等废气；铝材蚀洗和氧化时，散发碱雾和磷酸雾；铝板带箔材轧制时，采用全油润滑，散发油雾。

重有色金属加工是指铜、铅、锌、镍及其合金的加工过程，其中铜加工材的产量最多。在黄铜的熔炼中产生氧化锌烟尘，在其他品种的熔炼中产生五氧化二磷、氧化镉和氧化铍等烟尘；在铸锭加热炉燃烧时排放含二氧化硫、氮氧化物等废气；铜材常温酸洗时，产生散发硫酸雾和硝酸雾；铜板箔材轧制过程，采用全油润滑，散发油雾。

稀有金属加工是指钛、钨、钼、锆、钽、铌等加工的过程，其中以钛、钨、钼加工材为主。在稀有金属加工的过程中，产生大量的燃烧废气、碱雾和酸雾、氨、钨、钼及其氧化物粉尘。

(二)有色金属加工废气治理技术

1. 轻有色金属加工废气治理技术

(1) 熔炼炉含尘废气处理　对于火焰式反射炉排放燃烧的烟尘，大多采取高排气筒排放。国外少数厂家对铝熔炼炉的烟气采用袋式除尘器或电除尘器处理。

(2) 精炼废气处理　采用氮氯混合气人工精炼时所产生的废气，主要含三氯化铝烟尘、氯化氢及少量的氯气。为治理该废气，采用在线精炼装置代替传统的精炼方法可取得好的效果。它是在保温炉与铸造机之间配置一个精炼装置，当液态金属从保温炉出来经精炼装置处理后再进入铸造机。

(3) 酸雾及碱雾处理　铝材加工中，在碱洗和氧化时产生酸雾及碱雾，可采用在管道不设吸收装置而自然中和的方法加以处理；也可以采用湍球塔、洗涤塔等净化酸雾。

(4) 油雾处理　在轧机处设置排放罩排放系统，并设置油雾净化装置，以净化轧机油雾。油雾净化装置如填料式、丝网式、过滤纸式等，其净化效率为85%～95%。图 11-82 是铝箔生产油雾净化工艺流程。

2. 重有色金属加工废气治理技术

(1) 氧化锌烟尘处理　为排除工频感应电炉熔炼黄铜时所产生的氧化锌烟气，可以通过改进工艺，如对返回料进行压团处理，采用工频感应电炉排放罩可随炉体旋转并增加排放点的新设计，以减少烟尘的排放。再对氧化锌烟尘进行旋风除尘器和袋式除尘器两级除尘处理。

(2) 五氧化二磷烟尘处理　五氧化二磷烟尘的处理，可设置排放罩及机械排放系统，也可用水吸收五氧化二磷，其净化效率较低，约 40%。

(3) 氧化镉和氧化铍烟尘处理　对氧化铍烟尘采用袋式除尘器及高效除尘器二级处理；对氧化镉烟尘可采用袋式除尘器一级处理。

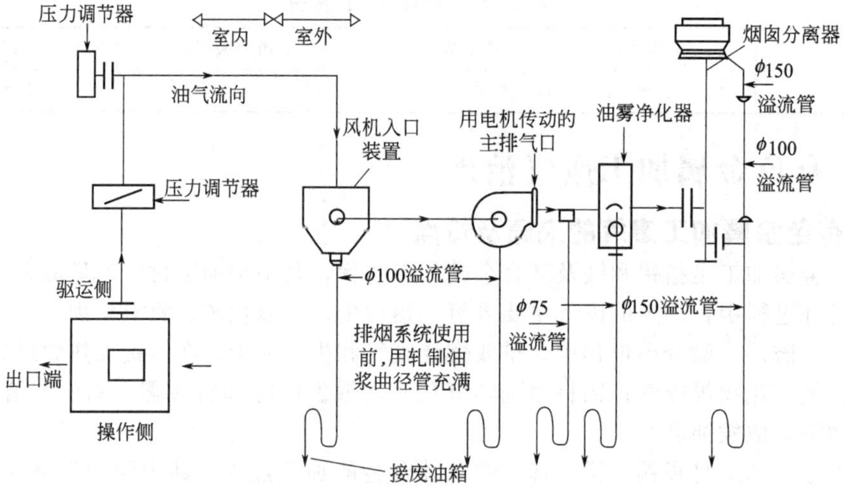

图 11-82 油雾净化工艺流程

第四节 建材工业废气的治理

一、建材工业废气来源和特点

(一)建材工业废气的来源及特点

建材工业行业多，产品繁杂。建材工业废气主要来源于：①原料及燃料的运输、装卸、加工过程产生大量的粉尘；②各种生产窑炉，如水泥、玻璃及建筑陶瓷行业 的窑炉，产生大量含尘废气；③油毡、砖瓦工业产生的含氟及氧化沥青的污染物的废气。建材工业废气的特点是废气排放量大，废气成分复杂，废气中以无机污染物为主。废气中粉尘回收后多返回生产系统使用。

(二)建材工业废气治理对策

为减少建材工业废气的污染，应加强建材行业的宏观控制和合理的行业布局；积极开发和采用新工艺新技术，淘汰旧工艺与设备，以减少工艺废气的排放；改变燃料组成和能源结构，改进燃烧装置、燃烧技术和运转条件；大力开展综合利用，实现工业废渣资源化。

二、水泥工业废气治理

(一)水泥工业废气的来源及特点[6]

水泥工业的主要大气污染源有水泥窑、磨机（生料磨、煤磨、水泥磨、烘干兼粉碎磨）、烘干机、熟料冷却机等。

水泥厂最大粉尘污染源是烧成系统，包括窑的喂料系统、煤粉制备系统、熟料煅烧、熟料冷却和输送系统等。水泥厂总的含尘气体，其中约 1/3～1/2 来自烧成系统。

水泥厂对大气的污染有粉尘和有害气体，而以粉尘污染最为严重。每生产 1t 水泥大约需要处理 2.6～2.8t 的不同物料，如石灰质原料、黏土质原料、校正原料和矿化剂、熟料、高炉矿渣、粉煤灰、火山灰以及燃料煤等。这些物料在加工处理成粉体物料的过程中，约有 5%～10%的粉体物料需要搅拌混合，所以有大量含尘气体产生，这些含尘气体在排入大气之前都需要进行收尘，收尘风量取决于水泥厂的生产方法和设备。在20世纪70年代以前，收尘风量高达15～20m^3/kg水泥，现在由于水泥生产工艺和装备的进步，收尘风量已降到6～12m^3/kg水泥。

除水泥窑尾粉尘外，其他粉尘的成分与原始物料的成分基本相同。水泥窑粉尘是由窑废气带出来的，其组成成分包括尚未产生化学变化的生料、脱水的黏土、脱碳的石灰石以及在熟料形成前各阶段新生成的矿物质所组成。如果是燃煤的窑、水泥窑粉尘中还含有燃料煤灰成分。

新型干法水泥生产厂全线工艺流程见图11-83。

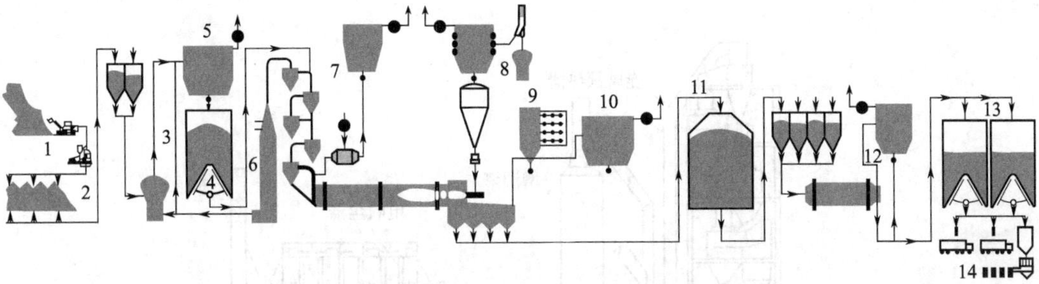

图11-83　现代新型干法水泥生产厂全线工艺流程

1—原料破碎系统；2—原料堆场；3—生料粉磨系统；4—生料均化；5—窑废气收尘系统；6—增湿塔；7—氯旁路放风收尘系统；8—煤粉制备系统；9—空气冷却器；10—熟料冷却机收尘系统；11—熟料输送和贮存；12—熟料粉磨系统；13—水泥输送和贮存；14—水泥包装和发运

(二)水泥工业废气治理技术[20,22]

1. 回转窑窑尾废气治理技术

不论采用何种窑型，其窑尾的收尘现在国内外多采用袋收尘器或电收尘器。现将回转窑收尘的要点简要介绍如下。

(1) 水泥窑废气与收尘有关的参数　水泥窑废气参数见表11-43。

表11-43　水泥窑的废气参数

窑型			单位烟气量/[m^3(标)/kg熟料]	温度/℃	露点/℃	含尘浓度/[g/m^3(标)]	化学成分(体积)/%		
							CO_2	O_2	CO
带余热锅炉的干法窑			2.9～4.7	200～240	约35	30～50	12	12	—
旋风预热器窑(SP窑)	余热不利用	增湿	1.7～2.0	140～180	50～60	40～70	20～30	3～9	—
		不增湿	1.3～1.5	330～400	25～35	40～70	20～30	3～9	—
	余热利用		2.2～2.5	90～150	45～55	30～80	14～20	8～13	—
新型干法窑(NSP窑)	<2000t/d		2.6～3.5	同SP窑	45～55	40～80	14～22	8～13	
	2000～2500t/d		2.25～3.2						
	>2500t/d		2.25～2.9						
湿法长窑			3.2～4.5	120～220	65～75	20～50	15～25	4～10	—
带过滤器的湿法窑			2.5～3.0	200～240	35～40		14	10	—
立波尔窑			1.8～2.2	85～130	45～60	15～50	20～29	4～10	—
干法长窑			2.5～3.0	400～500	35～40	10～40			
立筒预热器窑			2.0～4.0			30～60			
机立窑			2.0～2.8	45～250	40～55	2～15	10～26	5～10	2～6

注：1. 表中烟气量包括正常的漏风系统和一定的贮备系数。

2. 表中数据摘自《水泥生产工艺计算手册》。

(2) 干法回转窑废气治理　干法回转窑包括干法长窑、余热发电窑、立筒预热器窑和新型干法窑（SP窑和NSP窑）等。一般来说，干法回转窑都有烟气温度高、湿含量低、粉尘颗粒细、含尘浓度高和比电阻高的特点，新型干法窑的烟气温度虽然比普通干法窑的烟气温度低得多，但是一般也在320～360℃的范围内，无论收尘系统是采用袋收尘器还是电收尘器，都要对废气采取降温或增湿的措施。特别是采用电收尘器，由于粉尘比电阻高达$10^{12}\Omega\cdot cm$以上，如果不对废气进行调质处理，直接通入电收尘器，其收尘效果会很差，严重时收尘效率会＜70%。新型干法窑采用增湿塔和电收尘器的收尘系统见图11-84。

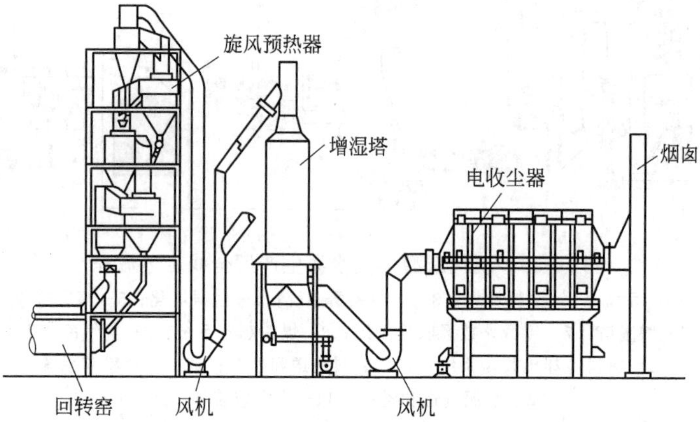

图 11-84　新型干法窑采用增湿塔和电收尘器的收尘系统

(3) 湿法回转窑废气治理　为了减少湿法回转窑的粉尘飞损量，首先应减少直接由窑内带出的粉尘量。故在湿法生产时，根据具体条件可以采取以下有效的措施。

① 在热工制度稳定的条件下，窑内气流流速正常，所需的过剩空气量最小时，所选择链条的结构和尺寸以及原始料浆水分，应使经链条出来的不是干粉物料，而是含水分为8%～10%的粒状生料。经验证明：在这种情况下不会降低窑的产量和熟料质量，而出窑的飞灰损失可减少40%～60%。

② 窑的蒸发带装设热交换器，不仅能部分地降低废气中的含尘浓度，还可降低废气温度。装有热交换器的窑，飞灰损失可小于1%～1.5%，而废气温度可降到120～130℃。

③ 湿法回转窑的温度和湿含量，采用电收尘器不存在任何困难。因为在整个温度范围内，粉尘的比电阻都低于临界值，所以现在大中型厂的湿法回转窑几乎均采用电收尘器。

④ 因湿法窑入窑料浆水分较高，如果窑尾密封圈和烟室的密封不良，致使气体温度可能降至露点以下。如有的电收尘器，极板使用不到两年就出现严重腐蚀。所以对于含有腐蚀性气体的收尘，设计时对电收尘器的防腐蚀措施应特别加以注意，特别是极板和极线要采用抗腐蚀的材料。

(4) 带篦式加热机的回转窑（立波尔窑）废气治理　立波尔窑喂料是将生料粉先加水成球，经加热机预热后再进窑。为减少废气中的含尘量，保证料球的质量至关重要。

根据立波尔窑烟气的条件，采用电收尘器进行收尘也不存在任何困难。但是根据一些厂的经验，立波尔窑的烟气温度低，水分高，容易出现水腐蚀现象。所以电收尘器的外壳最好是混凝土的。内部构件的材质最好也采用铝合金或不锈钢。

由于冷却机和电收尘器在窑两端，所以要设置长100m以上的管道，类似于新型干法窑的三次风管。立波尔窑烟气被加热的系统如图 11-85 所示。

现举国外一台立波尔窑进电收尘器烟气被加热的实例。假定烟气量为 $125000m^3/h$，烟气温度约 80℃，冷却机的气体温度约 250℃。冷却机的热气体，首先经多管收尘器预净化，然后经图 11-85 中的风机 3 和长度约 60m 的热风管道 3 和热风管道 4（管道未敷设保温层），进入混合室。冷却机的气体量约 $75000m^3$（标)/h，温度约 200℃。经混合室混合后进入电收尘器的气体量为 $200000m^3/h$，温度为 120～130℃，露点为 45℃。与立波尔窑未混合的烟气相比，混合气体温度约高 30℃，而露点约低 10℃。当烟气在这种条件下时，电收尘器的外壳可采用钢板，内部装置可采用普通碳素钢，当然钢外壳需要很好的保温。但是收尘条件不如未混合前的烟气有利，所以在设计电收尘器时，要适当降低驱进速度。

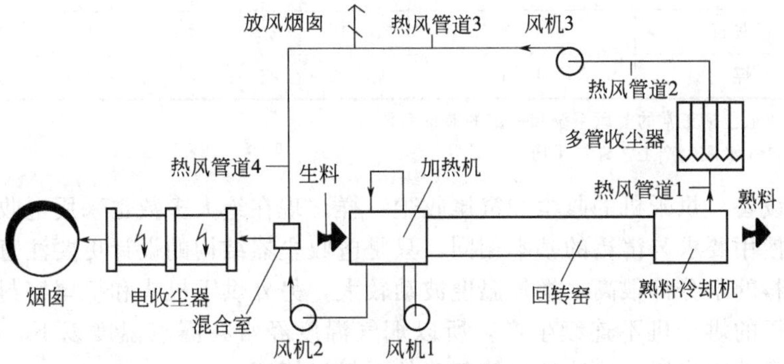

图 11-85　立波尔窑电收尘器利用冷却机废气加热的系统

据报道，国外还出现一种设计新颖、思路独特的新型干法水泥生产线废气处理系统，该系统的工艺流程是将来自窑头和窑尾排出的高温气体预先进行混合，然后通过一台空气热交换器进行降温，混合后的气体被冷却到滤料允许温度后进入袋收尘器净化后排入大气，其流程见图 11-86。

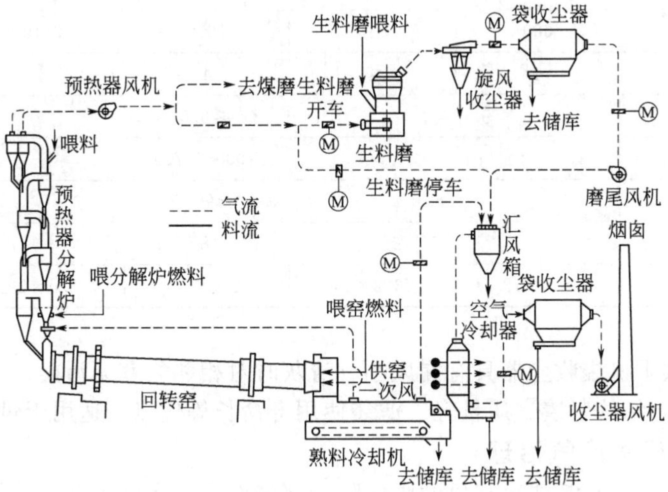

图 11-86　窑头和窑尾废气混合的收尘系统的流程

2. 烘干机废气治理

新型干法生产线的生料制备，虽然现在多采用烘干兼粉碎磨，但是当原料所含水分＞15％时，需单独设置回转筒式烘干机进行预烘干，回转筒式烘干机允许入料水分为 15％～20％。

烘干机气体的性质，由于空气过剩系数较大，所以烘干各种物料所产生的气体的化学成分都很接近。气体温度随着燃料的消耗量、物料烘干量、物料水分和烘干机型式不同而变化，一般在60～150℃范围内，而气体中的水分随原料所含水分而变化。

(1) 烘干机气体参数见表11-44。

表11-44 烘干机气体与收尘有关的参数

设备名称		单位气体量/[m^3(标)/kg熟料]	温度/℃	露点/℃	含尘浓度/[g/m^2(标)]	化学成分(体积)/%	
						CO_2	O_2
回转式烘干机	黏土	1.3～3.5	60～80	55～60	50～150	1.1	18.7
	矿渣	1.2～4.2	70～100	55～60	45～75	1.3	18.5
	石灰石	0.4～1.2	70～105	50～55		1.0	18
	煤	1.46	65～85	45～55	10～30	1.3	18.3

注：1.表中气体量包括正常的漏风系统和一定的储备系数。
2.表中数据摘自《水泥生产工艺计算手册》。

(2) 收尘设备 烘干机的收尘和窑尾收尘一样，现在绝大多数也采用电收尘器，对电收尘器的选型和使用要求与窑尾的基本相同，只是电收尘器结构的设计更要注意防腐蚀。因为烘干机烘干原料的水分都很高，烟气温度波动较大，另外烘干机头和机尾密封不良，漏风很大，而且多数厂的烘干机不连续生产，所以烟气温度经常在露点温度以下，很容易冷凝结露，不仅严重腐蚀收尘器，往往还会使灰斗的下料口堵塞。

由于袋收尘器的技术进步和憎水性滤料质量的提高，给烘干机的收尘采用袋收尘器创造了有利条件。其中，HKD型抗结露烘干机袋收尘器的规格和性能见表11-45。

表11-45 HKD型抗结露烘干机袋收尘器参数

参数 \ 型号规格	HKD170-4	HKD230-4	HKD400-4	HKD400-6	HKD400-8
处理风量/(m^3/h)	$(15\sim20)\times10^3$	$(20\sim26)\times10^3$	$(42\sim48)\times10^3$	$(70\sim72)\times10^3$	$(90\sim95)\times10^3$
过滤面积/m^2	680	880	1600	2410	3280
单元数	4	4	4	6	8
过滤风速/(m/min)	≤0.5				
收尘器阻力/Pa	1000～1700				
收尘效率/%	≥99.7				
适用温度/℃	180				
适用烘干机 $\phi\times L$/m	1.5×12	22.2×14	2.4×18	3.0×20	3.5×25

这种抗结露烘干机袋收尘器具有漏风小、清灰时对相邻袋室无污染、无“二次扬尘”和“粉尘再附”问题，结构紧凑、质量轻、滤袋使用寿命长等优点。适用于烘干机烟气的收尘。

3. 篦式冷却机的废气治理

(1) 处理风量 熟料篦式冷却机的废气除一部分作为二次风入窑，一部分抽出作为分解炉的三次风，一部分用于烘干原料或原煤外，其余的要排入大气，所以要进行收尘处理。熟料篦式冷却机的冷却风量见表11-46。

(2) 冷却机的收尘设备

① 电收尘器。20世纪80年代以前，国内冷却机多不装收尘器。国外多采用多管收尘器，即使采用电收尘器，效果也不理想。所以有个时期曾主张采用颗粒层收尘器，但是由于

这种收尘器的构造复杂，维修费用高，占地面积大，所以未能普遍推广。20 世纪 70 年代以后，电收尘技术有了较大的进展，冷却机采用电收尘器在技术上已过关，所以现在许多冷却机采用电收尘器进行收尘，熟料篦式冷却机采用电收尘器的收尘系统见图 11-87。

表 11-46 篦式冷却机的单位面积负荷和冷却风量

项目		单位面积负荷		料层厚度/mm	冷却风量/[m³(标)/kg 熟料]
		[t/(m²·d)]	[t/(m²·d)]		
冷却机	第一代	22～29	0.9～1.2	180～185	3.5～4.0
	第二代	31～36	1.3～1.5	400～500	2.5～3.2
	第三代	38～46	1.6～1.9	700～800	1.6～2.2

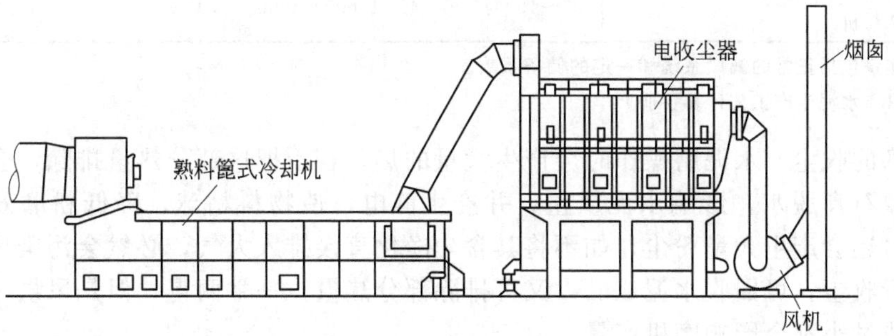

图 11-87 熟料篦式冷却机采用电收尘器的收尘系统

② 袋式收尘器。和窑尾收尘系统一样，篦式冷却机采用袋式收尘器有增多的趋势。袋式收尘器开始时也是采用玻纤滤料反吹清灰的袋式收尘器，它过滤风速低，收尘器体积庞大，而且滤袋寿命不长。现在发展到采用高过滤风速离线脉冲清灰的袋式收尘器。不论采用何种形式的袋式收尘器，都要使气体在进入收尘器之前，必须降到滤料的允许温度范围内，以保证设备正常运行和滤袋的使用寿命。

冷却机收尘系统采用气箱脉冲袋式收尘器如图 11-88 所示。

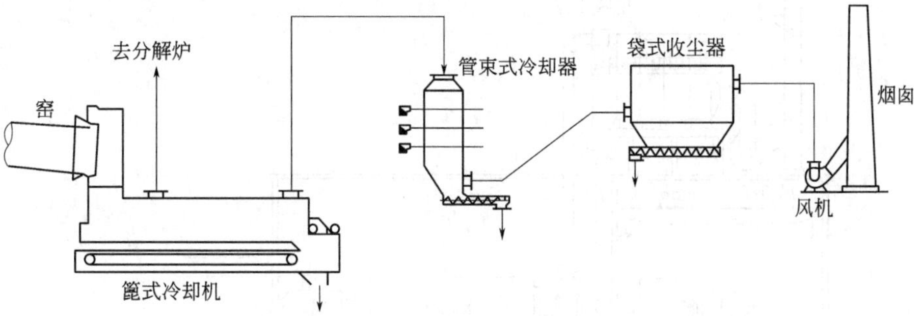

图 11-88 熟料篦式冷却机收尘系统流程的实例

4. 各种磨机废气治理

(1) 各种磨机废气参数见表 11-47。

表 11-47 磨机废气参数

磨机类型			单位气体量/[m^3(标)/kg 物料]	温度/℃	露点/℃	含尘浓度/[g/m^3(标)]	化学成分(体积)/%		
							CO_2	O_2	CO
煤磨		钢球磨	1.5～2.0	60～80	40～50	25～80			
		立式磨	2.0～2.5	60～80	40～50	600～800			
生料磨	钢球磨	自然通风	0.4～0.8	约 50	约 30	10～20			
		机械排风	0.8～1.5	90～150	20～60	30～100			0
		粉磨兼烘干	1.5～2.5	90～150	40～60	30～800			0
		立磨	1.0～2.5	80～120	40～55	600～1000	14～22	8～13	0
水泥磨	钢球磨	自然通风	0.4～0.8	约 100	215～40	40	0	21	
		机械排风	0.8～1.5	90～100	25～40	40～80			
		闭路配 O-SEPA 型高效选粉机		90～100	25～40	600～1200			

注：1.表中气体量包括正常的漏风系统和一定的储备系数。

2.表中数据摘自《水泥生产工艺计算手册》。

(2) 水泥磨的收尘　水泥磨操作时会产生大量的热，若不把这部分热量排除，会使水泥温度升高，导致石膏脱水，影响水泥质量，并产生静电，使物料粘球，降低粉磨效率。此外，磨机运转时还会产生大量粉尘，如不将其含尘净化直接排入大气，必然会污染环境。所以水泥磨要进行收尘，可回收水泥成品，又可排除部分热量，一举两得。但是风量一定要选择合适，过大或过小都会影响磨机产量。

由于磨机通风抽出废气所含粉尘的颗粒比较细，温度不高，但比电阻较高，最适合于采用袋收尘器。我国大、中型水泥厂的水泥磨机，绝大多数都是采用袋式收尘器进行收尘。但随着磨机的大型化，磨机散热表面不够，为了降低磨内温度，往往采用往磨内喷水的措施。此时排气中的水分可达到 3%～5%，平均水分约 4%，粉尘容易结露堵塞滤袋，所以要采取防止收尘器结露措施。

往磨内喷水，可降低粉尘的比电阻，这样给水泥磨机收尘采用电收尘器创造了有利条件。根据国内外经验，水泥磨收尘一般采用两电场卧式电收尘器，水泥磨采用电收尘器的收尘系统见图 11-89。

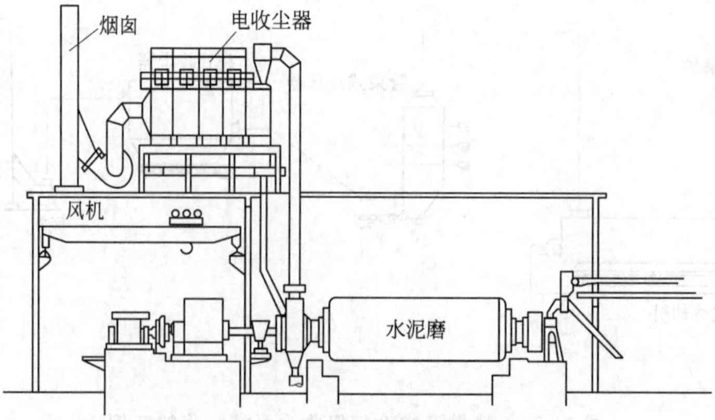

图 11-89　水泥磨采用电收尘器的收尘系统

(3) 煤磨的收尘　水泥厂煤粉制备设备排出的含煤粉气体，不仅污染环境，而且也是对能源的浪费。20 世纪 70 年代以后，国外大多数水泥厂由燃油改为烧煤，煤磨收尘问题日益被人们所关注。一般湿法窑厂的煤磨，基本可以做到不放风，煤磨收尘问题并不突出；而干法水泥厂煤磨的废气不能全部入窑，煤磨就必须要放风收尘。特别是新型干法窑的出现，能耗进一步降低，入窑的一次风相应减少，煤磨的放风量随之增大，煤磨收尘问题就成为水泥厂环境保护的重要课题之一。

我国水泥工业一直以烧煤为主，其燃料费用约占水泥生产成本的 15%，所以煤磨收尘始终是人们非常关注的重要问题。日本和美国主要是采用袋式收尘器，而欧洲各国普遍是采用电收尘器，在我国这两种收尘器都在被采用。煤磨收尘系统采用电收尘器的一例见图 11-90。

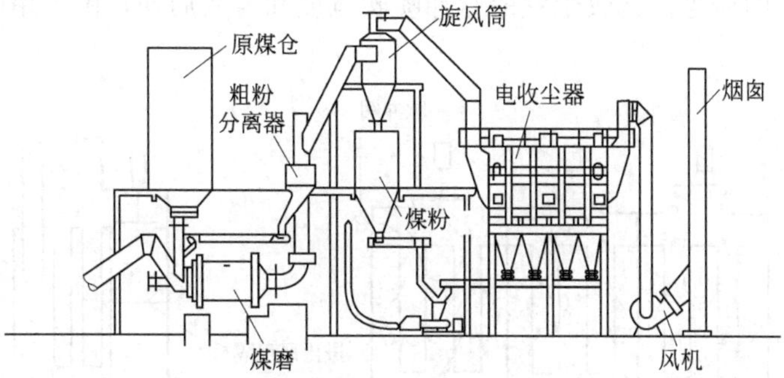

图 11-90 煤磨采用电收尘器的收尘系统

5. 采用脉冲袋式除尘器治理水泥磨粉尘实例

某水泥厂年产水泥 150 万吨，可生产普通硅酸盐水泥，矿渣硅酸盐水泥、大坝水泥、油井水泥等多个品种。

（1）生产工艺简介及主要污染源 该厂制成车间有 ϕ3m×14m 一级闭路循环磨 5 台，设计台时产量 45t/h。原设计均为二级收尘，1# 、2# 磨尾废气分别经旋风除尘后，再同进一台卧式电除尘器，处理后的废气由风机排入大气。由于两台磨机合用一台电除尘器及一台风机，使得除尘器检修及事故处理极为不便，造成了废气排放严重超标，污染了周围环境。针对这种情况，确定采用袋式除尘器技术，用 ppw6-96 气箱脉冲袋式除尘器替代原有的电除尘器，并获得成功。

（2）废气类别、性质及处理量

① 出磨废气性质：废气量 20000～27000m^3/h；废气中污染物水泥粉尘；废气中粉尘含量 100～220g/m^3（标）；出磨粉尘排放量 2000～2700kg/h；出磨废气温度 100～120℃。

② 主机设备：ϕ3m×4m 一级闭路循环水泥磨；其产品名称为水泥；设计台时产量 45t/h；废气处理设备 ppw6-96 气箱脉冲袋式除尘器。

（3）处理工艺流程 该工艺系统流程如图 11-91 所示。

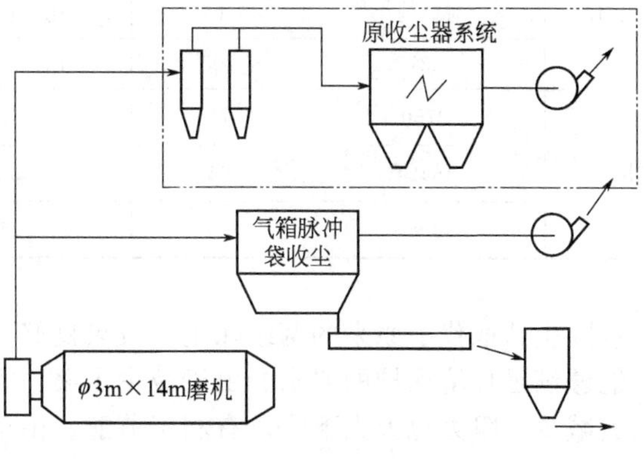

图 11-91 处理工艺流程

（4）主要除尘设备 车间内有 5 台水泥磨，占地面积数千平方米，厂房高度 28m，其周围有办公楼、招待所及机修车间，水泥制成车间是这些建筑物中最高的一个建筑物，因此，水泥磨废气排放直接影响着周围的环境。自 ppw6-96 气箱脉冲袋式除尘器投运后，改善了周围的环境。

ppw6-96 气箱脉冲袋式除尘器参数为：过滤面积 557m^2；滤袋数量 96×6=576 个；滤袋材质 针刺毡；设备重量 16t；除尘效率 >99%；除尘器排放浓度 <50mg/m^3（标）。

除尘器工作原理如图 11-92 所示。除尘器由壳体、灰斗、排灰装置、脉冲清灰系统等部分组成。当含尘气体从进风口进入除尘器后，首先碰到进出风口中间斜隔板气流便转向流入灰斗，同时气流速度变慢，由于惯性作用，使气体中粗颗粒粉尘直接落入灰斗，起到预收尘的作用。进入灰斗的气流随后折而向上通过内部的滤袋。粉尘被捕集在滤袋外表面，清灰时提升阀关闭，切断通过该除尘室的过滤气流。随即脉冲阀开启，向滤袋内喷入高压空气，以清除滤袋外表面上的粉尘。其收尘室的脉冲喷吹宽度和清灰周期，由专用的清灰程序控制器自动连续进行。

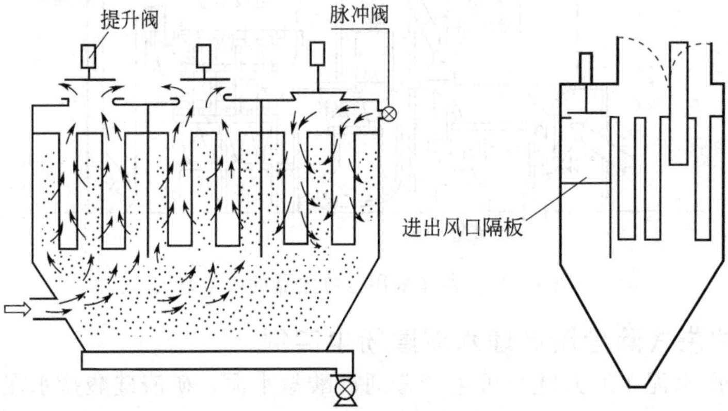

图 11-92 除尘器工作原理示意

（5）治理效果 该除尘器投运后运行稳定可靠，除尘效率高，解决了原来的物料大量飞损的问题。为考核其除尘器的除尘效果，建筑材料工业环境监测中心对该除尘系统进行了监测，监测结果见表 11-48。

表 11-48 水泥磨 ppw6-96 气箱脉冲袋除尘器监测结果

测点	风量/[m^3(标)/h]	温度/℃	含尘浓度/[mg/m^3(标)]	除尘效率/%	设备压降/Pa
入口	8868	102	87.9×10^3	99.98	294
	15454	107	106.4×10^3		
	12375	107	151.2×10^3	99.99	392
出口	9750	79	14.3		
	16424	95	6.1		
	13084	95	10	99.99	1030

该除尘器取代了原来的两级除尘，效果良好，排放浓度大大低于国家规定的废气排放标准，能够满足环境保护的要求。由于减少了第一级旋风除尘器，工艺流程得到简化，系统漏风大大减少，阻力也大大下降，有利于节能。由于强化了磨内通风，磨机产量有所提高，除尘器所配套的脉冲阀、电磁阀、气缸等部件工作可靠，故障少，维护工作量较其他除尘器大大减少。

三、建筑卫生陶瓷工业废气治理

(一)建筑卫生陶瓷工业废气的来源及特点[6]

建筑卫生陶瓷工业废气大致可分为两大类。第一类是含生产性粉尘为主的工艺废气，这类废气温度一般不高，主要来源于坯料、釉料及色料制备中的破碎、筛分、造粒及喷雾干燥等；第二类为各种窑炉烧成设备在生产中产生的高温烟气，这些烟气中含有 CO、SO_2、NO_x、氟化物和烟尘等。这些废气排放量大，排放点多，粉尘中的游离 SiO_2 含量高，废气中的粉尘分散度高。这些废气中的粉尘基本上接近或属于超细粉尘，故在单级除尘系统中，惯性除尘器和中效旋风除尘器是不适用的，如需要采用旋风除尘器，就必须选用高效旋风除尘器。如果仅从粉尘的粒度来看，湿式除尘器、袋式除尘器以及电除尘器都是建筑卫生陶瓷工业废气净化系统较适合的除尘设备。但是，建筑卫生陶瓷工业就单一除尘系统而言，废气量不大，故从设备投资来说一般不采用电除尘器。

(二)建筑卫生陶瓷工业废气的治理技术[6]

1. 坯料制备过程中废气除尘

(1) 水力除尘　该法是在坯料制备过程中，在硬质料破碎时，利用喷水装置喷水来捕集在破碎硬质料时产生的粉尘。它一方面减少了物料在破碎时粉尘的分散，可以通过喷雾捕集散发到空气中的粉尘；另一方面原料被水冲洗而提高了纯度，对提高产品的质量是有益的。图 11-93 是采用水力除尘器治理原料二次破碎粉尘的工艺流程。

(2) 机械除尘

① 颚式破碎机的除尘系统。颚式破碎机的除尘系统，可采用旋风除尘器、回转反吹扁袋除尘器。旋风除尘器的设备投资较少，系统的设计和安装都很简单，运行中除尘器的维修工作量少，收下来的料可直接回收利用，基本上无二次污染。袋式除尘器的投资较旋风除尘器高，维修工作量相对多一些，但由于此处废气中尘的浓度一般不是很高，因此过滤风速可选高一些，设备可相应小一些，设备的效率很高，并且除下来的物料也可就地回收利用，基本没有二次扬尘。

② 雷蒙磨尾气的除尘系统。雷蒙磨尾气除尘系统一般采用两级除尘系统。第一级采用旋风分离器，第二级再配置一级除尘器，如袋式除尘器或水浴除尘器。雷蒙磨一般破碎的是干原料，因而袋式除尘器收集的物料可直接回到磨好的粉料仓中。该除尘系统除尘效率高，既没有废料的产生，又没有二次污染。但是，当雷蒙磨研磨含有一定水分的软质黏土时，就

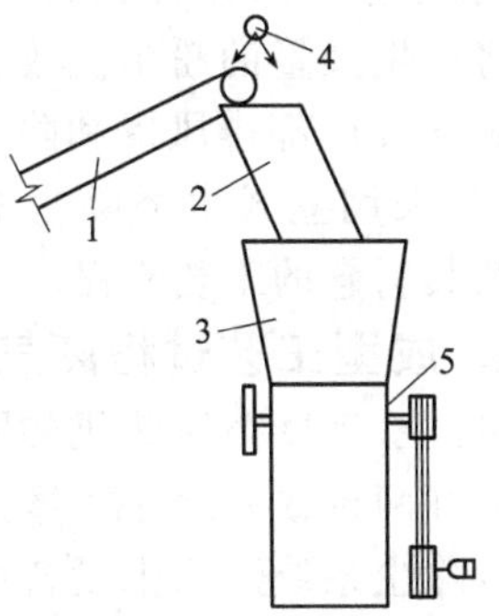

图 11-93　颚式破碎机水力除尘工艺流程

1—皮带输送机；2—溜料管；3—下料斗；4—喷水管；5—颚式粉碎机

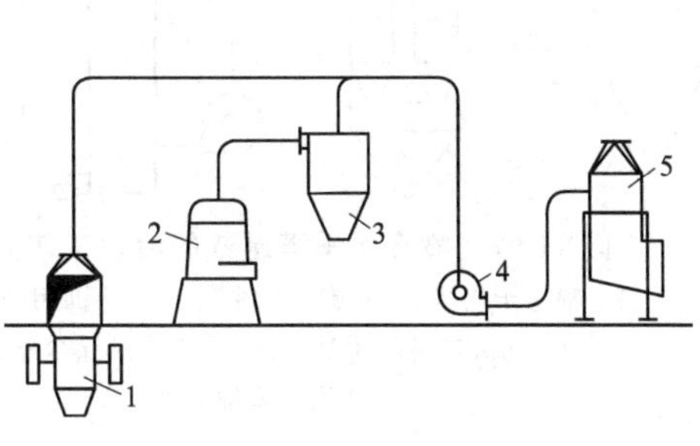

图 11-94　原料粉碎粉尘治理工艺流程

1—颚式破碎机；2—雷蒙磨；3—旋风除尘器；4—机风；5—立式水浴除尘器

不宜使用袋式除尘器，可采用立式水浴除尘器。图 11-94 是采用立式水浴除尘器治理粉碎机粉尘的工艺流程。

③ 轮碾机的除尘系统

a. 湿式轮碾机除尘系统。可以采用干式或湿式除尘器。干式除尘器主要采用 CZT 型旋风分离器；湿式除尘器主要采用 CCJ/A 型冲激式除尘机组。此处废气中的粉尘浓度不是很高，因而不需连续排泥，只需定期清理，泥料可直接输入浆池，废水也很少。图 11-95 是采用冲激式除尘机组治理湿式轮碾机粉尘的工艺流程。

b. 干式轮碾机除尘系统 可以采用脉冲袋式除尘器。该方法收集的物料可直接回用。图 11-96 是采用脉冲袋式除尘器治理轮碾机废气的工艺流程。

④ 喷雾干燥塔尾气的除尘系统。喷雾干燥塔尾气含尘的浓度一般很高，故目前采用至少两级除尘。第一级采用旋风分离器，它既作为除尘设备又作为收料设备；第二级可使用喷淋除尘器、泡沫式除尘器、文丘里除尘器或冲激式除尘器。图 11-97 是采用旋风除尘器和喷淋除尘器治理喷雾干燥塔尾气的工艺流程。

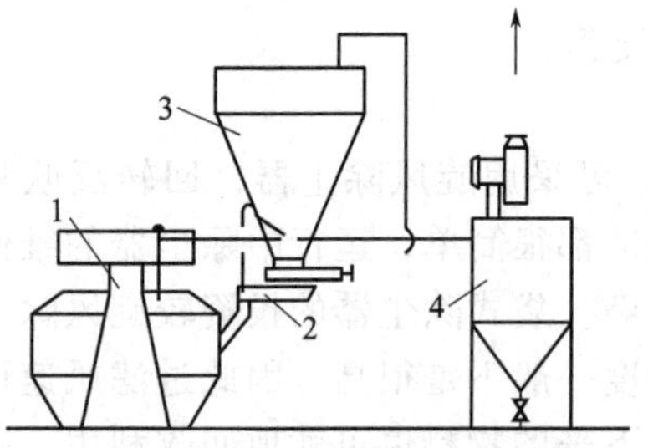

图 11-95 湿式轮碾机除尘系统示意

1—湿式轮碾机；2—电磁振动给料器；3—吊仓；4—CCJ/A7-1 型冲激式除法机组

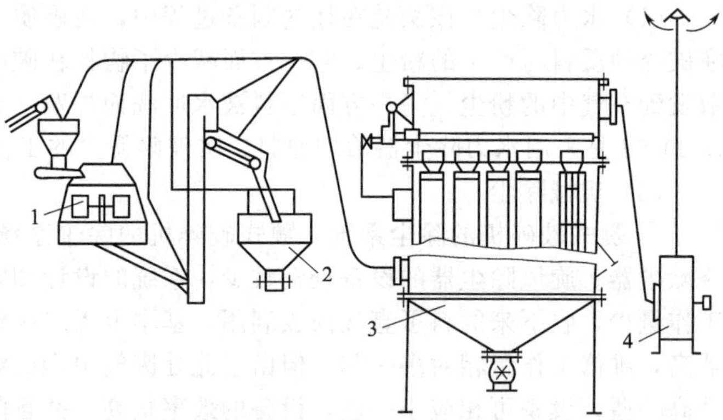

图 11-96 脉冲袋式除尘器治理轮碾机废气的工艺流程

1—湿式轮碾机；2—粉仓；3—脉冲袋式除尘器；4—风机

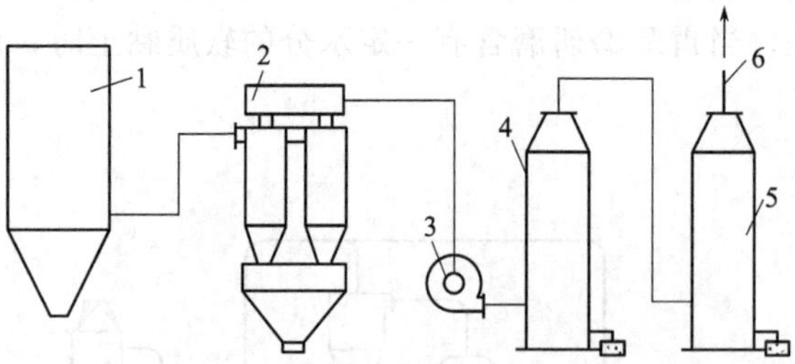

图 11-97 喷雾干燥塔尾气的治理工艺流程

1—喷雾干燥塔；2—旋风除尘器；3—锅炉引风机；4—初级喷淋除尘器；5—二级喷淋除尘器；6—净化气体排放管

⑤ 粉料输送及其料仓系统的除尘系统。在陶瓷地砖的生产中，在从雷蒙磨生产的细粉料的输送及卸入料仓贮存中，将产生大量的粉尘。故在成型设备处均需安装局部排风罩和除尘系统。图 11-98 是采用立式水浴除尘器治理粉料输送及其料仓的工艺流程。

2. 成型工艺过程废气治理技术

(1) 手动摩擦压砖机的除尘系统

一般最好两台或一台手动摩擦压砖机设置一台除尘系统。除尘设备可采用旋风分离器、CCJ 冲激式除尘机组、水浴除尘器和袋式除尘器等。但是，由于压砖机各产烟点产生的扬尘中粉尘的分散度很高，而其粉尘的浓度并不大，故旋风分离器不太适用，实际工程中使用较少；CCJ 冲激式除尘机组使用的也不多，这是因为这种除尘器的单台处理风量较

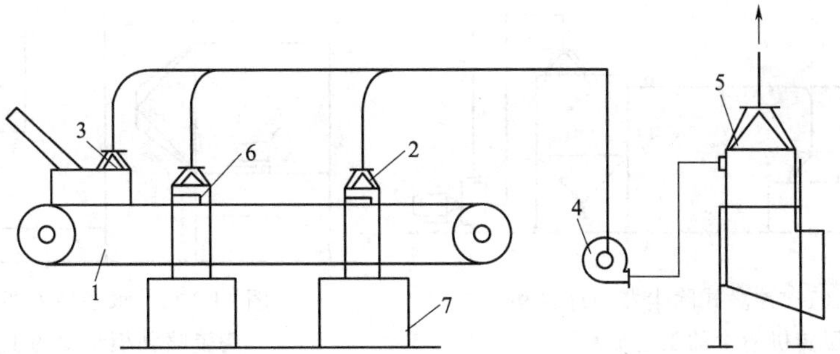

图 11-98　立式水浴除尘器治理粉料输送及其料仓的工艺流程
1—皮带输送机；2—料仓入口吸尘罩；3—皮带机吸尘罩；4—风机；
5—立式水浴除尘器；6—刮板分料器；7—粉料仓

大，机组的阻力损失较大，并且常流水型的耗水量较大，会造成水的浪费和污染的转移。手动摩擦压砖机的除尘系统，较为多见的是采用水浴除尘器和袋式除尘器。图 11-99 是采用水浴除尘器处理手动摩擦压砖机的除尘系统的工艺流程。该法设备结构简单紧凑，占地面积小，设备造价低，节约用水及除尘效率较高。但是，它需定时人工清理滞留物。

(2) 自动压砖机的除尘系统　自动压砖机的产量较大，粉尘排放点较多，且风量较大，故一般单台自动压砖机独立设置除尘系统是较为合理的。自动压砖机可采用脉冲袋式除尘器、冲激式除尘器。图 11-100 是脉冲袋式除尘器治理自动压砖机粉尘的除尘系统的工艺流程。

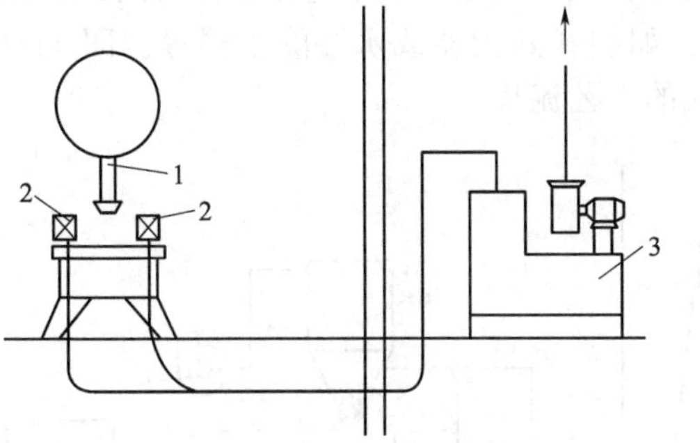

图 11-99　水浴除尘器处理手动摩擦压砖机的除尘系统的工艺流程
1—手动压砖机；2—吸气罩；3—水浴除尘机组

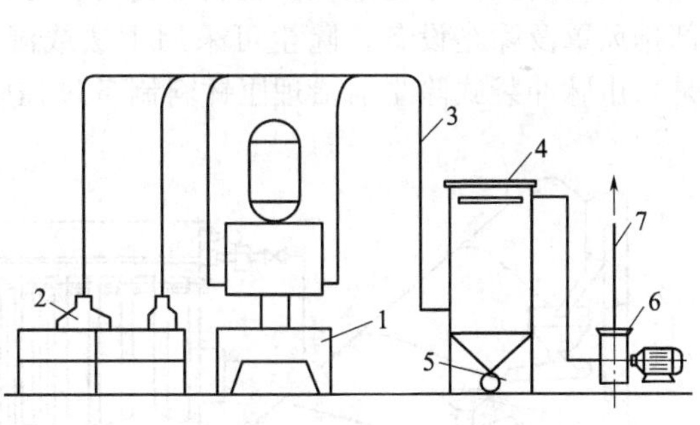

图 11-100　脉冲袋式除尘器治理自动压砖机粉尘工艺流程
1—压砖机；2—产尘点（8 个）；3—主风管道；
4—脉冲袋式除尘器；5—粉尘回收口；
6—风机；7—净化空气排出口

图 11-101 是采用冲激式除尘器治理自动压砖机粉尘的工艺流程。该除尘系统的除尘效率高，并且粉尘又可以回用；该工艺合理，设备结构合理。

(3) 卫生陶瓷喷釉柜的除尘系统　卫生陶瓷喷釉柜除尘系统的设置，都是单台喷釉柜独立设置一除尘系统，这样便于不同的釉料分别回收利用。卫生陶瓷喷釉柜的除尘系统目前多采用湿式除尘器，如水浴除尘器。图 11-102 是采用水浴除尘器治理卫生陶瓷喷釉柜粉尘的工艺流程。

3. 烧成废气的治理技术

(1) 卫生陶瓷入窑前清灰粉尘的治理　卫生陶瓷入窑前清灰通风除尘系统的除尘设备一般采用水浴除尘器。因为卫生陶瓷入窑前清灰产生的粉尘浓度一般仅有 $100mg/m^3$ 左右，

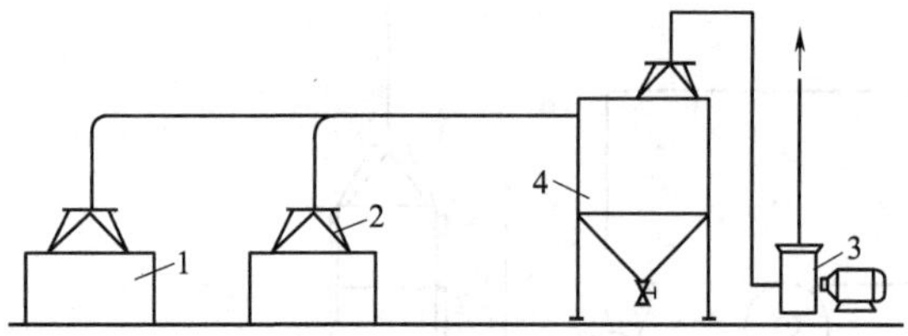

图 11-101 冲激式除尘器治理自动压砖机粉尘的工艺流程

1—压砖机；2—吸尘罩；3—风机；4—冲激式除尘器

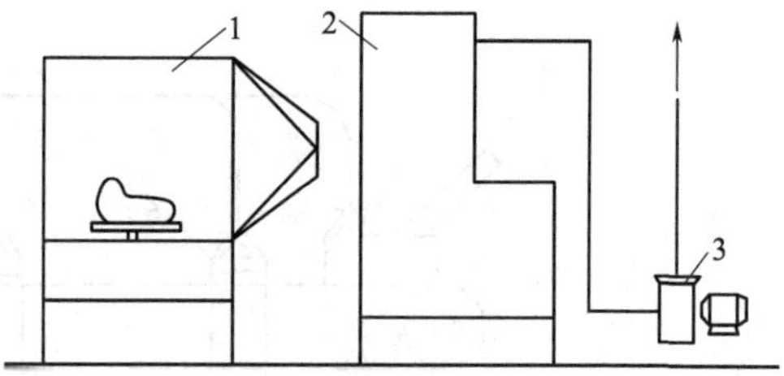

图 11-102 水浴除尘器治理卫生陶瓷喷釉柜粉尘的工艺流程

1—喷釉柜；2—卧式水浴除尘器；3—风机

故只需向除尘器中补充一定的水量，以保证其要求的恒定的水位，使其除尘效率保持稳定。除尘器除下的泥料量不大，只需定期清泥。

(2) 窑炉煤烧烟气的治理 为了减少窑炉废气的排放量，可将煤转化成煤气，再供给陶瓷窑炉作为燃料；也可以在大的陶瓷基地建立集中的煤气发生站，向各陶瓷厂提供商品煤气。此外，可在陶瓷厂烧煤隧道窑排烟采用袋式除尘器，以消烟除尘。

4. 辅助材料制备加工过程废气的治理技术

(1) 匣钵制备过程废气的治理 匣钵制备过程中，坯料加工、成型和烧成各个环节都产生含尘废气。但由于半干压成型粉料的颗粒较粗，含水较高，产量小，故大多企业未采取废气控制措施。匣钵原料用颚式破碎机粗碎和轮碾机粉碎时，产生大量的含尘废气。此污染源应设置密闭抽风净化系统。粉料筛分时，也产生含尘废气。应对筛子进行整体密闭并设置局部排风罩及除尘设备，除尘可采用干法或湿法，如袋式除尘器或水浴除尘器等。图 11-103 是采用脉冲袋式除尘器治理匣钵料制备过程废气的工艺流程。

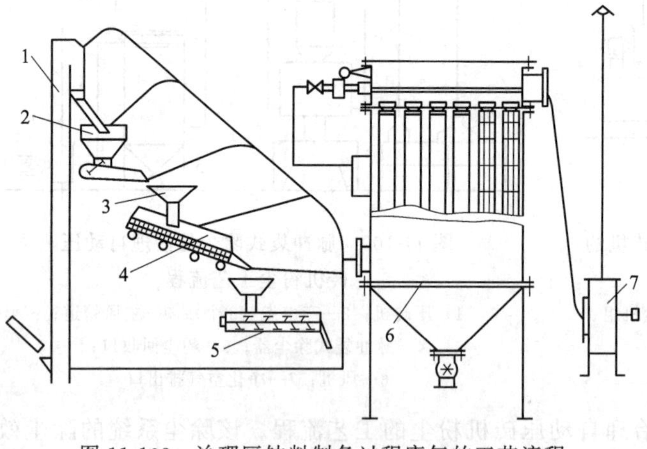

图 11-103 治理匣钵料制备过程废气的工艺流程

1—提升机；2—分料仓；3—配料斗；4—筛料机；5—搅拌机；6—脉冲袋式除尘器；7—风机

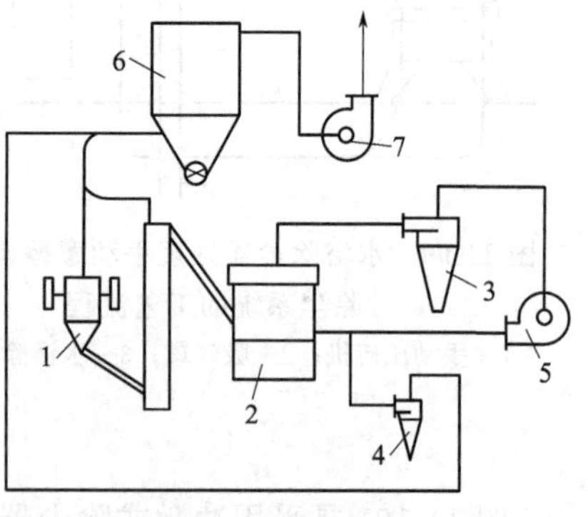

图 11-104 粉尘处理工艺流程

1—颚式破碎机；2—雷蒙磨；3—旋风分离器；4—小旋风除尘器；5—循环风机；6—袋式除尘器；7—排尘风机

(2) 半水石膏制备过程含尘废气治理

① 原料准备粉尘治理。治理用颚式破碎机粗碎大块天然石膏时产生的粉尘，应在颚式破碎机加料口处设置外部吸尘罩，所集的含尘废气可单独集气处理，也可以和雷蒙磨尾气共用一个除尘系统。除尘设备可用袋式除尘器。图 11-104 是粉尘处理工艺流程。

② 半水石膏制备粉尘治理。半水石膏制备时产生含湿量很大的石膏粉尘废气。该废气

可采用干热风对除尘设备预热保温和作为反吹清灰的袋式除尘器进行净化。此外，可采用在较大颗粒状态下进行炒制脱水，以减少炒制过程中的粉尘。

(3) 石膏制模含尘废气治理 石膏制模含尘废气中的粉尘都是半水石膏粉料，它遇水会凝结硬化。故该粉尘采用干式除尘器较为合适。炒制后的粉尘粒度很小，约 96%的粒度小于 5μm，故除尘设备不宜采用旋风除尘器，可采用脉冲袋式除尘器。

（三）采用水膜除尘和脉冲除尘治理石膏系统粉尘实例[24]

石膏制粉系统是由一台颚式破碎机，3R2714 型雷蒙磨和一台自制石膏炒锅为主机来生产石膏粉料，供该厂生产卫生陶瓷制造模型用粉料，该厂年产卫生瓷 90 万件，日产石膏粉料 7.8t。

1. 生产工艺及主要污染源

石膏粉的制造工艺是将经拣选的石膏块状源矿（即二水石膏）经颚式破碎机碎成直径 20～30mm 的小块，然后经斗式提升机输送到雷蒙磨制粉，通过磨内的风选机扬进旋风物料分离器，将合格的二水石膏粉料再由螺旋输送机送入料仓（将不够细度要求的粉料重新回磨），再经称重和喂料系统输入炒锅进行炒制脱水，炒制时间 45min，每锅炒制 100kg，使石膏粉的温度达到 185℃，由二水石膏转变为半水石膏粉料后经检验合格出锅，再经斗式提升机、螺旋输机送至出粉仓备制模用。

该系统主要污染源是在整个工艺过程中所产的石膏粉尘气体，如不治理，即影响操作者身体健康，又对环境造成污染。

2. 废气类别、性质及处理量

石膏的主要成分是硫酸钙，室内浓度超标则可使人得尘肺病，排放口浓度超标则对环境造成污染。经综合分析对比，采取如下工艺，取得满意效果。处理工艺流程如图 11-105 所示。

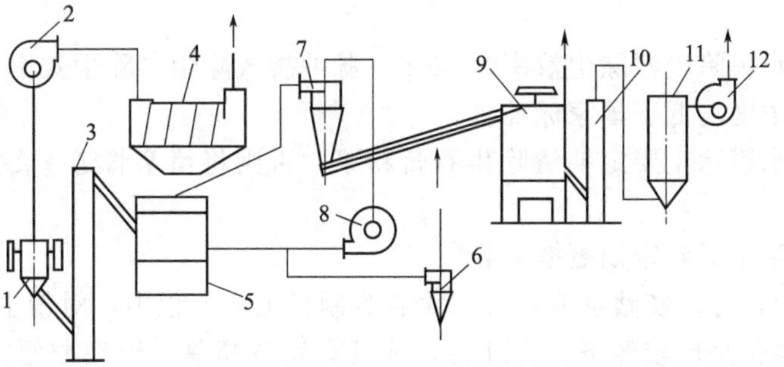

图 11-105 石膏系统粉尘处理工艺流程

1—颚式破碎机；2—排尘风机；3—斗式提升机；4—卧式旋风水膜除尘器；5—雷蒙磨；6—小旋风除尘器；7—旋风分离器；8—循环风机；9—石膏炒锅；10—斗式提机；11—脉冲袋式除尘器；12—引风机

3. 处理工艺流程与操作条件

(1) 工艺流程 石膏在颚式破碎及斗式提升的过程中会产生粉尘，这部分粉尘由卧式旋风水膜除尘器进行净化。雷蒙磨虽是封闭式生产，但也有部分含尘的尾气排出，这部分含尘废气是由设备配套的小除尘器进行净化。石膏在炒制、提升入仓的生产工艺过程均有粉尘产生，对熟石膏粉尘的治理及回收由脉冲袋式除尘器进行净化收集。

整个工艺设备的技术参数如下。

① 排尘风机：型号 9-57-11NO.4C，流量 5000m^3/h，全压 1570Pa，配套电机功率 7kW。

② 卧式旋风水膜除尘器，上进风，正压工作。

③ 雷蒙磨：型号 3R2714 型。

④ 循环风机：风量 12000m^3/h，风压 1700Pa，配套电机 20kW。

⑤ 脉冲袋式除尘器：a. MC36-Ⅰ型；b. 过滤面积 27m^2；c. 处理风量 3250～6480m^3/h；d. 配套电机 7.5kW；e. 滤袋数量 36 条、规格 ϕ120mm×2000mm；f. 入口含尘浓度 3～15g/m^3；g. 脉冲控制仪表 电控无能电脉冲控制仪；h. 除尘效率 99%～99.5%。

(2) 操作条件 卧式水膜除尘器要求正压工作，保持一定水位，按规定时间清理沉积物，以免放水管堵塞。脉冲袋式除尘器要求负压运行，按操作程序先启动麻花钻收尘推出，后开风机，停机先停风机、后停麻花钻。除尘风管道安装应避免水平铺设，以减少粉尘在管道内沉积而增大阻力降低除尘效率。

4. 主要设备

如前所述，石膏制粉工艺的除尘系统主要由三套除尘设备进行捕集、净化、回收，其设备除小旋风除尘器为定型设备雷蒙磨本身自带配套外，其余均为标准设备，可根据生产能力设备型号等具体情况进行选型。

5. 治理效果

整个系统是设计院进行设计、设备选型、安装，经调试后正式投产，至今已运行 20 多年。整个工艺设计合理，连续性强，场地集中，除尘效果明显，室内粉尘浓度始终保持在 5mg/m^3 以下，三个排尘筒的排尘浓度符合国家规定排放标准，而且整个系统中除卧式旋风水膜除尘器收尘沉积物清除不用外，对小旋风捕集的二水石膏粉（每月可收 500～700kg）及脉冲袋式除尘器捕集的半水石膏粉（每月可回收 1000～1300kg）均可利用，收到较好的经济效益。

6. 运行说明

① 卧式旋风水膜除尘器除尘效率为 90%，脉冲袋式除尘器除尘效率 99%。

② 三个排放浓度均低于国家标准。

③ 卧式旋风水膜除尘要定期清除生石膏粉浆，否则将堵塞管道。冬季注意保温，防止水结冰。

④ 脉冲袋式除尘器要定期更换滤袋。

该系统经多年运行，实践证明，在二水石膏制粉工艺流程中，对粉尘废气采用卧式旋风水膜除尘器进行净化是比较经济、合理的，其具有设备简单，管理方便，维修量小的特点。而生石膏炒粉后的除尘采用脉冲袋式除尘器是较为理想的，因其除尘效率高，且可对半水石膏粉收回，具有一定的经济效益。但在使用中一定要注意，绝不可将石膏炒锅产生的废气混入除尘系统，一定要单独排放，否则将会破坏除尘器的正常工作和粉尘回收利用。

（四）采用脉冲袋式除尘器治理干式轮辗机粉尘

釉面砖产品坯用硬质原料中碎矿物料，以石轮辗机为主要生产设备，某陶瓷厂原料中碎用轮辗机共 3 台，每台班产量为 8t。

1. 生产工艺及主要污染源

硬质原料的中碎加工是以轮碾机为主要设备并配有输送、提升、料斗（仓）、给料器以及分筛等设备。颚式破碎机加工后的块度约为 50mm 的硬质原料由皮带输送机输入粗碎贮料仓，设于粗碎料仓下的电磁振动给料机连续地供给轮碾机破碎，破碎后的料经斗式提升机送入皮带输送机后流入中碎贮料仓，即可供给下面工序用于配料。在该生产工艺过程中，每一设备的本身都是很大的粉尘发散源；另外，由于所加工的均为硬质干燥料，因而在设备的相互连接处也都可能产生很多的粉尘。

2. 废气类别、性质及处理量

陶瓷厂原料中碎工艺过程中产生的废气均为生产性粉尘废气，粉尘浓度一般在 $15g/m^3$ 左右，粉尘为所加工的原料细粉，具有憎水性，废气处理量每小时 $6500m^3$ 左右。

3. 处理工艺流程及主要设备

工厂在原料轮碾机中碎系统原先就设置有通风除尘系统，除尘器采用的是 CLS 型水膜旋风除尘器，但由于废气中的粉尘具有憎水性，不适合采用湿式除尘器，并由于旋气除尘器的锁气器不严密，致使除尘效率较低，粉尘排放浓度高达 $565mg/m^3$，且排出的含泥污水既不回收利用，又使原料流失，造成二次污染。根据上述情况，工厂决定对原有的除尘系统（原除尘系统见图 11-106）进行技术改造。

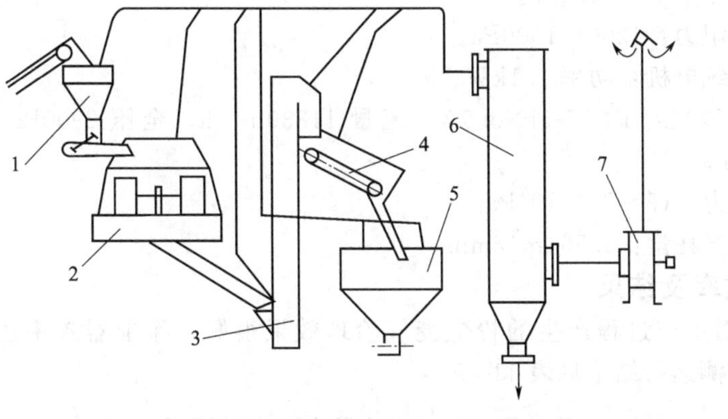

图 11-106　改造前的处理工艺流程

1—粗碎贮料仓，容积 $5m^3$；2—干式轮碾机 LN1400-400 型；3—15m 斗式提升机；4—5m 密闭皮带机输送机；5—中碎贮料仓，容积 $30m^3$；6—水膜旋风除尘器，CLS 型；7—排风机

改造后的除尘系统中除尘器选用了脉冲袋式除尘器，并将除尘器收下的粉料直接回送到工艺设备，这样不但解决了生产工艺上的混料问题，也避免了二次污染。改造后的处理工艺流程如图 11-107 所示。排风机将含尘废气吸入脉冲袋式除尘器，经过袋外过滤而排入大气；清灰系统采用脉冲喷吹清灰方式，由 WMK 型无触点脉冲仪控制高压空气的喷吹周期及气

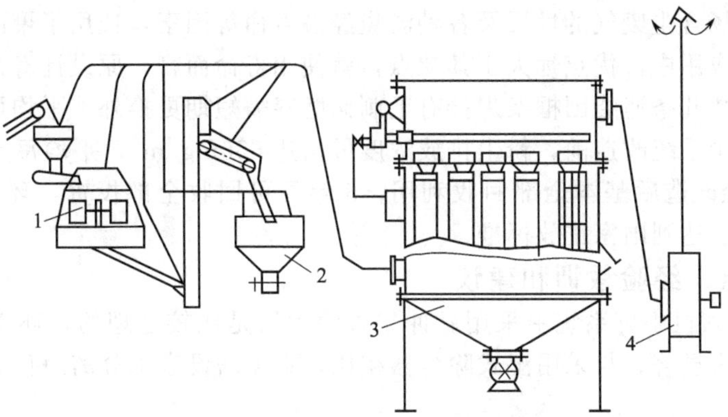

图 11-107　改造后的处理工艺流程

1—湿式轮碾机；2—粉仓；3—脉冲袋式除尘器；4—风机

量，以达到清灰目的；由除尘器下面的铰龙将回收的粉料通过溜料管道送入斗式提升机下部，达到卸灰、回灰的目的。整个系统的动作均由电气自动控制完成。

MCI 型脉冲袋式除尘器的主要参数如下。

① 除尘器型式：下部进风，负压操作，外滤式阻尘。

② 除尘器外形尺寸：长×宽×高＝3025mm×1678mm×3660mm。

③ 滤袋材质及规格：ϕ125mm×2050mm，聚丙烯腈纤维。

④ 处理风量：7550～15100m^3/h。

⑤ 滤袋数量：84 条，分 14 组。

⑥ 过滤面积：63m^2。

⑦ 过滤风速：1～2m/s。

⑧ 除尘器本体结构：钢板铆焊。

⑨ 清灰方式：脉冲喷吹清灰，采用 WMK 型无触点脉冲控制仪。

⑩ 设计除尘效率：99.5%。

⑪ 除尘器阻力：1200～1500Pa。

⑫ 排灰系统电机：功率 1.1kW。

⑬ 除尘通风机：T4-72-11No.5A，流量 11830m^3/h，全压 2900Pa，电机功率 13kW，转速 2920r/min。

⑭ 喷吹压力：(5～7)×10^5Pa。

⑮ 压缩空气耗量：0.504m^3/min。

4. 治理效率及结果

除尘系统对生产过程产生的粉尘废气治理效果很好，除尘器效率达 99.20%，漏气率 8%，除尘器实测运行结果见表 11-49。

表 11-49 除尘器性能测试报告单

测点	管径/mm	风量 /[m^3(标)/h]	含尘浓度 /[g/m^3(标)]	小时排放量 /(kg/h)	收尘效率 /%
袋式收尘器进口	ϕ400	6503	16.566		
袋式收尘器出口	ϕ400	7068	0.012	0.086	99.2

5. 运行说明

改造后的干式轮碾机除尘系统正式投产运行后基本上达到了设计要求。该除尘系统的除尘器根据生产现场含尘废气的性质及各种滤袋经济寿命等因素，选用了聚丙烯腈纤维绒面滤袋，在生产实际应用中，优点远大于其缺点，就使用寿命而言，原设计寿命为 1.5 年，而实际使用寿命除少数几条滤袋因框架焊接有毛刺而磨穿需短期更换外，平均可达 3 年以上。

工厂中碎除尘系统改造前，粉尘排放浓度最高达 656mg/m^3，平均每天外排大气的粉尘在 70kg 以上，经改造后基本全部回收利用，5 年便可回收全部投资，环境效益十分明显，改造后的粉尘浓度达到国家排放标准。

6. 工程特点、经验教训和建议

① 在干式轮碾机中碎系统中采用脉冲袋式除尘器是比较合理的，环境效益、社会效益和经济效益都较为显著。与采用湿式除尘器相比，不需增设废水分离净化装置，又不会造成二次污染。

② 由于 MCI 袋式除尘器的一系列工作状态均采用了电气自动控制，因而运行可靠，除尘效率稳定，并减轻了工人的劳动强度，还解决了生产工艺上的混料现象。

③ 该厂为老企业，所以在改造中受场地等因素的限制，管道的布置不尽合理，如水平管道设置较多，局部构件使用欠妥等。

④ 由于废气中的粉尘浓度很高，若该除尘系统采用两级除尘，即在袋式除尘器之前增设一级旋风除尘器，则除尘效果将更佳，使袋式除尘器的工作负荷减轻，粉尘排放浓度还可降低很多。

四、油毡砖瓦工业废气治理

目前世界各国的屋面防水卷材仍以沥青基卷材（俗称油毡）为主要品种，我国的建筑防水材料主要有油毡，高分子防水片材和防水涂料三大类。

砖瓦是一基本的建筑材料，目前全国80%以上的墙体材料是黏土实心砖。随着建设的发展，需求量日益增大，如何减少和防止砖瓦生产对环境的污染，已成为迫切需要解决的问题。

（一）生产工艺过程与污染物特性[24]

1. 油毡工业

目前我国生产的油毡品种仍以石油沥青纸胎油毡为主，其生产方法是原纸经烘干后，浸渍和涂盖石油沥青材料，再撒以滑石粉为主的隔绝材料。生产工艺流程见图 11-108，从方框图可以看出，油毡的生产工艺过程主要分两大部分：一是原料制备，包括沥青氧化，浸渍油和涂面油的制备，粉浆制备及粉料输送等；二是油毡胎基的浸渍、涂盖、撒布、冷却、卷毡等。

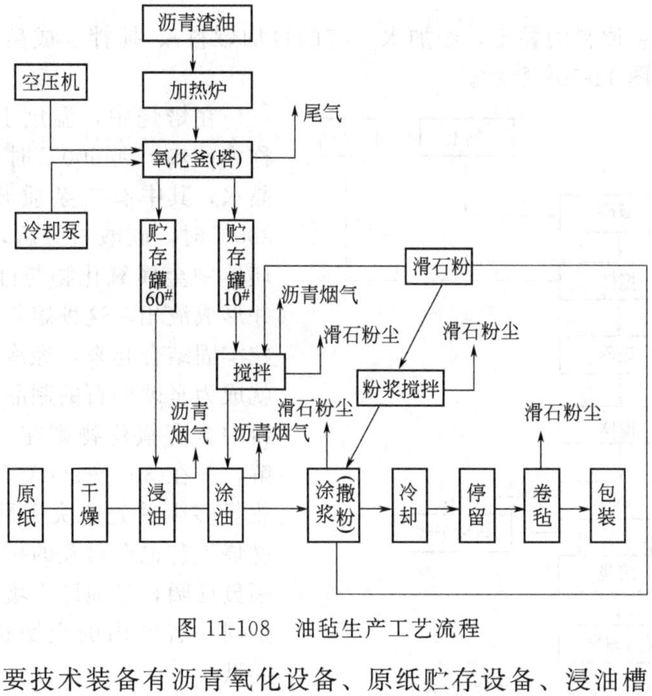

图 11-108　油毡生产工艺流程

生产油毡的主要技术装备有沥青氧化设备、原纸贮存设备、浸油槽、涂油槽、撒布机（或粉浆机）停留机、卷毡机等。油毡生产过程中产生的两种主要污染物为：①含沥青烟的废气；②含滑石粉尘的废气。

（1）沥青烟废气　在沥青氧化，填充料搅拌、浸油、涂油各工序中都有沥青烟逸出。

沥青烟的成分很复杂，除了含一些 N_2、O_2、CO_2、H_2O 外，主要是长链的高沸点烃类有机颗粒物，少量在常温下为蒸气的烃类（包括 $C_8 \sim C_{16}$ 的脂肪烃和芳族烃）以及一些气态有机化合物。其中含硫基团（硫基、硫氰基）和含氧基团（羟基、醛基和羧基等），这些发臭基团形成难闻的沥青气味——恶臭。

无论是石油沥青或煤焦油沥青原料中均含有多环芳烃，其含量随原料的来源产地不同而波动，煤焦油沥青中的多环芳烃含量要比石油沥青高得多，所以在加热时逸出的沥青烟中的苯并［a］芘含量亦差别很大。

沥青烟会引起皮炎、结膜炎、鼻咽炎、头痛等疾病，而且危及植物的生产。恶臭会使人产生变态反应，产生恶心、呕吐、头痛、流鼻涕、咳嗽、哮喘、食欲不振、精神过敏、腹泻、发热、胸闷等。

（2）含滑石粉尘废气　为了改善油毡成品的性能，生产油毡时，用于涂盖的沥青中需加入一定量的填充料。常用的填充料有滑石粉、板岩粉等。为防止油毡生产中沥青与辊筒间的黏结和防止油毡成卷后的层间黏结，在油毡表面上需要撒一层撒布料。常用的撒布料有粉状（如滑石粉）、片状（云母片等）、粒状（粗细砂粒等）。目前，国内用量最大、使用最广泛的是粉状滑石粉撒布料。

滑石粉粉尘，其主要成分为含水硅酸镁，由于源岩组成和蚀变程度不同，商品滑石中可含不等量的石棉、直闪石、透闪石或石英、菱镁石等。含石棉或透闪石的纤维状滑石的危害较大。

目前，国内普遍使用的滑石粉中游离石英含量一般在10%以下。滑石粉的分散度较大，小于5μm的占90%以上，属于可吸入性粉尘，这种粉尘对人体危害较大。

滑石粉尘能使肺部病变，造成滑石肺。滑石粉尘是否会致癌是目前尚有争论的问题。

2. 砖瓦工业

砖瓦工业的主要原料为黏土，经加水（有的也加燃料）、搅拌、成型、干燥、焙烧成成品，其生产工艺如图11-109所示。

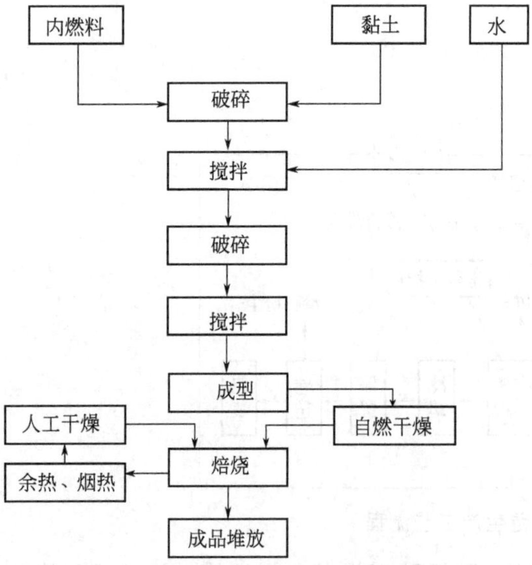

图11-109　砖瓦生产工艺流程

在焙烧中，温度上升到400～500℃称为预热，到600℃时，坯内失去化学结晶水，其中有机杂质开始燃烧温度达到800℃时，碳酸盐分解，到900℃以上时，坯体中金属氧化物与硅化合形成硅酸盐，并形成液相，这种熔化的玻璃质把其他颗粒牢固结合起来，经冷却重新结晶，坯体就成为坚硬如石的制品——砖。如黏土原料中含有氟化物则在500～600℃开始分解，并在800～900℃达到最大值，氟排放量多少首先取决于黏土原料的含氟量，燃烧工艺也会对氟的排放有所影响。我国幅员辽阔，各地区土壤的含氟量不一，就是同一省区内的土壤也分属几种不同的类型。

研究表明：砖瓦厂排放的氟以气态氟（主要是HF）为主。砖瓦厂的主要污染源为含氟废气。

现已查明，HF的毒性相当于SO_2的100～200倍，与SO_2相比，HF的危害更大。人对氟的反应比植物低，每小时排出几千克的氟化氢会使植物遭受严重的危害。植物本身并不需要氟元素，植物从土壤中吸收的氟化物很少转移到叶片。正常情况下，植物叶片的含氟量是很低的，通常只有几到十几毫克/千克，而从大气中吸收的氟化物，大多数积累在叶片中，很少向其他器官转移，当叶片含量大时就会危害农业、畜牧业的生产。

大气氟污染不仅影响桑叶生长，而且对其他许多农作物（水稻、大麦、高粱、玉米、大豆等）、果树（苹果、梨、桃、杏、李、葡萄、草莓、樱桃等）都有不良的影响。

（二）治理技术[24]

1. 油毡工业

（1）沥青氧化尾气的治理　国内沥青氧化尾气处理一般有以下几种方法。

① 水洗吸收法。氧化釜顶设冷凝器，尾气与由上而下的喷淋冷却水逆流接触，吸收油的废水排入污油池，经水吸收后的尾气排入大气，采用这种方法，恶臭未能消除，并造成大量污水形成二次污染。

② 柴油吸收-焚烧法。在氧化釜顶设冷凝器并用柴油喷淋，尾气中油分被柴油吸收，柴油可供循环使用，油中含水量少，较易分离，经吸收的尾气引入管式加热炉燃烧。这种方法耗油量大，未能彻底消除恶臭。

③ 饱和器-焚烧法。沥青尾气入饱和器，同对向饱和器内补充少量的冷却水使油冷凝，补充的水在汽化后和废气一起入焚烧炉。此法污水量较少。

④ 直接焚烧法。高温尾气不经冷凝器，而直接进入焚烧炉，这种方法工艺流程和设备均较简单，无污油和污水二次污染，但燃料消耗较大。

⑤ 多级间接冷凝（空气冷却和水冷却）-焚烧法。将高温尾气引入多级间接冷凝器，冷凝物入污油池，经油水分离器回收燃料油。经冷凝后的尾气入焚烧炉，污水也陆续引入焚烧炉蒸发掉。

使用的焚烧设备也是多种多样的，有专门的焚烧炉，还有加热炉、锅炉等。经过几年的实践证明，采用专门的焚烧炉效果较好。将尾气引入加热炉，不但使尾气燃烧不充分（时间少、温度低），相反会给加热炉带来一些不良后果。如温度降低，对炉子腐蚀加快等，如沈阳油毡厂就是想把尾气引入加热炉焚烧，结果进来是黑烟，出去也是黑烟，没有效果。

引入锅炉燃烧，对其锅炉的腐蚀是相当严重的，这对受压容器是极不安全，降低了锅炉的使用寿命。

采用的焚烧设备主要是带内燃室的厚衬里的高温立式圆筒（也有卧式等其他形式）占地面积小，操作方便，焚烧效果好。

尾气的这种治理方法一是投资较大，二是消耗较多燃料，因此要加强综合利用，这样不但有很好的社会效益，同时也带来可观的经济收益。

（2）浸油、涂油工序沥青烟治理　浸油装置排气系统所处理的废气量随设计的排风罩和浸油装置的大小而变化，一般为 283～566m^3/min。由于油烟浓度较低，处理废气量大，目前国内一些工厂都采用冷凝法、吸收法。

（3）粉尘的治理　大中型油毡厂从改变生产工艺着手，以湿浆撒布代替干粉撒布，减少粉尘污染，为含尘废气治理创造了有利条件。由于粉尘的分散度较高，一般均采用袋式除尘器，如 MC24-120 型脉冲袋式除尘器，LMN_2-108 反吹式袋式除尘器，除尘效率可达 99%以上。

2. 砖瓦工业

我国砖瓦工业的生产工艺和技术水平较低，治理污染有困难。砖瓦厂的氟污染防治问题还没有引起足够的重视。一些地区为了防止砖瓦厂氟污染物对桑蚕业的直接危害，往往使砖瓦厂实行季节性大停的措施，这并非是最有效的办法。应该采取综合措施防止氟污染物的危害。

(1) 合理选择原料，不用高氟土壤生产砖瓦，综合利用含氟量低的工业废渣（如粉煤灰、煤矸石等）生产砖瓦。

(2) 从改进生产工艺着手，针对不同原料特点选择适宜的焙烧制度与预热方式，以减少氟挥发。

(3) 开展含氟废气治理技术的研究和推广。小型砖瓦厂有采用烟囱喷淋、泼水轮、旋流板塔、卧式喷淋等治理装置，其原理为用清水或石灰溶液进行吸收，效率差别较大，仍存在二次污染与设备受腐蚀，需经常更换等问题。要借鉴国内其他工业（如冶金、有色工业）的治理含氟废气的经验和国外的先进治理技术，开展干法治理技术的研究。

（三）氧化沥青尾气治理工程实例

某防水材料有限公司，生产、经营各种型号规格的防水材料。其中纸胎油毡达 200 万卷/年，建筑沥青 10 万吨。沥青氧化采用塔式氧化法。

1. 生产工艺

在油毡生产工艺中要制备氧化沥青见图 11-110。将原料渣油加热到一定的温度后鼓入空气，使之氧化，提高其针入度和软化度，达到制毡生产的需求。沥青氧化的工艺流程如图 11-111 所示。一般氧化温度为 200～250℃，耗风量为 150～300m^3/t。原料沥青在氧化过程中产生了大量的尾气，由氧化塔排出称为氧化沥青尾气，有强烈的恶臭，是该工艺过程中主要污染源。

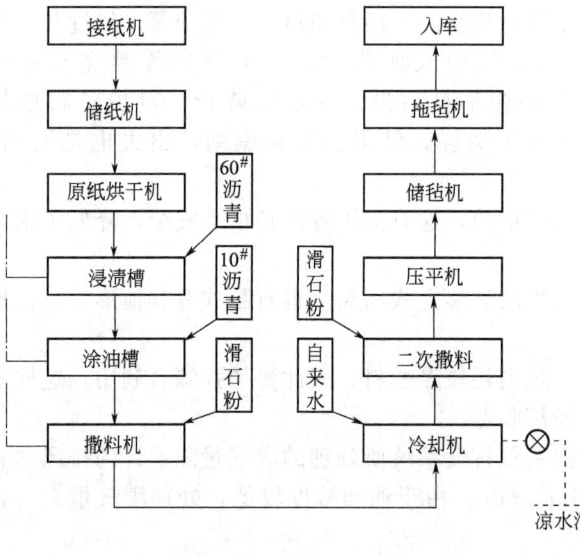

图 11-110 油毡生产工艺流程示意

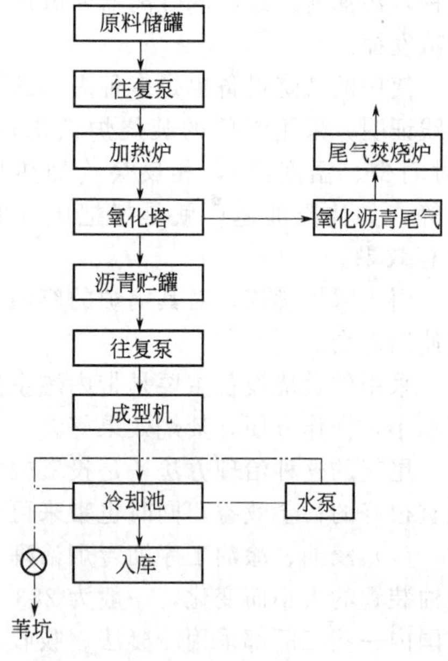

图 11-111 氧化沥青工艺流程示意

2. 废气类别及处理量

该尾气中含有大量的 N_2、水蒸气、CO_2，还含有恶臭及 3,4-苯并芘为代表的多环芳烃强致癌物。经测定氧化沥青尾气中含有 3,4-苯并芘平均值为 6010mg/m^3。大大超过国家规定的排放标准。可引起对环境的污染，对人的危害。

氧化沥青尾气的处理量为 4000m^3/h。

3. 处理工艺流程与操作条件

氧化沥青尾气的处理采用饱和器冷凝-高温焚烧法，其处理工艺流程见图 11-112。尾气由氧化塔顶引至饱和冷凝器，以鼓泡的形式穿过饱和器的液层（等于油洗），要注入适量的冷却水，在饱和器中进行传热、传质的过程中，水蒸气带走热量，尾气由 150℃冷却到 120℃，尾气中的馏出油经过溢流管流入馏出油脱水罐内，罐内设加热器，将馏出油中的水分汽化蒸发，脱水的馏出油自流入燃料油罐，经过饱和器冷凝后的尾气由焚烧炉下部进入炉内烧掉，以除去尾气中含有的有害和有味气体。

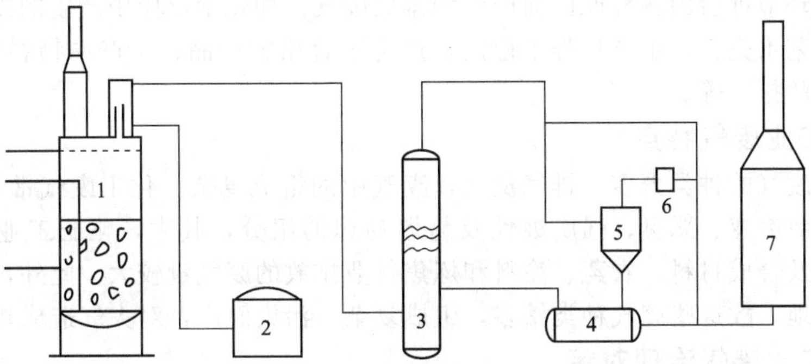

图 11-112　焚烧法处理尾气示意

1—氧化釜；2—污油罐；3—尾气分离塔；4—地下污油罐；
5—旋风分离器；6—阻火器；7—尾气焚烧炉

操作条件主要是控制焚烧温度和时间。温度过低，易造成焚烧炉熄火，温度过高易烧坏设备。一般焚烧温度为 800～1400℃，焚烧时间为 3～6s。

4. 主要设备

① 氧化塔 2 座，直径 3400mm×2000mm，生产能力为 15 万吨/年，氧化时间为 8h。

② 加热炉 1 座，立式圆筒型。

③ 焚烧炉 1 座，立式圆筒型，燃烧时间＞3s，温度为 850℃。

④ 空压机，2 台，ZLD20/3.5。

还有齿轮泵，往复泵等输送设备

5. 治理效果

氧化沥青尾气经过焚烧处理后恶臭没有了，尾气中的 3,4-苯并芘的含量大大减少，改善了人们的工作环境及厂区周围的环境。测试结果见表 11-50，除尘效率平均超过 99%。

表 11-50　治理测试结果

日期	焚烧前 B[a]P/(ng/m^3)	焚烧后 B[a]P/(ng/m^3)	除尘效率/%
10.17	6480	14.7	99.77
10.17	10400	19.8	99.81
10.18	3080	9.42	99.69
10.19	4080	8.72	99.78

利用焚烧法治理氧化沥青尾气也收到了良好的经济效益，尾气燃烧温度高达 850℃。利用焚烧的热量产生蒸汽，以供车间及厂区保温和动力用。在治理的过程中可回收馏出油 8.85t/d，可作为燃料油投入生产使用。

第五节 化学工业废气的治理

一、化学工业废气来源和特点

1. 化学工业废气的来源

化学工业废气主要来源于化学工业的每一个行业产品的生产和加工过程。在各个化工产品的每个生产环节都会因各种原因而产生和排放废气。如化学反应中产生的副反应和反应不完全；生产工艺不完善，生产过程不稳定，产生不合格的产品；生产中物料的跑、冒、滴、漏以及事故性的排放等。

2. 化学工业废气特点

化学工业废气的种类繁多，排气量大，废气中的组成复杂。化工废气常含有多种有毒、致癌、致畸、致突变、恶臭、强腐蚀性及易燃易爆的组分，其中，化肥工业、无机盐、氯碱、有机原料及合成材料、农药、涂料和炼焦行业排放的废气量较大。此外，由于大中小化工企业遍布各地，故这些废气种类繁多，组成复杂，污染面广，对大气造成较严重的污染。

3. 化学工业废气治理对策

为了减少化学工业所排放的废气对大气的污染，根据化学工业废气的来源和特点，可采取以下一些对策：

① 改革落后的生产工艺，开发和采用无废或少废生产工艺，推行清洁生产，是减少废气排放的根本途径；

② 合理调整生产布局，改善产品结构；

③ 加强综合利用，使废气资源化；

④ 开发和应用各种有效的废气治理高新技术。

二、氮肥工业废气治理技术

(一)合成氨工业废气治理及氨和氢回收[6,26]

合成氨工业废气主要包括三个来源：合成放空气、氨罐弛放气和铜洗再生气。这些废气中都含有氨，放空气和弛放气还含有 H_2、CH_4、Ar 等物质。

1. 变压吸附法回收合成放空气中的氢（PSA）

变压吸附法是利用吸附剂对气体的吸附容量随压力的不同而有差异的特性的方法。该工艺由变压吸附提氢系统（APS 装置）和净氨系统组成。放空气减压至 10MPa 进入氨液分离器，分离掉液氨后，高速通过喷嘴，在负压区与净氨塔底来的稀氨水充分混合，其中 80% 以上的气氨被稀氨水吸收。气体冷却后进入净氨塔，氨被喷淋下的软水进一步吸收，使之达到 200mL/m^3 以下。净氨后的气体（水洗气）再减压至 5MPa 进入 PSA 干燥系统，脱除微量的水和氨。最后减压至 1.6MPa 后进入 PSA 的吸附系统。常用的吸附剂有分子筛和活性炭。利用吸附剂对气体的吸附容量随压力的不同而有差异的特性，加压除去 CH_4、Ar、N_2 等组分，吸附剂经减压再生。该法回收的 H_2 纯度一般为 98.5%～99.99%，回收率为 55%～70%，回收的 H_2 返回合成氨系统。软水净氨产生的氨水（浓度为 90 滴度，1 滴度＝0.85gNH_3/L）返回合成氨碳化氨水系统利用。图 11-113 是合成塔后放空气处理工艺流程。

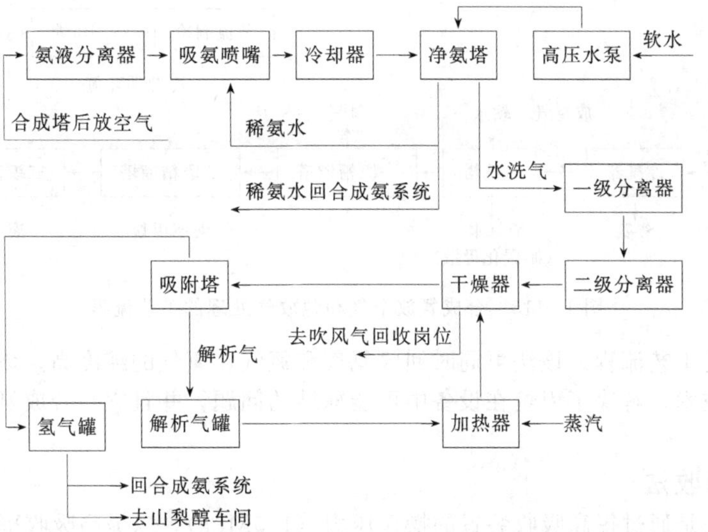

图 11-113　合成塔后放空气处理工艺流程

2. 膜分离法

膜分离法是将废气通过膜分离装置，如内置中空纤维管束的普里森分离装置，利用膜对气体的选择性渗透达到分离的目的。该法可回收弛放气中的氢。先将弛放气在预处理器中用软水洗涤，使其中的氨降到 200mL/m^3 以下，然后进入分离器进行分离，以得到较高纯度的氢气。图 11-114 是普里森分离器处理合成氨弛放气工艺流程。普里森分离器由预处理器和分离装置组成。首先，一级分离的管程气（H_2）被送进二级分离器，将氢气提纯到 98%以上，用于双氧水生产，其他氢气返回合成系统。最后的壳程气返回燃料系统作为燃料。该法技术先进，自动化程度高，生产过程简单，操作方便，占地面积小，可同时回收氢气和氮气。氢气回收率大于 90%，纯度约 90%。

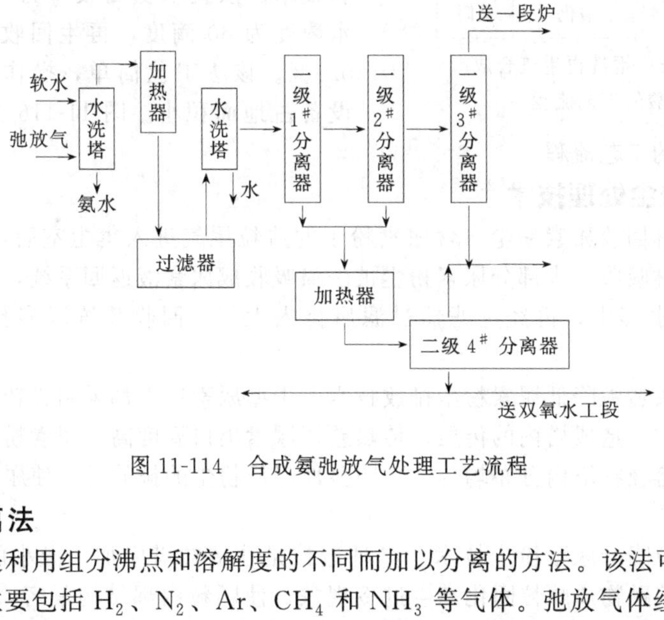

图 11-114　合成氨弛放气处理工艺流程

3. 深冷分离法

深冷分离法是利用组分沸点和溶解度的不同而加以分离的方法。该法可用于空气中氢的回收。放空气中主要包括 H_2、N_2、Ar、CH_4 和 NH_3 等气体。弛放气体经冷凝器将大部分氨冷凝为液氨后和放空气合流，进入水洗塔，用无氧软水吸收剩余的氨。然后，再用深冷精馏法逐一把氢、甲烷、氩和氮分离开，经分离后可得 90%的氢。图 11-115 是合成氨放空气

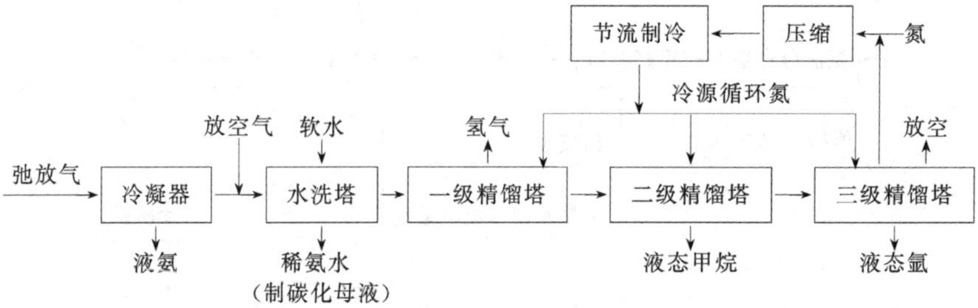

图 11-115 合成氨放空气和弛放气处理的工艺流程

和弛放气处理的工艺流程。该法可同时回收氢气和氮气，氢气的纯度高。该法采用二级深冷部分冷凝分离技术，解决了甲烷在设备中可能冻结的问题，并且它与合成氨系统相互独立互不影响操作。

4. 等压回收法

等压回收法是通过提高吸收装置的操作压力（1.5MPa），以提高吸收率。它可用于弛放气中氨的回收。该法工艺简单，操作方便，氨回收率高，约为 95%；回收的氨水浓度为 130～180 滴度，可直接回碳化系统。

5. 铜洗再生气中氨的回收

由于铜洗再生气中除含有 NH_3 外，还含有 CO_2，因此，在回收铜洗再生气中的氨的过程中，容易产生铵盐的结晶，引起管道堵塞。解决管道的堵塞问题是铜洗再生气中氨回收的技术关键。可以通过降低铜洗再生气中 NH_3 的含量来防止结晶的产生，因此，按照平衡原理进行分段吸收，增大氨水的浓度梯度，形成了“软水洗涤、稀氨水部分循环、两次吸收”铜洗再生气回收技术。该技术氨回收率为 95%左右，回收氨水浓度为 60 滴度，再生回收气含 Ar 0.02%～0.5%。该法工艺简单，操作方便，生产稳定，设备占地面积小。图 11-116 是利用合成氨铜洗再生气合成草酸的工艺流程。

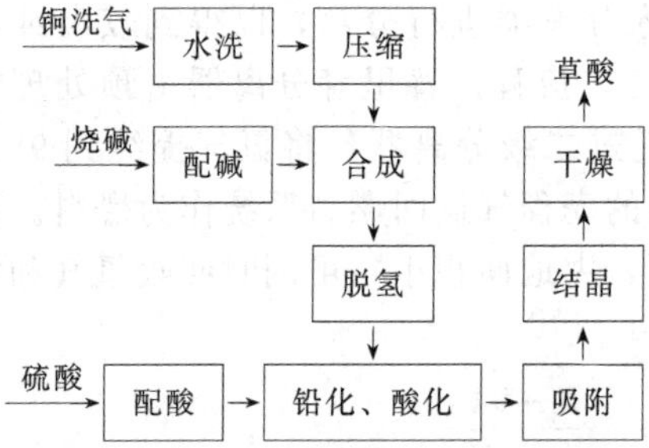

图 11-116 铜洗再生气合成草酸的工艺流程

(二)尿素粉尘处理技术[2,27]

(1) 湿法喷淋回收尿素粉尘　含尿素粉尘的造粒尾气进入集尘室后，用 10%～20%的稀尿素液进行喷淋吸收。大部分尿素粉尘被洗涤吸收成尿素液返回系统，未被洗涤下来的尿素粉尘则溶解于水雾中，再经过滤器过滤后排入大气。回收装置以多孔泡沫树脂为过滤材料。

(2) 斜孔喷头造粒降低尿素粉尘排放技术　中型尿素厂大都采用旋转式直孔喷头，其喷淋分布严重不均匀，造成塔内的传质、传热差，尿素出口温度高，尿素粉尘排放量大。改用斜孔喷头后尿素熔液在塔内分布均匀，可明显地降低粉尘的排放量，使尿素粉尘的排放量下降 50%。

(3) 晶种造粒降低尿素粉尘技术　晶种造粒是在造粒塔中加入微小的尿素粉尘作为晶种，可避免尿素熔融物质颗粒固化产生过冷现象，使颗粒内部结构紧密，耐冲击强度增强，从而降低机械破碎所产生的尿素粉尘浓度。实际生产表明，造粒塔尿素粉尘浓度可降低 40%，包装车间的尿素粉尘浓度可降低 58%。

(三)复合肥生产除尘工程实例

(1) 复混肥厂滚筒冷却尘气的特点　复混肥厂生产的合成化肥成分包括硝酸铵、磷酸铵、氯化钾、硫化钾等，烟尘特性见表 11-51。建厂初期选用了回转反吹风袋式除尘器，据反映，滤袋经常被黏附，平均不到 1 个月需要更换一次清洗后的干净滤袋，否则，冷却滚筒的温度升高，烟气抽不走外溢，影响复混肥的质量及产量。另外，除尘器灰斗也极易结块，难以排除。根据氯化钾、硫化钾等成分极易吸湿潮解，且烟气自身含湿量也较大的特点，从改善袋式除尘器运行条件入手，确保其在露点以上 10～20℃运行，将回转反吹风袋式除尘器改为低压长袋脉冲除尘器。

表 11-51　烟尘特性

<table>
<tr><th>项　目</th><th colspan="2">参　　数</th><th>项　目</th><th>参　　数</th></tr>
<tr><td>烟气量/[m³(标)/h]</td><td colspan="2">80000</td><td rowspan="4">粒度分布/%</td><td rowspan="4">0～30μm
30～60μm
60～100μm
100μm 以上</td></tr>
<tr><td>烟气温度/℃</td><td colspan="2">50～80</td></tr>
<tr><td rowspan="3">烟气成分/(kg/h)</td><td>干空气</td><td>9500</td></tr>
<tr><td>水</td><td>2500</td></tr>
<tr><td>灰尘</td><td>1000(正常)[12g/m³(标)]
2000(最大)[25g/m³(标)]</td><td>烟尘堆密度/(kg/m³)</td><td>900～12000</td></tr>
</table>

(2) 除尘工艺　由于冷却滚筒烟气的出口温度 50～80℃，而烟气露点温度与此温度十分接近，为 45～50℃，所以必须保证烟气进入滤袋时的温度高于 65℃。设计采用了如图 11-117 所示的除尘工艺流程。

该工艺具有如下特点：

① 除尘器壳体采取聚亚胺酯材料保温，保温厚度为 100mm；

② 灰斗设有振动器，同时灰斗及螺旋输灰机还在活动保温层内安装了带式电加热器，以确保粉尘的不结块，顺利输送；

③ 设立循环热风系统，使除尘器一直在 70℃左右；

④ 除尘器采用覆膜滤料，滤速选取为 1.4～1.7m/min，滤袋本身不易被粉尘黏附，易于清灰；

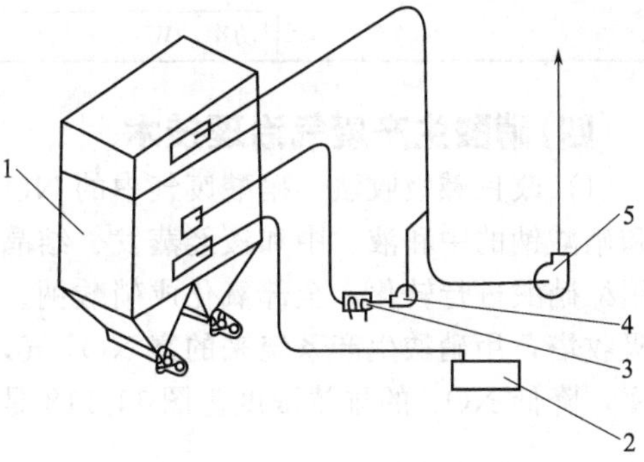

图 11-117　除尘工艺流程

1—除尘器；2—尘源点；3—混风阀；4—混风风机；5—排风机

⑤ 脉冲阀选用澳大利亚 GOYEN 公司 3″ MM 系列电磁脉冲阀，其使用寿命能达 100 万次以上，其流量系数 k_V 值为 200.4，空气动力特性好。

(3) 主要设备　除尘器及配套设备性能参数见表 11-52。

(4) 使用效果

① 该系统的技术改造从旧设备拆除到新设备的安装仅用了 70 天。

② 该系统改造后，生产稳定，实测排放浓度为 4mg/m³，车间环境得到了改善，同时每天回收肥料 28.6t，取得了较好的经济效益。

③ 该系统的正常运行，证明了袋式除尘器只要运行条件控制得当，就能有很大的应用领域。

表 11-52 除尘器及配套设备性能参数

设备	项 目	参 数
脉冲袋式除尘器	型式	长袋低压脉冲除尘器
	处理风量/(m^3/h)	80000
	过滤面积/m^2	1152
	过滤风速/(m/min)	1.4～1.7
	滤袋材质及质量/(g/m^2)	覆膜针刺毡 500
	滤袋规格/mm	ϕ120×5000
	滤袋数量/条	680
	设备运行阻力/Pa	1600～1800
	总重/t	35
热风风机	型式	9-26№.10D 型
	风量/(m^3/h)	6000
	风压/Pa	5900
	配用电机	Y200L-4
	功率/kW	30
电加热器	SRK2-36	72kW(温控自动切换)
主风机	型式	G4-73№.16 型
	风量/(m^3/h)	108000
	风压/Pa	3600
	配用电机	Y2355-6
	功率/kW	185

(四)硝酸生产废气治理技术

(1) 改良碱吸收法 硝酸废气中的 NO_x 经吸收塔被 Na_2CO_3 溶液吸收，生成含亚硝酸钠和硝酸钠的中和液。中和液经蒸发、结晶、分离制得亚硝酸钠产品。分离出的亚硝酸钠母液用稀硝酸进行转化，全部氧化成硝酸钠。经蒸发、结晶、分离制得硝酸钠产品。该法有三个吸收塔，用硝酸生产系统来的富 NO_2 气，在 2# 和 3# 吸收塔进行“副线配气”，以提高吸收率，降低 NO_x 的排放浓度。图 11-118 是硝酸废气治理的工艺流程。

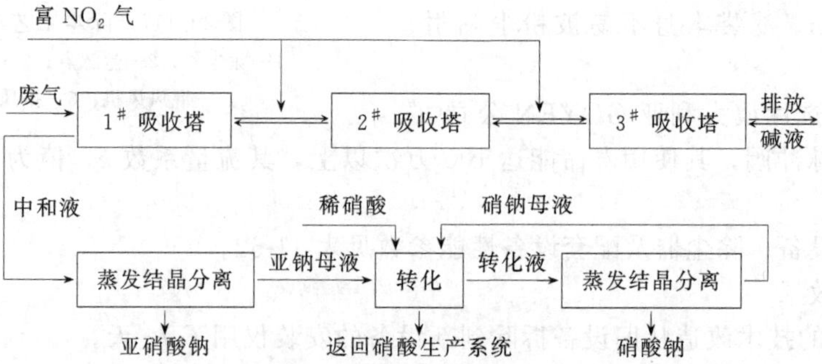

图 11-118 硝酸废气治理的工艺流程

(2) 选择性催化-还原法 该法是在铜-铬催化剂的作用下，氨与尾气中的氮氧化物进行选择性还原反应，以除去废气中的氮氧化物。图 11-119 是硝酸废气治理工艺流程。

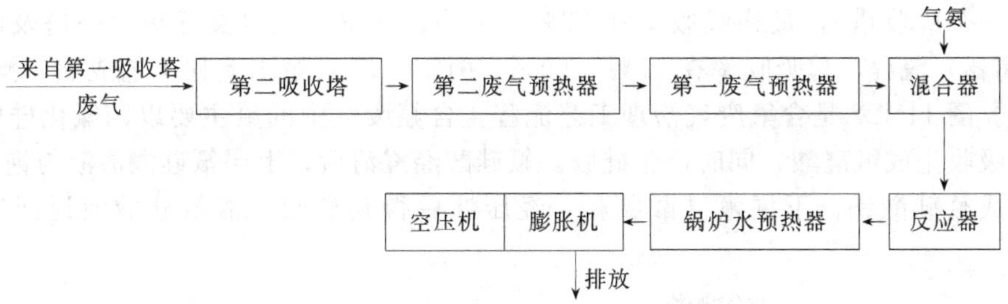

图 11-119 硝酸废气治理工艺流程

三、磷肥工业废气治理技术

(一)含尘废气治理

1. 磷矿加工过程含尘废气除尘

磷矿石粉碎普遍采用风扫磨，其含尘废气的治理可分为干法和湿法，干法又可分为单级除尘和双级除尘。

(1) 湿法除尘 湿法除尘通常是指旋风分离-湿法除尘技术，可采用水膜除尘或泡沫除尘技术。湿法除尘设备简单，操作及维修方便，投资少，运行费用低。但该法除尘效率低，一般在 60%左右，此外还可产生目前难于处理的矿浆。

(2) 干法除尘

① 单级除尘技术。单级除尘采用一级除尘设备，如袋式除尘器等。单级除尘设备少，工艺简单，投资和运行费用低。但袋式过滤器进气中粉尘浓度大，袋式过滤器的负荷高，集尘量大，清灰周期短。图 11-120 是风扫磨工艺废气干法单级除尘工艺流程。

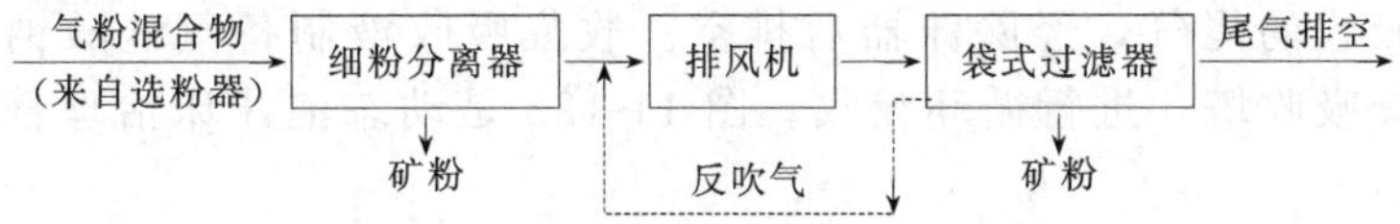

图 11-120 风扫磨废气干法单级处理工艺流程

② 双级除尘技术。风扫磨工艺废气的双级除尘技术，是在袋式过滤器前再加一级旋风分离器，以减轻袋式过滤器的负荷，延长反吹时间和运行时间。风扫磨工艺废气的双级干法除尘流程见图 11-121。该法除尘效率可达 98%以上。

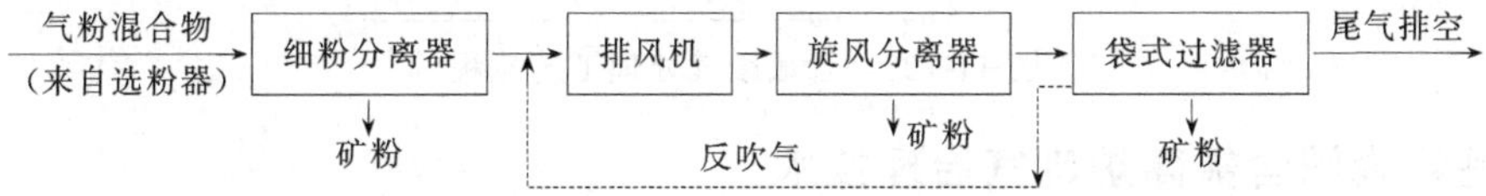

图 11-121 风扫磨废气干法双级除尘工艺流程

2. 高炉钙镁磷肥含尘废气治理

炉气除尘通常采用重力沉降-旋风除尘工艺，然后结合除氟进一步净化气体。

3. 硫酸原料处理过程含尘废气治理

硫铁矿破碎、筛分和干燥过程中产生的含尘废气，大型硫酸厂可采用旋风除尘-高压静电除尘器进行除尘，中小型硫酸厂多采用湿法除尘技术。

(二)含氟废气治理技术[6,16]

1. 普通过磷酸钙含氟废气治理

(1) 水吸收法 含氟废气中的氟化物易溶于水，通常以水作吸收剂。吸收液一般为 8%～10%的氟硅酸溶液。根据不同的装置的配置可有不同的工艺，如两室一塔流程（两个吸收室，一个吸收塔)，最终吸收率在97%～99%；一室一文（文丘里）一塔及两文一旋（旋风分离器）流程，总吸收率在97%～99%。两室一塔双除沫流程工艺成熟，操作简单，维修容易。图11-122是含氟废气治理工艺流程。含氟废气中的氟主要以四氟化硅的形式存在，用水吸收生成氟硅酸，同时产生硅胶。氟硅酸经澄清后，上层氟硅酸清液与饱和食盐水反应，生成氟硅酸钠；下层氟硅酸稠相，经压滤后得到硅胶。清氟硅酸液返回制造氟硅酸钠。

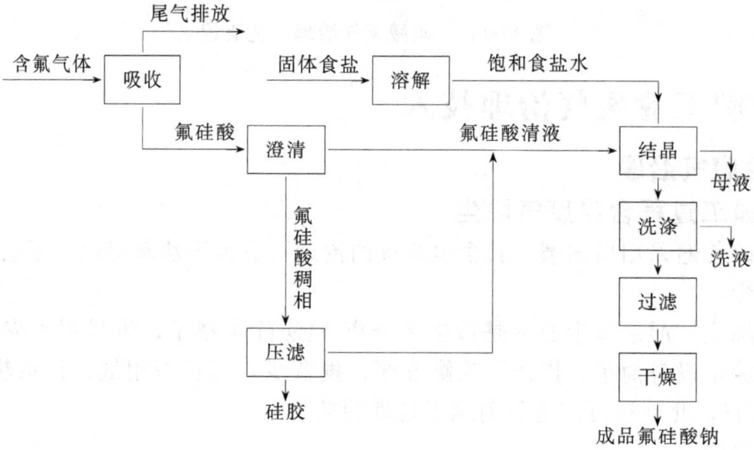

图11-122 含氟废气治理工艺流程

(2) 动态泡沫床治理技术 含氟废气进入具有穿流式旋转塔板的动态泡沫吸收塔，在塔中以水或水溶液吸收废气中的SiF_4和HF。为了提高吸收率，吸收液中加入少量的表面活性剂。未被吸收的尾气，经除沫器后排空。收集吸收液制备氟硅酸钠，分离后的母液返回动态泡沫吸收塔，进行循环吸收。图11-123是动态泡沫床治理普钙磷肥含氟废气的工艺流程。

(3) 氨吸收法 该法是用氨作为吸收剂吸收氟，再加入铝酸钠制取冰晶石的方法。

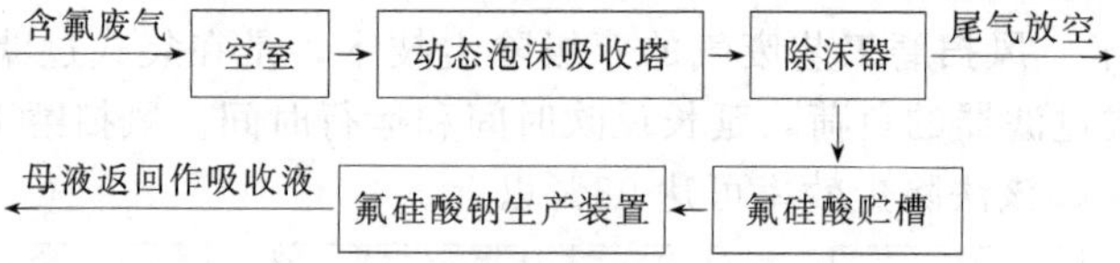

图11-123 含氟废气处理工艺流程

2. 钙镁磷肥含氟高炉废气治理技术

(1) 干法治理技术 干法是采用块状石灰石或氧化铝作为吸附剂进行吸附。其优点是不产生含氟废水，回收的氟化钙可直接用于制备无水氟化氢或氢氟酸等，但不同的石灰石的吸收效率相差很大。

(2) 湿法治理技术 目前国内普遍采用湿法治理技术，以水为吸收剂生成18%的氟硅酸溶液。湿法治理不仅除氟率可达97%，而且还可以同时除去其他污染物如硫化物等。湿法磷酸含氟废气治理工艺流程见图11-124。

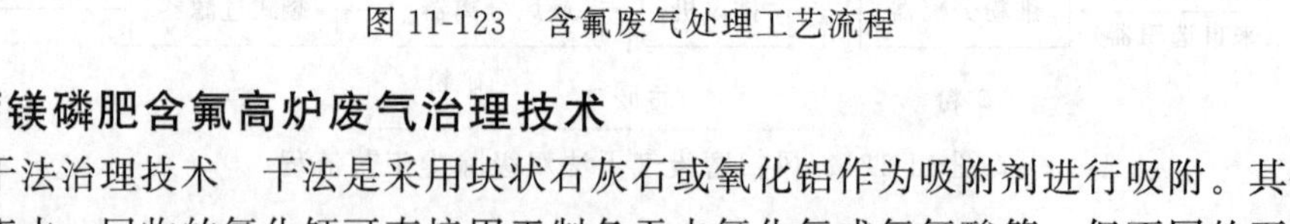

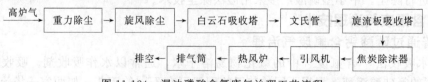

图11-124 湿法磷酸含氟废气治理工艺流程

(3) 炉内除氟与炉外除尘除氟　在高炉内生产钙镁磷肥时，磷矿在熔融过程中 30%～50%的氟进入炉气。高炉内的炉气在经过煅烧白云石料层时，发生化学反应生成氟化钙、氟化镁，随炉料下降，在熔融区与磷矿共熔成肥料。少量氟随高炉气排出高炉。该炉气进入重力除尘器除掉较大的粉尘，然后经旋风分离器和水膜除尘器进一步除尘。图 11-125 是炉内除氟与炉外除尘除氟法处理钙镁磷肥高炉荒煤气的工艺流程。

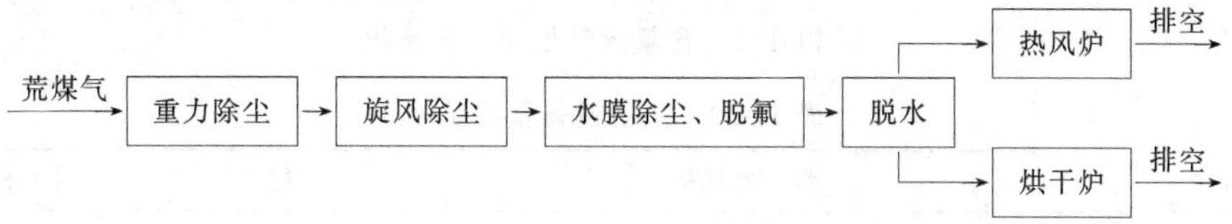

图 11-125　炉内除氟与炉外除尘除氟工艺流程

3. 重过磷酸钙含氟废气治理技术

混合化成过程排出的含氟废气经两级洗涤后排空。熟化仓库含氟废气以石灰乳吸收后经排气筒排空，使其氟含量低于 6mg/m^3。

4. 磷酸生产含氟废气治理技术

湿法磷酸生产过程中排出的含氟废气，以水为吸收剂进行吸收处理，生成 18%左右的氟硅酸溶液。其工艺流程见图 11-126。

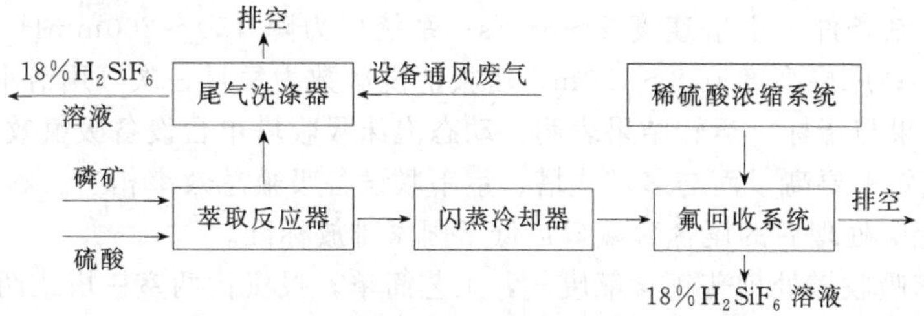

图 11-126　湿法磷酸含氟废气治理工艺流程

5. 磷肥厂动态泡沫床处理普钙含氟废气实例

(1) 生产工艺流程和废气来源　装置设计能力普钙 10 万吨，实际年产 8 万吨，间歇法生产。普钙的生产工艺流程如图 11-127 所示。

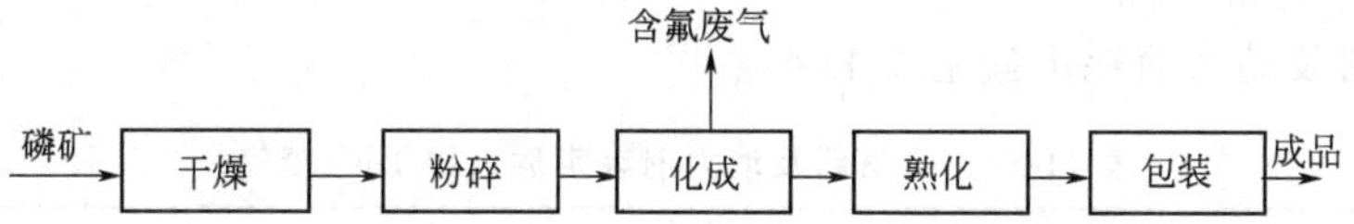

图 11-127　普钙生产工艺流程

在化成工段用硫酸分解磷矿石的过程中放出含氟废气。

废气中的主要污染物为 SiF_4 和 HF，其排放量为 3500～4500m^3（标）/h，含氟 23.6g/m^3。

(2) 废气处理工艺流程　含氟废气处理工艺流程如图 11-128 所示。

含氟废气经空室后进入动态泡沫吸收塔，塔型采用穿流式旋流塔板。在塔中用水或水溶液吸收废气中 SiF_4 和 HF。为了提高吸收效率，吸收液中加入少量的表面活性剂。未被吸收的尾气，经除沫器后排空。吸收液流入贮槽送至氟硅酸钠生产装置，氟硅酸钠经结晶、分离、干燥后作为成品。分离后的母液返回动态泡沫吸收塔，进行循环吸收。

(3) 主要设备及构筑物　主要设备及构筑物见表 11-53。

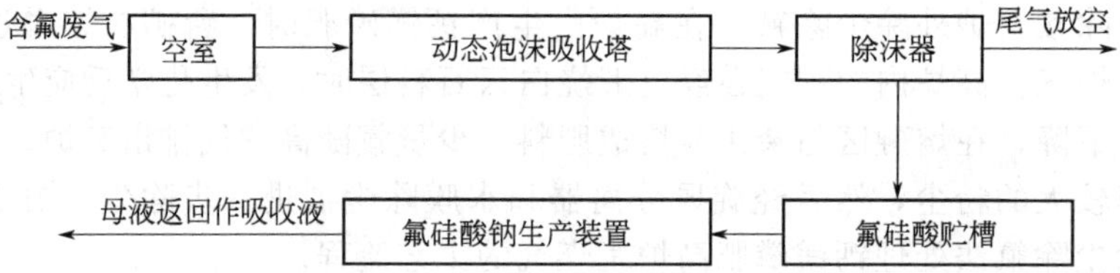

图 11-128 含氟废气处理工艺流程

表 11-53 主要设备及构筑物

名称	型号及规格	台数	材质
空室	$V=30m^3$	1	砖
动态泡沫吸收塔	ϕ630mm×5500mm	1	Q235
高位槽	ϕ800mm×2000mm	2	Q235
除沫塔	ϕ1240mm×3000mm	1	Q235
氟硅酸贮槽	$V=14m^3$	1	Q235
风机	风量 $5000m^3/h$，电机 5.5kW	1	
泵	流量 $10m^3/h$，电机 2.2kW	2	塑料

（4）工艺控制条件　空塔速度 2～3m/s；系统压力降 150～200mmH_2O；床层压力降 80～120mmH_2O；床层高度 0.8～1.0m；塔板清洗次数为每月一次（用清水，不停车）。

（5）处理效果与指标　运转结果表明，动态泡沫吸收塔单台设备吸氟效率比目前国内任何单台设备吸氟效率要高，而与多塔或塔、室串联设备吸氟总效率相当。本装置吸氟效率稳定在 99.5%以上。处理后的尾气含氟量远低于国家排放标准。

① 动态泡沫吸收塔处理普钙含氟废气，工艺简单，投资比两室一塔或两塔一室少 60%。运转稳定操作简便，单元设备除氟效率高，无二次污染。

② 动态泡沫吸收塔对材质要求低。国内现有装置一般都采用涂敷或衬防腐材质，使用时间短，且价格昂贵。该法采用 6710 缓蚀剂，当氟硅酸（H_2SiF_6）含量在 8%～12%时，4.5～6mm 厚的碳钢设备可使用 3～4 年。

③ 主要技术经济指标

（6）原材料及动力消耗定额见表 11-54。

表 11-54 原材料及动力消耗定额（每 $1m^3$ 废气）

名　称	规　格	单　位	消耗定额
电		kW·h	0.375
水	工业水	kg	2×10^{-3}
表面活性剂	81-1	kg	2.6×10^{-5}
缓蚀剂	6710	kg	1.0×10^{-5}

四、无机盐工业废气治理技术

(一)铬酸酐废气治理（水喷淋-碱吸收法）

铬酸酐生产加热熔化的过程中，将产生含氯和铬及其化合物的废气。铬酸酐的废气治理主要采用水喷淋-碱吸收法。铬酸酐的废气经水喷淋降温，CrO_2Cl_2 遇水分解，除去氯化铬酰和六价铬，再进入碱吸收塔用纯碱吸收，所有的氯离子都形成氯化钠溶于水中，净化后的废气排放，废液送去处理。该法工艺简单，技术成熟，操作方便，设备投资少，氯化铬酰、六价铬及氯气的去除率均达到90%以上。图 11-129 是两级吸收法处理铬酸酐废气的工艺流程。

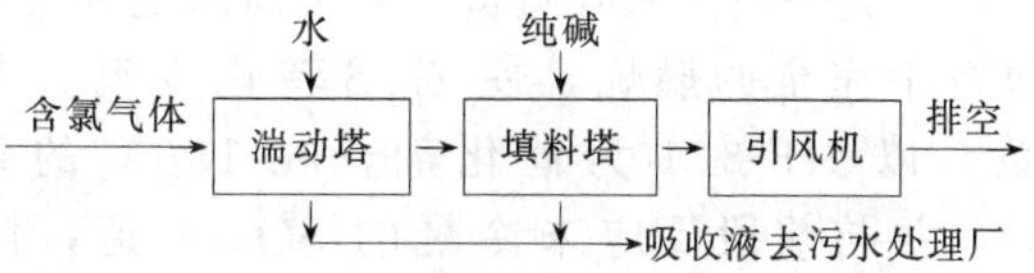

图 11-129 铬酸酐尾气治理工艺流程

(二)过氧化氢废气处理（冷凝吸收法）

在用蒽醌法制备过氧化氢的氧化过程中，将产生主要成分是氮和重芳烃的废气。过氧化氢废气的治理大多采用冷凝吸收技术。过氧化氢废气进入冷凝器和一、二级鼓泡吸收器，产生的冷凝液进入烃水分离器，回收的烃返回生成系统，废水排入污水厂处理，净化后的气体可达标排放。该技术设备简单，操作方便，技术可行，去除率在 95%以上。图 11-130 是用冷凝吸收法处理蒽醌法过氧化氢生成废气的工艺流程。

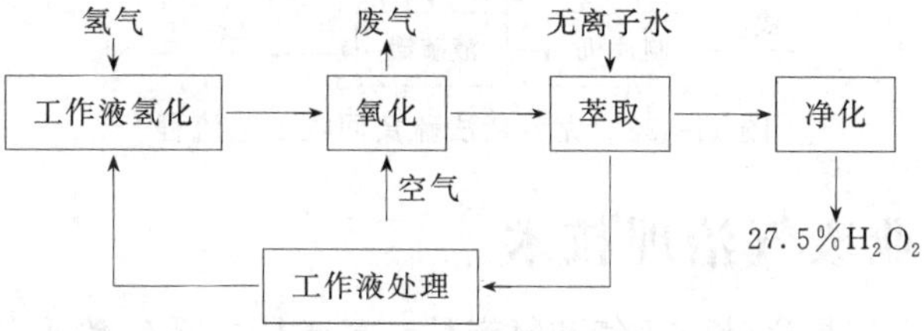

图 11-130 蒽醌法过氧化氢生成废气处理工艺流程

(三)黄磷炉气处理技术

黄磷炉气中主要是 CO 以及很少的磷、氟、硫及砷等组分。通过水洗、碱洗，以除去炉气中的烟尘，再进行脱硫便可以得到高纯度的 CO 气体。CO 气体可进一步加工成一些诸如甲酸、甲酸钠和草酸等产品。该法工艺成熟，对废气中的 CO 综合利用率高。图 11-131 是利用黄磷生成废气制甲酸钠的工艺流程。

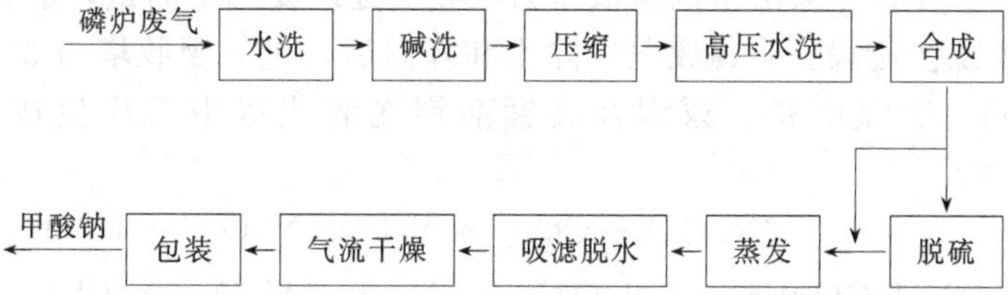

图 11-131 利用黄磷生成废气制甲酸钠的工艺流程

(四)硫化氢废气治理技术

(1) 湿接触法制硫酸 在碳酸钡和氯化钡的生产过程中产生硫化氢废气。将硫化氢废气完全燃烧，生成二氧化硫，以矾为催化剂使其转化为三氧化硫，再以水吸收成硫酸。该法工艺技术可行，装置的一次投资虽然较大，但是对废气中的硫化氢的回收率较高，有较好的经济效益。废气经处理可达标排放。图 11-132 是利用湿接触法将碳酸钡生成废气中的硫化氢制成硫酸的工艺流程。

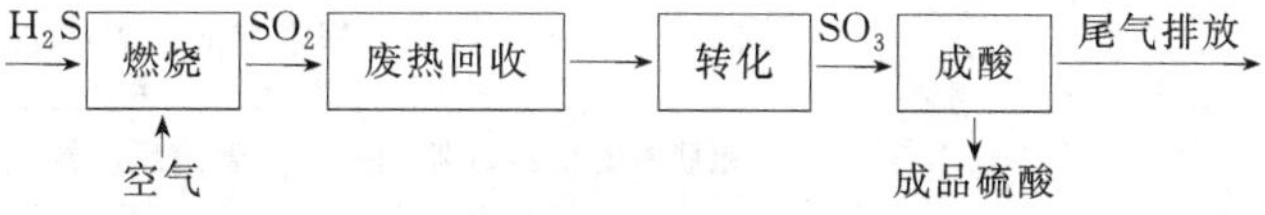

图 11-132 湿接触法制硫酸的工艺流程

（2）克劳斯法回收硫黄 克劳斯法是利用克劳斯反应的一种方法。它是在氧不足的情况下进行不完全的燃烧，使 H_2S 转化成硫。再经过两冷两转两捕或三冷三转三捕制得硫黄。以 HF-861 为催化剂，在 150℃ 的条件下，将未转化的 H_2S 再次燃烧生成 SO_2，并与前段反应未冷凝的 SO_2 一道，用于生成硫代硫酸钠。该法工艺简单，操作方便，运转费用低，回收的硫黄经济效益高。但该法 H_2S 的转化率低，废气需再处理才可达标排放。图 11-133 是利用克劳斯法回收碳酸钡废气中硫化氢制硫黄的工艺流程。

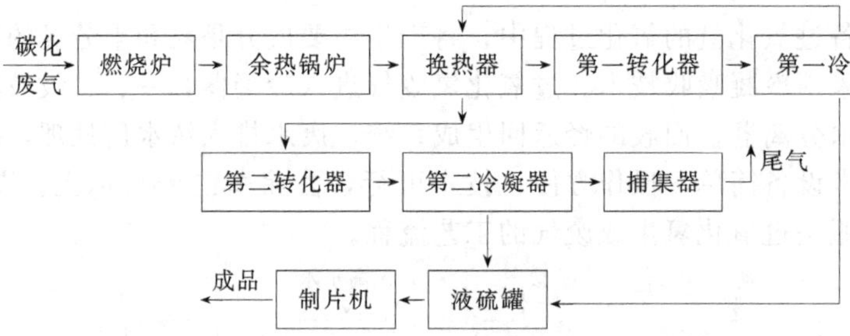

图 11-133 克劳斯法硫黄回收工艺流程

五、氯碱工业废气治理技术

氯碱工业主要的产品是烧碱、氯气和氯产品。氯产品主要有聚氯乙烯、液氯、盐酸等十几种产品。氯碱工业废气主要含汞和氯乙烯。

(一)含氯废气的治理技术

1. 吸收法

（1）含氯废气制次氯酸盐 该法采用填料塔或喷淋塔等吸收塔，以碱液吸收处理废气。常用的碱液为 NaOH、$Ca(OH)_2$ 和 Na_2CO_3。所排出的吸收液为次氯酸盐产品。该法工艺简单，操作方便。

（2）氯废气制水合肼 该法是以碱液作为吸收剂处理废气中的氯，最后制成水合肼。图 11-134 是废气处理工艺流程。含氯废气经除尘和降温后，进入吸收塔与 30%的 NaOH 溶液反应生成次氯酸钠。次氯酸钠、尿素及高锰酸钾在氧化锅中反应生成水合肼。其反应原理是：

$$2NaOH + Cl_2 \longrightarrow NaCl + NaOCl + H_2O \tag{11-94}$$

$$NaOCl + NH_2CONH_2 + 2NaOH \longrightarrow N_2H_4 \cdot H_2O + NaCl + Na_2CO_3 \tag{11-95}$$

该法工艺简单，处理效果好。处理后，尾气中的氯含量可达 0.05%以下。

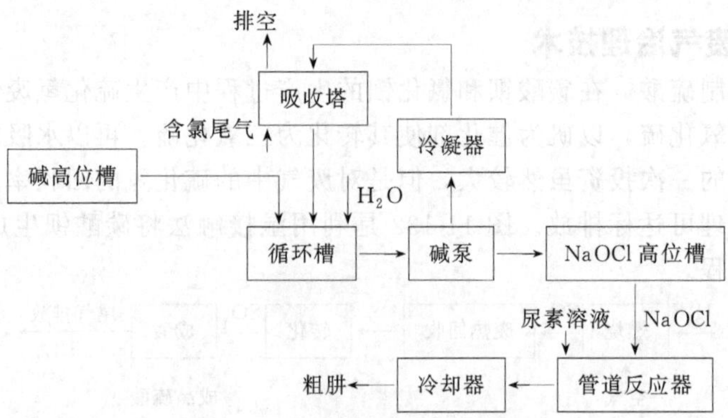

图 11-134 含氯尾气处理工艺流程

(3) 水吸收法　当废气中氯的浓度小于1%时，可以用水吸收氯气，然后再用水蒸气加热解吸，回收氯气。

(4) 二氯化铁吸收法　该法是在填料塔中，用二氯化铁溶液吸收含氯废气生成三氯化铁，然后用铁屑还原三氯化铁为二氯化铁，使之循环使用。该法脱氯效率可达90%。

(5) 四氯化碳吸收法　当氯气的浓度大于1%时，可以用四氯化碳为吸收剂进行吸收。吸收液经加热或吹除解吸。氯气可回收。

2. 氧化还原法（铁法）

该法是以铁屑与含氯废气中所携带的氯化氢反应，生成氯化亚铁；氯化亚铁吸附氯气，并将二价铁氧化成三价铁，而三价铁又被铁屑还原，再次参加吸附反应。

3. 利用漂白粉生产废气中的氯气制水合肼实例[27]

(1) 生产工艺流程和废气来源　年产漂白粉（有效氯32%）8000t，日产约24t，连续生产。

漂白粉生产的工艺流程如图11-135所示。

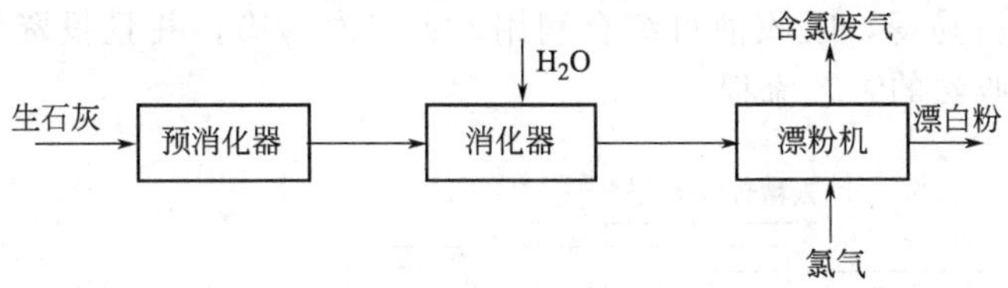

图11-135　漂白粉生产的工艺流程

将符合质量要求的生石灰送入预消化器内，在65～80℃条件下进行预消化，然后进入消化器过筛，使穿过筛孔的石灰经过陈化仓进入漂粉机进行氯化反应，尾气从顶部排出。

废气的主要成分是空气、氯气和石灰粉尘，排放量为1226m^3/h。氯含量约3%，按此值计，氯排放量为116.58kg/h，大大超过国家排放标准。

(2) 废气处理工艺流程　向循环槽内加入30%的液碱，开泵循环，加水使溶液浓度达27%。用此碱液在填料塔喷淋吸收排出的含氯尾气。经吸收处理的尾气由引风机抽出排空。吸收液返回循环槽，由泵送至冷凝器，经冷却后再进吸收塔循环使用。当吸收液达到规定质量后，送入次氯酸钠高位槽。将尿素液与次氯酸钠按比例进入管道反应器，在一定温度下生成水合肼。水合肼经缓冲罐进入冷却器，用自来水冷却得粗水合肼。

(3) 主要设备及控制条件　主要设备及构筑物见表11-55。

表11-55　主要设备一览表

名称	型号及规格	数量	材质
漂粉机	ϕ600mm×3500mm,10t/d,电机10kW	3	组合件
尾气吸收塔	ϕ1000mm×5630mm	3	PVC
次氯酸钠循环槽	ϕ1500mm×1200mm	3	PVC
次氯酸钠冷却器	ϕ800mm×3534mm,列管式	3	A_3
耐酸陶瓷风机	HTF-250	2	组合件
循环泵	3BA-9	4	组合件
碱贮槽	ϕ2000mm×3000mm	1	A_3

续表

名称	型号及规格	数量	材质
次氯酸钠高位槽	ϕ1800mm×2600mm	2	PVC
冷却器	ϕ2000mm×5000mm	1	A_3
管道反应器	ϕ80mm/ϕ150mm×6400mm	2	A_3

工艺控制条件：原料液碱浓度 ≥30%；有效氯含量 ≥8%～10%；游离碱 11%～15%；反应温度 ≤40℃；冷却器温度 ≤20℃；循环泵压力 0.2～0.25MPa；冷却水温度 <8℃；系统清洗时间 >0.5h。

（4）处理效果　含氯尾气经处理后达标排放，浓度为 3.03mg/m^3，去除率达 99.9%。

（二）含汞废气的治理技术[6,26]

（1）次氯酸钠溶液吸收法　将含汞废气进行冷却后，进入气体吸收塔，用次氯酸钠溶液进行吸收，以除去废气中的汞。该水溶液为用含有效氯 50～70g/L 的 NaClO 溶液与含氯化钠 310g/L 的精盐和工业盐酸配制而成。它含有效氯 20～25g/L，含 120～220g/L 的 NaCl。该法工艺简单，原料易得，吸收液可综合利用，无二次污染，并且投资费用低。图 11-136 是次氯酸钠溶液吸收法的工艺流程。

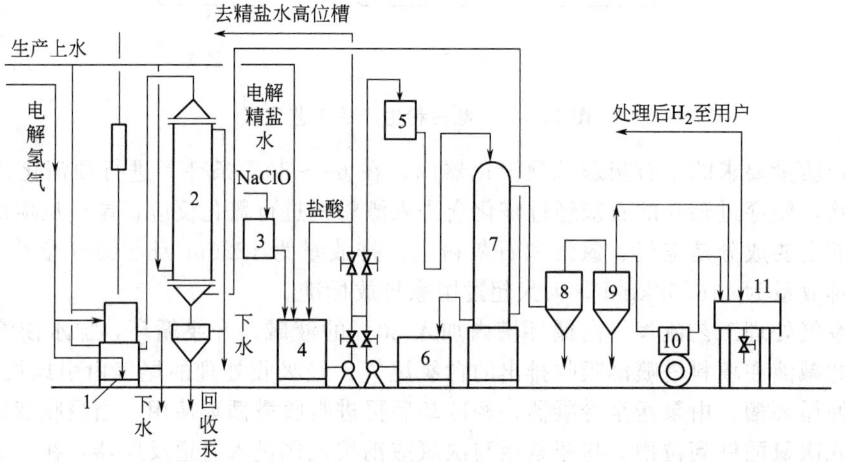

图 11-136　次氯酸钠溶液吸收法除汞工艺流程

1—水封槽；2—氢气冷却器；3—次氯酸钠高位槽；4—吸收液配制槽；5—吸收液高位槽；6—吸收液循环槽；7—吸收塔；8—除雾器；9—碱洗罐；10—罗茨真空泵；11—气液分离器

（2）活性炭吸附法　将含汞废气进行冷却后，进入三级串联的活性炭塔进行吸附。该法工艺简单，除汞效果好，处理后尾气中汞的含量为 10μg/m^3。但是，活性炭不能再生，需后处理。

（3）冷凝-吸附法　对于含汞废气，可利用冷凝法来净化回收。但是，由于汞易挥发，单靠冷凝并不能使处理后的气体达到排放标准。所以冷凝法常作为吸附法或吸收法的前处理过程。当冷凝温度为 20～30℃时，净化效率可达 98%以上。

（4）高锰酸钾溶液吸收法　高锰酸钾溶液具有很高的氧化还原电位，当与汞蒸气接触时，生成 HgO 和络合物 Hg_2MnO_2 而沉降下来，达到净化汞蒸气的目的。吸收过程可在吸收塔中进行。图 11-137 是高锰酸钾溶液吸收法除汞的工艺流程。

(三)氯乙烯废气的治理技术

1. 活性炭吸附法

利用活性炭吸附氯乙烯废气中的氯乙烯，将吸附在活性炭上的氯乙烯解吸后返回生产装置。该法除氯乙烯效果好，运行可靠，效果稳定。处理后尾气中的氯乙烯含量可小于1%。氯乙烯的回收量可达年产量的1%，降低电石的消耗量18kg/t（PVC）。但是，其处理成本较高。图11-138是利用活性炭吸附法回收聚氯乙烯生产废气中氯乙烯的工艺流程。

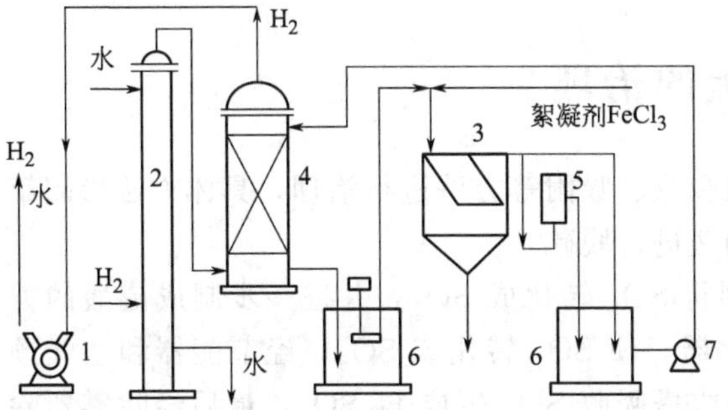

图11-137　高锰酸钾溶液吸收法除汞的工艺流程

1—水环泵；2—冷凝器；3—吸收塔；4—斜管沉降器；5—增浓器；6—贮液池；7—离心泵

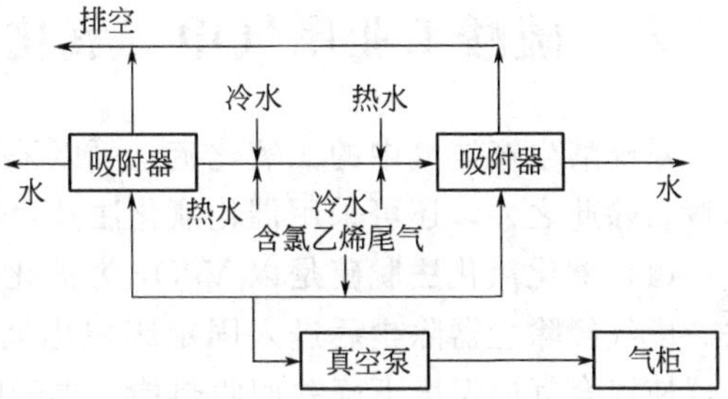

图11-138　氯乙烯回收工艺流程

2. 溶剂吸收法

（1）三氯乙烯吸收法　氯乙烯易溶于三氯乙烯中，三氯乙烯和氯乙烯的沸点相差很大，且氯乙烯又无共沸物，易于分离，故在吸收塔中利用三氯乙烯作吸收剂来吸收废气中的氯乙烯。吸收后的三氯乙烯进入解吸塔进行解吸，解吸出的氯乙烯返回气柜，三氯乙烯循环使用。该法除氯乙烯效果好，处理成本低。其回收率达99.6%，处理后尾气中的氯乙烯含量可降到0.2%～0.3%。图11-139是利用三氯乙烯吸收法回收氯乙烯的工艺流程。

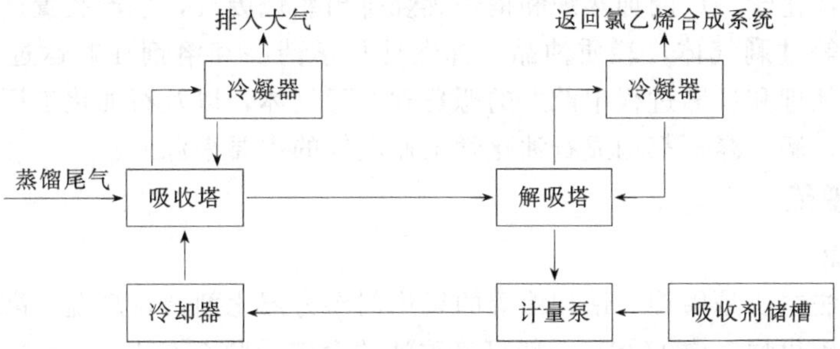

图11-139　氯乙烯回收工艺流程

（2）*N*-甲基吡咯烷酮吸收法　利用*N*-甲基吡咯烷酮作为吸收剂，吸收废气中的氯乙烯和C_2H_2。该法处理效率高，易于解吸分离，处理后尾气中的氯乙烯含量小于2%。但是，吸收剂昂贵，且再生后吸收率下降。

3. 聚氯乙烯浆料汽提法

该法利用氯乙烯挥发点低的特点，在真空条件下很容易从聚氯乙烯的浆液中分离出来。图11-140是聚氯乙烯浆料汽提法的工艺流程。聚氯乙烯浆料由聚合釜排至出料槽中，

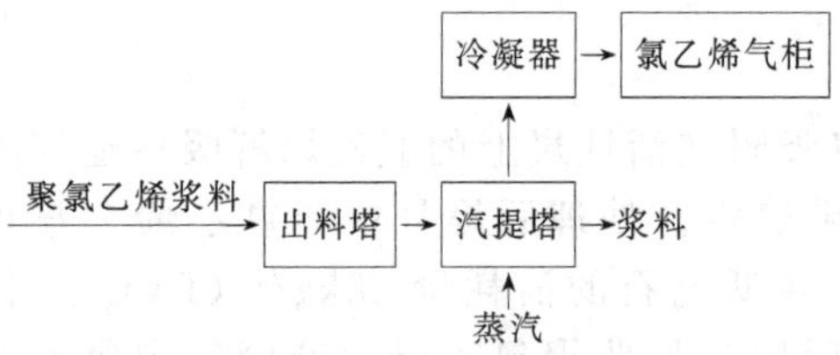

图 11-140 聚氯乙烯浆料汽提法的工艺流程

进一步回收单体，使浆料中的氯乙烯含量降至10g/L左右。浆料经过过滤器除去结块的物料后，从汽提塔的顶部进入塔中。在汽提塔内，进塔浆料经过筛板下降，被上升的蒸汽加热，氯乙烯被汽提出来，从塔顶排出，进入冷凝器。不凝气体进入氯乙烯气柜回收。该法处理效率高，聚氯乙烯浆料经汽提后，氯乙烯含量由10g/L降至30mg/L以下，汽提效率达99.8%以上。可回收大量的氯乙烯，有好的经济效益。

六、硫酸工业尾气中二氧化硫的治理

对硫酸生产尾气中的二氧化硫，可以采用吸收、吸附等方法进行治理，具体方法参阅第七章。除此之外，还可采用催化氧化法及生物法进行脱硫。

(1) 催化氧化法脱硫是以 V_2O_5 为催化剂将 SO_2 转化成 SO_3，并进一步制成硫酸的方法。废气经除尘器除尘后进入固定床催化氧化器，使 SO_2 转化成 SO_3，经节能器和空气预热器使混合气的温度下降并回收热能，再经吸收塔吸收 SO_3 生成 H_2SO_4，最后经除雾器除去酸雾后经烟囱排出。

(2) 生物法脱硫是利用微生物进行脱硫的方法。常用的微生物是硫杆菌属中的氧化亚铁硫杆菌。这是一种典型的化能自养细菌，它可以利用一种或多种还原态或部分还原态的硫化物而获得能源，并且还具有通过氧化 Fe^{2+} 为 Fe^{3+} 和不溶性金属硫化物而获得能源的能力。$FeSO_4$ 是微生物生长的能源，在含 $FeSO_4$ 的培养液中，细菌氧化 Fe^{2+} 的速度很快，氧化生成的 $Fe_2(SO_4)_3$ 立即与废气中的 H_2S 反应生成单质硫沉淀出来，从而使废气得到净化。

七、石油化学工业废气治理技术

(一)石油化学工业废气的来源及特点

炼油厂和石油化学工厂的加热炉和锅炉燃烧排出燃烧废气，生产装置产生不凝气、弛放气和反应的副产等过剩气体，轻质油品、挥发性化学药品和溶剂在贮运过程中的排放、泄漏，废水及废弃处理和运输过程中散发的恶臭和有毒气体，以及石油化工厂加工物料往返输送产生的跑、冒、滴、漏，都构成石油化学工业废气的主要来源。

(二)燃料脱硫

1. 重油脱硫

重油脱硫方法主要是用钼、钴和镍等的氧化剂作为催化剂，在高温、高压下进行加氢反应，将重油中的硫化物生成 H_2S。一般可将重油的含硫量脱至0.1%～0.3%。

2. 煤脱硫

(1) 物理法　煤中的硫2/3是以硫化铁（黄铁矿）的形式存在，而黄铁矿是顺磁性物质，煤是反磁性物质。该法便是利用煤和硫化铁不同的磁性而脱硫的方法。将煤破碎后，用高梯度磁分离法或重力分离法将黄铁矿除去，脱硫效率为60%左右。

(2) 化学法　该法是将煤破碎后与硫酸铁溶液混合，在反应器中加热至100～130℃，硫酸铁和黄铁矿反应，生成硫酸亚铁和元素硫。同时通入氧气，硫酸亚铁氧化成硫酸铁，将其循环使用。煤通过过滤器与溶液分离，硫成为副产品。

(三)石油炼制废气治理[6,26,27]

1. 硫的回收

(1) 克劳斯法　克劳斯法回收硫的原理前面已有介绍。克劳斯反应有高温热反应和低温催化反应。根据酸性气体中含硫化氢的高低，制硫的过程大致可分为三种工艺方法，即部分燃烧法、分硫法和直接氧化法。当酸性气体中硫化氢的浓度在50%～100%时，推荐使用部分燃烧法；当硫化氢的浓度在15%～50%时，推荐使用分硫法；当硫化氢的浓度在2%～15%时，推荐使用直接氧化法。该法是大部分炼油厂采用的工艺。克劳斯工艺回收硫黄的催化剂品种繁多，目前国内炼油厂采用的为天然铝钒土催化剂和人工合成 Al_2O_3 催化剂。

(2) 部分燃烧法　该法是含硫化氢气体与适量的空气在炉中进行部分燃烧，空气供给量仅够酸性气体中1/3的硫化氢燃烧生成 SO_2，并保证气流中 H_2S 与 SO_2 的摩尔比为2∶1，发生克劳斯反应使部分硫化氢转化成硫蒸气。其余的 H_2S 进入转化器中进行低温催化反应。一般二级以后转化器的转化率可达20%～30%。部分燃烧法的总转化率：用天然矾土催化剂时为85%～87%；用合成氧化铝为催化剂时可达95%以上。部分燃烧法常采用几种不同的工艺。图11-141是带高温掺合管的外掺合式部分燃烧法的工艺流程。

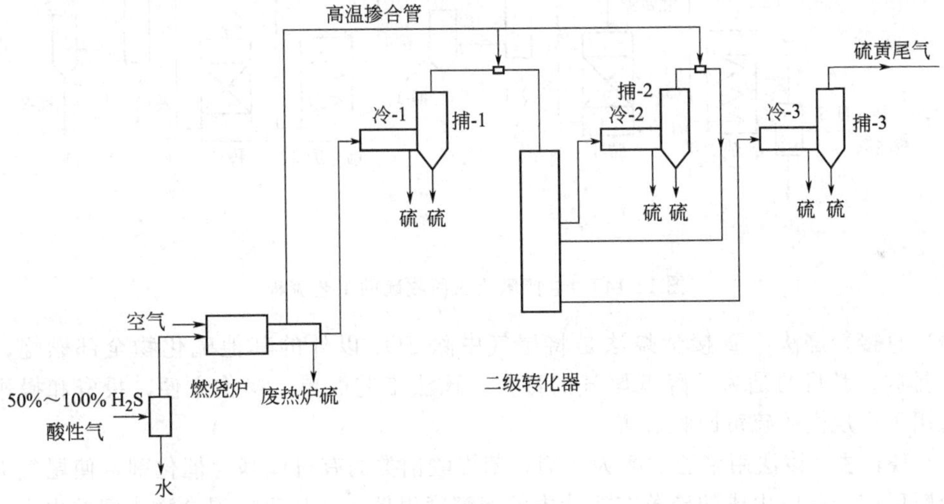

图11-141　带高温掺合管的外掺合式部分燃烧法的工艺流程

(3) 分硫法　由于硫化氢的浓度较低（15%～50%），反应热不足以维持燃烧炉内的高温克劳斯反应所要求的温度，故该法将酸性气体分流：1/3的酸性气体送进燃烧炉，与适量的空气混合燃烧生成 SO_2；其余的酸性气体送进转化器内进行低温催化反应，H_2S 和 SO_2 反应生成硫黄。一般分硫法设计成二级催化反应器，其硫化氢的总转化率可达89%～92%。图11-142是分流法的工艺流程。

(4) 直接氧化法　该法是将酸性气体和空气分别通过预热器，预热到所要求的温度后，进入转化器进行低温催化反应，所需的空气仍为1/3硫化氢完全燃烧生成 SO_2 的量。该工艺采用二级催化反应器，硫化氢的转化率可达50%～70%。燃烧炉和转化器内均生成气态硫。图11-143是直接氧化法回收硫的工艺流程。

2. 硫回收尾气的处理

硫回收工艺一般装置的收率在85%～95%，故其尾气必须加以处理。其处理方法有干法、湿法和直接焚烧法。

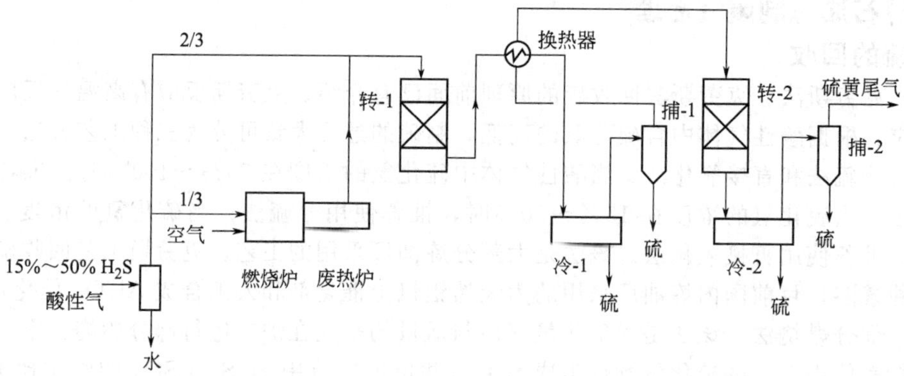

图 11-142 分流法的工艺流程

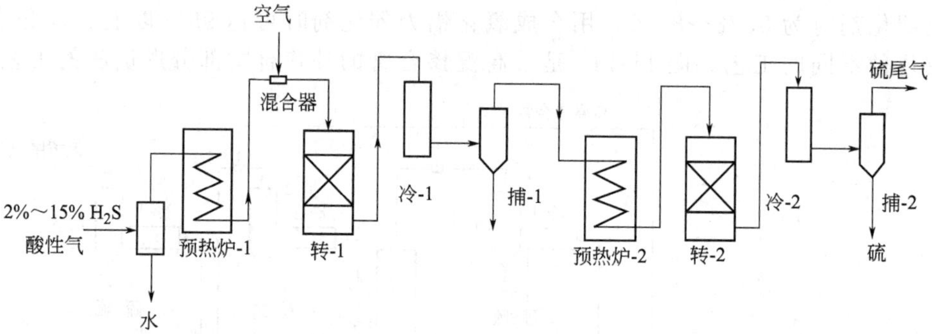

图 11-143 直接氧化法回收硫的工艺流程

(1) 直接焚烧法 直接焚烧法是将尾气中除 SO_2 以外的其他硫化物全部燃烧，生成 SO_2 后排放。其目的是为了降低尾气的毒性。该法工艺简单，操作方便，投资和操作费用少，适用于小规模的硫黄回收装置。

(2) IFP 法 该法用聚乙二醇为溶剂，苯甲酸钠类的有机羰基为催化剂，使尾气进行液相克劳斯反应。反应生成的硫黄在溶液中的溶解度很低，而从反应混合物中沉淀出来，使反应继续进行。该工艺简单、操作方便、投资和操作费用都不高。但因其脱硫率仅为 80%～85%，排放废气中还有 1500～2000mg/L 的硫黄物，故该法只有对排放要求不高的地方才可使用。

(3) 碱吸收法 该法是将尾气在燃烧炉中燃烧，使尾气中的 H_2 和硫黄等生成 SO_2，然后经降温、水洗后，进入吸收塔中，与液碱逆向接触反应生成亚硫酸氢钠。当循环碱液 pH 值达到 6～6.5，输入中和槽中用 NaOH 中和生成 Na_2SO_3。经离心分离出 Na_2SO_3 结晶，经干燥后成为产品。该法投资少、工艺简单、净化效果好。但烧碱的消耗量大，工艺过程较复杂，设备腐蚀严重。图 11-144 是碱液吸收法的工艺流程。

(4) 斯科特法（SCOT） 该法是用 H_2 等还原剂，在催化剂作用下将克劳斯反应器排放尾气中的硫化物还原成 H_2S，再用醇胺溶剂选择吸收生成的 H_2S，达到净化尾气的目的。溶剂再生后放出较浓的 H_2S，返回硫黄回收装置。该法硫黄的回收率大于 99%，尾气中硫黄物的含量小于 200mg/L，工艺可靠，操作简单，不产生二次污染；但投资较高。

(5) 萨尔弗林（Sulfreen）法 该法是基于克劳斯反应在低温下的继续。尾气在装有特殊氧化铝的反应器中进行反应，生成的硫吸收在催化剂的表面，当达到一定的吸附量后，用

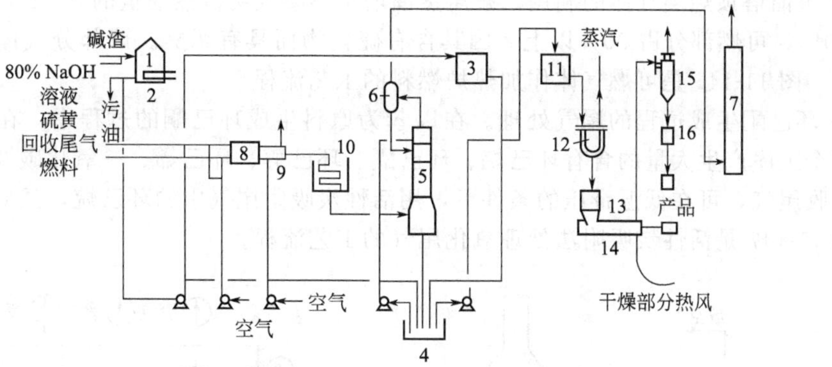

图 11-144　碱液吸收法工艺流程

1—碱渣罐；2—碱渣冷却器；3—碱高位槽；4—碱液循环池；5—吸收塔；6—分液罐；7—烟囱；8—灼烧炉；9—空气预热器；10—酸气冷凝器；11—过滤器；12—结晶罐；13—离心机；14—螺旋输送器；15—旋风分离器；16—料斗

尾气加热循环再生。吸附后的尾气，再进行焚烧、放空。该工艺成熟，流程简单，操作方便，投资小，占地少，能耗小，无副产品，但尾气中的 SO_2 含量较高。该法硫黄的回收率 99%，排放的 SO_2 浓度小于 1500mg/L。图 11-145 是萨尔弗林法的工艺流程。

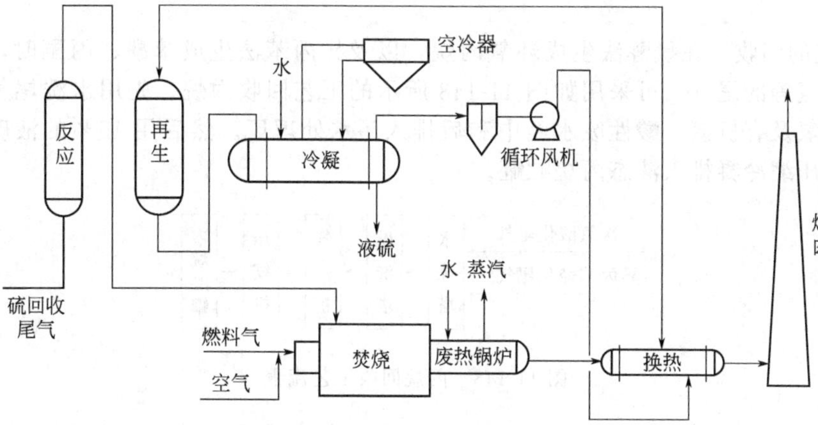

图 11-145　萨尔弗林法工艺流程

(6) CBA 法　该法和萨尔弗林法的过程原料相同。不同点是萨尔弗林法用焚烧后的尾气通过循环风机进行再生，而 CBA 法是用克劳斯硫黄回收的过程气进行再生，不设循环风机。CBA 法是在萨尔弗林法的基础上发展起来的，因此流程较简单，投资和能耗都较低。该法的硫黄回收率为 99%，尾气中硫黄物含量小于 1500mg/L。

3. 排烟脱硫

石油化工厂的动力锅炉和发电厂，燃烧高硫燃料时含硫废气也需要进行排烟脱硫。其方法可参照电厂烟气脱硫方法。

4. 烃类废气治理[6,27]

石油炼制厂在生产、储存和运输的各个环节中，都会产生烃类的排放和泄漏，故在上述的各个环节中都应采用各种方法处理炼油装置尾气、弛放气、再生排放气等废气；改进工艺设备，减少油品的挥发损失，选用密封性好的阀门、法兰垫片和机泵。

(1) 工艺装置中烃类气体的回收

① 蒸馏塔顶烃类气体的利用。减压蒸馏塔顶不凝气约占蒸馏量的0.03%，其含C_1～C_5组分80%，可燃部分占90%以上。因其含有硫化物而具有恶臭。该部分气体可用作加热炉的燃料，图11-146是可燃气体作加热炉燃料的工艺流程。

② 环己酮生成过程的尾气处理。在以苯为原料生成环己酮的过程中，在加氢、氧化和脱氧三个工序产生大量的含有环己烷、环己酮、环己醇、环己烯、一氧化碳及氢的尾气。为处理回收尾气，可在低温带压的条件下，用活性炭吸附尾气中的环己烷，然后用蒸汽解吸回收。图11-147是活性炭吸附法处理氧化尾气的工艺流程。

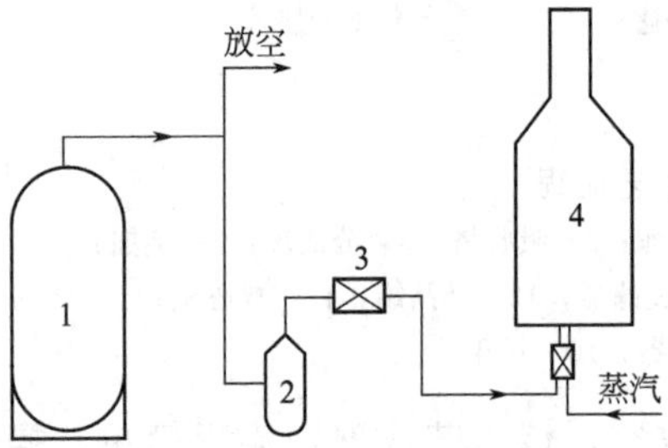

图11-146 可燃气体作加热炉燃料的工艺流程

1—减压塔；2—石油气罐；3—回火器；4—加热炉

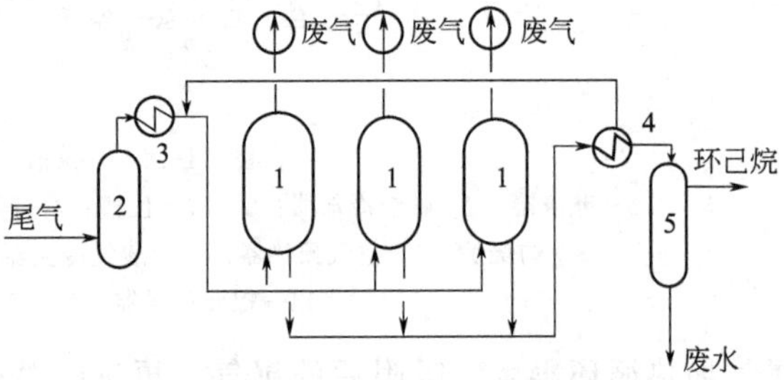

图11-147 活性炭吸附法处理氧化尾气的工艺流程

1—活性炭吸附罐；2—氧化气液分离罐；3—换热器；4—冷却器；5—分离器

③ 丙烷的回收。在氯醇法生成环氧丙烷，以及异丙苯法生成苯酚、丙酮时，将产生含丙烷、氯化氢等的尾气。可采用如图11-148所示的工艺回收丙烷。先用水洗尾气以除去尾气中的氯化氢及有机氯，酸性废水经中和后排入污水处理厂。然后用15%的液碱洗尾气至中性后，经压缩冷凝排入液态丙烷贮罐。

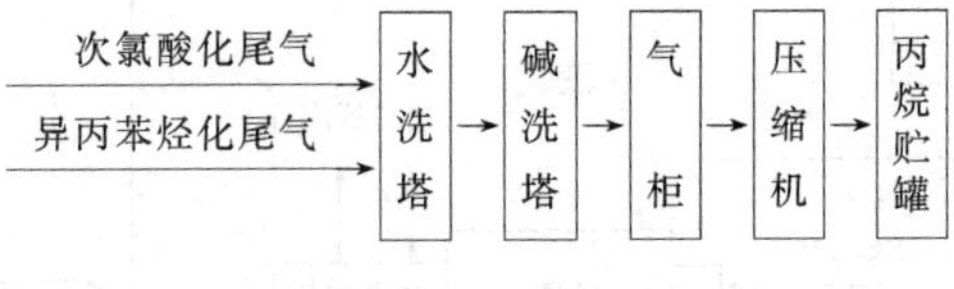

图11-148 丙烷回收工艺流程

④ 苯气体回收 为减少装有苯类成品及中间油罐苯类的挥发，可将各苯罐连通起来，共设一个二乙二醇醚吸收塔，将排空的芳烃气体吸收下来，吸收剂可再生使用。图11-149是芳烃回收工艺流程示意。

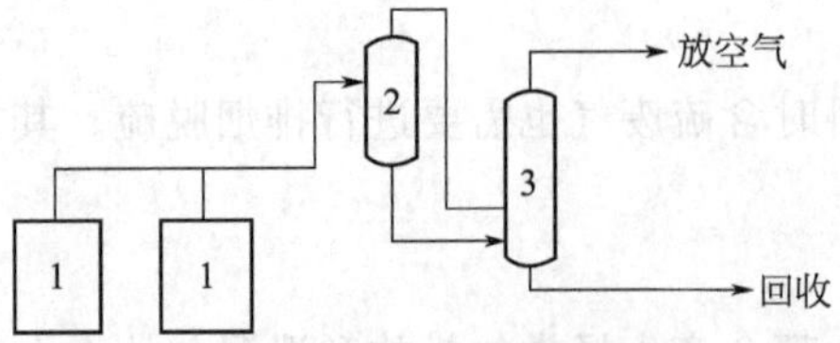

图11-149 芳烃回收工艺流程示意

1—芳烃中间罐；2—缓冲罐；3—吸收器

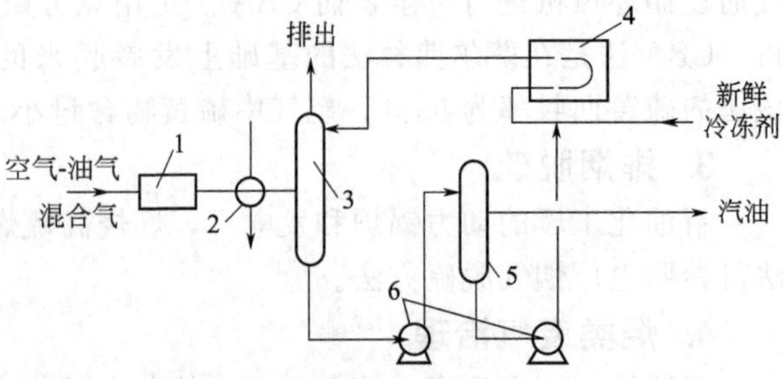

图11-150 冷凝法油气回收示意

1—压缩机；2—冷却器；3—冷却塔；4—冷冻机；5—分离塔；6—泵

(2) 烃类储存过程中排放废气的治理

① 油气回收处理系统

a. 冷凝法。将从储罐、油轮、罐车排出的油气，用压缩、冷却的方法使其中的部分烃蒸气冷凝下来加以回收。图 11-150 是冷凝法油气回收示意。

b. 吸收法　将排放的油气引入吸收塔，利用吸收剂吸收其中的烃蒸气。吸收剂在常温和常压下可用煤油或柴油，在加压和低温下也可用汽油。图 11-151 是吸收法的示意。

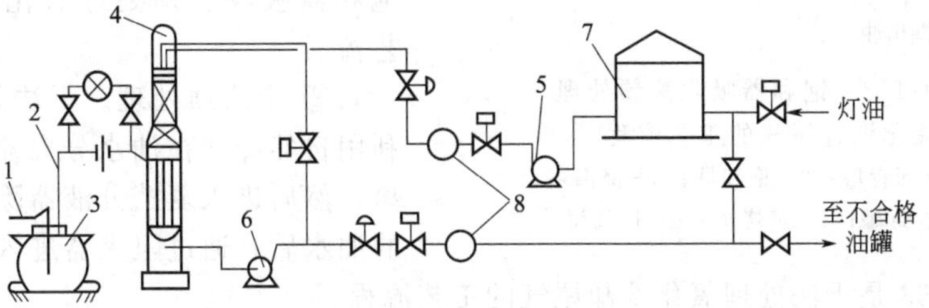

图 11-151　炼油厂油气蒸气回收装置示意

1—装油管；2—集气管；3—油槽车；4—吸收塔；5—入塔泵；6—出塔泵；7—吸收液罐；8—流量计

c. 吸附法。排出的油气引入吸附塔进行吸附处理。吸附剂可用活性炭。

② 采用浮顶油罐和内浮顶油罐。原油、汽油、苯类产品等含有易挥发的烃类，在用拱顶罐贮存时，当环境温度变化或装卸油时将排放一些油气。为了减少油罐内部空间的油气浓度，在罐内液面上加一个浮动的顶盖，它可随液面升高或降低，以控制原油和汽油等轻质烃类排放。在罐顶上不设固定顶盖的为浮顶油罐，在拱顶罐内设一个浮动顶盖的为内浮顶油罐。

③ 呼吸阀挡板。在固定顶油罐呼吸阀短管下方安装挡板，使进入贮罐的空气流改变方向，阻止空气流直接冲击油罐上面混合气态的高浓度层，避免加剧气态空间的强制对流，使油罐气体空间的中上部保持较低的油气浓度，从而减少油品的蒸发损耗。该法可使 $100m^3$ 的油罐大呼吸损耗降低约 20%，对小呼吸损耗降低 24%。

④ 其他。可对贮罐采取水喷淋、加隔热层、在多个贮罐间加其他联通管等方法，以减少油品的损失。

5. 氧化沥青尾气的治理

渣油在空气中氧化生成胶质和沥青的过程中，产生具有窒息性臭味的气体、馏出油及挥发性组分。从氧化塔顶排出的废气必须加以治理。氧化沥青尾气的治理一般分成废气的预处理和焚烧。

(1) 预处理　氧化塔排出的废气因含有焦油烟气，为了使焚烧正常进行，避免塔顶馏出物结焦，焚烧前需要进行预处理。

① 湿法预处理

a. 水洗法。该法是以大量的冷却水在直冷器中逆向接触，使尾气中油和水蒸气冷凝。该法耗水量大，一个 5×10^4t/a 氧化沥青装置需排 20～50t/h 污水。

b. 油洗法。该法是以柴油代替水洗涤废气，柴油循环使用。但是，经一个时期的运转后，因柴油吸收氧化沥青出油变得黏稠而必须补充新的柴油。混有馏出油的柴油只能做燃料油降级使用。循环油被水乳化难以脱水，成本变高，使吸收、冷却设备也变得复杂。

c. 饱和器吸收法。该法是在一定的压力和温度下，使尾气增湿饱和并经过饱和器内的水层，同时向饱和器内不断地加入适量的冷却水，以补充蒸发掉的水分，并利用水

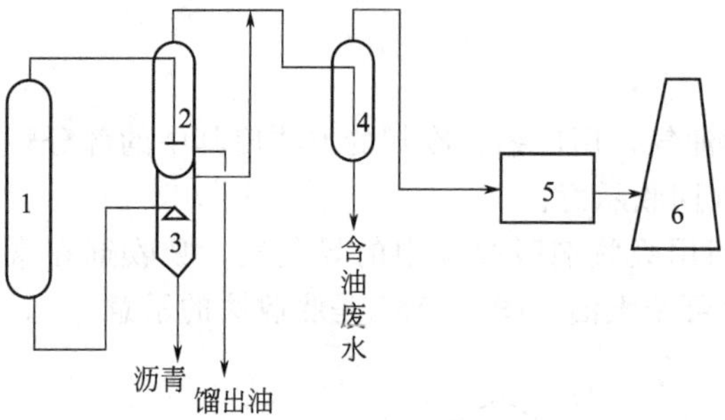

图 11-152 饱和器吸收法预处理氧化沥青尾气的工艺流程

1—氧化沥青塔；2—饱和器；3—降温塔；4—水封罐；5—焚烧炉；6—排气筒

的潜热把尾气冷却下来。冷却的馏出油用作燃料油。该法比水洗和油洗法工艺简单，装置基本不排废水，馏出线不结焦。但是，这种方法处理的尾气中含水量较高，故焚烧时耗能较多；并且馏出油中含水，乳化也较严重。图 11-152 是饱和器吸收法预处理氧化沥青尾气的工艺流程。

② 干法预处理。干法是向塔顶喷水，利用自然冷却在油水分离器中进行油水分离，然后进入复挡分液器除去尾气中夹带的油水后，通过阻火器进入反射炉中进行焚烧。图 11-153 是干法处理氧化冷却尾气的工艺流程。

(2) 氧化沥青尾气的焚烧 氧化沥青尾气可在卧式和立式炉中焚烧。立式焚烧炉机构紧凑，占地少。尾气焚烧炉石油气火嘴最好采用每组六个较为合适，使尾气进入燃烧室时不致扑灭石油气火焰。

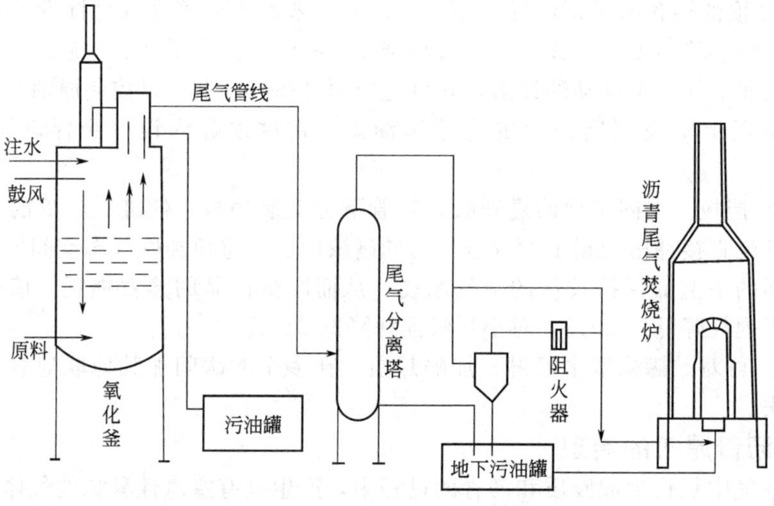

图 11-153 干法处理氧化冷却尾气的工艺流程

(四)石油化工废气治理[6,26]

1. 催化裂化粉尘治理

(1) 旋风分离器除尘 目前国内常采用的旋风分离器有多管式、旋流式和布尔式。催化裂化装置的再生器排烟可装一级、二级甚至三级和四级旋风分离器。采用三级旋风分离器，可使排出的烟气中的催化剂浓度由 0.8～1.5g/m^3 降到 0.2～0.3g/m^3。此外，还有美国布尔式旋风分离器。Polutrol 公司的 Eurtpos 三级和四级旋风分离器，其收集率分别为 97.67%和 99.99%。

(2) 电除尘 当采用旋风分离器还不能达到排放标准时，可采用电除尘做进一步的处理。

2. 尿素雾滴的回收

尿素的造粒工序中熔融尿素液滴离开造粒喷头后，在 135～138℃下氨的分压较低，易分解为异氰酸和氨。其生成物再遇到上升的冷空气时，便又生成尿素。这样生成的尿素颗粒很小，这就是尿素粉尘。一般情况下，排气中尿素粉尘含量为 $30\sim100mg/m^3$，当熔融尿素的温度升到145℃时，粉尘的含量上升到 $220mg/m^3$，应该回收造粒塔的粉尘。造粒喷头处含尿素的废气进入集气室后，先用10%～20%的稀尿素溶液经喷头喷淋吸收，使大部分尿素粉尘被洗涤吸收成尿素液返回系统；其余的尿素粉尘溶于水雾中，随饱和热空气上升，经V形泡沫过滤器过滤后，通过一个筒形的雾滴回收器后排入大气。

3. 催化法处理有机废气

石油化工中的有机废气主要采用催化氧化法加以净化。它是在有催化剂的存在下，用氧化剂将废气中的有害物质氧化成无害物质（催化氧化法），或用还原剂将废气中的有害物质还原为无害物质（催化还原法）。图11-154是催化燃烧法治理含异丙苯有机废气的工艺流程。

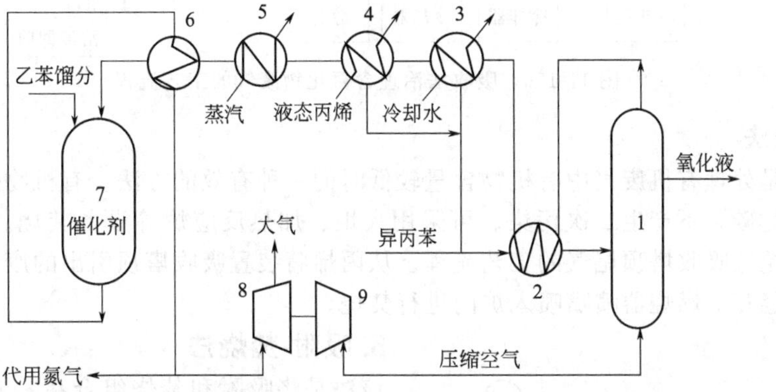

图11-154　催化燃烧法治理含异丙苯有机废气的工艺流程

1—氧化塔；2—氧化塔进料预热器；3—尾气冷却器；4—尾气冷却器；5—尾气加热器；6—尾气换热器；7—催化燃烧器；8—透平机；9—空压机

(五)合成纤维工业有机废气治理

合成纤维废气主要有：①燃烧废气，主要来源于各种锅炉、加热炉、裂解炉、焚烧炉及火炬燃烧排气；②烃类废气，主要来源于合成纤维生产的上游装置，污染物主要是一些烃类；③树脂合成废气，主要来源于合成纤维树脂原料合成装置；④恶臭废气，主要来源于污水处理厂各工序散发的恶臭废气。合成纤维废气的排放量大，废气中污染物种类多，易燃易爆物多，刺激性腐蚀性物质多。部分废气具有一定的回收价值。

1. 有机废气的回收利用

有机废气回收的主要方法是加压法。该法是用压缩机循环压缩冷却，分离废气中可被利用的有机物组分，使其和液体分离，加以回收利用。如常压蒸馏装置塔顶尾气瓦斯气的回收、乙烯球罐区气相乙烯的回收、石油液化气的回收等。

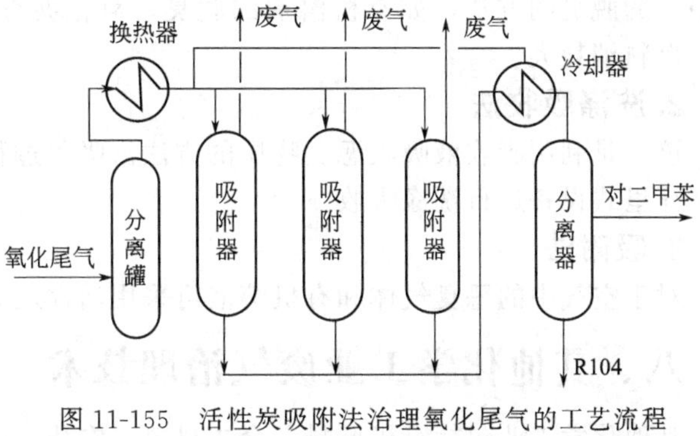

图11-155　活性炭吸附法治理氧化尾气的工艺流程

2. 吸附法

该法是利用活性炭等吸附剂吸附有机废气。图11-155是活性炭吸附法治理对苯二甲酸二甲酯装置氧化尾气的工艺流程。

3. 吸收法

吸收法是利用水或有机溶剂作为吸收剂，吸收有机废气中的有害物质而使废气得以净化。图 11-156 是利用吸收法治理含氰化物废气的工艺流程。该工艺是将各放空线集中，由罗茨鼓风机抽出，经过提压后进入水吸收塔，用冷水吸收后的溶液送丙烯腈生产工艺中去。该法处理效果好。

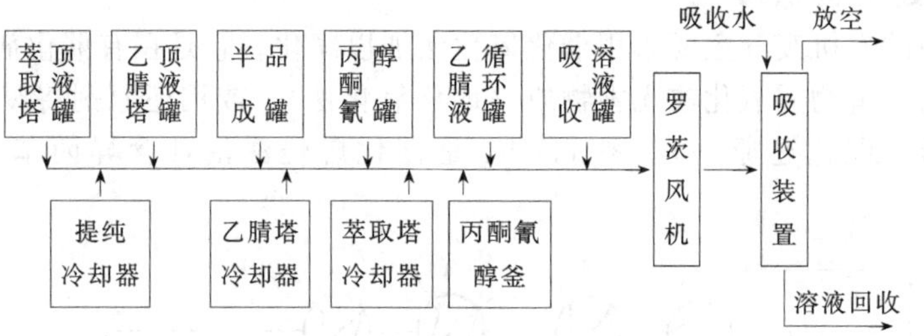

图 11-156 吸收法治理含氰化物废气的工艺流程

4. 焚烧法

焚烧法是处理有机废气中有机物含量较低时的一种有效的方法。有机物燃烧后变为无害的水和二氧化碳，不产生二次污染。可采用火炬、加热反应炉等设备焚烧。图 11-157 是燃烧法处理腈纶厂吸收塔顶尾气的工艺流程。从丙烯腈装置吸收塔顶引出的废气，送至脱水罐脱水，然后经瓦斯燃烧器喷嘴喷入炉内进行焚烧。

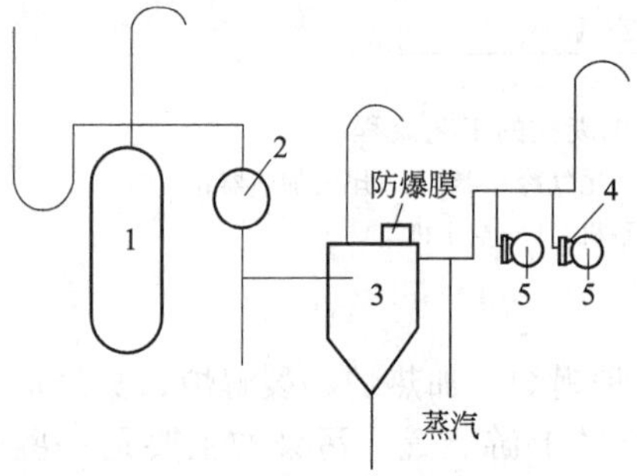

图 11-157 焚烧法尾气治理工艺流程

1—吸收塔；2—尾气加热器；3—脱水罐；4—阻火器；5—瓦斯燃烧器

5. 吸附-焚烧法

该法是将吸附和焚烧组合在一起处理有机废气的方法。它是先用活性炭吸附废气中的有机物，活性炭吸附饱和后用热空气再生，脱附的含有机物的废气送入焚烧炉焚烧。此法成本偏高，但处理效果好。

6. 其他

合成纤维工业产生的含氮氧化物和氨等废气的治理方法，可参照本章有关该污染物的处理方法。

(六)恶臭的治理

1. 焚烧法

恶臭气体一般都是可燃的物质，故可在焚烧炉燃烧，使之生成二氧化碳和水。该法是使用最多的脱臭的方法，如有机溶剂的脱臭，氧化沥青尾气的焚烧处理。其缺点是燃烧温度高，燃料消耗大。

2. 洗涤吸收法

该法是利用吸收液吸收恶臭物质的方法。吸收过程可在洗涤塔中进行。也有的用射流式和文丘里式设备进行洗涤吸收。

3. 吸附法

对于空气中的恶臭气体和有机溶液可采用活性炭等吸附剂进行吸附除臭。

八、其他化学工业废气治理技术

其他化学工业包括有机原料、合成材料、农药、染料、涂料、颜料及炼焦工业等。

(一)可燃性有机废气治理技术

(1) 直接燃烧法　该法适用于高浓度、可燃性有机废气的处理。可以在一般的锅炉、废热锅炉、加热锅炉及放空火炬中对废气进行燃烧，燃烧温度大于1000℃。该法简单、成本低、安全，适用于生产波动大、间歇排放废气的情况。但该法在燃烧不完全时仍有一些污染物排放到大气中，且用火焰燃烧的热能无法回收。

(2) 热力燃烧法　该法适用于低浓度、可燃性有机废气的处理。燃烧时需加辅助燃料，燃烧温度为720～820℃。

(3) 催化燃烧法　该法适用于处理有机废气和消除恶臭。在催化剂的作用下，有机废气中的烃类化合物可以在较低的温度下迅速地氧化，生成二氧化碳和水，使废气得到净化。催化剂多用贵金属（铂、钯）等做活性组分，无规则金属网、氧化铝及蜂窝陶瓷做载体。铜、锰、铁、钴、镍的氧化物也具有一定的活性，但反应温度高且耐热性差。催化燃烧法只适用于污染物浓度较低的废气，这是由于催化剂使用温度有限制（一般低于800℃），若污染物的浓度过高，反应放出的大量热可能使催化剂被烧毁。该法操作温度低，燃料消耗少，保温要求也不严。但是催化剂较贵，需要再生，设备投资也较高。

(4) 吸附、吸收法　采用吸附、吸收法治理有机废气，主要是回收废气中的高值化工原料。吸附剂可用活性炭等，吸收剂可用碱液或水。图11-158是用水吸收法处理苯酐废气回收顺酸制反丁烯二酸的工艺流程。

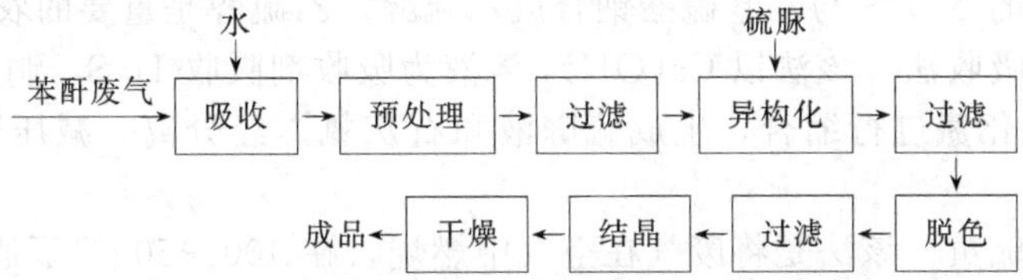

图11-158　吸收法处理苯酐废气工艺流程

(二)含氯化氢废气的治理技术[6,21]

(1) 冷凝法　对高浓度的含氯化氢废气，采用石墨冷凝器进行冷凝回收盐酸，冷凝回收盐酸后的废气再经水吸收。氯化氢的去除率可达90%以上。

(2) 水吸收法　对低浓度的含氯化氢废气，可采用水吸收法。吸收过程可在吸收塔（如降膜水吸收器）中进行，氯化氢气体进入塔内，与喷淋水逆流接触而被吸收。净化后的尾气排至大气，吸收液在循环槽中进行循环吸收，可回收15%～30%的盐酸。该方法设备简单，工艺成熟，操作方便。图11-159是用水吸收法处理敌百虫生产废气氯化氢工艺流程。

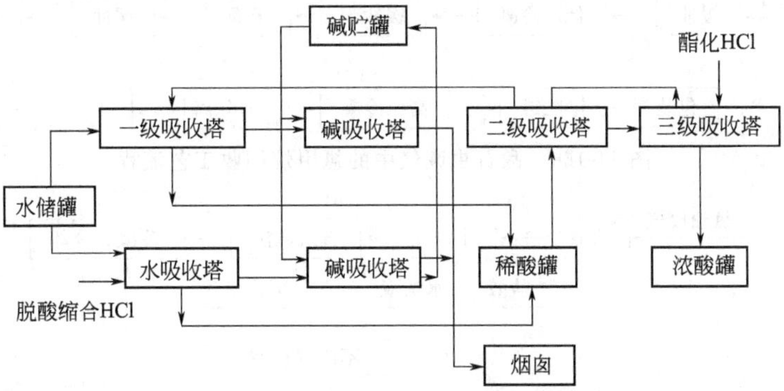

图11-159　水吸收法处理氯化氢工艺流程

(3) 中和吸收法　该法用碱液或石灰乳为吸收剂吸收废气中的氯化氢，是一种应用较多的方法。吸收可在吸收塔中进行。

(4) 甘油吸收法 该法以甘油为吸收剂吸收氯化氢。

(三)含氯废气的治理技术

(1) 中和法 该法是在喷淋塔或填料塔中，以 NaOH 溶液、石灰乳、氨水等作为吸收剂吸收中和含氯废气中的氯。用 15%～20%的氢氧化钠吸收废气中的氯，其吸收率可达 99.9%，吸收后废气中的氯含量低于 $100mL/m^3$。

(2) 氧化还原法 该法是以氯化亚铁溶液为吸收剂，氧化和还原分别在氧化反应器和中和反应器中进行。生成的三氯化铁可用作净水剂。该法操作容易，设备简单，技术上可行，经济上合理，废铁屑来源丰富。但是，处理效率较低。

(3) 四氯化碳吸收法 在氯气的浓度大于 1%时，可采用四氯化碳为吸收剂，在喷淋塔或填料塔中吸收废气中的氯，然后在解吸塔中将含氯的吸收液通过加热或吹脱解吸。回收的氯可再次使用。

(4) 硫酸亚铁或氯化亚铁溶液吸收法 该法是以硫酸亚铁或氯化亚铁溶液为吸收剂吸收处理含氯废气。

(四)含硫化氢废气的治理技术

(1) 氢氧化钠吸收法 该法以 NaOH 溶液作吸收剂吸收废气中的硫化氢气体，制成 NaHS 或 Na_2S。它们可作为染料和一些有机产品的助剂，还可供造纸、印染等行业使用。该法还可以将制得的 NaHS 与乙基硫酸钠合成乙硫醇。乙硫醇是重要的农药中间体。

(2) 氢氧化钙吸收法 该法以 $Ca(OH)_2$ 溶液为吸收剂吸收 H_2S，制成硫氢化钙，然后在 85℃左右和氰氨化氮进行缩合，生成硫脲液和石灰氮。经分离、减压蒸发、结晶和干燥得产品硫脲。

(3) 燃烧法制硫黄 该法是将废气在空气中燃烧，在 400～500℃下通过铝矿石催化剂，可转化为硫黄。其回收率在 90%以上，纯度为 99.3%。

(4) 制二甲亚砜 该法是含硫化氢废气与甲醇在 350℃下反应制得甲硫醚。甲硫醚在二氧化氮均相催化剂存在条件下，用氧气氧化得粗二甲亚砜，再用 40%液碱中和，减压蒸馏后得含量 99%的二甲亚砜。

(五)含氯甲烷和氯乙烷废气的治理技术

氯甲烷可采用冷凝—干燥—压缩工艺，氯乙烷可采用冷凝—干燥—冷凝工艺以回收氯甲烷和氯乙烷。图 11-160 是回收敌百虫废气中氯甲烷的工艺流程图。图 11-161 为从氯油废气回收氯乙烷的工艺流程。

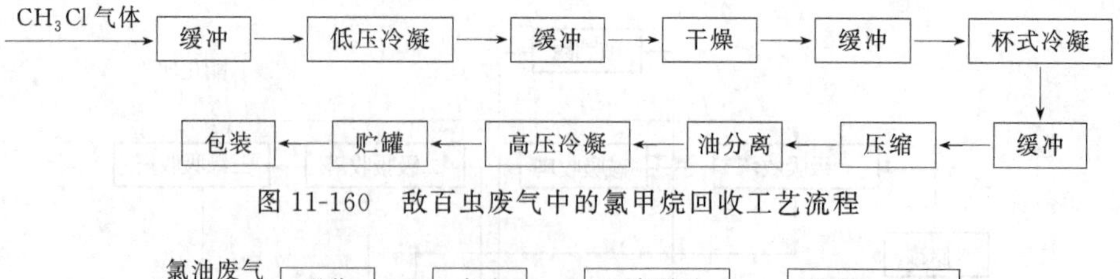

图 11-160 敌百虫废气中的氯甲烷回收工艺流程

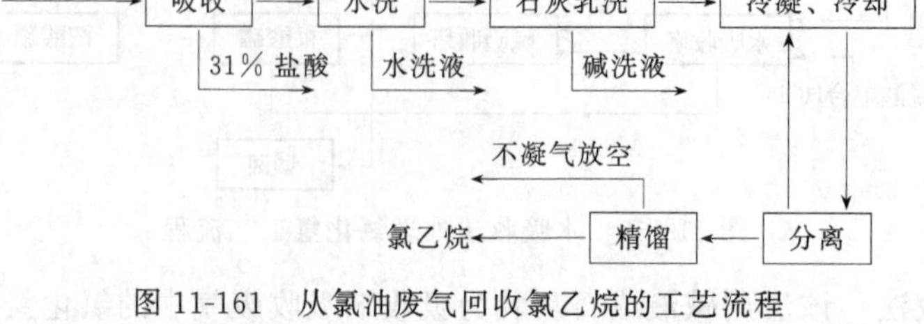

图 11-161 从氯油废气回收氯乙烷的工艺流程

(六)光气废气治理技术

光气废气治理可采用水吸收—催化分解—碱解流程。含光气和氯化氢的混合气体，通过降膜吸收塔用水吸收氯化氢。剩余的光气进入填有 SN-7501 催化剂的分解塔，大部分光气被分解，残余的光气经碱解塔中和后，由高烟囱排放。该工艺处理效果较好，光气的分解率达 99.9%。

(七)涂料生产废气治理技术

(1) 柴油吸收法　从热炼反应釜排出的废气经过冷却进入吸收塔，以柴油为吸收剂吸收有机废气。吸收剂经过滤后，供作燃料使用。尾气经油沫分离器除去柴油，直接排入大气。该法处理效果稳定，工艺简单，无二次污染，工程投资低。图 11-162 是利用柴油吸收法处理涂料酚醛漆生产废气的工艺流程。

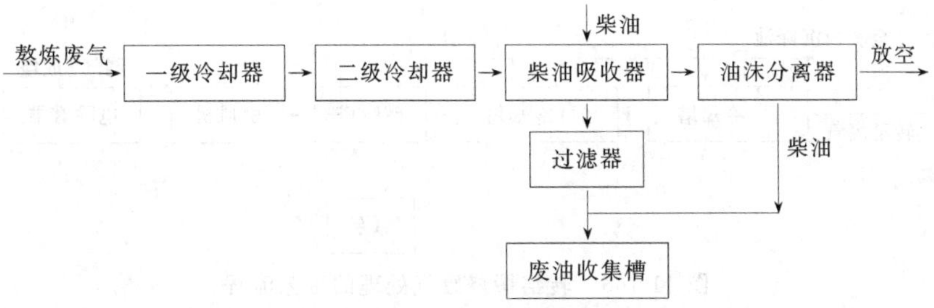

图 11-162　柴油吸收法处理熬炼废气工艺流程

(2) 活性炭吸附法　热炼废气经冷却后，进入活性炭吸附塔，有机气体被活性炭吸附，净化后的气体排入大气。活性炭吸附饱和后进行再生或焚烧处理。该法处理效果稳定，工艺简单，无二次污染；但工程投资和运转费用高。

(3) 催化燃烧法　热炼废气经预热器预热到 250～450℃后，进入催化燃烧器。催化燃烧器是以铂或钯为催化剂。对废气中的有机物进行催化燃烧，处理后的废气直接排入大气。该法处理效果好，安全可靠，工艺简单，无二次污染，处理成本低；但工程一次性投资较高。图 11-163 是催化燃烧法处理丙烯酸及丙烯酸酯生产废气工艺流程。

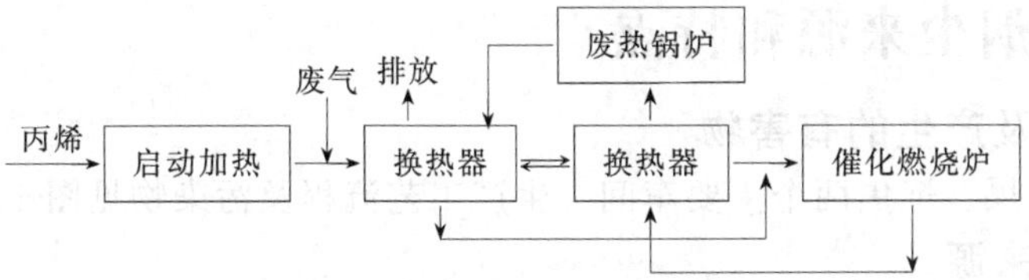

图 11-163　催化燃烧法处理丙烯酸及丙烯酸酯生产废气工艺流程

(4) 负压冷凝法　热炼废气由真空泵引入多级冷凝器，冷凝废气中的有机物净化后的尾气排入大气。该法处理效果好，操作简便，运转费用低，还可以回收有用物质。

(八)无机颜料废气治理技术

(1) 水吸收法　钛白粉和立德粉生产废气可用水吸收处理。废气进入水喷淋吸收塔，其中部分硫酸雾和 SO_2 被水吸收。从喷淋塔出来的气体进入碱液喷淋吸收塔，碱液和硫酸雾、二氧化硫及三氧化硫生成各种硫酸盐。净化后的气体排入大气。该法工艺成熟，污染物去除率高，操作简单，无二次污染，运转费用低。图 11-164 是水吸收法处理钛白粉生产中酸解废气的工艺流程。

(2) 湿法吸收和静电除雾处理钛白粉煅烧废气　煅烧废气进入水喷淋洗涤器，废气中的二氧化钛粉尘被洗入水中，经沉淀后回用，部分硫酸雾和二氧化硫被水吸收。废气进入稀碱

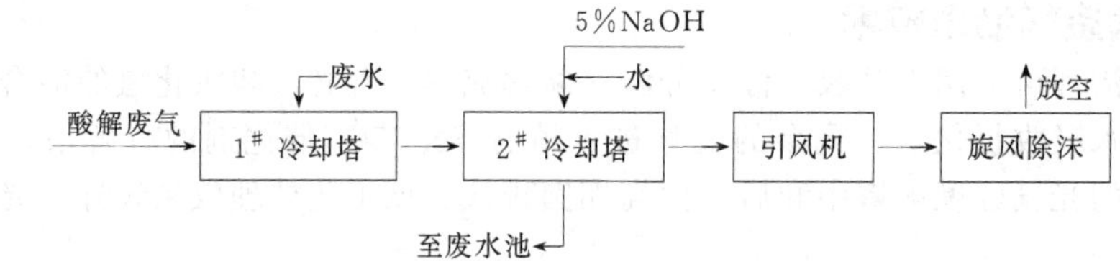

图 11-164 水吸收法处理酸解废气的工艺流程

液喷淋器，废气中的酸雾、SO_2 及三氧化硫等与 NaOH 发生反应。该法的污染物去除率达到 50%以上。最后，尾气进入静电除尘器，将尾气中的悬浮酸雾分离出来。该法工艺成熟，处理效果稳定，还可以回收钛白粉。但是，静电除尘造价高。图 11-165 是湿法吸收-静电除雾处理钛白粉转窑煅烧废气的处理工艺流程。

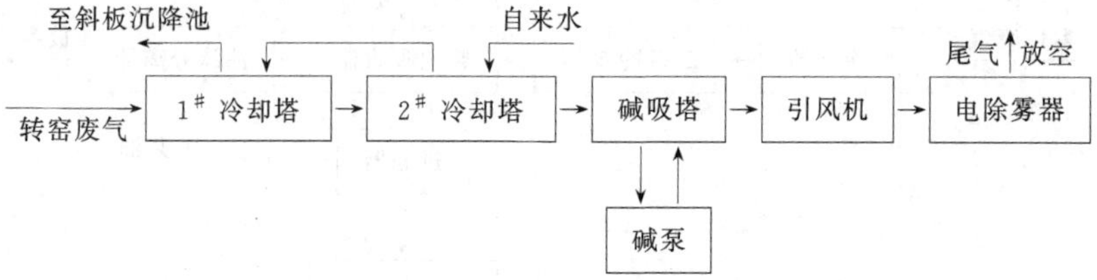

图 11-165 转窑煅烧废气处理的工艺流程

（3）稀碱液吸收法 该法在喷淋塔中以稀碱液吸收铬黄、氧化铁红等颜料生产中产生的废气。废气中的氮氧化物与碱反应生产硝酸盐，部分铅尘也被碱液吸收。净化后气体排放，废液送废水站处理。

第六节 炼焦工业废气治理

炼焦烟尘治理是难度较大的治理技术之一，这主要是因为炼焦烟尘难以捕集且含有焦油物质，焦粉琢磨性强，处理相当困难，本节重点介绍难以处理的烟尘减排技术。

一、炼焦烟尘来源和特点

1. 车间组成及产生的有害物

炼焦工厂有备煤、炼焦两个主要车间。生产工艺流程及污染物见图 11-166。

2. 炼焦烟尘来源

炼焦生产是工业企业中最大烟气发生源之一，焦炉烟尘污染源主要分布于炉顶、机焦两侧和熄焦（见图 11-167）[28]，全部烟尘还应包括加热系统燃烧废气。焦炉烟尘发生于装煤、炼焦、推焦、熄焦过程中[29]。

（1）装煤工艺 装煤时由于煤占据了炭化室内的空间，同时一部分煤在炭化室内被燃烧形成正压。荒煤气、煤烟尘一同从装煤孔向外界冲出，污染环境。采用机械装煤与顺序装煤的生产操作制度时，向炭化室内装煤的时间约为 2～3min。由于煤占据炭化室空间的速度比较慢，单位时间里由装煤孔排出的烟尘相对少一些。采用重式装煤时，向炭化室内装煤时间仅为 35～45s。大量煤短时间内占据炭化室空间，单位时间内由装煤孔排出的烟尘量便大许多。一般认为，装煤时吨焦产生的 TSP（总悬浮颗粒物）是 0.2～2.8kg。其中焦油量最高值是 500～600m^3/min。其烟气量可参考以下数值：普通焦炉（机械化装煤）为 300～800m^3/min，捣固焦炉（排烟孔）400～600m^3/min。

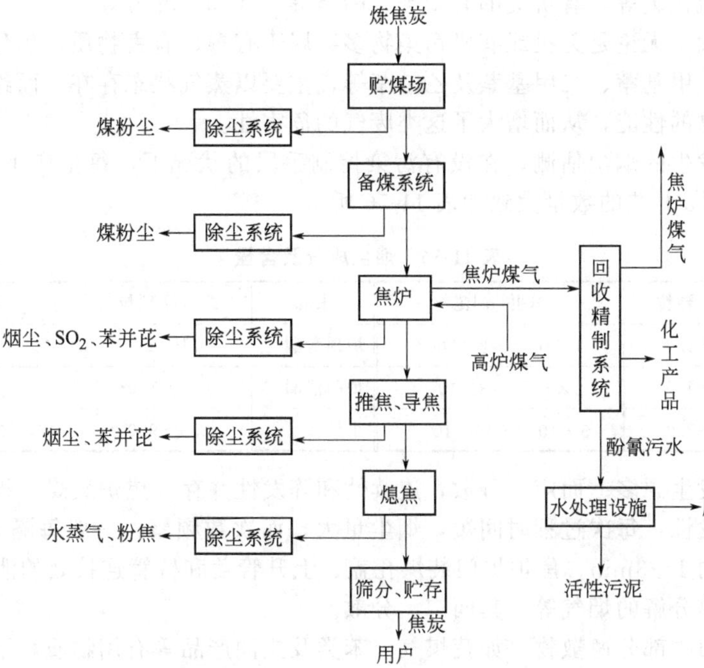

图 11-166　炼焦生产工艺流程及排污示意

(2) 炼焦工序　炉体在炼焦生产过程中烟气主要来自炉门、装煤孔盖、上升管盖的泄漏。特点是污染源分散，是连续发生的，污染面大。污染物以荒煤气、烟气为主。对于老式 6m 高的炭化室炉门，在一个结焦周期内每个炭化室发生气态污染物平均 529g、粉尘量 49g，这种焦炉结焦时间 17.2h；装煤孔盖若不用胶泥封密，吨焦产生的污染物为 675g；而对无水封的上升管盖，吨焦污染物散发量约 40%。

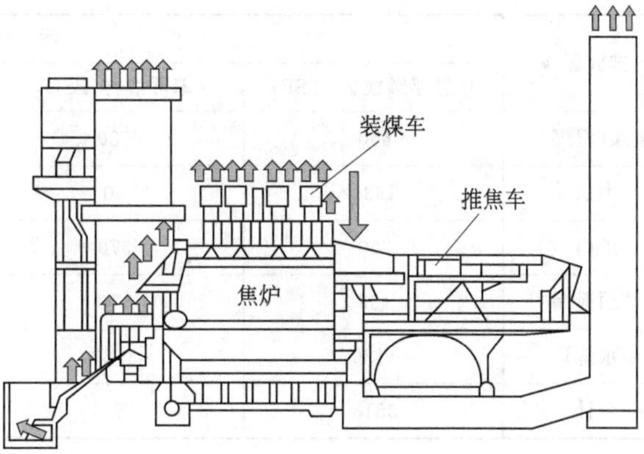

图 11-167　焦炉烟尘污染源

(3) 推焦工序　推焦是在 1min 内推出炭化室的红焦多达 10～20t。红焦表面积大，温度高，与大气接触后收缩产生裂缝，并在大气中氧化燃烧，引起周围空气强烈对流，产生大量烟尘。烟气温度达数百摄氏度，形成高达数百米的烟柱，污染环境。污染物主要是焦粉、二氧化碳、氧化物、硫化物。当推出生焦时，烟气中还含有较多的焦油。粉尘发生量约每吨焦 0.4～3.7kg。

(4) 熄焦工序　在湿熄焦过程中，由熄焦塔顶排出大量焦粉、硫化氢、二氧化硫、氨及含酚水蒸气。生产 1t 焦炭湿熄焦产生的烟尘约 0.6～0.9kg，其中 80%粒径小于 15μm。当采用含酚废水熄焦时，熄灭 1t 焦炭约有 500～600kg 含酚水蒸气排入大气。

干法熄焦过程中发生污染物以焦尘、氮氧化物、二氧化硫、二氧化碳为主。全部干熄焦过程中烟尘发生量约为每吨焦 3～6.5kg。

3. 烟尘特点

(1) 含污染物种类繁多　废气中含有煤尘、焦尘和焦油物质，其中无机类的有硫化氢、氰化氢、氨、二硫化碳等，有机类的有苯类、酚类等多环和杂环芳烃。

(2) 危害性大　无论是无机或有机污染物多数属于有毒、有害物质，焦化厂空气颗粒物中能检出少量萘、甲基萘、二甲基萘及乙基萘等，主要以蒸气状态存在。而细微的煤尘和焦尘都有吸附苯系物的性能，从而增大了这类废气的危害性。

对炼焦生产发生的烟尘估测，在没有污染控制手段的状况下，每生产 1t 焦炭排放的总悬浮微粒和苯并［*a*］芘的数量大致如表 11-56 所示。

表 11-56　烟尘成分及含量　　单位：g/t 焦

来源	总悬浮颗粒	苯并[*a*]芘	来源	总悬浮颗粒	苯并[*a*]芘
装煤	0.5～1.0	1×10^{-3}～2×10^{-3}	炉顶泄漏	0.1～2.0	5×10^{-4}～10×10^{-3}
推焦	1.0～4.0	2×10^{-5}～8×10^{-5}	炉门泄漏	0.2～1.0	9×10^{-4}～4.5×10^{-2}
熄焦(湿法)	1.0～2.0	5×10^{-5}～10×10^{-5}	小计	2.8～9.0	2.47×10^{-3}～1.17×10^{-2}

(3) 污染物发生源多、面广、分散，连续性和阵发性并存　焦炉装煤、推焦熄焦过程产生的烟尘多是阵发性，每次过程时间短，烟尘量大，而次数频繁，一般每隔 8～16min 各有一次，每次时间约 1～3min。焦炉炉门装煤孔盖、上升管盖和桥管连接处的泄漏烟气及散落在焦炉顶的煤受热分解的烟气等，其面广、分散。

(4) 控制和回收部分逸散物　如荒煤气、苯类及焦油产品等有用物质，不仅减轻对大气的污染，还有较大的经济效益。表 11-57 列出了焦炉污染物无控制排放量。

表 11-57　焦炉污染物无控制排放量

排放源	污染物/(g/t 焦)			
	总悬浮颗粒数(TSP)	苯可溶物(BSO)	苯(β)	苯并[*a*]芘(B[*a*]P)
装煤(湿煤)	660	730	333	1.33
推焦	1330	50	40	0.026
炉门	260	370	13.0	20
炉顶泄漏	133	170	3.30	0.66
清水炼焦	1130	3.80	0.018	0.115
合计	3513	1324	353.3	4.10

(5) 焦化粉尘中的焦粉磨损性强，易磨坏管道和设备，粉尘中的焦油物质会堵塞袋式除尘器的滤袋。

二、备煤车间除尘

(一) 各工段除尘措施

备煤车间的各工段除尘措施见表 11-58。

(二) 备煤设备除尘

(1) 齿辊破碎机　常用的齿辊破碎机规格有 $\phi600\times750$mm 和 $\phi900\times900$mm 两种。其设备及安装除尘集气吸尘罩的位置如图 11-168 所示。图中除尘吸气量（Q）和吸气罩局部阻力系数（ζ）如下：

$\phi600\times750$mm 齿轮破碎机　$Q_1=2000\text{m}^3/\text{h}$，$\zeta_1=1.0$

$Q_2=2500\text{m}^3/\text{h}$，$\zeta_2=0.5$

表 11-58　备煤车间各工段通风除尘措施

工段名称		最小换气次数/(次/h)	通风除尘措施
破碎机室			破碎机应设除尘，一般在给料溜槽上及胶带机受料点设吸气罩。
粉碎机室	粉碎机工段	—	1. 粉碎机应设密闭除尘。一般在给料机头部，粉碎机下部胶带机受料点设除尘吸气罩。 当室内设有三台以上粉碎机时，还应在给料斜溜槽或中间给料胶带机受料点设吸气罩 2. 粉碎机的电动机，当有对电动通风要求时，一般采用密闭直通式通风系统 3. 电动机间设轴流风机送风。风量按消除电机余热计算
煤成型机室		2～3	1. 室内设风帽或天窗自然排风 2. 混煤机、分配槽、混捏机、输送机、煤成型机、型煤冷却机设机械除尘 3. 油压室设机械排风
地下胶带机通廊和转运站		5	1. 室内设机械排风或竖风道自然排风，一般按 5 次/h 计算 2. 煤水分＜8%时设机械除尘
煤制样室		2～3	室内设风帽自然排风；产生的设备做机械除尘

ϕ900×900mm 齿轮破碎机　$Q_1=2500m^3/h$，$\zeta_1=1.0$

$Q_2=3000m^3/h$，$\zeta_2=0.5$

(2) 锤式破碎机　常用的锤式破碎机规格有 ϕ1000mm×1000mm 和 ϕ1430mm×1300mm 两种。其设备及安装除尘集气吸尘罩的位置如图 11-169 所示。

图中 11-169 除尘吸气量（Q）和吸气罩局部阻力系数（ζ）如下：

ϕ1000mm×1000mm 锤式破碎机：

$Q_1=3000m^3/h$，　$\zeta_1=0.25$

$Q_2=4000m^3/h$，　$\zeta_2=0.5$

$Q_3=4500m^3/h$，　$\zeta_3=0.5$

ϕ1430mm×1300mm 锤式破碎机：

$Q_1=3500m^3/h$，　$\zeta_1=0.25$

$Q_2=5000m^3/h$，　$\zeta_2=0.5$

$Q_3=5500m^3/h$，　$\zeta_3=0.5$

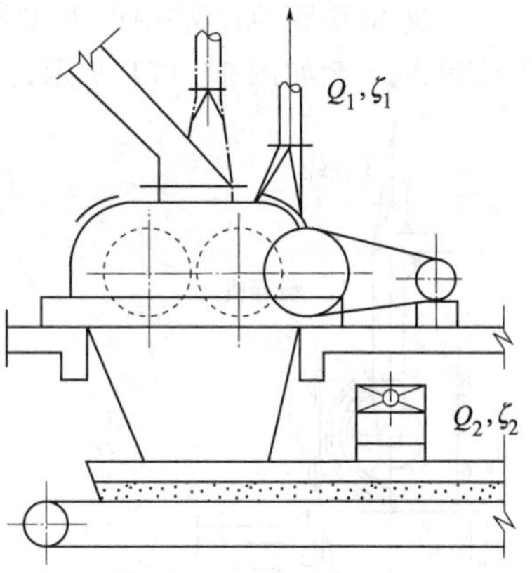

图 11-168　齿辊破碎机集气吸尘罩位置

(3) 反击式破碎机　常用的反击式破碎机规格有 MFD-100、MFD-200、MFD-300 及 MFD-400 四种。对小焦炉还使用 PTJ-0707 反击式破碎机。上述设备及其安装集气吸尘罩位置的示意如图 11-170 所示。图中除尘吸气罩（Q）和集气吸尘罩局部阻力系数（ζ）如下。

MFD-100、MFD-200：

$Q_1=3000m^3/h$，$\zeta_1=0.25$

$Q_2=4000m^3/h$，$\zeta_2=0.5$

MFD-300、MFD-400：

$Q_1=3500m^3/h$，$\zeta_1=0.25$

$Q_2=5000m^3/h$，$\zeta_2=0.5$

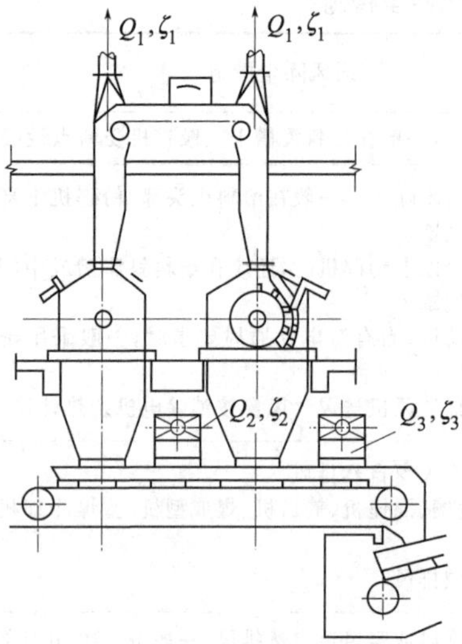

图 11-169 锤式破碎机除尘

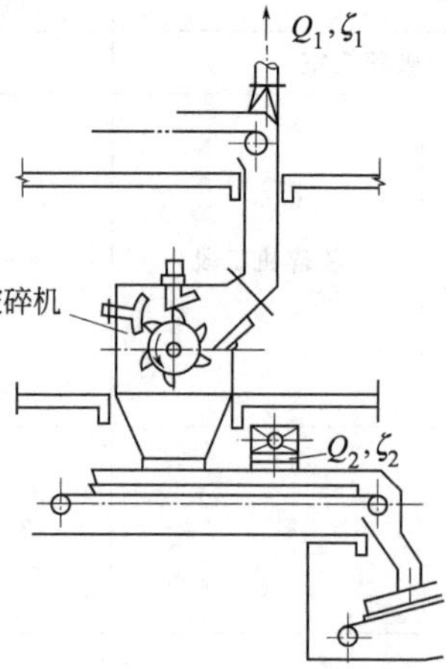

图 11-170 反击式破碎机除尘

PTJ-0707：

$$Q_1=2500\text{m}^3/\text{h},\ \zeta_1=0.25$$
$$Q_2=3500\text{m}^3/\text{h},\ \zeta_2=0.5$$

(4) 笼型粉碎机 常用的笼型粉碎机规格有 ϕ2100mm×530mm。该设备及安装集气吸尘罩位置的示意如图 11-171 所示。

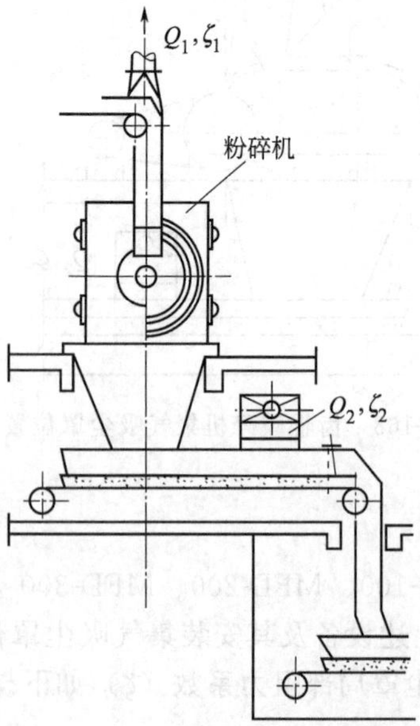

图 11-171 笼型粉碎机除尘

图中 11-171 除尘吸气量（Q）和吸气罩局部阻力系数（ζ）如下：

$$Q_1=3000\text{m}^3/\text{h},\ \zeta_1=0.25$$
$$Q_2=6000\text{m}^3/\text{h},\ \zeta_2=0.5$$

注：上述局部阻力系数 ζ 皆对应于吸气罩引出风管内的动压。

（三）成型煤工艺生产除尘

1. 成型煤工艺生产流程

在炼焦生产中，成型煤是利用弱黏结性煤炼焦的一种新工艺。该工艺中的主要生产设备有混煤机、分配槽、混捏机、输送机、煤成型机、型煤冷却机等。其工艺流程如图 11-172 所示。

生产中使用沥青及蒸汽对煤进行处理，上述设备在生产过程中散发到空气中的主要有害物是沥青烟、煤尘、水蒸气。

2. 除尘系统流程参数

四台煤成型机组成的除尘系统流程如图 11-173 所示。

成型煤各种设备除尘的有关参数见表 11-59。

3. 煤制样室除尘

常用的煤制样设备及其除尘参数见表 11-60。

煤制样室除尘设计要点如下。

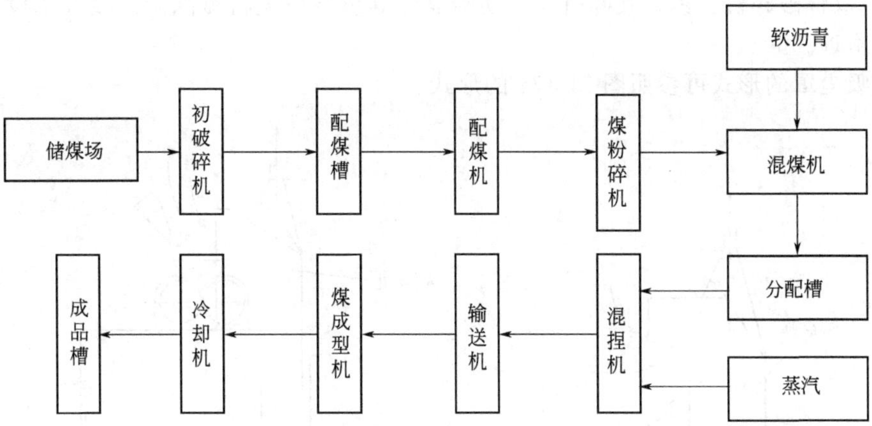

图 11-172　成型煤工艺流程

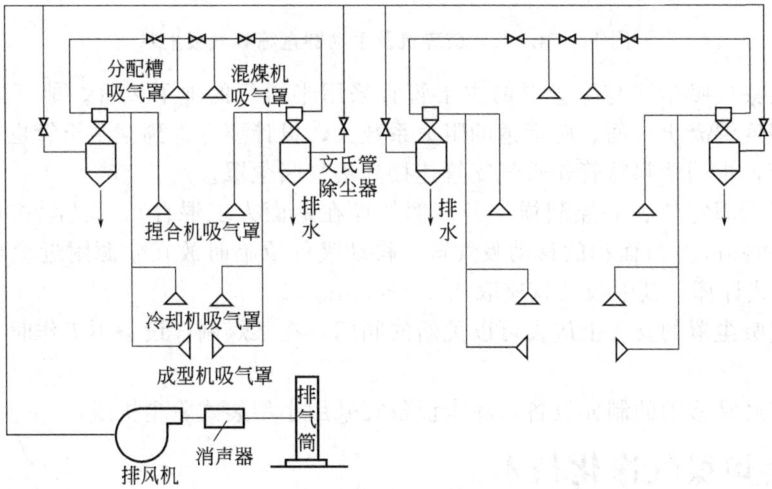

图 11-173　成型煤除尘系统流程

表 11-59　成型煤设备除尘参数

序号	设备名称	排气量/(m^3/h)	气体温度/℃	含尘量/(g/m^3)
1	混煤机	3000	40	1
2	分配槽	1320	40	1
3	混捏机	8280	100	1
4	冷却输送机	3300	90	1
5	煤成型机	17400	80	1

表 11-60　煤制样设备及除尘参数

设备名称	除尘吸气量/(m^3/h)	气体含尘量/(g/m^3)	温度
200×150 双辊破碎机	800～900	<0.5	常温
PCB400×175 锤式破碎机	800～900	<0.5	常温
手动圆盘筛	600～800	<0.5	常温

（1）双辊破碎机、锤式破碎机及手动圆盘筛等设备应设机械除尘。吸气罩设在加料口及出料口附近。

集气吸尘罩的形式可参照图 11-174 的形式。

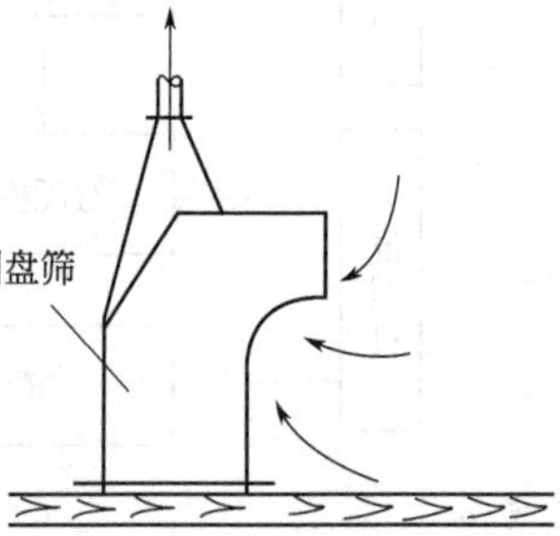

(a) 手动圆盘筛集气罩

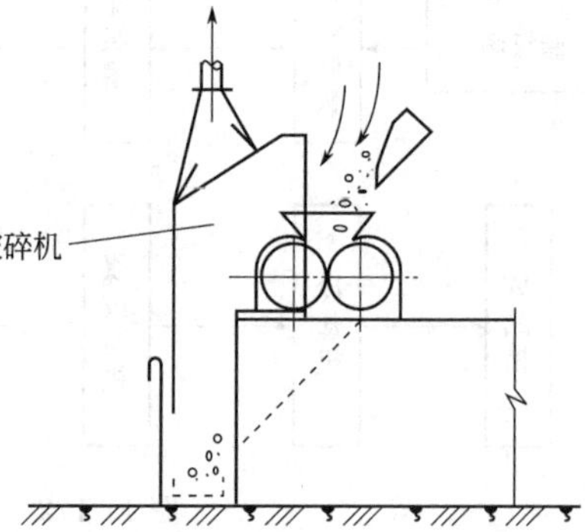

(b) 双辊破碎机集气吸尘罩

图 11-174 双辊破碎机及手动圆盘筛集气吸尘罩

（2）联接集气吸尘罩与除尘器的主干管宜采用半通行的地下风管。地下风管用砖石砌筑，再以高强度混凝土抹面。砖烟道的阻力系数大，设计要考虑到。主干管也可以用室内吊挂的金属风管，再用塑料软管作吸气支管连接到集气吸尘罩。

（3）对于无固定位置的煤制样设备（例如煤在地面人工混合），设置 200mm×200mm～300mm×300mm 开口面积的移动吸气罩。移动吸气罩临时放在尘源附近。吸气罩的吸尘量（Q）按公式计算，其中吸气风速取 0.35～0.5m/s。

（4）集气吸尘罩的支管上应设可以关断的阀门，在某煤制样设备不工作时关断相应的支管上的阀门。

（5）对于经常移动的制样设备，除尘设备宜采用小型袋式除尘机组。

三、焦炉煤气净化技术

钢铁企业的焦炉煤气的净化和回收是焦炉煤气、高炉煤气、转炉煤气中最重要的部分，本节介绍焦炉煤气的净化方法和回收产品产率。

（一）焦炉煤气来源及物理化学变化

1. 焦炉煤气来源

焦炉煤气净化系统也称为炼焦化学产品回收系统。所谓炼焦化学就是研究以煤为原料，经高温干馏（900～1050℃）获得焦炭和荒煤气（或称粗煤气），并将荒煤气经过冷却、洗涤净化及蒸馏等化工工艺处理，制取化学产品的工艺及技术的学科。荒煤气经过各种工艺技术处理制取化工产品（如焦油、粗苯、硫铵、硫黄）后的煤气称为净焦炉煤气。对荒煤气经工艺技术处理的过程称为煤气净化过程（系统）。

生产和经营炼焦化学产品的生产企业是炼焦化学工厂，也称为煤炭化学工厂。在我国钢铁联合企业中，焦炭和焦炉煤气是主要能源，占总能耗的 60%以上，所以大部分焦化厂设在钢铁联合企业中，是钢铁联合企业的重要组成部分。

2. 物理化学变化

煤料在焦炉炭化室内进行高温干馏时，煤质发生了一系列的物理化学变化。

装入煤在 200℃以下蒸发表面水分，同时析出吸附在煤中的二氧化碳、甲烷等气体；当温度升高至 250～300℃时，煤的大分子端部含氧化合物开始分解，生成二氧化碳、水和酚类（主要是高级酚）；当温度升至约500℃时，煤的大分子芳香族稠环化合物侧链断裂和分解，产生气体和液体，煤质软化熔融，形成气、固、液三相共存黏稠状的胶质体，并生成脂肪烃，同时释放出氢。

在600℃前从胶质层析出的和部分从半焦中析出的蒸汽和气体称为初次分解产物，主要含有甲烷、二氧化碳、一氧化碳、化合水及初煤焦油（简称初焦油），氢含量很低。

初焦油主要的组成（质量分数）大致见表11-61。

表11-61　初焦油的主要组成

链烷烃(脂肪烃)	烯烃	芳烃	酸性物质	盐基类	树脂状物质	其他
8.0%	2.8%	58.9%	12.1%	1.8%	14.4%	2%

初焦油中芳烃主要有甲苯、二甲苯、甲基联苯、菲、蒽及其甲基同系物，酸性化合物多为甲酚和二甲酚，还有少量的三甲酚和甲基吲哚；链烷烃和烯烃皆为C_5～C_{32}的化合物；盐基类主要是二甲基吡啶、甲基苯胺、甲基喹啉等。

炼焦过程析出的初次分解产物，约80%的产物是通过赤热的半焦及焦炭层和沿温度约1000℃的炉墙到达炭化室顶部的，其余约20%的产物则通过温度一般不超过400℃的两侧胶质层之间的煤料层逸出。

初次分解产物受高温作用，进一步热分解，称为二次裂解。通过赤热的焦炭和沿炭化室炉墙向上流动的气体和蒸汽，因受高温而发生环烷烃和烷烃的芳构化过程（生成芳香烃）并析出氢气，从而生成二次热裂解产物。这是一个不可逆反应过程，由此生成的化合物在炭化室顶部空间则不再发生变化。与此相反，由煤饼中心通过的挥发性产物，在炭化室顶部空间因受高温发生芳构化过程。因此炭化室顶部空间温度具有特殊意义，在炭化过程的大部分时间里此处温度为800℃左右，大量的芳烃是在700～800℃时生成的。

（二）焦炉煤气的性质[31]

从焦炉炭化室产生的煤气经上升管、桥管汇入集气管逸出的煤气称为荒煤气，其组成随炭化室的炭化时间不同而变化。由于焦炉操作是连续的，所以整个炼焦炉组产生的煤气组成基本是均一的、稳定的。荒煤气组成（净化前）见表11-62。煤气的组分中有最简单的烃类化合物、游离氢、氧、氮及一氧化碳等，这说明煤气是分子结构复杂的煤质分解的最终产物。煤气中氢、甲烷、一氧化碳、不饱和烃是可燃成分，氮及二氧化碳是惰性组分。

表11-62　荒煤气组成（净化前）　　单位：g/m^3

名称	质量浓度	名称	质量浓度
水蒸气	250～450	硫化氢	6～30
焦油气	80～100	氰化氢	1.0～2.5
苯族烃	30～45	吡啶盐基	0.4～0.6
氨	8～16	其他	2.0～3.0
萘	8～12		

经回收化学产品和净化后的煤气称为净焦炉煤气，也称回炉煤气，其杂质质量浓度见表11-63。几种煤气成分的组成及低发热值见表11-64。

表 11-63 净焦炉煤气中的杂质 单位：g/m^3

名称	质量浓度	名称	质量浓度
焦油	0.05	氨	0.05
苯族烃	2～4	硫化氢	0.20
萘	0.2～0.4	氰化氢	0.05～0.2

表 11-64 几种煤气的成分组成及低发热值

名称	$w(N_2)$ /%	$w(O_2)$ /%	$w(H_2)$ /%	$w(CO)$ /%	$w(CO_2)$ /%	$w(CH_4)$ /%	$w(C_mH_n)$ /%	$Q_{低}$ /(kJ/m^3)	密度 /(kg/m^3)
焦炉煤气	2～5	0.2～0.9	56～64	6～9	1.7～3.0	21～26	2.2～2.6	17550～18580	0.4636
高炉煤气	50～55	0.2～0.9	1.7～2.9	21～24	17～21	0.2～0.5		3050～3510	1.296
转炉煤气	16～18	0.1～1.5	2～2.5	63～65	14～16			7524	1.396
发生炉煤气	46～55		12～15	25～30	2～5	0.5～2.0		4500～5400	

（三）焦炉煤气净化工艺流程[28,31,32]

煤气的净化对煤气输送过程及回收化学产品的设备正常运行都是十分必要的。煤气净化包含煤气的冷却、煤气的输送、化学产品回收，如脱硫、制取硫铵、终冷洗苯、粗苯蒸馏等工序，以减少煤气中有害物质。

煤气净化系统工艺流程见图 11-175。

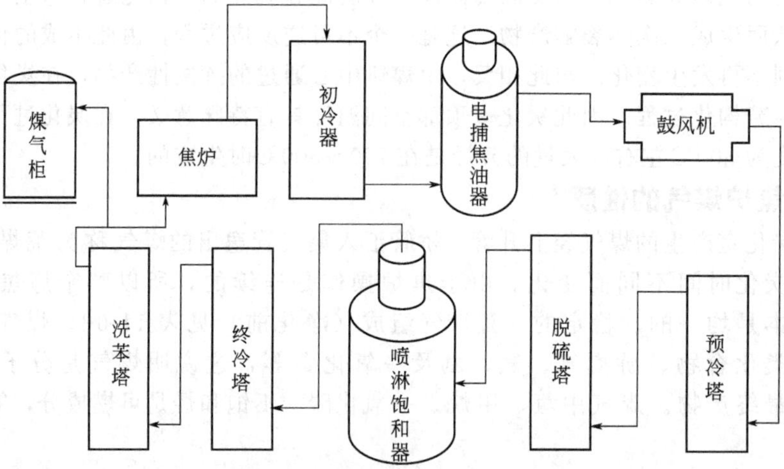

图 11-175 煤气净化系统工艺流程

不同的煤气净化工艺流程主要表现在脱硫、脱氨配置不同。

煤气净化脱硫工艺主要有干法脱硫和湿法脱硫两种，湿法脱硫工艺有湿式氧化工艺和湿式吸收工艺两种。湿式氧化脱硫工艺有以氨为碱源的 TH 法（TAKAHAX 法脱硫脱氰和 HIROHAX 法废液处理工艺）、以氨为碱源的 FRC 法（FUMAKSRHODACS 法脱硫脱氰和 COMPACS 法废液焚烧；干接触法制取浓硫酸工艺）、以氨为碱源的 HPF 法和以钠为碱源的 ADA 法等，湿式吸收脱硫工艺有索尔菲班法（单乙醇氨法）和 AS 法（氨硫联合洗涤法）。

煤气净化脱氨工艺主要有：水洗氨蒸氨浓氨水工艺、水洗氨蒸氨氨分解工艺、冷法无水氨工艺、热法无水氨工艺、半直接法浸没式饱和器硫氨工艺、半直接法喷淋式饱和器硫氨工艺、间接法饱和器硫氨工艺和酸洗法硫氨工艺。

国内常用的煤气净化工艺流程、特点及主要设备选择以炭化室高 6m 的焦炉配置的煤气净化工艺为例进行叙述。

1. 冷凝鼓风工序流程

来自焦炉约 82℃的荒煤气与焦油和氨水沿吸煤气管道至气液分离器，由气液分离器分离的焦油和氨水首先进入机械化氨水澄清槽，在此进行氨水、焦油和焦油渣的分离。上部的氨水流入循环氨水中间槽，再由循环氨水泵送至焦炉集气管循环喷洒冷却煤气，剩余氨水送入剩余氨水中间槽。澄清槽下部的焦油靠静压流入机械化焦油澄清槽，进一步进行焦油与焦油渣的沉降分离，焦油用焦油泵送往油库工序焦油贮槽。机械化氨水澄清槽和机械化焦油澄清槽底部沉降的焦油渣刮至焦油渣车，定期送往煤场，掺入炼焦煤中。

进入剩余氨水中间槽的剩余氨水用剩余氨水中间泵送入除焦油器，脱除焦油后自流到剩余氨水槽，再用剩余氨水泵送至硫铵工序剩余氨水蒸氨装置，脱除的焦油自流到地下放空槽。为便于工程施工，初冷器后煤气管道预留阀门，初冷器前煤气管道在总管预留接头。鼓风机室部分在煤气总管预留接头。

气液分离后的荒煤气由气液分离器的上部，进入并联操作的横管初冷器，分两段冷却，上段用 32℃循环水，下段用 16℃低温水将煤气冷却至 21～22℃。为了保证初冷器冷却效果，在上段、下段连续喷洒焦油、氨水混合液，在顶部用热氨水不定期冲洗，以清除管壁上的焦油、萘等杂质。初冷器上段排出的冷凝液经水封槽流入上段冷凝液槽，用泵送入初冷器上段中部喷洒，多余部分送到吸煤气管道。初冷器下段排出的冷凝液经水封槽流入下段冷凝液槽，再加兑一定量焦油后，用泵送入初冷器下段顶部喷洒，多余部分流入上段冷凝液槽。

由横管初冷器下部排出的煤气，进入 3 台并联操作的电捕焦油器，除掉煤中夹带的焦油，再由煤气鼓风机压送至脱硫工序。

冷凝鼓风工序工艺流程如图 11-176 所示。

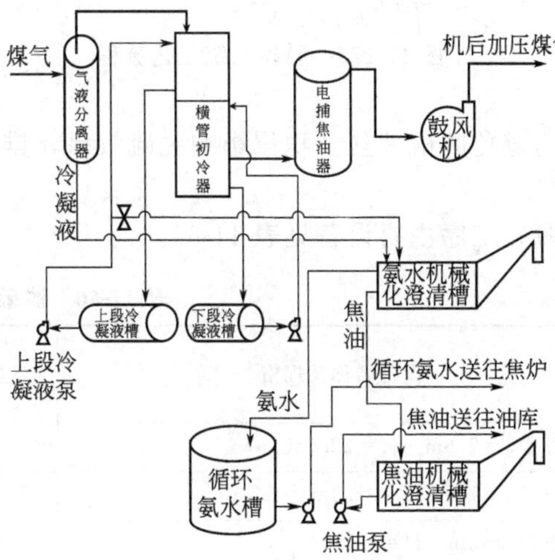

图 11-176 冷凝鼓风工序工艺流程

冷凝鼓风工序主要设备见表 11-65。

表 11-65 冷凝鼓风工序主要设备

设备名称及规格	主要材质	台数(4×55 孔焦炉)	
		一期	二期
初冷器 $A_N=4000m^2$	Q235-A	3	2
电捕焦油器 $D_N=4.6m$	Q235-A	2	1
机械化氨水澄清槽 $V_N=300m^3$	Q235-A	3	1
机械化焦油澄清槽 $V_N=140m^3$	Q235-A	1	
煤气鼓风机 $Q=1250m^3/min$ $p=25kPa$		2	1

2. 脱硫工序流程

鼓风机后的煤气进入预冷塔，与塔顶喷洒的循环冷却水逆向接触，被冷却至 30℃。循环冷却水从塔下部用泵抽出送至循环水冷却器，用低温水冷却至28℃后进入塔顶循环喷洒。采取部分剩余氨水更新循环冷却水，多余的循环水返回冷凝鼓风工序。

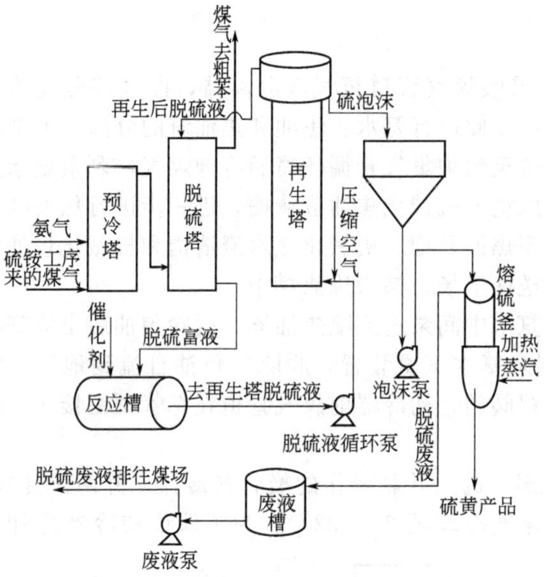

图 11-177 脱硫系统工艺流程

预冷后的煤气进入脱硫塔，与塔顶喷淋下来的脱硫液逆流接触，以吸收煤气中的硫化氢，同时吸收煤气中的氨，以补充脱硫液中的碱源。脱硫后煤气含硫化氢约300mg/m³，送入硫铵工序。

吸收了H_2S、HCN的脱硫液从塔底流出，进入反应槽，然后用脱硫液泵送入再生塔，同时自再生塔底部通入压缩空气，使溶液在塔内得以氧化再生。再生后的溶液从塔顶经液位调节器自流回脱硫塔，循环使用。浮于再生塔顶部的硫黄泡沫，利用位差自流入泡沫槽，硫黄泡沫经泡沫泵送入熔硫釜加热熔融，清液流入反应槽，硫黄冷却后装袋外销。

为避免脱硫液盐类积累影响脱硫效果，排出少量废液送往配煤。脱硫系统工艺流程见图11-177。

脱硫工序主要设备见表11-66。

表 11-66 脱硫工序主要设备

设备名称及规格	主要材质	台数(4×55孔焦炉)	
		一期	二期
预冷塔 $D_N=5.6$m $H=22.5$m	Q235-A	1	
脱硫塔 $D_N=7$m $H=32.3$m	Q235-A	1	1
再生塔 $D_N=5$m $H=47$m	Q235-A	1	1
脱硫液循环泵 附电机 $P=560$kW(10kV)	SUS304	2 2	1 1
熔硫釜 $D_N=1$m $H=5.5$m	SUS304	4	4

3. 硫铵工序流程

由脱硫工序来的煤气经煤气预热器进入饱和器。煤气在饱和器的上段分两股进入环形室，经循环母液喷洒，煤气中的氨被母液中的硫酸吸收，然后煤气合并成一股进入后室，经母液最后一次喷淋，进入饱和器内旋风式除酸器分离煤气所夹带的酸雾，再经捕雾器捕集煤气中的微量酸雾后，送至终冷洗苯工序。

饱和器下段上部的母液经母液循环泵连续抽出送至环形室喷洒，吸收了氨的循环母液经中心下降管流至饱和器下段的底部，在此处晶核通过饱和母液向上运动，使晶体长大，并引起颗粒分级，用结晶泵将其底部的浆液送至结晶槽。饱和器满流口溢出的母液流入满流槽内液封槽，再溢流到满流槽，然后用小母液泵送入饱和器的后室喷淋。冲洗和加酸时，母液经满流槽至母液贮槽，再用小母液泵送至饱和器。此外，母液贮槽还可供饱和器检修时贮存母液。

结晶槽的浆液排放到离心机，经分离的硫铵晶体由螺旋输送机送至振动流化床干燥机，并用被热风器加热的空气干燥，再经冷风冷却后进入硫铵储斗，然后称量、包装送入成品库。离心机滤出的母液与结晶槽满流出来的母液一同自流回饱和器的下段。干燥硫铵后的尾气经旋风分离器后由排风机排放至大气。

由冷凝鼓风工序送来的剩余氨水与蒸氨塔底排出的蒸氨废水换热后进入蒸氨塔，用直接蒸汽将氨蒸出；同时从终冷塔上段排出的含碱冷凝液进入蒸氨塔上部，分解剩余氨水中固定铵，蒸氨塔顶部的氨气经分缩器后进入脱硫工序的预冷塔内。换热后的蒸氨废水经废水冷却器冷却后送至酚氰污水处理站。

由油库送来的硫酸送至硫酸槽，再经硫酸泵抽出送至硫酸高置槽内，然后自流到满流槽。硫铵工序工艺流程见图 11-178。

硫铵工序主要设备见表 11-67。

表 11-67　硫铵工序主要设备

设备名称及规格	主要材质	台数(4×55 孔焦炉)	
		一期	二期
饱和器 $D_N=4.2/3\text{m}$　$H=10.165\text{m}$	SUS316L	2	1
结晶槽 $D_N=2\text{m}$	SUS316L	2	2
氨水蒸馏塔 $D_N=2.8\text{m}$　$H=17.25\text{m}$	铸铁	2	
母液循环泵 附电机 $P=110\text{kW}$	904L	2 2	1 1

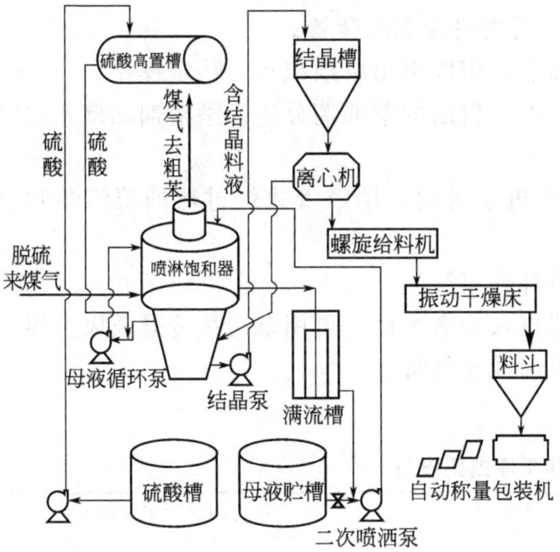

图 11-178　硫铵系统工艺流程

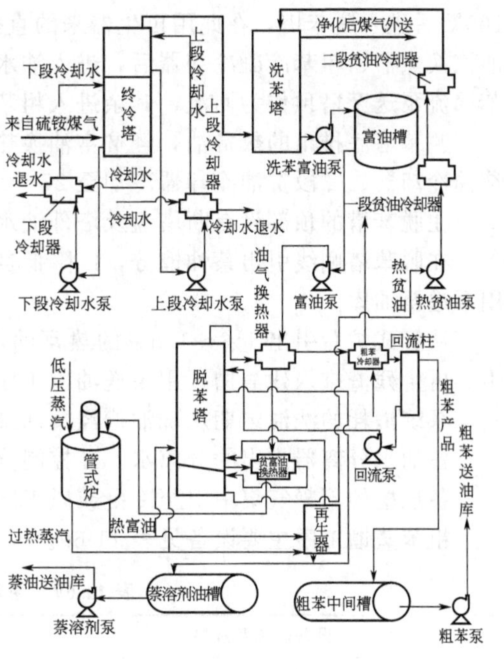

图 11-179　终冷洗苯与粗苯蒸馏系统工艺流程

4. 终冷洗苯工序流程

从硫铵工序来的约 55℃的煤气，首先从终冷塔下部进入终冷塔分两段冷却，下段用约 37℃的循环冷却水，上段用约 24℃的循环冷却水，将煤气冷却至约 25℃，后进入洗苯塔。

煤气经贫油洗涤脱除粗苯后，一部分送回焦炉和粗苯管式炉加热使用，其余送往用户。

终冷塔下段的循环冷却水从塔中部进入终冷塔下段，与煤气逆向接触冷却煤气后用泵抽出，经下段循环喷洒液冷却器，用循环水冷却到37℃进入终冷塔中部循环使用。终冷塔上段的循环冷却水从塔顶部进入终冷塔上段，冷却煤气后用泵抽出，经上段循环喷洒液冷却器，用低温水冷却到24℃进入终冷塔顶部循环使用。同时，在终冷塔上段加入一定量的碱液，进一步脱除煤气中的H_2S，保证煤气中的H_2S质量浓度不大于200mg/m^3。下段排出的冷凝液送至酚氰废水处理站；上段排出的含碱冷凝液送至硫铵工序蒸氨塔顶，分解剩余氨水中的固定铵。

由粗苯蒸馏工序送来的贫油从洗苯塔的顶部喷洒，与煤气逆向接触，吸收煤气中的苯，塔底富油经富油泵送至粗苯蒸馏工序脱苯后循环使用。终冷洗苯系统工艺流程见图11-179。

终冷洗苯主要设备见表11-68。

表11-68 终冷洗苯主要设备

设备名称及规格	主要材质	台数(4×55孔焦炉)	
		一期	二期
终冷塔 D_N=6m　H=27.7m	Q235-A	1	
洗苯塔 D_N=6m　H=35.3m	Q235-A	1	

5. 粗苯蒸馏工序流程

从终冷洗苯装置送来的富油依次送经油汽换热器、贫富油换热器，再经管式炉加热至180℃后进入脱苯塔，在此用再生器来的直接蒸汽进行汽提和蒸馏。塔顶逸出的粗苯蒸气经油汽换热器、粗苯冷凝冷却器后，进入油水分离器，分出的粗苯流入粗苯回流槽，部分用粗苯回流泵送至塔顶作为回流，其余进入粗苯中间贮槽，再用粗苯产品泵送至油库。

脱苯塔底排出的热贫油，经贫富油换热器后再进入贫油槽，然后用热贫油泵抽出经一段贫油冷却器、二段贫油冷却器冷却至27～29℃，后去终冷洗苯装置。

在脱苯塔的顶部设有断塔盘及塔外油水分离器，用以引出塔顶积水，稳定操作。

在脱苯塔侧线引出萘油馏分，以降低贫油含萘。引出的萘油馏分进入萘溶剂油槽，定期用泵送至油库。

从管式炉后引出1%～1.5%的热富油，送入再生塔内，用经管式炉过热的蒸汽蒸吹再生。再生残渣排入残渣槽，用泵送油库工序。

系统消耗的洗油定期从洗油槽经富油泵入口补入系统。

各油水分离器排出的分离水，经控制分离器排入分离水槽，再用泵送往冷凝鼓风工序。

各贮槽的不凝气集中引至冷凝鼓风工序初冷前吸煤气管道。

粗苯蒸馏工序主要设备见表11-69。

表11-69 粗苯蒸馏工序主要设备

设备名称及规格	主要材质	台数(4×55孔焦炉)
脱苯塔 D_N=2.8m　H=27.2m	铸铁	1
再生器 D_N=2.2m　H=9.5m	Q235-A	1
管式炉	Q235-A	1

6. 油库工序

油库工序产品和原料的贮存时间为20天。油库工序设置4个焦油贮槽，接受冷凝鼓风工序送来的焦油，并装车外运；设置2个粗苯贮槽，接受粗苯蒸馏工序送来的粗苯，并定期装车外运。设置2个洗油贮槽用于接受外来的洗油，并定期用泵送往粗苯蒸馏工序；设置2个碱贮槽，1个卸碱槽，2个硫酸槽，1个卸酸槽，用于接受外来的碱液（40%）和硫酸（93%），并用泵定期送至终冷洗苯工序和硫铵工序。焦油和粗苯采用汽车和火车两种运输方式，其他原料的装卸车采用汽车。

（四）煤气净化回收产品产率

1. 煤气净化回收产品产率

炼焦化学产品的产率和组成随焦炉炼焦温度和原料煤质量的不同而波动。在工业生产条件下，焦炭与煤气净化回收的化学产品的产率，通常用它与干煤质量的比例来表示。各化学产品的产率见表11-70。

表11-70 化学产品产率 单位：%

化学产品	产 率	化学产品	产 率
焦炭	75～78	净焦炉煤气	15～19或320～340m^3/t
硫铵	0.8～1.1	硫化氢	0.1～0.5
粗苯	0.8～1.0	氰化氢	0.05～0.07
煤焦油	3.5～4.5	化合水	2～4
氨	0.25～0.35	其他	1.4～2.5

从焦炉炭化室逸出的荒煤气（也称出炉煤气）所含的水蒸气，除少量化合水（煤中有机质分解生成的水）外，大部分来自煤的表面水分。

2. 煤气净化系统能耗系数（见表11-71）

表11-71 投入物、产出物等能耗折标准煤系数

物料	折标准煤	物料	折标准煤
洗精煤(干)	1.014t/t	电	0.404kg/(kW·h)
焦炭	0.971t/t	蒸汽	0.12t/t
焦炉煤气	0.611kg/m^3	压缩空气	0.036kg/m^3
焦油	1.29t/t	氮气	0.047kg/m^3
粗苯	1.43t/t	高炉煤气	0.109kg/m^3
生产用水	0.11kg/m^3		

1kg标准煤热值定额为29307.6kJ，即29.3076MJ，折算如下：

① 1t标准煤热值为29307.6MJ，即29.3076GJ

② 1t焦炭热值为29.3076GJ×0.971=28.4577GJ

③ 1m^3焦炉煤气热值为0.611×29.3076=17.9069GJ

一般情况下，焦炉煤气的低发热值为17900kJ/m^3，高炉煤气的低发热值为3180kJ/m^3，混合煤气（焦炉煤气与高炉煤气混合）的低发热值为4209kJ/m^3。

四、炼焦生产烟尘减排技术

炼焦包括焦炉、熄焦、筛焦、贮焦等工段。一般每个炉组由两座焦炉和一个煤塔组成。炼焦除尘系统包括：焦炉装煤、焦炉、推焦、干熄焦、筛贮焦、焦转运等除尘系统。

（一）装煤烟尘减排技术

装煤烟尘中的主要有害物是煤尘、荒煤气、焦油烟。烟气中还含有大量 BSO（苯可溶物）及 B［a］P（苯并［a］吡）。

1. 烟气参数

装煤烟尘控制时的烟气参数与装煤车的下煤设施及装煤时对烟尘预处理的措施有关。目前装煤车注煤有重力下煤及机械下煤两种。装煤时的烟尘有在车上燃烧与不燃烧两种，还有车上预洗涤与不预洗涤两种，其有关参数示于表 11-72 中。

表 11-72 装煤车排出口烟气参数

焦炉炭化室高/m	烟气量/[m^3(标)/h]		烟气含尘量/[g/m^3(标)]		烟气温度/℃		接口压力/Pa	
	球面密封下煤嘴	套筒式下煤嘴	车上烟气洗涤	车上烟气不洗涤	车上烟气洗涤	车上烟气不洗涤	车上烟气洗涤	车上烟气不洗涤
7		45000～60000	2～3	8～10	75	250～300	1500	2000
6		40000～44000	2～3	8～10	75	250～300	1500	2000
5		35000～40000	2～3	8～10	75	250～300	1500	2000
4	216000～32000	30000～35000	2～3	8～10	75	250～300	1500	2000

注：表中数据为装煤车上烟气不燃烧的数据，“接口压力”是指装煤车上活动接管与地面除尘系统的自动阀门对接时的接口处压力。

2. 通风机的风量

通风机的风量按公式(11-96) 计算：

$$Q=Q_0\frac{273+t_1}{273}\times\frac{p_0}{p_0-(p_1+p_2)}\times a_1\times a_2 \tag{11-96}$$

式中，Q 为风机风量，m^3/h；Q_0 为装煤车排出口烟气量，m^3（标)/h；p_1 为烟气中饱和水蒸气分压力，MPa；p_2 为风机入口烟气的真空度，MPa；t_1 为风机入口烟气温度,℃；a_1 为系统管道漏风系数；a_2 为除尘设备漏风系数。

（二）烟尘控制措施[28～30]

1. 烟尘控制的主要型式

① 装煤车采用球面密封结构的下煤嘴。装煤车上配备有烟气燃烧室，燃烧后的烟气在车上进行一段或两段洗涤净化后排出。其特征是全部除尘设备、通风机均设在装煤车上。

② 装煤烟气在车上燃烧并洗涤、降温后，用管道将烟气引到地面，在地面上再用两段文丘里洗涤器将烟气进一步洗涤净化，使外排烟尘浓度小于 50mg/m^3（标）。

③ 装煤烟气燃烧后，于装煤车上掺冷风降温到 300℃左右，再用管道将其引导到地面，经冷却后用袋式除尘器净化、排出。

④ 装煤时于装煤孔抽出的煤气在装煤车上混入大气后，用管道送到地面，经袋式除尘器净化后排出。

2. 装煤车上烟气燃烧后在地面用袋式除尘器净化的流程

该系统是将装煤孔逸出的烟气用装煤车上的套罩捕集后，在装煤车上的燃烧室内燃烧，其烟气温度可达 700～800℃，需在装煤车上掺入周围的冷空气，使其降温到 300℃以下，再靠通风机的抽吸能力，送到地面进行冷却净化。

进入地面除尘系统的烟气携带有未燃尽的煤粒，烟气温度近 300℃。因此在烟气进入袋式除尘器之前需进行灭火及冷却（图 11-180）。

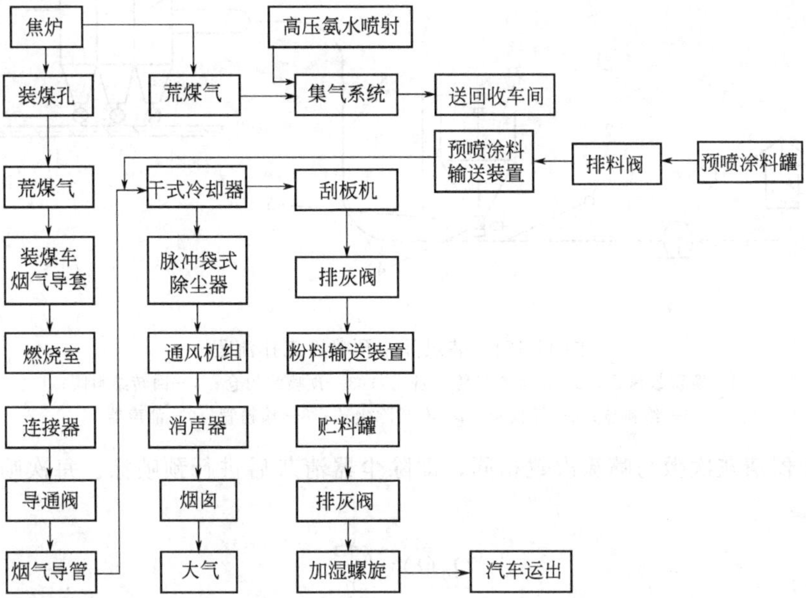

图 11-180 装煤烟气在地面干式净化的流程

烟气冷却器型式及降温能力的确定，要依据袋式除尘器过滤材质的耐温程度选择。目前采用的烟气冷却器有：蒸发冷却器、板式或管式空气自然冷却器、板式或管式强制通风冷却器。板式或管式冷却器本身可兼作烟气中未燃尽煤粒的惯性灭火设备。设计时根据冷却器本身的质量及温度升高，按蓄热式冷却器的原则，计算烟气被冷却后的温度。这种冷却器被加热及被冷却的周期，按焦炉各炭化室装煤的间隔时间进行计算。

（三）装煤除尘预喷涂吸附焦油

装煤烟气中含有一定量的焦油，为此要采取必要的措施，防止烟气中的焦油黏结在布袋上，造成除尘系统不能正常工作。装煤烟气中焦油含量多少与煤的品种和装煤的方法有关，一般在装煤的后期产生的烟气焦油含量大。如果除尘系统从装煤孔抽出的烟气量大，特别在后期，那么在装煤过程收集到的焦油量也大。捣固焦炉顶部导烟车收集的烟气量中焦油量要大于普通顶装煤焦炉。

1. 预喷涂系统组成

根据预喷涂原理若在滤袋过滤前先糊上一层吸附层吸附焦油物质，可以防止焦油直接粘连布袋。工程上采用在进袋式除尘器的风管内喷涂焦粉，使预喷涂粉分布在除尘器滤袋的表面。由于焦粉取料容易，是一种很好的预喷涂粉料。喷涂系统主要由以下几个部分组成：预喷涂粉仓、回转给料阀、给料器、鼓风机等，一般预喷涂设施设在除尘器附近，系统工作压力 0.05MPa 左右。该喷涂系统特点如下：

① 可以同时向进除尘器的风管内和除尘器内送粉；

② 采用带轴密封的星形卸灰阀锁气，给料装置、管道连接处要求密封严密；

③ 气源采用罗茨鼓风机或压缩空气，一般压缩空气作为备用气源。

装煤除尘预喷涂工作流程如图 11-181 所示。

2. 预喷涂粉量计算

焦粉密度约 $0.5t/m^3$，质量中位粒径在 $50\mu m$，除尘器表面平均一次喷涂厚度为 10～

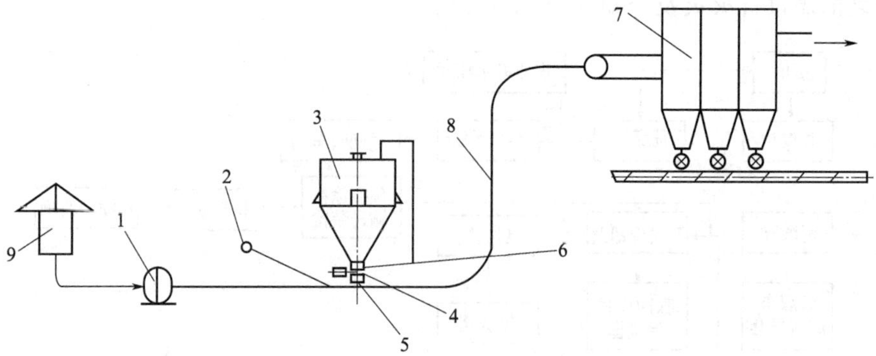

图 11-181 装煤除尘预喷涂工作流程

1—罗茨鼓风机；2—压缩空气管（备用）；3—预喷涂粉仓；4—回转给料阀；5—给料器；6—插板阀；7—布袋除尘器；8—输粉管；9—消声器

50μm，除尘器清灰次数与喷涂次数相同，即除尘器清灰后进行预喷涂。每次喷涂用粉量按下式计算：

$$Q_0(t)=\frac{\rho\delta S}{\eta}$$

式中，Q_0 为每次喷涂用粉量，t；ρ 为预喷涂粉的密度，t/m^3；δ 为预喷涂层厚度，μm（与装煤几次喷涂一次和烟尘的含焦油量有关，一般取 10～50μm）；S 为布袋除尘器过滤面的不均匀系数，通常取 0.7。

则每天喷涂量按下式计算：

$$Q(t)=\frac{24Q_0n_c}{nt_j} \tag{11-97}$$

式中，Q_0 为每次喷涂用粉量，t；n_c 为炭化室数，个；n 为预喷涂间隔装煤次数；t_j 为炭化室结焦时间，h。

3. 烟尘控制的操作

装煤烟尘控制系统风机只在焦炉装煤的过程中才使风机全速运转，其他时间风机维持全速的 1/4～1/3 运转。对于通风机调速操作的要求如下。

（1）由中央集中控制室控制联动操作通风机的调速运转及系统运行。

（2）通风机调速动作的执行由装煤车上发电信号指令，其动作顺序是：首先开启固定风管上自动联通阀门的推杆，接着发出风机进入高速指令；上述推杆退回原位启动时（自动联通阀门关闭）发出风机进入低速的指令。

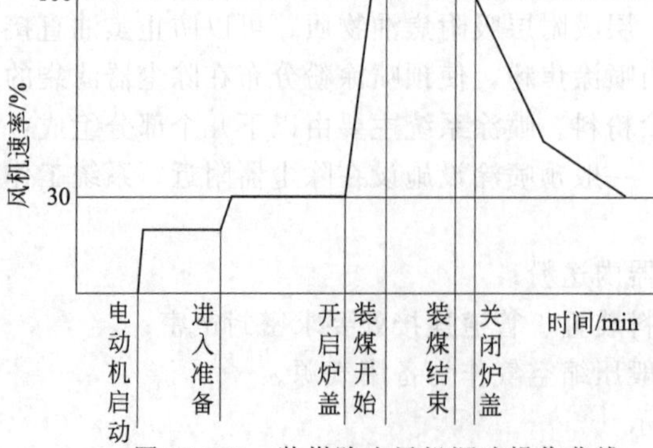

图 11-182 装煤除尘风机调速操作曲线

（3）一般情况下通风机应具备高速、低速两个运行状况。高速抽烟时用高速，不抽烟时用低速。低速约等于 1/4～1/3 倍高速。其运行曲线见图 11-182。

（4）若采用液力耦合器作通风机的调速设备，耦合器的油温、油压均应参加系统联锁。

(5) 通风机入口设电动调节阀门，用于风机调试及工况调整。

① 全套装置应具备中央联动及机旁手动操作两种功能。

② 应设置系统主要部位的流体压力、温度、流量显示仪表。对通风机转数、电机电流等参数要设计必要的显示、联锁、报警。有条件时宜将整个除尘系统在模拟盘上显示。

③ 在通风机吸入侧管道上设能自动开启的阀门，当通风机吸入侧固定干管内负压提高时，该阀门应自动开启，以防系统进入通风机风量减少，引起通风机喘振。

④ 除尘器或通风机入口侧设防爆孔。防爆孔的位置应设在设备或管道的上部，以防爆炸时对周围人员造成伤害。

⑤ 在通风机出口的排气筒附近设测尘用电源插座；除尘器底层设电焊机电源插座；除尘器各平台上设照明，并设手提灯照明的电源插座。

（四）推焦烟尘减排技术

焦炉推焦时，焦侧由拦焦机上部及熄焦车上部产生烟气，有害物以焦粉尘为主，并有少量焦油烟。焦油烟成分主要取决于焦炭的生熟程度，烟气中还有少量 BSO 及 B［a］P。

1. 烟气参数

推焦烟尘粒径的分散度组成如表 11-73 所列。

表 11-73　推焦烟尘粒径的分散度

粒径/μm	<10	10～40	40～80	80～125	>125
分散度/%	1.4	20.1	43.5	18.6	16.4

注：上述粉尘的真密度为 1.5t/m³，假密度为 0.4t/m³。

推焦除尘集气吸尘罩的排烟气量可按下式计算：

$$Q=Q_1+Q_2 \tag{11-98}$$

$$Q_1=3600\omega lv \tag{11-99}$$

$$l=v_g t+C \tag{11-100}$$

式中，Q 为集气吸尘罩排气量，m^3/h；Q_1 为熄焦车上部集吸尘罩排气量，m^3/h；ω 为集气吸尘罩宽度，m，等于熄焦车厢（罐）的宽度加 0.5m；l 为集气吸尘罩长度，m；v_g 为熄焦车接焦时的移动速度，m/s，一般为 0.33m/s；t 为红焦落入熄焦车的时间，s，约为 40～60s；C 为附加值，m，$C=0.5$～1m；v 为集气吸尘罩口的平均吸气速度，m/s，取 0.8～1.5m/s；Q_2 为导焦栅及炉门上部集气吸尘罩抽吸烟气量，m/h，取 $Q_2=0.5Q_1$。

对于定点熄焦的集气吸尘罩，l 等于焦罐长度加 0.5m.

一般焦炉焦侧推焦集气吸尘罩的排烟气量参见表 11-74。

表 11-74　推焦集气吸尘罩烟气参数

炉型(炭化室高)/m	测点位置	烟气量/[m³(标)/h]	温度/℃	含尘量/[g/m³(标)]	压力/Pa
7	吸气罩出口	180000～230000	150～200	5～12	−1000
6	吸气罩出口	170000～228000	150～200	5～12	−1000
5	吸气罩出口	130000	150～200	5～12	−1000
4	吸气罩出口	100000		5～12	−1000

2. 烟尘控制措施

(1) 推焦烟尘控制方法

① 推焦烟尘控制应配备合理结构的拦焦机集气罩。该集气罩一般要求炉门及导焦栅上

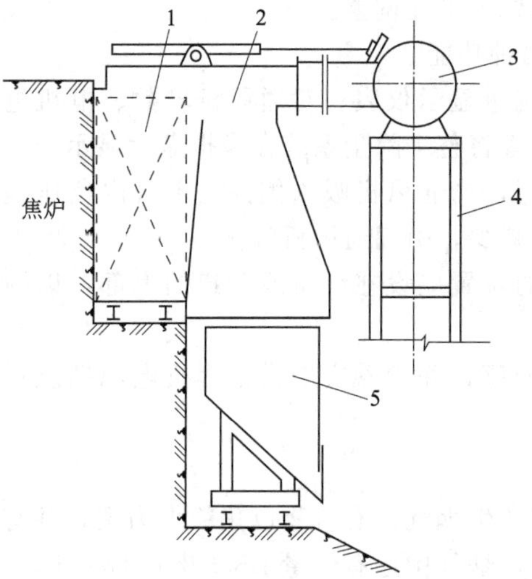

图 11-183 拦焦机集气吸尘罩示意

1—拦焦机；2—集气吸尘罩；3—自动联接阀门；4—支架；5—熄焦车

方抽吸烟气量占集气罩总排气量的 1/3；熄焦车焦箱上方抽吸烟气量占总排气量的 2/3。该集气罩与拦焦机在结构上形成一个整体，随拦焦机移动，如图 11-183 所示。

拦焦机集气罩可设计成悬挂在拦焦机上，亦可设计成一部分荷重负担在轨道上。集气罩用 6mm 的碳素钢板制作，也可以用 1～2mm 的不锈钢板制作。

② 用于炭化室一一对应的自动联通阀将拦焦机集气罩捕集到的烟尘传送到地面固定干管，再送到烟气冷却、灭火设备、袋式除尘器。其烟尘地面控制流程示意如图 11-184 所示。

③ 将拦焦机捕集到的烟尘通过胶带移动小车传送到地面固定干管、烟气冷却、灭火设备及袋式除尘器。胶带移动小车如图 11-185 所示。

④ 在焦炉的焦侧增加一条架空的轨道，轨道上安设随拦焦机同步行走的大吸气罩及烟尘喷淋塔。利用焦炉出焦时红焦在熄焦罐或焦箱上方产生的巨大热浮力作为动力，将推焦烟尘捕集起来，加以净化处理。

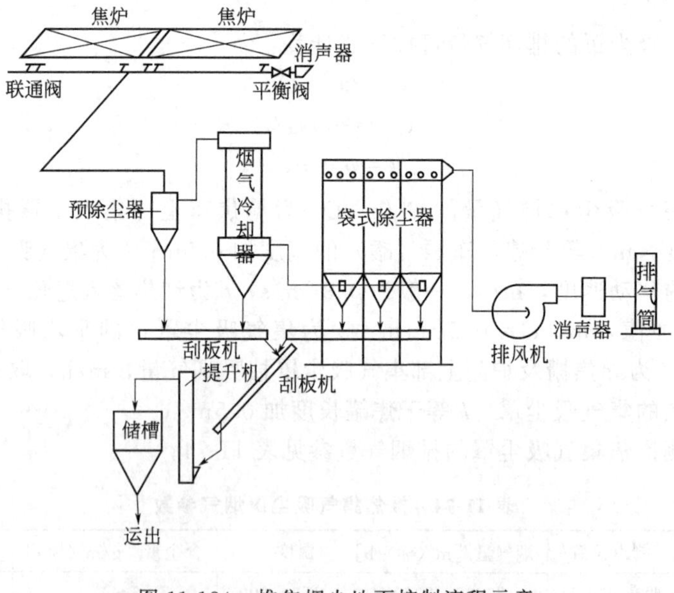

图 11-184 推焦烟尘地面控制流程示意

(2) 烟气冷却、灭火 为防止红焦粒烧坏滤袋，袋式除尘器入口侧应设火花捕集设备，可选用流体阻力小的惯性除尘器或离心式分离器，根据袋式除尘器的过滤材料耐温度程度，考虑是否设置冷却器，烟气冷却器一般采用管式或板式空气自然冷却器。按照冷却器本身的质量及温度升高，按蓄热式冷却器的原则计算烟气被冷却后的温度。

(3) 烟气控制的操作 ① 推焦烟尘具有阵发性、周期性的特点。拦焦机集气吸尘罩宜在焦炉推出红焦时才进入抽吸烟尘的状况，此时通风机高速运行，其他时间集气罩处于非抽吸状态，通风机按全速的 1/3 运转。这一要求通过通风机调速运转来实现。

② 由中央集中控制室联动操作通风机的调速运转及系统运行。

③ 通风机转速变更的指令由推焦车上推焦杆到达推焦位置，并向前移动推焦，或推焦结束向后退时发出信号。此信号通过无线电或通过设在焦侧的摩电轨道，传送到通风机调速电动执行机构。其通风机运行曲线见图 11-186。

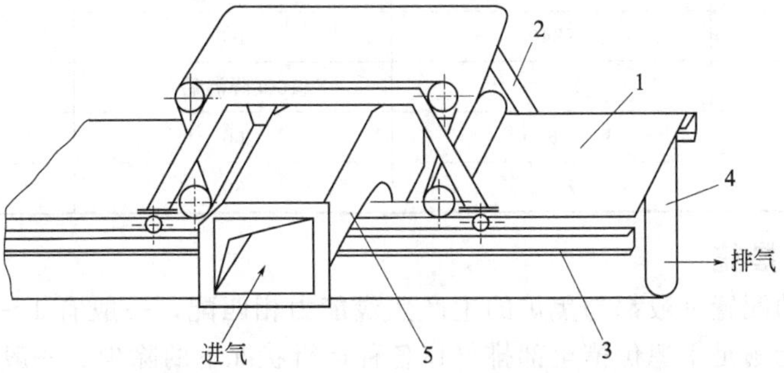

图 11-185　胶带移动小车

1—耐热胶带；2—移动小车；3—轨道；4—风管；5—活动接管

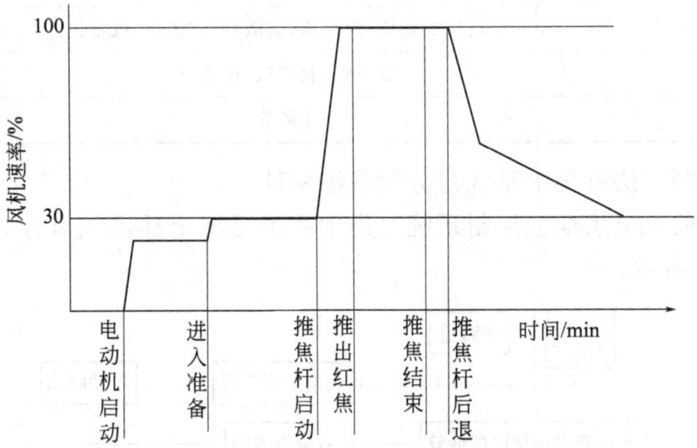

图 11-186　推焦除尘风机调速操作曲线

④ 在通风机旁设控制柜，必要时用手动操作控制通风机的调速运行。

⑤ 通风机正常调速运行时，其吸入口或排出口的调节阀门允许呈开启状态。

（五）干熄焦烟尘减排技术

干熄焦工艺是在封闭的熄焦槽内，用惰性气体通过赤红的焦炭，靠惰性气体温度升高带走焦炭的热量，使焦炭冷却。惰性气体温升后进入余热锅炉，释放出热量后，温度下降重新用于熄焦，以减少熄焦时的环境污染。但在向熄焦槽送入红焦之前，需先开启熄焦槽顶盖。由于熄焦槽内处于正压状态，启盖时会向外溢出大量烟尘。此外，熄焦塔的放散管、排焦口都是焦尘、烟气的排放源，其污染物的排放有间断排放与连续排放两部分。间断排放污染物来自熄焦槽顶，每次开盖投放红焦的时候，其污染物以 NO_x、SO_2、CO、CO_2 及焦粉尘为主。连续排放污染物来自惰性气体循环通风机出口放散管、干熄焦槽顶部放散管、炉底排焦口以及焦运出胶带机等部位，其污染物以焦粉尘、CO、NO_x、SO_2、CO_2 为主。

1. 烟气参数

75t 干熄焦槽各处排焦口的烟气参数如表 11-75 所列。

表 11-75 75t 干熄焦槽烟气参数

排气口名称	烟气量/[m^3(标)/h]	温度/℃	烟气含尘量/[g/m^3(标)]
焦槽加焦口	27000	235	10
焦罐盖	6840	390	10
放散管	14100	100(降温后)	10
排焦口	13680	60	10～50
胶带机	7530	60	10～50

2. 烟尘控制措施

干熄焦设备的配置一般都与焦炉的生产焦炭能力相匹配，一般有 1～5 个干熄焦槽，烟尘控制系统，应能满足干熄焦槽全部排气口各种运行状况下的除尘。一般情况下，各个排气口的工作制度如表 11-76 所列。

表 11-76 干熄焦槽排气口工作制度

运行状况	同时工作之排气口	运行时间
上部加入焦炭同时下部排焦	干熄焦加焦口、焦罐盖、放散管、排焦口、胶带机	约 2min
仅有下部排焦	放散管、胶带机、排焦口	2～6min
热备用状况	放散管	数小时

干熄焦烟尘控制方法有集中系统与分散系统两种。

(1) 集中系统的干熄焦烟尘控制系统　集中系统是将全部排气口合并为一个除尘系统，其流程如图 11-187 所示。

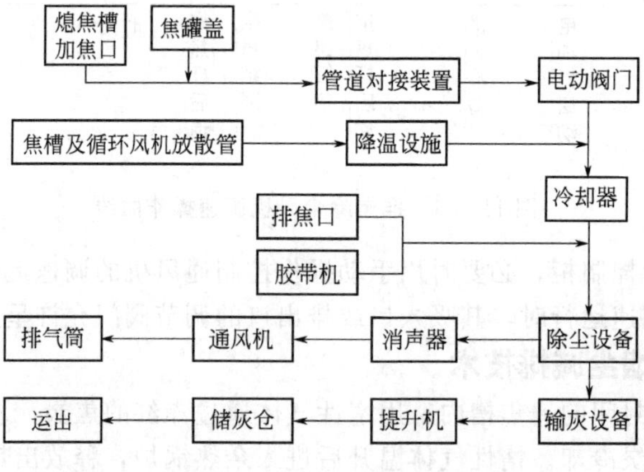

图 11-187 集中系统的干熄焦烟尘控制流程

按图 11-187 流程，有三种不同的运行状况，即上部加入焦炭，同时下部排焦时，除尘系统工作风量最大；仅有下部排焦时，除尘系统工作风量次之；热备用状况时，系统工作风量最小。

风量调节的方法可用通风机转速调节的方法，或调节通风机入口电动调节阀来实现。

(2) 分散系统的干熄焦烟尘控制　分散系统是将干熄焦槽上部排气口与下部排气口分开，如图 11-188 流程所示。上部排气口排出的烟气温度高，可用湿式除尘器。

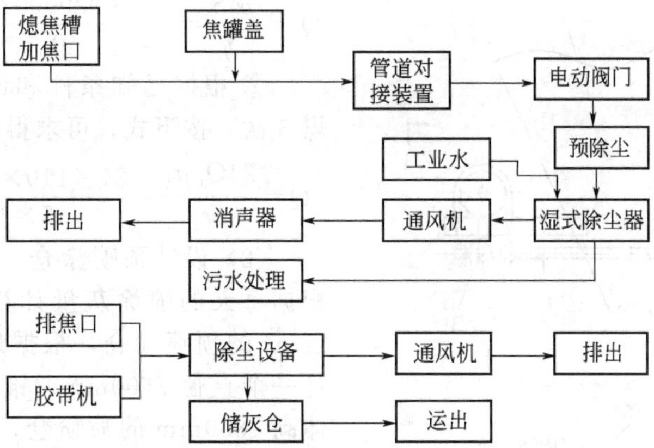

图 11-188 分散系统的干熄焦烟尘控制流程

（六）装煤除尘预喷涂工程应用[33]

已知：2 台 6m 焦炉 2×55 孔，采用焦粉预喷涂，每装 5 炉煤，袋式除尘器清灰一次和预喷涂一次，炭化室结焦时间为 18h，布袋预喷涂厚度取 20μm，装煤布袋除尘器的过滤面积 1566m^2。求：预喷涂粉尘的用量，并设计预喷涂仓和配套设施。

(1) 用粉尘量计算

① 根据已知条件，预喷涂效率取 0.7，焦粉密度 0.5t/m^3，按下式计算，可得到每次喷涂粉量：

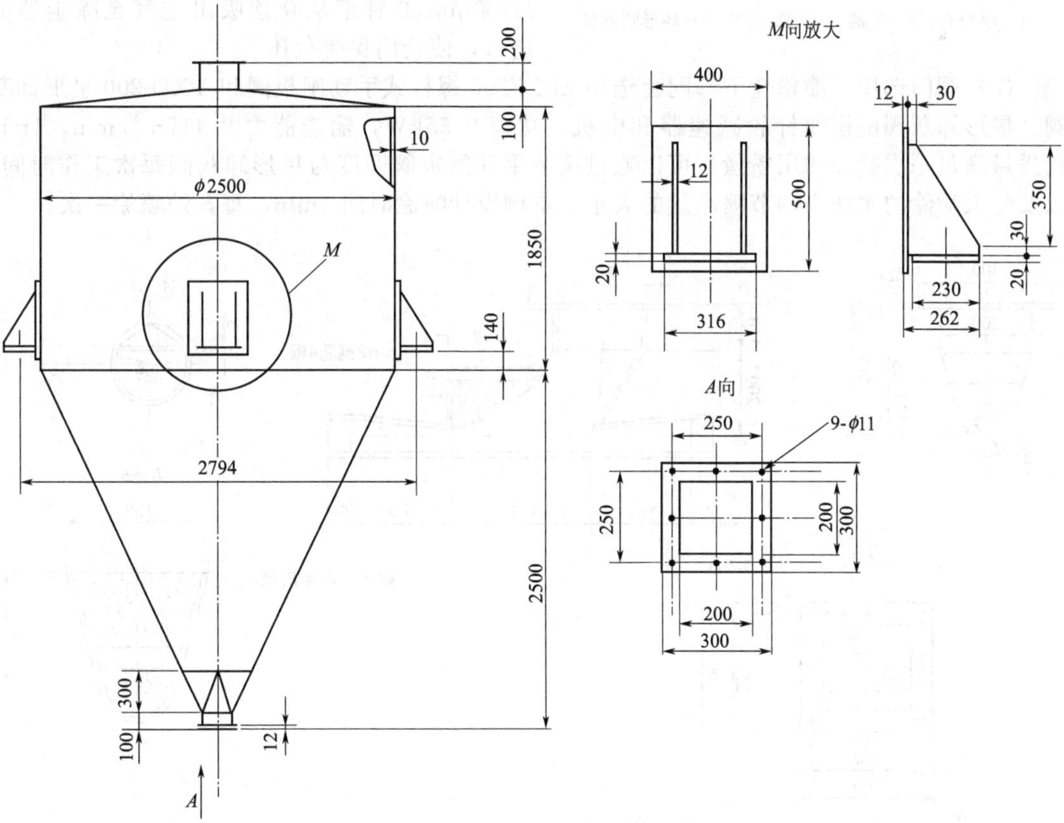

图 11-189 喷粉仓结构布置

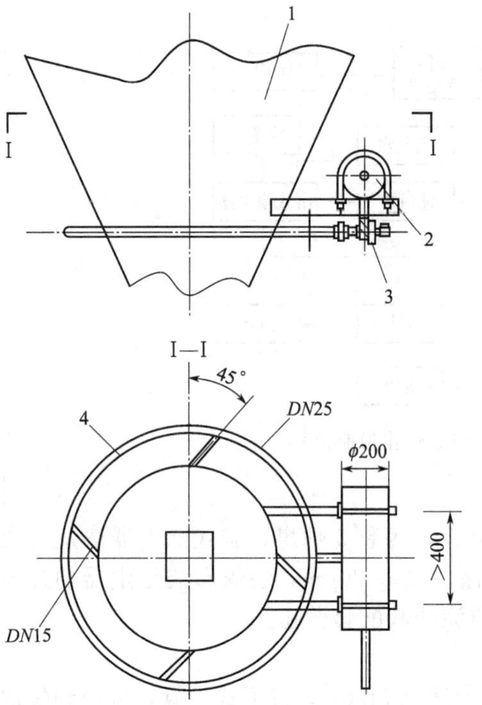

图 11-190 粉仓压缩空气喷吹装置

1—喷粉仓；2—气罐；3—脉冲阀；4—环形喷吹管

$$Q_0=\frac{\rho\delta S}{\eta}=\frac{0.5\times0.00002\times1566}{0.7}=0.0224\ (\text{t})$$

② 根据已知条件和设计预喷涂间隔为装煤5次，按下式，可求得每天喷涂量：

$$Q=\frac{24Q_0n_c}{nt_j}=\frac{24\times110\times0.0224}{5\times18}=0.657\ (\text{t})$$

(2) 设计预喷涂仓 设贮灰天数为9天，根据每天的喷涂灰量计算需一个有效容积约$12m^3$的预喷涂仓，根据地面除尘站布置，设计一个直径2500mm、锥体高2500mm、直筒体高1850mm的喷粉仓，喷粉仓结构见图11-189。为了防止粉仓下部的粉料架桥，仓内设有料位计和空气炮喷吹装置，见图11-190。

预喷涂粉仓的装灰有三种情况：第一种方法是通过输灰机直接将粉送入粉仓；第二种方法是气力输送，把焦粉压送到装煤除尘预喷涂粉仓；第三种方法是用罐车定期送灰到喷粉仓内。送粉进喷粉仓内时会排出带粉尘的气体，要设法防止粉尘外逸，有两种方法：一是在仓顶设置小的无动力滤袋除尘器；二是用D100mm的管道从仓顶吸出空气至除尘器的进口，使仓内保持负压。

(3) 阀门选用 喷粉仓下部配套选用ZFLF200螺杆式手动闸板阀和YXD-200星形卸灰阀。星形卸灰阀配摆线针轮减速器和电机，功率0.55kW，输送能力$0.117m^3/min$，1min输送量满足一次喷涂的用粉量。可以通过调节手动闸板阀开度与星形卸灰阀每次工作时间，以及每天喷涂的次数来调节喷涂量的大小，本例设计喷涂时间1min，每5炉喷涂一次。

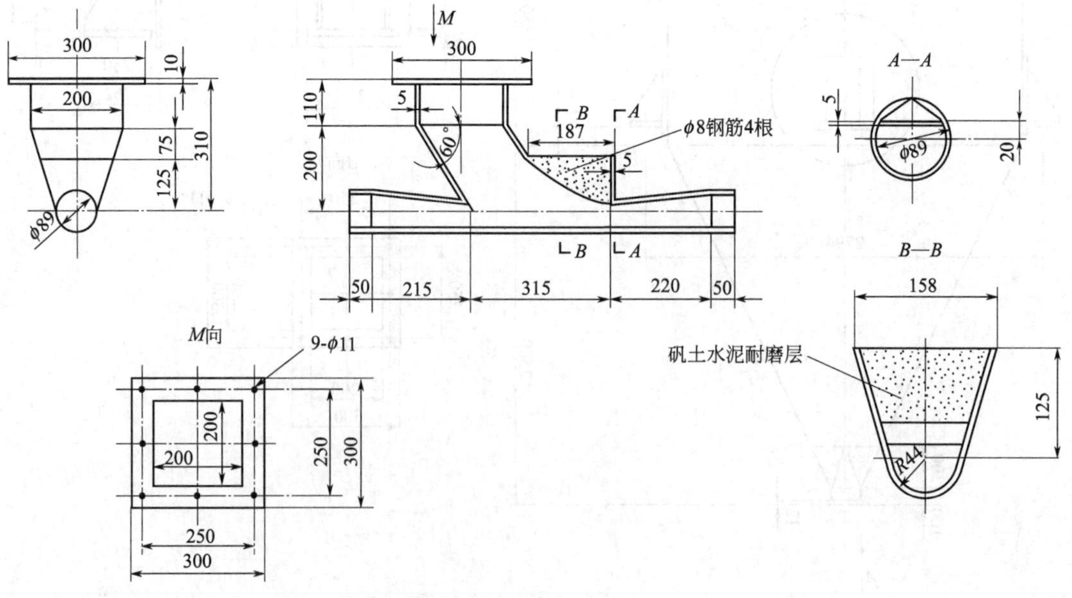

图 11-191 给料器结构

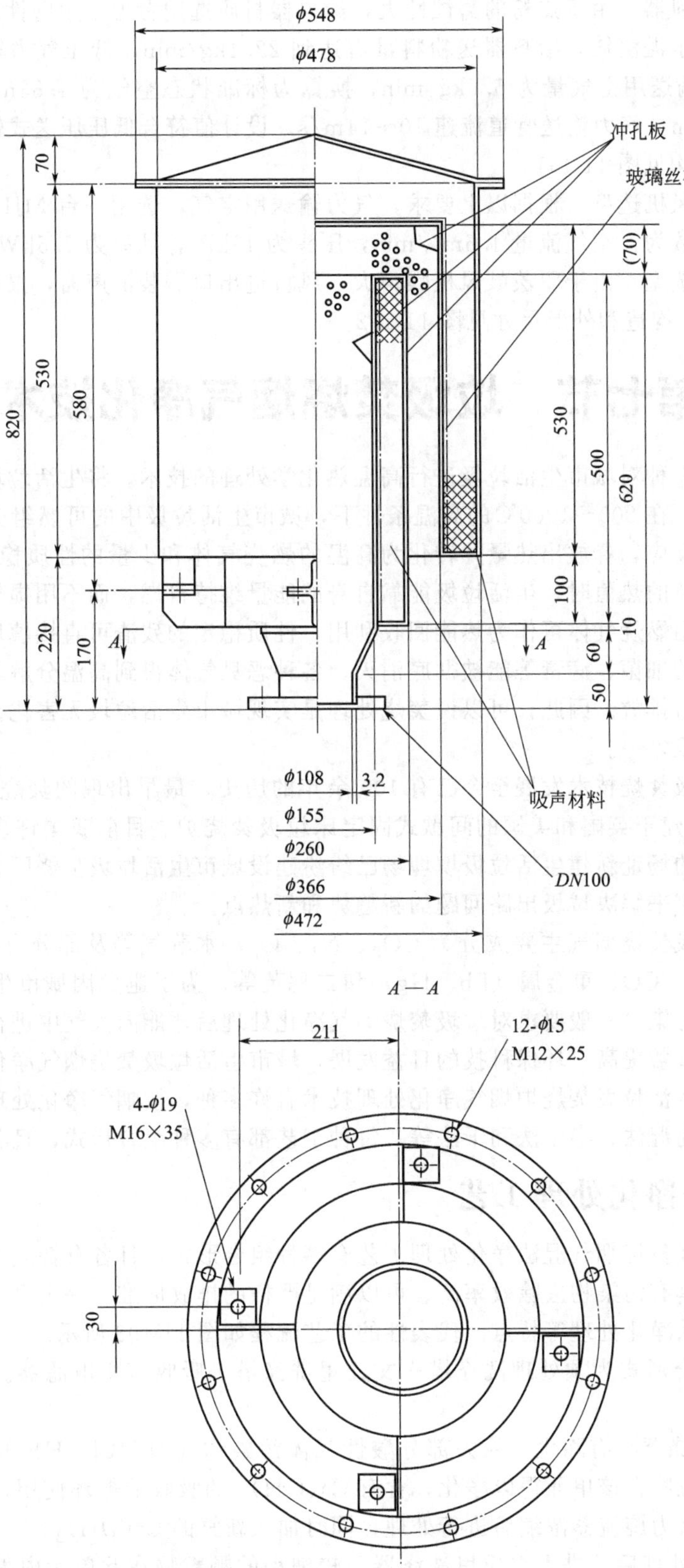

图 11-192　消声器结构

(4) 喷粉给料器 由于焦粉的磨蚀性大，给料器材质选用考虑了耐磨性。如给料器出口处采用耐磨矾土水泥浇铸，给料器送粉料量需达到 22.4kg/min，低压气力输送，物料与空气质量比取 4，输送用空气量为 5.6kg/min，换算为标准状态空气为 4.33m^3/min，给料器进出口内径 80mm，气力输送管道流速 10～14m/s。设计值符合低压压送式输送设计的有关要求，给料器结构见图 11-191。

(5) 罗茨鼓风机选型 根据以上要求，气力输送用空气，选用一台 MJLS (A) 80 罗茨鼓风机，风量参数为：空气流量 4.6m^3/min，压头为 49kPa，功率为 7.5kW。

(6) 消声器选型 由于罗茨鼓风机噪声大，风机进出口需装消声器，根据风量选用消声器型号为 YJ-Ⅱ，构造和外形尺寸见图 11-192。

第七节 垃圾焚烧烟气净化技术

垃圾焚烧是一种对城市生活垃圾进行高温热化学处理的技术。将生活垃圾作为固态燃料送入炉膛内燃烧，在 800～1000℃的高温条件下，城市生活垃圾中的可燃组分与空气中的氧进行剧烈的化学反应，释放出热量并转化为高温的燃烧气体和少量的性质稳定的固体残渣。当生活垃圾有足够的热值时，生活垃圾能靠自身的能量维持自燃，而不用提供辅助燃料，垃圾燃烧产生的高温燃烧气体可作为热能回收利用，性质稳定的残渣可直接填埋处理，经过焚烧处理，垃圾中的细菌、病毒等能被彻底消灭，各种恶臭气体得到高温分解，烟气中的有害气体经处理达标后排放。因此，可以说焚烧处理是实现城市生活垃圾无害化、减量化和资源化的最有效的手段之一。

城市生活垃圾焚烧技术发展至今已有 100 余年的历史，最早出现的焚烧装置是 1874 年和 1885 年，分别建于英国和美国的间歇式固定床垃圾焚烧炉。目前我国许多大中型城市由于很难找到合适的场址新建生活垃圾填埋场已纷纷建设城市生活垃圾焚烧厂。城市生活垃圾焚烧技术成为近年来解决垃圾出路问题的新趋势和新热点。

城市生活垃圾焚烧烟气主要成分为 CO_2、N_2、O_2、水蒸气等及部分有害物质如 HCl、HF、SO_2、NO_x、CO、重金属（Pb、Hg）和二噁英等。为了避免因城市生活垃圾焚烧对环境产生的二次污染，一般要求对垃圾焚烧烟气净化处理后才能向大气中进行排放。随着人类对环保要求的日益提高、环保科技的日益发展，城市生活垃圾焚烧烟气净化处理技术也随着发展和升级。生活垃圾焚烧炉烟气净化处理技术有许多种，按烟气净化处理系统中是否有废水排出，可分为湿法、半干法和干法等。每种工艺都有多种组合形式，且各有优缺点。

一、湿法净化处理工艺

城市生活垃圾焚烧烟气湿法净化处理工艺有多种组合形式，且各有特点。总的来说，湿法净化处理工艺具有污染物去除效率高、可以满足严格的排放标准、一次投资高、运行费用高、存在后续废水净化处理等特点。代表性的工艺流程如图 11-193 所示。

工艺流程组合形式为预处理洗涤塔＋文丘里洗涤塔＋吸收塔＋电滤器。净化过程大致如下。

① 预处理洗涤器具有除尘、除去部分酸性气体污染物（如 HCl、HF 等）和降温的功能，粒度大的颗粒物在该单元得以净化，含有 $Ca(OH)_2$ 的吸收液循环使用，并定期排放至废水处里设备经水力旋流器浓缩后进行处理，同时加入新鲜的 $Ca(OH)_2$。

② 烟气经过处理后，进入文丘里洗涤器，较细小的颗粒物在此单元内得以净化，并进一步去除其他污染物，文丘里洗涤器的吸收液可循环使用。

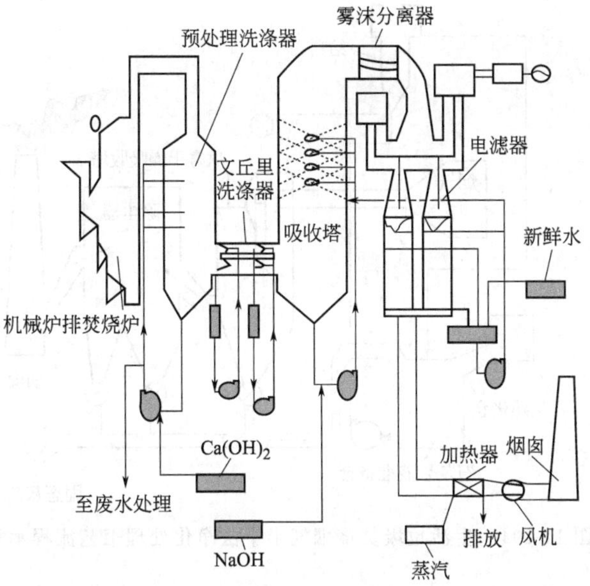

图 11-193 生活垃圾焚烧烟气湿法净化处理工艺流程示意

③ 烟气经文丘里洗涤器时，在较低的温度下可使有机类污染物得以净化处理；

④ 从吸收塔排出的烟气经过雾沫分离器后进入电滤单元，使亚微米级的细小颗粒物和其他污染物再次得以高效净化处理，电滤单元由高压电极和文丘里管组成，低温饱和烟气在文丘里喉管处加速，其中的颗粒物在高压电极作用下带负电荷，随后与扩张管口处的正电性水膜相遇而被捕获，电滤单元的洗涤液定期排放并补充新鲜水。该工艺可使烟气中的污染物得到较彻底的处理，烟气排放可达到较高的要求，但工艺复杂，投资和运行费较高。

二、半干法净化处理工艺

城市生活垃圾焚烧烟气半干法净化处理工艺也有多种组合形式，并各有特点。半干法净化工艺的组合形式一般为喷雾干燥吸收塔＋除尘器。吸收剂为石灰、石灰经粉磨后形成粉末状并加入一定量的水形成石灰浆液，以喷雾的形式在半干法净化反应器内完成对气体污染物的净化过程，浆液中的水分在高温作用下蒸发，残余物则以干态的形式从反应器底部排出。携带有大量颗粒污染物的烟气从反应器排出后进入静电除尘器，烟气从烟囱中排向大气。除尘器捕获的颗粒物以固态的形式排出，反应器底部排出的残留物可返回循环利用。代表性的工艺流程如图 11-194 所示。

由于袋式除尘器是利用过滤的方法完成颗粒物的净化过程，当烟气通过由颗粒物形成的滤层时，气态污染物仍能与滤层中未起反应的 $Ca(OH)_2$ 固体颗粒物发生化学反应而得到进一步净化。因此，在同等条件下，半干法净化工艺中的除尘器优先选用袋式除尘器。

至于半干法净化处理工艺反应塔中的化学反应，随着所加试剂的不同而有所区别，一般来说大致有以下几种可能的形式：

$$Ca(OH)_2+2HCl \longrightarrow CaCl_2+2H_2O \qquad (11\text{-}101)$$

$$Ca(OH)_2+SO_2+\frac{1}{2}O_2 \longrightarrow CaSO_4+H_2O \qquad (11\text{-}102)$$

$$CaO+2HCl \longrightarrow CaCl_2+2H_2O \qquad (11\text{-}103)$$

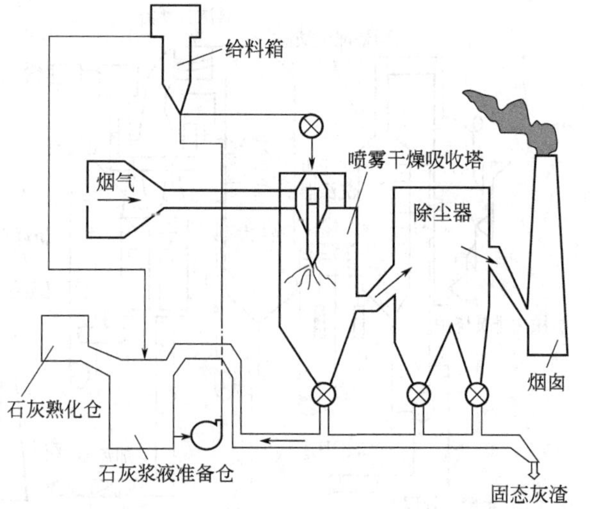

图 11-194 生活垃圾焚烧烟气半干法净化处理工艺流程示意

$$CaO+SO_2+\frac{1}{2}O_2 \longrightarrow CaSO_4+H_2O \quad (11\text{-}104)$$

$$CaMg(CO_3)_2+4HCl \longrightarrow CaCl_2+MgCl_2+2H_2O+2CO_2 \quad (11\text{-}105)$$

$$CaMg(CO_3)_2+2SO_2 \longrightarrow CaSO_3+MgCO_3+2CO_2 \quad (11\text{-}106)$$

$$CaSO_3+MgSO_3+O_2 \longrightarrow CaSO_4+MgSO_4 \quad (11\text{-}107)$$

三、干法净化技术

（一）工艺流程

城市生活垃圾焚烧烟气干法净化处理工艺与湿法和半干法一样也有多种组合形式。代表性的工艺流程如图 11-195 所示。

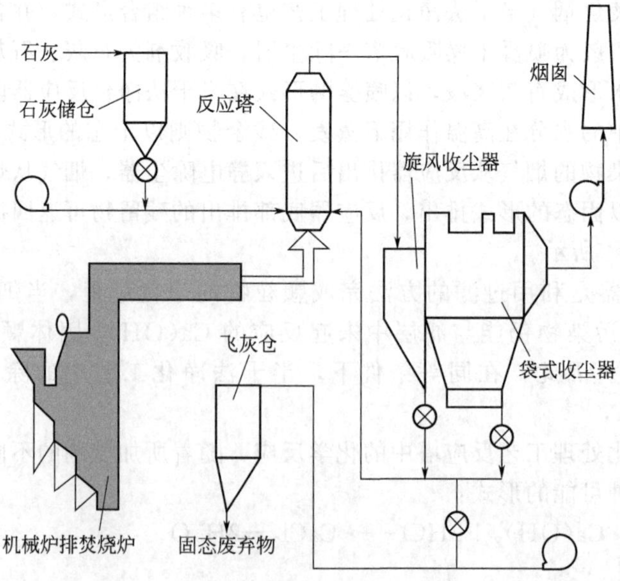

图 11-195 生活垃圾焚烧烟气干法净化处理工艺流程

干法净化处理工艺的组合为干法吸收反应器+除尘器，其工艺流程的特点是烟气从焚烧炉的余热锅炉中出来后直接进入干法吸收反应塔，与 $Ca(OH)_2$ 粉末发生化学反应，从反应器中排出的气固两相混合物经旋风除尘器除尘后进入高效除尘器除去烟气中的有害颗粒污染物，净化后的烟气经烟囱排向大气，收尘器捕获的产物部分以固态废弃物的形式排出，部分未反应完全的试剂可循环使用，以节约吸收剂。

（二）工程实例

应用垃圾焚烧发电技术，不但找到了处理垃圾的办法，而且是能源有效利用的途径。某火力发电厂垃圾焚烧发电技术改造工程，其锅炉后置设备为 JPC512-6 型低压长袋脉冲袋式除尘器。

1. 主要烟气参数

该火力发电厂垃圾焚烧发电技术改造工程设计为日处理 600t/d 生活垃圾。由于生活垃圾为低热值物质，且水分较大，在焚烧垃圾时还要加入部分煤以提高热效，在焚烧的过程中，产生粉尘及有害气体，有害气体的成分主要为 SO_2、HCl 等酸性气体。

（1）垃圾焚烧炉进流化床反应塔前的主要烟气参数见表 11-77。

表 11-77　进入前主要烟气参数

序号	名称	数值	序号	名称	数值
1	烟气温度/℃	175	6	HCl 含量/[mg/m^3(标)]	799.4
2	最高温度/℃	190	7	SO_2 含量/[mg/m^3(标)]	902
3	烟气压力/Pa	−7000	8	H_2O(气)含量/[mg/m^3(标)]	90459
4	烟气量/[m^3(标)/h]	99100	9	O_2 含量/[mg/m^3(标)]	84740
5	含尘量/[g/m^3(标)]	59.4			

（2）经过流化床反应塔、低阻分离器后进入袋式除尘器的主要烟气参数见表 11-78。

（3）含尘气体经过袋式除尘器后最终粉尘排放要求小于 50mg/m^3。

表 11-78　进入后主要烟气参数

序号	名称	数值	序号	名称	数值
1	烟气温度/℃	135	5	HCl 含量/(mg/m^3)	380
2	最高温度/℃	140	6	SO_2 含量/(mg/m^3)	3295
3	烟气压力/Pa	−9000	7	H_2O(气)含量/(mg/m^3)	105586
4	烟气量/(m^3/h)	105000	8	O_2 含量/(mg/m^3)	86180

2. 工艺流程

从垃圾焚烧炉内出来的烟气，从循环流化床脱硫塔的底部进入脱硫塔中脱除掉大部分 SO_2、HCl 等酸性气体，由脱硫塔的顶部排出，经低阻分离器脱除 50%～70%的粗颗粒后，进入袋式除尘器，经袋式除尘器处理后的干净气体经过引风机排出烟囱（见图 11-196）。

因为系统温度过高或过低都会对滤袋产生不良影响，所以设置了旁路烟道对除尘器滤袋进行保护，以防止温度过高时烧坏袋子，降低寿命，温度过低时气体结露糊住滤袋，造成阻力急剧上升，影响系统通风。

3. 袋式除尘器性能参数

袋式除尘器性能参数见表 11-79。

4. 产品结构特点

JPC512-6 低压长袋脉冲除尘器采用的是在线清灰、离线检修方式。进气方式为水平进气、水平出气，中间为斜隔板将过滤室与净气室分开。

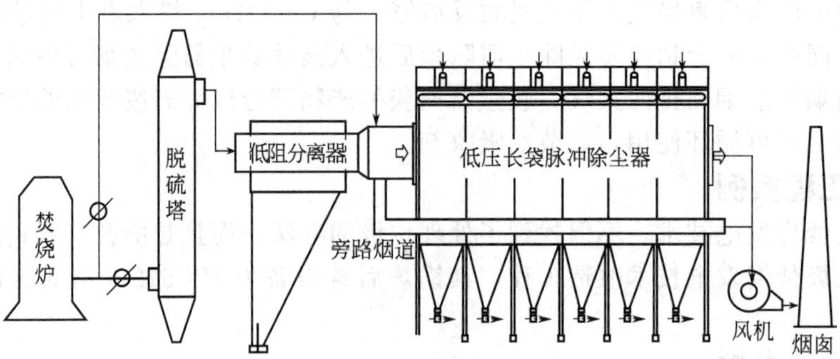

图 11-196 垃圾焚烧发电工艺流程

表 11-79 袋式除尘器性能参数

设备	项目	参数	设备	项目	参数
低压长袋脉冲喷吹除尘器	设备规格	JPC512-6	低压长袋脉冲喷吹除尘器	脉冲阀数量/个	78
	处理风量/(m^3/h)	<150000		入口浓度/[g/m^3(标)]	<500
	过滤面积/m^2	72		出口排放/[mg/m^3(标)]	<50
	滤袋规格/mm	ϕ130×6000		清灰压力/MPa	0.25～0.40
	过滤风速/(m/min)	0.82		设备阻力/Pa	<1500
	滤袋材质	玻纤覆膜＋防酸处理		壳体负压/Pa	－9000
	脉冲阀规格 淹没式	3″			

为了适应系统中气体含尘浓度高的特点，设计时在各个袋室增加了一个挡板，一方面防止含尘气体直接冲刷滤袋，另一方面气体中较大的粉尘颗粒由于碰撞而改变方向，可以直接落入灰斗内部。在灰斗内部为了防止积灰和板结，除了灰斗的倾角设计增大外，还在灰斗的外壁敷设了加热电缆，使灰斗始终处于较高的温度，另外还在灰斗侧面设计了振动电机，也是为了防止积灰和板结。

为了防止设备漏风引起结露，整个除尘器的灰斗全部采用尖灰斗，先对每个灰斗进行锁风，然后由拉链机输灰，有效地保证了锁风效果与输灰的顺畅。另外，对灰斗中的灰量采用自动控制方式，即用高低料位计给控制柜提供信号以决定放灰多少，从高料位始，到低料位止，既防止存灰过多，又能利用灰来密封，起到锁风的目的。

为了防止在锅炉点燃时温度过低而发生结露现象，在除尘器的前部设计了热风循环系统，在除尘器开机之前对整个除尘器进行预加热，防止通烟气时由于除尘器内的温度过低而发生结露，影响滤袋的使用效果及寿命。

四、烟气中 NO_x 净化技术

发达国家到了 20 世纪 80 年代，为了更好地保护生态环境，提出了较严格的环境标准，如对烟气中 NO_x 气体的排放做了进一步的要求。为此，生活垃圾焚烧烟气的净化处理系统中附加有 NO_x 气体的净化过程及设备。焚烧气体中 NO_x 气体的净化方法有许多，通常的有催化还原法、非催化还原法和氧化吸收法等。如图 11-197 和图 11-198 所示分别为生活垃圾焚烧烟气非催化还原法脱氮净化处理工艺和生活垃圾焚烧烟气催化还原法脱氮净化原理工艺的流程示意。

非催化脱氮法是将尿素或氨水喷入焚烧炉内，通过下列反应而分解 NO_x 气体。其反应式如下：

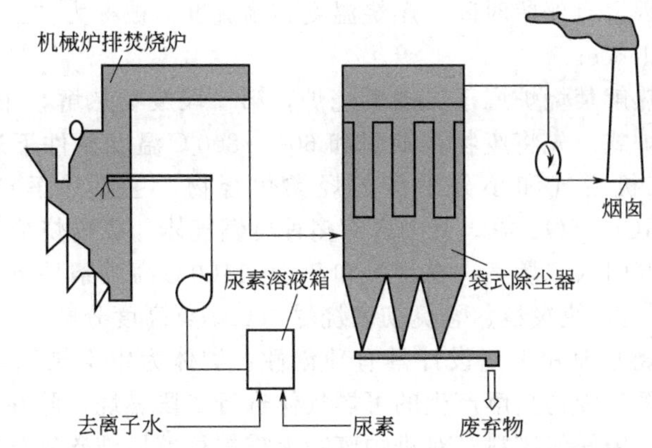

图 11-197　生活垃圾焚烧烟气非催化脱氮工艺流程示意

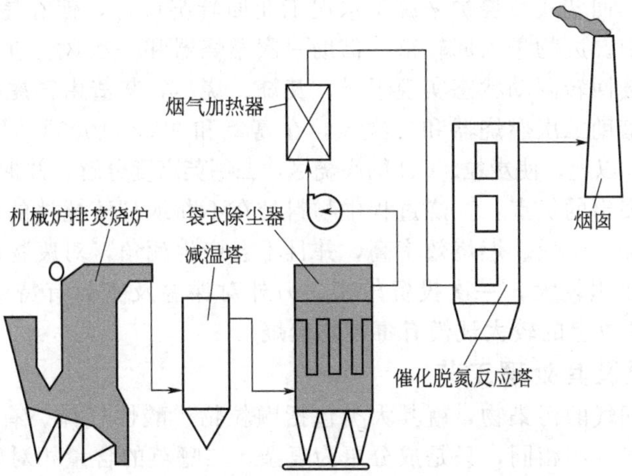

图 11-198　生活垃圾焚烧烟气催化脱氮工艺流程示意

$$2NO+(NH_2)+\frac{1}{2}O_2 \longrightarrow 2N_2+2H_2O+CO_2 \tag{11-108}$$

本法脱除 NO_x 气体的效率为 30%左右，该法最大的优点是工艺设备简单、运行费用低。

催化脱氮法则是在蜂窝状的催化剂表面有氨气存在的条件下，将 NO_x 气体还原成氮气，其反应式如下：

$$4NO+4NH_3+2O_2 \longrightarrow 4N_2+6H_2O \tag{11-109}$$

$$NO_2+NO+2NH_3 \longrightarrow 2N_2+3H_2O \tag{11-110}$$

该法理论上的反应效率可达 100%，NO_x 气体的脱除效率也很高，但实际上通常为 60%～95%。该法由于催化剂的价格较昂贵，同时需建氨气等供给设备，费用较高。

五、医疗废物焚烧烟气净化

1. 焚烧工艺

医疗废物是指《国家危险废物品录》所列的 HW01、HW03 类废物，包括在对人和动物诊断、化验、处置、疾病防治等医疗活动和研究过程中产生的固态或液态废物。医疗废物携带病菌和恶臭，危害性更大，除了焚烧外，还应采取高压灭菌、化学处理、微波辐射等多种无害化处理措施。医疗垃圾的焚烧工艺以热解焚烧为主，也可采用回转窑式焚烧炉。影响医疗废物焚烧的主要因素有停留时间；燃烧温度和湍流度，被称为“三 T”要素，即 Time、Temperature、Turbulence。

（1）热解焚烧　热解焚烧炉属于二段焚烧炉，第一段废物热解，第二段热解产物燃烧，有分体式，也有竖式炉式。先将废物在缺氧和 600～800℃温度条件下进行热解，使其可燃物质分解为短链的有机废气和小分子量的烃类化合物，主要热解产物为 C、CO、H_2、C_nH_{2n}、C_nH_{2n+1}、HCl、SO_x 等，其中含有多种可燃气体。废物烧成灰渣，由卸排灰机构排入灰渣坑。热解尾气引入二燃室，在富氧和 800～1100℃高温条件下完全燃烧，确保尾气在此段逗留时间 2s 以上，使炭粒、恶臭彻底烧尽，二噁英高度分解。

热解焚烧炉的燃烧原理和工艺设计具有独创性：炉体为中空结构，预热空气或供应热水，回收余热；利用医疗废物热解产生的可燃气体进行二段燃烧，除在点火时需用少量燃油外，焚烧过程基本上不用任何燃料；对进炉废物无需进行剪切破碎等预处理。这些都是其他类型焚烧炉无与伦比的。

（2）回转焚烧　回转式焚烧炉来源于水泥工业回转窑设计，但在尾部增设二次燃烧室，所以也属二段焚烧炉。废物进入回转窑，借助一次燃烧器和一次风，在富氧和 900～1000℃温度条件下，在连续回转湍动状态实现干燥、焚烧、烧尽，灰渣由窑尾排出。未燃尽的尾气进入二次燃烧室，借助二次燃烧器和二次风，在富氧和 900～1000℃温度条件下安全燃烧，确保尾气逗留时间 2s 以上，使炭粒、CO 彻底烧尽，二噁英高度分解，并抑制 NO_x 的合成。

回转焚烧炉最突出的优点：焚烧过程中物料处在不断地翻滚搅拌的运动状态，与热空气混合均匀，湍流度好，干燥、燃烧效率高，并且不会产生死角，对废物的适应性广。回转焚烧炉的缺点是占地面积较大，一次投资较高，另外对保温及密封有特殊要求，运行能耗较高，适宜用于 20t/d 以上的较大规模有毒废物焚烧。

2. 焚烧污染源及其处理工艺

医用废物焚烧烟气的污染物，就其大类包括颗粒物、酸性气体、有机氯化物和重金属，与生活垃圾焚烧烟气基本相同，只是成分更为复杂，二噁英的含量相对较高，重金属的种类相对更多，毒性及其危害性更为严重。

医用废物焚烧烟气中各种污染物的治理技术及其处理工艺流程也与生活垃圾焚烧烟气基本相同，几乎都采用以袋式除尘器为主体的干法、半干法多组分综合处理工艺。

3. 医疗垃圾焚烧炉尾气净化实例

医疗垃圾焚烧炉尾气成分取决于废物成分和燃烧条件。根据医疗废物的种类，本设计按焚烧炉尾气的污染成分包括粉尘、HCl、NO_x、SO_x、CO 和二噁英来设计。目前对于医疗垃圾焚烧炉尾气治理采取的工艺方案主要有湿法、半干法和干法。本方案采用干法去除有害气体工艺。

（1）工艺流程　该流程“综合反应塔＋袋式除尘”尾气治理工艺。这是国外医疗垃圾焚烧处理采用最多的除有害气体工艺；该工艺是用高压空气将消石灰、反应助剂和活性炭直接喷入综合反应器内，使药剂与废气中的有害气体充分接触和反应，达到除去有害气体的目的。为了提高干法对难以去除的一些污染物质的去除效率，反应助剂和活性炭随消石灰一起喷入，可以有效地吸收二噁英和重金属。综合反应塔与袋式除尘器组合工艺是各种垃圾焚烧厂尾气处理中常用的方法。优点为设备简单、管理维护容易、运行可靠性高、投资省、药剂计量准确、输送管线不易堵塞等。

综合考虑设备投资、运行成本以及操作的可靠程度，为确保医疗卫生废物焚烧排放的烟气中含有的各种污染物能达到《危险废物焚烧污染控制标准》（GB 18484—2001），干法反应塔＋袋式除尘器的烟气净化系统是较为先进的。

综合反应塔＋袋式除尘烟气净化系统工艺流程如图 11-199 所示。

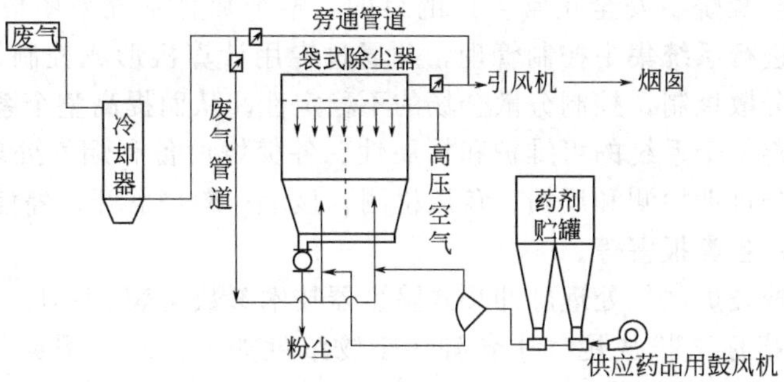

图 11-199　综合反应塔＋袋式除尘烟气净化系统工艺流程

(2) 袋式除尘器的作用　袋式除尘器作用是用来除去废气中的粉尘等浮游物质的装置，但用于医疗垃圾焚烧炉后的袋式除尘器，由于在气体中加入反应药剂和吸附剂，废气中的有害气体被反应吸附，然后通过袋式除尘器过滤而除去。关于利用袋式除尘器除去有害物质的机理如下。

废气中的粉尘是通过滤袋的过滤而被除去的。首先是由粉尘在滤袋表面形成一次吸附层，随着吸附层的形成，废气中的粉尘在通过滤袋和吸附层时被除去；考虑到运行的可靠性，一次吸附层的粉尘量大致为 $100g/m^2$。

一般医疗垃圾焚烧炉的袋式除尘器过滤风速为 1.0m/min 以下。医疗垃圾焚烧炉废气中的重金属种类如表 11-80 所示，基本上可被袋式除尘器所除去，汞（Hg）的去除率略低些，这是由于汞的化合物作为蒸气存在的原因。

表 11-80　垃圾焚烧炉烟气重金属含量及去除率

重金属	除尘器入口 $/(g/m^3)$	除尘器出口 $/(g/m^3)$	去除率 /%	重金属	除尘器入口 $/(g/m^3)$	除尘器出口 $/(g/m^3)$	去除率 /%
汞(Hg)	0.04	0.008	80	锌(Zn)	44	0.032	99.9
铜(Cu)	22	0.064	99.7	铁(Fe)	18	0.23	98.7
铅(Pb)	44	0.064	99.8	镉(Cd)	0.55	0.032	94.1
铬(Cr)	0.95	0.064	93.2				

袋式除尘器不单单是用来解决除尘问题，而作为气体反应器，用以处理工业废气中的有害物质；我国 2001 年开始实施的《危险废弃物焚烧污染控制标准》（GB 18484—2001）规定：焚烧炉的除尘装置必须采用袋式除尘器，同时袋式除尘器也就起着反应器作用。

袋式除尘器的“心脏”是滤袋，国外采用的主要是玻璃纤维与 PTFE 混纺滤料。为提高其可靠性，袋式除尘器的滤袋可以选用 P84 耐高温针刺毡或玻璃纤维与 PTFE 混纺滤料；这种滤料比单一的玻璃纤维针刺毡、PPS 滤料在耐酸、耐碱和抗水解性上更为可靠；使用温度可达到 240℃以上。

医疗垃圾焚烧炉尾气经除尘后，通过引风机排入大气。引风机的工作由炉膛的压力反馈信号控制，当炉膛内的负压小于－30Pa 时，引风机转速提高，使系统中的负压维持在一定水平之上；当炉膛内的负压过高时，引风机转速降低，以避免不必要的动力消耗。烟气经过上述净化系统处理后可确保达标排放。

对于 1t/h 的焚烧炉，袋式除尘器采用 LPPW4-75 型，过滤面积 $300m^2$，过滤风速 0.8m/min 以下，系统阻力为 1000～1200Pa，脉冲阀采用澳大利亚 GOYEN 公司进口产品，保证使用寿命 5 年以上；配置无油空气压缩机及相应的配件、PLC 控制仪等。

(3) 控制系统　为了提高危险废物焚烧的自动化水平，有效地控制废物焚烧的全过程，最终达到废物的完全焚烧、安全正常生产的目的，整个焚烧系统采用集散型计算机控制系统。由中央控制室进行系统集中控制管理，并通过专用计算机形成控制器，对计量、车辆、燃烧等子系统进行分散控制，控制分散全场的不稳定性。从而提高整个系统的可靠性，同时也通过功能分散改善整个系统的可维护和扩展性。各焚烧设备和烟气处理装置进口、出口，均有温度、废气成分自动检测和反馈、负压检测、显示；燃烧器开、停信号显示；各种风机泵开、停信号显示；各类报警等。

(4) 医疗垃圾焚烧炉尾气处理脉冲袋式除尘器技术参数见表 11-81。

(5) 技术性能指标　排放尾气中各种污染物浓度如下：a. 二噁英＜0.1n-TEQ/Mm^3；b. 粉尘＜0.01g/m^3；c. 氯化氢＜0.032g/m^3；d. 二氧化硫＜0.114g/m^3；e. 氮氧化物＜0.072g/m^3；f. 水银＜0.01g/m^3；g. 镉＜0.01g/m^3；h. 铅＜0.01g/m^3。

表 11-81　医疗垃圾焚烧炉尾气处理袋式除尘器技术参数

序号	项目	性能参数	其他要求	备　注
1	除尘器型号规格	LPPW4-75	高温型	
2	除尘介质			医疗垃圾用
3	废气温度/℃	160～200		
4	数量/台	1		
5	含尘浓度/(mg/m^3)	除尘器入口	2000	
		除尘器出口	＜20	国家标准为 80
6	除尘器阻力/Pa	1500～1700		
7	除尘器室数/室	4		
8	过滤风速/(m/min)	＜0.8		
9	过滤面积/m^2	300		
10	最大处理风量/(m^3/h)	15000		
11	除尘器耐压/Pa	－6000		
12	脉冲喷吹压力/MPa	0.5～0.7		
13	脉冲耗气量/(m^3/min)	0.22		

六、垃圾焚烧烟气净化新技术

以机械炉排垃圾焚烧炉为代表的传统垃圾焚烧法焚烧垃圾所产生的垃圾焚烧灰渣和烟气中均含有一定量的二噁英，且这些二噁英很难处理。为了能从根本上较彻底地扼制垃圾焚烧过程中二噁英的产生，开发了二噁英零排放城市生活垃圾气化熔融焚烧技术，并开始推广应用，与此相适应的垃圾焚烧烟气净化处理技术与传统的相比有所变化，整个工艺流程是在干法处理工艺的基础上改造演变而来，与传统的湿法和半干法工艺相比大为简化。

1. 烟气急冷技术

城市生活垃圾气化熔融焚烧技术由于在焚烧中喷入了固硫、固氯剂，大部分硫和氯与添加剂反应形成稳定的化合物进入熔融渣中。由于炉内焚烧温度高，垃圾中原有的二噁英已被分解，高温熔融焚烧炉中的熔融渣和焚烧烟气也很难重新合成二噁英，故从焚烧炉排出的高温烟气中二噁英的含量几乎为零。根据二噁英的形成机理可知，焚烧烟气在含有 HCl、二噁英前体物、O_2、$CuCl_2$ 和 $FeCl_3$ 粉体等物质并在适宜温度（400℃左右）的条件下极易形成二噁英。为了扼制焚烧烟气在烟气净化过程中二噁英的再合成，一般采用控制烟气温度办法。通常是当具有一定温度（此时温度保持不低于500℃为宜）的焚烧烟气从余热锅炉中排出后采用急冷技术使烟气在0.2s以内急速冷却至200℃以下（通常为100℃左右），从而跃过二噁英易形成的温度区。与此相配套的设备为急冷塔。急冷塔的结构形式很多，通常为圆筒状水喷射冷却式，其结构示意如图11-200所示。

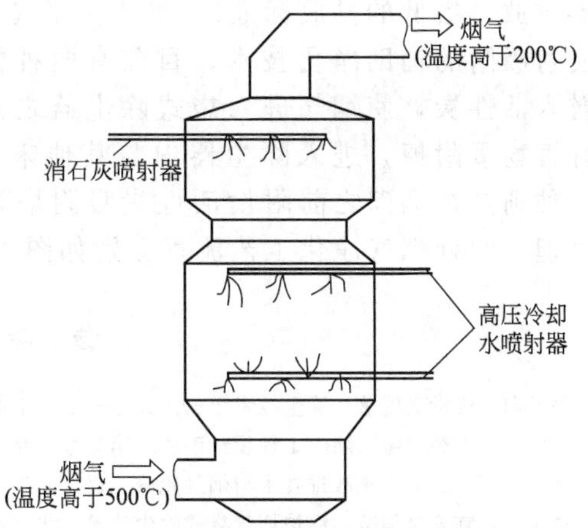

图11-200　扼制二噁英生成的焚烧烟气急冷塔结构示意

2. 活性炭喷射吸附技术

活性炭具有极大的比表面积和极强的吸附能力等优点。即使是少量的活性炭，只要与烟气均匀混合和充分接触，就能达到很高的吸附净化效率。近年来，随着环保标准的日益严格，为确保Hg等重金属和二噁英

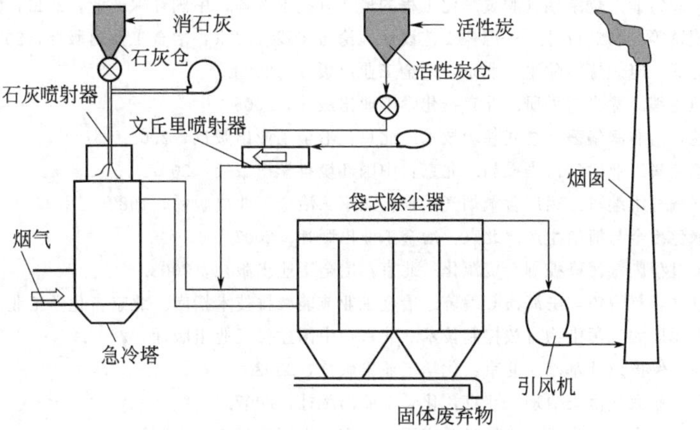

图11-201　袋式除尘器前管道喷射活性炭吸附烟气净化工艺流程示意

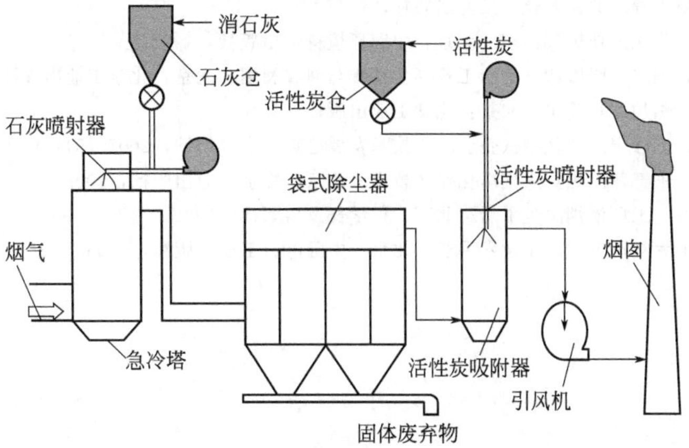

图11-202　附设活性炭吸附反应塔的烟气净化工艺流程示意

的零排放（极低的排放标准），城市生活垃圾焚烧厂烟气处理净化系统中常常采用活性炭喷射吸附的辅助净化技术。目前有两种常用方法，一是在袋式除尘器之前的管道内喷射入活性炭，使烟气进入袋式除尘器之前就能与活性炭充分混合和接触，将烟气中的有害物吸附掉，进入除尘器内与其他未被吸附的固态颗粒物一道被除尘器所捕获；另一种则是在烟囱之前附设活性炭吸附塔，对烟气中的有害物质进行进一步的吸附净化处理。两种烟气净化工艺流程分别如图 11-201 和图 11-202 所示。

参考文献

[1] 张殿印，张学义编著．除尘技术手册．北京：冶金工业出版社，2002.
[2] 张殿印，王纯主编．除尘工程设计手册．第 2 版，北京：化学工业出版社，2010.
[3] 杨飏编著．二氧化硫减排技术与烟气脱硫工程．北京：冶金工业出版社，2004.
[4] 嵇敬文，陈安琪编著．锅炉烟气袋式除尘技术．北京：中国电力出版社，2006.
[5] 杨飏．二氧化氮减排技术与烟气脱硝工程．北京：冶金工业出版社，2006.
[6] 刘天齐．三废处理工程技术手册/废气卷．北京：化学工业出版社，1999.
[7] 肖宝垣．袋式除尘器在燃煤电厂应用的技术特点．电力环境保护，2003 (3)：25～28.
[8] 王纯，张殿印．除尘设备手册．北京：化学工业出版社，2009.
[9] 王海涛等．钢铁工业烟尘减排和回收利用技术指南．北京：冶金工业出版社，2012.
[10] 杨飏，裴冰，凌索菲．烧结烟气脱硫净化工程的最适宜技术选择，中国环保产业，2011，6：45～50.
[11] 项钟庸，王筱留等．高炉设计——炼铁工艺设计理论与实践．北京：冶金工业出版社，2009.
[12] 王永忠，宋七棣．电炉炼钢除尘．北京：冶金工业出版社，2003.
[13] 张殿印，王纯主编．除尘器手册．北京：化学工业出版社，2005.
[14] 张殿印，王纯，俞非漉编著．袋式除尘技术．北京：冶金工业出版社，2008.
[15] 宁平等．有色金属工业大气污染控制．北京：中国环境科学出版社，2007.
[16] 铝厂含氟烟气编写组编写．铝厂含氟烟气治理．北京：冶金工业出版社，1982.
[17] 马建立等．绿色冶金与清洁生产．北京：冶金工业出版社，2007.
[18] 唐平等．冶金过程废气污染控制与资源化．北京：冶金工业出版社，2008.
[19] 王绍文，杨景玲，赵锐锐，王海涛等编著．冶金工业节能减排技术指南．北京：化学工业出版社，2009.
[20] 刘后启等．水泥厂大气污染物排放控制技术．北京：中国建材工业出版社，2007.
[21] 金毓筌等．环境保护设计基础．北京：化学工业出版社，2002.
[22] 焦有道．水泥工业大气污染治理．北京：化学工业出版社，2007.
[23] 王浩明等编著．水泥工业袋式除尘技术及应用．北京：中国建材工业出版社，2001.
[24] 国家环境保护局．建材工业废气治理．北京：中国环境科学出版社，1992.
[25] 威廉 L．休曼著．工业气体污染控制系统．华译网翻译公司译．北京：化学工业出版社，2007.
[26] 汪大翚．化学环境工程．北京：化学工业出版社，2007.
[27] 国家环境保护局．化学工业废气治理．北京：中国环境科学出版社，1992.
[28] 俞非漉，王海涛，王冠，张殿印．冶金工业烟尘减排与回收利用．北京：化学工业出版社，2012.
[29] 胡学毅，薄以匀．焦炉炼焦除尘．北京：化学工业出版社，2010.
[30] 王永忠，张殿印，王彦宁．现代钢铁企业除尘技术发展趋势．世界钢铁，2007 (3)：1～5.
[31] 高建业，王瑞忠，王玉萍．焦炉煤气净化操作技术．北京：冶金工业出版社，2009.
[32] 王晶，李振东编著．工厂消烟除尘手册．北京：科学普及出版社，1992.
[33] 朱宝山．燃煤锅炉大气污染物净化技术手册．北京：中国电力工业出版社，2006.

第三篇

Chapter 03

设备设计篇

废气处理工程技术手册

Handbook on Waste Gas Treatment Engineering Technology

第十二章 设备设计概述

第一节 设备设计指导思想和设计依据

一、设备设计的指导思想

根据“中国环境保护21世纪议程”中对大气环境保护的论述，认为我国大气环境状况虽有好转，但仍属严重污染。从2000年以后，开始朝全面改善环境质量的方向发展，通过对污染物排放实施全面控制，来保持良好的大气环境质量。工业污染在环境污染中占70%，对工业生产的污染进行全过程控制，推广清洁生产和清洁工艺，努力实现节能降耗，减少污染物的排放是发展的方向。此外加强生产工艺污染的治理和推行有利于大气污染控制的能源政策，建立系统的污染管理运行机制，提高污染管理水平也是必不可少的。

进行工业污染的治理，需要有一系列行之有效的治理技术。我国在大气污染防治的实践中，现已评价、筛选出一批污染控制最佳实用技术。它是一定时期内与国家经济技术水平相适应的现实、最佳、可行的环境保护技术，为此在选择治理技术时应首先考虑选用这些最佳实用技术。

在进行主体设备设计时应尽可能选择成熟的定型装置，便于节省人力、物力，而且安全可靠。如果没有现成的设备可选或设备陈旧，或需新设备开发都必须自行设计时，则应按照国家最新标准和规范作为设计资料；没有新的国家标准时，可采用部标、专业标准和规范、规程进行设计开发。

二、设备设计准则

污染治理设备应具备“高效、优质、经济、安全”的设备特性；污染治理设备设计、制造、安装和运行时，必须符合以下设计原则。

1. 技术先进

根据《职业病防治法》和《大气污染防治法》的规定，按作业环境卫生标准和大气环境排放标准确定的工业除尘目标，瞄准国内外的先进水平，围绕“高效、密封、强度和刚度”大做文章，科学确定其净化方法、形式和指标，设计和发展具有自主知识产权的污染治理设备。具体要求：

（1）技术先进、造型新颖、结构优化、具有显著的“高效、密封、强度、刚度”等技术特性；

（2）排放浓度符合环保排放标准或特定标准的规定，其粉尘或其他有害物的落地浓度不能超过卫生防护限值；

（3）主要技术经济指标达到国内外先进水平；

（4）具有配套的技术保障措施。

2. 运行可靠

保证净化设备连续运行的可靠性，是污染治理设备追求的终极目标之一。它不仅决定设备设计的先进性，也涉及制造与安装的优质性和运行管理的科学性。只有设备完好、运行可靠，才能充分发挥设备的功能和作用，用户才能放心使用，而不是虚设；与主体生产设备具有同步的运转率，才能满足环境保护的需要。具体要求：

(1) 尽量采用成熟的先进技术，或经示范工程验证的新技术、新产品和新材料，奠定连续运行、安全运行的可靠性基础；

(2) 具备关键备件和易耗件的供应与保障基地；

(3) 编制工业除尘设备运行规程，建立工业除尘设备有序运作的软件保障体系；

(4) 培训专业技术人员和岗位工人，实施岗位工人持证上岗制度，科学组织工业除尘净化设备的运行、维护和管理。

3. 经济适用

根据我国生产力水平和环境保护标准规定，在“简化流程、优化结构、高效除尘”的基点上，把设备投资和运行费用综合降低为最佳水准，将是除尘设备追求的“经济适用”目标。具体要求：

(1) 依靠高新技术，简化流程，优化结构，实现高效净化，减少主体重量，有效降低设备造价；

(2) 采用先进技术，科学降低能耗，降低运行费用；

(3) 组织除尘净化的深加工，向综合利用要效益；

(4) 提升除尘设备完好率和利用率，向管理要效益。

4. 安全环保

保证除尘设备安全运行，杜绝二次污染和转移，防止意外设备事故，是设备的安全环保准则。具体要求如下。

(1) 贯彻《生产设备安全卫生设计总则》和有关法规，设计和安装必要的安全防护设施：①走台、扶手和护栏；②安全供电设施；③防爆设施；④防毒、防窒息设施；⑤热膨胀消除设施；⑥安全报警设施。

(2) 贯彻《职业病防治法》和《大气污染防治法》，杜绝二次污染与转移：①污染物排放浓度必须保证在环保排放标准以内，作业环境浓度在卫生标准以内；②粉尘污染治理过程，不能有二次扬尘，也不能转移为其他污染；③除尘设备噪声不能超过国家卫生标准和环保标准；④设备收下的物质应配套综合利用措施。

三、设备设计的依据

废气治理设备的设计和选择，一般根据废气的性质、处理量及处理的要求来确定。努力减少或防止废气污染物的排放、确保达标排放、回收有用物质，建立无害型清洁生产工艺是治理的目的。为此在设计和选择治理设备时要努力做到优化组合，构成一个效率高、费用省、能耗低的处理工艺流程。设计和选型的原则应兼顾设备的技术指标和经济指标。一般设备的技术指标指废气处理设备的处理气体量、设备阻力、污染物去除率等；经济指标指一次投资（设备费用）、运转管理费用（操作费用）、占地面积及使用寿命等。要求既做到技术上先进又做到经济上合理。具体应考虑下面几个问题[1,2]。

(1) 需达到的去除效率　根据国家颁布的排放标准及污染源排放的废气浓度，选择效率高的设备类型，如果一台设备不能满足要求则需要多台设备进行多级处理。

(2) 设备运行条件　根据废气的性质（温度、湿度、压力、黏度、气体种类、可燃性、毒性、稳定性等）设计安全可靠的治理装置。

（3）经济性 主要考虑设备的制造、安装、运行和维护费用以及治理后的后处理问题，不得造成二次污染。

（4）占地面积及空间的大小 根据生产现场状况，合理布置治理工艺流程和设计选择设备类型。

（5）设备操作要求及使用寿命 要求设备结构简单，操作方便，便于更换吸收剂、吸附剂或催化剂等。

（6）其他因素 如处理有毒、易燃的气体应注意设置防泄漏、防爆等安全措施。

第二节 设计的理论和方法

一、设计的基本理论

废气治理设备的共同特点是将气体中的污染物质（包括颗粒污染物和气态污染物）分离出来或转化为无害物质，以达到净化气体的目的。通常采用的除尘、吸收、吸附、催化、冷凝等治理技术均属单元操作，对各种单元操作的研究发现其共同规律及内在联系就在于“三传”——动量传递、热量传递、质量传递的理论。因此动量传递、热量传递、质量传递及化学反应工程学是废气治理设备设计的基本理论。

1. 流体动力过程

研究气体的流动及气体和与之接触的固体或液体之间发生相对运动时的基本规律。设备的操作效率与气体流动状况有密切关系。研究气体流动对寻找设备的强化途径有重要意义。

例如对于管路及设备的阻力，需要利用流体力学的理论去解决、降低流速、提高流通面积、改善设备气体入口的分布状态、消除初始动能等措施均有利于降低设备的阻力。

2. 热过程

研究传热的基本规律并在单元操作中利用这些基本规律强化设备，提高处理效率是设计中常遇到的问题。设备结构要符合净化过程的要求。例如催化反应装置需及时将反应热导出，否则会引起催化剂的过热而使活性下降。为此在设计过程中常需根据能量守恒定律进行热量衡算，并采取措施以保证操作过程的正常运行。

3. 传质过程

研究物质通过相界面迁移过程的基本规律。所有气体净化技术都涉及异相传质问题。为保证传递速率稳定必须有足够的相接触面积，需根据质量守恒定律对设备进行物料衡算。采取措施增大相接触面积，更新相界面，提高传质速率。

4. 化学反应工程学

化学反应工程学主要是以流体力学、热传递及物质传递原理及化学动力学为基础，研究上述各方面的关系及影响，以阐明工业反应过程的实质，目的在于控制生产规模的化学反应过程，并对设计工作者提供理论依据，使之能结合具体工艺要求进行最佳反应器的设计。

二、设计方法与步骤

每一种类型设备的设计方法在第十三章至第十六章的内容中具体介绍。现将设计步骤介绍如下。

1. 实地调查

接受设计任务后需对生产现场进行实地调查。重点是对污染源的调查，了解污染物的种类、排气量和排放方式。此外对生产规模、生产布局、生产工艺过程、原料来源、废弃物的回收利用情况等也需有一定的了解。

2. 确定方案

根据调查情况对治理技术方案进行论证，确定治理方法、设备类型、治理工艺流程等。

3. 设计计算

首先根据设计要求、前人积累数据和设计者的经验确定设计参数。通过物料衡算确定设备外形尺寸。通过热量衡算和流体力学、材料力学等原理确定设备内部的结构[3,4]。

4. 画图

画出设备装配总图及零件加工图。

(1) 绘图的基本要求

① 图纸必须按照国家标准绘制。

② 图纸上标注的名词、术语、代号、符号等均应符合有关标准与规定。

③ 设计设备零部件时，应最大限度地采用标准件、通用件和外购件。

④ 图纸上的视图应与技术要求结合起来，视图应能表明零部件的结构、完整轮廓和制造、检验时所必需的技术依据。

⑤ 在已能清楚表达零部件的结构及相互关系的前提下，视图的数量应尽量少。

⑥ 每个零部件应尽量分别绘制在单张图纸上，如果必须分布在数张图纸上时，主要视图、明细栏、技术要求一般应置于第一张图上。

⑦ 填写零部件名称应符合有关标准或统一规定，如无规定时，尽量简短、确切。

⑧ 图上一般不应列入对工艺人员选择工艺要求有限制的说明。为保证产品质量，必要时允许标注采用一定加工方法的工艺说明。

⑨ 每张图应完整填写标题栏。在签署栏内必须经“技术责任制”规定的有关人员签署。

(2) 对总图的要求　总图包括以下内容：

① 设备轮廓或成套组成部分的安装位置图形；

② 成套设备的基本特性、主要参数及型号、规格；

③ 设备的外形尺寸、安装尺寸、技术要求；

④ 机械运动部分的极限位置；

⑤ 操作机构的手柄、旋钮、指示装置等；

⑥ 组成成套设备的明细栏（有明细表时可省略）；

⑦ 图中各种引出说明一般应与标题栏平行，引出线不得相互交叉，不应与剖面线重合，不能有一处以上的转折。

(3) 对零件图的要求

① 每个专用零件一般均应绘制工作图样，特殊情况可不绘制。

② 零件图一般根据装配时所需要的位置、形状、尺寸和表面粗糙度绘制。装配尺寸链的补偿量一般标注在有关零件图上。

③ 两个相互对称的零件一般应分别绘制工作样图。

④ 必须整体加工或成组使用分切零件，允许作为一个单件绘制在一张图样上。

⑤ 图样上的尺寸应从结构基准面开始标注。

⑥ 图样上的尺寸和几何要素，一般应标注极限偏差和形位公差，未标注时应有统一文

件规定或在技术要求中说明。

⑦ 图中对局部要素有特殊要求及标记时，应在所指部位近旁标注说明。

(4) 技术要求的书写

① 对那些不能用视图充分表达清楚的技术要求，应在“技术要求”标题下用文字说明，其位置尽量置于标题栏的上方或左方。

② 技术要求的条文，应编顺序号。仅一条时可不写顺序号。

③ 技术要求的内容应简明扼要，通顺易懂，一般包括以下内容：

a. 对材料、毛坯、热处理的要求；

b. 视图中难以表达的尺寸、形状和位置公差；

c. 对有关结构要素的统一要求（如圆角、侧角尺寸）；

d. 对零件部件表面质量的要求；

e. 对间隙、过盈、特殊结构要素的特殊要求；

f. 对校准、调整及密封的要求；

g. 对产品及零部件的性能和质量的要求（如噪声、耐振性、自动制动等）；

h. 试验条件和方法；

i. 其他必要的说明。

④ 技术要求中引用各类标准、规范、专用的技术条件等文件时，应注明文件的编号和名称。

⑤ 技术要求中列举明细栏上的零部件时，允许只写序号或代号。

三、设备设计注意事项

（一）调查研究

除尘设备设计前，必须做好科技查新和现场调研，保证净化设备技术特性与烟尘特性相适应。

1. 科技查新

科技查新应当重点明确：

(1) 污染对象的主要治理方法、型式及技术经济指标；

(2) 工业应用信息及代表性论文；

(3) 专利分布及知识产权保护；

(4) 存在问题及攻关方向。

2. 现场调研

净化设备设计前，必须深入应用现场实际，做好原始资料调研，主要内容包括：

(1) 粉（烟）尘种类，产生过程及数量；

(2) 粉（烟）尘特性，包括粉（烟）尘密度、化学成分、安息角、粒度分布、含水率、比电阻及爆炸性等；

(3) 气体处理量、压力、温度、湿度、成分，爆炸性等；

(4) 粉烟尘回收利用方向。

（二）技术经济指标

污染治理设备设计采用的主要技术经济指标，应当力求先进、可靠、经济、安全，杜绝技术上的高指标与浮夸风。

污染治理设备设计采用的主要技术经济指标，如袋式除尘器的过滤速度（m/min）、静电除尘器的电场风速（m/s）和驱进速度（cm/s）、冲激除尘器的 S 板负荷 [m^3/(h·m)]、文氏管的喉口速度（m/s）等，一定要有试用或中试基础，不能任意提高设计指标，影响设备设计质量。

（三）提高技术装备水平

广泛吸收风洞技术、计算机技术、控制技术、纺织技术和水处理技术等相关学科成果，嫁接与改造除尘设备的设计、制造、安装、运行与服务，提高废气治理设备技术装备水平。

1. 实验技术

应用风洞技术和计算机仿真技术，嫁接模拟实验技术，研究净化设备内部气体运动规律，优化设备结构设计及其在复杂边界条件下烟囱排放高度与环境影响评价。

2. 控制技术

应用计算机技术与自动控制技术，实施净化设备的远程控制与技术保障，实现无接触安全作业。

3. 过滤技术

应用纺织技术，研发新型过滤材料和相关保护设施，拓宽过滤材料多品种多功能，提升气体过滤除尘功能，实现设备在高温、高湿、高浓度、高腐蚀性和高风量工况下的广泛应用。

4. 预处理技术

应用预处理技术，嫁接工业生产环保技术，发展工业气体脱硫脱硝除尘等的前处理技术和湿法除尘新方法、新工艺。

（四）满足工艺生产需要[2,5]

废气治理设备的设计与应用，一定要全方位服从于服务于工艺生产；以工艺需要为中心，研发具有自主知识产权的工业除尘设备，建立工业除尘设备运行体系，满足生产过程工业除尘和工业炉窑烟气除尘的需要。

1. 满足生产工艺需要

根据生产工艺需要，科学确定其净化工艺与方法，是净化设备设计的第一要素。要根据生产工艺流程和作业制度，确定净化工艺流程和除尘设备运行制度；要根据生产工艺过程产生的废气体成分、温度、湿度、烟尘浓度、烟尘成分和烟气流量，确定净化设备的主要参数和装备规模；要根据生产工艺过程的有害物种类和数量，确定烟尘的回收与利用方案。

2. 满足生产工艺排气净化需要

把握生产工艺特点，科学确定其进气方式和最佳排气（处理）量，是净化设备设计的重要原则之一。只有把握生产工艺特点，抓住烟气治理的主要矛盾，才能科学确定净化工艺方法，合理确定烟气最佳处理量，正确确定治理设备的装备规模，谋取最佳环保效能，实现烟气治理与生产工艺的统一。

3. 满足生产工艺操作需要

围绕生产工艺操作，把净化设备的设计、安装与运行，融于生产工艺运行过程之中，科学配置远程控制系统和检测系统，做到既保持净化设备的功能，又不妨碍生产工艺操作与维修，治理设备才能正常发挥作用；否则，净化设备将是短命的。

4. 满足安全生产和环境保护需要

废气治理设备，既要在生产过程发挥净化功能，还应设计与配备安全防护设施。保证在复杂的生产工况条件下，治理设备具有防火、防爆和自身保护的功能，配有安全预警设施，全效能符合环保标准和卫生标准的规定。

参 考 文 献

[1] 张殿印，张学义编著．除尘技术手册．北京：冶金工业出版社，2002.
[2] 姜凤有主编．工业除尘设备．北京：冶金工业出版社，2007.
[3] 金毓荃等．环境保护设计基础．北京：化学工业出版社，2002.
[4] 江晶．环保机械设备设计．北京：冶金工业出版社，2009.
[5] 周兴求．环保设备设计手册 —大气污染控制设备．北京：化学工业出版社，2004.

第十三章 除尘装置设计

第一节 重力除尘器设计

由于重力除尘器构造简单、阻力小、能耗低、维护方便，除尘效率能满足一些环保工程的需要，所以不乏工程应用。例如，炼铁厂现代化高炉除尘都采用重力除尘器作为预除尘之用。因重力除尘器尚无定型设备，故重力除尘器设计必不可少。

一、重力除尘器设计条件

重力除尘器的除尘过程主要是受重力的作用。除尘器内气流运动比较简单，除尘器设计计算包括含尘气流在除尘器内停留时间及除尘器的具体尺寸。由于重力除尘器定型设计较少，所以多数重力除尘器都是根据污染源的具体情况设计的[1,2]。

(1) 设计的重力除尘器在具体应用时往往有许多情况和理想的条件不符。例如，气流速度分布不均匀，气流是紊流，涡流未能完全避免，在粒子浓度大时沉降会受阻碍等。为了使气流均匀分布，可采取安装逐渐扩散的入口、导流叶片等措施。为了使除尘器的设计可靠，也有人提出把计算出来的末端速度减半使用。

(2) 除尘器内气流应呈层流（雷诺数小于 2000）状态，因为紊流会使已降落的粉尘二次飞扬，破坏沉降作用，除尘器的进风管应通过平滑的渐扩管与之相连。如受位置限制，应装设导流板，以保证气流均匀分布。如条件允许，把进风管装在降尘室上部，会收到意想不到的效果。

(3) 保证尘粒有足够的沉降时间。即在含尘气流流经整个除尘器长的这段时间内，保证尘粒由上部降落到底部。

(4) 要使烟气在除尘器内分布均匀。除尘器进口管和出口管应采用扩张和收缩的喇叭管。扩张角一般取 30°～60°，如果空间位置受限制，应设置有效的导流板或多孔分布板。

(5) 除尘器内烟气流速须根据烟尘的沉降速度和所需收尘效率慎重确定，一般为 0.2～1m/s。选择太小会使沉尘室截面积过大，不经济；但须低于尘粒重返气流的速度。有色冶金尚无尘粒重返气流的速度数据，仅将其他烟尘的实验数据列于表 13-1，以供参考。

表 13-1 某些尘粒重返气流的气流速度

物料名称	密度/(kg/m^3)	粒径/μm	尘粒重返气流的气流速度/(m/s)
淀粉	1277	64	1.77
木屑	1180	1370	3.96
铝屑	2720	335	4.33
铁屑	6850	96	4.64
有色金属铸造粉尘	3020	117	5.72
石棉	2200	261	5.81
石灰石	2780	71	6.41
锯末		1400	6.8
氧化铝	8260	14.7	7.12

(6) 所有排灰口和门、孔都须切实密闭，除尘器才能发挥应有的作用。

(7) 除尘器的结构强度和刚度，按有关规范设计计算。

二、重力除尘器主要尺寸设计

重力除尘器（水平式单层除尘器）主要几何尺寸见图 13-1。

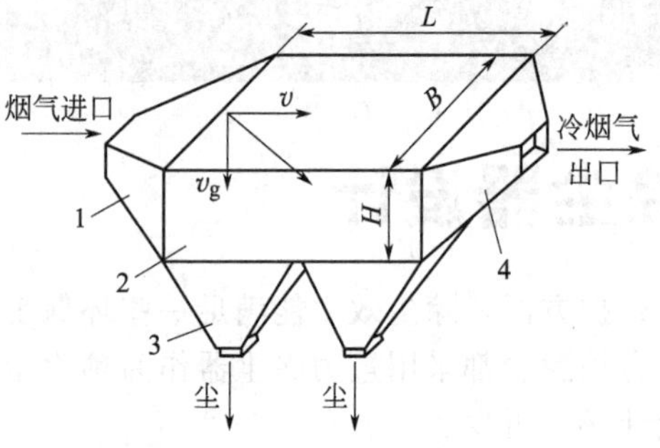

图 13-1 重力除尘器示意

1—进口管；2—沉降室；3—灰斗；4—出口管

（一）重力除尘器主要尺寸设计

1. 粉尘颗粒在除尘器的停留时间

$$t=\frac{H}{v_g}\leqslant\frac{L}{v_0} \tag{13-1}$$

式中，t 为尘粒在除尘器内停留时间，s；H 为尘粒沉降高度，m；v_g 为尘粒沉降速度，m/s；L 为除尘器长度，m；v_0 为除尘器内气流速度，m/s。

根据上式，除尘器的长度与尘粒在除尘器内沉降高度应满足下列关系。

$$\frac{L}{h}\geqslant\frac{v_g}{v_0} \tag{13-2}$$

2. 除尘器的截面积

$$S=\frac{Q}{v_0} \tag{13-3}$$

式中，S 为除尘器截面积，m^2；Q 为处理气体流量，m^3/s；v_0 为除尘器内气流速度，m/s，一般要求小于 0.5m/s。

3. 除尘器容积

$$V=Qt \tag{13-4}$$

式中，V 为除尘器容积，m^3；Q 为处理气体流量，m^3/s；t 为气体在除尘器内停留时间，s，一般取 30～60s。

4. 除尘器的高度

$$h=v_g t \tag{13-5}$$

式中，h 为除尘器高度，m；v_g 为尘粒沉降速度，m/s，对于粒径为 40μm 的尘粒，可取 $v_g=0.2$m/s；t 为气体在室内停留时间，s。

5. 除尘器宽度

$$B=\frac{S}{H} \tag{13-6}$$

式中，B 为除尘器宽度，m；S 为除尘器截面积，m^2；H 为除尘器高度，m。

6. 除尘器长度

$$L=\frac{V}{S} \tag{13-7}$$

式中，L 为除尘器长度，m；V 为除尘器容积，m^3；S 为除尘器截面积，m^2。

（二）除尘器的尺寸确定

由以上计算可知，要提高细颗粒的捕集效率，应尽量减小气速 v 和除尘器高度 H，尽量加大除尘器宽度 B 和长度 L。例如在常温常压空气中，在气速 $v=3$m/s 条件下，要完全沉降$\rho_p=2000$kg/m^3 的颗粒，为层流条件，所需除尘器的 L/H 值及每处理 $1m^3/s$ 气量所需

的占地面积 BL 见表 13-2。

表 13-2 设定条件下所需除尘器的几个参数值

δ/μm	1	10	25	50	75	100	150
L/H	50640	506	81	20	9	5.06	2.21
BL/[m^2/(m^3/s)]	16880	168.7	27	6.67	3	1.7	0.75

若考虑到实际 Re 较大，已可能进入湍流条件，则按表 13-2 内所需的 L/H 值及占地面 BL 至少还要乘以 4.6 倍才够。由此可见，重力除尘器一般只能用来分离 75μm 的粗颗粒，对细颗粒的捕集效率很低，或所需有设备过于庞大，占地面积太大，并不经济。

（三）垂直气流重力除尘器设计[3]

垂直气流重力除尘器的工作原理如图 13-2 所示，烟气经中心导入管后，由于气流突然转向，流速突然降低，烟气中的灰尘颗粒在惯性力和重力作用下沉降到除尘器底部。欲达到除尘的目的，烟气在除尘器内的流速必须小于粉尘的沉降速度，而粉尘的沉降速度与粉尘的粒度和密度有关。

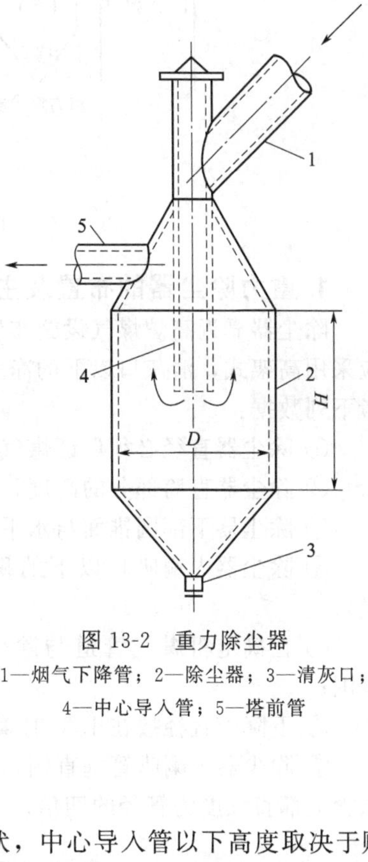

图 13-2 重力除尘器

1—烟气下降管；2—除尘器；3—清灰口；4—中心导入管；5—塔前管

设计垂直气流重力除尘器的关键是确定其主要尺寸——圆筒部分直径和高度，圆筒部分直径必须保证烟气在除尘器内流速不超过 0.6～1.0m/s，圆筒部分高度应保证烟气停留时间达到 12～15s。可按经验直接确定，也可按下式计算。

重力除尘器圆筒部分直径 D(m)：

$$D=1.13\sqrt{\frac{Q}{v}} \tag{13-8}$$

式中，Q 为烟气流量，m^3/s；v 为烟气在圆筒内的速度，约 0.6～1.0m/s。高压操作取高值。

除尘器圆筒部分高度 H(m)：

$$H=\frac{Qt}{F} \tag{13-9}$$

式中，t 为烟气在圆筒部分停留时间，一般 12～15s；F 为除尘器截面积，m^2。

计算出圆筒部分直径和高度后，再校核其高径比 H/D，其值一般在 1.00～1.50 之间，大高炉取低值。

除尘器中心导入管可以是直圆筒状，也可以做成喇叭状，中心导入管以下高度取决于贮灰体积，一般应满足 3 天的贮灰量。除尘器内的灰尘颗粒干燥而且细小，排灰时极易飞扬，严重影响劳动条件并污染周周环境，一般可采用螺旋输灰器排灰，改善输灰条件。

（四）高炉煤气重力除尘器设计实例[1]

高炉煤气除尘设备的第一级，不论高炉大小普遍采用重力除尘器。从高炉炉顶排出的高炉煤气含有较多的 CO、H_2 等可燃气体，可作为气体燃料使用。

高炉所使用的焦炭、重油的发热量中，约有 30%转变成炉顶煤气的潜热，因此充分利用这些气体的潜热对于节省能源是非常重要的。但是，从高炉引出的炉顶煤气中含有大量灰尘，不能直接使用，必须经过除尘处理，因此应设置煤气除尘设备。

高炉煤气除尘设备一般采用下述流程：

① 高炉煤气→重力除尘器→文氏管洗涤器→静电除尘器

② 高炉煤气→重力除尘器→一次文氏管洗涤器→二次文氏管洗涤器

③ 高炉煤气→重力除尘器→袋式除尘器

图 13-3 示出了高炉煤气除尘典型流程。

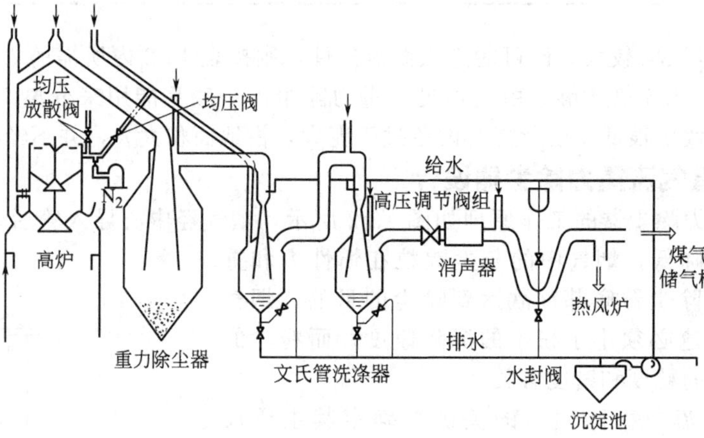

图 13-3 高炉煤气除尘典型流程

1. 重力除尘器的布置及主要尺寸的确定

除尘器靠近高炉煤气设施布置在一列高炉旁时，一般布置在铁罐线的一侧。重力除尘器应采用高架式，清灰口以下的净空应能满足火车或汽车通过的要求。设计重力除尘器时可参考下列数据：

① 除尘器直径必须保证煤气在标准状况下的流速不超过 0.6～1.0m/s；

② 除尘器直筒部分的高度，要求能保证煤气停留时间不小于 12～15s；

③ 除尘器下部圆锥面与水平面的夹角应做成＞50°；

④ 除尘器内喇叭口以下的积灰体积应能具有足够的富余量（一般应满足三天的积灰量）；

⑤ 在确定粗煤气管道与除尘器直径时，应验算使煤气流速符合表 13-3 所列的流速范围；

⑥ 下降管直径按在 15℃时煤气流速 10m/s 以下设计。

⑦ 除尘器内喇叭管垂直倾角 5°～6.5°，下口直径按除尘器直径 0.55～0.7 倍设计，喇叭管上部直长度为管径的四倍。

表 13-3 重力除尘器及粗煤气管道中煤气流速范围

部 位	煤气流速/(m/s)	部 位	煤气流速/(m/s)
炉顶煤气导出口处	3～4	下降总管	7～11
导出管和上升管	5～7	重力除尘器	0.6～1
下降管	6～9		

某些高炉重力除尘器及粗煤气系统见图 13-4。

某些高炉重力除尘器及粗煤气管道尺寸见表 13-4。

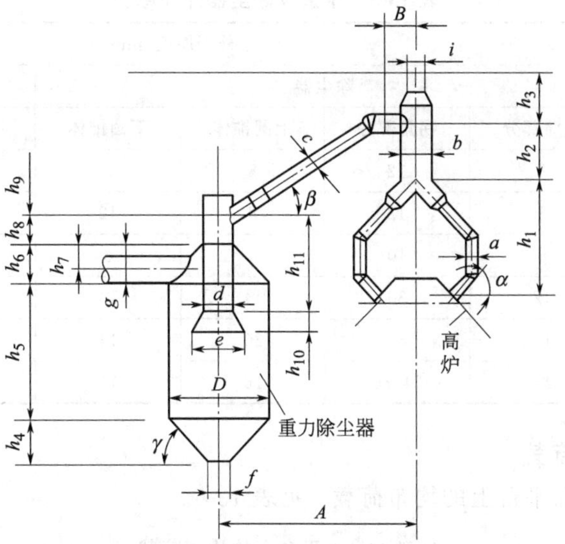

图 13-4 高炉重力除尘器及粗煤气示意

表 13-4 某些高炉重力除尘器及粗煤气管道尺寸

尺寸代号	高炉有效容积/m³								
	50	100	255	620	1000	1513	2000	2025	2516
除尘器 D									
内径/mm	3500	4000	5882	7750	8000	10734	11754	11744	13000
外径/mm	3516	4016	5894	8000	8028	11012	12012	12032	13268
喇叭管直径 d									
内径/mm	960	1100	2000	2510	3200	3274	3400	3270	3274
外径/mm	976	1112	2016	2550	3240	3524	3524	3520	3500
喇叭管下口 e									
内径/mm	1300	1600	2920	3760	3700	3274	—	3270	3274
外径/mm	1312	1612	2936	3800	3740	3524	—	3520	3500
排灰口 f									
外径/mm	600	600	502	850	1385	967	内 940×2	600	890
煤气出口 g									
内径/mm	614	704		2180		2274	2620	2450	3000
外径/mm	630	720		2200		2520	2644	2700	3226
h_5/mm	2155	2300	4000	4263	3958	5961	6576	6640	7300
h_6/mm	5600	6000	7000	10000	11484	12080	10451	13400	13860
h_7/mm	1500	1500	2380	5050	4000	5965	8610	8245	7596
h_8/mm	800	750	1250	2000		2986	2926	3960	2926
h_9/mm	700	600	1270	2500	3400	2339	2339	2330	1639
h_{10}/mm	2500	3000	4000	6000	10000	13594	13596	15500	—
h_{11}/mm	200	2000	2573	5000	9000	11500		15500	—
γ			65°4′	50°		50°		60°	

2. 重力除尘器结构与内衬

大中型高炉除尘器及粗煤气管内在易磨损处一般均衬铸钢衬板，其余部分砌黏土砖保护，砌砖时砌体厚度为 113mm。为使砌砖牢固，每隔 1.5～2.0m 焊有托板。

管道及除尘器外壳一般采用 Q235 镇静钢。小型高炉也可采用 Q235 沸腾钢。煤气管道及除尘器外壳厚度见表 13-5。

表 13-5 管道及除尘器外壳厚度

高炉有效容积/m^3	外壳厚度/mm					
	除尘器				粗煤气管道	
	直筒部分	拐角部分	上圆锥体	下圆锥体	导出管	上升和下降管
50	8	12	8	8	10	8
100	8	12	8	12	8	8
255	6	10	6	6	8	8
620	12	30	14	14	16	12
1000	14	30	20	14	10	10
1513	16	24、36	16	16	14	12

3. 重力除尘器荷载

(1) 作用在除尘器平台上的均布荷载 见表 13-6。

表 13-6 平台上的均布荷载

平台梯子部位及名称	标准均匀布荷载/(kN/m^2)	
	正常 Z	附加 F
清灰阀平台	4	10
其他平台及走梯	2	4

(2) 重力除尘器金属外壳的计算温度 重力除尘器金属壳体的计算温度，正常值为 80℃，附加值 100℃。

(3) 除尘器内的灰荷载 除尘器前和粗煤气管道布置若在设计角度和流速范围内时，一般可不考虑灰荷载。

除尘器内灰荷载可按下列情况考虑。

① 正常荷载 Z：按高炉一昼夜的煤气灰吹出量计算。

② 附加荷载 F：清灰制度不正常或除尘器内积灰未全部放净，荷载可按正常荷载的两倍计算。

③ 特殊荷载 T：按除尘器内最大可能积灰极限计算。煤气灰密度一般可按 1.8～2.0t/m^3 计算。

(4) 除尘器内的气体荷载

① 正常荷载 Z：高压操作时，按设计采用的最高炉顶压力；常压操作时，采用 1～3N/cm^2。

② 附加荷载 F：按风机发挥最大能力时，可能达到的最高炉顶压力考虑。

③ 特殊荷载 T：按爆炸压力 40N/cm^2 及 1N/cm^2 负压考虑。

(5) 其他荷载 包括机械设备的静荷载及动荷载、除尘器内衬的静荷载。

三、重力除尘器性能计算

(一) 重力除尘器效率计算

进入除尘器的尘粒，随着烟气以横断面流速 v(m/s) 水平向前运动，另外在重力作用下，以其沉降速度 v_s(m/s) 向下沉降。因此尘粒的实际运动速度和轨迹便是烟气流速 v 和尘粒沉降速度 v_s 的矢量和。

从理论上分析，沉降速度 $v_s \geqslant \frac{Hv}{L}$ 的尘粒都能在除尘器内沉降下来。各种粒级尘粒的分级收尘效率按下式计算：

$$\eta_i = \frac{Lv_{si}}{Hv} \times 100\% \tag{13-10}$$

式中，η_i 为某种粒级尘粒的分级收尘效率，%；H，L 分别为除尘器高度，长度，m；v 为烟气流速，m/s；v_{si} 为某种粒级尘粒的沉降速度，m/s。

由于除尘器中的流体流动状态主要属层流状态，式(13-10) 可改写为：

$$\eta_i = \frac{\rho_1 d_i^2 gL}{18\mu vH} \times 100\% \tag{13-11}$$

对于粗颗粒尘，计算得到 $\eta_i > 100\%$时，表明这种颗粒的烟尘在除尘器内可以全部沉降下来，此时的烟尘直径即为除尘器能够完全沉降下来的最小尘粒直径 $d_{\min}$，按下式计算：

$$d_{\min} = \sqrt{\frac{18\mu vH}{g\rho_1 L}} \tag{13-12}$$

多层重力除尘器的分级除尘效率按下式计算：

$$\eta_{in} = \frac{Lv_{si}}{Hv}(n+1) \times 100\% \tag{13-13}$$

式中，η_{in} 为多层除尘器的某种粒级的分级收尘效率,%；v_{si} 为某种粒级尘粒的沉降速度，m/s；n 为隔板层数，无量纲。

多层重力除尘器能够沉积尘粒的最小粒径按下式计算：

$$d_{\min} = \sqrt{\frac{18\mu vH}{\rho_1 gL(n+1)}} \tag{13-14}$$

除尘器增加隔板，减小了尘粒沉降高度，增加了单位体积烟气的沉降底面积，因而有更高的收尘效率。但其结构复杂，造价增高，排出粉尘困难，使其应用受到限制。

（二）重力除尘器阻力计算

除尘器的流体阻力主要由进口（扩大）管的局部阻力、除尘器内的摩擦阻力及出口（缩小）管的局部阻力组成，按下式计算：

$$\Delta\rho = \frac{\rho^2 v^2}{2}\left(\frac{L}{R_n}f + K_i + K_e\right) \tag{13-15}$$

式中，$\Delta\rho$ 为除尘器的流体阻力，Pa；R_n 为除尘器的水力半径，$R_n = \frac{BH}{2(B+H)}$，m；f 为除尘器的气流摩擦系数，无量纲；K_i 为进口管局部阻力系数，无量纲，$K_i = \left(\frac{BH}{F_j} - 1\right)^2 \leqslant \frac{BH}{f_j}$，$F_j$ 为除尘器进口截面积，m^2；K_e 为进口管局部阻力系数，无量纲，$K_e = 0.45\left(1 - \frac{F_e}{BH}\right) \leqslant 0.45$，$F_e$ 为除尘器出口截面积，m^2。

当除尘器内气流为紊流状态（$4\times10^5 \leqslant Re \leqslant 2\times10^6$）时，$f = 0.00135 + 0.0099Re^{-0.3} \leqslant 0.01$，除尘器的最大阻力可按下式计算：

$$\Delta\rho_{\max} = \frac{\rho_2 v^2}{2}\left[\frac{0.02L(B+H)}{BH} + \frac{BH}{F_j} + 0.45\right] \tag{13-16}$$

（三）石灰厂重力除尘器性能计算例[11]

例如，设置一台重力除尘器，宽 7.5m，高 1.8m，长 27m，以除去空气流中所含的石灰石粉尘，石灰石粉尘密度 $2670kg/m^3$，入口含尘量 $600g/m^3$，气体流量 $1500m^3/h$，石灰石粉尘的粒径分布如下：

粒径 $d/\mu m$	0～5	5～20	20～50	50～100	100～500	+500
质量分布率/%	2	6	17	28	36	11

试计算每一级粒径范围的平均分级除尘效率、总除尘效率、出口含尘浓度、每天的收尘量、每天排放的粉尘量。

首先确定完全沉降的最小粉尘粒径 d_{min}，按式(13-12) 计算：

$$d_{min}=\sqrt{\frac{18\mu vH}{g\rho_1 L}}=\sqrt{\frac{18\mu Q}{g\rho_1 BL}}=\sqrt{\frac{18\times 1.96\times 10^{-5}\ \frac{1500}{3600}}{9.81\times 2670\times 7.5\times 27}}=5.26\ (\mu m)$$

即大于 $5.26\mu m$ 的粉尘的收尘效率均为 100%。因此仅需计算平均粒径为 $2.5\mu m$ 的颗粒。其沉降速度按式(5-13) 计算，代入有关数据，得：

$$v_g=\frac{d^2\rho_1 g}{18\mu}=\frac{(2.5\times 10^{-6})^2\times 2670\times 9.80}{18\times 1.96\times 10^{-5}}=0.000464\ (m/s)$$

平均粒径为 $2.5\mu m$ 的颗粒的分级收尘效率按公式(13-10) 计算，代入有关数据，得：

$$\eta_i=\frac{Lv_{si}}{Hv}\times 100\%=\frac{27\times 0.000464}{\frac{1.8\times 1500}{3600\times 7.5\times 1.8}}\times 100\%=22.55\%$$

上述计算结果列表 13-7。

表 13-7 例题计算结果

粒径范围/μm	平均粒径/μm	分布率/%	分级效率/%
0～5	2.5	2	22.5
5～20	12.5	6	100.0
20～50	35.0	17	100.0
50～100	75.0	28	100.0
100～500	300.0	36	100.0
+500	500.0	11	100.0

总收尘效率为：

$$\eta=\Sigma W_i\eta=(0.02\times 22.55+0.98\times 100)\%=98.451\%$$

设备出口含尘浓度：$(1-0.98451)\times 600=9.294\ (g/m^3)$

每天的收尘量：

$$\frac{0.98451\times 1500\times 600\times 24}{1000}=21.265\ (kg/d)$$

除尘器日排放尘量：

$$\frac{(1-0.98451)\times 1500\times 600\times 24}{1000}=334\ (kg/d)$$

第二节 旋风除尘器设计

一、旋风除尘器设计条件

首先收集原始条件包括：含尘气体流量及波动范围，气体化学成分、温度、压力、腐蚀性等；气体中粉尘浓度、粒度分布，粉尘的黏附性、纤维性和爆炸性；净化要求的除尘效率和压力损失等；粉尘排放和要求回收价值；空间场地、水源电源和管道布置等。根据上述已知条件做设备设计或选型计算。

二、旋风除尘器基本型式

旋风除尘器基本型式见图 13-5，各部分尺寸比例关系见表 13-8。在实际应用中因粉尘性质不同，生产工况不同，用途不同，设计者发挥想象力设计出不同形式的除尘器，其中短体旋风除尘器如图 13-6 所示，长体旋风除尘器如图 13-7 所示，卧式旋风除尘器如图 13-8 所示。旋风除尘器设计百花齐放。

表 13-8 常用旋风除尘器各部分间的比例

序号	项目	常用旋风除尘器比例	序号	项目	常用旋风除尘器比例
1	直筒长	$L_1=(1.5\sim2)D_0$	5	入口宽	$B_c=(0.2\sim0.25)D_0$
2	锥体长	$L_2=(2\sim2.5)D_0$	6	灰尘出口直径	$D_d=(0.15\sim0.4)D_0$
3	出口直径	$D_c=(0.3\sim0.5)D_0$	7	内筒长	$L=(0.3\sim0.75)D_0$
4	入口高	$H=(0.4\sim0.5)D_0$	8	内筒直径	$D_n=(0.3\sim0.4)D_0$

三、旋风除尘器基本尺寸设计

旋风除尘器几何结构尺寸是设计者在处理设备最终效率相关问题时需考虑的最重要的单变量。这是因为收集效率更多地取决于其总体几何结构。对许多基本旋风除尘器来说，每一种形式都有大量的几何比例结构可供选择。但绝大部分的工业应用以及研究一直将逆流型的旋风除尘器作为中心内容。

虽然人们无法用数学方法对旋风除尘器物理性能进行准确描述，但是，对旋风除尘器的几何学参量进行改变，却能在能耗相当或能耗较低的情况下，大幅度地改善集尘的效率。事实上，由于在操作的各项参数以及压降既定的条件下，旋风除尘器的几何设计数据可选的组合成千上万，因此，完全可能设计一个满足给定除尘条件的、比以前更好的旋风除尘器。

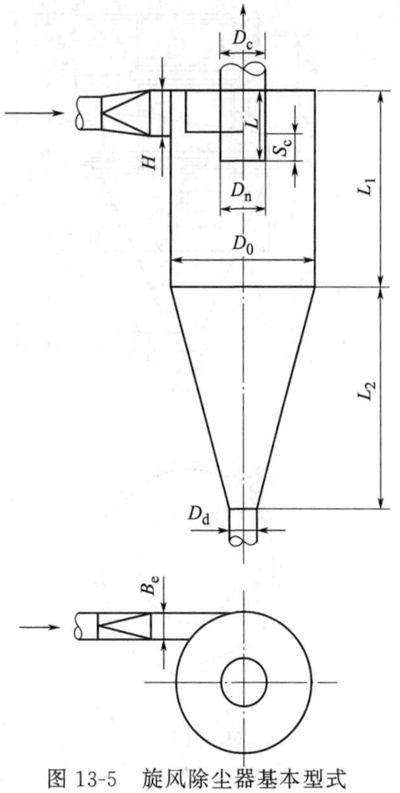

图 13-5 旋风除尘器基本型式

（一）进气口设计

旋风除尘器进气口气流速度为 14～24m/s，进气口设计中必须注意以下问题。

① 能耗随入口速度的升高而呈指数关系升高。这是因为阻力损失与入口速度平方成正比。

② 在收集有磨蚀作用的颗粒物时，则随入口速度的增加，对旋风除尘器的磨损一般也会加剧。这是因为，磨蚀速率与入口速度的立方成正比，也就是说，若颗粒物入口速度加倍，则其对管道内壁的磨蚀速率将是原来的 8 倍。

③ 在用于易碎（易破裂、或易折断）的颗粒物，或会发生凝聚的颗粒物时，增加入口速度可能使颗粒

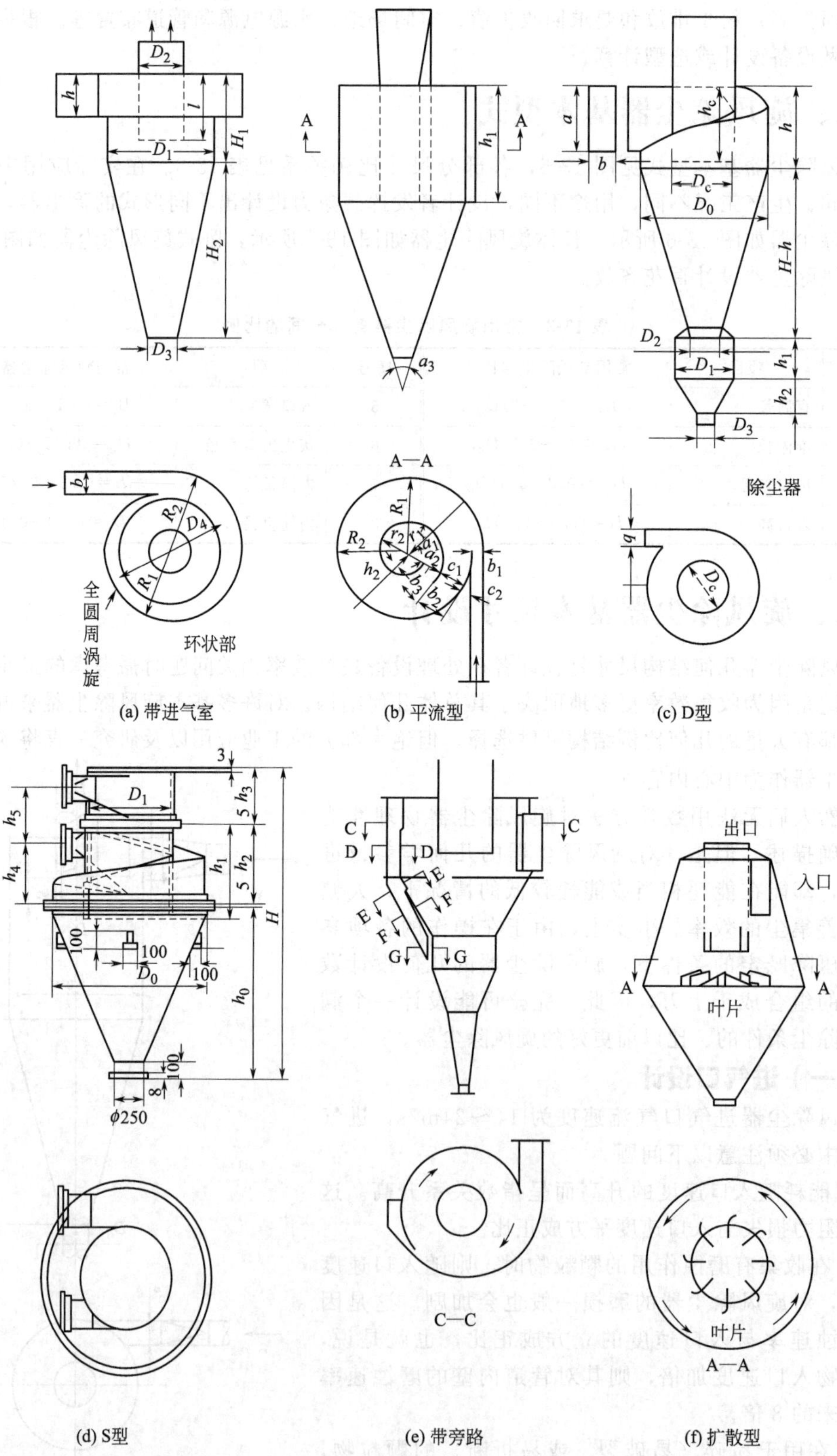
D2
h
l
H1
D1
H2
D3
b
R2
D4
R1
全圆周涡旋
环状部
(a) 带进气室
A
h1
a3
A—A
R1
R2
r2
r1
h2
b3
b2
c1
b1
c2
(b) 平流型
a
b
hc
h
Dc
D0
H–h
D2
D1
h1
h2
D3
除尘器
q
Dc
(c) D型
3
D1
h5
h3
h4
h1
h2
H
100
D0
h0
ϕ250
(d) S型
C
D
E
F
G
C—C
(e) 带旁路
出口
入口
A
叶片
A—A
(f) 扩散型

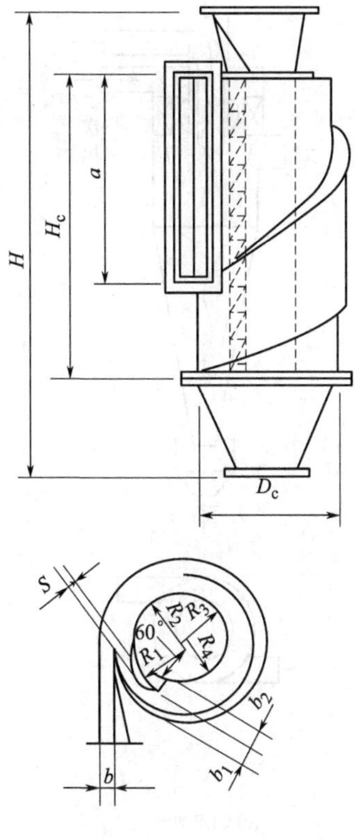

(g) 平流螺旋

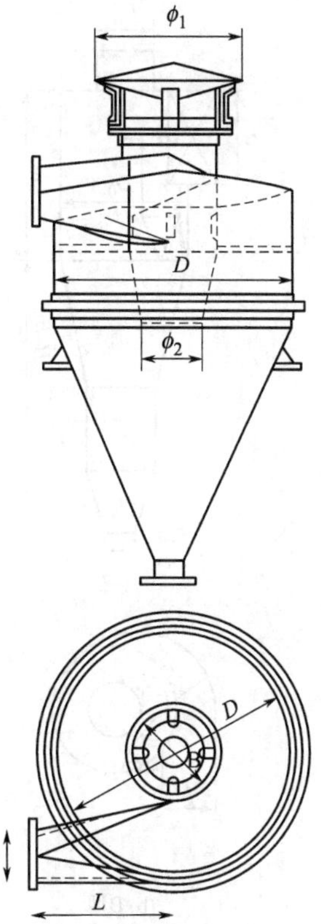

(h) XM型

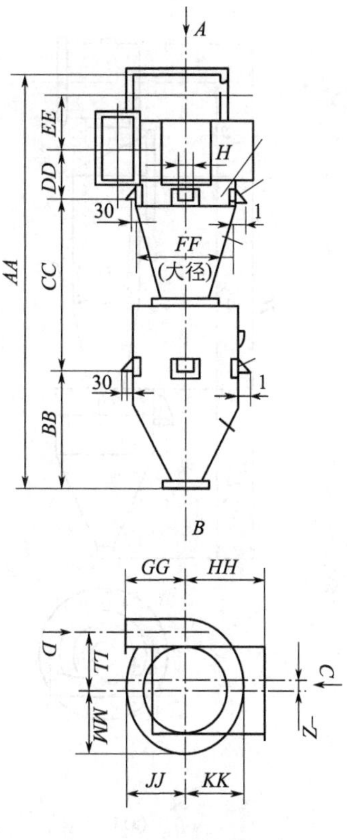

(i) DC型

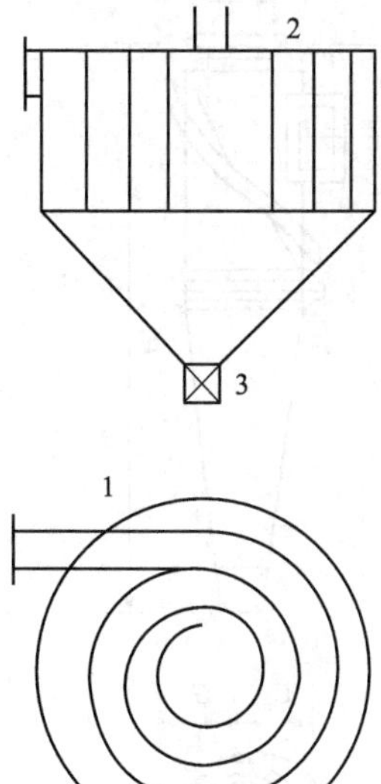

(j) 连续螺旋式

1—进口；2—出口；3—排灰口

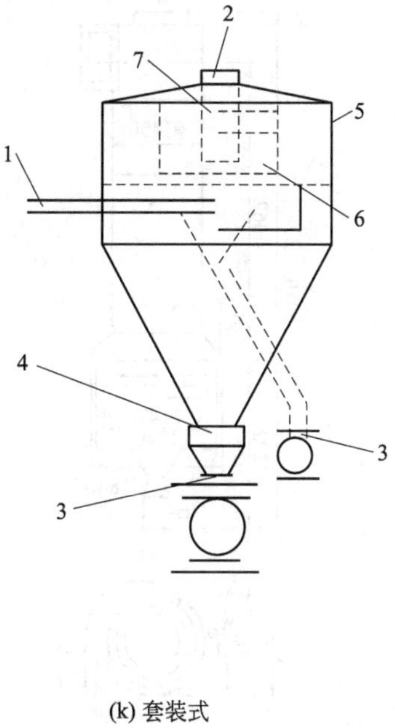

(k) 套装式

1—进口；2—出口；3—排灰口；4—灰斗；
5—外筒体；6—内筒体；7—排气筒

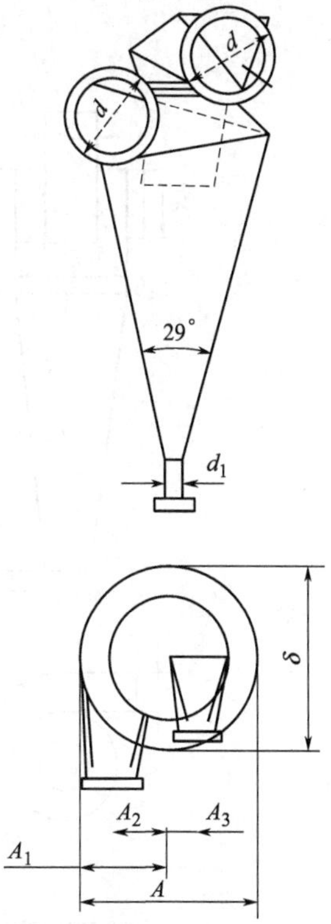

(l) C型

图 13-6　短体旋风除尘器

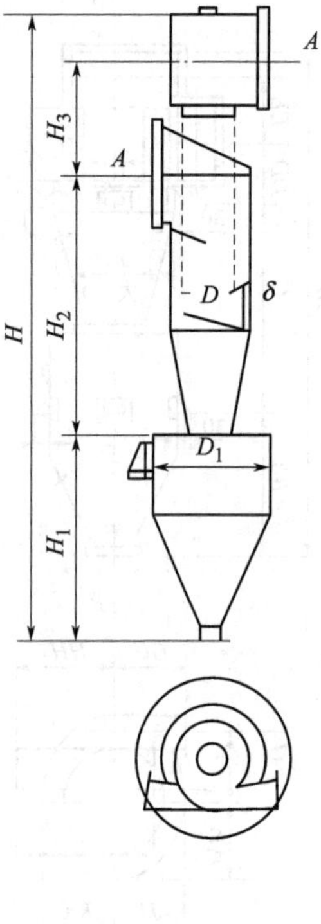

(a) CLT型

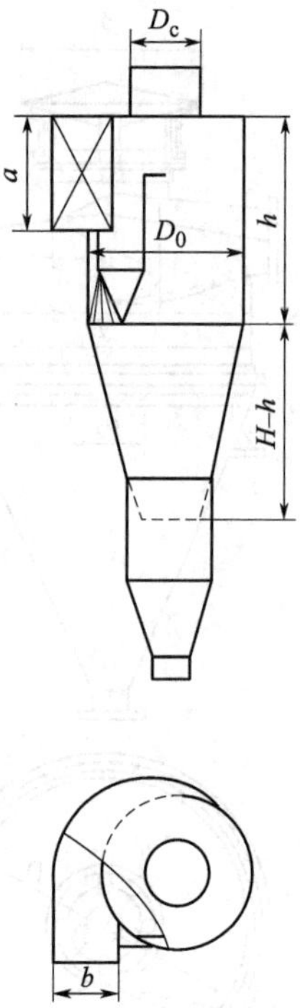

(b) B型

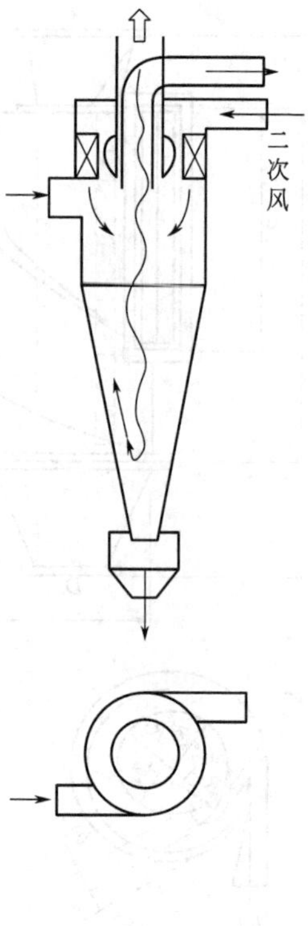

(c) CLP型

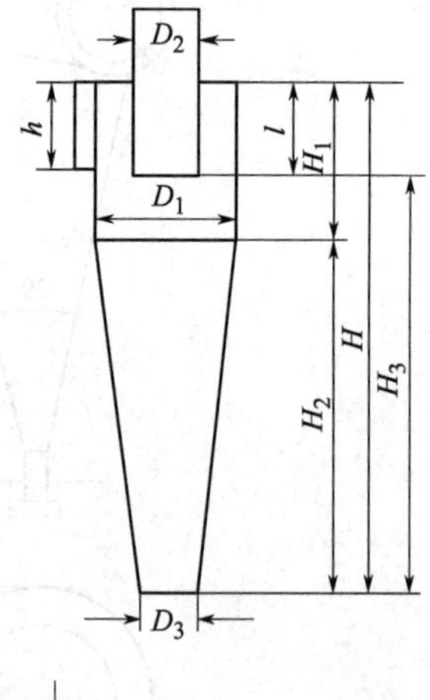

(d) XDF/Q型

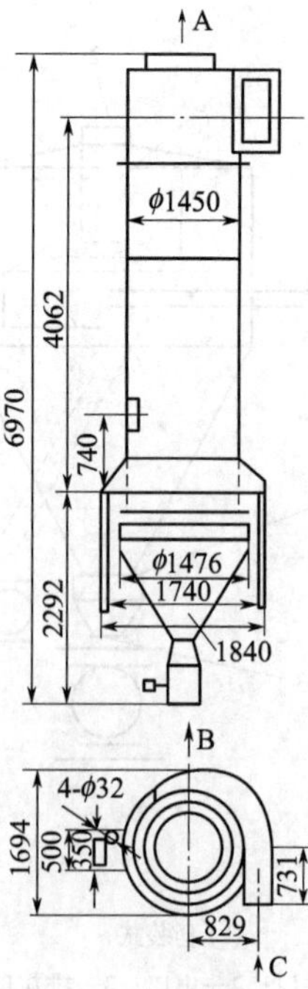

(e) HX型

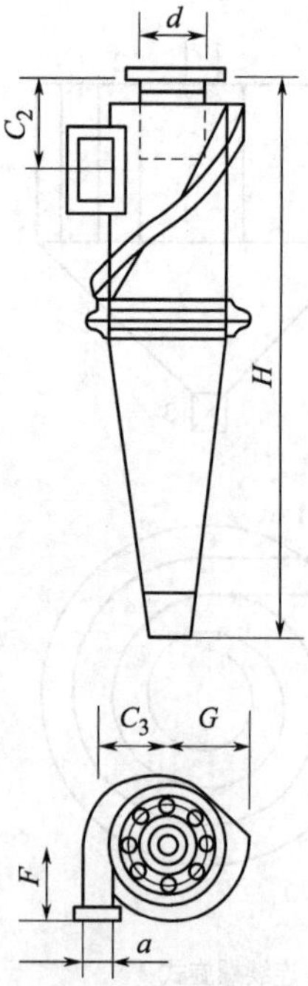

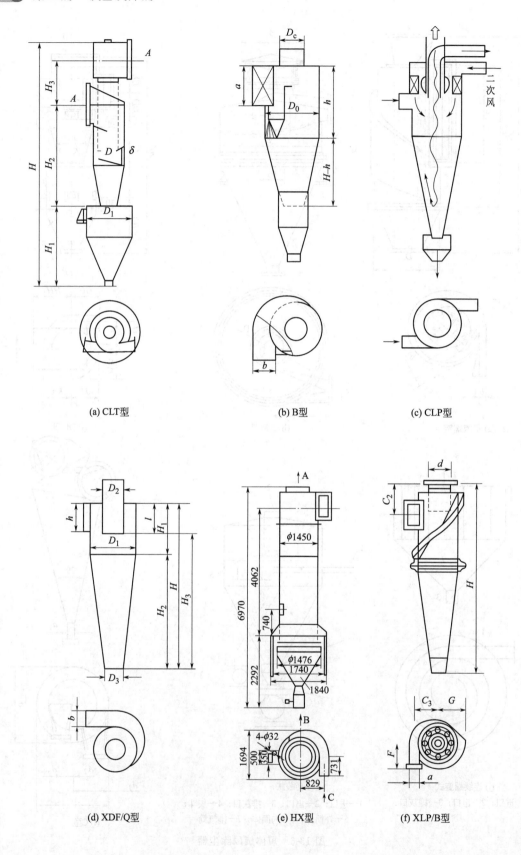

(f) XLP/B型

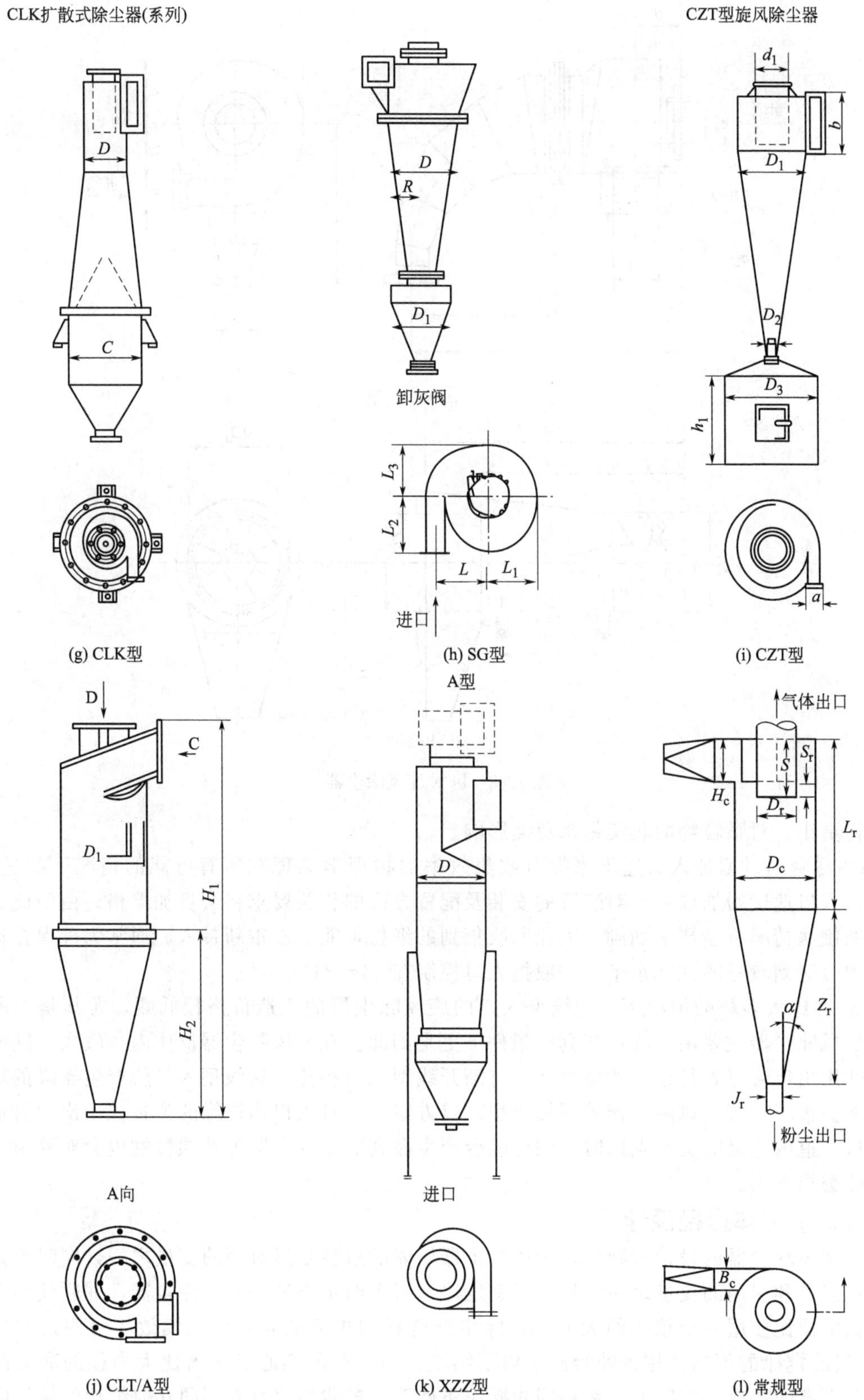

图 13-7　长体旋风除尘器

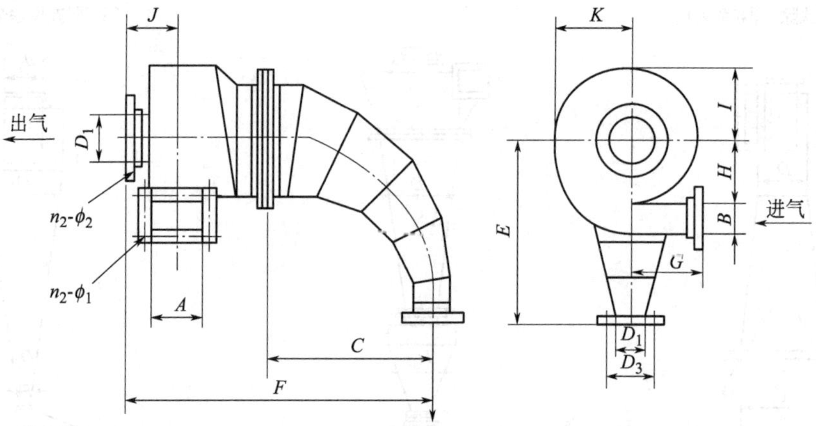

(a) XZD/G型

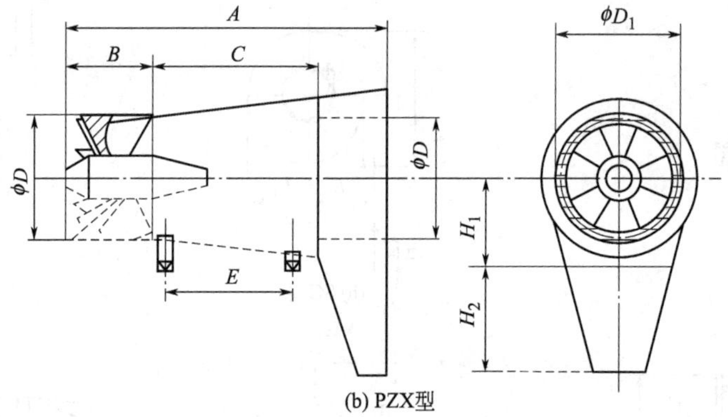

(b) PZX型

图 13-8 卧式旋风除尘器

物变得更小，对颗粒物的收集带来负面影响。

④ 尽管通过增加入口速度来提升收集效率的物理学原理在所有可能的情况下都适用，但是，入口速度增加以后，对装置的安装及配置方面的相关要求将会更加严格。由于此类体系中的旋涡情况将会严重加剧，因此所收集到的细粉可能会被重新带入。通常为确保在运行过程中可达到较好的性能水平，一般把入口控制在 14～24m/s。

⑤ 在绝大多数的情况下，切线型入口的旋风除尘器的制造价格较低廉，尤其是当所涉及的旋风除尘器主要用于高压或真空条件下更是如此。在旋风除尘器机体内径较大，同时要求其使用出口管道直径较小的情况下，与渐开线型入口相比，切线型入口所产生压降的增加程度便会很小。若旋风除尘器采用切线型入口方案，并且入口内边缘的位置位于出口管道壁与入口管道内边缘的交叉点内时，则可能会产生极高的压降，磨蚀性颗粒物也会对管道产生很大的磨损作用。

（二）筒体直径设计

在旋风除尘器的设计过程中，旋风除尘器筒体的直径是最有用的变量之一，同时也是最易于被误解和误用的变量之一。根据气旋定律，对于给定类型的旋风除尘器，并联使用多个旋风除尘器比使用一个较大的大型旋风除尘器能得到更高的颗粒物收集效率（假定安装恰当）。气旋定律的不当使用致使得出了以下结论：小半径的离心除尘器比大半径的离心除尘器具有更高的效率。实际上，在相同的操作条件下，若我们将具有不同几何结构的旋风除尘器（不同系列的旋风除尘器）进行对比，则我们不可能轻易预测出哪一系列的旋风除尘器收集效率最高。然而当旋风除尘器属于不同系列时，直径较大的旋风除尘器经常比直径较小的旋风除尘器的效率更高，这是由于影响旋风除尘器收集效率曲线的大量影响因素会产生非常复杂的相互作用。正因为如此才出现多种形式除尘器。

若L/D比例（即旋风除尘器总体高度/旋风除尘器的机体直径）及所有的入口条件保持恒定，则在所有的其他大小尺寸保持不变的条件下，对大直径的旋风除尘器来说，由于颗粒物在其内部停留时间较长，其收集效率也较高。如前所述，增加直径也同时会直接导致离心力降低，而离心力降低的影响结果之一就是会减少收集效率。可是，对绝大多数工业颗粒物来说，若保持上述的条件不变，当停留时间增加时，尽管离心力减少了，但收集效率却依然会增加。事实上，在其他大小尺寸保持恒定时，此种旋风除尘器机体直径以及旋风除尘器净高度改变以后，也可按此设计出一个新的旋风除尘器系列。对不同系列的旋风除尘器的性能，能得出的绝对性结论只有一个，那就是，此类不同系列的旋风除尘器将会有着不同的收集效率曲线。通常情况下，旋风除尘粉的收集效率曲线会产生相互交叉，高停留时间的旋风除尘器对大直径的颗粒物（大于1μm）有着较高的收集效率；而低停留时间（高容量）的旋风除尘器，对直径小于1μm的极细小的颗粒物，通常有着较高的收集效率。

由于旋风除尘器最常处理的颗粒物，在绝大多数情况下，其颗粒物大小均大于收集效率曲线发生交叉的尺寸（0.5～2μm），因此，具有高停留时间的旋风除尘器有着更好的集尘效果。

长度与直径比（或高度与直径比）L/D为旋风除尘器的机体高度加上圆锥体高度之和除以旋风除尘器机体或桶体的内径。在所有的其他因子保持恒定时，随着L/D比值的增加，旋风除尘器的性能也随之改善。对于高性能的旋风除尘器，此比值介于3～6之间，常用的此比值为4。若需考虑到旋风除尘器的总体性能（也就是说要使该旋风除尘器基本可用），则L/D值一般不应小于2。研究也显示L/D的最大比值可能会达到6以上。

圆筒体的直径对除尘效率有很大影响。在进口速度一定的情况下，筒体直径愈小，离心力愈大，除尘效率也愈高。因此在通常的旋风除尘器中，筒体直径一般不大于900mm。这样每一单筒旋风除尘器所处理的风量就有限，当处理大风量时可以并联若干个旋风除尘器。

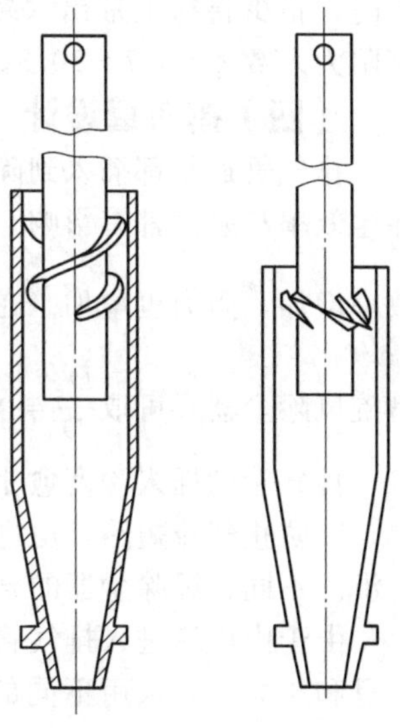

(a) 螺旋式　　(b) 花瓣式

图 13-9　多管旋风除尘器的旋风子

多管除尘器就是利用减小筒体直径以提高除尘效率的特点，为了防止堵塞，筒体直径一般采用250mm。由于直径小，旋转速度大，磨损比较严重，通常采用铸铁作小旋风子。在处理大风量时，在一个除尘器中可以设置数十个甚至数百个小旋风子。每个小旋风子均采用轴向进气，用螺旋片或花瓣片导流（图13-9）。圆筒体太长，旋转速度下降，因此一般取为筒体直径的两倍。

消除上旋涡造成上灰环不利影响的另一种方式，是在圆筒体上加装旁路灰尘分离室（旁室），其入口设在顶板下面的上灰环处（有的还设有中部入口），出口设在下部圆锥体部分，形成旁路式旋风除尘器。在圆锥体部分负压的作用下，上旋涡的部分气流携同上灰环中的灰尘进入旁室，沿旁路流至除尘器下部锥体，粉尘沿锥体内壁流入灰斗中。旁路式旋风除尘器进气管上沿与顶盖相距一定距离，使有足够的空间形成上旋涡和上灰环。旁室可以做在旋风除尘器圆筒的外部（外旁路）或做在圆筒的内部。利用这一原理做成的旁路式旋风除尘器有多种形式。

（三）圆锥体设计

增加圆锥体的长度可以使气流的旋转圈数增加，明显地提高除尘效率。因此高效旋风除尘器一般采用长锥体。锥体长度为筒体直径 D 的 2.5～3.2 倍。

有的旋风除尘器的锥体部分接近于直筒形，消除了下灰环的形成，避免局部磨损和粗颗粒粉尘的反弹现象，因而提高了使用寿命和除尘效率。这种除尘器还设有平板型反射屏装置，以阻止下部粉尘二次飞扬。

旋风除尘器的锥体，除直锥形外，还可做成为牛角弯形。这时除尘器水平设置降低了安装高度，从而少占用空间，简化管路系统。试验表明，进口风速较高时（大于 14m/s），直锥形的直立安装和牛角形的水平安装其除尘效率和阻力基本相同。这是因为在旋风除尘器中，粉尘的分离主要是依靠离心力的作用，而重力的作用可以忽略。

旋风除尘器的圆锥体也可以倒置，扩散式除尘器即为其中一例。在倒圆锥体的下部装有倒漏斗形反射屏（挡灰盘）。含尘气流进入除尘器后，旋转向下流动，在到达锥体下部时，由于反射屏的作用大部分气流折转向上由排气管排出。紧靠筒壁的少量气流随同浓聚的粉尘沿圆锥下沿与反射屏之间的环缝进入灰斗，将粉尘分离后，由反射屏中心的“透气孔”向上排出，与上升的内旋流混合后由排气管排出。由于粉尘不沉降在反射屏上部，主气流折转向上时，很少将粉尘带出（减少二次扬尘），有利于提高除尘效率。这种除尘器的阻力较高，其阻力系数 $\zeta=6.7\sim10.8$。

（四）排气管设计

排气管通常都插入到除尘器内，与圆筒体内壁形成环形通道，因此通道的大小及深度对除尘效率和阻力都有影响。环形通道愈大，排气管直径 D_c 与圆筒体直径 D 之比愈小，除尘效率增加，阻力也增加。在一般高效旋风除尘器中取 $\frac{D_c}{D}=0.5$，而当效率要求不高时（通用型旋风除尘器）可取 $\frac{D_c}{D}=0.65$，阻力也相应降低。

排气管的插入深度愈小，阻力愈小。通常认为排气管的插入深度要稍低于进气口的底部，以防止气流短路，由进气口直接窜入排气管，而降低除尘效率。但不应接近圆锥部分的上沿。不同旋风除尘器的合理插入深度不完全相同。

由于内旋流进入排气管时仍然处于旋转状态，使阻力增加。为了回收排气管中多消耗的能量和压力，可采用不同的措施。最常见的是在排气管的入口处加装整流叶片（减阻器），气流通过该叶片使旋转气流变为直线流动，阻力明显降低，但除尘效率略有下降。

在排气管出口装设渐开蜗壳，阻力可降低 5%～10%，而对除尘效率影响很小。

（五）排尘口设计

旋风除尘器分离下来的粉尘，通过设于锥体下面的排尘口排出，因此排尘口大小及结构对除尘效率有直接影响。若圆锥形排尘口的直径太小，则由于在旋风除尘器内部的颗粒物向着回转气体的轴心不断地运动，旋风除尘器的收集效率就会有所降低。此外，还有很重要的一点，那就是需要注意：在排尘口的直径大小不够时，也会产生一些实际操作方面的问题。若排尘口太小时，则需收集的许多物质就不能通过，这样收集效率会有较大程度的降低。旋风除尘器排尘口的最小直径应按下式计算得出：

$$D_e=3.5\times\left(2450\times\frac{v_m}{\rho_B}\right)^{0.4} \tag{13-17}$$

式中，D_e 为排尘口的直径，cm；v_m 为粉尘质量流速，kg/s；ρ_B 为粉尘体积松密度，kg/m^3。

通常排尘口直径 D_e 采用排气管直径 D_c 的 0.5～0.7 倍，但有加大的趋势，例如取 $D_e=D_c$，甚至 $D_e=1.2D_e$。

由于排尘口处于负压较大的部位，排尘口的漏风会使已沉降下来的粉尘重新扬起，造成二次扬尘，严重降低除尘效率。因此保证排灰口的严密性是非常重要的。为此可以采用各种卸灰阀，卸灰阀除了要使排灰流畅外，还要使排灰口严密，不漏气，因而也称为锁气器。常用的有：重力作用闪动卸灰阀（单翻板式、双翻板式和圆锥式）、机械传动回转卸灰阀、螺旋卸灰机等。

现将旋风除尘器各部分结构尺寸增加对除尘器效率、阻力及造价的影响列入表 13-9 中。

表 13-9　旋风除尘器结构尺寸增加对性能的影响

参数增加	阻力	效率	造价
除尘器直径，D	降低	降低	增加
进口面积(风量不变)，H_c，B_c	降低	降低	—
进口面积(风量不变)，H_c，B_c	增加	增加	—
圆筒长度，L_c	略降	增加	增加
圆锥长度，Z_c	略降	增加	增加
圆锥开口，D_e	略降	增加或降低	—
排气管插入长度，S	增加	增加或降低	增加
排气管直径，D_c	降低	降低	增加
相似尺寸比例	几乎无影响	降低	—
圆锥角 $2\tan^{-1}\left(\frac{D-D_e}{H-L_c}\right)$	降低	20°～30°为宜	增加

（六）砂轮机用旋风除尘器设备设计实例

1. 设计参数

① 处理风量　　$6500m^3/h$；

② 空气温度　　常温；

③ 粉尘成分　　SiO_2；

④ 粉尘质量浓度　　$<650mg/m^3$；

⑤ 用途　　砂轮机除尘；

⑥ 选型方向　　标准型旋风除尘器。

2. 结构尺寸

(1) 选型与绘制设计（计算）草图

见图 13-10。

(2) 排气管（内筒）截面积与直径

$$S_d=\frac{Q_v}{3600v_d}=6500/(3600\times22)=0.082\ (m^2)$$

$$D_d=(S_d/0.785)^{0.5}=(0.082/0.785)^{0.5}=0.323(m)，取\ D_d=325mm$$

(3) 圆筒空（环）截面积

$$S_k=\frac{Q_v}{3600v_d}=6500/(3600\times3.5)=0.516\ (m^2)$$

（一般空截面上升速度 $v_k=2.5～4.0m/s$）

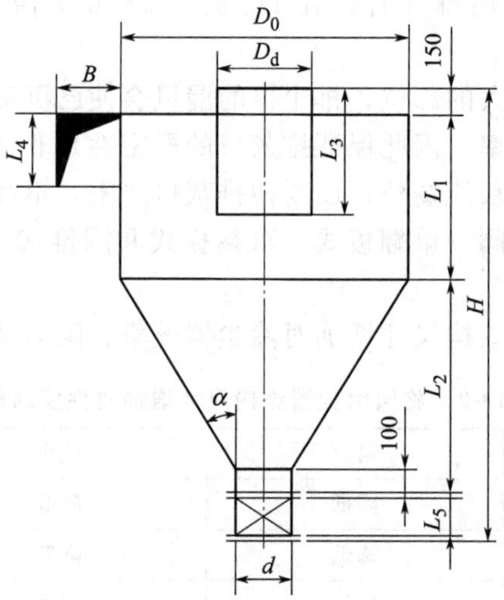

图 13-10 设计草图

（4）圆筒全截面积

$$S_0=S_d+S_k=0.082+0.516=0.598\ (m^2)$$

（5）圆筒直径

$$D_0=(S_0/0.758)^{0.5}=(0.598/0.785)^{0.5}=0.873\ (m)，取\ D_0=870mm$$

（6）相关尺寸设计计算

① 圆筒长度

$$L_1+150=2D_0+150=2\times870+150=1890\ (mm)$$

② 锥体长度

$$L_2+100=2D_0+100=2\times870+100=1840\ (mm)$$

③ 进口尺寸

$$S_1=V/3600v_1=6500/(3600\times20)=0.903\ (m^2)$$

（一般 $v_1=15\sim25m/s$）

$$S_1=bH=B\times2B=2B^2$$

$$B=(S_1/2)^{0.5}=(0.903/2)^{0.5}=0.213(m),取\ B=215\ (mm)$$

$$H=2B=430\ (mm)$$

④ 排灰口直径

$$d=0.25D_0=0.25\times870=0.218(m),取\ D=220mm$$

3. 技术性能

（1）处理能力

$$Q_v=3600S_1v_1=3600\times(0.125\times0.430)\times20=6656\ (m^3/h)$$

（2）设备阻力

$$p=\zeta(v^2\rho_1/2)=5\times(20^2\times1.205/2)=1205Pa$$

$$\zeta=(5.0\sim5.5)$$

（3）除尘效率：

按经验值取 $\eta=85\%$。

（4）排放浓度

$$c_2=(1-\eta)c_1=(1-0.85)\times650=98\ (mg/m^3)$$

(5) 回收粉尘量

$$G=Q_v(c_1-c_2)\times10^{-6}=3.68\ (\mathrm{kg/h})$$

(6) 定型结论　型式为标准型旋风除尘器；风量 6660m^3/h；阻力 1200Pa；外形尺寸 ϕ870m×3830mm；重量 478kg。

四、直流式旋风除尘器设计计算

1. 工作原理

含尘气体从入口进入导流叶片。由于叶片导流作用气体做快速旋转运动。含尘旋转气流在离心力的作用下，气流中的粉尘被抛到除尘器外圈直至器壁中心干净气体从排气管排出，粉尘集中到卸灰装置卸下。直流式旋风除尘器可以水平使用，阻力损失相对较低，配置灵活方便，使用范围较广。

2. 构造特点

直流式旋风除尘器是为解决旋风除尘器内被分离出来的灰尘可能被旋转上升的气流带走而设计的。在这种除尘器中，绕轴旋转的气流只是朝一个方向做轴向移动。它包括四部分(见图 13-11)：①筒体，一般为圆筒形；②入口，包含产生气体旋转运动的导流叶片；③出口，把净化后的气体和旋转的灰尘分开；④灰尘排放装置。直流式旋风除尘器内气流旋转形状如图 13-12 所示。

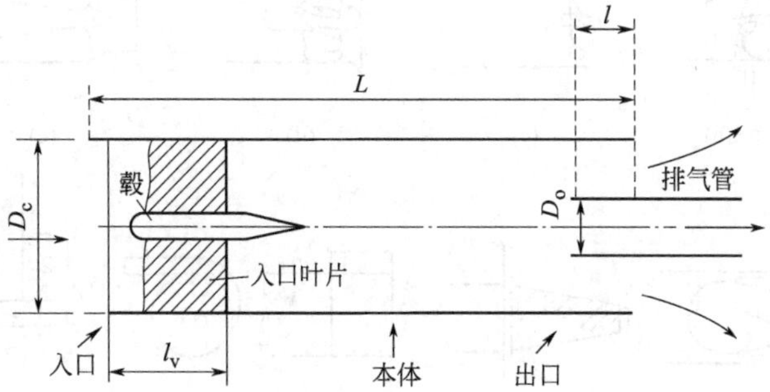

图 13-11　直流式旋风除尘器的基本形式

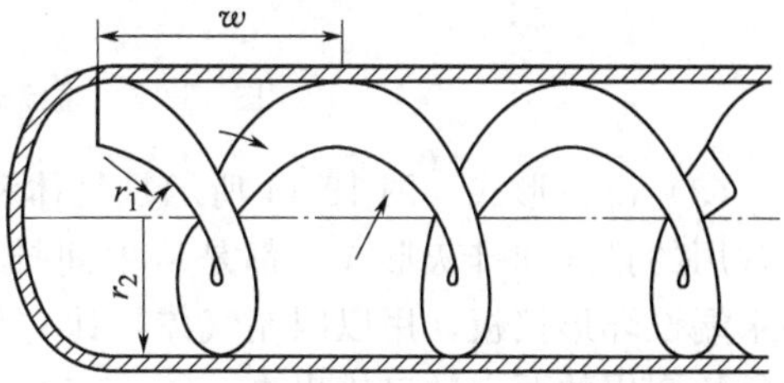

图 13-12　由螺线形隔板导成的旋风流形状

(1) 除尘器筒体　筒体形状一般只是直径和长度有所变化。其直径比较小的，除尘效率要高一些。但直径太小，则有被灰尘堵塞的可能，筒体短的除尘器中，灰尘分离的时间可能不够，而长的除尘器会损失涡旋的能量增加气流的紊乱，以致降低除尘效率。表 13-10 为直流式旋风除尘器各部分尺寸与本体直径之比。

(2) 入口形式　直流式旋风除尘器的入口形式多是绕毂安装固定的导向叶片使气体产生旋转运动。入口形式有各种不同的设计，图 13-13 中(a)、(b)、(d)、(f) 应用较多，叶片与轴线呈 45°，只是叶片形式不同而已，图 13-13 中(c)、(i) 入口形式较少应用。图 13-13(h) 比较特殊，它有一个短而粗的形状异常的毂，以限制叶片部分的面积，从而增加气体速度对灰尘的离心力；灰尘则由于旋转所产生的相对运动而分离。图 13-13(i) 的入口前有一个圆锥形凸出物，使涡旋运动在入口前就开始。图 13-13(j) 同普通旋风除尘器雷同，它不用导流叶片而用切向入口来造成强烈旋转，目的在于使大粒子以小的角度和壁碰撞，结果只是沿着壁面弹跳，而不是从壁面弹回，因而可以提高捕集大粒子的效率。图 13-13(k) 与旋流除尘器近似，它是环绕入口周围按一定间隔排列许多喷嘴 1，用一个风机向环形风管 2 供给气体，再经过这些喷嘴喷射出来，使进入旋风除尘器的含尘气体 3 处于旋转状态。来自二次系统的再循环气体经过交叉管道 4 在 5 处轴向喷射出来。

表 13-10 直流式旋风除尘器各部分尺寸与本体直径之比

形式 \ 尺寸比	本体长度 L/D_c	叶片占有长度 l_v/D_c	排气管直径 D_o/D_c	排气管插入长度 l/D_c
图 3-13(f)	4.8	0.4	0.8	0.1
图 3-13(g),图 3-14(d)	3.0	0.4	1.0	1.0
图 3-13(c)	2.8	0.4	0.6	0.1
图 3-13(d)	2.6	0.5	0.8	0.7
图 3-13(h)	1.7	0.6	0.6	0.3
图 3-13(a)	1.5	0.3	0.6	0.1
图 3-13(b)	1.5	0.5	0.7	0.1

注：表中符号表示的内容见图 13-11。

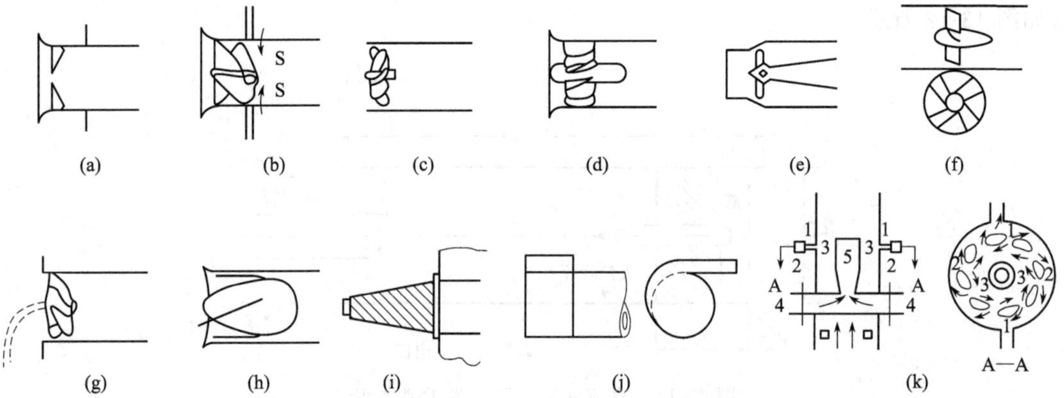

1—喷嘴；2—环形瓦管；3—含尘气体；4,5—交叉管道

图 13-13 直流式除尘器的各种入口形式

(3) 出口形式 图 13-14 所示是气体和灰尘出口的几种形式。图 13-14 中(a) ～ (c) 是最常用的排气和排灰形式，都是从中间排出干净气体，从整个圆周排出灰尘。图 13-14(d) 在末端设环形挡板，用以限制气体，让它从中央区域排出，阻止灰尘漏进洁净气体出口，灰尘只从圆周的两个敞口排出去。图 13-14(e) 的排气管带有几乎封闭了环形空间的法兰，它只容许灰尘经过周围条缝出去。图 13-14(f) 则用法兰完全封住环形空间，灰尘经一条缝外逸。

除尘器管体和干净气体排出管之间的环形空间的宽度和长度差别很大，除尘器的宽度从 $0.1D_c$ 到 $0.2D_c$ 或更大，长度从 $0.1D_c$ 到 $0.6D_c$ 再到 $1.3D_c$。

(4) 粉尘排出方式 从气体中分离出来的灰尘的排出方式，有三种方法可以利用：①没有气体循环；②部分循环；③全部循环。

第一种方法没有二次气流，从除尘器中出来的灰尘在重力作用下进入灰斗，简单实用，优点明显。从洁净气体排出管的开始端到灰尘离开除尘器的通道（即图 13-14）必须短，而且不能太窄，以免被沉降的灰尘堵塞。

第二种方法是从每个除尘器中吸走一部分气体（见图 13-15），粗粒尘在重力作用下落入灰斗，而较细的灰尘则随同抽出的气体经管道至第二级除尘器。这种方法可以增加除尘效率。

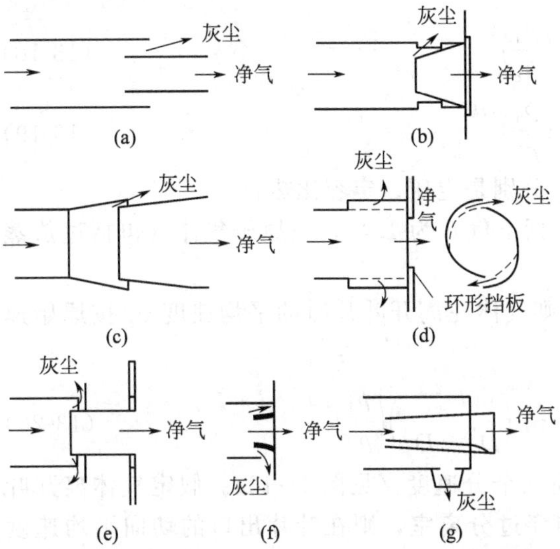

图 13-14　直流式旋风除尘器气体和灰尘出口的形式

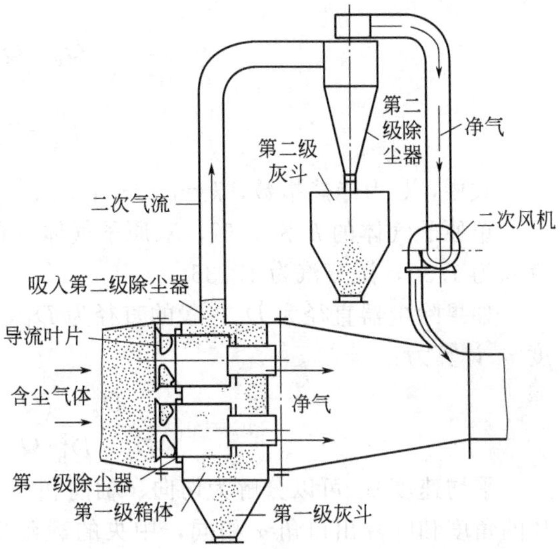

图 13-15　直流式除尘器的排尘方法

第三种方法是把全部灰尘随同气体一起吸入第二级除尘器。这种方法不用灰斗，而是从设备底部吸二次气流再回到直流式除尘器组后面的主管道内。

循环气体系统的优点在于一次系统和二次系统的总效率比不用二次系统时高，而功率消耗增加不多，这是因为只有总气量的一小部分进入二次线路，虽然压力损失可能大，但风量小，用小功率风机就可以输送。也有用其他方法来产生二次气流的。例如图 13-13(b) 叶片后面，在除尘器筒体上有若干条缝 S，把气体从周围空间引入除尘器，从而在排尘口产生相应的气体外流。再如图 13-13(g) 在叶片毂中心有一根管子（图中用虚线表示），依靠这一点和除尘周围的压差提供二次系统所需的压头，使气体经过这根管子流入除尘器。

3. 性能计算[1,10]

（1）影响性能的因素

① 负荷。直流式除尘器和回流式除尘器相比，它的除尘效率受气体流量变化的影响轻，对负荷的适应性比后者好。当气体流量下降到效果最佳流量的 50%时，除尘效率下降 5%；上升到最佳流量的 125%时，效率几乎不变。压力损失和流量大致成平方关系。

② 叶片角度和高度。除尘器导流叶片设计是直流式旋风除尘器的关键环节之一，其最佳角度似乎是和气流最初的方向成 45°，因为把角度从 35°增加到 45°，除尘效率有显著的提高，再多倾斜 5°，对效率就无影响，而阻力却有所增加。如果把叶片高度降低（从叶片根部起沿径向方向到顶部的距离），由于环形空间变窄，以致速度增加而使离心力加大，效率提高。

③ 排尘环形空间的宽度。除尘效率随着排气管直径的缩小，或者说随着环形空间的加宽而提高。除尘效率的提高，是因为在除尘器截面上从轴心到周围存在着灰尘浓度梯度，也就是靠近轴心的气体比较干净；另一方面，靠近壁面运动的气体，在进入洁净气体排出管时在环形空间入口处形成灰尘的惯性分离，如果环形空间比较宽，气体的径向运动更显著，这

种惯性分离就更有效。从排尘口抽气有提高除尘效率的作用，而且对细粒子的作用比对粗粒子大。

（2）分离粒径 设气流经过入口部分的导流叶片时为绝热过程，在分离室中（出口侧）气体的压力 p、温度 T 和体积 Q（用角标 c 表示）可以根据叶片前面的原始状况（用角标 i 表示）来计算。

$$Q_c = Q_i\left(\frac{p_i}{p_c}\right)^{1/k} \tag{13-18}$$

$$T_c = T_i\left(\frac{p_i}{p_c}\right)^{1/k} \tag{13-19}$$

式中，k 为绝热指数，$k=c_p/c_V$；c_p、c_V 分别是定压、定容比热容。

单原子气体的 k 为 1.67，双原子气体（包括空气）为 1.40，三原子气体（包括过热蒸汽）为 1.30，湿蒸汽为 1.135。

如果除尘器直径为 D_c，毂的直径为 D_b，则气体在离开叶片时的平均速度 v_c 按原始速度 v_i 计算为：

$$v_c = v_i\left(\frac{D_c^2}{D_c^2-D_b^2}\right)\frac{Q_c}{Q_i} = v_t\left(\frac{D_c^2}{D_c^2-D_b^2}\right)\left(\frac{p_i}{p_c}\right)^{1/k} \tag{13-20}$$

平均速度 v_c 可以分解为切向、轴向和径向三个分速度（见图 13-16）。假定气体离开叶片的角度和叶片出口角 α 相同，中央的毂延伸穿过分离室，则在叶片出口的切向平均速度 v_{cr} 为：

$$v_{cr} = v_c\cos\alpha = v_i\left(\frac{D_c^2}{D_c^2-D_b^2}\right)\left(\frac{p_i}{p_c}\right)^{1/k}\cos\alpha \tag{13-21}$$

而轴向平均速度 v_{ca} 为：

$$v_{ca} = v_c\sin\alpha = v_i\left(\frac{D_c^2}{D_c^2-D_b^2}\right)\left(\frac{p_i}{p_c}\right)^{1/k}\sin\alpha \tag{13-22}$$

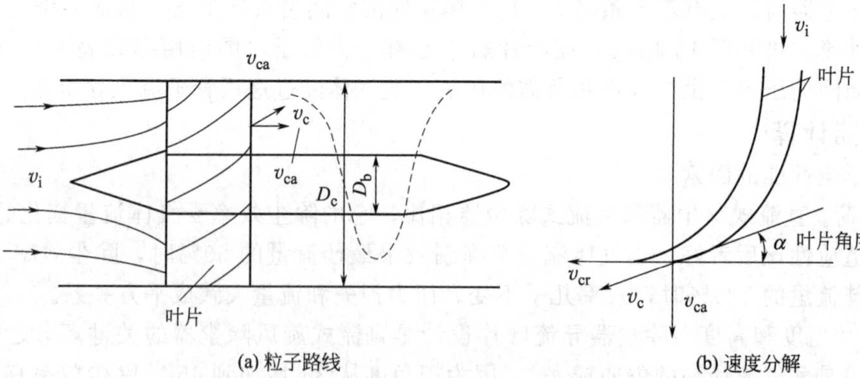

图 13-16 脱离除尘器导流叶片的粒子路线和速度的分解

设粒子和流体以同一速度通过分离室，且已知分离室的长度 l_s 和轴向速度 v_{ca} 就可以求出粒子在分离室内的逗留时间：

$$t_1 = \frac{l_s}{v_{ca}} = \frac{l_s}{v_i\sin\alpha}\left[1-\left(\frac{D_b}{D_c}\right)^2\right]\left(\frac{p_c}{p_i}\right)^{1/k} \tag{13-23}$$

在斯托克斯区域内直径为 d 的粒子由于离心力从毂表面（$D_b/2$）到外筒壁（$D_c/2$）所需时间为：

$$t_r=\frac{9}{8}\left(\frac{\mu_f}{\rho_p-\rho}\right)\left(\frac{D_c}{v_{ct}d}\right)\left[1-\left(\frac{D_b}{D_c}\right)^4\right] \tag{13-24}$$

式中，μ_f 为气体黏度；ρ 为气体密度；ρ_p 为粒子密度。

在直流式旋风除尘器中根据 $t_r=t_i$ 可以分离的最小界限粒径 d_{100}，用下式表示：

$$d_{100}=\frac{3}{4}\times\frac{D_c}{\cos\alpha}\left[1-\left(\frac{D_b}{D_c}\right)^2\right]\left\{\frac{2\mu_f\sin\alpha}{l_s v_i(\rho_p-\rho)}\left(\frac{\rho_c}{D_c}\right)^{1/r}\left[1+\left(\frac{D_b}{D_c}\right)^2\right]\right\}^{1/2} \tag{13-25}$$

第三节　袋式除尘器设计

一、袋式除尘器设计条件

基本设计条件包括设计原则、设计条件、设计依据和原始设计参数等内容。

（一）设计原则

袋式除尘器的设计是根据使用要求和提供的原始参数来确定除尘器的主要参数和各部分结构。设计时必须从工艺、设备、电气、制作、安装以及已有的生产实践等因素综合考虑。设计使用于任何工业的袋式除尘器在技术上应考虑下列几点。

(1) 遵照国家规定的相关排放标准、室内卫生标准和实际可能，来确定所要求的除尘效率和排放浓度。

(2) 根据粉尘的特点（粉尘含量、粒度、黏度等）确定烟气在除尘器内的流速和所需的过滤面积、滤料和除尘器清灰方式。

(3) 根据烟气的特性（温度、湿度、露点、压力等）确定设备的除尘器结构形式、材料选择，以及输排灰等主要措施。

(4) 根据电气控制和安全生产的要求，确定除尘器中所有内部构件之间的距离，并使其距离始终保持符合气体流动规律的要求。

(5) 设备的结构、主要部件必须考虑到制造、运输和现场施工的可能性，大型袋式除尘器要有解体方案，对主要部件必须明确提出主要技术要求和施工安装程序，确保施工安装质量。

(6) 在满足工艺生产使用的条件下，除尘器所需单位烟气量的设备投资应尽量少，辅助设备及相对有关工艺配置应保证除尘器主体设备运转可靠，配置合理，维护方便。

（二）设计条件分析

设计条件分析可参照图 13-17 进行。

（三）设计依据

袋式除尘器的设计依据主要是国家和地方的有关标准以及用户与设计者之间的合同文件。在合同文件中应包括除尘器规格大小、装备水平、使用年限、备品备件、技术服务等项内容。

（四）设计原始参数

袋式除尘器工艺设计计算所需要的原始参数主要包括：烟气性质、粉尘性质和气象地质条件三部分。

1. 烟气性质

(1) 需净化的烟气量及最大量，m^3/h；

(2) 进出除尘器的烟气温度，℃；

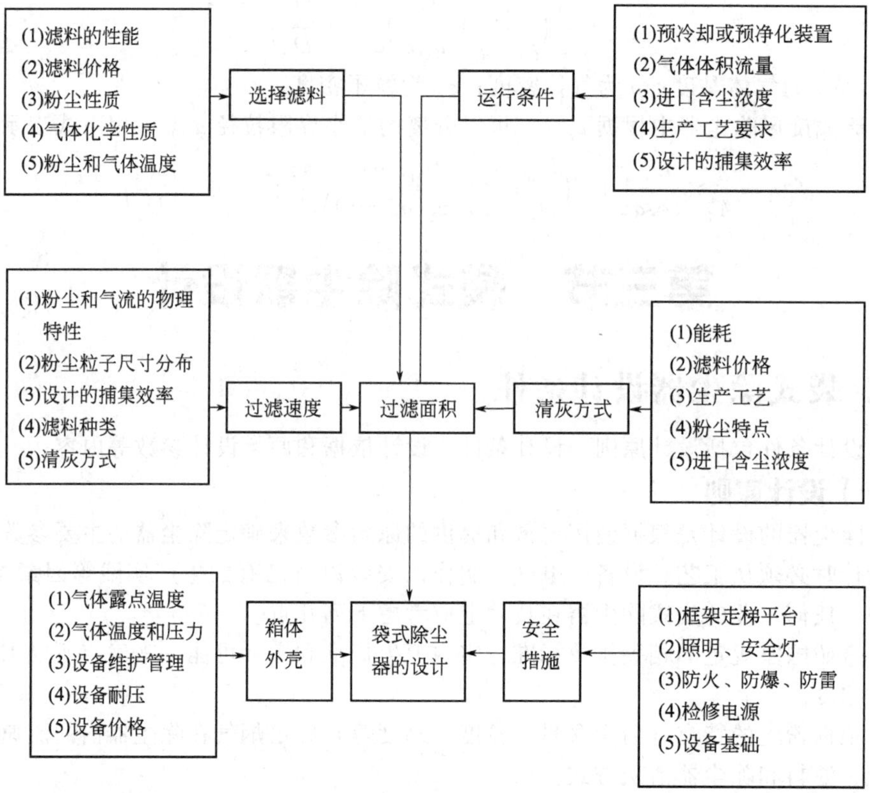

图 13-17 袋式除尘器基本设计条件分析

(3) 进出除尘器的烟气最大压力，Pa；

(4) 烟气成分的体积百分比，%；对电厂要明确烟气含氧量，%；

(5) 烟气的湿度，通常用烟气露点值表示；

(6) 烟气进口的一般及最大含尘浓度，g/m^3；

(7) 烟气出除尘器要求的最终含尘浓度，g/m^3。

2. 粉尘性质

(1) 粉尘成分重量的百分比，%；

(2) 粉尘常温和操作温度时的比电阻，Ω·cm；

(3) 粉尘粒度组成的重量百分比，%；

(4) 粉尘的堆积密度，kg/m^3；

(5) 粉尘的自然安息角；

(6) 粉尘的化学组成；

(7) 用于发电厂锅炉尾部的袋式除尘器，特别要提供燃煤含硫量；用于煤粉制备系统的除尘器要提供煤粉的组成。

3. 气象地质条件

(1) 最高、最低及年平均气温，℃；

(2) 地区最大风速，m/s；

(3) 风载荷、雪载荷，N/m^2；

(4) 设备安装的海拔高度及各高度的风压力，kPa；

(5) 地震烈度，度；

(6) 相对湿度,%。

二、人工和机械振动除尘器工艺设计

人工和机械振动袋式除尘器是指无专用清灰装置或振动清灰除尘设备人工和机械振动。袋式除尘器的优点是结构简单、寿命长、维护管理方便,防尘效率能满足一般使用要求;缺点是过滤风速低,占地面积大。

(一)简易袋式除尘器的设计

1. 滤袋的长径比[4,7]

滤袋的长径比即滤袋长度与滤袋直径之比值 ε,在袋式除尘器的设计中,也是一个重要的参数。长径比 ε 的大小,表明每个滤袋处理风量的能力。当滤袋直径一定时,ε 大,每个滤袋的处理能力大,因而除尘设备的结构就紧凑。长径比的选择,应考虑过滤风速、气体含尘浓度、清灰方式、滤袋材质和工艺布置的空间条件等因素。

当过滤风速一定时,每个滤袋入口处的含尘空气流速可用下式表示:

$$\varepsilon = 4 v v_F \tag{13-26}$$

式中,v 为滤袋入口处的含尘气体流速,m/min;ε 为长径比;v_F 为滤袋过滤风速,m/min。

入口速度大,袋口阻力就大,特别是含尘浓度高时更容易磨损滤袋。因此,当过滤风速高时,长径比不能太大。

长径比大时,滤袋负荷大,特别是含尘浓度高时滤袋负荷更大,所以必须考虑滤袋材质,即滤袋径向抗折强度。径向抗折强度小的长径比值不宜过大,反之,可取大的长径比。

长径比的大小还应考虑清灰方式,采用简易滤袋清灰的清灰方式,长径比不宜过大,否则滤袋下部清灰效果不好。

长径比的大小直接影响除尘器的外形结构。长径比大,占地面积可以小,而高度增加。长径比小,高度可以降低,而袋数和占地面积需要增加,管理维护也较复杂。因此,在选择长径比时必须综合考虑以上因素。根据现有实际除尘器使用情况,人工振动袋式除尘器推荐长径比为 10~20。

2. 滤袋材质

人工振动袋式除尘器材质多用薄型滤料,较少用针刺滤料。在薄型滤料中如果用于糖厂、奶粉厂和面粉厂等食品行业,尽可能用棉、麻、丝机织织物,以免化纤品进入食品影响人体健康,在其他行业则可用化纤织物。

3. 滤袋的悬挂

滤袋都是采用将端头固定的办法安装的。因此滤袋的端头要求有足够的抗拉和抗折强度。对于玻璃纤维滤袋的端头要进行处理。一般常用的方法是在滤袋端头做成双层布或三层布,加层后使用效果较好。

(1) 上口的挂法 除尘器一般较高,为悬挂和更换滤袋的方便,对于上进风袋式除尘器的上口和下进风袋式除尘器的上口的悬挂方法如图 13-18 所示。

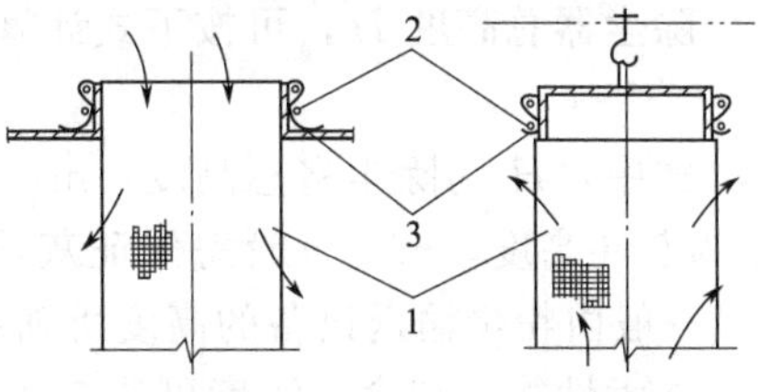

图 13-18 滤袋上口挂法

1—滤袋;2—扎丝;3—固定圈

(2) 下口的挂法 上口悬挂完毕的滤袋要适当用力拉紧后才能安装下口。一般安装完毕的布袋要成垂直状态,用手压扁放开后自然恢复成圆筒形即可。

4. 过滤面积

除尘器过滤面积取决于处理风量和过滤速度。人工振动袋式除尘器过滤面积按过滤风速确定，过滤速度一般为0.25～0.5m/min，当含尘浓度高或不易脱落时的粉尘过滤速度应取低值。

过滤面积按下式计算：

$$A=\frac{Q}{v_F} \tag{13-27}$$

式中，A 为过滤面积，m^2；Q 为处理风量，m^3/min；v_F 为过滤速度，m/min。

滤袋条数计算如下：

$$N=\frac{A}{\pi dL} \tag{13-28}$$

式中，N 为滤袋条数，条；A 为过滤总面积，m^2；d 为滤袋直径，一般取120～300mm；L 为滤袋长度，一般取2～4m。

5. 操作制度的选择

简易袋式除尘器正压操作比较多，这是因为正压操作对围护结构严密性要求低，但气体含尘浓度高时存在着风机磨损的问题。如果风机并联，当一台停止运行时会产生倒风冒灰现象，负压操作要求有严密的外围结构。

清灰方式都靠间歇操作，停风机时滤袋自行清灰，必要时也可辅以人工拍打清灰或者设计手动清灰装置。

6. 除尘器的平面布置

袋式除尘器滤袋平面结构布置尺寸如图13-19所示。

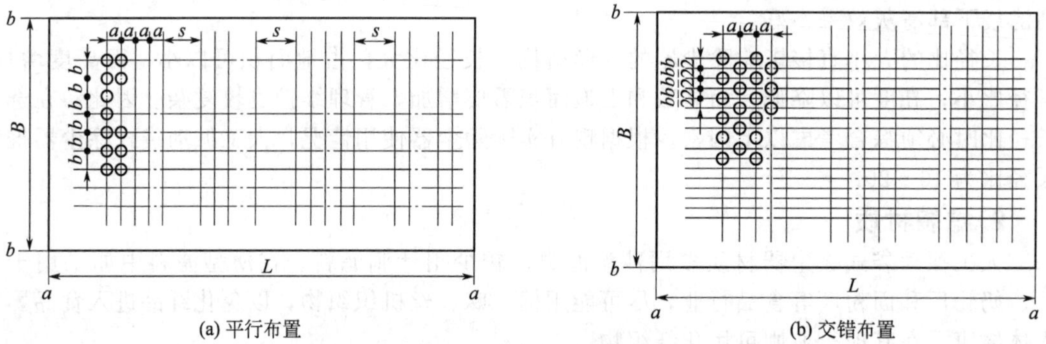

图13-19 除尘室滤袋平面结构布置尺寸

a、b—滤袋间的中心距，取 $d+(40\sim60)$，mm

s—相邻两组通道宽度，$s=d+(600\sim800)$，mm

除尘器总高度 H，可按下式计算：

$$H=L_1+h_1+h_2 \tag{13-29}$$

式中，H 为除尘室总高度，m；L_1 为滤袋层高度，m，一般为滤袋长度加吊挂件高度；h_1 为灰斗高度，m，一般需保证灰斗壁斜度不小于50°；h_2 为灰斗粉尘出口距地坪高度，m，一般由粉尘输送设备的高度所确定。

技术性能：初含尘浓度可达 $5g/m^3$；净化效率大于99%；压力损失约为200～600Pa。

7. 设计注意事项

设计时应该注意以下几点：

（1）滤袋室与气体分配室应设检修门，检修门尺寸为600mm×1200mm。

（2）除尘器内壁和地面应涂刷油漆，以利清扫。

（3）除尘器设置采光窗或电气照明。

（4）正压操作时，除尘室排出口的排风速度为3～5m/s；负压操作时，排风管的设置应使气流分布均匀。

（5）除尘室的结构设计应考虑滤袋容尘后的质量，一般取2～3kg/m^2。

8. 自然落灰袋式除尘器

这种袋式除尘器（图13-20）结构简单，管理方便，易于施工，适用于小型企业，但过滤速度较小，占用空间较大。

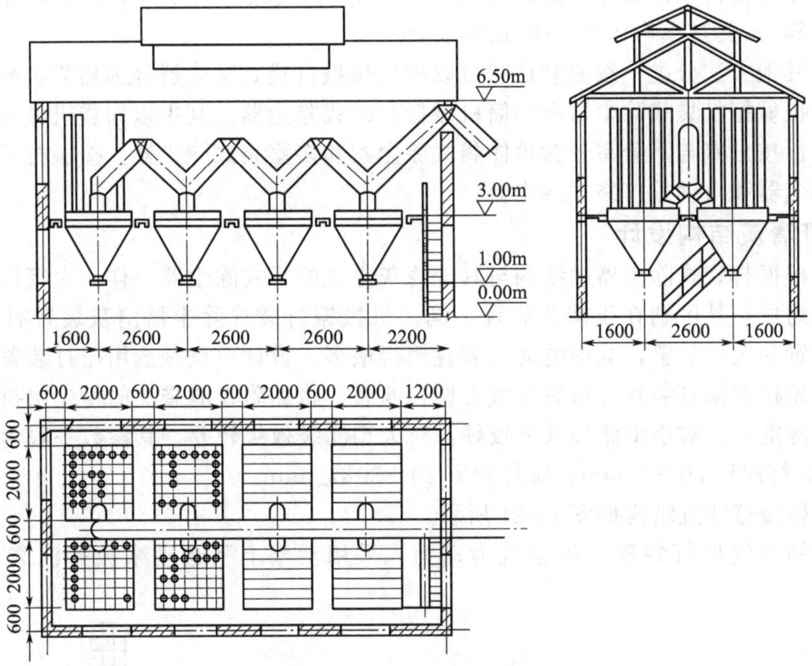

图13-20　自然落灰袋式除尘器

滤袋室一般为正压式操作，外围可以敞开或用波纹板围挡。为了便于检查滤袋和通风，在若干滤袋间设人行通道。滤袋上部固定在框架上，下部固定在花板的系袋圈上，滤袋直径可做成上下一样大；为了便于落灰，也可做成上小下大（相差一般小于50%），长度为3～6m，滤袋间距为80～100mm。滤袋上部设天窗或排气烟囱，以排放经过滤后的干净气体，粉尘经灰斗直接排出。灰斗排出的粉尘可用手推车拉走。

（二）机械振打袋式除尘器设计

机械振打袋式除尘器是指采用机械振打装置周期性地振打滤袋，用于清除滤袋上的粉尘的除尘器，称为机械振打袋式除尘器。它有两种类型：一种为连续型；另一种为间歇型。其区别是：连续使用的除尘器把除尘器分隔成几个分室，其中一个分室在清灰时，其余分室则继续除尘；间歇使用的除尘器则有一个室，清灰时就要暂停除尘，因此，除尘过程中是间歇性的。机械振打袋式除尘器是常用的袋式除尘器之一，以微型和小型除尘器为主要形式。

1. 分类

（1）按清灰方式分类　机械振打袋式除尘器按清灰方式分为7类，见表13-11。

表 13-11 机械振打袋式除尘器的分类

序号	名称	定义	序号	名称	定义
1	低频振动	振动频率低于 60 次/min,非分室结构	5	手动振动	用手动振动实现清灰
2	中频振动	振动频率为 60～700 次/min,非分室结构	6	电磁振动	用电磁振动实现清灰
3	高频振动	振动频率高于 700 次/min,非分室结构	7	气动振动	用气动振动实现清灰
4	分室振动	各种振动频率的分室结构			

表 13-11 中低频振打是指凸轮机构传动的振打式清灰方法，振打频率不超过 60 次/min；中频振打是指以偏心机械传动的摇动式清灰方法，摇动频率一般为 100 次/min；高频振打是指用电动振动器传动的微振幅清灰方法，一般配用 8 级、6 级、4 级和 2 级电机（或者使用电磁振动器），其频率均在 700 次/min 以上。

(2) 按其他方法分类 按滤袋形状可以把机械振打袋式除尘器分为扁袋机械振打袋式除尘器、圆袋机械振打袋式除尘器和滤筒机械振打袋式除尘器。其中以扁袋机械振打袋式除尘器应用较多。按分室与不分室分为单体袋式除尘器和多室袋式除尘器。按振打动力分为手工振打袋式除尘器和自动振打袋式除尘器。

2. 振打清灰结构设计

微型机械振打袋式除尘器的结构与其他清灰方式的袋式除尘器一样，由箱体、框架、滤袋、灰斗等组成，其区别在于清灰装置不同。机械振打袋式除尘器清灰装置有手工振动装置、电动装置和气动装置，其中电动类装置用得最多。设计要点是选用振打装置。

(1) 凸轮机械振打装置 依靠机械力振打滤袋，将黏附在滤袋上的粉尘层抖落下来，使滤袋恢复过滤能力。对小型滤袋效果较好，对大型滤袋效果较差。其参数一般为：振打时间 1～2min；振打冲程 30～50mm；振打频率 20～30 次/min。

凸轮机械振打装置结构如图 13-21 所示。

(2) 压缩空气振打装置 以空气为动力，采用活塞上下运动来振打滤袋，以抖落粉

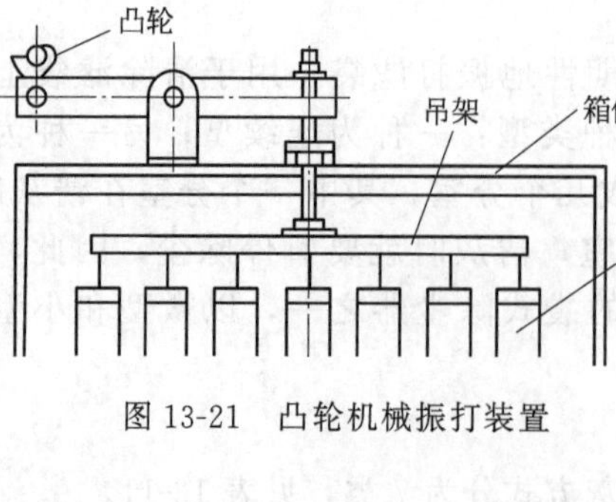

图 13-21 凸轮机械振打装置

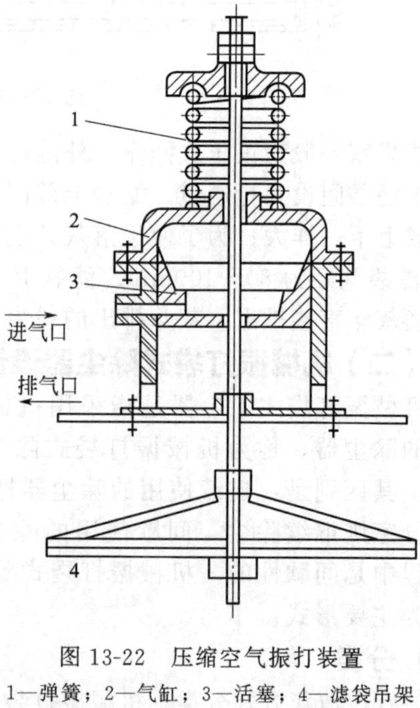

图 13-22 压缩空气振打装置

1—弹簧；2—气缸；3—活塞；4—滤袋吊架

尘。其冲程较小而频率很高，振打结构如图 13-22 所示。此装置耗气大，清灰力大、因消耗压缩空气，应用较少。

（3）电动机偏心轮振打装置　以电动机偏心轮作为振动器，振动滤袋框架，以抖落滤袋上的烟尘。由于无冲程，所以常以反吹风联合使用，适用于小型滤袋，其结构如图 13-23 所示。

（4）横向振打装置　依靠电动机、曲柄和连杆推动滤袋框架横向振动。该方式可以安装滤袋时适当拉紧，不致因滤袋松弛而使滤袋下部受积尘冲刷磨损，其结构如图 13-24 所示。

（5）振动器振打装置　振动器振打清灰是最常用的振打方式（见图 13-25）。这种方式装置简单，传动效率高。根据滤袋的大小和数量，只要调整振动器的激振力大小就可以满足机械振打清灰的要求。

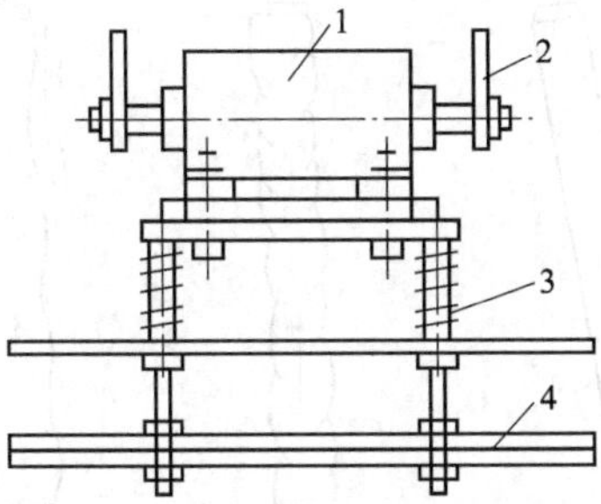

图 13-23　电动机偏心轮振打装置

1—电动机；2—偏心轮；3—弹簧；4—滤袋吊架

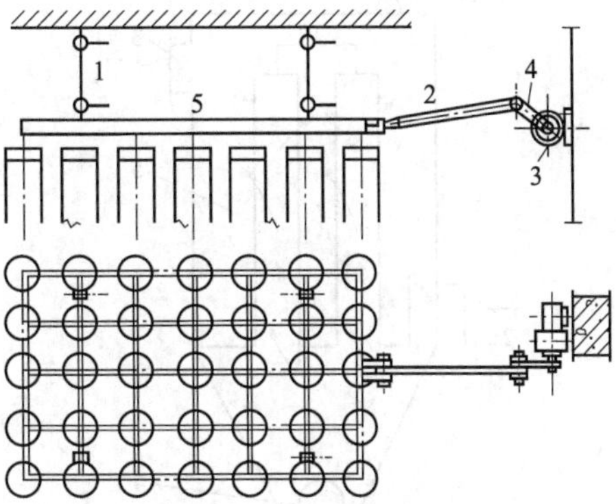

图 13-24　横向振打装置

1—吊杆；2—连杆；3—马达；4—曲柄；5—框架

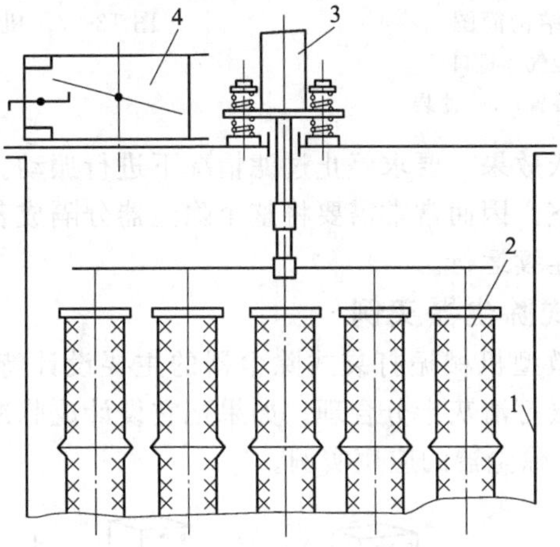

图 13-25　振动式除尘器

1—壳体；2—滤袋；3—振动器；4—配气阀

3. 振动除尘器工作原理

图 13-26 是袋式除尘器的结构简图。含尘气体进入除尘器后，通过并列安装的滤袋，粉尘被阻留在滤袋的内表面，净化后的气体从除尘器上部出口排出。随着粉尘在滤袋上的积聚，含尘气体通过滤袋的阻力也会相应增加。当阻力达到一定数值时，要及时清灰，以免阻力过高，造成除尘效率下降。图 13-26 所示的除尘器是通过凸轮振打机械进行清灰的。

含尘气体中的粉尘被阻留在滤袋表面上的这种过滤作用通常是通过筛滤、惯性碰撞、直接拦截和扩散等几种除尘机理的综合作用而实现的。

清灰工作原理如下。

机械振打清灰是指利用机械振动或摇动悬吊滤袋的框架，使滤袋产生振动而清灰的方法。常见的三种基本方式如图 13-27 所示。图 13-27(a) 是水平振打清灰，有上部振动和中部振动两种方式，靠往复运动装置来完成；图 13-27(b) 是垂直振打清灰，它一般可利用偏心轮装置振动滤袋框架或定期提升滤袋框架进行清灰；图 13-27(c) 是机械扭转振动清灰，即利用专门的机构定期地将滤袋扭转一定角度，使滤袋变形而清灰。也有将以上几种方式复合在一起的振动清灰，使滤袋做上下左右摇动。

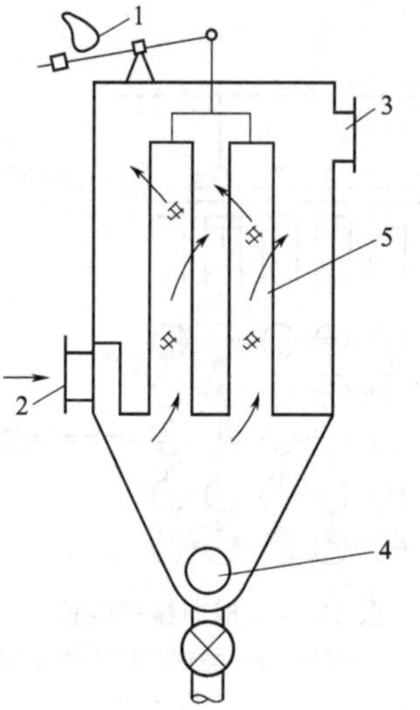

图 13-26 袋式除尘器结构简图

1—凸轮振打机构；2—含尘气体进口；
3—净化气体出口；4—排灰装置；5—滤袋

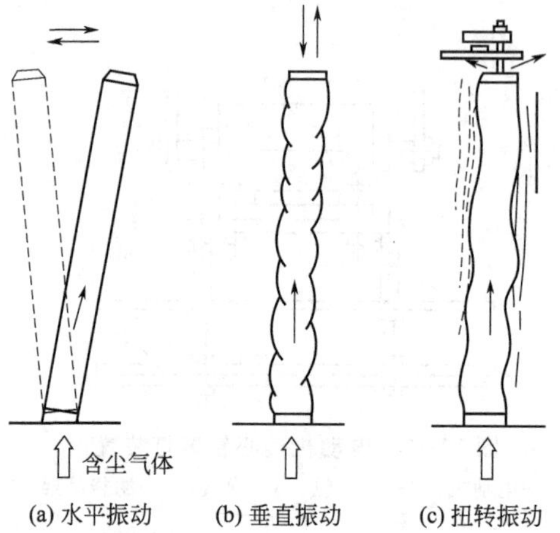

图 13-27 机械清灰的振打方式

机械清灰时为改善清灰效果，要求停止过滤情况下进行振动。但对小型除尘器往往不能停止过滤，除尘器也不分室。因而常常需要将整个除尘器分隔成若干袋组或袋室，顺次地逐室清灰，以保持除尘器的连续运行。

4. 微型机械振打袋式除尘器实例

(1) 主要设计特点 微型机械振打袋式除尘器的主要设计特点是过滤面积小于 $20m^2$，因此采用机械振打或手动振打清灰十分合理。如果把它设计成脉冲喷吹或反吹风清灰显然是不合理的。图 13-28 是这种除尘器的应用实例。

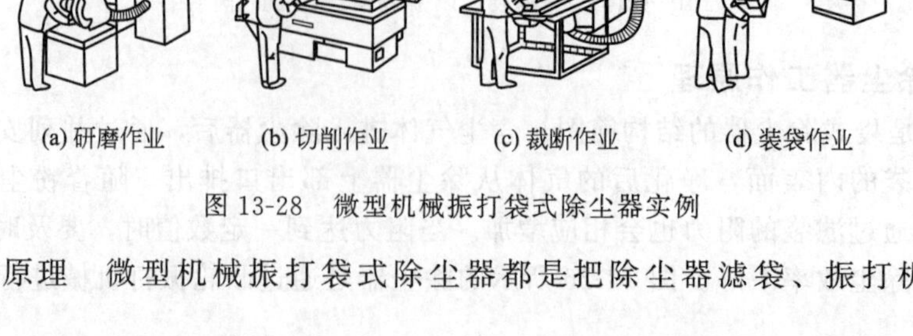

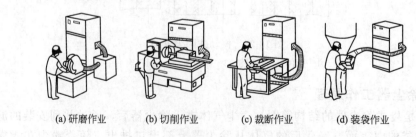

图 13-28 微型机械振打袋式除尘器实例

(2) 工作原理 微型机械振打袋式除尘器都是把除尘器滤袋、振打机构和风机装在一个箱体内，组成除尘机组。工作时风机启动，吸入口依靠风机静压把尘源灰尘吸进除尘机组。含尘气体经滤袋过滤，干净气体从机组上口排出。滤袋靠手动振打机构定时清灰。

(3) 性能和外尺寸　VNA 型微型机械振打除尘器性能见表 13-12 和图 13-29 所示。

表 13-12　微型机械振打袋式除尘器性能表

性能 \ 型式		VNA-15			VNA-30			VNA-45			VNA-60		
功率/kW		0.75			1.5			2.2			3.7		
除尘机	风量/(m^3/min)	0	7.5	12	0	15	28	0	22	40	0	30	55
	静压/kPa	2.55	1.77	0.69	2.55	2.26	1.27	2.55	2.35	1.37	2.94	2.65	1.47
噪声/dB(A)		65±2									68±2		
过滤面积/m^2		4.5			9			13.5			18		
组数/个		1			2			3			4		
形状		缝制扁袋											
振打方式		手动振打方式			手动振打方式(自动振打方式)								
贮灰量/L		18			25			36			50		
吸入口径/mm		ϕ127			ϕ150			ϕ200			ϕ200		
外形尺寸($W \times D \times H$)/mm		650×400×1205			127×650×1492			850×650×1542			1100×700×1652		
质量/kg		90			140			175			260		

三、反吹风袋式除尘器设计

尽管脉冲喷吹袋式除尘器具有过滤风速高、清灰能力强等优点，但是在处理大烟气量且无压缩空气气源时，仍有采用反吹风袋式除尘器的[8,9]。

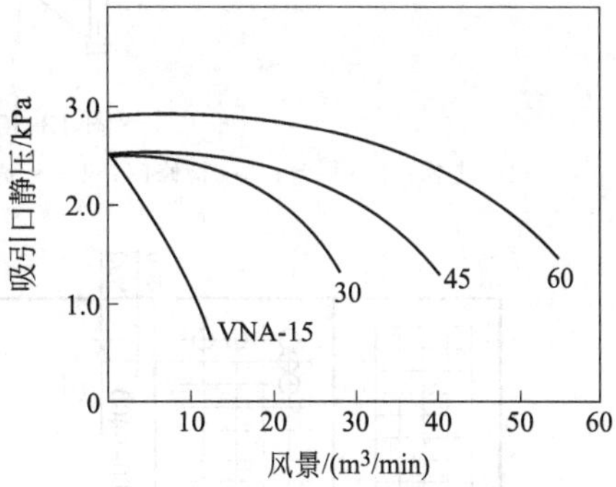

图 13-29　除尘器性能曲线

（一）分室反吹风袋式除尘器设计

1. 结构设计

反吹风袋式除尘器构造如图 13-30 所示，由箱体、框架、反吹机构、走梯平台、控制装置等部分组成，其结构特点如下。

2. 滤袋室的布置

(1) 袋室的分室　反吹风袋式除尘器为了在清灰时仍然工作，采用将除尘器分为若干小室，实行逐室停风反吹。分室时 4～8 室为单排布置，6～20 室采用双排布置。

(2) 袋室的布置　滤袋室的布置首先必须满足过滤面积的要求。在过滤面积满足要求的前提下，主要考虑在维修方便的条件下尽量使滤袋布置紧凑，以减少占地面积。

滤袋的中心距如下：ϕ200mm 滤袋，中心距取 250～280mm；ϕ250mm 滤袋，中心距取 300～350mm；ϕ300mm 滤袋，中心距取 350～400mm。

滤袋的排数按滤袋的直径大小确定，当袋室中间有检修通道时，对于 ϕ200mm 直径滤袋，一般不超过三排。对于 ϕ300mm 直径滤袋，则不超过两排。当滤袋室两侧设有检修通道时，滤袋排数可采用四排或六排。每排滤袋横向根数，可根据实际需要确定。检修通道通常取 300～600mm（滤袋间净距离或滤袋到壁板净距离）。

矩形滤袋室布置如图 13-31 所示。图 13-31(a) 所示仅设边部通道，图 13-31(b) 所示在中间和边部均有通道。

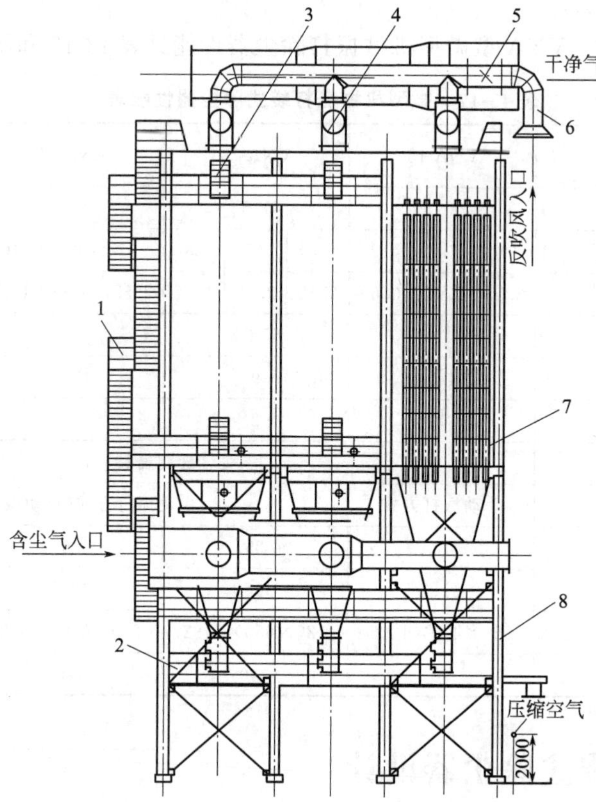

图 13-30 反吹风袋式除尘器结构

1—走梯；2—平台；3—检修门；4—三通换向阀；5—气动密封阀；6—反吹风管；7—箱体；8—框架

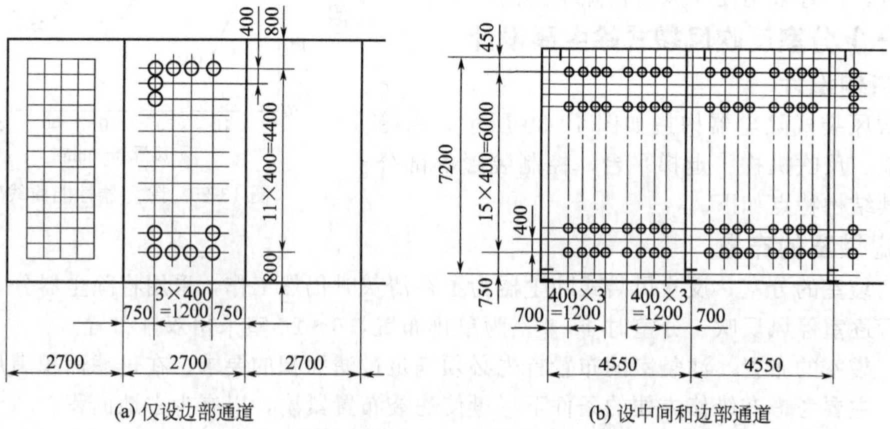

图 13-31 矩形袋式除尘器布置

(3) 滤袋尺寸　滤袋尺寸主要确定直径和长度。

滤袋直径一般都在 ϕ100～400mm 范围内。内滤式滤袋的长度按滤袋长度与直径的比即长径比确定。长径比一般可取（5～40）：1，常用的为（15～35）：1。长径比取高值时，可使除尘器高度增加，减少占地面积。

滤袋长径比除考虑平面布置，还应考虑到袋口风速。因为对于一定直径的滤袋，滤袋越长，每根滤袋的风量越大，气流上升速度大，滤袋粉尘不容易降落下来，从而造成对滤袋的磨损。锅炉除尘袋口风速取 1～1.2m/s。

滤袋长径比（L/D）与袋口气速的关系为：

$$v_r=4v_c\left(\frac{L}{D}\right) \tag{13-30}$$

式中，v_r 为袋口风速，m/s；v_c 为过滤风速，m/s；L 为滤袋长度，m；D 为滤袋直径，m。

（4）过滤面积　反吹（吸）布袋除尘器的过滤面积 A（m^2）可用下式计算。按总风量的 10%～15%选取。

$$A=A_p+A_c=\frac{Q_1+Q_2}{v_F}+A_c \tag{13-31}$$

式中，A_p 为各滤袋室同时工作时的过滤面积，m^2；A_c 为处理清灰状态的滤袋室的过滤面积，m^2；Q_1 为考虑漏风在内的含尘气体量；Q_2 为反吹风量，m^3/min；v_F 为过滤风速，m/min，一般不大于 1m/min。

3. 灰斗设计

反吹风袋式除尘器的灰斗与其他形式除尘器灰斗有三点不同：一是装在灰斗上的花板要设防涡流接管（见图 13-32），对进到滤袋的气流进行导流；二是在灰斗的下部设防搭棚板（图 13-33）预防灰斗粉尘出现搭桥现象；三是反吹风袋式除尘器灰斗的卸灰阀应采用双层卸灰阀，以防卸灰阀漏风造成反吹清灰效果欠佳。此外，有经验的设计者往往把灰斗进气口对面的壁板加厚，避免浓度或磨损性强的粉尘把该处的壁板磨损坏影响使用。

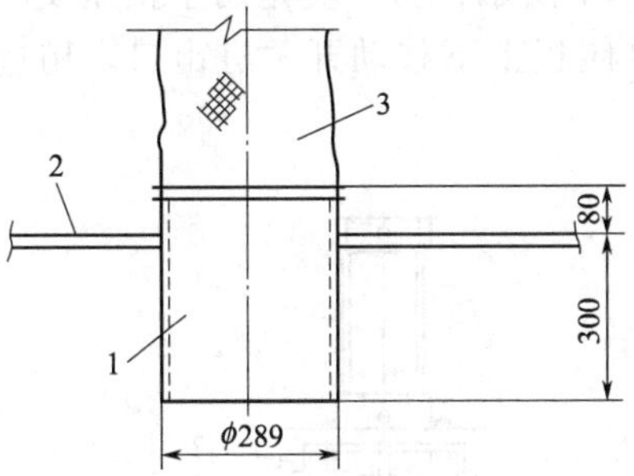

图 13-32　袋口防涡流接管

1—防涡流短管；2—花板；3—布袋

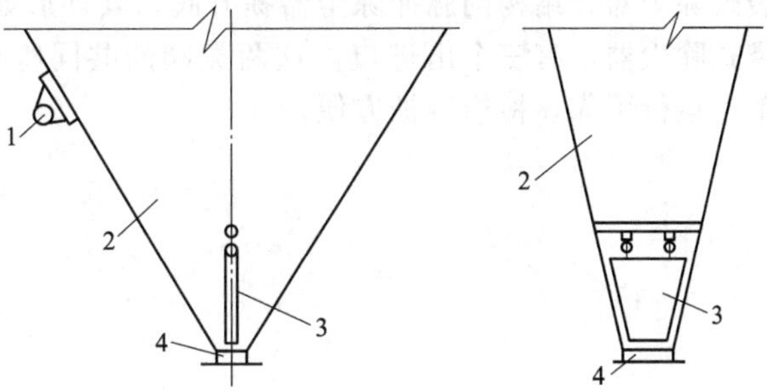

图 13-33　防搭棚板

1—振动机；2—灰仓；3—防搭棚板；4—排灰口

4. 反吹风清灰装置设计

反吹风清灰机构是除尘器正常运行的重要环节。装置清灰机构由切换阀门及其控制系统组成。清灰机构设计的原则是：与除尘器匹配，机构简单可靠，动作速度快，清灰效果好。

对切换阀门的基本要求是：阀座密封性好，切换速度快。在正常工况条件下，大都采用平板阀，依靠用硅橡胶密封圈，实现弹性密封；在高温工况条件（大于 150℃），宜采用鼓形阀，利用鼓形曲面与平面阀座刚性密封。切换时间与动力装置及阀体大小有关，一般以 2～5s 为宜。气动装置的推杆速度快，所以多采用气动方式，随着高速电动缸产品的成熟，也有用电动方式。

反吹风袋式除尘器的清灰机构有以下四种形式。

（1）三通换向阀　三通换向阀有三个进出口，除尘器滤袋室正常除尘过滤时，气体由下口至排气口，反吹口关闭。反吹清灰时，反吹风口开启，排气口关闭，反吹气流对滤袋室滤袋进行反吹清灰。三通换向阀工作原理如图 13-34 所示。三通阀是最常用的反吹风清灰机构形式。这种阀的特点是结构合理，严密不漏风（漏风率小于 1%），各室风量分配均匀。

（2）一、二次挡板阀　图 13-35 所示利用一次挡板阀和二次挡板阀进行反吹风袋式除尘器的清灰工作是清灰机构的另一种形式。除尘器某袋滤室除尘工作时，一次阀打开，二次阀关闭，吹清灰时，一次阀关闭，二次阀打开，相当于把三通换向阀一分为二。一、二次挡板阀的结构形式有两种，一种与普通蝶阀类似，但要求阀关闭后严密，漏风率小于 5%。另一种与三通换向阀类似，只是把 3 个进出口改为两个进出口，这种阀的漏风率小于 1%。

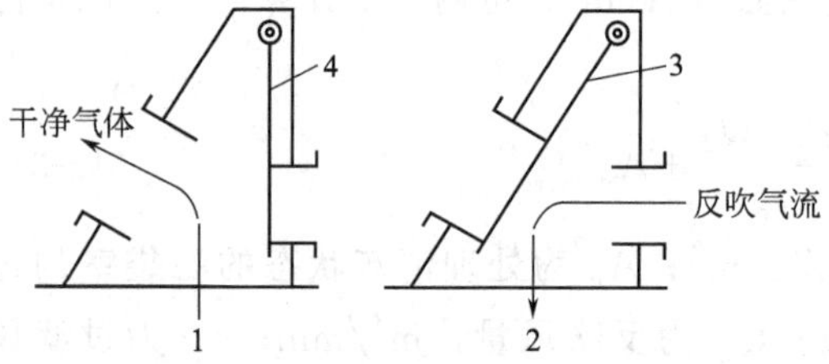

图 13-34　三通换向阀工作原理

1,2—滤袋室；3,4—阀板

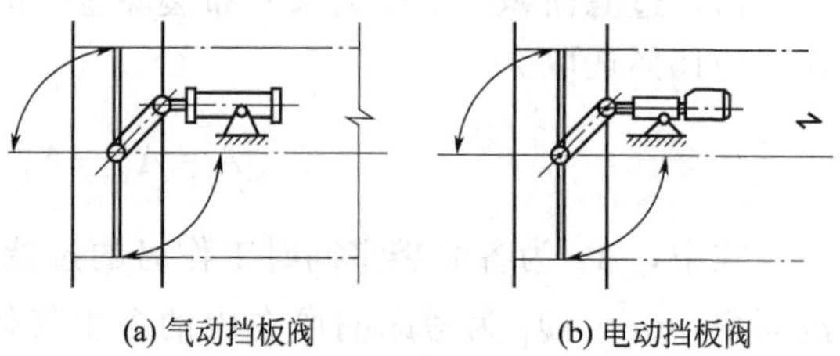

图 13-35　一、二次挡板阀

（3）回转切换阀　回转切换阀由阀体、回转喷吹管、回转机构、摆线针轮减速器、制动器、密封圈及行程开关等组成。回转切换阀工作原理如图 13-36 所示。当除尘器进行分室反吹时，回转喷吹管装置在控制装置作用下，按程序旋转并停留在清灰布袋室风道位置。此时滤袋处于不过滤状态，同时反吹气流逆向通过布袋，将粉尘清落。

（4）盘式提升阀　用于反吹风袋式除尘器的盘式提升阀有两类：一类是用于负压反吹风袋式除尘器，结构同脉冲除尘器提升阀，其外形如图 13-37 所示；另一类是用于正压反吹风袋式除尘器，有三个出进口。这两类阀的共同特点是靠阀板上下移动开关进出口。构造简单，运行可靠，检修维护方便。

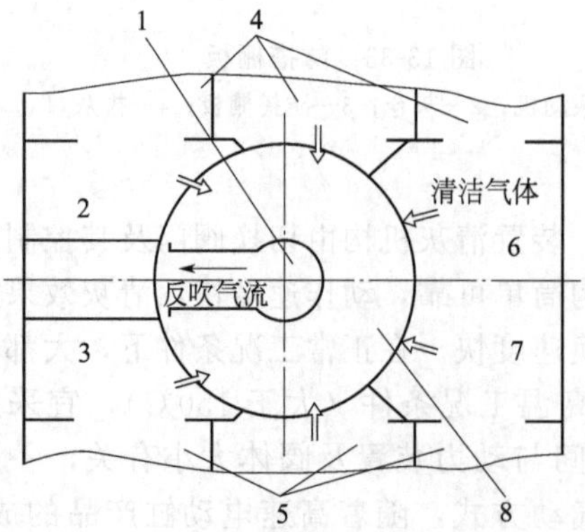

图 13-36　回转切换阀工作原理

1—回转切换阀；2,3,6,7—风道；4,5—滤袋室；8—阀体

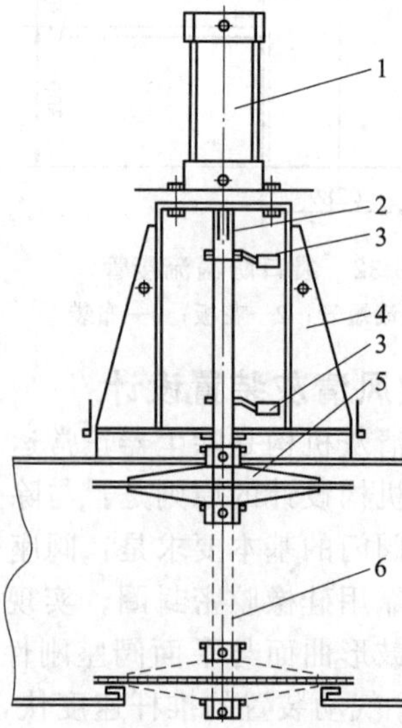

图 13-37　盘式提升阀外形

1—气缸；2—连杆；3—行程开关；4—固定板；5—阀；6—导轨

(5) 清灰机理　反吹风清灰的机理，一方面是由于反向的清灰气流直接冲击尘块；另一方面由于气流方向的改变，滤袋产生胀缩变形而使尘块脱落。反吹气流的大小直接影响清灰效果。

反吹风清灰过程如图 13-38 所示。

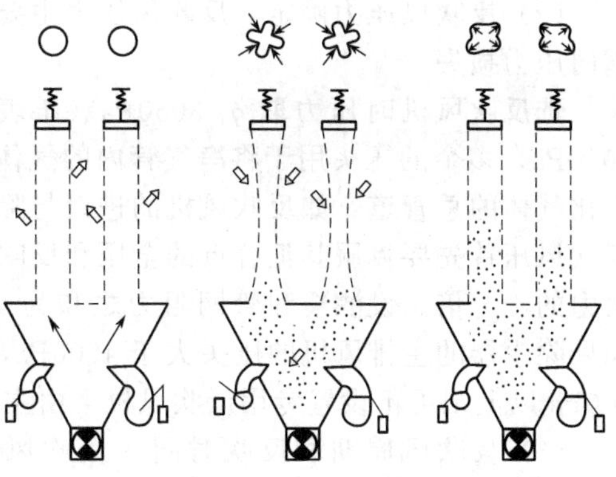

图 13-38　反吹风清灰方式

反吹风清灰在整个滤袋上的气流分布比较均匀。振动不剧烈，故过滤袋的损伤较小。反吹风清灰多采用长滤袋（4～12m）。由于清灰强度平稳过滤风速一般为 0.6～1.2m/min，且都是采用停风清灰，此时滤袋不规则进行过滤除尘。

采用高压气流反吹清灰，如回转反吹袋式除尘器清灰方式在过滤工作状态下进行清灰也可以得到较好的清灰效果，但需另设中压或高压风机。这种方式可采用较高的过滤风速。

5. 反吹风清灰设计计算[8,12]

(1) 反吹清灰风量计算

反吹清灰风量的确定有多种方法，现分述如下：

① 按过滤风量计算

$$q_f=\frac{kAv_f}{N} \tag{13-32}$$

式中，q_f 为反吹风量，m^3/min；A 为总过滤面积，m^2；v_f 为过滤风速，m/min；k 为反吹风系数，$k=0.2\sim0.5$。

② 按抽净滤袋内风量估算。设除尘器一室内滤袋的气体量在 10s 内被抽净作为反吹风量 q_f，即

$$q_f=(Vn/t)k\times3600\ (m^3/h) \tag{13-33}$$

式中，V 为每个滤袋的容积，m^3；n 为每个室的滤袋，个；t 为抽净清灰滤袋内的气体量所需时间，s，一般取 $t=10s$；k 为考虑反吹风阀门关闭时的漏风系数，一般取 1.3。

③ 按反吸风量计算。反吹风量一般取被清灰的滤袋室的过滤风量的 1/4～1/2。

反吹风量还可根据每个过滤室中所有滤袋内的气体在 10s 之内抽净风量进行选取。这时，反吹风量 $q_f(m^3/s)$ 可按下式计算。

$$q_f=\frac{Vn}{t}k \tag{13-34}$$

式中，V 为清灰滤袋的容积，m^3；n 为清灰滤袋数量，个；t 为所有清灰的滤袋内的气体抽净所需要的时间，s，一般为 10s；k 为考虑其他各室反吸风阀门关闭时的漏风系数，一般取 1.3。

④ 吹风量其他的确定方法。

a. 反吹风量与除尘器各室的处理风量相等；

b. 反吹风量取各室处理风量的 1/2；

c. 反吹风的过滤风速取 0.45～0.6m/min 时，计算反吹风量。

综合上述的方法，建议反吹风量可取与每室的处理风量大致相同，如粉尘的颗粒较细而富有黏性，则反吹风量可取每室处理风量的 1.5 倍。

（2）反吹风压力确定　反吹风压力主要是克服滤袋在清灰过程的压力损失和反吹风管路阀门压力损失。

选反吹风机时压力取 q_f 3050Pa（压表）左右，风机克服滤布和阀门的压降，只需约 3050Pa，多余的压头用于将净气管内的气体吹入滤袋的外侧（内滤式），并穿过滤袋进入未净化气体的总管道。如反吹风机的进口与除尘器的排气相连，风机的出口与进气总管相连，反吹风压首先要克服其汇合点的全压和反吹风管网的流体阻力，则反吹的全压取袋式除尘器阻力的 1.5 倍。设滤袋和管网阻力之和为 1470～1960Pa，则反吹的全压取 2205～2940Pa。如果除尘器的主排风机的压头大于 4500Pa，即除尘器阻力损失小于前除尘器管网压力损失 500Pa 以上则可不设置专用反吹风机，由主排风机吸净气总管内气体或大气进行反吹。

（3）反吹风周期和反吹时间　反吹风周期的确定一般有两种方法，即压差法和容尘量法。

① 压差法。反吹风袋式除尘器在反吹清灰后的初期阻力一般为 1500Pa。随着滤袋的连续工作，粉尘在滤袋内表面不断堆积，阻力逐渐增加，当设备运行阻力达到 2000Pa 时，开始第二次反吹风清灰。在这一过程中所需要的时间，即为反吹风周期。

② 容尘量法。根据每平方米滤袋表面上允许的容尘量（即粉尘堆积负荷）来计算反吹风周期。一般可按下式计算：

$$T=\frac{60W}{\dfrac{Q_iC_i}{1000A_i}}=\frac{1000A_i}{v_FC_i} \tag{13-35}$$

式中，T 为反吹风周期，min；W 为允许容尘，kg/m^2，通常为 0.1～1.0kg/m^2，对细粉尘采用 0.1～0.3kg/m^2，对粗粉尘采用 0.3～1.0kg/m^2；Q_i 为单个滤袋小室的过滤风量，m^3/h；C_i 为除尘器入口含尘浓度，g/m^3；A_i 为单个滤袋小室的过滤面积，m^2；v_F 为过滤风速，m/min。

采用压差法确定反吹风周期是比较科学的，可以在各种条件波动的情况下（如入口含尘量的波动）保持滤袋的正常工作状态。但是，压差法必须通过试验或生产时间来确定。因此，当缺乏上述条件时，可用称量法进行推算，然后在实际生产过程中进行调整。

反吹时间一般为滤袋的“三状态”或“二状态”清灰所需的时间以及间歇时间之和。以“三状态”吸瘪三次为例，如吸瘪时间取 18s，静止自然沉降时间取 43s，鼓胀时间取 5s，则吸瘪清灰一次的时间为 18＋43＋5＝66(s)，吸瘪清灰三次的总时间为 198s（即 3.3min）。当为“二状态”时，则吸瘪清灰一次的时间为 18＋5＝23(s)，吸瘪清灰三次的总时间为 69s（即 1.1min）。

6. 计算实例[12]

已知一台玻纤袋除尘器的处理烟气量 Q_1 为 375000m^3/h；进口含尘浓度 c_1 为 80g/m^3（标）；出口含尘浓度 c_2＜100mg/m^3（标）；烟气温度 t 为 230℃；系统漏风率为 15%。试确定除尘器的规格。

（1）主要参数计算

① 过滤风速的选择。根据普通玻纤材质的使用温度和烟气温度，并考虑滤袋的使用寿命，净过滤风速 v_j 取 0.6m/min。

② 所需总过滤面积 A 的计算。初步取室数 $N=12$，漏风量 $Q_2=37500\times15\%=$ 56250m^3/h，反吹风量 Q_3 近似为 375000/12＝31250m^3/h，总处理风量 $Q_z=Q_1+Q_2+Q_3$ ＝375000＋56250＋31250＝462500(m^3/h)，则总过滤面积：

$$A=Q_z/(60v_j)=462500/(60\times0.6)=12847\ (m^2)$$

③ 求所需滤袋数 n。滤袋规格为 ϕ300mm×9296mm 每个滤袋过滤面积 $f=0.3\pi(9.296-0.038-0.076-4\times0.051)=8.46m^2$，则 $n=A/f=12847/8.46=1519$（条）

④ 确定实际室数 N。设每个室袋数为 140 条，则 $N=n/140=1519/140=10.85$（个），考虑 1 个室清灰，取 12 个室。

⑤ 计算实际总过滤面积 A_1。每条长度为 9.296m 滤袋的过滤面积 f_1 为：$f_1=8.46m^2$，共有 1664 条；

每条长度为 7.162m 滤袋的过滤面积 f_2 为：

$f_2=\pi\times0.3\times(7.162-0.038-0.076-4\times0.051)=6.45(m^2)$，共有 36 条（每室只有 3 条），则实际总过滤面积 A_1 为：

$$A_1=8.46\times1644+6.45\times36=14140\ (m^2)$$

⑥ 计算实际过滤风速。当 12 室同时工作时的毛过滤风速 v_m 为：

$$v_m(Q_1+Q_2)/A_s=(375000+56250)/(14140\times60)=0.51(m/min)$$

当 1 个室清灰 11 个室工作时的净过滤速度 v_j 为：

$$v_j=Q_z/[A_s\times(N-1)/(N\times60)]=462500/[60\times14140\times(12-1)/12]=0.59\ (m/min)$$

$v_j=0.59m/min<0.6m/min$，故可满足要求。

根据计算结果进行结构工艺设计，也可从选型图册选用相应规格的产品。

(2) 反吹风机选型

① 确定反吹风机的风量和风压

反吹风量 $q_f=Q_3\times1.15=31250\times1.15=35938(m^3/h)$；风机风压 p_f 为 3050Pa。

② 反吹风机选型。根据已知的 q_f 和 p_f 从风机样本中选择锅炉引风机：型号 Y5-47Ⅱ No12D；主轴转速 1480r/min；风机流量 37483m^3/h；全压 3619Pa；配用电机型号 Y280S-4、功率 75kW。

（二）回转反吹袋式除尘器设计

回转反吹袋式除尘器，是应用空气喷嘴，分环采用回转方式，逐个对滤袋进行逆向反吹清灰的袋式除尘器。20 世纪 60 年代中期，上海机修总厂研发并首次在铸造车间成功应用回转反吹袋式除尘器；基于结构简单、性能稳定、反吹气源取用方便和维护工作量小等特点，受到用户青睐，得到广泛应用。

1. 除尘器分类

回转反吹袋式除尘器采用外滤式原理设计。按其滤袋断面的不同，分为回转反吹扁袋除尘器、回转反吹圆袋除尘器和回转反吹椭圆袋除尘器。

(1) 回转反吹扁袋除尘器　回转反吹扁袋除尘器，其花板孔洞和滤袋外形为梯形，滤袋边长 320mm，短边分别为 80mm 和 40mm，滤袋长度 3～5m；花板孔洞按环呈辐射状分布，最大限度地利用除尘器内的空间，钢材利用率最高。该设备多用于中小容量的干式除尘。

(2) 回转反吹圆袋除尘器　回转反吹圆袋除尘器，其滤袋形状为圆形，圆袋直径 ϕ120mm、ϕ130mm、ϕ140mm、ϕ150mm、ϕ160mm；滤袋长度 3～5m；花板孔间距 50～60mm，花板厚度 6～10mm。花板孔分环呈辐射状分布，除尘器空间利用率虽然低于扁袋除尘器，但其有加工方便，质量高，滤袋利用弹簧片与孔壁张紧，密封性强等特点，综合功能好。该设备多用于中小容量的干式除尘。

(3) 回转反吹椭圆袋除尘器　回转反吹椭圆袋除尘器，是在回转反吹扁袋除尘器的应用基础上，将纵向排列的梯形袋，改为横向排列的椭圆袋除尘器。既发扬了滤袋空间布置的利用优势，又以分室排列的组合方式，扩大了整机过滤能力，为燃煤锅炉烟气脱硫除尘提供了大型除尘装置。该设备多用于大型、特大型烟气脱硫除尘工程，工业炉窑除尘工程和二次烟气除尘工程。

2. 工作原理

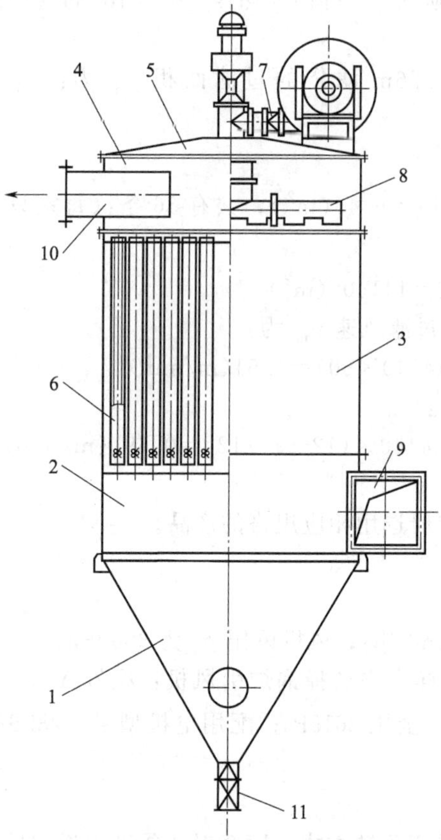

图 13-39 回转反吹袋式除尘器

1—灰斗；2—下箱体；3—中箱体；4—上箱体；5—顶盖；6—滤袋；7—反吹风机；8—回转反吹装置；9—进风口；10—出风口；11—卸灰装置

含尘气体由进气口沿切线方向进入除尘器后，气流在下部圆筒段旋转；在离心力和重力的作用下，粒度较大的粉尘分离，沿筒壁下移进入灰斗。而较细的粉尘随气流一起上升，经过辐射状布置的梯形（圆形或椭圆形）滤袋过滤，粉尘被阻留在滤袋外侧；净化气体穿过滤袋从滤袋口上方进入净气室，由出气管排出。阻留在滤袋外侧的粉尘层不断增厚，阻力达到设定值时，自动启动反吹风机，具有足够动量的反吹风，由悬臂风管经喷嘴吹入滤袋，引起滤袋振动抖落滤饼；当滤袋阻力降到下限时，反吹风机自动停止工作。依次循环工作。

3. 构造设计[11]

回转反吹袋式除尘器的构造，见图 13-39。回转反吹袋式除尘器大致由下列基本单元组成，分体制作，总体组合。

(1) 下部箱体　下部箱体包括：下部筒体、灰斗、人孔、底座和星形卸料器；进风管定位焊接在下部筒体上。底座直接焊接在灰斗上，其螺栓孔位置按设计定位；设备支架按用户需要配设。

(2) 中部箱体　中部箱体部分包括：中部筒体、花板、滤袋和滤袋定位板。滤袋定位板，待花板定位焊接后，按滤袋实际位置找正、焊接固定在中箱体下部筒壁上。

(3) 上部箱体　上部箱体部分包括：上部筒体、顶盖、出风管和护栏与立梯。顶盖为回转式，上部设有滤袋更换与检修人孔；顶盖外侧设有升降式辊轮和围挡式密封槽，方便滤袋更换与筒体密封兼容（见图 13-40）。在顶盖上设护栏，沿筒身下沿设有立梯或环形爬梯。

(4) 反吹风系统　反吹风系统分为上进式和下进式两种形式。推荐应用上进式反吹风系统，反吹风机直接安装在除尘器顶盖上，抽取大气空气或净室气体，循环组织反吹清灰；但应注意防止雨雪混入，特别注意反吹气体可能引起爆炸威胁。

4. 工艺设计计算

(1) 过滤面积

$$S=\frac{Q_{vt}}{60v_t} \tag{13-36}$$

式中，S 为过滤面积，m^2；Q_{vt} 为工况状态下处理风量，m^3/h；v_t 为工况状态下滤袋过滤速度，m/min。

(2) 单袋过滤面积

$$S_1=\pi dL_1 \tag{13-37}$$

式中，S_1 为单条滤袋过滤面积，m^2；d 为滤袋直径，m；L_1 为滤袋有效工作长度，m。

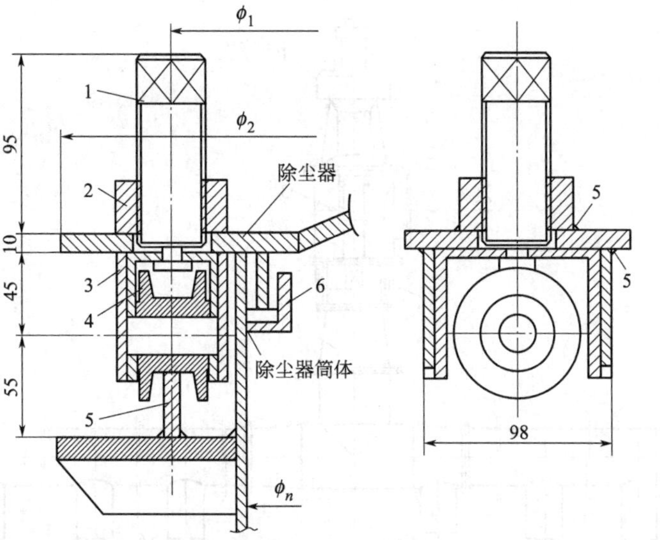

图 13-40　升降式辊轮

1—丝杠；2—螺母；3—护套；4—辊轮；5—轨道；6—环形密封槽

(3) 滤袋条数

$$n=\frac{S_A}{S_1} \tag{13-38}$$

式中，n 为滤袋条数。

(4) 按排列组合修订滤袋条数、长度和过滤面积。

(5) 按设备强度、刚度和最小安全尺寸，确定设备外形尺寸。

(6) 设备阻力

$$\Delta p=\Delta p_1+\Delta p_2+\Delta p_3+\Delta p_4+\Delta p_5 \tag{13-39}$$

式中，Δp 为除尘器总阻力，Pa；Δp_1 为入口管阻力，Pa；Δp_2 为花板孔板阻力，Pa；Δp_3 为出口管阻力，Pa；Δp_4 为滤料阻力，Pa；Δp_5 为粉尘阻尼层阻力，Pa。

一般按经验 $\Delta p=1200\sim1500$Pa。

5. 清灰工艺设计

回转反吹袋式除尘器反吹风清灰系统（见图 13-41）包括：反吹风机、调节阀、反吹风管、机械回转装置和反吹喷嘴以及风机减振设施。

(1) 反吹风机　反吹风机是回转反吹袋式除尘器的重要配套设备。9-19 系列高压离心通风机、9-26 系列高压离心通风机是常用的反吹风机；主要是利用其低风量、高风压和结构紧凑的技术特性，非常适合回转反吹袋式除尘器的反吹风清灰需要。在大型燃煤锅炉烟气脱硫除尘应用长袋低压回转反吹除尘器时，多选用罗茨鼓风机。

反吹风量约占处理风量的 15%～20%。反吹风压按高压风机全压取值。

(2) 风量调节阀　风量调节阀，安装在反吹风机出口管道上，用以调节反吹风量的大小。

(3) 反吹风管　反吹风管分为吸入段和压出段。以大气空气反吹的，可不设吸入管；户外安装时应在风机入口加设防护网，防止雨雪和异物吸入风机。

(4) 机械回转装置　机械回转装置有拨叉式和转动式，推荐应用转动式（图 13-40），由无油轴承传递反吹风喷嘴的机械回转。

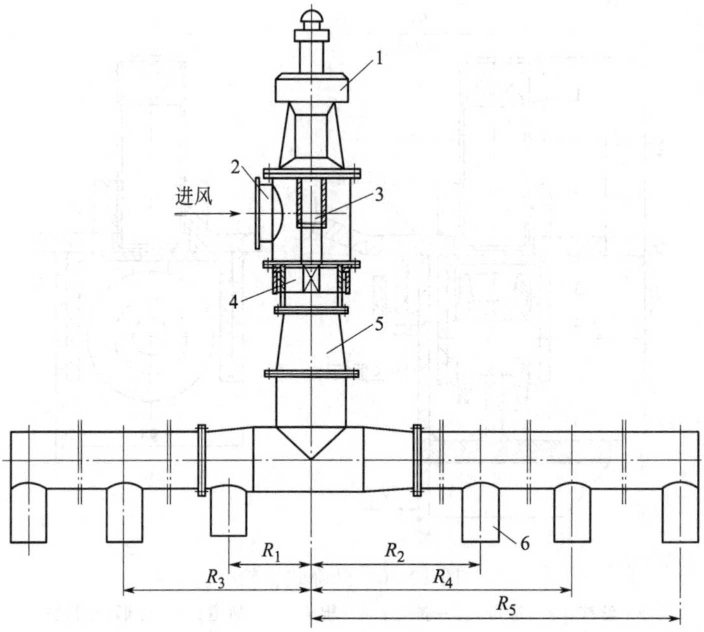

图 13-41 回转反吹袋式除尘器反吹装置

1—立式减速机；2—三通管；3—传动轴；4—转动盘；5—反吹风管；6—喷嘴

(5) 风机减振设施 反吹风机进出口设帆布接口，风机底座设减振器。

6. 安全设施

(1) 安全阀 当除尘器用于处理煤粉和可燃气体时，每台设备至少设计与安装重锤式安全阀或防爆片。

(2) 除尘器梯子、栏杆及走台 设计与安装时，必须符合《固定式钢直梯》(GB 4053.1)、《固定式钢斜梯》(GB 4053.2)、《固定式工业防护栏杆》(GB 4053.23)、《固定式工业钢平台》(GB 4053.4) 规定。

(3) 运行控制 设计与安装除尘器时，应科学组织温度控制，保证除尘器内部烟气温度在酸露点以上运行，防止袋式除尘器结露和结垢。

7. ZC 型系列回转反吹袋式除尘器设计实例

(1) ZC 型反吹风袋式除尘器设计特点

① 除尘器壳体按旋风除尘器流线型设计，能起局部旋风作用，以减轻滤袋负荷，圆筒拱顶的体形，受力均匀，抗爆炸性能好。大颗粒粉尘经旋风离心作用，首先分离，小颗粒粉尘则通过滤袋过滤而清除。由于该除尘器进行二级除尘减轻了滤袋的负荷，从而增加了滤袋的寿命。

② 采用悬臂回转对环状布置的每个布袋轮流、分圈反吹清灰，除尘器只有一个滤袋在清灰，因此，再生工况并不影响除尘器的整体净化效果。

③ 设备自带高压风机反吹清灰，不受现场气源条件的限制，具有反吹作用力大、滤袋结构长的优点，能充分利用除尘器清洁室的空间，并克服了压缩空气脉冲清灰的弊病。

④ 滤袋采用梯形扁布袋在圆筒内布置，结构简单、紧凑、过滤面积指标高。受反吹风作用大、振幅大，只需一次振击，即可抖落积尘，有利于提高滤袋的使用寿命。

⑤ 由时间继电器设定清灰周期，定期进行清灰，清灰周期可根据工况进行调整。

⑥ 灰斗上可根据需要加设仓壁振动器，尘斗内不会产生积尘堵塞现象。

⑦ 反吹悬臂在机械振动结构上做了较大改进，使悬臂传动得更灵活，定位更准确，无下挠现象，抗卡阻的驱动力小，使除尘器效率稳定。

⑧ 该除尘器在顶盖设有回转揭盖结构及操作人孔，使换袋、检修、维护工作方便可靠。

ZC 型系列回转反吹袋式除尘器主要性能参数见表 13-13，外形尺寸见表 13-14，除尘器外形见图 13-42。

表 13-13 ZC 型系列回转反吹袋式除尘器性能参数

序号	型号	过滤面积/m^2		处理风量		袋长/m	圈数/圈	袋数/袋
		公称	实际	过滤风速/(m/min)	风量/(m^3/h)			
1	24ZC200	40	38	1.0～1.5	2400～3600	2.0	1	24
2	24ZC300	60	57	1.0～1.5	3600～5400	3.0	1	24
3	24ZC400	80	76	1.0～1.5	4800～7200	4.0	1	24
4	72ZC200	110	114	1.0～1.5	6600～9900	2.0	2	72
5	72ZC300	170	170	1.0～1.5	10200～15300	3.0	2	72
6	72ZC400	230	228	1.0～1.5	13800～20700	4.0	2	72
7	144ZC300	340	340	1.0～1.5	20400～30600	3.0	3	144
8	144ZC400	450	455	1.0～1.5	27000～40500	4.0	3	144
9	144ZC500	570	569	1.0～1.5	34200～51300	5.0	3	144
10	240ZC400	760	758	1.0～1.5	45600～68400	3.0	3	240
11	240ZC500	950	950	1.0～1.5	57000～85500	4.0	4	240
12	240ZC600	1138	1138	1.0～1.5	68400～102600	5.0	4	240

序号	型号	反吹风机				卸灰阀		减速器	
		风量/(m^3/h)	风压/Pa	转速/(r/min)	功率/kW	规格	功率/kW	输出轴转速/(r/min)	功率/kW
1	9-19No. 4A	1209	3720	2900	2.2	ϕ200×300	0.75	2.0	0.55
2	9-19No. 4. 5A	1995	4630	2900	4.0	ϕ200×300	0.75	2.0	0.55
3	9-19No. 4. 5A	1995	4630	2900	4.0	ϕ200×300	0.75	2.0	0.55
4	9-19No. 4. 5A	1995	4630	2900	4.0	ϕ200×300	0.75	2.0	0.55
5	9-19No. 5A	3113	5580	2900	7.5	ϕ200×300	0.75	2.0	0.55
6	9-19No. 5A	3113	5580	2900	7.5	ϕ200×300	0.75	2.0	0.55
7	9-19No. 5A	3113	5580	2900	7.5	ϕ280×380	1.1	1.2	0.75
8	9-19No. 5A	3113	5580	2900	7.5	ϕ280×380	1.1	1.2	0.75
9	9-19No. 5. 6A	3317	7520	2900	11.0	ϕ280×380	1.1	1.2	0.75
10	9-19No. 5A	3113	5580	2900	7.5	ϕ280×380	1.1	1.0	0.75
11	9-19No. 5. 6A	3317	7520	2900	11.0	ϕ280×380	1.1	1.0	0.75
12	9-19No. 5. 6A	3317	7520	2900	11.0	ϕ280×380	1.1	1.0	0.75

表 13-14 ZC 型系列回转反吹袋式除尘器外形尺寸 单位：mm

序号	型号	重量/kg	H_1	H_2	H_3	H_4	C	D	E	F	L	J
1	24ZC200	1820	3926	3313	3666	303	1177.5	1690	260	350	970	1100
2	24ZC300	1977	4926	4273	4666	303	1200	2690	300	350	970	1100
3	24ZC400	2144	5926	5273	5666	303	1200	1690	300	350	1005	1100
4	72ZC200	3942	4586	3818	4286	303	1640	2530	415	350	1425	1600
5	72ZC300	4622	5586	4733	5286	303	1672.5	2530	500	350	1465	1600
6	72ZC400	5310	6586	5633	6286	303	1672.5	2530	600	350	1465	1600
7	144ZC300	8238	6561	5523	6126	383	2172.5	3530	600	435	2015	2100
8	144ZC400	8974	7561	6398	7126	383	2172.5	3530	725	435	2080	2100
9	14ZC500	9956	8561	7398	8126	383	2192	3530	725	435	2080	2100
10	240ZC400	15291	8366	7138	7846	383	2597	4380	725	500	2590	2600
11	240ZC500	17125	9366	7763	8846	383	2671	4380	1100	500	2590	2600
12	240ZC600	18945	10366	8763	9846	383	2671	4380	1100	500	2690	2600

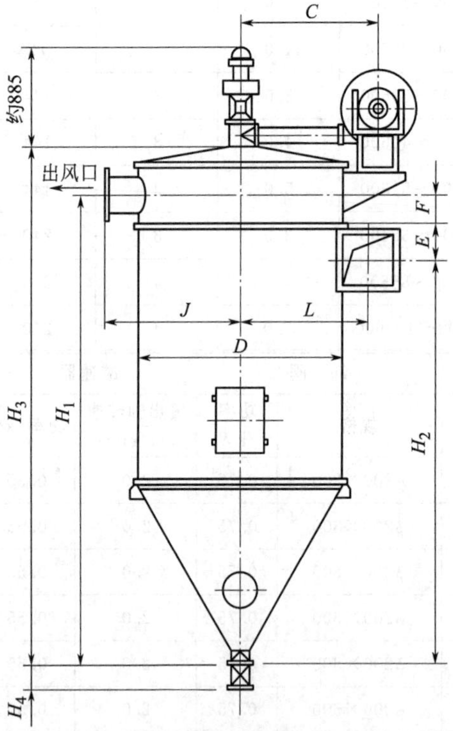

图 13-42 ZC 型系列回转反吹袋式除尘器

（2）ZC 型除尘器的性能特点

① 回转反吹风扁袋布袋除尘器所需过滤面积用下式计算：

$$A_N=\frac{Q}{60v_N} \tag{13-40}$$

式中，A_N 为净过滤面积，指某一除尘器在其中一个分室停风反吹时，其余各个分室的过滤面积之和，m^2；Q 为通过除尘器的过滤气量，亦称处理气体量，m^3；v_N 为净过滤风速，m/min。

② 过滤风速的选定

a. 对于过滤温度较高（80℃≤t≤250℃）、黏性大、浓度高、颗粒尘细的含尘气体，按低过滤风速运行，v=0.8～1.2m/min。

b. 对于过滤温度为常温（t<80℃）、黏性小、浓度低、颗粒尘粗的含尘气体，按高过滤风速运行，v=1.0～1.5m/min。

③ 工作阻力

a. 对于常温状况空负载运行时其工作阻力为300～400Pa。

b. 负载运行时阻力控制范围应与选用的过滤风速相对应。

(a) 对于一般负荷（低过滤风速）运行工况，其工作阻力应控制在 800～1300Pa。

(b) 对于高负荷（高过滤风速）运行工况，其工作阻力应控制在 1100～1600Pa。

④ 入口温度控制

a. 除尘器入口气体温度应控制在气体露点温度以上 20～30℃。

b. 采用滤料为工业涤纶针刺毡时，入口温度一般不大于 120℃，采用滤料为耐高温玻璃纤维布时，入口温度不大于250℃。

⑤ 入口含尘气体浓度控制。入口含尘气体的浓度并不影响过滤效果，但浓度太高使滤袋负荷过大，反吹风工作频繁，影响滤袋的使用寿命，所以入口浓度不宜大于15g/m³。

⑥ 滤袋使用寿命。正常使用寿命一般不大于2年。

四、脉冲袋式除尘器设计

脉冲喷吹袋式除尘器是20世纪50年代美国人莱因豪尔（Rei-nhauer）发明的，它是一种周期地向滤袋内喷吹压缩空气来达到清除滤袋积灰的袋式除尘器，属于高效除尘器，净化效率可达99%以上，压力损失约为1200～1500Pa，过滤负荷较高，滤布磨损较轻，使用寿命较长，运行稳定可靠，已得到普遍采用。清灰需要有压气源作清灰动力，消耗一定能量。

（一）行喷脉冲袋式除尘器设计

脉冲喷吹袋式除尘器就喷吹方式而言有行喷（每次喷吹1行滤袋）、箱式喷吹（每次喷吹1室滤袋）和回转喷吹（每次喷吹袋数不固定）三种喷吹方式。

1. 基本构造设计

如图13-43所示，在每排滤袋顶上设一根喷吹管，喷吹管上对每条滤袋中心处有一小孔。喷吹管一端连接脉冲阀，脉冲阀又与储有压缩空气的气包相连。滤袋内有笼式骨架，顶部连接一个文氏管，文氏管固定在除尘器上部的花板上。含尘烟气从进气口进入除尘器后，在中箱体内经滤袋外侧流进滤袋。这时粉尘被阻留在滤袋外侧，干净空气则从滤袋顶部流入上箱体，然后排出。当达到既定阻力或一定时间时，脉冲控制器即发出指令，通过控制阀使脉冲阀打开，让气包内的压缩气体由喷吹管上的各个小孔喷出，在穿过文氏管时，又从周围吸入气体一起喷入滤袋，进行清灰。当控制器的信号消失时，脉冲阀关闭，清灰停止。各排滤袋的清灰顺序轮流进行。

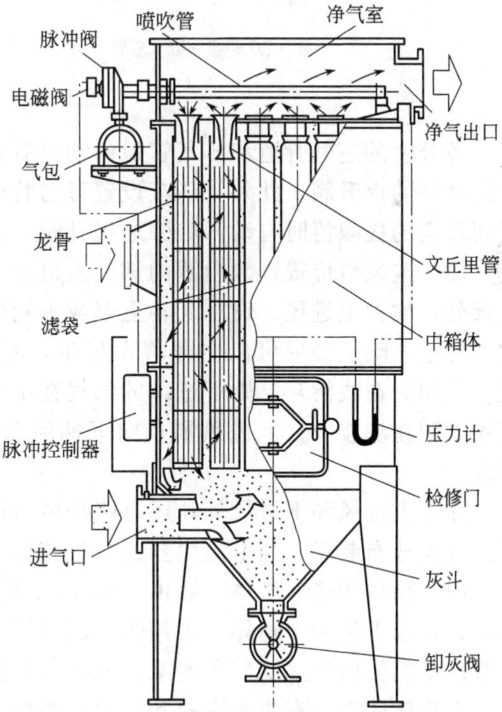

图13-43 常用的脉冲喷吹袋式除尘器

这种除尘器不一定要离线清灰，因为喷吹气流可以在不到1s的瞬间隔断过滤气流，完成清灰，随即又恢复过滤。但有时为了增加清灰效果和减少清灰时的粉尘排放，仍采用离线清灰。这时要设置分室，清灰时将一个分室关闭，停止过滤。然后对这个分室的各排滤袋顺序喷吹清灰，完毕后再打开分室，恢复过滤。这样做因为清灰时没有过滤气流的压力，只有喷吹气流的压力，所以滤袋内外压差大，清灰作用强；还有重要一点，就是在线清灰当喷吹完毕后马上恢复过滤，这时刚脱离滤袋的粉尘有相当多的一部分还没落入灰斗，就被过滤气流带回滤袋，或被吸附到相邻的滤袋上。而离线清灰则在清灰脉冲后有一小段静止时间，让脱离滤袋的粉尘向灰斗沉降，从而大大减少粉尘的二次吸附现象。

（1）分室布置　大型脉冲袋式除尘器，即使是在线清灰，为了便于维修，一般也还是由若干相互隔离的相同的分室组合而成。

运用分室可以不中断整个除尘器的运行而只隔离个别分室进行维修，也可以离线清灰。但这样做也是有代价的，是需要增加滤袋、扩大设备、增加投资，否则就会在分室离线时降低除尘器的性能。此外有的规范规定除尘器应离线检修，以保证人员安全。

多分室袋式除尘器的整体布置，一般是将全部分室分为两行，列于除尘器的进气总管两侧，称为双排布置形式。其特点是布置紧凑，节约占地，气流均匀，运行稳定。

(2) 进排气总管　进气总管通常做成顶部为斜坡形，管道截面逐渐缩小，以保持总管内的烟气流速大致恒定，使分布各室的烟气量比较均匀。排气管则放在进气总管上面，底部做成斜坡形，管道截面逐渐放大，与进气总管形成互补。但也有其他形式的进气总管。

根据其实际经验与模型试验，认为斜坡形总管内的气流会产生严重的紊流和分离现象［见图 13-44(a)］，所以把进气总管设计成阶梯形［见图 13-44(b)］。其设计的主要目的是要平衡各分室的烟气分布，同时尽量减少除尘器的机械压力损失，并尽量减少烟尘在总管内的沉降。

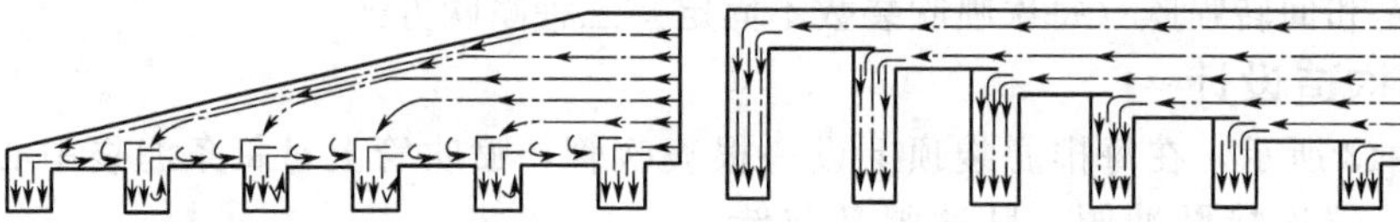

(a) 斜坡形进气总管　　(b) 阶梯形进气总管

图 13-44　两种进气总管

各分室的进气管道和排气管道内均设有开关阀门，进气管道一般用蝶阀，排气管道则用密封性好的提升阀。此外，还应设置旁通管道和提升阀，以备烟气温度意外升高至为保护滤袋而设定的极限值时自动开启旁通提升阀，让烟气不经滤袋，直接从旁通管道排走。

(3) 进风口位置　除尘器的烟气入口有上进风和下进风两种形式。设在中箱体上部靠近花板处，称为上进风，设在灰斗上部或中箱体下部，称为下进风。采用下进风时，有些较大的尘粒进入除尘器后可以立即落入灰斗，而不沉积在滤袋上，能够降低滤袋阻力上升的速度。但如为在线清灰，则下进风的烟气在中箱体向上流动时，可能携带许多脱离滤袋的粉尘再次沉积在滤袋上；上进风则是向下侧流动的烟气促使粉尘向灰斗降落，再吸附现象会少得多。

除了上进风和下进风外，还有将进风口设在中箱体中部的，进风口内再设一层多孔板或其他气流分布装置，与电除尘器的入口相似。

(4) 箱体构造　箱体一般由 4～6mm 钢板焊接而成，以花板为界，花板以上称为上箱体，花板以下称为中箱体，中箱体下面连接灰斗。上箱体是除尘后的烟气外排通道，内装喷吹管；中箱体内放置滤袋和笼架，悬挂在花板上。

上箱体的型式有步入室式和顶盖式两种。步入室为一个人高，操作人员可以进入步入室进行工作，比较方便，但它是一个受限制的空间，为方便装卸滤袋，袋笼架常分为两节或三节。顶盖式的上箱体比步入室矮，可以节省钢材。但从上箱体内部检查、装卸滤袋等工作需要揭开顶盖。为了方便工作和减少泄漏的可能性，应尽量减少顶盖数量，采用大盖板，就是一个分室只有一个整块顶盖，顶盖用机械开启或移开。

箱体上的检修门应当用 6mm 以上厚的钢板制作，以便保持平整，密封更好。检修门用硅橡胶泡沫胶条密封。

为保持箱体内的温度不降至酸露点，箱体外面需包上厚 50～150mm 用岩棉等保温材料构成的保温层。当烟气湿度较大时，箱体壁板外还要进行伴热设计。

（5）花板构造　分隔上箱体与中箱体的花板上有许多以激光切割等方法开出的孔，供悬挂滤袋用。这些孔的排列有直线的和交错的两种方式，如图 13-45 所示。在同样的分室内，采用交错式排列能容纳的滤袋数量可以比采用直线式的多。但是，在相同的滤袋长度和过滤速度下，交错排列的滤袋之间垂直气流速度较高，会增加滤袋的磨损，并影响在线清灰的效果，所以，长于 5m 的滤袋不应当用交错排列。

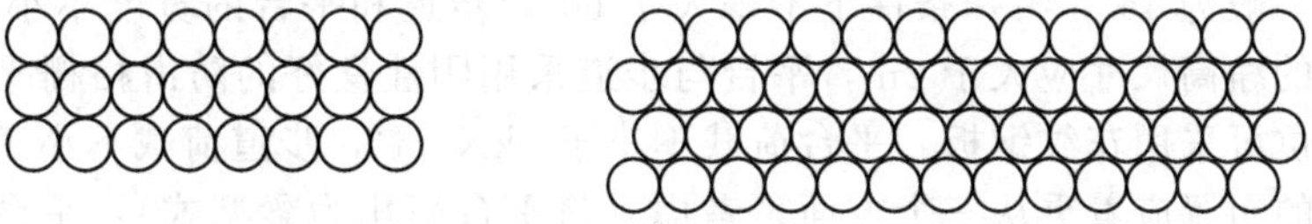

(a) 直线式　　(b) 交错式

图 13-45　滤袋排列方式

花板应平整光洁，不得有挠曲、不平等缺陷。花板厚度一般不小于 6mm。花板孔周边应光滑无毛刺，用弹性涨圈固定滤袋的，孔径公差为 0～0.8mm，其他孔径公差为 0～0.2mm。花板孔的中心距根据滤袋直径和滤袋间距定。滤袋间距不能过小，否则会造成相邻滤袋互相接触与摩擦，并使滤袋间垂直速度过高；但也不能过大，以免不必要地扩大设备体积。一般使用长度 3m 左右的滤袋，间距取 30～50mm，近年来使用长度为 6～8m 左右的滤袋，间距取 75mm 或 1/2 滤袋直径。有些特殊情况则须考虑是否需要超宽的间距，例如捕集绒毛状粉尘，就应当间距宽些，以防粉尘搭桥。除尘器壁板和壁板加强筋与滤袋表面的间距至少为 75mm。

滤袋与花板之间防止漏尘相当重要。含尘侧与无尘侧之间的封隔应该是 100%严密，如滤袋设计欠佳，无法防止发生过量排放。

A. BITION 开发 Redecam 滤袋安装系统（SSP，简单压力系统的英文缩写）时，在使用场地进行了许多实验室试验。于几年前开发的最新型号仍被公认为最尖端、对用户最友善、最有效的系统。

为防止漏尘，主要采取了以下措施来加强密封性能。

① 增加滤袋与花板之间的接触表面。花板上的滤袋孔以拉制法制成，其接触表面延伸到拉制孔的整个表面（约 20mm）。

② 增加压力，使得套在滤布上的袋颈圈紧贴管板孔的拉制缘。颈圈的特殊形状还可利用温度效应在表面产生额外的压力，使密封效果更佳。

（6）除尘器灰斗　除尘器的中箱体下面连接灰斗，用以收集清灰时从滤袋上落下的粉尘以及进入除尘器的气体中直接落入灰斗的粉尘。灰斗有两种型式：一种是锥式；另一种是槽式。灰斗设计可按下列数据确定：

① 灰斗的两片相对的侧壁之间夹角最小 60°；

② 两片相邻的灰斗侧壁的交线与水平面之间的夹角最小 55°；

③ 灰斗下端排尘口的尺寸，方形排尘口至少应 300mm×300mm，圆形排尘口至少应为直径 340mm；

④ 进入灰斗的烟气入口应设在不低于能储存 8h 粉尘的位置，入口顶部应距离滤袋底部至少 180mm；

⑤ 烟气入口速度应小于 15m/s。

虽然排灰系统应当按连续排灰设计，但为了防备排灰系统出现故障，灰斗还应当有适当的储存容量。一般灰斗在进气口以下的容积应至少能储存 8h 的灰。这要按灰的松密度和一个分室离线计算，而且因为各分室之间的气流分布可能不均匀，须加 10%的安全系统。

灰斗还应当有一些附属装置，它们是：向灰补充热量的加热器；灰斗排灰的空气炮；料位计。如灰斗内积灰到料位计的位置就会报警。这个位置不要太低，以免警报太频繁，没有必要；也不要太高，以免发生积灰被气流带走等问题。

(7) 平台走梯的布置 平台走梯的设计从安全感觉考虑，走梯应靠近除尘器箱体布置；设计折返走梯时最上一段要靠近正箱体。

走梯倾角--般为45°，特殊条件下不得大于60°，步道和平台的宽度不小于600mm，平台与步道之间的净高尺寸应大于2m，平台与步道采用刚性良好的防滑格栅平台和防滑格栅板，必要的部位可采用花纹钢板。平台荷载不小于4kN/m^2，步道荷载不小于2kN/m^2。

平台走梯的布置应着重从三个方面来考虑（将平台简化为梁型式）：平台的跨度、平台的抗弯刚度和平台的均布载荷。在可能的条件下，应增加平台的支撑约束，减小跨度。

2. 清灰系统设计

(1) 清灰的意义 袋式除尘器在过滤含尘气体期间，由于捕集的粉尘增多，以致气流的通道逐渐延长和缩小，滤袋对气流的阻力便渐渐上升，处理风量也按照所用风机和通风系统的压力-风量特性而下降。当阻力上升到一定程度以后，如果不能把积灰及时清除就会产生这样一些问题：

① 由于阻力上升，除尘系统电能消耗大，运行不经济；

② 阻力超过了除尘系统设计允许的最大值，则除尘系统不能满足需要；

③ 粉尘堆积在滤袋上后，孔隙变小，空气通过的速度就要增加，当增加到一定程度时，会使粉尘层产生“针孔”和缝隙，以致大量空气从阻力小的针孔和缝隙中流过，形成所谓“漏气”现象，影响除尘效果；

④ 阻力太大，滤料易损坏。

袋式除尘器在使用过程中都要通过某种方法清除滤袋表面上累积的粉尘。一般在清灰以后还有相当多的粉尘残留在织物的孔隙内，清灰后剩余阻力要比原来干净织物的阻力大。但残留粉尘还可以起相当大的捕尘作用，所以清灰不需要彻底。完全清灰在经济上是不可行的，因为它所需要的动力和时间以及从损伤织物的角度来看，这样做是不经济的。

一般在干净织物使用后的头几个过滤周期内，清灰所除去的沉积粉尘较多，以后越来越少。经过一段时间，清灰后残留的粉尘便达到大致是恒定的数值。这时，织物上沉积的残留粉尘已基本饱和。在这以后，过滤和清灰的压力降周期也就比较稳定。如果粉尘的黏附性强，经过多次的过滤-清灰周期后，还不出现残留粉尘的平衡，则残留压力降可能会上升到不能容许的强度。有经验的设计者会给提高清灰强度留有余地，使得加强清灰成为可能。

清灰对除尘效果是有影响的，在滤袋的一个过滤周期内，以刚清灰之后漏出滤袋的粉尘为最多，过一段时间后，滤袋上沉积的粉尘厚度增加到一定程度，漏出的粉尘即迅速减少而保持在几乎恒定的低水平。滤袋经过长时间使用，一般滤袋寿命为2～5年，由于机械屈曲和相对运动，加上粉尘的磨琢作用，纤维逐渐受损，以致断裂，织物在屈曲点越磨越薄，于是这些地方的粉尘通过量增加，最后薄的地方或裂缝发展到不能依靠捕集的粉尘来填补，这时滤袋就不能继续使用而需要更换或修理。通常滤袋破损数量达到2%～5%，则需更换为新滤袋。

清灰是袋式除尘器作业过程中不可缺少的一环，它与除尘器运行状况的好坏有很重要的关系。要使清灰能发挥良好的作用，就必须存在以下过程。

① 气包内的压缩空气经过脉冲阀的瞬间开启，迅速到达喷吹管和各个喷吹口。

② 当压缩空气从喷吹管口喷出向滤袋内喷吹时，在滤袋内压力脉冲冲击织物处形成最高的压力。随着离开这一点的距离增加，压力峰值开始下降，但在通过最低值的位置后上

升，见图 13-46。

③ 由于在滤袋顶部压力迅速增加，滤袋膨胀到最大时，压力峰值过后滤袋便突然收缩。由于这种快速变形，就有大的惯性力作用在滤袋上部的尘块上。

④ 当压缩空气压力峰值接近滤袋底部，滤料运动减慢，以致在底部单靠惯性力是不能除去附着的粉尘层的。在底部附近应当还有其他清灰机制在起作用。主要是由逆向气流所产生的压力除去的。

⑤ 增加气包压力或离线清灰可以提高清灰效果。如果用低的气包压力清灰，则需要增加压缩空气体积（耗气量）来完成清灰过程，这就是所谓低气压高体积的清灰机制，即低压脉冲机制。

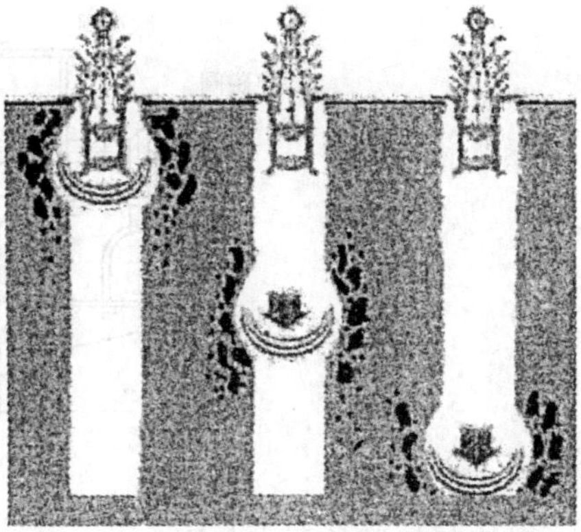

图 13-46 滤袋清灰过程

过滤清灰状态如图 13-47 所示。

(a) 正常工作状态 (b) 清灰状态

图 13-47 过滤清灰状态

在相同的应用条件下，好的袋式除尘器性能标准主要有三个：一是设备运行阻力小而过滤速度高；二是排出的粉尘浓度低；三是滤袋寿命长，它们和清灰能量、清灰系统各部件的特征是有重要关系的。

如图 13-48 所示，行喷脉冲袋式除尘器是通过一行行固定的喷吹管对各行滤袋轮流喷吹清灰的，称为行喷脉冲清灰。其清灰系统的基本部件包括喷吹气源、气包、电磁阀、脉冲阀、喷吹管、喷嘴和喷射。

（2）喷吹气源设计 脉冲喷吹一般是用压缩空气，供气方式有以下几种。

① 外网供气。清灰用气来自生产工艺设备用的压缩空气管网。

② 单独供气。在生产工艺设备用的压缩空气站内设置专为除尘器用的空气压缩机，或设置单独的压缩空气站。

③ 就地供气。在除尘器旁安装小型空压机，供一两台除尘器专用。其缺点是压力和气量不稳定，必须设储气罐；容易因空压机出故障而影响除尘器运行，噪声大，维修量大。因此，尽可能避免采用。

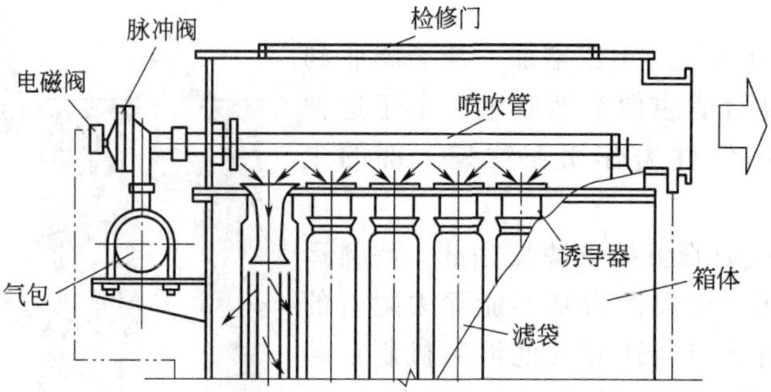

图 13-48 行喷装置组成

对清灰气源的要求如下。

① 接至除尘器的气源压力应在一定范围内，通常为 0.2～0.8MPa（旋转喷吹除外）。如气源压力过高，要设减压装置，气源压力过低有时要设计升压装置。

② 供气不能波动或中断。如气源压力及气量波动大，可设储气罐，以保证气压、气量相对稳定。如设储气罐尚不能满足要求，则应设置单独供气系统。

③ 压缩空气含尘、油、水及污垢应在规定范围内，以免堵塞气路或堵塞滤袋。因此，距外网较远的车间要在压缩空气入口处设置集中过滤装置，以去除冷凝水及油污。为防止这一过滤效果不好，还要在除尘器气包前再装一压缩空气过滤器。对压缩空气质量要求，不同厂家的脉冲阀是不一样的，应用时要注意。

(3) 气包（或称分气箱）设计　气包是使用温度在－20～120℃范围，设计压力不小于 0.8MPa，充装压缩空气供脉冲喷吹用的压力容器，有带圆角正方形截面和圆形截面两种。

气源气包对袋式除尘器脉冲清灰系统而言，起定压作用。原则上讲，如果气包本体就是压缩气稳压气罐，其容积越大越好。对于脉冲喷吹清灰系统而言，所提供的气源气压越稳定，清灰效果越好。然而，从工程实际角度出发，气源气包容积的大小往往受场地、资金等因素限制。因此，设计一个合理的气源气包成为脉冲清灰系统设计的重要部分。

① 确定气源气包容积。建议在脉冲喷吹后气包内压降不超过原来储存压力的 30%。即根据所选型号脉冲阀一次喷吹最大耗气量来确定气源气包容积。

a. 该脉冲阀在大气包上一次喷吹压降仅为原来压力的 18%（<30%），其喷吹压力峰值远大于在小气包上的喷吹压力峰值。

b. 该脉冲阀在大气包上耗气量较大。

可见，脉冲阀配置大气包时，脉冲喷吹效果明显好于小气包。因此，根据脉冲阀最大喷吹耗气量来确定气源气包容积是合理可行的。

② 举例计算。某 3″脉冲阀在电信号 80ms，气源压力 0.6MPa，一次喷吹最大耗气量为 428L，按上述建议脉冲喷吹后气包内压降不超过原来储存压力的 30%确定所需气包最小容积。

根据气体状态方程式：

$$pV=nRT$$

式中，p 为气体压力，MPa；V 为气体体积，m^3；n 为物质的量，mol；R 为气体常数，$R=8.3145$J/(mol·K)；T 为气体温度，K。

本例中，脉冲阀喷吹耗气量 $\Delta n=19.1$mol，应配置气源气包最小容积：

$$V_{min}=\Delta n\times R\times T/\Delta p_{max}=19.1\times 8.3145\times 293/(6\times 10^5\times 30\%)=0.259\ (m^3)$$

计算结果表明，该脉冲阀在上述喷吹条件下，需要配置有效容积至少 259L 的气源气包，才能实现高效清灰的目的。

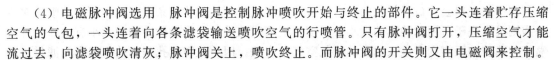

(4) 电磁脉冲阀选用　脉冲阀是控制脉冲喷吹开始与终止的部件。它一头连着贮存压缩空气的气包，一头连着向各条滤袋输送喷吹空气的行喷管。只有脉冲阀打开，压缩空气才能流过去，向滤袋喷吹清灰；脉冲阀关上，喷吹终止。而脉冲阀的开关则又由电磁阀来控制。

电磁脉冲阀是袋式除尘器清灰装置的核心部件，其质量的好坏、性能的优劣，直接关系到清灰系统的性能优劣，以及整个除尘设备的可靠运行。长期以来，进口脉冲阀一直占据国内市场主要份额。近年来国产品牌增多。

① 脉冲阀性能评价指标。高品质的电磁脉冲阀不仅要有持久的寿命，更要有良好的喷吹性能。笔者认为脉冲阀的喷吹性能评价指标主要有以下几项。

a. 开关灵敏度。指脉冲阀响应电信号的机械动作协调性，具体衡量参数为脉冲阀启闭滞后电信号的时间。

b. 喷吹压力峰值。指脉冲阀出口在喷吹过程中达到的压力最大值。

c. 脉冲阀阻力。指喷吹气流通过脉冲阀体产生的阻力损失。

d. 喷吹气量。指脉冲阀一次喷吹的气量。

e. 流通系数 (K_v、C_v)。指在规定条件下，流经脉冲阀的流体流量数。

② 脉冲阀性能对比分析。通过对 3 个同类型脉冲阀，在相同电信号 (80ms) 和相同气压源 (0.6MPa) 下进行的喷吹试验，性能参数见表 13-15。

表 13-15　脉冲阀性能参数对比

脉冲阀	开启滞后时间/ms	关闭滞后时间/ms	气脉冲时间/ms	喷吹压力峰值/Pa	阀阻力/Pa	每次耗气量/L	K_v	C_v
A	30	48	98	506	94	428	227	265
B	30	182	232	475	125	823	165	193
C	40	220	260	484	116	921	171	199

对表 13-15 数据分析如下。

a. A 阀启闭滞后电信号时间最短，气脉冲时间仅为 B、C 阀的一半。可见该阀响应电信号的机械协调性最高。

b. A 阀喷吹压力峰值最高，阻力损失也最小。

c. C 阀喷吹气量最大，是由于在同等喷吹条件下，该阀在电信号消失后没有及时关闭导致气脉冲时间最长。相比较而言，A 阀更体现了瞬时脉冲清灰的意义。既达到了高效清灰的目的，又节省了气源的消耗。

d. A 阀流通系数 K_v、C_v 值最高，说明在同等喷吹条件下该阀流通能力最强。

脉冲阀喷吹气量越大，至滤袋内用于清灰的气量就越大，清灰效果就越好。然而，在电信号、气压源一定的情况下，脉冲阀喷吹气量大并不能说明该阀的喷吹性能好。如表 13-15 中，A 阀喷吹气量仅为 B、C 阀的一半，是由于其响应电信号时间短，导致整个气脉冲时间短的缘故。B、C 阀喷吹气量大是由于其在电信号结束后未能及时响应关闭造成的。

实际上，在整个喷吹过程中，A 阀的气流量为 4.37L/ms，B 阀的气流量为 3.55L/ms，C 阀的气流量为 3.54L/ms。可见，A 阀在单位时间内流通的气量还是高于 B、C 阀的。

脉冲阀喷吹量大小还与气源气压有关，同一脉冲阀在高气源气压下，气脉冲时间更短，喷气量却更大。

(5) 行喷管设计　行喷管一端与脉冲阀相连，另一端有定位角钢，放在固定托架上。使行喷管下侧的喷吹孔对准滤袋中心后，固定定位角钢。

行喷管的几何尺寸和清灰系统采用的脉冲阀的大小密切相关。首先，行喷管的公称口径是与阀的出气口公称口径一致的。行喷管的长度视其喷吹的滤袋条数而定，而能够喷吹多少滤袋则又取决于所用脉冲阀的大小。行喷管上喷吹孔的尺寸也和脉冲阀的大小有关。此外行喷管与滤袋的距离则和进入滤袋的清灰空气量有关，因为从喷吹孔喷出的空气在向滤袋流动过程中会混入周围的空气一起进入滤袋，这个距离不应当让逐渐扩大的喷吹气流超出进入滤袋的入口。

行喷管的几何尺寸一般是根据实验和实际经验确定的。现列出一种除尘器在线清灰的数据供参考。

① 滤袋直径 150mm，长度小于等于 4m，用 1.5″脉冲阀，每只最多可喷吹 14 条滤袋，1.5″脉冲阀的喷吹孔直径为 9.5mm。

② 滤袋直径 150mm，长度小于等于 5～6m，用 2″脉冲阀，每只最多可喷吹 16 条滤袋。喷吹管上开孔，孔的数量与滤袋数量相同。2″脉冲阀的喷吹孔直径为 12.7mm。喷吹管中线与花板的距离在 115～180mm 左右。

③ 滤袋直径 150mm，长度小于等于 7～8m，用 3″脉冲阀，每只最多可喷吹 18 条滤袋，3″脉冲阀的喷吹孔直径为 15mm。

如果发现一条行喷管上各个喷吹孔的喷吹气流量有较严重的不均匀现象，可以采取逐步缩小孔径的措施。一般是远离脉冲阀的喷吹孔比靠近脉冲阀的喷吹孔直径小 0.5～1.0mm。

图 13-49 喷吹管和喷嘴（GOYEN 公司）

除了在行喷管上打孔直接向滤袋喷吹外，还有在喷吹管上加装喷嘴向滤袋喷吹的。例如，图 13-49 就是澳大利亚 GOYEN 公司生产的一种喷嘴。这种喷嘴通过平衡行喷管内的气流，可以把压缩空气平均分布到每条滤袋。它能排除直接用喷吹孔喷吹产生的气流偏中心现象，保证气流向滤袋中心喷射。它还比喷吹孔对喷射气流形成的阻力低。

(6) 诱导器设计 最早设计的脉冲清灰方式是由喷嘴直接向滤袋内导入压缩空气，后来为了对喷射气体进行导流，提高应用压缩空气的效率，才发展为在滤袋顶部设置一个文丘里诱导器（见图 13-50），当压缩空气被喷入诱导器时，从除尘器的上箱体内吸入二次空气和压缩空气一起为滤袋清灰。但是对是否用文丘里诱导器，主要根据应用场合而定，当采用玻璃纤维滤袋时，文丘里喷射导流是必不可少的，当采用化纤滤袋时则可以不用文丘里诱导器。

① 使用文丘里诱导器除尘器所需要的一次清灰空气量有所减少，从而可以缩小清灰系统所需要的空压机，减少驱动空压机所需要的动力。

② 文丘里诱导器可以起保护滤袋的作用，喷吹孔如未对准滤袋中心，而有几毫米的偏差，不致损伤滤袋，这就是为什么要在易破的玻纤滤袋装诱导器的根本原因。

③ 设置文丘里诱导器需要增加设备费用。

④ 在文丘里诱导器长度范围内的滤袋得不到有效清灰，致使这部分滤袋不能起过滤作用，减少了除尘器的实际过滤面积。

⑤ 文丘里诱导器对喷吹气流和过滤气流的流动都产生阻力，造成不必要的压力损失。

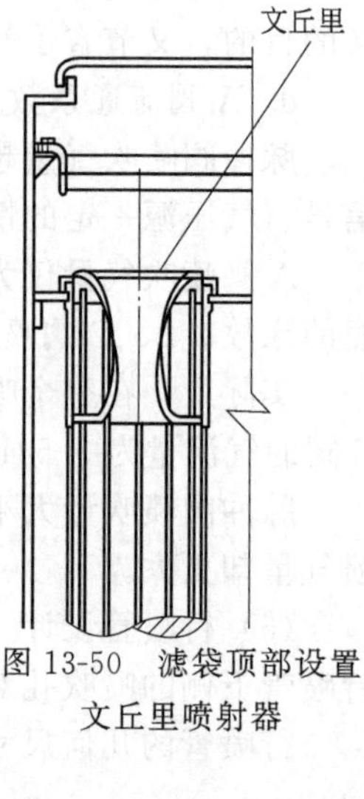

图 13-50 滤袋顶部设置文丘里喷射器

去掉文丘里诱导器的渐缩段，并将喷射器从滤袋内挪出来，装在滤袋顶上，原因如下。

① 从衡量脉冲清灰能力的一个指标——脉冲开始时压力上升率

（即每毫秒滤袋内外静压差的上升值）来看，去掉文丘里的收缩段，这个值就增加；把喷射器放在滤袋外面，这个值也增加。此外，增加喷嘴与诱导器的距离，这个值也是增加的。

② 没有减少过滤面积的问题。

③ 可以使脉冲清灰终止时滤袋回缩的速度较慢，减轻与笼架的碰撞，从而减少粉尘的排放。

用于诱导气流的诱导器外形主要有 4 种形式如图 13-51 所示。

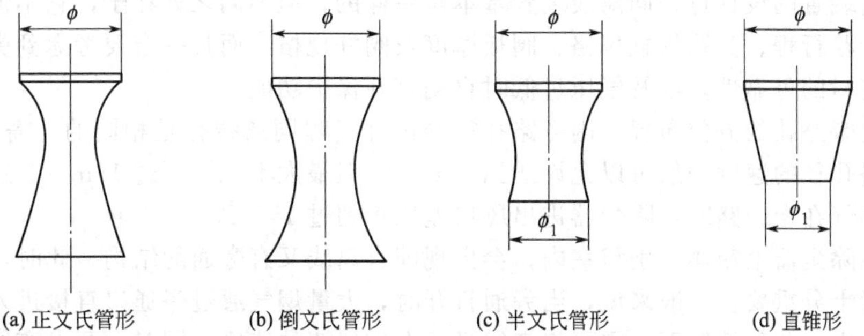

图 13-51　诱导器主要形式

（7）清灰系统的设计注意事项　脉冲清灰系统各部件的性能、大小和相关尺寸都要根据除尘器的需要来确定，而其中关键是选择脉冲阀。

按照除尘器的要求确定清灰系统规格的主要依据是实验数据。必须根据可靠的实验数据来设计清灰系统，才能把握取得良好的清灰效果。有的公司已经开发出设计清灰系统的软件，可以通过电脑为采用其产品的用户选择最适用的部件、确定耗气量、喷吹管压力、气包容量等参数，使清灰系统取得良好效果。

一套经过精心设计的清灰系统，其中部件，特别是脉冲阀，应选用高品质的产品，而且不能随意换用不同的产品，否则就可能出现脉冲阀不能正常动作、清灰效果恶化等问题。

清灰系统设计还要注意以下三点。

①气源气压值的设定。脉冲喷吹除尘器主要是以压缩气作为清灰能源，通过脉冲阀形成一股有压高速脉冲气流，并诱导数倍的洁净空气逆向吹至滤袋内，进行脉冲抖动，从而将滤袋外侧表面的尘饼破坏并清除。如果气源气压值过低，这股脉冲清灰气流压力或流量不足，则清灰强度不够，易形成滤袋表面局部积灰，导致设备阻力增加，滤袋负荷不均等现象，缩短滤袋寿命。反之，若气源气压值过高，这股脉冲清灰气流力度过大，将渗进滤袋表层的微细颗粒打出表面，形成“二次扬尘”现象。同时，滤袋也可能因震荡力度过大而导致裂袋。例如对于玻纤滤袋的清灰，必须选用力度较温和的清灰方法和气源压力值。因此，袋式除尘器脉冲清灰气源气压值必须根据工艺、粉尘和滤料性质等工程实际情况而合理设定。

② 储气罐。气包前带有储气罐时，气包容积无需满足喷吹气量要求，实际工程中只需满足脉冲阀体安装尺寸要求即可。而储气罐容积则应在满足脉冲阀喷吹气量要求的基础上，起到恒定稳压的作用。即在场地、资金允许的条件下，储气罐容积应尽量选大。

储气罐应靠近气包安装，防止压缩气输送过程中经过细长管道而损耗压力。

③ 连接管。袋式除尘器脉冲清灰系统的气源部分，根据实际工程场地情况，将用到部分连接管，建议如下：

a. 气包进气管口径应尽量选大，满足补气速度；大容积气包（或稳压罐）可设计多个进气输入管路；

b. 多个气包连接成的贮气回路中，可用 3″管连接；

c.稳压罐与气包配用时，两者间连接可用3″管，且管路越短越好，弯头越少越好，减少管路压力损耗。

3. 旁路装置设计[7]

用于燃煤电厂，垃圾焚烧厂、石灰窑、干燥窑等场合的除尘器，由于生产工艺不能停止，或会出现结露现象，在除尘器出现故障不能运行时，烟气要走旁路。旁路分为内旁路和外旁路，设计内旁路要细致布置和计算。

内旁路装置的设计过程同离线装置基本是一样的，但不同之处在于，它不但要考虑到旁通口径、旁路行程、旁路气缸规格、阀板厚度及阀杆规格，而且一定要考虑到旁通的结构密封型式及密封的可靠性，以及气压过低时自动打开保护功能。

(1) 内旁路孔的方位布置　内旁路孔径的设计过程同离线孔是相同的。需要注意的是：通过内旁路孔径的速度一般可以允许达到16m/s，但最大不允许超过18m/s。这样设计的目的是保证烟气在走旁路时，除尘器进出风口差压不超过1500Pa。

在某些除尘器上箱体个别袋室内，会出现即有离线又有旁通的结构。此时，离线与旁路的合理布置十分重要。一般来说，当旁通打开时，大量烟气通过旁通口直接进入上箱体净气室汇风烟道内，此种情况下，需要将离线设置在烟气流的背侧。同时，要求离线必须有可靠的密封措施，防止大量烟尘灰透过缝隙进入上箱体袋室内。

(2) 旁路的密封　除尘器在运行的过程中，旁路装置烟气温度一般在140～170℃波动。在这种情况下，就要求选择的密封材料能耐高温200℃、耐强酸、耐碱。氟橡胶具有好的耐高温300℃、耐酸耐碱性能，缺点是加工性差，硬度比一般硅橡胶大。选用氟橡胶作为旁通的密封材料时，为了增加可靠性，将氟橡胶做成“9”字形空心密封条，橡胶条外径20mm，内径8mm，“9”字形直线段部分厚度5mm，宽度30mm。

(3) 旁通路自动打开功能　当气源压力突然降低，甚至降低至“零”时，离线阀板将全部关闭。此时，要求旁通阀板在负压的状态下能快速打开，烟气快速走旁通，避免造成其他意外事故。

其关键是阀板位于旁通口径的下端，阀杆上加装配重。工作原理为：在正常的除尘运行过程中，旁路气缸通过压缩空气的作用，将阀板提升，与旁通口径紧密贴合，当气源压力突然降低至某一值时（离线阀板还处于似落未落的临界状态），阀板在自重和配重的作用下克服烟气负压作用，快速下移，打开旁通口，于是，烟气开始快速走旁通。

（二）气箱脉冲除尘器设计

气箱脉冲除尘器在滤袋上方不设喷吹管，而是将一定数量的滤袋组合为一个箱体，每个箱体上有一个或两个较大口径的脉冲阀，见图13-52。清灰时从脉冲阀喷出来的气体直接冲入箱体并进入滤袋，使滤袋产生振动，加上逆气流的作用使滤袋上的粉尘脱落下来，从而完成清灰过程。

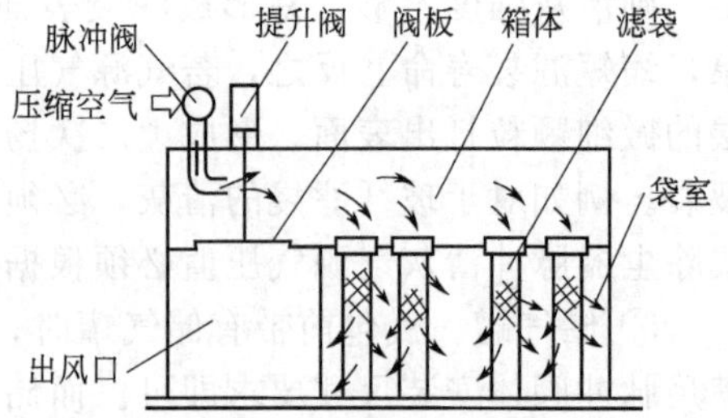

图13-52　气箱脉冲喷吹系统

常用的气箱脉冲袋式除尘器有32、64、96、128四个系列，其结构参数见表13-16。

表13-16　气箱脉冲袋式除尘器

每个室的滤袋数	室数	每室过滤面积/m^2	说明
32	2～6	31	单列
64	3～12	62	双列

续表

每个室的滤袋数	室数	每室过滤面积/m^2	说明
96	4～18	93	单列或双列
128	4～28	155	单列或双列

1. 构造和工作原理

该除尘器由壳体、灰斗、排灰装置、滤袋、脉冲清灰系统和清灰程序控制器等部分组成。当含尘气体从进气总管进入袋式除尘器后，首先与进气总管中斜隔板相碰撞，气流转向流入灰斗，此时气流扩散，速度变慢，在惯性作用下，气流中的粗颗粒粉尘直接落入灰斗底部，起到预除尘作用；进入灰斗的气流折而向上，通过内部装有的袋笼滤袋，粉尘被捕集在滤袋的外表面；净化后的气体进入收尘室上部的净气室，汇集到排气总管排出，见图 13-53。

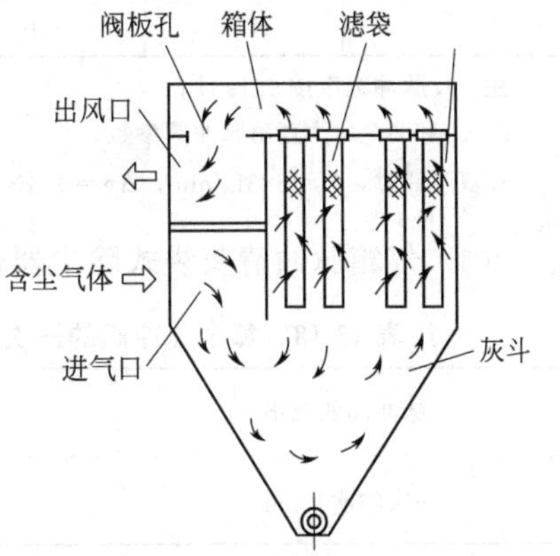

图 13-53　气箱脉冲袋式除尘器工作原理

壳体用隔板分成若干个独立收尘室，根据清灰程序控制器的指令，对每个室轮流进行清灰。每个室有一个提升阀，清灰时提升阀关闭，切断该室的过滤气流，随即开启脉冲阀，向该室喷入高压空气，清除滤袋外表面聚积的粉尘，参见图 13-52。脉冲清灰的脉冲宽度和清灰周期，可根据工况条件进行调节。

气箱脉冲袋式除尘器使用的脉冲阀数量少，袋口上方没有喷吹管，所以结构简单，维护方便且价格便宜。同时，气箱脉冲式的适应性很强，在新型干法水泥生产线的所有扬尘点都可以选用，很受用户欢迎。

这种高效袋式除尘器技术先进，经济性好，如用于捕集高浓度的含尘气体，更能发挥其优越性。

2. 气箱脉冲喷吹清灰系统设计

（1）电磁脉冲阀　电磁脉冲阀是将脉冲阀和电磁阀组成一整体，是脉冲清灰系统的主要部件，脉冲阀的性能优劣和使用寿命，是用好脉冲袋式除尘器的关键。脉冲阀有直角式（喷吹压力＞0.5MPa，所以也称高压脉冲阀）、淹没式（喷吹压力＜0.3MPa，所以也称低压脉冲阀）和直通式（进出口之间的夹角为 180°）三种类型。直角式电磁脉冲阀还有单膜片和双膜片之分。这些脉冲阀的结构和工作原理，在《袋式除尘技术》、《脉冲袋式除尘器手册》等书籍和专业生产厂家的产品样本上，都有详细的介绍。

以往脉冲袋式除尘器失败的事例很多，其原因除过滤风速选取不当和滤袋材质低劣及压缩空气质量不合乎要求外，脉冲阀和电磁阀的性能差、膜片寿命短是其重要原因之一。一些国产脉冲阀，膜片的使用寿命厂家标明在 10 万次以上，但实际上有的用不到几个月就报废了。现在国内生产的脉冲阀质量有所提高，但与国外产品还有差距，所以为保证袋式除尘器的长期高效运行，多数用户仍愿意购买价格较高的国外产品。

（2）高压直角脉冲阀喷吹气量的确定　一次喷吹气量 q 可按美国 ASCO 公司推荐的公式进行计算，即：

$$q=18.9k_v[\Delta p(2p-\Delta p)]^{0.5}\ (\text{L/次}) \tag{13-41}$$

式中，k_v 为流量系数；p 为阀进口管的压力，10^5Pa；Δp 为阀进出口压差，10^5Pa。

不同规格脉冲阀一次喷吹气量的计算结果见表 13-17。

表 13-17 ASCO 公司不同规格脉冲阀一次喷吹气量

脉冲阀的规格/in	k_v/(1/min)	Δp/(10^5Pa)	喷吹量(q)/(L/次)			
			$p=3\times10^5$Pa	$p=4\times10^5$Pa	$p=5\times10^5$Pa	$p=6\times10^5$Pa
3/4″	233	0.35	9.4	11.5	12.6	—
1″(单膜片)	283	0.35	12	14	16	40
$1\frac{1}{2}$″	768	0.85	50	58	66	80
2″	1290	0.85	84	100	112	113
$2\frac{1}{2}$″	1540	0.85	100	118	133	167
3″	2833	1.0	200	236	268	250

注：1. 脉冲宽度按 0.1s 计；

2. k_v 和 Δp 均为直角脉冲阀参数；

3. 双膜片时，k_v=383L/min，$\Delta p=0.3\times10^5$Pa。

(3) 气箱脉冲清灰袋式除尘器，不同规格双膜片脉冲阀一次喷吹量的数据见表 13-18。

表 13-18 每个脉冲阀的一次喷吹量（在脉冲宽度 150ms 和压力 0.5MPa 的条件下）

脉冲阀的规格	$1\frac{1}{2}$″	2″	$2\frac{1}{2}$″
一次喷吹量/m^3	0.24	0.27	0.79

(4) 压缩空气消耗量 Q

$$Q=1.5nq/T \quad (m^3/min) \tag{13-42}$$

式中，n 为每分钟脉冲阀喷吹的数量，个；q 为每个脉冲阀的一次喷吹量，m^3/次，见表 13-17；T 为清灰周期，min。

清灰周期与许多因素有关，特别是除尘器进口含尘浓度的影响最大，水泥厂不同尘源点建议的清灰周期见表 13-19。

表 13-19 水泥厂不同尘源点袋式除尘器的清灰周期

清灰周期/min	不同尘源点
2～4	雷蒙(Raymond)磨、其他辊式磨、碗式磨，带或不带旋风除尘器进行预净化，特别是粉磨干物料
	喷雾干燥机系统
	无排气装置的输送系统、容重小(96～320kg/m^3)而极限速度又低的物料
	任何含尘浓度高、容重小或黏性物料
	水泥磨
4～6	水泥原料磨(周期接近 4min)
	原料喂料和水泥成品选粉机(周期接近 4min)
	水泥成品螺旋输送泵
	空气输送斜槽通风
	回转式干燥机
	煤磨
	振动筛通风

续表

清灰周期/min	不同尘源点
6～8	胶带输送机转运点、斗式提升机
	圆锥破碎机、颚式破碎机、锤式破碎机
	煤粉仓、煤粉输送通风
8～12	间歇运行时间很长而含尘浓度又低的系统
24～30	熟料冷却机

(5) 压缩空气干燥　压缩空气中的油和水分离不净，带有水分和油的空气喷入袋内，无疑会引起滤袋堵塞，致使除尘器的阻力增大，处理风量降低，最终导致除尘器无法运行。此外空气中的水分大，也会加速脉冲阀内的弹簧锈蚀，脉冲阀在短时期内失灵。为了保证压缩空气能满足脉冲阀性能的要求，对压缩空气干燥器的选择要求：当厂内除尘器处的温度低于10℃时，应采用冷冻剂干燥器；装在户外的除尘器达到冻结温度而没有保温设施时，可采用再生干燥器；在室内正常工作条件下，一般不需要干燥器。

(6) 气箱脉冲喷吹系统的储气罐

① 储气罐耐压≥0.9MPa。

② 其规格和数量应根据除尘器的不同规格确定，见表13-20。

表13-20　气箱脉冲喷吹袋除尘器配备的储气罐

袋除尘器系列	储气罐规格/mm	室数/个	储气罐数量/个
每室32个袋	ϕ305×915	2～5	1
每室64个袋	ϕ510×1220	≤6	1
		7～12	2
每室96个袋	ϕ610×1750	≤12	1
		14～30	2
		32～40	3
每室128个袋	ϕ610×1750	≤7	1
		8～18	2
		20～30	3

3. 气箱脉冲除尘器工艺设计的改进

(1) 气包靠近脉冲阀　在传统的气箱清灰系统中，脉冲阀离气包太远（见图13-54），造成喷吹后阀门进气管呈负压，引起“共鸣现象”。设计中应使分气箱尽量靠近脉冲阀。

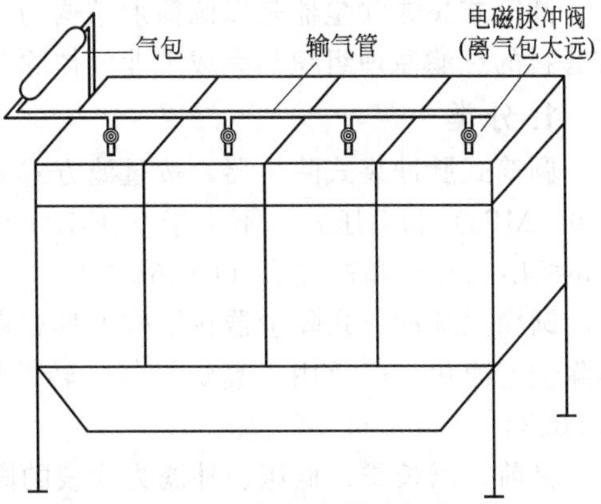

图13-54　气包与脉冲阀太远

(2) 引流喷吹管　阀门在气箱式除尘器上喷吹后，气箱中形成高压，容易产生逆向气流，反弹撞击在膜片上，引起膜片严重振荡，降低膜片使用寿命。

在气箱内可制作一条喷吹管与脉冲阀相连避免逆向气流打到膜片上。如图13-55所示。

引流喷吹管对气箱喷吹时，喷吹管的两侧

均匀地开直径为 30mm 的喷吹孔，对压缩空气进行导流见图 13-56。

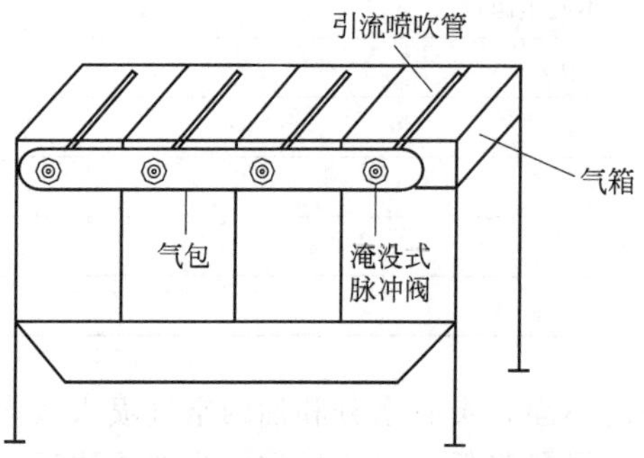

图 13-55 制作一条喷吹管与脉冲阀相连

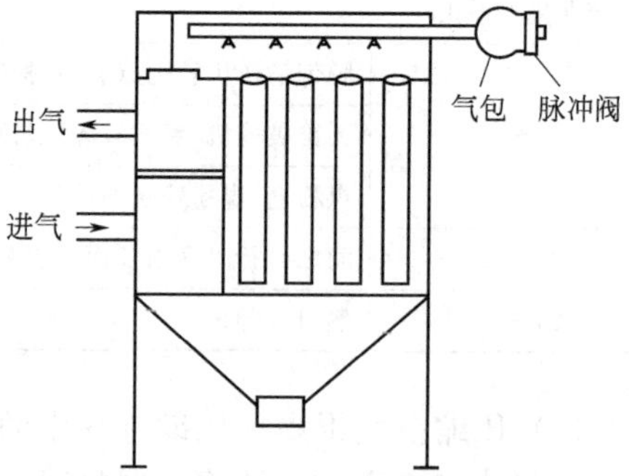

图 13-56 喷吹管两侧开孔

(3) 气箱结构的改进 气箱式脉冲清灰是逐室采用一个脉冲阀进行整室离线脉冲清灰。观察原气箱室脉冲布袋除尘器清灰状况，发现清灰能力有比较明显的差距，某些滤袋清灰强度大些，某些局部清灰力度不足，新型结构上做了调整，考虑工厂车间结构及运输要求规定，按整体发运的构思，对气箱结构、滤袋及脉冲阀喷吹口位置做了改进，使脉冲阀清灰效果更好，各个滤袋清灰强度趋于一致。运行实践证明结构改进取得预期效果。

(4) 喷吹系统的改进 原喷吹系统管道配管时难度较高，反复拆装后极易发生泄漏，且各个脉冲阀清灰能力明显不同（距气包远的，清灰能力强些），新型气箱式脉冲布袋除尘器在喷吹系统上做了改进，各个脉冲阀与气包直接连接：①结构紧凑，增大了气包容积；②便于配管和检修；③脉冲阀开启、关闭更快捷（脉冲阀压力室经常维持较高压力膜片，不易疲劳，寿命更长）；④较易实现连续二次强力脉冲清灰（气包容积足够大，压力波动较小，脉冲宽度较小），运行实践证明改进后，空气压缩机的能耗明显降低，有较多的过压停机时间，脉冲阀喷吹有力、短促，设备运行阻力较低，处理风量波动很小，磨机无粉尘外溢现象，大大改善了车间环境。

(5) 进气箱体增设气流分布板 有利于粗颗粒粉尘的沉降，减少了对滤袋的磨损，使各室粉尘量的均匀起到良好的作用。

（三）圆筒式袋式除尘器设计

把袋式除尘器的外壳做成圆筒形很普遍，既有小型的，如仓顶袋式除尘器，也有大型的，如高炉煤气袋式除尘器。筒形袋式除尘器的突出优点是节省钢材、耐压好。

圆筒式袋式除尘器是以圆筒形结构为壳体，以滤袋为过滤元件，可用不同的清灰方法，按滤料的过滤原理组织与完成工业气体除尘与净化。

1. 分类

圆筒式脉冲袋式除尘器，按过滤方式分为外滤式和内滤式；按清灰压力分为低压式（小于 0.4MPa）和高压式（不小于 0.4MPa），喷吹介质为压缩氮气；按滤袋长度分为长袋式（$6m \leqslant L \leqslant 9m$）和短袋式（$L < 6m$）。

圆筒式脉冲袋式除尘器在结构上具有良好的力学特性，适用于易燃、易爆危险的工业气体除尘与净化。广泛用于高炉煤气、转炉煤气、铁合金煤气等干法除尘工程，烟气温度可达 300℃。

目前，以长袋、低压、外滤为代表的圆筒式脉冲袋式除尘器在中国获得巨大发展，成功用于 5000m^3 高炉煤气干法除尘工程，在世界范围首次全面实现了高炉煤气的全干法除尘，对推进和发展高炉炼铁工艺、配套短流程输灰设施、实现环境保护与节能具有重大经济效益、社会效益和环境效益。

2. 结构

圆筒式脉冲袋式除尘器（见图 13-57）由筒身 1、锥形灰斗 2、封头 3、过滤装置 4、喷吹清灰装置 5、进气管 6、出气管 7 和输灰设施等组成。

除尘器壳体、过滤装置、喷吹清灰装置和输灰是圆筒式脉冲袋式除尘器的关键构件。

（1）除尘器壳体　除尘器壳体为圆形结构，按钢制容器设计。其中，筒身为圆筒形，封头为球形，灰斗为圆锥形。为满足检修换袋需要，封头与筒身之间可为法兰式，也可为焊接式。弹簧式滤袋骨架的出现，使滤袋（长 6～9m）在净气室内整体换袋成为可能，使除尘器壳体按压力容器管理成现实。在设计除尘器壳体时，还应按需要设置必要的检修孔。

（2）喷吹装置　喷吹装置由脉冲喷吹控制仪、电磁脉冲阀和强力喷吹装置组成，按清灰工艺需要设计与配置。其中，强力喷吹装置推荐应用中冶集团建筑研究总院环保分院的专利产品——脉冲喷吹袋式除尘器的侧管诱导清灰装置（ZL99253722.3），滤袋直径为 ϕ120mm、ϕ130mm、ϕ140mm、ϕ150mm、ϕ160mm，滤袋长度为 6～9m 时，袋底喷吹压力可保证 3000Pa，具有优良的清灰特性。

（3）过滤装置　过滤装置主要包括滤袋骨架和滤袋。滤袋骨架随着滤袋的加长而加长（有效长度为 6～9m），按需要可采用二段式、三段式或弹簧式。弹簧式特别适用于封头内置换滤袋（见图 13-58 和表 13-21）。

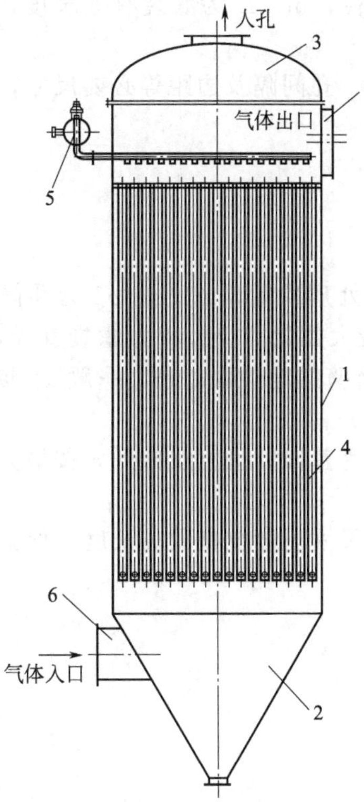

图 13-57　圆筒式脉冲袋式除尘器

1—筒身；2—锥形灰斗；3—封头；4—过滤装置；5—喷吹清灰装置；6—进气管；7—出气管

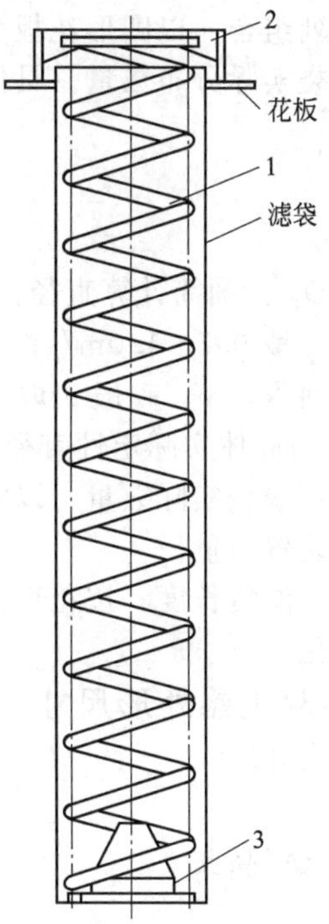

图 13-58　弹簧式滤袋骨架

1—弹簧；2—支架；3—配重

表 13-21 弹簧式滤袋骨架尺寸

型号	滤袋直径/mm	钢丝直径/mm	滤袋长度/m	压缩长度/mm				质量/kg			
				6m	7m	8m	9m	6m	7m	8m	9m
120	120	3.0	6.7,8.9	478	541	604	667	5.6	6.0	6.4	6.8
130	130	3.0	6.7,8.9	478	541	604	667	5.8	6.2	6.7	7.1
140	140	3.0	6.7,8.9	478	541	604	667	5.9	6.4	6.9	7.4
150	150	3.5	6.7.8.9	544	618	692	766	7.6	8.3	9.0	9.7
160	160	3.5	6.7,8.9	544	618	692	766	7.7	8.4	9.2	9.9

3. 工艺参数设计

(1) 计算过滤面积

$$S_0=\frac{q_{vt}}{60v}=\frac{q_{vt}}{q_g} \tag{13-43}$$

式中，S_0 为滤袋计算过滤面积，m^2：q_{vt} 为工况煤气流量，m^3/h；v 为滤袋过滤速度，m/min，一般 v 取 0.60～0.90m/min；q_g 为过滤负荷，$m^3/(h\cdot m^2)$。

(2) 计算滤袋数量 预估滤袋材质、规格与长度，计算滤袋数量：

$$S_1=\pi dL \tag{13-44}$$

$$n_0=\frac{S_0}{S_1} \tag{13-45}$$

式中，S_1 为1条滤袋过滤面积，m^2；d 为滤袋直径，m；L 为滤袋有效长度，m；n_0 为滤袋设计数量，条。

(3) 排列组合 以圆形花板为依据，考虑滤袋直径、孔间隔及边距等必要尺寸，排列组合，确定滤袋实际分布数量。具体按下式计算核定：

$$D_0=\left(\frac{q_{vt}}{2826v_g}\right)^{0.5} \tag{13-46}$$

$$D=m(d+a)+2a_0 \tag{13-47}$$

式中，D_0 为圆筒计算直径，m；q_{vt} 为每台除尘器处理风量，m^3/h；v_g 为圆筒断面速度，m/s，v_g 取 0.7～1.0m/s；m 为直径上花板孔的最大数量，个；d 为滤袋直径，m；a 为花板孔净间隔，m，一般 a 取 50～70mm；a_0 为距筒壁的净边距，m，一般 a_0 取 120～150mm；D 为筒体实际定性直径，m，校核时要求 $D\geqslant D_0$。

(4) 确定滤袋实际数量 以滤袋定性尺寸和圆中心为基准，呈直线排列，按最大数量确定滤袋实际装置数量。

(5) 校核滤袋长度 按花板上滤袋实际装置数量与尺寸适度校核滤袋长度，保证滤袋过滤面积的优化。

4. 确定除尘器外形尺寸

(1) 封头高度

$$H_1=0.25D+80 \tag{13-48}$$

(2) 净气室高度

$$H_2=2h \tag{13-49}$$

(3) 尘气室高度

$$H_3=L+\Delta H \tag{13-50}$$

(4) 灰斗高度

$$H_4=\frac{0.5(D-d)}{\tan\alpha}+\Delta h \tag{13-51}$$

式中，H_1 为封头高度，m；D 为圆筒直径，m；H_2 为净气室直线段高度，m；h 为喷吹管中心至花板面的净高，m；H_3 为净气室高度，m；L 为滤袋有效长度，m；ΔH 为安全高度，一般 ΔH 取 300～500mm；H_4 为灰斗高度，m；d 为排灰口直径，m；$\tan\alpha$ 为灰斗倾斜角的正切，一般 α 取 30°～32°；Δh 为排灰管直线段高度，m，一般 Δh 取 80～120mm。

（5）支架高度　按实际需要确定支架形式与排灰口至支座底脚的高度 H_5。

（6）设备总高度

$$H=H_1+H_2+H_3+H_4+H_5 \tag{13-52}$$

式中，H 为设备总高度，m。

5. 附属设施

按主体除尘工艺计算结果，相应确定附属设施的规格与数量。包括：①走台、栏杆、梯子及安全设施；②脉冲喷吹清灰设施；③检测设施；④运行操作与控制系统；⑤储气罐及其配气设施；⑥料位监测与控制；⑦输灰设施。

6. 设计技术文件

设计文件至少应包括：①设计说明书；②设计概算书；③系统图、平面图、侧视图和相关图纸；④安装说明书；⑤操作维护说明书；⑥安全操作规程；⑦重大事故抢救预案。

五、滤筒式除尘器设计

滤筒式除尘器，是利用脉冲滤筒作为过滤元件，在脉冲袋式除尘器的应用基础上，实现空气除尘和工业粉（烟）尘除尘而研制的新产品；以其高风量（≥$10^4 m^3/h$）、高效率（≥99.5%）、低压（≥0.3MPa）、低阻损（≥800～1000Pa）的最佳运行参数，受到用户的青睐；具有技术先进、结构紧凑、排放达标、占地少、投资省和运行费低等显著特点。

脉冲滤筒式除尘器，广泛适用高炉鼓风机进气除尘、制氧机进气除尘、空气压缩机进气除尘、主控室进气除尘、洁净车间进气除尘、公共建筑的空调进气除尘和中低浓度的烟（空）气除尘。

脉冲滤筒式空气过滤器（图 13-59），多数为箱式结构。主要结构包括：设备支架、箱体、滤筒、脉冲清灰装置和进出口装置；主体构件为钢结构、褶式滤筒和脉冲喷吹清灰装置。

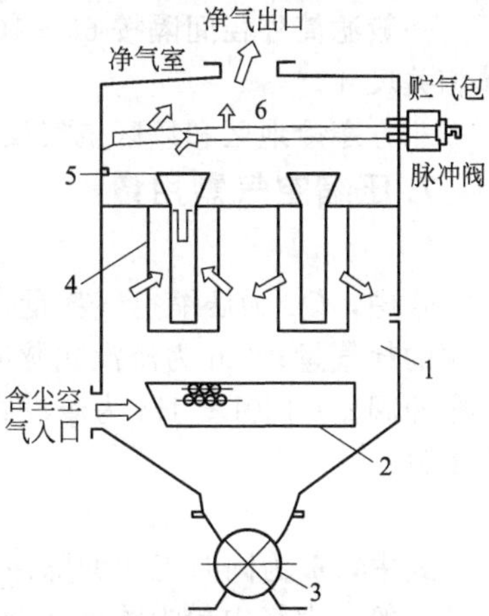

图 13-59　滤筒式除尘器构造示意
1—箱体；2—气流分布板；3—卸灰阀；4—滤筒；5—导流板；6—喷吹管

（一）箱体设计

脉冲滤筒式除尘器，发扬脉冲袋式除尘器的优化指标，拥有“吸气、检修、清灰、出灰、保洁”一体化的特性指标。箱体为钢制，采用多元组合结构装配，具有“高效、密封、强度、刚度”兼容的功能。根据地域或厂区空气质量的不同，北方地区在结构上应增设防风雪，防树叶等杂物混入的防护设施；以设计灰斗集灰为佳。

主要参数计算如下。

1. 过滤面积

$$S_t=Q_{Vt}/(60v) \tag{13-53}$$

式中，S_t 为计算过滤面积，m^2；Q_{Vt} 为设计处理风量，m^3/h；v 为过滤风速，m/min，

一般 $v=0.60\sim1.00$m/min。

通常以过滤面积计算值为依据，按产品说明书及现场实际情况，选用实际需要的相近产品型号，科学确定其实际过滤面积。

2. 滤筒计算数量

$$n_t=S_t/S_f \tag{13-54}$$

式中，n_t 为滤筒计算数量，组；S_t 为滤筒计算过滤面积，m^2；S_f 为每组滤筒过滤面积，m^2/组。

3. 滤筒数量

$$n\geqslant n_t=ab \tag{13-55}$$

式中，n 为按排列组合确定的滤筒数，组；a 为每排滤筒的设定数，组；b 为每列滤筒的计算数，组。

$$b\geqslant n/a \tag{13-56}$$

4. 实际过滤面积

$$S_s=nS_f \tag{13-57}$$

式中，S_s 为实际过滤面积，m^2；n 为实际滤筒数，组；S_f 为每组滤筒过滤面积，m^2/组。

5. 设备阻力

$$p=p_1+p_2+p_3+p_4 \tag{13-58}$$

式中，p 为设备阻力，Pa；p_1 为设备入口阻力损失，Pa；p_2 为滤筒阻力损失，Pa；p_3 为花板阻力损失，Pa；p_4 为设备出口阻力损失，Pa。

一般设备阻力损失 $p=400\sim800$Pa。

6. 箱体外形尺寸

一般滤筒外径间隔按 60～100mm 计算，滤筒配置要详细排列组合，而后推算除尘器箱体相关尺寸。

北方寒冷地区和厂区空气质量在 2 级以上时，推荐应用有灰斗的排灰系统。

7. 压缩空气需用量

$$Q_g=1.5qnK/(1000T) \tag{13-59}$$

式中，Q_g 为压缩空气耗量，m^3（标）/min；T 为清灰周期，min；q 为单个脉冲阀喷吹一次的耗气量：3in 为淹没式脉冲阀 $q=250$L；2in 为淹没式脉冲阀 $q=130$L；1.5in 为淹没式脉冲阀 $q=100$L；1in 为淹没式脉冲阀 $q=60$L；n 为脉冲阀装置数量；K 为脉冲阀同时工作系数：

$$K=n'/n \tag{13-60}$$

式中，n'为同时工作的脉冲阀数量。

一般，大气中粉尘浓度在 10mg/m^3 以下；该过滤器的清灰周期，可按用户要求及运行工况来确定，建议采用定时、定压清灰。

该设备采用在线清灰工艺，按设计要求可采用连续定时清灰，间歇定时清灰或定压自动清灰制度。

8. 粉尘回收量

$$G=24(\rho_1-\rho_2)Q_VK\times10^{-6} \tag{13-61}$$

式中，G 为粉尘日回收量，kg/d；ρ_1 为过滤器入口粉尘质量浓度，mg/m^3；ρ_2 为过滤器出口粉尘质量浓度，mg/m^3；Q_V 为过滤器处理风量，m^3/h；K 为工艺（除尘器）日作业率，%。

（二）脉冲喷吹清灰装置设计

脉冲喷吹清灰装置，是脉冲滤筒空气过滤器的重要组成部分。20 世纪 70 年代以来，历经电控、气控和机控技术产品的研究开发，已经发展为可以完全满足空气过滤要求、具有程序喷吹技术功能的科技产品。

脉冲喷吹清灰控制系统（图 13-60），由脉冲喷吹控制仪、分气包、接线盒和电磁阀组成。

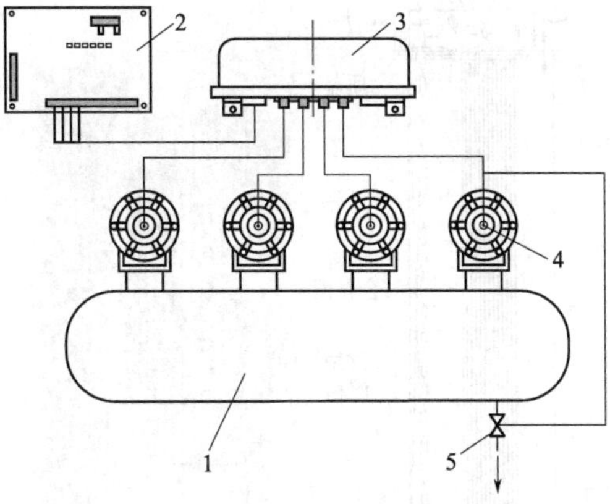

图 13-60　脉冲喷吹清灰控制系统
1—分气包；2—脉冲喷吹控制仪；3—接线盒；4—电磁阀；5—放水阀

（1）分气包　分气包是供应喷吹用压缩气体的气源，同时配设具有气体分配与控制的控制阀、安全阀、油过滤器的配件；分气包按压力容器设计与管理。

（2）脉冲喷吹控制仪　脉冲喷吹控制仪是脉冲滤筒除尘器喷吹清灰系统的核心控制装置。它的输出信号控制电磁脉冲阀，喷吹压缩空气对滤袋实施程序清灰，使除尘器的阻力保持在设定的范围内，以保证除尘器的处理能力和收尘效率。

控制仪输出一个电信号的持续时间称为脉冲宽度。控制仪输出两个电信号的间隔时间，称为脉冲间隔。控制仪输出电信号完成一个循环所需要的时间，称为脉冲周期。

根据除尘器的清灰要求设定控制仪输出脉冲间隔和脉冲宽度，保证除尘器阻力在最佳（设定）范围内。

（3）电磁脉冲阀　电磁脉冲阀是脉冲滤筒空气过滤器的关键部件，实施脉冲喷吹清灰的执行机构。按其结构型式，分为直角式和淹没式。

在工程设计中脉冲滤筒除尘器多用淹没式脉冲阀。

（三）滤筒设计

1. 滤筒构造

滤筒式除尘器的过滤元件是滤筒。滤筒的构造分为顶盖、金属框架、褶形滤料和底座四部分。

滤筒是用设计长度的滤料折叠成褶，首尾粘合成筒，筒的内外用金属框架支撑，上、下用顶盖和底座固定。顶盖有固定螺栓及垫圈。圆形滤筒见图 13-61，扁形滤筒的外形见图 13-62。

滤筒的上下端盖、护网的粘接应可靠，不应有脱胶、漏胶和流挂等缺陷；滤筒上的金属件应满足防锈要求；滤筒外表面应无明显伤痕、磕碰、拉毛和毛刺等缺陷；滤筒的喷吹清灰按需要可配用诱导喷嘴或文氏管等喷吹装置，滤筒内侧应加防护网，当选用 $D\geqslant320$mm，$H\geqslant1200$mm 滤筒时，宜配用诱导喷嘴。

2. 滤筒打褶设计

纸张式滤筒的设计和制造方法与滤布式滤筒大同小异。滤筒设计应该是按实际使用要求去设计，而强度、压降和纳污量等要求决不可单纯依靠计算公式得出的参数给出确定值，应靠试验得出的经验数值。计算、推导，只能是个参考，这就是滤筒不同于其他机件的特殊点。

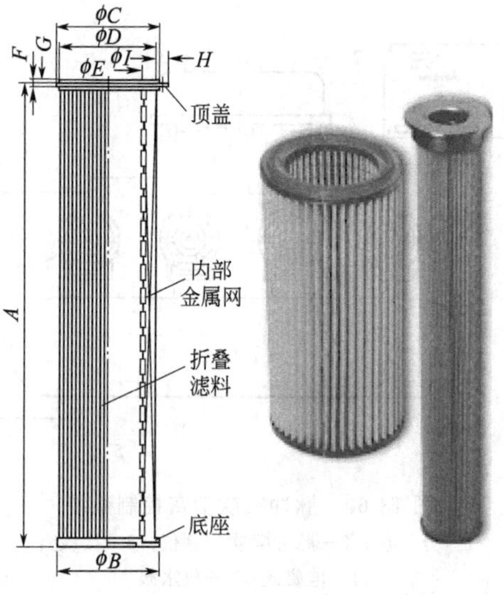

(a) 外形尺寸 (b) 外貌

图 13-61 圆形滤筒外形

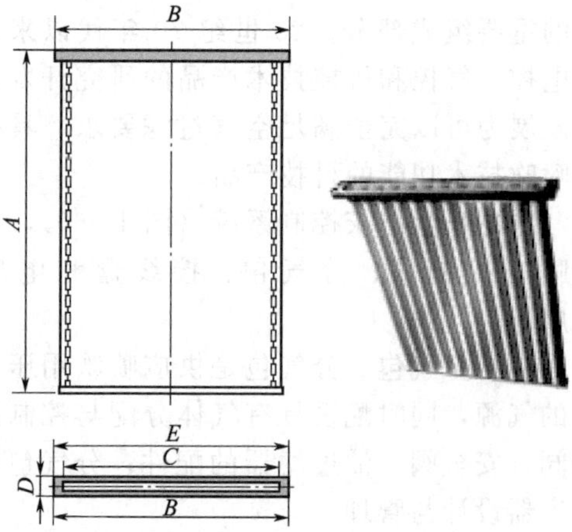

(a) 外形尺寸 (b) 外貌

图 13-62 扁形滤筒外形

滤筒外形设计包括：形状、尺寸、选材、结构及强度。

波纹牙型要求：包括波纹各部尺寸，波纹数量和波纹展开面积等。

(1) 滤筒波纹高度 如图 13-63 所示，此图形确立就是为了展开面积增大。面积大则通过含尘气体阻力小，负荷量大。

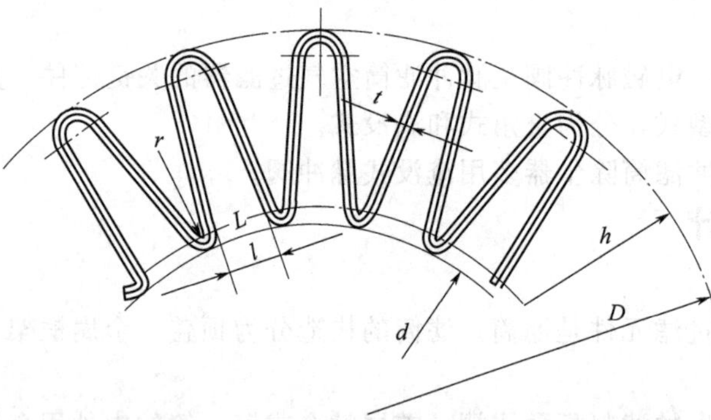

图 13-63 滤筒牙型各元素代号

设计者首先确立两个尺寸：总展开尺寸和波纹形成后的滤筒外圆及总长。两者综合考虑的结果，确立了波纹牙高。即式：

$$h=\frac{1}{2}(D-d) \tag{13-62}$$

式中，h 为波纹牙高，mm；D 为波纹总体外圆直径，mm；d 为波纹总体内圆直径，mm。

最佳波纹牙高（过滤面积最大时的牙高），可按下式计算：

$$h=\frac{1}{4}D \tag{13-63}$$

(2) 波纹牙数 波纹牙高乘以滤筒长度是半个波纹牙的面积，一个波纹牙高乘以总牙数是滤筒总过滤筒面积。如果一味追求牙数增多而求其面积增大，则会呈现牙挤牙，牙间隙小，反而增大通油阻力。合适的滤筒牙数按下式计算：

$$n=\frac{\pi D}{2(t+r)+l} \tag{13-64}$$

式中，n 为波纹牙数，个；t 为滤层厚度，mm；r 为波纹牙型折弯半径，mm；l 为波纹牙间距，mm。

（3）过滤筒面积　按下式计算：

$$A=2nhL$$

式中，A 为滤筒过滤面积，mm^2；L 为滤筒总长，mm。

（4）需求过滤面积　滤筒实际需求过滤面积按下式计算：

$$A=\frac{Q}{v} \tag{13-65}$$

式中，Q 为空气流量，L/min；v 为对选用滤材实际测得的过滤速度，dm/min。

实际设计选用“过滤面积”应大于理论计算的“需求过滤面积”，以求滤筒长寿命。

3. 滤筒强度设计

滤筒强度要求有：压扁强度和轴向强度。滤筒结构及受力见图 13-64。

（1）滤筒内骨架负荷系数　滤筒内骨架是外部滤层的主要支撑体，它必须有一定强度。但滤过的气体要通过它流出。为近似地计算内骨架强度，引入了负荷系数 C_1、C_2 和 C_3，其值按经验公式进行计算。

$$C_1=\frac{a^2+b^2-2d\sqrt{a^2+b^2}}{a^2+b^2} \tag{13-66}$$

$$C_2=\frac{a-d}{a} \tag{13-67}$$

$$C_3=\frac{2ab-\pi d^2}{2ab} \tag{13-68}$$

式中，C_1 为径向负荷系数；C_2 为轴向负荷系数；C_3 为通孔负荷系数；a 为通孔周向间距，mm；b 为通孔轴向间距，mm；d 为通孔直径，mm。

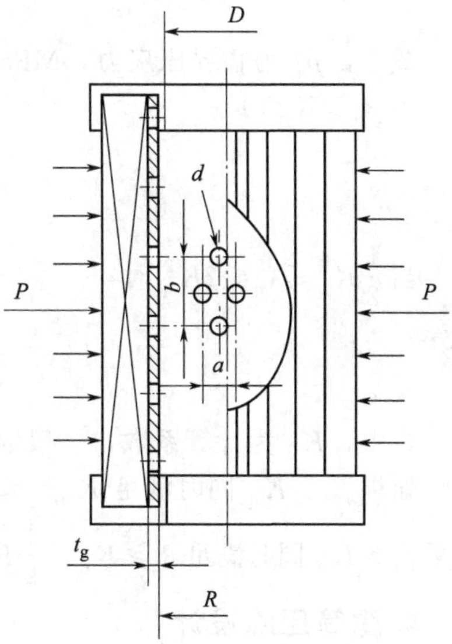

图 13-64　滤筒结构及受力方向示意

（2）滤筒外部径向压力产生的应力　按下式计算：

$$\sigma_1=0$$

$$\sigma_2=\frac{\Delta pR}{t_g C_1} \tag{13-69}$$

$$\tau=0$$

式中，σ_1 为轴向应力，MPa；σ_2 为径向应力，MPa；τ 为切应力，MPa；Δp 为滤筒承受的压差，MPa；t_g 为骨架壁厚，mm；R 为骨架外圆半径。

（3）端向负荷产生的应力　按下式计算：

$$F=\frac{\pi}{4}D_3^2\Delta p+F_K \tag{13-70}$$

式中，F 为端向负荷，N；F_K 为滤筒压紧弹簧力，N；D_3 为滤筒端盖内圆直径，mm。

端向负荷产生的应力按下式计算：

$$\sigma_1=\frac{F}{2\pi Rt_g C_2} \tag{13-71}$$

$$\sigma_2=0$$
$$\tau=0$$

(4) 强度失效 滤筒强度失效形式通常有三种：当承受外部径向压力时，失效形式为压扁变形；在端向负荷作用下，细长滤筒容易产生弯曲变形；短粗滤筒容易产生腰鼓变形。

(5) 临界压扁力 按下式计算：

$$\beta_q=\frac{L_g}{R}$$
$$K_q=\sqrt[4]{3(1-\mu_1^2)}\sqrt{\frac{R}{t_g}} \tag{13-72}$$
$$\lambda_q=\frac{\pi}{\beta_q}$$

式中，L_g 为内骨架受力长度，mm；μ_1 为泊桑比。

当 $K_q\beta_q<3$ 时

$$p_c=C_1C_3\frac{Et_g}{R}\left[\frac{1}{4K_q^4}\left(8+\frac{17-\mu_1}{1+\frac{9}{\lambda_q^2}}\right)+\left(\frac{1}{8\left(1+\frac{9}{\lambda_q^2}\right)^2}\right)\right] \tag{13-73}$$

式中，p_c 为临界压扁力，MPa；E 为弹性模量，MPa。

当 $\beta_q\geqslant K_q$ 时

$$p_c=C_1C_3\frac{Et_g^3}{4(1-\mu_1^2)R^3} \tag{13-74}$$

当 $\frac{1}{2}K_q^2\leqslant\lambda_q^2\leqslant2K_q^2$ 时

$$p_c=K_cC_1C_3\frac{Et_g}{RL_g}\sqrt{\frac{t_g}{R}} \tag{13-75}$$

式中，K_c 为计算系数，一般取 0.918mm。

如果 β_q、K_q 同时满足 $K_q\beta_q<3$，$\beta_q\geqslant K_q$ 条件时，临界压扁力应按式(13-74) 计算；如果 β_q、K_q 同时满足 $\beta_q\geqslant K_q$、$\frac{1}{2}K_q^2\leqslant\lambda_q^2\leqslant2K_q^2$ 条件时，临界压扁力应按式(13-75) 计算。

4. 滤筒压降设计

滤筒应设计成流量大而压降小的水平。

(1) 不锈钢纤维毡滤筒的压降 不锈钢纤维毡制成的滤筒压降按下式计算：

$$\Delta p_1=27.3\frac{Q\mu}{A}\times\frac{H}{K} \tag{13-76}$$

式中，μ 为流体动力黏度，Pa·s；H 为滤毡厚度，m；K 为渗透系数，m^3，见表 13-22。

表 13-22 比利时产滤毡渗透系数

滤材牌号	ST3AL3	T5AL3	T7AL3	ST10AL3	T15AL3
渗透系数 K	0.53×10^{-12}	1.61×10^{-12}	2.67×10^{-12}	5.78×10^{-12}	11.0×10^{-12}

(2) 烧结滤筒的压降 金属粉末烧结滤芯的压降按下式计算：

$$\Delta p_1=\frac{Q\mu}{K'A}\times10^6 \tag{13-77}$$

式中，K'为过滤能力系数。

$$K'=\frac{1.04d_2^2\times10^3}{t_s} \tag{13-78}$$

式中，d_2 为烧结粉末颗粒平均直径，m；t_s 为烧结板厚度，m。

（3）纤维类滤材的压降　纤维类滤芯的压降计算式如下：

$$\Delta p_1=\frac{Q\mu}{A}K_x\times10^8 \tag{13-79}$$

纤维类滤材制成滤芯过滤能力总系数 $K_x=1.67$，包括植物纤维、玻璃纤维和无纺布。

（4）过滤器空壳压降　过滤器空壳压降按下式计算：

$$\Delta p_k=\frac{1}{2}\sum_{i=1}^{n}\left(\lambda_i\frac{L_i}{d_i}\times\frac{\rho Q^2}{A_i^2}\right)+\frac{1}{2}\sum_{j=1}^{m}\zeta_j\frac{\rho Q^2}{A_j^2} \tag{13-80}$$

式中，Δp_k 为过滤器空壳压降，Pa；λ_i 为空壳沿程阻力系数；L_i 为每段沿程长度，m；A_i 为每段沿程通油面积，m^2；A_j 为某局部变化后的面积，m^2；ζ_j 为某局部阻力系数；d_i 为每段沿程的水力直径，m。

第四节　电除尘器设计

一、电除尘器设计条件

1. 原始资料

电除尘器的工艺设计所需原始资料，主要包括以下数据：净化气体的流量、组成、温度、湿度、露点和压力；粉尘的组成、粒径分布、密度、比电阻、安息角、黏性及回收价值等；粉尘的初始浓度和排放要求（浓度或排放速率）。

电除尘器的工艺设计主要是根据给定的运行条件和要求达到的除尘效率确定电除尘器本体的主要结构和尺寸，包括有效断面积、收尘极板总面积、极板和极线的形式、极间距、吊挂及振打清灰方式、气流分布装置、灰斗卸灰和输灰装置、壳体的结构和保温等。以及设计电除尘器的供电电源和控制方式。

2. 处理风量

处理风量是设计静电除尘器的主要指标之一。处理风量应包括额定设计风量和漏风量，并以工况风量作为计算依据，按下式计算：

$$q_{vt}=q_0\frac{273+t}{273}\times\frac{101.3}{B+p_j} \tag{13-81}$$

式中，q_{vt} 为工况处理风量，m^3/h；q_0 为标况处理风量，m^3/h；t 为烟气温度,℃；B 为运行地点大气压力，kPa；p_j 为除尘器内部静压，kPa。

二、电除尘器本体设计

1. 电场断面

以收尘极围挡形成的电场过流断面积为准，按下式计算：

$$S_{F0}=\frac{q_{vt}}{3600v_d} \tag{13-82}$$

式中，S_{F0} 为电场计算断面积，m^2；q_{vt} 为工况处理风量，m^3/h；v_d 为电场风速，m/

s，静电除尘器电场风速推荐值见表 13-23。

表 13-23 静电除尘器电场风速推荐值

序号	工业炉窑	电场风速/(m/s)
1	热电工业	
	电厂锅炉	0.7～1.4
	造纸工业锅炉	0.9～1.8
2	冶金工业	
	冶金烧结机	1.2～1.5
	高炉	0.8～1.3
	顶吹氧气平炉	1.0～1.5
	焦炉	0.6～1.2
	有色金属炉	0.6
3	水泥工业	
	湿法水泥窑	0.9～1.2
	立波尔水泥窑	0.8～1.0
	干法水泥窑(增温)	0.8～1.0
	干法水泥窑(不增湿)	0.4～0.7
	烘干机	0.8～1.2
	磨机	0.8～0.9
4	化学工业	
	硫酸雾	0.9～1.5
	热硫酸	0.8～1.2
5	环保工业	
	城市垃圾焚烧炉	1.1～1.4

电场风速的大小要按要求的除尘效率、烟尘排放浓度及用户提供场地的限制条件等综合因素确定。在相同比集尘面积情况下，如果电场风速选得过高，也就是电除尘器的有效横断面积过小，必须增加电场的有效长度，不但占用较长的场地，还会引起因振打清灰造成二次扬尘增加，降低除尘效率。反之，如果电场风速选得过低，则电除尘器有效横断面积过大，给断面气流均匀分布带来困难，还会造成不必要的浪费。因此，选择合理的电场风速就显得非常重要。在我国燃煤电厂中，电场风速的选择经历了从高到低的过程。20 世纪 90 年代以前，电除尘器的设计效率要求只有 98.0%～99.0%，相应的烟尘排放浓度为 400～500mg/m^3，电场风速一般选为 1.2～1.4m/s；到 90 年代初，要求的电除尘器效率为 99.0%～99.3%，烟尘排放浓度小于 200mg/m^3，电场风速一般选为 1.0～1.2m/s；到 21 世纪初，对新建和扩建的燃煤电厂要求烟尘排放浓度小于 50mg/m^3，对应的除尘效率提高到 99.0%～99.8%，此时电场风速一般选为 0.8～1.1m/s[4～6]。

2. 集尘面积

收尘极板与气流的接触面积称为集尘面积。集尘面积对于实现除尘目标（排放浓度或除尘效率）具有决定意义，可按多依奇公式由下式计算：

$$S=\frac{-\ln(1-\eta)}{\omega} \tag{13-83}$$

$$S_{\rm A}=Sq_{\rm ts} \tag{13-84}$$

式中，S 为比集尘面积，m^2/(m^3·s)；η 为设计要求除尘效率；ω 为驱进速度，m/s，有效驱进速度推荐值见表 13-24[4,11]；$S_{\rm A}$ 为收尘极计算集尘面积，m^2；$q_{\rm ts}$ 为工况处理风量，m^3/s。

图 13-65 给出了各种应用场合下除尘效率为 99% 时所需的比集尘极面积 A/Q 的典型值。该图表明，随着粉尘粒径的减小，所需比集尘面积 A/Q 增大；对一定的应用场合来说，A/Q 有一变化范围，因而也预示出驱进速度 $\omega_{\rm e}$ 值的变化范围。由于存在着这种变化范围，则需提出其他一些关系，以便限定设计中的不定因素。

确定 $\omega_{\rm e}$ 值的基本因素有粉尘粒径、要求的捕集效率、粉尘比电阻及二次扬尘情况等。在确定 $\omega_{\rm e}$ 值以及由此而定的除尘器尺寸时，捕集效率起着重要作用。由于电除尘器捕集较大粒子很有效，所以若达到较低的捕集效率就符合设计要求时，则可以采取较高的 $\omega_{\rm e}$ 值。若所占比例很大的细粒子必须捕集下来，需要更高的捕集效率，当需要更大的集尘面积时应

选取更低的 ω_e 值。

表 13-24　有效驱进速度推荐值

序号	粉尘名称	驱进速度/(m/s)	序号	粉尘名称	驱进速度/(m/s)
1	电站锅炉飞灰	0.04～0.20	17	焦油	0.08～0.23
2	煤粉炉飞灰	0.10～0.14	18	硫酸雾	0.061～0.071
3	纸浆及造纸锅炉尘	0.065～0.10	19	石灰窑尘	0.05～0.08
4	铁矿烧结机头尘	0.05～0.09	20	白灰尘	0.03～0.055
5	铁矿烧结机尾尘	0.05～0.10	21	镁砂回转窑尘	0.045～0.06
6	铁矿烧结尘	0.06～0.20	22	氧化铝尘	0.064
7	碱性顶吹氧气转炉尘	0.07～0.09	23	氧化锌尘	0.04
8	焦炉尘	0.067～0.161	24	氧化铝熟料尘	0.13
9	高炉尘	0.06～0.14	25	氧化亚铁尘(FeO)	0.07～0.22
10	闪烁炉尘	0.076	26	铜焙烧炉尘	0.036～0.042
11	冲天炉尘	0.03～0.04	27	有色金属转炉尘	0.073
12	火焰清理机尘	0.0596	28	镁砂尘	0.047
13	湿法水泥窑尘	0.08～0.115	29	热硫酸	0.01～0.05
14	立波尔水泥窑尘	0.065～0.086	30	石膏尘	0.16～0.20
15	干法水泥窑尘	0.04～0.06	31	城市垃圾焚烧炉尘	0.04～0.12
16	煤磨尘	0.08～0.10			

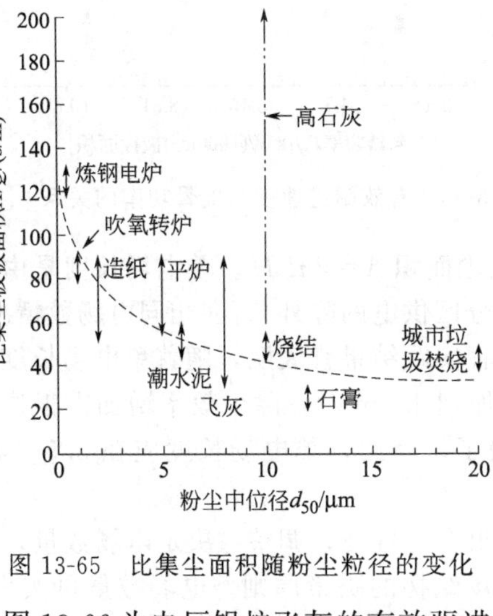

图 13-65　比集尘面积随粉尘粒径的变化

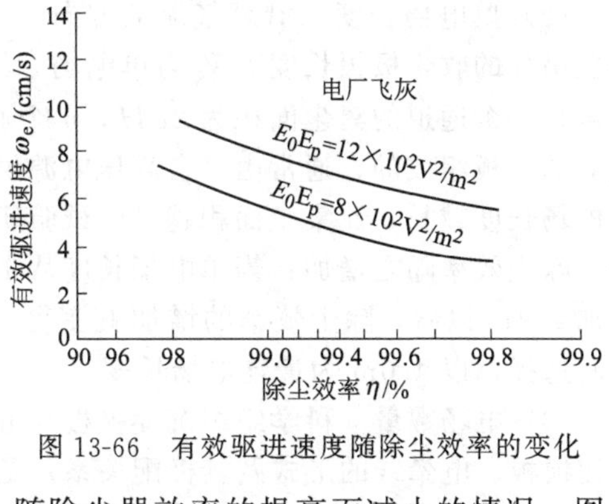

图 13-66　有效驱进速度随除尘效率的变化

图 13-66 为电厂锅炉飞灰的有效驱进速度 ω_e 随除尘器效率的提高而减小的情况。图中给出了荷电场强和集尘场强之积 E_0E_p 的两组不同值，它又是电晕电流密度的函数。

选择 ω_e 值的第二个主要因素是粉尘比电阻。若粉尘比电阻高，则容许的电晕电流密度值减小，导致荷电场强减弱，粒子的荷电量减少，荷电时间增长，则应选取较小的 ω_e 值。图 13-67 中的实验曲线表示有效驱进速度与锅炉飞灰比电阻之间的关系，它是对质量中位粒径为 10μm 左右的飞灰在中等效率（90%～95%）的电除尘器中得到的。这类曲线为在给定的效率范围内选取值 ω_e 提供了合适的依据，该曲线的形状是值得注意的，在飞灰比电阻值

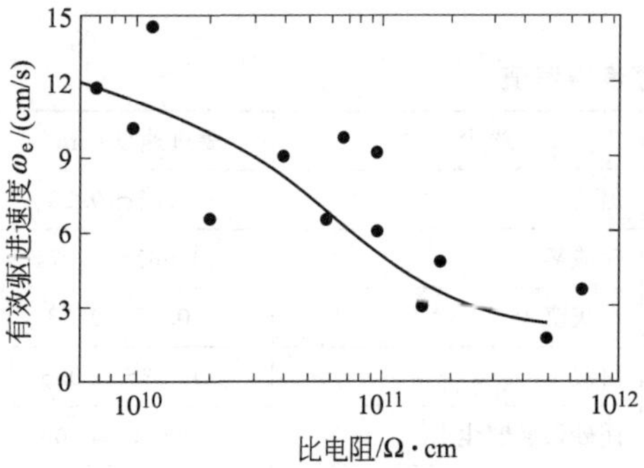

图 13-67 有效驱进速度随飞灰比电阻的变化（怀特）

小于$5\times10^{10}\Omega\cdot cm$左右时，$\omega_e$值几乎与比电阻无关。

选择ω_e值的另一个因素是在某一粒径分布下ω_e值随电晕功率的变化资料。图 13-68 为中等效率的飞灰电除尘器中得到的一组数据，其中的输入电功率应是有用功率。在高比电阻情况下，输入功率仍可能在正常范围内，但由于反电晕，除尘器的运行性能可能很差。

除了飞灰以外的其他应用中，ω_e值与各种运行参数之间的关系没有得到这样好的经验数据，所以需要更多地依靠现有装置的分析。如同对飞灰所做的分析那样，粉尘比电阻起着很重要的作用，全面分析影响比电阻的各种因素，有助于得到更加可靠的设计。

3. 电场及电场长度的确定

(1) 电场通道数 电除尘器的电场是由收尘极和放电极构成的。若电场的总宽度为B，相邻两排收尘极板之间的距离（即同极距）为b，由$n+1$排收尘极板构成了电场，则板排与板排之间的空间构成的通道数为n。若收尘极板的高度为H，则电场的有效流通断面积$F=BH$或$F=nbH$。由下式可以确定电场通道数：

$$n=\frac{Q}{bHv} \tag{13-85}$$

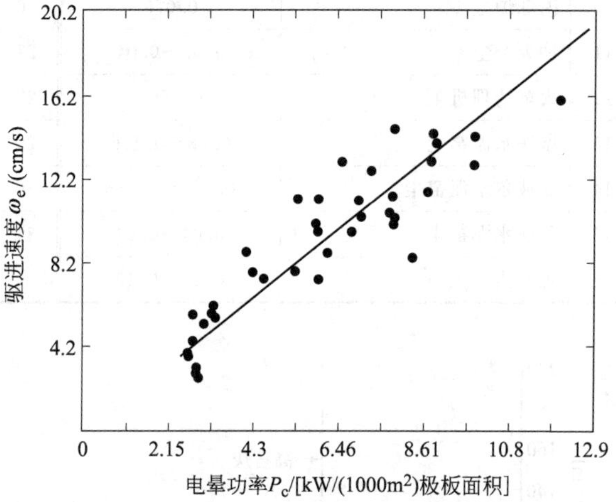

图 13-68 有效驱进速度与电晕功率的关系

(2) 单电场长度 沿烟气流动方向独立吊挂的收尘极板长度L称为单电场长度。一个通道的集尘面积为$2LH$，n个通道的集尘面积$A=2nLH$。单电场长度是由多块独立的极板组成的，通常由一台高压电源供电（小分区供电的除外）。在相同电场数情况下，单电场长度越长，比集尘面积越大。试验研究和工程实践结果皆表明，随着单电场长度的增加，除尘效率随之增加；当单电场长度从 1.0m 增加到 4.0m 时，除尘效率增加得很快，但增加到 4m 以后，除尘效率的增加就变得十分缓慢了。因此，单电场长度应在 3.5～4.5m 之间选择，以 4.0m 为最佳电场长度。

(3) 电场数量 科学组织沉淀极板与电晕线的组合与排列，调整与决定电场数量，确定沉淀极板、电晕线的形式及其极配关系，是关系电场结构的决策原则。电场数量可按表 13-25 确定且可作为设计选用依据。

表 13-25 电场数量的选用

驱进速度/(m/s)	电场数量/个		
	$-\ln(1-\eta)<4$	$-\ln(1-\eta)=4\sim7$	$-\ln(1-\eta)>7$
≤0.05	3	4	5
0.05～0.09	2	3	4
0.09～0.13	1	2	3

一般卧式静电除尘器设计为2～3个电场，较少用4个电场的。多设置1个电场建设投资要增加很多，极不经济，运行管理也要增加不少麻烦，推荐科学配足集尘面积的办法来达标排放；不要把希望寄托在4个电场上。还要预估静电除尘器中后期运行效率衰减的问题。

三、收尘极和放电极配置

电除尘器通常包括除尘器机械本体和供电装置两大部分，其中除尘器机械本体主要包括电晕电极装置、收尘电极装置、清灰装置、气流分布装置及除尘器外壳等。

无论哪种类型，其结构一般都由图13-69所示的几部分组成。

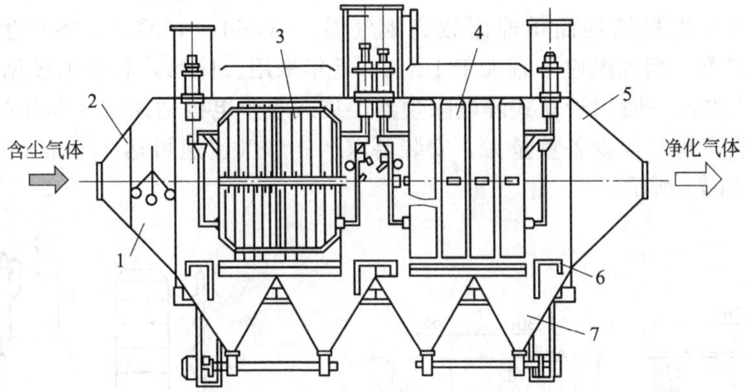

图13-69　卧式静电除尘器示意

1—振打器；2—气流分布板；3—电晕电极；4—收尘电极；5—外壳；6—检修平台；7—灰斗

1. 收尘电极装置

收尘电极是捕集回收粉尘的主要部件，其性能的好坏对除尘效率及金属耗量有较大影响。

通常在应用中对收尘电极的要求如下。

① 集尘效果好，能有效地防止二次扬尘。振打性能好，容易清灰。

② 具有较高的力学强度，刚性好，不易变形，防腐蚀。金属消耗量小。由于收尘极的金属消耗量占整个除尘器金属消耗量的30%～50%，因而要求收尘极板做得薄些。极板厚度一般为1.2～2mm，用普通碳素钢冷轧成型。对于处理高温烟气的静电除尘器，在极板材料和结构形式等方面都要做特殊考虑。

③ 气流通过极板时阻力要小，气流容易通过。

④ 加工制作容易，安装简便，造价成本低，方便检修。

(1) 管式收尘极　管式收尘电极的电场强度较均匀，但清灰困难。一般干式电收尘器很少采用，湿式静电除尘器或静电除雾器多采用管式收尘电极。

管式收尘电极有圆形管和蜂窝形管。后者虽可节省材料，但安装和维修较困难，较少采用。管内径一般为250～300mm，长为3000～6000mm，对无腐蚀性气体可用钢管，对有腐蚀性气体可采用铅管或塑料管或玻璃钢管。

同心圆式收尘电极中心管为管式收尘电极，外圈管则近似于板式收尘电极。各种收尘电极的形式见图13-70。

(2) 板式收尘电极

① 板式收尘电极的形状较多，过去常用的有网状、鱼鳞状、棒帏式、袋式收尘电极等。

a. 网状收尘电极是国内使用最早的，能就地取材，适用于小型、小批量生产的电收尘器。网状收尘电极见图13-71。

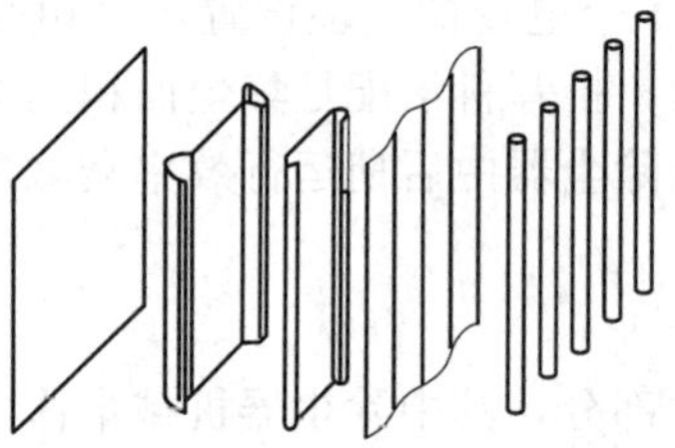

图 13-70 各种收集尘极的形式

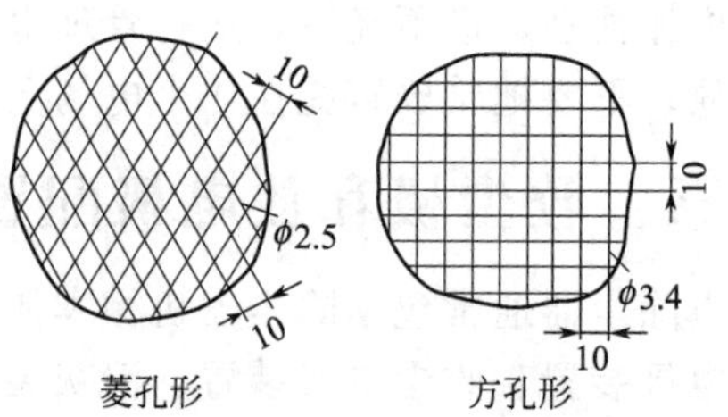

图 13-71 网状收尘电极

b. 棒帏式收尘电极结构简单能耐较高烟气温度（350～450℃），不产生扭曲，设备较重，二次扬尘严重，烟气流速不宜大于 1m/s，近年来用。棒帏式收尘电极见图 13-72。

c. 袋式收尘电极一般用于立式静电除尘器，袋式收尘电极适用于无黏性的烟尘，能较好地防止烟尘二次飞扬，但设备重量大，安装要求严。烟气流速可达 1.5m/s 左右。袋式收尘电极结构如图 13-73 所示。

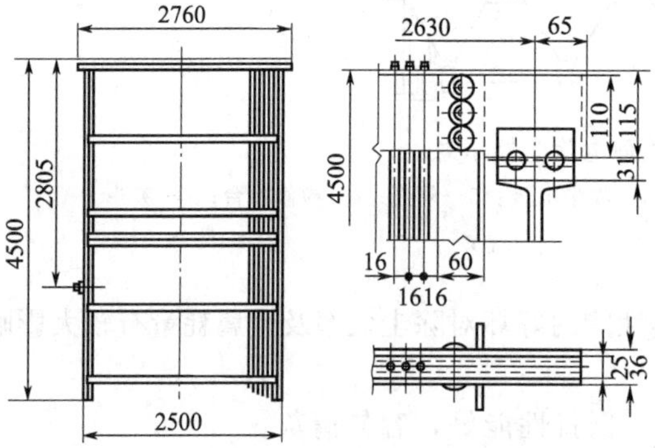

图 13-72 棒帏式收尘电极

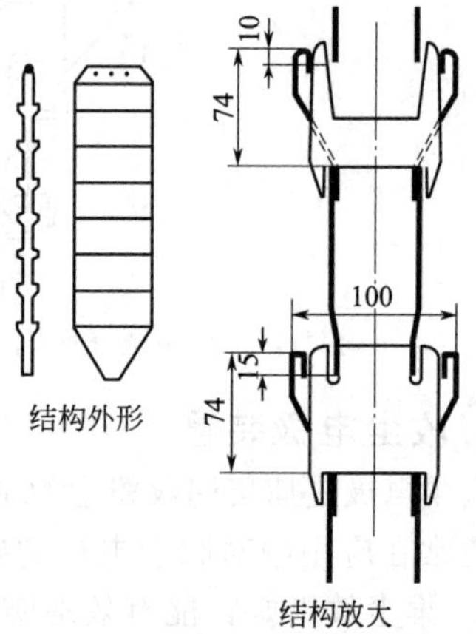

图 13-73 袋式收尘电极

d. 鱼鳞状收尘电极能较好地防止烟尘二次飞扬，由于极板重，振打方式不好，鱼鳞状收尘电极结构见图 13-74。

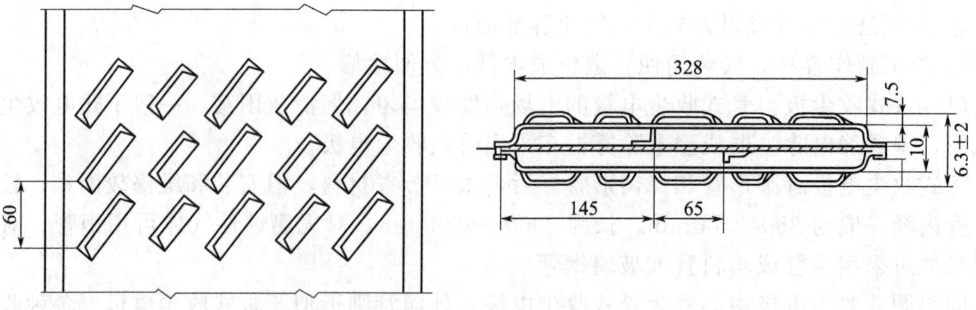

图 13-74 鱼鳞状收尘电极

② C 形收尘电极。极板用 1.5～2mm 的钢板轧成，断面尺寸依设计而定。整个收尘电极由若干块 C 形极板拼装而成。

常用宽型的 C 形收尘极板宽度为 480mm。它具有较大的沉尘面积，粉尘气流流速可超过 0.8m/s，使用温度可达 350～400℃。为充分发挥极板的集尘作用，可采用所谓双 C 形极板。

C形收尘电极常用宽度为480mm，也有宽度为185～735mm。其结构尺寸见图13-75。

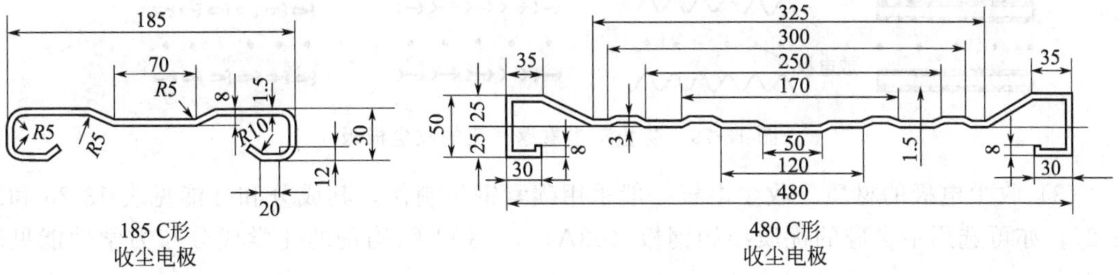

图13-75　C形收尘电极

③ Z形收尘电极。极板分窄、宽、特宽三种形式，用1.2～3.0mm钢板压制或轧成，其断面尺寸如图13-76所示。整个收尘电极也是由若干块Z形极板拼装而成。

因为Z形板两面有槽，所以可充分发挥其槽形防止二次扬尘和刚性好的作用。对称性好，悬挂比较方便。Z形的电极常用宽度385mm，也有宽190mm或1247mm的。

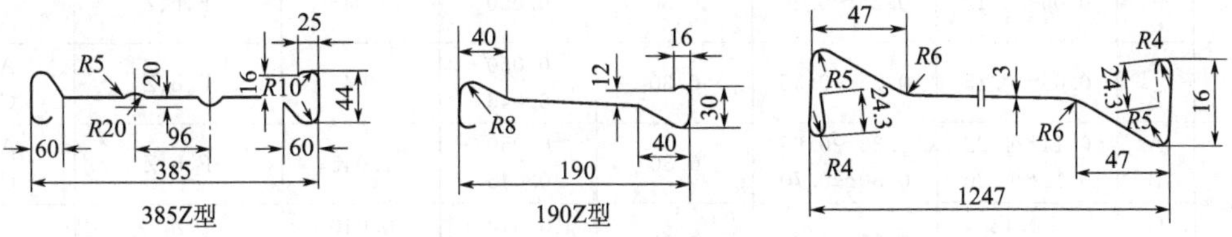

图13-76　Z形收尘电极断面尺寸

④ 管帏式收尘电极。此种电极主要适用于三电极静电除尘器，管径为25～40mm，管壁厚1～2mm，两管间的间隙为10mm。由于管径较粗，可形成防风区防止粉尘二次飞扬。管帏式收尘电极见图13-77。

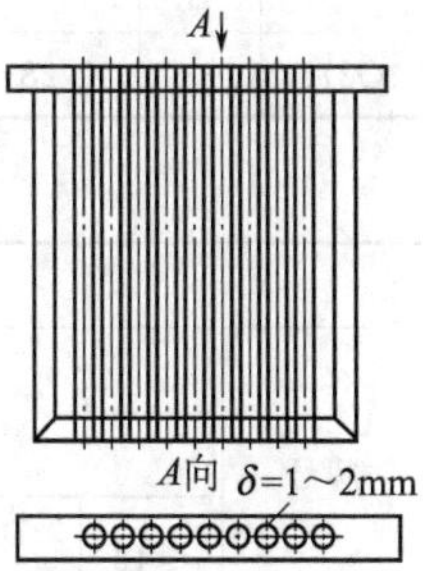

图13-77　管帏式收尘电极

⑤ 其他形式的板型收尘电极。其他断面形状和尺寸的收尘电极还有很多，如图13-78所示。

此外，静电除尘器中的收尘电极表面如果完全向气流暴露，其保留灰尘的性能不很好，例如，普通的管式静电除尘器或使用光滑平面极板的板式静电除尘器用于干式收尘都不能令人满意，除非是捕集黏性粉尘或在特别低的气体速度下使用。如果把捕尘区域屏蔽起来，以防止气流直接吹到就可以大大改善收尘效果。根据这一原理曾经设计出许多屏蔽收尘极板。图13-79是这类极板的一些例子。

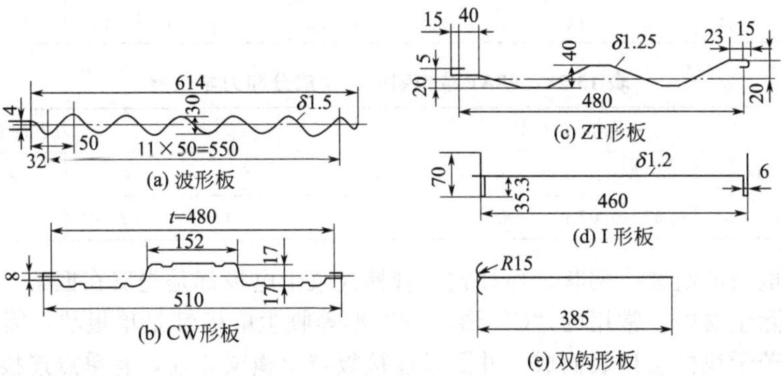

图13-78　板型收尘电极一些形状

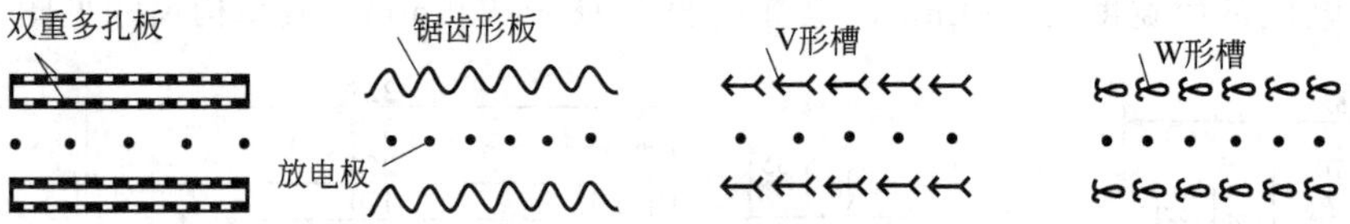

图 13-79 防止灰尘重返气流的收尘极板

(3) 收尘电极的材质 收尘电极一般采用碳素钢板制作，其成分和性能见表 13-26 和表 13-27，亦可选用不含硅的优质结构钢板（08A1），08A1 结构钢的化学成分与力学性能见表 13-28。

表 13-26 碳素结构钢的化学成分（GB 700-88）

牌号	等级	化学成分/%					脱氧方法	相当旧牌号
		碳	锰	硅	硫	磷		
				≤				
Q195	—	0.06～0.12	0.25～0.50	0.30	0.050	0.045	F、b、Z	B1 A1
Q215	A B	0.09～0.15	0.25～0.55	0.30	0.050 0.045	0.045	F、b、Z	A2 C2
Q235	A B	0.14～0.22 0.12～0.20	0.30～0.65 0.30～0.70	0.30	0.050 0.045	0.045	F、b、Z	A3 C3
	C D	≤0.18 ≤0.17	0.35～0.80	0.30	0.040 0.035	0.040 0.035	Z TZ	— —
Q255	A B	0.18～0.28	0.40～0.70	0.35	0.050 0.045	0.045	Z	A4 C4
Q275	—	0.28～0.38	0.50～0.80		0.050	0.015	Z	C5

表 13-27 碳素结构钢的力学性能

牌号	拉伸试验												
	屈服点/(N/mm²) ≥						抗拉强度/(N/mm²)	伸长率 σ_5/% ≥					
	钢材厚度或直径/mm							钢材厚度或直径/mm					
	≤16	>16～40	>40～60	>60～100	>100～150	>150		≤16	>16～40	>40～60	>60～100	>100～150	>150
Q195	(195)	(185)	—	—	—	—	315～435	33	32	—	—	—	—
Q215	215	205	195	185	175	165	335～450	31	30	29	28	27	26
Q235	235	225	215	205	195	185	375～500	26	25	24	23	22	21
Q255	255	245	235	225	215	205	410～550	24	23	22	21	20	19
Q275	275	265	255	245	235	225	490～630	20	19	18	17	16	15

表 13-28 08A1 结构钢的化学成分和力学性能

化学成分/%						力学性能/MPa		
C	Mn	Al	Si	P	S	σ_S	σ_b	σ_{10}
≤0.08	0.3～0.45	0.02～0.07	痕	<0.02	<0.03	220	260～350	39

(4) 收尘电极的组装 网状、棒帏式、管帏式收尘电极都是先安在框架上，然后把带电极的框架装在除尘器内。常用的“C”形、“Z”形等收尘电极都是单板状，需进行组装。每片收尘电极由若干块极板拼装而成，并通过连接板与上横梁相连，有单点连接偏心悬挂的铰接式，也有两点紧固悬挂的固接式。极板间隙 15～20mm。单点偏心悬挂极板可向一侧摆

动，振打时与下部固定杆碰撞，产生若干次碰击力，有利振灰，固接式振打力大于铰接式。烟气温度高时，极板膨胀量大，固接式极板易弯曲。固接式极板高度大于 8m 时，极板间用扁钢（亦称腰带）相连，以增加刚性。极板悬挂方式见图 13-80 及图 13-81。

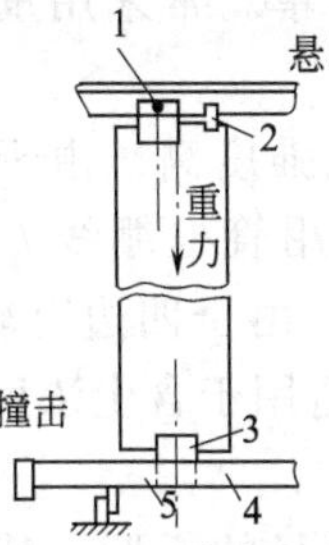

图 13-80　单点悬挂式

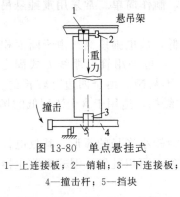

1—上连接板；2—销轴；3—下连接板；4—撞击杆；5—挡块

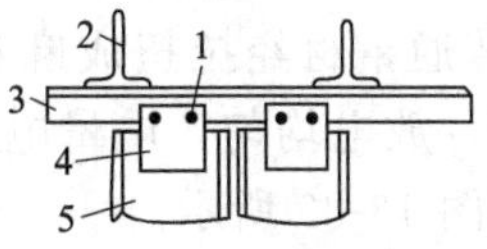

图 13-81　两点悬挂式

1—螺栓；2—顶部梁；3—角钢；4—连接板；5—极板

2. 电晕电极装置

电晕电极的类型对静电除尘器的运行指标影响较大，设计制造、安装过程都必须十分重视。在应用中对电晕电极的一般要求如下。

① 有较好的放电性能，即在设计高压下能产生足够的电晕电流，起晕电压低，和收尘电极相匹配，收尘电极上电流密度均匀。直径小或带有尖端的电晕电极可降低起晕电压，利于电晕放电。如烟气含尘量高，特别是电收尘器入口电场空间电荷限制了电晕电流时，应采用放电性能强的芒刺状电晕电极。

② 易于清灰，能产生较高的振打加速度，使黏附在电晕电极上的烟尘振打后易于脱落。

③ 机械强度好，在正常条件下不因振打、闪络、电弧放电而断裂。

④ 能耐高温，在低温下也具有抗腐蚀性。

(1) 电晕电极的形式　电晕线的形式见图 13-82。电晕电极按电晕辉点状态分为有固定电晕辉点状态和无固定电晕辉点状态两种。

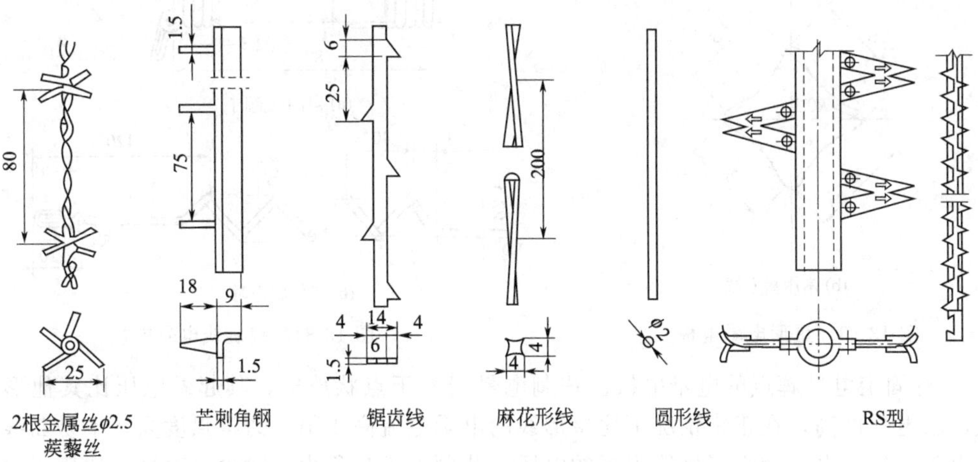

图 13-82　电晕线的形式

① 无固定电晕辉点的电晕电极。这类电晕电极沿长度方向无突出的尖端，亦称非芒刺电极，如圆形线、星形线、绞线、螺旋线等。

a. 光圆线。光圆线的放电强度随直径变化，即直径愈小，起晕电压愈低，放电强度愈高。为保持在悬吊时导线垂直和准确的极距，要挂一个 2～6kg 的重锤。为防止振打过程火花放电时电晕线受到损伤，电晕线不能太细。一般采用直径为 1.5～3.8mm 镍铬不锈钢或合金钢线，其放电强度与直径成反比，即电晕线直径小，起始电晕电压低，放电强度高。通常采用 ϕ2.5～3mm 耐热合金钢（镍铬线、镍锰线等），制作简单。常采用重锤悬吊式刚性框架式结构。但极线过细时，易断造成短路。

b. 星形线。星形电晕线四面带有尖角，起晕电压低，放电强度高。由于断面积比较大（边长为 4mm×4mm 左右），比较耐用，且容易制作。它也采用管框绷线方式固定。常用 ϕ4～6mm 普通钢材经拉扭成麻花形，力学强度较高，不易断。由于四边有较长的尖锐边，起晕电压低，放电均匀，电晕电流较大。多采用框架式结构，适用于含尘浓度低的场合。星形电晕线如图 13-83 所示。

星形线的常用规格为边宽 4mm×4mm，四个棱边为较小半径的弧形，其放电性能和小直径圆线相似，而断面积比 2mm 的圆线大得多，强度好，可以轧制。湿式电收尘器和电除雾器使用星形线时应在线外包铅。

c. 螺旋线。螺旋线的特点是安装方便，振打时粉尘容易脱落，放电性能和圆线相似，一般采用弹簧钢制作，螺旋线的直径为 2.5mm。一些企业采用的电除尘技术，其电晕电极即为螺旋线。图 13-84 为螺旋线电晕电极。

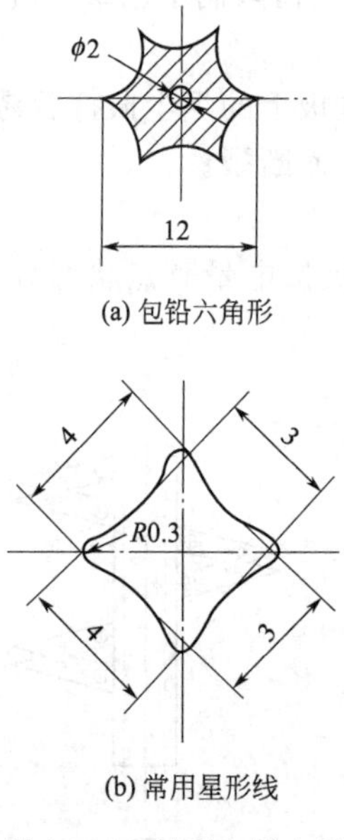

(a) 包铅六角形

(b) 常用星形线

图 13-83 星形电晕电极

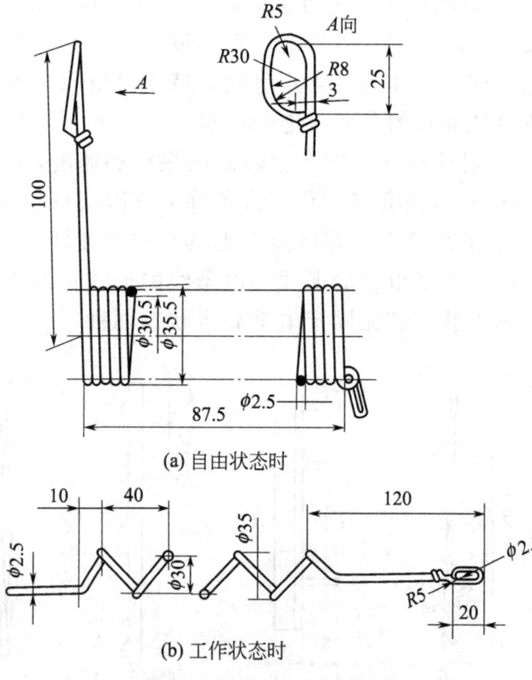

(a) 自由状态时

(b) 工作状态时

图 13-84 螺旋线电晕电极

② 有固定电晕辉点的电晕电极。芒刺电晕线属于点状放电，其起晕电压比其他形式极线低，放电强度高，在正常情况下比星形线的电晕电流高 1 倍。力学强度高，不易断线和变形。由于尖端放电，增强了极线附近的电风，芒刺点不易积尘，除尘效率高，适用于含尘浓度高的场合。在大型静电除尘器中，常在第一、第二电场内使用。芒刺电极的刺尖有时会结小球，因而不易清灰。常用的有柱状芒刺线、扁钢芒刺线、管状芒刺线、锯齿线、角钢芒刺线、波形芒刺线和鱼骨线等。不同芒刺间距和电晕电流的关系见图 13-85。不同芒刺高度的伏安特性见图 13-86。

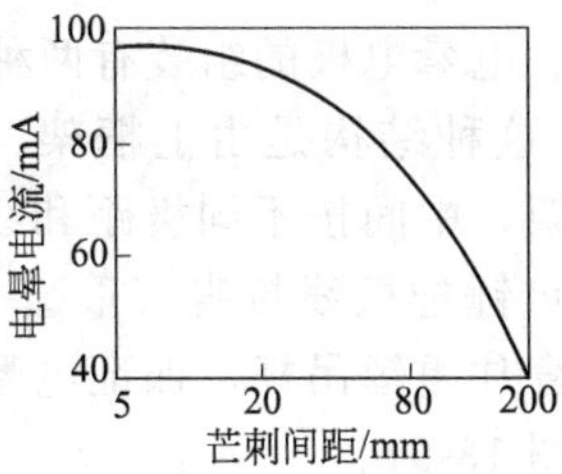

图 13-85 芒刺间距与电晕电流的关系（电压 50V）

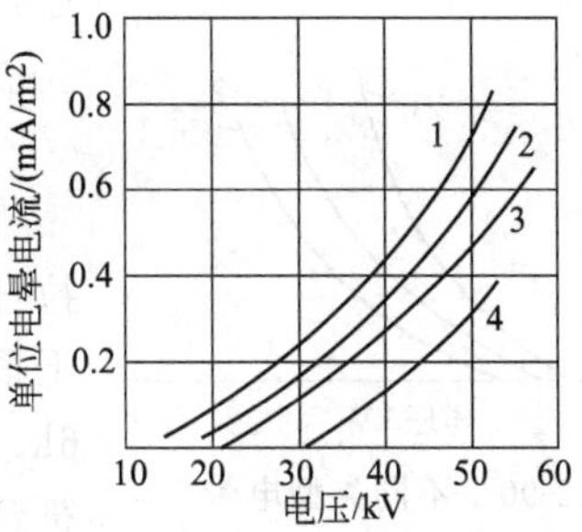

图 13-86 不同芒刺高度的伏安特性

1—芒刺高 20mm；2—芒刺高 15mm；3—芒刺高 12mm；4—芒刺高 5mm

a. 管状芒刺线。管状芒刺线亦称 RS 线，一般和 480C 形板或 385Z 形板配用，是使用较为普遍的电晕电极。早期的管状芒刺线是由两个半圆管组成并焊上芒刺。因芒刺点焊不好容易脱落，如果把芒刺和半圆管由一块钢板冲出，成为整体管状芒刺线，芒刺不会脱落，但测试表明，与圆相对的收尘极板处电流密度为零。现在在圆管上压出尖刺的管形芒刺线，解决了电晕电流不均匀问题。

b. 扁钢芒刺线。扁钢芒刺线是使用较普遍的电晕电极，其效果与管状芒刺线相近，480C 形板和 385Z 形板一般配两根扁钢芒刺线。

c. 鱼骨状芒刺线。鱼骨状电晕电极是三电极静电除尘器配套的专用电极，管径为 25～40mm，针径 3mm，针长 100mm，针距 50mm。几种芒刺形电极见图 13-87，鱼骨状收尘电极及其他形式电晕电极见图 13-88 及图 13-89。

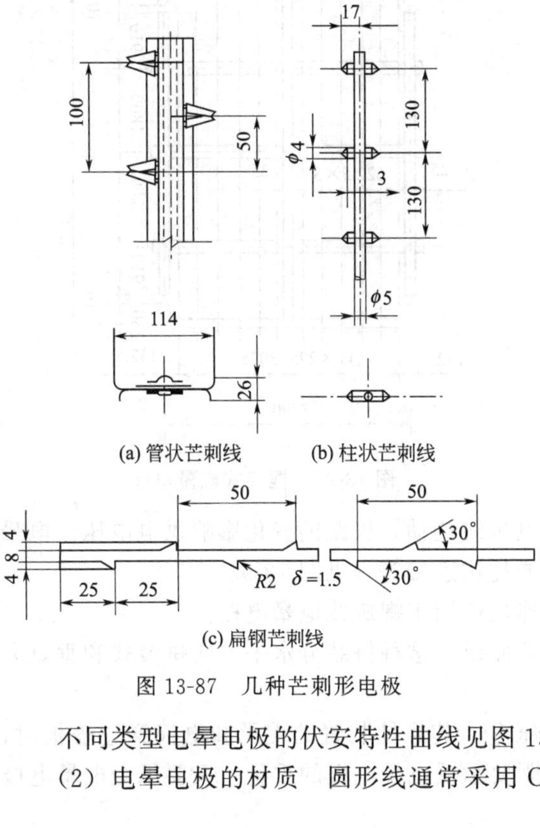

图 13-87 几种芒刺形电极

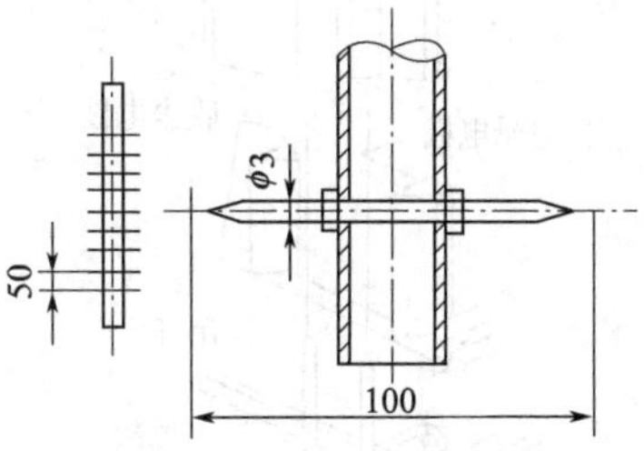

图 13-88 鱼骨状收尘电极

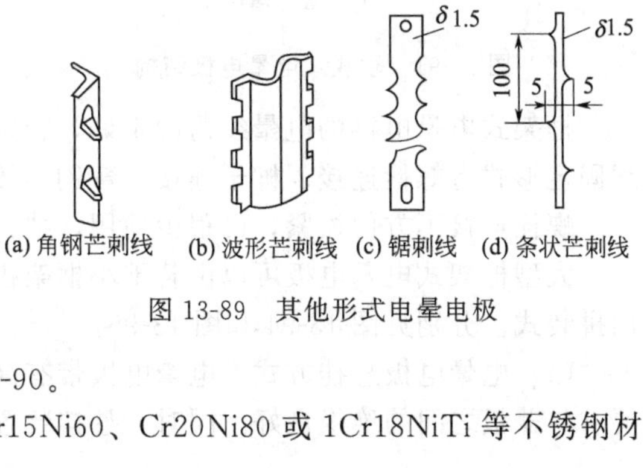

图 13-89 其他形式电晕电极

不同类型电晕电极的伏安特性曲线见图 13-90。

（2）电晕电极的材质 圆形线通常采用 Cr15Ni60、Cr20Ni80 或 1Cr18NiTi 等不锈钢材

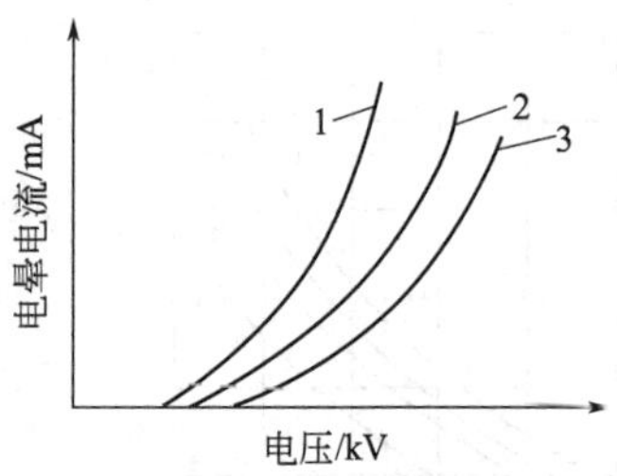

图 13-90 不同类型电晕电极的伏安特性

1—芒刺线；2—星形；3—圆形

质；星形线采用 Q233-A 钢；螺旋线采用 60SiMnA 或 50CrMn 等弹簧钢；芒刺状电极可全部采用 Q235 钢。

(3) 电晕电极的组装 电晕电极的组装有两种方式。

① 垂线式电晕电极。这种结构是由上框架、下框架和拉杆组成的垂线式立体框架，中间按不同极距和线距悬挂若干根电晕电极，下部悬挂重锤把极线拉直（重锤一般为 4～6kg），下框架有定向环，套住重锤吊杆，保证电晕电极间距符合规定要求，其结构见图 13-91。

垂线式电晕电极结构可耐 450℃以下烟气温度，更换电极较方便，但烟气流速不宜过大，以免引起框架晃动。垂线式电晕电极结构可采用圆形线、星形线或芒刺线。这种结构只能用顶部振打方式清灰。

② 框架式电晕电极。静电除尘器大都采用框架式电晕极。通常是将电晕线安装在一个由钢管焊接而成的、具有足够刚度的框架上，框架上部受力较大，可用钢管并焊在一起。框架可以适当增加斜撑以防变形，每一排电晕极线单独构成一个框架，每个电场的电晕极又由若干个框架按同极距联成一个整体，由 4 根吊杆、4 个或数个绝缘瓷瓶支撑在静电除尘器的顶板（盖）上。框架式电晕极的结构形式见图 13-92。电晕线可分段固定，框架面积超过 $25m^2$ 时，可用几个小框架拼装而成。极线布置应与气流方向垂直，除尘器极线为垂直布置，立式除尘器极线为水平布置。

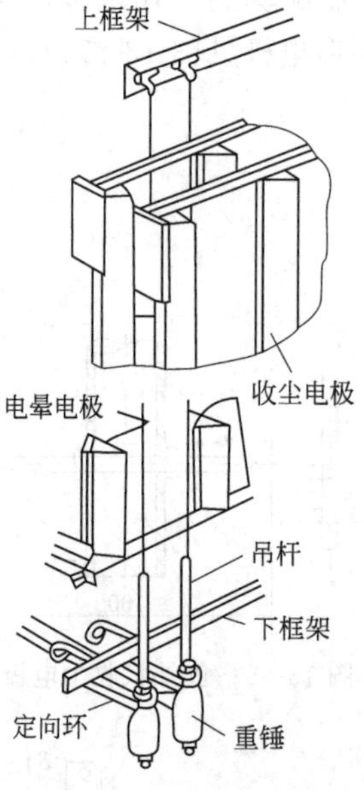

图 13-91 垂线式电晕电极结构

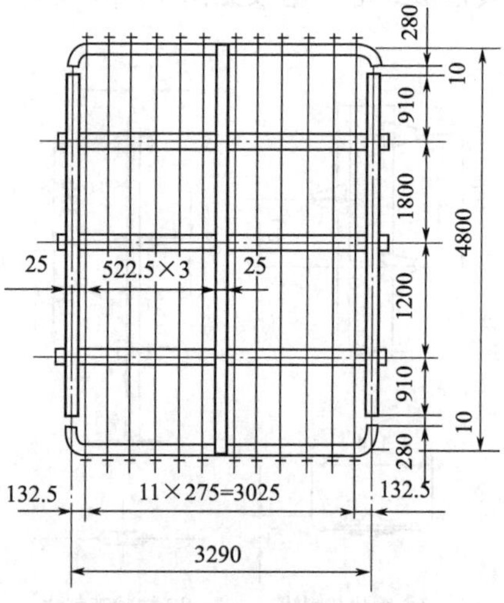

图 13-92 框架式电晕电极

框架式电晕电极的电晕线需固定好，否则电晕线晃动，极距的变化影响供电电压。电晕线固定形式有螺栓连接、楔子连接、弯钩连接或挂钩连接等（见图 13-93）

螺栓连接不方便松紧，已很少使用，挂钩连接适用于螺旋线电晕电极。

大型框架式电晕电极可以由若干小框架拼装而成，这种拼装分水平方向拼装式和垂直方向拼装式。分别见图 13-94 和图 13-95。

(4) 电晕电极悬挂方式 电晕电极带有高压电，其悬挂装置的支承和电极穿过盖板时，要求与盖板之间的绝缘良好。同时，悬挂装置既要承受电晕电极的重量，又要承受电晕电极振打时的冲击负荷，故悬挂装置要有一定强度和抗冲击负荷能力。

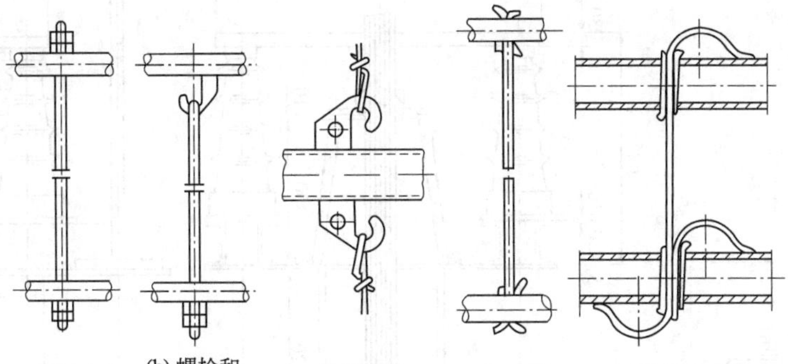

图 13-93 几种电晕线的固定方式

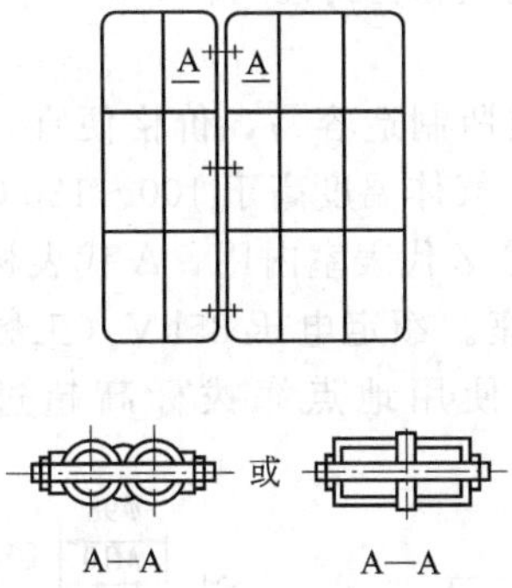

图 13-94 水平方向拼装式

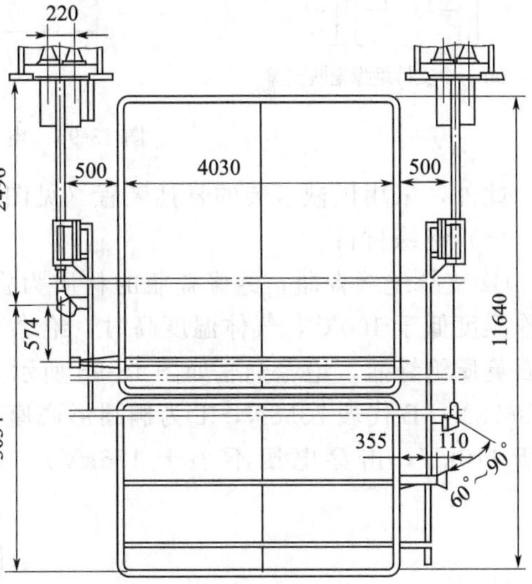

图 13-95 垂直方向拼装式

电晕电极可分单点、两点、三点、四点四种悬挂方式（见图 13-96）。

① 单点悬挂通常用于小型或垂线式电晕电极的静电除尘器，单点悬挂的吊杆要有较大的刚性，最好用圆管制作，同时要有紧固装置，以防框架旋转。

② 两点悬挂一般用于垂线式电晕电极和小型框架式电晕电极的静电除尘器。

③ 三点和四点悬挂一般用于框架式电晕电极结构的静电除尘器，三点悬挂可节省顶部配置面积。

电晕电极的支承和绝缘一般采用绝缘瓷瓶和石英管，电晕电极的悬挂结构有以下两种。

① 悬挂电晕电极的吊杆穿过盖板，用石英管或石英盆绝缘，吊杆固定于横梁上，横梁由绝缘瓷瓶支承。这种悬挂方式是电晕电极重量和振打的冲击负荷都由瓷瓶承担，石英管仅起与盖板的绝缘作用，不受冲击力，因而使用寿命较长，一般用于大型静电除尘器或垂线式电晕电极。

② 悬挂电晕电极的吊杆穿过盖板与金属盖板连接，直接支承在锥形石英管上，节省材料，但电晕电极及振打冲击负荷都由石英管承担，石英管容易损坏，一般适用于小型静电除尘器或框架式电晕电极。

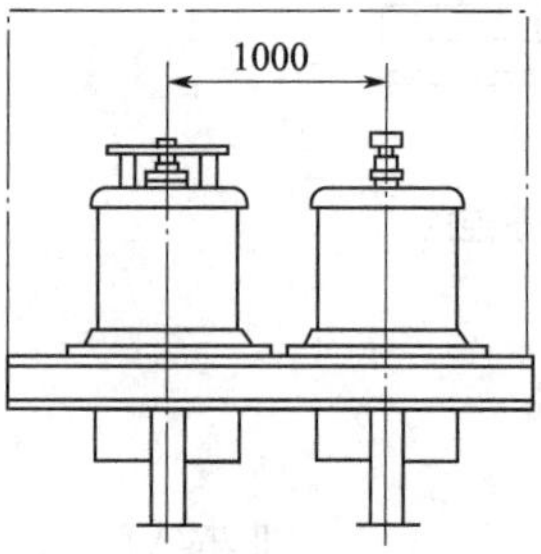

(a) 一个支持绝缘瓷瓶支撑

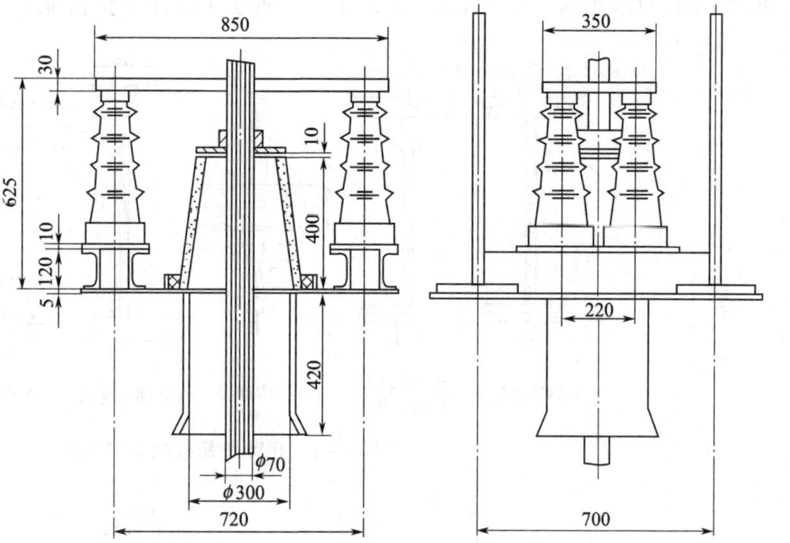

(b) 四个支持绝缘瓷瓶支撑

图 13-96 电晕电极的悬挂装置

此外，采用机械卡装的悬挂装置（见图 13-97）其稳定性和密封性均较好。

（5）绝缘材料

① 支撑绝缘瓷瓶，绝缘瓷瓶的材质为瓷和石英。瓷质瓶制造容易，价格便宜，适用于工作温度低于 100℃，气体温度高时，绝缘性能急剧下降。气体温度高于 100～130℃时，可用石英质绝缘瓶。绝缘瓷瓶如图 13-98 所示。在图中，符号 Z 代表室内用，A 代表机械强度为 3678N，B 代表 7358N，T 为椭圆形底座，F 为方形底座。额定电压 35kV（工频电压不小于 110kV，击穿电压不小于 176kV）。这两种瓷瓶如使用地点海拔标高超过 1000m

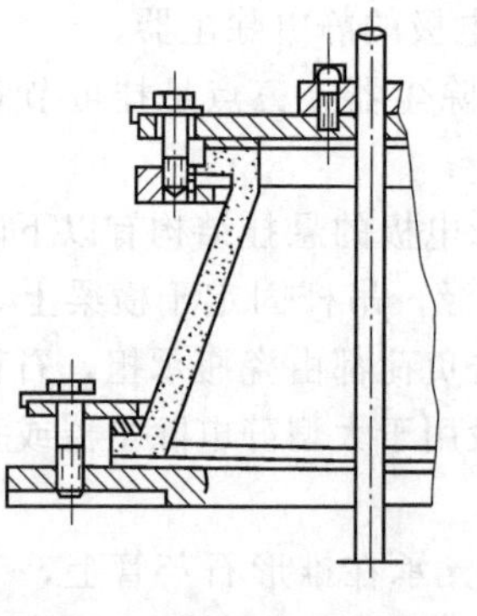

图 13-97 采用机械卡装的悬挂装置

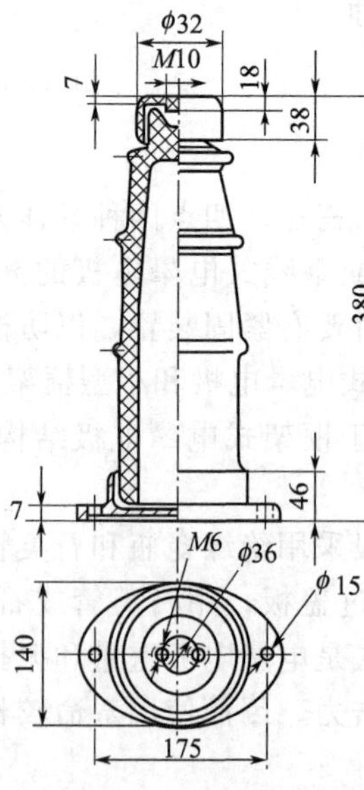

(a) ZA-35T型瓷瓶

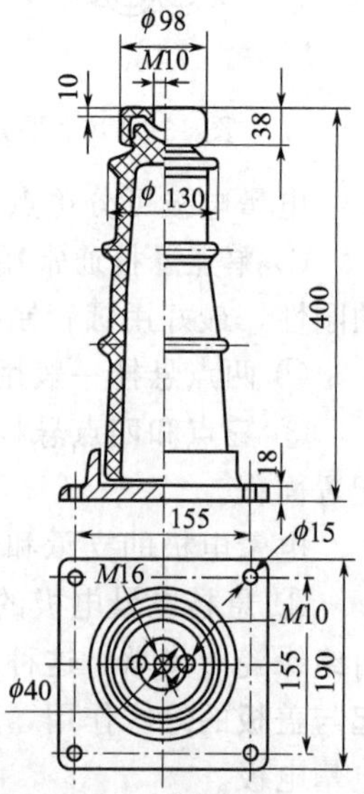

(b) ZB-35F型瓷瓶

图 13-98 常用绝缘瓷瓶

时，其电气特性按规定乘以 K，K 值按下式计算：

$$K=\frac{1}{1.1}-\frac{H}{10000} \tag{13-86}$$

式中，H 为使用地点的海拔标高，m。

上式适用于环境温度为－40～40℃，相对湿度不超过85%，如温度高于 40℃，每超过 3℃，电气特性按规定值提高 1%。

② 石英管及石英盆。静电除尘器常用的石英管为不透明石英玻璃，《不透明石英玻璃材料》规定，抗弯强度大于 $3433N/cm^2$；抗压强度大于 $3924N/cm^2$；电击穿强度为能经受交流电 10～14kV/mm；热稳定性为试样在 800℃降至 20℃情况下，经受 10 次试验不发生裂纹和崩裂；二氧化硅含量大于 99.5%；断面承载能力 $40N/cm^2$。石英管的外形见图 13-99。静电除尘器常用石英管直径和厚度关系见表 13-29。烟气温度在 130℃以下时，可用相同规格的瓷管代替石英盆，但壁尖不小于 25mm。

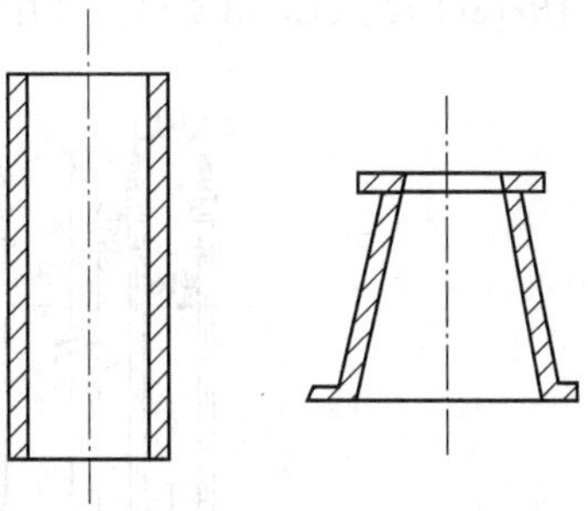

图 13-99　石英管外形

表 13-29　石英管管壁厚度与直径的关系　　单位：mm

石英管直径	80	100	150	200	300
壁厚	7	8	10	10	12

(6) 绝缘装置的保洁措施　由于环境条件或绝缘装置与含尘烟气直接接触造成，积灰将降低绝缘性能，为使绝缘装置保持清洁可采取如下措施。

① 定期擦绝缘瓷瓶。擦时先关闭电源，导走剩余静电。此法适用于裸露在大气中的绝缘瓷瓶。

② 用气封隔绝含尘烟气与绝缘瓷瓶接触，并采用热风清扫。其装置见图 13-100。气封处气体断面速度为 0.3～0.4m/s，喷嘴气流速度为 4～6m/s，气封气体温度一般不低于 100℃，气体含尘不大于 $0.03g/m^3$。增设防尘套管。为防止烟尘进入石英套管可在其下端增设防尘套管，其结构见图 13-101。

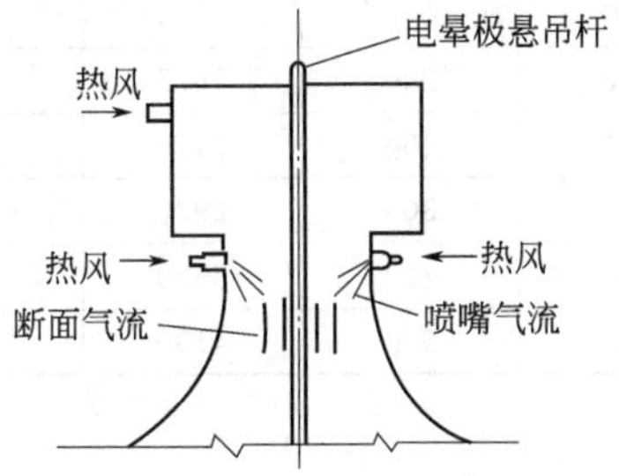

图 13-100　气封及热风清扫装置示意

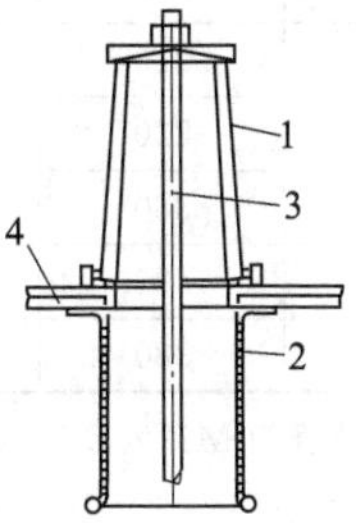

图 13-101　防尘套管

1—石英套管；2—防尘套管；3—吊杆；4—垫板

若不采取措施，烟气中的酸雾和水分在石英管表面会凝结，引起爬电，不仅使得电压升高，而且会造成石英管击穿，设备损坏。防止爬电的方法一般是在石英管周围设置电加热装置，但其耗电大。静电除尘器操作温度高时，电加热装置可间歇供电，在某些条件下适当控制操作温度，也可不设电加热器。湿式静电除尘器和静电除雾器必须设置电加热装置。一般使用管状加热器，结构简单，使用方便，并用恒温控制器自动调节温度。

管状加热器是在金属管内放入螺旋形镍铬合金电阻丝，管内空隙部分紧密填满具有良好导热性和绝缘性的氧化物。加热静止的空气，管径宜为 10～12mm，表面发热能力为 0.8～1.2W/cm^2，一般弯成 U 形，曲率半径应大于 25mm。流动空气和静止空气管状加热器分别见图 13-102 及图 13-103。常用管状加热器的型号和外形尺寸见表 13-30 及表 13-31。

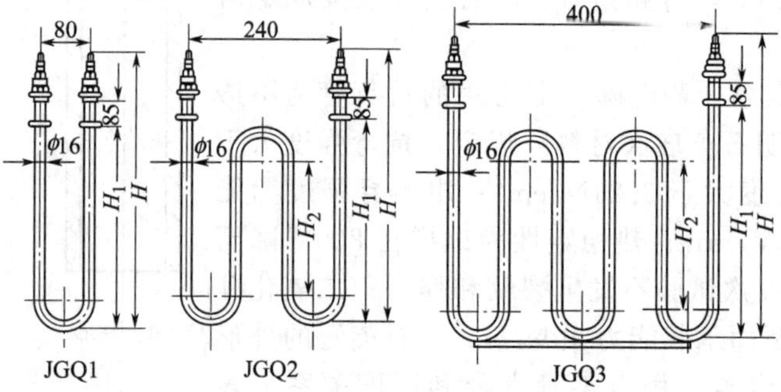

图 13-102 流动空气管状加热器

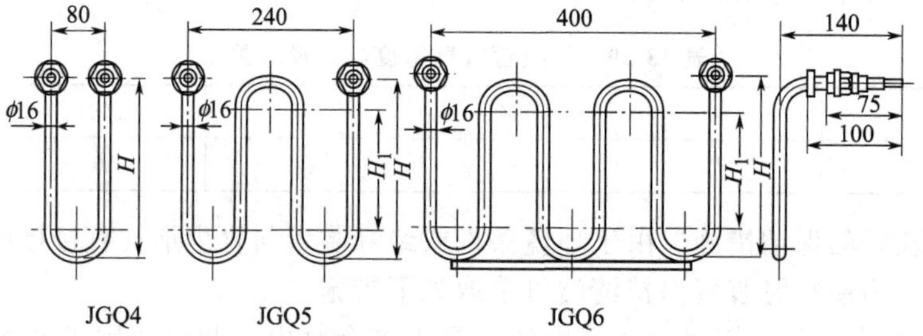

图 13-103 静止空气管状加热器

表 13-30 流动空气管状加热器型号和尺寸

型号	电压/V	功率/kW	外形尺寸/mm				重量/kg
			H	H_1	H_2	总长	
JGQ1-22/0.5	220	0.5	490	330		1025	1.25
JGQ1-220/0.75	220	0.75	690	530		1425	1.60
JGQ2-220/1.0	220	1.0	490	330	200	1675	1.83
JGQ2-220/1.5	220	1.5	690	530	400	2475	2.62
JGQ3-380/2.0	380	2.0	590	430	300	2930	3.43
JOQ3-380/2.5	380	2.5	690	530	400	3530	4.00
JGQ3-380/3.0	380	3.0	790	630	500	4130	4.50

注：元件固螺纹管为 M22×1.5×45，接线部分长 30mm。

表 13-31 静止空气管状加热器型号和尺寸

型号	电压/V	功率/kW	外形尺寸/mm		
			H	H_1	总长
JGQ4-220/0.5	220	0.5	330		950
JGQ4-220/0.8	220	0.8	450		1190
JGQ4-220/1.0	220	1.0	600		1490

续表

型号	电压/V	功率/kW	外形尺寸/mm		
			H	H_1	总长
JGQ3-220/1.2	220	1.2	350	250	1745
JGQ3-220/1.5	220	1.5	450	350	2145
JGQ3-220/1.8	220	1.8	550	450	2545
JGQ3-380/2.0	380	2.0	400	300	2795
JGQ3-380/2.5	380	2.5	500	400	3395
JGQ3-380/3.0	380	3.0	600	500	3995

注：元件固螺纹管为 M22×1.5×45，接线部分长 30mm。

管状加热器功率按下式计算：

$$W=\frac{KqF}{0.74} \tag{13-87}$$

$$q=\frac{t_1-t_2}{\frac{1}{a_1}+\frac{\delta}{\lambda}+\frac{1}{a_2}} \tag{13-88}$$

式中，K 为系数，一般取 1.5；q 为单位散热量，W/m^2；t_1 为保温气体温度,℃；t_2 为保温箱外空气温度,℃；a_1 为 t_1 时的散热系数，$W/(m^2 \cdot ℃)$；a_2 为 t_2 时的散热系数，$W/(m^2 \cdot ℃)$；λ 为保温层的热导率，$W/(m^2 \cdot ℃)$；δ 为保温层厚度，m；F 为保温箱的散热面积，m^2。

四、振打装置设计

良好的静电除尘器应当是能够从电极上除掉积存的灰尘。清掉积尘不仅对于回收的粉尘是必要的，而且对于维持除尘工艺的最佳电气条件也是必要的。一般清除电极积尘的方法是使电极发生振动或受到冲击，这个过程叫做电极的振打。有些静电除尘器的收尘电极和电晕电极上都积存着粉尘，且积尘的厚度可以使电晕电极都需要进行有效的振打清灰。

静电除尘器清灰装置绝不是次要的装置。它决定着总的除尘效率。考虑来自电极积尘和来自灰斗中的气流干扰等所引起的返流损失，就会知道其困难程度。如何解决清灰问题有许多方法，这些方法有振打装置、湿式清灰、声波清灰等。对良好振打的要求是：①保证清除掉黏附在分布板、收尘电极和电晕电极上的烟尘；②机械振打清灰时传动力矩要小；③尽量减少漏风；④便于操作和维修；⑤电晕电极振打系统和电动机、减速机、盖板等均必须绝缘良好，并设接地线。

1. 湿式静电除尘器的清灰

湿式静电除尘器是广泛采用的静电除尘器之一。湿式静电除尘器一般采用水喷淋湿式清灰。在除尘过程中，对于沉积到极板上的固体粉尘，一般是用水清洗沉淀极板，使极板表面经常保持一层水膜，当粉尘沉到水膜上时，便随水膜流下，从而达到清灰的目的。形成水膜的方法，既可以采用喷雾方式，也可以采用溢流方式。

湿式清灰的主要优点是：二次扬尘最少；粉尘比电阻问题不存在了；水滴凝聚在小尘粒上更利于捕集；空间电荷增强，不会产生反电晕。此外，湿式除尘器还可同时净化有害气体，如二氧化硫、氟化氢等。湿式静电除尘器的主要问题是腐蚀、生垢及污泥处理等。

湿式清灰的关键在于选择性能良好的喷嘴和合理地布置喷嘴。湿式清灰一般选用喷雾好的小型不锈钢喷嘴或铜喷嘴。清灰的喷嘴布置是按水膜喷水和冲洗喷水两种操作制度进行的。

（1）水膜喷水　湿式静电除尘器一般设有三种清灰水膜喷水，即分布板水膜、前段水膜和电极板水膜。气流分布板水膜喷水在静电除尘器进风扩散管内气流分布板迎风面的斜上方，使喷嘴直接向分布板迎风面喷水，形成水膜。大中型湿式静电除尘器往往设2排喷水管，装多个斜喷嘴，其中第1排少一些，第2排多一些喷嘴。每个喷嘴喷水量为2.5L/min左右，前段水膜喷水在紧靠进风扩散管内的气流分布板上面设有1排喷嘴，直接向气流中喷水（顺喷）形成一段水膜段，使烟尘充分湿润后进入收尘室。

收尘电极水膜喷水是在收尘室电极板上设若干喷嘴，喷嘴由电极板上部向电极板喷水，使电极板表面形成不断向下流动的水膜，以达到清灰的目的。

（2）冲洗喷水　在每个电场电极板水膜喷水管的上部，装设有冲洗喷嘴进行冲洗喷水，冲洗水量较水膜喷水少些。

根据操作程序规定，应在停电和停止送风后对静电除尘器电场进行水膜喷水。停止后，立即进行前区冲洗约3min，接着后区冲洗约3min。

每个喷嘴喷水量依喷嘴而异，大约为15L/min，总喷水量比水膜喷水略少。

（3）供水要求　静电除尘器清灰用水应有基本要求。耗水指标为0.3～0.6L/m^3空气；供水压力为0.5MPa，温度低于50℃；供水水质为悬浮物低于50mg/L，全硬度低于200mg/L。

清灰用水一般是循环使用，当悬浮物或其他有害物超过一定浓度时要进行净化处理，符合要求时再使用。

2. 收尘极振打清灰

收尘极板上粉尘沉积较厚时，将导致火花电压降低，电晕电流减小，有效驱进速度显著减小，除尘效率大大下降。因此，不断地将收尘极板上沉积的粉尘清除干净，是维持电除尘器高效运行的重要条件。

收尘极板的清灰方式有多种，如刷子清灰、机械振打、电磁振打及电容振打等。但应用最多的清灰方式是挠臂锤机械振打及电容振打。

振打清灰效果主要在于振打强度和振打频率。振打强度的大小决定于锤头的质量和挠臂的长度。振打强度一般用沉淀极板面法向产生的重力加速度g（9.80m/s^2）表示。一般要求，极板上各点的振打强度不小于100～200g，实际上，振打强度也不宜过大，只要能使板面上残留薄的一层粉尘即可，否则二次扬尘增多，结构损坏加重。

（1）决定振打强度的因素

① 静电除尘器容量。对于外形尺寸大、极板多的静电除尘器，需要振打强度大。

② 极板安装方式。极板安装方式不同，如采用刚性连接，或自由悬吊方式，由于它们传递振打力情况不同，所需振打强度不同。

③ 粉尘性质。黏性大、比电阻高和细小的粉尘振打强度要大，例如振打强度大于200g，这是因为高比电阻粉尘的附着力，主要靠静电力，所以需要振打强度更大。细小粉尘比粗粉尘的黏着力大，振打强度也要大些。

④ 湿度。一般情况下湿度高些对清灰有利，所需振打加速度也小些。但湿度过高可能使粉尘软化，产生相反的效果。

⑤ 使用年限。随着静电除尘器运行年限延长，极板锈蚀，粉尘板结，振打的强度应该提高。

⑥ 振打制度。一般有连续振打和间断振打两种。采用哪种振打制度合适，要视具体条

件而定。例如，若粉尘浓度较高，黏性也较大，采用强度不太大的连续振打较合适。总之，合适的振打强度和振打频率，在设计阶段只是大致的确定，只有在运行中根据实际情况通过现场调节来完成。

机械振打机构简单，强度高，运转可靠，但占地较大，运动构件易损坏，检修工作量大，控制也不够方便。

(2) 挂锤（挠臂锤）式振打装置 这种装置是使用最普遍的振打方式，其结构简单，运转可靠，无卡死现象。为避免振打时烟尘出现二次飞扬，每个振打锤头应顺序错开一定位置。根据经验每个锤头所需功率为 0.014kW。常用的挂锤振打装置见图 13-104 及表 13-32。

表 13-32 几种锤头型式

普通型锤头	整体锤头	加强整体锤头	加强型锤头
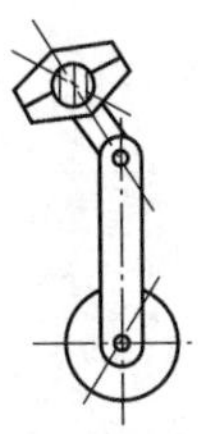	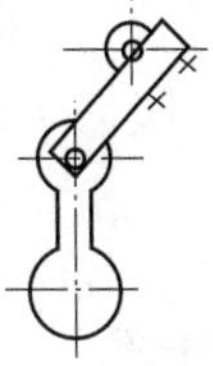	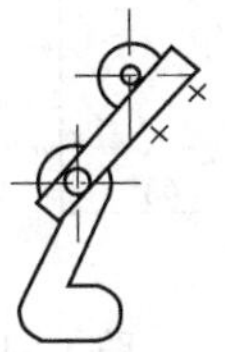	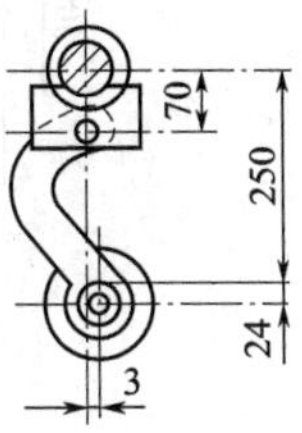
锤头易损坏及脱落	锤头不易损坏、脱落	锤头不易损坏，振打力比普通型明显增加	锤头不易脱落，振打力比普通型明显增加

(3) 电磁振打装置 这种装置适用于顶部振打，多用于小型静电除尘器，电磁振打装置及脉冲发生器见图 13-105。

电磁振打装置由电磁铁、弹簧和振打杆组成。线圈 1 通电时，振打杆 2 被抬起，并压缩弹簧 3，线圈断电后，振打杆依靠自重和弹簧的弹力撞击极板，振打强度可通过改变供电变压器的电压调节。此外，尚需一套脉冲发生器与电磁振打器相配合。

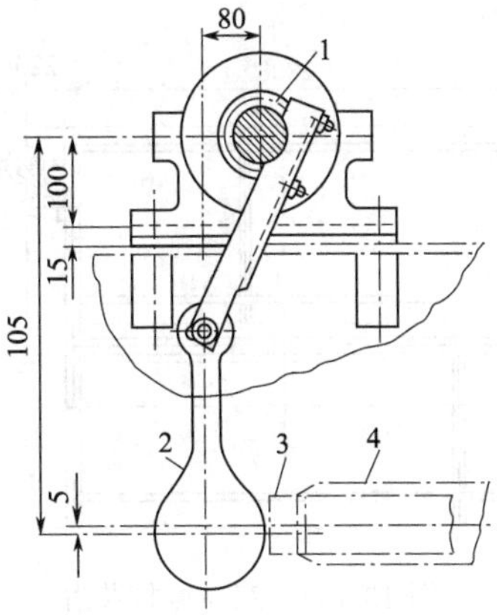

图 13-104 收尘极振打装置

1—传动轴；2—锤头；3—振打铁锤；4—沉淀机振打杆

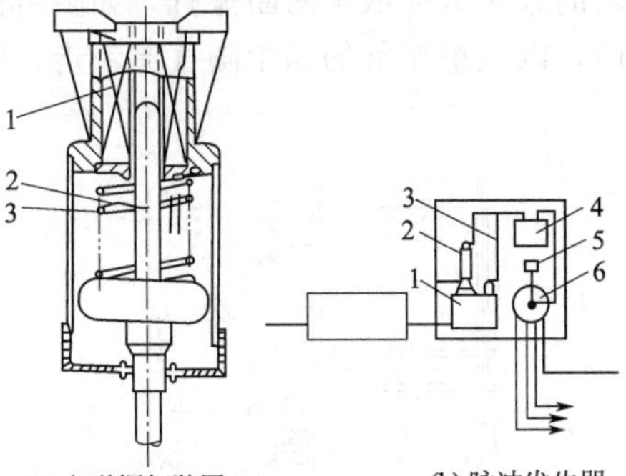

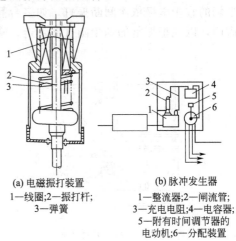

(a) 电磁振打装置
1—线圈；2—振打杆；
3—弹簧

(b) 脉冲发生器
1—整流器；2—闸流管；
3—充电电阻；4—电容器；
5—附有时间调节器的
电动机；6—分配装置

图 13-105 电磁振打装置和脉冲发生器

(4) 压锤（拨叉）式振打装置（见图 13-106） 这种装置是把振打锤悬挂在收尘电极上，回转轴上按不同角度均匀安设若干压辊式拨叉，回转转动时顺序将振打锤压至一定高度，压辊式拨叉转过后，振打轴落下击打收尘电极。由于振打锤悬挂在收尘极板上，不会因温度、极板伸长而影响的准确性。

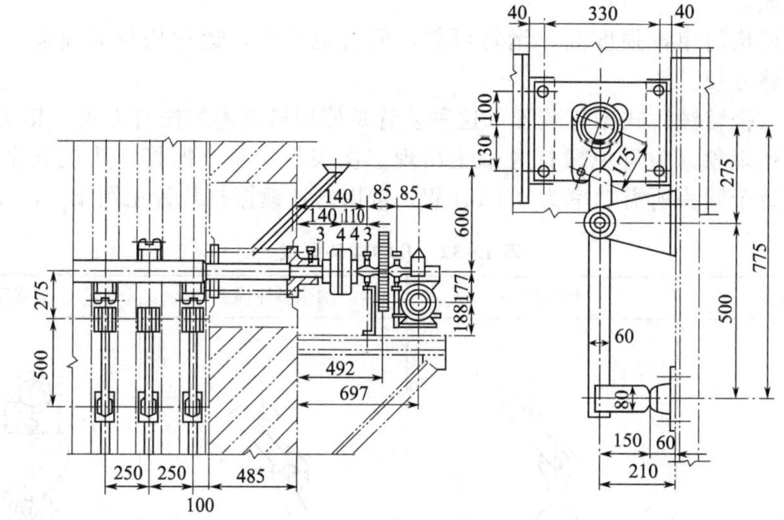

图 13-106 压锤式振打装置

(5) 铁刷清灰装置 在一些特殊条件下，用常规振打装置不能将收尘极板上的烟灰清除干净，为此，有采用刷子清灰的方法。除尘器采用刷子清灰方式，效果都不错。但刷子清灰结构复杂，只在振打方式无效时才采用。

(6) 多点振打和双向振打（见图 13-107、图 13-108） 由于大型除尘器的极板高且宽，为保证振打力均匀，采用多点或双向振打。静电除尘器的振打轴穿过除尘器壳体时，对小型除尘器，只需两端支持在端轴承上，对大型除尘器在轴中部还需设置中轴承、端轴承贯通除尘器内外，必须有良好的轴密封装置，常用的端轴承密封装置见图 13-109。中轴承处于粉尘之中，不宜采用润滑剂。常用轴承有托辊式和剪刀叉式两种。剪刀叉式轴承见图 13-110。各电场的收尘电极依次间断振打，如多台静电除尘器并联，振打最后一个电场时，应关闭出口阀门，以免把振落的烟尘随气流带走，降低除尘效率。

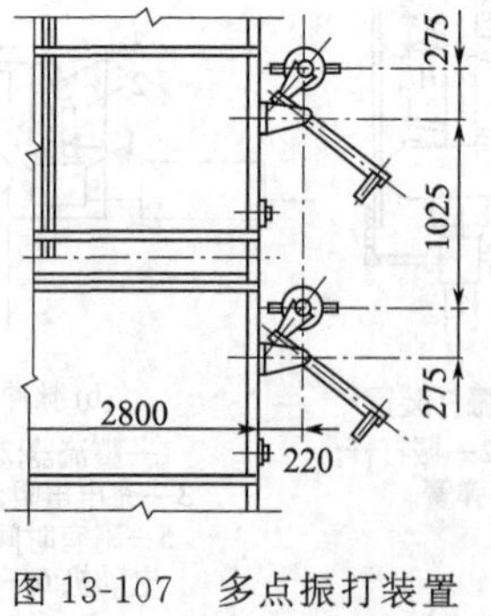

图 13-107 多点振打装置

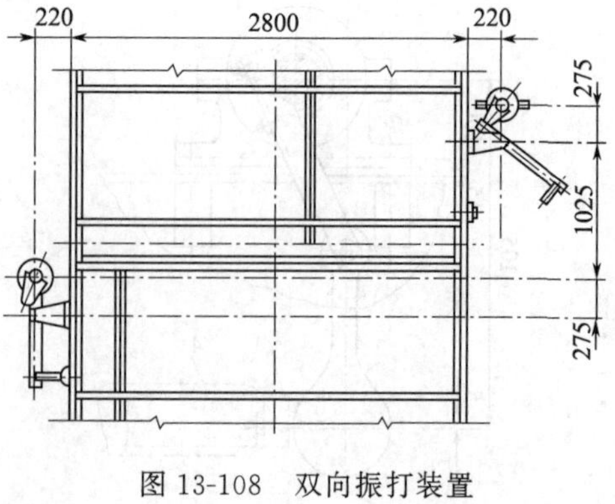

图 13-108 双向振打装置

3. 电晕极的清灰

电晕极上沉积粉尘一般都比较少，但对电晕放电的影响很大。如粉尘清不掉，有时在电晕极上结疤，不但使除尘效率降低，甚至能使除尘器完全停止运行。因此，一般是对电晕极采取连续振打清灰方式，使电晕极沉积的粉尘很快被振打干净。

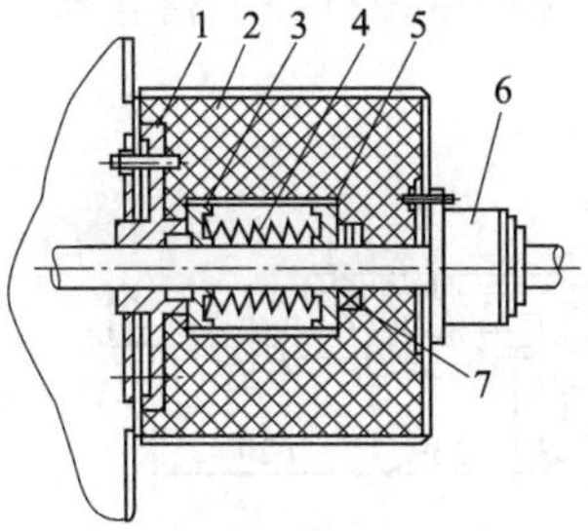

图 13-109　常用端轴承密封装置

1—密封盘；2—矿渣棉；3—密封摩擦块；4—弹簧；
5—弹簧座；6—滚动轴承；7—挡圈

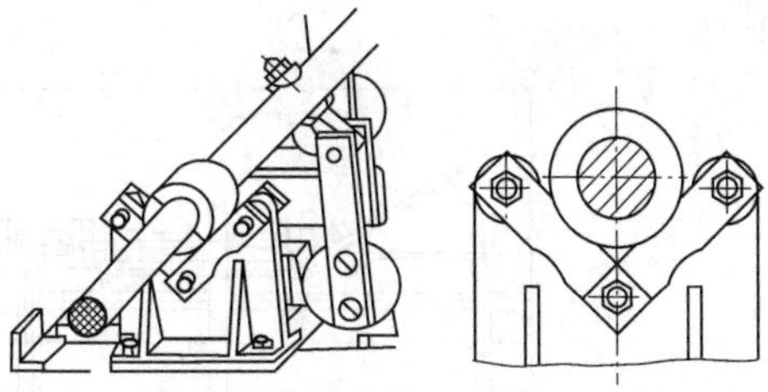

图 13-110　剪刀叉式轴承

电晕极的振打形式分顶部振打和侧部振打两种。振打方式有多种，常用的有提升脱钩振打、侧部挠臂锤振打等方式。

(1) 顶部振打装置　顶部振打装置设置在除尘器的阴极或阳极的顶部，称为顶部振打静电除尘器。静电除尘顶部锤式振打，由于其振打力不调整，普遍用于立式静电除尘器。应用较多的顶部振打为刚性单元式，这种顶部振动的传递效果好，且运行安全可靠、检修维护方便。顶部振打分内部振打和外部振打，前者的传动系统需穿过盖板时，该处密封性较差；后者振打锤不直接打在框架上，而是通过振打杆传至上框架，振打力较差。顶部振打装置见图 13-111、图 13-112。

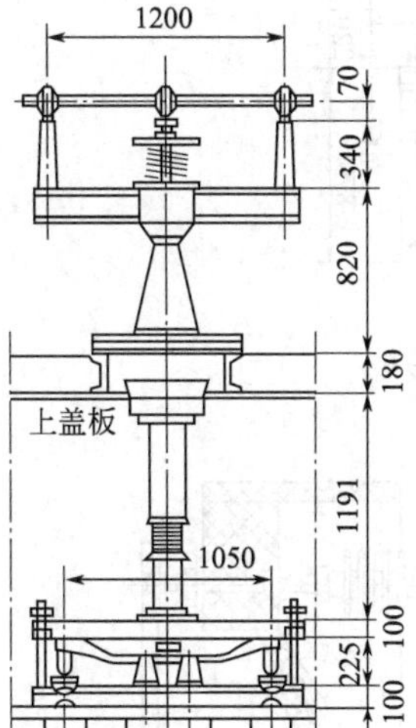

图 13-111　顶部振打（内部）装置

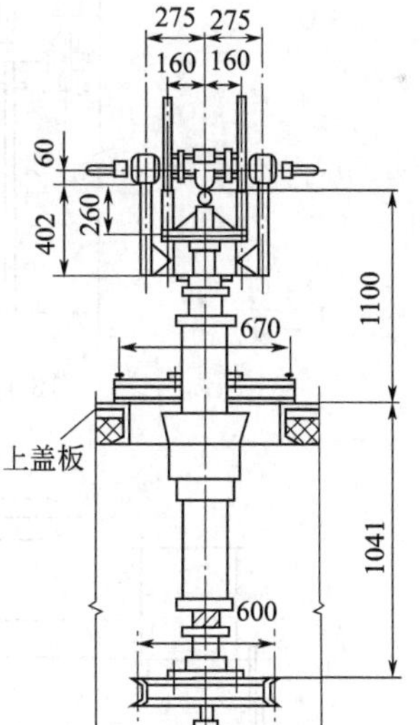

图 13-112　顶部振打（外部）装置

内部振打是利用机械将振打锤或振打辊轮提升至一定高度，然后直接冲击顶部上框架，使电晕电极发生振动。振打对电晕电极（挂锤式管状芒刺线）清灰效果良好。

外部振打由于锤、砧设在外面，维修比较方便。

(2) 侧部振打装置　框架式电晕电极一般采用侧部振打。用得较多的均为挠臂锤振打，为防止粉尘的二次飞扬，在振打轴的 360°上均匀布置各锤头，其振打力的传递与粉尘下降方向成一定夹角。

① 提升脱钩电晕电极振打装置。这种方式结构较复杂，制造安装要求高，其结构见图

13-113。传动部分在顶盖上，通过连杆抬起振打锤，顶部脱钩后振打锤下落，撞击电晕电极框架。

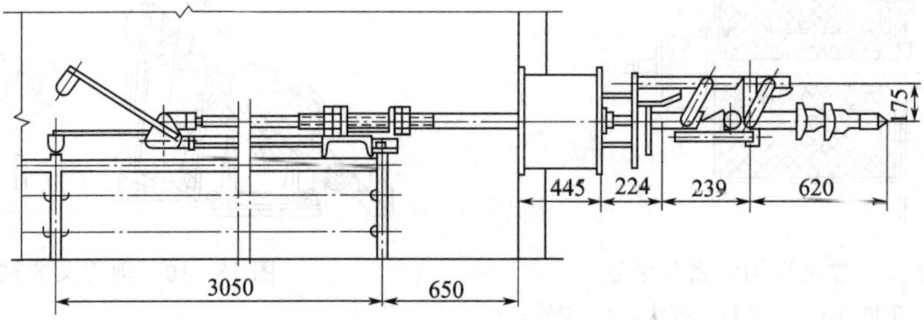

图 13-113 提升脱钩电晕电极振打装置

② 侧传动振打装置。这种装置，结构简单、故障少，使用较普遍。侧传动又分直连式和链传式两种，分别见图 13-114、图 13-115。为防止烟尘进入传动箱污染绝缘轴，在穿过壳体处可用聚四氟乙烯板密封或用热空气气封。直连式占地面积大，操作台宽，但传动效率高。链传式配置紧凑，操作台窄一些，传动效率稍低。

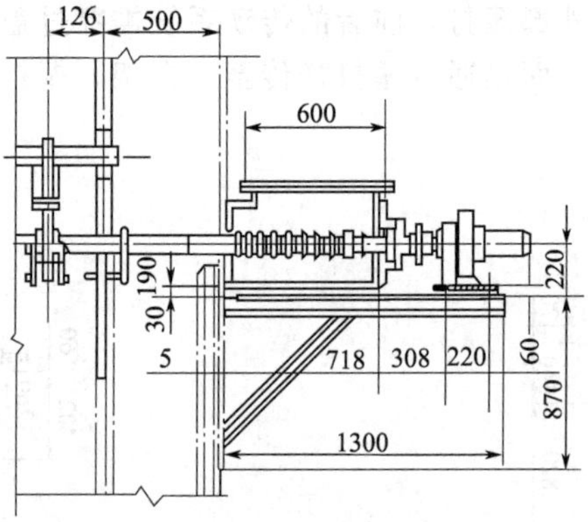

图 13-114 直连式侧传动振打装置

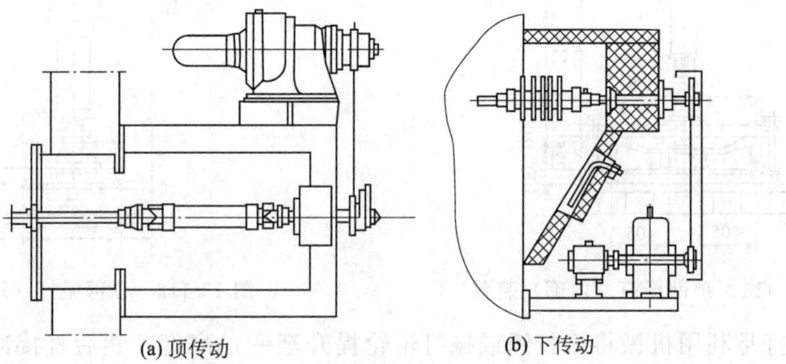

图 13-115 链传式侧传动振打装置

③ 顶部传动侧振打装置。这种装置靠伞齿轮使传动轴改变方向，以适应侧面振打（见图 13-116）。

（3）绝缘瓷轴 通常使用的绝缘瓷轴有螺孔连接和耳环连接。绝缘轴见图 13-117、图 13-118，其尺寸见表 13-33。该产品适用电压不大于 72kV，操作温度不大于 150℃。

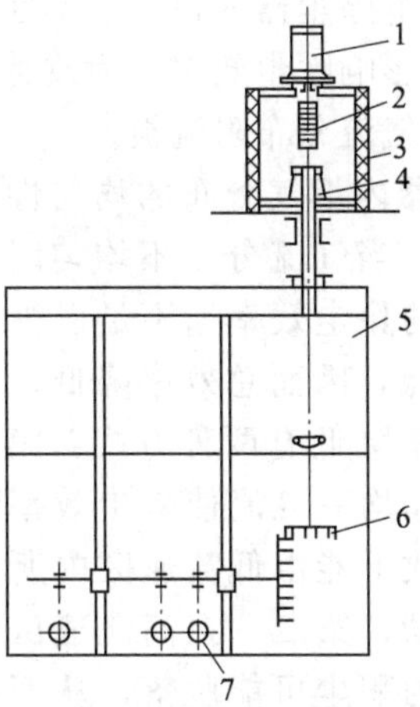

图 13-116 顶部传动侧振打装置

1—电动机；2—绝缘瓷轴；3—保温箱；4—绝缘支座；
5—电晕电极框架；6—伞齿轮；7—振打锤

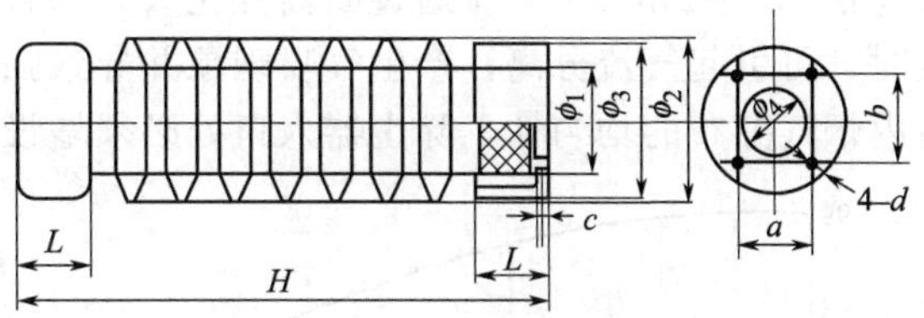

图 13-117 螺孔连接瓷轴

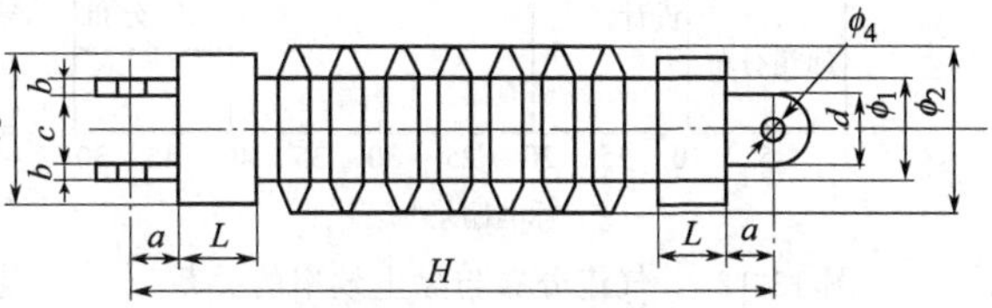

图 13-118 耳环连接瓷轴

表 13-33 绝缘瓷轴的型号及尺寸 单位：mm

型号	H	L	a	b	c	d	ϕ_1	ϕ_2	ϕ_3	ϕ_4
AZ72/150-L_1	390^{+3}_{-4}	53	58	67	5	M10	80	130	120	56
AZ72/150-L_2	390^{+3}_{-4}	53	50	62	5	M10	80	130	120	60
AZ72/150	460^{+4}_{-4}	53	85	12		50	80	130	120	18.5

（4）气流分布板振打装置 由于机械碰撞和静电作用，进口气流分布板孔眼有时被烟尘堵塞，影响气流均匀分布且增加设备阻力，甚至影响除尘效果。所以要定时清灰振打。分布板的振打装置有手动和电动两种。由于烟尘堵塞和设备锈蚀原因，手动振打装置有时不能正常操作而失去清灰作用。实践中静电除尘器绝大部分为电动振打，其传动系统可以单独设置，也可与收尘电极振打共用。手动振打装置见图 13-119。电动振打装置见图 13-120，这种电动振打装置较为常用。

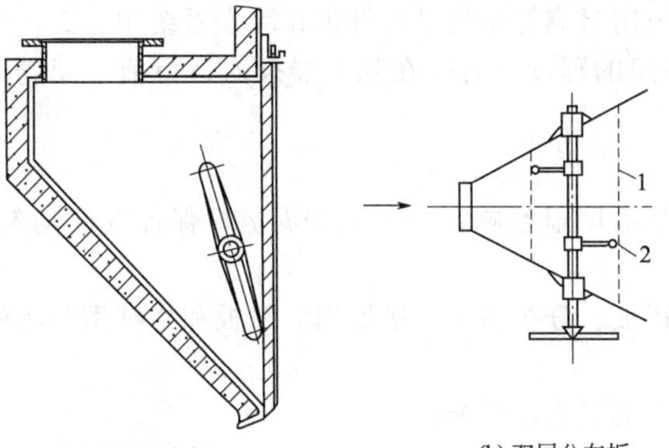

(a) 单层分布板

(b) 双层分布板
1—气流分布板；2—振打锤

图 13-119 分布板手动振打装置

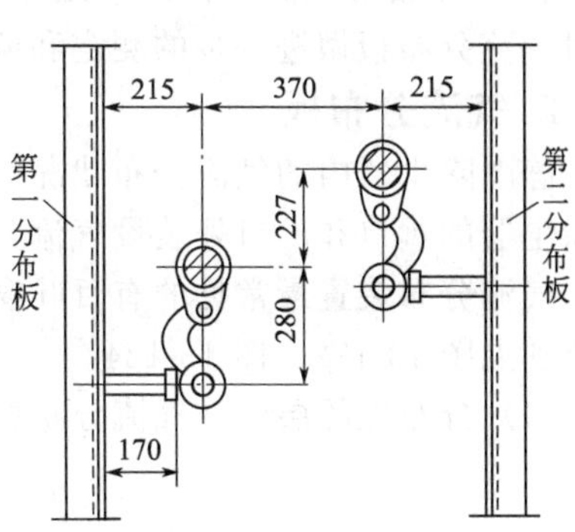

图 13-120 分布板电动振打装置

五、气流分布装置设计

为防止烟尘沉积，静电除尘器入口管道气流速度一般为 10～18m/s，静电除尘器内气体流速仅 0.5～2m/s，气流通过断面变化大，而且当管道与静电除尘器入口中心不在同一中心线时，可引起气流分离，产生气喷现象并导致强紊流形成，影响除尘效率，为改善静电除尘器内烟气分布的均匀性，除尘器入口处必须增设以导流板、气流分布阻流板。

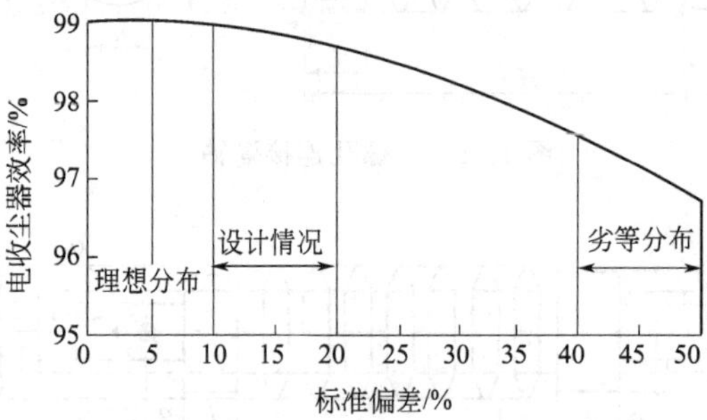

图 13-121 气流分布与除尘效率的关系

电除尘器内烟气分布的均匀性对除尘效率影响很大。当气流分布不均匀时，在流速低处所增加的除尘效率远不足以弥补流速高处效率的降低，因而总效率降低。气流分布影响除尘效率降低有两种方式：第一，在高流速区内的非均一气流使除尘效率降低的程度很大，以致不能由低流速区内所提高的除尘效率来补偿；第二，在高流速区内，收尘电极表面上的积尘可能脱落，从而引起烟尘的返流损失。这两种方式都很重要，如果气流分布明显变坏，则第二种方式的影响一般要更大些。有时发现除尘效率大幅度下降到只有60%或 70%，其原因也在于此。气流分布与除尘效率的关系见图 13-121。

1. 气流分布装置的设计原则

① 理想的均匀流动按照层流条件考虑，要求流动断面缓变及流速很低来达到层流流动，主要控制手段是在静电除尘器内依靠导向板和分布板的恰当配置，使气流能获得较均匀分布。但在大断面的静电除尘器中完全依靠理论设计配置的导流板是十分困难的，因此常借助一些模型试验，在试验中调整导流板的位置和分布的开孔率，并从其中选择最好的条件来作为设计的依据。

② 在考虑气流分布合理的同时，对于不能产生除尘作用的电场外区间，如极板上下空间，极板与壳体的空间，应设阻流板，减少未经电场的气体带走粉尘。

③ 为保证分布板的清洁，应设计有定期的振打机构。

④ 分布板的层数，设置越多分布均匀效果越好，虽然层数增多会增加设备的流体阻力，但由于改善了气流的紊流程度会使总阻力降低，因此在设计中一般不考虑阻力的增减。

⑤ 静电除尘器的进出管道设计应从整个工程系统来考虑，尽量保证进入静电除尘器的气流分布均匀，尤其是多台静电除尘器并联使用时应尽量使进出管道在除尘系统中心。

⑥ 为了使静电除尘器的气流分布达到理想的程度，有时在除尘器投入运行前，现场还要对气流分布板做进一步的测定和调整。

2. 气流分布板

静电除尘器内的气流分布状况对除尘效率有明显影响，为了减少涡流，保证气流均匀，在除尘器的进口和出口处装设气流分布板。

气流分布装置最常见的有百叶窗式、多孔板、分布格子、槽形钢分布板和栏杆型分布板等分别见图 13-122～图 13-124。

（1）分布板的层数　气流分布板的层数可由下式计算求得：

$$n_p \geqslant 0.16\frac{S_k}{S_0}\sqrt{N_0} \tag{13-89}$$

式中，n_p 为气流分布板的层数；S_k 为静电除尘器气体进口管大端截面积，m^2；S_0 为静电除尘器气体进口管小端截面积，m^2；N_0 为系数，带导流板的弯头 $N_0=1.2$，不带导流板的缓和弯管，而且弯管后无平直段时 $N_0=1.8～2$。

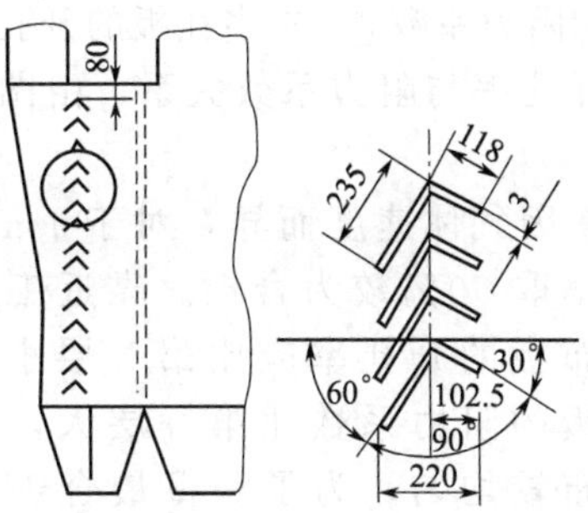

图 13-122　垂直折板式分布板

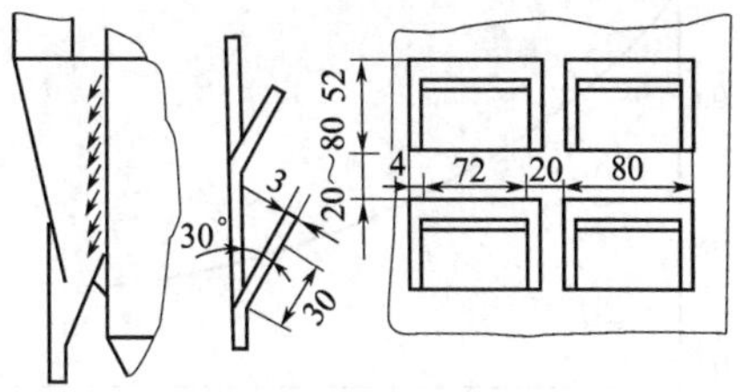

图 13-123　百叶式分布板

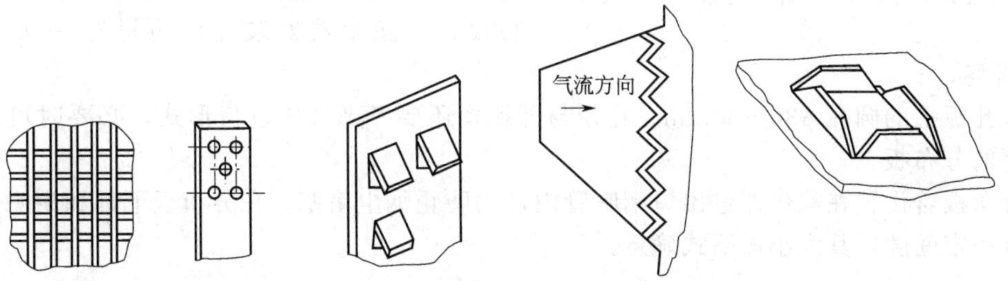

(a) 条栅式　(b)多孔板式　(c) 鱼鳞式　(d) 锯齿式　(e) X形孔板式

图 13-124　气流分布板型式

根据实验，采用多孔板气流分布板时其层数按$\dfrac{S_k}{S_0}$值近似取：当$\dfrac{S_k}{S_0}\leqslant 6$时，取 1 层；当$6\leqslant\dfrac{S_k}{S_0}\leqslant 20$时，取 2 层；当$20\leqslant\dfrac{S_k}{S_0}<50$时，取 3 层。

(2) 相邻两层分布板距离

$$l=0.2D_r \tag{13-90}$$

$$D_r=\frac{4F_k}{n_k}$$

式中，l为两层分布板间的距离，m；D_r为分布板矩形断面的当量直径，m；F_k为矩形断面积，m^2；n_k为矩形断面的周边长，m。

(3) 分布板的开孔率

$$f_0=\frac{S_2'}{S_1'} \tag{13-91}$$

式中，f_0为开孔率，%；S_1'为分布板总面积，m^2；S_2'为分布板开孔总面积，m^2。

为保证气体速度分布均匀尚需使多孔板有合适的阻力系数，然后算得相应的孔隙率，再进行分布板的设计。

多孔板的阻力系数ζ为：

$$\zeta=N_0\left(\frac{S_k}{S_0}\right)^{\frac{2}{n_p}}-1 \tag{13-92}$$

式中，n_p为多孔板层数；其他符号意义同前。

阻力系数与开孔率的关系为：

$$\zeta=(0.707\sqrt{1-f_0}+1-f_0)^2\left(\frac{1}{f_0}\right)^2 \tag{13-93}$$

式中，0.707 为系数；其他符号意义同前。

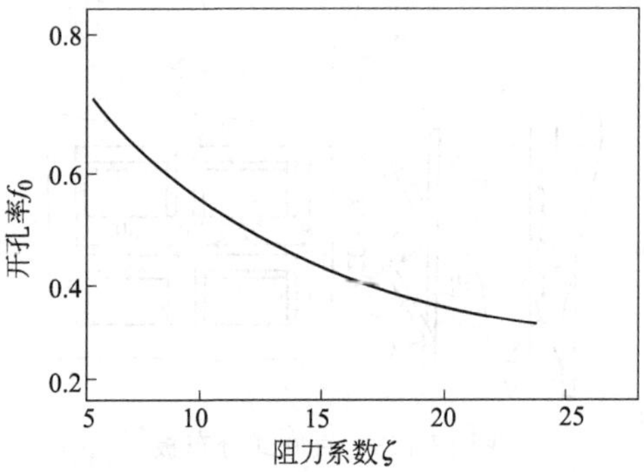

图 13-125 开孔率 f_0 和阻力系数 ζ 的关系

在已知阻力系数 ζ，求多孔板的开孔率时可直接利用开孔率与阻力系数关系，由图 13-125 求出。

开孔率因气体速度而异，对于 1m/s 的速度，开孔率取 50% 较为合理。靠近工作室的第二层分布板的开孔率应比第一层小，即第二层分布板的阻力系数比第一层大，这就能使气体分布较均匀。为了获得最合理的分布板结构，设计时有必要在不同的操作情况下进行模拟试验，根据模拟试验结果进行分布板设计。除尘器安装完应再进行一次现场测试和调整。

多孔板上的圆孔 ϕ30～80mm。孔径与开孔率还要考虑气体进口形式，必要时可用不同开孔率的分布板。

分布板若设置在除尘器进出口喇叭管内，为防止烟尘堵塞，在分布板下部和喇叭管底边应留有一定间隙，其大小按下式确定：

$$\delta = 0.02h_1 \tag{13-94}$$

式中，δ 为分布板下部和喇叭管底边的间隙，m；h_1 为工作室的高度，m。

除尘器出口处的分布板除调整气流分布作用外，还有一定的除尘功能。用槽形板代替多孔板，其形式见图 13-126 和图 13-127。

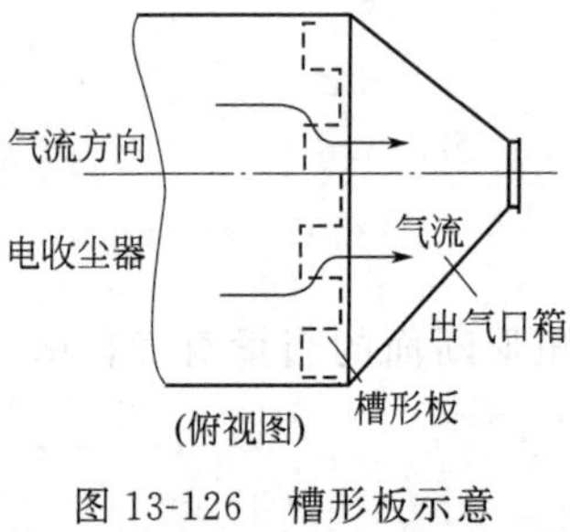

图 13-126 槽形板示意

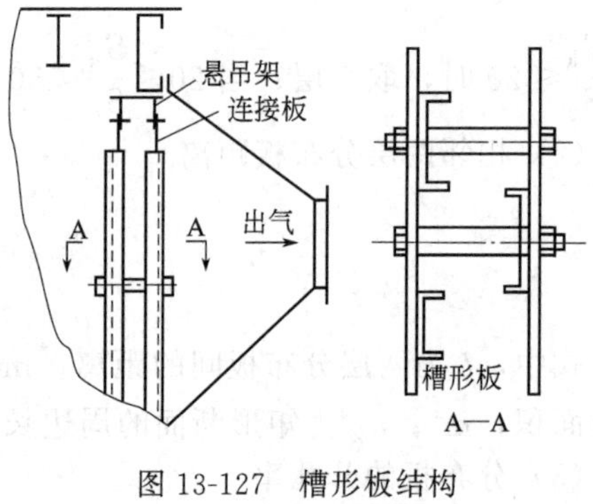

图 13-127 槽形板结构

槽形板可减少烟尘因流速较大而重返烟气流的现象，图 13-128 表示槽形板收尘效果和电场风速的关系。

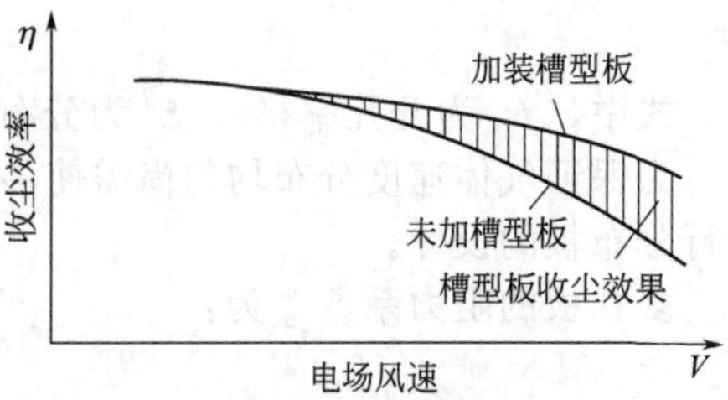

图 13-128 槽形板收尘效果与电场风速的关系

槽形板一般由两层槽形板组成，槽宽 100mm，翼高 25～30mm，板厚 3mm。轧制或模压成型。两层槽形板的间隙为 50mm。

除尘器入口气流分布板设在入口喇叭管内，也可设在除尘器壳体内，应注意防止喇叭管被烟尘堵塞，多层气流分布板处应设有人孔，以便清理。

(4) 评价方法 评定气流分布均匀性有多种方法和表达式，常用的有均方根法和不均匀系数法。

① 均方根法。气流速度波动的均方根 σ 用下式表示：

$$\sigma=\sqrt{\frac{1}{n}\sum_{i=1}^{n}\left(\frac{v_i-v_p}{v_p}\right)^2} \tag{13-95}$$

式中，v_i 为各测点的流速，m/s；v_p 为断面上的平均流速，m/s；n 为断面上的测点数。

气流分布完全均匀时 $\sigma=0$，对于工业静电除尘器 $\sigma<0.1$ 时认为气流分布很好，$\delta\leqslant 0.15$ 时较好，$\sigma\leqslant 0.25$ 尚可以，$\sigma>0.25$ 是不允许的。均方根法是一种常用的评价方法。

② 不均匀系数法。是指在除尘器断面上各点实测流速算出的气流动量（或动能）之和与全断面平均流速计算出的平均动量（或动能）之比，分别用 M_k、N_k 表示：

$$M_k=\frac{\int_0^S v_i\,dG}{v_p G}=\frac{\sum_{i=1}^{n}v_i^2\Delta S}{v_p^2 S} \tag{13-96}$$

$$N_k=\frac{\frac{1}{2}\int_0^S v_p^2\,dG}{\frac{1}{2}v_p^2 G}=\frac{\sum_{i=1}^{n}v_i^3\Delta S}{v_p^3 S} \tag{13-97}$$

式中，v_i 为各测点的流速，m/s；G 为处理气体的质量流量，kg/s；dG 为每一小单元体的流量，kg/s；ΔS 为每一小单元的断面积，m^2；v_p 为断面上平均流速，m/s；S 为断面总面积，m^2；n 为测点数。

当 $M_k\leqslant 1.1\sim1.2$ 或 $N_k\leqslant 1.3\sim1.6$ 时即认为气流分布符合要求。

六、供电装置设计

（一）电除尘器供电设备的特点和组成

1. 电除尘器供电的特点

电除尘器获得高效率，必须有合理而可靠的供电系统，其特点如下。

① 要求供给直流电，且电压高（40～100kV），电流小（150～1500mA）。

② 电压波形应有明显峰值和最低值，以利用峰值提高收尘效率，低值熄弧，不宜用三项全波整流，电除尘器大多采用单相全波整流，效果较好。比电阻高的烟尘宜采用半波整流，脉冲供电或间歇供电。

③ 电除尘器是阻容性负载，当电场闪络时，产生振荡过电压，因此硅整流设备及供电回路需选配适当电阻、电容和电感，使回路限制在非周期振荡和抑制过压幅度，同时硅堆设计制作中需考虑均压、过载等问题，以免设备在负载恶化的情况下损坏。

④ 收尘电极、壳体等均须接地，电晕电极采用负电晕。

⑤ 供电需保持较高的工作电压和较大的电晕电流，供电参数与收尘效率的关系如下：

$$\eta=1-e^{-\frac{A}{Q}\omega} \tag{13-98}$$

式中，η 为除尘效率，%；A 为收尘极极板面积，m^2；Q 为处理气量，m^3/s；ω 为驱进速度，m/s，其值为：

$$\omega=K_1\frac{P_c}{A}=K_1\frac{u_p+u_m}{2A}i_0 \tag{13-99}$$

式中，K_1 为随气体、粉尘性质和静电除尘器结构不同而变化的常数；P_c 为电晕功率，W；u_p 为电压峰值，kV；u_m 为电压最低值，kV；i_0 为电流平均值，mA。

2. 电除尘器对供电设备性能的要求

① 根据火花频率，临界电压能进行自动跟踪，使供电电压和电流达到最佳值。

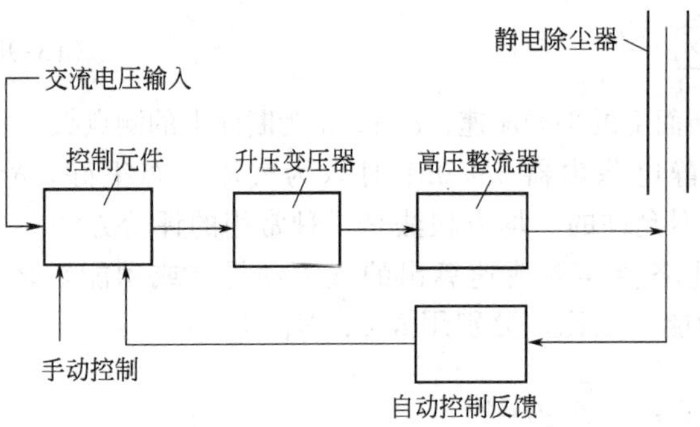

图 13-129 供电设备系统结构方框

② 具有良好的连锁保护系统，对闪络、拉弧、过流能及时做出反应。

③ 自动化水平高。

④ 机械结构和电气元件牢固可靠。

3. 供电设备组成

供电设备的系统结构方框图见图 13-129，静电除尘供电系统如图 13-130 所示。

供电设备一般包括如下部分。

(1) 升压变压器 将外部供给的低压交流电（380V）变为高压交流电（60～150kV）。

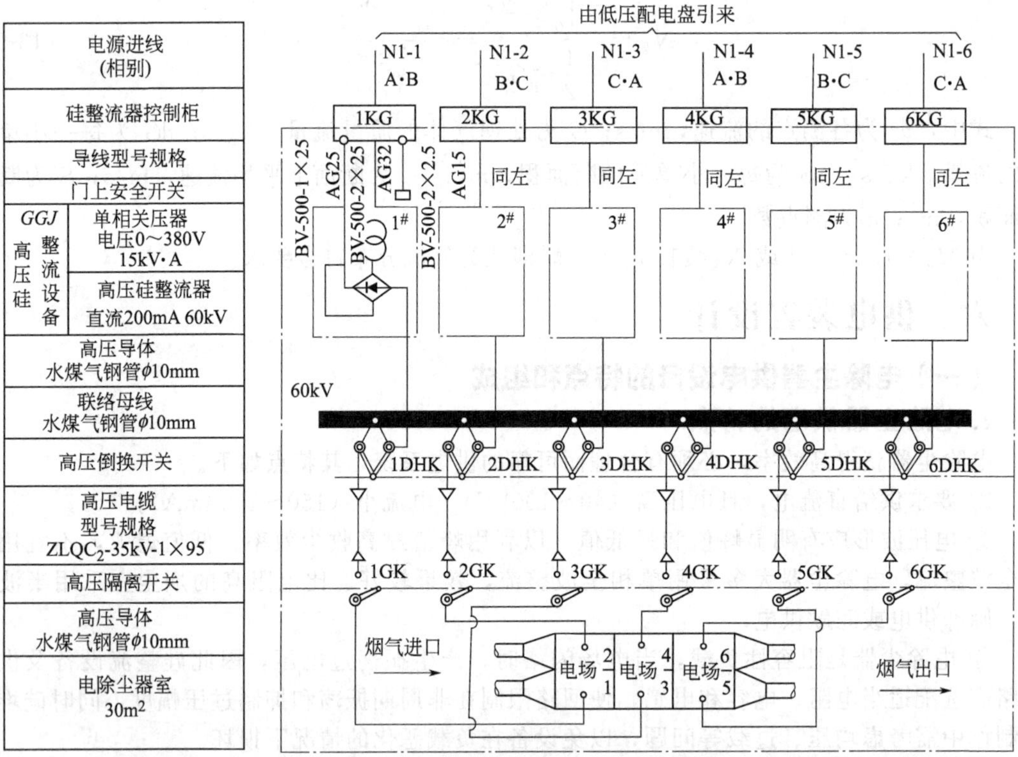

图 13-130 双室三电场静电除尘器的供电系统

(2) 高压整流器 将高压交流电整流成高压直流电的设备，常用的高压整流器有：机械整流器、电子管整流器、硒整流器和高压硅整流器，高压硅整流器具有较低的正向阻抗，反向耐压高、耐冲击，整流效率高，轻便可靠，使用寿命长，无噪声等优点。现在几乎都用高压硅整流器。

(3) 控制装置 静电除尘器供电设备的控制系统由下列几部分组成。

① 调压装置。为维护静电除尘器正常运行而不被击穿，需采用自动调压的供电系统，以适应烟气、烟尘条件变化时供电电压亦随之变化的需要。

② 保护装置。为防止因静电除尘器局部断路和其他故障，造成对升压变压器或整流器的损害，供电系统必须设置可靠的保护装置，此装置包括过流保护、灭弧保护、久压延时、跳闸、报警保护和开路保护。

③ 显示装置。控制系统应把供电系统的各项参数用仪表显示出来，应显示的内容为一次电压、一次电流、二次电压、二次电流和导通角等。

4. 供电装置设计注意事项

(1) 接地电阻　为确保电收尘器安全操作，供电器与除尘器均必须设接地装置，且必须有一定接地电阻。一般电除尘器接地电阻应小于 4Ω，除尘器的接地线（包括收尘电极、壳体人孔门和整流机等）应自成回路，不得和别的电气设备，特别是烟囱地线相连。

(2) 供电系统至电晕电极的电源线　早期的静电除尘器都采用裸线外罩以 400mm 的钢管，其安全性较差，现采用电缆。采用 $ZLQC_2$ 型铝导电线芯，油浸纸绝缘，金属化纸屏蔽，铅皮及钢带铠装有外被层，其技术特性为：直流电压 75%＋15%kV；公称截面积 $95mm^2$；计算外径 49.5mm；重量约 5.9kg/m。

(3) 供电系统的安全　除尘器运行中常易发生电击事故，故设计必须对其安全操作做充分考虑。

① 设置安全隔离开关。当操作人员需接触高压系统时，先拉开隔离开关，确保电源电流不能进入高压系统。高压隔离开关可附设在电收尘器上，亦可由供电系统另外设置，但其位置必须便于操作。

② 壳体人孔门、高压保护箱的人孔门启闭应和电源联锁，即人孔门打开时电源断开，人孔门关闭时电源供电。

③ 装设安全接地装置。人孔门打开时，安全接地装置接地，导走高压部分残留的静电，保证操作人员不受静电危害，同时可在前两种安全措施发生误操作或失灵时起双保险作用。

静电除尘器供电设备包括高压供电设备和低压供电设备两类，高压供电设备还包括升压变压器、整流器等，低压供电设备包括自控设备和输排灰装置、料位计、振打电机等供电设备。

（二）高压供电设备

1. 升压变压器

升压变压器是变换交流电压、电流和阻抗的器件，电除尘器用的变压器，一般由 380V 交流电升压到 60～150kV。当初级线圈中通有交流电流时，铁芯中便产生交流磁通，使次级线圈中感应出电压。

变压器由铁芯和线圈组成，线圈由两个或两个以上的绕组，其中接电源的绕组叫初级线圈，其余的绕组叫次级线圈。

(1) 变压器工作原理　变压器工作的基本原理是电磁感应原理，如图 13-131 所示，当初级侧绕组上加上电压 U_1 时，流过的电流 I_1，在铁芯中就产生交变磁通 ϕ_1，这些磁通称为主磁通，在它作用下，两侧绕组分别感应电势 E_1、E_2，感应电势公式为：

$$E=4.44fN\phi_m \tag{13-100}$$

式中，E 为感应电势有效值；f 为频率；N 为匝数；ϕ_m 为主磁通最大值。

由于次级绕组与初级绕组匝数不同，感应电势 E_1 和 E_2 大小也不同，当略去内阻抗压降后，电压 U_1 和 U_2 大小也就不同。

当变压器次级侧空载时，初级侧仅流过主磁通的电流（I_0），这个电流称为激磁电流。当二次侧加负载流过负载电流 I_2 时，也在铁芯中产生磁通，力图改变主磁通，但一次电压不变时，主磁通是不变的，初级侧就要流过两部分电流，一部分为激磁电流 I_0，一部分为用来平衡 I_2，所以这部分电流随着 I_2 变化而变化。当电流乘以匝数时，就是磁势。

上述的平衡作用实质上是磁势平衡作用，变压器就是通过磁势平衡作用实现了一、二次侧的能量传递。

(2) 变压器构造　变压器的核心部件由其内部的铁芯和绕组两部分组成。铁芯是变压器中主要的磁路部分。通常由晶粒取向冷轧硅钢片制成。硅钢片厚度为 0.35mm 或 0.5mm，表面涂有绝缘漆。铁芯分为铁芯柱和铁轭两部分，铁芯柱套有绕组，铁轭闭合磁路之用，铁芯结构的基本形式有芯式和壳式两种，其结构示意如图 13-132 所示。绕组是变压器的电路部分，它是用纸包的绝缘扁线或圆线绕成。

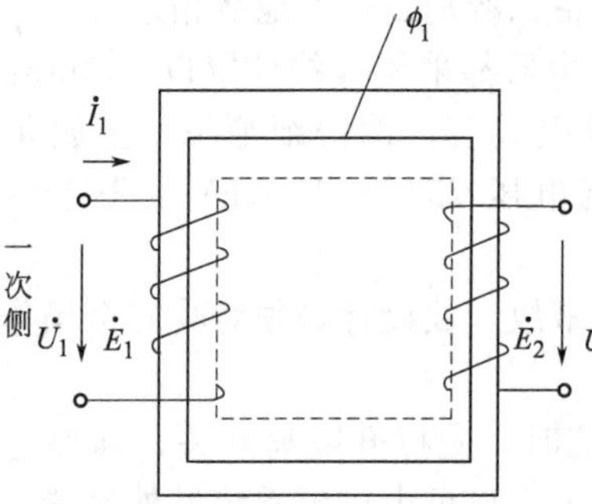

图 13-131　变压器工作原理

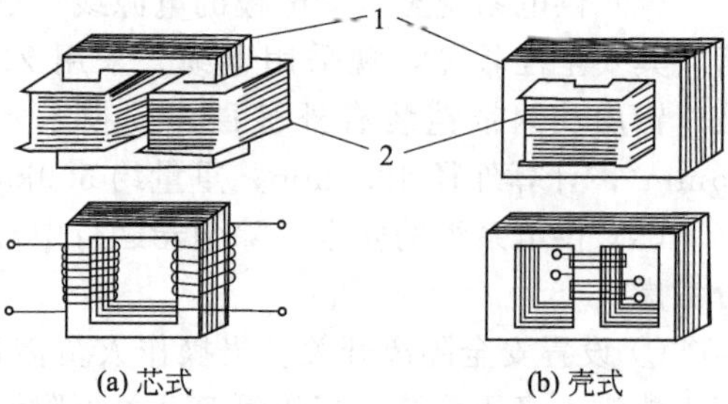

图 13-132　芯式和壳式变压器

1—铁芯；2—绕组

如果不计变压器初级、次级绕组的电阻和铁耗，其耦合系数 $k=1$ 的变压器称之为理想变压器。其电动势平衡方程式为：

$$e_1(t)=-N_1\mathrm{d}\phi/\mathrm{d}t$$

$$e_2(t)=-N_2\mathrm{d}\phi/\mathrm{d}t$$

若初级、次级绕组的电压、电动势的瞬时值均按正弦规律变化，则有：

$$U_1/U_2=E_1/E_2=N_1/N_2$$

不计铁芯损失，根据能量守恒原理可得：

$$U_1I_1=U_2I_2$$

由此得出初级、次级绕组电压和电流有效值的关系：

$$U_1U_2=I_2I_1$$

令 $k=N_1/N_2$，称为匝比（也称电压比），则

$$U_1/U_2=k$$

$$I_1/I_2=k$$

(3) 变压器特性参数　在进行变压器设计和选型、应用中，都要知道其运行工作中的一些特性参数，主要性能参数如下。

① 工作频率。变压器铁芯损耗与频率关系很大，故应根据使用频率来设计和使用，这种频率称为工作频率。

② 额定功率。在规定的频率和电压下，变压器能长期工作，而不超过规定温升的输出功率。

③ 额定电压。指在变压器的线圈上允许施加电压，工作时不得大于规定值。变压器初级电压和次级电压的比值称电压比，它有空载电压比和负载电压比的区别。

④ 空载电流。变压器次级开路时，初级仍有一定的电流，这部分电流称为空载电流。空载电流由磁化电流（产生磁通）和铁损电流（由铁芯损耗引起）组成。对于 50Hz 电源变压器而言，空载电流基本上等于磁化电流。

⑤ 空载损耗。指变压器次级开路时，在初级测得功率损耗。主要损耗是铁芯损耗，其次是空载电流在初级线圈铜阻上产生的损耗，这部分损耗很小。

⑥ 效率。指次级功率 P_2 与初级功率 P_1 比值的百分比。通常变压器的额定功率愈大，效率就愈高。

⑦ 绝缘电阻。表示变压器各线圈之间、各线圈与铁芯之间的绝缘性能。绝缘电阻的高低与所使用的绝缘材料的性能、温度高低和潮湿程度有关。

⑧ 频率响应。指变压器次级输出电压随工作频率变化的特性。

⑨ 通频带。如果变压器在中间频率的输出电压为 U_0，当输出电压（输入电压保持不变）下降到 $0.707U_0$ 时的频率范围，称为变压器的通频带 B。

⑩ 初、次级阻抗比。变压器初、次级接入适当的阻抗 R_o 和 R_t，使变压器初、次级阻抗匹配，则 R_o 和 R_t 的比值称为初、次级阻抗比。

2. 高压整流

将高压交流电整流成高压直流电的设备称高压整流器。整流器有机械整流器、电子管整流器、硒整流器和高压硅整流器等。前三种因固有缺点逐渐被淘汰，现在主要用高压硅整流器。在静电除尘器供电系统中采用各种半导体整流器电路如图 13-133 所示。

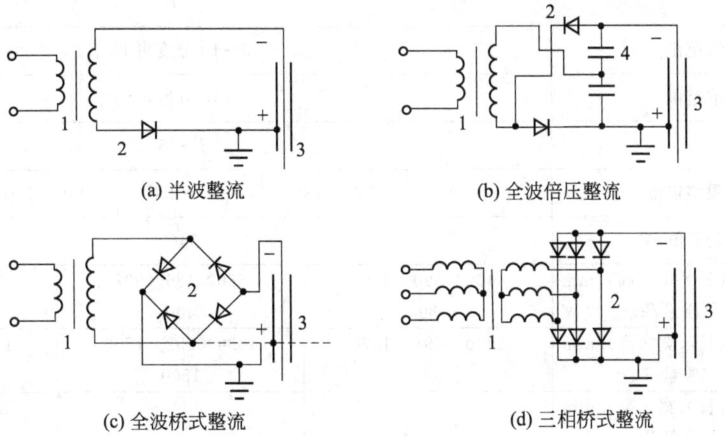

图 13-133　几种半导体整流器电路

1—变压器；2—整流器；3—静电除尘器；4—电容

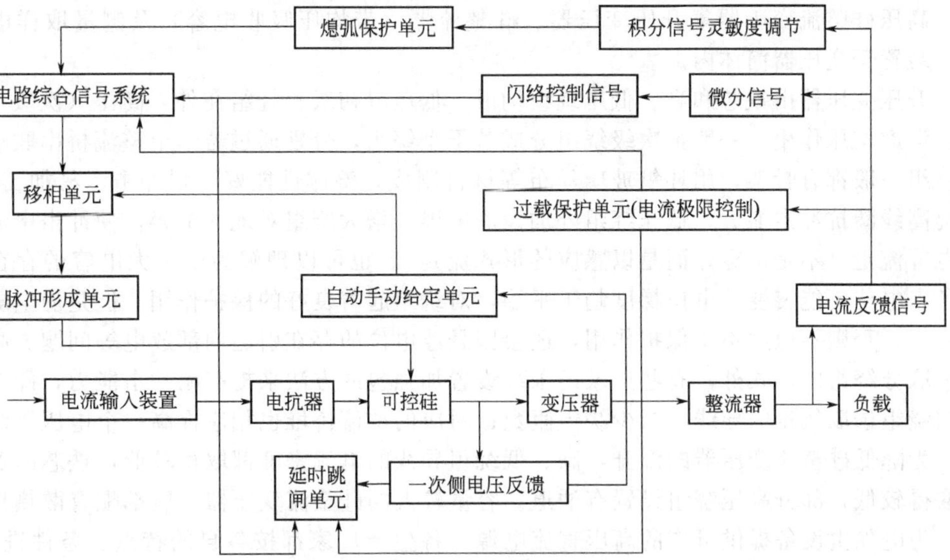

图 13-134　可控硅调压工作原理

可控硅调压工作原理如图 13-134 所示，$GGAJO_2B$ 型可控硅自动控制高压硅整流设备系列及技术参数见表 13-34。

表 13-34 $GGAJO_2B$ 型可控硅自动控制高压硅整流设备系列及技术参数

名称		0.2/60	0.4/72	1.0/60	0.2/140	0.2/300
交流输入电压		单相 50Hz,380V				
交流输入电流/A		45	100	220	120	250
直流输出电压平均值/kV		60	72	60	140	300
直流输出电流平均值/mA		200	400	1000	200	200
输出电压调节范围/%		0～100				
输出电流调节范围/%		0～100				
输出电流极限整定范围不小于/%		50～100				
稳流精度/%		<5				
输出电压上升率调节范围		0～10 分度可调				
输出电流上升率调节范围		0～10 分度可调				
延时跳闸整定值/s		3～15				
偏励磁保护最大极限整定值		55～60	120～130	240～250	140～150	260～280
开路保护允许电网最低值/V		340				
电抗器	体积(长×宽×高)/mm	430×390×435		680×486×992		790×460×1100
	质量/kg	80		400		500
整流变压器	体积(长×宽×高)/mm	1090×698×1570		1090×852×1700		1260×876×1815
	质量/kg	900		1500		1800
控制柜	体积(长×宽×高)/mm					800×100×1800
	质量/kg	200				230

3. 高压硅整流变压器

高压硅整流变压器集升压变压器、硅整流器（带均压吸收电容）及测量取样电路于一体，装置于变压器筒体内。

升压变压器由铁芯和高、低压绕组构成，低压（初级）绕组在外，高压（次级）绕组在内。考虑均压作用，一般把次级绕组分成若干个绕组，分别通过若干个整流桥串联输出。高压绕组一般都有骨架，用环氧玻璃丝布等材料制成，整体性能好，耐冲击，易加工和维修。为提高线圈抗冲击能力，低压绕组外加设静电屏，增大绕组对地的电容，使冲击电流尽量从静电屏流走（不是击穿，而是以感应的形式流走）。也可以理解为由于大电容的存在，使绕组各点电位不能突变，电位梯度趋于平稳，对绕组起着良好的保护作用。但是静电屏必须接地良好，否则不但起不了保护作用，还会因悬浮电位的存在引起内部放电等问题。高压绕组除采取分绕组的形式外，有些厂家还采取设置加强包的方法来提高耐冲击能力，即对某些特定的绕组选取较粗的导线，减少绕组匝数；对应的整流桥堆也相应提高一个电压等级。

为降低硅整流变压器的温升，高、低绕组导线的电流密度都取得较低，铁芯的磁通密度也取得较低，部分高压绕组设置有油道。容量较大的硅整流变压器一般都配有散热片。

为电除尘设备提供可靠的高压直流电源。各生产厂家都按各自的特点、条件进行设计。下面是某厂的设计。

(1) 产品技术参数

① 一次输入为单相交流、$U_1=380V$、$f=50Hz$；

② 二次输出为直流高压，$U_2=60\sim80kV$，$I_2=0.1\sim2.0A$；

③ 整流回路为全被整流，桥串联。

(2) 产品使用条件

① 海拔高度不超过1000m，若超过1000m时，按GB 3859作相应修正；

② 环境温度不高于40℃，不低于变压器油所规定的凝点温度；

③ 空气最大相对湿度为90%（在空气=20℃±5℃时）；

④ 无剧烈振动和冲击，垂直倾斜度不超过5%；

⑤ 运行地点无爆炸尘埃，没有腐蚀金属和破坏绝缘的气体或蒸气；

⑥ 交流正弦电压幅值的持续波动范围不超过交流正弦电压额定值的±10%；

⑦ 交流电压频率波动范围不超过±2%。

(3) 产品结构　GGAJO2系列高压硅整流变压器由升压变压器和整流器两大部分组成。高压绕组采用分组式结构，各自整流，直流串联输出，适用于较大容量的变压器。它按全绝缘的结构设计，散热条件好，运行可靠性高。该系列变压器根据阻抗值的大小，分为低阻抗变压器和高阻抗变压器两种。

① 低阻抗变压器。低阻抗变压器外形见图13-135，工作原理见图13-136。

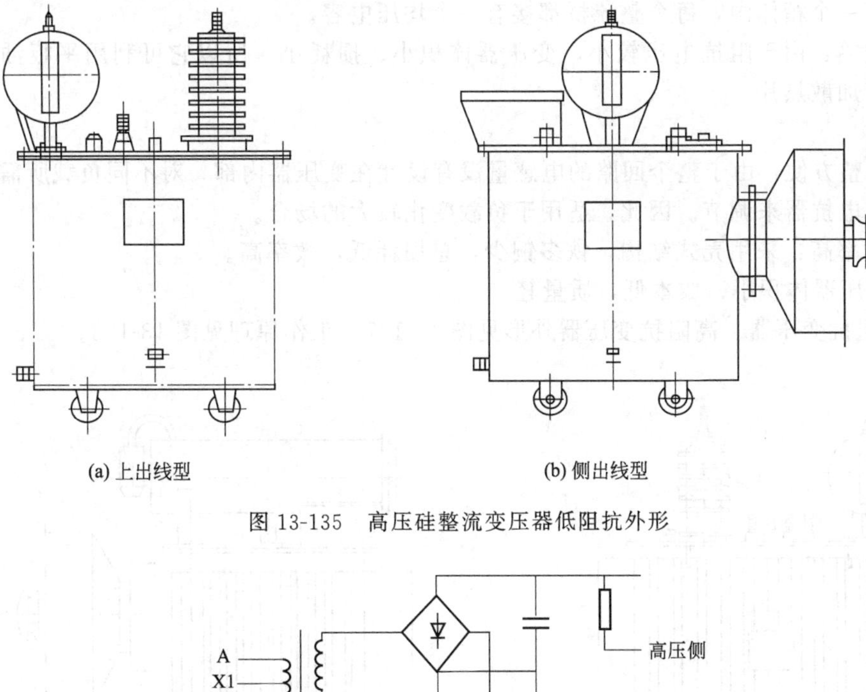

(a) 上出线型　　(b) 侧出线型

图13-135　高压硅整流变压器低阻抗外形

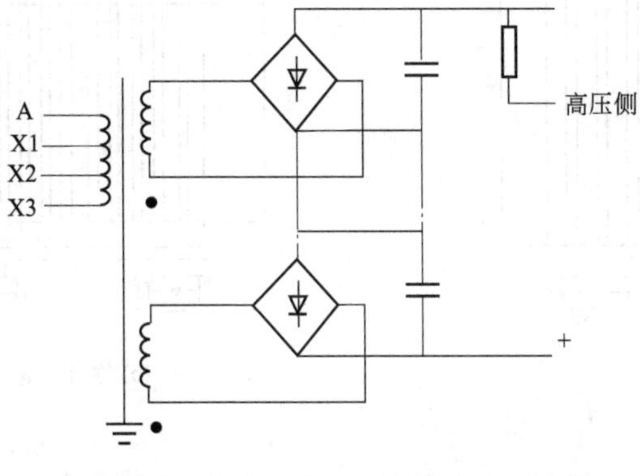

图13-136　高压硅整流变压器低阻抗原理

这种变压器的阻抗较小，必须配电保护器才能使用，电抗器上备有抽头，所以阻抗值调整方便。

a. 名称

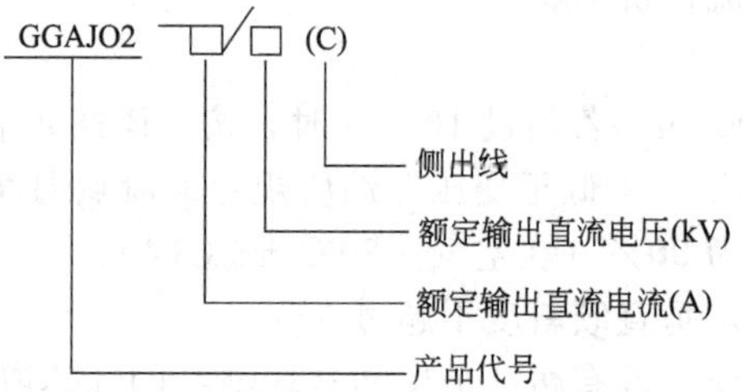

b. 结构

（a）铁芯：该变压器的铁芯采用壳式结构，由高导磁材料的冷轧硅钢片（DQ151-35）组成，其截面采用多级圆柱型，只有一个芯柱。铁轭为矩形截面。

（b）绕组：有一个低压绕组，低压绕组上共有三个抽头，其输出电压分别为额定电压的100％、90％、80％。高压绕组的数量根据电压等级的不同分为 n 个不等。高压绕组分别与整流桥连接。

（c）整流器：各整流桥为串联，其数量根据电压等级的不同而分为 n 个不等，变压器与整流器同于一个箱体内，每个整流桥都接有一个均压电容。

（d）油箱：由于阻抗电压较小，变压器体积小、损耗小，所以它可利用平板油箱进行散热，不需加散热片。

c. 特性

（a）调整方便：由于整个回路的电感量没有设计在变压器内部，对不同负载所需的电感量，由平波电抗器来调节。因此，适用于负载变化较大的场合。

（b）效率高：采用壳式结构，铁多铜少，总损耗低，效率高。

（c）变压器体积小，成本低，质量轻。

② 高阻抗变压器。高阻抗变压器外形见图 13-137，工作原理见图 13-138。

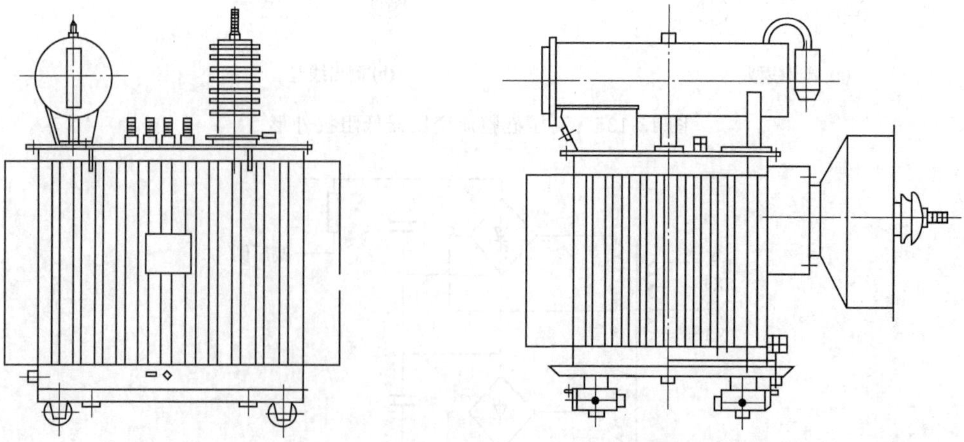

(a) 上出线型　　(b) 侧出线型

图 13-137　高压硅整流变压器高阻抗外形

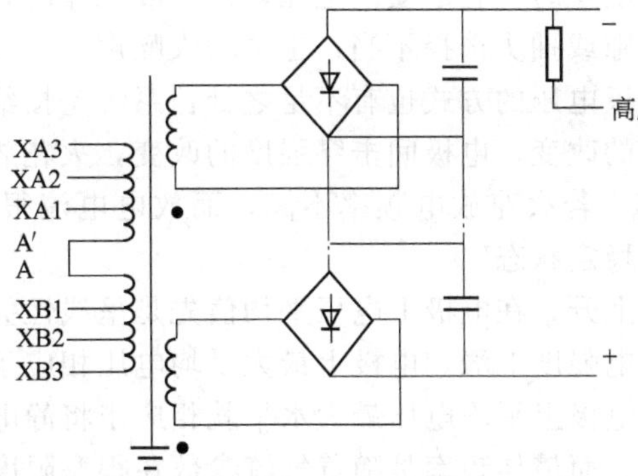

图 13-138 高压硅整流变压器高阻抗原理

a. 名称

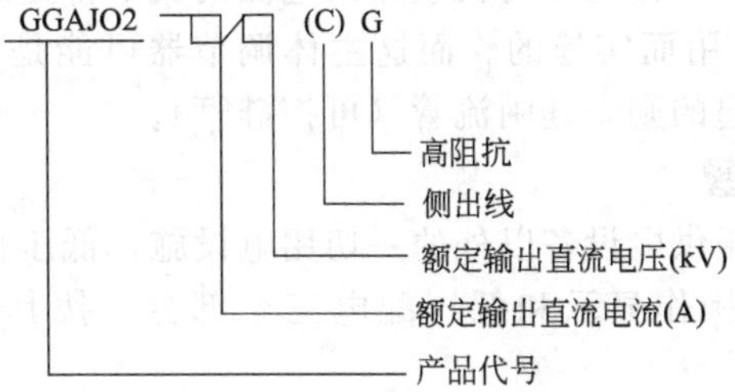

b. 结构

(a) 铁芯：该变压器的铁芯采用芯式结构，由高导磁材料的冷轧硅钢片（DQ151-35）组成，其截面采用多级圆柱形，有两个铁芯柱。

(b) 绕组：有两个相互串联的低压绕组，每个低压绕组上有三个抽头，其输出电压分别为额定电压的100%、90%、80%。有 n 个高压绕组。高压绕组分别与整流桥连接。

(c) 整流器：各整流桥为串联，有 n 个整流桥，变压器与整流器同装于一个箱体内，每个整流桥都接有一个均压电容。

(d) 油箱：由于阻抗电压较大，变压器体积大、损耗大，所以它必须通过波纹片进行散热。

c. 特性

(a) 由于整个回路的电感量设计在变压器内部，不需要平波电抗器，因此，安装方便。

(b) 阻抗高，阻流能力强，抗冲击。

(c) 体积大，成本高，重量大。

(4) 电抗器 电抗器对于低阻抗的高压硅整流变压器是必不可少的，它分为干式和油浸式两种。其中电流在0.1～0.4A 的为干式，其余为油浸式，每台电抗器备有 5 个抽头，电抗器的主要作用如下：

① 电抗器是电感元件，而电流在电感中不能突变，可以改善二次电流波形，使之平滑；

② 减少谐波分量，有利于电场获得较高的运行电流；

③ 限制电流上升率，对一二次瞬间电流变化起缓冲作用；

④ 抑制电网高效谐波，改善可控硅的工作条件。

闭合铁芯的导磁系数随电流变化而做非线性变化，当电流超过一定值后，铁芯饱和，导磁系数急剧下降，电感及电抗也急剧下降。增加气隙，铁芯不易饱和，使其工作在线性状态。

因电流大，当受到冲击电压时，它承受的电压较高。故工作时，因磁滞伸缩会有噪声是正常的，但若装配不紧，气隙或抽头选择不当，也会增大噪声。

按火花放电频率调节电极电压的方式也有不足之处：系统是按给定火花放电的固定频率而工作的，而随着气流参数的改变，电极间击穿强度的改变，火花放电最佳频率也要发生变化，系统对这些却没有反应，若火花放电频率不高，而放电电流很大的话容易产生弧光放电，也就是说，这仍是“不稳定状态”。

随着变压器初级电压的上升，在电极上电压平均值先是呈线性关系上升，达到最大值之后开始下跌。原因是火花放电强度上涨。电极上最大平均电压相应于除尘器电极之间火花放电的最佳频率。所以，保持电极上平均电压最大水平就相应于将静电除尘器的运行工况保持在火花放电最佳的频率之下。而最佳频率是随着气流参数在很宽限度内的变化而变化的，这就解决了单纯按火花电压给定次数进行调节的“不稳定状态”。在这种极值电压调节系统下，工作电压曲线距击穿电压曲线更接近。

总之，在任何情况下，工作电压与机组输出电流的调节都是通过控制信号对主体调节器（或称主体控制元件）的作用而实施的。而这主体调节器可能是自动变压器、感应调节器、磁性放大器等，现在最普遍的则是硅闸流管（可控硅管）。

（三）低压供电设备

低压供电设备包括高压供电设备以外的一切用电设施，低压自控装置是一种多功能自控系统，主要有程序控制、操作显示和低压配电三个部分。按其控制目标，该装置有如下部分。

(1) 电极振打控制　指控制同一电场的两种电极根据除尘情况进行振打，但不要同时进行，而应错开振打的持续时间，以免加剧二次扬尘、降低除尘效率。目前设计的振打参数：振打时间在 1～5min 内连续可调；停止时间 5～30min 连续可调。

(2) 卸灰、输灰控制　灰斗内所收粉尘达到一定程度（如到灰斗高度的 1/3）时，就要开动卸灰阀以及输灰机，进行输排灰。也有的不管灰斗内粉尘多少，卸灰阀定时卸灰或螺旋输送机、卸灰阀定时卸灰。

(3) 绝缘子室恒温控制　为了保证绝缘子室内对地绝缘的配管或瓷瓶的清洁干燥，以保持其良好的绝缘性能，通常采用加热保温措施，加热温度应较气体露点温度高 20～30℃左右。绝缘子室内要求实现恒温自动控制。在绝缘子室达不到设定温度前，高压直流电源不得投入运行。

(4) 安全连锁控制和其他自动控制　一台完全的低压自动控制装置还应包括高压安全接地开关的控制、高压整流室通风机的控制、高压运行与低压电源的连锁控制以及低压操作信号显示电源控制和静电除尘器的运行与设备事故的无距离监视等。

七、发电厂燃煤锅炉静电除尘器工艺设计实例[11]

1. 设计依据

锅炉类型	煤粉锅炉
蒸发量	240t/h
锅炉数量	2 台
配置方式	一炉一机
烟气流量	$50\times10^4\,m^3/h$，最大不超过 $55\times10^4\,m^3/h$
入口烟气温度	135℃
入口烟尘质量浓度	$32g/m^3$

出口烟尘质量浓度　$C_2=100mg/m^3$

要求除尘效率　$\eta=\frac{32-0.1}{32}=0.997=99.70\%$

电场形式　卧式 3 电场

供电机组、工控机、料位仪、输灰设施按要求配套。

2. 验收标准与规范

《通风与空调工程施工质量验收规范》(GB 50243)；《钢结构工程施工质量验收规范》(GB 50205)；《机械设备安装工程施工及验收通用规范》(GB 50231)；《电气装置安装工程施工质量验收规范》(GB 52054)；《火电厂大气污染物排放标准》(GB 13223)；《卧式电除尘器》(HCRJ 002)；《高压静电除尘用整流设备》(HCRJ 011)；《电除尘器低压控制电源》(HBC 35)。

3. 电场结构

① 电场数量：单室 3 电场。
② 沉淀极：C480。
③ 电晕极：1、2 电场，芒刺线；3 电场，星形线。
④ 同极间距：300mm、400mm、400mm。
⑤ 进出口设置气流分布板。
⑥ 灰斗内设置阻流板。
⑦ 灰斗内设置高、低位料位仪监控。
⑧ 除尘系统设置 PLC 监控运行。
⑨ 输灰系统按要求配套。
⑩ 硅整流机组分电场供电，自动跟踪、调节。

4. 技术计算

按煤粉锅炉烟气特性设计与安装卧式 3 电场静电除尘器。

(1) 烟气流量（取 $t=135℃$，$v_d=1.05m/s$）：

$$V_t=V_0\frac{273+t}{273}$$

$$V_{135}=50\times10^4m^3/h=139m^3/s$$

$$V_{135}=55\times10^4m^3/h=153m^3/s$$

(2) 电场断面积

$$S_F=\frac{V_{135}}{3600v_d}=\frac{50\times10^4}{3600\times1.05}=132\ (m^2)$$

S_F 取 $140m^2$，$v_d=0.992m/s$；$V_{max}=550000m^3/h$ 时，$v_d=1.091m/s$

(3) 计算集尘面积

$$S_A=\frac{V_{st}}{\omega}\ln\frac{1}{1-\eta}$$

取 $\omega=0.09m/s$；$\eta=99.70\%$，则：

$$S=-\ln(1-\eta)/\omega=-\ln(1-0.997)/0.09=64.56m^2/(m^3/s)$$

$$S_A=V_{ts}S=(139\times64.56)\sim(153\times64.56)=8974\sim9878m^2$$

(4) 沉淀极

形式　C480

板间距　300mm；400mm；400mm

有效长度 (0.5×8)×3=12m

高度 11.74m

通道数 1电场，40个；2、3电场，30个

排数 1电场，41个；2、3电场，31个

实际集尘面积

$$S_A=2\times5\times11.74\times(41-1)\times1+2\times5\times11.74\times(31-1)\times2=11740\ (m^2)$$

校核：

比集尘面积

$$S=\frac{11740}{139}=84.46\ [m^2/(m^3/s)]$$

驱进速度

$$\omega=-\ln\frac{1-0.997}{84.46}=0.069\ (m/s)$$

电场内停留时间

$$t=\frac{1}{v_d}=\frac{15}{1.091}=13.8(s)>10s$$

除尘效率

$500000m^3/h$ 时，$\eta=1-e^{11740/500000\times3600\times0.069}=99.71\%$

$550000m^3/h$ 时，$\eta=1-e^{11740/550000\times3600\times0.076}=99.70\%$

(5) 电晕极 1、2电场，芒刺线，140组；3电场，星形线，60组。

(6) 供电机组 按3电场分别供电，自动跟踪调节运行。

1电场：62kV，1.00A；

2电场：68kV，0.90A；

3电场：72kV，0.85A。

(7) 其他按除尘工艺设计配套

5. 技术经济指标

型号	TAWC140-1/3
形式	卧式单室3电场
电场有效断面积	$12\times11.74=140m^2$
电场风速	1.0～1.1m/s
电场风量	$(50\sim55)\times10^4m^3/h$
气体温度	≤200℃
允许工作压力	−3500Pa
入口烟尘质量浓度	$32g/m^3$
出口烟尘质量浓度	$\leqslant0.10g/m^3$
设计除尘效率	99.70%
电场阻力	<300Pa
同极间距	300mm；400mm；400mm
电场通道数	40个；30个；30个
沉淀极形式	C480；C480；C480
电晕极形式	芒刺；芒刺；星形
电场有效总长度	$3\times4.0=12m$

沉淀极振打装置　　双侧摇臂振打，XWED 1.1-63-1/1505，3 台
电晕极振打装置　　单侧双层摇臂振打，XWED 0.75-63-1/1225，6 台
防爆要求　　防爆
保温箱加热器　　JGQ_2-220/2.0，8 组
供电机组形式　　GGAJO2 型，80kV/1.0A，3 台
设备外形尺寸　　20.0m×14.4m×22.16m

6. 主要工程量

分部工程量明细表见表 13-35。

表 13-35　分部工程量明细表

项目	型号	质量/t	数量
1.静电除尘器	TAWC140-1/3	588.32	1 台
(1)进风口		16.98	1 组
(2)进口气流分布装置		11.97	1 组
(3)电晕极装置	芒刺+星形	100.98	3 组
(4)电晕极振打装置		8.00	6 组
(5)沉淀极装配	C480	142.82	3 组
(6)沉淀极振打装置		10.72	6 组
(7)电场挡风板		1.60	6 组
(8)灰斗挡风板		6.00	12 组
(9)出口槽形板		6.25	1 组
(10)人孔门(方形)		0.32	3 组
(11)人孔门(圆形)		0.20	8 组
(12)保温箱及馈电		6.00	8 组
(13)壳体		180.02	1 组
(14)电场内部走台		2.50	1 组
(15)出风口		15.78	1 组
(16)梯子平台		11.20	1 组
(17)支座装配		18.50	12 组
(18)保温		48.48	1 台
2.供电装置			
(1)硅整流机组	GGA02-1.0/80		3 台
(2)高压隔离开头柜	GK		3 台
(3)低压程控控制柜	DDPLC-2		1 台
(4)安全连锁箱	XLS		1 台
(5)操作端子箱	XD		2 台
(6)检修箱	XJ		1 台
(7)其他			1 台
3.其他		49.00	1 台
(1)输灰系统	18t/h	16.00	1 组
(2)料位控制仪		1.00	6 组
(3)PLC 控制系统		4.00	1 套
(4)除尘管道		28.00	1 套

7. 绘制方案图

见图 13-139。

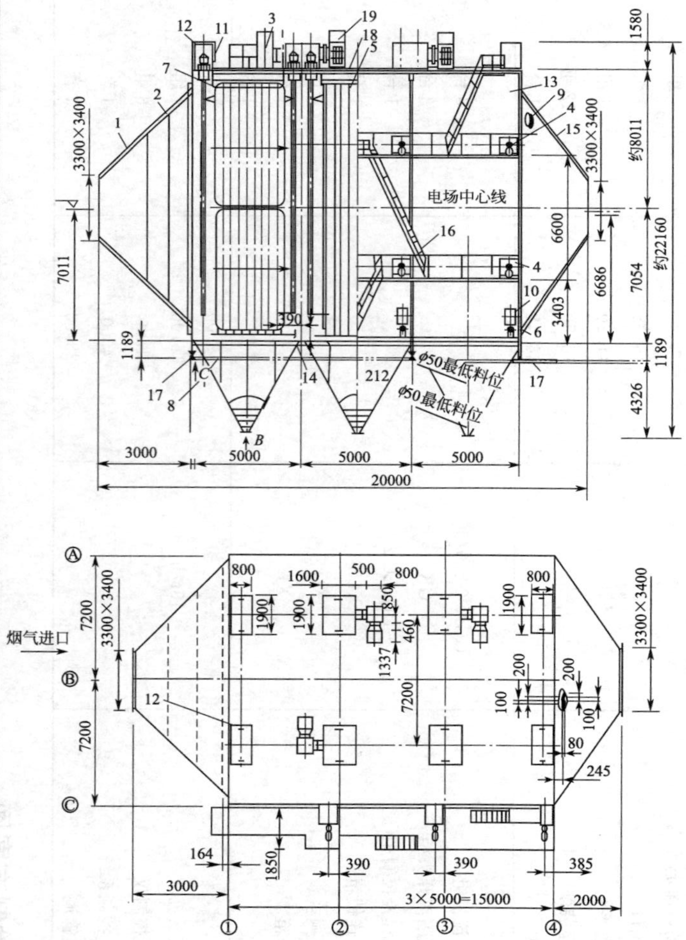

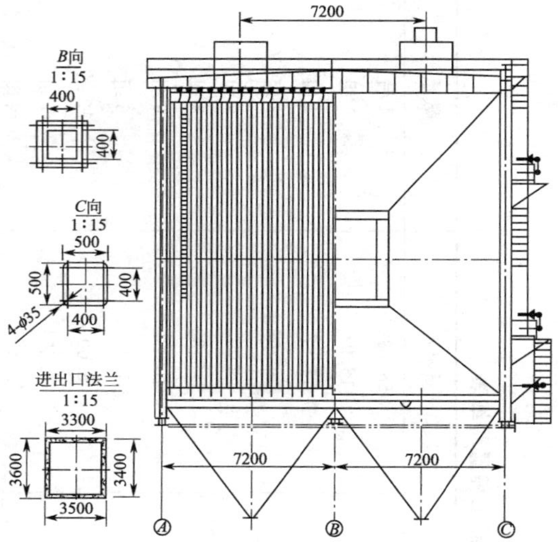

技术要求:

1. 除高压导电体和阴极系统外,电除尘器外壳及其他一切金属构件均需良好接地,接地电阻小于2Ω。
2. 所有固定支座和活动支座均要求在同一平面上,其偏差为±1.5mm。
3. 所有连接处及焊缝均需严密,防止漏风,漏风率小于3%。
4. 安装后,同极间最大偏差为±5mm,异极间最大偏差为±10mm。
5. 电除尘器安装完毕后,壳体外部需保温,按现场实际需要确定。
6. 电除尘器灰斗卸灰口处安装卸灰阀,其型号可根据用户需要确定。
7. 料位控制仪与空气炮振动器,由工艺设计确定规格。

序号	名称	材料	数量	单重	总重	图号	备注
19	硅整流供电机组	废品	3				
18	壳体保温	组合	1			1DBP140-18	
17	支承装配	Q235	12			1DBP140-17	
16	梯子平台	Q235	1			1DBP140-16	
15	出风口	Q235	1			1DBP140-15	
14	电场内部走台	Q235	1			1DBP140-14	
13	箱体	Q235	1			1DBP140-13	
12	保温箱及馈电	Q235	8			1DBP140-12	
11	人孔门(圆形)	Q235	8			1DBP168-11	
10	人孔门(方形)	Q235	6			1DBP168-10	
9	出口槽形板	Q235	1			1DBP140-09	
8	灰斗挡风板	Q235	12			1DBP140-08	
7	电场挡风板	Q235	6			1DBP140-07	
6	沉淀极振打装置	组合	3			1DBP140-06	
5	沉淀极装配	组合	3			1DBP140-05	
4	电晕极振打装置	组合	6			1DBP140-04	
3	电晕极装配	组合	6			1DBP140-03	
2	进口气流分布装置	Q235	1			1DBP140-02	
1	进风口	Q235	1			1DBP140-01	
序号	名称	材料	数量	单重 质量/kg	总重 质量/kg	图号	备注

材料表			全重/kg	
出图日期	年 月 日	140m² 电除尘器总图	3DBP140-0-1	
设计			质量	比例
工艺				
校对		共2页	第 页	
审核				

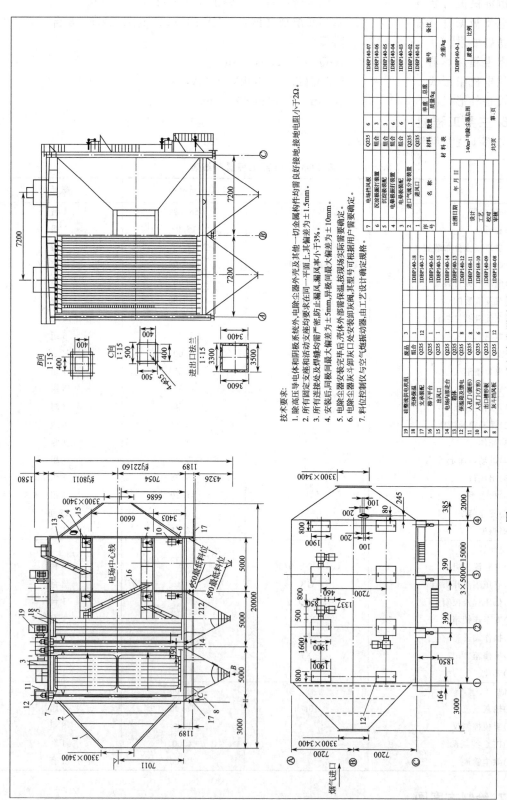

图13-139 3DBP140-0-1 140m²电除尘器总图

第五节　湿式除尘器设计

一、喷淋式除尘器设计

虽然空心喷淋除尘器比较古老，且有着设备体积大、效率不高，对灰尘捕集效率仅达60%等缺点，但是还有不少工厂仍沿用，这是因为空心喷淋除尘器几个显著优点造成的：结构简单、便于制作、便于采取防腐蚀措施、阻力较小、动力消耗较低、不易被灰尘堵塞等。

1. 喷淋式除尘器的结构

图 13-140 所示为一种简单的代表性结构。塔体一般用钢板制成，也可以用钢筋混凝土制作。塔体底部有含尘气体进口、液体排出口和清扫孔。塔体中部有喷淋装置，由若干喷嘴组成，喷淋装置可以是一层或两层以上，视塔底高度而定。塔的上部为除雾装置，以脱去由含尘气体夹带的液滴。塔体上部为净化气体排出口，直接与烟筒连结或与排风机相接。

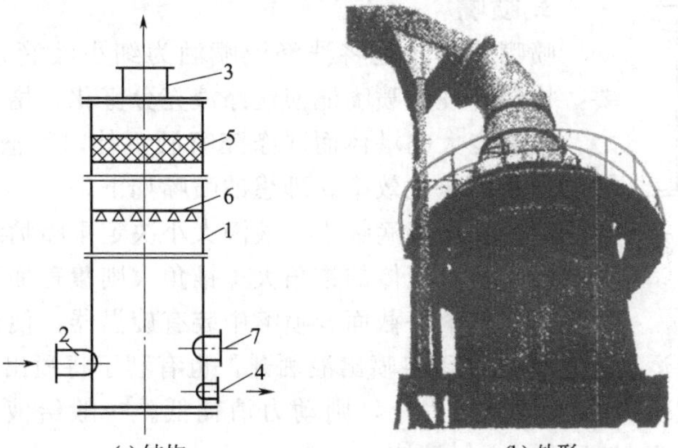

(a) 结构　(b) 外形

图 13-140　空心喷淋塔

1—塔体；2—进口；3—烟气排出口；4—液体排出口；5—除雾装置；6—喷淋装置；7—清扫孔

塔直径由每小时所需处理气量与气体在塔内通过速度决定。计算公式如下：

$$D=\sqrt{\frac{Q}{900\pi v}}=\frac{1}{30}\sqrt{\frac{Q}{\pi v}} \tag{13-101}$$

式中，D 为塔直径，m；Q 为每小时处理的气量，m^3/h；v 为烟气穿塔速度，m/s。

空心喷淋除尘器的气流速度越小对吸收效率越有利，一般为 1.0～1.5m/s。

除尘器本体是由以下三部分组成的。

(1) 进气段　进气管以下至塔底的部分，使烟气在此间得以缓冲，均布于塔的整个截面。

(2) 喷淋段　自喷淋层（最上一层喷嘴）至进气管上口，气液在此段进行接触传质，是塔的主要区段。氟化氢为亲水性气体，传质在瞬间即能完成。但在实际操作中，由于喷淋液雾化状况、气体在本体截面分布情况等条件的影响，此段的长度仍是一个主要因素。因为在此段，塔的截面布满液滴，自由面大大缩小，从而气流实际速度增大很多倍，因此不能按空塔速度计算接触时间。

(3) 脱水段　喷嘴以上部分为脱水段，作用是使大液滴依靠自重降落，其中装有除雾器，以除掉小液滴，使气液较好地分离。塔的高度尚无统一的计算方法，一般参考直径选取，高与直径比（H/D）在4～7范围以内，而喷淋段占总高的1/2以上。

2. 匀气装置

库里柯夫等形容空心除尘器中的气体运动情况时指出：气体在本体内各处的运动速度和方向并不一致，如图13-141所示。

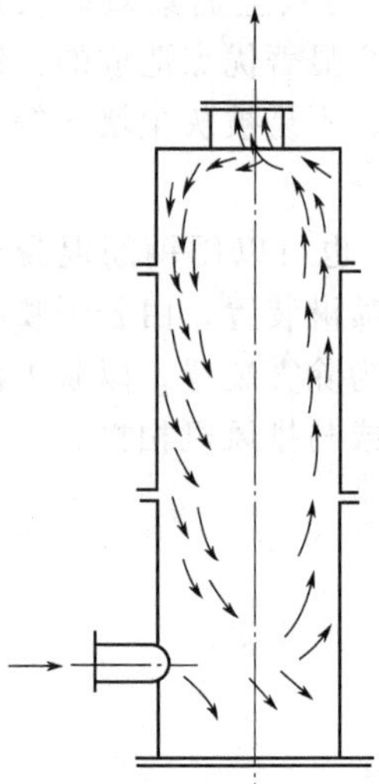

图13-141 空心除尘器气流状况

气流自较窄的进口进入较大的塔体后，气体喷流先沿塔底展开，然后沿进口对面的塔壁上升，至顶部沿着顶面前进，然后折而向下。这样，便沿塔壁发生环流，而在塔心产生空洞现象。于是，在塔的横断面上气体分布很不均匀，而且使得喷流气体在本体内的停留时间亦不相同，致使塔的容积不能充分利用。为了改进这一缺点，常将进气管伸到塔中心，向下弯，使气体向四方扩散，然后向上移动。也可以在入口上方增加一个匀气板，大孔径筛板或条状接触面积增加，有利于吸收。

3. 喷嘴

喷嘴的功能是将洗涤液喷洒为细小液滴。喷嘴的特性十分重要，构造合理的喷嘴能使洗涤液充分雾化，增大气液接触面积。反之，虽有庞大的塔体而洗涤液喷洒不佳，气液接触面积仍然很小，影响设备的净化效率。理想的喷嘴如下。

（1）喷出液滴细小　液滴大小决定于喷嘴结构和洗涤液压力。

（2）喷出液体的锥角大　锥角大则覆盖面积大，在出喷嘴不远处便布满整个塔截面。喷嘴中装有旋涡器，使液体不仅向前进方向运动，而且产生旋转运动，这样有助于将喷出液洒开，也有利于将喷出液分散为细雾。

（3）所需的给液压力小　给液压力小，则动力消耗低。一般给液压力为2～3atm时，喷雾消耗能量约为0.3～0.5kW·h/t液体。

（4）喷洒能力大　喷雾喷洒能力理论计算公式为：

$$q=\mu F\sqrt{\frac{2gp}{\gamma_{液}}} \tag{13-102}$$

式中，q为喷嘴的喷洒能力，m^2/s；μ为流量系数，0.2～0.3；F为喷出口截面积，m^2；p为喷出口液体压力，Pa；$\gamma_{液}$为液体密度，kg/m^3；g为重力加速度，m/s^2。

在实际工程中，多采用经验公式，其形式如下：

$$q=kp^n \tag{13-103}$$

式中，k为与进出口直径有关的系数；n为压力系数，与进口压力有关，一般在0.4～0.5之间。

需用喷嘴的数量，根据单位时间内所需喷淋液量决定，计算公式如下：

$$n=\frac{G}{q\phi} \tag{13-104}$$

式中，n为所需喷嘴个数；G为所需喷淋液量，m^2/h；q为单个喷嘴的喷淋能力，m^2/h；ϕ为调整系数，根据喷嘴是否容易堵塞而定，可取0.8～0.9。

喷嘴应在断面上均匀配置，以保证断面上各点的喷淋密度相同，而无空洞或疏密不均现象。

4. 除雾

在喷淋段气液接触后，气体的动能传给液滴一部分，致使一些细小液滴获得向上的速度而随气流飞出塔外。液滴在气相中按其尺寸大小分类为：直径在 100μm 以上的称为液滴，在 100～50μm 之间的称为雾滴，在 50～1μm 的称为雾沫状，而 1μm 以下的为雾气状。

如果除雾效果达不到要求，不仅损失洗涤液，增加水的消耗，而且还降低净化效率，飞溢出的液滴加重了厂房周围的污染程度，更重要的是损失掉已被吸收的成分。在回收冰晶石的操作中，对吸收液的最终深度都有一定要求，若低于此深度，则回收合成无法进行。当夹带损失很高时，由于不断地添加补充液，结果使吸收液浓度稀释，有可能始终达不到要求的浓度。因此，除雾措施是不可缺少的步骤。常用的除雾装置有以下几种。

(1) 填充层除雾器　在喷嘴至塔顶间增加一段较疏散填料层，如瓷环、木格、尼龙网等，借液滴的碰撞，使其失去动能而沿填料表面下落，也可以是一层无喷淋的湍球（详见后）。

(2) 降速除雾器　有的吸收器上部直径扩大，借助断面积增加而使气流速度降低，使液滴靠自重下降。降速段可以与除尘器一体，也可以另外配置。这是阻力最小的一种除雾器。

(3) 折板除雾器　使气流通过曲折板组成的曲折通路，其中液滴不断与折板碰撞，由于惯性力的作用，使液滴沿折板下落。折板除雾器一般采用 3～6 折，其阻力按下式计算：

$$H=\zeta\frac{v^2\rho}{20} \tag{13-105}$$

式中，ζ 为阻力系数，视折板角度、波折数和长度而异，图 13-142 列出几种折板形式，阻力系数见表 13-36；v 为穿过折板除雾器的烟气流速，m/s；ρ 为气体密度，kg/m^3。

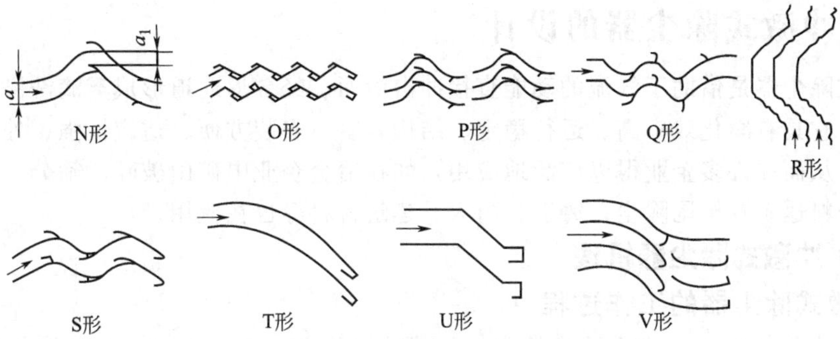

图 13-142　工业用各种形式折板式分离器

表 13-36　各种折板式分离器的参数

折板式分离器形式	宽度		长度 L /mm	角 α/(°)	ζ
	a/mm	a_i/mm			
N	20	6	150	2×45+1×90	4
O	20	10	250	1×45+7×60	17
P	20	10	2×150	4×45+2×90	9
Q	23	9	140	2×45+3×90	9
R	22	12	255	2×45+1×90	4.5
S	20	12	160	1×45+3×60	13
T	16	7	100	1×45	4
U	33	21	90	1×45	1.5
V	30	7	160	2×45	16

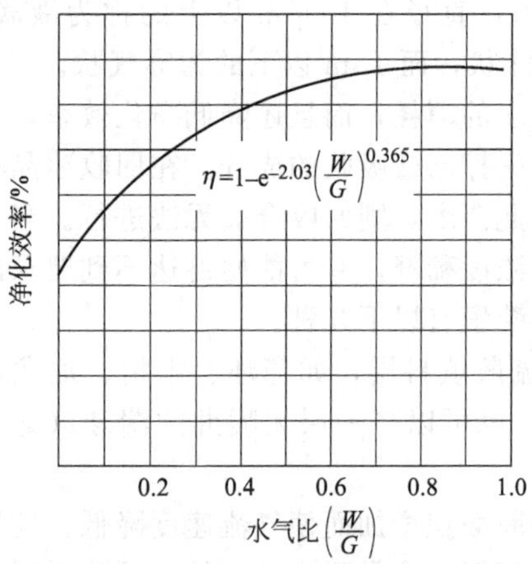

图 13-143 水气比与净化效率的关系

(4) 旋风除雾器 烟气经过喷淋段后，依切线方向进入旋风除雾器。其原理与旋风除尘器一样，借旋转而产生的离心力将液滴甩到器壁，而后沿壁下落。

(5) 旋流板除雾器 是一种喷淋除尘器常用的除雾装置。

5. 除尘器效率与操作条件的关系

水气比是与净化效率关系最密切的控制条件，其单位为 kg 液/m^3 烟气。在其他条件不变时，水气比越大，净化效率越高。特别是水气比在 0.5 以下时，净化效率随水气比提高而剧增，这是因为水量还不能满足吸收要求的缘故。但增大到一定程度之后，再增加喷淋量已无必要，反而会使气流夹带量增加。试验确定，空心塔的水气比以 0.7～0.9 为宜。当然这不是一个固定的数值，而与很多条件有关，例如，洗涤液雾化不好，即使水气比较大，传质效果仍然不好。图 13-143 为水气比与净化效率的关系曲线。

影响净化效率的另一个重要因素是含尘气体浓度，浓度稍有增加，效率明显下降。这是由于排气中夹带雾滴造成的。

二、冲激式除尘器的设计

冲激式除尘器是借助于气流的动能直接冲击液面、经 S 形通道形成雾滴洗涤尘粒的湿式净化设备。它具有净化效率高、运行稳定、结构紧凑、安装方便、适应性强、处理风量弹性大的特点，从而在许多企业得以广泛地应用，如在冶金企业中矿山破碎、筛分、选矿烧结系统中的混合料返矿及机尾除尘，铸造，耐火、建筑材料等也在应用。

（一）冲激式除尘器机理

1. 冲激式除尘器的工作过程

(1) 含尘气体由入口进入除尘器内，一般速度为 15～18m/s，在除尘器长度方向较均匀地转弯向下冲击水面，使尘粒在惯性力的作用下而沉降于水中，由此含尘气体得到粗净化。

(2) 继而在风机的抽力作用下，使内腔（对 S 叶片来讲，气体的进入侧）水位下降，外腔水位相应的升高，气流冲击水面后，转弯进入上叶片和下叶片之间的 S 形弯曲净化室中，气流以 18～30m/s 速度通过净化室时，气流和水充分接触混合，并激起大量水花，使微细的灰尘也得以湿润并混入水中，使气体得到进一步净化。

(3) 净化的气体进入分雾室，速度突然降低，大部分水滴沉降下来，落入漏斗的水中，再经过挡水板进一步除掉雾滴，清洁的空气经集风室由出口排出，如图 13-144 所示。

2. 除尘机理

上述过程中起主要作用仍是 S 形净化室，这是与其他湿式净化设备不同的关键部件，对除尘效率及阻力均起主要作用。至于粗尘粒的初净化，对冲激式除尘器最终效率是不起什么作用的。因此，探索这种除尘机理，必须对 S 形净化室中水、气、尘三者的运动规律进行研究。

在风机未启动时，S 形叶片两侧静水位是相同的，当风机启动后，在抽力下形成高低水位，一般控制S形上叶片下沿到水面50mm的距离。当含尘气流高速通过净化室时，由于动能的传递使水液溅起水花、雾滴，充塞于S形净化室，并流向S形叶片之外侧高水位，因此水花、雾滴是不断更新的。凡湿式除尘器其主要机理是尘粒与水滴的碰撞，被湿润或凝聚而捕集，因此含尘气流通过S形缝隙时显然会发生此种现象。然而可以想象，这种靠气流动能而形成的水雾，其液滴不会太细；数目也不会过多和喷嘴喷成的雾滴不同而近于泡沫状。所以当含尘气流通过时，细微的尘粒被泡沫状的雾滴所包围而捕获。因此除掉雾滴对净化效率的提高有着一定的作用。

据观察，S形断面上并不是被气流所充满的，而是有一层液体存在，如图13-145所示。其液层形成曲线水面，可称为使粉尘分离的表面。因为尘粒分离的关键场所在这个曲线形的水面，当含尘气流通过曲面时，受到惯性的作用，众所周知，气体分子的质量远远不及具有一定粒度的尘粒，因而尘粒所获得的惯性大得多，沿叶片的曲率造成离心力，从气流中分离出来。由图13-146可以清楚地看出尘粒被捕获的位置大都在S叶片入口处曲形液面处且在S叶片的入口侧。出口侧则是大量的含尘水滴降落在水中。

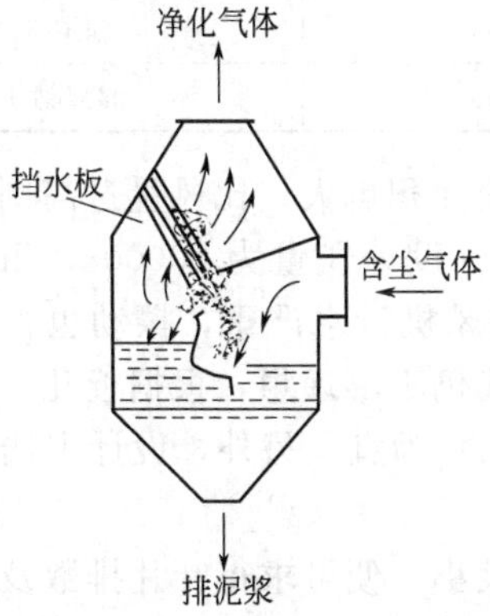

图13-144　除尘器工作原理

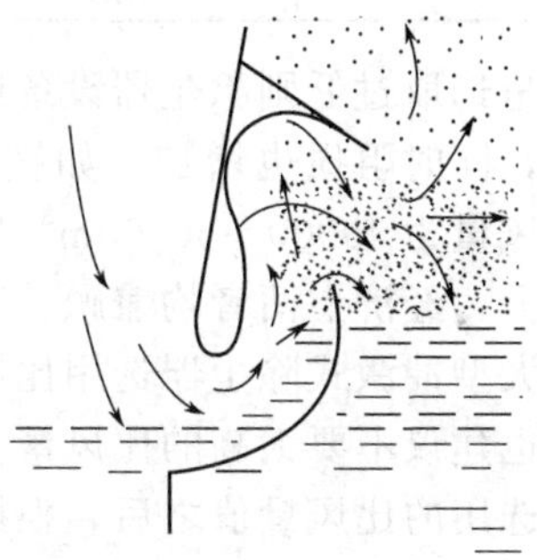

图13-145　S形净化室

简言之，这种冲激式除尘器的主要除尘机理是在上下S叶片间形成粉尘分离表面——曲线形水面，为惯性分离建立了最佳条件，其入口侧的粗净化作用是从属的，附带的，而出口侧高效率的除掉含尘雾滴，有进一步提高除尘效率的作用。所以效率的提高关键在曲形水面，而水面曲率又与叶片形状有关。目前所采用的叶片形式是五种实验比较出来的，应当指出，它是否是一种最佳形式有待研究。

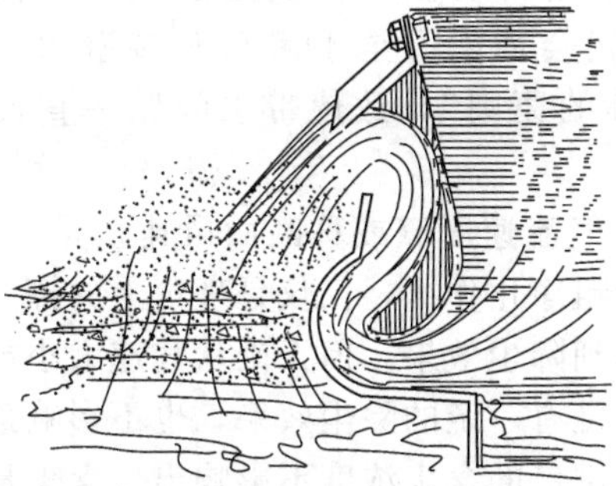

图13-146　S形净化室工作过程

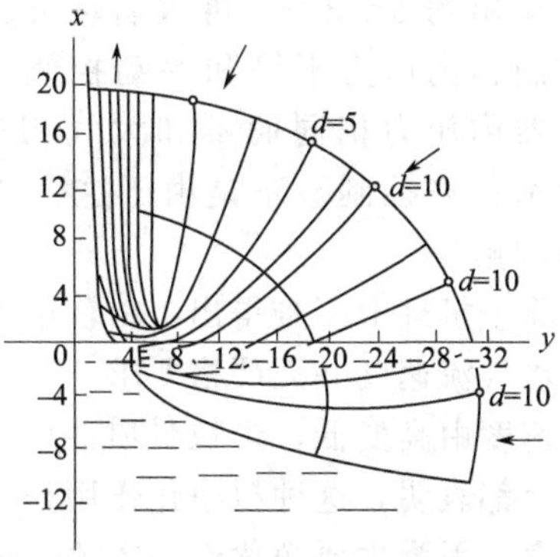

图13-147　S形通道粉尘气流运动

利用电子计算机计算和研究了S形通道间粒尘运动与气流运动情况，如图13-147所示。取速度曲线的平断面坐标、x为S叶片高度，y为宽度。

图13-147表示了前述机理：5μm以上的尘粒均在曲线液面沉降；只有4μm以下的尘粒被水滴带到出口。

(二)冲激式除尘器总体设计

冲激式除尘器各部件结构尺寸设计对其效率及阻力损失有很大影响。参数选用不当结构不够合理，就难以取得理想的效果，甚至造成难以克服的副作用。

1. 比风量的确定

所谓比风量即单位长度的S形叶片所处理的风量。单位为$m^3/(h \cdot m)$。目前所推荐的比风量各家不一，见表13-37。

表13-37 比风量推荐值

比风量 /[$m^3/(h \cdot m)$]	推荐来源	比风量 /[$m^3/(h \cdot m)$]	推荐来源
4000～8400	冲激式除尘机组试制总结报告	5500～6000	国家标准图
5800	冶金工厂防尘	6000	综卫82
5000～7000	鞍钢二烧实验报告	6500	湘潭锰矿

比风量选取过低则除尘器设备庞大，造价增高，占地面积也大。比风量过高则带水严重影响运行，同时阻损也增加。如鞍钢一烧返矿系统，每台设计风量为80000m^3/h，经实际测定运行风量为40000～50000m^3/h，若提高风量运行则风机带水严重，振动也很厉害。因此，技术上，经济上两者均兼顾。鉴于目前所用脱水方式仍不够理想，根据近几年的运行实验证明，大型冲激式除尘器选用比风量为5000$m^3/(h \cdot m)$为宜。另外，设计中选用系列化产品时，也建议不要太高的比风量。

确定选用的比风量值之后，根据所要求处理的风量大小，便可求得叶片排数及除尘器的长度。

2. 除尘器宽度的确定

大型冲激式除尘器通常采用两排以上S叶片。以往设备的宽度由“S叶片两侧的宽度大小近似相等”的原则来确定，但经生产实践表明，此原则存在片面性。现做如下分析。

叶片两侧的宽度相等的原则，其意图在于使两侧的容水量近似相等，以便运行时进气室水位下降的体积和净气分雾室上升的体积相等，这样可以防止风机启停时箱内水量变化，增大用水量，如湘潭锰矿所用的冲激式除尘器，每次停机时除尘器内部水由溢流管流出约3～35t，再次启动充至原来水位费时较长。但应指出，此弊病的产生是由于控制箱内压力不等和手动控制水位所致，如采用自动控制并设置连气管使控制箱与除尘器内压力相同而不和大气相通，这个缺点就会消除。至于启动时多溢水，可调整启动水位来控制。正是由于这个“两侧宽度相等的原则”，致使带水问题一直没有得到合理的解决。

从除尘机理上不难得出：S形叶片两侧所要求的气流速度（或称断面风速）是不同的。进气室对气流速度并无严格要求。前述所谓进气室的粗净化作用，仅仅是理论上的探讨，由于气流速度由高变低，尘粒受惯性作用冲入水面，起到降尘效果。但无论从气速大小或除尘器长度上都表明，这种粗净化作用是无足轻重。即便是有一定的除尘效果，也不影响最终的除尘效率，因为主要净化作用的关键还是S净化室，进口的含尘浓度不影响出口含尘量，而关键在于尘粒的大小。所以提高进气室的断面速度，可使宽度减小，设备体积减小。而在分雾室中为使挟带的水雾滴分离，速度不宜过高，应小于 2.5m/s 以下，因此其宽度要大些。所以S叶片的气体入口侧宽度应小于湿气体出口侧。这里，要选取合理的宽度比值，综合设计和生产实践，该比值在 1.3～1.5 之间为好。

3. 水位控制及其稳定性

这种除尘器的除尘效率和阻力与水位高低很有关系。通常水位为 50mm（指溢流堰高出S形上叶片底部 50mm）对大型冲激式有两种方式控制水位即人工手动如湘潭锰矿及鞍钢二烧所用，另一种是电极检测自动控制。大型的仍推荐用自动控制为宜。

水位的稳定性也是极重要的一个环节，只有稳定的水面才能保证稳定的高效率，所以使用自动控制要保证水位波动不超过±5mm。目前系列化图纸中将给水管设在水面之上，这样在供水时造成水面的波动，带来不好的影响，因此给水管应埋设水面以下，才能减少水面的波动。同时也可以看出，利用手动阀门控制水位，除尘器的工作是不易稳定的。例如水位过高，叶片断面上充填有大量的水，被气流裹带的水层厚度大为增加，S形通道内被水堵塞徒增阻力，风机的运行按其特性曲线相应地增加压头，迫使阻塞之多余水量甩到S形下叶片之外，造成水面剧烈地搅动，这种工作状态除尘效率也就不会稳定。大型冲激式除尘器为了保持水位稳定，设计了水位稳定室，如图 13-148 所示。

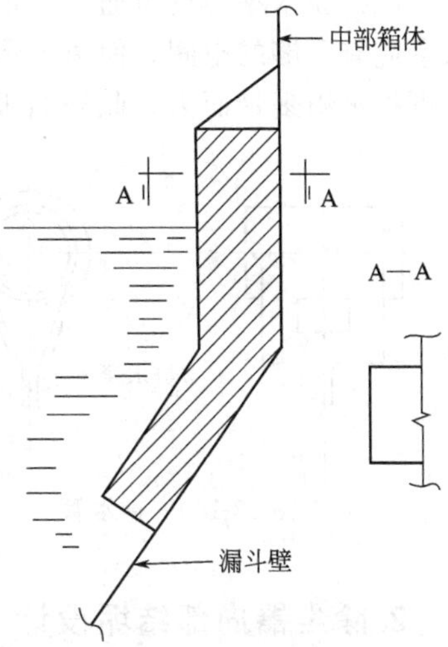

图 13-148 水位稳定室

由图 13-148 可见：稳定室之上部两侧留有三角形小窗，能与除尘器中部箱体的工作气体相通，保持均压，而且有隔板，使水花不能溅入溢流水箱内。稳定室下部至漏斗深部，使不宜搅动而稳定的水层和溢流水箱相通。

4. 污水排出方式及处理

影响湿式除尘器使用的可靠性重要因素之一是污水的排出及处理。据目前大型冲激式除尘器使用实践有两种方式。

① 常流水，污水由除尘器下部漏斗排出至污水池内。

② 不排污水，用刮板机将尘泥（含水率不超过 20%）耙出。

第一种耗水量太大，第二种使用有局限性且占地面积大，因此推荐用湿式排浆阀，既省水量，也不易堵塞。

污水的处理有 3 种方式：①排至生产工艺的水处理系统；②设置斜板浓缩池；③自设污水池，用埋刮板耙出，返回工艺的返矿皮带，回收资源，综合利用。

（三）冲激式除尘器细部设计

1. 防止带水设计

湿式除尘器的通病是产生带水现象。对于湿式除尘器的总除尘效率固然取决于洗涤过程的程度，而且也取决于含尘液滴的分离程度。气水分离率低，带来了一系列恶果，如风管堵塞，风机结壳，影响正常运转，更甚者只好降低负荷使用，致使系统的抽风点风量不足，达不到控制尘源的目的。所以要充分利用冲激式除尘器的运行效果，使其具有较高的经济合理性。对于带水问题必须予以足够的注意。

液滴分离是依洗涤除尘的方式而异。对于冲激式除尘器因使用于烧结矿粉尘，由于存在造成阻塞和硬化结壳的危险，在应用高效脱水器如过滤式丝网除雾器就受到限制。因此大都采用转向式脱水器。实践使用表明，用折叠式挡板能获得较高的脱水效率，但极易堵塞（如湘潭锰矿烧结厂等）。其次，用箱形挡水板，更换方便，但每月约维修两次。经生产实践表明，对于大型冲激式除尘器仍用檐板式挡水板为宜，因其结构简单，不易粘泥堵塞，维护方便。其结构为将多块类似房檐的挡板，装在脱水段内，使挟水气流在脱水段内先后与下部和上部的檐式挡水板相撞、遮挡而被迫拐弯，利用惯性力使气水分离。然而设计中应注意两点。

(1) 脱水率与气流通过S形通道的速度很有关系，速度过高，挟带水滴量大，因此，脱水室应有足够的空间，使由S形通道出来的高速度气流有回旋的余地，而减缓其动能，不至于再将水滴裹带而去。此外檐板的端头呈弧状弯钩式，对水滴有所钩附。

(2) 两块挡水板布置要合理：第一块板离S叶片应有一定的高度（对大型冲激式除尘器应为1m左右），两挡水板处最高流速不超过3m/s为宜。脱水室最狭窄处速度不大于2.2～2.5m/s。

使用脱水器其效率总是有限度的，而且生产使用中难免遇到操作不慎等原因造成除尘器出口带水。为防止这种现象发生时把水带入风机，建议在除尘器后的水平管道上设置泄水管以保护风机，如图13-149所示。

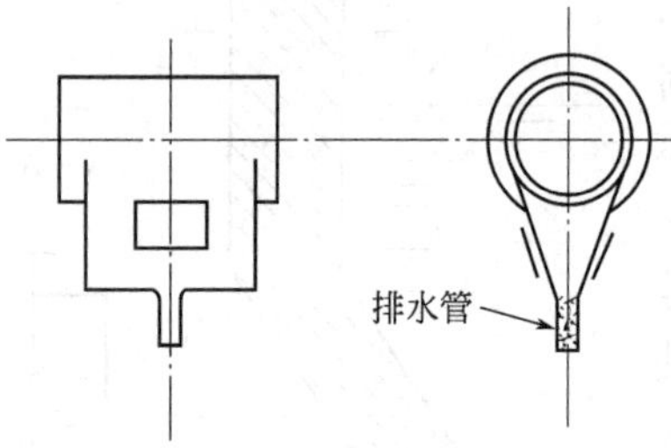

图13-149 排水管

2. 除尘器内部结垢设计

经过现场多次检查，除尘器是有结垢现象的，主要部位在下部漏斗，S形净化室（材质为钢材时），水位线60mm上下一段内壁上，以及叶片支承和叶片接头处。

结垢原因：烧结矿粉尘中有近7%的CaO和6%MgO遇水产生黏性，水硬性。

化学反应：$$CaO+H_2O \longrightarrow Ca(OH)_2+热\uparrow$$

同样 $$MgO+H_2O \longrightarrow Mg(OH)_2+热\uparrow$$

而：$$Ca(OH)_2+CO_2 \xrightarrow{H_2O} CaCO_3\downarrow+H_2O$$

同样：$$Mg(OH)_2+CO_2 \xrightarrow{H_2O} MgCO_3\downarrow+H_2O$$

因为含尘气体中CO和CO_2都是少量的，水的温度也不太高（一般不超过40℃）。所以上面的反应进行得缓慢，但是由于粉尘有黏性附着，特别是CaO和金属表面容易亲和，这就使得在金属表面处，上述的反应有了充分时间。结果生成坚硬的$CaCO_3$和$MgCO_3$。这就是在金属表面粉尘附着沉积、产生结垢和堵塞的原因及过程。

根据实际运行的经验来看，钢材是很容易结垢的，而不锈钢较好，既能避免腐蚀又改善了积灰和结垢情况，从而延长了使用寿命。当处理高温的含SO_2较高的含灰尘气体时，除采用不锈钢S叶片外，最好在外壳内侧加橡胶衬，因为橡胶既耐酸，又不易结垢。或者做耐酸混凝土外壳，效果也很好。

3. 防止堵塞设计

防止除尘器内部局部堵塞是保证运行稳定的重要环节，根据生产实践所发现的堵塞情况，设计措施归纳如下。

(1) 挡水板堵塞　不宜采用空调的折板式，应用檐板式挡水板。

(2) 叶片积灰　叶片材质改用不锈钢后，实践表明对防止叶片积垢起到良好的作用。

(3) 溢流水箱积灰　水箱中间隔板常积泥而堵，不能保证溢流水箱正常工作，也使得低水位的电极失灵，而不能自动控制。今改为倾斜式隔板，倾角最好不小于 50°，以便使淤泥流入漏斗。

(4) 水连通管堵塞　水连通管系插入设备下部漏斗里，把溢流水箱与除尘器本体的水连通起来，通过溢流水箱反映出除尘器的水面高度，并使水面稳定。由于此管内的水并不流动，加之烧结矿粉尘在水中的沉降速度约 70%达 1.4～2.5mm/s，沉降快从而淤积于管内，无法清除，今改为下部储水漏斗与溢流水箱直接开孔连通，孔为 200mm×100mm 左右，如此既简便又防堵，提高了水位自动控制的可靠性。

(5) 连气管堵塞　连气管沟通除尘器本体上部与溢流水箱，使二者保持均压，使溢流箱精确地示出液面高度。

由于除尘系统运行的间歇性，时而通过湿气体，时而通过未净化的含尘气体，造成粘灰堵塞，在与除尘器相接处尤甚。解决办法与水连通管相同，不再赘述。

图 13-150 为 (3)、(4)、(5) 三点之综合改进图。

(6) 排污漏斗堵塞　除漏斗侧壁积灰之外，排污口有时也堵塞，因此，设计中要保证漏斗的角度不小于 50°。以往用大水量冲刷，既费水又增加污水处理量。现根据现场排污的经验，设计了杠杆式排污阀，见图 13-151。

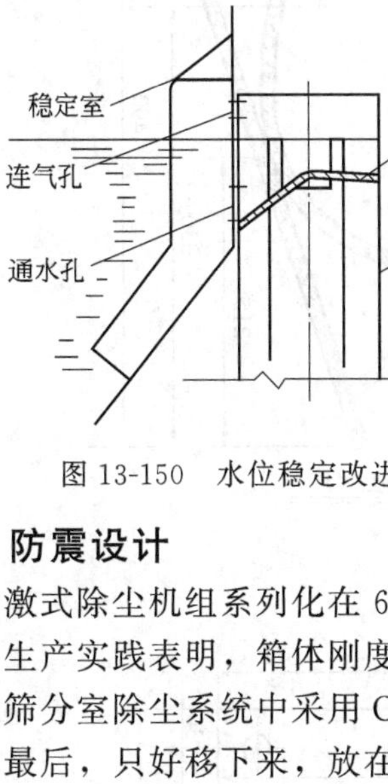

图 13-150　水位稳定改进阀

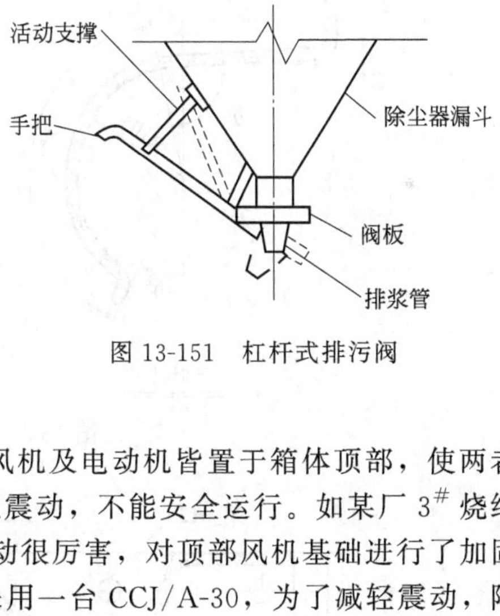

图 13-151　杠杆式排污阀

4. 防震设计

冲激式除尘机组系列化在 60000m^3/h 以下，风机及电动机皆置于箱体顶部，使两者整机化。生产实践表明，箱体刚度不够，产生剧烈地震动，不能安全运行。如某厂 3$^{\#}$ 烧结机的成品筛分室除尘系统中采用 CCJ/A-40，由于震动很厉害，对顶部风机基础进行了加固也不行，最后，只好移下来，放在平台上。又一烧采用一台 CCJ/A-30，为了减轻震动，降低了电机转数，致使除尘系统风量不足，尘源灰尘无法控制。看来，30000m^3/h 以上的除尘器，均不宜整体化。

大型冲激式除尘器，风机与电动机并不因基础刚度不够或不牢固而产生震动，因其往往置于地面或平台上，但是也存在防震问题，原因之一是含水汽的废气中由于脱水效率不高，使得叶轮积垢、挂泥，从而破坏了叶轮的静平衡，造成风机震动，为此，应采取以下防震措施。

(1) 为使脱水或气水分离率提高，合理地选择除雾方式。

(2) 选用低转速的风机　为了保证风机叶轮的正常运转，对叶轮残余不平衡允许的偏心距见表 13-38。

表 13-38　叶轮允许的偏心距

叶轮转数/(r/min)	≤375	500	600	750	1000	1450	3000	>3000
允许偏心距/μm	18	16	14	12	10	8	6	4

可见，在同样叶轮不平衡的条件下，转速高的，更容易发生振动，故力求选用低速运转的风机。

(3) 选择合理的风机叶型　为减少积灰和振动，选择双凸弧面型，较其他机翼风机为好。

(4) 定期用水冲洗叶轮，消除积灰。

(5) 防止风机进气管道的安装不良而产生共振。

(6) 加防震橡胶隔垫。

(四)冲激式除尘器叶片设计与制作

设计的关键是叶片形状与尺寸。经多次实验反复比较，从效率及阻力上取最佳值，如图 13-152 所示，叶片组合如图 13-153 所示。

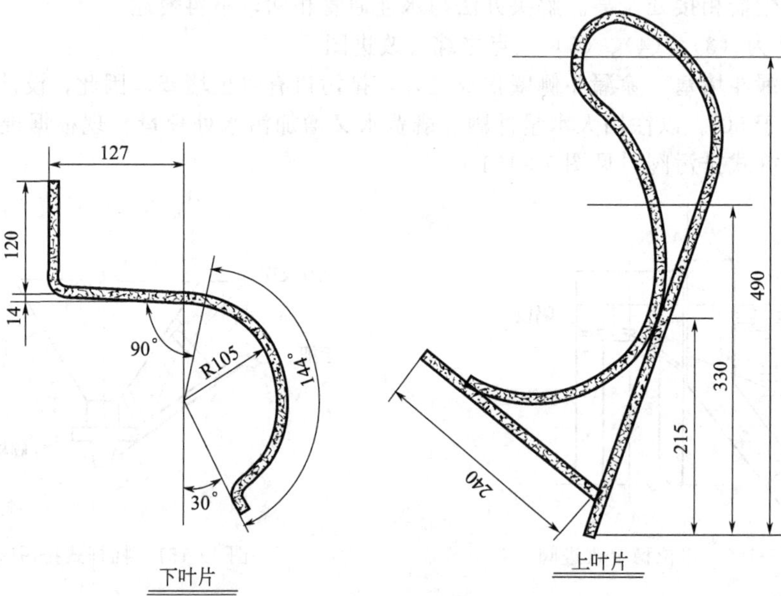

图 13-152　叶片形状和尺寸

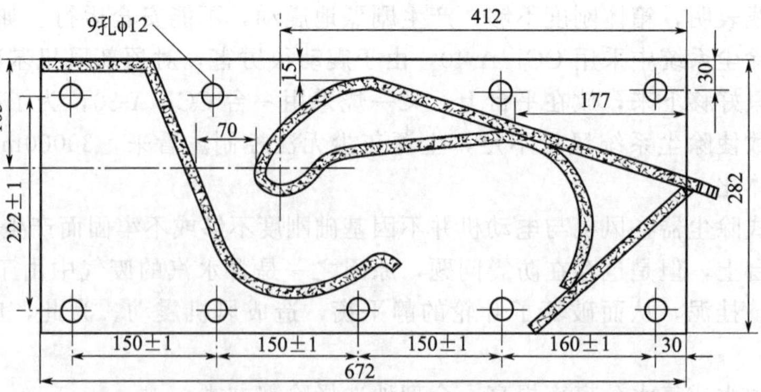

图 13-153　叶片组合

1. 自行制作叶片的要求

(1) 为使进入除尘器内的气体均匀分布于整个叶片上，进气口应高出叶片 0.5m。进气速度不宜过大，一般不超过 18m/s。

（2）为使气流均匀，防止带水和便于控制水位，叶片两侧的大小以近似相等为宜，断面宽度一般不宜小于0.5m。

（3）分雾室应有足够的空间，防止水滴带入挡水板内，气流上升速度一般不应大于2.7m/s。

（4）扒灰机构的高低要满足除尘器的水封要求。排灰口距水面越高排除灰尘含水越少。

（5）水箱与除尘器的连通管应插入除尘器中心，保证水面平稳。水封的溢流管高度应低于操作水面，其值不小于除尘器内负压值（mmH_2O表示）加50mm。

（6）叶片端部应设有玻璃窗，以便随时观察运行情况。

（7）当受安装地点的限制，可将机组的风机电动机取下，由除尘器的汇风出口或另设天圆地方，引出管道与通风机相接。

（8）除尘器的关键部件是叶片，在制作时一定要符合设计要求并且叶片安装必须水平，否则将直接影响除尘器的效率。

2. 叶片安装

① 安装前应检查机组的完好性，是否有运输中被破损的现象，然后重新把紧各连接螺栓。

② 安装位置应注意检查门开启方便。

③ CCJ型机组应注意排灰运泥便利留有足够的运灰面积。

④ 供水管路安装完后，将水压调整在$1\sim2kg/cm^2$间检查管路的密封性。

⑤ 机组的安装一定要达到水平。

⑥ 机组的入口及排出管一定要支在楼板墙或屋顶上，而不能支在除尘器或排风机上。

⑦ 排水管不应直接连在下水管上，应接到水沟或漏斗中，以随时观察除尘器工作情况。

（五）使用维护

1. 使用维护

（1）系统工作时，应保持机组的进气速度为12～18m/s。

（2）使用时注意机组及其管道的密封性，微量的渗漏也会显著降低除尘效率。

（3）应经常注意机组的阻力变化及净化程度。阻力过大或净化不佳，应分解清洗。一般不超过一个月清洗一次。清洗时先将机组与其相连接的管道拆开将上部盖板卸下，打开检查门用清水或压缩空气清洗挡水板及叶片。

（4）如发现机组的叶片有所损坏，必须及时更换。

（5）机组的括灰机构不应在机组工作时长时间停转以防再次开动时括板被积尘压住而损坏机构。

2. 机组的故障原因

（1）系统风量降低

① 风机传动皮带松动。

② 管道大量积灰。

③ 机组中水位过高

水位控制箱的排水管或漏斗排水阀堵塞。

检查孔关不严或水向排水管倒灌而水封遭到破坏使控制箱漏气。

由于电磁阀被粘住或漏水，过量的水流入机组。

挡水板被堵塞或叶片上大量积灰。

（2）机组的效率降低

① 叶片被腐蚀或磨损。

② 机组中水位降低。有下列几种原因：给水管堵塞或机组内水迅速蒸发；电磁阀在关闭状态下被粘住；排气量过多使通过叶片的水流量下降；通过机组不严密处漏风。

(3) 机组漏斗上积尘 给水量不足；机组停运后过早关闭排水阀。

(4) 排风机带水

① 在安装时或停运时排风机内灌入雨水或雪。

② 挡水板堵塞或位置安装不当。

③ 风量过多地流过机组。

三、文氏管除尘器设计

文氏管除尘器的设计包括两个内容：确定净化气体量和文氏管的主要尺寸。

(一) 净化气体量确定

净化气体量可根据生产工艺物料平衡和燃烧装置的燃烧计算求得。也可以采用直接测量的烟气量数据。对于烟气量的设计计算均以文氏管前的烟气性质和状态参数为准。一般不考虑其漏风、烟气温度的降低及其中水蒸气对烟气体积的影响。

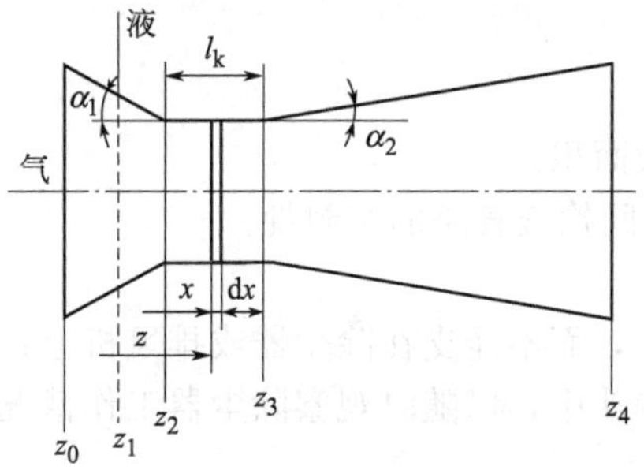

图 13-154 文氏管示意

(二) 文氏管尺寸确定

文氏管几何尺寸确定主要有收缩管、喉管和扩张管的截面积、圆形管的直径或矩形管的高度和宽度以及收缩管和扩张管的张开角等，见图 13-154。

1. 收缩管朝气端截面积

一般按与之相连的进气管道形状计算。计算式为：

$$A_1=\frac{Q_{t_1}}{3600v_1} \tag{13-106}$$

式中，A_1 为收缩管进气端的截面积，m^2；Q_{t_1} 为温度为 t_1 时进气流量，m^3/h；v_1 为收缩管进气端气体的速度，此速度与进气管内的气流速度相同，一般取 15～22m/s。

收缩管内任意断面处的气体流速为：

$$v_g=\frac{v_a}{1+\frac{z_2-z}{r_a}\tan\alpha} \tag{13-107}$$

圆形收缩管进气端的管径可用下式计算：

$$d_1=1.128\sqrt{A_1} \tag{13-108}$$

对矩形截面收缩管进气端的高度和宽度可用下式求得：

$$a_1=\sqrt{(1.5\sim2.0)A_1}=(0.0204\sim0.0235)\sqrt{\frac{Q_{t_1}}{v_1}} \tag{13-109}$$

$$b_1=\sqrt{\frac{A_1}{1.5\sim2.0}}=(0.0136\sim0.0118)\sqrt{\frac{Q_{t_1}}{v_1}} \tag{13-110}$$

式中，1.5～2.0 是高宽比经验数值。

2. 扩张管出气端的截面积计算式

$$A_2=\frac{Q_2}{3600v_2}$$

式中，A_2 为扩张管出气端的截面积，m^2；v_2 为扩张管出气端的气体流速，通常可取18～22m/s。

圆形扩张管出气端的管径计算：

$$d_2=1.128\sqrt{A_2} \tag{13-111}$$

矩形截面扩张管出口端高度与宽度的比值常取$\frac{a_2}{b_2}=1.5\sim2.0$，所以 a_2、b_2 的计算可用：

$$a_2=\sqrt{(1.5\sim2.0)A_2}=(0.0204\sim0.0235)\sqrt{\frac{Q_2}{v_2}} \tag{13-112}$$

$$b_2=\sqrt{\frac{A_2}{1.5\sim2.0}}=(0.0136\sim0.0118)\sqrt{\frac{Q_2}{v_2}} \tag{13-113}$$

3. 喉管的截面积计算

$$A_0=\frac{Q_1}{3600v_0} \tag{13-114}$$

式中，A_0 为喉管的截面积，m^2；v_0 为通过喉管的气流速度，m/s，气流速度按表 13-39 条件选取。

不同粒径粉尘最佳水滴直径和气体速度的关系见图 13-155。

表 13-39　各种操作条件下的喉管烟气速度

工艺操作条件	喉管烟气速度/(m/s)
捕集小于 1μm 的尘粒或液滴	90～120
捕集 3～5μm 的尘粒或液滴	70～90
气体的冷却或吸收	40～70

圆形喉管直径的计算方法同前。对小型矩形文氏里管除尘器的喉管高宽比仍可取$a_0/b_0=1.2\sim2.0$，但对于卧式通过大气量的喉管宽度 b_0 不应大于 600mm，而喉管的高度 a_0 不受限制。

4. 收缩和扩张角的确定

收缩管的收缩角 α_1 愈小，文氏管除尘器的气流阻力愈小，通常 α_1 取用 23°～30°。文氏管除尘器用于气体降温时，α_1 取 23°～25°；而用于除尘器时，α_1 取 25°～28°，最大可达 30°。

扩张管扩张角 α_2 的取值通常与 v_2 有关，v_2 愈大，α_2 愈小，否则不仅增大阻力且捕尘效率也将降低，一般 α_2 取 6°～7°。α_1 和 α_2 取定后，即可算出收缩管和扩张管的长度。

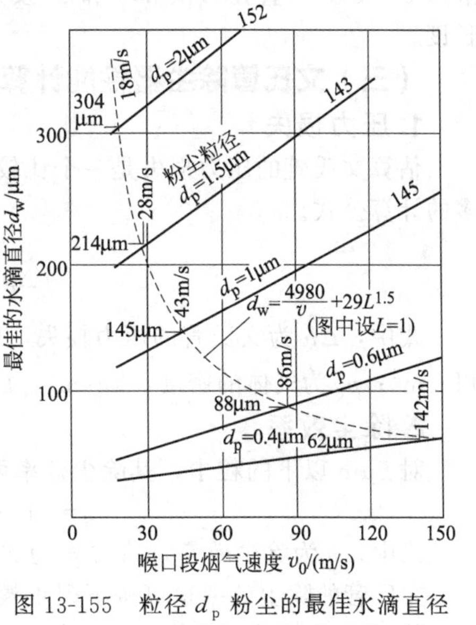

图 13-155　粒径 d_p 粉尘的最佳水滴直径 d_w 和烟气速度 v_0 的关系

5. 收缩管和扩张管长度的计算

圆形收缩管和扩张管的长度分别按下式计算：

$$L_1=\frac{d_1-d_0}{2}\cot\frac{\alpha_1}{2} \tag{13-115}$$

$$L_2=\frac{d_2-d_0}{2}\cot\frac{\alpha_2}{2} \tag{13-116}$$

矩形文氏管的收缩长度 L_1 可按下式计算（取最大值作为收缩管的长度）：

$$L_{1a}=\frac{a_1-a_0}{2}\cot\frac{\alpha_1}{2} \tag{13-117}$$

$$L_{1b}=\frac{b_1-b_0}{2}\cot\frac{\alpha_2}{2} \tag{13-118}$$

式中，L_{1a} 为用收缩管进气端高度 a_1 和喉管高度 a_0 计算的长度，m；L_{1b} 为用收缩管进气端宽度 b_1 和喉管宽度 b_0 计算的长度，m。

在一般情况下，喉管长度取 $L_0=0.15\sim0.30d_0$，d_0 为喉管的当量直径。喉管截面为圆形时，d_0 即喉管的直径；管截面为矩形时，喉管的当量直径按下式计算：

$$d_0=\frac{4A_0}{q} \tag{13-119}$$

式中，A_0 为喉管的截面积，m^2；q 为喉管的周边，m。

一般喉管的长度为 200～350mm，最大不超过 500mm。

确定文氏管几何尺寸的基本原则是保证净化效率和减小流体阻力。如不作以上计算，简化确定其尺寸时，文氏管进口管径 D_1，一般按与之相联的管道直径确定，流速一般取 15～22m/s。文氏管出口管径 D_2，一般按其后连接的脱水器要求的气速确定，一般选 18～22m/s。由于扩散管后面的直管道还具有凝聚和压力恢复作用，故最好设 1～2m 的直管段，再接脱水器。喉管直径 D 按喉管内气流速度 v_0 确定，其截面积与进口管截面积之比的典型值为 1∶4。v_0 的选择要考虑粉尘、气体和液体（水）的物理化学性质，对除尘效率和阻力的要求等因素。在除尘中，一般取 $v_0=40\sim120$m/s；净化亚微米级的尘粒可取 90～120m/s，甚至 150m/s；净化较粗尘粒时可取 60～90m/s，有些情况取 35m/s 也能满足。在气体吸收时，喉管内气速 v_0 一般取 20～30m/s。喉管长 L 一般采用 $L/D=0.8\sim1.5$ 左右，或取 200～300mm。收缩管的收缩角 α_1 愈小，阻力愈小，一般采用 23°～25°。扩散管的扩散角 α_2 一般取 6°～8°。当直径 D_1、D_2 和 D 及角度 α_1 和 α_2 确定之后，便可算出收缩管和扩散管的长度。

（三）文氏管除尘器性能计算

1. 压力损失

估算文氏管的压力损失是一个比较复杂的问题，有很多经验公式，下面介绍目前应用较多的计算公式。

$$\Delta p=\frac{v_t^2\rho_t S_t^{0.133}L_g^{0.78}}{1.16} \tag{13-120}$$

式中，Δp 为文氏管的压力损失，Pa；v_t 为喉管处的气体流速，m/s；S_t 为喉管的截面积，m^2；ρ_t 为气体的密度，kg/m^3；L_g 为水气比，L/m^3。

2. 除尘效率

对 5μm 以下的粒尘，其除尘效率可按下列经验公式估算：

$$\eta=(1-9266\Delta p^{-1.43})\times100\% \tag{13-121}$$

式中，η 为除尘效率，%；Δp 为文氏管压力损失，Pa。

文氏管的除尘效率也可按下列步骤确定。

① 据文氏管的压力损失 Δp 由图 13-156 求得其相应的分割粒径（即除尘效率为 50%的粒径）d_{c50}。

② 计算处理气体中所含粉尘的中位径 d_{c50}/d_{50}。

③ 根据 d_{c50}/d_{50} 值和已知的处理粉尘的几何标准偏差 σ_g，从图 13-157 查得尘粒的穿透

率 τ。

④ 除尘效率的计算如下：

$$\eta=(1-\tau)\times100\% \tag{13-122}$$

3. 文氏管除尘器的除尘效率图解

除了计算外，典型文氏管除尘器的除尘效率还可以由图 13-158 来图解。此外在图 13-159 中，条件为粉尘粒径 $d_p=1\mu m$、粉尘密度$\rho_p=2500kg/m^3$、喉口速度 40～120m/s 的试验结果，表明了水气比、阻力、效率及喉口直径间的相互关系。

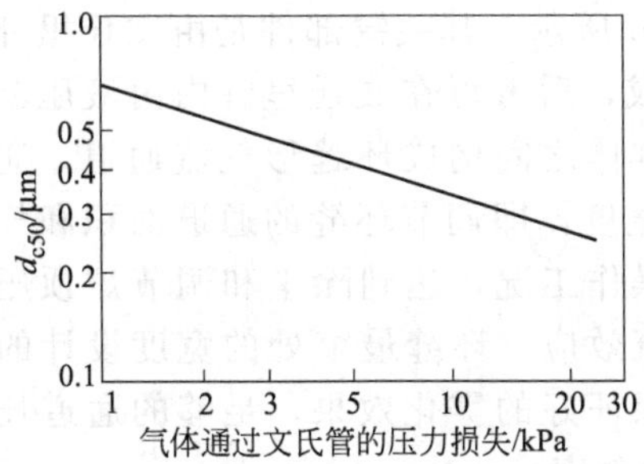

图 13-156 文氏管压力损失/kPa

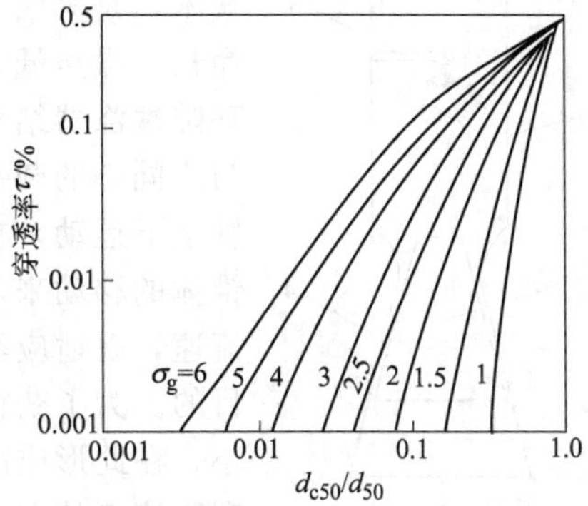

图 13-157 尘粒穿透率与 d_{c50}/d_{50} 的关系

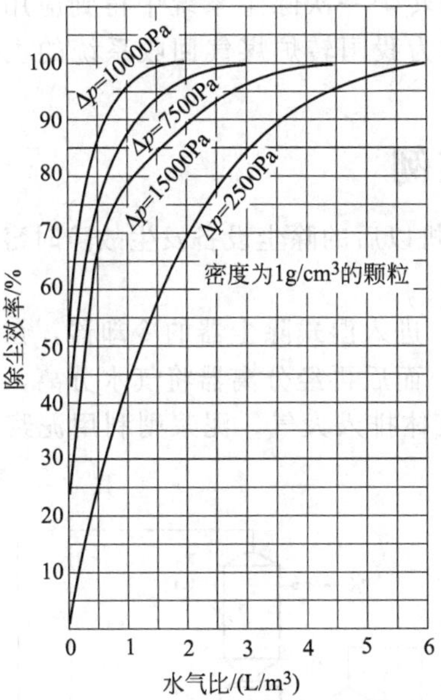

图 13-158 典型的文氏管除尘器捕集效率

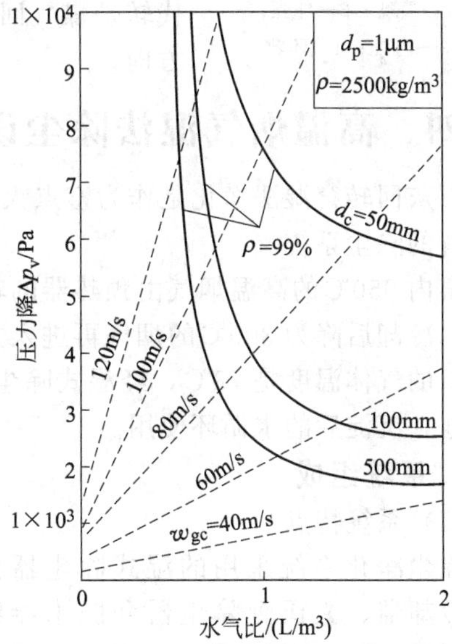

图 13-159 文氏管除尘器的除尘效率

（四）文氏管设计和使用注意事项

(1) 文氏管的喉管表面粗糙度要求一般为 $Ra16$。其他部分可用铸件或焊件，但表面应无飞边毛刺。

(2) 文氏管法兰连接处的填料不允许内表面有突出部分。

(3) 不宜在文氏管本体内设测压、测温孔和检查孔。

(4) 对含有不同程度的腐蚀性气体，使用时应注意防腐措施，避免设备腐蚀。

(5) 采用循环水时应使水充分澄清，水质要求含尘量在 0.01%以下，以防止喷嘴堵塞。

(6) 文氏管在安装时各法兰连接管的同心度误差不超过±2.5mm。圆形文氏管的椭圆度误差不超过±1mm。

(7) 溢流文氏管的溢流口水平度应严格调节在水平位置，使溢流水均匀分布。

(8) 文氏管用于高温烟气除尘时，应装设压力、温度升高警报信号，并设事故高位水池，以确保供水安全。

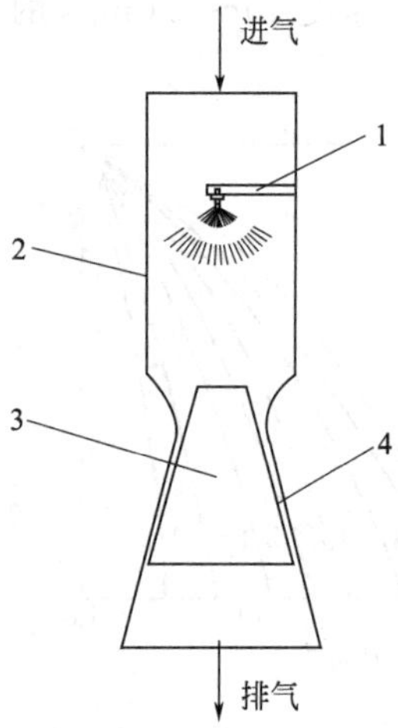

图 13-160 环隙洗涤器结构示意

1—喷嘴；2—外壳；3—内锥；4—环隙

(五) 文氏管除尘技术新进展——环隙洗涤器

环隙洗涤器是中冶集团建筑研究总院环保分院最新开发的新技术，是第四代转炉煤气回收技术的核心部件，具有占地少、寿命长、噪声低等优点，最初在 20 世纪 60 年代用于转炉煤气除尘。环隙洗涤器结构如图 13-160 所示。其关键部件是由文丘里外壳和与之同心的圆锥两部分组成，后者可在文丘里管内由液压驱动沿轴上下运动，在外壳和圆锥体之间构成环缝形气流通道，通过圆锥体的移动来调节环缝的宽度，即调节环缝的通道面积和气体的流速，以适应转炉的不同操作工况，达到除尘和调节炉顶压力的目的。为了获得较强的截流效应，环缝最窄处的宽度设计的非常小，在此形成高速气流以保证好的雾化效果，足够的通道长度有利于液滴的聚合，提高除尘效率。

从目前来看，不管是塔文一体还是塔文分离的配置，分别在承德钢铁厂和新余钢铁厂的转炉一次除尘系统中得到应用，第四代转炉煤气回收技术应该作为我国转炉煤气回收系统的主要发展方向。

四、高温烟气湿法除尘设备设计实例

石灰回转窑湿法净化是作为窑点火、停窑和预热机以后的除尘设备发生故障时窑的排烟而设置的除尘系统。

窑内 950℃的高温烟气由预热器的辅助烟囱引出，进入湿式除尘器的冷却器，在冷却器里经水冷却后降为 300℃的烟气再进入文氏管除尘器，而后再经分离器将气水分离，从分离器出口的气体温度是 78℃，经湿式除尘器净化后的气体排入大气。泥浆则利用泥浆泵打入浓缩池，沉淀后的水循环使用。

1. 系统组成

(1) 系统特点

除尘净化系统采用的湿式除尘器由蒸发冷却器、文氏管除尘器和脱水器组成（图 13-161）。其特点是：①这套湿式除尘器系统间歇操作，但保持随时可以开动；②在文氏管除尘器的喉部设有可调节的翻板阀，可以通过调整挡板的角度而使除尘器的压力损失接近所规定的值；③该除尘器使用特殊结构的喷嘴，不积滞灰尘，并且可以使用循环水净化烟气；④污水进入石灰窑公用水处理系统，不单设污水处理装置。

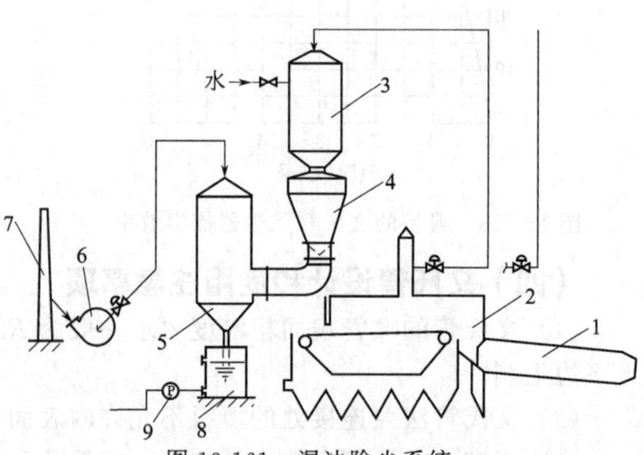

图 13-161 湿法除尘系统

1—回转窑；2—预热室；3—蒸发冷却器；4—文氏管除尘器；5—脱水器；6—风机；7—烟囱；8—水槽；9—水泵

(2) 湿式除尘的主要技术参数　处理风量 88515m^3（标）/h；入口烟气温度 300℃；烟气中粉尘成分 CaO、$CaCO_3$；烟气中粉尘密度 0.7t/m^3；入口烟气含尘浓度 5～20g/m^3（标）；除尘器工作压力－12500Pa；除尘器阻力损失 5100Pa；除尘器出口烟气温度 80℃；出口烟气含尘浓度＜100mg/m^3（标）；设备静态漏风量＜1％。

2. 工作原理

石灰窑排出的 300℃高温含尘烟气首先进入蒸发冷却器，把烟气温度降低。较低温度的烟气高速进入可调喉口文氏管，完成水滴对粉尘的有效捕集。含有水滴、粉尘的烟气在分离器进行水气分离，干净气体经风机由烟囱排放，分离出的含尘污水进入水处理系统处理。在净化过程中调径文氏管除尘效率＞99％，直流复挡分离器分离水滴效率＞97％，因此完全可以满足环保排放标准的要求。

3. 蒸发冷却器设计计算

蒸发冷却器的主要作用是将冷水直接雾化喷向高温烟气以降低烟气温度，在冷却降温的过程中同时有凝聚较粗尘粒的作用。因此设计要点是冷却计算。设计中入口烟气量按 88515m^3（标）/h、温度 300℃来计算。

(1) 以冷却水为介质的蒸发冷却塔　烟气自冷却器的顶部或下部进入、由底部或顶部排出，喷雾装置设计为顺喷，即冷却水雾流向与气流相同。冷却器内断面气流速度宜取 4.0m/s 以下。以便烟气在塔内有足够停留的时间，使其水雾容易达到充分蒸发的目的。蒸发冷却器的有效高度决定于喷嘴喷入的水滴蒸发的时间，而蒸发时间取决于水滴粒径的大小和烟气热容量。因此，为降低蒸发冷却器的高度，必须尽可能减少水滴粒径，使其雾粒在与高温烟气接触的很短时间内，吸收烟气显热后全部汽化，并被烟气再加热而形成一种不饱和气体。

(2) 烟气放出热量 Q_g 的计算　高温气体从 t_{g1} 下降到 t_{g2} 所放出的热量 Q_g 按下式计算：

$$Q_g=\frac{V_0}{22.4}\int_{t_{g2}}^{t_{g1}} c_p \Delta t=\frac{V_0}{22.4}(c_p t_{g1}-c_p t_{g2}) \tag{13-123}$$

式中，Q_g 为烟气放出热量，kJ/h；V_0 为标准状态下气体的体积流量，m^3/h；c_p 为 0～t℃气体的平均定压摩尔热容，kJ/(kmol·℃)；t_{g1} 为高温烟气入口温度，℃；t_{g2} 为高温烟气出口温度，℃。

(3) 有效容积 V 计算　在喷嘴喷出的水滴全部蒸发的情况下。蒸发冷却器的有效容积 V 可以按下式计算：

$$Q_g=sV\Delta t_m \tag{13-124}$$

式中，Q_g 为高温烟气放出热量，kJ/h；s 为蒸发冷却器热容系数，kJ/(m^3·h·℃)，当雾化性能良好时，可取 627～838kJ/(m^3·h·℃)；V 为蒸发冷却器的有效容积，m^3；Δt_m 为水滴和高温烟气的对数平均温度差，℃。

$$\Delta t_m=\frac{\Delta t_1-\Delta t_2}{\ln\dfrac{\Delta t_1}{\Delta t_2}} \tag{16-125}$$

式中，Δt_1 为入口处烟气与水滴的温差，℃；Δt_2 为出口处烟气与水滴的温差，℃。

(4) 喷水量 W 计算　蒸发冷却器的喷水量 W（kg/h），可按下式计算：

$$W=\frac{Q_g}{r+c_w(100-t_w)+c_V(t_{g2}-100)} \tag{13-126}$$

式中，r 为在 100℃时水的汽化潜热，为 2257kJ/kg；c_w 为水的质量比热容，为

4.18kJ/(kg·℃)；c_V 为在100℃时水蒸气的比热容，为2.14kJ/(kg·℃)；t_w 为喷雾水温度,℃；t_{g2} 为高温烟气出口温度,℃。

根据计算，得冷却器外形尺寸为4020mm×9100mm。冷却水用石灰厂已有浊循环水，耗水量为20t/h。

4. 文氏管除尘器设计计算

文丘里除尘器的形式很多，由于烟气量较大，此次设计中采用手动可调矩形文氏管。依据工程具体情况对调径文氏管做了改进即把手动齿轮调节改为双向丝杠调节，从而使文氏管喉口在长时间使用后依旧可调，而且可将喉口截面积进行细微准确的调节，以平衡系统阻力。根据计算喉口尺寸确定为1400mm×500mm。文丘里除尘器用水量150t/h，水压0.4MPa。

(1) 文氏管压力损失　估算文氏管的压力损失是一个比较复杂的问题，下面是应用较多的计算公式。

$$\Delta p=\frac{v_t^2\rho_t S_t^{0.133}L_g^{0.78}}{1.16} \tag{13-127}$$

式中，Δp 为文氏管的压力损失，Pa；v_t 为喉管处的气体流速，m/s；S_t 为喉管的截面积，m^2；ρ_t 为气体的密度，kg/m^3；L_g 为水气比，L/m^3。

(2) 文氏管除尘效率　对5μm以下的粉尘，其除尘效率可按下面经验公式估算。

$$\eta=(1-9266\Delta p^{-1.43})\times 100\% \tag{13-128}$$

式中，η 为除尘效率,%；Δp 为文氏管压力损失，Pa。

5. 脱水器设计计算

设计中脱水器采用复挡分离器的结构形式，如图13-162所示。

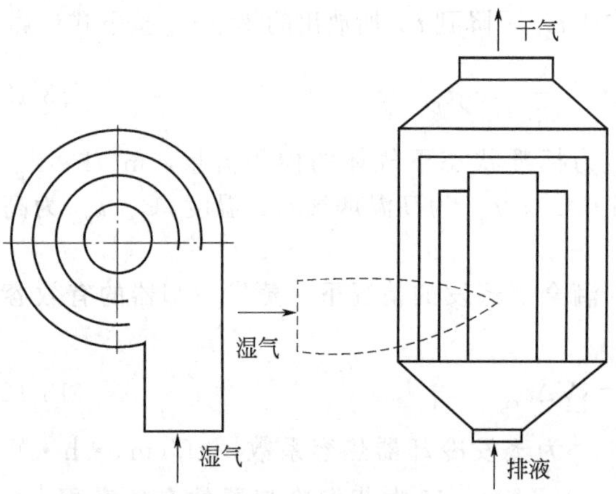

图13-162　复挡分离器

复挡脱水器的除液滴机理与旋风除尘器相同，其构造是有多层同心圆挡板，工作原理是含有液滴的气体切向进入分离器后，分为几部分在挡板间的通道内旋转。在离心力的作用下，液滴甩向挡板并形成液膜顺着侧壁流下，液膜同时将液滴捕集下来。增加了挡板即增大了接触面积，同时控制气流在分离器内只旋转3/4圈就排出系统，而液滴及液雾被捕集效率大大提高，故比单一旋风分离器压降小、效果好。

具体其外形尺寸4020mm×8855mm，内设三层挡板，进出口尺寸为进口1620mm×920mm，出口为1820mm，进排气流速分别为25m/s和20m/s。

根据液滴在旋转流场内的运动方程，且假设只考虑气体阻力，阻力系数 $C_D=24/R_{eD}$，就可得到液滴向外移动的径向速度为：

$$v_1=\frac{\rho_1 d_1^2 v_{gt}^2}{18\mu_g R}=\frac{dR}{dt} \tag{13-129}$$

设气流切向速度 v_{gt} 服从强制涡流规律，即有 $v_{gt}=2\pi\omega R$，代入上式整理后而得：

$$\frac{dR}{R}=\frac{2.193\omega^2 d_1^2\rho_1}{\mu_g}dt \tag{13-130}$$

设考虑某一挡隔板通道，该通道的外壁半径为 R_o，内壁半径为 R_i，R_x 为液滴的初始位置。对上式从 R_x 积分到 R_o，且取 $\Delta t=\frac{2\pi R_o N}{\mu_g}\omega=\frac{v_{gt}}{2\pi R_o}$则可得：

$$R_x=R_o\exp\left[-2.193\left(\frac{Nv_{gt}}{2\pi R_o}\right)\left(\frac{d_1^2\rho_1}{\mu_g}\right)\right] \tag{13-131}$$

所以粒级效率可以写成：

$$\eta_i=\frac{R_o-R_x}{R_o-R_i}=\left(\frac{R_o}{R_o-R_i}\right)\left[1-\exp\left(-0.349\frac{Nv_{gt}d_1^2\rho_1}{R_o\mu_g}\right)\right] \tag{13-132}$$

式中，v_{gt} 为气体在通道内的切向速度，m/s；d_1 为液滴直径，m；ρ_1 为液滴密度，kg/m^3；μ_g 为气体的动力黏度，Pa·s；N 为气体在该通道内的旋转圈数，取决于挡板长度。

根据试验，复挡捕沫器压降不超过一个气体进口速度头，表示为：

$$\Delta p=\frac{\rho_g v_{gt}^2}{2} \tag{13-133}$$

6. 污水处理设计

窑尾高温烟气净化的污水不单独处理，而是进入石灰焙烧污水处理系统。

石灰焙烧污水主要来源是原料洗涤，原石通过洗石机、振动筛和螺旋分级机等设备的洗涤分级过程，把其中夹杂的泥沙洗到废水中。用水量按 1∶1 比例，即 1t 原石用 1t 水。设计规模为 180t/h，水洗后污水含泥沙浓度 3.5%。污水处理系统采用投药、混凝、浓缩、沉淀、脱水的处理方法。污水进入污水中间槽，由泥浆泵送入浓缩池，浓缩池的上清水流入贮水池用泵加压后供洗石机循环使用，浓缩的泥浆经泥浆泵送入高位泥浆分配槽后，自流进入转鼓真空过滤机进行脱水，产生的泥饼通过皮带输送机运至泥饼堆场以备外运。为了提高浓缩池的沉降性能，在浓缩池内投加高分子絮聚剂（PAM），其投药浓度约为 1‰，投药量 1～5mg/L。

污水处理主要设备如下。

① 浓缩池：大小为 20m×3.0m（直径×周边水深）。

② 转鼓真空过滤机：大小为 3.0m×4.88m（直径×表面长度），过滤面积 $48m^2$。

③ 真空泵：真空度 73.33kPa，抽气量为 $0.8m^3/(m^2 \cdot min)$。

7. 使用效果

设置石灰窑高温烟气的湿法净化系统的目的，在于防止回转窑点火、停窑和事故处理时高温烟气进入袋式除尘器烧毁、糊堵滤袋。湿法除尘系统设备实物如图 13-163 所示。回转窑投产运行结果表明，湿法除尘的烟气净化系统和水循环系统一次试车成功运行正常，达到了预期目的。除尘系统排放气体含尘浓度<50mg/m³，满足国家的环保要求。

图 13-163　除尘系统主要设备实物

第六节　除尘器改造设计

在各种除尘设备中，只有袋式除尘器、电除尘器能够满足日益严格的大气污染物排放标准的排放要求。但现有生产企业中，有不少的袋式除尘器、电除尘器和其他除尘器在运行中存在种种问题需要进行技术改造设计才能满足节能减排的要求。

一、改造设计原则

1. 必要性

① 除尘器选型失当或先天性缺陷，选型偏小，过滤风速大，阻力大，排放不能达到国家标准；

② 主机设备改造，增风、提产、增容；

③ 主机系统采用先进工艺，原除尘设备不适应新的入口浓度及处理风量的要求；

④ 国家执行环保新标准的实施，原有除尘器难以满足新的排放要求；

⑤ 国家新的节能减排政策，原有除尘设备不符合要求；

⑥ 原有除尘设备老化经改造尚可使用。

2. 可能性

① 有可行的方案和可靠的技术；

② 现场条件许可，现在空间允许；

③ 原除尘器尚有可利用价值，并对结构受力情理进行分析校验证明其可承受新的荷载。

3. 改造的原则

① 满足节能减排要求；

② 切合工厂改造设计实际，原有除尘器状况、技术参数、操作习惯、允许的施工周期、空压机条件具备气源等；

③ 适应工艺系统风量、阻力、浓度、温度、湿度、黏度等方面的参数；

④ 投资相对合理，初次投资与综合效益；

⑤ 便于现场施工，外形尺寸适应场地空间，设备接口满足工艺布置要求，施工队伍有作业条件。

4. 改造方向

① 一种形式袋式除尘器改造为另一种形式；

② 电除尘器改造为电除尘器；

③ 电除尘器改造为袋式除尘器；

④ 电除尘器改造为“电-袋”复合式除尘器；

⑤ 一种型式除尘器改造为另一种型式除尘器。

二、反吹风改造为脉冲袋式除尘器

1. 基本要求

① 排放达标或节约能源；

② 能长期稳定运行，减少维修工作量；

③ 延长滤材寿命周期，节省费用；

④ 除尘器故障尽可能少。

2. 回转反吹风除尘器改造设计特点

(1) 更换过滤材料

① 针刺毡取代“729”滤布。针刺毡滤料在阻力系数、透气度、孔隙率、动静态过滤效率方面都明显优于“729”滤布。

② 覆膜滤料取代普通滤料。覆膜滤料属表面过滤，过滤风速高、阻力低，使用寿命长，

收尘效率很高。采用热压合（定压、定温条件下）工艺的进口覆膜滤料品质上乘。

③ 褶式滤筒取代滤布。褶式滤筒除兼有覆膜滤料特点外，还具备如下优点：滤件与笼架一体化结构，安装、维修简便；同尺寸的除尘器，过滤面积提高 1～3 倍；使用寿命是滤料的 1.5～2.5 倍。

（2）更换清灰方式

① 用高能型脉冲清灰取代机械摇动及反吹清灰方式，增加过滤面积，降低过滤速率和运行阻力，提高处理能力。

② 采用新式除尘器，用一台风机同时承担抽风和反吹清灰功能，结构简单，功能强、动力大。采用圆形电磁铁控制阀门，不用气源，在供气不便的地方，尤为适用。

（3）用新型结构取代老式结构　ZC 和 FD 等机械回转反吹袋式除尘器是利用高压风机作气源反吹清灰，它存在清灰强度弱，且内外圈清灰不均，清灰相邻滤袋粉尘的再吸附及花板加工要求严等诸多缺点。新型 HZMC 型袋式除尘器圆筒形结构、扁圆形滤袋，只用一只高压脉冲阀即可实现回转定位分室脉冲清灰。它克服了 ZC 和 FD 的上述缺点，吸收了回转除尘器结构紧凑、占地面积小以及分箱脉冲袋式除尘器清灰强度大、时间短、清灰彻底的优点。改造除尘器大大提高了直接处理较高含尘浓度和高黏度的粉尘的可能性。特别适用于采用回转反吹除尘器的改造。

（4）增加过滤面积，降低过滤风速

① 除尘器扩容，增加袋式数量，以增加过滤面积。

② 更换花板，增加开孔率。减少滤袋直径，但也要注意滤袋合理的长径比和袋间气流上升速度。

③ 改变滤袋形状，如采用扁袋、菱形袋、“W”形内外双滤袋等。

（5）优化通风管道及阀门结构　此举在于降低系统阻力，均化气流分布，并延长滤袋平均使用寿命。

（6）更换新型配件　新型配件包括电磁脉冲阀，自控仪，油水分离器，各种气动器件、阀门等。

3. 分室反吹袋式除尘器改造设计特点

① 保留反吹袋式除尘器的外壳，输灰系统及走梯平台；

② 拆除反吹袋式除尘器的花板、吊挂装置、顶盖及滤袋；

③ 在反吹袋式除尘器的吊挂梁上铺设脉冲除尘器花板；

④ 增设脉冲清灰装置和顶部检修门；

⑤ 进风管不动，排风管直接接入清洁室，如果采用离线清灰方式则要设提升阀；

⑥ 更换为新的滤袋和笼骨；

⑦ 改造压缩空气系统，加大供气量；

⑧ 此改造因过滤面积加大，可降低阻力节省能源。

上述改造，在降低阻力、节省运行费用，增风、提产，大大减少排放，延长滤件使用寿命等方面都会有显著效果。

三、电除尘器改造为袋式除尘器

1. 电除尘系统存在的问题

电除尘器设计排放浓度较高，在电厂、水泥等排放标准修改后，电除尘器有待改造。

2. 改造内容

原有的电除尘器壳体、灰斗、管道、承重基础、物料输送系统都可以保留、沿用，仅用性能先进的脉冲袋式除尘器的过滤和清灰方式进行改造。

3. 技术特点

① 袋式除尘器效率高、排放低，滤袋使用寿命 2～5 年；

② 与传统袋式除尘器相比，改造后的袋式除尘器由于过滤面积大，运行阻力低且稳定；

③ 对入口粉尘的性质变化没有太多的限制；

④ 可处理增加的烟气量；

⑤ 设备所包括的机械活动部件数量较少，不需要进行频繁维护或更换；

⑥ 过滤元件既可在净气室进行安装（从上面将其装入除尘器），也可在含尘室进行安装（在除尘器下部进行安装）。现场优势主要体现在其改造工程简便易行，图 13-164 是这种改造的实例。

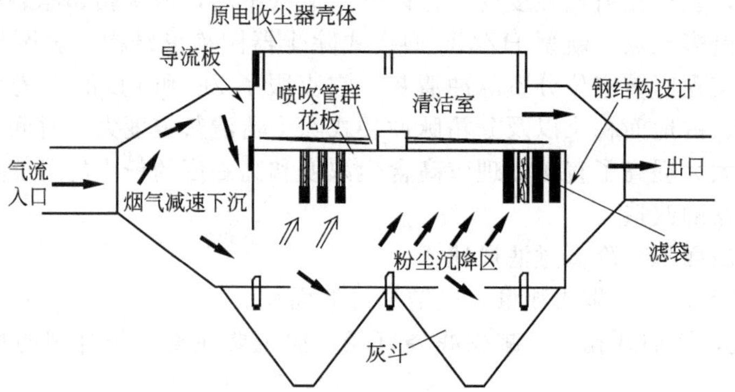

图 13-164 典型的电除尘器改造为袋式除尘器

4. 改造设计内容

（1）去除电除尘器内部的各种部件，包括极线、极板、振打系统、变压器、上下框架、多孔板等。通常所有的工作部件都应去除。现有的除尘器地基不动，外壳、出风管路、输灰装置不做改动，即可改造为脉冲袋式除尘器，可利用原外壳 110t，节约资金，节省改造工期。

（2）安装花板、挡板、气体导流系统。对管道及进出风口改动以达到最佳效果。在结构体上部设计安装净气室。

（3）顶盖安装维修、走道及扶梯。根据净气室及通道的位置来安装检修门、走道及扶梯。

（4）安装滤袋。袋式除尘器的滤材选择至关重要，主要取决于风量、气流温度、湿度、除尘器尺寸、安装使用要求及价格成本。选择合适的滤材对整个工程的成败起着举足轻重的作用，特别对脉冲除尘器高温玻璃纤维滤件，如选用不当，改造后的袋除尘器未必会优于原有的电除尘器。更有甚者，错误的选择滤袋会导致其快速损坏，增加更多的维护工作量。只有合理的设计、选型和安装滤袋才会保证高效率除尘及最少的维护量。

（5）安装清灰系统。清灰系统主要包括压缩空气管线、脉冲阀、气包、吹管及相关的电器元件。同时尽可能实行按压差清灰。当控制器感应到压差增到高位时会启动脉冲阀喷吹至合适的压差而中止。根据不同的工艺条件，清灰的“开”、“关”点可以分别设置。

将电除尘器改造为袋式除尘器，到目前为止电厂、水泥厂、烧结厂已有改造的案例。随着电除尘器使用的老化，对除尘效率要求的日益提高，电除尘器改造为袋式除尘器的需求又被赋予了新的要求和生命力。从长远眼光看，一次性投资稍高些但改造成功有效，比重复投资反复改造要经济得多，而且也有利于连续稳定生产。少花费资金，减少停工时间，电除尘器改造成袋式除尘器是提高生产效率和收尘效率的一个有效且成功的途径。

四、电除尘器改造为电袋复合除尘器

1. 理论基础

（1）电除尘器是利用粉尘颗粒在电场中荷电并在电场力作用下向收尘极运动的原理实现烟气净化的。在一般情况下，当粉尘的物理、化学性能都适合时，电除尘器可达到很高的收尘效率且运行阻力低，所以是目前广泛应用的一种除尘设备，但它也存在一些不足。

首先，电除尘器的收尘效率受粉尘性能和烟气条件影响较大（如电阻率等）。其次，电除尘器虽是一种高效除尘设备，但其除尘效率与收尘极极板面积呈指数曲线关系。有时为了达到 20～30mg/m^3（标）的低排放浓度，需要增设第四、第五电场。也就是说，为了降低粉尘排放而需增加很大的设备投资。

（2）袋式除尘器有很高的除尘效率，不受粉尘电阻率性能的影响，但也存在设备阻力大、滤袋寿命短的缺点。

（3）电袋复合除尘器，就是在除尘器的前部设置一个除尘电场，发挥电除尘器在第一电场能收集 80%～90%粉尘的优点，收集烟尘中的大部分粉尘，而在除尘器的后部装设滤袋，使含尘浓度低的烟气通过滤袋，这样可以显著降低滤袋的阻力，延长喷吹周期，缩短脉冲宽度，降低喷吹压力，从而大大延长滤袋的寿命。

2. 主要技术问题

（1）多数卧式电除尘器，烟气进入电除尘部分，采用烟气水平流动，保留一个或两个电场不改变气流方向，但袋式除尘部分，烟气应由下而上流经滤袋，从滤袋的内腔排入上部净气室。这样，应采用适当措施使气流在改向时不影响烟气在电场中的分布（图 13-165）。

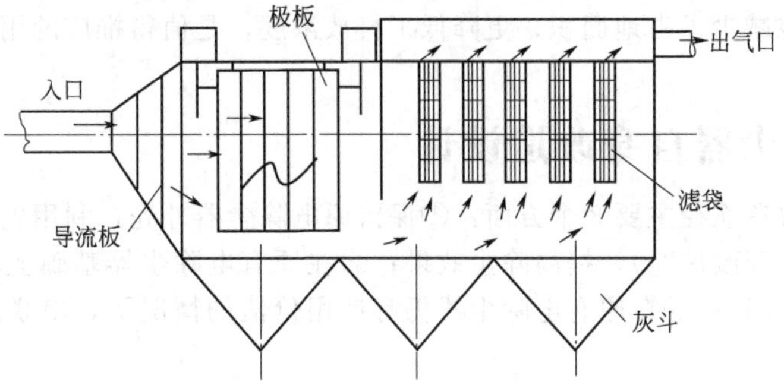

图 13-165　气流分布示意

（2）应使烟尘性能兼顾电除尘和袋除尘的操作要求。烟尘的化学组成、温度、湿度等对粉尘的电阻率影响很大，很大程度上影响了电除尘部分的除尘效率。所以，在可能条件下应对烟气进行调质处理，使电除尘器部分的除尘效率尽可能提高。袋除尘部分的烟气温度，一般应小于 200℃、大于 130℃（防结露糊袋）。

（3）在同一个箱体内，要正确确定电场的技术参数，同时也应正确地选取除尘各个技术参数。在旧有电除尘器改造时，往往受原有壳体尺寸的限制，这个问题更为突出。在“电-袋”除尘器中，由于大部分粉尘已在电场中被捕集，而进入袋除尘部分的粉尘浓度、粉尘细度、粉尘分散度等与进入除尘器时的粉尘发生了很大的变化。在这样的条件下，过滤风速等参数也必须随着变化，需要慎重对待。

(4) 如何使除尘器进出口的压差（即阻力）降至 1000Pa 以下。除尘器阻力的大小，直接影响电耗的大小，所以正确的气路设计，是减少压差的主要途径。

3. 改造内容

(1) 除尘器的改造　除尘器是在保持原壳体不变的情况下进行改造，一般要保留第一电场和进出气喇叭口、气体分布板、下灰斗、排灰拉链机等。

烟气从除尘器进气喇叭口引入，经两层气流均布板，使气流沿电场断面分布均匀进入电场，烟气中的粉尘约有 80%～90%被电场收集下来，烟气由水平流动折向电场下部，然后从下向上运动，通入除尘室。含尘烟气通过滤袋外表面，粉尘被阻留住滤袋的外部，纯净气体从滤袋的内腔流出，进入上部净化室，并分别进入上部的气阀，然后汇入排风管，流经出口喇叭、管道、风机，从烟囱排出。

该设备可以采用在线清灰，也可以采用离线清灰。当采用离线清灰时，先关闭清灰室的主气阀，然后 PLC 电控装置有顺序地启动清灰室上每个脉冲阀的电磁阀，使压缩空气沿喷吹管喷入滤袋，进行清灰。脉冲宽度可在 0.1～0.2s 范围内调节，脉冲间隔时间为 5～30s，喷吹周期为 4～50min，喷吹压力为 0.2～0.3MPa。在每个除尘室的花板上下侧都安装了压差计，可以随时了解该室滤袋的积灰情况以及每个室的气流均布情况。除尘器的进出口处均设置压力计和温度计，可以了解设备工作时的压力升降变化。

除尘器的气路设计至关重要，它的正确与否关系到除尘器的结构阻力大小，即关系到设备运行时的电耗大小。改造设计应做气流模拟计算或借鉴成功的案例。

(2) 风机改造　将电除尘器改造为“电-袋”除尘器后，由于滤袋阻力较电除尘器高，所以原有尾部风机的风压需提高。此外，为满足增产的需要。风机风量也需提高。

风机改造有两种方式：一是更换风机或加长风叶；二是适当提高转速，以满足新的风压、风量要求。

综上所述，这种电-袋复合除尘器，充分利用了电除尘器与袋除尘器的各自优势，既降低了投资成本，也减少了占地面积，更降低了排放浓度，是值得推广的用于改造除尘器的除尘设备。

五、电除尘器自身改造设计

静电除尘器改造途径主要 3 个方面：①保留原电除尘器外壳，利用先进技术对内部核心部件改造（即“留壳改仁”），提高除尘效果；②在原有电除尘器基础上增大电除尘器（包括加长、加宽和加高）；③在原有电除尘器仍有使用价值的情况下，串联或并联一台新的静电除尘器。

1. 保留壳体的改造技术

保留壳体是指利用先进技术对影响除尘效果的关键部件进行改造。框架和壳体予以保留。

改造方案主要是保留壳体，利用静电除尘器技术对内部关键部件进行改造，使之与原有壳体结构相匹配。

① 气流分布板改造，使之符合斜气流要求，从而提高除尘效率。

② 振打传动用行星摆线针轮减速电机直联在轴上，振打锤采用夹板式挠臂锤，轴承用托辊式轴承，振打方向为分布板的法向振打、振打力大、清灰彻底。

③ 用电晕性能好，起晕电压低，放电强度高，易清灰的新型电晕线进行改造，用于浓度较大的电场。

④ 用新的收尘极使极板上各点近似与电晕极等距，形成均匀的电流密度分布，火花电

压高，电晕性能好；与电晕线形成最佳配合，粒子重返气流机会少；采用活动铰接形式，有利于振打传递。振打采用挠臂锤。振打周期可根据运行工况调整，以获最佳效果。

⑤ 阻流板、挡风板，采用新技术重新设计，避免气流短路。

⑥ 采用新的供电技术，提高除尘效果。

2. 改变壳体的改造技术

（1）在原静电除尘器之前增加电场　新增前加电场的基础和钢支架；增加电场壳体和灰斗；增加电场收尘极和放电极系统；增加电场的收尘极和放电极振打系统；进气烟箱；前置烟道的改造；增加高、低压供电装置；附属配套设施的增加和改造。其布置如图 13-166 所示。

（2）在原静电除尘器之后增加电场　新增后加电场的基础和钢支架；增加电场的壳体和灰斗；增加电场的收尘极和放电极系统；增加电场的收尘极和放电极振打系统；出气烟箱；增加高、低压供电装置；附属配套设施的增加和改造。增加电场和高度后的布置如图 13-167 所示。

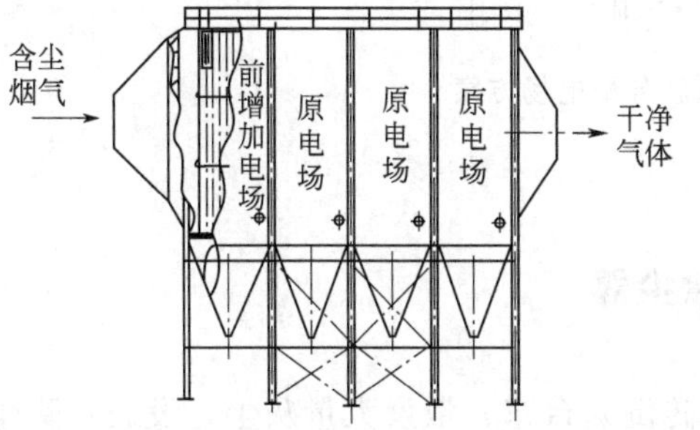

图 13-166　原静电除尘器前增加电场典型布置

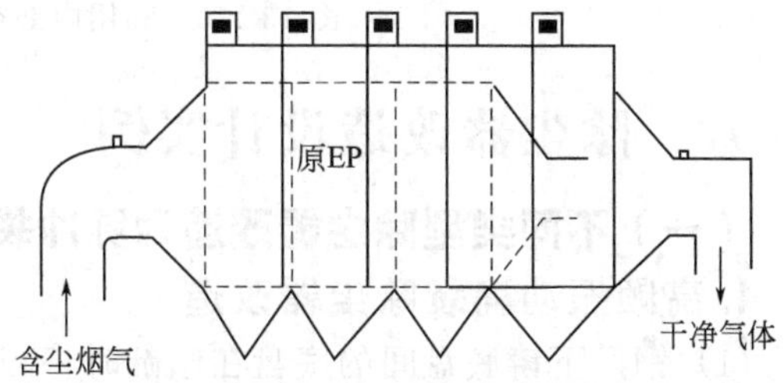

图 13-167　原静电除尘器后增加电场和高度的布置示意

（3）原静电除尘器加宽　新增室的基础和钢支架；新增室的壳体和灰斗；新增室的收尘极和放电极系统；新增室的收尘极和放电极振打系统；重新设计进气烟箱；前置烟道的改善；增加高、低压供电装置；附属配套设施的增加和改造。典型布置如图 13-168 所示。

（4）原除尘器增加高度　基础、钢支架、壳体和灰斗不变。在原先体基础上增加高度，更换所有收尘极和放电极系统；更换收尘极和放电极振打系统；重新设计进气烟箱；必要时增加高、低压供电装置及附属配套设施的改造。典型布置如图 13-169 所示。

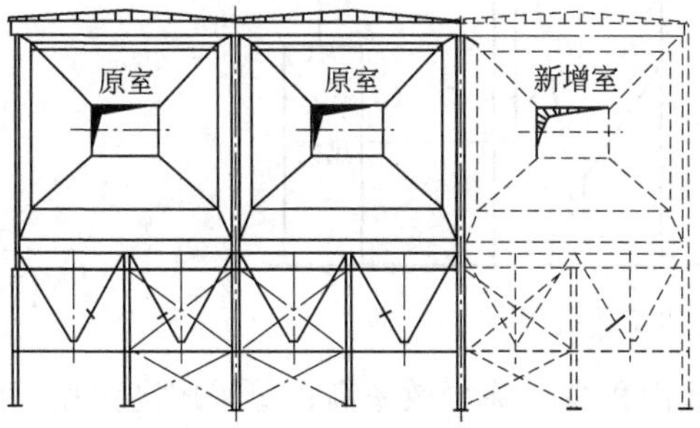

图 13-168　在一侧增加电场宽度布置形式

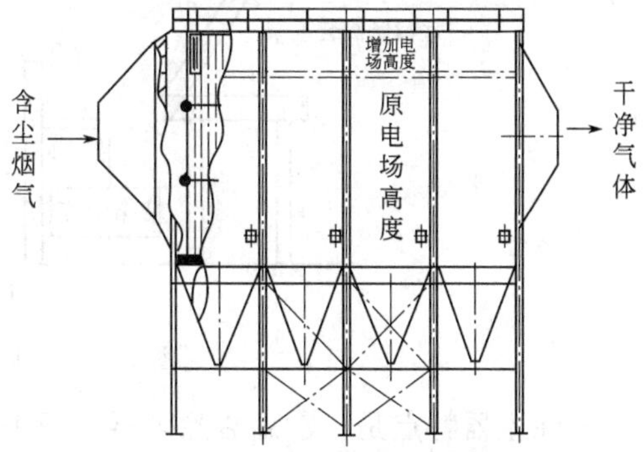

图 13-169　增加电场高度布置方案

（5）重新分配电场　基础、钢支架、壳体和灰斗不变。利用原电除尘器收尘极和放电极侧部振打沿电场长度方向的空间，重新分配电场，并采用顶部振打，通常情况下原四个电场的可以增加到五个电场，可有效增加收尘极板面积。更换所有收尘极和放电极系统；更换收尘极和放电极振打系统；增加高、低压供电装置及附属配套设施的改造。典型布置方案如图 13-170 所示。

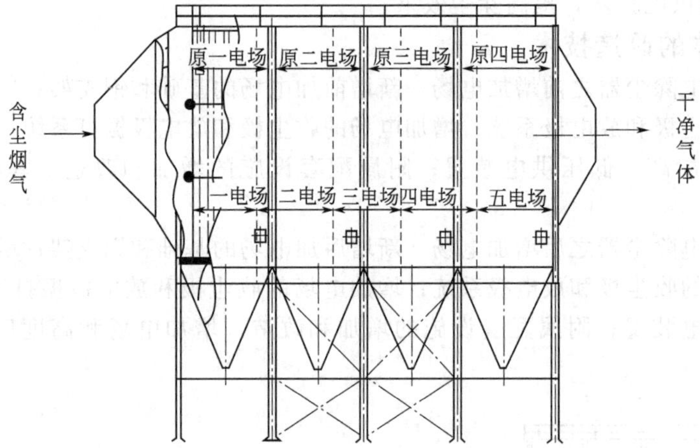

图 13-170 利用内部空间重新分配电场方案

六、除尘器改造设计实例

(一) 不同类型除尘器改造为脉冲袋式除尘器

1. 高频振动扁袋除尘器改造

(1) 钢厂下铸底盘间的底盘在倾翻时将碎耐火砖倒入台车，散发大量灰尘，设袋式除尘器一台。台车上部设密闭罩，含尘气体由罩内吸出，经高频振动扁袋净化后排放。收集到的粉尘定期排除。除尘流程如图 13-171 所示。

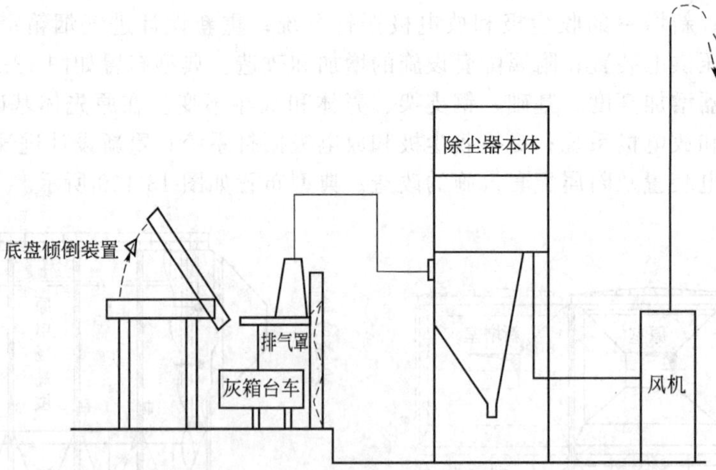

图 13-171 底盘间除尘工艺流程

该除尘器特点是：①扁袋除尘器体积小，占地面积少，除尘效率高；②采用高频振动清灰，四组扁袋，轮流进行振动；③滤袋材质采用聚丙烯，有一定的耐热性能。

主要设计参数如下：①风量 300m^3/mm（60℃）；②风机风压 3000Pa；③功率 30kW；④初始含尘量 0.5～15g/m^3（标）；⑤出口含尘量 0.05g/m^3（标）；⑥扁袋规格 1440mm×1420mm×25mm；⑦滤袋数量 40 只；⑧室数 4 室；⑨除尘器外形尺寸 2118mm×2068mm

×7220mm，其中箱体尺寸 2018mm×2068mm×3585mm。

除尘系统投产后集尘密闭罩吸尘效果差，除尘器阻力>3000Pa，分析原因有：①高频振动扁袋除尘器属于在线清灰，振动下的灰会迅速返回滤袋；②滤袋过滤速度太高、阻力大，根据分析和实际运行情况，决定对除尘器进行改造。

(2) 改造内容　首先决定不做大的改造，而是决定把振动清灰除尘器改为脉冲除尘器。但扁袋振动除尘器箱体体积小，不能容纳更多的过滤袋，为此将除尘器箱体向上增高 2130mm（其中清洁室 880mm）。同时把扁袋和振动器拆除，安装花板、滤袋、袋笼和清灰装置。其他部分如风机、管道、卸灰阀等不动。改造后的除尘器外形尺寸为 2118mm×2068mm×9350mm，处理风量为 $18000m^3/h$，过滤面积 $180m^2$，过滤风速 1.67m/min，滤袋尺寸 ϕ130mm×4400mm，数量 110 条，脉冲阀 3in 淹没式，数量 10 只，压缩空气压力 0.2MPa，设计设备阻力 1700Pa。

(3) 改造效果　改为脉冲除尘器后除尘系统运行非常好，集气罩抽风良好，消除了污染。车间空气含尘浓度 $<8mg/m^3$，能满足车间卫生标准要求，除尘器排放气体含尘浓度 $<20mg/m^3$，运行阻力<1000Pa，滤袋寿命达 4 年，达到技术改造目的。

2. 反吹风除尘器改为脉冲除尘器

(1) 工艺流程　煤粉碎机注煤的入口、出口及皮带机受料点的扬尘，通过吸气罩经风管进入袋滤器，捕集下来的煤尘运出加入炼焦配煤中炼焦，如图 13-172 所示。

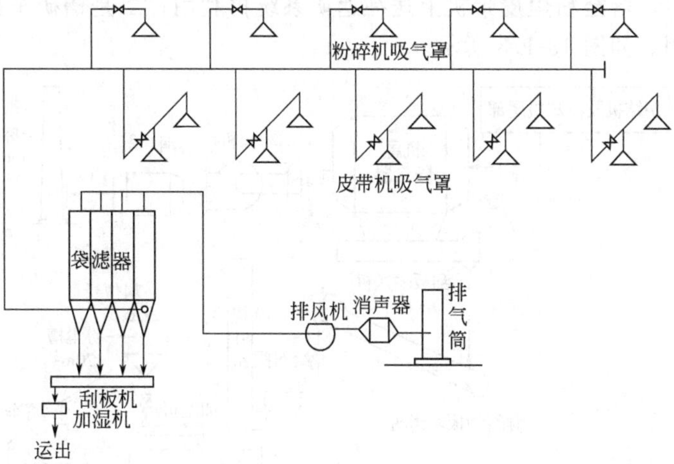

图 13-172　煤粉粉碎机除尘系统

流程特点如下：①考虑到煤尘的爆炸性质，采用能消除静电效应的过滤布，滤布中织入 ϕ8～12μm 的金属导线；②为防止潮湿的煤粉在管道、集尘器灰斗内集聚，在管道及除尘器灰斗侧壁设置蒸汽保温层。

主要设计参数：抽风量 $800m^3/min$；入口含尘浓度 $15g/m^3$（标）；出口含尘浓度 $<50mg/m^3$（标）；烟气温度≤60℃；除尘器型式为负压式反吹袋式除尘器，过滤面积 $950m^2$，滤袋规格 ϕ292mm×8000mm；过滤风速 0.84m/min；设备阻力 1960Pa，室数 4 室（144 条滤袋）；风机的风量 $800m^3/min$，风压 4900Pa，温度 60℃，电机 132kW。

经多年运行后除尘器阻力升高，经常维持在 2000～3000Pa，由于阻力高，使系统风量也有所减少，因此决定把反吹风袋式除尘器改造为脉冲袋式除尘器，以便降阻节能改善车间岗位环境。

(2) 改造内容　除尘器箱体、输灰装置、箱体侧部检修门、走梯、平台、风机等保留；

拆除除尘器箱体内下花板、滤袋及吊挂滤袋的平台、一二次挡板阀及部分顶盖板；新设计安装花板，顶部检修门，脉冲清灰装置及相应的压缩空气管道、电控系统。

改造后新除尘器的主要技术参数如下：①新除尘器为低压（0.3MPa）在线式脉冲喷吹袋式除尘器，共4室；②过滤面积1600m^2；③处理风量56940m^3/h，耐压≤5000Pa；④过滤风速0.6m/min；⑤滤袋规格及材质ϕ150mm×7600mm，材质为普通针刺毡（没有覆膜），单重500g/m^2；⑥滤袋数量448条，每个脉冲阀带14条滤袋；⑦烟气温度<60℃；⑧入口含尘浓度15g/m^3（标）；⑨出口含尘浓度<10mg/m^3（标）；⑩粉尘性质为煤粉（烟气中含有少量焦油和水分）；⑪设备阻力700Pa；⑫脉冲阀规格3in，ASCO公司产品，共32个。

（3）改造效果 除尘器改造后有两个明显特点：一是阻力特别低，分室阻力300～400Pa，除尘器总阻力600～700Pa；二是除尘器排放浓度<10mg/m^3，根据计算改造后除尘风机可节电33%。

3. 电收尘器改造为脉冲除尘器

（1）系统说明 烧结车间大型集中式机尾电除尘系统，具有废气温度高、粉尘干燥、含尘量大的特点，是烧结车间环境除尘的重点。烧结机机尾除尘系统包括烧结机的头部、尾部与环冷机的给、卸料点等40个吸尘点。含尘气体经设置在各吸尘点上的吸尘罩，通过除尘风管，进入机尾电收尘器进行净化。净化后的气体经双吸入式风机、消声器，最后由烟囱排至大气。该设备收集的粉尘，经链板输送机、斗式提升机至粉尘槽内。粉尘的去向有二：一是经加湿机加湿后，落至粉尘皮带机上送往返矿系统再利用；二是槽矿车接送至小球团系统进行造球后再利用。如图13-173所示。

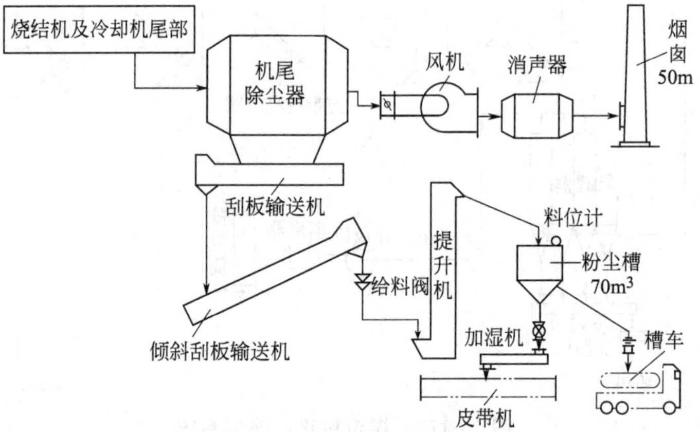

图13-173 机尾除尘系统

主要设计参数如下：

① 总抽风量15000m^3/min；

② 收尘器入口含尘浓度10～15g/m^3（标），出口含尘浓度0.1g/m^3（标）；

③ 收尘器入口废气温度120～140℃，极板间距300mm；

④ 有效收尘板面积约16000m^2；

⑤ 额定电压60kV。

（2）改造内容

① 设计时尽量保留和利用原有电除尘器的一些箱体、支架、灰斗和大部分平台爬梯等，对利用原电除尘器箱体设备部分进行强度计算，并提出必要的加固方案，使电改袋除尘器箱体的钢结构强度耐压达到8000Pa。

② 利用电除尘器的大进大出进出风结构形式促使烟气气流方向顺畅，加速粉尘的沉降速度，可将粒径在 44μm 上的粉尘先沉降至灰斗中，减轻布袋的浓度，降低系统阻力，以实现低阻目的。

③ 充分利用了原除尘器进风结构，并配套了专有的进风导流技术，尽可能将电除尘的空间作为袋式，将大颗粒的粉尘进行沉降，使进入除尘布袋的进口风速最低。

④ 除尘器上箱体设计为整体结构，既可依技术和质量的可靠性，又能大大减少安装工程量，并能缩短改造周期。

改造后脉冲除尘器主要技术参数如下：

处理风量：$100\times10^4m^3/h$；

过滤面积 $16620m^2$；

过滤风速 1.00m/min，离线检修时 1.50m/min；

分室数 3 室；

滤袋数量 5040 条；

滤袋规格：ϕ150mm×7000mm；

滤袋材质为聚酯涤纶针刺毡（单位克重≥$550g/m^2$）；

脉冲阀规格 3″淹没式，数量 360 只；

气源压力 0.4～0.6MPa；

耗气量 $8m^3$(标)/min；

进口含尘浓度 25～$30g/m^3$（标）；

出口排放浓度≤$35mg/m^3$（标）；

设备阻力≤1500Pa；

设备耐压－8000Pa；

静态漏风率≤2%。

(3) 运行效果 电改袋除尘器运行后经检测其排放浓度低，平均 $22.7mg/m^3$（目测无任何排放）、设备阻力低、压差小于 800Pa，运行效果理想，达到了改造工程预期目的。

4. 反吹风袋式除尘器改造为脉冲除尘器

(1) 除尘流程 炼钢副原料受料系统的物料（石灰、矿石等）由皮带转运时散发出大量烟尘，设置负压式反吹风袋式除尘器。

皮带转运站落料点设置一个吸风口，接受卸料的皮带机设置两个吸风口，通过三个支管汇入总管，然后进入袋滤器，由风机排空。收集到的粉尘通过螺旋输送机和旋转卸料阀排至集灰箱，用汽车运至烧结厂，流程见图 13-174。

该流程特点是滤袋清灰采取三个袋式轮流反吹方式，反吹风切换阀采用双蝶阀组，用一只电动缸带动连杆转动。

(2) 主要设计参数

① 风量 $200m^3/min$（20℃）；风压 4250Pa；风机功率 30kW（标况）。

② 初始含尘量 5～$10g/m^3$；出口含尘量 $0.05g/m^3$（标）。

③ 布袋规格 ϕ210mm×4450mm（涤纶）；袋数 84 只；室数 3 室。

(3) 改造内容

① 原系统存在抽风点风量不够，导致石灰转运时粉尘增加，改造时加长了吸尘罩和密封性。

② 保留除尘器壳体，拆除反吹风阀门和花板，改为脉冲清灰装置和新花板、检修门。

③ 把除尘器卸灰装置改为吸引装置，负压吸引粉尘。

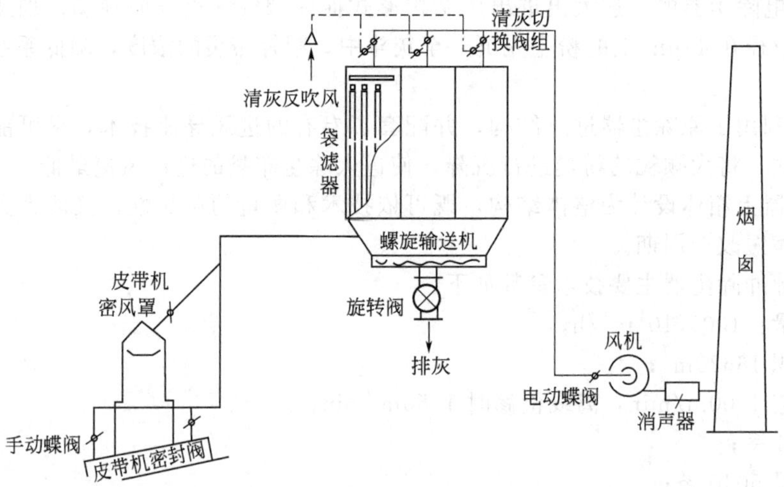

图 13-174 副原料除尘系统

(4) 改造后除尘器的主要参数 处理风量 30000m^3/h；入口浓度 10g/m^3；排放浓度＜15mg/m^3；过滤面积 408m^2；过滤风速 1.23m/min；阻力损失 300Pa；滤袋尺寸 ϕ155mm×500mm；风机 9-26N10；风量 3000m^3/h；全压 5000Pa；电机 Y280S-4；功率 75kW。

除尘器由反吹风除尘器改造为脉冲除尘器后效果特别好，吸尘罩没有扬尘，除尘器排放浓度＜10mg/m^3，运行阻力 600～800Pa，卸灰处再无污染。

(二) 电除尘器自身技术改造设计

在锥炉、屏炉两台炉窑上安装两台 GD44-ⅡC 型电除尘器，它们已经安全运行了 13 年。随着国家提高了大气污染排放标准，它们已经不能满足要求，需要进行技术改造。改造在保证两炉窑正常运行的情况下逐台进行。通过改善除尘器入口气流分布、加大极距、改变电源和控制、改善振打、增加电场等，满足了《工业炉窑大气污染排放标准》(GB 9078—1996)中对有害污染物 PbO 的排放要求，取得了满意的结果。

1. 改造内容

改造前后的电除尘器技术参数见表 13-40。

表 13-40 GD44-ⅡC 型电除尘器改造前后的技术参数

序号	名 称	单 位	改造前	改造后
1	电场有效截面积	m^2	47.49	47.49
2	处理烟气量	m^3(标)/h	83000	107400
3	烟气温度	℃	260	280
4	工作负压	Pa	－3300	－3300
5	电场风速	m/s	0.512	0.628
6	有效电场长度	m	6	9
7	气体停留时间	s	11.7	15.7
8	进口含尘浓度(PbO)	mg/m^3(标)	179.49	180
9	出口含尘浓度(PbO)	mg/m^3(标)	1.8	0.6
10	通道数		17	16

续表

序号	名称	单位	改造前	改造后
11	同极距	mm	360	400
12	异极距	mm	180	200
13	烟气阻力	Pa	<300	<300
14	高压电源		2×500mA/72kV	HL-Ⅲ0.4/72kV
15	电晕极型式		鱼骨形	鱼骨形
16	收尘极型式		管极式	管极式

(1) 壳体　原先体为宽立柱式钢结构。由于该结构稳定度较高，且几年来磨损较少，所以仍可利用。为了提效，增加了一个电场，新增壳体还采用宽立柱式钢结构。

(2) 气流分布装置　原进口喇叭中的分布板由于磨损较严重，所以全部报废，重新设计气流分布板，其开孔率和层数根据气流分布模拟试验确定，中间开孔率低、四周开孔率高的气流分布板共有三层。新气流分布板与原有的相比，气流分布更加均匀，进入电场烟尘浓度基本一致。

气流分布板还起到预收尘的作用，当烟气流速从15～18m/s逐渐低到0.6m/s左右时，粗颗粒粉尘在重力作用下自然沉降。主气流通过分布板时，将气流分割扩散，分气流突然改变方向，由于惯性作用一部分粉尘在重力和惯性力的作用下沉降下来。

(3) 极间距　原同极距为360mm，异极距为180mm，实际同极净距只有320mm，异极净距140mm，再加上安装及运行的热变形，异极距实际小于140mm，这就限制了运行电压的升高。把同极距改为400mm，异极间距改为200mm后，提高了运行电压，收尘效率显著提高。

(4) 收尘极　仍采用原来的管极式收尘极。这种收尘极具有抗热变形能力强，总集尘面积大，电场内气流分布均匀，制造、安装、调整容易，以及耐腐蚀，成本较低，维护量小等特点。

(5) 电晕极　仍采用原来的鱼骨形电晕极。鱼骨形电晕极由5根辅助电极和鱼骨形电晕线交替布置，辅助电极和电晕极施加相同的极间电压，产生高电场强度和低电流密度，可防止反电晕又可捕集荷正电的粉尘，提升高比电阻粉尘的捕集效率。

(6) 振打系统　仍采用原来的侧部振打装置。设计良好的振打系统可有效地清除电极上的粉尘，同时减少二次扬尘。振打效果不仅仅与振打加速度大小有关，还与电极的振幅及固有频率有关。

振打加速度与振打频率平方成正比，振打频率与振幅又互为函数。频率低，振幅大，粉尘不易从电极上清除下来。相反，频率高，振幅小，粉尘往往不能呈片状下落而引起二次扬尘，还容易导致振打系统疲劳破坏。通过试验测定，把锤臂由原来的300mm长［见图13-175(a)］增加到400mm长［见图13-175(b)］，振打效果有很大提高。

2. 电瓷件

原来的支柱绝缘子、瓷套筒、瓷转轴等电瓷件均是50瓷，在高温状态下易龟裂，导致积灰、爬电，电压升高。这次改造把50瓷改为95瓷，在250℃以上高温情况下，绝缘性能好，抗热抗震性能好，机械强度高，确保除尘器长期稳定运行。

3. 电源及电控

改造采用上海激光电源设备厂生产的恒流高压直流电源（HL-Ⅲ0.4/72kV），能使电场充分电晕而不容易转化为贯穿性的火花击穿。与其他电源相比，在同一电场上运行电压和电

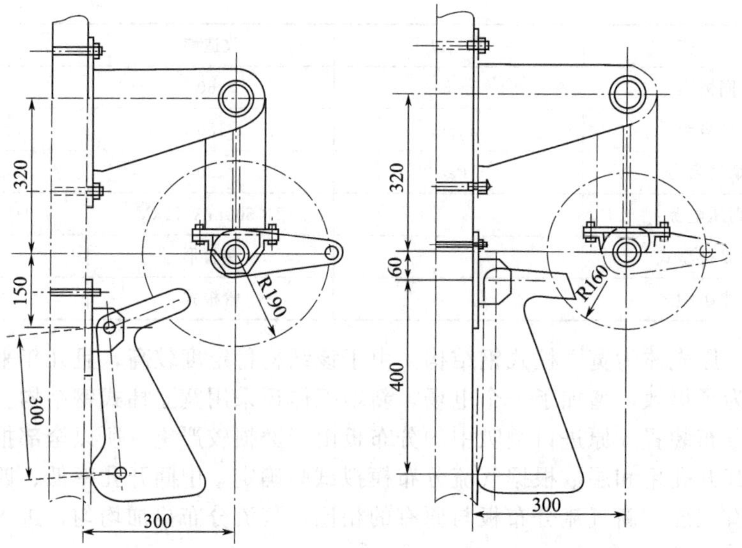

(a) 改造前　　(b) 改造后

图 13-175 除尘器锤臂

晕电流均显著提高，节电效果也比较明显，功率因数 $\cos\phi\approx0.9$。

低压电控也是电除尘器稳定高效运行不可缺少的重要部分。随着工业控制自动化要求的提高，监控和数据采集系统应用日益广泛。改造采用北京亚控公司开发的工控软件——组态王 5.0，将除尘器的整个系统画面动态化，在上位机上显示。上位机的应用使电除尘的自动化控制起了质的变化。它不仅形象直观地描述现场各个部件的运行情况，还可以利用设定的软件操作，处理数据用以记录、打印、通信、自诊断、显示过程变量、控制参数及重要报警信息等。低压的核心部件 PLC 由原三菱 F_1 系统改成了德国西门子 S7-300，增加了 S7 的模拟量模块，使控制更加简单可靠。总之这次改造的电气控制模式体现了当今工业控制领域的技术发展趋势。

4. 实际效果

电除尘器改造工程工期短，时间紧，为此投入了必要的人力、物力。有经验的工人和技术人员也到场参与安装调试。经过以上改造，除尘器投运 3 个月后测定数据表明，这次改造是非常成功的（见表 13-41）。

表 13-41 改造前后监测对比

项目	入口粉尘浓度 /[mg/m^3(标)]	出品粉尘浓度 /[mg/m^3(标)]	除尘效率 /%	烟气量 /[m^3(标)/h]	PbO 排放浓度 /[mg/m^3(标)]
改造前	735.6	5.45	99.26	82410	1.2
改造后	730.7	2.27	99.68	107400	0.5

参考文献

[1] 王纯，张殿印．除尘设备手册．北京：化学工业出版社，2009．
[2] 周迟骏．环境工程设备设计手册．北京：化学工业出版社，2009．
[3] 郝素菊，蒋武锋，方觉．高炉炼铁设计原理．北京：冶金工业出版社，2010．
[4] 胡满根，赵毅，刘忠．除尘技术．北京：化学工业出版社，2006．
[5] 唐国山，唐复磊编著．水泥厂电除尘器应用技术．北京：化学工业出版社，2005．

[6]　原永涛等著．火力发电厂电除尘技术．北京：化学工业出版社，2004.
[7]　张殿印，王纯，俞非漉．袋式除尘技术．北京：冶金工业出版社，2008.
[8]　张殿印，申丽．工业除尘设备设计手册．北京：化学工业出版社，2012.
[9]　[日] 通商产业省公安保安局主编．除尘技术．李金昌译．北京：中国建筑工业出版社，1997.
[10]　张殿印，张学义编著．除尘技术手册．北京：冶金工业出版社，2002.
[11]　姜凤有主编．工业除尘设备．北京：冶金工业出版社，2007.
[12]　刘后启．水泥厂大气污染物排放控制技术．北京：中国建材工业出版社，2006.
[13]　江晶．环保机械设备设计．北京：冶金工业出版社，2009.
[14]　周兴求．环保设备设计手册——大气污染控制设备．北京：化学工业出版社，2004.
[15]　郑铭主编．环保设备——原理、设计、应用．北京：化学工业出版社，2001.
[16]　徐志毅主编．环境保护技术与设备．上海：上海交通大学出版社，1999.
[17]　《工业锅炉房常用设备手册》编写组．工业锅炉房常用设备手册．北京：机械工业出版社，1995.

第十四章 吸收装置的设计

第一节 吸收塔概述

根据吸收塔内气液接触部件的结构型式，一般可将塔设备分为两大类：填料塔与板式塔。

填料塔属于微分接触逆流操作，塔内以填料作为气液接触的基本构件。

板式塔属于逐级接触逆流操作，塔内以塔板作为气液接触的基本构件。塔板又可分为有降液管和无降液管两种，在有降液管的塔板上气相与液相流向相互垂直，属于错流型。无降液管的塔板（穿流型）则属于逆流型。塔板上气液接触部件又包括许多不同型式，如筛孔、浮阀、泡罩等。

一、吸收塔的构造

1. 填料塔

一般填料吸收塔的结构如图 14-1 所示。塔体由若干节圆筒联结而成，塔体根据被处理的物料性质可由碳钢（或衬耐腐蚀材料）、陶瓷、塑料、玻璃制成。在塔体内充填一定高度的填料，在填料下方装有填料支承板，在填料上方为填料压网，当填料层高度过高时可分成几段填充，两段之间装有液体再分布装置。填料塔一般按气液逆流操作，混合气体由塔底气体入口进入塔体，自下而上穿过填料层，最后从塔顶气体出口排出。吸收剂由塔顶通过液体分布器，均匀地喷淋到填料层中沿着填料层表面向下流动，直至塔底由管口排出塔外。由于上升气流和下降吸收剂在填料层中不断接触，所以上升气流中溶质的浓度越来越低，到塔顶时达到吸收要求排出塔外。相反下降液体中的溶质浓度越来越高，到塔底时达到工艺条件要求排出塔外。塔内气液相浓度沿塔高连续变化，所以称微分接触式设备。

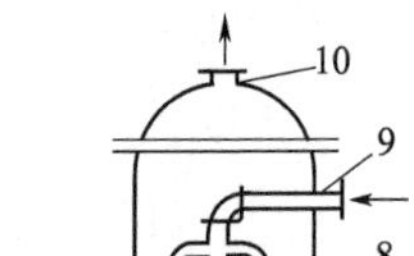

图 14-1 填料塔结构简图

1—气体入口；2—液体出口；3—支承栅板；4—液体再分布器；5—塔壳；6—填料；7—填料压网；8—液体分布装置；9—液体入口；10—气体出口

2. 板式塔

板式塔通常是一个呈圆柱形的壳体，其中按一定间距水平设置若干塔板，如图 14-2 所示。液体在重力作用下自上而下横向通过各层塔板后由塔底排出，气体在压差推动下，经塔板上的开孔由下而上穿过各层塔板后由塔顶排出。每块塔板上皆贮有一定的液体，气体穿过板上液层时，两相进行接触传质。即在总体上两相是逆流流动，而在每一块塔板上两相呈均匀错流接触，塔内气液相浓度沿塔高呈阶梯式变化，所以称逐级接触式设备。

二、对塔设备的要求

塔设备是实现气相和液相间传质的设备，工业上对塔设备的要求，概括起来有以下几个方面：

① 生产能力大，即单位塔截面的处理量要大；

② 分离效率高，即达到规定分离要求的塔高要低；

③ 操作稳定，弹性大，即允许气体或液体负荷在相当的范围内变化，而不致在操作上发生困难并引起分离效率降低过多；

④ 对气体阻力小，即气体通过每层塔板或单位高度填料层的压力降要小；

⑤ 结构简单、易于加工制造、塔的造价低，此外，还有安装、维修方便等要求。

任何塔型都难以同时满足上述所有要求，而是各有某些独特的优点。因此必须了解各种塔型的特点并结合具体的工艺条件，选择合适塔型。

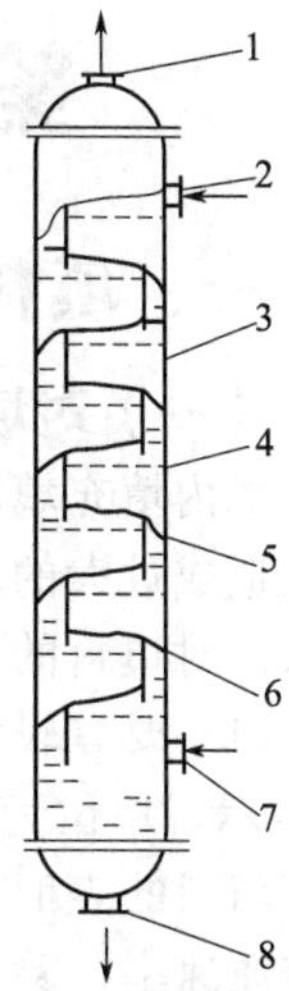

图 14-2　板式塔结构简图

1—气体出口；2—液体入口；3—塔壳；4—塔板；5—降液管；6—出口溢流堰；7—气体入口；8—液体出口

三、塔型选择原则

要选择合适的塔型必须通过调查研究，充分了解生产任务的要求，选择有较好特性的合理塔型。一般说来，同时满足生产任务要求的塔型有多种，但应从经济观点、生产经验和具体条件等方面综合考虑。现将选型时一些考虑因素列举如下。

（一）与物性有关方面的因素

(1) 物料系统易起泡沫，宜用填料塔。因为在板式塔中易造成严重的雾沫夹带，甚至泛塔，影响分离效率。

(2) 有悬浮固体和残渣的物料，或易结垢的物料，宜用板式塔中大孔径筛板塔、十字架型浮阀和泡罩塔等。填料塔将会产生阻塞，又很难清理。

(3) 高黏性物料宜用填料塔。在板式塔中鼓泡传质效果太差。

(4) 具有腐蚀性的介质宜选用填料塔，因它易用耐腐蚀材料制作，也可选用板式塔中结构简单的无溢流筛板塔。

(5) 对于处理过程中有热量放出或须加入热量的系统，宜采用板式塔。当然也可将填料分塔或分段设置，塔（段）间设置冷却器，但结构较复杂。

（二）与操作条件有关的因素

(1) 传质速率由气相控制，宜用填料塔，因在填料塔中气相在湍动，液相分散为膜状流动。如传质速率由液相控制，宜用板式塔，因为在板式塔中液相在湍动，气相分散为气泡。

(2) 当处理系统的液气比 L/V 小时，宜用板式塔。

(3) 操作弹性要求较大时，宜采用浮阀塔、泡罩塔等。填料塔和无溢流筛板塔的弹性较小。

(4) 对伴有化学反应（特别是当此反应并不太迅速时）的吸收过程，采用板式塔较有利，因液体在板式塔中的停留时间长，反应比较容易控制，有利于吸收过程。

(5) 气相处理量大的系统宜采用板式塔，小则填料塔适宜。因大塔板式塔价廉，小塔则填料塔便宜，一般塔径小于 ϕ800mm 宜采用填料塔。

第二节 填料塔及其吸收过程设计

一、填料

（一）对填料的基本要求

塔内填充填料的主要目的是提供足够大的表面积，促使气液两相充分接触，气液流动又不致造成过大的阻力。它是填料塔的核心。填料塔操作性能的好坏，与所选用的填料有直接关系。对填料的基本要求有如下几方面。

(1) 要有较大的比表面积　单位体积填料层所具有的表面积称为填料的比表面积，以 a_t 表示，单位为 m^2/m^3。

填料的表面只有被流动的液相所润湿，才能构成有效的传质面积。因此，若希望有较高的传质速率，除须有大的比表面积之外，还要求填料有良好的润湿性能及有利于气液均匀分布的形状。

(2) 要有较高的空隙率　单位体积填料层所具有的空隙体积称为填料的空隙率，以 ε 表示，单位为 m^3/m^3。当填料的空隙率较高时，气、液通过能力大且气流阻力小，操作弹性范围较宽。

(3) 制造填料的材料应保证有足够的机械强度，不易破碎，重量轻，耐腐蚀，价廉易得。

目前实际所提供的填料很难全面满足以上要求，选择填料时应根据实际情况权衡利弊。

（二）几种典型填料

填料种类很多，可分个体填料与组合型填料两大类。如图 14-3 所示，属于个体填料的有拉西环、θ 环、鲍尔环、阶梯环、矩鞍、弧鞍、金属鞍环等。波纹填料属于组合型填料。

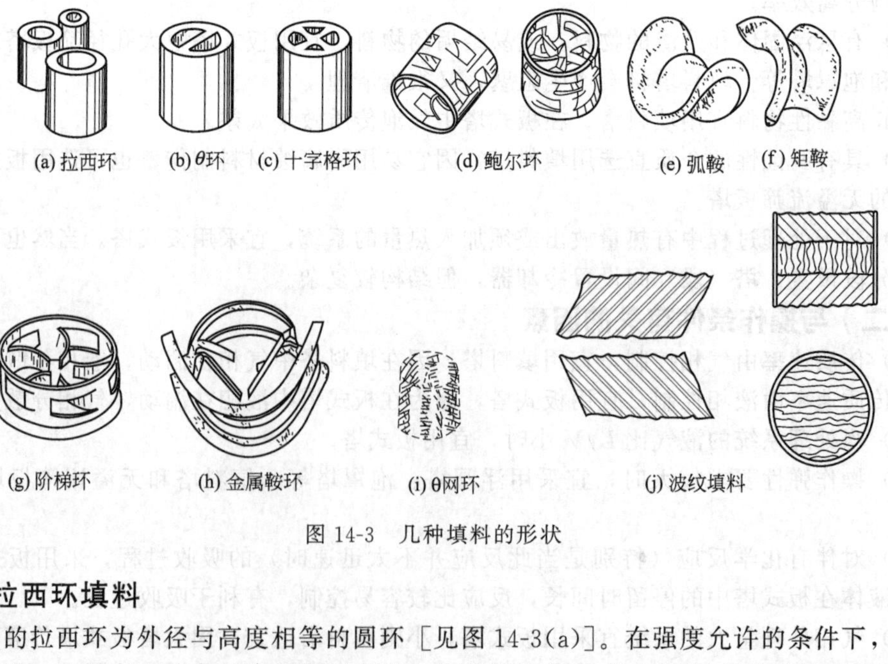

图 14-3　几种填料的形状

1. 拉西环填料

常用的拉西环为外径与高度相等的圆环［见图 14-3(a)］。在强度允许的条件下，壁厚应尽量薄一些，以提高空隙率及降低堆积密度。拉西环在塔内的充填方式有乱堆和整砌两种。

乱堆填料装卸方便，但气体阻力较大。一般直径在 50mm 以下的填料都采用乱堆方式；直径在 50mm 以上的填料可采用整砌的方式。拉西环除用陶瓷材料制造外，还可用金属、塑料等材料制成。拉西环与近年来出现的填料相比，气体阻力大，通量小，且由于液体的沟流及壁流现象较严重，因而传质系数随塔径及填料层高度增大而显著下降；对气速的变化也较敏感，操作弹性范围较窄；但因其形状简单，制造容易，且对其流动及传质规律研究得比较充分，计算方法也成熟，所以至今仍广泛采用。

2. 鲍尔环与阶梯环

鲍尔环是对拉西环的一些主要缺点加以改进而研制出来的填料。在普通拉西环的侧壁上开有两排长方形窗孔，开孔时只断开四边形中的三条边，另一边保留，使被切开的环壁呈舌状弯入环内，这些舌片在环中心几乎对接起来，形状如图 14-3(d) 所示。填料的孔隙率与比表面积并未因而增加，但堆成层后气、液流通舒畅，有利于气、液进入环内，使气体阻力大为降低，液体分布也有所改善。因此，鲍尔环与拉西环相比，其气体通过能力与体积吸收系数都有显著提高。鲍尔环常用金属、塑料制造。

阶梯环是对鲍尔环的进一步改进。其结构特点是环高仅为直径的 5/8，且一端有向外翻的喇叭口，如图 14-3(g) 所示。这种填料的孔隙率大，而且填料个体之间呈点接触，可使液膜不断更新，具有压降小和传质效率高的特点。阶梯环多用金属和塑料制造。

3. 鞍形填料

鞍形填料是一种敞开型填料，包括弧鞍和矩鞍，其形状如图 14-3(e)、图 14-3(f) 所示。弧鞍是两面对称结构，形状像马鞍，有时在填料层中易形成局部的叠合或架空现象，降低了填料表面利用率及填装密度。矩鞍形填料在塔内不会相互叠合，而是处于相互勾连的状态，因此有较好的稳定性，液体分布也较均匀，效率较高，且空隙率也有所提高，阻力较小，不易堵塞。鞍形填料比鲍尔环制造方便，是一种性能优良的填料。鞍形填料多用陶瓷制成。金属鞍环是以矩鞍为基体冲压制成类似鲍尔环的环形填料，力图兼备液体分布均匀及气体通量大的优点。

鞍形填料也可用金属丝网制成，称鞍形网，它具有其他网体填料的特点。

4. 波纹填料

波纹填料是将许多波纹片垂直反向叠在一起组成的盘状填料。一般盘高 40～60mm，波纹片上的波纹与水平呈 45°角倾斜。波纹填料装入塔内时，盘与盘间波纹板成 90°方向旋转排列。除了注意盘与盘间放置方向外，还要注意盘与盘间要紧密接触，这样才能保证液体均匀再分布。盘与塔壁间缝隙要用其他物质嵌塞，要保证操作时盘不移动或浮动。必要时在顶层加固定装置。安装正确的波纹填料，结构紧凑，通道规整，气体阻力小，比表面积大，且液体每经过一盘重新分布一次，使之趋于均匀。所以它的流体流动性能及传质性能都很好。但它不适用于有沉淀物、容易结块和聚合及黏度较大的物料，且填料装卸清理困难，造价高。

波纹填料可用金属、陶瓷、塑料、玻璃钢等板材制作，也可用金属丝网制成波纹网填料，它是现代高效填料之一。

几种常用填料特性数据列于表 14-1。现将几个与流体流动及传质性能关系密切的特性说明如下。

(1) 比表面积　比表面积 a_t 可由下式估算：

$$a_t = na_0 \tag{14-1}$$

式中，n 为单位体积填料层中填料个数，个/m^3；a_0 为每个填料的表面积，m^2/个。实际填料层的 a_t 将小于上述计算值，因为填料间接触部分的表面积被覆盖。同一种填料，尺寸愈小 a_t 值愈大。

表 14-1 几种填料的特性数据

填料种类	尺寸/mm	比表面积 $/(m^2/m^3)$	空隙率 $\varepsilon/(m^3/m^3)$	堆积密度 $\rho_p/(kg/m^3)$	个数 $n/(1/m^3)$	填料因子 ϕ/m^{-1}
陶瓷拉西环（乱堆）	（直径×高×厚）					
	8×8×1.5	570	0.64	600	1465000	2500
	10×10×1.5	440	0.70	700	720000	1500
	15×15×2	330	0.70	690	250000	1020
	25×25×2.5	190	0.78	505	49000	450
	40×40×4.5	126	0.75	577	12700	350
	50×50×4.5	93	0.81	457	6000	205
陶瓷拉西环（整砌）	（直径×高×厚）					
	50×50×4.5	124	0.72	673	8830	
	80×80×9.5	102	0.57	962	2580	
	100×100×13	65	0.72	930	1060	
	125×125×14	51	0.68	825	530	
	150×150×16	44	0.68	802	318	
金属拉西环（乱堆）	（直径×高×厚）					
	8×8×0.3	630	0.91	750	1550000	1580
	10×10×0.5	500	0.88	960	800000	1000
	15×15×0.5	350	0.92	660	248000	600
	25×25×0.8	220	0.92	640	55000	390
	35×35×1	150	0.93	570	19000	260
	50×50×1	110	0.95	430	7000	175
	76×76×1.6	68	0.95	400	1870	105
金属鲍尔环（乱堆）	（直径×高×厚）					
	16×16×0.4	364	0.94	467	235000	230
	25×25×0.6	209	0.94	480	51000	160
	38×38×0.8	130	0.95	379	13400	92
	50×50×0.9	103	0.95	355	6200	66
塑料鲍尔环（乱堆）	（直径）					
	16	364	0.88	72.6	235000	320
	25	209	0.90	72.6	51100	170
	38	130	0.91	67.7	13400	105
	50	103	0.91	67.7	6380	82
塑料阶梯环（乱堆）	（直径×高×厚）					
	25×12.5×1.4	223	0.90	97.8	81500	172
	38.5×19×1.0	132.5	0.91	57.5	27200	115
陶瓷矩鞍（乱堆）	（直径×厚）					
	13×1.8	630	0.78	548	735000	870
	19×2	338	0.77	563	231000	480
	25×3.3	258	0.775	548	84000	320
	38×5	197	0.81	483	25200	170
	50×7	120	0.79	532	9400	130

(2) 空隙率　空隙率 ε 可由下式计算：

$$\varepsilon = 1 - nV_0 \tag{14-2}$$

式中，V_0 为单个填料的实体体积，m^3/个。

操作中由于填料壁上附有液层，所以这时填料层的空隙率将小于上述 ε 值。

(3) 干填料因子及填料因子　干填料因子是干填料层的 a_t/ε^3 计算值，其单位为 1/m，是气体通过干填料层的流动特性。但在有液体喷淋的填料上，部分空隙为液体所占有，空隙率有所减小，比表面积也会发生变化，按干填料算出的 a_t/ε^3 值不能确切地表示填料淋湿后的流动特性，故把在有液体喷淋时的实验值称为填料因子，以 ϕ 表示。ϕ 愈小，填料层阻力愈小，则气体通量愈大。

选择填料规格时，为了克服下降液体的壁流短路现象，应控制填料直径 d 与塔径 D 的比例。根据经验推荐如下：拉西环 $d/D \leqslant 1/10$；鲍尔环 $d/D \leqslant 1/8$；鞍形填料 $d/D \leqslant 1/15$。

二、吸收过程的物料衡算与操作线方程

吸收塔一般为气液逆流操作，随着传质过程进行，上升气流中溶质浓度不断降低，而下降液流中溶质浓度不断增大。在稳定操作状态，可通过物料衡算确定塔中任一截面上相互接触的气液两相间的浓度关系，这一关系称为操作线方程。吸收操作线方程、相平衡关系和吸收速率方程是计算吸收剂用量、确定设备尺寸的主要依据。

因为在吸收操作中，吸收剂和惰性气体的摩尔流量在通过吸收塔前后基本上无变化，所以进行物料衡算时，气液相流量用惰性气体及吸收剂的摩尔流量较为简便，相应地气、液相组成用摩尔比表示。

1. 物料衡算[1,4]

图 14-4 所示是一个处于稳定操作状态下的逆流接触的吸收塔，图中各个符号意义：V 为通过吸收塔的惰性气体摩尔流量，kmol/s；L 为通过吸收塔的吸收剂摩尔流量，kmol/s；Y、$Y_1$❶、$Y_2$❶ 分别为塔的任意截面及进塔（即塔底）、出塔（即塔顶）的气相组成，kmol 溶质/kmol 惰性气体；X、X_1、X_2 分别为塔的任意截面及出塔（塔底）、进塔（即塔顶）的液相组成，kmol 溶质/kmol 吸收剂。

对单位时间内进、出吸收塔的溶质作物料衡算，得：

$$VY_1+LX_2=VY_2+LX_1$$

或

$$V(Y_1-Y_2)=L(X_1-X_2) \tag{14-3}$$

一般情况下，进塔混合气的组成与流量是吸收任务规定的，如果吸收剂的组成与流量已经确定，则 V、Y_1、L 及 X_2 皆为已知数。又根据吸收任务的回收率，可以求得气体出塔时应有的浓度 Y_2：

$$Y_2=Y_1(1-\varphi) \tag{14-4}$$

式中，φ 为混合气中溶质被吸收的百分率，称为吸收率或回收率。

如此，通过全塔物料衡算［式(14-3)］可以求得塔底排出的吸收液浓度 X_1。于是，在填料层底部与顶部两个端面上的气、液组成 Y_1、X_1 与 Y_2、X_2 都为已知数。

2. 操作线方程与操作线

如图 14-4 所示，若对填料层中的任一横截面（m—n 截面）与塔底端面之间进行物料衡算，可得：

$$VY+LX_1=VY_1+LX$$

或

$$Y=\frac{L}{V}X+\left(Y_1-\frac{L}{V}X_1\right) \tag{14-5}$$

若在 m—n 截面与塔顶端面之间进行物料衡算，可得：

$$Y=\frac{L}{V}X+\left(Y_2-\frac{L}{V}X_2\right) \tag{14-6}$$

式(14-5) 与式(14-6) 是等效的，因为由式(14-3) 可知：

$$Y_1-\frac{L}{V}X_1=Y_2-\frac{L}{V}X_2 \tag{14-7}$$

式(14-5) 或式(14-6) 即为在一定操作条件下（已知 V、L 及 Y_1、X_1 或 Y_2、X_2）逆流

---

❶ 本章中塔底截面一律以下标“1”表示，塔顶截面一律以下标“2”表示。

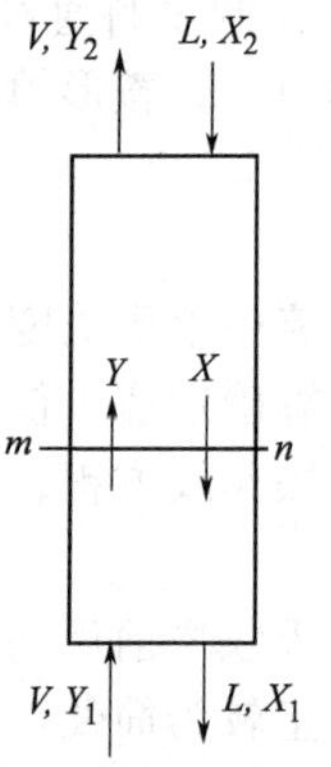

图 14-4 逆流吸收塔的物料衡算

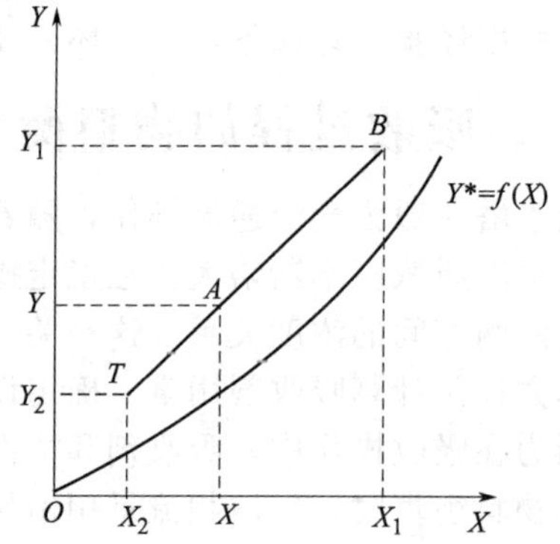

图 14-5 逆流吸收塔的操作线

操作吸收塔的操作线方程。它表明塔内任一截面上气相浓度 Y 和液相浓度 X 之间成一直线关系，直线斜率为$\frac{L}{V}$，且此直线通过 B（X_1、Y_1）及 T（X_2、Y_2）两点。标绘在图 14-5 中的直线 BT，即为逆流吸收塔的操作线。操作线 BT 上任何一点 A，代表塔内相应截面上液、气相浓度 X、Y；端点 B 代表填料层底部端面，即塔底的情况，一般称 B 点为吸收塔的“浓端”；端点 T 代表填料层顶部端面，即塔顶的情况，一般称 T 点为“稀端”。所以操作线就是“浓端”和“稀端”操作点间的连线。

在进行吸收操作时，在塔内任一截面上，溶质在气相中的实际分压总是高于其接触的液相平衡分压，所以吸收操作线总是位于平衡线[$Y^*=f(x)$]的上方。

3. 吸收剂用量的确定

在吸收塔的设计中，需要处理的气体流量及气体的初、终浓度已由任务规定，吸收剂的入塔浓度常由工艺条件决定或由设计者选定，因此 V、Y_1、Y_2 及 X_2 皆为已知数。但是，吸收剂用量尚待设计者决定。

由图 14-6(a) 可见，在 V、Y_1、Y_2 及 X_2 已知的情况下，吸收塔操作线的一个端点 T 已经固定，另一个端点 B 则可在 $Y=Y_1$ 的水平线上移动。点 B 的横坐标将取决于操作线的斜率 L/V。

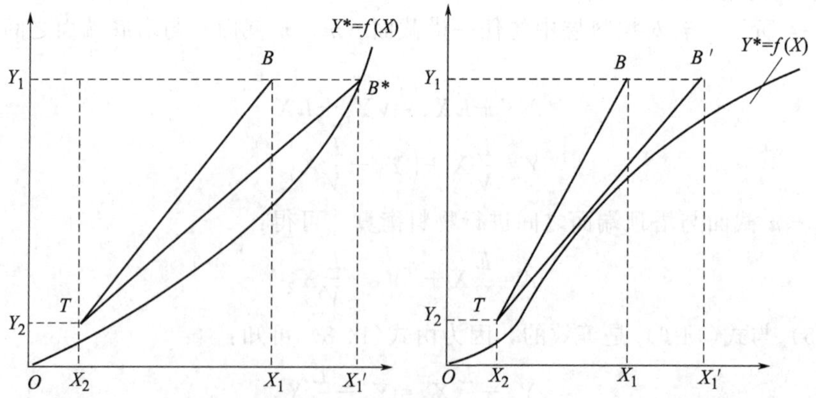

图 14-6 吸收塔的最小液气比

操作线的斜率 L/V 称为“液气比”，是吸收剂与惰性气体摩尔流量的比值，它反映单位气体处理量的吸收剂耗用量大小。在此，V 值已经确定，若减小吸收剂用量 L，操作线的斜率就要变小，点 B 便沿水平线 $Y=Y_1$ 向右移动，其结果是使出塔吸收液的浓度加大，而吸收推动力相应减小。若吸收剂用量减少到恰使点 B 移至水平线 $Y=Y_1$ 与平衡线的交点 B^* 时，$X_1=X_1^*$，意即塔底流出的吸收液与刚进塔的混合气达平衡。这是理论上吸收液所能达到的最高浓度。但此时过程的推动力已变为零，因而需要无限大的相际传质面积。这在实际上是办不到的，只能用来表示一种极限状况。此种状况下的吸收操作线（TB^*）的斜率称为最小液气比，以 $\left(\frac{L}{V}\right)_{\min}$ 表示；相应的吸收剂用量即为最小吸收剂用量，以 $L_{\min}$ 表示。

反之，若增大吸收剂用量，则点 B 将沿水平线向左移动，使操作线远离平衡线，过程推动力增大；但超过一定限度后，这方面效果便不明显，而吸收剂的消耗、输送及回收等项操作费用急剧增大。

由以上分析可见，吸收剂用量的大小，从设备费与操作费两方面影响到生产过程的经济效果，应选择适宜的液气比，使两种费用之和最小。根据生产实践经验，一般情况下取吸收剂用量为最小用量的 1.1～2.0 倍是比较适宜的，即

$$\frac{L}{V}=(1.1\sim2.0)\left(\frac{L}{V}\right)_{\min} \tag{14-8}$$

或

$$L=(1.1\sim2.0)L_{\min} \tag{14-9}$$

最小液气比可用图解求出。如果平衡线如图 14-6(a)所示的一般情况，则需找到水平线 $Y=Y_1$ 与平衡线的交点 B^*，从而读出 X_1^* 的数值，然后用下式计算最小液气比，即

$$\left(\frac{L}{V}\right)_{\min}=\frac{Y_1-Y_2}{X_1^*-X_2} \tag{14-10}$$

或

$$L_{\min}=V\left(\frac{Y_1-Y_2}{X_1^*-X_2}\right) \tag{14-11}$$

如果平衡线呈现如图 14-6(b)中所示的形状，则应过点 T 作平衡曲线的切线，找到水平线 $Y=Y_1$ 与此切线的交点 B'，读出点 B' 的横坐标 X'_1 的数值，然后按下式计算最小液气比：

$$\left(\frac{L}{V}\right)_{\min}=\frac{Y_1-Y_2}{X'_1-X_2} \tag{14-12}$$

或

$$L_{\min}=V\left(\frac{Y_1-Y_2}{X'_1-X_2}\right) \tag{14-13}$$

若平衡关系符合亨利定律，可用 $Y^*=mX$ 表示。则可用下式算出最小液气比：

$$\left(\frac{L}{V}\right)_{\min}=\frac{Y_1-Y_2}{\frac{Y_1}{m}-X_2} \tag{14-14}$$

或

$$L_{\min}=V\left(\frac{Y_1-Y_2}{\frac{Y_1}{m}-X_2}\right) \tag{14-15}$$

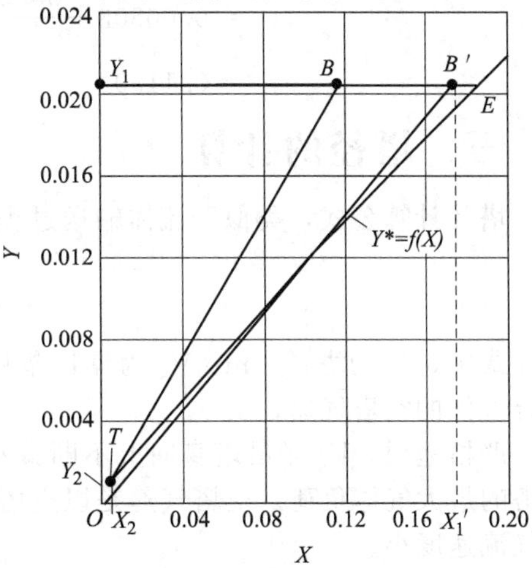

例 14-1 附图

【例 14-1】 某厂为除去焦炉气中的芳烃，采用洗油作为吸收剂在填料塔内进行吸收操作。操作条件如下：温度为 27℃，压力为 106.7kPa，焦炉气流量为 $850m^3/h$，其中所含芳烃的摩尔分数为 0.02，要求芳烃的吸收率为 95%，进入吸收塔顶的洗油中所含芳烃的摩尔分数为 0.005。若取溶剂量为最小用量的 1.5 倍，试求每小时送入吸收

塔顶的洗油量及塔底流出的吸收液浓度。操作条件下的平衡关系可用下式表达，即

$$Y^*=\frac{0.125X}{1+0.875X}$$

解：进入吸收塔的惰性气体流量为：

$$V=\frac{850}{22.4}\times\frac{273}{273+27}\times\frac{106.7}{101.3}\times(1-0.02)$$
$$=35.6(\text{kmol/h})$$

进塔气体中芳烃的浓度为：

$$Y_1=\frac{0.02}{1-0.02}=0.0204$$

出塔气体中芳烃的浓度为：

$$Y_2=0.0204\times(1-0.95)=0.00102$$

进塔洗油中芳烃浓度为：

$$X_2=\frac{0.005}{1-0.005}=0.00503$$

按照已知的平衡关系式 $Y^*=\frac{0.125X}{1+0.875X}$，在 Y—X 直角坐标系中标绘出平衡曲线 OE，如本题附图所示。再按 X_2、Y_2 之值在图上确定操作线端点 T。过 T 作平衡曲线 OE 的切线交水平线 $Y_1=0.0204$ 于 B'。读出点 B' 的横坐标值为 $X_1'=0.176$

则

$$L_{\min}=\frac{V(Y_1-Y_2)}{X_1'-X_2}=\frac{35.64(0.0204-0.00102)}{0.176-0.00503}$$
$$=4.04(\text{kmol/h})$$
$$L=1.5L_{\min}=1.5\times4.04=6.06(\text{kmol/h})$$

L 是每小时送入吸收塔顶的纯溶剂量。考虑到入塔洗油中含有芳烃，所以每小时送入吸收塔的洗油量应为：

$$6.06\times\frac{1}{1-0.005}=6.09(\text{kmol/h})$$

吸收液出口浓度 X_1 可根据全塔物料衡算式求出，即

$$X_1=X_2+\frac{V(Y_1-Y_2)}{L}$$
$$=0.00503+\frac{35.64(0.0204-0.00102)}{6.06}$$
$$=0.1190$$

三、塔径的计算

塔径计算公式，类似于流体输送过程中计算管径的公式，即

$$D=\sqrt{\frac{4V_s}{\pi u}} \tag{14-16}$$

式中，D 为塔径，m；V_s 为操作条件下流过吸收塔的混合气体体积流量，m^3/s；u 为混合气体的空塔气速，m/s。

严格地说，V_s 是沿塔身向上不断减小的变量，但计算中一般进塔混合气体流量值，即为塔的最大气体负荷。空塔气速是以空塔截面计的气体流速，显然它比流过填料层实际空隙的气流速度小。

一般 V_s 由吸收任务给定，所以按式(14-16) 计算塔径时，关键在于如何确定适宜的空

塔气速 u，它是影响塔内流体流动状态及传质效果的重要因素。下面讨论一般填料塔的流体力学特性。

填料塔的流体力学状况主要指气体通过填料层的压降、液泛速度、持液量（单位体积填料层中所附着的液体体积量称为持液量）及气液两种流体分布等。为确定动力消耗需要知道压降，为选定空塔气速需要知道液泛速度。下面只着重讨论压降和液泛这两个问题。

1. 气体通过填料层的压降与气速关系

气体通过填料层的压降 Δp 是涉及气、液两相在多孔床层中逆向流动过程的复杂问题。把在不同的喷淋量下取得的单位高度填料层的压降 $\Delta p/Z$ 与空塔气速 u 的实测数据标绘在对数坐标图上，可得如图 14-7 所示的线簇。各类填料的图线都很类似。干填料层（即液体喷淋量 $L=0$）的 $\Delta p/Z$ 约与 u 的 1.8～2 次方成比例，在对数坐标中为一直线，表明气流属于湍流流动，如图 14-7 中直线 0 所示，其斜率为 1.8～2.0。当填料上有液体喷淋时（图中曲线 1、2、3 所对应的液体喷淋量依次增大），$\dfrac{\Delta p}{Z}$-u 关系变成折线，并存在两个转折点。下转折点称为“载点”（或拦液点），上转折点称为“泛点”。这两个转折点将 $\dfrac{\Delta p}{Z}$-u 关系线分为三个区段，即恒持液量、载液区与液泛区。

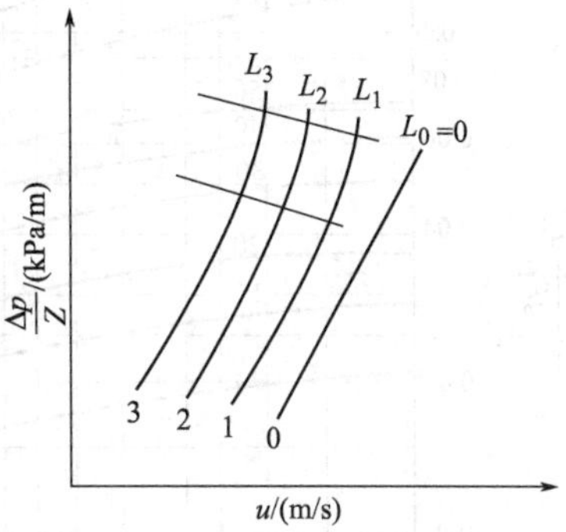

图 14-7　填料层的 $\dfrac{\Delta p}{Z}$-u 关系

气速较低时，填料层内液体向下流动几乎与气速无关。在恒定的喷淋量下，填料表面上覆盖的液体膜层厚度不变，因而填料层的持液量不变，故为恒持液量区。在同一空塔气速下，由于湿填料层内所持液体占据一定空间，故使气体的真实速度比通过干填料层时的真实速度为高，因而压降也较大。此区域的 $\dfrac{\Delta p}{Z}$-u 线在干填料线的左侧，且两者相互平行。

随着气速增大，上升气流与下降液体间的摩擦力开始阻碍液体下流，使填料层内的持液量随气速的增加而增加，这种现象称拦液现象。开始拦液现象时的空塔气速称为载点气速。超过载点气速后，$\dfrac{\Delta p}{Z}$-u 关系线的斜率大于 2。在实测时，载点并不明显。

如果气速继续增加，由于液体不能顺利下降，使填料层内持液量不断增多，以致充满填料层空隙，使液体由分散相变为连续相，而气体由连续相变为分散相。此时压降急剧升高，$\dfrac{\Delta p}{Z}$-u 关系线的斜率可达 10 以上，压降曲线近于垂直上升的转折点称为泛点。达到泛点时的空塔气速称为液泛气速或泛点气速。

因为靠近泛点操作时，空塔气速的小幅度波动将引起压降的剧烈变化，操作控制较难；所以一般填料塔应设计在泛点以下操作。

2. 压降与泛点气速的计算

填料塔的泛点气速与液气比、物系的物性及填料的特性等有关。目前工程设计中广泛采用埃克特（Eckert）通用关联图来计算填料层的压降及泛点气速。

通用关联图如图 14-8 所示，此图以 $\dfrac{w_L}{w_V}\left(\dfrac{\rho_V}{\rho_L}\right)^{0.5}$ 为横坐标，以 $\dfrac{u^2\phi\psi\rho_V}{g\rho_L}\mu_L^{0.2}$ 为纵坐标，适用于乱堆拉西环、鲍尔环、鞍形填料。

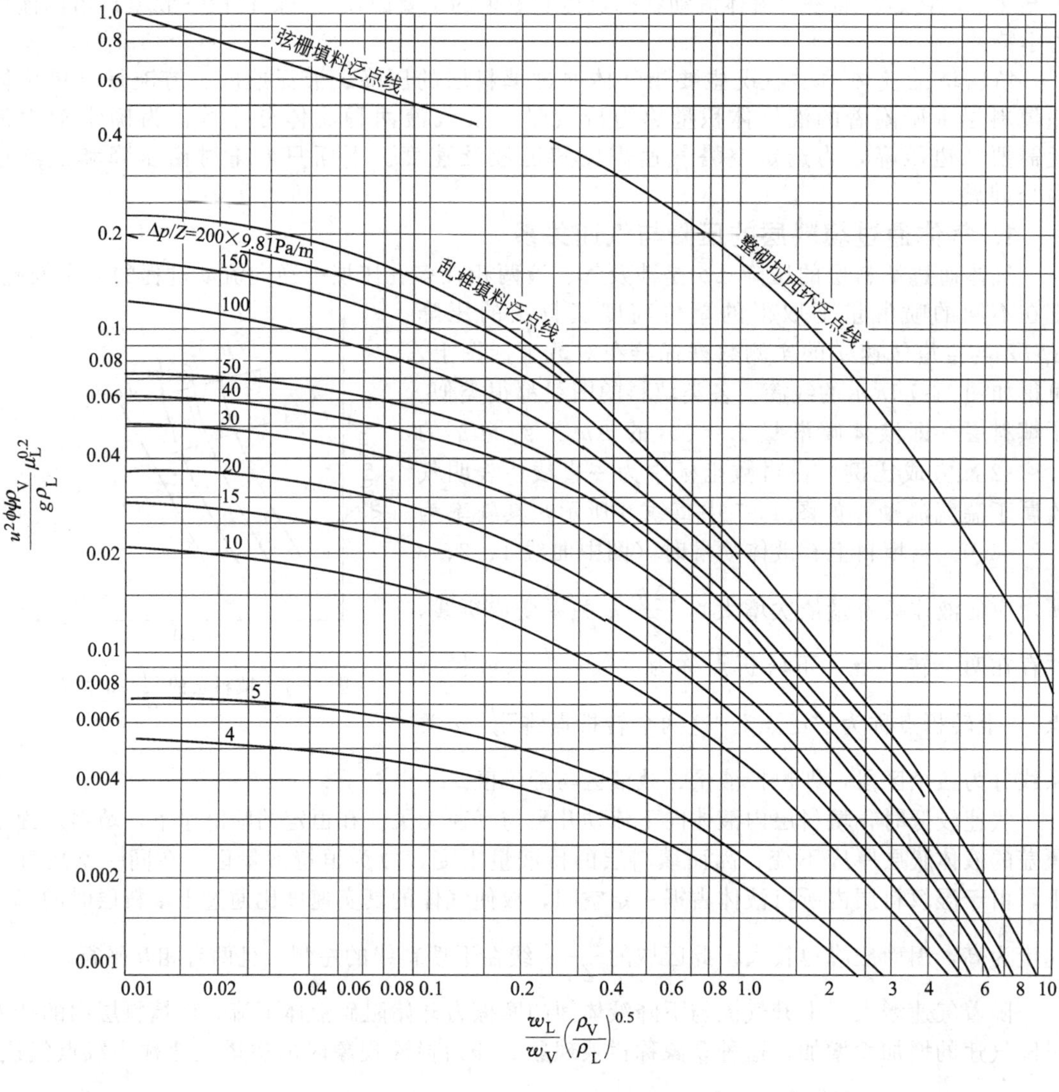

图 14-8 埃克特通用关联图

u—空塔气速，m/s；g—重力加速度，m/s^2；ϕ—填料因子，1/m；ψ—液体密度校正系数，等于水的密度与液体密度之比，即 $\psi=\frac{\rho_水}{\rho_L}$；$\rho_L$、$\rho_V$—液体与气体的密度，$kg/m^3$；$\mu_L$—液体的黏度，mPa·s；$w_L$、$w_V$—液相及气相的质量流量，kg/s

图中以每米填料层的压降为参数，绘出了若干条曲线。各曲线表示不同压降条件下纵、横坐标数群间变化关系，一条曲线对应一个$\frac{\Delta p}{Z}$值，称为等压降线，液泛时的等压降线称为泛点线。图 14-8 最上方的三条线分别为弦栅、整砌拉西环及乱堆填料的泛点线。与泛点线相对应的纵坐标中的空塔速度 u 应为空塔泛点气速 u_F。使用图 14-8 求 u_F 的方法是，先根据工艺条件算出横坐标值，由此点作垂线与泛点线相交，再由交点的纵坐标值求得泛点气速 u_F。此图也可用在由选定的压降值求算相应的空塔气速。欲求气体通过每米填料层的压降时，可将选定的空塔气速代入$\frac{u^2\phi\psi\rho_V\mu_L^{0.2}}{g\rho_L}$，求出纵坐标和横坐标的交点，由图上读交点所对应的等压降线，即可得 $\Delta p/Z$ 值。

3. 填料塔空塔气速与塔径的确定

前已述及，填料塔的适宜空塔气速显然必须小于泛点气速，一般取空塔气速为泛点气速的 0.5～0.8。选择较小的气速，则压降小，动力消耗小，操作弹性大；但塔径要大，设备投资高而生产能力低。低气速也不利于气液充分接触，使分离效率低。若选用较大气速，结果与上述相反。所以选取系数时，应权衡利弊，具体分析。例如高压操作时，降低设备费用是主要矛盾，系数可取 0.5～0.8 的上限。常压操作时，操作费用是主要矛盾，应取下限。对易生泡沫物系，系数应取得更小，可低至 0.4。

空塔气速确定后，即可按式(14-8) 计算塔径。为了便于设备设计、加工，算出塔径后应加以圆整，使其符合我国压力容器公称直径标准。700mm 以下的直径系列间隔为 50mm；700～2400mm 之间直径系列，间隔为 100mm。但常用的标准塔径（m）为 0.6、0.7、0.8、1.0、1.2、1.4、1.6、1.8、2.0、2.2、2.4…

四、喷淋密度

填料塔的传质效率高低与液体分布及填料的润湿情况密切相关。为使填料能获得良好的润湿，还应使塔内液体的喷淋密度不低于某一极限值，此极限值称最小喷淋密度。所谓液体的喷淋密度是指单位时间内单位塔截面上喷淋的液体体积。最小喷淋密度可由最小润湿速率求得。润湿速率是指塔的横截面上，单位长度的填料周边上液体的体积流量。对普通填料，可以推证，单位塔截面上填料周边长度与填料的比表面积数值相等，故

$$L_W=\frac{L'}{a_t} \tag{14-17}$$

或

$$(L')_{min}=(L_W)_{min}a_t \tag{14-18}$$

式中，L_W、$(L_W)_{min}$ 分别为润湿速率及最小润湿速率，$m^3/(m\cdot h)$；L'、$(L')_{min}$ 分别为喷淋密度及最小喷淋密度，$m^3/(m^2\cdot h)$；a_t 为填料比表面积，m^2/m^3。

对于 75mm 以内的环形填料和板距 50mm 以内的栅板填料，最小润湿速率应取 $0.08m^3/(m\cdot h)$；对于大于 75mm 的填料则取 $0.12m^3/(m\cdot h)$。根据最小润湿速率的数据，便可求出最小喷淋密度，实际操作时采用的喷淋密度应大于最小喷淋密度。若喷淋密度过小，可采用增大液气比或采用吸收剂部分循环的方法，以保证润湿速率（但要注意操作推动力会因此降低）。也可采用减小塔径，或适当增加填料层高度予以补偿。如喷淋密度过大，则可增大塔径或采用多塔流程即气相串联、液相并联以减少喷淋密度。

【例 14-2】 为了除去空气中有害气体 SO_2，采用清水作为吸收剂，在填料塔中进行吸收操作。已知操作条件为：温度 20℃，压力 101325Pa（1atm），入塔混合气的体积流量 $1000m^3/h$，其中含 9% SO_2（体积分数），SO_2 吸收率为 98%，塔顶喷淋水量为 6.83kg/s。若填料采用（50×50×4.5）mm 陶瓷拉西环（乱堆），试求塔径、单位高度填料层的压降，并校核所选填料直径是否适宜，填料润湿率能否满足要求。若塔径不变，填料改用（50×50×0.9）mm 的乱堆碳钢鲍尔环，估算气体通量能提高多少。

解： 进塔混合气的平均相对分子质量：

$$\begin{aligned}M_W&=0.09\times M_{SO_2}+0.91\times M_{空气}\\&=0.09\times 64+0.91\times 29=32.15\ (kg/kmol)\end{aligned}$$

进塔混合气的质量流量：

$$w_V=\frac{1000}{3600\times 22.4}\times\frac{273}{273+27}\times 32.15=0.371\ (kg/s)$$

进塔混合气的密度：

$$\rho_V=\frac{w_V}{V_s}=\frac{0.371}{1000/3600}=1.336\ (\mathrm{kg/m^3})$$

ρ_L 按 20℃清水考虑取 $\rho_L=1000\ (\mathrm{kg/m^3})$

埃克特通用关联图的横坐标值：

$$\frac{w_L}{w_V}\sqrt{\frac{\rho_V}{\rho_L}}=\frac{6.83}{0.371}\sqrt{\frac{1.336}{1000}}=0.673$$

从该图乱堆填料泛点线查得对应的纵坐标值为 0.032。

查表 14-1 知（50×50×4.5）mm 陶瓷拉西环（乱堆）的 $a_t=93\mathrm{m^2/m^3}$，$\phi=205\ \mathrm{m^{-1}}$。

液体黏度可近似按水的黏度（20℃）考虑，即 $\mu_L=1\mathrm{mPa\cdot s}$，液体密度校正系数 $\psi=\frac{\rho_水}{\rho_L}=1$。

通用关联图中纵坐标关系式为：

$$\frac{u_F^2\phi\psi\rho_V}{g\rho_L}\mu_L^{0.2}=\frac{u_F^2\times205\times1}{9.81}\times\frac{1.336}{1000}\times1^{0.2}=0.0279u_F^2$$

则得

$$0.0279u_F^2=0.032$$

所以液泛速度

$$u_F=\sqrt{\frac{0.032}{0.0279}}=1.07\ (\mathrm{m/s})$$

取空塔气速为泛点气速的 60%，则空塔气速：

$$u=0.6u_F=0.6\times1.07=0.642\ (\mathrm{m/s})$$

故塔径 D 为

$$D=\sqrt{\frac{4V_s}{\pi u}}=\sqrt{\frac{4\times1000}{3600\times0.642}}=0.742\ (\mathrm{m})$$

按标准圆整得 $D=0.8\mathrm{m}$

实际空塔速度

$$u=\frac{V_s}{\frac{\pi}{4}D^2}=\frac{1000}{3600\times\frac{\pi}{4}0.8^2}=0.553\ (\mathrm{m/s})$$

实际

$$\frac{u}{u_F}=\frac{0.553}{1.07}=0.517$$

塔径与填料尺寸之比

$$\frac{D}{d}=\frac{800}{50}=16>10，符合要求$$

操作条件下的喷淋密度

$$L'=\frac{6.83\times3600}{1000\times\frac{\pi}{4}D^2}=48.9[\mathrm{m^3/(m^2\cdot h)}]$$

润湿速率

$$L_W=\frac{L'}{a_t}=\frac{48.9}{93}=0.526>(L_W)_{min}$$

因采用填料尺寸小于 75mm，故最小润湿速率 $(L_W)_{min}=0.08\mathrm{m^3/(m\cdot h)}$，所以填料直径及润湿速率均适宜。

利用通用关联图，横坐标值改变为 0.673，纵坐标值：

$$\frac{u^2\phi\psi\rho_V}{g\rho_L}\mu_L^{0.2}=\frac{0.553^2\times205\times1}{9.81}\times\frac{1.336}{1000}\times1^{0.2}=8.54\times10^{-3}$$

在图中找出坐标点（0.673，8.54×10^{-3}），可得单位填料层高度压降为：

$$\Delta p=15\times9.81=147.2\text{（Pa/m 填料层）}$$

以下计算若塔径不变，采用碳钢鲍尔环（50×50×0.9）mm 后的气体通量。

查表 14-1 得（50×50×0.9）mm 乱堆鲍尔环的 $a_t=103\text{m}^2/\text{m}^3$，$\phi=66\ \text{m}^{-1}$。当保持液气比$\frac{w_L}{w_V}$及其他条件不变时，分析通用关联图中的纵坐标关系式可知 u_F 与 ϕ 的平方根成反比，故采用鲍尔环后，液泛速度为：

$$u_F'=u_F\sqrt{\frac{\phi}{\phi'}}=1.07\sqrt{\frac{205}{66}}=1.89\ \text{(m/s)}$$

空塔速度 $u'=0.6u_F'$

$$=0.6\times1.89=1.134\ \text{(m/s)}$$

因塔径不变，气体通量与空塔气速成正比，所以改用鲍尔环后，气体通量可增大

$$\frac{u'}{u}=\frac{1.134}{0.642}=1.77\text{（倍）}$$

填料润湿速率：

$$L_W'=\frac{L'}{a_t}=\frac{48.9}{103}=0.475[\text{m}^3/(\text{m}\cdot\text{h})]$$

$$L_W'>(L_W)_{\min}$$

五、填料层高度的计算

填料吸收塔要达到给定的分离效果，必须有一定高度的填料层，以满足所需的气液相接触面积。因此填料层高度的计算是填料塔设计计算中一项重要内容。如果设计不当，填料层不够高，则气、液出塔浓度达不到要求；反之，如果盲目增高填料层，不但增加设备费用，而且还将增大气体通过填料层的压降，导致操作费用增加。

（一）填料层高度的基本计算式

前已述及，在逆流操作的填料吸收塔中，气液两相溶质浓度沿填料层高度连续变化，因而各截面上的传质推动力和吸收速率亦随之变化，因此对填料塔的研究应运用微积分的方法。

在填料塔中任意取一微元段 dZ，如图 14-9 所示，对 dZ 段填料层作溶质物料衡算可知，单位时间内由气相传入液相量为：

$$dG_A=VdY=LdX \tag{14-19}$$

假设 dZ 段填料层中气液相接触面积为 dA，则根据物料衡算要求达到的吸收速率为：

$$N_A=\frac{dG_A}{dA}=\frac{VdY}{dA}=\frac{LdX}{dA} \tag{14-20}$$

根据传质推动力及传质阻力所能达到的气液相吸收速率为：

$$N_A=K_Y(Y-Y^*)=K_X(X^*-X) \tag{14-21}$$

要达到设计要求，上二速率必须相等，即

$$N_A=\frac{VdY}{dA}=K_Y\ (Y-Y^*) \tag{14-22}$$

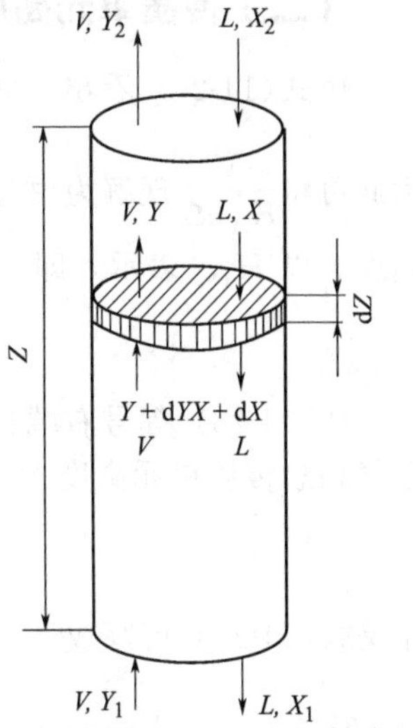

图 14-9　微元填料层的物料衡算

或
$$dA=\frac{V\mathrm{d}Y}{K_Y\ (Y-Y^*)} \tag{14-23}$$

微元 $\mathrm{d}Z$ 段填料层所具有的气液接触面积 $\mathrm{d}A$ 为：
$$\mathrm{d}A=a\Omega\mathrm{d}Z \tag{14-24}$$

式中，a 为单位体积填料层的有效传质面积，m^2/m^3；Ω 为空塔的横截面积，m^2。将式(14-24) 代入式(14-22)，整理得：
$$\mathrm{d}Z=\frac{V}{K_Ya\Omega}\times\frac{\mathrm{d}Y}{Y-Y^*} \tag{14-25}$$

对稳定操作的吸收塔，V、L、a、Ω 为定值，对低浓度气体吸收，总吸收系数 K_Y 为定值，对难溶或具有中等溶解度的气体吸收，K_X 也可取为定值，这时从塔底至塔顶对式(14-25) 进行积分
$$\int_0^Z\mathrm{d}Z=\frac{V}{K_Ya\Omega}\int_{Y_2}^{Y_1}\frac{\mathrm{d}Y}{Y-Y^*}$$
$$Z=\frac{V}{K_Ya\Omega}\int_{Y_2}^{Y_1}\frac{\mathrm{d}Y}{Y-Y^*} \tag{14-26}$$

同样从
$$N_A=\frac{L\mathrm{d}X}{\mathrm{d}A}=K_X(X^*-X)$$

可推导出
$$Z=\frac{L}{K_Xa\Omega}\int_{X_2}^{X_1}\frac{\mathrm{d}X}{X^*-X} \tag{14-27}$$

式(14-26) 及式(14-27) 即为填料层高度的基本计算式。

应当指出，上二式中单位体积填料层内的有效传质面积 a 常小于填料层的比表面积 a_t，这是因为只有那些被流动的液体膜层所覆盖的填料表面，才能提供气液有效传质面积。所以 a 值不仅与填料的形状、尺寸及充填方式有关，而且受流体物性及流动状况的影响。a 的数值很难直接测定。实验测定填料层的传质性能时常将 K_Ya 及 K_Xa 视为整体，分别称为气相体积总吸收系数及液相体积总吸收系数，其单位均为 $\mathrm{kmol/(m^3 \cdot s)}$。体积总吸收系数的物理意义是在推动力为一个单位的情况下，单位时间、单位体积填料层内吸收的溶质量。

(二) 传质单元高度与传质单元数[2~4]

由式(14-26) 看出，此式等号右端因式 $\frac{V}{K_Ya\Omega}$ 的单位为"m"，而"m"是高度的单位，因此可将 $\frac{V}{K_Ya\Omega}$ 理解为由过程条件所决定的某种单元高度，此单元高度称为气相总传质单元高度，以 H_{OG} 表示，即：
$$H_{OG}=\frac{V}{K_Ya\Omega} \tag{14-28}$$

式(14-26) 等号右端积分项是一个无量纲数值，可认为它代表所需填料层高度 Z 相当于气相总传质单元高度 H_{OG} 的倍数，此倍数称为气相总传质单元数，以 N_{OG} 表示，即：
$$N_{OG}=\int_{Y_2}^{Y_1}\frac{\mathrm{d}Y}{Y-Y^*} \tag{14-29}$$

于是式(14-26) 可写成
$$Z=H_{OG}N_{OG} \tag{14-30}$$

同理式(14-27) 亦可写成
$$Z=H_{OL}N_{OL} \tag{14-31}$$

式中，H_{OL} 为液相总传质单元高度，m；N_{OL} 为液相总传质单元数，无量纲。

H_{OL} 及 N_{OL} 的计算式分别为：

$$H_{OL}=\frac{L}{K_X a\Omega} \tag{14-32}$$

$$N_{OL}=\int_{X_2}^{X_1}\frac{dX}{X^*-X} \tag{14-33}$$

依此类推，可以写出如下通式，即：

填料层高度＝传质单元高度×传质单元数

当式(14-26)及式(14-27)中总吸收系数与总推动力分别换成膜系数及相应的推动力时，可分别写成：

$$Z=H_G N_G \text{ 及 } Z=H_L N_L$$

式中，H_G、H_L 分别为气相传质单元高度及液相传质单元高度，m；N_G、N_L 分别为气相传质单元数及液相传质单元数，无量纲。

填料层高度的计算式列于表 14-2 中。

表 14-2 传质单元高度与传质单元数

填料层高度计算式	传质单元高度	传 质 单 元 数	
$Z=H_{OG}N_{OG}$	$H_{OG}=\frac{V}{K_Y a\Omega}$	$N_{OG}=\int_{Y_2}^{Y_1}\frac{dY}{Y-Y^*}$	$H_{OG}=H_G+\frac{mV}{L}H_L$
$Z=H_{OL}N_{OL}$	$H_{OL}=\frac{L}{K_X a\Omega}$	$N_{OL}=\int_{X_2}^{X_1}\frac{dX}{X^*-X}$	
$Z=H_G N_G$	$H_G=\frac{V}{k_Y a\Omega}$	$N_G=\int_{y_2}^{y_i}\frac{dy}{y-y_i}$	$H_{OL}=H_L+\frac{L}{mV}H_G$
$Z=H_L N_L$	$H_L=\frac{L}{k_X a\Omega}$	$N_L=\int_{x_2}^{x_i}\frac{dx}{x-x_i}$	

对于传质单元高度的物理意义，可通过以下分析加以理解。以气相总传质单元高度 H_{OG} 为例，假定某吸收过程所需的填料层高度恰等于一个气相总传质单元高度，如图 14-10(a) 所示，即：$Z=H_{OG}$，由式(14-26) 可知，此情况下

$$N_{OG}=\int_{Y_2}^{Y_1}\frac{dY}{Y-Y^*}=1 \tag{14-34}$$

在整个填料层中，吸收推动力 $(Y-Y^*)$ 虽是变量，但总可找到某一平均值 $(Y-Y^*)_m$，用来代替积分式中的 $(Y-Y^*)$ 而不改变积分值，即：

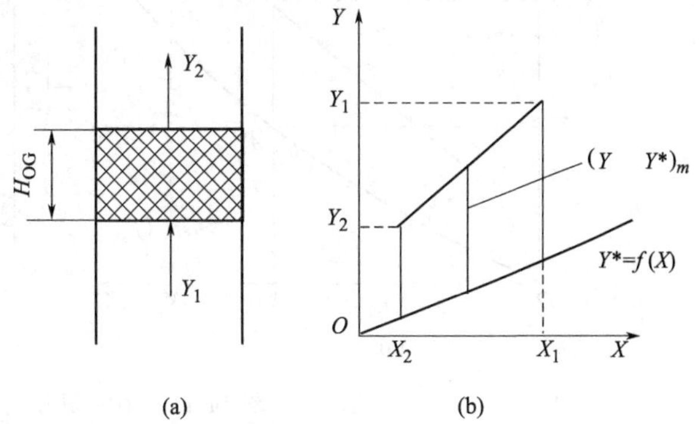

图 14-10 气相总传质单元高度

$$\int_{Y_2}^{Y_1}\frac{dY}{Y-Y^*}=\int_{Y_2}^{Y_1}\frac{dY}{(Y-Y^*)_m}=1 \tag{14-35}$$

于是可将 $(Y-Y^*)_m$ 作为常数提到积分号之外，得出：

$$N_{OG}=\frac{1}{(Y-Y^*)_m}\int_{Y_2}^{Y_1}dY=\frac{Y_1-Y_2}{(Y-Y^*)_m}=1$$

即

$$Y-Y^*=Y_1-Y_2 \tag{14-36}$$

由此可见，如果气体流经一段填料层前后的浓度变化 (Y_1-Y_2) 恰好等于此段填料层

内气相总推动力的平均值 $(Y-Y^*)_m$ 时，如图 14-10(b)，那么这段填料层的高度就是一个气相总传质单元高度。

传质单元高度的大小是由过程条件所决定的。因为

$$H_{OG}=\frac{V/\Omega}{K_Y a} \tag{14-37}$$

上式中，除去单位塔截面上惰性气体的摩尔流量$\left(\frac{V}{\Omega}\right)$之外，就是气相体积总吸收系数 $K_Y a$，它反映传质阻力的大小、填料性能的优劣及润湿情况的好坏。故 H_{OG} 为反映填料层传质性能的一项指标。H_{OG} 愈小则 $K_Y a$ 愈大，反之 H_{OG} 愈大则 $K_Y a$ 愈小。

传质单元数$\left(如 N_{OG}=\int_{Y_2}^{Y_1}\frac{dY}{Y-Y^*}\right)$的含义就是具有上述浓度变化特点的填料层的段数，它反映了吸收过程的难易程度。若任务要求的气体浓度变化越大，过程的平均推动力越小，则意味着过程的难度越大，此时所需的 N_{OG} 也就愈大。

1. 传质单元数的计算方法

总传质单元数 N_{OG} 及 N_{OL} 与相平衡有关，需根据不同情况采用不同的方法计算。下面介绍四种方法。

(1) 图解积分法　它适用于平衡线为一般曲线的情况。由定积分的几何意义可知，$N_{OG}=\int_{Y_2}^{Y_1}\frac{dY}{Y-Y^*}$ 即 N_{OG} 在数值上等于 $f(Y)=\frac{1}{Y-Y^*}$ 曲线与 $Y=Y_1$、$Y=Y_2$ 及 $\frac{1}{Y-Y^*}=0$ 三条直线之间所围成的图形面积。具体图解方法如下。

① 在 Y-X 坐标系中绘出该吸收过程的平衡曲线及操作线，如图 14-11(a) 所示。

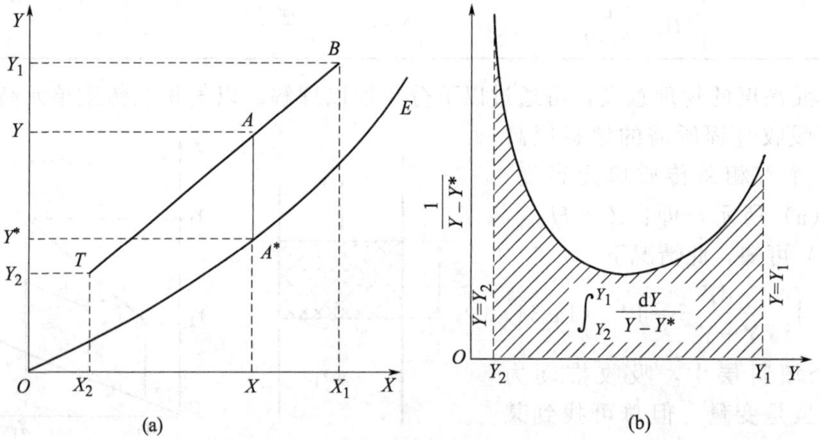

图 14-11　图解积分法求 N_{OG}

② 沿操作线在 Y_1 及 Y_2 范围内任选若干操作点，联系平衡线求出相应的 $Y-Y^*$。例如，在操作线上任取一操作点 A，其气、液相组成为 Y 及 X，通过平衡曲线可得 X 的平衡气相组成为 Y^*，即得 A 点的气相总推动力 $Y-Y^*$，如图中 $\overline{AA^*}$。继而算出相应的 $\frac{1}{Y-Y^*}$ 值。将所得 Y、Y^*、$Y-Y^*$ 及 $\frac{1}{Y-Y^*}$ 数据列表格。

③ 以 Y 为横坐标，$\frac{1}{Y-Y^*}$ 为纵坐标将各组 Y、$\frac{1}{Y-Y^*}$ 数据描点作曲线，如图 14-11(b) 所示。Y_1 至 Y_2 区间曲线以下的面积值即为气相总传质单元数 N_{OG}。用类似方法可求

取液相总传质单元数 N_{OL}。

【例 14-3】 试问在例 14-1 中进行吸收操作的填料塔所需的填料层高度。已知气相总传质单元高度 H_{OG} 为 0.875m，其他条件已在例 14-1 中列出。

解： 求得填料层高度的关键在于算出气相总传质单元数 N_{OG}，由例 14-1 给出的平衡关系式可知平衡线为曲线，故应采用图解积分法。

由例 14-1 附图中的操作线 BT 与平衡线 OE 可读出对应于一系列 Y 值的 X 和 Y^* 值，随之可计算出一系列 $\frac{1}{Y-Y^*}$ 值。今在 Y_2 和 Y_1 区间内分 10 等分，计算结果列于本例的附表中。

例 14-3 附表

Y	X	Y^*	$\frac{1}{Y-Y^*}$	备　注
(Y_2)0.00102	(X_2)0.00503	0.00063	2564	
0.00296	0.01644	0.00203	1075	
0.00490	0.02785	0.00340	667	
0.00683	0.03920	0.00474	478	
0.00877	0.05061	0.00606	369	$Y_2=Y_0$
0.0107	0.06196	0.00735	299	$Y_1=Y_n$
0.0126	0.07313	0.00859	249	$n=10$
0.0146	0.08490	0.00988	212	$\Delta Y=0.001938$
0.0165	0.09607	0.01108	185	
0.0185	0.10783	0.01232	162	
(Y_1)0.0204	0.1190	0.01347	144	

在普通坐标纸上标绘表中各组 $\frac{1}{Y-Y^*}$ 与 Y 的对应数据，并将所得各点联成一条曲线，见本例附图。图中曲线与 $Y=Y_1$，$Y=Y_2$ 及 $\frac{1}{Y-Y^*}=0$ 三条直线所包围的面积总计为 23 个小方格，而每一小方格所相当的数值为 200×0.002=0.4，所以

$$N_{OG}=23\times0.4=9.2$$

则填料层高度为：

$$Z=H_{OG}N_{OG}=0.875\times9.2=8.05\ (\text{m})$$

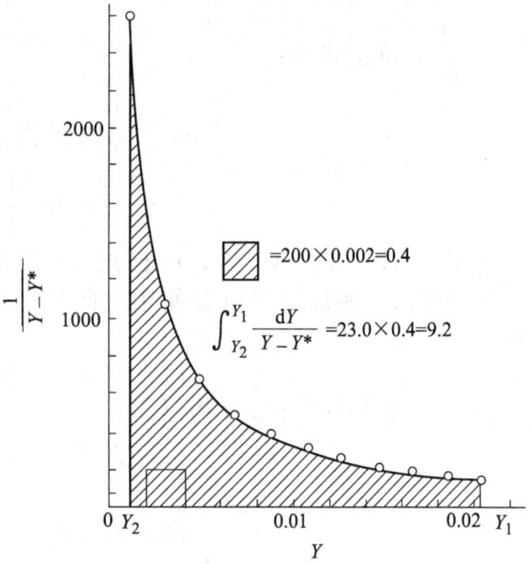

例 14-3 附图

定积分 $N_{OG}=\int_{Y_2}^{Y_1}\frac{dY}{Y-Y^*}$ 亦可采用辛普森公式计算，即：

$$\int_{Y_0}^{Y_n}f(Y)dY\approx\frac{\Delta Y}{3}[f_0+f_n+4(f_1+f_3+\cdots+f_{n-1})+2(f_2+f_4+\cdots+f_{n-2})]$$

式中，n 可取任意偶数，n 值愈大计算愈准确。

$$\Delta Y=\frac{Y_n-Y_0}{n}$$

式中，Y_0 为出塔气组成，$Y_0=Y_2$；Y_n 为入塔气组成，$Y_n=Y_1$。

在本例附表中已注明，从 Y_2 到 Y_1，$n=10$，$\Delta Y=\frac{Y_1-Y_2}{10}=0.001938$，代入辛普森公式：

$$N_{OG}=\int_{0.00102}^{0.0204}\frac{dY}{Y-Y^*}\approx\frac{0.001938}{3}[2564+144+4(1075+478+299+212+162)+2(667+369+249+185)]=9.4$$

$$Z=0.875\times9.4=8.23(\text{m})$$

(2) 解析法（脱吸因数法） 若在吸收过程所涉及的浓度范围的平衡线为一直线（即 $Y^*=mX$），则可用解析法求 N_{OG} 或 N_{OL}。仍以气相总传质单元数 N_{OG} 为例。将 $Y^*=mX$ 代入式(14-29)，得：

$$N_{OG}=\int_{Y_2}^{Y_1}\frac{dY}{Y-mX} \tag{14-38}$$

由塔内任一截面至塔顶间的物料衡算得：

$$VY+LX_2=VY_2+LX$$

$$X=\frac{V}{L}(Y-Y_2)+X_2 \tag{14-39}$$

将上式代入式(14-38) 得：

$$N_{OG}=\int_{Y_2}^{Y_1}\frac{dY}{Y-m\left[\frac{V}{L}(Y-Y_2)+X_2\right]}$$

$$=\int_{Y_2}^{Y_1}\frac{dY}{\left(1-\frac{mV}{L}\right)Y+\left(\frac{mV}{L}Y_2-mX_2\right)}$$

令 $S=\frac{mV}{L}$，则上式为：

$$N_{OG}=\int_{Y_2}^{Y_1}\frac{dY}{(1-S)Y+(SY_2-mX_2)}$$

$$=\frac{1}{1-S}\ln\frac{(1-S)Y_1+SY_2-mX_2}{(1-S)Y_2+SY_2-mX_2} \tag{14-40}$$

当 Y_1、Y_2、X_2、V、L、m 已知或可算出时，通过上式可直接算出 N_{OG}。也可对上式进一步变换后，制成图线以备使用。此时将上式对数项的分子中加、减一项 SmX_2，整理后得：

$$N_{OG}=\frac{1}{1-S}\ln\frac{(1-S)Y_1+SY_2-SmX_2-mX_2+SmX_2}{Y_2-mX_2}$$

$$=\frac{1}{1-S}\ln\frac{(1-S)Y_1-mX_2(1-S)+S(Y_2-mX_2)}{Y_2-mX_2}$$

$$=\frac{1}{1-S}\ln\frac{(1-S)(Y_1-mX_2)+S(Y_2-mX_2)}{Y_2-mX_2}$$

$$=\frac{1}{1-S}\ln\left[(1-S)\left(\frac{Y_1-mX_2}{Y_2-mX_2}\right)+S\right] \tag{14-41}$$

由上式可知 N_{OG} 为 S 及 $\frac{Y_1-mX_2}{Y_2-mX_2}$ 的函数。以 S 为参数，绘制 N_{OG} 与 $\frac{Y_1-mX_2}{Y_2-mX_2}$ 的关系

曲线得图 14-12。设计中只需根据工艺条件算出$\frac{Y_1-mX_2}{Y_2-mX_2}$及确定 S 后，即可通过图 14-12 查出 N_{OG}。

$S=\frac{mV}{L}$为平衡线的斜率与操作线的斜率之比，它反映吸收推动力的大小，S 增大推动力变小。由图 14-12 可看出，当吸收程度一定时，即$\frac{Y_1-mX_2}{Y_2-mX_2}$一定时，$N_{OG}$ 随 S 的增大而增大，这意味着 S 愈大，吸收愈难，即脱吸愈易，故称 S 为脱吸因数，其倒数$\frac{1}{S}=\frac{L}{mV}$称吸收因数。实际操作中考虑到综合经济效果，取 $S=0.7\sim0.8$ 为宜。图 14-12 用于 N_{OG} 的求算及其他有关吸收过程的分析估算十分方便。但须指出，只有在$\frac{Y_1-mX_2}{Y_2-mX_2}>20$ 及 $S\leqslant0.75$ 的范围内使用该图时，读数方较准确，否则误差较大。必要时仍可直接按式(14-41) 计算。

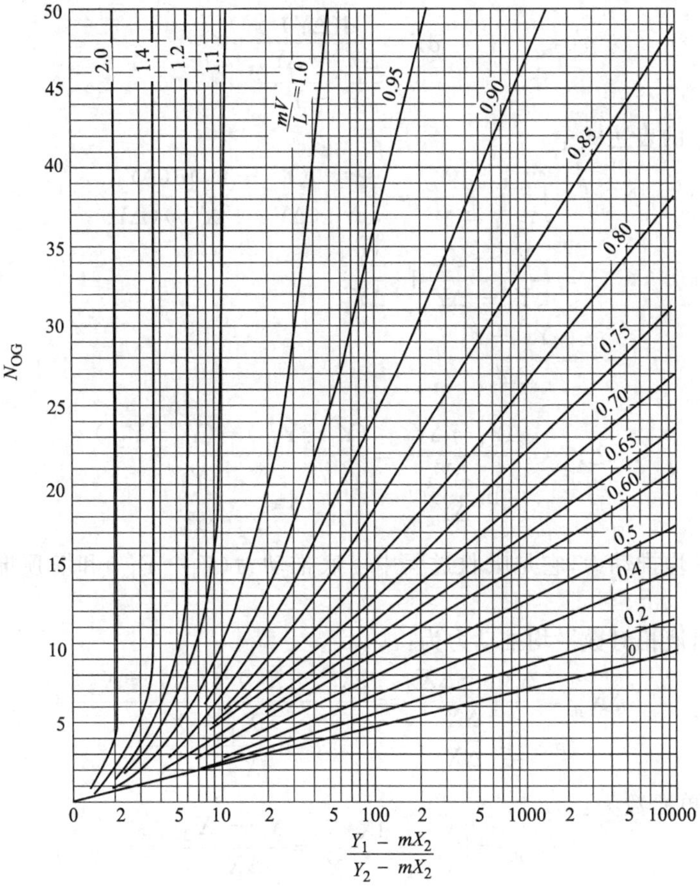

图 14-12　N_{OG} 与$\frac{Y_1-mX_2}{Y_2-mX_2}$的关系图线

若求 N_{OL}，对式(14-39) 微分，得：

$$dX=\frac{V}{L}dY \tag{14-42}$$

由亨利定律得

$$X^*=\frac{Y}{m} \tag{14-43}$$

将上二式代入 N_{OL} 表达式得：

$$N_{OL}=\int_{X_2}^{X_1}\frac{dX}{X^*-X}=\int_{Y_2}^{Y_1}\frac{\left(\frac{V}{L}\right)dY}{\frac{Y}{m}-\left[\frac{V}{L}(Y-Y_2)+X_2\right]}$$

$$=\frac{mV}{L}\int_{Y_2}^{Y_1}\frac{dY}{Y-m\left[\frac{V}{L}(Y-Y_2)+X_2\right]}=SN_{OG} \tag{14-44}$$

上式说明 N_{OL} 与 N_{OG} 有一定关系，求出 N_{OG} 后，乘以脱吸因数 S 即得 N_{OL}。

(3) 对数平均推动力法　只要吸收过程所涉及的浓度范围的平衡线、操作线均为直线，可用对数平均推动力法求 N_{OG} 或 N_{OL}。因为操作线与平衡线均为直线，任意截面上的推动力 $\Delta Y=Y-Y^*$ 与 Y 亦成直线关系。浓端推动力 $\Delta Y_1=Y_1-Y_1^*$，稀端推动力 $\Delta Y_2=Y_2-Y_2^*$。因 ΔY 与 Y 成直线关系，故

$$\frac{d(\Delta Y)}{dY}=\frac{\Delta Y_1-\Delta Y_2}{Y_1-Y_2}$$

于是

$$dY=\frac{d(\Delta Y)}{\frac{\Delta Y_1-\Delta Y_2}{Y_1-Y_2}} \tag{14-45}$$

把上式代入 N_{OG} 的表达式中：

$$N_{OG}=\int_{Y_2}^{Y_1}\frac{dY}{Y-Y^*}=\int_{\Delta Y_2}^{\Delta Y_1}\frac{(Y_1-Y_2)d(\Delta Y)}{(\Delta Y_1-\Delta Y_2)(\Delta Y)}$$

$$=\frac{Y_1-Y_2}{\Delta Y_1-\Delta Y_2}\ln\frac{\Delta Y_1}{\Delta Y_2}$$

$$=\frac{Y_1-Y_2}{\Delta Y_m} \tag{14-46}$$

式中

$$\Delta Y_m=\frac{\Delta Y_1-\Delta Y_2}{\ln\frac{\Delta Y_1}{\Delta Y_2}}=\frac{(Y_1-Y_1^*)-(Y_2-Y_2^*)}{\ln\frac{Y_1-Y_1^*}{Y_2-Y_2^*}}$$

称 ΔY_m 为对数平均推动力，它是吸收过程中塔底推动力 $(Y_1-Y_1^*)$ 和塔顶推动力 $(Y_2-Y_2^*)$ 的对数平均值。

同理，可写出液相对数平均推动力为：

$$\Delta X_m=\frac{\Delta X_1-\Delta X_2}{\ln\frac{\Delta X_1}{\Delta X_2}}=\frac{(X_1^*-X_1)-(X_2^*-X_2)}{\ln\frac{X_1^*-X_1}{X_2^*-X_2}}$$

液相总传质单元数为：

$$N_{OL}=\int_{X_2}^{X_1}\frac{dX}{X^*-X}=\frac{X_1-X_2}{\Delta X_m} \tag{14-47}$$

当吸收过程所涉及的浓度范围的平衡线与操作线为直线时，N_{OG} 还可用以下式子来计算：

$$N_{OG}=\frac{1}{1-S}\ln\frac{\Delta Y_1}{\Delta Y_2} \tag{14-48}$$

式中，符号意义同前。

【例 14-4】 某厂采用填料吸收塔来除去空气中的丙酮气。用清水作为吸收剂，在 20℃ 及 101325Pa (1atm) 下操作。已知空气-丙酮混合气中丙酮含量 6% (体积分数)，混合气量若按纯空气量计为 1400m^3/h。塔顶喷淋水量为 3000kg/h，丙酮吸收率 φ 为 98%，在操作

条件下该系统的平衡关系式为 $Y^*=1.68X$。已知该填料塔的塔径为 700mm，填料规格为 25mm×25mm×2mm 的拉西环，气相体积总吸收系数 $K_Ya=81.6$kmol 丙酮/(m^3·h)。试求该塔的填料层高度。

解：进塔的空气摩尔流量：

$$V=\frac{1400}{22.4}=62.5\ (\text{kmol/h})$$

进塔的水摩尔流量为：

$$L=\frac{3000}{18}=166.7\ (\text{kmol/h})$$

进塔混合气中丙酮的摩尔分数为：

$$Y_1=\frac{0.06}{1-0.06}=0.0638$$

出塔气体中丙酮的摩尔分数为：

$$Y_2=Y_1(1-\varphi)=0.0638(1-0.98)=0.00128$$

因用清水作为吸收剂，因而 $X_2=0$。

在操作条件下平衡关系为一直线，故可用解析法和对数平均推动力法求填料层高度。

(1) 解析法　脱吸因数

$$S=\frac{mV}{L}=\frac{1.68\times62.5}{166.7}=0.63$$

$$N_{OG}=\frac{1}{1-S}\ln\left[(1-S)\frac{Y_1-mX_2}{Y_2-mX_2}+S\right]$$

$$=\frac{1}{1-0.63}\ln\left[(1-0.63)\frac{0.0638}{0.00128}+0.63\right]=7.97$$

$$H_{OG}=\frac{V}{K_Ya\Omega}=\frac{62.5}{0.4\times204\times\frac{\pi}{4}0.7^2}$$

$$=1.99(\text{m})$$

填料层高度 Z 为：

$$Z=H_{OG}\times N_{OG}=1.99\times7.97=15.86\ (\text{m})$$

(2) 对数平均推动力法　吸收液出口浓度 X_1 为：

$$X_1=X_2+\frac{V(Y_1-Y_2)}{L}$$

$$=\frac{62.5(0.0638-0.00128)}{166.7}=0.0234$$

所以

$$Y_1^*=mX_1=1.68\times0.0234=0.0393$$

$$\Delta Y_m=\frac{(Y_1-Y_1^*)-(Y_2-Y_2^*)}{\ln\dfrac{Y_1-Y_1^*}{Y_2-Y_2^*}}=\frac{(0.0638-0.0393)-0.00128}{\ln\dfrac{0.0638-0.0393}{0.00128}}=0.00787$$

$$N_{OG}=\frac{Y_1-Y_2}{\Delta Y_m}=\frac{0.0638-0.00128}{0.00787}=7.94$$

$$Z=H_{OG}\times N_{OG}=1.99\times7.94=15.80\ (\text{m})$$

两种方法的计算结果基本相同。

(3) 梯级图解法　当所涉及的浓度范围的平衡线为直线或接近直线（即弯曲不甚显著）时，可用梯级图解法估算传质单元数。此法较图解积分法简便，下面先介绍方法，然后再证

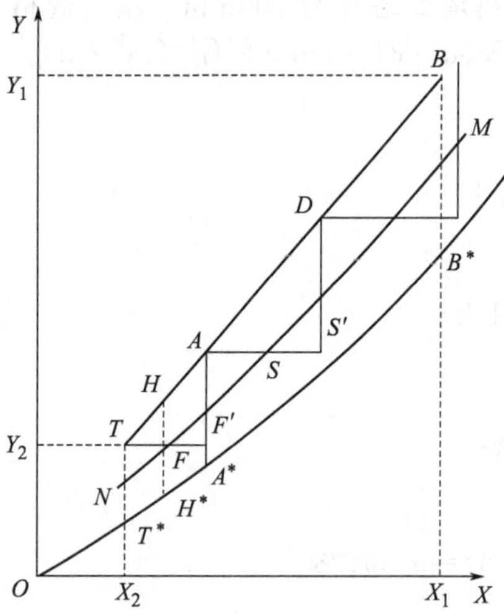

图 14-13 梯级图解法求 N_{OG}

明。图解步骤如图 14-13 所示。

① 在 Y-X 坐标中作平衡线 OE 及操作线 BT；

② 在 BT 与 OE 之间取若干垂直距离的中点，联成曲线 MN；

③ 从塔顶端点 T 出发，作水平线交 MN 于点 F，延长 TF 至点 F' 使 $FF'=TF$，过点 F' 作垂线交 BT 于点 A。再从点 A 出发作水平线交 MN 于点 S，延长 AS 至点 S' 使 $SS'=AS$，过 S' 作垂线交 BT 于点 D。再从点 D 出发同上方法继续画梯级，直至达到或超过塔底端点 B 为止，所画出梯级数即为气相总传质单元数 N_{OG}。

以上介绍的总传质单元数的计算方法是针对平衡线的不同情况提出的，应用时要注意。

【例 14-5】 用梯级图解法求例 14-1 所述条件的气相总传质单元数。

解： 由例 14-1 附图可以看出，平衡线的弯曲程度不大，可采用梯级图解法求传质单元数。

在 Y-X 直角坐标系中标绘出操作线 BT 及平衡线 OE，见例 14-5 附图，并作 MN 线使之平分 BT 与 OE 之间的垂直距离。由 T 开始作梯级，使每个梯级的水平线都被 MN 线等分。由图可见，达到 B 点时的梯级数约为 8.7，即：

$$N_{OG}=8.7$$

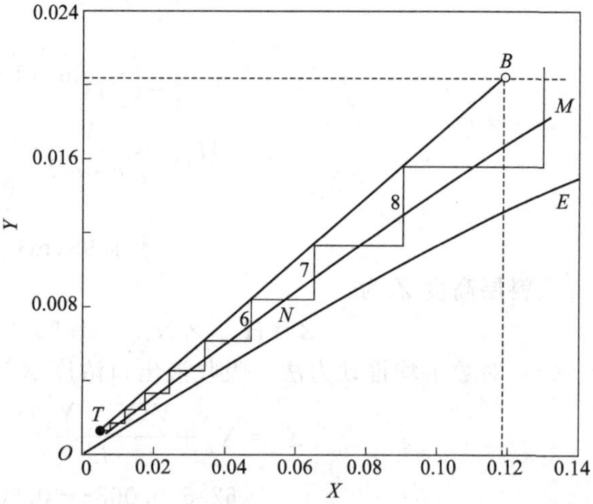

例 14-5 附图

2. 吸收系数及传质单元高度的计算

上面讨论了传质单元数的计算方法，但是要有吸收系数或传质单元高度才能算出填料层高度。由于影响吸收操作的因素较复杂，如气液相的物理化学性质、气液相的流动状态、相界面状态以及填料类型、尺寸、操作条件等，所以对不同的物系、不同的填料，乃至对同一吸收系统同一填料的不同操作条件，吸收系数及传质单元高度都不相同。目前还没有通用的计算方法和计算公式。进行吸收设备的设计时，获取吸收系数和传质单元高度的途径有实验测定、选用适当的经验公式或准数关联式进行计算。

(1) 实测法　实验测定是获取吸收系数的根本途径。设计中选用类似条件下的现有生产装置的实测数据，或通过中间试验装置测取数据最为可靠。

根据填料层高度基本计算式(14-26) 或式(14-27)，对一定装置（已知 Z、Ω）、一定的物系（已知相平衡关系），只要测出 V、Y_1、Y_2 或 L、X_1、X_2 就可算出 K_Ya 或 K_Xa 及 H_{OG}、H_{OL}。

实测法可测全塔，也可测任一段填料层，所得数据为测定范围内的平均值。

(2) 经验公式　实测法有其局限性，实际上不可能对每一具体设计条件下的吸收系数都进行直接的实验测定。不少研究者针对某些典型的系统和条件，取得比较充分的实测数据，总结出一些经验公式。这种经验公式只有在其应用范围内才较可靠。下面介绍几个计算体积吸收系数的经验公式。

① 水吸收空气中的氨，此属气膜控制过程，其气膜体积吸收系数可按下式计算：

$$k_G a = 0.00653 G^{0.39} W^{0.39} \tag{14-49}$$

式中，$k_G a$ 为气膜体积吸收系数，kmol/(m³·s·kPa)；G 为气相空塔质量速度，kg/(m²·s)；W 为液相空塔质量速度，kg/(m²·s)。此式适用于直径为 12.5mm 的陶瓷拉西环。

② 水吸收空气中 CO_2。此属液膜控制过程，其液膜体积吸收系数可按下式计算：

$$k_L a = 1.85 L'^{0.96} \tag{14-50}$$

式中，$k_L a$ 为液膜体积吸收系数，1/s；L'为液体喷淋密度，m³/(m²·s)。

此式适用范围：陶瓷拉西环，直径 10～32mm，常压操作，温度 21～27℃，气体空塔质量速度 0.0361～0.161kg/(m²·s)，液体喷淋密度 0.833×10^{-3}～5.56×10^{-3} m³/(m²·s)。

③ 水吸收空气中的 SO_2。此属气、液膜同时控制的过程，其体积吸收系数可按下式计算：

$$k_G a = 6.51\times10^{-4} G^{0.7} W^{0.25} \tag{14-51}$$

$$k_L a = 0.229 \alpha W^{0.82} \tag{14-52}$$

式中 α 随温度而变，其值如下：

温度/℃	10	15	20	25	30
α	0.0093	0.0102	0.0116	0.0128	0.0143

式(14-51) 及式(14-52) 适用范围：直径为 25mm 的拉西环，气体空塔质量速度 G 为 0.0889～1.15kg/(m²·s)，液体空塔质量速度 W 为 1.22～16.3kg/(m²·s)。

(3) 准数关联式　如缺实测数据，又无经验公式可寻，也可通过吸收系数准数关联式来计算吸收系数。这种方法适用范围广，但准确性差，很难令人满意。选用时，还应注意到每一准数关联式的具体应用条件及范围。这里仅介绍近年来一般认为较适用的一组。它包括计算填料有效传质面积（简称有效面积）a 及气、液膜吸收系数 k_G、k_L 三个关联式。

① 有效传质面积

$$\frac{a}{a_t} = 1 - \exp\left[-1.45\left(\frac{\sigma_c}{\sigma}\right)^{0.75} Re_L^{0.1} Fr_L^{-0.05} We_L^{0.2}\right] \tag{14-53}$$

$$Re_L = \frac{W}{a_t \mu_L}$$

$$Fr_L = \frac{W^2 a_t}{\rho_L^2 g}$$

$$We_L = \frac{W^2}{\rho_L \sigma a_t}$$

式中，Re_L 为液体的雷诺数，表征液体沿填料表面流动状况；Fr_L 为液体的弗鲁德数；表示重力影响因素；We_L 为液体的韦伯数，表征表面张力影响因素；a、a_t 分别为单位体积填料层的有效面积及填料层比表面积，m²/m³；σ、σ_c 分别为液体的表面张力及填料材质的临界表面张力，N/m，数据见表 14-3。

② 液膜吸收系数

$$k_L\left(\frac{\rho_L}{\mu_L g}\right)^{1/3} = 0.0095 Re'_L{}^{2/3} Sc_L{}^{-1/2} \psi^{0.4} \tag{14-54}$$

$$Re'_{L}=\frac{W}{a\mu_{L}}$$

$$Sc_{L}=\frac{\mu_{L}}{\rho_{L}D_{L}}$$

式中 Re'_{L}为按填料有效面积 a 计算的液体雷诺数；Sc_{L} 为液体的施米特数，表征物性影响因素；ψ 为填料形状修正系数，见表 14-4；D_{L} 为溶质在液相中的扩散系数，m^2/s；μ_{L} 为液体的黏度，$N \cdot s/m^2$；ρ_{L} 为液体的密度，kg/m^3；g 为重力加速度，m/s^2。

表 14-3 填料材质的 σ_c

填料材质	σ_c/(N/m)	填料材质	σ_c/(N/m)
石墨	0.056	聚氯乙烯	0.040
陶瓷	0.061	钢	0.075
玻璃	0.073	表面涂石蜡	0.020
聚乙烯	0.033		

表 14-4 各类型填料的 ψ

填料类型	球	棒	拉西环	弧鞍	鲍尔环(米字筋)	阶梯环	鲍尔环(井字筋)
ψ	0.72	0.75	1	1.19	1.36	1.47	1.53

③ 气膜吸收系数

$$Sh_{G}=\theta Re_{G}^{0.7}Sc_{G}^{1/3}\ (a_{t}d_{p})^{-2} \tag{14-55}$$

$$Sh_{G}=k_{G}\frac{RT}{a_{t}D_{G}}$$

$$Re_{G}=\frac{G}{a_{t}\mu_{G}}$$

$$Sc_{G}=\frac{\mu_{G}}{\rho_{G}D_{G}}$$

式中 Sh_{G} 为低浓气体的舍伍德数，它包含待求的 k_{G}；Re_{G} 为气体流过填料层的雷诺数；Sc_{G} 为气体的施米特数，表征物性影响因素；D_{G} 为溶质在气相中扩散系数，m^2/s；μ_{G} 为气体的黏度，$N \cdot s/m^2$；ρ_{G} 为气体的密度，kg/m^3；d_{p} 为填料的名义尺寸，m；θ 为系数，一般环形及鞍形填料为 5.23，名义尺寸小于 15mm 的填料为 2。

【例 14-6】 在填料塔中用水吸收空气中的低浓度 NH_3。操作温度变化不大，取 $T=293K$，总压$p=100kPa$，亨利系数 $E=76.6kPa$。填料为 50mm 的陶瓷拉西环（乱堆），气体、液体的空塔质量速度分别为 $G=0.5kg/(m^2 \cdot s)$、$W=2kg/(m^2 \cdot s)$，计算吸收系数 a、$k_{L}a$、$K_{G}a$。

解：(1) 按式（14-53）求填料层有效面积 a。

首先确定式中各物理量数据。因液体为稀氨水，其物性数据按 $T=293K$ 的水的物性考虑。查附录可得$\rho_{L}=998kg/m^3$，$\mu_{L}=1.005\times10^{-3}Pa \cdot s$，$\sigma=72.8\times10^{-3}N/m$；查表 14-1 得$a_{t}=93m^2/m^3$，查表 14-3 得 $\sigma_{c}=0.061N/m$。故

$$\left(\frac{\sigma_c}{\sigma}\right)^{0.75}=\left(\frac{0.061}{0.0728}\right)^{0.75}=0.876$$

$$Re_{L}^{0.1}=\left(\frac{W}{a_{t}\mu_{L}}\right)^{0.1}=\left(\frac{2}{93\times1.005\times10^{-3}}\right)^{0.1}=1.36$$

$$Fr_L^{-0.05}=\left(\frac{W^2a_t}{\rho_L^2 g}\right)^{-0.05}=\left(\frac{2^2\times 93}{998^2\times 9.81}\right)^{-0.05}=1.66$$

$$We_L^{0.2}=\left(\frac{W^2}{\rho_L\sigma a_t}\right)^{0.2}=\left(\frac{2^2}{998\times 72.8\times 10^{-3}\times 93}\right)^{0.2}=0.226$$

将以上数据代入式(14-53)

$$\frac{a}{93}=1-\exp(-1.45\times 0.876\times 1.36\times 1.66\times 0.226)$$

$$=1-e^{-0.648}=0.477$$

所以 $a=0.477\times 93=44.4(m^2/m^3)$

(2) 按 (14-54) 求 k_L，再求 k_La 查附录得 $T=293K$ 时 NH_3 在水中的扩散系数 $D_L=1.76\times 10^{-9}m^2/s$；查 14-4，拉西环的 $\psi=1$。其他数据同前，则得：

$$\left(\frac{\rho_L}{\mu_L g}\right)^{1/3}=\left(\frac{998}{1.005\times 10^{-3}\times 9.81}\right)^{1/3}=46.6$$

$$Re'_L{}^{2/3}=\left(\frac{W}{a\mu_L}\right)^{2/3}=\left(\frac{2}{44.4\times 1.005\times 10^{-3}}\right)^{2/3}=12.6$$

$$Sc_L{}^{-1/2}=\left(\frac{\mu_L}{\rho_L D_L}\right)^{-1/2}=\left(\frac{1.005\times 10^{-3}}{998\times 1.76\times 10^{-9}}\right)^{-1/2}=0.0418$$

将以上数据代入式(14-54)，得：

$$k_L\times 46.6=0.0095\times 12.6\times 0.0418\times 1=0.005$$

$$k_L=1.07\times 10^{-4}(m/s)$$

$$k_La=1.07\times 10^{-4}\times 44.4=4.75\times 10^{-3}(1/s)$$

(3) 按式(14-54) 求 k_G，再求 k_Ga 首先确定式中各物理量数据。因气体中 NH_3 浓度很低，故其物性数据可按 $T=293K$、$p=101.3kPa$ 的空气考虑。查附录可得 $\rho_G=1.21kg/m^3$，$\mu_G=1.81\times 10^{-5}Pa\cdot s$。$T=273K$、$p=101.3kPa$ 时 NH_3 在空气中的扩散系数 $D_G=19.85\times 10^{-6}m^2/s$ 换算到 $T'=293K$、$p'=100kPa$ 时的 D_G'为：

$$D'_G=D_G\left(\frac{p}{p'}\right)\left(\frac{T'}{T}\right)^{3/2}=19.85\times 10^{-6}\left(\frac{101.3}{100}\right)\left(\frac{293}{273}\right)^{3/2}$$

$$=2.24\times 10^{-5}\ (m^2/s)$$

其他数据同前，且 $d_p=0.05m$，取 $\theta=5.23$，$R=8.314kN\cdot m/(kmol\cdot K)$，故

$$\frac{RT}{a_tD_G}=\frac{8.314\times 293}{93\times 2.24\times 10^{-5}}=1.17\times 10^6$$

$$Re_G^{0.7}=\left(\frac{G}{a_t\mu_G}\right)^{0.7}=\left(\frac{0.5}{93\times 1.81\times 10^{-5}}\right)^{0.7}=53.8$$

$$Sc_G{}^{1/3}=\left(\frac{\mu_G}{\rho_G D_G}\right)^{1/3}=\left(\frac{1.81\times 10^{-5}}{1.21\times 2.24\times 10^{-5}}\right)^{1/3}=0.874$$

$$(a_td_p)^{-2}=(93\times 0.05)^{-2}=0.0462$$

将以上数据代入式(14-55) 得：

$$1.17\times10^{6}k_{G}=5.23\times53.8\times0.874\times0.0468$$

$$k_{G}=9.71\times10^{-6}[\text{kmol}/(\text{m}^2\cdot\text{s}\cdot\text{kPa})]$$

$$k_{G}a=9.71\times10^{-6}\times44.4$$

$$=4.31\times10^{-4}[\text{kmol}/(\text{m}^3\cdot\text{s}\cdot\text{kPa})]$$

(4) 求 $K_{G}a$ 由溶解度系数 H 和亨利系数 E 的关系式求得溶解度系数：

$$H=\frac{\rho_s}{M_sE}=\frac{998}{18\times76.6}=0.724[\text{kmol}/(\text{m}^3\cdot\text{kPa})]$$

式中，ρ_s、M_s 为溶剂的密度和分子量。

又根据

$$\frac{1}{K_G}=\frac{1}{k_G}+\frac{1}{Hk_L}$$

则

$$\frac{1}{K_{G}a}=\frac{1}{k_{G}a}+\frac{1}{Hk_L}=\frac{1}{4.31\times10^{-4}}+\frac{1}{0.724\times4.75\times10^{-3}}=2610$$

故

$$K_{G}a=\frac{1}{2610}=3.83\times10^{-4}[\text{kmol}/(\text{m}^3\cdot\text{s}\cdot\text{kPa})]$$

(5) 传质单元高度 H_G、H_L 的关联式 有些资料提供了气液两相传质单元高度的计算关联式。例如，在溶质浓度低的情况下，气相传质单元高度可按下式计算：

$$H_{G}=\alpha G^{\beta}W^{\gamma}\ (Sc_{G})^{0.6} \tag{14-56}$$

式中，H_G 为气相传质单元高度，$H_{G}=\frac{V}{k_{Y}a\Omega}$，m；$G$ 为气体空塔质量速度，kg/(m^2·s)；W 为液体空塔质量速度，kg/(m^2·s)；Sc_G 为气体的施米特数，无量纲；α、β、γ 分别为取决于填料类型尺寸的常数，其值见表 14-5。

在溶质浓度及气速均较低的情况下，液相传质单元高度可按下式计算：

$$H_{L}=\alpha\left(\frac{W}{\mu_L}\right)^{\beta}(Sc_{L})^{0.5} \tag{14-57}$$

式中，H_L 为液相传质单元高度，$H_{L}=\frac{L}{k_{X}a\Omega}$，m；$W$ 为液体空塔质量速度，kg/(m^2·s)；μ_L 为液体的黏度，Pa·s；Sc_L 为液体的施米特数，无量纲；α、β 分别为取决于填料类型尺寸的常数，见表 14-6。

表 14-5 式(14-56) 中的常数值

填料类型	常数			质量速度范围	
	α	β	γ	气相 G/[kg/(m^2·s)]	液相 W/[kg/(m^2·s)]
拉西环					
9.5mm	0.620	0.45	−0.47	0.271～0.678	0.678～2.034
25mm	0.557	0.32	−0.51	0.271～0.814	0.678～6.10
38mm	0.830	0.38	−0.66	0.271～0.950	0.678～2.034
38mm	0.689	0.38	−0.40	0.271～0.950	2.034～6.10
50mm	0.894	0.41	−0.45	0.271～1.085	0.678～6.10
弧鞍					
13mm	0.541	0.30	−0.74	0.271～0.950	0.678～2.034
13mm	0.367	0.30	−0.24	0.271～0.950	2.034～6.10
25mm	0.461	0.36	−0.40	0.271～0.085	0.542～6.10
38mm	0.652	0.32	−0.45	0.271～1.356	0.542～6.10

表 14-6　式(14-57) 中的常数值

填料类型	常数		液相质量速度范围
	α	β	$W/[\mathrm{kg/(m^2 \cdot s)}]$
拉西环			
9.5mm	3.21×10^{-4}	0.46	0.542～20.34
13mm	7.18×10^{-4}	0.35	0.542～20.34
25mm	2.35×10^{-3}	0.22	0.542～20.34
38mm	2.61×10^{-3}	0.22	0.542～20.34
50mm	2.93×10^{-3}	0.22	0.542～20.34
弧鞍			
13mm	1.456×10^{-3}	0.28	0.542～20.34
25mm	1.285×10^{-3}	0.28	0.542～20.34
38mm	1.366×10^{-3}	0.28	0.542～20.34

根据表 14-2 中 H_{OG}、H_{OL} 与 H_G、H_L 的关系，可计算气液相总传质单元高度：

$$H_{OG}=H_G+\frac{H_L mV}{L} \tag{14-58}$$

$$H_{OL}=\frac{LH_G}{mV}+H_L \tag{14-59}$$

【例 14-7】 按例 14-6 的条件计算 H_G、H_L、H_{OG} 及 K_Ga。

解：(1) 计算 H_G　对 50mm 拉西环查表 14-5，得 $\alpha=0.894$，$\beta=0.41$，$\gamma=-0.45$。将以上系数及例 14-6 中的 G、W、Sc_G 数据代入式 (14-56)，得：

$$H_G=0.894\times0.5^{0.41}\times2^{-0.45}\times0.668^{0.5}=0.403\ (\mathrm{m})$$

(2) 计算 H_L　对 50mm 拉西环查表 14-6，得 $\alpha=2.93\times10^{-3}$，$\beta=0.22$。将以上系数及例 14-6 中的 W、μ_L、Sc_L 数据代入式(14-57)，得：

$$H_L=2.93\times10^{-3}\left(\frac{2}{1.005\times10^{-3}}\right)^{0.22}\times572^{0.5}=0.373\ (\mathrm{m})$$

(3) 计算 H_{OG}　由亨利系数 E 及操作压力求相平衡常数 m：

$$m=\frac{E}{p}=\frac{76.6}{100}=0.766$$

而

$$\frac{V}{L}=\frac{G/M_{空气}}{W/M_{水}}=\frac{0.5/29}{2/18}=0.155$$

所以

$$H_{OG}=H_G+\frac{H_L mV}{L}=0.403+0.373\times0.155\times0.766=0.447\ (\mathrm{m})$$

(4) 计算 K_Ga　因空气中 NH_3 浓度较低，所以：

$$H_{OG}=\frac{V}{K_Ya\Omega}=\frac{G}{K_YaM_{空气}}$$

故

$$K_Ya=\frac{G}{H_{OG}M_{空气}}=\frac{0.5}{0.447\times29}=0.0386\ [\mathrm{kmol/(m^3\cdot s)}]$$

所以

$$K_Ga=\frac{K_Ya}{p}=\frac{0.0386}{100}$$

$$=3.86\times10^{-4}[\mathrm{kmol/(m^3\cdot s\cdot kPa)}]$$

此结果与例 14-6 相比，误差很小，这是巧合。准数关联式的误差一般为 20%～40%。

六、填料层阻力

(一) 填料层压降通用关联图[4]

在前述气体通过填料层的压降时，已介绍可用埃克特通用关联图 14-8 求压降的方法。此法简便实用，计算结果的精确程度能满足工程实用的要求。通用关联图目前在国际上也是公认的填料塔流体力学性能较好的表达方式。它较清楚地显示出压降与泛点、填料因子、液气比、流体物性等参数的关系，可用于乱堆的拉西环、鲍尔环、鞍形填料等。但对整砌的填料层压降可采用阻力系数法来计算。

(二) 阻力系数法

填料层的压降可用流体力学中常用的阻力系数形式来表达：

$$\Delta p=\zeta Z\frac{\rho u^2}{2} \tag{14-60}$$

式中，Δp 为填料层的压降，Pa；ζ 为阻力系数；Z 为填料层高度，m；u 为空塔气速，m/s；ρ 为气体密度，kg/m^3。

ζ 为填料尺寸与液体润湿率 L_w 的函数，可由图 14-14 和图 14-15 求得。

七、填料塔的附属结构

填料塔的附属结构包括填料支承板、液体分布器及再分布器、气体进口分布及除雾器等。

设计填料塔时，如果附属结构设计不当，将会造成填料层气液分布不均，严重影响传质效果；或者附属结构的阻力过大会降低塔的生产能力。

(一) 填料支承板

支承填料的构件称填料支承板。它应满足以下三个基本条件。

(1) 支承板上流体通过的自由截面积应为塔截面的 50%以上，且应大于填料的空隙率。自由截面积太小，在操作中会产生拦液现象，增加压降，降低效率，甚至形成液泛。

(2) 要有足够强度承受填料的重量，并考虑填料孔隙中的持液重量，以及可能加于系统的压力波动、机械振动、温度波动等因素。

(3) 要有一定的耐腐蚀性能。

填料支承板一般多用竖扁钢制成栅板型式，如图 14-16(a) 所示。扁钢条之间的间距宜为填料外径的 0.6～0.8 倍。在直径较大的塔中，也可用较大的间距，上面先整砌一层大尺寸的十字格陶瓷环，然后再在上面乱堆小尺寸的填料，如图 14-16(c) 所示。当栅板结构不能满足要求时，可采用升气管式支承板，如图 14-16(b) 所示。这类支承板上开有小孔并装有升气管，上升气流从升气管的齿缝穿过，而填料层下降液体，包括沿壁下降的液体被拦在板上，通过板上小孔及齿缝底部均匀流出。当有足够的齿缝面积时，气相通道的截面积有可能比塔的横截面积还要大。

(二) 液体分布装置[4,5]

填料塔操作时，从塔顶引入的液体应能沿整个塔截面均匀地分布进料填料层。如液体分布不良，必将减少填料的有效润湿表面积，影响传质效果。常见的液体分布装置有以下几种。

(1) 管式喷淋器　图 14-17 为几种结构简单的管式喷淋器。图 14-17(a) 为弯管式，图 14-17(b) 为缺口式，液体直接向下流出，为了避免液体冲击填料及促使液体分布均匀，最好在流出口下面加一块圆形挡板。这两种喷淋器一般只用于塔径在 300mm 以下的小塔。图

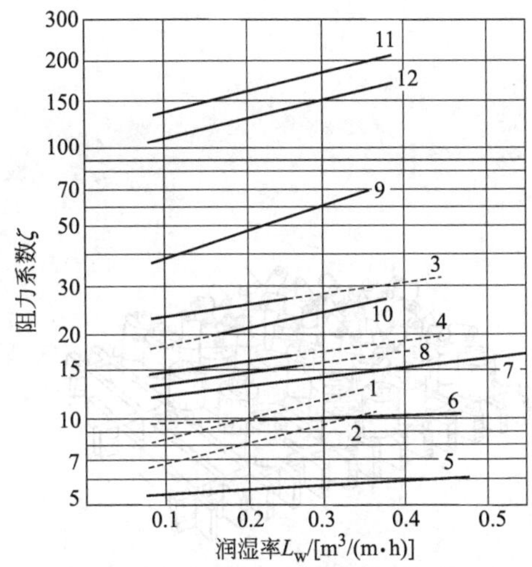

图 14-14　整砌填料的阻力系数

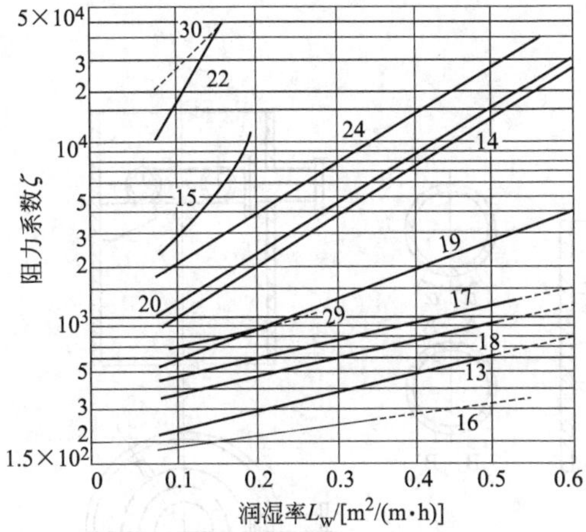

图 14-15　乱堆填料的阻力系数

曲线编号	填料规格/mm
平　栅　条	
1	25×25×1.6
2	25×50×1.6
3	25×25×6
4	25×50×6
齿形栅条	
5	100×100×13
6	50×50×9.5
7	38×38×5
正砌瓷环	
8	100×100×9.5
9	76×76×9.5
10	76×76×6
11	50×50×6
12	50×50×5
乱堆金属环	
13	50×50×1.6
14	25×25×1.6
15	13×13×0.8
乱堆瓷环	
16	76×76×9.5
17	50×50×6
18	50×50×5
19	38×38×5
20	25×25×2.5
22	13×13×1.6
乱堆石墨环	
17	50×50×6
24	25×25×5
22	13×13×1.6
石　英　石	
29	50
30	13～30

14-17(c) 为多孔直管式，图 14-17(d) 为多孔盘管式，在这两种结构的管底部钻有 2～4 排直径为 3～6mm 的小孔，孔的总截面积大致与进液管的截面积相等。图 14-17(c) 型适用于直径 600mm 以下的塔，图 14-17(d) 型适用于直径 1.2m 以下的塔。

(2) 莲蓬式喷洒器　如图 14-18 所示，在莲蓬头下部球面上钻有许多小孔。这种喷洒器的优点是制造、安装简单，喷洒比较均匀；缺点是小孔容易堵塞，而且液体的喷洒范围与压头密切有关。一般用于直径 600mm 以下的塔。

(3) 盘式喷洒器　如图 14-19 所示。图 14-19(a) 为溢流管式，盘上均匀地装有若干根直径大于 15mm 的溢流管，管上端开有矩形齿槽。图 14-19(b) 为筛孔式，盘底均匀地钻有 3～10mm 的小孔。液体流到盘上后，通过溢流管的齿槽或盘底小孔均匀地分洒在整个塔截面上。一般分布盘的直径为塔径的 0.6～0.8 倍。此类分布器适用于直径 800mm 以上的塔中。

（三）液体再分布器

液体沿填料层下流时，往往由于塔壁处阻力较小而有逐渐向塔壁处集中的趋势。这样，沿填料向下距离愈远，填料层中心的润湿程度就愈差，形成了所谓“干锥体”的不正常现

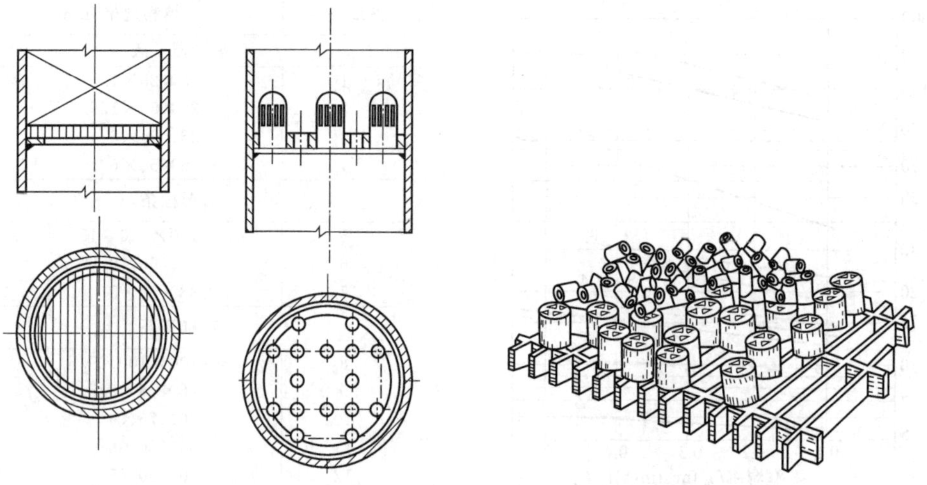

(a) 栅板　(b) 升气管式　(c) 十字格环层

图 14-16 填料支承板

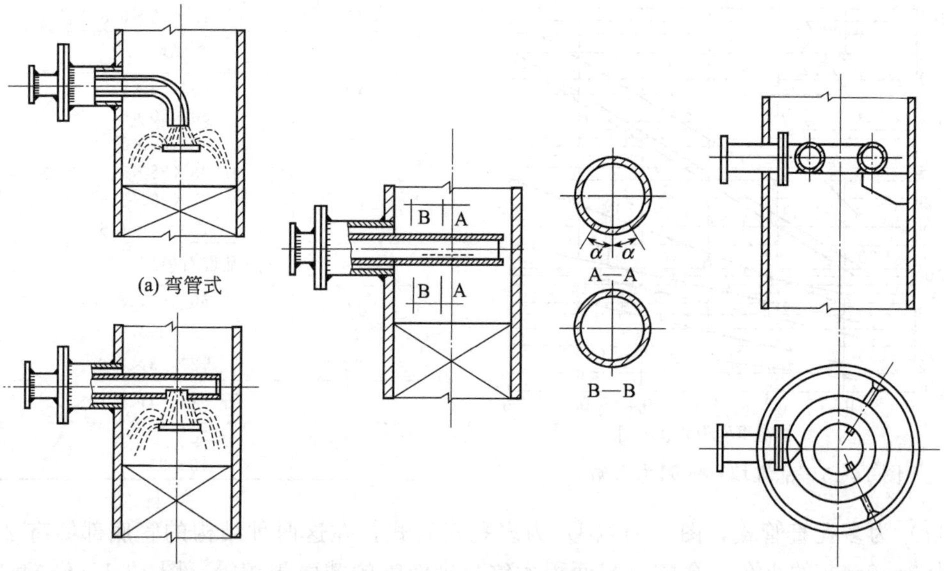

(a) 弯管式　(b) 缺口式　(c) 多孔直管式　(d) 多孔盘管式

图 14-17 管式喷淋器

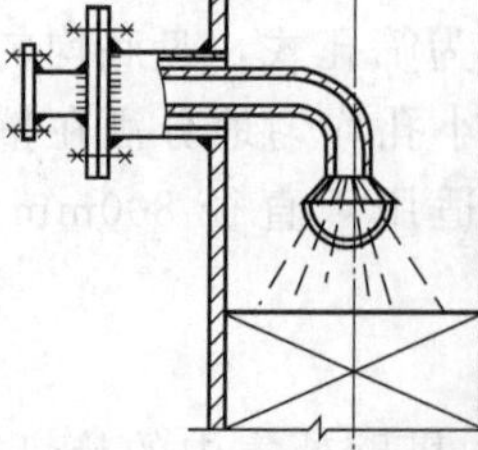

图 14-18 莲蓬式喷洒器

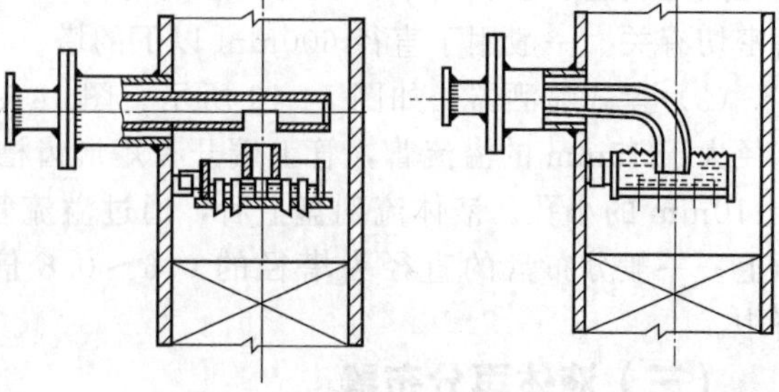

(a) 溢流管式　(b) 筛孔式

图 14-19 盘式喷洒器

象，减小了气液两相的有效传质面积。因此每隔一定距离必须设置液体再分布装置，使沿塔壁流下的液体再流向填料层中心。再分布的距离 h_0 与塔径 D 之间关系推荐如下。

对拉西环：$h_0=(2.5\sim3)D$，对塔径小于 400mm 以下的小塔，可允许比上值较大的 h_0；对于大塔，h_0 不宜超过 6m。

对鲍尔环：$h_0=(5\sim10)D$，对于大塔 h_0 也不宜超过 6m。

对鞍形填料：$h_0=(5\sim8)D$，对大塔也不宜超过 6m。

常用的液体再分布器是截锥式再分布器，如图 14-20 所示。图中（a）型是将截锥体焊（或搁置）在塔体中，截锥上下仍能全部放满填料，不占空间。当需分段卸出填料时，则采用图中（b）所示结构，截锥上加设支承板，截锥下要隔一段距离再装填料。

截锥体与塔壁的夹角 α 一般为 35°～45°，截锥下口直径 D_1 约为（0.7～0.8）D。

（四）气体分布器

填料塔的气体进口装置应能防止液体流入进气管，同时还能使气体分布均匀。常见的方法是使进气管伸至塔的中心线位置，管端为 45°向下的切口或向下的缺口，如图 14-21 所示。使气流转折向上，这种进气管不能达到均匀分布气体的目的，只能用于塔径小于 500mm 的小塔。对于大塔，管的末端可以制成向下的喇叭形扩大口，或进气管制成如图 14-17(d) 的多孔盘管式。

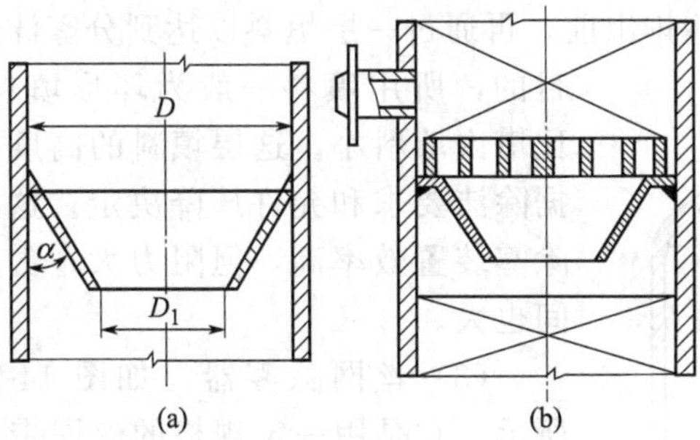

(a)　(b)

图 14-20　截锥式再分布器

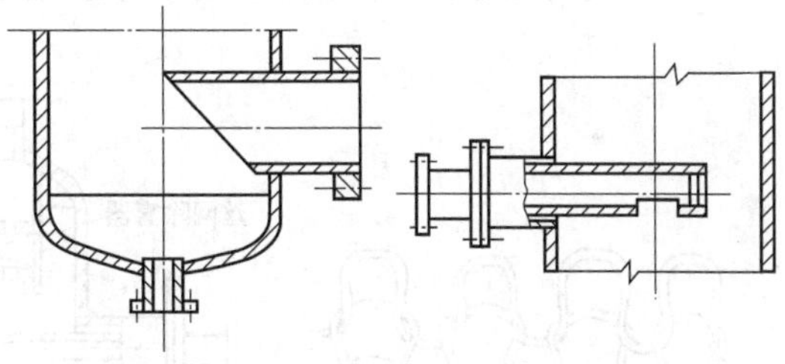

(a) 斜口　(b) 切口向下

图 14-21　气体分布器

（五）排液装置

塔内液体从塔底排出时，一方面要使液体能顺利流出，另一方面应保证塔内气体不会从排液管排出，一般采用如图 14-22 所示的装置。常压操作时用图 14-22(a) 的结构；塔内外压差较大时，可采用图 14-22(b) 的结构。

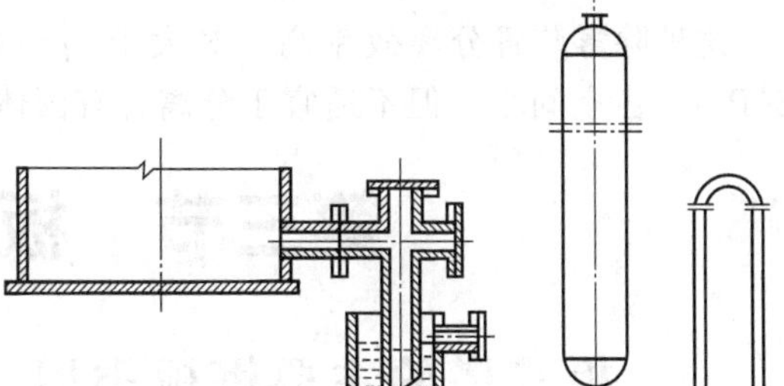

(a)　(b)

图 14-22　液体出口装置

（六）气体出口装置

气体的出口装置既要保证气体流动通畅，又应能除去被夹带的液体雾滴。填料塔常用的除雾装置有以下三种。

（1）折板除雾器　如图 14-23 所示，这是一种简单有效的除雾器。除雾板由 50mm×50mm×3mm 的角钢组成，板间横向距离为 25mm。除雾板阻力为 50～100Pa（5～10mm H_2O），能除去的最小雾滴直径为 50μm。

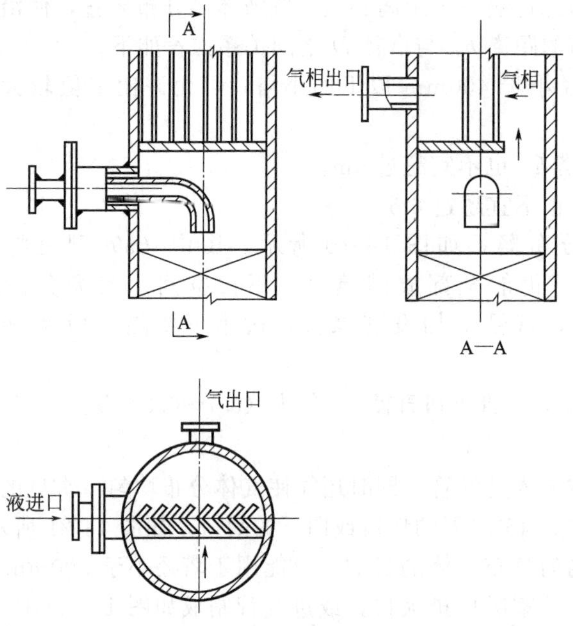

图 14-23 折板除雾器

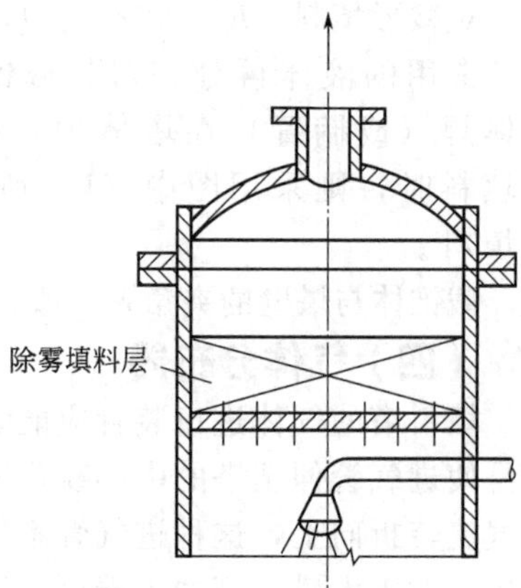

图 14-24 填料除雾器

（2）填料除雾器 如图 14-24 所示。塔顶气体排出前，再通过一层填料以达到分雾沫的目的，所用填料一般为环形填料，比塔内填料小。这层填料的高度根据除沫要求和允许压降决定。这种除雾装置效率高，但阻力大，占空间也大。

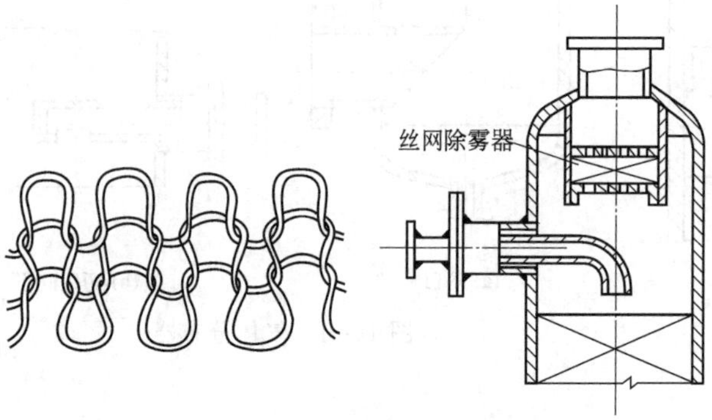

图 14-25 丝网除雾器

（3）丝网除雾器 如图 14-25 所示。它是用一定规格的丝网带卷成盘状，再用支承板加以固定的一种装置。丝网盘高一般为 100～150mm，丝网支承栅板的自由截面积应大于 90%。

这种除雾装置分离效率高（对大于 5μm 的雾滴，可达 98%～99%），阻力小（约小于 250Pa），占空间小；但不适宜于分离含有固体杂质的雾沫，以免堵塞网孔。

第三节 板式塔的设计

一、板式塔的主要塔板类型

板式塔的塔板类型较多，以下主要介绍工业上应用较广的筛板塔和浮阀塔。

1. 筛板塔

筛板塔的塔板结构如图 14-26 所示。塔板开有许多均布的筛孔，孔径一般为 3～8mm。筛孔在塔板上呈正三角形排列。孔中心距为孔径的 2.5～4 倍。塔板上设置溢流堰使板上能维持一定厚度的液层。操作时上升气流通过筛孔分散成细小流股，在板上液层中鼓泡而出，形成泡沫层使气液间密切接触而进行传质。在正常的操作气速下，通过筛孔的气流应能阻止液体经筛孔向下泄漏。

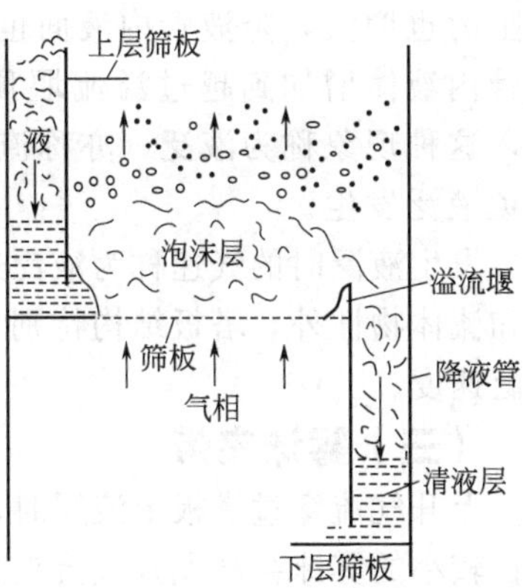

筛板塔的优点是结构简单、造价低廉，气体压降较低，板上液面落差也较小，生产能力及板效率均较泡罩塔高10%～15%。主要缺点是操作弹性较小（约2～3，指维持正常操作时的气体最大流量与最小流量之比）、筛孔小时容易堵塞，故不适合处理污秽的、含有固体的或者会聚合的物料。为了避免筛孔的锈蚀，筛板多用不锈钢板或合金钢板制成。

2. 浮阀塔

浮阀塔的塔板上开有按三角形排列的阀孔，每孔之上装有可升降的阀片。如图14-27所示为常用的F1型浮阀。阀片的外径为48mm，下有三条带脚钩的垂直腿，插入阀孔（直径为39mm）中，气速达到一定时，阀片被推起，但受脚钩的限制最高也不能脱离阀孔，最大开度为8.5mm（指离开板面的距离）。气速减小则阀片落到板上，靠阀片底部三处凸缘支撑，其最小开度为2.5mm。塔板上阀孔开启的数量按气体流量的大小而有所改变。因此，气体从浮阀送出的线速度变动不大，鼓泡性能可以保持均衡一致，使得浮阀具有较大的操作弹性（可达6左右），且比筛板塔操作稳定。浮阀塔的塔板效率较高，气体压降及液面落差也较小；但它比筛板塔构造复杂、价贵。目前浮阀塔广泛用于精馏、吸收以及脱吸等传质过程中，塔径从200mm到6400mm，使用效果均较好。

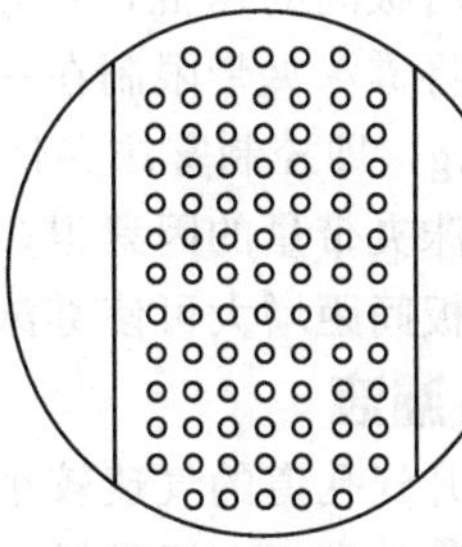

图14-26　塔板结构

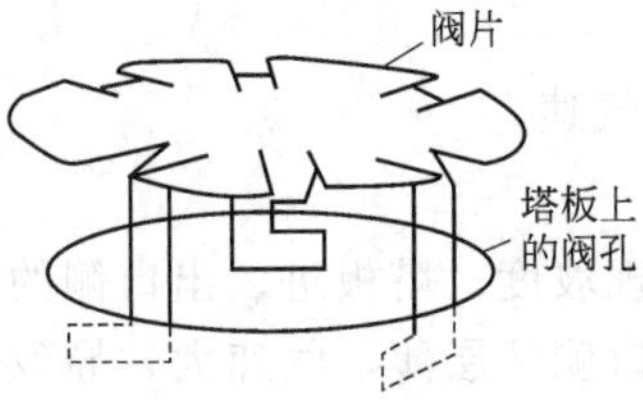

图14-27　浮阀

浮阀是一活动部件，要注意保持每个浮阀能顺利及时开启，不使其脱落或被卡住，否则会降低塔工作的可靠性。为了避免锈蚀、粘连，塔板与浮阀一般均需用不锈钢制造。

二、板式塔的流体力学性能

塔的操作能否正常进行，与塔内气液两相的流体力学状况有关。板式塔的流体力学性能包括：气体通过塔板的阻力损失、液泛、雾沫夹带、漏液及液面落差等。

（一）气体通过塔板的阻力损失

上升的气流通过塔板时需要克服以下几种阻力：塔板本身的干板阻力（即板上的筛孔或浮阀所造成的局部阻力）、板上充气液层的静压力和液体的表面张力。这三部分阻力构成了该板的总压降。

气体通过塔板时的压降不但影响能耗大小，而且也是影响板式塔操作特性的重要因素。

（二）液泛

塔内气相靠压差自下而上逐板流动，液相靠重力自上而下通过降液管而逐板流动。显然，液体是由低压空间流至高压空间，因此，降液管中的液面必须有足够高度，以克服两板间的压降而流动。当液体流经降液管时，降液管对液流有各种局部阻力，液流量大阻力也增大，降液管内液面也随之升高。故气液相流量增加都能使降液管内液面升高。当管内液体增加到越过溢流堰顶部时，两板间液体相连，该层塔板产生积液，并依次上升，这种现象称为液泛（亦称淹塔）。此时，塔板压降上升，全塔操作被破坏。操作时应避免液泛发生。

发生液泛时的气速称为液泛速度，是塔操作的极限速度。影响液泛速度的因素除气液流量和流体物性外，塔板结构特别是塔板间距也是重要参数，设计中采用较大的板间距可提高液泛速度。

（三）雾沫夹带

上升气流穿过塔板上液层时，会产生数量甚多、大小不一的液滴，这些液滴中的一部分直径较小的雾沫会被上升气流夹带至上层塔板，这种现象称为雾沫夹带。过量的雾沫夹带会造成液相在塔板间的返混，导致塔板效率严重下降。为了保证板式塔能维持正常的操作效果，生产中将雾沫夹带限制在一定限度以内，规定每千克上升气体夹带到上层塔板的液体量不超过0.1kg，即控制雾沫夹带量 e_v<0.1kg/kg(液/气)。

影响雾沫夹带量的因素很多，最主要的是空塔气速和板间距。空塔气速增高，雾沫夹带量增大，而板间距增大可使雾沫夹带量减小。

（四）漏液

当通过升气孔道的气速较小时，板上部分液体就会从孔口直接落下，这种现象称为漏液现象。错流型的塔板在正常操作时，液体应沿塔板流动，在板上与垂直方向上流动的气体进行错流接触后由降液管流下。漏液时，液体经升气孔道流下，未与气体在板上进行充分接触，使传质效果降低，严重时会使塔板不能积液而无法操作。故正常操作时的漏液量应控制在不超过液体流量的10%。

漏液量达10%时的气速称为漏液气速，这是塔操作的下限气速。

（五）液面落差与气流分布

当液体横向流过塔板时，必须克服阻力，故板上液面将出现坡度。塔板进、出口侧的液面高度差称液面落差。在液体进口侧因液层厚，故气速小；出口侧液层薄，气速大，导致气流分布不均匀。为使气流分布均匀，减少液面落差，对大液流量或大塔径的情况，可对塔板的溢流装置采用双溢流或阶梯流。

浮阀塔的液面落差较小，筛板塔的液面落差更小，在塔径不很大的情况下，常可忽略。

（六）塔板负荷性能图

对一定的物系，在塔板结构尺寸已经确定的情况下，其气、液流量要维持在一定范围之内，操作才能正常，这样的范围可用负荷性能图来表示，如图14-28所示。在图中以液体流量 L 为横坐标，气体流量 V 为纵坐标。通常负荷性能图由以下五条曲线所组成，这些曲线线界范围之内才是合适的操作区。

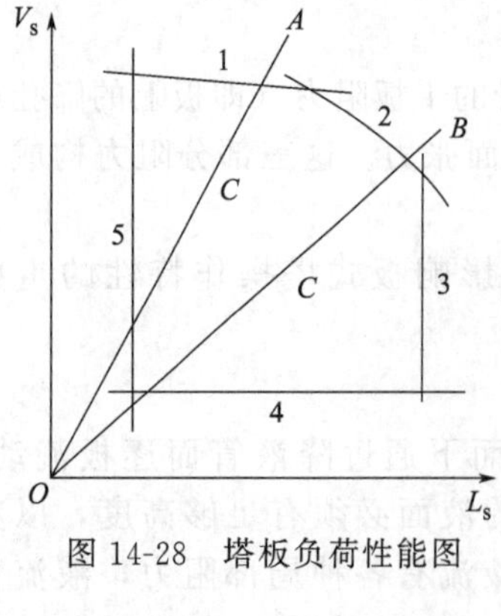

图14-28 塔板负荷性能图

（1）雾沫夹带线 线1为雾沫夹带线，它是以雾沫夹带量0.1kg/kg(液/干气体)为依据确定的。当气体流量超过此线时，雾沫夹带量将过大，使板效率严重下降。

（2）液泛线 线2为液泛线。当气液相流量位于线2右上方时，塔内将出现液泛。此线的位置可根据液泛条件确定。

（3）液体流量上限线　线3为液体流量上限线，该线又称降液管超负荷线。液体流量超过此线，表明液体流量过大，液体在降液管内停留时间过短，进入降液管中的气泡来不及与液相分离而被带入下层塔板，造成气相返混，使塔板效率降低。

（4）漏液线　线4为漏液线，该线又称气体流量下限线。当气体流量低于此线时，将发生严重的漏液现象，使板效率下降。

（5）液体流量下限线　线5为液体流量下限线。当液体流量低于此线时，会使塔板上液流不能均匀分布，导致板效率下降。

操作时的气相流量 V_s 与液体流量 L_s 在负荷性能图上的坐标点称为操作点。通过原点 O 的直线为操作线，该线的斜率即为 V_s/L_s。

操作线与负荷性能图上曲线的两个交点分别表示塔的上下操作极限，两极限的气体流量之比称为塔板的操作弹性。操作弹性大，说明塔适应负荷变动的能力强，操作性能好。

欲使塔获得良好的稳定操作效果，则应使操作点位于负荷性能图适中的位置。显然，图中操作点 C 优于 C' 点。如果操作点紧靠某一线，则负荷稍有波动，便会使塔的正常操作受到破坏。

同一层塔板，操作情况不同，控制负荷上下限的因素也不同。如 OA 线，上限为雾沫夹带控制，下限为液体流量下限控制；OB 线的上限为液泛控制，下限为漏液控制。

物系一定时，负荷性能图中各条线的位置随塔板结构尺寸而变。因此，在设计塔板时，常用负荷性能来检验设计是否合理，并根据操作点在图中位置，适当调整塔板结构参数，以改进负荷性能图。例如，加大板间距或增大塔径可使液泛线上移，增加降液管截面积可使液体流量上限线右移，减少塔板开孔率可使漏液线下移等。

塔板负荷性能图，对改进设计，决定塔的负荷范围，以及指导塔的正常操作，都具有重要的意义。

三、浮阀塔主要工艺尺寸的设计

板式塔的类型很多，但其设计原则与步骤却大同小异。下面以浮阀塔为例，介绍板式塔的工艺计算。

浮阀塔的工艺计算包括塔高、塔径及塔板结构尺寸的计算。为检验设计是否合理，应作流体力学验算。最后画出塔板的操作负荷性能图，以了解所设计的塔的操作性能。

（一）塔高的计算[4~7]

当吸收操作采用板式塔时，塔的有效段（塔板部分）高度可按下式计算，即：

$$Z=N_PH_T=\frac{N_T}{E_T}\times H_T \tag{14-61}$$

式中，Z 为塔的有效段高度，m；N_P 为塔内所需的实际板层数；N_T 为塔内所需的理论板层数；E_T 为总板效率；H_T 为板间距，m。

塔的总高度 H 应为有效段高度、上层塔板与吸收塔顶盖距离、下层塔板与塔底间距离之和。

1. 理论板层数的计算

所谓理论板是指离开该板的气液两相互成平衡。计算板式塔完成吸收要求所需的理论板层数时，要应用物料衡算和气液平衡关系。通常采用的是图解法。

（1）图解法　在吸收操作线与平衡线之间，绘出由水平线和垂直线构成的梯级，每一个梯级相当一层理论板。

图 14-29(a) 表示一个逆流操作的板式吸收塔。板式塔的塔板数由上向下数共 N 层，每层塔板都为理论板。图 14-29（b）则表示相应的 Y-X 关系，图中 BT 为吸收操作曲线，OE 为平衡线。由塔顶端点 T 开始画梯级直至塔底端点 B，所画出的梯级数即为理论板层数。

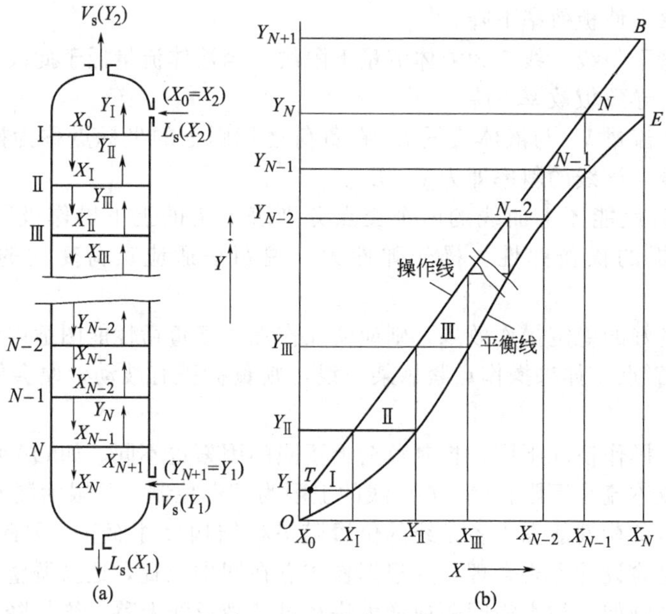

图 14-29 吸收塔的理论板层数

【例 14-8】 欲在板式塔中进行例 14-1 所述的吸收操作，试求该吸收塔所需理论板数。

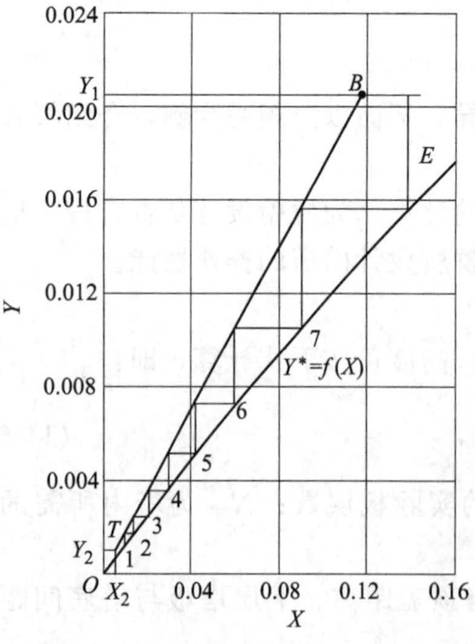

例 14-8 附图

解：由例 14-1 知，操作条件下的平衡关系为：$Y^*=\dfrac{0.125X}{1+0.875X}$，该平衡线为一曲线，故需用图解法求理论塔板数。

在 Y-X 直角坐标系中标绘出操作线 BT 及平衡线 OE，见本例附图。由图中的点 T 开始在操作线与平衡线之间画梯级，得知达到规定指标所需的理论板层数约为 7.6。

（2）解析法 对低浓度气体吸收操作，当过程所涉及的浓度范围内的平衡线为一直线时，可采用解析法求理论板层数，即可用下式来计算 N_T：

$$N_T=\frac{1}{\ln A}\ln\left[\left(1-\frac{1}{A}\right)\frac{Y_1-mX_2}{Y_2-mX_2}+\frac{1}{A}\right] \quad (14-62)$$

或

$$N_T=\frac{1}{\ln A}\ln\left[(1-S)\frac{Y_1-mX_2}{Y_2-mX_2}+S\right] \quad (14-63)$$

式中，N_T 为理论板层数；A 为吸收因数，$A=\dfrac{L}{mV}$；S 为脱吸因数，$S=\dfrac{1}{A}$。

N_T 除用上二式计算外，还可用下述更为简单形式计算：

$$N_T=\frac{\ln\frac{\Delta Y_1}{\Delta Y_2}}{\ln A}\left(=\frac{\ln\frac{\Delta X_1}{\Delta X_2}}{\ln A}\right) \tag{14-64}$$

式中，ΔY_1、ΔY_2 为塔底、塔顶气相推动力；ΔX_1、ΔX_2 为塔底、塔顶液相推动力。

将上式与式(14-46) 相比较，可得理论板层数与总传质单元数 N_{OG} 之间关系：

$$\frac{N_T}{N_{OG}}=\frac{S-1}{\ln S}=\frac{A-1}{A\ln A} \tag{14-65}$$

从上式不易看出 A 对 N_T/N_{OG} 的影响，现计算某些 A 值下的 $(A-1)/A\ln A$ 如表 14-7 所列。

表 14-7　$\frac{N_T}{N_{OG}}$ 与 A 的关系

A	0.1	0.3	0.6	0.8	1.2	1.5	2	5	10
$\frac{A-1}{A\ln A}$	3.91	1.94	1.305	1.120	0.914	0.822	0.721	0.497	0.391

由表可见，$A>1$ 时，$N_T<N_{OG}$；$A<1$ 时，$N_T>N_{OG}$。可以证明［对式（14-65）求极限］，在 $A=1$ 时，理论板层数 N_T 和总传质单元数 N_{OG} 相等。

【例 14-9】 欲在板式塔中进行例 14-3 所述的吸收操作，试求该吸收塔所需的理论板层数。

解：本例中的平衡线为直线，故可用解析法计算 N_T。

吸收因数　$A=\frac{1}{S}=\frac{1}{0.63}=1.59$

$$N_T=\frac{1}{\ln A}\ln\left[(1-S)\frac{Y_1-mX_2}{Y_2-mX_2}+S\right]$$

$$=\frac{1}{\ln 1.59}\ln\left[(1-0.63)\times\frac{0.0638}{0.00128}+0.63\right]$$

$$=6.36$$

也可用

$$N_T=\frac{\ln\frac{\Delta Y_1}{\Delta Y_2}}{\ln A}=\frac{\ln\frac{0.0638-0.0393}{0.00128}}{\ln 1.59}=6.37$$

亦可用

$$\frac{N_T}{N_{OG}}=\frac{S-1}{\ln S}=\frac{0.63-1}{\ln 0.63}=0.80$$

$$N_T=0.8\times 7.97$$

$$=6.38$$

当平衡线为一直线时，用以上三个式子均可求得 N_T，计算结果相同。

因该塔操作条件下的 $A>1$，所以 $N_T<N_{OG}$。

2. 总板效率

对吸收塔来说，塔板上的实际传质情况远不如理论板那么完善，故所需的实际板层数 N_P 较理论板层数 N_T 为多。这种差别用总板效率 E_T 来衡量，即

$$E_T=\frac{N_T}{N_P} \tag{14-66}$$

总板效率与物系、塔板结构和操作条件有关，须由实验测定。吸收操作的塔板效率比精馏操作的塔板效率低。E_T 的范围约为 10%～50%。

对吸收塔，奥康奈尔提出了总板效率与液相黏度、亨利系数及总压之间的关系曲线，如图 14-30 所示。

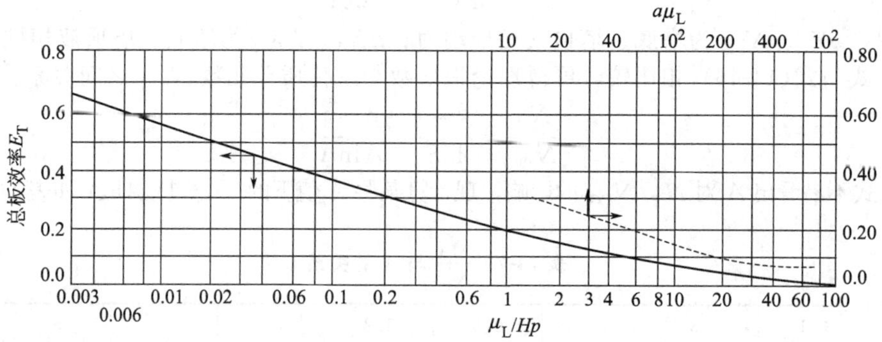

图 14-30 吸收塔效率关联曲线

上述关联图主要是依据泡罩塔板数据做出的。对于其他板型，可参考表 14-8 所列的效率相对值加以校正。

表 14-8 总板效率相对值

塔 型	总板效率相对值	塔 型	总板效率相对值
泡罩塔	1.0	浮阀塔	1.1～1.2
筛板塔	1.1	穿流筛板塔(无降液管)	0.8

(二)初选板间距

在前述板式塔的流体力学性能中知，板间距的大小与液泛，雾沫夹带有密切关系。采用较大的板间距，能允许较高的空塔速度，因而塔径可小些，但塔高要增加；反之，采用较小的板间距，塔径就要增大，但塔高可降低。板间距取得大还对塔板效率、操作弹性及安装检修有利。所以在选板间距时，应根据实际情况，权衡利弊，反复调整。对塔板数较多的吸收塔，往往采用较小的板间距，适当加大塔径，使塔身不致过高。初选板间距时可参考表 14-9 所推荐的经验数据。板间距的数值应按照规定选取整数，如 300mm、350mm、450mm、500mm、600mm、800mm。

表 14-9 板间距参考数值

塔径 D/m	0.3～0.5	0.5～0.8	0.8～1.6	1.6～2.0	2.0～2.4	>2.4
板间距 H_T/mm	200～300	300～350	350～450	450～600	500～800	≥600

板间距需要初步选定，是因为计算空塔速度以估算塔径时，必须先选定板间距，选定的板间距是否合理，还需在最后进行流体力学验算。如不能满足流体力学的要求，即可适当调整板间距或塔径。

对于需要经常清洗或检修的塔，在塔体开设人孔的地方，塔板间距必须保证有足够的空间，该处的板间距不能小于 600mm。

(三)塔径的计算

塔径可依据式(14-16) 来计算，即：

$$D=\sqrt{\frac{4V_s}{\pi u}}$$

由上式可见，计算塔径的关键在于确定适宜的空塔速度 u。一般适宜的空塔速度取允许

最大速度 u_{max} 的 0.6～0.8 倍，即：

$$u=(0.6\sim0.8)u_{max} \tag{14-67}$$

而 u_{max} 可按下面的半经验公式计算：

$$u_{max}=C\sqrt{\frac{\rho_L-\rho_V}{\rho_V}} \tag{14-68}$$

式中，ρ_L、ρ_V 分别为液相、气相的密度，kg/m^3；C 为负荷系数。

负荷系数 C 的值，可由史密斯关联图 14-31 确定。图中，V_s、L_s 分别为塔内气、液两相的体积流量，m^3/s；ρ_V、ρ_L 分别为塔内气、液两相的密度，kg/m^3；H_T 为板间距，m；h_L 为板上液层高度，m。

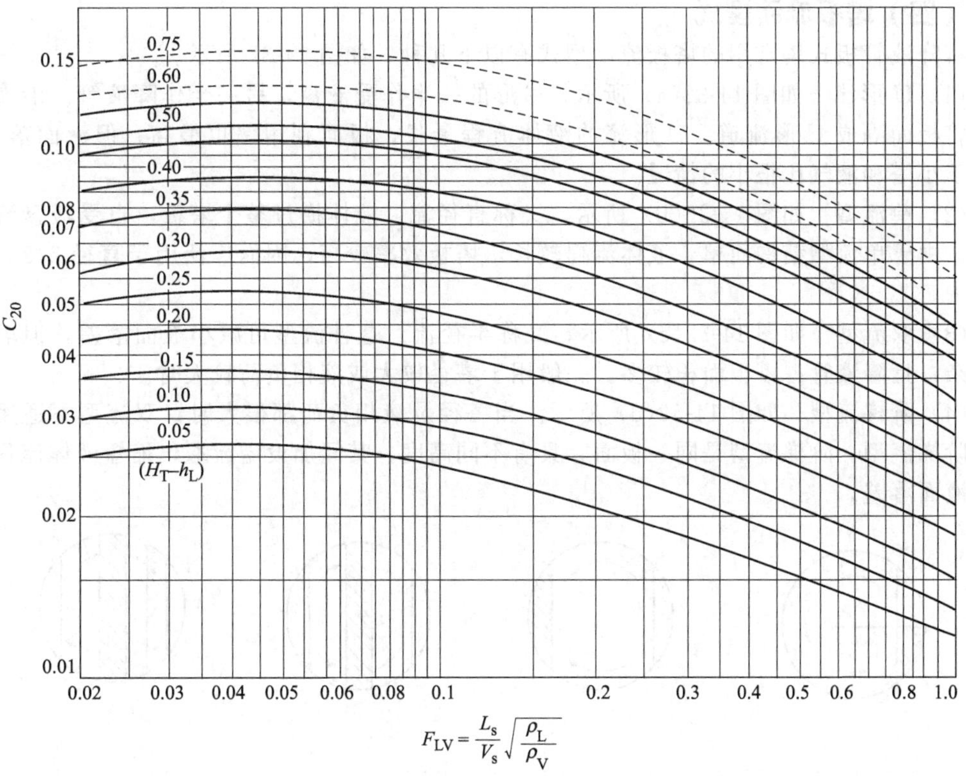

图 14-31　史密斯关联图

横坐标 $F_{LV}=\frac{L_s}{V_s}\left(\frac{\rho_L}{\rho_V}\right)^{1/2}$ 称为液气动能参数，它反映液气两相的流量与密度的影响。取 H_T-h_L 为参变数，它反映板间气相空间净高度对负荷系数的影响，显然 H_T-h_L 值越大 C 值越大，这是因为随着分离空间增大，雾沫夹带量减小，允许最大气速增大。

板上液层高度 h_L 应由设计者首先选定。对常压塔一般取 0.05～0.08m；对减压塔应取低些，可低至 0.025～0.03m。

图中的纵坐标则是所要查取的负荷系数。由于这一关联图是用液体表面张力 $\sigma=20mN/m$ 的物系作实验得出的，故记为 C_{20}。对于液体表面张力 σ 不等于 20mN/m 的物系，考虑到表面张力较大的液体不易产生泡沫，因此其允许上升气速或负荷系数可取较大之值，通常可按下式对负荷系数加以校正：

$$C=C_{20}\left(\frac{\sigma}{20}\right)^{0.2} \tag{14-69}$$

式中，C_{20} 为物系表面张力为 20mN/m 的负荷系数，由图 14-31 查出；σ 为操作物系的液体表面张力，mN/m；C 为操作物系的负荷系数。

负荷系数 C 确定后，代入式（14-68），就可求出允许的最大气速 u_{max}，再乘以安全系数 0.6～0.8，便得出适宜的空塔气速。

将求得空塔气速 u 代入式(14-8) 算出塔径后，还需根据塔径系列标准予以圆整。常用的标准塔径（m）为 0.6、0.7、0.8、1.0、1.2、1.4、1.6、1.8、2.0、2.2、2.4……初步确定塔径后，还要看原来所取的板间距是否在合适的范围内，否则应调整重算；然后，再进一步确定塔各部分工艺尺寸，并进行流体力学验算。

（四）塔板流动型式

有降液管板式塔常用的塔板流动型式有以下几种，如图 14-32 所示。

（1）U 形流　如图 14-32(a) 所示，弓形的一半作受液盘，另一半作降液管。沿直径以挡板将板面隔成 U 形流道。U 形流的液体流程最长，板面利用率也最高；但液面落差大。仅用于小塔和液气比很小的情况。

（2）单流型　如图 14-32(b) 所示，又称直径流。液体横过整个塔板，自受液盘流向溢流堰。由于单流型结构简单，液体流程较长，塔板效率较高，因而广泛用于直径 2.2m 以下的塔中。

（3）双流型　如图 14-32(c) 所示，又称半径流。这种流型可减小液面落差，但塔板结构复杂，且降液管占塔板面积较多。一般用于塔径较大或液相负荷较大时。

（4）阶梯流型　如图 14-32(d) 所示。当塔径及液相负荷都很大时，双流型不适用，可采用阶梯流型。阶梯流型是同一板面，具有不同高度，其间加设溢流堰，缩短液体流程，以降低液面落差。

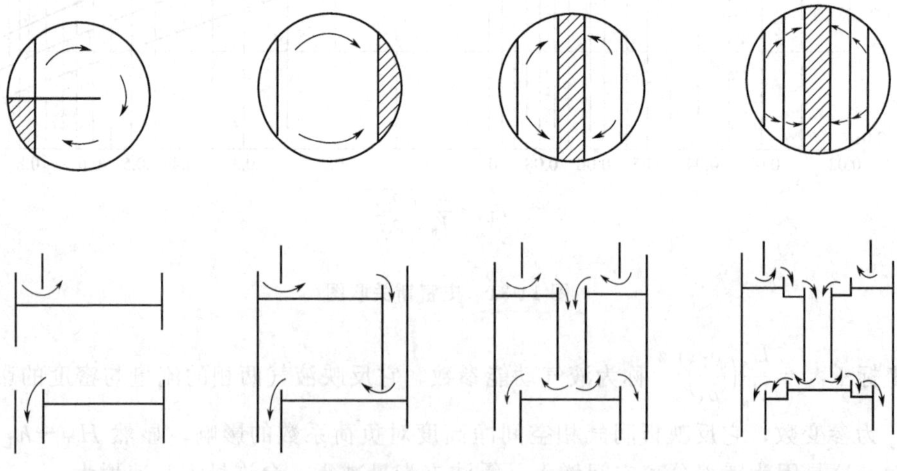

(a) U形流　(b) 单流型　(c) 双流型　(d) 阶梯流型

图 14-32　塔板流动型式

在初选塔板流动型式时，可根据液体负荷范围，参考表 14-10 进行预选。

（五）溢流装置

板式塔的溢流装置是指溢流堰和降液管。降液管是塔板间液体流通的通道，也是溢流液中夹带的气体得以分离的场所。降液管一般有图 14-33 所示的几种（A_f 为流通截面）。

表 14-10　板上液体流动型式与液体负荷的关系

塔径/mm	液体流量/(m^3/h)				塔径/mm	液体流量/(m^3/h)			
	U形流型	单流型	双流型	阶梯流型		U形流型	单流型	双流型	阶梯流型
600	5以下	5～25			1500	10以下	11～80		
900	7以下	7～50			2000	11以下	11～110	110～160	
1000	7以下	45以下			2400		11～110	110～180	
1200	9以下	9～70			3000		110以下	110～200	200～300
1400	9以下	70以下							

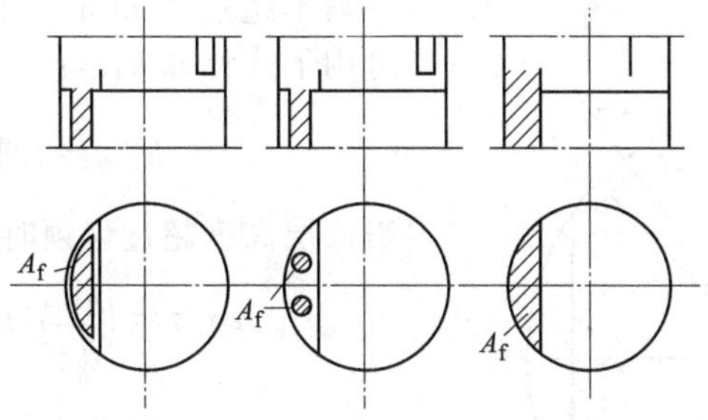

图 14-33　降液管

图 14-33(a) 是将稍小一些的弓形降液管固定在塔板上，它适用于直径较小的塔中，又能有较大的降液管容积。

图 14-33(b) 是在弓形堰外装圆管作为降液管，适用于小直径塔中。其缺点是流通截面小，没有足够的空间分离溢流液中的气泡，气相夹带较严重，塔板效率低。因此，除液体流量很小的小塔外，一般常用的是弓形降液管。

图 14-33(c) 为弓形降液管，堰与塔壁之间的全部截面均作为降液之用，塔板利用率高。这种结构适合于直径较大的塔中，当塔径较小时，制作焊接不便。

下面以弓形降液管为例，介绍溢流装置的设计。塔板及溢流装置的各部分尺寸可参阅图 14-34。

1. 溢流堰（出口堰）

溢流堰设置在塔板上液体出口处，其作用是维持板上有一定高度的液层，并使液流在板上能均匀流动。降液管上端必须高出塔板板面一定高度，这一高度称堰高，以 h_W 表示。弓形溢流管的弦长称为堰长，以 l_W 表示。溢流堰板形状有平直形与齿形两种。

一般堰长 l_W 可根据流动型式而定。对单流型取塔径 D 的 0.6～0.8 倍，对双流型取塔径 D 的 0.5～0.7 倍。

堰高 h_W 可根据板上液层高度 h_L 为堰高与堰上液层高度之和来确定，即：

$$h_L=h_W+h_{OW} \quad 或 \quad h_W=h_L-h_{OW} \tag{14-70}$$

式中，h_L 为板上清液层高度，m；h_W 为堰高，m；h_{OW} 为堰上液层高度，m。

对一般常压塔，h_L 可在 0.05～0.1m 之间选取。h_{OW} 可按下式计算：

平直堰
$$h_{OW}=\frac{2.84}{1000}E\left(\frac{L_h}{l_W}\right)^{2/3} \tag{14-71}$$

式中，L_h 为塔内液体流量，m^3/h；l_W 为堰长，m；E 为液流收缩系数，考虑塔壁对

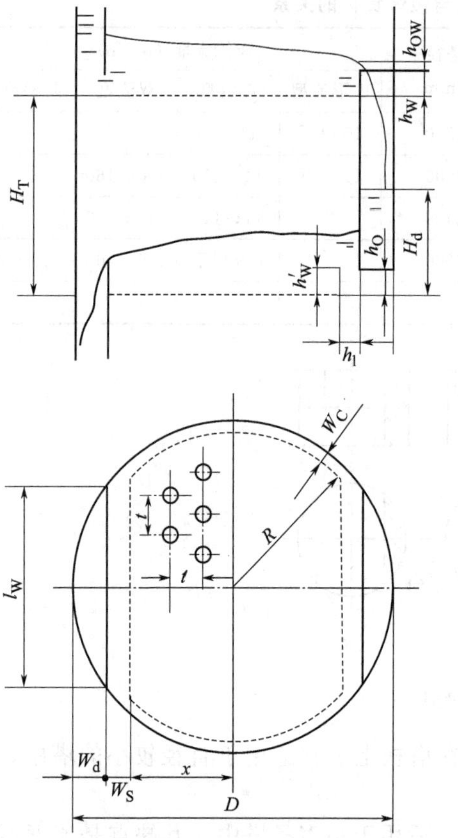

图 14-34 塔板结构参数

h_W—出口堰高，m；h_{OW}—堰上液层高度，m；
h_O—降液管底隙高度，m；
h_1—进口堰与降液管间的水平距离，m；
h'_W—进口堰高，m；
H_d—降液管中清液层高度，m；
H_T—板间距，m；l_W—堰长，m；
W_d—弓形降液管宽度，m；D—塔径，m；
R—鼓泡区半径，m；x—鼓泡区宽度的 1/2，m；
t—同一横排的阀孔中心距，m；
t'—阀孔排间距，m；W_S—筛板与溢流孔的间距，m；
W_C—筛板与壁的间距，m

液流影响，可由图 14-35 查取。

一般情况下可取 $E=1$，对计算结果影响不大。

设计时一般 h_{OW} 不超过 60～70mm，超过此值可改用双流型。液量小时，h_{OW} 应不小于 6mm，以免造成板上液体分布不均匀。若 h_{OW} 小于 6mm，可采用齿形堰。若原来堰长 l_W 取得较大，也可从减少堰长来调整。

齿形堰如图 14-36 所示。齿形堰的齿深 h_n 一般不超过 15mm。当液层高度不超过齿顶时，可用下式计算 h_{OW}：

$$h_{OW}=1.17\left(\frac{L_S h_n}{l_W}\right)^{2/5} \tag{14-72}$$

当液层高度超过齿顶时，

$$L_S=0.735\left(\frac{l_W}{h_n}\right)\left[h_{OW}^{5/2}-(h_{OW}-h_n)^{5/2}\right] \tag{14-73}$$

式中，L_S 为塔内液体流量，m^3/s；h_n 为齿深，m。

h_{OW} 为由齿根算起的堰上液层高度，由式 (14-72) 求 h_{OW} 时，需用试差法。

在求出 h_{OW} 之后，可按下式给出范围确定 h_W，即：

$$0.05-h_{OW}\leqslant h_W\leqslant 0.1-h_{OW} \tag{14-74}$$

堰高 h_W 一般在 0.03～0.05m 范围内，减压塔的 h_W 可低些。

2. 弓形降液管

（1）弓形降液管的宽度和截面积　弓形降液管的宽度 W_d 可按下式计算：

$$W_d=\frac{D}{2}\left(1-\sqrt{1-\left(\frac{l_W}{D}\right)^2}\right) \tag{14-75}$$

降液管的截面积 A_f 可按下式计算：

$$\frac{A_f}{A_T}=\frac{1}{\pi}\left[\arcsin\left(\frac{l_W}{D}\right)-\frac{l_W}{D}\sqrt{1-\left(\frac{l_W}{D}\right)^2}\right] \tag{14-76}$$

式中，W_d 为降液管宽度，m；D 为塔径，m；$\frac{l_W}{D}$ 为堰长与塔径之比；A_f 为降液管截面积，m^2；A_T 为塔截面积，即 $A_T=\frac{\pi}{4}D^2$，m^2。

W_d 与 A_f 也可查图 14-37 求得。

（2）降液管底隙高度　降液管底隙高度 h_O 即为降液管底部与下一塔板的距离。h_O 应比堰高 h_W 低，一般取 $h_W-h_O=6$～12mm，以保证降液管底部的液封。降液管底隙高度一般不宜小于 20～25mm，否则易于堵塞，或因安装偏差而使液流不畅，造成液泛。设计时对

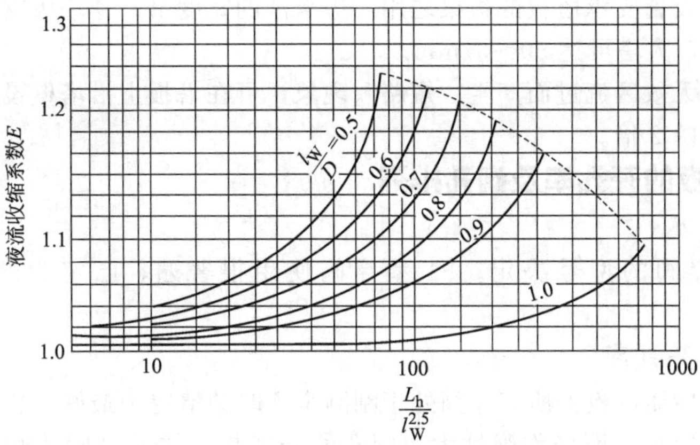

图 14-35　液流收缩系数计算

小塔可取 h_O 为 25～30mm，对大塔取 h_O 为 40mm 左右。

(3) 进口堰　在较大的塔中，有时在液体进入塔板处设有进口堰，以保证降液管的液封，并使液体在塔板上分布均匀。但由于进口堰要占用较多塔面，还易使沉淀物淤积此处造成堵塞，故一般应尽量避免采用进口堰。

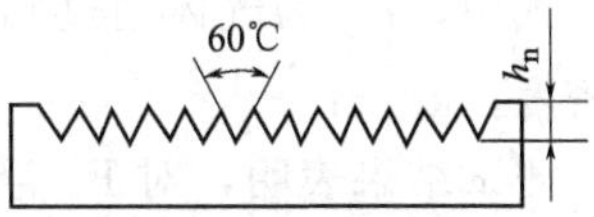

图 14-36　齿形堰

若设进口堰，其高度 h'_W 可按下述原则考虑。当出口堰高 h_W 大于降液管底隙高度 h_O 时，则取 h'_W 与 h_W 相等。在个别情况下，当 $h_W < h_O$ 时，则应取 h'_W 大于 h_O，以保证液封。

为了保证液体由降液管流出时不致受到很大阻力，进口堰与降液管间的水平距离 h_1 不应小于 h_O，即 $h_1 \geqslant h_O$。

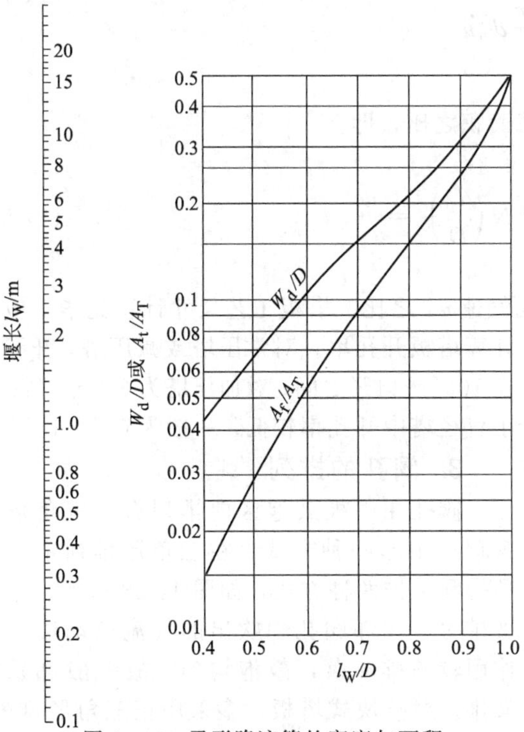

图 14-37　弓形降液管的宽度与面积

（六）塔板布置

整个塔板面积一般可分为如图 14-34 所示的四个区域。

1. 鼓泡区

图 14-34 中虚线以内区域为鼓泡区。塔板上气液接触构件（筛孔或浮阀）设置在此区域内，故此区为气液传质的有效区域。

2. 溢流区

溢流装置所占的区域为溢流区。

3. 安定区（破沫区）

在鼓泡区与堰之间，需有一个不开孔区，称安定区，避免大量含泡沫的液相进入降液管促使液泛形成，故也称破沫区。其宽度 W_S 可按下述范围选取：

当 $D<1.5$m 时，$W_S=60 \sim 75$mm；

当 $D>1.5$m 时，$W_S=80 \sim 110$mm。

直径小于 1m 的塔，W_S 可适当减小。

4. 无效区（边缘区）

在鼓泡区与塔壁之间，需留出一圈不

开孔的边缘区，供设置支承塔板的边梁之用。边缘区的宽度 W_C 视塔板支承的需要而定，小塔约为 30～50mm，大塔可达 50～57mm。

为防止液体经无效区流过而产生“短路”现象，可在塔板上沿塔壁设置挡板，挡板的高度约为清液层高度的 2 倍。

（七）浮阀板的开孔率及阀孔排列

1. 阀孔孔径 d_0

孔径由所选浮阀的型号决定。F1 型浮阀使用很普遍，已定为部颁标准，其孔径为 39mm。

2. 浮阀数与开孔率

浮阀塔的操作性能以板上所有浮阀处于刚刚全开时的情况为最好，这时塔板的压降及板上液体的泄漏都比较小，而操作弹性大。阀孔的开度与气体通过阀孔时的动能因数 F_0 有关，动能因数是气体通过阀孔的平均流速和气体密度的函数，其定义式为：

$$F_0=u_0\sqrt{\rho_V} \tag{14-77}$$

式中，F_0 为气体通过阀孔时的动能因数；u_0 为气体通过阀孔时的速度，m/s；ρ_V 为气体密度，kg/m^3。

测试结果表明，对 F1 浮阀（重阀）而言，当阀孔动能因数 $F_0=9$～12 时，塔板上所有的浮阀刚好全开；当 $F_0=5$～6 时，漏液量接近 10%。在设计时可选取 F_0 的最佳值 9～12 来决定阀孔的气速 u_0。即：

$$u_0=\frac{F_0}{\sqrt{\rho_V}} \tag{14-78}$$

阀孔气速与每层板上的阀孔数 N 的关系如下：

$$N=\frac{V_s}{\frac{\pi}{4}d_0^2u_0} \tag{14-79}$$

式中，V_s 为上升气体流量，m^3/s。

浮阀塔板的开孔率 ϕ 是指阀孔面积与塔截面积之比，即：

$$\phi=\frac{N\frac{\pi}{4}d_0^2}{\frac{\pi}{4}D^2}=N\left(\frac{d_0}{D}\right)^2=\frac{u}{u_0} \tag{14-80}$$

由上式可知开孔率也是空塔气速 u 与阀孔气速 u_0 之比。塔板工艺尺寸计算完毕，应该计算塔板开孔率。对常压塔或减压塔，开孔率在 10%～14%之间；对加压塔为 6%～9%；在小直径塔中开孔率较低，一般为 6%～10%。

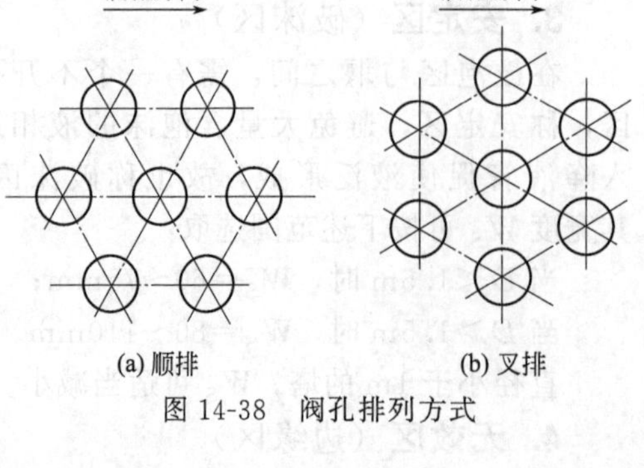

图 14-38 阀孔排列方式

3. 阀孔的排列

阀孔在塔板鼓泡区内排列有正三角形与等腰三角形两种方式。在三角形排列中又有顺排和叉排两种方式，如图 14-38 所示。采用叉排时，相邻阀孔中吹出的气流搅动液层的作用较顺排显著，鼓泡均匀，故一般都采用叉排。对整块式塔板，多采用正三角形排列，孔心距 t 为 75～125mm；对分块式塔板，宜采用等腰三角形叉排，此时常把同一横排的阀

孔中心距 t 定为 75mm，而相邻两排间的中心距 t' 可取 65mm、70mm、80mm、90mm、100mm 等几种尺寸。

分析鼓泡区内阀孔排列的几何关系可知，同一排的阀孔中心距 t 应大致符合以下关系：

等边三角形排列
$$t=d_0\sqrt{\frac{0.907A_a}{A_0}} \tag{14-81}$$

等腰三角形排列
$$t'=\frac{A_a}{Nt}=\frac{A_a}{0.075N} \tag{14-82}$$

式中，d_0 为阀孔直径，$d_0=0.039$m；A_0 为阀孔总面积，$A_0=\frac{V_S}{u_0}$，m^2；A_a 为鼓泡区面积，m^2；其他符号意义同前。

对单流型塔板，鼓泡区面积可按下式计算（参见图 14-34）：

$$A_a=2\left[x\sqrt{R^2-x^2}+\frac{\pi}{180°}R^2\sin^{-1}\frac{x}{R}\right] \tag{14-83}$$

$$x=\frac{D}{2}-(W_d+W_s)\quad (\mathrm{m})$$

$$R=\frac{D}{2}-W_c\quad (\mathrm{m})$$

根据已确定的孔距作图，确定排出鼓泡区内可以布置的阀孔总数。若此数与前面算得的浮阀数 N 相近，则按此阀孔数目重算阀孔气速，并核算阀孔动能因数 F_0，如 F_0 仍在 9～12 范围以内，即可认为作图得出的阀数能够满足要求。否则应调整孔距，并重新作图，反复计算，直至满足要求为止。

四、浮阀塔板的流体力学验算

在初步确定塔板的结构尺寸后，还必须进行塔板的流体力学验算。如校核气体通过这样的塔板将产生多大压降，是否符合工艺要求；此外，这样的塔是否会产生严重的雾沫夹带或淹塔等。下面就这些问题进行讨论。

（一）气体通过浮阀塔板的压降[4,7]

气体通过一层浮阀塔板时的压降应为：

$$h_p=h_c+h_l+h_\sigma \tag{14-84}$$

式中，h_p 为气体通过一层塔板的压降；h_c 为干板阻力；h_l 为板上液层的阻力；h_σ 为克服液体表面张力的阻力。

1. 干板阻力 h_c

气体通过浮阀塔板的干板阻力，在浮阀全部开启前与全开后有着不同的规律。板上所有浮阀刚好全部开启时，气体通过阀孔的速度称为临界孔速，以 u_{0c} 表示。

对 F1 型重阀可用以下经验公式求取 h_c 值：

阀全开前（$u_0 \leqslant u_{0c}$）
$$h_c=19.9\frac{u_0^{0.175}}{\rho_L} \tag{14-85}$$

阀全开后（$u_0 \geqslant u_{0c}$）
$$h_c=5.34\frac{u_0^2}{2g}\times\frac{\rho_V}{\rho_L} \tag{14-86}$$

式中，u_0 为阀孔气速，m/s；ρ_L 为液体密度，kg/m^3；ρ_V 为气体密度，kg/m^3。

计算 h_c 时，可先将上二式联立解出临界孔速 u_{0c}，即：

$$u_{0c}=\sqrt[1.825]{\frac{73.1}{\rho_V}} \tag{14-87}$$

由上式算出 u_{0c}，然后与由式(14-78) 算出的 u_0 相比较，便可选定式(14-85) 或式(14-86) 来计算 h_c。

2. 板上充气液层阻力

一般用下述经验公式计算 h_l 值，即：

$$h_l=\varepsilon_0 h_L \tag{14-88}$$

式中，h_L 为板上液层高度，m；ε_0 为反映板上液层充气程度的因数，称为充气因数，无量纲；液相为水时 $\varepsilon_0=0.5$，为油时 $\varepsilon_0=0.2\sim0.35$，为烃类化合物时 $\varepsilon_0=0.4\sim0.5$。

3. 液体表面张力所造成阻力 h_σ

$$h_\sigma=\frac{2\sigma}{h\rho_L g} \tag{14-89}$$

式中，σ 为液体的表面张力，N/m；h 为浮阀的开度，m。

浮阀塔的 h_σ 值通常很小，计算时可以忽略。

（二）液泛（淹塔）

为了克服各种阻力，降液管中液面需保持一定高度 H_d，可用下式计算：

$$H_d=h_p+h_L+h_d \tag{14-90}$$

式中，H_d 为降液管中清液层高度，m；h_p 为气体通过一层塔板压降，m 液柱；h_L 为板上液层高度，m；h_d 为液体流体降液管阻力，m 液柱。

流体流过降液管的阻力，主要是由降液管底隙处的局部阻力造成的，h_d 可按下面的经验公式计算：

塔板上不设进口堰

$$h_d=0.153\left(\frac{L_S}{l_W h_O}\right)^2=0.153{u'_O}^2 \tag{14-91}$$

塔板上装有进口堰

$$h_d=0.2\left(\frac{L_S}{l_W h_O}\right)^2=0.2{u_O}^2 \tag{14-92}$$

式中，L_S 为液体流量，m^3/s；l_W 为堰长，亦即降液管底隙长度，m；h_O 为降液管底隙高度，m；u'_O为液体通过降液管底隙时的流速，m/s。

按式(14-90) 可算出降液管中清液层高度 H_d，实际降液管中液体和泡沫的总高度大于此值。为防止液泛，应保证降液管中泡沫液体总高度不能超过上层塔板的出口堰。为此，

$$H_d\leqslant\phi(H_T+h_W) \tag{14-93}$$

式中，H_T 为板间距，m；h_W 为堰高，m；ϕ 为考虑降液管内液体充气及操作安全两种因素的校正系数，对于一般的物系取 0.3～0.4，对不易发泡的物系取 0.6～0.7。

（三）雾沫夹带

前已讨论，为了维持塔的正常操作，必须控制雾沫夹带量 $e_V<0.1$kg(液)/kg(气)。目前通常采用控制泛点率 F 的方法来达到上述指标，即：

对于一般的大塔　　$F<80\%$

对于直径小于 900mm 的塔　　$F<70\%$

对于负压操作的塔　　$F<75\%$

泛点率 F 是指操作时的空塔气速与发生液泛时的空塔气速的比值。泛点率 F 可按下列公式来计算，并采用其中大者为验算的依据：

$$F=\frac{V\sqrt{\dfrac{\rho_V}{\rho_L-\rho_V}}+1.36L_S Z_L}{KC_F A_b}\times100\% \tag{14-94}$$

或

$$F=\frac{V_S\sqrt{\frac{\rho_V}{\rho_L-\rho_V}}}{0.78KC_FA_T}\times 100\% \tag{14-95}$$

式中，V_S、L_S 分别为塔内气、液流量，m^3/s；ρ_V、ρ_L 分别为塔内气、液密度，kg/m^3；Z_L 为板上液体流经长度，m，对单流型塔板，$Z_L=D-2W_d$，其中 D 为塔径，W_d 为弓形降液管的宽度；A_b 为板上液流面积，m^2，对单流型塔板，$A_b=A_T-2A_f$，其中 A_T 为塔截面积，A_f 为弓形降液管截面积；C_F 为泛点负荷系数，可根据气相密度 ρ_V 及板间距 H_T 由图 14-39 查得；K 为物性系数，其值查表 14-11。

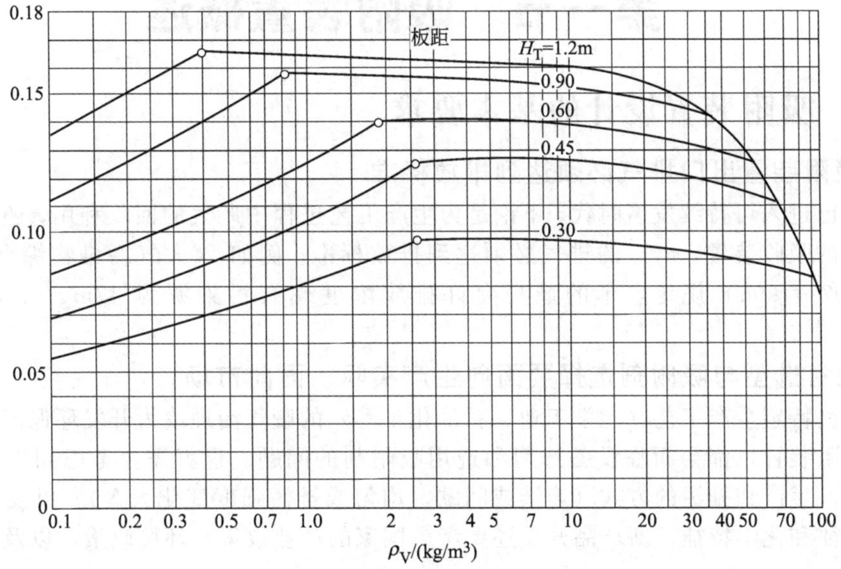

图 14-39　泛点负荷系数

表 14-11　物性系数 K

系　　统	物性系数 K	系　　统	物性系数 K
无泡沫,正常系统	1.0	多泡沫系统(如胺及乙二胺吸收塔)	0.73
氟化物(如 BF_3,氟里昂)	0.9	严重发泡系统(如甲乙酮装置)	0.60
中等发泡系统(如油吸收塔、胺及乙二醇再生塔)	0.85	形成稳定泡沫的系统(如碱再生塔)	0.30

（四）漏液

取阀孔动能因数 $F_0=5\sim6$ 作为控制漏液量的操作下限，此时漏液量接近 10%。

流体力学验算后，还应绘出负荷性能图。

参 考 文 献

[1] 李家瑞主编．工业企业环境保护．北京：冶金工业出版社，1992.

[2] 周迟骏．环境工程设备设计手册．北京：化学工业出版社，2009.

[3] 北京环境科学学会．工业企业环境保护手册．北京：中国环境科学出版社，1990.

[4] 刘天齐．三废处理工程技术手册/废气卷．北京：化学工业出版社，1999.

[5] 马广大．大气污染控制技术手册．北京：化学工业出版社，2010.

[6] 江晶．环保机械设备设计．北京：冶金工业出版社，2009.

[7] 周兴求．环保设备设计手册—大气污染控制设备．北京：化学工业出版社，2004.

第十五章 吸附装置的设计

第一节 吸附装置概述

一、吸附装置设计的基本要求

1. 吸附装置出口排气必须达到排放标准

当前已进入可持续发展时代，不论是为生产工艺过程中尾气的回收利用，还是为废气治理而设计的吸收装置，出口的排气必须达到排放标准。例如，《大气污染物综合排放标准》(GB 16297—1996) 规定，苯的最高允许排放浓度现有污染源为 $17mg/m^3$，新污染源为 $12mg/m^3$。

2. 设备选型与吸附剂选择要面向生产实际、面向市场

为某些特定生产工艺（化学工业、石油化工等）的废气治理或为开发环保产业的新产品而设计吸附装置，都会面临设备选型和选用吸附剂的问题。这就需要考虑到工业生产的规模、性质，生产和排污的方式（连续或间歇，均匀或排污强度变化大等），以及所排污染物的物理特征和化学特征。新产品开发还要考虑国家的产业政策、环境政策，以及预测市场需求的变化。

3. 设计的吸附装置要处理能力大、效率高

在选定吸附装置的类型和使用的吸附剂后，在设计中通过改进设备结构，使吸附装置能保持在最佳条件下操作，更新吸附剂制作、再生的方法，使设计的吸附装置处理能力大、效率大、收益大。

4. 价格低、运行费用低

设计吸附装置要尽可能简化结构，并使设备易于安装，以节省用户的一次性投资；设计的吸附装置还要维修、操作简便，易于管理，以节省运转费用。

二、吸附剂的种类和应用

吸附剂的种类很多，可分为无机的和有机的，天然的和合成的。天然矿产如活性白土、漂白土和硅藻土等，经过适当的加工，就可形成多孔结构直接作为吸附剂使用，一般用于石油制品的脱色或脱水及溶剂的精制等。天然沸石如丝光沸石、斜发沸石等，可直接用于环境保护中的 NO_x 治理、水处理，脱除重金属离子以及海水提钾等。合成无机材料吸附剂有活性炭、活性炭纤维、硅胶、活性氧化铝和合成沸石分子筛等。特别是合成分子筛有严格的孔道结构，它的性能经调节和不断改进，具有较高的选择性和催化性能，适用于分离性能非常类似的物质。近年来还研制出多种大孔吸附树脂，与活性炭相比，它具有选择性良好、性能稳定、再生容易等优点，常用于废气治理、废水处理、维生素的分离及过氧化氢的精制等。几种常用吸附剂的物理性质见表 15-1。

表 15-1　几种常用吸附剂的物理性质

物理性质	吸附剂种类			
	活性炭	活性氧化铝	硅胶	沸石分子筛
真密度/(g/cm^3)	1.9～2.2	3.0～3.3	2.2～2.3	2.0～2.5
表观密度/(g/cm^3)	0.6～1.0	0.9～1.0	0.8～1.3	0.9～1.3
堆积密度/(g/cm^3)	0.35～0.60	0.50～1.00	0.50～0.75	0.60～0.75
平均孔径/Å	15～50	40～120	10～140	—
空隙率/%	33～45	40～45	40～45	32～40
比表面积/(m^2/g)	700～1500	150～350	200～600	400～750
操作温度上限/K	423	773	673	873
再生温度/K	373～413	473～523	393～423	473～573

注：$1Å=10^{-10}m$。

工业上广泛应用的吸附剂有以下几种[1,4]。

（一）活性炭及活性炭纤维

活性炭是应用最早、用途较广的一种优良吸附剂。它是由各种含碳物质如煤、木材、石油焦、果壳、果核等炭化后，再用水蒸气或化学药品进行活化处理，制成孔穴十分丰富的吸附剂，比表面积一般在 $700\sim1500m^2/g$ 范围内，具有优异的吸附能力。孔径分布一般为：活性炭 50Å 以下，活性焦炭 20Å 以下，炭分子筛 10Å 以下。炭分子筛是新近发展的一种孔径均一的分子筛型新品种，具有良好的选择吸附能力。

活性炭是一种具有非极性表面，为疏水性和亲有机物的吸附剂，故活性炭常常被用来吸附回收空气中的有机溶剂和恶臭物质，在环境保护方面用来处理工业废水和治理某些气态污染物。

活性炭纤维是一种较新型的高效吸附剂。它是用超细的活性炭微粒与各种纤维素、人造丝、纸浆等混合制成的各种形态的纤维状活性炭。微孔范围在 0.5～1.4nm，比表面积大。对各种无机和有机气体、水溶液中的有机物、重金属离子等具有较大的吸附量和较快的吸附速率，其吸附能力比一般的活性炭高 1～10 倍，特别是对一些恶臭物质的吸附量比颗粒活性炭要高出 40 倍左右。目前主要用于气相吸附。

（二）活性氧化铝

活性氧化铝一般指氧化铝的水合物加热脱水而形成的多孔结构物质。它是一种极性吸附剂，无毒，对多数气体和蒸气是稳定的，浸入水或液体中不会溶胀或破碎，机械强度好。活性氧化铝的比表面积约为 $150\sim350\ m^2/g$，宜在 473～523K 下再生。循环使用后，其物化性能变化很小。由于它对水分的吸附容量大，常用于高湿度气体的脱湿和干燥，也可用于石油气的脱硫以及含氟废气的净化。

（三）硅胶

硅胶是一种坚硬无定形链状和网状结构的硅酸聚合物颗粒，其分子式为 $SiO_2 \cdot nH_2O$，由硅酸钠（水玻璃）与硫酸或盐酸经胶凝、洗涤、干燥、烘焙而成。硅胶为亲水性的极性吸附剂，而难于吸附非极性的有机物质。当硅胶吸附气体中的水分时，可达其自身重量的 50%。硅胶的吸附热很大，吸附水分时能够放出大量的热量，使硅胶容易破碎。在工业上硅胶多用于高湿气体的干燥和从废气中回收极为有用的烃类气体，也可用作催化剂的载体。

（四）沸石分子筛

沸石分子筛是人工合成的结晶硅酸金属盐的多水化合物，其化学通式为：

$$Me_{x/n}[(Al_2O_3)_x(SiO_2)_y]\cdot mH_2O$$

其中，Me为阳离子，主要是Ca^{2+}、Na^+和K^+等金属离子；x/n为价数为n的可交换金属阳离子Me的数目；m为结晶水的分子数。

沸石分子筛具有孔径均一的微孔，比孔道小的分子能进入孔穴而被吸附，比孔道大的分子拒之孔外，因而具有筛分性能。按SiO_2和Al_2O_3的分子比不同，分子筛可分为A型、X型和Y型，根据孔径大小，A型分子筛又分为3A、4A、5A等几种。同一种类型分子筛孔径的大小主要取决于金属离子的种类。如金属离子为Na^+的A型分子筛是4A型；若以K^+代替Na^+，则为3A型；如以Ca^{2+}取代75%的Na^+，即为5A型等。几种常见分子筛的孔径及其组成见表15-2。

表15-2 几种常见的分子筛

型号	SiO_2/Al_2O_3 分子比	孔径/Å	典型化学组成
3A(钾A型)	2	3～3.3	$\frac{2}{3}K_2O\cdot\frac{1}{3}Na_2O\cdot Al_2O_3\cdot 2SiO_2\cdot 4.5H_2O$
4A(钠A型)	2	4.2～4.7	$Na_2O\cdot Al_2O_3\cdot 2SiO_2\cdot 4.5H_2O$
5A(钙A型)	2	4.9～5.6	$0.7CaO\cdot 0.3Na_2O\cdot Al_2O_3\cdot 2SiO_2\cdot 4.5H_2O$
10X(钙X型)	2.3～3.3	8～9	$0.8CaO\cdot 0.2Na_2O\cdot Al_2O_3\cdot 2.5SiO_2\cdot 6H_2O$
13X(钠X型)	2.3～3.3	9～10	$Na_2O\cdot Al_2O_3\cdot 2.5SiO_2\cdot 6H_2O$
Y(钠Y型)	3.3～6	9～10	$Na_2O\cdot Al_2O_3\cdot 5SiO_2\cdot 8H_2O$
钠丝光沸石	3.3～6	约5	$Na_2O\cdot Al_2O_3\cdot 5SiO_2\cdot 6～7H_2O$

注：$1Å=10^{-10}m$。

与其他吸附剂比较，沸石分子筛有如下特点：

① 具有高的吸附选择性，并具有离子交换性和催化性；

② 具有较强的吸附能力，合成沸石孔道小，空腔多，比表面积大，由于空腔周围力场迭加的作用，使其吸附能力明显提高，即使在吸附质浓度很低的情况下，吸附容量仍然很大；

③ 沸石分子筛是强极性吸附剂，对极性分子特别是对水具有较强的亲和力，也能选择性地吸附不饱和有机物；

④ 热稳定性和化学稳定性高。

三、吸附剂的选择与再生

（一）对吸附剂的基本要求

虽然许多固体表面都具有吸附能力，但合乎工业需要的吸附剂应满足下列要求。

(1) 有巨大的内表面　吸附剂的吸附作用主要发生在与外界相通的空穴的表面上，孔穴越多，内表面越大，则吸附性能越好。

(2) 有良好的选择性　不同的吸附剂因其组成、结构不同，所显示出来的对某些物质优先吸附的能力就不同，例如，木炭吸附SO_2或NH_3的能力较吸附空气的要大。

(3) 有良好的再生特性　吸附剂再生效果的好坏，往往是吸附技术使用的关键，因此要求吸附剂具有简单的再生方法、稳定的再生活性。

(4) 有较好的机械强度、热稳定性和化学稳定性。

(5) 原料来源广泛，制备简单，价格低廉。

要同时满足以上要求往往是很困难的，只能在全面衡量后择优选定。

(二) 吸附剂的选择

吸附过程设计中，吸附剂的选择是十分重要的。原则上应根据上述对吸附剂的基本要求进行选择。一般可按下述方法进行。

1. 吸附剂的初步选择

选择吸附剂除要有一定的机械强度外，最主要的是对预分离组分要有良好的选择性和较高的吸附能力。这主要取决于吸附剂本身的物理化学结构和吸附质的性质（例如极性、分子大小、浓度高低、分离要求等)。

对极性分子，可优先考虑使用分子筛、硅胶和活性氧化铝。而对非极性分子或分子量较大的有机物，应选用活性炭，因为活性炭对烃类化合物具有良好的选择性和较高的吸附能力。对分子较大的吸附质，应选用活性炭和硅胶等孔径较大的吸附剂。而对于分子较小的吸附质，则应选用分子筛，因为分子筛的选择性更多地取决于其微孔尺寸极限。很重要的一点是，要除去的污染物必须小于有效微孔尺寸。

当污染物浓度较大而净化要求不太高时，可采用吸附能力适中而价格便宜的吸附剂。当污染物浓度高而净化要求也高时，可考虑用不同吸附剂进行两级吸附处理或用吸附浸渍的方法（例如浸渍过碘的活性炭可除去汞蒸气，浸渍过溴的活性炭可除去乙烯或丙烯)。

2. 活性与寿命实验

对初步选出的一种或几种吸附剂应进行活性和寿命实验。活性实验一般在小试阶段进行，而对活性较好的吸附剂一般应通过中试进行寿命实验（包括吸附剂的脱附和活化实验)。

3. 经济评估

对初步选出的几种吸附剂进行活性、使用寿命、脱附性能、价格等方面的综合比较，进行经济估算，从中选用总费用最少，效果较好的吸附剂。

(三) 吸附剂的再生

吸附剂的吸附容量有限，在1%～40%（质量分数）之间。要增大吸附装置的处理能力，吸附剂一般都循环使用，即当吸附剂达到饱和或接近饱和时，使其转入脱附和再生操作，再生后重新转入吸附操作。一般常用的脱附再生方法如下。

(1) 升温脱附　根据吸附剂的吸附容量在等压下随温度升高而降低的特点，用升高吸附剂温度的办法，使吸附质脱附，从而使吸附剂得以再生的方法称为升温脱附。选择一定的脱附温度，能使吸附质脱附得比较完全，达到较低的残余负荷。但要严格控制床层温度，以防止吸附剂失活或晶体结构被破坏。脱附阶段对吸附剂床层的加热方式可以采用过热水蒸气法、烟道气法、电感加热和微波加热等。

(2) 降压脱附　根据吸附剂的吸附容量在等温下随压力下降而降低的特点，用降低压力或抽真空的方法使吸附质脱附，从而吸附剂得以再生的方法称为降压脱附。对一定的吸附剂而言，压力变化越大，吸附质脱附得越完全。但要严格控制体系的压力变化，以减少动力消耗和尽量避免吸附剂颗粒剧烈的相对运动。

(3) 置换脱附　根据吸附剂对不同物质具有不同的吸附能力这一特点，在恒温和恒压下，向饱和吸附剂床层中通入可被吸附的流体置换出原来被吸附的物质，从而使吸附质脱附的方法称为置换脱附。此法特别适用于对热敏感性强的吸附质，其脱附效率较高，能使吸附剂的残余负荷很低。在气体净化中常用水蒸气做置换剂，而在液体吸附中常采用水和有机溶剂作为置换剂。由于采用该方法，脱附产物中既有原吸附质，又有置换剂，所以在后处理中必须将其进行分离。为了达到较理想的分离效果，置换剂与吸附质组分间的沸点要相差较大。

（4）吹扫脱附　用不能被吸附的气体（例如惰性气体）吹扫吸附剂床层，以降低气相中吸附质的分压，使吸附质脱附的方法称为吹扫脱附。如吸附了大量水分的硅胶，可通入干燥的氮气进行吹扫，以使硅胶脱出水分而得到再生。

（5）化学转化再生法　有时候可以将被吸附的物质进行化学反应，使其生成一种不易被吸附的新物质而脱附下来。如活性炭上吸附的有机物，可用蒸汽和空气的混合物对它进行氧化，使其生成 CO_2，从而实现脱附再生的目的。

此外，还有一些其他的吸附剂脱附再生方法，例如电解氧化再生法、微生物再生法和药物再生法。至于工业上到底采用哪种操作方法，应视具体情况选用既经济又有效的方法。生产实际中，常常是几种方法结合使用。

四、吸附剂的残留吸附量与劣化现象

由于再生条件不同，再生后的吸附剂中总有一部分吸附质留在里面，一般用 q_R 表示残留吸附量。图 15-1 表示的是吸附剂再生前后吸附容量的变化情况。

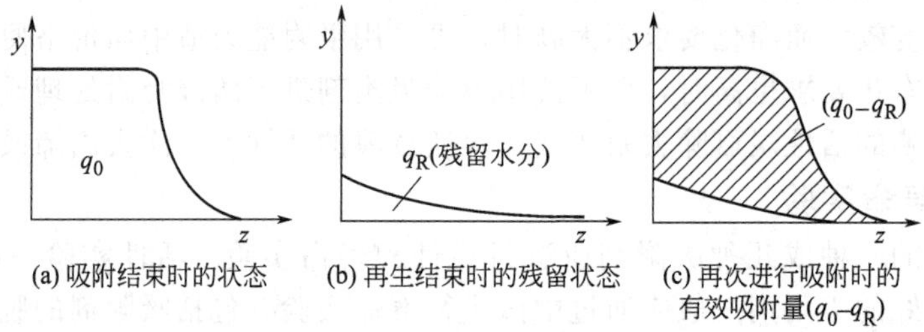

图 15-1　吸附剂再生前后吸附容量的变化

残留吸附量的多少是由再生气体中水分的浓度和再生温度等条件决定的。即使在同一再生温度下，不同的吸附剂残留量也有所不同。硅胶、活性氧化铝和合成沸石在同一再生温度下，其残留水分就有很大的不同。例如以露点为 0℃的再生气体均匀地把吸附剂床层加热到 150℃，硅胶的残留水分量为 1%，活性氧化铝为 2%，而合成沸石却为 5%（图 15-2）。说明硅胶在较低的温度下就可以完成脱附，而合成沸石则要求在较高的温度下再生。

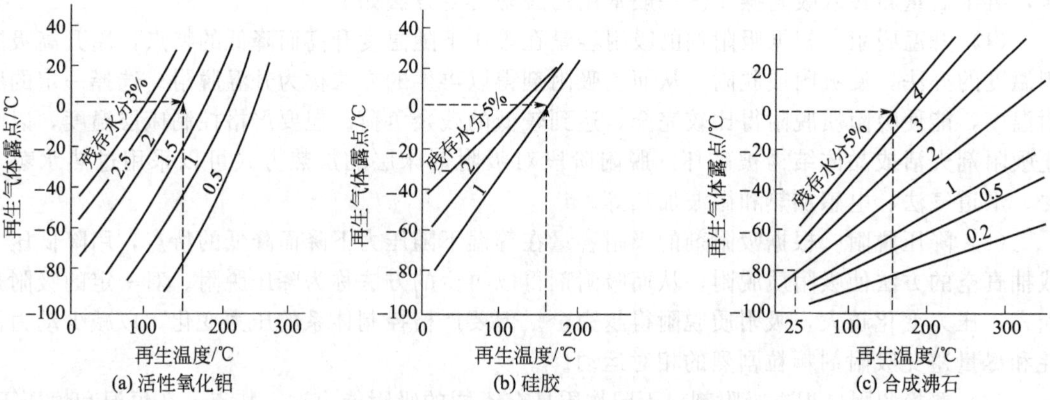

图 15-2　再生条件和残留水分量的关系

吸附容量的减少，是由于吸附剂本身被反复使用和加热再生而发生的劣化现象引起的。产生劣化现象的主要原因有：

① 吸附剂表面被炭、聚合物、化合物所覆盖；

② 加热再生过程中吸附剂成为半熔融状态，使部分细孔堵塞或消失；

③ 由于化学反应使细孔的结晶受到破坏。

吸附剂表面被炭或其他物质黏附的情况是较普遍的。例如在干燥压缩空气时，从压缩机带来的油气凝固在吸附剂表面后会进一步被炭化；当吸附剂吸附有机溶剂后在加热再生时，也会发生分解炭化而黏附在吸附剂表面上。硅、铝类的吸附剂在320℃左右就会产生半熔融现象，使得一些微小的细孔被堵塞，引起吸附表面积的减少。化学反应引起吸附剂的劣化现象，如气体或溶液中含稀酸或稀碱对合成沸石、活性氧化铝的结晶或无定形物质的破坏，导致吸附性能下降。

由于劣化现象的产生，使吸附剂的吸附容量下降。如果用 R 表示劣化率，q_R 表示残留水分量，q_0^* 表示平衡吸附量，则有效吸附量 $q_d=q_0^*(1-R)-q_R$。对于长期使用的吸附剂，在设计时吸附剂的劣化度至少应为初始吸附量的10%～30%。

第二节 固定床吸附装置的设计

一、固定床吸附器的分类与结构特征

固定床吸附器按照床层吸附剂的填充方式可分为立式、环式、卧式几种。

（一）立式吸附器

底和顶盖分别为圆锥形和椭圆形两种（图15-3、图15-4）。吸附剂床层高度在0.5～2.0m的范围内，吸附剂填充在可拆卸的栅板上，栅板安装在梁上。为了防止吸附剂漏到栅板下面，应在栅板上面放置两层不锈钢网或厚度为100mm的块状砾石层。为了使吸附剂再生，最常用的方法是从栅板下方将饱和蒸汽通入床层，栅板下面设置的有一定孔径的环形扩散器可直接通入蒸汽。为了防止吸附剂颗粒被带出，在床层上方用钢丝网覆盖，网上用铸铁固定。

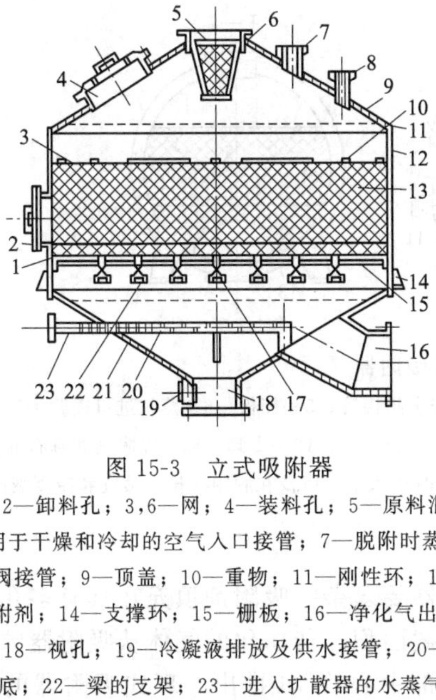

图15-3 立式吸附器

1—砾石；2—卸料孔；3,6—网；4—装料孔；5—原料混合物及通过分配网用于干燥和冷却的空气入口接管；7—脱附时蒸气排出管；8—安全阀接管；9—顶盖；10—重物；11—刚性环；12—外壳；13—吸附剂；14—支撑环；15—栅板；16—净化气出口接管；17—梁；18—视孔；19—冷凝液排放及供水接管；20—扩散器；21—底；22—梁的支架；23—进入扩散器的水蒸气接管

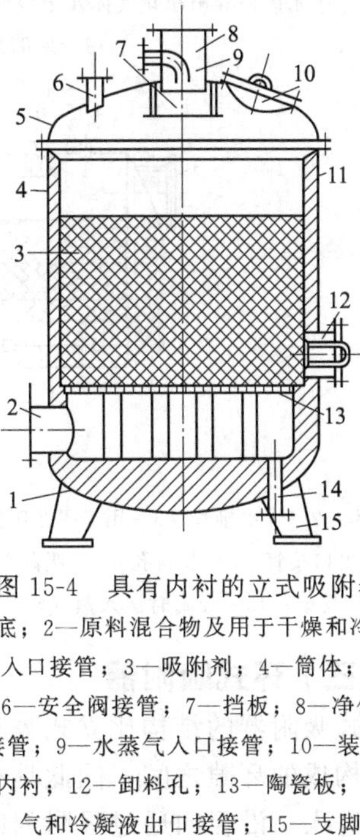

图15-4 具有内衬的立式吸附器

1—底；2—原料混合物及用于干燥和冷却的空气入口接管；3—吸附剂；4—筒体；5—顶盖；6—安全阀接管；7—挡板；8—净化气出口接管；9—水蒸气入口接管；10—装料孔；11—内衬；12—卸料孔；13—陶瓷板；14—蒸气和冷凝液出口接管；15—支脚

图 15-4 为具有内衬的立式吸附器。内衬采用耐火砖和陶瓷板防腐材料制成，吸附剂放在多孔陶瓷板上。在处理腐蚀性流体混合物时可采用此种型式的吸附器。

（二）卧式吸附器

壳体为圆柱形，封头为椭圆形，壳体用不锈钢板或碳素钢板制成。吸附剂床层高度为 0.5～1.0m。在图 15-5 所示的吸附器中，待净化的气体从入口接管 2 被送入吸附剂床层的上方空间，净化后的气体从吸附剂床层底部接管 11 排出。用于脱附的饱和蒸汽经一定孔径的环形扩散器 17 送入，然后从吸附器顶部接管 8 排出。图 15-6 所示的吸附器与图 15-5 所示的吸附器不同的是吸附剂床层下方安装的不是栅板，而是底朝上的长槽式整体底座 13，底座上放有砾石层 11，其上面是吸附剂层 9。利用砾石层作为承载板，在吸附剂需要再生时，砾石层要吸收大量的热，这些热量可用于吸附剂下一阶段的干燥。卧式吸附器的优点是流体阻力小，可以减少流体通过吸附剂床层的动力消耗。但由于吸附剂床层横截面积大，易产生气流分配不均匀现象。

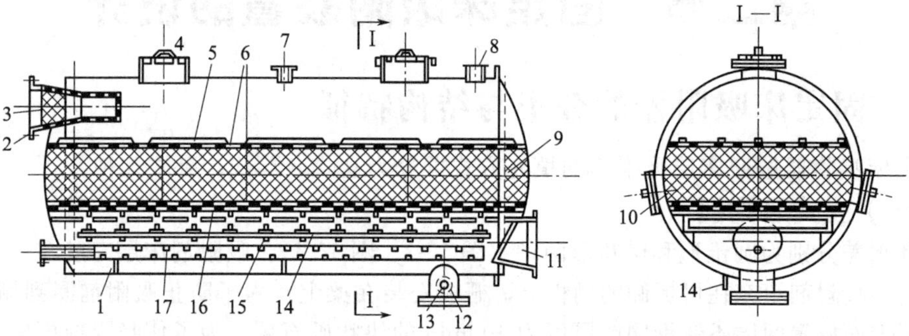

图 15-5 BTP 卧式吸附器

1—壳体；2—吸附时送入蒸气空气混合物及干燥和冷却时送入空气的接管；3—分布网；4—带有防爆板的装料孔；5—重物；6—网；7—安全阀接管；8—脱附阶段蒸气出口接管；9—吸附剂层；10—吸附剂卸料孔；11—吸附阶段导出净化气体及干燥和冷却时导出废空气的接管；12—视孔；13—排出冷凝液和供水的接管；14—梁的支架；15—梁；16—可拆卸栅板；17—扩散器

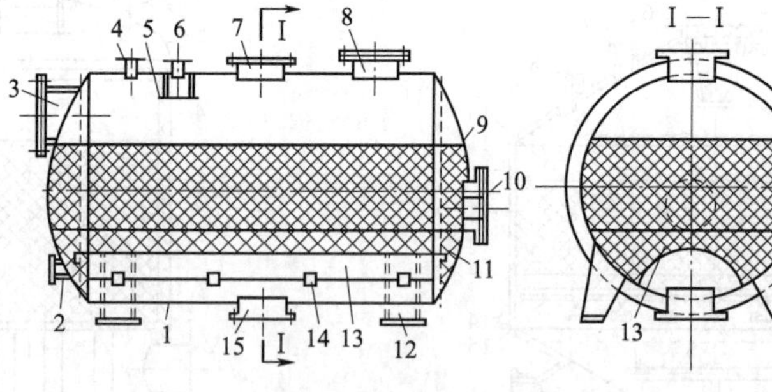

图 15-6 卧式吸附器

1—壳体；2—供水接管；3—用于平整吸附剂层的人孔；4—安全阀接管；5—挡板；6—蒸汽进口接管；7—吸附阶段净化气出口接管；8—装料孔；9—吸附剂层；10—卸料孔；11—砾石层；12—支脚；13—吸附剂和砾石的整体底座；14—支架；15—吸附时送入蒸气空气混合物、干燥和冷却时送入空气以及在脱附时排出蒸气和冷凝液的接管

（三）环式吸附器

环式吸附器的结构比立式吸附器和卧式吸附器要复杂。吸附剂填充在具有多孔的两个同心圆筒构成的环隙之间，因此具有比较大的吸附截面积。待净化的气体从吸附器的底部左侧接管 2 进入，沿径向通过吸附剂床层，然后从底部中心管 16 排出。环式吸附器的特点是吸

附器比较紧凑，吸附截面积大，且在不太高的流体阻力下具有较大的产生能力。BTP环式吸附器结构如图15-7所示。

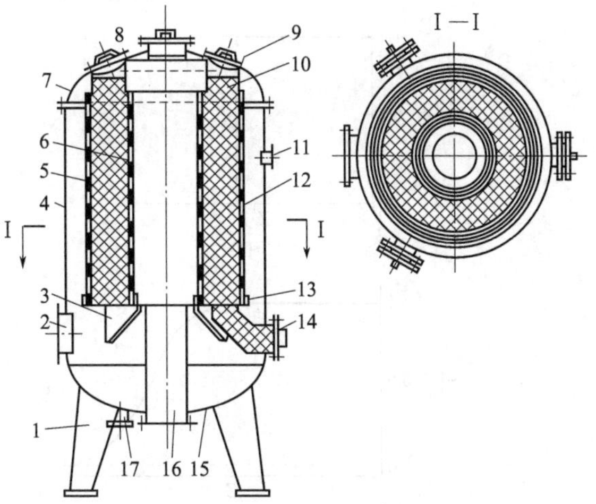

图15-7　BTP环式吸附器

1—支脚；2—蒸气空气混合物及用于干燥和冷却的空气入口接管；3—吸附剂筒底支座；4—壳体；5,6—多孔外筒和内筒；7—顶盖；8—视孔；9—装料孔；10—补偿料斗；11—安全阀接管；12—活性炭层；13—吸附剂筒底座；14—卸料孔；15—底；16—净化气和废空气的出口及水蒸气的入口接管；17—脱附时排出蒸气和冷凝液及供水用接管

二、固定床吸附器的设计计算

吸附器设计计算的原始数据通常是：原料混合物的流量和组成；吸附分离要求；吸附剂的性质；吸附和再生的操作条件等。设计计算的目的是：确定吸附器的床层直径和高度；吸附剂的用量；透过时间；床层压降及设计吸附器的支承与固定装置、气流分布装置等。

吸附器的设计计算一般要涉及物料衡算方程、吸附等温方程和传热速率方程及热量衡算。如果吸附分离是在恒温下进行的，可以不考虑传热速率方程和热量衡算。一般溶质浓度较低的气体混合物的吸附分离过程，因其吸附热较小，可近似等温过程。在此主要讨论恒温下固定床吸附分离过程的设计计算。

由于固定床吸附器内的流体相和固定颗粒相之间的物质传递，对任一时间或任一颗粒来说都是不稳定过程，因而固定床吸附器的操作是非稳态的，计算过程比较复杂。通常是采用简化的近似方法，常用的有透过曲线计算方法和希洛夫近似计算方法。

（一）透过曲线计算方法[2,4]

1. 基本概念

（1）吸附负荷曲线与透过曲线　把选定的颗粒大小均一的吸附剂装填在固定床吸附柱中，让初始浓度为 c_0 的气体等速通过吸附柱。柱内吸附剂吸附的溶质量随时间沿床层垂直方向变化的关系曲线称为吸附负荷曲线，流出气体中溶质浓度随时间变化的关系曲线称为透过曲线（图15-8）。

假设传质阻力为零，传质速率无限大，两相在瞬间可以达到平衡，则吸附负荷曲线与透过曲线为直线折线［图15-8(a)、(b)］。实际上由于各种因素的影响（流速、吸附相平衡、吸附机理等），传质阻力不可能为零，传质速率也不可能无限大，故两相接触时间较短，不可能达到相平衡状态，所以吸附负荷曲线与透过曲线均成为弯曲的形状［图15-8(c)、(d)］，其中S形的一段曲线称为传质前沿或吸附波。由于从床层各部位采样测量吸附剂的吸附量容易破坏床层的装填密度，影响床层中气体的流速分布和浓度分布，故很难得到吸附负荷曲线。通常情况下都是用透过曲线来反映床层中吸附剂负荷的变化。

（2）透过点与透过时间　让初始浓度为 c_0 的气体从固定床吸附柱下方流入，此时柱内的吸附剂开始吸附气体中的溶质。经过一段时间 τ_1 后，在入口端形成负荷曲线（浓度梯度），溶质则在这部分床层中全部被吸附，吸附柱上方虽有流体通过，但其中已不含溶质。随着气体继续通过床层，经过时间 τ_2 后，负荷曲线沿着床层平行地向前移动，即成为所谓“恒定模式”。“恒定模式”时，传质区高度 Z_a 为一定值（图15-9）。

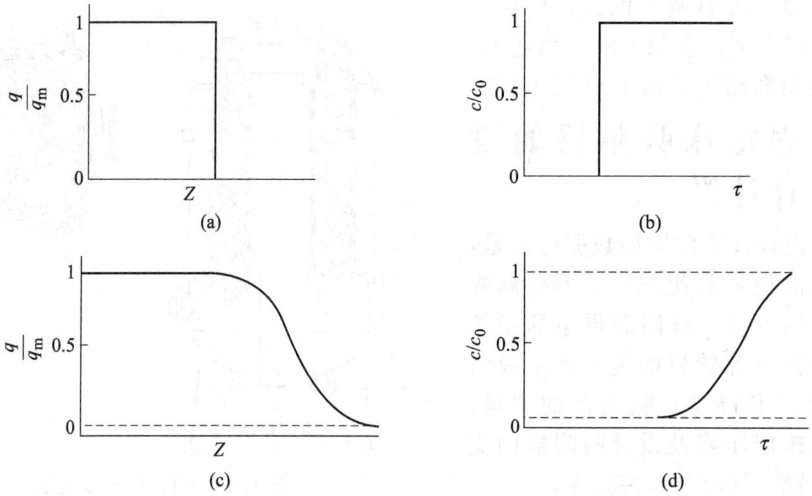

图 15-8 吸附负荷曲线和透过曲线

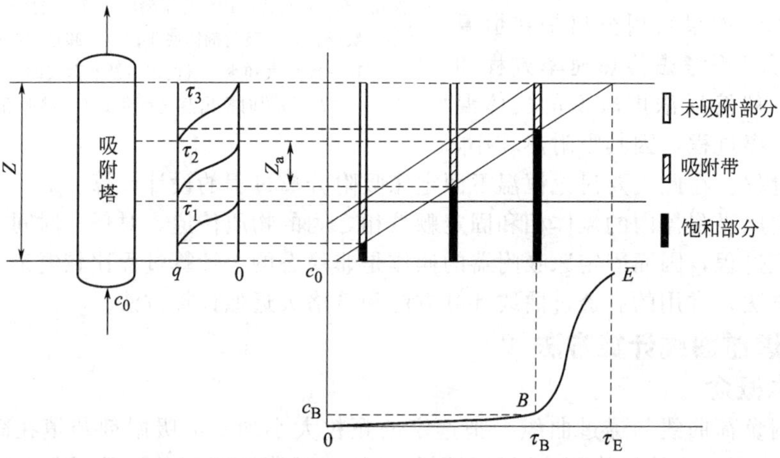

图 15-9 吸附波的形成和移动

继续让恒定浓度的气体通过吸附柱，经过时间 τ_3 后，负荷曲线（S 形吸附波）的前端移到吸附柱末端时，气体中开始有溶质漏出。水平虚线 c_B 是根据排放标准确定的污染物在净化后气流中的最大允许浓度，此浓度对应的时间 τ_B 称透过时间，此点 B 称透过点。这时单位床层吸附剂所吸附的溶质量为床层的动活性。随着吸附波慢慢移出吸附柱末端，气体中的浓度逐步增大，直至吸附波完全离开床层，即气体中溶质浓度恢复至初始浓度 c_0 时，此时间 τ_E 称干点时间，此点 E 称干点。此时床层中全部吸附剂已饱和，完全失去了吸附能力。这时吸附剂所具有的吸附容量为床层的静活性。当用固定床吸附器净化气体时，一旦达到透过点，就应停止吸附操作，切换到另一吸附柱。穿透了的吸附床需转入脱附再生。

(3) 传质区高度　S 形吸附波（传质前沿）所占据的床层高度称传质区高度 Z_a [图 15-10(a)]。从理论上讲，传质区高度应是流出气体中溶质浓度从 0 变到 c_0 这段区间内传质前沿或透过曲线在 Z 轴上所占据的长度，但实际上再生后的吸附剂中还残留一定量的吸附质（一般为初始浓度的 5%或 10%），而吸附剂完全达到饱和时间又太长，所以一般把由透过时间 τ_B 对应的溶质浓度 c_B 到干点时间 τ_E 对应的溶质浓度 c_E 这段区间内传质前沿或透过曲线在 Z 轴上所占据的长度称为传质区高度 [参见图 15-10(b)]。

（4）吸附饱和率和剩余饱和吸附能力分率　在传质区 Z_a 内，吸附剂实际吸附的溶质量与吸附剂达到饱和时吸附的总溶质量之比称为吸附饱和率。而吸附剂仍具有的吸附容量与吸附剂饱和时吸附的总溶质量之比称为剩余饱和吸附能力分率。图 15-10 中的 q-Z 曲线，吸附饱和率为 $\overline{agdcb}/\overline{abcdef}$，剩余饱和吸附能力分率为 $\overline{agdef}/\overline{abcdef}$。剩余饱和吸附率愈大，表示床层的利用效率愈大。

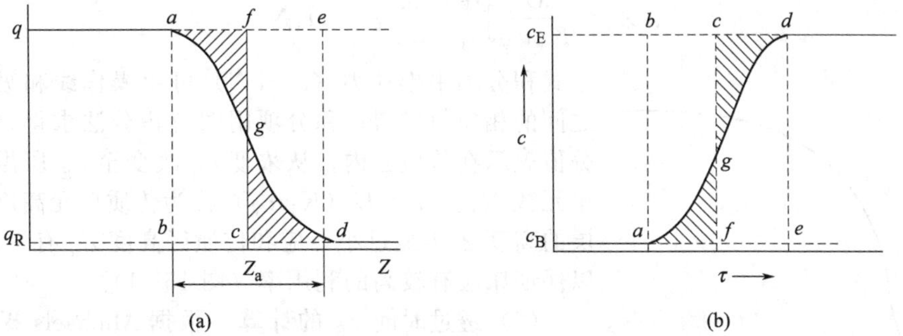

图 15-10　吸附饱和率和剩余饱和吸附能力分率的分析

2. 计算方法

最简单的体系是在恒温下，进料为惰性气体（或液体）仅有一种吸附质组分的流体。该体系得到的仅有一个吸附波或传质区。此种情况下固定床吸附器的计算主要为传质区的高度 Z_a、透过点时间 τ_B 和全床层饱和度 S。

（1）传质区高度 Z_a 的计算　如果吸附波形成后，以恒定的速度向前移动，其移动速度可通过对微元固定床层作物料衡算得到：

$$\varepsilon u a c_0 \mathrm{d}\tau = A[(1-\varepsilon)q_m + \varepsilon c_0]\mathrm{d}Z \tag{15-1}$$

移项，并用 U_c 表示吸附波的移动速度：

$$U_c = \frac{\mathrm{d}Z}{\mathrm{d}\tau} = \frac{\varepsilon u c_0}{(1-\varepsilon)q_m + \varepsilon c_0} \tag{15-2}$$

在污染物浓度 c_0 很低时，取$\rho_B = \varepsilon/(1-\varepsilon)$，则式(15-2) 可近似为：

$$U_c = \frac{u c_0}{\rho_B q_m} \tag{15-3}$$

式中，c_0 为进入吸附器流体的初始浓度，kg/m^3；ρ_B 为吸附剂颗粒的堆积密度，kg/m^3；q_m 为与 c_0 呈平衡的吸附量，kg/kg（溶质/吸附剂）。

以流体相浓度为推动力，用总传质系数表示的吸附传质速率方程为：

$$\rho_B \frac{\mathrm{d}q}{\mathrm{d}\tau} = K_F a_V (c - c^*) \tag{15-4}$$

式中，K_F 为以流动相浓度差为基准的总传质系数，m/h；a_V 为单位体积吸附剂的传质外表面积，m^2/m^3；c^* 为吸附平衡时流动相中吸附质的浓度，kg/m^3。

固定床内任一点吸附量和流体浓度之间，对于具有“恒定模式”吸附波的床层有下列关系：

$$q = \frac{c}{c_0} q_m \tag{15-5}$$

此式亦称为操作线方程。

对于式(15-4) 取透过时间 τ_B 和干点时间 τ_E 为时间项积分上下限，取与 τ_B 和 τ_E 相对应的 c_B 和 c_E 为浓度项积分上下限，并将式(15-5) 代入式(15-4)，得到传质区整个吸附操作时间为：

$$\tau_E-\tau_B=\frac{\rho_B q_m}{c_0 K_F a_V}\int_{c_B}^{c_E}\frac{dc}{c-c^*} \tag{15-6}$$

则传质区高度应为：

$$Z_a=U_C\ (\tau_E-\tau_B) \tag{15-7}$$

将式(15-3)、式(15-6) 代入式(15-7)，得：

$$Z_a=\frac{U}{K_F a_V}\int_{c_B}^{c_E}\frac{dc}{c-c^*}=H_t N_t \tag{15-8}$$

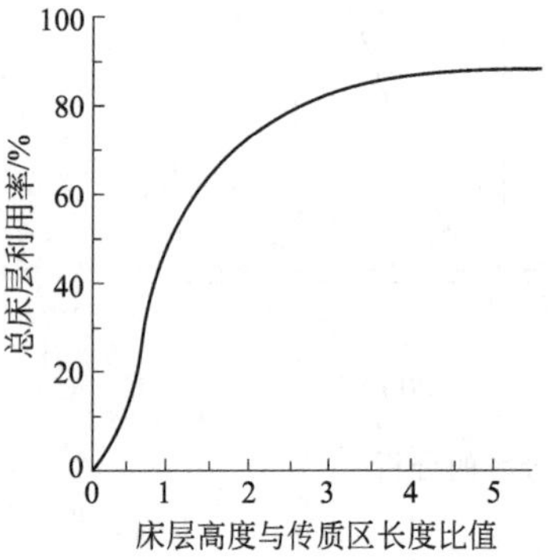

图 15-11 床层高度比值与利用率关系

上式积分项中推动力（$c-c^*$）可由操作线和吸附等温线之间的相应值求得。积分项用图解积分法求得，此图解积分值表示在传质区内，从浓度 c_B 改变至 c_E 所需要的传质单元数 N_t。$H_t=U/(K_F a_V)$ 称为传质单元高度。一般床层的高度 Z 不能过小，应和传质区高度 Z_a 有一定的比例，以保证床层有较高的利用率（图 15-11）。

(2) 透过时间 τ_B 的计算　根据 Michaels 提出的传质区内剩余饱和吸附能力分率 f 的概念，透过时间 τ_B 的计算公式为：

$$\tau_B=\frac{\rho_B q_m}{U c_0}\ (Z-fZ_a) \tag{15-9}$$

式中 f 的定义为：

$$f=\frac{\int_{W_B}^{W_E}(X_0-X)dW}{X_0 W_A}=\int_{W_B}^{W_E}\left(1-\frac{X}{X_0}\right)d\frac{W}{W_A} \tag{15-10}$$

式中，X_0 为进入吸附器流体的初始浓度，kg/kg；W_B、W_E 为到达透过点和干点时流出的纯溶剂量，kg/（h·m^2）；$W_A=W_E-W_B$ 为干点和透过点之间累积的纯溶剂量，kg/(h·m^2)。

式(15-9) 说明透过时间 τ_B 与床层高度成正比，并随流动相的流速和剩余饱和吸附能力分率的增加而缩短。f 值一般取 0.4～0.5。

(3) 全床层饱和度 S 的计算　达到透过点时，床层中饱和区与传质区吸附溶质的量和全床层吸附剂完全饱和时吸附溶质的量之比，称为全床层饱和度，其表达式为：

$$S=\frac{(Z-Z_a)\ A\rho_B X_T+Z_a A\rho_B\ (1-f)\ X_T}{ZA\rho_B X_T}=\frac{Z-fZ_a}{Z} \tag{15-11}$$

式中，Z，Z_a 分别为全床层高度和传质区高度，m；A 为床层横截面积，m^2；X_T 为饱和吸附剂中吸附质的浓度，即床层静活性，kg/kg；$(Z-Z_a)\ A\rho_B X_T$ 为饱和区吸附剂吸附溶质的量；$Z_a A\rho_B\ (1-f)\ X_T$ 为传质区吸附剂吸附溶质的量；$ZA\ \rho_B X_T$ 为全床层吸附剂均达到饱和时吸附溶质的量。

（二）希洛夫近似计算方法

假设传质阻力为零，吸附速率为无穷大，则吸附负荷曲线为一垂直于 Z 轴的直线，传质区高度 Z_a 为无穷小。又假设吸附剂床层达到透过点时全部处于饱和状态，其动活性等于静活性，即饱和度为 1。

在上述两点假设下，其透过时间内流体带入床层的溶质量等于该时间内床层所吸附的溶质的量，即：

$$G_s\tau_B' A c_0=ZA\rho_B X_T \tag{15-12}$$

式中，G_s 为流体通过床层的速率，kg/(m^2·s)；A 为吸附剂床层截面积，m^2；X_T 为与

c_0 达吸附平衡时吸附剂的平衡吸附量，即静活性，kg/kg（溶质/吸附剂）。

由上式得吸附床的理想透过时间为：

$$\tau_B' = \frac{\rho_B X_T}{G_s c_0} Z = KZ \tag{15-13}$$

对于一定的吸附系统和操作条件，K 为常数。理想透过时间 τ_B' 与吸附层长度 Z 成直线关系。因此，只要测得 K 值，即可由床层高度计算出透过时间 τ_B'，反之亦然。

实际上吸附速率不可能无穷大，到达透过时间时床层内吸附剂不可能完全饱和，即在实际吸附过程中，实际透过时间 τ_B 要小于上述假设的理想透过时间 τ_B'，所以在实际设计中可将上式修改为：

$$\tau_B = \tau_B' - \tau_0 \tag{15-14}$$

或

$$\tau_B = K(Z - Z_0) \tag{15-14a}$$

式中，τ_0 称为吸附操作的时间损失；Z_0 称为吸附床层的长度损失；τ_0 和 Z_0 值均可由实验确定。

上两式即为具有实用价值的希洛夫方程。虽然希洛夫方程仅能近似地确定吸附层的长度和透过时间，但因其简单方便，在计算中仍广泛地被采用。

【例 15-1】 某厂用固定床吸附器回收废气中的四氯化碳。常温常压下废气的体积流量为 $1000m^3/h$，四氯化碳的初始浓度为 $2\ g/m^3$，空床速度为 20m/min。选用粒状活性炭作为吸附剂，其平均直径为 3mm，堆积密度为 $450kg/m^3$，采用水蒸气置换脱附，每周脱附一次，累计吸附时间为 40h。在上述条件下进行动态吸附试验，测定不同床层高度下的透过时间，得到下列数据：

床层高度 Z/m	0.1	0.15	0.2	0.25	0.3	0.35
透过时间 τ_B/min	109	231	310	462	550	650

试确定固定床吸附器的直径、高度、吸附剂用量。

解： 以 Z 为横坐标，τ_B 为纵坐标，将上述实验数据描绘在坐标图上得一直线（例 15-1 附图）。直线的斜率为 K，在纵轴上的截距为 τ_0。

由例 15-1 附图，图解得到：

$$K = 2143\text{min/m} \quad \tau_0 = 95\text{min}$$

由希洛夫方程 $\tau_B = KZ - \tau_0$ 得：

$$Z = \frac{\tau_B + \tau_0}{K} = \frac{40 \times 60 + 95}{2134} = 1.164\ (\text{m})$$

取 $Z = 1.2$m。

采用立式圆柱床进行吸附，其直径为：

$$D = \sqrt{\frac{4Q}{\pi U}} = \sqrt{\frac{4 \times 1000}{\pi \times 20 \times 60}} = 1.03\ (\text{m})$$

取 $D = 1.0$m。

所需吸附剂用量为：

$$W = ZA\rho_B = 1.20 \times \pi/4 \times 1.0^2 \times 450 = 423.9\ (\text{kg})$$

考虑到装填损失，取损失率 10%，则吸附剂用量为 466kg。

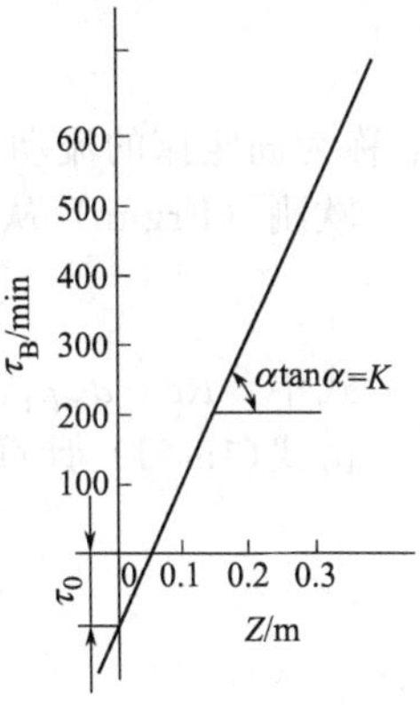

例 15-1 附图希洛夫线

（三）固定床吸附器床层压降的计算[2,4]

流体通过固定床吸附器时，由于流体不断地分流和汇合以及流体与吸附剂颗粒和器壁的摩擦阻力会产生一定的压降。在设计固定床吸附器时多采用流路模型估算床层压力降。若对压力降计算有更高的精度要求，则可直接用实验测得的数据。

吸附剂床层由大量的粒径和形状不同的颗粒堆积而成，颗粒之间的空隙结构毫无规则，

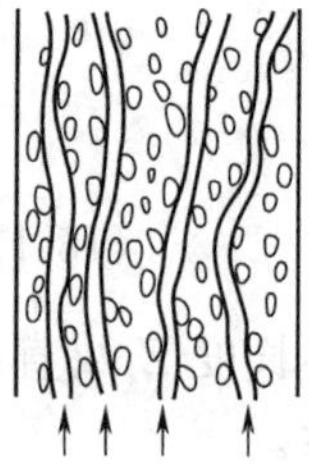

图 15-12 流路模型示意

因而造成流体流动的通道曲折复杂，难以进行理论计算。流路模型是将流体的通路看成一组平行弯曲的细管（图 15-12），流体通过固定床的压降相当于通过一组直径为 d_e、长度为 L_e 的细管的压降：

$$\Delta p=\lambda \frac{L_e}{d_e}\times\frac{\rho_f U_f^2}{2} \tag{15-15}$$

式中，U_f 为细管内的流速，即吸附剂颗粒空隙间的流速，它与空床流速的关系为：

$$U=\varepsilon U_f \tag{15-16}$$

d_e 为虚拟的一组平行细管的当量直径，其定义：

$$d_e=\frac{4\times 通道截面积}{浸润周边}$$

假定细管的内表面积等于床层颗粒的全部外表面积，细管的全部流动空间等于床层颗粒的空隙容积，若以 $1m^3$ 床层体积为基准，则：

$$d_e=\frac{4\varepsilon}{a(1-\varepsilon)} \tag{15-17}$$

式中，a 为颗粒的比表面积，对于球形颗粒有：

$$a=\frac{6}{d_p} \tag{15-18}$$

将式(15-16) ～式(15-18) 代入式(15-15)，得：

$$\frac{\Delta p}{L}=\lambda \frac{3L_e}{4L}\times\frac{1-\varepsilon}{\varepsilon^3 d_p}\rho_f U^2 \tag{15-19}$$

令

$$f_k=\frac{3\lambda L_e}{L}$$

则式(15-19) 可写作：

$$\frac{\Delta p}{L}=f_k \frac{1-\varepsilon}{\varepsilon^2 d_p}\rho_f U^2 \tag{15-20}$$

f_k 称为固定床的流动摩擦系数，其数值必须由实验测得。

欧刚（Frgun）从大量数据整理得到了 f_k 的计算式：

$$f_k=150\frac{1-\varepsilon}{Re}+1.75 \tag{15-21}$$

式中，$Re=d_p\rho_f U/\mu_f$。

由式(15-21) 计算的流动摩擦系数和实验值的比较如图 15-13 所示。

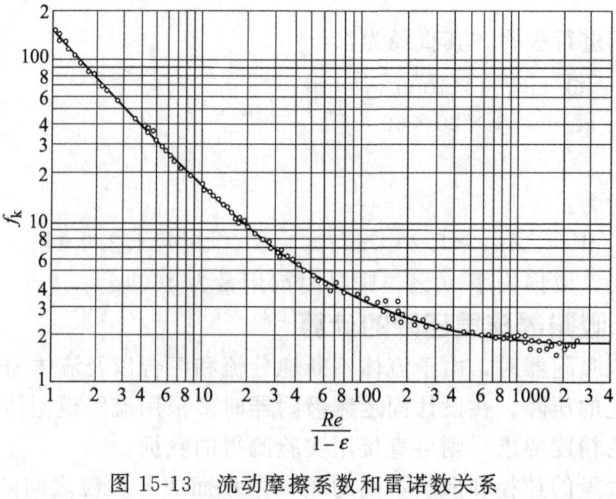

图 15-13 流动摩擦系数和雷诺数关系

将式(15-21) 代入式(15-20)，得：

$$\frac{\Delta p}{L}=\frac{(1-\varepsilon)^2}{\varepsilon^3}\times\frac{\mu_f U}{d_p^2}+1.75\frac{1-\varepsilon}{\varepsilon^3}\times\frac{\rho_f U^2}{d_p} \tag{15-22}$$

Ergun 方程的适用范围是 $Re/(1-\varepsilon)\leqslant 2500$。

第三节　移动床吸附装置的设计

一、移动床吸附器的结构特征

移动床吸附器早期用于从含烃类原料气中提取烯烃和乙炔等组分。1947 年曾建立的大型移动床吸附分离装置，气体处理量达 $2100m^3/h$，乙烯回收量 1000 t/a，将乙烯含量（体积分数）从 4.5%～6%提高到 92%～93%。此后移动床吸附器在食品工业、精细化工和环境污染治理方面进一步得到应用。典型的移动床吸附装置如图 15-14 所示。它是由吸附段Ⅰ、精馏段Ⅱ和脱附段Ⅲ组成的连续循环吸附分离操作系统（也称超吸附），该装置适用于多组分气体混合物的分离。下面对该装置的主要部件做简要介绍。

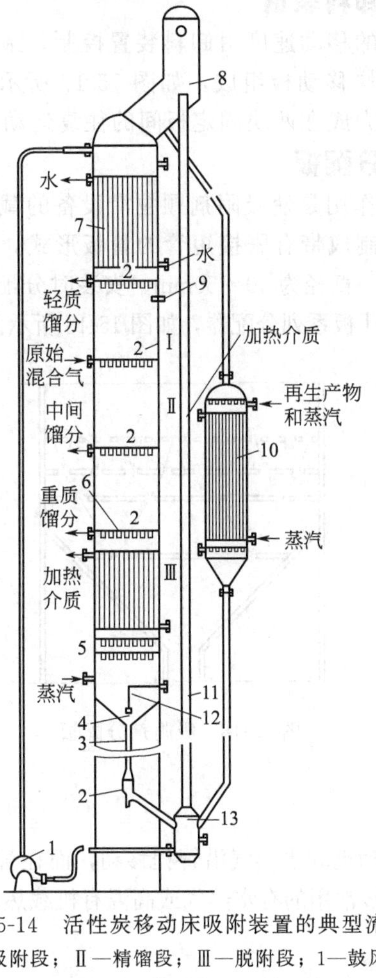

图 15-14　活性炭移动床吸附装置的典型流程

Ⅰ—吸附段；Ⅱ—精馏段；Ⅲ—脱附段；1—鼓风机；2—闸门；3—水封管；4—水封；5—卸料板；6—分配板；7—冷却器；8—料斗；9—热电偶；10—再生器；11—气流输送管；12—料面指示器；13—收集器

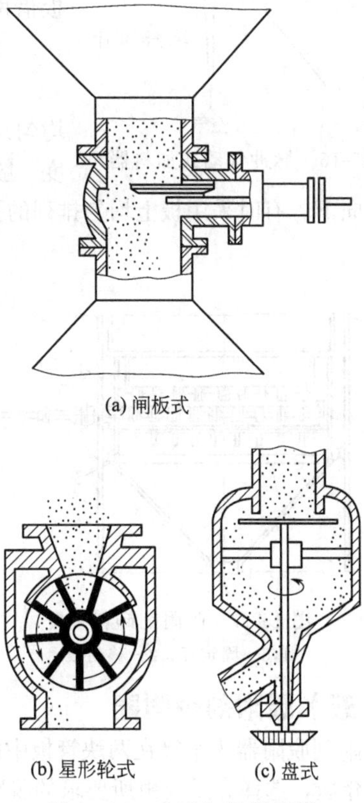

图 15-15　典型加料器简图

（一）吸附剂冷却器

如图 15-14 所示，经脱附后的吸附剂从设备顶部的料斗 8 进入冷却器 7。该冷却器是一种立式列管换热器。吸附剂沿胀接在管板上的管内通过，管间隙通入冷却水。有时为了干燥，在料斗中迎着吸附器方向送入部分轻馏分。

（二）吸附剂加料装置

加料装置一般分为机械式和气动式两大类。机械式加料器如图 15-15 所示，最简单的是闸板式加料器，其中固体颗粒的加入速度是靠闸板来调节的。在星形轮式加料器中，固体颗粒的加入是靠改变星形轮的转数来调节的。在盘式加料器中，吸附剂加入量的调节是以改变转动圆盘的转数来实现的。

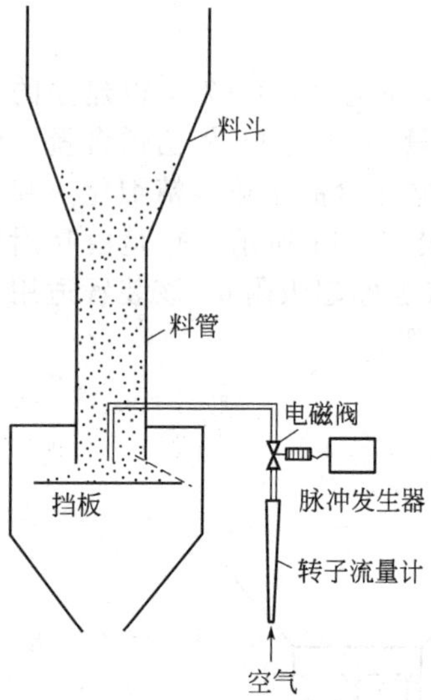

图 15-16 脉冲气动式加料器

脉冲气动式加料器如图 15-16 所示。其操作原理为用电磁阀控制的气源周期地通气与断气，从而使置于圆盘中心上方的气嘴周期地向存在于圆盘上的颗粒物料吹气，致使盘上的物料被周期地排出。

（三）吸附剂卸料装置

移动床中吸附剂的移动速度由卸料装置控制，最常见的是由两块固定板和一块移动板组成，如图 15-17 所示。移动板借助于液压机械来完成在两块固定板间的往复运动。

（四）吸附剂分配板

吸附剂分配板的作用是使吸附剂颗粒沿设备的截面能够均匀地分布。分配板制成带有胀接短管的管板形式，短接长度一般为 0.25～0.6m，直径为 40～50mm。安装时分配板的短接一面向下。有时采用板上均匀排列的孔数逐渐减少的孔板系列分配器，如图 15-18 所示。

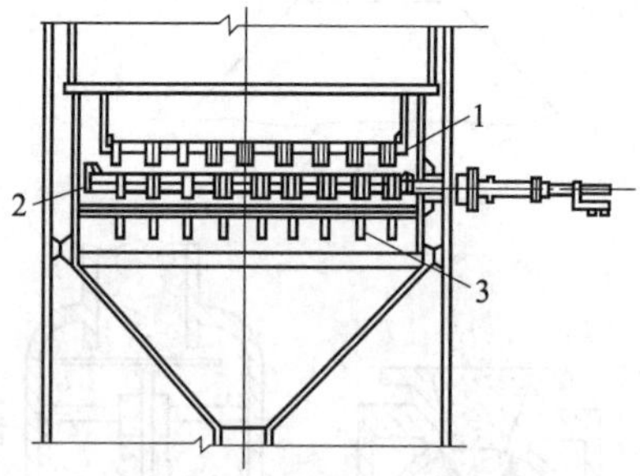

图 15-17 吸附剂卸料装置

1,3—固定板；2—移动板

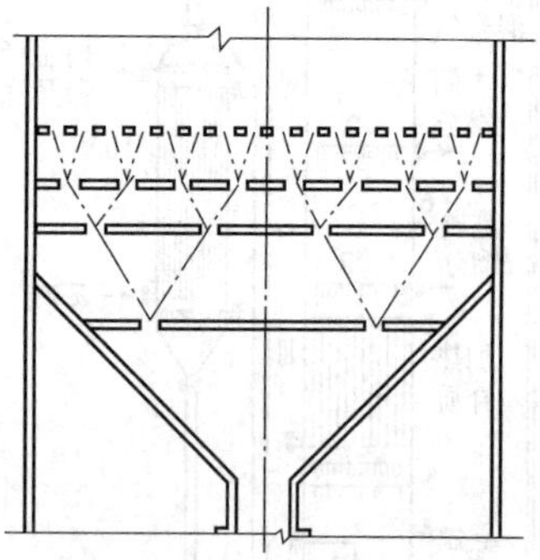
图 15-18 吸附剂分配板

（五）吸附剂脱附器

吸附剂脱附器为胀接在两块管板中的直立管束。吸附剂和水蒸气沿管程移动，而在管隙间通入加热介质，选择介质要由所要求的脱附温度来决定，最常用的有水蒸气或高温有机载热体。

二、移动床吸附器的设计计算

（一）吸附器直径的计算

吸附器一般为圆柱形设备，设备的直径可由进料气体的体积流量及通过设备横截面的空塔气速求得，即：

$$D=(4V/\pi U)^{1/2} \tag{15-23}$$

通常被分离的气体混合物的流量为已知，因而吸附器直径的确定取决于空塔气速。移动床吸附器中的空塔气速应该低于临界流化速度。球形颗粒的床层临界流化速度可由下列关系式求得：

$$Re_{\mathrm{mf}}=\frac{Ar}{1400+5.22Ar^{1/2}} \tag{15-24}$$

式中，Ar 为阿基米德数；Re_{mf} 为临界流化速度时的雷诺数。

Ar 和 Re_{mf} 表达式分别为：

$$Ar=\frac{d_{\mathrm{p}}^{3}\rho_{\mathrm{f}}g}{\mu_{\mathrm{f}}^{2}}(\rho_{\mathrm{s}}-\rho_{\mathrm{f}}) \tag{15-25}$$

$$Re_{\mathrm{mf}}=\frac{d_{\mathrm{p}}U_{\mathrm{mf}}\rho_{\mathrm{f}}}{\mu_{\mathrm{f}}} \tag{15-26}$$

式中，μ_{f} 为流体的黏度，Pa·s；ρ_{f}，ρ_{s} 分别为流体和固体颗粒的密度，$\mathrm{kg/m^3}$；U_{mf} 为临界流化速度，m/s；d_{p} 为固体颗粒的平均直径，m。

若吸附剂是由不同大小的颗粒组成，应按下式计算颗粒的平均直径：

$$d_{\mathrm{p}}=\frac{1}{\sum\limits_{i=1}^{n}x_{i}/d_{\mathrm{p}i}} \tag{15-27}$$

式中，x_i 为颗粒各筛分的质量，%；$d_{\mathrm{p}i}$ 为颗粒各筛分的平均直径，m。

利用式（15-26）算出 U_{mf} 后，一般空塔气速取临界流化速度的 0.6～0.8 倍。

（二）吸附剂移动床层高度的计算[3,4]

逆流连续吸附分离操作与吸收操作相类似，只是以固体吸附剂代替液体吸收剂。当气体中污染物浓度很低时，可视为等温吸附过程。取塔中任一截面分别与塔底、塔顶对单一组分污染物作物料衡算［图 15-19(a)］，可得操作线性方程：

$$Y=\frac{L_{\mathrm{S}}}{G_{\mathrm{S}}}X+\left(Y_{1}-\frac{L_{\mathrm{S}}}{G_{\mathrm{S}}}X_{1}\right) \tag{15-28}$$

$$\text{或}\ Y=\frac{L_{\mathrm{S}}}{G_{\mathrm{S}}}X+\left(Y_{2}-\frac{L_{\mathrm{S}}}{G_{\mathrm{S}}}X_{2}\right) \tag{15-28a}$$

式中，G_{S} 为通过吸附器床层的惰性气体量，$\mathrm{kg/(s\cdot m^2)}$；L_{S} 为吸附剂的纯质量流量，$\mathrm{kg/(s\cdot m^2)}$；Y_1、Y_2 分别为进口、出口气体中污染物的浓度，kg/kg(污染物/惰性气体)；X_1、X_2 分别为出口、进口吸附剂中污染物的浓度，kg/kg(污染物/纯吸附剂)。

在稳态操作条件下，$L_{\mathrm{S}}/G_{\mathrm{S}}$ 为定值，故操作线为一直线，直线的斜率为 $L_{\mathrm{S}}/G_{\mathrm{S}}$，且应通过 E（X_1，Y_1）和 D（X_2，Y_2）两点，操作线上的任一点 P（X，Y）代表着吸附器内相应截面上的操作状况［图 15-19(b)］。

因气相和固相中污染物的浓度沿床层高度是逐步变化的，故取一微元 dZ 作物料衡算，并假设在该微元吸附层内，气相和固相中污染物的浓度变化很小，可认为吸附速率为一定值，由此得到：

$$L_{\mathrm{S}}\mathrm{d}X=G_{\mathrm{S}}\mathrm{d}Y=K_{\mathrm{Y}}a_{\mathrm{V}}(Y-Y^{*})\mathrm{d}Z \tag{15-29}$$

对 dZ 积分得吸附剂移动床层高度计算公式：

$$Z=\frac{G_S}{K_Y a_V}\int_{Y_2}^{Y_1}\frac{dY}{Y-Y^*}=H_t N_t \tag{15-30}$$

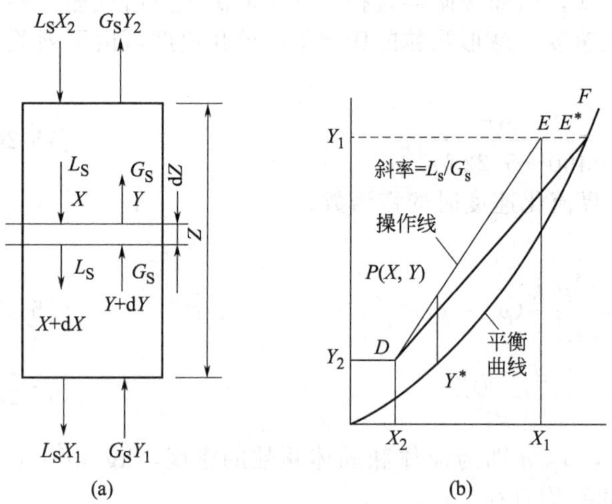

图 15-19 逆流连续吸附分离示意

式中，K_Y 为气相传质系数，kg/(s·m^2)；a_V 为单位体积吸附剂颗粒的表面积，m^2/m^3；Y^* 为与固相中污染物浓度呈平衡的气相组成，kg/kg（污染物/惰性气体）。

（三）吸附剂用量的计算

与吸收操作相类似，操作线斜率 L_S/G_S 称为"固气比"，它反映了单位气体处理量所需的吸附剂用量的大小。当 G_S 一定时，若要减少吸附剂用量，操作线斜率就要变小，其极限状况为操作线上的点 E 水平移至吸附平衡线上的点 E^*，图 15-19（b）中的 DE^* 线即为最小固气比时的操作线。实际操作条件下的固气比应为最小固气比的 1.1～2.0 倍，即 $L_S/G_S=1.1\sim2.0(L_S/G_S)_{min}$。

最小固气比可用图解法求出。如果吸附平衡线符合图 15-19（b）的情况，则需找到水平线 $Y=Y_1$ 与平衡线的交点 E^*，从而读出 X_1^* 的值，然后用下式计算最小固气比，即

$$(L_S/G_S)_{min}=\frac{Y_1-Y_2}{X_1^*-X_2} \tag{15-31}$$

或

$$L_{S,\ min}=G_S\frac{Y_1-Y_2}{X_1^*-X_2} \tag{15-31a}$$

也可用下式计算吸附剂的用量：

$$L_S=\rho_B U_C=\rho_B\frac{UY_1}{\varepsilon Y_1+X_1^*} \tag{15-32}$$

式中，U_C 为吸附剂在塔中的位移速度，m/s；U 为空塔气速，m/s；ε 为床层空隙率，一般在 0.33～0.49 之间；ρ_B 为吸附剂的堆积密度，kg/m^3；X_1^* 为与 Y_1 呈平衡的固相吸附剂中污染物的浓度，kg/kg（污染物/吸附剂）。

三、移动床吸附器设计举例

【例 15-2】 用连续移动床逆流等温吸附空气中的有害物质 H_2S。吸附剂为分子筛，空气中 H_2S 的质量分数为 3%，气相流速为 6500kg/h，假设操作在 293K 和 1.013×10^5Pa 下进行，H_2S 的净化率要求为 95%。试确定：①吸附剂的需用量；②操作条件下，吸附剂中 H_2S 的含量；③需要的传质单元数。

解： ① 吸附剂的需用量

吸附器进、出口气相组成为：

$$Y_1=\frac{6500\times0.03}{6500-6500\times0.03}=0.03\ (\text{kg/kg，}H_2S/\text{空气})$$

$$Y_2=\frac{6500\times0.03\times(1-0.95)}{6500-6500\times0.03}=1.55\times10^{-3}\ (\text{kg/kg})$$

由实验得到用分子筛从空气中吸附 H_2S 的平衡曲线（图 15-20）。由图可查出与气相组

成 Y_1 呈平衡的 $X_1^*=0.1147$，假定吸附器进口固相组成 $X_2=0$，则根据式(15-31) 得：

$$(L_S/G_S)_{min}=\frac{0.03-0.00155}{0.1147-0}=0.248$$

操作条件下的固气比取最小固气比的 1.5 倍，则：

$$(L_S/G_S)_{空气}=1.5\ (L_S/G_S)_{min}=1.5\times0.248=0.372$$

故吸附剂的实际用量：

$$L_S=0.372\times6305=2345.5\ (kg/h)$$

② 操作条件下，吸附剂中 H_2S 的含量：

$$(X_1)_{实际}=\frac{吸附剂进口\ H_2S\ 的含量-吸附剂出口\ H_2S\ 的含量}{吸附剂的实际用量}$$

$$=\frac{6500\times0.03-6500\times0.03\times(1-0.95)}{2345.5}$$

$$=0.079(kg/kg，H_2S/分子筛)$$

③ 需要的传质单元数

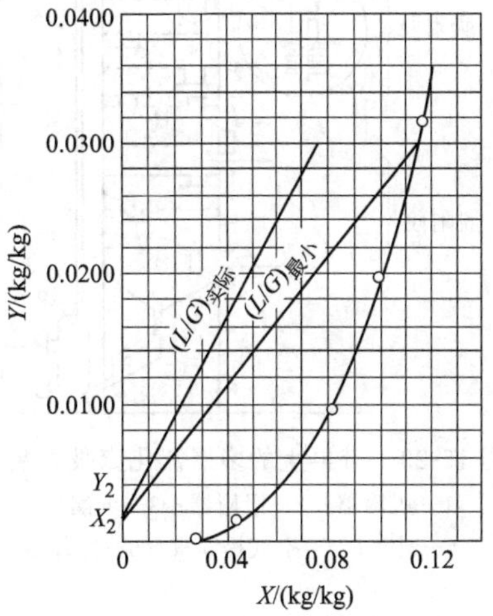

图15-20　从空气中吸附 H_2S 的操作线与平衡线

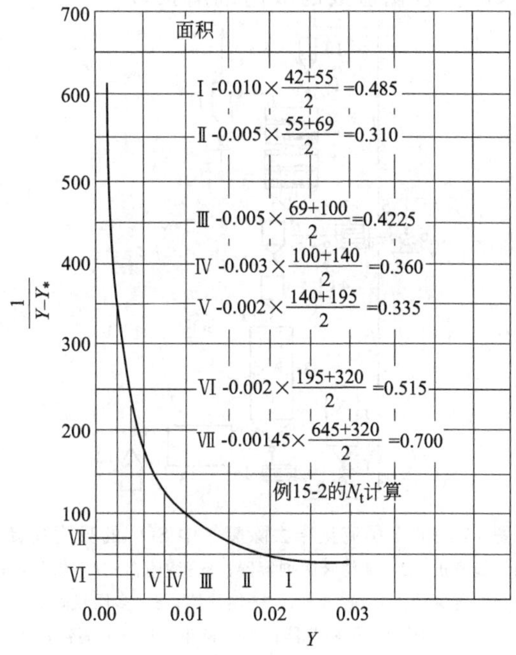

图 15-21　图解积分法求 N_t

根据 $N_t=\int_{Y_2}^{Y_1}\frac{dY}{Y-Y^*}$，用图解积分法求传质单元数 N_t。在 $Y_1=0.03$ 到 $Y_2=0.00155$ 范围内划分一系列的 Y 值，利用图 15-20 对于每一个 Y 值在操作线上查出相应的 X 值，而对于每一个 X 值在平衡线上查出 Y^* 值。求出的结果如下：

Y	0.00155	0.005	0.010	0.015	0.020	0.025	0.03
Y^*	0.00	0.00	0.0001	0.0005	0.0018	0.0043	0.0078
$1/(Y-Y^*)$	645	200	101	69	55	48.3	45.0

作 $1/(Y-Y^*)$ 与 Y 的关系曲线（见图 15-21)。在坐标 $Y_1=0.03$ 和 $Y_2=0.00155$ 区间

曲线下的面积即为传质单元数 $N_t=\int_{Y_2}^{Y_1}\frac{dY}{Y-Y^*}=3.127$。

第四节 流化床吸附装置的设计

一、流化床吸附器的结构特征

按流化体系的不同，习惯上把流化床吸附器分为气固、液固流化床和气、液、固三相流化床。典型的气固流化床吸附器如图 15-22 所示。它由带有溢流装置的多层吸附器和移动式脱附器所组成，在脱附器的底部用直接蒸汽进行吸附剂的脱附和干燥。吸附过程和脱附过程在单独的设备中分别进行。图 15-23 所示的是将吸附过程、脱附过程都安排在同一装置中的流化床。气体混合物从中间进入吸附段，与多孔板上比较薄的吸附剂层逆流接触，吸附剂颗粒通过溢流管从上一块板位移到下一块板。在脱附段吸附剂同样与热气体逆流接触进行再生，热气体把脱附下的污染物从脱附段上部带走。经过再生的吸附剂由空气提升到吸附段顶部循环使用。这种流化床的一个严重缺点是由床层流态化造成的吸附剂磨损较大。

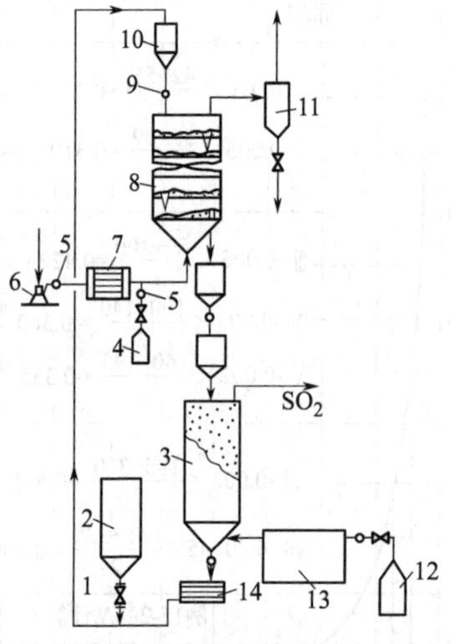

图 15-22 多层流化床去除废气中 SO_2 的吸附装置

1—提升机；2—新鲜吸附剂容器；3—脱附器；4—氧化器；5—流量计；6—鼓风机；7—换热器；8—多层吸附器；9—吸附剂加量调节器；10—料斗；11—分离器；12—惰性气源；13—加热炉；14—机械筛

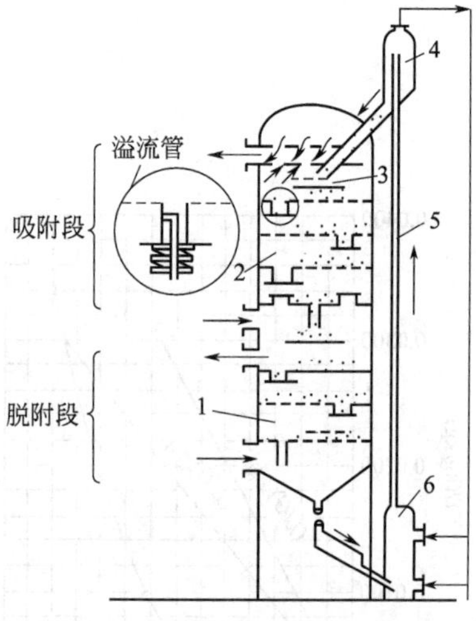

图 15-23 带再生的多层流化床吸附装置

1—脱附器；2—吸附器；3—分配板；4—料斗；5—空气提固机；6—冷却器

气体分布板是流化床装置的主要部件之一，它对于流化质量的影响极为重要。成功的分布板设计有助于产生均匀而平稳的流态化状态，防止正常操作时物料的漏出、磨损和小孔堵塞。多层流化床吸附器采用多块气体分布板，它可抑制床内气体与吸附剂颗粒的返混，改善停留时间分布，提高吸附传质效果。

气体分布板的结构形式很多，几种常用的气体分布板形式如图 15-24 所示[4,5]。图 15-24(a)、图 15-24(b) 为直孔式分布板，其结构简单、易于设计和制造。单层直孔式分布板，因气流方向与床层垂直，易使床层形成沟流，且小孔易堵塞，停车时易漏料。而双层错迭多孔板具有良好的气体分布，且能避免漏料。图 15-24(c)、图 15-24(d) 为弓形多孔分布板，它能承受固体颗粒的负荷和热应力，且能防止沟流和使气体分布均匀，适应于大直径流化床。但这两种形式的分布板制作比较困难。图 15-24(e)、图 15-24(f) 为侧流式分布板，在分布板的孔上装有锥形风帽，气流从锥帽底部的侧缝或锥帽四周的侧孔流出。固体颗粒不会在锥帽顶部形成死床，且气体紧贴分布板面吹出，可消除在分布板面形成的死区，改善床层的流化质量。图 15-24(g) 为填充式分布板，它是在直孔筛板或栅板和金属丝网层间铺上卵石—石英砂—卵石，形成一固定床层。这种分布板结构简单，布气均匀，还能起到较好的隔热效果。

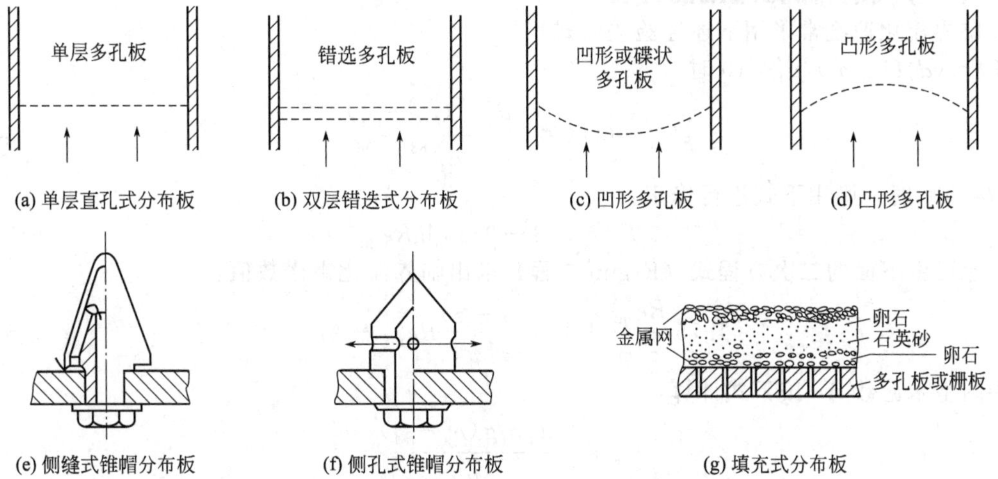

图 15-24 各种气体分布板的结构形式

溢流管是实现多层流化床中固体颗粒从上一床层位移到下一床层的部件。溢流管的结构形式有多种，几种主要的结构形式如图 15-25 所示。其中图 15-25(d) 为气控式溢流管，溢流管的高度 h 可由下式算出：

$$h=\frac{\Delta p_{\mathrm{d}}}{(\rho_{\mathrm{s}}-\rho_{\mathrm{f}})(1-\varepsilon_{\mathrm{f}})} \tag{15-33}$$

式中，Δp_{d} 为溢流管中料柱压强；ρ_{s} 为吸附剂颗粒密度；ρ_{f} 为流体密度；ε_{f} 为流态化空隙率。

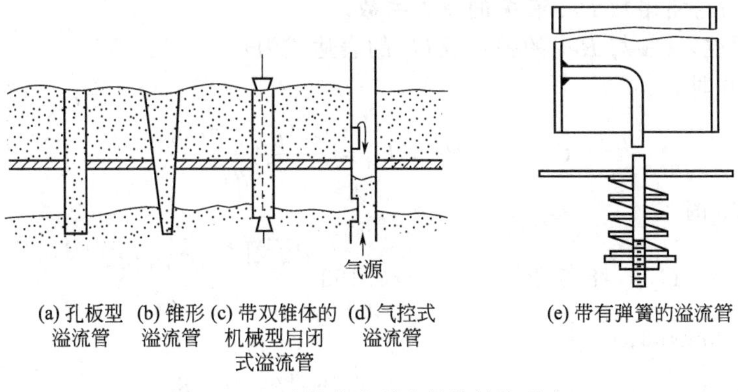

图 15-25 流化床内溢流管的结构形式

在设计溢流管时，还应考虑到溢流管太狭窄时可能发生的板洗和散状物料的悬浮。

在流化床吸附器中，固体物料的加料、卸料装置以及气流输送系统，基本上与移动床吸附器中所采用的相同。

二、流化床吸附器操作速度的确定

从理论上讲，流化床的操作速度介于临界流化速度与最大流化速度之间，即 $U_{mf}<U<U_t$。当操作速度小于临界流化速度时，床层处于固定床状态，当大于最大流化速度时，颗粒将被气流大量带走。因此，欲确定操作速度，首先应计算出临界流化速度和最大流化速度，然后确定实际操作速度。

（一）临界流化速度的计算

临界流化速度常采用下述经验关联式：

当 $Re=(d_p U_{mf} \rho_f)/\mu_f<10$ 时

$$U_{mf}=0.00923\frac{d_p^{1.82}(\rho_s-\rho_f)^{0.94}}{\mu_f^{0.88}\rho_f^{0.06}} \tag{15-34}$$

当 $Re>10$ 时，则用下式进行修正：

$$F=1.33-0.38\lg Re_{mf} \tag{15-35}$$

也可由下面的二次方程式（Ergun 方程）求出临界流化雷诺数值：

$$1.75\frac{Re_{mf}^2}{\varepsilon^3\varphi}+150\frac{(1-\varepsilon)}{\varepsilon^3\varphi^2}Re_{mf}-Ar=0 \tag{15-36}$$

其中阿基米德数 Ar 按下式计算：

$$Ar=\frac{d_p^3\rho_f g(\rho_s-\rho_f)}{\mu_f^2} \tag{15-37}$$

在此基础上，可由 Re_{mf} 的计算公式求出临界流化速度：

$$U_{mf}=\frac{Re_{mf}\mu_f}{d_p\rho_f} \tag{15-38}$$

式(15-36) 中的 φ 为粒子形状系数，其计算公式为 $\varphi=F_m/F_s$，F_m 为与粒子表面积 F_s 等体积的球体表面积。

（二）最大流化速度的计算[6~8]

最大流化速度可按下列通用计算公式求取：

$$U_t=\left[\frac{4d_p(\rho_s-\rho_f)g}{3C_d\rho_f}\right]^{0.5} \tag{15-39}$$

式中，C_d 为与雷诺数 Re_t 有关的曳力系数。

对于球形颗粒，C_d 与 Re_t 的关系及 U_t 的表达式为：

当 $Re_t<2.0$ 时

$$C_d=24/Re_t,\ U_t=\frac{d_p^2(\rho_s-\rho_f)g}{18\mu_f} \tag{15-40}$$

$2<Re_t<500$ 时

$$C_d=18.5/Re_t^{0.6},\ U_t=0.153\frac{d_p^{1.14}[(\rho_s-\rho_f)g]^{0.71}}{\mu_f^{0.43}\rho_f^{0.2}} \tag{15-41}$$

$500<Re_t<20000$ 时

$$C_d=0.44,\ U_t=1.74\left[\frac{d_p(\rho_s-\rho_f)g}{\rho_f}\right]^{0.5} \tag{15-42}$$

对于非球形颗粒，因其曳力系数 C_d 与颗粒不同，必须对上述最大流化速度按粒子形状系数 φ 加以修正。U_t 的表达式为：

当 $Re_t<0.05$ 时

$$U_t = k_1 \frac{d_p^2(\rho_s - \rho_f)g}{18\mu_f} \quad (15\text{-}43)$$

其中

$$k_1 = 0.843\lg \frac{\varphi}{0.065}$$

当 $Re_t = 2000 \sim 20000$ 时

$$U_t = 1.74\left[\frac{d_p(\rho_s - \rho_f)g}{k_2\rho_f}\right]^{0.5} \quad (15\text{-}44)$$

其中

$$k_2 = 5.31 - 4.88\varphi$$

当 $Re_t = 0.05 \sim 2000$ 时，仍用式(15-39）计算，其中 C_d 数值由表 15-3 查得。

表 15-3 非球形颗粒曳力系数 C_d

φ_s	$Re_t=\frac{d_pU_t\rho_f}{\mu}$					φ_s	$Re_t=\frac{d_pU_t\rho_f}{\mu}$				
	1	10	100	400	1000		1	10	100	400	1000
0.670	28	6	2.2	2.0	2.0	0.946	27.5	4.5	1.1	0.8	0.8
0.806	27	5	1.3	1.0	1.1	1.000	26.5	4.1	1.07	0.6	0.46
0.846	27	4.5	1.2	0.9	1.0						

（三）操作流化速度的确定

流化床的操作速度范围，可用 U_t/U_{mf} 的大小来衡量。大量研究表明，U_t/U_{mf} 的比值常在 10～90 之间。对于大颗粒，$U_t/U_{mf}=7\sim8$，此值较小，说明其操作灵活性较差。对于小颗粒，$U_t/U_{mf}=64\sim92$。实际上，对于不同工业生产过程中的流化床来说，操作速度与临界流化速度的比值差别很大，有时可高达数百，远远超过上述 U_t/U_{mf} 的高限值。

比值 U_t/U_{mf} 是表示正常操作时允许气速波动范围的指标。一般情况下，所选气速不应太接近这一允许气速范围的任一极端值。为保证气固的充分混合与传热，所选的最低气速一般为临界流化速度的 1.5～2.5 倍，即 $U_{min}=1.5\sim2.5U_{mf}$。

三、流化床吸附器设计举例[6]

设计任务：试设计用活性炭从空气中回收苯蒸气的流化床吸附装置。

在常温常压下，苯蒸气空气混合物的流量 $V_h=2000\text{m}^3/\text{h}$，空气中苯的初始浓度 $Y_1=250\text{mg/m}^3$，设备出口苯的浓度 $Y_2=10\text{mg/m}^3$。采用活性炭吸附剂，颗粒的平均直径 $d_p=0.001\text{m}$，表观密度 $\rho_s=670\ \text{kg/m}^3$，堆积密度 $\rho_B=470\ \text{kg/m}^3$，流化床层空隙率 $\varepsilon_f=0.55$。从空气混合物中吸附苯蒸气的平衡数据如下：

气相中苯浓度 $Y/(10^4\text{kg/m}^3)$	1.0	2.0	4.0	5.0	6.0	8.0	10.0	16.0	25.0	30.0
固相中苯浓度 $X/(\text{kg/m}^3)$	220	263	276	280	284	285	290	296	300	300

试在上述条件下，计算多层流化床吸附器的直径、塔板数和总高度。

（一）气流速度的确定

常温下空气混合物的性质：$\rho_f=1.20\ \text{kg/m}^3$；$\mu_f=1.5\times10^{-5}$ Pa·s。因为 $d_p=0.001\text{m}$，$\rho_s=670\ \text{kg/m}^3$，代入式(15-34）中求得：

$$U_{mf}=0.00923\frac{d_p^{1.82}(\rho_s-\rho_f)^{0.94}}{\mu_f^{0.88}\rho_f^{0.06}}=0.25(\text{m/s})$$

校核雷诺数：

$$Re_{mf}=\frac{d_pU_{mf}\rho_f}{\mu_f}=\frac{0.001\times0.25\times1.20}{1.5\times10^{-5}}=20(>10)$$

用式(15-35) 修正：

$$F=1.33-0.38\ \lg Re_{mf}=0.84$$

$$U_{mf}=0.84\times0.25=0.21\ (m/s)$$

用式(15-41) 求最大流化速度：

$$U_t=0.153\ \frac{d_p^{1.14}[(\rho_s-\rho_f)g]^{0.71}}{\mu_f^{0.43}\ \rho_f^{0.2}}=3.41(m/s)$$

校核雷诺数：

$$Re_{mf}=\frac{d_pU_{mf}\rho_f}{\mu_f}=\frac{0.001\times3.41\times1.20}{1.5\times10^{-5}}=272.8(<500)$$

最大流化速度与临界流化速度的比值

$$U_t/U_{mf}=3.41/0.21=16.24$$

取操作速度 $U=2.5U_{mf}=2.5\times0.21=0.525\ (m/s)$。

（二）吸附器直径的确定

按式(15-23) 求出设备直径：

$$D=\sqrt{\frac{4V}{\pi U}}=\sqrt{\frac{4\times2000}{3600\times3.14\times0.525}}=1.16(m)$$

取设备的直径 $D=1.20$m。

实际气流速度 $U=\frac{4V}{\pi D^2}=0.49\ (m/s)$。

（三）吸附剂床层高度的确定

根据下式计算吸附剂床层高度：

$$Z=\frac{V_s}{K_{YV}A}\int_{Y_2}^{Y_1}\frac{dY}{Y-Y^*}=H_tN_t$$

本例题中体积传质系数 $K_{YV}=12.4s^{-1}$，床层截面积 $A=\pi D^2/4=\pi\ (1.2)^2/4=1.13\ (m^2)$，因此传质单元高度：

$$H_t=\frac{V_m}{K_{YV}A}=\frac{2000}{3600\times12.4\times1.13}=0.04(m)$$

用图解积分法求出传质单元数：

$$N_t=\int_{Y_2}^{Y_1}\frac{dY}{Y-Y^*}=4.5$$

故吸附剂的床层高度：

$$Z=H_tN_t=0.04\times4.5=0.18(m)$$

（四）吸附器塔板数的确定

吸附剂本身占据的体积：

$$V=ZA=0.18\times1.13=0.20(m^3)$$

吸附剂床层体积：

$$V'=V\rho_s/\rho_B=0.2\times670/470=0.28(m^3)$$

取板上固定床层高度 $H=0.05$m，则吸附器中塔板数：

$$n=V'/(A\times H)=0.28/(1.13\times0.05)=4.95(块)$$

取 $n=5$ 块。

（五）吸附器总高度的确定

板上的固定床层高度 H 和流化床层高度 H_f 之间有下列关系式：

$$(1-\varepsilon)H=(1-\varepsilon_f)H_f$$

式中，ε 为板上吸附剂固定床层的空隙率。

在本设计条件下：

$$\varepsilon=1-\rho_B/\rho_s=1-470/670=0.3$$

则板上吸附剂流化床层的高度为：

$$H_f=\frac{H(1-\varepsilon)}{1-\varepsilon_f}=\frac{0.05\times(1-0.3)}{1-0.55}=0.08\ (\mathrm{m})$$

考虑到裕度取板间距 $H_o=0.4$m，则吸附器塔板部分的高度为：

$$H_T=H_o(n-1)=0.4\times(5-1)=1.6\ (\mathrm{m})$$

吸附器的上、下封头分别到上、下塔板之间的距离是由给料装置和分配装置的结构确定的。当取这两个距离各为 $2H_o$ 时，得到吸附器的总高度：

$$H_{总}=H_T+2\times2H_o=1.6+4\times0.4=3.2\ (\mathrm{m})$$

第五节　催化反应器设计

工业催化反应器与吸附净化装置大同小异，可分为固定床和流化床两种型式[7~10]；对于中小型装置多采用间歇操作的固定床反应器，大型装置则采用连续的流化床反应器。因为大多数催化反应是吸热或放热的过程，反应器内要维持一定的温度，这就要求反应器能输入或输出必要的热量。下面简要介绍几种常用的催化反应器。

一、反应器的设计要求

在大多数的情况下，反应器的结构应当保证提供对工艺所要求的最基本参数维持稳定的数值，主要的参数有：①反应物与催化剂的接触时间；②在反应器的反应区内不同点的温度；③反应器中的压力；④反应物向催化剂表面的传递速度；⑤催化剂的活性。

当其他条件已经确定时，有一个最适的接触时间，如果偏离了这个最适的接触时间，就会使过程的效率降低。

在这些参数中，保证反应区内的温度是工业反应器设计中最重要也是最复杂的问题。因为大多数化学反应是吸热或放热的，要维持反应器内指定的温度，就必须及时地从反应区里取出或向反应器里供给热量。当催化剂床层过热时，就可能产生催化剂的半融甚至烧结，致使活性降低，有时选择性也降低；床层温度低于最适温度时，转化率也降低。因此为了保证反应所要维持的温度和有效的利用能量，工业上有各式各样的绝热的和具有热交换的反应器。

当反应的热效应很大，或催化剂需要周期地再生时，可应用流化床反应器。

对各类反应器的基本要求，随着催化反应和催化剂的不同而异。但其中对所有工业反应器基本要求还是一样的，这些要求是：①最大的操作强度；②最高的产品收率；③最小的流体阻力；④最有效的利用热能；⑤操作容易；⑥建设费用低。

二、固定床催化反应器

由于固定床一般结构简单，建设费用低，也容易操作。此外，固定床还具有以下优点：①催化剂在固定床中磨损少；②催化剂的形状和大小，可在很大的范围内选择；③允许空速

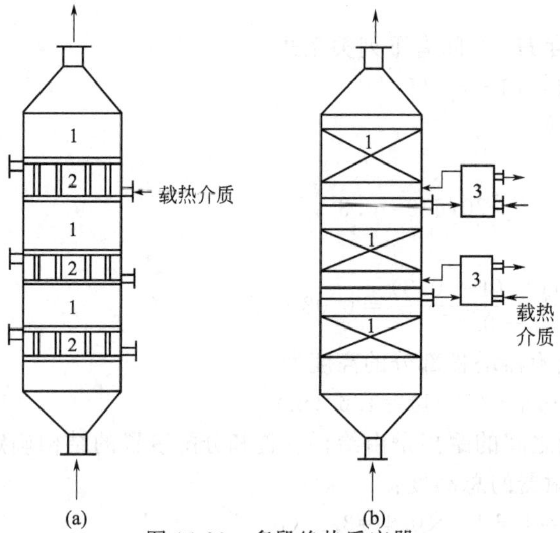

图 15-26 多段绝热反应器

变动的范围大，因此接触时间可以大幅度的变化，能适应很快的和很慢的化学反应；④一次通过的转化率高，特别有利于未反应的原料循环再用。

但是，事物总是一分为二的，固定床具有这些优点的同时，也存在下面一些缺点：①固定床反应器不利于采用寿命短的或需要频繁再生的催化剂；②沿催化剂床层的轴向和径向，不可避免地产生温度梯度；③当床层厚或空速大时，压力降增大，动力消耗增加。

为了解决上述问题，设计上常常采取许多技术措施，例如催化剂的放置方法和反应热交换方法，与此相适应地就出现了各种结构的反应器。固定床催化反应器有许多种型式，下面仅介绍两种。

单段和多段绝热反应器：单段绝热反应器与固定床吸附器的构造相同。由于它没有换热设备，应用范围受到一定限制。应用较多的是多段绝热反应器，如图 15-26 所示。

反应器的层数可根据需要设置，在每层隔板上置放催化剂 1。图中给出两种型式：一种是在床层中间装有列管式换热器 2［图 15-26(a)］；另一种型式是在反应器外装有换热设备 3［图 15-26(b)］。被处理的气体从反应器下部进入，依次通过催化剂床层或换热管，最后，反应后的气体从顶部管排出。

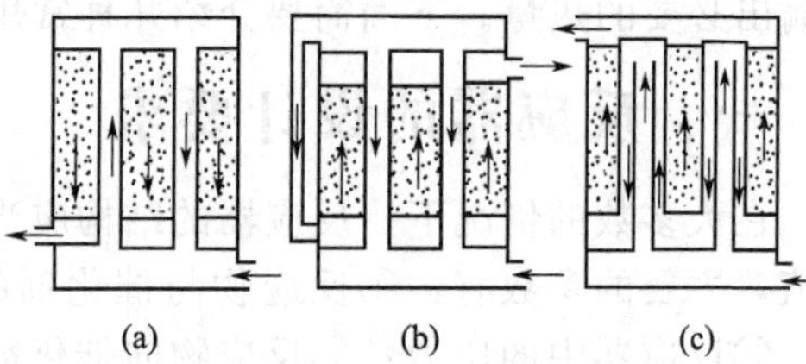

图 15-27 本身换热型反应器

本身换热型反应器：这种反应器的热利用方式甚为简便，它是利用温度较低的被处理气体来降低催化剂床层的温度，与此同时被处理气体达到预热的目的。图 15-27 中给出了三种基本换热型式的反应器。被处理的气体沿箭头方向流动，经过催化剂床层反应后排出。

多段绝热反应器，在操作上具有很大的灵活性。因为在每个热交换器里，可以将反应混合物冷却或加热到所需要的温度，这样可使催化反应在各层中以接近最适的温度条件下进行，从而提高催化反应的效率。

三、流化床催化反应器

它的原理与流化床吸附器基本相同，型式种类颇多，这里仅介绍一种单层床有内部换热器的反应器，见图 15-28。

被处理气体由反应器底部的进口管 1 送入，经分布板 2 进入流化床反应区。催化剂在气流的作用下呈流态化。在反应区里装有冷却器 3，将反应器内热媒输出。在反应区上部装有预热器 4，可将被处理气体预热，同时将反应后的气体冷却。最后反应气体经过多孔陶瓷过滤器 5 分离。为防止催化剂微粒堵塞过滤器，采用空气周期地反吹清灰。

流化床催化反应器具有一系列优点。它可采用较细的催化剂，因而提高了催化剂的表面利用率，相应地提高了反应转化率，床层温度比较均匀以及便于催化剂的再生与更换。

流化床操作速度的选择，要考虑许多因素。当下列中的某个因素表现突出时，应采用较低的流化速度：①催化剂容易粉碎；②床层中催化剂颗粒分布较宽；③化学反应速度慢；④反应热不大；⑤需要的催化剂床高较小，颗粒具有良好的流化特性，在低流速下不致产生沟流现象。

相反的对于下列情况，应提高流化速度：①催化剂活性高，反应速度快；②反应热较大，必须通过传热面迅速除去；③床层需要保持均匀的温度条件；④床层内设置了挡板和挡网；⑤催化剂需要周期地循环再生。

工业上常采用的流化速度一般为 0.2～1.0m/s。为了提高设备生产能力，应尽可能提高气体流化速度，这就要求研制活性高和强度大的催化剂。

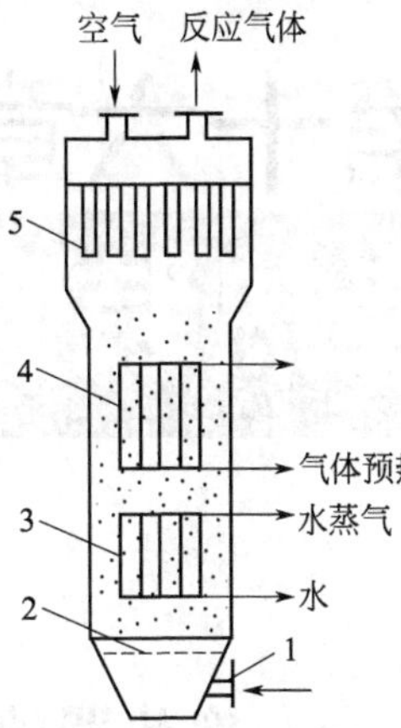

图 15-28　单层流化床反应器

1—进口管；2—分布板；3—冷却器；4—预热器；5—多孔陶瓷过滤器

四、催化反应器设计计算

气-固相催化反应器设计有两种计算方法，一种是经验计算法，另一种数学模型法。

1. 经验计算法

把整个催化床作为一个整体，利用生产上的经验参数设计新的反应器，或通过中间试验测得最佳工艺条件参数（如反应温度和空间速度等）和最佳操作参数（如空床气速和许可压降等），在此基础上求出相应条件的催化剂体积和反应床截面及高度。经验计算法要求设计条件符合所借鉴的原生产工艺条件或中间试验条件，在反应物浓度、反应温度、空间速度以及催化床上的温度分布和气流分布等方面，尽量保持一致。因此不宜高倍放大，并要求中间试验有足够的试生产规模，否则将导致大的误差。

2. 数学模型法

是借助于反应的动力学方程、物料流动方程及物料衡算和热量衡算方程，通过对它们的联立求解，求出在指定条件下达到规定转化率所需要的催化剂体积。由于数学模型与实际有一定的差别，实际应用受限制；而以实验模拟作为基础的经验计算法反而显得简便与可靠，得到了普遍的应用。

参　考　文　献

[1]　李家瑞主编．工业企业环境保护．北京：冶金工业出版社，1992.
[2]　周迟骏．环境工程设备设计手册．北京：化学工业出版社，2009.
[3]　北京环境科学学会．工业企业环境保护手册．北京：中国环境科学出版社，1990.
[4]　刘天齐．三废处理工程技术手册/废气卷．北京：化学工业出版社，1999.
[5]　马广大．大气污染控制技术手册．北京：化学工业出版社，2010.
[6]　江晶．环保机械设备设计．北京：冶金工业出版社，2009.
[7]　周兴求．环保设备设计手册——大气污染控制设备．北京：化学工业出版社，2004.
[8]　台炳华．工业烟气净化．第 2 版．北京：冶金工业出版社，1999.
[9]　郑铭．环保设备——原理、设计、应用．北京：化学工业出版社，2001.
[10]　王文兴．工业催化．北京：化学工业出版社，1978.

第十六章 换热装置的设计

第一节 换热装置概述

一、换热器的分类

使温度较高的载热体把热量传给另一较低的载热体的装置，称为热交换设备或换热器。在废气处理的工艺过程中有放热和吸热的作用，例如，催化燃烧过程或直接燃烧过程中热量的回收及利用；某些有用蒸气的冷凝回收等，都需要热交换设备才能完成。所以换热器在废气处理中被广泛采用，它们或用作单独的机组或作为其他设备和装置的一部分。

换热器可按作用原理分类，也可按用途分类，但最普遍采用的分类法是按加热表面的形状和结构来分，大致可分成下列几类。

1. 管壳式换热器

这类换热器由一组两端被固定在特殊管板中的管束和一个壳体组成。在其中一种载热体流经管内，另一种载热体流经管间（或壳内）。

管壳式换热器又可按流体流过的方式分为单程式及多程式；或按结构形式分为固定板式、浮头式、具有热补偿的换热器等类型。

2. 螺旋板式换热器

这类换热器的加热表面呈螺旋形式。

3. 板式换热器

这类换热器的加热表面是平面。

4. 沉浸式蛇管换热器

这类换热器的表面由弯曲的蛇管组成，蛇管浸在具有冷却液体的容器内。

5. 喷淋式蛇管换热器

这一类换热器由许多直管和回管联成平板式蛇管结构，管外用水喷淋。

此外还有套管式换热器和夹套式换热器等。

二、换热器的特征与选型

（一）换热器的特征[1,3]

决定换热器的特征是传热面尺寸（即换热面积）与设备的结构，而两者又有密切的关系。载热体的性质和构造材料的性质又显著地影响着设备的结构。因此，在设计换热器时，热计算应该与画设备简图同时进行。在校核现有换热器的生产能力及确定其最适宜工作条件时，也必须进行热计算。而物料平衡的计算应先于热计算。决定换热器尺寸的原始数据由热平衡来求得：

$$Q=-G_1\Delta i_1=G_2\Delta i_2 \tag{16-1}$$

式中，Q 为由一个载热体传给另一个载热体的热量，kJ/h；G_1、G_2 为进行热交换的两种载热体的质量流量，kg/h；Δi_1、Δi_2 为进行传热过程时两种载热体热焓量的变化值，kJ/kg，它的确定和进行传热过程时载热体的相态是否保持不变有关。

传热面积根据传热基本方程式求得：

$$F=\frac{Q}{\theta K} \tag{16-2}$$

式中，F 为传热面积，m^2；θ 为平均温度差，℃；K 为传热系数，kJ/(m^2·℃·h)。

温度差 θ 是任何热交换的推动力。温度差与载热体的流向和载热体的相态有无改变有关。当两个载热体的相态都改变时，温度差等于载热体的冷凝温度与沸腾温度之差：

$$\theta=t_{冷凝}-t_{沸腾} \tag{16-3a}$$

即使有一个载热体不改变自己的相态，则当它沿着用以隔离载热体的器壁流动时，其温度差也将会变化。在这种情况下，温度推动力是平均温度差。

对逆流、并流以及当载热体沿器壁流动时，在器壁的一边流动的载热体，由于改变本身相态的结果而保持温度不变，则温度推动力是对数平均温度差：

$$\theta=\frac{\Delta t_1-\Delta t_2}{\ln\dfrac{\Delta t_1}{\Delta t_2}} \tag{16-3b}$$

式中，Δt_1 为在换热器一端的载热体的较大温度差，℃；Δt_2 为在换热器另一端的载热体的较小温度差，℃。

对于器壁两边流动的流体均发生变温时的平均温度差的计算也与上述相同。

如果 $\frac{\Delta t_1}{\Delta t_2}=R\leqslant 2$，把算术平均温度差当作平均温度差已够准确了：

$$\theta=\frac{\Delta t_1+\Delta t_2}{2} \tag{16-3c}$$

如果 $R>2$，则所得算术平均温度差比对数平均温度差大，根据算术平均温度差计算时会得出较小的传热面积，不足以传递必需的热量。

逆流时的平均温度差大于并流时的平均温度差，因而为传递一定热量所必要的传热面积，在逆流时最小。此外，在并流时，加热用载热体的最终温度必须大于被加热载热体的最终温度，因此在并流换热器中换热的程度要高，即加热用载热体可能传给被加热载热体更多的热量。从经济观点来看，传热面积较小的逆流换热器比并流更为合适，这也就说明了它被优先采用的原因。但由于热载热体入口处传热面的金属在工作时的温度条件较恶劣；或由于工艺上的原因，例如被加工的成品不允许受过热，可能会妨碍采用逆流。

载热体在错流和其他流向情况下，平均温度差像逆流时一样计算，将其结果乘以修正系数 φ：

$$\theta=\varphi\theta_{逆流} \tag{16-3d}$$

系数 φ 与载热体的流向、比值 $R=\Delta t_1/\Delta t_2$ 及 $p=\Delta t_1/(t_1-\theta_1)$ 有关。其中，t_1 为热载热体的最初温度，℃；θ_1 为被加热的载热体的最初温度，℃。

求载热体在各种流向时的 φ 值可参考有关手册。

另一个重要的任务是求传热系数 K[kJ/(m^2·℃·h)]。平壁的传热系数用下式计算：

$$K=\frac{1}{\dfrac{1}{\alpha_1}+\dfrac{1}{\alpha_2}+\sum\dfrac{\delta}{\lambda}} \tag{16-4}$$

式中，α_1，α_2 分别为从载热体到器壁和从器壁到被加热载热体间的传热系数，kJ/(m^2·℃·h)；δ 为壁厚，m；λ 为器壁材料的热传导系数，kJ/(m·℃·h)。

实际上，大多数器壁必须视作多层的，因为在操作时，它们会逐渐结上污垢层、淤泥层、油层或铁锈层。污垢具有较小的导热性，其导热性要为金属导热性的几十至几百分之一。这些污垢层的热阻，即使在厚度很薄时也可能比金属器壁本身的热阻大很多。

多层器壁的热阻等于所有各层热阻之和：

$$\sum\frac{\delta}{\lambda}=\frac{\delta_1}{\lambda_1}+\frac{\delta_2}{\lambda_2}+\cdots+\frac{\delta_n}{\lambda_n} \tag{16-5}$$

圆筒形器壁的传热系数 K_L 可以更准确地用下式计算：

$$K_L=\frac{\pi}{\dfrac{1}{\alpha_1 d_1}+\dfrac{1}{\alpha_2 d_2}+\sum\dfrac{1}{2\lambda}\ln\dfrac{d_{n_1}}{d_{n_2}}} \tag{16-6}$$

式中，d_1 为热载热体一侧的圆筒形器壁的直径，m；d_2 为被加热载热体一侧的圆筒形器壁的直径，m；d_{n_1}，d_{n_2} 分别为器壁的外径和内径，m。

必须指出，在计算换热器时，求壁间传热系数（α）是一项重要而困难的工作。其所以重要是因为不正确的计算会得出不正确的传热面积；其所以困难是因为传热系数（α）与许多其他物理量有关。求壁间传热系数的方法可详见相应的文献。

(二)换热器的选型

除了上面所述的基本特征之外，影响选择换热器结构与类型及流程的还有下面诸因素：

① 传热量；

② 热力学参数——温度、压力、体积以及载热体的相态；

③ 物理化学性质，密度、黏度等；

④ 载热体对所采用的构造材料的腐蚀性；

⑤ 载热体的不清洁程度和沉淀性质；

⑥ 构造材料及其强度性能和工艺性；

⑦ 设备的用途以及其中所进行的过程，如仅是进行热交换或是同时伴有其他物理化学过程；

⑧ 由载热体的压力作用所产生的，或是由换热器各部分不同的热伸长所产生的应力；

⑨ 载热体所具有的压头；

⑩ 一次性投资及运转费用低，便于维修管理。

传热量是决定传热面积的主要因素，并且还影响换热器结构类型的选择（例如，选用简单的蛇管换热器或管壳式换热器）。

热力学参数和物理化学性质对 α 值和 K 值都有影响，因此也影响着传热面的形状和大小。

载热体的温度决定 θ 值与 F 值，并作为选择载热体流向的根据。

载热体的体积决定换热器的横截面积，因而决定了采用单程或多程结构。

载热体的腐蚀性迫使采用不同的结构材料，而结构材料又预先决定了换热器的形状与结构。

载热体的不清洁需要采取措施来防止产生沉淀，以及选择便于清洗积有污垢的传热面的结构。

设备的用途、载热体的相态是否改变，在设备中进行的仅是热交换过程还是当作反应器用，这些因素都影响换热器的结构。

应该说明，上述许多因素是相互矛盾的。所以正如选择所有其他设备类型的情况一样，选定合适的换热器类型是要找到一个折中的办法，能最大限度满足最主要的要求，而放弃次要的要求。这个办法完全决定于具体的条件与要求。没有一种换热器是十全十美的，必须仔细分析所有因素，从中选出最重要的，并选定或设计出在这一具体条件下最适宜的换热器。

三、换热器的近代成果和发展趋势

在废气治理过程中，传热及所使用的换热设备一般多为辅助过程，即使如此，它也往往成为废气治理过程中的关键。因此，如何强化传热过程，及其强化途径和发展趋势便成为重要的环节。

1.对传热设备的要求

随着经济建设的不断深入，要求大大强化现有生产设备，创造新型高效率的设备，并希望能在较小的设备上获得更大的生产效益。因此，如何强化传热过程往往成为废气治理工艺十分重要的问题，也是提高换热装置生产能力的关键。

从式(16-2) 可知，热传递速率 Q 与传热面积 F、平均温差 θ 及传热系数 K 都成正比。因此，要求传热设备的传热面积要大，过程推动力要大，传热系数也要大。然而究竟哪一个对传热速率的提高起着决定作用，则需做仔细分析。

(1) 传热面积（F） 传热面积是为完成换热过程所需要的接触面积，传热面积愈大，传递的热量愈多，换热过程进行愈完善。因此增大传热面积有利于过程的进行。但对于间壁式换热器，由于其传热面是器壁，因此，传热面积的大小就决定了材料消耗量的多少，也即设备费用的高低。为了节省材料，不宜从扩大传热面积来提高传热速率，而应该力图在小设备上获得较大的生产能力，即单位面积上传热速率最大。因此有效地提高传热速率应从加大推动力 θ 和传热系数 K 两方面着手。

(2) 推动力（θ） 推动力主要决定于参与热交换的两种流体的温度，一般已为生产条件所确定。对一定传热面积的换热器而言，在操作过程中，对处理只有一边有相变流体的传热体，其操作方式不论逆流或并流都不会影响 θ 的大小。但对两边流体温度均发生变化时，应选择逆流操作为宜。但是，在设备结构上为满足某些方面的要求（如提高效率时加挡板、折流板等），使操作方式处于折流或错流情况下，则使 θ 比逆流时为低。虽然设备结构得到满足，但也要注意 θ 的合理性，一般采用 $\varphi>0.75$，否则需改变流程及挡板的安排。

(3) 传热系数 K K 的数值主要决定于两流体的传热系数 α_1、α_2。在强化 K 时，若 $\alpha_1 \approx \alpha_2$，则应同时提高 α_1 与 α_2；若 $\alpha_1 \ll \alpha_2$，则应提高 α_1。α 的数值与参与热交换的物质及操作条件有关。一般对无相变流体而言，提高其操作流速，增大其湍流程度，可以提高 α，于是 K 也增加。因此，在设计设备结构时应保证最有利的流体力学条件。

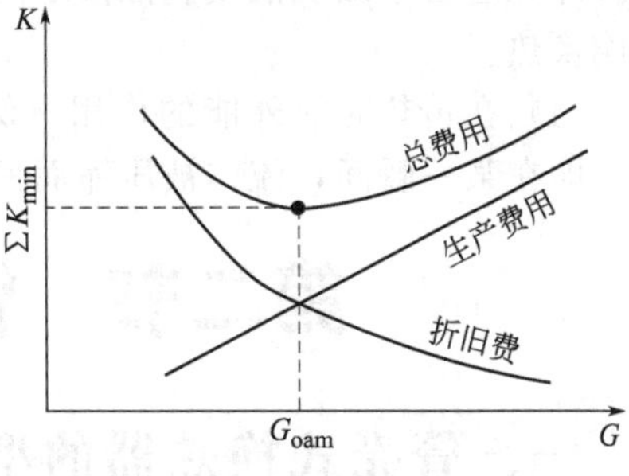

图 16-1 传热设备最经济费用选择

G_{oam}—最适宜速度；

ΣK_{min}—最小费用

其次，设备的结构也影响操作时的能量消耗，其能量消耗在于克服流体输送时的阻力。为提高 K，在增加速度的同时，能量的消耗也逐渐增加。能量消耗的增加有两方面，一方面是为增大湍流程度，而另一方面则消耗在摩擦及撞击的损耗上。应尽力避免后者的消耗。但能量消耗的增加毕竟还是增加了操作费用，并可能增大污染。因此，对能量消耗也应从经济核算上考虑其适宜的情况。如图 16-1 所示，当流速增加时传热效率提高，所需传热面积较小，设备费用下降；但另一方面又引起操作费用的增加。只有在两种费用之和为最小时才是最适宜的操作情况。

此外，在换热设备中，$\Sigma(\delta/\lambda)$ 一项中所包括的污垢阻力往往是使传热设备效率降低的主要原因。因此，如何减少或防止结垢、及时有效地除垢，也是强化过程的重要问题。

2. 强化途径及其发展趋势[1~4]

上述对传热设备结构影响过程进行的各因素分析，指出了强化途径最有效的措施是提高传热系数 K，也即提高流体传热系数 α 和减少污垢的热阻（δ_t/λ_t）。一般提高 α 的方法可从两方面着手：一是对设备结构加以改进，使其操作时有利于传热；二是可以选择高效率的载热体以增加传热效能。而设备结构的强化是目前发展的主要趋势。

（1）从流体力学边界层概念出发，流体在管内流动时，热量通过滞流边界层的传递方式为传导，因此减少滞流层的厚度为强化途径的正确方向。例如增加 Re 数即提高操作速度，或在设备中添加“传热强化圈”使滞流边界层得以破坏，以及其他导致湍流增强的措施。

各种文献中出现了许多种管内添加物的类型，例如波浪式的螺旋圈或薄片等。实验证明，添加强化圈后，可以显著提高传热系数 α，但与其他湍流措施有着同样的缺点，就是增加了换热面的压强降，因而增加了能量消耗。但如果传热的强化成为生产过程中的关键问题而条件允许时，则可利用这些措施进行强化，简单可行。一般利用车床车削的金属圈安置于管内就可达到强化目的。

此外，也可采用使流体以切线方向进口的设备以提高其湍流程度，例如涡流管式套管换热器。

对于自然对流的换热器，如沉浸式蛇管换热器，对管外流体可考虑加挡板以增加流动路程，或加搅拌装置以提高其湍流程度。

（2）从雷诺类似定律可知，流体与管壁间的传热系数与摩擦系数成正比，因此管壁粗糙度的增加，对传热有利。在增加粗糙度方面已出现了新型换热器，如内螺旋及外螺旋型式的换热器，这种换热器不仅增加了湍流程度，也相对地扩大了传热面积及其接触时间。

（3）从传热速率方程式得知，增加传热面积可提高传热效率。如螺旋型换热器，即为增大换热面积的一种新型换热器。还有管内外带有轴向翅片的换热器。最近又出现了可以拆卸的板式换热器，不仅接触面积大，而且流体是以高度湍流程度进行热交换，因此热效率很高。这种新型换热器由一系列平板组成，板间的沟道分为两个系统，热流体及冷流体分别沿沟道做逆流及错流流动。这种换热器结构紧凑，节省材料，并可按换热需要增减换热面而便于拆卸，适合于黏稠液或乳浊液之间的热交换，便于清洗；但强度不高，填料易漏，有时会影响换热。

（4）在传热时靠外能的作用。例如，脉动或超声波的作用，都可使传热时湍流程度增加，即在某一瞬间，流体被压缩而另一瞬间流体又发生膨胀。

第二节　管壳式换热器的设计

一、管壳式换热器的型式及结构

（一）型式

管壳式换热器是把多管式的管束插入圆筒壳体中。按管板和壳体之间的组合结构，分成固定管板式、U 形管式、浮头式、插管式等。

1. 固定管板式换热器

固定管板式(见图 16-2）换热器是靠焊接或用螺栓把管束的管板固定到圆筒壳体两端的。与其他型式相比，制作简单、便宜，所以通常被广泛使用。这种换热器的最大缺点是管外侧的清洗困难。因此，用于壳侧（管外侧）流体清洁、不易结垢或者垢能被化学处理（例如用酸洗等容易除掉）的场合。在固定管板式换热器中，当壳侧流体和管内流体之间温差大，或者管和壳体材料的热膨胀系数显著不同时，为了缓和由于壳体和传热管因热膨胀产生的应力，必须在壳体上安装伸缩接头。当壳侧流体压力大于600kPa（表压）时，这个伸缩接头由于承受内压，必须做得很厚，导致不易自由伸缩，所以，伸缩接头的设计是困难的。此时，必须用U形管或者浮头式。图16-2～图16-4中各序号的注释见表16-1。

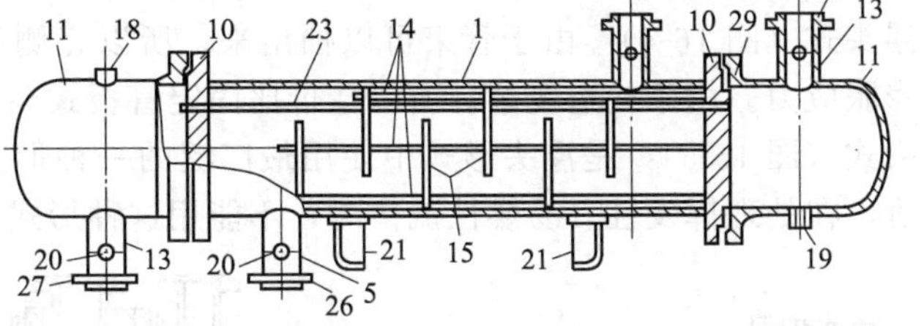

图16-2 固定管板式换热器

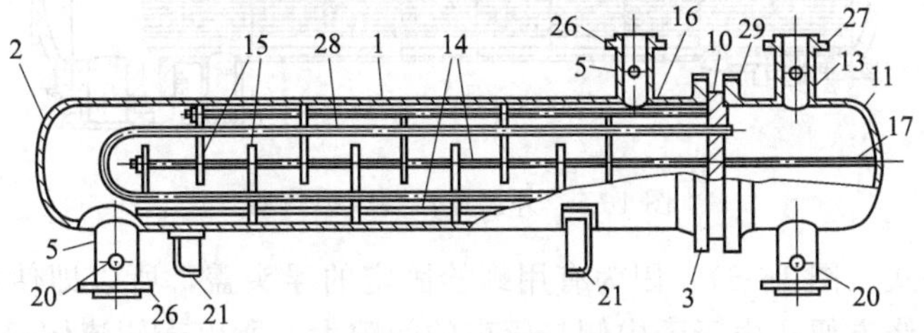

图16-3 U形管式换热器

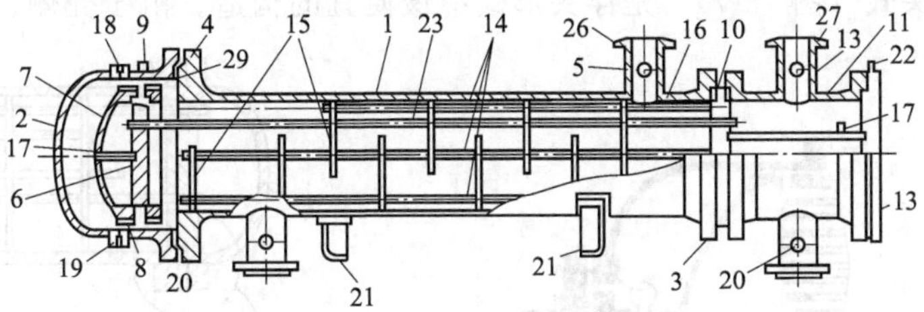

图16-4 对开法兰浮头式换热器

表16-1 热交换器的各部分名称

序号	名称	序号	名称	序号	名称
1	壳体	11	管箱	21	支座
2	壳盖	12	管箱盖板	22	吊耳
3	管箱侧壳法兰	13	管箱接管	23	传热管
4	壳盖侧壳法兰	14	拉杆和定距管	24	堰板
5	壳体接管	15	折流板和支持板	25	液面计接口
6	浮动管板	16	缓冲板	26	壳体接管法兰
7	浮头盖	17	分程隔板	27	管箱接管法兰
8	浮头法兰	18	放气接口	28	U形传热管
9	浮头衬托构件	19	排液接口	29	填料
10	固定管板	20	仪表接口		

注：序号12、24、25、28图中未指示。

2. U 形管式换热器

U 形管式换热器(见图 16-3) 由于管束可以取出，所以管外侧可以清扫，另外，管子可以自由膨胀；其缺点是 U 形管的更换和管内清扫困难。但价格比固定管板式略低。

3. 浮头式换热器

用法兰把管束一侧的管板固定到壳体的一端，另一侧的管板可以在壳体内移动。其型式有对开法兰浮头式、外压盖浮头式、拔出浮头式、套环浮头式等。

(1) 对开法兰浮头式 (图 16-4) 由于管束可以抽出来，所以壳侧可以清扫，另外壳与管之间不会产生热膨胀应力。由于构造复杂，所以造价比固定管板式高。

(2) 外压盖浮头式 (图 16-5) 是浮头形式中使用最广泛的一种形式。实际应用时，由于害怕壳侧流体外泄，在处理挥发性、易燃性流体时，不能用这种形式。

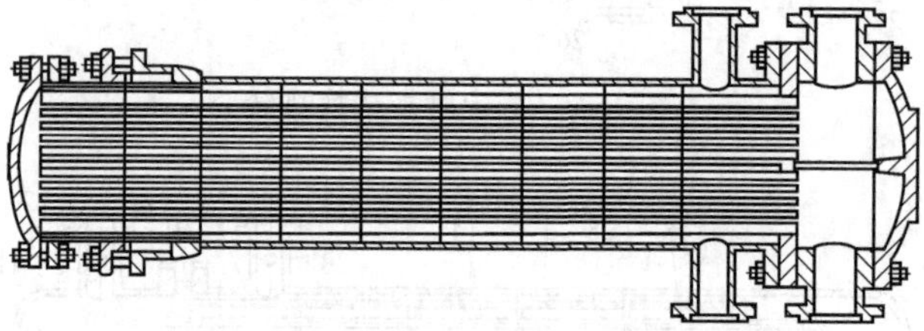

图 16-5 外压盖浮头式换热器

(3) 拔出浮头式 (图 16-6) 因为有用螺栓固定的浮头盖，所以即使高压也能使用。管束的拉拔简单，检修方便；由于壳内侧与管束的间隙大，所以壳侧流体通过这个间隙旁通流动，传热系数降低。

(4) 套环浮头式 (图 16-7) 是浮头形式中最便宜的构造。由于壳侧、管侧都有避免不了的某种程度的漏失，所以用于使用压力 1MPa (表压) 以下的低压操作。

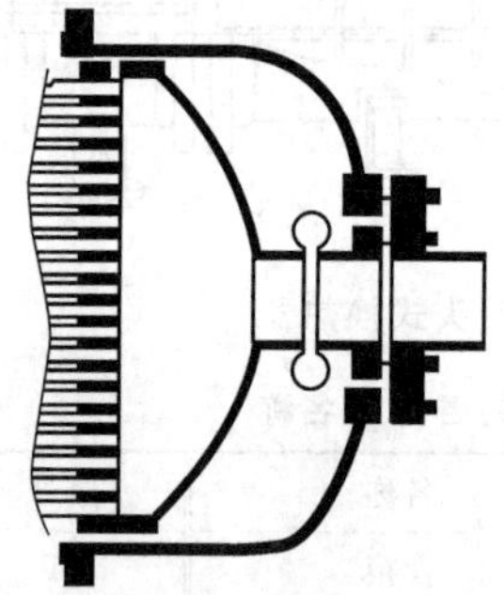

图 16-6 拔出浮头式换热器

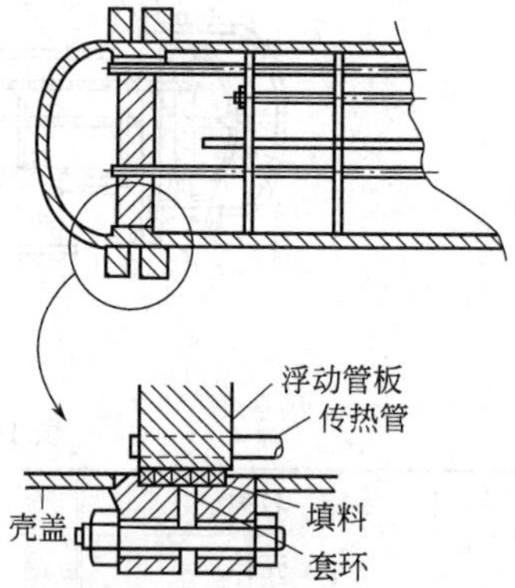

图 16-7 套环浮头式换热器

4. 插管式(见图 16-8)

这种形式，根据壳体和管之间的热膨胀差而产生的移动完全是自由的，另外不担心泄漏问题，所以用于壳侧流体和管侧流体温差大，并且是高压的场合。

5. 双管板式(见图 16-9)

当壳侧和管侧流体从传热管安装部分漏失且相互混合就会引起爆炸或其他事故危险时，或者非常重视流体纯度时，可采用这种形式。

管壳式换热器还可按壳侧流体流动形式分为 1-2n 换热器 (壳侧 1 程，管侧 2n 程)、2-

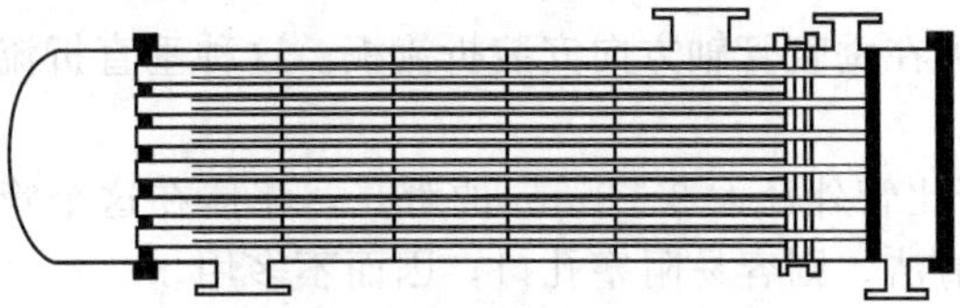

图 16-8　插管式换热器

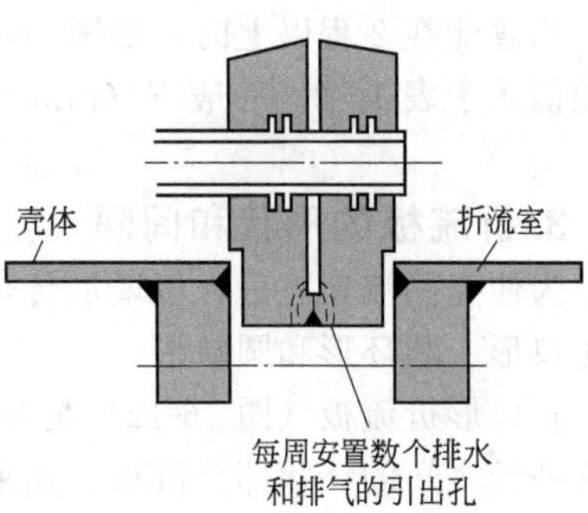

图 16-9　双管板式换热器

4*n* 换热器、分流换热器、分开流动式换热器等。

（二）结构

1. 传热管

传热管是热交换时的传热面，一般采用普通的光滑管或者低翅片管。

光滑管采用碳钢管或不锈钢管。低翅片管用于管外（壳）侧传热系数小于管内侧传热系数的情况。至于使用低翅片管还是使用光滑管，以经济观点决定。

2. 管布置和排列间距

如图 16-10 所示，管子布置有正方形直列、正方形错列、三角形直列和三角形错列。

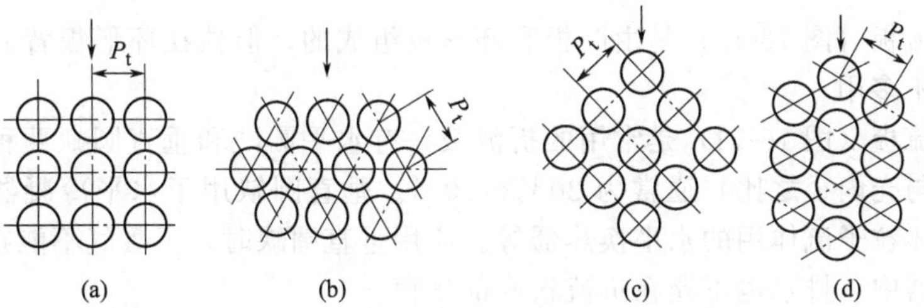

图 16-10　管子布置方法（⟶表示流动方向）

三角形错列布置用于壳侧流体清洁、不易结垢，或者壳侧污垢可用化学处理除掉的场合。

正方形直列或者正方形错列，由于可以用机械的方法清扫管外，故可用于易结垢的流体。

三角形直列一般不用。

管子间距 P_t（管中心的间距）一般是管外径（低翅片管为翅片外径）D_o 的 1.25 倍左右，一般采用的值示于表 16-2。

表 16-2　管子布置间距

管外径 D_o/mm	间距 P_t/mm	隔板中心到管中心距离 F/mm
19	25	19
25.4	32	22
31.8	40	26
38.1	48	30

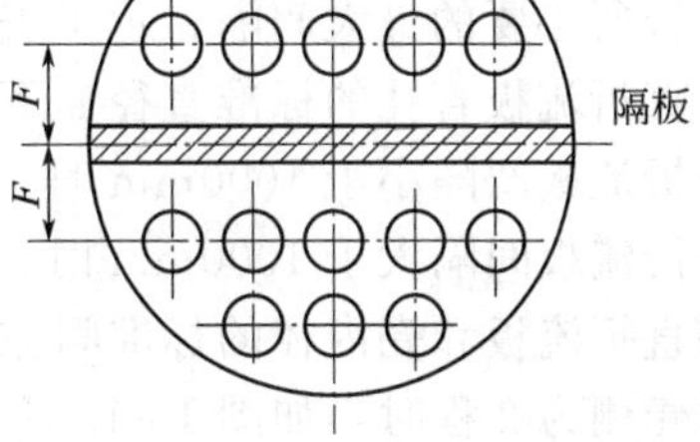

图 16-11　隔板中心与管中心的标准距离 F

当管侧在2程以上时，如图16-11那样隔开，这种场合的隔板中心到管中心的距离F的标准值示于表16-2。一般F（mm）用下式表示：

$$F=(P_t/2)+6 \tag{16-7}$$

3. 折流板的形状和间隔

为使壳侧流速充分，以增加传热系数，可在垂直管轴方向安装折流板。这种垂直折流板有孔口形、圆环形和圆缺形。

孔口形折流板（图16-12）是在圆板上开比管外径大2～3mm的管孔，流体在这个管孔和管外径之间的环状部分流动。如果流体不清洁，则容易阻塞孔口，因而不多用。

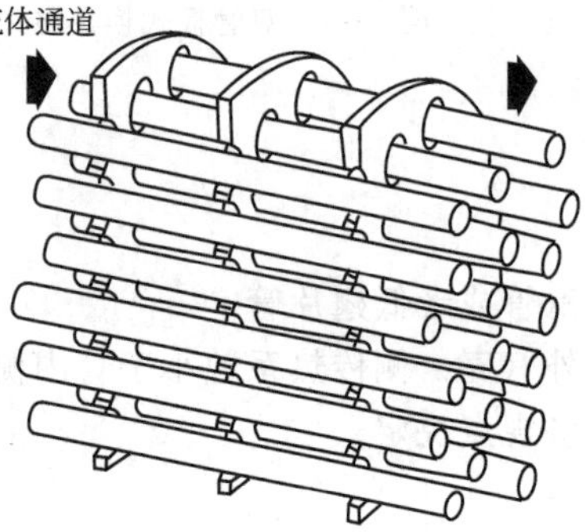

图16-12 孔口形折流板

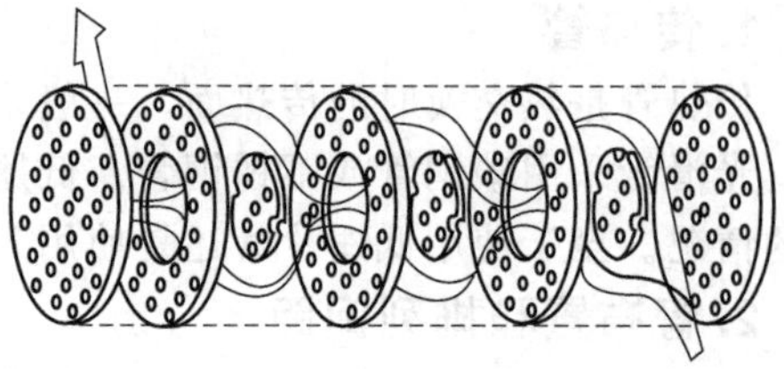

图16-13 圆环形折流板

圆环形折流板（图16-13）是由圆板和环形板组成的，但怕在环形板背后堆积不凝气体或污垢，因而不多用。

圆缺形折流板（图16-14）是常用的折流板，有水平圆缺和垂直圆缺两种。切缺率（切掉圆弧的高度与壳内径之比）通常为20%～50%。垂直圆缺用于水平冷凝器、水平再沸器和含有悬浮固体粒子流体用的水平换热器等。应用垂直圆缺时，不凝气不能在折流板顶部积存；而在冷凝器中，排水也不能在折流板底部积存。

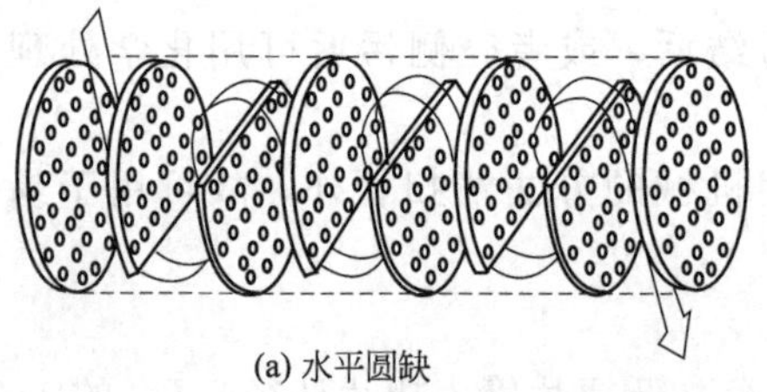

(a) 水平圆缺

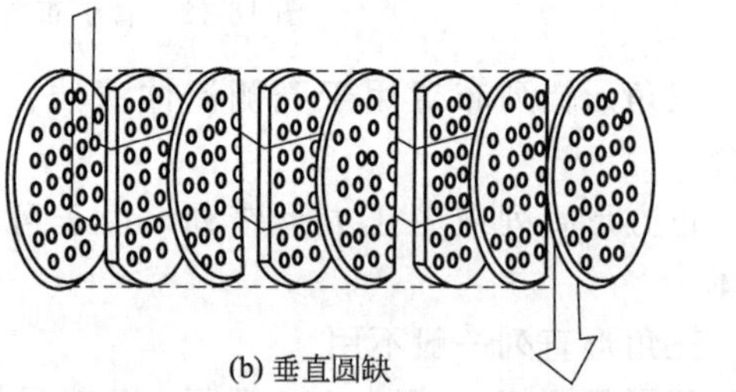

(b) 垂直圆缺

图16-14 圆缺形折流板

立置折流板的间隔，在允许的压力损失范围内，希望尽可能小。美国管式换热器制造厂协会（TEMA）推荐折流板间隔最小值为壳内径的1/5，或者不大于50mm。而最大值决定于支持管所必要的最大间隔，示于表16-3。

垂直折流板管孔的标准直径如下：

当折流板间隔小于1000mm时，比管外径大1mm；

当折流板间隔大于1000mm时，比管外径大0.5mm。

垂直折流板和壳内径的标准间隙示于表16-4。

当壳侧为2程时，如图16-15所示，放入平行于传热管轴的纵向折流板。为使折流板和壳体之间纵向接触部分没有间隙，在折流板和壳体之间加填料。

表 16-3 支持管子必要的最大间隔

传热管外径/mm	不支持的传热管最大长度/mm		传热管外径/mm	不支持的传热管最大长度/mm	
	传热管的材质和温度界限			传热管的材质和温度界限	
	碳钢和高合金钢(400℃) 低合金钢(450℃) 镍,铜(320℃)	铝,铝合金和铜合金		碳钢和高合金钢(400℃) 低合金钢(450℃) 镍,铜(320℃)	铝,铝合金和铜合金
19.0	1520	1320	31.8	2235	1930
25.4	1880	1630	38.1	2540	2210

表 16-4 折流板和壳内径的标准间隙 单位：mm

公称壳径		标准间隙壳设计内径和折流板(支持板)外径之差	公称壳径		标准间隙壳设计内径和折流板(支持板)外径之差
管壳	卷板壳		管壳	卷板壳	
从 8*B* 到 12*B*、14*B*、16*B*	200～300	3.0	从 8*B* 到 12*B*、14*B*、16*B*	600～950	4.5
	350～400	3.5		1000～1350	6.0
	450～550	4.0		1400～1500	8.0

注：*B* 为换热管外径，mm。

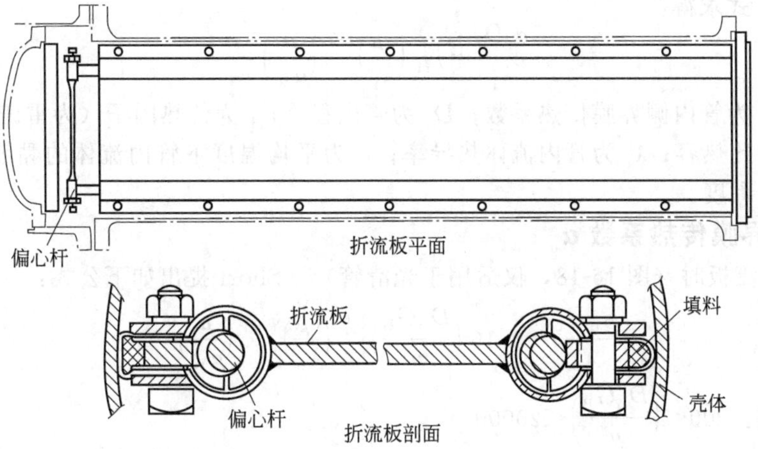

图 16-15 纵向折流板

4. 折流板固定杆和衬垫

折流板固定杆和衬垫的个数和尺寸，相应于壳内径按表 16-5 选用。

表 16-5 折流板固定杆数

壳的公称直径/mm	固定杆直径/mm	固定杆数/个	壳的公称直径/mm	固定杆直径/mm	固定杆数/个
8*B*～14*B* 200～350	10(W3/8)	4	700～800	13(W1/2)	6
			850～1200	13(W1/2)	8
16*B* 400～650	10(W3/8)	6	1250～1500	13(W1/2)	10

注：( ) 表示在固定杆上车螺纹时螺纹的公称直径。

5. 旁通挡板

如果壳体和管束之间间隙过大，则流体不通过管束而通过这个间隙旁通。为了防止这种情形，往往采用如图 16-16 所示的旁通挡板。

6. 缓冲板

流体与管束外面直接接触，为防止在管表面产生冲蚀，应使用缓冲板（图 16-17）。缓冲板除保护管表面以外，还有使流体沿管束均匀分布的作用。

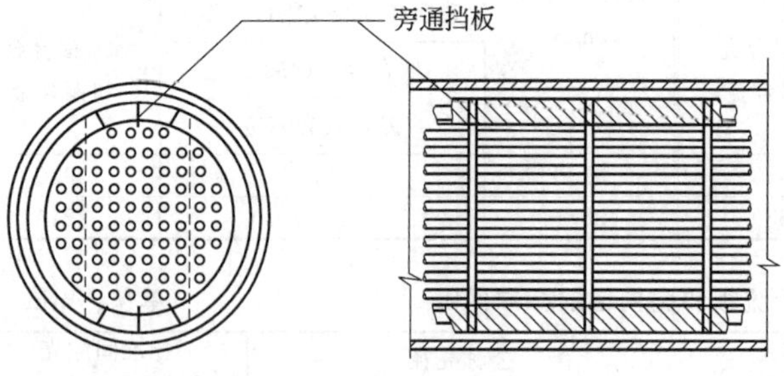

图 16-16 旁通挡板

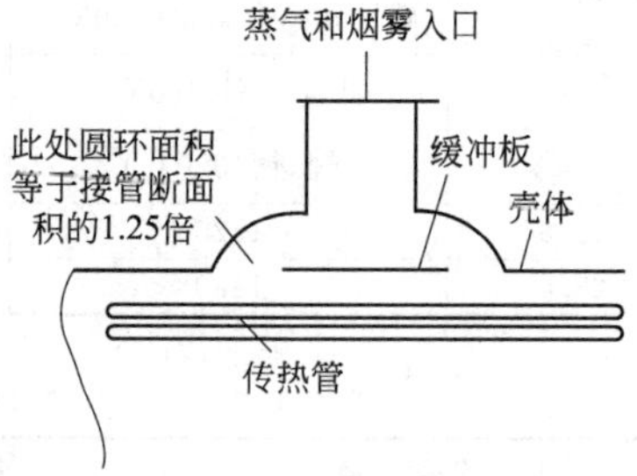

图 16-17 入口接管根部安装的缓冲板

二、管壳式换热器的设计

（一）无相变换热器的设计[1,5,6]

1. 管内侧界膜传热系数 α_i

α_i 可用下式求得：

$$\frac{\alpha_i D_i}{\lambda_i}=j_H\left(\frac{c\mu}{\lambda_i}\right)^{1/3}\left(\frac{\mu}{\mu_W}\right)^{0.14} \tag{16-8}$$

式中，α_i 为管内侧界膜传热系数；D_i 为管内径；j_H 为传热因子（为雷诺数的函数）；c 为管内流体的比热容；λ_i 为管内流体热导率；μ 为平均温度下管内流体的黏度；μ_W 为壁温下管内流体的黏度。

2. 壳侧界膜传热系数 α_o

(1) 无折流板时（图 16-18，仅适用于光滑管） Short 提出如下公式：

$$\frac{\alpha_o D_o}{\lambda_o}=0.16\left(\frac{D_o G_B}{\mu}\right)^{0.6}\left(\frac{c\mu}{\lambda_o}\right)^{0.33}\left(\frac{\mu}{\mu_W}\right)^{0.14} \tag{16-9}$$

适用范围：$200<\left(\frac{D_o G_B}{\mu}\right)<20000$

式中，G_B 为通过管束部分（图 16-19 的虚线包围部分）的质量速度 W_B/S_B，kg/(m^2·h)；S_B 为管束部分的流道面积（包围管束外侧的面积与管子断面积之差），m^2；W_B 为通过管束部分的流量，kg/h。

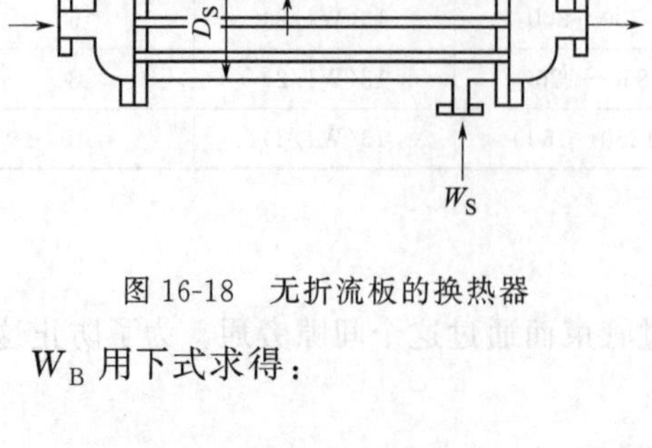

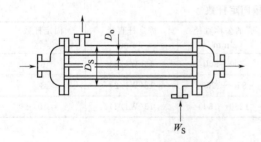

图 16-18 无折流板的换热器

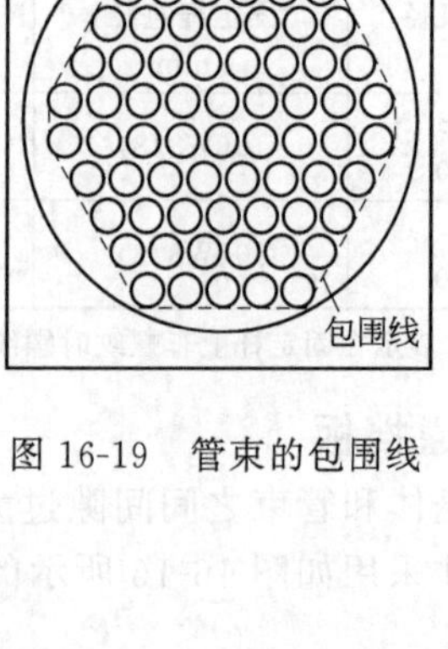

图 16-19 管束的包围线

W_B 用下式求得：

$$W_B=W_S\left[\frac{S_B}{S_B+S_{Bx}\ (D_{Bx}/D_B)^{0.715}}\right] \tag{16-10}$$

$$D_B=\frac{4S_B}{N_t\pi D_o} \tag{16-11}$$

$$D_{Bx}=\frac{4S_{Bx}}{\pi D_s} \tag{16-12}$$

式中，W_S 为通过换热器壳侧的流体总流量，kg/h；S_{Bx} 为管束包围线与壳内径之间的间隙面积，m^2；D_B 为管束部分流道的当量直径，m；D_{Bx} 为间隙流道的当量直径，m；D_s 为壳内径，m；D_o 为管外径，m；N_t 为管子根数。

(2) 安装圆缺形折流板时　求安装圆缺形折流板时壳侧界膜传热系数的计算公式很多，下面介绍几种常用方法。

对于安装圆缺形折流板的换热器，为使其组装和拆卸方便，管和折流板管孔之间及折流板与壳内径之间，必须要有某种程度的间隙。另外，管束和壳内径之间也有间隙。因此，在壳侧的流动中，除在折流板之间与管群正交流动，通过折流板圆缺部分流经管群等主流以外，还有通过上述各种间隙的侧流。

① 贝尔方法（适用于光滑管和低翅片管）。把通过各间隙的侧流影响作为修正系数，乘以所希望的错流流动的界膜传热系数，用下式表示安装圆缺折流板的换热器的壳侧界膜传热系数 α_o：

$$\alpha_o=F_{fh}j_h\ (cG_c)\left(\frac{c\mu}{\lambda_o}\right)^{-2/3}\left(\frac{\mu}{\mu_W}\right)^{0.14}\left(\frac{\phi\xi_h}{X}\right)F_g \tag{16-13}$$

$$G_c=W_S/S_c \tag{16-14}$$

式中，G_c 为距换热器中心线最近的管排中错流流动的最大质量速度，kg/(m^2·h)；W_S 为通过壳侧的总流量，kg/h；S_c 为距换热器中心线最近的管排中错流流动的最小流道面积，m^2；F_{fh} 为决定于管子种类的系数，对光滑管 $F_{fh}=1.0$，对低翅片管，取决于雷诺数大小，可从图 16-20 求得；j_h 为传热因子；c 为流体比热容，kJ/(kg·℃)；μ 为流体黏度，kg/(m·h)；μ_W 为管壁温度下的流体黏度，kg/(m·h)；λ_o 为流体热导率，kJ/(m·h·℃)；ϕ、ξ_h、X、F_g 为修正系数。

式(16-13) 中的一些符号的详细解释如下。

j_h 作为雷诺数的函数，可用图 16-21 或式(16-15)～式(16-17) 表示。其中雷诺数如下计算：

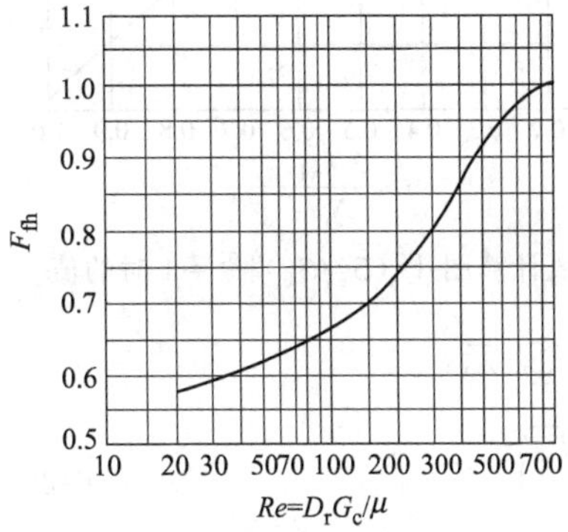

图 16-20　低翅片管的界膜导热系数的修正系数

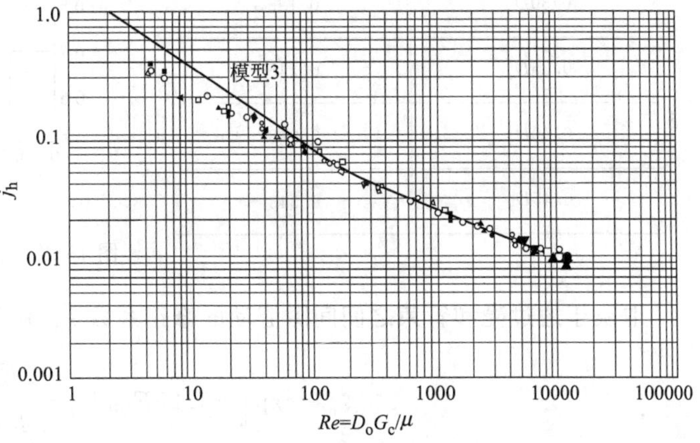

图 16-21　壳侧界膜传热系数

对于光滑管，$Re=D_oG_c/\mu$，D_o 是管外径，m；对于低翅片管，$Re=D_rG_c/\mu$，D_r 是翅根径，m。

$$\text{对于}\quad Re=20\sim200, j_h=1.73(Re)^{-0.675} \tag{16-15}$$

$$\text{对于}\quad Re=200\sim600, j_h=0.65(Re)^{-0.49} \tag{16-16}$$

$$\text{对于}\quad Re=600\sim10000, j_h=0.35(Re)^{-0.39} \tag{16-17}$$

ϕ 取决于通过折流板圆缺部分流动的状况：

$$\phi=1.0-r+0.0524(r)^{0.32}(S_c/S_b)^{0.03} \tag{16-18}$$

r 是折流板圆缺部分的传热面积与总传热面积之比，如果令折流板圆缺部分的管根数为 n_{wl}，传热管的总根数为 N_t，则

$$r=2n_{wl}/N_t$$

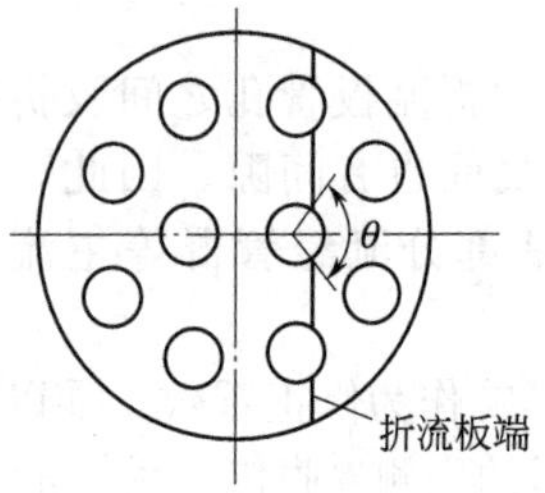

图 16-22 折流板

但折流板端部在圆缺部分的管，是用其圆周比划分，并加到 n_{wl} 上的。例如图 16-22 所示情况，折流板圆缺中的管为 2 根，折流板端上的管 3 根，则

$$n_{wl}=2+3(\theta/2\pi)$$

式(16-18) 中的 S_b 是折流板圆缺部分的流道面积，用下式计算：

对于光滑管

$$S_b=K_1D_s^2-n_{wl}\left(\frac{\pi}{4}\right)D_o^2 \tag{16-19a}$$

对于低翅片管

$$S_b=K_1D_s^2-n_{wl}\left(\frac{\pi}{4}\right)D_f^2 \tag{16-19b}$$

K_1 的值可从表 16-6 查出；而 n_{wl} 是折流板圆缺部分的管根数，折流板端上的管，按其断面比加进；D_f 为翅片外径。

式(16-18) 中的 ϕ 值还可从图 16-23 中查出，但该图是 $(S_c/S_b)^{0.03}=1$ 时的值。

表 16-6 K_1 的值

折流板圆缺高度 H_B	K_1
$0.25D_s$	0.154
$0.30D_s$	0.198
$0.35D_s$	0.245
$0.40D_s$	0.293
$0.45D_s$	0.343

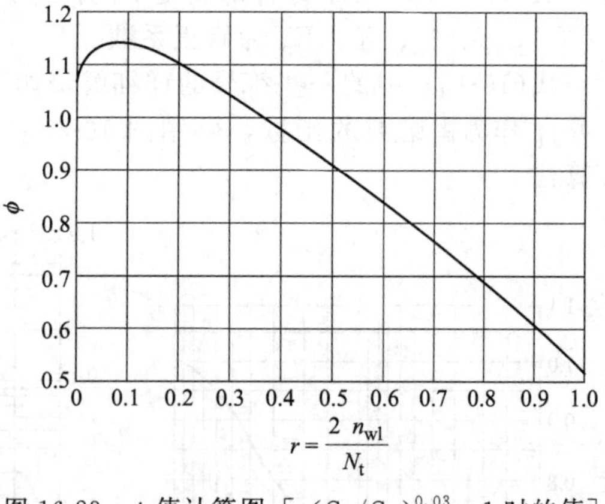

图 16-23 ϕ 值计算图 [$(S_c/S_b)^{0.03}=1$ 时的值]

取决于通过壳和管束之间间隙流动的修正系数 ξ_h 用下式表示：

$$\xi_h=\exp\left[-1.25F_{BP}\left(1-\sqrt[3]{\frac{2N_s}{N_c}}\right)\right] \tag{16-20}$$

其中，F_{BP} 为在换热器中心线或距中心线最近的管排上，管束和壳内径之间间隙的流道面积 S_d 和错流流动流道面积 S_c 之比。如图 16-24 所示的折流板间隔为 $\overline{BP}$，距换热器中心

线最近管排的管根数为 n_c，此处的壳内径应为 D_s'(见图 16-25)，则对于光滑管，

$$F_{BP}=\frac{S_d}{S_c}=\frac{[D_s'-(n_c-1)P_t-D_o]\overline{BP}}{(D_s'-n_cD_o)\overline{BP}} \tag{16-21a}$$

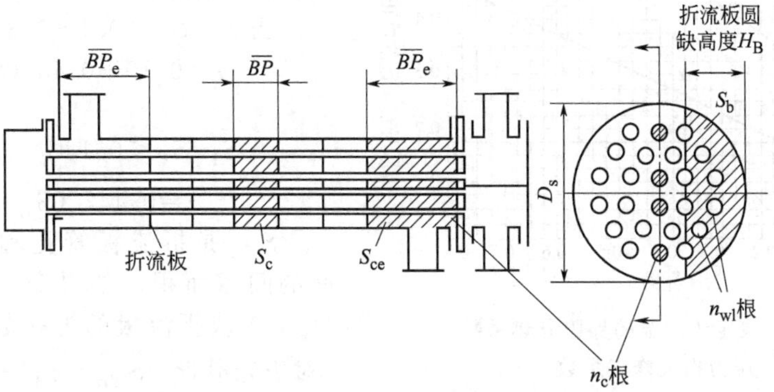

图 16-24　折流板间距及距中心最近管排数

对于低翅片管

$$F_{BP}=\frac{[D_s'-(n_c-1)P_t-D_r]\overline{BP}}{\left\{D_s'-n_c\left[D_r+t_f\frac{(D_f-D_r)}{P_f}\right]\right\}\overline{BP}} \tag{16-21b}$$

式中，P_f 为翅片间距；N_s 为旁通挡板数；N_c 是错流流动范围内，流道上收缩部分的次数，当管子正方形排列和三角形错列时，是从折流板端到下一个折流板端之间的管排数；正方形错列时，等于从折流板端到下一个折流板端之间的管排数减 1。但对于折流板端上的管排，是用在折流板端之内的管圆周与管总圆周之比。例如，图 16-25 那样的情况，折流板端之间的管排数 N_c 为：

$$N_c=2+3(\theta/2\pi)$$

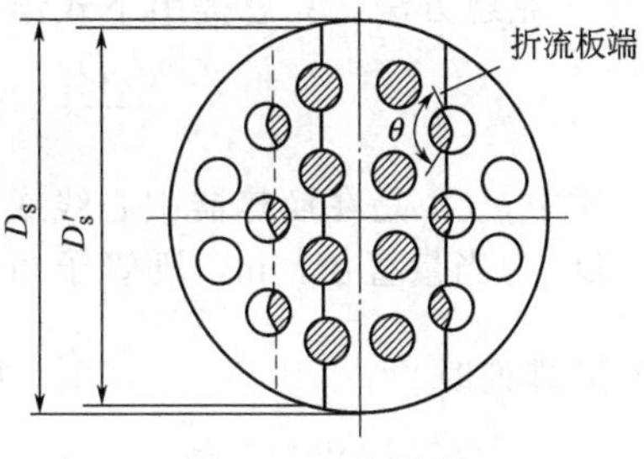

图 16-25　折流板

取决于管排数的修正系数 X 与雷诺数的关系如下：

$$Re<100,\ X=\left(\frac{N_c'}{13}\right)^{0.18} \tag{16-22a}$$

$$Re=100\sim2000\quad X=1.0 \tag{16-22b}$$

$Re>2000$　X 由表 16-7 查得

表 16-7　N_c'和 X 的关系（$Re>2000$）

N_c'	1	2	3	4	5	6	7	8	9	10	12	15	18	25	35	72
X	0.63	0.70	0.77	0.83	0.86	0.88	0.90	0.91	0.92	0.93	0.94	0.95	0.96	0.97	0.98	0.99

N_c'是换热器壳侧流体流道收缩的总有效数，用下式表示：

$$N_c'=(N_b+1)N_c+(N_b+2)N_w \tag{16-23}$$

N_b 为折流板数，N_w 为折流板圆缺部分中的管排数。例如像图 16-25 那样，应为：

$$N_w=1+1\times[(2\pi-\theta)/2\pi]$$

F_g 是取决于折流板和壳内径之间间隙流动和折流板管孔与传热管外径之间间隙流动的修正系数：

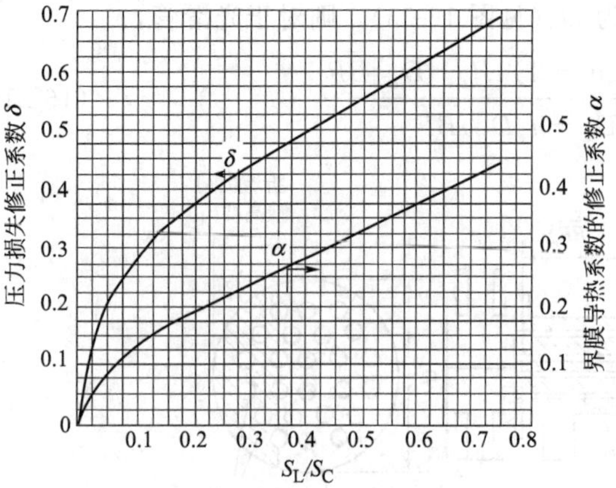

图 16-26 决定于间隙的界膜导热系数和压力损失修正系数

$$F_g=1-\frac{\alpha\ (S_{TB}+2S_{SB})}{S_L} \quad (16\text{-}24)$$

α 作为 S_L/S_C 的函数，用图 16-26 或式(16-25) 求得：

当 $S_L/S_C=0.1\sim0.8$ 时

$$\alpha=0.10+0.45\ (S_L/S_C) \quad (16\text{-}25a)$$

当 $S_L/S_C<0.1$ 时

$$\alpha=0.442\ (S_L/S_C)^{\frac{1}{2}} \quad (16\text{-}25b)$$

S_{TB} 是折流板管孔和传热管外径之间的间隙面积，如果令折流板管孔径为 D_H，1 块折流板的管孔数为 n_B，则

对于光滑管 $S_{TB}=n_B(\pi/4)(D_H^2-D_o^2)$ (16-26a)

对于低翅片管 $S_{TB}=n_B(\pi/4)(D_H^2-D_f^2)$ (16-26b)

S_{SB} 是折流板外径和壳内径之间的间隙面积，在图 16-25 中，

$$S_{SB}=\left(\frac{360°-A}{360°}\right)\ (\pi/4)\ (D_s^2-D'^2_s) \quad (16\text{-}27)$$

A 为折流板弦表的中心夹角，(°)。S_L 为间隙面积的总和：

$$S_L=S_{TB}+S_{SB} \quad (16\text{-}28)$$

② 克恩方法。克恩提出下式作为圆缺形折流板界膜传热系数的推算式：

$$\frac{\alpha_o D_e}{\lambda_o}=0.36\left(\frac{D_e G_c}{\mu}\right)^{0.55}\left(\frac{c\mu}{\lambda_o}\right)\left(\frac{\mu}{\mu_W}\right)^{0.14} \quad (16\text{-}29)$$

式中，G_c 是在换热器中心线或者距中心线最近管排上错流流动的质量速度，kg/(m^2·h)；D_e 为当量直径，m，随管子布置方式而变，用下式计算：

正方形排列时 $$D_e=\frac{4\ (P_t^2-\pi D_o^2/4)}{\pi D_o} \quad (16\text{-}30)$$

三角形排列时 $$D_e=\frac{4[(0.5P_t)(0.86P_t)-0.5\pi D_o^2/4]}{\left(\frac{\pi D_o}{2}\right)} \quad (16\text{-}31)$$

式中，P_t 是管间距，mm；D_o 是管外径，mm。

表 16-8 列出常用的管群当量直径。

表 16-8 管群的当量直径 D_e

管外径 D_e/mm	间距 P_t/mm	当量直径 D_e/mm		管外径 D_e/mm	间距 P_t/mm	当量直径 D_e/mm	
		正方形排列	三角形排列			正方形排列	三角形排列
19.0	25.0	22.8	17.2	31.8	40.0	32.3	23.8
25.4	32.0	26.0	19.0	38.1	48.0	39.0	28.6

另外，式(16-29) 可以适用于圆缺 25%（用百分数表示圆缺的弧高与壳内径之比）的折流板。在其他情况，用图 16-27 求出作为雷诺数函数的传热因子 j_H，由下式能较好地求得界膜传热系数：

$$\alpha_o=j_H\ \frac{\lambda_o}{D_e}\left(\frac{c\mu}{\lambda_o}\right)^{1/3}\left(\frac{\mu}{\mu_W}\right)^{0.14} \quad (16\text{-}32)$$

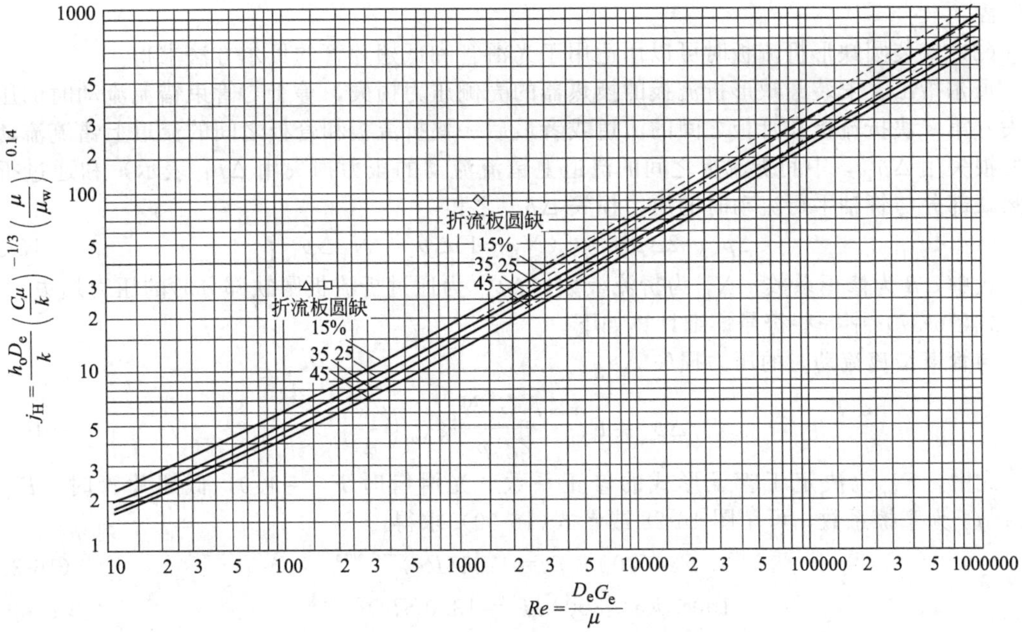

图 16-27 壳侧界膜传热系数

3. 管内侧压力损失

管内侧流体的压力损失 Δp_T，等于管子部分的压力损失 Δp_t 和管箱处改变方向时的压力损失 Δp_r 之和：

$$\Delta p_T=\Delta p_t+\Delta p_r \tag{16-33}$$

管子部分的压力损失可用普通圆管内流动的公式计算：

$$\Delta p_t=\frac{4f_tG_t^2Ln_{tpass}}{2g_c\rho D_i}\left(\frac{\mu}{\mu_W}\right)^{-0.14} \tag{16-34}$$

式中，L 为管长；n_{tpass} 为管侧程数；Ln_{tpass} 为总管长；f_t 为摩擦系数，可由下式求得：

当 $Re=(D_iG_t/\mu)<2000$ 时：

$$f_t=\frac{16}{D_iG_t/\mu} \tag{16-35a}$$

当 $Re=(D_iG_t/\mu)>2000$ 时：

对于光滑管

$$f_t=0.00140+\frac{0.125}{(D_iG_t/\mu)^{0.32}} \tag{16-35b}$$

对于粗糙管

$$f_t=0.0035+\frac{0.264}{(D_iG_t/\mu)^{0.42}} \tag{16-35c}$$

其中 G_t 是管内侧流体的质量速度。

管箱处压力损失通常为每程速度头的 4 倍，即：

$$\Delta p_r=\frac{4G_r^2n_{tpass}}{2g_c\rho}$$

4. 壳侧压力损失

(1) 无折流板时（仅适用于光滑管）

$$\Delta p_s=\frac{4f_sG_B^2L}{2g_c\rho D_B}\left(\frac{\mu}{\mu_W}\right)^{-0.14} \tag{16-36}$$

摩擦系数 f_s 作为雷诺数的函数可由式(16-35) 求得，式中的 f_t 和 D_iG_i/μ 用 f_s 和 $D_BG_B/$

μ 代替。

（2）安装圆缺形折流板时可以用适用于光滑管和低翅片管的贝尔方法求得。

贝尔指出，安装圆缺形折流板的换热器的壳侧压力损失，等于与管束错流流动时的压力损失（第一块折流板和管板之间的流道或者最后一块折流板和管板之间的流道上错流流动的压力损失用 $\Delta p_B'$，中间折流板之间的流道上错流流动的压力损失用 Δp_B 表示）和通过折流板圆缺部分与管轴平行流动时的压力损失 Δp_w 之和：

$$\Delta p_s = 2\Delta p_B' + \beta[(N_b - 1)\Delta p_B + N_b \Delta p_w] \tag{16-37}$$

式中，β 为修正系数；N_b 为折流板数；Δp_w 为通过折流板圆缺部分时的压力损失。

式(16-37) 中一些符号详细计算如下。

与管束错流流动时的压力损失 Δp_B：

$$\Delta p_B = F_{fp} \frac{4 f_s G_c^2 N_c}{2 g_c \rho} \xi_{\Delta p} \left(\frac{\mu_W}{\mu}\right) \tag{16-38}$$

式中，F_{fp} 为决定于管子形式的修正系数，光滑管时 $F_{fp}=1.0$，低翅片管时，$F_{fp}=0.9$；f_s 为摩擦系数，可用图 16-28 或者式(16-39) 求得，

$$Re < 100 \quad f_s = 47.1(Re)^{-0.965} \tag{16-39a}$$

$$100 \leqslant Re \leqslant 300 \quad f_s = 13.0(Re)^{-0.685} \tag{16-39b}$$

$$300 \leqslant Re \leqslant 1000 \quad f_s = 3.2(Re)^{-0.44} \tag{16-39c}$$

$$Re > 1000 \quad f_s = 0.505(Re)^{-0.176} \tag{16-39d}$$

对于光滑管 $$Re = \frac{D_o G_c}{\mu}$$

对于低翅片管 $$Re = \frac{D_r G_c}{\mu}$$

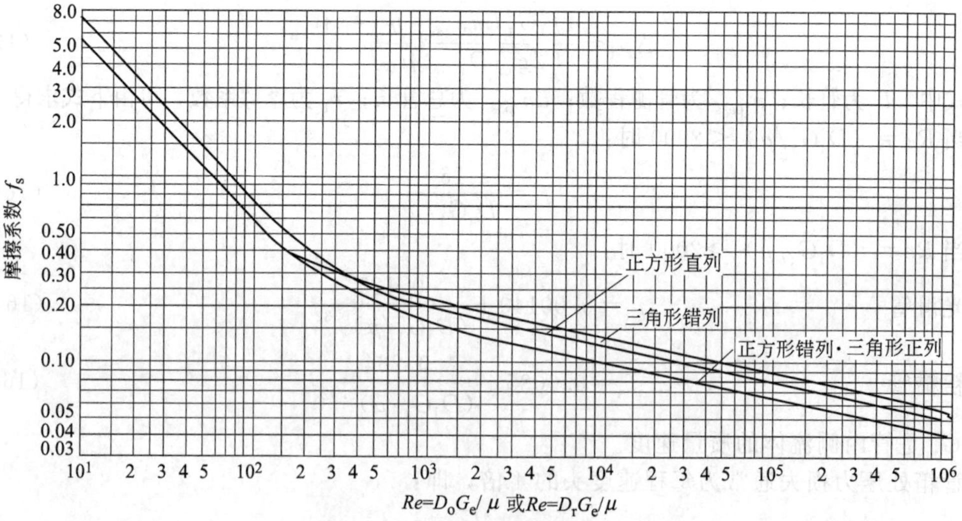

图 16-28 壳侧摩擦系数

$\xi_{\Delta p}$ 为修正系数，其大小取决于通过壳和管束之间间隙流动的状况，

当 $Re<100$ 时

$$\xi_{\Delta p} = \exp\left[-4.5 F_{BP}\left(1 - \sqrt[3]{\frac{2N_s}{N_c}}\right)\right] \tag{16-40a}$$

当 $Re>4000$ 时

$$\xi_{\Delta p}=\exp\left[-3.8F_{BP}\left(1-\sqrt[3]{\frac{2N_s}{N_c}}\right)\right] \tag{16-40b}$$

壳侧两端错流流动的压力损失 $\Delta p'_B$：

$$\Delta p'_B=\left[1+\left(\frac{N_w}{N_c}\right)\right]\Delta p_B \tag{16-41}$$

通过折流板圆缺部分时的压力损失 Δp_w：

当 $Re<100$ 时

$$\Delta p_w=23\xi_{\Delta p}\left(\frac{\mu v_z}{g_c S}\right)N_w+26\left(\frac{\mu v_z}{g_c D_v}\right)\left(\frac{\overline{BP}}{D_v}\right)+2\left(\frac{\rho V_z^2}{2g_c}\right) \tag{16-42a}$$

当 $Re>4000$ 时

$$\Delta p_w=(2.0+0.6N_w)\frac{\rho v_z^2}{2g_c} \tag{16-42b}$$

式中，S 为管之间的最小间隙。

$$\left.\begin{array}{ll}\text{光滑管} & S=P_t-D_o\\ \text{低翅片管} & S=P_t-D_f\end{array}\right\} \tag{16-43}$$

v_z 为几何平均流速，

$$v_z=(v_c v_b)^{0.5} \tag{16-44}$$

v_c 为错流流动的流速，

$$v_c=w_s/(S_c\rho) \tag{16-45}$$

v_b 为折流板圆缺部分中的流速，

$$v_b=w_s/(S_b\rho) \tag{16-46}$$

D_v 为折流板圆缺部分流道的当量直径，

$$D_v=\frac{4S_b\overline{BP}}{a_w} \tag{16-47}$$

a_w 为一个折流板圆缺部分中传热管的传热面积，如果令折流板圆缺部分中传热管数为 n_{w-1}，则：

$$a_w=n_{w-1}A_o\overline{BP}$$

取决于通过折流板与壳内径之间间隙流动和折流板管孔与传热管外径之间间隙流动的修正系数 β：

$$\beta=1-\delta\left(\frac{S_{TB}+2S_{SB}}{S_L}\right) \tag{16-48}$$

δ 可以由图 16-26 或式(16-49) 求得。

当 $(S_L/S_c)=0.2\sim0.8$ 时

$$\delta=0.26+\frac{4}{7}(S_L/S_c) \tag{16-49a}$$

当$(S_L/S_c)<0.2$ 时

$$\delta=0.710(S_L/S_c)^{0.4} \tag{16-49b}$$

贝尔方法计算起来比较麻烦，如果圆缺形折流板的圆缺为 20%，则可用洛里什基提出的简便公式计算：

$$\Delta p_s=10.4\frac{G_c^2 L}{g_c\rho} \tag{16-50}$$

式中，L 是壳长（等于管长）。

（二）蒸气冷凝器的设计[1,6]

1. 冷凝机理

冷凝就是将蒸气从混合气体中冷却凝结成液体的过程。当饱和蒸气与低于饱和温度的壁面相接触时，将放热而凝结成液体。视冷凝液能否湿润冷却壁面，可将冷凝分成膜状冷凝和滴状冷凝。若能润湿壁面，并形成一完整冷凝膜的称为膜状冷凝；如凝液不能润湿冷却壁面，而结成滴状小液珠，最后从壁面落下，从而让出新的冷凝面的称为滴状冷凝。在废气治理过程中，大多为膜状冷凝。物质在不同的温度和压力下，具有不同的饱和蒸气压。对应于废气（混合气体）中有害物质的分压数值的饱和蒸气压下的温度，即为该混合气体的露点温度。也就是说，该混合气体接触到的壁面必须在露点温度以下，才能使有害物质的蒸气冷凝下来。可见关键是冷却温度，冷却温度越低，冷凝净化程度越高。为提高冷凝器的效率，要求壁面有较大的热导率，但膜状冷凝的热导率比滴状冷凝小，因为膜状冷凝要克服液膜的热阻力。对于膜状冷凝（见图 16-29），若以 t_w 代表蒸气温度，则在蒸气与壁面之间存在温度差 $\Delta t = t_n - t_w$，设壁面的液膜作滞流，则通过此膜的传热将以传导方式进行，即传热速率 q（kJ/h）为：

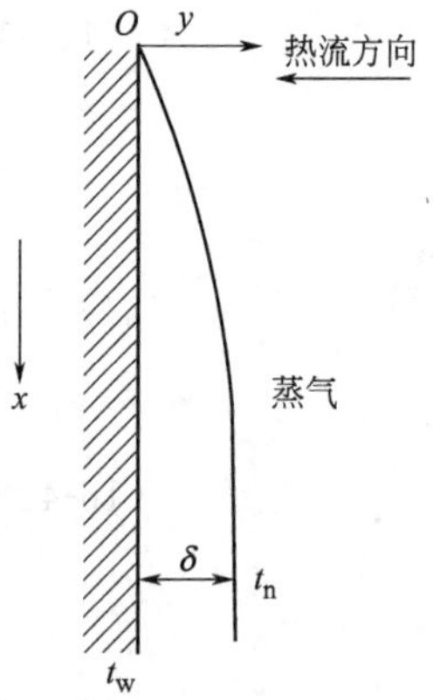

图 16-29 膜状冷凝

$$q = \frac{\lambda F \Delta t}{\delta}$$

式中，δ 为冷凝液膜厚度，m；λ 为冷凝液的热导率，kJ/(m · ℃ · h)；F 为传热面积，m^2。

同时，此项热量的传递，也可以对流传热方程式表示，即

$$q = \alpha F \Delta t$$

由上两式得 $\alpha = \frac{\lambda}{\delta}$。因此，$\alpha$ 值决定于冷凝液膜的厚度与其热导率。显然，液膜愈厚，α 值愈小。由此可知，要确定 α 值，先需确定冷凝液膜的厚度。

从边界层的概念出发，冷凝传热在很大程度上与凝液的流动状况有关。图 16-29 所示为蒸气在垂直壁面冷凝时，在向下流动过程中，液膜的厚度随冷凝液的增加而增厚。实验证明，当 $Re > 1600$ 时，冷凝液流动将从滞流变为湍流，在平壁上液流的 Re 数可表示为：

$$Re = \frac{4G}{\mu g}$$

式中，G 为单位壁面宽度的冷凝液质量流量，kg/(h · m)。

图 16-30 示出局部冷凝传热系数 α_x 与垂直高度 x 的关系。在滞流时，α_x 将随其边界层厚度的增加而减小；而在湍流时，由于其滞流内层厚度将减薄，所以 α_x 又逐渐增加，直至滞流内层厚度不变而保持定值。在工程计算中，一般不采用其局部系数而取其平均值。

2. 膜状冷凝的传热系数

从相似理论或边界层理论可获得膜状冷凝的传热系数 α 的一般表达式为：

$$\alpha = A'\left(\frac{3600\lambda^3 g^2 \rho^2 r}{\mu l \Delta t}\right)^n \tag{16-51}$$

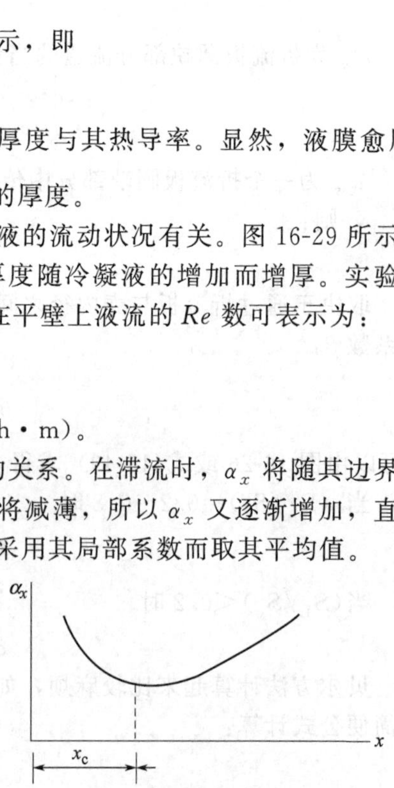

图 16-30 局部冷凝传热系数和高度 x 的关系

式中，A'、n 为经验常数；λ 为冷凝体热导率；g 为重力加速度；ρ 为冷凝体密度；r 为冷凝潜热；μ 为

冷凝体黏度；l 为垂直壁面长度。

对于不同的具体场合，常数 A'、n 也将随之变化。例如蒸气在单根水平管冷凝时，式(16-51) 可写成：

$$\alpha=0.725\left(\frac{3600\lambda^3 g^2\rho^2 r}{d_n\mu\Delta t}\right)^{\frac{1}{4}} \tag{16-52a}$$

式中，d_n 为管外径，m；物性量 λ、ρ、μ 均取冷凝膜在平均温度下的值。

蒸气在水平管束冷凝时，考虑到管的数目及排列的影响，须以上下排列的诸管外管之和 $\sum\frac{nd_n}{m}$ 代替式(16-52a) 中的 d_n，可写成：

$$\alpha=0.725\left[\frac{3600\lambda^3 g^2\rho^2 r}{\left(\sum\frac{nd_n}{m}\right)\mu\Delta t}\right]^{\frac{1}{4}} \tag{16-52b}$$

式中，n、m 分别为管的总数及垂直列数。

三、管壳式换热器的应用

现以一设计例题说明管式换热器的实际应用。

设计任务：回收废热锅炉中某液体的热量，该液体流量 6000kg/h，比热容为 2.219kJ/(kg·K)。要求设计从 140℃冷却到 40℃的管壳式换热器。冷却水入口温度为 30℃，出口温度为 40℃，冷却水通过管侧流动。另外，管侧允许压力损失为 0.05MPa，壳侧允许压力损失为 0.01MPa。

解：(1) 传热量 Q

$$Q=W_S c(T_1-T_2)=6000\times2.219\times(140-40)=1331402\ (\text{kJ/h})$$

(2) 冷却水用量 W

$$W=Q/(c_{水}\Delta t)=1331402/[4.1868\times(40-30)]=31800\ (\text{kg/h})$$

(3) 有效温差 ΔT

对数平均温差 ΔT_{tm} 计算值为：

$$\Delta T_{tm}=\frac{|T_1-t_2|-|T_2-t_1|}{\ln[(T_1-t_2)/(T_2-t_1)]}$$
$$=\frac{(140-40)-(40-30)}{\ln[(140-40)/(40-30)]}=38(℃)$$

假定选用的管壳式换热器为壳侧 1 程、管侧 6 程的 1-6 型式，则有效温差 ΔT 为：

$$\Delta T=F_t\Delta T_{tm}$$

式中，F_t 为温差修正系数，由有关图表查得其值为 0.81，故

$$\Delta T=0.81\times38=30.4\ (℃)$$

(4) 概略尺寸　假定管壳式换热器的总传热系数 $K=837.4$kJ/ (m^2·h·℃)，则所需要的传热面积 A 为：

$$A=Q/(\Delta TK)=\frac{1331402}{30.4\times837.4}=52.5\ (m^2)$$

传热管可采用高强度黄铜管，外径 $D_o=25$mm，内径 $D_i=20.8$mm，长度为 5m，则需要的传热管根数 N_t 为：

$$N_t=\frac{A}{\pi D_o L}=\frac{52.5}{3.1416\times0.025\times5}=134\ (根)$$

因为管侧程数为 6，取 6 的倍数，管子应为 132 根。管子布置如图 16-31 所示。

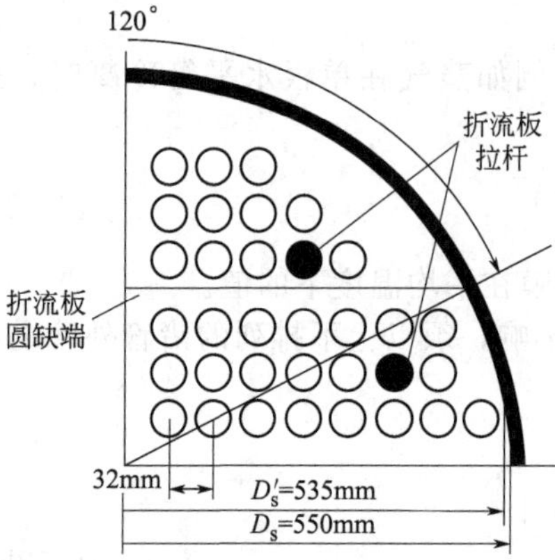

图 16-31 管子的布置

管子布置间距 $P_t=0.032$ (m)，$D_s=0.550$ (m)，$D'_s=0.535$ (m)，$N_c=16$，$n_{w_1}=n_{w_2}=24$（折流板圆缺部分中的传热管 22 根，加上 2 根折流板固定杆），$N_c=6$ 排，$n_B=116$（每块折流板上传热管孔 112 个，4 个固定杆孔），$N_w=3$ 排，$N_s=0$（没有旁通挡板）

折流板数如为 $N_b=32$ 块，折流板间隔$\overline{BP}$ 为：

$$\overline{BP}=L/(N_b+1)=0.150\ (\text{m})$$

折流板为缺 25%的圆缺形折流板。

(5) 流体中心温度 T_c、t_c 计算

高温端的温差 $\Delta t_h=(T_1-t_2)=140-40=100(℃)$

低温端温差 $\Delta t_c=(T_2-t_1)=40-30=10(℃)$

所以 $\Delta t_c/\Delta t_h=0.1$

利用式

$$T_c=T_2+F_c(T_1-T_2)$$

$$t_c=t_1+F_c(t_2-t_1)$$

式中，F_c 为温度修正值，因 $\Delta t_c/\Delta t_h=0.1$，由有关图表查得 $F_c=0.31$。

故

$$T_c=40+0.31\ (140-40)\ =71\ (℃)$$

$$t_c=30+0.31\ (40-30)\ =33.1\ (℃)$$

(6) 管侧界膜传热系数 α_i 每程的管侧流路面积 a_t 为：

$$a_t=\frac{\pi}{4}D_i^2\ \frac{N_t}{n_{tpass}}=\frac{3.14}{4}\times(0.0208)^2\times\frac{132}{6}=0.00745\ (\text{m}^2)$$

管内冷却水的质量流速 G_t 为：

$$G_t=\frac{W}{a_t}=\frac{31800}{0.00745}=4268456[\text{kg}/(\text{m}^2\cdot\text{h})]$$

管内冷却水的 Re[中心温度 $t_c=33.1$℃，水的黏度$\mu=2.88$ kg/(m·h)]为：

$$Re=D_iG_t/\mu=0.0208\times4268456/2.88=30828$$

另外，当 $t_c=33.1$℃时，水的 $\lambda=2.177$kJ/(m·h·℃)，查有关图表，得 $j_H=100$。

由式

$$\frac{\alpha_iD_i}{\lambda}=j_H\left(\frac{c\mu}{\lambda}\right)^{1/3}\left(\frac{\mu}{\mu_W}\right)^{0.14}$$

假定

$$\left(\frac{\mu}{\mu_W}\right)^{0.14}\approx1.0$$

则

$$\alpha_i=\frac{j_H\lambda}{D_i}\left(\frac{c\mu}{\lambda}\right)^{1/3}\left(\frac{\mu}{\mu_W}\right)^{0.14}$$

$$=\frac{100\times2.177}{0.0208}\left(\frac{4.1868\times2.88}{2.177}\right)^{1/3}\times1$$

$$=18422[\text{kJ}/(\text{m}^2\cdot\text{h}\cdot℃)]$$

(7) 壳侧界膜传热系数 α_o 计算 换热器中心线或者距中心线最近的管排上错流流动的最小流道面积 S_c 为：

$$S_c=(D'_s-n_cD_o)\overline{BP}$$

$$=(0.535-16\times0.025)\times0.15=0.0202(\text{m}^2)$$

换热器中心线或距中心线最近管排上错流流动的最大质量速度 G_c 为：

$$G_c=W_S/S_c=6000/0.0202=297030\ [\text{kg}/(\text{m}^2\cdot\text{h})]$$

流体中心温度 $T_c=71℃$，相应的黏度（某液体）$\mu=3.28\text{kg/(m·h)}$，则 $Re=\dfrac{D_oG_c}{\mu}=2264$，从有关图表查得其传热因子 $j_H=0.0180$。

折流板圆缺部分流道面积 S_b 为：

$$S_b=K_1D_s^2-n_{w_2}\frac{\pi}{4}D_o^2$$

从有关图表中查得 $K_1=0.154$

则　$S_b=0.0348\text{m}^2$

管束与壳内径之间的间隙流道面积 S_d 为：

$$\begin{aligned}S_d&=[D_S'-(n_c-1)P_t-D_o]\overline{BP}\\&=[0.535-(16-1)\times0.032-0.025]\times0.150=0.0045(\text{m})\end{aligned}$$

其他尺寸计算从略。

由于采用光滑管，故 $F_{fh}=1.0$，则 α_o 计算式为：

$$\alpha_o=F_{th}j_h(cG_c)\left(\frac{c_o\mu_o}{\lambda_o}\right)^{-2/3}\left(\frac{\mu}{\mu_W}\right)^{0.14}\left(\frac{\phi\xi_h}{X}\right)F_g$$

式中 ϕ、ξ_h、X、F_g 由有关计算式和图表可得：

$$\phi=1.02，\xi_h=0.76，X=1，F_g=0.656$$

假定 $(\mu/\mu_W)^{0.14}=0.95$，将有关数据代入 α_o 计算式可得：

$$\alpha_o=963\text{kJ/(m}^2\text{·h·℃)}$$

（8）污垢系数

管内侧取 $r_i=0.000048\text{m}^2\text{·h·℃/kJ}$

管外侧取 $r_o=0.000048\text{m}^2\text{·h·℃/kJ}$

（9）管金属的热导率 λ_w　取 418.68kJ/(m·h·℃)。

（10）总传热系数 K 的计算：

$$\frac{1}{K}=\frac{1}{\alpha_o}+r_o+\frac{t_s}{\lambda_w}\left(\frac{D_o}{D_m}\right)+r_i\frac{D_o}{D_i}+\frac{1}{\alpha_i}\frac{D_o}{D_i}$$

将有关数据代入上式经计算得：

$$\frac{1}{K}=0.001194\text{m}^2\text{·h·℃/kJ}$$

故　$$K=837.4\text{kJ/(m}^2\text{·h·℃)}$$

由此可知在（4）中假设的 K 是正确的。

（11）管壁温度 t_w

$$\begin{aligned}t_w&=t_c+\frac{\alpha_o}{\alpha_i(D_i/D_o)+\alpha_o}(T_c-t_c)\\&=33.1+\frac{963}{18422\times(0.0208/0.025)+963}\times(71-33.1)\\&=35\ (℃)\end{aligned}$$

假设 35℃时某液体的黏度　$\mu_W=5.2\text{kg/(m·h)}$，

则　$$\left(\frac{\mu}{\mu_W}\right)^{0.14}=\left(\frac{3.28}{5.2}\right)^{0.14}=0.95$$

由此可知，计算壳侧界膜传热系数时所假定的 $(\mu/\mu_W)^{0.14}$ 的值是正确的。

35℃时水的黏度 $\mu_W=2.70\text{kg/(m·h)}$，

则
$$\left(\frac{\mu}{\mu_{W}}\right)^{0.14}=\left(\frac{0.288}{0.270}\right)^{0.14}=1$$

由此可知，计算管侧界膜传热系数时假定的 $(\mu/\mu_{W})^{0.14}$ 的值是正确的。

(12) 壳侧压力损失 可用概算法计算，计算式为：

$$\Delta p_{s}=10.4\times\frac{G_{c}^{2}L}{g_{c}\rho}$$

式中，g_{c} 为换算系数：

$$g_{c}=1.27\times10^{8}\,kg\cdot m/(kg\cdot h^{2})$$

故
$$\Delta p_{s}=10.4\times\frac{(297030)^{2}\times5}{1.27\times10^{8}\times825}\approx42.5(kgf/m^{2})=417\ (Pa)$$

(13) 管侧压力损失 Δp_{T} 的计算

① 直管部分压力损失 Δp_{t}

$$\Delta p_{t}=\frac{4f_{t}G_{t}^{2}Ln_{tpass}}{2g_{c}\rho D_{i}}\left(\frac{\mu_{W}}{\mu}\right)^{0.14}$$
$$=2880(kgf/m^{2})=28253\ (Pa)$$

② 方向改变产生的压力损失 Δp_{r}

$$\Delta p_{r}=\frac{4G_{t}^{2}n_{tpass}}{2g_{c}\rho}=1710(kgf/m^{2})=16775\ (Pa)$$

③ 管侧压力损失之和 Δp_{T}

$$\Delta p_{T}=\Delta p_{t}+\Delta p_{r}=28253+16775$$
$$=45028(Pa)=0.045\ (MPa)$$

因此，所设计的冷却器的管侧、壳侧压力损失都低于允许压力损失，满足设计要求。

第三节 螺旋板式换热器的设计

一、螺旋板式换热器的结构特点及分类

螺旋板式换热器是用焊到板上的隔板使两块平行板保持一定间距并卷成螺旋状，把两端密封。使两端密封的方法有 3 种：把两个流道的一端分别交替焊死（见图 16-32）；仅把一个流道的两端焊死（见图 16-33）；两流道的两端敞开，用填料进行密封（见图 16-34）。

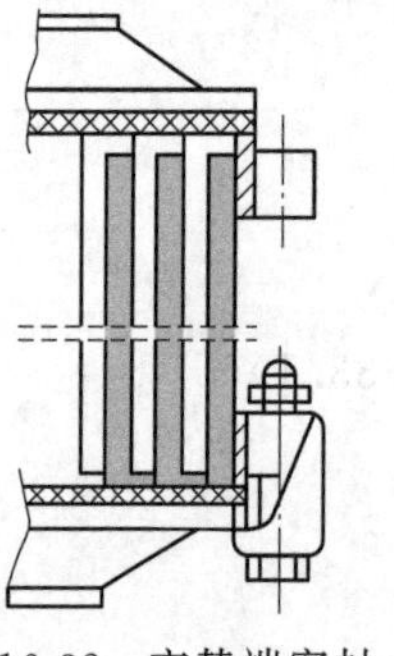

图 16-32 交替端密封

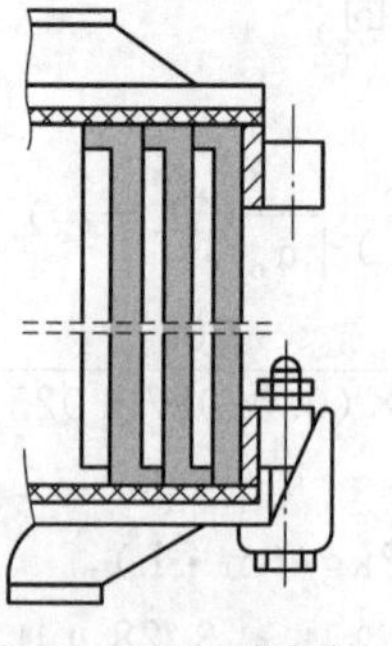

图 16-33 两端密封

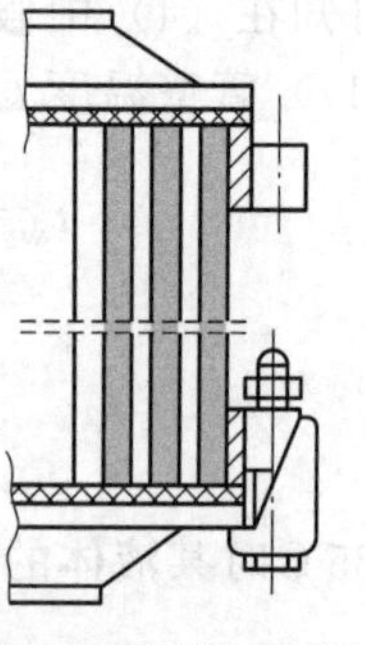

图 16-34 两面敞开式密封

交替端密封时，进行换热的两流体沿各自的流道完全被隔开，相互不混。另外，流体的短路通道处在上、下两面均用填料压住。取掉盖子后可容易地进行清理。当用两端密封时，

流道清理不能用机械方法，必须用化学处理。当用两面敞开式密封时，由于填料被破坏，热交换器中进行换热的两种流体可能相互混合。

螺旋板式换热器，可以用任何可作冷加工和焊接的材料制作，一般用碳钢，不锈钢和耐蚀耐热镍基合金 B、C 及镍合金，铝合金，钛、铜合金。另外，为了防止冷却水侧的腐蚀，往往加装酚醛树脂衬里。

螺旋板式换热器一般耐压约 1MPa。按盖板的安装方法，螺旋板式换热器可采用如下的三种流体流动形式：两种流体都呈螺旋流动；一种流体呈螺旋流动，另一种流体呈轴向流动；一种流体呈螺旋流动，另一种流体是轴向和螺旋流动的组合。

(1) 图 16-35 示出两种流体都呈螺旋流动，两端安装平板盖板时的情况。被加热物体从外层流入，沿螺旋方向流动，从中心流出。加热流体从中心流入，沿螺旋方向流动，从外层流出。这种换热器的中心轴可以垂直安装，也可以水平安装。主要用于液-液换热，也可用于流量不大时的气体换热或蒸汽冷凝。

(2) 一种流体呈螺旋流动，另一种流体呈轴向流动，如图 16-36 所示，是两端安装圆锥形式碟形盖时的情况。轴向流动流道是两端敞开的，螺旋流道两端焊死。这种换热器用于两种流体的体积流量差别较大时，即液-液换热、气体的冷却或加热、蒸气冷凝，也可用作再沸器。

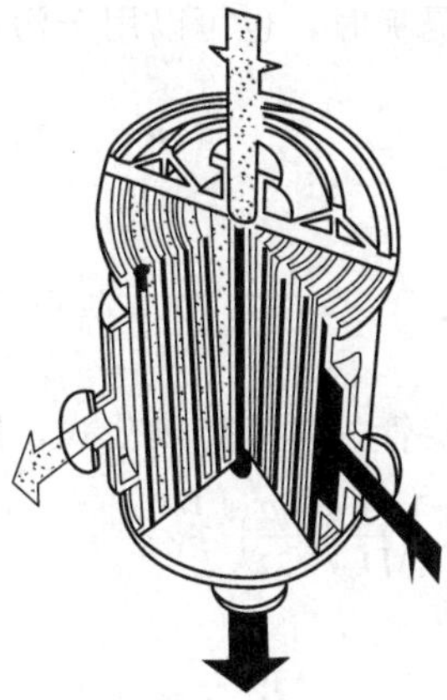

图 16-35 两流道都是螺旋流道

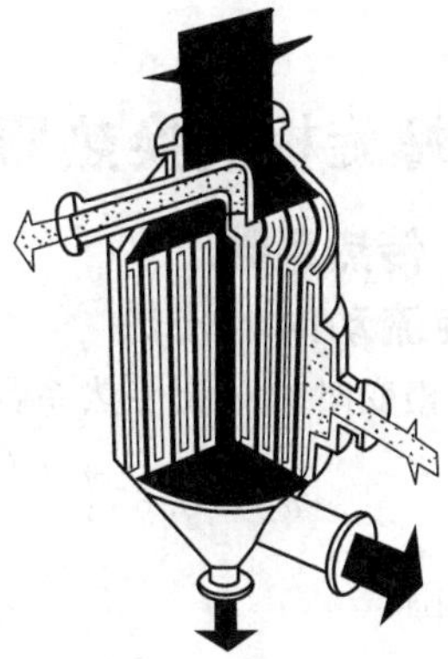

图 16-36 一侧流道是螺旋流道，另一侧流道是轴向流道

(3) 一种流体呈螺旋流动，另一种流体是轴向流动和螺旋流动的组合，如图 16-37 所示。它是螺旋板的流体入口端安装圆锥形盖，另一端要装平板盖时的情况。螺旋外层部分上端是封闭的，流体从中心部分轴向流入，在外层部分形成螺旋流动流出。它主要用于蒸气冷凝，蒸气开始时沿轴向流动，其大部分被冷凝，未凝气、不凝气、冷凝液形成螺旋流动，使未凝气都冷凝，不凝气和冷凝液过冷后流出。

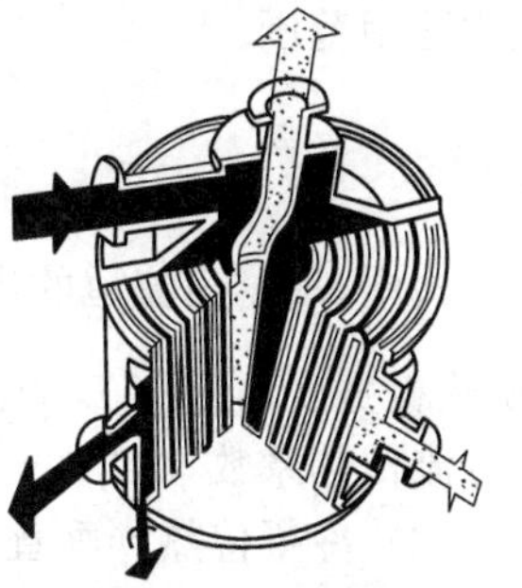

图 16-37 一侧流道是螺旋流道，另一侧流道是轴向流道和螺旋流道的组合

螺旋板式换热器与管壳式换热器相比，有如下的优点。

① 单一流道，适于淤渣或泥浆的加热或冷却，当设计压力低，流道之间不设隔板时，也可处理含纤维的液体。

② 单一流动，流量分布均匀。

③ 由于流道单一和弯曲，不易结垢。另外即使产生污垢，用化学处理除垢也容易些。如果两流道的螺旋间隔相等，当垢在一流道沉积时，则切换流体，可以把垢除去。再者，由于流道宽

度最大为 2m 左右，用高压水或蒸汽清洗也很容易。

④ 由于螺旋板式换热器的 L/D 比管壳式换热器小，滞流区的传热系数大，适于高黏度流体的加热或冷却。当加热或冷却高黏度流体时，希望螺旋中心轴水平安装；如果中心轴垂直布置，则高黏度流体在流道中的速度分布容易不均匀。

⑤ 两流体都为螺旋流动时，可认为流动是逆流，则其换热效率高。

⑥ 螺旋板式换热器中，由于热膨胀系数不同而产生的热应力被螺旋板消除，没有热应力破坏；但当温度周期变化时，敞开式密封的密封垫可能破损。

⑦ 用于真空蒸汽冷凝时，如采用轴向流动，则流道面积变大，压力损失减少。

⑧ 螺旋板式换热器结构紧凑，即使传热面积为 $200m^2$，壳外径也不大于 1500mm，换热板宽也不大于 1800mm。

缺点如下。

① 现场修理困难，与管壳式换热器一样，在泄漏处插塞子是不可能的。显然，螺旋板厚度一般大于传热管厚，因此，螺旋板泄漏的可能性很小。

② 当用于温度周期变化的场合时，在两面敞开式的情况下，密封垫由于螺旋板的伸缩而分离，增加了多余的旁通，或在盖上产生气蚀。

③ 在污垢沉积严重的场合，不能使用螺旋板式换热器。这是因为螺旋板的间隔板变成折流板，很难用旋转法除垢。显然，当设计压力低、不用隔板时，也可以用于污垢沉积严重的场合。

二、螺旋板式换热器的设计

（一）传热系数

1. 螺旋流动时的传热

（1）无相变时的对流传热系数　在滞流区，可采用螺旋管的对流传热公式，即

$$\alpha=\left[0.65\left(\frac{D_eG}{\mu}\right)^{1/2}(D_e/D_H)^{1/4}+0.76\right]\left(\frac{\lambda}{D_e}\right)\left(\frac{c\mu}{\lambda}\right)^{0.175} \tag{16-53}$$

上式适用范围：

$$\left(\frac{D_eG}{\mu}\right)\left(\frac{D_e}{D_H}\right)^{1/2}=30\sim2000$$

在湍流区的对流传热可用下式：

$$\alpha=\left[0.0315\left(\frac{D_eG}{\mu}\right)^{0.8}-6.65\times10^{-7}\left(\frac{L}{b}\right)^{1.8}\right]\left(\frac{\lambda}{D_e}\right)\left(\frac{c\mu}{\lambda}\right)^{0.25}\left(\frac{\mu}{\mu_W}\right)^{0.17} \tag{16-54}$$

上式适用范围：

$$\left(\frac{D_eG}{\mu}\right)>1000$$

式中，D_e 为流道的当量直径，m，$D_e=\dfrac{2Bb}{B+b}\approx2b$；$b$ 为流道间距，m；B 为流道宽度（换热板宽度），m；L 为流道长度（换热板长度），m；G 为质量速度，$kg/(m^2\cdot h)$；α 为界膜对流传热系数，$kJ/(m^2\cdot h\cdot ℃)$。

（2）冷凝传热（垂直）　螺旋中心轴垂直安装时，传热板上的冷凝可以按垂直平板上的冷凝过程处理，可用下式：

$$\alpha=1.47\left(\frac{4\Gamma}{\mu_f}\right)^{-1/3}\left(\frac{\mu_f^2}{\lambda_f\rho_f^2g}\right)^{-1/3} \tag{16-55}$$

$$\Gamma = W_f/(2L) \tag{16-56}$$

式中，W_f 为冷凝量，kg/h；Γ 为冷凝负荷，kg/(m·h)；μ_f 为界膜温度下冷凝液黏度，kg/(m·h)；ρ_f 为界膜温度下冷凝液密度，kg/m^3；λ_f 为界膜温度下冷凝液的热导率，kJ/(m·h·℃)；g 为重力加速度，$1.27\times10^8 m/h^2$。

式(16-55) 适用范围：$4\Gamma/\mu_f<2100$

2. 轴向流动时的传热

(1) 无相变时的对流传热系数

$$\alpha = j_H\left(\frac{\lambda}{D_e}\right)\left(\frac{c\mu}{\lambda}\right)^{1/3}\left(\frac{\mu}{\mu_W}\right)^{0.14} \tag{16-57}$$

式中，j_H 为传热因子。

(2) 冷凝传热（水平安装）　螺旋中心轴水平安装时，由于螺旋直径大的外层部分传热面积大于螺旋直径小的内层部分的传热面积，所以冷凝负荷（Γ）也变大，传热系数变小。因此，冷凝传热系数随螺旋位置不同而变化。一般情况下，把有效螺旋数定为 $\Gamma/7$ 时，可用下式求有效冷凝负荷：

$$\Gamma = \frac{W_f}{2B}\left(\frac{7}{L}\right) \tag{16-58}$$

于是传热系数可用下式计算：

$$\alpha = 1.51\left(\frac{4\Gamma}{\mu_f}\right)^{-1/3}\left(\frac{\mu_f^3}{\lambda_f^3\rho_f^2 g}\right)^{-1/3} \tag{16-59}$$

上式适用范围：$4\Gamma/\mu_f<2100$

（二）压力损失

1. 螺旋流动时的压力损失

螺旋板式换热器中，为使流道保持一定，多在传热面之间加隔板，由于这个隔板使压力损失增大，所以不能照搬圆管内流动的压力损失公式。

明顿和哈吉斯发表了索得实验求得的压力损失公式。

(1) 无相变时的压力损失　明顿用下式定义临界雷诺数 Re_c。当雷诺数小于临界雷诺数时，为滞流；当雷诺数大于临界雷诺数时，为湍流。并发表了这两个区各自的压力损失关联式：

$$Re_c = 20000\ (D_e/D_H)^{0.32} \tag{16-60}$$

式中，D_H 为螺旋的直径，m。

在湍流区（$Re>Re_c$）：

$$\Delta p = \left(\frac{4.65}{10^9}\right)\left(\frac{L}{\rho}\right)\left(\frac{W}{bB}\right)^2\left[\frac{0.55}{(b+0.00318)}\left(\frac{\mu B}{W}\right)^{1/3}\left(\frac{\mu_W}{\mu}\right)^{0.17}+1.5+\frac{5}{L}\right] \tag{16-61}$$

式中的 1.5，是 1ft^2（英尺^2）传热板安装 5/16in（英寸）的隔板为 18 个时的值，当隔板数变化时，这个值也随之而变。

在滞流区，当 $100<Re<Re_c$ 时：

$$\Delta p = \left(\frac{4.65}{10^9}\right)\left(\frac{L}{\rho}\right)\left(\frac{W}{bB}\right)^2\left[\frac{1.78}{(b+0.00318)}\left(\frac{\mu B}{W}\right)^{1/2}\left(\frac{\mu_W}{\mu}\right)^{0.17}+1.5+\frac{5}{L}\right] \tag{16-62}$$

当 $Re<100$ 时：

$$\Delta p = \frac{44.5}{10^8}\left(\frac{L}{\rho}\right)\left(\frac{W}{bB}\right)\left(\frac{\mu}{b^{1.75}}\right) \tag{16-63}$$

（2）冷凝时，因容积随着冷凝而降低，所以认为等于无相变时的压力损失的 0.5 倍是可靠的。

即
$$\Delta p=\left(\frac{2.33}{10^9}\right)\left(\frac{L}{\rho}\right)\left(\frac{W}{bB}\right)^2\left[\left(\frac{0.55}{b+0.00318}\right)\left(\frac{\mu B}{W}\right)^{1/3}+1.5+\frac{5}{L}\right] \tag{16-64}$$

2. 轴向流动时的压力损失

无相变时（$Re>10000$），若摩擦系数定为 $f=0.046/Re^{0.2}$，出入口压力损失等于速度头的 2 倍，则可由下式计算：

$$\Delta p=\frac{G^2}{2g_c\rho}\left[4\times0.046\left(\frac{D_eG}{\mu}\right)^{-0.2}\frac{B}{D_e}+4\right]$$
$$=\frac{4G^2}{2g_c\rho}\left[0.046\left(\frac{D_eG}{\mu}\right)^{-0.2}\frac{B}{D_e}+1\right] \tag{16-65}$$

冷凝时：

$$\Delta p=\frac{2G^2}{2g_c\rho}\left[0.046\left(\frac{D_eG}{\mu}\right)^{-0.2}+\frac{B}{D_e}+1\right] \tag{16-66}$$

3. 螺旋板的外层直径

螺旋板的外层直径 D_{max} 可用下式求得：

$$D_{max}=D_1+(b_1+t_s)+N_{coil}(b_1+b_2+2t_s) \tag{16-67}$$

式中，D_1 为中心管径，m；t_s 为传热板厚度，m；b_1、b_2 为传热板间距，m；N_{coil} 为螺旋数。

$$N_{coil}=\frac{-\left(D_1+\frac{b_1+b_2}{2}\right)+\sqrt{\left(D_1+\frac{b_1+b_2}{2}\right)^2+\frac{4L}{\pi}(b_1+b_2+2t_s)}}{b_1+b_2+2t_s} \tag{16-68}$$

三、螺旋板式换热器的应用

以一例题说明螺旋板式换热器的应用。仍以废热锅炉冷却器的设计为例。设计把锅炉内某液体（流量为 6000kg/h）从 140℃冷却到 40℃的螺旋板式换热器。假定冷却水入口温度 30℃，冷却水量 30m³/h。

解：（1）传热量 Q 的计算　某液体的比热容为 2.22kJ/(kg·℃)，则

$$Q=6000\times2.219(140-40)=1331402(\text{kJ/h})$$

（2）冷却水出口温度 t_2

$$t_2=30+\frac{1331402}{30000\times4.1816}=40.6\ (℃)$$

（3）型式　由于是液-液热交换器，所以水侧、某液体侧都可选为螺旋流动的型式。

（4）流道的当量直径 D_e 的计算　选定冷却水的流速为 1.5m/s，某液体的流速为 0.8m/s。如令所需要的流道断面积为 a_1（冷却水侧）、a_2（某液体侧），则

$$a_1=\frac{30000/1000}{3600\times1.5}=0.00556\ (\text{m}^2)$$

某液体的密度为 825kg/m³，则

$$a_2=\frac{6000/825}{3600\times0.8}=0.00252\ (\text{m}^2)$$

若令传热板的宽度为 0.6m，流道宽度为 b_1（冷却水侧）、b_2（某液体侧），则

$$b_1=0.00556/0.6=0.0093\ (\text{m})$$
$$b_2=0.00252/0.6=0.0042\ (\text{m})$$

流道的当量直径为 D_{e1}（冷却水侧）、D_{e2}（某液体侧）：

$$D_{e1}=2b_1=2\times0.0093=0.0186\ (\mathrm{m})$$

$$D_{e2}=2b_2=2\times0.0042=0.0084\ (\mathrm{m})$$

（5）流体中心温度 t_c、T_c

高温端温差 $$\Delta t_h=T_1-t_2=140-40.6=99.4(℃)$$

低温端温差 $$\Delta t_c=T_2-t_1=40-30=10(℃)$$

$$\Delta t_c/\Delta t_h=10/99.4\approx0.1$$

由有关资料查得：

温度修正系数 $F_c=0.31$

因为 $T_1>t_2$

所以
$$T_c=T_2+F_c(T_1-T_2)$$
$$=40+0.31(140-40)=71\ (℃)$$
$$t_c=t_1+F_c(t_2-t_1)$$
$$=30+0.31(40.6-30)=33.1\ (℃)$$

（6）雷诺数的计算　流体中心温度条件下冷却水的物性值：

$\mu_1=2.88\mathrm{kg/(m\cdot h)}$，热导率 $\lambda_1=2.21\mathrm{kJ/(m\cdot h\cdot ℃)}$

比热容 $c_1=4.1868\mathrm{kJ/(kg\cdot ℃)}$，密度 $\rho_1=1000\mathrm{kg/m^3}$

71℃下某液体的物性值：

黏度 $\mu_2=3.25\mathrm{kg/(m\cdot h)}$，热导率 $\lambda_2=0.502\mathrm{kJ/(m\cdot h\cdot ℃)}$

比热容 $c_2=2.219\mathrm{kJ/(kg\cdot ℃)}$，密度 $\rho_2=825\mathrm{kg/m^3}$

质量速度 G_1（冷却水侧）、G_2（某液体侧）为：

$$G_1=30000/0.00556=5400000[\mathrm{kg/(m^2\cdot h)}]$$

$$G_2=6000/0.00252=2380000[\mathrm{kg/(m^2\cdot h)}]$$

雷诺数 Re_1（冷却水侧）、Re_2（某液体侧）为：

$$Re_1=0.0186\times5400000/2.88=35000$$

$$Re_2=0.0084\times2380000/3.28=6100$$

（7）界膜传热系数 α　假定传热板长为 12m，冷却水侧界膜传热系数 α_1 可用式(16-54)计算：

$$\alpha_1=\left[0.0315(35000)^{0.8}-6.65\times10^{-7}\left(\frac{12}{0.0093}\right)^{1.8}\right]\times$$
$$\left(\frac{2.21}{0.0186}\right)\times\left(\frac{4.1868\times2.88}{2.21}\right)^{0.25}\left(\frac{\mu}{\mu_W}\right)^{0.17}$$
$$=24283(\mu/\mu_W)^{0.17}$$

若 $$(\mu/\mu_W)^{0.17}=1.0$$

则 $$\alpha_1=24283\mathrm{kJ/(m^2\cdot h\cdot ℃)}$$

某液体侧界膜传热系数 α_2 为

$$\alpha_2=\left[0.0315(6100)^{0.8}-6.65\times10^{-7}\left(\frac{12}{0.0042}\right)^{1.8}\right]\times$$
$$\left(\frac{0.502}{0.0084}\right)\times\left(\frac{2.219\times3.28}{0.502}\right)^{0.25}\left(\frac{\mu}{\mu_W}\right)^{0.17}$$
$$=3768\left(\frac{\mu}{W}\right)^{0.17}$$

假定 $$(\mu/\mu_W)^{0.17}=0.92$$

则 $$\alpha_2=3768\text{kJ}/(\text{m}^2\cdot\text{h}\cdot℃)$$

(8) 总传热系数 K 的计算　假定传热板厚 $t_s=0.0023\text{m}$，其材质为钢板。

污垢系数 r_1(冷却水侧)$=0.0000478\text{m}^2\cdot\text{h}\cdot℃/\text{kJ}$

污垢系数 r_2(某液体侧)$=0.0000478\text{m}^2\cdot\text{h}\cdot℃/\text{kJ}$

则
$$\frac{1}{K}=\frac{1}{\alpha_1}+\frac{1}{\alpha_2}+\frac{t_s}{\lambda}+r_1+r_2$$
$$=\frac{1}{24283}+\frac{1}{3768}+\frac{0.0023}{167.5}+0.0000478+0.0000478$$
$$=0.00042$$

所以 $$K=2380\text{kJ}/(\text{m}^2\cdot\text{h}\cdot℃)$$

(9) 传热面 A 的计算
$$\Delta T=\frac{|T_1-t_2|-|T_2-t_1|}{\ln\left(\dfrac{T_1-t_2}{T_2-t_1}\right)}=\frac{(140-40.6)-(40-30)}{\ln\left(\dfrac{140-40.6}{40-30}\right)}=38.8(℃)$$

所以 $$A=\frac{Q}{K\Delta T}=\frac{1331402}{2380\times38.8}=14.5(\text{m}^2)$$

(10) 流道长度 L 的计算
$$L=A/2B=14.5/(2\times0.6)=12.1\ (\text{m})$$

因此，计算界膜传热系数时假定的 L 值正确。

(11) 管壁温度 t_w 的计算
$$t_w=t_c+\frac{\alpha_2}{\alpha_1+\alpha_2}(T_c-t_c)$$
$$=33.1+\frac{3768}{24283+3768}(71-33.1)=37.8(℃)$$

38℃下冷却水的黏度 $\mu_{W_1}=2.44\text{kg}/(\text{m}\cdot\text{h})$

故 $$\left(\frac{\mu}{\mu_W}\right)_1=\left(\frac{2.88}{2.44}\right)^{0.17}\approx1$$

38℃下某液体的黏度　$\mu_{W_2}=5.2\text{kg}/(\text{m}\cdot\text{h})$

故 $$\left(\frac{\mu}{\mu_W}\right)_2=\left(\frac{3.28}{5.2}\right)^{0.17}\approx0.925$$

因此，计算界膜传热系数时假定的 μ/μ_W 值是正确的。

(12) 螺旋外层直径 D_{max} 的计算　假定中心管径 $D_1=0.110\text{m}$
$$D_1+\frac{b_1+b_2}{2}=0.110+\frac{0.0093+0.0042}{2}=0.1125(\text{m})$$
$$b_1+b_2+t_s=0.0181\text{m}$$

则从式(16-68)计算 N_{coil} 为：
$$N_{coil}=\frac{-0.1125+\sqrt{(0.1125)^2+(4\times12.1\times0.0181/\pi)}}{0.0181}$$
$$=23.4$$

由式(16-67) 可得：
$$D_{max}=0.110+0.0116+23.4(0.0181)=0.5466(\text{m})$$

螺旋平均直径$(D_H)_{ave}=(D_1+D_{max})/2=0.328(m)$

(13) 压力损失计算

冷却水侧临界雷诺数 $Re_c=20000(0.0186/0.328)^{0.32}=8000$

某液体侧临界雷诺数 $Re_c=20000(0.0084/0.328)=6200$

由以上计算知，冷却水侧的 $Re>Re_c$，应用式(16-61)：

$$\Delta p_1=\left(\frac{4.65}{10^9}\right)\left(\frac{12.1}{1000}\right)\left(\frac{30000}{0.0093\times0.6}\right)^2$$

$$\left[\frac{0.55}{0.0093+0.00318}\left(\frac{2.88\times0.6}{30000}\right)^{\frac{1}{3}}\left(\frac{2.44}{2.88}\right)^{0.17}+1.5+\frac{5}{12.1}\right]$$

$$=0.62(kg/cm^2)=0.062(MPa)$$

某液体侧的 $Re<Re_c$，可应用式(16-62)：

$$\Delta p_2=\left(\frac{4.65}{10^9}\right)\left(\frac{12.1}{825}\right)\left(\frac{6000}{0.0042\times0.6}\right)^2\times$$

$$\left[\frac{1.78}{0.0042+0.00318}\left(\frac{3.28\times0.6}{6000}\right)^{1/2}\left(\frac{5.20}{3.28}\right)^{0.17}+1.5+\frac{5}{12.1}\right]$$

$$=0.25(kgf/cm^2)$$

$$=0.025(MPa)$$

第四节 板式换热器的设计

一、板式换热器结构特点

板式换热器是把具有波形凸起或半球形凸起的传热板，像板框式压滤机那样，借助于垫片重叠压紧，在各板之间形成薄的矩形断面流道，高温流体和低温流体相间地在流道中流动进行换热。这种换热器的特征是组装、拆卸容易，传热面的清扫和除垢简单。另外，由于换热器内滞流液量少，多用于加热易热分解的液体。

板式换热器可以用作液-液换热器、冷凝器、蒸发器等，由于用途不同其结构也有些变化。

用作液-液热交换的板式换热器的板型有凸起状板、波纹板、人字形板等。

图 16-38 所示为三角形波纹平行布置的三角形波纹板。图 16-39 所示为梯形波纹平行布置的梯形波纹板。

板的组装方式有螺旋组装和板框压滤机式组装。

用于液-液热交换的板式换热器中流体的流动形式示于图 16-40 中。

板式换热器的组装，是把垫片放入各板沟槽中压紧，这种垫片除天然橡胶、丁腈橡胶、氯丁橡胶、苯乙烯-丁基橡胶、硅酮橡胶、氯化橡胶等人造橡胶以外，还有压缩石棉垫片。垫片种类根据流体种类和使用温度进行选择。垫片寿命决定于操作条件、启动和关闭次数以及清洗拆卸次数。板片式换热器的最高使用温度决定于垫片的耐热性，一般地讲，合成橡胶垫片为 130℃，压缩石棉垫片为 250℃。

板式换热器的最高使用压力也决定于垫片的种类和垫片沟槽的构造。目前出售的板式换热器的耐压可达 2MPa。

板材为不锈钢、钛、耐腐蚀耐热镍基合金、铝铜合金、镍、钽、耐热镍铬铁合金等。选

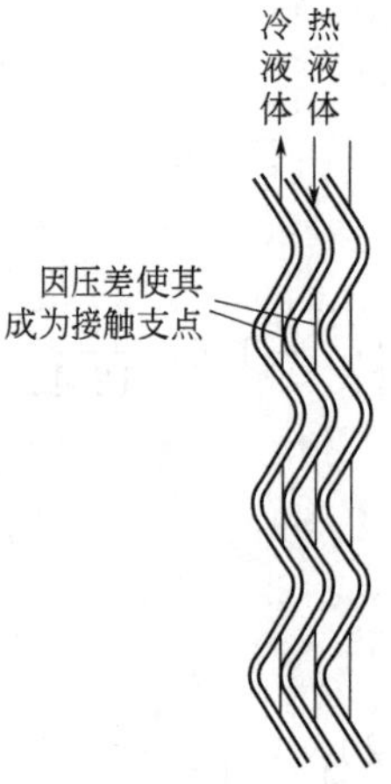

图 16-38 三角形波纹板断面

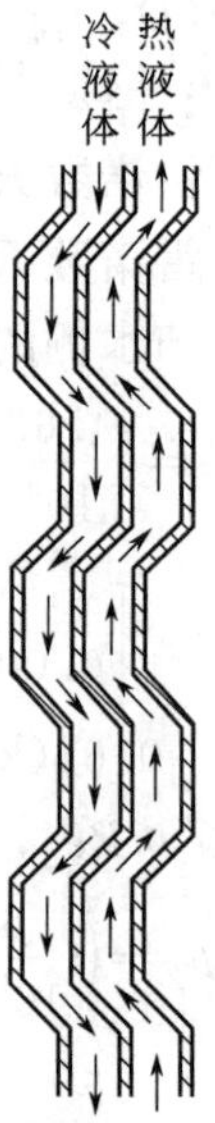

图 16-39 梯形波纹板断面

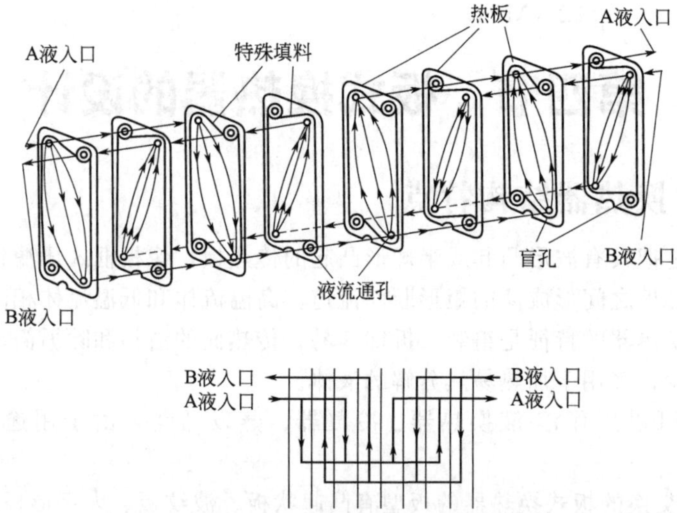

图 16-40 板式换热器的流动形式(液-液换热)

择材质时应注意间隙的腐蚀。在板式换热器中，由于垫片沟槽和垫片之间不可避免地存在间隙，所以，在这部分有产生间隙腐蚀的危险。

板式换热器的板，每块面积 0.1～1.5m^2，其厚度为 0.5～3mm。

最后，板式换热器的基本传热公式仍可用下式表示：

$$Q=AK\Delta T \tag{16-69}$$

$$\Delta T=F_{\mathrm{t}}\frac{|T_1-t_2|-|T_2-t_1|}{\ln\{(T_1-t_2)/(T_2-t_1)\}} \tag{16-70}$$

式中，Q 为传热量，kJ/h；A 为传热面积，m^2；K 为总传热系数，kJ/(m^2·h·℃)；F_{t} 为温差修正系数；T_1、T_2 和 t_1、t_2 分别为冷流体和热流体进、出口温度，℃。

二、板式换热器的设计计算

（一）传热系数

1. 无相变的对流传热[1,7]

冈田等对图 16-41 和表 16-9 所示的平行波纹板进行了实验，提出下列公式。

表 16-9 冈田等实验用波纹板尺寸

形 式	带褶的三角形波纹板	带褶的三角形波纹板	三角形波纹板	三角形波纹板	三角形波纹板	不等边三角形波纹板
传热面积 A_p/m^2	0.168	0.350	0.048	0.188	0.034	0.133
投影面积 A'/m^2	0.135	0.270	0.034	0.160	0.027	0.123
板宽 B/m	0.230	0.320	—	0.260	0.07	0.230
板厚 t_s/m	0.0009	0.0009	—	0.0009	0.0005	0.0012
板长 L_p/m	0.84	1.12	—	0.9	0.64	0.80
波纹间距 l/m	0.048	0.060	0.017	0.023	0.006	{0.0176 0.0100
直线距离 p_t①/m	0.0288	0.0361	0.012	0.0137	0.00372	0.0260
板间最大间距 δ/m	—	—	0.005～0.010	—	—	—
板间最小间距 δ'/m	—	—	0.002～0.004	—	—	—
波纹高度 H/m	0.016	0.020	0.0085	0.0075	0.0022	0.0045
波纹倾斜角 β/(°)	33.7	33.7	—	33.1	26.3	26.6

① P_t 是流体从流动方向改变到下一次流动方向的直线距离。

带褶的三角形波纹板［图 16-41 中（a）、（b）］：

$$\left(\frac{\alpha D'_e}{\lambda}\right)=1.45\left(\frac{D'_e}{P_t}\right)\exp\left(\frac{-2.0D'_e}{P_t}\right)\left(\frac{D'_eG}{\mu}\right)^{0.62}\left(\frac{c\mu}{\lambda}\right)^{0.4} \tag{16-71}$$

三角形波纹板［图 16-41 中的（d）、（e）］：

当 $0.00286\text{m}\leqslant D'_e\leqslant 0.0126\text{m}$ 时

$$\left(\frac{\alpha D'_e}{\lambda}\right)=1.0\left(\frac{D'_e}{P_t}\right)\exp\left(\frac{-1.1D'_e}{P_t}\right)\left(\frac{D'_eG}{\mu}\right)^{0.62}\left(\frac{c\mu}{\lambda}\right)^{0.4} \tag{16-72}$$

不等边三角形波纹板［图 16-41 中的（f）］：

当 $0.006\text{m}\leqslant D'_e\leqslant 0.0140\text{m}$ 时

$$\left(\frac{\alpha D'_e}{\lambda}\right)=0.80\left(\frac{D'_e}{P_t}\right)\exp\left(\frac{-1.15D'_e}{P_t}\right)\left(\frac{D'_eG}{\mu}\right)^{0.62}\left(\frac{c\mu}{\lambda}\right)^{0.4} \tag{16-73}$$

上述式中，由于板间的流道断面积不一定，随流动方向而变化，故用水力当量直径的概念，即等于流道体积除以湿周面积（传热面积）乘以 4 而计算出 D'_e 的值。

2. 冷凝传热

板表面上的冷凝传热可以按垂直平板上冷凝传热进行处理。

当 $\Gamma/\mu_f<2100$ 时

$$\alpha=1.47\left(\frac{\lambda_f^3\rho_f^2 g}{\mu_f^2}\right)^{1/3}\left(\frac{4\Gamma}{\mu}\right)^{-1/3} \tag{16-74}$$

$$\Gamma=\frac{W_f}{B} \tag{16-75}$$

式中，Γ 为冷凝负荷，kg/(m·h)；W_f 为冷凝量（每块板），kg/h；B 为板宽度，m；λ_f 为冷凝液的热导率，kJ/(m·h·℃)；ρ_f 为冷凝液的密度，kg/m^3；μ_f 为冷凝液的黏度，kg/(m·h)；g 为重力加速度，取 1.27×10^8 m/h^2。

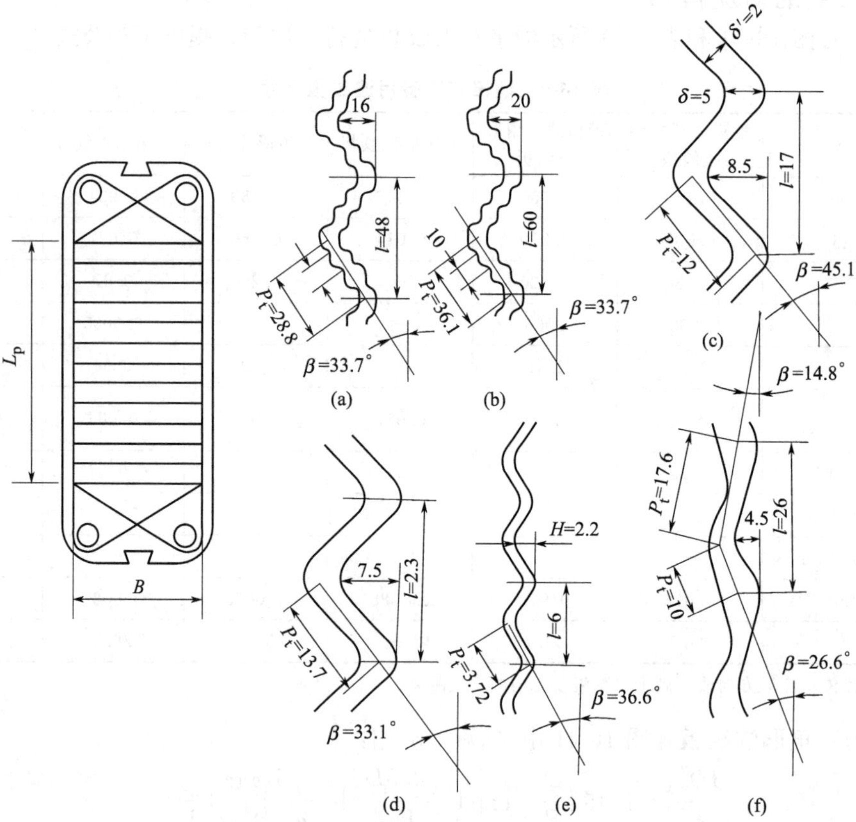

图 16-41 冈田等实验用的平行波纹板

(a)，(b) 为带褶的三角形波纹板；(c)～(e) 为三角形波纹板；

(f) 为不等边三角形波纹板

3. 污垢系数

板式换热器的污垢系数比普通的管壳式换热器的污垢系数小，其理由如下。

① 流体由于板的凹凸而湍流，流体中固体颗粒不易沉积。

② 管壳式换热器中，流体在壳侧折流板附近滞留，板式换热器中没有这样的死区。

③ 传热面表面光滑，有时好似镜面。

④ 板式换热器中，由于板的厚度薄，为避免腐蚀必然采用高级材料，所以没有腐蚀产生的杂质沉积。

⑤ 由于传热系数大，因此冷却水侧壁面温度变低，使冷却水中的溶解盐（Ca^{2+}、Mg^{2+}等）难以析出。

⑥ 清洗容易。由于板式换热器中没有死区，而且液体滞留量小，因此可以有效、容易地进行化学清洗。

马里奥特提出如表 16-10 所列的值作为板式换热器（至少是波纹板换热器）可以用的污垢系数。

无论在什么情况下，污垢系数也不会超过 0.00002866m^2·h·℃/kJ。另外，如果流速增大，压力损失变大，则污垢系数将变小。

表 16-10　马里奥特提出的板式换热器污垢系数

流体种类	污垢系数 r /($m^2 \cdot h \cdot ℃/kJ$)	流体种类	污垢系数 r /($m^2 \cdot h \cdot ℃/kJ$)
水		海水(大洋)	0.00000717
软水或蒸馏水	0.00000239	油	
工业用水(硬度低)	0.00000478	润滑油	0.00000478～0.0000119
工业用水(硬度高)	0.0000119	有机溶剂	0.00000239～0.00000717
凉水塔循环水(处理)	0.00000956	水蒸气	0.00000239
海水(海岸附近)	0.0000119		

(二)压力损失（无相变时）

冈田等通过如图 16-41 所示平行波纹板的压力损失实验得出如下的压力损失计算公式。

带褶的三角形波纹板［图 16-41 中（a）］：

当 $D'_e=0.0049$m 时

$$(\Delta p/L)=1.5\times10^{-5}(G^2/\rho)(D'_eG/\mu)^{-0.25} \tag{16-76a}$$

当 $D'_e=0.0061$m 时

$$(\Delta p/L)=5.8\times10^{-6}(G^2/\rho)(D'_eG/\mu)^{-0.25} \tag{16-76b}$$

三角形波纹板［图 16-41 中（d）］：

当 $D'_e=0.0059$m 时

$$(\Delta p/L)=3.0\times10^{-6}(G^2/\rho)(D'_eG/\mu)^{-0.30} \tag{16-77a}$$

当 $D'_e=0.0074$m 时

$$(\Delta p/L)=2.5\times10^{-6}(G^2/\rho)(D'_eG/\mu)^{-0.30} \tag{16-77b}$$

三、板式换热器的应用

以一设计例题说明其应用。仍以废热锅炉冷却器的设计为例。设计把流量为 3000kg/h 的某液体从 140℃冷却到 40℃的板式换热器。假定冷却水入口温度为 30℃，出口温度为 60℃。

解：(1) 选用板型　使用如图 16-42 所示尺寸的三角形平行波纹板。

(2) 传热量 Q 的计算

$$Q=3000\times2.219\times(140-40)=665701(\text{kJ/h})$$

(3) 冷却水用量 W 的计算

$$W=665701/[4.1868\times(60-30)]=5300(\text{kg/h})$$

(4) 流道构成　流道构成如图 16-43 所示，为 1-1 流道。

(5) 某液体侧界传热系数 α_1　某液体物性值采用入口温度和出口温度的算

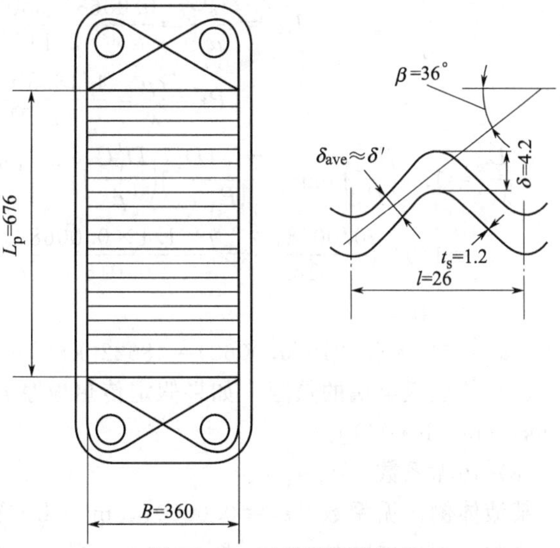

图 16-42　三角平行波纹板

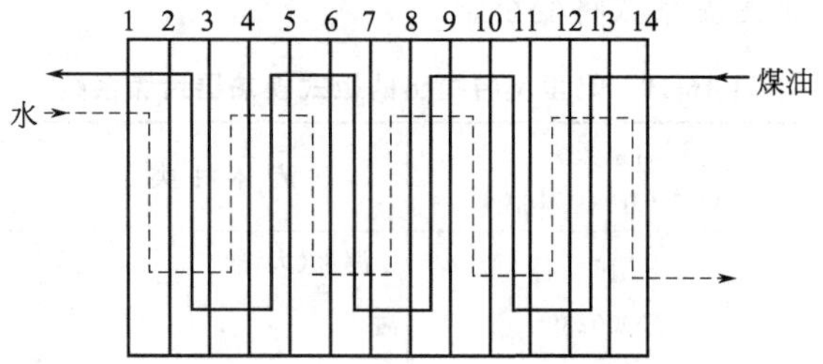

图 16-43 煤油冷却器的流道构成

术平均值即 90℃下的值。

质量速度 $G=W/(B\delta)=3000/(0.36\times0.0042)$

$=1980000[\mathrm{kg/(m^2\cdot h)}]$

当量直径 D'_e的计算：

$$\delta_{ave}\approx\delta\cos\beta=0.0042\times\cos 36°=0.0034(\mathrm{m})$$

$$D'_e=2\delta_{ave}=2\times0.0034=0.0068(\mathrm{m})$$

雷诺数 $Re=\dfrac{D'_eG}{\mu}=\dfrac{0.0068\times1980000}{3.12}=4320>500$

普兰特数 $Pr=\left(\dfrac{c\mu}{\lambda}\right)=\dfrac{2.219\times3.12}{0.502}=13.8$

使用接近于本例题采用的波纹板的界膜传热系数 α 的计算公式，即式(16-72)：

$$\frac{\alpha_1D'_e}{\lambda}=1.0\left(\frac{D'_e}{P_t}\right)\exp\left(\frac{-1.1D'_e}{P_t}\right)\left(\frac{D'_eG}{\mu}\right)^{0.62}\left(\frac{c\mu}{\lambda}\right)^{0.4}$$

$$=1.0\times\left(\frac{0.0068}{0.0160}\right)\exp\left(\frac{-1.1\times0.0068}{0.0160}\right)\times(4320)^{0.62}\times(13.8)^{0.4}$$

$$=137$$

所以 $\alpha_1=137\times(0.502/0.0068)=10113.8[\mathrm{kJ/(m^2\cdot h\cdot ℃)}]$

(6) 水侧界膜传热系数的计算

$$G=W/(B\delta)=5300/(0.36\times0.0042)=3505230[\mathrm{kg/(m^2\cdot h)}]$$

$$Re=\frac{D'_eG}{\mu}=\frac{0.0068\times3505230}{2.14}=11138>500$$

$$Pr=\frac{c\mu}{\lambda}=\frac{4.1868\times2.14}{2.219}=4.04$$

$$\frac{\alpha_2D'_e}{\lambda}=1.0\left(\frac{D'_e}{P_t}\right)\exp\left(\frac{-1.1D'_e}{P_t}\right)\left(\frac{D'_eG}{\mu}\right)^{0.62}\left(\frac{c\mu}{\lambda}\right)^{0.4}$$

$$=1.0\times\left(\frac{0.0068}{0.016}\right)\exp\left(\frac{-1.1\times0.0068}{0.016}\right)\times(11138)^{0.62}\times(4.04)^{0.4}$$

$$=149$$

所以 $\alpha_2=149\times(2.219/0.0068)=48622[\mathrm{kJ/(m^2\cdot h\cdot ℃)}]$

(7) 传热板金属的热阻 如果假定传热板厚 $t_s=1.2\mathrm{mm}$，材料用 SUS27 [其热导率$\lambda=58.6\mathrm{kJ/(m\cdot h\cdot ℃)}$]。

(8) 污垢系数

某液体侧污垢系数 $r_1=0.0000119\mathrm{m^2\cdot h\cdot ℃/kJ}$

冷却水侧污垢系数 $r_2=0.00000955\mathrm{m^2\cdot h\cdot ℃/kJ}$

(9) 总传热系数 K 的计算

$$\frac{1}{K}=\frac{1}{\alpha_1}+r_1+\frac{t_s}{\lambda}+r_2+\frac{1}{\alpha_2}$$

$$=\frac{1}{10113.8}+0.0000119+\frac{0.00012}{58.6}+0.00000955+\frac{1}{48622}$$

$$=0.000143$$

所以 $$K=6993\ \mathrm{kJ/(m^2 \cdot h \cdot ℃)}$$

(10) 所需板数　波纹部分的投影面积 A'

$$A'=B\times L_p=0.36\times0.676=0.244\ (\mathrm{m^2})$$

由于波纹角度 $\beta=36℃$

所以 $$A_p=A'/\cos 36°=0.302\ (\mathrm{m^2})$$

由于流道构成是1-1流道，可求得热传递单位数 $(\mathrm{NTU})_B$：

$$(\mathrm{NTU})_B=\frac{KA}{W_{油}C}=3.6$$

所以 $$A=(\mathrm{NTU})_B\frac{W_{油}C}{K}=3.6\times\frac{3000\times2.219}{6993}=3.43\ (\mathrm{m^2})$$

所需板数　$N=A/A_p=3.43/0.302=11.4$（块）

可选用12块板。实际上由于在板的两端各自留1块，应采用14块，如图16-42所示，流道构成1-1流道6-7程。

(11) 某液体侧压力损失　流道长度 $L=L_p/\cos\beta=0.676/\cos 36°=0.835$ (m)

则每程压力损失

$$\Delta p=3.0\times10^{-6}\times\frac{G^2}{\rho}(D'_eG/\mu)^{-0.30}L$$

$$=3.0\times10^{-6}\times\frac{(1980000)^2}{825}\times(4320)^{-0.30}\times0.835$$

$$=975(\mathrm{kgf/m^2})=9555(\mathrm{Pa})$$

某液体侧为6程，故压力损失$=9555\times6=57.3$ (kPa)

水侧压力损失计算与前几节相似，略。

第五节　螺旋管式换热器

一、结构

图16-44为螺旋管式换热器平面，它是把许多传热管卷成同心螺旋状，固定在盖板和壳体底板之间构成的。各传热管的两端分别与一根入口管和一根出口管连接。传热管无间隙地重叠在一起，其上、下端分别与盖板和壳底板固紧。传热管螺旋间距保持一定，为使壳侧流道保持一定，应在螺旋之间加隔板。

传热管可以用碳钢、铜、铜合金、不锈钢、镍、镍合金等材料制成。除光滑管外，还可以用低翅片管作传热管。壳体采用铸铁、青铜碳钢或不锈钢制造。

传热管用焊接、钎焊等方法与入口管和出口管连接。

螺旋管式换热器与管壳式换热器相比，具有如下优点：

① 当流量小或者所需传热面积小的时候适用；

② 因螺旋管中的滞流传热系数大于直管的，所以可用于高黏流体的加热或冷却；

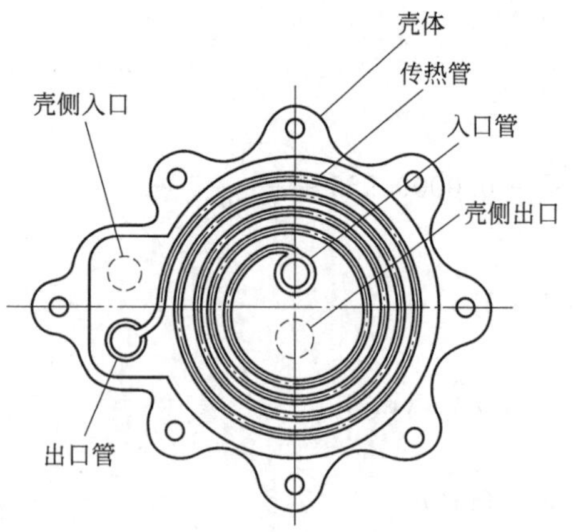

图 16-44 螺旋管式换热器平面

③ 螺旋管式换热器中的流动可认为是逆流流动；

④ 因传热管呈蛇形盘管状，具有弹簧作用，所以没有热应力造成的破坏漏失；

⑤ 紧凑，安装容易。

缺点：

① 当传热管与入口管和出口管连接处产生漏失时，修理困难；

② 用机械方法清洗管内侧很困难（壳侧可以用水喷嘴喷射清洗，而管内侧必须用化学处理清洗）；

③ 当用不锈钢管作传热管时，如果传热管长度大于某一限度，则为了保持壳侧流道均匀，必须加隔板，从而使壳侧流体压力损失增大（在下面所述的压力损失计算中没有考虑加隔板产生的压力损失）。

虽然螺旋管式换热器的造价比同样传热面积的管壳式换热器高，可是，因为传热系数大，容易维修，所以被广泛使用。

二、基本传热公式

如图 16-45 所示，卷成螺旋状的传热管上下无间隙地重叠，传热管上端与盖板、下端与壳底板无间隙连接，在此构造中，壳侧流体和管侧流体都呈螺旋状流动。在这种情况下，如令高温流体在管内侧、低温流体在壳侧流动，则管内侧流体通过管壁与外侧流道内的壳侧流体进行换热，可近似地认为是逆流流动（严格讲不是逆流流动）。

如图 16-46 所示，在传热管上端与盖板和传热管下端与壳底板之间安装适当的隔板，这类螺旋管式换热器的管内侧流体呈螺旋状流动，壳侧流体呈轴向流动。这时的流动形式可以认为是两流体不混合的逆向错流。因此，螺旋管式换热器的基本传热公式可以用下述公式表示。

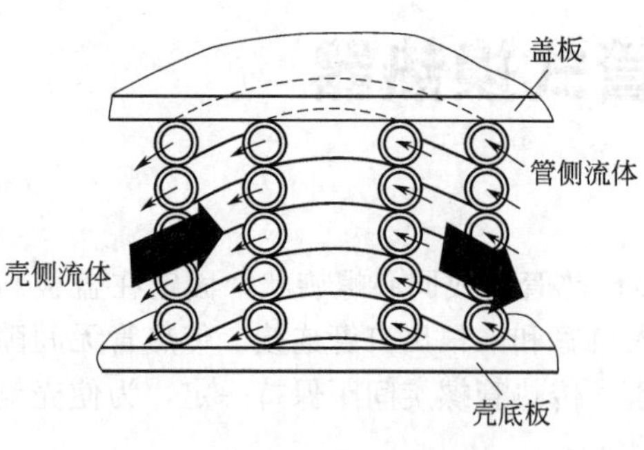

图 16-45 壳侧螺旋状流动

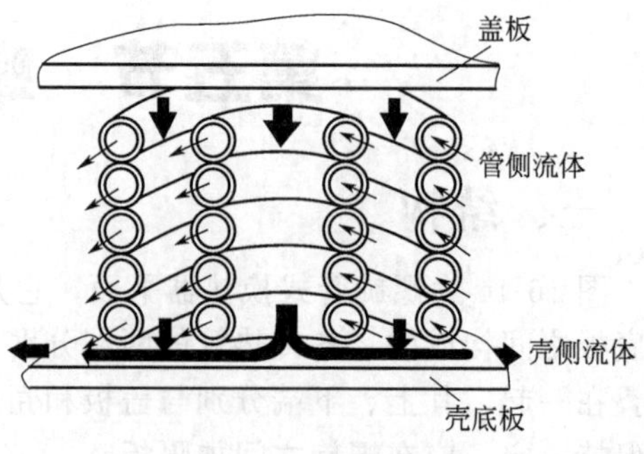

图 16-46 壳侧轴向流动

(1) 管内侧、壳侧均为螺旋状流动时

$$Q=AK\frac{|T_1-t_2|-|T_2-t_1|}{\ln\left(\frac{T_1-t_2}{T_2-t_1}\right)} \tag{16-78}$$

(2) 管内侧呈螺旋状流动，壳侧呈轴向流动时

$$Q=AKF_{t}\frac{|T_{1}-t_{2}|-|T_{2}-t_{1}|}{\ln\left(\frac{T_{1}-t_{2}}{T_{2}-t_{1}}\right)} \tag{16-79}$$

上两式中，Q 为传热量，kJ/h；A 为传热面积，m^2；t_1、t_2 分别为管内侧流体入口、出口温度,℃；T_1、T_2 分别为壳侧流体入口、出口温度,℃；K 为总传热系数，$kJ/(m^2 \cdot h \cdot ℃)$；F_t 为温度修正系数，用两流体都不混合的错流热交换器的温差修正系数确定。

三、传热系数

（一）管内侧界膜传热系数

1. 无相变对流传热

螺旋管式换热器的传热管如图 16-47 所示，螺旋径 D_H 从 D_{Hmin} 变到 D_{Hmax}，形成所谓的阿基米德螺旋管。关于阿基米德螺旋管内流体流动的传热系数关联式，一般只采用在螺旋径一定时的盘管内流动流体的界膜传热系数作为其接近解。

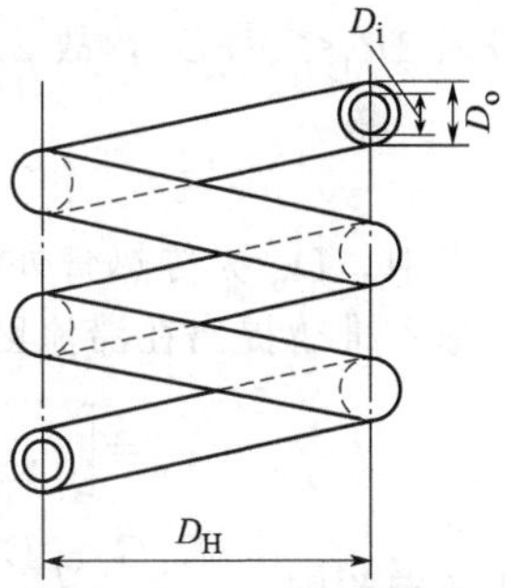

图 16-47　螺旋直径一定的盘管

伊托提出了作为在螺旋径一定的盘管中流动的流体，从滞流向湍流过渡的临界雷诺数 Re_c 的推定式：

$$Re_c=2\times10^4(D_i/D_H)^{0.32} \tag{16-80}$$

关于在螺旋径一定的盘管内流动流体的界膜传热系数，库贝尔、基尔皮科夫都发表了关联式。

库贝尔提出了在滞流区内的关联式：

$$\alpha_i=[0.763+(D_i/D_H)]\left(\frac{\lambda}{D_i}\right)\left(\frac{W_t c}{\lambda L}\right)^{0.9} \tag{16-81}$$

上式适用范围：$D_i=6.6\sim12.7(mm)$

$D_i/D_H=0.037\sim0.097$

$Re=2100\sim15000$

$(W_t c)/(\lambda L)=15\sim100$

式中,c 为流体比热容,$kJ/(kg \cdot ℃)$;W_t 为管内流体流量，kg/h；L 为管长，m；λ 为管内流体导热系数（流体本身温度下的值），$kJ/(m \cdot h \cdot ℃)$。

基尔皮科夫提出了在湍流区内的关联式：

$$\alpha_i=0.0456\left(\frac{D_i}{D_H}\right)^{0.21}\left(\frac{D_iG_i}{\mu}\right)^{0.8}\left(\frac{c\mu}{\lambda}\right)^{0.4} \tag{16-82}$$

式中，μ 为流体黏度（流体本身温度下的值），$kgf/(m^2 \cdot h)$。

上式适用范围：$Re=10000\sim45000$

$D_i/D_H=0.1\sim0.056$

2. 冷凝传热

冷凝传热可以采用水平管内冷凝时的有关式子,但使用下式更为简便实用：

$$\alpha=1.20\left(\frac{4\Gamma}{\mu_f}\right)^{-1/3}\left(\frac{\mu_f^2}{\lambda_f^3\rho_f^2 g}\right)^{-1/3} \tag{16-83}$$

$$\Gamma=W_f/(LN) \tag{16-84}$$

式中，W_f 为冷凝液量，kg/h；Γ 为冷凝负荷，kg/（m・h）；μ_f 为冷凝液黏度（界膜温度下的值），$kgf/(m^2 \cdot h)$；ρ_f 为冷凝液密度（界膜温度下的值），kg/m^3；λ_f 为冷凝液热导率（界膜温度下的值），kJ/（m・h・℃）；g 为重力加速度，$1.27\times10^8 m/h^2$。

上式的适用范围：

$$\Delta\Gamma/\mu_f<2100$$

同时忽略了由于管内蒸气流动而产生的作用在冷凝液上的切应力和冷凝液的湍动效应。

（二）壳侧界膜传热系数

1. 无相变的对流传热（螺旋流动）

如图 16-45 所示，当传热管上端与盖板和传热管下端与壳底板之间没有间隙时，壳侧流体呈螺旋流动，如用壳侧流道的当量直径 D_e 代替管内径 D_i，则这时壳侧的传热系数仍可用有关的管内侧界膜传热系数的关联式计算。

壳侧流道断面的当量直径 D_e 用下式表示：

$$D_e=\frac{4\left(P_t N D_o-\frac{\pi}{4}ND_o^2\right)}{2P_t+N\pi D_o} \tag{16-85}$$

一般因 $2P_t \ll N\pi D_o$，故 $2P_t$ 可忽略，则

$$D_e=4\times\frac{P_t}{\pi}-D_o \tag{16-86}$$

式中，D_o 为传热管外径，m；P_t 为传热管螺旋间距，m；N 为传热管根数。

德雷维德提出在滞流区内壳侧的界膜传热系数公式：

$$\alpha_o=\left[0.65\left(\frac{D_e G_o}{\mu}\right)^{1/2}(D_e/D_H)^{1/4}+0.76\right]\left(\frac{\lambda}{D_e}\right)\left(\frac{c\mu}{\lambda}\right)^{0.175} \tag{16-87}$$

上式适用范围：$\left(\frac{D_e G_o}{\mu}\right)\left(\frac{D_e}{D_H}\right)^{1/2}=30\sim2000$

也可用下式表示：

$$\alpha_o=[0.763+(D_e/D_H)]\left(\frac{\lambda}{D_e}\right)\left(\frac{Wc}{\lambda L}\right)^{0.9} \tag{16-88}$$

上式适用范围：$\left(\frac{D_e G_o}{\mu}\right)=2100\sim15000$

这里，G_o 为壳侧质量速度，$kg/(m^2\cdot h)$；L 为流道长度，m。

在湍流区内界膜传热系数表达式为：

$$\alpha_o=0.023\left(\frac{D_e}{D_H}\right)^{0.1}\left(\frac{D_e G_o}{\mu}\right)^{0.85}\left(\frac{c\mu}{\lambda}\right)^{0.4} \tag{16-89}$$

上式适用范围：$\left(\frac{D_e G_o}{\mu}\right)=10000\sim100000$

2. 无相变的对流传热（轴向流动）

如图 16-46 所示，当传热管上端与盖板和传热管下端与壳体底板之间有间隙时，壳侧流动呈轴向流动。这时的流道为环形，其流道断面积沿流动方向交替扩大和缩小。

霍布勒提出下式作为沿轴向一定间隔安装缩口的圆管内流动流体的界膜传热系数的关联式。

当 $200<Re<2000$ 时，

$$\alpha_i=0.437\left(\frac{\lambda}{D_i}\right)\left(\frac{D_i G_i}{\mu}\right)\left(\frac{c\mu}{\lambda}\right)\left(\frac{D_i}{L}\right) \tag{16-90}$$

当 $2000<Re<6000$ 时，

$$\alpha_i=0.0514\left(\frac{\lambda}{D_i}\right)\left(\frac{D_i G_i}{\mu}\right)^{0.775}\left(\frac{c\mu}{\lambda}\right)^{0.4}\left(\frac{D_i}{D_{imin}}\right)^{0.488}\left(\frac{D_i}{L}\right)^{0.242} \tag{16-91}$$

式中，D_{imin} 为缩口处管内径。

用壳侧流道的当量直径 D_e 代替管内径 D_i，则螺旋管式换热器壳侧界膜传热系数可以近似地用下列各式表达。而轴向流动的壳侧流道的当量直径 D_e 为：

$$D_e \approx 2P_t \tag{16-92}$$

此时滞流区的界膜传热系数可写成：

$$\alpha_o = 0.437\left(\frac{\lambda}{D_e}\right)\left(\frac{D_e G_o}{\mu}\right)\left(\frac{c\mu}{\lambda}\right)\left(\frac{D_e}{ND_o}\right) \tag{16-93}$$

$$\frac{D_e G_o}{\mu} = 200 \sim 2000$$

而湍流区的界膜传热系数可写成：

$$\alpha_o = 0.0514\left(\frac{\lambda}{D_e}\right)\left(\frac{D_e G_o}{\mu}\right)^{0.775}\left(\frac{c\mu}{\lambda}\right)^{0.4}\left(\frac{p_t}{p_t - D_o}\right)^{0.488}\left(\frac{D_e}{ND_o}\right)^{0.242} \tag{16-94}$$

$$G_o = W_o/(P_t L) \tag{16-95}$$

式中，G_o 为壳侧流体的质量速度，kg/(m² · h)；W_o 为壳侧流体的流量，kg/h；N 为传热管数；L 为传热管长，m。

（三）冷凝传热

可以采用水平管群的管外冷凝时的公式。但一般可用下式表达更为简捷实用：

$$\alpha_o = 1.51\left(\frac{4\Gamma}{\mu_f}\right)^{-1/3}\left(\frac{\mu_f^2}{\lambda_f^3 \rho_f^2 g}\right)^{-1/3} \tag{16-96}$$

$$\Gamma = W_f/(LN^{2/3}) \tag{16-97}$$

式中，Γ 为冷凝负荷，kg/(m · h)。

四、压力损失

（一）管内侧压力损失

1. 无相变时的压力损失

（1）管内流动的摩擦损失 Δp_f 肖凯特阿利等提出下列各式作为阿基米德螺旋管中压力损失的关联式。

滞流区（$Re < 6000$）

$$\Delta p_f = 49\left(\frac{D_i G_i}{\mu}\right)^{-0.67}\left[\frac{R_{max}^{0.75}(R_{max} - R_{min})^{0.75}}{P_t D_i^{0.5}}\right]\frac{4G_i^2}{2g_c\rho} \tag{16-98}$$

湍流区（$Re > 10000$）

$$\Delta p_f = 0.65\left(\frac{D_i G_i}{\mu}\right)^{-0.18}\left[\frac{R_{max}^{0.75}(R_{max} - R_{min})^{0.75}}{P_t D_i^{0.5}}\right]\frac{4G_i^2}{2g_c\rho} \tag{16-99}$$

式中，Δp_f 为管内流动的摩擦损失，kg/m²；R_{max} 为螺旋的最大半径，m；R_{min} 为螺旋的最小半径，m；g_c 为重力换算系数，1.27×10^8 m/h²。

（2）出入口压力损失 Δp_r 从入口管分流到传热管的压力损失和从传热管合流到出口管的压力损失之和等于速度头的两倍。

$$\Delta p_r = \frac{2G_i^2}{2g_c\rho} \tag{16-100}$$

（3）管内侧总压力损失 Δp_t

$$\Delta p_t = \Delta p_f + \Delta p_r \tag{16-101}$$

2. 冷凝时的压力损失

这时的压力损失等于用假定无相变公式算出的压力损失的一半。这是充分可靠的推算。

（二）壳侧压力损失

1. 无相变时的压力损失（螺旋流动）

（1）壳侧流动的摩擦损失　当用壳侧流道当量直径 D_e 代替管内径 D_i 时，壳侧流动摩擦损失计算公式如下。

滞流时（$Re<6000$）

$$\Delta p_f=49\left(\frac{D_eG_o}{\mu}\right)^{-0.67}\left[\frac{R_{max}^{0.75}\ (R_{max}-R_{min})^{0.75}}{P_tD_e^{0.5}}\right]\frac{4G_o^2}{2g_c\rho} \tag{16-102}$$

湍流时（$Re>10000$）

$$\Delta p_f=0.65\left(\frac{D_eG_o}{\mu}\right)^{-0.18}\left[\frac{R_{max}^{0.75}\ (R_{max}-R_{min})^{0.75}}{P_tD_e^{0.5}}\right]\frac{4G_o^2}{2g_c\rho} \tag{16-103}$$

（2）出入口压力损失 Δp_r　出入口接管的压力损失，等于速度头的 2 倍。

$$\Delta p_r=\frac{2G_o^2}{2g_c\rho} \tag{16-104}$$

（3）壳侧总压力损失 Δp_s

$$\Delta p_s=\Delta p_f+\Delta p_r \tag{16-105}$$

2. 无相变时的压力损失（轴向流动）

沿流动方向反复扩大，缩小的次数仅等于传热管数。如果认为扩大和缩小时的压力损失为速度头的 2 倍，则：

$$\Delta p_s=\frac{2}{2g_c\rho}\left[\frac{W_o}{L(P_t-D_o)}\right]^2N \tag{16-106}$$

3. 冷凝时的压力损失

冷凝时的压力损失可认为等于假定无相变计算出的压力损失的一半，这是充分可靠的推算。

五、螺旋的最大直径

螺旋的圈数 N_{coil} 用下式求得：

$$N_{coil}=\frac{1}{2\pi}\sqrt{\frac{4\pi}{P_t}\left(L+\frac{\pi}{4P_t}D_{Hmin}^2\right)} \tag{16-107}$$

螺旋的最大直径 D_{Hmax} 为：

$$D_{Hmax}=2N_{coil}P_t=\frac{P_t}{\pi}\sqrt{\frac{4\pi}{P_t}\left(L+\frac{\pi}{4P_t}D_{Hmin}^2\right)} \tag{16-108}$$

第六节　高温烟气冷却器设计

在冶金、建材、电力、机械制造、耐火材料及陶瓷工业等生产过程中排放的烟气，其温度往往在 130℃以上，在环境工程中称为高温烟气。高温烟气的除尘困难和复杂性，不仅是因为烟气温度高而需要采取降温措施或使用耐高温的除尘器，而且还因为烟气温度高会引起烟气和粉尘性质的一系列变化。所以，在高温烟气除尘时，只有对烟气进行冷却降温处理，才能获得满意的除尘效果。

一、冷却方法的分类和热平衡

1. 冷却方法分类

冷却高温烟气的介质可以采用温度低的空气或水，称为风冷或水冷，不论风冷水冷，可以直接冷却，所以冷却方式用以下方法分类（见图16-48）。

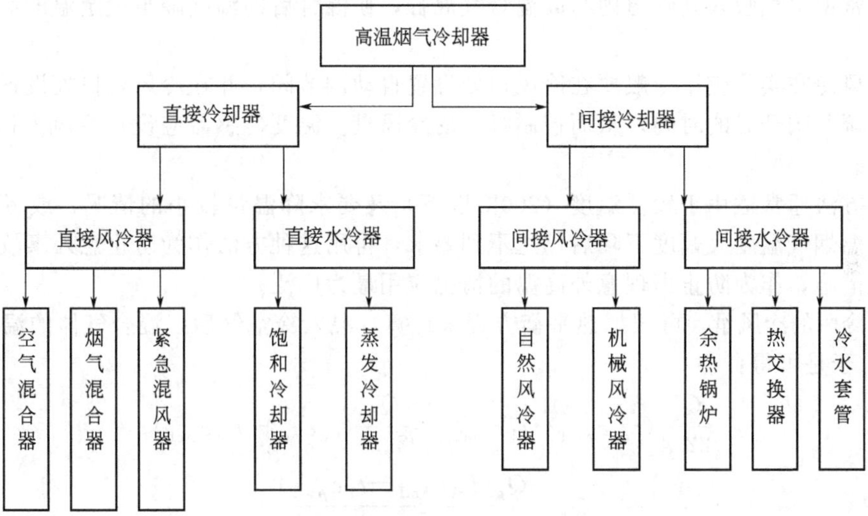

图16-48　烟气冷却器分类

(1) 直接风冷　将常温的空气直接混入高温烟气中（掺冷方法）。

(2) 间接风冷　用空气冷却在管内流动的高温烟气。用自然对流空气冷却的风冷称为自然风冷，用风机强迫对流空气冷却称为机械风冷。

(3) 直接水冷　即往高温烟气中直接喷水，用水雾的蒸发吸热，使烟气冷却。

(4) 间接水冷　即用水冷却在管内流动的烟气，可以用水冷夹套或冷却器等形式。

2. 热平衡计算[8]

高温烟气冷却的热平衡计算包括烟气放出的热量和冷却介质（水和空气）所吸收的热量，两者应该相等。

烟气量为 Q （m^3/h）的烟气由温度 t_{g1} 冷却到 t_{g2} 所放出的热流量为：

$$Q=\frac{Q_g}{22.4}(c_{pm1}t_{g1}-c_{pm2}t_{g2}) \tag{16-109}$$

式中，Q 为热流量，kJ/h；Q_g 为烟气量，m^3/h；c_{pm1}，c_{pm2} 分别是烟气为 $0\sim t_{g1}$ 及 $0\sim t_{g2}$ 时的平均定压摩尔热容，kJ/(kmol·K)；t_{g1}，t_{g2} 分别为烟气冷却前、后温度,℃。

热流量 Q 应为冷却介质所吸收，这时冷却介质的温度由 t_{g1} 上升到 t_{g2}，于是：

$$Q=G_0(c_{p1}t_{c2}-c_{p2}t_{c1}) \tag{16-110}$$

式中，G_0 为冷却介质的质量，kg/s；c_{p1}，c_{p2} 分别为冷却介质在温度为 $0\sim t_{c1}$、$0\sim t_{c2}$ 下的质量热容，kJ/(kg·K)；t_{c1}，t_{c2} 分别为冷却介质在烟气冷却前后的温度,℃。

如果冷却介质为空气时，上式可写成为：

$$Q=\frac{Q_h}{22.4}(c_{pc2}t_{c2}-c_{pc1}t_{c1}) \tag{16-111}$$

式中，Q_h 为冷却气体的气体量，m^3/h；c_{pc1}，c_{pc2} 分别为冷却空气在温度为 $0\sim t_{c1}$、

$0\sim t_{c2}$ 时的平均定压摩尔热容，kJ/(kmol·K)；t_{c1}，t_{c2} 分别为冷却介质在烟气冷却前后的温度，℃。

二、直接冷却器设计

（一）直接风冷器

直接风冷是最为简单的一种冷却方式，它是在除尘器的入口前的风管上另设一冷风口，将外界的常温空气吸入到管道内与高温烟气混合，使混合后的温度降至设定温度达到烟气降温的目的。

直接风冷在实际应用一般要在冷风口处设置自动调节阀，并在冷风入口处设置温度传感器来控制调节阀开启的时间，从而控制吸入的冷风量。温度传感器应设在冷风入口前 5m 以上的距离。

这种方法通常适用于较低温度（200℃以下）及要求降温量较小的情况，或者是用其他方法将高温烟气温度大幅度下降后仍达不到要求，再用这种方法作为防止意外事故性高温的补充降温措施，作为防止出现意外高温的情况应用最为广泛。

直接冷风的冷风量，可根据热平衡方程来计算，混入冷空气后，混合气体的温度为 $t_h=t_{g2}=t_{c2}$，于是可得：

$$\frac{Q_g}{22.4}(t_{g1}c_{pm1}-t_h c_{pm2})=\frac{Q_h}{22.4}(t_h c_{pc2}-t_{c1}c_{pc1}) \tag{16-112}$$

或

$$Q_h=\frac{Q_g(t_{g1}c_{pm1}-t_h c_{pm2})}{t_h c_{pc2}-t_{c1}c_{pc1}} \tag{16-113}$$

式中，Q_g 为烟气量，m^3/h；Q_h 为冷却气体的气体量，m^3/h；t_{g1} 为烟气冷却前温度,℃；t_h 为冷却气体温度,℃；t_{c1} 为冷却气体开始温度,℃；c_{pm1}，c_{pm2} 分别为烟气为 $0\sim t_{g1}$、$0\sim t_{g2}$ 时的平均定压摩尔热容，kJ/(kmol·K)；c_{pc1}，c_{pc2} 分别为冷却气体为 $0\sim t_{c1}$、$0\sim t_{c2}$ 时的平均定压摩尔热容，kJ/(kmol·K)。

若烟气温度变化范围不大，或计算结果不要求十分精确，一般可将理想气体摩尔热容近似看作常数，称为气体的定值摩尔热容。根据能量按自由度均分的理论可知：凡原子数相同的气体，摩尔比热容也相同，其数值见表 16-11。

表 16-11 定值摩尔热容（压力：101.3kPa）

原子数	定压摩尔热容/[kJ/(kmol·℃)]
单原子气体	20.934
双原子气体	29.3076
多原子气体	37.6812

对于多种气体组成的混合气体的平均定压摩尔热容 c_p 按下式计算：

$$c_p=\sum(r_1 c_{pi}) \tag{16-114}$$

式中，r_1 为混合气体中某一成分所占体积百分数，%；c_{pi} 为混合气体中某一成分的平均定压摩尔热容，kJ/(kmol·K)，见表 16-12。

（二）直接水冷器

1. 饱和冷却塔

饱和冷却塔是通过向高温烟气大量喷水，液气比高达 $1\sim4kg/m^3$，使高温烟气在瞬间冷却到相应的饱和温度，在高温烟气湿式净化系统中，如转炉煤气净化系统，一般均采用该冷却装置。在冷却降温的同时，也起到了粗除尘的作用，大量烟尘被水捕集形成污水进入污水处理系统。转炉湿式净化系统中的溢流文氏管（简称一文），即饱和冷却的一种典型装置。

表 16-12 定值摩尔热容（压力：101.3kPa）

t/℃	N_2	O_2	空气	H_2	CO	CO_2	H_2O
0	29.136	29.262	29.082	28.629	29.104	35.998	33.490
25	29.140	29.316	29.094	28.738	29.148	36.492	33.545
100	29.161	29.546	29.161	28.998	29.194	38.192	33.750
200	29.245	29.952	29.312	29.119	29.546	40.151	34.122
300	29.404	30.459	29.534	29.169	29.546	41.880	34.566
400	29.622	30.898	29.802	29.236	29.810	43.375	35.073
500	29.885	31.355	30.103	29.299	30.128	44.715	35.617
600	30.174	31.782	30.421	29.370	30.450	45.908	36.191
700	30.258	32.171	30.731	29.458	30.777	46.980	36.781
800	30.733	32.523	31.041	29.567	31.100	47.934	37.380
900	31.066	32.845	31.388	29.697	31.405	48.902	37.974
1000	31.326	33.143	31.606	29.844	31.694	49.614	38.560
1100	31.614	33.411	31.887	29.998	31.966	50.325	39.138
1200	31.862	33.658	32.130	30.166	32.188	50.953	39.699
1300	32.092	33.888	32.624	30.258	32.456	51.581	40.248
1400	32.314	34.106	32.577	30.396	32.678	52.084	40.799
1500	32.527	34.298	32.783	30.547	32.887	52.586	41.282

电炉除尘装置采用的是布袋除尘器，即除尘系统为干法除尘，要求高温烟气冷却采用干法冷却或不是饱和冷却。所以饱和冷却塔设备不适用电炉等干法除尘。

2. 蒸发冷却塔

蒸发冷却塔是通过向高温烟气喷入适当的气水混合颗粒，使高温烟气在瞬间冷却到相应的不饱和气体，在冷却降温的同时，也起到粗除尘的作用，即粉尘被凝结成较大的干颗粒沉降在灰斗内，没有了水的二次污染问题和强制吹风冷却器的能耗及冷却管阻塞问题。

冷却塔多用于干法除尘系统，可与布袋除尘器和静电除尘器等配套使用。根据工艺形式和除尘方案，冷却塔设计一般可分为以冷却水为介质的和以气水混合为介质的冷却塔。

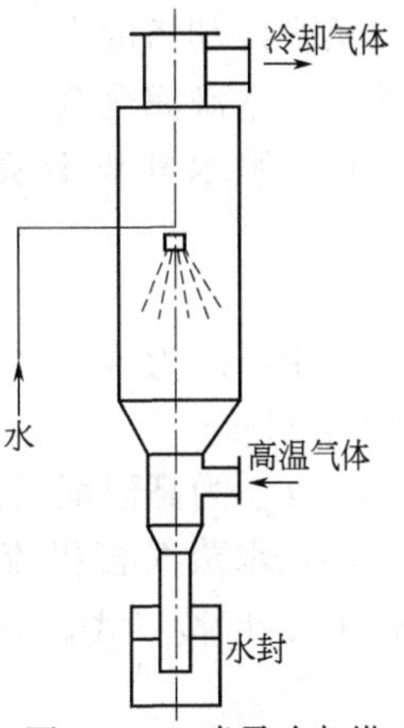

图 16-49 喷雾冷却塔

(1) 设计要求 以冷却水为介质的蒸发冷却塔。蒸发冷却塔的形式如图 16-49 所示。烟气自塔的顶部或下部进入，由底部或顶部排出，喷雾装置设计为顺喷，即冷却水雾流向与气流相同。一般情况下，塔内断面气流速度宜取 4.0m/s 以下。若气流速度增大，则必须增大塔体的有效高度，以便烟气在塔内有足够的停留时间，使其水雾容易达到充分蒸发的目的。停留时间一般为 5s 以上。蒸发冷却塔的有效高度决定于喷嘴喷入的水滴蒸发的时间，而蒸发时间取决于水滴粒径的大小和烟气的热容量。因此，为降低蒸发冷却塔的高度，必须尽可能减小水滴粒径，即对喷嘴喷入的水滴直径要求很细，使其雾粒在与高温烟气接触的很短时间内，吸收烟气显热后全部汽化，并被烟气再加热而形成一种不饱和气体，且应能适应烟气热量调节而不影响喷雾的粒径，同时保持有较高的水压，并要求喷嘴有较高的使用寿命。一般可采用带回流的压力喷嘴，喷嘴的技术性能可查有关资料。

以气水混合为介质的蒸发冷却塔。蒸发冷却塔的结构形式基本类同于以冷却水为介质的蒸发冷却塔。所不同的是它采用气液双相流喷嘴来强化喷嘴的雾化能力，即采用具有一定压力的蒸汽或压缩空气与水混合，使喷嘴喷入的水滴直径更细，冷却效果更好。而且与高温烟气接触时间可以缩短，即蒸发冷却塔塔内的断面气流速度可以适当提高，这样可降低冷却塔的高度，便于设备的布置等。

该蒸发冷却塔适用范围较广，也可用于转炉煤气的干法净化系统和其他场合的高温烟气冷却，并可与静电除尘器配套使用。对电炉干法除尘系统而言，蒸发冷却塔所降低的烟气温度绝对不能低于烟气的饱和温度，即烟气的露点温度，以免出现结露现象而影响系统的正常运行。为安全考虑，当烟气进口温度低于150℃时，喷嘴应停止工作；并要求降温后的烟气温度应高于烟气露点温度30～50℃，出口烟气相对湿度要求低于30%。

(2) 烟气放出热量Q_g的计算　高温气体从t_{g1}下降到t_{g2}所放出的热量Q_g，按下式计算：

$$Q_g=\frac{V_0}{22.4}\int_{t_{g2}}^{t_{g1}} c_p \mathrm{d}t=\frac{V_0}{22.4}(c_p t_{g1}-c_p t_{g2}) \tag{16-115}$$

式中，Q_g为烟气放出热量，kJ/h；V_0为标准状态下气体的体积流量，m^3/h；c_p为0～t℃气体的平均定压摩尔热容，kJ/(kmol·℃)。

(3) 有效容积V计算　在喷嘴喷出的水滴全部蒸发的情况下，蒸发冷却塔的有效容积V可按下式计算：

$$Q_g=sV\Delta t_m \tag{16-116}$$

式中，Q_g为高温烟气放出热量，kJ/h；s为蒸发冷却塔的热容系数，kJ/(m^3·h·℃)；当雾化性能良好时，可取627～838kJ/(m^3·h·℃)；V为蒸发冷却塔的有效容积，m^3；Δt_m为水滴和高温烟气的对数平均湿度差，℃。

$$\Delta t_m=\frac{\Delta t_1-\Delta t_2}{\ln\dfrac{\Delta t_1}{\Delta t_2}} \tag{16-117}$$

式中，Δt_1为入口处烟气与水滴的温差，℃；Δt_2为出口处烟气与水滴的温差，℃。

蒸发冷却塔的有效容积与塔直径和高度有关，高度可根据塔内水滴完全蒸发所需的时间来确定，水滴完全蒸发所需的时间由图16-50查得。

(4) 喷水量W计算　蒸发冷却塔的喷水量W (kg/h)，可按下计算：

$$W=\frac{Q_g}{r+c_W(100-t_W)+c_V(t_{g2}-100)} \tag{16-118}$$

式中，r为在100℃时水的汽化潜热，为2257kJ/kg；c_W为水的质量比热容，为4.18kJ/(kg·℃)；c_V为在100℃时水蒸气的比热容，为2.14kJ/(kg·℃)；t_W为喷雾水温度，℃；t_{g2}为高温烟气出口温度，℃。

(5) 水蒸气容积流量V_W计算　出蒸发冷却塔时，烟气中所增加的水蒸气容积V_W (m^3/h)，可按下式计算：

$$V_W=\frac{w(273+t_{g2})}{273\rho} \tag{16-119}$$

式中，ρ 为水蒸气的密度，kg/m^3，$\rho = H_2O/22.4$。

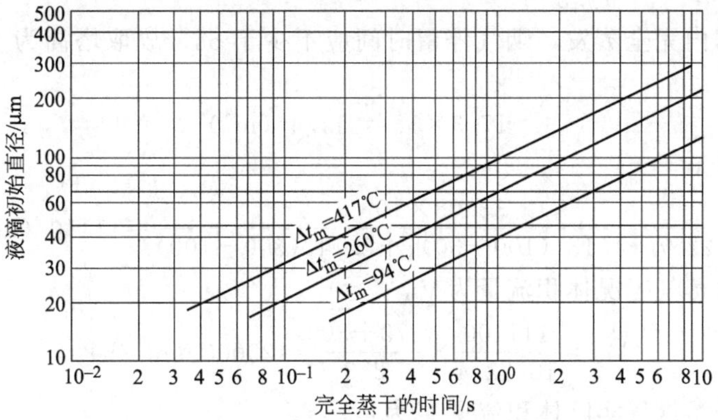

图 16-50　水滴完全蒸发所需的时间

【例 16-1】 已知：某电炉排出的烟气量（标态），$V_0=8500m^3/h$，进入喷雾冷却塔的烟气温度 $t_{g1}=550℃$，要求在出口处烟气温度 $t_{g2}=300℃$，冷却水温 $t_w=30℃$。

求：蒸发冷却塔规格和冷却水量。

解：(1) 烟气放热量 Q_g：

烟气组成：

CO	CO_2	N_2	O_2
3%	19%	68%	10%

烟气入口 0～550℃的平均定压摩尔热容 c_{p1} 的计算，可查表 16-12 得：

$$c_{p1}=30.298\times3\%+45.312\times19\%+30.03\times68\%+31.569\times10\%$$
$$=32.19kJ/(kmol\cdot℃)$$

在冷却塔内烟气放出的热量 Q_g

$$Q_g=\frac{85000}{22.4}(33.41\times550-32.19\times300)=33.08\times10^6\ (kJ/h)$$

(2) 冷却塔规格

$$\Delta t_2=550-30=520℃$$
$$\Delta t_1=300-30=270℃$$
$$\Delta t_m=\frac{520-270}{\ln\frac{520}{270}}=381.4℃$$

取冷却塔热容量系数 s 值为 $800kJ/(m^3\cdot h\cdot ℃)$，冷却塔的有效容积 V

$$V=\frac{33.08\times10^6}{800\times381.4}=108\ (m^3)$$

冷却塔内烟气的平均工况体积流量为：

$$85000\times\left[\frac{1}{2}(550+300)+273\right]/273=217326\ (m^3/h)$$

取烟气在蒸发冷却塔内的平均流速 $v=3.5m/s$，则冷却塔的断面积 S：

$$S=\frac{217326}{3600\times3.5}=17.3\ (m^2)$$

冷却塔直径 $D=\sqrt{\frac{4S}{\pi}}=4.7\ (m)$

冷却塔有效高度 $H=\frac{108}{17.3}=6.2$（m）

为使烟气在塔内完全蒸发，烟气停留时间应不少于5s，故取塔高为10m，则冷却塔的有效容积V应为：

$$17.3\times18=311.4\ (m^3)$$

（3）冷却水量W：

$$W=\frac{33.08\times10^6}{2257+4.18\ (100-30)\ +2.14\ (300-100)}=11110\ (kg/h)$$

烟气中增加水蒸气工况体积流量为V_W：

$$V_w=\frac{111100}{18/22.4}\times\frac{273+300}{273}=29000\ (m^3/h)$$

冷却塔出口处湿烟气实际体积流量V为：

$$V=85000\times\frac{273+300}{273}+29000=207407\ (m^3/h)$$

三、间接冷却器设计

（一）间接风冷器

1. 自然风冷器

间接风冷一般做法是使高温烟气在管道内流动，管外靠自然对流的空气将其冷却。由于大气温度较低，降温比较容易，当生产设备与除尘器之间相距较远时，则可以直接利用风管进行冷却。自然风冷的装置构造简单，容易维护，主要用于烟气初温为500℃以下、要求冷却到终温120℃的场合。这种冷却器在工矿企业中有着广泛应用。

自然风冷的管内平均流速一般取$v_p=16\sim20$m/s，出口端的流速不低于14m/s。管径一般取$D=200\sim800$mm。烟气温度高于400℃的管段应选用耐热合金钢或不锈钢；400℃以下的管段应选用低合金钢或锅炉用钢。

高度与管径比由冷却器的机械稳定性决定，一般高度$h=20\sim50D$。当$h>40D$时，应设计管道框架加以固定，此时要对框架进行受力计算。

管束排列通常采用顺列的较多，以便于布置支架的梁柱。管间节距应使净空为500～2800mm为宜，以利于安装和检修。

冷却管可纵向加筋，以增加传热面积。

为清除管壁上的积灰，烟管上可设清灰装置、检修门或检修口以及排灰装置；还要设梯子、检修平台及安全走道，平台栏杆的高度应大于1050mm。

由于这种方式是依靠管外空气的自然对流而冷却的，所以为了用冷却器来控制温度，要在冷却器上装设带流量调节阀，在不同季节或不同生产条件下用调节阀开度的方法进行温度控制。

在冷却器设计中，通常要计算冷却表面积。若已知烟气的放热量Q，则表面冷却器的传热面积S可按下式计算：

$$S=\frac{Q}{K\Delta t_m} \tag{16-120}$$

$$\Delta t_m=\frac{\Delta t_1-\Delta t_2}{\ln\frac{\Delta t_1}{\Delta t_2}}$$

式中，S为冷却器传热面积，m^2；Q为烟气的放热量，kJ；K为冷却器的传热系数，

W/(m^2·K)；Δt_m 为冷却器的对数平均温差，℃；Δt_1 为冷却器入口处管内、外流体的温差，℃；Δt_2 为冷却器出口处管内、外流体的温差，℃。

应用中管内壁会积灰形成灰垢，而外壁可能有水垢（当用冷水作冷却介质时），这些都将影响传热过程，因此传热系数 K 表示为：

$$K=\frac{1}{\frac{1}{\alpha_i}+\frac{\delta_h}{\lambda_h}+\frac{\delta_b}{\lambda_b}+\frac{\delta_s}{\lambda_s}+\frac{1}{\alpha_o}} \tag{16-121}$$

式中，α_i 为烟气与管内壁的换热系数，W/(m^2·K)；α_o 为管外壁与冷却介质（空气与水）的换热系数，W/(m^2·K)；δ_h 为灰层的厚度，m；λ_h 为灰层的热导率，W/(m·K)；δ_s 为水垢的厚度，m；λ_s 为水垢的热导率，W/(m·K)；δ_b 为管壁厚，一般为 0.003～0.008m；λ_b 为钢管的导热系数，一般为 45.2～58.2W/(m·K)。

钢管的绝热系数 $M_s=\frac{\delta_b}{\lambda_b}$，很小，可以忽略不计。水垢的绝热系数 $M_s=\frac{\delta_s}{\lambda_s}$ 因流体的性质、温度、流速及传热面的状态、材质等而不同，一般约为 0.00017～0.00052(m^2·K)/W。

采取清垢措施后，可取 $\delta_s=0$，即 $M_s=0$。

灰层的绝热系数 $M_h=\frac{\delta_h}{\lambda_h}$，也称灰垢系数，与烟气的温度、流速、管内表面状态及清灰方式等因素有关，通常可取 $M_h=0.006\sim0.012$(m^2·K)/W。

管外壁与冷却介质之间的换热系数。α_o 取决于冷却介质及其流动状态。若忽略其换热热阻 $1/\alpha_o$，当采用水作为冷却介质时，$\alpha_o=5800\sim11600$W/(m^2·K)。但采用空气作为冷却介质时，则需要对 α_o 进行计算。

烟气与管内壁的换热系数 α_i 为对流换热系数 α_{ci} 与辐射换热系数 α_{ri} 之和：

$$\alpha_i=\alpha_{ci}+\alpha_{ri} \tag{16-122}$$

烟气在管道内流动，通常都是紊流，对流换热系数 α_{ci} 按下列准则方程式确定：

$$Nu=0.023Re^{0.8}Pr^{0.3} \tag{16-123}$$

式中各准则数为：

努塞数
$$Nu=\frac{\alpha_{ci}d}{\lambda} \tag{16-124}$$

雷诺数
$$Re=\frac{v_p d}{\nu} \tag{16-125}$$

普朗特数
$$Pr=\nu/\alpha \tag{16-126}$$

式中，λ 为烟气的热导率，W/(m·K)；ν 为烟气的运动黏度系数，m^2/s；α 为烟气的热扩散率，m^2/s；v_p 为烟气的平均流速，m/s；d 为定型尺寸（取管内径），m。

这里烟气的各物理参数应按计算段进、出口的平均温度下的数值。

将以上各准则数代入上式后，可得；

$$\alpha_{ci}=0.023\frac{\lambda}{d}\left(\frac{v_p d}{\nu}\right)^{0.8}\left(\frac{\nu}{\alpha}\right)^{0.3} \tag{16-127}$$

在烟气冷却器中，为了防止烟气中的粉尘在管内沉积，烟气流速一般都较高（18～40m/s），所以对流换热能起主导作用。计算表明，当烟气温度为 400℃时，辐射热仅占 2%～5%。所以当烟气温度不超过 400℃时，辐射换热量可以忽略不计。如烟气温度很高，则辐射换热应予以考虑，按照传热学中介绍的方法进行计算。

自然风冷冷却器的传热系数计算复杂，近似地当 Δt_m 值小于 280℃时，传热系数 K 按图 16-51 确定，当 Δt_m 值大于 280℃时，K 可近似地取值为 20～30W/(m^2·K)。

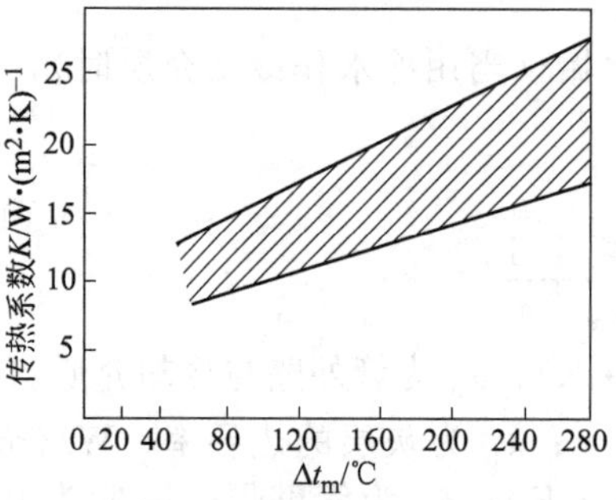

图 16-51 烟气间接空冷时的传热系数

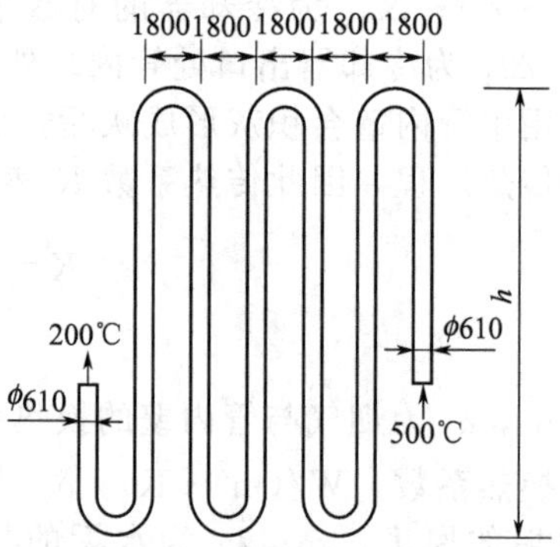

图 16-52 自然风冷排管

【例 16-2】 要求用自然风冷的方法将烟气由 500℃降至 200℃。标准状态下的烟气量 170000m^3/h，采用图 16-52 所示的冷却管 20 列，管径 610mm，烟气的成分为 CO_2 13%、H_2O 11%、N_2 76%。要求确定所需的冷却面积及每排的长度。

解：(1) 计算对数平均温差

周围空气温度取 50℃

$$\Delta t_1 = 500 - 50 = 450\ (℃)$$

$$\Delta t_2 = 200 - 50 = 150\ (℃)$$

$$\Delta t_m = \frac{450-150}{\ln\dfrac{450}{150}} = 273\ (℃)$$

(2) 计算烟气放出的热量

0～500℃时烟气的平均摩尔热容

$$c_{pm1} = 44.715\times 0.13 + 35.617\times 0.11 + 29.885\times 0.76 = 32.443\text{kJ/(kmol·K)}$$

0～200℃时烟气的平均摩尔热容

$$c_{pm2} = 40.15\times 0.13 + 34.122\times 0.11 + 29.245\times 0.76 = 31.199\text{kJ/(kmol·K)}$$

烟气的放热量 Q

$$Q = \frac{170000}{22.4}(32.443\times 500 - 31.199\times 200) = 7.5\times 10^7\text{kJ/(kmol·K)}$$

(3) 传热系数近似取值为 20W/(m^2·K)。

(4) 计算冷却器所需的冷却面积

$$F = \frac{7.5\times 10^7}{20\times 3.6\times 273} = 3834\ (m^2)$$

冷却器共 20 排排管，每排的面积为

$$a = \frac{3834}{20} = 192\ (m^2)$$

(5) 计算每排的总长度

$$l = \frac{192}{3.14\times 0.61} = 101\ (m)$$

每排设 8 根平行管，每根的高度为

$$h=\frac{101}{8}=13\ (\mathrm{m})$$

2. 间接机械风冷器

机械风冷器的管束装在壳体内，高温烟气从管内通过，用轴流风机将空气压入壳体内，从管外横向吹风，与其进行热交换，将高温烟气冷却到所需的温度，如图 16-53 所示。被加热了的热空气有的加以利用，有的直接放散到大气中。由于采用风机送风，可以根据室外环境的变化，调节风机的风量，达到控制温度的目的。选择冷却风机应静压小、风量大，以利减少动力消耗。

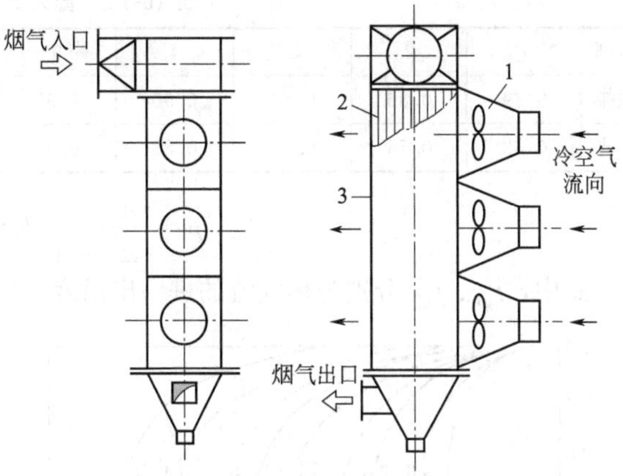

图 16-53 机械风冷器

1—轴流风机；2—管束；3—壳体

采用机械风冷时，管与管之间的间距可比自然风冷时小一些（最小间距可减至 200mm，一般不大于烟气管直径）。冷却管的排列方式可以是顺排或叉排，如图 16-54 所示。

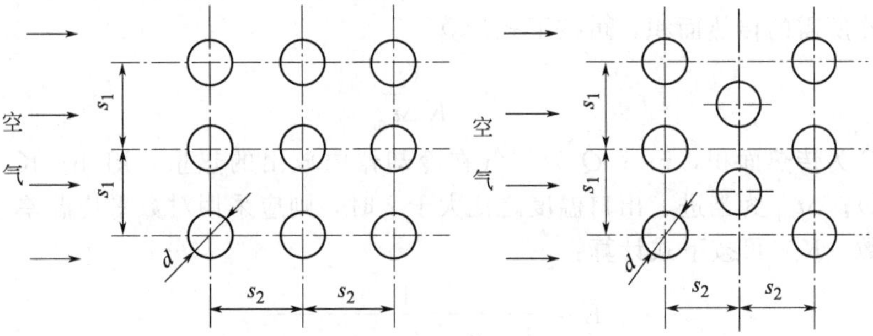

(a) 顺排 (b) 叉排

图 16-54 管束的排列

机械风冷时对流换热的准则方程式列入表 16-13。

当管子在气流方向的排数不同时，所求得的 Nu 值应乘以修正系数 ε，其值列入表 16-14。

当计算机械风冷器的换热时，需要确定冷热气体间的计算平均温差，由于冲刷气体与热气流成直角相交，用数学解析法求平均温差是相当复杂的，实际计算时采用逆流时的对数平均温差 Δt_m 乘以修正系数 F，F 值根据 P、R 不同由图 16-55 中查出。

表 16-13 管束平均热准则方程式

排列方程	适用范围		准则方程式对空气或烟气的简化式(PR=0.7)
顺排	$Re=10^3\sim2\times10^5$		$Nu=0.24Re^{0.63}$
	$Re=2\times10^5\sim2\times10^5$		$Nu=0.018Re^{0.84}$
叉排	$Re=10^3\sim2\times10^5$	$\frac{s_1}{s_2}\leqslant2$	$Nu=0.031Re^{0.6}\left(\frac{s_1}{s_2}\right)^{0.2}$
		$\frac{s_1}{s_2}>2$	$Nu=0.35Re^{0.6}$
	$Re=2\times10^5\sim2\times10^6$		$Nu=0.019Re^{0.84}$

表 16-14 管列数修正系数 ε

排列	1	2	3	4	5	6	8	12	16	20
顺排	0.69	0.80	0.86	0.90	0.93	0.95	0.96	0.98	0.99	1.0
叉排	0.62	0.76	0.84	0.88	0.92	0.95	0.96	0.98	0.99	1.0

$$p=\frac{t_{c1}-t_{c2}}{t_{c2}-t_{c1}},R=\frac{t_{g2}-t_{g1}}{t_{c1}-t_{c2}}$$

式中，t_{g1}、t_{g2} 分别为热气流的进、出温度,℃；t_{c1}、t_{c2} 分别为冷气流的进、出温度,℃。

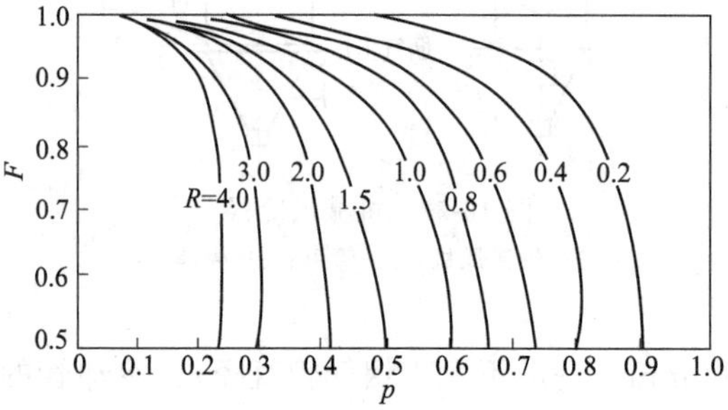

图 16-55 修正系数 F

（二）间接水冷器[8,9]

1. 间接水冷计算

间接水冷是高温烟气通过管壁将热量传出，由冷却器或夹层中流动的冷却水带走的一种冷却装置。常用的设备有水冷套管、水冷式热交换器和密排管式水冷器。

高温烟气在冷却的同时应充分回收其热能，一般温度高于 650℃时，应考虑设废热锅炉回收热能。

间接水冷所需的传热面积，可按下式计算：

$$F=\frac{Q}{K\Delta t_m} \tag{16-128}$$

式中，F 为传热面积，m^2；Q 为烟气在冷却器内放出的热量，kJ/h；K 为传热系数，W/(cm^2·K)；Δt_m 为当进、出口温度之比大于 2 时，则应采用对数平均温差,℃。

传热系数（K）可按下式计算：

$$K=\frac{1}{\frac{1}{\alpha_1}+\frac{\delta_d}{\lambda_d}+\frac{\delta_o}{\lambda_o}+\frac{\delta_i}{\lambda_i}+\frac{1}{\alpha_2}} \tag{16-129}$$

式中，K 为传热系数，W/(m^2·K)；α_1 为烟气与金属壁面的换热系数，kJ/(m^2·h·℃)；α_2 为金属壁面与水的换热系数，kJ/(m^2·K)；δ_d 为管内壁灰层厚度，m；δ_o 为管壁厚度，m；δ_i 为水垢厚度，m；λ_d 为管内壁灰层的热导率，W/(m·K)；λ_o 为管金属的热导率，W/(m·K)；λ_i 为水垢的热导率，W/(m·K)。

α_1、α_2 对传热系数影响较大。上述数据可由传热学及试验数据得出，但是情况迥异，变化较大，计算非常烦琐。在实际应用中，可用经验数据。通常可取 K 值为 30～60W/(m^2·K) 或 108kJ/(m^2·h·℃)。烟气温度越高，K 值越大。

2. 水冷套管冷却器

水冷套管冷却器如图 16-56 所示。水冷式套管冷却烟气具有方法简单、实用可靠、设备运行费用较低等特点，是一种常用冷却装置，但其传热效率较低，需要较大的传热面积。

水冷套管水套中夹层的厚度应视具体条件而定。当冷却水的硬度大，出水温度高，需要清理水垢时，夹层厚度可取为 80～120mm 以上；对软化水，出水温度较低，不需要清理水垢时，则可取为 40～60mm。为防止水层太薄、水循环不良、产生局部死角等，水冷夹层厚度不应太小。水套的进水口应从下部接入，上部接出。烟管水套内壁采用 6～8mm 钢板制作，外壁用 4～6mm 钢板制作，全部采用连续焊缝焊制，并要求严密不漏水。冷却水进水温度一般为 30℃左右，最高出水温度不允许超过 45℃。水冷套管每段管道通常为 3～5m，

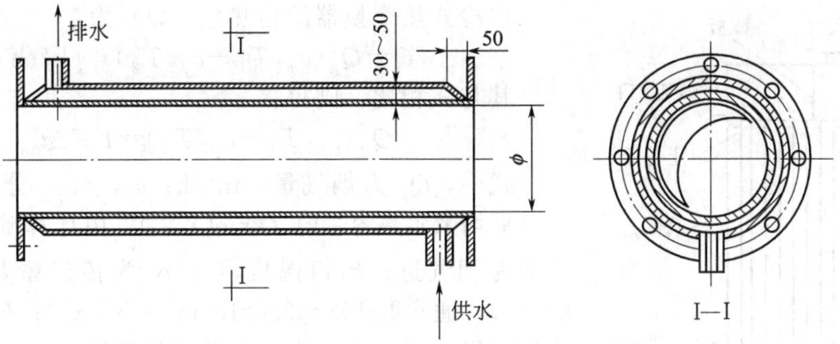

图 16-56 水冷套管冷却器

水压 0.3～0.5MPa；对于直径较大的管道，夹套间宜用拉筋加固，一般可设水流导流板。管道直径按烟气在工况下的流速计算，一般为 20～30m/s。

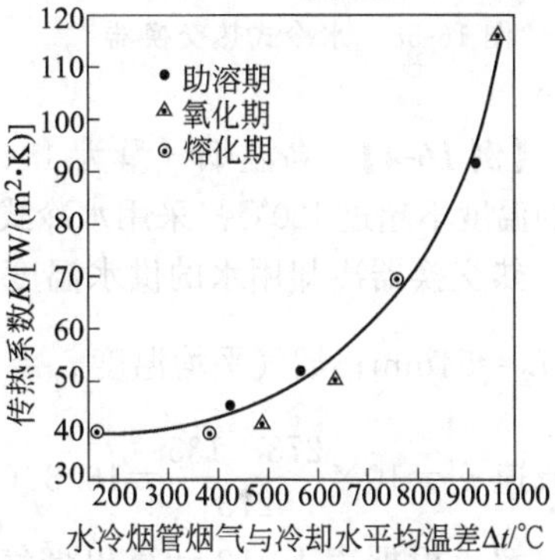

图 16-57 水冷套管的传热系数 K 值

炼钢电炉的高温烟气水冷套管传热系数（K）可按图 16-57 选取，该曲线系在烟管直径为 300mm，烟气量 2660m^3/h 条件下测得。

【例 16-3】 已知某厂 30t 电炉 1 套，水冷套管进口热量 33.6×10^6kJ/h，出口热量 23×10^6kJ/h。

传热系数 58W/(m^2·K)，烟气进口温度 840℃，烟气出口温度 600℃，冷却水进口温度 32℃，冷却水出口温度 47℃，烟气量 27000m^3/h，烟气流速 30m/s，求传热面积和冷却水量。

解： 将已知条件代入下式，传热面积计算如下：

$$F=\frac{Q}{K\Delta t_m}=\frac{33.6\times10^6-23\times10^6}{\frac{58\times4.2}{1.163}\times\frac{(840-47)+(600-32)}{2}}=\frac{10\times10^6}{210\times680}=70\ (m^2)$$

水冷套管直径

$$D=\sqrt{\frac{4Q_g}{\pi v3600}}=\sqrt{\frac{4\times27000\times\frac{273+\frac{(840+600)}{2}}{273}}{3.1416\times30\times3600}}=\sqrt{\frac{393120}{339293}}=\sqrt{1.16}=1.1\ (m)$$

每米长度冷却面积

$$f=\pi D\times l=3.1416\times1.1\times1=3.46\ (m^2)$$

水冷套管总长度 $L=\frac{70}{3.46}=20m$

分 5 段制作，每段长度 $L_1=\frac{20}{5}=4m$

冷却水量

$$G=\frac{Q}{c\Delta t}=\frac{10\times10^6}{4.18\times15\times1000}=160\ (m^3/h)$$

3. 水冷式热交换器

水冷式热交换器（见图 16-58）是利用钢管内通水，在无数束钢管外通过高温烟气进行气水平流热交换的一种间接水冷式冷却器。

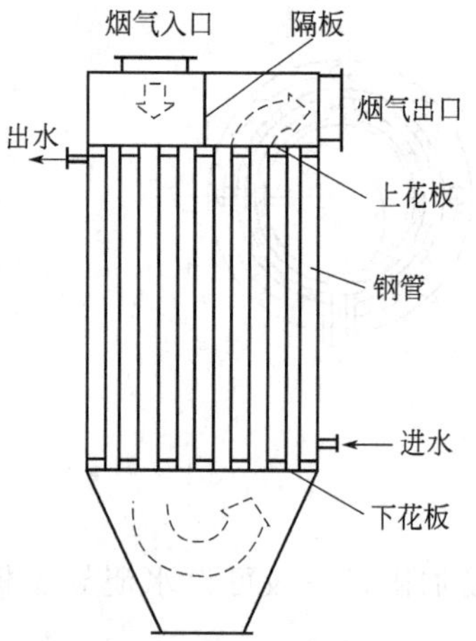

图 16-58 水冷式热交换器

水冷式热交换器的传热量（Q）为：

$$Q=Q_g(c_{p1}T_1-c_{p2}T_2)\quad(\text{kJ/h})\qquad(16\text{-}130)$$

其与式相比，则得：

$$Q_g(c_{p1}T_1-c_{p2}T_2)=KF\Delta t_m\qquad(16\text{-}131)$$

式中，Q_g 为烟气量，m^3/h；c_{p1}、c_{p2} 分别为烟气进、出口平均摩尔热容，kJ/(kmol・℃)，由计算确定；T_1、T_2 分别为烟气进、出口温度,℃；K 为传热系数，$kJ/(m^2\cdot h\cdot ℃)$，通常取 108～216$kJ/(m^2\cdot h\cdot ℃)$；F 为水冷段的传热面积，m^2；Δt_m 为对数平均温度差,℃，且满足

$$\Delta t_m=\frac{\Delta t_a-\Delta t_b}{2.31\lg\left(\frac{\Delta t_a}{\Delta t_b}\right)}\qquad(16\text{-}132)$$

式中，Δt_a 为进口气温与出口水温差，℃；Δt_b 为出口气温与出口水温差，℃。

【例 16-4】 高温烟气量为 $1\times10^4 m^3/h$，烟气温度 $t_2=250℃$。要求烟气进入袋式除尘器前的温度不超过 120℃。采用水冷式热交换器进行烟气冷却，计算该热交换器所需传热面积。

热交换器冷却用水的供水温度 $t_{w1}=30℃$，排水温度 $t_{w2}=40℃$；水管外径 $d_1=60mm$，内径 $d_2=54mm$；烟气平均温度 $t_p=\frac{1}{2}(250+120)=185℃$；烟气在烟管内流速取 $v=10m/s$。实际流速 $v'=10\times\frac{273+135}{273}=16.8$ (m/s)

解： 根据表 16-12 计算出烟气平均摩尔热容：

0～250℃时，$c_p=31.2kJ/(kmol\cdot ℃)$

0～120℃时，$c_p=30.6kJ/(kmol\cdot ℃)$

烟气在热交换器放出热量为：

$$Q=\frac{1\times10^4}{22.4}\times(31.2\times250-30.6\times120)=1.84\times10^6 kJ/h$$

根据经验数据，取 K 值为 $108kJ/(m^2\cdot h\cdot ℃)$

在热交换器中，气水相逆流动

$$\Delta t_a=250-40=210\ (℃)$$

$$\Delta t_b=120-30=90\ (℃)$$

对数平均温度差 $\Delta t_m=\frac{210-90}{2.3\lg\frac{210}{90}}=142$ (℃)

需要的传热面积 $F=\frac{1.84\times10^6}{108\times142}=102$ (m^2)

烟气所需的流通面积 $f=\frac{1\times10^4}{3600\times10}=0.278$ (m^2)

每根水管的流通面积 $f'=\frac{\pi}{4}(0.054)^2=2.3\times10^{-3}$ (m^2)

需要的水管根数 $n=\frac{f}{f'}=\frac{0.278}{0.0023}=120.7$ (根)(取 120 根)

每根水管长度 $l=\frac{F}{\pi dn}=\frac{120}{3.14\times0.06\times120}=5.3$ (m)

四、冷却方法选择

1. 冷却方法的特点

烟气冷却方法根据烟气与冷却介质接触与否分为直接冷却和间接冷却两大类，其特点如下。

(1) 间接冷却　烟气不与冷却介质直接接触，一般不改变烟气的性质。主要热交换方式是对流和辐射。

(2) 直接冷却　烟气与冷却介质直接接触，并进行热交换，烟气量及其成分可能发生改变。热交换方式是蒸发和稀释（见表16-15）。

表16-15　烟气冷却方法

冷却方式	优　点	缺　点
对流与辐射	1. 不改变烟气成分与流量 2. 废热可以利用 3. 可以对烟气的流量、温度、压力或其他峰值负荷起平抑作用	1. 占用空间大 2. 管道可能由于烟尘黏结而堵塞 3. 设备体积较大
蒸发（喷水冷却）	1. 设备费低，占空间小 2. 能严格而迅速地控制温度 3. 能部分清除灰尘及有害气体	1. 运行时，设备容易腐蚀 2. 增加结露危险 3. 增加气体体积，加大后面设备能力
稀释（吸冷风）	1. 方法简单易行 2. 设备费及运行费低	1. 增大气体流量，增大后面设备容量 2. 有时需先处理稀释空气，以免吸入环境湿气等

2. 冷却方法选择的因素

冷却方法选择通常要考虑以下因素。

(1) 根据烟气出炉温度、除尘设备及排风机的操作温度选择冷却方法。例如，袋式除尘器使用温度＜300℃，电除尘器使用温度＜400℃。

(2) 废热利用。当烟气温度高于700℃时，可根据供水、供电及冶炼工艺等具体情况分别选择水套、风套、汽化冷却或废热锅炉冷却烟气，产出热水、热风和蒸汽。

参　考　文　献

[1] 刘天齐. 三废处理工程技术手册/废气卷. 北京：化学工业出版社，1999.
[2] 马广大. 大气污染控制技术手册. 北京：化学工业出版社，2010.
[3] 李家瑞主编. 工业企业环境保护. 北京：冶金工业出版社，1992.
[4] 通商产业省立地公害局. 公害防止必携，东京：产业公害防止协会，昭和51年.
[5] 郑铭主编. 环保设备——原理、设计、应用. 北京：化学工业出版社，2001.
[6] 江晶. 环保机械设备设计. 北京：冶金工业出版社，2009.
[7] 周兴求. 环保设备设计手册——大气污染控制设备，北京：化学工业出版社，2004，
[8] 张殿印，王纯，俞非漉. 袋式除尘技术. 北京：冶金工业出版社，2008.
[9] 王纯，张殿印. 除尘设备手册. 北京：化学工业出版社，2009.

第十七章 净化系统的设计

第一节　净化系统概述

一、净化系统的重要性

在一些工业生产过程中，往往会散发出含有各种有害气体、蒸气或粉尘的废气，为处理这些废气、改善工作环境和保障工人的身体健康，需要进行合理的通风或装置必要的净化系统。

此外，许多工业生产过程也对周围环境有一定的要求，如纺织、印刷、食品、烟草、面粉、造纸、酿造等工厂的车间，都要求有良好的通风和净化，才能保证正常的技术操作和合格的产品质量。

因此，通风净化不仅能改善工人的劳动条件，提高劳动生产率，而且也是工业生产能正常进行技术操作、产品能达到质量标准的要求。同时在工业和民用建筑物中进行合理的通风，也是保护建筑物、延长建筑物使用寿命的有效方法之一。

二、净化系统的组成

1. 局部排风净化系统

防止大气污染物在室内扩散的最有效的方法是在污染源处直接把它们捕集起来，经净化后排至室外，这种通风方法称局部排风。局部排风系统的特点是风量小、通风效果好，因此在选择通风方法时应优先考虑。

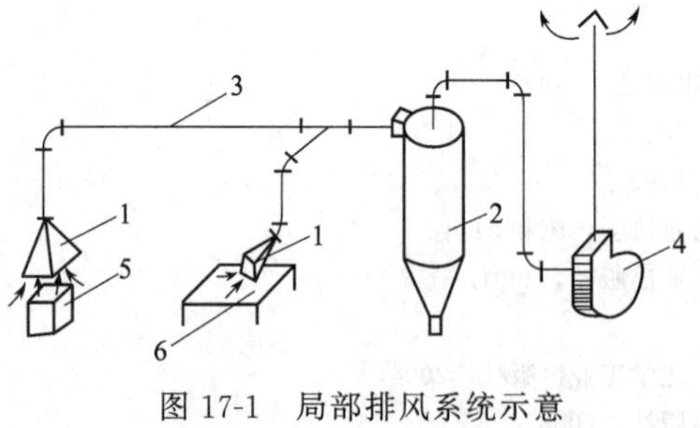

图 17-1　局部排风系统示意

1—排气罩；2—净化装置；3—风管；4—通风机；5—污染源；6—工作台

局部排风净化系统通常由排风罩、净化装置、管道和风机组成，系统结构见图 17-1。

局部排风罩是用来捕集有害物的，它的性能对局部排风系统的技术经济指标有直接的影响。性能良好的局部排气罩如密闭罩，只需要较小的风量就可以获得良好的工作效果。由于生产设备结构和操作的不同，排气罩的型式是多种多样的。

在净化系统中输送气流的管道称风管，通过风管使通风系统的设备和部件连成一个整体。风管通常用薄钢板制造，也有的使用聚氯乙烯塑料板、混凝土、砖或其他材料制造。混凝土和砖制作的风管常称为风道。

气体净化设备是防止大气污染，把有害气体进行净化处理的装置，是净化系统的核心部分。有关设备的设计前几章已作了介绍。

风机是净化系统中气体流动的动力装置，为防止风机的磨损和腐蚀，通常把风机放在净化设备的后面。

2. 全面通风净化系统

如果室内污染源分布广、污染点多、污染面积大、污染物不易捕集，就要对室内进行全面通风。在技术上，这种通风是比较容易实现的。但是从环境保护的观点来看，存在以下缺点：一是空气中的有害物浓度在靠近排出口区域比靠近入口附近要高；二是由于实际上不能立即和均匀地冲淡有害物，因此可能造成个别地区有害物浓度过高；三是耗能多。

全面通风有自然通风、机械通风或自然与机械的联合通风等方式。通常当自然通风达不到卫生条件或生产条件时才采用机械通风净化。为了满足全面通风净化的要求，需要合理的气流组织和足够的通风换气量。全面通风净化系统的组成与局部排风净化系统相同。

(1) 全面通风换气量的计算　在稳定状态下，室内有害气体稀释至最高允许浓度所需要的换气量按下式计算：

$$Q=\frac{m}{c_y-c_x} \tag{17-1}$$

式中，Q 为全面通风换气量，m^3/h；m 为室内有害物质散发量，mg/h；c_y 为室内空气中有害物质的最高允许浓度，mg/m^3；c_x 为送风空气中有害物质的浓度，mg/m^3。

当车间内散发多种有害物时，一般情况下应分别计算，然后取最大值作为车间的全面换气量。如果车间同时散发数种溶剂（苯及其同系物、醇、醋酸酯类）的蒸气，或数种刺激性气体（SO_3、SO_2、HCl、HF、NO_x、CO 等），因每种有害物对人体健康的危害在性质上是相同的，计算全面换气量时，应把它们看成是一种有害物，因此实际所需的全面换气量应是分别稀释每一种有害气体所需的全面换气量的总和。下面通过一个例题来说明。

【例 17-1】 某车间内同时散发两种有机溶剂蒸气，它们的散发量为：苯 216g/h，醋酸乙酯 180g/h。求必需的全面通风量。

解：一般有害物质在车间空气中最高容许浓度均可通过查表获得，查表得到两种溶剂蒸气的最高容许浓度为：苯 $c_{y1}=40mg/m^3$，醋酸乙酯 $c_{y2}=300mg/m^3$。送风空气中 $c_x=0$，代入式(17-1) 可得：

苯的通风量　$Q_1=\frac{216\times1000}{40}=5400\ (m^3/h)$

醋酸乙酯的通风量　$Q_2=\frac{180\times1000}{300}=600\ (m^3/h)$

全面通风量　$Q=Q_1+Q_2=5400+600=6000\ (m^3/h)$

如果散入室内的有害物的量无法具体计算，全面通风所需的换气量可按类似车间的换气次数进行计算。

换气次数是通风量 $Q(m^3/h)$ 与通风房间的体积 $V(m^3)$ 的比值，换气次数 $n=Q/V$(次/h)，通风量 $Q=nV(m^3/h)$。各种房间的换气次数见表 17-1，也可从有关设计手册中查得。

表 17-1　每小时各种场所换气次数

场所种类		次数	场所种类		次数
医院	诊疗室	6	工厂	一般作业室	6
	手术室	15		涂装室	20
	消毒室	12		变电室	20
学校	礼堂	6	放映室		15
	教室	4～6	卫生间		10
	实验室	10	有害气体尘埃发出地		20 以上

(2) 气流的组织 气流组织的是否合理也会直接影响通风的效果，如图 17-2 所示："×"表示有害物发生源，"○"表示工人操作的位置，箭头表示进风和排风的方向。方案 1 是将进风先送到工人的操作位置，再经过有害物源排至室外，这样工人的操作地点保持空气新鲜；方案 2 是将进风先经过有害物源，再送到工人的工作位置，这样工作区的空气比较污浊。

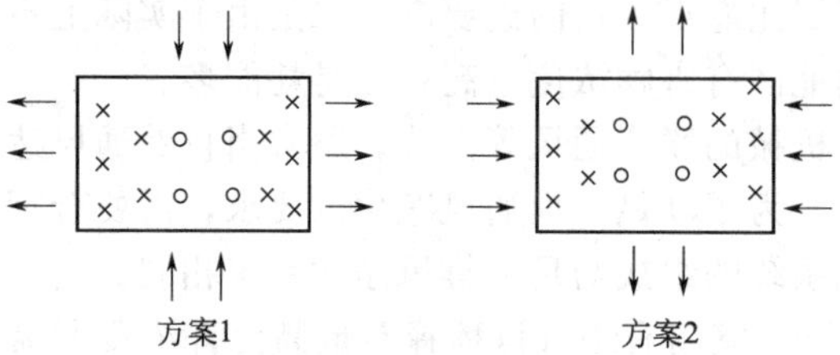

图 17-2 气流组织方案

因此送风口应设在有害物浓度较小的区域，排风口则应设在污染源的附近或有害物浓度最高的区域，尽可能把较多的有害物从室内排出。在整个车间内，还应尽量使进风气流均匀分布，减少死角，避免有害物在局部地区的不断积聚。对于散发有害气体或伴有余热的车间，一般采用下送上排的方案。此外有害气体在车间内的浓度分布是设计全面通风时必须注意的一个问题，在工程设计中，通常采用以下做法：①如果散发的有害气体温度较高，或者车间发热设备产生上升气流时，不论散发的有害气体密度大小，均应从上部排出；②如果没有热气流的影响，散发的有害气体密度较空气小时应从上部排出，较空气密度大时应从上下两个部位排出。

3. 事故通风

在生产过程中，有时由于设备偶然发生故障，会散发大量有害气体或有爆炸危险的气体，需要尽快把有害物排到室外，为此应设置事故排风装置。

一般事故排风装置所排出的空气可不设专门的进风系统来补偿，而且排出的气体可不进行净化或其他处理。

在进行车间或实验室通风净化设计时，应根据污染物产生的特点和污染物的性质，尽可能考虑采用局部排风净化系统。只有在局部排风不能满足要求，或工艺条件不允许设置局部排风装置时，才考虑采用全面通风净化的方法。有时可能需要综合考虑，同时运用几种通风净化方法才能取得较好的通风效果，例如炼钢电炉除尘净化一般既有电炉密闭罩，又有屋顶罩。因此必须因地制宜、合理地解决大气污染物的控制问题。

在全面通风净化系统中，还应考虑空气平衡、湿平衡和热平衡的问题。在单位时间内进风量等于排风量就可达到室内空气平衡。如进风量过大就会造成室内压力升高，一部分气体会通过门窗向邻室渗漏；相反排风量过大会造成负压。在设计时应予注意。有时可以有目的地利用空气不平衡状态，合理组织气流使邻室不受污染。此外要使室内空气湿度和温度保持不变，必须使室内得到的湿量和热量与失去的湿量和热量保持相等。实际通风问题往往是比较复杂的，为了确定复杂条件下合理的进风量，则需要进行空气平衡和湿平衡、热平衡的计算。

第二节 排气罩设计

排气罩又称集气罩、排风罩、吸气罩、吸风罩、吸尘罩、集气吸尘罩等，用于不同场合往往有不同的称谓。

一、排气罩气流流动的特性

研究排气罩罩口气流运动规律，对于合理设计和合理使用排气罩是十分重要的。罩口气流流动的方式只有两种：一种是吸风口的吸入流动；另一种是喷气口的射流流动。排气罩对气流的控制均以这两种流动原理为基础。

（一）吸风口气流运动的规律

凡吸气捕集有害气体的排气罩口均属吸风口，罩口的吸气效果同空气吸入流动的特性有关，主要是研究吸气空间的流速分布。

如图 17-3 所示，如果用一根直径较小的管子连接通风机的吸入口，风机启动后，周围空气从管口被吸入，管口附近便形成负压，该管口就相当于吸风口。离吸风口越近，压力越低，流速则随距离的增加而急剧减小，这种特殊的空气吸入流动称空气汇流。

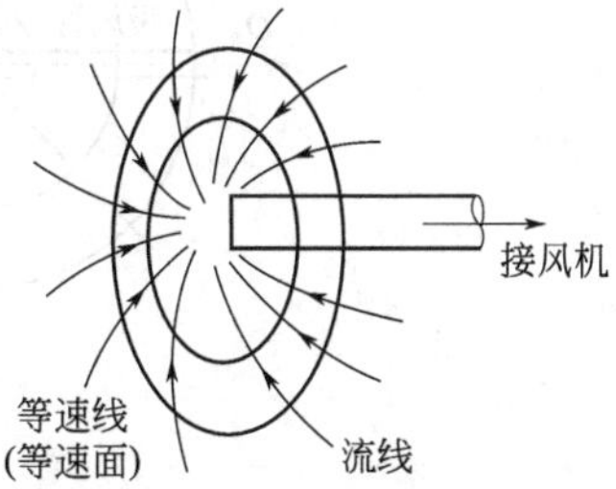

图 17-3　管口的自由吸入

当吸风口面积很小时，可以认为是“点汇流”。吸风口的中心点叫极点，周围空气从四面八方流向吸风口，空气流动不受任何界壁限制，就叫“自由点汇流”。假定流动没有阻力，则吸风口外气流流动的流线是以吸风口为中心的径向线，而在吸风口的周围气速相等的点所组成的面是以吸风口为球心的球面，这些球面为自由点汇流的等速面。如果吸风口的空气流动受到界壁限制，则叫“有限点汇流”，如设置在墙面、顶棚或地面的吸风口。如果吸气流动范围被限制在壁面外部半个空间内进行，其等速面为半个球面，这种点汇流叫“半无限点汇流”。

如果空间气流从四面八方集中向无限长的直线汇集（当吸风口的长度很长而宽度很小时），这种气体吸入流动方式叫“线汇流”。在线汇流的流动中，如空气流动没有受到任何界壁限制时，就叫“自由线汇流”；如流动受到限制就叫“受限线汇流”。当线汇流设在墙面或其他界面上时，空气的流动被界壁限制，只能在界壁外部进行，此时叫“半无限线汇流”。如果线汇流的长度并非很长，就叫“有限长度的线汇流”。

下面分析几种典型吸风口的流动特性。

1. 自由点汇流

自由点汇流吸入流动的作用区是以极点为中心的球体，如图 17-4(a) 所示。在作用区内，以极点为中心的所有不同半径的球面都是点汇的等速面。不同半径的球面面积不同，而通过每个等速面的空气量相等，并等于吸风口的流量，因此各等速面上的速度是不同的。假设点汇流吸风口的流量为 $Q(\mathrm{m^3/s})$，等速面的半径为 $x_1(\mathrm{m})$ 和 $x_2(\mathrm{m})$，相应的气流速度为 $v_1(\mathrm{m/s})$ 和 $v_2(\mathrm{m/s})$，那么

$$Q=4\pi {x_1}^2 v_1=4\pi {x_2}^2 v_2 \tag{17-2}$$

$$v_1/v_2=(x_2/x_1)^2 \tag{17-3}$$

由此看出，在作用区内，自由点汇流外某一点的流速与该点至吸风口距离的平方成反比，吸风口外的气流速度衰减很快，因此设计排气罩时，应尽量减小罩口到污染源的距离，以提高吸风效果。

2. 半无限点汇流

如图 17-4(b) 所示，半无限点汇流的吸气范围减少一半，其等速面为半球面，则吸风口的流量为：

$$Q=2\pi {x_1}^2 v_1=2\pi {x_2}^2 v_2 \tag{17-4}$$

比较式(17-2) 和式(17-4) 可以看出，在同样距离上造成同样的吸气速度，没有阻挡的吸风口的吸气量比有阻挡的吸风口的吸气量大一倍。或者说在吸气量相同的情况下，在相同

的距离上，有阻挡的吸风口的吸入速度比无阻挡的吸风口的吸入速度大一倍。因此设计排气罩时，应尽量减小吸气范围，以增强吸气效果。

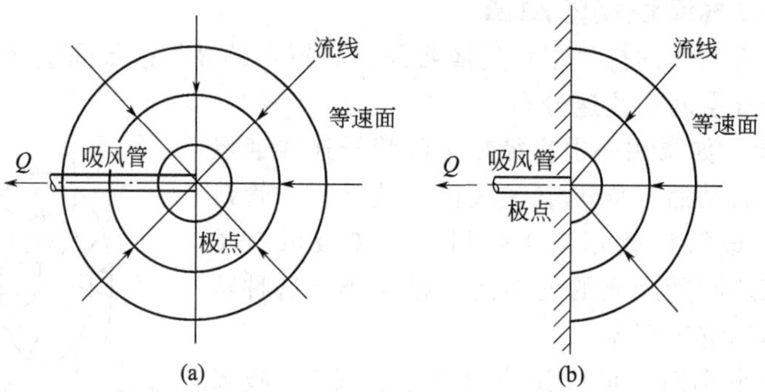

图 17-4 点汇流模型图

3. 不同立体角的点汇流

由自由点和半无限点汇流的计算可知，要提高点汇的流速，可以用减少任意空间点至极点的距离 x 或减少极点吸气流动的球面立体角的方法来达到。其通用公式为：

$$v_x=\frac{Q}{\beta x^2} \tag{17-5}$$

式中，β 为立体角，从极点看到的吸气流动场所占据的整个空间，都包括在该立体角内。立体角 β 可表示为球面开敞部分的面积与其半径 x 的平方之比，即 $\beta=F/x^2$，见表 17-2。

表 17-2 各种条件下的立体角 β

序号	汇流界面的限制条件	立体角 β	序号	汇流界面的限制条件	立体角 β
1	无限制(相当于自由点汇)	4π	4	直角三面角边界	$\pi/2$
2	平面墙壁、顶板、地板（相当于半无限点汇）	2π	5	两面角为 ϕ(弧度)的两个平面	2ϕ
3	直角二面角边界	π	6	顶角为 ϕ 的圆锥侧面	$2\pi[-1-\cos(\phi/2)]$

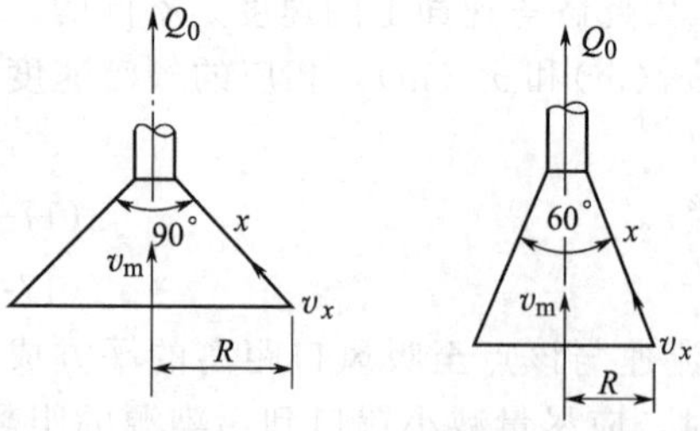

图 17-5 伞形罩

对于圆锥伞形吸风口，空气的流动速度分布是不均匀的。中心处流速较大，靠近边界处流速较小。同时伞形顶角越大，不均匀性就越大。

【例 17-2】 在圆形炉子上面设计一个伞形圆锥体吸风口。伞顶角为 $\phi=90°$ 及 $\phi=60°$ 两种方案。采用的吸风口半径 $R=0.5$m，见图 17-5。在伞形罩孔口处保证空气流速不小于 1m/s。求（1）所需空气量；（2）罩口中心的速度 v_m。

解： （1）当 $\phi=90°$ 时，查表

$$\beta=2\pi\left(1-\cos\frac{\phi}{2}\right)=2\pi\left(1-\cos\frac{90°}{2}\right)=1.84$$

设由罩口边界到极点的距离为 x，

则
$$x=\frac{R}{\sin\dfrac{\phi}{2}}=\frac{0.5}{\sin\dfrac{90°}{2}}=0.707\ (\text{m})$$

所以

$$Q_0=\beta x^2 v_x=1.84\times 0.707^2\times 1=0.92\ (\mathrm{m^3/s})$$

设 x_m 为伞形罩罩口中心到极点的距离，则

$$x_m=\frac{R}{\tan\frac{\phi}{2}}=\frac{0.5}{\tan\frac{90^\circ}{2}}=0.5\ (\mathrm{m})$$

伞形罩口中心速度

$$v_m=\frac{Q_0}{\beta x^2{}_m}=\frac{0.92}{1.84\times 0.5^2}=2\ (\mathrm{m/s})$$

（2）当 $\phi=60°$时，

$$\beta=2\pi\left(1-\cos\frac{60^\circ}{2}\right)=0.84$$

查表　$x=\frac{0.5}{\sin\frac{60^\circ}{2}}=1\ (\mathrm{m})$

$$Q_0=\beta x^2 v_x=0.84\times 1^2\times 1=0.84\ (\mathrm{m^3/s})$$

$$x_m=\frac{R}{\tan\frac{\phi}{2}}=\frac{0.5}{\tan\frac{60}{2}}=0.87\ (\mathrm{m})$$

$$v_m=\frac{0.84}{0.84\times 0.87^2}=1.32\ (\mathrm{m/s})$$

由计算结果看出，当顶角 $\phi=90°$时，罩口中心速度为边界处速度的 2 倍；而当 $\phi=60°$时，罩口中心速度为边界处速度的 1.33 倍。因此通常伞形罩的顶角宜等于或大于 90°，最大不超过 120°。

实际使用的排气罩罩口都是有一定面积的，不能都看成一个点，而且空气流动也是有阻力的，因此不能把点汇流吸风口的流动规律直接用于排气罩的计算。为了解决生产实践中提出的问题，很多人曾对各种吸风口的气流运动规律进行大量的实验研究。实践证明，吸风口周围空气流动的等速面不是球面而是椭球面。当离开吸风口的距离 x 与吸风口直径 d_0 的比 $x/d_0>0.5$ 时，可以按式(17-2) 计算吸风口作用区内各点的流速；当 $x/d_0<0.5$ 时，推荐下面的经验公式。

圆形吸风口轴线上的流速

$$\frac{v_x}{v_0}=\frac{1}{1+7.7\left(\frac{x}{\sqrt{F_0}}\right)^{1.4}} \tag{17-6}$$

矩形吸风口轴线上的流速

$$\frac{v_x}{v_0}=\frac{1}{1+7.7\left(\frac{a_0}{b_0}\right)^{0.34}\left(\frac{x}{\sqrt{F_0}}\right)^{1.4}} \tag{17-7}$$

式中，x 为离开吸风口的距离，m；F_0 为吸风口的横断面积（圆形 $F_0=\frac{1}{4}\pi d_0{}^2$，矩形 $F_0=a_0b_0$），$\mathrm{m^2}$；d_0 为圆形吸风口的直径，m；a_0 为矩形吸风口的长边，m；b_0 为矩形吸风口的短边，m。

为了使用方便，不少研究工作者把吸风口的吸入流动实验的数据制成吸流流谱。这些流谱表示了吸气区内流速和等速面的分布情况，设计者可直观地从吸流流谱上查到各点的流速，而不需要按公式进行计算。图 17-6 和图 17-7 都是以实验为基础绘制的几种吸风口的吸流流谱。

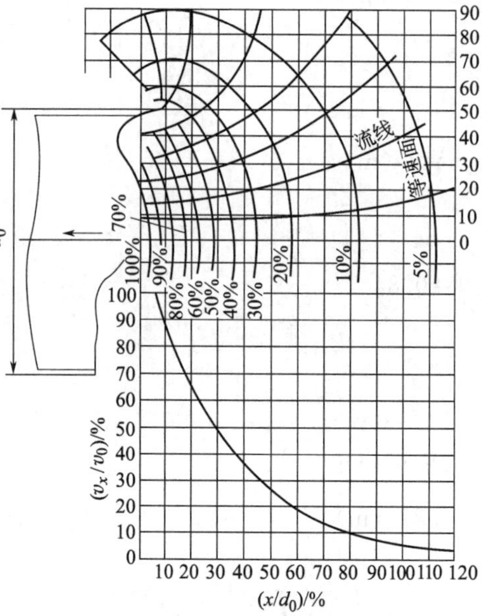

图 17-6 四周无障碍的圆形或矩形（宽长比大于或等于 0.2）吸风口的吸流流谱

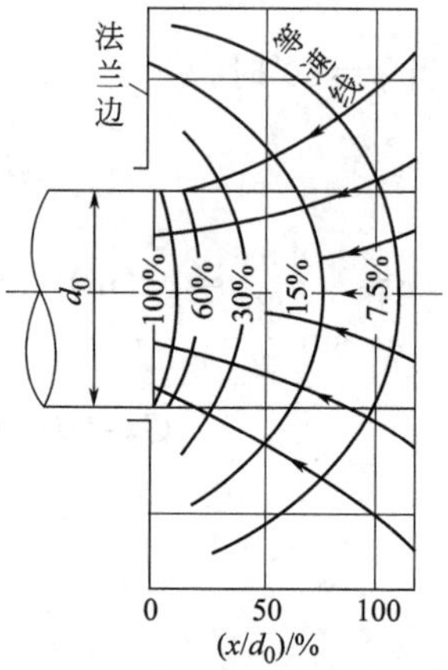

图 17-7 四周有边的圆形或矩形（宽长比大于或等于 0.2）吸风口的吸流流谱

图中等速面的速度值是以吸风口流速 v_0 的百分数表示的，离吸风口的距离是以吸风口的直径的倍数表示的。

【例 17-3】 无边圆形吸气口直径 $d_0=150\text{mm}$，吸风口平均流速 $v_0=2\text{m/s}$。灰尘、颗粒受到 0.5m/s 的吸入速度的作用才会吸入吸风口，达到除尘的目的。试问吸风口距离灰尘颗粒$x=150\text{mm}$ 时，灰尘颗粒能否被吸入？

解： 利用吸流流谱图 17-6，查得相对距离 $x=d_0$ 时，轴心流速 $v_x=7\%v_0$

$$v_x=0.07\times2=0.14\ (\text{m/s})$$

这时灰尘颗粒不能被吸入。只有距离吸风口 75mm 以内的灰尘颗粒才能被吸入，在实际操作中，吸风口应尽量靠近尘源。

（二）射流运动的规律[6,7]

在通风工程中广泛应用了射流。例如一些高温设备或炉子散热时，形成上升的对流气流就是热射流。电风扇吹风、空气幕、喷气口送风等都属于机械射流。带有空气幕的通风柜和吹吸式排气罩则同时应用了吸气和射流两种流动原理。吸风口空气流动的情况与射流运动时气流扩散的情况是完全不同的。因此有必要研究射流运动的规律。

1. 射流的分类

空气从孔口或管口喷出，在空间形成一股气流称空气射流，可以将射流大致分类如下。

(1) 自由射流、受限射流和半受限射流　根据空间界壁对射流扩展影响的不同，可分为自由射流、受限射流和半受限射流。自由射流是指不受界壁限制的射流。当房间的横断面积比射流出口横断面积大得多，射流不受墙壁地板和顶棚的限制时称自由射流，也叫无限空间射流。反之，当射流的扩展受到界壁的限制时称受限射流，也称有限射流。如在比较狭窄的房间内传播的射流，可认为是受限射流。若受限射流仅一面受限，在另一面可自由扩展，则称半受限空间射流，即贴附射流。

(2) 等温射流和非等温射流　根据射流温度与周围空气温度之间有无差异可分为等温射流和非等温射流。等温射流是指射流出口温度和周围空气温度相同的射流；非等温射流是沿射程被不断冷却或加热的射流。

(3) 圆形、矩形、扁射流　按喷射口的形状不同，可分为圆形射流、矩形射流和扁射流（也称条缝射流）。矩形喷射口长边与短边之比大于 10∶1 时就称扁射流。

(4) 机械射流和对流射流　在热源上方的空气被加热，空气受热膨胀，密度变小而上升。这种上升的气流称对流射流。实际上对流射流是热物体散热的一种方式。

靠机械作用产生的射流称为机械射流。

(5) 集中射流和分散射流　根据射流的流速方向可分为集中射流和分散射流。集中射流的流速向量是平行的，如圆形射流、矩形射流都属于集中射流，其特点是沿射流的轴线方向速度衰减较慢，可达到较远的射程；而分散射流是空气流出后向各个方向分散，速度衰减很快。如扇形射流和圆锥形射流均属于分散射流。

2. 射流运动的特性

为了便于对空气射流特性的研究，必须做简化假定。由于射流流速比较高，可以假定空气在管道内流动一般都属于紊流。紊流运动出口断面上各点的速度是近乎均匀一致的。为此可以假定射流在喷口断面上的速度分布也是一致的。此外，假定射流各断面的动量是相等的，即空气射流的动力学特性完全遵循动量守恒定律。

在假定条件下研究空气射流有以下特性。

(1) 卷吸作用　射流中的空气质点由于紊流的横向脉动，会碰撞靠近射流边界原来静止的空气质点，并带动它们一起向前运动。射流这种“带动”静止空气的作用就是卷吸作用。

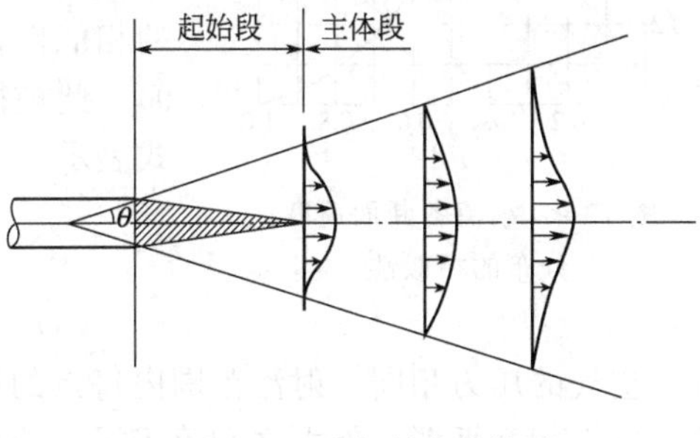

图 17-8　空气射流结构图

(2) 射流范围不断扩大　由于卷吸作用，周围空气不断地被卷进射流范围内，因此射流范围不断扩大。以圆形射流为例，图 17-8 是空气射流形成的示意图，理论和实践都证明，射流的边界角是圆锥面。圆锥的顶点称极点，圆锥的半顶角称射流的极角。射流的极角为：

$$\tan\theta = \alpha\phi \tag{17-8}$$

式中，θ 为射流极角，为整个扩张角的一半，对圆形管口 $\theta=14°30'$；α 为紊流系数，由实验数据确定，其大小取决于喷嘴的结构及空气的扰动情况，通常 θ 角越大，α 值就越大；ϕ 为射流管口的形状系数，由实验确定。

设计时 α 值可从表 17-3 中查到。例如对圆射流 $\alpha=0.08$；$\phi=3.4$。对扁射流 $\alpha=0.11\sim0.12$；$\phi=2.24$。

(3) 射流流量不断增加，射流范围不断扩大　由于卷吸作用，周围空气不断地被卷进射流范围内，因此自由射流的流量沿射程不断增加。

(4) 射流核心不断缩小　射流与周围静止空气的相互混掺是由外向里发展的，在开始一段范围内，射流中心部分还没有来得及被影响到，将仍然保持射流的初速度。这个保持初速度的中心区称为射流核心。从图 17-8 看出，射流核心区是一个不断缩小的圆锥形，圆锥的顶点为临界断面的中心点。存在射流核心的那一段称起始段，起始段的长度经实验证明是比较短的，只有管口半径的 4～10 倍，在工程上实际意义不大。射流核心消失以后，从临界断面开始，射流轴心速度则随射程的增加而减小，最后衰减为零。起始段后面称主体段，以下着重研究射流主体段的特性。

表 17-3 喷嘴紊流系数

射流喷口形状	紊流系数 α	射流喷口形状	紊流系数 α
带有缩口的光滑卷边喷口	0.066	巴吐林喷管(有导风板)	0.12
圆柱形喷管	0.08	轴流风机(有导风板)	0.16
带有导风管或栅栏的喷管	0.09	轴流风机(两侧有板)	0.20
方形喷管	0.10	条缝喷口	0.11～0.12

(5) 射流各断面速度分布的相似性 射流中任一点的速度是一个随机变量，特别是射流主体段，各断面的速度值虽然不同，但速度分布规律是相似的，较好服从对数正态分布，轴心速度大于边界层的速度。经过前人大量实验并对实验数据进行整理，以 v 表示任一断面内离开中心距离为 y 点的速度，v_m 表示该断面中心点的最大速度，R 表示该断面的半径，以 v/v_m 作纵坐标，以 y/R 作横坐标，可以发现各个断面的速度分布曲线都重合在一起，成为一条统一的无量纲速度分布曲线，这一特性称为射流断面速度分布的相似性，说明射流的相对速度不随射程变化（见图 17-9）。此规律适用于起始段和主体段的各个截面，用数学公式表示为：

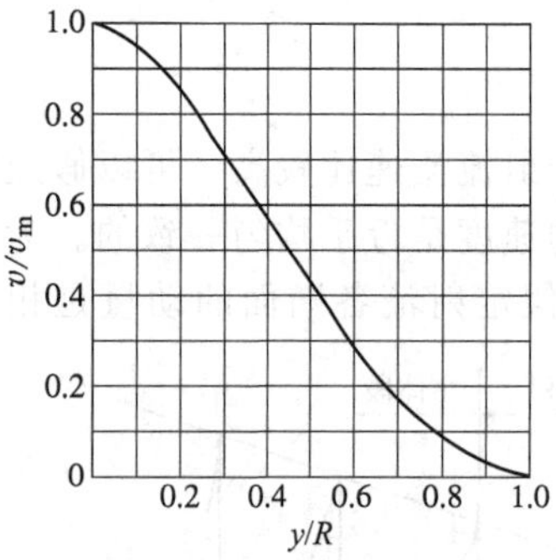

图 17-9 射流各断面速度分布的相似性

$$\frac{v}{v_m}=\left[1-\left(\frac{y}{R}\right)^{1.5}\right]^2 \tag{17-9}$$

(6) 射流的静压分布 实验证明，射流中的压力与周围静止空气的压力相同，射流范围内每点的压力与射流是否存在无关。原因是射流中各个方向的静压力相互抵消，外力之和等于零，使射流处于平衡状态，所以射流中各点的静压力是一致的，并且都等于周围静止空气的压力。

(7) 射流的附壁现象 在射流的两侧装置两块挡板，如果这两块挡板离开喷口的距离不等（$S_1>S_2$）时，会出现什么现象呢［见图 17-10(a)］？

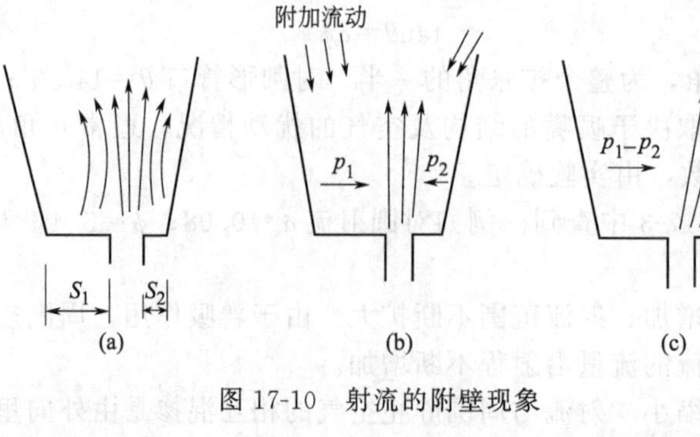

图 17-10 射流的附壁现象

由于卷吸作用，射流周围的空气随着一起向前运动，射流两侧空气的数量必然有所减少，从而造成射流两侧压力降低，其他地方的空气必然要补充进来，形成附加气流［见图17-10(b)］。射流两侧在同一时间内卷吸的空气量应该相同，这样附加气流补充的空气量也应该相等。但是喷口离开两侧挡板的距离不等，因此距离大的一侧附加流动的流速较小，距离小的一侧附加流动的流速较大。根据能量守恒原理，流速大的地方压力小，流速小的地方压力大。因此挡板距离大的一侧压力大于距离小的一侧压力，结果射流在压力差（p_1-p_2）的作用下，被压向右侧［见图17-10(c)］。这种现象称为射流的附壁现象。

3. 吸入流动和射流的不同点

（1）射流由于卷吸作用，沿射程前进方向流量不断增加，射流作用区呈锥形；吸入流动作用区内的等速面为椭球面，通过各等速面的流量相等，并等于进入吸入口的流量。

（2）射流轴线上的速度基本上与射程成反比，而吸入流动区内空气速度与离开吸风口的距离平方成反比，所以吸风口的能量衰减很快。如图17-11所示。

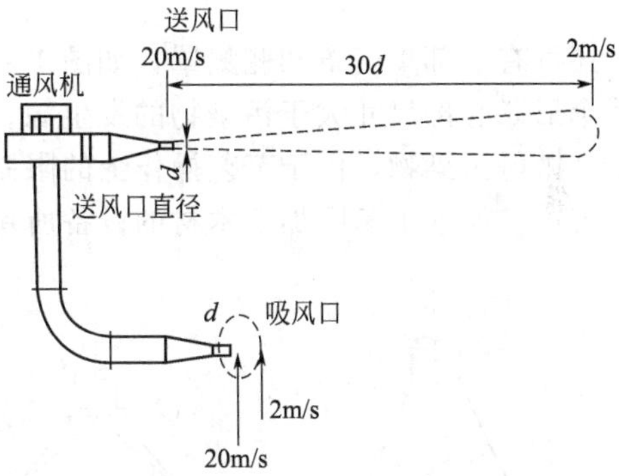

图 17-11　送风口和吸风口气流速度衰减情况

二、排气罩的基本型式

局部排风一般是通过排气罩来实现的。排气罩是一种很有效的捕集有害气体的装置，可直接安装在污染源的上部、侧方或下方。排气罩分类的形式很多，据不完全统计，目前国内外已有十多种形状不同的排气罩，这些排气罩正广泛用于各生产部门和科研单位。按气流流动的方式分类，排气罩可分为吸气捕集装置和吹吸式捕集装置两大类；如果按捕集原理来分，可分为四种型式：密闭型、包围型、捕集型和诱导型。

1. 密闭型

这种排气罩是完全密闭的，罩子把污染源局部或整体密闭起来，使污染物的扩散被限制在一个很小的密闭空间内，同时从罩内排出一定量的空气，使罩内保持一定的负压，罩外的空气经罩上的缝隙流入罩内，以防止污染物外逸。密闭罩的特点是所需排气量最小，控制效果最好，而且不受横向气流的干扰，如手套箱等，适于处理毒性较大的气态污染物，如放射性物质等。密闭罩的换气次数可达20次/h以上，所排出的污染物必须经过高效过滤或净化处理才能排入大气。

2. 包围型

包围型排气罩属于半密闭型。它不受周围气流的影响，对人体健康有一定的保护作用。把产生有害气体的工艺操作放在罩内进行，人在罩外操作。如化学实验室的通风柜就是此类排气罩的典型代表。一般电子厂、仪器厂、制药厂、食品厂使用此类排气罩较多，应用广泛。如按气流方向来分，又可分为水平式通风柜和垂直式通风柜。如按吸风口的位置来分，排气柜又可分为上吸式、下吸式、开口倾斜式以及上下联合抽气式等。如图17-12所示。

当柜内产生的气态污染物的温度较高或密度较小时适用于上吸式，密度比空气大且是冷源时适用于下吸式。开口倾斜式是下吸式的一种改进形式。上下联合抽气式可调节上下抽气量的比例，适合柜内发生各种不同密度的有害气体或有热源存在时采用。

有的通风柜结构更复杂一些，可在开口操作位置设喷射气流空气幕以提高吸气效果。由于各种通风柜都要进行抽气，所以柜内一般都是负压。

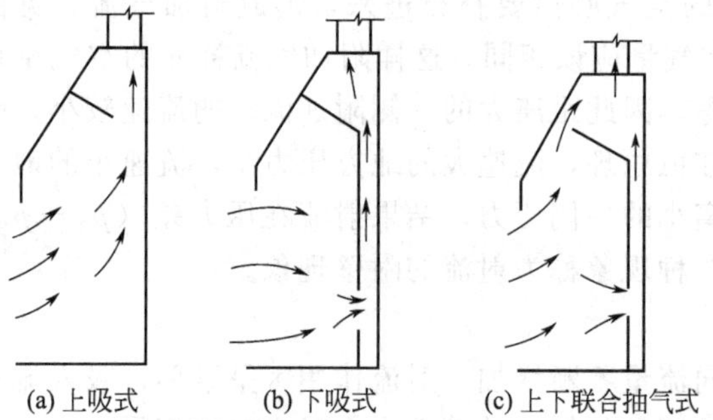

图 17-12 通风柜

3. 捕集型

当由于工艺条件限制，污染源设备较大，无法进行密闭时，只能在污染源附近设置排气罩，因此也叫外部集气罩。其原理是利用气态污染物本身运动的方向，如热气上升、粉尘飞散等，在污染物移动的方向等待并加以捕集。如伞形罩就是典型的代表。对散发热的设备采用伞形罩最为有利，多位于污染源上方，所以又叫上部集气罩。按其安装位置不同，还可有下部集气罩和侧集罩，如图 17-13 所示。为了能尽量捕集所散发的有害气体，必须使伞形罩底部尺寸大于污染物的发生源。实际工程中上部集气罩的应用很广泛。当污染源向下部抛射污染物，由于工艺操作上的限制在上部或侧面都不允许设置集气罩时，才采用下部集气罩，如木工车间加工木材的设备所用排气装置。

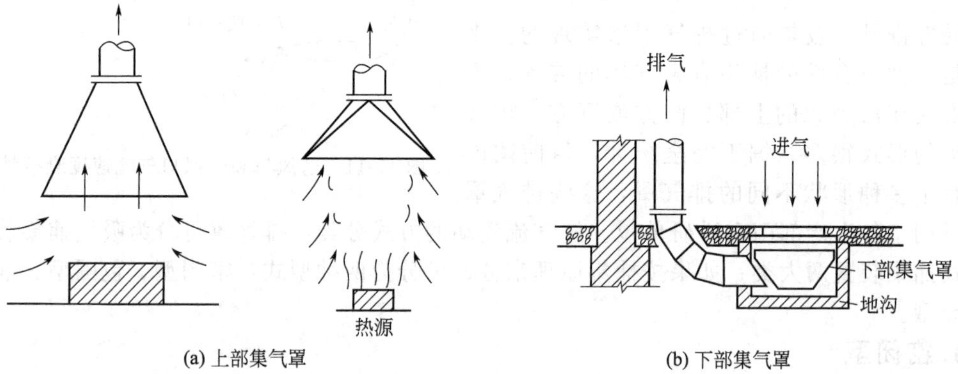

图 17-13 捕集型排气罩

4. 诱导型

这种排气罩对于气态污染物的捕捉方向与污染物本身运动方向不一致，例如对各种工业槽设置的槽边排气罩，气态污染物由槽内向上运动，排气罩对污染物进行侧方诱导，让污染物沿侧向排出。这样既不影响工艺操作，有害物排出时又不经过人的呼吸区。但这时往往需要较大的排风量。槽边排气罩一般分为单侧和双侧，当槽子宽度大于 700mm 时一般采用双侧排风，见图 17-14。

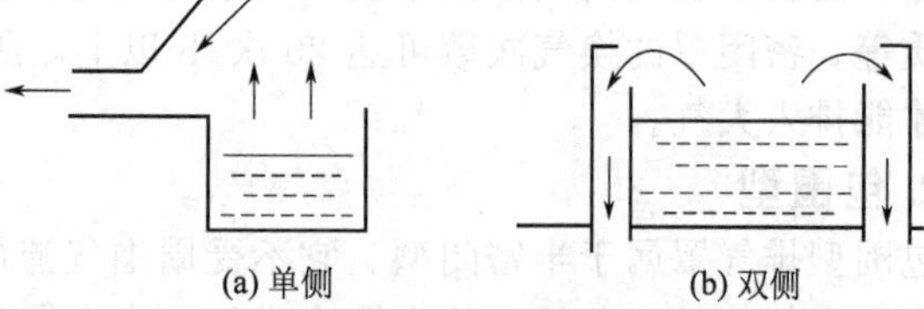

图 17-14 诱导型排气罩

三、排气罩的设计计算

排气罩是排风系统的一个重要部件，它的性能对排风系统的技术经济效果有很大影响。如果设计合理，用较小的排风量就能获得良好的效果。反之，用了很大的排风量也达不到预期的目的。设计排气罩需满足下列要求：

（1）了解工艺设备的结构和使用操作特点，在不妨碍生产操作以及对生产过程的观察、不妨碍设备检修的情况下，确定排气罩的型式和位置；

(2) 研究并了解有害物的特点与散发情况，以最少的风量尽可能充分完善地收集所散发的有害物，而且需要的捕集装置少、阻力小；

(3) 在任何情况下，被排出的气体都不应通过人的呼吸区；

(4) 所使用的材料要求来源广、价格低廉、易于加工制作，如排除有腐蚀性的气体，设备材料应防腐。

要同时满足这些要求往往是困难的。所以设计时必须根据生产设备的结构和操作的特点，进行具体分析，抓住主要矛盾给予解决。

设计步骤一般是先详细了解使用者的要求，然后深入实际进行调查。在调查的基础上确定排气罩的结构尺寸和安装位置，确定排气罩，最后计算压力损失。排气量和压力损失是排气罩的重要性能指标，其确定方法在下面简单介绍。排气罩设计的总原则是经济、合理、方便、美观。

1. 排气罩的结构尺寸

排气罩的结构尺寸（图 17-15）一般是按经验确定的。排气罩的吸风口大多为喇叭形，罩口面积 F 与风管横断面积 f 的关系为：

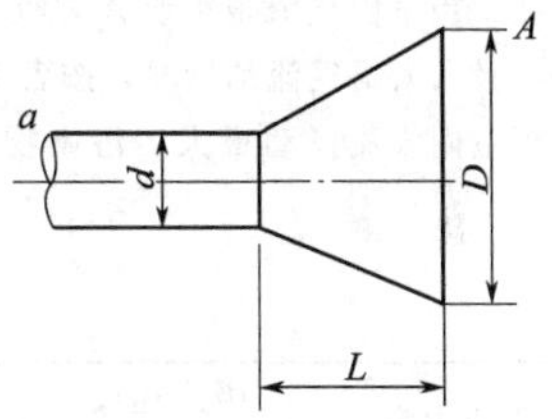

图 17-15　排气罩结构尺寸示意

$$F \leqslant 16f$$

或

$$D \leqslant 4d$$

喇叭口的长度 L 与风管直径 d 的关系为：

$$L \leqslant 3d$$

如使用矩形风管，矩形风管的边长 B（长边）为：

$$B = 1.13\sqrt{F}$$

各种排气罩的结构尺寸可从有关设计手册中查到，供设计时参考。在无参考尺寸时，可参照下列条件确定。首先排气罩的罩口尺寸不应小于罩子所在位置的污染物扩散的断面面积。如果设排气罩联结风管的特征尺寸为 d（圆形为直径，矩形为短边），污染源的特征尺寸为 E（圆形为直径，矩形为短边），排气罩距污染源的垂直距离为 H，排气罩口的特征尺寸为 D（圆形为直径，矩形为短边），则应满足 $d/E>0.2$，$1.0<D/E<2.0$，$H/E<0.7$（如影响操作可适当增大）。

2. 排气罩排气量的计算

冷过程排气量的确定涉及控制速度，从污染源散发出来的污染物具有一定的扩散速度，当扩散速度减小到零时的位置称控制点。只有控制点的污染物才容易被吸走。排气罩在控制点所造成的能吸走污染物的最小气速称为控制速度。其值的大小与工艺过程和室内气流运动情况有关，一般通过实测求得。如缺乏现场实测数据，可参考有关设计手册的经验数值。现将某些污染源的控制吸入速度列于表 17-4～表 17-7。

通常使用的通风柜属于半密闭型，其排气量 Q(m^3/h)可通过下式进行计算。

$$Q = 3600Fv\beta \tag{17-10}$$

式中，F 为操作口实际开启面积，m^2；v 为操作口处空气吸入速度，m/s，可按表 17-4 选用；β 为安全系数，一般取 1.05～1.1。

敞开式排气罩的喇叭口一般多装有 7.5～15cm 宽的边框，边框可节省排风量 20%～25%，压力损失可减少 50%左右。对不同形状的排气罩，其排气量的计算方法不同，设计时也可查阅有关手册，现将一部分计算公式列于表 17-8。

表 17-4 按有害物散发条件选择的吸入速度

有害物散发条件	举例	最小吸入速度/(m/s)
以轻微的速度散发到几乎是静止的空气中	蒸气的蒸发，气体或烟从敞口容器中外逸，槽子的液面蒸发，如脱油槽浸槽等	0.25～0.5
以较低的速度散发到较平静的空气中	喷漆室内喷漆，间断粉料装袋，焊接台，低速皮带机运输，电镀槽，酸洗	0.5～1.0
以相当大的速度散发到空气运动迅速的区域	高压喷漆，快速装袋或装桶，往皮带机上装料，破碎机破碎，冷落砂机	1.0～2.5
以高速散发到空气运动很迅速的区域	磨床，重破碎机，在岩石表面工作，砂轮机，喷砂，热落砂机	2.5～10

注：当室内气流很小或者对吸入有利，污染物毒性很低或者仅是一般的粉尘，间断性生产或产量低的情况，大型罩——吸入大量气流的情况，按表 17-4 取下限；

当室内气流搅动很大，污染物的毒性高，连续性生产或产量高，小型罩——仅局部控制等情况下，按表 17-4 取上限。

表 17-5 对于某些特定作业的吸入速度

作业内容	吸入速度/(m/s)	说明	作业内容	吸入速度/(m/s)	说明
研磨喷砂作业			铸造拆模	3.5	高温铸造，下方排风
在箱内	2.5	具有完整排风罩	有色金属冶炼		
在室内	0.3～0.5	从该室下面排风	铝	0.5～1.0	排风罩的开口面
装袋作业			黄铜	1.0～1.4	排风罩的开口面
纸袋	0.5	装袋室及排风罩	研磨机		
布袋	1.0	装袋室及排风罩	手提式	1.0～2.0	从工作台下方排风
粉砂业	2.0	污染源处外设排风罩	吊式	0.5～0.8	研磨箱开口面
囤斗与囤仓	0.8～1.0	排风罩的开口面	金属精炼		
皮带输送机	0.8～1.0	转运点处排风罩的开口面	有毒金属(铅、镉)	1.0	精炼室开口面
铸造型芯抛光	0.5	污染源处	无毒金属(铁、铝)	0.7	精炼室开口面
手工锻造场	1.0	排风罩的开口面	无毒金属(铁、铝)	1.0	外装精炼室开口面
铸造用筛			混合机(砂等)	0.5～1.0	混合机开口面
圆筒筛	2.0	排风罩的开口面	电弧焊	0.5～1.0	污染源(吊式排风罩)
平筛	1.0	排风罩的开口面		0.5	电焊室开口面
铸造拆模	1.4	低温铸造，下方排风			

表 17-6 按周围气流情况及有害气体的危害性选择吸入速度

周围气流情况	吸入速度/(m/s)	
	危害性小时	危害性大时
无气流或者容易安装挡板的地方	0.20～0.25	0.25～0.30
中等程度气流的地方	0.25～0.30	0.30～0.35
较强气流的地方或者不安挡板的地方	0.35～0.40	0.38～0.50
强气流的地方	0.5	
非常强气流的地方	1.0	

表 17-7 按有害物危害性及排气罩形式选择吸入速度 单位：m/s

危害性	圆形罩		侧面方形罩	伞形罩	
	一面开口	两面开口		三面敞开	四面敞开
大	0.38	0.50	0.5	0.63	0.88
中	0.38	0.45	0.38	0.50	0.78
小	0.30	0.38	0.25	0.38	0.63

表 17-8 各种排气罩的排气量计算公式

名称	型式	罩形	罩子尺寸比例	排气量计算公式 $Q/(m^3/s)$	备注
矩形及圆形平口排气罩	无边	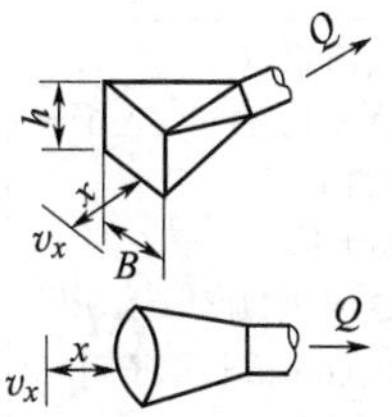	$h/B \geqslant 0.2$ 或圆口	$Q=(10x^2+F)v_x$	罩口面积 $F=Bh$ 或 $F=\pi d^2/4$，d 为罩口直径，m
	有边	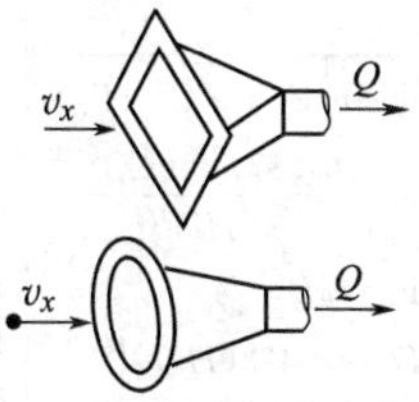	$h/B \geqslant 0.2$ 或圆口	$Q=0.75(10x^2+F)v_x$	罩口面积 $F=Bh$ 或 $F=\pi d^2/4$，d 为罩口直径，m
	台上或落地式	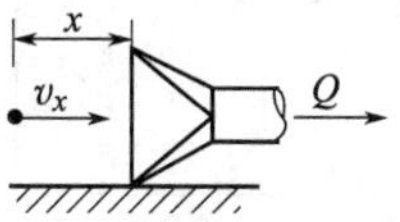	$h/B \geqslant 0.2$ 或圆口	$Q=0.75(10x^2+F)v_x$	罩口面积 $F=Bh$ 或 $F=\pi d^2/4$，d 为罩口直径，m
	台上	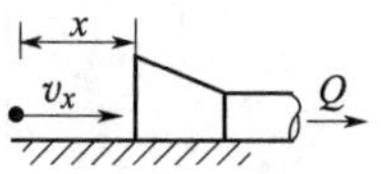	$h/B \geqslant 0.2$ 或圆口	有边 $Q=0.75(5x^2+F)v_x$ 无边 $Q=(5x^2+F)v_x$	罩口面积 $F=Bh$ 或 $F=\pi d^2/4$，d 为罩口直径，m
条缝侧集罩	无边	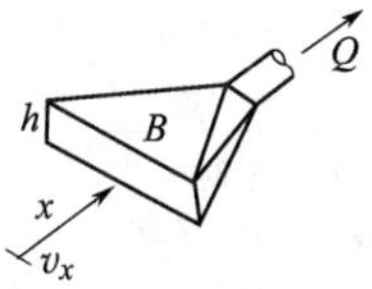	$h/B \leqslant 0.2$	$Q=3.7Bxv_x$	$v_x=10m/s$；$\zeta=1.78$；B 为罩宽，m；h 为条缝高度，m；x 为罩口至控制点距离，m
	有边	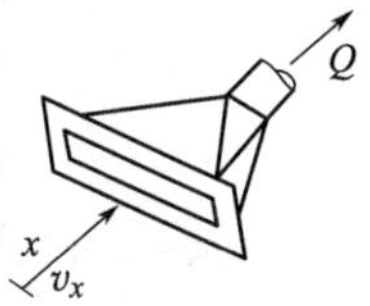	$h/B \leqslant 0.2$	$Q=2.8Bxv_x$	$v_x=10m/s$；$\zeta=1.78$；B 为罩宽，m；h 为条缝高度，m；x 为罩口至控制点距离，m
	台上		$h/B \leqslant 0.2$	无边 $Q=2.8Bxv_x$ 有边 $Q=2Bxv_x$	$v_x=10m/s$；$\zeta=1.78$；B 为罩宽，m；h 为条缝高度，m；x 为罩口至控制点距离，m

续表

名称	型式	罩形	罩子尺寸比例	排气量计算公式 $Q/(m^3/s)$	备注
上部伞形罩	冷态	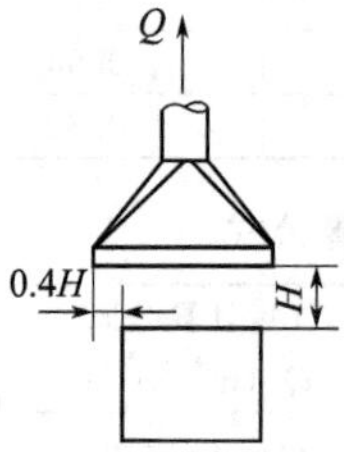	按操作要求	(1)侧面无围挡时 $Q=1.4pHv_x$ (2)两侧有围挡时 $Q=(W+B)Hv_x$ (3)三侧有围挡时 $Q=WHv_x$ 或 $Q=BHv_x$	p 为罩口周长,m;W 为罩口长度,m;B 为罩口宽度,m;H 为污染源至罩口距离,m; $v_x=0.25\sim2.5$m/s; $\zeta=0.25$
	热态	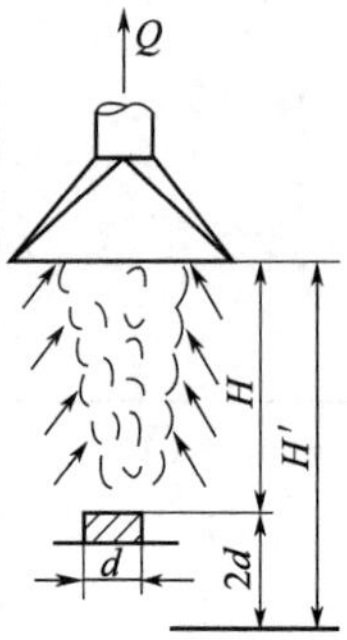	低悬罩 ($H<1.5\sqrt{f}$) 圆形 $D=d+0.5H$ 矩形 $A=a+0.5H$ $B=b+0.5H$	圆形罩 $Q=167D^{2.33}(\Delta t)^{5/12}$ (m^3/h) 矩形罩 $Q=221B^{3/4}(\Delta t)^{5/12}$ [m^3/(h·m长罩子)]	D 为罩子实际罩口直径,m;Δt 为热源与周围温度差,℃;f 为热源水平投影面积,m^2;B 为罩子实际罩口宽度,m;A 为实际罩口长度,m;a,b 分别为热源长度、宽度
			高悬罩 ($H>1.5\sqrt{f}$) 圆形 $D=D_0+0.8H$	$Q=v_0F_0+v'(F-F_0)$ $v_0=\dfrac{0.087f^{1/3}(\Delta t)^{5/12}}{(H')^{1/4}}$ $F_0=\pi D_0^2/4$ $D_0=0.433(H')^{0.88}$ $H'=H+2d$ $F=\pi D^2/4$	F 为实际罩口面积,m^2;F_0 为罩口处热气流断面积,m^2;v'为通过罩口过剩面积的气流速度,0.5~0.75m/s;d 为热源直径,m;f 为热源的水平面积,m^2;Δt 为热源与周围空气的温差,℃;D_0 为罩口处热气流的直径,m
槽边侧集罩		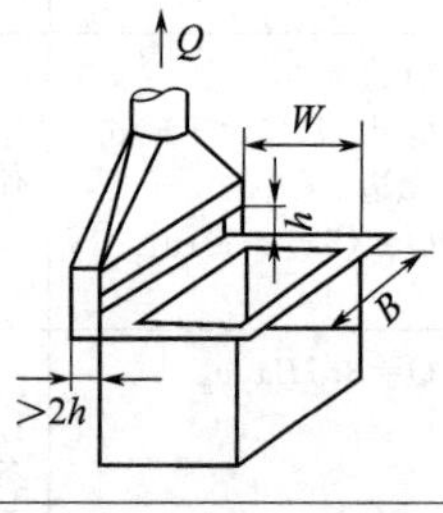	$h/B\leqslant0.2$	$Q=BWC$ 或 $Q=v_0n$	h 按罩口速度 $v_x=10$m/s 确定;C 为风量系数,在 0.25~2.5m^3/(m^2·s)范围内变化,一般取 0.75~1.25
半密闭罩	通风柜	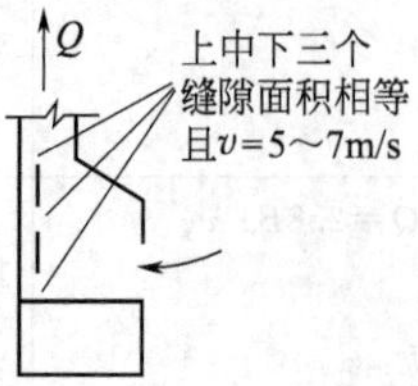		用于热态时 $Q=4.86\sqrt[3]{hqF}$ 用于冷态时 $Q=Fv$	h 为操作口高度,m;q 为柜内发热量,kW/s;F 为操作口面积,m^2;v 为操作口平均速度,0.5~1.5m/s
密闭罩	整体密闭罩	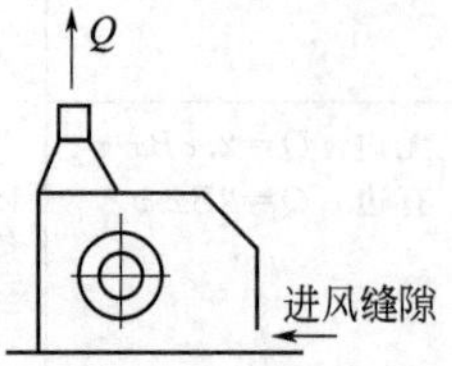		$Q=Fv$ 或 $Q=v_0n$	F 为缝隙面积,m^2;v 为缝隙风速,近似 5m/s;v_0 为罩内容积,m^3;n 为换气次数,次/h

续表

名称	型式	罩形	罩子尺寸比例	排气量计算公式 $Q/(m^3/s)$	备注	
					射流长度 D/m	进入系数 E
吹吸罩		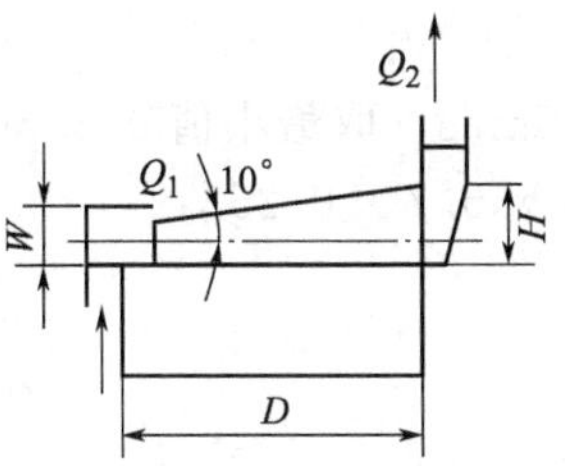		H(集气罩高度) $=D\tan10$ $=0.18D$ $Q_1=\frac{1}{DE}Q_2$ D 为射流长度，m； E 为进入系数； $Q_2=1830\sim2750m^3/(h\cdot m^2$ 槽面)； W 按喷口速度 5～10m/s 确定	<2.5 2.5～5.0 5.0～7.5 >7.5	2.0 1.4 1.0 0.7

3. 排气罩压力损失的计算

排气罩的压力损失 Δp 一般用压力损失系数 ζ 与直管中的动压 p_v 的乘积来表示，ζ 值可从有关设计手册中查表得到。如果查不到压损系数 ζ，也可以通过流量系数 φ 计算出来。ζ 和 φ 的关系为：

$$\varphi=\frac{1}{\sqrt{1+\zeta}}$$

对于结构形状一定的排气罩，φ 和 ζ 皆为常数。动压 p_v 与流速 v 有关，p_v 也可从图 17-16 中查得。

$$p_v=\frac{\rho v^2}{2g}\approx\left(\frac{v}{4.04}\right)^2 \tag{17-11}$$

式中，ρ 为气体密度。

所以

$$\Delta p=\zeta p_v \tag{17-12}$$

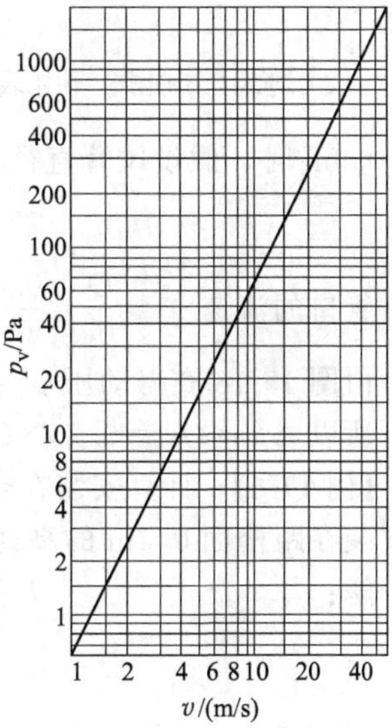

图 17-16　流速与动压的关系

排气罩的性能一般指排气量、压力损失、尺寸和材料消耗等。对一个确定的污染源，在控制污染物外逸的效果相同的条件下，排气量小、压力损失小、尺寸小、材料消耗小的排气罩的性能好。

【例 17-4】 有一圆形排气罩，罩口直径 $d=250$mm，要在距罩中心 0.2m 处造成 0.5m/s 的吸入速度，试计算该排气罩的排气量。

解：(1) 采用四周无边的排气罩　由表 17-8 查得该排气罩的排气量计算式：

$$Q=(10x^2+F)v_x$$
$$=(10\times0.2^2+\pi\times0.25^2/4)\times0.5$$
$$=0.225(m^3/s)$$

(2) 采用四周有边的排气罩　由表 17-8 查得

$$Q=0.75(10x^2+F)v_x$$
$$=0.75(10\times0.2^2+\pi\times0.25^2/4)\times0.5$$
$$=0.169(m^3/s)$$

从计算可以看出，罩子四周加边后，由于减少了无效气流，排气量可以节省 25%，因此在设计时应尽量采用有边的罩子。

【例 17-5】 有一元件酸洗槽，槽子的尺寸为长×宽$=1.0m\times0.8m$，伞形罩外形尺寸比槽子每边长 0.2m，即长×宽=1.4m×1.2m，从槽边到伞形罩罩口的垂直距离 0.7m，试求伞形罩的排气量。如果伞形罩的长度 $L=0.9$m，试求罩子的阻力损失。

解：(1) 求排气量　由表 17-8 查得：

① 侧面无围挡时

$$Q=1.4phv_x$$

v_x 由表 17-4 查得酸洗槽的控制速度为 0.25～0.5m/s，取最小值 0.25m/s

$$Q=1.4(2\times1.0+2\times0.8)\times0.7\times0.25$$
$$=0.882(m^3/s)$$

② 两侧有围挡时

$$Q=(W+B)hv_x$$
$$=(1.4+1.2)\times0.7\times0.25$$
$$=0.455(m^3/s)$$

③ 三侧有围挡时

$$Q=whv_x$$
$$=1.4\times0.7\times0.25$$
$$=0.245(m^3/s)$$

(2) 求阻力损失　由表 17-8 查得阻力系数 $\zeta=0.25$。对于侧面无围挡的伞形罩，当 $L=0.9$m 时，假设风管直径 $d=\frac{1}{3}L=0.3$m，那么风管的横断面积

$$f=\pi\times0.3^2/4=0.07\ (m^2)$$

管口的流速 $v_0=\frac{Q}{f}=\frac{0.882}{0.07}=12.6\ (m/s)$

由图 17-16 查得动压 $p_v=95$Pa

所以 $\Delta p=\zeta p_v=0.25\times95=24$Pa

【例 17-6】 计算安装在热油槽（内径 $d=0.6$m）上方的伞形罩尺寸及其排气量。伞形罩安装在距槽面 0.4m 的高处，热油表面温度 900℃，室内空气温度 25℃。

解：

$$F=\pi d^2/4=3.14\times0.6^2/4=0.28\ (m^2)$$
$$1.5\sqrt{F}=1.5\sqrt{0.28}=0.79$$
$$H=0.4<1.5\sqrt{F}$$

所以属低悬罩。

由表 17-8 查得排气量的计算公式，如果伞形罩选圆形，则

$$D=d+0.5H=0.6+0.5\times0.4=0.8(m)$$
$$Q=167D^{2.33}(\Delta t)^{5/12}$$
$$=167\times0.8^{2.33}(900-25)^{5/12}$$
$$=1661(m^3/h)$$

第三节　管道系统的设计

一、管道布置的一般原则

管道的布置关系到整个系统的整体布局，合理设计、施工和使用管道系统，不仅能充分发挥控制系统的作用，而且直接关系到设计和运转的经济合理性。

在大气污染控制过程中，管道输送的介质可能是各种各样的，像含尘气体、各种有害气体、各种蒸气等。对这些不同的介质，在设计管道时应考虑其特殊要求，但就其共性来说，作为管道布置的一般原则应注意以下几点[1,2]。

(1) 布置管道时应对所有管线通盘考虑，统一布置，尽量少占有用空间，力求简单、紧凑、平整、美观，而且安装、操作和检修要方便。

(2) 划分系统时，要考虑排送气体的性质。可以把几个排气罩集中成一个系统进行排放。但是如果污染物混合后可能引起燃烧或爆炸，则不能合并成一个系统。或者不同温度和湿度的含尘气体，混合后可能引起管内结露时也不能合成一个系统。对于只含有热量、蒸气、无爆炸危险的有害物的气体可合并为一个系统。

(3) 管道布置力求顺直、减少阻力。一般圆形风道强度大、耗用材料少，但占用空间大。矩形风道管件占用空间小、易布置。为利用建筑空间，也可制成其他形状。管道敷设应尽量明装，不宜明装时采用暗装。

(4) 管道应尽量集中成列，平行敷设，并尽量沿墙或柱子敷设，管径大的和保温管应设在靠墙侧。管道与梁、柱、墙、设备及管道之间应有一定的距离，以满足施工、运行、检修和热胀冷缩的要求。各种管件应避免直接连接。

(5) 管道应尽量避免遮挡室内光线和妨碍门窗的启闭，不应影响正常的生产操作。

(6) 输送剧毒物的风管不允许是正压，此风管也不允许穿过其他房间。

(7) 水平管道应有一定的坡度，以便放气、放水、疏水和防止积尘，一般坡度为 0.002～0.005。

(8) 管道与阀门的重量不宜支承在设备上，应设支架、吊架。保温管道的支架应设管托。焊缝不得位于支架处，焊缝与支架的距离不应小于管径，至少不得小于 200mm。管道焊缝的位置应在施工方便和受力小的地方。

(9) 确定排入大气的排气口位置时，要考虑排出气体对周围环境的影响。对含尘和含毒的排气即使经净化处理后，仍应尽量在高处排放。通常排出口应高于周围建筑 2～4m。为保证排出气体能在大气中充分扩散和稀释，排气口可装设锥形风帽，或者辅以阻止雨水进入的措施。

(10) 风管上应设置必要的调节和测量装置（如阀门、压力表、温度计、风量测量孔和采样孔等），或者预留安装测量装置的接口。调节和测量装置应设在便于操作和观察的位置。

(11) 管道设计中既要考虑便于施工，又要求保证严密不漏。整个系统要求漏损小，以保证吸风口有足够的风量。

二、管道系统的设计

管道设计应在保证使用效果的前提下使管道系统技术可靠，安全环保，而且投资和运行费用最低。管道系统设计计算的任务主要是确定管道的位置、选择断面尺寸并计算风道的压力损失，以便根据系统的总风量和总阻力选择适当的风机和电机。

管道系统设计应用较多的是流速控制法，也称比摩阻法，该方法一般按以下步骤进行：

(1) 绘制管道系统的轴侧投影图，对各管段进行编号，标注长度和流量，管段长度一般按两管件中心线之间的长度计算，不扣除管件（如三通、弯头）本身的长度；

(2) 选择合适的气体流速，使其技术经济合理，即使得系统的造价和运行费用的总和最经济；

(3) 根据各管段的风量和选定的流速确定各管段的断面尺寸，并按国家规定的统一规格进行圆整，选取标准管径；

(4) 确定系统最不利环路，即最远或局部阻力最多的环路，也是压损最大的管路，计算该管段总压损，并作为管段系统的总压损；

(5) 对并联管路进行压损平衡计算，两支管的压损差相对值，对除尘系统应小于10%，其他系统可小于15%；

(6) 根据系统的总流量和总压损选择合适的风机和电机。

(一) 选择适当的流速

风管内气体流速对通风系统的经济性有较大影响。流速高，风管断面小，材料消耗少，建造费用小；但是系统阻力大，动力消耗大，运行费用增加。流速低，阻力小，动力消耗少；但是风管断面大，材料和建造费用高，风管占用的空间也会增大。对除尘系统来说，流速过低又会使粉尘沉积堵塞管道。因此必须通过全面的技术经济比较，选定适当的气体流速，使投资和运行费用的总和为最小。根据经验总结，要求管道内的风速控制在一定的范围内，具体数值见表17-9和表17-10。表中建议的风速既考虑到系统的运行费用，也考虑了对周围环境的影响。

表 17-9　工业通风管道内的风速

单位：m/s

风道部位	钢板和塑料风道	砖和混凝土风道
干管	6～14	4～12
支管	2～8	2～6

表 17-10　除尘风管的最小风速　　单位：m/s

粉尘类型	粉尘名称	垂直风管	水平风管	粉尘类型	粉尘名称	垂直风管	水平风管
纤维粉尘	干锯末、小刨屑、纺织尘	10	12	纤维粉尘	重矿物粉尘	14	16
	木屑、刨花	12	14		轻矿物粉尘	12	14
	干燥粗刨花、大块干木屑	14	16		灰土、砂尘	16	18
	潮湿粗刨花、大块湿木屑	18	20		干细型砂	17	20
	棉絮	8	10		金刚砂、刚玉粉	15	19
	麻	11	13	矿物粉尘	钢铁粉尘	13	15
	石棉粉尘	12	18		钢铁屑	19	23
矿物粉尘	耐火材料粉尘	14	17		铅尘	20	25
	黏土	13	16	其他粉尘	轻质干粉(木工磨床粉尘、烟草灰)	8	10
	石灰石	14	16		煤尘	11	13
	水泥	12	18		焦炭粉尘	14	18
	湿土(含水2%以下)	15	18		谷物粉尘	10	12

(二) 管径的选择

在已知流量和确定流速以后，管道断面尺寸可按下式计算：

$$D=\sqrt{\frac{4Q}{\pi v}} \tag{17-13}$$

式中，D 为管道直径，m；Q 为体积流量，m^3/s；v 为管内流体的平均流速，m/s。

计算出的管径应按统一规格进行圆整。圆形和矩形风道及其配件规格见表17-11～表17-20。

(三) 管道内气体流动的压力损失

按照流体力学原理，流体在流动过程中，由于阻力的作用产生压力损失。根据阻力产生的原因不同，可分为沿程阻力和局部阻力。沿程阻力 h_f 是流体在直管中流动时，由于流体的黏性和流体质点之间或流体与管壁之间的互相位移产生摩擦而引起的压力损失。它是伴随着流体的流动在整个流动路程上出现的，所以称沿程阻力，也称摩擦阻力。局部阻力是流体

表 17-11 矩形通风管道规格 单位：mm

<table>
<tr><th rowspan="2">外边长
(a×b)</th><th colspan="2">钢板制风道</th><th colspan="2">塑料制风道</th><th rowspan="2">外边长
(a×b)</th><th colspan="2">钢板制风道</th><th colspan="2">塑料制风道</th></tr>
<tr><th>外边长
允许偏差</th><th>壁厚</th><th>外边长
允许偏差</th><th>壁厚</th><th>外边长
允许偏差</th><th>壁厚</th><th>外边长
允许偏差</th><th>壁厚</th></tr>
<tr><td>120×120</td><td rowspan="26">−2</td><td rowspan="6">0.5</td><td rowspan="23">−2</td><td rowspan="14">3.0</td><td>630×500</td><td rowspan="26">−2</td><td rowspan="13">1.0</td><td rowspan="26">−3</td><td rowspan="7">5.0</td></tr>
<tr><td>160×120</td><td>630×630</td></tr>
<tr><td>160×160</td><td>800×320</td></tr>
<tr><td>200×120</td><td>800×400</td></tr>
<tr><td>200×160</td><td>800×500</td></tr>
<tr><td>200×200</td><td>800×630</td></tr>
<tr><td>250×120</td><td rowspan="17">0.75</td><td>800×800</td></tr>
<tr><td>250×160</td><td>1000×320</td><td rowspan="11">6.0</td></tr>
<tr><td>250×200</td><td>1000×400</td></tr>
<tr><td>250×250</td><td>1000×500</td></tr>
<tr><td>320×160</td><td>1000×630</td></tr>
<tr><td>320×200</td><td>1000×800</td></tr>
<tr><td>320×250</td><td>1000×1000</td></tr>
<tr><td>320×320</td><td>1250×400</td><td rowspan="13">1.2</td></tr>
<tr><td>400×200</td><td rowspan="9">4.0</td><td>1250×500</td></tr>
<tr><td>400×250</td><td>1250×630</td></tr>
<tr><td>400×320</td><td>1250×800</td></tr>
<tr><td>400×400</td><td>1250×1000</td></tr>
<tr><td>500×200</td><td>1600×500</td><td rowspan="8">8.0</td></tr>
<tr><td>500×250</td><td>1600×630</td></tr>
<tr><td>500×320</td><td>1600×800</td></tr>
<tr><td>500×400</td><td>1600×1000</td></tr>
<tr><td>500×500</td><td>1600×1250</td></tr>
<tr><td>630×250</td><td rowspan="3">1.0</td><td rowspan="3">−3</td><td rowspan="3">5.0</td><td>2000×800</td></tr>
<tr><td>630×320</td><td>2000×1000</td></tr>
<tr><td>630×400</td><td>2000×1250</td></tr>
</table>

注：除尘管道壁厚为表中值的 4～8 倍，详见张殿印、王纯主编《除尘工程设计手册》（第二版），化学工业出版社，2010。

表 17-12 矩形风道法兰 单位：mm

矩形风道大边长	≤630	800～1250	1600～2000
法兰用料规格(角材)	25×3	30×4	40×4

表 17-13 圆形通风管道规格 单位：mm

<table>
<tr><th rowspan="2">外径
D</th><th colspan="2">钢板制风管</th><th colspan="2">塑料制风管</th><th rowspan="2">外径
D</th><th colspan="2">钢板制风管</th><th colspan="2">塑料制风管</th></tr>
<tr><th>外径允许偏差</th><th>壁厚</th><th>外径允许偏差</th><th>壁厚</th><th>外径允许偏差</th><th>壁厚</th><th>外径允许偏差</th><th>壁厚</th></tr>
<tr><td>100</td><td rowspan="13">±1</td><td rowspan="6">0.5</td><td rowspan="13">±1</td><td rowspan="10">3.0</td><td>500</td><td rowspan="13">±1</td><td>0.75</td><td>±1</td><td rowspan="3">4.0</td></tr>
<tr><td>120</td><td>560</td><td rowspan="7">1.0</td><td rowspan="12">±1.5</td></tr>
<tr><td>140</td><td>630</td></tr>
<tr><td>160</td><td>700</td><td rowspan="4">5.0</td></tr>
<tr><td>180</td><td>800</td></tr>
<tr><td>200</td><td>900</td></tr>
<tr><td>220</td><td rowspan="7">0.75</td><td>1000</td></tr>
<tr><td>250</td><td>1120</td><td rowspan="6">6.0</td></tr>
<tr><td>280</td><td>1250</td><td rowspan="5">1.2～1.5</td></tr>
<tr><td>320</td><td>1400</td></tr>
<tr><td>360</td><td rowspan="3">4.0</td><td>1600</td></tr>
<tr><td>400</td><td>1800</td></tr>
<tr><td>450</td><td>2000</td></tr>
</table>

表 17-14 圆形风道法兰

单位：mm

圆形风道直径	法兰用料规格	
	扁钢	角钢
≤140	20×4	
150～280	25×4	
300～500		25×3
530～1250		30×4
1320～2000		40×4

表 17-15 硬聚氯乙烯板圆形法兰

单位：mm

风道直径	法兰用料规格
100～180	－35×6
200～400	－35×8
450～500	－35×10
560～800	－40×10
900～1400	－45×12
1600	－50×15
1800～2000	－60×15

表 7-16 硬聚氯乙烯板矩形法兰 单位：mm

风道大边长	法兰用料规格	风道大边长	法兰用料规格
120～160	－35×6	1000～1250	－45×12
200～400	－35×8	1600	－50×15
500	－35×10	2000	－60×18
630～800	－40×10		

表 17-17 不锈钢板风道

单位：mm

圆形风道直径或矩形风道大边长	不锈钢板厚度
100～500	0.5
560～1120	0.75
1250～2000	1.00

表 17-18 不锈钢法兰

单位：mm

圆形风道直径或矩形风道大边长	法兰用料规格
≤280	－25×4
320～560	－30×4
630～1000	－35×6
1120～2000	－40×8

表 17-19　铝板风道 单位：mm

圆形风道直径或矩形风道大边长	铝板厚度
100～320	1.0
360～630	1.5
700～2000	2.0

表 17-20　铝法兰 单位：mm

圆形风道直径或矩形风道大边长	法兰用料规格	
	扁　铝	角　铝
≤280	30×6	30×4
320～560	35×8	35×4
630～1000	40×10	
1120～2000	40×12	

流经管道中某些管件（如三通、阀门、管道出入口及流量计等）或设备时，由于流速的方向和大小发生变化产生涡流而造成的阻力。

1. 沿程阻力的计算

空气在任何横断面形状不变的管道内流动时，摩擦阻力 Δp_m（Pa）可按下式计算：

$$\Delta p_m = \lambda \frac{l}{4R_s} \times \frac{v^2\rho}{2} \tag{17-14}$$

式中，λ 为摩擦阻力系数；v 为风管内空气的平均流速，m/s；ρ 为空气的密度，kg/m^3；l 为风管长度，m；R_s 为风管的水力半径，m。

水力半径 R_s 可按下式计算：

$$R_s = \frac{A}{P} \tag{17-15}$$

式中，A 为管道中充满流体部分的横断面积，m^2；P 为润湿周边，在通风系统中，即为风管的周长，m。

对于圆形风管，设 D 为圆形风管直径（m），则

$$R_s = \frac{A}{P} = \frac{\frac{\pi}{4}D^2}{\pi D} = \frac{D}{4}$$

因此，圆形风管的摩擦阻力计算公式可改写为：

$$\Delta P_m = \frac{\lambda}{D} \times \frac{v^2\rho}{2} \times l \tag{17-16}$$

圆形风管单位长度的摩擦阻力 R_m（又称比摩阻，Pa/m）为：

$$R_m = \frac{\lambda}{D} \times \frac{v^2\rho}{2} \tag{17-17}$$

摩擦阻力系数 λ 与空气在风管内的流动状况 Re 和风管管壁的绝对粗糙度 K 有关。λ 值大小分三种情况。

按流体力学原理，在 $Re \leqslant 2300$ 时，属于水力光滑管，影响摩擦系数 λ 的因素只是 Re 数，而与管壁的粗糙度无关：

$$\lambda = 64/Re \tag{17-18}$$

当 $Re > 4000$ 时，处于湍流状态，此时 λ 与 Re 准数及相对粗糙度 K/D 都有关。当 K/D 一定时，λ 随 Re 增大而减小；当 Re 值一定时，λ 随 K/D 的增大而增大。当属于水力粗糙管，即完全湍流区内，λ 只与 K/D 有关，而与 Re 无关。λ 值可按尼古拉兹公式计算：

$$\frac{1}{\sqrt{\lambda}} = 2\lg \frac{3.71D}{K} \tag{17-19}$$

当 $2300 < Re < 4000$ 时，流动状态处于滞流向湍流转化的过渡区。

在净化系统中，薄钢板风管的空气流动状态大多数属于水力光滑管到水力粗糙管之间的过渡区。通常，高速风管的流动状态也处于过渡区。只有管径很小、表面粗糙的砖、混凝土风管才属于水力粗糙管。计算水力过渡区摩擦阻力系数的公式很多，克里布洛克公式适用范围较大，在目前得到较广泛的采用。此公式如下：

$$\frac{1}{\sqrt{\lambda}}=-2\lg\left(\frac{K}{3.71D}+\frac{2.51}{Re\sqrt{\lambda}}\right) \tag{17-20}$$

式中，K 为风管内壁粗糙度，mm；D 为风管直径，mm。

进行净化系统设计时，为了避免烦琐的计算，在过程设计中常使用按上述公式绘制成的各种形式的计算表或线解图。

表 17-21 为钢板圆形通风管道计算表。它适用于标准状态空气，大气压力 $p=101.3\text{kPa}$，温度 $t=20℃$，密度$\rho=1.24\text{kg/m}^3$，运动黏度 $\nu=15.06\times10^{-6}\text{m}^2/\text{s}$。对于钢板制风管，绝对粗糙度 $K=0.15\text{mm}$。

当条件改变时，需对沿程阻力进行修正。

(1) 粗糙度对摩擦阻力的影响　式(17-20) 可以看出，摩擦阻力系数 λ 不仅与 Re 有关，还与管壁粗糙度 K 有关，当粗糙度增大时摩擦阻力系数和摩擦阻力也增大。

在通风系统中，常用各种材料制作风管。这些材料的粗糙度各不相同，其数值列于表 17-22。

风管材料变化、管壁的粗糙度改变以后，需对表 17-21 进行修正，也可从线解图中直接查出。有关比摩擦阻力线解图可参看图 17-17。

(2) 空气温度对摩擦阻力的影响　如果风管内的空气温度不是 20℃，随着温度的变化，空气的密度 ρ、运动黏度 ν 以及单位长度摩擦阻力 R_m 都会发生变化。因此对比摩擦阻力，必须用下式进行校正：

$$R'_m=R_mK_t \tag{17-21}$$

式中，R'_m为不同温度下实际的单位长度摩擦阻力，Pa/m；R_m 为按 20℃查得的单位长度摩擦阻力，Pa/m；K_t 为摩擦阻力温度修正系数，见图 17-18。

(3) 矩形风管的摩擦阻力　前面所研究的沿程阻力都是针对圆管的，对于矩形管道，可以利用当量直径 d_e 仍按圆形管道的沿程阻力公式计算。当量直径有两种：流速当量直径和流量当量直径。

流速当量直径的含义是矩形管道（面积 $a\times b$）中的沿程阻力，与同一长度、同一平均流速、直径为 d_e 的圆形管道中的沿程阻力相等。

根据这一定义，从式(17-14) 可以看出，圆形风管和矩形风管的水力半径必须相等。已知圆形风管的水力半径 $R'_s=\frac{D}{4}$，矩形风管的水力半径 $R''_s=\frac{ab}{2(a+b)}$

令 $R_s'=R_s''$　即$\frac{D}{4}=\frac{ab}{2(a+b)}$

则
$$D=\frac{2ab}{a+b}=d_e \tag{17-22}$$

根据矩形风管的实际流速 v 和流速当量直径 d_e，可查得比摩损。工程上常用流速当量直径，在此对流量当量直径不作介绍。值得注意的是，在利用当量直径求矩形风管的阻力时要注意其对应关系；采用流速当量直径时，必须用矩形风管的空气流速去查阻力；采用流量当量直径时，必须用矩形风管中的空气流量去查阻力。用两种方法求得的比摩损是相等的。

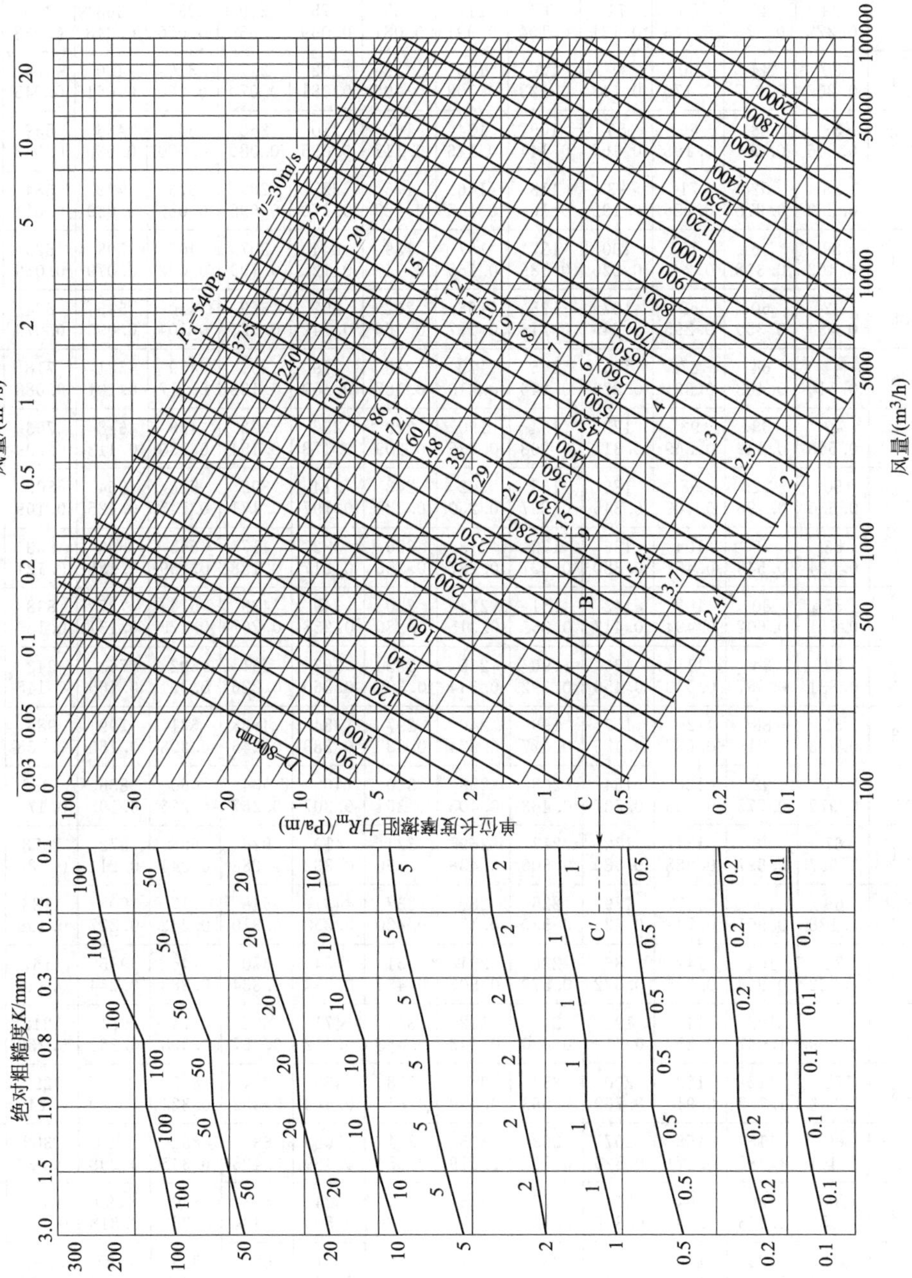

图17-17 通风管道单位长度摩擦阻力线解图

表 17-21 钢板圆形通风管道计算表

动压/Pa	风速/(m/s)	外径 D/mm												上行— 下行—
		100	120	140	160	180	200	220	250	280	320	360	400	450
0.602	1.0	28 0.222	40 0.175	55 0.143	71 0.121	91 0.104	112 0.091	135 0.081	175 0.069	219 0.059	287 0.050	363 0.043	449 0.038	569 0.033
0.728	1.1	30 0.262	44 0.207	60 0.170	79 0.143	100 0.123	123 0.108	148 0.096	192 0.081	241 0.070	316 0.060	400 0.051	494 0.045	626 0.039
0.867	1.2	33 0.306	48 0.241	66 0.198	86 0.167	109 0.144	134 0.126	162 0.112	210 0.095	263 0.082	344 0.070	436 0.060	539 0.053	682 0.045
1.017	1.3	36 0.352	52 0.278	71 0.228	93 0.192	118 0.166	146 0.145	175 0.129	227 0.110	285 0.095	373 0.080	472 0.069	584 0.061	739 0.052
1.180	1.4	39 0.402	56 0.318	76 0.261	100 0.220	127 0.189	157 0.165	189 0.147	244 0.125	307 0.109	402 0.092	509 0.079	629 0.069	796 0.060
1.355	1.5	42 0.454	60 0.359	82 0.295	107 0.249	136 0.214	168 0.187	202 0.166	262 0.142	329 0.123	430 0.104	545 0.090	674 0.079	853 0.068
1.541	1.6	44 0.510	64 0.403	87 0.331	114 0.279	145 0.240	179 0.210	216 0.187	279 0.159	351 0.138	459 0.117	581 0.101	718 0.088	910 0.076
1.740	1.7	47 0.568	68 0.449	93 0.369	122 0.311	154 0.268	190 0.235	229 0.209	297 0.178	373 0.154	488 0.130	618 0.113	763 0.099	967 0.085
1.950	1.8	50 0.630	72 0.498	98 0.409	129 0.345	163 0.297	202 0.260	243 0.231	314 0.197	395 0.171	516 0.145	654 0.125	808 0.109	1024 0.095
2.173	1.9	53 0.694	76 0.549	104 0.451	136 0.380	172 0.327	213 0.287	256 0.255	332 0.217	417 0.188	545 0.159	690 0.138	853 0.121	1081 0.104
2.408	2.0	55 0.761	80 0.602	109 0.494	143 0.417	181 0.359	224 0.315	270 0.280	349 0.238	439 0.207	574 0.175	727 0.151	898 0.133	1137 0.115
2.655	2.1	58 0.831	84 0.657	115 0.540	150 0.456	190 0.392	235 0.344	283 0.306	367 0.260	461 0.226	602 0.191	763 0.165	943 0.145	1194 0.125
2.914	2.2	61 0.903	88 0.715	120 0.587	157 0.496	199 0.427	246 0.374	297 0.333	384 0.283	482 0.246	631 0.208	799 0.180	988 0.158	1251 0.136
3.185	2.3	64 0.979	92 0.775	126 0.636	164 0.537	208 0.463	258 0.405	310 0.361	402 0.307	504 0.267	660 0.226	836 0.195	1033 0.171	1308 0.148
3.468	2.4	67 1.057	96 0.837	131 0.688	172 0.580	217 0.500	269 0.438	324 0.390	419 0.332	526 0.288	688 0.244	872 0.211	1078 0.185	1365 0.160
3.763	2.5	69 1.138	100 0.901	137 0.741	179 0.625	226 0.539	280 0.472	337 0.420	437 0.358	548 0.310	717 0.263	908 0.227	1123 0.199	1422 0.172
4.070	2.6	72 1.222	104 0.968	142 0.795	186 0.672	236 0.579	291 0.507	351 0.451	454 0.384	570 0.334	746 0.283	945 0.244	1167 0.214	1479 0.185
4.389	2.7	75 1.309	108 1.037	147 0.852	193 0.719	245 0.620	302 0.543	364 0.483	471 0.412	592 0.357	774 0.303	981 0.262	1212 0.230	1536 0.199
4.720	2.8	78 1.399	112 1.108	153 0.910	200 0.769	254 0.663	314 0.580	378 0.517	489 0.440	614 0.382	803 0.324	1017 0.280	1257 0.246	1592 0.212
5.063	2.9	80 1.491	116 1.181	158 0.971	207 0.820	263 0.707	325 0.619	391 0.551	506 0.469	636 0.408	832 0.345	1054 0.298	1302 0.262	1649 0.227
5.418	3.0	83 1.586	120 1.256	164 1.033	214 0.872	272 0.752	336 0.659	405 0.586	524 0.500	658 0.434	860 0.367	1090 0.318	1347 0.279	1706 0.241
5.785	3.1	86 1.684	124 1.334	169 1.097	222 0.926	281 0.799	347 0.700	418 0.623	541 0.531	680 0.461	889 0.390	1127 0.337	1392 0.296	1763 0.256
6.164	3.2	89 1.785	128 1.414	175 1.162	229 0.982	290 0.846	358 0.742	432 0.660	559 0.563	702 0.488	918 0.414	1163 0.358	1437 0.314	1820 0.272
6.556	3.3	91 1.888	132 1.496	180 1.230	236 1.039	299 0.896	369 0.785	445 0.699	576 0.595	724 0.517	947 0.438	1199 0.379	1482 0.332	1877 0.288
6.959	3.4	94 1.994	136 1.580	186 1.299	243 1.098	308 0.946	381 0.829	459 0.738	594 0.629	746 0.546	975 0.463	1236 0.400	1527 0.351	1934 0.304

续表

风量/(m^3/h)
单位摩擦阻力/(Pa/m)

500	560	630	700	800	900	1000	1120	1250	1400	1600	1800	2000
703 0.029	880 0.025	1115 0.022	1378 0.019	1801 0.016	2280 0.014	2816 0.012	3534 0.011	4397 0.009	5518 0.008	7211 0.007	9130 0.006	11276 0.005
773 0.034	968 0.030	1227 0.026	1515 0.022	1981 0.019	2508 0.017	3098 0.015	3887 0.013	4836 0.011	6070 0.010	7932 0.008	10043 0.007	12403 0.006
843 0.040	1056 0.035	1338 0.030	1653 0.026	2161 0.022	2736 0.019	3379 0.017	4241 0.015	5276 0.013	6622 0.011	8653 0.010	10956 0.008	13531 0.007
913 0.046	1144 0.040	1450 0.035	1791 0.030	2341 0.026	2964 0.022	3661 0.020	4594 0.017	5716 0.015	7173 0.013	9374 0.011	11869 0.010	14659 0.008
984 0.053	1233 0.046	1561 0.040	1929 0.035	2521 0.030	3192 0.026	3943 0.022	4948 0.020	6155 0.017	7725 0.015	10096 0.013	12783 0.011	15786 0.010
1054 0.060	1321 0.052	1673 0.045	2066 0.039	2701 0.033	3420 0.029	4224 0.025	5301 0.022	6595 0.019	8277 0.017	10817 0.014	13696 0.013	16914 0.011
1124 0.067	1409 0.058	1784 0.050	2204 0.044	2881 0.038	3648 0.033	4506 0.029	5655 0.025	7035 0.022	8829 0.019	11538 0.016	14609 0.014	18041 0.012
1194 0.075	1497 0.065	1896 0.056	2342 0.050	3061 0.042	3876 0.036	4787 0.032	6008 0.028	7474 0.024	9381 0.021	12259 0.018	15522 0.016	19169 0.014
1265 0.083	1585 0.072	2007 0.063	2480 0.055	3241 0.047	4104 0.040	5069 0.036	6361 0.031	7914 0.027	9932 0.024	12980 0.020	16435 0.017	20296 0.015
1335 0.092	1673 0.080	2119 0.069	2617 0.061	3421 0.052	4332 0.045	5351 0.039	6715 0.034	8354 0.030	10484 0.026	13701 0.022	17348 0.019	21424 0.017
1405 0.101	1761 0.088	2230 0.076	2755 0.067	3601 0.057	4560 0.049	5632 0.043	7068 0.038	8793 0.033	11036 0.029	14422 0.024	18261 0.021	22552 0.019
1476 0.110	1849 0.096	2342 0.083	2893 0.073	3781 0.062	4788 0.054	5914 0.047	7422 0.041	9233 0.036	11588 0.031	15143 0.027	19174 0.023	23679 0.020
1546 0.120	1937 0.104	2453 0.090	3031 0.079	3961 0.067	5016 0.058	6195 0.051	7775 0.045	9673 0.039	12140 0.034	15864 0.029	20087 0.025	24807 0.022
1616 0.130	2025 0.113	2565 0.098	3168 0.086	4141 0.073	5244 0.063	6477 0.056	8128 0.049	10112 0.043	12692 0.037	16586 0.032	21000 0.027	25934 0.024
1686 0.141	2113 0.122	2676 0.106	3306 0.093	4321 0.079	5472 0.069	6759 0.060	8482 0.053	10552 0.046	13243 0.040	17307 0.034	21913 0.030	27062 0.026
1757 0.151	2201 0.132	2788 0.114	3444 0.100	4501 0.085	5700 0.074	7040 0.065	8835 0.057	10992 0.050	13795 0.043	18028 0.037	22826 0.032	28190 0.028
1827 0.163	2289 0.142	2899 0.123	3582 0.108	4681 0.092	5928 0.079	7322 0.070	9189 0.061	11431 0.053	14347 0.047	18749 0.040	23739 0.034	29317 0.030
1897 0.174	2377 0.152	3011 0.132	3719 0.116	4861 0.098	6156 0.085	7604 0.075	9542 0.065	11871 0.057	14899 0.050	19470 0.043	24652 0.037	30445 0.033
1967 0.187	2465 0.163	3122 0.141	3857 0.124	5041 0.105	6384 0.091	7885 0.080	9895 0.070	12311 0.061	15451 0.053	20191 0.046	25565 0.040	31572 0.035
2038 0.199	2553 0.173	3234 0.150	3995 0.132	5222 0.112	6612 0.097	8167 0.086	10249 0.075	12750 0.065	16002 0.057	20912 0.049	26478 0.042	32700 0.037
2108 0.212	2641 0.185	3345 0.160	4133 0.140	5402 0.119	6840 0.103	8448 0.091	10602 0.079	13190 0.070	16554 0.061	21633 0.052	27391 0.045	33827 0.040
2178 0.225	2729 0.196	3457 0.170	4270 0.149	5582 0.127	7068 0.110	8730 0.097	10956 0.084	13630 0.074	17106 0.065	22354 0.055	28304 0.048	34955 0.042
2248 0.239	2817 0.208	3568 0.180	4408 0.158	5762 0.135	7296 0.117	9012 0.103	11309 0.090	14069 0.078	17658 0.068	23076 0.058	29217 0.051	36083 0.045
2319 0.253	2905 0.220	3680 0.191	4546 0.168	5942 0.142	7524 0.123	9293 0.109	11662 0.095	14509 0.083	18210 0.072	23797 0.062	30130 0.054	37210 0.047
2389 0.267	2993 0.233	3791 0.201	4684 0.177	6122 0.151	7752 0.131	9575 0.115	12016 0.100	14949 0.088	18761 0.077	24518 0.065	31043 0.057	38338 0.050

动压 /Pa	风速 /(m/s)											外径 D/mm		上行— 下行—
		100	120	140	160	180	200	220	250	280	320	360	400	450
7.375	3.5	97 2.103	140 1.666	191 1.370	250 1.158	317 0.998	392 0.875	472 0.779	611 0.664	768 0.576	1004 0.488	1272 0.422	1572 0.371	1991 0.321
7.802	3.6	100 2.215	144 1.755	197 1.443	257 1.219	326 1.051	403 0.921	486 0.820	629 0.699	789 0.607	1033 0.514	1308 0.445	1616 0.390	2047 0.338
8.241	3.7	103 2.329	148 1.846	202 1.518	264 1.283	335 1.106	414 0.969	499 0.863	646 0.735	811 0.639	1061 0.541	1345 0.468	1661 0.411	2104 0.355
8.693	3.8	105 2.446	152 1.939	208 1.595	272 1.347	344 1.162	425 1.018	513 0.906	663 0.773	833 0.671	1090 0.569	1381 0.492	1706 0.432	2161 0.373
9.156	3.9	108 2.566	156 2.034	213 1.673	279 1.413	353 1.219	437 1.068	526 0.951	681 0.811	855 0.704	1119 0.597	1417 0.516	1751 0.453	2218 0.392
9.632	4.0	111 2.689	160 2.131	219 1.753	286 1.481	362 1.277	448 1.119	540 0.997	698 0.850	877 0.738	1147 0.625	1454 0.541	1796 0.475	2275 0.411
10.120	4.1	114 2.814	164 2.231	224 1.835	293 1.550	371 1.337	459 1.172	553 1.043	716 0.889	899 0.772	1176 0.655	1490 0.566	1841 0.497	2332 0.430
10.619	4.2	116 2.942	168 2.332	229 1.918	300 1.621	380 1.398	470 1.225	567 1.091	733 0.930	921 0.808	1205 0.685	1526 0.592	1886 0.520	2389 0.450
11.131	4.3	119 3.073	172 2.436	235 2.004	307 1.693	390 1.461	481 1.280	580 1.140	751 0.972	943 0.844	1233 0.715	1563 0.618	1931 0.543	2446 0.470
11.655	4.4	122 3.207	176 2.542	240 2.091	315 1.767	399 1.524	493 1.336	594 1.189	768 1.014	965 0.881	1262 0.747	1599 0.645	1976 0.567	2502 0.491
12.191	4.5	125 3.343	180 2.650	246 2.180	322 1.842	408 1.589	504 1.393	607 1.240	786 1.057	987 0.918	1291 0.778	1635 0.673	2021 0.591	2559 0.512
12.738	4.6	127 3.482	184 2.760	251 2.271	329 1.919	417 1.655	515 1.451	621 1.292	803 1.102	1009 0.957	1319 0.811	1672 0.701	2065 0.616	2616 0.533
13.298	4.7	130 3.623	188 2.873	257 2.364	336 1.997	426 1.723	526 1.510	634 1.345	821 1.147	1031 0.996	1348 0.844	1708 0.730	2110 0.641	2673 0.555
13.870	4.8	133 3.768	192 2.987	262 2.458	343 2.077	435 1.792	537 1.571	648 1.398	838 1.192	1053 1.036	1377 0.878	1744 0.759	2155 0.667	2730 0.577
14.454	4.9	136 3.915	196 3.104	268 2.554	350 2.159	444 1.862	549 1.632	661 1.453	856 1.239	1075 1.077	1405 0.912	1781 0.789	2200 0.693	2787 0.600
15.050	5.0	139 4.065	200 3.223	273 2.652	357 2.241	453 1.933	560 1.695	675 1.509	873 1.287	1097 1.118	1434 0.948	1817 0.819	2245 0.720	2844 0.623
15.658	5.1	141 4.217	204 3.344	279 2.751	365 2.326	462 2.006	571 1.759	688 1.566	890 1.335	1118 1.160	1463 0.983	1853 0.850	2290 0.747	2901 0.646
16.278	5.2	144 4.372	208 3.467	284 2.853	372 2.411	471 2.080	582 1.823	702 1.624	908 1.385	1140 1.203	1491 1.020	1890 0.882	2335 0.775	2957 0.670
16.910	5.3	147 4.530	212 3.592	290 2.956	379 2.499	480 2.156	593 1.889	715 1.683	925 1.435	1162 1.247	1520 1.057	1926 0.914	2380 0.803	3014 0.695
17.554	5.4	150 4.691	216 3.720	295 3.061	386 2.587	489 2.232	605 1.957	729 1.742	943 1.486	1184 1.291	1549 1.094	1962 0.946	2425 0.831	3071 0.720
18.211	5.5	152 4.854	220 3.850	300 3.168	393 2.678	498 2.310	616 2.025	742 1.803	960 1.538	1206 1.336	1578 1.133	1999 0.980	2470 0.860	3128 0.745
18.879	5.6	155 5.020	224 3.981	306 3.276	400 2.769	507 2.389	627 2.094	756 1.865	987 1.591	1228 1.382	1606 1.172	2035 1.013	2514 0.890	3185 0.770
19.559	5.7	158 5.189	228 4.115	311 3.386	407 2.863	516 2.470	638 2.165	769 1.928	995 1.644	1250 1.429	1635 1.211	2071 1.047	2559 0.920	3242 0.796
20.251	5.8	161 5.360	232 4.251	317 3.499	415 2.957	525 2.551	649 2.237	783 1.992	1013 1.699	1272 1.476	1664 1.251	2108 1.082	2604 0.951	3299 0.823
20.956	5.9	163 5.534	236 4.389	322 3.612	422 3.054	535 2.635	661 2.310	796 2.057	1030 1.754	1294 1.524	1692 1.292	2144 1.118	2649 0.982	3356 0.850

续表

风量/(m^3/h)
单位摩擦阻力/(Pa/m)

500	560	630	700	800	900	1000	1120	1250	1400	1600	1800	2000
2459 0.282	3081 0.245	3903 0.213	4821 0.187	6302 0.159	7980 0.138	9856 0.121	12369 0.106	15388 0.093	19313 0.081	25239 0.069	31956 0.060	39465 0.053
2529 0.297	3169 0.259	4014 0.224	4959 0.197	6482 0.167	8208 0.145	10138 0.128	12723 0.111	15828 0.098	19865 0.085	25960 0.073	32869 0.063	40593 0.056
2600 0.312	3257 0.272	4126 0.236	5097 0.207	6662 0.176	8436 0.153	10420 0.134	13076 0.117	16268 0.103	20417 0.090	26681 0.076	33782 0.066	41721 0.059
2670 0.328	3345 0.286	4237 0.248	5235 0.218	6842 0.185	8664 0.161	10701 0.141	13429 0.123	16707 0.108	20969 0.094	27402 0.080	34695 0.070	42848 0.062
2740 0.344	3433 0.300	4349 0.260	5372 0.229	7022 0.194	8892 0.169	10983 0.148	13783 0.129	17147 0.113	21520 0.099	28123 0.084	35608 0.073	43976 0.065
2810 0.361	3521 0.315	4460 0.272	5510 0.240	7202 0.204	9120 0.177	11265 0.156	14136 0.136	17587 0.119	22072 0.104	28844 0.088	36521 0.077	45103 0.068
2881 0.378	3609 0.329	4572 0.285	5648 0.251	7382 0.213	9348 0.185	11546 0.163	14490 0.142	18026 0.125	22624 0.109	29566 0.093	37435 0.080	46231 0.071
2951 0.395	3698 0.345	4683 0.298	5786 0.262	7562 0.223	9576 0.193	11828 0.170	14843 0.149	18466 0.130	23176 0.114	30287 0.097	38348 0.084	47358 0.074
3021 0.413	3786 0.360	4795 0.312	5923 0.274	7742 0.233	9804 0.202	12109 0.178	15197 0.155	18906 0.136	23728 0.119	31008 0.101	39261 0.088	48486 0.078
3092 0.431	3874 0.376	4906 0.325	6061 0.286	7922 0.243	10032 0.211	12391 0.186	15550 0.162	19345 0.142	24279 0.124	31729 0.106	40174 0.092	49614 0.081
3162 0.450	3962 0.392	5018 0.339	6199 0.299	8102 0.254	10260 0.220	12673 0.194	15903 0.169	19785 0.148	24831 0.129	32450 0.110	41087 0.096	50741 0.084
3232 0.468	4050 0.408	5129 0.354	6337 0.311	8282 0.265	10488 0.229	12954 0.202	16257 0.176	20225 0.155	25383 0.135	33171 0.115	42000 0.100	51869 0.088
3302 0.488	4138 0.425	5241 0.368	6474 0.324	8462 0.275	10716 0.239	13236 0.210	16610 0.183	20664 0.161	25935 0.140	33892 0.120	42913 0.104	52996 0.092
3373 0.507	4226 0.442	5352 0.383	6612 0.337	8643 0.287	10944 0.248	13517 0.219	16964 0.191	21104 0.167	26487 0.146	34613 0.124	43826 0.108	54124 0.095
3443 0.527	4314 0.460	5464 0.398	6750 0.350	8823 0.298	11172 0.258	13799 0.227	17317 0.198	21544 0.174	27038 0.152	35334 0.129	44739 0.112	55252 0.099
3513 0.548	4402 0.477	5575 0.413	6888 0.364	9003 0.309	11400 0.268	14081 0.236	17670 0.206	21983 0.181	27590 0.158	36056 0.134	45652 0.117	56379 0.103
3583 0.568	4490 0.495	5787 0.429	7025 0.377	9183 0.321	11628 0.278	14362 0.245	18024 0.214	22423 0.188	28142 0.164	36777 0.139	46565 0.121	57507 0.107
3654 0.589	4578 0.514	5798 0.445	7163 0.391	9363 0.333	11856 0.289	14644 0.254	18377 0.222	22863 0.195	28694 0.170	37498 0.145	47478 0.126	58634 0.111
3724 0.611	4666 0.532	5910 0.461	7301 0.406	9543 0.345	12084 0.299	14926 0.263	18731 0.230	23302 0.202	29246 0.176	38219 0.150	48391 0.130	59762 0.115
3794 0.633	4754 0.551	6022 0.478	7439 0.420	9723 0.357	12312 0.310	15207 0.273	19084 0.238	23742 0.209	29797 0.182	38940 0.155	49304 0.135	60889 0.119
3864 0.655	4842 0.571	6133 0.494	7576 0.435	9903 0.370	12540 0.321	15489 0.283	19437 0.246	24182 0.216	30349 0.189	39661 0.161	50217 0.140	62017 0.123
3935 0.677	4930 0.590	6245 0.511	7714 0.450	10083 0.383	12768 0.332	15770 0.292	19791 0.255	24621 0.224	30901 0.195	40382 0.166	51130 0.144	63145 0.127
4005 0.700	5018 0.610	6356 0.529	7852 0.465	10263 0.396	12996 0.343	16052 0.302	20144 0.264	25061 0.231	31453 0.202	41103 0.172	52043 0.149	64272 0.132
4075 0.723	5106 0.631	6468 0.546	7990 0.481	10443 0.409	13224 0.355	16334 0.312	20498 0.272	25501 0.239	32005 0.209	41824 0.178	52956 0.154	65400 0.136
4145 0.747	5194 0.651	6579 0.564	8127 0.496	10623 0.422	13452 0.366	16615 0.322	20851 0.281	25940 0.247	32556 0.215	42546 0.184	53869 0.159	66527 0.141

动压/Pa	风速/(m/s)	外径 D/mm 上行— 下行—												
		100	120	140	160	180	200	220	250	280	320	360	400	450
21.672	6.0	166 5.711	240 4.530	328 3.728	429 3.151	544 2.719	672 2.384	810 2.123	1048 1.810	1316 1.573	1721 1.334	2180 1.153	2694 1.013	3412 0.877
22.400	6.1	169 5.890	244 4.672	333 3.845	436 3.251	553 2.805	683 2.459	823 2.190	1065 1.868	1338 1.623	1750 1.376	2217 1.190	2739 1.045	3469 0.905
23.141	6.2	172 6.073	248 4.817	339 3.964	443 3.351	562 2.891	694 2.535	837 2.258	1083 1.926	1360 1.673	1778 1.418	2253 1.227	2784 1.078	3526 0.933
23.893	6.3	175 6.257	252 4.963	344 4.085	450 3.453	571 2.980	705 7.612	850 2.326	1100 1.984	1382 1.724	1807 1.462	2289 1.264	2829 1.111	3583 0.961
24.658	6.4	177 6.445	256 5.112	350 4.208	457 3.557	580 3.069	717 2.691	864 2.396	1117 2.044	1404 1.776	1836 1.506	2326 1.302	2874 1.144	3640 0.990
25.435	6.5	180 6.635	260 5.263	355 4.332	465 3.662	589 3.160	728 2.770	877 2.467	1135 2.105	1425 1.829	1864 1.550	2362 1.341	2919 1.178	3697 1.020
26.223	6.6	183 6.828	264 5.416	361 4.458	472 3.769	598 3.252	739 2.851	891 2.539	1152 2.166	1447 1.882	1893 1.596	2398 1.380	2963 1.213	3754 1.050
27.024	6.7	186 7.023	268 5.571	366 4.586	479 3.877	607 3.345	750 2.933	904 2.612	1170 2.228	1469 1.936	1922 1.642	2435 1.420	3008 1.247	3811 1.080
27.836	6.8	188 7.222	272 5.729	371 4.715	486 3.987	616 3.440	761 3.016	918 2.686	1187 2.291	1491 1.991	1950 1.688	2471 1.460	3053 1.283	3867 1.110
28.661	6.9	191 7.423	276 5.888	377 4.847	493 4.098	625 3.536	773 3.100	931 2.761	1205 2.355	1513 2.047	1979 1.735	2507 1.501	3098 1.319	3924 1.142
29.498	7.0	194 7.626	280 6.050	382 4.980	500 4.210	634 3.633	784 3.185	945 2.837	1222 2.420	1535 2.103	2008 1.783	2544 1.542	3143 1.355	3981 1.173
30.347	7.1	197 7.832	284 6.214	388 5.115	508 4.324	643 3.731	795 3.272	958 2.914	1240 2.486	1557 2.160	2036 1.831	2580 1.584	3188 1.392	4038 1.205
31.208	7.2	200 8.041	288 6.380	393 5.251	515 4.440	652 3.831	806 3.359	972 2.992	1257 2.552	1579 2.218	2065 1.880	2616 1.627	3233 1.429	4095 1.237
32.081	7.3	202 8.253	292 6.548	399 5.390	522 4.557	661 3.932	817 3.448	985 3.071	1275 2.620	1601 2.276	2094 1.930	2653 1.670	3278 1.467	4152 1.270
32.966	7.4	205 8.467	296 6.718	404 5.530	529 4.676	670 4.035	829 3.538	999 3.151	1292 2.688	1623 2.336	2122 1.980	2689 1.713	3323 1.505	4209 1.303
33.863	7.5	208 8.684	300 6.890	410 5.672	536 4.796	679 4.138	840 3.628	1012 3.232	1310 2.757	1645 2.396	2151 2.031	2725 1.757	3368 1.544	4266 1.337
34.772	7.6	211 8.904	304 7.064	415 5.815	543 4.917	689 4.243	851 3.720	1026 3.314	1327 2.827	1667 2.456	2180 2.083	2762 1.802	3412 1.583	4322 1.371
35.693	7.7	213 9.126	308 7.241	421 5.961	550 5.040	698 4.349	862 3.813	1039 3.397	1344 2.898	1689 2.518	2209 2.135	2798 1.847	3457 1.623	4379 1.405
36.626	7.8	216 9.351	312 7.419	426 6.108	558 5.164	707 4.457	873 3.908	1053 3.481	1362 2.969	1711 2.580	2237 2.188	2834 1.893	3502 1.663	4436 1.440
37.571	7.9	219 9.579	316 7.600	432 6.257	565 5.290	716 4.565	885 4.003	1066 3.566	1379 3.042	1732 2.643	2266 2.241	2871 1.939	3547 1.704	4493 1.475
38.528	8.0	222 9.809	320 7.783	437 6.407	572 5.418	725 4.675	896 4.099	1080 3.651	1397 3.115	1754 2.707	2295 2.296	2907 1.986	3592 1.745	4550 1.511
39.497	8.1	224 10.042	324 7.968	442 6.560	579 5.547	734 4.787	907 4.197	1093 3.738	1414 3.189	1776 2.772	2323 2.350	2943 2.033	3637 1.786	4607 1.547
40.478	8.2	227 10.278	328 8.155	448 6.714	586 5.677	743 4.899	918 4.296	1107 3.826	1432 3.264	1798 2.837	2352 2.406	2980 2.081	3682 1.829	4664 1.583
41.472	8.3	230 10.516	332 8.344	453 6.869	593 5.809	752 5.013	929 4.396	1120 3.915	1449 3.340	1820 2.903	2381 2.462	3016 2.129	3727 1.871	4721 1.620
42.477	8.4	233 10.758	336 8.536	459 7.027	600 5.942	761 5.128	941 4.497	1134 4.005	1467 3.417	1842 2.969	2409 2.518	3052 2.178	3772 1.914	4777 1.657

续表

风量/(m^3/h)
单位摩擦阻力/(Pa/m)

500	560	630	700	800	900	1000	1120	1250	1400	1600	1800	2000
4216 0.771	5282 0.672	6691 0.582	8265 0.512	10803 0.436	13680 0.378	16897 0.333	21204 0.290	26380 0.255	33108 0.222	43267 0.189	54782 0.165	67655 0.145
4286 0.795	5370 0.693	6802 0.601	8403 0.529	10983 0.450	13908 0.390	17178 0.343	21558 0.300	26820 0.263	33660 0.229	43988 0.195	55695 0.170	68783 0.150
4356 0.820	5458 0.715	6914 0.620	8541 0.545	11163 0.464	14136 0.402	17460 0.354	21911 0.309	27259 0.271	34212 0.237	44709 0.202	56608 0.175	69910 0.154
4427 0.845	5546 0.737	7025 0.638	8678 0.562	11343 0.478	14364 0.414	17742 0.365	22265 0.318	27699 0.279	34764 0.244	45430 0.208	57521 0.181	71038 0.159
4497 0.871	5634 0.759	7137 0.658	8816 0.579	11523 0.492	14592 0.427	18023 0.376	22618 0.328	28139 0.288	35315 0.251	46151 0.214	58434 0.186	72165 0.164
4567 0.897	5722 0.782	7248 0.677	8954 0.596	11703 0.507	14820 0.440	18305 0.387	22971 0.338	28578 0.296	35867 0.259	46872 0.220	59347 0.192	73293 0.169
4637 0.923	5810 0.805	7360 0.697	9092 0.613	11883 0.522	15048 0.453	18586 0.399	23325 0.348	29018 0.305	36419 0.266	47593 0.227	60260 0.197	74420 0.174
4708 0.949	5898 0.828	7471 0.717	9229 0.631	12063 0.537	15276 0.466	18868 0.410	23678 0.358	29458 0.314	36971 0.274	48314 0.233	61174 0.203	75548 0.179
4778 0.976	5986 0.851	7583 0.738	9367 0.649	12244 0.552	15504 0.479	19150 0.422	24032 0.368	29897 0.323	37523 0.282	49036 0.240	62087 0.209	76676 0.184
4848 1.004	6074 0.875	7694 0.758	9505 0.667	12424 0.568	15732 0.492	19431 0.434	24385 0.378	30337 0.332	38075 0.290	49757 0.247	63000 0.214	77803 0.189
4918 1.031	6163 0.899	7806 0.779	9643 0.686	12604 0.583	15960 0.506	19713 0.445	24739 0.389	30777 0.341	38626 0.298	50478 0.254	63913 0.220	78931 0.194
4989 1.059	6251 0.924	7917 0.800	9781 0.704	12784 0.599	16188 0.520	19995 0.458	25092 0.399	31216 0.350	39178 0.306	51199 0.261	64826 0.226	80058 0.200
5059 1.088	6339 0.948	8029 0.822	9918 0.723	12964 0.615	16416 0.534	20276 0.470	25445 0.410	31656 0.360	39730 0.314	51920 0.268	65739 0.233	81186 0.205
5129 1.117	6427 0.974	8140 0.844	10056 0.742	13144 0.631	16644 0.548	20558 0.482	25799 0.421	32096 0.369	40282 0.322	52641 0.275	66652 0.239	82314 0.211
5199 1.146	6515 0.999	8252 0.866	10194 0.762	13324 0.648	16872 0.562	20839 0.495	26152 0.432	32535 0.379	40834 0.331	53362 0.282	67565 0.245	83441 0.216
5270 1.175	6603 1.025	8363 0.888	10332 0.781	13504 0.665	17100 0.577	21121 0.508	26506 0.443	32975 0.389	41385 0.339	54083 0.289	68478 0.251	84569 0.222
5340 1.205	6691 1.051	8475 0.910	10469 0.801	13684 0.682	17328 0.591	21403 0.521	26859 0.454	33415 0.399	41937 0.348	54804 0.297	69391 0.258	85696 0.227
5410 1.235	6779 1.077	8586 0.933	10607 0.821	13864 0.699	17556 0.606	21684 0.534	27212 0.466	33854 0.409	42489 0.357	55526 0.304	70304 0.264	86824 0.233
5480 1.266	6867 1.104	8698 0.956	10745 0.842	14044 0.716	17784 0.621	21966 0.547	27566 0.477	34294 0.419	43041 0.366	56247 0.312	71217 0.271	87951 0.239
5551 1.297	6955 1.131	8809 0.980	10883 0.862	14224 0.734	18012 0.636	22247 0.560	27919 0.489	34734 0.429	43593 0.375	56968 0.319	72130 0.277	89079 0.245
5621 1.328	7043 1.158	8921 1.004	11020 0.883	14404 0.751	18240 0.652	22529 0.574	28273 0.501	35173 0.439	44144 0.384	57689 0.327	73043 0.284	90207 0.251
5691 1.360	7131 1.186	9032 1.028	11158 0.904	14584 0.769	18468 0.667	22811 0.588	28626 0.513	35613 0.450	44696 0.393	58410 0.335	73956 0.291	91334 0.257
5762 1.392	7219 1.214	9144 1.052	11296 0.926	14764 0.787	18696 0.683	23092 0.602	28979 0.525	36053 0.461	45248 0.402	59131 0.343	74869 0.298	92462 0.263
5832 1.424	7307 1.242	9255 1.076	11434 0.947	14944 0.806	18924 0.699	23374 0.616	29333 0.537	36492 0.471	45800 0.411	59852 0.351	75782 0.305	93589 0.269
5902 1.457	7395 1.271	9367 1.101	11571 0.969	15124 0.824	19152 0.715	23656 0.630	29686 0.550	36932 0.482	46352 0.421	60573 0.359	76695 0.312	94717 0.275

动压/Pa	风速/(m/s)	外径 D/mm												上行— 下行—
		100	120	140	160	180	200	220	250	280	320	360	400	450
43.495	8.5	236 11.001	340 8.729	464 7.186	608 6.077	770 5.244	952 4.599	1147 4.096	1484 3.495	1864 3.037	2438 2.575	3089 2.228	3817 1.958	4834 1.695
44.524	8.6	238 11.248	344 8.925	470 7.348	615 6.213	779 5.362	963 4.702	1161 4.188	1502 3.573	1886 3.105	2467 2.633	3125 2.278	3861 2.002	4891 1.733
45.565	8.7	241 11.497	348 9.122	475 7.510	622 6.351	788 5.481	974 4.806	1174 4.281	1519 3.652	1908 3.174	2495 2.692	3161 2.329	3906 2.046	4948 1.772
46.619	8.8	244 11.748	352 9.322	481 7.675	629 6.490	797 5.601	985 4.912	1188 4.375	1536 3.732	1930 3.244	2524 2.751	3198 2.380	3951 2.091	5005 1.810
47.684	8.9	247 12.003	356 9.524	486 7.841	636 6.631	806 5.723	997 5.018	1201 4.470	1554 3.813	1952 3.314	2553 2.811	3234 2.431	3996 2.137	5062 1.850
48.762	9.0	249 12.260	360 9.728	492 8.009	643 6.773	815 5.845	1008 5.126	1215 4.566	1571 3.895	1974 3.385	2581 2.871	3270 2.484	4041 2.183	5119 1.890
49.852	9.1	252 12.519	364 9.935	497 8.179	650 6.917	824 5.969	1019 5.235	1228 4.663	1589 3.978	1996 3.457	2610 2.932	3307 2.537	4086 2.229	5176 1.930
50.953	9.2	255 12.782	368 10.143	503 8.351	658 7.062	833 6.095	1030 5.344	1242 4.761	1606 4.062	2018 3.530	2639 2.994	3343 2.590	4131 2.276	5232 1.970
52.067	9.3	258 13.047	372 10.353	508 8.524	665 7.209	843 6.221	1041 5.455	1255 4.860	1624 4.146	2040 3.603	2667 3.056	3380 2.644	4176 2.323	5289 2.011
53.193	9.4	260 13.315	376 10.566	514 8.699	672 7.357	852 6.349	1053 5.568	1269 4.959	1641 4.231	2061 3.677	2696 3.119	3416 2.698	4221 2.371	5346 2.053
54.331	9.5	263 13.585	380 10.780	519 8.876	679 7.506	861 6.478	1064 5.681	1282 5.060	1659 4.317	2083 3.752	2725 3.182	3452 2.753	4266 2.419	5403 2.095
55.480	9.6	266 13.858	384 10.997	524 9.055	686 7.657	870 6.609	1075 5.795	1296 5.162	1676 4.404	2105 3.828	2753 3.246	3489 2.809	4310 2.468	5460 2.137
56.642	9.7	269 14.134	388 11.216	530 9.235	693 7.810	879 6.740	1086 5.911	1309 5.265	1694 4.492	2127 3.904	2782 3.311	3525 2.865	4355 2.517	5517 2.180
57.816	9.8	272 14.412	392 11.437	535 9.417	701 7.964	888 6.873	1097 6.027	1323 5.369	1711 4.581	2149 3.981	2811 3.377	3561 2.921	4400 2.567	5574 2.223
59.002	9.9	274 14.693	396 11.660	541 9.601	708 8.119	897 7.007	1108 6.145	1336 5.474	1729 4.670	2171 4.059	2840 3.443	3598 2.978	4445 2.617	5631 2.266
60.200	10.0	277 14.977	400 11.885	546 9.786	715 8.276	906 7.143	1120 6.264	1350 5.580	1746 4.761	2193 4.138	2868 3.509	3634 3.036	4490 2.668	5687 2.310
61.410	10.1	280 15.263	404 12.113	552 9.973	722 8.435	915 7.280	1131 6.384	1363 5.687	1763 4.852	2215 4.217	2897 3.577	3670 3.094	4535 2.719	5744 2.354
62.632	10.2	283 15.552	408 12.342	557 10.162	729 8.594	924 7.418	1142 6.505	1377 5.795	1781 4.944	2237 4.297	2926 3.644	3707 3.153	4580 2.771	5801 2.399
63.866	10.3	285 15.844	412 12.574	563 10.353	736 8.756	933 7.557	1153 6.627	1390 5.904	1798 5.037	2259 4.378	2954 3.713	3743 3.212	4625 2.823	5858 2.444
65.112	10.4	288 16.138	416 12.808	568 10.546	743 8.919	947 7.671	1164 6.750	1404 6.013	1816 5.131	2281 4.459	2983 3.782	3779 3.272	4670 2.876	5915 2.490
66.371	10.5	291 16.435	420 13.043	574 10.740	751 9.083	951 7.839	1176 6.875	1417 6.124	1833 5.225	2303 4.542	3012 3.852	3816 3.333	4715 2.929	5972 2.536
67.641	10.6	294 16.735	424 13.281	579 10.936	758 9.249	960 7.982	1187 7.000	1431 6.236	1851 5.321	2325 4.625	3040 3.922	3852 3.393	4759 2.982	6029 2.582
68.923	10.7	297 17.037	428 13.521	585 11.134	765 9.416	969 8.127	1198 7.127	1444 6.349	1868 5.417	2347 4.708	3069 3.993	3896 3.451	4804 3.036	6086 2.629
70.217	10.8	299 17.342	432 13.764	590 11.333	772 9.585	978 8.273	1209 7.255	1458 6.463	1886 5.514	2368 4.793	3098 4.065	3925 3.517	4849 3.091	6142 2.676
71.524	10.9	302 17.650	436 14.008	595 11.534	779 9.755	987 8.419	1220 7.384	1471 6.578	1903 5.612	2390 4.878	3126 4.137	3961 3.580	4894 3.146	6199 2.724

续表

风量/(m^3/h)
单位摩擦阻力/(Pa/m)

500	560	630	700	800	900	1000	1120	1250	1400	1600	1800	2000
5972 1.490	7483 1.300	9478 1.126	11709 0.991	15304 0.843	19380 0.731	23937 0.644	30040 0.562	37372 0.493	46903 0.431	61294 0.367	77608 0.319	95845 0.281
6043 1.524	7571 1.329	9590 1.151	11847 1.013	15484 0.862	19608 0.748	24219 0.659	30393 0.575	37811 0.504	47455 0.440	62016 0.375	78521 0.326	96972 0.288
6113 1.558	7659 1.358	9701 1.177	11985 1.036	15665 0.881	19836 0.764	24500 0.673	30746 0.588	38251 0.516	48007 0.450	62737 0.384	79434 0.333	98100 0.294
6183 1.592	7747 1.388	9813 1.203	12122 1.059	15845 0.901	20064 0.781	24782 0.688	31100 0.601	38691 0.527	48559 0.460	63458 0.392	80347 0.341	99227 0.301
6253 1.627	7835 1.418	9924 1.229	12260 1.082	16025 0.920	20292 0.798	25064 0.703	31453 0.614	39130 0.538	49111 0.470	64179 0.401	81260 0.348	100355 0.307
6324 1.662	7923 1.449	10036 1.256	12398 1.105	16205 0.940	20520 0.816	25345 0.718	31807 0.627	39570 0.550	49662 0.480	64900 0.409	82173 0.356	101482 0.314
6394 1.697	8011 1.480	10147 1.282	12536 1.128	16385 0.960	20748 0.833	25627 0.734	32160 0.640	40010 0.562	50106 0.491	65621 0.418	83086 0.363	102610 0.320
6464 1.733	8099 1.511	10259 1.309	12673 1.152	16565 0.980	20976 0.850	25908 0.749	32514 0.654	40449 0.574	50766 0.501	66342 0.427	83999 0.371	103738 0.327
6534 1.769	8187 1.542	10370 1.337	12811 1.176	16745 1.001	21204 0.868	26190 0.765	32867 0.667	40889 0.586	51318 0.511	67063 0.436	84912 0.379	104865 0.334
6605 1.805	8275 1.574	10482 1.364	12949 1.201	16925 1.021	21433 0.886	26472 0.780	33220 0.681	41329 0.598	51870 0.522	67784 0.445	85826 0.386	105993 0.341
6675 1.842	8363 1.606	10593 1.392	13087 1.225	17105 1.042	21661 0.904	26753 0.796	33574 0.695	41769 0.610	52421 0.532	68506 0.454	86739 0.394	107120 0.348
6745 1.879	8451 1.639	10705 1.420	13224 1.250	17285 1.063	21889 0.922	27035 0.813	33927 0.709	42208 0.622	52973 0.543	69227 0.463	87652 0.402	108248 0.355
6815 1.917	8540 1.671	10816 1.448	13362 1.275	17465 1.085	22117 0.941	27317 0.829	34281 0.723	42648 0.635	53525 0.554	69948 0.472	88565 0.410	109376 0.362
6886 1.954	8628 1.704	10928 1.477	13500 1.300	17645 1.106	22345 0.959	27598 0.845	34634 0.738	43088 0.647	54077 0.565	70669 0.482	89478 0.419	110503 0.369
6956 1.993	8716 1.738	11039 1.506	13638 1.325	17825 1.128	22573 0.978	27880 0.862	34987 0.752	43527 0.660	54629 0.576	71390 0.491	30391 0.427	111631 0.376
7026 2.031	8804 1.771	11151 1.535	13775 1.351	18005 1.150	22801 0.997	28161 0.878	35341 0.767	43967 0.673	55180 0.587	72111 0.501	91304 0.435	112758 0.384
7096 2.070	8892 1.805	11262 1.565	13913 1.377	18185 1.172	23029 1.016	28443 0.895	35694 0.781	44407 0.686	55732 0.599	72832 0.510	92217 0.443	113886 0.391
7167 2.110	8980 1.840	11374 1.594	14051 1.403	18365 1.194	23257 1.036	28725 0.912	36048 0.796	44846 0.699	56284 0.610	73553 0.520	93130 0.452	115013 0.399
7237 2.149	9068 1.874	11485 1.624	14189 1.430	18545 1.216	23485 1.055	29006 0.930	36401 0.811	45286 0.712	56836 0.621	74274 0.530	94043 0.460	116141 0.406
7307 2.189	9156 1.909	11597 1.655	14326 1.456	18725 1.239	23713 1.075	29288 0.947	36754 0.826	45726 0.725	57388 0.633	74996 0.540	94956 0.469	117269 0.414
7378 2.230	9244 1.945	11708 1.685	14464 1.483	18905 1.262	23941 1.095	29569 0.964	37108 0.842	46165 0.739	57939 0.645	75717 0.550	95869 0.478	118396 0.421
7448 2.271	9332 1.980	11820 1.716	14602 1.510	19086 1.285	24169 1.115	29851 0.982	37461 0.857	46605 0.752	58491 0.657	76438 0.560	96782 0.486	119524 0.429
7518 2.312	9420 2.016	11932 1.747	14740 1.538	19266 1.308	24397 1.135	30133 1.000	37815 0.873	47045 0.766	59043 0.669	77159 0.570	97695 0.495	120651 0.437
7588 2.353	9508 2.052	12043 1.779	14877 1.565	19446 1.332	24625 1.156	30414 1.018	38168 0.888	47484 0.779	59595 0.681	77880 0.580	98608 0.504	121779 0.445
7659 2.395	9596 2.089	12155 1.810	15015 1.593	19626 1.356	24853 1.176	30696 1.036	38521 0.904	47924 0.793	60147 0.693	78601 0.591	99521 0.513	122907 0.453

动压/Pa	风速/(m/s)	外径 D/mm												上行— 下行—
		100	120	140	160	180	200	220	250	280	320	360	400	450
72.842	11.0	305 17.960	440 14.254	601 11.737	786 9.927	997 8.568	1232 7.514	1485 6.693	1921 5.711	2412 4.964	3155 4.210	3997 3.643	4939 3.201	6256 2.772
74.172	11.1	308 18.273	444 14.503	606 11.942	793 10.100	1006 8.717	1243 7.645	1498 6.810	1938 5.811	2434 5.051	3184 4.284	4034 3.706	4984 3.257	6313 2.820
75.515	11.2	310 18.589	448 14.753	612 12.148	801 10.274	1015 8.868	1254 7.777	1512 6.928	1956 5.911	2456 5.138	3212 4.358	4070 3.770	5029 3.314	6370 2.869
76.869	11.3	313 18.907	452 15.006	617 12.356	808 10.450	1024 9.020	1265 7.910	1525 7.047	1973 6.013	2478 5.226	3241 4.433	4106 3.835	5074 3.370	6427 2.918
78.236	11.4	316 19.228	456 15.261	623 12.566	815 10.628	1033 9.173	1276 8.045	1539 7.167	1990 6.115	2500 5.315	3270 4.508	4143 3.900	5119 3.428	6484 2.968
79.615	11.5	319 19.552	460 15.518	628 12.778	822 10.807	1042 9.328	1288 8.180	1552 7.288	2008 6.218	2522 5.405	3298 4.584	4179 3.966	5164 3.486	6541 3.018
81.005	11.6	321 19.878	464 15.777	634 12.991	829 10.988	1051 9.484	1299 8.317	1566 7.409	2025 6.322	2544 5.495	3327 4.661	4215 4.033	5208 3.544	6597 3.069
82.408	11.7	324 20.207	468 16.038	639 13.206	836 11.170	1060 9.641	1310 8.455	1579 7.532	2043 6.427	2566 5.586	3356 4.738	4252 4.099	5253 3.603	6654 3.120
83.822	11.8	327 20.539	472 16.301	645 13.423	843 11.353	1069 9.799	1321 8.594	1593 7.656	2060 6.533	2588 5.678	3384 4.816	4288 4.167	5298 3.662	6711 3.171
85.249	11.9	330 20.873	476 16.567	650 13.642	851 11.538	1078 9.959	1332 8.734	1606 7.781	2078 6.639	2610 5.771	3413 4.895	4324 4.235	5343 3.722	6768 3.223
86.688	12.0	333 21.210	480 16.834	656 13.862	858 11.724	1087 10.120	1344 8.875	1620 7.906	2095 6.746	2632 5.864	3442 4.974	4361 4.303	5388 3.782	6825 3.275
88.139	12.1	335 21.549	484 17.104	661 14.084	865 11.912	1096 10.282	1355 9.017	1633 8.033	2113 6.855	2654 5.958	3471 5.054	4397 4.372	5433 3.843	6882 3.327
89.602	12.2	338 21.892	488 17.375	666 14.308	872 12.102	1105 10.445	1366 9.161	1647 8.161	2130 6.964	2675 6.053	3499 5.134	4433 4.442	5478 3.904	6939 3.380
91.077	12.3	341 22.236	492 17.649	672 14.534	879 12.292	1114 10.610	1377 9.305	1660 8.290	2148 7.074	2697 6.148	3528 5.215	4470 4.512	5523 3.965	6996 3.434
92.564	12.4	344 22.584	496 17.925	677 14.761	886 12.485	1123 10.776	1388 9.451	1674 8.419	2165 7.184	2719 6.245	3557 5.297	4506 4.583	5568 4.028	7052 3.487
94.063	12.5	346 22.934	500 18.203	683 14.990	894 12.678	1132 10.943	1400 9.598	1687 8.550	2183 7.296	2741 6.342	3585 5.379	4542 4.654	5613 4.090	7109 3.542
95.574	12.6	349 23.287	504 18.483	688 15.221	901 12.874	1141 11.112	1411 9.745	1701 8.682	2200 7.408	2763 6.439	3614 5.462	4579 4.726	5657 4.153	7166 3.596
97.097	12.7	352 23.643	508 18.766	694 15.453	908 13.070	1151 11.282	1422 9.894	1714 8.815	2217 7.522	2785 6.538	3643 5.545	4615 4.798	5702 4.217	7223 3.651
98.632	12.8	355 24.001	513 19.050	699 15.687	915 13.269	1160 11.453	1433 10.044	1728 8.948	2235 7.636	2807 6.637	3671 5.630	4651 4.871	5747 4.281	7280 3.707
100.179	12.9	357 24.362	517 19.337	705 15.923	922 13.468	1169 11.625	1444 10.196	1741 9.083	2252 7.751	2829 6.737	3700 5.714	4688 4.944	5792 4.345	7337 3.763
101.738	13.0	360 24.725	521 19.625	710 16.161	929 13.669	1178 11.799	1456 10.348	1755 9.219	2270 7.866	2851 6.838	3729 5.800	4724 5.018	5837 4.410	7394 3.819
103.309	13.1	363 25.091	525 19.916	716 16.401	936 13.872	1187 11.974	1467 10.501	1768 9.355	2287 7.983	2873 6.939	3757 5.886	4760 5.093	5882 4.476	7451 3.876
104.892	13.2	366 25.460	529 20.209	721 16.642	944 14.076	1196 12.150	1478 10.656	1782 9.493	2305 8.101	2895 7.041	3786 5.973	4797 5.168	5927 4.542	7507 3.933
106.488	13.3	369 25.832	533 20.504	727 16.885	951 14.281	1205 12.327	1489 10.812	1795 9.632	2322 8.219	2917 7.144	3815 6.060	4833 5.243	5972 4.608	7564 3.990
108.095	13.4	371 26.206	537 20.801	732 17.129	958 14.488	1214 12.506	1500 10.968	1809 9.772	2340 8.338	2939 7.248	3843 6.148	4869 5.319	6017 4.675	7621 4.048

续表

风量/(m^3/h)
单位摩擦阻力/(Pa/m)

500	560	630	700	800	900	1000	1120	1250	1400	1600	1800	2000
7729 2.437	9684 2.126	12266 1.842	15153 1.621	19806 1.380	25081 1.197	30977 1.054	38875 0.920	48364 0.807	60698 0.705	79322 0.601	100434 0.522	124034 0.461
7799 2.480	9772 2.163	12378 1.874	15291 1.650	19986 1.404	25309 1.218	31259 1.073	39228 0.936	48803 0.822	61250 0.717	80043 0.612	101347 0.531	125162 0.469
7869 2.523	9860 2.200	12489 1.907	15428 1.678	20166 1.428	25537 1.239	31541 1.091	39582 0.952	49243 0.836	61802 0.730	80764 0.622	102260 0.541	126289 0.477
7940 2.566	9948 2.238	12601 1.940	15566 1.707	20346 1.453	25765 1.260	31822 1.110	39935 0.969	49683 0.850	62354 0.742	81486 0.633	103173 0.550	127417 0.485
8010 2.610	10036 2.276	12712 1.973	15704 1.736	20526 1.477	25993 1.282	32104 1.129	40288 0.985	50122 0.865	62906 0.755	82207 0.644	104086 0.559	128544 0.493
8080 2.654	10124 2.315	12824 2.006	15842 1.766	20706 1.502	26221 1.303	32386 1.148	40642 1.002	50562 0.879	63458 0.768	82928 0.655	104999 0.569	129672 0.502
8150 2.699	10212 2.353	12935 2.040	15979 1.795	20886 1.528	26449 1.325	32667 1.167	40995 1.019	51002 0.894	64009 0.781	83649 0.665	105912 0.578	130800 0.510
8221 2.743	10300 2.393	13047 2.074	16117 1.825	21066 1.553	26677 1.347	32949 1.187	41349 1.036	51441 0.909	64561 0.794	84370 0.677	106825 0.588	131927 0.519
8291 2.788	10388 2.432	13158 2.108	16255 1.855	21246 1.578	26905 1.369	33230 1.206	41702 1.053	51881 0.924	65113 0.807	85091 0.688	107738 0.598	133055 0.527
8361 2.834	10476 2.472	13270 2.142	16393 1.885	21426 1.604	27133 1.392	33512 1.226	42056 1.070	52321 0.939	65665 0.820	85812 0.699	108651 0.607	134182 0.536
8431 2.880	10564 2.512	13381 2.177	16530 1.916	21606 1.630	27361 1.414	33794 1.246	42409 1.087	52760 0.954	66217 0.833	86533 0.710	109564 0.617	135310 0.545
8502 2.926	10652 2.552	13493 2.212	16668 1.947	21786 1.656	27589 1.437	34075 1.266	42762 1.105	53200 0.970	66768 0.847	87254 0.722	110478 0.627	136438 0.553
8572 2.973	10740 2.593	13604 2.247	16806 1.978	21966 1.683	27817 1.460	34357 1.286	43116 1.122	53640 0.985	67320 0.860	87976 0.733	111391 0.637	137565 0.562
8642 3.020	10828 2.634	13716 2.283	16944 2.009	22146 1.709	28045 1.483	34638 1.306	43469 1.140	54079 1.001	67872 0.874	88697 0.745	112304 0.647	138693 0.571
8713 3.067	10916 2.675	13827 2.318	17081 2.040	22326 1.736	28273 1.506	34920 1.327	43823 1.158	54519 1.016	68424 0.887	89418 0.757	113217 0.657	139820 0.580
8783 3.115	11005 2.716	13939 2.354	17219 2.072	22507 1.763	28501 1.530	35202 1.348	44176 1.176	54959 1.032	68976 0.901	90139 0.768	114130 0.668	140948 0.589
8853 3.163	11093 2.758	14050 2.391	17357 2.104	22687 1.791	28729 1.553	35483 1.368	44529 1.194	55398 1.048	69527 0.915	90860 0.780	115043 0.678	142075 0.598
8923 3.211	11181 2.801	14162 2.427	17495 2.136	22867 1.818	28957 1.577	35765 1.389	44883 1.213	55838 1.064	70079 0.929	91581 0.792	115956 0.688	143203 0.607
8994 3.260	11269 2.843	14273 2.464	17632 2.169	23047 1.846	29185 1.601	36047 1.411	45236 1.231	56278 1.080	70631 0.943	92302 0.804	116869 0.699	144331 0.617
9064 3.309	11357 2.886	14385 2.501	17770 2.202	23227 1.873	29413 1.625	36328 1.432	45590 1.250	56717 1.097	71183 0.957	93023 0.816	117782 0.709	145458 0.626
9134 3.359	11445 2.929	14496 2.539	17908 2.235	23407 1.901	29641 1.650	36610 1.453	45943 1.268	57157 1.113	71735 0.972	93744 0.829	118695 0.720	146586 0.635
9204 3.408	11533 2.973	14608 2.576	18046 2.268	23587 1.930	29869 1.674	36891 1.475	46296 1.287	57597 1.130	72286 0.986	94466 0.841	119608 0.731	147713 0.645
9275 3.459	11621 3.017	14719 2.614	18183 2.301	23767 1.958	30097 1.699	37173 1.497	46650 1.306	58036 1.146	72838 1.001	95187 0.853	120521 0.742	148841 0.654
9345 3.509	11709 3.061	14831 2.653	18321 2.335	23947 1.987	30325 1.724	37455 1.519	47003 1.325	58476 1.163	73390 1.016	95908 0.866	121434 0.752	149969 0.664
9415 3.560	11797 3.105	14942 2.691	18459 2.369	24127 2.016	30553 1.749	37736 1.541	47357 1.345	58916 1.180	73942 1.030	96629 0.878	122347 0.763	151096 0.673

动压/Pa	风速/(m/s)	外径 D/mm												上行— 下行—
		100	120	140	160	180	200	220	250	280	320	360	400	450
109.715	13.5	374 26.582	541 21.100	737 17.376	965 14.697	1223 12.686	1512 11.126	1822 9.912	2357 8.458	2961 7.352	3872 6.236	4906 5.396	6062 4.742	7678 4.107
111.346	13.6	377 26.962	545 21.401	743 17.624	972 14.907	1232 12.867	1523 11.285	1836 10.054	2375 8.579	2983 7.457	3901 6.325	4942 5.473	6106 4.810	7735 4.165
112.989	13.7	380 27.344	549 21.704	748 17.874	979 15.118	1241 13.050	1534 11.445	1849 10.197	2392 8.701	3004 7.563	3929 6.415	4978 5.551	6151 4.879	7792 4.224
114.645	13.8	382 27.729	553 22.010	754 18.125	986 15.331	1250 13.234	1545 11.606	1863 10.340	2409 8.824	3026 7.670	3958 6.506	5015 5.629	6196 4.947	7849 4.284
116.312	13.9	385 28.116	557 22.318	759 18.379	994 15.545	1259 13.419	1556 11.769	1876 10.485	2427 8.947	3048 7.777	3987 6.597	5051 5.708	6241 5.017	7906 4.344
117.992	14.0	388 28.506	561 22.627	765 18.634	1001 15.761	1268 13.605	1568 11.932	1890 10.630	2444 9.071	3070 7.885	4015 6.688	5087 5.787	6286 5.086	7962 4.404
119.684	14.1	391 28.899	565 22.939	770 18.891	1008 15.979	1277 13.792	1579 12.097	1903 10.777	2462 9.196	3092 7.994	4044 6.781	5124 5.867	6331 5.157	8019 4.465
121.387	14.2	394 29.294	569 23.253	776 19.149	1015 16.197	1286 13.981	1590 12.262	1917 10.925	2479 9.322	3114 8.103	4073 6.874	5160 5.948	6376 5.227	8076 4.526
123.103	14.3	396 29.692	573 23.569	781 19.410	1022 16.418	1295 14.171	1601 12.429	1930 11.073	2497 9.449	3136 8.214	4102 6.967	5196 6.029	6421 5.298	8133 4.588
124.831	14.4	399 30.093	577 23.887	787 19.672	1029 16.639	1305 14.363	1612 12.597	1944 11.223	2514 9.577	3158 8.325	4130 7.061	5233 6.110	6466 5.370	8190 4.650
126.571	14.5	402 30.496	581 24.207	792 19.935	1036 16.862	1314 14.556	1624 12.766	1957 11.373	2532 9.705	3180 8.436	4159 7.156	5269 6.192	6511 5.442	8247 4.713
128.322	14.6	405 30.902	585 24.530	798 20.201	1044 17.087	1323 14.749	1635 12.936	1971 11.525	2549 9.835	3202 8.549	4188 7.252	5305 6.275	6555 5.515	8304 4.775
130.086	14.7	407 31.311	589 24.854	803 20.468	1051 17.313	1332 14.945	1646 13.107	1984 11.678	2567 9.965	3224 8.662	4216 7.348	5342 6.358	6600 5.588	8361 4.839
131.862	14.8	410 31.722	593 25.181	809 20.737	1058 17.541	1341 15.141	1657 13.280	1998 11.831	2584 10.096	3246 8.776	4245 7.444	5378 6.441	6645 5.661	8417 4.902
133.650	14.9	413 32.136	597 25.509	814 21.008	1065 17.770	1350 15.339	1668 13.453	2011 11.986	2602 10.228	3268 8.891	4274 7.542	5414 6.526	6690 5.735	8474 4.966
135.450	15.0	416 32.553	601 25.840	819 21.280	1072 18.000	1359 15.538	1680 13.628	2025 12.141	2619 10.361	3290 9.006	4302 7.640	5451 6.610	6735 5.810	8531 5.031
137.262	15.1	418 32.972	605 26.173	825 21.555	1079 18.232	1368 15.738	1691 13.803	2038 12.298	2636 10.494	3311 9.122	4331 7.738	5487 6.696	6780 5.885	8588 5.096
139.086	15.2	421 33.394	609 26.508	830 21.831	1087 18.466	1377 15.940	1702 13.980	2052 12.455	2654 10.629	3333 9.239	4360 7.837	5523 6.781	6825 5.960	8645 5.161
140.922	15.3	424 33.818	613 26.845	836 22.108	1094 18.701	1386 16.142	1713 14.158	2065 12.614	2671 10.764	3355 9.357	4388 7.937	5560 6.868	6870 6.036	8702 5.227
142.770	15.4	427 34.245	617 27.184	841 22.388	1101 18.937	1395 16.347	1724 14.337	2079 12.773	2689 10.900	3377 9.475	4417 8.037	5596 6.955	6915 6.113	8759 5.293
144.631	15.5	430 34.675	621 27.526	847 22.669	1108 19.175	1404 16.552	1736 14.517	2092 12.934	2706 11.037	3399 9.594	4446 8.138	5633 7.042	6960 6.189	8816 5.360
146.503	15.6	432 35.108	625 27.869	852 22.952	1115 19.414	1413 16.759	1747 14.699	2106 13.095	2724 11.175	3421 9.714	4474 8.240	5669 7.130	7004 6.267	8872 5.427
148.387	15.7	435 35.543	629 28.214	858 23.236	1122 19.655	1422 16.966	1758 14.881	2119 13.258	2741 11.314	3443 9.835	4503 8.342	5705 7.219	7049 6.345	8929 5.494
150.283	15.8	438 35.981	633 28.562	863 23.523	1129 19.897	1431 17.176	1769 15.064	2133 13.421	2759 11.453	3465 9.956	4532 8.445	5742 7.308	7094 6.423	8986 5.562
152.192	15.9	441 36.421	637 28.912	869 23.811	1137 20.141	1440 17.386	1780 15.249	2146 13.586	2776 11.594	3487 10.078	4560 8.549	5778 7.397	7139 6.502	9043 5.630

续表

风量/(m^3/h)
单位摩擦阻力/(Pa/m)

500	560	630	700	800	900	1000	1120	1250	1400	1600	1800	2000
9485 3.611	11885 3.150	15054 2.730	18597 2.403	24307 2.045	30781 1.774	38018 1.563	47710 1.364	59355 1.197	74494 1.045	97350 0.891	123260 0.774	152224 0.683
9556 3.663	11973 3.195	15165 2.769	18735 2.437	24487 2.074	31009 1.799	38299 1.585	48063 1.384	59795 1.214	75045 1.060	98071 0.904	124173 0.785	153351 0.693
9626 3.715	12061 3.240	15277 2.808	18872 2.472	24667 2.104	31237 1.825	38581 1.608	48417 1.403	60235 1.231	75597 1.075	98792 0.917	125086 0.797	154479 0.703
9696 3.768	12149 3.286	15388 2.848	19010 2.507	24847 2.133	31465 1.851	38863 1.630	48770 1.423	60674 1.249	76149 1.090	99513 0.930	125999 0.808	155606 0.713
9766 3.820	12237 3.332	15500 2.888	19148 2.542	25027 2.163	31693 1.877	39144 1.653	49124 1.443	61114 1.266	76701 1.106	100234 0.943	126912 0.819	156734 0.723
9837 3.873	12325 3.378	15611 2.928	19286 2.577	25207 2.193	31921 1.903	39426 1.676	49477 1.463	61554 1.284	77253 1.121	100956 0.956	127825 0.831	157862 0.733
9907 3.927	12413 3.425	15723 2.969	19423 2.613	25387 2.223	32149 1.929	39708 1.699	49830 1.483	61993 1.302	77804 1.137	101677 0.969	128738 0.842	158989 0.743
9977 3.981	12501 3.472	15834 3.009	19561 2.649	25567 2.254	32377 1.956	39989 1.723	50184 1.504	62433 1.320	78356 1.152	102398 0.982	129651 0.854	160117 0.753
10048 4.035	12589 3.519	15946 3.050	19699 2.685	25747 2.285	32605 1.982	40271 1.746	50537 1.524	62873 1.338	78908 1.168	103119 0.996	130564 0.865	161244 0.763
10118 4.090	12677 3.567	16057 3.092	19837 2.721	25928 2.316	32833 2.009	40552 1.770	50891 1.545	63312 1.356	79460 1.184	103840 1.009	131477 0.877	162372 0.774
10188 4.145	12765 3.615	16169 3.133	19974 2.785	26108 2.347	33061 2.036	40834 1.794	51244 1.566	63752 1.374	80012 1.200	104561 1.023	132390 0.889	163500 0.784
10258 4.200	12853 3.663	16280 3.175	20112 2.795	26288 2.378	33289 2.063	41116 1.818	51598 1.586	64192 1.392	80563 1.216	105282 1.036	133303 0.901	164627 0.795
10329 4.255	12941 3.712	16392 3.217	20250 2.832	26468 2.410	33517 2.091	41397 1.842	51951 1.608	64631 1.411	81115 1.232	106003 1.050	134216 0.913	165755 0.805
10399 4.312	13029 3.761	16503 3.259	20388 2.869	26648 2.411	33745 2.118	41679 1.866	52304 1.629	65071 1.429	81667 1.248	106724 1.064	135130 0.925	166882 0.816
10469 4.368	13117 3.810	16615 3.302	20525 2.906	26828 2.473	33973 2.146	41960 1.890	52658 1.650	65511 1.448	82219 1.264	107446 1.078	136043 0.937	168010 0.827
10539 4.425	13205 3.859	16726 3.345	20663 2.944	27008 2.505	34201 2.174	42242 1.915	53011 1.671	65950 1.467	82771 1.281	108167 1.092	136956 0.949	169137 0.837
10610 4.482	13293 3.909	16838 3.388	20801 2.982	27188 2.538	34429 2.202	42524 1.940	53365 1.693	66390 1.486	83322 1.297	108888 1.106	137869 0.961	170265 0.848
10680 4.539	13381 3.959	16949 3.432	20939 3.020	27368 2.570	34657 2.230	42805 1.965	53718 1.715	66830 1.505	83874 1.314	109609 1.120	138782 0.974	171393 0.859
10750 4.597	13470 4.010	17061 3.475	21076 3.059	27548 2.603	34885 2.259	43087 1.990	54071 1.737	67269 1.524	84426 1.331	110330 1.135	139695 0.986	172520 0.870
10820 4.655	13558 4.060	17172 3.519	21214 3.098	27728 2.636	35113 2.287	43368 2.015	54425 1.759	67709 1.543	84978 1.348	111051 1.149	140608 0.999	173648 0.881
10891 4.714	13646 4.111	17284 3.564	21352 3.137	27908 2.669	35341 2.316	43650 2.040	54778 1.781	68149 1.563	85530 1.365	111772 1.163	141521 1.011	174775 0.892
10961 4.773	13734 4.163	17395 3.608	21490 3.176	28088 2.703	35569 2.345	43932 2.066	55132 1.803	68588 1.582	86081 1.382	112493 1.178	142434 1.024	175903 0.903
11031 4.832	13822 4.215	17507 3.653	21627 3.215	28268 2.736	35797 2.374	44213 2.092	55485 1.826	69028 1.602	86633 1.399	113214 1.193	143347 1.037	177031 0.914
11101 4.892	13910 4.267	17618 3.698	21765 3.255	28448 2.770	36025 2.403	44495 2.117	55838 1.848	69468 1.622	87185 1.416	113936 1.207	144260 1.049	178158 0.926
11172 4.952	13998 4.319	17730 3.743	21903 3.295	28628 2.804	36253 2.433	44777 2.143	56192 1.871	69907 1.642	87737 1.434	114657 1.222	145173 1.062	179286 0.937

动压/Pa	风速/(m/s)	外径 D/mm												上行— 下行—
		100	120	140	160	180	200	220	250	280	320	360	400	450
154.112	16.0	443 36.864	641 29.264	874 24.101	1144 20.386	1450 17.598	1792 15.435	2160 13.751	2794 11.735	3509 10.201	4589 8.653	5814 7.487	7184 6.581	9100 5.699
156.044	16.1	446 37.310	645 29.618	880 24.392	1151 20.633	1459 17.811	1803 15.621	2173 13.918	2811 11.877	3531 10.324	4618 8.758	5851 7.578	7229 6.661	9157 5.768
157.989	16.2	449 37.759	649 29.974	885 24.685	1158 20.881	1468 18.025	1814 15.809	2187 14.085	2829 12.020	3553 10.448	4647 8.863	5887 7.669	7274 6.741	9214 5.837
159.945	16.3	452 38.210	653 30.332	890 24.980	1165 21.130	1477 18.240	1825 15.998	2200 14.253	2846 12.164	3575 10.573	4675 8.969	5923 7.761	7319 6.821	9271 5.907
161.914	16.4	454 38.663	657 30.692	896 25.277	1172 21.382	1486 18.457	1836 16.189	2214 14.423	2863 12.308	3597 10.699	4704 9.076	5960 7.853	7364 6.903	9327 5.977
163.895	16.5	457 39.120	661 31.055	901 25.576	1179 21.634	1495 18.675	1847 16.380	2227 14.593	2881 12.454	3618 10.826	4733 9.183	5996 7.946	7409 6.984	9384 6.048
165.887	16.6	460 39.579	665 31.419	907 25.876	1187 21.888	1504 18.894	1859 16.572	2241 14.765	2898 12.600	3640 10.953	4761 9.291	6032 8.040	7453 7.066	9441 6.119
167.892	16.7	463 40.041	669 31.786	912 26.178	1194 22.144	1513 19.115	1870 16.766	2254 14.937	2916 12.747	3662 11.081	4790 9.400	6069 8.134	7498 7.149	9498 6.191
169.908	16.8	466 40.505	673 32.154	918 26.482	1201 22.400	1522 19.337	1881 16.960	2268 15.110	2933 12.895	3684 11.209	4819 9.509	6105 8.228	7543 7.232	9555 6.263
171.937	16.9	468 40.972	677 32.525	923 26.787	1208 22.659	1531 19.560	1892 17.156	2281 15.285	2951 13.044	3706 11.339	4847 9.619	6141 8.323	7588 7.315	9612 6.335
173.978	17.0	471 41.442	681 32.898	929 27.094	1215 22.919	1540 19.784	1903 17.353	2295 15.460	2968 13.193	3728 11.469	4876 9.729	6178 8.419	7633 7.399	9669 6.408
176.031	17.1	474 41.914	685 33.273	934 27.403	1222 23.180	1549 20.010	1915 17.551	2308 15.637	2986 13.344	3750 11.600	4905 9.840	6214 8.515	7678 7.484	9726 6.481
178.096	17.2	477 42.389	689 33.650	940 27.714	1229 23.443	1558 20.237	1926 17.750	2322 15.814	3003 13.495	3772 11.731	4933 9.952	6250 8.611	7723 7.569	9783 6.554
180.173	17.3	479 42.867	693 34.029	945 28.026	1237 23.707	1567 20.465	1937 17.950	2335 15.992	3021 13.648	3794 11.864	4962 10.064	6287 8.708	7768 7.654	9839 6.628
182.262	17.4	482 43.347	697 32.411	951 28.340	1244 23.973	1576 20.694	1948 18.151	2349 16.172	3038 13.801	3816 11.997	4991 10.177	6323 8.806	7813 7.740	9896 6.703
184.363	17.5	485 43.830	701 34.794	956 28.656	1251 24.240	1585 20.925	1959 18.353	2362 16.352	3056 13.955	3838 12.131	5019 10.290	6359 8.904	7858 7.826	9953 6.777
186.476	17.6	488 44.315	705 35.180	961 28.974	1258 24.509	1594 21.157	1971 18.557	2376 16.533	3073 14.109	3860 12.265	5048 10.404	6396 9.003	7902 7.913	10010 6.853
188.601	17.7	490 44.803	709 35.567	967 29.293	1265 24.779	1604 21.390	1982 18.762	2389 16.716	3090 14.265	3882 12.400	5077 10.519	6432 9.103	7947 8.000	10067 6.928
190.738	17.8	493 45.294	713 35.957	972 29.614	1272 25.051	1613 21.625	1993 18.967	2403 16.899	3108 14.421	3904 12.536	5105 10.635	6468 9.202	7992 8.088	10124 7.004
192.887	17.9	496 45.788	717 36.349	978 29.937	1279 25.324	1622 21.861	2004 19.174	2416 17.083	3125 14.579	3926 12.673	5134 10.751	6505 9.303	8037 8.177	10181 7.081
195.048	18.0	499 46.284	721 36.743	983 30.261	1287 25.598	1631 22.098	2015 19.382	2430 17.268	3143 14.737	3947 12.811	5163 10.867	6541 9.404	8082 8.265	10237 7.158
197.221	18.1	502 46.783	725 37.139	989 30.588	1294 25.874	1640 22.336	2027 19.591	2443 17.455	3160 14.896	3969 12.949	5191 10.985	6577 9.505	8127 8.354	10294 7.235
199.406	18.2	504 47.284	729 37.537	994 30.916	1301 26.152	1649 22.575	2038 19.801	2457 17.642	3178 15.056	3991 13.088	5220 11.102	6614 9.607	8172 8.444	10351 7.313
210.604	18.3	507 47.789	733 37.938	1000 31.245	1308 26.431	1658 22.816	2049 20.012	2470 17.830	3195 15.216	4013 13.227	5249 11.221	6650 9.710	8217 8.534	10408 7.391
203.813	18.4	510 48.295	737 38.340	1005 31.577	1315 26.711	1667 23.058	2060 20.225	2484 18.019	3213 15.378	4035 13.368	5278 11.340	6686 9.813	8262 8.625	10465 7.469

续表

风量/(m^3/h)
单位摩擦阻力/(Pa/m)

500	560	630	700	800	900	1000	1120	1250	1400	1600	1800	2000
11242 5.012	14086 4.372	17842 3.789	22041 3.335	28808 2.838	36481 2.463	45058 2.169	56545 1.894	70347 1.662	88289 1.451	115378 1.237	146086 1.075	180413 0.949
11312 5.073	14174 4.425	17953 3.835	22178 3.376	28988 2.873	36709 2.492	45340 2.196	56899 1.917	70787 1.682	88841 1.469	116099 1.252	146999 1.088	181541 0.960
11383 5.134	14262 4.478	18065 3.881	22316 3.416	29168 2.907	36937 2.522	45621 2.222	57252 1.940	71226 1.702	89392 1.486	116820 1.267	147912 1.101	182668 0.972
11453 5.195	14350 4.531	18176 3.928	22454 3.457	29348 2.942	37165 2.553	45903 2.249	57605 1.963	71666 1.723	89944 1.504	117541 1.282	148825 1.115	183796 0.983
11523 5.257	14438 4.585	18288 3.974	22592 3.498	29529 2.977	37393 2.583	46185 2.276	57959 1.986	72106 1.743	90496 1.522	118262 1.298	149738 1.128	184924 0.995
11593 5.319	14526 4.640	18399 4.021	22729 3.540	29709 3.012	37621 2.614	46466 2.303	58312 2.010	72545 1.764	91048 1.540	118983 1.313	150651 1.141	186051 1.007
11664 5.382	14614 4.694	18511 4.069	22867 3.581	29889 3.048	37849 2.644	46748 2.330	58666 2.033	72985 1.784	91600 1.558	119704 1.329	151564 1.155	187179 1.019
11734 5.445	14702 4.749	18622 4.116	23005 3.623	30069 3.083	38077 2.675	47029 2.357	59019 2.057	73425 1.805	92151 1.576	120426 1.344	152477 1.168	188306 1.031
11804 5.508	14790 4.804	18734 4.164	23143 3.665	30249 3.119	38305 2.706	47311 2.384	59372 2.081	73864 1.826	92703 1.595	121147 1.360	153390 1.182	189434 1.043
11874 5.572	14878 4.860	18845 4.212	23280 3.708	30429 3.155	38533 2.738	47593 2.412	59726 2.105	74304 1.847	93255 1.613	121868 1.375	154303 1.195	190562 1.055
11945 5.635	14966 4.915	18957 4.261	23418 3.750	30609 3.191	38761 2.769	47874 2.440	60079 2.129	74744 1.869	93807 1.632	122589 1.391	155216 1.209	191689 1.067
12015 5.700	15054 4.972	19068 4.309	23556 3.793	30789 3.228	38989 2.801	48156 2.467	60433 2.154	75183 1.890	94359 1.650	123310 1.407	156129 1.223	192817 1.079
12085 5.765	15142 5.028	19180 4.358	23694 3.836	30969 3.265	39217 2.833	48438 2.496	60786 2.178	75623 1.912	94910 1.669	124031 1.423	157042 1.237	193944 1.091
12155 5.830	15230 5.085	19291 4.407	23831 3.879	31149 3.301	39445 2.865	48719 2.524	61140 2.203	76063 1.933	95462 1.688	124752 1.439	157955 1.251	195072 1.104
12226 5.895	15318 5.142	19403 4.457	23969 3.923	31329 3.339	39673 2.897	49001 2.552	61493 2.228	76502 1.955	96014 1.707	125473 1.455	158868 1.265	196199 1.116
12296 5.961	15406 5.199	19514 4.507	24107 3.967	31509 3.376	39901 2.929	49282 2.581	61846 2.252	76942 1.977	96566 1.726	126194 1.472	159782 1.279	197327 1.128
12366 6.027	15494 5.257	19626 4.557	24245 4.011	31689 3.413	40129 2.962	49564 2.609	62200 2.277	77382 1.999	97118 1.745	126916 1.488	160695 1.293	198455 1.141
12436 6.093	15582 5.315	19737 4.607	24382 4.055	31869 3.451	40357 2.994	49846 2.638	62553 2.303	77821 2.021	97669 1.765	127637 1.505	161608 1.308	199582 1.154
12507 6.160	15670 5.373	19849 4.657	24520 4.100	32049 3.489	40585 3.027	50127 2.667	62907 2.328	78261 2.043	98221 1.784	128358 1.521	162521 1.322	200710 1.166
12577 6.228	15758 5.432	19960 4.708	24658 4.144	32229 3.527	40813 3.060	50409 2.696	63260 2.353	78701 2.065	98773 1.803	129079 1.538	163434 1.336	201837 1.179
12647 6.295	15846 5.491	20072 4.759	24796 4.189	32409 3.565	41041 3.094	50690 2.725	63613 2.379	79140 2.088	99325 1.823	129800 1.554	164347 1.351	202965 1.192
12717 6.363	15935 5.550	20183 4.811	24933 4.235	32589 3.604	41269 3.127	50972 2.755	63967 2.405	79580 2.110	99877 1.843	130521 1.571	165260 1.366	204093 1.205
12788 6.431	16023 5.610	20295 4.863	25071 4.280	32769 3.642	41497 3.161	51254 2.784	64320 2.430	80020 2.133	100428 1.862	131242 1.588	166173 1.380	205220 1.218
12858 6.500	16111 5.670	20406 4.914	25209 4.326	32950 3.681	41725 3.194	51535 2.814	64674 2.456	80459 2.156	100980 1.882	131963 1.605	167086 1.395	206348 1.231
12928 6.569	16199 5.730	20518 4.967	25347 4.372	33130 3.721	41953 3.228	51817 2.844	65027 2.482	80899 2.179	101532 1.902	132684 1.622	167999 1.410	207475 1.244

动压/Pa	风速/(m/s)	外径 D/mm												上行— 下行—
		100	120	140	160	180	200	220	250	280	320	360	400	450
206.035	18.5	513 48.805	741 38.744	1011 31.910	1322 26.993	1676 23.302	2071 20.438	2497 18.210	3230 15.540	4057 13.509	5306 11.460	6723 9.917	8307 8.716	10522 7.548
208.268	18.6	515 49.317	745 39.151	1016 32.245	1330 27.276	1685 23.546	2083 20.653	2511 18.401	3248 15.703	4079 13.651	5335 11.580	6759 10.021	8351 8.808	10579 7.627
210.513	18.7	518 49.832	749 39.560	1022 32.582	1337 27.561	1694 23.792	2094 20.869	2524 18.593	3265 15.867	4101 13.793	5364 11.701	6795 10.125	8396 8.900	10636 7.707
212.771	18.8	521 50.349	753 39.971	1027 32.920	1344 27.848	1703 24.040	2105 21.085	2538 18.786	3282 16.032	4123 13.937	5392 11.823	6832 10.231	8441 8.992	10692 7.787
215.040	18.9	524 50.869	757 40.383	1032 33.260	1351 28.135	1712 24.288	2116 21.303	2551 18.980	3300 16.198	4145 14.081	5421 11.945	6868 10.337	8486 9.085	10749 7.868
217.322	19.0	527 51.392	761 40.798	1038 33.602	1358 28.425	1721 24.538	2127 21.522	2565 19.176	3317 16.365	4167 14.226	5450 12.068	6904 10.443	8531 9.179	10806 7.949
219.616	19.1	529 51.917	765 41.216	1043 33.946	1365 28.715	1730 24.789	2139 21.743	2578 19.372	3335 16.532	4189 14.371	5478 12.191	6941 10.550	8576 9.273	10863 8.030
221.921	19.2	532 52.445	769 41.635	1049 34.291	1372 29.007	1739 25.041	2150 21.964	2592 19.569	3352 16.700	4211 14.518	5507 12.316	6977 10.657	8621 9.367	10920 8.112
224.239	19.3	535 52.976	773 42.056	1054 34.638	1380 29.301	1748 25.294	2161 22.186	2605 19.767	3370 16.869	4233 14.665	5536 12.440	7013 10.765	8666 9.462	10977 8.194
226.569	19.4	538 53.509	777 42.480	1060 34.987	1387 29.596	1758 25.549	2172 22.410	2619 19.966	3387 17.039	4254 14.812	5564 12.566	7050 10.874	8711 9.557	11034 8.277
228.911	19.5	540 54.045	781 42.905	1065 35.337	1394 29.893	1767 25.805	2183 22.634	2632 20.166	3405 17.210	4276 14.961	5593 12.692	7086 10.983	8756 9.653	11091 8.360
231.264	19.6	543 54.584	785 43.333	1071 35.690	1401 30.191	1776 26.063	2195 22.860	2646 20.367	3422 17.382	4298 15.110	5622 12.818	7122 11.092	8800 9.749	11147 8.443
233.630	19.7	546 55.125	789 43.763	1076 36.044	1408 30.490	1785 26.321	2206 23.087	2659 20.570	3440 17.554	4320 15.260	5650 12.946	7159 11.202	8845 9.846	11204 8.527
236.008	19.8	549 55.669	793 44.194	1082 36.399	1415 30.791	1794 26.581	2217 23.315	2673 20.773	3457 17.728	4342 15.411	5679 13.073	7195 11.313	8890 9.944	11261 8.611
238.398	19.9	551 56.215	797 44.628	1087 36.757	1422 31.094	1803 26.842	2228 23.544	2686 20.977	3475 17.902	4364 15.562	5708 13.202	7231 11.424	8935 10.041	11318 8.696
240.800	20.0	554 56.764	801 45.065	1093 37.116	1430 31.398	1812 27.104	2239 23.774	2700 21.182	3492 18.077	4386 15.714	5736 13.331	7268 11.536	8980 10.140	11375 8.781

续表

风量/(m^3/h)
单位摩擦阻力/(Pa/m)

500	560	630	700	800	900	1000	1120	1250	1400	1600	1800	2000
12999 6.639	16287 5.790	20629 5.019	25484 4.418	33310 3.760	42181 3.262	52098 2.874	65380 2.509	81339 2.202	102084 1.923	133406 1.639	168912 1.425	208603 1.257
13069 6.708	16375 5.851	20741 5.072	25622 4.464	33490 3.799	42409 3.297	52380 2.904	65734 2.535	81778 2.225	102636 1.943	134127 1.657	169825 1.440	209730 1.270
13139 6.778	16463 5.913	20852 5.125	25760 4.511	33670 3.839	42637 3.331	52662 2.935	66087 2.562	82218 2.248	103187 1.963	134848 1.674	170738 1.455	210858 1.283
13209 6.849	16551 5.974	20964 5.178	25898 4.558	33850 3.879	42865 3.366	52943 2.965	66441 2.588	82658 2.271	103739 1.983	135569 1.691	171651 1.470	211986 1.297
13280 6.920	16639 6.036	21075 5.232	26035 4.605	34030 3.919	43093 3.401	53225 2.996	66794 2.615	83097 2.295	104291 2.004	136290 1.709	172564 1.485	213113 1.310
13350 6.991	16727 6.098	21187 5.286	26.173 4.653	34210 3.960	43321 3.436	53507 3.027	67147 2.642	83537 2.319	104843 2.025	137011 1.726	173477 1.500	214241 1.324
13420 7.063	16815 6.160	21298 5.340	26311 4.700	34390 4.000	43549 3.471	53788 3.058	67501 2.669	83977 2.342	105395 2.045	137732 1.744	174390 1.516	215368 1.337
13490 7.135	16903 6.223	21410 5.394	26449 4.748	34570 4.041	43777 3.506	54070 3.089	67854 2.696	84416 2.366	105946 2.066	138453 1.762	175303 1.531	216496 1.351
13561 7.207	16991 6.286	21521 5.449	26586 4.796	34750 4.082	44005 3.542	54351 3.120	68208 2.724	84856 2.390	106498 2.087	139174 1.780	176216 1.547	217624 1.365
13631 7.279	17079 6.350	21633 5.504	26724 4.845	34930 4.123	44233 3.577	54633 3.152	68561 2.751	85296 2.414	107050 2.108	139896 1.798	177129 1.562	218751 1.378
13701 7.353	17167 6.413	21744 5.559	26862 4.893	35110 4.164	44461 3.613	54915 3.183	68914 2.779	85735 2.439	107602 2.129	140617 1.816	178042 1.578	219879 1.392
13771 7.426	17255 6.477	21856 5.615	27000 4.942	35290 4.206	44689 3.649	55196 3.215	69268 2.806	86175 2.463	108154 2.151	141338 1.834	178955 1.594	221006 1.406
13842 7.500	17343 6.542	21967 5.670	27137 4.991	35470 4.248	44917 3.686	55478 3.247	69621 2.834	86615 2.487	108705 2.172	142059 1.852	179748 1.610	222134 1.420
13912 7.574	17431 6.606	22079 5.726	27275 5.040	35650 4.290	45145 3.722	55759 3.279	69975 2.862	87054 2.512	109257 2.194	142780 1.870	180781 1.626	223261 1.434
13982 7.648	17519 6.671	22190 5.783	27413 5.090	35830 4.332	45373 3.759	56041 3.312	70328 2.891	87494 2.537	109809 2.215	143501 1.889	181694 1.642	224389 1.448
14052 7.723	17607 6.736	22302 5.839	27551 5.140	36010 4.374	45601 3.796	56323 3.344	70682 2.919	87934 2.562	110361 2.237	144222 1.907	182607 1.658	225517 1.463

表 17-22 风道内表面的平均绝对粗糙度

风管材料	平均绝对粗糙度 K/mm	风管材料	平均绝对粗糙度 K/mm
薄钢板或镀锌薄钢板	0.15	胶合板、木板	1.0
塑料板	0.01～0.03	竹风道	0.8～1.2
铝板	0.03	混凝土板	1.0～3.0
矿渣石膏板	1.0	砖砌风道	3.0～10.0
矿渣混凝土板	1.5	铁丝网抹灰风道	10.0～15.0

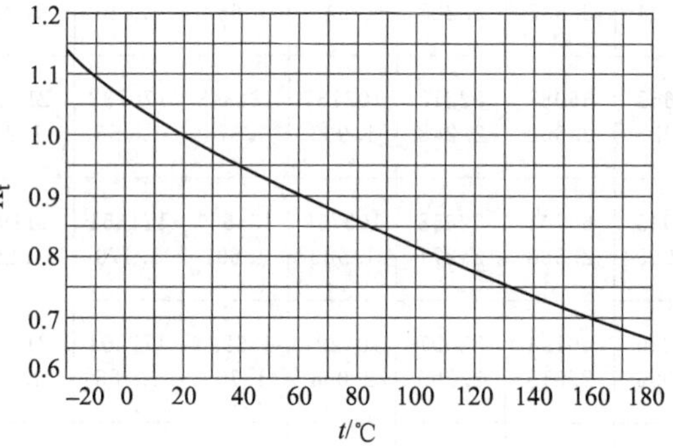

图 17-18 摩擦阻力温度修正系数

2. 局部阻力的计算

流体流过异型管件或设备时，由于流动情况发生变化使流动阻力增加，这种阻力称局部阻力。克服局部阻力而引起的能量损失称局部压力损失，简称局部损失。

局部阻力 Δp_m(Pa)可按下式计算，也称阻力系数法：

$$\Delta p_m = \zeta \frac{v^2 \rho}{2} \tag{17-23}$$

式中，ζ 为局部阻力系数，是一个无量纲数；v 为断面平均流速，m/s。局部阻力系数通常是用实验方法确定的。实验时先测出管件前后的全压差（即测得局部阻力损失），再除以与速度 v 相应的动压 $\frac{v^2\rho}{2}$，即可求出 ζ 值。表 17-23 中列出了部分管件的局部阻力系数，计算时必须注意该 ζ 值是对应于哪一个断面的气流速度。

计算局部阻力损失的另一种方法是当量长度法，热力、煤气管道局部压损计算多用此法。所谓当量长度是指其压力损失等于管件局部压损的一段直管的长度。据此可列出下式：

$$\Delta p_m = \zeta \frac{v^2 \rho}{2} = R_m l_d = \frac{\lambda}{d} \times \frac{v^2 \rho}{2} l_d \tag{17-24}$$

所以

$$l_d = \zeta \frac{d}{\lambda} \tag{17-25}$$

局部压损当量长度 l_d 可在有关手册中查到，此时局部阻力可按式(17-24) 计算。

3. 净化系统管网的总阻力

净化系统管网的总阻力，是不同直径各直管段摩擦阻力之和，加上各局部阻力点局部阻力之和，再乘以附加阻力系数（储备量），即

$$\Delta p = K(\sum \Delta p_L + \sum \Delta p_z) \tag{17-26}$$

式中，Δp 为系统管网总阻力；K 为流体阻力附加系数，可取 $K=1.15 \sim 1.20$。

4. 净化系统管网中支管的阻力平衡

在设计的净化系统中，当将若干尘源点连接起来并组成一个净化系统时，必然有三通管，这时必须考虑在三通管处两个支管的阻力平衡问题，两支管之间阻力差不应大于 10%。如不平衡，对于阻力较大的支管，应通过加大管径来减小阻力，使两支路阻力平衡。

（四）设计实例[1]

某选矿厂筛分室有三台 1500mm×3000mm 振动筛，其中两台工作，一台备用，筛分破碎后的铁矿石。筛上给料和筛下卸料都用 $B=800$mm 宽的胶带运输机，筛上剩余的矿石用 $B=500$mm 宽的胶带运输机运走。

表 17-23　部分管件局部阻力系数

序号	名称	图形和断面	局部阻力系数 ζ(ζ 值以图内所示的速度计算)											
1	带有倒锥体的伞形风帽	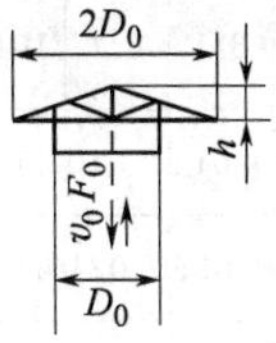		h/D_0										
				0.1	0.2	0.3	0.4	0.5	0.6	0.7	0.8	0.9	1.0	∞
			进风	2.9	2.9	1.59	1.41	1.33	1.25	1.15	1.10	1.07	1.06	1.06
			排风	—	2.9	1.9	1.50	1.30	1.20	—	1.10	—	1.10	—

序号	名称	图形和断面	α/(°)	10	20	30	40	90	120	150
2	伞形罩	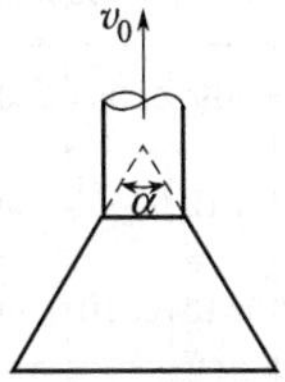	圆形	0.14	0.07	0.04	0.05	0.11	0.20	0.30
			矩形	0.25	0.13	0.10	0.12	0.19	0.27	0.37

序号	名称	图形和断面	$\frac{F_1}{F_0}$	α/(°)				
3	渐扩管	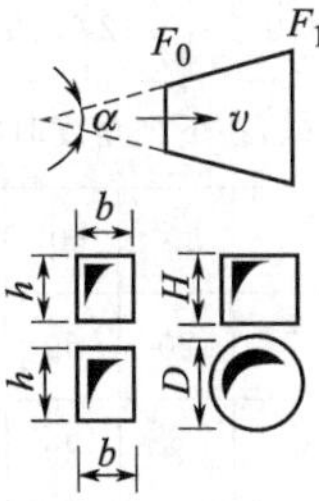		10	15	20	25	30
			1.25	0.02	0.03	0.05	0.06	0.07
			1.50	0.03	0.06	0.10	0.12	0.13
			1.75	0.05	0.09	0.14	0.17	0.19
			2.00	0.06	0.13	0.20	0.23	0.26
			2.25	0.08	0.16	0.26	0.38	0.33
			3.50	0.09	0.19	0.30	0.36	0.39

序号	名称	图形和断面	α	22.5	30	45	90
4	渐扩管	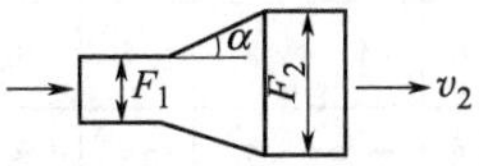	ζ_1	0.06	0.8	0.9	1.0

序号	名称	图形和断面	$\frac{F_1}{F_2}$	0	0.1	0.2	0.3	0.4	0.5	0.6	0.7	0.9	1.0
5	突扩	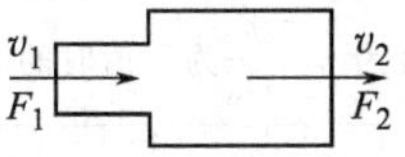	ζ_1	1.0	0.81	0.64	0.49	0.36	0.25	0.16	0.09	0.01	0

序号	名称	图形和断面	$\frac{F_2}{F_1}$	0	0.1	0.2	0.3	0.4	0.5	0.6	0.7	0.9	1.0
6	突缩	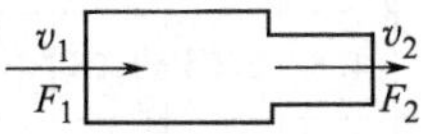	ζ_2	0.5	0.47	0.42	0.38	0.34	0.30	0.25	0.20	0.09	0

序号	名称	图形和断面	局部阻力系数
7	渐缩管	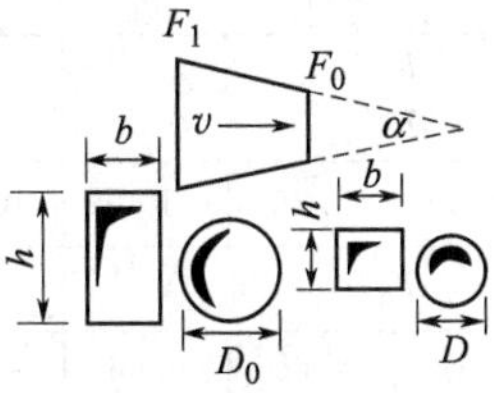	当 α≤45°时，ζ=0.10

序号	名称	图形和断面	α=90°				
8	90°圆形弯头(及非90°弯头)	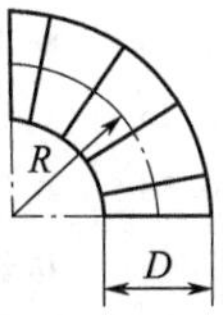	R/D	二中节二端节	三中节二端节	五中节二端节	八中节二端节
			1.0	0.29	0.28	0.24	0.24
			1.5	0.25	0.23	0.21	0.21
			非 90°弯头的阻力系数修正值				
			$\zeta=C_\alpha\zeta 90°$	α	60°	45°	30°
				C_α	0.8	0.6	0.4

续表

序号	名称	图形和断面	局部阻力系数ζ(ζ值以图内所示的速度计算)
9	圆形或正方形弯头	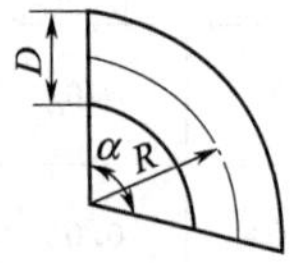	见下表
10	节流阀门	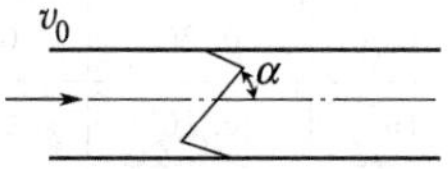 节流阀门	见下表
11	闸板阀	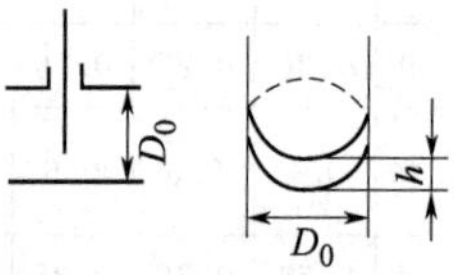	见下表
12	90°矩形断面送出三通	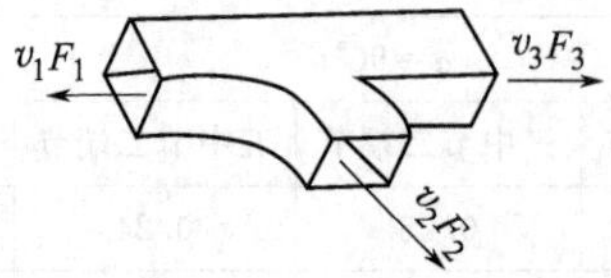	见下表

9 圆形或正方形弯头

α/(°) \ R	D	1.5D	2.0D	2.5D	3D	6D	10D	
7.5	0.028	0.021	0.018	0.016	0.014	0.010	0.008	$\zeta=0.008\frac{\alpha^{0.75}}{n^{0.6}}$
15	0.058	0.044	0.037	0.033	0.029	0.021	0.016	式中 $n=\frac{R}{D}$
30	0.11	0.081	0.069	0.061	0.054	0.038	0.030	或 $n=\frac{R}{b}$
60	0.18	0.41	0.12	0.10	0.091	0.064	0.05	b 为正方形边长
90	0.23	0.18	0.15	0.13	0.12	0.083	0.066	
120	0.27	0.20	0.17	0.15	0.13	0.10	0.067	
150	0.30	0.22	0.19	0.17	0.15	0.11	0.048	
180	0.33	0.25	0.21	0.18	0.16	0.12	0.092	

10 节流阀门

阀门扇数	速度为 v_0,在下列角度时的ζ值								
	10°	20°	30°	40°	50°	60°	70°	80°	90°
1	0.3	1.0	2.5	7	20	60	100	1500	8000
2	0.4	1.0	2.5	4	8	30	50	350	6000
3	0.2	0.7	2.0	5	10	20	40	160	6000
4	0.25	0.8	2.0	4	8	15	30	100	6000
5	0.2	0.6	1.8	3.5	7	13	28	80	4000

11 闸板阀

	速度为 v_0,$\frac{h}{D_0}$为下值时的ζ值								
	0.1	0.2	0.3	0.4	0.5	0.6	0.7	0.8	0.9
圆风管	97.8	35	10	4.6	2.06	0.98	0.44	0.17	0.06
矩形风管	193	44.5	17.8	8.12	4.0	2.1	0.95	0.39	0.09

12 90°矩形断面送出三通

$\frac{L_2}{L_1}$	$\frac{F_2}{F_1}$				$\frac{F_2}{F_1}$	
	0.25	0.5	0.75	1.0	0.25	1.0
	ζ_2				ζ_3	
0.1	0.7	0.61	0.65	0.68	—	—
0.2	0.5	0.5	0.55	0.56	—	—
0.3	0.6	0.4	0.40	0.45	—	—
0.4	0.8	0.4	0.35	0.40	0.05	0.03
0.5	1.25	0.5	0.35	0.30	0.15	0.05
0.6	2.0	0.6	0.38	0.29	0.20	0.12
0.7	—	0.8	0.45	0.29	0.30	0.20
0.8	—	1.05	0.58	0.30	0.40	0.29
0.9	—	1.5	0.75	0.38	0.46	0.35

续表

序号	名称	图形和断面	局部阻力系数ζ(ζ值以图内所示的速度计算)
13	90°矩形断面吸入三通	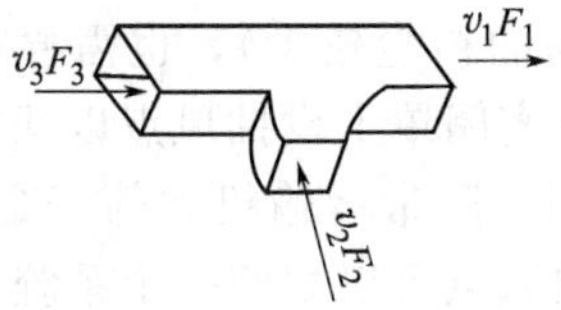	

L_2/L_1	F_2/F_3 = 0.25	0.50	1.0	F_2/F_3 = 0.5	1.0
	ζ_2			ζ_3	
0.1	−0.6	−0.6	−0.6	0.20	0.20
0.2	0.0	−0.2	−0.3	0.20	0.22
0.3	0.4	0.0	−0.1	0.10	0.25
0.4	1.2	0.25	0.0	0.0	0.24
0.5	2.3	0.40	0.1	−0.1	0.20
0.6	3.6	0.70	0.2	−0.2	0.18
0.7	—	1.0	0.3	−0.3	0.15
0.8	—	1.5	0.4	−0.4	0.00

序号	名称	图形和断面	局部阻力系数ζ
14	矩形三通	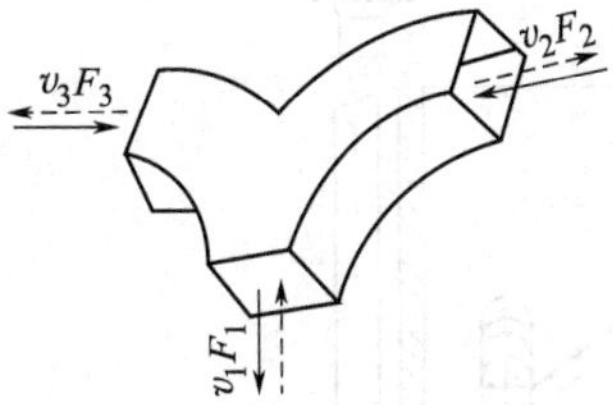	

F_2/F_1	0.5	1
分流	0.304	0.247
合流	0.233	0.072

序号	名称	图形和断面	局部阻力系数ζ
15	圆形三通	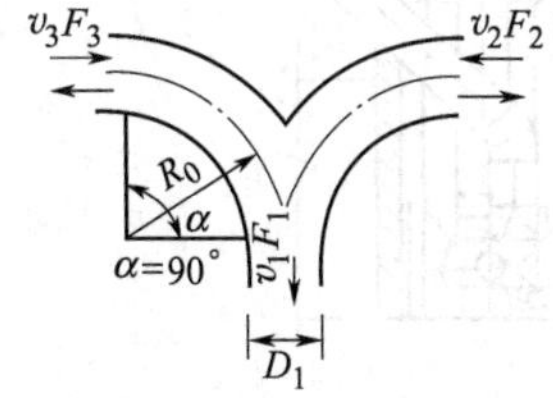	

合流($R_0/D_1=2$)

L_3/L_1	0	0.10	0.20	0.30	0.04	0.50	0.70	0.90
ζ_1	−0.13	−0.10	−0.07	−0.03	0	+0.03	0.03	0.05

分流($F_3/F=0.5$,$L_3/L_1=0.5$)

R_0/D_1	0.5	0.75	1.0	1.5	2.0
ζ_1	1.10	0.60	0.40	0.25	0.20

序号	名称	图形和断面	局部阻力系数ζ
16	直角三通	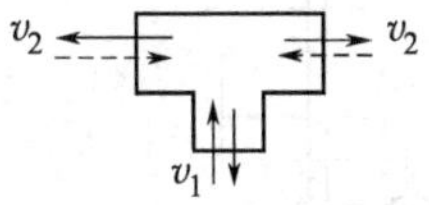	

v_1/v_2	0.6	0.8	1.0	1.2	1.4	1.6
ζ_{12}	1.18	1.32	1.50	1.72	1.98	2.28
ζ_{21}	0.6	0.8	1.0	1.6	1.9	2.5

序号	名称	图形和断面	局部阻力系数ζ
17	矩形送出三通	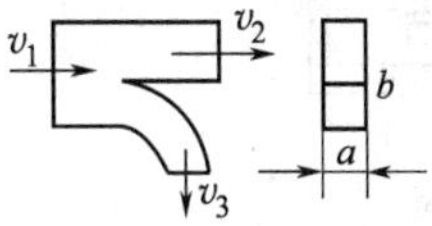	

$v_2/v_1<1$时可不计,$v_2/v_1\geqslant1.0$时

x	0.25	0.5	0.75	1.0	1.25
ζ(直通)	0.21	0.07	0.05	0.15	0.36
ζ(分支)	0.30	0.20	1.30	0.40	0.65

其中:$x=\left(\frac{v_3}{v_1}\right)\times\left(\frac{a}{b}\right)^{1/4}$

$\Delta p=\zeta\frac{\rho v_1^2}{2}$

序号	名称	图形和断面	局部阻力系数ζ
18	矩形吸入三通	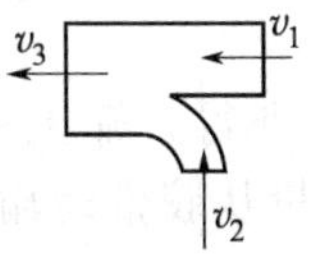	

v_1/v_3	0.4	0.2	0.8	1.0	1.2	1.5	
$\frac{F_1}{F_3}=0.75$	−1.2	−0.3	0.35	0.8	1.1	—	$\Delta p=\zeta\frac{\rho v_3^2}{2}$ ζ为直通之值
0.67	−1.7	−0.9	−0.3	0.1	0.45	0.7	
0.60	−2.1	−0.3	−0.8	0.4	0.1	0.2	
ζ(分支)	−1.3	−0.9	−0.5	0.1	0.55	1.4	$\Delta p=\zeta\frac{\rho v_3^2}{2}$

已知该地区的大气压力 $B=1.013\times10^5$Pa，室内设有采暖设备，该室要求做机械除尘设施。

根据对实际生产情况的观察，振动筛在工作时，筛上部分向工作区散发大量的粉尘，为防止粉尘外逸，必须严格密闭。依据比较成熟的经验，决定在筛上部分采用大容积的密闭罩，并在密闭罩上设抽风点，以保持密闭罩内处于负压状态；筛上剩余料和筛下料的卸料点，也往外散发粉尘（其中筛上剩余料卸料点向外飞扬的粉尘较少），也需要严格密闭，根据工艺操作和设备形式的限制，采用局部密闭罩，并于密闭罩上设抽风点以保持负压。

鉴于三台筛子在工作时，每台筛子都可以单独使用，胶带运输机和筛子是同时工作的，因此，每台筛子上部密闭罩上的抽风点与其卸料点的抽风点可以划归一个系统。该室的三台筛子设三个独立的除尘系统（每个系统位置的布置视具体设计情况而定），现以一个除尘系统为例（图 17-19 和图 17-20）计算如下。

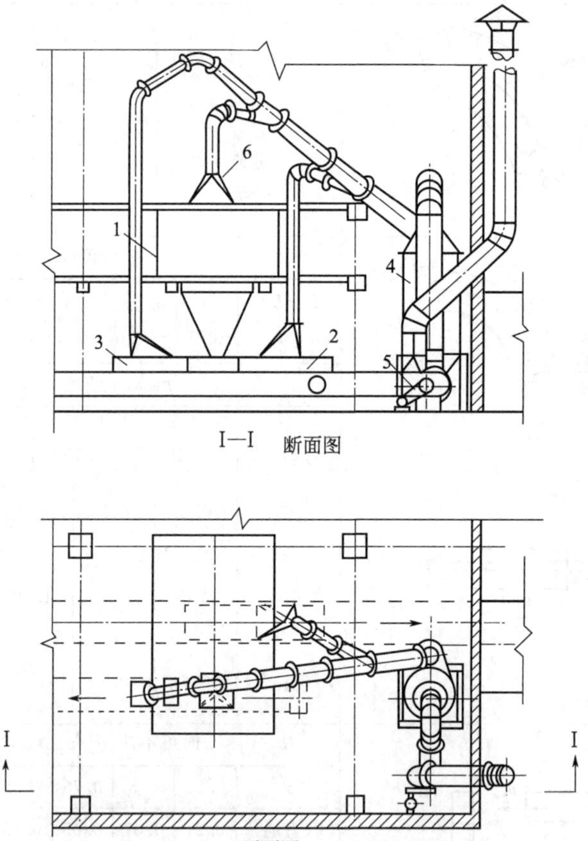

I—I 断面图

平面图

图 17-19 振动筛除尘平断面

1—振动筛大容积密闭罩；2,3—胶带运输机密闭罩；4—除尘器；5—通风机；6—卸料口

各密闭罩的形式和位置、抽风点的位置、除尘器和风机的位置、管道走向及标高等初步确定后，即可进行除尘系统的计算。

各抽风点的抽风量：从振动筛上部除尘抽风量表可以查得，筛上密闭罩的抽风量为 $Q_{上}=3500\text{m}^3/\text{h}$；筛下漏落料卸至胶带运输机上，该点抽风量从胶带运输机转运点除尘抽风量表可以查得，当物料落差为 2.5m、溜槽角度 $\alpha=90°$ 时，$Q_1=1400\text{m}^3/\text{h}$、$Q_2=3000\text{m}^3/\text{h}$；；筛上剩料卸至胶带运输机上，该点抽风量当 $H=2.5$m、溜槽角度为 90°时，同

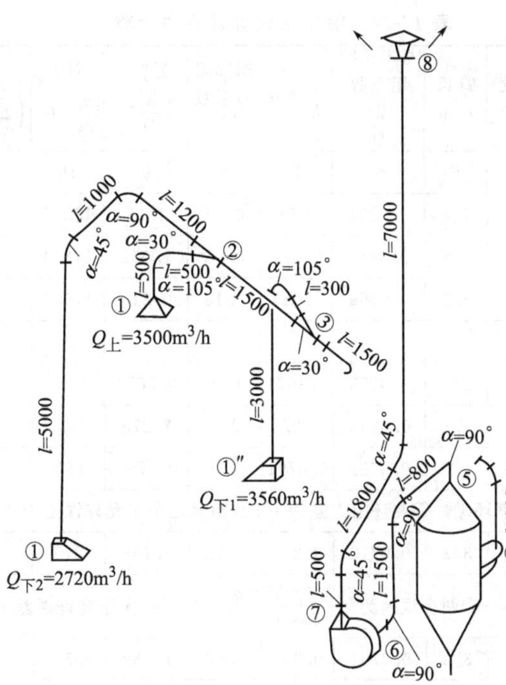

图 17-20 除尘系统

样查得 $Q_1=550\text{m}^3/\text{h}$、$Q_2=2500\text{m}^3/\text{h}$；按公式 $Q=KQ_1+Q_2$ 进行修正，取 $K=0.4$，则筛下落料点抽风量

$$Q_{下1}=1400\times0.4+3000=3560(\text{m}^3/\text{h})$$

筛上剩料卸料点抽风量

$$Q_{下2}=550\times0.4+2500=2720(\text{m}^3/\text{h})$$

上述三点合为一个系统，计算抽风量为：

$$Q=Q_{上}+Q_{下1}+Q_{下2}=3500+3560+2720=9780(\text{m}^3/\text{h})$$

选择除尘器：选矿厂筛分的物料是铁矿石，该种粉尘性质是亲水性的，遇水后不起化学变化和使器壁结垢，并且没有黏性，另外选矿厂为湿式选矿，污水处理和回水都比较方便，因此决定采用湿式泡沫除尘器。选一段除尘器，如除尘效率按 98%计，气体含尘浓度按 4g/m³ 计，则排出口的气体含尘浓度为 80mg/m³，满足排放标准的要求。泡沫除尘器下来的含尘污水，由选矿厂统一处理。

除尘系统的各抽风点抽风量 Q、管段长度 l、三通和弯头的角度以及管道的倾斜角度 α（由各种粉状物料的堆积密度和自然堆积角表中查得：矿石静止堆积角为 30°～45°，故取管道坡度为 45°）等如图 17-20 所示。

为了方便计算，要对除尘系统的各点进行编号，编好号后定出计算环路和支环环路。

现将①—②—③—④—⑤—⑥—⑦—⑧确定为计算环路，①′—②和①″—③作为支环环路。

除尘系统管网阻力计算如下。

为了清晰和防止误差，编制了除尘系统管网阻力计算表 17-24，通常是按程序填表计算。

首先，按系统图 17-20 将管段编号、抽风量、管长以及异形件（三通、弯头、异形管等）填入表中。

表 17-24 除尘系统管网阻力计算

管段编号	风量 Q /(m^3/h)	管径 D/mm	管内风速 v/(m/s)	管长 l/m	每米长摩阻系数 $\frac{\lambda}{D}$	$\frac{\lambda}{D}l$ 值	局部阻力系数 $\Sigma\zeta$	$\Sigma\zeta+\frac{\lambda}{D}l$	动压 $\frac{\rho v^2}{2g}$/Pa	管段阻力 $\left(\Sigma\zeta+\frac{\lambda}{D}l\right)\frac{\rho v^2}{2g}$/Pa	累计阻力 ΣH/Pa
1	2	3	4	5	6	7	8	9	10	11	12
①—②	2720	240	17.0	7.2	0.0804	0.58	0.53	1.08	173.5	187.4	
②—③	6220	360	17.25	1.5	0.0486	0.072	0.95	1.022	178.4	182.3	369.6
③—④	9780	450	17.3	2.3	0.0369	0.085	0.13	0.215	179.6	38.6	408.3
④—⑤										686	1094.3
⑤—⑥	9780	560	11.2	2.3	0.0293	0.0674	0.5	0.5674	75.3	42.6	1136.9
⑥—⑦	9780	560	11.2	9.3	0.0293	0.273	2.0	2.273	75.3	171.5	1308.4
①′—②	3500	240	22.1	1.0	0.0791	0.0791	0.6	0.6791	291	197	
支环①′—②与计算环①—②两环阻力差为10Pa，明显地小于允许误差10%，满足要求											
①″—③	3650	260	19.1	3.3	0.0722	0.238	0.92	1.158	219	252.8	
支环①″—③与计算环①—③两环误差为$\frac{369.6-252.8}{369.6}=31.6\%$，大于允许误差10%，需重新计算											
①″—③	3650	240	22.4	3.3	0.0791	0.262	0.92	1.182	303.5	357.7	
支环①″—③与计算环①—③两环误差为$\frac{369.6-357.7}{369.6}=3.2\%$，小于10%，满足要求											

其次，根据粉尘性质参考表 17-25 决定管内流速 v 的可用范围，然后按此风速由除尘管道计算表中查得直径 D、λ/D 值、$\rho v^2/(2g)$ 值及 v 值，填入表 17-24 中的有关栏内。

再次，根据处理气体为常温空气，同时考虑延长通风机的使用寿命，决定选用 C4-73-11 型离心风机。选择风机的计算风量为：

$$Q_B=9780\times(1+0.1)=10758(m^3/h)$$

计算风压为：

$$H=622.4\times(1+0.15)+686=1402(Pa)$$

$$H_3=1401\times(1+0.1)=1542(Pa)$$

表 17-25 典型应用流速

微粒种类	流速/(m/s)	典型的例子
清洁气流	5～10	含有非常少或不含可沉淀固体的气流，环境气体，蒸汽
烟雾	10～13	焊接气体，激光切割气体，棉花灰，木材粉末
干燥，粉状产品	13～18	炭粉、面粉、石墨粉、铅粉、淀粉、织物粉、橡胶粉末、(打印机)墨粉、颜料、粉末涂料、药物(干)
一般的工业灰尘	15～20	喷砂处理灰尘、磨光和抛光灰尘(干)、水泥、黏土、煤灰、研磨灰尘、石灰、金属喷涂灰尘、粉状金属、岩石灰、烟草、木材磨光灰尘
重颗粒	17～23	水泥渣、煤尘、复合和切削加工灰尘、玻璃纤维、翻砂、落砂和砂子的搬运、铅尘、金属碎屑、木材切割废料
潮湿、黏性和油质的产品	23 或更高	含氧化铁的抛光屑、水泥灰(湿)、奶粉、油性食物制品

根据样本选用 C4-73-11 型 NO.5.5C 离心风机，其 $H_B\times Q_B=162mm\times11150m^3/h$，电动机为 JO2-42-2，$N=7.3kW$。

最后，按上述设计和计算绘制施工图。

三、管道支架和支座

（一）管道重量负荷跨距计算[3]

含尘烟道的积灰一般清灰周期按管道断面积灰后高度考虑，负荷按管道断面积灰 1/3 高度考虑，管壁钢板许用应力不超过 $1300kg/cm^2$。

1. 按强度计算

$$L=\sqrt{\frac{0.10\sigma W\varphi}{\theta_1}} \tag{17-27}$$

$$W=\frac{2J}{D} \tag{17-28}$$

$$J=\frac{\pi}{64}(D^4-d^4) \tag{17-29}$$

式中，σ 为钢板许用应力，kg/cm^2；W 为断面系数，cm^3；φ 为焊缝系数，一般取 $\varphi=0.75$；θ_1 为管道积灰负荷，kg/m；J 为惯性矩，cm^{-1}；D 为管道外径 cm；d 为管道内径，cm。

2. 按挠度计算

$$L(\mathrm{m})=2.98\left(\frac{J}{\theta_1}\right)^{\frac{1}{3}} \tag{17-30}$$

一般小管采用挠度计算比较安全，而大管采用强度计算偏安全，两个公式同时计算应取小值。

如果管道上有其他附加负荷如伴行管道、检修平台、管道积灰、积雪负荷等，可以折算为均布负载加入到 θ_1 中，表 17-26 为部分管道支座最大跨距的参考数值。

表 17-26　管道支座的最大跨距

管径/mm	720×5	820×5	920×5	1020×5	1120×6	1220×6	1320×7	1420×7
最大跨距/m	17	18	20	21	23	25	29	31
管径/mm	1520×7	1620×7	1720×7	1820×7	2020×8	2220×8	2420×8	2520×8
最大跨距/m	32	33	34	35	38	41	44	45

注：采用大跨距时要采用标准管支托，防止管道变形。

（二）管道支架

1. 管道膨胀伸缩量

除尘系统中由于管道内外介质温度的变化而引起的管道伸缩量 ΔL（mm/m）可按下式计算：

$$\Delta L=\lambda(t_1-t_2) \tag{17-31}$$

式中，t_1 为管壁最高温度,℃；t_2 为当地冬季采暖计算温度,℃；λ 为线膨胀系数，mm/(m·℃)。

对于不同的钢材在不同管壁温度下的 λ 值是不同的，见表 17-27。

2. 除尘管道对固定支架的推力

管道需支架的固定和支撑，支架除了受到管道重量荷载以外，还受到管道水平方向的推力。管道水平方向的推力主要来自管道内介质的压力、管道热膨胀受金属膨胀器的反弹力、活动支架对管道的摩擦力。

表 17-27 不同钢材在不同管壁温度下的 λ 值 单位：mm/(m·℃)

钢材 \ 管壁温度/℃	20	100	200	300	400
普通碳素钢	0.0118	0.0122	0.0128	0.0134	0.0138
优质碳素钢	0.0116	0.0119	0.0126	0.0128	0.0130
16Mn		0.0120	0.0126	0.0132	0.0137

(1) 由于除尘系统一般工作压力只有数千帕，产生的盲板力一般比管道的摩擦力要小得多，因此在设计上可以忽略不计。对管径大于 3m 的管，若系统工作压力较高，应该进行核算，把产生的推力加到对管支架的推力计算中，管的盲板要加筋，防止钢板变形。

(2) 管道中的补偿器如采用鼓形或波形膨胀器，可在产品说明书中查到每压缩 1cm 的推力。如采用织物和橡胶补偿器，推力可忽略不计，所以对管道的固定支架只剩下在固定支架至补偿器之间活动支架与支座之间的滑动摩擦力，如果固定支架两侧有管，可考虑部分抵消，可取较大侧力的 0.5～0.7 倍。

(3) 不同的管道支座对支架的摩擦力是不相同的，摩擦阻力 F 可按下式计算：

$$F=\mu P \tag{17-32}$$

式中，P 为管道质量，包括灰的质量，kg；μ 为摩擦系数。

钢与钢之间的滑动摩擦，取 $\mu=0.3$；钢与钢之间的滚动摩擦，取 $\mu=0.1$；对特殊加工，润滑状态下，$\mu\leqslant 0.01$；聚四氟乙烯滑动托座，干滑摩擦系数 $\mu\leqslant 0.05$，润滑状态下 $\mu\leqslant 0.015$。

(4) 利用管道弯管自然补偿，由于除尘管的刚度很大，特别是大直径管道，对固定支架会产生很大的纵向和横向推力。设计时要引起重视，经计算后要采取必要的措施。

(三) 聚四氟乙烯滑动支座[4]

填充聚四氟乙烯滑动支座采用由镜面不锈钢与填充聚四氟乙烯复合夹层滑片组成的滑动摩擦副，该滑动摩擦副简称填充聚四氟乙烯滑动摩擦副。与碳钢滑动摩擦副及普通纯聚四氟乙烯滑动摩擦副相比，填充聚四氟乙烯滑动摩擦副具有以下几个方面的优点。

① 填充采用独特配方的聚四氟乙烯滑动摩擦副的干滑摩擦系数 $\mu\leqslant 0.05$，而碳钢板之间为 0.30。

② 填充聚四氟乙烯滑动摩擦副的承载能力高、压缩变形小、蠕变小，克服了纯聚四氟乙烯承载能力低、线膨胀系数大、蠕变率高等缺点。解决了纯聚四氟乙烯板采用直接垫入，粘贴或埋头螺钉固定等工艺卸载的缺陷。

③ 填充聚四氟乙烯复合夹层滑片具有优异的耐腐蚀性能。而碳钢由于锈蚀会造成实际工作摩擦系数超过原始设计参数，使管道固定支座在大于设计受力的状态下工作。

④ 填充聚四氟乙烯负荷夹层滑片在有油、无油、有水、无水情况或有粉尘嵌入、泥沙混杂状态下，均能以很低的摩擦系数工作，而碳钢则做不到这一点。

表 17-28 为聚四氟乙烯滑动支座水平管道特轻级荷载滑动（导向）支座参数，供设计参考选用，图 17-21、图 17-22 分别为水平管道特轻级荷载滑动不带导向板与带导向板支座。

四、管道检测孔、检查孔和清扫孔[4,5]

1. 管道检测孔

一般除尘系统上有温度测孔、湿度测孔、风量风压测孔和粉尘浓度测孔。测孔设置地点一般是：

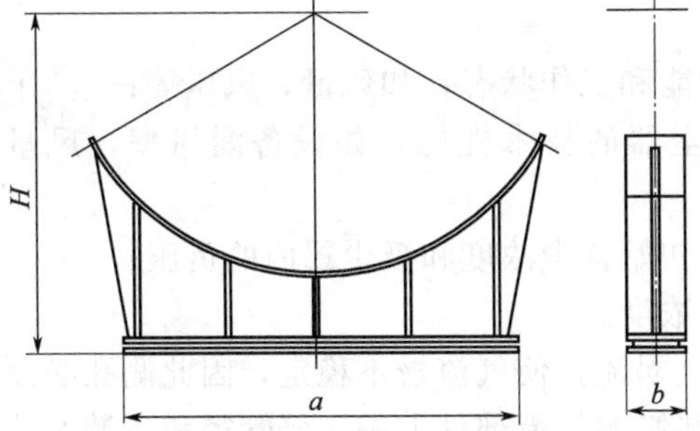

图 17-21 聚四氟乙烯滑动支座水平管道特轻级荷载滑动支座（不带导向板）

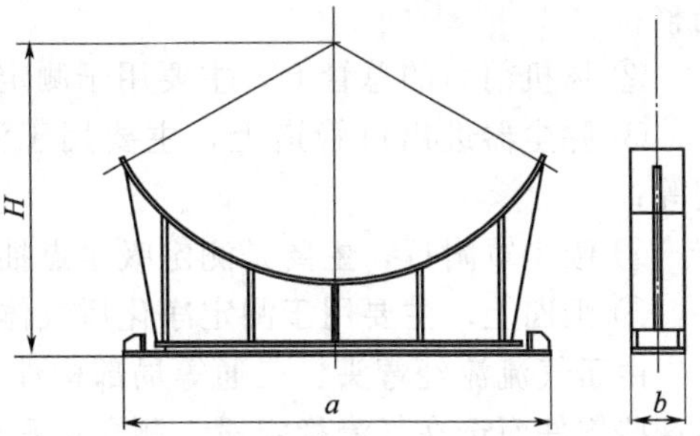

图 17-22 聚四氟乙烯滑动支座水平管道特轻级荷载滑动支座（带导向板）

表 17-28 聚四氟乙烯滑动支座水平管道特轻级荷载滑动（导向）支座参数

公称通径 DN/mm	设计位移/mm 轴向 X				最大垂直荷载/N	最大许用侧向荷载/N	下基板尺寸 $a \times b$ /mm	管中心高度 H/m					
								H_1	H_2	H_3	H_4	H_5	H_6
								保温层厚度/mm					
	A	B	C	D				无保温	≤70	≤100	≤140	≤200	≤280
200	50	100	200	400	3350	30000	300×112	190	265	300	335	400	
300	50	100	200	400	7100	40000	375×132	250	335	355	400	450	
400	50	100	200	400	11800	40000	450×132	315	400	425	450	530	
500	50	100	200	400	18000	40000	600×132	375		475	530	600	
600	50	100	200	400	25800	40000	670×132	425		530	600	630	
700	50	100	200	400	31500	40000	750×132	475		600	630	710	
800	50	100	200	400	41200	40000	900×132	560		670	710	750	850
900	50	100	200	400	51500	40000	1000×132	600		710	750	800	900
1000	50	100	200	400	63000	40000	1060×132	670		750	800	850	950
1200	50	100	200	400	90000	40000	1320×132	800		900	900	1000	1060
1400	50	100	200	400	125000	40000	1500×132	900		1000	1060	1120	1180
1600	50	100	200	400	165000	40000	1700×132	1000		1120	1120	1180	1250
1800	50	100	200	400	206000	40000	1900×132	1120		1180	1250	1320	1400
2000	50	100	200	400	250000	75000	2120×200	1180		1320	1320	1400	1500
2200	50	100	200	400	300000	75000	2360×200	1320		1400	1500	1500	1600
2400	50	100	200	400	355000	75000	2500×200	1400		1500	1600	1600	1700
2600	50	100	200	400	400000	75000	2650×200	1500			1700	1700	1800
2800	50	100	200	400	452000	75000	3000×200	1600			1800	1800	1900
3000	50	100	200	400	530000	75000	3150×200	1700			1900	1900	2000
3200	50	100	200	400	615000	75000	3350×200	1800			2000	2000	2120
3400	50	100	200	400	690000	75000	3350×200	1900			2120	2120	2240
3600	50	100	200	400	775000	75000	3750×200	2000			2120	2240	2360
3800	50	100	200	400	875000	106000	3750×265	2120			2240	2360	2360
4000	50	100	200	400	950000	106000	4000×265	2240			2360	2500	2500

① 除尘系统管道上，主要测定管道上的压力分布和风量大小，以便对系统风量进行调整；

② 风机前后的总管上，主要用于测定风机性能和工作状态，如风量，风压等；

③ 除尘器进出口管道上，主要用于测定除尘器的技术性能，如设备漏风率，风量分配等；

④ 吸尘罩附近，主要是测定吸尘点抽风量、初始含尘浓度和吸尘罩内的负压；

⑤ 烟囱上，主要用于测定净化后气体的排放浓度。

由于气流流经弯头、三通等局部构件时会产生涡流，使气流极不稳定，因此测孔必须远离这些部件而选在气流稳定段。测孔位置应在这些影响气流部件上游 4 倍管径和下游 2 倍管径处。当测孔位置受限制时，应在测孔内增加测点数，尽量做到精确测量。

以上几种测孔最好同时设置，温度测孔、湿度测孔和风量风压测孔的孔径一般为 50mm，粉尘测孔一般为 75～100mm，当管道直径大于 500mm 时，风量风压测孔应在同一横断面相互垂直的两个方向上设孔。

2. 清扫孔

虽然在管道设计时选择了防止粉尘沉积的必要流速，但是，由于在弯头、三通管等局部构件处，气流形成的涡流是几乎无法消除的，特别是遇到含尘气体温度变化、速度变化以及管壁可能形成的结露等，都会有粉尘在那里沉积。另外，由于生产设备间歇运行及一些未考虑到的因素，粉尘在管道内也会沉积。为了保证除尘系统正常运行，需要对除尘管道定期进行清扫。清扫孔的位置应在管道的侧面或上部；对于大型管道、直径大于 500mm 者在弯头、三通、端头处都应设清扫入孔。图 17-23 为设置清扫孔的位置。所有清扫孔都必须做到严密不漏风，如果严重漏风，会使清扫孔上游管道内流速降低，粉尘沉积更加严重，致使吸尘点抽风量减少。一般清扫孔盖板与风道壁间用螺栓拧紧或其他压紧装置压紧，盖板与风管壁间应有橡胶板或橡胶带做衬垫。图 17-24 为清扫孔的一种做法示意。

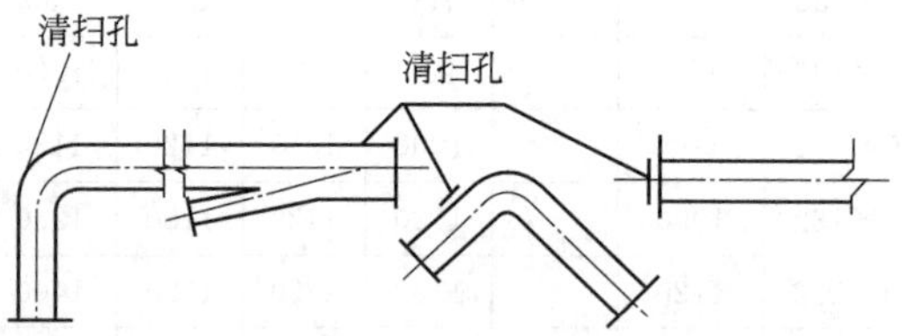

图 17-23 清扫孔位置示意

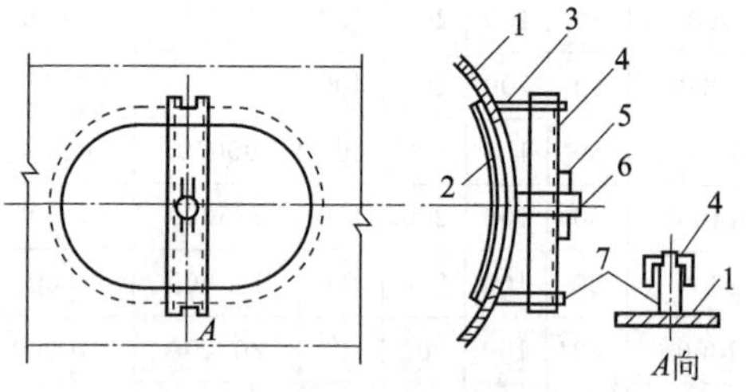

图 17-24 清扫孔示意

1—风道壁；2—盖板；3—衬垫；4—压紧杆；5—尖劈形压块；6—压紧杆；7—支架

3. 检查孔

除尘系统主管上，与设备连接的管道应设检查孔，检查孔有手孔和人孔两类，分别见图 17-25 和图 17-26。检查孔最好采取快开方式，直接用手轮打开，不需要扳手等工具，另外检查孔周边需要很好地密封，当检查孔关上时，不应有漏风处。

五、管道膨胀补偿

高温烟气管道的补偿首先应利用弯道的自然补偿作用，当管内介质温度不高，管线不长且支点配置正确时，则管道长度的热变化可以其自身的弹性予以补偿，这种是管道长度热变化自行补偿的最好办法。若自然补偿不能满足要求时，再考虑设置柔性材料补偿器、波形补偿器等进行补偿。

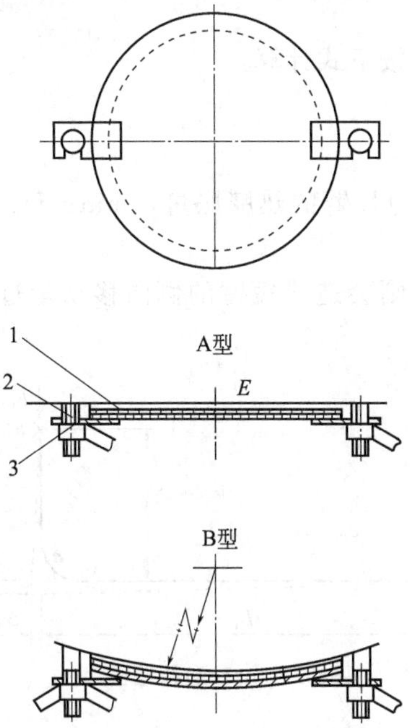

图 17-25　手孔

1—门盖；2—螺钉；3—锁扣

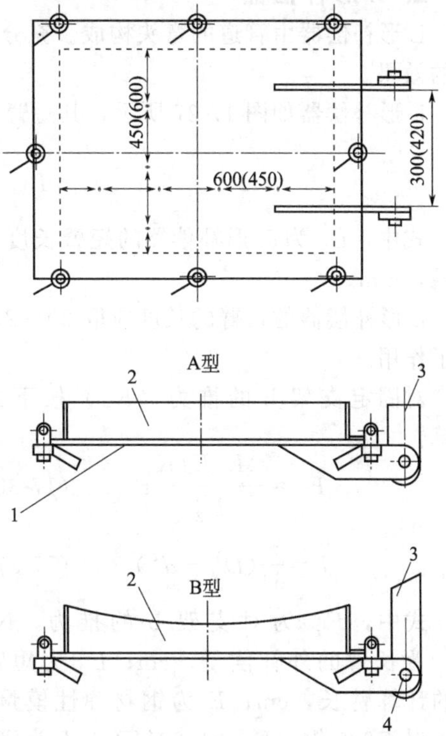

图 17-26　人孔

1—盖板；2—门框；3—门耳；4—螺母

补偿时应该是每隔一定的距离设置一个补偿装置，减少并释放管道受热膨胀产生的应力。保证管道在热状态下的稳定和安全工作。

（一）自然补偿器[3,8]

1. 管道的热伸长

管道膨胀的热伸长，按下式计算：

$$\Delta L = L\alpha(t_2 - t_1) \tag{17-33}$$

式中，ΔL 为管道的伸长量，mm；α 为管材平均线膨胀系数，m/(m・℃) 见表 17-29；L 为管道的计算长度，m；t_2 为输送介质温度,℃；t_1 为管道安装时的温度,℃，当管道架空敷设时，t_1 应采取暖室外计算温度。

表 17-29　各种管材的线膨胀系数 α 值　　单位：m/(m・℃)

管道材料	α	管道材料	α
普通钢	12×13^{-6}	铜	15.96×13^{-6}
钢	13.1×13^{-6}	铸铁	11.0×13^{-6}
镍铬钢	11.7×13^{-6}	聚氯乙烯	70×13^{-6}
不锈钢	10.3×13^{-6}	聚乙烯	10×13^{-6}
碳素钢	11.7×13^{-6}		

对于一般钢管 $\alpha=12\times10^{-6}$ 代入式(17-33)

$$\Delta L=0.012(t_2-t_1)L\ (\text{mm}) \tag{17-34}$$

2. L形补偿器

L形补偿器由管道的弯头构成。充分利用这种补偿器作热膨胀的补偿，可以收到简单方便的效果。

L形补偿器如图17-27所示，其短臂L_2的长度可按下式计算：

$$L_2=1.1\sqrt{\frac{\Delta L D_w}{300}} \tag{17-35}$$

式中，L_2为L形补偿器的短臂长度，mm；ΔL为长臂的热膨胀量，mm；D_w为管道外径，mm。

L形补偿器的长臂的长度应取20～25m左右，否则会造成短臂的侧向移动量过大而失去了作用。

对固定支架b的推力（F_x）按下式计算：

$$F_x=\frac{\Delta L_1 EJK}{L_2^3}\varepsilon \tag{17-36}$$

$$J=\frac{\pi}{64}(D_w^2-d^2) \tag{17-37}$$

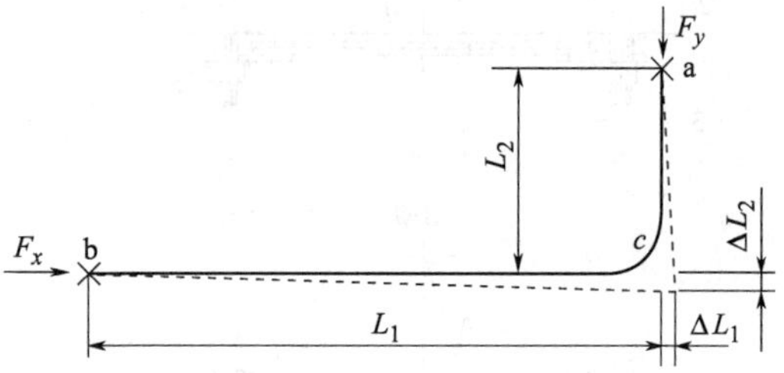

图17-27 L形补偿器

式中，F_x为对支架b的推力，N；ΔL_1为长臂的外补偿量，cm；L_2为短臂侧的计算臂长，cm；E为钢材弹性模量，Pa，对Q235钢，E=21000MPa；J为管道断面惯性矩，mm^2；D_w为管道外径，mm；d为管道内径，mm；K为修正系数，$D>900$mm时K取2，$D<800$mm时K取3；ε为安装预应力系数，大气温度安装调整时ε取0.63，不调整时，ε取1.0。

对固定支架a的推力（F_y），如下所示：

$$F_y=\frac{\Delta L_2 EJK}{L_1^3}\varepsilon \tag{17-38}$$

式中，F_y为对支架a的推力，N；ΔL_2为短臂的补偿量cm，其他符号同前。

对最不利的c点的弯曲应力（σ_1）为：

$$\sigma_1=\frac{\Delta L_2 EDK}{2L_1^2} \tag{17-39}$$

式中，σ_1为c点的弯曲应力，Pa；其他符号同前。

3. Z形补偿器

Z形补偿器是常用的自然补偿器之一。Z形补偿器的优点在于管道设计和安装中很容易实现补偿。如图17-28所示。

Z形补偿器其垂直臂L_3的长度可按下式计算：

$$L_3=\left[\frac{6\Delta t E D_w}{10^3\sigma(1+12K)}\right]^{1/2} \tag{17-40}$$

式中，L_3为Z形补偿器的垂直臂长度，mm；Δt为计算温差，℃；E为管材的弹性模量，Pa；D_w为管道外径，mm；σ为允许弯曲应力，Pa；K为L_1/L_2，L_1为长臂长，L_2为短臂长。

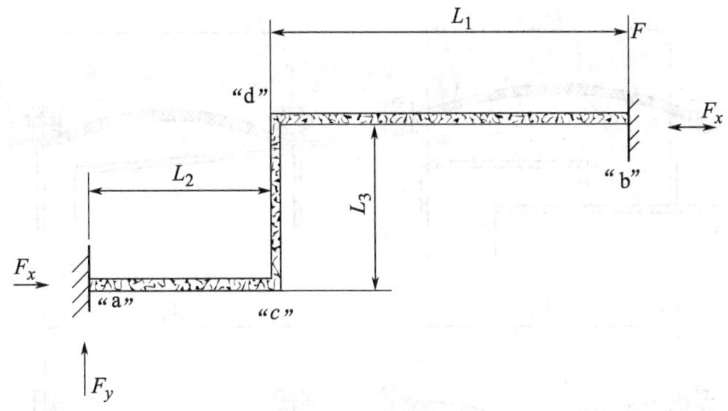

图 17-28 Z 形自然补偿计算图

Z 形补偿器的长度（L_1+L_2），应控制在 40～50m 的范围内。

对固定支架 b 的轴向推力（F_x）

$$F_x=\frac{KEJ(\Delta L_3+\Delta L_2)}{L_3^3} \tag{17-41}$$

式中，F_x 为支架 b 的轴的推力，N；其他符号同前。

对“b”的横向推力 F_y 系由 L_3 管段的补偿量 ΔL 所产生的力按静力平衡的原则表示如下：

$$F_y=\frac{KEJ\Delta L'}{L_1^3}=\frac{KEJ\Delta L''}{L_2^3} \tag{17-42}$$

式中，F_y 为支架 b 的横向推力，N；$\Delta L'$为由力臂 L_1 吸收 L 管段的补偿量；$\Delta L''$为由力臂 L_2 吸收 L 管段的补偿量。

对于应力最大位置 c 点应力按下式：

$$\sigma_c=\frac{KED(\Delta L_1\varepsilon+\Delta L_2)}{2L} \tag{17-43}$$

式中，σ_c 为 c 点最大弯曲应力，MPa；其他符号同前。

（二）柔性材料补偿器

当输送的烟气温度高于 70℃时，且在管线的布置上又不能靠自身补偿时，需设置补偿器。补偿器一般布置在管道的两个固定支架中间，但必须考虑到因为补偿器本身的重量而在烟气管道膨胀与收缩时发生扭曲，需用两个单片支架支撑补偿器重量，单片支架的间距在车间外部时一般为 3～4m；在车间内部最大不超过 6m。在任何烟气情况下，为防止外力作用到设备上，以及防止机械设备的振动传递给管道，在紧靠除尘器和风机连接管道上也应装设补偿器。对大型除尘器和风机，其前后都应设置补偿器。

常用的柔性材料补偿器有 a、b 两种形式，如图 17-29 所示。

NM 非金属补偿器是由一个柔性补偿元件（圈带）与两个可与相邻管道、设备相接的端管（或法兰）等组成的挠性部件，见图 17-30。圈带采用硅橡胶、氟橡胶、三元乙丙烯橡胶和玻璃纤维布压制硫化处理而成，主要特点如下。

(1) 可以在较小的长度尺寸范围内提供多维位移补偿，与金属波纹补偿器相比，简化了补偿器结构形式。

(2) 无弹性力。由于补偿器元件采用橡胶、聚四氟乙烯与无碱玻璃纤维复合材料，它具有万向补偿和吸收热膨胀推力的能力，几乎无弹性反力，可简化管路设计。

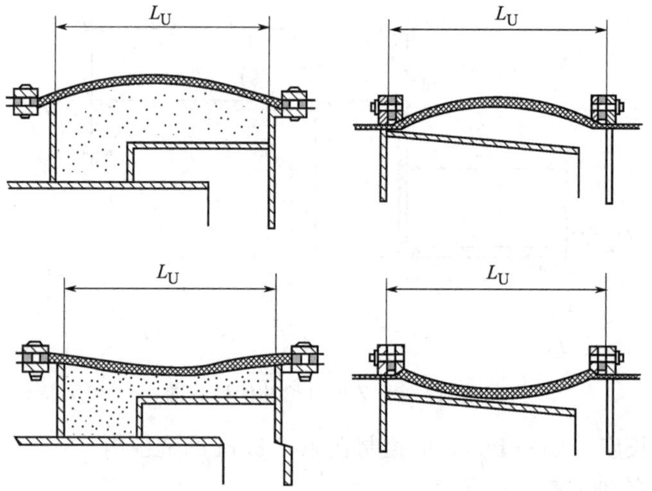

图 17-29 柔性材料补偿器

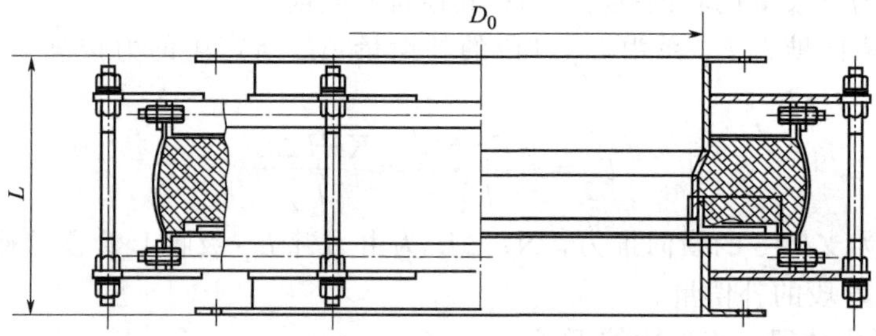

图 17-30 NM-非金属补偿器

(3) 消声减振。橡胶玻璃纤维复合材料能有效地减少锅炉、风机等系统产生的噪声和振动。

(4) 适用温度范围较宽。采用不同橡胶复合材料和圈带内部设置隔热材料，可达到较宽的温度范围。

(5) 在允许的范围内，可补偿一定的施工安装误差。

1. 设计技术条件

(1) 设计压力 p 除尘系统管道内的气体设计压力一般在 0.01MPa 以下，选型时一般取设备的承受压力 $p \leqslant 0.03$MPa。

(2) 设计温度等级 设计温度范围可从常温到高温，共分为 9 个等级，见表 17-30。

表 17-30 设计温度等级

设计温度等级	A	B	C	D	E	F	G	H	I
工作温度/℃	常温	≤100	≤150	≤250	≤350	≤450	≤550	≤700	≥700

2. 结构形式

非金属补偿器有圆形（SNM）和矩形（CNM）两种类型，补偿元件（圈带）与端管或垫环连接通常用直筒形，亦可采用翻边形式。根据使用温度和位移补偿要求，结构相应有变化。

3. 安装长度与连接尺寸

(1) 安装长度 非金属补偿器的安装长度与位移量的大小有直接关系，安装长度与位移补偿量见表 17-31。

表 17-31 安装长度与位移补偿量

位移方向	安装长度/mm	300	350	400	450	500	550	600	700
轴向位移	补偿量/mm								
	压缩(−X)	−30	−45	−60	−70	−90	−100	−120	−150
	拉伸(+X)	+10	+15	+20	+25	+30	+35	+40	+50
横向位移	圆形(SNM)	±15	±20	±25	±30	±35	±40	±45	±50
	矩形(CNM)	±8/±4	±10/±6	±12/±8	±16/±10	±18/±12	±20/±14	±22/±16	±25/±18

(2) 非金属补偿器的连接尺寸 非金属补偿器的连接尺寸，是指与管道连接的端管公称通径 DN 或矩形端管的外径边长。圆形非金属补偿器，端管公称通径 DN200～6000mm；矩形非金属补偿器，外径边长 200～6000mm。

4. 举例

(1) SNMC800 (−60±20)-150 该代号表示圆形非金属补偿器，长期使用温度 150℃，接管公称通径 800mm，系统设计要求位移补偿量：轴向压缩−60mm，横向位移补偿量±20mm，根据表 17-31 选用的最小安装长度应为 400mm。

(2) SNMD400×600 (−40)-250 该代号表示矩形非金属补偿器，长期使用温度 250℃，矩形管道外径边长 400mm×600mm，系统设计要求位移补偿量：轴向压缩−40mm，根据表 17-31 选用的最小安装长度为 350mm。

(三) 波纹补偿器

除尘系统所需采用的金属波纹补偿器，一般为普通轴向型补偿器。它是由一个波纹管组与两个可与相邻管道、设备相接的端管（或法兰）组成的挠性部件，见图 17-31。

设计条件如下：

① 除尘系统的设计压力一般不高，选用金属波纹补偿器时可按 p=0.1MPa 查取样本资料；

② 设计温度通常按 350℃ 以下考虑；

③ 设计许用寿命按 1000 次考虑；

④ 公称通径在 DN600～4600mm。

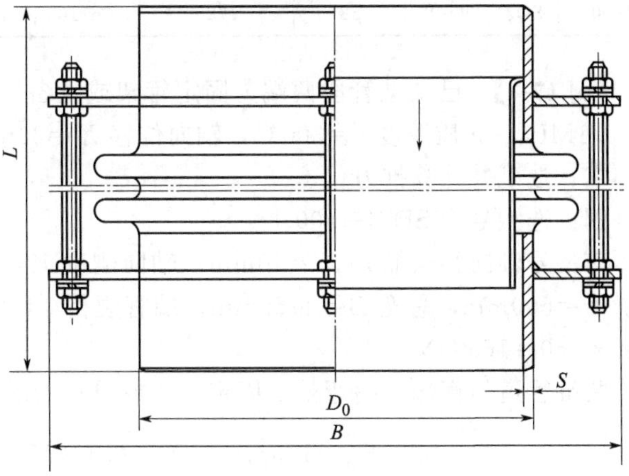

图 17-31 SDZ-普通轴向型补偿器系列

金属波纹补偿器系列技术参数见表 17-32，表中符号 D_0、S、L、B 见图 17-31。

型号 SDZ1-6001，表示普通轴向型补偿器，公称压力 PN=0.1MPa，公称通径 DN=600mm，轴向额定位移 [X]=42mm，疲劳寿命 N=1000 次，刚度 K_Y=373N/mm，接管为焊接，无保温层，接管材料为碳钢。

表 17-32 金属波纹补偿器系列技术参数（设计压力：p=0.1MPa）

公称通径/mm	型号	轴向位移 X/mm	轴向刚度 K_X/(N/mm)	有效面积 A/cm^2	焊接端管		总长 L/mm	总宽度 B/mm	参考重量/kg
					外径 D_0/mm	壁厚 S/mm			
600	SDZ1-600Ⅰ	42	373	3475	630	8	420	900	108
700	SDZ1-700Ⅰ	54	297	4670	720	10	450	980	141
800	SDZ1-800Ⅰ	55	1428	5960	820	10	480	1100	173
900	SDZ1-900Ⅰ	55	452	7390	920	10	530	1210	212
1000	SDZ1-1000Ⅰ	65	413	8990	1020	10	580	1320	252
1100	SDZ1-1100Ⅰ	75	337	10940	1120	10	560	1450	269
1200	SDZ1-1200Ⅰ	85	314	13070	1220	12	570	1550	299
1300	SDZ1-1300Ⅰ	70	324	15070	1320	12	570	1650	322
1400	SDZ1-1400Ⅰ	40	550	17580	1420	12	500	1750	395
1500	SDZ1-1500Ⅰ	45	564	20000	1520	12	500	1850	423
1600	SDZ1-1500Ⅰ	45	991	22730	1620	12	500	1950	447
1700	SDZ1-1600Ⅰ	50	924	25620	1720	12	520	2080	501
1800	SDZ1-1800Ⅰ	50	949	28360	1820	12	520	2180	528
2000	SDZ1-2000Ⅰ	42	1225	34700	2020	12	500	2360	582
2200	SDZ1-2200Ⅰ	38	1355	41350	2220	14	520	2560	715
2300	SDZ1-2300Ⅰ	32	1368	44990	2320	14	500	2660	743
2400	SDZ1-2400Ⅰ	36	1443	48790	2420	14	510	2760	764
2500	SDZ1-2500Ⅰ	26	3326	53380	2520	14	600	2860	914
2600	SDZ1-2600Ⅰ	42	1769	57766	2620	16	580	2960	963
2800	SDZ1-2800Ⅰ	60	1618	366250	2820	16	620	3160	1028
3000	SDZ1-3000Ⅰ	58	1720	76110	3020	16	620	3360	1099

【例 17-7】 已知某管段两端为固定管架或设备，管道公称通径 DN1400mm，设计压力 p=0.1MPa，介质温度 t=300℃，轴向位移 X=30mm。

求：选型并计算推力。

解：选型号为 SDZ1-1400-1。

该型号轴向补偿能力 X=40mm，轴向刚度 K_X=550N/mm，有效面积 A=17580m^2，总长 L=500mm，总宽 B=1750mm，端管规格 ϕ1420×12，弹性反力：轴向 $FK_X=XK_X=30\times550=16500$N。

两端管道的盲端，拐弯处的固定支架或设备所承受的压力推力（工作时）为：

$$F_p=100pA=100\times0.1\times17580=175800\ (\mathrm{N})$$

（四）鼓形补偿器

鼓形补偿器见图 17-32。一般用于户外管道。鼓形补偿器分一级、二级和三级 3 种，根据所需补偿量选用，图中 L 值：一级为 500mm，二级为 1000mm；三级为 1500mm。波纹补偿器波纹多用不锈钢制作，鼓形补偿器用 Q235 钢制作。

鼓形补偿器的计算如下。

（1）补偿器的压缩或拉伸量

$$L=\Delta Ln \tag{17-44}$$

$$\Delta L=\frac{3\alpha}{4}\times\frac{\sigma_{T}d^{2}}{E\delta K} \tag{17-45}$$

式中，L 为补偿器压缩或拉伸量，mm；n 为补偿器的级数；ΔL 为一级最大压缩或拉伸量，mm；α 为系数，查表 17-33 确定；σ_T 为屈服极限，Pa，用 Q235 材料时，为 21000MPa；d 为补偿器内径，cm；E 为弹性模量，用 Q235 材料时，为 21000MPa；δ 为补偿器的鼓壁厚度，cm；K 为安全系数，可采取 1.2。

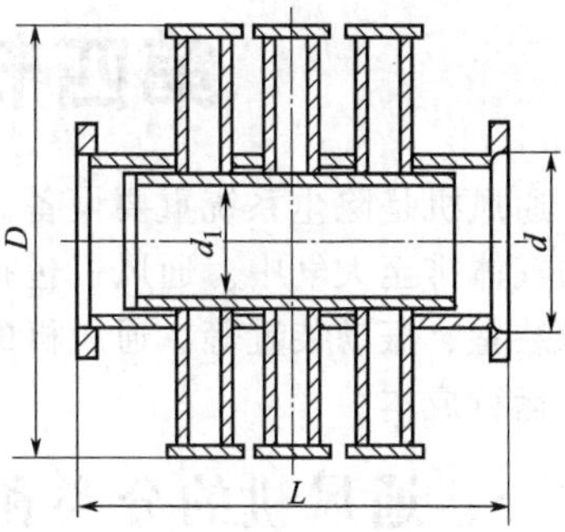

图 17-32　鼓形补偿器

（2）当一级压缩或拉伸为 ΔL 时，补偿器最大的压缩或拉伸力（弹性力或延伸力）。

$$F_{s}=1.25\frac{\pi}{1-B}\times\frac{\sigma_{T}\delta^{2}}{K} \tag{17-46}$$

式中，F_s 为补偿器最大压缩或拉伸力，N；B 为系数，等于补偿器内径 d 与外径 D 之比 $B=\frac{d}{D}$；其他符号同前。

（3）补偿器的内壁上，由烟气工作压力引起的推力：

$$F_{T}=\phi\frac{pd^{2}}{K} \tag{17-47}$$

式中，F_T 为烟气压力对补偿器的推力，N；p 为管道内部烟气的计算压力，Pa；ϕ 为系数，查表 17-33 确定。

表 17-33　α 及 ϕ 系数

管道外径(d)/mm	膨胀器外径(D)/mm	$B=\frac{d}{D}$	系数	
			α	ϕ
219	1200	0.0183	140	0.632
325	1300	0.25	61	4.65
426	1400	0.305	34.48	3.107
630	1600	0.394	14.918	1.797
820	1800	0.456	8.67	1.289
1020	2000	0.51	5054	0.892
1220	2200	0.555	3.387	0.786
1420	2400	0.592	2.775	0.655
1620	2600	0.623	2.17	0.563
1820	2800	0.65	1.65	0.491
2020	3000	0.673	1.3	0.437
2420	3400	0.711	0.9399	0.357
2520	3500	0.72	0.829	0.341

（4）管道鼓形膨胀器安装时，因受空气温度影响，已经延伸或收缩，为减少推力，规定按当地最高或最低温度预先予以压缩或延伸。

第四节 通风机和电动机

通风机是除尘系统重要设备。通风机的作用在于把含尘气体输送到除尘器并把经过净化后的气体排至大气中。通风机包括主机、电机以及配套的执行机构、调速装置、冷却装置、润滑装置、振动装置等。通风机的良好运行不仅提高除尘系统作业率，而且可以节约能耗，降低运行成本。

一、通风机的分类和工作原理

（一）通风机分类

因通风机的作用、原理、压力、制作材料及应用范围不同，所以通风机有许多分类方法。按其在管网中所起的作用分，起吸风作用的称为引风机，起吹风作用的称为鼓风机。按其工作原理，分为离心式通风机、轴流式通风机和混流式通风机。在除尘工程中主要应用离心式通风机。按风机压力大小，通风机分为低压通风机（$p<1000$Pa）、中压通风机（p 为 1000～3000Pa）和高压通风机（$p>3000$Pa）3 种；环境工程中应用最多的是后两种[3]。按其制作材料，分为钢制通风机、塑料通风机、玻璃钢通风机和不锈钢通风机等。按其应用范围，分为排尘通风机、排毒通风机、锅炉通风机、排气扇及一般通风机等。

（二）通风机工作原理

通风机是将旋转的机械能转换成流动空气的动能而使空气连续流动的动力驱动机械，能量转换是通过改变流体动量实现的。

空气在离心式通风机内的流动情况如图 17-33 所示。叶轮安装在蜗壳 4 内。当叶轮旋转时，气体经过进气口 2 轴向吸入，然后气体约折转 90°流经叶轮叶片构成的流道间。当气体通过旋转叶轮的叶道间时，由于叶片的作用获得能量，即气体压力提高，动能增加。而蜗壳将叶轮甩出的气体集中、导流，从通风机出气口 6 经出口扩压器 7 排出。当气体获得的能量足以克服其阻力时，则可将气体输送到高处或远处。

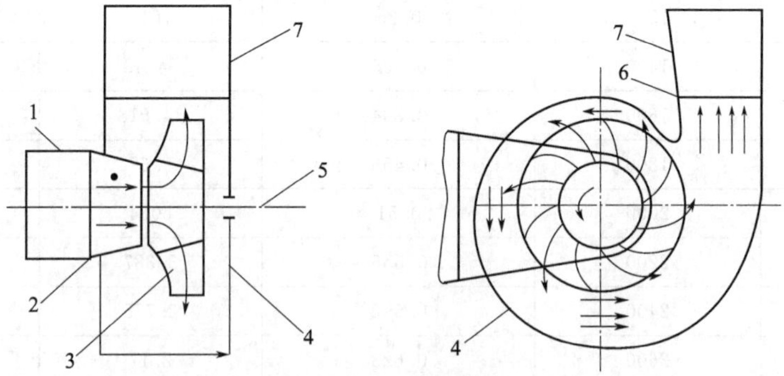

图 17-33 离心式通风机简图

1—进气室；2—进气口；3—叶轮；4—蜗壳；5—主轴；6—出气口；7—出口扩压器

（三）通风机结构

离心式通风机一般由集流器、叶轮、机壳、传动装置和电机等组成。

1. 集流器

集流器是通风机的进气口，它的作用是在流动损失较小的情况下，将气体均匀地导入叶轮。图 17-34 示出了目前常用的四种类型的集流器。

圆筒形集流器本身流体阻力较大，且引导气流进入叶轮的流动状况不好。其优点是加工简便。圆锥形集流器的流动状况略比圆筒形好些，但仍不佳。圆弧形集流器的流动状况较前两种形式好些，实际使用也较为广泛。喷嘴形集流器流动损失小，引导气流进入叶轮的流动状况也较好，广泛应用在高效通风机上。但加工比较复杂，制造要求高。

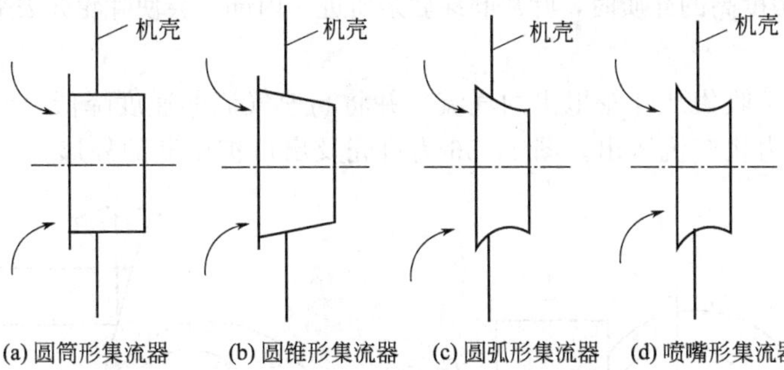

图 17-34　常用的四种类型集流器

2. 叶轮

叶轮是通风机的主要部件，通风机的叶轮由前盘、后盘、叶片和轮毂组成，一般采用焊接和铆接加工。它的尺寸和几何形状对通风机的性能有着重大的影响。

叶片是叶轮最主要的部分，它的出口角、叶片形状和数目等对通风机的工作有很大的影响。

离心式通风机的叶轮，根据叶片出口角的不同，可分前向、径向和后向三种，如图 17-35 所示。在叶轮圆周速度相同的情况下，叶片出口角 β 越大，则产生的压力越低。而一般后向叶轮的流动效率比前向叶轮高，流动损失小，运转噪声也低。所以，前向叶轮常用于风量大而风压低的通风机，后向叶轮适用于中压和高压通风机。当流量超过某一数值后，后向叶轮通风机的轴功率具有随流量的增加而下降的趋势，表明它具有不满负荷的特性；而径向和前向叶轮通风机的轴功率随流量的增大而增大，表明容易出现超负荷的情况。如果在除尘

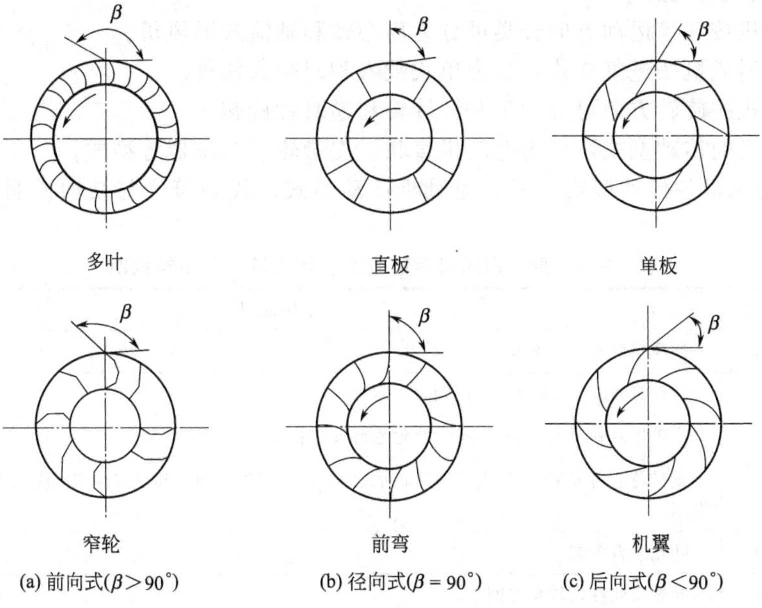

图 17-35　离心式通风机叶轮结构和三种类型

系统工作情况不正常时，径向叶轮和前向叶轮的通风机容易出现超负荷，以致发生烧坏电动机的事故。

离心式通风机的叶片按形状分板形、弧形和机翼形几种。板形叶片制造简单。机翼形叶片具有良好的空气动力性能，强度高，刚性大，通风机的效率一般较高。但机翼形叶片的缺点是输送含尘气流浓度高的介质时，叶片磨穿后杂质进入内部，会使叶轮失去平衡而产生振动。

3. 机壳

机壳的作用在于收集从叶轮甩出的气流，并将高速气流的速度降低，使其静压增加，以此来克服外界的阻力将气流送出。图 17-36 为机壳及出口扩压器的外形。

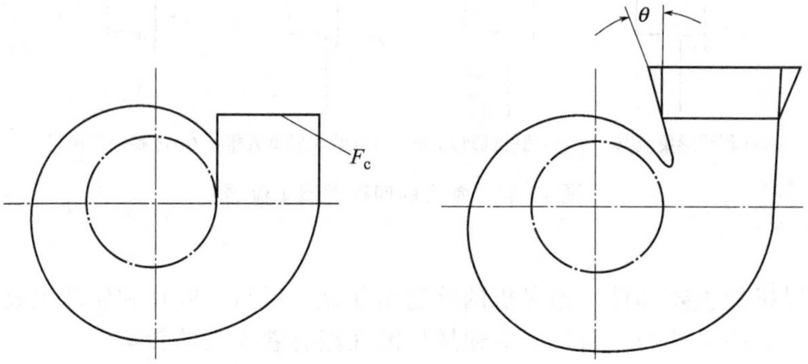

图 17-36 机壳及出口扩压器

离心式通风机的螺旋形机壳，其正确形状是对数螺线。但由于对数螺线作图较繁，在实际作图时常以阿基米德螺线来代替对数螺线。机壳断面沿叶轮转动方向呈渐扩形，在气流出口处断面为最大。随着蜗壳出口面积的增加，通风机的静压有所增加。

如果 F_c 截面上速度仍很大，为了对这部分能量有效地予以利用，可以在蜗壳出口后增加扩压器。经验表明，扩压器应向着蜗舌方向扩散（图 17-36）。出口扩压器的扩散角 $\theta=6°\sim8°$为佳，有时为减少其长度，也可取 $\theta=10°\sim12°$

4. 通风机基本型式[9,10]

（1）通风机按气流运动方向分类可分为离心式和轴流式通风机。

（2）离心通风机按进气方式可分为单式吸入和双吸入两种。

（3）通风机按旋转方向可分为顺时针旋转和逆时针旋转。

（4）通风机的传动型式可分为电动机直联、皮带轮、联轴器等型式。

① 离心通风机各传动型式。离心通风机传动型式、代表符号与结构说明见表 17-34 和图 17-37。

表 17-34 离心通风机传动型式、代表符号与结构说明

传动型式	符号	结构说明
电动机直联	A	通风机叶轮直接装在电动机轴上
皮带轮	B	叶轮悬臂安装，皮带轮在两轴承中间
	C	皮带轮悬臂安装在轴的一端，叶轮悬臂安装在轴的另一端
	E	皮带轮悬臂安装，叶轮安装在两轴承之间(包括双进气和两轴承支撑在机壳或进风口上)的结构型式
联轴器	D	叶轮悬臂安装
	F	叶轮安装在两轴承之间

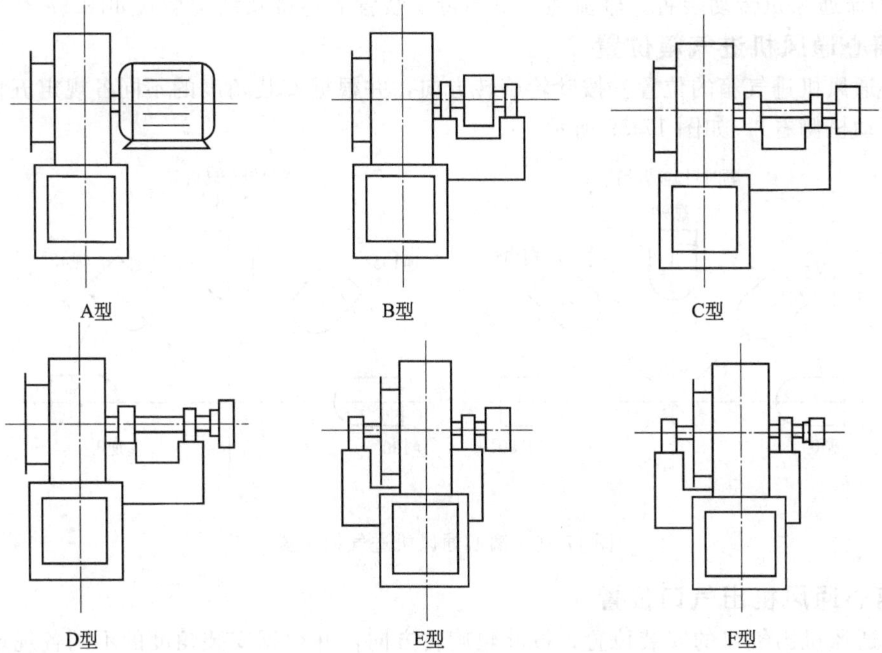

图 17-37　离心通风机传动型式

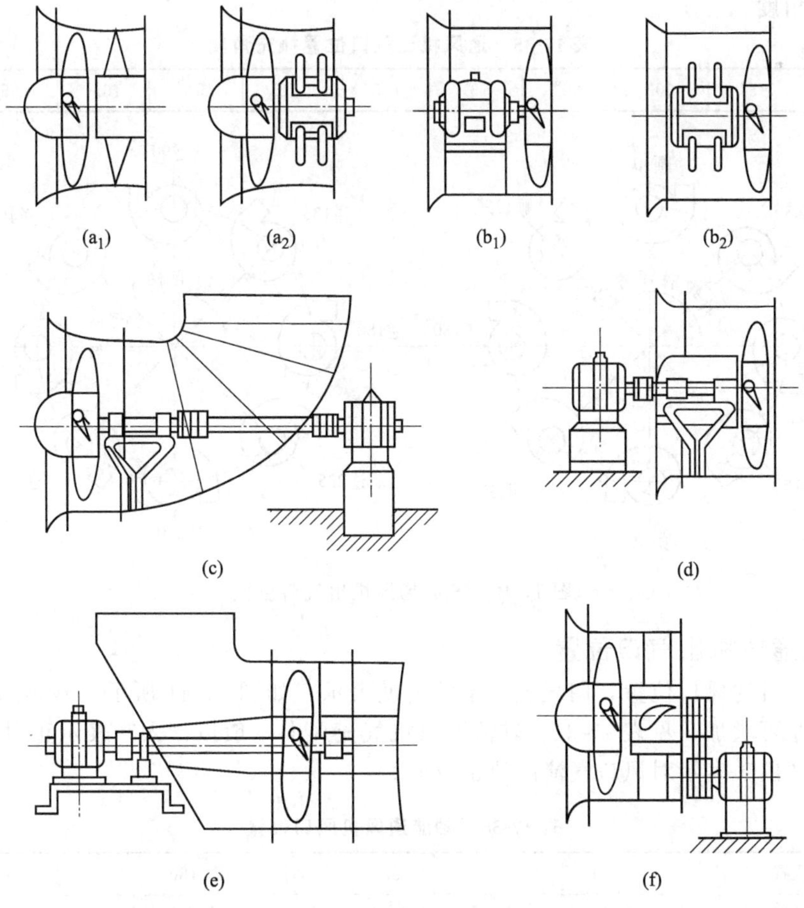

图 17-38　轴流通风机传动装置

② 轴流通风机传动装置。轴流通风机与传动装置的连接及结构型式如图 17-38 所示。

5. 离心通风机进气箱位置

离心通风机进气箱的位置，按叶轮旋转方向，并根据安装角度的不同各规定五种基本位置（从原动机侧看），如图 17-39 所示。

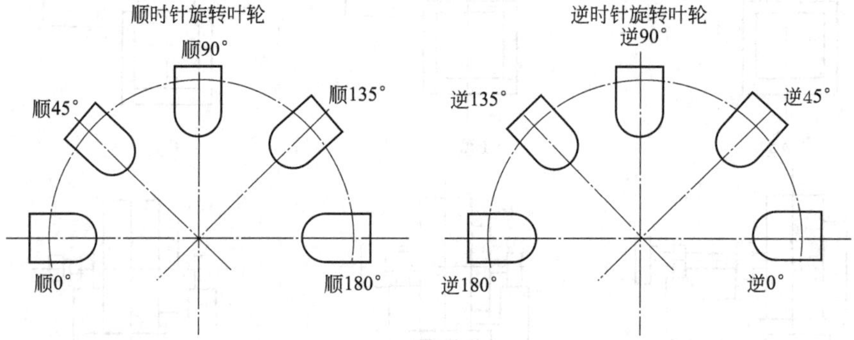

图 17-39 离心通风机进气箱位置

6. 离心通风机出气口位置

离心通风机出气口的安装位置，按叶轮旋转方向，并根据安装角度的不同各规定八种基本位置（从原动机侧看），如图 17-40 所示。当不能满足使用要求时，则允许采用表 17-35 所列的补充角度。

表 17-35 通风机出气口位置补充角度

补充角度	15°	30°	60°	75°	105°	120°	150°	165°	195°	210°

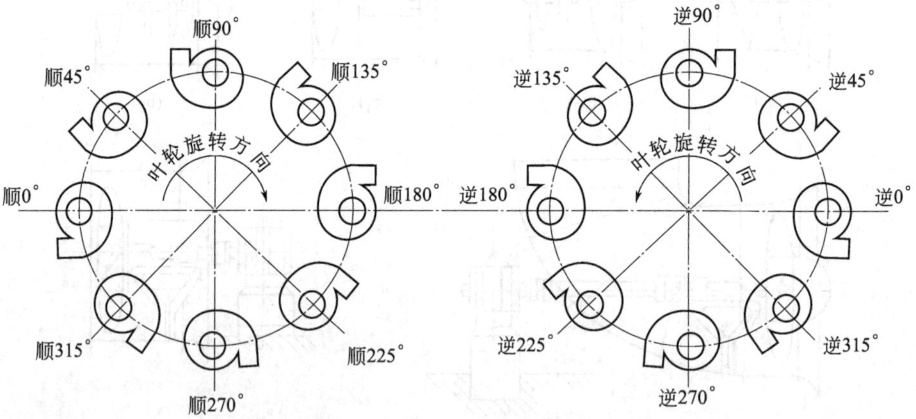

图 17-40 离心通风机出气口位置

7. 轴流通风机出气口位置

轴流通风机的风口位置，用气流入出的角度表示，如图 17-41 所示。基本风口位置有 4 个，特殊用途可增加，见表 17-36。轴流通风机气流风向一般以“入”表示正对风口气流的入方向，以“出”表示对风口气流的流出方向。

表 17-36 轴流通风机风口位置

基本出风口位置/(°)	0	90	180	270
补充出风口位置/(°)	45	135	225	315

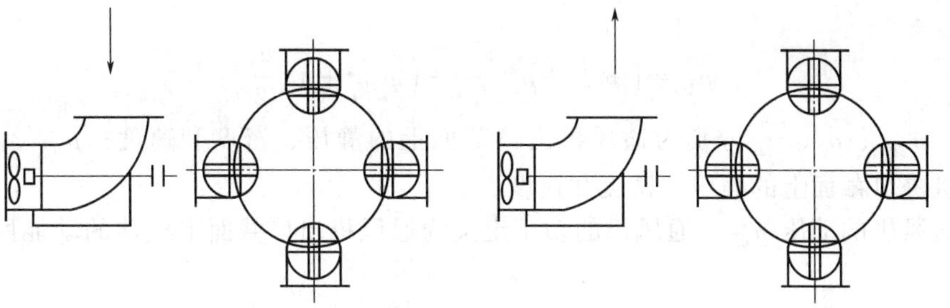

图 17-41 轴流通风机出气口位置

二、通风机主要性能与选用

（一）主要性能参数

通风机的主要性能参数包括流量（可分为排气与送风量）、压力、气体介质、转速、功率。参数的确定项目见表 17-37[10]。

表 17-37 通风机参数

项目		单位	备注
流量	风量 标准风量	m^3/min、m^3/h、kg/s $m^3/min(NTP)$、$m^3/h(NTP)$	最大、最小风量喘振点
压力	进气及出气静压、风机静压、全压、升压	Pa、MPa	
气体介质	温度 湿度 密度 灰尘量及灰尘的种类 气体的种类	℃ %、kg/m^3 $kg/m^3(NTP)$ g/m^3、$g/m^3(NTP)$、g/min	最高、最低温度 相对湿度和绝对湿度 附着性、磨损性、腐蚀性 腐蚀性、有毒性、易爆性
转速		r/min	滑动 定速、变速（转速范围）
功率	有效功率 内部功率 轴功率	kW	驱动方法 带动 直联 液力联轴器

注：NTP 表示标准工况。

1. 流量

所说的风机流量是用出气流量换算成其进气状态的结果来表示的，通常以 m^3/min、m^3/h 表示，但在压比为 1.03 以下时，也可将出气风量看作为进气流量；在除尘工程中以 m^3/h（常温常压）来表示的情况居多。为了对比流量的大小，常把工况流量换算成标准状态，即 0℃、0.1MPa 气体干燥状态；另外，还可以用质量流量“kg/s”来表示。

2. 气体密度

气体的密度指单位体积气体的质量，由气体状态方程确定：

$$\rho=\frac{p}{RT} \tag{17-48}$$

在通风机进口标准状态情况下，其气体常数 R 为 288J/(kg·K)；$\rho=1.2kg/m^3$。

3. 通风机的压力

（1）通风机的全压 p_{tF} 气体在某一点或某截面上的总压等于该点或截面上的静压与动压之代数和，而通风机的全压则定义为通风机出口截面上的总压与进口截面上的总压之

差，即

$$p_{tF}=\left(p_{sF_2}+\rho_2\frac{v_2^2}{2}\right)-\left(p_{sF_1}+\rho_1\frac{v_1^2}{2}\right) \tag{17-49}$$

式中，p_{sF_2}、ρ_2、v_2 分别为通风机出口截面上的静压、密度和速度；p_{sF_1}、ρ_1、v_1 分别为通风机进口截面上的静压、密度和速度。

（2）通风机的动压 p_{dF}　通风机的动压定义为通风机出口截面上气体的动能所表征的压力，即

$$p_{dF}=\rho_2\frac{v_2^2}{2} \tag{17-50}$$

（3）通风机的静压 p_{sF}　通风机的静压定义为通风机的全压减去通风机的动压，即

$$p_{sF}=p_{tF}-p_{dF} \tag{17-51}$$

或

$$p_{sF}=(p_{sF_2}-p_{sF_1})-\rho_1\frac{v_1^2}{2} \tag{17-52}$$

从上式看出，通风机的静压既不是通风机出口截面上的静压 p_{sF_2}，也不等于通风机出口截面与进口截面上的静压差（$p_{sF_2}-p_{sF_1}$）。

4. 通风机的转速 *n*

通风机的转速是指叶轮每秒钟的旋转速度，单位为 r/min，常用 n 表示。

5. 通风机的功率

（1）通风机的有效功率　通风机所输送的气体，在单位时间内从通风机中所获得的有效能量，称为通风机的有效功率。当通风机的压力用全压表示时，称为通风机的全压有效功率 P_e(kW)，则

$$P_e=\frac{p_{tF}q_v}{1000} \tag{17-53}$$

式中，q_v 为风机额定风量，m^3/s；p_{tF} 为风机全压，Pa。

当用通风机静压表示时，称为通风机的静压有效功率 P_{esF}(kW)，

则

$$P_{esF}=\frac{p_{sF}q_v}{1000} \tag{17-54}$$

式中，p_{sF} 为风机的静压，Pa；其他符号同前。

（2）通风机的内部功率　通风机的内部功率 P_{in}(kW)，等于有效功率 P_e 加上通风机的内部流动损失功率 ΔP_{in}

即

$$P_{in}=P_e+\Delta P_{in} \tag{17-55}$$

（3）通风机的轴功率　通风机的轴功率 P_{sh}(kW)，等于通风机的内部功率 P_{in} 加上轴承和传动装置的机械损失功率 ΔP_{me}(kW)，即

$$P_{sh}=P_{in}+\Delta P_{me} \tag{17-56}$$

或

$$P_{sh}=P_e+\Delta P_{in}+\Delta P_{me} \tag{17-57}$$

通风机的轴承功率又称通风机的输入功率，实际上它也是原动机（如电动机）的输出功率。

6. 通风机的效率

（1）通风机的全压内效率 η_{in}　通风机的全压内效功率 η_{in} 等于通风机全压有效功率 P_e 与内部功率 P_{in} 的比值，即

$$\eta_{in}=\frac{P_e}{P_{in}}=\frac{p_{tF}q_v}{1000P_{in}} \tag{17-58}$$

（2）通风机静压内效率 $\eta_{sF,in}$　通风机静压内效率 $\eta_{sF,in}$ 等于通风机静压有效功率 P_{esF} 与通风机内部功率 P_{in} 之比，即

$$\eta_{sF,in}=\frac{P_{esF}}{P_{in}}=\frac{p_{sF}q_v}{1000P_{in}} \tag{17-59}$$

通风机的全压内效率或静压内效率均表征通风机内部气体流动过程的好坏，是通风机气动力设计的主要标准。

（3）通风机全压效率 η_{tF}　通风机全压效率 η_{tF} 等于通风机全压有效功率 P_e 与轴承功率 P_{sh} 之比，即

$$\eta_{tF}=\frac{P_e}{P_{sh}}=\frac{p_{tF}q_v}{1000P_{sh}} \tag{17-60}$$

或

$$\eta_{tF}=\eta_{tn}\eta_{me} \tag{17-61}$$

其中，η_{me} 称为机械效率，且

$$\eta_{me}=\frac{P_{in}}{P_{sh}}=\frac{p_{tF}q_v}{1000\eta_{in}P_{sh}} \tag{17-62}$$

机械效率是表征通风机轴承损失和传动损失的大小，是通风机机械传动系统设计的主要指标，根据通风机的传动方式，表 17-38 列出了机械效率选用值，供设计时参考。当风机转速不变而运行于低负荷工况时，因机械损失不变，故机械效率还将降低。

表 17-38　传动方式与机械效率

传动方式	机械效率（η_{me}）	传动方式	机械效率（η_{me}）
电动机直联	1.0	减速器传动	0.95
联轴器直联传动	0.98	V 带传动	0.92

（4）通风机的静压效率 η_{sF}　通风机的静压效率 η_{sF} 等于通风机静压有效功率 P_{esF} 与轴功率 P_{sh} 之比，即

$$\eta_{sF}=\frac{P_{esF}}{P_{sh}}=\frac{p_{sF}q_v}{1000P_{sh}} \tag{17-63}$$

或

$$\eta_{sF}=\eta_{sF,tn}\eta_{me} \tag{17-64}$$

7. 电动机功率的选用

电动机的功率 P 按下式选用

$$P\geqslant KP_{sh}=K\frac{p_{tF}q_v}{1000\eta_{tF}} \tag{17-65}$$

$$P\geqslant KP_{sh}=K\frac{p_{sF}q_v}{1000\eta_{sF}} \tag{17-66}$$

式中，K 为功率储备系数，按表 17-39 选择。

表 17-39　功率储备系数 *K*

电动机功率/kW	离心式风机			轴流式风机
	一般用途	粉尘	高温	
＜0.5	1.5	1.2	1.3	1.05～1.10
0.5～1.0	1.4			
1.0～2.0	1.3			
2.0～5.0	1.2			
＞5.0	1.15			

(二)通风机特性曲线

1. 特性曲线

在净化系统中工作的通风机，仅用性能参数表达是不够的，因为风机系统中的压力损失小时，要求的通风机的风压就小，输送的气体量就大；反之，系统的压力损失大时，要求的风压就大，输送的气体量就小。为了全面评定通风机的性能，就必须了解在各种工况下通风机的全压和风量，以及功率、转速、效率与风量的关系，这些关系就形成了通风机的特性曲线。每种通风机的特性曲线都是不同的，图 17-42 为 4-72-11№5 通风机的特性曲线。由图可知通风机特性曲线通常包括（转速一定）全压随风量的变化、静压随风量的变化、功率随风量的变化、全效率随风量的变化、静效率随风量的变化。因此，一定的风量对应于一定的全压、静压、功率和效率，对于一定的风机类型，将有一个经济合理的风量范围。

由于同类型通风机具有几何相似、运动相似和动力相似的特性，因此用通风机各参数的无量纲量来表示（其特性是比较方便）并用来推算该类风机任意型号的风机性能。

图 17-43 为风机的无量纲特性曲线。

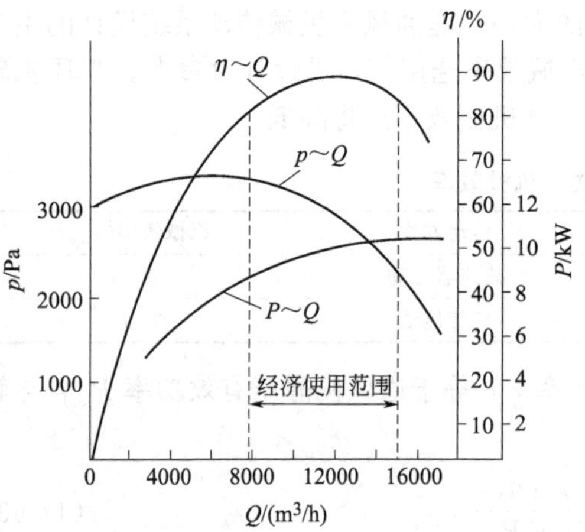

图 17-42 4-72-11№5 通风机的特性曲线

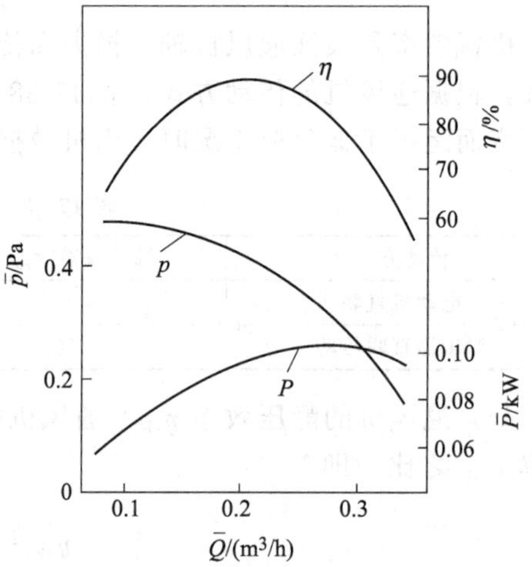

图 17-43 风机无量纲特性曲线

通风机特性曲线是在一定的条件下提出的。当风机转速、叶轮直径和输送气体的密度改变时，对风压、功率及风量都会有影响。

2. 风机叶轮转速对性能的影响

① 压力（全压或静压）的改变与转速改变的平方成正比：

$$\frac{p_2}{p_1}=\frac{p_{j2}}{p_{j1}}=\left(\frac{n_2}{n_1}\right)^2 \tag{17-67}$$

式中，p 为风机全压，Pa；n 为风机转速，r/min；p_j 为风机静压，Pa。

在离心力作用下，静压是圆周速度的平方的函数，同时动压也是速度平方的函数，因此全压也随速度的平方而变化。

② 当压力与风量 Q 的变化满足 $p=KQ^2$（K 为常数）的关系时，风量的改变与转速的改变成正比：

$$\frac{p_2}{p_1}=\left(\frac{Q_2}{Q_1}\right)^2=\left(\frac{n_2}{n_1}\right)^2,即\frac{Q_2}{Q_1}=\frac{n_2}{n_1} \tag{17-68}$$

③ 功率 P 的改变（轴承、传动皮带上的功率损失忽略不计）与转速改变的立方成正比：

$$\frac{P_2}{P_1}=\left(\frac{n_2}{n_1}\right)^3 \tag{17-69}$$

功率是风量与风压的乘积，风量与转速成正比，风压与转速平方成正比，故功率与转速的立方成正比。

④ 风机的效率不改变，或改变得很小：

$$\eta_1=\eta_2 \tag{17-70}$$

因为叶轮转速改变使风量、风压均改变，同时轴功率也成比例改变，因而其比值不变。

由此可以看出，通风机转速改变时，特性曲线也随之改变。因此，在特性曲线图上，需要做出不同转速的特性曲线以备选用。需要指出的是，风机转速的改变并不影响管网特性曲线，但实际工况点要发生变化，在新转速下的特性曲线与管网特性曲线的交点即为新的工况点。

从理论上可以认为，改变转速可获得任意风量，然而转速的提高受到叶片强度以及其他力学性能条件的限制，功率消耗也急剧增加，因而不可能无限度提高。

3. 输送气体密度对风机性能的影响

(1) 风量不变

$$Q_2=Q_1 \tag{17-71}$$

由于转速，叶轮直径等均不改变，风机所输送的气体体积不变，但输送的气体质量随密度的改变而不同。

(2) 风压与气体的密度成正比

$$p_2=p_1\frac{\rho_2}{\rho_1} \tag{17-72}$$

压力可以用气体柱的高度与其密度的乘积来表示，因此风压的变化与气体密度的变化成正比。

(3) 功率与气体的密度成正比

$$P_2=P_1\frac{\rho_2}{\rho_1} \tag{17-73}$$

由于风量不随气体密度而变化，故功率与风压成正比，而后者与气体密度成正比。

(4) 效率不变

$$\eta_2=\eta_1 \tag{17-74}$$

现将以上各类关系式以及当转速、叶轮直径、气体密度均改变时的关系式列于表 17-40 中，这些关系式对于风机的选择及运行都非常重要。

表 17-40　风机 Q、p、P 及 η 与 p、n 的关系

项　目	计算公式	项　目	计算公式
空气密度 ρ 的换算	$Q_2=Q_1$ $p_2=p_1\frac{\rho_2}{\rho_1}$ $P_2=P_1\frac{\rho_2}{\rho_1}$ $\eta_2=\eta_1$	对转速 n 的换算	$Q_2=Q_1\frac{n_2}{n_1}$ $p_2=p_1\left(\frac{n_2}{n_1}\right)^2$ $P_2=P_1\left(\frac{n_2}{n_1}\right)^3$ $\eta_2=\eta_1$

【例 17-8】 通风机在一般的除尘系统中工作，当转速为 $n_1=720\text{r/min}$ 时，风量为 $Q_1=4800\text{m}^3/\text{h}$，消耗功率 $N_1=3\text{kW}$。当转速改变为 $n_2=950\text{r/min}$ 时，风量及功率为多少？

解：查表 17-40 可知

$$\frac{Q_2}{Q_1}=\frac{n_2}{n_1}$$

$$Q_2=4800\times\frac{950}{720}=6300\text{m}^3/\text{h}$$

$$\frac{N_2}{N_1}=\left(\frac{n_2}{n_1}\right)^3$$

$$N_2=3\left(\frac{950}{720}\right)^3=7\text{kW}$$

【例 17-9】 除尘系统中输送的气体温度从 100℃降为 20℃，通风机风压为 600Pa，如果流量不变，通风机压力如何变化？

解：查资料可知气体温度降低后密度由 0.916kg/m³ 升为 1.164kg/m³。

查表 17-40 可知

$$P_2=P_1\frac{\rho_2}{\rho_1}$$

$$P_2=600\frac{1.164}{0.916}=762\text{Pa}$$

（三）通风机的选型要点

1. 选型原则

（1）在选择通风机前，应了解国内通风机的生产和产品质量情况，如生产的通风机品种、规格和各种产品的特殊用途，以及生产厂商产品质量、后续服务等情况综合考察。

（2）根据通风机输送气体的性质不同，选择不同用途的通风机。如输送有爆炸和易燃气体的应选防爆通风机；输送煤粉的应选择煤粉通风机；输送有腐蚀性气体的应选择防腐通风机；在高温场合下工作或输送高温气体的应选择高温通风机等。

（3）在通风机选择性能图表上查得有两种以上的通风机可供选择时，应优先选择效率较高、机号较小、调节范围较大的一种。

（4）当通风机配用的电机功率≤75kW 时，可不装设启动用的阀门。当排送高温烟气或空气而选择离心锅炉引风机时，应设启动用的阀门，以防冷态运转时造成过载。

（5）对有消声要求的通风系统，应首先选择低噪声的风机，例如效率高、叶轮圆周速度低的通风机，且使其在最高效率点工作；还要采取相应的消声措施，如装设专门消声设备。通风机和电动机的减振措施，一般可采用减振基础，如弹簧减振器或橡胶减振器等。

（6）在选择通风机时，应尽量避免采用通风机并联或串联工作。当通风机联合工作时，尽可能选择同型号同规格的通风机并联或串联工作；当采用串联时，第一级通风机到第二级通风机之间应有一定的管路联结。

（7）原有除尘系统更换用新风机应考虑充分利用原有设备、适合现场安装及安全运行等问题。根据原有风机历年来的运行情况和存在问题，最后确定风机的设计参数，以避免采用新型风机时所选用的流量、压力不能满足实际运行的需要。

2. 通风机的选型计算

① 风量（Q_f）

$$Q_f=k_1k_2Q \quad (\text{m}^3/\text{h}) \tag{17-75}$$

式中，Q 为系统设计总风量，m³/h；k_1 为管网漏风附加系数，可按 10%～15%取值；k_2 为设备漏风附加系数，可按有关设备样本选取，或取 5%～10%。

② 全压（p_f）

$$p_f=(pa_1+p_s)a_2 \tag{17-76}$$

式中，p 为管网的总压力损失，Pa；p_s 为设备的压力损失，Pa，可按有关设备样本选取；a_1 为管网的压力损失附加系数，可按 15%～20%取值；a_2 为通风机全压负差系数，一般可取 $a_2=1.05$（国内风机行业标准）。

③ 电动机功率（P）

$$P=\frac{Q_f P_f K}{1000\eta\eta_{me}3600}\ (\text{kW}) \tag{17-77}$$

式中，K 为容量安全系数，按表 17-41 选取；η 为通风机的效率，按有关风机样本选取；η_{me} 为机械传动效率，按表 17-38 选取。

表 17-41 电机容量安全系数

电动机功率/kW	K		电动机功率/kW	K	
	通风机	引风机		通风机	引风机
0.5 以下	1.5		2.0～5.0	1.2	1.3
0.5～1.0	1.4		5.0 以上	1.15	1.3
1.0～2.0	1.3				

3. 风机风量和风压的修正[11]

计算得到的风量是标准状态下的体积即质量风量，风机特性曲线是在特定吸气条件下测得的风量与风压的关系曲线，由于使用地区气温、湿度和气压的差异，同一转速输出的风量和风压变化很大。因此，选择风机应参照出厂特性曲线，进行风量和风压的修正。

根据气体状态方程式得到风量修正系数 K 的近似计算公式：

$$K=\frac{(p_S-\psi p_H)T_1}{p_1 T_2} \tag{17-78}$$

式中，p_S 为风机吸风口压力，其值等于使用地区大气压力减去鼓风机吸风口阻力损失，Pa；ψ 为使用地区大气相对湿度，%；p_H 为气温在 t℃（使用地区温度）时的饱和蒸气压，Ps；T_1 为风机特性曲线试验测定条件下的绝对温度，K；T_2 为风机使用地区的绝对温度，K；p_1 为风机特性曲线试验测定条件下的大气压力，Pa。

采用风量修正系数后，可以将设计要求的风机出口风量 Q，折算为使用地区的风机出口风量 Q'(m^3/min)

$$Q'=\frac{Q}{K} \tag{17-79}$$

风压修正系数 K' 由下式求得：

$$K'=\frac{p_2 T_1}{p_1 T_2} \tag{17-80}$$

使用地区风机风压为：

$$p'=\frac{p}{K'} \tag{17-81}$$

式中，p_1、p_2 分别为风机特性曲线试验测定条件下的大气压力和使用地区的大气压力，Pa；T_1、T_2 分别为风机特性曲线试验测定条件下的温度和使用地区的温度，K；p 为设计要求的鼓风机出口压力，Pa；p' 为风机特性曲线上工况点的风压，Pa。

我国各类地区风量风压对标准状态下的修正系数见表 17-42。

表 17-42　我国各类地区风量修正系数 K 和风压修正系数 K'

季　节	一类地区		二类地区		三类地区		四类地区		五类地区	
	K	K'	K	K'	K	K'	K	K'	K	K'
夏季	0.55	0.62	0.7	0.79	0.75	0.85	0.8	0.9	0.94	0.95
冬季	0.68	0.77	0.79	0.89	0.90	0.96	0.96	1.08	0.99	1.12
全年平均	0.63	0.71	0.73	0.83	0.83	0.91	0.88	1.0	0.92	1.04

注：地区分类按海拔标高划分。

高原地区：

一类——海拔约 3000m 以上地区，如昌都、拉萨等；

二类——海拔 1500～2300m 地区，如昆明、兰州、西宁等；

三类——海拔 800～1000m 地区，如贵阳、包头、太原等。

平原地区：

四类——海拔高度在 400m 以下地区，如重庆、武汉，湘潭等；

五类——海拔高度在 100m 以下地区，如鞍山、上海、广州等。

【例 17-10】 皮带转运点除尘系统风量 14000m³/h，管道总压力损失 1010Pa 的管网计算结果，选择该系统配用通风机。

解：

(1) 通风机风量计算　系统设计风量为 $Q=14000\text{m}^3/\text{h}$，取管网漏风附加率为 15%，即 $K_1=1.15$；除尘设备选用脉冲袋式除尘器，设备漏风率按 5%考虑，即 $K_2=1.05$；由此，风机的风量计算值为：

$$Q_\text{f}=K_1K_2Q=1.15\times1.05\times14000=16905\ (\text{m}^3/\text{h})$$

(2) 通风机风压计算　管网计算总压损为 $p=1010\text{Pa}$，取管网压损附加率为 15%，即 $a_1=1.15$；除尘器设备阻力取 $p_\text{s}=1200\text{Pa}$；风机全压负差系数取 $a_2=1.05$；由此，风机的全压计算值为：

$$p_\text{f}=(pa_1+p_\text{s})a_2=(1010\times1.15+1200)\times1.05=2480\ (\text{Pa})$$

(3) 通风机选型　根据上述风机的计算风量和风压，查表选得 4-72№8D 离心式通风机 1 台，风机的名牌参数为风量 17920～31000m³/h；风压 2795～1814Pa；转速 1600r/min；配用电机 Y180M-2；功率 22kW。

(四)常用通风机

选用风机因净化系统的复杂性和多样性，使用的风机范围很广，除了常规风机之外还要用排尘风机、高压风机、高温风机、耐磨风机、防爆风机和防腐风机。

净化工程用的通风机有两个明显特点，一是通风机的全压相对较高，以适应净化系统阻力损失的需要；二是输送气体中允许有一定的污染物含量。因此选用净化风机时要特别注意气体密度变化引起的风量和风压的变化。气体密度变化的因素有：①气体温度变化；②气体含尘浓度变化；③风机在高原地区使用；④净化设备装在风机负压端，且阻力偏高。净化常用通风机的性能见表 17-43。

表 17-43　净化常用通风机性能

风机类型	型号	全压/Pa	风量/(m/h)	功率/kW	备注
普通中压风机	4-47 4-79 6-30 4-68	606～2300 176～2695 1785～4355 148～2655	1310～48800 990～406000 2240～17300 565～189000	1.1～37 1.1～250 4～37 1.1～250	输送小于 80℃且不自燃气体,常用于中小型净化系统

续表

风机类型	型号	全压/Pa	风量/(m/h)	功率/kW	备注
锅炉风机	G、Y4-68 G、Y4-73 G、Y2-10 Y8-39	823～6673 775～6541 1490～3235 2136～5762	15000～153800 16150～810000 2200～58330 2500～26000	11～250 11～1600 3～55 3～37	用于锅炉，也常用于大中型净化系统
排尘风机	C6-48 BF4-72 C4-73 M9-26 C4-68	352～1323 225～3292 294～3922 8064～11968 410～1934	1110～37240 1240～65230 2640～11100 33910～101330 2221～36417	0.76～37 1.1～18.5 1.1～22 158～779 1.5～30	主要用于含尘浓度较高的净化系统
高压风机	9-19 9-26 9-15 9-28 M7-29	3048～9222 3822～15690 16328～20594 3352～17594 4511～11869	824～41910 1200～123000 12700～54700 2198～104736 1250～140820	2.2～410 5.5～850 300 4～1120 45～800	用于压损较大的净化系统
高温风机	W8-18 W4-73 FW9-27 W4-66	2747～7524 589～1403 1790～4960 2040～2040	2560～20600 10200～61600 19150～24000 47920～125500	22～55 22～55 37～75 55～132	用于温度超过200℃的净化系统

注：1. 除表列常用风机外，许多风机厂家还生产多种型号风机，据统计国产风机型号约400多种，其中多数可用于净化系统。此外对大中型除尘系统还可委托风机厂家设计适合净化用的非标准风机。

2. 风机出厂的合格品性能是在给定流量下全压值不超过±5%。

3. 性能表中提供的参数，一般无说明的均系按气体温度 $t=20℃$、大气压力 $p_a=101.3kPa$、气体密度 $\rho=1.2kg/m^3$ 的空气介质计算的。引风机性能按烟气的温度 $t=200℃$，大气压力 $p_a=101.3kPa$、气体密度 $\rho=0.745kg/m^3$ 的空气介质计算。

三、风机电动机

（一）电动机的分类和型号

1. 电动机分类

电动机的种类很多，分类方法有多种。通常划分为交流电动机、直流电动机和特种电动机等三大类。工厂企业中常见的电动机型式有三相鼠笼转子异步电动机和绕线转子异步电动机、单相交流电动机、直流电动机、用于检测信号和控制的控制电机。特殊用途的专用电动机；除尘工程常用的电动机为三相异步电动机。

常用交流异步电动机的分类方式见表17-44。

表 17-44 交流异步电动机的分类

分类	转子结构型式	防护型式	冷却方法	安装方法	工作定额	尺寸大小 中心高 H/mm 定子铁芯外径 D/mm	使用环境
类别	鼠笼式 线绕式	封闭式 防护式 开启式	自冷式 自扇冷式 他扇冷式	B3 B5 B5/B3	连续 断续 短时	$H>630$、$D>1000$ 大型 $350<H\leqslant630$ $500<D\leqslant1000$ 中型 $80\leqslant H\leqslant315$ $120\leqslant D\leqslant500$ 小型	普通 干热、湿热 船用、化工 防爆 户外 高原

2. 电动机的型号

根据国家标准 GB 4831《电机产品型号编制方法》，我国电机产品型号由拼音字母，以及国际通用符号和阿拉伯数字组成。电动机特殊环境代号如表 17-45 所列，电动机的规格代号如表 17-46 所列，电动机的产品类型代号如表 17-47 所列。

表 17-45 电动机特殊环境代号

汉字意义	热带用	湿热带用	干热带用	高原用	船(海)用	化工防腐用	户外用
汉字拼音代号	T	TH	TA	G	H	F	W

表 17-46 电动机的规格代号

产品名称	产品型号构成部分及其内容
小型异步电动机	中心高(mm)-机座长度(字母代号)-铁芯长度(数字代号)-极数
大、中型异步电动机	中心高(mm)-铁芯长度(数字代号)-极数
小同步电机	中心高(mm)-机座长度(字母代号)-铁芯长度(数字代号)-极数
大、中型同步电机	中心高(mm)-铁芯长度(数字代号)-极数
小型直流电机	中心高(mm)-机座长度(数字代号)
中型直流电机	中心高(mm)-或机座号(数字代号)-铁芯长度(数字代号)-电流等级(数字代号)
大型直流电机	电枢铁芯外径(mm)-铁芯长度(mm)
分马力电动机(小功率电动机)	中心高(mm)或外壳外径(mm)或机座长度(字母代号)-铁芯长度、电压、转速(均用数字代号)
交流换向器电机	中心高或机壳外径(mm)或铁芯长度、转速(均用数字代号)

表 17-47 电动机的产品类型代号

产品代号	产品名称	产品代号	产品名称
Y	异步电动机	SF	水轮发电机
T	同步电动机	C	测功机
TF	同步电动机	Q	潜水电泵
Z	直流电动机	F	纺织用电机
ZF	直流发电机	H	交流换向器电动机
QF	汽轮发电机		

3. 电动机产品型号举例

(1) 小型异步电动机

Y-112S-6

112S-6 —— 规格代号：表示中心高112mm，短机座，6极

Y —— 产品代号：表示异步电动机

(2) 中型异步电动机

Y-355M_2-4

355M_2-4 —— 规格代号：表示中心高355mm中机座，2号铁芯长，4极

Y —— 产品代号：表示异步电机

(3) 大型异步电动机

Y-630-10/1180

630-10/1180 —— 规格代号：表示功率630kW，10级，定子铁芯外径1180mm

Y —— 产品异步电动机

（4）户外化工防腐用小型隔爆异步电动机

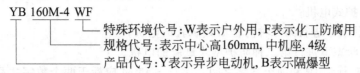

YB 160M-4 WF

- 特殊环境代号：W表示户外用，F表示化工防腐用
- 规格代号：表示中心高160mm，中机座，4级
- 产品代号：Y表示异步电动机，B表示隔爆型

（二）电动机外壳的防护等级

1. 电机外壳的防护型式

电动机外壳的防护型式有两种：

① 防止固体异物进入内部及防止人体触及内部的带电或运动部分的防护，见表 17-48。

② 防止水进入内部达到有害程度的防护，见表 17-49。

表 17-48　第一位表征数字表示防护等级

第一位表征数字	防护等级	
	简述	含　义
0	无防护电机	无专门防护
1	防护大于 50mm 固体的电机	能防止大面积的人体（如手）偶然或意外地触及或接近壳内带电或转动部件（但不能防止故意接触） 能防止直径大于 50mm 的固体异物进入壳内
2	防护大于 12mm 固体的电机	能防止手指或长度不超过 80mm 的类似物体触及或接近壳内带电或转动部件 能防止直径大于 12mm 的固体异物进入壳内
3	防护大于 2.5mm 固体的电机	能防止直径大于 2.5mm 的工具或导线触及或接近壳内带电或转动部件 能防止直径大于 2.5mm 的固体异物进入壳内
4	防护大于 1mm 固体的电机	能防止直径或厚度大于 1mm 的导线或片条触及或接近壳内带电或转动部件 能防止直径大于 1mm 的固体异物进入壳内
5	防尘电机	能防止触及或接近壳内带电或转动部件，进尘量不足以影响电机正常运行

表 17-49　第二位表征数字表示防护等级

第二位表征数字	防护等级	
	简述	含　义
0	无防护电机	无专门防护
1	防滴电机	垂直滴水应无有害影响
2	15°防滴电机	当电机从正常位置向任何方向倾斜至 15°以内任何角度时，垂直滴水应无有害影响
3	防淋水电机	与垂直线成 60°角范围以内的淋水应无有害影响
4	防溅水电机	承受任何方向的溅水应无有害影响
5	防喷水电机	承受任何方向的喷水应无有害影响
6	防海浪电机	承受猛烈海浪冲击或强烈喷水时，电机的进水量应不达到有害的程度
7	防浸水电机	当电机浸入规定压力的水中经规定时间后，进水量应不达到有害的程度
8	潜水电机	在制造厂规定的条件下能长期潜水，电机一般为水密型，但对某些类型电机也可允许水进入，但应不达到有害的程度

2. 防护等级的标志方法

表明电动机外壳防护等级的标志由字母“IP”及两个数字组成，第一位数字表示第一种防护型式的等级；第二位数字表示第二种防护型式的等级。如只需要单独标志一种防护型式的等级时，则被略去数字的位置以“X”补充。如 IPX3 或 IP5X。

另外，还可采用下列附加字母：

R—管道通风式电机；

W—气候防护式电机；

S—在静止状态下进行第二种防护型式试验的电机；

M—在运动状态下进行第二种防护型式试验的电机。

字母 R 和 W 标示 IP 和两个数字之间，字母 S 和 M 应标于两个数字之后，如不标志字母 S 和 M，则表示电机是在静止和运转状态下都进行试验。

防护等级的标志方法举例如下。

（1）能防护大于 1mm 的固体，同时能防溅的电机

IP 4 4

4 — 外壳防水等级

4 — 外壳防固体等级

IP — 外壳防护标志字母

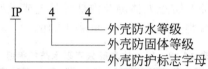

（2）能防护大于 12mm 的固体，同时能防止淋水的气候防护式电机

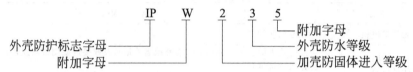

IP W 2 3 5

5 — 附加字母

3 — 外壳防水等级

2 — 加壳防固体进入等级

IP — 外壳防护标志字母

W — 附加字母

（三）电动机绝缘耐热等级

1. 电动机的绝缘耐热等级

绝缘耐热等级标志着绝缘物耐受高热程度的级别。绝缘物的耐热性是一项极为重要的性能。它决定电气设备，特别是电机绕组的极限容许升温，表示活性材料在电气设备中的利用程度及绝缘寿命。绝缘的耐热等级分 Y、A、E、B、F、H、C 七级，其最高容许温度分别为 90℃、105℃、120℃、130℃、155℃、180℃、180℃ 以上。绝缘材料耐热等级见表 17-50。

表 17-50 绝缘材料的耐热等级

耐热等级	绝 缘 材 料	极限工作温度/℃
Y	木材、棉纱、天然丝、纸及纸制品、钢板纸、纤维等天然纺织品；以醋酸纤维和聚酰胺为基础的纺织品；易于热分解和熔化点较低的塑料（脲醛树脂）	90
A	工作于矿物油中的 Y 级材料；用油或油树脂复合胶浸过的 Y 级材料；漆包线、漆布、漆丝的绝缘及油性漆、沥青漆等	105
E	聚酯薄膜和 A 级材料复合、玻璃丝布、油性树脂漆；聚乙烯醇缩醛高强度漆包线、乙酸乙烯耐热漆包线	120
B	聚酯薄膜、经合适树脂粘合或浸渍涂覆后的云母；玻璃纤维、石棉等制品；聚酯漆、聚酯漆包线	130
F	以有机纤维材料补强和石棉带补强的云母片制品；玻璃丝和石棉；玻璃漆布、以玻璃丝布、石棉纤维为基础的层压制品；以无机材料作补强和石棉带补强的云母粉制品；化学稳定性较好的聚酯和醇酸类材料、复合硅有机聚酯漆	155
H	无补强或以无机材料为补强的云母制品、加厚的 F 级材料、复合云母、有机硅云母制品、硅有机漆、硅有机橡胶聚酰亚胺复合玻璃丝布、复合薄膜、聚酰亚胺漆等	180
C	不采用任何有机黏合剂及浸渍剂的无机物，如：石英、石棉，云母、玻璃和电瓷材料等	180 以上

2. 绝缘漆

常用绝缘漆的规格和用途如表 17-51 所示。

表 17-51 绝缘漆的规格和用途

名称	型号	颜色	干燥类型	耐热等级	主要用途
沥青漆	1010 1011	黑色	烘干	A	适用于浸渍电机转子和定子线圈，不要求耐油的零部件
	1210	黑色	烘干	A	用于电机线圈的覆盖
	1211	黑色	烘干	A	用于电机线圈的覆盖，在不需耐油处，可代替晾干灰磁漆
耐油性清漆	1012	黄、褐色	烘干	A	适用于浸渍电机线圈
水乳漆	1013	乳白色	烘干	A	适用于浸渍电机线圈，但无燃烧爆炸危险，对漆包线漆层无溶解作用
甲酚清漆	1014	黄、褐色	烘干	A	用于浸渍电机线圈，但由漆包线制成的线圈不能使用
晾干醇酸清漆	1231	黄、褐色	气干	B	用于不宜高温烘焙的电机或绝缘零件表面的覆盖
醇酸清漆	1031	黄、褐色	烘干	B	适于浸渍电机、电器线圈及作覆盖用

（四）三相异步电机技术参数

1. 三相异步电动机

三相异步电动机在工业和民用最为广泛，其主要技术指标见表 17-52。在三相异步电动机中，鼠笼式异步电动机以其结构简单、维护方便、价格低廉和坚固耐用等优点见长。

三相鼠笼转子异步电动机目前主要使用 Y 系列产品，其性能数据见表 17-53。

表 17-52 三相异步电动机的主要技术指标

序号	名称	符号及定义	计算公式	提高指标措施
1	效率	η 输出功率 P_2 对输入功率 P_1 之比用%表示	$\eta=\frac{P_2}{P_1}$	(1)放粗线径，降低定子、转子铜损耗； (2)采用较好的硅钢片，降低铁损耗； (3)提高制造精度，降低机械损耗
2	功率因数	$\cos\varphi$ 有功功率与视在功率之比	$\cos\varphi=\frac{P_1}{\sqrt{3}I_N U_N}$ 式中 I_N—额定线电流； U_N—额定线电压； P_1—输入功率	(1)减小定子、转子之间气隙数值； (2)增加线圈匝数
3	堵转电流	I'_{st} 堵转时定子的电流 注：一般采用堵转电流对额定电流 I_N 倍数表示	$I'_{st}(倍数)=\frac{I_{st}}{I_N}$	(1)增加匝数，降低堵转电流； (2)增加转子电阻，降低堵转电流
4	堵转转矩	T'_{st} 定子通电使转子不动需要的力矩 注：一般采用堵转转矩对额定转矩 T_N 的倍数表示	$T'_{st}(倍数)=\frac{T_{st}}{T_N}$	(1)增加转子电阻，降低转子电抗，提高堵转转矩； (2)减少匝数，增加启动电流，提高堵转转矩； (3)增加气隙，提高堵转转矩
5	最大转矩	T'_{max} 启动过程中电动机产生的最大转矩 注：一般采用最大转矩对额定转矩倍数表示，又称为载能力	$T'_{max}(倍数)=\frac{T_{max}}{T_N}=K$ 式中 K—过载能力	(1)减少匝数，减少电抗，提高最大转矩； (2)增加气隙，提高最大转矩

续表

序号	名称	符号及定义	计算公式	提高指标措施
6	最小转矩	T'_{min} 启动过程中电动机产生的最小转矩 注:一般采用最小转矩对额定转矩倍数表示	$T'_{max}(倍数)=\frac{T_{min}}{T_N}$	(1)选择适当的定子、转子槽数,提高最小转矩; (2)增加气隙,提高最小转矩
7	温升	θ 绕组的工作温度与环境温度之差值,用℃表示 注:新标准中温度单位代号用K表示	$\theta=\frac{R_2-R_1}{R_1}(K+t_1)+(t_2-t_1)$ 式中 R_2—电动机在额定负载下测定的电阻值; R_1—电动机没有运转冷态时测定的电阻值; t_2—额定负载时的环境温度; t_1—额定R_1时的环境温度; K—铜绕组235、铝绕组228	(1)减少定子、转子铜损耗和铁损耗,降低温升; (2)加强通风

表 17-53 Y系列三相异步电动机性能数据

型号	额定数据								堵转电流	堵转转矩	最大转矩
	功率/kW	电压/V	接法	转速/(r/min)	电流/A	效率/%	功率因数(cosφ)	温升/℃	额定电流	额定转矩	额定转矩
同步转速3000r/min(2级)											
Y-801-2	0.75	280	Y	2825	1.9	73	0.84	80	7.0	2.2	2.2
Y-802-2	1.1				2.6	76	0.86				
Y-90S-2	1.5			2840	3.4	79	0.85				
Y-90L-2	2.2				4.7	82	0.86				
Y-100L-2	3			2880	6.4		0.87				
Y-112M-2	4		△	2890	8.2	85.5					
$Y-132S_1-2$	5.5			2900	11.1		0.88			2.0	
$Y-132S_2-2$	7.5				15	86.2					
$Y-160M_1-2$	11			2930	21.8	87.2					
$Y-160M_2-2$	15				29.4	88.2					
Y-160L-2	18.5				35.5	89	0.89				
Y-180M-2	22			2940	42.2						
$Y-200L_4-2$	30			2950	56.9	90					
$Y-200L_2-2$	37			2950	70.4	90.5					
Y-225M-2	45			2970	83.9	91.5					
Y-250M-2	55				102.7	91.4					
Y-280S-2	75				140.1						
Y-280M-2	90				167	92					
Y-315S-2	110				206.4	91				1.6	
$Y-315M_1-2$	132				247.6						
$Y-315M_2-2$	160				298.5	91.5	0.90				
$Y-355M_1-2$	200			2975	369						
$Y-355M_2-2$	250				461.2						

续表

型　号	额定数据 功率/kW	电压/V	接法	转速/(r/min)	电流/A	效率/%	功率因数(cosφ)	温升/℃	堵转电流/额定电流	堵转转矩/额定转矩	最大转矩/额定转矩
同步转速 1500r/min(4 级)											
Y-801-4	0.55	380	Y	1390	1.6	70.5	0.76	75	6.5	2.2	2.2
Y-802-4	0.75				2.1	72.5					
Y-90S-4	1.1			1400	2.7	79	0.78				
Y-90L-4	1.5				3.7		0.79				
Y-100L$_1$-4	2.2			1420	5.0	81	0.82		7.0		
Y-100L$_2$-4	3				6.8	82.5	0.81				
Y-112M-4	4		△	1440	8.8	84.5	0.82				
Y-132S-4	5.5				11.6	85.5	0.84				
Y-132M-4	7.5				15.4	87	0.85				
Y-160M-4	11			1460	22.6	88	0.84				
Y-160L-4	15				30.3	88.5	0.85			2.0	
Y-180M-4	18.5			1470	35.9	91	0.86				
Y-180L-4	22				42.5	91.5	0.86				
Y-200L-4	30				56.8	92.2	0.87			1.9	
Y-225S-4	37			1480	69.8	91.8	0.87				
Y-225M-4	45				84.2	92.3	0.88			2.0	
Y-250M-4	55				102.5	92.6				1.9	
Y-280S-4	75				139.7	92.7					
Y-280M-4	90				164.3	93.5				1.8	
Y-315S-4	110				201.9	93	0.89				
Y-315M$_1$-4	132				242.3						
Y-315M$_2$-4	160				293.7						
Y-355M$_1$-4	200				367.1						
Y-355M$_2$-4	250				458.9						
Y-355M$_3$-4	315				578.2						
同步转速 1000r/min(6 级)											
Y-90S-6	0.75	380	Y	910	2.3	72.5	0.70	75	6.0	2.0	2.0
Y-90L-6	1.1				3.2	73.5	0.72				
Y-100L-6	1.5			940	4.0	77.5	0.74				
Y-112M-6	2.2				5.6	80.5	0.74				
Y-132S-6	3			960	7.2	83	0.76		6.5		
Y-132M$_1$-6	4		△		9.4	84	0.77				
Y-132M$_2$-6	5.5				12.6	85.3	0.78				
Y-160M-6	7.5			970	17	86					

续表

型号	额定数据								堵转电流/额定电流	堵转转矩/额定转矩	最大转矩/额定转矩
	功率/kW	电压/V	接法	转速/(r/min)	电流/A	效率/%	功率因数(cosφ)	温升/℃			
同步转速 1000r/min(6 级)											
Y-160L-6	11	380	△	970	24.6	87	0.78	75	6.5	2.0	2.0
Y-180L-6	15				31.5	89.5	0.81			1.8	
Y-200L$_1$-6	18.5				37.7	89.8	0.83				
Y-200L$_2$-6	22				44.6	90.2					
Y-225M-6	30			98	59.5	90.2	0.85			1.7	
Y-250M-6	37				72	90.8	0.86			1.8	
Y-280S-6	45				85.4	92	0.87				
Y-280M-6	55				104.9	91.6			7.0		
Y-315S-6	75				142.4	92				1.6	
Y-315M$_1$-6	90				170.8	92					
Y-315M$_2$-6	100				207.7	92.5					
Y-315M$_3$-6	132				249.2	92.5					
Y-355M$_1$-6	160				297	93					
Y-355M$_2$-6	200				371.3	93	0.88				
Y-355M$_3$-6	250				464.1	93					
同步转速 750r/min(8 级)											
Y-132S-8	2.2	380	Y	710	5.8	81	0.71	75	5.5	2.0	2.0
Y-132M-8	3				7.7	82	0.72				
Y-160M$_1$-8	4		△	720	8.9	84	0.73		6.0		
Y-160M$_2$-8	5.5				13.3	85	0.74				
Y-160L-8	7.5				17.7	86	0.75		5.5		
Y-180L-8	11			730	25.1	86.5	0.77		6.0	1.7	
Y-200L-8	15				34.1	88	0.76			1.8	
Y-225S-8	18.5				41.3	89.5				1.7	
Y-225M-8	22				47.6	90	0.78			1.8	
Y-250M-8	30				63	90.5	0.80				
Y-280S-8	37			740	78.2	91	0.79				
Y-280M-8	45				93.2	91.7	0.80				
Y-315S-8	55				112.1	92	0.81			1.6	
Y-315M$_1$-8	75				152.8				6.5		
Y-315M$_2$-8	90				180.3	92.5	0.82				
Y-315M$_3$-8	110				220.3						
Y-355M$_1$-8	132				261.2		0.83				
Y-355M$_2$-8	160				316.6						
Y-355M$_3$-8	200				395.9						

续表

型号	额定数据								堵转电流/额定电流	堵转转矩/额定转矩	最大转矩/额定转矩
	功率/kW	电压/V	接法	转速/(r/min)	电流/A	效率/%	功率因数($\cos\varphi$)	温升/℃			
同步转速 600r/min(10 级)											
Y-315S-10	15	380	△	585	100.2	91	0.75	75	5.5	1.4	2.0
Y-315M_1-10	55				121.8	91.5					
Y-315M_2-10	75				163.9		0.76				
Y-355M_1-10	90				185.8	92	0.80				
Y-355M_2-10	110				227						
Y-355M_3-10	132				272.5						

Y 系列电动机是全国统一设计的新系列产品，其功率等级和安装尺寸符合国际电工委员会（IEC）标准。本系列为一般用途的电动机，适用于驱动无特殊性能要求的各种机械设备。

3kW 及以下的电动机定子绕组为 Y 接法，其他功率的电动机则均为三角（△）接法，采用 B 级绝缘。外壳防护等级为 IP44，即能防护大于 1mm 的固体异物侵入壳内，同时能防溅。冷却方式为 ICO141，即全封闭自扇冷式。额定频率为 50Hz。

型号说明：

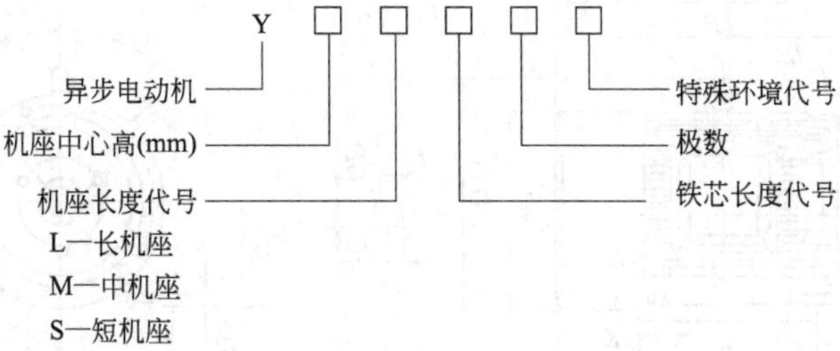

YX 系列三相异步电动机是在对现有电动机的结构性能进一步改进后设计的新系列高效率三相异步电动机。

2. Y 系列电动机安装型式及尺寸

(1) 电动机的安装型式　不同的设备安装条件需要选用不同安装型式的电动机。GB 977《电机结构及安装型式代号》规定，代号由“国家安装”（international mounting）的缩写字母“IM”表示。例如，代表“卧式安装”的大写字母“B”或代表“立式安装”的大写字母“V”连同 1 位或 2 位数字组成。

B3　机座有底脚，端盖无凸缘，安装在基础构件上。

B35　机座有底脚，端盖上带凸缘，凸缘有通孔，借底脚安装在基础构件上，并附用凸缘安装。

B34　机座有底脚，端盖上带凸缘，凸缘有螺孔并有止口，借底脚安装在基础构件上，并附用凸缘平面安装。

B5　机座无底脚，端盖上带凸缘，凸缘有通孔，借凸缘安装。

B14　机座无底脚，端盖上带凸缘，凸缘有螺孔并有止口，借凸缘平面安装。

V1　机座无底脚，轴伸向下，端盖上带凸缘，凸缘有通孔，借凸缘在底部安装。

(2) 电动机外形和安装尺寸　Y 系列电动机外形及安装尺寸见图 17-44 及表 17-54、表 17-55。

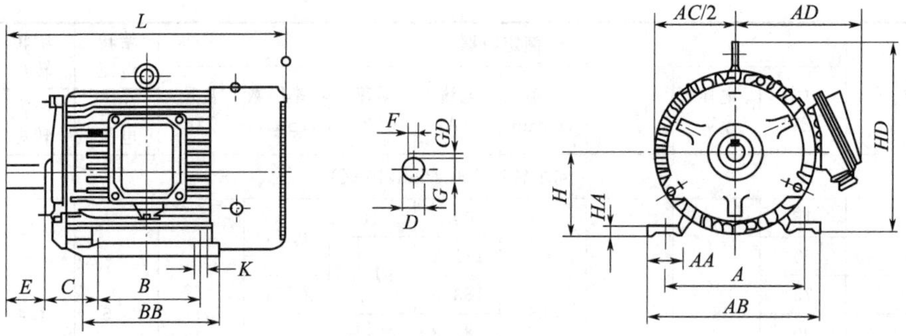

(a) B3型安装结构型式

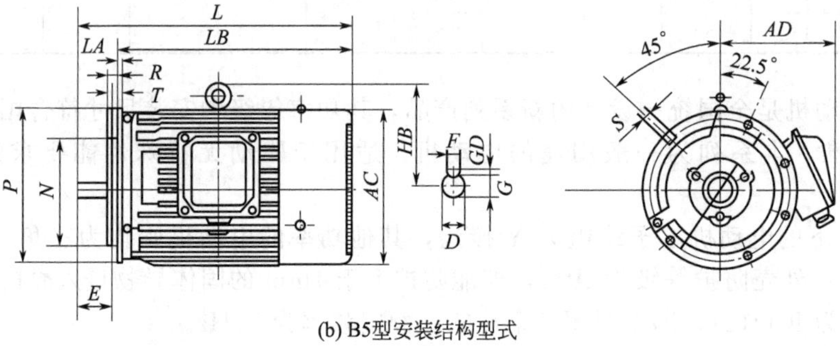

(b) B5型安装结构型式

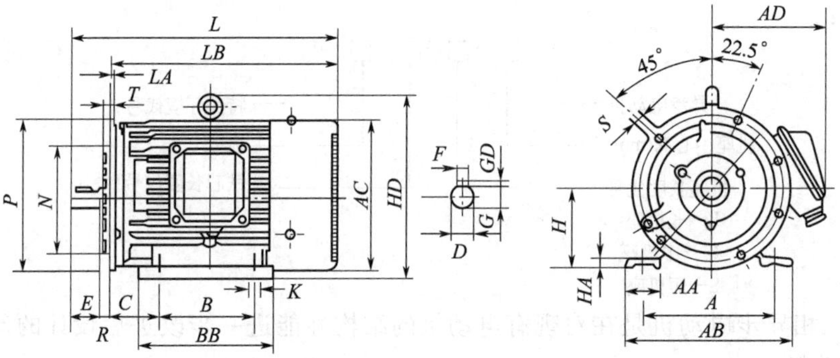

(c) B35型安装结构型式

图 17-44 Y系列电动机外形及安装尺寸

表 17-54 Y系列电动机外形及安装尺寸（安装结构型式 B3 型）

机座号	极数	安装尺寸/mm										外形尺寸/mm							
		A	B	C	D	E	F	GD	G	H	K	AA	AB	BB	$\frac{AC}{2}$	AD	HA	HD	L
80	2、4	125	100	50	19	40	6	6	155.5	80	10	37	165	135	85	150	13	170	285
90S	2、4、6	140	100	56	24	50	8	7	20	90	10	37	180	150	90	155	13	190	310
90L	2、4、6	140	125	56	24	50	8	7	20	90	10	37	180	170	90	155	13	190	335
100L	2、4、6	160	140	63	28	60	8	7	24	100	12	42	205	185	105	180	15	245	380
112M	2、4、6	190	140	70	28	60	8	7	24	112	12	52	245	195	115	190	17	265	400
132S	2、4、6、8	216	140	89	38	80	10	8	33	132	12	57	280	210	135	210	20	315	515
132M	2、4、6、8	216	178	89	38	80	10	8	33	132	12	57	280	248	135	210	20	315	515
160M	2、4、6、8	254	210	108	42	110	12	8	37	160	15	63	325	275	165	255	22	385	600

续表

机座号	极数	安装尺寸/mm										外形尺寸/mm							
		A	B	C	D	E	F	GD	G	H	K	AA	AB	BB	$\frac{AC}{2}$	AD	HA	HD	L
160L	2、4、6、8	254	254	108	42	110	12	8	37	160	15	63	325	320	165	255	22	385	645
180M	2、4、6、8	279	241	121	48	110	14	9	42.5	180	15	73	355	332	180	285	24	430	670
180L	2、4、6、8	279	279	121	48	110	14	9	42.5	180	15	73	355	370	180	285	24	430	710
200L	2、4、6、8	318	305	133	55	110	16	10	49	200	19	73	395	378	200	310	27	475	775
225S	4、8	356	286	149	60	140	18	11	53	225	19	83	435	382	225	345	27	530	820
225M	2	356	311	249	55	110	16	10	49	225	19	83	435	407	225	345	27	530	815
225M	4、6、8	356	311	149	60	140	18	11	53	225	19	83	435	407	225	345	27	530	845
250M	2	406	349	168	60	140	18	11	53	250	24	88	490	458	250	385	33	575	930
250M	4、6、8	406	349	168	65	140	18	11	58	250	24	88	490	458	250	385	33	575	930
280S	2	457	368	190	65	140	18	11	58	280	24	93	545	535	280	410	38	640	1000
280S	4、6、8	457	368	190	65	140	20	12	67.5	280	24	93	545	535	280	410	38	640	1000
280M	2	457	419	190	65	140	18	11	58	280	24	93	545	586	280	410	38	640	1050
280M	4、6、8	457	419	190	65	140	20	12	67.5	280	24	93	545	586	280	410	38	640	1050
315S	2	508	406	216	65	140	18	11	58	315	28	120	628	610	320	460	45	760	1190
315S	4、6、8、10	508	406	216	80	170	22	14	71	315	28	120	628	610	320	460	45	760	1190
315M	2	508	457	216	65	140	18	11	58	315	28	120	628	660	320	460	45	760	1124
315M	4、6、8、10	508	457	216	80	170	22	14	71	315	28	120	628	660	320	460	45	760	1124

表 17-55 Y系列电动机外形及安装尺寸（安装结构型式 B5、B35 型）

机座号	极数	安装尺寸/mm														外形尺寸/mm						
		A	B	C	D	E	F	G	H	K	N	P	R	S	T	AB	AC	AD	HD	LA	LB	L
80	2、4	125	110	50	19	40	6	15.5	80	10	130	200	0	4-ϕ12	3.5	165	161	150	170	13	245	285
90S	2、4、6	140	100	56	24	50	8	20	90	10	130	200	0	4-ϕ12	3.5	180	171	155	190	13	260	310
90L	2、4、6	140	125	56	24	50	8	20	90	10	130	200	0	4-ϕ12	3.5	180	171	155	190	13	285	335
100L	2、4、6	160	140	63	28	60	8	24	100	12	180	250	0	4-ϕ15	4	205	201	180	245	15	320	380
112M	2、4、6	190	140	70	28	60	8	24	112	12	180	250	0	4-ϕ15	4	245	226	190	265	15	340	400
132S	2、4、6、8	216	140	89	38	80	10	33	132	12	230	300	0	4-ϕ15	4	280	266	210	315	16	395	475
132M	2、4、6、8	216	178	89	38	80	10	33	132	12	230	300	0	4-ϕ15	4	280	266	210	315	16	435	515
160M	2、4、6、8	254	210	108	42	110	12	37	160	15	250	350	0	4-ϕ19	5	325	320	255	385	16	490	600
160L	2、4、6、8	254	254	108	42	110	12	37	160	15	250	350	0	4-ϕ19	5	325	320	255	385	16	535	645
180M	2、4、6、8	279	241	121	48	110	14	42.5	180	15	250	350	0	4-ϕ19	5	335	362	285	430	16	560	670
180L	2、4、6、8	279	279	121	48	110	14	42.5	180	15	250	350	0	4-ϕ19	5	355	362	285	430	16	600	710
200L	2、4、6、8	318	305	133	55	110	16	49	200	19	300	400	0	4-ϕ19	5	395	400	310	475	22	665	775
225S	4、8	356	286	149	60	140	18	53	225	19	350	450	0	8-ϕ19	5	435	452	345	530	22	680	820
225M	2	356	311	149	55	110	16	49	225	19	350	450	0	8-ϕ19	5	435	452	345	530	22	705	815
225M	4、6、8	356	311	149	60	140	18	53	225	19	350	450	0	8-ϕ19	5	435	452	345	530	22	705	845

续表

机座号	极数	安装尺寸/mm														外形尺寸/mm						
		A	*B*	*C*	*D*	*E*	*F*	*G*	*H*	*K*	*N*	*P*	*R*	*S*	*T*	*AB*	*AC*	*AD*	*HD*	*LA*	*LB*	*L*
250M	2	406	349	168	60	140	18	53	250	24	450	550	0	8-ϕ19	5	490	490	385	575	24	790	930
250M	4、6、8	406	349	168	65	140	18	58	250	24	450	550	0	8-ϕ19	5	490	490	385	575	24	790	930
280S	2	457	368	190	65	140	18	58	280	24	450	550	0	8-ϕ19	5	545	550	410	640	24	860	1000
280S	4、6、8	457	368	190	75	140	20	67.5	280	24	450	550	0	8-ϕ19	5	545	550	410	640	24	860	1000
280M	2	457	419	190	65	140	18	58	280	24	450	550	0	8-ϕ19	5	545	550	410	640	24	910	1050
280M	4、6、8	457	419	190	75	140	20	67.5	280	24	450	550	0	8-ϕ19	5	545	550	410	640	24	910	1050

注 1. 安装结构型式为 B_5 型的电动机只生产机座号 80～225。

2. 图 17-44 中尺寸 *GD*、*AA*、*BB*、*HA* 等数据见表 17-54。

（五）电动机的选择要点

电动机的选择内容应包括：电动机的类型、安装方式及外形安装尺寸、额定功率、额定电压、额定转速、各项性能经济指标等，其中以选择额定功率最为重要。

1. 选择电动机功率的原则

在电动机能够满足各种不同风机要求的前提下，最经济最合理地确定电动机功率的大小。如果功率选得过大。会出现“大马拉小车”现象，这不仅使风机投资费用增加，而且因电动机经常轻载运行，其运行功率因数降低；反之，功率选得过小，电动机经常过载运行，使电动机温度升高，绝缘易老化，会缩短电动机的使用寿命，同时还可能造成启动困难。因此，选择电动机时，首先应是在各种工作方式下选择电动机的额定功率。

选择电动机的基本步骤包括：从风机的要求出发，考虑使用场所的电源、工作环境、防护等级及安装方式、电动机的效率、功率因数、过载能力、产品价格、运行和维护费用等情况来选择电动机的电气性能和力学性能，使被选的电动机能达到安全、经济、节能和合理使用之目的。

2. 电动机制功率的选择

决定电动机的功率就是正确选择电动机的额定功率。其原则是在电动机能够胜任风机负载要求的前提下，最经济、最合理地决定电动机的功率。决定电动机功率时，要考虑电动机的发热、允许过载能力与启动性能三方面的因素。其中，以发热问题最重要。

（1）电动机的发热　在实现能量转换过程中，电动机内部产生损耗并变成热量使电动机的温度升高。在电动机中，耐热最差的是绕组的绝缘材料。不同的绝缘等级，其最高允许温度和升温（电动机温度与环境温度之差）见表 17-56。

表 17-56　电动机的绝缘等级和允许温度　　单位：℃

绝缘等级	A	E	B	F	H
允许最高温度	105	120	130	155	180
环境温度为 40℃时最高温升	65	80	90	115	140

绝缘材料的最高允许温度，是一台电动机所带负载能力的限度，而电动机的额定功率就是这一限度的代表参数。电动机铭牌上所标的额定功率，从发热的观点来看，即指环境温度（或冷却介质温度）为 40℃（对于干热带电动机或船用电动机为 50℃）的情况下，电动机各部件因发热而提高的温升不得超过该绝缘等级的温升限值（见表 17-56），而决定绝缘材料寿命的因素是温度而不是温升，因此只要电动机运行中的实际工作温度不超出所采用的绝缘

等级的最高允许工作温度，绝缘材料就不会发生本质的变化，其寿命可达15～20年。反之，则绝缘材料容易老化、变脆，缩短电动机寿命；在严重情况下，绝缘材料将炭化变质，失去绝缘性能，使电动机烧坏。

所选电动机应有适当的备用功率，使电动机的负载率一般为0.75～0.9左右，过大的备用功率会使电动机运行效率降低，对于异步电动机，其功率因数也将变坏。

(2) 允许过载能力　选择电动机功率时，除考虑发热外，有时还要考虑电动机的过载能力，因为各种电动机的瞬时过载能力都是有限的。交流电动机受临界转矩的限制，直流电动机受换向器火花的限制。电动机瞬时过载一般不会造成电动机过热，故不考虑发热问题。

电动机的过载能力是以允许转矩过载倍数 K_T 来衡量，其数据见表17-57。直流电动机常以允许电流过载倍数 K_I 衡量，一般型直流电动机允许电流过载倍数 K_I 为1.5～2.0倍。

表 17-57　电动机转矩过载倍数 K_T

电动机类型	工作制	K_T	电动机类型	工作制	K_T
笼型异步电动机	连续工作制(SI)	≥1.65	直流电动机(额定励磁下)	连续工作制(SI)	≥1.5
	断续周期性工作制(S3～S5)	≥2.5		断续周期性工作制(S3～S5)	≥2.5
绕线转子异步电动机	连续工作制(SI)	≥1.8	同步电动机	$\cos\varphi=0.8$	≥1.65
	断续周期性工作制(S3～S5)	≥2.5		强励时	3～3.5

电动机过载倍数校验公式：

直流电动机
$$I_{max} \leqslant KK_I I_N \tag{17-82}$$

异步电动机
$$T_{max} \leqslant KK_U^2 K_T T_N \tag{17-83}$$

同步电动机
$$T_{max} \leqslant KK_T T_N \tag{17-84}$$

式中，I_{max} 为瞬时最大负载电流，A；T_{max} 为瞬时最大负载转矩，N·m；K_I 为允许电流过载倍数；K_T 为允许转矩过载倍数；I_N 为电动机额定电流，A；T_N 为电动机额定转矩，N·m；K_U 为电动机波动系数（取0.85）；K 为余量系数（直流电动机取0.9～0.95；交流电动机取0.9）。

(3) 电动机的平均启动转矩　电动机的启动过程转矩常用堵转转矩 K_T、最小转矩 T_{min} 和最大转矩 T_{max} 三个指标表示。因为异步电动机在启动过程中，其机械特性为非线性，加速转矩是一变量，所以用平均启动转矩供初步计算与选用电动机较为方便。表17-58所列电动机平均启动转矩为概略值，表17-58中系数较大者用于要求快速启动的场合。

表 17-58　电动机平均启动转矩 Ts_{tav}

电动机类型	平均启动转矩	说　明
直流电动机	$Ts_{tav}=(1.3\sim1.4)T_N$	Ts_{tav}—平均启动转矩，N·m； T_k—堵转转矩，N·m； T_{max}—最大转矩，N·m； T_{m25}—当FC为25%时的额定转矩，N·m
笼型异步电动机	$Ts_{tav}(0.45\sim0.5)(T_k+T_{max})$ $Ts_{tav}=0.9T_k$	
绕线转子异步电动机	$Ts_{tav}=(1\sim2)T_{m25}$	

(4) 电动机的温升与冷却　电动机长期运行中的能量损耗，分为固定损耗和可变损耗两种。固定损耗包括铁耗、机械损耗及空载铜损耗，它们与负载大小无关，一般电动机的此项数值较小。可变损耗主要是定子铜损耗和转子铝损耗，它们与负载电流的平方成比例。

电动机的发热是由于工作时在其内部产生功率损耗造成的，因而也就造成电动机的温升，随着时间的增加而逐渐趋于稳定值。

有关电动机的发热、温升、冷却的计算可参阅电动机的相关标准。

（5）电动机的工作制　电动机运行分为 8 类工作制（S1～S8），从发热角度又将电动机分为连续定额、短时定额和周期工作定额三种。电动机制造厂按此三种不同的发热情况规定出电动机的额定功率和额定电流。

连续工作制（S1）：长期运行时，电动机达到的稳定温升不超过该电动机绝缘等级所规定的温升限值。在接近而又未超过温升限值下运行的电动机，一般不允许长期过载。风机电动机一般为连续工作制。

短时工作制（S2）：负载运行时间短，电动机未达到稳定温升；停机和断能时间长，电动机能完全冷却到周围环境的温度。在不超过温升限值下，允许有一定的过载。我国规定的短时工作优先时限有 10min、30min、60min 及 90min 四种。

周期性工作制（S3～S8）：工作周期中的负载（包括启动与电制动在内）持续时间与停机和断能时间相交替，周期性重复。负载持续时间较短，电动机温升未达到稳定值；停机和断能时间不长，电动机也未完全冷却到周围环境的温度。

不同工作制下电动机功率选择及选择后的校验方法不同，一般按发热校验电动机的功率，并根据负载性质、电动机类型作过载能力校验，如果采用笼型异步电动机，则尚需作启动能力校验。

（6）电动机的负载率校算　为防止出现“大马拉小车”现象，避免不必要的经济损失，在选择电动机时，有必要进行负载率的校算，一般电动机的负载率在 0.75～0.9 左右。

用电流表测定电动机的空载电流 I_0 和负载电流 I_1，然后按下式计算电动机带负载时的实际输出功率 P_2

$$P_2=P_N\sqrt{\frac{I_1^2-I_0^2}{I_N^2-I_0^2}} \tag{17-85}$$

式中，P_N 为电动机的额定功率，kW；I_N 为电动机的额定电流，A；P_2 为电动机带负载时实际输出功率，kW。

负载率

$$R_L=\frac{P_2}{P_N} \tag{17-86}$$

对于常用的 Y（IP44）系列的空载电流 I_0，可从表 17-59 查取。

表 17-59　Y（IP44）系列空载电流 I_0

功率/kW 极数	0.55	0.75	1.1	1.5	2.2	3.0	4.0	5.5	7.5	11	15	18.5	22	30	37	45	55	75	90
2 级	—	0.82	1.06	1.5	1.9	2.6	2.9	3.4	4.0	6.4	7.3	8.2	12	16.9	18.6	18.7	28.5	37.4	43.1
4 级	1.02	1.3	1.49	1.8	2.5	3.5	4.4	4.7	5.96	8.4	10.4	13.4	15	19.5	19	22	28.6	39.4	43.8
6 级	—	1.6	1.93	2.71	3.4	3.8	4.9	5.3	8.65	12.4	13.8	14.9	17.7	18.7	19.4	23.3	25.5	—	—
8 级	—	—	—	—	3.71	4.45	6.2	7.5	9.1	13	16.2	17.9	19.9	26	28.6	32.1	—	—	—

【例 17-11】 电动机型号为 Y100L-2，从铭牌和技术条件查得：$P_N=3.0\text{kW}$、$I_N=6.39\text{A}$ 从表 17-59 查得 $I_0=2.6\text{A}$，用电流表测得在风机运行时定子电流 $I_1=5.5\text{A}$，求：电动机实际输出功率和负载率。

解： 输出功率 $P_2=P_N\sqrt{\dfrac{I_1^2-I_0^2}{I_N^2-I_0^2}}=3\sqrt{\dfrac{(5.5)^2-(2.6)^2}{(6.39)^2-(2.6)^2}}=2.49(\text{kW})$

负载率

$$K_L=\frac{P_2}{P_N}=\frac{2.49}{3}=0.83$$

此电动机的实际输出功率为2.49kW，其负载率为0.83。

3. 电动机类型的选择

对无调速要求的机械，包括连续、短时、周期工作等工作制的机械，应尽量采用交流异步电动机；对启动和制动无特殊要求的连续运行的风机，宜优先采用普通笼型异步电动机。如果功率较大，为了提高电网的功率因素，可采用同步电动机，某些周期性工作制风机，若采用交流电动机在发热、启动、制动特性等方面不能满足需要，宜采用直流电动机。

只要求几种转速的小功率机械，可采用变极多速（双速、三速、四速）笼型电动机；对调速平滑程度要求不高，且调速比不大时，宜采用绕线转子电动机或电磁调速电动机，当调速范围在1∶3以上，且需连续稳定平滑调速的机械宜采用直流电动机或变频调速电动机。

4. 电动机结构形式的选择

电动机安装形式按其安装位置的不同，可分为卧式和直式两种。风机电动机应按照风机结构的不同，合理地选择电动机的结构形式。

为了防止电动机被周围的媒介质所损坏，或因电动机本身的故障引起灾害，必须根据不同的环境选择适当的防护形式。

(1) 开启式　电动机外表有很大的通风口，散热条件好，价格便宜，但水汽、灰尘、铁屑或油液容易侵入电动机内部，因此只能用于干燥及清洁的工作环境。

(2) 防护式　电动机的通风口朝下，且有防护网遮掩，通风冷却条件较好。它一般可防滴、防雨、防溅以及防止外界杂物从与垂直方向成小于45°角的方向落入电机内部，但不能防止潮气及灰尘的侵入，所以适用于比较干燥、灰尘不多、无腐蚀性和爆炸性气体的场所。

(3) 封闭式　封闭式电动机又分为自冷式、强迫通风式和密闭式三种。前两种结构形式的电动机，潮气和灰尘等不易进入电动机内部，能防止从任何方向飞溅来的水滴和其他杂物侵入，适用于潮湿、尘土多，易受风雨侵蚀、易引起火灾、有腐蚀性蒸气和气体的各种地方。密闭式电动机一般用在水中，风机很少选用。

(4) 防爆式　在封闭式结构基础上制成隔爆型、增安型、正压型和无火花型，适用于有可燃性气体和空气混合物的危险环境，如油库、煤气站或矿井等场所。

在湿热带地区，应采用湿热带（TH）型电动机，采取适当的防潮、防霉措施；在干热带地区，应采用干热带（TA）型电动机；在高海拔地区，应采用高原型电动机；在船舶及舰艇上，应尽量采用有特殊结构和防护要求的船用或舰用电动机。装在露天场所，宜选用户外型电动机；如有防止日晒、雨雪、风沙等措施，可采用封闭式或防护式电动机。

5. 电动机的电压选择

电动机的电压选择，取决于电力系统对企业的供电电压，中小型异步电动机均是低电压的，额定电压一般为380V（Y接法或△接法）、220V/380V（△/Y接法），及380V/660V（△/Y接法）三种，在矿山及选煤厂或大型化工厂等联合企业，越来越要求使用额定电压为660V（△接法）或660V/1140V（△/Y接法）的电动机。

电源电压的三相平衡对电动机的运行关系尤为重要，如电压有3.5%的不平衡就会使电动机损耗增加约20%，因此接到三相电源上的单相负载应仔细分配，以便尽量减小电压的不平衡度。

直流电动机额定电压一般为110V、220V和440V。其中以220V为最常用的电压等级。

四、通风机调速装置

通风机调速有两目的，一是为了节约能源，避免净化系统用电过多；二是为了控制风量，避免除尘系统吸风口抽吸有用物料。净化系统调节风量的方法有风机进出口阀调节和风机变速运转，其中增加调速装置使风机变速工作是主要的。

（一）调速节能原理

1. 调速原理

通风机的压力 p、流量 Q 和功率 P 与转速存在以下关系。

$$\frac{Q_2}{Q_1}=\frac{n_2}{n_1},\frac{p_2}{p_1}=\left(\frac{n_2}{n_1}\right)^2,\frac{P_2}{P_1}=\left(\frac{n_2}{n_1}\right)^3 \tag{17-87}$$

式中，Q_1、Q_2 为流量，m^3/s；n_1、n_2 为转速，r/min；P_1、P_2 为功率，kW；p_1、p_2 为全压，Pa。

即流量与转速成比例，而功率与流量的 3 次方成正比。当流量需要改变时，用改变风门或阀门的开度进行控制，效率很低。若采用转速控制，当流量减小时，所需功率近似按流量的 3 次方大幅下降，从而节约能量。

当调节风机前后的阀门，随着阀门关小，风机流量降低。

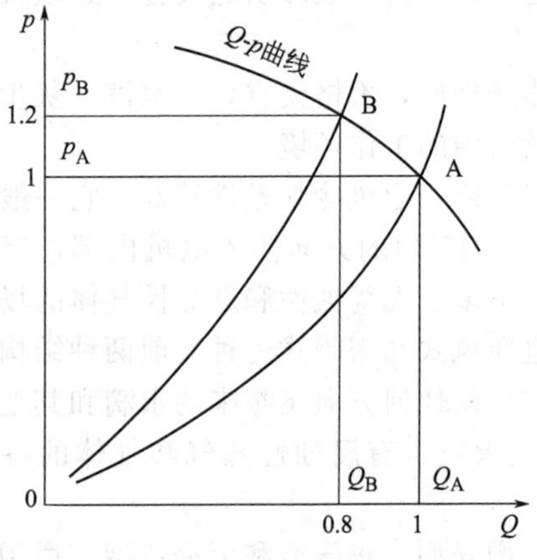

图 17-45 风机流量的风门控制

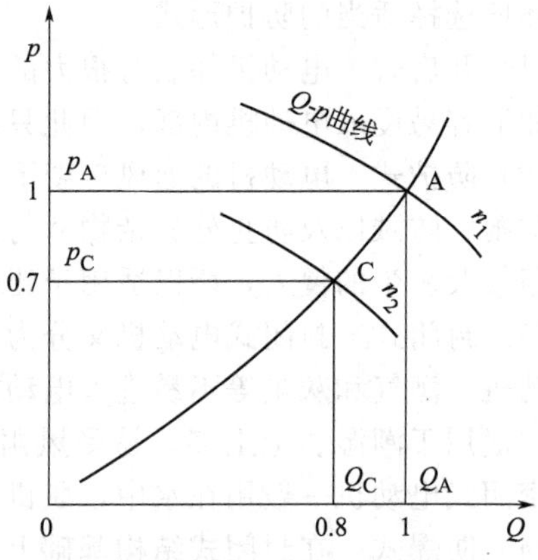

图 17-46 风机流量的转速控制

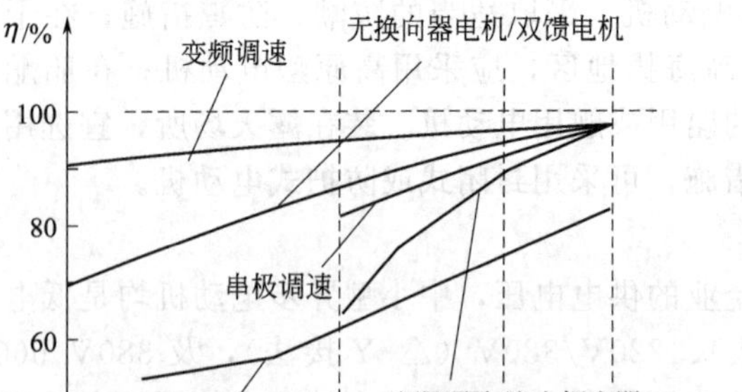

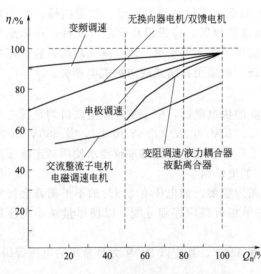

图 17-47 几种调速系统效率对比图

图 17-45 和图 17-46 分别为风门控制和转速控制流量变化的特性曲线。由图 17-45 可知，当流量降到 80％时，功耗为原来的 96％，即：

$$P_B=p_BQ_B=1.2p_A\times0.8Q_A=0.96P_A$$

由图 17-46 可知，当流量下降到 80％时，功率为原来的 56％（即降低了 44％）即：

$$P_C=p_CQ_C=0.7p_A\times0.8Q_A=0.56P_A$$

由此可知，调速比调风门增大的节电率为：

$$\frac{0.96P_A-0.56P_A}{0.96P_A}\times100\%=41\%$$

2. 调速方式比较

除电机本身的功率损耗外，无论是哪一种调速形式都存在额外的功率损耗，它们的效率都不可能为 1。图 17-47 给出了变频器调速、液力耦合器调速、内反馈串级等各种调速的效率示意曲线图。

3. 调速节能比较

调速节能比较见表 17-60。

表 17-60　异步电动机各种调速方式适用范围、节电效果等比较

调速方式 比较项目	定子调压调速	VVVF变频调速	电磁离合器调速	液力耦合器调速	变极调速	串级调速(绕线型电动机)	转子串电阻调速(绕线型电动机)
调速范围	80%～100%	5%～100%	10%～100%	50%～100%	4/6,6/8…	65%～100%	65%～100%
调速精度/%	±2	±0.5	±2	±1	—	±1	±2
优点	①结构简单 ②可无级调速 ③可"软启动" ④快速性好	①调速范围大 ②容易在现有设备改制 ③可以群控,再生制动容易	①结构简单 ②可无级调速	同左	结构简单	①可无级调速 ②在调速范围内效率高	①可靠性高 ②投资少 ③维护简单 ④功率因数高
缺点	随转速下调,η、$\cos\varphi$下降	全范围调速,逆变器容量大,低速区$\cos\varphi$下降	①适于小型电动机 ②效率随转速下调而降低	转速下调,效率随之降低	①不能无级调速 ②不能频繁变速	若调速范围大,则变换器容量大,价高	转速下调,效率随之降低
推荐的容量和电压	小容量低压	大中小容量低压	小容量低压	大、中容量高、低压	中、小容量高、低压	大、中容量高、低压	15kW 及以上
节电效果	良	优	良	良	优	优	良
注意事项	要测速设备	转矩脉动,轴振动和超速时的机械强度	要改变基础尺寸,要测速设备	同左		要改变电刷和集电环,要测速设备	连续调速需要水电阻调节装置
适用范围	起重机,风机、泵等	辊道、泵、鼓风机、纺织机械等	泵、风机、挤压机,印染、造纸、塑料、电线电缆、卷绕机械等	大惯量机械	机床、矿山、冶金、泵、纺织、电梯、风机等	泵、风机等	泵、风机等

4. 调速方式选择

调速方式选择要点如下。

(1) 流量在 90%～100%变化时，各种调速方式与入口节流方式的节能效果相近，因此无需调速运行。

(2) 当流量在 80%～100%变化时，应采用串级或变频高效调速方式，而不宜采用调压、调阻、电磁滑差离合器等改变转差率的低效调速方式。

(3) 当流量在 50%～100%变化时，各种调速方式均适用。变极调速时，流量只能阶梯状变化（75%/100%；67%/100%）。

(4) 当流量在小于 50%变化时，以采用变频调速、串级调速最合适。

(5) 选择调速装置时应注意事项

① 调速装置的初投资和运行费用。

② 调速装置的运行可靠性、维修要求。

③ 调速装置的效率和功率因数，节电效果。

④ 被驱动设备的运行规律，如风机流量的变化范围和不同流量的运行时间。

⑤ 被驱动设备的容量大小。

⑥ 现场技术力量和环境条件等。

（二）通风机节流调节及阀门

在生产运行过程中，除尘系统对压力或者流量的要求是经常变化的（即管网性能曲线变化），为适应管网性能曲线变化时，保证系统对压力或者流量特定值的要求，就需要改变通风机的性能，使其在新的工况点工作。这种改变通风机性能的方法称之为通风机的调节。

1. 通风机出口节流调节

通风机出口节流调节是通过调节通风机出口管道中的阀门开度来改变管网特性的。图17-48为通风机出口节流调节系统示意。

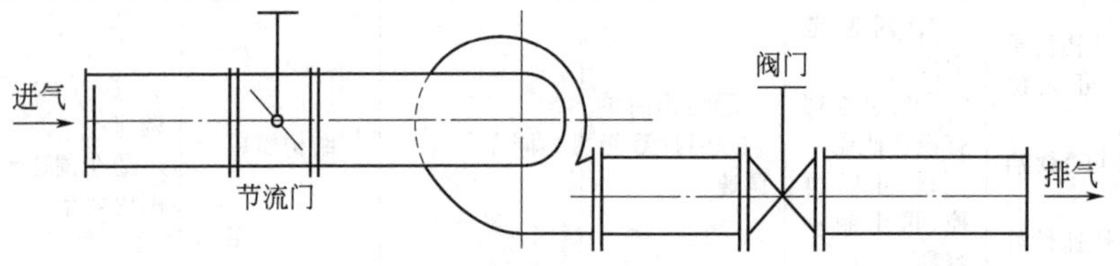

图 17-48 通风机出口节流调节系统示意

（1）等流量调节 图17-49为通风机出口节流等流量调节特性曲线，S_0为正常工况点，工况参数为q_{v0}、p_0。

由于工艺流程的原因，管网阻力减小，管网性能曲线变到曲线3的位置，通风机在S_1点工作，工况参数为q_{v1}、p_1。这时$q_{v1}>q_{v0}$，$p_1<p_0$，然而工艺流程要求压力减少，流量保持稳定不变。为此，减小通风机出口管道中的阀门开度，使管网性能曲线恢复到原来的曲线2位置。压降$p_0 \sim p_1$为消耗于关小出口阀门开度的附加损失，而进入流程中的气体压力为p_1，流量仍为q_{v0}，从而实现了通风机的等流量调节。

（2）等压调节 图17-50为通风机出口节流等压力调节特性曲线，S_0为正常工况点，工况参数为q_{v0}、p_0。当工艺流程要求通风机的排气压力不变，而流量要求减小到q_{v1}时，则将通风机出口管道中的阀门开度逐渐关小，管网性能曲线随之变化，直至阀门开度关到使管网性能曲线变到曲线3的位置，则满足了所要求的流量q_{v1}，且$p_1>p_0$。压降p_1-p_0为消耗于关小出口阀门开度的附加损失，而进入流程中气体的压力仍为p_0，流量减小到q_{v1}，从而实现了等压调节。

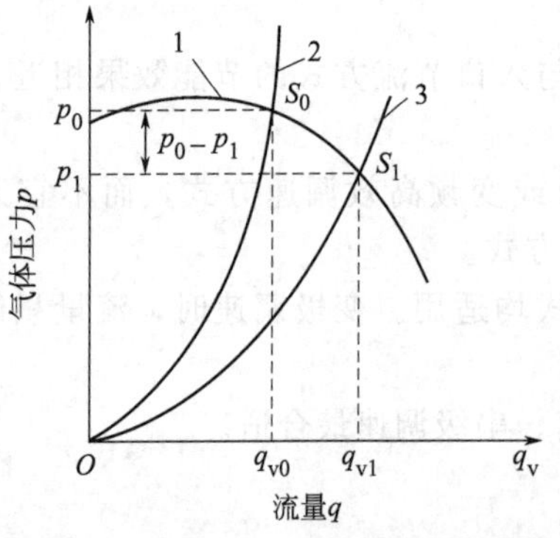

图 17-49 通风机出口节流等流量调节特性曲线

1—通风机性能曲线；2,3—管网性能曲线

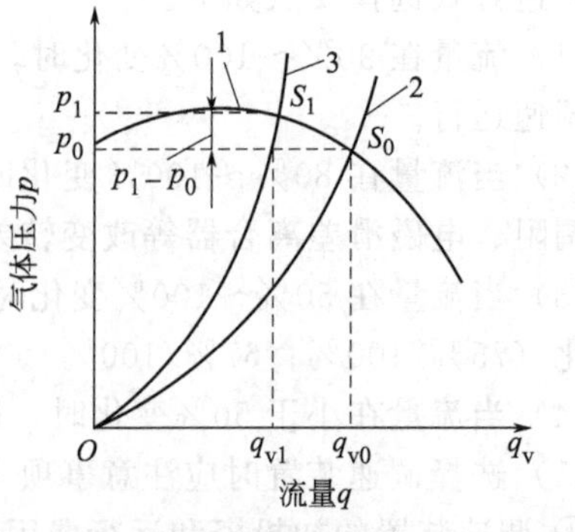

图 17-50 通风机出口节流等压力调节特性曲线

1—通风机性能曲线；2,3—管网性能曲线

（3）出口节流调节的特点 出口节流调节是改变管网的特性，而不是调节通风机的性能。它可以实现位于通风机性能曲线$p=f(q_v)$下方的所有工况。由于出口节流调节是人

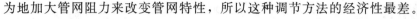

为地加大管网阻力来改变管网特性，所以这种调节方法的经济性最差。

2. 通风机进口节流调节

通风机进口节流调节（见图 17-51）是调节通风机进口节流门（或蝶阀）的开度，改变通风机的进口压力，使通风机性能曲线发生变化，以适应工艺流程对流量或者压力的特定要求。

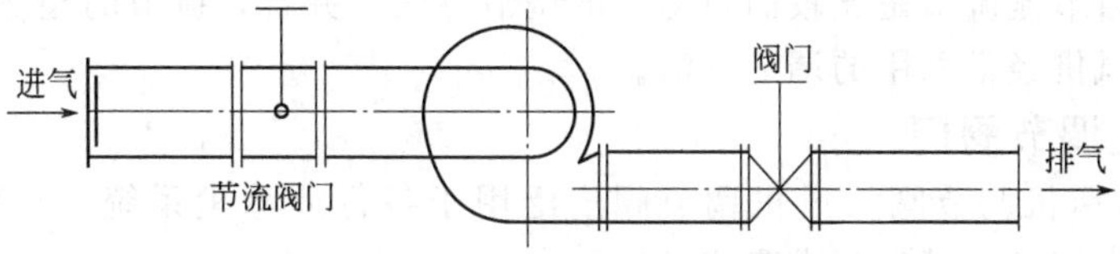

图 17-51 通风机进口节流调节系统示意

(1) 等流量调节 图 17-52 为通风机进口节流等流量调节性能曲线，S_0 为正常工况点，工况参数为 q_{v0}、p_0。

当管网阻力增加，管网性能曲线移到曲线 5 的位置时，其工况点为 S_1，工况参数为 q_{v1}、p_1。这时，$p_1<p_0$，$q_{v1}>q_{v0}$。为达到工艺流程对流量稳定不变的要求，则对通风机进行进口节流调节，将通风机进口节流门的开度关小，改变通风机的进口状态参数（即进口压力）。当节流门的开度关小到某一角度时，通风机的性能曲线变为曲线 2 的位置，与管网性能曲线 5 相交于 S_2 点，该工况点的工况参数为 q_{v2}、p_2。这时 $q_{v2}=p_{v0}$，$p_2<p_0$ 通风机在 S_2 点稳定运行，从而实现了通风机的流量调节。

(2) 等压力调节 图 17-53 为通风机进口节流等压力调节性能曲线，S_0 为正常工况点，工况参数为 q_{v0}、p_0。

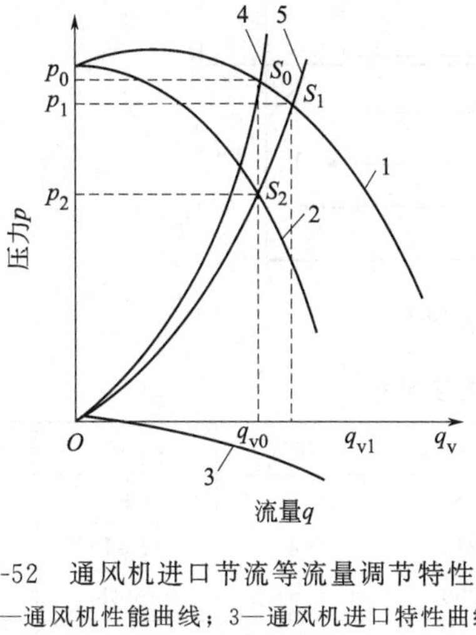

图 17-52 通风机进口节流等流量调节特性曲线
1,2—通风机性能曲线；3—通风机进口特性曲线；
4,5—管网性能曲线

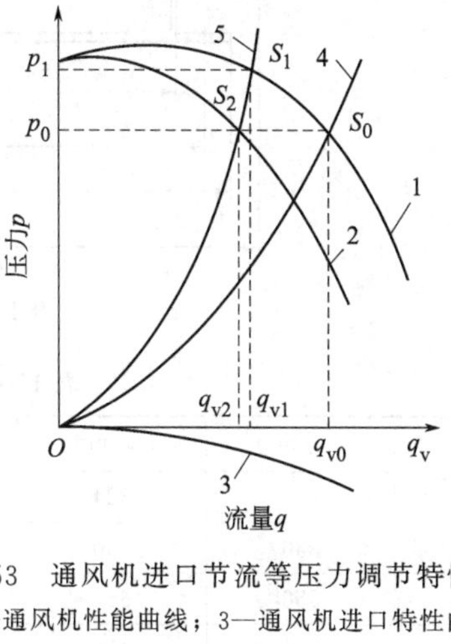

图 17-53 通风机进口节流等压力调节特性曲线
1,2—通风机性能曲线；3—通风机进口特性曲线；
4,5—管网性能曲线

当管网阻力增加，管网性能曲线移到曲线 5 的位置时，其工况点为 S_1，工况参数为 q_{v1}、p_1。这时，$p_1>p_0$，$q_{v1}<q_{v0}$。为达到工艺流程对压力稳定不变的要求，则对通风机进行进口节流调节，将图 17-51 中的通风机进口节流门的开度关小，改变通风机的进口状态参数（即进口压力）。当节流门的开度关小到某一角度时，通风机的性能曲线变为曲线 2 的位置，与管网性能曲线 5 相交于 S_2 点，该工况点的工况参数为 q_{v2}、p_2。这时 $p_2<p_0$，通风机在 S_2 点稳定运行，从而实现了通风机的等压力调节。

(3) 进口节流调节的特点 通风机进口节流调节是通过改变通风机的进口状态参数（即进口压力）来改变通风机性能曲线，然而，通风机出口节流调节是通过关小出口阀门的开度来改变管网特性的，人为地增加了管网阻力，消耗一部分通风机的压力，所以通风机进口节流调节的经济性好。

通风机进口节流调节后，使其喘振点向小流量方向变化，通风机有可能在较小的流量下工作。通风机进口节流调节是比较简单易行的调节方法，并且，调节的经济性也好，因此是一般固定转速通风机经常采用的调节方法。

3. 风机节流调节阀门

(1) FTS-1C 风机调节阀 风机调节阀广泛用于各行业除尘系统，与离心风机配套使用，调节风机输出流量，满足管道工艺运行要求。

FTS 型阀设计新颖，结构合理，造型美观，操作方便、可靠、灵活、重量轻，是保证风机正常运行，调节流量，改变流阻，稳定风机的输出曲线，使管道系统能正常、高效运行的常用设备。阀门的性能参数为：公称压力 0.1MPa；适用温度≤350℃；适用流速≤5～20m/s；使用介质为气体。

阀门外形尺寸见图 17-54 和表 17-61。

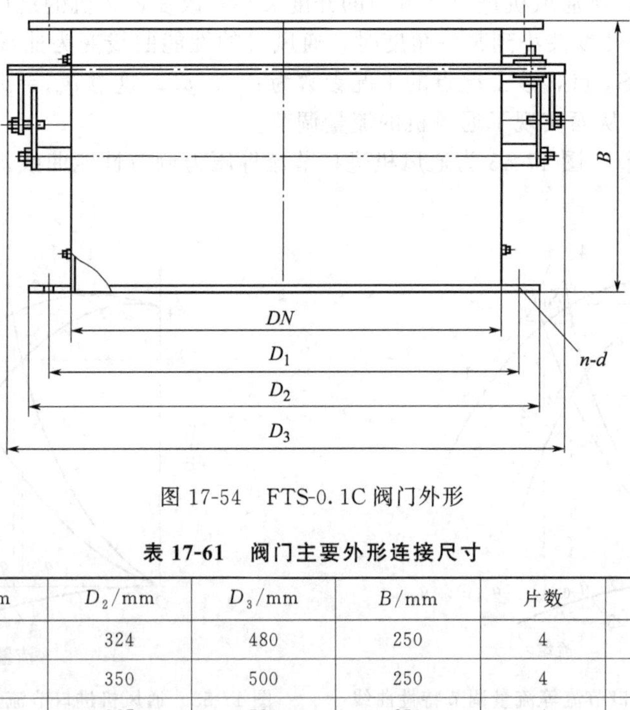

图 17-54 FTS-0.1C 阀门外形

表 17-61 阀门主要外形连接尺寸

DN/mm	D_1/mm	D_2/mm	D_3/mm	B/mm	片数	n-d	重量/kg
280	306	324	480	250	4	8-ϕ10	25
310	330	350	500	250	4	12-ϕ10	28
320	350	367	520	250	4	16-ϕ8	28
360	394	416	580	300	4	16-ϕ8	32
365	385	410	580	300	4	12-ϕ10	32
400	440	462	660	250	6	16-ϕ8	48
420	445	470	650	250	6	16-ϕ10	50
450	490	512	700	250	6	16-ϕ10	56
470	495	520	720	300	6	16-ϕ10	58
500	550	572	780	300	6	16-ϕ10	82
520	545	570	800	300	6	16-ϕ10	85

续表

DN/mm	D_1/mm	D_2/mm	D_3/mm	B/mm	片数	n-d	重量/kg
600	650	576	880	300	8	16-ϕ10	102
620	650	685	900	300	8	16-ϕ10	110
800	860	910	1150	350	8	12-ϕ12	134
1000	1065	1110	1350	350	12	16-ϕ14	198
1200	1270	1330	1580	350	12	12-ϕ14	232
1600	1660	1700	2000	400	16	28-ϕ14	380
2000	2070	2120	2420	450	16	32-ϕ14	540

(2) TjDB-0.5（圆形）百叶式气流调节阀　百叶式气流调节阀是一种新型节能高效可靠的气流调节设备。适用于风机进、出口及通风管道上，对管路中流量进行调节。

产品设计新颖，结构合理，重量轻，采用多轴百叶式，流阻小、流体均匀、启闭力小、转动灵活可靠，配用ZA型电动装置，可单独操作和远距离集中控制，是各种风管系统中理想的气流调节设备。主要技术参数如下：公称压力0.05MPa；漏风率1.5%；介质流速≤30m/s；适用温度－20～300℃；适用介质为粉尘气体等。

TjDB-0.5百叶式气流调节阀外形尺寸见图17-55和表17-62。

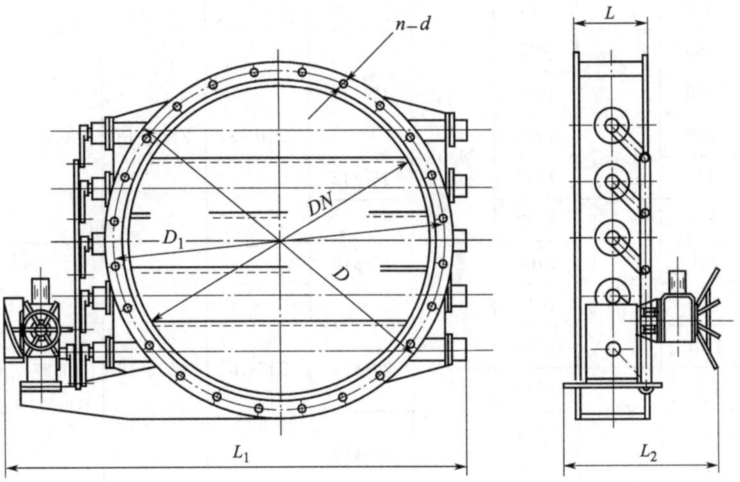

图17-55　TjDB-0.5百叶式气流调节阀外形

(3) TEDB-0.5（矩形）百叶式气流调节器　TEDB-0.5（矩形）气流调节器是一种节能可靠的气流调节设备，适用于风机进、出口及通风管道上，对管路中流量进行电动调节。

产品设计新颖，结构合理，重量轻，采用多轴多叶式，流阻小、流体均匀、启闭力小、转动灵活可靠，配用Z型或ZA型电动装置，可单独操作或远距离集中控制，是各种风管系统中常用的气流调节设备。主要技术参数如见表17-63，外形尺寸见图17-56和表17-64。

（三）液力耦合器

液力耦合器是液力传动元件，又称液力联轴器，它是利用液体的动能来传递功率的一种动力式液压传动设备。将其安装在异步电动机和工作机（如风机、水泵等）之间来传递两者的扭矩，可以在电机转速恒定的情况下，无级调节工作机的转速，并具有空载启动、过载保护、易于实现自动控制等特点。

表 17-62 TjDB-0.5 外形连接尺寸

DN/mm	D/mm	D_1/mm	L/mm	L_1/mm	L_2/mm	n-d	电动装置		电机功率/kW	风机	重量/kg
280	324	306	160	820	585	8-φ10	Z5-18	ZA5-18	0.18	4-72	120
320	367	350	180	860		16-φ7					130
360	416	394		900							150
450	512	490		930	630	16-φ10					195
500	572	550	200	980			Z10-18	ZA10-18	0.25		225
600	676	650		1235							275
180	230	205	160	715	585	8-φ7	Z5-18	ZA5-18	0.18	9-19 9-26	95
200	250	225		735							102
224	284	254		755							110
250	310	280		781		8-φ10				9-19 9-72	115
280	360	320		801							125
315	395	355	180	840							127
355	435	395		880							175
400	500	450		885	630	8-φ12					185
450	550	500		925							215
500	620	560	200	975		12-φ12	Z10-18	ZA10-18	0.25		250
560	680	620		1035							275
630	750	690		1265							295
710	830	770		1345		16-φ12					325
800	920	860	260	1362		16-φ15				9-26	382
900	1040	970		1462			Z15-18	ZA15-18	0.37		435
1000	1110	1065		1640						4-72 Y5-48	475
1110	1220	1170		1740		20-φ15					520
1120	1250	1190	280	1760	730						570
1200	1330	1270		1840		24-φ15				G/Y-72	630
1400	1520	1470	320	2040							730
1600	1700	1660		2240		28-φ19	Z20-18	ZA20-18	0.55		830
1800	1900	1860	420	2448							930
2000	2140	2070		2648							1490
2200	2300	2260	450	2848		36-φ19	Z30-18	ZA30-18	0.75	G/Y-73-13	1905
2500	2600	2560		3148							2395
2800	2900	2860	500	3448							2945

表 17-63 矩形百叶阀技术参数

公称压力	漏风率	介质流速	适用温度	适用介质
0.05MPa	1.5%	≤30m/s	−20～300℃	空气、粉尘气体等

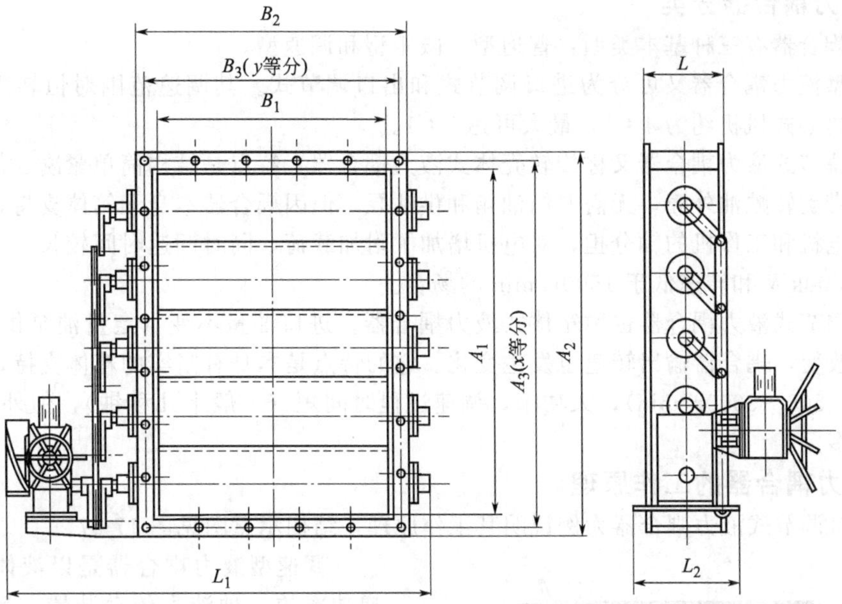

图 17-56　TEDB-0.5 调节阀外形

表 17-64　TEDB-0.5 调节阀外形尺寸

$A_1 \times B_1$ /mm	$A_2 \times B_2$ /mm	$A_3 \times B_3$ /mm	L /mm	n-d	x	y	电动装置	功率 /kW	风机	机号	L_1 /mm	L_2 /mm	重量 /kg
224×196	278×251	256×228	160	16-φ7	5	5	Z5-18 ZA50-18	0.18	4-72	№2.8	858	550	136
256×224	310×279	288×256								№3.2	886		145
288×252	434×308	320×284								№3.6	915		160
320×280	374×336	355×315	180	20-φ7						№4	943	600	217
360×315	415×371	395×350								№4.5	978		225
400×350	456×406	435×385								№5	1013		251
480×420	536×476	511×455		24-φ7						№6	1083		383
640×560	746×669	700×625	200	20-φ15			Z10-18 ZA100-18	0.25		№8	1296	659	357
800×700	906×809	860×765	220							№10	1436	700	472
960×840	1066×949	1008×900	240	24-φ15	6	6				№12	1576	750	558
1280×1120	1386×1232	1340×1188	260	38-φ15	10	9	Z15-18 ZA150-18	0.37		№16	1879	800	890
1600×1400	1735×1538	1672×1476	320	40-φ15	11	9				№20	2185	850	1180
720×520	826×629	777×580	220	24-φ15	7	5	Z10-18 ZA100-18	0.25	GY4-73	№8	1256	700	408
810×586	916×694	868×650								№9	1321		446
900×650	1006×759	959×710	240							№10	1386	750	526
990×715	1096×824	1048×780	260	28-φ15	8	6	Z15-18 ZA150-18	0.37		№11	1471	800	560
1080×780	1186×889	1144×846								№12	1536		640
1260×910	1389×1042	1336×990								№14	1689		808
1440×1040	1569×1172	1512×1120	320	32-φ15	9	7	Z20-18 ZA200-18	0.55		№16	1839	850	1180
1620×1170	1179×1332	1710×1260		32-φ19						№18	1999		1320
1800×1300	1959×1462	1890×1386	420							№20	2129	950	1550
1980×1430	2139×1596	2070×1520		36-φ19	10	8				№22	2263		2000
2250×1625	2459×1841	2376×1755	450	42-φ19	12	9	Z30-18 ZA300-18	0.75		№25	2528	1000	2320
2520×1805	2732×2036	2660×1950		48-φ19	14	10				№28	2723		2590
2360×2065	2576×2289	2478×2195		52-φ19	14	12				№29.5	2976		2880

1. 液力耦合器分类

液力耦合器有三种基本类型：普通型、限矩型和调速型。

调速型液力耦合器又可分为进口调节式和出口调节式。其调速范围对恒转矩负载约为3∶1，对离心式风机约为4∶1，最大可达5∶1。

进口调节式液力耦合器又称旋转壳体式液力耦合器，特点是结构简单紧凑、体积小、质量轻，自带旋转贮油外壳，无需专门油箱和供油泵，但因耦合器本身无箱体支持，旋转部件的质量由电机和工作机的轴分担，对电机增加了附加载荷，同时调速时间较长。一般多用于功率小于500kW和转速低于1500r/min的场合。

出口调节式液力耦合器也称箱体式液力耦合器。进口油量不变（定量油泵供油），工作腔充油量改变，耦合器输出转速也发生变化。它的特点是本身有坚实的箱体支持，因此适合于高转速（500～3000r/min），大功率，调速过程时间短（一般十几秒钟），但外形尺寸大，辅助设备多。

2. 液力耦合器的工作原理

以出口调节式液力耦合器为例说明其工作原理，结构示意图见图17-57。

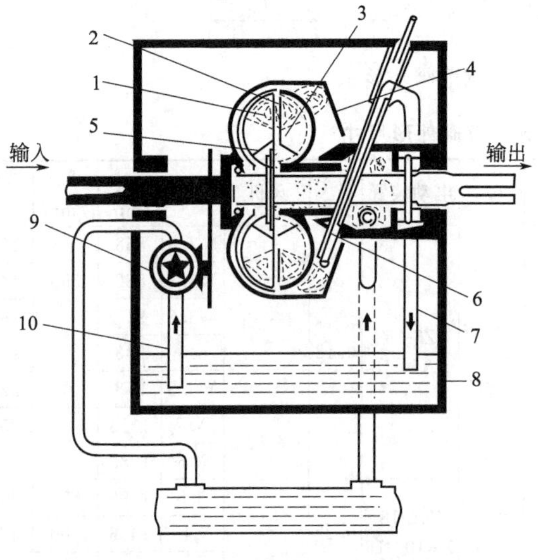

图17-57 出口调节式液力耦合器结构
1—涡轮；2—工作腔；3—泵轮；4—勺管室；5—挡板；6—勺管；7—排油管；8—油箱；9—主循环油泵；10—吸油管

调速型液力耦合器是以液体为介质传递功率的一种液力传动装置。运转时，原动机带动泵轮旋转，液体在泵轮叶片带动下因离心力作用，由泵轮内侧流向外缘，形成高压高速液流冲向涡轮叶片，使涡轮跟随泵轮作同向旋转，液体在涡轮中由外缘流向内侧被迫减压减速，然后流入泵轮，在这种循环中，泵轮将原动机的机械能转变成工作液的动能和势能，而涡轮则将液体的动能和势能又转变成输出轴的机械能，从而实现能量的柔性传递。通过改变工作腔中工作液体的充满度就可以在原动机转速不变的条件下，实现被驱动机械的无级调速。

3. 液力耦合器特性参数

液力耦合器特性参数如下。

(1) 转矩 耦合器涡轮转矩（M_T）与泵轮转矩（M_B）相等或者说输出转矩等于输入转矩。

$$M_B=M_T \quad 或 \quad M_1=M_2 \tag{17-88}$$

(2) 转速比 i 涡轮转速（n_T）与泵轮转速（n_B）之比。

$$i=\frac{n_T}{n_B} \tag{17-89}$$

(3) 转差率 s 泵轮与涡轮的转速差与泵轮转速的百分比

$$s=\frac{n_B-n_T}{n_B}\times 100\%=(1-i)\times 100\% \tag{17-90}$$

调速型液力耦合器的额定转差率 $s_N\leqslant 3\%$

(4) 效率 η 输出功率与输入功率之比

$$\eta=\frac{P_T}{P_B}=\frac{M_T n_T}{M_B n_B}=\frac{n_T}{n_B}=i \tag{17-91}$$

即效率与转速比相等。因此，通常使之在高速比下运行，其效率一般为0.96～0.97。

(5) 泵轮转矩系数λ_B　这是反映液力耦合器传递转矩能力的参数。

耦合器所能传递的转矩值M_B与液体比量γ的一次方、转速n_B的平方以及工作轮有效直径D的五次方成正比，即

$$M_B=\lambda_B \gamma n_B^2 D^5 \tag{17-92}$$

或

$$\lambda_B=\frac{M_B}{\gamma n_B^2 D^5} \tag{17-93}$$

λ_B与耦合器腔型有关，其值由试验确定，λ_B值高，说明耦合器的性能较好。

(6) 过载系数λ_m　指能传递的最大转矩M_{max}与额定转矩M_N之比。

$$\lambda_m=\frac{M_{max}}{M_N} \tag{17-94}$$

4. 常用设备

调速型液力耦合器产品较多，容量从几千瓦到几千千瓦。液力耦合器与离心式风机相配使用有相当好的节能效果，特别是对于大容量风机其节能效果更为显著。

表17-65是部分调速型液力耦合器的技术参数。

表17-65　调速型液力耦合器主要技术参数

类别	型号规格	输入转速/(r/min)	传递功率范围/kW	额定滑差率/%	调速范围	
					离心式机械	恒扭矩机械
进口调节式	$YOT_{HR}280$	1500 3000	5～10 34～75	1.5～4	4∶1	3∶1
	$YOT_{HR}320$	1000 1500	1.5～3 9～18	1.5～4	4∶1	3∶1
	$YOT_{HR}360$	1000 1500	5～10 15～30	1.5～4	4∶1	3∶1
	$YOT_{HR}400$	1000 1500	10～15 30～50	1.5～4	4∶1	3∶1
	$YOT_{HR}450$	1000 1500	15～30 50～100	1.5～4	4∶1	3∶1
	$YOT_{HR}500$	1000 1500	30～50 100～170	1.5～4	4∶1	3∶1
	$YOT_{HR}560$	1000 1500	50～100 170～300	1.5～4	4∶1	3∶1
	$YOT_{HR}650$	1000 1500	100～180 300～560	1.5～4	4∶1	3∶1
	$YOT_{HR}750$	750 1000	70～130 180～300	1.5～4	4∶1	3∶1
	$YOT_{HR}800$	750 1000	120～200 300～500	1.5～4	4∶1	3∶1
	$YOT_{HR}875$	750 1000	130～210 300～850	1.5～4	4∶1	3∶1
出口调节式	$YOT_{GC}360$	1500 3000	15～35 110～305	1.5～3	5∶1	3∶1
	$YOT_{GC}400$	1500 3000	30～65 240～500	1.5～3	5∶1	3∶1

续表

类别	型号规格	输入转速/(r/min)	传递功率范围/kW	额定滑差率/%	调速范围	
					离心式机械	恒扭矩机械
出口调节式	$YOT_{GC}450$	1500 3000	50～110 430～900	1.5～3	5∶1	3∶1
	$YOT_{GC}650$	1000 1500	75～215 250～730	1.5～3	5∶1	3∶1
	$YOT_{GC}750$	1000 1500	150～440 510～1480	1.5～3	5∶1	3∶1
	$YOT_{GC}875$	1000 1500	365～960 1160～3260	1.5～3	5∶1	3∶1
	$YOT_{GC}1000$	750 1000	285～750 640～1860	1.5～3	5∶1	3∶1
	$YOT_{GC}1150$	750 1000	715～1865 1180～3440	1.5～3	5∶1	3∶1
	$YOC_{HJ}650$	1500	250～730	1.5～3	5∶1	3∶1
	CST50	1500 3000	70～200 560～1625	1.5～3.25	5∶1	3∶1
	GWT58	1500 3000	140～400 1125～3250	1.5～3.25	5∶1	3∶1

5. 调速型液力耦合器的选用

一般厂家提供的产品样本都列有耦合器的适用条件和范围，但在使用时仍应进行校验计算，以满足最不利工况的需要。下面介绍两种简单的方法。

(1) 查表法 用计算出的负荷容量和转速，从产品样本的有关曲线和参数中初步选定。

(2) 确定耦合器有效工作直径法。可按下式：

$$D=K\sqrt[5]{\frac{p_N}{n_B^3}} \tag{17-95}$$

式中，D 为耦合器的有效工作直径，m；K 为系数，与耦合器性能有关，$K=14.7\sim13.8$，工程一般选用 14.7；p_N 为负载额定轴功率，kW；n_B 为泵轮转速，r/min。

如果工作机的实际负载不知道，可以用电动机的额定功率和转速来计算，这样，一般耦合器选择偏大。

【例 17-12】 某高炉出铁场除尘风机，电动机轴功率为 $p_N=670$kW，转数 $n=970$r/min，采用耦合器调速，出铁时风机高速，不出铁时风机低速，试计算耦合器有效工作直径。

由式可得：

$$D=K\sqrt[5]{\frac{p_N}{n_B^3}}=14.7\sqrt[5]{\frac{670}{970^3}}=0.875\text{（m）}$$

故选择耦合器有效工作直径为 875mm。

YOTC710B～1050B 调速型液力耦合器外形尺寸见图 17-58 和表 17-66。

（四）调速变频器

变频技术，简单地说就是把直流电逆变成不同频率的交流电，或是把交流电变成直流电再逆变成不同频率的交流电，或是把直流电变成交流电再把交流电变直流电。总之这一切都是电能不发生变化，而只有频率的变化。变频器就是改变电源频率的设备。

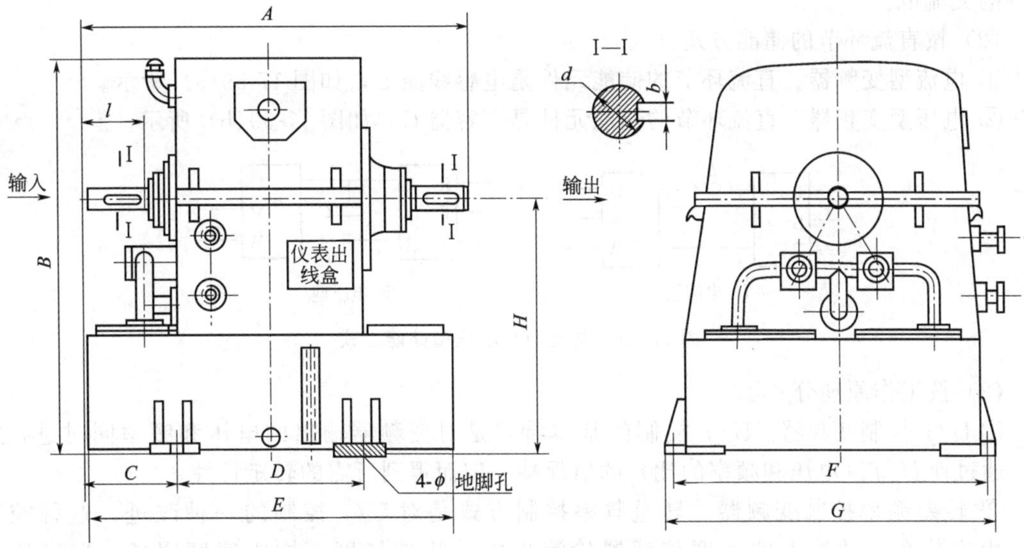

图 17-58　YOTC710B～1050B 液力耦合器外形

表 17-66　YOTC710B～1050B 液力耦合器外形尺寸　　单位：mm

型号	转速/(r/min)	传递功率/kW	A	B	C	D	E	F	G	H	d	l	b	4-ϕ	重量/kg
	750	75～140													
YOTC710B	1000	220～360													3200
	1500	750～1250													
	750	130～180													
YOTC750B	1000	340～450	1455	1490	348	680	1370	1300	1380	915	110	210	28	40	3300
	1500	1150～1450													
	750	160～250													
YOTC800B	1000	400～720													3400
	1500	1250～1600													
YOTC875B	750	250～460									120				4700
	1000	670～1000													
	600	280～400													
YOTC1000B	750	400～800	1700	1770	398	840	1600	1550	1640	1110		220	32	40	4900
	1000	1000～1800									130				
	600	355～500													
YOTC1050B	750	750～1000													4980
	1000	1400～2240													

1. 变频器的分类

变频器的种类很多，可以按变换环节、储能方式、工作原理和用途进行分类。

(1) 按变换环节分

① 交-交变频器。把频率固定的交流电直接变换成频率和电压连续可调的交流电。

② 交-直-交变频器。先把频率固定的交流电整流成直流电，再把直流电逆变成频率连续

可调的交流电。

（2）按直流环节的储能方式分

① 电流型变频器。直流环节的储能元件是电感线圈 L，如图 17-59(a) 所示。

② 电压型变频器。直流环节的储能元件是电容器 C，如图 17-59(b) 所示。

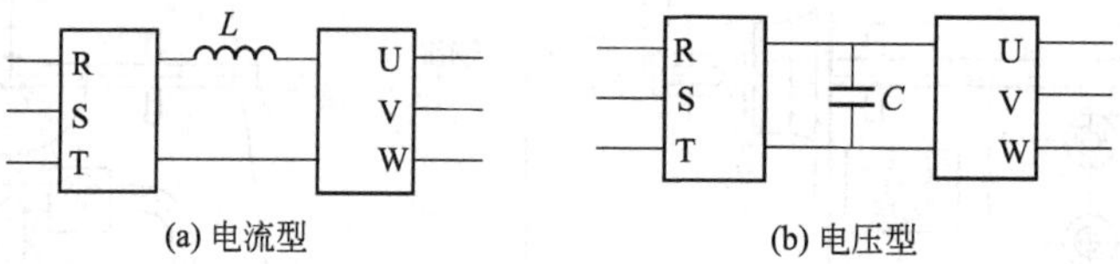

图 17-59 电流型与电压型储能方式

（3）按工作原理分

① U/f 控制变频器。U/f 控制的基本特点是对变频器输出的电压和频率同时进行控制，通过使 U/f（电压和频率的比）的值保持一定而得到所需的转矩特性。

② 转差频率控制变频器。转差频率控制方式是对 U/f 控制的一种改进，这种控制需要由安装在电动机上的速度传感器检测出电动机的转度，构成速度闭环，速度调节器的输出为转差频率，而变频器的输出频率则由电动机的实际转速与所需转差频率之和决定。

③ 矢量控制变频器。矢量控制是一种高性能异步电动机控制方式，它的基本思路是：将异步电动机的定子电流分为产生磁场的电流分量（励磁电流）和与其垂直的产生转矩的电流分量（转矩电流），并分别加以控制。

④ 直接转矩控制变频器。

（4）按用途分

① 通用变频器。所谓通用变频器，是指能与普通的笼型异步电动机配套使用，能适应各种不同性质的负载，并具有多种可供选择功能的变频器。

② 高性能专用变频器。高性能专用变频器主要应用于对电动机的控制要求较高的系统，与通用变频器相比，高性能专用变频器大多数采用矢量控制方式，驱动对象通常是变频器厂家指定的专用电动机。

③ 高频变频器。在超精密加工和高性能机械中，常常要用到高速电动机，为了满足这些高速电动机的驱动要求，出现了采用 PAM（脉冲幅值调制）控制方式的高频变频器，其输出频率可达到 3kHz。

2. 变频器的工作原理

（1）变频器的基本结构 通用变频器根据功率的大小，从外形上看有书本型结构（0.75～37kW）和装柜型结构（45～1500kW）两种。图 17-60 所示为书本型结构的通用变频器的外形和结构。

（2）变频器的原理框图 变频器是应用变频技术制造的一种静止的频率变换器，它是利用半导体器件的通断作用将频率固定（通常为工频 50Hz）的交流电（三相或单相）变换成频率连续可调的交流电的电能控制装置，其作用如图 17-61 所示。变频器按应用类型可分为两大类：一类是用于传动调速；另一类是用于多种静止电源。使用变频器可以节能、提高产品质量和劳动生产率。

变频器的原理框图如图 17-62 所示。从图中可知变频器的各组成部分，以便于接线和维修。图 17-63 所示为富士 FRN-G9S/P9S 系列变频器基本接线图。卸下表面盖板就可看见接线端子。

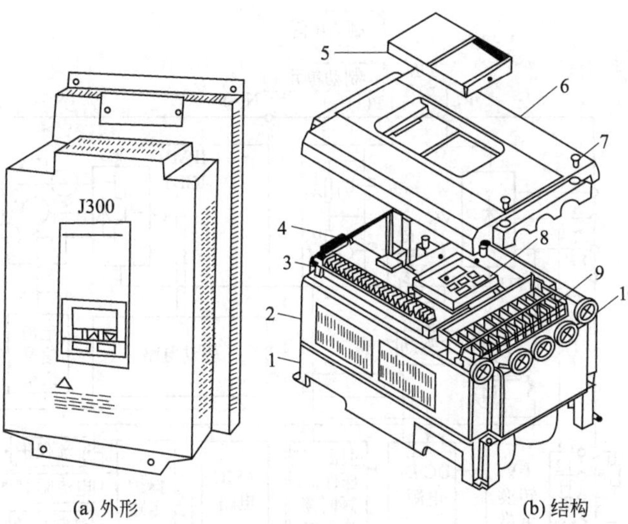

图 17-60 通用变频器的外形和结构

1—底座；2—外壳；3—控制电路接线端子；4—充电指示灯；5—防护盖板；6—前盖；7—螺钉；8—数字操作面板；9—主电路接线端；10—接线孔

接线时应注意以下几点。

① 输入电源必须接到 R、S、T 上，输出电源必须接到端子 U、V、W 上，若接错，会损坏变频器。

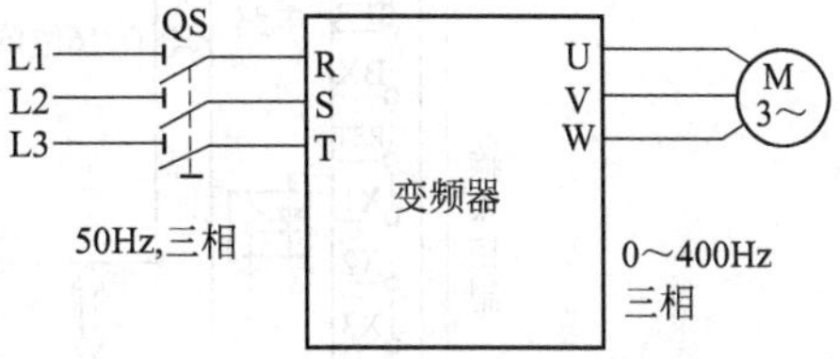

图 17-61 变频器的作用

② 为了防止触电、火灾等灾害和降低噪声，必须连接接地端子。

③ 端子和导线的连接应牢靠，要使用接触性好的压接端子。

④ 配完线后，要再次检查接线是否正确，有无漏接现象，端子和导线间是否短路或接地。

⑤ 通电后，需要改接线时，即使已关断电源，也应等充电指示灯熄灭后，用万用表确认直流电压降到安全电压（DC25V 下）后再操作。若还残留有电压就进行操作，会产生火花。

3. 变频器的选择

目前，国内外已有众多生产厂家定型生产多个系列的变频器。国产通用型变频器 JP6C-T9 和节能型变频器 JP6C-J9 的技术指标见表 17-67。使用时应根据实际需要选择满足使用要求的变频器。对于风机和泵类负载，由于低速时转矩较小，对过载能力和转速精度要求较低，故选用价廉的变频器。

当调速系统的控制对象是改变电动机转速时，在选择变频器的过程中，应考虑以下几点。

(1) 电动机转速　为了维持某一速度，电动机所传动的负载必须接受电动机供给的转矩，其值与该转速下的机械所做的功和损耗相适应。这称之为速度下的负载转矩。

在图 17-64 中，表明电动机的转速由曲线 T_M 和 T_L 的交点 A 确定。要从此点加速或减速，则需要改变 T_M，使 T_A 为正值或负值。也就是要控制电动机制转速，必须具有控制电动机产生转矩 T_M 的功能。

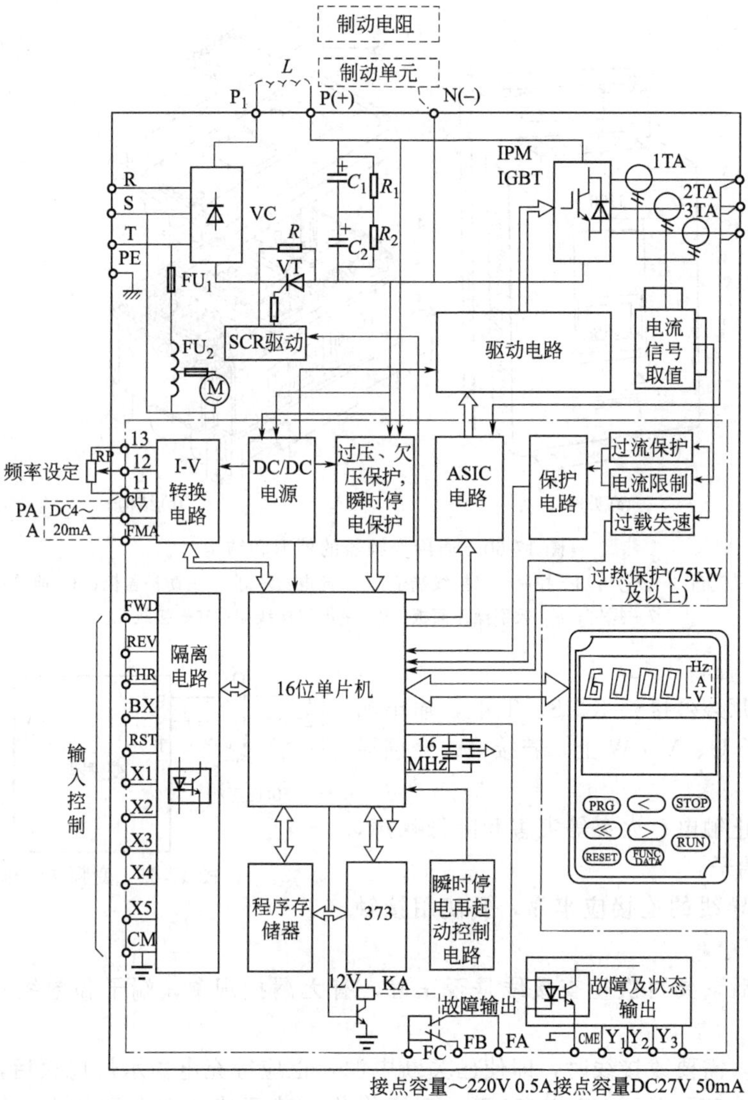

图 17-62 变频器原理框图

表 17-67 JP6C-T9 型和 JP6C-J9 型变频器主要技术指标

型号 JP6C-		T9-0.75	T9-1.5	T9-2.2	T9-5.5	T9/J9-7.5	T9/J9-11	T9/J9-15	T9/J9-18.5	T9/J9-22	T9/J9-30	T9/J9-37	T9/J9-45	T9/J9-55	T9/J9-75	T9/J9-90	T9/J9-110	T9/J9-132	T9/J9-160	T9/J9-200	T9/J9-220	T9/J9-280
适用电动机功率/kW		075	1.5	2.2	5.5	7.5	11	15	18.5	22	30	37	45	55	75	90	110	132	160	200	220	280
额定输出	额定容量①/kV·A	2.0	3.0	4.2	10	14	18	23	30	34	46	57	69	85	114	134	160	193	232	287	316	400
	额定电流/A	2.5	3.7	5.5	13	18	24	30	39	45	60	75	91	112	150	176	210	253	304	377	415	520
	额定过载电流	T9 系列,额定电流的 1.5 倍,1min;J9 系列,额定电流的 1.2 倍,1min																				
	电压	三相 380～440V																				

续表

<table>
<tr><th colspan="3">型号
JP6C-</th><th>T9-0.75</th><th>T9-1.5</th><th>T9-2.2</th><th>T9-5.5</th><th>T9/J9-7.5</th><th>T9/J9-11</th><th>T9/J9-15</th><th>T9/J9-18.5</th><th>T9/J9-22</th><th>T9/J9-30</th><th>T9/J9-37</th><th>T9/J9-45</th><th>T9/J9-55</th><th>T9/J9-75</th><th>T9/J9-90</th><th>T9/J9-110</th><th>T9/J9-132</th><th>T9/J9-160</th><th>T9/J9-200</th><th>T9/J9-220</th><th>T9/J9-280</th></tr>
<tr><td>输入电源</td><td colspan="2">相数,电压,频率</td><td colspan="21">三相 380～440V,50/60Hz</td></tr>
<tr><td rowspan="2">输入电源</td><td colspan="2">允许波动</td><td colspan="21">电压＋10%～－15%;频率±5%</td></tr>
<tr><td colspan="2">抗瞬时电压降低</td><td colspan="21">310V 以上可以继续运行,电压从额定值降到 310V 以下时,继续运行 15ms</td></tr>
<tr><td rowspan="6">输出频率</td><td rowspan="4">设定</td><td>最高频率</td><td colspan="21">T9 系列,50～400Hz 可变设定;J9 系列,50～120Hz 可变设定</td></tr>
<tr><td>基本频率</td><td colspan="21">T9 系列,50～400Hz 可变设定;J9 系列,50～120Hz 可变设定</td></tr>
<tr><td>启动频率</td><td colspan="10">0.5～60Hz 可变设定</td><td colspan="11">2～4kHz 可变设定</td></tr>
<tr><td>载波频率</td><td colspan="21">2～6kHz 可变设定</td></tr>
<tr><td colspan="2">精度</td><td colspan="21">模拟设定,最高频率设定值的±0.3%(25℃±10℃)以下;数字设定,最高频率设定值的±0.01%(－10～50℃)</td></tr>
<tr><td colspan="2">分辨率</td><td colspan="21">模拟设定,最高频率设定值的 0.05%;数字设定,0.01Hz(99.99Hz 以下)或 0.1Hz(100Hz 以上)</td></tr>
<tr><td rowspan="5">控制</td><td colspan="2">电压/频率特性</td><td colspan="21">用基本频率可设定 320～440V</td></tr>
<tr><td colspan="2">转矩提升</td><td colspan="21">自动,根据负荷转矩调整到最佳值;手动,0.1～20.0 编码设定</td></tr>
<tr><td colspan="2">启动转矩</td><td colspan="21">T9 系列,1.5 倍以上(转矩矢量控制时);J9 系列,0.5 倍以上(转矩矢量控制时)</td></tr>
<tr><td colspan="2">加、减速时间</td><td colspan="21">0.1～3600s,对加速时间、减速时间可单独设定 4 种,可选择线性加速减速特性曲线</td></tr>
<tr><td colspan="2">附属功能</td><td colspan="21">上、下限频率控制,偏置频率,频率设定增益,跳跃频率,瞬时停电再启动(转速跟踪再启动),电流限制</td></tr>
<tr><td rowspan="3">运转</td><td colspan="2">运转操作</td><td colspan="21">触摸面板,RUN 键、STOP 键,远距离操作;端子输入,正转指令、反转指令,自由运转指令等</td></tr>
<tr><td colspan="2">频率设定</td><td colspan="21">触摸面板,∧键,∨键,端子输入,多段频率选择;模拟信号,频率设定器 DC 0～10V 或 DC 4～20mA</td></tr>
<tr><td colspan="2">运转状态输出</td><td colspan="21">集中报警输出
开路集电极:能选择运转中、频率到达、频率等级、检测等 9 种或单独报警。
模拟信号:能选择输出频率、输出电流、转矩、负荷率(0～1mA)</td></tr>
<tr><td rowspan="3">显示</td><td colspan="2">数字显示器(LED)</td><td colspan="21">输出频率、输出电流、输出电压、转速等 8 种运行数据,设定频率故障码</td></tr>
<tr><td colspan="2">液晶显示器(LCD)</td><td colspan="21">运转信息、操作指导、功能码名称、设定数据、故障信息等</td></tr>
<tr><td colspan="2">灯指示(LED)</td><td colspan="21">充电(有电压)、显示数据单位、触摸面板操作批示、运行指示</td></tr>
<tr><td rowspan="3">制动</td><td colspan="2">制动转矩[2]</td><td colspan="4">100%以上</td><td colspan="5">电容充电制动 20%以上</td><td colspan="12">电容充电制动 10%～15%</td></tr>
<tr><td colspan="2">制动选择[3]</td><td colspan="4">内设制动电阻</td><td colspan="5">外接制动电阻 100%</td><td colspan="12">外接制动单元和制动电阻 70%</td></tr>
<tr><td colspan="2">直流制动设定</td><td colspan="21">制动开始频率(0～60Hz),制动时间(0～30s),制动力(0～200%可变设定)</td></tr>
<tr><td colspan="3">保护功能</td><td colspan="21">过电流、短路、接地、过压、欠压、过载、过热,电动机过载、外部报警、电涌保护,主器件自保护</td></tr>
<tr><td colspan="3">外壳防护等级</td><td colspan="4">IP40</td><td colspan="17">IP00(IP20 为选用)</td></tr>
</table>

续表

<table>
<tr><td colspan="2">型号
JP6C-</td><td>T9-
0.75</td><td>T9-
1.5</td><td>T9-
2.2</td><td>T9-
5.5</td><td>T9/
J9-
7.5</td><td>T9/
J9-
11</td><td>T9/
J9-
15</td><td>T9/
J9-
18.5</td><td>T9/
J9-
22</td><td>T9/
J9-
30</td><td>T9/
J9-
37</td><td>T9/
J9-
45</td><td>T9/
J9-
55</td><td>T9/
J9-
75</td><td>T9/
J9-
90</td><td>T9/
J9-
110</td><td>T9/
J9-
132</td><td>T9/
J9-
160</td><td>T9/
J9-
200</td><td>T9/
J9-
220</td><td>T9/
J9-
280</td></tr>
<tr><td rowspan="5">环境</td><td>使用场所</td><td colspan="21">屋内、海拔 1000m 以下，没有腐蚀性气体、灰尘、直射阳光</td></tr>
<tr><td>环境温度/湿度</td><td colspan="21">－10℃～＋50℃/20%～90%RH 不结露(220kW 以下规格在超过 40℃时，要卸下通风盖)</td></tr>
<tr><td>振动</td><td colspan="21">5.9m/s² (0.6g)以下</td></tr>
<tr><td>保存温度</td><td colspan="21">－20～＋65℃(适用运输等短时间的保存)</td></tr>
<tr><td>冷却方式</td><td colspan="21">强制风冷</td></tr>
</table>

① 按电源电压 440V 时计算值。

② 对于 T9 系列，7.5～22kW 为 20%以上，30～280kW 为 10%～15%。

③ 对于 J9 系列，7.5～22kW 为 100%以上，30～280kW 为 75%以上（使用制动电阻时）。

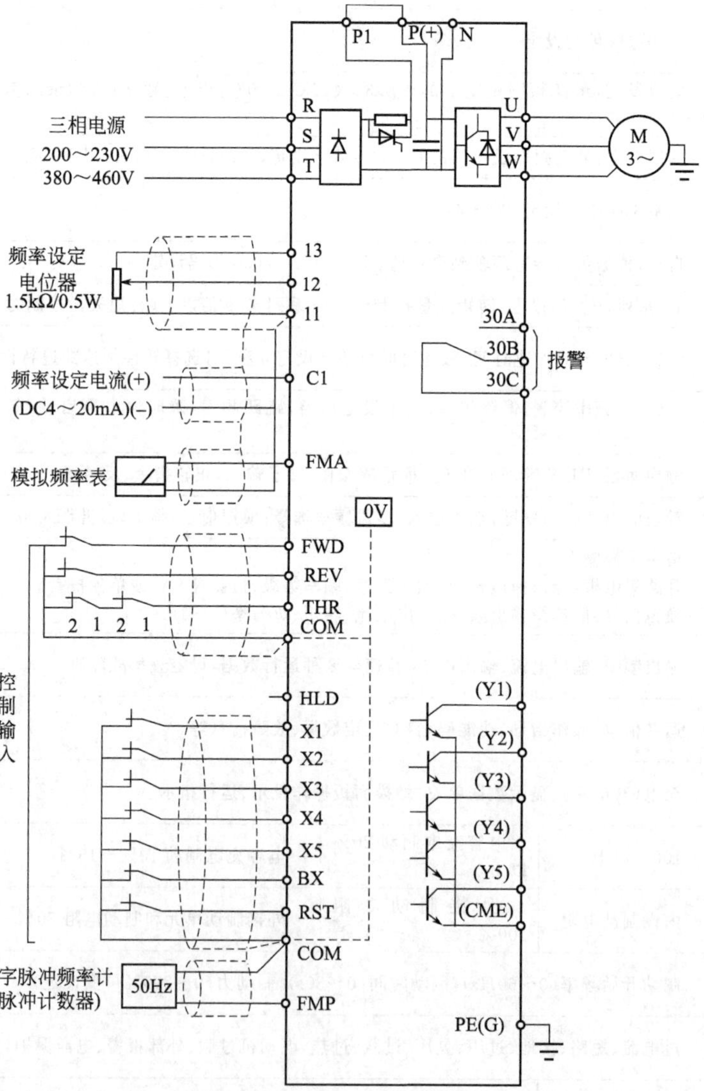

图 17-63 变频器基本接线图

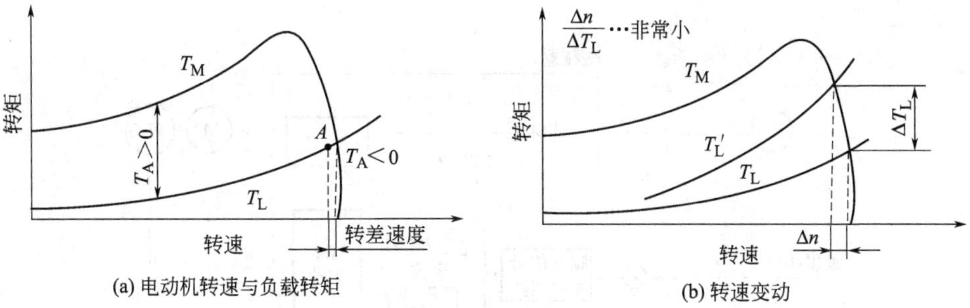

图 17-64　负载转矩变动引起的转速变动

（2）加减速时间　电动机转速从 n_a 到达 n_b 所需要的时间，可用下式表示：

$$t=\frac{GD^2}{375}\int_{n_a}^{n_b}\frac{dn}{T_A} \tag{17-96}$$

通常，加速率是以频率从零变到最高频率所需的时间；减速率是从最高频率到零的时间。加速时间给定的要点是：在加速时产生的电流限制在变频器过电流容量以下，也就是不应使过电流失速防止回路动作。减速时间给定的要点是：防止平滑回路的电压过大，不使再生电压失速防止回路动作。对于恒转矩负载和二次方转矩负载，可用简易的计算方法和查表来计算出加减速时间。

（3）速度控制系统

① 开环控制。如果笼型电动机的电压、频率一定，因负载变化引起的转速变化是非常小的。额定转矩下的转差率决定于电动机的转矩特性，转差率大约为 1%～5%。对于二次方转矩负载（如风机、泵等），并不要求快速响应，常用开环控制，如图 17-65 所示。

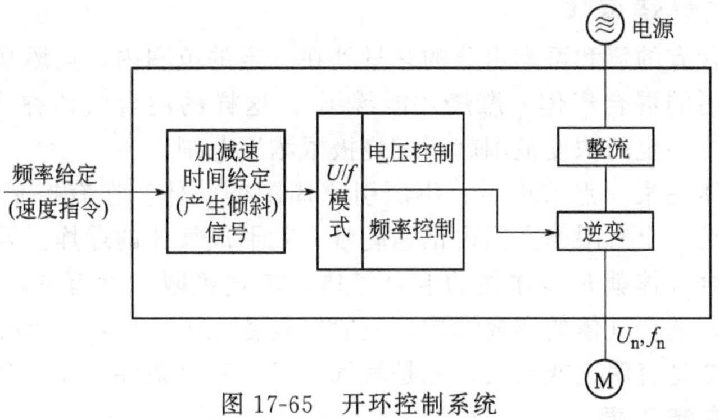

图 17-65　开环控制系统

② 闭环控制。为了补偿电动机转速的变化，将可以检测出的物理量作为电气信号负反馈到变频器的控制电路，这种控制方式称为闭环控制。速度反馈控制方式是以速度为控制对象的闭环控制，用于造纸机、风机、泵类机械、机床等要求速度精度高的场合，但需要装设传感器，以便用电量检测出电动机速度。速度传感器中 DCPG、ACPG、PLG 等作为检测电动机转速的手段是用得最普遍的。编码器、分解器等能检测出机械位置，可用于直线或旋转位置的高精度控制。

③ 图 17-66 为 PLG 的速度闭环控制的例子。用虚线表示的信号路径，用于通用变频器的速度控制。用虚线路径进行开环控制，对开环控制的误差部分用调节器修正。

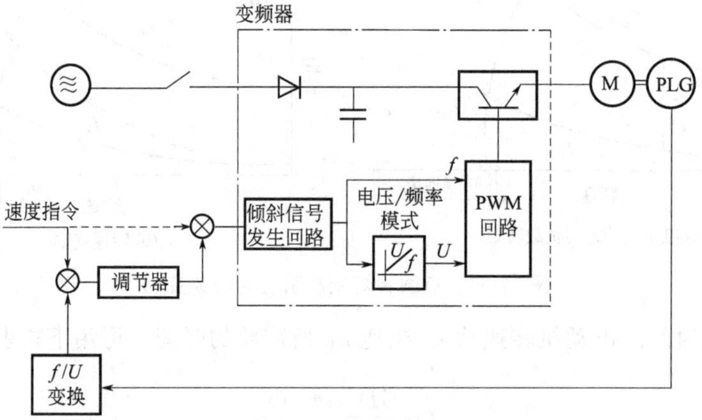

图 17-66 PLG 的速度闭环控制

第五节 净化系统的防爆、防腐与保温设计

一、净化系统的防爆

在处理含有可燃物（如可燃气体、可燃粉尘等）的气体时，净化系统必须有充分可靠的防火防爆措施。

燃烧是指伴有光和热的剧烈化学反应过程，或者说是在进行剧烈的氧化还原反应的同时，伴随有火焰产生的过程。燃烧过程的进行是有一定条件的，温度、燃气组分浓度及过程条件的控制都可能对过程的进行产生影响。

1. 混合气体的燃烧爆炸

当混合气体中含有的氧和可燃组分的含量处在一定的范围内，点燃某一点时所产生的热量可以继续引燃周围的混合气体，燃烧才能继续 。这样的混合气体称为可燃的混合气体。氧和可燃气体的这个一定的浓度范围就叫燃烧极限浓度范围。

可燃的混合气体在某一点着火后，不断引燃周围的气体。在有控制的条件下就形成火焰，维持燃烧；若在一个有限的空间内迅速蔓延，就形成气体的爆炸。因此就混合气体的浓度而言，可燃的混合气体就是爆炸性的混合气体，燃烧极限浓度范围就是爆炸极限浓度范围。由此可以看出，混合气体的燃烧爆炸，一般要具备三个条件：一是必须存在可燃的混合气体或可燃粉尘，二是有明火或点火，三是氧气充足。三个条件去掉一个，即可防燃防爆。

2. 爆炸极限浓度范围

混合气体中氧和可燃物的浓度处在一定范围时即可组成可燃的混合气体，空气中混入可燃物时，由于空气中本底氧含量是 21%（体积百分数），因此只要按照爆炸极限的浓度范围值规定空气中的可燃物含量即可。这个极限范围有下限和上限两个数值。当空气中的可燃物浓度低于爆炸下限时，可燃物燃烧时所产生的热量不足以引燃周围的气体，即混合气体不能维持燃烧，也不会引起爆炸。当空气中可燃物浓度高于爆炸上限时，由于氧量的不足，同样也不可能燃烧和爆炸。

各种可燃物气体、蒸气和粉尘的爆炸特性见表 17-68 和表 17-69。表中所列爆炸极限范围是在一定条件下获得的。当温度、湿度、压力变化时，爆炸极限范围也可能变化。

表 17-68　几种气体或蒸气的爆炸特性

气体		最低着火温度/℃		爆炸极限(体积分数)/%			
名称	分子式	与空气混合	与氧混合	与氧混合		与空气混合	
				下限	上限	下限	上限
一氧化碳	CO	610	590	13	96	12.5	75
氢	H_2	530	450	4.5	95	4.15	75
甲烷	CH_4	645	645	5	60	4.9	15.4
乙烷	C_2H_6	530	500	3.9	50.5	2.5	15.0
丙烷	C_3H_8	510	490			2.2	7.3
乙炔	C_2H_2	335	295	2.8	93	1.5	80.5
乙烯	C_2H_4	540	485	3.0	80	3.2	34.0
丙烯	C_3H_6	420	455			2.2	9.7
硫化氢	H_2S	290	220			4.3	46.0
氰	HCN					6.6	42.6

表 17-69　几种粉尘的爆炸特性

粉尘种类	浮游粉尘的发火点/℃	最小点火能/mJ	爆炸下限/(g/m³)	最大爆炸压力/(kgf/cm²)	压力上升速度/[kgf/(cm²·s)]		临界氧气浓度/%	容许最大氧气浓度/%
					平均	最大		
镁	520	20	20	5.0	308	333	①	—
铝	645	20	35	6.2	151	399	①	—
硅	775	900	160	4.3	32	84	15	—
铁	316	<100	120	2.5	16	30	10	—
聚乙烯	450	80	25	5.8	29	87	15	8
乙烯	550	160	40	3.4	16	34	—	11
尿素	450	80	75	4.4	50	126	17	9
棉绒	470	25	50	4.7	61	209	—	—
玉米粉	470	40	45	5.0	74	151	—	—
大豆	560	100	40	4.6	56	172	17	—
小麦	470	160	60	4.1	—	—	—	—
砂糖	410	—	19	3.9	—	—	—	—
硬质橡胶	350	50	25	4.0	60	235	15	
肥皂	430	60	45	4.2	46	91	—	—
硫黄	190	15	35	2.9	49	137	11	—
沥青煤	610	40	35	3.2	25	56	16	
焦油沥青	—	80	80	3.4	25	45	15	—

① 表示在纯二氧化碳中能发火。

注：$1kgf/cm^2 = 98066.5Pa$。

3. 影响可燃混合物爆炸的因素[1]

对可燃气体和蒸气构成的混合物，影响其爆炸的主要因素是混合物的温度、压力、惰性气体或杂质的含量、火源性质及容器的大小等。一般是随着温度升高、压力增大、惰性气体含量减少、火源强度增大、容器尺寸增大，爆炸极限范围随之增大。

对可燃粉尘混合物来说，爆炸的难易与粉尘的物理性质、化学性质、空气条件等因素有关。一般认为：①燃烧热越大的物质，爆炸越容易，例如煤尘、炭尘、硫黄等；②氧化速度越大的物质，爆炸越容易，如镁、氧化亚铁和染料等；③悬浮性越大的粉尘，爆炸越容易；④粒径越小的粉尘，爆炸越容易，这是由于粒径越小时，比表面积越大，化学活性越强，表面吸附的氧越多，因而其爆炸下限越低，所需最小点火能越小，并且最大爆炸压力和压力上升速度越高；⑤混合物中氧浓度越高，则着火点越低，最大爆炸压力和压力上升速度越高，因而越容易爆炸，且爆炸压力更加剧烈；⑥容易带电的粉尘更易引起爆炸；⑦粉尘粒子越干越易爆炸。

4. 防火防爆措施

从理论上讲，只要使可燃物的浓度处于爆炸极限浓度范围之外，或消除一切导致着火的火源，采用其中之一措施就足以防止爆炸的发生。但实际上由于受某些不可控制的条件影响，会使某一种措施失去作用。为了提高安全的程度，两方面的措施都必须同时采取，还要考虑其他辅助措施。常用的防火防爆措施如下。

(1) 设备密闭与厂房通风　当管道与设备密闭不良时，在负压段可能因空气漏入而达到爆炸上限；在正压段则会因可燃物漏出，使附近空气达到爆炸下限。因此必须保证设备、管道系统的密闭性，并把设备内部压力控制在额定范围之内。

因为要使设备达到绝对密闭是不可能的，所以还必须加强厂房的通风，保证车间内可燃物的浓度不致达到危险的程度，并应采用防爆的通风系统。

(2) 惰性气体的利用　向可燃混合气体中加入惰性气体，可将混合气体冲淡，缩小爆炸极限范围以至消除危险状态。还可以使用惰性气体构成气幕，阻止空气与可燃物接触混合。通常使用的惰性气体有 N_2、CO_2、水蒸气等。

(3) 消除火源　可能引起火灾与爆炸的火源有明火、摩擦与撞击、电气设备等。对有爆炸危险的场所，应根据具体情况采取各种可能的防火措施。例如禁止使用明火，不准用蜡烛或普通电灯照明；物料进入系统之前，用电磁分离器等清除物料中的铁屑等异物；禁止穿带铁钉的鞋，地面采用沥青或菱苦土等软质材料铺设；采用防爆型的电气元件、开关、电动机等，预防静电的产生和积聚。

(4) 可燃混合物成分的检测与控制　对有爆炸危险的可燃物的净化系统，为防止危险状态出现，防止可燃物浓度达到爆炸浓度，必须装设必要的连续检测仪器，以便经常监视系统的工作状态，并能在达到控制状态时自动报警，采取措施使设备脱离危险。

(5) 阻火与泄爆措施　为了保证安全，除采用周密的防爆措施外，还必须采取必要的阻火与泄爆措施，以便万一发生爆炸时，能尽量减少损失。

① 设计可燃气体管道时，必须使气体流量最小时的流速大于该气体燃烧时的火焰传播速度，以防止火焰传播。

② 为防止火焰在设备之间传播，可在管道上装设内有数层金属网或砾石的阻火器，见图 17-67。为防止回火爆炸，保证回火不波及整个管路，在设备出口可设置水封式回火防止器，如图 17-68。通常在气体管道中设置连接水封和溢流水封也能起一定的泄爆作用。

③ 在容易发生爆炸的地点或部位，如粉料储仓、电除尘器、电除雾器、袋式过滤器、气体输送装置和系统的某些管段等处，应设安全窗和特制的安全门。常用的泄爆门（孔）有重力式和板式两种，见图 17-69。

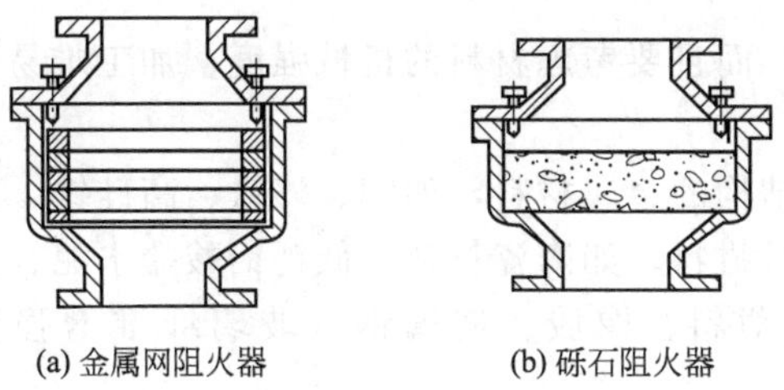

图 17-67　阻火器

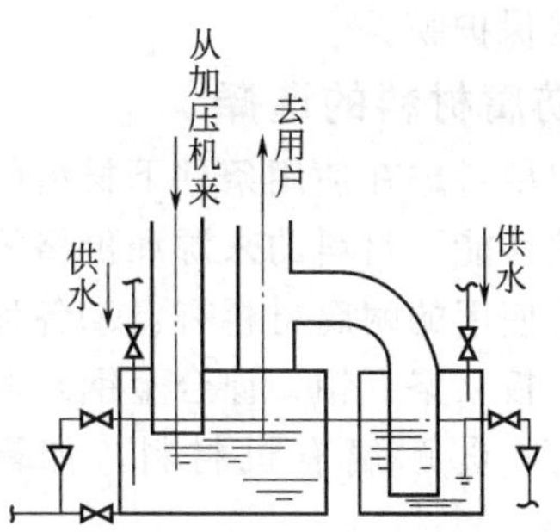

图 17-68　水封式回火防止器

④ 净化系统要建立严格的操作管理制度，并认真执行。

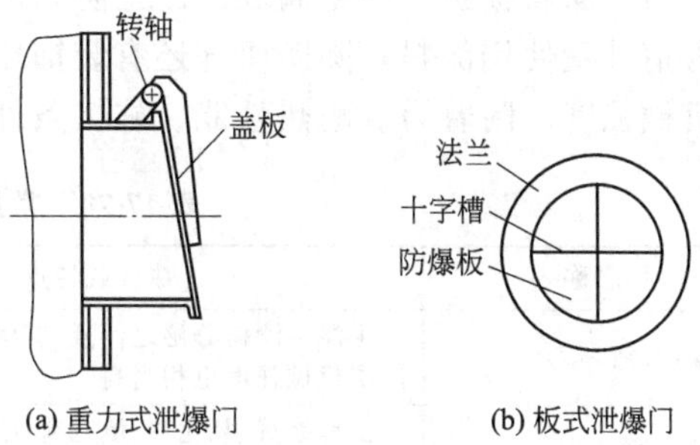

图 17-69　泄爆门

二、净化系统的防腐

废气净化系统的设备和管道大多采用钢铁等金属材料制作。金属被腐蚀后，会影响工作性能，缩短使用年限，甚至造成跑、冒、滴、漏等事故。因此防腐蚀是安全生产的重要手段之一，也是节约能耗的一项有力措施。

（一）腐蚀现象

金属被腐蚀是指金属受到周围介质的电化学作用或化学作用而产生的破坏现象。在干燥空气中，金属腐蚀一般属于化学腐蚀，且过程缓慢；但在潮湿空气中，金属腐蚀则属于电化学腐蚀，它比化学腐蚀过程要快得多。当空气中的相对湿度达到 60%～70%时，金属表面便会形成一定厚度且足以导致明显电化学腐蚀的水膜，促使金属的腐蚀加速。

（二）影响腐蚀的因素

金属遭受腐蚀的情况，决定于金属及周围介质的性质。

(1) 金属中杂质的存在容易引起腐蚀　纯金属在空气中通常几乎不易腐蚀，甚至像铁这样的金属在纯净状态下也不生锈。但实际使用的钢铁中含有不同比例的碳等，而碳的活动性远较铁小，这样使钢铁表面形成无数微型原电池，铁成为负极，加速放出电子而被氧化。

(2) 金属表面情况的影响　金属表面如非常洁净且平整时不易受腐蚀，而凹凸不平的表面和洞穴、裂纹等易于藏污纳垢的地方，容易锈蚀。

(3) 金属表面氧化膜的影响　当金属表面生成的氧化膜体积与所消耗的金属体积差不多时，可以得到非常紧密而坚固的表面膜，使金属表面“钝化”，避免再向深部氧化，如 Al、Ni、Cr 等金属的氧化膜。如果金属表面生成的氧化物体积远超过所耗金属的体积，则氧化膜呈松弛状，以致裂开或脱离。这样的膜起不到保护作用，金属深部会继续受到腐蚀，如铁等。

(4) 介质性质的影响　金属在潮湿的空气中比在干燥的空气中容易腐蚀；埋在地下的金属管道比在地面上的容易腐蚀。介质的酸性或碱性的增强都会加速金属的腐蚀，酸性越强，金属腐蚀越快。当介质中含有较多氯离子或溶解氧时，都会加速金属的腐蚀。此外随介质温度的升高，金属的腐蚀作用加剧；介质的流速增大，金属的腐蚀作用也会加剧。

（三）防腐措施

对净化系统的防腐，应采用不易受腐蚀的材料制作设备或管道，或在金属表面上覆盖一层坚固的保护膜。

1. 防腐材料的选择

不仅要考虑在使用条件下材料的耐腐蚀性能，而且要考虑材料的机械强度、加工难易程度、耐热性能及材料的来源和价格等。

通常使用的耐腐材料有：①各种不同成分和结构的金属材料，如钢、铸铁、高硅铁、铝及复合钢板（铬、钼、镍合金钢）等；②耐腐无机材料，如陶瓷材料、低钙铝酸盐水泥、高铝水泥等；③耐腐有机材料，如聚氯乙烯、氟塑料、橡胶、玻璃钢（玻璃纤维增强塑料）等。

2. 金属表面覆盖保护层

（1）涂料保护 在金属表面涂上防腐涂料，以隔离腐蚀介质，可起到防腐作用。在设备或管道外壁使用涂料，除防腐外还有装饰作用。防腐涂料品种繁多，常按其耐腐蚀性能、物理机械强度、附着力、耐热性能、施工条件等选择使用。常用的防腐涂料见表 17-70。

表 17-70 常用涂料的特性和用途

名称	成分或特点	用途
生漆(大漆)	生漆是漆树分泌之汁液，有优良的耐蚀性能，漆层机械强度也相当高	适用于腐蚀性介质的设备管道，使用温度约150℃，可用于金属、木材、混凝土表面
锌黄防锈漆	由锌铬黄、氧化锌、填充料、酚醛漆料、催干剂与有机溶剂组成	适用于钢铁及轻金属表面打底，对海洋性气候及海水浸蚀有特殊防锈性能
红丹醇酸及红丹防锈漆	用红丹、填充料、醇酸树脂[或油性(磁性)漆料]催干剂与有机溶剂、研磨调剂而成	用于黑色金属表面打底，不应暴露于大气之中，必须用适当的面漆覆盖
混合红丹防锈漆	用红丹、氧化铁红、填充料、聚合干性油、催干剂与有机溶剂调研而成	适用于黑色金属表面作为防锈打底层
铁红防锈漆	用氧化铁红、氧化锌、填充料、油性或磁性漆料等配成	适用于室外黑色金属表面，可作为防锈底漆或面漆用
铁红醇酸底漆	由颜料、填充料与醇酸清漆制成，附着力强，防锈性和耐气候性较好	适用于高温条件下黑色金属表面
头道底漆	用氧化铁红、氧化锌、炭黑、填充料等和油基漆料研磨调制而成	适用于黑色金属表面打底，能增加硝基磁漆与金属表面附着力
磷化底漆	用聚乙烯醇缩丁醛树脂溶解于有机溶剂中，再和防锈颜料研磨而成，使用时研入预先配好的磷化液	作有色及黑色金属的底层防锈涂料，且能延长有机涂层使用寿命，但不能代替一般底漆
厚漆(铅油)	以颜料和填料混合于干性油或清油中，经研磨制成的软膏状物	适用于室内外门、窗、墙壁铁木建筑物等表面作底漆或面漆
油性调和漆	用油性调和漆料或部分酚醛漆料、颜料、填充料等配制经研磨细腻而成	适用于室内涂覆金属及木材表面、耐气候性好
磁性调合漆	用磁性调合漆料和颜料等配制，经研磨细腻而成	适用于室外一般建筑物、机械门窗等表面
铝粉漆	用铝粉浆和中油酸树脂漆料及溶剂制成	专供散热器、管道以及一切金属零件涂刷之用
酚醛磁漆	用酚醛树脂与颜料或加少量填充料调剂研磨而成	抗水性强、耐大气性较磁性调和漆好，适用于室外金属和木材表面
醇酸树脂磁漆	以各式颜料和醇酸漆研磨调制而成	适用于金属、木材及玻璃布的涂刷，漆膜保光性好
耐碱漆	用耐碱颜料、橡胶树脂软化剂和溶剂制成	用于金属表面防止碱腐蚀
沥青漆	天然沥青或人造沥青溶于干性油或有机溶剂内配制而成	用于不受阳光直接照射的金属、木材、混凝土

续表

名称	成分或特点	用途
耐酸漆	用耐酸颜料、橡胶树脂软化剂溶剂制成	用于金属表面防酸腐蚀
耐热铝粉漆	用特制清漆与铝粉制成并用PC—2溶剂稀释磁漆	用于受高温高湿部件在300℃以下，防锈不防腐
耐热漆(烟囱漆)	用固定性树脂和高温稳定性颜料制成	用于温度不高于300℃的防锈表面，如钢铁烟囱及锅炉
过氯乙烯漆	过氯乙烯树脂，中性颜料脂类溶剂制成，抗酸抗碱优良	底漆直接应用于黑色金属、木材、水泥表面，磁漆涂在底漆上，清漆作面层，使用温度在−20～60℃
乙烯基耐酸碱漆	用合成材料聚二乙烯基二乙炔制成，耐一般酸、碱、油、盐、水	用于工业建筑内部的防化学腐蚀
环氧耐腐蚀漆(冷固型)	由颜料、填充料、有机溶剂、增塑剂与环氧树脂经研磨配制而成，再混入预先配好的固化剂溶液	具有优良耐酸、耐盐类溶液及有机溶剂的腐蚀，漆膜具有优良的耐湿性、耐寒性，对金属有特别良好附着力，使用温度150～200℃
环氧铁红底漆	用环氧树脂和防锈颜料研磨配制而成	用于黑色金属的表面，防锈耐水性好，漆膜坚韧耐久
有机硅耐高温漆	由乙氧基聚硅酸加入醇酸树脂与铝粉混合配制而成	用于400～500℃高温金属表面作防腐材料
清油	由干性油或加部分半干性油经熬炼并加入干燥剂制成	用于调稀厚漆和红丹，也可单独刷于金属、木材、织物等表面，作为防污、防锈、防水使用

(2) 金属喷镀 金属喷镀是用压缩空气将熔融状态的金属雾化成微粒，喷射在防腐设备表面上，形成一层完整的金属覆盖层。要求镀上去的金属的活动性比被镀金属低，如把锌、铬镀在铁上。

(3) 金属电镀 利用直流电的作用从电解液中析出金属并在物体表面沉积而获得金属覆盖层的方法称金属电镀。电镀层与基体的结合力比喷镀层高，有较好的耐腐蚀和耐磨性能，外表美观。可用于电镀的金属有锌、镉、铜、镍、锡、铬等。

(4) 橡胶衬里 橡胶具有较高的化学稳定性、弹性、耐疲劳性、不透水性、耐酸碱性和电绝缘性，可用作设备衬里。当衬里被损坏时，可用胶膏修补。用于耐腐蚀的几种常用合成橡胶的品种和特性见表17-71。

表17-71 用于耐腐蚀的几种常用合成橡胶品种和特性

品种	特性
丁基橡胶	是异丁烯与少量异戊二烯的弹性共聚物。特点是透气性小，耐臭氧、耐老化性能好，能耐无机强酸(如硫酸、硝酸等)，但不耐烃类溶剂，耐热性好(极限200℃)，电绝缘性、耐候性都好。黏结性和耐油性不好
氯丁橡胶	是氯丁二烯的弹性高聚物。原料来源广泛，耐臭氧、耐热、耐老化性能良好，耐油、耐溶剂、耐化学腐蚀，能耐一般的无机酸和碱，不耐浓硫酸和浓硝酸。黏结性好，不透气性比天然橡胶大5～6倍，仅次于丁基橡胶
乙丙橡胶	是乙烯和丙烯的共聚体。原料易得，价格便宜。耐臭氧性优于丁基橡胶和氯丁橡胶。耐候性极佳，耐热、耐老化性超过丁基橡胶。耐寒性、耐化学腐蚀性和电绝缘性较好。黏结性差，耐油性不好
丁腈橡胶	是丁二烯和丙烯腈的弹性共聚物。是一种很好的耐油橡胶。耐热、耐老化、耐磨、耐腐蚀等性能优于天然橡胶。抗水性良好，耐寒性差，电绝缘性是各种橡胶中最差者。耐酸性差，强力及抗撕裂性能都较低

续表

品 种	特 性
硅橡胶	是分子链中含有硅氧结构的合成橡胶。其最大特点是耐热性好，能耐 300℃的高温，而且在 −90℃也不失去其弹性。还具有良好的耐候性、耐臭氧及高度电绝缘性
氟橡胶	是含氟的高分子弹性体。具有优良的耐高温、耐油和耐酸碱腐蚀性能。它是现有橡胶中耐腐蚀性能最好的一种
氯醇橡胶	是环氧氯丙烷均聚或环氧氯丙烷与环氧乙烷共聚体。其特点是耐热、耐寒、耐油、耐臭氧、耐酸碱和耐溶剂。原料易得，价格低廉

（四）设备与管道涂装设计[12]

1. 钢材除锈

涂装前必须去除锈蚀并达到 Sa $2\frac{1}{2}$级或 St3 级的除锈等级方能达到涂装要求。

钢材表面的锈蚀分别以 A、B、C 和 D 四个等级表示。

A 级：全面地覆盖着氧化皮而几乎没有铁锈的钢材表面。

B 级：已发生锈蚀，并且部分氧化皮已经剥落的钢材表面。

C 级：氧化皮已因锈蚀而剥落，或者可以刮除，并且有少量点蚀的钢材表面。

D 级：氧化皮已因锈蚀而全部剥落，并且已普遍发生点蚀的钢材表面。

钢材表面除锈等级以代表所采用的除锈方法的字母“Sa”、“St”或“FI”表示。如果字母后面有阿拉伯数字，则其表示清除氧化皮、铁锈和油漆涂层等附着物的程度等级。

（1）喷射或抛射除锈　喷射或抛射除锈以字母“Sa”表示。喷射或抛射除锈前，厚的锈层应铲除。可见的油脂和污垢也应清除。喷射或抛射除锈后，钢材表面应清除浮灰和碎屑，对于喷射或抛射除锈过的钢材表面有 4 个除锈等级。

① Sa1：轻度的喷射或抛射除锈，钢材表面应无可见的油脂和污垢，并且没有附着不牢的氧化皮、铁锈和油漆涂层等附着物。

② Sa2：彻底的喷射或抛射除锈，钢材表面会无可见的油脂和污垢，并且氧化皮、铁锈和油漆涂层等附着物已基本清除，其残留物应是牢固附着的。

③ Sa$2\frac{1}{2}$：非常彻底的喷射或抛射除锈，钢材表面会无可见的油脂、污垢、氧化皮、铁锈和油漆涂层等附着物，任何残留的痕迹应仅是点状或条纹状的轻微色斑。

④ Sa3：使钢材表观洁净的喷射或抛射除锈，钢材表面应无可见的油脂、污垢，氧化皮、铁锈和油漆涂层等附着物，该表面应显示均匀的金属色泽。

（2）手工和动力工具除锈　用手工和动力工具，如用铲刀、手工或动力钢丝刷、动力砂纸盘或砂轮等工具除锈，以字母“St”表示。手工和动力工具除锈前，厚的锈层应铲除，可见的油脂和污垢也应清除。手工和动力工具除锈后，钢材表面应除去浮灰和碎屑，对于手工和动力工具除锈过的钢材表面，有两个除锈等级。

① St2：彻底的手工和动力工具除锈，钢材表面应无可见的油脂和污垢，并且没有附着不牢的氧化皮、铁锈和油漆涂层等附着物。

② St3：非常彻底的手工和动力工具除锈，钢材表面应无可见的油脂和污垢，并且没有附着不牢的氧化皮、铁锈和油漆涂层等附着物。除锈应比 St2 更彻底，底材显露部分的表面应具有光泽。

（3）火焰除锈　火焰除锈以字母“FI”表示。火焰除锈前，厚的锈层应铲除，火焰除锈应该包括在火焰加热作业后以动力钢丝刷清洗加热后附着在钢材表面的产物。火焰除锈后

(FI级)钢材表面应无氧化皮、铁锈和油漆涂层等附着物。任何残留物的痕迹应仅为表面变色(不同颜色的暗影)。

(4) 除锈方法的特点 有资料认为除锈质量要影响涂装质量的60%以上。各种除锈方法的特点见表17-72。不同除锈方法,在使用同一底漆时,其防护效果也不相同,差异很大。

表17-72 各种除锈方法的特点

除锈方法	设备工具	优点	缺点
手工、机械	砂布、钢丝刷、铲刀、尖锤、平面砂磨机、动力钢丝刷等	工具简单,操作方便,费用低	劳动强度大,效率低,质量差,只能满足一般涂装要求
喷射	空气可压缩机、喷射机、油水分离器	能控制质量,获得不同要求的表面粗糙度,适合防腐	设备复杂,需要一定操作技术,劳动强度较高,费用高,易污染环境
酸洗	酸洗槽、化学药品、厂房等	效果好,适用大批件,质量高,费用较低	污染环境,废液不易处理,工艺要求较高

2. 涂料选择和涂层结构

(1) 常用涂料 常用涂料的特性及用途如表17-70所示[12]。

(2) 涂料选择 涂料选用正确与否,对涂层的防护效果影响很大,涂料选用得当,其耐久性长,防护效果好。涂料选用不当,则防护时间短,防护效果差。涂料品种的选择取决于对涂料性能的了解程度和预测环境对钢结构及其涂层的腐蚀情况和工程造价。各种底漆与相适应的除锈等级见表17-73。

表17-73 各种底漆与相适应的除锈等级

各种底漆	喷射或抛射除锈			手工除锈		酸洗除锈
	Sa3	Sa $2\frac{1}{2}$	Sa2	St3	St2	Sp-8
油基漆	1	1	1	2	3	1
酚醛漆	1	1	1	2	3	1
醇酸漆	1	1	1	2	3	1
磷化底漆	1	1	1	2	4	1
沥青漆	1	1	1	2	3	1
聚氨酯漆	1	1	2	3	4	2
氯化橡胶漆	1	1	2	3	4	2
氯磺化聚乙烯漆	1	1	2	3	4	2
环氧漆	1	1	1	2	3	1
环氧煤焦油	1	1	1	2	3	1
有机富锌漆	1	1	2	3	4	3
无机富锌漆	1	1	2	4	4	4
无机硅底漆	1	2	3	4	4	2

注:1—好;2—较好;3—可用;4—不可用。

涂料种类很多,性能各异,在进行涂层设计时,应了解和掌握各类涂层的基本特性和适用条件。才能大致确定选用哪一类涂料。每一类涂料,都有许多品种,每一品种的性能又各不相同，所以又必须了解每一品种的性能，才能确定涂料品种。

涂料在钢构件上成膜后，要受到大气和环境介质的作用，使其逐步老化以至损坏，为此对各种涂料抵抗环境条件的作用情况必须了解，见表17-74。

表 17-74　与各种大气相适应的涂料种类

涂料种类	城镇大气	工业大气	化工大气	海洋大气	高温大气
酚醛漆	△				
醇酸漆	√	√			
沥青漆			√		
环氧树脂漆			√	△	△
过氯乙烯漆			√	△	
丙烯酸漆		√	√	√	
聚氨酯漆		√	√	√	△
氯化橡胶漆		√	√	△	
氯磺化聚乙烯漆		√	√	√	△
有机硅漆					√

注：√—可用；△—不可用。

3. 涂层结构与涂层厚度

(1) 涂层结构的形式　底漆-中漆-面漆；底漆-面漆；底漆和面漆是一种漆。

涂层的配套性即考虑作用配套、性能配套、硬度配套、烘干温度的配套等。涂层中的底漆主要起附着和防锈作用，面漆主要起防腐蚀耐老化作用。中漆的作用是介于底漆、面漆两者之间，并能增加漆膜总厚度。所以，它们不能单独使用，只能配套使用，才能发挥最好的作用和获得最佳效果。另外，在使用时，各层漆之间不能发生互溶或"咬底"的现象。如用油基性的底漆，则不能用强溶剂型的中间漆或面漆。硬度要基本一致，若面漆的硬度过高，则容易开裂，烘干温度也要基本一致，否则有的层次会出现过烘干现象。

(2) 确定涂层厚度主要考虑的因素　包括：①钢材表面原始粗糙度；②钢材除锈后的表面粗糙度；③选用的涂料品种；④钢结构使用环境对涂层的腐蚀程度；⑤涂层维护的周期。

涂层厚度，一般是由基本涂层厚度，防护涂层厚度和附加涂层厚度组成。

基本涂层厚度，是指涂料在钢材表面上形成均匀、致密、连续的膜所需的厚度。

防护涂层厚度，是指涂层在使用环境中，在维护周期内受到腐蚀、粉化、磨损等所需的厚度。

附加涂层厚度，是指涂层维修困难和留有安全系数所需的厚度。

涂层厚度要适当。过厚，虽然可增加防护能力，但附着力和力学性能却要降低，而且要增加费用；过薄，易产生肉眼看不见的针孔和其他缺陷，起不到隔离环境的作用，根据实践经验和参考有关文献，钢结构涂层厚度，可参考表17-75确定。

4. 涂装色彩设计

钢结构的涂装，不仅可以达到防护的目的，而且可以起到装饰的作用。当人们看到涂装的鲜艳颜色时，便产生愉快的感觉，从而使头脑清醒、精神旺盛，积极去工作，保证产品质量，提高劳动生产率。所以在进行钢结构设计时，要正确地、积极地运用色彩效应，而且关

表 17-75 钢结构涂装涂层厚度 单位：μm

涂层种类	基本涂层和防护涂层					附加涂层
	城镇大气	工业大气	海洋大气	化工大气	高温大气	
醇酸漆	100～150	125～175				25～50
沥青漆			180～240	150～210		30～60
环氧漆			175～225	150～200	150～200	25～50
过氯乙烯漆				160～200		20～40
丙烯酸漆		100～140	140～180	120～160		20～40
聚氨酯漆		100～140	140～180	120～160		20～40
氯化橡胶漆		120～160	160～200	140～180		20～40
氯磺化聚乙烯漆		120～160	180～200	140～180	120～160	20～40
有机硅漆					100～140	20～40

键在于解决和谐的问题。

5. 涂装设计

（1）耐工业大气腐蚀的涂装设计 工业大气，是指一般工业厂区的大气，大气中含有一定的二氧化硫和其他有害物质。

① 现场施工的涂装设计。现场施工，是指在安装现场进行临时性、小批量构件的涂装，钢材表面处理，不能采用喷射和酸洗方法除锈，而只能采用手工除锈的条件。涂装设计见表 17-76。

表 17-76 耐工业大气的涂装设计（一）

涂层结构	涂料型号及名称	户内		户外	
		道数	厚度/μm	道数	厚度/μm
底漆	Y53-31 红丹油性防锈漆	1	30～35	1	30～35
中间漆	Y53-31 或 C53-35 云铁醇酸防锈漆	1	30～35	1	30～35
面漆	C04-42 各色醇酸磁漆	2	40～45	3	30～35
涂层总道数及总厚度/μm		4	100～120	5	125～150
除锈方法及等级		GB 8923 St3			

设计特点：涂层结构由底漆、中间漆和面漆组成，比较合理，各层间的配套性也很好。

涂料品种的选择：底漆选择了防锈性能好、渗透性强的品种，适用于除锈质量较低的涂装工程；中间漆选用了防潮性和耐候性优良、附着力好的云铁醇酸防锈漆；面漆选择了光泽好，耐候性优良、施工性能好的醇酸磁漆。其缺点是红丹油性防锈漆干燥较慢，施工性能较差。

涂层厚度基本适当，但有些偏低。

② 工厂施工的涂装设计。工厂施工，指在金属结构厂或加工厂进行的涂装。涂装设计见表 17-77。

设计特点：涂层结构，除采用底、中、面层结构型式外，底、中、面漆全部选用醇酸系列涂料，各层间的配套性极好。

涂料品种的选择，与表17-76设计相比，底漆选用了防锈性能好，干燥快的红丹醇酸防锈漆，加速了施工进度，并且保证质量有一定作用；中间漆和面漆与前设计相同。

表 17-77 耐工业大气的涂装设计（二）

涂层结构	涂料型号及名称	户内		户外	
		道数	厚度/μm	道数	厚度/μm
底漆	C53-31 红丹醇酸防锈漆	1	25～30	1	25～30
中间漆	C53-35 云铁醇酸防锈漆	2	50～60	2	50～60
面漆	C04-42 各色醇酸磁漆	2	40～50	3	65～80
涂层总道数及总厚度/μm		5	115～140	6	140～170
除锈方法及等级		GB 8923 Sa2 $\frac{1}{2}$ 或酸洗			

（2）耐化工大气腐蚀的涂装设计　化工大气，是指化工工业区的大气，大气中除含有二氧化硫和其他有害物质外，还含有化工生产过程中产生的腐蚀性气体物质。

耐化工大气腐蚀涂装设计见表17-78。

表 17-78 耐化工大气腐蚀的涂装设计

项　目	涂层结构				表面处理
	底漆	中间漆	面漆	修补漆	
涂料型号及名称	J52-81 云铁氯磺化聚乙烯底漆	J52 厚浆型氯磺化聚乙烯防腐漆	J52-61 氯磺化聚乙烯防腐漆	同左各层	GB 8923 Sa2 $\frac{1}{2}$ 或酸洗
涂层厚度/道数/(μm/道)	40～50/2	70～80/2	40～50/2	150～180/6	
作业分工	加工厂		现场		加工厂

设计特点：对涂料品种的选择。氯磺化聚乙烯漆具有优良的耐酸、耐碱、耐水、耐化工大气、耐寒、耐热和优异的耐候、耐臭气性能。底漆的附着力和除锈性比过氯乙烯漆好；中间漆为厚浆型的，可以增加涂层厚度，省工省费用；面漆耐化学性优良、耐候性优异。由于底、中、面漆都选用了氯磺化聚乙烯漆，各层间的配套性良好。涂层厚度较为合理。

（3）高温工程涂装设计　高温工程，是指被涂物在高温环境条件下使用的工程，如高炉、热风炉、烟囱、高温热气管道、加热炉、热交换器等工程的涂装，长期使用温度为400℃以下。涂装设计见表17-79。

表 17-79 高温工程涂装设计

项　目	涂层结构			表面处理
	底漆	面漆	修补漆	
涂料型号及名称	E06-28 无机硅酸锌底漆	W61-64 有机硅高温防腐漆	同左各层	GB 8923 Sa2 $\frac{1}{2}$
涂层厚度/道数/(μm/道)	65～80/3	40～50/2	105～130/5	

设计特点：底漆为E06-28无机硅酸锌底漆，该漆附着力好、干燥快、耐温高、具有阴极保护作用；面漆为W61-64有机硅高温防腐漆，具有优良的耐热性、耐潮湿、耐水和耐候性。

（4）涂装体系和要求

① 涂装施工要求。在涂装施工中有三点要求：a. 被涂装的设备、管道务必按除锈标准去除锈蚀和油渍、杂物；b. 涂装时的环境温度在5℃以上；c. 涂装时的环境相对湿度必须小于85%，严禁在阴雨天气进行涂装作业。

② 涂装体系举例。笔者整理的除尘设备与管道的涂装体系见表17-80～表17-85。

表 17-80 常温下除尘设备和管道涂装设计

部位：除尘设备(温度≤100℃)	涂层系统：环氧/环氧/氯磺化聚乙烯										
	表面处理：喷砂处理至标准Sa2.5级，表面粗糙度40～70μm										
系统说明	颜色	漆膜厚度/μm		理论用量/(g/m²)	涂装间隔(与后道涂料)			施工方法			
										高压无气喷涂	
		湿膜	干膜		温度/℃	最短/h	最长	手工涂刷	辊涂	喷孔直径/mm	喷出压力/MPa
H06-1-1环氧富锌底漆	灰色	80	40	180	25	24	无限制	全适用	全适用	0.4～0.5	15～20
H06-1-1环氧富锌底漆	灰色	80	40	180	25	24	无限制			0.4～0.5	15～20
H53-6环氧云铁防锈漆(中间漆)	灰色	100	50	160	25	24	三个月			0.4～0.5	15～30
J52-61氯磺化聚乙烯面漆	各色	180	25	180	25	8	无限制			0.4～0.5	12～15
J52-61氯磺化聚乙烯面漆	各色	180	25	180	25	8	无限制			0.4～0.5	12～15
	干膜厚度合计：180μm							√适用 ×不适用 △只适用修补			

品种资料	混合配比	熟化时间(25℃)	适用期(25℃)	干燥时间(25℃)		稀释剂及最大稀释量	限制			
				表干	实干		最低温度/℃	最高温度/℃	最低湿度/%	最高湿度/%
H06-1-1环氧富锌底漆	10∶1	0.5～1h	8h	0.5h	24h	X-7，<20%	5	40	—	85
H53-6环氧云铁防锈漆(中间漆)	6∶1	0.5～1h	8h	2h	24h	X-7，<10%	5	40	—	85
J52-61氯磺化聚乙烯面漆	10∶1	搅拌均匀	8h	0.5h	24h	X-1，<10%	15	40	—	85
							钢材表面温度一定要在露点以上3℃			

表 17-81 中常温下除尘设备和管道涂装设计

部位：除尘设备(温度≤130℃)	涂层系统：环氧/环氧/聚氨酯										
	表面处理：喷砂处理至除锈标准Sa2.5级，表面粗糙度40～70μm										
系统说明	颜色	漆膜厚度/μm		理论用量/(g/m²)	涂装间隔(与后道涂料)			施工方法			
										高压无气喷涂	
		湿膜	干膜		温度/℃	最短/h	最长	手工涂刷	辊涂	喷孔直径/mm	喷出压力/MPa
H06-1-1环氧富锌底漆	灰色	80	40	180	25	24	无限制	√	√	0.4～0.5	15～20
H06-1-1环氧富锌底漆	灰色	80	40	180	25	24	无限制	√	√	0.4～0.5	15～20
H53-6环氧云铁防锈漆(中间漆)	灰色	100	50	150	25	16	3个月	√	√	0.4～0.5	15～30
S52-40聚氨酯面漆	各色	80	35	120	25	4	24h	√	√	0.4～0.5	15～20
S52-40聚氨酯面漆	各色	80	35	120	25	4	24h	√	√	0.4～0.5	15～20
	干膜厚度合计：200μm							√适用 ×不适用 △只适用修补			

续表

品种资料	混合配比	熟化时间(25℃)	适用期(25℃)	干燥时间(25℃)		稀释剂及最大稀释量	限制			
				表干	实干		最低温度/℃	最高温度/℃	最低湿度/%	最高湿度/%
H06-1-1 环氧富锌底漆	10∶1	0.5～1h	8h	0.5h	24h	X-7,＜20%	5	40	—	85
H53-6 环氧云铁防锈漆(中间漆)	6∶1	0.5～1h	8h	2h	24h	X-7,＜10%	5	40	—	85
S52-40 聚氨酯面漆	4∶1	20min	8h	2h	24h	X-10,＜5%	0	40	—	85
							钢材表面温度一定要在露点以上 3℃			

注：除尘设备焊接较多，底漆应采用可焊接涂料，确保焊接质量，提高焊缝处涂层的防腐效果。

表 17-82 高温下除尘设备与管道涂装设计（一）

部位:管道和设备(温度≤250℃)	涂层系统:无机硅酸锌/有机硅
	表面处理:喷砂处理至除锈标准 Sa2.5 级,表面粗糙度 40～70μm

系统说明	颜色	漆膜厚度/μm		理论用量 $/(g/m^2)$	涂装间隔(与后道涂料)			施工方法			
								手工涂刷	辊涂	高压无气喷涂	
		湿膜	干膜		温度/℃	最短/h	最长			喷孔直径/mm	喷出压力/MPa
WE61-250 耐热防腐涂料底漆	灰色	90	30	170	25	24	无限制	√	×	0.4～0.5	12～15
WE61-250 耐热防腐涂料底漆	灰色	90	30	170	25	24	无限制	√	×	0.4～0.5	12～15
WE61-250 耐热防腐涂料面漆	701	70	25	100	25	24	无限制	√	×	0.4～0.5	12～15
WE61-250 耐热防腐涂料面漆	702、602	70	25	100	25	24	无限制	√	×	0.4～0.5	12～15
	干膜厚度合计:110μm							√适用 ×不适用 △只适用修补			

品种资料	混合配比	熟化时间(25℃)	适用期(25℃)	干燥时间(25℃)		稀释剂及最大稀释量	限制			
				表干	实干		最低温度/℃	最高温度/℃	最低湿度/%	最高湿度/%
WE61-250 耐热防腐涂料底漆	4∶1	0.5～1h	8h	10min	1h	WE61-250 底面漆专用稀释剂,≤5%	5	40	50	85
WE61-250 耐热防腐涂料面漆	100∶2	混合搅匀即可	8h	1h	24h		5	40	—	85
							钢材表面温度一定要在露点以上 3℃			

注：高温面漆颜色与色标基本相似。

表 17-83 高温条件下除尘设备与管道涂装设计（二）

部位:设备和管道 (温度≤250～500℃)	涂层系统:无机硅酸锌/有机硅耐高温面漆 表面处理:喷砂处理至除锈标准 Sa2.5 级,表面粗糙度 40～70μm										
系统说明	颜色	漆膜厚度/μm		理论用量/(g/m²)	涂装间隔(与后道涂料)			施工方案			
		湿膜	干膜		温度/℃	最短/h	最长	手工涂刷	辊涂	高压无气喷涂	
										喷孔直径/mm	喷出压力/MPa
E06-1(704)无机锌防锈底漆	灰色	73	30	315	25	8	无限制	√	×	0.4～0.5	12～15
E06-1(704)无机锌防锈底漆	灰色	73	30	315	25	8	无限制	√	×	0.4～0.5	12～15
9801 各色有机硅耐高温面漆	各色	46	20	50	20	24	无限制	√	×	0.4～0.5	12～15
9801 各色有机硅耐高温面漆	各色	46	20	50	20	24	无限制	√	×	0.4～0.5	12～15
	干膜厚度合计:100μm							√适用 ×不适用 △只适用修补			

品种资料	混合配比	熟化时间	干燥时间(25℃)		稀释剂及最大稀释量	限制			
			表干	实干		最低温度/℃	最高温度/℃	最低湿度/%	最高湿度/%
E06-1(704)无机锌防锈底漆	3:1	0.5～1h	1h	24h	107 稀≤10%	5	40	50	85
9801 各色有机硅耐高温面漆	单组分	混合均匀	1h	12h	耐高温专用稀≤10%	5	40	—	85
						钢材表面温度一定要在露点以上 3℃			

注：高温面漆颜色与色标基本相似，耐高温漆耐热温度：白 200℃、灰 350℃、棕色 350℃、大红 400℃、中黄 400℃、蓝色 250℃、绿色 500℃、铁红 450℃。

表 17-84 高温条件下除尘设备与管道涂装设计（三）

部位:管道(温度≤600℃)	涂层系统:改性有机硅/改性有机硅 表面处理:喷砂处理至除锈标准 Sa2.5 级,表面粗糙度 40～70μm										
系统说明	颜色	漆膜厚度/μm		理论用量/(g/m²)	涂装间隔(与后道涂料)			施工方法			
		湿膜	干膜		温度/℃	最短/h	最长	手工涂刷	辊涂	高压无气喷涂	
										喷孔直径/mm	喷出压力/MPa
W61-600 有机硅耐高温防腐涂料底漆	铁红色	65	25	90	25	24	无限制	√	×	0.4～0.5	12～15
W61-600 有机硅耐高温防腐涂料底漆	铁红色	65	25	90	25	24	无限制	√	×	0.4～0.5	12～15
W61-600 有机硅耐高温防腐涂料面漆	淡绿色	60	25	80	25	24	无限制	√	×	0.4～0.5	12～15
W61-600 有机硅耐高温防腐涂料面漆	淡绿色	60	25	80	25	24	无限制	√	×	0.4～0.5	12～15
	干膜厚度合计:100μm							√适用 ×不适用 △只适用修补			

品种资料	混合配比	熟化时间(25℃)	适用期(25℃)	干燥时间(25℃)		稀释剂及最大稀释量	限制			
				表干	实干		最低温度/℃	最高温度/℃	最低湿度/%	最高湿度/%
W61-600 有机硅耐高温防腐涂料底漆	50:2:50	混合搅匀即可	8h	0.5h	24h	WE61-600 底面漆专用稀释剂	5	40	—	85
W61-600 有机硅耐高温防腐涂料面漆	50:2:50		8h	0.5h	24h		5	40	—	85
							钢材表面温度一定要在露点以上 3℃			

表 17-85 高湿常温除尘设备与管道涂装设计

部位：设备和管道内壁（含水，温度≤100℃）	涂层系统：环氧/环氧/环氧
	表面处理：喷砂处理至除锈标准 Sa2.5 级，表面粗糙度 40～70μm

系统说明	颜色	漆膜厚度/μm		理论用量/(g/m²)	涂装间隔（与后道涂料）			施工方法			
		湿膜	干膜		温度/℃	最短/h	最长	手工涂刷	辊涂	高压无气喷涂 喷孔直径/mm	高压无气喷涂 喷出压力/MPa
H06-1-1 环氧富锌底漆	灰色	80	40	180	25	24	无限制	√	√	0.4～0.5	15～20
H06-1-1 环氧富锌底漆	灰色	80	40	180	25	24	无限制	√	√	0.4～0.5	15～20
H53-6 环氧云铁防锈漆(中间漆)	灰色	100	50	160	25	16	三个月	√	√	0.4～0.5	15～30
H52-2 环氧厚浆型面漆	各色	100	50	120	25	24	7 天	√	√	0.4～0.5	15～20
H52-2 环氧厚浆型面漆	各色	100	50	120	25	24	7 天	√	√	0.4～0.5	15～20
	干膜厚度合计：230μm							√适用 ×不适用 △只适用修补			

品种资料	混合配比	熟化时间(25℃)	适用期(25℃)	干燥时间(25℃)		稀释剂及最大稀释量	限制			
				表干	实干		最低温度/℃	最高温度/℃	最低湿度/%	最高湿度/%
H06-1-1 环氧富锌底漆	10∶1	0.5～1h	8h	0.5h	24h	X-7,<20%	5	40	—	85
H53-6 环氧云铁防锈漆(中间漆)	6∶1	0.5～1h	8h	2h	24h	X-7,<10%	5	40	—	85
H52-2 环氧厚浆型面漆	18∶5	0.5～1h	8h	4h	24h	X-7,<5%	5	40	—	85
							钢材表面温度一定要在露点以上 3℃			

6. 涂装施工注意事项

(1) 表面处理

① 钢结构表面处理要求采用喷砂除锈，除锈标准达到国家标准 Sa 2.5 级，表面粗糙度 40～70μm。

② 喷砂除锈的钢结构表面应采用稀释剂擦洗，去除油脂、浮尘及砂粒。

③ 喷砂后的钢结构应在 4h 内进行涂装，以免钢结构二次生锈。

④ 在涂装每道漆之前，应对上道漆表面进行除尘、去除杂物等清扫工作。

(2) 施工前的准备

① 施工前应阅读、掌握有关涂料的说明书，详细了解涂料的施工参数、涂料配比、涂料熟化期、施工适用的工具等。

② 应详细了解不同的钢结构的配套方案。

(3) 涂料的施工

① 在有雨、露、雾、雪或较大灰尘条件，露天涂装作业的应停止施工。

② 环境温度低于 5℃，环氧类涂料不能施工。

③ 被涂物表面温度应高于露点温度 3℃以上才能施工。

④ 无机硅酸锌底漆的涂装施工，如相对湿度<50%，可在被涂物周围洒水增湿。

⑤ 相邻两道漆应按照上述表格内规定的间隔时间进行，若相邻两道漆之间的涂装间隔时间超出规定，则应对前道漆表面进行“拉毛”处理，以增加层间结合力。

⑥ 各种涂料的稀释剂应专用，避免混淆。聚氨酯涂料施工时应避免含水、醇类溶剂等混入，以防胶炼。

(4) 涂料的理论用量与实际使用量　涂料用量在实际使用时应根据施工单位的经验，综合考虑以下因素如施工环境条件、构件尺寸大小、施工采用的工具、表面粗糙度等进行量酌估算，一般喷涂施工，其实际使用量＝理论用量×(1.5～1.8)；刷涂施工，其实际使用量＝理论用量×(1.3～1.4)。

7. 涂膜性能的检验

将涂料产品按照一定条件，均匀地涂布在除尘设备上，形成厚度符合要求的涂膜，并按规定的技术条件进行检验，以测定其性能。

(1) 涂膜颜色及外观的测定　用目视法按照产品标准及标准样板，评定已经干燥的漆膜颜色及外观。

(2) 光泽度的测定　物体表面受光照射时，光线朝一定方向反射的性能，即为光泽。试样的光泽度以规定的入射角从试样表面来的正反射光量与在同一条件下标准样板表面正反射光量之比的百分数来表示。

(3) 附着力的测定　漆膜附着力系指漆膜与被涂漆的物体表面粘合牢固的性能。要真正测得漆膜与被涂物体表面的附着力是比较困难的。目前，只能以间接的手段来测定。往往测得的附着力结果还包括一些其它的综合性能，而在硬度、冲击强度、柔性试验中，也可以间接地反映出漆膜的附着力。目前一般采用综合测定和剥落测定两种方法。

综合测定方法包括：栅格法、交叉切割法、画圈法。

剥落测定法包括：扭开法、拉开法。

测定时，将样板涂膜向上，用固定螺丝固定在试验台上，向后移动升降棒，使棒针碰到样板的漆膜，然后以匀速顺时针方向摇转摇柄，转速以 80～100r/min 为宜，转尖在漆膜上画出类似圆滚线的图形，图形长 (7.5±0.5)cm。测完后，移动升降棒使卡针盘提起，以防旋针损坏，取出样板，用漆刷除去划上的漆屑，以 4 倍放大镜检查划痕并评级。

漆膜附着力等级的鉴定，如图 17-70，圆滚线的一边标有 1、2、3、4、5、6、7 共七个部位，分为七个等级，按图示顺序检查各部位的漆膜完整程度，若某一部位的格子有 70% 以上完好，则应认为该部位是完好的，否则即认为已损坏。凡第一部位内漆完好者，则此漆膜的附着力最佳，定为一级，第二部位完好者，附着力次之，定为二级。依次类推，第七节漆膜附着力最差。

(4) 涂装检验方法

① 涂装检验时间在漆膜完全干燥后 1～3 个月内检验。

② 按 GB 1720 检验漆膜附着力，应该与除尘器本体相同的处理条件制备三块样板，取两个相同结果，若三块样板呈三个结果时，可改用黏度法。

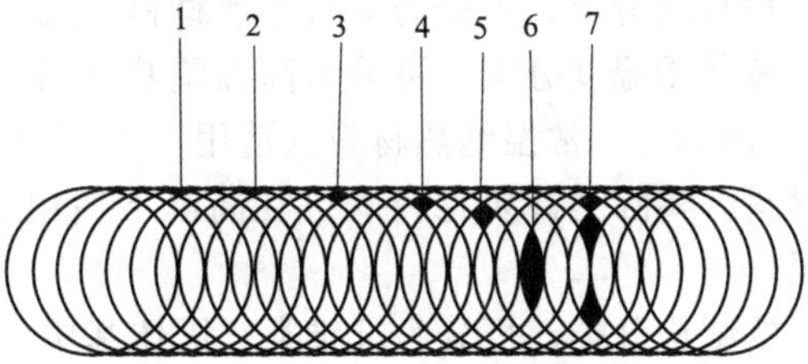

图 17-70　圆滚曲线

③ 按黏度法检验漆膜附着力，可以在除尘器本体上进行，用锋利的保险刀片，在漆膜上画一个 60°的×，深及金属，如图 17-71 所示，然后贴上专用胶带（聚酯胶带），使胶带贴紧漆膜，然后迅速将胶带扯起，如刀刮两边漆膜下的宽度最大不超过 2mm，即为合格。检验点不少于 10～20 个。大型除尘器按每 $10m^2$ 左右一个点，且检验点取在被检面的中心。合格点不小于 80% 为合格品，不小于 95%

为一等品。检验不合格要及时修补至合格为止。

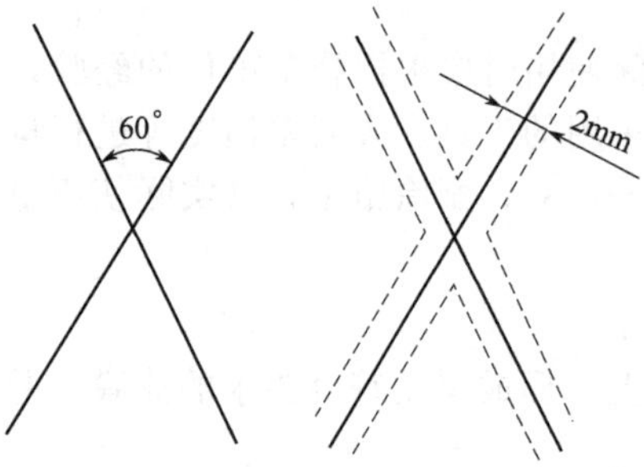

图 17-71 涂漆检验方法

8. 工程验收

(1) 涂装工程的验收，包括竣工验收和交工验收。工程未经交工验收，不得交付生产使用。

(2) 涂装工程中间验收，主要是对钢材表面预处理的验收。

(3) 交工验收时，应提交下列资料：①原材料的出厂合格证和复验报告单；②设计变更通知单、材料代用的技术文件；③对重大质量事故的处理记录；④隐蔽工程记录。

(4) 涂装质量不符合设计和规程要求的，必须进行返修，合格后方可验收。返修记录放入交工验收资料中。

三、管道与设备保温设计

管道与设备保温的主要目的在于：减少热介质在制备与输送过程中的无益热损失；保证热介质在管道与设备表面具有一定的温度，以避免表面出现结露或高温烫伤人员等。

1. 保温设计的原则

① 管道、设备外表面温度≥50℃并需保持内部介质温度时；

② 管道、设备外表面由于热损失，使介质温度达不到要求的温度时；

③ 凡需要防止管道与设备表面结露时；

④ 由于管道表面温度过高会引起煤气、蒸气、粉尘爆炸起火危险的场合，以及与电缆交叉距离安全规程规定者；

⑤ 凡管道、设备需要经常操作、维护，而又容易引起烫伤的部位；

⑥ 敷设在除尘器上的压缩空气管道、差压管道为防止天冷结露一般应保温。

2. 保温材料的种类

(1) 保温绝热材料的定义　用于减少结构物与环境热交换的一种功能材料。按 GB/T 4272—92《设备及管道保温技术通则》的规定，保温材料在平均温度等于 623K (350℃)，其热导率不得大于 0.12W/(m·K)。

(2) 绝热材料分类　绝热材料的分类方法很多，可按材质、使用温度和结构等分类。

按材质分类，可分为有机绝热材料、无机绝热材料和金属绝热材料三类。

按使用温度分类，可分为高温绝热材料（适用于 700℃以上）、中温绝热材料（适用于 100～700℃）、常温绝热材料（适用于 100℃以下），保冷材料包括低温保冷材料和超低温保冷材料。实际上许多材料既可在高温下使用也可在中、低温下使用，并无严格的使用温度界限。

按结构分类，可分为纤维类（固体基质、气孔连续）、多孔类（固体基质连续而气孔不连续，如泡沫塑料）、层状（如各种复合制品），见表 17-86。

按密度分类，分为重质、轻质和超轻质三类。

按压缩性质分类，分为软质（可压缩 30%以上）、半硬质、硬质（可压缩性小于 6%）。

按导热性质分类，分为低导热性、中导热性、高导热性三类。

3. 常用保温材料及其性能

表 17-87 为绝热材料及其性能的相关数据。

表 17-86　绝热材料按结构分类表

按结构分类	材料名称	制品形状	按结构分类	材料名称	制品形状
多孔类	聚苯乙烯泡沫塑料	板、管	多孔类	超轻陶粒和陶砂	粉、粒
	硬质聚氨酯泡沫塑料	板、管	纤维类	岩棉、矿漆棉及其制品	毡、管、带、板
	酚醛树脂泡沫塑料	板、管		玻璃棉及其制品	毡、管、带、板
	膨胀珍珠岩及其制品	板、管		硅酸铝棉及其制品	板、毡、毯
	膨胀蛭石及其制品	板、管		陶瓷纤维纺织品	布、带、绳
	硅酸钙绝热制品	板、管	层状	金属箔	夹层、蜂窝状
	泡沫石棉	板、管		金属镀膜	多层状
	泡沫玻璃	板、管		有机与无机材料复合制品	复合墙板、管
	泡沫橡塑绝热制品	板、管		硬质与软质材料复合制品	复合墙板、管
	复合硅酸盐绝热涂料	板、管		金属与非金属材料复合制品	复合墙板、管

表 17-87　保温绝热材料性能

类别	密度/(kg/m³)	适用温度/℃	常温下的热导率/[W/(m·K)]	抗压强度/MPa
岩棉类				
岩棉板	100～250	−268～700	0.033＋0.00015Δt(0.038＋0.00015Δt)	
岩棉管壳	100～150	268～700	0.033＋0.00015Δt(0.038＋0.00015Δt)	
岩棉缝毡	100～120	268～700	0.032＋0.00015Δt(0.037＋0.00015Δt)	
泡沫石棉制品	50～60	500	0.038＋0.0002Δt	
碳酸镁石棉	140	≤450	0.04(0.047)	
硅酸镁石棉	450	≤750	0.06(0.070)	
微孔硅酸钙制品				
微孔硅酸钙	250	≤650	0.035～0.041	≥0.5
新型绝热材料				
FBT 复合保温材料	干密度 203	−40～1200	0.064(360℃)	
海泡石保温材料	130	600	0.046	
JBT 保温材料	800	<600	≤0.085	
(ZHSQ2)硅酸镁保温材料	<500	<800	0.14	
珍珠岩类				
水泥膨胀珍珠岩制品	300～400	≤600	0.05～0.075(0.058～0.087)	0.6～1.2
水玻璃膨胀珍珠岩制品	200～300	≤600	0.054～0.06(0.063～0.077)	
磷酸盐珍珠岩板、壳	200～250	≤100	0.038～0.045(0.044～0.052)	0.6～1.2
膨胀珍珠岩	200～300	≤650	0.052～0.06	0.6～1.2
蛭石类				
水泥蛭石管壳、板	430～500	<600	0.08～0.12(0.093～0.14)	>0.25
水玻璃蛭石管壳、板	430～480	<900	0.07～0.09(0.082～0.100)	>0.5～1.2
膨胀蛭石	<500	≤800	0.08(0.093)	0.3～0.6
	400～450	≤900	0.07～0.09(0.082～0.105)	≥0.5

续表

类别	密度/(kg/m³)	适用温度/℃	常温下的热导率/[W/(m·K)]	抗压强度/MPa
矿渣棉类				
矿渣棉一级	<100	600	0.038～0.044	
矿渣棉二级	<150	600	0.04～0.047	≥0.012
沥青矿渣棉一级	100	≤250	0.038～0.044	
沥青矿渣棉二级	100	≤250	0.04～0.047	
玻璃棉制品				
酚醛树脂矿棉板、壳一级	<150	≤300	≤0.04～0.047	
酚醛树脂矿棉板、壳二级	<200	<300	≤0.045～0.052	
酚醛玻璃棉板、壳	<120	≤300	0.035～0.041	
酚醛超细玻璃棉毡	<20	≤400	0.03～0.035	
酚醛超细玻璃棉板、壳	≤60	≤300	0.03～0.035	
沥青玻璃棉	≤80	≤260	0.035～0.041	
无矸超细玻璃棉毡	≤60	≤600	0.028～0.033	
硅氧超细玻璃棉毡	≤95	≤100	0.0648～0.1020(0.075～0.1190)	
中吸玻璃纤维板、壳	≤80	≤300	0.035～0.041	
超细玻璃棉	40～60	≤400	0.026～0.03	
玻璃棉	100～120	≤250	0.04～0.047	
玻璃棉毡	<90	≤250	0.037～0.043	

4. 保温材料的选择

保温材料的性能选择一般宜按下述项目进行比较：使用温度范围；热导率；化学性能、机械强度；使用年数；单位体积的价格；对工程现状的适应性；不燃或阻燃性能；透湿性；安全性；施工性。

保温材料选择技术要求如下所述。

（1）热导率小　热导率是衡量材料或制品保温性能的重要标志，它与保温层厚度及热损失均成正比关系。热导率是选择经济保温材料的两个因素之一。当有数种保温层材料可供选择时，可用材料的热导率乘以单位体积价格 A（元/立方米），其乘值越小越经济，即单位热阻的价格越低越好。

（2）密度小　保温材料或制品的密度是衡量其保温性能的又一重要标志，与保温性能关系密切。就一般材料而言，密度越小，其热导率值亦越小，但对于纤维类保温材料，应选择最佳密度。

（3）抗压或抗折强度（机械强度）　同一组成的材料或制品，其机械强度与密度有密切关系。密度增加，其机械强度增高，热导率也增大，因此，不应片面地要求保温材料过高的抗压和抗折强度，但必须符合国家标准规定。一般保温材料或其制品，在其上覆盖保护层后，在下列情况下不应产生残余变形：a. 承受保温材料的自重时；b. 将梯子靠在保温的设备或管道上进行操作时；c. 表面受到轻微敲打或碰撞时；d. 承受当地最大风荷载时；e. 承受冰雪荷载时。

保温材料也是一种吸音减震材料，韧性和强度高的保温材料其抗震性一般也较强。

通常在管道设计中，允许管道有不大于 6Hz 的固有频率，所以保温材料或保温结构至少应有耐 6Hz 的抗震性能。一般认为韧性大、弹性好的材料或制品其抗震性能良好，例如，纤维类材料和制品、聚氨酯泡沫塑料等。

(4) 安全使用温度范围　保温材料的最高安全使用温度或使用温度范围应符合有关的国家标准、行业标准的规定，并略高于保温对象表面的设计温度。

(5) 非燃烧性　在有可燃气体或爆炸粉尘的工程中所使用的保温材料应为非燃烧材料。

(6) 化学性能符合要求　化学性能一般系指保温材料对保温对象的腐蚀性；由保温对象泄漏出来的流体对保温材料的化学反应；环境流体（一般指大气）对保温材料的腐蚀等。

值得注意的是，保温的设备和管道在开始运行时，保温材料或（和）保护层材料内所吸水开始蒸发或从外保护层浸入的雨水将保温材料内的酸或碱溶解，引起设备和管道的腐蚀，特别是铝制设备和管道，最容易被碱的凝液腐蚀。为防止这种腐蚀，应采用泡沫塑料、防水纸等将保温材料包覆，使之不直接与铝接触。

(7) 保温工程的设计使用年数　保温工程的设计使用年数是计算经济厚度的投资偿还年数，一般以 5～7 年为宜。但是，使用年数常受到使用温度、震动、太阳光线等的影响。保温材料不仅在投资偿还年限内不应失效，超过投资偿还年限时间越多越好。

(8) 单位体积的材料价格　单位体积的材料价格低，不一定是经济的保温材料，单位热阻的材料价格低才是经济的保温材料。

(9) 保温材料对工程现场状况的适应性　保温材料对工程现场状况的适应性主要考虑下列各项。

① 大气条件。有无腐蚀要素；气象状况。

② 设备状况。有无需拆除保温及其频繁程度；设备或管道有无震动或粗暴处理情况；有无化学药品的泄漏及其部位；保温设备或管道的设置场所，是室内、室外、埋地或管沟；运行状况。

③ 建设期间和建设时期。

(10) 安全性　由保温材料引起的事故主要有：

① 保温材料属于碱性时，黏结剂常含碱性物质，铝制设备和管道以及铝板外保护层都应格外注意防腐；

② 保温的设备或管道内流体一旦泄漏，浸入保温材料内不应导致危险状态；

③ 在室内等场所的设备和管道使用的保温材料，在火灾时可产生有害气体或大量烟气，应充分考虑其影响，尽量选择危险性少的保温材料。

(11) 施工性能　保温工程的质量往往取决于施工质量，因此，应选择施工性能好的材料，材料应具有性能：加工容易不易破碎（在搬运和施工中）；很少产生粉尘，对环境没有污染；轻质（密度小）；容易维护、修理。

5. 保护层材料的选择

(1) 保护层材料应具有的主要技术性能　由于外保护层绝热结构最外面的一层是保护绝热结构的，其主要作用是：①防止外力损坏绝热层；②防止雨、雪水的侵袭；③对保冷结构尚有防潮隔汽的作用；④美化绝热结构的外观。

因此，保护层应具有严密的防水、防湿性能；良好的化学稳定性和不燃性；强度高，不易开裂，不易老化等性能。

(2) 常用保护层材料的选择　保护层材料，在符合保护绝热层要求的同时，还应选择经济的保护层材料。根据综合经济比较和实践经验，推荐下述材料。

① 为保持被绝热设备或管道的外形美观和易于施工，对软质、半硬质材料的绝热层保

护层宜选用 0.5mm 镀锌或不镀锌薄钢板；对硬质材料绝热层宜选用 0.5～0.8mm 铝或合金铝板，也可选用 0.5mm 镀锌或不镀锌薄钢板。

② 用于火灾危险性不属于甲、乙、丙类生产装置或设备和不划为爆炸危险区域的非燃性介质的公用工程管道的绝热层材料，可选用 0.5～0.8mm 阻燃型带铝箔玻璃钢板。

6. 保温层厚度的设计计算

(1) 最小保温厚度的计算方法

对于平面：

$$\delta=\lambda\left(\frac{t_{wf}-t_a}{kq}-\frac{1}{\alpha_s}\right) \tag{17-97}$$

对于管道：

$$\delta=\frac{d_1-d}{2} \tag{17-98}$$

d_1 由下式试算得出：

$$\frac{1}{2}d_1\ln\frac{d_1}{d}=\lambda\left(\frac{t_{wf}-t_a}{kq}-\frac{1}{\alpha_s}\right) \tag{17-99}$$

式中，δ 为保温层厚度，m；λ 为保温材料及制品的热导率，W/(m·℃)；α_s 为保温层外表面放热系数，室内及地沟内安装时 α_s 取 11.63W/(m^2·℃)；室外安装时 α_s 取 23.26W/(m^2·℃)；q 为不同介质温度下，保温外表面最大允许热损失量，W/m^2（见表 17-88)；k 为最大允许热损失量的系数，计算最小保温厚度时，k 取为 1.0；计算推荐保温厚度时，k 取为 0.5；d_1 为保温层外径，m；d 为保温层内径（取管道外径），m；t_{wf} 为管道或设备外表面温度，取介质温度，℃；t_a 为环境温度，计算 δ 时，为适应全国各地情况并从安全考虑，冬季运行工况室外安装，t_a 取－14.2℃（内蒙古海拉尔冬季平均气温)；全年运行工况室外安装，t_a 取－4.1℃（青海玛多全年平均气温)；室内安装时 t_a 取 20℃；地沟安装时，

$$t_a=\begin{cases}20℃ & \text{当介质温度为 50℃}\\ 30℃ & \text{当介质温度为 100℃}\\ 40℃ & \text{当介质温度为 150℃}\end{cases}$$

表 17-89 是管道设备在室外时不同介质温度条件下的最小保温厚度。

表 17-88 季节运行时允许最大散热损失

设备、管道及附件外表面温度 t_1/℃	50	100	150	200	250	300	400	500
季节性运行时 q/(W/m^2)	116	163	203	244	279	302		
常年运行时 q/(W/m^2)	58	93	116	140	163	186	227	262

(2) 控制单位热损失的计算方法

平壁单层保温计算公式：

$$\delta_1=\lambda\left(\frac{t_f-t_k}{q}-R_2\right) \tag{17-100}$$

平壁多层保温计算公式：

$$\sum_{i=1}^{n}\frac{\delta_i}{\lambda_i}=\left(\frac{t_f-t_k}{q}-R_2\right) \tag{17-101}$$

或

$$\delta_1=\lambda_1\left[\frac{t_f-t_k}{q}-R_2-\left(\frac{\delta_2}{\lambda_2}+\cdots+\frac{\delta_n}{\lambda_n}\right)\right] \tag{17-102}$$

管道单层保温计算公式：

$$\ln\frac{d_1}{d}=2\pi\lambda_1\left(\frac{t_f-t_k}{q}-R_1\right) \tag{17-103}$$

管道多层保温计算公式：

$$\ln\frac{d_1}{d}=2\pi\lambda_1\left[\frac{t_f-t_k}{q}-\left(\frac{1}{2\lambda_2}\ln\frac{d_2}{d_1}+\frac{1}{2\lambda_3}\ln\frac{d_3}{d_2}+\cdots+\frac{1}{2\lambda_n}\ln\frac{d_n}{d_{n-1}}+R_1\right)\right] \tag{17-104}$$

式中，R_1 或 R_2 为平壁或管道保温层到周围空气的传热阻，$m^2\cdot K/W$（见表 17-90）；δ_1，δ_2，…，δ_n 为各层保温材料的厚度，m；t_f 为设备或管道外壁温度，℃；λ_1，λ_2，…，λ_n 为各层保温材料的热导率，W/(m·K)；t_k 为保温结构周围的环境温度，℃；d_1，d_2，…，d_n 为各层保温材料的内径，m。

表 17-89　最小保温厚度

公称管径 DN/mm			15	20	25	32	40	50	65	80	100	125	150	200	250	300	350	400	450	500	600	700	平壁
管道直径 D_i/mm			22	28	32	38	45	57	73	89	108	133	159	219	273	325	377	426	478	529	630	720	
介质温度为50℃热损失小于116(W/m^2)	λ	0.02	10	10	10	10	10	10	10	10	10	10	10	10	10	10	10	10	10	10	10	10	15
		0.03	15	15	15	15	15	15	15	15	15	15	15	15	15	15	15	15	15	15	15	15	20
		0.04	15	15	15	20	20	20	20	20	20	20	20	20	20	20	20	20	20	20	20	20	25
		0.05	20	20	20	20	20	20	25	25	25	25	25	25	25	25	25	25	25	25	25	25	30
		0.06	20	25	25	25	25	25	25	25	30	30	30	30	30	30	30	30	30	30	30	30	35
		0.07	25	25	25	25	30	30	30	30	30	30	35	35	35	35	35	35	35	35	35	35	40
		0.08	25	30	30	30	30	30	35	35	35	35	35	40	40	40	40	40	40	40	40	40	45
		0.09	30	30	30	30	35	35	35	35	40	40	40	40	45	45	45	45	45	45	45	45	50
		0.10	30	35	35	35	35	35	40	40	40	45	45	45	45	50	50	50	50	50	50	50	60
介质温度为100℃热损失小于163(W/m^2)	λ	0.02	10	15	15	15	15	15	15	15	15	15	15	15	15	15	15	15	15	15	15	15	15
		0.03	15	15	15	15	20	20	20	20	20	20	20	20	20	20	20	20	20	20	20	20	20
		0.04	20	20	20	20	20	25	25	25	25	25	25	25	25	25	25	25	25	30	30	30	30
		0.05	25	25	25	25	25	25	30	30	30	30	30	30	30	35	35	35	35	35	35	35	35
		0.06	25	25	30	30	30	30	30	35	35	35	35	35	40	40	40	40	40	40	40	40	40
		0.07	30	30	30	30	35	35	35	35	40	40	40	40	45	45	45	45	45	45	45	45	50
		0.08	30	35	35	35	35	35	40	40	40	45	45	45	45	50	50	50	50	50	50	50	60
		0.09	35	35	35	40	40	40	45	45	45	50	50	50	60	60	60	60	60	60	60	60	60
		0.10	35	40	40	40	45	45	50	50	50	60	60	60	60	60	60	60	60	60	70	70	70
介质温度为150℃热损失小于203(W/m^2)	λ	0.02	15	15	15	15	15	15	15	15	15	15	15	15	15	15	15	15	15	15	15	15	20
		0.03	20	20	20	20	20	20	20	20	20	25	25	25	25	25	25	25	25	25	25	25	25
		0.04	20	25	25	25	25	25	25	25	30	30	30	30	30	30	30	30	30	30	30	30	35
		0.05	25	25	25	30	30	30	30	30	35	35	35	35	35	35	40	40	40	40	40	40	40
		0.06	30	30	30	30	35	35	35	35	40	40	40	40	45	45	45	45	45	45	45	45	50
		0.07	30	35	35	35	35	40	40	40	45	45	45	50	50	50	50	50	50	50	50	60	60
		0.08	35	35	40	40	40	45	45	45	50	50	50	60	60	60	60	60	60	60	60	60	70
		0.09	40	40	40	45	45	45	50	50	60	60	60	60	60	60	70	70	70	70	70	70	70
		0.10	40	45	45	45	50	50	60	60	60	60	60	70	70	70	70	70	70	70	70	70	80
介质温度为200℃热损失小于244(W/m^2)	λ	0.03	20	20	20	20	20	20	25	25	25	25	25	25	25	25	25	25	25	25	25	25	25
		0.04	25	25	25	25	25	25	30	30	30	30	30	30	35	35	35	35	35	35	35	35	35
		0.05	25	30	30	30	30	30	35	35	35	35	35	40	40	40	40	40	40	40	40	40	45
		0.06	30	30	35	35	35	35	40	40	40	40	45	45	45	45	45	50	50	50	50	50	50
		0.07	35	35	35	40	40	40	45	45	45	50	50	50	60	60	60	60	60	60	60	60	60
		0.08	40	40	40	40	45	45	50	50	50	60	60	60	60	60	60	60	60	70	70	70	70
		0.09	40	45	45	45	50	50	60	60	60	60	60	70	70	70	70	70	70	70	70	70	80
		0.10	45	45	50	50	50	60	60	60	60	70	70	70	70	70	80	80	80	80	80	80	90
		0.11	50	50	50	60	60	60	60	70	70	70	70	80	80	80	80	80	80	90	90	90	100

续表

公称管径 DN/mm			15	20	25	32	40	50	65	80	100	125	150	200	250	300	350	400	450	500	600	700	平壁
管道直径 D_i/mm			22	28	32	38	45	57	73	89	108	133	159	219	273	325	377	426	478	529	630	720	
介质温度为250℃热损失小于279(W/m²)	λ	0.03	20	20	20	20	20	25	25	25	25	25	25	25	25	30	30	30	30	30	30	30	30
		0.04	25	25	25	25	30	30	30	30	30	35	35	35	35	35	35	35	35	35	35	35	45
		0.05	30	30	30	30	35	35	35	35	40	40	40	40	40	45	45	45	45	45	45	45	50
		0.06	35	35	35	35	40	40	40	40	45	45	45	50	50	50	50	50	50	50	60	60	60
		0.07	35	40	40	40	40	45	45	50	50	50	50	60	60	60	60	60	60	60	60	60	70
		0.08	40	45	45	45	50	50	60	60	60	60	60	70	70	70	70	70	70	70	70	70	80
		0.09	45	45	45	50	50	60	60	60	60	60	70	70	70	70	70	80	80	80	80	80	90
		0.10	45	50	50	60	60	60	60	70	70	70	70	80	80	80	80	80	80	80	90	90	100
		0.11	50	60	60	60	60	60	70	70	70	80	80	80	80	90	90	90	90	90	90	90	100
介质温度为300℃热损失小于308(W/m²)	λ	0.03	20	20	20	25	25	25	25	25	25	30	30	30	30	30	30	30	30	30	30	30	30
		0.04	25	25	30	30	30	30	30	35	35	35	35	35	35	40	40	40	40	40	40	40	40
		0.05	30	30	35	35	35	35	40	40	40	40	40	45	45	45	45	45	45	50	50	50	50
		0.06	35	35	35	40	40	40	45	45	45	50	50	50	60	60	60	60	60	60	60	60	60
		0.07	40	40	40	45	45	45	50	50	60	60	60	60	60	60	60	70	70	70	70	70	70
		0.08	40	45	45	50	50	50	60	60	60	60	60	70	70	70	70	70	70	70	80	80	80
		0.09	45	50	50	50	60	60	60	60	70	70	70	70	80	80	80	80	80	80	80	80	90
		0.10	50	60	60	60	60	60	70	70	70	70	80	80	80	90	90	90	90	90	90	90	100
		0.11	60	60	60	60	60	70	70	70	80	80	80	90	90	90	90	100	100	100	100	100	110

注：保温厚度的单位为mm。计算参数：环境温度取−14.2℃；放热系数为23.26W/(m²·℃)。

表17-90 管道和平壁的热阻

公称管径/mm	管道的热阻 R_1/(m·K/W)									
	室内管道 t_f/℃					室外管道 t_f/℃				
	≤100	200	300	400	500	≤100	200	300	400	500
25	0.30	0.26	0.22	0.20	0.19	0.10	0.09	0.09	0.08	0.08
32	0.28	0.23	0.20	0.16	0.14	0.09	0.09	0.08	0.07	0.06
40	0.26	0.22	0.18	0.15	0.13	0.09	0.08	0.07	0.06	0.05
50	0.20	0.16	0.14	0.12	0.10	0.07	0.06	0.05	0.01	0.01
100	0.15	0.13	0.11	0.09	0.07	0.05	0.04	0.04	0.03	0.03
125	0.13	0.11	0.09	0.08	0.07	0.04	0.03	0.03	0.03	0.03
150	0.10	0.09	0.08	0.07	0.06	0.03	0.03	0.03	0.03	0.03
200	0.09	0.08	0.07	0.06	0.05	0.03	0.03	0.03	0.02	0.02
250	0.08	0.07	0.06	0.05	0.04	0.03	0.02	0.02	0.02	0.02
300	0.07	0.06	0.05	0.04	0.04	0.03	0.02	0.02	0.02	0.02
350	0.06	0.05	0.04	0.04	0.04	0.02	0.02	0.02	0.02	0.02
400	0.05	0.04	0.04	0.03	0.03	0.02	0.02	0.02	0.02	0.02
500	0.04	0.03	0.03	0.03	0.03	0.02	0.02	0.02	0.02	0.02
600	0.036	0.034	0.032	0.030	0.028	0.014	0.013	0.013	0.012	0.011
700	0.033	0.031	0.029	0.028	0.026	0.013	0.012	0.011	0.010	0.010
800	0.029	0.028	0.025	0.024	0.023	0.011	0.010	0.010	0.009	0.009

续表

公称管径/mm	管道的热阻 R_1/(m·K/W)									
	室内管道 t_f/℃					室外管道 t_f/℃				
	≤100	200	300	400	500	≤100	200	300	400	500
900	0.026	0.025	0.024	0.023	0.022	0.010	0.009	0.009	0.009	0.009
1000	0.023	0.022	0.022	0.021	0.021	0.009	0.009	0.008	0.008	0.008
2000	0.014	0.013	0.012	0.011	0.010	0.005	0.004	0.004	0.004	0.004
平壁的热阻 R_2/(m²·K/W)										
平壁	0.086	0.086	0.086	0.086	0.086	0.034	0.034	0.034	0.034	0.034

【例 17-13】 已知设备设于室内，全年运行，设备壁板温度 $t_f=100℃$，周围空气温度 $t_k=25℃$，采用水泥珍珠岩制品保温，求保温层厚度。

解： 水泥珍珠岩制品热导率

由表 17-87 查得

$$\lambda=0.078\text{W}/(\text{m}\cdot\text{K})$$

由表 17-88 查得单位允许热损失 $q=93\text{W}/\text{m}^2$

由表 17-90 查得平壁热阻 $R_2=0.086\text{m}^2\cdot\text{K}/\text{W}$

则

$$\delta=\lambda\left(\frac{t_f-t_k}{q}-R_2\right)=0.078\left(\frac{100-25}{93}-0.086\right)=0.056(\text{m})\text{，取 }60\text{mm}$$

即保温层厚度可采取 60mm。

7. 保温结构设计

(1) 保温结构基本要求　管道和设备的保温由保温层和保护层两部分组成，保温结构的设计直接影响到保温效果、投资费用和使用年限等。对保温结构基本要求有以下几个方面：

① 热损失不超过允许值；

② 保温结构应有足够的机械强度，经久耐用，不宜损坏；

③ 处理好保温结构和管道、设备的热伸缩；

④ 保温结构在满足上述条件下，尽量做到简单、可靠、材料消耗少、保温材料宜就地取材、造价低；

⑤ 保温结构应尽量采用工厂预制成型，减少现场制作，以便于缩短施工工期、保证质量、维护检修方便；

⑥ 保护结构应有良好的保护层，保护层应适应安装的环境条件和防雨、防潮要求，并做到外表平整、美观。

(2) 保温结构型式　保温结构的型式有如图 17-72、图 17-73 所示几种形式。

① 绑扎式。它是将保温材料用铁丝固定在管道上，外包以保护层，适用于成型保温结构如预制瓦、管壳和岩棉毡等。这类保温结构应用较广、结构简单、施工方便，外形平整美观，使用年限较长。

② 浇灌式。保温结构主要用于无沟敷设。地下水位低、土质干燥的地方，采用无沟敷设是较经济的一种方式。保温材料可采用水泥珍珠岩等，其施工方法为挖一土沟，将管道按设计标高敷设好，沟内放上油毡纸，管道外壁面刷上沥青或重油，以利管道伸缩，然后浇上水泥珍珠岩，将油毡包好，将土沟填平夯实即成。

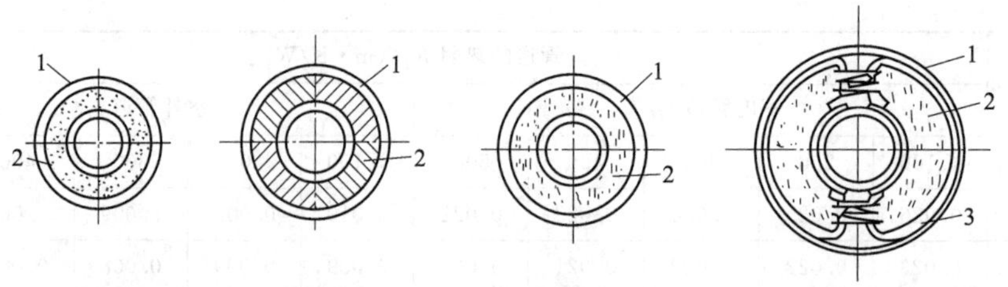

(a) 涂沫式
1—保护壳或保护层；
2—涂抹保温层

(b) 装配式
1—保护壳或保护层；
2—预制件

(c) 缠包式
1—保护层；2—保温层

(d) 填充式
1—保护壳；2—保温材料；
3—支撑环

图 17-72 管道保温结构

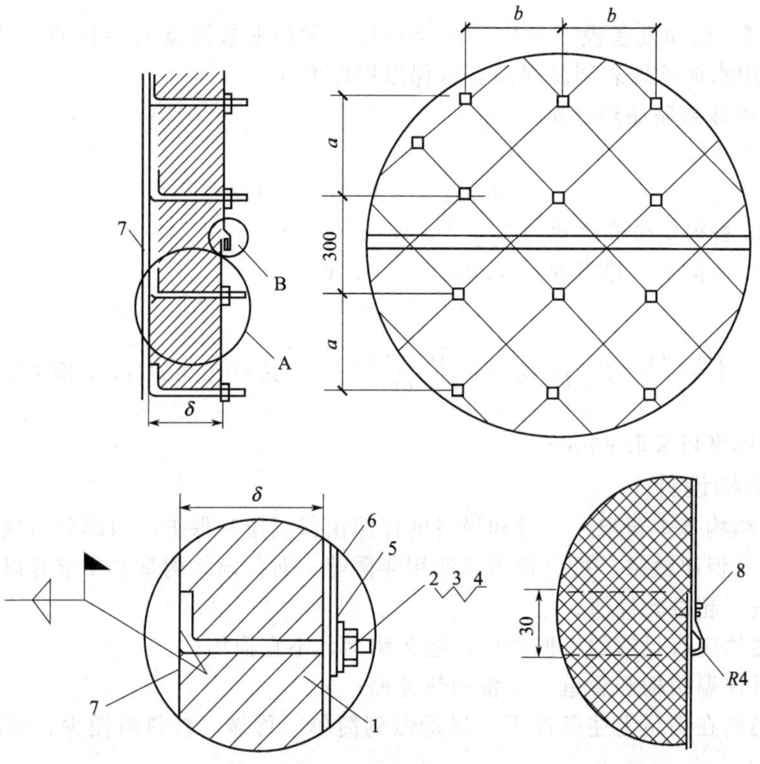

节点A

节点B

图 17-73 平壁保温结构

1—保温材料；2—直角型螺栓；3—螺母；4—垫圈；5—胶垫；6—保护板；
7—支撑板；8—自攻螺丝

硬质聚氨酯泡沫塑料，用于110℃以下的管道，该材料可做成预件，或现场浇灌发泡成型。浇灌式保温结构整体性好，保温效果较好，同时可延长管道使用寿命，获得广泛的推广使用。

③ 整体压制。这种保温结构是将沥青珍珠岩在热态下、在工厂内用机械力量把它直接挤压在管子上，制成整体式保温层，由于沥青珍珠岩使用温度一般不超过150℃，故适用于介质温度<150℃、管道直径<500mm 的供暖管道上。

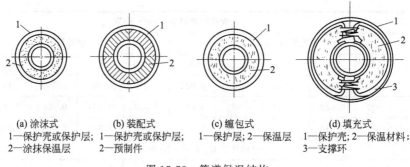

④ 喷涂式。为新式的施工技术，适合于大面积和特殊设备的保温，保温结构整体性好，保温效果好，且节省材料，劳动强度低。其材料一般为膨胀珍珠岩、膨胀蛭石、硅酸铝纤维

以及聚氨酯泡沫塑料等。

⑤ 充填式。一般在阀门和附件上采用外很少采用。阀门、法兰、弯头、三通等，由于形状不规则，应采取特殊的保温结构，一般可采用硬质聚氨酯发泡浇灌、超细玻璃棉毡等。

（3）保护层的种类　管道设备保温，除选择良好的保温材料外，必须选择好保护层，才能延长保温结构的使用寿命，常用的保护层有如下几种。

① 金属板。铝、镀锌铁皮等，价贵但使用寿命长，可达 20～30 年，适用于室外架空管道的保温。

② 玻璃丝布保护层。采用较普遍，一般室内架空管道均采用玻璃纤维布外刷涂料作保护层，成本低，效果好。

③ 油毡玻璃纤维布保护层。这种保护层中油毡起防水作用，玻璃纤维布起固定作用，最外层刷涂料，适用于室外架空管道和地沟内的管道保温。

④ 玻璃钢外壳保护层。该结构发展较快，质量轻，强度高，施工速度快，且具有外表光滑、美观、防火性能好等优点，可用于架空管道及无沟敷设的直埋管道的保温外壳。

⑤ 高密度聚乙烯套管。此保护层用于直埋的热力管道保温上，防水性能好；热力管道保温结构可直接浸泡水中，与硬质聚氨酯泡沫塑料保温层相配合，组成管中管，热损失率极小，仅 2.8%。使用寿命可达 20～30 年，但价格较高。

⑥ 铝箔玻璃布和铝箔牛皮纸保护层。铝箔玻璃布和纸基铝箔黏胶带是一种蒸汽隔绝性能良好，施工简便的保护层，前者多用于热力管道的保温上；而后者则多数用于室内低温管道的保温上，效果良好。

8. 保温层和辅助材料用量计算

（1）保温材料用量计算　保温材料工程量体积计算见表 17-91。保温材料材料工程量面积计算表见表 17-92。

表 17-91　保温材料工程量体积计算

体积/m^3		保温层厚度/mm														
		30	40	50	60	70	80	90	100	110	120	130	140	150	160	170
管子外径/mm	22	0.58	0.90	1.29	1.73	2.24	2.81	3.45	4.15	4.91	5.73	6.62	7.56			
	28	0.64	0.98	1.38	1.85	2.38	2.97	3.62	4.31	5.11	5.96	6.86	7.83	8.86		
	32	0.68	1.03	1.45	1.92	2.46	3.07	3.73	4.46	5.25	6.11	7.02	8.00	9.05	10.2	
	38	0.74	1.11	1.54	2.04	2.59	3.22	3.90	4.65	5.46	6.33	7.27	8.27	9.33	10.5	
	45	0.80	1.19	1.65	2.17	2.75	3.39	4.10	4.87	5.70	6.60	7.56	8.58	9.66	10.8	12.0
	57	0.91	1.34	1.84	2.39	3.01	3.69	4.44	5.25	6.12	7.05	8.05	9.10	10.2	11.4	12.7
	73	1.07	1.55	2.09	2.70	3.36	4.10	4.89	5.75	6.67	7.65	8.70	9.81	11.0	12.2	13.5
	89	1.22	1.75	2.34	3.00	3.72	4.50	5.34	6.25	7.22	8.26	9.35	10.5	11.7	13.0	14.4
	108	1.39	1.99	2.64	3.36	4.13	4.98	5.88	6.85	7.88	8.97	10.1	11.3	12.6	14.0	15.4
	133	1.63	2.30	3.03	3.83	4.68	5.60	6.59	7.63	3.74	9.91	11.1	12.4	13.8	15.2	16.7
	159	1.88	2.63	3.44	4.32	5.26	6.26	7.32	8.45	9.64	10.9	12.2	13.6	15.0	16.5	18.1
	219	2.44	3.38	4.38	5.45	6.58	7.77	9.02	10.3	11.7	13.2	14.7	16.2	17.9	19.6	21.3
	273	2.95	4.06	5.23	6.47	7.76	9.12	10.5	12.0	13.6	15.2	16.9	18.6	20.4	22.3	24.2
	325	3.44	4.17	6.05	7.45	8.91	10.4	12.0	13.7	15.4	17.2	19.0	20.9	22.9	24.9	27.0
	377	3.93	5.37	6.86	8.43	10.0	11.7	13.5	15.3	17.2	19.1	21.1	23.2	25.3	27.5	29.7

续表

体积/m^3		保温层厚度/mm														
		30	40	50	60	70	80	90	100	110	120	130	140	150	160	170
管子外径/mm	426	4.39	5.98	7.63	9.35	11.1	13.0	14.9	16.8	18.9	21.0	23.1	25.3	27.6	30.0	32.4
	478	4.88	6.64	8.45	10.3	12.3	14.3	16.3	18.5	20.7	22.9	25.2	27.6	30.1	32.6	35.1
	529	5.36	7.28	9.25	11.3	13.4	15.6	17.8	20.1	22.4	24.8	27.3	29.9	32.5	35.1	37.9
	630	6.31	8.55	10.8	13.2	15.6	18.1	20.6	23.2	25.9	28.7	31.4	34.3	37.2	40.2	43.3
	720	7.16	9.68	12.3	14.9	17.6	20.4	23.2	26.1	29.0	32.0	35.1	38.3	41.5	14.7	18.1
	820	8.11	10.9	13.8	16.8	19.8	22.9	26.0	29.2	32.5	35.8	39.2	42.7	46.2	49.8	53.4
	920	9.05	12.2	15.4	18.7	22.0	25.4	28.8	32.4	35.9	39.6	43.3	47.1	50.9	54.8	58.7
	1020	9.99	13.4	17.0	20.5	24.2	27.9	31.7	35.5	39.4	43.4	47.4	51.5	55.6	59.8	64.1

注：1.本表所列数据以管长100m为单位。

2.考虑到施工时的误差，在计算保温材料体积时，已将管子直径加大10mm。

表 17-92 保温材料工程量面积计算

面积/m^2		保温层厚度/mm														
		30	40	50	60	70	80	90	100	110	120	130	140	150	160	170
管子外径/mm	22	28.9	35.2	41.5	47.8	54.0	60.3	66.6	72.9	79.2	85.5	91.7	98.0			
	28	30.8	37.1	43.4	49.6	55.9	62.2	68.5	74.8	81.1	87.3	93.6	99.9	106		
	32	32.0	38.3	44.6	50.9	57.2	63.5	69.7	76.0	82.3	88.6	94.9	101	107	114	
	38	33.9	40.2	46.5	52.8	59.1	65.3	71.6	77.9	84.2	90.5	96.8	103	109	116	
	45	36.1	42.4	48.7	55.0	61.3	67.5	73.8	80.1	86.4	92.7	99.0	105	112	118	124
	57	39.9	46.2	52.5	58.7	65.0	71.3	77.6	83.9	90.2	96.4	103	109	115	122	128
	73	44.9	51.2	57.5	63.8	70.1	76.3	82.6	88.9	95.2	101	108	114	120	127	133
	89	50.0	56.2	62.5	63.8	75.4	81.4	87.7	93.9	100	107	113	119	125	132	138
	108	55.9	62.2	68.5	74.8	81.1	87.3	93.6	99.9	106	112	119	125	131	138	144
	133	63.8	70.1	76.3	82.6	88.9	95.2	101	108	114	120	127	133	139	115	152
	159	71.9	78.2	84.5	90.8	97.1	103	110	116	122	128	135	141	147	154	160
	219	90.8	97.1	103	110	116	122	128	135	141	147	154	160	166	172	179
	273	108	114	120	127	133	139	145	152	158	164	171	177	183	189	196
	325	124	130	137	143	149	156	162	168	174	181	187	193	199	206	212
	377	140	147	153	159	166	172	178	184	1914	197	203	210	216	222	228
	426	156	162	168	175	181	187	194	200	206	212	219	225	231	238	244
	478	172	178	185	191	197	204	210	216	222	229	235	241	248	254	260
	529	188	194	201	207	213	220	226	232	238	245	251	257	264	270	276
	630	220	226	232	239	245	254	258	264	270	276	283	289	295	302	308
	720	248	254	261	267	273	280	286	292	298	305	311	317	324	330	336
	820	288	286	292	298	305	311	317	324	330	336	342	349	355	361	368
	920	311	317	324	330	336	342	349	355	361	368	374	380	386	393	399
	1020	342	349	355	361	368	374	380	386	393	399	405	412	418	424	430

注：1.本表所列数据以管长100mm为单位。

2.考虑到施工时的误差，在计算保温材料面积时，已将管子直径加大10mm。

（2）辅助材料用量计算 保温常用辅助材料用量计算如表17-93所列。

表17-93 保温常用辅助材料用量计算

项 目	规 格	单 位	用 量
沥青玻璃布油毡	JG 84—74	m^2/m^2 保温层	1.2
玻璃布	中碱布	m^2/m^2 保温层	1.1
复合铝箔	玻璃纤维增强型	m^2/m^2 保温层	1.2
镀锌铁皮	δ=0.3～0.5mm	m^2/m^2 保温层	1.2
铝合金板	δ=0.5～0.7mm	m^2/m^2 保温层	1.2
镀锌铁丝网	六角网孔25mm线经22G	m^2/m^2 保温层	1.1
镀锌铁丝	18″($DN\leqslant$100mm时)	kg/m^3 保温层	2.0
（绑扎保温层用）	16″(DN=125～450mm时)	kg/m^2 保温层	0.05
镀锌铁丝	18″($DN\leqslant$100mm时)	kg/m^3 保温层	3.3
（绑扎保护层用）	16″(DN=125～450mm时)	kg/m^2 保温层	0.08
铜带	宽15mm，厚0.4mm	kg/m^2 保温层	0.54
自攻螺钉	$M4\times15$	kg/m^2 保温层	0.03
销钉	圆钢ϕ6	个$/m^2$ 保温层	12

9. 保温层施工

（1）保温固定件、支承件的设置、垂直管道和设备，每隔一段距离需设保温层承重环（或抱箍），宽度为保温层厚度的2/3。销钉用于固定保温层时，间隔250～350mm，用于固定金属外保护层时，间隔500～1000mm；并使每张金属板端头不少于两个销钉。采用支承圈固定金属外保护层时，每道支承圈间隔为1200～2000mm，并使每张金属板有两道支承圈。

（2）管壳用于小于DN350mm管道保温，选用的管壳内径应与管道外径一致。施工时，张开管壳切口部套于管道上；水平管道保温，切口置于下侧。对于有复合外保护层的管壳应拆开切口部搭接头内侧的防护纸，将搭接头按压贴平；相邻两段管壳要紧，缝隙处用压敏胶带粘贴；对于无外保护层的管壳，可用镀锌铁丝或塑料绳捆扎，每段管壳捆2～3道。

（3）板材用于平壁或大曲面设备保温，施工时，棉板应紧贴于设备外壁，曲面设备需将棉板的两板接缝切成斜口拼接，通常宜采用销钉自锁紧板固定。对于不宜焊销钉的设备，可用钢带捆扎，间距为每块棉板不少于两道，拐角处要用镀锌铁皮。当保温层厚度超过80mm时，应分层保温，双层或多层保冷层应错缝设，分层捆扎。

（4）设备及管道支座、吊架以及法兰、阀门、人孔等部位，在整体保温时，预留一定装卸间隙，待整体保温及保护层施工完毕后，再做部分保温处理。并注意施工完毕的保温结构不得妨碍活动支架的滑动。保温棉毡、垫的保温厚度和密度应均匀，外形应规整，经压实捆扎后的容重必须符合设计规定的安装容重。

（5）管道端部或有盲板的部位应敷设保温层，并应密封。除设计指明按管束保温的管道外，其余均应单独进行保温，施工后的保温层不得遮盖设备铭牌；如将铭牌周围的保温层切割成喇叭形开口，开口处应密封规整。方形设备或方形管道四角的保温层采用保温制品敷设时，其四角角缝应做成封盖式搭缝，不得形成垂直通缝。水平管道的纵向接缝位置，不得布置在管道垂直中心线45°范围内，当采用大管径的多块成型绝热制品时，保温层的纵向接缝位置可不受此限制，但应偏离管道垂直中心线位置。

(6) 保温制品的拼缝宽度，一般不得大于 5mm，且施工时需注意错缝。当使用两层以上的保温制品时，不仅同层应错缝，而且里外层应压缝，其搭接长度不宜小于 50mm；当外层管壳绝热层采用黏胶带封缝时，可不错缝。钩钉或销钉的安装，一般采用专用钩钉、销钉，也可用 ϕ3～6mm 的镀锌铁丝或低碳圆钢制作，直接焊在碳钢制设备或管道上，其间距不应大于 350mm。单位面积上钩钉或销钉数，侧部不应少于 6 个/m^2，底部不应少于 8 个/m^2。焊接钩钉或销钉时，应先用粉线在设备、管道壁上错行或对行划出每个钩钉或销钉的位置。支承件的安装，对于支承件的材质，应根据设备或管道材质确定，宜采用普通碳钢板或型钢制作。支承件不得设在有附件的位置上，环面应水平设置，各托架筋板之间安装误差不应大于 10mm。当不允许直接焊于设备上时，应采用抱箍型支承件。支承件制作的宽度应小于保温层厚度 10mm，但不得小于 20mm。立式设备和公称直径大于 100mm 的垂直管道支承件的安装间距，应视保温材料松散程度而定。

(7) 壁上有加强筋板的方形设备和管道的保温层，应利用其加强筋板代替支承件，也可在加强筋板边沿上加焊弯钩。直接焊于不锈钢设备或管道上的固定件，必须采用不锈钢制作。当固定件采用碳钢制作时，应加焊不锈钢垫板。抱箍式固定件与设备或管道之间，在介质温度高于 200℃以及设备或管道系非铁素体碳钢时应设置石棉等隔垫。设备振动部位的保温施工：当壳体上已设有固定螺杆时，螺母上紧丝扣后点焊加固；对于设备封头固定件的安装，采用焊接时，可在封头与筒体相交的切点处焊高支承环，并应在支承环上断续焊设固定环；当设备不允许焊接时，支承环应改为抱箍型。多层保温层应采用不锈钢制的活动环、固定环和钢带。

(8) 立式设备或垂直管道的保温层采用半硬质保温制品施工时，应从支承件开始，自下而上拼砌，并用镀锌铁丝或包装钢带进行环向捆扎；当卧式设备有托架时，保温层应从托架开始拼砌，并用镀锌铁丝网状捆扎。当采用抹面保护层时，应包扎镀锌铁丝网。公称直径≤100mm、未装设固定件的垂直管道，应用 8 号镀锌铁丝在管壁上拧成扭辫箍环，利用扭辫索挂镀锌铁丝固定保温层。当弯头部位保温层无成型制品时，应将普通直管壳截断，加工敷设成虾米腰状。$DN \leqslant 70$mm 的管道，或因弯管半径小，不易加工成虾米腰状时，可采用保温棉毡、垫绑扎。封头保温层的施工，应将制品板按封头尺寸加工成扇形块，错缝敷设。捆扎材料一端应系在活动环上，另一端应系在切点位置的固定环或托架上，捆扎成辐射形扎紧条。必要时，可在扎紧条间扎上环状拉条，环状拉条应与扎紧条呈十字扭结扎紧。当封头保温层为双层结构时，应分层捆扎。

(9) 伴热管管道保温层的施工，直管段每隔 1.0～1.5m 应用镀锌铁丝捆扎牢固。当无防止局部过热要求时，主管和伴热管可直接捆扎在一起；否则，主管和伴热管之间必须设置石棉垫。在采用棉毡、垫保温时，应先用镀锌铁丝网包裹并扎紧；不得将加热空间堵塞，然后再进行保温。

10. 保护层施工

(1) 金属保护层常用镀锌薄钢板或铝合金板 当采用普通薄钢板时，其里外表面必须涂敷防锈涂料。安装前，金属板两边先压出两道半圆凸缘。对于设备保温，为加强金属板强度，可在每张金属板对角线上压两条交叉筋线。

(2) 垂直方向保温施工 将相邻两张金属板的半圆凸缘重叠搭接，自下而上，上层板压下层板，搭接 50mm。当采用销钉固定时，用木槌对准销钉将薄板打穿，去除孔边小块渣皮，套上 3mm 厚胶垫，用自销紧板套入压紧（或 AM6 螺母拧紧）；当采用支撑圈、板固定时，板面重叠搭接处，尽可能对准支撑圈、板，先用 ϕ3.6mm 钻头钻孔，再用自攻螺钉 $M4\times15$ 紧固。

（3）水平管道的保温　可直接将金属板卷合在保温层外，按管道坡向，自下而上施工；两板环向半圆凸缘重叠，纵向搭口向下，搭接处重叠 50mm。

（4）搭接处先用 ϕ4mm（或 ϕ3.6mm）钻头钻孔，再用抽芯铆钉或自攻螺钉固定，铆钉或螺钉间距为 150～200mm。考虑设备及管道运行受膨胀位移，金属保护层应在伸缩方向留适当活动搭口。在露天或潮湿环境中的保温设备和管道与其附件的金属保护层，必须按照规定嵌填密封剂或接缝处包缠密封带。

（5）在已安装的金属护壳上，严禁踩踏或堆放物品；当不可避免要放置物品时，应采取适当的保护措施。

（6）复合保护层

① 油毡。用于潮湿环境下的管道及小型筒体设备保温外保护层。可直接卷铺在保温层外，垂直方向由低向高处敷设，环向搭接用稀沥青黏合，水平管道纵向搭缝向下，均搭接 50mm；然后，用镀锌铁丝或钢带扎紧，间距为 200～400mm。

② CPU 卷材。用于潮湿环境下的管道及小型筒体设备保温外保护层。可直接卷铺在保冷层外，由低处向高处敷设；管道环、纵向接缝的搭接宽度均为 50mm，可用订书机直接钉上，缝口用 CPU 涂料粘住。

③ 玻璃布。以螺纹状紧缠在保温层（或油毡、CPU 卷材）外，前后均搭接 50mm。由低处向高处施工，布带两端及每隔 3m 用镀锌铁丝或钢带捆扎。

④ 复合铝箔。牛皮纸夹筋铝箔、玻璃布铝箔等。可直接敷设在除棉、缝毡以外的平整的保温层外，接缝处用压敏胶带粘贴。

⑤ 玻璃布乳化沥青涂层。在缠好的玻璃布外表面涂刷乳化沥青，每道用量 2～3kg/m^2。一般涂刷两道，第二道需在第一道干燥后进行。

⑥ 玻璃钢。在缠好的玻璃布外表面涂刷不饱和聚酯树脂，每道用量 1～2kg/m^2。

⑦ 玻璃钢、铝箔玻璃钢薄板。施工方法同金属保护层，但不压半圆凸缘及折线。环、纵向搭接 30～50mm，搭接处可用抽芯铆钉或自攻螺钉紧固，接缝处宜用黏合剂密封。

（7）抹面保护层

① 抹面保护层的灰浆，应符合：a. 容重不得大于 1000kg/m^3；b. 抗压强度不得小于 0.8MPa（80kg/cm^2）；c. 烧失量（包括有机物和可燃物）不得大于 12%；d. 干烧后（冷状态下）不得产生裂缝、脱壳等现象；e. 不得对金属产生腐蚀。

② 露天的保温结构，不得采用抹面保护层。当必须采用时，应在抹面层上包缠毡、箔或布类保护层，并应在包缠层表面涂敷防水、耐候性的涂料。

③ 抹面保护层未硬化前，应防雨淋水冲。当昼夜室外平均温度低于 5℃且最低温度低于 −3℃，应按冬季施工方案，采取防寒措施。大型设备抹面时，应在抹面保护层上留出纵横交错的方格形或环形伸缩缝；伸缩缝做成凹槽，其深度应为 5～8mm，宽度应为 8～12mm。高温管道的抹面保护层和铁丝网的断缝，应与保温层的伸缩缝留在同一部位，缝为填充毡、棉材料。室外的高温管道，应在伸缩缝部位加金属护壳。

（8）使用化工材料或涂层时，应向有关生产厂家索取性能及使用说明书。在有防火要求时，应选用具有自熄性的涂层和嵌缝材料。在有防火要求的场所，管道和设备外应涂防火漆 2 道。

第六节　噪声和振动控制设计

净化系统消声和降振主要用于通风机，其次用于净化设备。在一般情况下，通风机要设消声器和减振器；对大、中型风机有时要设计隔声罩或隔声室。净化设备噪声也在防范之列。

一、噪声的概念

物体振动产生声音。但人耳并不能感觉到物体振动产生的所有声音，而是受听觉器官感觉能力的限制，只能听到频率20～20000Hz。小于20Hz的声音，称为次声；大于20000Hz的声音，称为超声，人耳都听不见。在可听声范围内，各种不同的声音可分为噪声和乐音两类。

从物理学观点来看，噪声是各种不同的频率、不同强度的声音的无规则的杂乱组合。例如，工厂里机器的尖叫声等，就是噪声。从生理学观点来看，凡是令人感到厌烦的、不需要的声音都是噪声；在这个意义上，噪声和乐音就难有区分的客观标准了。所以，广义地讲，凡是人们不需要的声音都是噪声。

（一）声音的传播

物体单位时间振动的次数，称为频率，以 f 表示；以每秒钟振动次数表示的频率单位是赫（兹），以 Hz 表示。频率的倒数即为周期 T，即：

$$f=\frac{1}{T} \tag{17-105}$$

声音在大气中传播，则大气即为声音的媒介。声音每秒钟在空气中传播的速度，称为声速，以 c 表示。当室温20℃时，$c=344\text{m/s}$。声速随温度的增加而增加，每增加1℃，声速增加量 $\Delta c=0.607\text{m/s}$。

声波在一个周期中传播的距离，称为波长，以 λ 表示。它与声速 c、周期 T、频率 f 之间的关系如下式所示：

$$\lambda=c\text{T}=\frac{c}{f} \tag{17-106}$$

声波在传播方向上通过单位面积上的功率，称为声强，以 I 表示之。

设空气密度为ρ，声速为 c，在传播方向上的声强 I 和自由声场中的声压 p 的平方成正比，即：

$$I=\frac{p^2}{\rho c} \tag{17-107}$$

（二）声压级（L_p）

由于声的作用引起的空气压力变化的起伏部分，称为声压，以 p 表示。声压级表示声音大小的量度，即声压与基准声压之比，取以10为底的对数乘以20，用下式表示：

$$L_p=20\lg\frac{p}{p_0} \tag{17-108}$$

式中，L_p 为声压级，dB；p 为声压，Pa；p_0 为基准声压，$L_p=2\times10^{-5}$Pa。上式也可写成：

$$L_0=20\lg p+94 \tag{17-109}$$

1. A 声级

也可称A计权声级。为了直接测量出反映评价的主观感觉量，在声学测量仪器（声级计）中，模拟人的某些听觉特性设置滤波器，将接受的声音按不同程度滤波，此滤波器称为计权网络。有A、B、C等计权网络，插入声级计的放大器线路中。这种经A网络计权后的声压叫A声级，记作dB（A）。由于A声级的广泛使用，有时亦简化为dB。

A计权的衰减值如表17-94所列。

表 17-94 A 计权的衰减值

倍频带中心频率/Hz	63	125	250	500	1K	2K	4K	8K
衰减值/dB	−26.2	−16.1	−8.6	−3.2	0	1.2	1.0	−1.1

2. 等效连续 A 声级

其定义为在声场中一定的位置上，用某一段时间内能量平均的方法，将间隙暴露的几个不同的 A 声级噪声，用一个 A 声级来表示该段时间内的噪声大小，这个声级即为等效连续声级，单位仍为 dB（A），记作 L_{aq}。可用下式表示：

$$L_{aq}=10\lg\left(\frac{1}{T}\int_0^T 10^{0.1L_A}\mathrm{d}t\right) \tag{17-110}$$

式中，L_{aq} 为等效连续声级，dB（A）；T 为某段时间的时间量；L_A 为 t 时刻的瞬时 A 声级。

（三）声功率、声功率级、比声功率级

1. 声功率

声功率是声源在单位时间内辐射出的总声能，是个恒量，与声源的距离无关。通常用字母 W 表示，单位是 W。

2. 声功率级

声功率用“级”表示，即声功率级。也就是声功率（W）与基准声功率（W_0）之比，取以 10 为底的对数乘以 10 即为声功率级。用下式表示：

$$L_w=10\lg\frac{W}{W_0} \tag{17-111}$$

式中，L_w 为声功率级，dB；W 为声功率，W；W_0 为基准声功率，$W_0=10^{-12}$W。

上式也可写成：

$$L_w=10\lg W+120 \tag{17-112}$$

声功率级与声压级的概念不可混淆，前者表示对声源辐射的声功率的度量；后者则不仅取决于声源功率，而且取决于离声源的距离以及声源周围空间的声学特性。

3. 比声功率级

比声功率级用于除尘系统的噪声控制时，表示单位风量、单位风压下所产生的声功率级。同一系列的风机，其比声功率级是相同的。因此，比声功率级（L_{SWA}）可作为不同系列风机噪声大小的评价指标，可用下式计算：

$$L_{SWA}=L_{WA}-10\lg QP^2+19.8 \tag{17-113}$$

式中，L_{SWA} 为比声功率级，dB；L_{WA} 为风机的声功率级，dB；Q 为风机流量，m^3/min；P 为风机全压，Pa。

二、噪声控制原理与设计

（一）吸声材料

当声波在一定空间（室内或管道内）传播，当入射至材料或结构壁面时，有一部分声能被反射，另一部分被吸收（包括透射）。由于这种吸收特性，使反射声能减少，从而使噪声得以降低。这种具有吸收特性的材料和结构称为吸声材料和吸声结构。

1. 吸声材料的吸声系数

入射在墙面或材料表面上的入射声波被吸收（包括透射）的声能与入射声波的声能之比，称为该墙面或材料的吸声系数。它是衡量材料表面吸声能力的重要参数。在噪声控制工

程中，较多采用无规入射吸声系数。

2. 吸声材料的吸声量

面积为 S 对某一频率吸声系数为 α 的表面，常以 $S\alpha$ 来衡量它的吸声能力，即吸收系数乘以材料的表面积，称为该频率的吸声量或吸声单位。

习惯上将以 125Hz、250Hz、500Hz、1000Hz、2000Hz、4000Hz 六个倍频带的吸声系数平均值等于或大于 0.2 的材料称作为吸声材料。

工程上常将以 250Hz、500Hz、1000Hz、2000Hz 的吸声系数平均值称为“降噪系数”。

吸声材料按其物理性能和吸声方式可分为多孔吸声材料和共振吸声结构两大类。

吸声系数与声波入射角有关，吸声系数一般分为正（垂直）入射吸声系数 α_0 与无规入射吸声系数 α 和 α_T。

(1) 正入射吸声系数 α_0　当声波入射到声阻抗率为 Z 的吸声材料时，其吸声材料 α_0 为：

$$\alpha_0=1-\left|\frac{Z-\rho_c}{Z+\rho_c}\right|^2 \tag{17-114}$$

式中，ρ_c 为空气中平面声波特性，声阻抗率，Pa・s/m。

(2) 无规入射吸声系数 α　在扩散声场中，测得的吸声系数为无规入射吸声系数，它与混响室的吸声系数相接近。

（二）消声器的消声原理

消声器是一种允许气流通过而又能使气流噪声得到控制的装置。

消声器的类型众多，但按降噪原理和功能一般可以分成阻性、抗性和阻抗复合式三大类。为某些特殊环境需要，还有微穿孔板消声器。对降低高温、高压、高速气流排出的高声强噪声，有节流减压、小孔喷注、多孔扩散式等其他类型的消声器。

1. 阻性消声器

声波在衬有吸声材料的管道中传播时，由于吸声材料耗损部分声能，从而达到了消声效果。材料的消声性能类似于电路中的电阻消耗功率，故得其名。利用多孔材料作为消声的机理与多孔吸声材料的吸声机理完全相同。因此阻性消声器对中、高频噪声消声效果较好，低频较差。

2. 抗性消声器

抗性消声器不同于阻性消声器，它不需要在管道中衬贴吸声材料，而是利用管道中的截面积突变，使声音传播中形成声阻抗的不匹配，部分声能反馈至声源方向，从而达到消声目的。这种消声原理与电路中抗性的电感和电容相仿，因而阻止电路中的交流电流通过，故得其名。抗性消声器对频率的选择性较强，压力损失较大。

3. 阻抗复合式消声器

阻性消声器主要适用于中高频消声，而抗性消声器则以低中频消声为主。而实际上，气流噪声多数属宽频噪声，所以将阻性和抗性消声器组合成一体，可以适应宽频噪声消声的需要。

4. 微穿孔板消声器

微穿孔板消声器的特点是可以不用任何多孔吸声材料，而且在厚度小于 1mm 的薄板上开适量的微孔，孔径一般为 0.8～1mm 左右，穿孔率一般控制在 $P=1\%\sim3\%$之间。

由于薄板上有微孔，它不仅有共振腔式消声的作用，又因微孔有较大的阻声可代替吸声材料，因此在某些条件下，它与其他各类消声器相比具有更为广泛的适用性。若采用薄金属

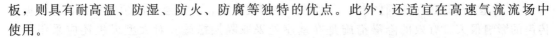

板，则具有耐高温、防湿、防火、防腐等独特的优点。此外，还适宜在高速气流流场中使用。

5. 放空排气消声

放空排气噪声也称喷注噪声，是一个突出的污染源。这个噪声源的特点是产生噪声的声功率大，排气压力和气流速度均很高，脉冲袋式除尘器的电磁阀产生的噪声即属此类。

常用放空排气消声器的几种类型如下。

(1) 节流减压排气消声器　利用多层穿孔板或穿孔分级扩散减压，即将排气的总压降分散至各层节流孔板上，将压力突变排空改变为压力渐变排空，并使通过孔板的流速得到一定的控制。

(2) 小孔喷注消声器　小孔喷注消声器是以许多微小的喷口代替大喷口。它适用于流速极高的放空排气，其消声原理是通过缩小喷口孔径，使噪声的主要频率移向高频，降噪量一般可达 20dB（A 计权）以上。它还具有体积小、重量轻、结构简单、造价经济等独特优点。

(3) 节流减压和小孔喷注复合排气消声器　这是综合节流减压和小孔喷注两类消声器的特点而组成的消声器，对于不同压力高速放空排气噪声的插入损失高达 30～50dB（A 计权），尤其适用于发电厂锅炉安全门放空排气。

（三）风机噪声控制方法[14,15]

风机的种类很多，按其气体压力升高的原理，可分为容积式和叶片式两种。

容积式风机是利用机壳内的转子，在旋转时使转子与机壳间的工作容积发生变化，把吸进的气体压送到排气管道（典型产品为罗茨鼓风机）。

叶片式风机是驱动叶轮旋转做功，使气体产生压力和流动，有离心式和轴流式两种。

1. 风机噪声的产生

风机的噪声包括因叶片带动气体流动过程中产生的空气动力噪声，风机机壳受激振动辐射的噪声和机座因振动激励的噪声。就风机的整体而言，还包括驱动机（主要是电动机）的噪声。

风机的空气动力噪声，主要由于气体的非稳定流动而形成气流的扰动，气体与气体以及气体与物体相互作用所产生的噪声。一般可分旋转噪声和涡流噪声。

(1) 旋转噪声　它是由均匀分布在工作轮上的叶片在风机工作时打击气体媒质，引起周围气体压力脉动而产生噪声。

(2) 涡流噪声　又称旋涡噪声，主要是气流流经叶片时，产生紊流附面层及旋涡与旋涡分裂脱体，引起叶片上的压力脉动所造成的。

2. 风机的噪声控制

风机的噪声控制，最好采用噪声低的风机，从声源解决环境噪声问题。当然也可以从噪声传播途径，采用常规的噪控措施来降低噪声。

(1) 合理选择风机型号　对同一型号风机，在性能允许的条件下，应尽量选用低风速风机。对不同型式的风机，应选用比 A 声级 L_{SA} 小的。一般风机效率良好的区域，其噪声也低，因此对风机的噪声及效率二者而言，都应使用性能良好的区域。

(2) 对风机噪声传播途径的控制

① 从进、出风口传出的空气动力噪声比风机其他部位传出的要高 10～20dB，有效地降噪措施是在进、出口装设消声器。

② 抑制机壳辐射的噪声，可在机壳上敷设阻尼层，但由于一般情况下这种降噪效果不大，故采用不多。

③ 从基座传递的风机固体声，特别是一些安装在平台、楼层或屋顶的风机，这种振动传声的影响很大。有效的降噪措施是在基座处采取隔振措施。对大型风机还应采用独立基础。

④ 采取隔声措施，一般用隔声罩，对大型风机或多台风机可设风机房。有一种隔声消声箱，它是用箱体隔绝机壳传出的噪声，同时又在气流进出口安装消声器。这种设施对风量大，体积小而噪声较强的场地较为合适。

3. 风机消声器设计计算

除尘用风机消声常用阻性消声器。阻性消声器的消声量与消声器的形式、长度、通道横截面积有关，同时与吸声材料的种类、密度和厚度等因素有关。通常，阻性消声器的消声量 ΔL 可按下面的基本公式计算：

$$\Delta L=\Phi(\alpha_0)\frac{pl}{S} \tag{17-115}$$

式中，ΔL 为消声量，dB；$\Phi(\alpha_0)$ 为消声系数，一般可取表 17-95 的值；l 为消声器的有效部分长度，m；p 为消声器的通道断面周长，m：S 为消声器的通道有效横断面积，m^2。

表 17-95 $\Phi(\alpha_0)$ 与 α_0 的关系

α_0	0.1	0.2	0.3	0.4	0.5	0.6	0.7	0.8	0.9～1.0
$\Phi(\alpha_0)$	0.1	0.2	0.4	0.55	0.7	0.9	1.0	1.2	1.5

注：表中吸声系数 α_0 见表 17-96。

表 17-96 吸声材料的吸声系数 α_0

材料名称	密度/(kg/m^3)	厚度/cm	倍频带中心频率/Hz 125	250	500	1k	2k	4k
			吸声系数 α_0					
超细玻璃棉	25	2.5	0.02	0.07	0.22	0.59	0.94	0.94
		5	0.05	0.24	0.72	0.97	0.90	0.98
		10	0.11	0.85	0.88	0.83	0.93	0.97
矿渣棉	240	6	0.25	0.55	0.78	0.75	0.87	0.91
毛毡	370		0.11	0.30	0.50	0.50	0.50	0.52
聚氨酯	30	3		0.08	0.13	0.25	0.56	0.77
泡沫塑料	45	4	0.10	0.19	0.36	0.70	0.75	0.80
微孔砖	450	4	0.09	0.29	0.64	0.72	0.72	0.86
	620	5.5	0.20	0.40	0.60	0.52	0.65	0.62
膨胀珍珠岩	360	10	0.36	0.39	0.44	0.50	0.55	0.55

阻性消声器一般有管式、片式、蜂窝式、折板式和声流式等几种。

(1) 管式消声器是将吸声材料固定在管道内壁上形成的，有直管式和弯管式，其通道可以是圆形的，也可以是矩形的。管式消声器结构简单，加工容易，空气动力性能好，在气体流量较小时，一般可以使用管式消声器。

直管式消声器的消声量可按基本公式计算，弯管式消声器的消声量可按表 17-97 的估计值考虑，表中的 d 是管径，λ 是声波的波长。

若声波频率与管子截面几何尺寸满足关系式

$$f_z<\frac{1.84c}{\pi d} \tag{17-116}$$

式中，c 为声速，m/s；d 为圆管直径，m。

表 17-97　直角弯管式消声器的消声量估计值　　单位：dB

d/λ	0.1	0.2	0.3	0.4	0.5	0.6	0.8	1.0
无规入射	0	0.5	3.5	7.0	9.5	10.5	10.5	10.5
垂直入射	0	0.5	3.5	7.0	9.5	10.5	11.5	12
d/λ	1.5	2	3	4	5	6	8	10
无规入射	10	10	10	10	10	10	10	10
垂直入射	13	13	14	16	18	19	19	20

或

$$f_z<\frac{c}{2d} \tag{17-117}$$

式中，d 为方管边长，m。

则此时声波在管中以平面波形式传播，相对于管中任意断面，声波是垂直入射的；当声波频率大于 f_z 时，管中出现其他形式的波，应按无规入射考虑。

（2）片式消声器　片式消声器是由一排平行的消声片组成的，它的每个通道相当于一个矩形消声器，其消声量可按基本公式进行计算。这种消声器的结构不复杂，中高频消声效果较好，消声量一般为 15～20dB/m；阻力系数大，约为 0.8。片式消声器的片间距离可取 100～200mm，片厚可取 50～150mm。取各消声片厚度相等，间距相等，这时，如果制作消声器的钢板声量足够，则可将片式消声器设计成如图 17-74 所示的结构。

当片式消声器的通道宽度 a 比高度 h 小得多时，其消声量 ΔL 可按下式计算：

$$\Delta L=2\Phi(\alpha_0)\frac{l}{a} \tag{17-118}$$

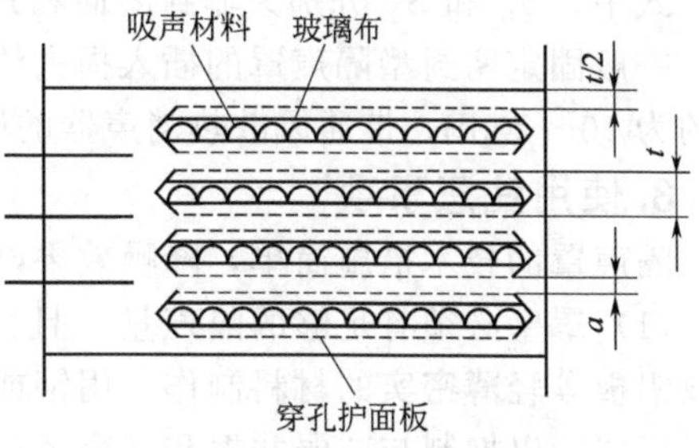

图 17-74　片式消声器

从上式中可以看出，片式消声器的消声量与每个通道的宽 a 有关，a 越小，消声量 ΔL 就越大，而与通道的数目和高度没有什么关系。但是，在通道宽度决定以后，数目和高度就对消声器的空气动力性能有影响。因此，流量增大以后，为了保证仍有足够的有效流通面积和控制流速，就需要增加通道的数目和高度。

（四）隔声

声波在空气中传播时，使声能在传播途径中受到阻挡而不能直接通过的措施称为隔声。

1. 隔声量

隔声材料是重而密实的材料（对实体结构而言），入射在构件一面的声能与透射到另一面的声能相差的分贝数称隔声量。用隔声墙的减声量随波长和声源性质（点声源或声线源）的不同而变化，其计算图见图 17-75。

2. 隔声罩

对声源单独进行隔声设计，可采用隔声罩的结构形式。隔声罩是噪声控制设计中常被采用的设备，例如空压机、水泵、通风机等高噪声源，其体积小，形状比较规则或者虽然体积较大，但空间及工作条件允许时，可以用隔声罩将声源封闭在罩内，以减少向周围的声辐射。

隔声罩的降噪效果一般用插入损失 IL 表示。

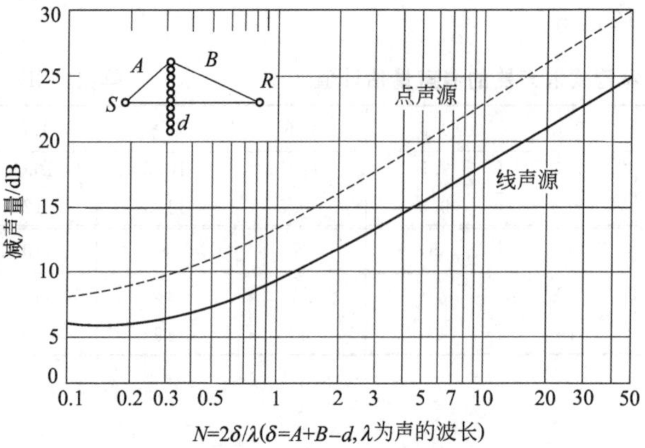

图 17-75 隔声墙消声量计算图

$$IL=L_1-L_2=\overline{TL}+10\lg\frac{A}{S} \quad (17\text{-}119)$$

式中，IL 为插入损失，dB；A 为隔声罩内表面的总吸声量，dB；S 为隔声间内表面的总面积，m^2；$\overline{TL}$ 为声间的平均隔声量，dB。

$$\overline{TL}=10\lg\frac{\sum S_i}{\sum S_i 10^{-0.1TL_i}} \quad (17\text{-}120)$$

式中，S_i 为第 i 个构件的面积，m^2；TL_i 为第 i 个构件的隔声量，dB。

隔声罩的插入损失一般约 20～50dB。

对于全密封的隔声罩，IL 可近似用下式计算：

$$IL=10\lg(1+\alpha 10^{0.1TL}) \quad (17\text{-}121)$$

式中，α 为内饰吸声材料的吸声系数；TL 为隔声罩罩壁的隔声量，dB。

对于局部敞开的隔声罩，插入损失为：

$$IL=TL+10\lg\alpha+10\lg\frac{1+S_0/S_1}{1+S_0 10^{0.1TL}/S_1} \quad (17\text{-}122)$$

式中，S_0 和 S_1 分别为非封闭面和封闭面的总面积，m^2。

一般固定密封型隔声罩的插入损失约为 30～40dB；活动密封型为 15～30dB，局部敞开型约为 10～20dB，带通风散热消声器的则约为 15～30dB。

3. 使用注意事项

隔声罩的技术措施简单，降噪效果好，在设计和选用隔声罩时应注意以下几点。

(1) 罩壁必须有足够的隔声量，且为了便于制造安装维修，宜采用 0.5～2mm 厚的钢板或铝板等轻薄密实的材料制作。用钢或铝板等轻薄型材料做罩壁时，须在壁面上加筋，涂贴阻尼层，以抑制与减弱共振和吻合效应的影响。罩内壁要采取吸声处理，使用多孔松散材料时，应有较牢固的护面层。

(2) 罩体与声源设备及其机座之间不能有刚性接触，以免形成“声桥”，导致隔声量降低。

(3) 开有隔声门、窗、通风与电缆等管线时，缝隙处必须密封，并且管线周围应有减振、密封措施。

(4) 罩壳形状恰当，尽量少用方形平行罩壁，罩内壁与设备之间应留有较大的空间，一般为设备所占空间的 1/3 以上，各内壁面与设备的空间距离不得小于 10cm，以免耦合共振，使隔声量减小。

(5) 对于在具有可燃性气体、蒸气或颗粒性粉尘场所设置隔声罩或对有散热要求的设备设置隔声罩，隔声罩均需合理设计通风。当隔声罩采取通风和散热措施时，隔声罩进、出风口均应增加消声器等措施，其消声量要与隔声罩的插入损失相匹配。

三、减振器和减振设计

1. 减振器材一般要求

对动力设备等采取积极隔振措施，或对精密仪器、设备及建筑物采取消极隔振措施时，应根据隔振要求、安装减振器的环境空间允许位置等对减振器进行选择。一般来说，为达到隔振目的，隔振材料或减振器应符合下列要求：

（1）弹性性能优良，刚度低；承载力大，强度高，阻尼适当；

（2）耐久性好，性能稳定，抗酸、碱、油的侵蚀能力较强；不因外界温度、湿度等条件变化而引起性能发生较大变化；

（3）取材容易；加工制作和维修、更换方便。

2. 减振器材的分类

减振器材和减振器分类比较复杂，可按材料或结构形式进行分类，也可按用途进行分类等。目前，一般可按表 17-98 分类。

表 17-98　减振器材分类

减振垫	橡胶减振垫 玻璃纤维垫 金属丝网减振垫 软木、毛毡、乳胶海绵等制成的减振垫
减振器	橡胶减振器 全金属减振器(螺旋弹簧减振器、蝶簧减振器、板簧减振器和钢丝绳减振器等) 空气弹簧 弹性吊架(橡胶类、金属弹簧类或复合型)
柔性接管	可曲绕橡胶接头 金属波纹管 橡胶、帆布、塑料等柔性接头

在设计减振体系时，一般来说应着重于选用国内标准产品或定型产品，当不能满足设计要求时，可另行设计。

3. 减振器的选择

在要求减振传递率相同的条件下，通风机振动频率越低所需减振器中的静态形变值越大，反之越小。在常用的减振器中，弹簧减振器静态形变值较大，因此弹簧减振器多用在振动频率较低的场合；金属橡胶减振器，一般多用在振动频率较高的场合，如必须用在振动频率较低的情况可组合使用。

ZD 型阻尼弹簧复合减振器。在生产阻尼弹簧减振器的基础上，进行了技术改进 ZD 型阻尼弹簧复合减振器，对阻尼弹簧、橡胶减振垫组合使用，利用各自优点，克服其缺点。具有复合隔振降噪，固有频率低，隔振效果好，对隔振固体传声，尤其是对隔离高频冲击的固体传声更为优越。是积极、消极隔振的理想产品。

ZD 型阻尼弹簧复合减振器有 3 种安装方式：ZD 型上下座外表面装有防滑橡胶垫，对于扰力小，重心低的设备可直接将 ZD 型减振器放置于设备减振台座下，无须固定；ZD Ⅰ型仅上座配的螺栓与设备固定。ZD Ⅱ型上、下座分别设有螺栓与地基螺栓孔，可上下固定。

ZD 型系列产品适用工作温度为－40～110℃，正常工作载荷范围内固有频率 2～5Hz，阻尼比 0.045～0.065。ZD 型减振器的外形尺寸如图 17-76 所示，性能见表 17-99。

4. 减振设计要点

减振设计主要是确定隔振效果，即频率比，设计的频率比能满足要求的情况下，隔振即可取得预期结果。

（1）确定减振器的数量，可参照表 17-100 选取。

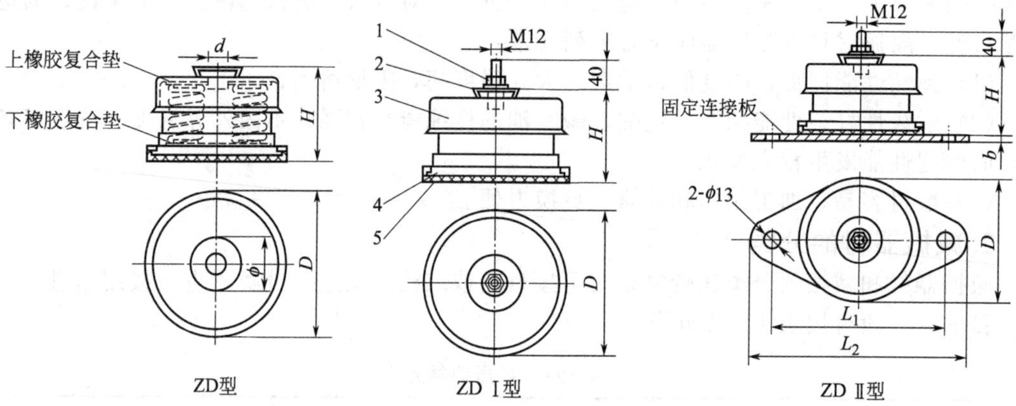

图 17-76　减振器外形尺寸

1—螺母及螺垫；2—上隔声摩擦垫；3—上壳；4—下底座；5—下隔声摩擦垫

表 17-99　ZD 型减振器外形尺寸及技术特性

型号	最佳载荷/N	预压载荷/N	极限载荷/N	竖向刚度/(N/mm)	额定载荷点水平刚度/(N/mm)	外形尺寸/mm						
						H	D	L_1	L_2	d	b	ϕ
ZD-12	120	90	168	7.5	5.4	70	84	110	140	10	5	32
ZD-18	180	115	218	9.5	14	65	128	160	195	10	5	42
ZD-25	250	153	288	12.5	19	65	128	160	195	10	5	42
ZD-40	400	262	518	22	16	72	144	175	210	10	6	42
ZD-55	550	336	680	30	21.6	72	144	175	210	10	6	42
ZD-80	800	545	1050	41	28.7	88	163	195	230	10	6	52
ZD-120	1200	800	1560	44	31	104	185	225	265	10	8	52
ZD-160	1600	1150	2180	63	33	104	185	225	265	10	8	52
ZD-240	2400	1600	3100	85	35.6	120	210	250	295	14	8	62
ZD-320	3200	2150	4220	127	70	144	230	270	310	18	8	84
ZD-480	4800	2950	5750	175	77	144	230	270	310	18	8	84
ZD-640	6400	4170	8300	180	125	154	282	320	360	20	8	104
ZD-820	8200	5300	10550	230	140	154	282	320	360	20	8	104
ZD-1000	10000	6050	11580	222	154	176	325	360	400	20	8	104
ZD-1280	12800	8300	16550	305	190	176	325	360	400	20	8	104
ZD-1500	15000	8500	19500	800	180	175	276	316	356	30	10	104
ZD-2000	20000	8000	28000	1480	290	175	276	316	356	30	10	104
ZD-2700	27000	13000	30000	2160	430	180	276	216	356	30	10	104
ZD-3500	35000	15000	40000	2700	570	180	276	316	356	30	10	104

表 17-100　减振器数量

风机功率/kW	减振器数量
＜10	4～6
10～50	6～8
＞50	8～18

（2）干扰频率计算

$$f=\frac{n}{t} \tag{17-123}$$

式中，f 为干扰频率，Hz；n 为风机转速，r/min；t 为时间换算值，$t=60$。

（3）计算每个减振器承受的实际载荷，公式如下：

$$p_{\mathrm{h}}=\frac{10m_{\mathrm{f}}}{n} \tag{17-124}$$

式中，p_{h} 为每个减振器的实际载荷，kN；m_{f} 为风机（含机座、电机）的质量，kg；n 为减振器的数量，个。

（4）选择减振器型号　根据风机总重即干扰力的大小和减振器最佳载荷选取大小不同的型号。

（5）减振器宽度方向（横向）对称布置，长度方向（纵向）重心距离满足下式：

$$\begin{aligned}\sum A_i&=0\\ \sum B_i&=0\end{aligned} \tag{17-125}$$

式中，A_i，B_i 分别为各减振器纵向和横向距机组重心的距离；i 为减振器编号，如图 17-77 所示。

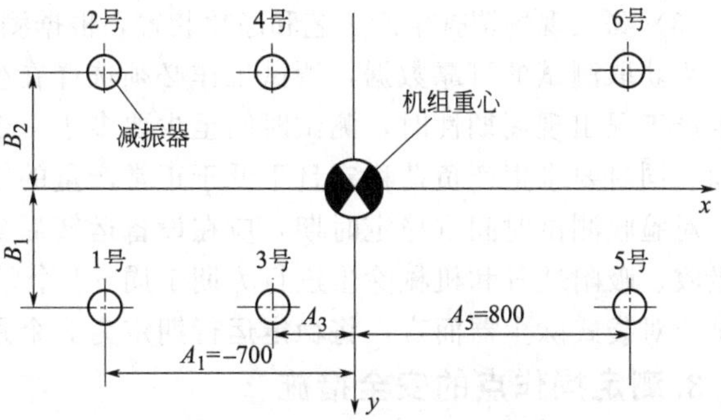

图 17-77　减振器布置

（6）计算隔振系统固有频率，按下式计算或由减振器性能表查得：

$$f_0=\frac{1}{2\pi}\sqrt{\frac{9800}{\delta}} \tag{17-126}$$

式中，f_0 为隔振系统固有频率，Hz；δ 为压缩变形量，由减振器性能表查得。

（7）隔振效率η_z 按下式计算，$\eta_z \geqslant 80\%$认为比较合理。

$$\eta_z=\left[1-\sqrt{\frac{1+\left(2D\dfrac{f}{f_0}\right)^2}{\left(1-\dfrac{f^2}{f_0^2}\right)^2+\left(2D\dfrac{f}{f_0}\right)^2}}\right]\times 100\% \tag{17-127}$$

式中，η_z 为隔振效率，%；D 为阻尼比，一般$\leqslant 0.05$；f 为干扰频率，Hz；f_0 为固有频率，Hz。

第七节　净化系统的测试

完整的净化系统的测试包括风管内气体的状态参数，以及气体污染物和粉尘的测定。净化系统风量调整目的在于使系统各集气风量和管道内风量在设计范围内并确保尘源点没有污染物散逸，使工作区达到预期的卫生标准和污染物排放标准。最后根据综合效能考核进行工程验收。

一、测试项目、条件和测点

1. 测试项目

（1）处理气体的流量、温度、含湿量、压力、露点、密度、成分；

（2）处理气体和粉尘的性质；

(3) 净化设备出入口的粉尘和气体污染物浓度；

(4) 除尘效率和气体污染物净化效率；

(5) 压力损失；

(6) 净化设备的气密性或漏风率；

(7) 净化系统集气罩性能；

(8) 净化系统风机性能及噪声、振动等；

(9) 按照其他需要，还有风机、电动机、空气压缩机等的容量、效率及特定部分的内容等。

2. 测试应必备的条件

(1) 测试应在生产工艺处于正常运行条件下进行　净化系统中的粉尘和气体污染物皆由原料在机械破碎、筛选、物料输送、冶炼、锻造、烘干、包装等工艺过程中产生。为了取得有代表性的测试数据，测试应选定生产工艺处于正常运行条件下进行。

(2) 测试应在净化装置稳定运行的条件下进行　整个测试期间应在设备处于正常、稳定的条件下进行，并要求其与生产工艺相协调同步进行。为此，在进行测试工作前，需向厂方提出要求，取得其配合并采取措施，确保两者皆能连续正常运行。

(3) 深入现场调查生产工艺和净化装置，根据测试目的，制定包括安全措施的测试方案。

为获取测试的可靠数据，测试工作必须选择在生产和净化装置正常运行的条件下进行。当生产工况出现周期性时，测试时间至少要多于一个周期的时间，一般选在三个生产周期的时间。同时要求生产负荷稳定且不低于正常产量的 80%条件下进行测试。

对验收测试时间（稳定时期）应在设备运转后经过 1～3 个月以上时间进行；净化系统对吸收、吸附装置和机械除尘进行为期 1 周～1 个月的测试；采用电除尘时，1～3 个月进行测试。对袋式除尘器而言，将稳定运行期定为 3 个月以上。

3. 测定操作点的安全措施

大型装置是依据污染源设备的种类和规模设计的，对于大规模的污染源设施，测试点几乎都在高处；在高处进行测试时，必须考虑到安全防护措施。

(1) 升降设备要有足够的强度。进行测试的工作平台，其宽度、强度以及安全栏杆的高度均应符合安全要求。

(2) 在测试操作中，要防止金属测试装置与用电电源线接触，以避免触电事故。

(3) 要防止有害气体和粉尘造成的危害。

(4) 测试仪器装置所需要的电源形状和插座的位置，测试仪器的安放地点均应安全可靠，保证测试操作不发生安全事故。

4. 采样位置的选择

粉尘在管道中的浓度分布即便是没有阻挡不是完全均匀的，在水平管道内大的尘粒由于重力沉降作用使管道下部浓度偏高。只有在足够长的垂直管道中粉尘浓度才可以视为轴对称分布。在测试气体流速和采集粉尘样品时，为了取得有代表性的样品，尽可能将采样位置放在气流平稳直管段中，距弯头、阀门和其他变径管段下游方向大于 4～6 倍直径和其上游方向大于 2～3 倍直径处。最少也不应少于 1.5 倍管径，但此时应增加测试点数。此外尚应注意取样断面的气体流速在 5m/s 以上。

但对于气态污染物，由于混合比较均匀，其采样位置则不受上述规定限制，只要注意避开涡流区。如果同时测试排气量，则采样位置仍按测尘时所需要的位置。

5. 测试的操作平台

净化系统是根据污染源设施的种类和规模设计的，对于大规模的污染源设施，净化设备也非常大，测试点几乎都是在高处，因此要在几米以上高处进行测试，则应考虑到测试仪器的放置、人员的操作空间和安全的需要，应该设置操作平台。

操作平台的面积及结构强度，应以便于操作和安全为准，并设有高度不低于1.15m的安全护栏。平台面积不宜小于 $1.5m^2$[5]。

6. 采样孔的结构

在选定的测试位置上开设采样孔，为适宜各种形式采样管插入，孔的直径应不小于80mm，采样孔管长应不大于50mm。不测试时应用盖板、管堵或管帽封闭，当采样孔仅用于采集气态污染物时，其内径应不小于40mm。采样孔的结构见图17-78。

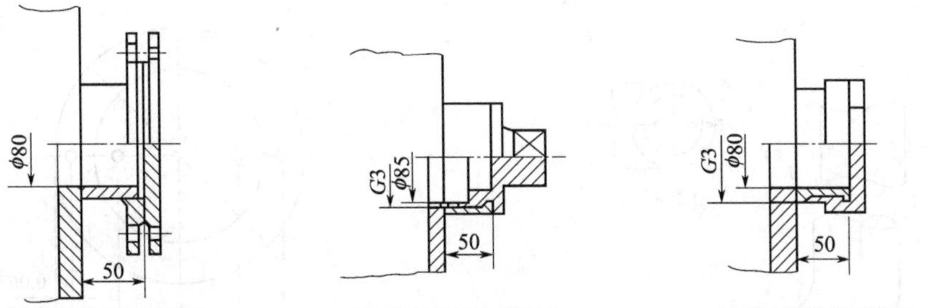

(a) 带有盖板的采样孔　(b) 带有管堵的采样孔　(c) 带有管帽的采样孔

图 17-78　采样孔

对正压下输送高温或有毒气体，为保护测试人员的安全，采样孔应采用带有闸板阀的密封采样孔（见图17-79）。

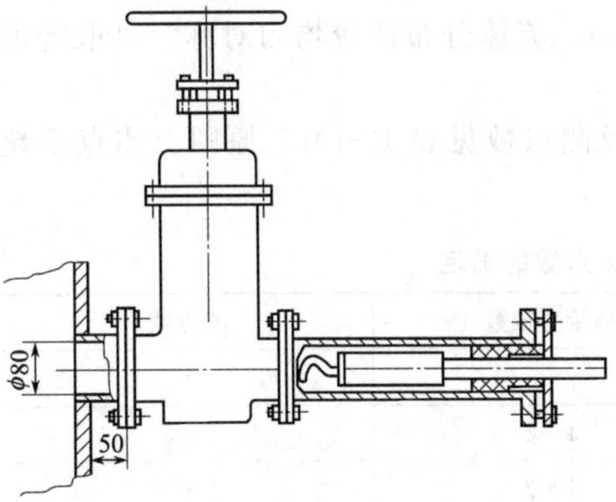

图 17-79　带有闸板阀的密封采样孔

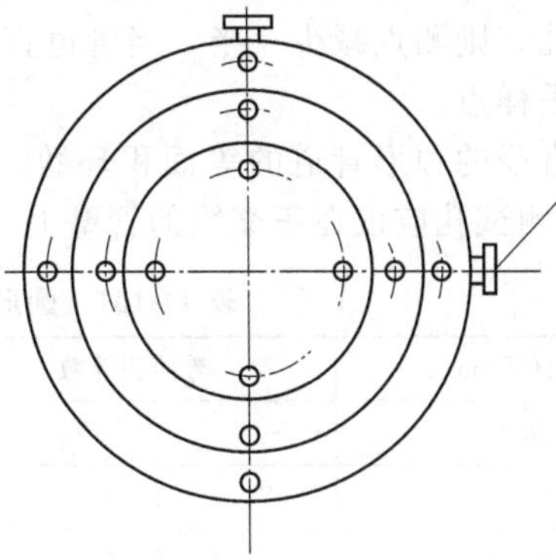

图 17-80　圆形断面的测定点

对圆形烟道，采样孔应设置在包括各测试点在内的互相垂直的直线上（图17-80）；对矩形或方形烟道，采样孔应在包括各测试点在内的延长线上（图17-81、图17-82）。

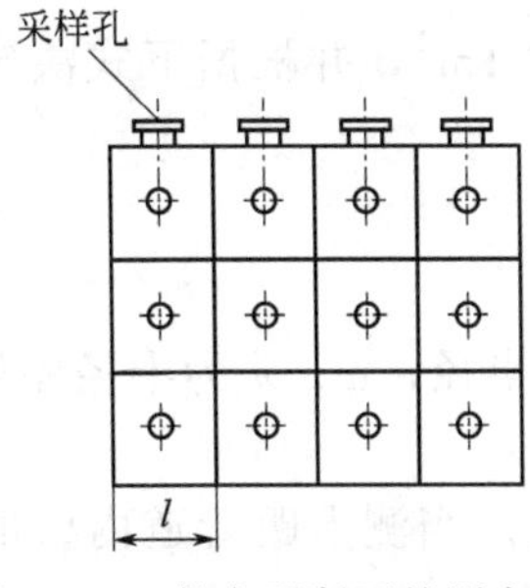

图 17-81　长方形断面的测定点

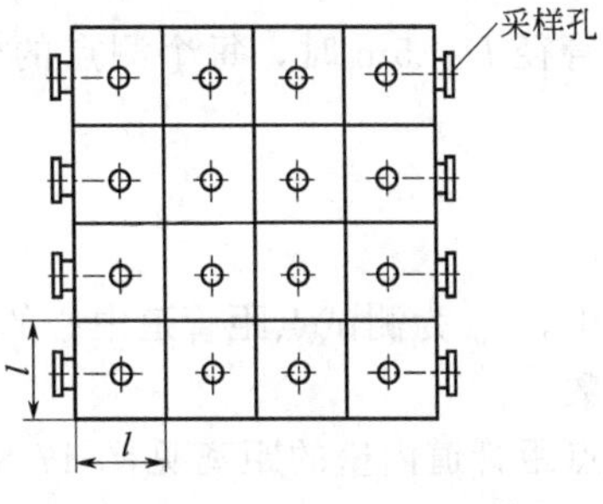

图 17-82　正方形断面的测定点

测试孔设在高处时，测孔中心线应设在此操作平台高约 1.5m 的位置上；操作平台有扶手护栏时，测试孔的位置一定要适度高出栏杆。

7. 测试断面和测点数目

当测试气体流量和采集粉尘样品时，应将管道断面分为适当数量的等面积环或方块，再将环分为两个等面积的线或方块中心，作为采样点。

(1) 圆形管道　将管道分为适当数量的等面积同心环，各测点选在各环等面积中心线与呈垂直相交的两条直径线的交点上，其中一条直径线应在预期浓度变化最大的平面内。如当测点在弯头后，该直径线应位于弯头所在的平面 $A—A$ 内（图 17-83）。

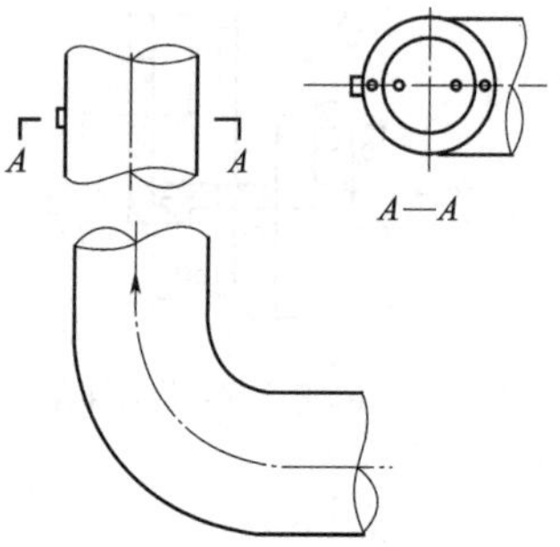

图 17-83　圆形烟道弯头后的测点

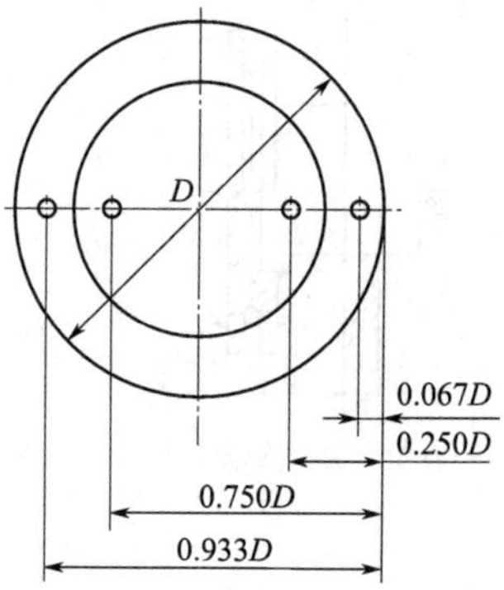

图 17-84　采样点距烟道内壁距离

对圆形管道若所测定断面流速分布比较均匀、对称，在较长的水平或垂直管段，可设置一个采样孔，则测点减少一半。当管道直径小于 0.3m，流速分布比较均匀对称，可取管道中心作为采样点。

不同直径的圆形管道的等面积环数、测量环数及测点数见表 17-101，原则上测点不超过 20 个。测试孔应设在正交线的管壁上。

表 17-101　圆形烟道分环及测点数的确定

烟道直径/m	等面积环数	测量直径数	测点数
<0.3			1
0.3～0.6	1～2	1～2	2～8
0.6～1.0	2～3	1～2	4～12
1.0～2.0	3～4	1～2	6～16
2.0～4.0	4～5	1～2	8～20
4.0～5.0	5	1～2	10～20

当管径 $D>5$m 时，每个测点的管道断面积不应超过 1m²，并根据下式决定测试点的位置：

$$r_n = R\sqrt{\frac{2n-1}{2Z}} \tag{17-128}$$

式中，r_n 为测试点距管道中心的距离，m；R 为管道半径，m；n 为半径序号；Z 为半径划分数。

测点距管道内壁的距离见图 17-84，按表 17-102 确定。当测点距管道内壁的距离小于 25mm 时，取 25mm。

表 17-102 测点距烟道内壁距离（以烟道直径 D 计）

测点号	环数				
	1	2	3	4	5
1	0.146	0.067	0.044	0.033	0.026
2	0.854	0.250	0.146	0.105	0.082
3		0.750	0.296	0.194	0.146
4		0.933	0.704	0.323	0.226
5			0.854	0.677	0.342
6			0.956	0.806	0.658
7				0.895	0.774
8				0.967	0.854
9					0.918
10					0.974

(2) 矩形或方形管道　矩形或方形管道断面气流分布比较均匀、对称，可适当分成若干等面积小块，各块中心即为测点，小块的数量按表 17-103 的规定选取；但每个测点所代表的管道面积不得超过 $0.6m^2$，测点不超过 20 个。若管道断面积小于 $0.1m^2$，且流速比较均匀、对称，则可取断面中心作为测点。

表 17-103 矩（方）形烟道的分块和测点数

适用烟道断面积 S/m^2	断面积划分数	测定点数	划分的小格一边长度 L/m
<1	2×2	4	≤0.5
1～4	3×3	9	≤0.667
4～9	3×4	12	≤1
9～16	4×4	16	≤1
16～20	4×5	20	≤1

另外，在测试端面上的流动为非对称时，按非对称方向划分的小格一边之长应比按与此方向相垂直方向划分的小格一边之长小一些，相应地增加测点数。

(3) 其他形式断面管道　当管道集灰时，应通过管道收集或利用压缩空气将积灰清除，使其恢复原形，然后按照前两项的标准，选择测点。当管道积灰固结在管壁上清除困难时，视含尘气体流通通道的几何形状，按照前两项的标准，选择测点。

二、气体参数测试

除尘管道内气体参数的测试内容包括气体的压力、流量、温度、湿度、露点和含尘浓度等。其中压力和流量的测试很重要，必须予以充分注意。

（一）管道内温度的测试

测试时，将温度计的感温部分放置在管通中心位置，等温度读值稳定不变时再读取。在各测点上测试温度时，将测得的数值 3 次以上取其平均值。常用的测温仪表如表 17-104。

表 17-104 常用测温仪表

仪表名称		测量范围/℃	误差/℃	使用注意事项
玻璃温度计	内封酒精	0～100	<2	适合于管径小、温度低的情况，测定时至少稳定5min，温度稳定后方可读数
	内封水银	0～500		
热电偶温度计	镍铬-康铜	0～600	<±3	用前需校正，插入管道后，待毫伏计稳定再读数；高温测定时，为避开辐射热干扰，最好将热电偶导线置于烟气能流动的保护套管内
	镍铬-镍铝	0～1300		
	铂铑-铂	0～1600		
铂热电阻温度计		0～500	<±3	用前需校正，插入管道后指示表针稳定后再读数

（二）管道内气体含湿量的测试[16～18]

在除尘系统与除尘器中，气体含湿量的测试方法有冷凝结、干湿球法和重量法。但常用的方法是冷凝法和干湿球法。

1. 冷凝法

由烟道中抽取一定体积的气体使之通过冷凝器，根据冷凝器排出的冷凝水量和从冷凝器排出的饱和水蒸气量，计算气体的含湿量。

气体和水分含量的测试装置如图 17-85 所示。

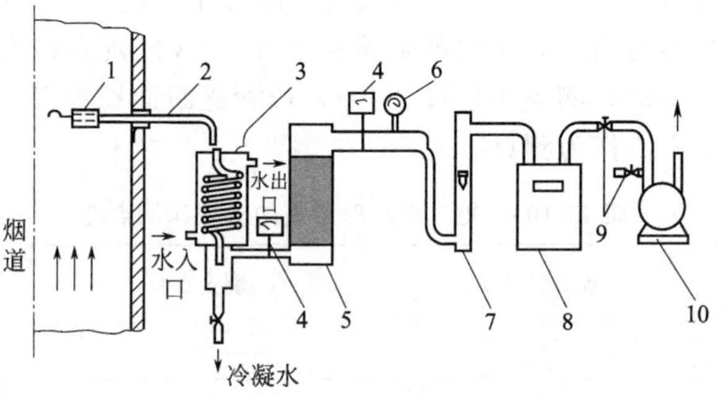

图 17-85 冷凝法测定排气水分含量的装置

1—流筒；2—采样管；3—冷凝器；4—温度计；5—干燥器；6—真空压力表；7—转子流量计；8—累积流量计；9—调节阀；10—抽气泵

（1）采样管 采样管为不锈钢材质，内装滤筒，用于去除气体中的颗粒物。

（2）冷凝器 为不锈钢材质，用于分离、贮存在采样管、连接管和冷凝器中冷凝下来的水。冷凝器总体积不小于 5L，冷凝管（ϕ110mm×1mm）有效长度不小于 1500mm，贮存冷凝水的容积应不小于 100mL，排放冷凝水的开关应严密不漏气。

（3）温度计 精度应不低于 2.5%，最小分度值不大于 2℃。

（4）干燥器 材质为有机玻璃，内装硅胶，其容积应不小于 0.8L，用于干燥进入流量计前的湿烟气。

（5）真空压力表 其精确度应不低于 4%，用于测试流量计前气体压力。

（6）转子流量计 精确度应不低于 2.5%。

（7）抽气泵 应具备足够的抽气能力。当流量为 40L/min，其抽气能力应能够克服烟道及采样系统阻力。

（8）量筒 其容量为 10mL。

测试步骤是将冷却水管连接到冷凝器冷水管入口。

检查按图 17-85 连接的测试系统是否漏气，如发现漏气，应进行分段检查并采取相对措施予以排除。

流量计置于抽气泵前端，其检漏方法有两种：① 在系统的抽气泵前串联一满量程为1L/min的小量程转子流量计，检漏时，将装好滤筒的采样管进口（不包括采样嘴）堵严，打开抽气泵，调节泵进口处的调节阀，使系统中的压力表负压指示为6.7kPa，此时，小量程流量计的流量如不大于0.6L/min，则视为不漏气；②检漏时，堵严采样管滤筒夹处进口，打开抽气泵，调节泵进口的调节阀，使系统中的真空压力表负压指示为6.7kPa；关闭接抽气泵的橡胶管，在0.5min内如真空压力表的指示值下降值不超过0.2kPa，则视为不漏气。

在仪器携往现场前，按上述方法检查采样装置的漏气性。现场检漏仅对采样管后的连接橡胶管到抽气泵段进行检漏。

流量计装置放在抽气泵的检漏方法：在流量计出口接一三通管，其一端接U形压力计，另一端接橡胶管。检漏时，切断抽气泵的进口通路，由三通的橡胶管端压入空气，使U形压力计水柱压差上升到2kPa，堵住橡胶管进口，如U形压力计的液面差在1min内不变，则视为不漏气。抽气泵前管段仍按前面的方法检漏。

打开采样孔，清除孔中的积灰。将装有滤筒的采样管插入管道中心位置，封闭采样孔。

启动抽气泵并以25L/min流量抽气，同时记录采样时间。采样时应使冷凝水量在10mL以上。采样时应记录开采时间、冷凝器出口饱和水汽温度、流量计读数和流量计前的温度、压力。如果系统装有累积流量计，应记录采样启止时的累积流量。采样完毕取出采样管，将可能冷却在采样管内的水倒入冷凝器中，用量筒计量冷凝水量。

气体中水汽含量体积百分数按下式计算：

$$X_{sw}=\frac{461.8(273+t_r)G_w+p_vV_a}{461.8(273+t_r)G_w+(B_a+p_r)V_a}\times 100\% \tag{17-129}$$

式中，X_{sw}为排气中的水分含量体积百分数，%；B_a为大气压力，Pa；G_w为冷凝器中的冷凝水量，g；p_r为流量计前气体压力，Pa；p_v为冷凝器出口饱和水蒸气压力（可根据冷凝器出口气体温度t_u从空气饱和水蒸气压力表中查得），Pa；t_r为流量计前气体温度，℃；V_a为测量状态下抽取气体的体积（$V_a\approx Q'_r\times t$），L；Q'_r为转子流量计读数，L/min；t为采样时间，min。

2. 干湿球法

使气体在一定速度下流经干、湿球温度计，根据干湿球温度计读数和测点处气体的压力，计算出排气的水分含量。

干湿球法测量装置如图17-86。

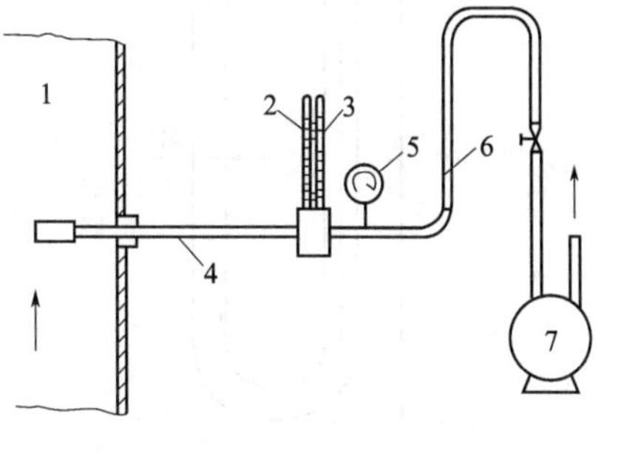

图17-86 干湿球法测定排气水分含量装置
1—烟道；2—干球温度计；3—湿球温度计；4—保温采样管；5—真空压力表；6—转子流量计；7—抽气泵

检查湿球温度计纱布是否包好，然后将水注入盛水容器中。干湿球温度计的精度不应低于1.5%；最小分度值不应大于1℃。

打开采样孔，清除孔中的积灰。将采样管插入管道中心位置，封闭采样孔。当排气温度较低或水分含量较高时，采样管应保温或加热数分钟后，再开动抽气泵，以15L/min流量抽气；当干湿球温度计温度稳定后，记录干湿球温度和真空表的压力。

气体中水汽含量体积百分数按下式计算：

$$X_{sw}=\frac{p_{bv}-0.00067(t_c-t_b)(B_a+p_b)}{B_a+p_s}\times 100\% \tag{17-130}$$

式中，X_{sw} 为排气中水分含量体积百分数，%；p_{bv} 为温度为 t_b 时饱和水蒸气压力，根据 t_b 值，由室气饱和时水蒸气压力表中查得，Pa；t_b 为湿球温度，℃；t_c 为干球温度，℃；p_b 为通过湿球温度计表面的气体压力，Pa；B_a 为大气压，Pa；p_s 为测点处气体静压，Pa。

3. 重量法

由管道中抽取一定体积的气体，使之通过装有吸湿剂的吸湿管，气体中的水分被吸湿剂吸收，吸湿管的增重即为已知体积气体中含有的水分。

测量气体成分的采样装置如图 17-87 所示，其主要组成为头部带有颗粒物过滤器的加热或保湿的气体采样管，装有氯化钙或硅胶吸湿剂的 U 形吸湿管（图 17-88）或雪菲尔德吸湿管（图 17-89）。真空压力表的精度应不低于 4%；温度计的精度应不小于 2.5%，最小分度值应不大于 20℃；转子流量计的精度应不低于 2.5%，测量范围 0～1.5L/min；抽气泵的流量为 2L/min，抽气能力应克服烟道及采样系统阻力，当流量计置于抽气泵出口端时，抽气泵应不漏气。天平的感量应不大于 1mg。

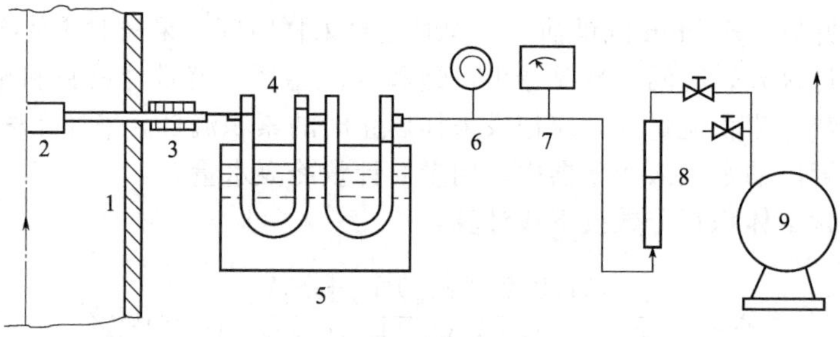

图 17-87 重量法测定排气水分含量装置

1—烟道；2—过滤器；3—加热器；4—吸湿管；5—冷却槽；6—真空压力表；7—温度计；8—转子流量计；9—抽气泵

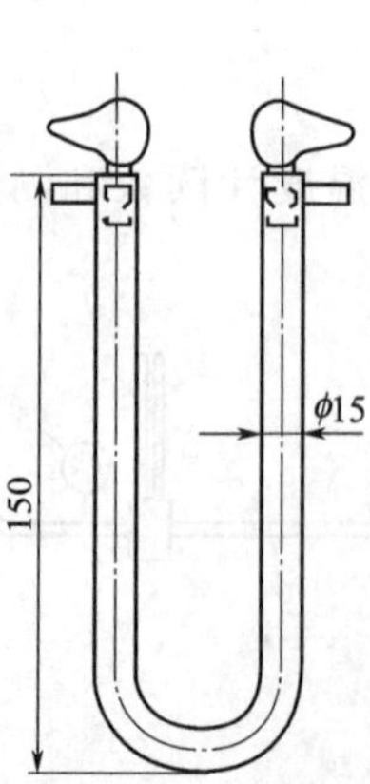

图 17-88 U 形吸湿管

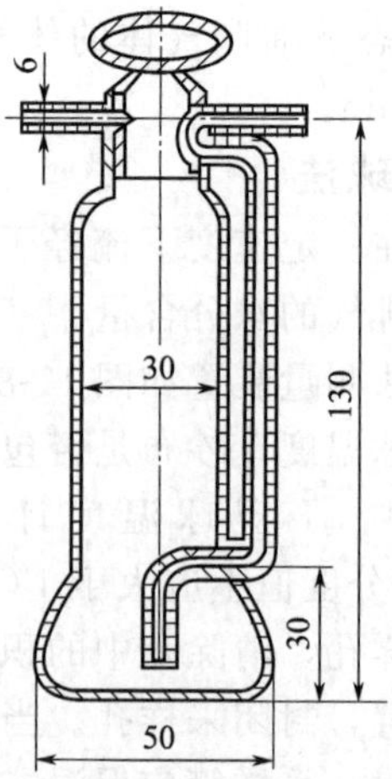

图 17-89 雪菲尔德吸湿管

将粒状吸湿剂装入 U 形吸湿管或雪菲尔德吸湿管内，并在吸湿管进出口两端充填少量玻璃棉，关闭吸湿管阀门，擦去表面的附着物后用天平称重。

采样装置组装后应检查系统是否漏气。检查漏气的方法是将吸湿管前的连接橡胶管堵死，开动抽气泵至压力表指示的负压达到 13kPa 时，封闭连接抽气泵的橡胶管，此时如真空压力表的指示值在 1min 内下降值不超过 0.15kPa，则视为系统不漏气。

将装有滤筒的采样管由采样孔插入管道中心后，封闭采样孔对采样管进行预热。打开吸湿管阀门，以 1L/min 流量抽气，同时记录下开始采样时间。采样时间视气体的水分含量大小而定，采集的水分量应不小于 10mg。

记录气体的温度、压力和流量的读数。采样结束，关闭抽气泵，记下采样终止时间。关闭吸湿管阀门，取下吸湿管擦净外表附着物称重。

气体中水分含量按下式计算：

$$X_{sw}=\frac{1.24G_m}{V_d\left(\frac{273}{273+t_r}\times\frac{B_a+B_r}{101300}\right)+1.24G_m}\times 100\% \tag{17-131}$$

式中，X_{sw} 为气体中水分含量体积百分数，%；G_m 为吸湿管吸收水分的质量，g；V_d 为测量状况下抽取的干气体体积（$V_d \approx Q'_r t$），L；Q'_r 为转子流量计读数，L/min；t 为采样时间，min；t_r 为流量计前气体温度，℃；B_r 为流量计前气体压力，Pa；B_a 为大气压力，Pa；1.24 为在标准状态下，1g 水蒸气所占有的体积，L。

（三）管道内压力的测试

1. 测定原理

对气体流动中的压力测量，至今还是广泛采用测压管进行接触式测量。其基本原理是：以位于流场中的压力接头表面上某一定点的压力值来表示流场空间中某点的压力值。其根据为伯努利方程式，即理想流体绕流的位流理论。把伯努利方程式应用于未扰动的气流的静压 $p_{\infty f}$、速度 v_{∞}，与绕流物体附近的气流的压力 p、速度 v，其之间的关系为：

$$\frac{1}{2}\rho v_{\infty}^2+p_{\infty f}=\frac{1}{2}\rho v^2+p \tag{17-132}$$

在任何绕流的物体上，都可以得到一些流动完全滞止，速度 v 为零的点，即驻点，该点上的压力 p 即为全压。

流动状态下的气体压力分为静压、动压与全压。全压与静压之差值称为动压。测量点应选择在气流比较稳定的管段。测全压的仪器孔口要迎着管道中气流的方向，测静压的孔口应垂直于气流的方向。管道中气体压力的测试见图 17-90，图中示出动压、静压、全压之关系。

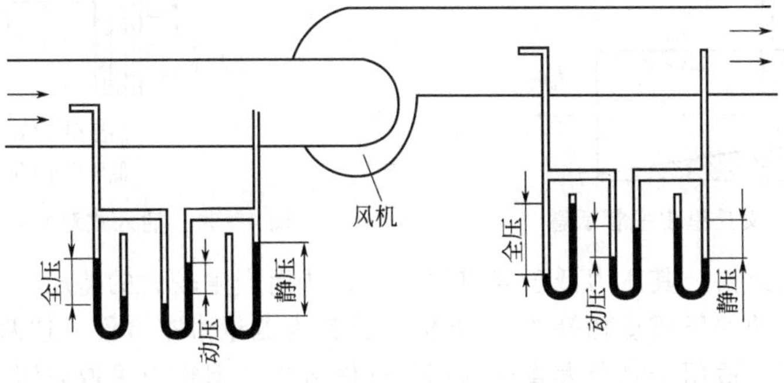

图 17-90 风道中气体压力的测量

2. 测量仪器

气体流动中的压力测量，首先使用皮托管感受出压力量，然后使用压力计测出具体数值量。

(1) 皮托管——标准型与S形 标准型皮托管（图 17-91）是一个弯成 90°的双层同心圆形管，正前方有一开孔，与内管相通，用来测量全压。在距前端 6 倍直径处外管壁上开有一圈孔径为 1mm 的小孔，通至后端的侧出口，用于测量气体静压。

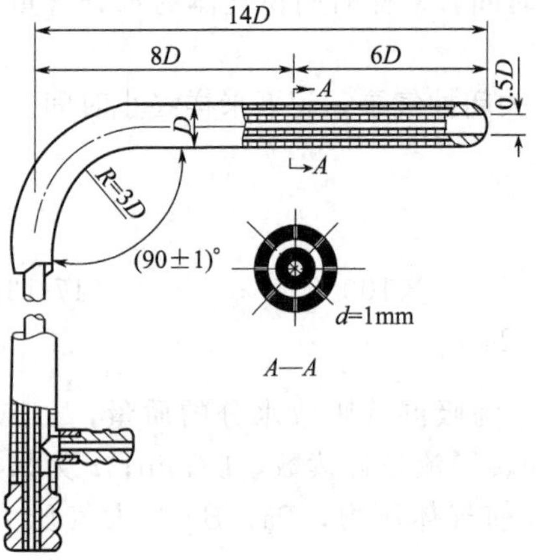

图 17-91 标准型皮托管

按照上述尺寸制作的皮托管其修正系数为 0.99±0.01；如果未经标定，使用时可取修正系统 $K_p=0.99$。

标准皮托管的测孔很小，当管道内颗粒物浓度大时，易被堵塞。因此该型皮托管只适用含尘较少的管道中使用。

S形皮托管见图 17-92，其由三根相同的金属管并联组成。测量端有方向相反的两个开口；测定时，面向气流的开口测得的压力为全压，背向气流的开口测得的压力小于静压。

S形皮托管校正系数一般在 0.80～0.85 之间。可在大直径的风管中使用，因不易被尘粒堵塞，因而在测试中广为应用。

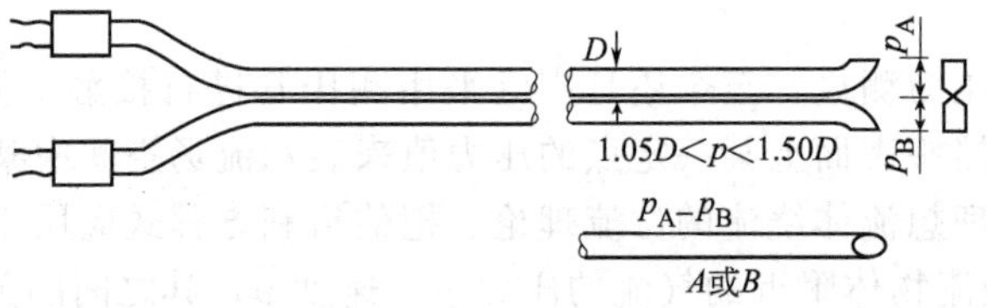

图 17-92 S形皮托管

为了解决皮托管差压小的问题，可以采用文丘里皮托管或称插入式文丘里管，它的全压测量管不变而将测静压管放到文丘里管或双文丘里管缩流处（图 17-93）。

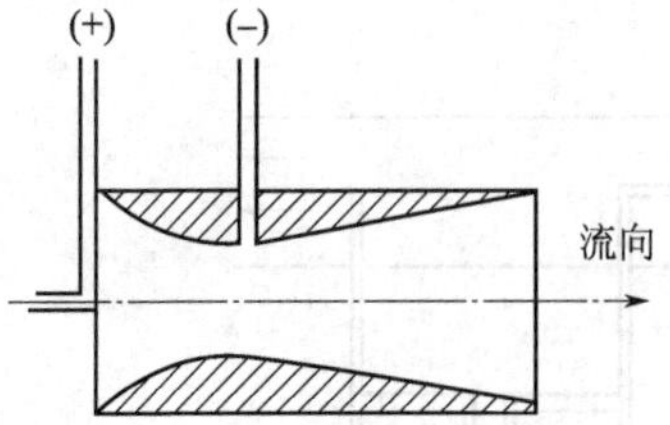

图 17-93 文丘里皮托管示意

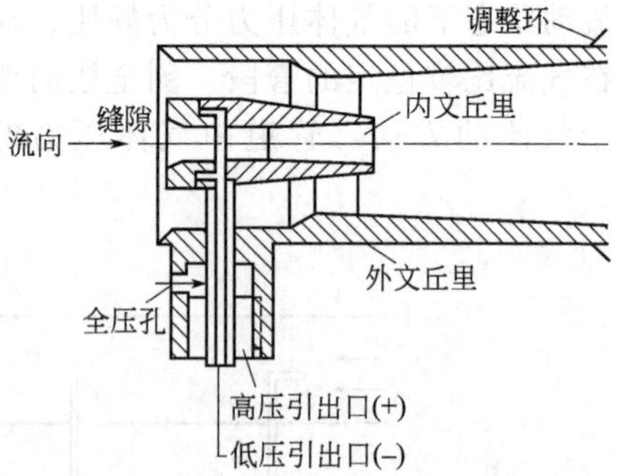

图 17-94 插入式双文丘里皮托管示意

由于缩流处流速快，其压力低于管道的静压，从而产生较大的差压。在相同流速下。双文丘里皮托管产生的差压较皮托管约大 10 倍，这就为测量带来方便。这两种流量计体积小、压损小、安装方便，适用于测量大管道内烟气气体流量，但也应采取防堵措施。这类流量计的流速差压关系与其外形及使用的雷诺数 Re 范围有关，因此应选用经过标定、有可靠实验数据，可作为计算差压依据的产品，否则它的测量精度就受到影响。

图 17-94 为插入式双文丘里管。该文丘里管由于插入杆是悬臂的，在较小直径的管道内尚可使用，在大管道内其悬臂较长，稳定性差。图 17-95 为内藏式双文丘里管，它是由三个

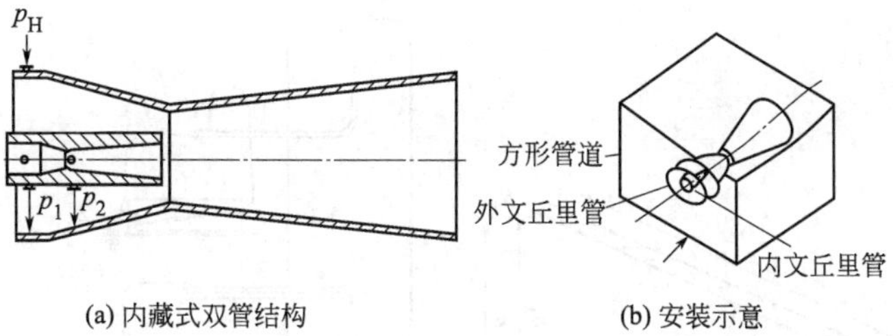

图 17-95　内藏式双文丘里管结构及安装示意

互成 120°角的支撑固定在管道中心，所以稳定可靠。其流量可由下列经验公式计算：

$$Q=A+B\sqrt{\frac{\Delta p(p_H+p_O)(p_H+p_O+\Delta p)}{[C(p_H+p_O)+\Delta p](273.15+t)}} \tag{17-133}$$

式中，Q 为流量值，m^3（标）/h；t 为文丘里管测量段介质温度，℃；p_O 为测试时当地大气压力，Pa；p_H 为文丘里前端静压（表压），Pa；Δp 为文丘里管所取差压值 $\Delta p=p_1-p_2$，Pa；A、B、C 为常数，由生产厂根据订货咨询处所提供的技术参数及风管截面的形状和尺寸计算并通过试验得出。

(2) U 形压力计和斜管压力计　U 形压力计由 U 形玻璃管或有机玻璃管制成，内装测压液体，常用测压液体有水、乙醇和汞，视被测压力范围选用。压力 p 按下式计算：

$$p=\rho gh$$

式中，p 为压力，Pa；h 为液柱差，mm；ρ 为液体密度，g/cm^3；g 为重力加速度，m/s^2。

倾斜微压计的构造如图 17-96。测压时，将微压计容积开口与测定系统中压力较高的一端相连。斜管与系统中压力较低的一端相连，作用于两个液面上的压力差使液柱沿斜管上升，压力 p 按下式计算：

$$p=L\left(\sin\alpha\times\frac{F_1}{F_2}\right)\rho_g \tag{17-134}$$

令

$$K=\left(\sin\alpha\times\frac{F_1}{F_2}\right)\rho_g$$

则

$$p=LK \tag{17-135}$$

式中，p 为压力，Pa；L 为斜管内液柱长度，mm；α 为斜管与水平面夹角，(°)；F_1 为斜管截面积，m^2；F_2 为容器截面积，m^2；ρ_g 为测压液体密度，常用相对密度为 0.81 的乙醇，kg/m^3。

3. 测量准备工作

将微压计调至水平位置，检查其液柱中有无气泡；检查微压计是否漏气，向微压计的正压端（或负压端）入口吹气（或吸气），迅速封闭该入口，如液柱位置不变，则表明该通路不漏气；再检查皮托管是否漏气，用橡胶管将全压管的出口与微压计的正压端连接，静压管的出口与微压计的负压端连接，由全压管测孔吹气后，迅速堵塞该测孔，如微压计的液柱位置不变，则表明全压管不漏气；此时再将静压测孔用橡胶管或胶布密封，然后打开全压测孔，此时微压计液柱将跌落至某一位置后不再继续跌落，则表明静压管不漏气。

4. 测试步骤

(1) 测量气流的动压　如图 17-97 所示，将微压计的液面调整到零点，在皮托管上用白胶布标示出各测点应插入采样孔的位置。

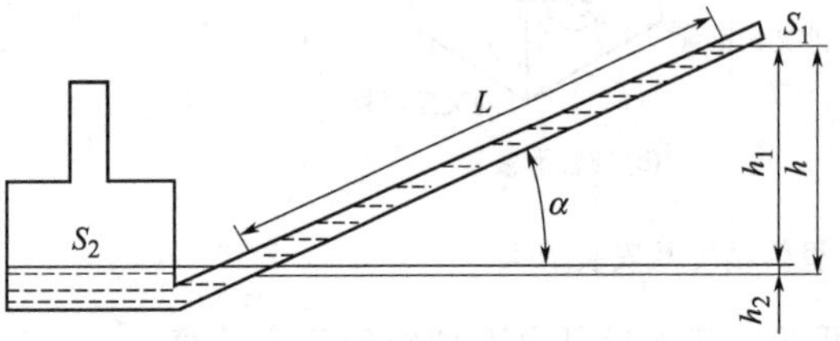

图 17-96 倾斜微压计

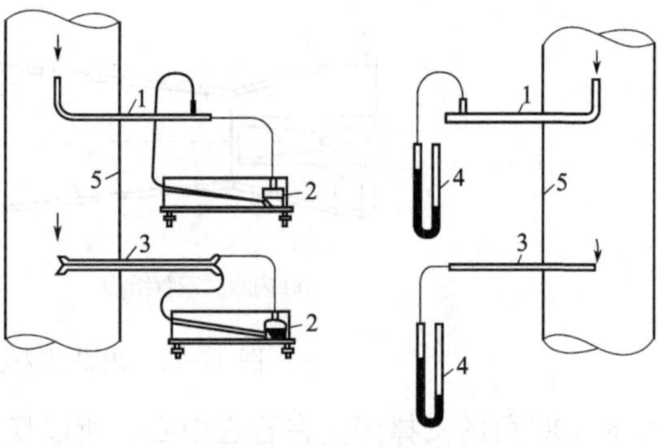

图 17-97 动压及静压的测定装置

1—标准皮托管；2—斜管微压计；
3—S形皮托管；4—U形压力计；5—烟道

将皮托管插入采样孔，如断面上无涡流，这时微压计读数应在零点；使用标准皮托管时，在插入烟道前应切断其与微压计的通路，以避免微压计中的酒精被吸入到连接管中，使压力测量产生错误。

测试时，应十分注意使皮托管的全压孔对准气流方向，其偏压不大于5°，且每个测点要反复测3次，分别记录在表中，取平均值。测试完毕后，检查微压计的液面是否回到零点。

(2) 测量气体的静压 如图17-97。将皮托管插入管道中心处，使其全压测孔对正气流方向，其静压管出口端用胶管与U形压力计一端相连，所测得的压力即为静压。

(四)管道内风速的测试和风量计算

1.风速的测试方法

管道内风速的测试方法有间接式和直接式两种。

(1) 间接式 先测某点动压，再按下式计算风速：

$$v_s = K_p\sqrt{\frac{2p_d}{p_s}} = 128.9K_p\sqrt{\frac{(273+t_s)p_d}{M_s(B_a+p_s)}} \tag{17-136}$$

当干气体成分与空气近似，气体露点温度在35～55℃之间、气体的压力在97～103kPa之间时，v_s 可按下式计算：

$$v_s = 0.076K_p\sqrt{273+t_s\sqrt{p_d}} \tag{17-137}$$

对于接近常温、常压条件下（$t=20$℃、$B+p_s=101300$Pa）管道的气流速度按下式计算：

$$v_a = 1.29K_p\sqrt{p_d} \tag{17-138}$$

式中，v_s 为湿排气的气体流速，m/s；v_a 为常温、常压下管道的气流速度，m/s；B_a 为大气压力，Pa；K_p 为皮托管修正系数；p_d 为排气动压，Pa；p_s 为排气静压，Pa；M_s 为湿排气体的摩尔质量，kg/kmol；t_s 为气体温度，℃。

管道某一断面的平均速度 v_s 可根据断面上各测点测出的流速 v_{si}，由下式计算：

$$v_s = \frac{\sum_{i=1}^{n} v_{si}}{n} = 128.9K_p\sqrt{\frac{273+t_s}{M_s(B_a+p_s)}} \times \frac{\sum_{i=1}^{n}\sqrt{p_{di}}}{n} \tag{17-139}$$

式中，p_{di} 为某一测点的动压，Pa；n 为测点的数目。

当干气体成分与空气相似，气体露点温度在33～35℃之间，气体绝对压力在97～103Pa之间时，某一断面的平均气流速度按下式计算：

$$v_s = 0.076K_p\sqrt{273+t_s} \times \frac{\sum_{i=1}^{n}\sqrt{p_{di}}}{n} \tag{17-140}$$

对于接近常温、常压条件下（$t=20℃$、$B_a+p_s=101300\text{Pa}$），则管道中某一断面的平均气流速度按下式计算：

$$v_s = 1.29K_p\frac{\sum_{i=1}^{n}\sqrt{p_{di}}}{n} \tag{17-141}$$

此法虽烦琐，但精确度高，故在除尘装置的测试中较为广泛采用。

(2) 直读式　常用的直读式测速仪是热球式热电风速仪、热线式热电风速仪和转轮风速仪。

热电仪器的传感器是测头，其中为镍铬丝弹簧圈，用低熔点的玻璃将其包成球或不包仍为线状。弹簧圈内有一对镍铬-康铜热电偶，用于测量球体的升温程度。测头用电加热，测头的温度会受到周围空气流速的影响，根据温度的高低，即可测得气流的速度。

仪器的测量部分采用电子放大线路和运算放大器，并用数字显示测量结果。其特点是使用方便，灵敏度高，测量范围为 0.05～19.9m/s。

叶轮风速仪由叶轮和计数机构所组成，在仪表度盘上可以直接读出风速值，测量范围 0.6～22m/s，精度±0.2m/s。

2. 点流速与平均流速的关系

用皮托管只能测得某一点的流速，而气体在管道中流动时，同一截面上各点流速并不相同，为了求出流量，必须对管道截面中的流速进行积分。

为了测流量，必须知道点流速 v 与平均流速 v_p 的关系，如果测量位置上的流动已达到典型的层流或紊流的速度分布，则测出中心流速 v_{max} 就可按一定的计算公式或图表计算各点的流速及平均流速，从而求出流量。

由于层流和紊流的分布对于管中心是对称的，因此可用二维表示（图 17-98）。实验数据表明其具有如下特性。

(1) 层流的速度分布　当管道雷诺数在 2000 以下时，充分发展的层流速度分布式是抛物线形的，其不受管壁粗糙度的影响。管内的平均流速 v 是中心最大流速 v_{max} 的 1/2。各点流速与最大流速之间的关系可用下式表示：

$$v(r)=v_{max}\times\left[1-\left(\frac{r}{R}\right)^2\right] \tag{17-142}$$

式中，R 为圆管半径；r 为在管截面上离管轴的距离；$v(r)$ 为离管中心为 r 处的流速；v_{max} 为管中心处（即 $r=0$）的流速。

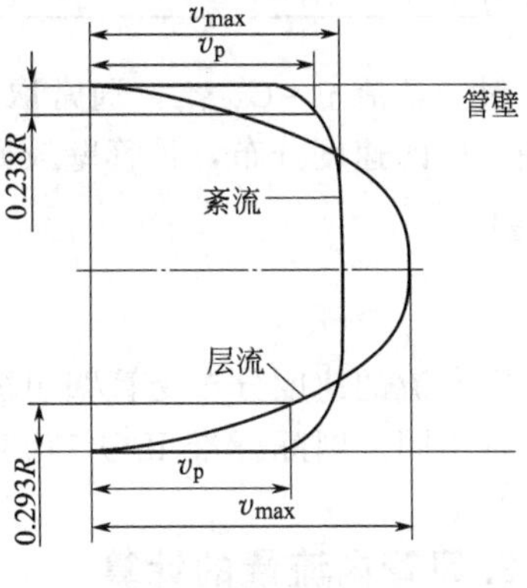

图 17-98　光滑管道中层流和紊流的速度分布

将上式积分，即可算出平均流速：

$$v=\frac{1}{2}v_{max} \tag{17-143}$$

由此可得出平均流速点距离管壁的间隔长度：

$$r_p=0.293R \tag{17-144}$$

即若为典型的层流速度分布，在距离管中心轴线 0.707R 处测得的流速就是平均流速。

(2) 紊流的速度分布 当雷诺数为 2000～4000 之间为过渡区时，速度分布的抛物线形状已改变。当雷诺数≥4000 时，速度分布曲线将变平坦，且随雷诺数的增大，曲线将变得愈加平坦，直到最后除在管壁的一点外，所有各点都将以同一速度流动，这种平坦速度的分布称为无限大雷诺数的速度分布；气体在高速流动时就很接近于达到这种速度分布。

在窄小的过滤区内，速度分布是复杂而不稳定的，随着流速增大或减小，其速度分布的形状很不固定。在过渡区内很难进行精确的流量测量。

紊流的速度分布没有固定的几何形状，其随管壁粗糙度和雷诺数而变化。用于计算光滑管中某一点流速的最简单的公式如下：

$$v(r)=v_{\max}\left(1-\frac{r}{R}\right)^{\frac{1}{m}} \tag{17-145}$$

式中，m 为仅与雷诺数有关的指数；其他符号同前式。

用下式计算指数 n，精度较高：

$$n=1.66\lg Re_0 \tag{17-146}$$

幂律的速度分布式能较好的描述紊流流动，但不能用于中心流速与管壁流速的精确计算。对于光滑管，当雷诺数≥10^4 时，可用下式估算平均流速 v 点的位置：

$$v=\left[\frac{2n^2}{(n+1)(2n+1)}\right]^n R \tag{17-147}$$

在充分发展的紊流速度分布下，n 值与 Re_0 及 $v_p/v_{\max}$ 的关系如表 17-105 所列。

表 17-105 雷诺数与流速、n 值的关系

Re_0	4.0×10^3	2.3×10^4	1.1×10^5	1.1×10^6	2.0×10^6	3.2×10^6
n	6.0	6.6	7.0	8.8	10	10
$v_p/v_{\max}$	0.791	0.808	0.817	0.849	0.856	0.865

对于紊流 $v=Cv_{\max}$，通常取 $C=0.84$。一般说来，当 Re_0 在 4×10^3～4×10^6 之间，如为轴对称的速度分布，且管壁较光滑时，则在距离 $v=0.238R$ 处测得的流速 v 即为平均流速 v_p：

$$\frac{v}{v_p}=(1\pm0.5)\% \tag{17-148}$$

因紊流的速度分布受管壁粗糙度和雷诺数等诸多因素的影响，因此不同的研究实验结果也稍有不同。国际标准 ISO 7145—1982 (E) 规定的平均流速点距管壁距离 $v=(0.242\pm0.013)R$。

3. 风管内流量的计算

气体流量的计算分为工况下、标准状态和常温、常压三种条件。

(1) 工况条件下的湿气体流量按下式计算：

$$Q_s=3600Fv_p \tag{17-149}$$

式中，Q_s 为工况下湿气体流量，m^3/h；F 为测试断面面积，m^2；v_p 为测试断面的湿气体平均流速，m/s。

(2) 标准状态下干气体流量按下式计算：

$$Q_{sn}=Q_s\frac{B_a+p_s}{101300}\times\frac{273}{273+t_s}(1-X_{sw}) \tag{17-150}$$

式中，Q_{sn} 为标准状态下干气体流量，m^3/h；B_a 为大气压力，Pa；p_s 为气体静压，Pa；t_s 为气体温度，℃；X_{sw} 为气体中水分含量体积百分数，%。

(3) 常温、常压条件下气体流量，按下式计算：

$$Q_a = 3600Fv_s \tag{17-151}$$

式中，Q_a 为除尘管道中的气体流量，m^3/h。

（五）管道内气体的露点测试

蒸汽开始凝结的温度称为露点，气体中都会含有一定量的水蒸气，气体中水蒸气的露点称为水露点；烟气中酸蒸气凝结温度称为酸露点。

在除尘工程中常用的测气体露点的方法有含湿量法、降湿法、电导加热法和光电法。用于测气体中 SO_3 和 H_2O 含量计算酸露点的方法，因 SO_3 的测试复杂而较少采用。

1. 含湿量法

含湿量法是利用测试含湿量求得露点，测得烟气的含湿量后焓-湿图上可查得气体的露点。该法适用于测水露点。

2. 降温法

用带有温度计的 U 形管组（图 17-99）接上真空泵，连续抽取管道中的烟气，当其流经 U 形管组时逐渐降温，直至在某个 U 形管的管壁上产生结露现象，则该 U 形管上温度计指示的温度就是露点温度。此法虽不十分精确，但却非常实用、可靠，既可测水露点，也可测酸露点。

3. 电导加热法

该法是利用氯化锂电导加热测量元件测出气体中水蒸气分压和氯化锂溶液的饱和蒸汽压相等时的平衡温度来测量气体的露点。其测量元件结构如图 17-100 所示。在一根细长的电阻温度计上套以玻璃丝管，在套管上平行地绕两根铂丝作为热电极，电极间浸涂以氯化锂溶液。当两级加以交换电压时，由于电流通过氯化锂溶液而产生热效应，使氯化锂蒸汽压与周围气体水汽分压相等。当气体的湿度增加或减少时，氯化锂溶液则要吸收或蒸发水分而使电导率发生变化，从而引起电流的增大或减小，进而影响到氯化锂溶液的温度以及相应蒸汽压的变化，直到最后与周围气体的水汽分压相等而达到新的平衡。这时由铂电阻温度计测得的平衡温度与露点有一定的关系。

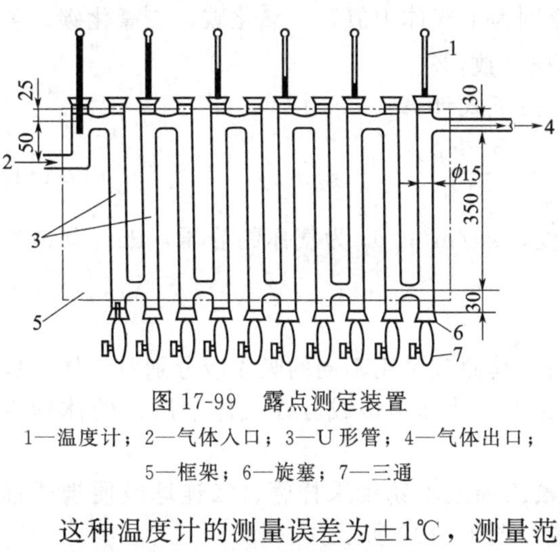

图 17-99　露点测定装置

1—温度计；2—气体入口；3—U 形管；4—气体出口；5—框架；6—旋塞；7—三通

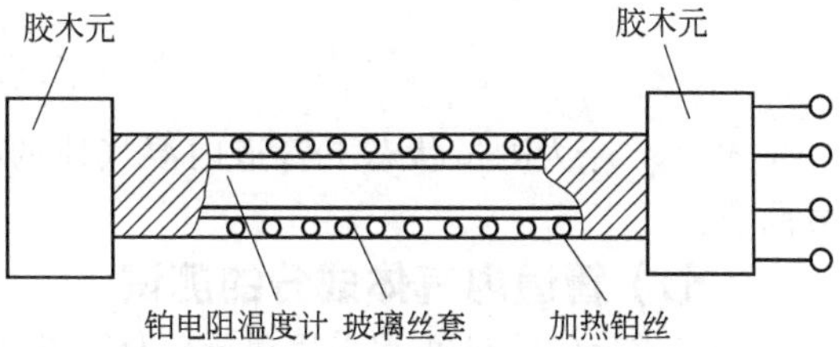

图 17-100　氯化锂露点检测元件结构示意

这种温度计的测量误差为±1℃，测量范围为−45～60℃，反应速度一般小于 1min。由于该露点检测元件结构简单，性能稳定，使用寿命长，因此应用较为广泛。

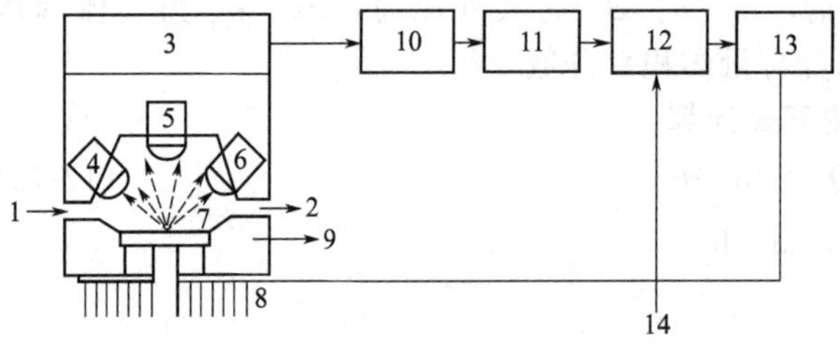

图 17-101 光电冷凝式露点计工作原理

1—样气进口；2—样气出口；3—光敏桥路；4—光源；5—散射光检测器；6—直接光检测器；7—镜面；8—热交换半导体制冷器；9—测温元件；10—放大器；11—脉冲电路；12—可控硅整流器；13—直流电源；14—交流电源

4. 光电法

利用光电原理制作的光电冷凝式露点计的工作原理如图 17-101 所示。当气体样品由进口处进入测量室并通过镜面，镜面被热交换半导体制冷器冷却至露点时，镜面上开始结露，反射光的强度减弱。用光电检测器接收反射光面产生电信号，控制热交换半导体制冷器的功率，使镜面保持在恒定露点的温度。通过测量反射镜表面的温度即可测得气体的露点。

该温度计的最大优点在于可进行自动连续测量。测量范围在−80～50℃之间，测量误差小于 2℃。其缺点为结构复杂，价格昂贵，仪器易受空气中的灰尘及其他干扰物质（如汞蒸气、酒精、盐类等）的影响。

（六）管道内气体密度的测试

气体的密度在许多情况下需要测试和计算。气体密度和其分子量、气温、气压的关系由下式计算：

$$\rho_s=\frac{M_s(B_a+p_s)}{8312(273+t_s)} \tag{17-152}$$

式中，ρ_s 为气体的密度，kg/m³；M_s 为气体的气体摩尔质量，kg/kmol；B_a 为大气压力，Pa；p_s 为气体的静压，Pa；t_s 为气体的温度，℃。

(1) 标准状态下湿气体的密度　按下式计算：

$$\rho_n=\frac{M_s}{22.4}=\frac{1}{22.4}[M_{O_2}X_{O_2}+M_{CO}X_{CO}+M_{CO_2}X_{CO_2}+M_{N_2}X_{N_2}(1-X_{sw})+M_{H_2O}X_{H_2O}] \tag{17-153}$$

式中，ρ_n 为标准状态下的湿气体密度，kg/m³；M_s 为湿气体的摩尔质量，kg/kmol；M_{O_2}，M_{CO}，M_{CO_2}，M_{N_2}，M_{H_2O} 分别为气体中氧，一氧化碳，二氧化碳，氮气和水的摩尔质量，kg/kmol；X_{O_2}，X_{CO}，X_{CO_2}，X_{N_2} 分别为干气体中氧，一氧化碳，二氧化碳，氮气的体积分数，%；X_{sw} 为气体中水分含量的体积分数，%。

(2) 测量工况状态下管道内湿气体的密度　按下式计算：

$$\rho_s=\rho_n\frac{273}{273+t_s}\times\frac{B_a+p_s}{101300} \tag{17-154}$$

式中，ρ_s 为测试状态下管道内湿气体的密度，kg/m³；p_s 为气体的静压，Pa；其他符号同前。

（七）管道内气体成分的测试

气体成分的测试通常采用奥氏气体分析仪法。其原理是用不同的吸收液分别对气体各成分逐一进行吸收，根据吸收前、后气体体积的变化，计算出该成分在气体中所占的体积百分数。

采样装置由带有滤尘头的内径 ϕ6mm 聚四氟乙烯或不锈钢采样管、二连球或便携式抽气泵和球胆或铝箔袋组成。奥氏气体分析仪装置如图 17-102 所示。

测试时使用的试剂为各种分析纯化学试剂。氢氧化钾溶液是将 75.0g 氢氧化钾溶于

150.0mL 的蒸馏水中，将该溶液装入吸收瓶 16 中。

焦性没食子酸碱溶液是称取 20g 焦性没食子酸，溶于 40.0mL 蒸馏水中，55.0g 氢氧化钾溶于 110.0mL 蒸馏水中，将两种溶液装入吸收瓶 15 内混合。为使溶液与空气完全隔绝，防止氧化，可在缓冲瓶 11 内加入少量液体石蜡。

铜氨铬离子溶液是称取 250.0g 氯化铵，溶于 750.0mL 蒸馏水中，过滤于装有铜丝或铜柱的 1000mL 细口瓶中，再加上 200.0g 氯化亚铜，将瓶口封严，置放数日至溶液褪色，使用时量取该溶液 105.0mL 和 45.0mL 浓氨水，混匀，装入吸收瓶 14 中。

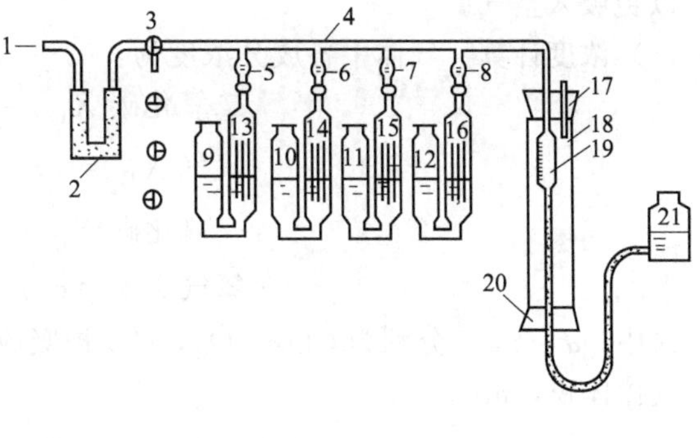

图 17-102　奥氏气体分析仪

1—进气管；2—干燥器；3—三通旋塞；4—梳形管；5～8—旋塞；9～12—缓冲瓶；13～16—吸收瓶；17—温度计；18—水套管；19—量气管；20—胶塞；21—水准瓶

封闭液是含 5% 硫酸的氯化钠饱和溶液约 500mL，加入 1mL 甲基橙指示溶液，取 1500mL 装入吸收瓶 13。其余的溶液装入水准瓶 21 内。

采样步骤分为三步：

① 将采样管、二连球（或便携式抽气泵）与球胆（或铝箔袋）连好。

② 将采样管插入到管道近中心处，封闭采样孔。

③ 用二连球或抽气泵将气体抽入球胆或铝箔袋中，用气体反复冲洗排空 3 次，最后采集约 500mL 气体样品，待分析。

分析按如下步骤进行：

(1) 检查奥氏气体分析仪的严密性　将吸收液液面提升到旋塞 5、6、7、8 的下标线处，关闭旋塞，此时各吸收瓶中的吸收液液面应不下降。打开三通旋塞 3，提升水准瓶，使量气管 19 液面位于 50mL 刻度处。关闭旋塞 3，再降低水准瓶，量气管中液位在 2～3min 不发生变化。

(2) 取样方法　将盛有气样的球胆或铝箔袋连接奥氏气体分析器的进气管 1，三通旋塞 3 连通大气，提高水准瓶，使量气管 19 液面至 100mL 处；然后将旋塞 3 连通气体样品，降低水准瓶，使量气管液面降至零处，再将旋塞 3 连通大气，提高水准瓶，排出气体，这样反复 2～3 次，以冲洗整个气体采样装置系统，排除系统中残余空气。

将旋塞 3 连通气样，取气体样品 100mL，取样时使量气管中液面降至零点稍下，并保持水准瓶液面与量气管液面在同一水平面上。此时关闭旋塞 3，待气样冷却 2min 左右，提高水准瓶，使量气管内凹液面对准“0”刻度。

(3) 分析顺序　首先稍提高水准瓶，再打开旋塞 8 将气样送入吸收瓶，往复吹送烟气样品 4～5 次后，将吸收瓶 16 吸收液液面恢复至原位标线，关闭旋塞 8，对齐量气管和水准瓶液面，读数。为了检查是否吸收完全，打开旋塞 8 重复上述操作，往复抽送气样 2～3 次，关闭旋塞 8，读数。若两次读数相等则表示吸收完全，记下量气管体积。该体积为 CO_2 被吸收后气体的体积 a。

再用吸收瓶 15、14、13 分别吸收气体中的氧、一氧化碳和吸收过程中释放出的氨气。操作方法同上，读数分别为 b 和 c。

分析完毕，将水准瓶抬高，打开旋塞 3 排出仪器中的气体，关闭旋塞 3 后再降低水准瓶，以免吸入空气。

(4) 浓度计算 气体中各成分浓度为：

二氧化碳 $X_{CO_2}=(100-a)\%$

氧气 $X_{O_2}=(a-b)\%$

一氧化碳 $X_{CO}=(b-c)\%$

氮气 $X_{N_2}=c\%$

式中，a，b，c 分别为 CO_2，O_2，CO 被吸收后烟气体积的剩余量，mL；"100"为所取的气体体积，mL。

三、集气罩性能测试

集气罩性能包括罩口速度、集气罩风量及吸尘罩的流体阻力、集气罩内气体温度、湿度、露点等，按管道内气体测定方法。专门研究集气罩时还要测定流场情况，这里不再赘述。

1. 罩口风速测定

罩口风速测定一般用匀速移动法和定点测定法。

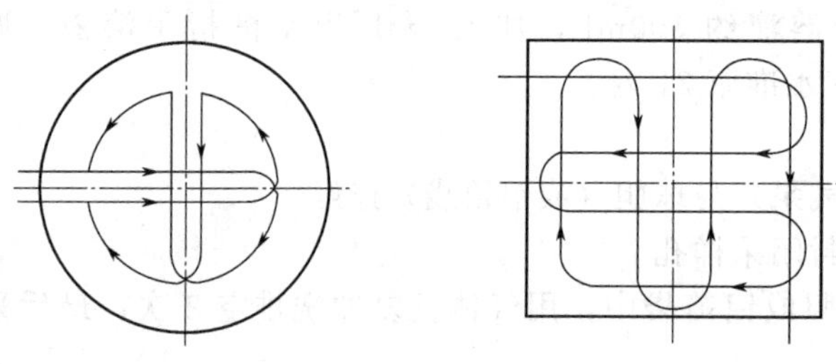

图 17-103 罩口平均风速测定路线

(1) 匀速移动法测定吸尘罩口风速常用叶轮式风速仪测定。对于罩口面积小于 $0.3m^2$ 时的吸尘罩口，可将风速仪沿整个罩口断面按图 17-103 所示的路线慢慢地匀速移动，移动时风速仪不得离开测定平面，此时测得的结果是罩口平均风速。此法须进行 3 次，取其平均值。

(2) 定点测定法测定吸尘罩口风速常用热线或热球式热电风速仪测定。对于矩形排风罩，按罩口断面的大小，把它分成若干个面积相等的小块，在每个小块的中心处测量其气流速度。断面积大于 $0.3m^2$ 的罩口，可分成 9～12 个小块测量，每个小块的面积小于 $0.06m^2$，如图 17-104(a) 所示；断面积不大于 $0.03m^2$ 的罩口，可取 6 个测点测量，如图 17-104(b) 所示；对于条缝形排风罩，在其高度方向至少应有两个测点，沿条缝长度方向根据其长度可以分别取若干个测点，测点间距不小于 200mm，如图 17-104(c) 所示；对于圆形排风罩，则至少取 5 个测点，测点间距不大于 200mm，如图 17-104(d) 所示。

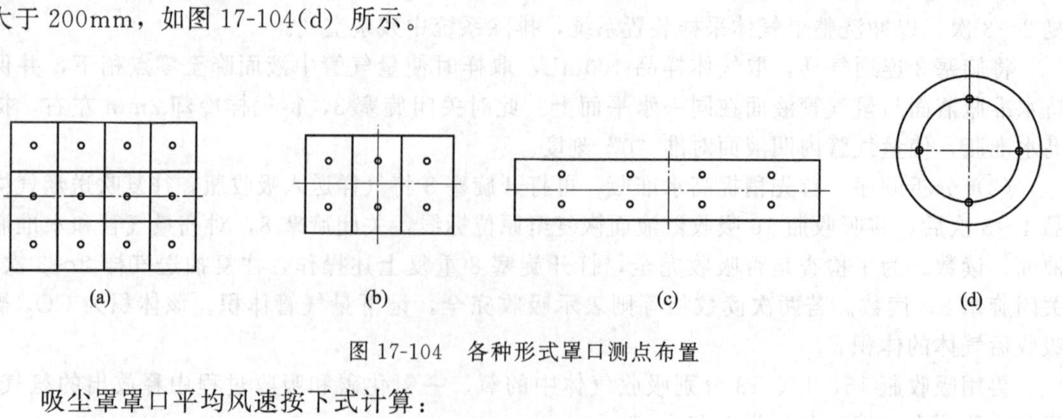

图 17-104 各种形式罩口测点布置

吸尘罩罩口平均风速按下式计算：

$$v_p=\frac{v_1+v_2+v_3+\cdots+v_n}{n} \tag{17-155}$$

式中，v_p 为罩口平均风速，m/s；v_1、v_2、v_3、…、v_n 为各测点的风速，m/s；n 为测点总数，个。

2. 集气罩的压力损失及风量的测定

（1）集气罩压力损失的测定　测定装置如图 17-105 所示。

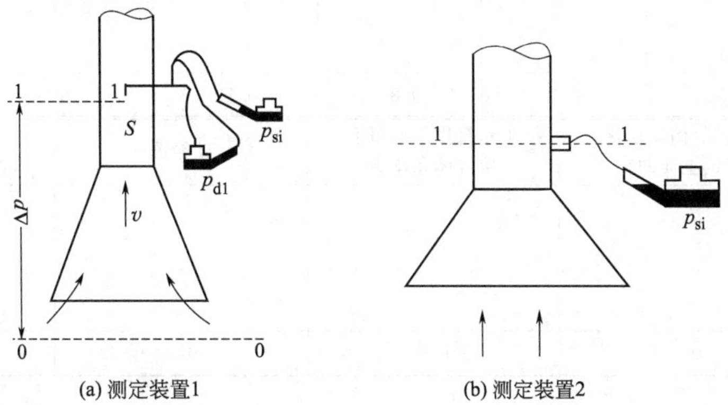

图 17-105　集气罩压力损失的测定装置

集气罩罩口断面（0-0）与 1-1 断面的全压差即为集气罩的压力损失 Δp_0。因 0-0 断面上全压为 0，所以

$$\Delta p = p_0 - p_1 = 0 - (p_{si} - p_{d1}) \tag{17-156}$$

式中，Δp 为集气罩的压力损失，Pa；p_0 为罩口断面的全压，Pa；p_1 为 1-1 断面的全压，Pa；p_{si} 为 1-1 断面的静压，Pa；p_{d1} 为 1-1 断面的动压，Pa。

（2）集气罩风量的测定　如图 17-105(a) 所示，测出断面 1-1 上各测点流速的平均值 v_p，则集气罩的排风量为：

$$Q = v_p S \times 3600$$

式中，Q 为集气罩排风量，m^3/h；S 为罩口管道断面积，m^2；v_p 为测定断面上平均风速，m/s。

现场测定时，当各管件之间的距离很短，不易找到气流比较稳定的测定断面，用动压测定有一定困难时，可按图 17-105(b) 所示测量静压来求集气罩的风量。在不产生堵塞的情况下静压孔孔径应尽量缩小，一般不宜超过 2mm。静压孔必须与管壁垂直且圆孔周围不应留有毛刺。静压管接头长度为 50～200mm（常温空气 50mm，热空气为 200mm）。

集气罩的压力损失为：

$$\Delta p = -(p_{si} - p_{d1}) = \zeta \frac{v_1^2}{2}\rho = \zeta p_{d1} \tag{17-157}$$

式中，Δp 为集气罩的压力损失，Pa；ζ 为局部集气罩的局部阻力系数；v_1 为断面 1-1 的平均流速，m/s；ρ 为空气的密度，kg/m^3；p_{d1} 为断面 1-1 的动压，Pa。

所以　$p_{d1} = \dfrac{1}{1+\zeta}|p_{si}|$

$$v_1 = \frac{1}{\sqrt{1+\zeta}}\sqrt{\frac{2}{\rho}|p_{si}|} = \mu\sqrt{\frac{2|p_{si}|}{\rho}} \tag{17-158}$$

上式中 $\dfrac{1}{\sqrt{1+\zeta}} = \mu$，$\mu$ 称为流量系数。对于形状一定的集气罩，ζ 值是一个常数；所以流量系数 μ 值也是一个常数。各种集气罩的流量系数 μ 值见表 17-106。

表 17-106 各种集气罩的流量系数

名称	喇叭口	圆锥或矩形变圆形	圆锥或矩形加弯头	简单管道端头	有边管道端头	有弯头的简单管道端头
集气罩形状						
流量系数	0.98	0.9	0.82	0.72	0.82	0.62

名称	集气罩(例如在化铅锅上面的)	工作台排气格栅下接锥体和弯头	砂轮罩	封闭室(内部压力可以忽略)
集气罩形状				
流量系数	0.9	0.82	0.8	0.82

局部集气罩的排风量 Q 为：

$$Q=3600v_1S_1=3600\mu S_1\sqrt{\frac{2|p_{si}|}{\rho}} \tag{17-159}$$

式中，Q 为局部集气罩的排风量，m^3/h；S_1 为断面 1-1 的面积，m^2；μ 为集气罩的流量系数；p_{si} 为断面 1-1 的压力，Pa；ρ 为气体的密度，kg/m^3。

四、净化设备性能测试

（一）粉尘浓度测试和除尘效率测试

粉尘在管道中的浓度分布是不均匀的，为尽可能获得具有代表性的粉尘样品，除了前面以阐述过的要科学、合理地选择测量位置外，尚须保持在未被干扰气流中的气流速度与进入采样嘴的气流速度相等的条件下进行采样，即等速采样。这是很重要的，是对粉尘采样的基本要求。

等速采样原理是将烟尘采样管由采样孔插入烟道中，使采样嘴置于测点上，正对气流方向，按颗粒物等速采样原理，采样嘴的吸气速率与测点处气流速率相等，其相对误差应在－5%～10%之内，轴向取一定量的含尘气体。根据采样管滤筒上所捕集到的颗粒物量和同时抽取气体量，计算出气体中颗粒物浓度。

1. 气体中粉尘采样方法

维持颗粒物等速采样的方法有普通型采样法（即预测流速法）、皮托管平行测速采样法、动压平衡型采样管法和静压平衡型采样管法四种方法，根据不同测量对象的状况，选用适宜的测试方法。

(1) 普通型采样管法　使用普通采样管采样一般采用此法。采样前需预先测出各采样点的气体温度、压力、含湿量、气体成分和流速等，根据测得的各点的流速、气体状态参数和选用的采样嘴直径计算出各采样点的等速采样流量，然后按该流量进行采样。等速采样的流量按下式计算：

$$Q'_r=0.00047d^2v_s\left(\frac{B_a+p_s}{273+t_s}\right)\left[\frac{M_{sd}(273+t_r)}{B_a+p_r}\right]^{\frac{1}{2}}(1-X_{sw}) \tag{17-160}$$

式中，Q'_r 为等速采样转子流量计读数，L/min；d 为等速采样选用的采样嘴直径，

mm；v_s 为测点处的气体流量，m/s；B_a 为大气压力，Pa；p_s 为管道气体静压，Pa；p_r 为转子流量计前气体压力，Pa；t_s 为管道气体温度，℃；t_r 为转子流量计前气体温度，℃；M_{sd} 为管道干气体的摩尔质量，kg/kmol；X_{sw} 为管道气体中水分含量体积百分数，%。

当干气体的成分和空气近似时，等速采样流量按下式计算：

$$Q_r'=0.0025d^2v_s\left(\frac{B_a+p_s}{273+t_s}\right)\left(\frac{273+t_r}{B_a+p_r}\right)^{\frac{1}{2}}(1-X_{sw}) \tag{17-161}$$

普通型采样管法适用于工况比较稳定的污染源采样，尤其是在管道气流速度低，高温、高湿、高粉尘浓度的情况下，均有较好的适应性，并可配用惯性尘粒分级仪测量颗粒物的粒径分级组成。该采样法的装置如图 17-106 所示。由普通型采样管、颗粒物捕集器、冷凝器、干燥器、流量计、抽气泵、控制装置等几部分组成，当气体中含有二氧化硫等腐蚀性气体时，在采样管出口处应设置腐蚀性气体的净化装置（如双氧水洗涤瓶等）。

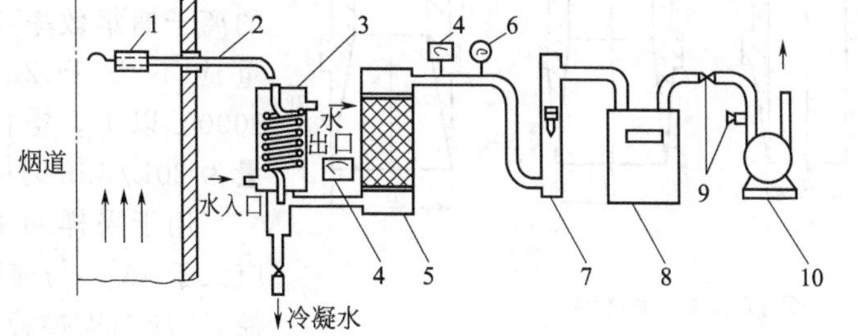

图 17-106　普通型采样管采样装置

1—滤筒；2—采样管；3—冷凝器；4—温度计；5—干燥器；
6—真空压力表；7—转子流量计；8—累积流量计；9—调节阀；10—抽气泵

采样管有玻璃纤维滤筒采样管和刚玉滤筒采样管两种。

① 玻璃纤维滤筒采样管。由采样嘴、前弯管、滤筒夹、滤筒、采样管主体等部分组成（图 17-107）。滤筒由滤筒夹顶部装入，靠入口处两个锥度相同的圆锥环夹紧固定。在滤筒外部有一个与其外形一样而尺寸稍大的多孔不锈钢托，用于承托滤筒，以防采样时滤筒破裂。采样管各部件均用不锈钢制作及焊接。

玻璃纤维滤筒由玻璃纤维制成，有直径 32mm 和 25mm 两种。对 0.5μm 的粒子捕集效率应不低于 99.9%；失重应不大于 2mg，适用温度为 500℃以下。

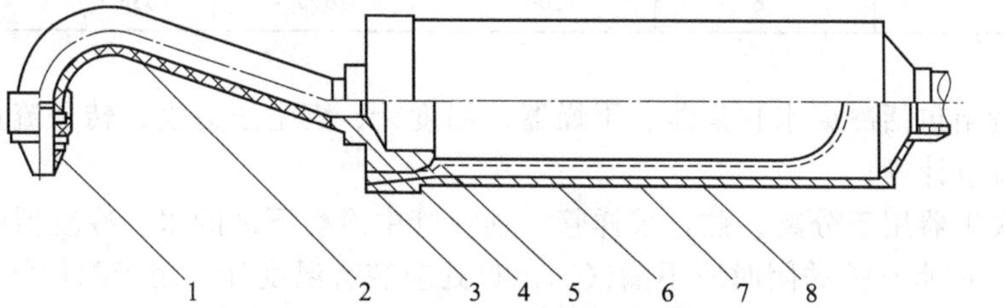

图 17-107　玻璃纤维滤筒采样管

1—采样嘴；2—前弯管；3—滤筒夹压盖；4，5—滤筒夹；
6—不锈钢托；7—采样管主体；8—滤筒

② 刚玉滤筒采样管。由采样嘴、前弯管、滤筒夹、刚玉滤筒、滤筒托、耐高温弹簧、石棉垫圈、采样管主体等部分组成（图 17-108）。刚玉滤筒由滤筒夹后部放入，滤筒托、耐高温弹簧和滤筒夹可调后体紧压在滤筒夹前体上。滤筒进口与滤筒夹前体和滤筒夹与采样管接口处用石棉或石墨垫圈密封。采样管各部件均用不锈钢制作和焊接。

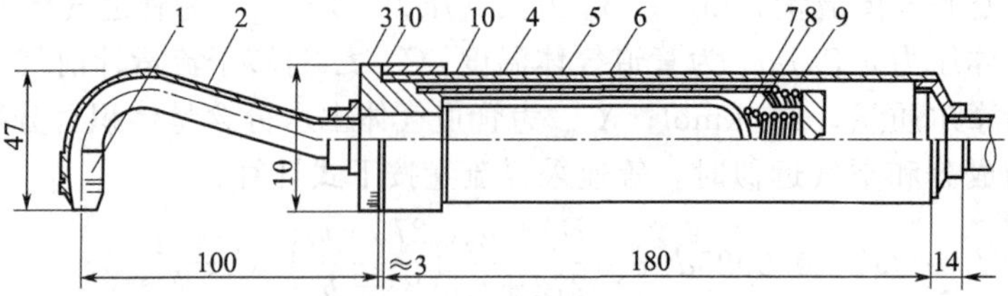

图 17-108 刚玉滤筒采样管

1—采样嘴；2—前弯管；3—滤筒夹前体；4—采样管主体；5—滤筒夹中体；6—刚玉滤筒；7—滤筒托；8—耐高温弹簧；9—滤筒夹后体；10—石棉垫圈

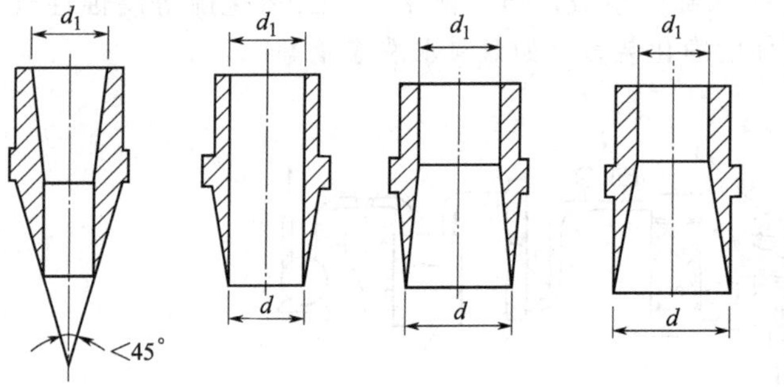

图 17-109 采样嘴

刚玉滤筒由刚玉砂等烧结而成。规格为 ϕ28mm（外径）×100mm，壁厚 1.5mm±0.3mm。对 0.5μm 的离子捕集效率应不低于 99%，失重应不大于 2mg，适用温度为 1000℃以下。空白滤筒阻力，当流量为 20L/min 时应不大于 4kPa。

用于采样的采样嘴，入口角度应大于 45°，与前弯管连接的一端内径 d_1 应与连接管内径相同，不得有急剧的断面变化和弯曲（图 17-109）。入口边缘厚度应不大于 0.2mm，入口直径 d 偏差应不大于±0.1mm，其最小直径应不小于 5mm。

用于采样的滤筒有玻璃纤维滤筒和刚玉滤筒。

几种滤筒的规格和性能见表 17-107。

表 17-107 几种滤筒的规格和性能

种 类	规格/mm		最高使用温度/℃	空载阻力/Pa	质量/g
	直径	长			
玻璃纤维滤筒	32	120	400	700～800	1.7～2.2
玻璃纤维滤筒	25	70	400	1500～1800	0.8～1.0
刚玉滤筒	28	100	1000	1333～5336	20～30

流量计量箱包括冷凝水收集器、干燥器、温度计、真空压力表、转子流量计和根据需要加装的累积流量计等。

冷凝水收集器用于分离、贮存采样管、连接管中冷凝下来的水。冷凝器收集器容积应不小于 100mL，放水开关关闭时应不漏气。出口处应装有温度计，用于测量气体的露点温度。

干燥器容积不应小于 0.8L，高度不小于 150mm，内装硅胶，气体出口应有过滤装置，装料口应有密封圈，用于干燥进入流量计前的湿气体，使进入流量计气体呈干燥状态。

温度计精确度应不低于 2.5%，温度范围－10～60℃，最小分度值应不大于 2℃；分别用于测量气体的露点和进入流量计的气体温度。

真空压力表精度应不低于 4%，最小分度值应不大于 0.5kPa，用于测量进入流量计的气体压力。

转子流量计精度应不低于 2.5%，最小分度应不大于 1L/min，用于控制和测量采样时的瞬时流量。累积流量计精度应不低于2.5%，用于测量采样时段的累积流量。

抽气泵，当流量为40L/min时其抽气能力应克服管道及采样系统阻力。在抽气过程中，流量会随系统阻力上升而减少，此时应通过阀门及时调整流量。如流量计装置放在抽气泵出口，抽气泵应不漏气。

测试时，根据测得的气体温度、水分含量、静压和各采样点的流速，结合选用的采样嘴直径算出各采样点的等速采样流量。装上所选定的采样嘴，开动抽气泵调整流量至第一个采样点所需的等速采样流量，关闭抽气泵，记下累积流量计读数 v_1。

将采样管插入管道中第一采样点处，将采样孔封闭，使采样嘴对准气流方向，其偏差不得大于5°，然后开动抽气泵，并迅速调整流量到第一个采样点的采样流量。

采样时间，由于颗粒物在滤筒上逐渐聚集，阻力会逐渐增加，需随时调节控制阀，以保持等速采样流量，并记录流量计前的温度、压力和该点的采样延续时间。

第一点采样后，立即将采样管按顺序移到第二个采样点，同时调节流量至第二个采样点所需的等速采样流程；以此类推，按序在各点采样。每点采样时间视颗粒物浓度而定，原则上每点采样时间不少于3min。各点采样时间应相等。

(2) 皮托管平行测速采样法

① 原理。在普通型采样管测尘装置上，同时将S形皮托管和热电偶温度计固定在一起，三个测头一起插入管道中的同一测点，根据预先测得的气体静压、水分含量和当时测得的动压、温度等参数，结合选用的采样嘴直径，由编有程序的计算器及时算出等速采样流量（等速采样流量的计算与预测流速法相同）。调节采样流量至所需的转子流量计读数进行采样。采样流量与计算的等速采样流量之差应在10%以内。该法的特点是当工况发生变化时，可根据所测得的流速等参数值及时调节采样流量，保证颗粒物的等速采样条件。

② 采样装置。整个装置由普通型采样管除硫干燥器和与之平行放置的S形皮托管、热电偶温度计、抽气泵等部分组成（图17-110）。

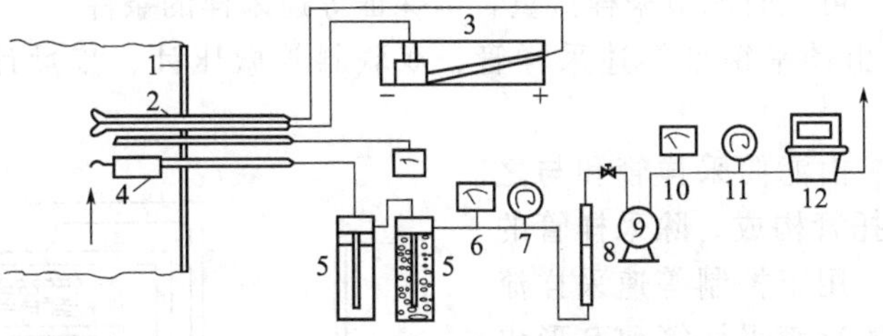

图17-110 皮托管平行测速法固体颗粒物采样装置

1—烟道；2—皮托管；3—斜管微压计；4—采样管；5—除硫干燥器；6—温度计；7—真空压力表；8—转子流量计；9—真空泵；10—温度计；11—压力表；12—累积流量计

a. 组合采样管。由普通型采样管和与之平行放置的S形皮托管、热电偶温度计固定在一起组成，其之间相对位置如图17-111所示。

b. 除硫干燥器。由气体洗涤瓶（内装3%双氧水600～800mL）和干燥器串联组成。

c. 流量计箱。由温度计、真空压力表、转子流量计和累积流量计等组成。

③ 注意事项

a. 将组合采样管旋转90°，使采样嘴及S形皮托管全压测孔正对着气流。开动抽气泵，记录采样开始时间，迅速调节采样流量到第一测点所需的等速采样流量值 Q'_{r1} 进行采样。采样流量与计算的等速采样流量之差应在10%以内。

b. 采样期间当管道中气体的动压、温度等有较大变化时，需随时将有关参数输入计算

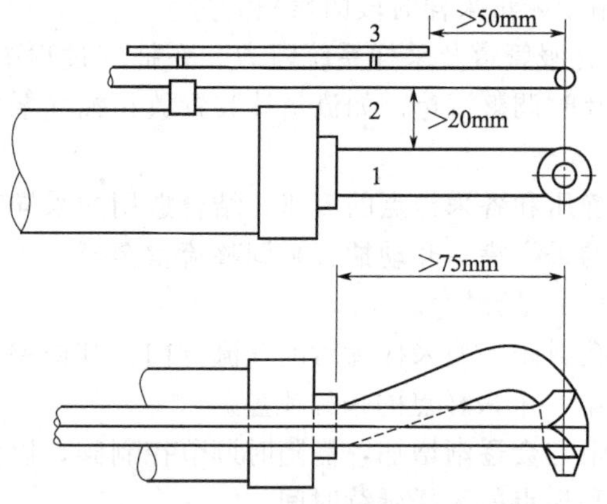

图 17-111 组合采样管相对位置要求

1—采样管；2—S形皮托管；3—热电偶温度计

器，重新计算等速采样流量，并调节流量计至所需的等速采样流量。另外，由于颗粒物在滤筒内壁逐渐聚集，使其阻力增加，也需及时调节控制阀以保持等速采样流量，记录烟气的温度、动压、流量计前的气体温度、压力及该点的采样延续时间。

c. 当第一点采样后，立即将采样嘴移至第二点。根据在第二点所测得的动压 p_d、烟气温度 t，计算出第二点的等速采样流量 Q_{r2}，迅速调整采样流量到 Q_{r2}，继续进行采样。依此类推，每点采样时间视尘粒浓度而定，但不得少于 3min，各点采样时间应相等。

d. 采样结束后，将采样嘴背向气流，切断电源，关闭采样管路，避免由于管路负压将尘粒倒吸出去，取出采样管时切勿倒置，以免将灰尘倒出。

e. 用镊子将滤筒取出，轻轻敲打管嘴并用毛刷将附着在管嘴内的尘粒刷到滤筒中，折叠封口后，放入盒中保存。

f. 每次至少采取 3 个样品，取平均值。

g. 采样后应再测量一次采样点的流速，与采样前的流速相比，两者差>20%，则样品作废，重新采样。

(3) 动压平衡型等速采样管法

① 原理。利用装置在采样管中的孔板在采样抽气时产生的压差和采样管平行放置的皮托管所测出的气体动压相等来实现等速采样。此法的特点是当工况发生变化时，它通过双联斜管微压计的指示，可及时调节采样流量，以保证等速采样的条件。

② 采样装置。由动平衡型等速采样管、双联斜管微压计、流量计量箱和抽气泵组成（图 17-112）。

a. 等速采样管。由滤筒采样管和与之平行放置的 S 形皮托管构成。除采样管的滤筒夹后装有孔板，用于控制等速采样流量，其他均与通用的滤筒采样管和 S 形皮托管相同。S 形皮托管用于测量采样点的气流动压。标定时孔板上游应维持 3kPa 的真空度，孔板的系数和 S 形皮托管的系数应<2%。为适应不同速度气体采样，采样嘴直径通常制作成 6mm、8mm、10mm 三种。

b. 双联斜管微压计。用来测量 S 形皮托管的动压和孔板的压差，两微压计之间的误差<5Pa。

c. 流量计箱。除增加累积流量计外，其他与普通型采样管法相同。

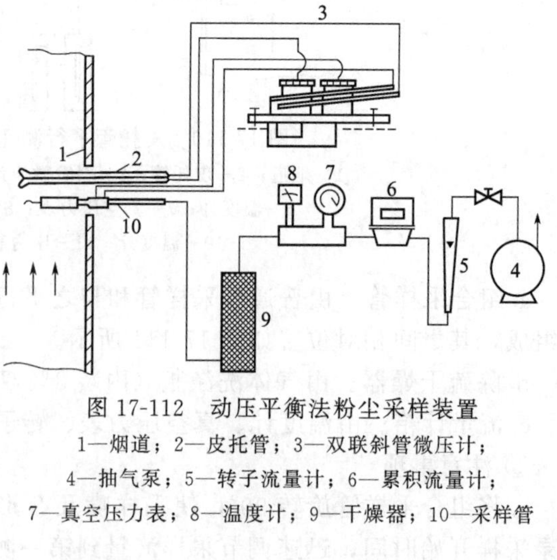

图 17-112 动压平衡法粉尘采样装置

1—烟道；2—皮托管；3—双联斜管微压计；4—抽气泵；5—转子流量计；6—累积流量计；7—真空压力表；8—温度计；9—干燥器；10—采样管

③ 注意事项。打开抽气泵，调节采样流量，使孔板的差压读数等于皮托管的气体动压

读数，即达到了等速采样条件。采样过程中，要随时注意调节流量，使两微压计读数相等，以保持等速采样条件。

(4) 静压平衡型等速采样法

① 原理。利用采样嘴内外壁上分别开有测静压的条缝，调节采样流量使采样嘴内外静压平衡的原理来实现等速采样。此法在测量低含量浓度及尘粒黏结性强的场合下，其应用受到限制，也不用于反推烟气流速和流量，以代替流速流量的测量。

② 采样装置。整个装置由等速采样管、压力偏差指示器、流量计量箱和抽气泵等组成(图 17-113)。

a.采样管。由平衡型采样嘴、滤筒夹和连接管 3 部分组成（图 17-114）。应在风洞中对不同直径的采样嘴在高、中、低不同速度下进行标定，至少各标定 3 点，其等速误差在±5%之间。

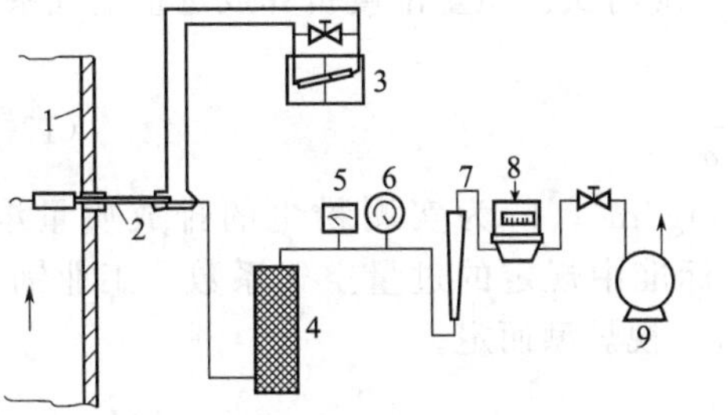

图 17-113　静压平衡法粉尘采样装置

1—烟道；2—采样管；3—压力偏差指示器；4—干燥器；5—温度计；6—真空压力表；7—转子流量计；8—累积流量计；9—抽气泵

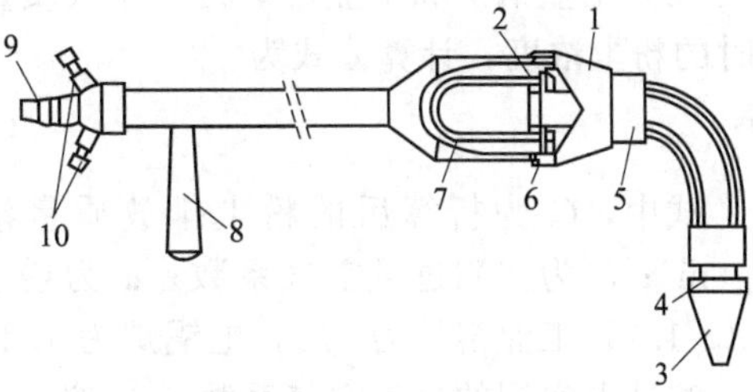

图 17-114　静压平衡型采样管结构

1—紧固连接套；2—滤筒压环；3—采样嘴；4—内套管；5—取样座；6—垫片；7—滤筒；8—手柄；9—采样管抽气接头；10—静压管出口接头

b.压力偏差指示器。其为一个倾角很小的指零微压计，用以指示采样嘴内外静压条缝处的静压差。零前后的最小分度值<2Pa。

c.流量计量箱和抽气泵。除增加累积流量计外，其他均与普通型采样管装置相同。

③ 注意事项。将采样管插入管道的第一测点，对准气流方向，封闭采样孔，打开抽气泵，同时调节流量，使管嘴内外静压平衡在压力偏差指示器的零点位置，即达到了等速采样条件。

2. 气体中粉尘浓度的计算

根据国家排放标准的规定，粉尘排放浓度和排放量的计算，均应以标准状态下（气温0℃，大气压力 101325Pa）干空气作为计算状态。粉尘浓度以换算成标准状态下 $1m^3$ 干烟气中所含粉尘质量（mg/g）表示，以便统一计算污染物含量。

(1) 测量工况下烟尘浓度　按下式计算：

$$C=\frac{G}{q_r t}\times 10^3 \tag{17-162}$$

式中，C 为粉尘浓度，mg/m^3；G 为捕集装置捕集的粉尘质量，mg；q_r 为由转子流量计读出的湿烟气平均采样量，L/min；t 为采样时间，min。

(2) 标准状况下烟尘浓度的计算　标准状况下粉尘浓度按下式计算：

$$C_g=\frac{G}{q_0} \tag{17-163}$$

式中，C_g 为标准状况下粉尘浓度，mg/m^3；G 为捕集装置捕集的粉尘质量，mg；q_0 为标准状况下的采气采样量，L。

(3) 管道测定断面上粉尘的平均浓度 根据所划分的各个断面测点上测得的粉尘浓度，按下式求出整个管道测定断面上的粉尘平均浓度：

$$\overline{C}_{\mathrm{p}}=\frac{C'_1F_1v_{\mathrm{s1}}+C'_2F_2v_{\mathrm{s2}}+\cdots+C'_nF_nv_{\mathrm{s}n}}{F_1v_{\mathrm{s1}}+F_2v_{\mathrm{s2}}+\cdots+F_nv_{\mathrm{s}n}} \tag{17-164}$$

式中，$\overline{C}_{\mathrm{p}}$ 为测定断面的平均粉尘浓度，mg/m^3；C'_1、C'_2、…、C'_n 为各划分断面上测点的粉尘浓度，mg/m^3；F_1、F_2、…、F_n 为所划分的各个断面的面积，m^2；v_{s1}、v_{s2}、…、$v_{\mathrm{s}n}$ 为各划分断面上测点的气流流速，m/s。

应指出，采用移动采样法进行测试时，亦要按上式进行计算。如果等速采样速度不变，利用同一捕尘装置一次完成整个管道测定断面上各测点的移动采样，则测得的粉尘浓度值即为整个管道测定断面上粉尘的平均浓度。

(4) 工业锅炉和工业窑炉粉尘排放质量浓度 应将实测质量浓度折算成过量空气系数为 α 时的粉尘浓度，计算公式为：

$$C'=C\frac{\alpha'}{\alpha} \tag{17-165}$$

式中，C'为折算后的粉尘排放质量浓度，mg/m^3；C 为实测粉尘的排放质量浓度，mg/m^3；α'为实测过量空气系数；α 为粉尘排放标准中规定的过量空气系数，工业锅炉为1.2～1.7，工业窑炉为1.5，电锅炉为1.4和1.7，视炉型而定。

测试点实测的过量空气系数 α'，按下式计算：

$$\alpha'=\frac{21}{21-X_{\mathrm{O_2}}} \tag{17-166}$$

式中，$X_{\mathrm{O_2}}$ 为烟气中氧的体积分数，例如含氧量为12%时，$X_{\mathrm{O_2}}$ 代入12。

3. 除尘效率的测试和透过率计算

除尘效率是除尘器捕集粉尘的能力，是反映除尘器效能的技术指标。除尘器在同一时间内捕集下粉尘量占进入除尘器总粉尘量的比率称之为除尘效率，以“%”表示。其实质上反映了除尘器捕集进入除尘器全部粉尘的平均效率，通常用下述两种方法测定。

(1) 根据除尘器的进、出口管道内粉尘浓度求除尘效率：

$$\eta=\frac{G_{\mathrm{B}}-G_{\mathrm{E}}}{G_{\mathrm{B}}}=1-\frac{G_{\mathrm{E}}}{G_{\mathrm{B}}}=1-\frac{Q_{\mathrm{E}}C_{\mathrm{E}}}{Q_{\mathrm{B}}C_{\mathrm{B}}} \tag{17-167}$$

式中，η 为除尘器的平均除尘效率，%；G_{B}、G_{E} 分别为单位时间进入除尘器和离开除尘器的尘量，g/h；Q_{B}、Q_{E} 分别为单位时间进入和离开除尘器的风量，L/h；C_{B}、C_{E} 分别为除尘器进（出）口气体的含尘浓度，mg/L或g/L。

除尘器实际上是存在漏风的问题。当除尘器在负压下运行时，若不考虑漏风的影响，则所测得的除尘效率较实际效率偏高；在正压运行时，忽视了漏风的影响，则所测得的除尘效率又较实际效率偏低。设漏风量 $\Delta Q=Q_{\mathrm{B}}-Q_{\mathrm{E}}$，代入式(17-167)则得：

$$\eta=1-\frac{C_{\mathrm{E}}}{C_{\mathrm{B}}}+\frac{\Delta QC_{\mathrm{E}}}{Q_{\mathrm{B}}C_{\mathrm{B}}} \tag{17-168}$$

当漏风量很小时，$Q_{\mathrm{B}}\gg\Delta Q$，则上式为：

$$\eta=1-\frac{C_{\mathrm{E}}}{C_{\mathrm{B}}} \tag{17-169}$$

(2) 根据除尘器进口管道内的粉尘浓度和除尘器捕集下来的粉尘量求除尘效率：

$$\eta=\frac{M_{\mathrm{G}}\times1000}{G_{\mathrm{B}}}=\frac{M_{\mathrm{G}}\times1000}{Q_{\mathrm{B}}C_{\mathrm{B}}} \tag{17-170}$$

式中，M_G 为除尘器单位时间捕集下来的粉尘量，kg/h；C_B 为除尘器进口气体含尘浓度，g/L。

当进入除尘器的烟尘浓度或温度较高而需预处理（预收尘或降温）时，将几级除尘器串联使用，且每一级除尘器的除尘效率分别为η_1、η_2、…、η_n，则其总除尘效率可按下式计算：

$$\eta=1-(1-\eta_1)(1-\eta_2)\cdots(1-\eta_n) \tag{17-171}$$

透过率是指含尘气体通过除尘器，在同一时间内没有被捕集到而排入大气中的粉尘占进入除尘器粉尘的重量百分比。显示除尘器排入大气的粉尘量的大小，其对反映高效除尘器的除尘变化率比除尘效率显示得更加明显。透过率与除尘效率的换算公式为：

$$p=1-\eta \tag{17-172}$$

式中，p 为粉尘透过率，%；η 为除尘效率，%。

分级效率是指粉尘某一粒径区间的除尘效率，可以用来对不同类型除尘器的效率作比较，因此具有较大的实用意义。粒径分级除尘效率按下式计算：

$$\eta_i=\frac{\Delta Z_{Bi}G_B-\Delta Z_{Ei}G_E}{\Delta Z_{Bi}G_B}=1-\frac{\Delta Z_{Ei}}{\Delta Z_{Bi}}(1-\eta) \tag{17-173}$$

式中，η_i 为除尘器对粒径为 i，的尘粒的分级效率，%；ΔZ_{Bi} 为除尘器进口粒径为 i 的尘粒（在大于 $i-\frac{1}{2}\Delta i$ 及小于 $i+\frac{1}{2}\Delta i$ 范围内）所占的质量百分数，%；ΔZ_{Ei} 为除尘器出口处粒径为 i 的尘粒所占的质量百分数，%；η 为除尘器的总除尘效率，%。

（二）气态污染物测定和净化效率计算

1. 管道中气态污染物的采样

（1）采样方法　管道中气态污染物的采样方法比粉尘采样方法简单，这是由于各种气态污染物是以分子状态存在的，主要是受布朗运动的特性所支配，无惯性作用，所以其采样流量（或采样速度）的大小和管道内气流速度无关，也就是不需要进行所谓等速采样。一般情况下，气态污染物的采样流量范围为 1～5L/min。

气体采样的方法基本上分为两大类。一类是被测气体的浓度较高，或者所用分析方法的灵敏度较高，不需要将气态污染物样品加以浓缩，直接采取少量样品即可供分析用。这类采样方法所测得的结果为气态污染物的瞬时或短时间内的浓度，而且能比较快地得出结果，并有可能做到自动监测。

另一类是管道内气态污染物浓度较低，或者目前分析方法的灵敏度尚不能满足直接采取少量样品进行分析的要求，故需采用一定的方式将大量气态污染物样品进行浓缩，以求达到进行分析的要求。样品的采集或浓缩方法有液体吸收法、固体吸附法、冷凝法和燃烧法等。

采用液体吸收法来浓缩气态污染物样品比较普遍，所以仅对液体吸收法的采样装置和采样方法等做一简介。

（2）采样装置　图 17-115 为一用吸收瓶的气体采样系统，它由采样管、吸收瓶、干燥器、温度计、压力计、流量计及抽气泵等组成。各装置的特性和要求简介如下。

① 采样管。采样管的结构形式很多，最简单常用的如图 17-116 所示为一加热采样管，头部是一个简单的填料过滤器，以防止粉尘等颗粒物质进入吸收瓶，一般用无碱玻璃棉、矿渣棉、金刚砂等作填料。图 17-117 是其他类型采样管，其中图 17-117(a) 是适用于小管道（直径在 150mm 以下）采用的，后部装有过滤器；图 17-117(b) 是中部装有球形阀门的采样管，以防止有害气体流出，尾部装有过滤器。采样管加热是为了防止管道内产生冷凝水，吸收被测气体，使测定浓度值降低，采样管的材料要有良好的耐腐蚀和耐高温的性能，一般用硬质玻璃、石英、不锈钢、陶瓷、氟树脂及氟橡胶等制成。

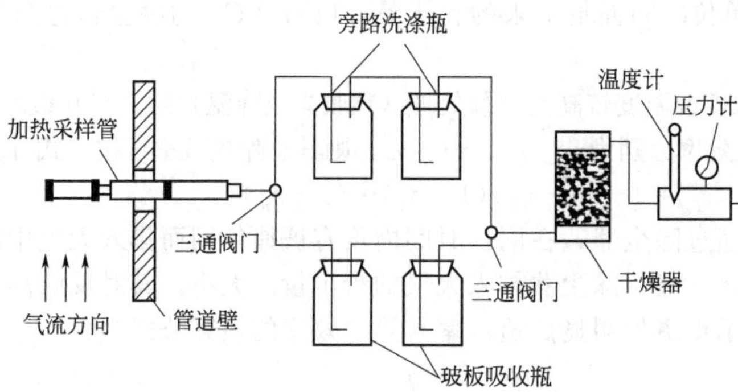

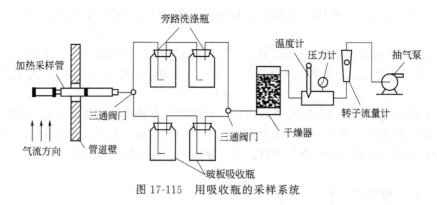

图 17-115 用吸收瓶的采样系统

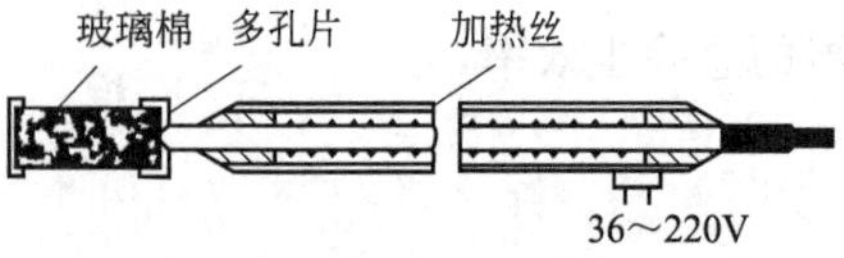

图 17-116 加热采样管

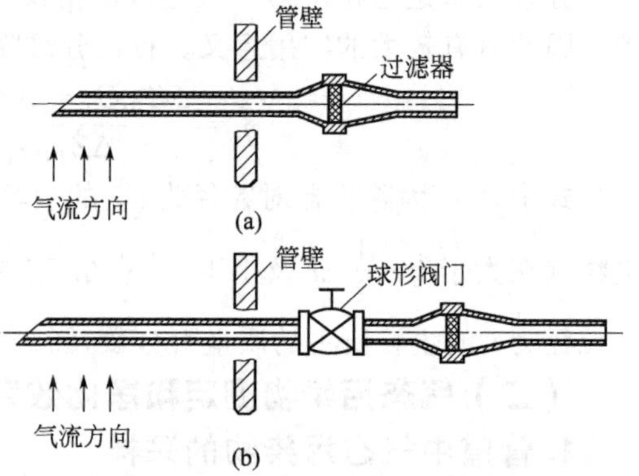

图 17-117 其他类型的采样管

② 连接管。综合考虑连续管长度、抽气流量、冷凝水和抽气泵能力等因素，连接管直径采用 4～25mm 为好。长度应尽量短，尤其是在采样管、过滤器和吸收瓶之间的连接管。连接管最好采用硅橡胶管，在连接处应防止漏气，并尽量用石棉布带和其他隔热材料保温。

③ 吸收瓶。吸收法多采用气泡式吸收瓶、多孔玻板吸收瓶、玻璃筛板吸收瓶、冲击式吸收瓶来完成（图 17-118）。

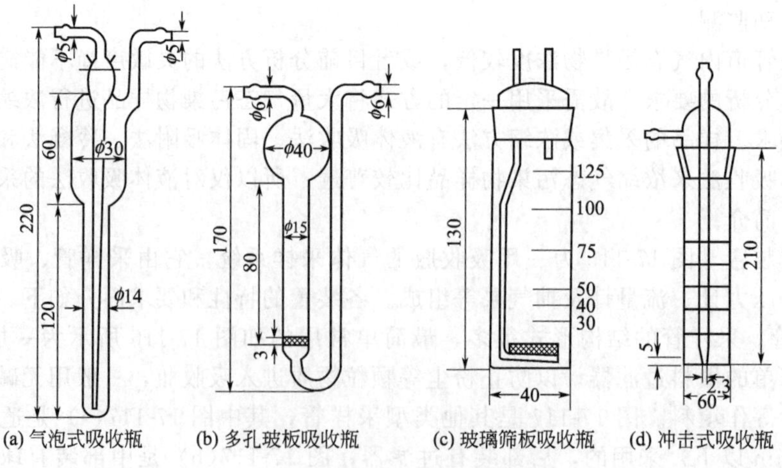

图 17-118 气体吸收瓶

在上述几种气体吸收瓶中，多孔玻板吸收瓶和玻璃筛板吸收瓶吸收气体时，气体通过弯曲的孔道被阻留，一部分气体通过多孔的筛板之后分散成更细小的气泡被吸收液吸收，所以筛板式吸收瓶能很好地吸收气态、蒸气态及雾态气溶胶物质。而气泡式吸收瓶对气溶胶的吸收作用不够完全。冲击式吸收瓶吸收气体时，气体以很快的速度冲击到吸收瓶底部，使气溶胶颗粒因惯性作用冲到底部再被吸收。所以除了能在吸收液中溶解的气体外，一般气态和蒸气态的物质不宜用冲击式吸收瓶采样。

常用的吸收液有水、水溶液、有机溶液等。吸收液应选择对被吸收的物质有较大的溶解度、化学反应快、吸收效率高、吸收后的溶液稳定、吸收液价格便宜、易于得到、对操作人员和环境无污染或污染较小的物质。

气体通过吸收液时，气体中有害物的分子由于溶解作用或化学反应很快地进入吸收液中，在气泡和溶液的界面上，气泡中气体的分子因本身运动速度很快而迅速扩散到气、液界面上，很快完成了整个气泡中有害物被吸收液吸收的过程。

④ 流量测定装置。一般可用转子流量计、孔口流量计和累积流量计等测定流量。流量计前装设的温度计和压力计是为测定通过流量计的气体温度和压力，供流量换算用的。通常要求采气流量保持恒定，采气量的大小根据被测气体的浓度、吸收瓶容量及吸收效率而定。

⑤ 加热器或干燥器。为了防止转子流量计壁上结露，转子失灵，必须在流量计前设加热器或干燥器。加热温度以流量计壁上不结露为准，但要求温度控制恒定。干燥剂一般使用硅胶。

⑥ 抽气装置。最常用的抽气装置有橡胶抽气球，医用注射器、手抽气筒、真空泵及引射器等，要视抽气量和系统阻力大小而定。

几种污染物采样方法的概要列在表 17-108 中[2]。

表 17-108　几种污染物采样方法

污染物	采样装置	采样介质	采样流量/(L/min)	最小采样容积/L	分析方法	在最小采样容积时能分析的最低浓度
酸蒸气和酸雾	冲击瓶或多孔气泡瓶	碱液或水	<28.3	硫酸:1700 硝酸:2.8 盐酸:142		$0.5mg/m^3$ $2.5mg/m^3$ $3.5mg/m^3$
碱雾	冲击瓶或多孔气泡瓶	水	<28.3	566	滴定	$0.5mg/m^3$ $0.1mg/m^3$
	冲击瓶或多孔气泡瓶	稀硫酸	<28.3	566		
氨	多孔气泡瓶	0.1mol/L H_2SO_4	2.8	28.3	比色	12.5×10^{-6}
苯胺	多孔气泡瓶	稀硫酸	1.4	28.3	比色	2.5×10^{-6}
砷	冲击瓶	水	28.3	85	比色	$0.25mg/m^3$
苯	气泡瓶	异辛烷	7.1	85	分光光度计 气相色谱	
	聚酯袋	无				
镉	冲击瓶	水	28.3	283	极谱	$0.025mg/m^3$
二氧化碳	聚酯袋	无			红外线	
二硫化碳	多孔气泡瓶	KOH 的酒精溶液	1.4	2.8	比色	10×10^{-6}
氯代烃类	带多孔气泡瓶的燃烧管	Na_2CO_3-亚砷酸盐试剂	2.8	28.3	滴定	
铬酸	冲击瓶	水或碱液	<28.3	到样品出现黄色	滴定或比色	$0.05mg/m^3$

续表

污染物	采样装置	采样介质	采样流量/(L/min)	最小采样容积/L	分析方法	在最小采样容积时能分析的最低浓度
氰化物	多孔气泡瓶	碱液	2.8	70	比色	2.5mg/m^3
氟化物(无机盐类)	静电沉降	无	85	425		1.25mg/m^3
氰化氢	多孔气泡瓶	碱液	2.8	70	比色	5×10^{-6}
氟化氢	多孔气泡瓶	碱液	<28.3	425	比色	1.5×10^{-6}
硫化氢	柱形气泡瓶	1% $CdCl_3$	1.4	85或到黄色沉淀物出现	质量	5×10^{-6}
铅	冲击瓶	稀硝酸	28.3	283	极谱	0.75mg/m^3
	微孔过滤器	无	85	283		
汞	冲击瓶	稀硝酸	28.3	283	比色	0.025mg/m^3
羰基镍	定量管	无			气相色谱	
二氧化氮	定时采样瓶	无		500mL	比色	2.5×10^{-6}
氮氧化物	定时采样瓶	无		500mL	比色	2.5×10^{-6}
油雾	冲击瓶	全氯乙烯	28.3	566	红外线	2.5mg/m^3
臭氧	多孔气泡瓶	0.1mol/L NaOH+1% KOH溶液	14.2	283	比色	0.05×10^{-6}
酚类	多孔气泡瓶或冲击瓶	碱水	2.8	283	比色	2.5×10^{-6}
光气	多孔气泡瓶	饱和苯胺+饱和二苯脲	2.8	28.3	质量	0.05×10^{-6}
磷化氢	小型冲击瓶	二乙基二硫代碳酸银(吡啶溶液)	28.3	85或颜色从黄变红	比色	0.15×10^{-6}
二氧化硫	多孔气泡管	0.05mol/L NaOH中的2%甘油	<28.3	283	比色	2.5×10^{-6}

注：能分析的最低浓度与分析仪器和方法有关，精密度高的仪器或方法能分析的最低浓度比表中数据更低。

(3) 采样中应注意的问题　吸收剂和吸收器的选择要根据被测气态污染物的理化性质、分析方法的灵敏度及现场条件等确定。一般选用对气态污染物的溶解度较大或能与其迅速起化学反应的溶液作吸收剂。此外，还应考虑气态污染物被吸收剂吸收后要有足够的稳定时间，并与后面所采用的分析方法相适应。管道中气态污染物的浓度和分析方法的灵敏度决定着采气体积的大小，采气体积确定后，便可选取吸收器容量的大小以及吸收液量。例如用碘滴定法测定烟气中 SO_2 的浓度时，选用的吸收液为氨基磺酸铵和硫酸铵的混合溶液，当 pH 值约为 5.4 时，吸收 SO_2 的效率高，能稳定地吸收 SO_2 而不会使之挥发或氧化，而且当烟气中共存 NO_2 时，测定值不受影响。最理想的吸收液同时又兼显色剂，如用盐酸萘乙二胺测定氧化氮，它既是吸收液，又是显色剂。

为了取得有代表性的样品，采样孔的位置应避开管道中的弯管部分、紧接风机前后部分、分流或合流三通部分以及气流容易变化和粉尘容易滞留的地方。采样管应伸到靠近管道的中心部位。

每次采样前都要事先更新好无碱滤料。采样管要定期清洗并干燥，以免影响测定精度。

2. 气态污染物的测定方法

几种典型的气态污染物的测定方法见表17-109[18]。

表17-109 作业环境中有害气体的测定

名称	采样法	测定方法		
		分析方法	定量方法	方法灵敏度
氯	邻联甲苯胺作吸收液，以0.1L/min速度采样	比色法	420nm处测定显色吸收液的吸光度	0.3μg氯/5mL吸收液
氟化氢	$c(NaOH)=$0.01mol/L氢氧化钠溶液作吸收液，以0.5L/min速度采样	比色法	取5mL试液用茜素络合酮显色，620nm处测定吸光度	0.4μg氟/5mL吸收液
硫化氢	酸性钼酸铵溶液作吸收液，以0.1L/min速度采样	比色法	580nm处测定显色吸收液吸光度	1μg硫化氢/4mL吸收液
	碱性硫酸锌-硫酸铵混合液作为吸收液，以0.1L/min速度采样	钼蓝法、亚甲基蓝法	取3mL试液，用亚甲基蓝法显色，670nm处测定吸光度	0.3μg硫化氢/3mL吸收液
三氧化二砷	玻璃纤维滤纸采样	比色法	试样用酸溶出，试液用钼蓝萃取法显色，725nm处测定吸光度	0.5μg砷/10mL萃取液
		原子吸收分光光度法、直接法、砷化氢法	试样用酸溶出，试液浓缩后，加入定量的硫酸，配成测试液，193.7nm测定原子吸光度	10μg砷/mL试液
			配制含定量硫酸的试液，在反应器里加入锌粉，用氩气作载气，把生成的砷生氢通到火焰中，193.7nm测定原子吸光度	0.005μg砷/mL试液
氰化钾	0.1mol/L氢氧化钠溶液作吸收液，以0.5L/min速度采样	比色法	取5mL试液，用吡啶-吡唑酮法显色，620nm处测定吸光度	0.2μg氰/5mL试液
氰化氢	0.1mol/L氢氧化钠溶液作吸收液，以0.5～1L/min速度采样	比色法	取2mL试液稀释至5mL，用吡啶-吡唑酮法显色，620nm处测定吸光度	0.2μg氰/2mL试液
铬酸及其盐	蒸馏水作吸收液，以0.5L/min速度采样	比色法	试液用双硫腙法显色，550nm处测定吸光度	2μg铬酸/25mL试液
镉及其化合物	玻璃纤维滤纸采样	比色法	试样用酸溶出，双硫腙法萃取到氯仿中，518nm测定吸光度	0.5μg镉/10mL氯仿萃取液
		原子吸收分光光度法、直接法、有机溶剂萃取	试样用酸溶出，试液228.8nm处测定原子吸光度	0.3μg镉/mL试液
			试样用酸溶出，试液pH3.5～4.0，用MIBK萃取，离心分离萃取液，228.8nm处测定原子吸光度	0.01μg镉/mL MIBK萃取液
		极谱法	试样用酸溶出，配成测定液，用极谱法定量	1μg镉/mL试液

续表

名称	采样法	测定方法		
		分析方法	定量方法	方法灵敏度
重铬酸及其盐	氢氧化钠溶液作吸收液，以 0.5L/min 速度采样	比色法	试液中加入双硫腙醋酸溶液，550nm 处测定吸光度	
汞及其无机化合物（硫化汞除外）	高锰酸钾-硫酸溶液作吸收液，以 0.5～1L/min 速度采样	比色法	用盐酸羟胺溶液脱色后，用双硫腙法萃取，490nm 处测定有机相吸光度	0.5μg 汞/5mL 萃取液
		原子吸收分光光度法（还原气化法）	把试液移入还原气化装置中，加盐酸羟胺溶液脱色，加入抗坏血酸溶液，253.7nm 处边送气、边测定原子吸光度	0.005μg 汞/mL 吸收液
铍及其化合物	玻璃纤维滤纸采样	荧光法	试样用酸溶出，用桑色素法测定荧光强度（激发波长 365nm，发射波长 525nm）	0.005μg 铍/mL 试液
		原子吸收分光光度法	试样用酸溶出，配成稀盐酸试液，用乙酰丙酮（MIBK）萃取，萃取液离心分离，用高温燃烧器，234.8nm 测定原子吸光度	0.01mg 铍/mLMIBK 萃取液
五氧化二钒	玻璃纤维滤纸采样	比色法	试样用硫酸酸化，加入 *N*-苯甲酰-*N*-苯基羟胺，氯仿萃取，440nm 处测定吸光度	
煤焦油	玻璃纤维滤纸采样	重量法	索氏提取器用苯提取，除去苯称重	
锰及其化合物	玻璃纤维滤纸采样	比色法	试样用酸溶出，取 5mL 试液，用甲醛肟法显色，450nm 测定吸光度	1μg 锰/15mL 试液
		原子吸收分光光度法	试样用酸溶出，279.5nm 测定原子吸光度	0.1μg 锰/mL 吸收液
氯联苯	正己烷作吸收液以 1～2L/min 速度冷凝采样	气相色谱法	吸收液脱水浓缩，配成 10mL 试液，取 5μL 用 ECD 检测器定量	0.001μg 氯联苯/5μL 正己烷萃取液

净化装置的各种性能的测试皆应在工艺生产设备正常的连续运行情况下进行。为此，在可能情况下，还应同时测出工艺生产设备的生产量、原材料、燃料及动力的消耗指标等。

在工艺生产是连续的恒定的情况下，净化装置性能的测试次数原则上要求连续进行两次，但必要时可以增加次数，最后取两次或多次测定值的平均值作为测定结果。

在生产工艺的运行条件呈周期性变化的情况下，例如炼钢转炉或电炉等废气发生源，净化装置的性能也必定随之变化。对于净化装置，特别是干式除尘器，要周期性地进行清灰，这时也会影响除尘器性能的变化。

在这种情况下则要在比一个周期更长的时间中进行测定。下面分两种情况进行说明。

(1) 发生源运行状态的变化　在一个周期中，在净化装置进口和出口同时进行测定，重复数次，将这些测定值平均，求得一个周期内的平均值，取之作为一次测定值。

(2) 净化装置本身运行状态的变化　如干式除尘器进行清灰时使运行状态发生的变化，清灰周期长短不同，测定方法也不同。对于短周期的情况，应在包括清灰时间在内的一个周期以上的时间内连续进行测定，取之作为一次测定值。对于长周期的情况，应在清灰和不清灰时间内分别进行测定，从各测定值算出一个周期内清灰时和不清灰时的状态值，然后求出其时间平均值。

3. 设备净化效率计算

对于净化设备的测定以及湿式洗涤器等气态污染物净化装置的测定，一般皆采用浓度法测定净化效率，即用采样的方法测出净化装置进、出口管道中有害物质（粉尘或气态污染物）的浓度，按下式计算净化效率：

$$\eta=\frac{C_1-C_2}{C_1}\times 100\%=\left(1-\frac{C_2}{C_1}\right)\times 100\% \tag{17-174}$$

式中，C_1 为净化装置进口管内有害物质的平均浓度，g/m^3；C_2 为净化装置出口管内有害物质的平均浓度，g/m^3。

在用浓度法测定净化效率时，应考虑到装置漏气对测定结果的影响，并应采用同样的采样装置同时在装置的进、出口管道中采样。

当净化装置位于通风机之前（即处于负压段），在存在漏气时，必然是 $Q_1 \leqslant Q_2$，则净化效率应按下式计算：

$$\eta=\frac{Q_1C_1-Q_2C_2}{Q_1C_1}\times 100\%=\left(1-\frac{Q_2C_2}{Q_1C_1}\right)\times 100\% \tag{17-175}$$

当净化装置位于通风机之后（即处于正压段），在存在漏气时，必然是 $Q_1 \geqslant Q_2$，则净化效率应按下式计算：

$$\eta=\frac{Q_1C_1-(Q_1-Q_2)C_1-Q_2C_2}{Q_1C_1}\times 100\%=\frac{Q_2}{Q_1}\left(1-\frac{C_2}{C_1}\right)\times 100\% \tag{17-176}$$

【例 17-14】 测得某一净化洗涤器进口含 SO_2 浓度 $C_1=10g/m^3$，气体流量 $Q_1=10000m^3/h$，气体温度 240℃，气流平均全压 $\overline{p}_{t1}=-981Pa$，洗涤器出口含 SO_2 浓度 $C_2=0.02g/m^3$，气体流量 $Q_2=10500m^3/h$，气体温度 60℃，气流平均全压 $\overline{p}_{t2}=-2551Pa$，出口比进口高 3.1m。试计算该洗涤器的处理气体流量、压力损失及净化效率。

解：净化设备处理气体流量

$$Q=\frac{1}{2}(10000+10500)=10250(m^3/h)$$

取空气密度 $\rho_a=1.2kg/m^3$，进、出口平均温度 150℃下气体密度 $\rho=0.865kg/m^3$，则洗涤器压力损失

$$\Delta p=-981+2551+(1.2-0.865)\times 3.1\times 9.81=1580(Pa)$$

洗涤器的净化效率

$$\eta=\left(1-\frac{Q_2C_2}{Q_1C_1}\right)\times 100\%=\left(1-\frac{10500\times 0.02}{10000\times 1.0}\right)\times 100\%=97.9\%$$

若不计漏气的影响，则

$$\eta=\left(1-\frac{C_2}{C_1}\right)\left(1-\frac{0.02}{1.0}\right)\times 100\%=98.0\%$$

（三）设备压力损失测试

设备压力损失是以进口和出口气流的全压差 Δp 来衡量，也称为设备阻力。设备进出口设置取压点，测试时，全压管应对准气流方向，全压值由 U 形压力计显示。规定用流经除尘装置的入口通风道及出口通风道的各种气体平均总压（$\overline{p}_i$）差（$\overline{p}_{ti}-\overline{p}_{to}$）表示，由测试点位置的高度差引起的浮力效应 p_H 进行校正后求出。而平均总压，则根据流经通风道测定截面各部分（等面积分割）的所有气体总动力 $p_{ti}Q_i$，用下式求出：

$$\overline{p}_{t}=\frac{p_{t1}Q_{1}+p_{t2}Q_{2}+\cdots+p_{tn}Q_{n}}{Q_{1}+Q_{2}+\cdots+Q_{n}} \tag{17-177}$$

式中，Q_1，Q_2，…，Q_n 为流经各区域的气体量，m^3/s。

如果 j 区域的面积为 A_j，该区域的气体速度为 v_j，则 $Q_j=A_jv_j$，如果各区域的面积相等，则上式的 Q_j 用 v_j 代替，那么

$$\overline{p}_{t}=\frac{p_{t1}v_{1}+p_{t2}v_{2}+\cdots+p_{tn}v_{n}}{v_{1}+v_{2}+\cdots+v_{n}} \tag{17-178}$$

如图 17-119 所示的皮托管测试，则总压 p_t 可直接测出；如果使用其他测试仪器，则按下式进行计算：

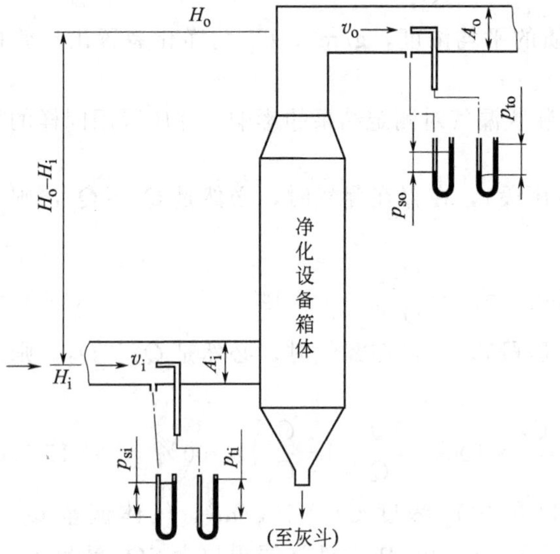

图 17-119 求净化设备压力损失的方法

$$p_{t}=p_{s}+\frac{\rho}{2}v^{2} \tag{17-179}$$

式中，p_s 为测试断面气流的静压，Pa；ρ 为单位体积气体的平均密度，kg/m^3。

浮力的计算公式：

$$p_{H}=Hg(\rho_{a}-\rho) \tag{17-180}$$

式中，H 为设备进口与出口的高度差，m；g 为重力加速度，$9.8m/s^2$；ρ_a 为净化设备内气体密度，kg/m^3；ρ 为净化设备周围的大气密度，kg/m^3。

一般情况下，对除尘器的压力损失而言，浮力效果是微不足道的。但是，如果气体温度较高，测点的高度差又较大时，则应考虑浮力效果。此时则用下式表示除尘装置的压力损失：

$$\Delta p=\overline{p}_{ti}-\overline{p}_{to}-p_{H} \tag{17-181}$$

这时，如果测试截面的流速及其分布大致一致时，可用静压差代替总压差来校正出入口测试截面的压差，求出压力损失，即：

$$p_{ti}=p_{si}+\frac{\rho}{2}\left(\frac{Q_{i}}{A_{i}}\right)^{2} \tag{17-182}$$

$$p_{to}=p_{so}+\frac{\rho}{2}\left(\frac{Q_{o}}{A_{o}}\right)^{2} \tag{17-183}$$

如果 $Q_i=q_o$，则

$$p_{ti}-p_{to}=p_{si}-p_{so}+\frac{\rho}{2}\left[1-\left(\frac{A_{i}}{A_{o}}\right)^{2}\right] \tag{17-184}$$

$$\Delta p=p_{si}-p_{so}+\frac{\rho}{2}\left[1-\left(\frac{A_{i}}{A_{o}}\right)^{2}+(H_{o}-H_{i})g(\rho_{a}-\rho)\right] \tag{17-185}$$

上式中，右边第一项是除尘器的出入口静压差；第二项是出入口测定截面有差别时的动压校正。如果连接设备的进出口管道截面积相等时，而且高压很小，那么，右边第二项、第三项就不存在，则为：

$$\Delta p=p_{ti}+p_{so} \tag{17-186}$$

以上所说的压力损失也包括设备前后管道的压力损失，除尘器自身的压力损失要扣除管

道的压力损失 Δp_f 来求出。

（四）设备漏风量的测试[13]

漏风是由于设备在加工制造、施工安装欠佳或因操作不当、磨损失修等诸多原因所致。漏风率是以设备的漏风量占设备的气体处理量的百分比来表示，是考察除尘效果的技术指标。

漏风率的测试方法视流经设备气体的性质，采用风量平衡法、热平衡法、氧平衡法或碳平衡法。

1. 风量平衡法

按漏风率的定义，测出设备进出口的风量即可计算出漏风率：

$$\varepsilon=\frac{Q_i-Q_o}{Q_i}\times100\% \tag{17-187}$$

式中，ε 为设备漏风率，%；Q_i，Q_o 分别为设备进出口的风量，m^3/h。

上式中对正压工作的设备计算时为 Q_i-Q_o，而负压工作的设备计算时则为 Q_o-Q_i。

2. 热平衡法

忽略设备及管道的热损失，在单位时间内，除尘器出口烟气中的热容量应等于设备进口烟气中的热容量及漏入空气的热容量之总和，即：

$$Q_i\rho_i c_i t_i+\Delta Q\rho_a c_a t_a=Q_o\rho_o c_o t_o \tag{17-188}$$

$$\Delta Q=Q_o-Q_i \tag{17-189}$$

式中，ρ_i、ρ_o、ρ_a 分别为设备进出口烟气及周围空气的密度，kg/m^3；c_i、c_o、c_a 分别为设备进出口及周围空气的热容，kJ/(kg·K)。

若忽略进出口气体及空气的密度和热容的差别时，即令 $\rho_i=\rho_o=\rho_a$，$c_i=c_o=c_a$，则由上式可得漏风率为：

$$\varepsilon=\left(1-\frac{Q_o}{Q_i}\right)=\left(1-\frac{t_i-t_a}{t_o-t_a}\right)\times100\% \tag{17-190}$$

这样一来，测出设备进出口的气流温度，即可得到漏风率。这种方法适用于高温气体。

3. 碳平衡法

当设备因漏风而吸入空气时，管道气体的化学成分发生变化，碳的化合物浓度得到稀释，根据碳的平衡方程，漏风率的计算公式为：

$$\varepsilon=\left[1-\frac{(CO+CO_2)_i}{(CO+CO_2)_o}\right]\times100\% \tag{17-191}$$

式中，ε 为设备漏风率，%；$(CO+CO_2)_i$ 为设备进口烟气中（$CO+CO_2$）的浓度，%；$(CO+CO_2)_o$ 为设备出口烟气中（$CO+CO_2$）的浓度，%。

因此，只要测出设备进出口的碳化合物（$CO+CO_2$）的浓度，就可得到漏风率。该法只适用于燃烧产生的烟气。

4. 氧平衡法

（1）原理　氧平衡法是根据物料平衡原理由设备进出口气流中氧含量变化测得漏风率的。本方法适用于烟气中含氧量不同于大气中含氧量的系统。适用于干式及湿式静电除尘器。

采用氧平衡法，适用于测量静电除尘器进出口烟气中氧含量之差，并通过计算求得。

（2）测试仪器　所用化学式氧量表精度不低于2.5级，测试前需经标准气校准。

（3）静电除尘器漏风率计算公式：

$$\varepsilon=\frac{Q_{2i}-Q_{2o}}{K-Q_{2i}}\times100\% \tag{17-192}$$

式中，ε 为静电除尘器漏风率，%；Q_{2i}，Q_{2o} 分别为静电除尘器进出口断面烟气平均含氧量，%；K 为大气中含氧量，根据海拔高度查表得到。

由于静电除尘器是在高压电晕条件下运行，火花放电时，除尘器中会产生臭氧，有人认为这会影响烟气中氧的含量，从而影响漏风率的测试误差。而实际上臭氧是一种强氧化剂，很易分解。有关资料介绍，在高温电晕线周围的可见电晕光区中生成的臭氧，其体积浓度仅百万分之几，生成后会自行分解成氧或其他元素化合。这个浓度对人类生活环境会产生很大影响，但相对于氧含量的测试浓度影响则是相当的小。氧平衡法只需测试进出口断面的烟气含氧量两组数据，综合误差相对较小，此风量平衡法优越，但也有局限性，仅适用于烟气含氧量与大气含氧量不同的负压系统。

氧平衡法的测试误差主要取决于选用的测试仪器。目前我国主要采用化学式氧量计，而在国外已普遍采用携带式的氧化锆氧量计以及其他携带式氧量计，但随着我国仪器仪表的迅速发展，将可以选用精度高、可靠且携带方便的漏风率测试用测氧仪。

（五）气密性试验

除尘器在高温、多尘及有压力情况下运行，要求其应有较高的气密性，任何漏风都会造成能耗的浪费及非正常的净化效果，所以及时发现垫圈、人孔及焊接质量问题是保证漏风率小于设计要求，也是保证除尘效果的不可缺少的重要一环。为防止泄漏，在除尘器外壳体安装过程中就必须采取措施严格把关。对焊缝等采取煤油渗透法或肥皂泡沫法进行检查，坚决杜绝漏焊、开裂、垫圈偏移等泄漏现象。

气密性试验方法有定性法和定量法两种，现分述如下。

1. 定性法

定性法是在除尘器进口处适当位置放入烟雾弹（可采用 65-1 型发烟罐或按表 17-110 配方自制），并配置鼓风机送风，使设备内形成正压，易于烟雾溢出，将烟雾弹引燃线拉到除尘器外部点燃，引爆烟雾弹产生大量烟雾。此时，壳体面泄漏部位就会有白烟产生，施工人员即可对泄漏点进行处理。

表 17-110　每 10kg 烟雾弹成分

原料名称	质量/kg	原料名称	质量/kg
氧化铵	3.89	氯化钾	2.619
硝酸钾	1.588	松香	1.372
煤粉	0.531		

2. 定量法

定量实验法与定性试验法相比则更加准确、科学。目前，在国内安装除尘器时采用得并不多。然而，有的环境工程的质量要求严格，针对在用的许多除尘器均有不同泄漏现象这一情况，要求安装单位实施这种试验方法，在此情况下对除尘器进行严格的定量试验。

（1）原理与计算公式　设备壳体是在与风机负压基本相等的状态下工作的有压设备。试验时，在其内部充入压缩空气使之形成正压状态下进行模拟，其效果是一致的。这是因为无论是正压或负压，其内外压差是相同的，正压试验时若不漏风，那么在负压时亦不会漏风。

泄漏率计算公式：

$$\varepsilon=\frac{1}{t}\left(1-\frac{p_a+p_2}{p_a+p_1}\times\frac{273+T_1}{273+T_2}\right)\times 100\% \tag{17-193}$$

式中，ε 为每小时平均泄漏率，%；t 为检验时间（应不小于 1h），h；p_1 为试验开始时设备内表压（一般接风机压力选取），Pa；p_2 为试验结束时设备内压力，Pa；T_1 为试验开始时温度，℃；T_2 为试验结束时温度，℃；p_a 为大气压力，Pa。

(2) 气密性试验的特点　气密性试验一般在除尘器制造安装完毕后进行，通过试验可以及时发现泄漏问题，并有足够的时间和手段来解决泄漏问题，所以，对大中型除尘器，大多要求进行气密性试验，并控制静态泄漏率小于 2%方视为合格。

五、风机性能的测试

在环境工程中，风机的作用有如人体的心脏一样的重要。因此，对风机性能的测试是环境工程中不可缺少的一个重要环节。风机的性能目前尚不能完全依靠理论计算和样本资料，要通过测试的方法求得验证。风机的性能测试项目是指其在给定的转速下的风量、压力、所需功率、效率和噪声。

（一）风机性能测试准备

1. 初步检测

在进行现场测试之前，应对风机及其辅助设备进行初步检测，在预定的转速进行运行，以检查其运行工况正常与否。

现场测试程序应尽可能与在标准风道进行测试的程序相一致，但现场测试由于场地条件限制，往往难以测得十分准确的结果，此时应该用下述给定的修正程序。

现场测试必须在下述条件下进行：系统对风机运行的阻力变化不明显，风机运载的气体密度或其他参数变化降到最小值。

系统阻力和流量容易受到诸如现场环境和各种工况的影响。因此，在测试过程中必须采取措施尽量保障测试期间的工况稳定。如果初步测试结果与制造厂提供的参数不一致时，其误差可能由下列各种因素之一或几个因素造成：①系统存在泄漏，再循环或其他故障；②系统的阻力估计不准确；③对厂方测试数据的应用有误；④系统的部件安装位置太靠近风机出口或其他部位而造成损失过大；⑤弯管或其他系统部件的安装位置太靠近风机入口而造成对风机性能的干扰；⑥现场测试中的固有误差。

由于现场条件的限制，风机性能现场测试的精度往往大大低于用标准化风管进行测试的预期精度。在这种情况下，则应在现场测试之外，再用标准化风管对风机运行全尺寸或模型进行测试。

2. 改变操作点的方法

为取得风机特性曲线上的不同操作点的检测数据（如果风机装有改变性能的机构，如可调叶距的叶片，可伸展叶尖或叶尾，或者改变导翼，则风机具有多种特性曲线），就应该利用恰当安装在系统中的一个或多个装置来改变风机的性能。用于调节性能的装置或阀门的位置必须能够使测试段保持满意的气体流型，以保证取得满意的检测数据。

（二）检测面的位置

1. 流量检测面的位置

对于现场测试，按测试的布置和方法来安装风机可能是不现实的，流量检测面必须位于适宜的直管段中（最好选在风机的入口侧），此处的流量工况基本上是轴向的、匀称的，没有涡流。必须先进行位移以确定这些工况是否满足。风机与流量检测面之间的进入风道或从风道流出的空气泄漏一般忽略不计。风道中的弯管和阻碍物会对较大一段距离的下游气流造成扰动，而在有些场合可能找不到测试所需的足够轴向和匀称的气流位置，在此情况下，就可能在风道里安装导翼或者用衬板修正气道形状，以获得测试现场令人满意的气流。然而，气流整流装置所产生的涡流会使皮托管的静压读数产生误差，所以如有必要，检测面最好不要小于一倍管道直径甚至更大距离内的管道长度，以取得合理良好的气流工况。

(1) 测试段长度　流量检测面所在的风道部分被定义为“测试段”，测试段必须平直，截面匀称，没有会改变气流的任何障碍物。测试段的长度必须不小于风道直径的两倍（图 17-120）。

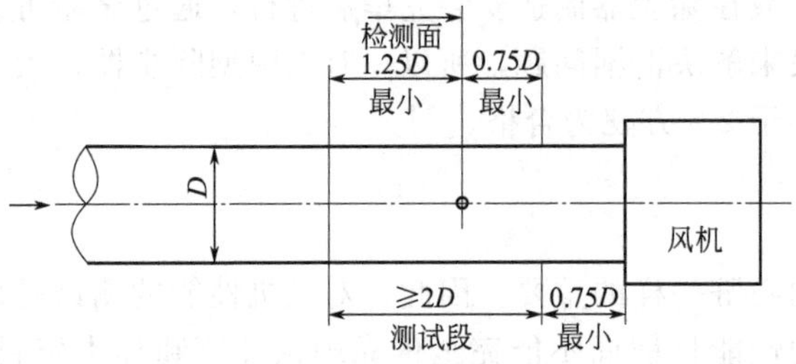

(a) 位于风机进口侧的测试段

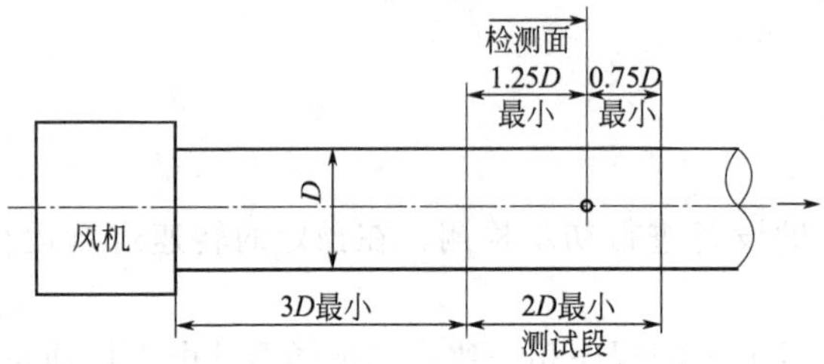

(b) 位于风机出口侧的测试段

图 7-120　用于现场测试的流量检测位置

(2) 风机的进口侧　如果测试段位于风机的进口侧，那么其下游末端至风机进口的距离应该小于等于 0.75D。

如果风机装有一个或几个进口阀，那么测试段的下游末端至风机的进口阀的距离应该至少等于风道直径的 0.75D。

测试段可以位于单位风口风机的进口阀端，只要符合测试长度规定即可。如果是带有两个进口阀的双进口风机，那么应该允许在每个进口阀上设有一个测试段，只要每个测试段符合测试长度规定即可。对于双进口风机，如果测试段位于每个进口阀的上游，那么必须检测每个测试段的流量和压力。风机的进口总流量应该是每个进口箱处测得的进口流量之和。

(3) 风机的出口侧　如果测试段位于风机的出口侧，那么其下游末端至风机出口侧的距离应至少等于风管直径 3 倍。为此，风机的出口应该是风机出口侧的渐扩管的出口。

(4) 测试段内的流量检测面的位置　检测段内的流量检测面至检测段下游末端的距离应该至少等于风管直径的 0.75D。测试段内的流量检测面至测试段上游末端的距离应该至少等于风管直径的 1.25D 处。

(5) 异常工况　如果所有的工况不可能选择符合上述要求的流量检测面，那么检测面的位置可以由制造厂与买方协商确定。如果遇到这种情况，而且测试结果是制造厂与买方之间保证的一部分，那么测试结果的有效性必须取得上述双方同意。

2. 压力检测面的位置（图 17-121）

为了测试风机产生的升压，位于风机进口侧和出口侧的静压检测面必须靠近风机，以保证检测面与风机之间的压力损失可以计算，因而不会使含尘气体和管壁摩擦面产生的摩擦压力损失额外地增加压力测试的不确定性。光滑管道的摩擦系数由其他资料给定。

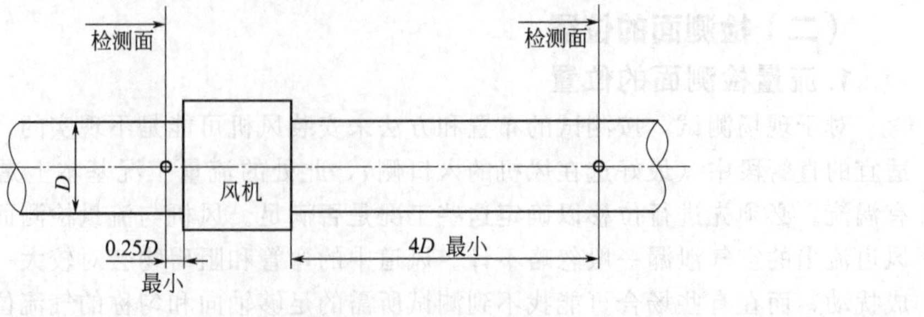

图 17-121　用于现场测试的压力检测面位置

如果靠近风机入口，那么选定的用于流量检测的测试段应该也可以用来检测压力，测试检测面至风机进口的距离必须<0.25D。而用于压力检测的其他检测面至风机出口的距离必须≥4D，风机出口的定位与出口测试位置的规定一致。所选定的用于测试压力的检测面至下游的弯管、渐扩管或阻碍物距离至少为4D，因为其会产生气流涡流，干扰压力分布的均匀性。所有的被选定的压力检测面必须做到检测面上的平均风速也能够用别处取得的读数进行计算测试，或者利用位移方法直接检测。

3. 检测点的设置

(1) 圆形截面　对于圆形截面，至少必须在三个平均排列的截面上进行检测，如果因种种限制，不可能进行这样的检测，那么也必须在相互处于90°位置的两个截面上进行检测。将进行检测的位置要按照对数线性定律进行计算确定。在表17-111中给定每个截面6个、8个和10个点。D是管道内部直径，沿着此管道进行移动。

表 17-111　圆形截面检测点的位置

检测点位置	检测点位置与风道内壁距离	管道直径与检测仪器直径最小比值	
		风速表	皮托静压管
每个截面为6个点	0.032D，0.135D，0.321D，0.679D，0.865D，0.968D	24	32
每个截面为8个点	0.021D，0.117D，0.184D，0.345D，0.655D，0.816D，0.883D，0.979D	36	48
每个截面为10个点	0.019D，0.077D，0.153D，0.217D，0.361D，0.639D，0.783D，0.847D，0.923D，0.981D	40	54

只有当检测面存在合理均匀的风速，最小允许检测点的数量才能提供足够精确的检测结果。

(2) 其他类型的截面　在流量检测中，应该尽量避免使用管道断面不规则的风道测试段。万一遇到不规则的截面，可以采取临时性的修正措施（例如，塞入低阻值的衬里材料），以提供适宜的测试段。然而，当不可能将其他类型的截面修正成圆形或矩形的时候，就必须应用有关的定律，例如，图17-122所示是一个现场测试中的圆弧形截面，整个截面是由一个半圆和一个矩形组成，检测点可按照管道截面分成两个部分。

矩形部分也可以视为一个高度为h的完整矩形的一半，选定的位移直线数量是奇数，这样就避免了一条位移直线与矩形和半圆的边界线重合。同样，半圆形部分也可以视为一个整圆的一半，这个整圆平均分布4条径向位移直线，选定的定位角可以避开交接线。

图17-123中的圆弧形截面上的风速检测点分布是按照对数Tchebycheff定律布置的。

（三）风机流量的测试

1. 皮托管法

在选定的测点将皮托管置入管道中心位置，测压孔对准气流方向。皮托管相对于管道壁的位置必须保持在管道最小位移长度的±0.5%容差之内。皮托管必须与管道轴线对准，容差在5°以内。压力是通过乳胶管将皮托管与压力计连接而显示。

2. 风速表法

叶轮风速仪可用于检测管内风速，目前市场上出售的叶轮风速仪最小直径为16mm且可自动记录。检测时风速表的轴线至风管壁的距离绝对不小于表壳圆形直径的3/4，例如，风速表的直径为100mm，而风速表轴线至风管壁的距离不小于75mm。所以，选用风速表的最大允许尺寸是由风管尺寸和检测位置确定。在测试进行前后，风速表必须予以标定，其

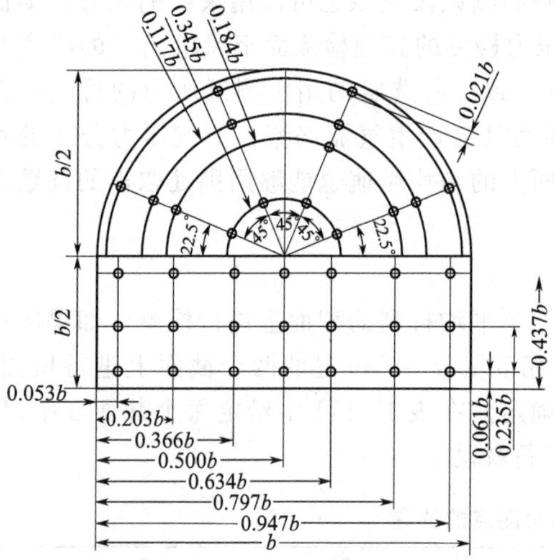

图 17-122 圆弧形截面测点位置

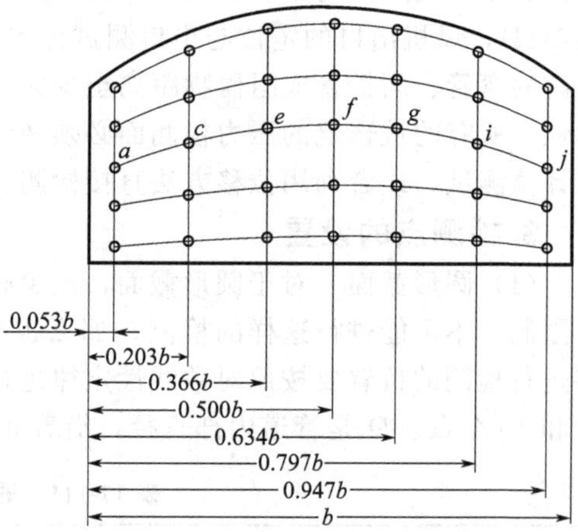

图 17-123 圆弧形截面测点布置

读数误差不得超过两次标定的平均风速的3%。这两次标定所取得平均值用来校准所测得的数值。标定必须用标准方法进行，但是标定工况应该尽可能与有关流体密度和风速表工作特性曲线的相关测试工况相近似。

如果操作人员需置身于风管内操作风速表时，必须使用杆条装置，保证操作人员至少距离测试面下游1.5m以外，才不会改变测试面的气流不受干扰。为了进行测试，如有必要在管道内设立工作台，此工作台必须设在距离测试面下游1.5m以外，并且工作台的结构不得改变测试面处的气流。

3. 检测误差

由于流量检测的现场测试总会有一定的误差，所以流量检测的不同方法其允许误差为：

用于规则形状管道，皮托管法±3.0%；

用于不规则形状管道，皮托管法±3.3%；

用于规则形状管道，风速表法±3.5%；

用于不规则形状管道，风速表法±4.0%。

（四）风机压力的测试

1. 保护措施

必须采取保护措施，才能检测位于风机进口侧和出口侧的相对于大气压力或机壳内气体的静压。如果不可能，就应测风机进口和出口静压的平均值。

在使用皮托管时，必须在压力检测面上按测点位置进行位移，取得每个检测点的压力读数，如果每个读数之间相差小于2%，那么则可少取几个测点。

如果气流均匀没有涡流和紊流，则静压检测也可使用均布在管道周围上的四个开孔（矩形管道则是四边中点），只要开孔光洁平整，内部无毛刺，且附近的管壁光滑、清洁，无波纹及间断即可。

2. 引风机

如果管道安装在风机的进口，风机直接向外界排气，那么风机静压等于风机出口处的静压减去进口侧测试段的总压与动压之和加上测试点与风机进口之间的管道摩擦损失。

位于风机进口侧的测试段的总压应该取自平均静压加上相对于测试截面的平均风速的动压之代数和。其表达公式为：

$$p_{sf}=p_{s2}-(p_{t3}+p_{d3})+p_{f31}$$

式中，p_{sf} 为风机静压，Pa；p_{s2} 为风机出口处的静压，Pa；p_{t3} 为风机入口处的全压，Pa；p_{d3} 为风机入口处的动压，Pa；p_{f31} 为风机测点至进口之间的摩擦损失，Pa。

3. 鼓风机

如果风机是自由进气，管道在风机的出口，那么对风机出口侧的测试段静压进行检测时，风机的全压应该等于测试段平均静压加上相对于位于测试段的平均风速的有效动压再加上风机出口侧至测试段之间的管道摩擦压力损失之和。表达式如下：

$$p_{tf}=p_{s4}+p_{d4}+p_{f24}$$

式中，p_{tf} 为风机全压，Pa；p_{s4} 为风机出口处的静压，Pa；p_{d4} 为风机入口处的动压，Pa；p_{f24} 为风机出口至测试段之间的管道摩擦损失，Pa。

（五）功率测试和效率计算

(1) 用电度表转盘转速测试功率，计算公式如下：

$$P=\frac{nR_nC_Tp_r}{t} \tag{17-194}$$

式中，P 为风机的电动机功率，kW；R_n 为电度表常数，为每一转所需度数，kW·h/r；C_T、p_r 分别为电流和电压互感器比值；n 为在测试时间内，电度表转盘的转数；t 为测试时间，h。

一般采用电度表转盘每 10 转记下其秒数，则

$$P=\frac{10}{R_1t_1}\times 3600C_Tp_r \tag{17-195}$$

式中，R_1 为电度表常数，为 1kW·h 电度表转盘的转数：$R_1=1/R$；t_1 为电度表转盘每 10 转所需秒数。

(2) 用双功率表测试功率，计算公式如下：

$$P=C_rp_rc(P_1+P_2)\times 10^{-3} \tag{17-196}$$

式中，c 为功率表的系数；P_1、P_2 分别为两只功率表刻度盘读数，W；其他符号同前。

功率因数 $\cos\phi$ 为：

$$\cos\phi=\frac{1}{\sqrt{1+3\left(\frac{P_1-P_2}{P_1+P_2}\right)^2}} \tag{17-197}$$

(3) 用电流、电压表测量三相交流电动机的功率：

$$P=\sqrt{3}IU\cos\phi\times 10^{-3} \tag{17-198}$$

式中，I 为电流，A；U 为电压，V；$\cos\phi$ 为功率因数（可用功率因数表实测）。

(4) 风机功率按下式计算：

$$\eta_Y=\frac{Qp_t}{3600\times 1000\times p_f\eta_Z}\times 100\% \tag{17-199}$$

式中，η_Y 为设备效率，%；Q 为风机风量，m^3/h；p_t 为风机全压，Pa；p_f 为风机所耗功率，kW；η_Z 为传动效率，取 $\eta_Z=0.98\sim1.0$。

风机效率：

$$\eta=\frac{\rho_Y}{\eta'} \tag{17-200}$$

式中，η 为风机效率；η' 为试验负荷下电动机效率，可查产品样本或实测电动机各项损

失，经计算后再查电动机负荷-效率曲线。

当测试条件不是标准状态或转速变化时，风机性能参数应做相应的换算。

（六）振动和噪声的测量

1. 风机振动的测量

测量方法直接影响到测量结果，风机的振动测量，通常可按下述的要求实施。

（1）测振仪器频率范围　测振中合理选用测振仪器非常重要，选择不当则往往会得出错误的结果。通常应采用频率范围为 10～1000Hz 的测量仪，且其应经计量部门鉴定后方可使用。

（2）通风机安装　被测的通风机必须安装在大于 10 倍风机质量的底座或试车台上，装置的自振频率不大于电机和风机转速的 0.3 倍。

（3）测量部位　测量的部位有以下项目。

① 对叶轮直接装在电动机轴上的通风机，应在电机定子两端轴承部位测量其水平方向 x、垂直方向 y、轴向 z 的振动速度。当电机带有风罩时，其轴向振动可不测量（图 17-124）。

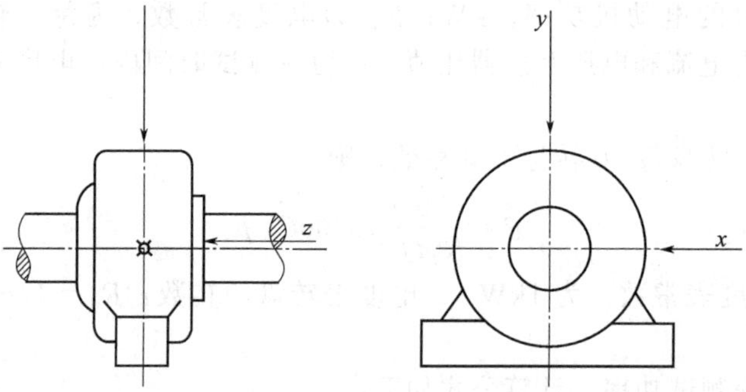

图 17-124　对于双支承的风机或有两个轴承体的风机测量位置

② 对于双支承的风机或有两个轴承体的风机，可按照图 17-125 所示 x（水平）、y（垂直）、z（轴向）3 个方向的要求，测量电动机一端的轴承体的振动速度。

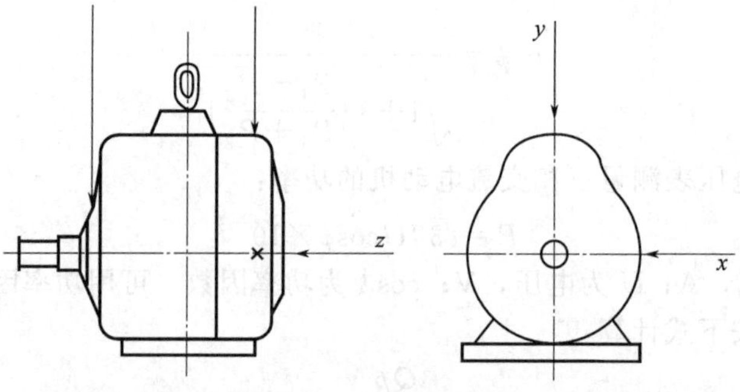

图 17-125　叶轮直接装在电动机轴上的通风机测量部位

③ 当两个轴承都装在同一个轴承箱内时，可按图 17-126 所示 x（水平）、y（垂直）、z（轴向）3 个方向的要求，在轴承箱壳体的轴承部位测量其振动速度。

④ 当被测的轴承箱在风机内部时，可预先装置测振传感器，然后引至风机外以指示器读数为测量依据，传感器安装的方向与测量方向偏差不大于±5°。

（4）测量条件　测量的条件如下：

① 测振仪器的传感器与测量部位的接触必须良好，并应保证具有可靠的联结。

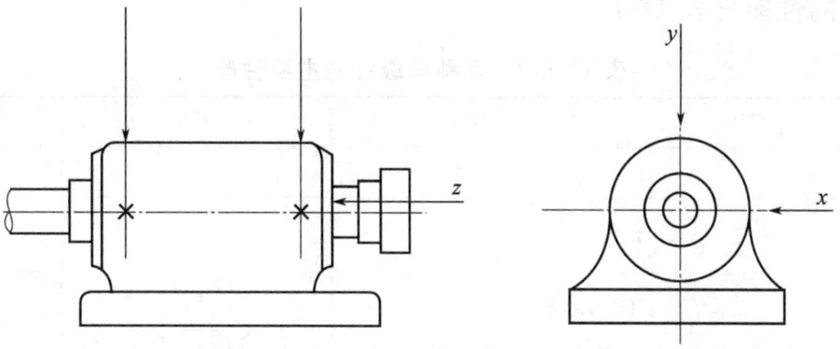

图 17-126　两个轴承都装在同一个轴承箱内时的测量部位

② 在测量振动速度时，周围环境对底座或试车台的影响应符合下述规定：风机运转时的振动速度与风机静止时的振动速度之差须大于 3 倍以上，当差数小于此规定值时，风机需采取避免外界影响措施。

③ 通风机应在稳定运行状态下进行测试。通风机的振动速度值，是以各测量方向所测得的最大读数为准。

(5) 常用测量仪器　常用测量仪器有如下几种：

① 机械式测振仪。如图 17-127 所示的弹簧测振仪，其由千分表、重锤、定位弹簧、赛璐珞板、吸振弹簧、表框和支架等组成。弹簧测振仪的特点是便于制造，使用方便，可直接测量轴承座的综合振动。

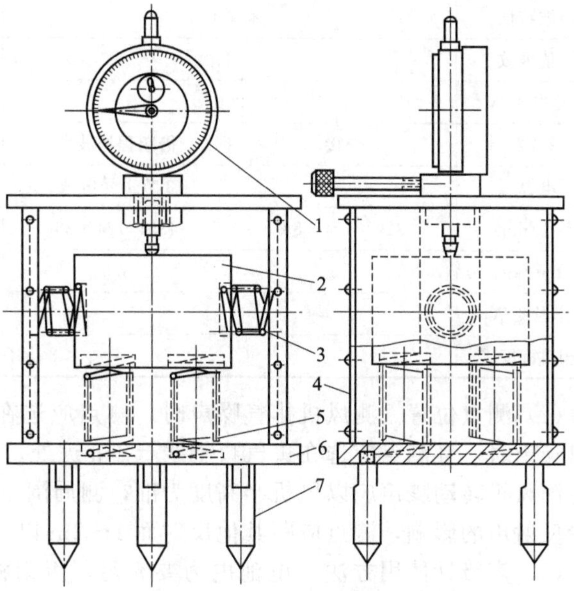

图 17-127　弹簧测振计

1—千分表；2—重锤；3—定位弹簧；4—赛璐珞；5—吸振弹簧；6—表框；7—支架

② 电气式测振仪。随着电子技术的迅速发展，电气式测振仪在风机振动的测量中应用愈来愈广，由于其灵敏度高，频率范围广，电讯号易于传递，可以采用自动记录仪、分析仪对振动特性进行分析，所以电气式测振仪的优越性愈来愈显著。

③ HY-101 机械故障检测器。该检测器体积很小，像一支温度计，头部接触到风机待测试部位即可测出振动值，已经常用于风机振动的现场测量，测量单位为“mm/s”，与风机振动标准的要求相一致。

2. 风机噪声的测量

噪声也是一项评价风机质量的指标，同时作业场所的噪声不超过 85dB(A)。风机产生的噪声与其安装形式有关，如进气口敞开于大气，风机没有外接管，则其声源位于进气口中心；出气口敞开于大气，风机出口没有外接管，其声源位于出气口中心；风机的进出口都接有风管时，其声源位于风机外壳的表面上。风机噪声的测量按下述进行。

(1) 测量仪器　声级计是用来测量声级大小的仪器。其由传感器、放大器、衰减器、计权网络、电表电路和电源等部分组成。

几种声级计的性能见表 17-112。

表 17-112 几种声级计的主要性能

声级计型号	ND_1	ND_2	ND_6	ND_{10}
类型	1 型			2 型
声级测量范围/dB(A)	25～140		20～140	40～130
电容传感器	CH_{11},$\phi 24$		CH_{11},$\phi 24$ 或 CHB,$\phi 12$	CH_{33},$\phi 13.2$
频率范围	20Hz～18kHz		10Hz～40kHz	31.5Hz～8kHz
频率计权	A、B、C 线		A、B、C、D 线	A、C 线
时间计权	快、慢		快、慢、脉冲、保持	快、慢、最大值保持
检波特性	有效值		有效值及峰值	有效值
峰值因数	4		10	3
极化电压/V	200		200	28
滤波器	外接	倍频程滤波器	外接	—
电源	3 节 1 号电池			1 节 1 号电池
尺寸/mm	320×124×88	435×124×88	320×124×88	200×75×60
重量/kg	2.5	3.5	2.5	0.7
工作温度/℃	−10～+40			−10～+50
相对湿度	<80%(+40℃时)			

(2) 测点位置　测风机排气噪声时，测点应选在排气口轴线 45°方向 1m 处；测风机进气口噪声时，其测点应选在进气口轴线上 1m 远处。

测风机转动噪声应以风机半高度为准，测周围 4 个或 8 个方向，测点距风机 1m 处，为减少反射声的影响，测点应距其他反射面 1～2m 以上。

(3) 声级计使用方法　电池电力要充足，否则将影响测量精准度。使用前应对其进行校准。

① 声级的测量。手握声级计或将其固定在三角架上，传声器指向被测声源，声级计应稍离人体，使频率计数开关置于 A 挡，调节量程旋钮，使电表有适当的偏转，这样量程旋钮所指值加上电表读数，即可测 A 声级。如有 B、C 或 D 计数，则同样方法可测得 B、C 或 D 声级。如使用线性响应，则测得声压级。

② 噪声的频谱分析。利用 NDZ 型精密声级计和倍频程滤波器，可对噪声进行频谱分析。这时将频率计数开关置于滤波器位置，滤波器开关置于相应中心频率，就能测出此中心频率的倍频程声压级。

③ 快挡慢挡时间计权的选择。主要根据测量规范的要求来选择，对较稳定的噪声，快挡慢挡皆可。如噪声不稳定，快挡对电表指针摆动大，则应慢挡。测量旋转电机用慢挡，测量车辆噪声则用快挡。

六、汽车排气污染物检测

(一) 废气分析仪的结构与原理[18,19]

1. 两气体分析仪的结构与原理

分析仪是从汽车排气管内收集汽车的尾气，并对气体中所含有的 CO 和烃类化合物

(HC) 的浓度进行连续测定。它主要由尾气采集部分和尾气分析部分构成。

(1) 尾气采集部分　如图 17-128 所示，由探测头、过滤器、导管、水分离器和泵等构成。用探头、导管、泵从排气管采集尾气。排气中的粉尘和炭粒用过滤器滤除，水分用水分离器分离出去。最后，将气体成分输送到分析部分。

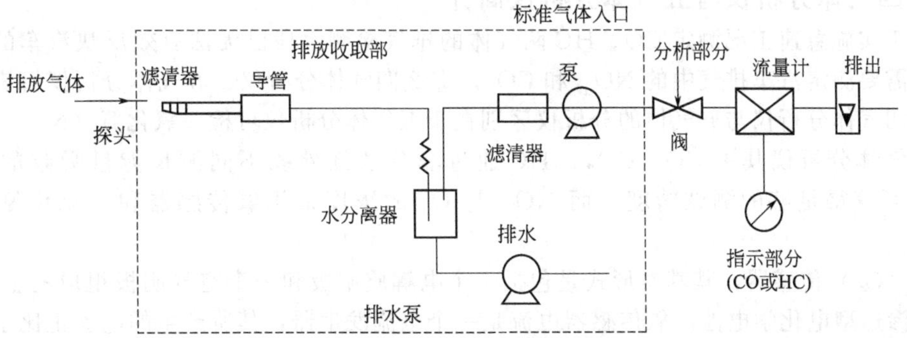

图 17-128　尾气分析仪结构示意

(2) 尾气污染物的分析部分　这种分析仪的测量原理是建立在一种气体只能吸收其独特波长的红外线特性基础上的，即是基于大多数非对称分子对红外线波段中一定波长具有吸收功能，而且其吸收程度与被测气体的浓度有关。如 CO 能够吸收 4.55μm 波长的红外光线，烃类化合物能吸收 2.3μm、3.4μm、7.6μm 红外线。该分析仪是由红外线光源，测量室(测定室、比较室)，回转扇和检测器构成。从采集部分输送来的多种气体共存在尾气中，通过非分散型红外线分析部分分析测定气体 (CO、HC) 的浓度，用电信号将其输送到浓度指示部分。工作原理如图 17-129 所示，它由两个红外线光源发出两组分开的射线，这些射线被两旋转扇片同相地遮断，从而形成射线脉冲，射线脉冲经滤清室、测量室而进入检测室，测量室由两个腔室组成，一个是比较室，另一个是测定室。比较室中充有不吸收红外线的氮气，使射线能顺利通过。测定室中连续填充被测试的尾气，尾气中 CO 含量越高，被吸收的红外线就越多。检测室由容积相等的左右两个腔室组成，其间用一金属膜片隔开，两室中充有同物质的量的 CO。由于射到检测室左室的红外线在通过测定室时一部分射线已被排气中的 CO 吸收，而通过比较室到达检测室右室的红外线并未减少，这样检测室左右两室吸收的红外线能量不同，从而产生了温差，温度的差异导致了压力差的存在，使作为电容器一个表面的金属膜片弯曲。弯曲振动的频率与旋转扇片的旋转频率相符。排气中的 CO 浓度越大，振幅就越大。膜片振动使电容改变，电容的改变引起电压的变化，从而产生交变电压。交变电压经放大，整流成直流信号，变为被测成分浓度的函数，因此可用仪表测量。而 HC (正己烷) 由于受到其他共存气体的影响，所以使用固体滤光片，巧妙地利用了正己烷红外线吸收光谱。因此，

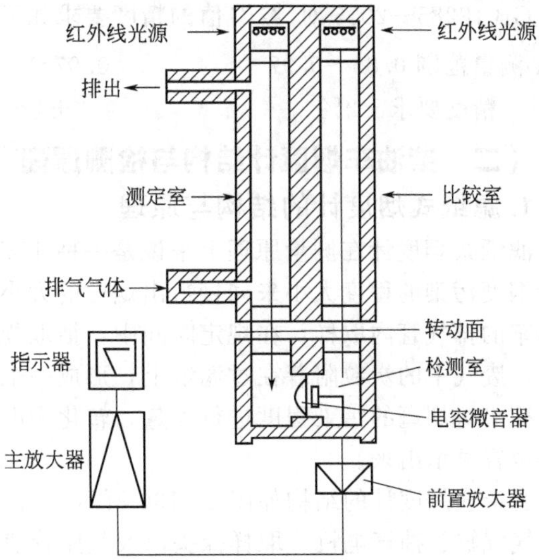

图 17-129　电容微音器式分析装置

样品室内共存的CO、CO_2、NO_x 等HC（正己烷）以外的气体所产生的红外线被吸收，再经检测器窗口的选择和除去，仅让HC（正己烷）所产生的波长约3.5μm的红外线到达检测室内。HC（正己烷）被封入检测器，样品室中的HC（正己烷）吸收量也就被检测器检测出来。

2. 四气体分析仪与五气体分析仪简介

鉴于实施怠速工况测定CO、HC两气体的排气检测手段已无法有效反映汽车的排气测定，还需要测定汽车排气中的 NO_x 和 CO_2。那么四气体分析仪、五气体分析仪可满足测量要求。四气体分析仪与五气体的分析仪区别在于五气体分析仪可检一氧化氮（NO）。

五气体分析仪其中CO、CO_2、HC通过非分散红外线不同波长能量吸收的原理来测定，可获得足够的测试精度。而 NO_x 与 O_2 的浓度采用氧传感器和一氧化氮传感器测定。

氧（O_2）传感器，其基本形式是包括一个电解质阳极和一个空气阴极组成的金属-空气有限度渗透型电化学电池。氧传感器电流是一个电流发生器，其所产生的电流正比于氧的消耗率，此电流可通过在输出端子跨接一个电阻以产生一个电信号。如果通入传感器的氧只是被有限度地渗透，利用上述信号可测氧的浓度。

在汽车废气检测上应用的氧电池，使用一种塑料膜作为渗透膜，其渗透量受控于气体分子撞击膜壁上的微孔，如果气体压力增加，分子的渗透率增加。因此，输出的结果直接正比于氧的分压却在整个浓度范围内呈线性响应。由氧传感器输出的信号经放大后，送至仪器的数据处理系统的A/D输入端，进行数字处理及显示。

NO的传感器是基于 O_2 传感器基础上发展起来的电化学电池式传感器。

过量空气系数（λ）：燃烧1kg燃料实际空气量与理论上所需空气量之质量比。

对汽油机，理论空燃比为14.7（指14.7kg的空气和1kg的燃油可以进行完全燃烧）。

“λ”由HC、CO、CO_2、O_2 四种气体浓度以及 H_{CV}（燃料中H和C的原子比）、O_{CV}（燃料中O和C的原子比）计算得到，计算方法见GB 18285—2005中A.3.16。

GB 18285—2005对“λ”值的精度要求如下：

λ	测量范围0.85～0.97	0.97～1.03	1.03～1.20
	精度要求±2%	±1%	±2%

（二）柴油车烟度计结构与检测原理[19]

1. 滤纸式烟度计的结构与原理

滤纸式烟度计在测量原理上来说是一种非直接测量计量仪器，它通过检测测量介质被所测量烟度污染的程度大小来间接得出烟度的大小。仪器的取样系统通过抽气泵、取样探头从柴油车的排气管内取样，在规定时间中，抽取规定容积废气，经过测量介质（测试过滤纸）过滤，废气中的炭粒附着在过滤纸上，形成一个规定面积的烟斑，然后通过测量系统的光电测量探头对烟斑的污染程度进行测量，转化为电信号，经过放大、处理，再将测试结果通过显示装置显示出来。

滤纸式烟度计的结构如图17-130所示，由采样器和检测器两部分组成。采样抽气系统由抽气气缸、抽气电机、取样探头以及气路管道系统和控制电路组成；采样时，在控制电路的控制下，电机带动气缸运动，气缸通过气路管道系统，取样枪从柴油车的排气管内抽取规定容积的废气，并通过测试过滤纸过滤，完成采样过程。

测量系统主要由走纸机构、压纸机构、光电测量探头以及测量电路和结果显示电路组成。测量时压纸机构张开，走纸电机带动走纸机构，将被采样系统污染后的测试过滤纸带到

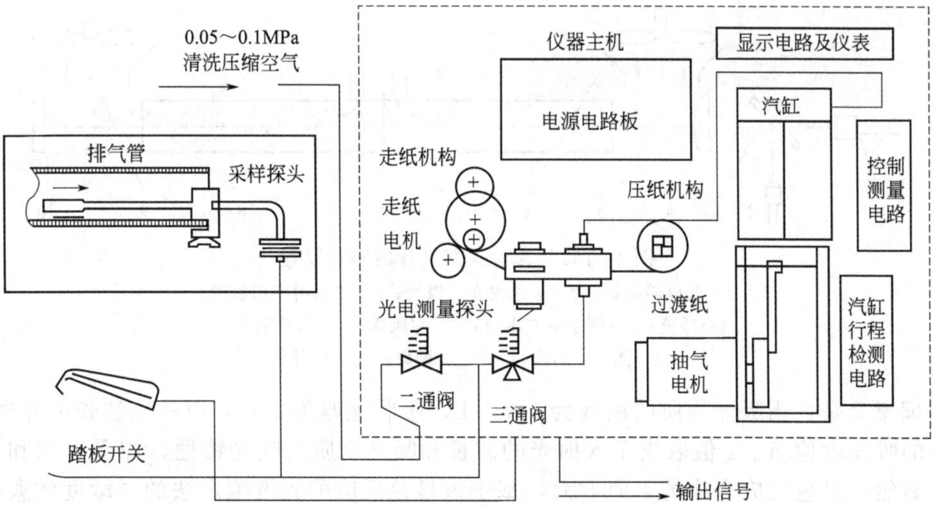

图 17-130 滤纸式烟度计总体结构示意

光电测量探头下，光电测量探头对其进行测量，通过其内部的测量装置（如图 17-131 所示的光电池）将滤纸污染程度转化为电信号，经过测量电路放大、处理，最后通过显示电路在数字表上将测量结果显示出来。

2. 透射式烟度计的结构与原理

透射式烟度计（又称消光式烟度计、不透光度计）是利用透光衰减率来测量排气烟度的典型仪器。其原理是使光束通过一段给定长度的排烟管，通过测量排烟对光的吸收程度来决定排烟对环境的污染程度。

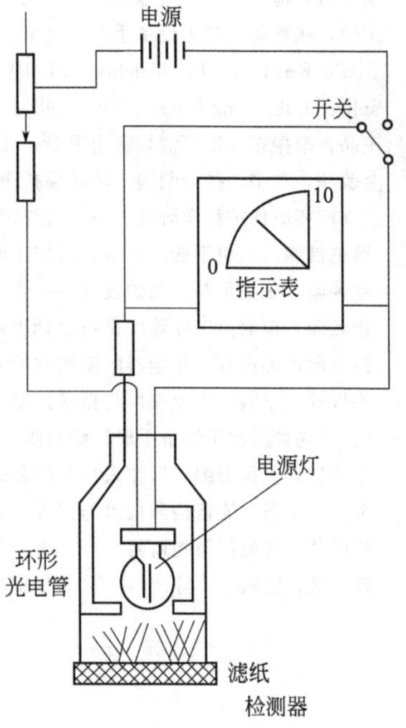

图 17-131 测量系统

如图 17-132 所示，测量单元的测量室是一根分为左右两半部分的圆管，被测排气从中间的入口 7 进入，分别穿过左圆管和右圆管，从左出口 5 和右出口 8 排出。透镜 4 装在左出口的左边，反射镜 10 装在右出口的右边。在透镜 4 的左侧是一个放置成 45°的半反射半透射镜 3，它的下方是绿色发光二极管 2，它的左边光电转换器 1。发光二极管 2 及光电转换器 1 到透镜 4 的光程都等于透镜的焦距，因此，发光二极管 2 发出的光经过半反射镜 3 的反射，再通过透镜 4 后就成为一束平行光。平行光从测量室的左出口进入，穿过左右圆管（测量室）中的烟气从右出口射出，被反射镜 10 反射后折返，从测量室的右出口重新进入测量室，再次穿过烟气从左出口射出。射出的平行光经过透镜 4，穿过半透射镜 3，聚焦在光电转换器 1 上，并转换成电信号。排气中含烟越多，平行光穿过测量室的光能衰减越大，经光电转换器 1 转换的光电信号就越弱。

根据比尔定律，吸光度 A 与吸光物质的浓度 c 和吸收池光程长 b 的乘积成正比。当 c 的单位为“g/L”，b 的单位为“cm”时，则 $A=abc$，比例系数 a 称为吸收系数，单位为“L/(g·cm)”；当 c 的单位为“mol/L”，b 的单位为“cm”时，则 $A=\varepsilon bc$，比例系数 ε 称为摩尔吸收系数，单位为“L/(mol·cm)”，数值上 ε 等于 a 与吸光物质的摩尔质量的乘积。

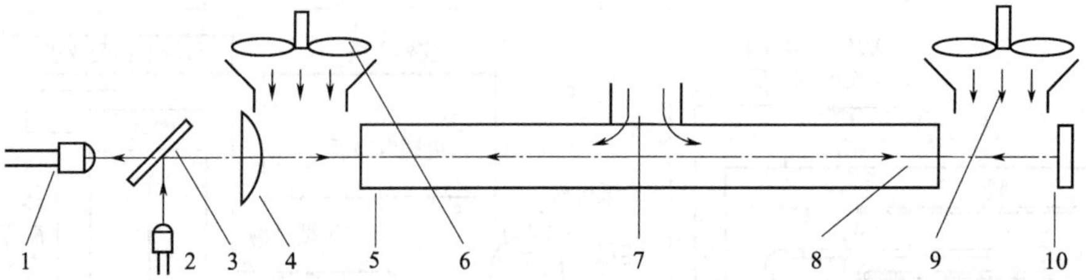

图 17-132 透射式烟度计的测量原理

1—光电转换器；2—绿色发光二极管；3—半反射半透射镜；
4—透镜；5—测量室左出口；6—左风扇；7—测量室入口；
8—测量室右出口；9—右风扇；10—反射镜

它的物理意义是：当吸光物质的浓度为1mol/L，吸收池厚为1cm，以一定波长的光通过时，所引起的吸光度值A。ε值取决于入射光的波长和吸光物质的吸光特性，亦受溶剂和温度的影响。显然，显色反应产物的ε值愈大，基于该显色反应的光度测定法的灵敏度就愈高。

参 考 文 献

[1] 刘天齐. 三废处理工程技术手册/废气卷. 北京：化学工业出版社，1999.
[2] 马广大. 大气污染控制技术手册. 北京：化学工业出版社，2010.
[3] 张殿印，王纯主编. 除尘工程设计手册. 第2版. 北京：化学工业出版社，2010.
[4] 胡学毅，薄以匀. 焦炉炼焦除尘. 北京：化学工业出版社，2010.
[5] 王纯，张殿印. 除尘设备手册. 北京：化学工业出版社，2009.
[6] Erwin Fried，I. E. Idelchik. FLOW RESISTANCE：A DESIGN GUIDE FOR ENGINEERS. London.：Hemisphere Publishing Corporation. 1989.
[7] 王晶，李振东. 工厂消烟除尘手册. 北京：科学普及出版社，1992.
[8] 金毓荃，李坚，孙冶荣编. 环境保护设计基础. 北京：化学工业出版社，2002.
[9] 北京市环境保护科学研究所编. 大气污染防治手册. 上海：上海科学技术出版社，1990.
[10] 续魁昌编. 风机手册. 北京：机械工业出版社，1999.
[11] 项钟庸，王筱留等. 高炉设计——炼铁工艺设计理论与实践. 北京：冶金工业出版社. 2009.
[12] 张殿印，申丽. 工业除尘设备设计手册，北京：化学工业出版社，2012.
[13] 张殿印，姜凤有. 除尘器的漏风与检验技术. 环境工程，1995 (1)：17-21
[14] 徐世勤，王樯. 工业噪声与振动控制. 第2版. 北京：冶金工业出版社，1999.
[15]《工业锅炉房常用设备手册》编写组. 工业锅炉房常用设备手册. 北京：机械工业出版社，1995.
[16] 方荣生，方德寿编. 科技人员常用公式与数表手册. 北京：机械工业出版社，1997.
[17] 孙延祚编著. 流量检测技术与仪表. 北京：北京化工大学出版社，1997.
[18] 陈尚芹. 环境污染物监测. 第2版. 北京：冶金工业出版社，1999.
[19] 韩应健，戴映云，陈南峰. 机动车排气污染物检测培训教程. 北京：中国质检出版社，中国标准出版社，2011.

第四篇

Chapter 04

大气污染综合防治篇

第十八章 大气污染综合防治的原则与方法

第一节 大气污染综合防治意义

一、综合防治概念

1. 大气污染综合防治的含义

一般区域大气污染综合防治，是相对于单个污染源治理而言。此处所指的区域是指某一特定区域（包括某一地区或城市，或更广大的特定区域），把区域大气环境看作一个统一的整体，经调查评价、统一规划，综合运用各种防治措施，改善大气环境质量。

2. 概念的发展

人类与环境问题作斗争经历了漫长的过程，如果把人类防治环境问题的历程分成几个阶段的话，大体上可分为五代。

第一代是工业污染防治。工业革命后，很长一段时间内，环境污染主要来自工业生产活动，人类治理污染的着眼点是单个工业污染源治理。第二代是城市污染综合防治。随着人口的增加、城市化的发展，工业污染、生活污染和交通污染交织在一起造成城市环境污染日趋严重，人类治理环境污染的努力也从单项污染源治理转向城市环境污染综合防治。第三代是生态环境的综合防治。其特点是从城市污染综合防治，扩展到以生态理论为指导防治自然生态的破坏，促进良性循环。第四代是区域环境污染防治。第五代是全球环境保护。20 世纪 80 年代以后，大面积生态破坏、酸雨区的扩大和污染加剧、臭氧层损耗、全球气候变暖等广域性、全球性环境污染与破坏日益严重，迫使人类防治环境问题的着眼点扩大到区域和全球环境保护，依靠世界各国共同努力解决人类面临的环境问题。

大气污染防治的概念随着人类防治环境问题的漫长历程而发展变化。由工业污染源单项治理（工业废气单项治理），到城市大气污染综合防治，再到区域、全球大气污染综合防治。

二、综合防治重要意义

（一）废气治理工程发展的必然趋势[1～4]

废气治理工程随着环境保护工作实践而发展。20 世纪 50 年代出现了环境问题的第一次高潮，工业发达国家的环境污染达到了严重的程度，直接威胁到人们的生命和安全，激起了广大人民群众的不满，发达国家的政府和企业被迫治理环境污染。但由于这次环境问题高潮主要是小范围的环境污染问题（重点是城市地区），而污染源主要是燃料燃烧和工艺生产过程（重点是工业污染源）。所以，这一时期的废气治理主要是工艺尾气回收利用和废气净化处理等工业污染源单项治理。人们已开始认识到单个污染源治理不能从根本上解决环境问题，也难于达到改善环境质量的目标，开始提出污染综合防治的概念。

20 世纪 80 年代开始出现了第二次环境问题的高潮。这次高潮与第一次不同，范围大

（城市、农村、广大区域乃至全球）、危害严重（关系到整个人类的生存和发展），发达国家和发展中国家都面临着严重的环境污染与破坏，而污染来源复杂、污染物种类繁多，解决这类环境问题仅靠污染源单项治理是难以奏效的，从区域的整体出发进行环境污染综合防治就成为发展的必然趋势，废气治理在这种大趋势下也必然发展为大气污染综合防治。

（二）预防为主，防治结合，综合治理

1. 中国环境政策的选择

20 世纪 80 年代初中国政府已开始意识到环境问题的严重性，并开始着手制定环境保护战略。当时面临三种选择：一是按照工业发达国家的模式，靠高投入、高技术控制环境污染与破坏；二是把环境保护暂时放一放，先快速发展经济，等到拥有更大经济、技术实力后再来治理污染，即实际上走“先污染、后治理”的道路；三是根据中国的国情探索出一条投资省、效果好的新途径。

对于第一种选择，中国是不可能实行的。中国人口众多、人均资源少，经济尚不发达，技术仍然落后，在相当长一个时期内还不可能拿出大量资金用于环境保护。对于第二种选择，“先污染、后治理”，工业发达国家的实践已经证明是一条弯路，是惨痛的教训。由于对环境保护的必要性、紧迫性认识不足，对于在发展经济的同时做好环境保护工作的重要意义认识不足，仍然走上了“先污染、后治理”的道路，造成了严重的后果。

经过多年的探索之后，认识到必须根据中国的具体国情制定环境保护战略和环境政策，必须找出一个从环境和经济角度都可以接受的模式，投资省、效果好的符合国情的新途径。

基于上述认识，1983 年末召开的第二次全国环境保护会议确定了我国环境保护的大政方针和环境政策体系的初步框架（图 18-1），为我国环境保护事业的发展奠定了良好的基础。

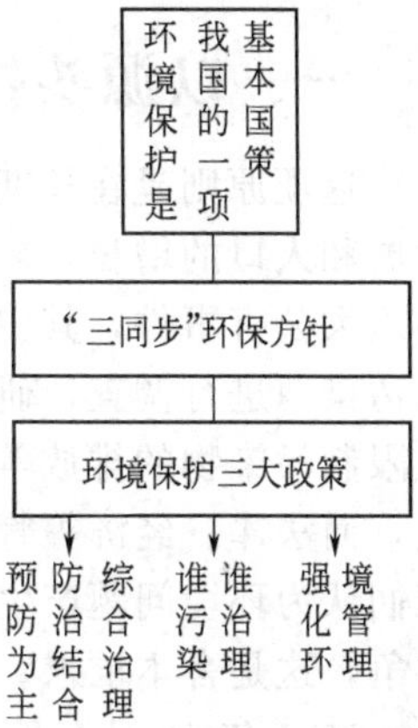

图 18-1 中国环境政策体系初步框架

2. 大气污染综合防治是环境政策的具体体现

在图 18-1 中的第二个层次，“三同步”环保方针，即经济建设、城乡建设、环境建设同步规划、同步实施、同步发展，明确规定了发展经济与保护环境的关系，不是先污染、后治理，而是经济建设与环境建设同步规划、综合平衡，并要同步实施，达到同步协调发展。在环境污染治理方面体现“三同步”方针，就是首先做到“预防为主，防治结合，综合治理”。这项政策表明，无论是从经济学角度或是从环境管理学角度来讲，预先采取防范措施，不产生或尽量减少污染物的排放量，降低对环境的损害，是解决环境问题的最好办法；对于已造成的污染和在现有技术经济条件下仍难于避免的污染物排放，仍要进行治理、防治结合；治理污染的指导思想要以生态理论为指导，从区域（或城市）的整体出发，全面规划、整体优化、综合治理。

大气污染综合防治，是区域（或城市）环境污染综合防治的重要组成部分，从区域（或城市）大气环境的整体出发，以改善大气环境质量为目标，制定大气污染综合防治规划。抓住主要问题，综合运用各种措施，组合、优化确定大气污染防治方案，具体体现了“预防为主，防治结合，综合治理”的环境政策。

3. 综合防治，实现“三个效益”的统一

一个区域（或城市）的污染状况是多种污染源和多种有关的因素综合作用的结果。其污

染程度不但与污染源的排放强度直接相关，而且与污染源密度、工业结构与布局、人口密度及其分布、地区的地形与气象条件、植被情况、能源构成以及交通状况等多种因素相关。因此，为改善大气环境质量，必须从整体出发，进行大气污染综合防治。单个污染源治理与污染综合防治并不相互排斥，对单个污染源的治理（包括减少污染物的产生和排放），是综合防治的基础，但仅从一个个的污染源进行分散治理，不能有效地改善区域大气环境质量。从区域的整体出发，制定大气污染综合防治规划，恰当确定本区域的大气污染控制水平、污染物排放总量控制水平，并分配到污染源，对污染源的治理起指导作用；综合防治还可以把各种有效措施组合成多种方案，经综合分析、整体优化，达到经济效益、社会效益与环境效益的统一。

第二节 大气污染综合防治的原则

一、以源头控制为主，推行清洁生产

这项原则是在长期与大气污染做斗争的实践中总结出来的。工业革命以后，随着生产的发展和人口的增长，环境污染日益严重，自 20 世纪 40 年代至 70 年代初，发生了震惊世界的八大公害事件，其中有五件是由于严重的大气污染造成的。人们当时采取的措施主要是：对污染源进行调查，研究污染事故发生的过程及规律，对污染进行治理，运用法律、经济手段限制污染物的排放等。总之是污染物产生了再通过回收、净化等措施进行治理，减少排放，而法律、经济等管理手段主要是以管促治。这些措施都属于尾部控制的范畴。环境科学家们认为环境问题产生了再去解决，是与结果做斗争，而不是从根本上采取措施、与原因做斗争，这是舍本求末。

1991 年 10 月在丹麦举行的生态可持续性工业发展部长级会议，明确了推行清洁生产是实现工业生产可持续性的关键。1992 年 10 月召开了清洁生产部长级会议和高级研讨会，这次会议的主要目的是贯彻同年 6 月巴西里约热内卢联合国环境与发展大会通过的《21 世纪议程》，把“21 世纪议程”中的建议转化为专门的政策和计划，确定应采取的行动。清洁生产是对污染实行源头控制的重要措施，推行清洁生产不但可避免排放废物带来的风险和降低处理、处置的费用，还会因提高资源利用率、降低成本，带来经济上的好处。因此，以源头控制为主，推行清洁生产成为大气污染综合防治的重要原则。

二、环境自净能力与人为措施相结合

（一）基本概念

1. 环境自净

污染物排入环境中，因大气、水等环境要素（自净介质）的扩散稀释、氧化还原、生物降解等作用，其毒性和浓度自然降低的现象称为环境自净。大气环境自净一般只考虑大气的扩散稀释作用。

2. 环境容量

环境容纳污染物的能力有一定的界限，这个界限称为环境容量。

环境容量有两种表达方式：一是在能满足环境目标值的范围内，区域环境容纳污染物的能力，其大小由区域环境的自净能力（包括区域生态环境特征与“自净介质”总量）来表达；二是在维持目标值的范围内（极限内），区域环境容许排放的污染物总量。这样就将环境容量问题转化为用区域环境目标值计算最大允许排污总量的问题。

3. 环境容量是资源

大气、水、土地是资源，它们的环境容量也是资源，工业生产过程利用环境容量才能正常运转、生产产品，如果没有环境容量或环境容量遭到破坏，工业生产难于持续正常运转。在一定的时空条件下，环境容量是有限的，必须合理利用。

（二）正确处理合理利用环境自净能力与人为措施的关系

1. 全面规划，合理布局，合理利用环境自净能力[2,4]

环境自净能力是环境容量的一种表达方式。实践证明，合理利用环境自净能力，既可保护环境，又可节约环境污染治理投资。但是，在利用环境自净能力时要慎重，要以各种类型污染物的自净规律和生态毒理的研究为基础，并对其可能造成的环境影响进行预测。比如，高烟囱排放要考虑是否会造成区域环境出现酸雨。

全面规划、合理布局，才能合理利用环境自净能力。在环境调查研究和环境预测的基础上，要编制环境经济规划和区域环境规划，进行环境区划和环境功能分区，按环境功能分区的要求对工业企业按类型进行合理布局。了解和掌握区域环境特征（如风向、风频、逆温、热岛效应等）、污染物的稀释扩散等自净规律，使污染源合理分布，并控制污染源密度。

2. 依据区域环境特征和自净能力，确定经济合理的污染物排放标准和排放方式

污染物排放标准（污染物排放总量控制标准）应充分考虑到区域环境特征和自净能力、污染源密度、环境功能区的要求、技术经济发展水平，合理加以确定。既要合理利用大气、水、土地等环境自净能力，尽可能降低污染治理费用，又要保证环境质量不会降低，并有所改善。还可考虑采取扩大林地面积、选择抗污树种、改善大气质量等措施。

3. 人工治理措施与合理利用环境自净能力相结合

在大气污染综合防治中坚持这项重要原则，就是在进行大气污染治理时，不要仅从单个污染源的治理来考虑，而要对环境自净能力与人工治理措施综合考虑，组合成不同的方案，然后选择最优（或较优）的方案。

三、分散治理与综合防治相结合

分别对污染源进行控制，如逐个锅炉进行改造，消烟除尘，是防治烟尘污染的有效措施。但随着实践的增多，逐渐认识到，这种分散治理措施必须与区域综合防治相结合，才能提高污染治理效益，有效地改善区域环境质量。改造锅炉、消烟除尘，要与改善能源结构、提高能源利用效率、集中供热等综合防治措施相结合，才能充分显示出大气污染防治的环境效益与经济、社会效益。

（一）区域污染综合防治以污染集中控制为主

我国治理污染应该坚持两条原则：一是改善环境质量原则，治理污染的根本目的不是去追求单个污染源的处理率和达标率，而应当是谋求区域环境质量的改善；二是经济效益原则，在区域污染综合防治中，必须以尽可能少的投入获取尽可能大的效益。根据国内外的实践经验，要提高污染治理的效益，必须走污染集中控制的道路。从以上两项原则出发，考虑到我国的现实情况，区域（或城市）污染综合防治应集中控制与分散治理相结合，以集中控制为主。

（二）区域污染综合防治，要以污染源分散治理为基础

在制定区域污染综合防治的过程中，根据区域（或城市）的性质功能，国家对该区域环境质量的要求，以及技术经济发展水平确定环境目标，计算出主要污染物应控制的排放总

量，然后合理分配落实到污染源。各主要污染源按总量控制指标采取防治措施。如果各主要污染源的分散治理都达不到总量控制的要求，区域污染综合防治的目标就会落空。所以，区域污染综合防治，要以污染源分散治理为基础。

因此，大气污染综合防治应坚持分散治理与综合防治相结合的原则，这是一项重要原则。

四、总量控制与浓度控制相结合

1. 概念与理论分析

(1) 概念　按功能区实行总量控制是指在保持功能区环境目标值（环境质量符合功能区要求）的前提下，所能允许的某种污染物的最大排污总量。控制污染的着眼点，不是单个污染源的排污是否达到排放标准，而是从功能区的环境容量出发，控制进入功能区的污染物总量。

(2) 理论分析　在一定的时空条件下环境容量是有限的，也就是说在保持环境目标值的范围内（极限内），环境功能区容许排放的污染物总量有限度，污染物排放总量超过了这个限度，污染物排放总量超过了环境容量，环境质量就会发生不良变化，造成环境污染与破坏。

所以，环境功能区的环境质量主要取决于区域的污染物排放总量，而主要不是单个污染源的排放浓度是否达标。如果某一功能区大气污染源的密度大，即使单个污染源都达标排放，整个功能区的污染物排放总量仍会超过环境容量。反之，在人口密度小、工业又不发达的广阔地区，大气污染源规模小、数量少，气象条件又利于扩散稀释，虽单个污染源未达标排放，但排污总量也不会超出环境容量。

2. 污染控制管理的三个层次[3,4]

从 1989 年以来，随着中国经济体制的改革和环境保护事业的发展，大气污染管理的内涵进一步扩大，主要表现在：管理思想逐步从单一的浓度控制转向浓度控制与总量控制相结合，以改善环境质量为目的进行污染控制与管理。分为以下三个层次。

第一个层次是规定污染物排放必须达到国家或地方规定的浓度标准。为实施这一目标，必须实施污染物排放浓度控制与污染物排放总量控制相结合，并逐步过渡到按环境功能区环境容量控制污染物排放总量。

根据我国的技术经济发展水平和环境管理的实际水平，当前绝大部分城市（地区）实行的主要污染物排放总量控制是目标总量控制，这是污染控制管理的第二个层次。目标总量控制是根据区域（或城市）环境规划的环境总量控制目标（或计算确定的污染物削减量），分配到源，限定污染源排放污染物总量，并未引入环境容量概念。

污染控制管理的第三个层次是容量总量控制，是在对环境功能区环境容量分析的基础上，按环境容量确定主要污染物的最大允许排放量。它的特点是将污染源排放污染物的控制水平与环境质量直接联系，选择（或建立）恰当的环境容量计算分析模型，确定主要污染物的最大允许排放量，通过环境规划优化分配削减污染负荷（或总量控制指标）的方案。它不要求各污染源排放污染物总量的平均削减，而是求得以最佳成本效益实现功能区的环境质量目标。

五、技术措施与管理措施相结合

环境污染综合防治一定要管治结合。在当前我国财力有限、技术条件比较落后的情况下，更要通过加强环境管理来解决环境问题。根据工业污染源调查的资料，由于粗放经营、管理不善造成的污染流失约占污染物流失总量的50%。因而有许多环境污染问题，不一定需要花很多钱，通过加强管理就能解决。比如合理工业布局、建立烟尘控制区、合理开发利用各项资源、加强工艺生产全过程的环境管理等。

另外，运用管理手段，坚持执行排污申报登记、排污收费、限期治理等各项环境管理制度，可以促进污染治理。而污染治理工程建成投入运行后，也必须建立严格的管理制度，才能保证污染治理设施持续地正常运行。

第三节 综合防治规划的程序与方法

一、大气污染综合防治规划

1. 目的

制定并认真实施大气污染综合防治规划，是在新形势下实施可持续发展战略，全面改善区域（或城市）大气环境质量的重要措施。其主要目的如下。

(1) 贯彻“三同步”方针，促进经济与环境协调发展 第二次全国环境保护会议提出的“三同步”方针，是环境保护工作总的出发点。环境保护工作的目的，就是要促进经济与环境协调发展，保证经济快速持续健康发展。因此，必须在制定国民经济和社会发展的同时制定环境规划，同步制定、综合平衡。把环境目标、污染控制指标、环境工程项目、环境保护投资纳入国民经济和社会发展计划，并与环境目标责任制联系起来，才可能实现经济与环境协调发展。

(2) 指导大气污染源治理 大气污染综合防治规划所确定的污染控制目标，是大气污染源治理的依据。经综合分析、整体优化确定的大气污染综合防治规划方案，对污染源废气治理有指导作用。

(3) 为大气环境监督管理提供依据 包括大气污染综合防治规划在内的环境规划是对政府决策所做的具体安排。各项环境指标与经济、社会指标统一由综合部门下达后，将成为环保部门依法进行环境监督管理的依据。在科学预测的基础上制定大气污染综合防治规划，可以为大气环境质量管理提供依据。

2. 指导思想[4]

(1) 以发展经济为前提，以“三个效益的统一”为归宿 防治大气污染是保护大气资源，改善大气环境质量，促进经济发展。所以，制定大气污染综合防治规划要以发展经济为前提，污染防治为经济建设服务，实现经济效益、社会效益与环境效益的统一。

(2) 以生态理论为指导 自然生态系统、人类生态系统都是客观存在。不论我们是否意识到，或是否承认，人类的经济活动和社会行为，如大量排放二氧化碳（CO_2）、乱砍滥伐森林、大量排放二氧化硫（SO_2）、使用氯氟化碳等，都在不断影响着生态系统的结构和功能；而生态系统的运行规律又是不以人的意志为转移的客观规律。所以，人类要认识生态规律，掌握和运用生态规律，改造自然环境，使之更适合于人类的生存和发展。因此，制定大气污染综合防治规划要以生态理论为指导。

(3) 以合理开发利用资源为核心 合理开发利用资源包括两方面的涵义。一是控制开发强度，使之不超过环境承载力，这是制定环境规划要解决的核心问题；二是节约资源能源，提高资源能源的利用率，达到少投入、多产出、少排废的要求。

(4) 突出重点，整体优化 制定环境规划一定要从本区域（本城市）的实际出发，因时、因地制宜，抓住重点环境问题，综合分析、提出对策。对环境规划方案要进行科学论证，进行综合效益分析、整体优化。

二、综合防治规划与宏观环境规划

（一）区域宏观环境规划

区域宏观环境规划实质上就是“环境与发展规划”，它要解决的核心问题是协调经济发展与环境保护的关系。其主要内容如下。

1. 环境承载力分析

环境承载力是指在某一时期，某种状态或条件下，某地区的环境所能承受的人类活动的阈值。环境承载力可以用人类活动的方向、强度、规模加以反映，如草场的载畜量、每平方公里可以承载的人口等。环境承载力是一个客观的量，是环境系统的客观属性，它具有客观性、可变性、可控性的特点。环境承载力分析包括下列内容。

（1）资源供需平衡分析　根据经济、社会发展规划和城镇建设总体规划，预测规划期对水资源、能源、土地资源及生物资源等的需求；由环境调查评价和相关规划获得的数据资料，分析计算各规划期的资源可供应量，然后分析资源供需平衡中的问题。

（2）环境容量分析　环境容纳污染物的能力有一定的界限，这个容纳界限通常称为环境容量。所谓一定的界限，指排污与开发活动造成的环境影响不能超过区域环境的生态容许极限。通常以区域环境目标值作为衡量的准绳。

（3）环境综合承载力分析　在上述两项工作的基础上进行环境综合承载力分析。以 $\frac{\text{开发强度}}{\text{环境承载力}} \leqslant 1$ 作为判别式；建立恰当的指标体系，选取发展变量（开发强度）及制约变量（环境承载力），两组变量要一一对应；然后进行环境综合承载力定量分析。

2. 环境功能区划

在城乡建设总体规划的功能分区、农业区划、生态适宜度分析、环境区划的基础上进行环境功能区划，是区域环境规划的一项重要内容。环境功能区划分为两个层次，一是综合环境功能区划，二是分项环境功能区划，如大气环境功能区划、水环境功能区划、近岸海域环境功能区划、声环境功能区划等。宏观环境规划主要进行综合环境功能区划，共分为 6 种类型。

（1）特殊保护区　这类保护区主要包括风景游览区、自然保护区、重要文教区、特殊保护水域、绿色食品生产基地等。

（2）一般保护区　这类区域主要是城乡生活居住区、商业区等。

（3）污染控制区　这类区域一般指目前环境质量相对较好，需要严格控制新污染的工业区（包括乡镇工业区），这类地区应逐渐建成清洁工业区。

（4）重点治理区　这类区域主要是环境现状污染严重，或是特殊的重污染区（如汞污染区、氟污染区、镉污染区等），在规划中需列为重点治理对象。

（5）新经济技术开发区　这类功能区的环境质量要求及环境管理水平根据开发区的功能确定，但应从严要求；

（6）生态农业区　这类功能区的环境质量应从严要求。

3. 环境目标

区域环境规划的环境目标分为 3 个层次，即：环境总体目标（战略目标）、环境总量控制目标、具体环境目标。在宏观环境规划中主要是确定前两个层次的环境目标。

4. 宏观环境战略及协调因子分析

这是宏观环境规划中非常重要的组成部分，包括经济与环境协调度分析、协调因子分析，以及区域环境保护战略。

（1）协调度分析　如经济持续快速增长，而且环境质量不断改善，则两者处于协调状态；如环境质量严重恶化，则两者处于不协调状态。协调到不协调之间可分为 3 级或 5 级，通过参数筛选、建立指标体系对协调度进行定量分析。

（2）协调因子　分析经过协调度的分析，如果经济与环境处于不协调或基本不协调，或者处于需要调节的状态，就需要进行协调因子的分析，包括战略协调、政策协调、技术协调三个层次的协调因子分析。

（3）环境保护战略　在上述工作基础上确定区域环境保护战略，包括战略重点、战略目标和战略对策。

（二）宏观环境规划与大气污染防治规划的关系

1. 区域环境规划的框架结构

区域环境规划的框架结构见图 18-2[4]。

2. 宏观环境规划与大气污染综合防治规划的关系

从图 18-2 可以看出，宏观环境规划主要是解决经济与环境如何协调发展的问题，对于制定专项详细环境规划起指导作用。大气污染综合防治规划是专项详细环境规划的一种，所以宏观环境规划对其有指导作用。制定大气污染综合防治规划要以宏观环境规划的环境保护战略和环境总体目标为依据；而大气污染综合防治规划的制定过程又可检验宏观环境规划所提出的环境保护战略和环境总体目标是否切合实际，发现问题即可及时反馈，对宏观环境规划做相应的调整。

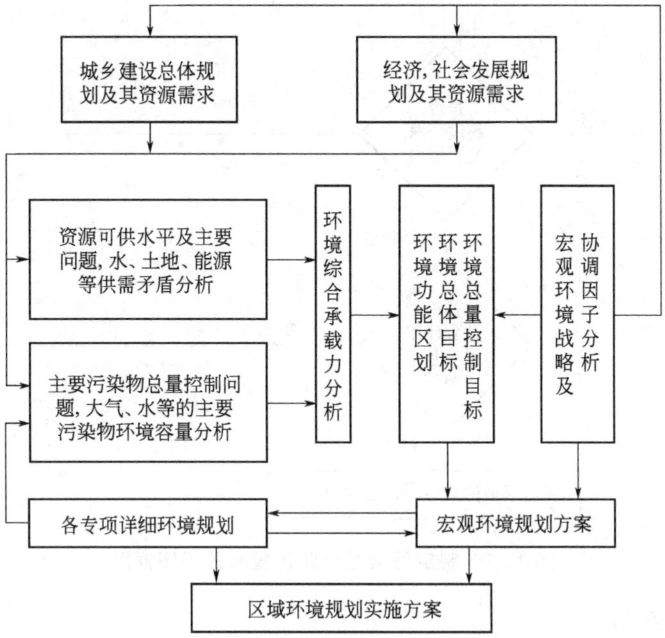

图 18-2　区域环境规划的框架结构

三、制定综合防治规划的程序与方法

大气污染综合防治规划是一项重要的区域（或城市）污染综合防治规划，其程序框架如图 18-3 所示，现具体阐述如下。

（一）环境调查评价及主要问题分析

如图 18-3 所示，环境调查评价主要包括以下内容。

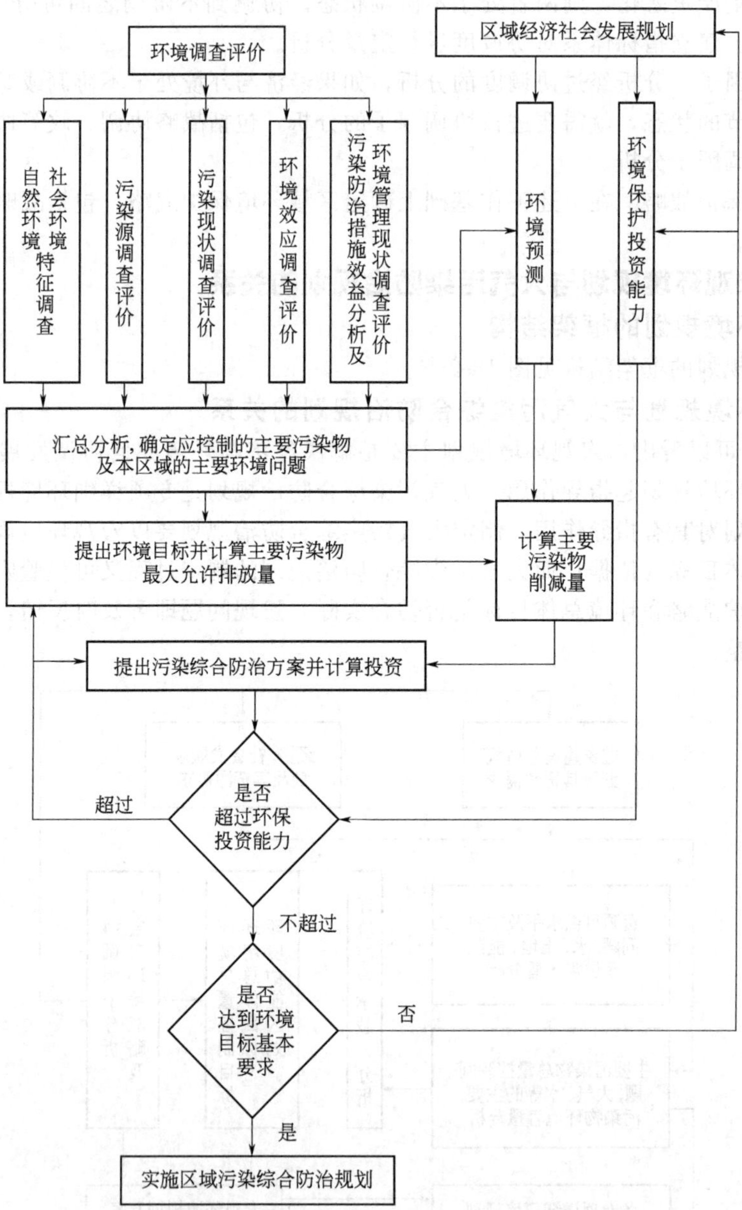

图 18-3 制定污染综合防治规划的程序框图

1. 环境特征调查

包括自然环境特征及社会环境调查。

(1) 自然环境特征

① 地形、地质、土地稳定性。

② 地表水：河流流量（丰水期、枯水期、平均流量），水库（或湖泊）的水量、水位及变化等，海湾的潮流、潮汐、扩散系数等。

③ 地下水：地下水量、总储量、可开采储量、地下水位及其变化等。

④ 气象：平均气温、降水量、最大风速、平均风速、风频、风向、逆温层、日照时间等。

⑤ 其他：台风、地震等特殊自然现象，放射能等。

（2）社会环境特征

人口：人口数量、结构、密度及其分布。

经济方面：经济总量、主要产品产量、经济密度、产业结构、能源结构、工业结构及布局、产品结构、原料结构、规模结构、行业结构等。

农业：农业户数、农田面积、生态农业、各种农产品产量、单位面积收获量、农作物生长状况等。

渔业：渔业人口、渔业产品产量及品种等。

畜牧业：畜牧业人口、种类和饲养数、产品率、牧场面积等。

科技方面：技术投入、技术贡献率等。

2. 污染源调查评价

主要阐述大气污染源调查与评价。调查的重点是人为大气污染源中的工业污染源、生活污染源及城市的交通污染源，在一些特定地区对农业污染源也要进行调查。工业污染源（包括乡镇工业污染源）的调查要按照国家环保局的统一要求进行，生活污染源和交通污染源的调查，可以结合各地区（或城市）的具体情况进行。但是，调查所得的基础资料和数据，必须能满足环境污染预测与制定污染综合防治方案的需要。主要包括：画出污染源分布图，排污量及排污分担率，排污系数，以及污染分担率。在污染源调查的基础上进行污染源评价，确定出本地区（城市）的主要污染源及主要污染物。

（1）大气污染源分布图　最好能按网格调查画出分布图。在规划市区（包括近郊区）的万分之一（或五万分之一）的行政区划图上，画出 1000m×1000m 的若干网格，然后在网格图上标明大气污染源的分布。烟囱高度≥40m 的高架源要逐个标出；烟囱在 40m 以下的锅炉、窑炉和一般小炉灶都视为面源，可划分为若干片，按片标明能耗及排污量。

对重要的工业源要在网格中逐个标出，并注明粉尘及主要化学污染物的排污量。

对交通污染源（移动污染源），可画出交通干线，标明汽车流量（辆/h）；港口船舶也是不可忽视的大气污染源，应标明位置并注明排污量。

（2）大气污染源的排污量及排污分担率　以粉尘和二氧化硫（SO_2）为例。

① 工业污染源的排污量。工业污染源产生粉尘及 SO_2 的来源有两方面：一是燃料燃烧；二是产生工业粉尘及 SO_2 的工艺生产过程。如水泥等建材工业、硫酸厂及大量使用硫酸的生产工艺，以及有色金属冶炼等。

首先调查工业生产的能耗（以煤耗为主），按行业及按逐个工业污染源列表统计年能耗量（最好能有连续 5 年的调查统计），据此估算出各个工业污染源及各行业由于燃料燃烧排放的烟尘及 SO_2 排污量。其二是对重点行业及工业污染源调查，估算其工艺生产过程所排放的工业粉尘及 SO_2 的排污量。最后计算出各个工业污染源、各行业及全部工业污染源的烟尘和 SO_2 的总排污量。

② 调查生活污染源烟尘及 SO_2 排放量。首先调查近 5 年的生活能耗，然后估算出烟尘及 SO_2 的年排放量。

③ 调查交通污染源尘及 SO_2 排放量。主要是调查机动车辆所排放的 SO_2 及造成的道路扬尘。一种方法是根据能耗和扬尘的现状从总体上进行估算；另一种方法是对各种类型的机动车做典型调查，然后进行估算。

④ 排污分担率。这个概念是指某类污染源或某个重点污染源所排放的某种污染物的年

排放量，在全地区（或城市）某种污染物年排放总量中所占的百分比。如：

$$重点工业污染源SO_2排污分担率=\frac{重点工业污染源SO_2年排放量}{全地区SO_2年排放量}\times 100\% \quad (18\text{-}1)$$

$$工业污染源SO_2排污分担率=\frac{工业污染源SO_2年排放量}{全地区SO_2年排放量}\times 100\% \quad (18\text{-}2)$$

$$生活污染源SO_2排污分担率=\frac{生活污染源SO_2年排放量}{全地区SO_2年排放量}\times 100\% \quad (18\text{-}3)$$

(3) 排污系数　本书介绍了产污系数及排污系数的定义，并对工业、乡镇工业以及工业锅炉、茶浴炉和食堂大灶等的排污系数分别进行了阐述。但是，在制定大气污染综合防治规划时要对本地区的排污系数进行实际调查，或按照上一级环保部门对本地区的排污系数所做的统一规定，与之前的论述不尽相同。下面对工业污染源及生活污染源的排污系数做简要介绍。

① 工业污染源的排污系数一般有三种类型，即燃烧1t煤的排污量，单位kg/t或t/t；吨产品排污量，单位kg/t或t/t；万元工业产值排污量，单位kg/万元或t/万元。调查计算排污系数，对于排污总量预测有重要作用。燃煤的排污系数和工业污染源吨产品排污系数可以通过实际调查获得，但一般可查《工业污染物产生和排放系数手册》（国家环保局科技标准司编）而获得所需要的数据。但在制定大气污染综合防治规划中常使用万元工业产值排污量，这类排污系数要通过实际调查获得。

调查万元工业产值排污量（A），首先分别调查各行业的大气主要污染物（如尘、SO_2、NO_x）的年排放量（m_{ij}），并计算出本地区（城市）的大气污染物年排放量（m_i）；然后分别调查统计各行业当年的工业产值（D_j），并计算出本地区的当年工业总产值（D），就可分别获得各行业的万元产值排污量（A_{ij}）和本地区（城市）的大气主要污染物万元产值排污量（A_i）。

$$m_{ij}=A_{ij}D_j \quad (18\text{-}4)$$

$$A_{ij}=m_{ij}\times\frac{1}{D_j} \quad (18\text{-}5)$$

$$m_i=A_iD \quad (18\text{-}6)$$

$$A_i=m_i\times\frac{1}{D} \quad (18\text{-}7)$$

② 大气主要污染物变化规律。有条件的城市可以调查统计近10年来的万元产值排污量，研究大气主要污染物随工业产值增长的变化规律。按行业分别进行调查统计，万元工业产值按国家规定的不变价进行统计。利用多年（最好≥10年）的调查统计数据可以建立统计模型。如，沈阳市在进行工业污染源调查时曾建立如下的模型：

$$m_{ij}=\alpha D_j^{\beta} \quad (18\text{-}8)$$

式中，m_{ij} 为某行业（j）的 i 污染物年排放量；D_j 为某行业的年工业产值；α，β 为系数（与行业的性质及规模有关）。

(4) 污染分担率　即各类源对环境污染的贡献值，如某城市的重点治理区，大气总悬浮颗粒物（TSP）的年日平均值为800μg/m^3，是GB 3095—1996规定的三级标准（污染物浓度限值）300μg/m^3 的2.7倍，必须进行重点治理。但是，要提出切实可行的治理方案，必须弄清各类污染源对造成TSP污染的贡献值（分担率）。造成TSP污染的大气颗粒物来源一般有下列几方面：扬尘、燃煤飞灰、燃油飞灰、风沙、交通运输尘、工业粉尘（建材工业尘等）、原煤尘以及海洋气溶胶等。如果各类源的污染分担率搞不清楚，就难于抓住主要矛盾采取有效的治理措施。

为了定量计算大气总悬浮颗粒物污染的各类来源的污染分担率（贡献值），常应用受体模型。受体模型是测定源和受体气体中的颗粒物的物理、化学性质来确定和计算源对受体的污染分担率（贡献值）。这种模型是 TSP 源解析（确定各类源的污染分担率）的主要方法，其主要类型有化学质量平衡模型、主成分分析、因子分析以及多元线性回归分析等，其中化学质量平衡法（CMB）应用最广泛。

（5）污染源评价　主要介绍制定大气污染综合防治规划时，对工业污染源进行评价，奠定主要污染物及主要污染源。

污染源所排放的污染物对环境和人群健康的危害受很多因素的影响，如污染源所处的位置，排放规律，排放特征，污染物的物理、化学及生物特征等。对污染源评价的方法虽多，但能把以上各种因素都考虑在内，筛选出工业污染源的评价参数（特征参数），然后用模式识别或聚类分析等恰当的数学方法，建立评价模型、确定主要污染源的方法还不成熟。现在制定环境规划时通常采用标化评价法，评价污染源及污染物的潜在危害，确定主要污染源及主要污染物。

标化评价法，即把各种污染物的排放量进行标化计算，使之可相互比较。这就犹如商品用货币标化，各种能源用热量进行标化一样。各种不同的污染物只有标化后才能彼此进行比较和直接相加。例如：某工厂每年排 COD 10t（10000kg），排镉 100kg，仅从质量来看镉比 COD 少得多，COD 应是主要污染物。但是，污染物的质量并不能代表它对环境的潜在危害。如果依据上述判断去制定环境规划，很可能造成失误。所以，要选用恰当的标化系数对污染物的排放量进行标化计算，再进行分析比较。假定选用《水污染物综合排放标准》作标化系数（只取绝对值），COD 的标化系数为 100，镉（Cd）为 0.1，经标化计算，得到如下的结果：

$$P_{COD}=\frac{10000}{100}=100\text{kg}$$

$$P_{Cd}=\frac{100}{0.1}=1000\text{kg}$$

由上述标化计算后的结果可以看出，100kg 镉对环境的潜在危害明显大于 10000kg COD 对环境的潜在危害，这充分说明了标化评价的必要性。下面主要介绍两种标化评价法。

① 等标污染负荷法。上面的例子就是用的等标污染负荷法。它的通式是：

$$P_{ji}=\frac{m_{ji}}{C_{0i}^{*}} \tag{18-9}$$

式中，P_{ji} 为 j 污染源 i 污染物的等标污染负荷；m_{ji} 为 j 污染源 i 污染物的年（或日）排放量，t 或 kg；C_{0i}^{*} 为 i 污染物的标化系数（排放标准或环境质量标准的绝对值，无量纲系数）。

计算出 j 污染源的所有大气污染物或水污染物的等标污染负荷后，可以求出 j 污染源的大气污染物的等标污染负荷（P_{ng}），或 j 污染源水污染物的等标污染负荷（P_{nw}）。大气污染物（SO_2、NO_x、CO 等）经标化计算后可直接相加；水污染物（COD、NH_3-N、Hg、Cd、Cr 等）经标化计算后也可直接相加。但是大气污染物等标污染负荷与水污染物等标污染负荷不能直接相加，需用适当方法确定权系数以后加权相加。P_{ng} 或 P_{nw} 都用 P_n 表示，其通式如下：

$$P_n=\sum_{i=1}^{n}P_{ji}=\sum_{i=1}^{n}\frac{m_{ji}}{C_{0i}^{*}} \tag{18-10}$$

整个地区（或城市市区）的 i 污染物等标污染负荷（P_i）用下式表示：

$$P_i=\frac{m_i}{C_{0i}} \tag{18-11}$$

式中，m_i 为全地区（城市市区）i 污染物排放总量。

② 排毒系数法。作为与前一种方法的比较，只列出全地区（城市市区）i 污染物的排毒系数：

$$F_i=\frac{m_i}{d_i} \tag{18-12}$$

式中，F_i 为 i 污染物的排毒系数；d_i 为能够导致一个人出现毒作用反应的 i 污染物最小摄入量（阈值），是根据毒理学实验得出的毒作用阈剂量经计算求得的。

废气中污染物 d 值的计算如下式：

d_i＝污染物毒作用阈剂量（mg/m^3）×人体每日呼吸的空气量（$10m^3$）

F_i 值的意义是很明显的，它表示当污染物充分、长期作用于人体时，能够引起中毒反应的人数。

应用标化评价法，应注意以下两个问题。

一是标化系数的选择是关键。上述两种标化评价法——等标污染负荷法与排毒系数法主要区别就在于标化系数不同。见以下两式的比较：

$$P_i=\frac{m_i}{C_{0i}^*} \tag{18-13}$$

$$F_i=\frac{m_i}{d_i} \tag{18-14}$$

式中，C_{0i}^* 与 d_i 为标化系数。

二是不同形态的污染物（如大气污染物、水污染物等）可根据需要选择恰当的标化系数。但同一形态的污染物所选标化系数必须属于同一系列。如果大气污染物已选定《大气污染物综合排放标准》（GB 16297—1996），则同一地区的大气污染物的标化评价系数，都要选这项标准中的数据做标化评价系数。

用标化评价法求各个污染源的等标污染负荷（P_n）和本地区（或城市）的各个污染物的等标污染负荷（P_i），然后从大到小排队，确定主要污染源和主要污染物。

3. 环境质量现状评价[4~6]

在制定污染综合防治规划过程中，环境质量现状评价主要是指环境污染评价。通过评价确定地区（或城市）的污染程度，并分析造成污染的主要问题，画出污染分布图。污染分布图有几种画法：一是分别画单项污染物（如 TSP、SO_2、NO_x）的环境浓度分布图，画网格图或画等值线图；另一种是按 TSP、SO_2、NO_x 等的综合环境影响画污染分布图，这就需要进行环境污染现状评价。其程序和方法如下。

（1）确定环境污染评价参数　在选择评价参数时，要根据本地区（或城市）的环境特征和污染现状，选择量大面广、对本地区（或城市）的环境污染有决定影响的污染物，以及潜在危害大的地区污染物。如：我国城市大气污染普遍是煤烟型污染，为说明大气污染状况而进行大气环境污染评价时常选用 TSP、SO_2、NO_x（或只选前两个）作为环境污染评价参数。如果汽车数量较多，汽车尾气排放量大，而燃煤低空排放的污染源也较多，则可考虑选择 TSP、SO_2、NO_x、CO、O_3（或 Pb）等多个评价参数。总之，要从实际出发，因地制宜。

（2）获取代表环境质量的监测数据　根据选定的评价参数、污染源分布、地形气象条件等进行优化布点，选择恰当的采样方法，设计监测网络系统，以获取能代表大气环境质量的数据，以及同步的气象数据。

(3) 选定评价方法 通常选用环境质量指数法（或分级评分法）。下面对指数法做简要介绍。

① 确定大气污染分指数（基本结构单元 I_i），如下式：

$$I_i=\frac{C_i}{S_i} \tag{18-15}$$

式中，C_i 为 i 污染物实测浓度；S_i 为污染物的评价标准。

在大气环境污染评价中，通常采用《环境空气质量标准》（GB 3095—1996）的二级标准作为评价标准。自然保护区、著名风景区等采用一级标准为评价标准。

② 大气环境质量综合指数（AQI）。在上述工作的基础上选择适当的模型求 AQI，可供选择的模型如下。

a. 迭加

$$\mathrm{AQI}=\sum_{i=1}^{n}W_iI_i(\text{或 AQI}=\sum_{i=1}^{n}I_i)(W\text{ 为权值}) \tag{18-16}$$

b. 均值法（我国南京曾用过）

$$\mathrm{AQI}=\frac{1}{n}\sum_{i=1}^{n}W_iI_i \tag{18-17}$$

c. 指数型

$$\mathrm{ORAQI}(\text{美国橡树岭})=\left[5.7\sum_{i=1}^{5}\left(\frac{C_i}{S_i}\right)\right]^{1.37} \tag{18-18}$$

（设背景浓度时为 10，警报标准为 100）

$$\mathrm{AQI}_{沈}=\left[3.2\times10^{-6}\sum_{i=1}^{5}\left(\frac{C_i}{S_i}\right)\right]^{-0.36} \tag{18-19}$$

式中，$\mathrm{AQI}_{沈}$ 为沈阳大气质量指数（百分制）；C_i 为某污染物实测日平均浓度，mg/m^3；S_i 为居民区某污染物的日平均最高容许浓度，mg/m^3。

$\mathrm{AQI}_{沈}$ 共选用五个评价参数：飘尘、SO_2、CO、NO_x、苯并［a］芘；C_i 为背景浓度时，$\mathrm{AQI}_{沈}=100$，C_i 为明显危害浓度时，$\mathrm{AQI}_{沈}=20$。

d. 大气质量指数（I_1）

$$I_1=\sqrt{XY}=\sqrt{\left(\max\left|\frac{C_1}{S_1}\times\frac{C_2}{S_2}\times\frac{C_3}{S_3}\cdots\frac{C_k}{S_k}\right|\right)\left(\frac{1}{k}\sum_{i=1}^{k}\frac{C_i}{S_i}\right)} \tag{18-20}$$

式中，X 为$\frac{C_i}{S_i}$中的最高值；Y 为$\frac{C_i}{S_i}$中的平均值。

在大气环境质量评价（大气环境污染现状评价）工作中，选择哪一种模型求 AQI，要根据本地区（或城市）的具体情况而定。如果在煤烟型污染的中小城市，主要是尘和 SO_2 的污染，只选 TSP、SO_2 两个评价参数，则可选用迭加或加权迭加模型；如果必须考虑 NO_x 的污染影响，选 TSP、SO_2、NO_x 三个评价参数，而其中某一个污染物（TSP 或 SO_2）的污染影响比较突出，则最好选姚志麒指数（或加权迭加）模型。大城市或特大城市污染因素复杂，需选多个评价参数，即可考虑选 ORAQI 或 $\mathrm{AQI}_{沈}$。

③ 环境质量分级。在求得大气质量的综合指数以后，要按照指数的大小对环境质量进行分级。比如，美国橡树岭国立实验室按 ORAQI 的大小（橡树岭大气质量指数），把大气质量分为六级：＜20，大气质量为优；20～39 为好；40～59 为尚可；60～79 为差；80～90 为坏；≥100 为危险。

而 $AQI_{沈}$ 则相反：81～100 为清洁；61～80 轻污染；42～60 中污染；35～41 重污染；<35 极重污染。

环境质量分级一般是按一定的指标对环境质量指数范围进行分级，在单一指数或较简单的指数系统中，指数与环境的关系密切，分级也较容易。但当参数选择较多、综合指数较复杂时，则环境质量分级也愈困难，主要是对指数可能产生的变化幅度及指数与环境效应的相关性缺乏深入的研究。在实际工作中，首先要掌握污染状况变化的历史资料，弄清指数变化与污染状况变化的相关性。先确定出未受污染、重污染（质量坏）、严重污染（危险）等几个突出的污染级别与相应的指数范围，然后再根据评价结果作具体分级。要作好环境质量分级，必须从实际出发，掌握大量的历史观测资料，并可借助其他地区已有的分级经验。

4. 环境污染效应调查

这项工作一般要进行三个方面的调查，即：人体效应调查、经济效应调查、生态效应调查。

(1) 人体效应调查　环境污染与破坏往往都直接或间接地威胁和损害着人群的身体健康。比如：癌症（特别是肺癌）、呼吸系统疾病、心脑血管病等发病率与死亡率不断增大，与大气污染日益严重密切相关。所以，在制定大气污染综合防治规划时，应对大气污染的人体效应进行调查。

但是，环境污染的人体效应是个很复杂的问题，受多种因素影响。如：进入人体的途径不同效应也不同，通过呼吸空气、饮水、进食、皮肤接触、神经感应等多种途径影响人体，后果当然也不可能一样。即使同样的污染物（或污染因素），同样的含量水平（或强度），因环境背景不同，人群耐受力不同，对人体的影响（或损害）也不同。居民的生活习惯、工作职业习惯、活动规律等也是污染人体效应的影响因素。所以，调查分析环境污染的人体效应，既十分必要，又任务艰巨。

这项调查首先是搞清环境污染与人体效应的关系。比如在某一市区范围内根据多年的调查统计，大气污染分布与呼吸系统疾病、肺癌等疾病的发病率、死亡率呈正相关，即表现在大气污染严重的网格部分发病率、死亡率也高；大气污染逐年加重，发病率、死亡率上升。但从调查统计数据能说明呈正相关，并不能证明必然的因果关系，也不能建立用于定量预测的模型。如果要搞清某种大气污染物（SO_2 或苯并［a］芘）的环境浓度 C_s 或 C_{bap} 与呼吸系统疾病或肺癌的因果关系，建立定量预测模型，还要做大量深入的研究工作。

(2) 经济效应调查　环境污染造成的经济损失是多方面、多因素的，既有直接经济损失，也有间接经济损失，收集资料较难。一般计算污染经济损失，多采用先确定若干损失项目，逐项调查估算，然后加和得出总经济损失的办法。计算大气污染经济损失包括下式所列的项目：

$$\begin{aligned}\sum A(\text{总损失})=&A_1(\text{居民损失})+A_2(\text{城市公用事业损失})+A_3(\text{工业及交通损失})+\\&A_4(\text{林业损失})+A_5(\text{农业损失})+A_6(\text{其他损失})\end{aligned}\tag{18-21}$$

每一类具体损失的计算又包括若干个小项。比如，A_1（居民损失）包括：房屋粉刷维修费用的额外增加，为避害而搬迁的费用，洗涤次数增加，医疗费用增加等。在计算过程中，有时需确定各自不同的数学关系式。例如污染对居民健康的损害，首先要确定环境污染程度与发病率之间的定量关系，才能估算污染造成人体健康损害的经济损失，但这是相当困难的。

(3) 生态效应调查　这项调查较前两类更为复杂，需做长期深入的观察研究。对长江三峡等大型工程和一些重要的生态系统，必须也应该做生态效应调查评价。在制定地区（或城市）的污染防治规划时，一般不进行这方面的调查评价。

5. 污染防治措施效益分析

在调查污染防治措施效益分析时有两种方法：一是对污染防治措施削减污染物排放量的效果进行分析；二是对污染防治措施的经济效益、社会效益与环境效益进行综合分析。

(1) 万元污降量　即投入1万元治理费可削减某种污染物排放量多少千克（或吨），单位为kg/万元、或t/万元。因万元污降量与地区的技术经济发展水平、环境管理水平，以及各行业的生产工艺特点、技术水平相关，所以各行业的万元污降量是不相同的。调查时要逐个行业进行调查。如：调查烟尘的治理措施的万元污降量，可以对冶金、建材、电力、化工等排尘大户，逐个行业进行调查。万元污降量是行业的一种污染削减系数，编制环境规划时可以作为估算行业治理投资的依据。

当然，也可以计算出一个地区（或城市）的综合万元污降量，分析本地区（或城市）的污染治理水平，使环境污染防治规划的治理投资估算较为切合实际。

(2) 污染治理措施综合效益分析污染治理措施的综合效益可用下式表示：

$$\text{综合效益}=\text{利益}(B)-\text{费用}(C) \tag{18-22}$$

$$\text{或}B/C,\text{或}C/B$$

① 费用计算。首先明确规定本地区（或城市）污染治理措施的投资范围，然后计算基准年（或“八五”期间）的环保治理费用。包括折旧费、人工费及原材料消耗等费用。

② 所得收益。基准年因采取污染治理措施，得到多少利益（收益）。包括：主要污染物排放量的削减量（kg或t），相应的环境浓度降低量；污染物回收直接作为产品或原料（如水泥、化工原料）所得的收益；环境浓度降低、大气环境质量改善，污染经济损失减少，人群发病率降低等所得的收益；污染纠纷减少、社会安定，以及景观改善环境优美等社会效益所得到的收益。有些可折算为货币，有些只能做定性或半定量的描述。

③ 综合效益分析。将各项收益汇总，与费用进行比较分析。可折算为货币的部分，费用与收益（利益）可以直接比较分析；定性或半定量描述部分作为辅助。

6. 环境管理现状的调查与评价

主要包括以下几方面：

① 环境管理机构及管理体制的调查分析；

② 环境保护工作人员的业务素质要对本规划区从事环境保护工作人员的学历、知识结构、职称结构、接受专业培训的情况、工作经验、实际工作水平等进行调查分析；

③ 政策、法规、标准的实施，地方法规、标准的配套及执行情况。

（二）大气环境污染预测

1. 主要污染物源强变化预测（尘、SO_2等排放量的增长预测）

(1) 因能耗（煤耗）增长引起的源强变化

① 工业煤耗（E'）增长量预测能源弹性系数法（C_e）

$$C_e=\frac{\text{工业煤耗年平均增长率 } r_e}{\text{工业产值年平均增长率 } r_D} \tag{18-23}$$

如已知1995年的工业煤耗，则2000年的工业煤耗为：

$$E'_{2000}=E'_{95}\times(1+r_e)^5 \tag{18-24}$$

② 非生产性煤耗量增长预测（E''）

$$E''=P_n\times E_a(\text{年人均非生产性煤耗量}) \tag{18-25}$$

③ 总煤耗量E。例如x年的总煤耗量为：

$$E_x=E'_x+E''_x \tag{18-26}$$

④ 主要污染物排放量增长预测

$$G_{s(x)}=1.6E_xS(1-\alpha) \tag{18-27}$$

$$G_{p(x)}=E_xa\times b\%\times c\%(1-\eta) \tag{18-28}$$

式中，$G_{s(x)}$ 为 x 年燃煤排放的 SO_2，t/a；$G_{p(x)}$ 为 x 年烟尘排放量，t/a；S 为煤的硫分；a 为煤的灰分；b 为燃烧过程灰分进入尘的比例；c 为烟尘处理率；η 为平均除尘效率，%；α 为平均硫削减率，%。

(2) 工艺生产的源强变化

$$M_{p(x)}=D_xA_0(1+L_p)^{10} \tag{18-29}$$

$$M_{s(x)}=D_xA_0(1+L_s)^{10} \tag{18-30}$$

式中，$M_{p(x)}$、$M_{s(x)}$ 分别为 x 年工业粉尘、工艺生产排放的 SO_2 的量；L_p、L_s 分别为 x 年万元产值排污量年平均递减率；D_x 为 x 年工业总产值；A_0 为基准年万元产值排污量。

此外，有时还要考虑其他因素引起的源强变化。

$$m=G+M \tag{18-31}$$

式中，m 为大气主要污染物总排放量；G 为燃料燃烧排放的大气污染物；M 为工业生产过程排放的大气污染物。

2. 大气污染物浓度预测

(1) 转换系数（黑箱）法

输入 $\xrightarrow{m}$ [黑箱] $\longrightarrow$ 输出

K　　　C

$$C=Km\ (K\ 为转换系数) \tag{18-32}$$

(2) 简单的比例法求转换系数

$$C_2=\frac{C_1}{m_1}\times m_2=Km_2 \tag{18-33}$$

(3) 利用5年左右（或更多）的连续对应统计数据求转换系数 K。

如：北戴河 m_S、C_S1985～1988年的对应统计数字如表18-1。

表18-1 北戴河 m_S、C_S1985～1988年的对应统计数字

年度 / 数据 / 项目	1985年	1986年	1987年	1988年
m_S/(t/a)	1896	1728	1872	2352
c_S/(μg/m³)	41	33	39	55
K_S(转换系数)	0.022	0.019	0.021	0.023
平均值		0.021		

注：北戴河无大的高架源；m_S、C_S 为 SO_2 排放量及环境浓度。

(4) 箱模型法

$$C_S=\frac{Lm_S}{Hu}=K_Sm_S \tag{18-34}$$

式中，L 为箱边长；H 为混合层高度；u 为平均风速。

(5) 高架源与面源同时存在（高架源影响较大，必须考虑）

① 通过调查、经验判断、估算高架源的污染分担率与箱模型结合使用。

② 将高斯烟流模型与箱模型结合使用分别求高架源及面源的转换系数。

此外在TSP污染预测中还需要考虑颗粒物的沉降问题，这里不再介绍了。

（三）大气环境功能区划及环境目标

1. 大气环境功能区划

这项工作属于专项环境功能区划。所以，大气环境功能区划主要是以地区（或城市）的综合环境功能区划为依据，根据国家环境空气质量标准（GB 3095—1996）和当地的气象特征，将地区（或城市）的大气环境划分成不同的功能区，列出各功能区应执行的大气环境质量标准。其划分方法如下：

① 绘制地区（或城市）主要大气污染物浓度分布图，以及大气环境质量现状图；

② 分析评价主要大气污染源对地区（或城市）各个网格的影响大小；

③ 预测规划年本地区（或城市）大气环境质量变化情况；

④ 以本地区（或城市）的综合环境功能区划为依据，划分大气环境功能区（宜粗不宜细）；

⑤ 根据大气环境功能区划的结果，列出各大气功能区应执行的大气环境质量标准（如表 18-2）。

表 18-2　大气环境功能区划表

功能区	范　围	应执行的标准（GB 3095—1996）
一类	自然保护区、风景游览区、名胜古迹、疗养区、需特殊保护的地区	一级
二类	居民区、商业区、一般文教区、广大农村等（新经济技术开发区也应包括在内）	二级
三类	工业区、城市交通枢纽及干线	三级

注：凡位于二类区内的工业企业，应执行二级标准；凡位于三类区内的原有居民小区应限制或禁止再扩建，并可执行三级标准，但应设隔离带。

2. 大气污染防治规划环境目标

大气污染防治规划环境目标是指确定专项环境规划的具体环境目标，其方法步骤如下。

确定指标体系。提出大气污染综合防治规划的环境目标，首先要确定恰当的指标体系，主要有三个环节。

（1）参数筛选（分指标的确定）。各项指标既有联系又有相对独立性，不能重叠；每项指标都要有代表性、科学性；各项分指标能组成一个完整的指标体系；便于管理和实施。

（2）分指标权值的确定　环境污染综合防治规划的指标体系，确定了污染防治的组成和范围，而各项分指标的权值确定了污染防治的重点。大气、水、固体废物、噪声，哪一方面的分项指标权值大，它就是污染综合防治工作的重点。也就是说，要给对环境质量影响大的主要污染物比较大的权值，当然还要考虑投资效益和治理技术是否成熟，以及治理的难易程度等。

（3）分指标的综合，综合指标的确定　在实际工作中，大多数地区（或城市）对环境污染防治指标体系不做专题研究工作，而是参照国家确定的城市环境综合整治定量考核指标体系，结合本地区（或城市）的实际情况，邀请有关专家经讨论加以确定。制定大气污染防治规划确定指标体系，可供参照的分指标有以下 3 类。

① 环境质量指标。大气总悬浮颗粒物（TSP）、$PM_{2.5}$ 的年日平均值（mg/m^3 或 $\mu g/m^3$），二氧化硫（SO_2）年日平均值（mg/m^3 或 $\mu g/m^3$），氮氧化物（NO_x）年日平均值（mg/m^3 或 $\mu g/m^3$）；

② 污染控制与环境管理指标。烟尘控制区覆盖率（%），民用型煤普及率（%），工艺尾气达标率（%），汽车尾气达标率（%），万元工业产值综合能耗（吨/万元）。

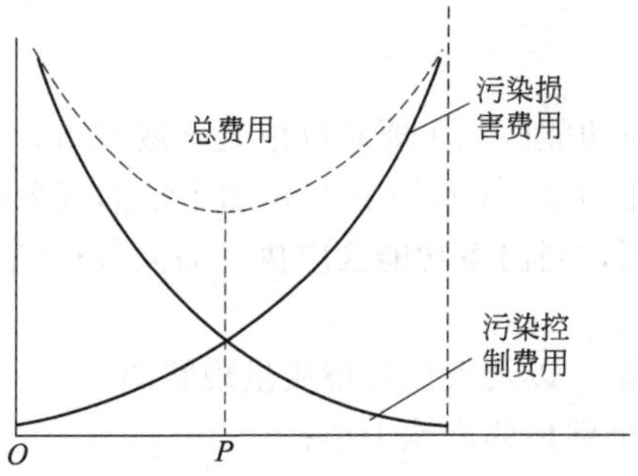

图 18-4 最佳控制水平

③ 城市建设与生态建设指标。城市气化率（%），城市热化率（%），建成区绿化覆盖率，市区人均公共绿地（m^2/人）。

经过讨论确定了分指标及其权值以后，一般采用百分制分项评分，相加求和。当前尚未使用综合指标表达地区（或城市）的综合环境质量。

（4）确定环境目标 在确定指标体系以后，即可提出各项分指标的控制目标。

① 原则和方法。根据国家的要求和本地区（或城市）的性质功能，从实际出发，既不能超过本地区的技术经济发展水平，又要满足人民生存和发展所必需的基本环境质量。可采用费用效益分析等方法确定最佳控制水平（图 18-4）。

② 实例。表 18-3 是某城市市区 2000 年大气污染防治环境目标。

表 18-3 某城市市区 2000 年大气污染防治环境目标

指标名称＼项目	单位	2000 年目标	指标名称＼项目	单位	2000 年目标
TSP 年日平均值	mg/m^3	0.12	酸雨频率	%	65
SO_2 年日平均值	mg/m^3	0.06	城市气化率	%	>90
烟尘控制区覆盖率	%	>90	民用型煤普及率	%	60
工艺尾气达标率	%	80	绿化覆盖率	%	30
汽车尾气达标率	%	70	人均公共绿地	m^2/人	7

（四）大气污染综合防治规划方案

制定大气污染综合防治规划方案，要因地制宜，抓住主要矛盾，提出具体措施，达到科学性、适用性、可操作性及先进性的统一。一般方法步骤如下。

1. 计算主要大气污染物的削减量

根据大气污染预测结果和环境目标允许的最大排放量，计算主要大气污染物的削减量。

（1）一般方法 削减量的计算方法很多，但是必须与大气污染预测选用方法和模型保持一致。这种思想可表述如下：

$$C_i = f(m_i) \tag{18-35}$$

式中，C_i 为某地区主要大气污染物环境浓度，mg/m^3；m_i 为某地区主要大气污染物年排放量，t/a。

根据环境目标所确定的主要大气污染物浓度（C_{0i}），即可按上式表述的函数关系计算最大允许排放量（主要大气污染物的总量控制水平）。

$$m'_i = f(C_{0i}) \tag{18-36}$$

$$C_{0i} = f'(m'_i) \tag{18-37}$$

式中，C_{0i} 为主要大气污染物的环境目标值；m'_i 为主要大气污染物最大允许排放量。

然后按下式计算削减量：

$$削减量=预测排放量-最大允许排放量 \tag{18-38}$$

（2）运用转换系数法 削减量转换系数是指一定污染物的排放强度在某个区域中的环境浓度响应系数，一般情况可用图 18-5 描述。

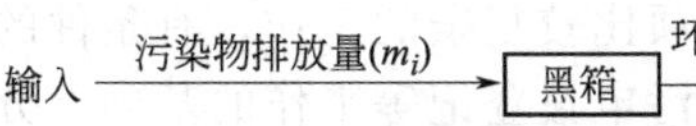

图 18-5　转化系数示意

$$C_i = Km_i \tag{18-39}$$

式中，K 为转换系数，是污染物在环境中的迁移，转化过程的综合体现；同时 K 也是污染物排放的影响区域坐标的体现，因为区域坐标不同，K 值也不相同。

如果以 A 表示污染物在箱中的综合气象因素，B 表示污染物在箱中的转化过程，C 表示浓度响应区域，D 表示排放源的性质，那么

$$K = f(A、B、C、D) \tag{18-40}$$

即 K 为 A、B、C、D 4 个因素的函数。

但对于一般城市而言，或是对于城市中某固定区域而言，由于影响该区域的污染源性质相对稳定，气象因素短期内变化不大，污染物的性质及在箱中的转化相对稳定，所以图 18-5 中的箱可视为黑箱。在这种情况下转化系数 K 是常数。如以箱模型为例：

$$C_i = \frac{Lm_i'}{Hv} + C_i' \tag{18-41}$$

式中，L 为箱的边长（顺风向），m；H 为混合层高度，m；v 为平均风速，m/s；C_i 为箱内 i 污染物浓度；C_i' 为上风向箱外 i 污染物浓度；m_i' 为单位面积 i 污染排放源强，g/($m^2 \cdot s$) 或 g/($m^2 \cdot d$)。

如果气象因素稳定（短期内年平均变化不大），城市边缘以外基本上没有污染源（即 $C_i'=0$），则：

$$C_i = \frac{Lm_i'}{Hv} = \frac{L}{Hv}m_i' = Km_i \tag{18-42}$$

式中，$\frac{L}{Hv}$ 是常数，m_i' 可经单位转换为 m_i。

太原市处于盆地中，在判定大气污染防治规划中把市区作为一个箱；吉林市把市区划为 4 个箱，应用上述方法效果都较好。

如果预测排放量为 m_i，环境浓度响应值为 C_i，某功能区环境目标值为 C_{0i}，那么 i 污染物的削减量 m_x 为（m_{0i} 为最大允许排放量）：

$$m_x = m_i - m_{0i} = \frac{C_i}{K} - \frac{C_{0i}}{K} = \frac{1}{K}(C_i - C_{0i}) \tag{18-43}$$

2. 削减量分配到源

计算出削减量以后要将其分配落实到源，这项工作可以和按功能区实行污染物总量控制，以及排污申报登记与排污许可证制度的实施结合起来。其原则与方法如下。

（1）必须满足大气环境功能区环境目标值的要求　污染物总量控制的涵义就是：在保证环境功能区目标值的前提下，所能允许的某种污染物的最大排放量。所以，削减后的大气主要污染物排放量必须能满足大气环境功能区环境目标值的要求。

（2）合理确定承担单位　削减量分配后为了便于操作和监督管理，一般将污染源分为 3～4 类，落实责任、监督管理。一是主要大气污染源（重点污染源），削减指标分配到每一个源（工业污染源）；二是一般工业污染源，按行业分配削减指标；三是生活污染源及街道企业，按区（或街道委员会辖区）分配削减指标；四是交通污染源，可结合交通管理状况分配削减指标。烟尘控制区覆盖率大的城市，也可以分成两类：一是重点污染源，削减指标落实到每一个污染源；二是一般污染源，按烟尘控制区分配削减指标。总之，要因地制宜，合理确定削减指标的承担单位。

(3) 合理分配削减指标　这是一项比较复杂的工作，有条件的城市可以和实施排污许可证制度结合起来。在污染源调查、排污申报登记等工作的基础上分配削减指标，既要考虑污染源的排污分担率和污染分担率，又要考虑其生产工艺和环保工作现状、技术经济发展水平等。

3. 提出大气污染综合防治措施[4,7,8]

这是制定大气污染综合防治规划的关键环节。各承担单位分别提出污染防治措施和地区性宏观措施相结合，组合优化形成2～3个规划方案提供地区（或城市）领导决策。

(1) 大气污染防治综合分析　根据地区（或城市）大气污染现状及趋势预测，从整个地区（或城市）的生态特征出发，对影响大气环境质量的多种因素进行系统综合分析，确定大气污染综合防治的方向和重点，从而为具体制定大气污染综合防治措施提供依据（见图18-6）。

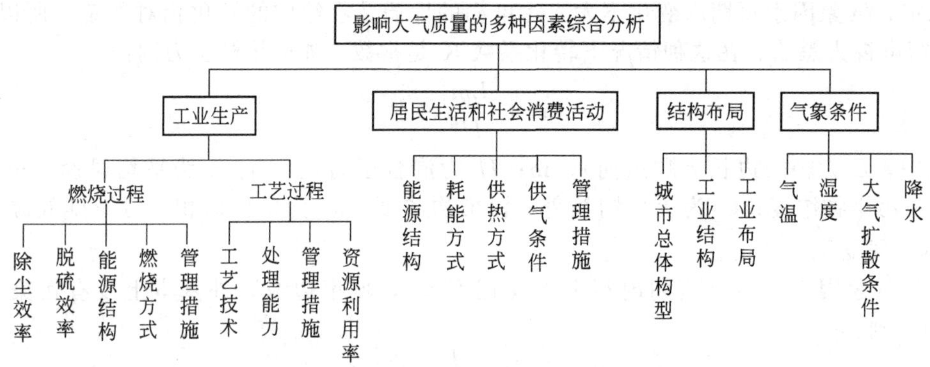

图18-6　影响大气质量的多种因素综合分析

根据图18-6列出的多种因素对本地区（或城市）的大气污染进行综合分析。

(2) 确定大气污染综合防治的方向和重点　通过对影响大气环境质量的多种因素进行综合分析，可以明确影响大气质量的主要因素和目前在控制大气污染方面的薄弱环节。在此基础上，就可以根据加强薄弱环节、控制环境敏感地区的原则，确定大气污染综合防治的方向和重点。例如，我国城市的大气污染当前主要是煤烟型大气污染，主要污染物是TSP、SO_2，但因城市的性质和功能不同，污染源的构成不同，环境特征与生态特征不同，经济技术发展水平不同，因而各地区（或城市）大气污染防治的方向和重点也不同。如：北方某海滨城市的风景区（面积约17km^2），大气环境质量TSP、SO_2均达不到国家规定的一级标准，在风景区内基本上没有工业污染源，绿化覆盖率达到50%，人均公共绿地20m^2，大气污染主要是宾馆、饭店、居民取暖做饭等生活污染源燃煤造成的。所以，对大气污染进行防治，应以生活污染源为重点，改变能源结构及供热方式，建立烟尘控制区，提高除尘效率。同样是煤烟型污染，南方某工业城市的情况就大不相同，市中心区SO_2可以达到国家规定的二级标准，TSP的环境浓度接近国家规定的二级标准，但酸雨污染较为突出，可以划为较重酸雨区。这个城市的生活污染源气化率达到80%以上（燃煤少），无大的建材和制酸工业，绿化覆盖率不高，绿化系统不完善，人均公共绿地不足1m^2。烟尘和SO_2的排放量主要来自大的高架源（火力发电厂），其煤耗、SO_2排放量、烟尘排放量分别占市区总量的90%、86%、80%。所以，这个城市大气污染防治的方向和重点首先是解决酸雨问题，其次是TSP污染的控制，要在燃煤电厂搞好脱硫，并提高除尘效率；完善绿化系统，城市气化率保持在90%（或更高）。从上述例子不难看出，对大气污染防治的方向和重点进行分析的必要性，这样做才可以突出重点，提高污染综合防治投资的效益。

(3) 大气污染综合防治措施　这方面的内容非常丰富，既有宏观的，也有微观的；既有技术措施，也有管理措施；既有合理利用大气自净能力的高烟囱排放，也有人为的各种大气污染治理技术；既有集中控制，也有分散的单项治理技术等。由于各地区（或城市）的大气污染特征、条件以及大气污染综合防治的方向和重点不尽相同，因此，污染防治措施要因地、因时制宜，很难找到适合一切情况的综合防治措施。这里仅简单介绍我国大气污染综合防治的一般性措施。

① 工业合理布局。工业布局不合理是造成我国城市大气污染的主要原因之一。例如：大气污染源分布在城市主导风向的上风向，使得城市有限的环境容量过度使用，造成大气污染；污染源在一小的区域内过度密集，必然造成局部严重污染，并可能导致污染事故的发生。所以，改善工业布局，合理利用大气环境容量是十分必要的。工业合理布局应该做到以下几个方面。

a. 各地区、各部门要贯彻执行大分散、小集中、多搞小城镇的方针，现有大城市市区一般不应再建大型工业，必须新建的应放在远郊区。

b. 在一个地区、一座城市，要以生态理论为指导，工业布局要符合生态要求，如污染型工业不得建在城镇的上风向和水源上游；城市居民稠密区不准设立有害环境的工厂，已设立的要改造，少数危害严重的应搬迁；风景游览区、自然保护区、重要名胜古迹等环境敏感地区不能设立工厂。

c. 以生态理论为指导，综合考虑经济效益、社会效益和环境效益，研究工业各部门之间、各工厂之间的物质流、能量流的运行规律，合理设计“生产地域综合体”的工业链，达到经济密度大、能耗密度小、污染物排放强度小，使一个地区（或城市）的工业布局真正符合生态规律与经济规律。

② 调整工业结构。工业结构是工业系统内部各部门、各行业间的比例关系，它是经济结构的主体。为了改善生态结构，促进良性循环，必须调整地区（或城市）的工业结构（包括部门结构、行业结构、产品结构、原料结构、规模结构等）。工业的部门不同、产品不同、规模不同，单位产值（或单位产品）的污染物产生量和性质、种类也不相同。所以，在经济目标一定的前提下，通过调整工业结构可以降低污染物排放量。一些城市的实践证明，因地制宜的优化工业结构，可削减排污量10%～30%。

调整工业结构要以国家的产业政策为依据，并要注意下列原则：

a. 在保证实现本地区（或城市）经济目标的前提下，力争资源输入少、排污量小；

b. 符合本地区（或城市）的性质功能，能体现出区域经济的特色和优势；

c. 能满足国家发展战略的要求，能满足提高本地区（或城市）居民生活质量的需求；

d. 有利于降低成本、提高产品质量，提高在市场经济中的竞争力。

调整工业结构的方法主要是，根据本地区的经济技术发展水平和资源等方面的有利和不利因素，提出若干调整工业结构的方案，通过对环境效益与经济效益的综合分析，优选出经济效益、社会效益与环境效益能够协调统一的、综合效益好的工业结构。通常是提出5～7个都能达到本地区（或城市）经济发展目标的调整工业结构的方案，然后对各种方案的环境影响（或排污总量）进行预测分析。有条件的地区（或城市）可以借助数学模型进行定量分析，优选出可供领导决策的工业结构调整方案。

③ 大力开展综合利用，提高资源利用率。这里所说的综合利用包括：进入工业生产系统的资源的综合利用，循环利用、重复利用，资源转化率的提高，“三废”资源化等。这对于实现经济增长方式的转变和控制环境污染是根本性的重要措施。

在发展工业生产、保护环境的过程中，综合利用具有战略意义。从生态方面来看，它是促进人类生态系统保持良性循环的重大措施；从发展工业经济着眼，综合利用是一项重大的技术经济政策。现从以下两方面加以论述。

从生态方面分析，在“人类-环境”系统中，工业生产过程作为中间环节，联系着自然环境与人类消费过程（图 18-7），形成一个人工与自然相结合的人类生态系统，其中人类的工业生产活动起着决定性作用。

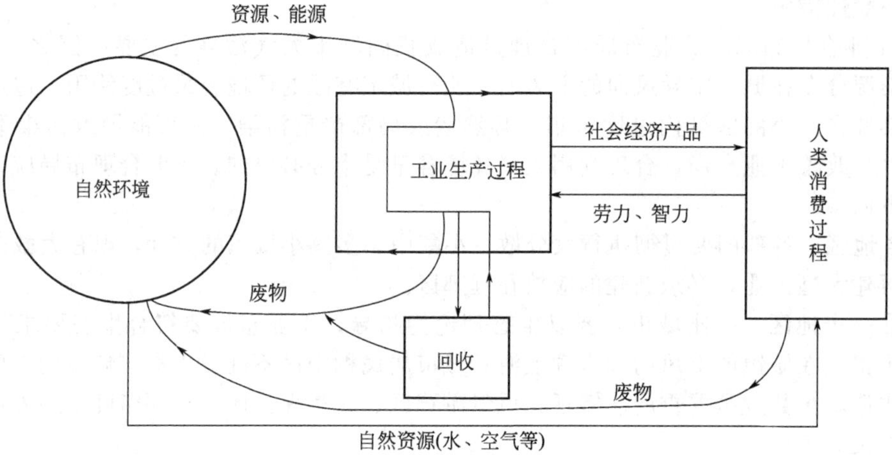

图 18-7 自然环境与人类消费过程

从图 18-7 可以看出，在复杂的人类生态系统中，为了维持人类的基本消费水平，要由环境输入资源，能源进行工业生产。当消费水平一定时，工业生产过程中的资源利用率越低，需要由环境中输入的资源也越多，向环境排放的废物也越多，而向人类消费过程提供的产品却越少；反之，开展综合利用，提高资源利用率，提高的越多，向环境排放的废物越少，而向人类消费过程提供的产品却增多。从生态系统的要求来看，在发展生产、提高人类消费水平的过程中，必须提高资源的利用率，做到少投入、多产出、少排废，使经济发展对资源的开发强度不超过环境的承载力，生产过程的排污量不超过环境的自净能力，促进生态系统的良性循环。

从经济方面来分析，人类的工业生产过程由自然环境输入资源，把一部分转化为社会经济产品，另一部分作为废物排放。排放的废物实质上是未被利用的资源，是资源的流失和浪费（是一种经济损失）。由图 18-7 可以看出，在社会经济产品总量不变的条件下，资源的流失量与资源的输入量成正比，与工业净产值成反比；在由环境输入工业生产过程的资源总量不变的条件下，资源流失量与资源利用率成反比，资源利用率越高、资源流失量越少（排废就越少），而社会经济产品增多、工业净产值增多。所以，以大量消耗资源粗放经营为特征的经济增长模式不但排污量大，损害环境，而且经济效益也不好。出路在于大力开展综合利用，提高资源利用率。

在制定大气污染工业污染源的废气治理措施时，要把开展综合利用提高资源利用率作为重点，提出适合本地区（或城市）的实施方案。根据我国的国情，工业污染源的综合防治，着重点不在于“废气”（大气污染物）产生了再去净化，而是把重点放在正确处理发展工业生产与保护环境的关系上，在发展生产的过程中消除（或减少）污染。开展综合利用、提高资源利用率、推行清洁生产等都是这方面的重大措施。

④ 改善能源结构，积极采取节能措施。我国城市煤烟型大气污染严重，污染状况恶化

的趋势至今未得到控制。主要是能源以煤为主，且能耗大、浪费严重。万元产值综合能耗1995年与“七五”期间相比虽有所降低，但与发达国家相比差距仍然较大。在一些大城市和特大城市中汽车尾气的污染日益突出；温室气体CO_2的排放量，在世界上排放CO_2最多的25个国家和地区中，我国的人均排放量虽排在第25位，但排放总量的绝对值却排在第2位，1995年为30亿吨（国际能源机构的调查材料）。要从根本上解决上述的大气污染问题，必须改善能源结构和大力节能。通常采取的措施如下。

a. 集中供热。城市集中供热系统由热源、热力网和热用户组成。根据热源不同，一般可分为热电厂集中供热系统（即选用热电联产的供热系统）和锅炉房集中供热系统。在我国燃料构成以煤为主的条件下，为了满足工业生产和人民生活的需要，根据节约能源和减轻大气污染的原则，有条件的城市在进行规划和建设中，都应积极发展集中供热和联片供热。特别是新建的工业区、居民小区和卫星城镇，今后不应再搞那种一个单位一个锅炉房的分散落后的供热方式。集中供热比分散供热可节约煤30%～35%，并便于提高除尘效率和采取脱硫措施，减少尘和SO_2的排放量。

近些年来，我国北方城市根据节能和环境保护的要求，大都建设了规模不等的城市集中供热系统。例如，沈阳市建设的热电联产热力网，为68个企业事业单位和35000户居民供暖，每年仅采暖期即可节约煤10万吨，节电80万千瓦·时，取代相当于2t的小锅炉267台，节省人力1670人，削减烟尘2000t，SO_2 1600t。

b. 城市煤气化。煤气是一种清洁、使用方便的能源。燃料气化是当前和今后解决煤烟型大气污染的有效措施。气态燃料净化方便、燃烧完全，是节约能源和减轻大气污染的较好的燃料形式，并且技术上成熟、经济上合理，因此应大力发展和普及城市煤气。

各类地区（或城市）应把城市煤气化作为防治大气污染的重要措施，因地制宜、广开气源。天然气、矿井气、液化石油气、油制气、煤制气（包括炼焦煤气）和中等热值以上的工业余气等，都可作为城市煤气的气源。要制定恰当的政策，充分利用现有气源，加快城市煤气事业的发展，例如把工业上烧锅炉和可利用低热值煤气的窑炉用气顶替出来。充分利用液化石油气作为城市煤气的气源也是合理的，1kg石油液化气供应城市居民使用，可以替代7kg左右的煤，但作为工业燃料却只能替代出相当于2.5kg的煤。

c. 普及民用型煤。这是解决分散的生活面源的有效措施，是解决小城镇煤烟型大气污染的一项切实可行的措施。烧型煤比散烧可节煤20%，减少烟尘排放量50%～60%，加固硫剂可减少SO_2排放量30%～50%。实践证明，普及民用型煤是一项行之有效的措施。

d. 积极开发清洁能源。在大力节能的同时要积极开发清洁能源。各地区（或城市）可以因地制宜地开发水电、地热、风能、海洋能以及充分利用太阳能；核电站也是一种清洁能源，从长远来看可控热核反应（核聚变）；利用仿叶绿体功能的催化剂，光解水获得氢（燃烧后又变为水），如果能够大规模利用并达到商品化，就可以达到彻底消除CO_2、SO_2、NO_x等造成大气污染的污染物的目的，温室效应（全球气候变暖）、大面积的酸雨污染可以从根本上得到解决。

⑤ 大气污染综合防治的环境管理措施。大气污染综合防治要求技术措施与管理措施相结合。所以，环境管理措施也是大气污染综合防治的重要环节。

a. 建设城市烟尘控制区。烟尘控制区是指以城市街道和行政区为单位划定的区域内，对各种锅炉、窑炉、茶炉、营业灶、食堂大灶等排放的烟尘黑度，各种炉窑、工业生产设施的烟尘浓度，进行定量控制，使其达到规定的标准。

一些城市区域性烟尘管理的经验证明，防治烟尘污染，三分在治、七分在管理。1987年国务院环境委员会颁布了《城市烟尘控制区管理办法》。第三次全国环境保护会议以后，在全国推行"城市环境综合整治定量考核制度"，把烟尘控制区覆盖率作为大气污染控制的重要考核指标。定义及计算公式是：

$$\text{烟尘控制区覆盖率}=\frac{\text{建成区各烟尘控制区面积之和}}{\text{建成区总面积}}\times 100\% \tag{18-44}$$

根据《城市烟尘控制区管理办法》的要求，对环境保护重点和非采暖期地区的大中城市，烟尘控制区内，各种炉、窑、灶排放的烟气黑度以排放台（眼）计算，分别有 90%以上达到国家或地方规定的排放标准，其余部分烟气黑度必须控制在林格曼三级以下。各种炉窑、工业生产设备排放的烟尘浓度，以排放台（眼）计算，分别有 80%以上达到国家或地方规定的排放标准。国家考核的城市都执行上述标准。坚持标准、定期监督考核，建设城市烟尘控制区是大气污染综合防治的有效措施。

b. 按功能区实行总量控制，实施大气污染物排放许可证制度。大气环境功能区的环境质量主要取决于排入该功能区的大气污染物总量。总量控制的含义就是为保证大气环境功能的质量要求（环境目标值），所能允许的某种大气污染物的最大排放量。按功能区实行总量控制，实施大气污染排放许可证制度势在必行。这项工作的程序和方法如下。

首先在大气环境容量研究的基础上，对大气环境功能区进行容量分析，确定出 SO_2、颗粒物等大气主要污染物的最大允许排放量；其二，大气污染源进行排污申报登记，并经相应的环保行政主管部门核实；其三，由环保行政主管部门科学合理地分配总量控制指标；其四，发排污许可证，凡是在当年可达到总量控制指标要求的，发正式排污许可证，需制定治理计划在 2～3 年内可达到总量控制指标的发临时排污许可证；其五，定期监督检查，对不遵守规定屡次超量排放污染物的，可考虑采取相应的处理措施，直至收回排污许可证。

此外，建立对大气污染物单项治理技术进行环境经济综合评价制度，因地制宜地优化筛选单项治理技术，以及坚持环境影响评价"三同时"制度，控制新污染源等，都是经实践证明行之有效的环境管理措施。

参 考 文 献

[1] 李家瑞主编．工业企业环境保护．北京：冶金工业出版社，1992．
[2] 刘景良主编．大气污染控制工程．北京：中国轻工业出版社，2002．
[3] 北京环境科学学会．工业企业环境保护手册．北京：中国环境科学出版社，1990．
[4] 刘天齐．三废处理工程技术手册/废气卷．北京：化学工业出版社，1999．
[5] 马广大．大气污染控制技术手册．北京：化学工业出版社，2010．
[6] 北京市环境保护科学研究所编．大气污染防治手册．上海：上海科学技术出版社，1990．
[7] H. 布控沃尔，YBG 瓦尔玛著．空气污染控制设备．赵汝林等译．北京：机械工业出版社，1985．
[8] P. N 切雷米西诺夫，R. A 扬格主编．大气污染控制设计手册．胡文龙，李大志译．北京：化学工业出版社，1991．

第十九章 大气污染物理与大气污染化学

第一节 大气中的污染物

一、污染物在大气中的行为

污染物自源进入大气环境后，要经历各种各样的迁移、转化过程，这些行为有物理的、化学的，也有生物的。在这些各种不同行为作用下，污染物在大气环境中的浓度、性质要发生变化，污染物的总量也要发生变化。污染物在大气环境中的行为主要有如下几方面。

（一）运动行为

大气是在不停运动着的，大气的运动由有规则的水平运动和无规则的湍流运动构成。由于大气的运动，进入大气环境中的污染物也随着运动，这是污染物在大气中的主要行为。在大气运动作用下，污染物被输送了，被扩散稀释了，其结果污染物的浓度由大变小，大气污染程度减轻。

（二）重力沉降

大气中各种各样颗粒状污染物，如烟尘、粉尘等，都有一定大小的粒径分布，在重力场作用下它们要产生重力沉降。重力沉降速度与粒径大小和颗粒物的密度有关，显然粒子直径越大，密度越大，则重力沉降速度也越大。若颗粒物的沉降速度较小，如小于 1cm/s，因粒子在空气中受大气湍流运动的支配，则沉降速度与铅直向湍流速度相比甚小，从而可以忽略，这时可以不考虑重力沉降对污染物浓度分布的影响。一般来说，如果重力沉降速度大于 1cm/s，则就必须考虑重力沉降的影响。

颗粒物在大气中的沉降速度 v_g 取决于气体动力学阻力和地球作用的重力之间的平衡，可用斯托克斯公式来计算，斯托克斯公式为：

$$v_g = \frac{2r^2 \rho g}{9\mu} \tag{19-1}$$

式中，r 为颗粒物半径；ρ 为颗粒物密度；g 为重力加速度；μ 为空气的黏性系数。

大气中污染物的粒径大小应通过采样来测定。一般来说，常见的不同类型的污染物粒径分布范围如下：冶金烟尘、平炉烟尘、电炉烟尘、氯化锌、氯化铵、炭黑等粒径小于 1μm，而化铁炉粉尘、铸件型砂、焦炭粉尘、水泥、燃煤尘、硫酸雾等粒径在 1～100μm 范围。颗粒物的密度大小也应通过采样来测定，常见的粉煤灰密度为 1.8～2.4g/cm^3[1]，冶金工业粉尘密度为 2～5g/cm^3[2]。假设粒子密度为 2g/cm^3，用式(19-1) 计算了不同半径 r 的颗粒物沉降速度为：

r/cm	1×10^{-4}	5×10^{-4}	10×10^{-4}	20×10^{-4}	30×10^{-4}	40×10^{-4}
v_g/(cm/s)	0.026	0.63	2.5	10.7	22.7	40.3

所以当粒子直径为 10～20μm 时，其沉降速度就已大于 1cm/s，这时就应该考虑重力沉降的

影响。

颗粒物的重力沉降将对大气污染程度产生两方面的影响：一方面大颗粒沉降到地面上，被由大气中清除出去，大气污染程度减轻，这是大气的一种自净过程；另一方面，由于沉降，改变了污染物在大气中的浓度分布。

（三）降水及云雾对污染物的清洗作用

雨、雪是大气中的降水现象，云雾是大气中水汽凝结物组成的滴粒，它们对大气中的污染物都有净化作用。

降水对颗粒状污染物有清洗作用。雪也可以很好地清除粒状污染物，在同样降水量的情况下，由于雪片的下降速度较慢，所以能比雨滴捕集更多的颗粒污染物。

降水也可以清除气体污染物。气体污染物被降水清除的过程主要是由于气体溶解在水中，或与水发生化学反应而生成其他的物质。所以气体污染物的溶解度越大，或者反应速度越大，则降水的清除作用也越大。雨后对二氧化硫、二氧化氮、氯、氨等气体都观测到不同程度的减少，这主要是由于降水的清洗作用。

云和雾是悬浮于大气中的水气凝结物，是很小的液滴。这种悬浮于大气中的云雾滴当然也对大气中的颗粒状污染物和气体污染物有清除作用，不过这种清除作用不像降水那样可把污染物清除到地面上，而是使污染物附着在云雾滴上。当云雾滴因蒸发而消散时，这些附着的污染物仍将进入大气中。由于雾发生在贴近地面的一层，所以这种情况常带来严重污染。

（四）地表面对大气污染物的清除作用

对于粒径较小的颗粒状污染物和气体污染物，地表面对其有一定的清除作用，这些清除作用包括碰撞、吸附、静电吸引、化学反应及植物吸收等。这些作用的效果好似污染物沉淀在地面上，而由大气中清除掉。

例如，$1m^2$ 草坪 1h 可吸收 CO_2 1.5g，$1hm^2$（公顷）针叶林一天可吸收 CO_2 1t，$1hm^2$ 柳杉林每年可吸收 SO_2 720kg，除此之外植物还可以吸收大气中的氟、铅、镉等[3]。另外树木对尘有阻挡过滤和吸收作用，例如，$1hm^2$ 云杉林每年可滞尘 32t，$1hm^2$ 松林每年可滞尘 36.4t[3]。

地表面对大气污染物的这种清除作用很慢，清除速度一般小于大气的扩散速度，在这种情况下通常假设地表面的清除作用不影响大气中污染物原来的浓度分布形式，而只是使大气中污染物的总量有所减少。为了定量表示这种清除速度的快慢，通常定义一个“清除速度”v_d，即假设单位时间、单位面积地表面上清除的污染物的量 D 正比于地面上该种污染物的浓度 q，这个比例系数 v_d 就称为“清除速度”。表示式是：

$$D=v_d q \tag{19-2}$$

式中，v_d 有速度的量纲，其大小由实验来确定。

v_d 的大小在实验室和野外均有实际测量，不过这种工作不多。因为地表面的条件千差万别，因此 v_d 的变化范围很大，已有的一些数据说明了地表面对一些污染物的清除速度的量级。如植物对二氧化硫的清除速度量级是 $10^{-2}\sim10^{-3}$m/s，对放射性散落物如 I^{131} 的清除速度量级是 10^{-2}m/s。这种清除作用是很慢的，但长时间作用则仍是污染物由大气中清除出去的重要机制之一。据估计二氧化硫通过地表面的清除量占排放量的 60%～70%，所以大气中的各种污染物没有越积越多，主要是因为大部分污染物以各种不同的方式由大气中清除出去，而地表面的清除作用是很重要的一部分。

（五）大气中污染物的化学反应

污染物自源排出后在大气中不是一成不变的，这些污染物在大气中要发生化学反应。由于这些化学反应，不但改变了污染物在大气环境中的质，同时也改变了在大气环境中的量。

有的污染物经过化学反应生成新的二次污染物，有的污染物经过化学反应变成非污染物。污染物在大气中的这种化学反应是很复杂的，随着时间、地点的不同以及反应条件的变化，所发生的化学反应也是变化的。

由于污染物在大气中的化学反应是很复杂的，定量估计化学反应对浓度的影响是很困难的。作为近似考虑，可以将由湍流扩散对污染物浓度的影响与化学反应对污染物浓度的影响分开。根据化学动力学，A 物质的浓度变化率与参加反应的 A 物质的浓度 q_A 和 B 物质的浓度 q_B 的乘积成正比，即：

$$\frac{dq_A}{dt}=-kq_Aq_B \tag{19-3}$$

式中，k 为常数。

由于问题的复杂性，浓度随时间变化的求解是很困难的。

二、研究污染物在大气中行为的意义

污染物在大气中的行为是多方面的，在这些行为作用下，大多数情况污染物总量减少，浓度变小，大气得到了自净；个别情况污染物的量有所增加，会加重大气污染程度。既然污染物在大气中的各种不同行为直接影响大气的环境质量状况，那么研究这些行为，就会对大气污染的控制和防治工作具有重大意义。

研究污染物在大气中的行为可以合理利用大气的自净能力。大气环境污染的控制和防治，大气环境质量状况的改善，需要采取综合的防治措施。而合理利用大气的自净能力，积极改善大气环境质量状况，就是这些措施的一个方面。大气通过自身的机制，对某些污染物有一定的自净能力，这种自净能力是自然的，它对大气污染物的自净过程不需要投入人力、物力和财力。显然在大气污染控制和防治工作中，不重视、不利用这种自净能力是决策的重大失误。不同时间、不同地点、不同条件下，大气的自净能力是不同的。充分研究污染物在大气中的各种不同行为，就可以确切认识大气自净能力的变化过程。这样就可以合理利用大气的自净能力，在大气污染防治工作中发挥最大的作用。

研究污染物在大气中的行为可为制定大气污染综合防治规划提供科学依据。污染物在大气中的行为对大气环境质量状况有重大影响。只有对污染物在大气中的行为进行深入研究和了解，才能制定出“合理利用自净能力与人为措施相结合”这样一个综合防治大气污染的原则。

研究污染物在大气中的行为有利于贯彻防治污染以预防为主的原则。大气污染的防治应该做到以预防为主，要做到这一点，在环境管理工作中，采取了一系列措施，譬如大气污染预报、新建工矿企业的厂址选择、新建工程的环境影响评价等。这些工作实质上都是在研究污染物在大气中行为的基础上，对大气自净能力的预测。通过这些工作，可把大气污染的防治工作做在事发之前，这是一种最积极的措施。

第二节　大气污染物理

一、污染物在大气中的运动

进入大气中的污染物，由于大气的水平运动和湍流运动，以及大气的各种不同尺度的扰动运动而被输送、混合和稀释，即随大气的运动而运动。运动行为是污染物在大气环境中的主要行为，欲研究污染物的运动行为，首先要研究大气的运动状况，也就是要研究气象背景条件。

借助于示踪物质（如烟云），可以形象地观察到大气的运动。在比较开阔平坦的地区，多云而中强度风力天气条件下，烟云由烟囱口冒出后，呈喇叭状展开，烟体边缘清晰。当风速很小、日照很强时，烟体很不规则地沿铅直方向和水平方向展开，各部分行进的速度和方向很不一致。由于不规则的气流运动，使烟体在铅直向和水平向不规则的伸展、弯曲，并很快散失。相反，在另一种情况下，晴朗夜间且风速很小，烟体沿铅直方向展开很弱，只在水平方向上有一定展开。烟体是在大气中自由运动的，烟体表现出的运动形式也就反映了大气的运动形式。大气的运动是由有规则的平直的水平运动和不规则的紊乱的湍流运动描写的，而把实际的大气运动看成是这两种运动的迭加。大气的运动状态完全决定了烟云在大气中的扩散行为。下面分别由定性和定量两个方面论述大气运动状态或气象因子与大气污染程度的关系。

（一）气象因子与大气污染的定性关系

1. 风和湍流运动与污染物扩散稀释的关系

风用来描述大气中规则的平直水平运动。它由两个要素——风速、风向表示。风速表示风的大小，用 m/s 或风级数来表示。风向表示风的来向，如北风表示由北向南吹去的风，风向用 16 个方位表示。

风对污染物扩散的第一个作用是整体的输送作用。风总是把污染物由上风方带到下风方。所以考察一个地区的空气污染时一定要考察风向。在污染源的下风方向污染总是重一点，这一点在规划工业布局时尤为重要。风对污染物扩散的第二个作用是对污染物的冲淡稀释作用。风速越大，单位时间内与烟气混合的清洁空气就越多，污染物浓度就越低。污染物浓度一般来说总是与风速成反比。

实际的大气运动就像湍急流水那样，除了整体的水平运动之外，还存在着不同于主流方向的各种不同尺度的次生运动或涡旋运动，我们称这种极不规则的运动为湍流。大气中几乎时时处处存在着各种不同尺度的湍流运动。在大气边界层内，气流直接受到下垫面的强烈影响，湍流运动尤为剧烈。湍流的主要特征是它的不规则性，即在湍流场中存在着不同于主流方向的、各种尺度的不规则次生运动，其结果造成流体各部分之间的强烈混合。此时，只要在流场中存在或出现某种属性的不均匀性，就会因湍流的混合和交换作用将这种属性从它的高值区向低值区传输，进行再分布。同样，当污染物自源进入大气时，就在流场中造成了污染物质分布的不均匀，形成浓度梯度。此时，它们除了随气流作整体的飘移以外，由于湍流混合作用，还不断将周围的清洁空气卷入污秽的烟气，同时将烟气带到周围的空气中。这种湍流混合和交换的结果，造成污染物质从高浓度区向低浓度区的输送，使它们逐渐被分散、稀释，这样的过程称为湍流扩散过程。

总的来说，污染物在大气中的扩散稀释取决于大气的运动状况，而大气的运动状态是由风和湍流来描述的。因此风和湍流是决定污染物在大气中扩散行为的最直接的因子，也是最本质的因子。风速越大，湍流越强，扩散稀释就越快。就扩散稀释而言，其他一切气象因子都是通过风和湍流的作用来影响污染物的。所以，只要有风和湍流的资料，就可以估计污染物在大气中的扩散行为。

2. 大气稳定度与烟形

进入大气的污染物的输送和扩散发生在大气边界层内，而大气边界层是地球和大气发生相互作用最多的一层。复杂的能量输送过程决定了温度随高度的分布，根据不同地表热量输送方向和不同热特征的气团平流，温度随高度可以是增加的，也可以是减少的。烟云扩散的许多明显特征与温度的垂直梯度有密切关系。低层大气温度随高度的变化规律以及这种规律随时间、地点的变化，就构成了低层大气温度垂直结构。通常用温度垂直变化来表征大气垂直稳定度，而大气稳定度这个概念最有利于洞察复杂的环境空气污染问题，大气稳定度及其变化可以定性解释大气对污染物的扩散稀释能力和这种能力的变化。

(1) 大气稳定度　这里所称稳定度是指大气垂直稳定度。在大气中任取一小块空气，经垂直方向位移后，如果这一小块空气趋于回到原来的位置，那么这一小块空气所在的大气便是处于稳定状态。反之，小块空气经位移后，气块趋于继续离开原来的位置，那么这样的大气便是不稳定的。在极限情形，气块位移后，既不趋于离开原来的位置，也不复回原来的位置，这样的大气就叫中性稳定。因此，大气稳定度不是表示大气已经存在的某种实际运动，而只是描写大气的一种稳定状态，这种状态只有当气块受到扰动、发生位移以后才表现出来。

大气的垂直稳定度可以根据大气的实际温度分布来判断。

近地层中大气温度随高度的变化叫做大气的温度垂直递减率或温度层结，用 $r=-\frac{\partial T}{\partial z}$ 表示。通常近地层温度层结有三种：

① 气温随高度的增加而减少，这种温度层结为递减温度层结，一般出现在晴朗的白天且风不大时；

② 气温随高度的增加基本上不变化，这种温度层结称为等温层结，多出现在多云或阴天的白天或夜晚，也可出现在大风天气条件下；

③ 气温随高度的增加而增加，这种温度层结叫逆温层结，一般出现在少云、无风的夜间。

以上所说的温度随高度的变化是大气中实际存在的温度递减率，所以有时又叫做环境温度垂直递减率。大气中还有另一种温度垂直递减率，当一团干空气绝热升降单位距离(100m) 时，温度变化的数值称为干空气温度的绝热垂直递减率，简称干绝热递减率，用 $r_d=-\frac{dT}{dz}$ 表示。理论计算 $r_d=1K/100m$。这种递减率不是大气中实际存在的，为了区别这两种递减率，后者又叫个别温度递减率。

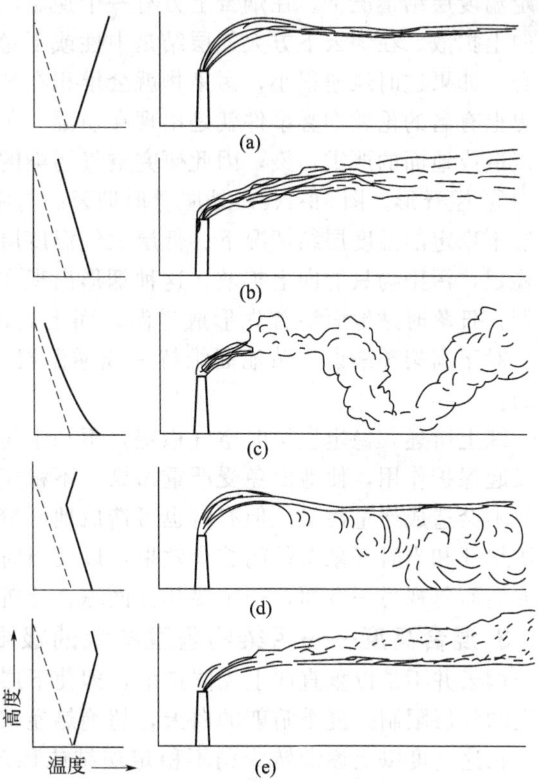

图 19-1　大气稳定度与烟形

通过比较环境温度递减率与干绝热温度递减率的大小就可判断大气垂直稳定度，大气垂直稳定度的判据是：

当 $r>r_d$ 时，大气是不稳定的；

当 $r=r_d$ 时，大气是中性的；

当 $r<r_d$ 时，大气是稳定的。

(2) 烟形　烟形与大气稳定度有很好的对应关系。空气污染分析技术就是要在整个下风方范围内，对可见的或不可见的烟云，寻求预报排出物浓度分布的方法。通常用烟云的几何轮廓线形式来定性对烟云分类，这种定性分类排除了建筑物或地形对烟云外形的影响。大气的温度垂直变化对形成烟云的不同形状起重要作用，也就是说不同烟形反映大气的不同湍流强度或大气稳定度。在温度梯度均一条件下烟云可分为平展形、锥形、波形三种；在不均一条件下，烟云可分为漫烟形和屋脊形。具体烟形参见图 19-1。

① 平展形 图 19-1(a) 为平展形烟形，多出现在晴天清晨稳定层结条件下。由于稳定层结时空气上下运动受到抑制，因此烟呈扁平带子飘向下风向。对空气污染来说，在扁形的烟带内污染物浓度很高，而烟带外面浓度相对很低。若源是地面源，则会造成地面的严重污染；若源是高架源，因烟体要很远距离才落地，所以地面污染浓度不高。因而在稳定条件下，大气的稀释能力虽然很弱，但在许多高架源情况下，这种烟形并不是造成地面污染的烟形，但在下面一些情形下也会造成污染：

a. 烟囱比周围需要避免污染的建筑物和地形还要矮的场合；

b. 排放的烟云中含有放射性物质时，有时虽然其在地面上大气中的浓度很低，但地面仍会受到照射；

c. 有众多高矮不同的烟囱，此时烟云高差范围较大，在贴地面的一层空间内污染物浓度较高，这一点对城市和工业区特别突出。

② 锥形。图 19-1(b) 是锥形烟云，多出现在阴天或多云天，且风速较大，温度层结是中性时。锥形烟云上下左右呈锥形展开，它的横截面是一个水平轴比垂直轴大的椭圆。与平展形相比，这种烟形在垂直方向上也有展开。

③ 波形。图 19-1(c) 是波形烟云，出现在大气处于极不稳定的超绝热递减情况下，晴天中午前后经常出现，在夏季几乎整个白天都可出现。由于大气极不稳定，烟形上下左右摆动很剧烈，烟体很快被撕裂迅速消散。对于高架源，烟云在离源较近距离落地，造成地面较高浓度污染，然后随距离的增加，地面浓度迅速降低。

④ 漫烟形。图 19-1(d) 是漫烟形烟云，发生在上方是稳定温度层结，下方是中性或不稳定温度层结情况下。在烟云上方有一个逆温层，大气垂直方向运动受到抑制，所以烟云不能向上扩散。在烟云下方大气层结是中性或不稳定的，烟气只能在地面和逆温层底之间均匀混合。如果这时风速很小，污染物就会堆积在地面和逆温层底之间，造成地面的严重污染。历史上有名的伦敦烟雾事件就是出现在逆温、风速小的漫烟形天气条件下。漫烟形烟云扩散可以造成地面的严重污染，因此研究空气污染的气象问题时要特别重视。

⑤ 屋脊形。图 19-1(e) 是屋脊形烟云。与漫烟形烟云相反，这种烟形出现在低层稳定，高层不稳定的温度层结情况下。低层大气温度层结稳定，阻止了污染物向下扩散；高层大气不稳定，污染物只能向上扩散。这种烟形出现在由不稳定温度层结转向稳定温度层结的过渡时期，日落时贴地面层首先形成逆温，而上面还是不稳定层结，这时烟云在逆温层上面扩散。对于高架源来说，贴地面维持一浅逆温层，使污染物不易到达地面，因而地面是很安全的。

综上所述，稳定层结时空气稳定，不利于污染物扩散，可造成严重污染。但有时稳定层结又起保护作用，使地面免受严重污染。不稳定层结时空气不稳定，易于污染物稀释扩散，一般不会造成严重污染，但有时也可造成地面较大污染。所以造成地面污染程度的大小是污染源特征和当时气象条件的综合效果，以及当时局地地形条件共同决定的。因而不能只重视一方面而忽视另一方面，一定要几方面综合分析，这样才能得到正确结论。

3. 混合高度——污染物垂直扩散的极限

烟云并不是以垂直向上无限扩散，即使下层温度层结是不稳定时，烟云也要受到上层较稳定的气层限制。夏季晴朗的白天，超绝热递减率很少延伸到地面以上几百米至 1 千米的高度，在这高度以上逐渐转为稍不稳定层结或稳定的温度层结。比如高气压控制区的下沉气流，就可形成地面以上 1～2km 高处的逆温，由于上层趋于稳定，就抑制了烟云继续向上扩散，仿佛上面有一个顶盖一样。

烟云能垂直混合的这样一层叫混合层，这层的高度为混合高度。混合高度是空气污染分析中常用的一个参数，它标志一个地区垂直方向上扩散能力的大小，或环境容量的大小。混合高度的值随地点和时间的不同而不同，某地混合高度的变化规律对决定该地大气污染程度、环境容量的大小有重要意义。

（二）气象因子与大气污染的定量关系[4]

根据湍流扩散的基本理论，可以导出污染物浓度与气象因子的定量关系表示式，即扩散模式。目前最完善最实用的大气扩散模式是正态烟云扩散模式。

1. 正态烟云扩散模式的基本假设

正态烟云扩散模式是做了如下几点假设以后，根据湍流扩散的梯度输送理论推导出来的。这几点基本假设如下。

(1) 扩散物质是守恒的。扩散物质由源到接受地之间没有损失，在行进过程中不发生化学及物理变化，地面对污染物起全反射作用。

(2) 流场是定常的。即风向风速及湍流运动随时间变化不大，气流是稳定的。

(3) 流场是均匀的。即风向、风速和湍流运动不随空间位置的变化而变化，风向、风速和湍流运动在空间任一位置都一样。

(4) 在风向的方向上（x 方向），因湍流运动对污染物的扩散作用比因风对污染物的输送作用小得多，因此在风向方向可不计湍流对污染物的扩散作用。这要求风速不能太小，风速太小（小于 1m/s）时这个假设不成立。

(5) 假设在 y、z 向浓度分布呈正态分布。

2. 正态烟云扩散模式的基本形式

正态烟云扩散模式的基本形式是：

$$q=\frac{Q}{2\pi u\sigma_y\sigma_z}\exp\left(-\frac{y^2}{2\sigma_y^2}\right)\left\{\exp\left[-\frac{(z-H)^2}{2\sigma_z^2}\right]+\exp\left[-\frac{(z+H)^2}{2\sigma_z^2}\right]\right\} \tag{19-4}$$

式中，q 为空间任一点浓度，它是空间位置和源高的函数，通常单位为 mg/m^3。这里所求的浓度实际上是某一时段的平均浓度，其平均时段与风速 u 和扩散参数 σ_y、σ_z 的平均时段相同。

Q 为源强，表示单位时间内自源排出的污染物的量，单位为 g/s 或 mg/s。

u 为水平风速，单位为 m/s。u 的取值应为烟云活动高度范围内的平均值，这个范围的高度由 $H-2\sigma_z$ 到 $H+2\sigma_z$。

σ_z、σ_y 分别为水平向和垂直向烟云扩散系数，单位为 m。σ_y、σ_z 分别与大气稳定度、离源距离的大小和地面粗糙度有关。大气不稳定时 σ_y、σ_z 大；大气稳定时，σ_y、σ_z 小。随离源距离 x 增大，σ_y、σ_z 呈指数规律增大。地表面越粗糙时，σ_y、σ_z 越大；地表面越光滑，σ_y、σ_z 越小。

H 为有效源高，单位为 m。有效源高定义为烟囱本身高度与烟云抬升高度之和，即 $H=h+\Delta h$。

由正态模式公式可以看出，空间任一点浓度 q 是扩散参数 σ_y、σ_z 和风速 u 及有效源高 H、源强 Q 的函数。而变量 σ_y、σ_z、u 和 H 不是相互独立的，它们之间相互都有影响。因此实际上不可能求得某一变量的变化对空间某一点浓度的影响，所求得的只是某一变量的变化及相应引起的其他变量的变化对空间某一点浓度变化的综合效果。

3. 正态烟云扩散模式的几种实用形式

(1) 地面浓度分布　由式(19-4) 不难得到地面上的浓度分布。对于高架点源，地面上任一点浓度为：

$$q=\frac{Q}{\pi u\sigma_y\sigma_z}\exp\left(-\frac{y^2}{2\sigma_y^2}-\frac{H^2}{2\sigma_z^2}\right) \tag{19-5}$$

在浓度轴线上，即 $y=0$，其浓度分布是：

$$q=\frac{Q}{\pi u\sigma_y\sigma_z}\exp\left[-\frac{H^2}{2\sigma_z^2}\right] \tag{19-6}$$

对于地面源，地面上任一点浓度为：

$$q=\frac{Q}{\pi u\sigma_y\sigma_z}\exp\left[-\frac{y^2}{2\sigma_y^2}\right] \tag{19-7}$$

在浓度轴线上，即 $y=0$，其浓度分布为：

$$q=\frac{Q}{\pi u\sigma_y\sigma_z} \tag{19-8}$$

（2）最大地面浓度及其出现位置　连续高架点源的地面最大浓度公式可由地面轴浓度公式导出。根据定义，出现最大地面浓度时，$\frac{\partial q}{\partial x}=0$，据此得到出现地面最大浓度时应满足的方程：

$$H^2=\frac{\sigma_z^2(\sigma_z\sigma_y'+\sigma_y\sigma_z')}{\sigma_y\sigma_z'} \tag{19-9}$$

式中，σ_y' 和 σ_z' 是 σ_y 和 σ_z 对 x 的微商。当给定扩散参数 σ_y 和 σ_z 的具体形式以后，就可以据此式导出地面最大浓度公式和它的出现距离公式。

① 当 σ_y 和 σ_z 之比为常数时，代入式(19-9) 得到地面最大浓度和最大浓度出现距离的公式。即：

$$q_{\mathrm{m}}=\frac{2Q}{\pi\mathrm{e}uH^2}\times\frac{\sigma_z}{\sigma_y} \tag{19-10}$$

$$\sigma_{z,x=x_{\mathrm{m}}}=\frac{H}{\sqrt{2}} \tag{19-11}$$

式(19-10) 是一种近似关系，这种近似关系在不稳定条件下要比稳定条件下好。除了极稳定和极不稳定的大气条件下，通常可以设 $\sigma_y=2\sigma_z$，于是就有：

$$q_{\mathrm{m}}=\frac{Q}{\pi\mathrm{e}uH^2} \tag{19-12}$$

该式常列入烟囱设计手册，供最大地面浓度估算用。

② 当 σ_y 和 σ_z 与距离成乘幂关系时，这是一种常见的扩散参数形式，一些经验的扩散曲线也可用它分段逼近，具体形式为：

$$\sigma_y=ax^b,\quad \sigma_z=cx^d \tag{19-13}$$

系数 a、b、c、d 取决于大气稳定度，给定稳定度以后，它们是常数。将上述关系代入式(19-9)，整理后得到：

$$q_{\mathrm{m}}=\frac{Q\alpha^{\alpha/2}}{\pi uac^{1-\alpha}}\times\frac{\exp\left(-\frac{\alpha}{2}\right)}{H^{\alpha}} \tag{19-14}$$

$$x_{\mathrm{m}}=\left(\frac{H^2}{\alpha c^2}\right)^{1/(2d)} \tag{19-15}$$

式中，$\alpha=1+\frac{b}{d}$，当 $b=d$ 时，$\alpha=2$，以上两式简化成：

$$q_{\mathrm{m}}=\frac{2Q}{\pi\mathrm{e}uH^2}\times\frac{c}{a} \tag{19-16}$$

$$x_m=\left(\frac{H^2}{2c^2}\right)^{1/(2d)} \tag{19-17}$$

（3）地面绝对最大浓度　地面最大浓度公式是在风速不变的情况下得到的，对每一个给定的风速，均对应有一个地面最大浓度。对有抬升的污染源来说，风速对地面浓度有双重影响。风速增大会加快对污染物的冲淡稀释，使浓度减小；另一方面，增大风速不利于烟云抬升，降低了烟源的有效高度，使地面浓度增大。两个作用正好相反，于是必定存在一个临界风速，此时地面浓度最大。

先考虑最简单的情形，地面最大浓度公式取式(19-10)，假设 $\Delta h=\frac{B}{u}$，其中 B 是烟源参数决定的常数。此时，地面绝对最大浓度公式为：

$$q_{absm}=\frac{Q\sigma_z}{2\pi eBh\sigma_y} \tag{19-18}$$

出现地面绝对最大浓度时的距离由下式确定：

$$\sigma_{z,x=x_m}=\frac{H}{\sqrt{2}} \tag{19-19}$$

若 $\sigma_y=ax^b$，$\sigma_z=cx^d$，且 $b\fallingdotseq d$ 时，地面绝对最大浓度为：

$$q_{absm}=\frac{Q(\alpha-1)^{\alpha-1}}{\pi Bac^{1-\alpha}\alpha^{\alpha/2}}\times\frac{\exp\left(-\frac{\alpha}{2}\right)}{h^{\alpha-1}} \tag{19-20}$$

出现地面绝对最大浓度的距离仍为：

$$X_{absm}=\left(\frac{H^2}{\alpha c^2}\right)^{1/(2d)} \tag{19-21}$$

此时危险风速为：

$$u_c=\frac{B(\alpha-1)}{h} \tag{19-22}$$

（4）烟云的宽度和厚度　烟云宽度的定义是当浓度沿 y 轴下降到中心轴处浓度的 1/10 时，y 间距离的 2 倍。由烟云正态分布假设：

$$q=q_0e^{-y^2/(2\sigma_y^2)} \tag{19-23}$$

根据烟云宽度定义，有

$$q_0/10=q_0e^{-y_0^2/(2\sigma_y^2)}$$

由式得到

$$y_0=\sigma_y\sqrt{2\ln 10}\quad 或\quad 2y_0=4.3\sigma_y \tag{19-24}$$

同理得到烟云厚度为：

$$2z_0=4.3\sigma_z \tag{19-25}$$

烟云的宽度和厚度可以告诉我们关于烟云扩散范围的大小概量。

4. 扩散参数 σ_y、σ_z 的确定

实际工作中，正态烟云扩散模式中的扩散参数 σ_y、σ_z 的确定是一个关键问题。扩散参数的确定大都采用经验方法解决，比较有影响的、有代表性的方法有帕斯奎尔-吉福德曲线法、布鲁克海文法、TVA 扩散曲线法和布里格斯曲线法等。因不同方法获取数据所用的实验手段、源条件、地形条件等的不同，每种方法都带有很大局限性，只能在一定范围内适用。

下面主要介绍我国推荐的确定扩散参数的方法。这种方法主要分两步：第一步首先根据

常规气象观测资料确定大气稳定度级别；第二步根据确定的大气稳定度级别查算不同距离的扩散参数 σ_y、σ_z 的值。

（1）大气稳定度分级 当使用常规气象观测资料时，大气稳定度分级可采用修订的帕斯奎尔稳定度分级法，分为强不稳定、不稳定、弱不稳定、中性、较稳定和稳定六级，分别表示为A、B、C、D、E和F。确定稳定度等级时，首先由云量和太阳高度角按表19-1查出太阳辐射指数，然后再由太阳辐射指数与地面风速按表19-2查找稳定度等级。两表中的有关内容解释如下。

表 19-1 太阳辐射指数

总云量/低云量	太阳辐射指数				
	夜间	$h_0 \leqslant 15°$	$15° < h_0 \leqslant 35°$	$35° < h_0 \leqslant 65°$	$h_0 > 65°$
≤4/≤4	−2	−1	+1	+2	+3
5～7/≤4	−1	0	+1	+2	+3
≥8/≤4	−1	0	0	+1	+1
≥5/5～7	0	0	0	0	+1
≥8/≥8	0	0	0	0	0

表 19-2 大气稳定度分级

地面风速/(m/s)	太阳辐射指数					
	+3	+2	+1	0	−1	−2
≤1.9	A	A～B	B	D	E	F
2～2.9	A～B	B	C	D	E	F
3～4.9	B	B～C	C	D	D	E
5～5.9	C	C～D	D	D	D	D
≥6	D	D	D	D	D	D

① 云量。是指云遮蔽天空视野的成数。估计云量的地点必须能见全部天空，当天空部分被障碍物如山、房屋等所遮蔽时，云量应从未被遮蔽的天空部分中估计；如果一部分天空被降水所遮蔽，这部分天空应作为被产生降水的云所遮蔽来看待。总云量是指观测时天空被所有的云遮蔽的总成数。当天空布满阴云时，总云量记10；当天空一丝云都没有时，总云量记0；中间状态就按云遮蔽天空的成数多少目测确定，以0～10中间的整数记量。低云量是指天空被低云所遮蔽的成数，也用0～10的整数记量。低云是云状分类中的一族，属于低云族的云有积云、积雨云、层积云、层云和两层云。

② 太阳高度角 h_0。指太阳视线与水平面的夹角。某地某时的太阳高度角按下式计算：

$$h_0 = \arcsin[\sin\phi\sin\sigma + \cos\phi\cos\sigma\cos(15t + \lambda - 300)] \tag{19-26}$$

式中，h_0 为太阳高角度，(°)；ϕ 为当地地理纬度，(°)；λ 为当地地理经度，(°)；t 为计算时的（观测时的）北京时间；σ 为太阳倾角，(°)，可按下式计算：

$$\begin{aligned}\sigma = [&0.006918 - 0.39912\cos\theta_0 + 0.070257\sin\theta_0 - \\ &0.006758\cos2\theta_0 + 0.000907\sin2\theta_0 - \\ &0.002697\cos3\theta_0 + 0.001480\sin3\theta_0]180/\pi\end{aligned} \tag{19-27}$$

式中，θ_0 为 $360d_n/365$，(°)，d_n 为一年中日期序数，0、1、2、…、364。

③ 地面风速。空气的水平运动称为风，风速是指空气所经过的距离对经过的距离所需时间的比值（m/s）。地面风速指距地面10m高度处的10min的有代表性的平均风速。所谓有代表性系指所测风速不受周围地形地物的影响。

(2) 确定扩散参数 σ_y、σ_z 有风时，取样时间为 0.5h，不同下垫面条件下的扩散参数 σ_y、σ_z 按下述方法确定。

① 平原地区农村及城市远郊区的扩散参数，A、B、C 级稳定度直接由表 19-3 和表 19-4 查算；D、E、F 级稳定度则需向不稳定方向提半级后由表 19-3 和表 19-4 查算。

表 19-3　横向扩散参数幂函数表达式数据

扩散参数	稳定度等级	b	a	下风距离/m
$\sigma_y=ax^b$	A	0.901074	0.425809	0～1000
		0.850934	0.602052	>1000
	B	0.914370	0.281846	0～1000
		0.865014	0.396353	>1000
	B～C	0.919325	0.229500	0～1000
		0.875086	0.314238	>1000
	C	0.924279	0.177154	0～1000
		0.885157	0.232123	>1000
	C～D	0.926849	0.143940	0～1000
		0.886940	0.189396	>1000
	D	0.929418	0.110726	0～1000
		0.888723	0.146669	>1000
	D～E	0.925118	0.0985631	0～1000
		0.892794	0.124308	>1000
	E	0.920818	0.0864001	0～1000
		0.896864	0.101947	>1000
	F	0.929418	0.0553634	0～1000
		0.888723	0.0733348	>1000

表 19-4　垂直扩散参数幂函数表达式数据

扩散参数	稳定度等级	d	c	下风距离/m
$\sigma_z=cx^d$	A	1.12154	0.0799904	0～300
		1.52360	0.00854771	300～500
		2.10881	0.000211545	>500
	B	0.964435	0.127190	0～500
		1.09356	0.0570251	>500
	B～C	0.941015	0.114682	0～500
		1.00770	0.0757182	>500
	C	0.917595	0.106803	0
	C～D	0.838628	0.126152	0～2000
		0.756410	0.235667	2000～10000
		0.815575	0.136659	>10000
	D	0.826212	0.104634	1～1000
		0.632023	0.400167	1000～10000
		0.555360	0.810763	>10000
	D～E	0.776864	0.111771	0～2000
		0.572347	0.528992	2000～10000
		0.499149	1.03810	>10000
	E	0.788370	0.0927529	0～1000
		0.565188	0.433384	1000～10000
		0.414743	1.73241	>10000
	F	0.784400	0.0620765	0～1000
		0.525969	0.370015	1000～10000
		0.322659	2.40691	>10000

② 工业区或城区中的点源，其扩散参数选取方法如下：A、B 级不提级；C 级提到 B 级；D、E、F 级向不稳定方向提一级，再按表 19-3 和表 19-4 查算。

③ 丘陵山区的农村或城市，其扩散参数选取方法同工业区。

有风时，取样时间大于 0.5h，铅直方向扩散参数不变，水平方向扩散参数需进行时间订正，水平向扩散参数及稀释系数满足下式：

$$\sigma_{y\tau_2}=\sigma_{y\tau_1}\left(\frac{\tau_2}{\tau_1}\right)^q \tag{19-28}$$

或 σ_y 的回归指数 b 不变，回归系数 a 满足下式：

$$a_{\tau_2}=a_{\tau_1}\left(\frac{\tau_2}{\tau_1}\right)^q \tag{19-29}$$

式中，$\sigma_{y\tau_2}$、$\sigma_{y\tau_1}$ 分别为对应取样时间为 τ_2、τ_1 时的横向扩散系数，m；q 为时间稀释指数，由表 19-5 确定；a_{τ_2}、a_{τ_1} 分别为对应取样时间为 τ_2、τ_1 时的横向扩散参数回归系数。

在应用表 19-5 计算取样时间大于 0.5h 的 $\sigma_{y\tau_2}$ 或 a_{τ_2} 时，应先根据 0.5h 取样时间计算 0.5h 的 σ_y 或 a，再以其作为 $\sigma_{y\tau_1}$ 或 a_{τ_1}，计算 $\sigma_{y\tau_2}$ 或 a_{τ_2}。

表 19-5 时间稀释指数 q

适用时间范围/h	q	适用时间范围/h	q
$1\leqslant\tau<100$	0.3	$0.5\leqslant\tau<1$	0.2

5. 烟云抬升高度 Δh 的确定

正确估算烟云抬升高度也是正确估算污染物浓度分布的关键问题之一。烟云的有效排放高度 H 等于烟囱本身的高度 h 与烟气抬升高度 Δh 之和，即 $H=h+\Delta h$。在工程上，对一个地区进行适当的气象背景考察以后，根据国家或地方的环境质量标准，可以提出该地区废气排放的有效排放高度。有了有效排放高度之后，再估算出烟气抬升高度 Δh，那么就可以得出烟囱本身的高度。然而，在估算烟气抬升高度 Δh 时，不同人用不同的公式推算出的 Δh 可以有很大偏差。一般偏差几十米，有时竟达 100 多米，这样推算得到的烟囱本身高度也会有很大偏差，这种情况在工程设计中是不允许的。过高估计烟气抬升高度会使烟囱本身高度偏低，造成近距离地面严重污染；估计过低会使烟囱本身高度偏高，这又可能造成财力和物力的浪费。由此可见，在烟囱设计上正确估算烟气抬升高度成为十分重要的问题。

(1) 基本概念

① 烟云抬升高度 Δh。下风向某一距离处，烟云的轴线与烟囱口的垂直距离为该处烟云的抬升高度。由物理学观点出发，下风向某处烟云的轴线位置是该处烟云截面的质量中心，或当浓度分布已知时，此位置就是该处烟云截面上最大浓度点的位置。可是在野外实验中，决定烟云的质量中心或最大浓度点的位置是困难的。通常在野外实验中，取所见到的烟云边缘的顶和底的中间位置为烟云轴线位置。对于浓度对称分布的烟云，其质量中心，最大浓度点的位置和烟云的顶和底中间位置三者是重合的。以上定义的烟云抬升高度称为过程抬升高度。

若无特殊说明，一般所说的烟云抬升高度 Δh 是指烟云轴线距烟囱口的最大垂直距离，即烟云的最大抬升高度。给出烟云抬升高度（最大抬升）的精确定义是很困难的，特别是由实验观点出发更为困难。所以人们常常用各种形容词来描述它，如最终的、最大的、渐近的、最后变为水平的和终极的等。不同学者也给出了不同的定义。布里格斯定义的烟云抬升高度为："烟云的最终抬升是烟云变为水平以后整个烟云的抬升"。而卡彭特和托马斯等使用下面的定义："烟云抬升高度 Δh 定义为是下风向距离函数的烟云轴线抬升率达到最小或变为常数时，该点烟云轴线的高度”。

② 抬升烟云分类。为理解和分析烟云抬升现象，按烟云初始排放参数的不同，可将烟云抬升分成两大类，即浮力抬升烟云和动力抬升烟云。

浮力抬升烟云的抬升原动力由两部分原因贡献。一部分是烟云的浮力因子，即因烟温高于气温而得到的浮力，浮力促使烟云抬升；另一部分是因烟云的出口速度造成烟气有向上的动量，动量促使烟云抬升。浮力对烟云抬升的贡献远远大于动量对烟云抬升的贡献，所以这种烟云叫做浮力抬升烟云。

对排烟温度较低的烟云，其浮力项很小或没有浮力项，烟云抬升主要是由初始动量造成的，这样的烟云叫动力抬升烟云。对于这样的烟云，动量抬升作用可维持到10倍出口口径的高度范围，超过这个高度烟云没有向上的动力，将在风的作用下迅速弯向水平。

③ 烟云抬升过程。热烟云从烟囱口喷出、上升、逐渐变平是一个连续的渐变过程，其中有许多因子在起作用。根据大量的观测事实和定性分析，有风时热烟云的抬升大体上经历以下几个阶段。

a. 喷出阶段。烟气自烟囱口垂直向上喷出，因自身的初始动量继续上升。在出口附近，烟气和周围空气的湍流交换尚未发展，烟云轮廓清晰，内部的运动保持着喷出前的特点。但是，由于向上运动的烟气和水平气流之间的速度切变，烟流与四周空气很快发生湍流混合，烟体增大并获得水平动量，烟道渐渐向水平方向弯曲。观测表明，在几倍于烟囱口径的范围内，因初始动量而具有的上升速度几乎减少到零，动力抬升退居到次要地位。所以，在喷出阶段，初始动量的作用从开始占主导地位逐渐减退消失，浮力作用逐渐上升，成为决定抬升的主要因子。喷出阶段在几倍于烟囱口径的距离上结束，是一个短暂的阶段。

b. 浮升阶段。烟气离开烟囱以后，浮力立即对抬升起作用。起初因烟气和周围空气的温差大，浮力加速度亦大，几秒钟以后浮力引起的上升速度就远超过动力上升速度，使抬升进入“浮力支配”阶段。此时，烟体不断增大，烟流内部的温度和上升速度均显著降低。但只要烟流内外仍有温度差，浮力作用就能维持，烟流继续上升，与周围气流的速度切变就依然存在。在浮升阶段，速度切变引起的自生湍流（夹卷湍流）是导致烟气与周围空气混合的主要因子，而环境湍流的影响较弱。持续的混合过程使烟流内外的温差不断减小，升速减慢，烟流逐渐变平。观测表明，浮升阶段是热烟云抬升的主要阶段。在这个阶段，支配烟云抬升的原动力是浮力，支配烟云抬升行为的是自生湍流。

c. 瓦解阶段。在浮升阶段后期，烟流的升速已经很慢，速度切变引起的自生湍流也已经很弱。另一方面，随着烟体不断增大，越来越多的与烟流尺度相当的大气湍涡参与了混合作用，环境湍流的作用明显增强。当烟体剖面增大至环境湍涡尺度时，环境湍流的作用骤然增大，外界湍涡大量侵入烟体，使烟流自身的结构在短时间内瓦解，烟气原先的热力和动力性质丧失殆尽，抬升基本结束。

d. 变平阶段。环境湍流继续使烟体扩散胀大，烟流渐渐变平。

④ 决定烟云抬升的因子。决定烟云抬升的因子很多，很复杂，归纳起来有以下三个方面。

a. 烟气本身的性质。烟云抬升高度首先决定于烟云所具有的初始动量和浮力。动量显然决定于烟囱口的直径 D 和排气速度 v_s。排气速度越大，烟气所获得的初始动量就越大，烟云抬升的就越高；反之排气速度越低，烟云所获得的初始动量就越低，则烟云抬升也就越低。为了提高烟云的抬升高度，就应保持一定的烟云出口速度。浮力决定于烟气与周围空气的密度差，或决定于烟气温度 T_s 与周围空气温度 T_a 的温度差。烟云温度越高，周围空气温度越低，烟云所获的浮力越大，则烟云抬升越高；反之烟温越低，烟云所获浮力越小，则烟云抬升也就越低。要使烟云抬升高度较高，保持较高的烟温成为一个关键因素。

b. 周围大气的性质。烟气与周围大气混合的快慢对烟云抬升高度的影响很大。混合的越快，烟气的初始动量和热量散失越快，烟云的上升原动力很快丧失，则烟云的抬升高度就小；反之，烟气与周围空气混合的慢，烟气的初始动量和热量丧失的慢，则烟云抬升的就高。决定烟气混合快慢的主要因子是平均风速和湍流强度。风速大，湍流强，混合的快，则烟云抬升的就低；风速小，湍流弱，混合的慢，则烟云抬升的就高。决定烟云抬升高低的另一因子是大气层结。当大气层结不稳定时，有利于增加烟云抬升的浮力，因此烟云抬升的高些；当大气层结稳定时，在烟云抬升过程中它的浮力将要衰减，如果整层空气都是稳定的，烟气最终变为负浮力，从而返回到相对环境空气浮力为零的高度。

c. 地形地物的影响。烟囱附近的地形地物及烟囱本身都会影响烟囱附近的流场，复杂的地形地物会使气流产生涡旋、上升、下沉等不规则的运动。当风速较大时，这种不规则的运动更为明显。这时烟气的出口速度作用很小，烟气近乎水平排放。在一个孤立的建筑物四周，受扰动的气流范围一般至少为建筑物高度的两倍，在下风方这种影响常延伸到建筑物高度的 5～10 倍的范围。当烟囱位于地形或建筑物的尾流区时，烟云会很快下压到达地面，造成近距离地面的严重污染。烟囱本身也会影响烟囱附近的流场，当烟气的排放速度小于风速时，常发生烟云下沉现象，这种现象叫烟囱的下洗作用。所以，建设中为确保烟囱附近不出现严重的地面污染，山区烟囱应远离或摆脱地形的尾流区，城市中烟囱高度应为邻近建筑物高的 2.5 倍，这样一般就能克服建筑物和地形的扰动影响。为克服烟囱本身的下洗现象，通常需保证烟气出口速度大于风速的 1.5 倍。

（2）烟云抬升高度的估算　研究烟云抬升的主要目的是要得出扩散计算需要的实用抬升公式。20 世纪 50 年代以来，这方面进行了广泛的理论和实验研究，至今已提出了数十个烟云抬升公式。其中一部分是纯经验的，在现场同时观测抬升高度、烟源参数和气象参数，根据实测资料作最佳拟合，得出经验公式。另一部分是理论公式，但仍包含若干经验假定和必须由观测资料确定的经验系数。总之，现有的研究均带有较强的经验性。由于理论研究尚不充分，现场试验的条件差别较大，观测和分析的方法各异，致使各抬升公式之间缺少应有的一致性和比较性。下面介绍我国推荐的烟云抬升公式。

① 有风时，中性和不稳定条件，当烟气热释放率 $Q_h \geqslant 2100\text{kJ/s}$，且烟气温度与环境温度的差值 $\Delta T \geqslant 35\text{K}$ 时，Δh 采用下式计算：

$$\Delta h = n_0 Q_h^{n_1} h^{n_2} u^{-1} \tag{19-30}$$

$$Q_h = 0.35 p_a Q_v \frac{\Delta T}{T_8} \tag{19-31}$$

$$\Delta T = T_s - T_a \tag{19-32}$$

式中，n_0 为烟气热状况及地表状况系数，见表 19-6；n_1 为烟气热释放率指数，见表 19-6；n_2 为排气筒高度指数，见表 19-6；Q_h 为烟气热释放率，kJ/s；h 为排气筒距地面几何高度，m，超过 240m 时，取 $h=240\text{m}$；p_a 为大气压力，hPa，如无实测值，可取邻近气象台（站）季或年平均值；Q_v 为实际排烟率，m^3/s；ΔT 为烟气出口温度与环境温度差，K；T_s 为烟气出口温度，K；T_a 为环境大气温度，K，如无实测值，可取邻近气象台（站）季或年平均值；u 为排气筒出口处平均风速，m/s，如无实测值，可用地面平均风速按幂律关系推算。

② 有风时，中性和不稳定条件，当烟气热释放率为 $1700\text{kJ/s} < Q_h < 2100\text{kJ/s}$ 时，Δh 采用下式计算：

$$\Delta h = \Delta h_1 + (\Delta h_2 - \Delta h_1) \frac{Q_h - 1700}{400} \tag{19-33}$$

表 19-6　n_0、n_1、n_2 的选取

Q_h/(kJ/s)	地表状况(平原)	n_0	n_1	n_2
$Q_h \geqslant 21000$	农村或城市远郊区	1.427	1/3	2/3
	城市及近郊区	1.303	1/3	2/3
$2100 \leqslant Q_h < 21000$ 且 $\Delta T \geqslant 35$K	农村或城市远郊区	0.332	3/5	2/5
	城市及近郊区	0.292	3/5	2/5

$$\Delta h_1 = 2(1.5 v_s D + 0.01 Q_h)/u - 0.048(Q_h - 1700)/u \tag{19-34}$$

式中，v_s 为排气筒出口处烟气排出速度，m/s；D 为排气筒出口直径，m；Δh_2 为按式(19-35)～式(19-37)计算，n_0、n_1、n_2 按表 19-6 中 Q_h 值较小的一类选取。

③ 有风时，中性和不稳定条件，当 $Q_h \leqslant 1700$kJ/s 或者 $\Delta T < 35$K 时，Δh 采用下式计算：

$$\Delta h = 2(1.5 v_s D + 0.01 Q_h)/u \tag{19-35}$$

式中各参数的定义同前。

④ 有风时，稳定条件，建议按下式计算烟气抬升高度 Δh（m）。

$$\Delta h = Q_h^{\frac{1}{3}} \left(\frac{dT_a}{dz} + 0.0098\right)^{-\frac{1}{3}} \times u^{-\frac{1}{3}} \tag{19-36}$$

式中，$\frac{dT_a}{dz}$为排气筒几何高度以上的大气温度梯度，K/m。

⑤ 静风（$u_{10} < 0.5$m/s）和小风（0.5m/s$< u_{10} <$1.5m/s）时，建议按下式计算烟气抬升高度 Δh（m）：

$$\Delta h = 5.50 Q_h^{\frac{1}{4}} \left(\frac{dT_a}{dz} + 0.0098\right)^{-\frac{3}{8}} \tag{19-37}$$

式中，各参数定义同前，但$\frac{dT_a}{dz}$取值不宜小于 0.01K/m。

以上介绍的计算烟气抬升的公式只适用于平坦开阔地形条件下，而不适用于像山区这样复杂的地形条件。对于复杂条件下的烟气抬升计算应慎重处理，可选用其他更有适用性的公式计算，或用实验方法解决，切不可随意选用公式计算。

二、建设项目选址

工厂的兴建会促进经济的发展，与此同时，工厂建成投产后会对周围环境产生一定程度的污染，影响周围的环境质量。所以合理地选择厂址，在促进经济发展的同时，尽量减轻对周围环境质量的影响，就是一个十分重要的问题。厂址选择是一个综合性问题，它需要考虑许多方面的因素。比如要考虑原料供应地、交通运输、供水、供电、土地利用、市场等许多方面问题，同时还需要考虑环境保护问题。这就需要根据污染气候资料，利用污染物在大气中运动的规律，选择适宜的厂址。

因为一个地区大气的扩散稀释能力由当地气象条件决定，所以由环境保护角度来看，一个工厂应建在哪里，应发展到多大规模，要由当地的大气稀释能力来决定。大气的扩散稀释能力由平均风速、大气稳定度、混合层高度等气象要素决定。平原地区风速较大，气流不宜停滞，混合层较高，大气扩散稀释能力较强，所以平原地区建厂一般问题不大。山区或盆地经常出现静风状态，大气停滞不动，同时这些地区逆温一般较强，大气比较稳定，大气扩散稀释能力差，所以这些地区建厂一般不易规模太大，以避免严重污染事件的发生。在静止或准静止反气旋活动频率大的地区，气流也会出现停滞现象并伴有上部下沉逆温，这些地区大

气扩散稀释能力也较差，所以在这些地区也不宜建大型工厂。

选择一个厂址首先要做本底污染浓度的调查。本底污染浓度是指该地区已有的污染浓度水平，它是由当地污染源和远距离其他污染源输送来的污染物造成的。选择厂址时要调查或实测本底污染浓度。显然在本底污染浓度已超过环境质量标准的地区或接近环境质量标准的地区不宜再建新厂，新厂址应选择本底污染浓度低，且新厂投产后污染浓度也不会超过标准的地区。

与此同时，选厂址时还要考虑厂址附近地区环境中污染物总量。新厂建成投产后，不应使该地区污染物总量突破规定值。

厂址选择的第二步就是要调查和研究当地气象条件和地形条件，选择扩散稀释能力强的地点建厂，这通常要考虑下面三个问题。

1. 对风的考虑

选择厂址时要考虑工厂与受保护对象的相对位置和关系，所以首先要考虑风向。最简单的方法是依据风向频率图，一般的规则是：

（1）排放源相对于居民区等主要污染受体来说，应设在最小频率风向的上风侧，因为这样布局居民区受污染的概率最小；

（2）排放量大或废气毒性大的工厂应尽量设在最小频率风向的最上风侧；

（3）应尽量减少各工厂的重复污染，不宜把它们配置在与最大频率风向一致的直线上。

要完全做到以上各点是有困难的，一般主要考虑对人的危害，即考虑工厂与城市或生产区与生活区的相对布局。

仅按风向频率布局，只能做到居民区接受污染的概率最小，但不能保证受到的污染程度最轻。进一步考虑，污染源应设在污染系数最小方位的上风侧。实际应用时，可以像风玫瑰图那样画出污染系数玫瑰图，以此作为选择厂址和厂区布局的一项依据。

上面所说的规则还没有考虑风速对烟气抬升的影响。大风对抬升不利，地面浓度反而可能增高。多数烟源的危险风速只有 1～2m/s，超过这个数值以后，风速越大，地面浓度越小，仍可利用污染系数考虑布局。但某些源，如火电厂的危险风速很高，在危险风速值以下，风速越大，地面浓度反而增高，此时不能简单地利用污染系数来估计风速的影响，应根据烟源参数和气象资料具体计算和分析。

选择厂址时要考虑的另一项风指标是静风出现频率和静风持续时间。无风时，污染物在烟源附近的空气中逐渐累积，可形成高浓度，故不宜在全年静风频率很高的地区建厂。静风时的空气污染浓度和静风的持续时间有密切关系，长时间的静风使累积的浓度更高。另一方面，每次静风污染过程要等到静风结束，风速重新增大以后才能解除，静风持续时间越大，维持高浓度污染的时间也越长。所以选择厂址时不但需要搜集风频率的资料，而且要统计静风持续时间，避免在长时间静风次数多的地方建厂。

平原地区风速随高度的变化有较好的规律性，而山区的情形就比较复杂。由于地形的阻挡和局地热力环流的影响，山区近地面静风和微风的出现频率较高，如果根据地面风的资料来统计，许多地方都不宜建厂。但是许多观测表明，山区近地面是静风时，在某高度以上仍保持一定的风速，只要烟源的有效高度足以超出地形高度的影响，达到恒定风速层内，仍不致形成静风型污染。

以上只是对风考虑的一般原则，因具体情况的复杂性，所以对具体情况应做具体的细致分析。

2. 对温度层结的考虑

近地面几百米以内的大气温度层结对污染物的扩散稀释有重要影响，在选择厂址时应注意搜集或实测当地的温度层结资料。最不利烟气扩散的是贴地逆温和上部逆温，因此应该搜集这些逆温的强度、厚度、出现频率、持续时间以及上部逆温底的高度等项资料，特别要注意逆温并伴有小风或静风的天气条件，注意这类天气的出现频率和持续时间，因为这类天气是发生严重污染的危险天气。

逆温层对高架源的影响比较复杂，应根据具体的逆温资料和高架源的具体情况而做具体分析。逆温层有抑制垂直湍流交换的作用，当源高于逆温层时，污染物在逆温层之上，由于有逆温层的保护使地面污染浓度很低，所以一般应尽量使源高于逆温层。但中小型工厂源比较低，污染物在逆温层内混合，可造成局地较大的污染，因此在贴地逆温频率大、持续时间长的地区不宜建这类工厂。

上部逆温的存在对中小工厂可能影响不大，但对大型工厂就可能有影响。因为大型工厂源比较高，上部逆温的存在限制了烟云的进一步垂直向上扩散，这时进一步增加烟囱高度可能不会明显降低地面浓度，搜集上部逆温的资料对大型工厂的选址和设计有重要意义。

选择好一个厂址，除了要考虑风、温度层结这些主要因素外，还要考虑降水、雾等一些因素，对这些气象因子也要做适当的考虑。

3. 对地形的考虑

选择厂址的原则就是要尽量避免容易引起局地空气污染的地形因素的影响。只要能把烟气“送出”局地地形限制的范围，山区上空的扩散稀释条件甚至比平原地区好得多。相反，如果烟气排不出去，在短距离内被导向地面或者作用于高耸的地形，就会在小范围内引起高浓度。下面概括一下选择厂址时应考虑的地形因素。

(1) 山谷较深，且走向与盛行风交角大于45°时，谷风风速经常很小，不利于扩散稀释，若排烟高度不可能超过经常出现静风及微风的高度，则不宜建厂。

(2) 排烟高度不可能超过背风坡下倾气流厚度及背风坡强湍流区时，烟流会被气流下压导向地面，或者因强烈的铅直混合扩散到地面，在背风坡引起地面高浓度，在这种地方不宜建厂。因此，在背风坡建厂时应搜集过山下倾气流及强湍流区的厚度及范围等资料。

(3) 四周山坡上有村庄及农田，排烟高度又不可能超过其高度时，烟气将直接吹向坡地，造成高浓度，在这样的谷地中不宜建厂。

(4) 山谷凹地中经常出现地形引起的强而深厚的逆温，四周地形又较高者，不宜建厂。

(5) 在山谷中建厂时，即使气流经常沿谷道吹，也应当考虑两旁山坡会限制进一步的侧向扩散，所以远距离的地面浓度比平原高得多，若源强很大，仍能引起污染。

(6) 烟流虽能过山，仍可能形成背风面的污染，不应当将居民点设在背风面的污染区。

地形对空气污染的影响十分复杂，各地都有各自的特点，必须根据具体情况做具体分析，对可能造成严重污染危害的工厂选址更要特别小心、慎重。在地形复杂的地区，一般应进行专门的气象观测和现场示踪扩散试验或风洞模拟试验，以确定合理的厂址，并对扩散稀释规律做一定的评价，为环境保护部门和工程设计部门提供依据。

三、工程项目布局

在工业区或大的建设项目规划中有一个重要问题就是布局问题。一个新工业区要求合理地安排生产区和生活区。生产区的位置要选择在能保证对居民和周围受保护对象产生最小污染危害的地方。在生产区内部，各工厂的配置也应考虑尽量减少污染危害最严重的工厂对其他工厂的影响，尽量减少各工厂重复污染的范围和时间。由污染气象角度出发，人们对这个问题的认识有一个发展过程。

在规划布局时，不仅要考虑风向频率，而且还要考虑各种不同方向风出现时的大气扩散稀释条件，这样才能选择出最佳布局方案。决定一个地区扩散稀释能力的气象因子很多，主要考虑平均风速大小、温度层结状况和地形条件等。实际工作中常以风向为主，结合考虑其他方面的因素。目前这方面已经发展了一些分析方法，例如，用污染系数玫瑰图来代替风向玫瑰图就是一种比较简单的综合考虑方法。污染系数的定义是：

$$\text{污染系数}=\frac{\text{风向频率}}{\text{平均风速}}$$

污染系数不仅考虑了风向，而且还考虑了风速。平均风速大，污染物不宜堆积，污染系数小；平均风速小，污染系数大。考虑了污染系数后，污染源应放在污染系数最小方向的上风侧。

现举例来说明这一问题，表 19-7 是一个实例，由表中可以看出若只考虑风向频率，污染源应放在东面，因为东风出现频率最低。但由污染系数来看，污染源应放在东北方，因为东北方向污染系数最小。

表 19-7 污染系数计算实例

参数 \ 风向	北	东北	东	东南	南	西南	西	西北	总计
风向频率	15	8	6	12	15	18	12	14	100
平均风速/(m/s)	3	4	2	4	5	3	4	2	
污染系数	5	2	3	3	3	6	3	7	
污染系数相对百分比/%	16	6	9	9	9	19	9	23	100

在复杂地形地区，比如山区，因为其气象条件较复杂，所以需根据具体情况做具体考虑。在这些地区特别要注意所用资料的代表性，在许多场合需要做实地的气象观测，以获得当地有代表性的气象资料，这样的气象观测最好维持一年以上。

四、烟囱高度设计

为了减少排放源附近的地面污染浓度，一般可采用烟囱排放的方法。地面最大浓度与源的有效高度的平方成反比，随着烟囱高度的增加，源附近地面浓度会很快减少。如何确定烟囱高度才能得到最大收益，这是烟囱高度设计中一个很重要的问题。

烟囱高度设计的最终目标是要保证所造成的地面污染浓度不超过某一规定标准，因此首先需要知道不同气象条件下排烟高度与地面浓度之间的关系，目前应用最广泛的仍是正态烟云模式，以地面最大浓度为标准，寻求地面最大浓度与有效源高的关系。

（一）按照地面最大浓度公式计算

当水平向扩散参数 σ_y 与垂直向扩散参数 σ_z 的比值为常数时，从地面最大浓度公式解出烟囱高度为：

$$h=\left(\frac{2Q}{\pi e u q_m}\times\frac{\sigma_z}{\sigma_y}\right)^{\frac{1}{2}}-\Delta h \tag{19-38}$$

式中，Δh 为烟云抬升高度，m，可根据选定的烟云抬升公式计算。

按照浓度控制法确定烟囱高度，就是要保证地面最大浓度 q_m 不超过某个规定的最大允许浓度 q_o。若有本底浓度 q_b，则应使 q_m 不超过 q_o 和 q_b 之差，即 $q_m \leqslant q_o - q_b$。于是，烟囱高度的低限是：

$$h=\left[\frac{2Q}{\pi e u (q_o-q_b)}\times\frac{\sigma_z}{\sigma_y}\right]^{1/2}-\Delta h \tag{19-39}$$

式中，u 取烟云垂直向活动范围内的平均风速，差别不大时，可取烟囱高度上的平均风速；$\frac{\sigma_z}{\sigma_y}$一般取 0.5～1.0，相当于中性至中等不稳定时的情形，此项比值越大，计算的烟囱高度越高。

若扩散参数取 $\sigma_y = ax^b$、$\sigma_z = cx^d$ 的形式，则烟囱高度应按下式计算：

$$h=\left[\frac{Q\alpha^{\alpha/2}}{\pi uac^{1-\alpha}}\times\frac{\exp\left(-\frac{\alpha}{2}\right)}{q_o-q_b}\right]^{1/\alpha}-\Delta h \tag{19-40}$$

式中的系数由选定的扩散参数给出。

给出式(19-39) 或式(19-40) 中的参数值，并计算出烟云抬升高度 Δh，由上述两式就可以计算出烟囱高度。若计算抬升高度需要烟囱本身高度时，必须令计算烟云抬升的公式与式(19-39) 或式(19-40) 联立，才能求解出烟云抬升高度 Δh 和烟囱本身高度 h。

（二）按地面绝对最大浓度公式计算

按地面绝对最大浓度公式计算烟囱高度，就是要求地面绝对最大浓度不超过规定值，此时烟囱高度应为：

$$h=\frac{Q}{2\pi eB(q_o-q_b)}\times\frac{\sigma_z}{\sigma_y} \tag{19-41}$$

若按式(19-20) 计算，则

$$h=\left[\frac{Q(\alpha-1)^{\alpha-1}}{\pi Bac^{1-\alpha}\alpha^{\alpha/2}}\times\frac{\exp\left(-\frac{\alpha}{2}\right)}{q_o-q_b}\right]^{\frac{1}{\alpha}-1} \tag{19-42}$$

用地面最大浓度公式计算烟囱高度，意味着在某个给定风速条件下的地面最大浓度不会超过规定值，但是不能保证在其他风速时也不超过标准。地面绝对最大浓度是危险风速时的地面最大浓度，它比其他风速时的值都高，因此用它作为计算标准最严格，定出的烟囱高度也最高，可以保证任何风速时的地面浓度都不超过规定标准。实际上两种方法的差别只是风速取值不同，所以有必要分析风速取值对烟囱高度计算的影响。

设风速是 u 及 u_c 时，由式(19-10) 及式(19-18) 计算得到的烟囱高度分别为 h 及 h_c，则

$$\frac{h}{h_c}=2\left(\frac{u_c}{u}\right)^{1/2}-\frac{u_c}{u} \tag{19-43}$$

可以根据这个公式来分析烟囱设计高度和风速取值的关系，图 19-2 是此式的计算结果。图中横坐标是$\frac{u}{u_c}$，纵坐标是$\frac{h}{h_c}$。当 $u=u_c$ 时，烟囱高度的计算值最大；$u<\frac{1}{2}u_c$ 时，h 很快减小；$u>u_c$ 时，h 和 h_c 的差别不大。

每个烟源的危险风速值主要由烟囱的高度和抬升的强弱决定。烟囱高，抬升弱的烟源的危险风速值小；相反，危险风速大。大体上可以分成以下几种情形：

(1) $u_c<1\sim1.5$m/s　用危险风速计算这类烟源的烟囱高度是没有意义的，因为在这样小的风速下，高斯烟流模式和一般的烟气抬升公式均难以成立；

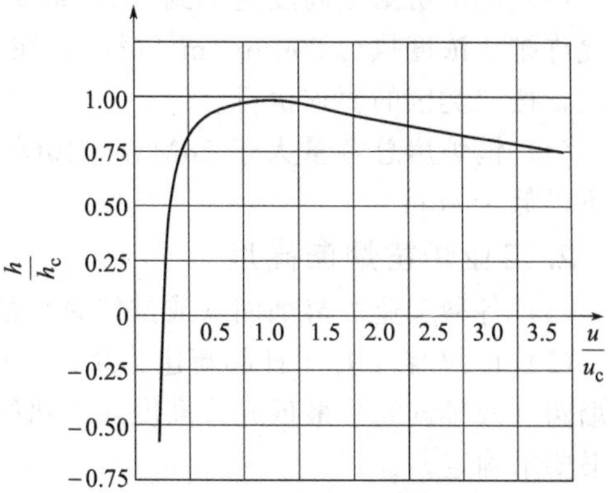

图 19-2　有抬升烟源烟囱高度与风速的关系

(2) $u_c=2\sim3$m/s 的源　只要当地的平均风速在它的 2～3 倍以内，两种方法计算的烟囱高度差别不算大；

(3) $u_c=5$m/s 左右的源　多数地区烟囱高度的平均风速和这个数值比较接近，按 u 或 u_c 计算的差别很小，但小风地区按年平均风速计算的结果偏小；

(4) 大、中型火力发电厂等有强抬升的源　此时危险风速可达 10～15m/s，有的甚至更高，如果当地的平均风速不大，则两种计算结果差别悬殊。例如，设烟源的危险风速是 15m/s，当地的平均风速是 5m/s，则 $h=0.46h_c$，按平均风速计算的烟囱高度还不到按危险风速计算结果的一半。

上面虽然给出了计算烟囱高度的公式，但实际问题远非这样简单，在具体应用时还存在一些问题。例如：

(1) 式中的气象参数随不同地点、不同时间而变，在具体计算烟囱高度时这些参数应如何选取；

(2) 应选择什么抬升公式计算烟云抬升高度 Δh；

(3) 上面选用的是烟云正态扩散公式，在一些具体场合下这个公式是否完全适用。

上面的考虑只是在平坦开阔地形条件下才适用。在复杂地形条件下，因大气运动的复杂性，使烟云的扩散稀释规律复杂，不能完全照搬上述的方法来确定烟囱高度。按标准、规范和实验资料才能确定较正确的烟囱高度。

（三）按标准规范确定烟囱高度[5～10]

在一些标准规范中已规定了烟囱高度的确定方法，可在做设计时使用。下面介绍几个常用标准。

1. 锅炉烟囱高度

(1) 每个新建锅炉房只能设一个烟囱。烟囱高度应根据锅炉房总容量，按表 19-8 规定执行。

表 19-8　锅炉房烟囱最低允许高度

锅炉房总容量	t/h	<1	1～<2	2～<4	4～<10	10～<20	20～<40
	MW	<0.7	0.7～<1.4	1.4～<2.8	2.8～<7	7～<14	14～<28
烟囱最低允许高度	m	20	25	30	35	40	45

(2) 新建锅炉烟囱周围半径 200m 距离内有建筑物时，烟囱应高出最高建筑物 3m 以上。

(3) 锅炉房烟囱高度达不到 (2) 条规定时，在 GB 3095 的二类区新安装的锅炉烟尘最高允许排放浓度执行 200mg/m^3（标）；在 GB 3095 三类区新安装的锅炉烟尘最高允许排放浓度，按二类区的要求执行。

(4) 锅炉房总容量大于 28MW（40t/h）时，其烟囱高度应按环境影响评价要求确定，但不得低于 45m。

2. 工业炉窑烟囱高度

(1) 各种工业炉窑烟囱（或排气筒）最低允许高度为 15m。

(2) 1997 年 1 月 1 日起新建、改建、扩建的排放烟（粉）尘和有害污染物的工业炉窑，其烟囱（或排气筒）最低允许高度除应执行 (1) 和 (3) 规定外，还应按批准的环境影响报告书要求确定。

(3) 当烟囱（或排气筒）周围半径 200m 距离内有建筑物时，除应执行 (1) 和 (2) 规定外，烟囱（或排气筒）还应高出最高建筑物 3m 以上。

(4) 各种工业炉窑烟囱（或排气筒）高度如果达不到 (1)、(2) 和 (3) 的任何一项规定时，其烟（粉）尘或有害污染物最高允许排放浓度，应按相应区域排放标准值的 50% 执行。

3. 水泥工业排气筒高度

(1) 除提升输送、储库下小仓的除尘设施外，生产设备排气筒（含车间排气筒）一律不得低于 15m。

(2) 以下生产设备排气筒高度还应符合表 19-9 中的规定。

表 19-9 水泥工业烟囱最低允许高度

生产设备名称	水泥窑及窑磨一体机				烘干机、烘干磨、煤磨及冷却机			破碎机、磨机、包装机及其他通风生产设备
单线(机)生产能力/(t/d)	≤240	>240 ~700	>700 ~1200	>1200	≤500	>500 ~1000	>1000	高于本体建筑物 3m 以上
最低允许高度/m	30	45①	60	80	20	25	30	

① 现有立窑排气筒仍按 35m 要求。

4. 大气污染物排放排气筒高度

国家在《大气污染物综合排放标准》(GB 16297—1996) 中规定了 33 类大气污染物排放时按排放速率多少确定排气筒高度。同时，当 2 个以上的排气筒时必须按等效烟囱计算排放速率；当烟囱高度与国家规定的标准高度不一致时，要用内插法或外推法计算排放速率。

(1) 等效烟囱参数计算　当烟囱 1 和烟囱 2 排放同一种污染物，其距离小于该两个烟筒的高度之和时，应以一个等效烟囱代表该两个烟囱。等效烟囱的有关参数计算方法如下。

① 等效排气烟囱污染物排放速率按下式计算：

$$G=G_1+G_2 \tag{19-44}$$

式中，G 为等效烟囱某污染物排放速率，kg/h；G_1，G_2 为烟囱 1 和烟囱 2 的某污染物排放速率，kg/h。

② 等效烟囱高度按下式计算：

$$H=\sqrt{\frac{1}{2}(H_1^2+H_2^2)} \tag{19-45}$$

式中，H 为等效烟囱高度，m；H_1，H_2 为烟囱 1 和烟囱 2 的高度，m。

③ 等效烟囱的位置。等效烟囱的位置，应于烟囱 1 和烟囱 2 的连线上，若以烟囱 1 为原点，则等效烟筒的位置应距原点为：

$$X=\alpha(G-G_1)/G=\alpha G_2/G \tag{19-46}$$

式中，X 为等效烟囱距烟囱 1 的距离，m；α 为烟囱 1 至烟囱 2 的距离，m；G_1，G_2 分别为烟囱 1 和烟囱 2 的排放速率，kg/h；G 为等效烟囱的排放速率，kg/h。

(2) 排放速率的内插法和外推法

① 某排气烟囱高度处于表列两高度之间，用内插法计算其最高允许排放率，按下式计算：

$$G=G_a+(G_{a+1}-G_a)(H-H_a)/(H_{a+1}-H_a) \tag{19-47}$$

式中，G 为某烟囱最高允许排放速率，kg/h；G_a 为比某烟囱低的表列限值中的最大值，kg/h；G_{a+1} 为比某烟囱高的表列限值中的最小值，kg/h；H 为某烟囱的几何高度，m；H_a 为比某烟囱低的高度中的最大值，m；H_{a+1} 为比某烟囱高的高度中的最小值，m。

② 某排烟囱高度高于标准烟囱高度的最高值，用外推法计算其最高允许排放速率。按下式计算：

$$G=G_b(H/H_b)^2 \tag{19-48}$$

式中，G 为某烟囱的最高允许排放速率，kg/h；G_b 为烟囱最高高度对应的最高允许排放速率，kg/h；H 为某烟囱的高度，m；H_b 为表列烟囱的最高高度，m。

(3) 某烟囱高度低于标准烟囱高度的最低值，用外推法计算其最高允许排放速率，按下式计算：

$$G=G_c(H/H_c)^2 \tag{19-49}$$

式中，G 为某烟囱的最高允许排放速率，kg/h；G_c 为烟囱最低高度对应的最高允许排放速率，kg/h；H 为某烟囱的高度，m；H_c 为烟囱的最低高度，m。

5. 住宅烟囱设计

(1) 住宅建筑的各层烟气排出可合用一个烟囱，但应有防止串烟的措施；多台燃具共用烟囱的烟气进口处，在燃具停用时的静压值应小于或等于零；

(2) 当用气设备的烟囱伸出室外时，其高度应符合下列要求：

① 当烟囱离屋脊小于 1.5m 时（水平距离），应高出屋脊 0.6m；

② 当烟囱离屋脊 1.5～3.0m 时（水平距离），烟囱可与屋脊等高；

③ 当烟囱离屋脊的距离大于 3.0m 时（水平距离），烟囱应在屋脊水平线下 10°的直线上；

④ 在任何情况下，烟囱应高出屋面 0.6m；

⑤ 当烟囱的位置临近高层建筑时，烟囱应高出沿高层建筑物 45°的阴影线上；

(3) 烟囱出口的排烟温度应高于烟气露点 15℃以上；

(4) 烟囱出口应有防止雨雪进入和防倒风的装置。

五、大气污染预报

空气污染预报是城市空气污染防治和控制工作中的一个重要方面。空气污染与气象条件有密切关系，当天气形势发生变化时，大气对污染物的扩散稀释能力也就会发生变化，在几小时时间内大气的扩散稀释能力可有几倍的变化。中纬度的一些地区有时连续几天维持不利于污染物扩散的天气条件，因而可能造成该地区严重的空气污染。如果能事先预报出这种不利于污染物扩散的天气形势，就可采取一些措施，防止或减少严重空气污染的发生。在大城市或大工业区这点是极为有意义的，所以空气污染预报是控制空气污染的一个有效途径。因为空气污染预报是在正确的天气预报基础上进行的，其难度比一般天气预报似乎更大，这里还有许多问题没有很好解决。

空气污染预报可分为污染潜势预报和污染浓度预报两种。污染潜势预报主要着重于研究标志大气扩散稀释能力的气象条件，当预报的气象条件符合可能造成严重空气污染的标准（指标）时就可发出警报，以便有关部门采取措施，达到避免发生严重污染事件的目的。污染浓度预报比污染潜势预报更进一步，它要求能预报出某一范围内某种污染物的浓度大小，这就要根据已知的污染源参数和预报的气象参数，运用一定的扩散模式来预报未来浓度的大小。很显然污染浓度预报比污染潜势预报困难得多。

不管是污染潜势预报还是污染浓度预报，都与短期天气预报有密切关系，污染预报都是在短期天气预报的基础上进行的。因此短期天气预报准确率高低就直接影响污染预报的准确率。一般来说超过 48 小时的天气预报的精度和准确率大大降低，所以污染预报一般只提前 1～2 天。

1. 空气污染潜势预报

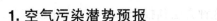

空气污染潜势预报就是预报某一范围未来发生的不利于污染物扩散的天气形势和天气状况，也就是预报未来发生严重空气污染的可能性大小。有关的气象参数达到什么值时才认为可能发生严重污染，这个问题就是确定污染潜势的指标问题。污染潜势指标没有一个统一的标准，它应根据具体地区的情况和人们对这个问题的要求来确定。一个地区根据人们的要求，通过气象参数和污染浓度的统计关系就可以具体确定发生严重污染的临界气象参数指标。一些国家采用下面的临界值作为出现严重空气污染的指标：①地面风速小于 4m/s；②低于 500hPa 的任一高度上风速不大于 12.5m/s；③600hPa 以下存在下沉气流；④上述现象维持时间大于 36h。

上面讲的预报指标只是预报未来污染潜势的粗糙标准，比较客观和仔细的做法是对表示大气扩散稀释能力的参数作更详细的预报，同时根据污染源资料，地面浓度资料和这些气象参数的大量经验关系确定出相应的指标，以此来判断在什么样的参数组合条件下可能出现严重的污染。我们知道混合层高度是决定大范围扩散稀释的重要因子，于是可以根据混合层高度和混合层内的平均风速来预报未来污染形势，这是一种比较客观和比较仔细的方法。例如有的国家用下列准则作为高污染潜势的临界指标：

① 早晨混合层高度小于 500m，混合层内平均风速小于 4m/s；

② 下午混合层内平均风速不大于 4m/s，通风系数（混合层厚度与混合层内平均风速的乘积）不大于 6000m^2/s；

③ 36h 内无显著降水及锋面经过；

④ 影响面积至少为 4 平方度（经纬度）；

⑤ 1500m 高处平均风速小于 10m/s；

⑥ 1500m 高处前 12h 温度变化必须大于或等于−5℃。

污染潜势的预报还可以用统计方法来做，即根据表示污染形势的参量与常规气象参量之间的统计关系来做。表示污染形势的参量可以用水平能见度，因为一个地区当空气污染严重时其能见度会大大降低。常规气象参数可以取两高度间的温度差、平均风速、气压等。根据大量的观测资料，运用统计学方法建立回归方程，这样就可以通过预报常规气象参数来预报表示污染形势的参量。

2. 空气污染浓度预报

与空气污染潜势预报不同，空气污染浓度预报是预报所关心地区未来污染物浓度的大小，一般这种预报应该提供下面情报：

① 在所关心区域内未来污染浓度超过环境空气质量标准的范围；

② 预计未来将出现的最大污染浓度及其位置；

③ 高污染浓度持续的时间；

④ 采取一些控制措施以后未来将出现什么样的污染浓度。

每个城市应当选择一种适当的污染物作为污染浓度预报的对象，通常都选用细颗粒物（$PM_{2.5}$）。这主要是因为 $PM_{2.5}$ 是最普通的大量的污染物，一般城市关于 $PM_{2.5}$ 的资料较丰富，$PM_{2.5}$ 的污染水平通常代表了城市的污染水平，这种污染物具有很广泛的代表性。

制作空气污染浓度预报有两种途径：一种是污染浓度的统计预报，一种是污染浓度的模式预报。

污染浓度的统计预报是通过长时间连续的气象要素观测和对应的污染浓度观测，当积累了一定的观测资料之后，用统计学方法建立它们之间的统计关系，这种统计关系用一元或多元回归方程表示。通常选用的气象参数是风速、湿度、云量、降水、稳定度等。这样就可以通过预报未来气象要素来预报未来污染物浓度。用这种方法预报未来污染浓度比较简单，缺点是需要较长时间的观测资料才能建立统计关系，在统计关系建立以后，若污染源有变化则可能影响预报的准确度。

污染浓度的模式预报就是选用一定的扩散模式，输入预报的气象要素资料和污染源资料，通过计算预报未来某一区域污染物浓度的分布。应用这种方法预报未来浓度分布需要输入大量的原始资料，计算工作量较大。

六、卫生防护距离的确定

（一）卫生防护距离的意义和作用

由于无组织排放源分散且排放高度低，即使排放量很小时，也可能在源附近地面上形成一个浓度高于允许浓度的污染区。也就是说，地面源地面轴浓度随离源距离的增加而单调下降。在源附近地区地面浓度较高，随离源距离的增加，地面轴浓度迅速下降。

为了保证无组织排放源附近受保护地区大气环境质量符合规定标准的要求，让受保护地区的边界与无组织排放源之间保持一定的距离是完全必要的。这个距离就称为卫生防护距离。从大气环境质量角度来说，卫生防护距离的主要作用是为无组织排放源所排大气污染物提供一段稀释扩散的距离。在这段距离内，污染物经过稀释扩散，随离源距离的增加，地面浓度逐渐下降，当达到防护距离的边界时，其环境浓度已降到标准环境浓度的水平。

（二）卫生防护距离的确定

凡不通过排气筒或通过 15m 高度以下排气筒的有害气体排放，均属无组织排放。无组织排放的有害气体进入呼吸带大气层时，若浓度超过规定的环境质量标准，则无组织排放源所在的生产单元与居住区之间应设置卫生防护距离。卫生防护距离在 100m 以内时，级差为 50m；超过 100m，但小于或等于 1000m 时，级差为 100m；超过 1000m 时，级差为 200m。

表 19-10 卫生防护距离计算系数

计算系数	工业企业所在地区近五年平均风速/(m/s)	卫生防护距离 L/m								
		$L \leqslant 1000$			$1000 < L \leqslant 2000$			$L > 2000$		
		工业企业大气污染源构成类别①								
		Ⅰ	Ⅱ	Ⅲ	Ⅰ	Ⅱ	Ⅲ	Ⅰ	Ⅱ	Ⅲ
A	＜2	400	400	400	400	400	400	80	80	80
	2～4	700	470	350	700	470	350	380	250	190
	＞4	530	350	260	530	350	260	290	190	140
B	＜2	0.01			0.015			0.015		
	＞2	0.021			0.036			0.036		
C	＜2	1.85			1.79			1.79		
	＞2	1.85			1.77			1.77		
D	＜2	0.78			0.78			0.57		
	＞2	0.84			0.84			0.76		

① 工业企业大气污染源构成分为三类：

Ⅰ类 与无组织排放源共存的排放同种有害气体的排气筒的排放量，大于标准规定允许排放量的 1/3 者；

Ⅱ类 与无组织排放源共存的排放同种有害气体的排气筒的排放量，小于标准规定允许排放量的 1/3，或虽无排放同种大气污染物的排气筒共存，但无组织排放有害物质的容许浓度指标是按急性反应指标确定者；

Ⅲ类 无排放同种有害物质的排气筒与无组织排放源共存，且无组织排放的有害物质的容许浓度是按慢性反应指标确定者。

各类工业、企业卫生防护距离按下式计算：

$$\frac{Q}{q_O}=\frac{1}{A}(BL^C+0.25r^2)^{0.50}L^D \tag{19-50}$$

式中，q_O 为标准浓度限值，mg/m^3；L 为工业企业所需卫生防护距离，m；r 为有害气体无组织排放源所在生产单元的等效半径，m，根据该生产单元占地面积 S（m^2）计算，$r=\left(\frac{S}{\pi}\right)^{0.5}$；$A$、$B$、$C$、$D$ 为卫生防护距离计算系数，无量纲，根据工业企业所在地区近五年平均风速及工业企业大气污染源构成类别从表 19-10 中查取；Q 为工业企业有害气体无组织排放量可以达到的控制水平，kg/h。

第三节　大气污染化学

研究污染物在大气环境中的化学行为构成了大气污染化学，它是在人类与大气污染作斗争的过程中逐渐形成的。20 世纪 50 年代出现了环境问题的第一次高潮，现实中的环境问题促使人们去研究污染物进入大气后的化学行为。如：1952 年伦敦烟雾事件，12 月 5～8 日 4 天中死亡人数较常年同期约多 4000 人；但是，1962 年 12 月初的伦敦烟雾事件死亡率却大大降低，这不能不引起人们的注意。两次烟雾事件二氧化硫的环境浓度无显著变化，只是飘尘浓度 1962 年比 1952 年显著降低。经化学专家研究，尘粒上附着的三氧化二铁可促使大气中的 SO_2 转化为 SO_3（三氧化硫），因而形成硫酸雾，其危害比 SO_2 大得多。运用化学的理论和方法，研究 SO_2 等污染物在大气环境中的化学行为，迁移转化规律，逐渐形成了大气污染化学，它是环境化学的重要组成部分。下面分别介绍大气中主要污染物的化学行为。

一、含硫化合物转化

大气中的含硫化合物有 H_2S、SO_2、SO_3、H_2SO_4 和 $(NH_4)_2SO_4$ 等，它们在大气中的转化情况如下。

（一）H_2S 向 SO_2 的转化

H_2S 主要来自天然释放源，它们是土壤和沉积物中微生物活动的产物。H_2S 在大气中是不稳定的，能迅速地氧化为 SO_2。清洁大气中有 80% 的 SO_2 是由 H_2S 转化来的。H_2S 可以被原子氧、分子氧和臭氧所氧化，反应式为：

$$H_2S+3\,[O] \longrightarrow SO_2+H_2O$$

$$H_2S+1\frac{1}{2}O_2 \longrightarrow SO_2+H_2O$$

$$H_2S+O_3 \longrightarrow SO_2+H_2O$$

在气相中上述反应很慢，而在大气中的颗粒物表面上反应很快。H_2S、O_2 和 O_3 均溶于水，因此在云雾和云滴中 H_2S 的氧化速度很快。一般说来，H_2S 分子在转化为 SO_2 以前仅在大气中存在几小时。

（二）SO_2 向 SO_3 的转化

SO_2 在大气中的命运是转化为 SO_3。SO_2 的氧化作用有两个方面：催化氧化和光化学氧化。有云雾时，在相对湿度高和有颗粒物质同时存在时，可发生催化氧化反应。有太阳时，在空气中有 NO_x 存在时，发生光化学氧化反应。

1. SO_2 的催化氧化

在清洁空气中，通过单相均质反应，SO_2 非常缓慢地氧化为 SO_3。据观测，电厂烟气

中 SO_2 的氧化速率比清洁空气中的氧化速度高 10～100 倍。在溶液中有催化剂存在时，SO_2 的氧化速率大大提高。在含有金属盐（如铁盐、锰盐）的气溶胶雾滴中，SO_2 的催化氧化反应可表示为：

$$2SO_2+2H_2O+O_2 \xrightarrow[\text{(Fe 盐、Mn 盐)}]{\text{催化剂}} 2H_2SO_4$$

在这一反应中，作为催化剂的主要物质是铁和锰的硫酸盐和氯化物。它们常以颗粒形式悬浮于空气中。在湿度很高时，颗粒物质成为凝结核，形成气溶胶雾滴。

SO_2 的催化氧化可分为三步：SO_2 由气相扩散进入雾滴；SO_2 从雾滴表面向内部扩散；在雾滴内部进行催化反应。在大气状态稳定时，SO_2 的转化速率决定于第二步和第三步。第二步的速率决定于雾滴的酸度，第三步的速率决定于催化剂的种类。雾滴酸度之所以影响 SO_2 的转化速度，主要是因为在稀溶液中，H_2SO_4 完全电离，H^+ 浓度的增加会降低 SO_2 的溶解度。但是如果空气中有足够的 NH_4^+ 存在，便不会妨碍 SO_2 的溶解。此时将生成 $(NH_4)_2SO_4$，降低雾滴的酸度。催化剂的类别对 SO_2 的转化效率有很大影响。在一些已知的物质中，锰盐的催化效率较高。

此外，大气中的二氧化硫（SO_2）会被固体颗粒表面所吸附，在微粒表面存在的金属氧化物（Fe_2O_3、Al_2O_3、MnO_2 等）或活性炭的催化作用下，会使附着的 SO_2 很快形成 SO_4^{2-}，如在活性炭表面上 SO_2 的氧化速率可高达每小时 30%。不过，这类干表面上的催化氧化过程需要很高的温度，所以只能发生在烟道气中。

2. SO_2 的光化学氧化

在大气中，SO_2 有两个大于 2900Å（1Å$=10^{-10}$m）的吸收光谱，一是 3840Å，另一是 2940Å。

当 SO_2 吸收 3840Å 的光子时，转变为第一激发态（三重态）：

$$SO_2+h\nu(3400\sim4000\text{Å}) \longrightarrow {}^3SO_2$$

当 SO_2 吸收 2940Å 的光子时，转变为第二激发态（单重态）：

$$SO_2+h\nu(2900\sim3400\text{Å}) \longrightarrow {}^1SO_2$$

第一激发态能量较低，比较稳定。第二激发态能量较高，在进一步反应中，或变为基态 SO_2，或变为能量较低的第一激发态（${}^3SO_2$）：

$${}^1SO_2+M \longrightarrow SO_2+M$$

$${}^1SO_2+M \longrightarrow {}^3SO_2+M$$

在大气中，SO_2 不能像 NO_2 那样发生光解作用。因为 SO_2 分离为 SO 和 O，只可能发生在吸收光谱低于 2180Å 时，而这一部分光谱不能到达地表。所以在低层大气中，SO_2 不能发生光解作用。

实验表明，城市大气中的光化学产物主要是 ${}^3SO_2$。而 ${}^1SO_2$ 的作用主要在于生成 ${}^3SO_2$。空气中的 SO_2 转化为 SO_3，主要是两种激发态 SO_2（${}^1SO_2$ 和 ${}^3SO_2$）与其他分子反应的结果。

一部分 ${}^3SO_2$ 与其他吸收能量的分子反应变为基态 SO_2：

$${}^3SO_2+M \longrightarrow SO_2+M$$

但当 M 是 O_2 时，则：

$${}^3SO_2+O_2 \longrightarrow SO_3+O$$

这是大气中 SO_2 转化为 SO_3 的最重要的光化学反应。

当有水滴存在时，SO_2 先被水滴吸附，然后再氧化为 SO_4^{2-}，可能发生的反应如下：

$$SO_2+H_2O \rightleftharpoons H_2SO_3$$

$$H_2SO_3 \rightleftharpoons H^+ + HSO_3^-$$

$$HSO_3^- \rightleftharpoons H^+ + SO_3^{2-}$$

$$2SO_3^{2-} + O_2 \longrightarrow 2SO_4^{2-}$$

$$SO_3^{2-} + O_3 \longrightarrow SO_4^{2-} + O_2$$

据计算，清洁空气中 SO_2 光氧化速率最高理论值为 2%/h。

在污染大气中，当有烃类化合物和氮氧化物存在时，SO_2 的光氧化速率可大大提高。

在含有 NO_x 和烃类化合物的空气中，除 SO_2 自身的光化学氧化外，SO_2 还能与其他物质的各种光反应产物（HO、HO_2、O、O_3、NO_3、N_2O_5、RO_2 和 RO 等）反应转化为 SO_3。对 SO_2-NO_x-烯烃系统的光反应模拟计算表明，SO_2 转化为 SO_3 的最大反应速率可达 5%/h。

（三）硫酸盐气溶胶的生成

由 SO_3 进一步转化为硫酸盐气溶胶的反应如下：

（1）水合过程

$$SO_3 + H_2O \longrightarrow H_2SO_4$$

（2）气溶胶核形成过程

$$mH_2SO_4 + nH_2O \longrightarrow (H_2SO_4)_m(H_2O)_n$$

$$H_2SO_4 + NH_3 + H_2O \longrightarrow (NH_4)_2SO_4 \cdot H_2O$$

（3）气溶胶粒子成长过程

$$(H_2SO_4)_m \cdot (H_2O) \xrightarrow{SO_2、SO_3、H_2SO_4、H_2O} 气溶胶长大$$

图 19-3 概括描述了大气中含硫化合物的迁移转化及其平均寿命，作为上述内容的总括。

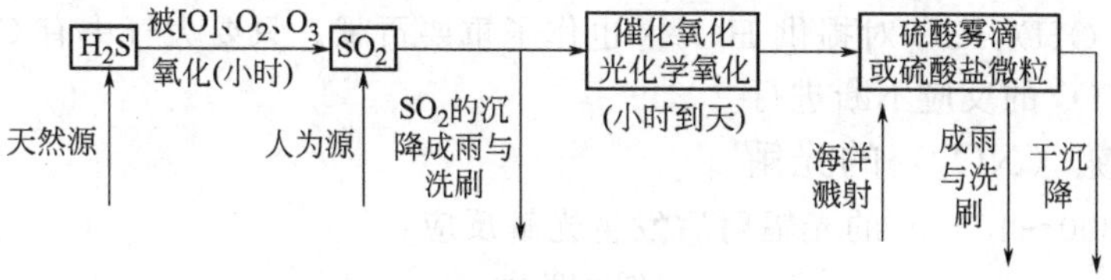

图 19-3　大气中含硫化合物的迁移转化

二、氮氧化物转化

（一）大气中含氮化合物的行为

大气中含氮化合物有 N_2O、NO、N_2O_3、NO_2、N_2O_5、NH_3 以及 NO_2^-、NO_3^-、NH_4^+ 等。它们的行为可以用图 19-4 概括地加以描述。

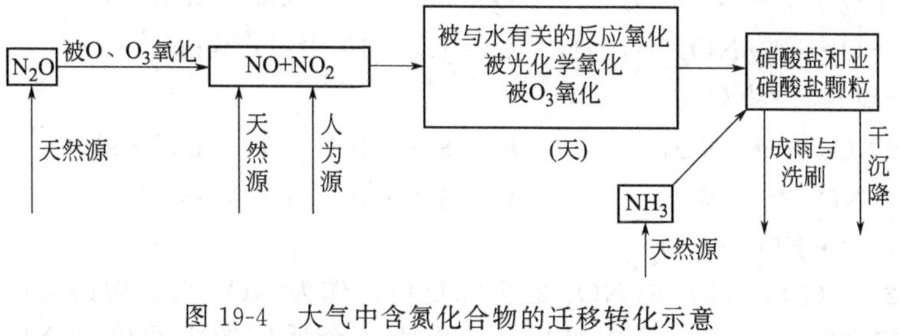

图 19-4　大气中含氮化合物的迁移转化示意

（二）大气中氮氧化物的化学行为

氮有 1～5 价态的氧化物，即：一氧化二氮（N_2O）、一氧化氮（NO）、三氧化二氮

(N_2O_3)、二氧化氮 (NO_2)、五氧化二氮 (N_2O_5)。在大气污染防治中所说的 NO_x (氮氧化物),通常是指 NO 和 NO_2,近年来 N_2O (笑气) 对大气环境的污染破坏作用日益引起人们的关注。

1. 一氧化氮 (NO) 的行为

燃料高温燃烧排出的 NO_x 主要是 NO,而 NO_2 很少;另一方面,在对流层中波长大于 290nm 的光线辐照下,NO 不发生光解,而 NO_2 可以发生光解。NO_2 不但产生量少,还会因光解而不断消耗,但实际情况是大气中 NO_2 的浓度相对来说并不低,这说明由光解消耗的 NO_2 不断得到补充,即 NO 转化成了 NO_2。

在大气中 NO 参与 NO_2 和 O_3 的光解循环:

$$NO_2 + h\nu \longrightarrow NO + O\cdot$$

$$\cdot O + O_2 + M \longrightarrow O_3 + M$$

$$O_3 + NO \longrightarrow NO_2 + O_2$$

经研究证明,当存在活性烃类化合物时,上述平衡有利于 NO_2 的形成。近年发现自由基 $HO_2\cdot$ 在 NO 的快速氧化中起了更主要的作用:

$$NO + HO_2\cdot \longrightarrow NO_2 + \cdot OH$$

反应速度 $k = 9.7\times10^{-13}cm^3/(mol\cdot s)(27℃)$

这一反应不但速度极快,并可由下列链式反应保证了 HO_2 的不断提供:

$$\cdot OH + CO \longrightarrow CO_2 + H\cdot$$

$$\cdot H + O_2 + M \longrightarrow HO_2\cdot + M\ (M 为 N_2)$$

$$HO_2\cdot + NO \longrightarrow NO_2 + \cdot OH$$

明显可见,在使 NO 向 NO_2 的转化过程中,·OH 起了重要的纽带作用 (消耗一个·OH 又产生了一个·OH),CO 对提供 $HO_2\cdot$ 也作了重要贡献。只要大气中有 CO 和·OH 就能促使 $NO \longrightarrow NO_2$ 的反应不断进行。

2. 二氧化氮 (NO_2) 的光解

NO_2 吸收 300~400nm 的光辐射后发生光解反应:

$$NO_2 + h\nu \xrightarrow{300\sim400nm} + NO + O\cdot$$

若反应是在实际污染大气中进行,上述光解初始反应产物特别是极活泼的原子氧 [O],还将与许多种污染物或自由基继续发生极为复杂的反应。

假定 NO_2 仅在充有氮气的简单系统中进行短时间光解,目前认为至少要发生下面 7 个相关反应:

(1) $NO_2 \xrightarrow{h\nu} NO + O\cdot$ k_1 随光强而变

(2) $NO_2 + O\cdot \longrightarrow NO + O_2$ $k_2 = 9.3\times10^{-12}cm^3/(mol\cdot s)$

(3) $NO_2 + O\cdot \longrightarrow NO_3$ $k_3 = 1.8\times10^{-12}cm^6/(mol^2\cdot s)$

(4) $NO + O\cdot \longrightarrow NO_2$

(5) $NO + NO_3 \longrightarrow 2NO_2$ $k_5 = 8.7\times10^{-12}cm^3/(mol\cdot s)$

(6) $NO_2 + NO_3 \longrightarrow N_2O_5$ $k_6 = 3.8\times10^{-12}cm^6/(mol^2\cdot s)$

(7) $N_2O_5 \longrightarrow NO_3 + NO_2$

显然,反应 (2)、(3)、(6) 是 NO_2 的去除反应。作为 NO_2 光解初始反应产物的 NO 和 O·等继续参与 (2) ~ (5) 等次级反应。作为一个反应的中间体如 NO,它通过反应 (1)、(2) 形成,又通过反应 (4)、(5) 去除。体系中其他物质如 NO_2、O·、NO_3、N_2O_5 等都存在类似的形成和去除反应。

如果 NO_2 是在清洁空气（含 N_2 和 O_2）中进行长时间光解，除存在上述 7 个反应外还要发生下面 4 个反应：

(8) $O\cdot + O_2 \longrightarrow O_3$　　$k_8 = 5.9\times10^{-24}\,cm^6/(mol^2\cdot s)$

(9) $NO + O_3 \longrightarrow NO_2 + O_2$　　$k_9 = 1.7\times10^{-14}\,cm^3/(mol\cdot s)$

(10) $NO_2 + O_3 \longrightarrow NO_3 + O_2$　　$k_{10} = 3.1\times10^{-17}\,cm^3/(mol\cdot s)$

(11) $2NO + O_2 \longrightarrow 2NO_2$　　$k_{11} = 2.1\times10^{-38}\,cm^6/(mol^2\cdot s)$

可见，在有 O_2 存在时将发生生成臭氧的重要反应 (8)，所以 O_3 是由 NO_2 光解产生的令人讨厌的二次污染物。

3. 一氧化二氮（N_2O）的行为

N_2O 又名笑气，由于其化学上的惰性一般不被当作污染物。但是，近年来的研究发现，N_2O 一旦进入大气层则成为破坏生态系统的元凶。在 1980～1990 年间，它对“全球气候变暖”的贡献率为 6%，引起温室效应的能力比 CO_2 强 200 倍。它对臭氧层的破坏作用比氟里昂更甚。

自 20 世纪 90 年代初全球每年向大气排放的 N_2O 总量约为 0.12 亿～0.15 亿吨，其中人为源 10%来自施肥，使用含氮无机肥加快 N_2O 的释放；燃烧树木、农作物残根和矿物燃料，以及某些有机合成生产过程和平流层超音速飞机的飞行，也会产生并排放 N_2O。1990 年大气中的 N_2O 含量已达到约 0.31mL/m^3，与 CO_2 相比还是很少的。但是，近年来其浓度不断增加，增加的速度加快令人担忧。大气层中 N_2O 增加速度如此之快的原因，目前尚未完全弄清楚，但肯定和人类活动有关。

美国加利福尼亚大学的化学家马克·森曼提出：大气中的 N_2O 主要来自生产尼龙的过程。生产尼龙聚合物会释放出氮和氮氧化物，它们相互结合形成几种新的污染物。包括 N_2O。据森曼估计，全世界尼龙制造业每年排出的 N_2O 多达 72.7 万吨，且呈增多的趋势。因此，大气中 N_2O 的浓度增加速度将加快。这种趋势应引起重视。虽然当前大气层中 N_2O 的浓度只不过是 CO_2 的千分之一，但是它的温室效应比 CO_2 大得多，并对臭氧层有强破坏作用，而且它在大气中的存留期长，其平均寿命为 150～170 年，它一旦产生便不容易从大气层中消失。

三、光化学烟雾

（一）光化学烟雾的形成机理

光化学烟雾是在以汽油作动力燃烧之后，出现的一种新型空气污染现象。早在 20 世纪 40 年代，美国洛杉矶市即出现过此种类型的空气污染。其现象是：出现白色雾状物，大气能见度降低，具有特殊气味，刺激眼睛和喉咙黏膜。烟雾具有氧化性，能使橡胶开裂，使植物叶片变黄甚至枯萎。烟雾一般发生在相对湿度较低的夏季晴天，高峰出现在中午或刚过中午，在夜间消失。对污染大气分析的结果表明，其中氧化剂的浓度大大提高。从化学方面看，这种烟雾是由加利福尼亚州南部强太阳光引发了大气中存在的烃类化合物和氮氧化合物之间的化学反应而造成的。开始时，由于低风速和强逆温层使上述二类污染物在大气中浓集，随即由阳光引发了光化学反应，产生一系列中间产物和最终产物。所谓光化学烟雾，实为氮氧化物、烃类化合物和其他化学反应的中间产物，以及最终产物的特殊混合物，而氮氧化物和烃类化合物主要来源于汽车尾气。

光化学烟雾的成分很复杂。已查明，其中的有害物质并非直接由污染源排放的一次污染物，而是由一次污染物之间发生光化学反应所生成的二次污染物，如臭氧、醛类、二氧化氮和过氧乙酰基硝酸酯等，总称光化学氧化剂。例如，刺激眼睛的主要是甲醛、丙烯醛、PAN（过氧乙酰硝酸酯）等；对植物有伤害的主要是 O_3 和 PAN；使能见度降低的主要是烟雾中的气溶胶；O_3 能使橡胶开裂，使染料褪色；NO_2 和 O_3 可对呼吸系统产生影响。

光化学烟雾的形成过程极其复杂。下面首先列举与形成光化学烟雾有关的各类基本反应，然后综合说明光化学烟雾的形成过程。

（二）与形成光化学烟雾有关的各类基本化学反应

1. NO、NO_2 和 O_3 的光化学循环

在太阳光的照射下，含有 NO_2 和 NO 的空气中发生着三个最重要的反应：

$$NO_2 + h\nu \xrightarrow{(2900\sim4300\text{Å})} NO + O(^3P)$$

$$O(^3P) + O_2 + M \longrightarrow O_3 + M$$

$$O_3 + NO \longrightarrow NO_2 + O_2$$

式中，$O(^3P)$ 是基态氧原子，也称三重态氧原子，它的第一激发态是 $O(^1D)$，称单重态氧原子；M 是任何第三种分子，是吸收能量分子，一般是 O_2 或 N_2。

上述三个反应是含有 NO 和 NO_2 的空气在阳光照射下的基本光化学链。其中第一个反应是大气光化学反应的诱发者，是形成光化学烟雾的起始反应。但仅仅有这三种反应尚不致产生光化学烟雾，因为此时只有 NO_2 和 O_3 的不断更替。如果此时空气中同时存在着烃类化合物，在上述反应中生成的 O、O_3 和 NO_2 均可与烃类化合物反应，从而生成一系列中间和最终产物，导致烟雾的生成。特别值得指出的是，在中间产物中有各种自由基生成。这些自由基对有机物的进一步氧化有十分重要的意义，可促使 NO 向 NO_2 转化，以促使作为烟雾主要成分的醛类和过氧乙酰硝酸酯等的生成。

2. 烯烃的氧化

一般认为，烯烃和少数芳烃是形成光化学烟雾的主要因素。因此，目前对烃类化合物光氧化作用的研究，多侧重于烯烃方面。

以丙烯为例。丙烯可以被氧原子氧化，也可以被 O_3 氧化，也可与 HO·基作用发生氧化。通过链反应，丙烯转化为乙醛和甲醛。在反应过程中，一个 HO·自由基促使二个 NO 分子转化为 NO_2，同时又重新生成一个 HO·基。此 HO·基还能与其他烃类化合物作用，以促进更多的 NO 向 NO_2 转化。如此周而复始，直至 NO 全部转化为 NO_2 为止。其他自由基，如 HO_2·基、RO_2·基等，也可发生类似作用。

3. 醛的光解

大气中的醛有一小部分是一次污染物，它们占汽车尾气中烃类化合物的 1.5%。大气中醛的最重要来源是烃类化合物的氧化和自由基的作用。

环境总醛中 40%～60% 是甲醛。醛在波长大于 3000Å 的阳光下光解。甲醛吸收 <3700Å 的光发生光解。生成的 H 原子通过与 O_2 再化合生成 HO_2·自由基。HCO·基也将与大气的氧反应而生成 HO_2·基。可以认为，甲醛在空气中光解的主要化学结果是生成 HO_2·基。乙醛的光解导致生成 HO_2·基，同时产生部分甲醛。

4. 醛的氧化和 PAN 的生成

醛可以与大气中的氧化剂如 HO·基、O、HO_2·基等反应，而加速醛的去除。以甲醛为例。HO·基、O、HO_2·基从醛摘取一个氢原子，相应地生成甲醛基和 H_2O、HO·基和 H_2O_2。甲醛基经反应生成 HO_2·基。

乙醛则被 HO·基、O、HO_2·基氧化，除生成 HO_2·基外，还导致生成光化学烟雾中重要的二次产物 PAN。

5. 自由基与大气中 O_2、NO、NO_2 的反应和相互反应

这类反应对生成光化学烟雾也有重要作用。例如，RO・基和 O_2 反应生成醛类；过氧烷基和过氧酰基与 NO 反应，可使 NO 转化为 NO_2；过氧酰基和 NO_2 反应生成稳定的过氧酰基硝酸酯。

总之，光化学烟雾是由链反应组成的。以 NO_2 光解生成氧原子的反应为引发。氧原子的生成导致臭氧的生成。由于烃类化合物的存在，造成 NO 向 NO_2 的迅速转化。在此转化中，自由基尤其是 HO・基起了主要的作用，以致不需要消耗臭氧而能使大气中的 NO 转化为 NO_2。NO_2 又继续光解产生臭氧。同时，自由基又继续和烃类反应生成更多的自由基。如此不断循环往复地进行链反应，直到一次污染物 NO 和烃类化合物消失为止。

（三）工业型光化学烟雾

20 世纪 80 年代夏、秋季节我国甘肃兰州西固地区的居民经常出现眼刺激、流泪、恶心及头晕等症状。经调查证实该地区存在光化学烟雾类型的大气污染。污染源主要是石油化工及炼制业。后经多家单位对该地区光化学烟雾的污染现状、大气物理条件、污染规律、形成条件及控制方案等进行了比较系统的研究。这些研究成果对我国不断形成的综合工业区，特别是对许多与兰州西固地区相似的大型石油化工区（有火电厂及其他工业并存），提供了必要的经验。

研究表明，西固地区的光化学烟雾除形成前体（HC 和 NO_x）的来源与国外不同外，HC 与 NO_x 比值也有自己的特点。西固地区 HC/NO_x 值（76～244 左右）比国外大城市（一般小于 12）大数十倍。通过烟雾箱大比值下 O_3 形成实验和在现场烟雾箱加入 NO_2 实验的结果（图 19-5、图 19-6）说明，在 HC/NO_x 值较大时，NO_2 的少量增加能造成 O_3 浓度的显著增加。对比图 19-5 和图 19-6 可见，当 HC 维持 6×10^{-6} 左右，将 NO_x 的起始浓度由 45×10^{-9} 增至 60×10^{-9} 时，O_3 最大值由 84×10^{-9} 增至 135×10^{-9}，且 O_3 生成速度明显加快。实验表明，在不考虑气象因素的影响时，当 HC/NO_x 大时，NO_x 是光化学烟雾形成的敏感物质。可以认为，当时条件下如果西固地区 NO_x 的排放量有所增加的话，只要气象条件适宜，将会造成大气中 O_3 的明显提高。应当知道，烟雾箱和实际大气环境是有区别的，前者是封闭的稳定反应条件体系，而后者是开放的非稳定反应条件体系。不过在某些适宜的气象条件（逆温、小风等）时，可认为大气环境与稳定反应条件体系近似。

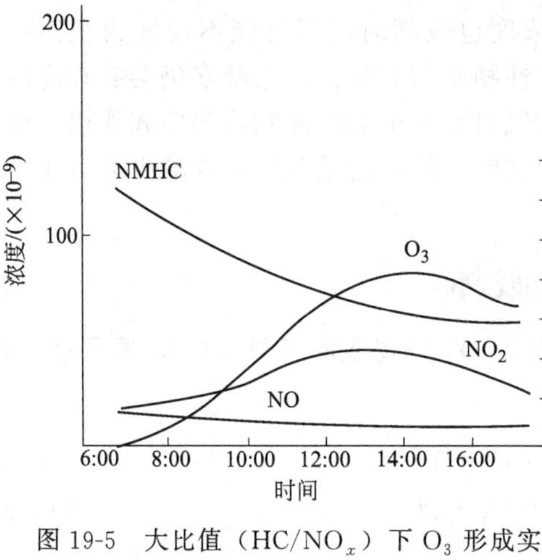

图 19-5　大比值（HC/NO_x）下 O_3 形成实验

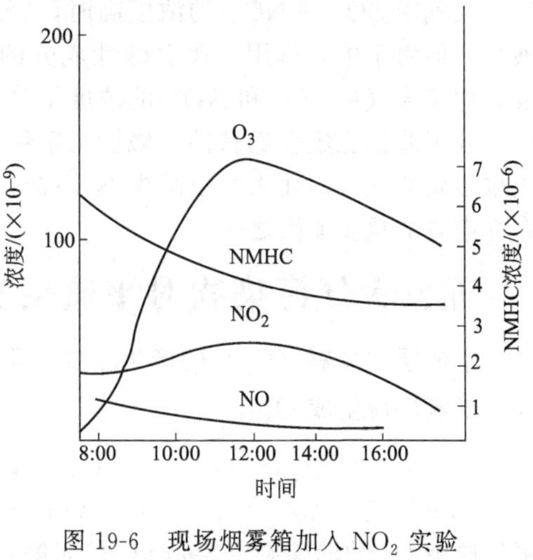

图 19-6　现场烟雾箱加入 NO_2 实验

综上所述，虽然西固地区光化学烟雾形成的基本机制与国外报道相似，但西固地区一次污染物来源不是汽车尾气，而是工厂“废气”的排放，其 HC/NO_x 值大大高于国外大城市，因而具有自己的光化学污染形成特点和规律，因而称之为工业型光化学烟雾。

四、酸雨

近年来酸雨已成为广大区域乃至全球性严重的环境问题之一。在 101325Pa（1atm）下和 25℃时，大气中 CO_2 在水滴中所产生的最低 pH 值为 5.6，因而酸雨通常指 pH 值小于 5.6 的酸性降水，此时对自然生态就将产生不利的影响。

酸雨的形成是一个复杂的大气化学和大气物理过程。例如，凝结核的形成、水蒸气的凝结、云滴和雨滴的形成过程中都涉及化学物质（颗粒物和微量气体）的迁移和转化反应，即所谓雨除过程。在雨滴下降过程中冲刷着所经过的空气柱内的气体和颗粒物质，将其带至地表，即所谓雨刷过程。

经雨除和雨刷过程，雨水中含有多种无机酸和有机酸，90%以上是 H_2SO_4 和 HNO_3。国外的酸雨中 H_2SO_4 比 HNO_3 多一倍以上。我国酸雨中 H_2SO_4 含量更高，主要呈硫酸型酸雨，这与我国以燃煤为主的能源结构有关，硫酸和硝酸主要由人为排放的 SO_2 和 NO_x 转化而成的。

SO_2 在气体或液滴中被氧化成硫酸，其反应可简单表示如下：

气体中 $$SO_2 + 2OH \longrightarrow H_2SO_4$$

云雾水滴中 $$SO_2 + H_2O \longrightarrow H_2SO_3 \xrightarrow[Mn^{2+}]{O_2} H_2SO_4$$
$$H_2SO_3 \xrightarrow{O_3,\ H_2O_2} H_2SO_4$$

NO_x 在大气和云雾液滴中转化为 HNO_3 的主要反应表示如下：

$$NO \xrightarrow{O_3,\ HO_2} NO_2 \xrightarrow[OH]{H_2O} HNO_2 + HNO_3$$
$$NO_2 \longrightarrow HNO_3$$

人为和天然排入大气的许多气态或固态物质，对酸雨的形成产生多种影响。颗粒物中的 Mn^{2+} 和 Fe^{2+} 等是成酸反应的催化剂。光化学反应生成的 O_3 和 H_2O_2 是 SO_2 的氧化剂。飞灰中的 CaO、土壤中的 $CaCO_3$、天然和人为来源的 NH_3 以及其他碱性物质，可与酸反应而使酸中和。

大气中 SO_2 和 NO_x 的浓度高时，降水中 SO_4^{2-}、NO_3^- 的浓度也高，这种污染使降水酸化。但由于中和作用，代表碱性成分的阳离子浓度也较高时，很可能不表现为酸雨；相反，即使大气中 SO_2 和 NO_x 的浓度不算高，但碱性物质相对更少，则降水仍会有较高的酸度。我国北方土壤多属碱性，碱性土壤粒子进入大气对雨水中的酸性物质起中和作用，南方土壤多属酸性，因而大气中缺少碱性粒子，对酸中和能力低，这是我国 5 大酸雨区有 4 个分布在南方的重要原因之一。

五、大气污染物对平流层臭氧的破坏

平流层中臭氧（O_3）的产生主要是阳光把分子氧 O_2 分解成原子氧［O］，原子氧［O］与分子氧反应生成 O_3：

$$O_2 + h\nu \xrightarrow{\lambda < 243nm} O + O \tag{19-51}$$

$$O + O_2 + M \longrightarrow O_3 + M \tag{19-52}$$

平流层中 O_3 的消除则主要是 O_3 的光解：

$$O_3 + h\nu \xrightarrow{\lambda < 300nm} O_2 + O \tag{19-53}$$

实际上，反应式(19-53) 并未真正消除 O_3。因为光解产生的原子氧又很快与 O_2 反应重

新生成 O_3。正是由于反应式(19-52) 与反应式(19-53) 反复进行，吸收掉大量短波紫外辐射，对地球生物起了保护作用。

另外一个消除 O_3 的反应是：

$$O_3+O \longrightarrow O_2+O_2 \tag{19-54}$$

平流层中的 O_3 处于一种动态平衡中。即在同一时间里，太阳光使 O_2 分解而生成 O_3 的数量与 O_3 经过一系列反应重新化合成分子 O_2 的数量是相等的。

但近年来发现，平流层中一些具有未成对电子的活性物质如 NO_x、HO_x、Cl_x 等，对反应式(19-54) 能起催化作用。例如：

$$NO+O_3 \longrightarrow NO_2+O_2$$
$$NO_2+O \longrightarrow NO+O_2$$

总反应

$$O_3+O \longrightarrow O_2+O_2$$

$$OH+O_3 \longrightarrow HO_2+O_2$$
$$HO_2+O \longrightarrow OH+O_2$$

总反应

$$O_3+O \longrightarrow O_2+O_2$$

$$Cl+O_3 \longrightarrow ClO+O_2$$
$$ClO+O \longrightarrow Cl+O_2$$

总反应

$$O_3+O \longrightarrow O_2+O_2$$

在平流层中，O_3 的浓度是 10^{-6} 数量级的。上述各类活性物质的浓度则仅是 10^{-9} 数量级或更小。单次反应对 O_3 的影响本来是微不足道的，但这些物质与 O_3 的反应使上述方式循环进行，即每一个活性粒子可反复多次与 O_3 发生反应，其影响就很大，从而加快了 O_3 的消除。

平流层中的活性物主要来自天然源和人为污染源。天然源难以控制且提供的活性粒子的量是有限的，当前主要是考虑控制人为污染源。特别是 N_2O、高空航行器（超音速飞机）的尾气以及氟里昂-11（CCl_3F）、氟里昂-12（CCl_2F_2）等。

N_2O 是平流层中 NO_x 的主要来源。

$$N_2O+h\nu \longrightarrow N_2+O(^1D)$$

^1D 为激发态原子，$O(^1D)$ 使 N_2O 氧化，生成 NO：

$$N_2O+O(^1D) \longrightarrow NO+NO$$

超音速飞机的飞行高度为 16～20km，排出的废气中含有大量的 NO_x 和水蒸气。水蒸气、CH_4 等则是平流层中 OH'的来源：

$$H_2O+O(^1D) \longrightarrow 2OH$$
$$CH_4+O(^1D) \longrightarrow OH+CH_3$$

用作致冷剂的氟氯甲烷类化合物（氟里昂-11、氟里昂-12 等)，化学性质非常稳定，易挥发，不溶于水，进入大气最后上升入平流层，在平流层中光解出 Cl 原子：

$$CFCl_3+h\nu \xrightarrow{175\sim220\text{nm}} CFCl_2+Cl$$
$$CF_2Cl_2+h\nu \xrightarrow{175\sim220\text{nm}} CF_2Cl+Cl$$

因此使平流层中活性粒子的浓度大大增加，加快了 O_3 的消耗。

第四节　工矿厂区绿化

一、环境绿化的意义

自然环境是人类赖以生存的空间，人类通过自己的生产和生活来改变、开发、利用自然环境。随着人口的急剧增长和工业化进程的加速，自然植被被大量侵占、资源被滥用、日益严重的公害直接威胁着人类的生存，当代世界面临着“生态失调”和“环境危机”。大自然对人类的惩罚使人类清醒地认识到：保护生态环境、拯救大自然是全球性的战略任务，人类必须保护自然环境，促进自然生态环境的自然循环、自行净化和再生机能。

科学研究证明：绿色植物是自然生态系统中的初级生产者，大量植树造林、种草养花，利用绿色植物的特有生态功能，可以强化自然生态系统功能，减轻各种环境污染，改善生态环境质量。因此，固土绿化作为我国的一项基本国策是涉及各行业、荫及子孙万代的一项伟大事业。

工矿绿化是国土总体绿化的一个重要组成部分。工矿企业一般污染较严重，而且，所处的城市环境的自然生态系统大都相当脆弱，绿地比例较小，绿地对整个城市生态系统的调节能力有限，这严重影响到工矿企业乃至城市的环境质量。因此，工矿环境绿化与复垦将对防治污染，改善生态环境，起着特殊的作用。它具有较好的调温、调湿、吸尘、改善小气候、吸收降解有害物质、净化空气、减弱噪声等功能。工矿企业大力开展绿化、造林。对保护环境，改善劳动条件，增强职工健康，提高工作效率，增加经济收益，促进精神文明建设等方面有深远的意义。

环境绿化对植物对环境的保护作用如下[11]。

1. 吸收 CO_2 放出 O_2

地球上绿色植物每年吸收 CO_2 近 936 亿吨。空气中 60％的 O_2 来源于森林等绿地，通常 $1hm^2$ 阔叶林在生长季节，一天可以吸收 1t CO_2，放出 0.73t O_2。如果以成年人每天需氧量为 0.75kg，呼出 CO_2 0.9kg 计算，则每人有 $10m^2$ 的森林面积足够了。

生长正常的草坪，在进行光合作用时，每 $1m^2$ 面积上 1h 可吸收 CO_2 1.5g。每人每小时平均呼出 CO_2 约 38g，有 $50m^2$ 的草坪就足够以将其全部吸收。

2. 吸收 HF

在绿化树木中，泡桐、梧桐、大叶黄杨、女贞等抗氟与吸氟的能力都比较强，是良好的净化空气的树种。加拿大白杨吸氟能力也较强，但抗性差，故只能在氟污染较轻的地区种植。但在氟污染区，不宜种植食用植物。美人蕉、蓖麻等草本植物虽然抗氟能力不如一般树木，但恢复能力强，易于在氟污染地区大量种植。

3. 吸收 SO_2

植物叶片吸收 SO_2 的能力为所占土地吸收能力的 8 倍以上，$1hm^2$ 柳杉林每年可吸收 720kgSO_2。对吸收 SO_2 能力较强（即 1g 干叶吸收硫在 20mg 以上）的有垂柳、悬铃木等；吸收能力中等（1g 干叶可吸 SO_2 10～20mg）的有女贞、刺槐、桃树、蓝桉等。

一般落叶树（如构树、臭樟、垂柳、悬铃木等）吸硫能力最强，常绿阔叶树（如广玉兰、女贞、棕榈、大叶冬青等）次之；针叶树（如白皮松、雪松、柏木等）较差（其中两年生叶比当年生叶吸硫能力强）。

4. 吸收 Cl_2

各种植物都有不同程度的吸氯能力，若按每公顷阔叶林干叶量为 2.5t 计算，则生长在距污染源 400～500m 处的树木每公顷吸氯量为：刺槐 42kg，银桦 35kg，蓝桉 32.5kg。

5. 吸收 NH_3

几乎所有植物都能吸收氨气，生长在含有 NH_3 气的空气中的植物，能直接吸收空气中的氨，以满足本身所需要的总氨量的 10％～20％。各种植物吸收氨的速度不同，如棉花较低，大豆较高，向日葵、玉米更高，一株大豆幼苗在 24h 内吸收的氨总量为 70μg。

6. 吸收 O_3

在多数植物都能吸收臭氧。其中银杏、柳杉、日本扁柏、樟树、海桐、青冈栎、日本女贞、夹竹桃、栎树、刺槐、悬铃木、连翘、冬青等吸收 O_3 的作用较好。

7. 吸收重金属

不少植物在汞气体的环境中不仅生长良好，不受危害，且能吸收一部分汞的气体（从每克干叶吸收几微克到 100μg）。

有些植物还可以从大气中吸收一定量的铅、锌、铜、镉、铁等金属，从百分之几到几千不等。

8. 防尘

植物，特别是树木，对粉尘有明显的阻挡，过滤和吸收作用。

树木的枝冠可降低风速，使灰尘下降，叶子表面不平，还分泌黏性的油汁和汁浆，能吸收空气中的尘埃。在有森林和绿化的地方，空气的含尘量均较无森林裸露地为低。在绿化的街道上，树下距地面 1.5m 高处的空气，含尘量较未绿化地段低 56.7%。如某工厂绿化的树木能使降尘量减少 23%～25%；飘尘量减少 37%～60%。

一般落叶阔叶树比常绿阔叶树滞尘能力要强。

9. 吸收放射性物质

树木可以阻隔放射性物质和辐射的传播，起到过滤和吸收的作用。据研究，阔叶林比常绿针叶林的净化能力和净化速度要大得多。

10. 杀菌

绿化植物可以减少空气中的细菌数量。

杀菌能力很强的树种可以使细菌在几秒钟（如黑胡椒）至 10min（如雪松）内死亡。

11. 净化水质

据统计，从无林山坡流下来的水中，其溶解物质含量为 11.9t/km^2。而从有林的山坡流下来的水中，其溶解物质含量只有 6.4t/km^2。径流通过 30～40m 宽的林带，能使其中 NH_3 含量减低到原来的 1/1.5～1/2，细菌数量减少 1/2。

树林可以使水库和湖泊的水温降低，避免产生热污染。

从种有芦苇的水池排出的水中，其悬浮物要减少 30%，氨减少 66%，总硬度减少 33%。

水葱具有很强的净化污染水能力。它不仅能吸收污染水中营养成分（氮、磷、钾等）、微量元素（铁、锰、镁等），而且还吸收各种有机化合物（如铅、汞、胺等）。水葱还能降低水体的生化需氧量及化学耗氧量。

12. 减弱噪声

绿化植物、特别是树林对减弱噪声具有良好的作用。据介绍：穿过 12m 宽的悬铃木树冠，从公路上传到路旁住宅的交通噪声可减低 3～5dB(A)；20m 宽的多层行道树可减低噪声 8～10dB（A)；45m 宽的悬铃木幼树林可减低噪声 15dB（A)；4.4m 宽枝叶浓密的绿篱墙（由椤木，海桐各一行组成）可减低噪声 6dB（A)。

据国外测定：40m 的林带可减低噪声 10～15dB（A)；30m 的林带可减低噪声 6～8dB（A)。

13. 监测环境污染

绿色植物既可监测大气污染，也可监测水质污染。

(1) 大气污染　可根据植物受害症状、程度、敏感性、体内污染物质含量及树林年轮等来了解污染情况。例如 SO_2 可使植物叶脉褪色或产生坏死斑点；HF 常使植物叶片由边缘开始枯萎坏死；Cl_2 使叶子黄化；臭氧使叶子表面产生黄褐色细密斑点。

（2）水质污染 许多水生植物对水质污染十分敏感，如凤眼莲对砷很敏感，当水中砷含量仅为 1mg/L 时，它的外部形态即出现受害症状。

14. 调节和改善小气候

在夏季高温季节里，绿地内的气温比非绿地低 3～5℃，而较建筑物地区低 10℃左右。

树林庞大的根系不断地从土壤中吸收水分，然后通过枝叶蒸腾到空中去。因此，绿地的湿度比非绿地为大，相对湿度大 10%～20%。

绿化树林能减低风速防止大气吹袭。秋季能减低风速 70%～80%，夏季能减低风速 50%以上。

树林能调节气候，增加雨量，有林区的雨量比无林区平均多 7.4%，最高多达 26.6%，最低也要多 3.8%。

二、防尘和抗有害气体的绿化植物

主要的防尘和抗有害气体绿化植物见表 19-11[11]。

表 19-11 主要的防尘和抗有害气体绿化植物

防污染种类		绿化树种
防尘		构树、桑树、广玉树、刺槐、蓝桉、银桦、黄葛榕、槐树、朴树、木槿、梧桐、泡桐、悬铃木、女贞、臭椿、乌桕、桧柏、楝树、夹竹桃、丝棉木、紫薇、沙枣、榆树、侧柏
二氧化硫	抗性强	夹竹桃、日本女贞、厚皮香、海桐、大叶黄杨、广玉兰、山茶、女贞、珊瑚树、栀子、棕榈、冬青、梧桐、青冈栎、栓皮槭、银杏、刺槐、垂柳、悬铃木、构树、瓜子黄杨、蚊母、华北卫矛、凤尾兰、白蜡、沙枣、加拿大白杨、皂荚、臭椿
	抗性较强	樟树、枫香、桃、苹果、酸樱桃、李、杨树、槐树、合欢、麻栎、丝棉木、山楂、桧柏、白皮松、华山松、云杉、朴树、桑树、玉兰、木槿、泡桐、梓树、罗汉松、楝树、乌桕、榆树、桂花、枣、侧柏
氨气	抗性强	丝棉木、女贞、棕榈、白蜡、构树、沙枣、侧柏、枣、地锦、大叶黄杨、瓜子黄杨、夹竹桃、广玉兰、海桐、蚊母、龙柏、青冈栎、山茶、木槿、凤尾兰、乌桕、玉米、茄子、六月禾、冬青、辣椒、大豆等
	抗性较强	珊瑚树、梧桐、小叶女贞、泡桐、板栗、臭椿、麻栎、玉兰、朴树、樟树、合欢、罗汉松、榆树、皂荚、刺槐、槐树、银杏、华北卫矛、桧柏、云杉、黄槿、蓝桉、蒲葵、蝴蝶果、黄葛榕、银桦、桂花、楝树、杜鹃、菜豆、黄瓜、葡萄等
氟化氢	抗性强	刺槐、瓜子黄杨、蚊母、桧柏、合欢、棕榈、构树、山茶、青冈栎、蒲葵、华北卫矛、白蜡、沙枣、云杉、侧柏、五叶地锦、接骨木、月季、紫茉莉、常春藤等
	抗性较强	槐树、梧桐、丝棉木、大叶黄杨、山楂、海桐、凤尾兰、杉松、珊瑚树、女贞、臭椿、皂荚、朴树、桑树、龙柏、樟树、玉兰、榆树、泡桐、石榴、垂柳、罗汉松、乌桕、白蜡、广玉兰、悬铃木、苹果、大麦、樱桃、柑橘、高粱、向日葵、核桃等
氯化氢		瓜子黄杨、大叶黄杨、构树、凤尾兰、无花果、紫藤、臭椿、华北卫矛、榆树、沙枣、柽柳、槐树、刺槐、丝棉木
二氧化氮		桑树、泡桐、石榴、无花果
硫化氢		构树、桑树、无花果、瓜子黄杨、海桐、泡桐、龙柏、女贞、桃、苹果等
二硫化碳		构树、夹竹桃等
臭氧		樟树、银杏、柳杉、日本扁柏、海桐、夹竹桃、栎树、刺槐、冬青、日本女贞、悬铃木、连翘、日本黑松、樱花、梨等

三、工矿区域的绿化设计

1. 厂前区的绿化设计

进行厂前区绿化设计时，应从美化为主，并注意与办公楼等建筑物的造型相适应，讲究艺术效果，力求美观大方。绿篱、花坛、假山、水池等布置还应起到组织人流和车流安全通行的作用。

2. 工矿区道路的绿化设计

厂区道路的绿化在工厂绿化中占有十分重要的地位。沿主次道路布置的行道树，容易形成纵横交错的绿化网，起到工厂绿化的骨干作用。因此合理的道路断面设计（即正确处理绿化带、人行道、管线用地等）是搞好工厂绿化的关键。道路断面的绿化布置如图 19-7～图 19-11 所示。

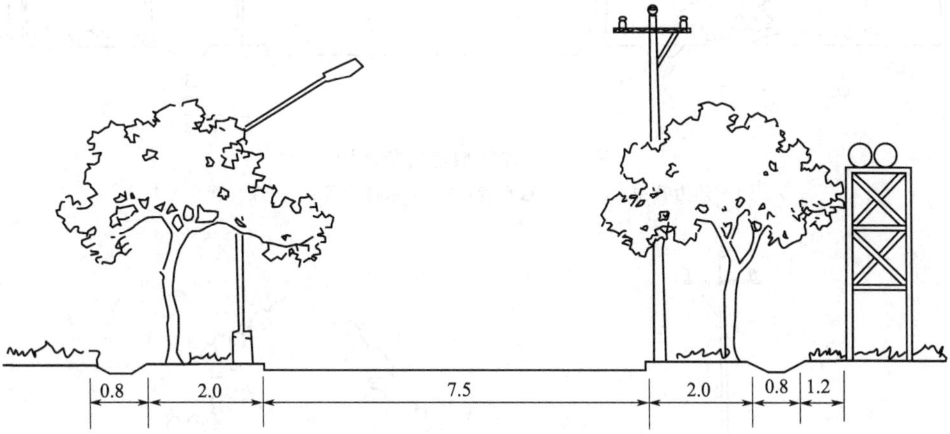

图 19-7　厂区道路断面（单位：m）

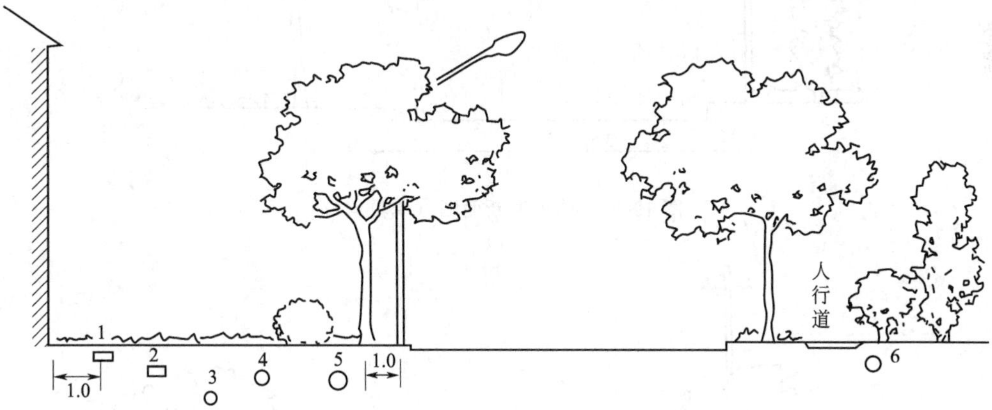

图 19-8　城市型道路断面图（单位：m）

1—电缆；2—热力管网；3—生产给水管；4—生活给水管；

5—生产及雨水排水管；6—消防给水管

厂区道路除受厂内散发的有害气体和粉尘影响之外，还直接受车流引起的地面扬尘和车辆排出废气的污染。它不仅是车流的集散通道，也是人员的必经之处。因此厂区道路的绿化，除强调净化空气、过滤粉尘之外，还应注意遮阳降温和美化的效果。

（1）行道树的布置，可采用单一树种，亦可采用大小乔木或灌木进行套种。如樟树套种夹竹桃，法桐套种棕榈等。若考虑常年发挥作用，可用常绿树与落叶树搭配。

（2）行道树的位置、高度、行数要与道路宽度、通道间距、建筑物的布置、地上和地下管道线等统一安排，保持必要的距离，以免相互干扰。

（3）行道树若布置成双行或多行时，其行距不宜小于 3m，且树种应有所变化。有条件

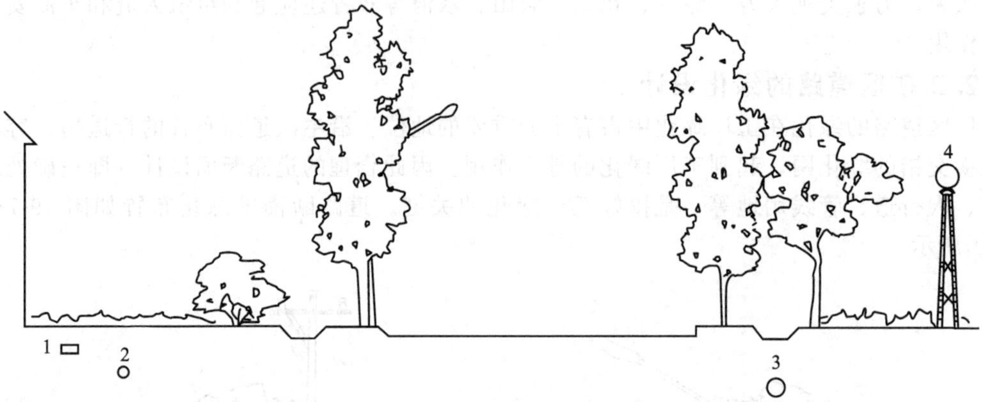

图 19-9 郊区型道路断面图

1—热力管沟；2—生产给水管；3—雨水排水管；4—煤气管

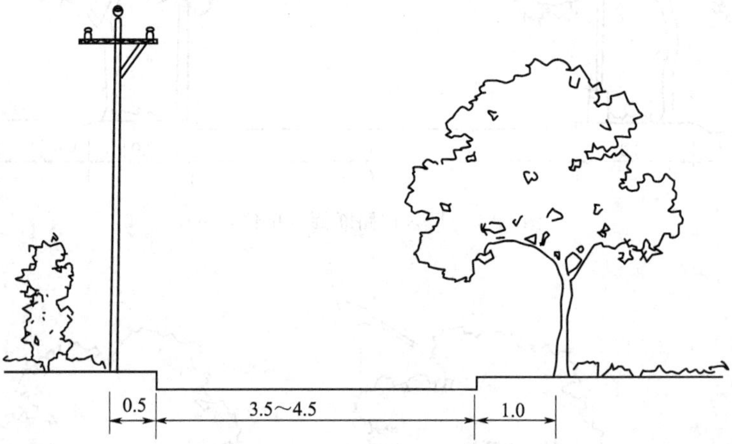

图 19-10 单车道断面图（单位：m）

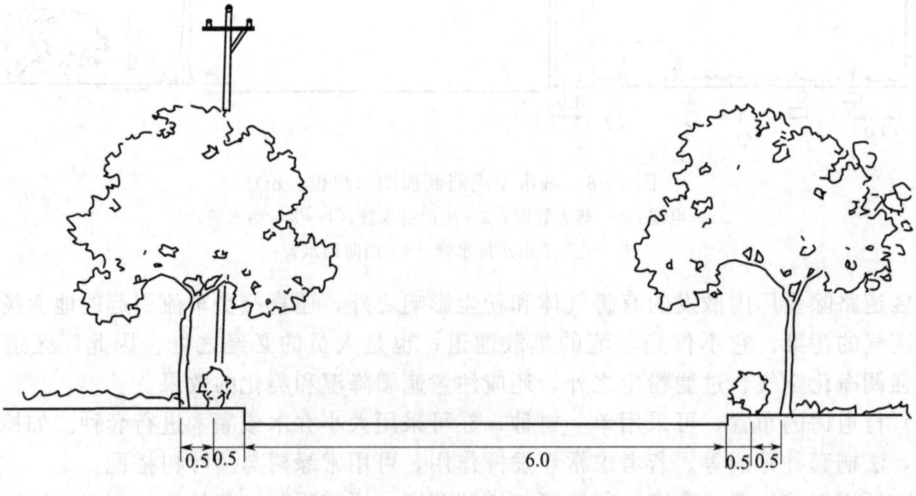

图 19-11 双车道断面图（单位：m）

时，可在厂区道路适当地段设置假山、水池、花坛等建筑小品美化厂容。为取得近期内的绿化效果，行道树的初期种植密度可采用成年树间距的1/2、1/3、1/4。经过若干年后，进行1～2次间伐或移植，使其保持比较均衡的效果，如图19-12所示。

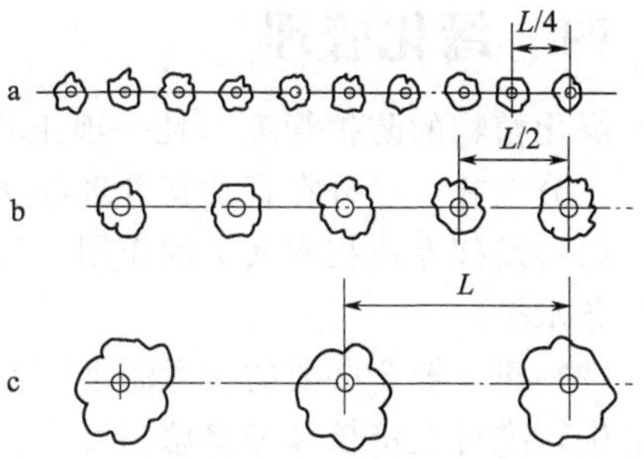

图19-12　行道树种植密度

a—初期种植密度；b—第一次间伐或移植后；c—第二次间伐或移植后的成年树密度

3. 车间周围的绿化设计

生产区的绿化范围包括生产车间的空地和生产区道路。生产区最集中地反映了工厂的特点，因此对各类生产厂房附近的绿化应区别对待。

(1) 对散发有害气体的车间附近，因常有许多跑、冒、滴、漏等无组织排放的污染物所造成的局部污染，为使其尽快扩散、稀释，在其周围不宜种植成片、过密、过高的林木。尽可能多种草皮等低矮植物。

(2) 对散发粉尘的车间（如粉煤灰车间、水泥车间等）周围宜栽植适应性强、枝叶茂密、叶面粗糙、叶片挺拔、风吹不易抖动的落叶乔木和灌木。

(3) 在有噪声车间的周围（如鼓风机房、排风机室、泵站、空气压缩机站等)，宜选用树冠矮、分枝低、枝叶茂密的乔木、灌木，高低搭配，形成隔声林带。

(4) 要求安静、洁净的车间周围（如分析室、化验室、变电所、稀贵金属车间、车间办公室等)，应尽可能搞好绿化。在西晒方向多栽植高大遮阳乔木，使炎热季节的室温不致过高。在上风向种植高低不同的乔、灌木，起阻滞灰尘的作用。室外场地可多铺草皮，以减少扬尘。其余均可栽植常阔叶树，但不宜栽有飞絮和有风时发出响声的树种。

(5) 在高温车间附近，由于温度高，工人生产时精神紧张，体力消耗大，容易疲劳，所以要求室外绿化布置应恬静、幽雅，不致给人以闭塞沉闷之感。因此应选用通风良好、高大浓荫的树种。

(6) 要求自然光线充足的车间，其附近不宜栽种高大、浓荫的乔木、宜植小灌木、草皮、花卉等。

(7) 不要阳光或要求光线较暗的暗室或厂房，宜在车间出入口栽植浓荫植物，使工作人员的视觉对光线有一个逐渐适应的过程。

(8) 经常散发可燃气体的厂房等处，宜栽植含水分多、根系深、萌蘖能力和再生能力强、枝叶不易燃的植物，不要选用含油脂或易燃的树木。在油库区的围堤内不许栽任何植物。

(9) 容易对植物产生机械或人为损伤的场地，如炼焦堆场、室外操作场等，应留出足够的使用场地，选用再生及萌蘖能力强、树皮粗糙、纤维多、韧性强、管理粗放的树种。

(10) 场地管道密集的地方，宜种植草皮、花卉及小灌木等。

(11) 喷放水雾的构筑物（如冷却塔、池、循环水池等）周围可栽植耐水性好的常绿树，如水杉、女贞、棕榈等。还可以就地利用循环水池建立喷水池，既可提高相对湿度，还可美化环境。

(12) 需要遮阳的场地，如汽车停车场等，应植枝叶浓密的高大乔木，以减少日光对汽车的暴晒。为此应根据最热时树木的投影和树木的高度，合理地确定绿化的位置，以期达到遮阳效果。

(13) 注意在选择工厂污染区的绿化树种中，应避免选用果树、食用油脂等经济作物，但可选用经济价值的材用树种。

四、绿化管理

绿化植物的防护管理，是一项工作量较大的经常性工作。植物能否成活，生长是否良好，三分在栽，七分在管。其管理办法如下。

(1) 发挥专业技术人员的作用，经常组织绿化工作人员学习有关园林及绿化新技术，提高业务水平。

(2) 建立健全必要的规章制度，制定绿化管理条例，对各区域的绿化提出具体要求和管理措施，推行经济核算和奖惩制度。

(3) 绿化植物的养护管理如下：

① 浇水。应定期适时浇水。

② 修剪。绿化植物修剪的基本方法为疏枝、短截与剥芽。疏枝是将无用枝、病虫枝和干枯枝剪掉（或锯掉）以利植物生长；短截是将树枝条去一部分，控制或促进树林的生长；剥芽也是疏枝的一种，它主要是去掉过密的、无用的幼芽。

③ 施肥。施肥的方法有：面施法、穴施法、沟施法、根外施法四种。

a. 面施法。把肥料平施在地面，让其自然渗入地下。此法简便但流失过多。

b. 沟施法。在地表树冠半径位置挖一深 10～40cm 的环沟，将肥料施于沟中，然后盖土。

c. 穴施法。在树冠半径范围内，挖深 30cm 直径为 20cm 的施肥穴，将肥料施在穴中，盖上土壤，使肥料在施肥穴内向四周渗透，施肥时，靠近树干的地方可少施些，远离树干的地方多施一些。

④ 防治病虫害。植物的病虫害，要以预防为主，经常进行观察，早期发现，一旦发现有病虫害时，务必要及时治理。防止蔓延。

参 考 文 献

[1] 朱宝山等. 燃煤锅炉大气污染物净化技术手册. 北京：中国电力出版社，2006.
[2] 王海涛，王冠，张殿印. 钢铁工业烟尘减排与回收利用技术指南. 北京：冶金工业出版社，2011.
[3] 张殿印主编. 环保知识 400 问，第 3 版. 北京：冶金工业出版社，2004.
[4] 李连山主编. 大气污染控制. 武汉：武汉工业大学出版社，2000.
[5] 《环境空气质量标准》GB 3095—2012.
[6] 《大气污染物综合排放标准》GB 16297—1996.
[7] 《锅炉大气污染物排放标准》GB 13271—2001.
[8] 《工业炉窑大气污染物排放标准》GB 9078—1996.
[9] 《水泥工业大气污染物排放标准》GB 4915—2004.
[10] 《制定地方大气污染物排放标准的技术方法》GB/T 13201—91.
[11] 杨丽芬，李友琥主编. 环保工作者实用手册. 第 2 版. 北京：冶金工业出版社，2001.

第二十章 清洁生产和循环经济

20世纪以来，随着科学技术和社会生产力的极大提高，人类创造了前所未有的物质财富，加速推进了文明发展的进程。与此同时，人口剧增、资源过度消耗、环境污染、生态破坏等问题日益突出，成为全球性的重大问题，严重地阻碍着经济的发展和人民生活质量的提高，继而威胁着人类自身的生存和发展。在这种严峻形势下，我们不得不重新审视自己的社会行为和走过的历程，认识到过去以大量消耗资源粗放经营为特征的传统发展模式和“先污染后治理”的指导思想，不但造成了严重的环境问题，也使经济发展难以为继。因而必须努力寻求一条人口、经济、社会、环境和资源相互协调的，既能满足当代人的需求而又不对满足后代人需求的能力构成危害的可持续发展的道路。

走可持续发展道路是我们发展的自身需要和必然选择。积极地、全面地推行清洁生产是实现可持续发展的主要内容之一。清洁生产作为可持续经济发展形式已写入联合国《21世纪议程》和《中国21世纪议程》中，实施清洁生产势在必行。

第一节 清洁生产的基本概念

一、清洁生产的定义

清洁生产这一名词的出现虽然仅是近些年的事情，但其包含的主要内容和思想早已被若干发达或较发达国家和地区采用，并在这些国家和地区有不同的叫法，如污染预防、废物最小量化、废物减量化、无废工艺、清洁工艺等。

美国环境保护局将污染预防定义为：“应用物质材料、生产工艺或操作技能在源头减少或消除污染物或废物的产生。它包括减少使用有害物质、能源、水或其他资源，以及通过节约和更有效地利用及保护自然资源的实践”。污染预防这一定义主要在于鼓励不产生污染，但它未明显地包含现场循环。

美国环境保护局对废物最小量化的定义为：“在可行的范围内减少最初产生的，或随后经过处理、分类和处置的有害废弃物”。该定义包括任何形式的源削减和循环，只要这些活动削减有害废物的总量和种类，或减少有害废物的毒性。废物最小量化定义包括了循环，但它主要是一个关于有害废物的概念。

无废工艺是欧洲一些国家的叫法。1979年11月在日内瓦召开了“在环境保护领域内进行国际合作的全欧高级会议”。会上通过了关于少废、无废和废料利用的宣言，指出无废工艺是使社会和自然取得和谐关系的战略方向和主要手段。在宣言中对无废工艺作了如下的定义：“无废工艺乃是各种知识、方法、手段的实际应用，以期在人类需求的范围内达到保证最合理地利用自然资源和能量以及保护环境的目的”。1984年联合国欧洲经济委员会在苏联塔什干主持召开的国际会议上，对无废工艺又作了进一步的定义：“无废工艺乃是这样一种生产产品的方法，借助这种方法，所有的原料和能量在原料资源生产—消费—二次原料资源的循环中得到最合理和综合的利用，同时对环境的任何作用都不致破坏它的正常功能”。从上述定义可以看出，无废工艺的目标在于解决自然资源的合理利用和环境保护问题，把利用自然和保护自然统一起来，即在利用自然的过程中保护自然。这和三废治理保护环境的传统概念是有原则区别的。无废工艺的定义着眼于实现资源的循环，亦即把传统工业的开环过程变成闭环过程。另外强调了工业生产过程和自然环境的相容性，这是无废工艺生态性的体现。

在现阶段，作为传统工业向无废生产转化的一种过渡形式，也可采用“少废工艺”。少废工艺的定义是：“少废工艺是这样一种生产方法，这种生产的实际活动对环境所造成的影响不超过允许的环境卫生标准，同时由于技术的、经济的、组织的或其他方面的原因，部分原材料可能转化成长期存在或埋藏的废料”。

直到1989年联合国环境署巴黎工业与环境活动中心才在总结了各国的经验后，提出了“清洁生产”的概念，定义是：“清洁生产是指将综合预防的环境策略，持续应用于生产过程和产品中，以便减少对人类和环境的风险”。

我国政府在1994年发表的《中国21世纪议程——中国21世纪人口、环境与发展白皮书》中对清洁生产作了更为确切的定义：“清洁生产是指既可满足人们的需要又可合理使用自然资源和能源并保护环境的实用生产方法和措施，其实质是一种物料和能耗最少的人类生产活动的规划和管理，将废物减量化、资源化和无害化，或消灭于生产过程之中。同时对人体和环境无害的绿色产品的生产亦将随着可持续发展进程的深入而日益成为今后产品生产的主导方向”。

1996年，联合国环境规划署再次明确定义：清洁生产是一种新的、创造性的思想，该思想将整体预防的环境战略持续应用于生产过程、产品和服务中，以增加生态效率和减少人类及环境的风险，其含义可用图20-1表示。

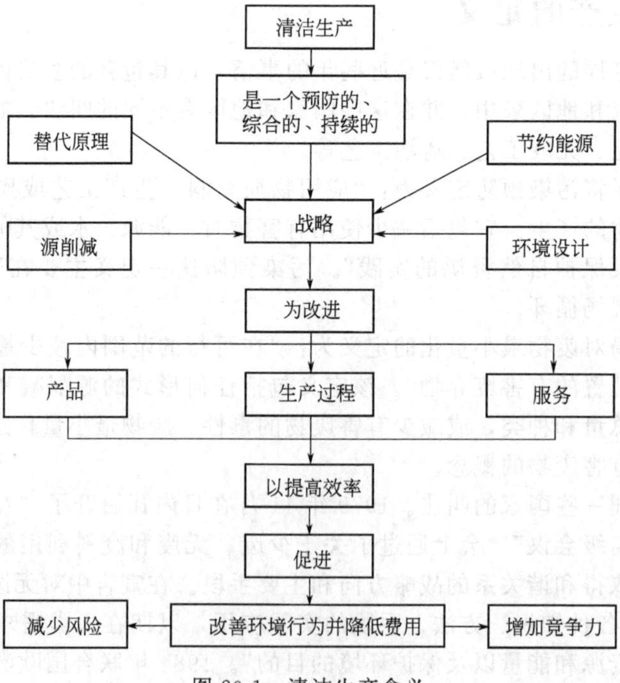

图20-1 清洁生产含义

2002年6月29日我国第九届全国人民代表大会常务委员会颁布了《中华人民共和国清洁生产促进法》，结合我国国情，定义了清洁生产就是“不断采取改进设计、使用清洁的能源和原料、采用先进的工艺技术与设备、改善管理、综合利用等措施，从源头削减污染，提高资源利用效率，减少或者避免生产、服务和产品使用过程中污染物的产生和排放，以减轻或者消除对人类健康和环境的危害”[1]。

由以上定义可以看出，清洁生产是以节能、降耗、减污为目标，以技术、管理为手段通过对生产全过程的排污审计，筛选并实施污染防治措施，以消除和减少工业生产对人类健康与生态环境的影响，达到防治工业污染、提高经济效益双重目的的综合性措施。这个概念包含四层意思：一是清洁生产的目标是节省能源、降低原材料消耗、减少污染物的产生量和排放量；二是清洁生产的基本手段是改进工艺技术，强化企业管理，最大限度地提高资源、能源的利用水平；三是清洁生产的主要方法是排污审计，即通过审计发现排污部位、排污原因，并筛选消除或减少污染物的措施；四是清洁生产的终极目的是保护人类与环境，提高企业的经济效益。

换句话说，清洁生产就是用清洁的能源和原材料、清洁工艺及无污染、少污染的生产方式，科学而严格的管理措施，生产清洁的产品。

二、清洁生产的内容

清洁生产的内容包括三方面：一是清洁的能源；二是清洁的生产过程；三是清洁的产品[2~4]。

（一）清洁的能源

清洁的能源是指在能源利用过程中，着重注意以下几个环节：常规能源的清洁利用，可再生能源的利用，新能源的开发和利用，以及各种节能技术的运用等。

目前我国不少工业企业在能源利用方面与清洁生产还有较大差距，其特点是单位产值能耗高，单位产品能耗高。如美国1t钢耗标煤量仅为我国的42%，1kW·h电耗标煤量仅为我国的79%。由于能源利用不合理，致使大量能源白白浪费掉，造成对环境的污染和破坏。在能源利用过程中应尽力提高可再生能源的利用水平，如大力开发利用水力能源。同时也要积极开发利用太阳能、风能、潮汐能等新能源，在生产过程中尽力采用各种节能技术。

（二）清洁的生产过程

清洁的生产过程包括以下含义：尽量少用或不用有毒有害的原料、辅料；无毒、无害的中间产品；减少生产过程中的各种危险因素，如高温、高压、低温、低压、易燃、易爆、强噪声、强振动等；少废、无废的工艺和高效的设备；物料的再循环；简便、可靠的操作和控制；完善的管理等。

（三）清洁的产品

清洁的产品是指产品在生产、使用和废弃过程中，具有以下特征：节约原料和能源，少用昂贵和稀缺的原料；利用二次资源作原料；产品在使用过程中以及使用后不含危害人体健康和生态环境的因素；易于回收、复用和再生；合理包装；合理的使用功能（以及具有节能、节水、降低噪声的功能）和使用寿命；易处置、易降解。

下面列举一些清洁产品。

低毒安全型产品：无铅焊条、无汞电池、不含甲苯的指甲油和不含农药的家用驱虫剂。

低排放型产品：不含CFCs的发泡剂、低排放雾化油燃烧炉、低排放节能型燃气凝气式锅炉、低排放少废印刷机、易去除的低污染印刷油墨、粉末涂料。

低噪声型产品：低噪声建筑机械、低噪声链锯、低噪声混合粉碎机。

节能型产品：高隔热多层窗玻璃、节能灯、节能型通风设备。

节水型产品：节水型冲洗机、节水型水流控制器、节水型马桶。

可回收利用型产品：再生纸、用再生纸生产的卫生纸、壁纸、建筑材料、可反复使用的运输周转箱、用再生玻璃生产的建筑材料、用再生石膏制成的建筑材料、用再生塑料和废橡胶生产的产品。

可生物降解型产品：可生物降解的润滑油、可生物降解的混凝土脱模剂、可生物降解的农用薄膜。

三、清洁生产的指导思想

1. 对产品实施从摇篮到坟墓的全过程控制

按照清洁生产的概念，对工业产品要进行整个生命周期的环境影响分析。产品生命周期原是指一种产品在市场上开始出现到消失的过程，它包括投入期、成长期、成熟期和衰落期四个时期。这里指的是一种产品从设计、生产、流通、消费以及报废后的处理和处置几个阶段（即所谓从“摇篮”到“坟墓”）所构成的整个过程。

产品的生命周期环境影响分析，是目前在产品开发过程中所作的产品性能分析、技术分析、市场分析、销售能力分析和经济效益分析的新补充，体现了一种新的产品设计观念，即产品的设计不但应遵循经济原则，而且还要顾及生态效益；不但应考虑它在消费中的使用性能，还要关心产品报废成为废品后的命运。即要减少从原材料到最终处理的产品的整个生命周期对人类健康和环境的影响。

2. 在生产的全过程最大限度地减少对人类的危害

生产的全过程是指由物料投入到产品下线的全过程。应在全过程的每一环节均推行清洁生产过程，其中包括：节约原材料和能源，尽量少用或不用有毒有害的主辅原料，减少各种废弃物的排放量和毒性，尽力采用先进的生产工艺和设备，积极组织企业内部物料循环，加强企业的管理，进行必要的末端污染物技术治理等。由生产全过程中的每一环节，最大限度地减少对人类的危害。

3. 清洁生产是一个相对的概念

所谓清洁的工艺、清洁的产品，是和现有的工艺和现有产品相比较而言的。即清洁生产是一种相对的概念。随着时间的推移，社会和经济会不断发展，科学技术会不断进步，人们对环境问题的认识和要求也会不断提高。在这种情况下，人们对清洁生产也要适时提出新的、更高的目标，争取达到更高水平。

四、清洁生产谋求达到的目标

清洁生产是实现可持续发展战略的关键因素。1992 年联合国环境与发展大会提出了可持续发展战略，可持续发展的本质含义是发展不是一代人的事，而是要千秋万代持续发展下去。这就有两个基本要求：一是资源的永续利用；二是环境容量的持续承载能力。而实施清洁生产，这两个要求基本都可以满足。

清洁生产可以最大限度地利用资源和能源。通过资源的综合利用，短缺资源的代用，二次能源的利用以及节能、降耗、节水，合理利用自然资源，这样就大大减缓了资源的耗竭，达到资源永续利用的目的。

推行清洁生产可以减少废料和污染物的生成和排放，促进工业产品的生产、消费过程与环境相容，降低整个工业活动对人类和环境的风险，实现环境容量的持续承载能力。

这两个目标的实现说明清洁生产是促进环境与经济协调发展的重要手段，促进了经济效益、社会效益和环境效益的统一，保证国民经济的持续快速健康发展。

第二节　清洁生产的由来

一、无节制索取的结果

在人类发展的进程中，工业革命以后产生了机器大工业，给人类带来巨大财富，促进人类的文明与进步；但是随着工业生产规模的不断扩大，人类也无节制地向地球索取资源，无止境地向大自然排放各种危害人类健康、污染环境的污染物，当大自然消纳不了这些污染物时，环境就会被污染，就会恶化。特别是发达国家在20世纪50～60年代，由于经济快速发展，忽视对工业污染的防治，致使环境问题日趋严重，生态环境受到严重破坏，公害事件相继不断发生，20世纪50年代就发生了如日本的水俣病事件等全球八大恶性污染事件，对人体健康造成极大危害，社会反映非常强烈。面对全球环境严重恶化的严峻形势，人们认识到由于自身对大自然的任意索取，付出了惨痛的代价。

二、降低末端治理的负担

到20世纪70年代，人们开始广泛关注工业快速发展带来的环境问题。人们开始针对工业排出的废水、废气等污染物进行末端治理。然而随着工业迅猛发展，排放的污染物急剧增加，70年代以来，全球又相继发生了如意大利维索化学污染等全球十大恶性公害事件，人们又一次震撼了，开始认识到这种末端治理显示出局限性。自工业革命100多年以来，困扰人类的七大全球性环境问题（全球气候变暖且变化反复无常、臭氧层破坏、全球性酸雨、淡水资源缺乏与水污染、自然生态被破坏、生物多样性丧失、海洋污染、危险废物越境转移等）越来越突出；人口膨胀、资源短缺、环境恶化已成为当代可持续发展面临的三大问题。因此，1972年联合国在斯德哥尔摩召开了全球环境大会，发表了《人类环境宣言》。

全球环境大会以来，环境问题逐渐引起各国政府的极大关注，并采取了相应的环保措施和对策，国际社会为保护人类生存环境做出了很大努力。例如增大环保投资、建设污染控制和治理设施、制定污染物排放标准、实行环境立法等，以控制和改善环境污染问题，取得了一定的成绩，也付出了沉重代价。单一的末端治理使得很多国家在日益加剧的环境污染面前不堪重负。通过十多年的实践发现：这种仅着眼于控制排污口，通过治理使排放的污染物达标排放的办法（末端治理的办法），虽是必要的并在一定时期内或在局部地区起到一定的作用，但并未从根本上解决工业污染问题。环境污染和自然环境恶化并没有得到有效遏制，一个重要原因就是应对环境问题的手段是被动的，不能从根本上彻底解决污染问题，其原因如下。

（1）末端治理是目前国内外控制污染的重要手段，为保护环境起到了重要作用，但末端治理代价高昂。据美国EPA统计，美国用于空气、水和土壤等环境介质污染控制总费用（包括投资和运行费），1972年为260亿美元（占GNP的1%），1990年高达1200亿美元（占GNP的2.8%），成为国家的一个严重负担。末端治理企业要花费大量治理费用，占用企业大量资金，使企业感到负担不起。即使如此之高的经济代价仍未能达到预期的污染控制目标，末端处理在经济上已苦不堪言。

（2）由于污染治理技术有限，治理污染实质上很难达到彻底消除污染的目的。有的治理不当还会造成二次污染；有的治理只是将污染物转移，废气变废水、废水变废渣、废渣堆放填埋，污染土壤和地下水，形成恶性循环，破坏生态环境。

（3）只着眼于末端处理的办法，不仅需要投资，而且使一些可以回收的资源（包含未反应的原料）得不到有效的回收利用而流失，致使企业原材料消耗增高，产品成本增加，经济效益下降，从而影响企业治理污染的积极性和主动性。

三、提高企业竞争力

清洁生产可以促使企业提高管理水平，节能、降耗、减污，从而降低生产成本，提高经济效益。同时，清洁生产还可以树立企业形象，促使公众对其产品的支持。

随着全球性环境污染问题的日益加剧和能源、资源急剧耗竭对可持续发展的威胁以及公众环境意识的提高，一些发达国家和国际组织认识到进一步预防和控制污染的有效途径是加强产品及其生产过程以及服务的环境管理。欧共体于 1993 年 7 月 10 日正式公布了《欧共体环境管理与环境审计规则》(EMAS)，并定于 1995 年 4 月开始实施；加拿大、美国也都制定了相应的标准。国际标准化组织（ISO）于 1993 年 6 月成立了环境管理技术委员会（TC207)，要通过制定和实施一套环境管理的国际标准（ISO 14000）规范企业和社会团体等所有组织的环境行为，以达到节省资源、减少环境污染、改善环境质量、促进经济持续、健康发展的目的。由此可见，推行清洁生产将不仅对环境保护而且对企业的生产和销售产生重大影响，直接关系到其市场竞争力。

目前，不论是发达国家还是发展中国家都在研究如何推进本国清洁生产。从政府的角度出发，推行清洁生产有以下几个方面的工作要做[1,2]：①制定特殊的政策以鼓励企业推行清洁生产；②完善现有的环境法律和政策以克服障碍；③进行产业和行业结构调整；④安排各种活动提高公众的清洁生产意识；⑤支持工业示范项目；⑥为工业部门提供技术支持；⑦把清洁生产纳入各级学校教育之中。

清洁生产的基本要求是“从我做起、从现在做起”，每个企业都存在着许多清洁生产机会，只是以前忽略了或者是发现了但并没有去做。从企业层次来说，实行清洁生产有以下几个方面的工作要做：①进行企业清洁生产审计；②开发长期的企业清洁生产战略计划；③对职工进行清洁生产的教育和培训；④进行产品全生命周期分析；⑤进行产品生态设计；⑥研究清洁生产的替代技术。

进行企业清洁生产审计是推行企业清洁生产的关键和核心。

第三节 清洁生产的审计

清洁生产审计的对象是企业，其目的有两个：一是判定出企业中不符合清洁生产的地方和做法；二是提出方案解决这些问题，从而实现清洁生产。

通过清洁生产审计，对企业生产全过程的重点（或优先）环节、工序产生的污染进行定量监测，找出高物耗、高能耗、高污染的原因，然后有的放矢地提出对策、制订方案，减少和防止污染物的产生。

一、概念和思路

（一）概念[4,5]

企业清洁生产审计是对企业现在的和计划进行的工业生产实行预防污染的分析和评估，是企业实行清洁生产的重要前提。

在实行预防污染分析和评估的过程中，制订并实施减少能源、水和原材料使用，消除或减少产品和生产过程中有毒物质的使用，减少各种废弃物排放及其毒性的方案。

通过清洁生产审计，达到：

(1) 核对有关单元操作、原材料、产品、用水、能源和废弃物的资料；

（2）确定废弃物的来源、数量以及类型，确定废弃物削减的目标，制订经济有效的削减废弃物产生的对策；

（3）提高企业对由削减废弃物获得效益的认识和知识；

（4）判定企业效率低的瓶颈部位和管理不善的地方；

（5）提高企业经济效益和产品质量。

（二）思路

清洁生产审计的总体思路可以用一句话来介绍，即判明废弃物的产生部位，分析废弃物的产生原因，提出方案减少或消除废弃物。图 20-2 表述了清洁生产审计的思路。

1. 废弃物在哪里产生

通过现场调查和物料平衡找出废弃物的产生部位并确定产生量，这里的“废弃物”包括各种废物和排放物。

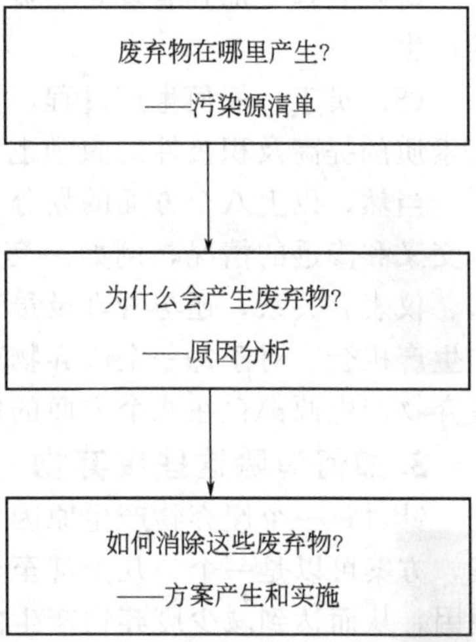

图 20-2　清洁生产审计思路框图

2. 为什么会产生废弃物

一个生产过程一般可以用图 20-3 简单地表示出来。

从图 20-3 生产过程的简图可以看出，对废弃物的产生原因分析要针对八个方面进行。

（1）原辅材料和能源　原材料和辅助材料本身所具有的特性，例如毒性、难降解性等，在一定程度上决定了产品及其生产过程对环境的危害程度，因而选择对环境无害的原辅材料是清洁生产所要考虑的重要方面。同样，作为动力基础的能源，也是每个企业所必需的，有些能源（例如煤、油等的燃烧过程本身）在使用过程中直接产生废弃物，而有些则间接产生废弃物（例如一般电的使用本身不产生废弃物，但火电、水电和核电的生产过程均会产生一定的废弃物），因而节约能源、使用二次能源和清洁能源也将有利于减少污染物的产生。

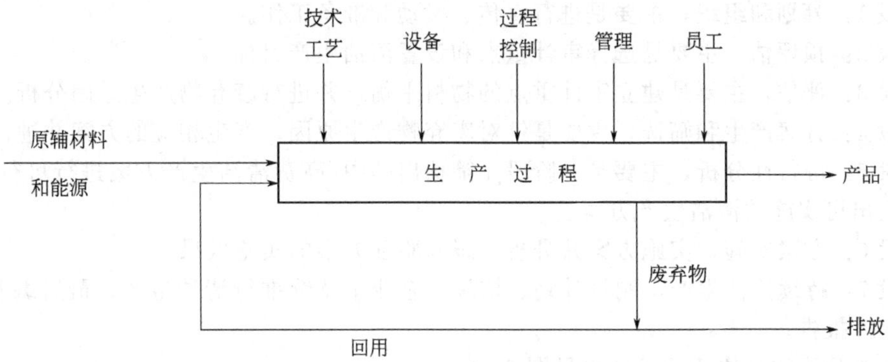

图 20-3　生产过程框图

（2）技术工艺　生产过程的技术工艺水平基本上决定了废弃物的产生量和状态，先进而有效的技术可以提高原材料的利用效率，从而减少废弃物的产生，结合技术改造预防污染是实现清洁生产的一条重要途径。

（3）设备　设备作为技术工艺的具体体现在生产过程中也具有重要作用，设备的适用性及其维护、保养等情况均会影响到废弃物的产生。

（4）过程控制　过程控制对许多生产过程是极为重要的，例如化工、炼油及其他类似的生产过程，反应参数是否处于受控状态并达到优化水平（或工艺要求），对产品的利率和优质品的得率具有直接的影响，因而也就影响到废弃物的产生量。

（5）产品 产品的要求决定了生产过程，产品性能、种类和结构等的变化往往要求生产过程作相应的改变和调整，因而也会影响到废弃物的产生，另外产品的包装、体积等也会对生产过程及其废弃物的产生造成影响。

（6）废弃物 废弃物本身所具有的特性和所处的状态直接关系到它是否可现场再用和循环使用。“废弃物”只有当其离开生产过程时才称其为废弃物，否则仍为生产过程中的有用材料和物质。

（7）管理 加强管理是企业发展的永恒主题，任何管理上的松懈均会严重影响到废弃物的产生。

（8）员工 任何生产过程，无论自动化程度多高，从广义上讲均需要人的参与，因而员工素质的提高及积极性的激励也是有效控制生产过程和废弃物产生的重要因素。

当然，以上八个方面的划分并不是绝对的，虽然各有侧重点，但在许多情况下存在着相互交叉和渗透的情况，例如一套大型设备可能就决定了技术工艺水平；过程控制不仅与仪器、仪表有关系，还与管理及员工有很大的联系等。唯一的目的就是为了不漏过任何一个清洁生产机会。对于每一个废弃物产生源都要从以上八个方面进行原因分析，这并不是说每个废弃物产生源都存在八个方面的原因，这可能是其中的一个或几个。

3. 如何消除这些废弃物

针对每一个废弃物产生原因，设计相应的清洁生产方案，包括无/低费方案和中/高费方案，方案可以是一个、几个甚至十几个，通过实施这些清洁生产方案来消除这些废弃物产生原因，从而达到减少废弃物产生的目的。

二、审计程序特点

根据上述清洁生产审计的思路，整个审计过程可分解为具有可操作性的7个步骤，或者称为清洁生产审计的7个阶段[2,5]。

阶段1：筹划和组织，主要是进行宣传、发动和准备工作。

阶段2：预评估，主要是选择审计重点和设置清洁生产目标。

阶段3：评估，主要是建立审计重点的物料平衡，并进行废弃物产生原因分析。

阶段4：方案产生和筛选，主要是针对废弃物产生原因，产生相应的方案并进行筛选。

阶段5：可行性分析，主要是对阶段4筛选出的中/高费清洁生产方案进行可行性分析，从而确定出可实施的清洁生产方案。

阶段6：方案实施，实施方案并分析、跟踪验证方案的实施效果。

阶段7：持续清洁生产，制订计划、措施在企业中持续推行清洁生产，最后编制企业清洁生产审计报告。

这7个阶段的具体活动及产出见图20-4。

进行企业清洁生产审计是推行清洁生产的一项重要措施，它从一个企业的角度出发，通过一套完整的程序来达到预防污染的目的，具备如下特点。

1. 目的性

清洁生产审计特别强调节能、降耗、减污，并与现代企业的管理要求相一致，具有鲜明的目的性。

2. 系统性

清洁生产审计以生产过程为主体，考虑对其产生影响的各个方面，从原材料投入到产品改进，从技术革新到加强管理等，设计了一套发现问题、解决问题、持续实施的系统而完整的方法学。

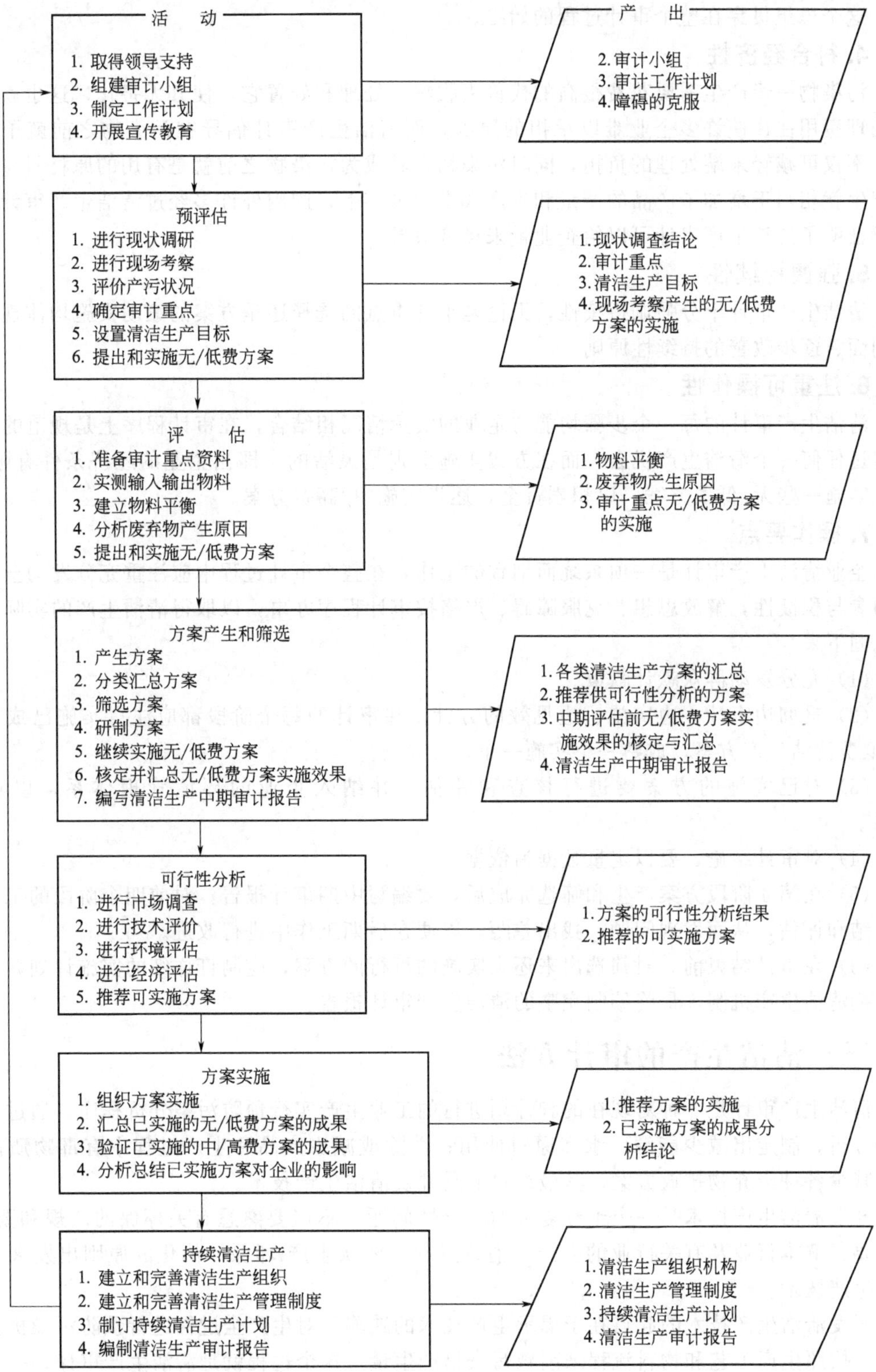

图 20-4 企业清洁生产审计工作程序图

3. 突出预防性

清洁生产审计的目标就是减少废弃物的产生，从源头削减污染，从而达到预防污染的目的，这个思想贯穿在整个审计过程的始终。

4. 符合经济性

污染物一经产生需要花费很高的代价去收集、处理和处置它，使其无害化，这也就是末端处理费用往往使许多企业难以承担的原因，而清洁生产审计倡导在污染物之前就予以削减，不仅可减轻末端处理的负担，同时污染物在其成为污染物之前就是有用的原材料，减少了产生就相当于增加了产品的产量和生产效率。事实上，国内外许多经过清洁生产审计的企业都证明了清洁生产审计可以给企业带来经济效益。

5. 强调持续性

清洁生产审计十分强调持续性，无论是审计重点的选择还是方案的滚动实施均体现了从点到面、逐步改善的持续性原则。

6. 注重可操作性

清洁生产审计的每一个步骤均能与企业的实际情况相结合，在审计程序上是规范的，即不漏过任何一个清洁生产机会，而在方案实施上则是灵活的，即当企业的经济条件有限时，可先实施一些无/低费方案，以积累资金，逐步实施中/高费方案。

7. 操作要点

企业清洁生产审计是一项系统而细致的工作，在整个审计过程中应注重充分发动全体员工的参与积极性，解放思想、克服障碍、严格按审计程序办事，以取得清洁生产的实际成效并巩固下来。

(1) 充分发动群众献计献策。

(2) 贯彻边审计、边实施、边见效的方针，在审计的每个阶段都应注意实施已成熟的无/低费清洁生产方案，成熟一个实施一个。

(3) 对已实施的方案要进行核查和评估，并纳入企业的环境管理体系，以巩固成果。

(4) 对审计结论，要以定量数据为依据。

(5) 在第4阶段方案产生和筛选完成后，要编写中期审计报告，对前四个阶段的工作进行总结和评估，从而发现问题、找出差距，以便在后期工作中进行改进。

(6) 在审计结束前，对筛选出来还未实施的可行的方案，应制订详细的实施计划，并建立持续清洁生产机制，最终编制完整的清洁生产审计报告。

三、清洁生产的审计方法

清洁生产审计是一种对现在的和计划进行的工业生产实行预防污染分析程序。通过预防污染分析，制定出减少能源、水和原料使用；消除或减少产品和生产过程中有毒物质的使用；减少各种废弃物排放方案，其最终目的是开发清洁生产技术。

开发清洁生产技术是一个十分复杂的综合性问题，不但要熟悉有关环保的法规和要求，还需要了解本行业及有关行业的生产、消费过程。要从生产-环保一体化的原则出发来开发清洁生产技术。

开发清洁生产技术的起点在于揭示生产技术的缺陷，对生产全过程进行预防污染机会的分析，按照生产工艺和物料流程来削减污染物产生量，这个过程就是清洁生产审计。一个企业清洁生产审计大体经历以下几个过程。

（一）准备阶段

准备阶段是开展清洁生产审计的第一步，在此阶段要进行思想准备、组织准备、工作准备和物质准备。

1. 思想准备

思想准备是顺利实行清洁生产审计工作的必要条件，是落实污染防治措施取得审计成效的关键，是动员全体职工同心协力完成清洁生产目标的保证。思想准备工作的关键在于领导层的思想工作。企业领导对开展清洁生产审计要做到正确决策，为此必须全面了解污染源的产生和废弃物处理的费用，要积极执行防止污染的环境政策。企业领导对企业目前对环境的影响要有正确认识，对未来更加严格的环保要求要有远见卓识，必须能准确把握并确定企业防治污染的目标。

2. 组织准备

为保证清洁生产审计工作正常进行，需成立清洁生产审计领导小组，领导小组成员由负责人和组员构成。负责人应由企业主管厂长和部门负责人组成，他们应该懂得企业生产、工艺技术管理知识，应知道污染源产生及防治技术，也应熟悉审计工作的程序和有关环境保护法规。组员由企业相关科室工程技术人员、工段长和熟练技术工人组成，他们需熟悉企业生产、工艺技术及污染治理技术知识，熟悉审计工作程序，熟悉企业污染源的产生、治理和管理情况。

审计领导小组的工作任务是：开展宣传教育，普及清洁生产知识；组织和实施清洁生产审计工作；确定防止污染审计重点，制定防止污染目标；组织进行预防污染方案论证；选择并确定最佳清洁生产方案；进行方案的技术、经济和环境可行性分析；编写审计报告；总结经验、持续进行清洁生产等项工作。

3. 工作准备

审计领导小组应根据上级领导机关的要求和自身的实际情况，制定本企业的清洁生产审计工作计划。与此同时，企业应聘请清洁生产审计专家，开展人员培训、查阅资料和指导审计等项工作。清洁生产审计是一项概念全新的工作，在正式开展之前，必须先做好舆论工作。要广泛开展宣传教育工作，宣传“持续发展”、“清洁生产”、“清洁生产审计”等概念，宣讲单纯末端治理的弊端，以及清洁生产审计的工作程序和要求等内容。

4. 物质准备

在正式开展清洁生产审计工作之前，需要进行必要的物质准备，这是顺利开展工作的必要保障。审计前需对生产设备进行必要的检修和清洗，需准备必要的取样检测、样品分析和计量等仪器和设备，需有保证生产正常进行的一些必备条件。

（二）审计阶段

审计阶段主要做以下几项工作，现状调查、确定审计重点、提出预防污染目标、物料与能量平衡测试、分析废物产生和物料流失原因和部位。

1. 现状调查

现状调查包括企业一般概况调查和企业生产情况调查两部分。

企业一般概况调查内容是：企业所在地地理位置和生态环境；企业发展简史、生产规模、产品品种、产值、利税和发展前景；企业生产工艺、设备现状、物耗、水耗、污染源、废物排放及其特性；污染治理现状；废物综合利用及回收情况；与国内外先进水平对比情况等。

企业生产情况调查内容是：生产中最明显的废物流和废物产生的重点部位；耗水、耗能最多的环节；原材料的管理状况、原材料使用记录；生产量、成品率、损失率；设备维护状况及自动化程度；生产管理状况；工人技术水平和环保意识；作业条件及环保现状等。

2. 确定审计重点

所谓审计重点是在一个企业内的若干个审计对象中相比而言。确定审计重点需要考虑以下几个因素：废物管理的费用；潜在的环境和安全责任；废物排放量；废物的危害特性；对工人的身体健康损害程度；污染防治的潜力；有价值的废物回收利用可能性；节水、节电潜力等。

确定审计重点时，通常请企业内外专家、生产工人及有关人员，根据上述因素，对不同审计对象的不同因素进行加权打分，将不同审计对象的单因素加权分进行迭加，得到不同审计对象的综合评分，最后根据综合评分值的大小确定审计重点。

3. 提出预防污染目标

预防污染的目标应根据企业具体情况，以及环保部门的要求和精神确定，目标要适度，要量化，并能进行考核。

预防污染目标设置的原则：国家与地方规定的污染物排放标准；区域总量控制要求；公众的环境要求；技术上可行性；企业内部潜力和压力；国内外同行业的先进水平。预防污染目标的内容：节能目标；节水目标；节耗目标；污染物削减目标。

4. 审计重点的物料平衡

对于审计重点进行物料平衡测算的目的在于寻求不合理的能耗、物耗的原因和部位。欲进行物料衡算，首先要编制审计重点的工艺流程图。工艺流程图用方框图表示，方框与方框之间用带箭头的线段相连，线段上一般注明水、原材料、能量、库物的去向等。在此基础上确定输入输出物流，核定输入物流、输出物流和废物排放情况，将核定结果绘制成物料平衡图。由物料衡算结果进行企业经济核算，分析废物产生的原因。

（三）方案制定

方案制定的主要工作内容是根据物料平衡测试结果和污染产生的原因，制定清洁生产方案，并对方案进行汇总、分类、筛选，确定3～5个方案进行技术、环境、经济可行性分析。

1. 方案产生

在搞清废物的来源和产生原因后，即可提出清洁生产方案。提出清洁生产方案是清洁生产审计的一个重要环节，要将这一环节搞好，首先必须克服思想障碍，打破传统守旧的观念，力争提出高水平的方案。方案的提出可通过：召开专题会议，广开思路，集思广益；同时组织有关人员开展广泛的调查研究工作，吸收国内外的先进经验；聘请专家进行指导等方法进行。常见的备选方案有：加强企业管理；改进原材料，尽量减少和消除有毒、有害原材料进入生产系统；改进产品设计；对企业进行技术改造；废物循环回收利用等。

2. 方案汇总

将由不同角度，适用于不同部门和部位的方案进行集中汇总，以便对其进行分析筛选。

3. 方案分类与筛选

将备选方案按优先顺序分成A、B、C三类。

A类：无费用与低费用方案，可以立即实施。

B类：需要进一步分析的方案，这类方案一般有良好的经济和环境效益，但需要投资。

C类：暂不实施的方案，指投资大、效益低或有待进一步研究开发的方案。

采用权重加和计分法对B类方案进行进一步筛选，根据权重总和计分结果，选择3～5个得分最高的方案，供下阶段进行可行性分析。

4. 可行性分析

对筛选出来的清洁生产方案，先进行技术评估和环境评估，然后再进行经济评估，分析比较方案的可行性，据此推荐可供实施的可行方案。

方案技术评估的目的是说明方案中所推选的技术与国内外相比的先进性，在本企业生产中的实用性，以及在具体改造中的可行性和可实施性。技术评估的内容是技术的先进性、技术的安全可靠性、技术的成熟程度、能否保证产品质量、有无足够的空间安装新的设备、对生产能力和生产管理的影响等。

环境评估的目的是说明方案的环境效益大小，方案实施后可否达到环境保护的目标。环境评估的内容是污染物迁移、转化及毒性变化；资源利用水平及能耗、物耗、水耗情况的变化；废物回用、再生、复用情况的可能性和变化；污染物存放过程及运输过程中可能产生的污染；污染物排放量及排放浓度的变化等。

经济评估的目的是说明方案的经济效益大小，我们主张环境效益与经济效益统一，没有经济效益的方案也是不可行的。经济评估的内容是：总投资费用、年运行费用总节省金额、计算年增加现金流量、计算偿还期、计算净现值、计算内部投资收益率。

5. 推荐可实施的方案

列表说明不同方案的技术、环境、经济评估结果，对不同方案进行利弊分析对比，最后提出可实施的方案。

四、清洁生产方案实施

针对推荐的实施方案，制定具体实施计划，筹措资金，组织力量，实施方案。在方案实施过程中及完成之后，及时审核方案实施效果。审核内容是：清洁生产目标完成情况；污染物削减情况；经济效益变化情况；重点审计车间产品变化情况等。另外清洁生产是一种相对的概念，它的进程应该是不断的，绝不是一劳永逸的。所以完成一个阶段工作之后，即应着手研究后续行动计划。

第四节 清洁生产的主要途径

一、原料的综合利用

丰富、易得、廉价的原料是顺利发展工业的前提。有些原料如木材、农畜产品是可以再生的，而矿产原料不但数量有限，而且是不可再生的。矿产资源在整个社会所利用的自然资源中约占70%。有些工业部门，如冶金、化工，原料费用约占生产成本的60%～70%，所以原料的利用是否经济、合理，从根本上决定了技术经济指标。

几乎所有的原料都具有综合性，这一特点在有色金属冶金工业中表现得尤为突出。统计资料表明，在有色金属冶金工业中所利用的主要矿种有25种，其中有价组分为70种，主要的有价组分16种，伴生的有价组分36种。伴生组分的产值约占总产值的33%。但是在传统工业的发展过程中，长期以来往往为了单一目的而开采，阻碍了原料的综合利用。

原料的综合利用是创建清洁生产的首要方向，如果原料中的所有组分通过工业加工都能变成产品，这就实现了清洁生产的主要目标。通过综合利用，同时也就降低了原料的成本，提高了工业生产的经济效益，减少了工业污染。因此，有些国家已将原料的综合利用定为国策。

实现原料的综合利用，首先要求对矿藏进行全面、综合的勘探，考虑矿藏的所有组分，给出详尽的地质报告。原料的正确鉴别，这是综合利用的前提。

实现原料的综合利用，要求解决一系列工艺技术问题。首先对原料的每个组分都应建立物料平衡，按此寻找用户和主管单位，列出目前和将来有用的组分，制订单独提取或共同提取的方案，考虑生产规模和应该达到的技术水平。由于矿产品位的下降，选矿具有了重要的意义，成了矿产综合利用的重要手段。对于多组分原料，选择正确的工艺顺序，对原料的综合利用效果影响极大。实现原料的综合利用，还应建立附加的体系，即利用已经生成和积存的工业废料和二次资源。

实现原料的综合利用，应实行跨部门、跨行业的开发，即建立原料开发区，组织以原料为中心的开发体系，规划各种配套的工业。影响原料综合利用的因素，除了技术上的难度外，往往在于部门之间、行业之间的人为壁垒。

“综合利用”通常是指物质的利用，随着科学技术的发展，这一概念有所扩展，现在不但指物质的利用，还涉及能量、物质的利用以及某些条件的利用。综合利用的一个新发展，是把工业生产过程中的能量和物质的转化过程结合起来考虑。这样，生产中的动力技术过程和各种工艺过程即结合成一个一体化的动力-工艺过程。动力-工艺一体化方法主要有两个发展方向。一是寻求提高电站或工业动力装置所用燃料的利用效率，包括燃料的有机部分和无机部分都能得到充分的利用；二是在主要工业产品的生产过程中充分利用反应放出的热量、高温物流和高压气体所载带的能量，以降低能耗，甚至维持系统的能量自给。

原料的综合利用不但要求不同部门、不同行业的协作，还要求开发新的工艺过程，以适应新的原料形式，提高利用效率。

二、改革生产工艺流程

工业生产中产生废弃物、造成污染这是工艺不完善的表现，如果不从改革工艺着手，只着眼于三废的无害化处理，显然是一种舍本求末的做法。创建清洁工艺的关键在于改革旧工艺，开发新工艺，力求在生产过程中消除产生污染的原因。

对于一个理想的工艺过程，可以提出不少要求，例如：能耗低，原材料消耗小，无废料排出，安全可靠，操作简便，易于自动化，产品质量有保证，设备不复杂，占地面积小，生产效率高等。要同时满足这些要求，当然是很罕见的，但总可以取得某些折衷，选取最合理的方案。此时不能仅仅遵循经济的原则，而应该从更加广阔的环境、经济的角度去考虑问题。

改革生产工艺，首先要从分析现状出发，找出薄弱环节，解决主要矛盾，这样才能做到花费小、收效大。一般来说，可以采取如下一些措施。

(1) 减少流程中的工序和所用设备　繁琐的工艺往往增加三废。例如染料工业中用蒽醌制取四氯蒽醌的老工艺十分冗长，产出大量有毒的含汞废液和废水。现在改革了旧工艺，不用汞作催化剂，而改用碘催化，大大简化了工艺流程，减少了废水量。

(2) 实现连续操作，减少开车、停车时的不稳定状态　生产中的这种不稳定状态往往造成不合格产品，增加废料量。

(3) 提高单套设备的生产能力，强化生产过程　这是降低能耗和物料消耗的有力措施。

(4) 在原有工艺基础上，适当改变工艺条件往往也能收到减少废料的效果　例如在炼焦生产中，炽热的红焦过去沿用喷淋水熄灭的方法，使焦炭从1000℃骤然降至100℃以下，此时焦炭的大量显热全部散失，未被利用，焦炭的质量也因湿熄焦的急骤冷却而下降，此外还生成大量含酚废水和带有毒尘的水蒸气，造成环境污染。现在不少企业已改用干法熄焦，即用循环使用的氮气冷却红焦，这不但消除了含酚废水的污染，减少了用水量，而且还可以回收赤炽焦炭的余热用于供热或发电，并有利于提高焦炭产品的质量。

(5) 改革旧工艺，更加主要的方法是改变原料 因为工艺流程的外貌、方法、结构首先取决于所用的原料，原料是不同工艺方案的出发点。原料的改变，往往引起整个工艺路线的改变。因此，原料的观点对于建立清洁工艺极为重要。

(6) 在有些生产过程中，采用有毒的原料或辅助材料，这些物料趋向于生成不易处理的废料，也应考虑加以革除或用其他物料代用。例如，在黏胶纤维生产中，黏胶纤维要在硫酸-硫酸钠-硫酸锌浴中成型。锌对环境有相当严重的污染，建立一套锌的处理和回收装置虽然在一定程度上能解决污染问题，但增加了流程的复杂性，需要额外的投资和耗费。为此，开发了无锌成型工艺，此成型浴只用硫酸和硫酸钠，而不用硫酸锌。采用新工艺，不但减少对环境的污染，而且纤维的质量也有所提高。

随着科学技术的迅猛发展，不少新的物理化学过程成为新工艺的主体，开始实用于工业生产，如电化学有机合成、等离子体化学过程、膜分离技术、光化学过程、新型的催化过程等。在开发新工艺、创建清洁生产时，还可采用不同类型工艺相互组合的办法。新工艺在实现“变废为宝”中的作用是无限的，关键是不能受传统工艺、传统概念的束缚，敢于探索新的路子。此外，还要加强基础研究工作，将最新的科学技术成就吸收到清洁工艺中来。

三、实现物料的闭路循环

传统的工业，无论在整体上，还是局部的工艺流程，基本上是开环系统，即在输入端输入原材料和能量，经过工业加工，在输出端输出产成品，同时还产生气体、液体和固体废弃物。实现物料的闭路循环，就是要使工业生产的输出端只产出成品，工业废料则在某个适当的层次上返回输入端，实现无废排放。物料的闭合如果是在工艺流程这一层次上实现，则该流程即为清洁工艺流程；也可以在企业这一层次上实现，该企业可称为清洁生产企业。某一生产部门中的废料也可能要在另一生产部门中才能加以利用，则可在地区范围内实现物料的闭合，该地区即为清洁工业区。清洁生产的最高目标还要求实现在整个工业生产领域内物料的闭合，即各种工业产品报废后仍能成为工业原料，循环于社会生产的范围之内。

在流程水平上实现物料的闭合，这是某些工业流程中常见的组织原则，尤其在化工生产中。如为了达到较高的转化率，常常需要使某个反应物组分的浓度大大过量，该组分未反应完的部分一般都与反应物分离后返回反应之前。在有色冶金企业中，特别是金属的精炼流程中，一般都有返料存在。在工艺流程中，如果返料量过大，就会降低成品率，影响流程的技术经济指标。所以对于主要物料来说，总是希望尽量减少工艺流程这一层次上循环的返料量，力求提高成品率。而对于生产中所用的水和气，情况有所不同，希望通过组织复用或闭路循环，减少废气和废水的排放量。

废气一般体积流量大，无法存放，而净化处理时，能耗大、费用高，因此在流程中应考虑复用，将需取用的新鲜空气尽量用废气代替。

水在工业生产中占有特别重要的地位，它可以是生产中的一种原料，也可以作为原料有用组分或杂质的浸出溶剂，或作为反应的介质。此外，大量的水还作为冷却剂、水力输送的介质和动力系统的组成部分。不同的工业部门对水的利用方式有很大的不同，如在钢铁、化工和石油化工中，75%～80%的水用于冷却，而在造纸和有色冶金企业中，80%～90%的水是作为反应介质和浸取溶剂。

长期以来，企业从天然水源取水是无偿的，向天然水体排放废水也是无偿的，造成了人们的一种习惯心理，把水看作是取之即来、弃之即去的自然赐予，因此建立了一些费水的和一次性用水的工艺过程。各种废水混在一起，一排了之。最近一段时间以来，由于淡水资源的紧张和废水污染的严重，才使人们逐渐认识到必须重新评价水的价值，确定合理的用水对策。为此，在工业生产中必须摒弃传统的概念，根据清洁工艺的要求，建立合理的用水原则。这些原则列举如下。

① 供水、用水和净水应作为整体系统考虑，与生产主体流程同时设计。

② 不从人工水源处取水，而用经过适当处理过的生产废水、城市污水和地表水供水。从水源取水用于生产，只为特殊的用途和补充系统中水的损失。

③ 尽量减少用水量，实现一水多用。

④ 净水的目的不是为了排放，而是使废工艺溶液和工艺用水再生、复用，整个企业建立无废水排放的闭路水循环系统。

⑤ 净化废水的同时应提取废水中的有用组分，制取成品或转化为二次资源。

建立无废水排放工艺，不但可以消除工业废水的污染，减少新鲜水的用量，而且也大大节省废水治理的费用。建立清洁工艺一般需要大量投资改造企业，是一个较长的发展过程；而建立无废水排放工艺，相对说来比较简单，一般不需要根本改动主体生产的工艺和设备，只需在用水的各流程、车间和企业中建立不同层次的闭路循环。因此，对于大多数企业来说，建立无废水排放工艺可作为创建清洁工艺的第一步。

四、工业废料转化成二次资源

在目前科学技术发展水平的条件下，工业原料经过加工后全部变成产品而不产出废料，这样的工艺还不普遍。更为常见的情况是随着成品的生产，产生一定种类和数量的废料，而且这些废料往往不宜于在本厂处理。因此，实现清洁生产的目标，除了尽量减少每一工序、每一流程中产出的废料量外，还可以组织跨行业的协作，使某一企业的废料成为另一企业的原料，亦即使工业废料资源化，转变成二次资源。

工业废料资源化，相当于废料以副产品的形式出厂。而作为其他工业的原料，自然应该符合一定的要求。首先它的组成、形态不能波动很大，产出的数量也应基本上保持恒定，这样才有利于建立企业间比较稳定的供求关系；其次，它们出厂时需要进行必要的处理，如脱水、干燥、破碎、粒化、包装等，以便于运输和进一步加工成产品。为了满足这些要求，需要统筹规划，组织企业间的横向联系。尤其重要的是要组织跨部门的科研协作，联合攻关。针对具体的废料，广开利用的途径，建立有效的工艺，并切实解决装备问题。

下面对工业部门中数量最大的一些废料的利用问题作一简单介绍。

(1) 冶金炉渣　冶金炉渣有高炉炉渣、炼钢炉渣、硅钢炉渣以及各种有色金属冶炼炉渣。炉渣的主要成分是硅酸盐、铝硅酸盐和各种金属氧化物。炉渣中数量最大的是高炉炉渣。高炉炉渣是制造建筑材料的上好原料。目前一般冶金厂都设有专门的车间和工段处理炉渣，制成粒化炉渣、炉渣砾石、炉渣浮石、炉渣矿棉等产品。此外，高炉渣的利用还在向生产高级建材的方向发展。炼钢炉渣因成分以及物理化学性能变化很大，故利用比较困难，目前利用率较低，主要作筑路用的碎渣、炉渣含磷肥料和土壤改良剂等。有色冶金炉渣的利用率更低，主要原因是废渣中有些金属的含量还高于工业品位的矿石，所以需要综合利用。目前一般分三步进行，提取有色金属和稀有金属，分离出铁，利用其余的硅酸盐部分作建材、铸石或化肥。另外对各种炉渣还有废热的利用问题。

(2) 发电厂的粉煤灰和煤渣　燃煤发电厂的煤灰、煤渣的组成波动较大，与燃煤成分、煤粉粒度、锅炉类型、燃烧情况和收集方式等因素有关，一般含 SiO_2 19%～65%、Al_2O_3 3%～39%、未燃尽的燃料 7%～23%。主要的利用方向是：回填矿井、生产建材、改良土壤、提取有用组分（如铁精矿、铝、锗等）。其中最重要的还是用于建材生产中。

（3）磷石膏　磷石膏是用磷灰石精矿生产萃取磷酸时产出的固体废渣，是化工部门的大宗废料。磷石膏的主要成分是硫酸钙。目前已开发了若干利用方向。如生产硫酸和石灰，加工成石膏粘料及其制品，用于水泥生产作矿化剂和凝固时间调节剂，用于农业作碱土的土壤改良剂，代替高岭土作纸张的填料等。

（4）黄铁矿烧渣　黄铁矿烧渣是用黄铁矿或含硫尾矿作原料焙烧制取硫酸时得到的固体废料，除含铁30%～50%外，一般还含有银、锌、铜、铅、砷等元素。我国每年排出烧渣约300万吨，大多废弃于环境之中，有些则直接用于水泥生产，其中含有的有色金属不能有效利用。比较合理的处理方法是尽量回收其中的有效组分，进行综合利用。

上述几种数量巨大的工业废料的处理和利用，工艺流程都比较复杂，设备也很庞大，有些还有特殊的要求，都不是顺便可以办到的事情，而是需要从开发利用二次资源、建立清洁生产、消除环境污染的角度，组织跨部门的科研、设计和生产。应该说，这些问题是迟早必须解决的，早解决早受益，解决得越迟，付出的代价就越大。

五、改进产品设计

制取产品，这是工业生产的主要目标；产品的销售，是工业生产经济效益的集中体现。产品来自原料，原料和产品是工业系统的两端，它们是相辅相成的。一件重要的新产品的问世，往往伴随着出现一个新的工业部门。而一项新原料的开发，也会引发一系列新产品的研制开发。

在传统工业中，产品的设计原则往往只是从经济考虑出发的，根据经济效益选择原料选择加工工艺，确定产品的规格和性能，产品的使用也常常以一次为限。

现在人们开始认识到，工业污染不但发生在生产产品的过程中，工业产品本身也可能是重要的污染源。如低效率的工业锅炉，在使用过程中不但浪费燃料，还排出大量烟尘污染环境。因此，按照建立清洁工艺的基本原则，产品的设计，不但应该遵循经济原则，而且还要顾及环境效益；不但应考虑它在消费中的使用性能，还要关心产品报废成为废品后的命运。也就是说，清洁工艺的原则是把产品的生产过程和消费过程看作一个整体，力求把“原料—工业生产—产品—废品—弃入环境”这一传统模式的开环系统，变为“原料—工业生产—产品—废品—二次原料资源”这样的闭环系统，使原料，特别是不可再生的原料资源进入人类社会的范畴以后，能在生产—消费过程中实现多次复用的循环，同时在这样的循环过程中不致对环境造成危害。

为此，对产品设计原则做以下具体要求。

（1）对环境无害。不论是在产品的生产过程中，还是在使用过程中，甚至在使用之后都应该对环境无害。

（2）能源低，物耗小，尽量减少加工工序，树立小、优、简、美的产品设计思想。

（3）经久耐用，易于维修，保证一定的使用寿命。“一次性使用”的产品设计思想是不可取的。

（4）产品结构合理，品种齐全，满足各种消费要求，避免大材小用、优品劣用。

（5）便于回收复用。

（6）不断开发新的原料，特别着眼于工业废料的利用。

清洁工艺的原理为产品系列的改革指出了方向，按经济效益和环境效益统一的原则生产的产品，寓于了社会和自然的和谐，而不是体现两者的冲突。这样，工业产品不再是剥夺自然的所得，而将成为人类合理利用自然的载体。

产品因实际损耗或精神老化而丧失使用性能后即变成废品。废品的回收利用，不但出于环境的需要，而且经济上的收效也日益明显，正在逐渐成为国民经济中的一个重要部门。

一些欧洲国家对于二次资源的利用非常重视，列为国家最重要的经济战略之一。一些重要工业部门的需求正在依靠二次资源得以满足，如钢铁生产中70%～75%的原料来自废钢铁；有色冶金中依靠废品的比例，铅为45%、锌为41%、铝为63%、铜为48%；几乎一半的纸张是用废纸生产的；饮料、水果、蔬菜的罐头瓶70%是靠回收的。利用二次资源的经济效益非常显著。加强废品的回收利用，其经济效益和环境效益都是十分可观的。

第五节　清洁生产与循环经济

一、循环经济的产生和发展

回顾世界经济发展的历史，不难发现，循环经济理念的产生和发展，是人类对人与自然的关系深刻反思的结果，是人类社会发展的必然选择。是人类在社会经济的高速发展中陷入资源危机、生存危机，不得不深刻反省自身发展模式的产物。1962年，美国经济学家鲍尔丁从经济的角度提出了循环经济的概念，他将人类生活的地球比作太空中的宇宙飞船，提出如果不合理地开发自然资源，当超过地球承载能力时就会走向毁灭，只有循环利用资源，才能持续发展下去。这可以看做是循环经济思想的萌芽。

20世纪70年代，发生了两次世界性能源危机，经济增长与资源短缺之间矛盾凸显，引发人们对经济增长方式的深刻反思。1972年，罗马俱乐部发表了题为《增长的极限》的研究报告，首次向世界发出了警告："如果让世界人口、工业化、污染、粮食生产和资源消耗像现在的趋势继续下去，这个行星上的增长极限将在今后一百年中发生"。尽管这个报告中的观点有些片面和悲观，但提出的资源供给和环境容量无法满足外延式经济增长模式的观点，引起全世界的极大关注。

20世纪80年代，人们开始探索走可持续发展道路。1987年，时任挪威首相的布伦特兰夫人在《我们共同的未来》的报告里，第一次提出可持续发展的新理念，并较系统地阐述了可持续发展的含义。1989年，美国福罗什在《加工业的战略》一文中，首次提出工业生态学概念，即通过将产业链上游的"废物"或副产品，转变为下游的"营养物"或原料，从而形成一个相互依存、类似于自然生态系统的"工业生态系统"，为生态工业园建设和发展奠定了理论基础。

1992年，在巴西里约热内卢召开的联合国环境与发展大会通过了《里约宣言》和《21世纪议程》，正式提出走可持续发展之路，号召世界各国在促进经济发展的过程中，不仅要关注发展的数量和速度，更要重视发展的质量和可持续性。会后，世界各国陆续开始积极探索实现可持续发展的道路。

总之，人类在发展过程中，越来越感到自然资源并非取之不尽，用之不竭，生态环境的承载能力也不是无限的。人类社会要不断前进，经济要持续发展，客观上要求转变增长方式，探索新的发展模式，减少对自然资源的消耗和生态系统的破坏。在这种情况下，循环经济便应运而生。

二、循环经济的内涵

循环经济的内涵具体如下[6,7]。

1. 什么是循环经济

所谓循环经济，本质上是一种生态经济，它要求运用生态学规律而不是机械论规律来指导人类社会的经济活动。循环经济的概念于20世纪90年代后期在工业化国家出现，它是相对于传统经济发展模式而言的，代表了新的发展模式和发展趋势。什么是循环经济，迄今并没有一个公认的定义。其基本含义是指：在物质的循环再生利用基础上发展经济。用一句通俗的话说，循环经济是一种建立在资源回收和循环再利用基础上的经济发展模式。按照自然生态系统中物质循环共生的原理来设计生产体系，将一个企业的废物或副产品，用作另一个企业的原料，通过废弃物交换和使用将不同企业联系在一起，形成“自然资源→产品→资源再生利用”的物质循环过程，使生产和消费过程中投入的自然资源最少，将人类生产和生活活动对环境的危害或破坏降低到最小程度。

2. 传统增长模式和循环经济模式

传统经济是一种由“资源—产品—污染排放”单向流动的线性经济，其特征是高开采、低利用、高排放。在这种经济中，人们高强度地把地球上的物质和能源提取出来，然后又把污染和废物大量地排放到水系、空气和土壤中，对资源的利用是粗放的和一次性的，通过把资源持续不断地变成废物来实现经济的数量型增长。与此不同，循环经济倡导的是一种与环境和谐的经济发展模式。它要求把经济活动组织成一个“资源—产品—再生资源”的反馈式流程，其特征是低开采、高利用、低排放。所有的物质和能源要能在这个不断进行的经济循环中得到合理和持久的利用，以把经济活动对自然环境的影响降低到尽可能小的程度。

3. 循环经济的三个主要原则

循环经济是对物质闭环流动型经济的简称，是以物质、能量梯次使用为特征的，在环境方面表现为低排放，甚至零排放。循环经济要求以“减量化、再使用、再循环”为经济活动的行为准则，人们称之为3R原则。

（1）减少原则（Reduce）　要求用较少的原料和能源投入，达到既定的生产或消费目的，在经济活动的源头就注意节约资源和减少污染物排放。在生产中，减量化原则常常表现为要求产品体积小型化和产品重量轻型化，既小巧玲珑，又经久耐用。此外，要求产品包装追求简单朴实而不是豪华浪费，既要充分又不过度，从而达到减少废弃物排放的目的。

（2）再用原则（Reuse）　要求产品和包装容器能够以初始的形式被多次重复使用，而不是用过一次就废弃，以抵制当今世界一次性用品的泛滥。在产品设计开始，就研究零件的可拆性和重复利用性，从而实现零件的再使用。

（3）循环原则（Recycle）　要求生产出来的物品在完成其使用功能后，能重新变成可以利用的资源而不是无用的垃圾。因此，一些国家要求在大型机械设备上标明原料成分，以便找到循环利用的途径或新的用途。

4. 发展循环经济的4个层面[7]

循环经济是一种以资源高效利用和循环利用为核心，以“4R”为原则（即：减量化 Reduce、再使用 Reuse、再循环 Recycle、重组化 Reorganize）；以低消耗、低排放、高效率为基本特征；以生态产业链为发展载体；以清洁生产为重要手段，最终可达到实现物质资源的有效利用和经济与生态的可持续发展。从系统工程的角度出发，通过构建合理的产品组合、产业组合、技术组合，实现物质、能量、资金、技术的优化使用的技术，如多产品联产和产业共生技术。

目前，发达国家在四个层面上发展循环经济。

一是企业内部的循环利用，即企业层面的循环经济。通过厂内各工艺之间的物料循环，减少物料的使用，达到少排放甚至“零排放”的目标，最具代表性的是美国杜邦化学公司模式。

二是企业间或产业间的生态工业网络，即工业园区层面的循环经济。把不同的工厂联结起来，形成共享资源和互换副产品的产业共生组合，使一个企业产生的废气、废热、废水、废渣在自身循环利用的同时，成为另一企业的能源和原料，最具代表性的是丹麦卡伦堡生态工业园区。生态工业园区与传统的工业园区的最大不同是它不仅强调经济利润的最大化，而且强调经济、环境和社会功能的协调和共进。

三是废物回收和再利用体系，即某领域（或行业）层面的循环经济。如德国的包装物双元回收体系（DSD）和日本的废旧电器、汽车、容器包装等回收利用体系。

四是社会循环经济体系，即社会层面的循环经济。如日本政府为推动循环经济的形成，提出了到 2010 年要达到的三个方面的目标，包括资源投入产出率比 2000 年提高 40%，资源循环利用率提高 40%，废弃物最终处置量减少 50%，为实现这些目标，日本政府制定和实施了一系列政策措施。

三、清洁生产与循环经济的关系

清洁生产与循环经济两者最大的区别是在实施的层面上。在企业，推行清洁生产就是企业层面的循环经济，一个产品，一台装置，一条生产线都可采用清洁生产；在某些区域或行业的层面上实施清洁生产，称为“生态工业”。而广义的循环经济是需要相当大的范围和区域的，如日本称为建设“循环型社会”。

就实际运作而言，在推行循环经济的过程中，需要解决一系列技术问题，清洁生产为此提供了必要的技术基础。特别应该指出的是，推行循环经济技术上的前提是产品的生态设计，没有产品的生态设计，循环经济只能是个口号，而无法变成现实。总体来看，清洁生产是循环经济的基石，循环经济是清洁生产的扩展。在理念上，它们有共同的时代背景和理论基础；在实践中，它们有相通的实施途径。表 20-1 反映了清洁生产和循环经济两者之间的相互关系[7]。

表 20-1 清洁生产与循环经济的相互关系

比较内容	清洁生产	循环经济
思想本质	环境战略：新型污染预防和控制战略	经济战略：将清洁生产、资源综合利用、生态设计和可持续消费等融为一套系统的循环经济战略
原则	节能、降耗、减污、增效	减量化、再利用、资源化（再循环）。首先强调的是资源的节约利用，然后是资源的重复利用和资源再生
核心要素	整体预防、持续运用、持续改进	以提高生态效率为核心，强调资源的减量化、再利用和资源化、实现经济行动的生态化、非物质化
适用对象	主要对生产过程、产品和服务（点，微观）	主要对区域、城市和社会（面，宏观）
基本目标	生产中以更少的资源消耗产生更多的产品，防治污染产生	在经济过程中系统地避免和减少废物
基本特征	预防性：清洁生产从源头抓起，实行生产全过程控制，尽最大可能减少乃至消除污染物的产生，其实质是预防污染。通过污染物产生源的削减和回收利用，使废物减至最少 综合性：实施清洁生产的措施是综合性的预防措施，包括结构调整、技术进步和完善管理。 统一性：清洁生产最大限度地利用资源，将污染物消除在生产过程之中，不仅环境状况从根本上得到改善，而且能源、原材料和生产成本降低，经济效益提高，竞争力增强，能够实现经济效益与环境效益相统一 持续性：清洁生产是一个持续改进的过程，没有最好，只有更好	低消耗（或零增长）：提高资源利用效率，减少生产过程的资源和能源消耗（或产值增加，但资源能源零增长）。这是提高经济效益的重要基础，也是污染排放减量化的前提。 低排放（或零排放）：延长和拓宽生产技术链，将污染尽可能地在生产企业内进行处理，减少生产过程的污染排放；对生产和生活用过的废旧产品进行全面回收，可以重复利用的废弃物通过技术处理进行无限次的循环利用。这将最大限度地减少初次资源的开采，最大限度地利用不可再生资源，最大限度地减少造成污染的废弃物的排放 高效率：对生产企业无法处理的废弃物集中回收、处理，扩大环保产业和资源再生产业的规模，提高资源利用效率，同时扩大就业
宗旨	提高生态效率，并减少对人类及环境的风险	

四、重点行业循环经济技术进展

1. 电力行业[8]

在《国家中长期科学和技术发展规划纲要（2006—2020）》等政策文件，将整体煤气化联合循环（IGCC）、高参数超超临界机组、超临界大型循环流化床等高效发电技术与装备列入了重点研究开发的名单。目前燃气蒸汽联合循环发电、30万千瓦及以上循环流化床、增压流化床、整体煤气化联合循环发电等洁净煤发电技术已基本成熟。

在资源综合利用方面，对火电厂生产过程中产生的粉煤灰、煤矸石、废料、废气等工业废物进行综合利用，对生产过程中产生的余热、余压等进行综合利用。其中重点是加强水资源和煤矸石的综合利用，靠近大中城市城区的火电厂，冷却用水应采用城市中水；沿海地区的火电厂应全部采用海水冷却技术；煤电基地内的煤矸石满足发电条件的，将发电作为首要选择。

2. 钢铁行业[7,8]

钢铁行业发展循环经济的主要途径包括提高钢铁产品使用效率、提高能源利用效率、提高水资源利用效率、提高原材料利用效率、提高固废资源再利用水平及减少废物排放等几个方面，涉及多项新技术的应用。其中钢铁行业节能新技术有低热值煤气燃气-蒸汽联合循环发电（CCPP）、高炉炉顶煤气余压发电（TRT）技术、干熄焦技术（CDQ）、高炉喷煤、蓄热式高温空气燃烧技术（HTAC）、余热蒸汽发电、转炉负能炼钢、蓄热式轧钢加热炉技术、焦炉煤气再资源化技术、连铸坯热送热装和直接轧制等技术，节水技术有高炉煤气干法除尘、转炉烟气干法除尘及干熄焦技术等，此外还包括采用节水型供水系统，推广应用循环用水、串级供水、按质用水和一水多用等重复用水技术。在固废再利用方面，积极推广粉煤灰作新型建筑材料和制品的技术和产品，推广粒化高炉矿渣粉、钢渣粉的生产技术并拓宽利用范围，可实现钢铁渣高价值的利用。目前，钢铁行业在干熄焦、高炉煤气干法除尘、转炉煤气干法除尘以及过程煤气、工业用水和固废回收综合利用技术方面都有很大突破。

3. 建材行业

建材行业具有与上下游产业紧密连接和互相依存的特点，可利用其他产业的废弃物生产建材产品，因此建材行业发展循环经济的重点是构建建材产业循环经济产业链，主要有两种形式，一是建材产业内部构建产业链；二是建材产业与上游或下游产业构建循环产业链，利用建材行业的生产特点使得工业固体废物的资源化利用取得实效。

大型水泥预分解工艺技术在节能煅烧工艺、原料均化、节能磨粉、大型篦冷机等方面取得突破性进展。

4. 有色金属行业

在铜冶炼方面，通过制订“铜冶炼准入条件”在铜冶炼企业中推广应用富氧闪速熔炼、顶吹熔炼、富氧熔池熔炼或者富氧漂浮熔炼工艺。以上铜冶炼工艺均具有生产效率高、工艺先进、能耗低、环保达标、资源综合利用效果好的特点。铝冶炼方面，新型的阴极结构高效节能铝电解技术取得重大突破，使得我国铝电解工业生产技术和能耗指标位居世界领先水平。铅锌冶炼方面，“氧气底吹熔炼-鼓风炉还原炼铅”新工艺的应用使我国铅冶炼技术进入世界领先行列。

5. 石油化工行业[8]

石油化工行业在近年来开发推广了一大批节能减排、循环经济技术。磷肥行业先后研发出多项新成果，其中料浆法磷铵生产技术有效提高了中低品位磷矿石的利用率，蒸汽消耗降低近一半。氮肥行业积极推广合成氨清洁生产技术，包括水煤浆气化、干粉煤气化、灰熔聚粉煤气化等技术，从根本上降低了氮肥生产成本，减少了环境污染。氯碱行业已广泛应用离子膜烧碱技术，并逐步推广干法乙炔技术。干法乙炔技术有效地解决了电石渣污染，实现了乙炔的连续生产。低汞触媒技术是氯碱行业污染减排的重大突破，使触媒氯化汞含量由原来的10%以上降低到6%以下，汞的消耗量和排放量也大幅下降。此外，盐酸合成尾气回收、用于脱除淡盐水中硫酸根的膜法脱硝技术、氯资源二次利用技术等先进生产技术使氯碱行业的能源和污染物排放都有显著下降，同时可回收副产品和盐类。

6. 煤炭行业

煤炭生产中的循环经济主要是在煤炭开采过程中贯彻减量化原则，提高煤炭资源回收率，减少煤矸石、煤泥水、瓦斯和煤尘等的排放量，实现绿色开采。加强对粉煤灰、煤矸石和尾矿及有机废水的综合利用。以煤矿瓦斯利用为重点，推进共伴生矿物元素如锗、镓等的综合开发利用。在煤炭运输过程中，尽量减少运力浪费，提高能源效率，减少污染物排放。

7. 发酵行业

发酵行业农产品深加工产业，属于技术密集型产业，技术创新活跃，企业非常重视技术开发，科研方面的投入持续增长，循环经济新技术也随之不断被研发成功并得到推广，获得的专利数量也在逐年递增，从而带动了行业的技术水平不断提高。近年来，所申报的节能减排、循环经济技术研发项目主要有：国家高科技产业专项“发酵行业高浓度废水处理关键技术产业化示范”、“微生物制造高技术产业化专项”；科技支撑计划“我国优势传统食品制造业关键技术研究与应用”；国家“863计划”“发酵法生产L-亮氨酸新工艺研究”；创新基金项目“连续模拟移动床色谱分离玉米皮水解液提取木糖的关键技术研究与开发”等重点项目。

发酵行业通过将循环经济高新技术与传统工艺相结合，积极开展资源综合利用，将各种可利用的组分充分回收和利用，效果显著。①在味精行业的生产过程中，将高浓度有机废水进行有效处理，通过综合利用，生产出副产品饲料蛋白粉、固体硫酸铵和液体蛋白，高浓度有机废水实现零排放。同时改革相关生产工艺，提高味精的总收率，并将生产用水循环利用，大大节约了味精生产用水。②在柠檬酸行业，积极引导和推进柠檬酸生产新技术的应用，如以先进的色谱离子交换分离技术代替传统的钙盐法，提高了产品质量、简化了生产工艺，大幅度减少了污染物的排放，既回收了蛋白资源，又减轻了环境污染。③在淀粉糖行业，淀粉和淀粉糖生产企业将生产用水封闭循环利用，利用膜分离技术，回收淀粉废水中的蛋白质，再进行污水治理，使资源得到了回收。

参 考 文 献

[1] 《中华人民共和国清洁生产促进法》.
[2] 国家环境保护总局科技标准司. 清洁生产审计培训教材. 北京：中国环境科学出版社，2001.
[3] 李景龙，马云主. 清洁生产审核与节能减排实践. 北京：中国建材工业出版社，2009.
[4] 赵玉明. 清洁生产. 北京：中国环境科学出版社，2005.
[5] 魏立安. 清洁生产审核与评价. 北京：中国环境科学出版社，2005.
[6] 马建立，郭斌，赵由才. 绿色冶金与清洁生产. 北京：冶金工业出版社，2007.
[7] 张朝晖等. 冶金资源综合利用. 北京：冶金工业出版社，2011.
[8] 中国环境保护产业协会循环经济专业委员会. 我国循环经济行业2010年发展综述. 中国环保产业，2011（6）：17-21.

附　　录

附录 1　气体常数

附表 1-1　气体的基本常数

气体名称	分子式	相对分子质量 M_r	标准状态下的密度 $\rho/(kg/m^3)$	气体常数 R	临界温度 T_c/K	临界压力 p_e/atm	标准状态下的压缩因子 Z_n
干空气	—	28.97	1.293	287.0	132.5	37.2	1.000
水蒸气	H_2O	18.02	0.804	461.4	647.4	218.3	
氢	H_2	2.016	0.0899	4124.1	33.3	12.8	1.000
氮	N_2	28.01	1.251	296.8	126.2	33.5	1.000
氧	O_2	32.00	1.429	259.8	154.4	49.7	0.999
氦	He	4.003	0.1785	2077.0	5.26	2.26	1.000
一氧化碳	CO	28.01	1.250	296.8	133.0	34.5	1.000
二氧化碳	CO_2	44.02	1.977	188.9	304.2	72.9	0.993
一氧化氮	NO	30.01	1.340	277.1	179.2	65.0	0.999
一氧化二氮	N_2O	44.01	1.977	188.9	309.5	71.7	0.993
氨	NH_3	17.03	0.7708	488.2	405.5	111.3	0.986
二氧化硫	SO_2	64.06	2.927	129.8	430.7	77.8	0.977
三氧化硫	SO_3	80.06		103.9	491.4	83.8	
硫化氢	H_2S	34.08	1.539	244.0	373.6	88.9	0.990
二硫化碳	CS_2	76.14		109.2	552.0	78.0	
氯	Cl_2	70.91	3.214	117.3	417.0	76.1	0.984
氯化氢	HCl	36.46	1.639	228.0	324.6	81.5	0.993
甲烷	CH_4	16.06	0.7167	517.7	190.7	45.8	0.998
乙烷	C_2H_6	30.07	1.357	276.5	305.4	48.2	0.989
乙烯	C_2H_4	28.05	1.264	296.4	283.1	50.5	0.990
乙炔	C_2H_2	26.04	1.175	319.3	309.5	61.6	0.989
丙烷	C_2H_8	44.10	2.020	188.5	369.6	42.0	0.974
苯	C_6H_6	78.11		106.4	562.6	48.6	

附表 1-2　空气的物理化学常数

名称	温度/℃	数值
相对分子质量(平均值)	—	28.98
干空气的密度(标准气压下)	−25	$1.424kg/m^3$
	0	$1.2929kg/m^3$
	20	$1.2047kg/m^3$
液态空气的密度	−192	$960kg/m^3$
液态空气的沸点	—	$-192.0kg/m^3$
气体常数 R	—	287.3J/(kg·K)
临界常数:温度	—	−140.7℃
压力	—	77MPa
密度	—	$350kg/m^3$

续表

名称	温度/℃	数值
汽化潜力	−192	209200J/kg
比热容：c_D（标准气压下）	0～100	1004J/(kg·℃)
c_u	0～100	715J/(kg·℃)
	0～1500	838J/(kg·℃)
系数 $K=\frac{c_D}{c_u}$	0～100	1.4
热导率	0 100	0.024W/(m·K) 0.030W/(m·K)
黏度	0 20	1.71×10^{-7}Pa·s 1.81×10^{-7}Pa·s
对真空的折射率	— 0	1.00029 1.00059
介电常数（在标准气压下）	19 −192（液态）	1.000576 1.43
在水中溶解度（标准气压下）	0 20	29.18mL/L 水 18.68

附录 2　工业气体特性

附表 2-1　气体的热物理特性

名称	相对分子质量	正常的沸点/K	临界温度/K	临界压力/kPa	密度/(kg/m³)	质量热容/[J/(kg·K)]	热导率/[W/(m·K)]	动力黏度/Pa·s
乙醇（酒精）	46.07	351.7	516.3	6394		1520	0.013	$14.2(289)\times10^{-6}$
甲醇（木精）	32.04	338.1	513.2	7977		1350	0.0301	$14.8(272)\times10^{-6}$
氨	17.03	239	405.7	11300	7.72	2200	0.0221	9.3×10^{-6}
氩	39.948	87.4	151.2	4860	1.785	523	0.016	21.0×10^{-6}
乙炔	26.04	189.5	309.2	6280	1.17	1580	0.0187	9.34×10^{-6}
苯	78.11	353.3	562.7	4924	2.68(353)	1300(353)	0.0071	7.0×10^{-6}
溴	159.82	331.9	584.2	10340	6.1(332)	230(373)	0.0061	17×10^{-6}
丁烷	58.12	272.7	425.2	3797	2.69	1580	0.014	7.0×10^{-6}
二氧化碳	44.01	194.7	304.2	7384	1.97	840	0.015	14×10^{-6}
二硫化碳	76.13	319.4	552	7212	—	599.0(300)	—	—
一氧化碳	28.01	81.7	132.9	3500	1.25	1100	0.0230	17×10^{-6}
四氯化碳	153.84	349.7	556.4	4560	—	862(300)	—	16×10^{-6}
氯气	70.91	238.5	417.2	7710	3.22	490	0.0080	12×10^{-6}
三氯甲烷	119.39	334.9	536.5	5470	—	528	0.014	16×10^{-6}
氯乙烷	64.52	285.5	460.4	5270	2.872	1780	0.00872	16×10^{-6}
乙烯	28.03	16.95	283.1	5120	1.25	1470	0.00176	0.60×10^{-6}
乙醚	74.12	30.78	465.8	3610	—	2470(308)	—	11.3×10^{-6}
氟	38.00	86.2	144.0	5580	1.637	812	0.0254	37×10^{-6}
氦	4.0026	4.2	5.3	229	0.178	5192	0.142	19.0×10^{-6}
氢	2.0159	20.1	33.2	1316	0.0900	14200	0.168	8.4×10^{-6}
氯化氢	34.461	188.3	324.5	826	1.640	800	0.0131	13.6×10^{-6}
硫化氢	34.080	212.4	373.5	9012	1.54	996	0.0130	11.6×10^{-6}
庚烷	100.21	371.6	539.9	2720	3.4	1990	0.0185	7.00×10^{-6}
己烷	86.18	340	507.9	3030	3.4	1880	0.0168	7.52×10^{-6}
异丁烷	58.12	249.3	408.2	3648	2.47(294)	1570	0.014	6.94×10^{-6}
氯代甲烷	50.49	248.9	416.3	6678	2.307	770	0.0093	10.1×10^{-6}

续表

名称	相对分子质量	正常的沸点/K	临界温度/K	临界压力/kPa	密度/(kg/m^3)	质量热容/[J/(kg·K)]	热导率/[W/(m·K)]	动力黏度/Pa·s
甲烷	16.04	109.2	191.38	4641	0.718	2180	0.0310	10.3×10^{-6}
萘	128.19	52.2	742.2	3972	—	1310(298)	—	—
氖	20.183	26.2	44.4	2698	—	1031	0.0464	30.0×10^{-6}
一氧化碳	30.01	121.2	180.3	6546	—	996	—	29.4×10^{-6}
氮	28.01	77.4	126.3	3394	—	1040	0.0240	16.6×10^{-6}
一氧化二氮	44.01	184.7	309.5	7235	—	850	0.01731(300)	22.4×10^{-6}
四氧化氮	92.02	—	431.4	10133	—	842(300)	0.0401(328)	—
氧	32.00	90.2	356.0	5077	—	913	0.0244	19.1×10^{-6}
戊烷	72.53	—	469.8	3375	—	1680	0.0152	11.7×10^{-6}
苯酚	74.11	454.5	692	6130	2.6	1400	6.017	12×10^{-6}
丙烷	44.09	231.08	370.0	4257	2.02	1571	0.015	7.4×10^{-6}
丙烯	42.08	225.45	364.9	4622	1.92	1460	0.014	8.06×10^{-6}
二氧化硫	64.06	263.2	430	7874	2.93	607	0.0085	11.6×10^{-6}
水蒸气	18.02	373.2	647.30	22120	0.598	2050	0.0247	12.1×10^{-6}

注：除在括号内已注明温度者外，其余均指 100kPa 和 273.15K 或高于 273.15K 的饱和温度。

附表 2-2　干空气在压力为 100kPa 时的物理参数

温度 t/℃	密度 ρ/(kg/m^3)	质量热容 C_p/[kJ/(kg·K)]	热导率 λ/[W/(m·K)]	热扩散率 α/(m^2/h)	动力黏度 μ/Pa·s	运动黏度 ν/(m^2/s)
−180	3.685	1.047	0.756	0.705×10^{-2}	6.47×10^{-5}	1.76×10^{-6}
−150	2.817	1.038	1.163	1.45×10^{-2}	3.73×10^{-5}	3.10×10^{-6}
−100	1.984	1.022	1.617	2.88×10^{-2}	11.77×10^{-5}	5.94×10^{-6}
−50	1.534	1.013	2.035	4.73×10^{-2}	14.61×10^{-5}	9.54×10^{-6}
−20	1.365	1.009	2.256	5.94×10^{-2}	16.28×10^{-5}	11.93×10^{-6}
0	1.252	1.009	2.373	6.75×10^{-2}	17.16×10^{-5}	13.70×10^{-6}
1	1.247	1.009	2.381	6.799×10^{-2}	17.220×10^{-5}	13.80×10^{-6}
2	1.243	1.009	2.389	6.848×10^{-2}	17.279×10^{-5}	13.90×10^{-6}
3	1.238	1.009	2.397	6.897×10^{-2}	17.338×10^{-5}	14.00×10^{-6}
4	1.234	1.009	2.405	6.946×10^{-2}	17.397×10^{-5}	14.10×10^{-6}
5	1.229	1.009	2.413	6.995×10^{-2}	17.456×10^{-5}	14.20×10^{-6}
6	1.224	1.009	2.421	7.044×10^{-2}	17.514×10^{-5}	14.30×10^{-6}
7	1.220	1.009	2.430	7.093×10^{-2}	17.574×10^{-5}	14.40×10^{-6}
8	1.215	1.009	2.438	7.142×10^{-2}	17.632×10^{-5}	14.50×10^{-6}
9	1.211	1.009	2.446	7.191×10^{-2}	17.691×10^{-5}	14.60×10^{-6}
10	1.206	1.009	2.454	7.240×10^{-2}	17.750×10^{-5}	14.70×10^{-6}
11	1.202	1.0095	2.461	7.282×10^{-2}	17.799×10^{-5}	14.80×10^{-6}
12	1.198	1.0099	2.468	7.324×10^{-2}	17.848×10^{-5}	14.90×10^{-6}
13	1.193	1.0103	2.475	7.366×10^{-2}	17.897×10^{-5}	15.00×10^{-6}
14	1.189	1.0107	2.482	7.408×10^{-2}	17.946×10^{-5}	15.10×10^{-6}
15	1.185	1.0112	2.489	7.450×10^{-2}	17.995×10^{-5}	15.20×10^{-6}
16	1.181	1.0116	2.496	7.492×10^{-2}	18.044×10^{-5}	15.30×10^{-6}
17	1.177	1.0120	2.503	7.534×10^{-2}	18.093×10^{-5}	15.40×10^{-6}
18	1.172	1.0124	2.510	7.576×10^{-2}	18.142×10^{-5}	15.50×10^{-6}
19	1.168	1.0128	2.517	7.618×10^{-2}	18.191×10^{-5}	15.60×10^{-6}

续表

温度 t /℃	密度 ρ /(kg/m³)	质量热容 C_p /[kJ/(kg·K)]	热导率 λ /[W/(m·K)]	热扩散率 α /(m²/h)	动力黏度 μ /Pa·s	运动黏度 ν /(m²/s)
20	1.164	1.013	2.524	7.660×10^{-2}	18.240×10^{-5}	15.70×10^{-6}
21	1.161	1.013	2.530	7.708×10^{-2}	18.289×10^{-5}	15.791×10^{-6}
22	1.158	1.013	2.535	7.756×10^{-2}	18.338×10^{-5}	15.882×10^{-6}
23	1.154	1.013	2.541	7.804×10^{-2}	18.387×10^{-5}	15.973×10^{-6}
24	1.149	1.013	2.547	7.852×10^{-2}	18.437×10^{-5}	16.064×10^{-6}
25	1.146	1.013	2.552	7.900×10^{-2}	18.486×10^{-5}	16.155×10^{-6}
26	1.142	1.013	2.559	7.948×10^{-2}	18.535×10^{-5}	16.246×10^{-6}
27	1.138	1.013	2.564	7.996×10^{-2}	18.584×10^{-5}	16.337×10^{-6}
28	1.134	1.013	2.570	8.044×10^{-2}	18.633×10^{-5}	16.428×10^{-6}
29	1.131	1.013	2.576	8.092×10^{-2}	18.682×10^{-5}	16.519×10^{-6}
30	1.127	1.013	2.582	8.140×10^{-2}	18.731×10^{-5}	16.610×10^{-6}
31	1.124	1.013	2.589	8.191×10^{-2}	18.780×10^{-5}	16.709×10^{-6}
32	1.120	1.013	2.596	8.242×10^{-2}	18.829×10^{-5}	16.808×10^{-6}
33	1.117	1.013	2.603	8.293×10^{-2}	18.878×10^{-5}	16.907×10^{-6}
34	1.113	1.013	2.610	8.344×10^{-2}	18.927×10^{-5}	17.006×10^{-6}
35	1.110	1.013	2.617	8.395×10^{-2}	18.976×10^{-5}	17.105×10^{-6}
36	1.106	1.013	2.624	8.466×10^{-2}	19.025×10^{-5}	17.204×10^{-6}
37	1.103	1.013	2.631	8.497×10^{-2}	19.074×10^{-5}	17.303×10^{-6}
38	1.099	1.013	2.638	8.548×10^{-2}	19.123×10^{-5}	17.402×10^{-6}
39	1.096	1.013	2.645	8.599×10^{-2}	19.172×10^{-5}	17.501×10^{-6}
40	1.092	1.013	2.652	8.650×10^{-2}	19.221×10^{-5}	17.600×10^{-6}
50	1.056	1.017	2.733	9.14×10^{-2}	19.61×10^{-5}	18.60×10^{-6}
60	1.025	1.017	2.803	9.65×10^{-2}	20.10×10^{-5}	19.60×10^{-6}
70	0.996	1.017	2.861	10.18×10^{-2}	20.40×10^{-5}	20.45×10^{-6}
80	0.968	1.022	2.931	10.65×10^{-2}	20.99×10^{-5}	21.70×10^{-6}
90	0.942	1.022	3.001	11.25×10^{-2}	21.57×10^{-5}	22.90×10^{-6}
100	0.916	1.022	3.070	11.80×10^{-2}	21.77×10^{-5}	23.78×10^{-6}
120	0.870	1.026	3.198	12.90×10^{-2}	22.75×10^{-5}	26.20×10^{-6}
140	0.827	1.026	3.326	14.10×10^{-2}	23.54×10^{-5}	28.45×10^{-6}
160	0.789	1.030	3.442	15.25×10^{-2}	24.12×10^{-5}	30.60×10^{-6}
180	0.755	1.034	3.570	16.50×10^{-2}	25.01×10^{-5}	33.17×10^{-6}
200	0.723	1.034	3.698	17.80×10^{-2}	25.89×10^{-5}	35.82×10^{-6}
250	0.653	1.043	3.977	21.2×10^{-2}	27.95×10^{-5}	42.8×10^{-6}
300	0.596	1.047	4.291	24.8×10^{-2}	29.71×10^{-5}	49.9×10^{-6}
350	0.549	1.055	4.571	28.4×10^{-2}	31.48×10^{-5}	57.5×10^{-6}
400	0.508	1.059	4.850	32.4×10^{-2}	32.95×10^{-5}	64.9×10^{-6}
500	0.450	1.072	5.396	40.0×10^{-2}	36.19×10^{-5}	80.4×10^{-6}
600	0.400	1.089	5.815	49.1×10^{-2}	39.23×10^{-6}	93.1×10^{-6}
800	0.325	1.114	6.687	68.0×10^{-2}	44.52×10^{-5}	137.0×10^{-6}
1000	0.268	1.139	7.618	89.9×10^{-2}	49.52×10^{-5}	185.0×10^{-6}
1200	0.238	1.164	8.455	111.3×10^{-2}	53.94×10^{-5}	232.5×10^{-6}

注：表中数值实际是干空气压力为98.0665kPa时的值。

附表 2-3　压力为 101.3kPa 时空气的重量、体积、水蒸气压力和含湿量

空气温度	1m³ 干空气			水蒸气压力/Pa	全饱和时水蒸气的含量		
	标准大气压时的重量/kg	以 0℃为基准换算成 t℃时的体积值 $(1+\alpha t)$/m³	以 t℃为基准换算成 0℃时的体积值 $\left(\frac{1}{1+\alpha t}\right)$/m³		在 1m³ 空气中的含量/kg	在 1kg 空气蒸汽混合物中的含量/kg	在 1kg 干燥空气中的含量/g
1	2	3	4	5	6	7	8
−20	1.396	0.927	1.079	124	0.0011	0.0008	0.8
−19	1.390	0.930	1.075	135	0.0012	0.0008	0.8
−18	1.385	0.934	1.071	149	0.0013	0.0009	0.9
−17	1.379	0.938	1.066	161	0.0014	0.0010	1.0
−16	1.374	0.941	1.062	175	0.0015	0.0011	1.1
−15	1.368	0.945	1.058	187	0.0016	0.0012	1.2
−14	1.363	0.949	1.054	207	0.0017	0.0013	1.3
−13	1.358	0.952	1.050	224	0.0019	0.0014	1.4
−12	1.353	0.956	1.046	244	0.0020	0.0015	1.5
−11	1.348	0.959	1.042	264	0.0022	0.0016	1.6
−10	1.342	0.963	1.038	279	0.0023	0.0017	1.7
−9	1.337	0.967	1.034	302	0.0025	0.0019	1.9
−8	1.332	0.971	1.030	328	0.0027	0.0020	2.0
−7	1.327	0.974	1.026	355	0.0029	0.0022	2.2
−6	1.322	0.978	1.023	384	0.0031	0.0024	2.4
−5	1.317	0.982	1.019	415	0.0034	0.0026	2.60
−4	1.312	0.985	1.015	449	0.0036	0.0028	2.80
−3	1.308	0.989	1.011	486	0.0039	0.0030	3.00
−2	1.303	0.993	1.007	526	0.0042	0.0032	3.20
−1	1.298	0.996	1.004	569	0.0045	0.0035	3.50
0	1.293	1.000	1.000	614	0.0049	0.0038	3.80
1	1.288	1.004	0.996	659	0.0052	0.0041	4.10
2	1.284	1.007	0.993	707	0.0056	0.0043	4.30
3	1.279	1.011	0.989	759	0.0060	0.0047	4.70
4	1.275	1.015	0.986	813	0.0064	0.0050	5.00
5	1.270	1.018	0.982	872	0.0068	0.0054	5.40
6	1.265	1.022	0.979	934	0.0073	0.0057	5.82
7	1.261	1.026	0.976	1000	0.0077	0.0061	6.17
8	1.256	1.029	0.972	1070	0.0083	0.0066	6.69
9	1.252	1.033	0.968	1144	0.0086	0.0070	7.12
10	1.248	1.037	0.965	1223	0.0094	0.0075	7.64
11	1.243	1.040	0.961	1302	0.0099	0.0080	8.07
12	1.239	1.044	0.958	1395	0.0106	0.0086	8.69
13	1.235	1.048	0.955	1489	0.0113	0.0092	9.30
14	1.230	1.051	0.951	1589	0.0120	0.0098	9.91

续表

空气温度	1m³ 干空气			水蒸气压力 /Pa	全饱和时水蒸气的含量		
	标准大气压时的重量 /kg	以 0℃为基准换算成 t℃时的体积值 $(1+\alpha t)$/m³	以 t℃为基准换算成 0℃时的体积值 $\left(\frac{1}{1+\alpha t}\right)$/m³		在 1m³ 空气中的含量 /kg	在 1kg 空气蒸汽混合物中的含量/kg	在 1kg 干燥空气中的含量 /g
1	2	3	4	5	6	7	8
15	1.226	1.055	0.948	1694	0.0128	0.0105	10.62
16	1.222	1.059	0.945	1806	0.0136	0.0112	11.33
17	1.217	1.062	0.941	1924	0.0144	0.0119	12.10
18	1.213	1.066	0.938	2049	0.0153	0.0127	12.93
19	1.209	1.070	0.935	2181	0.0162	0.0135	13.75
20	1.205	1.073	0.932	2320	0.0172	0.0144	14.61
21	1.201	1.077	0.929	2468	0.0182	0.0153	15.60
22	1.197	1.081	0.925	2623	0.0193	0.0163	16.60
23	1.193	1.084	0.922	2787	0.0204	0.0173	17.68
24	1.189	1.088	0.919	2960	0.0216	0.0184	18.81
25	1.185	1.092	0.916	3155	0.0229	0.0195	19.95
26	1.181	1.095	0.913	3334	0.0242	0.0207	21.20
27	1.177	1.099	0.910	3536	0.0256	0.0220	22.55
28	1.173	1.103	0.907	3749	0.0270	0.0234	24.00
29	1.169	1.106	0.904	3973	0.0285	0.0248	25.47
30	1.165	1.110	0.901	4209	0.0301	0.0263	27.03
31	1.161	1.114	0.898	4457	0.0318	0.0278	28.65
32	1.157	1.117	0.895	4717	0.0335	0.0295	30.41
33	1.154	1.121	0.892	4991	0.0354	0.0312	32.29
34	1.150	1.125	0.889	5279	0.0373	0.0331	34.23
35	1.146	1.128	0.886	5580	0.0393	0.0350	36.37
36	1.142	1.132	0.884	5897	0.0414	0.0370	38.58
37	1.139	1.136	0.881	6229	0.0436	0.0392	44.90
38	1.135	1.139	0.878	6578	0.0459	0.0414	43.35
39	1.132	1.143	0.875	6943	0.0483	0.0438	45.93
40	1.128	1.147	0.872	7325	0.0508	0.0463	48.64
41	1.124	1.150	0.869	7726	0.0534	0.0489	51.20
42	1.121	1.154	0.867	8146	0.0561	0.0516	54.25
43	1.117	1.158	0.864	8585	0.0589	0.0545	57.56
44	1.114	1.161	0.861	9044	0.0619	0.0575	61.04
45	1.110	1.165	0.858	9525	0.0650	0.0607	64.80
46	1.107	1.169	0.856	10027	0.0682	0.0640	68.61
47	1.103	1.172	0.853	10552	0.0715	0.0675	72.66
48	1.100	1.176	0.850	11101	0.0750	0.0711	76.90
49	1.096	1.180	0.848	11674	0.0786	0.0750	81.45

续表

空气温度	1m³干空气			水蒸气压力/Pa	全饱和时水蒸气的含量		
	标准大气压时的重量/kg	以0℃为基准换算成t℃时的体积值$(1+\alpha t)$/m³	以t℃为基准换算成0℃时的体积值$\left(\frac{1}{1+\alpha t}\right)$/m³		在1m³空气中的含量/kg	在1kg空气蒸汽混合物中的含量/kg	在1kg干燥空气中的含量/g
1	2	3	4	5	6	7	8
50	1.093	1.183	0.845	12272	0.0823	0.0790	86.11
51	1.090	1.187	0.843	12896	0.0863	0.0832	91.30
52	1.086	1.191	0.840	13547	0.0904	0.0877	96.62
53	1.083	1.194	0.837	14227	0.0946	0.0923	102.29
54	1.080	1.198	0.835	14935	0.0991	0.0972	108.22
55	1.076	1.202	0.832	15673	0.1036	0.1023	114.43
56	1.073	1.205	0.830	16443	0.1084	0.1076	121.06
57	1.070	1.209	0.827	17244	0.1133	0.1132	127.98
58	1.067	1.213	0.825	18079	0.1185	0.1191	135.13
59	1.063	1.216	0.822	18947	0.1238	0.1252	142.88
60	1.060	1.220	0.820	19851	0.1293	0.1317	152.45
65	1.044	1.238	0.808	24941	0.1600	0.1689	203.50
70	1.029	1.257	0.796	31098	0.1966	0.2161	275.00
75	1.014	1.275	0.784	38493	0.2399	0.2760	381.00
80	1.000	1.293	0.773	47315	0.2907	0.3528	544.00
85	0.986	1.312	0.763	57775	0.3500	0.4521	824.00
90	0.973	1.330	0.752	70096	0.4188	0.5825	1395.00
95	0.959	1.348	0.742	84545	0.4983	0.7576	3110.00
100	0.947	1.367	0.732	101396	0.5895	1.0000	∞

附录3 一些气体水溶液的亨利系数 ($H\times10^{-6}$/mmHg)

气体	温度/℃							
	0	5	10	15	20	25	30	35
H_2	44	46.2	48.3	50.2	51.9	53.7	55.4	56.4
N_2	40.2	45.4	50.8	56.1	61.1	65.7	70.3	74.8
空气	32.8	37.1	41.7	46.1	50.4	54.7	58.6	62.5
CO	26.7	30	33.6	37.2	40.7	44	47.1	50.1
O_2	19.3	22.1	24.9	27.7	30.4	33.3	36.1	38.5
CH_4	17	19.7	22.6	25.6	28.5	31.4	34.1	37
NO	12.8	14.6	16.5	18.4	20.1	21.8	23.5	25.2
C_2H_6	9.55	11.8	14.4	17.2	20	23	26	29.1
C_2H_4	4.19	4.96	5.84	6.8	7.74	8.67	9.62	—

续表

气体	温度/℃							
	0	5	10	15	20	25	30	35
N_2O	0.74	0.89	1.07	1.26	1.5	1.71	1.94	2.26
CO_2	0.553	0.666	0.792	0.93	1.08	1.24	1.41	1.59
C_2H_2	0.55	0.64	0.73	0.82	0.92	1.01	1.11	—
Cl_2	0.204	0.25	0.297	0.346	0.402	0.454	0.502	0.553
H_2S	0.203	0.239	0.278	0.321	0.367	0.414	0.463	0.514
Br_2	0.0162	0.0209	0.0278	0.0354	0.0451	0.056	0.0688	0.083
SO_2	0.0125	0.0152	0.0184	0.022	0.0266	0.031	0.0364	0.0426
HCl	0.00185	0.00191	0.00197	0.00203	0.00209	0.00215	0.0022	0.00224
NH_3	0.00156	0.00168	0.0018	0.00193	0.00208	0.00223	0.00241	—

气体	温度/℃							
	40	45	50	60	70	80	90	100
H_2	57.1	57.7	58.1	58.1	57.8	57.4	57.1	56.6
N_2	79.2	82.9	85.9	90.9	94.6	95.9	96.1	95.4
空气	66.1	69.2	71.9	76.5	79.8	81.7	82.2	81.6
CO	52.9	55.4	57.8	62.5	64.2	64.3	64.3	64.3
O_2	40.7	42.8	44.7	47.8	50.4	52.2	53.1	53.3
CH_4	39.5	41.8	43.9	47.6	50.6	51.8	52.6	53.3
NO	26.8	28.3	29.6	31.8	33.2	34	34.3	34.5
C_2H_6	32.2	35.2	37.9	42.9	47.4	50.2	52.2	52.6
C_2H_4	—	—	—	—	—	—	—	—
N_2O	—	—	—	—	—	—	—	—
CO_2	1.77	1.95	2.15	2.59	—	—	—	—
C_2H_2	—	—	—	—	—	—	—	—
Cl_2	0.6	0.648	0.677	0.731	0.745	0.73	0.722	—
H_2S	0.566	0.618	0.672	0.782	0.905	1.03	1.09	1.12
Br_2	0.101	0.12	0.145	0.191	0.244	0.307	—	—
SO_2	0.0495	0.0572	0.0653	0.0839	0.104	0.128	0.15	—
HCl	0.00227	0.00228	0.00229	0.00224	—	—	—	—
NH_3	—	—	—	—	—	—	—	—

注：1mmHg=133.3224Pa。

索　引

S

T

W

X

Y

Z

其　他